동영상 강의
더센에듀

제3판

지적공간정보론

지적기술사 수험서의 바이블

최한영 저

I권 지적학

- 지적기술사
- 측량및지형공간정보기술사

도서출판
구미서관

PREFACE

지적은 과세를 위한 한가지의 수단으로 고대에서부터 현대를 사는 인간 생활에서 토지를 떠나서는 살 수 없는 밀접한 관계를 맺고 있으며, 국가적인 측면에서는 영토의 넓이와 경계를 표시하고 개인적인 측면에서는 토지에 대한 소유권의 보호 및 재산의 가치를 표현하는 것이라 할 수 있다.
우리나라의 지적은 일제강점기 토지조사사업 당시부터 체계적으로 이루어져 왔으나 그 당시 세금 징수를 목적으로 하였기 때문에 현대사회의 발달을 따라갈 수 없으므로 많은 연구가 필요하리라 생각되어 작은 지식이나마 "지적기술사"를 준비하는 수험생들을 위해 도움이 되었으면 하는 마음으로 집필하게 되었다.

본서의 내용은 지적기술사를 준비하는데 제1편 지적학, 제2편 지적측량학으로 구분하였다.
제1편 지적학은 제1장 지적제도, 제2장 지적에 관한 법률, 제3장 지적사, 제4장 토지정보체계로 정리하였다.
제2편 지적측량학은 제1장 측량 기초, 제2장 오차론, 제3장 지적측량, 제4장 위성측량, 제5장 항공사진측량, 제6장 응용측량으로 구분하여 체계적이고 수험생들이 이해하기 쉽도록 구성하였다.

본서의 특징 5가지

1. 지적과 관련된 전체적인 학문을 요약하고 단원별로 분석하여 기존에 출제된 문제를 바탕으로 정리하여 수험공부를 체계적이고 효율적으로 공부할 수 있도록 정리하였다.

2. 1995년부터 2025년까지 30년 동안의 출제된 횟수를 기재하여 출제 빈도에 따라 공부하는데, 중요성을 인식할 수 있도록 구성하였다.

3. 본서는 기술사 답안 작성하는 방법을 토대로 목차를 구성하여 학습하는데, 핵심적인 내용을 확실하게 이해할 수 있도록 정리하였다.

머리말

Cadastral GeoSpatial Information

4. 이번에 개정된 내용은 학원에서 수험생과 소통을 통해 중요성을 인식할 수 있도록 수험생의 편리성을 고려하여 정리하였다.

5. 30년 동안 출제된 기출문제를 해설하여 본서만을 이용하여 기술사자격을 취득할 수 있도록 보완하여 수험공부에 활용하도록 하였다.

본서를 출간하기 위하여 많은 시간과 정열을 투자해 내용에 충실을 기하려고 노력하였으나 미진한 부분이 많이 있으리라 생각됩니다. 내용이 미흡한 부분은 향후 계속해서 수정, 보완해 내실 있는 책자가 될 수 있도록 노력하겠으니 많은 지도 편달을 부탁드리겠습니다.

끝으로 본서를 집필하면서 인용할 수 있도록 많은 자료를 제공하여주신 지적 분야와 측량학 분야의 선·후배 동료들에게 깊은 감사를 드리며 본서가 완성될 수 있도록 자료수집 및 교정을 도와주신 모든 분과 이 책의 출판을 맡아주신 구미서관 임해진 사장님, 그리고 직원 여러분께 진심으로 감사드립니다.

2025. 10.

저자 씀

CONTENTS

PART 01 지적학

목차

Cadastral GeoSpatial Information

PART

01

지적학

제1장 지적제도

제2장 지적에 관한 법률

제3장 지적사

제4장 토지정보체계

Part 1

제1장 지적제도

1.1. 개요

1.1.1. 지적의 정의

현대지적이라는 단어의 의미를 국어사전에서 살펴보면 지적은 토지에 관한 여러 가지 사항, 곧 토지의 위치, 형질, 소유관계, 면적, 지목, 지번, 경계 등을 등록하여 놓은 기록이라 정의하고 있다. 법률학사전에는 "토지의 위치·형질과 그 소유관계를 밝히는 제도"라고 되어있다. 그리고 Webster's Third New International Dictionary는 "지적은 세금부과를 위해 사용되는 부동산의 소유·가격·수량에 대한 공적인 등록"이라고 설명하고 있다. 또한, Black's Law Dictionary는 "부동산의 과세 목록 및 평가"라고 정의하고 있다. 그러나 지적의 정의를 확장하여 광의로 해석할 필요성이 증가하고 있으며, 따라서 "지적은 지표면에서나 공간 또는 지하를 막론하고 재정적 가치가 있는 모든 부동산 물건을 유지 관리하기 위한 국가의 토지 행정이다."라고 할 수 있다. 지적에 관한 연구는 국내·외적으로 매우 활발하게 연구되고 있고 국가별, 학자별로 다양하게 주장하고 있으며 국내·외 학자의 주장과 전문 기관에서 발표한 내용 등을 살펴보았다.

(1) 국내 학자의 경우

① 원영희 교수는 지적이란 국토의 전반에 걸쳐 일정한 사항을 국가 또는 국가의 위임을 받은 기관이 등록하여 이를 국가 또는 국가가 지정하는 기관에 비치하는 기록으로서 토지의 위치·형태·용도·면적 및 소유관계를 공시하는 제도라고 정의하였다.[1)]

---

1) 원영희, 지적학원론, 서울 : 홍익문화사, 1979, p.25.

② 강태석 박사는 지적이란 지표면에서나 공간 또는 지하를 막론하고 재정적 가치가 있는 모든 부동산 물건을 계속 유지 관리하기 위한 국가의 토지 행정이라고 정의하였다.

③ 류병찬 박사는 토지에 대한 물리적 현황, 법적 권리관계 및 의무 사항 등을 등록·공시하는 필지 중심의 토지정보체계(Parcel Based Land Information System)라고 정의하였다.

(2) 외국 학자의 경우

① 미국의 퍼듀대학 맥엔트리(J. G. Mc Entyre) 교수는 "지적은 토지에 대한 법률적인 용어로서 세금을 부과하기 위한 부동산의 크기와 가치 그리고 소유권에 대한 국가적인 장부에 대한 등록이다."라고 정의하였다.[2)]

② 네덜란드의 국제항공사진측량 및 지구과학연구소(ITC)의 헨센(Henssen, J. L. G.) 교수는 "지적은 특정한 국가나 일정한 지역 안에 있는 일필지에 대한 법률관계(Legal Situation)에 대하여 별개의 재산권으로 행사할 수 있도록 대장과 대축척 지적도에 개별적으로 표시하여 체계적으로 정리한다."라고 말하고 있다.[3)]

③ 영국의 해외개발부 심프슨(S. R. Simpson)은 과세의 기초자료를 제공하기 위하여 한나라의 부동산에 대한 수량과 소유권 및 가격을 등록하는 제도라고 정의하였다.[4)]

④ 대만의 국립중흥대학 래장(來璋) 교수는 지적이란 토지의 위치·경계·종류·면적·권리 상태 및 사용 상태 등을 기재한 공적 장부를 말하는 것이라고 정의하였다.[5)]

(3) 전문기관의 경우

① 국제측량사연맹(FIG)에서 발간한 지적에 관한 선언서(Statement on the Cadastre)에는 지적이란 통상적으로 토지에 대한 권리(Rights)와 제한사항(Restrictions) 및 의무사항(Responsibilities) 등 이해관계에 대한 기록을 포함한 필지중심의 현대적인 토지정보시스템이라고 정의하였다.

② 토지에 대한 평가·균등한 과세 등 조세 목적(Fiscal Purposes)과 토지의 양도 등 법적인 목적(Legal Purposes)을 위하여 설립되고, 토지이용계획 또는 그 밖의 행정 목적(Land Use Planning and Other Administrative Purposes)과 토지관리를 지원하거나 지속 가

2) 미국의 퍼듀대학 맥엔트리(J. G. Mc Entyre), op.cit, p.4
3) 네덜란드의 국제 항공측량 및 지구과학연구소(ITC)의 헨센(Henssen, J. L. G.), op.cit, p.10
4) 영국의 해외개발부 심프슨(S. R. Simpson), op.cit., pp. 3~4
5) 내장, 토지행정학, 대북 : 중국지정연구소, 1981, p.23.

능한 개발과 환경보호 등이 가능하도록 창설되어야 한다고 기술하고 있다.

③ 미국 국립연구위원회(National Research Council)의 측지학 분과위원회는 "지적은 토지의 이익에 관한 기록으로서 토지의 본질이나 그 이익의 확장을 망라하고 있다. 이러한 재산권의 이익은 협의로서는 소유권의 법적 권리행사를 의미하고 광의로서는 토지의 취득과 관리에 관한 사인 간의 관계로 해석할 수 있다."라고 정의하고 있다.

④ 지적에 대해 국내·외 학자들이 주장하는 정의를 종합해 보면 지적은 지상·지하 및 공간을 막론하고 토지를 필지 단위로 토지정보시스템에 의거 지적공부에 등록하고 그 변경 사항을 지속해서 유지관리하며 사용자에게 실시간으로 제공하는 토지의 행정사무라고 정의할 수 있다.

1.1.2. 지적의 어원

① 지적(地籍)이라는 용어는 어떻게 유래되었는지에 대해서는 확실치 않으나 그리스어 카타스티콘(katastikhon)과 라틴어 캐피타스트럼(capitastrum)에서 유래되었다고 하는 두 가지 학설이 지배적이라고 할 수 있다.

② 프랑스의 어원 연구가 브론데임(Blondheim)은 "地籍(cadastre)이란 용어는 공책(空冊; note book) 또는 상업기록(商業記錄)(business record)이라는 뜻을 가진 그리스어 카타스티콘(katastikhon)에서 유래된 것" 이라고 주장하였다.[6)]

③ 스페인의 국립농업연구소 일머(Ilmoor D.) 교수도 그리스어 카타스티콘(katastikhon)에서 유래되었다고 주장하면서 카타(kata)는 "위에서 아래로" 의 뜻이 있으며 스티콘(stikhon)은 "부과" 라는 뜻이 있는 복합어로서 지적(katastikhon)은 "위의 군주(君主)가 아래의 신민(臣民)에 대하여 세금을 부과하는 제도" 라고 정의하였다.[7)]

④ 미국의 퍼듀(Purdue)대학 맥엔트리(J.G. McEntyre) 교수는 지적이란 2000년 전의 라틴어 카타스트럼(catastrum)에서 그 근원이 유래되었다고 주장하면서 로마인의 인두세등록부(head tax register)를 의미하는 캐피타스트럼(capitastrum) 또는 카타스트럼(catastrum)이란 용어에서 유래된 것이라고 주장하였다.[8)]

⑤ 세르비아어에서 카다스터(cadastre)란 뜻이 유래되었다고 하는 주장도 있으나 입증할 만한 근거를 제시하지 못하고 있다.[9)]

---

6) National Research Council, op. cit. p.5.
7) Ilmoor D, Cadastro Agricola, Instituto National Agronomico, 1954, p.1
8) J.G. McEntyre, Land Survey System, New York : Purdue University, 1978, pp. 3~4

⑥ 지적의 어원에 관한 학자들의 주장을 살펴보았으나 그리스어인 카타스티콘(katastikhon)과 라틴어인 캐피타스트럼(capitastrum) 또는 카타스트럼(catastrum)은 그 내용에서 모두 세금부과의 뜻을 내포하고 있는 것이 공통점이라고 할 수 있다.

1.1.3. 지적의 기원

① 토지에 관한 기록을 지적이라는 시각에서 살펴보면 인류문화의 발상과 더불어 시작된 것으로 B.C 3,400년경에 이미 토지 과세를 목적으로 측량이 시작되었다.

② B.C 3,000년경 이집트(Egypt) 나일(Nile)강 하류에서 매년 일어나는 대홍수에 의하여 강의 범람으로 농경지가 유실된 토지기록이 존재하고 있었다는 사실이 이집트 역사학자들에 의해 입증되었다.[10]

③ 유프라테스·티그리스강 하류의 수메르(Sumer) 지방에서 발굴된 점토판에는 토지과세 기록과 마을 지도 및 넓은 면적의 토지도면과 같은 토지기록들이 나타나고 있다.

④ 고대 그리스와 로마인들은 주로 토지 과세 정책을 지원할 목적으로 작성된 정교한 토지기록이 있었다.

⑤ 가장 널리 알려진 중세의 지적은 영국의 윌리엄(William) 1세가 1085년과 1086년 사이에 전 영토를 대상으로 하여 작성한 Domesday Book으로 이 토지기록은 최초의 국토자원에 관한 목록으로 평가된다.

⑥ 1720년에서 1723년에 있었던 이탈리아 밀라노의 축척 1/2,000 지적도 제작 사업이 근대 지적을 확립하기 위한 최초이다.

⑦ 요셉(Joseph) 2세가 계승하여 1785년부터 1789년까지 이탈리아의 모든 토지에 대한 도면과 대장이 작성되었다.

⑧ 나폴레옹(Napoleon) 지적

- 프랑스의 나폴레옹(Napoleon) 1세가 1808년부터 1850년까지 전 국토를 대상으로 작성한 지적은 근대 지적의 기원으로 평가된다.
- 나폴레옹 지적은 토지를 비옥도에 따라 분류하고, 각 토지의 생산능력과 수입 및 소유자와 같은 내용을 체계적으로 기록했다는 점에서 그 전의 어떤 지적과도 달랐다.
- 세계의 많은 나라들이 나폴레옹 지적의 영향을 받아 그와 비슷한 형식과 내용의 지적을 만들기 시작하였다.

---

9) 대한지적공사 역, 「외국의 지적제도(스페인 편)」, 1983, p.189
10) S.R.Simpson, Land Law and Registration, London : Surveyors Publication, 1984, p.111

⑨ 지적(地籍)이란 용어는 1895년 3월 26일(고종 32년) 칙령 제53호로 공포된 내부관제 제13조 "지적과(地籍課)에서는 좌개(左開) 하는 사무를 장(掌)함"이라고 기록된 것이 최초이다.

⑩ 현대지적의 개념은 정보화 사회로 발전되면서 세금부과에 한정하지 않고 지표상의 위치 및 소유권과 토지에 대한 다양한 정보를 등록·관리하며, 신속하고 정확하게 정보를 제공할 수 있는 정보지적으로 확대되어 가고 있다.

1.1.4. 지적의 발생설

출제(논) : 50, 69, 120회

지적의 발생설은 토지의 수확물에 대한 세금 징수를 목적으로 하는 과세설, 홍수의 피해를 최소화하기 위해 실시한 치수설, 작게는 개개인의 토지를 관리하는 방법에서 크게는 국가의 영토를 관리하기 위한 지배설로 분류하고 있다.

1.1.4.1. 과세설

인류가 공동생활과 집단생활을 형성하고 유지하기 위해 경제적 수단을 공동체에 제공한다는 인식 아래 토지소유권과 수확물 일부를 군주에게 귀속하였다. 과세설(課稅說)을 입증하는 증거는 영국의 둠즈데이북과 우리나라 신라장적이 있으며 국가가 과세를 목적으로 토지에 대한 각종 현상을 기록, 관리하는 수단에서 출발하였다는 설로 탄생설이라고도 한다.

(1) 영국의 둠즈데이북

① 세계적으로 영국의 둠즈데이북(Domesday Book)은 겔드북(Geld Book)이라고도 하였다.

② 윌리엄(William) 1세가 자원목록을 정리하기 전에 덴마크의 침입을 막기 위해 군비를 충당하기 위한 조세로 지불하는 보호금인 데인 겔드(Dane geld)를 모으기 위해 영국에서 사용되었다.

③ 영국 런던의 공문서보관소(Public Record Office)에 2권의 책으로 보관되어 있다.

④ 1066년 헤이스팅스 전투에서 노르만족이 색슨족을 격퇴한 후 1086년 윌리엄(William) 1세가 정복한 전 영국의 자원목록이다.

⑤ 국토를 조직적으로 작성한 토지와 가축의 숫자까지 기록된 장부이다.

⑥ 둠즈데이북(Domesday Book)은 토지에 관한 주요 사항을 조사하여 등록한 지세 대장으로 실제 자료조사는 1085년부터 1086년까지 수행되었다.

⑦ 북부의 4개 군(County)과 런던 및 윈체스터(Winchester)시를 제외한 모든 영국을 대상으로 하였다.[11)]

(2) 신라 장적문서

① 장적문서(帳籍文書)는 8세기 중엽(中葉)에서 9세기 초에 작성된 문서로 통일신라의 토지제도에 관한 확실한 인식을 알 수가 있다.

② 신라의 장적문서(帳籍文書)는 국가 세금 징수를 목적으로 작성된 장부이며 지적공부 중 토지대장의 성격을 가지고 있는 현존하는 가장 오래된 자료이다.

③ 촌락마다 그 면적이 다르고 매호(每戶) 및 농민 개인당 토지보유량도 차이가 있었으나 개인당 보유 토지의 면적은 1결(結) 내외의 적은 토지를 소유하였다.

④ 촌락의 문서에는 우마(牛馬) 등의 가축 수, 잣나무, 호두나무, 뽕나무 등의 수까지 기록되어 있다.

⑤ 수취에 대한 변동 사항은 3년마다 작성한 것으로 수취가 엄격하였다.

⑥ 촌락의 촌주(村主)는 여러 개의 촌락을 관할하고 임무는 과세의 수취와 수취 대상의 변동사항을 정확하게 파악하는 것이었다.

1.1.4.2. 치수설

① 치수설(治水說)은 토지측량설이라고도 볼 수 있으며 과세설과 함께 등장한 이론이다.

② 이집트인들과 티그리스·유프라테스강 하류 지역의 메소포타미아 지방에서 제방·수로 등 토목공사나 홍수 뒤 경지정리의 필요에서 삼각법에 따른 측량 방법을 이용하였다.

③ 중국의 황하 문명 이후 3세기경 정밀한 측량기구를 만들어 고차원의 수학 기술을 활용해 수로 시설에 의한 농업적 용도에서 물을 다스릴 수 있는 토목과 측량술을 발달시켰다.

④ 농경지의 생산성에 대한 과세 목적으로 토지기록이 이루어지게 된 것에서 비롯되었다고 보는 경우이다.

⑤ 근대에서는 한 국가 통치자의 능력을 치산치수(治山治水)의 능력으로 평가하기도 하였다.

---

11) National Research Council, Need for a Multipurpose Cadastre, Washington : National Academy Press, 1980, pp. 5-6

1.1.4.3. 지배설

지배설(Rule Theory)은 자국 영토의 국경을 상징하는 경계표시를 만든 후 객관적으로 표시하여 기록하는 수단이다. 국가가 토지를 다스리기 위한 통치수단으로 토지에 대한 각종 현황을 관리하는 데서 출발한다고 보는 설로서 영토보존의 수단과 통치의 수단으로 구분할 수 있다.

(1) 영토보존의 수단

① 인간이 물건이나 토지에 대한 소유권과 사용 통제권을 행사하면서 그것들을 계속 확보하려는 형태라고 할 수 있다.

② 인간의 집단생활이나 국가 형태를 유지하면서 백성을 다스리는 근본을 토지에서 찾았으므로 영토의 보존을 수단으로 하였다.

(2) 통치의 수단

① 통치권자인 지배자들이 자기 영토에서 생활하는 주민의 안전을 위해 통치수단의 역할을 하였다.

② 국가가 토지에 대한 각종 현황을 관리하면서 토지를 다스리기 위한 통치수단으로 출발하였다는 설이다.

③ 영토는 소유자의 배타적인 이용과 영토적 통치권이 인정되는 토지를 크게는 국가, 작게는 일필지의 토지인 담장 내의 공간으로 경계에 따라 소유권이 구별된다.

④ 고대의 영토는 경계에 의해서 국경선이 표시되었으며 최근에는 도면과 지도로 국경을 알 수 있다.

⑤ 최근에 각 국가 간의 영토분쟁에서 확인할 수 있으며 영토분쟁을 최소화하려는 방안으로 도면에 등록하여 세계적으로 공시하는 기능을 담당하고 있다.

1.2. 지적의 분류

우리나라의 지적제도는 이미 상고시대부터 그 기원을 찾을 수 있으며 고대로부터 조선시대 말까지는 양전이란 용어를 사용하였다. 조선시대 말부터 토지조사사업 계획을 수립하여 근대적인 지적제도의 창설을 시도하였으며, 지적은 발전 과정, 측량 방법, 등록 방법에 따라 크게 분류할 수 있다.

1.2.1. 발전 과정에 따른 분류

지적은 역사적이며 영구적인 특성이 있고 시대적 사회 여건의 변화 때문에 발전됐으며, 발전 과정은 세지적 → 법지적 → 다목적지적으로 변화되었다.

1.2.1.1. 세지적

세지적(Fiscal Cadastre)은 국가재정에 필요한 세액을 결정하여 세금부과를 결정하는 것을 가장 큰 목적으로 개발된 제도이다. 부동산의 크기를 조사·측량하고 가격을 평가하여 과세자료로 이용하기 위한 제도로 과세지적(Tax Cadastre)이라고도 한다.

(1) 세지적 제도의 특징

① 대부분을 토지세에 의존하던 농경시대에 개발된 최초의 지적제도라 할 수 있다.

② 토지에 대한 각 필지의 측지학적 위치보다는 면적을 결정하여 등록함으로써 면적 본위로 운영되는 지적제도이다.

③ 초기의 면적 단위는 수확량을 위주로 시행하였기 때문에 정확하게 평가하는 기준이 어려웠다.

(2) 토지조사사업과 세지적

① 토지조사사업 당시에 과세를 목적으로 등록되었기 때문에 경계의 위치나 면적의 정확도보다는 체계적으로 토지등록 장부 및 위치를 표시하였다.

② 세지적과 직접 관련된 지적공부에는 다양한 토지표시사항이 등록되어 있다.

③ 세금을 결정하는 기준으로 면적과 토지 등급을 정확하게 측정하고 조사하였다.

1.2.1.2. 법지적

출제(용) : 71회, (논) : 53, 69회

법지적(Legal Cadastre)은 세지적에서 발달한 제도로 토지 과세 및 토지거래의 안전을 도모하며, 토지소유권 보호를 주요 목적으로 개발된 지적제도로 소유지적(Property Cadastre)이라고도 한다.

(1) 목적

① 토지에 대한 소유권을 인정한 지적제도로 각 필지의 경계점의 위치를 정확하게 측정하여 지적공부에 등록·공시한다.

② 토지에 대한 소유권이 미치는 범위를 명확하게 함을 가장 큰 목적으로 한다.

③ 우리나라 토지조사사업은 토지의 경계와 소유자를 사정하여 지적을 명확하게 정리함으로써 토지 등기 제도를 창설하는 계기가 되었다.

④ 민법상 소유권에 관련된 경계는 토지에 대한 소유권이 미치는 범위를 경계로 보고 있다.

⑤ 법률상의 경계는 소유권이 미치는 범위와 면적을 결정하는 기준이 되고 있다.

(2) 특징

① 위치 본위로 운영되는 지적제도로 지적도에 등록된 경계 또는 좌표를 정확하게 등록한다.

② 등록된 경계를 정확하게 복원시킴으로써 소유권의 한계를 밝히는 능력을 갖추고 있는 제도이다.

③ 법지적은 지적과 등기가 통합된 나라에서 주로 운영되고 있다.

④ 토지의 등록 사항이 정확하지 못하여 발생하는 손해에 대해 선의의 제삼자를 보호하는 데 목적을 두고 있다.

⑤ 경계는 소유하는 한계를 나타내며 인접하는 부동산 사이의 구분을 표시하는 상상의 선(Imaginary Line)으로 물리적 물건에 의하여 기술되는 소유권의 한계를 나타내고 있다.

1.2.1.3. 다목적지적

다목적지적(Multipurpose Cadastre)은 다양한 토지정보를 수록한 실질적인 지적전산화를 뜻하며 정보지적(Information Cadastre)이라고도 한다. 토지표시사항과 권리관계를 바탕으로 건물, 식생, 토양의 성질, 지하 시설물, 지가 등 이용자의 욕구에 충족될 수 있는 자료를 저장하여 제공하도록 만들어진 제도로 토지정보시스템이라고도 한다.

(1) 구성요소

① 다목적지적 제도의 5대 구성요소는 측지기준망, 기본도, 지적중첩도, 필지식별번호, 토지자료 파일로 분류하며, 측지기준망, 기본도, 지적중첩도를 다목적지적 제도의 3대 구성요소라고도 한다.

② 측지기준망(Geodetic Reference Network)은 토지의 경계선과 관련 자료 및 지형 간에 상관관계를 맺어주고 지적도에 등록된 경계선을 현지에 복원할 수 있도록 정확도를 유지할 수 있는 기준점 표지의 연결망을 말한다.

④ 기본도(Base Map)는 측지기준망을 기초로 하여 작성된 지형도로서 지도작성에 필요한 기본적인 정보를 일정한 축척의 지도에 등록한 도면을 말한다.

⑤ 지적중첩도(Cadastral Overlay)는 측지기준망 및 기본도와 연계하여 활용할 수 있다.

⑥ 필지식별번호(Unique Parcel Identification Number)는 각각의 필지 등록 사항의 저장과 수정 등을 쉽게 처리할 수 있는 가변성이 없는 고유번호를 말한다.

⑦ 토지자료파일(Land data File)은 토지에 관한 정보의 검색이나 다른 자료철에 보관된 정보를 서로 연결하기 위한 목적으로 만들어진 필지식별번호가 포함된 일련의 공부 또는 자료 파일을 말한다.

(2) 특징

① 토지에 대한 세금의 징수나 토지소유권 보호와 토지이용의 효율화를 위한 제도이다.

② 토지 관련 자료의 종합적 기록유지와 최신 정보제공의 기능이 있는 제도이다.

③ 체계적이고 과학적인 지적사무와 지적행정의 실현을 위해 전국적으로 통일된 시스템을 활용하고 있다.

④ 필지단위로 토지와 관련된 기본적인 정보를 계속하여 종합적으로 등록하여 제공하는 제도이다.

⑤ 토지에 관한 물리적 현황은 물론 법률적·재정적·경제적 정보를 포괄하는 제도이다.

⑥ 현재는 KLIS(Korea Land Information System)에 지적공부 DB를 구축하여 효율적으로 활용하고 있다.

1.2.2. 표시 방법에 따른 분류

출제(용) : 125회, (논) : 66, 110회

지적은 경계를 표시하는 방법 및 측량 방법에 따라 그림으로 표시하는 도해지적과 좌표를 수치로 표시하는 수치지적으로 구분할 수 있다.

1.2.2.1. 도해지적

출제(논) : 56, 66, 89, 102, 105, 107, 110, 111, 116회

도해지적(Graphical Cadastre)은 토지의 경계를 도면에 표시하는 지적제도로서 각 필지의 경계점을 일정한 축척의 도면에 폐합된 다각형 형태로 표시하여 등록하는 제도이다. 토지조사사업 당시부터 1975년 지적법 개정으로 수치측량이 도입되기 전까지 전 국토를 도해지적 제도로 운영하였다.

(1) 장단점

① 지적도 및 임야도에 일정한 축척의 그림으로 묘화하는 것으로서 도면에 등록된 경계에 의존하는 제도이다.

② 장점

- 도해지적은 도면을 육안으로 볼 수 있으므로 경계점의 위치를 판단하기가 쉽다.
- 측량 결과도 및 도면의 작성이 간편하다.
- 측량 기간이 짧고 측량 장비의 가격이 저렴하여서 경제적이다.
- 고도의 기술을 요구하지 않는다.

③ 단점

- 축척의 크기에 따라 허용 오차가 다르다.
- 도면의 신축 방지와 보관 관리가 어렵다.
- 인위적, 기계적, 자연적인 오차가 많이 발생한다.

- 지적측량에 대한 신뢰성에 문제가 있게 된다.
- 도면의 신축으로 등록된 경계 및 면적측정, 경계복원측량을 시행할 때 축척 및 제도오차의 발생으로 정확도가 낮다.

(2) 현황

① 토지·임야대장, 공유지연명부, 대지권등록부, 경계점좌표등록부등 다양한 지적공부를 갖추고 있다.

② 지적·임야도는 7종의 축척(1/500, 1/600, 1/1,000, 1/1,200, 1/2,400, 1/3,000, 1/6,000 등)으로 구성되어 있다.

③ 지적도 경계선의 굵기 등으로 정확한 측량성과 제공(경계점 오차범위 ±36cm)이 어렵다.

④ 측량자별 개인오차·재량에 따른 경계변동 여지가 많다.

⑤ 지적측량의 정확도가 낮고 타 공간정보와 융·복합 활용도 곤란하다.

⑥ 일반 국민이 지적측량 없이 토지의 경계를 확인하기 어려운 실정이다.

(3) 개선 방안

① 토지 경계의 정확성 제고를 위한 도해지적 경계점을 수치좌표로 등록한다.

② 지적확정측량 대상 확대를 통한 수치화를 촉진한다.

③ 측량된 토지는 지상경계점등록부를 활용하여 누구나 손쉽게 토지경계를 확인할 수 있는 시스템을 구축한다.

④ 미등록 도서 및 경계가 잘못 등록된 비정위치 도서는 바르게 등록한다.

⑤ UAV(드론)을 활용한 토지 등록·경계 정비 방안 마련한다.

1.2.2.2. 수치지적

출제(용) : 87, 131회

수치지적(Numerical cadastre)은 수치 데이터로 작성된 것을 의미하며 국가기준계에 의하여 굴곡점의 좌표로 표시된 것을 말한다. 각 필지 단위로 경계점의 평면직각종횡선 좌표(X, Y)로 등록 공시하는 제도이다.

(1) 경계점좌표등록부

① 경계점좌표등록은 1976년부터 작성하기 시작하여 수치지적부라는 명칭을 사용하였다.

② 2001년 개정지적법에서 수치지적부를 경계점좌표등록부로 명칭을 변경하였다.

③ 경계점좌표등록부의 좌표는 기준점 또는 경계점 위치를 평면직각종횡선 수치로 표시한 것으로 토지의 경계 굴곡점 번호, 종횡선 좌표, 약도와 점간거리 등이 표시되어 있다.

(2) 장점

① 평면직각좌표를 이용하는 자동제도 방식으로 지적도의 작성이 가능하다.

② 현지에서 구해야 하는 많은 기록을 컴퓨터 내에 기억된 좌표를 이용하여 대체 시킬 수 있다.

③ 평면직각좌표를 이용하므로 실지에 1 : 1로 경계점 복원이 가능하여 정확도가 높다.

④ 도면 작성 시 축척에 대한 제한을 받지 않고 원하는 축척으로 작성할 수 있다.

(3) 단점

① 수치지적을 채택하면 토지의 위치를 파악하기 위해 도면을 따로 작성하여야 한다.

② 수치측량을 시행하면 측량 당시의 기준점을 사용하여야만 정확도에 영향을 주지 않는다.

③ 측량 장비의 가격이 고가이며 측량 기간이 많이 소요된다.

④ 정밀을 요하는 측량이므로 고도의 숙련을 요구한다.

⑤ 세지적보다는 법지적 제도와 3차원 지적에 적합한 제도이다.

〈표 1.1〉 도해지적과 수치지적의 비교

구분	도해지적	수치지적
지적공부 작성	• 1910년 이후	• 1975년 이후
축척	• 1/500, 1/600, 1/1000, 1/1200, 1/2400, 1/3000, 1/6000	• 1:1로 등록 • 출력 시 사용 목적에 따라 임의로 축척을 지정하여 출력
측량성과 등록	• 지적도 및 임야도	• 경계점좌표등록부
경계점 결정	• 현형법, 지적기준점	• 지적기준점
경계 등록	• 필지별 다각형으로 묘사하여 등록	• 평면직각좌표 수치로 등록
측량 방법	• 교회법, 도선법, 방사법	• 도선법, 방사법
측량 장비	• 평판측량, 전자평판측량, 위성측량	• 경위의측량, 위성측량

1.2.3. 등록 방법에 따른 분류

출제(논) : 126회

지적도에 등록하는 방법에 따라 평면지적으로 등록하는 것을 2차원 지적, 입체지적으로 등록하는 것을 3차원 지적이라 한다. 3차원 지적으로 등록하기 위해 도면 전산화 및 필지중심토지정보시스템(PBLIS)을 개발하였으며 다양한 정보를 등록하여 실시간으로 제공하기 위해 한국토지정보시스템(KLIS)에 등록하여 적용하고 있다.

1.2.3.1. 2차원 지적

① 2차원 지적(Two Dimensional Cadastre)은 토지의 경계 및 지목 등 지표면의 물리적 현상을 조사·측량하여 등록하는 것으로 선과 면으로 구성된다.

② 토지의 고저와 관계없이 수평면상의 투영만을 가상하여 각 필지의 경계를 등록·공시하는 제도로 평면지적이라고도 한다.

③ 2차원 지적은 도면에 X, Y 좌표값을 갖는 것으로 객체들의 지리적 위치를 방향성과 크기로 나타낸다.

④ 점과 선을 지적공부인 도면에 기하학적으로 폐쇄된 다각형의 형태로 등록하여 관리하고 있다.

⑤ 우리나라를 비롯하여 세계 각국에서 일반적으로 가장 많이 채택하고 있는 지적제도이다.

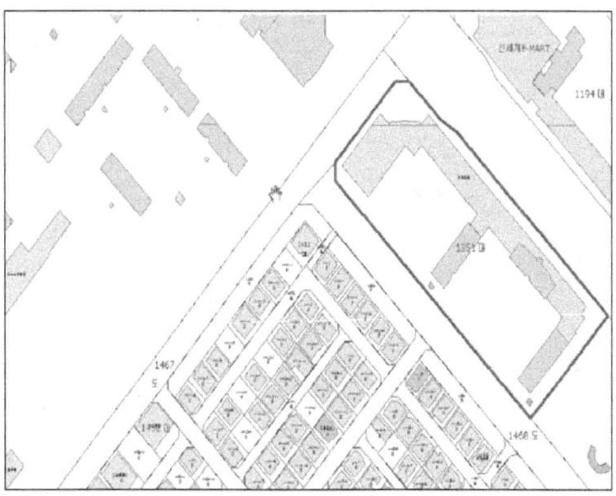

〈그림 1-1〉 2차원 지적

〈그림 1-2〉 3차원 지적

1.2.3.2. 3차원 지적

출제(용) : 63, 69, 111, 135회, (논) : 68, 71, 72, 80, 81, 83, 87, 90, 92, 98, 107회

3차원 지적(Three Dimensional Cadastre)은 2차원 지적에서 진일보한 지적제도로서 현대 사회에서 정보의 활용이 다양화됨에 따라 지상과 지하에 설치된 시설물 등을 수치의 형태로 등록·공시 또는 관리를 지원하는 제도로 입체지적이라고도 한다. 3차원 지적의 등록은 지하의 각종 시설물과 대형화된 건축물의 건설로 토지이용의 입체화가 활발히 진행됨에 따라 지표, 지하, 지상에 형성되는 선, 면, 높이를 나타내는 것으로 공간 객체를 등록하는 방법이 있다.

(1) 3차원 지적의 개념

① 소유자는 다른 사람들을 배척하여 물건을 자유롭게 사용·수익·처분할 수 있으며 소유권은 필지의 3차원적 요소라 할 수 있다.

② 사법적인 측면에서 3차원 지적의 등록 요소는 지표 및 정당한 이익이 있는 지하와 공중에 관한 토지소유권이라 할 수 있다.

③ 3차원 지적은 공간적으로 복잡하게 사용되고 있는 토지소유권의 등록 및 공시, 지상 건축물 및 지하건축물 등을 효율적으로 등록·공시하여 공간적·시각적으로 편리하게 이용할 수 있도록 나타내는 것이다.

④ 완전한 3차원 지적은 무한한 입체필지의 조합으로 지적의 형태가 완벽하게 구성되어 있거나, 3차원으로 경계가 있는 필지만을 대상으로 등록된 형태를 말한다.

⑤ 현대 지적의 기술적인 기준을 적용하여 가장 발전된 형태, 중간적인 형태, 가장 단순한 형태로 구분할 수 있다.

⑥ 중간적인 형태는 2차원 필지 등록에 필요한 모든 사항을 등록하고 3차원 필지 단위의 경우에만 추가로 등록하거나 물리적인 객체만을 추가로 등록하는 형태를 말한다.

⑦ 가장 단순한 형태인 3차원 형태 현재 구축된 2차원 등록 필지와 새롭게 구축되는 3차원 데이터를 링크시키는 방식이다.

⑧ 법률상 개념은 민법 제212조에서는 “토지의 소유권은 정당한 이익이 있는 범위 내에서 토지의 상하에 미친다.”라고 규정하고 있어 일필지에 대한 권리는 지표는 물론이고 지상 및 지하에 걸쳐 소유권의 영향이 미친다고 할 수 있다.

(2) 특징

① 자료취득 대상은 가장 중요한 객체는 필지이고 토지 관련 자료를 등록하는 최소 등록 단위로, 인위적으로 구획되며 구획된 필지는 각각 독립된 물권의 대상이 된다.

② 3차원 지적은 지하의 각종 시설물과 지상의 고층화된 건축물을 효율적으로 관리할 수 있다.

③ 3차원 공간에 대한 시설물 유지와 관리의 지원, 인터넷 등을 통한 3차원 입체지적 정보의 실시간 서비스 등을 할 수 있다.

④ 3차원 지적의 객체는 현재 지적공부에 등록된 법적 개념의 등록 사항과 일치하지 않는다.

⑤ 3차원 지적에서 등록 객체가 되는 입체 필지로 구분할 수 있는 권리로는 소유권, 구분소유권, 구분지상권으로 한정할 수 있다.

(3) 도입의 필요성

① 과학기술의 발전으로 공중·지하를 이용하는 것도 가능하게 되어 공중이나 지하의 각 층을 구분하여 이용할 수 있도록 발전하게 되었다.

② 도시지역은 평면적 토지 공간의 절대 부족, 지가 상승으로 도시기반시설 설치에 따른 토지보상비용이 과다하게 소요되므로 자연환경의 훼손 방지와 녹지보전을 위해 지하공간 활용이 필요하다.

③ 3차원 공간에 여러 대상 객체가 존재하는 상황의 법적 상태를 현재의 지적 등록체계에 등록할 수 있도록 적정 방법을 개발하여야 한다.

④ 3D GIS, 3D planning 등과 같은 3차원적인 접근 시대가 도래하면서 이에 부응한 지적분야에 3차원 도입이 필요하다.

⑤ 급속도로 증가한 많은 수의 터널, 지하 케이블(전기, 상·하수도, 전화선), 지하주차장, 대형 쇼핑몰, 도로나 철도 위의 건물 그리고 도시 내 건축된 다목적 건물 등의 등록이다.

⑥ 지하철, 송전선, 터널 등에 대하여 일부 구분지상권을 설정하고 있으나 대부분의 입체적 이용에 대한 구분지상권은 설정하지 않아 사유재산권 침해 관련 민원 발생 소지가 있다.

⑦ 토지의 입체적 이용에 따른 물리적 현황을 등록 공시하여 토지소유권을 보호하기 위해서는 3차원 지적제도 도입이 필요하다.

(4) 도입 방안

① 3차원 지적시스템은 등록 객체의 위치정보(X, Y, Z) 뿐만 아니라 객체가 가지고 있는 소유권, 지상권, 지역권, 임차권 등도 함께 포함되어야 한다.

② 일반 국민과 전문가의 의사결정에 필요한 정보도 실시간으로 서비스할 수 있는 다양한 기능을 포함하고 있어야 한다.

③ 국제표준을 기반으로 작성되어야 함은 물론이고 동시에 사용자의 요구사항을 충분히 만족시킬 수 있어야 한다.

④ 3차원 지적에 대한 법률적 보장을 위한 국내 관련 법규 제정, 데이터 공유를 위한 관계 부처의 합의 와 합리적인 3차원 지적시스템을 위한 국제표준에 따른 시스템 개발 등이 필요하다.

⑤ 현재의 축척 체계는 지적도와 임야도로 구분되어 7종으로 관리되고 있는 축척을 도시지역은 1:500, 농촌지역은 1:1,000, 이외의 기타 지역은 1:2,000의 3종으로 단순화시켜야 한다.

(5) 도입 시 고려 사항

① 새롭게 개발되는 시스템은 기존의 지적행정시스템과 연계되어야 하며, 애플리케이션 서버를 통해 기타 토지 관련 행정 시스템들과 연계·활용되어야 한다.

② 국제공간표준과 국가 공간데이터 인프라와 함께 활용되어야 한다.

③ 3차원 공간정보를 등록, 관리, 활용할 수 있어야 한다.

④ 사용자가 원하는 정보를 언제 어디서나 손쉽게 제공할 수 있는 인터페이스를 가지고 있어야 한다.

⑤ 3차원 지적정보를 효율적으로 등록하기 위해서는 지상의 건축물과 지하 구조물까지 세분화된 지적도 레이어 체계의 구축에 대한 방안이 필요하다.

⑥ 3차원 지번 체계와 새주소 체계를 연계할 수 있는 새로운 지번 체계의 도입 방안 등이 필요하다.

⑦ 지목 체계는 현재 복식 지목체계 도입이나 대분류, 소분류 등으로 세분화 방안 등 다양한 방안이 필요하다.

(6) 3차원 지적의 등록 방법

① 지하의 각종 시설물과 대형화된 건축물의 건설로 토지이용의 입체화가 활발히 진행됨에 따라 지표, 지하, 지상에 형성되는 선, 면, 높이를 나타내는 것으로 공간 객체를 등록하는 방법이 있다.

② 3차원 등록은 하나의 필지에 대한 구분소유권과 구분지상권을 3차원 지적측량을 시행하여 공간상에 X, Y, Z로 등록한 것을 표현하기 위한 것이다.

③ 3차원 등록은 현행 지적과 등기 제도를 법, 제도, 경제, 기술 등 모든 분야에서 새롭게 구성해야 한다.

④ 입체 필지를 기본 등록 단위로 구획하여 구분지상권과 구분소유권을 고려하지 아니하고 소유권마다 등록하는 방법이며, 면적과 체적이 기본 등록 사항이 되어야 한다.

1.2.3.3. 4차원 지적

출제(용) : 72, 107회

① 4차원 지적은 3차원 지적에 시간적인 사항을 추가하여 토지를 등록 관리하는 형태의 지적제도를 말한다.

② 시각적으로 표현한 4차원 도형은 3차원에 투영된 실제 도형의 그림자를 구현한 것이라고 할 수 있다.

③ 지적에서 4차원은 토지의 특성과 소유관계 등 토지와 관련된 모든 사항을 지적공부에 실시간으로 정리할 수 있다.

④ 4차원 지적은 지적공부의 등록 사항에 관한 내용을 신속하고 정확하게 정리하고 변경된 연혁에 대해 쉽게 찾을 수 있도록 색인과 분석을 할 수 있다.

⑤ 지적은 네트워크를 통한 토지의 등록과 실시간으로 정보를 제공할 수 있는 안정성을 확보할 수 있다.

⑥ 토지관리의 공간계획 및 이용에 밀접한 관계가 있어 부동산과 관련된 예측과 분석을 할 수 있다.

1.3. 지적제도

1.3.1. 지적의 구성요소에 따른 분류

지적제도의 체계는 토지에 관한 정보의 수집, 처리, 공급과 관련한 일련의 연결부분을 말하며 가장 효율적인 지적제도는 어느 정도의 제약 내에서 투자된 비용과 노력이 최대한의 성과를 얻을 수 있도록 하는 것이 가장 좋을 것이다. 지적제도의 요소에는 외부 요소와 내부 요소로 크게 분류할 수 있다.

1.3.1.1. 외부 요소

외부 요소는 지리적 요소로 지적측량에 있어서 지형, 식생, 토지이용 및 기후 등이 경계점을 설정하는 데 있어서 적정한 위치와 표지의 형태 결정에 영향을 미친다.

(1) 법률적 요소

① 지적 제도의 운용에 있어서 경제성과 효율성을 유지하는 데 가장 큰 역할을 하는 것은 지적 관련법률이다.

② 지적제도는 효율적인 토지관리와 소유권보호를 목적으로 공시하기 위한 제도로서 국가적, 사회적 필요에 의한 그 등록이 강제되고 있다.

② 등기제는 권리변동의 효력발생요건을 갖추는 공시제도이다.

(2) 사회적 요소

① 한 나라에서 토지소유권의 제도는 토지의 모든 자료와 인적 관계의 자료를 보유하고 있으므로 다른 사람에게 정보가 누출됨으로 사생활의 비밀보장이 어려워 사회적, 정치적인 요소들로 인한 귀결이다.

② 사회적, 정치적, 경제적으로 받아들여져야 한다는 점과 그것이 사람들에게 신뢰성이 있어야 한다는 것이다.

1.3.1.2. 내부 요소

(1) 토지

① 지적제도는 토지를 대상으로 하여 성립하며 토지 없이는 등록 행위가 이루어질 수 없어 지적 제도의 성립이 될 수 없다.

② 토지는 지적제도의 기본적인 요소로 대한민국의 영토는 한반도와 그 부속 도서 내의 토지로써 국유지, 사유지, 세금을 부과, 부과할 수 없는 토지, 모두 지적의 대상이 된다.

(2) 등록

① 토지는 물리적으로 연속하여 전개되는 영구성을 가진 지표이다. 토지를 인위적으로 일정한 구획의 기준을 정하여 등록 단위를 정하고 필요한 사항을 등록하는 법률행위가 있어야 한다.

② 토지의 등록 단위를 필지라 하고 필지마다 소재지, 지번, 지목, 경계(또는 좌표), 면적, 소유자 등 지적공부에 기록하는 행위로 공정성과 통일성이 보장되어야 하므로 국가기관이 시행한다.

(3) 지적공부

① 토지를 구획하여 일정한 사항을 기록한 장부를 지적공부라고 한다.

② 지적공부는 일정한 형식과 규격을 법으로 정하여 토지의 변동 상황을 신속하게 정리하여 일반인에게 항상 정보제공을 원칙으로 반출을 금지한다.

1.3.2. 지적제도의 구성요소

출제(용) : 126회, (논) : 50, 75, 114, 131회

지적제도의 체계는 토지에 관한 정보의 수집, 처리, 공급과 관련된 부분으로 지적제도의 구성요소는 학자에 따라 다소 차이는 있으며 소유자·권리·필지 또는 토지·등록·공부를 3대 요소로 주장하는 학자도 있다.

1.3.2.1. 소유자·권리·필지

(1) 소유자

① 소유자(Person)는 토지를 소유할 수 있는 권리를 말하며 민법에는 당해 토지를 자유로이 사용·수익·처분할 수 있는 권리와 소유권 이외의 권리를 갖는 자를 말한다.

② 토지는 물리적으로 한 사람에게서 다른 사람에게로 이전될 수 없고, 실제로 조정되고 움직일 수 있는 것들과 같은 방식으로 소유될 수도 없다.

③ 소유자로 볼 수 있는 자는 자연인, 국가, 지방자치단체, 법인, 비법인사단, 재단, 외국인, 외국 정부 또는 국제기관을 포함한다.

④ 지적공부에 등록된 소유자에 관한 사항은 성명 또는 명칭, 주소, 주민등록번호이다.

(2) 권리

① 권리(Rights)란 토지를 소유할 수 있는 법적 권리를 의미하며 토지와 관련된 소유자들 간의 법적 관계를 포함한다.

② 권리는 토지에 대한 법적인 소유 형태와 권리관계를 나타내는 것으로 소유권과 기타 권리로 구분할 수 있다.

③ 소유권은 토지를 자유로이 사용·수익·처분할 수 있는 권리를 말한다.

④ 기타 권리는 저당권·지역권·사용권·지상권·임차권 등으로 구분할 수 있다.

⑤ 지적공부의 등록 사항은 취득 연월일, 등록 연월일, 소유권 지분 관계이다.

(3) 필지

① 필지(Parcel)는 법적으로 물권이 미치는 권리의 객체(Object)를 의미한다.

② 소유자가 같고 지반이 연속된 동일 성질의 토지로서 지적공부에 등록하는 토지의 등록 단위로 토지거래의 기초단위가 된다.

③ 토지를 주요 지형·지물 또는 경계표시 등에 의해 인위적으로 경계를 설정하여 지적측량으로 경계점의 위치를 지적공부에 등록하여 지번을 부여하는 단위를 말한다.

④ 지적공부의 등록 사항으로는 토지 소재, 지번, 지목, 경계, 면적 등이다.

⑤ 토지소유자를 등록할 때는 소유자의 주소와 주민등록번호 또는 외국인 등록번호, 사단이나 재단, 비법인 등에 대한 등록번호를 등록하여 전산처리에서 주민등록번호와 같은 식별코드가 되도록 하였다.

1.3.2.2. 토지·등록·공부

토지·등록·공부를 3대 구성요소로 보는 경우 지적제도는 토지 없이는 등록 행위가 이루어질 수 없고 지적제도의 성립이 될 수 없다.

(1) 토지

① 토지는 지적제도의 기본적인 요소로 대한민국의 영토는 한반도와 그 부속 도서(島嶼)이다.

② 국유지, 사유지, 세금을 부과할 수 있는 토지나, 부과할 수 없는 토지 모두 지적공부의 등록 대상이다.

③ 토지는 물리적으로 연속하여 전개되는 영구성을 가진 지표로 토지를 행정적 또는 사법적 목적에 의해 인위적으로 구획된 토지의 단위 구역을 법적으로는 등록의 객체가 되는 일필지를 의미한다.

(2) 등록

① 지적은 국가의 토지자원 관리를 위한 하나의 도구로서 통치권이 미치는 범위 내에 있는 육지는 물론 영해에 있는 섬도 그 규모의 크기와 관계없이 모두 지적의 등록 대상이 된다.

② 등록 내용은 토지의 소재지·지번·지목·경계·좌표·면적·소유자 등 지적공부에 기록하는 행정의 공정성과 통일성이 절대적으로 보장되어야 한다.

③ 등록은 토지에 대한 사실이나 권리관계를 공적 장부에 절차와 형식을 갖추어 기재하는 법률행위로서 지적을 구체화하기 위한 하나의 수단이라고 할 수 있다.

④ 모든 토지는 등록이라는 수단을 통해 단순하고도 명확한 방법으로 개별화되어 다른 토지와 구별할 수 있도록 특정되는 것이다.

⑤ 토지의 등록 행위는 지적측량이라는 기술적 요소와 지적조사라는 행정적 요소가 유기적으로 작용하여 결정된 사실들을 기초로 이루어진다.

(3) 지적공부

① 토지를 구획하여 일정한 사항을 기록한 장부를 지적공부라고 한다.

② 지적공부는 전 국토의 모든 토지의 위치, 이용 상황, 면적, 경제적 가치, 소유자 등에 관한 사항을 구체적이고 실질적인 정보들을 등록하고 있으므로 가장 광범위하게 활용되는 국가의 공부이다.

③ 지적공부는 행정기관이 그 행정을 수행하기 위해 지적측량과 지적조사로 결정된 사항들을 법률 규정에 적합하게 등록하여 공시하는 국가의 공적 장부이다.

④ 지적공부는 표현하는 방식에 따라 대장형식, 도면형식, 파일형식 등 3가지로 구분된다.

1.3.3. 다목적지적 제도

출제(논) : 62, 87, 113, 114회

지적제도는 동서양을 막론하고 초기에는 토지과세를 위한 세지적에서 시작하여 그 후 토지소유권 보호를 목적으로 한 법지적으로 발달해 왔다. 필지단위 정보를 종합적으로 등록, 갱신하여 지속해서 유지 관리하며 토지관련 정보를 다양하게 제공하는 종합토지정보시스템이라고 할 수 있다. 최근에 국제학회 등에서 가장 활발히 논의되고 있는 다목적지적은 지리학적 위치측정의 기초이며 토지와 관련된 기술적·법률적·재정적·경제적 정보의 기본이 된다.라고 하였다.

1.3.3.1. 다목적지적의 구성요소

다목적지적 제도의 5대 구성요소는 측지기준망, 기본도, 지적중첩도, 필지 식별번호, 토지자료 파일로 분류하며, 측지기준망, 기본도, 지적중첩도를 다목적지적 제도의 3대 구성요소라고도 한다. 구성요소는 토지에 관한 종합적인 정보를 필지별로 지속해서 지원하게 되는 토지정보체계를 의미하며 실제로 각국의 사정에 따라 다양하게 구성 이용되고 있다.

(1) 측지기준망

① 측지기준망(Geodetic Reference Network)은 토지의 경계선과 관련 자료 및 지형 간에 상관관계를 맺어주고 지적도에 등록된 경계선을 현지에 복원할 수 있도록 정확도를 유지할 수 있는 기준점 표지의 연결망을 말한다.

② 기준점을 매설하여 영구적으로 관리하여야 한다.

③ 지적측량에 이용되는 측지기준망은 서로 관련 있는 모든 지역의 기준점은 통합된 Network이어야 한다.

④ 지역별로 특수한 목적을 위하여 설정한 지방좌표체계도 전국 단위로 통합되어야 하며 나아가 전 세계적으로 통합되어야 할 것이다.

(2) 기본도

① 기본도(Base Map)는 측지기준망을 기초로 하여 작성된 지형도로서 지도작성에 필요한 기본적인 정보를 일정한 축척의 지도에 등록한 도면을 말한다.

② 변동 사항이 있을 때마다 변경 정리하고 최신화(Update)하여 특정한 자료를 추가하여 수록할 수 있는 기본도면으로 활용되어야 한다.

(3) 지적중첩도

① 지적중첩도(Cadastral Overlay)는 측지기준망 및 기본도와 연계하여 활용할 수 있다.

② 토지소유권에 관한 경계를 식별할 수 있도록 토지의 등록 단위인 필지를 획정하여 등록한 지적도와 시설물, 토지이용, 지역지구도 등을 결합한 상태의 도면을 말한다.

③ 전국적으로 통일성 있게 지적 표준규정에 의거 작성하여 기본도 위에 중첩할 수 있어야 한다.

(4) 필지식별번호

① 필지식별번호(Unique Parcel Identification Number)는 각각의 필지 등록 사항의 저장과 수정 등을 쉽게 처리할 수 있는 가변성이 없는 고유번호를 말한다.

② 필지별 대장과 도면의 등록 사항을 연결하게 하며 기타 토지자료 파일과 연계하거나 검색하는 등 필지에 관련된 모든 자료의 공통적 색인번호의 역할을 한다.

③ 필지식별번호는 토지에 대한 평가, 과세, 거래, 이용계획 및 기타 토지 관련 정보를 등록하고 있는 각종 대장과 파일 간의 정보를 연결하거나 검색하는 기능을 크게 향상해 주고 있다.

④ 필지식별번호는 토지의 평가, 토지의 과세, 토지의 거래, 토지의 이용계획, 각종 정보의 검색 기능에 활용할 수 있다.

(5) 토지자료 파일

① 토지자료 파일(Land data File)은 토지에 관한 정보의 검색이나 다른 자료철에 보관된 정보를 서로 연결하기 위한 목적으로 만들어진 필지식별번호가 포함된 일련의 공부 또는 자료 파일을 말한다.

② 토지자료 파일(Land Data File)은 과세대장, 건축물 관리대장, 천연자원 기록, 시설물 등 토지 관련 자료를 등록한 대장을 뜻하며 필지식별번호는 상호정보 교환과 자료검색이 가능하게 된다.

1.3.3.2. 다목적지적의 특징

① 토지보유 및 토지가격정보, 다양한 필지 관계 정보를 기록·보관·제공하기 위하여 고안된 것이다.
② 소유토지 단위를 토지정보의 공간적 기본단위로 사용한다.
③ 소관청은 정보보급 및 정보시스템의 핵심적 기본단위이다.
④ 종합적인 토지관계정보를 뒷받침하는 운용상으로나 행정적으로 통합된 공공제도이다.

1.3.3.3. 다목적지적의 활용

① 토지이용에 필요한 도면의 작성과 정보를 다양하게 이용할 수 있다.
② 토지가치와 과세의 기준을 신속하고 정확하게 결정할 수 있다.
③ 가장 기본적인 일필지단위에 대한 위치정보와 속성정보를 유지·관리하는 데 편리하다.
④ 행정경계·도시경계·도시계획구역 및 기타 필지에 영향을 미치는 단위를 도면상에 표현할 수 있다.
⑤ 상·하수도, 가스, 전기, 전화 등의 지하시설물에 관련된 도면 제작 시스템을 사용하여 정확한 방법으로 도시정보에 대한 정보를 제공할 수 있다.
⑥ 홍수 및 재해 예상 지역의 조사로 예방조치와 비상 복구 활동 등과 수질의 오염 상태에 대한 정보를 제공할 수 있다.

1.3.4. 지적의 기본이념

출제(용) : 90회, (논) : 57, 72, 132회

지적에 관한 법률은 국가의 모든 영토에 대한 물리적 현황과 법적 권리관계 등을 등록·공시하기 위한 5대 기본이념으로 지적국정주의, 지적형식주의, 지적공개주의, 실질적심사주의, 직권등록주의 등이 있다. 일반적으로 지적국정주의, 지적형식주의, 지적공개주의를 지적의 3대 기본이념이라 한다.

1.3.4.1. 지적국정주의

출제(용) : 53, 113, 125회

지적국정주의는 국가에서 공적 장부를 통일적이고 획일적으로 등록하여 공시한다는 이념이다. 국가기관의 장인 시장·군수·구청장이 등록, 관리, 행정처분을 결정하는 것은 토지의 표시방법이 통일성·획일성·일관성이 있어야 한다.

(1) 법률적인 근거

① 공간정보의 구축 및 관리 등에 관한 법률

- 지상경계의 구분, 지번의 부여, 지목의 종류, 면적의 단위 등을 규정
- 지적공부의 보존, 지적공부의 등록 사항, 열람, 토지의 이동 신청 및 지적정리 등에 대한 규정
- 1975년 12월 31일 개정된 지적법은 24개의 지목을 규정하였으며 2001년 1월 26일 개정 지적법에서는 다양하게 세분화된 토지의 용도를 반영하기 위하여 28개의 종류로 구분하고 있다.

② 지적측량시행규칙

- 지적측량의 구분, 지적측량 실시 기준, 지적측량 방법에 대해 규정하고 있다.
- 측량준비도 또는 측량준비파일 작성, 기초측량의 지적삼각점측량, 지적삼각보조점측량, 지적도근점측량의 방법과 측량성과작성 절차에 대해 규정하고 있다.
- 지적확정측량과 경계점좌표등록부의 시행 절차 및 측량성과 작성 방법 등에 대해 규정하고 있다.

③ 지적재조사에 관한 특별법

- 지적재조사사업의 기본계획, 시도종합세획, 지적소관청의 실시계획 등을 규정하고 있다.
- 지적재조사측량 절차 및 방법과 경계 설정 기준, 경계결정 방법, 새로운 지적공부 등에 관한 사항을 구체적으로 규정하고 있다.

(2) 지적국정주의 특징

① 소유자의 신청이 없는 경우에도 국가가 직권으로 조사·측량하여 결정한다.

② 토지소유자의 신청이 있는 경우에도 국가가 결정한다.

③ 지적업무는 국가 고유업무이기 때문에 지적제도 창설 당시부터 지적국정주의를 채택하고 있다.

④ 지적의 등록 사항이 지역적으로 차이가 발생하지 않도록 통일적이고 체계적으로 등록하기 위해서이다.

⑤ 미국, 캐나다, 호주를 제외한 모든 국가에서 채택하고 있다.

⑥ 지적공부에 등록하는 주체를 법률에서 국가로 규정하고 국가가 적극적이고 능동적으로 모든 토지를 조사 측량하여 의무적으로 등록하는 제도이다.

(3) 국가가 결정하는 이유

① 국토의 모든 토지를 지적공부에 등록하여야 한다는 적극적 등록주의를 채택한다.

② 새로이 등록할 토지가 발생하거나 등록된 토지에 이동사항을 발견하면 소유권, 기타 신청권자의 신청이 없더라도 국가가 직권으로 실지와 일치하게 지적공부에 등록하는 직권등록주의를 채택한다.

③ 지적업무는 국가업무로 지역별로 면적결정 기준이나 지적공부의 형식이 다르면 거래 안전을 신뢰할 수 없으므로 등록 사항의 결정과 운영 방법에 통일성이 있어야 한다.

④ 등록 사항은 공신력이 있어야 하고 토지표시의 결정은 조사나 측량 방법에서 통일된 법률에 근거하여 처리가 필요하다.

1.3.4.2. 지적형식주의

지적형식주의는 한 국가의 모든 영토를 필지단위로 지번, 지목, 경계 또는 좌표와 면적 등을 결정하여 지적공부에 등록·공시해야만 공식적인 효력이 인정된다는 이념이다. 일정한 형식을 갖추어 지적공부에 등록·공시하여야만 제삼자로부터 보호를 받고 소유권을 인정받게 된다는 원칙이다.

(1) 지적형식주의 근거

① 지적공부는 대장과 도면으로 구분할 수 있다.

② 대장에는 토지대장, 임야대장, 공유지연명부, 대지권등록부에 토지표시 사항과 소유권 표시사항, 기타 사항으로 구분하여 등록하고 있다.

③ 지적도면은 지적도와 임야도로 구분하여 등록하고 토지의 소재, 지번, 지목, 경계를 등록하여 열람 공시하고 있다.

④ 경계점좌표등록부는 토지개발사업 및 농경지 사업, 지적재조사사업으로 인한 새로운 지적공부를 작성하면서 일필지 경계를 좌표로 등록하여 대장과 도면의 기능을 할 수 있도록 등록공시하고 있는 지적공부이다.

(2) 특징

① 물권의 형상이 외부에서 인식될 수 있도록 일정한 형식에 등록하여 공시하는 것은 물권거래의 안전을 위하여 꼭 필요하고 일정한 형식인 지적공부에 등록하여야만 효력이 인정된다.

② 토지의 모든 권리의 행사는 지적공부에 등록하지 않고는 모든 법률상의 효력을 인정받지 못하는 것이다.

③ 지적공부에 등록된 사항을 근거로 토지등기부를 작성하고 있다.

④ 각종 토지정책의 입안 및 결정, 토지의 평가, 토지의 과세, 토지의 거래, 토지이용계획, 행정업무의 기초자료로 수행하면 형식적인 이념에 의한 공시 효력을 인정한다.

⑤ 적극적등록제도와 법지적을 채택하고 있는 나라에서 주로 적용하고 있다.

⑥ 우리나라를 비롯하여 스위스, 오스트리아, 호주, 네덜란드, 대만 등이 채택하고 있다.

1.3.4.3. 지적공개주의

지적공부에 등록된 사항은 토지소유자나 인접 토지소유자와 국민에게 신속·정확하게 공개하여 정당하게 이용할 수 있도록 한다는 이념이다. 토지이동이나 물권의 변동은 반드시 외부에 알려야 한다는 이념으로 소유권, 기타 물권에 대하여도 제삼자로부터 보호를 받고 배타적인 소유권의 인정을 받으려면 공시하여야 한다는 것으로 공시의 원칙이라고도 한다.

(1) 특징

① 토지(임야)대장 등본, 지적(임야)도 등본을 이용하여 금융기관의 담보서류 제출과 건축물·개간·산림 훼손·토지형질 변경·농지전용허가 등 토지와 관련된 각종 인허가에 따른 민원서류로 첨부하고 있는 것도 공개주의에 포함된다.

② 토지에 대한 경계분쟁이 발생하면 지적도·임야도·경계점좌표등록부에 등록된 경계 및 좌표에 의거 경계를 현지에 복원하고 민원 및 토지에 대한 분쟁의 해결을 실현하는 수단이라고 할 수 있다.

③ 국가의 경제·과세 정책 및 사회발전은 물론 각종 토지정책의 기초자료로 활용할 수 있도록 정보를 제공하는 기능을 한다.

(2) 지적공부 공시방법

① 지적공부를 열람하거나 등본에 의하여 외부에서 알 방법으로 직접 등록 내용을 그대로 인정하는 행위라 할 수 있다.
② 지적공부에 등록된 사항을 현지에 복원하여 등록된 결정 사항을 지상에 표시하는 방법으로 경계복원측량 등이 이에 해당한다.
③ 지적공부에 등록된 사항과 실지 상황이 일치하지 않을 때 실지 상황에 따라 변경 등록하는 방법이다.

1.3.4.4. 실질적심사주의

① 새로이 지적공부에 등록하는 사항이나 기존에 등록된 사항의 변경 등록은 국가기관의 장인 시장, 군수, 구청장이 법령에서 규정한 절차상의 적법성과 사실관계 부합 여부를 심사하여 지적공부에 등록한다는 이념으로 사실적심사주의라고도 한다.
② 지적공부에 등록된 토지의 현황이 변경된 때에는 소유자의 신청이 없더라도 소관청이 이를 직권조사·측량하여 지적공부의 등록 사항을 실제 현황과 부합되도록 변경 정리할 수 있다.
③ 측량성과는 반드시 소관청이 그 정확 여부에 대한 검사를 시행하여야 한다.
④ 합병·지목변경 등 토지의 이동 신청이 있는 때에는 소관청이 조사하여 사실을 확인한 후에 지적공부를 정리하여야 한다.
⑤ 인허가 부서에서 관계법령에 따라 원상회복 조치를 하거나 허가 또는 양성화 등 합법적으로 처리한 후에 그 결과에 따라 지적공부를 정리하여야 한다.

1.3.4.5. 직권등록주의

출제(용) : 50, 68, 129회

직권등록주의는 국가의 모든 영토를 필지단위로 구획하여 국가기관의 장인 시장·군수·구청장이 강제적으로 지적공부에 등록·공시하여야 한다는 이념으로 등록강제주의 또는 적극적 등록주의라고도 한다.

(1) 법률적 근거

① 1950년 제정 지적법(1950.12.1. 법률 제165호)에서 최초로 채택하였다.

② 제정 지적법 제37조 제2항 본법 시행으로 인하여 새로이 지적공부에 등록하여야 할 토지의 이동정리는 본법 시행일로부터 3년 이내에 하여야 한다.

③ 1975년 지적법 전문개정 당시에 토지의 이동이 있는 경우에는 토지소유자의 신청에 따라 소관청이 지적공부의 등록 사항을 결정하고 신청이 없는 때에는 직권으로 조사·측량하여 등록하도록 개정하여 더욱 강화된 이념이다.

④ 2010년 미등록 도서의 조사 및 지적공부등록 지침을 제정하여 미등록 도서 조사와 지적공부 등록을 위한 방법 및 절차에 관하여 필요한 사항을 정함을 목적으로 한다.

⑤ 현재 시행되고 있는 공간정보의 구축 및 관리 등에 관한 법률 제64조 토지소유자의 신청이 없으면 지적소관청이 직권으로 조사·측량하여 결정할 수 있다.

(2) 특징

① 소유자가 신청하여 등록하여야 할 의무를 시행하지 않을 때는 직권으로 조사하여 등록할 수 있다.

② 누락된 토지나 잘못된 정보를 정확하게 등록하여 공시할 수 있다.

③ 토지의 소유권이 불명확할 경우 직권으로 등록함으로써 분쟁을 예방할 수 있다.

④ 지적공부 미등록한 토지를 발견한 때에는 직권으로 조사·측량하여 지적공부에 새로이 등록하여야 한다.

⑤ 직권등록주의는 공공재산의 보호와 효율적인 토지관리를 위해 필요하다.

(3) 직권등록주의 적용

① 1960~1970년대에는 제정지적법 제37조에 해당하는 도로·구거·하천 등 미등록 토지를 일제히 조사하여 등록함으로써 직권등록주의 이념을 실행하였다고 할 수 있다.

② 1980년대 초에는 미등록 도서를 일제 조사하여 등록함으로써 직권등록주의 이념을 실현하였다.

③ 2010년 미등록도서 조사와 지적공부 등록을 전국적으로 시행하였다.

④ 최근에는 무인 도서의 이용 상태와 환경 등을 조사하는 실태조사를 시행 중으로 지리적 고립성, 접근성 미흡 등을 해결하기 위한 현대적 조사 기술을 도입해 무인 도서 관리의 실효성을 높이고자 추진 지적공부에 직권등록을 추진하고 있다.

1.3.5. 지적의 역할

출제(논) : 62회

지적의 역할은 지적에서 하는 모든 역할과 활동을 의미하는 것으로 지적 자체만의 활동은 지적이 지닌 특성에 따라 다양하게 이루어지고 있다. 토지의 효율적인 관리와 국민의 토지소유권 보호 등을 위해 행정적·사회적 측면과 관련되어 중요한 역할을 담당하고 있으며, 토지등기, 토지평가, 세금부과, 토지거래, 토지이용계획, 주소 표기의 기준에 관한 역할을 하고 있다.

(1) 토지등기의 기준

출제(논) : 96회

① 지적공부에 등록한 후 토지대장과 임야대장의 등록 사항을 기초로 토지에 대한 등기부를 개설하는 "선등록 후 등기원칙"을 채택하고 있으므로 지적은 토지등기의 기준이 되는 역할을 하는 것이다.

② 토지는 지리적 위치의 공간적 개념을 가지고 있으므로 사실 상태와 권리관계를 공시하지 않으면 토지에 대한 소유권보호 및 거래 활동에 안전을 보장할 수 없다.

③ 지적은 법률을 근거로 토지를 지적공부에 등록하며, 그 토지등록은 법적 효력을 가지게 되어 공적 확인 자료로서 공시 기능이 있으므로 이를 통하여 등기부가 창설되었다.

④ 등기 제도는 국가기관이 법정 절차에 따라서 등기부라는 공적 장부에 부동산의 표시, 부동산에 관한 권리관계를 기재하는 것과 부동산에 대한 물권을 공시하는 제도를 말한다.

⑤ 우리나라는 토지등록제도가 지적과 등기로 이원화되어 서로 상호 보완과 의존적인 불가분의 관계를 맺고 있다.

⑥ 모든 토지는 지적공부에 일차적으로 등록한 후 이를 근거로 토지등기가 이루어지는 것이다.

(2) 토지평가의 기준

① 토지평가 제도는 지적공부에 등록한 사항을 기준으로 토지를 평가하는 "선 등록(先 登錄) 후 평가원칙(後 平價 原則)"을 적용한다.

② 토지평가는 지방세법에 필지별로 지적공부에 등록된 지목 또는 토지 등급을 설정하고 이를 토지대장과 임야대장에 등록하도록 규정되어 있다.

③ 토지 감정평가는 토지의 경제적 가치를 판정하여 그 결과를 화폐단위의 금액으로 표시하는 것으로서 토지의 합리적 손실보상, 토지거래의 적정한 가격산정, 토지의 공평한 세금 부과·징수 등을 위하여 필요하다.

④ 모든 토지는 지적공부에 등록된 필지를 단위로 기준지가를 결정하고 토지 등급과 기준 수확량 등급을 설정하여 토지에 대한 평가, 과세 수확량 추정, 토지거래, 손실보상 등의 기초자료로 활용하고 있다.

(3) 세금부과의 기준

① 토지과세제도는 모든 토지를 지적공부에 등록한 사항을 기준으로 토지에 과세하는 "선 등록 후 과세 원칙"이 적용된다.

② 토지의 세금을 효율적으로 관리하기 위한 과세기준이 공평하여야 하므로 지적공부에는 토지의 면적과 토지의 가치를 산정할 수 있는 토지 등급이 등록되어 있다.

③ 지방세의 부과 기준이 되는 토지 등급이나 기준수확량 등급은 토지대장 또는 임야대장에 등록하고 과세행정청은 이를 기초로 과세 행정을 수행하고 있다.

④ 종합토지세는 지적공부에 등록된 모든 토지를 대상으로 하며, 소유자별로 전국의 모든 토지를 합산하여 세금을 부과하는 것이므로 전산화되어 있는 지적을 기초자료로 활용하고 있다.

(4) 토지거래의 기준

① 토지거래제도는 모든 토지를 먼저 지적공부에 등록한 후 그 등록 사항을 토대로 토지에 대해 거래하는 "선등록 후거래 원칙"을 채택한다고 할 수 있다.

② 토지거래제도에서 토지표시사항은 지적공부에 등록된 사항을 기초자료로 이용하고 소유권에 관한 사항은 토지등기를 기초자료로 활용하고 있다.

③ 토지거래는 수요와 공급의 시장원리에 의해 나타나는 현상으로서 매매·교환·임대 등과 같이 거래 활동은 부동산중개사 또는 개인 당사자들에 의해서 이루어진다.

④ 지적공부에 등록된 사항은 토지거래에 필요한 기초정보를 제공하는 중요한 기능을 담당하고 있다.

⑤ 지적공부에 등록된 면적과 경계는 토지거래의 기준으로서 면적에 따라 거래가격이 결정되고, 경계에 의해 소유권의 한계가 밝혀지는 것으로 정확성이 요구되고 있다.

(5) 토지이용계획의 기준

① 토지이용계획 제도는 모든 토지를 먼저 지적공부에 등록한 사항을 토대로 토지에 대한 이용계획을 입안 집행하는 "선 등록 후 이용계획"을 적용한다.

② 토지이용계획 확인서는 용도 지역·지구, 토지거래규제 지역, 도시계획시설 등을 표시한 것으로써 토지에 대한 여러 가지 정책적 규제 및 이용 사항을 확인하게 된다.

③ 토지이용계획을 수립할 때는 토지이용현황에 대한 자료조사와 분석이 필요하며 토지이용조사 항목에는 지목·지형·식생·시설·인구 등이 기본적으로 포함된다.

④ 토지이용을 분류하는 기준으로 법률에 규정된 28개 종목의 지목을 이용하며 토지에 대한 일필지의 규모, 형상, 방향, 도로와의 관계, 토지 등급, 공시지가 등은 지적공부를 기초로 조사가 이루어진다.

⑤ 토지이용계획은 그 계획안이 궁극적으로 도면상에 표현되어야 하므로 지적도 및 임야도는 개별 필지에 대한 토지이용계획 안을 작성하는 데 필요한 기본도이다.

(6) 주소 표기의 기준

① 주민등록제도는 모든 토지를 지적공부에 등록한 사항을 토대로 주소를 설정하는 "선 등록 후 주소 설정 원칙"을 적용한다.

② 법률 규정으로는 "민법 제18조에는 생활의 근거가 되는 곳을 주소로 한다."로 규정되어 있다.

1.3.6. 지적의 일반적 기능

출제(논) : 63, 74, 87, 113, 122, 131, 135회

지적의 일반적 기능으로는 사회적 기능, 법률적 기능, 행정적 기능으로 나눌 수 있다. 사회적 기능은 지적정보가 사회의 다른 자료들과 연계하여 활용할 수 있는 기능이다. 법률적 기능은 토지거래의 안전을 위하여 모든 토지를 지적공부에 강제 등록하도록 법률로 정하고 있다. 행정적 기능은 지적이 공공행정을 위한 자료의 기능을 하게 된다.

1.3.6.1. 사회적 기능

① 지적은 전국의 모든 토지를 측량하여 지적공부에 국가가 정확하게 등록한다.

② 지적공부상 필지별로 정확하게 등록함으로써 분쟁의 소지를 없애야 한다.

③ 토지소유권 행사의 지장 및 토지거래의 불공정으로 사회적 혼란이 초래된다.

④ 토지에 관련된 소송에서 국가나 개인에 대한 시간과 경비를 절감할 수 있다.

⑤ 공정한 거래를 위하여 실지의 토지와 지적공부가 일치하여야 한다.

⑥ 지적은 정확하게 토지를 등록하여 완전한 공시 기능을 확립함으로써 사회적으로 토지문제를 해결하는 데 중요한 기능을 한다.

⑦ 근본적 목적은 일반적으로 세금부과를 위한 목적과 토지의 소유권에 대한 법적 권리의 등록을 위한 것이었다.

⑧ 사회적으로 토지문제를 해결하는 데 중요한 기능을 한다.

1.3.6.2. 법률적 기능

지적의 근본적 목적은 일반적으로 세금부과를 위한 목적과 토지의 소유권에 대한 법적 권리의 등록을 위한 것이었다. 지적의 형태는 국가마다 역사적 발전 정도에 따라 조금씩 다르다고 할 수 있다. 법률적 기능은 사법적 기능과 공법적 기능으로 나눌 수 있다.

(1) 사법적 기능

① 토지의 소유권에 관한 권리를 명확하게 하기 위해서는 명확한 토지표시를 함으로써 거래당사자가 손해를 보지 않도록 하는 것이다.

② 개인 사이의 토지거래에서 편리하며 경비의 절감이나 거래의 안전성을 갖게 한다.

③ 토지거래의 안전과 신속·정확하게 거래를 보장하는 중요한 기능을 공시하는 제도이다.

(2) 공법적 기능

① 공법적으로 보면 토지를 지적공부에 등록함으로써 법률적 효력을 갖게 되고 공적인 자료가 되는 것이다.

② 적극적 등록주의에 따라 모든 토지는 지적공부에 강제로 등록하도록 규정하고 있다.

③ 지적의 등록은 공권력에 의해 결정함으로써 토지표시의 공신력과 국민의 재산권 보호 및 정확한 정보의 기능을 갖는다.

④ 토지등록 사항의 신뢰성은 거래자를 보호하고 공신력이 있는 정보로서 그 기능을 높이기 위한 것으로써 공법적 기능의 역할을 한다.

⑤ 지적도는 가장 대축척의 지도라는 특성을 보여 국토의 효율적인 관리를 위한 공법적 기능으로서 역할을 한다.

⑥ 지적자료는 전 국토의 대부분 토지에 대해 소유자와 이용 형태, 지리적 위치, 면적, 가격 등 기본적인 사항을 수록하고 있다.

1.3.6.3. 행정적 기능

① 지적제도의 역사는 과세를 목적으로 시작되는 행정의 기본이 되었다.

② 토지와 관련한 과세를 위한 평가와 부과 징수를 편리하게 하는 수단으로 사용되었다.

③ 지적은 공공기관과 지방자치단체의 행정자료로서 공공계획 수립을 위한 기술적 자료로 활용된다.

④ 기타 공공행정을 위한 자료로 거주지 표시, 농업통계, 과세자료, 주민등록번호, 의료행정, 토지평가, 기업에 관한 통계 등의 자료로 활용된다.

⑤ 건물의 신축이나 개축, 증축 등의 자료로 활용되며 도시계획 등 각종 공사에 필요한 자료로 활용된다.

⑥ 최근에는 토지의 정책 자료로서 다양한 정보를 제공할 수 있도록 토지정보시스템을 구성하고 있다.

⑦ 우리나라의 지적제도는 필지를 중심으로 다량의 정보를 실시간으로 제공할 수 있도록 KLIS를 구축하였다.

1.3.7. 지적업무의 특성

출제(논) : 126, 135회

지적은 제도적으로 전 국토를 등록·공시하는 지적 업무는 국가 고유업무로 등록 사항은 공신력이 있어야 하고 공권력에 의한 처리가 불가피하다. 측량 방법은 국가가 법률로 규정하고 있다. 지적은 토지의 기록으로서 행정적·기술적 행위가 종합적으로 성립되어 다양한 특성이 있으며, 그 특성은 역사성, 공개성, 전문성, 안전성으로 나누어지고 있다.

1.3.7.1. 역사성

① 지적은 토지에 대한 변화자취를 기록하고 오랫동안 커다란 변화 없이 계속 유지되는 것으로 역사적이며 영구적인 특성이 있다.

② 지적은 토지에 대한 최초의 기록을 그대로 유지하면서 필요한 사항은 언제든지 정리할 수 있도록 되어 있다.

③ 하나의 필지가 둘 이상의 필지로 나누어져 토지의 크기가 달라지고, 토지의 용도와 권리가 변경되는 것을 계속 정리하여 과거부터의 흔적을 찾아볼 수 있도록 하고 있다.

④ 지적은 제도적으로 국가가 토지에 대한 세금을 효율적으로 관리하기 위해 만든 세지적에서부터 출발하여 법지적으로 발전되고, 이를 바탕으로 다목적지적을 추구하고 있는 것이 역사적 변천 과정이다.

⑤ 지적의 창설은 막대한 국가 예산의 투입과 오랜 기간에 걸쳐 완성되는 것으로서 근대 지적제도가 창설된 이후 110여 년이 지난 오늘날까지도 커다란 변화 없이 계속 유지관리 되고 있다.

⑥ 지적공부를 지적서고에 영구히 보존토록 하고, 천재·지변 등의 재난을 피하고자 필요한 경우를 제외하고는 지적공부를 시군구의 청사 밖으로 반출될 수 없도록 하며, 지적공부의 화재·도난·파손 등 위험이 없도록 지적서고 관리를 철저히 하고 있다.

1.3.7.2. 공개성

① 지적은 지적공부에 등록된 기록을 변경하거나 여러 사람에게 이익이 될 수 있게 하려고 개방하는 것으로 공개적인 특성이 있다.

② 지적공부의 등본발급과 열람의 경우도 민원인의 신청에 따라 이루어지므로 민원과 밀접한 관계를 맺는 특성이 있다.

③ 지적도에 등록된 필지의 경계를 지상에 표시하는 것 등은 지적공개주의 원칙에 따르고 있다.

④ 지적은 정확하게 토지를 등록하여 완전한 공개 기능을 확립하여 국민의 토지소유권을 보호하고 공신력 있는 토지정보 데이터로서 항상 국민이 자신의 토지관리에 참여할 수 있도록 보장되어야 한다.

1.3.7.3. 전문성

지적공부에 등록되는 토지의 소재·지번·지목·면적·소유자·경계 및 좌표 등은 정확한 토지조사와 지적측량으로 결정하며, 결정 내용은 정해진 형식에 맞추어서 기록하고 표현한다. 토지조사와 지적측량 작업은 행정적·법률적 전문지식과 고도의 측량 및 전산기술 등을 갖추어야만 할 수 있다.

(1) 기술적 전문성

① 지적 전산시스템의 운용 및 이용에 관한 전문지식이 필요하다.

② 토지의 면적과 경계 및 좌표를 결정하기 위하여 시행하는 지적측량과 측량성과에 의한 도면의 정리는 신속하고 정확한 고도의 기술이 필요하다.

③ 지적은 토지에 관한 자료를 조사하여 기록하고 토지의 형태를 측량하여 도면으로 정확하게 표현하는 것으로서 전문적이며 기술적인 특성이 있다.

④ 국가기술자격법에 따른 지적 분야 기술계 및 기능계 자격증을 취득한 사람만 지적측량 업무에 종사할 수 있으며, 지적 사무를 담당하는 공무원으로 임용될 수 있다.

(2) 법률적 전문성

① 토지를 등록하고 공시하기 위한 법률은 지적법, 부동산등기법, 측량법 등이 있다.

② 토지를 지적공부에 등록하는 절차와 이에 따르는 지적측량 및 그 정리에 관한 사항 등을 규정한 지적에 관한 법률은 실체법적 성격을 지닌 절차법이며, 임의법적 성격을 지닌 강행법의 성격을 띠고 있다.

③ 지적에 관한 법률은 토지등기·토지평가·토지과세·토지거래·토지이용계획 등에 관련되는 여러 가지 법률과 상호 관련되어 운영하므로 이에 대한 법률적 전문지식이 있어야 한다.

(3) 행정적 전문성

① 지적은 행정기관이 행하는 국가 사무로서 지적공부의 보존·관리 및 지적측량기준점의 관리 등의 지적관리 행정이 있다.

② 토지의 이동신청과 지적공부 열람 및 등본 발급 등의 민원 행정, 국토정보 데이터베이스의 관리 및 정보제공 등이다.

③ 지적측량 대행 기관의 지도·감독 등을 능률적으로 수행하기 위한 행정적 전문지식이 있어야 한다.

1.3.7.4. 안전성

① 토지는 국가와 국민의 중요한 재산으로서 이에 대한 여러 가지 현상의 기록은 정확성과 신뢰성을 갖추어야 가치가 있는 것이다.

② 행정적·기술적 지적 사무는 법률에 따라 토지를 정확하게 등록하고 공시되므로 신뢰성이 있으며, 이를 이용한 토지 활동의 기초적 정보는 안전성을 가지고 있다.
③ 지적을 등록하는 측면에서는 정확해야 하고, 사용자 측면에서는 신뢰할 수 있는 자료로서 안전성이 추구되는 것이다.

1.3.7.5. 통일성

① 지적사무의 운영은 지적공부에 등록하는 면적 단위, 지목 구분, 측량 방법 및 절차, 지적공부 정리 방법 등 지적사무 전반에 관한 사항을 법률로 규정하고 있다.
② 전국적으로 표준화하여 통일성과 획일성을 유지할 수 있도록 하는 것이 그 특징이다.
③ 지적의 통일성, 획일성과 관련된 대법원 판례는 "경계침범 여부가 문제 되어 지적도상의 경계를 실지에 복원하기 위하여 실시하는 경계복원측량은 등록할 당시의 측량 방법과 같은 방법으로 하여야 하는 것"이라고 하고 있다.

1.3.8. 지적 업무의 위임과 위탁

출제(논) : 113, 135회

1.3.8.1. 위임과 위탁

(1) 위임

① 위임이란 원(原) 권한자인 행정기관의 권한의 일부를 그 보조기관 또는 하급행 정기관의 장이나 지방자치단체의 장 등 그의 지휘 계통에 속하는 하급기관에 맡기는 것을 말한다.
② 중앙 정부 또는 상위 행정기관이 자신의 법적 권한 일부를 하급 행정기관이나 소속기관에게 이양하는 것을 의미하며, 위임받은 기관은 그 권한을 독립적으로 행사할 수 있다.

(2) 위탁

① 위탁이란 원 권한자로부터 독립되어 있는 다른 행정기관의 장에게 그 권한을 맡기는 것을 말한다.
② 사무의 민간위탁이란 사무의 수탁자가 행정청이나 지방자치단체가 아닌 법인, 단체나 개인이 되는 경우, 즉, 행정기관이 아닌 민간이 되는 것을 말한다.

③ 민간 위탁은 공공의 행정업무 중 일부를 민간 부문에 임시로 이양하는 것을 말하며, 이 경우 민간 기관이나 개인은 해당 업무를 독립적으로 처리하면서 그 결과에 대한 책임을 진다.

1.3.8.2. 지적 업무의 위임과 위탁의 근거

① 헌법 제96조에서는 "행정각부의 설치 조직과 직무 범위는 법률로 정한다."고 규정하고 있다.

② 실현하기 위해 「정부조직법」 제2조제1항에서 "중앙행정기관의 설치와 직무 범위는 법률로 정한다."고 규정하고 있다. 이를 '행정조직 법정주의(法定主義)'라고 한다.

③ 「행정권한의 위임 및 위탁에 관한 규정」에 따라 권한을 위임, 위탁하는 경우가 있으나, 일반적인 위임, 위탁의 법체계를 혼란시킬 수 있으므로 위임, 위탁에 관한 사항은 원칙적으로 개별 법률 및 시행령에서 직접 규정하도록 하고 있다.

(1) 위임 근거

① 공간정보의 구축 및 관리 등에 관한 법률에 관한 전반적인 규정은 국토교통부장관의 권한은 그 일부를 소속 기관의 장, 시·도지사, 대도시 시장 또는 지적소관청에 위임할 수 있다.

- 측량기기 성능검사의 실시
- 한국국토정보공사의 측량기기 성능검사에 대한 실태점검 및 시정명령

② 공간정보의 구축 및 관리 등에 관한 법률 시행령 및 시행규칙에 관한 전반적인 규정

③ 지적측량시행규칙에 관한 전반적인 규정

④ 지적업무처리규정, 지적재조사측량규정, 지적재조사에 관한 특별법,GNSS에 의한 지적측량규정, 지적확정측량규정 등에서 규정한 내용

(2) 위탁 근거

① 「공간정보의 구축 및 관리 등에 관한 법률」의 위탁 내용

- 연속지적도의 관리·정비 및 연속지적도 정보관리체계의 구축·운영에 관한 업무를 대통령령으로 정하는 법인, 단체 또는 기관에 위탁할 수 있다.
- 국토교통부장관, 시·도지사, 대도시 시장 및 지적소관청으로부터 위탁받은 업무에 종사하는 한국국토정보공사, 「공간정보산업 진흥법」 제24조에 따른 공간정보산업협회 또는 비영리법인의 임직원은 「형법」 제127조 및 제129조부터 제132조까지의 규정을 적용할 때에는 공무원으로 본다.

② 「지적재조사에 관한 특별법」의 위탁 내용

- 지적소관청은 지적재조사사업의 측량·조사 등을 책임수행기관에 위탁할 수 있다.
- 책임수행기관에 지적재조사사업의 측량·조사 등을 위탁한 때에는 지적재조사 측량에 관한 사항을 공보에 고시해야 한다.
- 책임수행기관은 지적재조사측량성과의 검사에 필요한 자료를 지적소관청에 제출해야 한다.

1.3.9. 외국의 지적제도

출제(논) : 50, 89회

1.3.9.1. 네덜란드

출제(논) : 62회

네덜란드의 최초 지적조사는 프랑스의 주관하에, 토지에 대한 과세를 목적으로 1811년에 착수하여 1832년에 토지대장과 지적도를 작성함으로써 세지적 제도로 출발하였으나 19세기 초기에 프랑스 영토였으므로 프랑스 법령에 의거 근대적 지적제도가 창설되었다.

(1) 지적제도의 특성

① 지적 및 공공등기청을 설치하여 운영하되 자체 수입에 의하며, 창설 당시에 등기와 통합된 상태로 출발하였다.

② 지적공부에 등록된 내용은 증서 등록제도(deed registration)와 소극적 지적제도(Negative Cadastre)를 채택하고 있다.

③ 지적 분야에서 선박과 항공기의 등기 업무도 담당하고 있다.

④ 공증인의 공증을 받은 문서는 법의 보호를 받고 있으며 문서의 사실 여부에 대한 책임은 공증인에게 있다.

(2) 지적 관련 법령

① 지적 관련 법령은 네덜란드의 민법(Burgerlijk Wetboek)과 지적법률(Cadaster Wet)로 구성되어 있다.

② 지적법률은 토지와 건축물을 포함한 부동산의 등록 공시와 관련된 부동산등록부·지적도·경지정리·도시계획·좌표망·대축척 지형도 작성 등에 관한 사항을 규정하고 있다.

(3) 지적행정조직

① 지적사무는 주택·도시계획 및 환경부의 지도 감독하에서 지적 및 공공등기청(Cadastre and Public Registers Agency)에서 관장하고 있다.

② 중앙과 시도 단위에 설치하여 2단계 지적행정체계로 운영하고 있으며 지방은 15개 시도별로 지방지적청을 설치하여 관장하고 있다.

③ 지적 및 공공등기청은 자율적으로 책임경영을 하며 예산의 집행과 편성은 자체 수입으로 운영하는 국가의 독립기관이다.

(4) 지적측량

① 지적측량은 지방 지적청에 소속되어 있는 공무원 신분으로 직접 측량을 시행하고 지적도면을 정리하는 업무를 담당하고 있다.

② 지적측량을 전담하여 수행할 수 있는 측량사 자격은 제도화되어 있지 않다.

③ 지적 및 공공등기청과 지방지적청은 토지 이동측량, 토지구획정리사업, 환지 및 청산 업무 등을 담당하고 있다.

④ 대규모 지역의 지적측량 업무는 외부 용역에 의한 항공사진측량 방법으로 처리하며 최근에는 인공위성을 이용한 GNSS 측량 방법으로 실시하고 있다.

(5) 지적공부

① 지적공부는 지적도, 대축척 지형도, 부동산등록부, 보조 대장으로 구성되며, 지적도는 프랑스와 같이 고립형 지적도(island map)의 형식을 채택하고 있다.

② 축척은 도시의 고밀도 지역은 1/500, 저밀도 지역은 1/1,000, 농촌의 고밀도 지역은 1/2,500, 저밀도 지역은 1/5,000등으로 구분하여 작성하고 있다.

③ 건물의 위치를 지적도에 등록·관리하고 있으며 대축척 지형도(1/1000, 1/2000)를 작성하여 기본도로 활용하고 있다.

④ 대축척 지형도의 등록 사항으로는 도로, 수로, 제방, 교량, 건물, 산림, 다년생 초목, 울타리, 담 등 지형적인 경계와 도로 명칭, 수로 명칭, 건물의 번호 등으로 하고 있다.

⑤ 부동산등록부의 등록 사항은 토지의 소재, 지번, 행정구역, 좌표, 면적, 구 지번과 새 지번과의 관계, 소유자의 성명, 종교, 생년월일, 직업, 배우자의 유무, 취득 일자, 양도 일자, 거래가격 등으로 하고 있다.

1.3.9.2. 독일

출제(논) : 75회

독일의 토지등록은 오랜 역사와 전통을 갖고 있으며 지적제도는 19세기에 세지적을 목적으로 출발하였으며 1934년 이후 공식적인 토지평가가 토지대장에 등록되었다. 독일은 통일되면서 국민의 이해 부족으로 많은 인력의 부족과 서독과 동독 지적제도의 지적담당 기관의 조화가 이루어지지 않아 어려움을 겪게 되었다. 토지 및 생산수단에 대한 사적 투자가들의 소유권이 인정되었으며 이러한 조치를 위해 통일 정부는 국유재산의 사유화와 재편성에 관한 법률을 제정하였다.

(1) 지적제도의 특성

① 지적제도는 행정부에서 등기 제도는 사법부에서 관리 운영하는 이원화 체제로 운영되고 있다.

② 주별로 적용하는 법이 지적법률 또는 지적 및 측량법 등을 주 단위로 입법하고 운영되고 있다.

③ 국영기업의 사유화 시행과 이에 따른 토지의 사적 소유로서 분배를 담당할 기관으로 신탁공사를 설립하여 모든 법률적·재정적 권리와 임무를 부여하였다.

④ 전국의 모든 토지와 건물을 포함한 부동산을 등록·관리하는 부동산 지적제도를 주 정부의 부담으로 추진하였다.

(2) 지적 관련 법령

① 지적업무는 주 정부에서 담당하며 지적제도의 구축과 측량을 위한 입법이 가능하도록 규정되어 있다.

② 지적 관련 법령은 각 주에 따라 민법과 지적법률, 토지측량법, 지적 및 측량법 또는 부동산등기법 등이다.

③ 지적 및 측량법은 필지의 표시와 측량, 지적, 측량 업무와 관할 특별규정, 수수료와 비용 등으로 구성되어 있다.

④ 측량법 시행령은 필지의 표시와 일시적인 표지의 설치, 지적의 시행, 행정 통치, 효력 발생 등의 조문으로 구성되었다.

⑤ 부동산등기법은 토지등기·등기사무소·토지소유권 등에 관한 사항을 규정하고 있다.

(3) 지적행정조직

① 각 주는 독립적인 성격을 가진 기관으로 입법, 행정기구, 재판권을 갖고 있으며 지적사무는 주정부 단위로 조직을 편성하여 담당하고 있다.

② 16개 주정부 중 10개 주 정부에서 내무부의 지적국 또는 지적 및 측량국 등에서 지적업무를 담당하고 있다.

③ 나머지의 주 정부는 재정부·경제기술부·건설측량부 등에서 관장하고 있다.

④ 독일은 주마다 주 측량사무소(State Survey Office) 및 지적사무소(Cadastral Offices)를 설치하여 운영하고 있다.

(4) 측량 방법

① 지적측량은 트랜싯, 전파측거기(EDM), 토탈스테이션 등으로 측량을 시행하고 있어 정확한 성과를 갖고 있으며 수치 지적제도로 변환하고 있다.

② 니더작센(Niedersachsen)주의 경우에는 1980년대 초에 GPS 상시 관측소를 설치하고 현장 측량에 활용하는 방안을 연구하고 망조정 프로그램을 개발하여 1등 삼각점 측량에 활용하였다.

③ 현재는 도근점의 설치, 경계점의 관측 및 건물의 위치 측량 등에 GNSS 측량을 활용하고 있다.

④ 독일의 지적측량은 Total Station 측량 방법과 GNSS 측량 방법으로 실시하고 있다.

⑤ 바이에른(Bayern)주의 경우에는 측량사에 관한 자격제도가 없어 공무원이 직영하고 있다.

(5) 지적공부

① 지적공부는 부동산 지적도(Real Estate Cadastral Map), 부동산지적부(Real Estate Cadastral Book)로 구성되어 있다.

② 부동산 지적도는 고립형 지적도(Island Map)의 형식을 채택하고 건물의 위치를 등록 관리하고 있다.

③ 부동산 지적도의 축척은 도시지역(1/500), 농촌지역(1/1,000), 임야 및 산간 지역(1/2000, 1/5000)으로 구분하여 작성하고 있다.

④ 부동산 지적도는 측량용과 열람용의 2가지로 작성하여 도로의 명칭·건물의 위치 및 건물번호·토양의 종류 등을 등록·관리하고 있다.

⑤ 부동산 지적부는 소유자별·지번별 색인목록부·성명별 색인목록부로 구성되어 있다.

⑥ 부동산 지적부에는 토지소유자에 관한 사항·토지 위치에 관한 사항·등기부에 관한 사항·환경에 관한 사항·용도변경 지역·건축 제한 등 공법상의 제한사항과 도로의 명칭·건물에 관한 사항·토양에 관한 사항·역사적 유물의 소재 등을 등록·관리하고 있다.

1.3.9.3. 일본

일본의 근대적인 지적제도는 1867년 메이지유신 이후 1872년 2월에 "토지 매매 양도에 대한 지권도방규칙"을 제정하고 토지거래금지령을 해제하여 토지의 개인 소유와 거래의 자유를 인정하게 되면서 비롯되었다. 그리고 지조 제도를 확립하기 위하여 납세의무자의 표시, 토지소유권의 증명, 토지 매매의 수단이라는 기능을 가지는 지권의 교부 이서가 토지소유권 이전의 효력 발생요건으로 규정함으로써 지적제도를 창설하게 되었다.

(1) 토지조사 연혁

① 1931년 지조법이 제정되어 지조법에 따른 토지대장으로 간주하게 되었다.

② 1947년 토지대장법을 제정하여 지조법은 폐지되었다.

③ 1960년 부동산등기법을 개정하여 토지대장과 등기부를 통합하여 1966년 3월 일원화 작업을 완료하였다.

④ 1884년 지조 조례를 제정하므로 지적제도가 확립되었으며, 1887년 지권 제도를 폐지하고 토지대장 제도로 전환하였다.

⑤ 1890년 부동산등기법을 제정하여 등기부를 정리하고 1951년 국토조사법을 제정하여 국토조사를 추진하였다.

⑥ 1962년에 국토조사촉진 특별조치법을 제정하여 국토조사 사업을 제1~4차 국토조사 사업 10개년계획으로 40년(1963~1999년) 동안 추진하고 있다.

⑦ 지적도 전산화 사업은 1985년 5월 20일 국토청 토지국에서 지시한 지침과 1986년 5월 15일 개정 지침 및 1988년 4월 1일 최종 개정 지시한 지침에 의거 추진하고 있다.

(2) 국토조사 사업의 기초조사

① 일본의 국토조사 사업은 국토에 대한 기초조사로는 국토 기본조사, 지적조사, 토지분류조사, 수조사(水調査)의 4가지로 구분하여 실시하였다.

② 국토 기본조사는 지적조사, 토지분류 조사, 수조사에 대한 예비조사로 관측지점의 위치를 조사하여 결과를 지도 및 부책으로 작성하는 것을 말한다.

③ 지적조사는 일필지에 대한 토지의 소유자, 지번, 지목의 조사 및 경계와 면적에 대한 측량을 시행하여 결과를 지도 및 부책으로 작성하는 것을 말한다.

④ 토지분류조사는 토지의 이용 현황 및 성질과 토양의 성질 및 침식 상태, 기타 자연적 요소 및 생산력에 관한 사항 등을 조사하여 결과를 지도 및 부책으로 작성하는 것을 말한다.

⑤ 수조사(水調査)는 치수 및 이수를 효율적으로 이용할 목적으로 기상, 담수의 유량, 수질, 유사 현황과 취수량, 용수량, 배수량 및 수리 관행 등을 조사하여 결과를 지도 및 부책으로 작성하는 것을 말한다.

(3) 지적 관련 법령

① 지적 관련 법령은 부동산등기법, 국토조사법, 국토조사촉진특별조치법 및 측량법으로 구분되어 있다.

② 1949년에 제정한 측량법 측량업의 적정한 운영과 건전한 발전을 도모하고 토지의 측량, 지도 제작 및 측량용 사진 촬영을 포함하며 기본측량·공공측량 이외의 측량에 관한 사항을 규정하고 있다.

③ 1951년에 제정한 국토조사법은 국토의 개발보전과 토지를 명확히 등록하여 국토의 실태를 과학적이고 종합적으로 조사하여 관리하는 것을 목적으로 제정 시행하고 있다.

④ 1962년에 제정한 국토조사촉진특별조치법은 국토조사법을 근거로 착수한 국토조사 사업 추진실적이 부진하여 촉진하기 위하여 제정 시행하고 있다.

(4) 지적행정조직

① 지적사무는 1950년 세제개혁으로 지조를 폐지하고 토지대장법을 개정하여 세무서에서 등기소로 변경되었다.

② 1952년 행정개혁 당시에 법무부를 법무성으로 개편하여 1998년부터 현재까지 중앙정부의 법무성 산하 민사국에서 담당하고 있다.

③ 민사국에는 총무와 공증 사무, 호적 사무, 부동산등기·법무사·토지가옥조사사 사무, 상업·법인등기·공탁사무, 국적 사무를 담당하고 있다.

④ 법무국, 지방법무국, 지국, 출장소에서 각각 지적사무와 등기사무를 지적행정체계로 운영하고 있다.

(5) 측량 방법

① 측량의 종류에 따라 측량 업무를 담당하는 단체는 다음과 같다.

- 국토조사측량협회는 지적조사 사업에 따른 측량 업무
- 토지가옥조사사연합회는 토지이동에 따른 측량 업무
- 측량협회에서는 측지측량 업무

② 국토조사 사업의 지적측량은 지상측량 방법, 사진측량 방법, 지상측량 방법과 사진측량 방법을 병용한 방법으로 실시하고 있다.

③ 사진측량 방법은 공중사진측량 방법을 원칙으로 하되 지상사진측량 방법을 배제하지 않도록 규정하고 있다.

④ 일필지 측량은 수치측량과 도해측량 방법으로 실시하되 이들 측량 방법을 병용할 수 있도록 규정하였으며 지적측량 및 면적측정 시에 사용하는 측정 단위는 제곱미터를 단위로 규정하고 있다.

⑤ 측량기준점은 GPS에 의한 자동관측점을 설치하고 필계점 측량을 시행하고 있다.

(6) 지적공부

① 지적공부는 지적도와 토지등기부 및 건물등기부 등으로 구성되어 있다.

② 축척은 도시지역(1/250, 1/500), 농촌지역(1/500, 1/1,000), 산림·원야 지역(1/2,500, 1/5,000)으로 구분하여 작성하고 있다.

③ 지적조사 작업 규정 준칙의 규정에 임의의 축척으로 작성하는 지적명세도가 있으며 축척은 당해 원도의 축척보다 큰 1/50, 1/100, 1/250, 1/500, 1/1000, 1/2500 등으로 작성할 수 있도록 규정되어 있다.

1.3.9.4. 대만

대만은 우리나라와 같이 일본의 강점기 시대에서 지적제도가 창설되었으며 1975년에 대만지구 측량계획을 수립하고 기본삼각점의 검측, 기본도의 제작, 지적도 중축 사업 등의 세 가지 사업을 중점적으로 추진하였다. 대만의 지적도 중축 사업은 현재 보존된 지적도 대부분이 100여 년 전에 일본인이 측량하여 제작한 것으로 원본은 세계 제2차 대전시 공습으로 인하여 완전히 훼손되었다. 경계분쟁과 불공평한 과세로 인한 민원이 유발되고 토지개발과 분할 합병 등 토지이동 사항이 발생하여 필지가 세분되고 지나치게 많아져 지번의 순서가 혼란스럽고, 관리하기가 곤란하여 지적도 중측 사업을 추진하게 되었다.

(1) 지적의 연혁

① 1887년 7월 지적규칙과 토지조사규칙을 제정 공포하고 동년 9월 토지조사국 관제를 공포하여 임시 대만 토지조사국을 설치하였다.

② 대만은 1895년 청일전쟁 후 일본에 합병되어 1887년 7월 지적규칙과 토지조사규칙을 제정 공포하고 9월 토지조사국 관제를 공포하여 임시 대만 토지조사국을 설치하였다.

③ 1909년 임야조사규칙을 공포하여 토지조사에서 제외된 토지를 대상으로 1914년까지 임야조사를 완료함으로써 전국적으로 통일성 있고 표준화된 지적제도가 창설되었다.

④ 1930년 토지법을 제정 공포하여 지적사무와 부동산등기사무를 일원화하여 단일기관에서 수행하고 있다.

⑤ 지적도 중축 사업은 1973년부터 1975년까지 시험사업을 시행한 후 13개년 장기계획을 수립하고 지적도의 마멸·오손과 불부합이 심한 도시지역을 우선 선정하여 추진하였다.

⑥ 1979년 8월에 대만성 지정처에서 수치지적중측작업임시수칙을 제정하였다.

⑦ 1980년 1월 창화현 원림 지역을 시범지역으로 지정하고 동년 3월부터 1981년까지 수치지적측량을 성공적으로 완료하고 1988년까지 단계적으로 확대해 시행하였다.

⑧ 1981년부터 지적전산화사업은 내정부에서 토지정보센터(Land Information Center)를 설치하고 기획과·작업 설계과 등 4개 과를 설치하고 지정사무의 전산화를 전담하여 추진하고 있다.

(2) 지적제도의 특성

① 창설 당시 지적제도와 등기제의 이원화로 창설되었으나 1930년 통합하여 관리하고 있다.

② 토지법만으로 지적·등기·토지 관련 사항을 관리하는 토지정책을 시행하고 있다.

② 지적행정조직은 4단계(중앙·시도·시군·읍면)의 구조로 되어있다.

③ 지적측량 업무를 국가공무원이 수행하는 국가직영체제로 운영하고 있다.

④ 1973년부터 지적재조사사업에 착수하고 1989년부터 수치측량 방법을 도입하여 추진하였다.

(3) 지적 관련 법령

① 지적 관련 법령은 토지법, 토지법시행법, 토지등기규칙, 지적측량실시규칙으로 구성되어 있다.

② 측량표설치 보호조례, 항공사진측량 촬영규칙, 대만지구 기본도 측제 관리규칙 등의 규정을 제정하여 지적행정을 운영하고 있다.

③ 토지법은 토지등록·토지등기·토지이용계획·토지세 및 토지수용 등에 관한 사항을 규정하는 것을 목적으로 제정 시행하고 있다.

(4) 지적행정조직

① 중앙정부의 행정조직변천

- 1936년 중앙의 지적행정기구는 내정부 토지사에서 담당하였으나 지정사로 변경하게 되었다.
- 1944년 지정서가 설치되어 내정부의 지정사를 흡수하였다.
- 1949년 지정부를 지정서로 축소하고 내정부에 흡수되었으며 지정서를 지정사로 변경하여 지적과·지권과·지가과·지용과·방역과 등 5개 과를 설치하였다.
- 1981년 재정부에 토지정보센터(Land Information Center)를 설치하고 기획과·작업 설계와·기기 조작과·자료 관리과 등 4개 과를 설치하였다.

② 대만성의 지적행정조직 변천

- 1946년 10월 현·시 정부에 지정을 설치하고 2~3개의 향·진·구를 묶어 지정사무소를 설치하여 토지등기·지적측량·토지평가 등의 사무를 총괄하고 있다.
- 1947년 5월 정부수립 당시에 지정국을 설치하여 토지 행정 사무를 관장하게 하고 민 정청에 예속시켰으나, 1949년 6월에 민정청에서 독립하여 지정처를 설치하였다.

③ 대만의 지적행정조직은 중앙은 내정부에서, 대북시·고웅시 및 대만성은 지정처에서 현·시는 지정과에서, 향·진·구는 지정사무소에서 각각 지적사무를 수행하는 4단계의 지적행정체계로 운영하고 있다.

(5) 측량 방법

① 지적측량 업무는 지적부서에 근무하는 공무원 신분의 측량기술자가 전담하고 있다.

② 대만성은 지정처 산하에 토지중획규획총대와 측량총대를 별도 설치하여 측량 업무를 전담하고 있으나 측량사 자격은 제도화되어 있지 않다.

③ 경지정리·시가지 구획 정리 등 대단위 특수사업에 따른 지적측량업무와 구획정리지구의 선정·구획정리 전후의 지가조사·구획정리지구 내의 도로·구거·교량 등 공공시설물의 계획설계·토지개량물의 조사· 평가·이전·보상 등의 업무를 수행하고 있다.

④ 측량 총대는 측량기준점의 유지관리와 일필지측량·도시계획에 의한 공공시설 예정지의 분할측량·미등록지의 신규등록측량업무 등을 담당하고 있으며, 측량 착오가 발생 시에는 배상 책임은 국가가 책임진다.

(6) 지적공부

① 지적공부는 지적도와 토지등기부 및 건축물 개량등기부 등으로 구성되어 있다.

② 지적도는 리·동별 격자형 도곽 형태로 구획하여 작성하는 연속형 지적도(serial map)의 형식을 채택하고 있다.

③ 지적도 증측사업 시행 지역은 미터법의 도입과 함께 도시지역은 1/250, 1/500, 농지 및 산지는 1/1000, 1/2000 등의 축척으로 지적도를 작성하고 있다.

④ 1930년에 지적사무와 등기사무를 통합하고 따라 1970년부터 종전의 토지대장과 토지등기부를 통합하여 카드식 토지등기부를 작성·비치하고 있다.

⑤ 토지등기부의 편제는 표시부·소유권부·타항 권리부로 구성되어 있으며, 토지의 위치·지번·지목·면적·등급·소유자·주소·신분증, 자호 등을 등록하고 있다.

1.4. 토지의 등록제도

토지의 등록(Land Registration)은 국가기관인 토지소관청이 토지등록 사항의 공시를 위하여 토지에 관한 공부를 비치하고 이를 토지소유자나 이해관계자에게 필요한 정보를 제공하기 위한 행정행위이다. 실정법상 토지등록은 지적관리만을 의미하고 사법부의 토지공시인 토지등기는 포함하지 않고 있으나 국제적으로 토지등록의 개념은 지적과 등기를 통합한 포괄적인 개념이다.

토지등록은 협의의 토지만을 그 대상으로 하고 건물이나 지하시설물을 제외하고 있으나 외국에서는 토지등록에 건물을 추가하고 있다. 등록 사항에서 토지 소재, 지번, 지목, 경계, 면적, 소유자, 등급 이외에 건물, 건물번호, 토양 구분 등도 등록할 수가 있다.

1.4.1. 우리나라의 시대별 토지제도

인류의 역사는 어느 민족을 막론하고 원시공동체 사회에서 출발하였으며 원시공동체에 있어서 토지가 생산을 지배하는 기본 형태였고 소유관계는 공동체적 소유였다. 지적은 토지관리의 한 측면으로서 과세 지적을 바탕으로 시작되었으며 국제적인 측면에서는 오랜 역사가 있다. 지금까지 알려진 기록에 의하면 B.C 3000년경 고대 이집트의 나일강 하류에서 매년 일어나는 강의 범람에 따라 토지경계의 설정 혹은 복원을 위하여 측량술이 발달하였다고 한다.

우리나라 지적제도의 기원은 고조선 시대의 정전제로서 균형 있는 촌락의 설치와 토지 분급 및 수확량을 파악하여 백성들에게 농사일에 힘쓰도록 독려했으며 납세의 의무를 알게 하였다. 또한 국토와 산야를 측량하여 조세율을 개정하였고 오경박사 우문충이 토지를 측량하여 지도를 제작하였으며 부여에서는 행정구역 제도로서 사출도란 토지구획 방법을 시행하였다.

1.4.1.1. 고대국가

① 상고시대는 지적에 대한 문서나 기록이 없는 실정이나 고조선 시대에는 균형 있는 촌락의 설치와 토지의 등급 및 수확량의 파악을 위해 정전제를 시행했다는 내용이 "단기 고사의 기자조선 제1세 때 백성들에게 농사일을 독려하였다.

② 납세의 의무를 알게 하여 소득의 1/9을 세금으로 하였다."라고 기록되어 있다.

③ 단군조선 14세 고불 58년 국토와 산야를 측량하여 조세율을 개정했다."라고 기록되어 있다.

④ 규원사화 단군기에는 "제2대 부루(扶婁)에 재(財)를 주관하는 봉가를 두었으며 국가의 재정을 담당하게 하였다."와 "제47대 고열가(古列加)에서 봉가가 기내(畿內; 경기도)에서 거둔 세(稅)는 국비에 충당하였다."라고 기록되어 있다.

⑤ 생산도구의 발달과 생산력의 증대로 공동체적인 소유제도가 씨족 구성원들에 의한 사적(私的) 소유관계로 변화하면서 부락공동체로 공동경작, 공동 분배가 시행되고 공동소유에 속하여 촌락 단위의 토지계량방식이 발달하였다.

⑥ 부여에서는 행정구역 제도로 국도(國都)를 중심으로 영토를 사방으로 구획하는 사출도란 토지구획 방법을 시행하였다.

1.4.1.2. 삼국시대

삼국시대의 지적제도는 부족 국가의 사회로 출발하여 정치체제와 법령이 정비되면서 통치권자의 통치수단으로 토지제도에 맞추어 관제를 정비하였음을 알 수 있다.

(1) 고구려

① 고구려는 국가재정의 근간인 토지경영을 효율적으로 하였으며 왕명에 의하여 출납을 담당 처리하는 종2품의 중요 직책은 주부로 국가체계가 정비되면서 울절(鬱折)·오졸(烏拙)이라고도 하였다.

② 울절은 신당서 동이열 고려조에 "주도부자(主圖簿者)"라 하여 울절이 도부(圖簿)를 주관하였고, 한원(翰苑)의 옹씨주 고려조에 울절은 중국의 주부와 같은 것으로 종2품이라 하였다.

③ 삼국사기 고구려 본기 제5에는 298년(봉상왕 7년)에 고구려 초기에 경무제(頃畝制)에 의한 한척(漢尺)이 사용되었다.

④ 고구려는 삼국사기 권 제13 고구려 본기 제1 유리왕(琉璃王) 37년 4월"王子加津溺水死……賜祭須 今十斤 田十頃"이라 하여 왕은 제회(際須)란 사람에게 금 10근과 전(田) 10경(頃)을 하사하였다는 내용으로 "전십경(田十頃)"이란 용어는 토지의 면적을 구체적으로 밝힌 것이다.

⑤ 1953년 평안남도 순천군에서 발견된 고구려 벽화 고분에 그려져 있는 요동성총도에는 요동성의 지형과 시가지의 구조, 도로, 성벽과 주요 건물, 하천, 개울 등이 상세하게 그려져 있다.

⑥ 봉성도나 요동성총도[12]의 내용을 미루어 보아 토지를 측량하고 이를 도면으로 표시한 오늘날의 지적도와 유사한 토지 도면이 있었을 것으로 추측하고 있다.

⑦ 토지제도는 국유를 원칙, 길이는 척(尺) 단위를 사용했으며, 토지측량 단위로서 면적 계산은 경무법(頃畝法)을 사용하고 주부(主簿)라는 직책을 두어 구장산술(九章算術)에 의한 면적 측량법을 사용하였다.

⑧ 토지를 측량하는 데 사용한 자로는 척(尺)이 있었고, 토지의 면적 단위는 경무법(頃畝法)을 사용하였으며 단위는 1경(頃) → 100무(畝), 1무(畝) → 100보(步), 1보(步) → 6척(尺)이었다.

(2) 백제

① 백제는 국가 체제를 갖춘 후 율령에 따라 경제적 질서를 확립하면서 다른 분야보다도 토지관리를 크게 중요시하였다.

② 삼국사기 권 23, 백제 본기 제2 고이왕 27년 관직에서 내두좌평은 조세, 토지관리 및 지적 사무에 관련된 직이라 할 수 있으며, 내관의 곡내부(穀內部)는 식량 조달과 경작을 담당, 외관의 조부는 재정 사무를 담당하였다.

③ 책부원구(冊府元龜)에 달솔은 백제 16관등의 하나로, 1품관인 좌평(佐平) 다음의 2품관으로 정해졌으며 수도 5부와 지방 5방(方)의 장인과 방령(方領)의 직위에 달솔을 임명하여 지적사무를 포함한 지방행정을 담당하였다.

④ 측량은 산학박사(算學博士)가 전담하였고, 산사(算士)와 화사(畵師) 등의 전문직이 있어 토지측량과 도면 제작에 참여하였다.

⑤ 산사는 당시 측량술로 지형을 여러 형태로 구획하는 측량법을 행하였고 화사는 회화적으로 도면을 만들었다.

⑥ 지적도는 삼국유사에 "其時圖籍之內有餘 二字林 今佳林郡也餘 今扶餘郡也…"에서 "도적(圖籍)"은 지도와 문적을 뜻하고 있다.

⑦ 백제는 토지측량에 의하여 작성된 오늘날의 지적공부와 같은 도적(圖籍)을 가지고 있었다.

⑧ 토지의 면적측정 방법은 두락제(斗落制)와 결부제(結負制)가 혼용되었던 것으로 추측된다.

12) 요동성총도는 1953년 평안남도 순천군에서 발견한 벽서고분(壁書古墳)이다.

(3) 신라

① 신라는 관제를 정비하여 6부를 두었는데, 그중 조부(調府)에서 토지세를 파악하도록 하였다.

② 신라는 국가재정의 수입·지출에 관한 전문지식과 기술을 습득한 산학박사(算學博士)가 있어 토지측량과 면적계산에 관계된 지적 실무에 종사하였다.

③ 오늘날의 토지대장과 같은 양전장적(量田帳籍)에 토지의 분배 목적·이용 상태·경작 주체·토지 소재 등을 기록하였다.

④ 토지측량에 사용된 구장산술의 내용을 보면 토지를 방전(方田), 직전(直田), 규전(圭田), 제전(梯田), 원전(院田), 호전(弧田), 환전(環田), 구고전(句股田) 등의 형태로 구분하여 측량하였다.

⑤ 토지의 면적 단위는 결부법(結負法)을 사용하였는데, 사방 1보(步)가 되는 넓이를 1파(把), 10파(把)를 1속(束), 10속(束)을 1부(負), 10부(負)를 1총(摠), 10총(摠)을 1결(結)로 하는 10진법을 사용하였다.

⑥ 통일신라에서는 토지를 관료전(官僚田)[13], 정전(丁田)[14]과 관모전답(官謨田畓), 내시령전답(內視令田畓), 촌주위전답(村主位田畓), 인수유전답(烟受有田畓), 구분전(口分田) 등으로 구분하여 지급하였다.

⑦ 전국의 토지를 공전(公田)으로 정하고 관료전(官僚田), 정전(丁田), 구분전(口分田), 녹전(祿田) 등으로 새롭게 토지를 구분하여 왕이 지배하는 토지임을 과시하기도 하였다.

⑧ 면적의 단위로는 결부제(結負制)와 경무법(頃畝法)을 혼용하여 사용하였다.

⑨ 통일신라시대 신라장적에는 "合沓二百二結負四束 合田六十二結 合麻田一結九負"와 같이 토지지목은 전(田)·답(沓)·마전(麻田) 등으로 구분하였다.

⑩ 신라시대는 토지 등급에 관한 자료는 삼국유사 가락국기에"近廟上上田 三十頃 爲供營之資號稱王位田"에서 조세와 급전을 공평하게 실시하기 위하여 등급을 결정하는 전품제(田品制)에 대해 알 수 있다.

---

13) 문무 관인에게 녹봉을 대신해 지급한 토지
14) 18세 이상 59세 이하의 백성을 정남, 정녀라 하였으며 이들에게 지급한 토지

1.4.1.3. 고려시대

① 고려에서는 토지를 분급(分給)하는 제도를 시행하였고 일반적으로 분급되는 토지의 종류가 다양했기 때문에 양안(量案), 양전도장(量田導掌), 양전장적(量田帳籍), 전적(田籍), 원적(原籍) 등 그 명칭이 다양한 토지장부가 사용되었다.

② 고려 초기와 중기의 토지 장부에는 지목, 전품(등급), 토지의 형태, 토지의 방향, 토지의 소유, 사표(방위), 양전척의 단위, 총 척수, 결 수 등을 필지별로 기록하고 있다.

③ 전지의 형태를 직사각형으로 구획하여 가로와 세로의 폭을 구해서 넓이를 계산하는 측량방법을 사용하였다.

④ 세밀한 측량을 하기 위해 토지의 형태에 따라 방전, 직전, 제전, 규전, 구고전 등으로 구획하기도 하였다.

⑤ 토지측량에 사용된 양전척(量田尺)은 문종 23년의 기록 원문에 기재되어 있는데, 1결(結)의 면적은 양전척으로 사방 33보(步)를 계산하였다.

⑥ 길이의 단위로는 보(步), 척(尺), 푼(分), 촌(寸)의 순서로 단위를 정하고 1보의 길이를 6척으로 하였으며 1척의 길이를 10푼, 1푼의 길이를 6촌(치)으로 하였다.

⑦ 고려 초기나 중기에는 양전척으로 단일척(單一尺)을 사용하고 후기에는 토지 등급에 따라 척수를 각각 다르게 계산하는 수등이척제(隨等異尺制)가 사용되었다.

1.4.1.4. 조선시대

① 지적관리 기구로는 태조 1년에 설치한 호조가 있었고 그 소속기관으로 3사(판적사, 회계사, 경비사)가 있었는데, 이 중에서 판적사가 양전을 담당하였다.

② 세종 25년에는 토지 조세제도의 조사연구와 새로운 법의 제정을 위하여 임시 관청인 전제상정소(田制詳定所)를 설치하여 운영하였다.

③ 효종 4년에는 전제상정소에서 양전에 관한 준수책인 전제상정소준수조화를 제작하였다.

④ 영전 업무의 중앙 책임부서는 호조였지만 실제 양전에 관계한 실무자는 중앙에서 파견한 양전사(量田司)였다.

⑤ 양전(量田)법은 고려 말과 같이 전품(田稟)을 상·중·하 3등급으로 나누어 척수(尺數)도 수등이척제(隨等異尺制)를 사용하였다.

⑥ 상등전(上等田)의 척도는 농부수(農夫手)의 20지(指), 중등전(中等田)은 농부수의 25지(指), 하등전(下等田)은 30지(指)로 등급에 따라 타량(측량)하였다.

⑦ 면적계산은 결부제(結負制)를 사용 전의 1척(尺) → 1파(把), 10파(把) → 1속(束), 10속(束) → 1부(負), 100부(負) → 1결(結)로 하였으나 농지의 비옥도에 따라 동일한 일결(一結)이라도 실적이 달랐다.

⑧ 전은 자호(字號)를 부여하되 천자문(千字文)의 차제(次第)를 사용하고 사표(四標)와 토지 소유주를 양안에 수록했으며 양전 담당 부서는 호조(戶曹)였다.

⑨ 조선시대의 토지 장부로는 오늘날 토지대장과 같은 양안이 있었다.

⑩ 경국대전에 의하면 이 양안은 20년마다 한 번씩 양전을 실시하여 새로운 양안을 작성하고 호조, 본도, 본읍에 보관하게 하였다.

⑪ 실제로는 원칙과 같이 시행되지 못하고 수십 년에서 백여 년이 지난 뒤 지방에 따라 부분적으로 양전하여 그때마다 양안을 새로 작성하였다.

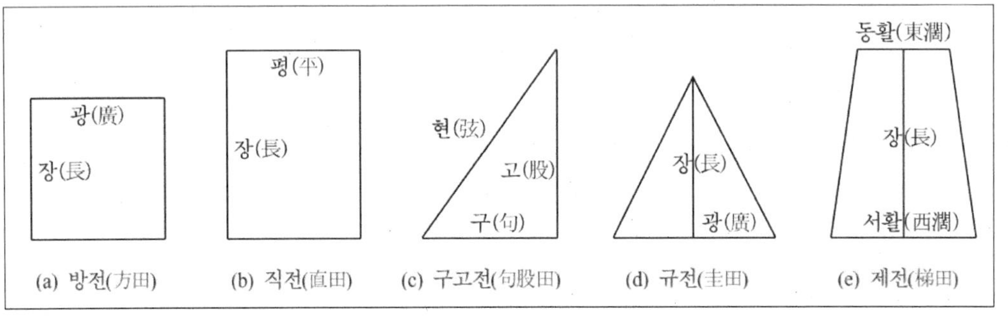

<그림 1-3> 전의 형태

1.4.1.5. 대한제국

대한제국의 지적제도는 1894년 갑오개혁을 통하여 근대식 지적제도를 갖추었다. 갑오년 제도개혁의 하나로 관제 개혁을 단행하여 중앙관제를 크게 의정부와 궁내부로 나누고 의정부 밑에 내무, 외무, 탁지, 군무, 법무, 학무, 공무, 농상의 8아문을 설치하였으며 지적 업무는 내무아문의 판적국(版籍局)에서 관장하기 시작하여 오늘날 지적 행정의 기구와 조직의 기틀을 마련하는 계기가 되었다.

(1) 내부 판적국

① 구한말의 지적제도는 1894년 갑오개혁으로 군국기무처를 설치하여 김홍집을 총재로 새로운 17명의 회의원이 임명되어 1894년 6월 28일 중앙관제를 개혁하고 의정부(議政府)의 신관제안을 상정하여 전문 9장 84조를 공포하면서 근대식 지적제도를 갖추었다.

② 의정부 관제는 제1장 의정부(議政府), 제2장 내무아문(內務衙門), 제3장 외무아문(外務衙門), 제4장 탁지아문(度支衙門), 제5장 군무아문(軍務衙門), 제6장 법무아문(法務衙門), 제7장 학무아문(學務衙門), 제8장 공무아문(工務衙門), 제9장 농상아문(農商衙門)으로 제정되었다.

③ 고종 32년 정부조직법 개정으로 내무아문은 지방 백성의 제도를 다스리는 사무를 총괄하는 기관으로 총무국·판적국(版籍局)·주현국(州縣局)·위생국(衛生局)·지리국·사사국(寺祠局)·회계국의 7개국(局)을 설치하였다.

④ 1895년 개국 504년 고종 32년 3월 26일 칙령 제53호의 내부 관제에서 "지적"이라는 용어가 최초로 등장하였다.

⑤ 판적국 산하에는 호적과와 지적과를 두고 지적과에서 지적에 관한 사항, 무세관유지의 처분 및 관리에 관한 사항, 관유지 지목변환에 관한 사항 등을 관장하게 했다.

(2) 양지아문

① 1898년 7월에 칙령 제25호로 양지아문직원 및 처무규정을 공포하면서 독립관청으로 양전사업의 총본산인 양지아문(量地衙門)을 설치하게 되었다.

② 양지아문 설치 당시 이미 조정 내에는 토지 관계 업무를 취급하는 부서로서 내부, 탁지부, 농상공부 등 여러 부서가 있었다.

③ 양지아문의 직제는 본부 임원과 양전 사업에 종사하는 실무진으로 구성되었는데, 양전사업에 종사하는 실무진으로는 양무감리, 양무위원, 조사위원 및 기술진이 있었다.

④ 전국 토지측량은 외국인 기사의 주관하에 그가 인솔하는 측량 수습생에게 실시할 계획이었으나 빨리 사업을 마무리하기 위해 각도마다 양무감리를 두고 양전을 감독하였다.

⑤ 양무위원은 군 단위로 임명하여 양전의 실무에 종사하게 하고 조사 위원은 양안 작성의 착오나 부정을 방지하기 위하여 두었다.

⑥ 양무위원이나 견습생이 양안의 초안을 작성하면 조사 위원들이 세밀히 재조사, 검토하여 착오를 정정하였다.

(3) 지계아문

① 1901년 10월에 칙령 제21호로 공포되어 지계발행 전담기구인 지계아문(地堺衙門)이 설립되었다.

② 규정은 그 성격이 불분명하고 지계발행의 근본 목적에 미비한 점이 많아 1901년 11월에 제1차 개정되어 확정되었다.

③ 당초에는 전토(田土; 농지)만 지계를 발행하였으나 개정안은 지계 발행 대상을 산림, 토지, 전·답, 가사(家舍)로 확대하였다.

④ 처음 규정에는 외국인의 토지 소유에 아무런 제약이 없었으나 개정 규정에는 외국인은 규정된 지역 이 외에서 산림, 토지, 전·답, 가사의 소유주가 될 수 없도록 하였다.

⑤ 지계아문의 사업은 성격상 양지아문과 밀접한 관계가 있었고 재계 발행 사업이 방대하여 전국의 지계 사업을 전담하기가 벅찼다.

⑥ 지계는 종래의 토지소유자의 토지소유권을 그대로 인정하여 기주(起主), 진주(陳主), 시주(施主) 등의 토지소유자에만 발행하였다.

⑦ 지계는 3편을 작성하여 지계아문, 지방관청, 토지소유자가 각각 1편씩 소지하여 소유권 이전 시 착오가 없도록 하였다.

⑧ 지계를 발급함에 있어서는 애초에 양안을 토대로 관에서 지계를 마련한 후 일정한 기간 내에 구권과 교환해 주었다.

(4) 탁지부 양지과

① 1905년 을사조약이 체결된 뒤 통감부가 설치된 후 1905년 2월 26일에 탁지부(度支部) 양지국을 폐지하고 사세국을 설치하였다.

② 1905년 4월에 사세국 양지과(量地課)에서 국내유세지(有稅地) 측량, 양안 조사 등을 취급하였다.

③ 토지측량에 많은 문제가 발생하여 1907년에는 소삼각측량을 기본으로 하였고 척도는 미터법을 채용하는 측량 규정을 제정하였다.

④ 탁지부 사세국 양지과에서 1907년 대구 시내, 1908년 서울의 용산 시내, 1908년 평양 시내와 전주 부근의 일부를 측량하였다.

⑤ 토지조사의 경험을 얻을 목적으로 경기도 부평군 일부 지역에서 1909년 11월 17일부터 1910년 2월 4일까지는 예비조사를, 1909년 11월 20일부터 1910년 2월 20일까지는 시범측량을 시행하였다.

1.4.2. 토지 등록

토지 등록(Land Registration)은 국가기관인 토지소관청이 토지 등록 사항의 공시를 위하여 토지에 관한 공부를 비치하고 이를 토지소유자나 기타 이해관계자에게 필요한 정보를 제공하기 위한 행정행위이다. 우리나라에서의 실정법상 토지의 등록이라고 하면 지적 관리만을 의미하고 사법부에서의 토지 공시인 토지등기를 포함하지 않으나 국제적으로 토지 등록의 개념은 지적과 등기를 통합한 포괄적인 개념이다. 국토의 전반에 걸쳐서 일정한 사항을 등록한 공부는 국가의 재정적·행정적 목적 달성을 위한 공법적 장부의 역할과 국민 개개인의 이익과 관련되어 토지소유자의 권리를 확실히 해주고 토지 거래를 안전하고 신속하게 해주는 사법상 장부의 역할을 한다.

(1) 토지의 등록 사항

① 우리나라의 토지 등록은 협의의 토지만을 그 대상으로 하고 건물이나 지하시설물을 제외하고 있다.

② 외국에서는 토지 등록에 건물을 추가하고 있으며 구미 지역에서는 지하시설물과 선박, 항공기나 식생, 기타 부동산 등을 추가하고 있다.

③ 등록 사항도 토지 소재, 지번, 지목, 경계, 면적, 소유자, 등급 외에 건물, 건물번호, 토양구분 등도 등록하는 경우가 있다.

④ 이것은 지상, 지하의 구조물을 토지의 종속물로 보는 물권법의 원칙이기 때문이다.

(2) 토지 등록제도의 특징

① 토지제도에 있어서 토지소유권의 안전성을 증진시킬 수 있다.

② 토지 투자에 대한 시장 조작이 가능하며 재산 증식의 수단으로 이용하기도 한다.

③ 개인 간의 토지거래에 있어서 용이성과 경비 절감을 기할 수 있다.

④ 지적공부에 미등록된 토지의 개인 간 거래는 조사 경비가 많이 들고 불안전하게 된다.

⑤ 토지의 평가나 토지 과세자료의 확인 기능을 가질 수 있다.

⑥ 토지개혁이나 개량을 통하여 국가의 토지배분정책을 시행하고 토지의 이용을 효율화한다.

⑦ 토지거래 허가나 신고를 통한 규제를 할 수 있고 토지의 공개념을 실현할 수 있다.

⑧ 도시계획이나 주택 및 교통계획 등에 많이 이용될 수 있다.

(3) 토지 등록제도의 효과

① 사회적인 측면에서는 토지의 평가나 정확한 토지과세자료의 기능이 있다.

② 토지의 정책 수행과 이용에 효율적이며 공공계획(도시·주택·교통계획) 및 지도 제작의 기초가 된다.

③ 토지의 공개념을 실현하기 위한 토지규제·토지거래·토지이용·토지 소유 등에 이용되며 농업·토지평가·건물·인구 등의 통계와 사회적 자료의 작성 시 토지와 관련된 다양한 정보를 제공한다.

④ 토지소유권의 안정성이 증대되고, 개인 간의 토지거래에 관한 안전성과 토지분쟁 사건을 감소시킬 수 있다.

1.4.3. 토지등록의 제 원칙

출제(용) : 75회, (논) : 48, 50, 116, 129회

토지등록의 제 원칙 또는 기본 원리는 지적제도의 발전 과정으로 전통과 관습에 따라 여러 가지 형태로 구분할 수 있다. 우리나라의 지적과 등기는 행정부와 사법부로 분리하여 관리되고 있어 지적의 원리와 부동산등기법의 원리가 서로 다르게 분리될 수 있다. 토지등록의 원칙은 크게 등록의 원칙, 신청의 원칙, 특정화의 원칙, 국정주의 및 직권주의, 공시의 원칙(공개주의), 공신의 원칙으로 구분할 수 있다.

(1) 등록의 원칙

출제(용) : 75회

① 토지에 관한 모든 표시사항을 지적공부에 반드시 등록하여야 하며 토지의 이동이 생기면 지적공부에 변동 사항을 정리 등록해야 한다는 토지등록의 원칙을 나타내며 토지표시의 등록주의라고도 한다.

② 적극적등록제도와 법지적을 채택하고 있는 나라에서 적용하는 원리로 토지권리의 행사는 지적공부에 등록하지 않고는 법률상의 효력을 갖지 못하도록 하는 원칙이다.

③ 토지소유자의 신청이 없는 때에도 소관청이 직권으로 조사 또는 측량하여 결정하는 직권등록주의에 의한다.

④ 모든 토지는 필지마다 지번·지목·경계 또는 좌표와 면적을 정하여 지적공부에 등록 및 변경 등록되어야 법적 효력을 갖춘다는 지적형식주의 규정이라 할 수 있다.

(2) 신청의 원칙

① 지적공부의 등록은 토지를 정확하게 파악하는 것이 목적이므로 등록 사항이 있는 경우에는 소유자에게 신고 의무를 부과하고 있다.

② 신청은 국가나 공공단체에 대하여 어떤 사항을 희망하거나 청구하는 의사표시를 말한다.

③ 지적공부의 정리는 토지소유자의 신청을 원칙으로 하되 신청이 없을 때는 직권으로 직접 조사하거나 측량하여 처리하도록 법률에 규정하고 있다.

④ 지적공부의 정리는 소유자의 신청에 의하므로 신청의 주체는 토지소유자를 원칙으로 하며 신청의 의무를 게을리하거나 허위 신고를 했을 때는 처벌을 받게 된다.

⑤ 행정주체인 소관청의 일방적 의사에 의하여 결정되므로 신청은 지적정리를 위한 행정행위의 효력이 발생한다.

⑥ 지적공부정리에 관한 행정의 주체로 토지소유자 단독을 원칙으로 하지만 예외로 대위 신청제도가 있다.

(3) 특정화의 원칙

출제(용) : 83회

① 특정화의 원칙은 토지등록 제도에 있어서 권리의 객체로서 모든 토지는 반드시 특정적이면서도 단순하고 명확한 방법에 따라 인식될 수 있도록 개별화함을 의미한다.

② 토지를 식별할 수 있는 표시사항 중에서 지번은 가장 짧고 단순하며 명확한 방법으로 모든 토지 관련자료를 연결할 수 있다.

③ 토지를 특정화하여 표시하는 방법은 지번 이외에도 경계 또는 소유자와 같은 사항이 있다.

④ 각국의 토지법에서는 특정화의 원칙을 규정하고 명확하지 않으면 등록될 수 없도록 하고 있다.

(4) 지적국정주의 원칙

① 지적국정주의란 지적에 관한 사항인 토지의 지번, 지목, 경계 또는 좌표, 면적의 결정은 국가의 공권력으로 결정한다는 원칙이다.

② 전문기술자나 법률가일 경우에도 개인이나 법인의 자격으로는 토지표시사항을 결정할 권한이 없고 국가만이 결정할 수 있다는 것이다.

③ 토지표시 사항의 결정을 국가가 하는 이유는 모든 토지를 지적공부에 등록하여야 하는 적극적 등록주의를 채택하고 있기 때문이다.

④ 토지표시의 결정은 조사나 측량 방법에서 통일된 법률에 근거하여 공권력에 의한 처리가 필요하다.

⑤ 측량 기술 및 측량 장비가 개발되었을 때도 법률로 규정하기 이전에는 적용할 수 없다.

⑥ 국공유지는 또는 사유지일 경우 토지의 이동에 관한 신고, 신청과 관계 없이 어떠한 경우를 막론하고 지적 사항은 국가 행정기관인 소관청이 결정하도록 한다.

⑦ 토지표시 방법의 전면적인 통일성·획일성·정확성·정밀성·객관성의 확보라는 지적의 결정 권한을 토지소유자의 임의대로 맡길 수 없으며 지역적인 차이가 발생하지 않게 등록하여야 한다는 원칙이다.

⑧ 지적 업무는 국가 고유업무로 지방자치단체에 위임 처리하되 기관 위임사무로 분류하고 있으며, 우리나라뿐만 아니라 지적제도가 있는 나라는 모두 채택하고 있다.

(5) 공시의 원칙(공개주의)

출제(용) : 53회

① 토지에 관한 등록 사항은 지적공부에 등록하여 이를 일반인에게 공시하여 모든 국민이 이용할 수 있도록 토지의 등록 사항을 언제나 외부에서 인식한다는 원칙을 공시의 원칙이라고도 한다.

② 우리나라는 토지등록에서 공시의 원칙을 인정하고 있으나 지적과 부동산등기가 모두 공신의 원칙을 인정하지 않아 토지의 변동 사항에 대한 공개성의 기능만을 하고 있다.

③ 토지(임야)대장 등본, 지적(임야)도 등본의 발급 등을 이용하여 금융기관 담보서류의 제출과 토지와 관련된 각종 인허가에 따른 민원서류로 첨부한 것도 포함된다.

④ 소유권, 기타 물권에 대하여도 제삼자로부터 보호를 받고 배타적인 소유권의 인정을 받으려면 반드시 공시하여야 한다.

⑤ 공시방법은 결정 효력을 갖춘 지적공부의 등록 사항을 다음의 3가지 형식으로 공시된다.

- 지적공부를 직접 열람하거나 등본에 의하여 외부에서 아는 방법
- 지적공부에 등록된 사항을 실지에 복원하여 등록된 결정 사항을 실지로 알아내는 방법
- 지적공부에 등록된 사항과 실지 상황이 맞지 않을 때 실지 상황에 따라 변경등기를 하는 방법

⑥ 토지거래 등 사법상의 권리 행위를 한 사람이 이를 믿을 수 있도록 토지등록 사항은 정확하게 기록되어야 한다.

⑦ 지적 및 부동산등기 제도는 토지등록 공시의 원칙에 따라 발달한 제도나 토지표시사항의 등록은 국가 결정의 원칙에 따라 모든 사항의 등록을 강제하고 있다.

(6) 공신의 원칙

출제(용) : 65회

① 공신의 원칙이란 선의의 거래자를 보호하여 진실로 등기내용과 같은 권리관계가 존재한 것처럼 법률효과를 인정하려는 법률 원칙을 말한다.

② 공시방법을 신뢰해서 거래한 자가 있는 경우 진실한 권리관계에 일치하고 있지 않더라도 마치 그 공시된 대로의 권리가 존재하는 것처럼 다루어서 그자의 신뢰를 보호하여야 한다는 원칙이다.

③ 독일, 스위스와 오스트레일리아의 토렌스 등기제는 공신의 원칙을 인정하고 있다.

④ 프랑스에서는 등기의 공신력이 인정되지 않아 공증증서를 제출함으로써 공신력을 인정하게 된다.

1.4.4. 토지등록 제도의 유형

출제(논) : 72, 99, 102회

토지의 등록은 국가기관인 토지소관청이 토지등록 사항의 공시를 위하여 토지에 관한 공부를 비치하고 이를 토지소유자나 기타 이해관계자에게 필요한 정보를 제공하기 위한 행정행위이다. 토지등록의 유형에는 날인증서 등록제도, 권원 등록제도, 소극적 등록제도, 적극적등록제도, 토렌스시스템(Torrens System)으로 구분할 수 있다.

1.4.4.1. 날인증서 등록제도

출제(용) : 99회

날인증서 등록제도(Registration of Deed)는 토지의 이익에 영향을 미치는 문서의 공적 등기를 보전하는 것을 말한다. 등록된 문서가 등록되지 않은 문서와 뒤늦게 등록된 서류보다 우선권을 갖는 것이 기본 원칙이다.

(1) 특징

① 토지의 공적 등기를 보전하는 것은 날인증서 등록제도라고 하며 등록 날짜의 우선순위에 따라 순서가 결정된다.

② 세계의 모든 국가에서 사용되며 그 등기가 보전되는 방법에 따라 다양한 효과가 있다.

③ 토지거래를 하는 자는 매도인 등의 토지에 대한 권원을 조사하는 것이 필요한데 조사는 거래증서를 조사하는 방법에 따른다.

④ 날인증서 등록제도의 개선 사항으로 적합한 것은 권리 등록(Title Registration)이라 할 수 있다.

⑤ 영국의 토지소유권은 1066년 노르만 정복에서부터 현재까지 보유권 원리에 기초하고 있다.

⑥ 관습법과 토지 보유에 대한 증서 제도에서는 초기부터 누리는 권리에 의해 토지에 대한 관례적인 권리를 획득하는 것이 가능하였다.

(2) 문제점

① 소유권이 불완전하여 점유자의 소유권을 훼손할 것으로 보이는 증서 또는 담보권을 보유할 수 있는 사람이 많이 있을 가능성이 존재한다.

② 문서가 본질에서 소유권을 입증하지 못하며 독립된 거래에 대한 기록에 지나지 않으므로 토지거래를 위해서는 매도인 등의 토지에 대한 권원(Title)을 조사하여야 한다.

③ 법적으로 거래를 수행할 권리를 줬다는 것을 입증하지 못하므로 유효하다는 것을 증명하지 못한다.

④ 모든 거래에 대한 소유권을 입증하는 것은 비용과 시간이 많이 소요된다.

⑤ 소유자가 입증할 수 없을 때는 토지를 소유하여야만 소유권을 취득할 수 있다.

(3) 등록체계의 개선

① 문서의 반복적인 처리를 촉진하기 위하여 양식과 절차를 표준화해야 한다.

② 기록유지와 문서 저장 방식의 물리적 개선으로 연결이 편리해야 한다.

③ 데이터의 호출과 저장 모두를 위한 마이크로필름을 이용한다.

④ 측량과 도면 제작에 있어 더 현실적이고 더욱 유연성이 있는 기준을 마련한다.

⑤ 내용을 정밀하게 조사하기보다 표본 작업을 통하여 위험부담의 적정 수준을 얻기 위한 권리문서의 부분적인 조사가 필요하다.

⑥ 모든 토지거래의 완전한 기록을 위한 강제 등록과 신속한 문서 열람을 위한 색인의 자동화가 필요하다.

1.4.4.2. 권원 등록제도

출제(용) : 43, 45, 107회

① 권원 등록제도(Registration of Title)는 날인증서 등록제도의 결점을 보완한 제도로 공적기관에서 보존되는 특정한 사람에게 귀속된 명확히 한정된 단위로 토지에 대한 권리의 소유권등록은 언제나 최후의 권리이다.

② 권원 등록은 궁극성을 부여하며 반복되는 불완전하고 비용이 많이 드는 과거의 소유권에 대한 조사를 없애고 과거의 소유권이나 토지에 영향을 미치는 과실의 가능성을 제거한다.

③ 정부는 등록한 이후 이루어지는 거래의 유효성에 대한 책임을 진다.

④ 정부가 보증하는 안전성과 문서에 의한 양도증서 작성으로 확고한 안전성을 부여한다.

⑤ 기본적인 정보의 영향을 받은 일필지의 내용

- 일필지를 소유함으로써 보유하는 토지에 대한 특정한 권리
- 개인 또는 법인의 소유자 성명과 주소
- 소유자 외의 다른 사람이 보유하는 일필지에 영향을 미치는 특정 이익

1.4.4.3. 소극적 등록제도

① 소극적 등록제도는 기본적으로 거래 행위에 따른 토지등록은 사유재산의 양도증서 작성과 거래 증서의 등록으로 구분한다.

② 일필지의 소유권이 거래되면서 발생하는 거래 증서를 변경 등록하는 제도이다.

③ 소극적 등록제도는 토지를 지적공부에 등록하는 것을 의무화하지 않고 다만 당사자가 신고한 사항만을 등록하는 것으로서 네거티브(Nagative System)라고도 한다.

④ 토지등록은 거래계약증서의 등록을 의미하며 미국·네덜란드·영국·프랑스·이탈리아·캐나다 등에서 이 제도를 채택하고 있다.

⑤ 거래 증서의 등록은 정부에 의해서 수행되지만, 서류의 합법성 또는 유용성에 대해 사실조사가 이루어지는 것은 아니다.

⑥ 양도증서 작성은 개인 간의 계약에 따라 발생하고 거래 증서의 등록은 법률가에 의해 취급된다.

⑦ 토지등록을 위한 신고 사항의 조사는 법 규정의 절차에 대한 이행 여부를 형식적으로 심사하는 것으로 토지등록부는 거래 사항의 등록과 권리의 등록, 권리의 보장을 의미하는 것은 아니다.

⑧ 이 제도는 지적측량과 측량 도면이 필요하며, 양도증서의 작성, 거래 증서의 등록이다.

1.4.4.4. 적극적 등록제도

출제(용) : 47, 114회

적극적등록제도(Positive system)는 국가기관인 토지소관청이 토지등록 사항의 공시를 위하여 토지에 관한 장부를 비치하고 토지소유자나 이해관계인에게 필요한 정보를 제공하기 위한 행정행위이다. 이 제도는 국가가 토지의 등록의무를 지며, 당사자의 신고가 있을 때는 물론이고 신고가 없어도 국가가 직권으로 등록 사항을 추적 조사하여 등록하는 것으로서 포지티브(positive) 시스템이라고도 한다.

(1) 기본 원칙

① 지적공부에 등록되지 않는 토지는 어떠한 권리도 인정될 수 없고 등록은 강제되고, 의무적이다.

② 공적인 지적측량이 시행되지 않는 한 토지등기도 허가되지 않는다는 제도이다.

③ 등록은 일필지의 개념으로 법적인 권리 보장이 인증되고 정부에 의해서 그러한 합법성과 효력이 발생한다.

④ 토지 권리의 행사는 지적공부에 등록하지 않고는 법률상의 효력을 갖지 못하도록 하는 원칙이다.

(2) 특징

① 법지적을 채택하고 있는 나라에서 주로 적용하고 있다.

② 일괄 등록제도를 채택하고 있는 국가에서는 토지에 대한 등록의 경우 적극적등록제도를 채택하고 있다.

③ 모든 토지는 지적공부에 강제로 등록하도록 규정하고 있다.

④ 적극적 등록제도의 발달한 형태로 유명한 것은 토렌스시스템(Torrens System)이 있다.

⑤ 적극적 등록제도를 채택하고 있는 나라는 우리나라와 대만, 일본, 오스트레일리아, 뉴질랜드, 스위스, 미국의 일부 주와 캐나다 일부이다.

(3) 토지등록의 효력

① 토지등록의 효력은 일반적으로 행정처분에 의한 구속력·공정력·확정력·강제력이 있다.
② 효력은 정부에 의해 보장되기 때문에 선의의 제삼자에 대하여 토지 등록상의 문제로 인한 피해는 법적으로 보호되고 있다.
③ 피해자는 정부에 대하여 소송을 제기할 수 있고 부당성에 대해서는 보상을 받을 수 있다.
④ 구속력은 행정처분이 그 내용에 따라 그 행정처분의 상대방과 관계인을 구속하는 효력을 말한다.
⑤ 공정력은 토지등록의 행정처분이 유효하게 성립하기 위한 요건을 완전히 갖추지 못한 경우에도 절대 무효인 경우를 제외하고는 소관청, 감독청, 법원 등 권한 있는 기관에 의하여 소송 또는 직권으로 취소할 때까지 법적으로 제한을 받지 않고 그 효력이 인정된다.
⑥ 확정력은 등록된 사항은 그 상대방이나 이해관계인이 그 효력을 다툴 수 없을 뿐만 아니라 소관청도 특별한 사유가 없는 한 그 처분행위를 다툴 수 없는 것으로 형식적 확정력이라 한다.
⑦ 강제력은 지적측량 또는 토지등록 사항에 대하여 사법권과 관계 없이 행정청 자체의 명의로서 자력으로 집행할 수 있는 강력한 효력을 갖는 것을 말한다.

1.4.4.5. 토렌스시스템

출제(용) : 62, 99, 113회, (논) : 65, 72, 74, 92회

토렌스시스템(Torrens System)은 오스트리아 Richard Robert Torrens 경에 의해 창안되었고 토지에 대한 증명제도를 연구한 결과 이를 바탕으로 한 토지 권리등록 법안을 기초하게 되었다. 이 제도의 기본원리는 영국 런던 왕립 등기사무소장인 루오프(Theodore B. Ruoff)에 의하여 주장되었고 캐나다의 Magwood에 의하여 구체화한 이론으로 대만이 채택하고 있다.

(1) 토렌스시스템의 목적

① 소유권의 등기소에 보관되는 등기부를 제공함으로써 토지에 대한 소유권과 토지법의 변화에 따른 처리를 단순화하기 위한 것이다.

② 일반인이 작성을 완료하고 규정된 서식에 따라 업무를 활성화한다.

③ 토지의 권원(title)을 명확히 하고 소유권의 안전성을 확보한다.

④ 보증기금을 신설하여 잘못된 소유권 주장으로부터 왕실을 보호한다.

(2) 토렌스시스템의 장단점

① 장점

- 토지의 권원을 명확히 하고 있다.
- 토지거래에 따른 변동 사항을 쉽게 한다.
- 소유권의 안전성을 확보한다.
- 권리증서의 발행을 손쉽게 행할 수 있게 되어 있다.
- 토지권리 등록법안을 기초하게 되었다.

② 단점

- 한 번 권리증명서가 발급되면 당해 토지에 대한 모든 이해관계는 무효가 되며 현재의 소유권을 되돌아볼 필요가 없다는 것이다.
- 토지등록 업무가 커튼 뒤에 놓인 공정성과 신빙성에 관여할 필요도 없고, 관여해서도 안 되는 매입 신청자를 위한 유일한 정보의 기초이다.
- 당해 토지에 대한 이전의 증서는 추적할 필요가 없다는 것이다.

(3) 기본 원리

① 이 제도 기본원리는 법률적으로 토지의 권리를 확인하는 대신에 토지의 권원을 등록하는 행위이다.

② 우리나라와 일본의 경우에는 등록신청서에 의해 형식적으로 합법적인 권리자가 맞는지를 확인하여 기존의 서식에 해당하는 등기부에 등록하여 법률적으로 보호를 닫는 원리이다.

③ 토렌스시스템에서의 등록제도는 거래증서를 2통 작성하여 하나는 소유자에게 교부하고 다른 하나는 등록부에 편철하여 관리한다.

(4) 토렌스시스템 기본이론

① 토렌스시스템에 대한 이론은 거울 이론, 커튼 이론, 보험이론으로 구분된다.

② 거울이론(Mirror Principle)

- 소유권 증서와 관련된 모든 현재의 사실이 소유권의 원본에 확실히 반영된다는 원칙이다.
- 거울 이론의 원리는 토지이용 등의 사실이 배제되어 호주에서는 퇴색되었다.
- 토지권리증서의 등록은 토지의 거래 사실을 여론의 여지 없이 완벽하게 반영하는 거울과 같다는 것이다.

③ 커튼이론(Curtain Principle)

출제(용) : 48, 135회

- 현재의 소유권 증서는 완전한 것이며 이전의 증서나 왕실 증여를 추적할 필요가 없다는 것이다.
- 토지등록 업무가 커튼 뒤에 놓인 공정성과 신빙성에 관여할 필요도 없고, 관여해서도 안 되는 매입 신청자를 위한 유일한 정보의 기초이다.
- 토렌스 제도에 의해 한번 권리 증명서가 발급되면 당해 토지에 대한 이전의 모든 이해관계는 무효가 되며 현재의 소유권을 되돌아볼 필요가 없다는 것이다.

④ 보험이론(Insurance Principle)

출제(용) : 101회

- 토지등록이 토지의 권리를 아주 정확하게 반영하는 것이다.
- 인간의 과실로 착오가 발생할 때 피해를 본 사람은 누구나 피해보상에 관한 한 법률적으로 선의의 제삼자와 동등한 상황에 놓여야만 한다는 이론이다.
- 토지의 등록을 뒷받침하며 어떠한 경로로 인한 소유자의 손실을 방지하기 위하여 수정될 수 있다는 이론이다.
- 금전적 보상을 위한 이론이며 손실된 토지의 복구를 의미하는 것은 아니다.
- 기록이 정확하고 손해를 입는다든지 피해를 보거나 등기부의 합법적인 이용과 정보사용 때문에 소유권을 빼앗긴 어떤 사람에게 보상을 제공하는 주 정부에 의한 보증을 제공한다.
- 전임자 소유권의 어떤 하자로 인해 그들의 토지로부터 박탈당할 수 있는 불안감을 없애기 위한 것이다.

1.4.5. 일괄등록제도와 분산등록제도

출제(논) : 95, 111회

1.4.5.1. 일괄등록제도

출제(용) : 72, 107회

일정한 지역의 토지를 일시에 체계적이고 통일되게 조사·측량하여 지적공부에 등록하는 제도이다. 전 국토를 일괄적으로 등록하여 공시하기 위해서는 국토의 면적이 비교적 적은 국가에서 시행되는 제도이다.

(1) 특징

① 전 국토를 동시에 조사·측량하여 등록함으로써 초기비용이 많이 소요된다.

② 실제 측량을 시행하여 등록하기 때문에 정확도가 높고 소유권에 대한 안정성이 있다.

③ 국토의 계획이나 토지정책 결정에 있어서 대축척인 지적도를 사용하기 때문에 정확도가 높다.

④ 일괄등록 제도를 채택하고 있는 국가에서는 토지에 대한 등록의 경우 적극적 지적제도를 채택하고 있다.

⑤ 소유권에 관한 사항을 등록할 때는 권원 등록제도를 채택하고 있다.

(2) 등록 도면

① 일괄등록제도에서는 사용하는 도면은 연속형 지적도(Serial Map)라 한다.

② 연속형 지적도는 도곽별로 도면을 작성하여 인접 도면과의 접합할 수 있도록 작성된 도면을 말한다.

③ 토지를 체계적이고 획일적으로 조사 및 시행하여 등록하는 제도로 채택하고 있는 지역에서 편리하게 사용할 수 있다.

④ 지적도를 편리하게 사용하기 위해서는 일람도를 작성하여야 한다.

⑤ 일람도는 각각의 도면에 등록된 지번을 도면별로 지번을 색인하고 찾고자 하는 지번 및 결번된 지번을 쉽게 파악하기 위하여 작성된 지적도에 부속된 도면을 말한다.

(3) 활용

① 우리나라, 일본, 대만, 말레이시아, 독일, 스위스, 덴마크, 네덜란드 등의 국가에서 이 제도를 채택하여 시행하고 있다.

② 우리나라는 토지조사사업을 시행하면서 전 국토를 동시에 조사·측량하여 일괄적으로 지적공부에 등록하여 시행하고 있다.

1.4.5.2. 분산등록제도

분산등록제도는 토지소유자가 토지의 등록을 요구하면 필요에 따라 수시로 토지를 지적공부에 등록하는 제도이다. 국토의 면적이 넓고 도시지역에 인구가 집중적으로 거주하며 산간 지역이 많은 국가에서 채택하는 제도이다.

(1) 특징

① 도시지역의 토지를 등록하기 위해 조사·측량하여 지적공부를 작성하는 제도이다.

② 산간 지역이나 농촌 지역은 대부분 지적공부를 작성하지 않는다.

③ 필요한 지역에 따라 조사·측량을 시행하여 지적공부에 등록하므로 분산된 지적공부를 보존하고 있으므로 초기비용이 저렴하다.

④ 전국적으로 등록하지 않기 때문에 지적공부가 체계적이지 못하고 정확도가 낮다.

⑤ 토지등록을 의무화하고 있지 않으므로 토지등록에 관해서는 소극적 등록제도를 채택하고 있다.

⑥ 소유권에 관한 사항을 등록할 때는 날인증서 등록제도를 채택하고 있다.

(2) 등록 도면

① 분산등록제도에서 토지 등록에 사용하는 도면은 고립형 지적도(Isaland Map)라 한다.

② 고립형 지적도는 도로, 구거, 하천 등의 지형지물에 따라 지적도면을 작성한다.

③ 도곽을 구분하지 않고 작성하므로 인접 도면과 접합 불가능한 도면이다.

④ 토지를 지적공부에 등록할 때 산발적으로 등록하는 지역에 적용한다.

⑤ 도면 관리가 불편하며, 사업계획수립에 사용하기가 곤란하다.

⑥ 특정 지역의 포괄적인 현황을 파악하기 위해서는 인접 Isaland Map의 집성도를 따로 작성하므로 연속지적도로 변화하는 과정에 있다.

(3) 활용

① 이 제도는 국토가 넓은 미국, 캐나다, 호주, 중국 등의 국가에서 채택하고 있다.
② 프랑스에서 지적도를 제작할 때 사용하는 제도이다.

1.4.6. 토지등록의 효력과 한계

출제(논) : 65, 137회

1.4.6.1. 토지등록의 효력

토지등록과 그 공시 내용의 법률적 효력은 일반적으로 행정처분에 의한 구속력·공정력·확정력·강제력이 있다. 토지분할, 신규등록 또는 경계복원측량 등을 측량수행자에게 대행시키는 것도 국가업무를 대행하는 것으로 모든 효력이 같으며 그 처분 결과는 국가가 최종적으로 책임을 지게 된다.

(1) 구속력

① 행정처분이 그 내용에 따라 그 행정처분의 상대방과 관계인을 구속하는 효력을 말한다.
② 토지등록이 있는 경우 소관청이나 토지소유자 또는 이해관계인은 토지등록의 행정처분이 유효하게 존재하는 한 그것을 존중하고 또 그에 복종하여야 한다.
③ 정당한 절차 없이 그 존재를 부정하거나 그 효력을 피할 수 없다.

(2) 공정력

① 토지등록에서 행정처분이 유효하게 성립하기 위한 요건을 완전히 갖추지 못한 경우에도 절대 무효인 경우를 제외하고는 소관청, 감독청, 법원 등 권한 있는 기관에 의하여 소송 또는 직권으로 취소할 때까지 법적으로 제한을 받지 않고 그 효력을 부인할 수 없는 것으로서 적법성이 추정된다.
② 토지대장에 등록된 기재 사항이 진실한 것으로 추정받는다고 하더라도 등기부와 같은 증명 책임의 전환까지 초래하는 추정력을 갖는다고 할 수 없는 것으로 보는 판례가 있다.

(3) 확정력

① 일단 유효하게 등록된 표시 사항은 일정한 기간이 경과한 뒤에는 그 상대방이나 이해관계인이 그 효력을 다툴 수 없을 뿐만 아니라 소관청도 특별한 사유가 없는 한 그 처분행위를 다툴 수 없는 것을 불가변력 또는 형식적 확정력이라 한다.

② 처분청 자신도 변경할 수 없는 것을 불가항력 또는 관습적 확정력이라 한다.

(4) 강제력

① 지적측량이나 토지등록 사항에 대하여 사법권의 힘을 빌릴 것이 없이 행정청 자체의 명의로서 자력으로 집행할 수 있는 강력한 효력을 갖는 것을 말한다.

② 토지분할이나 신규등록 또는 경계복원측량 등을 국토정보공사에 대행시키는 것도 국가 업무를 대행하는 것으로 이에 따른 모든 효력이 같으며 그 처분 결과는 물론 국가가 최종적으로 책임을 지게 된다.

③ 경계복원측량 등 지적측량결과에 대한 이의는 국토교통부장관 소속의 지적위원회가 적부심사를 맡아 처리함으로써 행정소송에서의 처리와 같은 재결의 효력을 갖는다.

1.4.6.2. 법률적 효력의 한계

① 우리나라는 조세 행정에 더 큰 비중을 두고 있는 과세 지적을 유지하고 있으므로 지적공부 등록 사항의 법률적 효력에 한계성이 있다.

② 현행 지적제도는 등록 사항에 착오가 발생한 때도 등록사항정정으로 끝나고 주민의 피해에도 전혀 국가 배상제도를 시행하지 못하고 있다.

③ 공시제도는 법률적 효력에 미흡한 것으로 토지등록 내용과 일반 행정적 자료처리에 기초를 두고 있다.

④ 토지표시 제도는 지적에서 책임을 맡고 소유권의 권리관계는 등기에서 공시 책임을 맡고 있다.

⑤ 지적소관청은 토지 표시에 대한 실질적 심사와 국정주의에 의한 직권등록주의를 채택하고 있으나 국가는 공신의 원칙을 부정함으로써 토지의 표시에 대한 지적에 관한 공신의 효력을 부정하고 있다.

⑥ 토지의 일정 사항을 등록하여 언제나 외부에서 인식할 수 있도록 한 공시방법으로 지적공부의 공시방법은 법률적으로 보장이 되어야 한다. 법률적 효력

1.5. 지적의 2014와 2034

1.5.1. 지적 2014

출제(용) : 104회, (논) : 62, 75회

지적 2014(Cadastre 2014)는 미래 지적제도의 비전(A Vision for a Future Cadastre System)으로서 1994년 호주 멜버른에서 개최된 제20차 FIG 총회에서 제7분과의 3개의 실무단(Working Group)을 4년 주기로 창단하기로 하였다. 1994년 현재의 지적이 20년 후에는 어느 위치에 있을 것인가, 어떻게 변화할 것인가에 대한 비전을 제시하기 위해 실무단(Working Group)의 임무를 '지적 2014 비전'이라 명명하였다. 지적 2014는 토지 객체에 관한 권리의 공식기록을 포함하며 실무단은 향후 20년 후의 지적제도의 발전에 관한 특성과 원칙, 정당성을 2014에서 측량사의 역할을 제시하였다.

1.5.1.1. 지적 2014의 6가지 성명

지적 2014의 실무 작업단은 4차례에 걸쳐 제7분과 연례 회의를 캐나다 프레데릭턴(1994), 네덜란드 델프트(1995), 헝가리 부다페스트(1996), 말레이시아 페낭(1997)에서 정기적인 모임을 개최하였다. 지적 2014에 관한 6가지 기본 성명은 임무와 내용, 기구, 정보 기술, 지도의 변화하는 역할, 민영화, 비용 회수 등을 다루는 것이며 지적 2014 정의에 대한 지침서가 되었다.

(1) 지적 2014의 임무와 내용

① 지적 2014의 성명(1) : 지적 2014는 공공권리 및 제한을 포함한 토지의 완전한 법적 상황을 보여줄 것이다.

② 해설 : 토지 보유권의 안정성을 제공하기 위하여 토지에 관한 모든 권리관계와 제한사항은 미래 지적제도에 의하여 명확하게 공시되어야만 한다.

③ 결과 : 새로운 주제적 모델이 필요하다. 측량사는 공공 법을 고려하여야 한다.

(2) 지적 2014의 기구

① 지적 2014의 성명(2) : 도면과 등기부 간의 분리는 사라질 것이다.

② 해설 : 이용할 수 있는 기술(종이와 연필)은 또 다른 방책을 허락하지 않았기에 그러한 분리는 필요하였다.

③ 결론 : 지적 영역에서의 측량사와 의뢰인 사이의 책임 분리는 변화될 것이다.

(3) 지적 2014에서 지적도면의 변화하는 역할

① 지적 2014의 성명(3) : 지적도면의 제작은 영원히 사라질 것이다.

② 해설 : 도면은 항상 모델로 존재해 왔으며 발전된 기술로 인하여 융통성 있는 면에서 이제는 사용이 안 된다.

③ 결과 : 지적 2014는 지적 영역에서 어떠한 도안자 및 지적도 작성자도 없을 것이다.

(4) 지적 2014에서의 정보 기술

① 지적 2014의 성명(4) : 종이와 연필은 사라질 것이다.

② 해설 : 지오메틱스 기술은 지적업무의 일상적인 도구가 될 것이다.

③ 결과 : 현대지적은 기본 데이터 모델을 제공하여야만 한다.

(5) 지적 2014에서의 민영화

① 지적 2014의 선언(5) : 지적 2014는 민영화될 것이다. 민영 부분은 긴밀한 공조 관계에 있다.

② 해설 : 공공제도는 민간 조직과 비교하여 융통성 및 고객 중심주의가 다소 떨어지는 경향이 있다.

③ 결과 : 민간 부문이 중요하게 간주할 것이며, 공공부문은 감독 및 통제에 집중할 것이다.

(6) 지적 2014에서의 비용 회수

① 지적 2014에 관한 선언(6) : 지적 2014에 투자된 비용은 충당될 것이다.

② 해설 : 지적제도는 막대한 투자를 요구한다. 그러한 투자 및 운영비용은 이득을 취한 이들에 의하여 최소한이나마 되돌려져야 한다.

③ 결과 : 비용 및 이득의 분석은 지적개혁 및 응용의 매우 중요한 면이 될 것이다. 측량사는 향후 더욱 경제적인 면에 관심을 기울여야 할 것이다.

1.5.1.2. 지적 2014의 원칙

① 사법 및 공법의 토지 객체를 실행하는 과정의 동일 원칙
② 토지소유권 불변의 원칙 및 토지소유권등록의 원칙
③ 토지등록의 4가지 원칙은 기록 원칙, 동의원칙, 공시원칙, 날인 계약 원칙이다.
④ 법적 독립원칙의 중시 및 확정 경계 제도의 원칙
⑤ 국가 기준 망에서 토지 객체의 위치

1.5.2. 지적 2034

출제(논) : 116회

지적의 개념적 변화는 법적, 재정적, 경제적 영역과의 연계는 정보뿐만 아니라 프로세스 측면에서도 상호 연관성을 형성하고 있다. 다른 축척의 지도 제작보다 사용이 더 엄격하기 때문에 더 복잡한 경향이 있다. 목적에 맞는 지적과 동일한 모델로 소유권을 부여해야 하는 수백만 개의 부동산에 대한 기존 수요와 정확한 소유권을 선호하고 있다. 하드웨어에 정보를 저장함으로써 전문성을 잃을 수도 있고, 심지어 부패의 흔적을 없애기 위해 화재의 위험이 있을 수도 있다.

1.5.2.1. 지적 선언 2034

① 2014년에는 향후 20년 동안 어떤 일이 일어날지 고려하기 위해 여정, 진행 상황 및 새로운 발견을 평가한다.
② 2014의 검토에서 공간데이터베이스 및 인프라, 사회의 본질적인 지리적 위치와 같은 지적정보 혁명에 영향을 미친 이정표를 고려하여야 한다.
③ 토지관리, 영토 거버넌스 및 단순화에 대한 미래의 기대 사항과 같이 지적에 새로운 관심을 부여한 비전이 목적에 맞게 조정되었다.
④ Cadastre 2014와 마찬가지로 이는 이미 일어나고 있는 상황에 대한 상황 기반 해석이다.
⑤ 기본적인 격차를 극복한 일부 국가에서는 안정성과 수요가 이미 시장에서 더 많은 것을 요구하고 있기 때문에 일부를 채택하게 될 것이다.
⑥ 관습주의의 지름길을 피할 수 있는 다른 사람들에게도 전파될 것이다.

1.5.2.2. 지적 2034의 6가지 진술

(1) 정확한 측정

① 정확한 측정은 너무 오래되었기 때문에 보르헤스(Borges)는 1658년까지 거슬러 올라가는 소스에서 이 주제를 편집하였다.

② 초정밀 부품 하나만 보유하는 것보다 제어된 정밀 속성을 갖춘 전체 영역을 보유하는 것이 더 중요하다는 사실을 잊은 상황에서는 항상 우려하였다.

③ 현재의 기술을 고려하면, 이 주제가 향후 20년 동안 일반적인 관심사가 될 것임을 시사한다.

④ 영토의 적용 범위가 이미 초과되었으며 유일한 관심은 정확성을 향상시키는 것이다.

(2) 권리, 제한 및 책임에 대한 지침

① 지적재산권(Cadastre 2014)에서 이미 제안된 것의 진화이며, 부동산에 대한 법적 영토 객체 사이의 공간적 관계만 있는 것이 아니라 자체 확장 모델을 가진 객체가 될 수 있다는 변형이다.

② 일부 국가에서 이미 보유하고 있는 특별 제도 등록부(Special Regime Registry)가 있다.

③ 계층 간의 관계와 관계 없이 사용된 역사, 정당성, 이해당사자의 요청 및 의지를 보장하는 등록 기술의 적용을 수반한다고 주장한다.

④ 공법의 속성이지만 사법의 많은 속성과 겹치는 특수성을 가지고 있으며, 구성하는 법률, 운영하는 기관, 공간기하학의 유효 날짜라는 판례를 가지고 있으며 거래를 통해서만 수정할 수 있다.

(3) 3D 관리 능력

① 지금까지 3차원은 주로 영숫자 형식으로 대표되었다. 공동주택의 아파트는 부동산코드, 단지 건설단계, 타워수, 층수, 아파트 호수 등을 알면 할 수 있다.

② 디지털 트윈(Digital Twins) 및 스마트시티(SmartCities)의 추세는 자산관리(Cadastre Indoors)를 위한 소프트웨어 기능에 대한 3차원 모델링 메커니즘으로 이어지고 있다.

③ 디지털 트윈(Digital Twins) 및 스마트시티(SmartCities)의 표현을 넘어 Cadastre 2034는 그것들이 관리될 수 있다고 말한다.

④ 업데이트가 터치 및 삭제뿐만 아니라 수명 주기 트랜잭션과 연관되도록 레지스트리 기술을 적용하는 것을 의미한다.

⑤ 지적은 태어나고, 기하학이 포착되고, 모델링되고, 인간의 일상적인 과정과 함께 작동하고, 돌연변이를 겪고, 삭제되기도 한다.

⑥ 3D 관리 기능은 포인트 클라우드 등의 기술을 활용하면서 인프라 모델 및 디지털 지형 모델을 사용하여 단순화된 개체를 쉽게 식별할 수 있는 기능을 갖춘 새로운 정보 캡처 방법의 채택을 의미한다.

(4) 실시간 업데이트

① 토지행정에 관여하는 행위자들이 부동산 마스터로 통합되는 한, 병행할 수 있는 순차적인 흐름은 불필요할 것이다.

② 지금까지의 정부는 내부에서 등록을 수락하는 버튼을 클릭하는 등록 기관을 설치할 수 있을 것이다.

③ 도시 큐레이터, 측량사, 공증인, 지방자치단체 등과 같이 현재 거래에 개입하는 다른 행위자에게도 동일한 논리가 적용된다.

④ 지적등록 관리 공무원은 물론 공증인 노동조합에 의해서도 막을 수 없다.

⑤ Airbnb와 같은 B2B 계획이 최종 사용자가 자체 관리하는 글로벌 범위를 갖춘 기존 모델을 죽이는 부동산 시장(임대 및 판매)과 같이 현재 별도로 운영되는 프로세스가 수렴될 수 있다.

⑥ 부동산등록시스템이 "판매 가능한 상품"등록으로 통합될 것이며, 동산(차량), 지적 재산권, 상업 재산(회사, 주식)과 같은 상황에 적용된다.

⑦ 블록체인 및 인공 지능과 같은 기술은 정부가 더 이상 보유하지 않는 레지스트리에서 증권화가 보장되는 정도까지 암호화폐에 상응하는 물리적 현실 객체의 디지털 트윈 논리에서 스마트 계약에 활용되어야 한다.

⑧ 공적시스템에서 인정되는 신분증이 없는 사람들, 등록되지 않은 재산, 이 사람들이 이 토지에 대해 행사하는 권리 목록을 등록해야 하는 전 세계적인 필요성이다.

⑨ 향후 20년 안에 이 문제를 해결하려면 시간과 비용을 줄이고 인구의 참여를 확대할 수 있는 파괴적인 방법을 다시 생각해야 한다.

(5) 글로벌 및 상호 운용할 수 있는 지적

① 범용 개체 식별자(Universal Object Identifier)를 사용한 시장 중심을 표준화한다.

② 그리고 부동산이 수풀로 채워질 때마다 변경되는 30자리 코드를 쓰레기 처리장으로 보낸다.

(6) 생태학적 경계를 관리하는 능력

① 국제적으로 관심을 끄는 자연 보호구역, 바다의 산호 보호구역과 같은 무형 개체의 매핑이 포함된다.

1.5.2.3. 지적의 미래 역할에 대한 질문

Cadastro 2034는 또한 Cadastro가 개입할 수 있는 글로벌 관심 문제를 제기하며, 만약 그렇다면 점점 더 연결되는 글로벌 환경에서 전체적인 정보 허브 관리를 위한 새로운 패러다임을 제시할 것입니다.

① 토지 점유, 지적이 이 정보를 등록하는 역할을 합니까?

② 식품 안전. 식량권의 이용, 접근, 가용성에 있어서 해당 지역 대상의 특성과 인간과의 관계를 연관시키는 데 관심이 있을 것인가?

③ 기후변화. 기후변화와 관련된 취약성 종속성을 갖는 권리 등록에 관심이 있습니까?

④ 군중 지적. 공동 지적에서는 무엇을 할 수 있고 할 수 없나요?

⑤ 녹색 지적. 생태적 경계에 관한 법률?

⑥ 글로벌 지적. 글로벌 지적을 위해서는 어떤 인프라가 필요합니까?

1.6. 지적불부합지

출제(논) : 47, 63, 66, 68, 71, 72, 78, 87, 90, 96, 98, 111, 134회

지적불부합지란 지적공부에 등록된 사항과 실지가 부합되지 않는 지역을 말하며 그 한계는 지적 세부측량에서 도상에 영향을 미치는 축척별 오차의 범위를 초과하는 것을 말한다. 지적불부합지는 사회적인 면에서는 토지의 분쟁과 토지거래 질서의 문란, 주민의 권리행사 지장, 권리 실체 인정의 부실을 초래하고 있다. 또한, 행정적인 면에서는 지적행정의 불신을 초래하고 있으며 토지이동 정리가 불가하고 지적공부에 대한 증명의 발급이 어려우며, 토지과세 및 부동산등기 행정, 공공사업 수행의 행정 등 많은 문제점을 도출하고 있다.

1.6.1. 발생원인

지적불부합지의 발생 원인은 여러 가지 측면에서 분석될 수 있으며, 제도적 모순이나 운영상의 문제는 물론 측량 기술상 어려움 때문에 발생하는 여러 가지 원인이 있다.

(1) 측량에 의한 발생

① 토지가 세분되어 토지의 이동이 많아 발생한 오류

② 측량기준점 통일성 결여 및 유지 보수가 곤란함으로써 발생하는 오류

③ 6·25 동란으로 지적삼각점의 80% 이상이 망실되어 복구과정에서 발생하는 오류

④ 토지개혁과 귀속지불하, 무신고 이동지 정리, 농로 분할, 집단지 분할 등의 이동 정리 시 업무를 소홀히 하여 발생한 오류

⑤ 지적복구와 지적도의 제작 과정에서 오는 제도오차에 의한 오류

⑥ 일필지 측량의 오차 누적과 명확한 기지점을 이용하지 않는 세부측량에 의한 지적불부합지 오류

⑦ 기준점을 망실한 지역의 복구 측량 방법에 따른 오류

⑧ 도근점의 도선 편성 상 오류

(2) 지적도면에 의한 발생

① 지적도면 축척의 다양성
② 지적도면 관리의 부실로 인한 도면의 신축 및 훼손
③ 지적도의 재작성 과정에서 오는 제도오차의 영향
④ 도면 재작성에 따른 오류
⑤ 토지의 세분화에 따른 대축척 지적도 미비
⑥ 도해적으로 관리되는 지적도면의 한계성

1.6.2. 지적불부합지의 유형

(1) 중복형

① 중복형은 〈그림 1-4〉와 같이 등록전환 및 기준점측량 시에 사용한 원점이 다를 경우 원점 구역의 접촉 지역에서 많이 발생한 형태를 말한다.
② 측량상의 오류로 기존의 등록된 토지의 경계선을 충분히 확인하지 않고 처리함으로 발생한 형태를 말한다.
③ 중복형에 관한 지적불부합지의 경우는 발견하기가 쉽지 않은 형태이다.

(2) 공백형

① 공백형은 〈그림 1-5〉와 같이 도근점 측량 당시 도선의 배열이 다른 경우에 신규등록, 등록전환, 이동지 정리 측량에서 많이 발생한 형태를 말한다.
② 리·동의 행정구역 경계가 인접하는 지역에서 많이 발생한다.
③ 측량 기술상의 오류 등으로 등록 시기와 측량자가 다른 경우 많이 발생한다.
④ 일필지의 도상경계는 인접하여 있으나 현지의 토지 형태는 서로 떨어져 있어 공간의 모형이 발생하는 유형을 말한다.

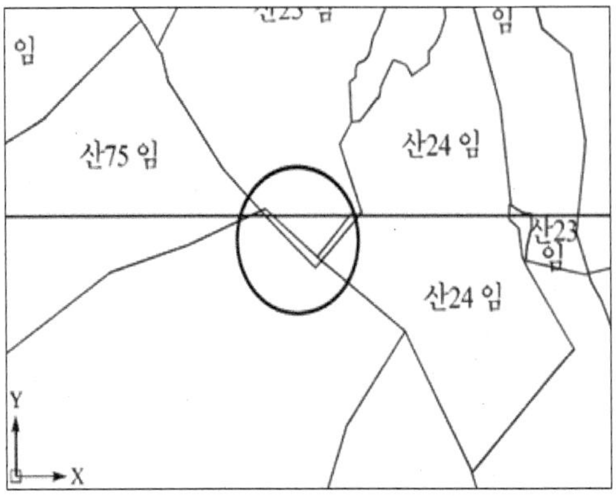

〈그림 1-4〉 중복형

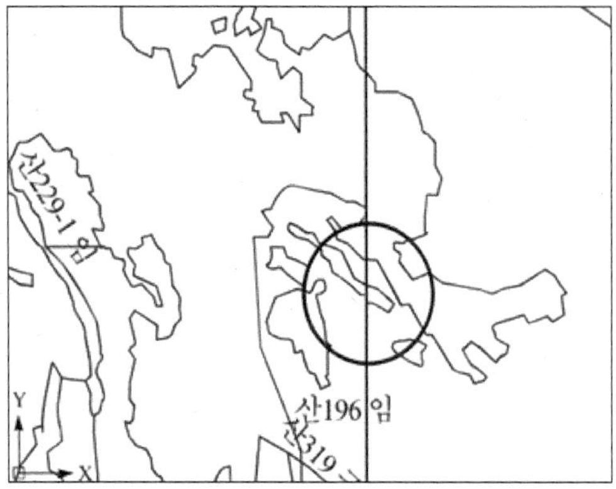

〈그림 1-5〉 공백형

(3) 편위형

① 편위형은 〈그림 1-6〉과 같이 현행기지를 이용하는 측량 방식으로 대단위 지역의 이동측량을 할 때 발생하는 유형이다.

② 세부측량을 도해측량 방법으로 할 때 평판점의 위치결정의 오류로 인해 발생한 것이 가장 많다.

③ 토지이동이 발생하므로 국지적으로 측량하여 경계선을 결정하는 과정에서 많이 발생한 유형이다.

④ 대규모 지역에 해당하므로 정정하기 위한 행정 처리가 복잡한 유형이다.

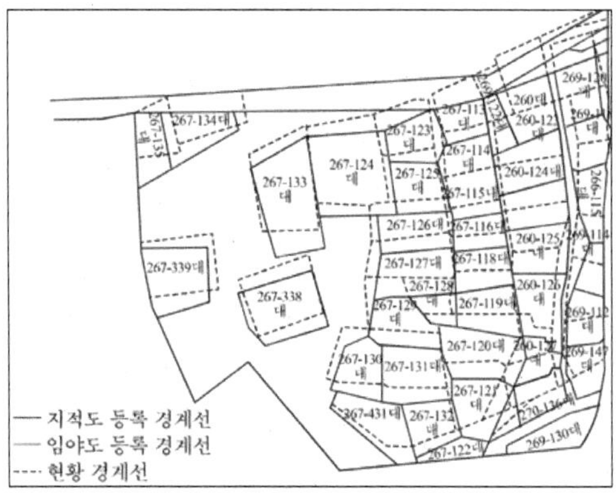

〈그림 1-6〉 편위형

(4) 불규칙형

① 불규칙형은 〈그림 1-7〉과 같이 토지 일부분이 일정한 방향으로 밀리거나 중복되지 않고 산발적으로 오류가 발생한 형태를 말한다.

② 지적기준점의 위치 오류 및 일필지의 경계성과 인정의 착오로 많이 발생한다.

③ 토지소유자들의 경계 위치 파악이 어렵고 원인 분석이 어려운 경우가 많다.

④ 토지조사사업 당시 세부측량 시 발생한 오차가 계속해서 누적된 것이 많다.

(5) 위치 오류형

① 위치 오류형은 〈그림 1-8〉과 같이 지적공부에 등록된 토지의 형상과 면적은 현지와 일치하나 지적공부에 등록된 위치와 지상의 위치가 전혀 다른 위치에 있는 유형을 말한다.

② 기지 경계선에서 멀리 떨어진 산림 속의 경작지 중에서 많이 발생한다.

③ 위치 오류형의 경우는 등록사항정정이 편리하며 면적에는 관계되지 않으므로 도면상의 위치만 정정하면 된다.

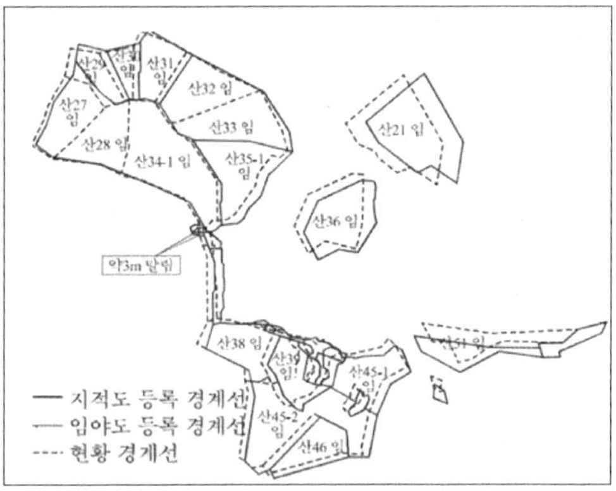

〈그림 1-7〉 불규칙형

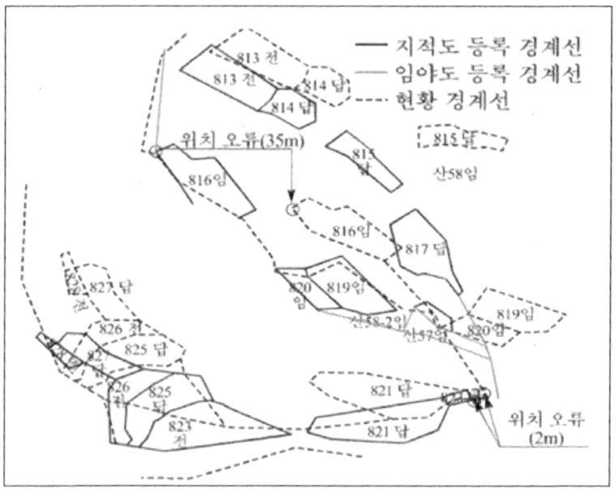

〈그림 1-8〉 위치 오류형

(6) 경계 이외의 불부합

① 지적공부에 등록된 사항과 현지가 서로 다른 지목이나 소유자의 성명, 주소 등의 표시사항 오류를 말한다.

② 지적공부 자체적인 오류 사항(지적도와 토지대장 또는 임야도와 임야대장) 또는 토지대장과 등기부 상호 간의 불일치로 인하여 발생한 오류를 말한다.

③ 지적측량성과 정리 중의 오류 및 지적공부 정리 시에 발생하는 오류 등이 있다.

④ 최근 일제 조사 정리를 통하여 많이 해소되고 있으며 이러한 부분은 매우 미소하다.

1.6.3. 지적불부합지 해결 방안

지적불부합지를 근본적으로 해결하기 위해서 정부에서는 도면 전산화 및 PBLIS 시스템의 구축 등으로 다양한 방법을 이용하였으나 전반적으로 해결하는 방법으로는 지적재조사를 시행하는 방법이 유일하다 할 것이다.

(1) 부분적 해결 방안

① 지적도의 축척변경 사업의 확대 시행

② 「도시개발법」에 따른 도시개발사업,

③ 「농어촌정비법」에 따른 농어촌 정비사업

④ 현황 위주로서 점유 형태로 재 확정하는 방안

(2) 전면적인 해결 방안

① 지적불부합지 정리를 위한 임시조치법의 제정 및 지적법의 보완

② 수치 지적제도로 전환하는 방안

③ 지적재조사에 의한 방안

④ 지적공부의 세계측지계변환 방법을 이용한 정리 방법

1.7. 지적과 등기제도

출제(논) : 53, 63, 65, 69, 74, 75, 81, 87, 89, 90, 108, 122, 128, 129, 131회

우리나라의 지적제도와 등기제도는 동일 대상토지를 지적공부와 등기부로 구분하고 있으며, 공부의 관리도 행정부(시군구)와 사법부(등기소)로 이원화되어 있어 토지에 대한 종합적인 정보제공의 기능을 못 하고 있다. 지적제도는 국가기관의 통치권이 미치는 모든 영토를 필지 단위로 구획하여 토지에 대한 물리적 현황과 권리관계 등을 지적공부에 등록 공시하고 그 변경 사항을 영속적으로 등록 관리하는 국가의 사무이다. 등기제도는 등기관이라 일컬어지는 국가기관이 법정 절차에 따라 등기부에 부동산의 표시 또는 부동산에 관한 권리 관계를 기재하는 부동산에 대한 물권을 공시하는 제도이다.

1.7.1. 각국의 토지제도 특징

① 지적제도와 등기제도가 창설 당시부터 현재까지 이원화 체제로 운영된 나라는 우리나라와 독일이 있다.

② 지적제도와 등기제도가 창설 당시 이원화 체제였으나 현재는 일원화 체제로 운영된 나라는 일본, 중국, 터키, 인도네시아 등이다.

③ 지적제도와 등기제도가 창설 당시부터 현재까지 일원화 체제로 운영된 나라는 네덜란드와 미얀마이다.

④ 영국과 같이 지적제도가 없이 등기제도만 창설되어 운영되고 있는 나라도 있다.

1.7.2. 지적제도

지적제도는 토지에 대한 물권이 미치는 경계와 면적 등 물리적 현황을 지적공부에 등록 공시하는 제도이다. 지적제도는 토지조사사업과 임야조사사업의 성과에 의하여 관리 담당하고 있으며 지적국정주의, 직권등록주의를 채택하고 있다.

(1) 특징

① 편제 방법에는 리·동별 지번 순으로 하고 물적편성주의이다.

② 신청 방법은 단독신청주의로 토지소유자가 직접 신청하는 방법으로 하고 있다.

③ 모든 토지를 강제적으로 지적공부에 등록하여 공시하고 있으며 지적공부에 등록 공시된 사항은 공신력을 인정하고 있다.

④ 지적제도는 토지조사사업과 임야조사사업의 성과를 근거로 관리하고 있다.

⑤ 지적은 지적국정주의, 지적공개주의, 지적형식주의, 직권등록주의, 실질적심사주의를 기본이념으로 채택하고 있다.

⑥ 등록의 절차는 등기와는 달리 등록 기관의 직권 범위가 대단히 넓다.

(2) 관리조직

① 국토교통부의 산하에 시도 및 지적소관청인 시군구에서 관리 담당하고 있다.

② 지적공부는 시군구에 비치 보존하며 관할구역은 법정동·리를 중심으로 하고 있다.

(3) 공적 장부

① 지적공부 등록 사항은 국가기관의 장인 소관청이 조사 결정하는 권한을 위임받아 공부를 관리하고 있으므로 토지표시사항에 대한 공신력을 인정한다.

② 지적은 토지현황을 등록·공시하는 것을 주요 기능으로 하며 등록 사항은 지번, 지목, 경계, 좌표, 면적 등 주로 사실관계인 토지의 형상에 관한 것이다.

③ 지적공부의 종류

- 대장 : 토지, 임야대장, 공유지연명부, 대지권등록부
- 도면 : 지적도, 임야도
- 경계점좌표등록부
- 지적 파일 : 전산정보처리조직에 의한 자기디스크, 자기테이프

④ 지적정보의 종류

- 기본정보 : 토지의 소재, 지번, 지목, 면적, 경계 또는 좌표
- 소유정보 : 소유권 표시사항을 등록 관리
- 이용정보 : 토지의 이용 현황 및 공법상의 규제 사항
- 가격정보 : 개별공시지가
- 기타 정보 : 도로 명칭, 건물번호, 주거인, 인구수, 소유자의 직업 및 납부세액 등

1.7.3. 등기제도

출제(논) : 53, 81, 87, 126회

등기제도는 토지에 대한 권리관계를 공시함을 그 기능으로 하는 만큼 그 기재 절차에는 엄격한 요식행위가 요구되고 또 그 기재에 관한 이의가 있는 때에는 그 이의신청만으로 즉각 사법적 판단을 받게 되는 것이다. 등기는 원칙적으로 등기 권리자와 등기 의무자, 즉 당해 등기로 인하여 부동산에 관한 권리를 취득 또는 확장하는 자와 그 권리가 소멸 또는 축소되는 자의 쌍방 신청이나 관공서의 촉탁에 의한다.

(1) 특징

① 편제 방법은 등기접수 순서이며 연대적 편성주의에 의한다.

② 신청 방법은 공동신청주의(등기 권리자와 의무자) 방법으로 하고 있다.

③ 등기제도는 지적공부의 토지 소재, 지번, 지목, 면적, 소유자 등을 기재하고 토지소유권을 증명하는 공부로 인정한다.

④ 당사자 신청주의 및 성립요건주의(형식주의)를 채택하고 있으므로 공신력은 인정되지 않고 추정력만 인정된다.

⑤ 등기는 토지에 대한 권리관계를 공시한다.

⑥ 등기에서 토지의 표시사항은 지적을 기초로 하고 지적에서의 소유자에 관한 사항은 등기를 기초로 한다.

⑦ 등기관은 등기신청이 부동산등기법에 규정된 절차상의 적법성만을 조사하는 권한을 가질 뿐 실체법상 사실관계의 일치 여부에 관한 조사를 할 수 없는 형식적심사주의를 채택하고 있으므로 등기의 공신력을 인정하지 않고 다만 확정력만을 인정하고 있다.

(2) 관리조직

① 초기에는 지방법원 그 지청, 또는 출장소가 등기소로서 등기 업무를 담당하였다.

② 사법부의 산하에 지방법원과 등기소에서 부동산의 부동산등기법에 따라 수행한다.

③ 등기관의 고의·과실에 의한 재산상 손실이 발생한 때에는 배상 책임을 지는 것으로 하였다.

④ 지방법원과 등기소에서 비치, 관리, 보존하고 있으며 재판관할 구역을 중심으로 관할하고 있다.

(3) 공적 장부

① 등기부의 종류에는 토지등기부, 건물등기부, 기타(입목, 선박, 공장재단, 민법 법인, 특수법인 및 외국 법인, 주식회사 등)로 구분한다.

② 등기 정보의 종류

- 표제부에는 부동산에 관한 표시 사항이 기재되어 있다.
- 갑구에는 등기 대상 부동산의 소유권에 관한 기재 사항(소유자 성명, 명칭, 등록번호, 주소 등)
- 을구에는 등기 대상 부동산의 소유권 이외의 기타 권리관계 기재(지상권, 지역권, 전세권, 저당권, 임차권)

1.7.4. 지적과 등기의 현황

(1) 대장과 등기부 상호 간의 불일치

① 공부 상호 간이 불일치로 인한 토지분쟁의 사례가 많다.

② 대장과 등기부의 일치를 위한 행정력 및 경비가 많이 소요된다.

(2) 담당 기관의 이원화

① 소속기관의 상이

② 담당 공무원의 비전문성

③ 민원 사무처리의 이중성

④ 관할구역의 불일치

(3) 등록 관리의 비능률성

① 토지와 건물의 등록은 지번 순으로 처리한다.

② 등기 사무는 등기 접수순으로 처리한다.

③ 공부상의 착오 또는 오류 등의 경우가 많다.

④ 대장에 의한 등기부의 정리도 신속하지 못하다.

⑤ 등록의 부합 여부와 등록과 실제 토지현황의 부합 여부 또는 등기와 실제 권리의 부합 여부를 확인하기 어렵다.

1.7.5. 지적과 등기 제도의 비교

출제(논) : 63, 108, 128회

① 지적은 토지에 대한 사실관계를 공시하고 등기는 토지에 대한 권리관계를 공시한다.

② 등기는 토지의 표시에 관하여서는 지적을 기초로 하고 지적의 소유자 표시는 등기를 기초로 한다.

③ 지적은 국정주의와 직권등록주의를 채택하고 등기는 당사자 신청주의와 성립요건주의를 채택하고 있다.

(표 1.2) 지적과 등기 제도의 비교

구 분	지적제도	등기제도
관리법률	• 공간정보구축에 관한 법률	• 부동산등기법
기능	• 토지에 대한 사실관계의 공시	• 토지에 대한 권리관계의 공시
기본이념	• 국정주의, 형식주의, 공개주의	• 형식주의(성립요건주의)
등록 방법	• 직권등록주의, 단독신청주의	• 당사자의 신청주의, 공동신청주의
심사 방법	• 실질적심사주의	• 형식적심사주의
처리 방법	• 신고의 의무 또는 직권조사처리	• 신청주의(신청이 있을 때 등기)
신청 방법	• 단독신청주의	• 공동신청주의

구 분	지적제도	등기제도
담당 부서	• 국토교통부, 시도, 지적소관청	• 법무부, 대법원, 지방법원, 등기소
공적 장부	• 토지(임야)대장, 공유지연명부, 대지권등록부, 지적(임야)도, 경계점좌표등록부, 지적 파일	• 토지등기부, 건물등기부, • 기타(입목, 상업, 선박, 법인, 특수법인, 공장, 광업)등기부
담당구역	• 행정구역 중심	• 재판 관할구역 중심

1.7.6. 개선 방안

(1) 공부의 통합

(표 1.3) 지적제도와 등기제도의 통합공부 등록

구분		등록 사항
현행	토지(임야)대장	• 토지표시 : 토지 소재, 지번, 지목, 지적, 고유번호, 소유자주소, 성명, 주민등록번호
	건축물 관리대장	• 건물표시 : 토지 소재, 구조, 용도, 건물 면적, 소유자주소, 성명
	부동산등기부	• 토지 표제부 : 토지 소재, 지번, 지목, 면적 등 • 건물 표제부 : 토지 소재, 건물구조, 건물 면적 • 갑구 : 소유권 • 을구 : 기타 권리
개선안	부동산종합공부	• 토지 표시 : 토지 소재, 지번, 지목, 지적, 토지 고유번호 등 • 건물 표시 : 건물 구조, 건물 면적, 용도 • 소유권 : 소유자주소, 성명, 주민등록번호 • 기타 권리 : 권리자주소, 성명, 주민등록번호 • 부동산 가격 : 토지 등급, 기준 수확량, 등급, 건물 가격

(2) 담당기관의 통합

① 행정기관으로 통합할 경우

- 조직은 국토교통부 → 시·도 토지등록국 → 시군구 종합토지과
- 사무처리의 통일성, 능률성, 전문성 확보
- 행정력의 절감 및 전문인력 확보가 쉽다.
- 부동산정책의 종합적 효율적 추진 및 이의신청 업무 처리의 이원화

② 사법부로 통합할 경우

- 조직은 법무부 → 지방법원 → 시군구 관할등기소
- 사무처리의 전문성과 공정성 확보
- 민원인 불편 제거 및 행정력이 절감
- 사무처리의 중복·전문인력 확보 곤란

③ 새로운 기관으로 신설할 경우

- 조직은 토지등록청 → 시·도 부동산 종합등록국 → 시군구 부동산 종합등록소
- 기구의 독립성, 사무의 전문성, 운용의 불편 부담 제거
- 행정력의 절감 및 관련 정책을 종합적으로 추진 가능
- 기구 신설에 따른 시설, 장비, 인력 등의 비용이 많이 소요
- 단시일 내 전문인력확보가 곤란

1.8. 현대지적

1.8.1. 현대지적의 원리

출제(논) : 129회

현대지적의 원리는 지방행정의 추구 이념과 같이 분권화, 주민 참여의 보장, 책임성, 공개성 등이 함께 인식되게 하고 있다. 지적의 세분화는 지적행정의 결정권, 집행권을 중앙에 집중시키지 않고 가능한 지방차치 단체에 분산시키는 것이며 지적직 공무원의 책임 종류에는 회계 책임, 법적책임, 프로그램 수행 책임, 절차 책임, 결과에 대한 책임 등이 있다. 지적공부를 중심으로 관리 운영의 정확성은 지적 기구의 조직과 업무 세분화 및 지적불부합의 반대 개념으로 공기능성, 민주성, 능률성과 함께 현대지적의 기능을 최고화시키기 위한 원리이다.

(1) 공기능성의 원리

① 지적은 국가가 국토에 대한 상황을 국민 다수의 이익을 추구하기 위하여 기록·공시하는 국가의 공공업무이며 고유 사무이다.

② 공기능성의 본원적 의미는 어떤 집단에서 대다수의 개인에게 공통이 되는 이해 또는 목적을 가지는 것으로 상정되는 것을 말한다.

③ 지적을 토지의 공적 장부로 보는 것은 공기능성에 입각한 논리로서 토지의 속성이 공공성을 요구하며 토지의 필요 사항이 표시 기록되며 지적국정주의 이론과 같다 할 것이다.

④ 지적은 최초부터 세금 부과를 위한 공적 장부였으며 양안에 기록되는 양전의 내용도 사적일 수 없었다.

⑤ 국민에 대한 봉사자이며 협력자의 견해를 밝히는 기능으로 현대지적은 그를 관장하는 자와 활용하는 자 사이에 의무성을 띠고 있다.

⑥ 지적은 공공관계의 상호 교류성을 나타내며 객관적이고 정확성이 있어야 하며 지적에 관한 모든 정보는 정직성과 사실성에 입각한다.

(2) 민주성의 원리

① 민주성이란 제도의 원리 주체와 객체가 내면적인 면에서 행정의 인간화가 이루어지고 외적인 면에서 주민의 뜻이 반영되는 행정이라 할 수 있다.

② 국가가 지적 활동의 주체로서 업무를 추진하지만, 최후의 목표는 국민의 욕구 충족에 기인하려는 특성을 가진다는 것이다.

③ 행정을 수행하면서 인격을 존중하고 국민과의 관계에서 국민 의사의 우월적인 가치가 인정되며 정책 결정에서 국민의 참여, 국민에 대한 봉사, 국민에 대한 행정책임 등이 확산하는 상태를 말한다.

④ 지적의 공개성은 토지 활동과 형상의 변화에 따른 지적 상황을 직시 국가 토지정책 방향을 모든 국민의 필요에 따라 알려서 국가 토지정책에 호응하고 자기 토지관리는 물론 토지 시장의 자율성을 보장하게 되는 것이다.

(3) 능률성의 원리

① 지적은 토지에 대한 인간 활동을 효율화하기 위한 것을 대전제로 하며 여기에는 기술적 측면의 효율성이 포함된다.

② 지적 활동을 능률화한다는 것은 지적 문제의 해소, 지적 활동의 과학화, 전문화, 획일화, 선진화하는 것이다.

③ 우리나라는 토지대장의 카드화, 지적등록 요소의 전산화와 수치지적부의 도입이 해당하며 지적의 능률성은 다목적지적 등 기술혁신이 이루어짐으로써 효과를 말한다.

(4) 정확성의 원리

① 지적은 세수원으로 각종 정책의 기초자료로서 신속하고 정확한 현황 유지를 생명으로 하고 있다.

② 토지정보를 수록하는 지적은 사회과학적 방법과 자연과학적 방법이 함께 접근되어야 하는 어려움을 안고 있다.
③ 토지기록부인 지적은 토지현황조사, 기록과 도화, 관리와 운영의 세 부분으로 이루어지고 있다.
④ 토지현황조사는 지적공부를 만들기 위한 일필지 조사를 하게 되며, 일필지 조사는 토지현황과 이 동지 관계, 토지소유권, 분할, 합병, 지목, 경계, 지번, 신규등록, 토지 현장 확인을 하게 되며 필요에 따라 가격조사, 토양조사도 하고 토지의 경계와 면적측정을 위해서는 지적도근측량과 세부측량을 실시하여 경계와 면적을 분명히 하여 지적원도를 정확히 하기 위한 작업이다.
⑤ 기록과 도화는 측량의 정확성은 측량술과 기기의 발달도 중요하나 토지조사 후의 기록과 도화가 정확해야 한다.
⑥ 토지등록 요소의 정확한 기록은 지적도의 대축척화와 경계점좌표등록부의 도입 등이 있다.

1.8.2. 현대지적의 성격

출제(논) : 63, 129회

(1) 역사성

① 지적은 세지적, 법지적, 다목적지적으로 변화되고 있으며, 지적 사항이 인간의 뜻에 따라 가변적이기는 하지만 일단 정해진 기록은 영구히 존속된다.
② 토지의 과세는 중농주의 학자들에 의해서 토지가 모든 부의 원천이며 수입은 과세로부터 획득되었다는 견해였으며 토지이용도의 차이에 따라 토지세가 부과되었다.
③ 우리나라는 신라시대부터 대한제국 말에 이르기까지 토지 과세를 목적으로 한 토지기록부(量案)가 있었으며 기록의 필요에 따른 일환으로 양전이 수반되었다.
④ 토지는 지적의 기록이며 토지가 자연물로서 영속적이며 영구적이어야 한다.

(2) 반복성

① 지적업무는 일반적으로 지적측량 및 지적공부의 정리와 지적공부의 열람과 등본, 도시계획확인원의 발급, 토지이동의 신청접수 및 정리, 등록사항정정 신청 및 정리 등 민원 업무가 대부분을 차지하고 있다.

② 최근에는 다양한 토지에 대한 정보의 요구에 따라 다목적으로 활용함으로써 계속 반복되는 특성이 있다.

(3) 전문성

① 토지에 관한 인간의 필요 정보를 정확하게 제한된 지면에 기록하고 묘화하는 과정은 전문성이 필요하다.

② 토지의 소유권을 기본으로 하는 지적의 전문성은 고도의 전문 기술과 높은 수준의 실력과 합리적인 객관성과 사명감을 결합하는 것이다.

③ 지적은 지적측량을 기초로 모든 토지요소를 유기적인 관계로 조화시키는 토지정보의 수단이라 할 수 있다.

④ 현대지적은 지적을 구성하는 중요 요소 중의 하나가 물리적인 측면인 항공사진을 비롯한 토지의 측량이 필연적으로 따르기 때문이다.

(4) 서비스성

① 지적민원의 증가 현상에 따른 토지의 중요성이 함께 공공정책으로서 큰 비중을 갖는 만큼 서비스성이 요구된다.

② 현대지적은 시·구·군의 민원 업무 중 가장 큰 비중을 차지하고 있으며 지적 민원의 증가 현상은 국토개발과 토지거래가 주요 요인이다.

③ 지적민원은 지적과 등기의 일원화, 다목적지적 제도의 도입과 지적공부의 개선, 지적불부합의 해소 등 새로운 제도적 장치가 강조된다.

④ 지적행정은 경계분쟁을 최소화하는 데 역점을 두고 현실에 부합되는 객관적 사실에 순응하는 행정정책이다.

(5) 윤리성

① 현대지적은 매 필지 경계, 지목, 면적, 소유권 등에서 이해관계가 있고 공익 원리에서 윤리성이 강조된다.

② 지적활동의 결과를 나타내는 지적측량성과, 토지이동 정리, 경계복원 등에서 객관성만이 윤리성을 전제로 하기 때문이다.

(6) 정보원

① 정보원은 국가적인 측면이나 개인적인 측면과는 관계없이 더욱 증대되고 있으며, 토지 활동의 수행에 따른 기초자료로서 지적공부가 이용된다.

② 토지 관련 정보의 종합시스템으로 광범위한 도형정보와 속성정보를 수집, 분석, 수정하여 제공하는 시스템으로 정의 되고 있다.

③ 토지는 국가의 중요한 자원으로서 정부의 각 부처와 기업과 개인 등 토지를 관리하지 않을 수 없는 입장으로 중요한 토지의 정보원으로서 성격을 띠고 있다.

1.8.3. 현대지적의 기능

우리나라는 지적국정주의를 채택하고 있으므로 지적에 관한 등록 일체는 소관청인 국가기관으로서의 지적소관청이 하도록 규정되어 있다. 따라서 지적사무는 법령에 따라 소관청이 관장하는 국가사무이다. 토지의 기록을 담는 지적공부는 일정 형식의 규정에 따라 구획된 필지별로 토지의 필요 사항이 표시되는데 이는 공공성에 기인하며, 지적의 관리를 소관청으로 한정하는 것과 지적국정주의와 지적공개주의의 채택은 공공성에 기인한다고 할 것이다.

(1) 법률적 효력과 공시

① 지적은 토지의 소재, 지번, 지목, 면적, 경계, 좌표, 지형, 토지공시지가를 근본으로 하는 법적 효력과 공시 기능을 갖게 된다.

② 등기는 토지의 소유권과 순위, 소유권 이외의 권리인 지상권, 지역권, 전세권, 저당권, 임차권 등 사법상 권리관계를 주장할 수 있는 법률적 효력과 일반에게 공개할 수 있는 공시의 기능을 갖는다.

(2) 토지정책의 기준

① 토지에 대한 국가적인 정책과 지방자치단체의 정책 결정사항 및 토지이용계획은 지역별로 지적공부를 기초로 하고 있다.

② 토지이용계획을 위한 환경을 고려하여 개발가능지역을 선정하고 개발지역을 선정하면 토지자원의 재평가, 도시 기본구조 구상과 도시기능계획, 토지이용 배분 등은 현장 확인과 지적공부를 기초로 한다.

(3) 자치단체행정의 자료

① 지방자치단체의 토지행정은 특정 지역을 기반으로 지역사회의 공공복지 목적을 실현하기 위한 사업과 도시의 기본 관리계획에 필요한 기본자료로써 활용된다.

② 최근에는 지방자치단체에서 도시계획을 수립하거나 건설공사에 필요한 다양한 토지행정에 기초자료로서 지적공부의 역할은 매우 크다고 할 수 있다.

(4) 토지감정평가의 기초

① 토지평가에서 중요한 것은 지목, 면적, 입지, 형상, 경계, 좌표 등이 공부의 표시와 동일 여부를 확인하여 이러한 것을 토대로 평가가 이루어진다.

(5) 토지유통의 매개체

① 토지의 유통은 수요와 공급의 시장원리에 의하여 나타나는 현상으로 매매, 교환, 임대차가 있다.

② 이러한 현상은 지적공부의 열람과 실물 확인에 따라 이루어진다.

(6) 토지관리의 지침

① 다목적지적은 계획을 위한 토지이용 가능성, 가치, 점유 관계, 통계 등을 제공하고 있으며

② 토지관리를 위한 정보의 수집, 보관, 공급의 완벽한 토지정보시스템은 현대지적의 이상이다.

1.9. 해양지적 제도

출제(용) : 129회, (논) : 89, 90, 99, 102, 119, 123회

1.9.1. 개요

해양지적이란 육지와 인접한 해양 지역에 대한 소유 권리를 확인할 수 있도록 등록 관리하는 체계를 말하는 것으로 궁극적인 목표는 해양자원의 효율적인 관리에 있다. 해양의 관리는 사회, 환경적 필요성을 고려하여 관리되어야 한다. 토지관리 제도와 같이 해양지적 제도도 권리보호 및 경계 설정, 경제, 사회, 문화적 편익과 운영체계의 정립 등 관리 노력이 활발하게 이루어져야 할 것이다.

1.9.1.1. 해양지적의 정의

출제(논) : 89, 102회

① 해양지적은 해양을 대상으로 가치·이용·권리·권익의 한계를 공적 기관에 의하여 체계적으로 관리하는 해양지적관리시스템을 의미한다

② 해양지적은 공공 기관이 해양에 관련된 정보를 조사·측량하여 공적 장부에 등록·관리하고 등록된 정보를 이해관계인에게 제공함으로써 효율적인 해양 관리 및 해양에서 파생되는 각종 권리와 권익을 보호하는 데 목적을 두고 있다.

③ 해안의 시각에서 소유권, 재산적인 가치, 이용에 관한 부동산의 권리와 이익에 대한 공간적 범위를 의미한다.

④ 해양과 관련된 관할 구역 내에서 권리와 의무, 소유권에 관하여 부동산의 권리와 권익의 공간적 범위와 본질을 포함하는 해양정보시스템이라 할 수 있다.

⑤ 바다와 관련된 필지를 형성하는 법적인 활동과 가치, 과세 등의 관계를 포함하는 책임과 제한, 권리와 임대차, 권익 등과 관련된 속성 및 공간자료에 대한 등록공부 및 증서에 관련하는 공공정보시스템을 의미한다.

1.9.1.2. 해양지적의 필요성

① 해안과 해양지역은 국가, 지역 및 사회복지에 중요한 가치를 보유한 자원이라 할 수 있다.

② 해안과 해양지역에서 제공되는 해양자원으로 지속 가능한 발전과 삶의 질을 향상할 수 있는 공간이라 할 수 있다.

③ 육지에서 해양으로 전환되는 시기에 부합하고 공간정보 구조의 일반화에 대처할 수 있는 객체로서 관심이 높아지고 있다.

④ 최근에는 해양에서 지방자치단체 간 행정 구역분쟁, 어업권 등의 인허가 분쟁, 간척지를 둘러싼 이권 분쟁과 같은 문제들이 나타나고 있다.

⑤ 국가 간의 영토권 및 천연자원과 사회·경제·환경적인 분쟁이 점차 증가하고 있다.

⑥ 토지관리체계 운영과 같이 정확한 경계를 설정하고 법률적으로 해양 관리체계 수립을 위한 해양 지적공부 도입이 필요하다.

⑦ 해양의 관리 대상, 제도적, 해양환경 등 주요 쟁점들을 분석할 필요성이 있다.

1.9.2. 해양지적의 기능 및 역할

(1) 해양지적의 기능

① 토지 및 고정된 개량물(improvements on land)에 부여되는 권리, 책임, 제한을 명확히 기록하고 한정

② 권익(interests)의 물리적 범위 공시·기록 및 한정

③ 권익을 향유하는 사람의 명확한 기록 및 한정

④ 경제적·문화적·물리적인 지역에 권익의 가치를 결정하기 위한 수단 및 정보의 제공

⑤ 재산권에 관련된 분쟁조정을 위한 수단 제공 등의 기능

(2) 해양지적의 역할

① 이용 권리에 대한 정부 조직 사이와 사회 내의 배분

② 해양자원에 대한 소유권 관리

③ 이용권과 소유권 관리의 규제

④ 적합한 기관에 의한 법률의 집행 및 모니터링

⑤ 분쟁조정 및 방지를 위한 효과적인 수단의 제시 등의 역할을 수행

1.9.3. 해양지적의 범위

(1) 이용자 측면

① 육지에서처럼 토지의 용도에 따라 범위를 설정하는 것으로 해양의 활용 가치에 초점을 두고 있다.

② 기후 통제 및 광물질의 위치

③ 동·식물 어류의 서식처 및 원천관광과 여가선용의 공간

④ 수송의 수단, 광물과 원류 자원의 원천, 고정된 항해 설비 등

(2) 권리자 측면

① 육지의 물권에 부여되는 배타성을 해양의 공간에 인정하는 것으로 법적 성향의 권리를 의미한다.

② 사법적 성향의 권리를 의미하는 것으로 볼 수 있다.

③ 해양공간에서 파생되는 권리로 공중권, 채굴권 탐사권 항해권 어업권, 해저 이용권, 접근권 등이 있다.

(3) 공간적 측면

① 국가 또는 지방정부의 해양에 대한 관할권 실제의 통제에 초점을 두고 육지와 공간적 거리에 따라 설정한 것이다.

② 육지(upland), 연안(foreshore), 해안(offshore)으로 조수(tidal waters) 따라 구분되는 지역을 의미한다.

- 육지(Upland) : 평균 최고수위선에서 육지 방향
- 연안(Foreshore) : 평균 최고수위선에서 최저수위선 사이
- 해안(Offshore) : 평균 최저수위선에서 평균 최고수위선 사이

1.9.4. 해양등록 주체, 객체, 형식

출제(논) : 102회

(1) 해양 등록 주체

① 해양 관리 주체는 해양 활동 과정에서 파생되는 제반 사항을 조사·등록·관리하는 주체이다.

② 해양 정책을 입안하고 결정하는 의사결정 기관인 정책 결정 구조, 결정된 정책을 실제 업무에 적용하는 집행구조, 정책 집행을 직·간접적으로 지원하는 지원구조를 포함한다.

③ 해양 정책 결정 구조는 해양 관리의 효율성을 달성하기 위하여 해양 정책에 관련된 제반 의사결정을 수행하는 과정에 참여하는 주체이다.

④ 해양 정책 집행구조는 해양 정책으로 결정된 사안에 대하여 직접 실무에 적용하는 조직구조이다.

⑤ 해양 정책 지원구조는 해양 정책 집행 시 간접적이고 전문적인 분야를 수행하기 위하여 조직된 구조이다.

(2) 해양 등록 객체

① 해양관리의 객체는 해양지적의 범위 설정 차원인 이용·권리·공간에 따라 검토될 수 있다.

② 이용 차원은 육지와 마찬가지로 해양의 용도에 따라 등록 객체를 결정하는 것으로 해양의 활용 가치에 초점을 둔다.

③ 권리 차원은 육지의 물권에 부여되는 배타성을 해양공간에 인정하여 사법적 권리를 등록 객체로 결정한다.

④ 공간 차원은 국가 혹은 지방정부의 해양에 대한 관할권 및 실제의 통제에 초점을 두고 육지와 공간적 거리에 따라 등록 객체를 결정한다.

⑤ 해양등록의 객체는 해양 관리를 위한 공적 장부에 등록되는 대상으로서 해양의 표시, 해양의 제반 권리 및 권익, 해양 활동의 규제, 해양의 가치 등을 등록 및 관리, 공시하는 객체를 의미하는 것이라 할 수 있다.

(3) 해양 관리 형식

① 해양 관리 형식은 해양 등록 객체를 담는 그릇으로, 한 국가의 환경 및 제도에 따라 대장 및 등기부, 권원등록부로 구분할 수 있고 공통적으로는 해양필지도가 해당된다.

② 해양등록부의 유형

- 해양에 관련된 물리적인 현황을 중심으로 등록·관리하는 해양 등록대장
- 해양의 각종 권리를 등록하는 권리원부
- 해양의 권리 원인을 등록하는 권원등록부
- 물리적인 위치 및 넓이 중심의 가시적인 해양필지도 등

1.9.5. 해양지적 관리시스템

1.9.5.1. 해양지적 관리시스템의 구축

① 해양지적 관리시스템은 해양지적 데이터를 체계적으로 구축, 정비, 가공하여 사용자에게 제공할 수 있는 데이터를 구축하는 것이다.

② 해양지적 관리시스템의 구성은 데이터의 입력, 저장, 분석과 제공의 단계를 가져야 한다.

③ 입력데이터는 음향영상 데이터, 해저 등고선도, 측량데이터, CAD 파일, 해저 수치지형모델, 평면 또는 입체적 공간데이터이다.

- 음향영상 데이터는 기복을 표현하는 자료로 입체형 데이터이고, 해저 필지를 생성하는 기본 데이터로 3차원 지적을 구현하는 시스템의 기초데이터가 된다.
- 측량데이터는 해상의 DGPS 측량데이터를 기반으로 입체현황을 표현하도록 필지를 생성하는 데이터이다.
- 해저 수치지형모델은 필지의 기준이 되는 지형정보를 가지고 있으므로 해저 필지의 높이를 정의하고, 이를 기준으로 필지를 해수면과 해저면으로 구분할 수 있다.
- 해저 수치지형모델은 평면과 입체형태의 벡터데이터로 CAD 파일과 해저지형도에 이용할 다차원 공간의 형태 파악에 필요한 수심 음향영상 기복도와 래스터데이터이다.

④ 공간데이터와 속성데이터의 처리 과정

- 공간데이터의 처리는 해양지적도에 등록된 해저면 필지의 경계점좌표를 이용하여 필지를 생성하고, 입체적으로 관측 탐사자료를 처리하고, 해저면의 지형정보를 생산하여 입체공간으로 필지를 생성한다.

- 속성데이터의 처리는 소재지, 면적, 소유권, 공간데이터의 처리 과정에서 생성된 필지 식별자를 이용하여 연계 처리한다.

⑤ 데이터처리 과정의 결과물을 사용자에게 제공하는 단계로 해양지적의 형태와 권리현황 등을 기본으로 3차원 해양지적의 현황을 제공하는 과정이다.

1.9.5.2. 해양지적 관리시스템의 운용

① 해양지적관리시스템의 운용은 인터넷 환경 속에서 3차원 해양지적의 정보를 인터넷서버에 접속하여 공간 속성자료의 입력과 출력, 색과 조회, 편집과 저장 등이 가능토록 구성이 필요하다.

② 관리시스템은 연안지리정보스템(GIS), 연안정보관리시스템(MS), 해양안전종합정보시스템(GICOMS), 원격탐사시스템(RS), 관련시스템과의 종합적인 연계 처리가 필요하다.

③ 종합적인 운용관리 있는 정부 기구의 신설 또는 기존 기구와의 연계 관리도 고려할 수 있다.

④ 육지와의 연결 선상에서 육지 지적과 해양지적의 합리적인 관리 방법도 검토할 필요가 있다.

1.9.6. 해양 및 육지지적

출제(논):123회

해양 및 육지지적[15)]에 대한 정의는 지역에 따라 매우 다양하게 나타나고 있고 일관성이 있는 개념은 아니다. 대체로 정보·공간·공부·기록 관점 등의 차원에서 지적의 정의를 언급하고 있으며, 이 중에서 정보관점은 해양지적과 육지지적의 현대적 정의에 공통으로 적용하고 있다.

1.9.6.1. 해양과 육지지적의 정의

① 해양 및 토지는 등록 객체의 다차원 관점에 따라 입체적 해양 및 토지 필지로 진화되고 있고, 등록 및 목록은 등록된 내용의 가치 관점에서 정보 원천으로 진화되고 있다는 것이다.

② 해양 및 육지를 관리하는 주체로서 중앙정부는 등록 주체의 다양화 관점에서 관여된 공적기관으로 진화되고 있다.

③ 등록 실체의 관점에서는 권익, 권원 및 권리 등의 시간적 위상이 고려된다는 것이다.

④ 정보통신 기술의 발달 관점에서 해양 및 토지정보의 Network는 해양 및 토지정보 활용의 고도화에 따라 토지정보의 상호교환으로 변화되고 있다는 것이다.

---

15) 김영학, 한국지적학회지 제28권 제1호, 2012, pp. 43~62

1.9.6.2. 해양과 육지지적의 원리

① 해양지적의 원리는 다양한 형태의 권익 관리, 정부와 이해관계인의 참여, 정보은행 기반, 조기에 해양 배상 청구 및 문제 해결, 안정적 자료 구축, 경계보다는 권리 등으로 구분한다.

② 육지지적의 원리는 행정학의 원리를 받아들여서 공기능성, 민주성, 능률성, 정확성 등을 적용하는 방법과 지적에서 원리를 도출하여 정책, 보유, 제도, 법적, 기술적인 방법이 있다.

③ 육지지적에서 토지등록의 원칙는 등록의 원칙, 신청의 원칙, 특정화의 원칙, 직권주의 및 국정주의, 공시의 원칙, 공신의 원칙으로 구분한다.

1.9.6.3. 행정적 비교

해양 및 육지지적의 행정영역은 해양 및 지적 관련 원리 중 지적제도가 원활하게 운영될 수 있도록 정책 원리, 제도 원리, 공기능 원리, 능률성 원리로 구성하였다.

(1) 육지지적

① 국가의 정책에 밀접한 관계를 보이고 해양지적은 국가 해양 정책을 토대로 이루어짐으로 국가의 의존 정도가 높다고 볼 수 있다.

② 통일성 및 일관성이 있으며 중앙과 지방자치단체에서 연계하여 운영 관리하고 있다.

③ 국토관리 및 소유권보호에 목적을 두고, 해양지적은 해양공간 경계관리 및 권익의 보호에 목적을 두고 있다.

④ 육지 지적조사는 토지에 대한 소유자, 지번, 지목 등의 조사와 1필지의 경계와 면적에 관한 측량을 시행하여 대장 및 도면을 작성·관리하고 있다.

(2) 해양지적

① 중앙정부의 역할은 다소 낮은 편이며, 지방자치단체에 집중하고 있다.

② 국가가 수행하는 경우와 어촌계 혹은 수협이 어촌계 단위로 관리한다.

③ 어업권 및 해저광업권의 등록은 국가기관이나 어촌계·수협 등이 등록 사항을 결정하고 있다.

④ 해양 지적조사는 일필지 조사보다는 해양 활동에서 파생되는 권익 및 권리에 중점을 두고 있다.

1.9.6.4. 법률적 비교

(1) 육지지적

① 모법은 「공간정보의 구축 및 관리 등에 관한 법률」에 규정된 내용에 따라 처리하고 있다.
② 개인 토지의 소유자가 법률에 따르도록 보호하고 지원하는 것이 목적으로 되어 있다.
③ 국가기관인 지적소관청이 등록 공시의 업무를 처리하고 있다.
④ 지상 및 도상의 경계 설정에 초점을 두고 있다.
⑤ 토지소유권 및 제한물권에 대하여 공적 장부에 등록됨으로써 보호를 받는다.
⑥ 중앙에서 기초자치단체에 이르기까지 체계적인 조직으로 이루어져 안전성을 기할 수 있다.

(2) 해양지적

① 모법이 존재하지 않고 국토관리, 경계관리, 수역 관리, 자원관리, 환경관리 등의 개별법으로 이루어지고 있다.
② 개인의 소유권보다는 이용권에 초점을 맞춘 임대차를 중심으로 인정되고 있다.
③ 지방자치단체가 해양환경 보호 차원에서 이루어지고 있다.
④ 경계보다는 위치에 초점을 두고 있다.
⑤ 어업권이나 해저광업권만 공적 장부에 등록하여 보호하고 있다.
⑥ 중앙 정부에서 지방자치단체까지의 연계성이 없고 분야별로 관리하고 있으므로 지속성이 없다.

1.9.6.5. 기술적 비교

(1) 육지지적

① 토지의 매매 또는 소유자가 토지등록을 요구하면 필요에 따라 토지를 공부에 등록하고 있다.
② 토지는 2차원으로 등록되었지만, 최근에는 입체적 토지관리를 중심으로 변환되는 추세이다.
③ 토지소유권의 한계를 밝히기 위한 경계에 목적을 두고 있다.
④ 도면은 대축척으로 작성하고, 일필지의 속성자료를 세부적으로 등록함으로 정확성이 높다.
⑤ 육지지적은 토지표시사항을 국가만이 결정할 수 있도록 하고 있어 토지등록의 주체는 국가이다.
⑥ 강, 하천, 계곡 등 자연적인 경계가 존재하지만, 인위적인 경계가 대부분이라 할 수 있다.

(2) 해양지적

① 자체적으로 갖고 있는 입체적 형상으로 3차원 해양 관리가 일반적이라 할 수 있다.

② 위치에 기반을 둔 경계 설정에 목적을 두고 있다.

③ 육지지적보다 해양지적의 속성자료는 상대적으로 미흡하며 소축척으로 작성되어 정확성이 낮다.

④ 대상에 따라 국가·기초자치단체와 법인 등으로 통일적, 획일적인 등록을 못한 실정이다.

⑤ 양의 이용에 따라 중복경계가 일반적이라 할 수 있다.

⑥ 바다의 속성상 자연 경계는 없다고 볼 수 있고 인위적 경계가 대부분이라 할 수 있다.

⑦ 해양지적은 지형도를 기반으로 작성하기 때문에 육지지적과 비교하면 기술적인 차이가 있을 수 있다.

1.10. 북한 지적

출제(논) : 84, 95, 105, 107, 110, 113, 117, 119, 120회

1.10.1. 북한의 토지 소유제도

1.10.1.1. 토지 소유제도의 변천 과정

① 1946년 토지개혁으로 북한의 농업생산 구조는 불합리한 종속관계를 해체하는 데에 이바지하였지만, 북한의 농업구조는 소규모의 개인 농업구조로 되어 있다.

② 1953년 농업 협동화의 필요성과 분산된 소규모의 개인 농지를 농지의 협동 소유를 위한 준비 단계가 시작되었다.

③ 1954년부터 1957년까지는 농업 협동화의 대중화 단계로서 농업의 집단화가 본격적으로 시작되었다.

④ 사회주의적 소유 형태로서 개인 소유권은 부정하고 국가소유권과 협동단체 소유권만을 허용함으로써 농업 협동화를 통하여 확립된 사회주의적 토지소유권만이 인정된다는 것을 명시적으로 규정하였다.

1.10.1.2. 토지 소유제도의 재편성

해방 후 북한은 북한 지역에 민주주의 자주독립과 봉건세력이 청산하기 위한 과업으로 토지개혁을 실시하였다. 토지개혁을 통하여 반동 세력의 경제적 기반을 없애고, 농민들을 봉건적 착취에서 청산하는 과업은 반제 반봉건의 민주주의 혁명단계에서 토지개혁에 의해서만 해결될 수 있다고 판단하였다.

(1) 소련 군정

① 러시아 국방성 문서보관소에서 발견된 자료에 따르면 당시 토지개혁은 실질적으로는 소련 군정 당국이 모스크바와 여러 차례의 협의를 거쳐 계획되었다고 기록되어 있다.

② 1946년 2월 23일 스티코프는 모스크바 국방성에 보낸 보고서에서 5정보 이상 소유한 지주 토지의 무상몰수를 주장한 토지개혁 내용이 기재되어 있다.

③ 소련 군정은 본인의 땅이라도 모두 매매, 양도 등을 금지함으로써 사실상 국유화의 효과와 같게 하였다.

(2) 토지개혁에 관한 법령

① 북조선 임시인민위원회는 농민의 요구를 반영하여 1946년 3월 북조선 임시인민위원회의 명의로 토지개혁에 관한 법령을 공포 및 시행하였다.

② 토지개혁에 관한 법령이 북한 지역에서 시행된 토지개혁의 법적 근거가 되었다.

③ 토지개혁에 관한 법령은 "토지개혁의 과업이 일본인 토지 소유와 조선인 지주들의 토지 소유 및 소작제를 철폐하고 토지이용권은 밭갈이하는 농민에게 있다"라고 하여 입법 배경을 설명하고 있다.

(3) 토지의 실태조사 및 분배

① 북한은 토지개혁을 시행하기 이전에 그 준비 과정으로 토지 실태조사를 하여 새로운 토지 실태조사대장을 작성하였다.

② 토지대장에는 토지가 없는 농민들에게도 경작지가 아닌 땅이 경작지로 등록되었으며 일제와 지주들이 소유한 토지까지 농민 소유로 되어 있었다.

③ 지주들의 개별적인 토지 문서에는 자신의 토지뿐만 아니라 농민들이 개간한 토지까지 자신의 토지로 등록되어 있었다.

④ 지주들의 소작 계약 문서에 반영된 토지 소유 면적은 실지 면적과 차이가 있었다.

⑤ 토지 이용자와 토지소유자가 끊임없이 변동되어 동일한 토지임에도 소유자와 이용자가 이중삼중으로 중복되어 토지대장에 등록되어 있었다.

⑥ 토지에 대한 조사 사업은 군(郡)을 단위로 하여 조직되고 리를 말단 단위로 설정하였다.

⑦ 군(郡)에서는 조사 방법과 절차, 측정 수단을 통일적으로 규정하고 농촌 실태조사대를 조직하여 측량 및 조사자를 농촌에 파견하였다.

⑧ 농촌실태조사 사업은 전국적으로 동시에 진행되었으며, 토지의 지목과 면적, 지번을 새롭게 등록하여 확정하였다.

⑨ 농민에게 토지를 분배하는 절차는 도인민위원 토지대장에 등록함으로써 완료하여 1946년 6월 20일 전까지 토지소유자에게 교부하도록 함으로써 토지개혁은 6월 말에 종결되었다.

1.10.2. 토지 등록제도

1.10.2.1. 토지 등록 방안 및 절차

(1) 토지 등록 방안

① 분단 이전의 토지소유권을 인정하는 경우는 통일 이전의 지적공부와 분단 이후의 북한지역에서의 지적공부를 연계하는 방안이 강구되어야 한다.

② 일제강점기에 작성된 토지대장 및 지적도와 분단 이후 작성하여 사용하고 있는 지적등록대장, 지적도는 중요한 지적자료로 영구보존 및 정보화의 자료로 필요하다.

③ 기존의 북한에 존재하는 지적공부를 최대한 활용하여야 하며, 등록 방법은 북한의 전 지역을 새로이 조사·측량하여 지적공부를 작성하여야 한다.

④ 북한의 전 지역을 남한 지적재조사사업의 기준에 따라 새로이 조사·측량하여 지적공부를 작성하여야 한다.

(2) 토지등록을 위한 절차

① 북한 지역의 토지 등록은 남한의 지적재조사사업을 준용하여 추진하여야 한다.

② 북한 지역의 토지 등록은 남한 지역의 토지 등록과 통일성 및 획일성을 도입할 필요가 있다.

③ 북한 지역의 특수한 환경 및 여건의 반영이 필요한 경우 이를 적극 수용하여 추진하여야 한다.

1.10.2.2. 북한의 토지 등록제도

(1) 부동산등기 제도

① 조선민사령은 일본의 민법 기타 법률을 의용(依用)하도록 하였고, 조선부동산등기령을 공포하여 "부동산에 관한 권리의 등기에 대해서는 본령 기타 법령에 특별한 경우를 제외하고는 일본의 부동산 등기법에 의한다."라고 하여 한반도에 부동산등기 제도가 도입되었다.

② 북한은 1946년 토지개혁에 관한 법령은 무상으로 몰수한 농지를 무상으로 분배하여 무상 농민의 사적소유로 인정하였다.

③ 해방 당시까지도 부동산등기 제도는 그대로 유지되어 토지등기부 및 건물등기부는 남한뿐만 아니라 북한에도 존재하고 있었다.

(2) 토지 및 건물 등록제도

① 토지법과 도시경영법, 부동산관리법에서 지적등록과 건물등록에 관한 원칙적인 조문을 두고 있을 뿐이다.

② 행위적 측면에서의 지적등록은 지적등록 대장이 없거나 없어진 경우에는 최초 등록과 지목변경, 소유자 또는 이용자의 변경, 면적변동 등의 사유가 생긴 경우에 실시하는 등록이다.

③ 형식적인 측면에서의 지적등록은 국토관리의 하나로 실시되는 토지조사의 국가적인 기록을 의미한다.

④ 지적은 지적등록 대장, 토지이용 허가정리부, 지적도, 토양도 및 토지정리 설계도 등이 작성된다.

⑤ 국토관리기관으로 중앙에는 국토건설성이 있고 지방에는 지방인민위원회의 전문부서들이 있다고 하나, 현재는 어떤 조직이 국토관리기관에 해당하는지에 관한 명시적인 자료는 없는 상태이다.

⑥ 건물등록과 관련하여 도시경영법은 제4조에서 "건물과 시설물을 정확히 등록하는 것은 도시경영 사업을 계획적으로 실시하는 데 중요한 사항이다.

⑦ 도시경영법에서 지방행정·경제지도 기관을 건물등록 담당 기관으로 명시하는 한편 건물을 관리하는 기관, 기업, 단체가 정해진 기간 내에 건물등록을 하도록 의무를 부과하고 있다.

⑧ 부동산의 등록은 현물, 화폐적으로 하도록 규정하고 있는데, 화폐적으로 등록할 수 없는 부동산에 대하여서는 현물만 등록하도록 규정하고 있다.

⑨ 부동산의 등록은 지적등록대장과 지적도에 등록하고, 지적도에는 지목, 지번, 면적 같은 것을 정확히 표시하도록 하였다.

(3) 토지 장부

① 북한은 1946년 토지개혁에 관한 법령에 기초하여 토지의 무상몰수 조치를 시행한 이후에도 일정 기간은 북한에 지적제도가 존재하고 있었을 것으로 추측한다.

② 1977년도에 발표된 북한의 토지법에는 토지 문건을 철저히 보관, 관리하도록 규정하고 있다.

③ 현재 북한에서는 지적 등록대장과 지적도를 사용하고 있는 것으로 판단된다.

④ 토지 장부로는 지적 등록대장, 토지이용 허가정리부, 토지 경력서, 지적도, 토양도, 토지정리 설계도 등이 포함된다.

⑤ 지적 등록대장은 토지의 이용 상태를 반영하는 문건이고, 지적도는 토지의 자연적인 경계 상태를 표시하는 도면으로서 토지 면적의 크기를 확인하는 문건이다.

⑥ 북한의 지적 등록대장은 우리나라의 토지대장과 임야대장에, 북한의 지적도는 우리나라의 지적도와 임야도에 유사한 공부라 할 수 있다.

⑦ 지적도 축척은 경지정리 지역은 1/600, 도시개발 지역은 1/200 등 다양한 도면을 작성하였다.

⑧ 현지 측량에는 자원개발부에서 발행한 1/10,000, 1/5,000, 1/2,500 축척의 지형도를 작성하고 있다.

(4) 통일 후 북한 지역의 토지소유권 처리

① 통일 후 북한의 토지소유권 처리는 북한이 내부적으로 붕괴하여 흡수 통일되는 경우, 몰수 토지에 대한 소유권은 원소유자에게 반환하는 경우, 재국유화 후 원소유자 선별적 보상하는 경우, 전면 보상하는 경우로 구분할 수 있다.

② 북한에서의 등기부 및 등기제도의 부재 등으로 인한 토지소유권의 증명이 어렵다.

③ 토지소유권을 인정하지 않으면 원소유권자와 이해관계인의 이의제기로 소유권 관련 민사소송이 많아질 것이다.

④ 전면 보상하는 원칙도 예외적인 원상회복의 문제가 존재하고 보상비용이 많이 발생한다는 문제가 있다.

⑤ 원소유자를 확인할 수 있는 토지에 대하여 반환하지 않고 보상하는 방안이 적절할 것으로 판단된다.

⑥ 보상비용은 북한지역의 개발이익을 담보로 하는 프로젝트 파이낸싱(Project Financing)이 적절한 방안이라고 생각된다.

⑦ 통일 헌법을 제정하여 북한 토지의 사유화 방안도 규정화하고, 토지 원상회복의 제한과 최소한의 보상 원칙을 규정화하여야 하며 북한지역 토지보상금 마련을 위한 특별법을 제정해야 할 것이다.

1.10.3. 북한 지역의 지적제도 도입 방안

(1) 다목적지적의 도입

① 북한지역에 적용할 지적제도를 성공적으로 시행하기 위해서는 선진기술을 도입하여야 한다.

② 북한 전 지역의 측량을 단기간에 완료하기 위해서는 GPS, 항공사진측량, 원격탐사 등 최신기술의 도입이 필요하다.

③ 북한 지적조사 사업은 비용과 기간이 많이 소요될 것으로 예상되므로 운영비용과 투자 비용을 줄이기 위해서는 정보 이용에 대한 비용부담제를 실시하여야 할 것이다.

(2) 강력한 조직과 정책적 지원

① 제도적으로 정착시키기 위해서는 체계적인 조직구성이 요구된다.

② 최대한 신속하게 정부의 경제적, 정책적 지원이 추진되어야 한다.

③ 필요한 자금의 예측과 사업자금을 부담하는 정부의 분명한 인식이 필수적이다.

(3) 지적조사추진법의 제정

① 모든 행정의 기초자료로 하기 위한 다목적지적 제도를 확립하는 데 있다.

② 국토의 종합적 이용과 효율적 관리를 위한 기초자료를 정확하게 파악하여야 한다.

③ 경계결정은 지상경계 위주로 측량하여야 한다.

④ 경계복원력을 개선하고 경계표지 설치의 의무화 유지 관리에 관한 사항도 규정하여야 한다.

⑤ 지적측량성과는 수치지적인 좌표로 등록하도록 규정하여 토지의 물리적 현황과 이용현황을 정확하게 등록하려는 것이다.

⑥ 지적조사사업 외 범위, 추진 주체, 계획의 수립, 지적조사의 실시 방법, 측량성과검사와 인정, 각종 이의절차와 이의 확정 절차, 관련 법령과의 관계 등에 관하여 입법하여야 할 것이다.

(4) 측량기준점 정비 방안

① 기준점측량은 구체적이고 체계적이며 통일성 있게 작업계획을 하여 철저한 준비를 하여야 한다.

② 관측장비, 기준점표지의 준비, 기준점측량에 따른 준비사항을 포함한 작업계획서를 수립하여 활용한다.

③ 측량성과 계산이 완료되면 관측과 계산이 정확하게 실행되었는지를 점검하여야 한다.

④ 측량기준점 정비는 단기적으로 토지조사사업 당시 구축한 기준점과 현재 사용하고 있는 기준점의 성과가 양호한 경우 최대한 활용한다.

⑤ 장기적으로 통일된 기준망을 구축하여 남한과 결합이 가능하도록 병행하여 추진하는 것이 바람직하다.

(5) 인력양성 방안

① 북한지역의 지적제도 개편을 성공적으로 추진하기 위해서는 전문인력이 필요하다.

② 현재 인력수급은 신규 인력에 대한 기술력 부족과 기존인력의 활용에 많은 제약을 받고 있다.

③ 지적조사 일필지측량을 시행할 우수한 지적 전문 기술 인력을 양성하는 것이 필요하다.

④ 다른 하나는 전문인력을 보조할 수 있는 기능원의 양성이다.

1.10.4. 지적정보등록시스템

1.10.4.1. 기존 지적원도의 정보화 사업

① 국토교통부, 한국국토정보공사 등은 지적원도의 디지털화를 위하여 다양한 협의회 및 연구를 추진하고 있다.

② 기존 지적원도의 보존 및 활용과 통일 후 북한 토지정보 구축 및 정책 기초자료 활용, 북한 공간정보체계 구축 지원 등 지적원도의 디지털화가 필요하다.

③ 국토교통부에서는 2015년부터 북한 지적원도 정보화 사업을 착수하여 거의 완료 상태에 이르렀다.

④ 2015년은 시범사업으로 그 대상지는 남·북한경제 협력 지역과 정부 기관의 주요 관심 도시인 평양, 개성, 나진, 선봉, 신의주, 경원선 구간이다.

(1) 북한 지적원도 정보화 절차

① 지적원도 정보화과정은 지적원도 데이터베이스 구축작업기준(국토교통부 예규 제119호, 2015)에서 제시된 표준 작업공정을 준용하여 수행하였다.

② 지적원도 정보화작업은 지적원도 이미지파일 제작, 지적원도 수치파일 제작, 연속지적원도 제작, 구조화 및 시스템 탑재의 공정으로 이루어진다.

③ 지적원도 이미지파일 제작은 지적원도 스캐닝, 스캔 된 이미지 파일 검수, 데이터 저장 순으로 작업이 수행된다.

④ 지적원도 이미지의 허용오차는 0.1mm로 단위 작업 당(1 box 당) 스캐너에 대한 캘리브레이션 및 표준 도곽에 대한 오차 검수를 수행하여 정확도를 확보하였다.

⑤ 지적원도 수치파일 제작은 지적원도 좌표 독취, 속성입력, 보정 파일 제작의 순으로 수행한다.

⑥ 좌표 독취는 지적원도 이미지를 이용하여 스크린 위에서 디지타이징을 수행하고, 속성입력은 지적원도에 기재된 문자에 대하여 전산입력을 수행하여 지적원도 수치파일을 제작한다.

⑦ 지적원도 보정 파일은 지적원도 상에 발생하는 신축량 및 왜곡량과 상대좌표로 제작된 수치파일을 절대좌표로 변환하는 과정이다.

⑧ 연속지적원도 제작은 축척별, 축척 간, 행정 간도면 접합하는 과정을 거쳐 연속 지적원도를 제작하고 단일 좌표체계로 변환을 수행하였다,

⑨ 구조화 편집은 지적원도 데이터베이스 구축 작업 기준을 준용하여 시스템 탑재를 위해 도형정보의 수정 및 속성정보를 입력하여 구조화 편집을 수행한다.

⑩ 최종적으로 DB 활용 및 행정서비스를 위한 시스템에 탑재를 수행하였다.

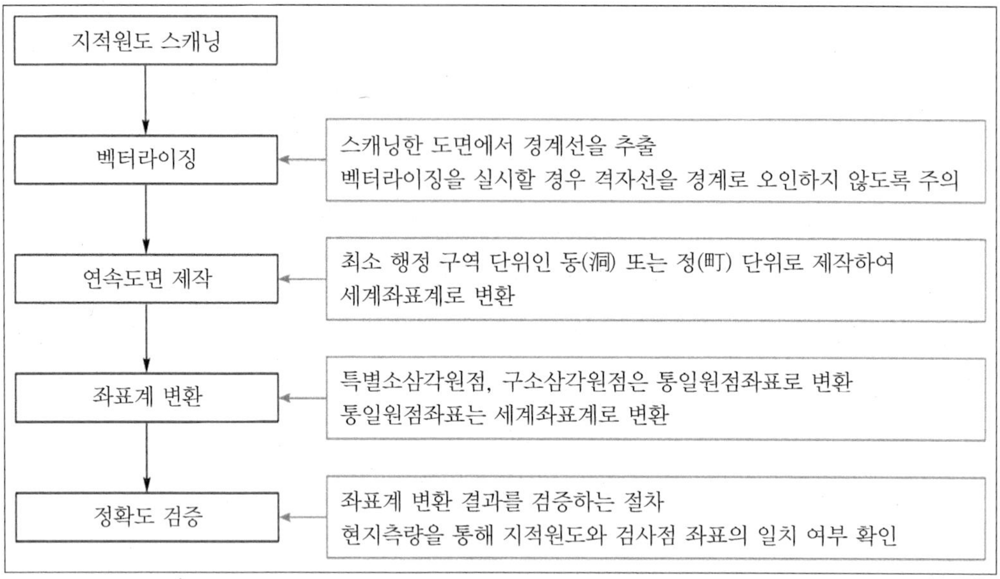

<그림 1-9> 지적원도 DB 구축 절차

(2) 지적원도 DB 구축

① 지적원도는 일제강점기 토지조사사업 당시 전국의 토지를 최초로 측량한 세부측량 원도로서 토지조사부와 함께 등록 당시의 경계 등을 알 수 있는 귀중한 자료이다.

② 지적원도는 토지조사령에 따라 작성되었으며, 토지조사사업 당시 토지측량을 시행하여 전국 토지의 지번, 경계, 지목을 표시하고 있다.

③ 직접적인 권리 추정력을 인정받지는 못하고 있지만 연필로 소유자 이름이 표시되어 있다는 것이 특색이다.

④ DB 구축범위는 위성영상과 비교할 수 있는 최소한의 범위로 지적원도의 경계, 지번, 지목만을 대상으로 한다.

⑤ 국가기록원에 보관된 북한의 지적원도를 DB로 구축하기에는 많은 비용과 시간이 소요될 것이다.

1.10.4.2. 토지 등록 모형의 필요성

① 토지등록은 국가기관에 의해서 토지표시사항 및 소유자의 공시를 위해 토지에 관한 공부를 비치하고 토지소유자나 이해관계인에게 필요한 정보를 제공하기 위한 행정행위이다.

② 토지를 일필지단위로 등록한 공부는 국가의 재정적, 행정적인 목적달성을 위한 공법적 장부의 역할과 토지소유자의 권리를 명확히하고 토지거래를 안전하고 신속하게 해주는 사법상의 장부 역할을 하여야 한다.

③ 토지등록제도가 없는 북한의 토지등록제도의 설립에 필요한 기능을 도입하여 신속, 정확하고 체계적인 토지등록시스템을 제공할 수 있어야 할 것이다.

④ 국제적 표준으로 제공되는 토지행정도메인모델을 기반으로 한국의 토지정보시스템에서 갖고 있는 토지 행정지원, 공간정보관리, 메타데이터 관리 및 공통 라이브러리와 같은 필수적인 요소들을 선정하여 모형을 마련하여야 한다.

1.10.4.3. LADM 기반의 북한 토지등록모델 도입

① 국제표준위원회(ISO)에서 제정한 토지행정도메인모델(LADM)은 개념적 스키마로서 데이터 명세서를 명확하게 제시하고 있는데 토지에 영향을 주는 권리, 책임 및 제한과 이와 관련한 공간 요소에 관계하는 정보를 관리하고 제공할 수 있도록 목적을 설정하고 있다.

② LADM에서는 이해관계를 가지는 당사자를 정의하는 LA_Party, 당사자와 대상 물건의 권리, 책임 및 제한 관계를 정의하는 LA_RRR, 대상 물건을 정의하는 LA_BA Unit, 그리고 대상 물건의 공간정보를 정의하는 LA_Spatial Unit을 기본 클래스로 정의하고 있다.

③ 기본 클래스는 우리나라 지적에서 중점적으로 관리되는 소유권 관련사항 및 필지정보에 명확하게 매핑할 수 있다.

④ 기본 클래스를 중심으로 연계된 다수의 표준 클래스 중 토지의 변동 사항에 대한 체계적인 관리와 추적에 필요한 토지이동정리 이력은 LA_administrative source에서 확장되며, 행정관리 단위를 공간적 계층으로 구분하여 다양한 업무에 활용하는 행정구역은 LA_Spatial Unit Group과 연계할 수 있도록 제공되고 있다.

⑤ 국제표준 클래스에 매핑, 확장, 연계 등이 가능한 우리나라 지적 DB 모델을 활용해서 남한의 기존 속성을 기준으로 통일 후 북한의 환경에 필요한 추가 속성을 반영하여 국가표준 프로파일로 개발하는 것은 가능하며 북한 토지등록시스템 구축 시 유용할 것이다.

출제빈도 용어정리 & 논술 일람표

제1장 지적제도 (용어정리)

번호	문제	횟수	번호	문제	횟수
1	법지적	1	12	공시의 원칙	1
2	도해지적과 수치지적_계산지적	3	13	공신의 원칙	1
3	3차원지적_입체지적(立體地籍)	4	14	날인증서제도	1
4	4차원(4D) 지적	2	15	권원등록제도(權原登錄制度)	3
5	지적제도의 3대 구성요소	1	16	적극적등록제도 (Positive System)	2
6	지적기본이념	1	17	토렌스시스템(Torrens System)	3
7	지적국정주의	3	18	커튼이론(Curtain Principle)	2
8	직권등록주의	3	19	보험이론	1
9	토지등록의 제 원칙	1	20	일괄등록제도	2
10	등록의 원칙	1	21	지적 2014	1
11	특정화의 원칙	1	22	해양지적	1

제1장 지적제도 (논술)

번호	문제	횟수
1	지적제도의 발생설에 관하여 설명하시오.	1
2	지적제도의 탄생과 변천 및 세계적인 발전추세에 대하여 설명하시오	1
3	지적(地籍) 어원의 발생론적 접근에 대하여 설명하시오.	1
4	법지적 제도의 완성을 위하여 제도적, 법률적으로 보완할 내용을 기술하시오.	2
5	도해지적과 수치지적의 장단점에 대하여 논하시오.	1
6	도해지적(圖解地籍)제도의 문제점과 해결방안에 대하여 기술하시오.	11
7	우리나라 도해지적의 수치화 방법에 대하여 설명하시오.	
8	도해지적 경계점의 수치좌표 등록 방안에 대하여 설명하시오.	
9	도해지역을 수치지역으로 변경하는 축척변경사업의 수행절차와 추진방안에 관하여 설명하시오.	2
10	평면지적의 문제점을 도출하고 3차원지적으로의 구현 방안에 대하여 설명하시오.	1
11	3차원 지적의 개념과 도입의 필요성 및 도입 시 고려하여야 할 사항을 기술하시오.	4
12	3차원 지적제도 구현을 위한 지적공부체계 개선 방안에 대하여 설명하시오.	1
13	토지소유권 보호차원의 3차원 지적제도에 대한 개념과 도입 방안을 설명하시오.	1
14	3차원 지적정보구축을 위한 등록 범위와 측량 방법에 대하여 설명하시오.	1
15	지하시설물 및 지하공간의 3차원 지적 구축 방안에 대하여 설명하시오.	1
16	입체지적 구현을 위한 구분지상권 설정에 관하여 설명하시오.	1

제1장 지적제도 (논술)		
번호	문제	횟수
17	우리나라 지적제도에서 지상, 지표 및 지하객체의 등록방안을 설명하시오.	1
18	3차원 지적제도의 개념과 국가지리정보 체계에서의 활용 방안에 대하여 기술하시오.	1
19	3차원 지적의 구현을 위한 건축물 등록의 자동화 방안에 대하여 설명하시오.	1
20	도해지적 시행지역에서 경위의에 의한 디지털 방식 도입에 대하여 논하시오.	1
21	도해지적 시행지역의 지적도로 등록된 경계특성을 등록사유별로 구분하시오.	1
22	현행 도해지적도 수치화의 필요성과 그 전산처리 방법에 대하여 기술하시오.	1
23	지적제도의 3대 구성요소(Three Components of Cadastral System)에 관하여 설명하시오.	2
24	지적(제도)의 일반적인 3대 구성요소와 다목적지적의 5대 구성요소에 대하여 설명하시오.	1
25	지적제도의 구성요소 중 협의의 지적 3요소에 대하여 설명하시오.	1
26	다목적지적의 5대 구성요소에 대하여 설명하시오.	1
27	다목적 지적제도의 완성을 위해 제도, 법률, 기술적으로 보완해야 할 선결과제에 대하여 기술하시오.	2
28	지적제도의 기본이념에 대하여 설명하시오.	3
29	선등록 후등기와 같은 업무에 대하여 설명하시오.	1
30	부동산등기부의 토지표시를 지적공부를 기준으로 정하는 근거에 대하여 설명하시오.	1
31	지적제도의 특성 및 기능에 대하여 설명하시오.	4
32	지적의 기능을 사회적, 법률적, 행정적 기능으로 분류하고 설명하시오.	3
33	지적의 사법적, 공법적 기능에 대하여 설명하시오.	1
34	지적소관청에 위임된 지적사무의 수행체계 개선 방안에 대하여 설명하시오.	1
35	국가가 관리하고 있는 지적정보의 민간위탁 방안에 대하여 설명하시오.	1
36	국가사무인 지적업무의 위임·위탁제도에 대해 설명하시오.	1
37	외국의 지적제도 중 우리나라 현대 지적제도에 도입하여야 할 사항에 대하여 설명하시오	2
38	네덜란드 지적과 법제도 및 운영 방법에 대하여 기술하시오.	1
39	우리나라 지적제도를 독일의 지적제도와 비교하여 기술하시오.	1
40	대만의 지적도 중측사업에 대하여 비교 설명하시오.	1
41	토지등록의 제 원칙에 대하여 설명하시오.	3
42	토지등록의 원칙과 효력에 대하여 설명하시오.	1
43	토지등록제도의 유형에 대하여 설명하시오.	1
44	날인증서등록제도와 권리등록제도의 차이점과 시행 국가 논술하시오	1
45	토지등록제도의 모형화(Modeling)에 대하여 설명하시오.	1
46	토렌스시스템 특성과 장단점 설명하시오.	2
47	토렌스제도의 3가지 이론을 설명하시오	1
48	토렌스제도에 대하여 설명하시오.	1
49	지적공부의 등록제도인 분산등록제도와 일괄등록제도에 대하여 설명하시오.	2
50	지적공부의 공시 효력 및 공신력 확보 방안에 대하여 설명하시오.	1
51	지적 2014에 의한 지적의 장기비전을 논하시오.	1
52	국제측량사연맹(FIG)에서 제시한 지적 2014(cadastre 2014)에 대하여 기술하시오.	1

제1장 지적제도 (논술)		
번호	문제	횟수
53	2010년 FIG 총회에서 발표한「Cadastre 2034」에 대하여 설명하시오.	1
54	지적불부합지의 발생 원인과 유형 및 해결 방안에 대하여 설명하시오.	5
55	지적도면 불부합의 발생 원인을 설명하시오.	1
56	지적불부합지 판정을 위한 기준 설정에 대하여 설명하시오.	1
57	지적불부합토지의 유형과 경계 설정 및 조정 방안을 설명하시오.	1
58	수치지형도와 수치지적도의 불부합 원인과 유형 및 처리방안에 대하여 기술하시오.	1
59	지적도와 지형도(1/1000)의 불일치 발생요인을 설명하시오.	1
60	지적재조사사업과 지적불부합지 정리 사업을 비교하여 설명하시오.	2
61	지적불부합지 발생에 따른 지적재조사 방안에 대하여 논하시오.	1
62	지적불부합지 정리를 위한 수치사진측량 방법의 활용 방안에 대하여 설명하시오.	1
63	우리나라 토지등록과 토지등기의 제도적 차이에 대하여 설명하시오.	5
64	부동산등기부의 토지표시가 지적공부에 의존하는 근거를 설명하시오.	3
65	지적공부와 등기부의 전산화를 비교하여 설명하시오.	1
66	등기공신력을 보완할 수 있는 제도적 장치에 대해 설명하시오.	1
67	지적과 등기의 연관성에 대하여 기술하시오.	1
68	현재 정보화가 진행되고 있는 지적, 등기 업무의 향후 연계, 통합에 대하여 설명하시오.	1
69	지적제도와 등기제도를 비교하고, 일원화 방안에 대하여 설명하시오.	3
70	현대지적의 서비스성과 윤리성에 대하여 설명하시오.	1
71	지적의 원리 및 성격에 대하여 설명하시오.	1
72	해양지적(Marine Cadaster)제도의 의의와 도입 필요성에 대하여 기술하시오.	1
73	외국의 해양지적제도를 소개하고 우리나라에서의 활용 방안을 제시하시오.	1
74	해양지적의 정의 및 범위, 등록 주체·객체·형식에 대하여 설명하시오.	1
75	해양지적제도를 도입하여야 하는 당위성과 등록 방안에 대하여 설명하시오.	2
76	육지지적과 해양지적을 비교하고, 해상경계 설정 방안에 대하여 설명하시오.	1
77	통일 후 북한의 지적제도 개편시 검토할 사항에 대해 설명하시오.	1
78	통일시 북한지역의 지적원도 활용 방안에 대하여 설명하시오.	1
79	통일시 북한지역에 적용이 가능한 지적제도 구축 모형에 대하여 설명하시오.	1
80	통일대비 한반도 위치 기준 일원화 및 지적정보구축 방안에 대하여 설명하시오.	1
81	통일 후 북한지역 지적제도 수립 방안에 대하여 설명하시오.	1
82	북한지역 세부측량원도의 디지털화 효과 및 활용 방안에 대하여 설명하시오.	2
83	북한의 체제전환 시 북한지역의 효율적인 토지조사 방안에 대하여 설명하시오.	2
84	지적제도를 새로 창설하거나 개선하기 위해 필요한 필수요건에 대하여 설명하시오.	1
85	근대적 지적 행정조직에 대하여 설명하시오.	1
86	근대사적 관점에서 지적제도의 본질을 기술하시오.	1
87	지적제도가 없는 국가에 지적제도를 구축하는 절차 및 과정을 기술하시오.	1
88	토지의 개념을 사전적 개념, 자연적 개념, 정치적 개념, 법적 개념, 경제학적 개념으로 설명하시오.	1

제1장 지적제도 (논술)		
번호	문제	횟수
89	디지털 지적제도 도입의 필요성과 도입방안에 대하여 설명하시오.	1
90	지적의 국가성과 공공성에 대하여 기술하시오.	1
91	새로이 지적제도를 창설할 경우 바람직한 지적제도의 모형을 제도적인 측면과 원리를 중심으로 설계하시오.	1
92	한국의 지적 개편방향에 대하여 논하시오.	1
93	1977년 이후 4차에 걸친 「부동산소유권 이전등기 등에 관한 특별조치법」을 비교하여 설명하시오.	1
94	국토교통부의 지적제도 개선계획(2016~2020)에 대하여 설명하시오.	1
95	구 공산권 등이 시장경제도입에 따라 지적제도 창설 또는 재정립의 필요성에 대하여 설명하시오.	1
96	외국의 근대적인 지적제도 기원과 우리나라의 근대적인 지적제도 창설에 대하여 기술하시오.	1

Part 1

제2장 지적에 관한 법률

2.1. 개요

「공간정보의 구축 및 관리 등에 관한 법률」은 측량의 기준 및 절차와 지적공부·부동산종합공부의 작성 및 관리 등에 관한 사항을 규정함으로써 국토의 효율적 관리와 국민의 소유권보호에 이바지함을 목적으로 제정된 법률을 말한다. 특히, 지적관리를 위한 모든 지적사무 처리는 지적법률에 규정된 대로 이루어져야만 법적인 효력이 인정되며, 모든 토지에 대하여 통일적인 관리와 최대한의 소유권보호를 달성하는데 목적을 두고 있다. 지적법은 1950년 12월 1일 법률 제165호로 제정되어 「측량·수로조사 및 지적에 관한 법률」을 법률 제9774호, 2009. 6. 9., 제정하고, 「공간정보의 구축 및 관리 등에 관한 법률」로 2009년 6월 9일 「측량법」, 「지적법」, 「수로업무법」을 통합하여 시행하였다. 지적에 관한 법률을 넓은 의미로 해석하면 「공간정보의 구축 및 관리 등에 관한 법률 시행령」은 법률에서 위임한 사항에 대하여 구체적으로 규정하고 있으며, 「공간정보의 구축 및 관리 등에 관한 법률 시행규칙」은 법률과 시행령에서 위임한 사항에 대하여 국토교통부장관이 실무적인 내용을 상세하게 규정하고 있다.

2.1.1. 지적에 관한 법률의 성격

출제(논) : 65, 78, 87, 89회

(1) 기본법적 성격

① 지적은 국토의 전반에 걸쳐 토지에 관한 일정한 사항을 국가 또는 국가의 위임을 받은 기관이 등록하여 이를 국가 또는 국가가 지정하는 기관에 비치·관리하는 기록이라고 할 수가 있다.

② 헌법 제23조 제1항 "모든 국민의 재산권은 보장된다. 그 내용과 한계는 법률로 정한다."와 같이 헌법에서 위임된 사항을 법률로 규정하고 있으므로 지적의 기본법에 해당한다.

③ 지적에 관한 법률은 국가기관의 통치권이 미치는 모든 영토를 필지단위로 구획하여 토지의 표시사항과 소유자 등을 국가가 등록하여 비치 보관하고 절차와 방법을 규정한 범위 내에서 토지를 등록·공시하는 기본법이라고 할 수 있다.

(2) 민법상의 성격

① 토지는 재산권의 객체 중에서 중요한 것 중의 하나로 민법 제212조 재산권으로서 "토지의 소유권은 정당한 이익이 있는 범위 내에서 토지의 상하에 미친다."라고 규정되어 있다.

② 민법상 물권은 하나의 물건에 대하여 둘 이상의 배타적인 물권이 성립할 수 없다.라는 이른바 "일물일권주의"를 기본원칙으로 하고 있다.

③ 민법상의 물건 중 부동산에 해당하는 토지의 동일성 여부는 필지단위로 구획되어 등록, 공시하는 지적공부에 의하고 법률에서 같은 토지 여부, 다른 토지 일부분에 해당한 지 여부는 최종적으로 지적공부에 따라 판단된다.

④ 모든 법률에 사용되는 민법상 주소 개념은 지적공부에 의한 지번을 기초로 결정되며, 주소는 각종 의사표시의 통지와 채무이행의 장소 및 재판 관할권의 기준이 되는 중요한 법률상의 요소이다.

⑤ 지적에 관한 법률은 민법의 특별법으로서 그 성격을 가지며, 부동산등기법과 함께 토지공시제도로서 역할을 하는 점에서도 민법에 우선하여 적용되고 있으므로 넓은 의미의 토지 사법에도 해당한다.

(3) 행정법적 성격

① 지적사무는 전국적으로 통일적이고 획일성 있게 수행되어야 하는 국가 고유사무로 지적공부 등록 사항은 국가의 공권력에 의하여 국가만이 결정하고 이를 등록할 수 있다.

② 국가 고유사무인 지적사무를 소관청이 수행하여야 할 구체적인 내용과 절차를 규정하고 있는 공법으로서 지적사무처리에 관한 행정법적 성격을 기본으로 하고 있다.

③ 토지관리는 국토 전반에 걸쳐 가장 상세한 정보자료를 유지·관리함으로써 모든 토지행정에 직·간접으로 지원하게 된다.

④ 국가 또는 공공단체 등 행정주체가 행정 목적을 달성하기 위한 관계이기 때문에 공정력, 구속력, 집행력 등과 지적사무처리 과정에서 손해가 발생하였을 때는 국가배상법이 적용되며 행정소송 절차에 의하게 된다.

⑤ 지적법률은 국가 목표의 하나인 지적 행정의 목적 달성을 위하여 제정된 법으로서 위와 같은 행정법상의 일반적 특성에 따르는 법이며 이에 위반하는 행위에 대해서는 행정벌을 부과하도록 규정하고 있다.

⑥ 신규등록, 등록전환, 분할, 지목변경 신청 등의 토지이동 사항이 발생하면 토지이동 신청을 할 수 있도록 규정되어 신청의 의무를 거짓으로 한 경우에는 1년 이하의 징역 또는 1천만 원 이하의 벌금에 처하도록 규정되어 있는 부분은 행정법적 성격임을 알 수 있다.

(4) 혼합법적 성격

① 모든 토지는 국가기관인 지적소관청이 필지 확정의 기본 요소인 지번·지목·경계·면적을 행정처분으로 결정하며, 효율적인 토지관리에 필요한 사항을 규정하고 있으므로 토지공법에 속한다.

② 지적에 관한 법률은 토지의 동일성과 그 범위를 확정하고 부동산등기부의 표제부 기재사항의 기준이 되는 공시제도라는 점에서 소유권을 안정적으로 보호하여 소유권보호에 이바지함을 추구하는 사법적 성격이다.

③ 연속된 토지를 필지 단위로 구획하여 일정한 사항을 지적공부에 등록·공시하고, 변경 내용도 계속하여 등록·관리하도록 절차와 방법을 규정하고 있는 절차법적 성격의 법률이다.

④ 지적에 관한 법률 대부분은 토지의 등록, 지적측량, 지적공부의 정리 등에 관한 절차를 규정하고 있다. 또한, 국가로부터 지적사무를 위임받은 지방행정기관의 장인 시장·군수·구청장이 하여야 할 행위와 의무뿐만 아니라 토지소유자가 하여야 할 의무 사항에 관하여도 함께 규정하고 있다. 이는 권리 의무의 발생과 부여에 관한 규정인 실체법적 성격도 함께 지니고 있다고 하겠다.

⑤ 토지를 법규에 저촉되지 않는 범위 내에서 필요에 따라 임의로 분할하거나 합병하고자 할 때는 소관청에 신청할 수 있도록 규정하고 있어 임의법적 성격도 아울러 지닌 법이라고 할 수가 있다.

⑥ 기본적으로 절차법이면서도 실체법적 규정과 강행법규이면서 일정한 경우 토지소유자의 의사에 따르도록 하는 임의 법적 규정도 함께 두고 있는 혼합법적 성격을 가지고 있다고 할 수 있다.

2.1.2. 지적에 관한 법률의 목적

지적에 관한 법률의 목적은 토지에 관련된 정보를 조사·측량하여 지적공부에 등록·관리하고, 등록된 정보의 제공에 관한 사항을 규정함으로써 효율적인 토지관리와 소유권의 보호에 이바지함을 목적으로 한다. 이처럼 토지의 효율적인 관리와 토지의 소유권보호에 이바지함을 목적으로 이를 위해 소유권의 객체라 할 수 있는 토지를 대상으로 하여 토지의 일정한 사항(지번, 지목, 경계, 면적, 소유자)을 지적공부에 등록하는 절차와 지적측량 및 그 정리에 관한 사항을 규정하고 있다.

(1) 효율적인 토지관리

① 지적에 관한 법률은 모든 토지의 이용현황 및 권리관계를 지적공부에 등록함으로써 토지를 효율적으로 관리하는 데 그 목적을 두고 있으며 지적공부의 관리를 수행한다.

② 지적공부의 관리는 국가기관의 통치권이 미치는 모든 영토를 필지단위로 구획하여 토지에 대한 물리적 현황과 법적 권리관계 등을 등록·공시하고 그 변경 사항을 지속해서 등록·관리하는 것을 의미한다.

③ 구체적으로 지적관리는 토지에 대한 소유권 정리·재산 가치의 평가·세금의 부과·거래·이용계획 등의 기초적인 자료가 될 뿐만 아니라 국토정보에 관한 통계와 도시·농촌 행정 및 건설공사 수행에 필요한 기본적인 정보를 제공함으로써 종합적인 토지 행정을 가능하게 하고, 토지업무의 합리성과 효율성을 도모하는 것이다.

④ 정보화 사회에 따른 산업의 세분화, 도시화에 따라 인구가 도시로 급격하게 이동하면서 토지 수요가 급증하고 토지의 가격이 급등하면서 부동산에 대한 투기가 심각한 사회문제로 대두되는 현상이 나타나게 되면서 지적공부 관리의 중요성이 더욱 주목받고 있다.

⑤ 최근에는 지상과 지하의 토지를 복합적이고 세분된 형태로 이용하기 위해서는 토지에 대한 정확하고 다양한 자료의 확보가 우선되어야 하고 편리하며 지적공부의 관리에 필요한 여러 가지 사항을 규정하고 있다.

(2) 토지소유권 보호

① 모든 토지는 필지단위로 등록하여 그 물리적 현황과 법적 권리관계를 공시하고 관리하며 토지소유권의 취득에 대한 공식적인 등록 사항은 부동산등기부에 등록하여야 하나 등기부에 등록하지 아니할 때는 그 효력이 발생하지 않을 뿐만 아니라, 제삼자에 대항하여 그에 대해 주장할 수가 없다.

② 부동산등기부의 표제부에 등록되는 부동산의 물리적 현황은 지적공부에 근거하여 작성되며 토지의 소재는 지적공부가 등기보다 우선하므로 지적공부와 부동산에 관한 토지현황이 정확하게 반영되지 않을 때는 소유권의 보호가 어렵게 된다.

③ 토지소유권은 필지단위로 인정되며 토지의 소유권에 있어서 대상토지를 법률의 규정에 따라 지적공부를 정확하게 작성하고 그 변동 사항을 계속 유지, 관리함으로써 토지소유권의 보호에 기여하게 된다.

④ 지적공부와 등기부가 일치하지 않을 경우, 물리적 현황인 토지의 소재에 대한 부분은 소관청이 관리하는 지적공부가 우선하고, 토지소유권에 관계되는 부분은 등기부가 우선한다.

⑤ 지적공부와 부동산등기부는 항상 일치되도록 관리되어야만 부동산거래에 대한 정확한 법률행위를 할 수 있으며 그 권리를 보호받을 수가 있다.

⑥ 지적공부에 등록된 토지의 소재, 지번, 지목, 경계 및 면적이 현재 사용하는 토지 현황과 일치하여야 하며, 부동산등기부 표제 또한 지적공부상의 기재 내용과 일치하여야만 완전하게 소유권을 보호받을 수가 있다.

⑦ 지적공부는 인접 토지에 대한 경계의 침범 및 민법상 인접하는 토지소유자와의 관계에 의한 토지이용의 한계, 토지에 대한 세금의 부과, 토지의 이용계획 등의 기초적인 자료가 된다는 점에서 모두 지적공부를 기준으로 판단되므로 소유권보호에 이바지하도록 규정하고 있다.

2.1.3. 지적에 관한 법률의 효력

① 지적에 관한 법률은 지적에 관한 사항을 규정하고 있는 법률, 시행령, 규칙을 말하며, 구체적인 업무 처리의 기준을 마련하고 있는 내부규정인 예규, 지침 등이 있다.

② 지적에 관한 법률은 당사자가 임의로 그 내용과 효력을 변경할 수 없는 강행법규로, 지적에 종사하는 공무원과 모든 국민이 이를 준수하여야 한다.

③ 내부규정은 지적업무에 종사하는 공무원에게만 적용이 되고, 일반 국민이 반드시 지켜야 할 구속력은 없다.

④ 실질적으로 지적에 관련된 업무는 법규에 따라 적용되지만 사실상 지적에 관한 내부규정을 적용하여 처리하는 부분이 많으므로 상대적으로 일반 국민도 자연적으로 이에 따르게 되는 것이다.

⑤ 지적에 관한 법률은 지적공부인 토지대장과 지적도에 토지의 경계와 면적 및 지목 등을 등록함으로써 토지소유권이 미치는 부동산의 위치를 판단하는 기본자료와 각종 부동산에 관한 조세의 기초자료가 된다.

⑥ 지적에 관한 법률은 등기 표제부의 기초가 된다는 점에서 토지소유자의 재산권을 보호하고 토지거래의 공적인 자료 역할을 하므로 지적업무 및 지적공부의 관리를 합리적이고 효율적으로 행하기 위하여 마련된 것이므로 지적측량 분야에서도 국민의 재산권에 많은 영향을 주고 있다.

⑦ 지적업무에 종사하는 공무원이 지적공부를 등록·정리 또는 지적측량을 하는 경우와 그밖에 지적업무의 관리를 위하여 행하는 업무 처리는 반드시 지적에 관한 법률에 의거 처리하여야 만이 비로소 효력이 있다.

⑧ 토지소유자 등이 신청하는 각종 토지이동 또한 지적에 관한 법률에서 정하는 범위 내에서만 권리와 의무가 발생하며 법 규정이 없는 경우에는 소관청 또는 지적업무에 종사하는 공무원에게 권한이 없고 일반 국민에게 의무를 부과할 수 없으며 위반되는 모든 행위는 효력을 인정할 수 없고, 위반할 때는 처벌을 받게 된다.

제1장 제2장 제3장 제4장

2.1.4. 토지의 등록

2.1.4.1. 토지등록의 원칙

출제(용) : 48회

토지의 등록이란 국가가 지적법이 정하는 바에 따라 모든 토지를 필지마다 토지표시사항인 지번·지목·경계 또는 좌표와 면적을 결정하여 지적공부에 등록하는 것을 말한다. 우리나라의 토지등록 원칙은 지적국정주의, 직권등록주, 실질적심사주의, 물적편성주의 원칙에 따른다.

(1) 지적국정주의 원칙

① 지적국정주의(地籍國定主義)는 국가에서 공적 장부를 통일적이고 획일적으로 등록하여 공시한다는 이념이다.

② 국가기관의 장인 시장·군수·구청장이 등록, 관리, 행정처분을 결정하는 것은 토지의 표시방법이 통일성·획일성·일관성이 있어야 한다.

③ 지적공부에 등록하는 주체를 법률에서 국가로 규정하고 국가가 적극적이고 능동적으로 모든 토지를 조사 측량하여 의무적으로 등록하는 제도이다.

④ 우리나라의 모든 토지를 필지 단위로 지적공부에 등록하는 것은 의무 사항이므로 지적국정주의 원칙에 따른다.

(2) 직권등록주의 원칙

① 직권등록주의(職權登錄主義)는 국가의 모든 영토를 필지단위로 구획하여 국가기관의 장인 시장·군수·구청장이 강제적으로 지적공부에 등록·공시하여야 한다는 이념으로 등록강제주의 또는 적극적 등록주의라고도 한다.

② 신규등록 할 토지가 생기거나 이미 등록된 지번·지목·경계·좌표·면적이 변경되는 토지 이동은 소유자가 의무적으로 신청해야 하는 경우와 소유자의 의사에 따라 처리되는 경우로 구분한다.

③ 소관청은 지적공부에 등록되지 아니한 미등록 토지를 발견한 때에는 직권으로 조사·측량하여 토지의 소재, 지번·지목·경계·좌표·면적 및 소유자 등을 지적공부에 새로이 등록하여야 한다.

④ 1975년 지적법 전문개정 당시에 토지의 이동이 있는 경우에는 토지소유자의 신청에 따라 소관청이 지적공부의 등록 사항을 결정하고 신청이 없는 때에는 직권으로 조사·측량하여 등록하도록 개정하여 더욱 강화된 이념이다.

(3) 실질적심사주의 원칙

① 새로이 지적공부에 등록하는 사항이나 기존에 등록된 사항의 변경 등록은 국가기관의 장인 시장, 군수, 구청장이 법령에서 규정한 절차상의 적법성과 사실관계 부합 여부를 심사하여 지적공부에 등록한다는 이념으로 사실적심사주의(實質的審査主義)라고도 한다.

② 지적공부에 등록된 토지의 현황이 변경된 때에는 소유자의 신청이 없더라도 소관청이 이를 직권조사·측량하여 지적공부의 등록 사항을 실제 현황과 부합되도록 변경 정리할 수 있다.

③ 측량성과는 반드시 소관청이 그 정확 여부에 대한 검사를 시행하여야 한다.

④ 토지소유자의 신청이 있으면 소유자의 의지대로 업무를 처리하는 것이 아니고 소관청인 시장·군수·구청장이 필지마다 현지를 확인하여 실시하는 실질적 심사를 시행하여 지번·지목·경계 또는 좌표와 면적을 결정하여 등록한다.

(4) 물적편성주의 원칙

① 토지의 등록에 있어서 물적편성주의(物的編成主義)는 개개의 토지를 중심으로 해서 등록부를 편성하는 것이다.

② 1토지에 1등기 용지를 두는 경우를 말하며 우리나라도 이 제도를 따르고 있다.

③ 토지대장과 같이 지번 순서에 따라 등록되고 분할되더라도 본번과 관련하여 묶는다.

④ 소유자의 변동이 있을 때도 유자보다 필지를 기본으로 등록 수정하여 관리하는 방식이다.

2.1.4.2. 일필지

출제(용) : 48회, (논) : 126, 135회

(1) 일필지 정의

① 지번을 붙이는 토지등록의 기본단위이다.

② 물권이 미치는 법률적인 토지등록 단위이다.

③ 굴곡점을 직선으로 연결한 폐합다각형으로 구성된다.

④ 일필지는 토지의 등록 단위로서 인위적으로 토지를 구획하여 설정하는 단위이다.

⑤ 지적측량으로 등록한 소유권의 단위인 동시에 경영의 단위를 말한다.

⑥ 연속적이고 집단으로 전개되는 토지를 권리영역별로 개별화하기 위한 단위이다.

(2) 일필지 등록 기준

① 토지의 등록 성립 요건은 필지별로 구획하여 지적공부에 등록하게 되어 있으며 그 기준은 일필지의 획정 기준이 된다.

② 일필지의 경계는 지적측량에 따라 설정하고 지적공부에 등록함으로써 법률적 효력이 발생한다.

③ 토지의 번호(소재, 지번)를 통하여 구별되고 지적의 일필지란 특정하고 유사한 법률적 관계가 구별되는 토지의 연속하는 지역으로 그것은 일정한 선과 특정한 번호에 의해 지적도위에 나타난다.

④ 일필지로 정할 수 있는 기준

- 지번 부여 지역이 동일하여야 한다.
- 소유자와 지목이 동일하여야 한다.
- 토지의 사용 용도가 동일하여야 한다.
- 지반이 연속되어야 한다.
- 소유권 이외의 권리가 같아야 한다.
- 지적공부의 축척 및 등기 여부가 같아야 한다.

⑤ 주된 용도의 토지에 편입하여 일필지로 정할 수 있는 요건

- 주된 용도 토지의 편의를 위하여 설치된 도로·구거 등의 부지
- 주된 용도의 토지에 접속되거나 주된 용도의 토지로 둘러싸인 토지로서 다른 용도로 사용되고 있는 토지

⑥ 주된 용도의 토지에 편입할 수 없는 토지

- 종된 용도의 토지 지목이 '대'인 경우
- 종된 용도의 토지 면적이 주된 용도 토지 면적의 10%를 초과하는 경우
- 종된 용도의 토지 면적이 330㎡를 초과하는 경우

2.1.4.3. 일필지의 기능

(1) 기본정보의 기능

① 기본정보의 기능은 각 필지를 특정화하기 위하여 필지별로 해당 필지의 토지의 소재, 지번, 경계, 지목, 면적, 좌표 등을 지적공부에 등록하여 관리하면서 제공할 수 있는 기능이다.

② 토지소재는 특정한 토지가 위치한 필지로 시도, 시군구, 읍, 면, 동, 리의 명칭을 말한다,

③ 지번은 필지에 부여하여 지적공부에 등록한 번호를 제공하는 기능을 말한다.

④ 경계는 필지별로 경계점들을 직선으로 연결하여 지적공부에 등록한 선을 제공하는 기능을 말한다.

⑤ 지목은 토지의 주된 용도에 따라 토지의 종류를 구분하여 지적공부에 등록한 것으로 제공하는 기능을 말한다.

⑥ 면적은 지적공부에 등록한 일필지의 수평면상 넓이로 제공하는 기능을 말한다.

⑦ 좌표는 X, Y, Z로 표현되며, 직각좌표계에서 사용하고 있으며, 지적에서는 평면직각좌표를 사용하고 있으며 국민에게 좌표로 위치를 제공하는 기능을 말한다.

(2) 소유권 정보의 기능

① 필지는 자신의 물건으로서 직접적·배타적·전면적으로 지배하여 사용·수익·처분할 수 있는 사법(私法)상의 권리를 말한다.

② 소유권 정보의 기능은 각 필지에 대한 소유권과 소유권 이외의 기타 권리를 취득한 자를 표시하기 위하여 필지별로 당해 권리자의 성명 또는 명칭은 등록번호, 주소 등을 표시하는 기능이다.

③ 성명 또는 명칭의 기능 해당 필지별로 토지소유자의 성명과 회사의 명칭을 등록하여 제공하는 기능을 한다.

④ 등록번호는 개인의 경우 주민등록번호, 회사나 종중의 경우는 사업체 등록번호 등을 부여하여 제공하는 기능을 말한다.

⑤ 주소는 토지소유자의 주소를 등록하여 제공하는 기능을 말한다.

⑥ 소유권 지분은 민법상으로 한 필지(筆地)의 토지를 여러 사람이 소유할 때 이를 공동소유라고 하며, 가장 일반적인 방식으로 여러 사람이 지분(持分)에 따라 공동으로 소유하는 형식이며 지분이 정해지지 않은 경우에는 균등한 것으로 추정할 수 있도록 제공하는 기능이다.

⑦ 대지권 비율은 구분소유자의 전유부분(專有部分)을 소유하는 근거인 토지의 대지권 비율에 대한 내용을 등록하여 제공하는 기능이다.

(3) 토지 가격정보의 기능

① 공시지가 정보는 과세 대상이 되는 토지지가를 산정하는 기준이 되는 가격으로 표준지공시지가와 개별공시지가로 구분하여 개별토지의 단위면적당 가격을 제공하는 기능이다.

② 거래 가격정보는 제 거래가격 자료를 가격수준 및 변동률로 파악하여 제공하는 기능을 말한다.

(4) 기타 정보의 기능

① 도로명주소는 지번주소의 동, 리, 지번 대신 도로명과 건물번호를 표기하며, 도로명은 폭에 따라 대로, 로, 길로 구분하여 기능을 말한다.

② 과세의 기준 정보는 일필지에 대한 부과 징수의 표준으로서의 세액 산정의 기준을 제공하는 기능을 말한다.

2.1.4.4. 토지등록의 법률적 효력

출제(논) : 65회

토지등록과 그 공시 내용의 법률적 효력은 일반적으로 행정처분에 의한 구속력, 공정력, 확정력, 강제력이 있다.

(1) 구속력

① 행정처분이 그 내용에 따라 처분 행정 자신이나 그 행정처분의 상대방과 관계인을 구속하는 효력을 말한다.

② 토지등록이 있는 경우 소관청이나 토지소유자 또는 이해관계인은 토지등록의 행정처분이 유효하게 존재하는 한 그것을 존중하고 또 그에 복종하여야 하는 것이다.

(2) 공정력

① 토지등록에서 행정처분이 유효하게 성립하기 위한 요건을 완전히 갖추지 못한 때도 절대무효인 경우를 제외하고는 소관청, 감독청, 법원 등 권한 있는 기관에 의하여 소송 또는 직권으로 그를 취소할 때까지는 그 행위는 적법의 추정을 받고 누구도 그 효력을 부인할 수 없는 것으로서 무하자 추정 또는 적법성이 추정되는 것이다.

② 토지대장에 등록된 기재 사항이 진실한 것으로 추정받는다 하더라도 등기부와 같은 추정력 즉 입증 책임의 전환까지 초래하는 추정력을 갖는다고 할 수 없는 것으로 보는 판례가 있다.

(3) 확정력

① 일단 유효하게 등록된 표시사항은 일정한 기간이 경과한 뒤에는 그 상대방이나 이해관계인이 그 효력을 다툴 수 없다.

② 소관청 자신도 특별한 사유가 없는 한 그 처분행위를 다툴 수 없는 것을 불가쟁력 또는 형식적 확정력이라 하며 처분청 자신도 변경할 수 없는 힘을 불가변력 또는 관습적 확정력이라 한다.

(4) 강제력

① 지적측량 또는 토지등록 사항에 대하여 사법권의 힘을 빌릴 것이 없이 행정청 자체의 명의로써 자력으로 집행할 수 있는 강력한 효력을 갖는 것을 말한다.

② 토지분할이나 신규등록 또는 경계 복원 측량 등을 지적 공사에 대행시키는 것도 국가업무를 대행하는 것으로 이에 따른 모든 효력이 동일하며 그 처분 결과는 물론 국가가 최종적으로 책임을 지게 된다.

③ 경계복원측량 결과에 대한 이의는 소원법의 적용이 배제되며 법률에 따른 국토교통부장관 소속 아래의 지적위원회가 적부심사를 맡아 처리함으로써 행정소송에서의 처리와 같은 재결의 효력을 갖는다.

제1장 제2장 제3장 제4장

2.1.4.5. 토지등록의 주체와 객체

출제(용) : 62, 81, 87회

(1) 토지등록 주체

① 지적공부를 관리하는 특별자치시장, 시장·군수 또는 구청장으로 지적소관청을 말하며 이를 토지등록의 주체라고 한다.

② 소관청은 지적공부를 관리하는 특별자치시장, 시장·군수 또는 구청장을 말한다.

③ 초기에는 지적공부를 부군도(府郡島)에 비치하고 소관청은 부윤, 군수, 도사(島司)로 하였다.

④ 법률적 근거

- 1934년 5월1일 내국세 사무가 조장 행정에서 분리되어 세무기관에 설치됨에 따라 지적공부를 세무서로 이관하였으며 이때의 소관청은 세무서장이 하였다.
- 제정지적법(1950.12.1.) "제4조 세무서에 토지대장을 비치하고 좌의 사항을 등록한다."라고 규정하고 있다.
- 지적법(1975.12.31. 전문개정) 제2조 "제2호 소관청이란 지적공부를 관리하는 시장(구를 두는 시에 있어서는 구청장을 말한다)·군수를 말한다."라고 규정하고 있다.
- 지적법(1975.12.31. 전문개정) 제3조 제2항"지적공부에 등록할 지번·지목·경계 또는 좌표와 면적은 토지의 이동이 있을 때 토지소유자의 신청에 따라 소관청이 이를 결정한다. 다만, 신청이 없는 때에는 소관청이 직권으로 이를 조사 또는 측량하여 결정한다."라고 규정하면서 토지등록의 주체임을 확인 할 수 있었다.

⑤ 지적소관청의 역할

- 지적공부의 정리 및 관리
- 지적공개주의에 의한 지적공부의 열람 및 발급
- 지적기준점의 설치 및 관리

(2) 토지등록의 객체

① 토지의 등록은 국가기관의 장인 시장·군수·구청장이 등록, 관리, 행정처분을 결정하는 것은 토지의 표시 방법이 통일성·획일성·일관성이 있어야 한다는 지적국정주의 이념을 실행하고 있다.

② 법률적 근거

- 대한민국 헌법 제3조" 대한민국의 영토는 한반도와 그 부속 도서로 한다."에 해당하는 우리나라에서 통치권이 미치는 모든 영토에 해당한다.
- 토지조사법(1910.8.23.)의"제1조 토지는 차(此) 법률의 정ᄒᆞᆫ 바에 의ᄒᆞ야 차(此)를 조사홈" 및 "제2조 토지는 지목을 정ᄒᆞ야 지반을 측량ᄒᆞ고 일 구역마다 지번을 附홈. "과 같이 토지를 등록하여야 함을 규정하고 있다.
- 1960~1970년대에는 도로·구거·하천 등 미등록 토지를 일제히 조사하여 등록함으로써 직권등록주의 이념을 실행하였다고 할 수 있다.
- 1980년대 초에는 미등록 도서를 일제 조사하여 등록함으로써 직권등록주의 이념을 실현하였다.
- 공간정보의 구축 및 관리 등에 관한 법률 제64조 국토교통부장관은 모든 토지에 대하여 필지별로 소재·지번·지목·면적·경계 또는 좌표 등을 조사·측량하여 지적공부에 등록하여야 한다.
- 동법 제82조 지적소관청은 지적공부에 등록된 토지가 지형의 변화 등으로 바다로 된 경우로서 원상(原狀)으로 회복될 수 없거나 다른 지목의 토지로 될 가능성이 없는 경우에는 토지소유자가 등록말소 신청을 하지 아니하면 지적소관청이 직권으로 그 지적공부의 등록 사항을 말소하여야한다.

2.2. 경계 제도

출제(논) : 120회

경계(Boundary)는 국가 간의 경계, 도, 시군구, 읍·면·동 간의 경계로 구분하고 있으며 지표상 경계로 담장, 논두렁, 밭두렁, 말목 등을 토지 경계로 인식하고 있다. 국어사전에는 두 면이 만나는 구분 또는 지역 따위가 나누어지는 자리, 땅이 서로 이어진 곳, 지역이 갈라지는 한계 등으로 표현하고 있다. 경계는 지역을 구분하여 표시하는 선을 말하며 학술적으로는 지구의 중심에서 하늘의 무한한 끝까지를 포함하며 토지소유권은 사법적 권리의 범위를 표시하여 구획하는 선이다. 경계는 필지별로 경계점 간을 직선으로 연결하여 지적공부에 등록한 선으로 경계점은 지적공부에 등록하는 필지를 구획하는 선의 굴곡점과 경계점좌표등록부에 등록하는 평면직각종횡선 좌표의 교차점을 말한다.

2.2.1. 경계의 역사

① 근대의 지적제도가 체계적으로 정리되기 전까지 집터의 담장은 가기(家基)라고 하고 묘지(墓地)의 경우에는 지류계(地類界), 논둑이나 밭둑은 휴반(畦畔), 절벽은 애안(涯岸)이라 하였으며 현지 경계를 토지의 경계라고 하였다.

② 근대에는 토지의 경계를 부동의 휴반(畦畔), 애안(涯岸), 가기(家基), 지류계(地類界) 등 구획목표물에 의하여 정하는 것을 관행으로 하였다.

③ 지적제도가 체계적으로 정리되기 전까지는 경계, 지형, 지물을 설치할 경우 경계분쟁이 발생하였으나 이는 이해 당사자 간에 해결하였다.

④ 토지조사령에 따른 지적도상의 구획된 선은 강계선과 지역선으로 구분하며 강계선은 사정선이라고 하였다.

⑤ 조선 임야조사령에 따른 임야조사에서 도지사가 임야를 사정할 때의 '사정선'은 토지조사령에 따른 토지조사에서처럼 '강계선'이라 하지 않고 '경계선'이라 하였다.

⑥ 1975년 지적법 제2차 전문의 개정으로 수치지적이 등록되면서부터 경계점좌표등록부 좌표의 연결선을 토지의 경계선으로 하였다.

2.2.2. 경계의 기하학적 성질

출제(용) : 87회

① 토지의 경계는 점, 선, 면으로 구성되어 있다.

② 토지의 경계는 유일무이한 것으로 어느 한쪽에 소속되지 않는다.

③ 토지 경계를 도면에 등록할 경우 동일한 경계가 축척이 다른 도면에 각각 등록된 때에는 축척이 큰 것에 따른다.

④ 경계는 서로 연결되어 있으며 지적측량에 의해 결정된다.

⑤ 지적도나 임야도의 경계는 도면에 등록할 때 굴곡점과 굴곡점 사이를 직선으로 연결하여 등록하고 있다.

⑥ 도면에 등록하는 경계는 곡선이 아닌 직선에 의해서만 등록하고 있다.

⑦ 토지의 경계는 법률에 의해서 등록하고 효력을 나타낼 수 있다.

⑧ 최근에는 좌표로 등록하되 도면에 표시할 때는 계산에 의거 도형으로 작성한다.

2.2.2. 경계의 종류

출제(용) : 108, 128회

경계(Boundary)는 과거에는 관습법에 따라 설정되었으나 최근에는 지적에 관한 법률에 따라 경계 설정 및 경계 위치, 경계 정정에 대한 법적 규정을 두고 있다. 경계는 법률적 효력에 따라 물리적(Physical) 경계와 법률적(Legal) 경계로 구분되며 물리적 경계는 성질과 형태에 따라 자연적 경계와 인공적 경계로 분류되고 법률적 경계는 물리적 경계의 법률상 효력 및 등록에 따라 설정 확정된 경계로서 민법상 경계, 형법상 경계, 지적에 관한 법률상 경계로 구분된다.

2.2.2.1. 특성에 따른 경계

경계는 특성에 따라 일반경계(General Boundary)와 보증경계(Guaranteed Boundary), 고정경계(Fixed Boundary) 등으로 구분한다.

(1) 일반경계

출제(용) : 62, 69, 90회

① 일반경계는 1875년 영국의 거래법에서 규정되었으며 토지의 경계가 자연적인 지형지물을 이용하여 설정된 경우를 말한다.

② 경계가 도로, 벽, 펜스, 울타리, 도랑, 하천, 해안선 등으로 이루어진 경우이다.

③ 토지의 경계가 담장의 중앙부를 연결하는 선으로 이루어져야 하고 굴곡점의 위치가 좌표로 확정되어야 한다.

④ 일반경계는 삼림 지역의 끝이나 해안 지역의 최고 만조수위선과 같이 변화되고 불확실한 경계의 완곡한 표현이며 담장이나 울타리의 한쪽 면이나 다른 면 또는 중간과 하단으로 인식될 수 있다.

⑤ 농촌지역에서 비교적 저렴한 토지등록 방법으로 이용되고 있다.

(2) 고정경계

출제(용) : 69, 95회

① 고정경계는 특정경계로 인정되고 있으며 특별히 정밀측량으로 경계가 결정된다.

② 일반경계와 법률적 효력은 유사하나 그 정확도가 높다.

③ 결정방법은 자연 지형, 고정경계에 대한 정부에서 규정한 표지 설치, 표석, 측량성과에 따른 표항, 점유, 현지 측량 방법 등이 있다.

(3) 보증경계

출제(용) : 92회

① 보증경계는 토지측량사에 의하여 정밀 지적측량이 수행되고 소관청으로부터 사정의 행정처리가 완료되어 확정된 토지 경계를 말한다.

② 정확도에 대해서는 특별한 보장이 없으나 이 제도는 법률적으로 보장되기 때문에 보증경계와 일반경계와의 구별은 별다른 의미가 없다.

③ 실제로 수치지적 또는 도해지적 제도에서 증거가 있는 지적측량을 수행했을 경우 이에 대한 경제적 피해보상을 의미하는 것이나 이것을 법률적으로 보장할 수 없다.

2.2.2.2. 물리적 경계

출제(논) : 89회

물리적 경계는 주로 지상경계의 범주에 속하며 지상에서 눈으로 쉽게 식별할 수 있게 어떤 형태를 보이는 경계로 성질과 형태에 따라 자연적 경계와 인공적 경계로 분류할 수 있다. 지적제도가 창설되기 이전 고대에도 물리적 개념의 경계가 존재했으며, 경계 불명의 경우는 사법상 경계 개념으로 물리적 경계를 확정하고 있었다.

(1) 자연적 경계

① 자연적 경계는 사람에 의하여 위치가 정해지지 않고 자연적 지형·지물로 된 경우로서 산등선, 계곡, 하천, 호수, 해안, 구거 등에 의하여 관습법으로 인정되는 경계이다.

② 현지에 설정된 지형·지물을 말하며 토지의 구획은 경계를 따라 점으로 연결되거나 방향의 변화나 선으로 나타내고 분리하게 된다.

(2) 인공적 경계

인공적 경계는 사람이 설치하는 것으로서 담장, 울타리, 옹벽, 운하, 제방, 콘크리트 파일, 철도선로, 경계석, 경계표지 등을 이용하여 인위적으로 설치한 경계로 인식할 수 있는 경계이며 지상경계라고도 한다.

2.2.2.3. 법률적 경계

출제(논) : 77, 89, 111, 126회

법률적 경계는 관념적 경계로서 물리적 경계가 등록, 등기 등의 행위에 따라 법률적으로 확정된 경계로 법에 따라 경계에 일정한 법률적 효력이 부여된다. 법률적 경계는 도상경계의 범주에 속하며 물리적 경계에 대하여 그의 법률상 취급과 효력 및 등록에 따라 설정된 경계로서 민법상 경계, 형법상 경계, 지적에 관한 법률상 경계로 구분할 수 있다.

(1) 민법상 경계

출제(논) : 77, 89, 111회

① 민법상의 경계란 지상에 설치한 담장이나 전, 답 등의 구획된 둑 또는 주요 지형·지물에 의하여 구획된 구거 등을 말하는 것으로 지표상의 경계를 의미한다.

② 민법상의 소유권에 관련된 경계는 토지에 대한 소유권이 미치는 범위를 경계로 보고 있다.

③ 민법 제237조 제1항에 "인접하여 토지를 소유한 자는 공동비용으로 통상의 경계표나 담을 설치할 수 있다"라고 규정되어 있다.

④ 민법 제237조 제2항에"경계표나 담장 설치 비용은 쌍방이 반으로 나누어 부담한다. 측량 비용은 토지의 면적에 비례하여 부담한다."라고 규정되어 있다.

⑤ 민법 제239조에"경계에 설치된 경계표·담·구거 등은 상린자(常鱗者)의 공유로 추정한다. 그러나 경계표·담·구거 등이 상린자(常鱗者) 일방의 단독비용으로 설치되었거나 담이 건물의 일부인 경우에는 그러하지 아니한다."라고 규정되어 있다.

⑥ 우리나라 민법상의 경계는 현지 경계로 이해된다.

(2) 형법상 경계

① 형법상의 경계는 사법상 토지의 경계 및 시도, 시군구, 동·리의 경계와 행정구역상의 경계도 포함한다.

② 경계는 객관적으로 경계로서 통용될 수 있는 것이라야 하고 단지 주관적으로만 생각하는 경계는 형법상 보호되지 않는다.

③ 형법상의 경계표는 소유권의 장소적 한계를 나타내는 표지를 말하며 기존 경계를 진실한 권리 상태와 부합하지 않는다는 사유로 지적측량에 의거 표시한 표지는 형법상 경계라고 할 수 없다.

④ 형법 제370조에는 "경계표를 손괴, 이동 또는 제거하거나 기타 방법으로 토지의 경계를 인식 불능하게 한 자는 3년 이하의 징역 또는 500만 원 이하의 벌금에 처한다."라고 규정하고 있다.

⑤ 형법에서는 물리적 경계를 경계로 인정하고 거기에 법상 효력을 부여하고 있다.

⑥ 형법상의 경계표는 소유권 등 권리의 장소적 한계를 나타내는 표지를 말하며 기존 경계를 진실한 권리 상태와 부합하지 않는다는 이유로, 당사자의 한쪽이 측량 같은 방법을 써서 권리에 합치된 경계라고 주장하여 표시한 표지는 형법상의 경계라고 할 수 없다.

(3) 지적 관련 법률상 경계

출제(논) : 53, 72, 77, 111, 126회

① 지적 관련 법률상 경계란 소유권이 미치는 범위와 면적을 결정하는 기준이 되는 지적도 또는 임야도에 등록한 선 또는 경계점좌표등록부에 등록된 좌표의 연결을 말한다.

② 지적공부에 등록하는 경계는 반드시 지적측량을 시행하여 결정하도록 규정하고 있으나 합병의 경우에는 제외된다.

③ 지적법률에서는 경계는 민법이나 형법에서 정의하는 경계와는 달리 지적공부에 등록된 경계선에 의하여 확정된 것을 의미하고 있다.

④ 지적은 처음 국가의 조세권에 기초하여 과세 위주의 세지적에 따른 토지의 등록이 시행됨에 따라 공법상 경계 개념이 도입되었다.

⑤ 지적에서 취급되는 경계에는 거기에 일정한 법적 효력이 부여된 만큼 법률적 경계와 물리적 경계가 서로 다르게 될 때도 적법절차에 의하지 않고는 이를 임의로 물리적 경계에 맞게 법률적 경계를 변경하거나 수정할 수 없다.

2.2.2.4. 표시 방법에 따른 경계

(1) 지상경계

출제(논) : 65, 87회

① 지상경계는 지상에서 지형·지물·구조물·경계석·경계 말목·경계 표지 등에 의하여 경계로 인식할 수 있는 경계이다.

② 지상경계는 소유자가 나무를 심거나 자연적으로 설정된 지형·지물에 의하여 구획된 경계와 인공표지인 구조물을 설치하고 관리하는 것이다.

③ 지상경계는 토지의 유동성을 고려하고 법적인 경계의 확보 및 측량 작업에 특히 중요하며 경계분쟁의 대상은 주로 지상경계를 말한다.

④ 현지에 설정된 지상경계를 말하는 토지의 구획은 경계를 따라 점으로 연결되거나 방향의 변화나 선으로 나타내고 분리하게 된다.

⑤ 지표상의 지형·지물에 의거 구획된 경계는 실지 경계, 일반경계 또는 현지 경계라고도 한다.

(2) 등록경계

출제(논) : 56, 66, 87, 93, 134회

① 등록경계는 도해경계와 수치 계로 나눌 수 있으며 도해경계는 지적도와 임야도는 기하학적으로 표현된 경계로 작성하고 수치경계는 평면직각종횡선 수치의 좌표로 등록하는 제도이다.

② 지적도와 임야도에 등록된 경계를 고정경계 또는 보증경계라고 하며 경계굴곡점을 연결하는 선으로 표시하였다.

③ 경계점좌표등록부의 등장으로 경계점을 평면직각종횡선 수치의 좌표로 등록할 수 있게 되었다.

④ 도면에 등록된 경계는 측량에 따라 지적공부에 등록된 경계로 우리나라에서 유일무이한 지적경계로 정의되며 소유권의 한계를 결정하고 보호받는다.

2.2.3. 토지조사사업 당시의 경계선

출제(용) : 69, 113회, (논) : 116회

강계선(疆界線)은 사정선이라고도 하며 토지조사 당시 확정된 소유자가 다른 토지 간의 사정된 경계선 또는 토지조사령에 따라 임시토지조사국장의 사정을 거친 경계선을 말한다. 강계는 강토의 경계라는 광의적 의미와 행정처분에 의한 인위적인 결정에 의한 일필지의 경계라는 의미가 포함되었다. 강계는 지적도에 등록된 토지의 경계선인 강계선(疆界線)이 대상이었다. 토지조사사업 당시에는 강계선(사정선)이라 하였으며 임야조사사업 당시에 사정한 선과 사정하지 않은 선 모두 경계선이라 하였다.

2.2.3.1. 강계선

출제(용) : 47, 71, 108회

소유권에 대한 경계를 확정하는 역할을 하며 반드시 사정을 거친 경계선으로 사정선이라고도 한다.

(1) 특징

① 토지조사령에 따른 지적도상의 구획된 선은 강계선과 지역선으로 구분하였다.

② 강계선은 사정선이라고 하였으며 임야조사 당시의 사정선은 경계선이라고 하였다.

③ 강계선은 토지조사령에 따라 임시토지조사국장의 사정(査定)을 거친 경계선을 말하며 강계는 지적도에 등록된 토지의 경계선인 강계선이 대상이었다.

④ 강계선의 경우는 분쟁지에 대한 사정으로 생긴 경계선이라 할 수 있다.

(2) 별필로 할 수 있는 경우

① 도로, 하천, 구거, 제방, 성곽 등 자연적으로 경계를 이루는 것

② 특히 면적이 광대하고 형상이 좁고 완곡한 것

③ 지반의 고저가 심하게 차이가 있는 것

④ 시가지로서 연와병(煉瓦塀), 석탄(石坦), 기타 영구적 건물로서 구획된 지역

⑤ 분쟁이 있는 것

⑥ 조선총독부가 지정한 공공단체 소유의 공공용지

⑦ 잡종지 중 염전 및 광천지로서 명확한 것

⑧ 전당권 설정의 증명이 있는 것

⑨ 소유권 증명을 거친 것은 증명 번호마다 별필로 할 것

(3) 강계선의 역할

① 지목을 구별하고 소유권의 분계를 확정한다.

② 토지소유자 및 지목이 동일하고, 지반이 연속된 토지를 1필지로 함을 원칙으로 한다.

③ 강계선의 반대쪽은 반드시 소유자가 다르다는 원칙이 성립된다.

2.2.3.2. 지역선

출제(용) : 52, 75회

지역선은 토지조사사업 당시에 사정을 하지 않는 경계선으로 주로 토지조사 시행지와 미 시행지 간의 경계선을 말하고 비 사정선이라고도 한다.

(1) 지역선의 특징

① 동일인이 소유하는 토지일 경우에도 지반의 고저가 심하여 별필로 하는 경우의 경계선을 말한다.

② 지역선에 인접하는 토지의 소유자는 동일인일 수도 있으며 다를 수도 있다.

③ 지역선은 경계분쟁의 대상에서 제외되었다.

④ 동일인의 토지라도 지목이 다르면 별필로 하는 경우의 경계선을 말한다.

⑤ 지역선은 같은 지주의 소유에 관계된 필지와 필지 사이의 한계선 또는 지적조사에서 지주조사를 하지 않은 토지와의 한계선을 말한다.

⑥ 지역선은 사정한 것이 아니므로 불복신청을 할 수 없었다.

(2) 지역선의 역할

① 소유자가 같은 토지와의 구획선

② 소유자를 알 수 없는 토지와의 구획선

③ 토지조사 시행지와 미 시행지와의 지계선

(3) 지역선 조사

① 지주조사

② 지목조사와 지주조사

③ 관리인, 이해관계인 또는 그 대리인과 지주총대를 입회시켜 그 토지의 둘레에 세운 말목과 사표에 의하여 인접지와의 관계를 조사

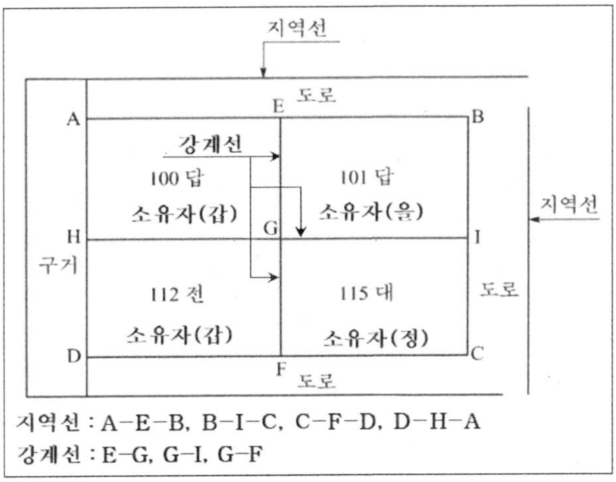

〈그림 2-1〉 지역선과 강계선의 구분

〈표 2.1〉 지역선과 강계선의 비교

구분	강계선	지역선
내용	• 지목을 구별하고 소유권의 분계를 확정한다. • 토지소유자 및 지목이 동일하고, 지반이 연속된 토지를 1필지로 함을 원칙으로 한다. • 강계선의 반대쪽은 반드시 소유자가 다르다는 원칙이 성립된다. • 강계선은 분쟁지에 대한 사정으로 생긴 경계선이라 할 수 있다.	• 소유자가 같은 토지와의 구획선을 확정한다. • 소유자를 알 수 없는 토지와의 구획선을 확정한다. • 토지조사 시행지와 미 시행지와의 지계선을 확정한다. • 지역선은 경계분쟁의 대상에서 제외되었다. • 동일인의 토지라도 지목이 다르면 별필로 하는 경우의 경계선을 말한다.

2.2.3.3. 경계선

① 조선임야조사령에 따라 도장관(道長官)의 사정에 의한 임야 도면상의 강계선과 지역선 모두를 경계선이라 하였다.

② 경계선의 결정

- 토지 강계에 있는 낭떠러지, 두렁, 담장 등으로 그 소속이 명확하지 않은 것은 지방의 관습에 따르도록 하였다.
- 관습이 없는 경우에는 고저가 있는 갑·을지 간에서는 상층 지의 소속, 고저가 없는 갑·을지 간에는 그 중앙, 건축물의 대지에 접속한 토지는 빗물이 떨어지는 지점으로 하는 것이 많았다.
- 약 200간(364m)의 위치에 적당한 부동 지물 및 임야 경계가 없어 결정이 곤란한 지역의 등록지는 토지대장의 기 등록지역에 의하여 적당히 결정하였다.

③ 조선임야조사령에 따른 임야조사 당시에도 사정하지 않는 경계선이 많았으며, 토지조사 당시에도"지역선"에 해당하는 경계선은 많았기 때문이다.

④ 지적도상의 구획선을 경계라 하고 강계선과 지역선으로 구분하며 강계선은 사정선이라고 하였으며 임야조사사업 당시의 사정선은 경계선이라고 하였다.

⑤ 최근 경계선의 의미는 강계선이나 지역선과 관계없이 2개의 인접한 토지 사이의 구획선을 말한다.

⑥ 도해지적에서는 지적도나 임야도에 그려진 토지의 구획선을 말하는데 물론 지상에 있는 논둑, 밭둑, 표항 따위를 말하는 것이 아니라 도면상 경계이다.

⑦ 경계점좌표 시행 지역에서 경계선이라고 할 때는 어떤 점의 평면직각종횡선 수치와 그 이웃하는 점의 좌표와의 연결을 말하고 있다.

2.2.4. 지상경계 결정 기준

출제(용) : 75, 93, 128, 132회, (논) : 89, 93, 105, 120, 123, 132회

경계 결정은 소유자의 사용, 수익, 처분에 관한 권리의 한계를 지적측량으로 지적공부에 등록하는 것이다. 경계 결정은 지적국정주의 이념에 따라 국가가 실현하는 것이며 토지의 경계로 구획된 선은 지상경계와 일치되어야 하므로 지적측량을 시행하는 것이다. 지적측량으로 결정한 경계는 소유권에 대한 공시 기능으로 토지소유자에 직접적인 영향을 미치는 영구불변이므로 지상경계에 영구표지를 설치하여 등록 관리할 수 있는 제도적 장치가 마련되어 지상경계에 대한 신뢰성을 확보하고 경계의 중요성을 인식하도록 한다.

(1) 일필지 경계

① 일필지 경계는 지적측량에서 가장 먼저 설정하고 지적공부에 등록함으로써 경계에 대한 법적 효력이 성립된다.

② 경계 설정 방법은 점을 사용하며 필지 경계는 직선의 형태로 이루어진 울타리, 벽, 담, 도로, 하천, 등의 가장자리를 따라 설정한다.

③ 일필지를 둘러싸고 있는 담장이나 울타리는 반드시 그 필지 내에 있어야 하고 필지가 황무지나 숲과 접해 있는 곳의 경계는 울타리의 형태와 관계없이 울타리 바깥 가장자리에 있어야 하며 연접한 필지가 동시에 생성되는 경우의 경계는 자연히 그 담장의 중앙에 있게 된다.

④ 이론적으로는 일필지가 처음 생성될 때 설치한 말목이나 경계표는 담장이나 울타리의 소유권과 정확한 경계를 표시해 주며 항목이나 경계표의 이동이 있을 때는 지적측량으로 경계를 등록함으로써 경계표의 신뢰성이 확보된다.

(2) 지목별 경계 결정 기준

출제(논) : 56회

① 산림, 제방, 농지, 휴반(畦畔), 택지 등의 경계가 명시되어 있지 않을 때는 일반적인 관습에 따라 경계를 설정할 수 있다.

② 산림지역의 경계는 인위적으로 분류된 경우를 제외하고 산 능선 또는 계곡에 따라 정한다.

③ 농지의 경계 설정은 용수로 또는 배수로와 농지의 경계 양측에 둑이 있는 경우에는 그 둑의 끝이 경계로 되며 높낮이 차가 없는 농지 간에 있는 경계는 휴반의 중앙을 경계로 하며 낙수가 있는 때는 낙수가 되는 쪽으로 한다.

④ 주택지의 기준은 가옥이 인접한 토지로서 경계가 명확하지 않은 경우는 양 건물의 중심을 경계로 하며, 건물의 반대 측이 공지로서 명확한 경계가 없는 경우는 처마 끝을 경계로 한다.

⑤ 제방 부지의 경계 설정 기준

- 제방 끝을 경계로 설정하며 제방 끝에 측구(옆도랑)가 있는 경우 측구의 바깥쪽을 경계로 설정하였다.
- 용수로 또는 배수로와 농지의 경계 양측에 둑이 있는 경우는 그 둑의 끝을 경계로 설정하였다.
- 제방의 끝에 측구가 있는 경우에는 측구의 바깥쪽을 경계로 설정하였다.

⑥ 조석 간만의 차가 있는 공유수면과 사유지와의 경계는 춘분, 추분 때의 만조위를, 기타의 수면은 최대만수위를 기준으로 설정하였다.

(3) 법률에 따른 경계 결정 기준

출제(논) : 71회

① 경계는 지상의 담장, 논두렁, 밭두렁, 산릉선, 계곡 등 부동의 것과 경계표지를 설치한 것을 기준으로 한 어느 경우에도 측량을 시행하여 지적공부에 등록하면 공법상 경계(도면경계)가 된다.

② 경계가 불분명한 경우에는 인접지 소유자와 토지소유자의 입회하에 경계를 설정하여 도면 또는 문서에 기재하여 참고 자료로 활용한다.

③ 토지의 경계를 지형·지물 또는 지상 구조물에 의하여 설정할 때의 원칙

- 연접되는 토지 간에 높낮이 차이가 없는 경우: 그 구조물 등의 중앙
- 연접되는 토지 간에 높낮이 차이가 있는 경우: 그 구조물 등의 하단부
- 토지가 해면 또는 수면에 접하는 경우: 최대만조위 또는 최대만수위가 되는 선
- 도로·구거 등의 토지에 절토된 부분이 있는 경우에는 그 경사면의 상단부
- 공유수면매립지의 토지 중 제방 등을 토지에 편입하여 등록하는 경우: 바깥쪽 어깨부분

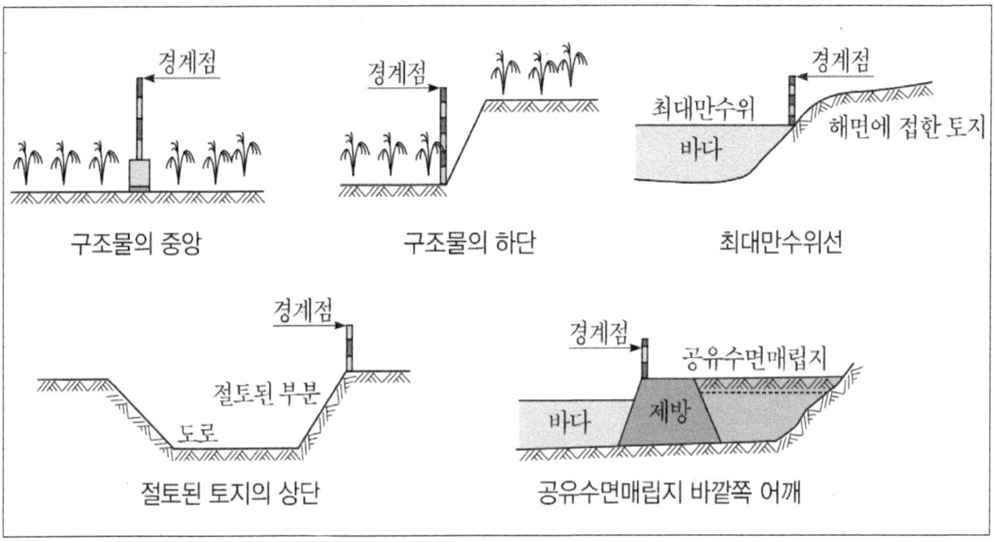

〈그림 2-2〉 법률에 따른 경계 설정

(4) 경계점 표지 설치에 따른 경계 결정 기준

출제(논) : 78, 81, 89, 95, 104회

① 도시개발사업 등의 사업시행자가 사업지구의 경계를 결정하기 위하여 토지를 분할하려는 경우

② 사업시행자와 행정기관의 장 또는 지방자치단체의 장이 토지를 취득하기 위하여 분할하려는 경우

③ 도시·군관리계획 결정고시와 지형도면 고시가 된 지역의 도시·군관리계획선에 따라 토지를 분할하려는 경우

④ 소유권이전, 매매 등을 위하여 토지를 분할하려는 경우

⑤ 토지이용상 불합리한 지상 경계를 시정하기 위해 토지를 분할하려는 경우

⑥ 관계 법령에 따라 인가·허가 등을 받아 토지를 분할하려는 경우

(5) 지상 건물이 걸리게 경계 결정할 수 있는 경우

① 법원의 확정판결이 있는 경우

② 공공사업 등에 따라 학교용지·도로·철도용지·제방·하천·구거·유지·수도용지 등의 지목으로 되는 토지를 분할하는 경우

③ 도시·군관리계획 결정고시와 지형도면 고시가 된 지역의 도시·군관리계획선에 따라 토지를 분할하려는 경우

(6) 지적재조사법에 따른 경계 결정 기준

① 지상경계에 대하여 다툼이 없는 경우 토지소유자가 점유하는 토지의 현실경계
② 지상경계에 대하여 다툼이 있는 경우 등록할 때의 측량기록을 조사한 경계
③ 지방관습에 의한 경계
④ 지적소관청은 ①~③의 지적재조사를 위한 경계 설정을 하는 것이 불합리하다고 인정하는 경우에는 토지소유자들이 합의한 경계를 기준으로 지적재조사를 위한 경계를 설정할 수 있다.

2.2.5. 경계 설정 원칙

경계는 부동성, 불변성과 용도의 다양성 등의 특성이 있고 소유자의 측면에서 보면 물권이 미치는 장소적 한계를 나타내는 범위를 지정하는 선이라 할 수 있다. 경계분쟁이 발생하면 소송 등에 의한 강제적인 방법으로 해결하려고 하는데 경계 설정의 원칙은 경계불가분의 원칙, 축척종대의 원칙, 선등록(先登錄)우선의 원칙, 직선주의 원칙을 적용하고 있다.

(1) 경계불가분의 원칙

출제(용) : 65, 83, 105회

① 경계불가분의 원칙은 토지 경계가 유일무이한 것으로 어느 한쪽에 소속되지 않는다.
② 연접한 토지에 공동으로 작용하므로 분리할 수 없다는 원칙으로 경계선의 위치와 길이가 존재하나 원칙적으로 너비는 없다.
③ 이는 지상의 논둑 선과 밭둑에선 및 담장선 등과는 관계없이 축척의 크기를 결정하여 도면에 등록하는 것으로 기하학상의 선과 같은 성질을 갖고 있다.
④ 필지 사이의 경계는 2개 이상이 있을 수 없고, 이를 분리할 수도 없다는 원칙으로 현실적인 경계는 너비가 있으나 도면상 선의 크기에 따른 측량 오차가 발생한다고 보아야 할 것이다.

(2) 축척종대의 원칙

출제(용) : 89회

① 동일한 경계가 축척이 다른 도면에 각각 등록된 때에는 축척이 큰 것에 따른다는 것을 "축척종대의 원칙"이라 한다.

② 일반적으로 축척이 큰 도면은 축척이 작은 도면보다 정밀도가 높다고 인정되어 그 경계는 축척이 큰 도면에 따라야 한다는 것이다.

③ 축척종대의 원칙에 따라 지적도에 등록된 경계에 따라 임야도의 경계를 정정하여야 하나 지적도의 경계 등록에 잘못이 있는 경우는 그러하지 아니한다. 라고 규정하고 있다.

④ 경계 등록에 잘못이 있는 경우에는 축척의 크기와 관계없이 정확한 축척에 따른다.

⑤ 대축척을 우선하게 된 것은 축척의 크기가 좌표로 등록된 지역과 도면의 축척이 1/600, 1/1,200, 1/3,000, 1/6,000의 경우와 같이 각각 다르게 등록되어 있으나 도면상에 등록된 경계선의 크기는 0.1mm로 같이 등록되어 있다.

⑥ 도면에 등록된 선의 크기는 지상에서 1/600일 경우에는 6cm이지만 1/6,000일 경우에는 60cm로 약 10배의 차이를 두고 있으므로 경계의 정확도를 높이기 위해 설정한 원칙이라 할 수 있다.

(3) 선등록우선의 원칙

① 선등록(先 登錄)우선의 원칙은 같은 경계가 지적공부상에 등록한 시기가 다를 경우 먼저 등록한 경계에 우선권을 부여한다는 원칙으로 먼저 등록한 법률관계를 존중하여 보호한다는 원칙이다.

② 등록전환을 하는 경우에도 먼저 등록한 지적도의 경계를 기준으로 나중에 등록한 임야도 경계를 정정하는 것이다.

③ 신규등록이나 등록전환의 과정에서는 같은 축척으로 지적도에 등록하지만, 선등록우선의 원칙이 철저히 적용되어야 한다.

(4) 직선주의 원칙

① 직선주의 원칙은 지적도나 임야도의 경계는 도면에 등록할 때 굴곡점과 굴곡점 사이를 직선으로 연결하여 등록하고 있다.

② 경계점좌표등록부 시행 지역의 경우 평면직각종횡선 좌표로 등록하고 필요하면 좌표를 전개하여 도면에 표시할 수 있도록 하고 있으나 점과 점을 연결하여 직선으로 경계를 나타내는 것이다.

③ 경계를 설정할 때 실지에서 굴곡부분을 구간 점으로 정하고 그 점을 경계점으로 측량하되 점과 점의 사이는 직선으로 등록하므로 지적공부상에 등록된 경계는 곡선으로 표시되는 경우는 전혀 없다.

④ 일필지는 폐다각형으로 경계가 설정되며 토지의 경계가 곡선을 이룰 때는 되도록 현지와 같도록 경계점을 측정하여 연결하도록 하였다.

⑤ 지상에서 곡선은「지적측량시행규칙」제18조 제9항"토지의 경계가 곡선이면 되도록 현재 상태와 다르게 되지 아니하도록 경계점을 측정하여 연결할 것. 이 경우 직선으로 연결하는 곡선 중앙종거의 길이는 5cm 이상 10cm 이하로 한다."라고 규정하고 있다.

2.2.6. 경계선의 직선 범위

지적공부에서 경계는 직선주의 원칙을 채택하고 있다. 지적측량에서 경계를 설정할 곡선에 해당하는 부분을 지적도 및 임야도에 등록할 때는 곡선의 시작점과 종점을 기준으로 가운데에 해당하는 길이를 말하며 이를 중앙종거라고 한다.

2.2.6.1. 세부측도 실시규정

① 세부측도 실시규정(1913.10.5. 임시토지조사국 훈령 제18호) 제67조 일필지의 형상은 현행과 차이 없도록 적당히 측점을 배치하여 직선의 연속에 의하여 이를 현시(現示)할 것.

② 굴곡 1척(30.3cm) 이하인 부분은 이를 직선으로 간주하며 수 굴곡 2척(60cm) 이하인 경우는 5간(間; 9m) 이내의 길이에 대하여 평균할 수 있음.

③ 임야, 하천 등에 접하는 토지로서 그 수 굴곡이 약 3척(91cm) 이하인 부분은 10간(間; 18m) 이내의 길이에 대하여 평균할 수 있음.

2.2.6.2. 토지 및 임야측량규정

(1) 토지측량규정

① 토지측량규정(1921.3.18.) 제18조 "토지의 경계선은 현형에서 상위(相違)하지 않을 정도로 경계점을 측정하여 직선으로 연결할 것"으로 규정하고 있다.

② 축척 1/1,200의 경우에는 1굴곡 2분(36cm) 이하일 때는 이를 직선으로 간주하고 수굴곡 3분(54cm) 이하일 때에는 5간(間; 9m) 이하의 길이에 대하여 이를 평균한다.

③ 임야, 하천 등에 접하는 토지로서 1굴곡 3분(54cm) 이하일 때에는 이를 직선으로 간주하고 수굴곡 5분 이하일 때에는 10간(間; 18m) 이하의 길이에 대하여 이를 평균할 수 있다.

④ 축척1/2,400의 경우에는 1굴곡 3분(54cm) 이하일 때에는 이를 직선으로 간주하고 수굴곡 5분(90cm) 이하일 때에는 이를 직선으로 간주하고 수굴곡 1간(間; 1.8m) 이하일 때에는 20간(間; 36m) 이하의 길이에 대하여 이를 평균할 수 있다.

(2) 임야측량규정

① 임야측량규정(1935.6.12.) 제9조 "토지의 경계는 굴곡 약 10자(尺) 이하는 직선으로 간주하고 될수록 현형에 어긋나지 않을 정도에서 경계선을 측정하여 직선으로써 연결할 것"으로 규정하고 있다.

2.2.6.3. 지적법 시행령

① 지적법시행령(1986.11.9.) 제43조 제2항 제3호"토지의 경계가 곡선인 때에는 가급적 현재 상태와 다르게 되지 아니하도록 경계점을 측정하여 연결할 것. 이 경우 직선으로 연결하는 곡선의 중앙종거 길이는 5cm 내지 10cm로 한다."로 규정하고 있다.

② 지적법시행령(2002.2.26.) 제43조 제9항 제3호"토지의 경계가 곡선인 때는 가급적 현재 상태와 다르게 되지 아니하도록 경계점을 측정하여 연결할 것. 이 경우 직선으로 연결하는 곡선 중앙종거의 길이는 5cm 내지 10cm로 한다."로 규정하고 있다.

2.2.6.4. 지적법시행규칙

① 지적법시행규칙(2002.2.26.) 제43조 제9항제3호"토지의 경계가 곡선인 때는 가급적 현재 상태와 다르게 되지 아니하도록 경계점을 측정하여 연결할 것.

② 이 경우 직선으로 연결하는 곡선의 중앙종거 길이는 5센티미터 내지 10센티미터로 한다."로 규정하고 있다.

2.2.6.5. 지적측량시행규칙

① 지적측량시행규칙(2009.12.14.) 제18조 제9항 3호"토지의 경계가 곡선인 경우에는 가급적 현재 상태와 다르게 되지 아니하도록 경계점을 측정하여 연결할 것.

② 이 경우 직선으로 연결하는 곡선의 중앙종거(中央縱距) 길이는 5센티미터 이상 10센티미터 이하로 한다."로 규정하고 있다.

③ 경계선을 지적도에 등록할 때 지적측량에서 사용하고 있으며 경계직선주의를 제외하지 않는 한 사용하여야 할 것이다.

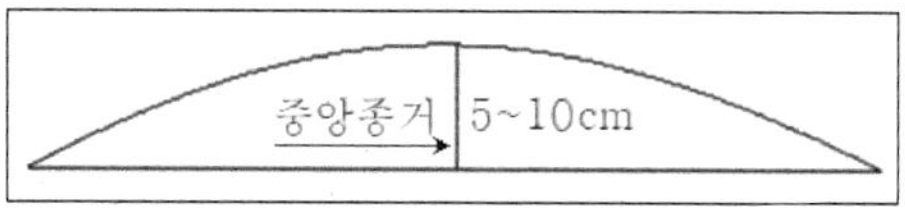

〈그림 2-3〉 경계선의 직선 범위

2.2.7. 경계의 등록

경계 등록은 경계 결정 기준에 의해 국가가 지적측량에 의해 결정 등록함으로써 확고하게 공시되는 것이다. 경계와 좌표는 중요한 토지 표시 사항으로서 지적공부에의 필수적 등록 사항이다. 국가가 필지의 경계를 결정하여 등록하는 이유는 토지의 형태는 자연현상이나 인위적인 원인으로 변형할 수 있으므로 경계를 가변적인 지표 상황에만 의존하면 경계의 안전성을 보장할 수 없다. 경계는 지적도나 임야도에 기하학적으로 표시한 선이며, 경계점좌표등록부에는 좌표에 의하여 계산된 경계점 간 거리도 등록한다. 경계 이동이 있는 경우 경계는 지적국정주의에 따라 토지소유자의 신청을 받아 소관청이 결정하거나, 토지소유자의 신청이 없는 경우 소관청이 직권으로 조사 또는 측량하여 결정한다. 일필지의 경계를 지적공부에 등록하는 방법으로는 지표상에 설정된 경계를 정해진 축척에 따라 측정하여 그 성과를 지적(임야)도에 선으로 등록하는 "도해지적" 방법과 경계의 굴곡점을 평면직각좌표로 등록하는 "수치지적" 방법이 사용되고 있다. 일필지의 경계는 국가가 결정하며 자연적인 형상, 인위적인 형상, 가변적인 상황으로부터 경계의 안전성을 유지하기 위하여 법률적으로 토지 경계를 공시하는 것이다.

(1) 도해지역의 경계 등록

① 도해지역의 경계는 토지소유자의 합의에 따라 설치한 경계표에 따라 지적측량으로 결정, 등록하며 경계점과 경계점 사이를 직선으로 연결하여 검은색으로 제도한다.

② 일필지의 경계를 지적공부에 등록하는 방법은 지표상에 설정된 경계를 정해진 축척에 따라 측정하고 그 성과를 지적도, 임야도에 선으로 등록하는 도해지적 방법이 사용되고 있다.

③ 신규등록, 등록전환 및 등록사항정정으로 도면에 경계를 새로이 등록할 때는 이미 비치된 도면에 제도하되 비치된 도면에 정리할 수 없는 경우에는 새로이 도면을 작성한다.

④ 1필지의 경계가 도곽선에 걸쳐 등록되었을 때는 도곽선 밖의 여백에 경계를 제도하거나 도곽선을 기준으로 다른 도면에 나머지 경계를 제도한다.

⑤ 국가가 경계를 결정, 등록하는 이유는 지표 상황으로부터 경계의 안전성을 유지하기 위하여 법률적으로 토지 경계를 공시하는 것이다.

(2) 수치지역의 경계 등록

① 토지의 경계점을 좌표로 등록하는 경계로 면적이 넓고 토지의 가격이 높은 지역에 적용하기에 좋은 제도이다.

② 현장에서 측정한 거리와 각의 수치적 요소를 근거로 평면직각좌표(X, Y)를 계산하여 경계점좌표등록부에 등록하는 방법으로 정확도가 높고 대축척 지도로서 행정업무에 다양하게 이용되는 제도이다.

③ 경계점좌표등록부에는 좌표에 의하여 계산된 경계점 간 거리를 등록한다.

④ 필지의 위치나 형태 파악이 쉽고 대축척의 지도로서 행정업무에 다양하게 이용되며 토지정보시스템에 적합한 제도이다.

2.2.8. 분쟁에 따른 현지 경계 결정 기준

출제(논) : 81, 95, 98, 99, 101, 120회

지적에 관한 법률을 제외한 다른 법률에서 경계는 지상경계를 말하며 토지조사사업 당시에 임시토지조사국장 또는 도지사에게 토지 및 임야경계와 소유자의 사정권을 부여하여 전 국토의 필지별 경계와 그 소유자를 확정한 행정처분에 따라 작성되었다. 경계결정은 도상경계를 기준으로 소관청에서 그 결정권을 가지고 있으며 토지의 현지 경계 구획이 확정되어야 측량을 시행하여 공부상의 경계를 결정할 수 있다. 경계는 지상에 객관적으로는 존재하고 있지만, 주관적으로 경계 파악이 불분명한 경우 분쟁이 발생한다.

(1) 특징

① 경계의 분쟁은 대부분이 지상경계에 대한 분쟁이며, 우리나라의 민법이나 기타 법령에서도 경계라고 하면 대부분은 지상경계를 의미하고 있다.

② 경계분쟁이 발생하였을 경우 지상경계를 결정하기 곤란할 때 처리 방법은 점유설, 평분설, 보완설 등의 3가지 원칙을 따르고 있다.

③ 경계의 분쟁은 주로 구획목표물이 자연적 또는 인위적으로 멸실되었을 때 당사자의 주장과 참고인의 진술 등은 물론, 과거 수년간 그 토지의 수확량 또는 경작 기간 등을 참작하여 결정함으로써 사법 심판을 거치지 않고도 민간 차원에서 해결하는 사례가 많았다.

④ 현지경계의 결정은 토지 경계가 명확하지 못할 때는 지적공부에 의한 경계복원을 원칙으로 한다.

⑤ 지적공부가 현지와 부합하지 아니할 때는 그에 의한 경계복원은 불가능하다.

⑥ 지상경계를 결정하기 곤란할 경우 처리 방법

- 점유설은 현재 점유하고 있는 구획선이 하나일 경우에는 그를 양지의 경계로 한다는 설이다.
- 평분설은 점유 상태를 확정할 수 없을 때는 분쟁지를 평분하여 각각 양지에 소속시킨다는 설이다.
- 보완설은 새로이 결정한 경계가 다른 명확한 자료를 이용할 때 형평·타당하지 못할 때는 보완을 한다는 설이다.

(2) 점유설

출제(용) : 78회

① 점유설은 지적공부에 의한 경계복원이 불가능한 경우의 지상경계 결정 방법을 원칙으로 한다.

② 민법 제245조 제1항에는 "20년간 소유의 의사로 평온·공연하게 부동산을 점유하는 자는 등기함으로써 소유권을 취득한다. "라고 규정하고 있다.

③ 민법 제245조 제2항에는 "부동산의 소유자로 등기한 자가 10년간 소유의 의사로 평온·공연하게 선의이며 과실 없이 그 부동산을 점유한 때에는 소유권을 취득한다."라고 규정하고 있다.

④ 일반적으로 점유는 소유권을 취득하기 위하여 점유의 상태와 상당한 기간이 필요하며, 토지의 점유 시효 완성으로 인한 소유권 취득과도 관계가 있다.

⑤ 점유설에 의하여 그 지상경계를 결정할 때는 점유 상태와 기간의 객관적 판단이 어려우므로 특례 조치로써 점유 상태에 의한 경계 설정을 인정하는 것이 바람직할 것이다.

⑥ 경계는 불분명하지만 인접지 소유자가 각각 점유하는 지역이 명확한 한 개의 선으로 구분되어 있을 때는 한 개의 선을 소유자의 경계로 하였다.

⑦ 민법 제197조 "점유자는 소유의 의사로 선의·평온·공연하게 점유한 것으로 추정한다."와 "선의의 점유자라도 본권에 관한 소에 패소한 때에는 그 소가 제기된 때로부터 악의의 점유자로 본다."라고 규정하고 있다.

(3) 평분설

① 경계가 불분명하고 점유 상태를 확정할 수 없을 때는 분쟁지를 물리적으로 평분하여 쌍방 토지에 분배한다.

② 평분설은 분쟁 당사자를 대등한 입장에서 자기의 점유 경계선을 상대방과는 다르게 주장하기 때문에 이에 대한 해결은 마땅히 평등 배분하는 것이 합리적이다.

③ 일본 대심원의 판례(1936. 3. 10)에서 "그 점유의 경계조차 알 수 없을 때는 분쟁 중인 지역을 평분하여 경계를 정할 수밖에 없음을 양해할 수 있다."라고 하였다.

④ 독일은 "점유 상태를 알 수 없을 때는 계쟁지면을 등분하여 쌍방토지에 할부함을 요함"이라는 내용의 규정을 두고 있으며 점유 상태를 확정할 수 없을 때는 분쟁지를 평분하여 각각의 토지에 분배한다.

(4) 보완설

① 현 점유선 또는 평분하여 경계를 결정할 때는 새로 결정되는 경계가 이미 조사된 신뢰할 만한 다른 자료와 일치하지 않을 때는 공평한 방법에 따라 그 경계를 보완하여야 한다.

② 일필지의 경계를 지적공부에 등록하는 방법으로는 지표상에 설정된 경계를 정해진 축척에 따라 측정하고 그 성과를 지적(임야)도에 선으로 등록하는 도해지적과 경계의 굴곡점을 평면직각종횡선 좌표로 등록하는 수치지적 방법이 사용되고 있다.

③ 1936년 3월 30일 일본 대심원의 판례에는 "점유 경계 또는 평분에 의할 때와 확정된 사정과 저촉될 때는 이 사정을 참조하여 적의의 조치를 강구한 것은 처음부터 이론이 없다."라고 하였다.

④ 우리나라는 토지조사령에 따른 토지조사사업 당시부터 토지의 경계 설정 기준을 정하여 관습적으로 사용하고 있다.

2.2.9. 경계등록 말소

(1) 지적도에 등록된 경계가 말소되는 경우

① 등록된 토지가 해면이 되어 토지가 멸실될 경우 말소
② 토지가 합병이 되어 하나의 토지로 된 때 필지 사이의 경계가 말소
③ 임야도에 등록된 토지가 지적도에 등록전환 될 때 임야도상의 경계를 말소

(2) 토지의 이동에 따른 도면의 제도

① 토지의 이동으로 지번 및 지목을 제도하는 경우에는 이동전 지번 및 지목을 말소하고, 새로 설정된 지번 및 지목을 가로쓰기로 제도한다.
② 경계를 말소할 때에는 해당 경계선을 말소한다.
③ 말소된 경계를 다시 등록할 때에는 말소정리 이전의 자료로 원상회복 정리한다.
④ 신규등록·등록전환 및 등록사항정정으로 도면에 경계, 지번 및 지목을 새로 등록할 때에는 이미 비치된 도면에 제도한다. 다만, 이미 비치된 도면에 정리할 수 없는 때에는 새로 도면을 작성한다.
⑤ 등록전환 할 때에는 임야도의 그 지번 및 지목을 말소한다.
⑥ 필지를 분할할 경우에는 분할 전 지번 및 지목을 말소하고, 분할경계를 제도한 후 필지마다 지번 및 지목을 새로 제도한다.
⑦ 도곽선에 걸쳐 있는 필지가 분할되어 도곽선 밖에 분할경계가 제도된 때에는 도곽선 밖에 제도된 필지의 경계를 말소하고, 그 도곽선 안에 필지의 경계, 지번 및 지목을 제도한다.
⑧ 합병할 때에는 합병되는 필지 사이의 경계·지번 및 지목을 말소한 후 새로 부여하는 지번과 지목을 제도한다.
⑨ 지번 또는 지목을 변경할 때에는 지번 또는 지목만 말소하고, 새로 설정된 지번 또는 지목을 제도한다.
⑩ 지적공부에 등록된 토지가 바다가 된 때에는 경계·지번 및 지목을 말소한다.
⑪ 행정구역이 변경된 때에는 변경 전 행정구역선과 그 명칭 및 지번을 말소하고, 변경 후의 행정구역선과 그 명칭 및 지번을 제도한다.

⑫ 도시개발사업·축척변경 등의 시행 지역으로서 시행 전과 시행 후의 도면축척이 같고 시행 전 도면에 등록된 필지의 일부가 사업지구안에 편입된 때에는 이미 비치된 도면에 경계·지번 및 지목을 제도하거나, 남아 있는 일부 필지를 포함하여 도면을 작성한다. 다만, 도면과 확정측량결과도의 도곽선 차이가 0.5밀리미터 이상인 경우에는 확정측량결과도에 따라 새로이 도면을 작성한다.

⑬ 도시개발사업·축척변경 등의 완료로 새로 도면을 작성한 지역의 종전도면의 지구안의 지번 및 지목을 말소한다.

⑭ 부동산종합공부시스템으로 ①부터 ⑬까지를 정리한 경우에는 변동 전·후의 내용을 관리하여야 하며, 필요한 경우 필지별로 폐쇄 전·후의 내용을 열람 및 발급할 수 있어야 한다.

(3) 경계점좌표등록부의 정리

① 부호도의 각 필지의 경계점부호는 왼쪽 위에서부터 오른쪽으로 경계를 따라 아라비아숫자로 연속하여 부여한다.

② 분할된 경우의 부호도 및 부호에는 새로 결정된 경계점의 부호를 그 필지의 마지막 부호 다음 번호부터 부여하고, 다른 필지로 된 경계점의 부호도, 부호 및 좌표는 말소하여야 하며, 새로 결정된 경계점의 좌표를 다음 란에 정리한다.

③ 분할 후 필지의 부호도 및 부호의 정리는 제1항 본문을 준용한다.

④ 합병된 때에는 존치되는 필지의 경계점좌표등록부에 합병되는 필지의 좌표를 정리하고 부호도 및 부호를 새로 정리한다.

⑤ 합병으로 인하여 필지가 말소된 때에는 경계점좌표등록부의 부호도, 부호 및 좌표를 말소한다.

⑥ 등록사항정정으로 경계점좌표등록부를 정리할 때에는 ① 부터 ⑤까지 규정을 준용한다.

2.2.10. 지상경계점등록부

출제(용) : 93, 107회, (논) : 92, 117, 125회

지상경계점등록부는 지상에 설정된 경계점의 현황과 경계점 주변의 고정물과의 상대적 거리를 조사하여 등록함으로써 향후 등록 당시와 동일한 위치값을 얻는 방식을 취하고 있다. 지적재조사사업에 따른 측량 시 새로운 경계에 대한 경계점 표지를 설치하고 경계점표지등록부를 작성하도록 규정하고 있다.

(1) 등록 사항

① 토지의 소재, 지번, 지목

② 작성일, 위치도

③ 경계점 번호 및 표지 종류

④ 경계 설정기준 및 경계 형태

⑤ 경계 위치

⑥ 경계점 세부 설명 및 관련 자료

⑦ 작성자의 소속·직급(직위)·성명

⑧ 확인자의 직급·성명

(2) 지상경계점등록부 작성

① 토지 소재의 지번, 지목 및 면적은 새로이 확정한 지번, 지목 및 면적으로 기재한다.

② 위치도는 해당 토지 위주로 작성하여야 하며, 드론 또는 항공사진측량 등으로 촬영한 정사영상자료에 확정된 경계를 붉은색으로 표시하고 경계점번호는 경계점좌표등록부의 부호 순서대로 일련번호(1, 2, 3, 4, 5........순)를 부여한다.

③ 비행금지구역 또는 보안규정 등으로 인하여 정사영상자료가 없는 경우에는 정사영상자료를 생략하고 확정된 경계에 의하여 작성할 수 있다.

④ 지목은 지적재조사측량 결과 기존의 지적공부상 지목이 실제의 이용현황과 다른 경우 지적소관청은 시군구 지적재조사위원회의 심의를 거쳐 기존의 지적공부상의 지목을 변경할 수 있다.

⑤ 작성자는 측량자의 소속, 직급(직위) 및 성명을 기재하고, 확인자는 지적소관청의 검사자 직급 및 성명을 기재한다.

(3) 경계점 위치 상세설명

① 경계점번호는 위치도에 표시한 경계점좌표등록부의 부호를 기재한다.

② 표지의 종류는 「지적재조사측량규정」에 따른 경계점표지의 규격 코드로 등록한다.

③ 경계 설정기준은 법 제14조에 따라 확정된 경계의 기준을 등록한다.

- 지상경계에 대하여 다툼이 없는 경우 토지소유자가 점유하는 토지의 현실경계
- 지상경계에 대하여 다툼이 있는 경우 등록할 때의 측량기록을 조사한 경계

- 지방관습에 의한 경계
- 지적소관청은 지적재조사를 위한 경계 설정을 하는 것이 불합리하다고 인정하는 경우에는 토지소유자들이 합의한 경계를 기준으로 지적재조사를 위한 경계를 설정할 수 있다

④ 경계 형태는 경계선에 설치된 구조물(담장, 울타리, 축대, 논·밭의 두렁 등)과 경계점표지로 작성한다.

⑤ 경계 위치는 확정된 경계점의 구조물의 위치를 중앙, 상단, 하단, 안·바깥 등 구체적으로 구분하여 등록한다.

⑥ 세부 설명과 관련 자료는 경계를 확정하게 된 특별한 사유를 상세하게 작성하고, 연접토지와 합의한 경우 합의서를 별첨으로 등록하여야 한다.

⑦ 지상경계점등록부는 파일형태로 전자적 매체에 저장하여 관리하여야 한다.

2.3. 지번 제도

출제(논) : 112회

지번(Parcel Number)이란 토지의 특정화를 위하여 지번부여 지역별로 필지마다 하나씩 부여하여 지적공부에 등록한 번호를 말한다. 부여된 지번은 주거표시로 이용하고 있어 동적인 주민 활동을 부동의 토지 소재와 연결하여 주민의 생활근거지를 파악하는 데 중요한 역할을 한다. 조선시대에는 자번호(字番號)를 사용하였는데 '자(字)'는 천자문(千字文)에서 일자(一字)를 선택하였으며 번호는 숫자를 붙인 것이다. 지번은 토지에 붙이는 번호로서 호적에서 사람의 이름과 같은 것으로 토지의 지리적 위치의 고정성과 개별성을 확보하기 위하여 소관청이 지번부여 지역인 법정 리·동별로 필지마다 아라비아숫자 1, 2, 3, … 등과 같이 순차적으로 부여한다. 지번의 특성을 보면 토지를 구획한 필지를 각각 필지와의 구분을 위하여 중복되지 않는 고유의 번호를 부여한 것이다.

2.3.1. 지번의 변천 과정

① 지번제도는 1391년(공양왕 3년) 전국의 토지를 측량하여 정(丁)을 만들고 정에는 각각 자호(字號)를 붙여 토지대장에 기재한 것이 시초이다.

② 고려에서 정(丁)은 지방 행정구역인 읍(邑) 아래 단위에 조세를 부과하기 위한 구역 단위이며 여러 정을 모아 하나의 읍으로 하였다.

③ 고려에서는 지번을 천자문의 순서에 의하여 "천자정(千字丁)", "지자정(地字丁)"으로부터 천자문의 최종자인 "야자정(也字丁)"까지 1천 정이 되면 1정(丁)을 만들고 "○○읍 ○○丁"이라 표시하였다.

④ 지번 제도에서 천자문의 부여 순서는 알 수 없으나 조선시대 일자오결제도의 계기가 되었다.

⑤ 조선시대에는 정(丁) 대신 답(畓)을 사용하여 천자답(千字畓), 지자답(地字畓) 등으로 표시하였다.

2.3.2. 자호

출제(용) : 63, 108, 131회

자호는 자번호(字番號) 또는 일자오결제도(一字五結制度)라고도 하며, 기원은 속대전, 대전회통, 만기요람에서 시작하여 일제 초기까지 양안 등의 문서에 사용되었다. 자호가 사용된 것은 양안, 토지신고서와 결수연명부, 고복장(考卜帳) 등의 과세대장과 등기서류에도 사용되었으며 현재는 토지조사 측량을 시작한 시기부터 리, 동별로 자(字)번호 없이 일련번호로 부번하였기 때문에 자호제도가 없어지고 지번 제도가 시작되었다.

2.3.2.1. 속대전에 기록된 자호

① 전, 답에 자호를 붙이되 천자문의 순서대로 사용하고 다시 1, 2, 3으로 차례를 정하였다.

② 진전(陳田; 묵은 밭)과 기전(起田; 일군 밭)을 막론하고 5결이면 한 자호를 부여한 다음에 전, 답의 동·서·남·북의 사표와 주인의 이름을 양안에 등록하였다.

③ 조선말에는 양전을 담당한 관리가 개량(측량)할 때 자호를 바꾸도록 하였으며 양안의 상단 란에 구천자(舊天字), 금지자(今地字)라 기재하였으나 잘 시행되지 아니하였다.

2.3.2.2. 자호의 부여

(1) 부여 원칙

① 양전의 순서에 의하여 1필지마다 천자문(千字文)의 한 글자를 부여하였다.

② 자번호는 자와 번호로서 천자문의 한 글자는 폐경전(廢耕田), 기경전(起耕田)을 막론하고 5결(結)이 되면 부여하였다.

③ 자호는 군을 단위로 번호를 부여하였지만, 개성시, 김화군, 철원군의 경우는 면 단위로 번호를 부여하였다.

④ 자호는 구역을 기준으로 천자문이 시작하여 끝나는 지역은 지번 지역으로 하였고, 번호는 지번을 표시한다고 볼 수 있다.

⑤ 개량(改量; 측량)할 때는 그 자호를 변경하지 않은 것을 원칙으로 하였다.

⑥ 양전 후 새로 개간된 토지가 있을 때는 그 인접지의 자번호에 지번(枝番)을 붙였으니, 조선시대에 이미 부번(附番) 제도가 시행되었다고 할 수 있다.

(2) 자호의 시작점

① 자호의 시작점은 대부분 군의 객사(客舍)로부터 시작하지만, 그중에서는 군아(軍衙)를 시작점으로 하는 경우가 많았다.

② 군아(軍衙)의 동쪽 인접지부터 천(天)자로 시작한 것이 많았으며 군아 부근에 역대 군수의 선정비(善政碑)를 기점으로 할 때도 있었다.

③ 면을 중심으로 하여 면 단위로 자호를 부여할 때는 측량자가 최초로 측량을 착수한 지점을 시작점으로 하였으며 자호의 부번 방향은 일정하지 않았다.

(3) 자호가 없는 전답

① 자호가 없는 토지의 위치를 파악하기 위해서는 지압(地押)조사를 시행할 때 판명되며 경작주 및 각 리, 동에 거주하는 고로(故老) 또는 지역의 유지에게 문의하여 판명하였다.

② 토지는 자호를 붙이는 것이 원칙이지만 기간지(起墾地) 또는 화전(火田)은 자호가 없는 경우가 많았다.

③ 비옥한 토지에도 자호가 없는 토지도 있었다.

④ 일반적으로 그 지방의 신기한 암석, 수목 또는 사람들에게 알려진 산과 하천의 명칭에 관기(冠記)하여 ○○원(員)이라고 칭하고 일정한 토지의 집단을 표시하였다.

2.3.2.3. 등록 장부

① 자호는 양안을 완비한 지방에서는 양안에 등록하였다.

② 양안이 없는 지방는 양안 이외에 깃기, 행심록(行審錄), 전답성책(田畓成冊), 작부책, 고복장(考卜帳), 묘음책(墓音冊) 등으로 명칭을 부여하여 등록하였다.

③ 토지조사측량 당시에는 토지신고서와 결수연명부(結數延命簿), 고복장(考卜帳) 등의 과세대장과 등기서류 등에 등록하였다.

2.3.3. 지번의 특성과 역할

출제(논) : 62회

(1) 지번의 특성

① 토지의 위치는 고정성과 개별성, 정확성, 통일성 등의 특성이 있다.

② 지번은 토지에 붙이는 번호로서 호적에서 사람의 이름과 같은 것으로 토지의 지리적 위치의 고정성과 개별성을 확보하기 위하여 소관청이 지번부여 지역인 법정 리·동별로 필지마다 아라비아 숫자 1, 2, 3… 등 순차적으로 부여한다.

③ 토지를 구획한 필지를 각각 필지와의 구분을 위하여 중복되지 않는 고유의 번호를 부여함으로써 개별성이 있도록 하였다.

④ 통일성은 전국의 지번이 획일적이고 통일성이 있어야 소유자와 이해관계자의 혼란을 방지할 수 있다.

⑤ 부동산등기부와의 관계는 지번을 기재함으로써 부동산의 위치 파악이 가능하여 특정화할 수 있다.

⑥ 지번은 토지의 표시사항 중에서 가장 짧으면서도 단순하지만, 명확한 방법으로 모든 토지의 자료들과 연결되어 있어 사회의 혼란을 방지하기 위한 특성이 있다.

⑦ 동일 지역 내에서는 각기 다른 번호를 부여하여야만 각각의 위치에서 정확하게 찾을 수 있도록 검색성이 있어야 한다.

(2) 지번의 역할

① 토지의 위치를 파악하는 것은 좌표에 의한 절대적인 위치의 개념보다는 일상생활에서 활용하는 상대적인 위치로 파악하고 있다고 볼 수 있다.

② 공시지가의 표준지 선정은 각각의 필지별로 과세를 결정하며 과세지의 기본이 되는 비교표를 작성할 때 지번은 세액 결정에 중요한 역할을 한다.

③ 지번은 물적편성주의의 기준이 되며 지적공부의 전산화로 인한 다른 물권과의 연결의 기준이 되는 역할로 지번은 매우 중요하다고 할 수 있다.

④ 주민등록지, 거주지, 토지소유지, 생활의 근거가 되는 곳으로 주소, 거소, 사무소의 소재지, 영업소재지 등의 위치를 표시하는 것으로 모두 지번이 활용되고 있다.

⑤ 지번 정보와 연계할 수 있는 사항은 기반 시설 정보, 인명 정보, 건물정보, 자연환경 정보, 지적정보, 자원 이용과 관리, 행정업무, 교통정보 등 최근에는 모든 정보에 대부분이 활용되고 있어 매우 중요한 역할을 하고 있다.

2.3.4. 토지고유번호

출제(용) : 74회

토지고유번호는 토지의 필지마다 붙이는 번호로서 1976년 지적법 시행 이후부터 실시하고 있다. 토지고유번호는 행정구역 코드와 대장 구분, 지번의 본번과 부번으로 구성한 것을 말한다.

(1) 고유번호 부여의 필요성

① 토지의 소재 파악을 편리하게 한다.

② 지적업무의 전산화에 필요하다.

③ 토지의 분류와 검색을 신속하고 정확하게 할 수 있다.

(2) 토지고유번호의 구성

① 전국의 토지를 대상으로 1필지에 1 지번을 원칙으로 한다.

② 전국의 행정구역별 번호에 토지와 임야대장의 구분번호와 지번, 부번을 나열한다.

③ 고유번호＝행정구역 번호＋토지(임야)대장 번호＋지번＋부번

④ 고유번호는 행정구역 코드 10자리(시도 : 2자리, 시군구 : 3자리, 읍·면·동 : 3자리, 리 : 2자리), 대장 구분 1자리, 본번 4자리, 부번 4자리를 합한 19자리로 구성한다.

⑤ 행정구역의 명칭이 변경된 때에는 지적소관청은 시·도지사를 거쳐 국토교통부장관에게 행정구역 변경일 10일 전까지 행정구역의 코드 변경을 요청하여야 한다.

(3) 토지고유번호의 활용

① 행정자치부의 도로명주소와 연계하여 활용하고 있다.
② 국세청 등 관련 기관에 개별공시지가등을 활용하도록 연계하고 있다.
③ 토지대장·임야대장·공유지연명부 및 대지권등록부에 각 필지를 서로 구별하기 위하여 필지마다 붙이는 고유한 번호로 토지의 고유번호를 등록한다.
④ 연속지적도 및 편집지적도에 활용하고 있다.
⑤ 토지등기부 등 각종 인허가 서류와 연계하여 활용하고 있다.

2.3.5. 필지식별번호

출제(용) : 65, 69, 78, 128, 129, 132, 137회

필지식별번호(Unique Parcel Identification Number)는 토지등록의 기본단위가 되는 필지에 대한 등록 사항의 저장과 수정 등을 쉽게 처리할 수 있는 가변성이 없는 고유번호를 말한다. 매 필지의 등록 사항을 저장, 검색, 수정을 편리하게 처리할 수 있고 영구히 불변하는 필지의 고유번호로 필지식별자라고도 한다. 필지식별자(Parcel Identifier; PID)는 단일 필지식별번호(Unique Parcel Identification Number), 부동산 식별자(Property Identifiers), 단일식별참조번호(Unique Parcel Reference Numbers) 등의 여러 가지로 표현되고 있으나 같은 의미이다.

(1) 필지식별번호의 요건

① 토지소유자가 기억하기 쉽고 이해하기 쉬워야 한다.
② 토지의 분할 및 합병 시에 수정할 수 있어야 하며, 토지거래에서 변화가 없고 영구적이어야 한다.
③ 공부상에 등록된 사항과 실제 사항이 완벽하게 일치하며 유일무이하다.
④ 오차의 발생이 최소화되어야 하며 정확하여야 한다.
⑤ 모든 토지 행정에 사용될 수 있도록 충분히 유동적이어야 한다.
⑥ 공공기관과 사용자가 사용하기에 편리하여야 한다.

(2) 필지식별번호의 역할

① 매개체로서의 속성정보와 위치정보를 연계할 수 있는 역할을 하는 것이 필지식별자이다.

② 필지별 대장의 등록 사항과 도면의 등록 사항을 연결하며 토지자료 파일과 연계하거나 검색하는 등 공통적 색인번호의 역할을 한다.

③ 토지이동에 따라 수정할 수 있고, 등록된 내용과 실지가 완벽하게 일치하여야 하며, 오차 발생을 최소화하여야 하고 유지 관리비가 경제적이어야 한다.

④ 토지와 사람에게 부여된 지번이나 주민등록번호를 식별자로 활용하여 토지와 사람에 관련된 정보를 검색, 사용 및 정보와 연계할 수 있다.

⑤ 필지식별자는 토지정보를 얻기 위한 중요한 방법으로 필지와 관련한 토지정보의 검색, 조회, 저장 등의 핵심적인 역할을 한다.

⑥ 지적정보는 대장정보와 도면정보로 분리되어 이용 및 관리되고 있으므로 필지식별자를 매개체로 대장정보와 도면정보 간을 연결하는 임무를 수행한다.

⑦ 다른 기관에서 토지에 대한 관련 정보를 쉽게 사용할 수 있으며 필지에 관한 지적정보를 수집하는 일은 편리해질 것이다.

2.3.6. 지번의 구성 및 표기

(1) 지번의 구성

① 지번은 아라비아 숫자로 표기하며 임야대장 및 임야도에 등록하는 지번은 본번 숫자 앞에 '산'자를 붙여 표기한다.

② 지번은 본번과 부번으로 구성되며 본번(Main Number)은 숫자 앞에 '－'의 부호가 없는 지번, 부번(SubNumber)은 숫자 앞에 '－'의 부호가 있는 지번을 말하며 본번과 부번은 '－'표시로 구분하고 '－'표시는 '의'라고 읽는다.

〈표 2.2〉 지번의 표기 방법

구분	본번으로 구성된 지번	본번과 부번으로 구성된 지번
토지대장등록지	1, 2, 3, …, 10, 11, 12, …, 100, …	1－1, 1－2, … 10－1, 10－2, …
임야대장등록지	산1, 산2, 산3, …, 산100, 산101…	산1－1, …, 산100－1, 산100－2, …

(2) 지번의 표기

① 지번의 표기 방법에는 토지대장 등록지는 본번으로 구성된 지번일 경우에는 1, 2, 3, … 등과 같이 기재하며 본번과 부번으로 구성된 지번일 경우에는 1-1, 1-2, … 등과 같이 기재한다.

② 임야대장 등록지는 산1, 산2, 산3, …과 본번과 부번으로 구성된 지번일 경우에는 산1-1, …산2-2, … 등과 같이 표기한다.

2.3.7. 지번부여 방법

출제(논) : 47, 75, 83, 117, 134회

지번부여 지역(Parcel Number Area)이란 지번을 부여하는 단위 지역으로서 동·리 또는 이에 준하는 지역을 말하는데, 행정의 편의상 구획한 행정적인 동·리가 아니고 법적인 동·리를 의미한다. 지번부여 지역은 토지조사 당시에서 제정 지적에 관한 법률까지는 "기번지역", 1975년 개정 지적법에서 "지번지역", 1995년 개정 지적법에서 "지번설정지역", 2001년 개정 지적법에서 "지번부여 지역"으로 개정하여 현재에 이르고 있다. 지번의 부여 방법에는 진행 방향, 부여 단위, 지번부여 위치에 따라 부여하는 방법이 다르다.

2.3.7.1. 진행 방향에 따른 부여 방법

진행 방향에 따른 분류로는 사행식(蛇行式), 기우식(奇偶式), 단지식(團地式) 등이 있다.

(1) 사행식

① 사행식(蛇行式)은 〈그림 2-4〉의 (a)와 같이 농촌지역 등 필지의 배열이 불규칙한 지역에서 지번을 부여하는 데 쓰이는 가장 대표적인 방식이다.

② 뱀이 기어가는 모습과 같다는 뜻이며, 우리나라는 대부분 이 방식에 의하여 부여되었다.

③ 사행식은 지번부여는 편리하나 한자로 부여하는 방식과 아라비아숫자로 부여하는 방법에서 서로 다르게 부여함으로써 토지의 위치 파악이 어렵다.

④ 지번의 부여가 일정하지 않고 상하좌우로 분산되어 부여되는 단점이 있다.

(2) 기우식

① 기우식(奇偶式)은 〈그림 2－4〉의 (b)와 같이 도로를 중심으로 하여 한쪽은 홀수인 기수(奇數)로 그 반대쪽은 짝수인 우수(偶數)로 지번을 부여하는 방법으로 교호식이라고도 한다.

② 지번은 리(里), 동(洞), 로(路), 가(街) 등으로 이루어지는 지번 지역을 기준으로 하여 부여한다.

③ 일반 도로가 형성된 시가지에서는 도로 진행 방향에 대하여 우측을 “우수(偶數; 짝수)”, 좌측을 “기수(寄數; 홀수)”로 부여하는 방법으로 경지정리 및 구획정리지구의 지번부여에 적합하다.

(3) 단지식

① 단지식(團地式)은 〈그림 2－4〉의 (c)와 같이 단지마다 하나의 본번(本番)을 부여하고 단지 내 다른 필지들은 본번에 부번(副番)을 부여하는 방법을 말한다.

② 단지식은 Blok 식이라고도 하며 토지구획정리 및 농지개량사업 시행 지역 등의 지번부여에 적합한 방법이다.

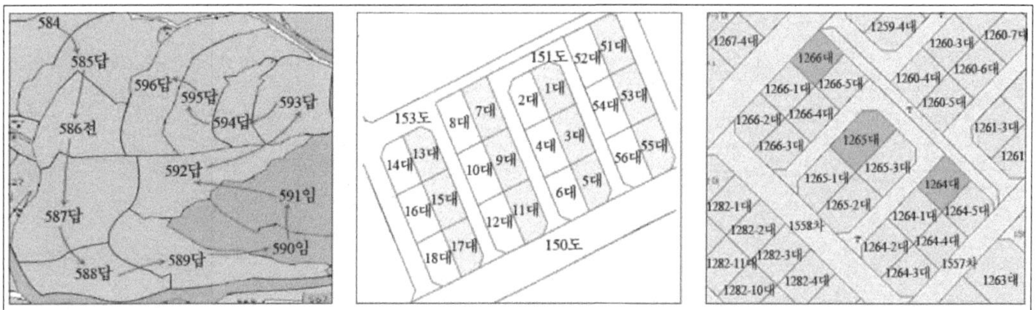

(a) 사행식　(b) 기우식　(c) 단지식

〈그림 2-4〉 진행 방향에 따른 부여 방법

2.3.7.2. 단위에 따른 부여 방법

부여 단위에 따른 분류로서 지역단위법, 도엽단위법, 단지단위법 등이 있다.

(1) 지역단위법

① 지번부여 지역 전체를 대상으로 차례대로 지번을 부여하는 방법이다.

② 지번부여 지역이 소규모 지역이거나 지적도 또는 임야도의 장수가 적은 지역에 적합한 방법이다.

③ 토지의 구획이 잘된 시가지 등에서 노선의 길이가 비교적 긴 가로별로 지번을 연속시킬 필요가 있을 때 채택하면 좋은 방법이다.

(2) 도엽단위법

① 지번부여 지역을 지적도 또는 임야도의 도엽단위(圖葉單位)로 세분하여 도엽의 순서에 따라 순차적으로 지번을 부여하는 방법이다.

② 지번부여 지역이 넓거나 지적도 또는 임야도의 장수가 많은 지역의 지번부여에 적합한 방법이다.

(3) 단지단위법

① 1개의 지번부여 지역을 단지단위(團地單位)로 세분하여 단지의 순서에 따라 순차적으로 지번을 부여하는 방법을 말한다.

② 소규모 단지로 구성된 토지구획정리 및 농지개량사업 시행 지역 등의 지번부여에 적합한 방법이다.

③ 단지단위법은 토지의 위치를 쉽고 편리하게 이용하는데 가장 큰 목적이 있다.

2.3.7.3. 위치에 따른 지번부여 방법

지번부여 위치에 따른 분류로서 북동 부여법, 북서 부여법 등으로 나눌 수 있다.

(1) 북동기번법

① 북동기번법(北東起番法)은 북동쪽에서 지번부여를 시작하여 남서쪽으로 지번을 부여하는 방법을 말한다.

② 토지조사사업 당시 한자로 지번을 부여하는 지역에 많이 사용한 방법이다.

③ 〈그림 2-5〉와 같이 동쪽에서 시작하여 서쪽으로 진행하면서 부여하는 방법과 북쪽에서 남쪽으로 진행하면서 부여하는 방법이다.

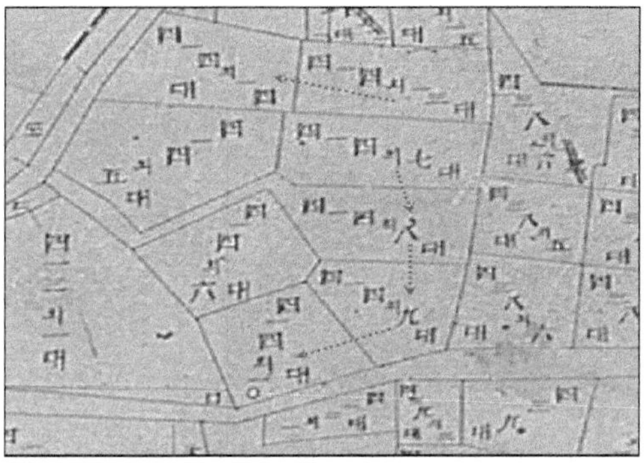

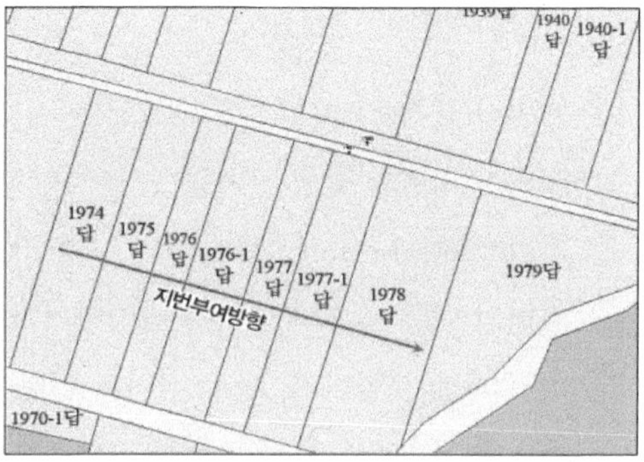

〈그림 2-5〉 **북동부여방법** 〈그림 2-6〉 **북서부여방법**

(2) 북서기번법

① 북서기번법(北西起番法)은 북서쪽에서 지번부여를 시작하여 남동쪽으로 순차적으로 지번을 부여하는 방법을 말한다.

② 아라비아숫자로 지번을 부여하는데 적합한 방법이다.

③ 〈그림 2-6〉과 같이 진행 방향이 서쪽에서 시작하여 동쪽으로 부여하는 방법과 북쪽에서 시작하여 남쪽으로 진행하면서 부여하는 방법으로 현재 지적공부에 등록하는 방법이다.

2.3.7.4. 일반적인 지번부여 방법

지번은 국가마다 서로 다른 방법으로 부여하고 있으며, 일반적으로 분수식, 기번식, 자유식 지번부여 제도로 구분할 수 있다.

(1) 분수식 지번 부여제도

① 분수식(分數式) 지번부여 제도는 본번을 분자로 부번을 분모로 한 분수 형태의 지번을 부여하는 제도를 말한다.

② 분수식 지번제도(Fraction System)는 본번을 변경하지 않고 부여하는 방법이다.

③ 분할 후의 지번이 정확히 어느 지번에서 파생되었는지 그 유래를 파악하기가 곤란하다.

④ 근본적으로 지번을 주소로 활용할 수 없다는 단점이 있다.

⑤ 독일·오스트리아·핀란드·불가리아 등의 국가에서 채택하고 있다.

⑥ 예를 들면 600번지가 3필로 분할되면 600/1, 600/2, 600/3으로 표시된다. 그리고 최종 부번이 600의 5번지일 경우에 600/3을 2필로 분할할 경우는 600/3번지는 소멸되고 600/6, 600/7으로 표시한다

(2) 기번식 지번 부여제도

① 기번식(岐番式) 지번부여 제도는 인접 지번 또는 지번의 자릿수와 함께 본번의 번호로 구성되어 지번의 발생 근거를 쉽게 파악할 수 있다.

② 기번제도(Filiation System)는 사정 지번이 본번지로 편철 보존될 수 있다.

③ 지번의 이동 내용의 연혁을 파악하기가 쉽다.

④ 여러 차례 분할될 때 반복 정리로 인하여 지번의 배열이 복잡하다.

⑤ 벨기에 등의 국가에서 채택하고 있다.

⑥ 600번지를 3필로 분할하면 분할 후의 지번을 600a, 600b, 600c로 표시한다.

⑦ 다시 600c를 2필지로 분할하면 600c1, 600c2 로 표시한다.

(3) 자유식 지번 부여제도

출제(용) : 68, 114회

① 자유식 지번부여 제도(Free Numbering System)는 새로운 경계를 부여하기까지의 모든 절차상의 번호가 영원히 소멸하고 토지등록 구역에서 사용되지 않는 최종 지번 다음 번호로 대치된다.

② 분할 후에 기존 지번을 사용하지 아니하고 지번부여 구역 내 최종 지번의 다음 지번으로 부여하는 제도를 말한다.

③ 자유식 지번부여 제도는 부번이 없으므로 지번을 표기하기 쉽다는 장점이 있다.

④ 분할 유래를 파악하기 위해서는 별도의 보조장부나 전산화가 필요하며 분수식 지번부여 제도와 동일하게 지번을 주소로 사용할 수 없다는 단점이 있다.

⑤ 스위스·네덜란드·호주·뉴질랜드·이란 등의 국가에서 채택하고 있다.

⑥ 지번부여 방법은 600번지, 601번지, 602번지로 표시된다.

⑦ 예를 들어 545번지의 토지가 분할되거나 545번지와 인접 지번 1230번지가 분할되거나 합병되면 본래의 지번은 완전히 사라지고 그 구역의 최종 지번이 5675라면 분할된 지번은 5676, 5677과 5678로 표시된다.

2.3.7.5. 계층형 지번부여

출제(용) : 107회

① 계층형 지번부여 방법은 일정한 계층에 따라 지번을 부여하는 제도를 말한다.

② 가장 상위층에 권과 페이지, 다음 층에 도면번호와 구획 번호, 세 번째 층에는 자치단체의 번호와 블록 번호, 서브 블록 번호, 마지막으로 지방자치단체의 명과 가로 명의 번호를 부여하는 방법이다.[16)]

③ 권과 페이지는 해당 필지가 등록된 책의 권수와 쪽의 수를 지번으로 활용하는 방법이다.

④ 해당 지역 내의 위치를 등록하는 순서에 따라 차례로 지번을 부여하지만, 위치를 파악할 수 없는 단점이 있다.

⑤ 도면번호와 구획 번호는 도면의 계층에 따라 번호를 부여하고 등록 시기나 지리적 위치에 따라 도면 내의 각 구획에 지번을 부여하는 방법이다.

⑥ 자치단체의 번호와 블록 번호, 서브 블록 번호, 필지 번호에서 지방자치단체는 시군구·읍·면·동·리로 구분한 후 블록 번호, 서브 블록 번호, 필지 번호를 부여하는 방법이다.

⑦ 지방자치단체의 명과 가로 명의 번호는 지방자치단체의 번호를 부여하고 가로명에 따라 일련번호를 부여하는 방법을 말한다.

⑧ 계층형 지번부여방법은 도로명이 변경될 수 있으므로 필지를 나타내는 구획 번호와 건물 번호 등과 함께 사용하는 방법이다.

2.3.8. 토지이동에 따른 지번부여

출제(논) : 132회

지번의 부여는 소관청이 지번부여 지역별로 차례대로 부여하며 소관청은 지적공부에 등록된 지번을 변경할 필요가 있다고 인정하는 때에는 특별시장·광역시장 또는 도지사의 승인을 얻어 지번부여 지역 안의 전부 또는 일부에 대하여 지번을 새로이 부여할 수 있다. 지번부여 지역 단위로 북서에서 남동 방향으로 1번부터 차례대로 부여하는 북서기번법에 따라 부여함을 원칙으로 한다.

16) 류병찬, 최신지적학(제1전정판), 2006, 건웅 출판사, p.183

(1) 신규등록 및 등록전환

① 지번부여 지역 안에서 인접 토지의 본번에 부번을 붙여서 지번을 부여하는 것이 원칙이다.

② 다음의 경우는 그 지번부여 지역의 최종 본번의 다음 순번부터 본번으로 하여 순차적으로 지번을 부여할 수 있다.

- 대상 토지가 그 지번부여 지역 안의 최종 지번의 토지에 인접되어 있는 경우
- 대상 토지가 이미 등록된 토지와 멀리 떨어져 있어서 등록된 토지의 본번에 부번을 부여하는 것이 불합리한 경우
- 대상 토지가 여러 필지로 되어 있는 경우

(2) 토지분할

① 지번은 본번의 최종 부번의 다음 순번으로 부번을 부여한다.

② 분할 후의 어느 한 필지에 주거·사무실 등의 건축물이 있는 경우에는 분할 전의 지번을 우선하여 부여하여야 한다.

③ 인접 토지의 지번부여가 동에서 서 또는 남에서 북의 방향으로 되어 있을 때는 그 방향에 따라 지번을 부여할 수도 있다.

④ 일반적으로 분할 후의 지번은 〈그림 2-7〉과 같이 부여해야 하나 주거·사무실 등의 건축물이 있는 필지는 〈그림 2-8〉과 같이 분할 전의 지번을 우선하여 부여하여야 한다.

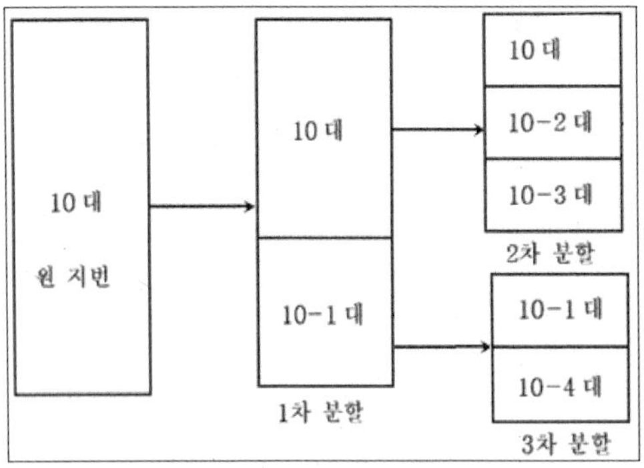

〈그림 2-7〉 일반적인 분할 지번부여

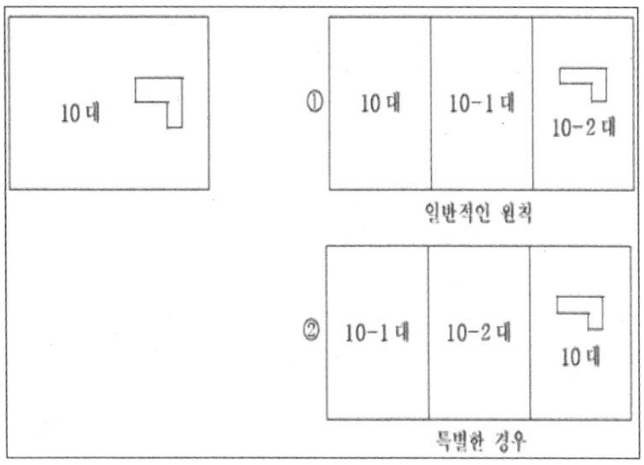

〈그림 2-8〉 건축물이 있는 경우 지번부여

(3) 합병

① 합병의 경우에는 〈그림 2-9〉와 같이 합병 대상 지번 중 선 순위의 지번을 그 지번으로 하되, 본번으로 된 지번이 있는 때에는 본번 중 선 순위의 지번을 합병 후의 지번으로 한다.

② 토지소유자가 합병 전의 필지에 주거·사무실 등의 건축물이 있어서 그 건축물이 위치한 지번을 합병 후의 지번으로 신청하는 때에는 그 지번을 합병 후의 지번으로 부여하여야 한다.

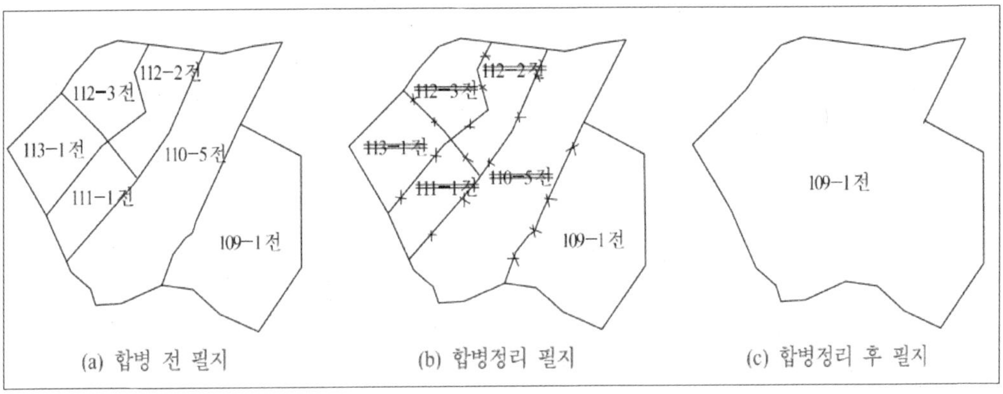

〈그림 2-9〉 합병에 따른 지번부여

(4) 도시개발사업 시행 지역

① 도시개발사업 등이 완료됨에 따라 지적확정측량(경계점좌표등록부에 토지의 표시를 새로이 등록하기 위한 측량), 지번부여 지역 안의 지번 변경, 행정구역 개편, 축척변경 시행 지역 안의 각 필지에 지번을 새로이 부여한다.

② 부여할 수 있는 종전 지번의 수가 새로이 부여할 지번의 수보다 적을 때에는 블록 단위로 하나의 본번을 부여한 후 필지별로 부번을 부여하거나, 그 지번부여 지역의 최종 본번의 다음 순번부터 본번으로 하여 순차적으로 지번을 부여할 수 있다.

- 지적확정측량을 시행한 지역 안의 종전 지번과 지적확정측량을 시행한 지역 밖에 있는 본번이 같은 지번이 있을 때 그 지번
- 지적확정측량을 시행한 지역의 경계에 걸쳐 있는 지번

③ 도시개발사업 등이 준공되기 전에 사업시행자가 지번부여 신청을 하면 지번을 부여할 수 있다.

④ 지적소관청은 도시개발사업 등이 준공되기 전에 지번을 부여하는 때에는 사업계획도에 따른다.

2.3.9. 지번변경

지번변경(Parcel Number Change)은 기존의 지번이 무질서하여 '지적공부에 등록된 지번을 변경할 필요가 있다고 인정하는 때'라 함은 지번부여 지역 안에 있는 지번의 전부 또는 일부가 순차적으로 부여되어 있지 아니하여 지번을 새로이 부여하는 것이 타당한 때를 말한다.

(1) 지번변경 신청

① 소관청은 지번을 변경하고자 하는 때에는 지번 변경 사유를 기재한 승인신청서에 지번 변경 대상 지역의 지번별조서와 지적도 및 임야도의 사본을 첨부하여 특별시장·광역시장 또는 도지사에게 제출하여야 한다.

② 지번을 변경 신청을 받은 시·도지사는 지번 변경 사유 등을 심사한 후 그 결과를 소관청에 통지하여야 한다.

(2) 지번변경 대상

① 행정구역의 통폐합 등으로 동일 지번부여 지역 내에 같은 지번이 두 개 이상 있게 된 경우

② 행정구역의 변경 등으로 지번부여 지역 내의 지번의 부여가 연속되지 않은 경우

③ 분할·합병 등 빈번한 토지의 이동으로 지번이 무질서하게 부여된 경우

④ 도시개발사업·축척변경 등의 완료로 지번이 변경된 경우

(3) 공부 정리

① 지번이 변경되면 변경 전의 지번을 말소하고 변경 후의 지번을 제도한다.

② 행정구역이 변경되면 변경 전 행정구역 선과 그 명칭 및 지번을 말소하고 변경 후의 행정구역 선과 그 명칭 및 지번을 제도한다.

③ 도시개발사업·축척변경 등 시행 지역으로서 시행 전과 시행 후의 도면 축척이 같고 시행 전 도면에 등록된 필지의 일부가 사업지구 안에 편입된 경우에는 이미 비치된 도면에 경계·지번 및 지목을 제도하거나, 남아 있는 일부 필지를 포함하여 도면을 작성한다.

④ 도면과 확정측량결과도의 도곽선 차이가 0.5밀리미터 이상인 경우에는 확정측량결과도에 의하여 새로이 도면을 작성한다.

⑤ 도시개발사업·축척변경 등의 완료로 새로이 도면을 작성한 지역의 종전 도면은 지구 안의 지번 및 지목을 말소하고, 지구 경계선을 따라 지구 안을 붉은색으로 엷게 채색하고 그 중앙에 사업명 및 사업연도를 기재한다.

(4) 지번 경정

① 지번 경정의 대상
- 행정구역의 통합으로 지번부여 지역 안에 지번이 2개 이상 생기게 된 때
- 행정구역의 분할 등으로 지번부여 지역 안의 지번이 연속되지 않을 때
- 분할, 합병 등으로 지번이 복잡할 때
- 기타 특히 지번 경정이 필요할 때

② 지번 경정 방법
- 지번 경정은 지번부여 지역의 전체 필지에 대해 실시하는 것이 원칙이지만, 특별한 경우에는 부분적으로 경정할 수 있다.
- 지번의 경정은 종래의 지번에 구애됨이 없이 독립적인 입장에서 새로이 설정하되 본번만으로 지번을 부여하는 것이 특징이다.
- 지번 경정을 할 경우에는 종래의 지번과 대비하여 신구 지번 대비표를 만들어 이를 일정 기간 공시하고 관할 등기소에 통지하여야 한다.
- 지번의 경정은 지번을 바꾸는 사항으로 신중하게 작업을 진행하여야 한다.

2.3.10. 결번

① 결번(Missing Parcel Number)은 지번부여 지역인 리·동 단위로 아라비아 숫자 1, 2, 3 등 순차적으로 연속하여 지번을 부여하여야 하나 행정구역 변경, 도시개발사업, 지번변경, 축척변경, 지번정정 등의 사유로 지번이 지적공부에 등록되지 않은 번호가 발생하게 된 것을 말한다.

② 결번의 본번은 도시개발사업에 의한 도시지역의 구획정리지역이나 농촌지역의 경지정리 사업지역의 확정측량에서 지번을 부여할 때 단지식의 본번으로 재사용하기도 한다.

2.4. 도로명주소

출제(논) : 57, 63, 68, 80, 86, 99, 102, 104, 108, 122, 126, 132, 137회

도로명 및 건물번호 부여 사업은 토지의 분할·합병 등으로 지번의 배열이 무질서하여 위치를 찾기가 어려운 지역에 도로명과 건물번호를 부여하여 국민 생활에 편의를 도모하기 위한 것이다. 지적소관청은 지번으로 위치를 찾기 어려운 지역의 도로와 건물에 도로명과 건물번호를 부여하여 관리할 수 있다.

도로명과 건물번호를 부여하는 때에는 이를 지적도·지형도 등을 기초로 도로명·건물번호도면을 작성·관리하여야 한다. 새주소 제도는 전국에 도로명주소가 부여되고 인터넷·포탈·모바일 등 정보통신 분야와 범죄·우정·소방 등 공공 위치 관련 시스템에서 활용이 되도록 제공하고 있다.

2.4.1. 도입 배경

① 예전부터 사용해 오던 집 중심의 주소체계로 되돌리고 국제적으로 보편화된 주소체계를 도입하고자 한 것이다.

② 지번의 순차성과 체계적이지 못해 일반 국민이 위치를 찾는 데 많은 어려움이 있다.

③ 모든 OECD 국가 등 대부분의 나라에서 도로명과 건물번호에 기반한 도로명 주소 체계를 갖고 있다.

④ 지번 주소는 국제적 기준에도 부합되지 않으며, 우리나라도 국제적으로 보편화된 도로명 주소로 전환 필요하다.

⑤ 지번 주소의 불완전성으로 위치정보 때문에 소방, 긴급구조, 범죄 활동 등 응급상황 시 원활히 대처하기 어려움이 있다.

⑥ 사회가 세계화되고 디지털화되면서, 이러한 체계의 필요성은 더욱 커지고 있다.

2.4.2. 도로명주소

출제(용) : 125회, (논) : 122, 126회

도로명주소란 도로명, 건물번호 및 상세 주소로 표기하는 주소를 말한다. 도로명 주소는 도로와 건물등에 도로명 및 건물번호를 부여하고 관련 시설 등을 설치 및 유지관리, 활용하는 것이다. 이전의 지번주소를 대신하여 새로 나왔다는 의미에서 새주소라고도 하였다.

(1) 도로명의 부여

① 도로 구간을 설정하고 도로명과 기초번호 부여

- 행정안전부장관, 시·도지사 또는 시장·군수·구청장이 할 수 있다.
- 기초조사 결과 도로명 부여가 필요하다고 판단하는 경우
- 도로구역을 결정·변경 또는 폐지에 따른 통보를 받은 경우
- 도로명이 부여되지 아니한 도로에 도로명이 필요에 따른 신청을 받은 경우

② 도로 구간을 설정하고 도로명과 기초번호를 부여할 때 도로의 구분

- 행정안전부장관 : 둘 이상의 시도에 걸쳐 있는 도로
- 특별시장, 광역시장 및 도지사 : 둘 이상의 시·군·자치구에 걸쳐 있는 도로
- 특별자치시장, 특별자치도지사 및 시장·군수·구청장 : 위의 도로 외의 도로

(2) 도로명의 부여 기준

① 설정된 도로 구간에 도로명을 부여할 때는 하나의 도로 구간에 하나의 도로명을 부여한다.

② 도로명은 주된 명사에 도로의 유형별로 "대로", "로" 또는 "길", "고속도로", "지하도로" 등을 붙여 부여한다.

③ 주된 명사는 지역적 특성 또는 지명(地名), 역사적 인물 또는 사건과 해당 지역주민의 의견 등을 종합적으로 고려하여 정한다.

④ 사용 중인 도로명은 같은 시군구 내에서 중복하여 사용할 수 없다.

⑤ 주된 명사 뒤에 붙은 도로의 유형이 다를 경우 다른 도로명으로 본다.

⑥ 시군구를 합치거나 관할구역의 경계가 변경되어 도로명이 중복되었을 때 도로명이 중복된 해당 도로 구간의 위치가 행정구 또는 읍·면으로 구분될 경우에 한정하여 도로명을 중복하여 사용할 수 있다.

(3) 도로 구간의 설정 기준

① 도로 구간을 설정하려는 경우 정해야 할 사항은 도로 구간의 시작 지점 및 끝 지점, 도로 구간을 나타내는 선형(線形), 도로 구간의 관할 행정구역이다.

② 도로 구간의 설정 기준

- 도로망의 구성이 가능하도록 연결된 도로가 있는 경우 도로 구간도 연결시킬 것
- 도로의 폭, 방향, 교통 흐름 등 도로의 특성을 고려하고 가급적 직선에 가까울 것

- 일시적인 도로가 아니고 도로의 연속성을 유지하면서 최대한 길게 설정할 것
- 입체도로 및 내부도로, 도로의 선형 변경으로 인하여 연결된 측도가 발생하는 도로, 교차로, 종전의 도로 구간과 신설되는 도로 구간이 한시적으로 함께 사용되는 도로를 제외하고는 다른 도로 구간과 겹치지 않도록 도로 구간을 설정할 것

③ 행정안전부장관, 시·도지사 및 시장·군수·구청장은 고속도로, 입체도로, 내부도로는 도로 구간을 달리 설정할 수 있다.

④ 기초번호는 도로 구간의 시작 지점에서 끝 지점 방향으로 왼쪽에는 홀수 번호를, 오른쪽에는 짝수 번호를 부여하며, 기초번호 간의 간격은 행정안전부령으로 정한다.

(4) 도로명주소의 구성 및 표기 방법

① 특별시·광역시·특별자치시·도 및 특별자치도의 이름

② 시군구의 이름

③ 행정구(자치구가 아닌 구)·읍·면의 이름

④ 도로명, 건물번호, 상세주소

(5) 도로명주소체계 구축 현황

출제(논) : 137회

① 도로명 주소는 “도로명+건물번호”로 구성되며, 도로명, 건물번호, 사물주소, 국가지점번호, 상세주소 등으로 구축되었다.

② 도로명 부여는 도로에는 도로 폭과 길이에 따라 대로, 로, 길을 부여하고, 지역 특성을 반영한 고유한 명칭을 사용하고 있다.

③ 건물번호 부여는 도로의 시작점에서 끝점으로 갈수록 왼쪽은 홀수, 오른쪽은 짝수 번호를 순서대로 부여하여 길을 따라가며 위치를 쉽게 예측할 수 있도록 구축하고 있다.

④ 사물주소는 도로명과 기초번호, 사물번호, 시설물 유형을 조합해 표기하며, 건물 외 시설물의 위치를 명확히 안내하기 위한 주소이며 육교 승강기, 버스정류장, 주차장, 전기차 충전소, 공원, 인명구조함 등 20여 종의 시설물에 대표적으로 적용하고 있다,

⑤ 국가지점번호는 산악지역, 해안지역 등 건물 및 도로가 없는 지역에 기관별로 제각각인 위치표시 방식을 통일한 것으로 긴급상황에 신속하고 정확한 위치 파악이 가능한 고유번호이다. 또한 전 국토의 위치안내 및 표시방식을 통일하여 재난재해 등 긴급상황에서 신속한 대응 및 대국민 위치안내서비스 제공 등이 가능한 번호이다.

⑥ 상세주소는 도로명주소의 건물번호 뒤에 표시되는 동·층·호 정보로, 다가구주택·단독주택·원룸 중 2가구 이상 거주주택, 일반상가, 업무용 빌딩 등 임대하고 있는 건물에 부여한 번호이다.

⑦ 유지관리는 한국국토정보공사(LX)는 주소 정보 기본도를 지속적으로 정비 및 갱신하여 최신성과 정확성을 확보하고 있으며, 행정안전부는 주소정보누리집을 통해 도로명 주소 정보를 제공하고 있다.

2.4.3. 건물번호

출제(논) : 122회

(1) 건물번호의 부여

① 특별자치시장, 특별자치도지사 및 시장·군수·구청장은 도로명주소가 필요한 경우에는 신청이 없는 경우에도 직권으로 건물번호를 부여할 수 있다.

② 특별자치시장, 특별자치도지사 및 시장·군수·구청장은 건물번호를 부여할 때는 그 사실을 고시하고, 신청인 또는 건물 등의 소유자·점유자와 임차인에게 알리며, 공공기관의 장에게 통보하여야 한다.

(2) 건물번호의 부여 기준

① 시장 등은 건물 등의 주된 출입구가 접하는 도로 구간의 기초번호를 기준으로 건물번호를 부여한다.

② 시장 등은 건물 등마다 하나씩 건물번호를 부여한다.

③ 시장 등은 건물번호가 부여된 건물군(공동주택은 제외) 안 도로에 도로명을 부여한 경우에는 개별 건물 등에 건물번호를 부여할 수 있다.

(3) 건물의 건물번호

① 건물 등이 주된 건물 등과 동·식물 관련 시설, 화장실 등 주된 건물에 부속된 건물 등으로 이뤄진 경우

② 건물 등이 담장 등으로 둘러싸여 실제 하나의 집단으로 구획되어 있고, 하나의 건축물대장 또는 하나의 집합건축물대장의 총괄 표제부에 같이 등록된 경우

③ 구조물이 담장 등으로 둘러싸여 실제 하나의 집단으로 구획된 경우

2.4.4. 도로명주소 대장

2.4.4.1. 도로명주소 대장

출제(용) : 122회

도로명주소 대장은 도로 구간 단위로 작성하는 도로명주소 총괄대장과 건물번호 단위로 작성하는 도로명주소 개별대장으로 구분한다. 특별자치시장, 특별자치도지사 및 시장·군수·구청장은 도로명주소에 관한 사항을 체계적으로 관리하기 위하여 도로명주소 대장을 작성·관리하여야 한다.

(1) 총괄대장

① 총괄대장의 작성

- 하나의 도로 구간을 단위로 하여 도로 구간마다 작성한다.
- 해당 도로 구간에 종속 구간이 있는 경우 그 종속 구간은 주된 구간의 총괄대장에 포함하여 작성해야 한다.
- 총괄대장의 고유번호는 행정안전부장관이 부여·관리한다.
- 시장 등은 총괄대장을 가장 먼저 작성한다.

② 등록 사항

- 도로명 관할구역 및 도로명
- 도로 구간의 시작 지점 및 끝 지점의 기초번호 및 기초 간격
- 도로명주소의 변경 사유 및 해당 코드 번호
- 도로 구간의 현황도
- 동일 도로명 현황 및 도로명판 설치 현황

③ 총괄대장의 변경

- 다른 도로 구간과의 합병으로 도로 구간을 변경하고 이를 고시한 경우
- 도로 구간의 일부가 폐지되어 이를 고시한 경우

- 기초번호가 변경되어 이를 고시한 경우
- 도로명이 변경되어 이를 고시한 경우
- 도로명 관할구역이 변경된 경우

④ 총괄대장의 말소

- 도로 구간이 폐지된 경우
- 특정 도로 구간이 다른 도로 구간과 합병된 경우

(2) 개별대장

① 개별대장의 작성

- 개별대장은 하나의 건물번호를 단위로 하여 건물번호마다 작성해야 한다.
- 개별대장의 고유번호는 시장 등이 부여·관리한다.
- 개별대장은 총괄대장을 근거로 작성한다.
- 관할구역에 주된 구간이 없고 종속 구간만 있어 총괄대장을 작성할 수 없는 경우에는 주된 구간을 관할 하는 시장 등이 작성한 총괄대장을 근거로 개별대장을 작성해야 한다.

② 등록 사항

- 건물 등 관할구역
- 도로명과 건물번호
- 도로명주소의 변경 사유 및 해당 코드 번호
- 건물 등의 현황도
- 관련 지번 및 건물군 현황
- 상세 주소의 동·층·호별 현황

③ 개별대장의 변경

- 다른 도로 구간과의 합병으로 도로 구간을 변경, 도로 구간의 일부가 폐지, 기초번호가 변경 등의 사유로 건물번호를 변경하고 이를 고시한 경우
- 건물 등의 주된 출입구의 변경으로 건물번호를 변경하고 이를 고시한 경우
- 도로명이 변경되어 이를 고시한 경우
- 건물 등 관할구역이 변경된 경우

④ 건물번호가 폐지될 때는 그 폐지를 고시한 날을 기준으로 지체 없이 개별대장을 말소해야 한다.

(3) 도로명주소 대장의 말소

① 도로명주소 대장을 말소할 때는 도로명주소 대장 앞면의 제목 오른쪽에 빨간색 글씨로 '폐지'라고 기재해야 한다.

② 도로명주소 대장을 말소한 경우에는 도로명주소 폐지대장에 해당 내용을 작성해야 한다.

③ 도로명주소 대장의 기재 내용은 도로명, 도로 구간, 도로명주소, 건물 등의 표시 및 현황에 관한 사항을 말한다.

2.4.4.2. 도로명주소의 사용

① 공법관계에서의 주소는 도로명주소로 한다.

② 국가기관, 지방자치단체, 공공기관의 장은 다음의 표기 및 위치 안내를 할 때는 도로명주소를 사용하여야 한다.

- 가족관계등록부, 주민등록표 및 건축물대장 등 각종 공부상의 등록기준지 또는 주소의 표기
- 각종 인허가 등 행정처분 시, 공문서 발송 시 주소 표기
- 위치 안내표시판과 인터넷 홈페이지의 주소 표기 및 위치 안내

③ 행정안전부장관, 시·도지사 및 시장·군수·구청장은 각종 공부상의 주소를 도로명주소가 있음에도 불구하고 도로명주소로 표기하지 아니한 경우에는 도로명주소로 표기할 것을 해당 공공기관의 장에게 요청할 수 있다.

2.4.5. 주소정보전산체계

주소정보전산체계란 주소 정보관리시스템의 구축, 자료의 관리 및 공유 등에 관하여 필요한 사항과 이 시스템 자료의 관리·안내·활용지원 등에 사용되는 시스템 전반을 말한다.

(1) 주소정보전산체계의 설치·운영

① 중앙주소정보관리시스템, 주소정보활용시스템, 주소정보누리집, 국가정보자원관리원

② 시도주소정보관리시스템 : 특별시장·광역시장·특별자치시장·도 및 특별자치도

③ 시군구주소정보관리시스템 : 시군구

④ 주소정보현장지원시스템 : 시·도 및 시군구

⑤ 주소정보관리시스템은 행정망을 사용하고, 주소정보현장지원시스템, 주소정보활용지원시스템, 주소정보누리집은 인터넷망을 사용한다.

(2) 주소정보전산체계 기능

① 중앙주소정보관리시스템의 기능
② 시도 주소정보관리시스템의 기능
③ 시군구 주소정보관리시스템의 기능
④ 주소정보활용지원시스템 기능

(3) 주소정보전산체계의 데이터 관리

① 운영기관장은 주소정보전산체계의 효율적인 관리를 위하여 주소정보관리시스템에 사용되는 코드를 공통코드, 현장지원시스템, 안내시설, 활용지원시스템, 상세주소, 국가지점번호의 분류에 따라 관리하여야 한다.
② 운영기관장은 주소 정보의 안정적인 운영을 위하여 주소정보관리시스템의 데이터베이스 목록을 관리하여야 한다.
③ 운영기관장은 주소정보관리 및 유통을 위한 통계를 관리하여야 한다.
④ 행정안전부장관은 주소정보전산자료 정비를 위해 정비기준을 마련하여 시행할 수 있다.
⑤ 시·도지사, 시군구청장은 정비기준을 확인하고, 관련 자료를 조사하여 그 사항을 정비하여야 한다.

2.4.6. 사물주소

출제(용) : 134회

사물주소란 도로명과 기초번호를 활용하여 건물등에 해당하지 아니하는 시설물의 위치를 특정하는 정보를 말한다.

(1) 사물주소 부여 대상

① 육교 및 철도 등 옥외시설에 설치된 승강기
② 옥외 대피 시설

③ 버스 및 택시 정류장

④ 주차장

⑤ 그밖에 행정안전부장관이 위치 안내가 필요하다고 인정하여 고시하는 시설물

(2) 사물 번호 부여·변경의 세부 기준

① 사물 번호에 층수의 의미를 포함시키려는 경우 그 사물 번호는 해당 층수를 나타내는 숫자로 시작하도록 한다.

② 하나의 기초 간격 내에 동일한 유형의 시설물이 둘 이상 있는 경우에는 사물 번호를 각각 달리 부여한다.

(3) 사물주소판의 설치

① 사물주소의 부여 또는 변경을 고지받은 시설물의 설치자 또는 관리자는 고지를 받은 날부터 30일 이내에 사물주소판의 교부를 신청하거나 사물주소판을 직접 제작하여 설치해야 한다.

② 시설물의 설치자 또는 관리자는 사물주소판을 설치하는 경우 지면으로부터 1.6미터 이상의 높이에 사물주소판을 설치해야 한다.

③ 시설물의 설치자 또는 관리자는 설치한 사물주소판을 관리해야 하며, 사물주소판이 훼손되거나 없어진 경우에는 해당 시장 등에게 사물주소판을 재교부받아 부착·설치하거나 직접 제작하여 설치해야 한다.

④ 사물주소가 부여된 시설물의 설치자 또는 관리자는 해당 시설물을 철거하거나 위치를 변경하려는 경우 철거 예정일 또는 위치 변경 예정일의 5일 전까지 해당 시장 등에게 그 사실을 통지해야 한다.

(4) 사물주소의 관리

① 시장 등은 사물주소의 부여·변경·폐지를 고지한 경우에는 사물주소 관리대장에 이를 기록하고 관리해야 한다.

② 행정구역이 결정되지 않은 지역에 사물주소를 표기하려는 경우에는 도로명주소 표기 방법을 따른다.

2.4.7. 도로명주소의 현황 및 개선 방안

(1) 현황

① 도로명주소는 동명에 비해 구성요소가 많아지고, 정보 또는 위치 인식이 더 어려워졌다.

② 음절 수가 많아짐에 따라 인지 면에서 더 어려워지고, 기억해야 할 정보량이 더 많아졌다.

③ 복잡한 숫자 나열식 도로명주소로 체계적인 측면에서 더 복잡하고 혼란스럽다.

④ 자연 지형을 따라 골목이 형성된 우리 현실 여건에는 알맞지 않다.

⑤ 정통성과 역사성을 무시한 도로명주소는 유연성(有緣性) 없다.

⑥ 도로명주소 사업 시행에 따라 전래 지명이 점차 사라져갈 위기에 처해있다.

⑦ 비거주지역에 대한 위치 표시가 미흡하다.

⑧ 도로명에서 영어로는 검색이 되는데 한글로는 검색이 안 된 도로가 많다.

(2) 개선 방안

① 길 찾기 위한 도로명과 지명을 분리하여 전통과 편리를 동시에 추구할 수 있도록 해야 한다.

② 자연환경을 반영하고 공동체의 역사와 문화와 사상과 정서와 생활을 반영하여야 한다.

③ 사라지는 지명과 문화유산을 보존하여 역사성을 해치는 일이 없도록 해야 한다.

④ 국가 정책은 국민 행복을 추구하고 문화 향유를 돕는 쪽으로 가야 할 것이다.

⑤ 지번 주소와 도로명주소의 오류 연동 시스템으로 수정할 수 있는 시스템이 개발이 필요하다.

(3) 기대 효과

① 도로명주소 도입으로 경찰, 소방 등 긴급상황 발생 시 현장 도착 시간이 단축된다.

② 물류비 절감 등 사회경제적 비용이 크게 줄어들어 국가경쟁력이 제고될 것이다.

③ 물류 혁신 및 유비쿼터스 사회에서 그에 맞는 위치정보 인프라 구축에 효율적이다.

④ 도로명주소 체계는 생활을 더욱 편리하고 쾌적하게 만드는 도구가 될 것이다.

⑤ 전국적으로 통일된 주소 체계가 마련되어 불필요한 혼란을 줄이고, 사람들의 위치 인식을 높일 수 있을 것이다.

⑥ 우편물 발송 및 배달에서 주소로 인한 반송 및 배송 불가의 횟수를 줄여 경제적 손실을 줄일 수 있다.

2.5. 지목 제도

출제(논) : 83, 86, 90, 101, 105, 128, 132회

지목(Land Category)은 토지의 주된 용도에 따라 구분·표시하는 것으로 사용되고 있는 토지의 종류는 수십 종류에 이르고 있다. 지목은 토지의 주된 사용 목적에 따라 토지의 종류를 구분하여 지적공부에 등록한 것을 말한다.

2.5.1. 지목의 변천 과정

출제(논) : 50, 60, 63, 68, 80, 92, 93, 116회

① 토지조사법(1910. 8. 24 법률 제7호)에 규정된 지목 : 18개 지목

- 토지조사법 제3조의 규정에 따라 전·답·대·지소·임야·잡종지·사사지·분묘지·공원지·철도용지·수도용지·도로·하천·구거·제방·성첩·철도선로·수도선로의 18개 지목으로 구분하였다.

② 토지조사령(1912. 8. 13 제령 제2호)에 규정된 지목 : 18개 지목

- 토지조사령 제2조의 규정에 따라 전·답·대·지소·임야·잡종지·사사지·분묘지·공원지·철도용지·수도용지·도로·하천·구거·제방·성첩·철도선로·수도선로의 18개 지목으로 구분하였다.

③ 지세령(1914. 3. 6 제령 제1호)에 규정된 지목 : 19개 지목

- 조선지세령이 제정되기 전까지 제1조에 유지라는 지목을 신설하며 19개 지목으로 구분하였다.

④ 조선지세령(1943. 3. 31 제령 제6호)에 규정된 지목 : 21개 지목

- 조선지세령에 규정된 지목은 잡종지에서 염전과 광천지를 분리하여 21개로 조정하였다.

⑤ 제정지적법(1950. 12. 1 법률 제165호)에 규정된 지목 : 21개 지목(제3조)

- 전, 답, 대, 염전, 광천지, 지소, 잡종지
- 사사지, 공원지, 철도용지, 수도용지
- 임야, 분묘지, 도로, 하천, 구거, 유지, 제방, 성첩, 철도선로, 수도선로

⑥ 제2차 전문개정 지적법(1975. 12. 31 법률 제2801호)에 규정된 지목 : 24개 지목

- 신설 : 과수원, 목장용지, 공장, 학교용지, 운동장, 유원지 6개 지목
- 통폐합 : 철도용지와 철도선로, 수도용지와 수도선로, 유지와 지소의 6개 지목을 각각 수도용지, 유지, 철도용지의 3개 지목

지목 통합	지목의 명칭 변경	지목 신설
• 철도용지+철도선로 → 철도용지 • 수도용지+수도선로 → 수도용지 • 유지+지소 → 유지	• 공원지 → 공원 • 사사지 → 종교용지 • 성첩 → 사적지 • 분묘지 → 묘지	• 과수원·목장용지·공장용지 • 학교용지·운동장·유원지

⑦ 제5차 개정 지적법(1992. 12. 30 법률 제4405호)

- 명칭 변경 : 운동장을 체육용지 변경

⑧ 제10차 전문개정 지적법(2002. 02. 26 법률 제6389호)에 규정된 지목 : 28개 지목

- 신설 : 주차장, 주유소용지, 창고용지, 양어장 등 4개 지목

제 2 장

2.5.2. 지목의 유형

출제(논) : 132회

지목은 토지의 현황과 지목의 구성 내용으로 분류할 수 있고 토지의 현황은 지형 지목, 토성 지목, 용도 지목으로 구분할 수 있다. 지목의 구성 내용에 따라 1개를 기준으로 하는 단식지목과 2개 이상을 기준으로 하는 복식 지목으로 구분할 수 있다. 지형 지목이나 토성지목은 토지의 용도가 명확하게 구분되지 않는 단점이 있어서 불편이 있으므로 구체적으로 표현되는 용도 지목을 사용하고 있다.

(1) 지형지목

① 지형지목은 토지의 고저와 수륙의 분포 상태 등 땅의 생긴 모양에 따라 결정한 지목을 말한다.

② 지형은 주로 형성된 상태에 따라 해안지, 분지, 단층지, 화산지 등으로 구분할 수 있으므로 지목을 현실화하는 데 필요하다.

③ 토지의 용도를 파악할 수 없으므로 현행 지적제도가 지향하는 것과 같이 필지별로 관리하는 것은 적합하지 않다.

(2) 토성지목

출제(용) : 77회

① 토성지목(土性地目)은 토지의 성질에 따른 구분으로 지층이나 암석, 토양의 종류 등에 따라 결정한 지목을 말한다.

② 일반적으로 암석지, 조사지(祖砂地), 세사지(細沙地), 점토지(粘土地), 사토지(砂土地), 식양토지(植壤土地), 식토지(植土地) 등으로 구분할 수 있다.

③ 지층이나 암석, 토양의 종류를 표시하기 때문에 이용하기 편리하지만, 지적에서 사용하는 필지별 관리에는 부적합하다.

(3) 용도지목

① 용도지목은 토지의 주된 사용 목적에 따라 토지의 종류를 구분하고 표시하는 지목을 말한다.

② 현재 대부분 국가에서는 용도 지목을 채택하고 있으며 우리나라도 채택하고 있다.

③ 용도 지목은 일필지마다 구체적으로 용도를 표시하기 위하여 필지별로 관리하는 데 효율적이다.

(4) 단식지목과 복식지목

① 일필지에 한가지의 기준에 따라 분류된 지목은 단식지목이라 한다.

② 일필지에 2개 이상의 기준에 따라 분류한 지목은 복식지목이라 한다.

③ 전의 경우 일필지에 대하여 용도는 한가지 기준만으로 설정하기 때문에 이는 단식지목이라 한다.

④ 단식지목은 토지의 이용 상태가 단순한 지역에 적합하고 복식 지목은 토지의 이용도가 다목적인 지역에 적합하다.

(5) 낙산임야

출제(용) : 81회

① 낙산임야(落山林野)는 토지조사사업 당시에 토지 사이에 끼어 있는 임야를 토지로 등록하되 지목을 임야로 설정한 임야를 말한다.

② 법률적 근거

- 토지조사법(1910. 8. 23., 법률 제7호) 제14조 차(此) 법률은 임야에 차(此)를 적용치 아니홈. 단, 타의 조사지 간에 개재ᄒᆞᄂᆞᆫ 것은 차한에 在치 아니홈.
- 토지조사령(1912. 8. 13., 제령 제2호) 제2조 단서 조항에는 도로, 하천, 구거, 제방, 성첩, 철도선로, 수도선로에 게재하는 토지에 있어서는 지번을 붙이지 않을 수 있다. 그러나 전항의 규정에 의해 조사 및 측량해야 할 임야는 다른 조사 및 측량지 간에 介在하는 것에 한한다.

③ 낙산임야 측량

- 낙산임야는 토지대장에 등록한 축척으로 측량을 시행하여 지적도에 등록하되 지목을 임야로 등록하였다.
- 전, 답, 대, 지소, 잡종지, 사사지, 분묘지, 공원지, 철도용지, 수도용지에 둘러싸여 있으며, 그 면적이 약 50,000평 이내의 것
- 주위의 대부분은 농경지나 대(垈)에 둘러싸여 있으며, 일부분만 임야와 접속되어 있지만 접속된 부분이 도로, 하천, 구거, 제방, 철도선로 등에 의해 중단되어 있으며, 면적이 약 10,000평 이내의 것
- 섬지역에서는 일반적으로 앞에서 기재한 면적의 제한은 약 3,000평 이내로 하였다.
- 포위 또는 구획된 토지가 호해(湖海)에 접한 경우에는 접한 부분이 주위의 2/3 이상에 걸치는 것은 약 1,000평 이내의 것

2.5.3. 과세지성과 비과세지성

(1) 과세지성

① 과세지성(課稅地成)은 지세 관계 법령에 따른 토지에 지세를 부과(賦課)하지 않았던 토지가 지세를 부과하는 토지로 변경된 것을 말한다.

② 과세 대상 토지

- 전, 답, 대, 염전, 광천지, 지소, 잡종지, 사사지(社寺地), 분묘지(墳墓地), 공원지, 철도용지, 수도용지 및 국가, 도, 읍, 면, 기타 공공단체가 이용하는 공공용지의 토지로써 유료차지(有料借地)도 과세지로 규정하였다.
- 구거가 답으로 되었거나 임야가 대(垈)로 된 것은 과세지성이라 하였다.

(2) 비과세지성

① 비과세지성은 과세지성과는 상반되는 것으로 지세를 부과하던 토지가 공공용지나 국유지로 되어 비과세지가 된 토지를 말한다.

② 비과세 대상 토지

- 국유지
- 국가, 도, 읍, 면, 기타 공공단체가 공용 또는 공공용에 공(供) 하는 토지로써 유료차지(有料借地)가 아닌 것
- 사사지(社寺地), 분묘지(墳墓地), 공원지, 철도용지, 수도용지로써 유료차지(有料借地)가 아닌 것
- 임야, 도로, 하천, 구거, 유지, 제방, 성첩, 철도선로, 수도선로 등

(3) 과세지성과 비과세지성 구분

① 지목이 다르게 된 때

② 과세지성 또는 비과세지성이 된 때

③ 소유자를 달리할 때

④ 신규등록 할 경우

⑤ 지목변환의 경우

2.5.4. 지목의 기능

① 토지이용현황의 지표가 된다.

② 토지에 대한 이용계획, 개별공시지가 산정, 지방행정 등의 각종 정보를 제공한다.

③ 지목은 지적공부에 등록 공시함으로써 토지 거래에 편리함을 제공한다.

④ 토지투기의 예방으로 지목이 저밀도 지역에서 고밀도 지역으로 전환되는 지목변경으로 그 기능을 전환할 수 있다.

2.5.5. 지목설정원칙

출제(용) : 122회, (논) : 129, 131, 137회

(1) 일필일지목의 원칙

① 필지마다 하나의 지목만을 부여하는 것을 "일필일지목의 원칙(1筆 1地目 原則)"이라고 한다.

② 일필지의 토지에 2개 이상 지목의 설정이 불가능하므로 2개의 지목이 되었을 때는 이를 분할하여 지목을 변경하여야 한다.

③ 토지의 이용이 고도화 또는 입체화되고 고층 건물과 지하시설물 등을 설치함으로써 수직적으로 복합이 되고 있다.

④ 모든 필지는 하나의 지목만을 부여하도록 하고 있으며 둘 이상의 지목이 중복될 때는 등록의 선후 또는 용도의 경중을 참작하여 결정하거나 분할한다.

(2) 주지목추종의 원칙

① 주지목추종의 원칙(主地目 追從의 原則)은 토지의 편의를 위하여 설치한 작은 면적의 도로, 구거 등의 지목은 이를 따로 정하지 아니하고 주된 토지의 사용 목적 또는 용도에 따라 지목을 정하여야 한다는 원칙이다.

② 주된 토지에 편입하여 일필지로 획정하여야 하는데 이를 "주지목추종의 원칙" 또는 "양입의 원칙"이라고 한다.

③ 주지목추종의 원칙을 적용할 수 없는 3가지 원칙

- 지목이 대인 경우
- 종된 토지의 면적이 주된 토지 면적의 10%를 초과하는 경우
- 종된 토지의 면적이 330㎡를 초과하는 경우

④ 그림과 같이 집(대), 연못(지소), 도로(도로), 채소밭(전), 닭장(목장용지), 마당(잡종지)과 같이 구분할 때는 토지가 세분되어 소유권 행사에 지장을 초래하므로 주요 용도에 적합하게 설정하는 방법이다.

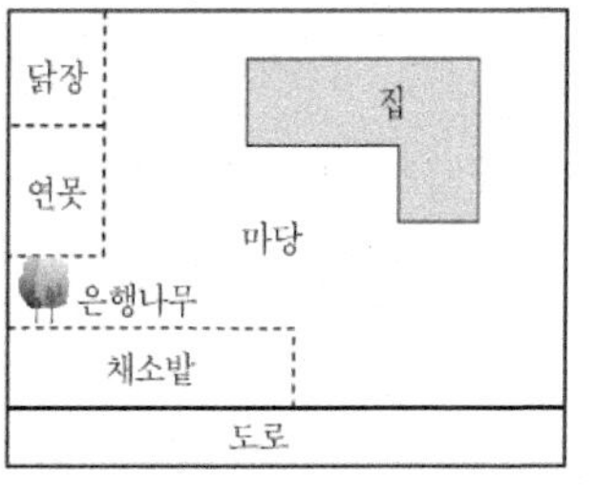

⑤ 농어촌의 경우 대부분 1필지의 '대'에 주거용 건축물을 중심으로 농기구 보관창고·돼지우리와 마당 등이 하나의 구획을 이루어 농가 주택을 형성하고 있는 경우 주거용 건축물의 주된 용도에 따라 '대'로 지목을 부여하여야 한다.

(3) 등록선후의 원칙

① 도로·철도·하천·제방·구거·수도용지 등의 지목이 서로 중복될 때는 먼저 등록된 토지의 사용 목적에 따라 지목을 결정하는 것을 "등록선후의 원칙(登錄先後 原則)"이라고 한다.

② 등록선후의 원칙에 따라 하천 위에 교량을 개설하거나 하천과 덮개를 씌워 도로로 사용하여도 지목을 변경하지 않고 지적공부에 먼저 등록된 지목을 그대로 사용한다.

(4) 용도경중의 원칙

① 도로·철도용지·하천·제방·구거·수도 용지 등의 지목이 서로 중복될 때는 용도가 중요한 토지의 사용 목적에 따라 지목을 부여한 것을 "용도경중의 원칙(用途輕重 原則)"이라고 한다.

② 주로 동일 토지에 2개 이상의 지목이 중복되는 상황에 해당하는 것으로 용도가 가장 중요한 지목을 당해 지목으로 한다는 의미이다.

③ 용도경중의 원칙은 도로를 가로질러 철도를 개설하였을 때 당해 부분을 분할하여 철도용지로 지목을 부여하여야 하나 철도를 도로의 지하에 개설하거나 지상에 고가를 설치하여 개설할 때는 그러하지 아니하다.

(5) 일시변경불변의 원칙

출제(용) : 72회

① 다른 지목에 해당하는 용도로 변경시킬 목적이 아닌 일시적인 용도의 변경은 이를 등록전환하거나 지목변경을 할 수 없는 것을 "일시변경불변의 원칙(一時變更不變 原則)"이라 한다.

② 일시변경불변의 원칙에 따라 농경지의 지력을 증진하기 위하여 일시 휴경(休耕)하는 경우와 건축물을 개축 또는 증축하기 위하여 일시 철거하는 경우는 일시적으로 사용하는 것은 목적을 변경하는 것으로 보지 않아 지목변경으로 볼 수 없다.

(6) 사용목적추종의 원칙

① 도시개발사업 등의 공사가 준공된 토지는 그 사용 목적에 따라 지목을 설정하는 것을 "사용목적추종의 원칙(使用目的追從 原則)"이라 한다.

② 사용목적추종의 원칙에 따라 도시개발사업으로 공원·학교용지·대 등으로 준공된 토지에 일시적으로 농사를 짓는 토지는 도시개발사업 등의 사용 목적이 공원·학교용지·대로 지정 고시되었으므로 사용목적추종의 원칙에 따라 공원·학교용지·대로 하여야 한다.

2.5.6. 지목 표기 방법

① 지목은 필지단위로 주된 사용 목적 또는 용도에 따라 설정하는데 현행 법률에는 전·답·과수원·목장용지·임야·광천지·염전·대·공장용지·학교용지·주차장·주유소용지·창고용지·도로·철도용지·제방·하천·구거·유지·양어장·수도용지·공원·체육용지·유원지·종교용지·사적지·묘지·잡종지 등 28개의 지목을 구분하여 정하고 있다.

② 토지대장과 임야대장에 지목을 등록할 때는 지목의 명칭 전체를 등록하며 전산처리를 위하여 지목별 코드 번호를 사용하기도 한다.

③ 지적도와 임야도에 지목을 표시할 때는 지목을 대표하는 부호를 기재하여야 한다.

④ 도면에 등록할 때는 지목의 부호를 표시하는 방법

- 첫 번째 문자를 지목 표기의 부호로 사용하는 지목은 잡종지 등 24개 지목이다.
- 두 번째 문자를 지목 표기의 부호로 사용하는 지목은 공장용지 → 장, 주차장 → 차, 하천 → 천, 유원지 → 원 등 4개 지목이 해당한다.

(표 2.3) 지목의 표기

지목	부호	지목	부호	지목	부호	지목	부호
전	전	대	대	철도용지	철	공원	공
답	답	**공장용지**	**장**	제방	제	체육용지	체
과수원	과	학교용지	학	**하천**	**천**	**유원지**	**원**
목장용지	목	**주차장**	**차**	구거	구	종교용지	종
임야	임	주유소용지	주	유지	유	사적지	사
광천지	광	창고용지	창	양어장	양	묘지	묘
염전	염	도로	도	수도용지	수	잡종지	잡

2.5.7. 지목변경

지목변경은 지적공부에 등록된 지목을 다른 지목으로 바꾸어 등록하는 것을 말하는데, 공부상 등록된 지목과 현지 이용 현황이 다르게 된 경우에 현지와 지적공부에 등록 사항이 일치되게 변경하여 등록하는 행정처분을 말한다.

(1) 지목변경의 대상

① 국토의 계획 및 이용에 관한 법률 등 관계 법령에 따른 토지의 형질변경 등의 공사가 준공된 경우

② 토지 또는 건축물의 용도가 변경된 경우

③ 도시개발사업 등의 원활한 사업추진을 위하여 사업시행자가 공사준공 전에 토지의 합병을 신청하는 경우

(2) 규정 이외의 지목변경

① 관계 법령의 규제를 받지 아니하는 토지 또는 전·답·과수원 상호 간의 지번 변경은 그 원인을 증명하는 서류가 없더라도 지목변경을 할 수가 있다.

② 등록전환을 하여야 할 토지 중 목장용지·과수원 등의 면적이 크거나 토지대장등록지로부터 거리가 멀어서 등록전환하는 것이 부적당하다고 인정될 때는 임야대장등록지에서 지목변경을 할 수 있다.

(3) 지목변경 신청 서류

① 토지소유자는 지목변경할 토지가 있는 때에는 그날부터 60일 이내에 지적소관청에 신청하여야 한다.

② 관계 법령에 따라 토지의 형질변경 등의 공사가 준공되었음을 증명하는 서류의 사본

③ 국·공유지의 경우에는 용도 폐지되었거나 사실상 공공용으로 사용되고 있지 아니함을 증명하는 서류의 사본

④ 토지 또는 건축물의 용도가 변경되었음을 증명하는 서류의 사본

⑤ 서류의 원본을 소관청이 관리할 때는 소관청의 확인으로서 그 서류의 제출 갈음

2.5.8. 지목 체계의 현황 및 개선

출제(논) : 137회

(1) 지목 체계의 현황

① 용도지목은 우리나라가 채택한 지목으로 사용 목적에 적합하게 분류하고 있으나 세부적으로 분류하지 못하고 있다.

② 지역과 관계없이 용도지역별, 도시지역, 농어촌지역 등과 같이 세분화가 필요하다.

③ 복식 지목은 2개 이상의 기준으로 분류하는 것으로 대분류, 중분류, 세분류로 구분하여 지목을 설정함으로써 과세의 기준에 형평성을 유지할 수 있다.

④ 산업별 구성에 따라 1차 산업, 2차 산업, 3차 산업, 4차산업, 6차산업 등과 같이 발전하는 과정에서 정보화가 필요하기 때문에 매우 다양한 지목의 설정이 필요하다.

⑤ 관리적 측면의 문제점

- 법률상 지목과 상이한 지목은 국민의 혼란을 가중시킬 수 있다.
- 지적공부에 등록된 지목과 토지이용현황과 불일치할 경우 판결 등으로 해결하는 방안을 두고 있다.
- 하천법, 산림법, 농지법 등과 같이 다양한 법률로 토지를 분류하여 관리하고 있으므로 지적공부상 지목은 토지관리에서 직접적이라기보다는 간접적인 관리라고 할 수 있다.
- 토지조사사업 당시에 설정된 지목이 대부분 그대로 사용되고 있다.

(2) 개선 방안

① 현행 법률에서와 같이 용도 지목을 중심으로 하되 체계를 대분류, 중분류, 소분류로 분리하는 연구 검토가 필요하다.

② 지목의 세분화가 시급한 지목은 대, 임야, 잡종지라고 할 수 있으며, 대지는 용도지역과 나대지에 따라 구분하고 임야는 산악지, 평지, 수목의 상황에 따라 구분, 잡종지는 너무 광범위하므로 세분화가 필요하다.

③ 정보화 사회에 적합한 입체 지목으로 지상, 지표, 지하 등의 세분화할 수 있는 도입이 필요하다.

④ 지적에 관한 법률과 일반적인 토지 관련 법률의 관계에서 지목에 대한 용어의 정의에 대한 통일화가 필요하다.

2.6. 면적 제도

출제(논) : 95, 108회

지적에서 면적이란 지적측량으로 지적공부에 등록된 토지의 경계선을 기준면에 투영시켰을 때 그 경계선 내의 넓이를 말하며 평균해수면(Mean Sea Level)에 의한 수평면적을 말한다. 토지조사사업 이후부터 1975년까지의 구 지적법에서는 척관법에 따라 평(坪)과 보(步)를 단위로 하였다. 토지조사사업 당시에는 지적(地積)이라 하였으나 지적(地籍)과 혼동되어 제2차 지적법 전면 개정 시 면적(面積)으로 개정하여 현재까지 사용하고 있다. 지적도 또는 경계점 좌표로부터 측정 또는 계산하고 제곱미터(㎡)를 사용하고 있다.

2.6.1. 면적의 종류

(1) 측정 위치에 따른 분류

① 면적은 지상 또는 도면의 측정 위치에 따라 지상 면적과 도상 면적으로 구분할 수 있다.

② 지상 면적은 현장에서 측량기기를 이용하여 계산한 면적을 말한다.

③ 도상 면적은 실제의 토지를 일정한 축소 또는 확대 비율로 축소 및 확대하여 이루어진 도면상에서 계산한 면적을 말한다.

(2) 성질에 따른 분류

① 면적을 성질과 이용 측면에서 보면 경사면적, 수평면적 및 평균해수면상 면적으로 분류할 수 있으며 이들의 관계는 〈그림 2－10〉과 같다.

② 경사면적

- 종·횡단면에도 계획선을 넣었을 때 절토 및 성토 부분 경사면의 면적 등이 포함된다.
- 토목공사 등에서 토공량에 따른 공사비 등 소요경비를 계산하기 위한 면적이다.

③ 수평면적

- 어떤 토지의 경계선을 수평면상에 투영시켰을 때의 넓이를 말한다.
- 지적측량과 같은 규모가 작은 구역의 대축척 도면 작성 시 토지의 면적을 기준면에 투영한 수평면적으로 표시할 경우에 많이 이용한다.
- 수평면적은 측량에서 가장 많이 사용되는 면적으로서 수평면적＝수평거리(a′)×너비(b′) 식으로 구한다.

④ 평균해수면상 면적

- 어떤 지역에 있는 토지의 경계선을 평균해수면에 투영하였을 때의 넓이를 말한다.
- 도면작성 등 넓은 지역, 소축척에서는 평균해수면에 투영한 면적을 사용한다.
- 일반적으로 표고 H(m)에 있는 수평면적 A(m^2)를 해수면상의 면적으로 환산하려면 아래의 식을 사용한다.
- $F = A(1 - \frac{H}{R})^2$ 여기서, F : 해수면상의 면적, A : 수평면적, R : 지구반경(6,370,000m), H : 수평면의 표고이다.

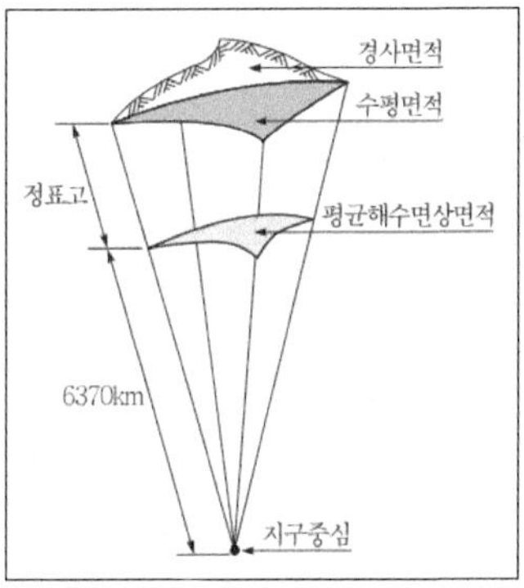

<그림 2-10> 면적 유형

2.6.2. 면적측정 대상

① 지적공부의 복구·신규등록·등록전환·분할 및 축척변경을 하는 경우
② 면적 또는 경계를 정정하는 경우
③ 지적확정측량을 하는 경우
④ 지적현황측량에 면적측정이 수반되는 경우

2.6.3. 면적측정 방법

출제(논) : 134회

면적측정 방법에는 도상법·지상법·좌표법으로 구분하고 도상 면적은 계적기법·도상삼사법, 지상면적은 지상삼사법·구형법·제형법으로 구분할 수 있다. 도해지적에서는 대부분을 계적기법에 의하였으나 수치지적에서는 좌표법으로 계산하고 있으며 현재는 전산파일로 구성되어 좌표면적계산법을 활용하고 있다.

2.6.3.1. 삼사법

출제(용) : 113, 134회

다각형의 토지를 삼각형으로 구분하고 각각의 삼각형에 대하여 밑변과 높이를 구하여 삼각형의 면적을 산출하고 여러 개의 삼각형의 면적을 합계하여 다각형의 면적을 산출하는 방법이다. 삼사법에는 도상삼사법과 지상삼사법이 있으며, 삼사법(三斜法)은 플래니미터에 의한 방법은 삼사법 다음으로 면적측정에서 많이 사용되었던 필지 면적 산출 방법이다.

(1) 법률적 근거

① 「제도적산실시규정」은 임시토지조사국 훈령 제25호(1914. 6. 30)로 제정되었다.

② 「지적법시행령, 대통령령 제8110호, 시행 1976. 5. 7.)」 제41조

- 제3항"필지별 면적측정은 좌표면적계산법·삼사법·푸라니미터 또는 전자면적계 등에 의한다."로 규정하고 있다.
- 제6항 측정할 필지의 면적이 축척분모의 50분의 1㎡ 이하인 때에는 삼사법으로 행한다.

③ 「개정 지적법시행령(1986. 11. 9.)」의 삼사법

- 지적도시행 지역에서는 축척분모의 50분의 1㎡
- 임야도시행 지역에서는 200㎡

④ 「지적법시행령(시행 2002. 1. 27.)」부터는 도면의 전산화사업에 따라 활용도가 낮은 삼사법과 플래니미터에 의한 면적측정 방법 등을 폐지하였다.

(2) 삼사법의 종류

① 도상 삼사법

- 도면상에서 삼사법으로 면적을 측정하는 방법이다.
- 일반적으로 작업의 신속과 면적측정의 정도를 고려하여 도상 삼사법에 따르는 것이 보통이다.

② 지상 삼사법

- 지상 삼사법에 따를 때는 원도의 여백에 따라 통상 지적도 축척의 2~4배의 축척으로 측량하거나 삼사법에 따른 각과 경계선의 거리를 기재한 약도를 그려서 면적측정의 정확을 기한다.

- 지상 삼사법은 지상에서 측정하거나 직접 면적을 면적측정에 필요한 모든 현지의 값을 일정한 야장 및 약도에 기재하여 계산으로 면적을 산출하는 방식이다.

(3) 삼사법의 원리

① 삼사법으로 면적을 측정하고자 하는 토지가 다각형일 경우 우선 다각형의 토지를 몇 개의 삼각형으로 구분하고 각 삼각형에 대하여 밑변과 높이를 측정하여 면적을 계산한다.

② 1개의 삼각형일 경우

- 일반적인 수학 공식에서 삼각형의 면적을 측정하는 방법과 같은 방법으로 면적을 측정하는 방법이다.
- 면적$(A) = \frac{1}{2}b \cdot h$

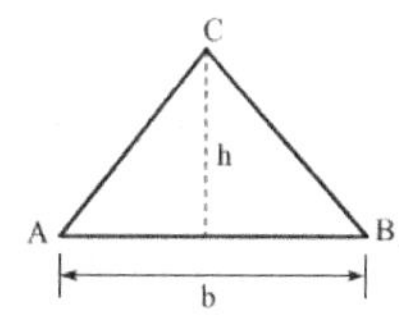

③ 여러 개의 삼각형을 이용할 경우

- 다각형 토지의 면적(F)은 위의 공식으로 구한 각 개의 삼각형의 면적을 합계하여 구한다.
- 면적$(A) = \Sigma S = S_1 + S_2 + S_3 + S_n b$ 여기서,

$S_1, S_2, S_3 = \frac{1}{2}b \cdot h$

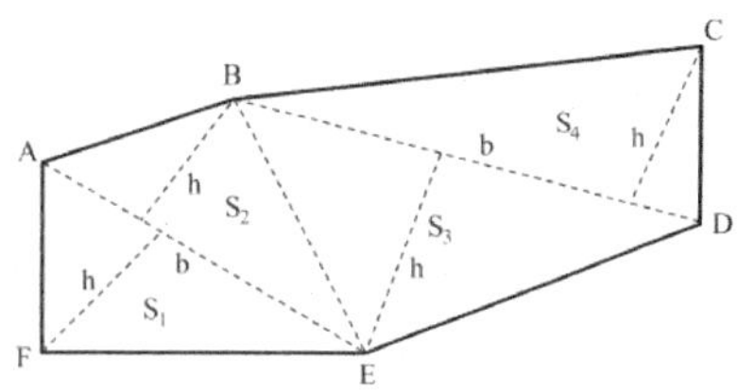

(4) 삼사법의 적용

① 면적측정의 정도를 높이기 위하여 이동지의 경우 소지역 토지의 면적측정에는 보통 삼사법을 이용하여 면적을 계산한다.

② 삼사법은 측정할 필지의 면적이 축척분모$\times \frac{1}{50}$ ㎡식으로 산출한 면적 기준 이하인 토지에 대하여 실시한다.

③ 각 축척에 따라 삼사법으로 면적을 측정하여야 할 면적 한계는 (표 2.3)과 같다.

〈표 2.4〉 축척별 면적 한계

축척	계산식	기준 면적	비고
$\frac{1}{600}$	$600 \times \frac{1}{50}$	12㎡	축척분모 $\times \frac{1}{50}$ ㎡
$\frac{1}{1,200}$	$1,200 \times \frac{1}{50}$	24㎡	
$\frac{1}{2,400}$	$2,400 \times \frac{1}{50}$	48㎡	
$\frac{1}{3,000}$	$3,000 \times \frac{1}{50}$	60㎡	
$\frac{1}{6,000}$	$6,000 \times \frac{1}{50}$	120㎡	

④ 삼사법에 따른 면적측정은 축척에 따라 구하고자 하는 자릿수의 10분의 1까지 계산하며, 면적측정은 2회 산출하여 그 교차가 $A = 0.023^2 M\sqrt{F}$ 식에 의한 허용면적 이하일 때에는 그 평균치를 측정면적으로 한다. (A : 허용면적, M : 축척 분모, F : 측정면적)

2.6.3.2. 플래니미터

① 플래니미터(Planimeter)는 일필지의 형태가 다각형이거나 불규칙한 경계선으로 이루어진 토지의 면적을 도면상에서 면적을 측정하는 기구로 토지 이동측량에서 많이 사용되며 구적기 또는 계적기라고도 한다.

② 형태에 따라 극식 플래니미터, 보정식 플래니미터, Roll 플래니미터 등으로 구분하며 대표적인 극식면적계(極式面積計)로 스위스의 Jocob Amsler가 1856년에 발명하였다.

③ 도면에서 일필지의 경계선을 따라 이동하면 플래니미터의 측윤(測輪)이 회전하므로 그 눈금에 의하여 면적이 산출되게 되어 있다.

④ 기계 오차나 측정오차를 수반하여 높은 정도를 바랄 수 없으며 기계의 조작 방법에 따라 그에 상당한 결과가 얻어진다.

⑤ 극식 플래니미터는 〈그림 2-11〉과 같이 극침을 한 점에 고정하여 다른 1단의 측침 또는 지표로 도형을 추적하고 면적을 측정하는 방법으로 가장 많이 사용되었다.

⑥ 지적측량에 의한 면적측정에서 토지조사사업 당시부터 1980년대 전자면적계가 등장하기 전까지 대부분을 이 기구를 사용하였다.

⑦ 측정 방법은 도면을 수평 판에 올려놓고 플래니미터를 적당한 장소에 놓아 측정할 면적이 작을 때는 극침을 도형 밖에 놓으며 도형이 커서 극침을 도형밖에 놓을 수 없을 때는 도형

을 여러 개로 구분하든가 극침을 도형 내에 놓고 측정한다.

⑧ 플래니미터에 의한 면적측정 기본 공식

- $a = \frac{d\pi}{1,000}m^2$, $y = \frac{1,000a}{m^2 d\pi}$ 여기서, a : 축척 $\frac{1}{m}$일 때의 단위면적(m^2), d : 측윤의 직경(19mm) y : 측침으로부터 고정기의 접합부까지의 길이(mm), $\frac{d\pi}{1,000}$: 측윤 한 눈금의 길이

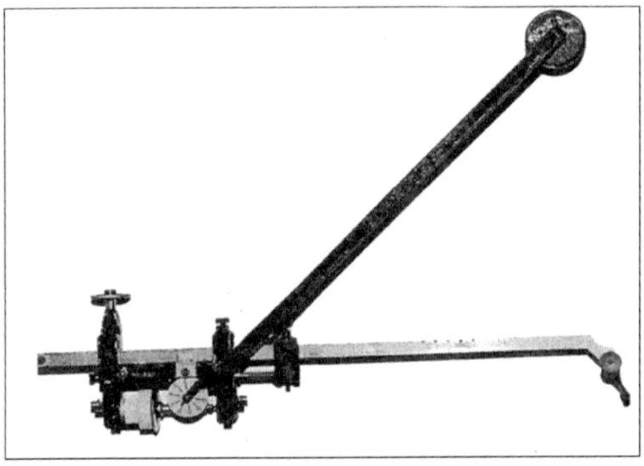

〈그림 2-11〉 1910년대 플래니미터

〈그림 2-12〉 1980년대 플래니미터

2.6.3.3. 전자면적측정기

① 전자면적측정기는 〈그림 2-13〉과 같이 디지털 방식으로 면적을 측정하는 방식이며, 다양한 기능키와 프린터기를 장착하여 프린터로 출력할 수도 있다.

② 전자면적측정기는 컴퓨터와 연결하여 다양한 업무를 수행할 수 있는 면적측정 기구라 할 수 있으며 정밀하고 사용이 편리한 기구이다.

③ 전자면적측정기를 이용하여 도형을 전자적으로 면적을 산출하는 것으로 $\frac{1}{300} \sim \frac{1}{2,000}$의 정도를 얻을 수 있다.

④ 전자면적측정기는 도면상에서 직접 면적이 좌표 형식으로 구하여지는 편리한 방법으로 현재 도해측량 지역에서 일반적으로 사용되는 면적측정 방법이다.

⑤ 측정 시작과 각 측점의 입력 기능, 측점 추적 및 선추적 시 사용하는 Trace Point 기능과 검정 결과를 출력할 수 있는 Print 기능이 있다.

⑥ 도상에서 2회 측정하여 그 교차는 $A = 0.023^2 M\sqrt{F}$ 식에 의한 허용면적 이하이었을 때에는 그 평균치를 측정면적으로 한다. (M : 축척분모, F : 원면적)

⑦ 측정면적은 1천 분의 1㎡까지 계산하여 10분의 1㎡ 단위로 결정한다.

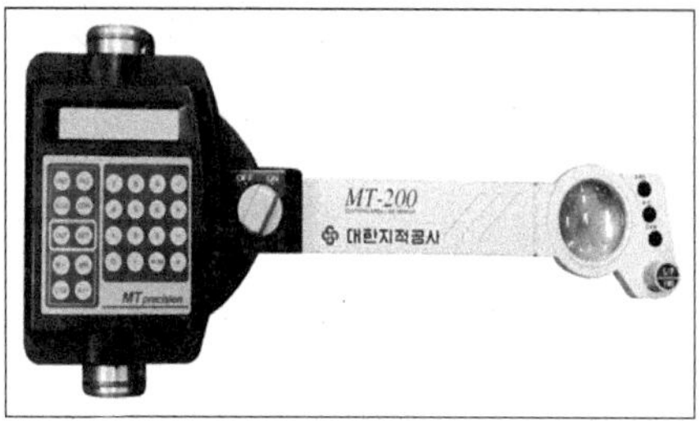

〈그림 2-13〉 전자면적측정기(MT 200)

2.6.3.4. 좌표면적계산법

① 좌표면적계산법은 면적을 측정하고자 하는 일필지 굴곡점의 X, Y 좌표를 이용하여 면적을 결정하는 방법이다.

② 최근에는 컴퓨터를 활용하여 면적을 산출하는 방법으로 정확도가 높고 널리 이용된다.

③ 경위의측량 방법으로 세부측량을 한 지역으로 필지별 면적측정은 경계점좌표에 의한 산출면적은 1/1,000㎡까지 계산하여 1/10㎡ 단위로 결정한다.

④ 좌표면적계산법은 〈그림 2-14〉와 같이 일필지의 경계점의 좌표를 이용하여 면적을 산출하는 방법으로 좌표면적계산법에 따르며 계산 방법은 다음과 같다.

- 면적(F) $= \frac{1}{2}\{x_1(y_2 - y_5) + x_2(y_3 - y_1) + x_3(y_4 - y_2) + x_4(y_5 - y_3) + x_5(y_1 - y_4)\}$
- 면적(F) $= \frac{1}{2}\{y_1(x_2 - x_5) + y_2(x_3 - x_1) + y_3(x_4 - x_2) + y_4(x_5 - x_3) + y_5(x_1 - x_4)\}$

⑤ 전산기에 의한 면적계산 공식

- 면적(F) $= \frac{1}{2}\sum_{i=1}^{n} X_i(Y_{i+1} - Y_{i-1})$
- 면적(F) $= \frac{1}{2}\sum_{i=1}^{n} Y_i(X_{i+1} - X_{i-1})$

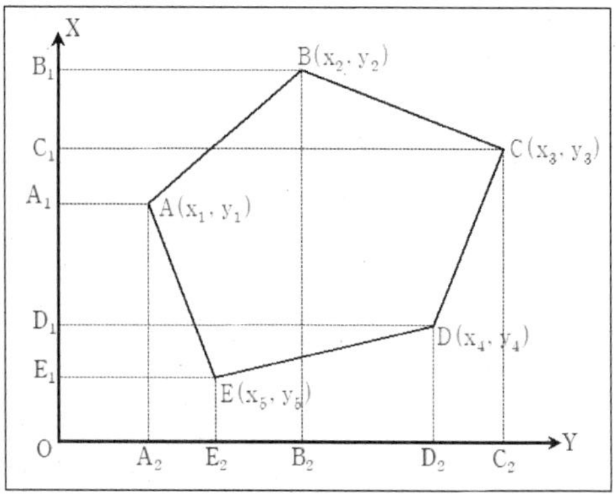

〈그림 2-14〉 좌표 면적계산법

2.6.4. 면적 등록 단위

출제(논) : 95, 108, 111, 114, 128회

(1) 면적 등록 규정 근거

① 1910년 8월 24일 「토지조사법시행규칙」

- 제1조 토지의 면적은 평위에 그침. 단, 일 구역의 면적이 평위 미만인 것은 차한에 부재함.
- 1912년 8월 13일 토지조사령 제3조 지반(地盤)의 측량에 있어서는 평(坪) 또는 보(步)를 지적(地積)의 단위로 함과 같이 규정하였다.

② 1920년 8월 23일 「임야대장규칙」

- 제5조 지적(地積; 면적)에 1무(30평) 미만의 단수가 있을 때는 15보 미만은 절사하고 15보는 1무로 절상하며, 지적(地積; 면적)이 1무 미만인 때에는 이를 보위에 그치고 1보 미만인 때는 이를 1보로 함 으로 규정하고 있다.

③ 1943년 3월 31일 「조선지세령」

- 제8조 "지적(地積)은 평(坪)을 단위로 하여 이를 정함. 지적에 1평(坪) 미만의 단수가 있을 때는 5홉(合) 미만은 절사(切捨)하고, 5홉(合) 이상은 1평(坪)으로 절상(切上)하며 지적이 1평(坪) 미만인 때는 이를 홉위(合位)에 그치고 1홉 미만인 때는 이를 1홉으로 함.
- 조선총독이 정하는 토지의 지적은 전항의 규정에 불구하고 홉위(合位)를 존치(存置)하되 작위 이하를 절사하며, 지적이 1홉 미만인 때는 이를 1홉으로 함"으로 규정하였다.

④ 1943년 3월 31일 「조선임야대장규칙」

- 제6조 지적은 무를 단위로 이를 정함. 지적에 1무 미만은 절사하고 15보(步) 미만은 절사하며, 15보(步) 이상은 1무(畝)로 절상(切上)하고 지적이 1무 미만일 때는 이를 보위(步位)에 그치고, 보(步) 미만일 때는 이를 1보(步)로 함.과 같이 규정하였다.

⑤ 1950년 제정 「지적법」

- 제7조 면적은 평을 단위로 하여 이를 정한다. 평의 10분의 1을 홉(合), 홉의 10분의 1을 작(勺)이라 칭한다. 면적에 1평 미만일 때는 홉위를 단위로 하고 1홉 미만인 때는 1홉으로 한다.
- 제26조 제2항 임야대장등록지 면적에 1묘 미만의 단수가 있을 때는 15보(步) 미만은 절하고 15보 이상은 묘(畝)로 절상하고 면적이 1묘 미만인 때에 보위를 단위로 하고 1보 미만인 때는 1보로 한다.

⑥ 1975년 「지적법」 전문개정

- 토지대장 및 임야대장 모두 면적등록 단위는 제곱미터(㎡)로 환산하여 등록하였다.
- 1976년부터 1980년까지 척관법을 미터법으로 환산 등록함으로써 등기의 단위도 제곱미터로 일원화되었다.

(2) 척관법

출제(용) : 104, 128, 134회

① 길이는 자(尺)을 기준으로 정해진다.

② 면적은 한 변이 6자(尺)인 정사각형의 면적을 1평(坪)으로 사용하였다.

③ 1910년 제정된 토지조사령에서는 지적(地積)의 단위는 평(坪) 또는 보(步)를 사용하였다.

④ 1950년 지적법 제정 당시의 내용

- 토지대장 등록지의 지적은 평(坪) 단위를 사용하였다.
- 임야대장 등록지의 지적은 정(町=10단), 단(段=10무), 무(畝=30평), 보(坪=1평) 단위를 사용하였다.
- 산토지대장의 등록은 30평(坪=1무) 단위로 등록하였다.

⑤ 토지대장 등록지의 기본단위

- 1평(坪)=6자(尺)×6자(尺)=1간(間)×1간(間)
- 1평(坪)의 10분의 1을 홉(合)이라고 하여 1평 미만일 때 등록하는 최소 단위로 하였다.

⑥ 임야대장 등록지의 기본단위

- 1정(町)=10단(段)=100무(畝)=3,000평(坪)=9,917㎡
- 1단(段)=10무(畝)=300평(坪)=992㎡
- 1무(畝)=30보(步)=30평(坪)=99㎡
- 1보(坪)=1평(坪)=6자(尺)×6자(尺)=3.3㎡

(3) 척관법(尺貫法)에 의한 면적 등록

① 토지조사사업을 시행하기 위해 발포한 토지조사령 "제3조 지반(地盤)의 측량에 있어서는 평(坪)또는 보(步)를 지적(地積)의 단위로 함"이라 규정되었다.

② 조선지세령 "제8조 지적(地積)은 평(坪)을 단위로 하여 이를 정한다."라고 규정되었다.

③ 조선임야대장규칙 "제6조 지적(地積)은 무(畝)를 단위로 하여 이를 정한다."라고 규정되었다.

④ 토지조사법 "제4조 지반의 측량에 사용하는 척도 및 지적(地積)의 명칭(名稱), 명위(命位)는 도량형법(度量衡法)의 규정에 의한다."라고 규정되었다.

⑤ 토지대장의 최소 단위는 평(坪) "제정 지적법 제7조 토지대장 등록지의 지적은 평 단위로 정한다.", "제정 지적법 제26조 임야대장 등록지의 지적(地積)은 무(畝) 단위로 정한다."와 같이 토지대장 등록지의 최소 등록 단위는 합(合)(10合 → 1坪)이다.

⑥ 임야대장의 최소면적 등록 단위는 보(步)이며 1보(步) → 1평(坪), 30보(步) → 1묘(畝), 10묘(畝) → 1단(段), 10단(段) → 1정(町)으로 등록하였다.

⑦ 간주지적도의 면적을 등록하였던 산토지대장(山土地臺帳), 을호토지대장(乙號土地臺帳), 별책토지대장(別冊土地臺帳)의 면적의 등록은 30평 단위로 하였다.

(4) 미터법

① 1875년 국제미터법의 협약이 체결되면서 세계적으로 미터법을 사용하게 되었다.

② 1902년 우리나라는 평식원(平式院)을 설립하고, 평식원 주도하에 36조의 「도량형규칙(1902.10.10)」을 관보에 공포하여 광무 7년(1903) 7월 1일부터 시행하고자 하였다.

③ 도량형법은 1905년 을사조약 체결 이후 1906년 통감부가 설치되면서 일제는 조선의 도량형을 일본과 같게 하여 1909년 〈도량형법〉으로 일본 도량형의 명칭과 제도를 시행하였다.

④ 1961년 우리나라만의 계량법을 갖게 되었으며, 1977년 도량형시행령이 제정되었다.

⑤ 미터법에 의한 면적의 등록 규정

- 토지대장 및 임야대장에 등록하는 면적은 제곱미터를 단위로 하여 이를 정한다.
- 1975년 제2차 지적법 개정 제7조 "토지대장 및 임야대장에 등록하는 면적은 제곱미터를 단위로 정한다."라고 하여 세계 공통의 미터법을 도입하였다.
- 1976년부터 1980년까지 척관법을 미터법으로 환산 등록함으로써 등기의 단위도 제곱미터로 일원화되었다.

(5) 평(坪)과 제곱미터(㎡)의 단위 변환

① 1910년 토지조사사업과 임야조사사업 당시부터 1950년 제정 지적법 당시까지 척관법을 사용하였다.

② 척관법에서는 면적 단위를 평(坪)과 보(步) 단위로 사용하였으나 1975년 12월31일 지적법을 전면 개정하면서 면적의 단위를 미터법에 의한 제곱미터(㎡) 단위로 사용하였다.

③ 지적공부에 등록된 척관법에 따른 평(坪) 또는 보(步)를 미터법에 따른 ㎡로 환산 등록하여 계산하였다.

④ 1m＝0.55간(間), 2m＝1.1간(間)이므로 정수로 맞추기 위해 20m＝11간(間)으로 하였다.

⑤ 1㎡＝1m×1m＝0.55간^2＝0.3025평(坪)=1㎡, 1평(坪)＝6자(尺)×6자(尺)＝1간(間)×1간(間)=1.818×1.818m=1.818㎡이다.

⑥ 그러므로 20m×20m＝400㎡, 11간(間)×11간(間)＝121평(坪)이다.

⑦ 정리하면 1평= $\frac{400}{121}$ =3.3057851㎡

1㎡= $\frac{121}{400}$ =0.3025평으로 400㎡＝121평이 된다.

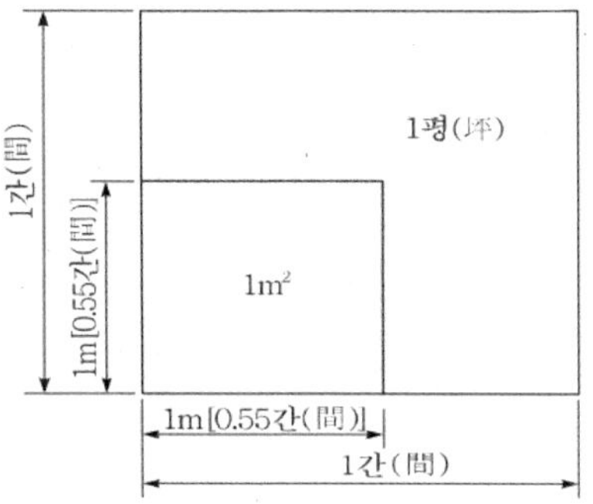

<그림 2-15> 미터와 간(間)

2.6.5. 면적 오차의 허용범위

출제(논) : 114, 132, 134회

2.6.5.1. 등록전환

(1) 면적 오차의 허용범위

① 임야대장의 면적과 등록전환될 면적의 오차 허용범위는 $A = 0.026^2M\sqrt{F}$ 식에 따른다. (A : 오차 허용면적, M : 임야도 축척분모, F : 등록전환될 면적)

② 오차의 허용범위를 계산할 때 축척이 3천분의 1인 지역의 축척분모는 6천으로 한다.

(2) 면적 배분 방법

① 임야대장의 면적과 등록전환될 면적의 차이가 $A = 0.026^2M\sqrt{F}$ 식에 따른 허용범위 이내인 경우에는 등록전환될 면적을 등록전환 면적으로 결정한다.

② 허용범위를 초과하는 경우에는 임야대장의 면적 또는 임야도의 경계를 지적소관청이 직권으로 정정하여야 한다.

2.6.5.2. 토지분할

(1) 면적 오차의 허용 범위

① 분할 후의 각 필지의 면적의 합계와 분할 전 면적과의 오차의 허용범위는 $A = 0.026^2M\sqrt{F}$ 식에 따른다. (A : 오차 허용면적, M : 축척분모, F는 원면적)

② 축척이 3천분의 1인 지역의 축척분모는 6천으로 한다.

(2) 분할 전후 면적의 차이를 배분한 산출 면적 계산

① 산출 면적(r) $= \frac{F}{A} \times a$ 식에 따라 필요한 자리까지 계산한다. (r : 각 필지의 산출 면적, F : 원면적, A : 측정면적 합계 또는 보정면적 합계, a : 각 필지의 측정면적 또는 보정면적)

② 결정면적은 원면적과 일치하도록 산출면적의 구하려는 끝자리의 다음 숫자가 큰 것부터 순차로 올려서 정한다.

③ 구하려는 끝자리의 다음 숫자가 서로 같을 때에는 산출면적이 큰 것을 올려서 정한다.

(3) 면적 배분 방법

① 분할 전후 면적의 차이가 $A = 0.026^2M\sqrt{F}$ 식에 따른 허용범위 이내인 경우 그 오차를 분할 후의 각 필지의 면적에 따라 나눈다.

② 허용범위를 초과하는 경우 지적공부상의 면적 또는 경계를 정정하여야 한다.

2.6.5.3. 경계점좌표등록부 시행 지역

① 분할 후 각 필지의 면적 합계가 분할 전 면적보다 많은 경우에는 구하고자 하는 끝자리의 다음 숫자가 작은 것부터 순차적으로 버려서 정하되, 분할 전 면적에 증감이 없도록 한다.

② 분할 후 각 필지의 면적 합계가 분할 전 면적보다 적을 경우에는 구하고자 하는 끝자리의 다음 숫자가 큰 것부터 순차적으로 올려서 정하되, 분할 전 면적에 증감이 없도록 한다.

2.6.6. 면적 결정 및 측량계산의 끝수 처리(오사오입)

출제(논) : 119회

(1) 면적 결정

① 지적도 축척이 1/600 지역과 경계점좌표등록부에 등록하는 지역

- 토지 면적은 제곱미터(㎡) 이하 한자리 단위로 한다.
- 0.1㎡ 미만의 끝수가 있는 경우 0.05㎡ 미만일 때에는 버리고 0.05㎡를 초과할 때에는 올린다.
- 0.05㎡일 때는 구하려는 끝자리의 숫자가 0 또는 짝수이면 버리고 홀수이면 올린다.
- 1필지의 면적이 0.1㎡ 미만일 때에는 0.1㎡로 한다.

② 지적도 축척이 1/1,000, 1/1,200, 1/3,000, 1/6,000인 지역

- 토지 면적은 제곱미터 이하 한자리 단위로 한다.
- 토지의 면적에 1㎡ 미만의 끝수가 있는 경우 0.5㎡ 미만일 때에는 버리고 0.5㎡를 초과하는 때에는 올린다.
- 0.5㎡일 때는 구하려는 끝자리의 숫자가 0 또는 짝수이면 버리고 홀수이면 올린다.
- 1필지의 면적이 1㎡ 미만일 때에는 1㎡로 한다.

(2) 면적 단위 결정

① 전자면적측정기에 따른 면적 측정은 1천분의 1㎡까지 계산하여 10분의 1㎡ 단위로 정한다.

② 좌표면적계산법에 따른 산출 면적은 1천분의 1㎡까지 계산하여 10분의 1㎡ 단위로 정한다.

(3) 끝수 처리 적용

① 방위각의 각치(角値), 종횡선의 수치 또는 거리를 계산하는 경우에 적용한다.

② 구하려는 끝자리의 다음 숫자가 5 미만일 때에는 버리고 5를 초과할 때에는 올리며, 5일 때에는 구하려는 끝자리의 숫자가 0 또는 짝수이면 버리고 홀수이면 올린다.

③ 전자계산조직을 이용하여 연산할 때에는 최종 수치에만 이를 적용한다.

2.6.7. 면적 지정분할

출제(용) : 119회

2.6.7.1. 면적 지정분할

① 특정한 필지의 면적을 조건에 맞추어 분할하는 것으로 수치이동측량에 많이 사용한다.
② 지적확정측량에서도 면적을 지정하여 필지를 구성할 때도 있다.
③ 가구 내의 한 필지를 지정하여 분할하기보다는 가구 내 필지를 구성하는 가운데 특정 필지의 면적을 맞추어야 하는 상황에 해당한다.
④ 사각형 토지분할의 형태는 AD 변에 BC 변이 평행한 경우와 AD 변에 BC 변이 평행하지 않았을 때 등 두 가지로 구분된다.

2.6.7.2. 면적 지정분할의 유형

(1) 두 변이 평행한 경우(AD//BC) 경우

① AD//BC이고, ∠PQC=ϕ일 경우
② AD//BC이고, ∠PQC=ϕ=90°일 경우
③ AD//BC이고, AB//PQ일 경우
④ AD//BC이고, AP(M)을 지정할 경우
⑤ AD//BC이고, BQ(N)을 지정할 경우

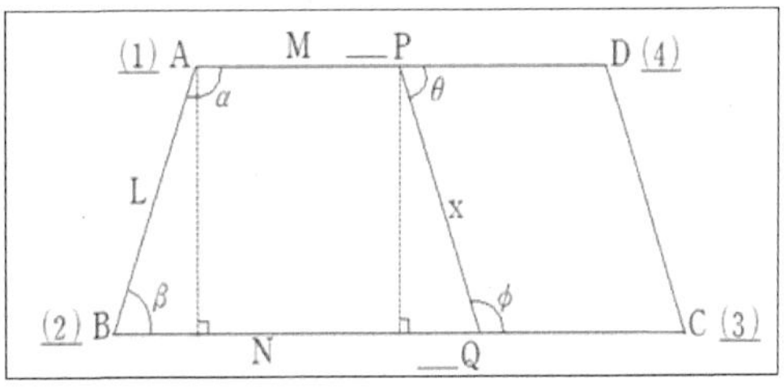

〈그림 2-16〉 AD//BC, ∠PQC=ϕ일 경우

(2) 두 변이 평행하지 않을 경우(AD≠BC)

① AD≠BC이고, ∠PQB=ϕ일 경우
② AD≠ BC이고, ∠PQB=ϕ=90°일 경우
③ AD≠BC이고, AB//PQ일 경우
④ AD≠BC이고, AP(M)의 거리를 지정할 경우
⑤ AD≠BC이고, BQ(N)를 지정할 경우

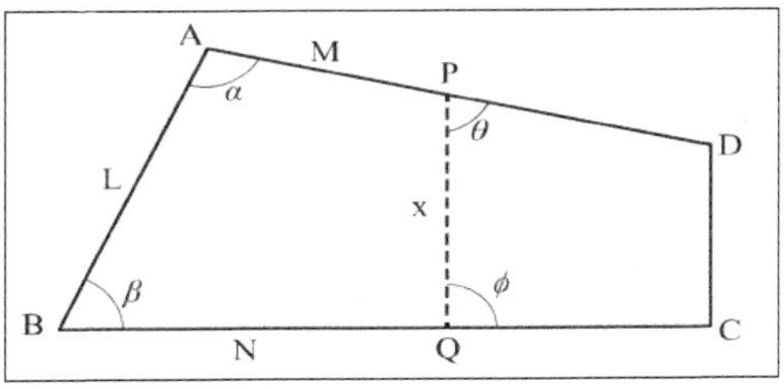

〈그림 2-17〉 AD≠BC, ∠PQB=ϕ일 경우

2.6.7.3. 면적 지정분할의 절차

(1) 종횡선차 계산

① 종선차(Δx) = $X_B - X_A$

② 횡선차(Δy) = $Y_B - Y_A$ (X_A, X_B : A, B점의 X 좌표, Y_A, Y_B : A, B점의 Y 좌표)

(2) 방위각 계산

① AD 방위(θ) = $\tan^{-1}(\frac{\Delta y}{\Delta x})$ (AD상한 결정)

② AD 방위각(V_a^d)은 AD 방위를 이용하여 결정한다.

③ AB 방위(θ) = $\tan^{-1}(\frac{\Delta y}{\Delta x})$ (AB상한 결정)

④ AB 방위각(V_a^b)은 AB 방위를 이용하여 결정한다.

⑤ BA 방위각(V_b^a) = $V_a^b \pm 180°$ 은 AB의 역방위각이다.

⑥ BC 방위(θ) = $\tan^{-1}(\frac{\Delta y}{\Delta x})$ (BC 상한 결정)

⑦ BC 방위각(V_b^c)은 BC 방위를 이용하여 결정한다.

(3) 거리계산

① AB의 거리(AB) = $\sqrt{\Delta x^2 + \Delta y^2}$

② AD의 거리(AD) = $\sqrt{\Delta x^2 + \Delta y^2}$, BC의 거리(BC) = $\sqrt{\Delta x^2 + \Delta y^2}$ 를 계산한다.

(4) 내각(β)계산

① 내각(β) = $V_b^c - V_b^a$

② BC 방위각(V_b^c)에서 BA 방위각(V_b^a)을 뺀 값이다.

(5) x, M, N값 계산

① PQ의 거리 x 값을 계산한다.
② AP의 거리 M과 BQ의 거리 N을 계산한다.
③ M과 N의 값은 P점과 Q점의 좌표계산하기 위한 것이다.

(6) P점 좌표 계산

① A점에서 P점의 X, Y 점의 좌표를 계산한다.
② B점에서 Q점의 X, Y 점의 좌표를 계산한다.

(7) 면적지정 검산

① 면적(F) = APQB = $\frac{(M+N)}{2} \cdot L \cdot \sin\beta$으로 검산하여 지정된 면적을 확인한다.

② 면적(F) = $\frac{1}{2}x_1(y_2-y_5)+x_2(y_3-y_1)+x_3(y_4-y_2)+x_4(y_5-y_3)+x_5(y_1-y_4)$ 또는 면적(F) = $\frac{1}{2}y_1(x_2-x_5)+y_2(x_3-x_1)+y_3(x_4-x_2)+y_4(x_5-x_3)+y_5(x_1-x_4)$ 방법이 있다.

2.6.7.4. 면적 지정분할의 적용

① 토지소유자가 매매, 증여를 위해 정해진 면적을 맞추어 분할할 경우에 사용한다.
② 상속받은 토지의 경우 상속자 각각의 지분에 따라 분할을 요구할 경우에 적용하여 분할한다.
③ 공유지연명부에 등록된 면적 비율로 분할 하고자 할 경우에 적용한다,

2.7. 지적위원회

출제(용) : 125회, (논) : 98, 104, 111, 119, 123, 128회

지적위원회에는 중앙지적위원회와 지방지적위원회로 구성하며 지방지적위원회는 지적측량에 대한 적부심사 청구 사항을 심의·의결하기 위하여 시도에 두었다. 중앙지적 위원회는 국토교통부 소속으로 두어 심의·의결과 지적측량적부재심사를 하는 기능을 한다.

2.7.1. 중앙지적위원회

출제(용) : 66회

(1) 중앙지적위원회의 구성

① 위원장 1명과 부위원장 1명을 포함하여 5명 이상 10명 이하의 위원으로 구성한다.

② 위원장은 국토교통부의 지적업무 담당 국장이, 부위원장은 국토교통부의 지적업무 담당 과장이 된다.

③ 위원은 지적에 관한 학식과 경험이 풍부한 사람 중에서 국토교통부장관이 임명하거나 위촉한다.

④ 위원장과 부위원장을 제외한 위원의 임기는 2년으로 한다.

⑤ 중앙지적위원회의 간사는 국토교통부의 지적업무 담당 공무원 중에서 국토교통부장관이 임명하며, 회의 준비, 회의록 작성 및 회의 결과에 따른 업무 등 중앙지적위원회의 서무를 담당한다.

(2) 위원의 제척·기피·회피

① 중앙지적위원회의 위원이 다음에 해당하는 때에는 중앙지적위원회의 심의·의결에서 제척(除斥)된다.

- 위원 또는 그 배우자나 배우자이었던 사람이 해당 안건의 당사자가 되거나 그 안건의 당사자와 공동권리자 또는 공동의무자인 경우
- 위원이 해당 안건의 당사자와 친족이거나 친족이었던 경우
- 위원이 해당 안건에 대하여 증언, 진술 또는 감정을 한 경우

- 위원이나 위원이 속한 법인·단체 등이 해당 안건의 당사자의 대리인이거나 대리인이었던 경우
- 위원이 해당 안건의 원인이 된 처분 또는 부작위에 관여한 경우

② 해당 안건의 당사자는 위원에게 공정한 심의·의결을 기대하기 어려운 사정이 있는 경우에는 중앙지적위원회에 기피 신청을 할 수 있고, 중앙지적위원회는 의결로 이를 결정한다.

③ 위원이 제척 사유에 해당할 때는 스스로 해당 안건의 심의·의결에서 회피하여야 한다.

④ 국토교통부장관은 중앙지적위원회의 위원이 심신장애로 인하여 직무를 수행할 수 없게 된 경우, 직무 태만, 품위손상이나 그 밖의 사유로 인하여 위원으로 적합하지 아니하다고 인정될 때는 해당 위원을 해임하거나 해촉(解囑)할 수 있다.

(3) 중앙지적위원회의 회의

① 위원장은 위원회의 회의를 소집하고 그 의장이 된다.

② 회의는 재적 위원 과반수(위원장과 부위원장 포함)의 출석으로 개의하고 출석위원 과반수의 찬성으로 의결한다.

③ 위원회는 관계인을 출석시켜 의견을 들을 수 있으며, 필요한 경우에는 현지조사를 할 수 있다.

④ 위원장이 회의를 소집하는 때에는 회의일시·장소 및 심의 안건을 회의 5일 전까지 각 위원에게 서면으로 통지하여야 한다.

⑤ 지적기술자의 징계는 징계 대상자와 4촌 이내의 친족관계에 있거나 징계사유와 관련이 있는 경우에는 위원이 심의 또는 의결에 참석할 수 없다.

(4) 현지조사자의 지정

① 중앙지적위원회가 현지조사를 하려는 경우에는 관계 공무원을 지정하여 지적측량 및 자료조사 등 현지조사를 하고 그 결과를 보고하게 할 수 있다.

② 필요할 때는 지적측량수행자에게 그 소속 지적기술자 중 지적 분야 측량기술자를 참여시키도록 요청할 수 있다.

(5) 중앙지적위원회 심의·의결 사항

① 지적관련 정책개발 및 업무 개선 등에 관한 사항

② 지적측량기술의 연구·개발 및 보급에 관한 사항

③ 지적측량적부심사에 대한 재심사(再審査)

④ 측량기술자 중 지적 분야 지적기술자 양성에 관한 사항

⑤ 지적기술자의 업무정지 처분 및 징계 요구에 관한 사항

(6) 지적측량적부심사에 관한 재심사

① 지적측량적부심사의 재심사 청구를 하려는 자는 재심사 청구에서 지방지적위원회의 지적측량적부심사 의결서 사본을 첨부하여 국토교통부장관을 거쳐 중앙지적위원회에 제출하여야 한다.

② 중앙지적위원회가 재심사를 의결하였을 때는 위원장과 참석 위원 전원이 서명 및 날인한 의결서를 지체없이 국토교통부장관에게 송부하여야 한다.

③ 재심사 의결 시에는 위원장과 참석위원 전원이 서명날인한 의결서를 지체없이 국토교통부장관에게 송부하여야 한다.

④ 의결서를 송부받은 국토교통부장관은 그 사본을 작성하여 시, 도지사에게 송부하여야 한다.

⑤ 소관청은 시도지사에게서 받은 의결서 사본 내용에 따라 지적공부의 등록 사항을 정정하거나 측량성과를 수정하여야 한다.

2.7.2. 지방지적위원회

(1) 지방지적위원회의 구성

① 위원장 1명과 부위원장 1명을 포함하여 5명 이상 10명 이하의 위원으로 구성한다.

② 위원장은 시도의 지적업무 담당 국장이, 부위원장은 시도의 지적업무 담당 과장이 된다.

③ 위원은 지적에 관한 학식과 경험이 풍부한 사람 중에서 특별시장·광역시장·특별자치시장·도지사 또는 특별자치도지사가 임명하거나 위촉한다.

④ 위원장과 부위원장을 제외한 위원의 임기는 2년으로 한다.

⑤ 지방지적위원회의 간사는 시도의 지적업무 담당 공무원 중에서 특별시장·광역시장·특별자치시장·도지사 또는 특별자치도지사가 임명한다.

⑥ 회의 준비, 회의록 작성 및 회의 결과에 따른 업무 등 지방지적위원회의 서무가 담당한다.

(2) 지방지적위원회의 기능

① 지적측량에 대한 적부심사 청구 사항을 심의·의결하기 위해 시도에 지방지적위원회를 둔다.

② 다음의 내용으로 지적측량 적부심사청구를 회부받은 지방지적위원회는 그 심사청구를 회부받은 날부터 60일 이내에 심의·의결하여야 한다.

- 다툼이 되는 지적측량의 경위 및 그 성과
- 해당 토지에 대한 토지이동 및 소유권 변동 연혁
- 해당 토지 주변의 측량기준점, 경계, 주요 구조물 등 현황 실측도

③ 지방지적위원회는 지적측량 적부심사를 의결하였으면 의결서를 작성하여 시·도지사에게 송부하여야 한다.

(3) 지방지적위원회의 회의

① 위원장은 위원회의 회의를 소집하고 그 의장이 된다.

② 회의는 재적 위원 과반수(위원장과 부위원장 포함)의 출석으로 개의하고 출석 위원 과반수의 찬성으로 의결한다.

③ 위원회는 관계인을 출석시켜 의견을 들을 수 있으며, 필요한 경우에는 현지조사를 할 수 있다.

④ 위원장이 회의를 소집하는 때에는 회의일시·장소 및 심의 안건을 회의 5일 전까지 각 위원에게 서면으로 통지하여야 한다.

2.7.3. 지적측량의 적부심사

출제(용) : 83회, (논) : 86, 92, 98, 101, 110, 122, 131회

지적측량적부심사 제도는 지적업무 또는 지적측량에 관련된 업무가 행정소송의 대상이 되지 못하였기 때문에 지적측량적부심사에 대한 제한적이지만 청구인들의 침해된 권리와 이익을 구제하기 위해 제정된 제도라고 볼 수 있다. 지적측량성과에 대한 다툼이 있는 경우에 청구인의 시간적·경제적·정신적인 부담을 줄이면서도 지적위원회가 당사자 간에 정확한 성과를 제시함으로써 신속하고 정확하게 지적측량성과에 대한 분쟁을 해결하기 위해 설립된 것이다.

2.7.3.1. 지적측량적부심사의 변천

출제(논) : 111회

① 지적측량사규정(1960.12.32. 국무원령 제176호) 제26조~제37조 지적측량사의 지적측량에 대한 적부를 심사하기 위하여 지적측량심의회를 두도록 규정하였으며, 심의회는 중앙심의회와 지방심의회로 구분하여 중앙심의회는 재무부에, 지방심의회는 사세청에 두도록 규정하고 있다.

② 지적측량사규정시행규칙 (1962.02.07. 재무부령 제194호) 제10조 지적측량의 심의 대상을 경계감정측량에 이의가 있을 때, 측량검사에 불복이 있을 때, 지적측량에 관하여 관계인의 심의 요구가 있을 때로 규정하고 있다.

③ 지적법

- 지적법(1975년) 전문개정 제42조 내무부장관 소속하에 지적위원회를 두고 지적측량의 적부심사에 관한 사항을 심의·의결하도록 규정하고 있다.
- 지적법(1995) 개정 제42조의 2 토지소유자 또는 이해관계인은 이 법에 의한 지적측량성과에 대하여 다툼이 있는 경우에 관할 도지사를 거쳐 지방지적위원회에 지적측량적부심사를 청구할 수 있도록 규정하여 내무부장관 소속하에 중앙지적위원회를 시·도지사 소속으로 지방지적위원회를 설치하도록 개선하여 다시 2심제를 채택하였다.
- 지적법(2002) 제45조 토지소유자 또는 이해관계인은 지적측량성과에 대하여 다툼이 있는 경우에는 관할 시·도지사를 거쳐 지방지적위원회에 지적측량적부심사를 청구할 수 있도록 규정하였다.

④ 지적법시행령

- 지적법시행령(1986) 제80조 지적측량적부심사는 측량성과에 다툼이 있는 경우에 한하여 관할 도지사를 거쳐 지적위원회에 제출할 수 있도록 규정, 도지사는 측량자별 측량성과, 측량경위, 당해 토지에 대한 토지이동 및 소유권변동연혁 등을 조사하고 의견서를 내무부장관에게 송부하도록 규정하고 있다.
- 지적법시행령(1992) 제80조 지적측량적부심사는 측량성과에 다툼이 있는 경우에 청구할 수 있다. 이 경우에도 적부심사의 대상이 2회 이상 실시한 측량성과에 대한 다툼으로 제한하고 있다.
- 지적법시행령(2002) 제55조 지적측량적부심사를 청구하고자 하는 토지소유자 또는 이해관계인은 지적측량을 신청하여 측량한 후 심사청구서에 그 측량성과와 심사청구경위서를 첨부하여 시·도지사에게 제출하도록 규정하였다.

⑤ 지적법시행규칙

- 지적법시행규칙(1976) 제35조 지적측량결과에 이의가 있어 적부심사를 청구하고자 하는 자는 청구서를 관할 도지사를 거쳐 지적위원회에 제출하도록 개선하였다.

2.7.3.2. 적부심사 청구

① 지적측량적부심사를 청구하려는 자는 심사청구서에 다음의 구분에 따른 서류를 첨부하여 시·도지사를 거쳐 지방지적위원회에 제출하여야 한다.

- 토지소유자 또는 이해관계인 : 지적측량을 의뢰하여 발급받은 지적측량성과
- 지적측량수행자(지적측량수행자 소속 지적기술자가 청구하는 경우만 해당한다) : 직접 실시한 지적측량성과

② 시·도지사는 현황 실측도를 작성하는 데 필요한 경우에는 관계 공무원을 지정하여 지적측량을 하게 할 수 있으며, 필요하면 지적측량수행자에게 그 소속 지적기술자를 참여시키도록 요청할 수 있다.

2.7.3.3. 지적측량의 적부심사

① 토지소유자 또는 이해관계인은 지적측량성과에 대하여 다툼이 있는 경우에 관할 시·도지사를 거쳐 지방지적위원회에 지적측량적부심사를 청구할 수 있다.

② 지적측량적부심사 청구서를 받은 시·도지사는 30일 이내에 다음의 사항을 조사하여 지방지적위원회에 회부하여야 한다.

- 측량자별 측량 경위 및 측량성과
- 당해 토지에 대한 토지이동 연혁·소유권변동 연혁 및 조사 측량성과

③ 지적측량적부심사 청구서 등을 회부받은 지방지적위원회는 그날부터 30일 이내에 심의·의결하여야 하나 부득이한 경우에는 1차에 한하여 지방지적위원회의 의결로써 30일 이내에서 그 기간을 연장할 수 있다.

④ 지방지적위원회가 지적측량적부심사 의결을 한 때는 지적측량적부심사 의결서를 작성하여 시·도지사에게 송부하여야 한다.

⑤ 시도지사는 지적측량적부심사 의결서를 송부받은 날부터 7일 이내에 적부심사 청구인 및 이해관계인에게 통지하여야 한다.

⑥ 의결서를 통지받은 자가 지방지적위원회의 의결에 불복하는 때에는 의결서를 통지받은 날부터 90일 이내에 국토교통부장관을 거쳐 중앙지적위원회에 재심사를 청구할 수 있다.
⑦ 지방지적위원회의 의결서를 송부받은 시·도지사는 당해 지적측량적부심사 청구인 또는 이해관계인이 90일 이내에 재심사 청구를 하지 않을 때는 지방지적위원회의 의결서 사본을 첨부하여 소관청에 송부하여야 한다.
⑧ 지적측량적부심사 청구인 또는 이해관계인이 재심사 청구를 한 때에는 송부받은 중앙지적위원회의 의결서 사본에 지방지적위원회의 의결서 사본을 첨부하여 소관청에 송부하여야 한다.
⑨ 의결서 사본을 송부받은 소관청은 그 내용에 따라 지적공부의 등록 사항을 정정하거나 측량성과를 수정하여야 한다.

2.7.3.4. 지적측량의 적부심사 의결

① 지방지적위원회는 지적측량적부심사를 의결하였으면 위원장과 참석위원 전원이 서명 및 날인한 지적측량적부심사 의결서를 지체없이 시·도지사에게 송부하여야 한다.
② 시·도지사가 지적측량적부심사 의결서를 지적측량적부심사 청구인 및 이해관계인에게 통지할 때에는 재심사를 청구할 수 있음을 서면으로 알려야 한다.

2.7.3.5. 지적측량적부심사의 현황

(1) 심사 결과의 구속력 부족

① 지방지적위원회와 중앙지적위원회에서 의결한 지적측량적부심사 결과에 대해 법원과 같은 구속력이 없어 청구인이 그 결과를 인정하지 않는다.
② 지방지적위원회의 심사는 1차적인 판단을 한 결과로 이에 대한 강력한 구속력이 없이는 지적위원회의 위치가 모호하며, 구성의 필요성까지 의구심을 가져올 수 있다.
③ 중앙지적위원회에 회부된 안건에 대하여 문제가 없다고 판단되면 지적측량수행자 또한 청구인에게 무고함을 호소할 방안이 제도적으로 있어야 할 것이다.

(2) 의견제시 기회 부족

① 지적측량적부(재)심사의 청구 안건 심의 시에 청구인이나 지적측량수행자를 출석시키지 않아 자신의 의견을 제시할 기회가 없는 실정이다.

② 지적측량적부심사 청구서 양식에 심사청구경위서를 작성하는데 청구인 및 지적측량수행자의 구두 설명이 전혀 없이 지적위원회의 심사가 이루어지고 있다.

③ 지적위원회에서는 관계인에게 해당한다고 하더라도 반드시 출석시킬 필요는 없으며, 원칙적으로 불출석을 원칙으로 하고 있다.

④ 비공개 심의를 원칙으로 하며 필요한 때에만 관계인을 출석시키도록 하는 것이 일반적인 원칙이다.

(3) 조사 측량의 신뢰성 부족

① 지방지적위원회가 현지조사를 하고자 하는 때에는 지적측량 및 자료조사 등 현지조사와 조사측량성과를 작성하기 위하여 지적직 공무원을 지정하여 지적측량을 하게 할 수 있다.

② 현지조사는 지적직 공무원의 입회하에, 한국국토정보공사에 소속된 지적기술자가 조사 측량을 하고 있다.

③ 지적측량수행자는 지적측량업자와 한국국토정보공사로 지적측량을 한국국토정보공사만이 아닌 제3의 기관에서도 실시할 수 있다는 규정으로 조사 측량에 대한 형평성 측면에서도 문제가 제기될 수 있다.

(4) 지적위원회위원 구성의 전문성 결여

① 지적측량적부심사 청구 내용의 대부분이 토지소유자 간의 경계분쟁 및 사유 재산상의 이해관계 등에 대한 적부를 판단하는 심의로써 지적측량에 대한 풍부한 학식과 고도의 기술적 지식을 요구한다.

② 지적측량에 대한 풍부한 현장경험이 있어야만 정확한 지적측량의 적부를 심의할 수 있는 특수한 사안이다.

③ 지적측량업무는 대부분 현장에 출장하여 집행하는 기술적인 측량업무로서 업무 특성상 위원회의 위원은 학문적인 분야도 중요하지만, 기술적인 측면이 우선되어야 하므로 선택의 폭이 매우 좁다.

2.8. 지적공부

출제(용) : 71회, (논) : 62, 63, 78, 80, 83, 84, 87, 101, 110, 119회

지적공부(Cadastral Record)란 토지대장·임야대장·공유지연명부·대지권등록부, 지적도·임야도(도면) 및 경계점좌표등록부 그리고 지적공부에 등록할 사항을 전산정보처리조직에 의하여 자기디스크·자기테이프 그밖에 이와 유사한 매체에 기록·저장 및 관리하는 집합물을 말한다. 지적공부는 국가의 공적장부로서 소관청(시장, 군수, 구청장)에서 관리하며 전산처리조직에 의한 지적공부의 관리·운영은 지역 전산본부(시·도 또는 시군구)에서 보관하고 관리한다. 현재는 모든 지적공부는 전산처리조직에 의한 파일형태의 지적공부로 공시는 지적공부의 열람과 등본의 교부, 지적전산자료의 이용·활용 및 그 사용료 등, 지적공부의 비치·보존과 반출에 관한 사항을 규정하고 있다.

2.8.1. 지적공부의 변천 과정

출제(논) : 110회

① 제정 지적법(1950.12.1.) 제1조 제2항 지적공부란 토지대장, 지적도, 임야대장 및 임야도를 말한다.

② 개정 지적법(전문개정 1975.12.31.) 제2조 제1호 지적공부는 토지대장, 지적도, 임야대장, 임야도 및 수치지적부를 말한다.

③ 개정 지적법(1986.5.8.)

- 제2조 제1호 지적공부는 토지대장, 지적도, 임야대장, 임야도 및 수치지적부를 말한다.
- 지적도와 임야도를 각 2부 작성하여 재조제용과 민원처리용으로 재구분 사용하도록 하였다.
- 제14조 소관청은 지적공부(地籍화일은 제외한다)가 더럽혀지거나 헐어져서 그 효용을 다할 수 없을 때에는 도지사를 거쳐 내무부장관의 승인을 얻어 이를 다시 작성할 수 있다.

④ 개정 지적법(전문개정 1995.1.5.) 제2조 제1호 지적공부는 토지대장, 지적도, 임야대장, 임야도 및 수치지적부로서 내무부령이 정하는 바에 의하여 작성된 대장 및 도면과 전산정보처리조직에 의하여 처리할 수 있는 형태로 작성된 화일을 말한다.

⑤ 개정 지적법(전문개정 2001.1.26.)

- 제2조 제1호 가목 지적공부는 토지대장, 임야대장, 공유지연명부, 대지권등록부(이하 "대장"이라 한다), 지적도·임야도(이하 "도면"이라 한다) 및 경계점좌표등록부를 말한다.
- 제2조 제1호 나목 가목의 지적공부에 등록할 사항을 이 법이 정하는 바에 따라 전산정보처리조직에 의하여 자기디스크·자기테이프 그 밖에 이와 유사한 매체에 기록·저장 및 관리하는 집합물을 말한다.
- 집합건물의 소유 및 관리에 관한 법률에 의하여 대지권표시의 등기를 한 토지의 공유지연명부를 별도 작성 정리하도록 하였다.

⑥ 측량·수로조사 및 지적에 관한 법률(2009. 12. 10.) 제2조 제19호 지적공부란 토지대장, 임야대장, 공유지연명부, 대지권등록부, 지적도, 임야도 및 경계점좌표등록부 등 지적측량 등을 통하여 조사된 토지의 표시와 해당 토지의 소유자 등을 기록한 대장 및 도면(정보처리시스템을 통하여 기록·저장된 것을 포함한다)을 말한다.

⑦ 공간정보의 구축 및 관리 등에 관한 법률(2014. 6. 3.) 제2조 제19호 지적공부란 토지대장, 임야대장, 공유지연명부, 대지권등록부, 지적도, 임야도 및 경계점좌표등록부 등 지적측량 등을 통하여 조사된 토지의 표시와 해당 토지의 소유자 등을 기록한 대장 및 도면(정보처리시스템을 통하여 기록·저장된 것을 포함한다)을 말한다.

2.8.2. 지적공부의 기본정보

출제(논) : 62, 78회

지적공부의 등록 사항에 관해서는 법령에 규정되어 있지만 크게 나누면 토지 표시에 대한 등록 사항과 및 소유권의 표시에 대한 등록 사항과 기타 등록 사항으로 분류할 수 있다.

(1) 토지 표시의 정보

① 토지등기부의 표제부에 등기되는 사항의 기초가 된다.

② 변경등기도 토지대장과 임야대장에 등록된 토지 표시 사항을 근거로 이루어진다.

③ 토지 소재, 지번, 지목, 면적, 경계 또는 좌표, 면적 등을 등록한다.

(2) 소유권 표시의 정보

① 소유자주소, 주민등록번호 또는 법인등록번호, 성명 또는 명칭이다.
② 토지등기부 개설 시 최초로 갑구 난에 등기되는 사항과 동일하다.
③ 등기부가 개설된 이후의 소유권 표시 사항은 등기관서의 등기필 통지서에 의하여 토지대장과 임야대장을 정리하여야 한다.

(3) 기타 표시에 관한 정보

① 필지별 고유번호, 도면번호, 축척, 도곽선 수치, 용도지역, 지적측량기준점의 위치 등이 이에 해당한다.

2.8.3. 지적공부의 종류 및 등록 사항

출제(논) : 80, 84, 87회

지적공부는 대장과 도면 및 경계점좌표등록부와 전산정보처리조직에 의한 파일을 말한다. 대장(Cadastral Book)은 토지대장, 임야대장, 공유지연명부, 대지권등록부를 말하며, 현재는 전산정보처리조직으로 정리하고 있다. 도면(Cadastral Map)은 지적도와 임야도를 말하며 경계점좌표등록부는 제2차 지적법 전문(1975. 12. 31)개정 당시에 수치 측량을 도입함으로써 1976년부터 등록하기 시작한 지적공부이며 각 필지의 경계점의 위치를 평면직각종횡선 수치(X, Y)로 등록한 제도이다.

2.8.3.1. 대장

① 대장의 종류는 부책식 대장과 카드식 대장, 전산정보처리조직에 의한 지적공부로 구분할 수 있다.
② 토지·임야대장의 등록 사항
- 토지의 소재·지번·지목·면적
- 소유자의 성명 또는 명칭, 주소 및 주민등록번호(국가·지방자치단체·법인·법인 아닌 사단이나 재단 및 외국인의 등록번호는 부동산등기법에 따라 부여된 부동산등기용 등록번호를 말함)
- 토지고유번호(각 필지를 서로 구별하기 위하여 필지마다 붙이는 고유한 번호)

- 도면번호와 필지별 대장의 장번호 및 축척
- 토지의 이동 사유 및 토지소유자가 변경된 날과 그 원인
- 토지 등급 또는 기준수확량 등급과 그 설정·수정 연월일
- 개별공시지가와 그 기준일

2.8.3.2. 공유지연명부

① 공유지연명부란 1필지를 2인 이상이 소유할 때 소유자별 내용을 기록하는 장부로서, 토지대장 및 임야대장의 소유권란에는 '○○○외 ○인'이라 등록한다.

② 공유자에 관한 지분·성명 또는 명칭·주소·주민등록번호 등 등기사항을 등록한다.

③ 공유토지에 대한 대장 등본 등을 발행할 때 반드시 공유자의 표시를 하여야 한다.

④ 소관청은 대장에 등록하는 1필지의 토지소유자가 2인 이상인 때에는 공유지연명부를 비치한다.

⑤ 공유지연명부 등록 사항

- 토지의 소재·지번 및 소유권 지분
- 소유자의 성명 또는 명칭, 주소 및 주민등록번호
- 토지의 고유번호
- 필지별 공유지연명부의 장 번호
- 토지소유자가 변경된 날과 그 원인

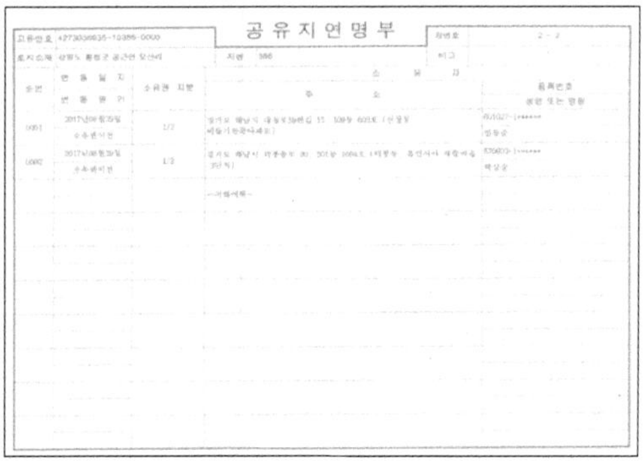
공 유 지 연 명 부

<그림 2-18> 공유지연명부

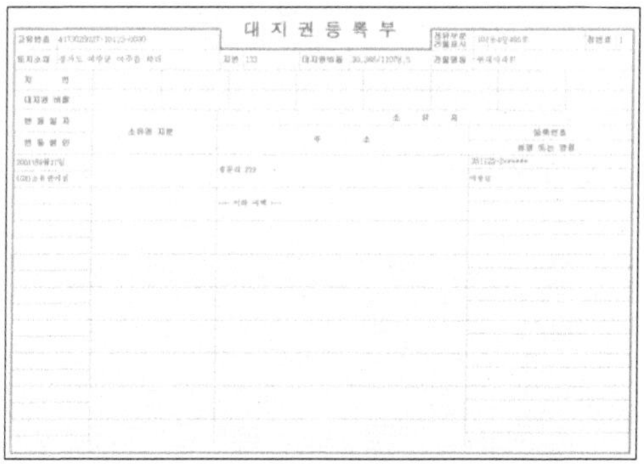
대 지 권 등 록 부

<그림 2-19> 대지권등록부

2.8.3.3. 대지권등록부

출제(용) : 78회

지적소관청은 토지대장 또는 임야대장에 등록하는 토지에 대하여 토지대장 및 임야대장의 소유권 변동 원인란에 '○○년 ○○월 ○○일 대지권 설정' 또는 '○○년 ○○월 ○○일 일부 대지권 설정'이라 등록한다. 집합건물의 대지권을 등록하는 대지권등록부에 구분소유 단위별로 소유자에 관한 등기사항을 등록한다.

(1) 대지권등록부 등록 사항

① 토지의 소재, 지번, 대지권 비율
② 소유자의 성명 또는 명칭, 주소 및 주민등록번호
③ 토지의 고유번호, 전유부분의 건물표시
④ 건물 명칭, 집합 건물별 대지권등록부의 장 번호
⑤ 토지소유자의 변경된 날과 그 원인
⑥ 소유권 지분

(2) 대지권등록부의 정리

① 토지대장 및 임야대장의 소유권 변동 원인란에 ○○년 ○○월 ○○일 대지권 설정 또는 ○○년 ○○월 ○○일 일부 대지권 설정이라 등록한다.
② 대지권등록부에 구분소유 단위별로 소유자에 관한 등기사항을 등록한다.

2.8.3.4. 경계점좌표등록부

경계점좌표등록부는 각 필지단위로 경계점의 위치를 좌표로 등록, 공시하는 지적공부를 말한다.

(1) 변천 과정

① 수치측량의 도입에 따라 1976년부터 새로이 작성하기 시작하여 수치지적부라는 명칭을 사용하였다.

② 1995년부터는 농업생산기반정비사업 지구의 지적확정측량도 경위의측량으로 하여 경계점좌표등록부를 비치하게 되어 있다.

③ 2002년 지적법 전문개정 시 일반 국민이 이해하기 쉬운 용어로 변경하여 경계점좌표등록부라는 명칭을 사용하게 된 지적공부이다.

④ 소관청은 도시개발사업 등으로 인하여 필요하다고 인정되는 지역 안의 토지에 대해서는 경계점좌표등록부를 비치한다.

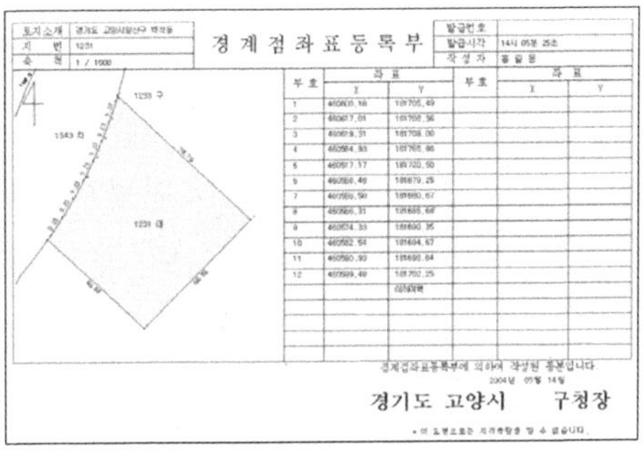

〈그림 2-20〉 경계점좌표등록부

(2) 경계점좌표등록부 작성 대상

① 도시개발사업 시행 지역에 의한 지적확정측량 지역

② 시가지 지역의 축척변경 측량 지역

③ 농촌지역의 경지정리 지역

④ 경계점좌표등록부를 비치한 지역에 있어서 토지의 경계 결정과 지표상의 복원은 좌표에 의하여야 한다.

(3) 경계점좌표등록부의 등록 사항

① 토지의 소재, 지번, 좌표

② 토지의 고유번호, 도면번호

③ 필지별 경계점좌표등록부의 장 번호

④ 부호 및 부호도

(4) 경계점좌표등록부를 비치하는 지역의 측량

① 각 필지의 경계점을 측정하는 때에는 도선법·방사법 또는 교회법에 따라 좌표를 산출하여야 한다.

② 기존의 경계점좌표등록부를 비치하는 지역의 경계점에 접속하여 경위의 측량 방법 등으로 지적확정측량을 하는 경우 동일한 경계점의 측량성과가 서로 다른 때에는 경계점좌표등록에 등록된 좌표를 그 경계점의 좌표로 본다.

(5) 토지분할 시 면적 결정

① 분할 후 각 필지의 면적 합계가 분할 전 면적보다 큰 경우에는 구하고자 하는 끝자리의 다음 숫자가 작은 것부터 순차적으로 버려서 정하되, 분할 전 면적에 증감이 없도록 할 것

② 분할 후 각 필지의 면적 합계가 분할 전 면적보다 작으면 끝자리의 다음 숫자가 큰 것부터 순차적으로 올려서 정하되, 분할 전 면적에 증감이 없도록 할 것

(6) 경계점좌표등록부 정리

① 경계점좌표등록부의 시행 지역에 분할, 합병, 등록사항정정 등으로 경계가 변동된 경우에는 대장 정리와 동시에 경계점좌표등록부에 등록된 부호도와 부호 및 좌표를 정리하여야 한다.

② 부호도의 각 필지의 경계점 부호는 왼쪽 위에서부터 오른쪽으로 경계를 따라 아라비아 숫자로 연속하여 부여한다.

③ 빈번한 토지의 이동으로 부호도가 복잡한 경우에는 여백에 새로이 정리할 수 있다.

2.8.3.5. 도면

도면(Cadastral Map)은 지적도와 임야도를 말하는데, 주로 토지에 대한 소유권 등 물권이 미치는 범위와 모양 등을 나타내는 경계를 등록, 공시하는 지적공부를 말한다. 지적도는 토지대장에 등록된 필지의 경계를 표시한 도면, 임야도는 임야대장에 등록된 필지의 경계를 표시한 도면이다.

(1) 도면의 등록 사항

① 토지의 소재·지번·지목 및 경계

② 도면의 색인도 및 도곽선과 그 수치

③ 도면의 제명 및 축척

④ 좌표에 의하여 계산된 경계점 간의 거리(경계점좌표등록부 비치 지역)

⑤ 삼각점 및 지적측량기준점의 위치

⑥ 건축물 및 구조물 등의 위치

(2) 지적도와 임야도의 축척

① 축척은 분모의 숫자가 작은 것을 대축척이라 하고, 분모의 숫자가 큰 것을 소축척이라고 한다.

② 지적도 : 1/500, 1/600, 1/1000, 1/1200, 1/2400, 1/3000, 1/6000

③ 임야도 : 1/3000, 1/6000

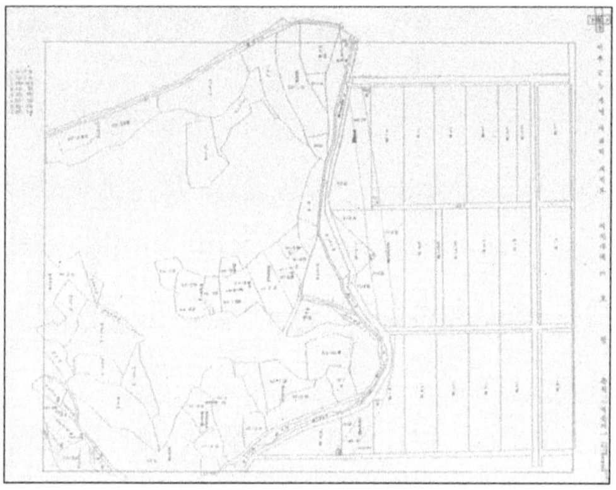

<그림 2-21> 지적도

<그림 2-22> 임야도

2.8.3.6. 지적파일

출제(용) : 66회

① 토지대장과 임야대장, 수치지적 등을 전산 조직에 의하여 등록한 파일로서 시도 지역전산본부에서 보관하고 있으며 현재까지는 대장 사항과 도면 등록 파일도 함께 지적공부로서 관리된다.

② 1975년도부터 지적도면 전산화 작업은 경계점좌표등록부에 등재된 각 필지의 좌표를 필지별로 입력하고, 속성값을 부여하여 파일을 구축하였다.

③ 도해지역의 파일화 작업은 축척이 1/600, 1/1,200인 시가지, 준시가지 지역과 임야 지역에서는 수동 독취하며 좌표독취 방법은 스캐닝에 의한 방법과 디지타이징에 의한 방법이 있다.

④ 스캐닝에 의한 방법은 작업능률 및 경제적인 측면에서 효율적이지만 정밀도가 낮으며 훼손이 심하고 더럽혀진 지적도는 별도의 수정작업을 거쳐야 한다.

⑤ 각각 도곽별로 별도의 파일명을 주어 도곽 단위의 파일로 관리하고 파일의 형태는 DXF (Drawing Exchange Format) 파일로 생성하였다.

⑥ 모든 지적공부가 전산화되어 현재 KLIS 시스템에 DB를 구축하여 지적공부 정리 및 등본의 열람과 모든 토지정책의 입안·결정에 활용되고 있으며 국민에게 실시간으로 서비스를 제공하고 있다.

2.8.4. 도면의 작성 및 재작성

출제(논) : 68회

지적공부의 작성(Production of Cadastral Record)은 신규등록, 등록전환, 토지구획정리사업 등의 시행에 따라 지적공부를 새로이 작성하는 것을 말한다. 그러나 이미 비치된 지적공부에 토지의 이동 사항을 정리할 수 있는 경우에는 새로이 지적공부를 작성할 필요가 없다.

지적공부의 재작성(Reproduction of Cadastral Record)은 소관청이 지적공부가 더럽혀지거나 헐어져서 그 효용을 다할 수 없을 때 당해 지적공부를 다시 작성하는 것을 말한다. 그러나 토지대장과 임야대장을 재작성하는 사례는 거의 없으며 지적도와 임야도를 재작성하는 사례가 대부분이나 재작성 후의 도면에 등록된 경계선이 재작성 전의 도면에 등록된 경계선과 일치되지 아니하여 민원이 발생되는 경우가 있어 재작성 전의 도면과 재작성 후의 도면이 상호 일치되도록 재작성한 도면의 검사를 철저히 시행하여야 할 것이다.

2.8.4.1. 도면 작성 및 재작성 대상

(1) 도면 작성 대상

① 지번부여 지역 안의 일부 또는 전부에 대하여 지번을 변경할 때

② 지적공부를 복구할 때

③ 신규등록·등록전환 또는 분할을 할 때

④ 지적도 또는 임야도의 축척변경을 할 때

⑤ 행정구역의 개편으로 지번을 새로이 설정할 때

(2) 도면 재작성 대상

① 빈번한 토지의 이동정리로 인하여 도면의 경계선, 지번 또는 지목의 식별이 곤란한 경우
② 장기간 사용으로 인하여 도면이 심히 더럽혀지거나 손상되어 토지의 등록 사항이 분명하지 아니한 경우
③ 도곽선의 신축량이 0.5밀리미터 이상인 경우
④ 행정구역의 변경으로 1장의 도면에 2개 이상의 리, 동이 등록된 경우
⑤ 1장의 도면에 등록된 토지 일부가 토지구획정리사업 등의 시행 지역에 편입된 경우

2.8.4.2. 도면작성 원칙

① 지적도와 임야도는 측량결과도 또는 경계점좌표에 의하여 작성 또는 정리하여야 한다.
② 지적도의 도곽은 가로 40cm, 세로 30cm의 직사각형으로 하며 도곽선의 수치는 원점을 기준으로 하여 정한다.
③ 도면에 등록하는 경계의 폭은 0.1mm, 행정구역선의 폭은 0.4mm, 삼각점 및 지적측량기준점은 0.2mm 폭으로 제도한다.
④ 동·리의 행정구역 선은 0.2mm의 폭으로 제도(制度)하고 지번·지목 및 지적측량기준점의 명칭과 번호는 그 지적측량기준점의 윗부분에 명조체의 2~3mm의 크기로 기재한다.
⑤ 도면에 등록하는 지번과 지적측량기준점의 번호는 고딕체, 지목과 지적측량기준점의 명칭은 명조체로 2mm 내지 3mm로 기재한다.
⑥ 지적도와 임야도의 위 방향은 항상 북쪽이 되어야 한다.

2.8.4.3. 도면 작성 및 재작성 방법

(1) 도면 작성 방법

① 도면은 직접자사법·간접자사법 또는 전자자동제도법에 따라 작성하여야 한다.
② 경계점좌표등록부 시행 지역에서 지적도 경계는 경계점의 좌표를 전개하여 필지별로 연결하여야 한다.
③ 도곽선의 수치는 원점으로부터 기산하여 종선수치에 60만m, 횡선수치에 20만m를 각각 가산하고, 도곽선의 왼쪽 아랫부분과 오른쪽 윗부분의 종횡선 교차점 바깥쪽에 2mm 크기의 아라비아 숫자로 도곽선과 함께 붉은색으로 제도하여야 한다.

④ 도면을 작성할 때는 도곽선 오른쪽 아래 끝 여백에 작성 년, 월, 일을 기재한다.

⑤ 도면의 검사는 도면 뒷면에 작성 및 검사 년, 월, 일과 작성자 및 검사자의 직·성명을 기재하고 날인한다.

⑥ 토지구획정리·축척변경 등으로 작성할 때 준공 전 도면을 폐쇄하여야 하므로 작성 년, 월, 일 아래에 폐쇄 년, 월, 일과 그 사유를 기재한다.

(2) 도면 재작성 방법

① 도면의 재작성은 기존의 지적도면을 기준으로 하여 재작성한다.

② 도면의 재작성은 직접자사법, 간접자사법, 전자자동제도법, 정밀복사법에 따라 재작성한다.

③ 도곽선에 0.5mm 이상의 신축이 있는 경우 전자자동제도법에 따라 보정하여 재작성을 한다.

④ 도면의 경계가 불분명하여 재작성이 곤란할 때는 측량결과도, 지번, 지목이 불분명할 때는 토지대장과 임야대장을 기준으로 보완하여야 한다.

⑤ 도면을 재작성할 때는 도곽선 오른쪽 아래 끝 여백에 재작성 년, 월, 일을 기재하고 그 아래에 폐쇄 연월일과 그 사유를 기재한다.

⑥ 도면의 검사는 도면 뒷면에 재작성 및 검사 년, 월, 일과 작성자 및 검사자의 직·성명을 기재하고 날인한다.

2.8.5. 부동산종합공부

출제(용) : 99, 122회

부동산종합공부란 토지의 표시와 소유자에 관한 사항, 건축물의 표시와 소유자에 관한 사항, 토지의 이용 및 규제에 관한 사항, 부동산의 가격에 관한 사항 등 부동산에 관한 종합정보를 정보관리체계를 통하여 기록·저장한 것을 말한다.

2.8.5.1. 우리나라 부동산 관련 공부

우리나라의 경우에는 부동산과 관련된 장부는 크게 토지에 대한 물리적 현황을 공시하는 지적공부, 건축물에 대한 물리적 현황을 공시하는 건축물대장, 토지와 건물에 대한 소유자 및 기타권리 관계를 공시하는 부동산등기부, 토지와 건물에 대하여 가격을 공시하는 개별공시지가, 토지와 건축물에 대하여 공법적인 규제 사항을 다루는 국토 이용 계획 및 도시 계획 등이 있다.

(1) 지적공부

① 지적공부는 토지의 표시 사항과 소유자 등을 등록·공시한다.

② 토지의 거래 및 과세 그리고 각종 토지 정보의 기초자료로 활용하기 위해 1필지를 단위로 등록하여 비치하는 국가의 공적 장부이다.

③ 지적공부의 종류는 토지대장, 임야대장, 공유지연명부, 대지권등록부, 지적도, 임야도 및 경계점좌표등록부이다.

④ 지적측량 등을 통하여 조사된 토지의 표시와 해당 토지의 소유자 등을 기록한 대장 및 도면(정보처리시스템을 통하여 기록·저장된 것을 포함한다)을 말한다.

⑤ 지적공부는 지적소관청이 관리하고 있으며, 소유자 및 이해관계인 뿐만 아니라 필요로 하는 사용자에게 정보를 제공하고 있다.

(2) 부동산등기부

① 부동산등기부는 부동산에 관한 권리관계와 권리 객체인 부동산의 상황을 기재하는 공적 장부이다.

② 각각의 부동산에 관한 일정 양식의 등기용지를 편철하여 비치하는 국가의 공적 장부이다.

③ 부동산등기부란 전산정보처리조직에 의하여 입력·처리된 등기정보자료를 대법원규칙으로 정하는 바에 따라 편성한 것을 말한다.

④ 부동산등기부는 등기소에 비치되고 있으며, 토지등기부(土地登記簿)와 건물등기부(建物登記簿)로 구분하고 있다.

⑤ 부동산등기부는 토지와 건물에 대한 권리관계를 국민에게 공시하기 위한 것이기 때문에 누구나 신청하면 등기부 또는 부속 서류를 사용자에게 정보를 제공하고 있다.

(3) 건축물대장

① 건축물대장은 건물의 소재·번호·종류·구조·건평, 소유자의 주소·성명 등을 등록하여 건축물의 상황을 명확하게 하는 장부이다.

② 건축법, 동법시행령에 따른 건축물대장의 기재 및 관리 등과 건축물대장의 서식·기재 내용·기재 절차 및 등기촉탁의 절차 등에 관한 필요한 사항이 규정되고 있다.

(4) 토지이용계획서

① 토지이용계획확인서는 토지를 관할 하는 시장·군수 또는 구청장이 발행하는 토지의 이용에 관한 계획을 확인하는 서류를 말하는 것이다.

② 지역·지구 등의 지정 내용, 지역·지구 등에서의 행위 제한 내용, 지정된 토지 거래 계약에 관한 허가 구역, 그 밖의 국민에게 그 지정 내용을 알릴 필요가 있는 사항 등이 포함된 서류로 당해 지방 자치단체의 조례로 정하는 수수료를 내면 발급받을 수 있도록 규정되고 있다.

(5) 공시지가확인서

① 공시지가는 부동산가격공시 및 감정평가에 관한 법률의 규정에 따라 국토교통부장관이 조사, 평가하여 공시한 표준지의 단위 면적당 가격을 말한다.

② 공시지가는 표준지공시지가와 개별공시지가의 두 가지가 있는데, 일반적으로 공시지가라고 말할 때는 표준지공시지가를 의미한다.

③ 개별공시확인서의 발급은 부동산 가격공시 및 감정평가에 관한 법률 시행규칙에 의하여 동 법률에 의하여 결정·공시된 개별공시지가의 확인을 받고자 하는 자는 당해 시장·군수 또는 구청장에게 개별공시지가의 확인을 신청할 수 있도록 하고 있다.

④ 개별주택가격확인서 및 공동주택가격확인서는 각각 부동산 가격공시 및 감정평가에 관한 법률 시행규칙」에 의하여 결정·공시된 개별주택가격과 공동주택가격의 확인을 받고자 하는 자는 당해 시장·군수 또는 구청장에게 개별주택가격, 공동주택가격의 정보를 제공하고 있다.

2.8.5.2. 부동산종합공부 등록 사항

① 토지의 표시와 소유자에 관한 사항 : 지적공부의 내용

② 건축물의 표시와 소유자에 관한 사항(건축물이 있는 경우만 해당) : 건축물대장의 내용

③ 토지이용 및 규제에 관한 사항 : 토지이용계획확인서의 내용

④ 부동산가격에 관한 사항 : 개별공시지가, 개별주택가격 및 공동주택가격 공시 내용

⑤ 「부동산등기법」 제48조에 따른 부동산의 권리에 관한 사항

2.8.5.3. 부동산종합공부 등록 효과

① 부동산종합공부시스템에 등록하는 효과는 부동산 정보를 한 곳에서 파악할 수 있게 하여 정보의 통일성과 정확성을 확보하는 데 있다.

② 여러 가지 공적 장부로 등록된 공적 장부를 통합하여 하나의 증명서로 제공함으로써, 부동산 거래의 안전성과 효율성을 높일 수 있다.

③ 여러 기관에 분산되어 관리된 토지소유권, 용도지역, 건물현황 등의 정보를 통합함으로써 일관성 있고 정확한 최신 정보를 제공할 수 있다.

④ 개인적인 측면에서는 여러 기관을 방문하여 부동산 관련 공부를 확인하기 위해 각각의 서류를 발급받아야 했으나, 부동산종합공부로 모든 정보를 확인할 수 있어 민원인의 시간과 비용을 절약할 수 있다.

⑤ 사회적인 측면에서는 매수자나 금융기관은 부동산종합공부를 통해 해당 부동산의 모든 권리관계, 이용 현황, 공적 제한 사항 등을 한눈에 파악할 수 있어 안전하게 활용할 수 있다.

⑥ 행정적인 측면에서는 부동산 관련 정보를 통합 관리함으로써 행정업무의 효율성을 높이고, 정확한 통계 자료를 바탕으로 정책 수립을 할 수 있다.

⑦ 부동산종합공부시스템은 복잡한 부동산 정보를 통합하고 간소화하여 국민의 편익 증진은 물론, 부동산 시장의 투명성을 높이는 큰 역할을 하고 있다.

2.8.6. 연속형 지적도와 고립형 지적도

출제(논) : 69회

지적도는 지적공부 중의 하나로서 지적도에 등록된 경계선, 지번, 지목 등의 토지에 대한 위치정보를 제공한다. 토지정보시스템의 발달로 지적도를 작성 방법에 따라 고립형 지적도(Island Map; 분산형 지적도)와 연속형 지적도(Serial Map; 일괄등록 지적도)로 구분하고 있다.

(1) 연속형 지적도(Serial Map)

출제(용) : 72, 90회

① 도곽 별로 도면을 작성하여 인접 도면과의 접합할 수 있도록 작성된 도면을 말한다.

② 토지를 체계적이고 획일적으로 조사 및 시행하여 등록하는 제도로 채택하고 있는 지역에서 편리하게 사용할 수 있다.

③ 지적도를 편리하게 사용하기 위해서는 도면 구역을 한눈에 알아볼 수 있는 일람도를 작성하여야 한다.

④ 동일한 지번 내 지번은 중복되어 있지 않으므로 신속하게 위치를 찾기 위하여 지번색인표를 작성하여 관리하고 있다.

⑤ 우리나라, 일본, 대만, 말레이시아, 독일, 스위스, 덴마크, 네덜란드 등의 국가에서 이 제도를 채택하여 시행하고 있다.

⑥ 일괄 등록제도에서는 연속형 지적도(Serial Map)를 사용한다.

(2) 고립형 지적도(Island Map)

출제(용) : 62, 137회

① 도로, 구거, 하천 등의 지형지물에 따라 지적도면을 작성한다.

② 도곽을 구분하지 않고 작성한다.

③ 인접 도면과 접합 불가능한 도면이며, 도면관리가 불편하다.

④ 사업계획수립에 사용하기가 곤란하며 프랑스에서 사용하는 제도이다.

⑤ 토지를 지적공부에 등록할 때 따라 산발적으로 등록하는 분산 등록제도를 채택하고 있는 지역에 적용한다.

⑥ 특정 지역의 포괄적인 현황을 파악하기 위해서는 인접 Island Map의 집성도를 따로 작성하므로 연속 지적도로 변화하는 과정에 있다.

⑦ 이 제도는 국토가 넓은 미국, 캐나다, 호주, 중국 등의 국가에서 채택하고 있다.

⑧ 분산 등록제도에서는 고립형 지적도(Isaland Map)를 사용한다.

2.8.7. 증보도

출제(용) : 78회

① 임야도를 등록전환하거나 국유 미간지의 개간, 공유수면매립으로 측량하여 새로이 토지대장에 등록할 토지가 기존 지적도의 지역 밖에 멀리 떨어져 있는 경우로 많이 작성되었다.

② 기존 지적도의 도곽과 연결하고 새로운 도곽을 구획하여 작성한 지적도로 기존 지적도면의 최종번호를 부여하지 못하고 새로운 지적도 번호를 부여하는 도면을 증보도라 하며 도면번호 위에 증보(增補)라고 관기(冠記)하였다.

③ 새로이 지적도를 작성하였을 때는 일람도의 당해 위치에 도곽을 그리고, 증보 지적도의 도호(圖號)는 "증 1", "증 2" 등으로 기재하였다.

2.8.8. 연속지적도

출제(용) : 117회, (논) : 71, 75, 77, 78, 84, 86, 93, 105, 107, 122, 129, 132, 135회

연속지적도란 지적측량을 하지 아니하고 전산화된 지적도 및 임야도 파일을 이용하여, 도면상 경계점들을 연결하여 작성한 도면으로서 측량에 활용할 수 없는 도면을 말한다.

2.8.8.1. 법적 근거

① 공간정보의 구축 및 관리 등에 관한 법률 제2조 19호의 2에 따르면 "연속지적도란 지적측량을 하지 아니하고 전산화된 지적도 및 임야도 파일을 이용하여, 도면상 경계점들을 연결하여 작성한 도면으로서 측량에 활용할 수 없는 도면을 말한다."라고 규정하고 있다.

② 최초로 '연속지적도' 용어에 관한 정의를 규정한 것은 2003년에 제정된 토지종합정보망의 구축 및 운영에 관한 규정 제2조 제6호에서 "연속지적도란 지적도 전산파일을 TM 평면직각좌표계로 변환하여 연속된 형태의 GIS 데이터를 출력한 도면"이라고 규정하고 있다.

③ 지적원도 데이터베이스구축작업기준 제2조 8호 "연속지적원도란 도면접합이 완료되어 하나의 행정구역 단위로 제작된 지적원도 전산파일을 말한다."라고 규정하고 있다.

④ 지역·지구 등의 지형도면 작성에 관한 지침 제2조 5호" 연속지적도란 「공간정보의 구축 및 관리 등에 관한 법률」에 따른 도면을 말한다."라고 규정하고 있다.

2.8.8.2. 연속지적도 특징

① 도면상 경계점들을 연결하여 작성한 도면이다.

② 측량용이 아닌 열람용 민원 발급 및 업무처리에 활용하고 있다.

③ 토지이동에 따라 변동 사항이 정리된다.

④ 용도지역 지구 도면의 배경 지도이다.

⑤ 원래 연속지적도는 축척 간, 원점 간, 행정구역 간의 불부합 필지를 강제로 도곽을 접합하여 제작되었다.

⑥ 변동자료 갱신주기는 실시간이지만 제공자료 갱신주기는 월 단위이다.

⑦ 공간정보 등 기타 정보와 융복합되어 다양한 분야에서 활용되고 있다.

⑧ 연속지적도의 정리는 지자체별로 전담 부서에서 수행하고 있다.

⑨ 연속지적도는 지적소관청에서 토지대장, 부동산등기 사항 증명서, 건축물대장 등 18종의 부동산 관련 정보를 통합하여 관리하기 위해 개발한 부동산종합공부시스템을 통해 관리하고 있다.

⑩ 토지이동에 따른 지적공부 정리 시 개별 지적도를 먼저 정리한 후 연속지적도를 함께 정리하고 있다.

2.8.8.3. 연속지적도 제작

(1) 연속지적도 제작 순서

① 일람도 제작

② 접합준비도 제작

③ 도면 오류 정비

④ 도면접합

⑤ 행정구역 경계 작성

⑥ 접합성과품 작성

⑦ 성과 검사

(2) 일람도 및 접합준비도 제작

① 작업자는 지적원도의 도곽을 추출하여 도면번호를 기재하고 행정구역별, 축척별로 일람도 파일을 제작한다.

② 일람도는 해당 축척의 10분의 1로 제작하는 것을 원칙으로 한다. 다만, 해당 축척의 10분의 1로 제작하는 것이 곤란한 경우에는 발주기관의 승인을 얻어서 임의의 축척으로 제작할 수 있다.

③ 접합준비도는 준비된 작업 영역 전체의 지적원도를 이용하여 원시접합도를 작성하고, 작성된 원시접합도를 정비하여 접합준비도를 제작한다.

(3) 오류 정비

① 오류의 원인을 분석하여 원인이 경미한 경우에는 작업책임자와 협의한 후 도면접합을 수행하여야 한다.

② 오류의 원인이 중대한 경우에는 연속 지적원도 처리 방안기록부에 기록하고, 그 내용을 발주기관에 보고한 후 협의를 거쳐 도면접합을 수행하여야 한다.

(4) 도면접합의 일반원칙

① 도면접합은 도곽을 기준으로 접합하는 것을 원칙으로 하며, 접합 대상 필지는 형태와 면적의 변화를 최소화한다.

② 서로 다른 축척 간의 접합 시 대축척의 필지 경계선을 기준으로 접합 처리한다.

③ 소 면적 필지 경계를 우선하여 접합한다.

④ 도곽선 주위의 폐합된 필지 경계를 우선하여 접합 처리한다.

⑤ 지번과 필지의 중복 및 누락이 발생한 경우에는 자료조사를 시행한 후 발주기관과 협의하여 처리하고, 연속 지적원도 처리 방안기록부에 기록한다.

2.8.8.4. 연속지적도의 오류

(1) 발생 원인

연속지적도의 오류 발생 원인은 제도적 원인, 행정적 원인, 정책적 원인, 기술적 원인 등으로 구분하여 파악해 볼 수 있다.

(1) 제도적 측면

① 제도적 원인은 일정한 제도의 변화에 따른 원인과 조직의 비협력체계에 기인하는 원인이며, 지적 관리 체계의 비효율성에 기인하는 것들을 말한다.
② 다양한 도면의 축척에 의한 오류
③ 법 개정에 따른 일관성 및 통일성 저하에서 발생하는 오류
④ 측량 수행 체계의 변화에서 오는 일관성 저하에서 발생하는 오류
⑤ 조직 체계의 조정에 따른 유지관리의 저하에서 발생하는 오류
⑥ 각종 지적 관련 부서와 업무의 다원화에서 발생하는 오류
⑦ 안정적이고 체계적인 토지관리가 이루어지지 못하여서 발생하는 오류

(2) 행정적 측면

① 행정적 원인은 등록 과정의 오류와 공부의 비효율적인 관리에 기인하는 원인을 의미하며, 지적 업무 수행 과정에서 발생한다.
② 수작업에 의한 도면 작성에서 발생하는 오류
③ 천재지변에 따른 지적복구의 부정확에 따라 발생하는 오류
④ 행정구역 경계의 차이에서 발생하는 오류
⑤ 토지이동 정리 과정에서 발생하는 오류
⑥ 도면의 보존·관리에서 발생하는 오류

(3) 정책적 측면

① 정책적 원인은 지적제도 발전을 위한 대안의 집행 과정에서 발생되는 원인이다.
② 원점 및 좌표계 적용에 따라 발생하는 오류
③ 디지털지적을 지향하기 위한 수치지적으로의 전환에 따른 오류
④ 측량 방법의 적용에 따른 일시적 불확실성에 따라 발생하는 오류
⑤ 정보화 환경에 부합하는 시스템구축 과정에 따라 발생하는 오류

(4) 기술적 측면

① 기술적 원인은 측량 기술의 변화와 측량기기의 운용 미숙으로 발생하는 원인을 의미하며, 전문성과 숙련도의 결여에서 발생하는 원인이다.

② 지적기준점을 설치시 원점의 차이에 따라 발생하는 오차

③ 경계점 복원 과정에서 발생하는 제반 문제에 의한 오류

④ 장비 운용의 미숙련에서 발생하는 오류

2.8.8.5. 연속지적도의 오류 유형

① 중복형 오류는 접합된 도면이 중복되는 형태로 도곽 간 접합, 상이한 축척의 접합, 행정구역 간 접합 과정에서 주로 발생한다.

② 공백형 오류는 접합된 도면이 이격되는 형태로 중복형과 마찬가지로 도곽간 접합, 상이한 축척간 접합, 원점간 접합 과정에서 주로 발생한다.

③ 위치오류형 오류

- 임야 내 독립적인 전·답 등 개간지의 측량 착오로 정위치에 등록되지 않은 경우
- 등록된 위치와 현지 위치가 서로 달라 나타나게 되는 유형

④ 나뉜 필지 오류

- 지적도면이 도곽선에 의해서 분리되는 경우
- 1필지임에도 불구하고 지적도면이 도곽에 의하여 작성되어 따로 등록된 경우
- 도면전산화 과정에서 오류에 의해 필지가 폐합되지 못한 경우

⑤ 도면 및 대장 관련 오류

- 도면에 필지가 등록되었으나 대장에 누락된 경우
- 대장에 등록되어 있으나 도면에 누락된 경우
- 도면 속성정보와 대장의 속성정보가 불일치하는 경우
- 도면과 대장이 이원화되어 관리로 발생

⑥ 불규칙형 오류

- 어떤 규칙이나 정형화된 틀에 얽매이지 않고 위치가 치우침 현상이 나타나는 유형을 의미한다.
- 도곽선으로 필지 및 지번이 나누어지는 경우와 개개의 굴곡점이 일정한 규칙을 보이지 않고 불일치하는 경우가 이에 해당된다.

2.8.8.6. 도면접합 순서

(1) 축척별 도곽 간 접합

① 같은 행정구역 내 축척별 접합 중 한 필지가 여러 도면에 폐합되어 있는 경우의 도면접합은 다음과 같이 처리한다.

- 중복·이격 및 어긋나는 부분이 적고 면적에 미치는 영향이 미미한 경우, 폐합된 필지 중 1개 필지를 선택하여 접합한다.
- 중복 및 이격이 비교적 많은 경우 면적 및 형태의 변화를 최소화하는 범위 내에서 면적이 적은 필지를 우선하여 처리하되 가능한 필지 경계선의 중간 부분을 취하여 접합한다.
- 한 필지가 여러 도면에 폐합되어 있는 경우로, 그 형태가 서로 다른 경우에는 자료조사를 시행한 후 연속 지적원도 처리 방안기록부에 기재하고 발주기관의 승인을 받아 처리한다.

② 한 필지가 여러 도면에 걸쳐 있으나 어떤 도면에도 폐합되어 있지 않은 경우의 도면접합은 다음과 같이 처리한다.

- 도곽선에서 가까운 경계점을 직선으로 연결하여 접합 처리한다.
- 중복·이격량이 미세할 경우 필지의 모양을 보존하기 위해 중간 부분을 취하여 접합한다.

(2) 축척 간 접합

① 대축척의 필지 경계선을 기준으로 접합 처리한다.

② 접합이 어려운 경우 연속 지적원도 처리 방안기록부에 기재하고 그 내용을 발주기관에 보고하여 협의를 거쳐 접합하며, 필지상에 지적선 불일치 정보를 입력하고 작업한다.

(3) 원점 간 접합

① 행정구역(읍·면, 리·동)이 같고 측량 원점이 다른 경우에는 통일원점을 기준으로 접합 처리한다.

② 기타 원점이 혼재하는 지역의 경우 통일원점으로 변환처리 한 후 접합 처리하는 것을 원칙으로 한다.

③ 기타 원점의 통일원점 변환은 세부측량 당시의 기준점에 의한 변환을 원칙으로 한다. 다만, 기준점에 의한 변환이 어려운 경우에는 지구계 경계의 형태로 변환할 수 있다.

④ 접합이 어려운 경우 연속 지적원도 처리 방안기록부에 기재하고 그 내용을 발주기관에 보고하여 협의를 거쳐 접합하며, 필지상에 지적선 불일치 정보를 입력하고 작업한다.

(4) 행정구역 간 접합

① 행정구역 간 인접하는 지역의 축척이 다른 경우에는 대축척의 필지 경계선을 기준으로 접합 처리한다.

② 행정구역 간 인접하는 지역의 축척이 같은 경우에는 중간 부분을 취하여 접합 처리하는 것을 원칙으로 한다.

③ 접합이 어려운 경우 연속 지적원도 처리 방안기록부에 기재하고 그 내용을 발주기관에 보고하여 협의를 거쳐 접합하며, 필지상에 지적선 불일치 정보를 입력하고 작업한다.

2.8.8.7. 연속지적원도의 성과 검사

① 필지 경계의 폴리곤 처리 및 무결성 검사

② 컴퓨터상에서 원본 데이터와 최종 접합한 데이터를 중첩하여 도곽 부위를 확대한 후 필지에 이상이 있는지에 대한 검사

③ 행정구역 별 지번 중복 필지 검사

④ 지번 및 지목 누락 검사

⑤ 속성 레이어 검사

⑥ 한 필지 내 다중 지번 검사

⑦ 원본 데이터와 접합 데이터 간 지번, 지목, 소유자 등 일치 검사

2.8.8.8. 연속지적도 정보관리 체계

(1) 구축·운영 업무

① 연속지적도 정보관리 체계의 구축·운영에 관한 연구개발 및 기술지원

② 연속지적도 정보관리 체계의 표준화 및 고도화

③ 연속지적도 정보관리 체계를 이용한 정보의 공동 활용 촉진

④ 연속지적도를 이용·활용하는 법인, 단체 또는 기관 간의 상호 연계·협력 및 공동사업의 추진 지원

(2) 연속지적도의 현황

① 연속지적도는 정확성이 낮아 모든 토지의 측량을 목적으로는 사용하지 못하도록 하고 있다.
② 지적공부의 접합 부분이 불일치하므로 인한 정확성 등에 관한 문제가 존재하고 있다.
③ 인허가를 위한 측량, 부동산감정평가, 경매에서 사용함에 따라 경계분쟁의 원인을 제공하는 문제도 갖고 있다.
④ 연속지적도는 지역측지계 좌표인 관계로 인하여 연속지적도의 좌표변환을 하여야 하므로 이들 작업으로 인해 더 많은 업무처리 시간이 필요하다.
⑤ 연속지적도 정리 담당자에 대한 빈번한 인사이동과 연속지적도 정리와 관련한 교육의 부재로 전문성이 부족한 것도 커다란 문제이다.
⑥ 연속지적도는 지적관련 부서에서 토지이동사항의 정리 권한에 국한되어 도시 계획 관련 부서에서 권한을 가지고 있는 용도지구 지역선 등에 대해서는 수정이나 정리 권한을 가지고 있지 않다.

(3) 관리 체계의 개선 방안

① 규정 및 지침의 개선
- 지적원도데이터베이스 구축 작업 기준, 연속지적도 품질개선 구축 지침, 연속지적도 품질개선 및 용도지역지구 전환 검수 지침 등의 기준을 구체적으로 작성할 필요가 있다.
- 담당 공무원들의 원활한 업무 수행을 위해 일반 매뉴얼 보다 상세한 기준이 필요하다.
- 지적·임야도 정비사업을 위해 새로운 품셈단가 기준의 작성이 필요하다.
- 지적(임야)도 정비에 대한 품셈을 현실에 맞도록 작성하는 것이 필요하다.

② 관리 체계의 개선
- 지형 고시 도면과 연속지적도의 일치 불일치 여부를 사전에 검토하는 시스템을 추가하는 것이 필요하다.
- 연속지적도를 활용하는 분야 담당공무원에 대한 전문 교육이 필요하다.
- 개발제한구역, 도시관리계획, 지구단위계획 등의 분야 담당 공무원에 대한 전문성 교육이 필요하다.

- 지적(임야)도 정비 완료 후 연속지적도로 자동 반영 되도록 시스템화가 필요하다.
- 지적측량성과 데이터 파일이 연속지적도 편집에도 똑같이 적용될 수 있도록 Geo-DT시스템의 개선이 필요하다.
- 연속지적도 갱신·관리 전담 기관과 전담 인력이 필요하다.

2.8.8.9. 연속지적도의 활용

① 연속지적도는 개별공시지가 및 개별주택가격 조사를 위한 현황도, 토지이용계획의 지형도면 고시를 위한 기본도로 활용되고 있다.

② 행정 및 공공기관의 부동산분석과 지형분석, 생활지도를 목적으로 이용되고 있다.

③ 연속지적도는 국가공간정보포털 오픈마켓을 통하여 시도 별로 자료가 제공되고 있다.

2.8.8.10. 외국 연속지적도 운영

(1) 미국 FGDC 지적 표준

① 미국 FGDC에서 지적 분야에서 필지를 기반으로 지적데이터와 정보의 소스를 인식하는데 요구되는 정보를 제공하고 있다.

② 메타데이터는 지적정보의 기본 정보로서 연락처와 엑세스(access), 배포와 같은 사항들이 포함되어 있다.

③ 지적데이터 내용, 일관성과 정확성 및 투영과 좌표계에 대한 추가 정보도 제공하고 있다.

④ 지적 부문은 현재 NSDI에 포함된 7가지 주제 중 하나로 국제표준을 이용해서 지적데이터의 프로파일로 개발되었다.

⑤ FGDC 전체 기본공간정보 표준에 부합하고 있다.

⑥ FGDC의 지적분과는 FGDC와 공동으로 기본공간정보 프레임 워크를 위한 데이터 표준, 지적 모델의 설계와 유지를 직접 담당한다.

⑦ 미국의 국토관리국은 현재 FGDC의 지적분과소위원회를 운영하고 있다.

(2) 호주 ANZLIC 지적 모델

① 호주의 지적모델은 PSMA라는 공공기관에서 담당하며 전국 수준의 지적데이터세트를 보유하고 있다.

② 지적데이터 세트는 필지와 지역권, 지적경계의 연속적 국가 DB를 포함한다.

③ 필지식별자는 등기소와 연계하며 토지소유권은 토지 필지에 포함되어 있으며 사법기관으로부터 데이터를 받고 있다.

④ 호주의 지적데이터는 경제적, 사회적 및 환경적 요소를 뒷받침하도록 사용되고 있다.

⑤ 소극적인 소유권 제도, 문화재 보호 및 자연환경 보전, 국방과 재난 관리에 사용되고 있다.

2.8.9. 편집지적도

출제(용) : 74회, (논) : 72, 135회

편집지적도란 국토교통부에서 토지정책 결정과 시도의 토지관리 업무 및 시군구의 토지 행정업무의 전산화를 위하여 개발된 토지관리정보체계에 사용하기 위한 것이다. 편집 지적도는 수치지형도의 지형지물 경계에 대응되는 지적·임야도의 필지경계선을 맞추어 제작한 경계점좌표등록부 형태의 도면을 말한다.

(1) 특징

① 편집 지적도는 어느 한 시점의 지형과 지적자료를 사용하며 지속해서 변화된 내용이 반영되지 않아 현실성을 반영하지 못하고 있다.

② 지자체의 담당 부서와 도면 제작업체마다 제작 방식이 다르고 일관성이 없다.

③ 지형도와 지적도는 서로 다른 좌표체계를 사용하므로 불부합 현상이 발생한다.

(2) 작업 방법

① 편집 지적도 제작은 축척 1/1,000 수치지형도가 있는 지역을 우선 대상 지역으로 하였다.

② 축척 1/5,000 수치지형도가 있는 지역은 데이터의 질을 고려하여 제작 여부를 판단하였다.

③ 지형도의 도로, 담장, 건물 등을 함께 고려하여 지적도의 도로와 지형도의 도로가 일치하는 곳을 따라 변환구역을 구분하였다.

④ 지적도의 경계선이 복잡하고 지형도의 경계선과 일치하는 점이 없는 지역은 블록 만들어서 기준을 잡았다.

⑤ 도시 외곽 지역의 기준점이 없는 지역과 소로를 기준점으로 사용할 수 없는 지역은 기준점이 될 수 있는 큰 도로와 행정구역을 따라 변환 구역을 크게 선정하였다.

⑥ 꼭짓점은 기준점으로 모두 사용하고 한 변의 노드 수 중에서 기준점으로 한다.

⑦ 변환은 토지종합정보망사업에서 사용하고 있는 기존 고무판기법(Rubber Sheeting) 알고리즘을 적용한다.

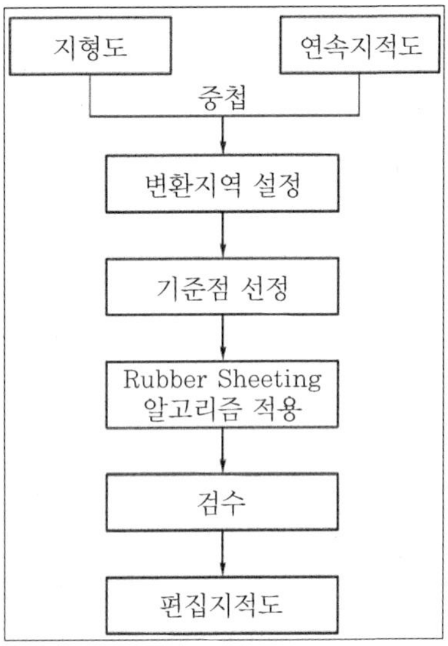

〈그림 2-23〉 편집지적도 작업

(3) 지적편집도 활용

① 도시계획 및 국토이용계획 등 각종 공간계획과 용도지역 지구 고시, 도로 건설·건축 등 현실 세계의 지형지물을 반영한 업무에 활용된다.

② 지적편집도에 표시되는 기호 및 구역 표시에 대한 정보는 더보기 〉 범례 〉 지적편집도에서 확인할 수 있다.

③ 지적편집도를 볼때 지도화면 왼쪽 아래의 지적편집도 범례에서도 확인할 수 있다.

④ 기존 일반 및 위성지도와 지적편집도를 겹쳐볼 수 있어 손쉽고 편리하게 다양한 토지관련 정보 확인이 가능하다.

⑤ 정부 24에서 건축물대장 및 주민등록 등본, 지방세 납세증명서와 여러 가지의 포털서비스를 지원하고 있다.

2.8.10. 토지대장의 편성 및 형식

2.8.10.1. 토지대장의 편성

출제(논) : 57회

토지등록부의 편성에 있어서 우리나라의 토지대장과 같이 지번별로 순서에 따라 공부에 정리하는 것만 있는 것이 아니고 방법에 따라 물적 편성주의, 인적편성주의, 연대적 편성주의가 있으며 물적, 인적인 관계를 혼용하여 사용하는 방법이 있다.

(1) 물적편성주의

① 토지의 등록에 있어서 물적편성주의는 개개의 토지를 중심으로 해서 등록부를 편성하는 것이다.

② 1토지에 1등기 용지를 두는 경우를 말하며 우리나라도 이 제도를 따르고 있다.

③ 토지대장과 같이 지번 순서에 따라 등록되고 분할되더라도 본번과 관련하여 묶는다.

④ 소유자의 변동이 있을 때도 계속 수정하여 관리하는 방식이다.

⑤ 각 국가에서 가장 많이 사용하며 가장 우수하고 합리적인 제도로 평가받고 있다.

⑥ 등록 객체인 토지를 필지로 구획하고 이를 등록 단위로 하므로 토지의 이용, 관리, 개발 측면에서는 편리하다.

(2) 인적편성주의

① 인적편성주의는 개개의 토지소유자를 중심으로 해서 편성하는 것이다.

② 토지대장이나 등기부를 소유자별로 작성하여 동일 소유자에 속하는 모든 토지는 당해 소유권자의 대장에 기록하는 방식이다.

③ 과세 의무자별 과세물건을 확실히 하려는 데 목적을 둔 세지적의 소산이라 할 수 있으며 물적 편성주의의 장점이라 할 수 있는 토지의 이용, 관리, 개발 등 토지 행정상 지장이 많다.

④ 현재는 지번별 목록 또는 전산 조직에 의한 프로그램개발로서 인적 편성주의와 물적 편성주의의 약점을 보완하고 있다.

⑤ 네덜란드의 토지등록은 소유자별로 작성된 대장에 소유자나 공유자의 주소, 성명 이외에도 소유자의 직업까지 기재하고 있는 것이 특이하다.

(3) 연대적편성주의

① 연대적편성주의는 어떤 특별한 기준을 두지 않고서 당사자 신청의 시간적 순서에 따라서 차례로 기록해 가는 것이다.

② 프랑스, 미국에서 아직도 사용되는 리코딩시스템(Recording System)이 이에 속한다.

③ 연대적 편성주의는 검색 제도가 완비되더라도 공시방법으로서는 불완전하다는 것이며 이 제도는 등기부 편성 방법으로서는 가장 유효한 것이다.

④ 공시의 작용을 거의 하지 못하는 결점이 있다.

⑤ 리코딩시스템은 권원증서의 등록제도를 말하며 단순히 토지의 처분에 관한 증서의 내용을 등록해 두어서 뒷날의 증거로 하는 제도이다.

(4) 물적·인적 편성주의

① 토지의 등록에 있어서 물적편성주의를 기본으로 하여 운영하되 인적편성주의 요소를 가미한 것이다.

② 소유자별 토지등록부를 동시에 설치함으로써 효과적인 토지 행정을 수행하는 방법이다.

③ 스위스와 독일의 경우 2개 이상의 토지를 하나의 등기용지에 등록하는 방법이다.

④ 토지대장에서도 소유자별 토지등록 카드와 함께 지번별 목록, 성명별 목록을 동시에 등록하고 있다.

2.8.10.2. 토지대장의 형식

토지대장의 형식은 장부식 대장, 편철식 대장, 편철식 바인더, 카드식 대장 등 4가지의 형식으로 구분할 수 있으며 우리나라에서는 4가지 형식을 모두 사용하였으나 현재는 토지대장을 D/B화하여 전산파일로 운영하고 있다.

(1) 장부식 대장

① 우리나라의 부동산등기부나 영국, 네덜란드의 구 토지대장은 한정된 크기로 제작된 부기원장과 같은 대장에 등록 순서대로 수작업으로 기록하였다.

② 장부식 대장은 열람이나 이동정리 시 취급하기가 불편하고 말소된 필지를 제거할 수가 없다.

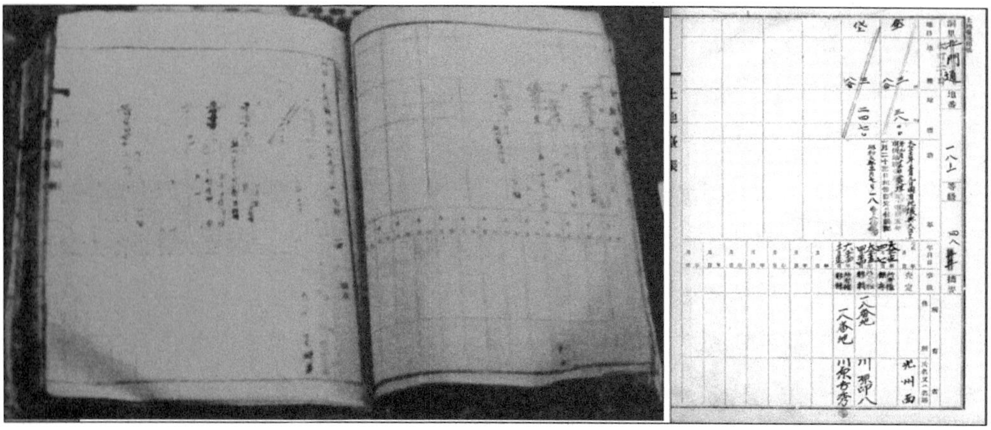

〈그림 2-24〉 장부식 대장

③ 새로운 페이지를 추가할 수도 없어 추가 사항은 관련 장부의 번호로 연결하여 다음 번호의 대장을 참조해야 한다.

④ 장부식 대장의 형태는 필지별로 토지등록 사항의 이력을 알 수 있는 장점이 있다.

⑤ 현재 사항만을 알 필요가 있을 때는 불편한 점이 많고 연대적편성주의를 채택할 때 주로 사용된다.

(2) 편철식 대장

① 우리나라 구 토지대장과 같이 최초의 사정 필지를 기준으로 하여 200필지를 한 책으로 묶었다.

② 토지분할 등으로 추가할 때 삽지를 넣어 다시 편철 정리한다.

③ 불필요한 부분은 제거할 수 있어 장부식 대장의 불편을 보완한 것이다.

④ 지번별 순서에 의해 등록하는 물적편성주의를 채택할 때 주로 사용된다.

⑤ 호주의 토렌스시스템 등록제도에서도 사용된 방법이다.

(3) 편철식 바인더

① 토지대장을 카드화할 경우 분실 또는 다른 카드와 혼합되는 것을 방지하기 위한 것으로 카드식 대장을 보완한 것이다.

② 편철식 바인더는 대장을 이용하기가 쉽고, 관리하기가 편리하다.

③ 바인더의 크기에 따라 필질 수를 증감할 수 있다.

④ 토지분할 등에 의한 대장이 증가할 때도 편리하다.

⑤ 이 방법은 영국이나 독일, 우리나라에서 사용되고 있다.

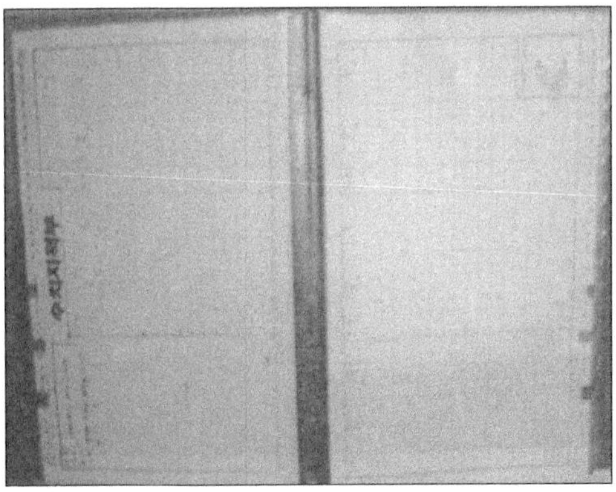

〈그림 2-25〉 바인더식 대장

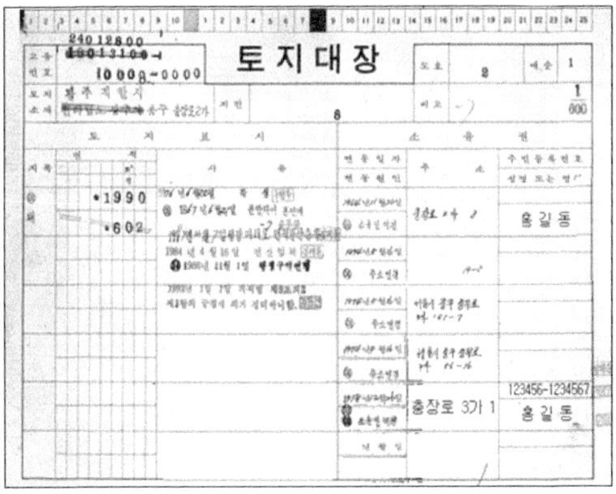

〈그림 2-26〉 카드식 대장

(4) 카드식 대장

① 토지대장이나 임야대장을 카드화한 것으로 장부식 대장이나 편철식 대장을 보완한 것이다.

② 카드의 종이 질이나 크기, 규격 등은 나라마다 다양하게 작성되었다.

③ 스위스에서는 카드 속에 얇은 플라스틱 합성수지 제품을 넣어 탄력을 좋게 하고 기록 시 편리하게 하고 있으며 독일은 컴퓨터에서 출력된 인쇄용지를 그대로 사용하고 있다.

④ 우리나라는 켄트지 사이에 나일론 망사를 넣고 접착시켜 찢어지지 않고 오래 사용할 수 있도록 하였다.

⑤ 카드식 대장은 분실하기가 쉽고 혼합이 될 경우가 있어 관리하기가 불편한 단점이 있다.

⑥ 카드식 대장은 복사기를 이용하여 증명을 발행할 때 매우 편리하다.

⑦ 우리나라의 경우는 전산파일로 등록되어 있으므로 현재는 사용하지 않고 있다.

2.8.11. 지적공부 정리

출제(용) : 120회

2.8.11.1. 지적정리 등의 통지

소관청이 지적공부에 등록하거나 지적공부를 복구·말소 또는 등기촉탁을 한때는 당해 토지소유자에게 통지하여야 한다. 통지받는 자의 주소 또는 거소를 알 수 없는 때에는 당해 시군구의 게시판에 게시하거나 일간신문 또는 시군구의 공보에 게재함으로써 소유자에게 통지된 것으로 본다.

(1) 토지소유자에게 통지

① 소관청이 직권으로 토지등록 사항을 조사·측량하여 지적공부에 정리하는 경우
② 토지의 지번을 변경하여 지적공부를 정리하는 경우
③ 멸실된 지적공부를 복구하는 경우
④ 바다로 된 토지를 소관청이 직권으로 등록 말소하는 경우
⑤ 소관청이 직권으로 등록 사항을 정정한 경우
⑥ 토지개발 사업 등으로 인한 토지이동을 사업시행자가 신청한 경우
⑦ 행정구역 개편으로 지번을 새로이 부여한 경우
⑧ 대위 신청에 따라 지적공부를 정리한 경우
⑨ 소관청이 토지표시에 관한 등기를 촉탁한 경우

(2) 통지의 시기

① 토지의 표시에 관한 변경등기가 필요한 경우 : 그 등기필증을 접수한 날부터 15일 이내
② 토지의 표시에 관한 변경등기가 필요하지 아니한 경우 : 지적공부에 등록한 날부터 15일 이내

2.8.11.2. 지적공부의 정리

지적공부의 정리 대상은 지번변경, 지적공부의 복구 및 신규등록·등록전환·분할·합병·지목변경 등 토지의 이동이 있는 경우이다. 지적공부의 정리 절차는 소관청은 토지의 이동 또는 소유자의 변경 등으로 지적공부를 정리하고자 하는 때에는 지적사무정리부와 소유자정리부에 그 처리 내용을 기재하여야 한다. 지적사무정리부는 토지의 이동 종목별로, 소유자정리부는 소유권 보존·이전 및 기타로 구분하여 기재한다.

(1) 토지이동정리결의서 작성

① 지적공부에 등록할 토지의 이동사항이 있을 때 지적 업무 담당공무원이 이동사항을 기록하고 토지이동정리결의서를 결재받아서 지적공부를 정리한다.

② 증감의 면적과 지번 수가 늘어나면 (+)로, 줄어들면 (−)로 기재한다.

③ 작성 방법

- 지적공부 정리 종목은 토지이동 종목별로 구분하여 기재한다.
- 토지 소재·이동 전·이동 후 및 증감란은 읍·면·동 단위로 지목별로 작성한다.
- 신규등록은 이동 후란에 지목·면적 및 지번 수를, 증감란에는 면적 및 지번 수를 기재한다.
- 등록전환은 이동 전란에 임야대장에 등록된 지목·면적 및 지번 수를, 이동후란에 토지대장에 등록될 지목·면적 및 지번 수를, 증감란에는 면적을 기재한다.
- 분할 및 합병은 이동전·후란에 지목 및 지번 수를, 증감란에 지번 수를 기재한다.
- 지목변경은 이동 전란에 변경 전의 지목·면적 및 지번 수를, 이동 후란에 변경 후의 지목·면적 및 지번 수를 기재한다.
- 지적공부등록말소는 이동전·증감란에 지목·면적 및 지번 수를 기재한다.
- 축척변경은 이동 전란에 축척변경 시행 전 토지의 지목·면적 및 지번 수를, 이동 후란에 축척이 변경된 토지의 지목·면적 및 지번 수를 기재한다. 이 경우 축척변경 완료에 따른 종전 지적공부의 폐쇄정리는 축척변경결의서에 따른다.
- 등록사항정정은 이동 전란에 정정 전의 지목·면적 및 지번 수를, 이동 후란에 정정 후의 지목·면적 및 지번 수를, 증감란에는 면적 및 지번 수를 기재한다.
- 도시개발사업 등은 이동 전란에 사업 시행 전 토지의 지목·면적 및 지번 수를, 이동후란에 확정된 토지의 지목·면적 및 지번 수를 기재한다. 이 경우 도시개발사업 등의 완료에 따른 종전 지적공부의 폐쇄정리는 도시개발사업 등 결의서에 따른다.

(2) 소유자정리결의서 작성

① 토지소재·소유권보존·소유권이전 및 기타란은 읍·면·동별로 기재한다.
② 정리 일자는 소유자정리결의일부터 정리완료일까지 기재한다.
③ 정리자는 업무담당자로 하고 확인자는 지적업무 담당으로 한다.
④ 소유자정리결과에 따라 접수·정리·기정리 및 불부합통지로 구분 기재한다.

(3) 지적공부 정리

① 지적공부 등의 정리에 사용하는 문자·기호 및 경계는 따로 규정을 둔 사항을 제외하고 정리 사항은 검은색, 도곽선과 그 수치 및 말소는 붉은색으로 한다.
② 지적확정측량·축척변경 및 지번변경에 따른 토지이동의 경우를 제외하고는 폐쇄 또는 말소된 지번은 다시 사용할 수 없다.

2.8.11.3. 토지소유자의 정리

(1) 소유자 변동 일자

① 소유자 변동 일자는 등기필통지서, 등기필증, 등기부 등·초본 또는 등기전산정보자료에 의할 때는 등기접수 일자를 기준으로 한다.
② 미등기토지의 소유자를 정정할 때는 소유자정리결의일자를 기준으로 한다.
③ 공유수면매립 준공에 의한 신규등록의 경우에는 매립준공 일자를 정리한다.
④ 소유자의 주소가 토지소재지와 같은 경우에도 등기부와 일치하게 정리한다.
⑤ 등기관서에서 제공한 등기전산정보자료에 따라 정리하는 경우에는 등기전산정보자료에 따른다.

(2) 부동산등기용등록번호 정정

① 등기관서로부터 법인 또는 재외국민의 부동산등기용등록번호 정정통보가 있는 때에는 정정 전 등록번호에 따라 토지소재를 조사하여 시·도지사에게 그 내용을 통지하여야 한다.
② 부동산등기용등록번호 정정이 있는 경우 시·도지사는 지체 없이 그 내용을 해당 지적소관청에 통지하여야 한다.

(3) 미등기토지의 소유자정정

① 적용 대상 토지는 미등기토지로서 소유자의 정정에 관한 사항과 토지조사당시에 사정 또는 재결 등에 따라 대장에 소유자는 등록하였으나, 소유자의 주소가 등록되어 있지 아니한 토지와 종전 「지적법시행령」(대통령령 제497호 1951년4월1일 제정)제3조제4호에 따라 국유지를 매각·교환 또는 양여하여 취득한 토지(이하 "국유지의 취득"이라 한다)의 소유자 주소가 대장에 등록되어 있지 아니한 미등기토지로 한다. 다만, 1950.12.1 법률 제165호로 제정된 「지적법」(1975.12.31 법률 제2801호로 전문 개정되기 이전의 법률을 말한다)이 시행된 시기에 복구, 소유권확인청구의 소에 따른 확정판결이 있었거나, 이에 관한 소송이 법원에 진행 중인 토지는 제외한다.

② 미등기토지의 소유자주소를 대장에 등록하고자 하는 때에는 사정·재결 또는 국유지의 취득 당시 최초 주소를 등록한다.

③ 지적소관청은 미등기토지의 소유자정정 등에 관한 신청이 있는 때에는 14일 이내에 다음의 사항을 확인하여 처리하여야 한다.

- 적용 대상 토지 여부
- 대장상 소유자와 가족관계등록부·제적부에 등재된 자와의 동일인 여부
- 적용 대상 토지에 대한 확정판결이나 소송의 진행 여부
- 첨부서류의 적합 여부

④ 지적소관청은 조사를 할 때에는 기간을 정하여 신청인에게 필요한 자료의 제출 또는 보완을 요구할 수 있다.

⑤ 지적소관청은 대장에 소유자의 주소 등을 등록한 때에는 지체 없이 신청인에게 그 내용을 통지하여야 한다.

(4) 토지소유자의 정리 절차

① 토지소유자의 정리 절차는 토지소유자에 대한 지적공부의 정리는 주로 소유권에 관한 사항으로 토지대장, 임야대장, 공유지연명부, 대지권등록부에 정리하며 정리 절차는 다음과 같다.

② 지적공부에 등록된 토지소유자의 변경 사항은 등기관서에서 등기한 것을 증명하는 등기필 통지서, 등기필증, 등기부등·초본 또는 등기관서에서 제공한 등기전산정보자료에 의하여 정리한다.

③ 신규등록 토지의 소유자는 소관청이 조사하여 등록한다.

④ 국유재산법에 따른 총괄청 또는 관리청이 지적공부에 소유자가 등록되지 아니한 토지에 소유자등록신청을 하는 경우 소관청은 이를 등록할 수 있다.

⑤ 등기부에 기재된 토지의 표시가 지적공부와 부합하지 아니하는 때에는 이를 정리할 수 없다.

⑥ 소관청은 필요하다고 인정하는 때에는 지적공부와 부동산등기부의 부합 여부를 관할 등기관서 등기부열람으로 조사·확인하여야 한다.

⑦ 부합되지 아니하는 사항을 발견한 때에는 등기부 등·초본 또는 등기관서에서 제공한 등기전산정보자료에 의하여 지적공부를 직권으로 정리하거나 토지소유자 그밖에 이해관계인에게 그 부합에 필요한 신청 등을 하도록 요구할 수 있다.

2.8.12. 지적공부의 관리

(1) 지적공부의 보관 방법

① 부책으로 된 대장(토지대장·임야대장 및 공유지연명부가 부책으로 된 대장)은 지적공부 보관 상자에 넣어 보관한다.

② 카드로 된 대장(토지대장·임야대장·공유지연명부·대지권등록부 및 경계점좌표등록부가 카드로 된 대장)은 100장 단위로 바인더에 넣어 보관하여야 한다.

③ 일람도·지번색인표와 도면은 지번부여 지역별로, 도면 번호순으로 보관하되, 장별로 보호대에 넣어야 한다.

④ 지적공부를 기록·보존하는 때에는 지적공부를 공공기관의 기록물 관리에 관한 법률의 규정에 따라 기록물관리기관에 이관할 수 있다.

(2) 지적공부의 관리 방법

토지대장·임야대장·공유지연명부·대지권등록부 및 경계점좌표등록부로 된 지적공부의 관리 장소는 지적사무를 처리하는 사무실로 한정하며 그 관리 방법은 다음과 같다.

① 지적공부는 지적사무 담당공무원 외에는 취급하지 못한다.

② 지적공부 사용을 완료한 때에는 즉시 보관 상자에 넣어야 한다.

③ 지적공부를 지적서고 밖으로 반출하고자 하는 때에는 훼손이 되지 않도록 보관·운반함 등을 사용한다.

④ 도면은 항상 보호대에 넣어 취급하되, 말거나 접지 못하며 직사광선을 받게 하거나 건습이 심한 장소에서 취급하지 못한다.

(3) 지적공부의 보존

① 지적소관청은 해당 청사에 지적서고를 설치하고 그 곳에 지적공부(정보처리시스템을 통하여 기록·저장한 경우는 제외)를 영구히 보존하여야 하며, 다음에 해당하는 경우 외에는 해당 청사 밖으로 지적공부를 반출할 수 없다.

- 천재지변이나 그 밖에 이에 준하는 재난을 피하기 위하여 필요한 경우
- 관할 시·도지사 또는 대도시 시장의 승인을 받은 경우

② 지적공부를 정보처리시스템을 통하여 기록·저장한 경우 관할 시·도지사, 시장·군수 또는 구청장은 그 지적공부를 지적정보관리체계에 영구히 보존하여야 한다.

③ 국토교통부장관은 보존하여야 하는 지적공부가 멸실되거나 훼손될 경우를 대비하여 지적공부를 복제하여 관리하는 정보관리체계를 구축하여야 한다.

(4) 지적서고

① 지적서고는 지적사무를 처리하는 사무실과 연접(連接)하여 설치하여야 한다.

② 지적공부 보관 상자는 벽으로부터 15cm 이상 띄워야 하며, 높이 10cm 이상의 깔판 위에 올려놓아야 한다.

③ 지적서고의 구조

- 골조는 철근콘크리트 이상의 강질로 할 것
- 지적서고의 면적은 기준면적에 따를 것
- 바닥과 벽은 2중으로 하고 영구적인 방수설비를 할 것
- 창문과 출입문은 2중으로 하되, 바깥쪽 문은 반드시 철제로 하고 안쪽 문은 곤충·쥐 등의 침입을 막을 수 있도록 철망 등을 설치할 것
- 온도 및 습도 자동조절장치를 설치하고, 연중 평균온도는 섭씨 20±5도를, 연중 평균습도는 65±5퍼센트를 유지할 것
- 전기 시설을 설치하는 때에는 단독퓨즈를 설치하고 소화 장비를 갖춰 둘 것
- 열과 습도의 영향을 받지 아니하도록 내부 공간을 넓게 하고 천장을 높게 설치할 것

③ 지적서고 관리 기준

- 지적서고는 제한구역으로 지정하고, 출입자를 지적사무 담당공무원으로 한정할 것
- 지적서고에는 인화물질의 반입을 금지하며, 지적공부, 지적 관계 서류 및 지적측량 장비만 보관할 것

2.8.13. 지적공부의 공시 효력

출제(논) : 137회

토지에 관한 등록 사항은 지적공부에 등록하여 이를 일반인에게 공시하여 모든 국민이 이용할 수 있도록 토지의 등록 사항을 언제나 외부에서 인식한다는 원칙을 공시의 원칙이라고도 한다. 지적공부의 공시 효력은 크게 지적형식주의와 지적공개주의로 구분할 수 있다.

(1) 지적형식주의

① 국가가 토지의 물리적 현황을 조사, 측량하여 지적공부에 등록해야만 법적인 효력이 발생한다는 원칙이다.

② 지적공부에 등록되지 않은 토지 정보는 법적으로 인정받지 못하며, 지적공부에 등록된 내용만이 효력을 인정받을 수 있다.

③ 국가가 직권으로 등록하고 관리함으로써 토지 행정의 일관성을 유지하고, 불명확한 토지 경계로 인한 분쟁을 예방하는 역할을 하고 있다.

(2) 지적공개주의

① 지적공부에 등록된 토지 정보를 일반인이 자유롭게 열람하고 등본을 발급받을 수 있도록 하는 원칙이다.

② 토지 거래 시 매수자나 이해관계인이 거래 대상 토지의 정확한 현황을 미리 확인하여 불이익을 방지하고, 안전하고 신속한 거래가 이루어지도록 하고 있다.

③ 정책적으로는 국가의 토지 정책 수립 및 건설공사, 재산세 부과 등에도 중요한 기초자료로써의 역할을 하고 있다.

④ 토지에 대한 경계분쟁이 발생하면 지적도·임야도·경계점좌표등록부에 등록된 경계 및 좌표에 의거 경계를 현지에 복원하고 민원 및 토지에 대한 분쟁의 해결을 실현하는 수단이라고 할 수 있다.

⑤ 지적공부를 열람하거나 등본에 의하여 외부에서 알 방법으로 직접 등록 내용을 그대로 인정하는 행위라 할 수 있다.

2.8.14. 지적공부의 공신력 확보

출제(논) : 137회

① 지적공부의 공신력을 높이기 위해서는 지적 정보의 정확성을 높이고, 국민이 이를 신뢰할 수 있는 제도적 기반을 확립해야 한다.

② 오래된 종이지적도와 실제 토지의 불일치 문제를 해결하기 위해 지적재조사사업을 추진하는 것이 가장 근본적인 해결책이다.

③ 첨단 장비를 활용하여 실제 토지 현황을 정확하게 조사하고, 수치지적으로 전환하여 지적공부의 정확도를 높여야 한다.

④ 현재 지적공부(토지의 물리적 현황)와 부동산등기부(토지의 권리 관계)는 이원화되어 있어 정보의 불일치가 발생할 수 있으므로 일원화하여 하나의 시스템에서 정확한 정보를 확인할 수 있는 제도적인 장치가 마련되어야 한다.

⑤ 지적공부의 오류로 인해 피해를 입은 국민을 보호하기 위해 국가배상제도를 도입 또는 토지소유권 분쟁으로 인한 경제적 손실을 보상해 주는 권원보험 제도를 도입하는 방안이 필요하다.

2.9. 토지의 이동

출제(용) : 71, 80, 126회, (논) : 84, 89, 92, 131회

토지이동은 지적공부에 등록할 토지의 표시 사항인 토지의 소재, 지번, 지목, 면적, 경계 또는 좌표를 새로이 등록하거나 변경 또는 말소하는 것을 말한다. 토지이동이 발생하게 된 경우에는 토지소유자가 신청하여야 할 의무를 규정하고 있으며, 토지소유자의 신청에 따라 결정한다. 토지소유권 변동이나 소유자의 주소변경 등은 토지이동으로 보지 않는다.

2.9.1. 법률적 이동과 특수이동

토지이동은 광의적으로는 토지의 변동 또는 지적공부상의 모든 변동을 의미하며 일반적으로 법률적인 이동과 특수이동으로 구분할 수 있다.

(1) 법률적 토지이동

① 신규로 등록할 토지가 발생하거나 이미 등록된 토지의 지번·지목·경계·좌표 또는 면적이 달라지는 것이다.

② 신규등록·등록전환·합병·분할·지목변경·토지구획정리 등이고 처리 절차상 지적측량에 의한 지적측량성과도를 첨부하는 경우와 실질적 토지조사 때문에 처리되는 경우를 말한다.

(2) 토지의 특수이동

① 토지의 특수이동은 지적국정주의 원칙에 따라 지적소관청만이 그 지번, 지목, 경계, 면적을 결정할 수 있으며, 이는 행정처분에 속한다.

② 토지의 특수이동

- 지적공부에 등록된 사항 중 오류가 있어 등록사항정정으로 발생하는 지번, 지목, 경계, 면적의 이동
- 행정구역의 통합, 분할 등으로 인한 지번의 변경
- 도시개발사업 등으로 발생하는 지번, 지목, 경계, 면적의 이동

(3) 토지이동의 유형

① 신규등록은 새로이 조성된 토지 및 등록이 누락된 토지를 지적공부에 등록하는 것을 말한다.

② 등록전환은 임야대장 및 임야도에 등록된 토지를 토지대상 및 지적도에 옮겨 등록 하는 것을 말한다.

③ 분할은 지적공부에 등록된 1필지를 2필지 이상으로 나누어 등록하는 것을 말한다.

④ 합병은 지적공부에 등록된 2필지 이상의 토지를 1필지로 합하여 등록하는 것을 말한다.

⑤ 지목변경은 지적공부에 등록된 지목을 다른 지목으로 바꾸어 등록하는 것을 말한다.

⑥ 등록사항의 정정은 토지대장, 지적도 등 지적공부의 등록 사항에 잘못이 있음을 발견한때 관련서류에 의해 등록 사항을 바르게 정정하는 것을 의미한다.

2.9.2. 신고와 신청

출제(용) : 126, 131회, (논) : 68, 111회

토지의 등록 및 이동에 관하여 지적공부를 정리할 것을 요청하는 방법에는 신고 또는 신청주의를 채택하고 있다. 우리나라의 경우에는 신고 또는 신청이 없거나 불필요한 때에는 소관청이 직권으로 조사·측량하여 직권으로 등록하는 직권등록주의를 채택하고 있다.

(1) 신고주의

① 신고의 사전적 의미는 국민이 법률상의 의무로서 행정관청에 일정한 사실을 진술 및 보고하는 일이다.

② 토지이동이 발생하면 토지소유자의 의사와는 관계없이 의무적으로 국가에 그 사유와 이동현황에 대하여 정한 날짜 안에 소정 양식에 의한 신고서를 작성하여 제출하여야 함을 의미한다.

③ 현행 법률에서 토지이동은 대부분 신청주의를 채택하고 있으며, 다만, 토지구획정리사업의 시행에 따른 부분은 신고주의를 규정하고 있다.

④ 신고는 등록을 위한 자료를 제공하는 것이며 지적소관청은 신고의 여부와 관계없이 직권으로 조사하여 등록할 수 있도록 하고 있다.

⑤ 지적공부의 등록에 대해서는 직권주의보다 신청주의 원칙을 위주로 하고 있다.

(2) 신청주의

① 신청주의는 개인이 행정기관에 대하여 특정한 사항에 대한 행위를 요구하는 것이다.

② 토지이동 정리는 법률적으로 강제하지 않고 토지소유자의 의사에 맡겨 정리되는 대상으로 신청주의를 채택하고 있다.

③ 토지이동 신청은 지적공부에 등록을 원한다는 의미로 토지소유자가 지적소관청에 대한 의사표시라고 할 수 있다.

④ 토지이동 정리는 원칙적으로 토지소유자의 신청에 따라 처리하도록 법률에서 규정하고 있다.

④ 법률적으로 신고와 신청은 구분할 수 없으며, 다만 관행상 구분해 오던 것을 모두 신청이란 용어로 통일하여 사용할 수 있도록 하고 있다.

⑤ 토지구획정리 사업에 따른 사업 신고 등 다른 법률 용어로써 사용되고 있는 것은 그 용어를 인용하여 신고를 사용한다.

⑥ 토지이동 정리 신청은 국가나 공공단체에 원하는 바를 청구하는 의사표시를 의미하며, 지적공부 정리를 위한 행정행위의 효력이 발생하도록 하고자 하는 것이다.

⑦ 지적공부 정리의 내용은 신청인과 협의로 결정하는 것이 아니고 행정주체인 지적소관청의 일방적 의사에 따라 결정된다.

⑧ 도시개발사업으로 인한 토지의 이동은 형질변경 등의 공사가 준공된 때 토지의 이동이 있는 것으로 본다.

⑨ 사업의 착수 또는 변경 신고가 된 토지는 그 사업이 완료될 때까지 사업시행자 외의 자가 토지이동신청을 할 수 없다.

(3) 지적소관청 직권 등록

① 토지이동 신청을 기피하거나 신청을 강제하지 않을 때는 지적소관청이 토지이동의 사실을 인지한 때 또는 일정 기간마다 조사를 통하여 지적정리를 시행한다.

② 토지이동은 소유자의 신청이 없더라도 소관청이 직권으로 처리할 수 있다.

③ 지적소관청의 직권 등록은 분할, 합병, 지목변경 등 토지이동이 발생하였지만, 토지소유자의 이동정리 신청이 없는 때에는 소관청이 직권으로 조사·측량하여 등록할 수 있도록 하였다.

④ 토지이동이 발생한 때에는 반드시 지적공부를 정리해야 하는 강제 대상이 된다.

⑤ 토지이동 신청이 없어도 지적소관청이 직권으로 조사·측량하여 정리할 수 있으므로 토지이동 신청이 필요 없다고 인식하기 쉽지만, 이는 신청이 없을 때를 전제하고 있으므로 일차적인 신청권자는 역시 소유자가 하여야 한다.

2.9.3. 신청권자

① 토지이동 신청은 이동의 책임이 있는 소유자 단독으로 하는 것을 원칙으로 하고 있다.

② 소유자가 아닌 자가 토지이동 신청을 할 수 있는 경우는 제삼자로부터 토지이동이 강제되어 이루어지거나, 토지이동의 권리를 제삼자에게 위임한 경우이다.

③ 토지소유자로 인정하는 자는 부동산등기부에 등록된 자를 말하며 미등기토지에 대한 소유자는 지적공부에 등록된 소유자를 말한다.

④ 토지이동 정리를 원하는 소유자는 소관청에 지적공부의 정리를 위한 청구의 당사자가 된다.

⑤ 학교용지, 철도용지, 하천, 구거, 유지, 제방 등의 지목이 공공용지로 되는 때와 국가 또는 지방자치단체가 매입 취득할 토지는 법률에서 신청권이 위임된 상태로 소유자를 대신하여 관계자가 신청할 수 있다.

2.9.3.1. 토지소유자

① 신규등록 대상 토지는 소유자의 명의가 등록 또는 등기되지 않았어도 법률에 따른 소유자의 인정 절차를 이행한 자와 법원의 판결에 따라 소유자로 확정된 자를 소유자로 본다.

② 토지소유자로 인정하는 자는 부동산등기부에 등기된 소유권자를 말하며 미등기토지는 지적공부에 등록된 소유자를 말한다.

③ 토지에 대한 사용, 수익, 처분권으로서 전면적이고 완전한 지배권을 가지고 있는 소유자는 자기 토지에 관하여 법령에 정한 제한을 받는 범위 내에서 자유로이 사용, 수익, 처분을 할 수 있다.

④ 자기의 이익을 목적으로 토지를 활용하고자 할 때는 법률이 정한 범위 내에서 토지소유자는 그 행사가 가능하므로 토지이동의 신청을 할 수 있다.

2.9.3.2. 신청 의무 승계

① 토지이동으로 소유권이 이전되었을 때 신청해야 할 의무의 소재와 이행 기간 기산에 관한 문제이다.

② 토지이동이 된 때의 전 소유자는 신청의 의무가 소유권의 이전과 함께 상실된다.

③ 새로이 소유권을 취득한 신 소유자가 포괄 승계되어 신청의 의무를 갖도록 하고 있다.

④ 토지이동을 한 전 소유자는 신청의 의무가 없고 토지이동을 한 기간이 아무리 길어도 신청의 게으른 책임이 없으며, 과태료의 처벌을 받지 않는다고 보아야 한다.

⑤ 신 소유자의 신청 기간의 시작 점은 소유권의 득실 변경 효력을 등기하였을 때 갖게 하는 성립요건주의에 따라 소유권 이전의 등기 초일로부터 계산이 되며 등기 초일은 기간에 산입하지 않는 것이 일반원칙이다.

2.9.3.3. 대위신청

출제(용) : 65, 95, 101, 102, 122, 126회

대위신청(代位申請)이란 제삼자가 다른 사람의 법률적 지위를 대신하여 그가 가진 권리를 얻거나 행사하는 일 또는 채권자가 채무자의 권리를 대신 행사하는 일 등을 말한다. 지적업무에서 대위신청은 토지이동에 따른 신청으로 당해 토지의 소유자가 하는 것이 원칙이지만 이를 위임 받안 신청할 수 있도록 법률로써 규정한 것이다.

(1) 대위신청 대상

① 공공사업 등에 따라 학교용지, 도로, 철도용지, 제방, 하천, 구거, 유지, 수도용지 등의 지목의 토지 : 해당 사업의 시행자

② 국가나 지방자치단체가 취득하는 토지 : 해당 토지를 관리하는 행정기관의 장 또는 지방자치단체의 장

③ 「주택법」에 따른 공동주택의 부지 : 「집합건물의 소유 및 관리에 관한 법률」에 따른 관리인(관리인이 없는 경우에는 공유자가 선임한 대표자) 또는 해당 사업의 시행자

④ 「민법」 제404조에 따른 채권자

(2) 대위신청의 특징

① 그 토지를 관리할 소유자의 권리를 행사할 수 있는 채권이 성립된 경우 채권자는 자기의 채권을 보전하기 위하여 채무자의 권리를 행사할 수 있다.

② 대위 신청은 토지소유자를 대신하여 신청할 수 있는 권한은 있으나 의무는 없다.

③ 신청 여부는 임의로 하며 대위 신청을 하지 않는 경우에도 아무런 제한을 받지 않는다.

④ 대위 신청은 소유자의 신청권이 위임된 상태로 소유자를 대신하여 신청할 수 있는 경우를 말한다.

⑤ 공동주택부지의 합병을 촉진하기 위하여 법률이 정한 관리인 또는 소유자 중 1인 만으로 신청할 수 있다.

⑥ 등록사항정정 대상 토지는 신청을 대신할 수 없다.

⑦ 채권자가 대위 신청할 수 있는 것

- 민법의 규정에 따른 채권자로서, 소유자의 일신에 전속된 권리 이외의 자기 채권을 보전하기 위한 때에 채권자의 신청 권리를 행사할 수 있다는 것이다.
- 채권자로서 그 행사 시기는 법원의 허가가 있거나 채권의 기한이 되었을 때 할 수 있다.

2.9.4. 물권변동

출제(논) : 135회

물권의 변동이란 물권의 발생·변경·소멸을 통틀어서 일컫는 의미로 물권의 주체를 중심으로 말한다면 물권의 득실변경이라 한다.

(1) 물권변동의 의의

① 물권변동은 물권의 동일성을 해하지 않는 범위 내에서 물권의 주체·객체·내용 및 작용에 대하여 생기는 변화를 말하며, 물권의 발생·변경·소멸을 총칭한다

② 물권변동에 관하여는 당사자의 의사표시만으로 그 효력이 발생한다는 의사주의와 의사표시 이외에 어떤 형식을 요한다는 형식주의가 있다.

③ 법률행위에 의하지 않은 물권변동을 총칭하는 것으로, 준법률행위 또는 사건에 의한 물권변동을 말한다.

④ 물권변동에는 법률행위에 의한 물권변동과 법률의 규정에 의한 물권변동이 있다.

(2) 물권변동의 원인

① 물권의 변동은 법률행위에 따른 경우로 토지의 이동에 따른 경우

② 민법에 의한 취득시효, 상속, 무주물선점, 유실물습득, 매장물 발견에 따른 경우

③ 민법 외의 규정에 의한 공용징수, 몰수, 경매 등 법률의 규정에 따른 경우

④ 일정한 판결에 따른 경우

(3) 물권변동과 공시

① 물권변동은 제3자에게 미치는 영향이 크므로, 거래의 안전을 위하여 물권변동을 외부에서 인식할 수 있는 일정한 표상으로서 공시방법(公示方法)을 갖추도록 하는데 이를 공시의 원칙이라고 한다.

② 물권을 거래하는 자가 예측하지 못한 손해를 입지 않으려면, 거래 객체 안 물 건 위에 누가 어떤 내용의 물권을 가졌는지를 알 수 있어야 한다.

③ 동산물권(動産物權)은 점유 또는 인도, 부동산물권(不動産物權)은 등기를 공시방법으로 한다.

④ 동산물권에는 공신의 원칙이 인정되나 부동산물권에는 공신의 원칙이 인정되지 않는다.

⑤ 물권 거래의 안전을 위하여 물권의 귀속과 내용을 널리 일반에게 알리는 이른바 공시가 필요함을 알 수 있다.

⑥ 우리 법에 있어서 부동산물권은 공적 기록에 부동산에 관한 일정한 권리관계를 기록하는 「부동산 등기」에 의하여 공시된다

(표 2.5) 등기부와 대장의 등록 내용

구분	내용
등기부	전산정보처리조직에 의하여 입력·처리된 등기정보자료를 대법원규칙으로 정하는 바에 따라 편성한 것(부동산등기법 제2조제1호) 토지등기부와 건물등기부로 구분한다.(부동산등기법 제14조제1항) 등기부의 등기기록은 아래와 같이 이루어져있다.(부동산등기법 제14조 및 제15조) ① 표제부(토지나 건물의 표시와 그 변경에 관한 사항을 기록) ② 갑구(소유권에 관한 사항을 기록) ③ 을구(소유권 이외의 권리에 관한 사항을 기록)
대장	부동산에 대한 과세나 징세 등을 위해 기재된 공적장부 대장의 종류는 토지대장, 임야대장, 건축물대장

2.9.5. 신규등록

출제(논) : 104, 108, 120, 134회

신규등록은 새로이 조성된 토지 및 등록이 누락되어 있는 토지를 지적공부에 등록하는 행정처분을 말하며 미등록 토지가 발견된 때에는 토지의 소재, 지번, 지목, 경계 또는 좌표와 면적, 소유자 등을 조사 결정하여 새로이 지적공부에 등록하고 작성하는 것을 말한다.

(1) 신규등록 대상 토지

① 공유수면매립으로 준공된 토지

② 미등록된 공공용 토지(도로·구거·하천 등)

③ 기타 미등록 토지

(2) 신규등록 신청

① 토지소유자는 신규로 등록할 토지가 있는 때에는 발생한 날부터 60일 이내에 신청한다.

② 신규등록 신청 서류

- 법원의 확정판결서 정본 또는 사본
- 공유수면 관리 및 매립에 관한 법률에 따른 준공인가필증 사본
- 도시계획구역 안의 미등록 토지 등에 관한 신규등록의 특례 규정에 따라 도시계획구역 안의 토지를 그 지방자치단체의 명의로 등록하는 때에는 재정경제부장관과 협의한 문서의 사본
- 그밖에 소유권을 증명할 수 있는 서류의 사본
- 해당 서류를 소관청이 관리할 때는 소관청의 확인으로써 제출에 갈음할 수 있다.

(3) 지번의 부여 및 면적 결정방법

① 지번부여 지역 안에서 인접 토지의 본번에 부번을 붙여서 지번을 부여한다.

② 다음의 경우에는 그 지번부여 지역의 최종 본번의 다음 순번부터 본번으로 하여 순차적으로 지번을 부여할 수 있다.

- 대상 토지가 그 지번부여 지역 안의 최종 지번의 토지에 인접된 경우
- 대상 토지가 이미 등록된 토지와 멀리 떨어져 있어서 등록된 토지의 본번에 부번을 부여하는 것이 불합리한 경우
- 대상 토지가 여러 필지로 되어 있는 경우

③ 신규등록을 하는 때에는 새로이 측량하여 각 필지의 경계 또는 좌표와 면적을 정한다.

(4) 지적공부 정리

① 대장의 정리

- 새로이 토지대장을 작성하고 토지의 소재, 지번, 지목, 면적, 소유자의 성명 또는 명칭, 주소, 주민등록번호, 고유번호, 도면번호와 필지별 대장의 장번호 및 축척, 토지이동 등의 사유, 소유권의 변동 일자 및 변동 원인을 기재한다.
- 대장의 소유자변동 일자는 공유수면매립 준공에 의한 신규등록의 경우에는 매립준공 일자를 정리한다.
- 토지이동정리결의서를, 토지소유자의 변동 등에 따른 지적공부를 정리하고자 할 때는 소유자정리결의서를 각각 작성하여야 한다.
- 신규등록은 이동 후란에 지목·면적 및 지번 수를, 증감 란에는 면적 및 지번 수를 기재한다.

② 도면의 정리

- 도면에 경계·지번 및 지목을 새로이 등록하는 경우에는 이미 비치된 도면에 제도한다.
- 이미 비치된 도면에 정리할 수 없는 경우에는 새로이 도면을 작성한다.
- 신규등록에 따른 경계점좌표등록부는 새로이 작성한다.

(5) 구 지적법 제37조(1950. 12. 1. 공포) 등록

출제(용) : 132회, (논) : 104, 108, 120, 134회

① 1950년 제정 지적법(1950.12.1. 법률 제165호)에서 최초로 채택하였다.

② 제정 지적법 제37조 제2항 본법 시행으로 인하여 새로이 지적공부에 등록하여야 할 토지의 이동정리는 본법 시행일로부터 3년 이내에 하여야 한다.

③ 1975년 지적법 전문개정 당시에 토지의 이동이 있는 경우에는 토지소유자의 신청에 따라 소관청이 지적공부의 등록 사항을 결정하고 신청이 없는 때에는 직권으로 조사·측량하여 등록하도록 개정하여 더욱 강화된 이념이다.

④ 2010년 미등록 도서의 조사 및 지적공부등록 지침을 제정하여 미등록 도서 조사와 지적공부 등록을 위한 방법 및 절차에 관하여 필요한 사항을 정함을 목적으로 한다.

⑤ 현재 시행되고 있는 공간정보의 구축 및 관리 등에 관한 법률 제64조 토지소유자의 신청이 없으면 지적소관청이 직권으로 조사·측량하여 결정할 수 있다.

2.9.6. 등록전환

출제(용) : 47회, (논) : 66, 75, 98, 110, 114, 122, 125회

등록전환은 임야대장 및 임야도에 등록된 토지를 토지대장 및 지적도에 옮겨 등록하는 행정처분을 말한다. 즉, 축척이 1/3,000 또는 1/6,000인 임야도에 등록된 토지를 축척 1/600 또는 1/1,200의 지적도에 옮겨 등록하는 것을 말한다.

(1) 등록전환 대상 토지

① 등록전환을 신청할 수 있는 토지는 산림법·건축법 등 관계법령에 의한 토지의 형질변경 또는 건축물의 사용승인 등으로 인하여 지목을 변경하여야 할 토지로 한다.

② 지목변경 없이 등록전환 신청이 가능한 토지

- 대부분 토지가 등록전환되어 나머지 토지를 임야도에 계속 존치하는 것이 불합리한 경우
- 임야도에 등록된 토지가 사실상 형질 변경되었으나 지목변경을 할 수 없는 경우

(2) 등록전환 신청

① 토지소유자는 등록전환 사유 발생일로부터 60일 이내 소관청에 신청하여야 한다.

② 등록전환 신청서에 첨부할 서류

- 등록전환 측량성과도
- 관계 법령에 따른 토지형질변경 등의 공사가 준공되었음을 증명하는 서류의 사본
- 서류를 소관청에 관리할 때는 소관청의 확인으로 갈음할 수 있다.

(3) 지번의 부여 방법

① 지번부여 지역 안에서 인접 토지의 본번에 부번을 붙여서 지번을 부여한다.

② 다음의 경우에는 그 지번부여 지역의 최종 본번의 다음 순번부터 본번으로 하여 순차적으로 지번을 부여할 수 있다.

- 대상 토지가 그 지번부여 지역 안의 최종 지번의 토지에 인접된 경우
- 대상 토지가 이미 등록된 토지와 멀리 떨어져 있어서 등록된 토지의 본번에 부번을 부여하는 것이 불합리한 경우
- 대상 토지가 여러 필지로 되어 있는 경우

(4) 면적의 결정

① 등록전환으로 말소되는 필지의 면적측정은 지적도 축척으로 측정한 면적에 의하여 환산하여서는 안 된다.

② 등록전환을 위하여 면적을 정함에 있어서 오차가 발생하는 경우 그 오차가 허용범위를 초과하는 때에는 임야대장의 면적 또는 임야도의 경계를 소관청이 직권으로 정정하여야 한다.

③ 등록전환을 하는 경우 임야대장의 면적과 등록전환을 하고자 하는 면적의 오차 허용범위는 $A = 0.026^2 M \sqrt{F}$ 이다. (A는 오차 허용면적, M은 임야도의 축척 분모, F는 등록전환될 면적)

④ 등록전환을 하고자 하는 면적이 오차의 허용범위 이내인 경우에는 그 면적을 등록전환 면적으로 결정한다.

⑤ 등록전환을 하는 경우 오차 허용범위의 계산은 축척이 3천분의 1인 지역의 축척 분모는 6천으로 한다.

⑥ 신구면적의 오차가 허용범위를 초과하면 지적공부의 등록 사항을 정정하여야 한다.

⑦ 결정 면적은 그 합계가 원면적에 일치하도록 산출 면적의 소요 자릿수 미만의 수가 큰 것부터 차례로 올려야 한다. 다만, 소요 자릿수 미만의 수가 서로 같은 때에는 산출 면적이 큰 것을 올린다.

(5) 지적공부 정리

① 대장의 정리

- 토지대장을 새로이 작성하고 임야대장의 등록 사항을 말소해야 한다.
- 토지대장에 등록하는 면적은 등록전환측량의 결과에 의하여야 하며, 임야대장의 면적을 그대로 정리할 수 없다.
- 토지대장 작성에 있어서 사유란에는 "○○○○년 ○○월 ○○일 산○○번에서 등록전환"이라 기재하고 소유권란에는 임야대장상 소유자를 그대로 기재한다.
- 등록전환된 토지의 임야대장은 지목과 면적란은 말소하고 사유란에는 "○○○○년 ○○월 ○○일 산○○ 번에서 등록전환되어 말소"라 기재한다.

② 도면의 정리

- 등록전환으로 도면에 경계·지번 및 지목을 새로이 등록할 때는 이미 비치된 도면에 제도한다.

- 비치된 도면에 정리할 수 없는 경우에는 새로이 도면을 작성한다.
- 등록전환할 때는 임야도의 그 지번 및 지목을 말소하고, 그 내부를 붉은색으로 엷게 채색한다.

2.9.7. 토지의 합병

출제(논) : 65회

토지의 합병은 지적공부에 등록된 2필지 이상의 인접한 토지를 소유자의 신청에 따라 1필지로 합하여 등록하는 것을 말한다.

(1) 토지합병의 대상

① 주택건설촉진법에 따른 공동주택의 부지

② 도로·하천·제방·구거·유지·공장용지·학교용지·철도용지·수도용지·공원·체육용지 등의 지목으로서 연접하여 있으나 구획 내에 2필지 이상으로 등록된 토지

③ 토지소유자가 필요에 의해 합병하고자 하는 때에는 합병을 신청할 수 있다.

(2) 합병 요건

① 합병하고자 하는 각 필지의 지번부여 지역·지목·소유자가 동일한 경우

② 합병하고자 하는 각 필지의 지적도 및 임야도의 축척이 동일한 경우

③ 합병하고자 하는 각 필지의 지반이 연속된 경우

④ 합병하고자 하는 토지에 등기된 토지와 등기되지 아니한 토지가 혼합되어 있지 않은 경우

⑤ 합병신청과 동시에 토지의 용도에 따라 분할신청을 하는 경우

⑥ 합병하고자 하는 각 필지에 소유권·지상권·전세권·임차권 및 승역지에 관하여 하는 지역권의 등기 외의 저당권·가압류·가등기·가처분 등이 설정되어 있지 않은 경우

⑦ 합병하고자 하는 토지의 소유자별 공유지분이 같고 소유자의 주소가 동일한 경우

⑧ 합병하고자 하는 토지가 구획정리·경지정리 시행 지역 안의 토지와 지역 밖의 토지가 아닌 경우

(3) 합병할 토지의 확인·조사 사항

① 토지의 이용현황

② 관계 법령의 저촉 여부

③ 조사자의 의견·조사 연월일 및 조사자 직·성명

(4) 지번부여

① 합병 대상 지번 중 선순위의 지번을 그 지번으로 부여한다.

② 합병 대상 토지의 지번 중에서 본번으로 된 지번이 있는 때에는 본번 중 선 순위의 지번을 합병 후의 지번으로 정한다.

③ 토지소유자가 합병 전의 필지에 주거·사무실 등의 건축물이 있어서 그 건축물이 위치한 지번을 합병 후의 지번으로 신청하는 때에는 그 지번을 합병 후의 지번으로 부여하여야 한다.

(표 2.6) 합병 후 선순위 지번부여 방법

합병 후 선순위 지번부여		합병 후 본번으로 된 선순위 지번부여	
합병 전 지번	합병 후 지번	합병 전 지번	합병 후 지번
2-2 3-5 5-1 101-3 102-2	2-2	3-3 12-6 105 106 10/	105

(5) 경계 및 면적의 결정

① 토지합병을 하고자 하는 때의 경계 또는 좌표는 합병 전의 각 필지의 경계 또는 좌표가 합병으로 인하여 필요 없게 된 부분을 말소한다.

② 면적의 결정은 합병 전의 각 필지를 합산하여 그 필지의 면적으로 한다.

(6) 지적공부의 정리

① 면적은 합병 전의 각 필지의 면적을 합계하여 새로운 지번에 정리한다.

② 합병으로 새로이 관리되는 대장은 합병의 사유란에 합병 후의 지목과 면적을 기재한다.

③ 합병으로 인하여 말소되는 필지는 대장의 사유란에 합병되어 말소라 기재하고 지목과 면적을 붉은색 평행선으로 말소한다.

④ 합병된 경우에는 합병으로 존치되는 필지의 경계점좌표등록부에 합병되는 필지의 좌표를 정리하고 부호도 및 부호를 새로이 정리한다.

⑤ 합병으로 인하여 말소된 필지의 경계점좌표등록부는 부호도·부호 및 좌표를 말소한다.

⑥ 합병되는 필지 사이의 경계, 지번, 지목을 말소한 후 유지·관리될 지번 및 지목을 새로이 제도한다.

⑦ 합병 후에 부여하는 지번 및 지목의 위치가 필지의 중앙에 있는 경우에는 그대로 둔다.

2.9.8. 축척변경

출제(용) : 93회, (논) : 71, 74, 92, 104, 128, 132회

지적도에 등록된 경계점의 정밀도를 높이기 위하여 작은 축척을 큰 축척으로 변경하여 등록하는 것을 말하는데 이는 지적도의 소축척을 대축척으로 바꾸어 등록하는 행정처분을 의미한다. 소관청은 축척변경이 필요하다고 인정되는 때에는 축척변경위원회의 의결을 거치기 전에 축척변경 시행 지역 안의 토지소유자의 3분의 2 이상의 동의를 얻어야 하며 축척변경위원회의 의결을 거친 후 시·도지사의 승인을 얻어 이를 시행할 수 있다.

2.9.8.1. 축척변경의 대상

① 잦은 토지의 이동으로 1필지의 규모가 작아서 소축척으로는 지적측량성과의 결정이나 토지의 이동에 따른 정리를 하기가 곤란한 경우

② 하나의 지번부여 지역에 서로 다른 축척의 지적도가 있는 경우

③ 축척변경위원회의 승인없이 축척변경을 할 수 있는 경우

- 합병하려는 토지가 축척이 다른 지적도에 각각 등록되어 있어 축척변경을 하는 경우
- 도시개발사업 등의 시행 지역에 있는 토지로서 그 사업 시행에서 제외된 토지의 축척변경을 하는 경우

2.9.8.2. 축척변경의 시행 절차

(1) 축척변경 승인신청

① 소관청은 축척변경을 하고자 하는 때에는 축척변경 사유를 기재한 승인신청서에 다음의 서류를 첨부하여 시·도지사에게 제출하여야 한다.

- 축척변경 사유
- 지번별 조서
- 토지소유자의 동의서
- 축척변경위원회의 의결서 사본
- 축척변경 승인을 위하여 시·도지사가 필요하다고 인정하는 서류

② 신청을 받은 시·도지사는 축척변경 사유 등을 심사한 후 그 승인 여부를 소관청에 통지하여야 한다.

(2) 축척변경 시행 공고

① 지적소관청은 시·도지사 또는 대도시 시장으로부터 축척변경 승인을 받았을 때에는 지체 없이 다음 사항을 20일 이상 공고하여야 한다.

- 축척변경의 목적, 시행 지역 및 시행기간
- 축척변경의 시행에 관한 세부계획
- 축척변경의 시행에 따른 청산방법
- 축척변경의 시행에 따른 토지소유자 등의 협조에 관한 사항

② 시행공고는 시군구(자치구가 아닌 구를 포함) 및 축척변경 시행 지역 동·리의 게시판에 주민이 볼 수 있도록 게시하여야 한다.

③ 축척변경 시행 지역의 토지소유자 또는 점유자는 시행 공고일부터 30일 이내에 시행공고일 현재 점유하고 있는 경계에 국토교통부령으로 정하는 경계점표지를 설치하여야 한다.

(3) 토지의 표시

① 지적소관청은 축척변경 시행 지역의 각 필지별 지번·지목·면적·경계 또는 좌표를 새로 정하여야 한다.

② 지적소관청이 축척변경을 위한 측량을 할 때에는 토지소유자 또는 점유자가 설치한 경계점표지를 기준으로 새로운 축척에 따라 면적·경계 또는 좌표를 정하여야 한다.

③ 축척을 변경할 때에는 필지별 지번·지목 및 경계는 종전의 지적공부에 따르고 면적만 새로 정하여야 한다.

(4) 면적 결정방법

① 면적을 새로 정하는 때에는 축척변경 측량결과도에 따라야 한다.

② 축척변경 측량 결과도에 따라 면적을 측정한 결과 축척변경 전의 면적과 축척변경 후의 면적의 오차가 $A = 0.026^2 M \sqrt{F}$ 식에 따른 허용범위 이내인 경우에는 축척변경 전의 면적을 결정면적으로 하고, 허용면적을 초과하는 경우에는 축척변경 후의 면적을 결정면적으로 한다. 이 경우 같은 계산식 중 A는 오차 허용면적, M은 축척이 변경될 지적도의 축척 분모, F는 축척변경 전의 면적을 말한다.

③ 경계점좌표등록부를 갖춰 두지 아니하는 지역을 경계점좌표등록부를 갖춰 두는 지역으로 축척변경을 하는 경우에는 그 필지의 경계점을 평판(平板)측량 방법이나 전자평판(電子平板) 측량 방법으로 지상에 복원시킨 후 경위의(經緯儀) 측량 방법 등으로 경계점좌표를 구하여야 한다.

(5) 지번별 조서 작성 및 지적공부 정리의 정지

① 지적소관청은 축척변경에 관한 측량을 완료하였을 때는 시행공고일 현재의 지적공부상의 면적과 측량 후의 면적을 비교하여 그 변동 사항을 표시한 축척변경 지번별 조서를 작성하여야 한다.

② 지적소관청은 축척변경 시행 기간 중에는 축척변경 시행 지역의 지적공부 정리와 경계복원측량을 축척변경 확정 공고일까지 정지하여야 한다.

(6) 청산금의 산정

① 지적소관청은 축척변경에 관한 측량을 한 결과 측량 전에 비하여 면적의 증감이 있는 경우에는 그 증감 면적에 대하여 청산하여야 하지만, 다음의 경우에는 그러하지 아니하다.

- 필지별 증감 면적이 허용범위 이내인 경우
- 토지소유자 전원이 청산하지 아니하기로 합의하여 서면으로 제출한 경우

② 청산을 할 때에는 축척변경위원회의 의결을 거쳐 지번별로 제곱미터당 금액을 정하여야 한다.

③ 청산금은 축척변경 지번별 조서의 필지별 증감 면적에 지번별 제곱미터당 금액을 곱하여 산정한다.

④ 지적소관청은 청산금을 산정하였을 때는 청산금 조서를 작성하고, 청산금이 결정되었다는 뜻을 15일 이상 공고하여 일반인이 열람할 수 있게 하여야 한다.

⑤ 청산금을 산정한 결과 증가된 면적에 대한 청산금의 합계와 감소된 면적에 대한 청산금의 합계에 차액이 생긴 경우 초과액은 그 지방자치단체의 수입으로 하고, 부족액은 그 지방자치단체가 부담한다.

(7) 청산금의 납부고지

① 지적소관청은 청산금의 결정을 공고한 날부터 20일 이내에 토지소유자에게 청산금의 납부고지 또는 수령통지를 하여야 한다.

② 납부고지를 받은 자는 그 고지를 받은 날부터 6개월 이내에 청산금을 지적소관청에 내야 한다.

③ 지적소관청은 수령통지를 한 날부터 6개월 이내에 청산금을 지급하여야 한다.

④ 지적소관청은 청산금을 지급받을 자가 행방불명 등으로 받을 수 없거나 받기를 거부할 때에는 그 청산금을 공탁할 수 있다.

⑤ 지적소관청은 청산금을 내야 하는 자가 기간 내에 청산금에 관한 이의신청을 하지 아니하고 기간 내에 청산금을 내지 아니하면 「지방행정제재·부과금의 징수 등에 관한 법률」에 따라 징수할 수 있다.

(8) 청산금에 관한 이의신청

① 납부 고지되거나 수령 통지된 청산금에 관하여 이의가 있는 자는 납부고지 또는 수령통지를 받은 날부터 1개월 이내에, 지적소관청에 이의신청할 수 있다.

② 이의신청을 받은 지적소관청은 1개월 이내에 축척변경위원회의 심의·의결을 거쳐 그 인용(認容) 여부를 결정한 후 지체 없이 그 내용을 이의신청인에게 통지하여야 한다.

(9) 축척변경의 확정 공고

① 청산금의 납부 및 지급이 완료되었을 때는 지적소관청은 지체 없이 축척변경의 확정공고를 하여야 한다.

② 지적소관청은 확정공고를 하였을 때는 지체 없이 축척변경에 따라 확정된 사항을 지적공부에 등록하여야 한다.

③ 축척변경 시행 지역의 토지는 확정 공고일에 토지의 이동이 있는 것으로 본다.

④ 축척변경의 확정 공고 사항

- 토지의 소재 및 지역명
- 축척변경 지번별 조서
- 청산금 조서
- 지적도의 축척

축척변경 신청	• 토지소유자 → 지적소관청
↓ 축척변경 승인신청	• 지적소관청 → 시·도지사 제출
↓ 축척변경 시행공고	• 20일 이상 공고 • 시군구 및 축척변경 시행지역 동·리의 게시판 • 시행 공고일부터 30일 이내에 경계점 표지 설치
↓ 토지의 표시	• 경계점 표지를 기준으로 새로운 축척에 따라 면적·경계 또는 좌표 결정
↓ 면적 결정방법	• 헝용범위 이내인 경우 축척변경 전의 면적을 결정면적 • 허용 면적을 초과하는 경우 축척변경 후의 면적을 결정면적
↓ 축척변경 지번별 조서의 작성	
↓ 지적공부 정리 등의 정지	• 지적공부 정리와 경계복원측량 정지
↓ 청산금의 산정	• 축척변경위원회의 의결을 거쳐 지번별로 제곱미터당 금액 결정 • 청산금 조서 작성 • 청산금의 합계에 차액: 초과액은 지방자치단체의 수입, 부족액은 지방자치단체가 부담
↓ 청산금의 납부고지	• 20일 이내에 청산금의 납부고지 또는 수령통지 • 청산금 납부 및 지급은 고지를 받은 날부터 6개월 이내
↓ 청산금에 관한 이의신청	• 납부고지 또는 수령통지를 받은 날부터 1개월 이내 이의신청 • 지적소관청은 1개월 이내에 축척변경위원회의 심의·의결을 거쳐 이의신청인에게 통지
↓ 축척변경의 확정 공고	• 지적소관청 • 지적공부 등록(확정 공고일에 토지의 이동이 있는 것으로 본다.)

〈그림 2-27〉 축척변경 절차

2.9.8.3. 축척변경위원회

(1) 위원회의 구성

① 축척변경위원회는 5명 이상 10명 이하의 위원으로 구성하되, 위원의 2분의 1 이상을 토지소유자로 하여야 한다.

② 해당 축척변경 시행 지역의 토지소유자가 5명 이하일 때에는 토지소유자 전원을 위원으로 위촉하여야 한다.

③ 위원장은 위원 중에서 지적소관청이 지명한다.

④ 지적소관청이 위촉하는 위원

- 해당 축척변경 시행 지역의 토지소유자로서 지역 사정에 정통한 사람
- 지적에 관하여 전문지식을 가진 사람

(2) 위원회의 기능

① 축척변경 시행계획에 관한 사항

② 지번별 제곱미터당 금액의 결정과 청산금의 산정에 관한 사항

③ 청산금의 이의신청에 관한 사항

④ 축척변경과 관련하여 소관청이 부의한 사항

(3) 위원회의 회의

① 축척변경위원회의 회의는 지적소관청이 축척변경위원회에 회부하거나 위원장이 필요하다고 인정할 때에 위원장이 소집한다.

② 축척변경위원회의 회의는 위원장을 포함한 재적위원 과반수의 출석으로 개의(開議)하고, 출석위원 과반수의 찬성으로 의결한다.

③ 위원장은 축척변경위원회의 회의를 소집할 때에는 회의일시·장소 및 심의 안건을 회의 개최 5일 전까지 각 위원에게 서면으로 통지하여야 한다.

2.9.9. 등록사항정정

출제(용) : 122, 125회, (논) : 90, 101, 123, 128회

토지소유자는 지적공부의 등록 사항에 잘못이 있음을 발견하면 직권으로 조사·측량하여 정정할 수 있다.

2.9.9.1. 대상 토지

① 지적소관청이 지적공부의 등록 사항에 잘못이 있는지를 직권으로 조사·측량하여 정정할 수 있는 경우이다.

② 지적공부의 등록 사항을 직권으로 정정할 수 있는 경우

- 토지이동정리결의서의 내용과 다르게 정리된 경우
- 지적도 및 임야도에 등록된 필지가 면적의 증감 없이 경계의 위치만 잘못된 경우
- 1필지가 각각 다른 지적도나 임야도에 등록된 경우로서 지적공부에 등록된 면적과 측량한 실제 면적은 일치하지만, 지적도나 임야도에 등록된 경계가 서로 접합되지 않아 지적도나 임야도에 등록된 경계를 지상의 경계에 맞추어 정정하여야 하는 토지가 발견된 경우
- 지적공부의 작성 또는 재작성 당시 잘못 정리된 경우
- 지적측량성과와 다르게 정리된 경우
- 지적공부의 등록 사항을 정정하여야 하는 경우
- 지적공부의 등록 사항이 잘못 입력된 경우
- 「부동산등기법」 제37조 제2항에 따른 통지가 있는 경우(지적소관청의 착오로 잘못 합병한 경우만 해당)
- 법률 제2801호 지적법 개정법률 부칙 제3조에 따른 면적 환산이 잘못된 경우

③ 지적공부의 등록 사항 중 경계나 면적 등 측량을 수반하는 토지의 표시가 잘못된 경우에는 지적소관청은 그 정정이 완료될 때까지 지적측량을 정지시킬 수 있으나 잘못 표시된 사항의 정정을 위한 지적측량은 그러하지 아니하다.

2.9.9.2. 발생원인

① 사정 당시 착오로 인한 오류

② 측량 착오 및 공부정리 시 착오로 인한 오류

③ 도면 작성 및 재작성 시 부정확성으로 인한 오류

④ 실지와 지적공부의 불부합으로인한 오류

2.9.9.3. 등록사항정정 토지의 유형

(1) 중복 등록정정형

① 중복 등록정정형은 공부에 등록된 각종 지적정보의 내용 중 착오 등록으로 이중 등록이다.

② 동일 토지가 지적도와 임야도에 중복등록되어 있거나, 동일 필지의 대장이 이중으로 작성된 형태이다.

③ 동일 법정 리의 지번부여 지역에서 중복으로 지번이 등록된 형태가 가장 많이 발생하고 있다.

(2) 경계정정형

① 경계정정형은 지적(임야)도면 상의 경계 불일치한 경우

② 다양한 축척에서 발생하는 지적(임야)도면 상의 경계 불일치한 경우

③ 행정구역 간 지적(임야) 도면상의 경계 불일치한 경우

④ 지적(임야)도에 등록된 경계와 지상경계와의 불일치 등으로 일필지의 경계가 정정되어야 하는 경우

(3) 면적정정형

① 면적정정형은 토지조사사업의 사정 당시 면적 단위인 평(坪)에서 제곱미터로 환산 등록할 당시착오 등록되어 면적을 정정하여야 하는 형태로 발생한 경우

② 분할 시나 확정측량 시 면적이 대장상 잘못 등록되어 공부상 면적과 실제면적이 다른 경우의 형태로 발생한 경우

(4) 위치정정형

① 위치정정형은 공부에 등록된 면적은 변동되지 않는 경우

② 도면상의 위치만 정정되는 경우로 등록전환 된 토지가 임야도와 지적도상의 위치가 서로 부합되지 않아 위치를 정정하는 경우

③ 면적과 형상은 지적공부와 일치하지만, 실지와는 전혀 다른 지리적 위치에 있는 발생하는 경우

(5) 기타 정정형

① 지적공부상의 기본정보가 잘못 등록되어 발생한 경우

② 행정 절차상의 지적공부복구, 등록말소, 등록 회복, 오기정정, 지목변경, 지번정정, 합병 회복, 지번 전도, 토지표시 연혁 착오 등으로 발생한 경우

2.9.9.4. 등록사항정정 신청

(1) 토지소유자의 신청

① 토지소유자는 지적공부의 등록 사항에 대한 정정을 신청할 때는 정정 사유를 적은 신청서에 다음의 서류를 첨부하여 지적소관청에 제출하여야 한다.

- 경계 또는 면적의 변경을 가져오는 경우 : 등록 사항 정정 측량성과도
- 그 밖의 등록 사항을 정정하는 경우 : 변경 사항을 확인할 수 있는 서류

② 정정으로 인접 토지의 경계가 변경되는 경우 제출 서류

- 인접 토지소유자의 승낙서
- 인접 토지소유자가 승낙하지 아니하는 경우에는 이에 대항할 수 있는 확정판결서 정본

(2) 직권정정

출제(용) : 135회, (논) : 137회

① 토지소유자의 신청에 따라 인접 토지의 경계가 변경되는 경우 그 정정은 인접 토지소유자의 승낙서 또는 이에 대항할 수 있는 확정판결서 정본에 의한다.

② 정정 사항이 토지소유자에 관한 경우는 등기필증, 등기부등본 또는 초본에 의한다.

③ 지적공부의 등록 사항 중 경계 또는 면적 등 측량을 수반하는 토지의 표시에 잘못이 있는 경우에는 소관청은 그 정정이 완료될 때까지 지적측량을 정지시킬 수 있다.

2.9.9.5. 처리 절차

(1) 지적소관청 직권정정

① 지적소관청 직권으로 등록 사항을 정정하여야 하는 대상 토지가 있는 경우에는 토지이동정리 결의서를 작성하여야 한다.

② 토지이동정리결의에 따라 지적공부 등록 사항을 정정한다.

③ 지적공부 정리가 완료되면 관할 등기소에 토지표시 변경등기를 촉탁한다.

④ 등기 결과 등기필증을 접수한 날부터 15일 이내에 토지소유자에게 통지하여야 한다.

⑤ 지적공부의 등록 사항 중 경계 또는 면적 등 측량을 수반하는 토지의 표시에 잘못이 있는 경우에는 그 정정이 완료될 때까지 지적측량을 정지시킬 수 있다.

(2) 토지소유자 신청

① 토지소유자는 지적공부의 등록 사항에 대한 정정신청을 할 경우 정정사유를 기재한 신청서를 지적소관청에 제출한다.

② 지적소관청은 등록사항정정 신청서를 근거로 토지이동정리결의서를 작성한다.

③ 토지이동정리결의에 따라 지적공부 등록 사항을 정정한다.

④ 지적공부 정리가 완료되면 관할 등기소에 토지표시 변경등기를 촉탁한다.

⑤ 등기 결과 등기필증을 접수한 날부터 15일 이내에 토지소유자에게 통지하여야 한다.

2.9.9.6. 대상 토지관리

① 소관청은 등록사항정정 대상 토지 관리대장을 작성·비치하고 토지의 표시에 잘못이 있음을 발견한 때에는 그 내용을 기재 관리하여야 한다.

② 등록사항정정 대상 토지에 대한 대장을 열람하게 하거나 등본을 발급하는 때에는 "등록사항정정 대상 토지"라고 적은 부분을 흑백의 반전(反轉)으로 표시하거나 붉은색으로 적어야 한다.

③ 지적소관청은 토지의 표시가 잘못되었음을 발견하였을 때는 지체없이 등록사항정정에 필요한 서류와 등록사항정정 측량성과도를 작성하고, 토지이동정리결의서를 작성한 후 대장의 사유란에 "등록사항정정대상토지"라고 적고, 토지소유자에게 등록사항정정 신청을 할 수 있도록 그 사유를 통지하여야 한다.

④ 지적측량수행자는 지적측량자료조사 또는 지적측량결과에서 지적공부의 토지의 표시에 잘못이 있음을 발견한 때에는 지체없이 소관청에 관계자료 등을 첨부하여 문서로 통보하고, 지적측량의뢰인에게 그 내용을 통지하여야 한다.

2.9.9.7. 토지소유자에 관한 정정 사항

① 등기필증, 등기 완료 통지서, 등기사항증명서 또는 등기 관서에서 제공한 등기전산정보자료에 따라 정정하여야 한다.

② 미등기토지에 대하여 토지소유자의 성명 또는 명칭, 주민등록번호, 주소 등에 관한 사항의 정정을 신청한 경우로서 그 등록 사항이 명백히 잘못된 경우에는 가족관계 기록 사항에 관한 증명서에 따라 정정하여야 한다.

2.9.9.8. 지적공부의 정리

(1) 대장의 정리

① 대장의 소유자변동 일자는 등기필통지서·등기필증·등기부등본 또는 초본의 경우에는 등기접수 일자를, 미등기토지 소유자 등록사항정정 신청의 경우와 소유자등록신청의 경우에는 소유자정리결의 일자를, 공유수면 매립준공에 의한 신규등록의 경우에는 매립준공 일자를 정리한다.

② 등록사항정정은 이동 전란에 정정 전의 지목·면적 및 지번 수를, 이동 후란에 정정 후의 지목·면적 및 지번 수를, 증감란에는 면적 및 지번 수를 기재한다.

③ 등록사항정정 대상 토지는 해당 필지의 대장에 "○○○○년 ○○월 ○○일 등록사항정정 대상 토지"라 붉은색으로 기재한다.

(2) 도면의 정리

① 등록사항정정으로 도면에 경계·지번 및 지목을 새로이 등록할 때는 이미 비치된 도면에 제도한다.

② 이미 비치된 도면에 정리할 수 없는 경우에는 새로이 도면을 작성한다.

(3) 경계점좌표등록부의 정리

① 부호도의 각 필지의 경계점 부호는 왼쪽 위에서부터 오른쪽으로 경계를 따라 아라비아 숫자로 연속하여 부여한다.

② 토지의 빈번한 이동정리로 부호도가 복잡한 경우에는 아래 여백에 새로이 정리할 수 있다.

2.9.10. 토지분할

출제(논) : 95, 96, 111, 113, 129회

지적공부에 등록된 일필지를 2필지 이상으로 나누어 등록하는 것으로 일필지 토지의 일부가 다른 지목으로 변경된 경우와 소유자가 다르게 된 경우에 시행하며 또한 소유자가 필요로 하는 경우에도 분할측량에 의하여 지적공부를 정리하는 것을 말한다.

(1) 분할측량의 대상 토지

① 소유권 이전, 매매 등을 위하여 필요한 경우

② 토지이용상 불합리한 지상경계를 시정하기 위한 때

③ 1필지의 일부가 형질변경으로 용도가 다르게 되는 경우

(2) 분할신청

① 토지를 분할하고자 할 때는 토지소유자는 분할 사유를 기재한 신청서에 증명서류를 첨부하여 소관청에 신청하여야 한다.

② 일필지의 일부가 지목이 다르게 된 때에는 토지소유자는 60일 이내 소관청에 신청하여야 한다.

③ 분할신청서는 소유자가 신청하는 것을 원칙으로 하지만 대위 신청할 수 있다.

④ 분할신청서에 첨부 서류

- 분할측량성과도
- 분할 허가대상인 토지의 경우에는 그 허가서 사본
- 법원의 확정판결에 의하여 분할하는 경우에는 확정판결서 정본 또는 사본
- 서류를 당해 소관청이 관리할 때는 소관청의 확인으로써 서류의 제출에 갈음

(3) 지번부여 방법

① 지번은 북서에서 남동으로 순차적으로 부여한다.

② 분할 후의 필지 중 1필지의 지번은 분할 전의 지번으로 하고, 나머지 필지의 지번은 본번의 최종 부번의 다음 순번으로 부번을 부여 한다.

③ 주거·사무실 등의 건축물이 있는 필지에 대해서는 분할 전의 지번을 우선하여 부여하여야 한다.

(4) 면적결정 방법

① 필지별 면적측정은 좌표면적계산법과 전자면적계 등에 의한다.

② 분할을 위하여 면적을 정함에 있어서 오차가 발생하는 경우 그 오차가 허용범위 이내인 때에는 그 오차를 분할 후의 각 필지의 면적에 안분하여 결정한다.

③ 토지를 분할하는 경우 분할 후의 각 필지의 면적의 합계와 분할 전 면적과의 오차의 허용범위는 $A = 0.026^2M\sqrt{F}$ 식에 의한다. (A는 오차 허용면적, M은 축척 분모, F는 원면적)

④ 신구면적의 오차를 배분한 산출 면적은 $r = \frac{F}{A} \times a$ 식으로 필요한 자리까지 계산한다.(r은 각 필지의 산출 면적, F는 원면적, A는 측정면적 합계 또는 보정면적 합계, a는 각 필지의 측정면적 또는 보정면적)

⑤ 결정면적은 그 합계가 원면적에 일치하도록 산출 면적의 소요 자릿수 미만의 수가 큰 것부터 차례로 올려야 한다. 다만, 소요 자릿수 미만의 수가 서로 같은 때에는 산출 면적이 큰 것을 올린다.

⑥ 경계점좌표등록부 시행 지역의 토지분할을 위한 면적결정 기준

- 분할 후 각 필지의 면적합계가 분할 전 면적보다 큰 경우에는 구하고자 하는 끝자리의 다음 숫자가 작은 것부터 순차적으로 버려서 정하되, 분할 전 면적에 증감이 없도록 할 것
- 분할 후 각 필지의 면적합계가 분할 전 면적보다 적은 경우에는 끝자리의 다음 숫자가 큰 것부터 순차적으로 올려서 정하되, 분할 전 면적에 증감이 없도록 할 것

(5) 지적공부 정리

① 대장의 정리

- 2필지로 분할하는 경우에는 종전의 지목과 면적은 붉은색 두 선으로 말소하고 새로운 지목과 면적을 기재하며 사유란에는 "○○○○년 ○○월 ○○일 분할되어 본번에 -○를 부함"이라 기재한다.
- 분할된 필지는 토지대장을 새로이 작성하고 고유번호, 토지의 소재, 지번, 지목, 면적을 기재한다.

② 도면의 정리

- 분할 전 지번 및 지목을 말소하고, 분할 경계를 제도한 후 필지마다 지번 및 지목을 새로이 제도한다. 다만, 분할 전 지번 및 지목이 분할 후 1필지 내의 중앙에 있는 경우에는 말소하지 아니한다.
- 도곽선에 걸쳐 있는 필지가 분할되어 도곽선 밖에 분할경계가 제도된 경우에는 도곽선 밖에 제도된 필지의 경계를 말소하고, 그 도곽선 안에 경계·지번 및 지목을 제도한다.

③ 경계점좌표등록부의 정리

- 부호도의 각 필지의 경계점 부호는 왼쪽 위에서부터 오른쪽으로 경계를 따라 아라비아 숫자로 연속하여 부여한다.
- 토지의 빈번한 이동정리로 부호도가 복잡한 경우에는 아래 여백에 새로이 정리할 수 있다.
- 부호도 및 부호에는 새로이 결정된 경계점의 부호를 그 필지의 마지막 부호 다음 번호부터 부여하고, 다른 필지로 된 경계점의 부호도·부호 및 좌표는 말소하여야 하며, 새로이 결정된 경계점의 좌표는 다음 란에 정리한다.

2.9.11. 공유토지분할

출제(논) : 120회

공유토지는 현재의 점유 상태를 기준으로 분할할 수 있게 하는 내용으로 「공유토지분할에 관한 특례법」을 제정(법률 제11363호, 2012. 2. 22. 공포, 5. 23. 시행)하여 공유토지분할의 신청 절차, 공유토지분할위원회의 운영, 분할측량, 분할 조서의 작성 및 청산금의 산정기준 등 법률에서 위임된 사항과 그 시행에 필요한 사항을 정리하려고 시행한 것이다.

(1) 분할신청

① 분할신청 첨부 서류

- 공유자 전원의 지분을 표시하는 명세서
- 건물분 재산세의 과세대장 등본, 납부증명서 또는 납부영수증 등 지상에 건물을 소유하는 방법으로 토지를 1년 이상 점유하고 있음을 증명할 수 있는 서류
- 이해관계인 및 이해관계 내용을 표시하는 명세서(이해관계인이 있는 경우로 한정한다)
- 공유자 사이의 합의에 따른 분할을 하려는 경우에는 경계(청산)에 관한 합의서

② 지적소관청은 분할개시 결정의 등기가 된 후에 분할신청이 취하되었을 때는 분할개시 결정 등기 말소 촉탁서에 따라 관할등기소에 분할개시 결정 등기의 말소를 촉탁하여야 한다.

③ 지적소관청은 합병신청서와 분할신청서가 함께 제출된 경우에 분할조서가 확정된 후에 합병 정리를 하여야 한다.

④ 지적소관청은 분할신청서를 위원회에 회부하려는 경우에는 다음의 사항을 조사하여야 한다.

- 동의한 공유자 수
- 공유자 전원의 지분비율 합계가 1이 되는지 여부
- 분할신청서에 적은 사항과 일치하는지 여부

⑤ 분할개시 결정 또는 분할신청 기각결정은 분할개시(분할신청기각)결정서에 따른다.

(2) 측량 및 분할 조서

① 분할신청인은 확정판결이 있거나 분할개시의 결정이 확정된 경우에는 지체없이 지적측량수행자에게 분할측량을 의뢰하여야 한다.

② 조사와 측량을 할 때 분할되는 토지의 지목이 분할 전의 지목과 다르게 될 때는 변경될 지목을 조사하여야 한다.

③ 지적측량수행자는 측량하였을 때는 지체없이 지적측량성과와 지번별 조서를 지적소관청에 제출하여야 한다.

④ 지적소관청은 지적측량성과와 지번별 조서를 제출받은 경우에는 적합한지를 조사·확인하여야 하고, 적합하다고 인정될 때는 지적측량성과 사본과 지번별 조서를 모든 공유자에게 통지하여야 한다.

⑤ 지적소관청은 모든 공유자에게 지번별 조서를 통지하였을 때는 분할조서를 작성하여야 한다.

⑥ 공유지분 해당 면적의 계산

- 공유토지의 측량결과 그 실제면적이 등기부상의 면적과 다른 때는 측량결과에 따른 실제 면적과 등기부상 면적의 차이가 토지분할 전후 면적의 오차 허용범위를 초과한 때로 한다.
- 공유 지분비율 해당 면적은 측량결과에 따른 공유토지 총면적에 각 공유자의 지분비율을 곱하여 산출한다.

(3) 지적공부의 정리

① 지적소관청은 다음에 해당하는 위원회의 의결이나 법원의 확정판결이 있는 경우에는 토지대장이나 임야대장에 그 사유와 일자를 기록하여야 한다.

- 분할개시 결정
- 분할개시 결정의 취소 결정
- 분할개시 결정이 있거나 분할개시가 확정된 후의 분할신청의 취하

② 지적소관청은 지적공부를 정리할 때는 확정된 분할조서의 임시지번에 대해서는 새 지번을 부여하고, 소유자에 대해서는 분할조서에 등재된 지번별 소유자로 정리하여야 한다.

③ 지적소관청은 분할 토지의 지적공부를 정리할 때 조사된 토지의 지목을 직권으로 정리하여야 한다.

(4) 분할등기의 촉탁

① 분할등기를 촉탁하려는 지적소관청은 분할등기촉탁서에 토지대장 등본 또는 임야대장 등본, 확정된 분할조서 등본 및 분할신청서 부본을 첨부하여 관할등기소에 송부하여야 한다.

② 표시변경등기를 촉탁하려는 지적소관청은 토지표시변경등기 촉탁서에 토지대장 등본 또는 임야대장 등본 및 분할신청서 부본을 첨부하여 관할등기소에 송부하여야 한다.

③ 지적소관청은 등기촉탁대장을 작성하여 갖추어 두고, 등기를 촉탁한 경우에는 그 사실을 기록하여야 한다.

2.9.12. 지적공부의 복구

출제(용) : 68, 102, 110, 119회, (논) : 53, 113, 117, 123, 129, 132회

지적공부의 복구는 소관청(지적파일의 경우 시도지사)이 지적공부가 멸실 또는 분실, 소실된 때에 멸실 당시의 지적공부와 가장 부합된다고 인정되는 관계자료에 의거 공부의 등록 사항을 복구, 등록하는 행정처분을 말한다. 지적공부의 복구는 크게 토지 표시 사항과 소유권 표시 사항으로 분류하며 소유권 표시 사항은 부동산등기부나 법원의 확정판결에 의하지 아니하고서는 복구, 등록을 할 수 없으므로 토지대장 또는 임야대장에 토지 표시 사항만 복구, 등록되고 소유권 표시 사항이 복구, 등록되지 아니한 소유권 미복구 토지가 발생하기도 한다. 지적공부의 복구 대상은 6.25 전쟁으로 분·소실된 지적공부, 미수복하자고 내의 지적공부, 천재지변 등으로 멸실된 지적공부이다.

(1) 지적공부의 복구 대상

① 지적공부가 분실 또는 소실된 경우

② 지적공부가 천재지변으로 멸실된 경우

(2) 지적공부의 복구자료

① 지적공부 등본

② 측량결과도

③ 토지이동정리결의서

④ 부동산등기부등본 등 등기사실을 증명하는 서류

⑤ 소관청이 작성하거나 발행한 지적공부의 등록 내용을 증명하는 서류

⑥ 복제된 지적공부 파일

⑦ 법원의 확정판결서 정본 또는 사본

(3) 지적공부의 복구절차

복구 자료조사	
복구자료 조사서 및 복구자료도 작성	• 대장의 등록 내용을 증명하는 서류에 의하여 지적복구자료를 작성 • 도면의 복구 내용을 증명하는 서류에 의하여 복구자료고를 작성
복구 측량	• 복구자료도와 복구 자료조사서 면적의 증감이 허용범위를 초과하는 경우 • 복구자료도를 작성할 복구자료가 없는 경우
복구 면적 결정	• 조사된 면적이 허용범위 이내인 경우
경계점 표지 설치	• 토지소유자와 이해관계인의 동의로 경계를 조정할 경우
확정 공고	• 토지의 표시 등을 시군구의 게시판에 15일 이상 게시
이의신청	• 이의가 있는 자는 게시 기간 내에 소관청에 이의신청할 수 있으며 시정조치가 필요할 경우 소관청은 시정
지적공부 정리	• 복구 자료조사서·복구자료도 또는 복구 측량 결과도 등에 의하여 대장 또는 도면을 복구
등기촉탁	• 지적소관청에서 관할 등기소에 촉탁 • 등기촉탁은 국가가 국가를 위하는 등기로 간주

〈그림 2-28〉 지적공부의 복구절차

(4) 지적공부의 정리

① 지적공부정리결의서 작성은 소관청이 지적공부의 복구로 그 사항을 정리하고자 할 때는 이동 후 란에 복구할 지목, 면적 및 지번 수를 증감 란에는 면적, 지번 수를 기재한 후 지적공부정리결의서를 작성하여야 한다.

② 대장 정리는 새로이 작성하는 것이 원칙이다. 따라서 대장에는 '○○년 ○○월 ○○일 지적복구'라는 사유와 함께 '고유번호, 토지의 소재, 지번, 지목, 면적, 소유권, 도면번호, 장번호 및 축척' 등을 기재한다.

③ 지적공부의 복구에 따른 도면 및 경계점좌표등록부는 새로이 작성하여야 한다.

2.9.13. 바다로 된 토지의 등록말소 및 회복

① 소관청은 지적공부에 등록된 토지가 지형의 변화 등으로, 바다로 된 경우로서 원상으로 회복할 수 없거나 다른 지목의 토지로 될 가능성이 없는 때에는 지적공부에 등록된 토지 소유자에게 지적공부의 등록말소신청을 하도록 통지하여야 한다.

② 소관청은 토지소유자가 통지받은 날부터 90일 이내에 등록말소신청을 하지 아니할 때는 이를 말소한다.

③ 소관청은 말소한 토지가 지형의 변화 등으로, 다시 토지로 된 경우에는 회복등록 할 수 있다.

④ 대상 토지는 지적공부에 등록된 토지가 지형의 변화 등으로, 바다로 된 경우로서 원상으로 회복할 수 없거나, 다른 지목으로 될 가능성이 없는 토지

⑤ 처리 과정

- 토지소유자의 신청에 의하는 것을 원칙으로 하되 신청이 없는 경우 직권으로 말소
- 토지소유자가 등록말소신청 통지를 받은 날부터 90일 이내에 등록말소신청을 하지 않을 때는 소관청이 직권으로 말소
- 말소한 토지가 지형의 변화 등으로, 다시 토지로 된 경우에는 그 지적측량성과 및 등록말소 당시의 지적공부 등 관계자료에 의하여 회복등록
- 지적공부의 등록 사항을 말소 또는 회복 등록한 때에는 그 정리 결과를 토지소유자 및 당해 공유수면의 관리청에 통지하여야 한다.

2.9.14. 도시개발사업

출제(논) : 126회

(1) 도시개발사업 시행 지역

① 「도시개발법」에 따른 도시개발사업, 「농어촌정비법」에 따른 농어촌정비사업, 그밖에 대통령령으로 정하는 토지개발사업의 시행자는 대통령령으로 정하는 바에 따라 그 사업의 착수·변경 및 완료 사실을 지적소관청에 신고하여야 한다.

② 사업과 관련하여 토지의 이동이 필요한 경우에는 해당 사업의 시행자가 지적소관청에 토지의 이동을 신청하여야 한다.

③ 토지의 이동은 토지의 형질변경 등의 공사가 준공된 때에 이루어진 것으로 본다.

④ 사업의 착수 또는 변경의 신고가 된 토지의 소유자가 해당 토지의 이동을 원하는 경우에는 해당 사업의 시행자에게 그 토지의 이동을 신청하도록 요청하여야 한다.

⑤ 요청을 받은 시행자는 해당 사업에 지장이 없다고 판단되면 지적소관청에 그 이동을 신청하여야 한다.

(2) 토지개발 사업 등의 범위

① 주택건설사업 및 택지개발사업

② 산업단지개발사업 및 「도시 및 주거환경정비법」에 따른 정비사업

③ 「지역 개발 및 지원에 관한 법률」에 따른 지역개발사업

④ 체육시설 설치를 위한 토지개발사업, 관광단지 개발사업

⑤ 「공유수면 관리 및 매립에 관한 법률」에 따른 매립사업

⑥ 항만개발사업 및 항만재개발사업

⑦ 공공주택지구조성사업

⑧ 「물류시설의 개발 및 운영에 관한 법률」 및 「경제자유구역의 지정 및 운영에 관한 특별법」에 따른 개발사업

⑨ 고속철도, 일반철도 및 광역철도 건설사업

⑩ 고속국도 및 일반국도 건설사업

(3) 신청의 대위

① 토지소유자가 대신 신청할 수 있는 경우

- 공공사업 등에 따라 학교용지·도로·철도용지·제방·하천·구거·유지·수도용지 등의 지목으로 되는 토지인 경우 : 해당 사업의 시행자
- 국가나 지방자치단체가 취득하는 토지인 경우 : 해당 토지를 관리하는 행정기관의 장 또는 지방자치단체의 장
- 「주택법」에 따른 공동주택의 부지인 경우 : 「집합건물의 소유 및 관리에 관한 법률」에 따른 관리인(관리인이 없는 경우에는 공유자가 선임한 대표자) 또는 해당 사업의 시행자
- 「민법」 제404조에 따른 채권자

② 등록사항정정 대상 토지는 신청을 대신할 수 없다.

(4) 도시개발사업의 준공 전 지번부여

① 지적소관청은 도시개발사업 등이 준공되기 전에 사업시행자가 지번부여 신청을 하면 지번을 부여할 수 있다.

② 지번을 부여하는 때에는 사업계획도에 따라 부여하여야 한다.

③ 지적확정측량을 실시한 지역의 각 필지에 지번을 새로 부여할 때는 다음의 지번을 제외한 본번으로 부여한다.

④ 부여할 수 있는 종전 지번의 수가 새로 부여할 지번의 수보다 적을 때에는 블록 단위로 하나의 본번을 부여한 후 필지별로 부번을 부여하거나, 그 지번부여 지역의 최종 본번 다음 순번부터 본번으로 하여 차례로 지번을 부여할 수 있다.

제2장

2.9.15. 등기촉탁

출제(용) : 65, 78, 101, 129회, (논) : 89, 132회

① 등기촉탁이란 토지의 이동이나 변경 등이 있을 때 토지소유자가 등기를 신청하지 않고 소관청이 소유자를 대신하여 관할등기소에 등기를 신청하는 것이다.

② 신규등록을 제외한 모든 토지이동에 대하여 등기촉탁을 하도록 규정하였으며 소관청의 등기촉탁은 국가가 자기를 위하여서 하는 등기로 본다고 규정함으로써 등록세 면세 근거를 두었다.

③ 관공서가 체납처분으로 인한 압류 등기를 촉탁하는 경우에는 등기명의인 또는 상속인, 그 밖의 포괄승계인을 갈음하여 부동산의 표시, 등기명의인의 표시변경, 경정 또는 상속, 그 밖의 포괄승계로 인한 권리이전의 등기를 함께 촉탁할 수 있다.

(1) 등기촉탁의 변천 과정

① 등기촉탁 제도는 1975년 12월 31일 지적법 개정 시 지번변경·축척변경·행정구역변경·직권에 의한 등록사항정정 등의 사유로 인하여 토지의 표시 사항이 변경된 경우 등기촉탁 규정을 신설하였다.

② 1986년 5월 8일 개정 지적법에서 지목변경과 등록사항정정을 등기촉탁 대상으로 확대하였다.

③ 1995년 1월 5일 지적법 개정 시 분할과 합병을 등기촉탁 대상으로 확대하여 현재는 지적소관청은 지적재조사로 새로이 지적공부를 작성하였을 때는 지체없이 관할등기소에 그 등기를 촉탁하여야 하며 그 등기촉탁은 국가가 자기를 위하여 하는 등기로 본다.

(2) 등기촉탁 대상

① 국가 또는 지방자치단체가 등기권리자인 경우 국가 또는 지방자치단체는 등기의무자의 승낙을 받아 해당 등기를 지체없이 등기소에 촉탁하여야 한다.

② 국가 또는 지방자치단체가 등기의무자인 경우 국가 또는 지방자치단체는 등기권리자의 청구에 따라 지체없이 해당 등기를 등기소에 촉탁하여야 한다.

③ 등기촉탁 대상

- 지적공부에 등록할 토지의 이동이 있는 경우(신규등록 제외)
- 지번을 변경할 필요가 있다고 인정하는 때
- 토지가 지형의 변화 등으로 바다로 된 경우
- 축척변경·등록 사항에 잘못이 있음을 발견한 때
- 지번부여 지역의 일부가 행정구역의 개편으로 다른 지번부여 지역에 속하게 된 때

(3) 등기촉탁서 작성

① 토지소유자나 이해관계인은 지적소관청이 등기촉탁을 지연하고 있는 경우에는 직접 등기를 신청할 수 있다.

② 소관청은 토지표시변경 등기촉탁 대장에 토지표시의 변경에 관한 등기촉탁 사항을 기재하여야 하지만 등기촉탁 대장을 전산정보처리조직에 의하여 작성하는 때에는 기재하지 않아도 된다.

③ 관공서가 촉탁정보 및 첨부정보를 적은 서면을 제출하는 방법으로 등기촉탁을 할 때는 우편으로 그 촉탁서를 제출할 수 있다.

④ 관공서가 등기촉탁을 하는 경우로서 소속 공무원이 직접 등기소에 출석하여 촉탁서를 제출할 때는 그 소속 공무원임을 확인할 수 있는 신분증명서를 제시하여야 한다.

(4) 등기촉탁의 구분

① 관공서가 공매처분(公賣處分)을 한 경우 등기촉탁에 등기권리자의 청구를 받으면 지체없이 공매처분으로 인한 권리이전의 등기, 공매처분으로 인하여 소멸한 권리 등기의 말소, 체납처분에 관한 압류등기의 말소 등기를 등기소에 촉탁하여야 한다.

② 소관청은 토지표시변경 등기촉탁대장에 토지표시의 변경에 관한 등기촉탁사항을 기재하여야 하지만, 등기촉탁 대장을 전산정보처리조직에 의하여 작성하는 때에는 그러하지 아니하다.

③ 다른 법령에서 토지표시변경 등기촉탁에 관한 규정이 있는 경우에는 지적에 관한 법률의 규정에 따른 등기촉탁을 하지 아니할 수 있다.

④ 관공서의 촉탁등기는 국가 또는 지방자치단체가 등기권리자인 경우에는 국가 또는 지방자치단체는 등기의무자의 승낙을 받아 해당 등기를 지체없이 등기소에 촉탁하여야 한다.

2.10. 토지의 권리

등기는 부동산의 표시와 다음에 해당하는 권리의 보존, 이전, 설정, 변경, 처분의 제한 또는 소멸에 대하여 한다. 등기할 수 있는 권리는 소유권, 지상권, 지역권, 전세권, 저당권, 권리질권, 채권담보권, 임차권 등이 있다.

2.10.1. 지상권

출제(용) : 90회

지상권자는 타인의 토지에 건물, 기타 공작물이나 수목을 소유하기 위하여 그 토지를 사용하는 권리가 있다.

2.10.1.1. 지상권의 유형

(1) 존속기간을 약정한 지상권

① 석조, 석회조, 연와조 드의 견고한 건물이나 수목의 소유를 목적으로 하는 때의 존속기간은 30년

② 건물의 소유를 목적으로 하는 때의 존속기간은 15년

③ 건물 이외의 공작물 소유를 목적으로 하는 때의 존속기간은 5년

(2) 존속기간을 약정하지 아니한 지상권

① 계약으로 지상권의 존속기간을 정하지 아니할 때는 그 기간은 전조의 최단 존속 기간으로 한다.

② 지상권 설정 당시에 공작물의 종류와 구조를 정하지 아니할 때는 지상권은 건물의 소유를 목적으로 한 것으로 본다.

(3) 담보지상권

① 은행 등의 채권자가 저당권(근저당권)을 설정해 주면서 담보가치의 훼손을 막기 위해 추가로 설정하는 지상권을 의미한다.

② 부동산의 실제 거래에서 많이 이용되는 방식이다.

(4) 법정지상권

① 법정지상권이 계약에 의하지 않고도 성립하는 지상권이다.

② 법정지상권의 구분

- 전세권에 의한 지상권
- 저당권에 의한 지상권
- 가등기담보법 및 임목 등기법에 따른 법정지상권
- 관습법상의 법정지상권

2.10.1.2. 지상권 설정의 등기사항

① 지상권 설정의 목적, 범위, 존속기간

② 지료와 지급 시기, 「민법」 제289조의2 제1항 후단의 약정

③ 지상권 설정 범위가 토지의 일부일 때는 그 부분을 표시한 도면의 번호

2.10.1.3. 지상권의 효력

(1) 지상권의 양도와 임대

① 지상권자는 타인에게 그 권리를 양도하거나 그 권리의 존속기간 내에서 그 토지를 임대할 수 있다.

② 지상권이 소멸하였을 때 건물 기타 공작물이나 수목이 현존한 때에는 지상권자는 계약의 갱신을 청구할 수 있다.

③ 지상권이 소멸한 때에는 지상권자는 건물 기타 공작물이나 수목을 수거하여 토지를 원상에 회복하여야 한다.

(2) 저당권의 설정

① 지상권이 저당권의 목적인 때 또는 그 토지에 있는 건물, 수목이 저당권의 목적이 된 때 청구는 저당권자에게 통지한 후 상당한 기간이 경과함으로써 그 효력이 생긴다.

② 저당권을 설정할 수 있다는 명시적인 규정은 없으나, 민법 제288조에 의하여 지상권에도 담보를 설정하는 것이 가능하다.

(3) 갱신청구권 및 매수청구권

① 지상권이 소멸한 경우에 건물 기타 공작물이나 수목이 현존한 때에는 지상권자는 계약의 갱신을 청구할 수 있다.

② 지상권 설정자가 계약의 갱신을 원하지 아니하는 때에는 지상권자는 상당한 가액으로 공작물이나 수목의 매수를 청구할 수 있다.

③ 당사자가 계약을 갱신하는 경우에는 지상권의 존속기간은 갱신한 날로부터 최단존속기간보다 단축하지 못한다. 그러나 당사자는 이보다 장기의 기간을 정할 수 있다.

④ 지상권이 소멸한 때에는 지상권자는 건물 기타 공작물이나 수목을 수거하여 토지를 원상에 회복하여야 한다.

⑤ 지상권설정자가 상당한 가액을 제공하여 그 공작물이나 수목의 매수를 청구한 때에는 지상권자는 정당한 이유없이 이를 거절하지 못한다.

2.10.1.4. 지상권의 소멸 청구권

① 지상권자가 2년 이상의 지료를 지급하지 아니한 때에는 지상권설정자는 지상권의 소멸을 청구할 수 있다.

② 지상권이 저당권의 목적인 때 또는 그 토지에 있는 건물, 수목이 저당권의 목적이 된 때에는 전조의 청구는 저당권자에게 통지한 후 상당한 기간이 경과함으로써 그 효력이 생긴다.

③ 직권말소의 대상이 되지 아니한 등기

- 소유권이전등기 및 소유권이전등기 청구권 보전 가등기
- 가압류 및 가처분 등 처분제한의 등기
- 체납처분으로 인한 압류 등기 및 저당권설정등기
- 가등기가 되어 있지 않은 부분에 대한 지상권, 지역권, 전세권 또는 임차권의 설정 등기와 주택임차권 등기 등

④ 저당권 설정 등기 청구권 보전 가등기에 의하여 저당권설정의 본등기를 한 경우 가등기 후 본등기 전에 마친 등기는 직권말소의 대상이 되지 아니한다.

2.10.1.5. 구분지상권

출제(용) : 80, 111회, (논) : 99회

구분지상권은 민법 제289조의2에서 지하 또는 지상의 공간은 상하의 범위를 정하여 건물 기타 공작물을 소유하기 위한 지상권의 목적으로 할 수 있다. 구분지상권은 제삼자가 토지를 사용·수익할 권리를 가진 때에도 그 권리자와 그 권리를 목적으로 하는 권리를 가진 자 전원의 승낙이 있으면 이를 설정할 수 있다. 이 경우 토지를 사용·수익할 권리를 가진 제삼자는 그 지상권의 행사를 방해하여서는 아니 된다.

(1) 구분지상권 등록 절차

① 구분지상권 등록대상지에 대하여 지적 현황 측량 시행

② 구분지상권 면적을 확정하고 측량 결과에 따라 시설물 시공 시행

③ 시설물 설치 완료 시 시행한 구분지상권 검증을 통하여 구분지상권 설정 위치를 확인하고 그 내용을 지적공부에 등록
④ 지적공부에 구분지상권 설정 대상 토지현황을 등록
⑤ 등록 내용은 속성정보와 도면 정보로 나누어 등록
⑥ 지적공부의 구분지상권 등록 내용을 기반으로 구분지상권 등기를 설정
⑦ 등기부등본의 구분지상권 설정자 등의 내용을 지적공부에 정리

(2) 특징

① 구분지상권은 건물이나 기타 공작물을 소유하기 위한 목적으로만 설정할 수 있다.
② 구분지상권을 설정할 때는 토지의 지하나 공중의 어느 범위를 사용할 것인지 명확하게 결정해야 한다.
③ 해당 토지에 다른 사람이 지상권이나 전세권 등의 권리를 설정했다면 그 권리자 전원의 승낙을 받아야 구분지상권을 설정할 수 있다.
④ 공공의 인프라가 필요할 때 토지소유권을 침해하지 않으면서 공익사업을 할 수 있다.
⑤ 대규모 프로젝트나 재개발 등과 같은 경우에 미리 공간을 확보해 둘 경우 진행을 쉽게 할 수 있다.

(3) 현황

① 관리기관별 구분지상권 설정 내용이 상이
- 보상 결과도 및 입체 도시계획 결정에 보호층 0.5m를 더하여 설정
- 설정 내용 중 등기 목적을 생략한다.
- 설정 기준면이 명확하지 않고 상호 간에 다르게 설정
- 관리기관을 표시하지 않아 분쟁이 발생할 수 있음.

② 구분지상권 도면 작성 및 경계기준 미흡
- 공간 위치를 확인할 수 있는 표준도면 작성 기준이 미흡하다.
- 지하 또는 지상의 특정 공간에 대한 재산권임에도 지적측량을 시행하지 않아 토지분쟁이 발생할 수 있다.

(4) 구분지상권의 등기 설정

① 목적은 타인의 토지 지하 또는 공간을 수직방향으로 상하의 범위를 정하여 건물, 기타 공작물을 소유하기 위한 목적으로 설정한다.

② 설정 면적은 평면면적과 입체면적을 기재한다.

③ 구분지상권의 등기 기재사항

- 구분지상권은 등기의 을구에 정리한다.
- 권리자는 란에는 목적, 범위, 존속기간, 지료금, 지상권자를 기재한다.
- 등기원인은 연원일 설정 계약 등과 같이 기재한다.
- 등기목적란에는 구분지상권 설정이라고 기재한다.
- 접수란에는 접수 연월일과 접수 번호를 기재한다.

(5) 구분지상권의 활용 사례

① 도시의 지하에 지하철 노선을 건설할 때는 해당 구간의 토지소유자와 협의하여 설정할 수 있다.

② 도로 위에 고가도로를 설치할 때는 지상의 특정 높이의 공간을 설정하기 위하여 설정할 수 있다.

③ 고압전선이 토지의 공중을 지나갈 때 토지소유자의 권리를 보호할 수 있도록 적법하게 설정할 수 있다.

④ 건물의 경우 지상은 주거용으로 사용하고 지하공간은 상업적인 용도로 사용할 수 있다.

2.10.2. 구분소유권

출제(용) : 83, 104회

① 구분소유권(區分所有權)이란 건물 부분을 목적으로 하는 소유권을 말하며 구분소유자란 구분소유권을 가지는 자를 말한다.

② 건물의 구분소유는 1동의 건물 중 구조상 구분된 여러 개의 부분이 독립한 건물로써 사용될 수 있을 때는 그 각 부분은 각각 소유권의 목적으로 할 수 있다.

③ 상가건물의 구분소유는 1동의 건물이 다음에 해당하는 방식으로 여러 개의 건물 부분으로 이용상 구분되었을 때 그 건물 부분은 각각 소유권의 목적으로 할 수 있다.

- 구분 점포의 용도가 「건축법」의 판매시설 및 운수 시설일 것
- 경계를 명확하게 알아볼 수 있는 표지를 바닥에 견고하게 설치할 것
- 구분 점포별로 부여된 건물번호 표지를 견고하게 붙일 것

(1) 구분소유자의 권리·의무

① 구분소유자는 건물의 보존에 해로운 행위나 그밖에 건물의 관리 및 사용에 관하여 구분소유자 공동의 이익에 어긋나는 행위를 하여서는 아니 된다.

② 전유부분이 주거의 용도로 분양된 것이면 구분소유자는 정당한 사유 없이 그 부분을 주거 외의 용도로 사용하거나 그 내부 벽을 철거하거나 파손하여 증축·개축하는 행위를 하여서는 아니 된다.

③ 구분소유자는 그 전유부분이나 공용부분을 보존하거나 개량하는 데 필요한 범위에서 다른 구분소유자의 전유부분 또는 자기의 공유에 속하지 아니하는 공용부분의 사용을 청구할 수 있다.

(2) 대지사용권

① 구분소유자의 대지사용권은 그가 가지는 전유부분의 처분에 따른다.

② 구분소유자는 그가 가지는 전유부분과 분리하여 대지사용권을 처분할 수 없다.

③ 분리 처분금지는 그 취지를 등기하지 아니하면 선의로 물권을 취득한 제삼자에게 대항하지 못한다.

④ 구분소유자가 둘 이상의 전유부분을 소유한 경우에는 각 전유부분의 처분에 따르는 대지사용권은 그가 가지는 전유부분의 면적 비율에 따른다.

(3) 구분 건물 건축물대장의 등록 사항

① 1동의 건물을 표시할 용지에 등록할 사항
- 1동의 건물의 소재지와 지번
- 1동의 건물에 번호가 있을 때는 그 번호
- 1동의 건물의 구조와 면적
- 1동의 건물에 속하는 전유부분의 번호

② 전유부분을 표시할 용지에 등록할 사항

- 전유부분의 번호
- 전유부분이 속하는 1동의 건물의 번호
- 전유부분의 종류, 구조와 면적
- 부속건물이 있을 때는 부속건물의 종류, 구조, 면적
- 소유자의 성명 또는 명칭과 주소 또는 사무소

③ 부속건물이 그 전유부분과 다른 별채의 건물이거나 별채인 1동의 건물을 구분한 것일 때에는 그 1동의 건물의 소재지, 지번, 번호, 종류, 구조 및 면적을 등록하여야 한다.

④ 공용부분의 등록에 관하여서는 그 건물의 표시란에 공용부분이라는 취지를 등록한다.

⑤ 구분 점포의 경우에는 전유부분 용지의 구조란에 경계벽이 없다는 뜻을 적어야 한다.

⑥ 건축물대장의 등록은 소유자 등의 신청이나 소관청의 조사 결정에 의한다.

2.10.3. 대지권

출제(용) : 50, 132회

대지권은 구분 건물에 「집합건물의 소유 및 관리에 관한 법률」의 대지사용권으로서 건물과 분리하여 처분할 수 없는 것을 말한다.

(1) 대지권의 등기

① 대지권의 목적인 토지의 등기기록에 대지권이라는 뜻의 등기를 할 때는 해당 구에 어느 권리가 대지권이라는 뜻과 그 대지권을 등기한 1동의 건물을 표시할 수 있는 사항 및 그 등기 연월일을 기록하여야 한다.

② 대지권의 목적인 토지가 다른 등기소의 관할에 속할 때는 그 등기소에 지체없이 등기할 사항을 통지하여야 한다.

③ 통지를 받은 등기소의 등기관은 대지권의 목적인 토지의 등기기록 중 해당 구에 통지받은 사항을 기록하여야 한다.

④ 대지권의 목적인 토지의 등기기록에 대지권이라는 뜻의 등기를 한 경우로서 그 토지 등기기록에 소유권보존등기나 소유권이전등기 외의 소유권에 관한 등기 또는 소유권 외의 권리에 관한 등기가 있을 때는 등기관은 그 건물의 등기기록 중 전유부분 표제부에 토지 등기기록에 별도의 등기가 있다는 뜻을 기록하여야 한다.

(2) 대지권의 변경

① 대지권의 변경, 경정 또는 소멸의 등기를 할 때는 종전의 표시에 관한 등기를 말소하는 표시를 하여야 한다.

② 대지권의 변경 또는 경정으로 건물 등기기록에 대지권의 등기하였을 때는 그 권리의 목적인 토지의 등기기록 중 해당 구에 대지권이라는 뜻의 등기를 하여야 한다.

③ 등기 중 대지권인 권리가 대지권이 아닌 것으로 변경되거나 대지권인 권리 자체가 소멸하여 대지권 소멸의 등기를 한 경우에는 대지권의 목적인 토지의 등기기록 중 해당 구에 그 뜻을 기록하고 대지권이라는 뜻의 등기를 말소하여야 한다.

④ 대지권인 권리가 대지권이 아닌 것으로 변경되어 대지권 소멸의 등기를 한 경우에는 그 토지의 등기기록 중 해당 구에 대지권인 권리와 그 권리자를 표시하고, 같은 항의 등기를 함에 따라 등기하였다는 뜻과 그 연월일을 기록하여야 한다.

(3) 대지권 등기신청

① 대지권을 등기한 건물에 관하여 등기를 신청할 때는 대지권의 표시에 관한 사항을 신청정보의 내용으로 등기소에 제공하여야 한다.

② 건물 만에 관한 등기를 할 때는 그 등기에 건물 만에 관한 것이라는 뜻을 기록하여야 한다.

③ 등기를 신청할 때는 다음의 부동산 표시에 관한 사항을 신청 정보의 내용으로 등기소에 제공하여야 한다.

- 토지 : 소재와 지번, 지목, 면적 사항
- 건물 : 소재, 지번 및 건물번호와 건물의 종류, 구조와 면적 사항
- 구분 건물 : 1동의 건물의 표시로서 소재 지번·건물 명칭 및 번호·구조·종류·면적, 전유부분의 건물 표시로서 건물번호·구조·면적, 대지권이 있는 경우 그 권리의 표시
- 신청인의 성명(또는 명칭), 주소(또는 사무소 소재지) 및 주민등록번호(또는 부동산등기용 등록번호)
- 신청인이 법인인 경우에는 그 대표자의 성명과 주소
- 대리인에 의하여 등기를 신청하는 경우에는 그 성명과 주소
- 등기원인과 그 연월일, 등기의 목적
- 등기필 정보, 등기소의 표시, 신청연월일

④ 법인 아닌 사단이나 재단이 신청인인 경우에는 그 대표자나 관리인의 성명, 주소 및 주민등록번호를 신청 정보의 내용으로 등기소에 제공하여야 한다.

(4) 대지권등록부

집합건물의 대지권을 등록하는 대지권등록부에 구분소유 단위별로 소유자에 관한 등기사항을 등록한다.

① 대지권등록부 등록 사항

- 토지의 소재, 지번, 대지권 비율
- 소유자의 성명 또는 명칭, 주소 및 주민등록번호
- 토지의 고유번호, 전유부분의 건물표시
- 건물 명칭, 집합 건물별 대지권등록부의 장 번호
- 토지소유자의 변경된 날과 그 원인
- 소유권 지분

② 대지권등록부의 정리

- 토지대장 및 임야대장의 소유권 변동 원인란에 ○○년 ○○월 ○○일 대지권 설정 또는 ○○년 ○○월 ○○일 일부 대지권 설정이라 등록한다.
- 대지권등록부에 구분소유 단위별로 소유자에 관한 등기사항을 등록한다.

2.10.4. 지역권(地役權)

출제(용) : 81, 108, 128회

지역권자는 일정한 목적을 위하여 타인의 토지를 자기 토지의 편익에 이용하는 권리로서, 토지 용익물권의 일종이다. 지역권에서 편익을 받는 토지를 요역지라 하고 편익을 제공하는 토지를 승역지라고 한다. 지역권은 요역지 소유권에 부종(附從)하여 이전하며 또는 요역지에 대한 소유권 이외의 권리 목적이 된다. 지역권은 요역지와 분리하여 양도하거나 다른 권리의 목적으로 하지 못한다.

(1) 지역권의 취득

① 지역권은 20년간 소유의 의사로 평온, 공연하게 부동산을 점유하는 자는 등기함으로써 그 소유권을 취득한다.

② 부동산의 소유자로 등기한 자가 10년간 소유의 의사로 평온, 공연하게 선의이며 과실 없이 그 부동산을 점유한 때에는 소유권을 취득한다.

③ 공유자의 1인이 지역권을 취득한 때에는 다른 공유자도 이를 취득한다.
④ 점유로 인한 지역권 취득 기간의 중단은 지역권을 행사하는 모든 공유자에 대한 사유가 아니면 그 효력이 없다.
⑤ 지역권은 일반적으로 설정 계약에 따라 취득되며 그밖에 유언, 상속, 양도 등으로 취득한다.

(2) 지역권의 설정

① 지역권의 설정을 등기하면 승역지의 소유자가 바뀌어도 지역권을 주장할 수 있다.
② 지역권은 지상권자도 취득할 수 있다.
③ 지역권 설정은 토지소유자뿐 아니라 지상권자, 전세권자, 임차권자 간에도 할 수 있다.
④ 지역권은 요역지 소유권으로부터 분리하여 양도하거나 권리의 목적으로 사용하지 못한다.
⑤ 요역지 전부를 위하여 승역지 전부를 이용할 수 있으며 공유나 분할의 경우 관계자 전부에 대하여 효력을 가진다.

(3) 지역권의 특성

① 지역권은 요역지 소유권에 부종하여 이전하며 또는 요역지에 대한 소유권 이외의 권리의 목적이 된다.
② 지역권은 요역지와 분리하여 양도하거나 다른 권리의 목적으로 하지 못한다.
③ 요역지는 한 필지 전부여야 하지만, 승역지는 한 필지의 일부라도 관계없다.
④ 공유자의 1인이 지역권을 취득한 때에는 다른 공유자도 이를 취득한다.
⑤ 점유로 인한 지역권 취득 기간의 중단은 지역권을 행사하는 모든 공유자에 대한 사유가 아니면 그 효력이 없다.

(4) 요역지와 승역지

출제(용) : 95회

① 편익을 받는 토지(갑지)를 요역지(要役地), 편익을 제공하는 토지(을지)를 승역지(承役地)라 한다.
② 요역지(要役地)
- 등기관이 승역지에 지역권 설정의 등기를 하였을 때는 직권으로 요역지의 등기기록에 순위번호, 등기 목적, 승역지, 지역권 설정의 목적, 범위, 등기 연월일을 기록하여야 한다.

- 등기관은 요역지가 다른 등기소의 관할에 속하는 때에는 지체없이 그 등기소에 승역지, 요역지, 지역권 설정의 목적과 범위, 신청서의 접수 연월일을 통지하여야 한다.
- 통지를 받은 등기소의 등기관은 지체없이 요역지인 부동산의 등기기록에 순위번호, 등기 목적, 승역지, 지역권 설정의 목적, 범위, 그 통지의 접수 연월일 및 그 접수 번호를 기록하여야 한다.

③ 승역지(承役地)

- 승역지(承役地)란 민법상의 지역권에서 두 개의 토지 가운데 편익을 제공하는 쪽의 토지를 말한다.
- 승역지의 소유자는 수익 정도의 비율로 공작물의 설치, 보존의 비용을 분담하여야 한다.
- 등기관이 승역지의 등기기록에 지역권 설정의 등기를 할 때는 순위번호, 등기 목적, 접수 연월일 및 접수 번호, 등기원인 및 그 연월일에서 규정한 사항을 기록하여야 한다.

(5) 합필의 특례

① 해당 토지의 소유권의 등기명의인들은 합필 후의 토지를 공유(共有)로 하는 합필등기를 신청할 수 있다.

② 이해관계인의 승낙이 있으면 해당 토지의 소유권의 등기명의인은 그 권리의 목적물을 합필 후의 토지에 관한 지분으로 하는 합필등기를 신청할 수 있다.

③ 요역지(要役地 : 편익 필요지)에 하는 지역권의 등기가 있는 경우에는 합필 후의 토지 전체를 위한 지역권으로 하는 합필등기를 신청하여야 한다.

④ 합필(合筆)하려는 토지에 등기 외의 권리에 관한 등기가 있는 경우에는 합필의 등기를 할 수 없다.

⑤ 등기관이 등기의 신청을 각하하면 지체없이 그 사유를 지적소관청에 알려야 한다.

(6) 지역권의 소멸

① 요역지나 승역지가 소멸한 경우

② 지역권자의 포기, 혼동, 존속기간의 만료된 경우

③ 약정소멸 사유가 발생한 경우

④ 승역지의 시효취득인 경우

⑤ 승역지의 수용 등으로 소멸한다.

⑥ 소멸시효

- 지역권은 요역지에 부착하는 권리이기 때문에 용역지의 소유자가 바뀌어도 소멸되지 않는다.
- 토지공유자 1인은 지분에 관하여 그 토지를 위한 지역권 또는 그 토지가 부담한 지역권을 소멸하게 하지 못한다.
- 토지의 분할이나 토지의 일부를 양도할 때는 지역권은 요역지의 각 부분을 위하여 또는 그 승역지의 각 부분에 존속한다.
- 요역지가 수인의 공유인 경우에 그 1인에 의한 지역권 소멸시효의 중단 또는 정지는 다른 공유자를 위하여 효력이 있다.

2.10.5. 종국등기와 예비등기

출제(용) : 95회

(1) 종국등기

① 종국등기(終局登記)는 물권의 취득과 변동의 효력을 발생하게 하는 등기로 본등기를 말하며, 본등기는 기재 내용에 따라 기입등기·변경등기·회복등기·말소 등기의 네 가지로 분류하고, 형식에 따라서 주등기(主登記)·부등기(副登記)로 나누어진다.

② 등기 본래의 효력을 발생시키지 않는 예비등기에 대립하며, 등기로서 완전한 효력을 가지는 보통의 등기를 본등기(本登記)라고도 하는데 보통의 등기는 모두 종국등기이다.

③ 권리의 보전을 목적으로 하는 가등기, 예고등기 등의 예비등기에 상대되는 개념으로 등기 본래의 효력을 완전하게 발생시키는 등기를 말한다.

④ 국세(國稅)의 법정기일 전에 가등기된 재산에 대해서는 국세가 우선하지 못한다.

⑤ 가등기가 있는 재산을 압류하는 경우에 그 가등기에 따른 본등기가 압류 후에 행하여진 때에는 그 가등기의 권리자는 그 재산에 대한 체납처분에 대하여 그 가등기에 따른 권리를 주장할 수 없다.

(2) 예비등기(가등기)

① 예비등기(豫備登記)란 장래 행하게 될 종국등기에 비하여, 그 권리를 미리 보전하기 위한 등기이다.

② 등기 본래의 효력인 물권변동과는 직접 관계가 없고, 장래 행하게 될 종국등기에 대비하여 그 권리 보전을 하기 위한 등기이다.

③ 등기 효력에 따라 분류하는 것 중의 하나로 종국등기에 대비하여 그 권리를 보전하기 위해 미리 해놓는 등기를 말한다.

④ 가등기는 부동산물권 및 그에 준하는 권리의 설정·이전·변경·소멸의 청구권을 보전하기 위해 예비로 하는 등기를 말한다.

⑤ 가등기는 후일에 할 본등기의 순위 보전에 그 목적이 있으므로 가등기를 본등기로 이전하게 되면 가등기 이후에 발생한 모든 등기원인은 자동으로 소멸된다.

⑥ 가등기에는 담보가등기와 소유권이전 청구권 가등기의 두 가지가 있다.

⑦ 가등기에 의한 본등기(本登記)를 한 경우 본등기의 순위는 가등기의 순위에 따른다.

⑧ 등기관은 가등기에 의한 본등기를 하였을 때는 가등기 이후에 된 등기로서 가등기에 의하여 보전되는 권리를 침해하는 등기를 직권으로 말소하여야 한다.

⑨ 가등기 의무자 또는 가등기에 관하여 등기상 이해관계 있는 자는 가등기명의인의 승낙을 받아 단독으로 가등기의 말소를 신청할 수 있다.

2.10.6. 공유·총유·합유

출제(용) : 113회

(1) 공유

① 물건의 공유(共有)는 물건이 지분에 의하여 수인의 소유로 된 때에는 공유로 하며 공유자의 지분은 균등한 것으로 추정한다.

② 건물의 구분소유는 수인이 한 채의 건물을 구분하여 각각 그 일부분을 소유한 때에는 건물과 그 부속물 중 공용하는 부분은 그의 공유로 추정한다.

③ 경계에 설치된 경계표, 담, 구거 등은 상린자의 공유로 추정한다.

④ 공유자

- 공유자는 그 지분을 처분할 수 있고 공유물 전부를 지분의 비율로 사용, 수익할 수 있다.
- 공유자는 다른 공유자의 동의 없이 공유물을 처분하거나 변경하지 못한다.
- 공유자가 그 지분을 포기하거나 상속인 없이 사망한 때에는 그 지분은 다른 공유자에게 각 지분의 비율로 귀속한다.
- 공유자는 다른 공유자가 분할로 인하여 취득한 물건에 대하여 그 지분의 비율로 매도인과 동일한 담보책임이 있다.

⑤ 공유자의 지분권

- 각 공유자의 지분은 그가 가지는 전유부분의 면적 비율에 따른다.
- 일부 공용부분으로서 면적이 있는 것은 그 공용부분을 공용하는 구분소유자의 전유부분 면적 비율에 따라 배분하여 그 면적을 각 구분소유자의 전유부분 면적에 포함한다.

⑥ 공유물

- 공유물의 관리에 관한 사항은 공유자 지분의 과반수로써 결정한다. 그러나 보존행위는 각자가 할 수 있다.
- 공유자는 그 지분의 비율로 공유물의 관리 비용 기타 의무를 부담한다.
- 공유자는 공유물의 분할을 청구할 수 있다.
- 분할의 방법에 관하여 협의가 성립되지 아니한 때에는 공유자는 법원에 그 분할을 청구할 수 있다.

⑦ 요역지가 수인의 공유인 경우에 그 1인에 의한 지역권 소멸시효의 중단 또는 정지는 다른 공유자를 위하여 효력이 있다.

(2) 합유

① 물건의 합유(合有)는 법률의 규정 또는 계약에 따라 수인이 조합체로서 물건을 소유하는 때에는 합유로 하며 합유자의 권리는 합유물 전부에 미친다.

② 합유물을 처분 또는 변경함에는 합유자 전원의 동의가 있어야 한다.

③ 합유 지분의 처분과 합유물의 분할금지

- 합유자는 전원의 동의 없이 합유물에 대한 지분을 처분하지 못한다.
- 합유자는 합유물의 분할을 청구하지 못한다.

④ 합유의 종료

- 합유는 조합체의 해산 또는 합유물의 양도로 인하여 종료한다.
- 합유물의 분할에 관하여서는 공유물의 분할에 관한 규정을 준용한다.

(3) 총유

① 법인이 아닌 사단의 사원이 집합체로서 물건을 소유할 때는 총유(總有)로 한다.

② 총유물의 관리 및 처분은 사원총회의 결의에 의한다.

③ 총유물에 관한 사원의 권리 의무는 사원의 지위를 취득 상실함으로써 취득 상실된다.

2.10.7. 구상권

출제(용) : 77, 83, 131회, (논) : 95회

다른 사람을 위하여 그 사람의 빚을 갚은 사람이 다른 연대채무자나 주된 채무자에게 상환을 요구할 수 있는 권리를 말한다. 두 사람의 공동 채무가 존재할 때, 한 사람이 전체 채무를 변제하면 그 변제한 사람은 다른 공동 채무자에게 그 부담을 청구할 수 있으며, 채권자와 채무자 간의 관계뿐만 아니라 이해관계자 간의 관계에도 큰 영향을 미칠 수 있다.

(1) 구상권의 종류

① 구상권은 법정 구상권과 계약적 구상권으로 구분할 수 있다.

② 법정 구상권은 손해배상 사건에서 타인의 피해를 보상한 경우 법에 의해 자동으로 발생하는 권리로, 일반적으로 공동 불법행위자 간의 경우나 보증인에게 발생한다.

③ 계약상 구상권은 당사자 간의 계약에 의해 성립하는 권리로, 특정 계약의 이행을 위한 경우에 해당한다.

(2) 구상권의 특징

① 구상권의 행사에는 경우에 따라 소송 절차가 요구될 수 있다.

② 채권자는 법원에 청구하여 원리금의 변제 또는 손해 배상을 받을 수 있다.

③ 법적 절차와 더불어 구상권을 이해하는 것은 계약상의 권리를 보호하고 법적 분쟁을 예방하는 중요한 기초가 된다.

④ 경제적 손실을 보전하기 위한 법적 권리이다.

⑤ 채권의 보전과 권리의 행사라는 측면에서 유용하다.

⑥ 채권자는 구상권을 통해 원래의 채무자에게 청구함으로써 권리를 지킬 수 있다.

⑦ 구상권은 우선권을 가진 경우가 많아 타 채권자보다 우선적으로 권리를 주장할 수 있다.

(3) 구상권의 절차

① 구상권 청구를 위해서는 먼저 손실이 발생했음을 확인하되 손실이 실제로 발생했음을 증명할 수 있는 서류나 증거를 준비하는 것이다.

② 손실이 누구의 잘못으로 손실의 원인이 발생했는지를 정확히 파악해야 한다.

③ 손실을 발생시킨 당사자나 기관을 정확히 파악하여 구상권 청구의 대상이 되는 사람이나 기관을 확인한다.

④ 구상권 청구서를 작성하되 청구서에는 손실의 내용, 원인, 청구 금액 등이 명시하여 청구 대상자에게 전달한다.

⑤ 청구 대상과의 협상을 통해 청구 금액과 조건을 조정한다.

⑥ 협상이 실패할 경우, 법적 조치를 통해 구상권을 행사할 수 있다.

⑦ 법원의 판결로 구상권을 인정받으면 채무자는 해당 금액을 변제해야 한다.

(4) 소멸시효

① 구상권을 청구할 권리자가 법적 권리를 행사할 수 있는 최대 기한을 의미한다.

② 구상권은 소멸시효에 대한 적용을 받으며 소멸시효가 초과하면 법적 권리행사를 할 수 없다.

③ 소멸시효 기준

- 불법행위로 인한 손해배상의 청구권은 피해자나 그 법정대리인이 그 손해 및 가해자를 안 날로부터 3년간 이를 행사하지 아니하면 시효로 인하여 소멸한다.
- 불법행위를 한 날로부터 10년을 경과한 때에도 이를 행사하지 아니하면 시효로 인하여 소멸한다.
- 미성년자가 성폭력, 성추행, 성희롱, 그 밖의 성적(성적) 침해를 당한 경우에 이로 인한 손해배상청구권의 소멸시효는 그가 성년이 될 때까지는 진행되지 아니한다.

(5) 지적측량에 따른 구상권

출제(용) : 83회

① 지적측량수행자가 타인의 의뢰에 따라 지적측량을 하는 경우 고의 또는 과실로 지적측량을 부실하게 함으로써 지적측량 의뢰인이나 제삼자에게 재산상의 손해를 발생하게 한 때에는 지적측량수행자는 그 손해를 배상할 책임이 있다.

② 지적측량수행자는 손해배상책임을 보장하기 위하여 보험 가입 등 필요한 조치를 하여야 한다.

③ 지적측량수행자는 손해배상책임을 보장하기 위하여 보증보험에 가입하거나 공간정보산업협회가 운영하는 보증 또는 공제에 가입하는 방법으로 보증 설정을 하여야 한다.

- 지적측량업자: 보장 기간 10년 이상 및 보증 금액 1억 원 이상
- 「한국국토정보공사법」에 따른 한국국토정보공사: 보증 금액 20억 원 이상

④ 지적측량업자는 지적측량업 등록증을 발급받은 날부터 10일 이내에 보증 설정을 해야 하며, 보증 설정을 했을 때는 이를 증명하는 서류를 등록한 시·도지사 또는 대도시 시장에게 제출해야 한다.

⑤ 지적측량수행자가 소속 직원의 부실한 지적측량으로 인하여 제삼자에게 재산상의 손해를 배상한 후 당해 직원에 대하여 행사하는 구상권의 법적 성질은 민사상의 부당이득반환청구권으로 파악된다.

⑥ 지적측량 상 구상권의 문제점

- 민법에서 손해배상 청구권은 고의, 과실을 전제로 하는 책임이지 무과실을 전제로 하는 것이 아님에도 불구하고 지적측량수행자의 고의, 과실을 불문하고, 책임을 인정하고 있다.
- 지적측량을 의뢰한 토지소유자와 이해관계인은 제도적으로 보호할 장치가 마련되어 있지만 지적측량수행자의 경우에는 판례에서 손해가 발생한 때로 보고 있다.
- 법률에서는 지적측량수행자가 고의 또는 과실로 지적측량을 부실하게 함으로써 지적측량 의뢰인이나 제삼자에게 재산상의 손해를 발생하게 한 때에는 지적측량수행자는 그 손해를 배상할 책임이 있다.

⑦ 지적측량 상 구상권의 개선안

- 공간정보기본법 제51조의 지적측량수행자가 고의 또는 과실로 지적측량 의뢰인 또는 제삼자에게 재산상의 손해를 발생하게 한 때에는 손해 및 가해자를 아는 날로부터 3년 또는 측량한 날로부터 10년간 그 손해를 배상할 책임이 있다. 는 규정으로 개정이 필요하다.

- 지적측량수행자가 개인적인 고의로 과실을 범하지 않을 때는 구상권을 청구하지 않아야 함에도 개인적인 보상 제도는 없고 등록 업체에서 배상하는 것이 타당하다고 본다.
- 지적측량자 개인적인 보험금을 설정하고 있는 부담은 없어야 할 것으로 판단된다.

2.10.8. 대안적분쟁해결방안(ADR)

출제(용) : 84회, (논) : 95, 108, 128, 137회

대안적 분쟁 해결(ADR; Alternative Dispute Resolution)은 전통적인 사법절차 대신 다양한 방법으로 분쟁을 해결하는 방식을 말한다. ADR은 법원의 소송에 의하지 않고 법원 외의 공정하고 중립적인 제3의 조정자로 하여금 분쟁을 해결하도록 하는 소송 외적 분쟁 해결 방식을 말한다.

(1) ADR의 특징

① 일부 ADR 수단은 짧은 시간 내에 결정을 내릴 수 있어 빠르게 문제를 해결할 수 있다.
② 각 ADR 기법마다 해당 분야의 전문가와의 협력이 필요하다.
③ 당사자들이 직접 문제를 해결함으로써 불필요한 시간과 비용을 줄일 수 있다.
④ 강제력이 없는 협상 또는 조정 과정을 통하여 상호 합의에 이르게 되는 것이므로 상대방이 동의하지 않을 때는 어떠한 법적 구속력도 가지지 않는다.

⑤ 사건 처리 속도 및 형식 면에서 당사자의 자주성과 자유로운 의사 결정권을 존중한다.
⑥ 대체로 비공개로 진행되기 때문에 참여자들의 진술과 개인정보 등 민감한 정보가 보호될 수 있다.
⑦ 재판 없이 당사자 간 협상으로 비용과 시간이 절약된다.
⑧ 전통적인 사법절차와는 달리 신속성과 비공개성이라는 특징을 가지고 있다.
⑨ 당사자들의 요구사항을 반영하여 당사자들에게 가장 적합한 해결책을 제시할 수 있다.
⑩ 기업 혹은 개인 누구나 부담 없이 쉽게 이용할 수 있다.

(2) 대안적 분쟁 해결의 유형

① 대안적 분쟁 해결(ADR)유형은 협상, 조정, 중재의 세 가지로 분류할 수 있다.
② 협상, 조정, 중재라는 방법은 근본적으로는 분쟁의 해결책을 찾기 위함이다.

③ ADR 유형은 다양해지는 만큼 여러 가지의 형태로 계속 개발되고 나타나고 있다.

④ 협상(Negotiation)

- 분쟁 당사자들이 대화를 통해서 합의로 갈등을 해결하며, 제삼자의 개입 없이 진행된다.
- 법적 효력이 없고 결과에 대한 책임은 당사자에게 있다.
- 협상에는 분배적 협상과 통합적 협상이 있다.
- 분배적 협상은 이익과 상호 관계의 손실을 감수하고라도 양자가 배분하는 협상법을 말한다.
- 통합적 협상은 서로 만족할 수 있는 이해 관심사(Interest)를 바탕으로 이익과 상호 관계의 발전 및 증대를 도모하는 협상이다.
- 협상에 적용할 수 있는 객관적인 근거, 자료, 정보 등을 확보하는 것이 필요하다.
- 객관적 기준의 적용은 협상에서는 정당성을 확보하는 것이 필요하다.

⑤ 중재(Arbitration)

- 중재란 분쟁의 양 당사자가 중재자에게 각자 자신의 주장을 피력하고, 증빙자료를 제출하여 중재자로 하여금 합리적인 합의를 결정하는 갈등 해결 방식을 말한다.
- 이미 발생한 분쟁을 법원 밖에서 단심제로 행해지는 간이 재판절차라 할 수 있다.
- 중재의 특징은 정확한 사실과 증거에 근거하여 제삼자가 결정을 하여주되, 양 당사자가 대안을 제시할 것을 요구하지 않으며, 당사자는 협상안을 제시할 수 있도록 하고 중재자는 이를 참고하여 합리적 결정을 하여야 한다.
- 중재의 절차는 양 분쟁 당사자가 중재에 대해 동의하여야 하며, 중재위원회 또는 중재가 구성원 결정한다.
- 중재회의에서 분쟁 당사자 심리 및 사실조사와 확인을 한 후 결정을 도출한 후 양 분쟁 당사자에게 통지함으로써 끝난다.

⑥ 조정(Mediation)

- 중립적인 제삼자가 분쟁 당사자들 간의 의사소통, 협상, 문제 해결 등을 도움으로서 갈등 당사자들이 합의에 이르도록 촉진하는 과정이다.
- 조정자는 적극적으로 개입하여 서로 양보하도록 설득 유도 함으로써 원만한 합의 도출을 목적으로 하는 비공식 심리 절차라고 할 수 있다.
- 분쟁 당사자가 조정을 언제든지 거부할 권리가 있으며, 모든 결정은 당사자들이 결정한다는 자율성을 보장한다.
- 조정자는 회의를 통해 어느 일방의 편을 들거나 사적으로 한쪽 당사자와 긴밀한 관계를 유지하고 있는 경우 조정을 피하고 반드시 중립을 유지해야 한다.

- 조정자는 공정성을 유지하고, 양 당사자들이 안전한 환경(물리적, 정신적)에서 조정을 할 수 있도록 분위기를 조성하여야 한다.
- 조정 프로세스는 조정에 대한 동의를 받고, 조정에서 규칙을 정하고, 비밀 유지를 약속한다.
- 협의 사항(Agenda)의 확정 및 중요도 파악하고, 분쟁 당사자의 관심사에 대한 공통점 및 차이점 분석한다.
- 옵션의 차이점을 좁혀서 합의안을 채택하고 합의안을 작성하여 실행 결과를 확인할 수 있도록 하여야 한다.

(3) 활용

① 많은 국가에서 ADR 제도를 도입하거나 확대하고 있다.

② 국제적인 거래나 국제통상 분야에서도 널리 활용되고 있다.

③ ADR은 가정에서의 갈등, 학교에서의 갈등, 노사관계, 기업조직 내 갈등, 상거래 갈등, 지역갈등, 환경 갈등, 공공 갈등 등 일상생활에서 그 활용 범위가 매우 다양하다.

④ 모든 분쟁을 완전히 해결할 수는 없지만 최대한 빠르고 신속하게 적은 비용으로 원만하게 해결할 수 있다.

2.10.9. 토지분쟁의 사법적 해결 방법

출제(논) : 137회

행정적으로 해결이 불가능할 경우 사법적인 해결 방법으로 소유권 확인 소송과 경계 확정소송을 제기할 수 있다.

(1) 소유권 확인 소송

① 소유권 확인 소송은 특정 토지가 원고의 소유에 속한다는 취지의 확인을 구하는 소송이므로 반드시 소유권의 대상이 되는 토지소유권의 범위 즉, 토지의 경계를 명확히 하는 것은 아니다.

② 토지 소유자들 간의 협의에 의하여 경계정정이 이루어지지 않은 경우, 분쟁당사자들은 법원에 자신이 점유하는 토지의 경계선이 진실한 경계임을 주장하거나, 지적공부상의 경계가 진실한 경계임을 주장하는 등 토지소유권의 범위에 관하여 소유권 확인 소송을 제기한다.

③ 소송의 상대방이 인접지의 토지소유자로 소유권이 미치는 범위를 둘러싸고 분쟁이 발생할 때는 그 범위를 정하여 토지의 경계를 명확히 하는 기능을 한다.

④ 토지의 경계에 관한 분쟁의 대부분은 실제 소유권에 관한 분쟁이고 순수하게 필지의 경계에 관해서만 다투는 것은 이론적으로는 생각할 수 있어도 실제는 거의 없다.

⑤ 소유권확인 소송에서 경계확정 기능은 인접한 토지소유자들 간에 경계분쟁이 발생한 경우에 일차적으로 소유권확인 소송을 제기함으로써 경계분쟁을 해결하도록 한다.

(2) 경계 확정 소송

① 경계확정 소송은 서로 인접하는 토지의 경계선이 불분명한 경우에 법원의 판결에 의하여 그 경계의 확정을 구하는 소송을 말한다.

② 소송에 의해 확정되는 경계는 사적인 소유권 경계가 아니라 공적으로 등록된 필지의 경계를 의미한다.

③ 법원은 당사자의 주장 내용이나 범위에 구애받지 않고 재량대로 그 필지의 경계를 확정할 수 있다.

④ 소송상 또는 소송 외에서 당사자 간의 경계에 대해 합의하여도 그것을 근거로 합의에 따른 경계를 확정하는 것도 허용되지 않는다

⑤ 경계확정의소에 의해 확정되는 경계는 지적공부에 등록된 공법상의 경계라는 점에서 경계확정의 소송 중에서 경계에 접한 토지의 시효 취득을 주장하여도 그것은 경계 확정 소송의 심리 대상이 되지 않는다.

⑥ 경계 결정에 따라 토지 면적이 증가하거나 감소하여 소유권 범위의 차이를 가져오므로 결국 경계분쟁은 실질적으로 소유권분쟁이 된다.

⑦ 인접 토지소유자 간의 경계분쟁은 소유권 확인의 소가 제기되는 것이 대부분이며, 경계확정의 소가 제기되는 사례는 많지 않다.

2.10.10. 고시와 행정처분

출제(용) : 117회

(1) 고시(告示)

① 행정기관이 결정한 사항 또는 일정한 사항을 공식적으로 일반에게 널리 알리는 행위를 말하며, 일반적으로 개정 또는 폐지되지 않는 한 효력이 계속되는 사항을 알릴 때 사용한다.

② 고시는 법령과 달라서 법규의 성질을 가지지 않으며 대외적이기는 하나 명령적인 것은 아니다.

③ 고시는 일단 정한 후 개정 또는 폐지되지 않는 한 효력이 계속되는 사항을 알리는 경우와 때에 따라서는 구속력을 가지는 사항을 내용으로 할 때가 있다.

④ 공고는 일시에 또는 단기간에 일정한 사항을 알리는 경우와 구속력을 가지지 않는 사항을 내용으로 한다.

⑤ 고시와 유사한 개념으로는 공고가 있으며, 일정한 사항을 널리 일반에게 알린다는 의미에서 같다.

⑥ 고시와 공고는 관보, 공보, 게시판, 일간신문 또는 해당 관청 인터넷 홈페이지 등을 통해서 일반에게 행정기관이 결정한 사항 또는 일정한 사항을 알리고 있다.

⑦ 행정 명령적 고시·입헌적 고시·일반 천 분 전 고시·통지 행위적 고시 등이 있지만, 법규적 성질을 지닌 고시도 있다.

⑧ 법원은 고시인 행정명령에 구속되지 않고 법령을 적용하여 행정행위의 적법성을 판단한다.

(2) 행정처분

① 행정처분은 행정청이 행하는 구체적 사실에 관한 법 집행으로서 공권력의 행사 또는 그 거부, 그밖에 이에 준하는 행정작용을 말한다.

② 행정처분은 구체적인 사실에 관한 법 집행행위를 의미하기 때문에 행정입법은 이에 속하지 않는 것이 원칙이다.

③ 행정처분은 학문상의 행정행위 또는 그에 따르는 행정청의 행위보다 넓은 개념이다.

④ 행정청이 법에 따라 권위적인 지위에서 하는 공법적 행위로서 대외적으로 구체적인 법적 효과를 발생하는 행위를 말하는 것이다.

⑤ 행정처분은 법규와 행정 목적에 적합해야 한다.

⑥ 법규를 위반하면 위법처분으로서 행정심판과 행정소송의 대상이 되고, 행정 목적에 위반하면 부당 처분으로서 행정심판의 대상이 된다.

⑦ 행정처분 명령서 작성 시에는 처분 대상자의 인적 사항을 비롯하여 위반 사항과 이에 따른 처분 내용을 정확하게 명시해야 한다.

⑧ 행정청의 처분 또는 부작위에 대해서는 행정심판을 청구할 수 있다.

2.10.11. 부동산 공시제도

출제(용) : 87, 90회, (논) : 65, 99, 108, 126, 131, 135회

부동산 공시 제도는 토지, 주택 등 부동산의 적정가격을 공시하는 제도를 말한다. 부동산의 적정가격을 공시하여 부동산 가격산정의 기준이 되게 하고, 토지·건물·동산 등의 감정평가에 관한 사항을 정함으로써 이의 적정한 가격 형성을 도모하며, 나아가 국토의 효율적인 이용과 국민경제의 발전에 이바지함이 목적이다. 근거법은 부동산 가격 공시에 관한 법률이다. 표준지공시지가는 토지의 지가정보를 제공하고 일반적인 토지거래의 지표가 된다. 국가·지방자치단체 등이 그 업무와 관련하여 지가를 산정하거나 감정평가법인 등이 개별적으로 토지를 감정평가할 때 기준이 된다. 공시지가는 국토교통부장관이 조사·평가 공시하는 표준지공시지가와 시군구청장이 결정·공시하는 개별공시지가로 나누어져 있다.

2.10.11.1. 부동산 공시제도의 유형

(1) 표준지공시지가

① 표준지의 선정

② 표준지공시지가 조사·평가의 절차

③ 표준지 선정에 대한 심사

④ 표준지공시지가의 공시

(2) 개별공시지가

① 개별공시지가 조사·산정의 기준

② 공시하지 아니할 수 있는 토지

③ 개별공시지가의 결정·공시 등

④ 개별공시지가의 검증

2.10.11.2. 표준지공시지가

출제(용) : 122회

(1) 표준지의 선정

① 표준지를 선정할 때는 토지 중에서 해당 토지를 대표할 수 있는 필지의 토지를 선정하여야 한다.

② 토지의 감정평가 및 개별공시지가의 산정 등에 효율적으로 활용되고 일반적인 지가 정보를 제공할 수 있도록 표준지를 선정·관리한다.

③ 표준지의 선정 기준은 지가의 대표성, 토지 특성의 중요성, 토지 용도의 안정성, 토지 구별의 확정성을 기준으로 한다.

④ 특수토지 또는 용도상 불가분의 관계를 형성하고 있는 비교적 대규모의 필지를 일 단지로 평가할 필요가 있는 경우에는 표준지로 선정하여 개별공시지가의 산정기준으로 활용될 수 있도록 하되, 토지 형상· 위치 등이 표준적인 토지를 선정한다.

(2) 표준지공시지가 조사·평가의 절차

① 표준지공시지가 조사·평가를 의뢰받은 감정평가법인 등은 표준지공시지가 및 그밖에 국토교통부령으로 정하는 사항을 조사·평가한 후 조사·평가보고서를 작성하여 국토교통부장관에게 제출해야 한다.

② 감정평가법인 등은 조사·평가보고서를 작성할 때는 미리 해당 표준지를 관할하는 특별시장·광역시장·특별자치시장·도지사 또는 특별자치도지사와 시장·군수·구청장의 의견을 들어야 한다.

③ 시·도지사와 시장·군수·구청장은 의견 제시 요청을 받은 경우에는 요청받은 날부터 20일 이내에 의견을 제시해야 한다.

④ 표준지공시지가는 제출된 보고서에 따른 조사·평가액의 산술평균치를 기준으로 한다.

(3) 표준지 선정에 대한 심사

① 표준지 선정자는 표준지 선정 등에 대하여 국토교통부장관의 심사를 받아야 한다.

② 표준지 선정심사가 완료된 때에 표준지는 확정된다.

③ 표준지 선정에 대한 심사 사항

- 지역 분석 내용
- 현장 조사의 성실한 이행 여부 및 표준지의 조사 사항
- 표준지 과소·과다 활용의 원인 분석 및 분포조정의 내용
- 표준지 선정 협의 여부
- 표준지 선정(안) 위치 표시 도면의 작성 내용
- 표준지의 선정, 교체(삭제·신규를 포함) 및 분포조정의 타당성

(4) 표준지공시지가의 공시

① 표준지공시지가를 공시할 때는 다음의 사항을 관보에 공고하고, 표준지공시지가를 국토교통부가 운영하는 부동산공시가격 시스템에 게시하여야 한다.

- 표준지의 지번, 표준지의 단위 면적당 가격
- 표준지의 면적 및 형상
- 표준지 및 주변 토지의 이용 상황
- 표준지공시지가의 열람 방법
- 이의신청의 기간·절차 및 방법

② 국토교통부장관은 통지하지 아니할 때는 공고 및 게시 사실을 방송·신문 등을 통하여 알려 표준지 소유자가 표준지공시지가를 열람하고 필요한 경우에는 이의신청할 수 있도록 하여야 한다.

③ 표준지공시지가의 단위면적은 1㎡로 하며, 공시기준일은 매년 1월 1일로 한다.

④ 표준지에 건물 또는 그 밖의 정착물이 있거나 지상권 또는 그 밖의 토지의 사용·수익을 제한하는 권리가 설정되어 있을 때는 그 정착물 또는 권리가 존재하지 아니하는 것으로 보고 표준지공시지가를 평가하여야 한다.

2.10.11.3. 개별공시지가

출제(용) : 81회

개별공시지가란 시장·군수·구청장이 산정하고 시군구 부동산 평가위원회 심의를 받아 공시기준일(매년 1월 1일) 기준으로 공시하는 관할구역 안 개별토지의 단위 면적당 가격을 말한다. 시장·군수·구청장은 이의신청의 내용이 타당하다고 인정하면 해당 개별공시지가를 조정하여 다시 결정·공시한다.

(1) 개별공시지가 조사·산정의 기준

① 지가 형성에 영향을 미치는 토지 특성 조사에 관한 사항
② 개별공시지가의 산정기준이 되는 비교표준지의 선정에 관한 사항
③ 토지가격비준표의 사용에 관한 사항

(2) 공시하지 아니할 수 있는 토지

① 표준지로 선정된 토지
② 농지 보전부담금 또는 개발부담금 등의 부과 대상이 아닌 토지
③ 국세 또는 지방세 부과 대상이 아닌 토지(국공유지의 경우에는 공공용 토지만 해당)

(3) 개별공시지가의 결정·공시 등

① 시장·군수·구청장은 시군구 부동산 가격 공시위원회의 심의를 거쳐 매년 공시지가의 공시기준일 현재 관할구역 안의 개별공시지가를 결정·공시하고, 이를 관계 행정기관 등에 제공하여야 한다.
② 표준지로 선정된 토지, 조세 또는 부담금 등의 부과 대상이 아닌 토지는 개별공시지가를 결정·공시하지 아니할 수 있다.
③ 시장·군수·구청장은 공시기준일 이후에 분할·합병 등이 발생한 토지에 대해서는 대통령령으로 정하는 날을 기준으로 하여 개별공시지가를 결정·공시하여야 한다.
④ 시장·군수·구청장은 매년 5월 31일까지 개별공시지가를 결정·공시하며, 양도소득세·증여세·상속세 등 국세와 재산세·취득세 등 지방세는 물론 개발부담금·농지전용부담금 등을 산정하는 기초자료로 활용된다.

⑤ 개별공시지가를 공시할 때는 다음의 사항을 해당 시·군·의 게시판 또는 인터넷 홈페이지에 게시하여야 한다.

- 조사기준일, 공시 필지의 수 및 개별공시지가의 열람 방법 등 개별공시지가의 결정에 관한 사항
- 이의신청의 기간·절차 및 방법

(4) 개별공시지가의 검증

① 개별토지 가격의 타당성에 대한 검증을 의뢰할 때는 전체 개별토지 가격에 대한 지가 현황도면 및 지가조사자료를 제공하여야 한다.

② 검증을 의뢰받은 감정평가법인 등의 검토·확인 사항

- 비교표준지 선정 및 개별토지 가격산정의 적정성에 관한 사항
- 산정한 개별토지 가격과 표준지공시지가 및 인근 토지의 지가와의 균형 유지에 관한 사항
- 표준주택 가격, 개별주택 가격, 비주거용 표준부동산 가격 및 비주거용 개별부동산 가격산정 시 고려된 토지 특성과 일치하는지 여부
- 개별토지 가격산정 시 적용된 용도지역, 토지이용 상황 등 주요 특성이 공부(公簿)와 일치하는지 여부

③ 감정평가법인 등의 검증을 생략할 때는 개별토지의 지가변동률과 해당 토지가 있는 읍·면·동의 연평균 지가변동률 간의 차이가 작은 순으로 대상 토지를 선정해야 한다.

2.10.11.4. 부동산공시제도의 현황

(1) 지역·유형·가격대별 불균형

① 부동산공시법은 적정가격을 공시하도록 규정하고 있으나 부동산 거래시장에서 정상적인 거래가 이루어지는 경우 가격대별로 국민들의 많은 불신을 초래하고 있다.

② 실제 공시가격은 도입 당시부터 현장 시세에 현저히 못 미치고 있어 지역별·유형별·가격대별 편차가 심해지고 있는 실정이다.

(2) 시세반영률과 표준·개별주택 간의 불균형

① 공동주택은 2018년 수준을 그대로 유지하고 있다.

② 단독주택은 표준지의 주택과 개별주택의 공시가격 상승률의 격차가 심해 표준·개별주택 간의 형평성이 더욱 악화된 것이다.

③ 표준지의 주택과 개별주택 간의 불균형이다.

④ 단독주택은 표준지의 주택과 시세반영률이 실시간으로 적용되지 못하고 있다.

⑤ 공동주택과 단독주택 및 지역의 요도에 따른 적용이 미흡한 실정이다.

(3) 부동산 가격 왜곡으로 보유세 누락

① 공시가격 제도는 시장가치를 제대로 반영하지 못하고 부동산 가격을 왜곡함에 따라 행정적으로 활용에서도 여러 가지 문제가 발생하고 있다.

② 재산세와 종합부동산세의 과세표준은 부동산 공시가격에 공정시장가액비율을 곱한 금액으로 정한다.

③ 보유세 누락으로 인하여 지방자치단체와 정부 입장에서는 재산세 수입이 낮아져 재정이 취약해지고 있다.

④ 자산소득과 근로소득과의 불평등, 자산 양극화가 심화하는 악순환이 발생하게 된다.

2.10.11.5. 부동산공시제도의 개선 방안

(1) 부동산공시법의 적정가격 준수

① 부동산의 적정가격 공시에 관한 기본적인 사항과 부동산 시장·동향의 조사·관리에 필요한 사항을 현실 적용에 가능하도록 제도적으로 정리하여야 한다.

② 부동산의 적정한 가격 형성과 각종 조세·부담금 등의 형평성을 도모하여야 한다.

③ 공시가격은 특정 시점에 거래되지 않은 부동산의 정상적인 거래를 전제로 하므로 평가를 전제로 하는 개념인 시장가치에 적합하게 수정해야 할 것이다.

(2) 시세반영과 형평성 현황 공개

① 공시가격의 전국 평균 시세반영률을 공개하고 있으나, 지역, 유형, 가격대 간 형평성 수준은 공개하지 않고 있다

② 공시가격의 현실화와 형평성 수준을 동시에 개선하는 것이 가장 바람직하다고 판단된다.

③ 시세반영률과 형평성 분석을 위한 형평성 측정과 허용 범위 등 관련 세부 기준을 체계적으로 개선해야 한다.

(3) 공시가격 산정은 정확성

① 시장가치에 따른 적정가격으로 평가하지 아니하고 정책적으로 낮게 산정하고 있는 상황으로 기준과 절차에 따라 조정이 되는지에 대해서는 투명하게 공개하여야 한다.

② 시장가격에 맞게 정확히 산정하여 공시하되, 이를 활용하는 행정부처별로 해당 적용에 필요한 적용률이나 적용 기준을 개발하여 운용하는 것이 필요하다.

(4) 감독 권한 강화

① 부동산공시법상 지도, 감독 권한에 대한 별도의 규정이 없어 국토교통부장관이 지자체에 대한 감사나 이행 명령 등을 통해 직, 간접적으로 이행을 강제할 수는 없는 상황이다.

② 지자체의 개별공시지가 결정, 공시 업무에 대하여 국토교통부에서 더욱 적극적인 감독 권한 및 의무를 부여할 필요가 있다.

③ 부동산공시법에 국토교통부장관의 지도, 감독에 관하여 보다 구체적으로 명시하여 시정권고, 시정명령 등을 할 수 있도록 하는 규정을 도입하여야 할 것이다.

2.11. 지적재조사

출제(논) : 43, 45, 48, 52, 57, 59, 63, 69, 71, 78, 80, 83, 87, 90, 92, 93, 96, 98, 102, 117, 122, 131회

2.11.1. 지적재조사의 계획 수립

2.11.1.1. 기본계획 수립

출제(논) : 99, 105, 107, 110, 116회

① 국토교통부장관은 지적재조사사업을 효율적으로 시행하기 위하여 기본계획을 수립하여야 한다.

② 지적재조사사업에 관한 기본계획을 수립 포함 사항

- 지적재조사사업에 관한 기본방향
- 지적재조사사업의 시행기간 및 규모

- 지적재조사사업비의 연도별 집행계획
- 지적재조사사업비의 시·도별 배분 계획
- 지적재조사사업에 필요한 인력의 확보에 관한 계획

③ 기본계획을 수립할 때는 미리 공청회를 개최하여 관계 전문가 등의 의견을 들어 기본 계획안을 작성하고, 시·도지사에게 그 안을 송부하여 의견을 들은 후 중앙지적재조사위원회의 심의를 거쳐야 한다.

④ 시·도지사는 기본 계획안을 송부받았을 때는 이를 지체없이 지적소관청에 송부하여 그 의견을 들어야 한다.

⑤ 지적소관청은 기본 계획안을 송부받은 날부터 20일 이내에 시·도지사에게 의견을 제출하여야 하며, 시·도지사는 기본 계획안을 송부받은 날부터 30일 이내에 지적소관청의 의견에 자신의 의견을 첨부하여 국토교통부장관에게 제출하여야 한다.

⑥ 기본계획을 수립하거나 변경하였을 때는 이를 관보에 고시하고 시·도지사에게 통지하여야 하며, 시·도지사는 이를 지체없이 지적소관청에 통지하여야 한다.

⑦ 기본계획이 수립된 날부터 5년이 지나면 그 타당성을 다시 검토하고 필요하면 이를 변경하여야 한다.

2.11.1.2. 시·도지사의 종합계획 수립

① 시·도지사는 기본계획을 토대로 시·도종합계획을 수립하여야 한다.

② 지적재조사사업에 관한 종합계획에 포함 사항

- 지적재조사지구 지정의 세부기준
- 지적재조사사업의 연도별·지적소관청별 사업량
- 지적재조사사업비의 연도별 추산액
- 지적재조사사업비의 지적소관청별 배분 계획
- 지적재조사사업에 필요한 인력의 확보에 관한 계획
- 지적재조사사업의 교육과 홍보에 관한 사항

③ 시·도지사는 시·도종합계획을 수립할 때에는 시·도종합계획안을 지적소관청에 송부하여 의견을 들은 후 시도 지적재조사위원회의 심의를 거쳐야 한다.

④ 지적소관청은 시·도종합계획 안을 송부받았을 때는 송부받은 날부터 14일 이내에 의견을 제출하여야 한다.

⑤ 시·도종합계획을 확정한 때에는 지체없이 국토교통부장관에게 제출하여야 한다.

⑥ 국토교통부장관은 제출된 시·도종합계획이 기본계획과 부합되지 아니할 때는 그 사유를 명시하여 시·도지사에게 시·도종합계획의 변경을 요구할 수 있다.

⑦ 시·도지사는 시·도종합계획이 수립된 날부터 5년이 지나면 그 타당성을 다시 검토하고 필요하면 변경하여야 한다.

⑧ 시·도지사는 시·도종합계획을 수립하거나 변경하였을 때는 시·도의 공보에 고시하고 지적소관청에 통지하여야 한다.

2.11.1.3. 지적소관청의 실시계획 수립

① 지적소관청은 시·도종합계획을 통지받았을 때는 실시계획을 수립하여야 한다.

② 지적재조사사업에 관한 실시계획에 포함 사항

- 지적재조사사업의 시행자
- 지적재조사지구의 명칭
- 지적재조사지구의 위치 및 면적
- 지적재조사사업의 시행시기 및 기간
- 지적재조사사업비의 추산액
- 토지현황조사에 관한 사항

③ 지적소관청은 실시계획 수립 내용을 30일 이상 주민에게 공람하여야 한다.

④ 실시계획에 포함된 필지 토지소유자와 이해관계인은 주민 공람 기간에 지적소관청에 의견을 제출할 수 있으며, 지적소관청은 제출된 의견이 타당하다고 인정할 때는 이를 반영하여야 한다.

⑤ 지적소관청은 실시계획에 포함된 필지는 지적재조사 예정지구임을 지적공부에 등록한다.

2.11.2. 지적재조사사업 시행자 및 책임수행기관

출제(논) : 104회

(1) 지적재조사사업의 시행자

① 지적재조사사업은 지적소관청이 시행한다.

② 지적소관청은 지적재조사사업의 측량·조사 등을 책임수행기관에 위탁할 수 있으며, 위탁한 때에는 이를 고시하여야 한다. 다.

③ 책임수행기관은 위탁받은 업무의 일부를 「공간정보의 구축 및 관리 등에 관한 법률」에 따른 지적측량업의 등록을 한 자에게 대행하게 할 수 있다.

(2) 책임수행기관의 지정

① 국토교통부장관은 지적재조사사업의 측량·조사 등의 업무를 전문적으로 수행하는 책임수행기관을 지정할 수 있다.
② 국토교통부장관은 지정된 책임수행기관이 거짓 또는 부정한 방법으로 지정을 받거나 업무를 게을리 하는 등의 사유가 있는 때에는 그 지정을 취소할 수 있다.
③ 국토교통부장관은 책임수행기관을 지정·지정취소할 때에는 이를 고시하여야 한다.

2.11.3. 지적재조사지구

출제(논) : 123회

(1) 지적재조사지구의 지정

① 지적소관청은 실시계획을 수립하여 시·도지사에게 지적재조사지구 지정 신청을 하여야 한다.
② 지적소관청이 시·도지사에게 지적재조사지구 지정을 신청하고자 할 때에는 지적재조사예정지구 토지소유자(국유지·공유지의 경우에는 그 재산관리청) 총수의 2/3 이상과 토지면적 2/3 이상에 해당하는 토지소유자의 동의를 받아야 한다.
③ 지적재조사지구의 지정 시 고려 사항
- 지적공부의 등록 사항과 토지의 실제 현황이 다른 정도가 심하여 주민의 불편이 많은 지역인지 여부
- 사업 시행이 용이한 지 여부
- 사업 시행의 효과 여부

④ 지적소관청은 지적재조사 예정지구에 토지소유자협의회가 구성되어 있고 토지소유자 총수의 3/4 이상의 동의가 있는 지구에 대하여는 우선하여 지적재조사지구로 지정을 신청할 수 있다.
⑤ 시·도지사는 지적재조사지구를 지정할 때는 시도 지적재조사위원회의 심의를 거쳐야 한다.

(2) 지적재조사지구 지정고시

① 시·도지사는 지적재조사지구를 지정하거나 변경한 경우 시도 공보에 고시하고 그 지정내용 또는 변경 내용을 국토교통부장관에게 보고하여야 하며, 관계 서류를 일반인이 열람할 수 있도록 하여야 한다.

② 지적재조사지구의 지정 또는 변경에 대한 고시가 있을 때는 지적공부에 지적재조사지구로 지정된 사실을 기재하여야 한다.

(3) 지적재조사지구 지정의 효력상실

① 지적소관청은 지적재조사지구 지정 고시를 한 날부터 2년 이내에 토지현황조사 및 지적재조사를 위한 지적측량(지적재조사측량)을 시행하여야 한다.

② 2년 이내에 토지현황조사 및 지적재조사측량을 시행하지 아니할 때는 그 기간의 만료로 지적재조사지구의 지정은 효력이 상실된다.

③ 시·도지사는 지적재조사지구 지정의 효력이 상실되었을 때에는 이를 시·도 공보에 고시하고 국토교통부장관에게 보고하여야 한다.

2.11.4. 지적재조사측량

2.11.4.1. 토지현황조사

출제(용) : 123회, (논) : 125회

토지현황조사는 지적재조사사업을 시행하기 위하여 필지별로 소유자, 지번, 지목, 면적, 경계 또는 좌표, 지상 건축물 및 지하건축물의 위치, 개별공시지가 등을 조사하는 것을 말한다. 토지현황조사는 사전조사와 현지조사로 구분하여 실시하며, 현지조사는 지적재조사측량과 함께 할 수 있다.

(1) 토지현황조사 방법

① 지적소관청은 실시계획을 수립한 때에는 지적재조사 예정지구임이 지적공부에 등록된 토지를 대상으로 토지현황조사를 하여야 하며, 토지현황조사는 지적재조사 측량과 병행하여 실시할 수 있다.

② 토지현황조사를 할 때는 소유자, 지번, 지목, 경계 또는 좌표, 지상 건축물 및 지하건축물의 위치, 개별공시지가 등을 기재한 토지현황 조사서를 작성하여야 한다.

(2) 필지별 토지현황조사

① 토지에 관한 사항
② 건축물에 관한 사항
③ 토지이용계획에 관한 사항
④ 토지 이용 현황 및 건축물 현황
⑤ 지하 시설물(지하구조물) 등에 관한 사항

(3) 토지현황 사전 조사

① 토지에 관한 사항 : 지적공부 및 토지등기부
- 소유자 : 등기사항증명서
- 이해관계인 : 등기사항증명서
- 지번 : 토지(임야)대장 또는 지적(임야)도
- 지목 : 토지(임야)대장
- 토지 면적 : 토지(임야)대장

② 건축물에 관한 사항 : 건축물대장 및 건물등기부
- 소유자 : 등기사항증명서
- 이해관계인 : 등기사항증명서
- 건물 면적 : 건축물대장
- 구조물 및 용도 : 건축물대장

③ 토지이용계획에 관한 사항 : 토지이용계획확인서
④ 토지 이용 현황 및 건축물 현황 : 개별공시지가 토지 특성 조사표, 국·공유지 실태 조사표, 건축물대장 현황 및 배치도
⑤ 지하 시설(구조)물 등 현황 : 도시철도 및 지하상가 등 지하 시설물을 관리하는 관리기관·관리부서의 자료와 구분지상권 등기사항

(4) 토지현황 현지 조사

① 토지현황조사는 사전 조사와 현지 조사로 구분하여 실시하며, 현지 조사에 따른 지적재조사를 위한 지적측량과 함께할 수 있다.

② 토지이용 현황과 담장, 옹벽, 전주, 통신주 및 도로시설물 등 구조물의 위치를 조사하여 측량 도면에 표시하여야 한다.

③ 지상건축물 및 지하건축물의 위치를 조사하여 측량 도면에 표시하여야 한다.

④ 경계 등 조사 내용은 점유경계현황, 임대차 현황 등 특이 사항이 있는 경우 조사자 의견란에 구체적으로 작성하여야 한다.

(5) 토지현황조사서 작성

① 조사 항목별 내용을 기록할 때는 토지현황조사표 항목 코드에 따라 속성 및 코드로 항목 속성에 부합되게 작성한다.

② 현황 사진은 해당 토지와 주변 토지이용현황을 드론 또는 항공사진측량 등으로 촬영한 정사 영상자료에 해당 토지의 점유현황경계를 붉은색으로 표시하여 작성하여야 한다.

③ 토지 특성은 현장조사를 통해 필지별로 조사한다.

④ 건축물 등에 관한 사항은 지상건축물의 층수, 이용 현황, 거주 및 경작자 현황 등을 조사하여 작성한다.

⑤ 현황 경계는 동서남북의 방위 유형별로 경계 형태, 경계 폭, 연접 토지 현황, 연접 토지와의 고저 등을 상세하게 작성하고, 명확한 경계가 없는 경우에는 특이 사항에 현실 경계 현황을 구체적으로 작성하여야 한다.

⑥ 지적소관청은 토지현황 현지 조사를 위하여 토지소유자, 그밖에 이해관계인 또는 그 대리인을 입회하게 할 수 있다.

2.11.4.2. 경계복원측량 및 지적공부정리의 정지

① 지적재조사지구 내의 토지에 대해서는 사업완료 공고 전까지 할 수 없는 행위

- 「공간정보의 구축 및 관리 등에 관한 법률」에 따라 경계점을 지상에 복원하기 위하여 하는 지적측량
- 「공간정보의 구축 및 관리 등에 관한 법률」에 따른 지적공부의 정리

② 경계복원측량 또는 지적공부정리를 할 수 있는 경우
- 지적재조사사업의 시행을 위하여 경계복원측량을 하는 경우
- 법원의 판결 또는 결정에 따라 경계복원측량 또는 지적공부정리를 하는 경우
- 토지소유자의 신청에 따라 시·군·구 지적재조사위원회가 경계복원측량 또는 지적공부정리가 필요하다고 결정하는 경우

2.11.5. 토지소유자협의회

출제(논) : 132회

(1) 협의회의 구성

① 지적재조사예정지구 또는 지적재조사지구의 토지소유자는 토지소유자 총수의 2분의 1 이상과 토지면적 2분의 1 이상에 해당하는 토지소유자의 동의를 받아 토지소유자협의회를 구성할 수 있다.

② 위원장을 포함한 5명 이상 20명 이하의 위원으로 구성한다.

③ 위원은 그 지적재조사 예정지구 또는 지적재조사지구에 있는 토지의 소유자이어야 하며, 위원장은 위원 중에서 호선한다.

④ 토지소유자협의회를 구성할 때 토지소유자 수 및 동의자 수 산정기준은 법률에 따른다.

⑤ 토지소유자가 협의회 구성에 동의하거나 그 동의를 철회하려는 경우에는 협의회 구성동의서 또는 동의철회서에 본인임을 확인한 후 서명 또는 날인하여 지적소관청에 제출하여야 한다.

(2) 협의회의 기능

① 지적소관청에 지적재조사지구의 신청

② 토지현황조사에 대한 참관

③ 임시경계점 표지 및 경계점 표지의 설치에 대한 참관

④ 조정금 산정기준에 대한 의견 제출 및 감정평가액으로 조정금을 산정하는 경우「감정평가 및 감정평가사에 관한 법률」에 따른 감정평가법인등 1인의 추천

⑤ 경계결정위원회 위원의 추천

(3) 협의회의 운영

① 협의회의 위원장은 협의회를 대표하고, 협의회의 업무를 총괄한다.

② 협의회의 회의는 재적위원 과반수의 출석으로 개의(開議)하고, 출석위원 과반수의 찬성으로 의결한다.

③ 협의회의 운영 등에 필요한 사항은 협의회의 의결을 거쳐 위원장이 정한다.

(4) 협의회의 지원

① 지적소관청은 협의회 운영에 필요한 사항을 지원할 수 있다.

② 지적소관청은 협의회 구성에 필요한 서식과 의결 내용의 관리에 필요한 별지 서식을 제공할 수 있다.

2.11.6. 경계의 확정

2.11.6.1. 경계 설정

(1) 경계 설정 기준

출제(용) : 135회, (논) : 56, 75, 81, 95, 98, 102, 111, 123회

① 지적재조사를 위한 경계 설정 순위

- 지상경계에 대하여 다툼이 없는 경우 토지소유자가 점유하는 토지의 현실 경계
- 지상경계에 대하여 다툼이 있는 경우 등록할 때의 측량기록을 조사한 경계
- 지방관습에 의한 경계

② 경계 설정 순위 방법에 따라 경계 설정을 하는 것이 불합리하다고 인정할 때는 토지소유자들이 합의한 경계를 기준으로 지적재조사를 위한 경계를 설정할 수 있다.

③ 지적재조사를 위한 경계를 설정할 때는 「도로법」, 「하천법」 등 관계 법령에 따라 고시되어 설치된 공공용지의 경계가 변경되지 아니하도록 하여야 한다.

(2) 경계점표지 설치 및 지적확정예정조서 작성

① 지적소관청은 경계를 설정하면 지체 없이 임시경계점표지를 설치하고 지적재조사측량을 실시하여야 한다.

② 지적재조사측량을 완료하였을 때에는 기존 지적공부상의 종전 토지면적과 지적재조사를 통하여 산정된 토지면적에 대한 지번별 내역 등을 표시한 지적확정예정조서를 작성하여야 한다.

③ 지적확정예정조서를 작성하였을 때에는 토지소유자나 이해관계인에게 그 내용을 통보하여야 하며, 통보를 받은 토지소유자나 이해관계인은 지적소관청에 의견을 제출할 수 있다.

④ 누구든지 임시경계점표지를 이전 또는 파손하거나 그 효용을 해치는 행위를 하여서는 아니 된다.

(3) 임시경계점 표지 설정 기준

① 지상경계에 대하여 다툼이 없는 경우에는 담장·구조물 등 지형지물을 경계로 한다.

② 지상경계에 대하여 다툼이 있는 경우에는 다음의 절차에 따라 경계를 결정한다.

- 지적공부·토지이동결의서·측량결과도 및 측량 이력과 지적전산 파일 등을 조사·분석한다.
- 축척이 서로 다른 지역의 경계가 접하는 부분은 등록 선·후와 등록 축척을 조사·분석한다.
- 조사·분석한 결과를 토대로 등록할 때의 측량기록과 동일한 측량 방법으로 인근 필지의 경계를 확인한 후 경계를 지상에 표시하여 설정한다.

③ 경계가 서로 연접해 있는 토지소유자들이 경계에 합의한 경우에는 그 경계에 경계점표지를 설치한다.

2.11.6.2. 경계 결정

(1) 경계 결정방법

① 지적재조사에 따른 경계 결정은 경계결정위원회의 의결을 거쳐 결정한다.

② 지적소관청은 경계에 관한 결정을 신청하고자 할 때는 지적확정예정조서에 토지소유자나 이해관계인의 의견을 첨부하여 경계결정위원회에 제출하여야 한다.

③ 경계결정위원회는 지적확정예정 조서를 제출받은 날부터 30일 이내 경계에 관해 결정하고 이를 지적소관청에 통지하여야 한다.

④ 토지소유자나 이해관계인은 경계결정위원회에 참석하여 의견을 진술할 수 있다.

⑤ 경계결정위원회는 경계에 관해 결정하기에 앞서 토지소유자들에게 경계에 관한 합의를 하도록 권고할 수 있다.

⑥ 지적소관청은 경계결정위원회로부터 경계에 관한 결정을 통지받았을 때는 지체없이 이를 토지소유자나 이해관계인에게 통지하여야 한다.

⑦ 경계에 관한 결정을 통지받은 토지소유자나 이해관계인이 이에 대하여 불복하는 경우에는 통지를 받은 날부터 60일 이내 지적소관청에 이의신청할 수 있다.

(2) 경계결정에 대한 이의신청

① 경계에 관한 결정을 통지받은 토지소유자나 이해관계인이 이에 대하여 불복하는 경우에는 통지를 받은 날부터 60일 이내에 지적소관청에 이의신청을 할 수 있다.

② 이의신청을 하고자 하는 토지소유자나 이해관계인은 지적소관청에 이의신청서를 제출하여야 한다.

③ 지적소관청은 이의신청서가 접수된 날부터 14일 이내에 이의신청서에 의견서를 첨부하여 경계결정위원회에 송부하여야 한다.

④ 이의신청서를 송부받은 경계결정위원회는 이의신청서를 송부받은 날부터 30일 이내에 이의신청에 대한 결정을 하여야 한다.

⑤ 경계결정위원회는 이의신청에 대한 결정을 하였을 때에는 그 내용을 지적소관청에 통지하여야 하며, 지적소관청은 결정내용을 통지받은 날부터 7일 이내에 결정서를 작성하여 이의신청인에게는 그 정본을, 그 밖의 토지소유자나 이해관계인에게는 그 부본을 송달하여야 한다.

2.11.6.3. 경계의 확정

① 경계의 확정 시기
- 이의신청 기간에 이의를 신청하지 아니하였을 때
- 이의신청에 관한 결정에 대하여 60일 이내에 불복 의사를 표명하지 아니하였을 때
- 경계에 관한 결정이나 이의신청에 관한 결정에 불복하여 행정소송을 제기한 경우에는 그 판결이 확정되었을 때

② 경계가 확정되었을 때는 지적소관청은 지체없이 경계점표지를 설치하여야 하며, 지상경계점등록부를 작성하고 관리하여야 한다.

③ 확정된 경계가 및 임시경경계점 표지로 설정된 경계와 동일할 때에는 임시경계점표지를 경계점표지로 본다.

2.11.6.4. 지목의 확정

① 지적재조사측량 결과 기존의 지적공부상 지목이 실제의 이용현황과 다른 경우 지적소관청은 시군구 지적재조사위원회의 심의를 거쳐 기존 지적공부상의 지목을 변경할 수 있다.

② 지목변경을 위하여 다른 법령에 따른 인허가 등을 받아야 할 때에는 그 인허가 등을 받거나 관계 기관과 협의한 경우에만 실제의 지목으로 변경할 수 있다.

③ 시군구 지적재조사위원회의 심의를 거치지 아니할 수 있는 지목변경

- 전·답·과수원 상호 간의 지목변경
- 개발행위허가·농지전용허가·산지전용허가 등 지목변경과 관련된 규제를 받지 아니하는 토지의 지목변경

2.11.7. 지적재조사위원회

출제(논) : 123회

2.11.7.1. 중앙지적재조사위원회

출제(용) : 99회, (논) : 110회

중앙지적재조사위원회는 지적재조사 사업에 관한 주요 정책을 심의·의결하기 위한 기구로 지적재조사의 기본계획의 수립 및 변경과 관계 법령의 제정·개정 및 제도의 개선에 관한 사항을 심의 의결하기 위한 기구이다.

(1) 위원회의 구성

① 지적재조사 사업에 관한 주요 정책을 심의·의결하기 위하여 국토교통부장관 소속으로 중앙지적재조사위원회를 둔다.

② 위원장과 부위원장 각 1명을 포함한 15명 이상 20명 이하의 위원으로 구성한다.

③ 위원장은 국토교통부장관, 부위원장은 위원 중에서 위원장이 지명한다.

④ 위원장이 임명 또는 위촉할 수 있는 위원

- 기획재정부·법무부·행정안전부 또는 국토교통부의 1급부터 3급까지 상당의 공무원 또는 고위공무원단에 속하는 공무원

- 판사·검사 또는 변호사
- 법학이나 지적 또는 측량 분야의 교수로 재직하고 있거나 있었던 사람
- 그밖에 지적재조사 사업에 관하여 전문성을 갖춘 사람

⑤ 위원 중 공무원이 아닌 위원의 임기는 2년으로 한다.

⑥ 재적 위원 과반수의 출석과 출석위원 과반수의 찬성으로 의결한다.

⑦ 위원회의 사무를 처리하기 위하여 간사 1명을 두며, 간사는 국토교통부 소속 3급 공무원 또는 고위공무원단에 속하는 일반직공무원 중에서 국토교통부장관이 지명한다.

(2) 심의·의결 사항

① 기본계획의 수립 및 변경

② 관계 법령의 제정·개정 및 제도의 개선에 관한 사항

③ 그밖에 중앙위원회의 위원장이 부의하는 사항

(3) 위원회의 운영

① 위원장은 중앙위원회를 대표하고, 중앙위원회의 업무를 총괄한다.

② 위원장이 부득이한 사유로 직무를 수행할 수 없을 때는 부위원장이 그 직무를 대행하고, 위원장과 부위원장이 모두 부득이한 사유로 그 직무를 수행할 수 없을 때는 위원장이 미리 지명한 위원이 그 직무를 대행한다.

③ 위원장은 회의 개최 5일 전까지 회의일시·장소 및 심의 안건을 각 위원에게 통보하여야 한다.

④ 회의는 분기별로 개최하되 위원장이 필요하다고 인정하는 때에는 임시회를 소집할 수 있다.

(4) 위원의 제척·기피·회피

① 안건의 심의·의결에서 제척(除斥) 사항

- 위원이 해당 심의·의결 안건에 관하여 연구·용역 또는 그 밖의 방법으로 직접 관여한 경우
- 위원이 최근 3년 이내에 심의·의결 안건과 관련된 업체의 임원 또는 직원으로 재직한 경우
- 그밖에 심의·의결 안건과 직접적인 이해관계가 있다고 인정되는 경우

② 위원회가 심의·의결하는 사항과 직접적인 이해관계가 있는 자는 제척 사유가 있거나 공정한 심의·의결을 기대하기 어려운 사유가 있는 중앙위원회의 위원에 대해서는 그 사유를 밝혀 중앙위원회에 그 위원에 대한 기피 신청을 할 수 있다.

(5) 의견 청취

① 위원회는 안건심의와 업무수행에 필요하다고 인정할 때는 관계 기관에 자료 제출을 요청하거나 이해관계인 또는 전문가를 출석하게 하여 그 의견을 들을 수 있다.

② 지적소관청은 작성된 실시계획에 대하여 해당 토지소유자와 이해관계인, 지역주민들이 참석하는 주민설명회를 개최하고, 실시계획을 서식에 따라 30일 이상 공람공고를 하여 의견을 청취하여야 한다.

③ 주민설명회를 개최할 때는 실시계획 수립 내용을 해당 사업지구 토지소유자와 이해관계인에게 서면으로 통보한 후 설명회 개최예정일 14일 전까지 게시판에 게시하여야 한다.

④ 지적소관청은 주민설명회 개최 등을 통하여 제출된 의견은 자세히 검토하여 제출된 의견이 타당하다고 인정될 때는 이를 실시계획에 반영하여야 한다.

2.11.7.2. 시도 지적재조사위원회

① 시도의 지적재조사 사업에 관한 주요 정책을 심의·의결하기 위하여 시·도지사 소속으로 시도 지적재조사위원회를 둘 수 있다.

② 위원장과 부위원장 각 1명을 포함한 10명 이내의 위원으로 구성한다.

③ 위원장은 시·도지사가 되며, 부위원장은 위원 중에서 위원장이 지명한다.

④ 위원은 다음 사람 중에서 위원장이 임명 또는 위촉한다.

- 해당 시도의 3급 이상 공무원
- 판사·검사 또는 변호사
- 법학이나 지적 또는 측량 분야의 교수로 재직하고 있거나 있었던 사람
- 지적재조사 사업에 관하여 전문성을 갖춘 사람

⑤ 위원 중 공무원이 아닌 위원의 임기는 2년으로 한다.

⑥ 위원회는 재적위원 과반수의 출석과 출석위원 과반수의 찬성으로 의결한다.

⑦ 시도 위원회 심의·의결 사항

- 지적소관청이 수립한 실시계획
- 시·도종합계획의 수립 및 변경
- 지적재조사지구의 지정 및 변경
- 시군구별 지적재조사 사업의 우선순위 조정
- 그밖에 지적재조사 사업에 필요하여 시도 위원회의 위원장이 부의하는 사항

2.11.7.3. 시군구 지적재조사위원회

① 시군구의 지적재조사 사업에 관한 주요 정책을 심의·의결하기 위하여 지적소관청 소속으로 시군구 지적재조사위원회를 둘 수 있다.

② 시군구 위원회 심의·의결 사항

- 경계복원측량 또는 지적공부 정리의 허용 여부
- 지목의 변경
- 조정금의 산정
- 조정금 이의신청에 관한 결정

③ 위원회는 위원장과 부위원장 각 1명을 포함한 10명 이내의 위원으로 구성한다.

④ 위원회의 위원장은 시장·군수 또는 구청장이 되며, 부위원장은 위원 중에서 위원장이 지명한다.

⑤ 위원장이 임명 또는 위촉하는 위원

- 해당 시군구의 5급 이상 공무원
- 해당 지적재조사지구의 읍장·면장·동장
- 판사·검사 또는 변호사
- 법학이나 지적 또는 측량 분야의 교수로 재직하고 있거나 있었던 사람
- 그밖에 지적재조사 사업에 관하여 전문성을 갖춘 사람

⑥ 위원회의 위원 중 공무원이 아닌 위원의 임기는 2년으로 한다.

⑦ 위원회는 재적 위원 과반수의 출석과 출석위원 과반수의 찬성으로 의결한다.

2.11.7.4. 경계결정위원회

출제(용) : 98회, (논) : 110회

지적소관청 소속으로 경계결정위원회를 두며, 의결 사항은 경계 설정에 관한 결정과 경계 설정에 따른 이의신청에 관한 결정이 있다.

(1) 위원회의 구성

① 위원장과 부위원장 각 1명을 포함한 11명 이내의 위원으로 구성한다.

② 위원장은 위원인 판사가 되며, 부위원장은 위원 중에서 지적소관청이 지정한다.

③ 위원으로 결정할 수 있는 사람

- 관할 지방법원장이 지명하는 판사
- 지적소관청 소속 5급 이상 공무원
- 변호사, 법학 교수, 그밖에 법률 지식이 풍부한 사람
- 지적 측량기술자, 감정평가사, 그밖에 지적재조사 사업에 관한 전문성을 갖춘 사람
- 각 지적재조사지구의 토지소유자
- 각 지적재조사지구의 읍장·면장·동장
- 각 지적재조사지구의 토지소유자(토지소유자협의회가 구성된 경우에는 토지소유자협의회가 추천하는 사람을 말한다)
- 위원 중 공무원이 아닌 위원의 임기는 2년으로 한다.

(2) 위원회의 기능

① 경계설정에 관한 결정

② 경계설정에 따른 이의신청에 관한 결정

(3) 위원회의 운영

① 위원회는 직권 또는 토지소유자나 이해관계인의 신청에 따라 사실조사를 하거나 신청인 또는 토지소유자나 이해관계인에게 필요한 서류의 제출을 요청할 수 있다.

② 지적소관청의 소속 공무원에게 사실조사를 하게 할 수 있다.

③ 토지소유자나 이해관계인은 경계결정위원회에 출석하여 의견을 진술하거나 필요한 증빙서류를 제출할 수 있다.

④ 위원회의 결정 또는 의결은 문서로써 재적 위원 과반수가 찬성해야 한다.

⑤ 결정서 또는 의결서에는 주문, 결정 또는 의결 이유, 결정 또는 의결 일자 및 결정 또는 의결에 참여한 위원의 성명을 기재하고, 결정 또는 의결에 참여한 위원 전원이 서명날인하여야 한다.

⑥ 서명날인을 거부하거나 서명날인을 할 수 없는 부득이한 사유가 있는 위원의 경우 해당 위원의 서명날인을 생략하고 그 사유만을 기재할 수 있다.

2.11.8. 새로운 지적공부

출제(논) : 101, 128, 129회

지적소관청은 사업 완료 공고가 있었을 때는 기존의 지적공부를 폐쇄하고 새로운 지적공부를 작성하여야 한다. 이 경우 그 토지는 사업 완료 공고일에 토지의 이동이 있은 것으로 본다. 경계결정위원회의 결정에 불복하여 경계가 확정되지 아니한 토지가 있는 경우에 사업 완료 공고를 할 수 있는 토지 면적과 토지소유자 수의 산정 방법에 따르고, 사업 완료 공고는 서식에 따른다.

(1) 등록 사항

① 토지의 소재, 지번, 지목, 면적, 경계점좌표

② 소유자의 성명 또는 명칭, 주소 및 주민등록번호

③ 소유권 지분, 대지권 비율

④ 지상 건축물 및 지하건축물의 위치

⑤ 경계가 확정되지 아니하고 사업 완료 공고가 된 토지에 대해서는 "경계 미확정 토지"라고 기재하고 지적공부를 정리할 수 있으며, 경계가 확정될 때까지 지적측량을 정지시킬 수 있다.

(2) 확정판결에 따른 지적공부 정리

① 지적소관청이 승소한 경우

- 판결이 확정되는 날로부터 7일 이내에 판결문을 첨부하여 토지이동결의 후 "(58)지적재조사 경계확정토지"로 지적공부를 정리한다.
- 토지이동 일자는 결의 일자로 등록한다.
- 행정심판은 재결이 있은 후 행정소송 제소기간 내에 토지소유자가 제소하지 않았을 때는 7일 이내에 지적공부를 정리한다.

② 지적소관청이 패소한 경우

- 지적소관청은 법 제14조(경계 설정 기준)부터 제18조(경계확정)까지의 절차에 따라 경계를 확정한다.
- 토지이동 사유는 행정심판 또는 행정소송의 대상인 경우 "(58) 지적재조사 경계확정토지"로 하고, 연접 토지는 "(45) 경계정정"으로 지적공부를 정리한다.

③ 지적재조사 사업 완료에 따른 소유자 정리는 종전 토지의 소유권 변동 연혁 중 최종 연혁만 새로운 지적공부에 옮겨적는다.

(3) 등기촉탁

① 지적소관청은 새로이 지적공부를 작성하였을 때는 지체없이 관할등기소에 그 등기를 촉탁하여야 한다. 이 경우 그 등기촉탁은 국가가 자기를 위하여 하는 등기로 본다.

② 토지소유자나 이해관계인은 지적소관청이 등기촉탁을 지연하고 있는 경우에는 직접 등기를 신청할 수 있다.

③ 지적소관청은 관할등기소에 지적재조사 완료에 따른 등기를 촉탁할 때에는 지적재조사 완료 등기촉탁서에 그 취지를 적고 등기촉탁서 부본(副本)과 토지(임야)대장을 첨부하여야 한다.

④ 지적소관청은 등기를 촉탁하였을 때는 등기촉탁 대장에 그 내용을 적어야 한다.

2.11.9. 조정금 산정

출제(논) : 111, 114, 137회

(1) 조정금의 산정

① 지적소관청은 경계확정으로 지적공부상의 면적이 증감된 경우에는 필지별 면적 증감 내역을 기준으로 조정금을 산정하여 징수하거나 지급한다.

② 1인의 토지소유자가 다수 필지의 토지를 소유한 경우에는 해당 토지소유자가 소유한 토지의 필지별 조정금 증감내역을 합산하여 징수하거나 지급한다.

③ 국가 또는 지방자치단체 소유의 국유지·공유지 행정재산의 조정금은 징수하거나 지급하지 아니한다.

④ 조정금은 경계가 확정된 시점을 기준으로 감정평가법인등 2인(토지소유자협의회가 추천한 감정평가법인등이 있는 경우에는 해당 감정평가법인등 1인을 포함한다. 다만, 추천이 없는 경우에는 지적소관청이 추천한다)이 평가한 감정평가액을 산술 평균하여 산정한다.

⑤ 토지소유자협의회가 요청하는 경우에는 시·군·구 지적재조사위원회의 심의를 거쳐 「부동산 가격공시에 관한 법률」에 따른 개별공시지가로 산정할 수 있다.

⑥ 지적소관청은 조정금을 산정하고자 할 때는 시군구 지적재조사위원회의 심의를 거쳐야 한다.

⑦ 조정금을 「부동산 가격공시에 관한 법률」 제10조에 따른 개별공시지가로 산정할 때는 경계가 확정된 시점을 기준으로 필지별 증감 면적에 개별공시지가를 곱하여 산정한다.

(2) 조정금의 지급·징수 또는 공탁

① 조정금 등의 통지는 조정금 등의 통지 및 서류의 송달은 행정절차법의 규정을 따른다.

② 조정금은 현금으로 지급하거나 납부하여야 한다.

③ 지적소관청은 조정금을 산정하였을 때는 지체없이 조정금 조서를 작성하고, 토지소유자에게 개별적으로 조정 금액을 통보하여야 한다.

④ 지적소관청은 조정 금액을 통지한 날부터 10일 이내에 토지소유자에게 조정금의 수령통지 또는 납부고지를 하여야 한다.

⑤ 지적소관청은 수령통지를 한 날부터 6개월 이내에 조정금을 지급하고, 납부고지를 받은 자는 그 부과 일부터 6개월 이내에 조정금을 납부하여야 한다.

⑥ 지적소관청은 조정금을 납부하여야 할 자가 기한까지 납부하지 아니할 때는 「지방행정제재·부과금의 징수 등에 관한 법률」에 따라 징수할 수 있다.

⑦ 지적소관청은 조정금을 지급하여야 하는 경우로서 다음에 해당하는 때에는 조정금을 지급받을 자의 토지소재지 공탁소에 그 조정금을 공탁할 수 있다.

- 조정금을 받을 자가 그 수령을 거부하거나 주소 불분명 등의 이유로 조정금을 수령할 수 없을 때
- 지적소관청이 과실 없이 조정금을 받을 자를 알 수 없을 때
- 압류 또는 가압류에 따라 조정금의 지급이 금지되었을 때

(3) 조정금의 분할납부

① 토지소유자에게 조정금의 납부고지를 하는 때에는 납부할 조정금액이 1천만 원을 초과하는 경우 그 조정금을 부과한 날부터 1년 이내의 기간을 정하여 4회 이내로 분할납부가 가능함을 안내하여야 한다.

② 분할납부를 신청하려는 자는 조정금 분할납부신청서에 분할납부 사유 등을 적고, 분할납부 사유를 증명할 수 있는 자료 등을 첨부하여 지적소관청에 제출하여야 한다.

③ 지적소관청은 분할납부신청서를 받은 날부터 15일 이내에 신청인에게 분할납부 여부를 서면으로 알려야 한다.

(4) 조정금 수령통지 및 공탁공고

① 지적소관청이 조정금 수령통지를 할 때는 조정금 수령통지서에 따르며, 조정금 수령통지를 받은 토지소유자는 조정금 청구서에 입금 계좌 통장 사본을 첨부하여 지적소관청에 제출하여야 한다.

② 조정금을 공탁한 때에는 그 사실을 해당 시군구의 홈페이지 및 게시판에 14일 이상 공고하여야 한다.

(5) 조정금에 관한 이의신청 및 소멸시효

① 수령통지 또는 납부 고지된 조정금에 이의가 있는 토지소유자는 수령통지 또는 납부고지를 받은 날부터 60일 이내에 지적소관청에 이의 신청할 수 있다.

② 지적소관청은 이의신청을 받은 날부터 30일 이내에 시군구 지적재조사위원회의 심의·의결을 거쳐 이의신청에 관한 결과를 신청인에게 서면으로 알려야 한다.

③ 조정금을 받을 권리나 징수할 권리는 5년간 행사하지 아니하면 시효의 완성으로 소멸한다.

(6) 조정금의 성격

① 지적재조사 사업에 따른 조정금은 매매대금, 부당이득의 효과, 공용징수의 보상금 등 성격이 불분명하다.

② 경계 확정으로 지적공부상에 면적이 증감된 경우는 그 원인이 지적의 오류 또는 부정확성에서 비롯된 것으로 경계를 함께 하는 토지소유자에게 이에 대한 책임 문제를 인수하게 하는 것은 옳지 않다.

③ 지적재조사법에서는 토지소유자와 국가를 경계 확정의 청산 당사자로 규정하고 있다.

④ 국가는 토지소유자에게 또는 토지소유자에 대하여 공시지가 또는 감정평가를 기준으로 하여 결정한 조정금을 현금으로 지급하거나 납부하도록 하고 있다.

⑤ 조정금의 분할납부를 허용할 수 있도록 하고 있다.

⑥ 조정금 채권이 금전채권임을 전제로 하여, 조정금의 미납을 국세 또는 지방세 체납처분의 예에 따라 제재하고 있다.

⑦ 조정금에 관한 법률관계를 공용징수의 보상금에 준하는 것으로 이해할 수 있을 것이다.

2.11.10. 지적재조사 책임수행기관

출제(논) : 102, 123, 126, 129회

지적재조사 책임수행기관이란 국토교통부장관이 지정한 기관 또는 단체를 말하며, 지적재조사 대행자란 책임수행기관이 위탁받은 지적재조사 사업의 측량·조사 등의 업무 중 일부를 대행하여 수행하는 자를 말한다. 국토교통부장관은 사업 범위를 전국으로 하는 책임수행기관을 지정하거나 인접한 2개 이상의 특별시·광역시·도·특별자치도·특별자치시를 묶은 권역별로 책임수행기관을 지정할 수 있다.

2.11.10.1. 책임수행기관의 지정 요건

① 「국가공간정보 기본법」 제12조에 따른 한국국토정보공사

② 책임수행기관의 지정

- 「민법」 또는 「상법」에 따라 설립된 법인일 것
- 지적재조사사업을 전담하기 위한 조직과 측량 장비를 갖추고 있을 것
- 「공간정보의 구축 및 관리 등에 관한 법률」 제39조에 따른 측량기술자(지적 분야로 한정) 1,000명(제1항에 따라 권역별로 책임수행기관을 지정하는 경우에는 권역별로 200명) 이상이 상시 근무할 것

③ 책임수행기관의 지정기간은 5년으로 한다.

2.11.10.2. 책임수행기관의 지정 절차

① 책임수행기관의 지정신청서 첨부 서류

- 사업계획서
- 지정 기준을 충족했음을 증명하는 서류

② 국토교통부장관의 지정 여부 결정 시 고려 사항.

- 사업계획의 충실성 및 실행 가능성
- 지적재조사 사업을 전담하기 위한 조직과 측량 장비의 적정성
- 기술 인력의 확보 수준
- 지적재조사 사업의 조속한 이행 필요성

③ 국토교통부장관은 지정신청이 없거나 지정 기준을 충족한 자의 지정신청을 검토한 결과 적합한 자가 없는 경우에는 한국국토정보공사를 책임수행기관으로 지정할 수 있다.

④ 국토교통부장관은 책임수행기관을 지정한 경우에는 이를 관보 및 인터넷 홈페이지에 공고하고 시·도지사 및 신청자에게 통지해야 한다. 이 경우 시·도지사는 이를 지체없이 지적소관청에 통보해야 한다.

2.11.10.3. 책임수행기관 지정

① 국토교통부장관은 책임수행기관을 지정하려면 지정신청에 관한 사항을 2주 이상 인터넷 홈페이지 등에 공고하여야 한다.

② 국토교통부장관은 책임수행기관 지정신청이 있는 경우 다음 사항을 심사하여 책임수행기관으로 지정할 수 있다.

- 지적재조사 업무를 전문적으로 수행할 수 있는지 여부
- 지정 기준을 충족하는지 여부
- 그밖에 책임수행기관으로서 적합 여부

③ 국토교통부장관은 권역별로 책임수행기관을 지정하려면 이미 지정한 책임수행기관의 권역과 중복되지 않도록 사전에 조정하여야 하며, 권역별로 책임수행기관을 지정한 경우에는 이미 지정하였던 책임수행기관의 권역은 조정에 의해 변경된 것으로 본다.

④ 책임수행기관의 지정 효력은 책임수행기관 지정이 취소되거나 새로운 책임수행기관이 지정되기 전까지 지속되는 것으로 본다.

2.11.10.4. 지적재조사대행자의 선정

(1) 대행자 선정 공고

① 책임수행기관은 대행자를 선정하려면 국토교통부장관과 협의하여 국가종합전자조달시스템, 지적재조사 행정시스템, 책임수행기관 홈페이지 등에 다음 사항을 2주 이상 공고하여야 한다.

- 사업의 개요
- 공모에 따른 신청 자격 및 참여 조건
- 공모 일정 및 절차
- 대행자 평가 항목 및 배점 기준

② 책임수행기관은 지적소관청별로 대행자를 선정할 수 있으며, 지적소관청이 요청한 경우 구역을 분리하여 공고할 수 있다.

(2) 대행자 참여 신청

① 참여업체 일반현황을 증명하는 서류
- 지적측량업(변경) 등록부
- 사업자등록증
- 인허가 보증보험증권 사본

② 기술 인력 및 장비의 보유를 증명하는 서류
- 국민건강보험공단 사업장 가입자
- 지적재조사 교육실적 증명서
- 시도에서 발급하는 측량 장비 보유 현황

③ 지적재조사 업무수행 능력을 증명하는 서류
- 최근 3년 이내 업무수행 실적
- 업체 신용도 평가
- 업무수행계획서 등 그밖에 업무 수행 능력을 증명할 수 있는 자료

④ 대행자로 선정받으려는 자는 기술 인력이 중복되지 않도록 팀을 구성하여 1개 이상의 지적소관청에 참여 신청을 할 수 있다.

⑤ 대행자로 선정받으려는 자는 참여를 희망하는 순서대로 지적소관청을 선택할 수 있으며, 그 횟수에는 제한이 없다.

(3) 대행자 평가 및 선정

① 대행자 평가 및 선정은 책임기술자와 참여기술자로 구성된 각 팀별로 실시한다.

② 대행자 평가는 정량평가 및 정성평가로 구분하며 평가항목별 배점 한다.

③ 정량평가는 책임수행기관이 평가하며, 정성평가는 지적소관청과 책임수행기관이 기준에 따라 평가한다.

④ 지적소관청은 정성평가 결과를 정해진 기간 내에 책임수행기관에게 통보하여야 하며, 이 경우 지적재조사행정시스템에 그 결과를 입력함으로써 통보에 갈음할 수 있다.

⑤ 대행자 선정에 따른 기간 계산의 기준일은 해당 연도 사업에 대한 대행자 선정 공고일로 한다.

⑥ 대행자 선정방법

- 지적소관청별로 평가점수가 최고점인 1개의 대행자(팀) 선정
- 최고점인 대행자(팀)가 우선 희망한 지적소관청에서 선정된 경우 차순위 고득점자를 대행자(팀)로 선정
- 동점이 발생한 경우 최근 3년 이내 지적재조사측량 수행실적, 지적측량기술자, 측량장비, 업무수행평가 항목의 고득점순으로 결정
- 평가점수가 70점 이상이고 부정당업자 및 결격사유가 없을 때에 대행자로 선정

⑦ 제출 서류가 불명확하거나 근거자료를 미제출한 경우에는 해당 항목의 배점은 0점으로 처리한다.

(4) 대행자의 업무 대행

① 책임수행기관은 대행자가 선정되면 업무를 대행하게 할 수 있다.

② 책임수행기관이 지적재조사측량·조사를 직접 수행할 수 있는 경우

- 대행 계약이 해지된 경우
- 대행자가 완료계를 제출한 이후에 대상 토지의 일부가 달라진 경우
- 대행자가 선정되지 않는 경우

(5) 업무 대행 계약

① 책임수행기관은 선정된 대행자와 업무 대행 계약을 체결하여야 한다.

② 업무 대행 계약에 포함 사항이

- 업무 대행의 목적과 업무 범위
- 사업 주요내용과 업무 대행계약 기간
- 업무 대행 측량수수료
- 대행자의 의무
- 계약 위반 시의 책임과 조치사항

(6) 업무 공정 비율

① 지적재조사지구의 내·외 경계 확정 : 100분의 7

② 임시경계점표지 설치 및 지적재조사측량 중 경계점 측량 : 100분의 27

③ 지적재조사측량 중 필지별 면적산정 : 100분의 7

④ 토지현황조사 및 토지현황조사서 작성 : 100분의 6

⑤ 경계 설정 : 100분의 23

⑥ 경계점표지 설치 : 100분의 7

⑦ 경계확정 측량 : 100분의 5

⑧ 지적확정예정조서 작성 : 100분의 3

⑨ 지상경계점등록부 작성 : 100분의 6

⑩ 측량성과물 작성 : 100분의 9

(7) 대행자 관리

① 지적소관청은 대행자 성명(법인인 경우에는 명칭 및 대표자의 성명) 및 기술자를 지적재조사행정시스템에 등록하여 관리하여야 한다.

② 대행자는 기술자를 변경하여 업무를 수행하고자 하는 경우 책임수행기관에게 사전에 통보하여야 한다.

③ 책임수행기관은 기술자 변동 사항을 지체 없이 지적소관청에 알려야 하며, 필요한 경우에는 대행자의 수행인력 및 장비 등을 점검할 수 있다.

④ 책임수행기관은 대행자의 수행인력 및 장비 등을 점검한 경우에는 그 결과를 지적소관청 및 대행자에게 통지하여야 한다.

⑤ 책임수행기관은 점검한 사항에 대해 필요하다고 인정되는 경우 대행자에게 시정조치를 요구할 수 있다.

⑥ 대행자는 시정요구가 있는 경우 지체 없이 시정조치를 하여야 하며, 책임수행기관은 그 결과를 지적소관청에게 알려야 한다.

(8) 업무 대행계약의 해지

① 책임수행기관은 대행자의 파산, 해산,부도, 법정관리, 워크아웃 등의 사유로 인하여 수행계획 또는 계약의 내용대로 이행이 곤란한 경우에는 업무 대행계약을 해지할 수 있다.

② 업무 대행계약 해지할 수 있는 경우.

- 시정조치에 따르지 않는 경우
- 정당한 사유 없이 계약을 이행하지 아니하거나 지체하여 이행하는 경우
- 책임수행기관의 계획·관리 및 조정 등에 협조하지 않아 계약이행이 곤란한 경우

③ 해지는 책임수행기관이 14일 이상의 기간을 정하여 대행자에게 업무 대행계약을 해지한다는 내용의 통보를 함으로써 효력이 발생한다.

④ 해지의 효력이 발생한 경우 책임수행기관은 대행자가 수행한 기성 부분에 대한 업무 대행 측량수수료를 지급하여야 한다.

단계	내용
측량 수행계획 제출	• 책임수행기관 → 지적소관청 • 지구의 토지소재, 면적, 측량 방법, 작업 여건, 측량 기간, 인원, 장비 등
측량·조사 등의 착수	• 지적기준점측량 업무 • 지적재조사지구의 내·외 경계 확정 업무
성과 제공	• 책임수행기관 → 업무 대행 계약 체결자 • 지적기준점측량 및 지적재조사지구의 내·외 경계 성과 제공
경계 조정	• 지적소관청과 책임수행기관 경계 설정 • 토지소유자 및 이해관계인의 합의를 통해 경계 조정 가능
경계점표지 설치	• 책임수행기관 → 경계 설정 및 조정 완료 시 경계점표지 설치 • 지적소관청 및 대행자와 사전에 협의 시 대행자가 할 수 있음
수행 기간	• 책임수행기관 위탁받은 업무 완료(해당 연도 12월 31일까지)
경계점 측량성과 제출	• 대행자 → 책임수행기관 • 업무 완료 시 측량·조사 성과물 제출
측량성과 검증	• 책임수행기관은 성과 검증(10일 이내) • 관측파일, 현실경계성과, 임시경계점표지 설치, 토지현황조사서
측량성과 검증 결과 조치	• 책임수행기관 → 지적소관청에 통보(측량성과 검증 결과 오류 발견 시) • 지적소관청은 측량성과 오류 사항 통보받으면 현장 확인 검사
업무 대행 완료계 제출	• 측량성과 검증이 완료 • 대행자 책임수행기관(완료계 제출)
최종 성과물 납품	• 책임수행기관 → 지적소관청 • 지적재조사 측량·조사 최종 성과물 납품

<그림 2-29> 지적재조사 측량·조사 작업 절차

2.11.10.5. 책임수행기관의 운영

(1) 운영계획 수립

① 책임수행기관은 운영계획을 수립할 경우 지적재조사 측량·조사 등의 수행계획, 조직구성, 지원 등의 사항을 포함하여야 한다.

② 국토교통부장관은 책임수행기관이 제출한 운영계획을 검토하여 책임수행기관에게 보완하게 할 수 있다.

(2) 전담조직 운영

① 책임수행기관은 지적재조사사업을 총괄하는 전담조직과 광역시·도 단위조직 및 전담 측량팀을 운영하여야 한다.

② 전담조직 등의 역할

- 총괄 전담조직: 지적재조사 운영계획 수립, 홍보 등에 관한 사항
- 광역시·도 단위조직: 전담팀 운영, 대행자 관리 등에 관한 사항
- 전담 측량팀: 지적재조사 수행 등에 관한 사항

(3) 행정 지원

① 책임수행기관은 원활한 지적재조사 업무 수행을 위해 총괄전담 조직 및 광역시·도 단위의 관리 조직에 행정지원반을 설치하여 다음 각 호의 사항을 지원하여야 한다.

- 책임수행기관 및 대행자의 역할에 관한 사항
- 측량성과 작성 등 대행자의 업무수행
- 법령해석에 관한 사항
- 대행자의 애로사항 및 갈등관리 등

② 책임수행기관은 지적재조사 측량·조사와 관련되어 지적소관청 또는 대행자에게 제기된 소송 및 민원 대응을 지원하여야 한다.

③ 책임수행기관은 지적소관청과 사전 협의를 통해 지적재조사지구에 대한 무인항공 촬영을 실시하고 정사영상 등을 지적재조사행정시스템에 등록하여 공동 활용하여야 한다.

(4) 현장 지원

① 책임수행기관은 대행자의 효율적인 업무 수행을 위하여 경계 설정기준 및 현지조사 방법 등을 자문하여야 한다.

② 책임수행기관은 각 지적재조사지구별로 다음의 역할을 수행하는 지역전문가를 둘 수 있다.

- 토지소유자 간 경계 합의 등 갈등해소 및 중재
- 지적재조사지구 지정 동의서 및 경계 설정합의서 징구 지원
- 주민설명회 의견 청취 및 사업 홍보
- 경계결정에 관한 소유자 의견 취합 및 관련 정보 공유

(5) 기술 지원

① 책임수행기관은 업무 대행계약 기간 동안 대행자에게 측량소프트웨어를 지원하여야 한다.

② 책임수행기관은 대행자의 측량장비, 측량소프트웨어 등의 운용에 관한 기술 지원을 실시하여야 한다.

(6) 교육 지원

① 책임수행기관은 대행자의 전문성과 역량 강화를 위하여 전문 교육과정을 설치하여 교육훈련 등을 실시하여야 한다.

② 책임수행기관은 원활한 사업수행을 위하여 필요한 경우에는 측량장비 및 시스템 운용 교육을 실시하여야 한다.

(7) 연구개발

① 책임수행기관은 지적재조사사업의 촉진을 위하여 별도 연구조직을 구성하여 지적재조사 활성화에 필요한 연구개발을 추진하여야 한다.

② 연구개발에 포함 사항

- 지적재조사 촉진 및 활성화를 위한 중장기 계획
- 지적재조사 정책 및 법령·제도 개선
- 지적재조사 전문인력 양성 및 관련 산업 연계
- 지적재조사 국내·외 기술현황의 조사·분석
- 지적재조사 관련 각종 국제회의 및 해외 진출 등의 지원

(8) 홍보 및 예산

① 책임수행기관은 국토교통부장관과 협의하여 지적재조사사업 인지도 향상 및 활성화를 위한 홍보계획을 수립하고, 대국민 홍보를 실시하여야 한다.

② 책임수행기관은 본 장의 규정에 따라 소요되는 비용에 대해서는 자체예산을 확보하여 집행하여야 한다.

2.11.11. 외국의 지적재조사

출제(논) : 74, 83, 89, 92회

대부분 국가는 도해지적을 이미 19세기에서 20세기에 완비하고 있으며 이후의 지적측량은 현재 지적이 요구하는 지적측량의 질적 개선과 지적정보의 전산화에 중점을 두고 지적재조사를 진행이고 있음이 특징이다. 재조사 방법에서도 일본과 같이 전 국토에 걸친 일제 조사를 시행하는 나라와 대만과 같이 순수한 지적도의 수정 측량 방식에 의존하기도 하며 유럽은 토지제도 변화에 따라서 지적재조사를 시행하는 때도 있다.

2.11.11.1. 프랑스

출제(용) : 74회

프랑스의 지적재조사는 강제력이 없었으므로 그 실적이 부진하였으며, 농촌지역은 지적재조사가 완료되고 도시지역에 대하여 계속 사업을 추진하고 있다. 프랑스에서는 축척 1/500~1/5,000의 지적도에 대하여 일부 수정 또는 전반적인 경신의 방법을 선택적으로 사용하고 있다.

(1) 추진과정

① 1807년 나폴레옹 지적법에 따라 지적조사를 시행하여 1830년까지 완료하였다.

② 1898년 새로운 지적의 제정으로 지적재조사 작업을 착수하였다.

③ 1차 세계대전 이후 국가 재건 사업으로 1930년 지적법을 개정하고 지적재조사를 지속해서 추진하였으며 현행 제도는 1941년 다시 개정된 지적법에 따라 확립되었다.

④ 1955년과 1974년에 개정된 법에도 지적제도의 개선과 지적도 수정을 위한 지적재조사 업무가 규정되고 이 규정에 따라 지적사무소의 하부기관으로 지적재조사가 운영되고 있다.

(2) 지적재조사 시행 방법

① 수정 방법으로 기존토지 경계를 현실과 부합되게 일부 조정하여 수정하였다.

② 재측량 방법으로 기존 경계가 현실과 불부합된 지역은 지상측량 방법과 기타 측량 방법을 병행하였다.

③ 실시 주체와 수행기관은 경제성 및 재무성이 주관이 되어 실시하는바, 재무장관의 직권이나 이해관계 있는 시의 요구로 시작하며 국영기업체, 사기업체도 일정한 경우 요구할 수 있다.

④ 소요경비 부담은 재무장관의 직권으로 지적재조사를 할 때는 국가의 비용으로 하며, 시의회의 요구로 시행할 때는 시는 비용의 6/10을 국고에 상환하여야 한다.
⑤ 비용은 시의 재정 상황을 고려하여 감액될 수 있으나 상기 비용의 3/10보다 적으면 안 된다.
⑥ 경계 설정은 국가·도·시·공공단체·공공기업은 그들 소유 토지의 경계를 설정할 의무가 있으며 사유지의 경계 확정은 소유권자의 협동으로 시행하게 돼 있다.

(3) 문제점

① 1808년 지적제도 창설 당시 평판측량 방법으로 이루어진 도해 지적제도의 문제점을 해결하기 위하여 지적재조사 사업을 시행하였다.
② 지가 상승에 따른 소유자의 정도 높은 측량성과 요구하게 되었다.
③ 도면신축의 과다로 공시의 신뢰도, 경계 정도 저하로 경계분쟁과 지적불부합 발생하였다.
④ 지적도의 장기간 사용으로 인한 오손, 마멸과 토지이동 세분화로 공신력이 저하되었다.
⑤ 토지 행정 전반에 대한 토지정보를 신속, 정확히 공급하는 데 도해지적으로 곤란하여 실시하게 되었다.

2.11.11.2. 독일

① 독일의 경우는 지적 개선 사업의 개념으로 지적전산화 사업에 해당한다.
② 주에 따라서 진행 방식과 진도가 다르며 어느 지역과 인접한 지역을 전산화하는 과정에서 도면과 실제상황이 일치하지 않는다는 의심이 가면 다른 측량 방법으로 확인과 수정을 한다.
③ 독일의 지적업무는 주 정부의 책임이기 때문에 연방정부의 감시나 감독기관이나 전산화에 필요한 예산은 연방정부의 지원이 없고 전액 주 정부의 부담으로 이루어지고 있다.
④ 우리나라의 도해지적이 현장과 도상경계가 일치하지 않는 경우가 많아 반드시 지적 재측량을 고수하고 있으나 독일에서는 다른 경우라 하겠다.

2.11.11.3. 일본

지적조사 사업의 주체는 지방공공단체, 토지개량조합, 기타 영으로 정하는 자가 사업을 수행하며 특정 계획 방식, 10개년 계획 방식으로 수행하고 있다. 지적조사 이외의 조사·측량에 대해서도 지적조사의 성과와 같은 효과가 있다고 인정되는 것에 관해서는, 이것을 지정하고 조사·측량의 중복 방지를 도모하였다.

(1) 추진과정

① 1951년 국토조사법에 기초하여 국토조사의 하나로서 시행되고 있다.

② 1957년 국토조사법을 개정하여 사업 주체의 임의방식에서 특정 계획 방식으로 전환하였다.

③ 1962년 국토조사촉진특례법에 제정에 따라 10개년 계획 방식으로 전환하였다.

④ 지적조사 사업의 경비 부담률은 1994년도의 경우 도도부현 사업은 국가가 1/2, 도도부현이 1/2을 부담하며 시정촌 사업은 국가 1/2, 도도부현 1/4, 시정촌이 1/4를 부담하였다.

(2) 지적재조사 시행 방법

① 경계표지 설치는 토지소유자가 인접지 소유자와 공동의 비용으로 경계표시를 설치하며 구체적인 표지 등의 설치 및 이전은 국토조사법 의거 시행한다.

② 집단지도 혼란 지구는 집단 합의·화해 형식을 취하며 인접 소유자 간의 분쟁은 지역조사 시행 추진위원회의 협력을 받아 적극적으로 화해 조정에 노력하였다.

③ 지적재조사의 측량성과는 20일간 공고하며 일반에게 열람을 제공한다.

(3) 문제점

① 지적조사 시행에 관한 문제 중 조사 기간과 경비에 관한 문제로는 도시지역에 부재지주로 인한 업무 지연, 낮은 측량단가로 측량업자들의 기피 등이 있다.

② 도시지역은 지가의 급등, 권리관계 폭주, 토지이동의 빈번 등으로 인한 지주들 간의 경계 합의가 어려우므로 새로운 수법의 모색이 필요함이 대두되었다.

③ 조직 체계상 시·정·촌에 담당 부서가 체계적이지 못하여 중앙시책의 전달상 문제가 발생하였고 국가와 시정촌과의 관계가 명확하지 못하였다.

④ 성과의 유지 관리에 관한 문제로는 조사 결과를 조사기관과는 별개 기관인 법무성이 유지 관리토록 함으로써 그 자료의 갱신과 관리상 어려움이 발생하였다.

⑤ 조사 사업 완료 지역의 추후 토지이동에 대한 검사는 측량의 비전문가인 등기기관이 시행하는 게 문제로 지적되었다.

2.11.11.4. 스위스

① 1911년 연방정부가 새로운 법률을 제정하여 통일된 지적조사 사업을 착수할 때까지 약 1세기 동안 겨우 국토의 34%를 측량하였는데 그중 2/5는 다각측량 방법에 따라 토지를 등록하였다.

② 일부 지역은 지적재조사를, 일부 지역은 지적조사의 성격을 띤 사업을 수행하였다.

③ 지적재조사에 항공사진측량을 적용하여 대상 토지를 수치 지적측량 방식으로 등록하고 경계표지를 설치하여 비교적 정확한 지적관리를 하고 있다.

④ 지적조사에서 고지가 지역의 지적측량 공차는 1/3,000, 주거지역, 산업지역 등 일반 지가 지역은 1/1,500, 저지가 지역인 산간지, 초원이 1/500의 정확도를 유지하고 있다.

⑤ 지적조사에 필요한 경비는 연방·주·지방자치단체가 분담하도록 하고 있다.

⑥ 측량경계점의 설정 방법은 부동산지적부의 경계와 일치하는 경계표를 기준으로 측정경계점을 설정하며, 경계변경은 당사자 전원의 서면 동의 또는 확정판결에 의하고 있다.

⑦ 면적 증감으로 인한 청산 문제가 발생할 여지가 없으며, 도해지적을 수치 측량 방식으로 전환하여 경계복원 능력을 개선하는 데 주력하고 있다.

⑧ 분쟁의 발생 소지가 없을 정도로 도해지적의 정밀도가 보장되어 있음이 시범사업의 결과 나타나고 있다.

출제빈도 용어정리 & 논술 일람표

제2장 지적법률 (용어정리)

번호	문제	횟수	번호	문제	횟수
1	토지 등록 원칙	1	43	아일랜드 맵(Island map)	2
2	일필지	1	44	증보도	1
3	토지등록의 주체_ 지적소관청	3	45	연속지적도	1
4	경계의 기하학적 성질	1	46	지적편집도	2
5	경계의 종류와 결정방법_경계의 결정방법	2	47	지적정리	1
6	일반경계(General boundary)	3	48	신청과 신고	2
7	고정경계(Fixed Boundary)	2	49	토지의 이동(異動)	3
8	보증경계	1	50	대위신청(代位申請)	6
9	토지의 사정(査定), 강계선(疆界線), 지역선(地域線)	2	51	토지이동(異動) 정리의 효력	1
10	강계선(疆界線)_사정선	3	52	구 지적법 제37조(1950. 12. 1. 공포) 등록	1
11	지역선	2	53	등록전환	1
12	경계 설정 기준	4	54	축척변경	1
13	경계불가분의 원칙	3	55	지적공부 등록사항정정	2
14	축척종대의 원칙	1	56	등록사항직권정정 (登錄事項職權訂正)	1
15	점유설	1	57	지적공부의 복구	4
16	지상경계점등록부	2	58	등기촉탁	4
17	자호(字號)_자호와 지번(63)	3	59	지상권	1
18	토지의 고유번호	1	60	구분지상권	2
19	필지식별인자(PID)	5	61	구분소유권(區分所有權)	2
20	필지식별번호 (Unique Parcel Identification Number)	2	62	대지권(垈地權)	2
21	지번식별자(Parcel Number Identifier)	1	63	지역권(地役權)	3
22	자유지번제도	2	64	승역지(承役地)와 요역지(要役地)	1
23	계층형(階層型) 지번 부여 체계	1	65	종국등기(終局登記)와 예비등기(豫備登記)	1
24	도로명주소	1	66	공유(共有)·총유(總有)·합유(合有)	1
25	도로명주소대장	1	67	구상권(求償權)	3
26	사물주소	1	68	지적측량의 피해 구상권(求償權)	1
27	토성지목(土性地目)	1	69	대안적 분쟁해결(ADR)	1

제2장 지적법률 (용어정리)

번호	문제	횟수	번호	문제	횟수
28	낙산임야(落山林野)	1	70	고시(告示)와 행정처분(行政處分)	1
29	지목의 설정원칙	1	71	부동산 공시제도	2
30	일시변경불변의 원칙	1	72	표준지공시지가	1
31	삼사법(三斜法)에 의한 면적측정	2	73	개별공시지가	1
32	척관법(尺貫法)	2	74	지적재조사의 토지현황조사	1
33	평(坪)과 제곱미터(㎡)의 단위 변환	1	75	중앙지적재조사위원회	1
34	면적지정분할	1	76	지적재조사 경계설정기준	1
35	지적위원회	1	77	경계결정위원회	1
36	중앙지적위원회	1	78	수치지적도	2
37	지적측량의 적부심사(適否審査)	1	79	의제(擬制, Legal fiction)	1
38	지적공부	1	80	지적재조사에 따른 물상대위(物上代位)	1
39	대지권등록부	1	81	지적도 증축사업	1
40	지적파일	1	82	지적중첩도	1
41	부동산종합공부	2	83	비송사건절차법	1
42	연속형지적도(Serial map)	2	84	토페카 현상(Topeka 現像)	1

제2장 지적법률 (논술)

번호	문제	횟수
1	지적법의 성격을 설명하시오.	1
2	지적사무의 법적 성격에 대하여 기술하시오.	1
3	지적법과 측량법의 목적, 이념 및 성격 등을 비교하여 설명하고 법의 통합에 따라 예상되는 문제점과 대책을 기술하시오.	1
4	토지공법(土地公法)과 토지사법(土地私法)의 의의와 해당 법령을 제시하고 이에 관련된 지적법의 성격에 대하여 기술하시오.	1
5	토지의 등록단위인 필지에 대한 정의 성립요건 및 기능에 대하여 설명하시오.	2
6	토지등록의 법률적 효력에 대하여 설명하시오.	1
7	민법상 경계와 지적법상 경계의 특징에 대하여 각기 5가지를 기술하시오.	1
8	법률상 정의되는 민법상 경계, 형법상 경계, 공간정보의 구축 및 관리 등에 관한 법률상 경계에 대하여 설명하시오.	2
9	경계의 특성과 물리적 경계 및 법률적 경계에 대하여 기술하시오.	1
10	지적법상의 경계가 사법상 물권에 미치는 효력에 대하여 논하시오.	1
11	우리나라 지적법상 경계와 문제점 논술하시오.	1
12	임야도 지역의 필지경계점을 좌표로 등록하는 방안에 대하여 설명하시오.	2
13	등록경계에서 지상경계로 전환할 경우 법적, 제도적으로 필요한 사항들을 기술하시오.	1
14	도해지적 시행지역의 지적도로 등록된 경계특성을 등록사유별로 구분하시오.	1
15	현행 지적도에 등록하는 경계의 현황과 이를 지상경계화하는 방안에 대하여 설명하시오.	1

제2장 지적법률 (논술)		
번호	문제	횟수
16	토지조사사업 사정(査定) 당시에 결정되는 지역선과 경계선에 대하여 설명하시오.	1
17	지상경계(地上境界)를 새로이 결정하고자 하는 경우 그 기준에 대하여 기술하시오.	2
18	현행 지적도에 등록하는 경계의 현황과 이를 지상경계화 하는 방안에 대하여 설명하시오.	1
19	토지경계의 설정과 확정에 대하여 설명하시오.	1
20	지적공부에 등록하는 토지경계의 결정 원칙과 그 기능에 대하여 설명하시오.	1
21	토지조사사업과 지적재조사사업의 경계설정 기준에 대하여 비교 설명하시오.	1
22	지적경계표지의 설치 및 관리 방안을 IT(Information Technology)기술과 접목하여 설명하시오.	1
23	토지 경계분쟁 방지를 위한 지상경계표지의 설치 및 관리제도 도입 방안에 대해 설명하시오.	1
24	지상경계(地上境界)를 새로이 결정하고자 하는 경우 그 기준에 대하여 기술하시오.	1
25	경계점표지의 설치근거와 관리방안에 대하여 설명하시오.	1
26	외국의 경계점표지제도 운영 및 우리나라 제도의 문제점과 개선 방안 및 활용 방안에 관하여 설명하시오.	1
27	경계 표시의 필요충분조건을 설명하시오.	1
28	경계분쟁에 대하여 설명하시오.	1
29	토지 경계분쟁에 있어 취득시효에 관하여 설명하시오.	1
30	토지 경계분쟁의 발생 원인과 해결 방법에 대하여 설명하시오.	3
31	지상경계점등록부 작성, 관리제도의 도입취지, 내용 및 발전 방안에 대하여 기술하시오.	1
32	지상경계점등록부의 효율적 관리 및 활용 방안에 대하여 설명하시오.	2
33	토지경계에 대한 법률상의 원칙과 경계 효력에 대하여 설명하시오.	2
34	소규모 필지의 불합리한 경계에 대한 해결 방안에 대하여 설명하시오.	1
35	토지경계의 특성과 역할에 대하여 설명하시오.	1
36	지적경계의 공신력 제고 및 지적측량성과의 일관성 확보방안을 설명하시오.	1
37	인공지능(AI)을 이용한 도해지역 토지경계 설정방안에 대하여 설명하시오.	1
38	건축물 신축에 있어 적용되는 인접 토지 경계선과 법률적 조건들을 설명하시오.	1
39	토지의 경계가 안고 있는 문제점과 개선 방안에 대하여 설명하시오.	2
40	지적공부를 세계측지계로 변환하여 부동산종합공부시스템에 등록하는 절차를 도해지역과 경계점좌표등록부시행지역으로 구분하여 설명하시오.	1
41	지적법상 경계의 문제점을 분석하고, 이를 개선하기 위한 경계표지설치 및 관리방안에 대하여 기술하시오.	1
42	도해지역에서 경계결정방법과 오차 소거 방법에 대하여 기술하시오.	1
43	지번이 갖추어야 할 요건에 대하여 설명하시오.	1
44	지번(地番)의 설정 방법에 대하여 설명하시오.	3
45	지번부여지역 단위로 효율적인 지적재조사 사업을 실행할 수 있는 모형을 설계하시오.	1
46	부번제도의 유형을 설명하고 우리나라의 지번제도의 발전방향을 설명하시오.	1
47	토지이동 종목별 지번설정 방법에 대하여 설명하시오.	1
48	현재 정부에서 추진하고 있는 임의지번(가지번) 정비사업의 활성화 방안에 대하여 설명하시오.	1
49	도로명과 건물번호를 이용한 새로운 주소 표시 방법에 대하여 논하시오.	2

제2장 지적법률 (논술)		
번호	문제	횟수
50	지번과 도로명 및 건물번호의 부여방식을 비교하여 설명하시오.	1
51	도로명주소 기본도의 위치정확도 확보 방안에 대하여 설명하시오.	1
52	도로명주소 기본도 품질 개선 방안과 활용 분야에 대하여 설명하시오.	1
53	도로명, 건물번호에 기반한 새주소 체계의 도입배경, 문제점 및 기대효과에 관하여 설명하시오.	5
54	도로명 주소와 건물번호 부여 기준에 대하여 설명하시오.	1
55	도로명주소의 부여방법 및 절차에 대하여 설명하시오.	1
56	우리나라 도로명주소체계 구축 현황 및 발전 방안에 대하여 설명하시오.	1
57	우리나라의 지목 체계 변천 과정과 향후 개선방안에 대하여 설명하시오.	2
58	지목 구조의 변천 연혁과 각 연혁별 신설된 지목에 대하여 설명하시오.	1
59	토지의 지목 설정 방법과 결정 원칙에 대하여 설명하시오.	2
60	현행 지목의 설정 원칙 및 선진화 방안에 대하여 설명하시오.	1
61	토지이용현황이 반영된 지목 운용 체계에 대하여 설명하시오.	1
62	지목의 기능과 유형에 대하여 설명하시오.	1
63	현행 지목체계의 운영 현황 및 개선 방안에 대하여 설명하시오.	5
64	우리나라 지목제도의 문제점과 개편모형에 대하여 설명하시오.	2
65	개별공시지가, 감정평가, 과세 등에서 이용되는 토지이용현황과 지적공부에 등록하는 지목과의 관계와 일원화하는 방안에 대하여 설명하시오.	1
66	독일의 지목제도의 특징을 설명하시오.	1
67	용도지역제의 의의, 구분, 지정에 대하여 설명하시오.	1
68	용도지역과 지목 제도의 중복되는 문제점을 설명하고 그 해결 방안을 제시하시오.	1
69	현 지목 운용 체계의 관리적 측면의 문제점과 개선 방안에 대해서 설명하시오,	1
70	현행 지목 분류 제도의 문제점과 지적재조사 시 지목 분류의 개선 방향에 대하여 설명하시오.	1
71	지적공부에 등록되는 면적 단위의 변천 과정과 결정방법에 대하여 설명하시오.	3
72	지적측량에서 면적측정의 단위와 대상 및 결정방법에 대하여 설명하시오.	1
73	지적측량 방법에 따른 면적의 등록 방식을 기술하고 효율적인 면적단위 등록 일원화 방안에 대하여 설명하시오.	1
74	등록전환이나 분할에 따른 면적 오차의 허용범위 및 배분에 대하여 설명하시오.	3
75	지적측량에서 일필지 토지의 면적측정 기준에 대하여 설명하시오.	1
76	지적측량 계산에서 오사오입(五捨五入)을 적용하는 이유에 대하여 설명하시오.	1
77	지적제도(지적재조사 포함) 운영을 위해 법률에서 규정하고 있는 위원회의 종류와 기능에 대하여 설명하시오.	1
78	지적위원회 설치 연혁 및 중앙지적위원회와 지방지적위원회를 비교 설명하고 운영상의 문제점과 개선 방안에 대하여 설명하시오.	1
79	지적위원회 운영의 문제점과 개선 방안에 대하여 설명하시오.	1
80	지적위원회의 효율성 증진을 위한 현안 과제 및 개선 방안에 관하여 설명하시오.	1
81	지적측량에 대한 적부심사 청구 사항을 심의·의결하는 지적위원회의 문제점과 개선 방안에 대하여 설명하시오.	1
82	지적위원회 적부심사의 업무처리 절차 및 발전 과제에 대하여 설명하시오.	2

제2장 지적법률 (논술)		
번호	문제	횟수
83	지적측량적부심사제도의 문제점과 발전방안에 대하여 설명하시오.	4
84	지적측량성과 다툼에 대한 구제절차와 그에 따른 문제점 및 개선 방안에 대하여 설명하시오.	1
85	지적공부의 변천 과정에 대하여 설명하시오.	1
86	지적공부의 기본정보에 대하여 설명하시오.	1
87	지적공부에 등록된 가격정보의 내용을 기술하고 활용 및 개선 방안을 제시하시오.	1
88	여러 종류로 나눠어져 있는 현행 지적공부를 통합하는 방안에 대하여 기술하시오.	1
89	지적공부 등록 사항의 법률적인 효력에 관하여 기술하시오.	2
90	지적도 재작성에 있어서 현행 도곽 신축보정 방법과 지적측량에 적용할 경우 문제점을 설명하고 그 개선 방안을 제시하시오.	1
91	3차원 지적제도 구현을 위한 지적공부 체계 개선 방안에 대하여 설명하시오.	1
92	Island map과 Serial map을 좌표계· 측량방법과 연계해 설명하시오.	1
93	지적공부와 건축물대장의 통합방안과 활용효과에 대하여 설명하시오.	1
84	지적제도 발전에 따른 지적공부의 공신력 부여방안 및 기대효과를 설명하시오.	1
95	지적도상 건축물을 등록하기 위한 방안에 대하여 설명하시오.	1
96	건축물 및 구조물 등의 위치를 지적도에 등록하여야 하는 필요성과 방법에 대하여 설명하시오.	1
97	건축물등록을 위한 지적도 전산자료의 응용 방안에 대하여 설명하시오.	1
98	지적공부의 편성방법에 대해 설명하고 우리나라에서 채택하고 있는 방법을 논하라	1
99	현재 지적공부 관리의 문제점과 그 해결방안을 제시하시오.	1
100	지적도면 전산화 작업의 현황과 문제점을 설명하고 그 개선방안을 제시하시오.	1
101	연속지적도의 제작 방법에 대하여 기술하시오.	1
102	연속지적도 작성을 위한 도면접합의 일반적인 원칙에 대하여 설명하시오.	2
103	연속지적도를 활용하여 지적측량을 할 경우 발생되는 문제점과 그 해결 방안에 대하여 설명하시오.	1
104	연속지적도를 국토이용정보체계에 활용하고자 할 경우 해결해야 할 문제점 및 개선 방안에 대해 설명하시오.	1
105	연속지적도 품질고도화 방안에 대하여 설명하시오.	1
106	지하시설물 등록측량을 위한 연속지적도 활용 방안에 대하여 설명하시오.	1
107	연속지적도 작성 시 발생된 오류의 유형과 그 원인에 대하여 설명하시오.	1
108	연속지적도의 오류 발생 원인과 관리체계 개선 방안에 대하여 설명하시오.	1
109	편집지적도 작성 방법 및 활용 방안에 대하여 설명하시오.	2
110	지적도면전산화 자료를 활용하여 정밀연속도면을 작성하고 있다. 이 과정중 도면접합방법을 구체적으로 나열하여 설명하시오.	1
111	GIS를 이용한 연속지적도 오류검증방안에 대하여 설명하시오.	1
112	연속지적도의 문제점을 제시하고 고도화 방안에 대하여 설명하시오.	1
113	낱장지적도를 연속지적도화하여야 하는 필요성과 이에 따른 문제점 및 개선방안에 대하여 설명하시오.	1
114	공간정보의 구축 및 관리 등에 관한 법률에 규정되어 있는 지적공부상 토지소유자정리 방법에 대하여 설명하시오.	1
115	토지의 소유권과 사용·수익권을 비교 설명하시오.	1

제2장 지적법률 (논술)		
번호	문제	횟수
116	현재 완성 단계에 있는 지적도면의 입력과 관련하여 원점에 관한 문제점과 대책에 대하여 설명하시오.	1
117	집합건축물을 지적도상에 등록하는 방안을 설명하시오.	1
118	지적측량을 위한 법적인 보호와 토지소유자의 수인의무 설명하시오.	1
119	현행 지적도 전산파일을 세계측지계를 기준으로 개편하는 방안에 대하여 설명하시오.	1
120	지적도면에 사용되는 색채화 실태와 발전방향에 대해 설명하시오.	1
121	지적공부상 도서등록 현황과 문제점을 제시하고 미등록 및 비정위치 도서를 지적공부에 정확히 등록하기 위한 효과적인 방법을 설명하시오.	1
122	토지이동(土地異動) 정리의 행정 처분성을 인정하여야 하는 사유에 대하여 기술하시오.	3
123	토지이동 정리 행위에 대한 법률적 효력에 관하여 기술하시오.	1
124	토지이동 정리를 위한 신청주의와 신고주의를 비교 설명하시오.	2
125	토지이동과 물권변동의 상호 관계에 대하여 설명하시오.	1
126	도해지적 시행지역의 이동측량에 따른 문제점과 개선방안에 대하여 설명 하시오.	1
127	구「지적법」제37조(1950년 12월1일 공포)에 의하여 신규등록된 토지의 구체적 대상과 등록방법에 관하여 설명하시오.	1
128	신규등록측량의 방법과 절차에 대하여 설명하시오.	1
129	미등록 토지의 신규등록 대상과 등록방법에 대하여 설명하시오.	2
130	등록전환측량의 작업방법에 대하여 논하시오.	1
131	지적도면 전산시스템을 활용한 등록전환 처리과정의 흐름도(flow chart)를 작성하고 약술하시오.	1
132	등록전환측량을 시행함에 있어서 처리절차, 문제점 및 개선방안에 대하여 설명하시오.	2
133	임야대장에 등록된 토지의 등록전환 신청절차와 등록사항의 결정에 대하여 설명하시오.	2
134	토지합병 정리 현실태 및 문제점과 토지세분화 방지 대책에 설명하시오.	1
135	축척변경사업의 시행 절차, 문제점 및 개선 방안에 대하여 기술하시오.	3
136	도해지역을 수치지역으로 변경하는 축척변경사업의 수행절차와 추진방안에 관하여 설명하시오.	3
137	도해지역 수치화를 위한 축척변경 사업의 준비 과정과 측량 방안에 대하여 설명하시오.	2
138	도해지역을 수치지역으로 축척변경을 하는 경우의 측량 절차 및 면적결정 방법에 대해 설명하시오	1
139	등록사항정정대상 토지의 발생원인과 해결방법에 대하여 설명하시오.	1
140	지적공부의 오류 유형과 정비 방안을 설명하시오.	1
141	지적측량과정에서 등록사항정정 대상토지를 발견하였을 때 처리절차에 대하여 설명하시오.	1
142	등록사항정정의 측량대상 및 실시방안에 대하여 설명하시오.	1
143	등록 사항의 직권정정 요건 및 절차에 대하여 설명하시오.	1
144	토지분할을 제한하는 관계 법률 및 그 내용에 대하여 설명하시오.	3
145	건축물이 있는 대지의 분할 제한에 대하여 설명하시오.	1
146	공동소유한 토지를 점유한 상태로 분할하는 방법에 대하여 설명하시오.	1
147	임야의 택지식 분할에 따른 사회적 문제와 개선방안에 대하여 설명하시오.	1
148	지적복구의 방법과 절차에 대하여 설명하시오.	4
149	지적공부 복구에 대하여 설명하시오.	1

제
2
장

제2장 지적법률 (논술)		
번호	문제	횟수
150	지적공부 전산파일이 바이러스에 의하여 소실되었을 경우 복구과정에 대하여 설명하시오.	1
151	토지개발사업 시행에 따른 토지이동 및 지적정리업무를 승인 전, 승인 후, 준공 전, 준공 후로 나누어 설명하시오.	1
152	등기촉탁제도의 의의와 소관청의 등기촉탁제도 도입배경 및 발전과정에 대하여 기술하시오.	1
153	토지이동정리에 따른 등기촉탁제도에 대하여 설명하시오.	1
154	우리나라 지적측량의 법률적 효력·책임 및 구상권에 대하여 설명하시오.	1
155	일본의 필계특정제도와 경계문제상담센터 ADR(Alternative Dispute Resolution)제도에 대하여 설명하시오.	1
156	지적재조사사업 등에 적용 가능한 분쟁해결제도(ADR : Alternative Dispute Resolution)에 대하여 설명하시오.	1
157	분쟁해결 유형인 ADR(Alternative Dispute Resolution)에 대하여 설명하시오.	1
158	토지경계 분쟁해결을 위한 행정적 방법 및 사법적 방법에 대하여 설명하시오.	1
159	부동산 공시제도 선진화 방안에 대하여 설명하시오.	1
160	부동산(토지·건축물) 등록·관리를 위한 공시제도와 공신력에 관하여 설명하시오.	1
161	우리나라 부동산 공시제도의 문제점과 개선방안에 대하여 설명하시오.	2
162	부동산 공시제도의 일원화 방안에 대하여 설명하시오.	2
163	지적재조사사업의 기본계획에 대하여 설명하시오.	1
164	제2차 지적재조사 기본계획에 대하여 설명하시오.	1
165	지적재조사지역을 지정·고시하기 위한 과정에서 문제점과 개선방안에 대해 설명하시오.	1
166	지적재조사의 원활한 사업 추진을 위한 재원 다각화 방안에 대하여 설명하시오.	2
167	지적재조사사업을 지적소관청에서 직접 수행할 경우의 단점과 개선 방안 및 장점에 관하여 설명하시오.	1
168	지적재조사지구에서 필지별로 실시되는 토지현황조사에 대하여 설명하시오.	1
169	지적재조사사업을 위한 사업지구지정 동의서 징구제도의 문제점 및 개선방안에 대하여 설명하시오.	1
170	지적재조사사업에 따른 토지소유자협의회의 구성과 기능에 대하여 설명하시오.	1
171	지적재조사시 효과적인 경계확정의 기준 및 절차에 대하여 설명하시오.	2
172	지적재조사 사업의 지상경계기준 설정방안을 세분화하여 설명하시오.	1
173	공간정보의 구축 및 관리에 관한 법률' 및 '지적재조사에 관한 특별법'에서 정한 경계 설정 기준과 '지적재조사에 관한 특별법'에서 정한 경계 결정 절차에 대하여 설명하시오.	1
174	지적재조사사업의 지상경계기준 설정 방안을 세분화하여 설명하시오.	1
175	지적재조사사업 시 경계분쟁 해결 방안에 대해 설명하시오.	2
176	지적재조사시 효과적인 경계확정의 기준 및 절차에 대하여 설명하시오.	1
177	지적재조사에 관한 특별법 제14조에 의한 경계설정 기준의 문제점과 해결방안에 대하여 설명하시오.	1
178	토지조사사업과 지적재조사사업의 경계설정 기준에 대하여 비교 설명하시오.	1
179	지적재조사에 관한 특별법령에 따른 지적재조사위원회와 경계결정위원회의 역할에 대하여 설명하시오.	1
180	지적제도(지적재조사 포함) 운영을 위해 법률에서 규정하고 있는 위원회의 종류와 기능에 대하여 설명하시오.	1

제2장 지적법률 (논술)

번호	문제	횟수
181	지적재조사사업에 따른 새로운 지적공부 작성 방안에 대하여 설명하시오.	2
182	지적재조사에 따른 지적공부의 공신력 확보방안에 대하여 설명하시오.	1
183	지적재조사 시 면적증감에 따른 조정금 조세부과의 문제점과 개선 방안에 대하여 설명하시오.	2
184	지적재조사 측량으로 면적증감이 발생할 경우 조정금의 성격에 대하여 설명하시오.	1
185	지적재조사 책임수행기관의 지정절차와 수행업무에 대하여 설명하시오.	3
186	지적재조사 책임수행기관 운영에 따른 합리적인 사업비 배분 방안에 대하여 설명하시오.	1
187	지적재조사사업 시 고려해야 할 사항을 외국의 사례와 비교하여 설명하시오.	1
188	외국의 지적재조사사업 중 모범사례와 특징을 설명하고 우리나라에서 적용할 수 있는 방안에 대하여 설명하시오.	1
189	일본의 지적조사사업 추진 현황과 문제점을 제시하고 우리나라 지적재조사특별법(가칭) 제정 시 반영하여야 할 사항에 대하여 기술하시오.	1
190	한국, 일본, 대만의 지적재조사사업 특성을 비교, 기술하시오.	1
191	지적재조사사업의 절차와 중점 추진과제에 대하여 설명하시오.	1
192	지적재조사사업과 토지조사사업을 비교 설명하시오.	1
193	지적재조사사업과 지적불부합지정리사업을 비교하여 설명하시오.	3
194	지적재조사사업의 추진에 따른 지적측량의 기술적 특징에 대하여 설명하시오.	1
195	지적재조사에 따른 소유자 불복(不服) 유형별 원인 및 해결방안에 대해 설명하시오.	1
196	지적재조사사업 추진을 위한 전문인력 양성 방안에 대하여 설명하시오.	3
197	지적재조사 사업의 현황과 문제점을 제시하고 개선방안에 대하여 설명하시오.	1
198	지적재조사사업에서 인공지능(AI) 기술의 적용 방안에 대하여 설명하시오.	1
199	지적재조사를 위한 정사사진 지적도의 작성법과 그 활용대책에 관하여 설명하시오	2
200	지적재조사 사업추진과 관련한 법률적, 제도적 보완사항을 논하시오	1
201	지적재조사의 필요성과 추진 방안에 대하여 설명하시오.	1
202	지적재조사사업을 시행하는 경우 법률적·행정적·기술적 개선방안을 제시하시오.	1
203	지적재조사를 위한 입법 시 고려해야 할 주요 사항을 설명하시오.	1
204	지적재조사사업이 국가정책으로 확정될 경우 국가·사회적 문제점과 개선방안 및 기대효과를 설명하시오.	1
205	지적재조사를 위한 좌표계 재정립 방안을 논하시오.	2
206	지적재조사사업에 항공사진측량 방법을 도입하는 경우 계획을 수립하고 문제점 및 해결방안에 대하여 설명하시오.	1
207	지적재조사사업의 원활한 추진을 위한 국민공감대 형성 방안에 설명하시오.	1
208	지적재조사사업의 비용 절감방안에 대하여 설명하시오.	1
209	지적재조사에 관한 특별법 제정에 따른 지적재조사사업의 성격과 향후 쟁점사항 및 추진전략에 대하여 설명하시오.	1
210	지적재조사와 도시재생사업간, 지적재조사와 도시재생뉴딜사업간의 협업과 사업연계 방안에 대하여 설명하시오.	1
211	'토지이용규제 기본법'에 따른 지역·지구의 지정과 절차에 대하여 설명하시오.	1
212	지적법 제1차 전문개정(1975.12.31 법률 제2801호)의 주요내용과 지적전산화사업의 연관성에	1

제2장 지적법률 (논술)		
번호	문제	횟수
	관하여 설명하시오.	
213	제2차 지적법 전문개정(2001.1.26 제6389호) 내용 중 주요 개선 내용을 설명하시오.	1
214	2001년1월 26일 법률 제6389호로 전문 개정된 지적법의 내용 중 제1조(목적)의 개정 내용 및 취지에 대하여 설명하시오	1
215	2003.12.31 지적법개정의 주요개정사항에 관해 설명하시오.	1
216	2014년 고시된 「측량수로조사 및 지적에 관한 법령」 개정 내용 중 지적 분야와 관련된 내용에 대하여 설명하시오.	1
217	현재 법 제정 중인 「측량수로조사 및 지적에 관한 법률」의 골자를 설명하고 향후 지적제도의 변화방향에 대하여 기술하시오.	1
218	측량·수로조사 및 지적에 관한 법률에서 지적에 관한 규정의 사법적인 정체성을 측량과 비교하여 설명하시오.	1

Part 1

제3장 지적사

토지는 인간 생활에 필요한 물자를 생산하는 기반이며 국가 재정자원의 커다란 수입원으로 토지제도는 그 내면적 성격이 단순하였다. 고대국가는 토지를 신민에게 적절히 분급하는 토지정책을 취하였고 중세에 와서는 성격이 변질되어 국가에서 필요로 하는 과세를 중심으로 토지제도가 변화되었다. 그러나 인구의 증가와 사회문화의 발달이 촉진되고, 사회의 기능이 세분되면서 토지 소유의 공시 및 순수한 토지 수량 파악과 토지의 개발 및 효과적 이용 내지는 보존 등의 다목적 토지 관리 형태로 변화하였다. 우리나라에 토지 수량의 계량 및 등록체계는 양전(量田)을 통하여 고조선 사회로부터 19세기 초 구한말까지 이어져 왔다. 그러다가 1910년 토지조사사업의 실시에 따라 과거의 양전 방식이 지적(地籍) 제도로 변화됨으로써 오늘날과 같은 토지등록 체계가 확립되었다.

3.1. 지적행정기관

출제(논) : 84, 86, 137회

3.1.1. 상고시대

(1) 단군조선

① 단군 제2세 부루 3년(B.C. 2237년) 9월에 도량형을 통일하였으며, 부루 10년(B.C. 2231)부터는 정전법을 시행하여 토지대장을 만들어 시행하였으며, 부루 12년에는 구정도를 만들어 바쳤다.

② 단군 제5세 구을(丘乙)13년 (BC. 2087) 감성관에게 혼천의를 만들게 하였으며, 왕검 51년(BC. 2283) 임금이 운사 배달신에게 강화도에 별 관측과 제사를 지내는 참성단을 지으라고 하였다.

③ 동서 단군기에는 제8대 서한임검의 치적 기술에 "使民九十稅一 廣通有無 以補不足", "乃區劃天下之地 以封勳威"[17] 이라 하여 세 징수의 방법과 토지를 제후들에게 구획하여 나누어준 사실이 있다.

④ 단기고사 고불에 "五十八年에 田土와 山野를 測量하야 租稅律을 改하다."[18]와 같이 기재되어 있으며, 동서 매륵에 "二十五年에 五經博士 宇文忠이 土地를 測量하고 地圖를 製하며 遊星說을 著上하다."[19]하여 후 단군조선 매륵왕 25년에 있었던 내용이 나오는데 이는 기록상 최초의 측량사로 추측하고 있다.

(2) 우문충

출제(용) : 84회

① 고조선의 지적제도는 정전제(井田制)에 의한 경계의 설정과 관리라고 할 수 있다.

② 경계 설정은 현재의 구획 정리나 농경지 정리와도 유사하다고 생각할 수 있지만, 현재의 구획 정리나 농경지 정리와는 목적이나 구획설정 방법에서 차이가 있다.

③ 정전법은 단기고사의 고불(古佛) 8년에 "전토와 산야를 측량하야 조세율(租稅律)을 改하다."라고 기록되어 있다.

④ 단군조선 매륵왕 25년(B.C 680년)에 "오경박사 우문충(宇文忠)이 토지를 측량하고 지도를 제하며 유성설(游星說)을 저상(著上)하다."[20]에서 우문충이 최초의 측량사라고 할 수 있다.

⑤ 삼국유사 고조선 조에"是謂桓雄天王也 將風伯 雨師 雲師而 主穀 … 凡主 人間 360餘事 在世理化"[21]이라 하여 "환웅이 인세를 치세함에 농경사회의 중요 직책인 풍백, 우사, 운사를 각각 두고 주곡 등 인간이 360여 가지 일을 주재하였다"라는 내용이다.

(3) 한 조선

① 한서지리지 연조에 "箕子 … 教其民以禮田蠶織作 樂浪朝鮮 民犯禁 八條云云"과 후한서 동이전 세조에 "箕子教以禮義田蠶 又置八條之教云云"이라 하여 당시에 전잠 등 농업과 사회의 관습법으로 8조의 금법이 행해졌음을 알 수 있다.

---

17) 북애, 고동영 역, 규원사화, 한뿌리, 1986, p.93
18) 대야발, 김해암·이화사 역, 단기고사, 문화인쇄사, 1949, p.23
19) 대야발, 김해암·이화사 역, 단기고사, 문화인쇄사, 1949, p.15
20) 김해암, 이화사 역, 문화, 1949. p.15, p.23
21) 이재호 역, 삼국유사, 신광, 1993, p.677

② 단기고사 제1대 서여 원년에 "微西를 命하여 井田法을 開하고 民을 勵하여 가색을 무케하며 백성으로 하여금 納稅의 義務를 知케하여서 所得의 구분의 일을 納케하다."[22] 라 하여 정전법을 시작하였다.

③ 고려사 권 제58 지제 12 지리지 3에 "平壤府 有大洞江 … 古城其二 一箕子時 所築 城內劃區 用丁田制 一高麗 成宗時 所築"[23]이라 하여 평양성 대동 강가에 고성이 둘 있는데 그중 하나는 기자시 소축한 것으로 성내는 정전제로 구획했다는 내용이다.

④ 동국여지승람에 "在外城內 箕子 區劃 井田 遺跡"[24]라 하여 기자로 토지를 구획하였는데 역시 정전으로 구획했다는 내용이다.

⑤ 동사강목에 "井田 遺址 在 今 平壤府 南州城內"[25]라 하여 정전의 유지가 평양부 남주성 내에 있다고 기록되어 있다.

⑥ 평양지에 "井田地制 以 三畝九畝路 爲準 自古立木爲標名曰法樹 … "[26]라 하여 기자정전은 3무 9무를 표준으로 예부터 나무를 경계 표시를 했는데 이를 '법수' 라고 한 것은 기전에 대한 독특한 경계표 명칭이며, 살피(land mark)란 뜻으로 사용되었다.

3.1.2. 부족 국가

(1) 부여

① 부여에는 수렵, 목축과 더불어 농업이 크게 성행하였으며 국토를 중심으로 영토를 사방으로 구획하였는데 이를 사출도라 하였다.

② 전국을 4구역으로 나누는 데는 토지관리의 비중이 클뿐더러 어떠한 토지분할 방식이 존재했을 것으로 추측된다.

③ 당시의 행정관료들은 각 부락 공동체를 통합하면서 중앙과 지방에 세력을 갖은 대노예(大奴隷)와 대농 경영의 지위로 토지와 노예를 소유하는 사적소유자로 나타나기에 시작하였다.

④ 토지 소유 형태는 공동체 소유에서 사적 소유 형태를 나타내고 관료들에 의한 대토지 소유, 호민들에 의한 중소유, 일반인에 의한 소유의 3가지 사적 소유 형태가 형성되어 있었다.[27]

---

22) 대야발 저, 김해암·이화사 역, 단기고사, 문화인쇄사, 1949, p.62
23) 고려사(중), 아세아 문화사, 1990, p.313
24) 신동국여지승람, 명문당, 1959, p.935
25) 안정복, 국역 동사강목, 서울: 민족문화추진회, 1967, p.40
26) 윤유, 평양속지, 권1 고적편, 이태진 외1 편집, 조선시대 사선읍지 제46권 평안도 제2, 한국인문과학원간, 1990, p.80
27) 김삼수, 고대 부여의 사회경제구성과 토지 사유의 존재 형태, 숙명여자대학교 논문집 제7집, 1969, p.359

⑤ 맹자 고자장구하 제10에 "孟子曰 子之道 … 無百官有司 故二十取一而足也"[28]라 하여 1/20의 조세제도가 시행되었음을 알 수 있다.

(2) 옥저

① 옥저는 삼국지 위지에 "高句麗 復置其中 … 又使大加 統責其 租賦"라 하여 고구려에서 대가로 하여금 옥저의 조부를 담당하여 받아들였다는 내용과 "後漢書 東夷傳 東沃沮條에 租賦制度"가 실시되었다는 기록이 있다.

② 조부(租賦)가 실시된 사실은 근간이 토지에 있으므로 토지에 대한 일정한 관리 방식이 있었음을 추측할 수 있다.

③ 토지관리는 토지의 소유 분량과 명세를 밝히는 데 지적 방식 즉 토지측량이란 수단으로 향하여졌을 것으로 추측할 수 있다.

(3) 동예

① 삼국지 동이전 동옥저조에 "不耐華麗 沃沮諸縣 爲侯國 夷狄更相攻伐 唯不耐세侯 至今猶置功曹主簿 諸曹 民作之"이라 하여 부내와 예후만이 공조, 주부를 두었다 하여 주로 재정을 맡은 주부의 명칭으로 추측할 수 있다.

② 삼국지 위지 동이전에 "其俗重 山川 各有部分 不得妄相步入"으로 산천에는 각각 부분이 따로 있어 아무나 함부로 출입하거나 관여하지 못한다고 되어 있다.

③ 산천을 구분하는 방법과 그의 지역 표시 방법 등에 대해서는 자세한 내용을 알 수가 없으나 어쨌든 산천에 구분소유의 관념이 있었다는 것은 소유지의 경계를 중시하고 있었다는 것이다.

(4) 삼한

① 삼국지 위지에 "土地肥美 宣種五穀乃稻 曉養桑作縑布"라 하여 주민들이 비옥한 토지에 정착하여 도작의 경작과 양잠을 하였다.

② 후한서에 "馬韓人知 田蠶 作錦布"라 하였으며, 동서 위략에 "馬韓其人 土着 種稻知作錦布"라 하여 일찍부터 도작이 행해졌음을 알 수 있다.

③ 도작(稻作)이 성행한 것으로 보아 도작 경작에 따른 어떠한 토지관리 방안이 있었을 것으로 추측된다.

---

28) 맹자, 서울대학교 출판부, 1992, p.408

3.1.3. 삼국시대

(1) 고구려

① 고구려는 5부제(部制)의 연맹에 의한 부족 국가에서 중앙집권적 통일국가로 정치조직을 정비하여 관직을 정비하였다.

② 고구려는 국가 재정의 근간인 토지 경영을 효율적으로 하였으며 왕명에 의하여 출납을 담당 처리하는 종2품의 중요 직책은 주부로[29] 국가 체계가 정비되면서 울절(鬱折)·오졸(烏拙)이라고도 하였다.

③ 국토를 조사 수록한 봉역도는 토지 관리를 위한 국방 또는 행정적 목적에 따라 작성되었다.

④ 울절은 신당서 동이열 고려조에 "주도부자(主圖簿者)"라 하여 울절이 도부(圖簿)를 주관하였다.

⑤ 삼국사기 권 제13 고구려본기 제1 유리왕(琉璃王) 37년 4월에 "王子加津溺水死 … 後沸流人祭須得之以開 遂以禮葬於王骨嶺 賜祭 須 今十斤 田十頃"[30] 이라 하여 왕이 제수(祭須)란 사람에게 금 10근과 토지 10경을 하사했다는 내용으로 "전십경(田十頃)"이란 용어는 토지의 면적을 구체적으로 밝힌 것이다.

⑥ 동서 권18 고구려본기 제6, 장수왕 59년(AD471년)에 "秋九月 民奴各等 各賜田宅"이라 하여 각 전택(田宅)을 하사였는데 전택의 분량과 소재하는 장소, 규모 등을 밝혀 이를 기재한 문서류를 주었다.

(2) 백제

① 백제는 국가 체제를 갖춘 후 율령을 반포하여 경제적 질서를 확립하면서 토지관리를 매우 중요시한 것으로 나타나고 있다.

② 삼국사기 백제전에는 관직을 내신(內臣)·내두(內頭)·내법(內法)·위사·조정·병관좌평 등 6좌평을 두었다. 내두좌평은 재무를 담당하는 고장(庫藏)을 두었다.

③ 삼국사기 권 23, 백제본기 제2 고이왕 27년 관직에서 내두좌평은 조세, 토지관리 및 지적사무에 관련된 직이라 할 수 있으며 재무, 농상공부의 행정을 관장하는데 현재의 경제기획부, 행정안전부와 국토교통부를 합한 부서이다.[31]

---

29) 구병식, 한국 고대사회 법제사 연구 1, 우석대 논문집 제4집, pp. 477~478
30) 이재호 역, 삼국사기, 신광출판사 1993, p.969
31) 이병도, 한국사 고대편, p.543

④ 수도 5부와 지방 5방(方)의 장인과 방령(方領)의 직위에 달솔을 임명하여 지적 사무를 포함한 지방행정을 담당하였다.

⑤ 백제에는 오경박사 외에 각종의 전문가인 지리박사(地理博士), 산학박사(算學博士) 등이 있었다.

⑥ 산학박사(算學博士)가 전문적 기술 사무에 종사하고 당시 측량술로 지형을 여러 형태로 구획하는 측량법을 시행한 산사(算師)와 회화적으로 도면을 만들었을 화사(畵師)가 있었다.

(3) 신라

① 조부(調府)에서 토지의 세수를 파악하도록 하였으며 창부(倉部)는 조세 및 창고에 관한 사무를 담당하였으나 후대에 내려오면서 토지업무는 분리되었다.

② 산학박사(算學博士)는 고도의 수학지식으로 토지측량과 면적계량에 관계된 지적사무의 실무에 종사하였을 것으로 추측된다.

③ 중앙에서 입안된 토지정책은 주에는 도독(都督), 군에는 태수(太守), 현에는 현령 등과 그 지역의 촌주(村主), 촌전(村典)에 의하여 구체적으로 실행되고 필요시에는 중앙에서 산사(算士) 등이 파견되기도 하였다.

3.1.4. 산학박사

출제(용) : 56회

산학박사는 삼국시대에 지적을 담당하는 기관(상대등, 조부, 창부)에서 국가재정을 맡았던 관사(官舍)로 고도의 수학지식을 지니고서 토지에 대한 측량과 면적측정 사무에 종사하였다.

(1) 백제의 산학박사

① 백제는 국가 체제를 갖춘 후 율령을 반포하여 경제적 질서를 확립하면서 토지관리를 매우 중요시한 것으로 나타나고 있다.

② 백제는 오경박사 외에 토지의 전문가인 지리박사(地理博士), 산학박사(算學博士) 등이 있었다.

③ 삼국사기 권 23, 백제본기 제2 고이왕 27년 관직에서 내두좌평은 조세, 토지관리 및 지적 사무에 관련된 직이라 할 수 있다.

④ 내두좌평(內頭佐平)은 국가의 재정을 맡도록 하고 내두좌평 담당하에 지적과 측량을 관리하는 산학박사가 전문적인 기술 사무에 종사하였다.

⑤ 산학박사는 전문적 기술 사무에 종사하고 당시 측량술로 지형을 여러 형태로 구획하는 측량법을 시행한 산사(算師)와 회화적으로 도면을 만들었을 화사(畵師)가 있었다.

⑥ 당시 토지측량 및 토지 등록의 지적 사무는 비교적 조세를 담당하는 기관에서 겸하고 전문적인 기술자로는 산학박사가 종사하였을 것으로 보고 있다.

(2) 신라의 산학박사

① 신라는 조부에서 토지의 세수를 파악하였는데 조부에 소속된 국학에 산학박사를 두어 고도의 수학 지식으로 토지측량과 면적측정에 관련된 사무에 종사하도록 하였다.

② 삼국사기 권 38 잡지 제7 직관상 국학조에 국학에 산학박사와 조교(助敎) 1인을 두어 경서를 엮어서 구장과 육장으로 나누어 가르쳤다는 내용이 있다.

③ 구장(九章), 삼개(三開), 육장(六章)은 측량에 관한 수학서로 교육받은 관리가 토지측량을 할 때는 구장(九章), 삼개(三開), 육장(六章)의 측량 방식이 적용되었을 것으로 추측된다.

④ 신라는 조세 징수 및 토지측량 등 경제적 업무를 맡아 수행할 산관(회계담당 관리)의 양성이 필요하였으므로 토지 관리자와 측량사에게 산학을 교육하였다.

⑤ 중앙에서 입안된 토지정책은 의미를 찾을 수가 없었으며 주에는 도독(都督), 군에는 태수(太守), 현에는 현령 등과 그 지역의 촌주(村主), 촌전(村典)에 의하여 구체적으로 실행되고 필요시에는 중앙에서 산사(算士)가 파견되기도 하였다.

(3) 고려의 산학박사

① 고려 태조 때의 학원을 992년(성종 11년)에 국자감(國子監)으로 개편하고 국자학, 대학, 사문학(四門學), 율학, 서학, 산학(算學; 산술에 관한 학문) 등 전문학과를 두었고 국학박사, 대학박사, 사문박사, 조교 등이 교육하였다.

② 문종 때는 국자감에 산학박사(종9품) 2명을 두었다.

3.1.5. 조선시대

3.1.5.1. 판도사

출제(용) : 68, 114회

① 1275년 충렬왕(忠烈王) 때 고려 시대에 둔 육사(六司)의 하나로 호구(戶口), 공부(貢賦), 전량(錢粮)에 관한 일을 맡아보던 관아로 충렬왕, 충숙왕, 공민왕, 공양왕 때에 판도사(版圖司)라는 명칭을 사용하였다.

② 1362년 호부를 판도사로, 상서를 판서로 하였으며 1369년(공민왕 18년) 판도사를 민부로 고치고 판서를 상서로 부사를 소윤으로 변경하였다.

③ 1372년 민부를 판도사로 다시 변경하였으며 상서를 판서로 변경하였다.

④ 고려사 권 30, 백관지 1, 호조 조에 1389년(공양왕 원년) 판도사를 다시 호조로 고치고 급전도감을 합쳤으며 이속(吏屬)은 문종 때 두었던 주사(主事) 6인, 영사(令史) 6인, 서령사(書令史) 10인, 계사(計史) 1인, 기관(記官) 25인, 산사(算士) 1인을 두었다.

⑤ 1392년(태조 1년)에 호조를 설치하였으며, 그 소속기관으로 삼사(판적사, 회계사, 경비사)가 있었는데, 호구, 전지, 조세, 부역, 공납 등에 관한 일을 관장한 판적사가 양전을 담당하였다.[32)]

⑥ 판도판서(版圖版書)는 고려 때에 호부 상서로 고치기 전의 판도사(版圖司)의 으뜸 벼슬이며 판도사는 조선시대의 호조와 같다.

⑦ 1388년 대사헌 조준이 토지제도가 고르지 못한 데에서 오는 여러 가지 폐단을 들어 상소를 올렸고, 판도판서(版圖判書) 황순상(黃順常) 등이 사전(私田)의 폐단을 논하고 그 개혁을 청하였다.

⑧ 조선시대 전반에 걸쳐 호조에서는 호적과 양전 업무를 담당하였고 그 소속기관의 판적사에서 호구, 전지, 조세, 부역, 공납 등에 관한 일을 관장하였다.

⑨ 판적사는 한(漢)나라의 사농(司農)이고, 경비사는 당(唐)나라의 좌장(佐藏)이며 회계사는 송나라의 심계원(審計院)이다.[33)]

---

32) 김형오, 1993, 한국 지적공부의 사적 고찰, 서울시립대학교 도시행정대학원 석사학위논문, p.71
33) 법제처, 1977, 탁지지, 법제 자료 제91집, 농원 문화사, p.27

3.1.5.2. 균전사

균전사(均田使)는 전답의 측량과 결복(結卜)·두락(斗落)의 사정(査正), 전품(田品)의 결정 및 양안(量案) 기재 등 양전사무(量田事務)를 총괄하고, 특히 진황지(陳荒地)의 개간을 독려하기 위해 각 도에 파견된 관리이다.

(1) 변천 과정

① 균전(均田)이란 전품의 공정한 사정에 따라 백성들의 부역을 균등히 하려 한다.는 의미를 나타내고 있었다.

② 농민의 전세 부담을 공평하게 하려는 데에 있음을 명시한 것이다.

③ 균전사라는 명칭은 임진왜란 뒤인 1612년(광해군 4)에 최초로 시행되었다.

④ 균전사의 권한 등이 제도화되어서 영조 때 편찬된 『속대전』의 호전양전조(戶典量田條)에 명문화되었다.

⑤ 임진왜란으로 황폐된 토지를 조사해 전세(田稅) 징수를 조정하기 위해 우의정 이항복(李恒福)의 건의에 따라 개량(改量)을 위한 균전사가 각 도에 파견되었다.

(2) 균전사의 임무

① 균전사는 지방 수령을 감찰, 논핵할 수 있는 권한을 가지고 있었다.

② 수령의 품계가 통훈(通訓) 이하면 스스로 처결하고, 당상관 이상은 조정에 보고하게 하였다.

③ 양전할 때 실무를 담당한 사족(士族) 출신의 도감관(都監官)이나 감관(監官) 등의 부정 행위를 다스릴 수 있었다

④ 균전사는 법률에 저촉된 자를 처리하고 사후 보고하도록 하였다.

⑤ 양전을 총괄하는 균전사의 임무는 막중하였고 그 권한도 강력하였다.

(3) 균전사의 문제점

① 지방 실정에 어두워 균전사 파견은 큰 성과를 이루지는 못하였다.

② 감관이나 서리의 농간을 감독하기 어려워 균전사 파견의 성과는 크지 못하였다.

③ 균전사는 국가 수입을 늘리기 위해 부세율을 올리거나 진전(陳田:묵정밭) 등을 강제로 양질의 경작지라 하여 양안(量案)에 기재하는 일이 많았다.

④ 균전사 가운데는 공무를 빙자해 부정을 저지르기도 하였다.
⑤ 일반 농민들에게는 터무니없는 세금을 내게 되어 균전사가 공포의 대상이었다.
⑥ 호남 균전사 김창석은 이 지역 출신임을 이용, 이미 개간된 땅까지도 진전이라 하여 이를 다시 개간한 것처럼 허위로 기록하였다.
⑦ 김창석은 징세해 착복했으며, 일부의 땅을 자기 명의의 토지로 전용하는 등의 부정을 자행하였다.

3.1.6. 대한제국의 행정기관

3.1.6.1. 내부 판적국

출제(용) : 75, 114회

판적국은 1895년 3월 26일 칙령 제53호로 내부관제를 제정하여 1895년 4월 17일 관보 제16호에 로 내부분과규정(內部分課規程)이 공포되면서 내부분과규정(內部分課規程)에는 대신관방과 주현국(州縣局), 토목국(土木局), 판적국(版籍局), 위생국(衛生局), 회계국(會計局) 등 5국을 두어 각국의 사무에 대한 관장 사항을 규정하였다. 우리나라 최초로 지적(地籍)이란 용어가 공식적으로 사용되었다.

(1) 변천 과정

① 1895년(고종 32) 탁지아문(度支衙門)을 개칭한 것으로 국가재정 전반을 담당하였다.
② 1905년 4월 12일에는 내부 분과와 탁지부분과 규정을 공포하였는데 내부분과규정에는 지방국에 부군과(府郡課), 판적과(版籍課), 위생과, 토목과를 설치하였다.
③ 1906년 내부관제(內部官制)로 변경되면서 지방국에 부군과, 판적과, 토목과를 설치하고 탁지부분과 규정의 양지과 및 징세과에서 실시하던 업무를 판적과에서 실시하였다.
④ 1907년 개정된 내부관제는 내부(內部)에 지방국, 경무국(警務局), 토목국, 위생국의 4개국을 설치하고 지방국은 지방행정에 관한 사항과 지리 및 지적(地籍)에 관한 사항을 담당하도록 규정하였다.
⑤ 1908년 내부분과규정(內部分課規程) 지방국에 부군과·지리과·사사과(社寺課)를 설치하였으며 지리와 지적에 관한 사항은 지리과에서 담당하도록 규정하였다.

(2) 판적국의 조직

① 1895년 4월 17일 내부분과규정(內部分課規程)

- 제8조 토목국에 토목과(土木課)와 지리과(地理課)를 설치하여 그 업무를 분담(分掌)하였다.
- 제10조 지리과(地理課)에서는 토지측량(土地測量)에 관하는 사항, 토지수용(土地收用)에 관하는 사항, 수면전평(水面塡平 : 현; 공유수면매립)에 관하는 사항의 사무를 담당하였다.
- 제11조 판적국(版籍局)에 호적과(戶籍課)와 지적과(地籍課)를 설치하여 그 업무를 분담하였다.
- 제13조 지적과(地籍課)에서는 지적(地籍)에 관하는 사항, 무세관유지(無稅官有地)의 처분(處分) 및 관리에 관한 사항, 관유지명목변환(官有地名目變換)에 관하는 사항의 사무를 담당하였다.

② 1905년 4월 12일 내부분과규정(內部分課規程: 관보 제3111호)[34)]

- 제4조 지방국에 부군과(府郡課), 판적과(版籍課), 위생과(衛生課), 토목과(土木課)를 설치하여 그 사무를 분장(分掌) 하였다.
- 제6조 판적과(版籍課)에서는 호구적(戶口籍) 및 지적(地籍)에 관(關)한 사항, 관유지명목변환(官有地名目變換)에 관한 사항의 사무를 담당하였다.
- 제8조 토목과에서는 토지측량(土地測量) 및 수면전평(水面塡平)에 관한 사항, 토지수용(土地收用)과 무세관유지(無稅官有地)의 처분(處分) 및 관리에 관한 사항의 사무를 담당하였다.

③ 1906년 2월 26일(칙령 제15호) 내부관제(內部官制)[35)]

- 제4조 지방국에 부군과(府郡課), 판적과(版籍課), 토목과(土木課)를 설치하여 그 사무를 분장(分掌)하였다.
- 제6조 판적과(版籍課)에서는 호구적(戶口籍) 및 지적(地籍)에 관(關)한 사항, 관유지명목변환(官有地名目變換)에 관(關)한 사항의 사무를 담당하였다.
- 제7조 토목과에서는 본부직할 토목공사 및 지방경영 토목공사, 토지측량(土地測量) 및 수면전평(水面塡平)에 관한 사항, 토지수용(土地收用)과 무세관유지(無稅官有地)의 처분(處分) 및 관리에 관한 사항의 사무를 담당하였다.

---

34) 1905.4.12. 관보, p.377
35) 1906.2.26. 관보, 제3388호 p.192

④ 1907년 12월 13일(칙령 제37호) 내부관제(內部官制)[36]

- 제3조 내부(內部)에 지방국(地方局), 경무국(警務局), 토목국(土木局), 위생국(衛生局)을 설치하여 그 사무를 분장(分掌)하였다.
- 제4조 지방국(地方局)에서는 지방행정(地方行政)에 관한사항, 구휼(救恤) 및 자선사업(慈善事業)에 관한 사항, 부역 및 징발(徵發)에 관한사항, 지리 및 지적(地籍)에 관한 사항의 사무를 담당하였다.

⑤ 1908년 1월 25일 내부분과규정(內部分課規程)[37]

- 제2조 지방국(地方局)에 부군과(府郡課)·지리과(地理課)·사사과(社寺課)를 지리과는 지리와 지적에 관한 사항의 사무를 담당하였다.
- 제13조 지적과(地籍課)는 지적(地籍)에 관한 사항, 무세관유지(無稅官有地)의 처분 및 관리에 관한 사항, 관유지명목변환(官有地名目變換)에 관한 사항을 담당하도록 하였다.

⑥ 1908년 1월 27일 탁지부분과규정(內部分課規程)[38]

- 제6조 사세국(司稅局)에 세무과(稅務課)·경리과(經理課)·감사과(監査課)를 설치하여 그 사무를 담당하였다.
- 제7조 세무과에서는 국제의 부과 및 징수, 국세 및 기타 제수입 예산(預筭) 결산(決筭)의 조사(調査), 지종목이동(地種目異動)에 관한 사항, 토지장량병(土地丈量幷) 토지(土地) 양안(量案)에 관한 사항, 지방세(地方稅), 세외제수입(稅外諸收入), 세법(稅法) 위범자(違犯者) 처분에 관한 사항의 사무를 담당하였다.
- 제17조 임시재원조사국(臨時財源調査局)에 조사과(調査課), 양지과(量地課)를 설치하여 그 사무를 담당하였다.
- 제19조 양지과(量地課)에서는 토지측량(土地測量)과 정리사무(整理事務)의 조사(調査) 및 준비(準備)에 관한 사항, 토지양안(土地量案) 조제(調製) 및 준비(準備)에 관한 사항, 지도 조제에 관한 사항, 측량기술자 양성에 관한 사항을 담당하였다.

(3) 판적국 사무 내용

① 판적국은 호수와 인구를 조사하고 장부를 관리하면서 오늘날 지적 행정의 기구와 조직을 마련하는 기초가 되었다.

---

36) 1907.12.31. 칙령, 제37호 내부관제 관보 호외(號外) p.1209
37) 관보 1908.1.25. 내부분과규정, p.99
38) 관보 1908.1.27. 탁지부분과규정 p.106

② 판적국에는 호적과와 지적과를 두고 지적과(地籍課)에서는 지적(地籍)에 관한 사항, 무세관유지(無稅官有地)의 처분 및 관리에 관한 사항, 관유지명목변환(官有地名目變換)에 관한 사항을 담당하였다.

③ 토지측량에 관한 사항은 내부의 토목국, 지적은 판적국, 전세 및 유세지는 탁지부 사세국과 협조하였다.

④ 1985년 내부분과규정의 지적과(地籍課)에서는 지적에 관한 사항, 무세관유지의 처분 및 관리에 관한 사항, 관유지명목변환에 관한 사항의 사무를 담당하였다.

⑤ 1905년 내부분과규정의 판적과에서는 호구적 및 지적에 관한 사항, 관유지명목변환에 관한 사항의 사무를 담당하였다.

⑥ 1908년 1월 25일 내부분과규정의 지리과는 지리와 지적에 관한 사항의 사무를 담당하였다.

〈표 3.1〉 지적 업무와 측량 업무 담당 부서

구분	담당 부서			담당업무	근거 규정
1895.4.17	내부	토목국	지리과	토지측량(土地測量)에 관한 사항	내부분과규정 제10조
		판적국	지적과	지적(地籍)에 관한 사항	내부분과규정 제13조
1905.4.12	내부	지방국	판적과	지적(地籍)에 관한 사항	내부분과규정 제6조
			토목과	토지측량(土地測量)에 관한 사항	내부분과규정 제8조
1906.2.26	내부	지방국	판적과	지적(地籍)에 관한 사항	내부분과규정 제6조
			토목과	토지측량(土地測量)에 관한 사항	내부분과규정 제7조
1907.12.13	내부	지방국		지리(地理) 및 지적(地籍)에 관한 사항	내부관제 제4조
1907.12.13	내부	지방국		지리(地理) 및 지적(地籍)에 관한 사항	내부분과규정 제2조

3.1.6.2. 대한측량총관회

출제(용) : 68, 134회, (논) : 89회

1909년 대한제국은 국권을 상실할 수 있다는 위기감 속에서 구국운동의 일환으로 교육에 관심을 가졌으며 그 목적으로 측량 교육의 필요성을 인식하여 대한측량총관회(大韓測量總管會)를 설립하였다. 대한제국 1909년 2월에 설립된 한국 최초의 측량 관련 단체로 산림과 전답을 측량하기 위하여 설립한 대한측량총관회(大韓測量總管會)는 수진측량학교(壽進測量學校)와 연합하여 제반 설비를 확장하였다.

(1) 대한측량총관회의 조직

① 유길준은 측량교육과 측량 행정에 모두 참여하였으며, 대한측량총관회의 회장을 역임하였다.

② 측량총관회의 지회는 충남지회, 전북지회, 경남지회, 해서지회, 평북지회, 경기지회, 해동지회가 있었다.

③ 1909년 2월에 대한측량총관회(大韓測量總管會)와 연합하여 제반설비를 확장하고 제2회 신입생을 모집하였다.

④ 측량총관회에서는 검사부와 교육부를 두고 기술을 검정하였다.

(2) 측량총관회의 역할

① 측량에 관한 지식과 기술을 보급하기 위한 측량강습소 운영하였다.

② 토지측량과 지도 제작을 위한 다양한 측량사업을 시행하였다.

③ 한국 측량 기술의 기초를 토대로 자립 기반을 만든 단체이다.

④ 지회의 활동과 교육을 병행하고 있었다.

(3) 측량총관회와 검열증

① 측량총관회에서는 도근측량실습과 세부측량실습에 대한 교육을 시행하였다.

② 측량을 시행하기 불완전한 측량자를 교육시켜 검열증을 주는데 목적을 두었다,

③ 1909년 4월3일 황성신문에 대한측량총관회 부평분사무소에서 부평, 김포, 양천 등 3개 군의 측량 기술을 검정하여 합격자는 검열증을 주었다.

④ 불합격자는 1~2개월 동안 추가로 강습하여 검정에 합격하도록 하였다.

(4) 대한측량총관회의 문제점

① 각 지방에서는 탁지부의 측량 증표가 없으면 측량을 할 수 없다고 하여 경찰들과 분쟁이 있었다고 하였다.

② 측량검열증의 발부로 인한 탁지부 양지과에 소속한 측량자 및 대한측량사무소 소속 측량자들과 분쟁이 발생하였다.

③ 분쟁을 해결하기 위해 1909년 5월19일 특별총회를 열어 대한측량총관회와 대한측량사무소에서 총대 3인씩 선출하여 합병하였다.

④ 1910년 일제강점기에 일본의 탄압으로 해체되었다.

3.1.7. 양지아문

출제(용) : 50, 105회, (논) : 74회

양지아문(量地衙門)은 내부, 탁지부, 농공상부와 동등한 위치에 있으면서 서로 밀접한 관련이 된 기구로 1898년 7월 6일 양지아문을 설치하고 전 국토의 측량에 착수하였다. 양전조례 등 각종 법령을 정비하면서 준비 작업을 시행하다가 1899년 여름부터 양전을 담당할 실무진으로서 양무감리(量務監理)와 양무위원이 임명됨에 따라 여러 곳에서 동시에 양전을 시행하였다.

3.1.7.1. 법률적 근거

① 1898년 6월「全國의 土地를 測量하는 건」이 공포

② 양지아문직원 및 처무규정(1898년 7월6일 칙령 제25호)

③ 양지아문견습생규칙(1899.4.21)

④ 양무위원임명규칙(1900. 10. 8)

3.1.7.2. 변천 과정

① 1898년 6월 23일 내부대신 박정양, 농공부 대신 이도재가 토지측량에 관한 청의서를 제출하여 국왕이 사업 실시를 결정하였다.

② 1898년 6월 전국적인 토지측량의 제도마련을 위해 '전국의 토지를 측량하는 건'이 공포되었다.

③ 1898년 7월 6일 전문 24조로 된 양지아문직원 급 처무규정(量地衙門職員 及 處務規程)을 공포하면서 양전 사업의 담당 기관인 양지아문을 설치하고 전국의 양전 사무를 정리하였다.

④ 1901년 9월 9일 양지아문은 폐지되고 1902년 3월 지계아문을 설치하면서 지계아문에 병합하였다.

3.1.7.3. 양지아문의 직제

(1) 규정상 직원 구성

① 총재관 3명 : 양지아문의 사무 총괄

② 부총재관 2명 : 총재관 궐위 시 총재관 업무 대행

③ 기사원 3명 : 내부, 탁지부, 농상공부 주임 중에서 총재관이 각 1명씩 추천

④ 서기 6명 : 내부·탁지부·농상공부 판임 중에서 총재관이 2명씩 선정

⑤ 기사원 및 서기 중에서 영어 1명, 일어 1명, 통역할 직원 1명을 두었다.

(2) 양전 담당 실무진

① 각도의 양무감리는 1899년 4월부터 임명되었으며 해당 도내의 군수 중에서 임명하였다.

② 1898년 미국인 측량기사 거렴(Reymond Edward Leo Krumn)을 초빙하여 측량 교육을 시행하였다.

③ 양전 사업에 종사할 실무진으로는 양무감리, 양무위원, 조사위원과 기술진이 있었다.

3.1.7.4. 양전 조직

① 양무위원은 군 단위로 임명하여 양전의 실무에 종사하게 하고 조사위원은 양안 작성의 착오나 부정을 방지하기 위하여 두었다.

② 전국 토지측량은 외국인 기사가 인솔하는 측량 견습생이 실시할 계획이었으나 신속하게 사업을 마무리하기 위해 도마다 양무감리를 두고 양전을 감독하였다.

③ 양전 조직의 체계는 양지아문 → 파원(派員) → 서기와 감관의 체계로 되어있었으나 실제로 양전을 담당하는 것은 파원(派員), 서기와 감관이었다.

④ 측량 교육기관으로는 민영환의 홍화학교, 유길준의 수진측량학교 등 100여 개의 학교에서 지적측량 교육이 시행되었다.

3.1.7.5. 양전 사업

출제(용) : 69, 89회

① 근대적 토지측량 제도를 도입하여 전국의 토지측량을 추진하기 위해 지적측량 교육을 시행하여 전국의 양전을 시행하도록 하였다.

② 양지아문의 양전 사업 당시 토지 관련 업무는 내부, 탁지부, 농상공부 등이 있었다.

③ 조사 대상은 전, 답, 가사(家舍), 염전, 화전(火田), 국세조사와 소유권에 대한 관리 차원에서 소유자 파악이었다.

④ 양전 조례에는 각도에 관찰사, 군수 등의 행정조직을 이용하여 전국의 토지측량을 시행하고 각도에 1명의 관리를 파견하여 양전을 시행하도록 하였다.

⑤ 면 동리 단위의 측량은 파원(派員), 서기와 감관의 지휘 아래 측량을 시행하되 별도로 농민과 지심인의 도움을 받아 토지 등급을 측정하였다.

⑥ 토지 파악 단위는 생산량을 기준으로 한 결부제(結負制)를 채용하고, 단위는 1결은 100부, 1부는 10속, 1속은 10파로 정하되 5파 이상은 1속으로 하고 4파 이하는 버렸다.

⑦ 1898년부터 1904년까지 시행한 광무양전 사업(光武量田事業)은 삼남양전(三南量田) 이후 처음으로 시행된 전국 규모의 사업이었으며 조선시대의 마지막 양전이기도 하였다.

〈그림 3-1〉 거렴의 측량 모습

(자료 출처 : 대한지적공사, 한국지적백년사 역사편)

⑧ 양전 실적은 경기(15), 충북(17), 충남(22), 전북(14), 전남(16), 경북(7), 경남(10), 황해(3) 총 124개 군 이었다.

3.1.7.6. 양지아문의 업무

① 전국의 토지를 파악하기 위한 목적으로 전·답·가사·염전·화전(火田)까지 조사 대상으로 하였다.

② 지번은 자호(字號) 지번제(地番制)를 적용하고 천자문 순서에 따라 붙이되 1자호당 5결로 하며 1자호 내에 있는 토지는 필지에 따라 일련번호를 부여하고 5결이 되면 다른 자호를 부여하도록 하였다.

③ 종래에는 장광척을 기록하였지만, 전답도형도의 각 변에 척수를 기재하고 전체 실적을 표시함으로써 필지마다 토지 면적을 확정하였다.

④ 양안에 기록된 전답도형 표기는 전통적인 측량법을 확대, 발전시키고 토지의 형상을 가능한 한 그대로 표시함으로써 종래의 양안보다 토지 실상을 한층 효과적으로 파악할 수 있도록 하였다.

⑤ 국세조사의 차원과 소유권에 대한 국가 관리라는 차원에서 소유자의 파악을 시도한 것이다.

3.1.7.7. 양지아문의 양안

① 양지아문에서 작성된 아산군 양안을 최초로 하여 문자로 기술된 사표와 일필지의 형태인 전답의 형태가 그려진 사표도가 등장하였다.

② 양전 사업은 1901년 광무 양안에 기재된 두락(斗落; 마지기), 일경(日耕) 수는 조사가 실시되지 않았고 양안에도 기재되지 않았다.

③ 양안의 기본도형은 5가지 형태로 방형(方形), 직형(直形), 제형(梯形), 규형(圭形), 구고형(句股形)으로 시행되었다.

④ 경자 양전 당시의 양안 표기는 원형(圓形), 타원형(橢圓形), 호시형(弧矢形), 삼각형(三角形), 미형(眉形)을 추가하여 10가지 전답도형으로 작성하였다.

⑤ 양안 작성의 특징은 각 토지에 실적수를 기재하여 절대 면적을 표시하였다.

⑥ 양안은 전답도형도 란을 설정하여 각 변의 척수(尺數)와 사표(四標)를 도형에 맞게 기재하여 전답 형상(田畓 形狀)과 위치(位置)를 쉽게 알 수 있도록 했는데 기존의 양안과 차이점이 있었다.

⑦ 1902년 3월 양지아문이 지계아문에 흡수됨으로써 양전 사무를 지계아문에 이관하였다.

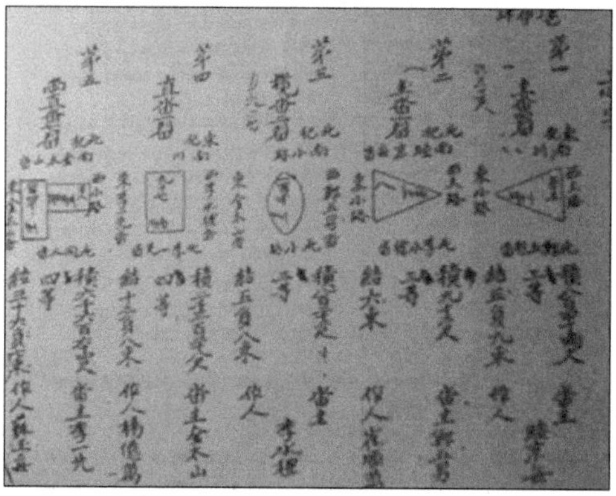

〈그림 3-2〉 양지아문 양안

3.1.8. 지계아문

출제(용) : 116, 135회, (논) : 74, 89회

대한제국의 토지조사사업은 양지아문과 지계아문으로 나누어 양전 사업을 시행하였는데, 국가의 세원 확보와 소유자를 파악하기 위한 것이었다. 토지소유권을 사정하여 관계를 발급하기 위한 부동산의 관리체계 확립, 지주 납세제의 실현, 지가제의 도입과 일본인의 잠매(潛賣) 방지가 목적이었다. 지계아문은 양안을 기본 대장으로 하여 소유권자를 확인하는 사정 과정을 거쳐서 관계를 발급했고 지계아문의 사업은 성격상 양지아문과 밀접한 관계가 있었다.

3.1.8.1. 법적 근거

① 지계아문직원 급 처무규정(1901.10.20.)

② 지계아문 분과규정 지계아문령(1901.11.20)

③ 주본 양지아문과 지계아문을 통합하는 건(1902.2.1)

④ 지계감리응행사목(地契監理應行事目)(1903. 2. 27)

⑤ 탁지부양지국관제(度支部量地局官制 칙령 제11호) 폐지(1904. 4. 19.)

⑥ 1905년에 양지과로 개편

3.1.8.2. 변천 과정

① 1901년 10월 칙령 제211호로 지계아문직원 및 처무규정(地階衙門職員 及 處務規程)이 공포되어 지계 발행 및 양전 사업의 전담 기구인 지계아문이 설치되었다.

② 1902년 1월부터 지계아문에는 양지아문의 양전과 양안 작성 업무를 인수하는 작업이 수행되었다.

③ 1902년 3월 지계아문을 설치하고 양지아문을 지계아문에 병합하였다.

④ 1904년 4월 19일 탁지부양지국관제(度支部量地局官制 : 칙령 제11호) 제14조 지계아문직원급처무규정을 폐지하였다.

⑤ 1905년 2월 탁지부 양지국(度地部 量地局)이 탁지부 양지과로 기구가 축소되었다.

3.1.8.3. 지계아문 조직

(1) 총재관과 부총재관

① 총재관(總裁官) 1인과 부총재관(副總裁官) 2인은 조칙(詔勅)으로 임명

② 아속(衙屬)을 지휘감독 및 사무 총괄

③ 부총재관 2인은 총재관의 직무(職務)를 보좌 및 아문 사무 정리

(2) 주임 및 판임대우

① 주임대우 4인은 총재관이 주재(奏裁; 임금에게 아뢰어 재가를 요청)

② 판임대우 위원(判任待遇委員) 4인과 기수는 총재관과 부총재관이 선정(選定)

③ 판임대우 위원은 총재관과 부총재관의 지휘 감독에 따라 서무에 종사

(3) 기수 및 위원

① 기수 2인은 계권인쇄(契券印刷)에 사무

② 위원 8인은 전토(田土)의 답사(踏査), 신계(新契)의 환급(換給)과 구계(舊契)의 격쇄(때려서 부숨)

(4) 지계 감리(監理)

① 지계 감리(監理)는 13도(道)에 각 1인씩 임명

② 각 군의 지방관에게 지령, 훈령 등을 내리면서 양전을 시행하고 지계를 발행하는 모든 업무를 실질적으로 관장하고 있었다.

3.1.8.4. 양전 사업

출제(용) : 69회

(1) 조사 대상

① 개정안은 지계의 발행 대상은 산림, 토지, 전·답, 가사(家舍)로 확대하였다.

② 외국인은 규정된 지역 이외에서 산림, 토지, 전, 답, 가사의 소유주가 될 수 없도록 하였다.

(2) 양전 실적

① 양전 시행한 군은 경기 6, 충남 16, 전북 12, 경북 14, 경남 21, 강원도 26군으로 모두 94군을 시행하였다.

② 전토(田土; 농지)는 지계를 발급하였다.

③ 지계아문의 사업은 1902년 3월 11일부터 강원도 지방을 비롯하여 본격적으로 시작되었다.

④ 양전 과정은 토지의 객관적 측량을 강조하였으며 구 양안을 기본자료로 활용하여 작성하였다.

3.1.8.5. 지계아문의 특징

① 양지아문과 통합하여 토지측량과 관계의 발급기관으로 정립되었다.
② 지계아문의 설치는 토지소유권 이전에 따르는 종전의 폐단을 제거하는 데 중요한 역할을 하였다.
③ 토지 가옥의 매매, 교환, 증여 시에 토지가옥증명대장에 기재하여 공시하는 실질적심사주의를 채택하였다.
④ 토지 면적을 표기할 때 실적과 결부만이 아니라 두락과 일경을 함께 표시하였다.
⑤ 양안을 토대로 관에서 지계를 마련한 후 일정한 기간 내에 구권과 교환해 주었다.

3.1.8.6. 토지장부

(1) 양안 작성

① 지형도, 성명, 가옥의 칸수를 삭제, 두락(斗落) 및 일경(日耕)을 추가로 기재
② 전답의 도형을 양안에다 기재
③ 면적을 척수로써 표시하고 등급에 따라 결부를 산출
④ 시주(時主)와 시작(時作)을 동시에 기재
⑤ 두락수(斗落數) 및 가호(家戶)의 소유관계를 기재

(2) 지계 작성

① 각도에 지계감리를 두어 오늘날의 등기권리증과 유사한 지계 발행하였다.
② 지계의 발행 대상은 산림, 토지, 전·답, 가사(家舍)이다.
③ 외국인은 규정된 지역 이외 소유가 불가능하였다.
④ 대한제국전답관계(大韓帝國田畓官契) 작성하였다.
⑤ 지계(地契)에는 양면이 모두 인쇄되고 이면(裏面)에는 8개항의 규칙이 기록하였다.
⑥ 제1편은 본아문(本衙門), 제2편은 소유자(所有者), 제3편은 지방관청(地方官廳)에 보존하였다.
⑦ 이 지계는 양면이 모두 인쇄된 것인데, 그 앞면에는 8개 항의 규칙이 기록되어 있다.
⑧ 지계제도는 충남, 강원도 일부에서 시행하였다.

(3) 관계 발급

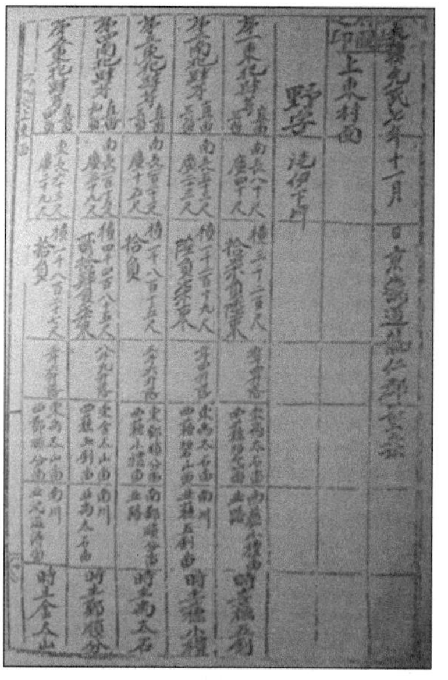

〈그림 3-3〉 지계아문 양안

(자료 출처 : 조선토지조사사업 보고서, 대한지적협회)

① 1901년 지계아문을 설치하고, 각 도에 지계감리를 두어 '대한제국전답관계'라는 지계를 발급하였으며 전답의 소유주가 매매, 양여한 경우 관계(官契)를 받아야 했다.

② 지계의 발급 대상은 전답, 산림, 천택, 가사의 소유자가 반드시 관계를 가지게 되어있다.

③ 관계(官契)의 발행은 매매 또는 양여 시에 해당하며 전질(典質)의 경우에도 관의 허가를 받도록 하였다.

④ 관계는 부동산의 국가 관리라는 측면을 강조하여 계권(契券) 발급 대상을 종전과 같이 전토에 한정하지 않고 전체 부동산에 확대하면서 계권도 지계라는 용어 대신에 관계라는 명칭을 부여하였다.

⑤ 토자소유자는 반드시 관계를 발급받도록 의무 사항으로 정하였다.

3.1.9. 탁지부

탁지부 양지국(量地局) 관제(官制)가 공포되면서 양지국은 지계아문의 양전 기능과 기구만을 계승하여 상설기구로 설치되었다. 1909년 2월 탁지부대신이 일본 흥업은행으로부터 얻은 차관 중 천만 엔을 토지조사의 비용으로 할 것을 승인받으면서 토지조사를 본격적으로 준비하였다. 1910년 탁지부에서는 각 관찰사에게 토지측량을 시작한다는 훈령을 내보내고 삼각측량을 시행하였다.

(1) 변천 과정

① 1904년 4월 19일 탁지부 양지국관제(量地局官制)가 공포되면서 양지국은 지계아문의 양전 기구를 계승하여 상설기구로 설치되었다.

② 1905년 4월 12일 탁지부분과규정 제6조 : 사세국(司稅局)에 정세과(正稅課), 각세과(各稅課), 양지과(量地課)를 설치하여 그 사무를 담당하였다.

③ 1905년 4월 12일 탁지부분과규정 제9조 : 양지과(量地課)에서는 국내유세지(國內有稅地) 측량(測量)에 관한 사항, 양안(量案) 조사(調査) 수정(修正) 및 출납(出納) 보존(保存)에 관한 사항의 사무를 담당하였다.

③ 1905년 통감부가 설치된 후 1905년 2월 26일 탁지부 양지국을 폐지하였다.

④ 1906년 3월 21일 칙령 제11호로 탁지부 관제를 개정하여 제6조 : 사세국에 토지측량에 관한 사항, 양안 조사수정 및 출납 보존에 관한 사항의 사무를 규정하였다.

(2) 직제

① 양지국의 기구는 국장(1인), 기사(3인), 주사(6인), 기수(10인)를 두었으며 토지측량에 관한 사항과 공문 서류 편찬 및 조사에 관한 사항을 담당하였다.

② 각 지방에서 추진되는 측량을 위해 양지 감독 13인, 양지감리 13인 이내와 양지위원 약간 명을 두었다.

(3) 탁지부의 토지측량

① 구한국 정부는 1905년에 탁지부에 양지과를 두어 일본 측량기술자를 초빙하여 우리 기술자를 양성하고, 평양, 대구, 전주 출장소를 설치하였다.

② 1907년 11월 측량 기술 견습소를 수료한 기술자는 양지과 및 각 출장소는 주위의 토지를 측량하였으며 소삼각측량을 기본으로 하였고 척도는 미터법을 채용하는 측량 규정을 제정하였다.

③ 1908년 측량학교와 강습소의 수는 129개가 있었으며, 양지과에 근무한 기술자는 한국인 300명, 일본인 23명으로 기록되어 있다.

④ 경기도 부평군 일부 지역에서 1909년 11월 17일부터 1910년 2월 4일까지는 예비조사를, 1909년 11월 20일부터 1910년 2월 20일까지는 시범 측량을 시행하였다.

⑤ 삼각측량에 의한 경기도 시흥 외 18개 지역과 경상북도, 대구 외 7개 지역에 소삼각측량을 실시하여 토지대장과 지적도를 작성하였다.

⑥ 측량은 필지마다 평판측량으로 하여 축척은 1/1,200의 도해법으로 시행하고 토지 면적이 넓은 경우에는 교차법(교회법), 도선법, 사출법(방사법), 지거법으로 시행하였다.

⑦ 양전의 실무에는 양무감리, 양무위원, 조사위원 등이 종사하였고, 전국의 토지측량은 외국인 기사 Raymond Edward Leokumm의 주관하에 그가 인솔하는 측량 견습생으로 종사하도록 하였다.

(4) 탁지부 업무

① 역둔토의 관리권을 탁지부로 옮기고, 1908년 이후의 역둔토 수입은 국고로 이관하도록 하였다.

② 1908년 7월 탁지부 내에 임시재산정리국을 설치하여 국유로 이동된 재산 정리, 부동산 권리에 대한 이의신청의 심의, 제실 채무의 처리, 토지측량에 관한 사무처리 등의 업무를 담당하였다.

③ 탁지부가 역둔토를 관할한 후 '역둔토관리규정'은 1908년 7월 29일 탁지부령 제27호로 제정·관리되다가, 1912년부터는 '역둔토특별처분령'에 의해 관리되었다.

④ 탁지부 훈령 제59호(1909.5.26.)

- 모든 국유지에 대해서 소재지, 지번, 지목, 면적, 사표, 구명칭, 실납 소작료, 소작인의 주소, 성명, 등급 및 정정(錠定) 소작료 등을 조사하게 되어 있다.
- 기재 사항도 소재지 명 및 지번·역둔토의 명칭·지목·면적·소작료 액·소작 계약기간·소작인의 주소 성명을 기재하는 것으로 바뀌었고, 국유지대장 및 집계부를 만들어 관할 재무서에서 관리하도록 하였다.[39)]

⑤ 조사 대상은 탁지부 소관 국유지로 역둔토(驛屯土), 각궁장토(各宮庄土), 능원묘부속토지(陵園墓附屬土地) 및 기타의 국유지로 규정하였지만, 통칭하여 '역둔토'라고 하였다.

⑥ 조사 내용은 필지별로 소재, 지번, 지목, 면적, 사표, 구명칭, 등급 및 결정 소작료, 소작인의 주소, 성명 등을 조사하도록 하였다.

⑦ 지번은 동리별로 별도로 부여하였으며, 지목은 답·전·화전(火田)·대(垈)·염전(鹽田)·지소(池沼)·산림(山林)·목장(牧場)·노전(蘆田)·초평(草坪)·시장(柴場)·진황지(陳荒地)·잡종지(雜種地) 등으로 하였다.

⑧ 면적은 평(坪)을 단위로 하며, 소작인은 중간 소작을 배제하고 사실상의 경작자를 조사하게 하였다.

⑨ 전답 이외의 토지는 결정 소작료를 조사하지 않고, 대(垈)에 대해서는 임대료, 노전(蘆田)·시장(柴場)·초평(草坪)에 대해서는 생산물의 불하 가격, 기타 토지에 대해서는 수입액을 조사하도록 하였다.

---

39) 국유지대장에 기재되는 지번은 실사 번호를 기재하였다. 소작인이나 소작 기간을 변경할 때는 다음 란에 다시 기록하고, 지번·지목·면적·소작료의 변동이 있을 경우는 붉은색으로 2줄을 긋고 수정한 후 연혁 란에 일자와 사유를 기록하였다.

3.1.10. 토지조사국

(1) 설치 근거

① 1909년 준비 작업으로 경기도 부평군의 구소삼각측량 지역에 시험적인 조사를 시행하여 그 성과와 경험으로써 토지조사의 순서, 방법, 경비, 예산 등을 확정하기로 한 것이 제1차 계획이다.

② 1909년 11월부터 1910년 2월까지 부평군(현; 인천 부평·계양구)에서 구소삼각측량을 시험적으로 실시하여 문제점을 파악하였다.

③ 1910년 "조선민사령"을 공포하여 일본의 민법을 그대로 적용하였으며 부동산등기에 관해서는 "조선부동산등기령"을 발포하여 일본의 부동산등기법에 따라 시행하였다.

④ 1910년 3월 14일 토지조사국 관제를 공포하여 토지조사의 주무관청인 토지조사국을 설치하였다.

⑤ 1910년 3월 15일 구한국 정부에서 칙령 제23호로 토지조사국 관제를 8월 23일 토지조사법을 제정·공포함으로써 전국의 토지조사 업무를 전담하였다.

⑥ 사업 기간의 법령인 토지조사법을 8월에 공포한 후 8월 29일 조선총독부가 본격적인 토지조사사업에 착수하면서 토지조사국을 폐지하였다.

(2) 토지조사국 조직

① 토지조사국에는 총재 1인, 부총재 1인, 부장 2인, 서기관 전임 3인, 사무관 전임 5인, 주사 전임 120인, 기사 전임 270인을 두었다.

② 총재는 탁지부 대신이 겸임토록 하고 기사는 상관의 명을 받아 기술을 취급하도록 하였다.

③ 토지조사국 조직은 총재관방 및 조사부와 측량부를 두고 필요한 곳에는 지방 또는 출장소를 설치하였다.

(3) 토지조사국 업무

① 토지조사국에서는 분쟁지조사 규정을 제정하여 총무과에 계정지계를 두어 사무를 담당하였으며 심사는 고등관으로서 분쟁지 심사위원회를 조직하였다.

② 분쟁지조사는 외업조사, 내업조사, 위원회의 3가지로 구분하였다.

③ 조사부에는 조사과와 정리과를 두고 조사과에서는 조사 사무의 계획 및 실행 사항, 조사 사무의 감독 사항, 토지에 관한 관습 및 토지제도의 조사에 관한 사항을 주관하고, 정리과는 대장의 조제에 관한 사항, 토지조사위원회에 관한 사항을 담당하였다.

④ 측량부에는 삼각과, 측지과, 제도과를 두고 삼각과에서는 삼각측량의 계획 및 실시에 관한 사항, 삼각측량의 감독에 관한 사항을 주관하였다.

⑤ 측지과는 도안 및 세부측량의 계획과 시행에 관한 사항 및 감독에 관한 사항을 주관하고, 제도과는 지도의 조제에 관한 사항, 토지의 면적계산에 관한 사항을 담당하였다.

⑥ 1911년 5월 임시토지조사국에 국원양성소를 부설하여 같은 해 6월 관립학교와 농업학교의 양성을 폐지하고 양성 중인 생도를 수용하여 수업하였으며 3월에 250명을 모집한 것이 관립학교 측량 교육의 마지막이라 할 수 있다.

3.1.11. 임시토지조사국

일제는 한국을 합병한 후 구한국 정부에서 추진하던 토지조사사업을 계승하여 1910년 9월 조선총독부 임시토지조사국을 설치하여 토지조사를 담당하도록 하였다. 임시토지조사국은 토지조사령에 의거 토지조사를 시행하였고 지적제도의 확립 등을 위하여 측량성과에 의거 토지의 소재, 지번, 지목, 면적과 소유권을 조사하여 토지대장에 등록하고 토지의 일필지에 대한 위치 및 형상과 경계를 측정하여 지적도에 등록하였다.

3.1.11.1. 임시토지조사국 조직

(1) 관제 및 정원

① 1910년 1월 대한제국 임시재산정리국의 지시에 의거 수립한 계획안을 기초로 3월 탁지부에 토지조사국을 신설하는 토지조사국 관제를 반포하고 8월 23일 토지조사법을 제정하였다.

② 토지의 경계와 소유권은 임시토지조사국장이 사정하였으며 행정처분을 확립하는 원시취득의 효력이 있었다.

③ 조선총독부 임시토지조사국 관제(1910. 9. 30.)가 제정·공포되어 10월 1일부터 시행하였는데, 이는 대한제국 토지조사국의 사업을 승계한 것으로 임시토지조사국 관제 및 정원은 (표 3.2)와 같이 1910년부터 1918년까지 7회를 개정하였다.

(표 3.2) 임시토지조사국 관제 및 정원

관명(官名)	정원						
	1910년	1911년	1912년	1913년	1915년	1917년	1918년
총재							
국장(부총재)	1	1	1	1	1	1	1
사무관(서기관)	3	3	3	2	2	7	7
부사무관(사무관)	2	2	5	7	7	11	9
감사관	1	1	1	1	1	1	1
기사	4	5	7	6	5	–	4
서기·기수	50	50	50	50	50	50	50
계	61	62	67	67	66	70	72

(2) 사무분장

① 임시토지조사국 사무분장 기구는 여러 차례에 걸쳐 개편하였는데 최초에는 서무과(庶務課), 조사과(調査課), 측량과(測量課)로 3개 과와 1개 출장소를 두었다.

② 1911년 2월 처무세칙을 제정하여 각과(各課)에는 계(係)와 과(科)로 구분하였다.

③ 서무과는 비서계, 문서계, 회계계로 세분하고, 조사과는 사정과(査定科), 정리과(整理科), 측량과는 삼각과(三角科), 측지과(測地科), 제도과(製圖科)로 세분하여 업무를 담당하였다.

④ 1912년 11월 조사과의 업무를 지위등급조사계획 및 실행, 지위등급조사 감독과 토지대장 및 장부 작성에 관한 사항으로 개정하였다.

⑤ 1913년 9월 분과규정을 개정하여 3개과를 6개과로 개정하여 총무과, 기술과, 조리과, 제도과, 측지과, 정리과로 개정하였다.

⑥ 1934년 5월 1일 세정업무가 조장(助長) 행정으로부터 분리 독립됨에 따라 지적공부는 시·군에서 세무서(당시 98개소)로 이관되고 중간 감독기관인 도는 세무감독국으로 대체되어 세무서에서 담당하였다.

⑦ 1943년 10월 1일부로 세무감독국이 폐지되고 도(道)로 사무가 이관되었다.

(3) 특별조사기관

① 특별조사기관에서는 특별세부측도성적검사, 분쟁지조사, 급여 및 장려(壯麗) 제도의 조사, 고원(雇員 : 현, 서기관)의 고사(考査), 외업특별검사, 지지자료조사 등의 업무를 수행하였다.

② 특별세부측도성적검사(成績檢査)는 당초 일필지조사의 방법으로 우선 지압조사반에서 현지를 답사하여 지역적으로 개황도(槪況圖)를 작성하여 강계선 및 소유권을 확인한 다음 측지과 세부측량반에서 면적을 측정하였다.

③ 분쟁지조사(紛爭地調査)는 토지소유권이 체계적으로 정리되지 못한 상태에서 토지조사사업이 실시되어 많은 분쟁사건이 나타났으며 매우 복잡하였다.

④ 외업특별검사(外業特別檢査)는 1916년 토지조사사업이 완료시점에 가까워지고 가장 큰 비중을 차지하는 세부측량이 종결됨에 따라 외업특별검사반을 조직하여 일필지조사, 측량 및 지위등급의 검사를 하게 함으로써 종사원의 경각심을 높이게 하였다.

⑤ 지지자료조사(地誌資料調査)는 토지조사사업이 매우 광범위하여 지지의 자료는 작업결과에 따라 조사할 수 있었는데, 지리학상의 기초자료가 되는 것도 많았다.

3.1.11.2. 임시토지조사국의 특징

① 토지의 경계와 소유권은 임시토지조사국장이 사정하였으며 사정은 행정처분을 확립하는 원시취득의 효력이 있었다.

② 임시토지조사국은 분쟁 사건을 조사 처리하기 위하여 분쟁지조사 규정을 제정하고 고등관으로서 조직된 분쟁지 심사위원회를 설치하였다.

③ 임시토지조사국장은 지방 토지조사위원회에 자문하여 토지의 소유자 및 강계의 사정은 신고 또는 토지 당일의 현재에 의하여 행한다.

④ 임시토지조사국에서 시가지세를 급히 징수하여 재정수요를 충당할 목적으로 대삼각측량을 끝내지 못한 지역에 대하여 독립된 특별소삼각측량을 실시하였으며 후에 일반 대삼각점과 연결하는 방식을 취하였다.

⑤ 실시 지역은 평양, 의주, 신의주, 진남포, 전주, 강경, 원산, 함흥, 청진, 경성, 나남, 회령, 진주, 전주, 광주, 목포, 나주, 군산, 울릉 등 19개 지역으로 하였다.

3.1.11.3. 특별조사기관의 업무

임시토지조사국의 특별조사기관에서는 특별세부측도(特別細部測圖) 성적검사(成績檢査), 분쟁지조사(紛爭地調査), 급여(給與) 및 장려(壯麗) 제도의 조사, 고원(雇員 : 현 서기관)의 고사(考査), 외업특별검사(外業特別檢査), 지지자료조사(地誌資料調査) 등의 업무를 수행하였다.

(1) 특별세부측도 성적검사

① 일필지 조사의 방법은 우선 지압조사반에서 현지를 답사하여 지역적으로 개황도(槪況圖)를 작성하여 강계선 및 소유권을 확인한 다음 측지과 세부 측량반에서 면적을 측정하였다.

② 특별한 세부측도(細部測圖) 성적검사(成績檢査) 방법

- 위원회를 조직하는 데 위원장(1명)·위원(2명)·위원보(약간명)로 구성한다.
- 위원장은 총무과장이 담당하며 위원은 사무관, 감사관 또는 기사 중에서 담당, 위원보는 서기 또는 기수(현재의 주사임) 중에서 담당하였다.
- 위원장은 위원을 지휘 감독하고 위원은 성적검사 사무를 담당하고 위원보는 위원을 보좌하며 검사에 종사하였다.

(2) 분쟁지 심사

① 우리나라의 토지소유권은 체계적으로 정리되지 못한 상태에서 토지조사사업이 실시되어 많은 분쟁 사건이 나타났으며 매우 복잡하였다.

② 분쟁 사건을 처리하기 위해서는 분쟁지 심사 위원제도를 설치하여 토지소유권을 사정하도록 하였다.

③ 분쟁지심사(紛爭地審査)위원회의 기능

- 위원장(1명)은 총무과장이 되며 위원(5명)은 사무관 또는 부사무관 중에서 임명한다.
- 분쟁지의 심사는 분쟁지심사서 및 판결 확정으로 인한 분쟁지 해결서 안에 대해 실시하는 것이다.
- 심사서안 또는 해결서 안의 심사를 끝냈으면 서명날인한 다음 주무과에 회부한다.
- 심사위원은 심사 사항에 관한 내용을 타인에게 누설하면 안 된다.
- 분쟁지심사위원회에서는 복잡한 사건을 명확하게 처리하므로 지방토지조사위원회의 사정 심의를 원만하게 진행할 수 있도록 했다.

(3) 급여 및 장려 제도와 고원고사

① 업무의 수행에 따르는 직원과 종사원의 급여(給與) 및 장려(壯麗) 제도로 조사위원을 두어 급여액을 책정하였다.

② 장려금 제도를 신설하는 한편 업무에 종사하는 고원들의 자질 향상을 위하여 고원고사(雇員考査) 위원을 설치하여 채용할 때 일반적으로 시험을 시행하였다.

③ 1912년부터 1917년까지 총 59회의 시험을 시행하였다.

(4) 외업특별검사

① 1916년에는 임시토지조사국의 사업도 완료 시점에 가까워지고 가장 큰 비중을 차지하는 세부측량이 종결됨에 따라 종사 직원들의 측량 작업이 소홀해지는 경향을 시정하기 위해 외업특별검사(外業特別檢査) 반을 조직하여 일필지조사, 측량 및 지위등급의 검사를 하게 함으로써 종사원의 경각심을 높이게 하였다.

② 외업특별검사는 반장(1명)은 부사무관, 감사관 또는 기사로 임명하고, 감사원(약간 명) 및 검사원(약간 명)은 서기 또는 기수 중에서 임명하였다.

③ 검사반에는 감사원의 수와 동일한 인원수로 분반을 구성하였다.

④ 검사 사항

- 일필지 측량의 정확성 여부
- 도로, 구거는 물론 기타 일반적으로 측량의 정확성 여부
- 일필지의 조사, 측량에 누락 여부
- 도근측량 또는 도근점 전개의 정확성 여부
- 토지소유자와 지목 조사의 정확성 여부

(5) 지지자료조사

① 토지조사사업은 매우 광범위한 것으로 지지(地誌)의 자료는 작업 결과를 활용하여 조사할 수 있는데, 지리학상의 기초자료가 되는 것도 많았다.

② 지지자료가 될 수 있는 것을 조사·정리하여 확실한 지지자료를 제공하는 것이 가장 중요하므로 이를 명확히 하고자 지지자료조사(地誌資料調査)위원회를 설치하였다.

③ 위원장(1명)은 총무과장, 위원은 고등관(6명), 위원 보조(판임관 약간 명)를 임명하여 지지자료조사(地誌資料調査)를 하도록 하였다.

3.1.12. 대한민국의 지적행정기관

출제(논) : 137회

(1) 미국의 군정

① 1945년 8월 15일 해방으로 미군의 과도정부가 실시되면서 지적은 공백 상태였다고 할 수 있으나 관공서의 지적업무는 계속되었다.

② 1948년 3월 1일 군정청 재무부 사세국의 기구 개편으로 각 도 재무국은 폐지되고 국세는 각 지방 사세청으로 이관되었으며 지방세는 내무국 지방과로 이관되었다.

(2) 재무부

① 1948년 11월 4일 재무부에 사세국이 설치되고 그 아래 징수과, 직세과, 간세과, 국유재산과를 두었으며 지적업무는 직세과에서 담당하였다.

② 1961년 12월 2일 국세와 지방세의 조정에 관한 법률에 의거 농지세의 지방세 이관과 함께 1961년 12월 8일 개정 지적법률에 의해 지적업무가 내무부 소관으로 이관될 때까지 주로 토지수득세과에서 지적업무를 관장하였다.

(3) 내무부

① 1962년 1월 1일부터 재무부 산하 서울·대전·광주·부산 사세청과 81개 세무서의 인력, 지적공부 및 기구는 시·도와 시·군에 이관되었다.

② 1989년 대구직할시 3개구와 52개 군에 설치되었으며, 1990년 나머지 26개 시와 52개 군에 지적과가 신설되었고 1995년 전국의 시·군에 지적과가 신설되었다.

(4) 행정자치부

① 1998년 2월 국민의 정부가 출범하면서 작은 정부 구현 정책으로 내무부와 총무처를 통합하여 신설된 행정자치부 지방세제국에 지적과가 설치되었다.

② 2007년 지적공부상 지번 체계의 문제점을 해결하는 방안으로 새주소정책팀을 설치하여 총괄팀과 사업팀, 홍보팀, 정보화팀으로 구분하여 업무를 담당하였다.

(5) 국토교통부

① 2009년 지적업무는 행정자치부에서 국토교통부로 이관되어 현재까지 시행되고 있다.

② 국토정보정책관의 소속으로 국토정보정책과, 공간정보진흥과, 국가공간정보센터, 공간정보제도과가 있다.

③ 지적을 총괄하는 공간정보제도과에서는 지적업무 정책의 수립 · 조정 및 연구 · 기획에 관한 사항, 측량기본계획 및 시행계획의 수립 · 시행 등에 관한 사항을 정리하고 있다.

3.2. 토지등록부

3.2.1. 둠즈데이북

출제(용) : 84, 98, 120회

둠즈데이북(Domesday Book)은 영국을 지배하기 위해 대대적으로 토지조사와 조세 징수를 할 목적으로 작성한 그에 관련된 내용이 담긴 책으로 웨스트민스터 북이라고도 한다. 둠즈데이는 "최후 심판의 날", "운명의 날"이라는 의미로 1086년 당시 노르만족이며 잉글랜드 왕국의 왕이었던 윌리엄 1세가 조사 규모가 크고 내용도 매우 상세히 기록한 과세설을 입증하는 증거 자료라고 할 수 있다.

(1) 구성

① 1086년 윌리엄(William) 1세가 자기가 정복한 전 영국의 자원목록으로 국토를 조직적으로 작성한 토지 장부로 과세 장부라고도 하였다.

② 둠즈데이북의 구성은 전체 2권으로 되어 있으며, 라틴어로 기록되어 있다.

③ 제1권 대(大) 둠즈데이북

- 조사 대상은 북부의 에식스·노퍽·서퍽 주 및 윈체스터(Winchester)시를 제외한 영국의 모든 주에 대한 기록을 413장으로 구성하고 있다.[40)]
- 국왕부터 국왕봉토직수령자 중 가장 낮은 직책까지 토지소유자의 이름이 기록되어 있다.

④ 제2권 소(小) 둠즈데이북

- 제1권에서 제외된 북부의 에식스·노퍽·서퍽 주에 대하여 생략 없이 그대로 윈체스터로 보낸 보고서가 들어가 있다.
- 제1권보다 작은 책으로 475장으로 내용이 구성되어 있다.

⑤ 11세기의 잉글랜드의 토지소유 현황, 이용 현황 등이 기술되어 왕과 지방 영주와의 권력 관계, 경제 상황, 생활 수준을 파악할 수 있었다.

⑥ 본래 의도는 잉글랜드에서 최대한 세금을 많이 거두고자 한 것이라고 상세하게 온갖 잡다한 것이 기록되어 있다.

---

40) National Research Council, Need for a Multipurpose Cadastre, Washington : National Academy Press, 1980, pp. 5~6

(2) 배경

① 노르망디(프랑스의 한 지역)의 공작인 윌리엄 1세는 1066년 잉글랜드 헤이스팅스 전투를 승리로 이끌었다.

② 1085년 사상 최초로 대대적인 토지조사를 감행하여 토지 면적, 인구, 시설물, 가축 수까지 빠짐없이 조사한 것이 둠스데이 북이 기록된 배경이다.

③ 둠즈데이북(Domesday Book)은 토지를 조사하여 등록한 지세대장으로 실제 조사는 1085년부터 1086년까지 수행되었다.

(3) 토지조사

① 잉글랜드를 침략하고 19년 후 1085년에 윌리엄은 런던과 윈체스터를 제외한 잉글랜드 전역을 조사할 계획을 세웠다.

② 1085년에 궁정조사위원은 각 주의 대표자를 심문하여 나라의 재산을 파악하고, 토지소유권과 관련된 분쟁도 처리하였다.

③ 빼앗은 토지와 재산을 노르만족 백성들에게 합법적인 소유자로 만들어 주었다.

④ 조사 대상은 토지의 경작 면적, 토지의 가격, 소유자 이름, 노예와 자유민의 수, 가옥, 삼림지, 목초지, 소, 돼지와 같은 동물들도 조사하여 기록된 장부이다.

⑤ 노르만인들은 잉글랜드의 정부 체제를 계승하여 회계 및 세무 기록뿐만 아니라 소유주와 소작인에 관한 구체적인 정보를 활용하게 되었다.

(4) 활용

① 둠즈데이북은 중세에는 왕가에서 왕가로 옮겨 다니는 경우가 많았다.

② 처음에는 토지소유권에 대한 분쟁을 해결하는 데 많이 사용되었다.

③ 둠즈데이북은 1986년에 900주년을 기념하여 다섯 권으로 다시 제본되었다.

④ 현재는 영국 런던의 공문서보관소(Public Record Office)에 2권의 책으로 보관되어 있다.

3.2.2. 신라 장적문서

출제(용) : 96, 113회

신라 말기의 것으로 추정되는 신라장적에는 일정한 지방 촌 단위의 경지 결부수와 함께 호구 및 마전, 뽕나무, 잣나무, 호두나무 등 특산물의 통계가 들어있는 지금의 청주지방인 신라 서소원경(西小原京) 부근 4개 촌락의 장부 문서이다. 우리나라 대표적인 과세 장부로 장적문서(帳籍文書)가 있으며 민정문서(民政文書)라고도 하며 1933년 일본 동경도 쇼소인(正倉院) 소장의 유물을 정리하다가 발견된 토지문서로 8세기 중엽에서 9세기 초에 작성된 문서로 통일신라의 토지제도에 관한 확실한 증거라고 할 수 있다.

(1) 장적문서의 특징

① 신라장적은 〈그림 3－4〉와 같이 촌락 단위의 토지 관리를 위한 장부로서 조세의 징수와 요역(徭役; 노동) 징발을 위한 기초자료로 활용하기 위한 문서이다.

② 촌락의 촌주는 여러 개의 촌락을 관할하고 임무는 과세의 수취와 수취대상의 변동 상황을 정확하게 파악하는 것으로 당시의 촌락 및 농민과 토지의 관계를 잘 나타내고 있다.

③ 755년경 서소원경(西小原京; 현, 청주) 부근의 4개 촌락(村落)을 대상으로 작성된 것이다.

④ 장적문서는 8세기 중엽에서 9세기 초에 작성된 문서로 통일신라의 토지제도를 인식할 수가 있다.

⑤ 거리의 단위는 보(步), 면적의 단위는 결부법(結負法)에 따른 면적과 수확량을 동시에 표시한 계량법을 사용하고 국가 세금 징수를 목적으로 작성된 장부이다.

⑥ 토지대장의 성격을 가지고 있는 현존하는 가장 오래된 자료로 기재된 내용은 〈그림 3－4〉과 같다.

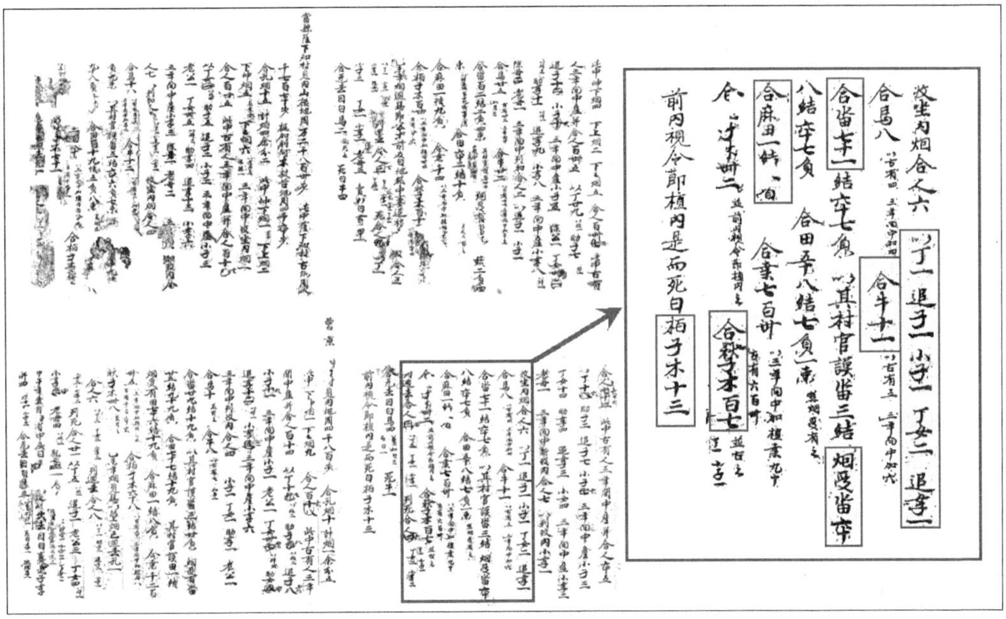

<그림 3-4> 신라 장적문서

(자료 출처 : 대한지적공사, 한국지적백년사, 2008년)

(2) 장적문서의 내용

① 각 촌락의 호수는 8～15호로 되어 있고, 매 호당 연수유전답의 면적은 10결에서 16결 정도이다.

② 수취에 대한 변동 사항은 3년마다 작성한 것으로 수취가 엄격하였다.

③ 촌락마다 그 면적이 다르고 매호당, 농민 1인당 토지보유량도 차이가 있었으나 1인당 소유 토지는 1결 내외의 적은 토지를 소유하였다.

④ 촌락의 촌주에게는 촌주위전(村主位田)의 전답을 주었다.

⑤ 문서에 기재된 내용

- 촌명(村名) 및 촌락(村落)의 영역(領域)
- 토지의 종류 : 관모답(官謨畓; 국가 직속의 관유지), 연수유전(농민에게 지급된 전답), 부락별로 1～2결씩 지급된 국가소속의 마(麻)를 재배한 토지로 마전(麻田), 내시령답(관료의 토지)의 종목이 있다.
- 토지의 지목 : 전(田), 답(畓), 마전(麻田)
- 전답(田畓)의 면적 : 결(結)·부(負)·속(束)
- 촌락의 호구수(戶口數)·우(牛)·마(馬) 등의 가축 수

- 상자목(桑子木; 뽕나무), 백자목(柏子木; 잣나무), 추자목(秋子木; 호두나무) 등의 수량 기재

⑥ 토지 면적은 "新羅帳籍에 合畓二百二結二負四束 合田六十二結"와 같이 결부법(結負法)을 사용하였다.

⑦ 지금의 청주 근교인 서원경의 사해점촌, 살하지촌 등 4개 촌락으로 구분되는 공동체적인 내용과 지목에 해당하는 전답의 종류까지 기록하고 있다.

⑧ 장적문서에서 4개 촌락은 각각 촌역의 범위가 명시되어 있으며 촌역은 촌락의 배타적 지배가 확립된 영역으로 촌락민의 연수유전답 보유는 촌락민 공동체의 구성원이라는 자격을 전제로 시행된 것이다.

⑨ 토지는 내시령답, 관모전답 및 마전(麻田)이 있으며 촌주의 벼슬에 따라 촌주위답을 지급하였다.

⑩ 토지의 지급 기준은 호구(戶口)에서 남녀별 연령을 기준으로 정남(丁男), 조자(助子), 정녀(丁女), 조녀자(助女子) 등으로 구분하여 정남과 정녀의 다소에 따라 상상(上上)에서 하하(下下)까지 9등급으로 구분하여 지급하였다.

⑪ 장적문서의 내용에는 (표 3.3)은 해당 4개 촌락으로 호수는 8~15호로 되어있고, 매 호당 연수유전답의 면적은 10결에서 16결 정도이며, 촌락의 조직은 촌주가 10호에서 15호 정도의 호수와 60~150여 명의 촌락민(村落民)에 대한 행정사무를 담당하였다.

(표 3.3) 연수유전답의 총면적

촌 명(村名)	호수	구수	연수유전답 총면적	매호당 연수유전답 총면적	매인당 연수유전답 총면적
사해점촌(沙害漸村)	10	142	156결 12부 4속	15결 61부 2속	1결 09부 9속
융하지촌(薩下知村)	15	125	179결 4부 0속	11결 93부 6속	6결 43부 2속
실 명 촌(失名村)	8	69	126결 74부 1속	15결 84부 2속	1결 83부 6속
서원경 ○○○촌	10	106	102결 18부 0속	10결 21부 8속	0결 96부 3속

(3) 장적문서의 특징

① 촌락의 조직은 촌주가 10호에서 15호 정도의 호수와 100여 명의 촌락민(村落民)에 대한 행정사무를 담당하였다.

② 촌락마다 그 면적이 다르고 매호(每戶) 및 농민 개인당 토지보유량도 차이가 있었으나 개인당 보유 토지의 면적은 1결(結) 내외의 적은 토지를 소유하였다.

③ 촌락의 문서에는 우마(牛馬) 등의 가축수, 잣나무, 호두나무, 뽕나무 등의 주수(株數)까지 기록되어 있다.

④ 촌락의 촌주(村主)는 여러 개의 촌락을 관할하고 임무는 과세의 수취와 수취대상의 변동 사항을 정확하게 파악하는 것이며 촌락의 촌주에게는 촌주위전(村主位田)의 전답을 주었다.

⑤ 촌주위답은 연수유전답의 범주 안에 포함되었음에도 일반 농민들의 보유지인 일반 촌락민들의 연수유전답에 비해 소유의 권리가 강화되었다.

⑥ 토지 면적은 "新羅帳籍에 合畓二百二結二負四束 合田六十二結"와 같이 결부법(結負法)을 사용하였다.

⑦ 토지 종목, 토지 면적 및 인구수 등이 기재되어 있으며 토지 면적은 지방관아에서 산출하였으며 촌명(村名) 및 촌락(村落)의 영역(領域)과 전(田), 답(畓), 마전(麻田) 등으로 구분하였다.

⑧ 신라장적 문서에서 토지는 내시령답, 관모전답 및 마전(麻田)이 있으며 인수유전답이 큰 비중을 차지하고 있으며 촌주의 벼슬에 따라 촌주위답을 지급하였다.

⑨ 토지의 지급 기준은 호구(戶口)에서 남녀별 연령을 기준으로 정남(丁男), 조자(助子), 정녀(丁女), 조녀자(助女子) 등으로 구분하여 정남과 정녀의 다소에 따라 상상(上上)에서 하하(下下)까지 9등급으로 구분하여 지급하였다.

3.2.3. 고려의 정두사 오층석탑조성형지기

① 고려시대의 토지대장과 토지도면이 완전한 형태로 남아있는 것은 없으나 토지에 대한 토지대장의 형식과 기재 내용은 "정두사오층석탑조성형지기"에서 토지제도를 찾아볼 수 있다.

② 정두사오층석탑조성형지기의 내용 중 우선 양전의 과정에 관한 내용은 955년 2월 15일에 송량경이 조사를 하여 도행이라는 장부를 만들고 실제 토지조사와 측량에 참여한 사람의 직과 이름이 있다.

③ 기록상으로는 송량경이 우리나라 최초의 토지조사 측량자이며 956년에는 양전사 전수창부경 예언, 하전 봉휴, 산사 천달 등이 토지측량을 하였으며, 도행을 사용하여 작(作)이라는 장부를 만들었다.

④ 도행은 1031년 정두사오층석탑조성형지기의 원문에서 토지 2개소는 각각의 매 필지에 대하여 토지소유자·지목·토지 등급·토지 형상·양전의 방향·면적·사표·총결수 등이 기재되어 있다.

3.2.4. 문기

출제(용) : 48회

문기(文記)는 토지 및 가옥을 매수 또는 매도할 때 작성하는 매매계약서를 말하며 '명문문권(明文文券)'이라고도 한다. 문기는 상속 및 증여 소송 등의 문서로서 권리변동의 효력을 발생하며 확정적 효력을 가지고 있고 권리자임을 증명하는 권원 증서이다. 토지거래 증서는 동서양을 막론하고 고대에서부터 전해지고 있는데, 우리나라의 경우는 양안, 입안, 문기가 있으며 백문매매는 문기의 일종으로 입안을 받지 않는 매매계약서를 일컫는 말이다.

3.2.4.1. 문기 연혁

① 고려 중엽 이전에는 토지의 사유를 인정하지 않았으며 문기 제도가 없었음을 알 수 있다.

② 고려사 식화편(食貨編) 13 (충선왕 원년), "典農司 所收諸寺社及有券(文記), 功臣田租, 皆還給云云"의 내용은 "전농사에서 받아들인 여러 사찰사 및 문서는 공신전의 조세로 모두 환급하라."라고 기록된 것이 문기의 시초라 할 수 있다.

③ 조선시대 문기는 공문기를 목적으로 시행했지만, 점차 사문기로 바뀐 것이다.

3.2.4.2. 문기의 작성

① 매수인, 매도인 쌍방의 합의 외에 대가의 수수 목적물의 인도 시에 서면으로 계약서를 작성하였다.

② 문기의 작성은 당사자와 증인 그리고 집필인(執筆人)이 작성하였다.

③ 구두계약일 경우에도 후에 문기를 작성하였다.

④ 구문기(舊文記)를 분실, 오손(汚損)하였을 때는 그 사실을 증명하는 관의 입안, 또는 입지(立志)를 성급(成給) 받아서 문기를 작성하였다.

⑤ 구문기가 없는 토지를 매매할 때는 그 사유를 갖추어 해당 관청에 신청하여 입지 또는 입안의 발급을 받은 자가 없지 않지만, 일반적으로 신문기에 그 사유를 기재하였다.

⑥ 신문기를 작성하지 않고 구문기만을 갖고, 토지를 매매할 경우 매수자에게 있어 상대방의 신용을 인정하므로 상호 가까운 사이일 때 신문기의 작성을 생략하기도 하였다.

3.2.4.3. 문기의 형식

① 토지 매매 시에 매도인은 신문기는 물론 그 토지의 권리 전승의 유래를 증명하는 구문기(권원 증서 역할)도 함께 인도해야 하는 요식행위이다.

② 토지가옥 매매문기(賣買文記)의 형식

- 매도 연월일과 매수인을 등록하였다.
- 다음에는 매매의 이유, 그 토지의 권리 전승의 유래, 토지·가옥의 소재지와 사표(四標), 매매대금과 그 수취(收取)의 사실, 영구적, 매도의 문헌(文獻), 본문기의 허급 여부(許給與否)와 그 이유, 담보문헌(擔保文獻)의 순서로 기재하였다.
- 매도인이 기명화압(記名花押) 하였다가 매매계약을 성립하기 위하여 목적물의 인도 시에 양 당사자와 증인(證人) 그리고 집필인(執筆人)이 서면으로 계약서를 작성하는데, 이것을 문기(文記) 또는 명문문권(明文文券)이라 하였다.

3.2.4.4. 문기의 종류

① 문기는 작성 시대에 따라 구문기와 신문기로 구분하고, 관의 증명해야 하는 것을 공문기(公文記)라고 하며 당사자만 임의로 작성된 것을 사문기(私文記)로 구분하였다.

② 사문기(私文記)는 조선시대에 관청의 증명을 받지 않고 토지 매매 당사자 간(매수자와 매도자)에 서식의 형식에 제한받지 않고 임의로 작성한 문기를 말한다.

③ 내용에 따라 토지 매매문기, 매려(買戾) 특약 문기, 패지(牌旨), 증여문기, 전세문기, 국유지사매문기(國有地私賣文記), 불망기(不忘記), 배탈문기(背頉文記), 전당문기, 도지권(賭地權)에 관한 문기와 소작권에 관한 문기 등 11종류로 구분할 수 있다.

- 토지 매매문기는 〈그림 3-5〉과 같이 일반 문기의 대부분을 차지하며 가장 오래된 것으로 그 양식은 시대에 따라 다르며 매매문기에는 조선시대에 관청의 허가를 받은 매매계약서로 경국대전에 규정되었다.
- 매려약관부 문기는 부동산 매매를 할 경우 매도한 주인이 다시 매수할 경우 기간을 정하여 기간 내 또는 그 기간 만료 때까지의 기간을 말하며 권리를 유보하는 특약을 붙이는 것으로 오래전부터 시행된 관습이다.
- 패지(牌旨)는 중류층 이상의 상당한 지위에 있는 자가 본인의 이름으로 부동산매도 행위를 하는 것을 싫어하여 노비의 이름을 빌려 부동산 처분을 하기 위해 작성한 문서이다.

- 화회문기(和會文記)는 〈그림 3-6〉과 같이 가장(家長)이 은퇴 또는 사망으로 소유재산을 자손 또는 친족에게 증여하고자 할 때 증인 입회하에서 작성되는 증여문기를 말한다.

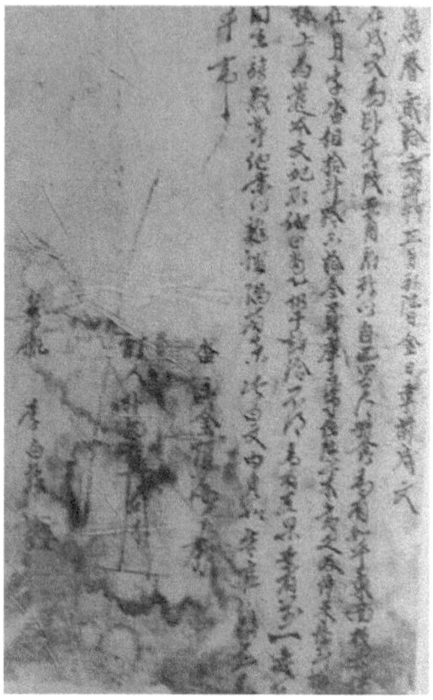

〈그림 3-5〉 매도문기

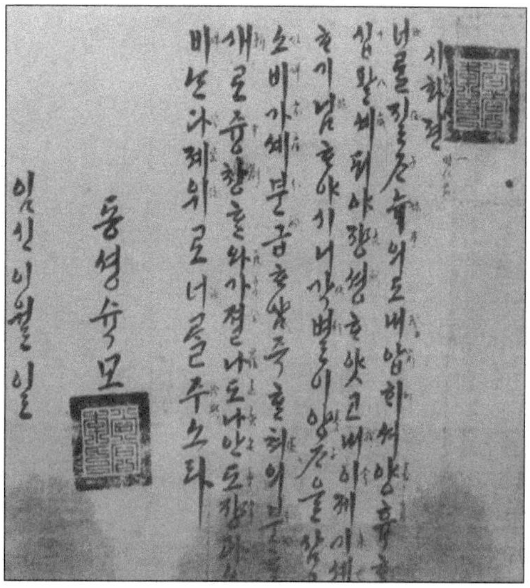

〈그림 3-6〉 증여문기(贈與文記)

(자료 출처 : 토지조사사업보고서, 대한지적협회)

- 전세문기는 전셋집에 대한 집주인의 소득은 대여 기간에 대한 금액의 이자로 대차 계약을 위해 작성하는 문서로 대주(貸主: 집주인)와 차주(借主: 세입자)의 연서로서 청원서를 부윤에게 제출하고 가계(家契)에 등록한다.
- 불망기(不忘記)는 구문기가 없는 부동산을 매도할 때 매도 주가 구문기가 없는 사유를 증명하기 위해 작성한 문서로 신문기에 첨부하여 매수인에게 내주는 것으로 독립된 문기라고 할 수 없으나 신문기를 분실하였을 때 권리를 증명할 수가 있다.
- 배탈(背頉)문기는 이면(裏面)에 기록한 문기를 말하며 구문기 중에 기재된 토지 일부를 매도·교환 또는 증여한 문기 중 그 매도 부분에 해당하는 기사를 말소한 후 그 이면에 그 사유를 기재하고 잔여 토지의 증거 문기로 매도자가 보존하는 것이다.
- 전당문기(典當文記)는 금전을 차용할 경우에 채무자가 본인 또는 타인의 소유 부동산을 채권자에게 저당(抵當) 할 경우에 토지의 매매와 전당(典當)이 이루어질 때마다 작성된 문서로 문기를 첨부한 차용증서를 말하며 저당 수표라고도 한다.
- 소지(所志)는 조선시대에 사서(士庶), 서리(胥吏), 천민(賤民)이 관청에 올리는 소장(訴狀)·청원서(請願書)·진정서(陳情書) 등의 문서로 백활(발괄; 白活)이라고도 한다.

3.2.4.5. 증여문기

증여문기(贈與文記)는 화회문기(和會文記)와 별급문기(別給文記)로 구분한다. 회화문기는 가장(家長)이 은퇴 또는 사망으로 소유재산을 자손 또는 친족에게 증여하고자 할 때 증인 입회하에서 작성되는 문기를 말한다. 별급문기(別給文記)는 은퇴 또는 사망과 관계없이 일반적으로 널리 이용되었으며, 내용은 반드시 특별증여의 듯을 표시하는 것이 일반적이었다.

(1) 화회문기(和會文記)

① 노비·토지 등의 재산은 재주(財主, 父)가 살아 있을 때 자녀들에게 분급하는 경우도 있으나, 재주가 재산을 분급해주지 못하고 재주 사후에 그 자녀들이 모여 합의(和會)하여 재산을 분배하게 된다.

② 재주 사후에 부인과 자녀에 의하여, 또는 부모가 모두 죽은 뒤에 그 자녀들의 합의에 의하여 재산을 분배할 때 작성하는 문서가 화회문기이다.

③ 특징

- 자녀들이 재산을 나눌 때 재주의 유서나 유언이 남아 있으면 이에 근거하여 분재가 되었다.
- 유서나 유언이 없는 경우에는 형제자매들이 모여서 합의하여 분깃(分衿 : 재산 몫을 나눔)하게 된다.
- 경국대전 사천(私賤) 조에 "부모, 조부모, 처부모, 부처(夫妻), 첩과 형제 등의 화회문기는 관서문기를 사용하지 않고, 증필로서 친족 또는 현관(顯官) 중 2, 3명의 연서(連署)가 필요하다.
- 부모 생시에 분깃하고 남은 재산과 화회분깃한 후에 나타난 재산도 다시 합의하여 분깃하면서 작성할 경우에도 화회문기라고 하였다.
- 화회문기는 그 가세에 따라서 재산의 규모가 다르므로 어떤 문기는 4~10m 정도의 두루마리(周紙)로 되어 있는 것도 있고, 분재의 내용이 빈약한 것도 있다.

④ 화회문기 작성

- 화회문기는 증인 중 한 사람이라도 그 성명 아래에 도장을 찍지 않는 자가 있을 때는 문기의 효력이 없었다.
- 문기를 개정할 경우 반드시 관에 신고하도록 하였다.
- 화회문기는 대개 재주 사후 3년상을 마친 뒤에 형제자매들이 모여 작성하였다.

⑤ 화회문기의 내용

- 첫행에 문기를 작성하는 해의 연호와 연월일 및 화회 참가 범위를 기재하였다.
- 화회문기를 작성하게 된 사유 기재하였다.
- 형제자매의 각 몫(衿)을 일일이 기재한 뒤, 끝에 화회분깃(分衿)에 참가한 사람들의 성명을 쓰고 수결(手決)을 하였다.
- 분깃을 받은 사람들은 그 수효대로 문기를 작성하여 각기 1부씩 보관하였다.

(2) 별급문기

① 별급문기는 특정 시점에 특별한 이유로 특정인에게 재산을 증여하며 작성한 문서이므로, 문서에 담긴 내용을 토대로 재산이 전해 내려오는 과정을 알 수 있다.

② 조선시대에 특별한 사유로 재산을 증여할 때 사용하던 문서로 분재기(分財記)의 일종이다.

③ 별급문기는 조선시대 재산상속의 대원칙 속에서도 재주의 자유로운 의사에 따른 재산분배가 이루어짐을 확인할 수 있었다.

④ 특징

- 별급은 정식 재산상속으로 대표되는 허여(許與)와 화회(和會)와는 다른 형태로 시행되었다.
- 상속 대상자 가운데 특정 능력이 있던 특정인에게만 별급이 집중되면서 결과적으로는 차등 분배가 실현되고 있었음을 알 수 있다.
- 별급은 재주가 법전에서 정한 재산상속 원칙에 얽매이지 않고 비교적 자유롭게 재산을 줄 수 있는 통로 역할을 하였다.
- 특정 사유로 인해 재산을 분배하는 것이기에 단편적이고 일회적 성격을 지닌 경우가 많다는 특징이 있다.
- 별급문기(別給文記)는 재주가 살아 있는 동안 특정인에게 재산 일부를 증여할 때 작성한 문서에 해당한다고 할 수 있다.

⑤ 기재 내용

- 문기의 작성 연월일, 별급 대상자의 성명
- 별급의 사유, 별급 재산의 표시, 당부의 말
- 재주(財主)·증인(證人)·필집(筆執)의 성명과 수결(手決)

⑥ 증여 대상

- 자녀 또는 며느리, 사위, 손자녀 등이 가장 일반적이었다.
- 동생, 첩자녀, 증손자녀, 사촌 형제, 조카에 이르기까지 다양하였다.

⑦ 별급 사유

- 자녀가 혼인할 때 경제적 기반을 조성하여 주기 위해 신노비(新奴婢)를 주었다.
- 손(孫)이 과거 급제 또는 관직을 제수(除授)하였을 때 이를 축하하기 위해 재산을 증여하였다.
- 조상을 위한 봉사(奉祀) 의무를 진 장자 또는 장손을 위해 재산을 증여하였다.
- 부모 또는 조부모가 자신을 위해 정성껏 구병(救病)하거나 시양(侍養)한 자녀·손자녀에게 효도의 대가로 재산을 증여하였다.
- 손자녀가 태어났거나 중병(重病)에 걸린 자녀·손자녀가 건강을 되찾은 경우에도 이를 축하하고 기념하기 위해 재산을 증여하였다.
- 자녀·손자녀가 가난해서 빚이 있거나 노비가 없는 경우 경제적 보조를 위해서도 별급이 이루어졌다.
- 자신의 사후에 남아 있을 서·얼자 또는 첩이 걱정되어 경제적 지원을 하기 위한 별급이 있었다.
- 갑작스럽게 부모를 잃게 된 손자녀 또는 배우자를 잃은 자녀를 위로하기 위해 별급이 있었다.

제 1 장 제 2 장 제 3 장 제 4 장

3.2.4.6. 매매 문기의 내용

① 매매 연월일, 매수인, 매매의 이유

② 매매 대상 전답(田畓)의 소재지, (結負數)·두락수(斗落數), 도장권(導掌權) 등

③ 토지소재지, 사표(四標)

④ 매매대금의 수취 여부, 담보문헌(擔保文獻)

⑤ 전답주·재주(財主)·증인·필집인(筆執人) 성명을 기재

3.2.4.7. 문기의 특징

① 문기는 매매계약의 성립 요건이며 매매 사실의 사적인 공지 수단임과 동시에 증명 수단으로 볼 수 있다.

② 조선시대 말 농민은 문기를 중요하게 여기지 않아서 문기를 소지하지 않은 사람이 많았다.

③ 문기를 소지하지 않은 이유

- 오랫동안 보관하던 중 문기가 분실, 훼손, 소실된 것

- 조상 이래 문기가 전해지지 않는 것
- 자기의 산야, 초평, 시장 기타 미개간지를 개간한 것
- 개간의 허가서를 받지 않고 한광지를 선점, 개간한 것
- 동일 문기에 다른 토지를 병기(倂記)하였을 때는 그 토지 매매 때 구문기를 교부하는 것이 불가능한 것
- 다른 토지를 위해 구문기를 타인에게 교부함으로 다시 교부하는 것이 불가능한 경우이다.

④ 문기는 입안(立案)을 청구할 경우는 물론 소송에서도 유일한 증거로 제출되었다.

⑤ 문기의 작성은 동시에 소송상의 증거방법으로서 요구되었다.

3.2.4.8. 문기 효력

① 문기의 수수에 따라 권리를 이전 또는 설정하는 것으로 신문기와 구문기의 존재 여부와 관계가 없었다.

② 문기는 부동산 권리의 소재를 증명하고 당사자 간의 소송에 대한 증명서류 및 매매 사실을 증명하는 것에 불과하지만 대부분은 제삼자에 대항하는 효력이 있는 것으로 취급되었다.

③ 속대전 형전 청리(聽理) 조에 의하면 "판결이 완료된 사건이라도 소송과 관계없는 제삼자가 명백한 문기를 소지하고 그 소유권을 주장할 때는 기결과 관계없이 다시 수리할 것"을 허용하는 규정이 있다.

④ 문기에는 매도인과 매수인의 이름을 기재하지 않은 관습으로 궁가 또는 권세가는 농민의 부동산을 빼앗으면 문기도 같이 빼앗아 소유권을 약탈한 것을 보면 문기가 소유권을 증명하는 것처럼 취급되었다.

⑤ 신문기는 한 장으로 매도하여도 서로 믿기 때문에 그 효력도 구문기를 첨부한 매매와 동일한 효력을 갖게 되었다.

3.2.4.9. 관문기

관문기는 조선시대 관에서 부동산의 처분에 대하여 발급하던 증명서에 해당하는 완문으로 재결에 대응하고자 하는 완문, 궁장토의 완문, 국유지도조의 수납 방법에 관한 완문 등이 있다. 그리고 지방행정관청으로부터 발급되는 증명의 일종으로 백성의 청구에 따른 사실에 대해 발급한 입지(立旨)가 있으며 중앙정부에서 절목을 제정, 발포하여 지방관청 또는 각 궁방에서 직권으로 절목을 발급한 것 등이 있다.

(1) 완문

① 유지 도조(賭租)의 수납 방법에 관한 완문으로 돌산군에 소재한 목장의 전답은 목장을 설치할 때 해당 관리인들이 사용료를 위해 설치된 것으로 도지세는 수확량만큼 징수하였다.

② 완문은 〈그림 3-7〉와 같이 국 완문(完文) 발급은 관청 이외에서는 발급하지 않았다.

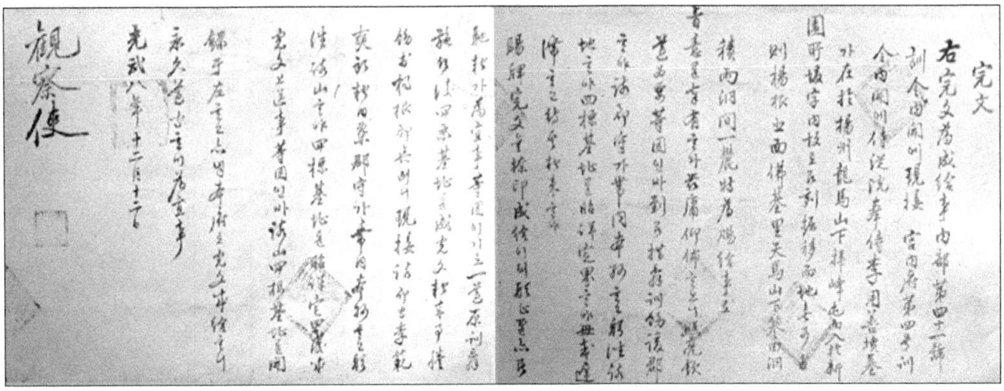

〈그림 3-7〉 1904년 관찰사 완문

(자료 출처 : 대한제국의 토지조사사업, 대우학술총서, 1995, 민음사)

③ 종래의 권한, 수속 방법에 따른 법령이 존재하지 않는 것으로 궁방에서는 장토에 대한 분쟁 사건 또는 면조(免租) 수속에 관해 백성의 소장을 받아 그 처리를 완결한 후 완문을 발급한 것은 거의 없었다.

④ 완문 중 토지분쟁에 관한 재결은 부동산의 권리 소재를 증명하는 증거로 가장 유력한 것이라고 할 수 있다.

⑤ 기타 완문은 납세수익 등의 사실을 증명하고 간접적으로 토지소유권 또는 소작권에 관해 증거력을 갖는 것이다.

⑥ 완문(完文)은 조선시대 관에서 부동산의 처분에 대하여 발급하던 증명서로 아래와 같이 3종류가 있다.

- 부동산 권리의 유무에 대해 분쟁이 발생하였을 경우 해당 관청으로부터 재결로 승소한 자에게 발급한 것.
- 납세 의무자가 과세지에 관한 천반포락(川反浦落; 논이나 밭이 하천이 터져서 떨어져 나감), 기타 재해가 있을 경우 해당 관청에 대해 면세 신청을 했을 때 해당 관청으로부터 면세인가로 발급한 것.
- 국유지도조(國有地賭租)의 수납 방법에 관해 소관 관청으로부터 소작인에게 발급한 것.

⑦ 완문은 부동산 물건에 관한 쟁의에 대한 소관 관청의 재결 또는 과세 혹은 국유지의 조세 도조(租稅賭租)의 감면(減免)에 대한 관청의 결정을 말한다.

⑧ 완문은 재결에 대응하고자 하는 완문, 궁장토의 완문, 국유지도조의 수납 방법에 관한 완문 등이 있다.

(2) 입지

① 입지(立旨)는 지방행정관청으로부터 발급되는 증명의 일종으로 백성의 청구에 따른 사실에 대해 발급한 것이다.

② 부동산 소유자가 부동산에 관한 문기가 없어졌을 경우 또는 가옥 전세 계약을 체결하였을 때 사유를 갖추어 경성에 거주하는 자는 한성부, 지방에 있는 자는 소재 관청에 신청하여 증명받았다.

③ 입지는 관습상 인정된 권리의 공인 방법으로 발급의 권한, 순서 방법 등에 관해서는 종래의 법령 중에 아무런 규정이 없었다.

④ 입지에는 문기의 멸실을 증명하는 것과 가옥의 임대차를 증명하는 것이 있다.

⑤ 입지(立旨)는 그 증명 방법은 당사자의 신청서 여백 혹은 이면에 "입지성급(立旨成給)"이라고 기재하기도 하였다.

⑥ 가옥 전세에 관한 입지는 전세 문기와 같이 대주(貸主)와 차주(借主)의 연서로 청원서를 제출하여 입지를 받아 가계에 등록되는 것으로서 제삼자에 대항할 수 있다.

(3) 절목

① 절목(節目)은 중앙관청으로부터 발포된 법령의 시행 수속과 지방관청으로부터 발포하는 부역 감면에 관한 문서이다.

② 1692년(숙종 18년) 균역청(均役廳) 설치 때 청(廳)의 절목을 제정·발포하여 지방관청 또는 각 궁방에서 직권으로 절목을 발급한 것이다.

③ 균역청 조목, 은여결(隱餘結) 절목과 제언 절목 등이 있다.

- 균역청 조목은 균역청 설립 방법과 시행 세목을 정한 것으로 1692년 발포에 관계된 것이다.
- 은여결 절목은 종전의 징세 장부에 누락된 전결을 조사하여 과세하는 방법을 제정한 것으로 1751년(영조 27년) 발포하였다.

- 제언 조목은 제언모경(堤堰冒耕)의 폐해를 방지하기 위해 제정한 것으로 1778년(정조 2년)에 발포한 것으로 제방은 길이와 넓이를 본관서와 해당 읍에 모두 기록하였다.

④ 지방관청의 발급에 관계되는 것은 폐막(弊瘼; 고치기에 어려운 폐단) 교정에 관한 절목과 요역(徭役) 면제에 관한 2가지 종류가 있다.

⑤ 해당 동은 삼남의 대로변에 있어 사람의 왕래가 빈번하여 노역을 공급하는 일이 많아 편할 날이 없어 동민들이 날마다 점점 흩어져 장차 동이 없어지게 되었다.

3.2.4.10. 백문매매

출제(용) : 65회

백문매매(白文賣買)는 관청에서 허가한 입안을 받지 않은 토지의 매매계약서로 부동산을 사사로이 매매하는 관인이 찍히지 않은 문서를 말한다.

(1) 백문매매 작성

① 매수인, 매도인 쌍방의 합의 외에 대가의 수수 목적물의 인도 시에 서면으로 계약서를 작성한다.

② 문기의 작성은 당사자와 증인 그리고 집필인이 작성한다.

③ 구두계약일 경우도 후에 문기를 작성한다.

④ 구문기를 분실, 오손한 경우에는 그 사실을 증명하는 관의 입안 또는 입지를 성급 받아서 문기를 작성한다.

(2) 백문매매의 특징

① 매매계약의 성립 요건이며 매매 사실의 사적 공시 수단임과 동시에 증명 수단으로 볼 수 있다.

② 문기는 입안을 청구할 경우는 물론 소송에서도 유일한 증거로 제출되었다.

③ 숙종 16년 토지 매매문기에 입안을 받지 않는 것은 문기의 효력은 인정되지 않았다.

3.2.5. 입안

출제(용) : 52회

입안(立案)은 오늘날의 등기권리증과 같은 것으로 토지 매매를 증명하는 제도이며 지적에서 소유자를 확인할 수 있는 명의변경 절차라 할 수 있으나 소유자의 변동 사항을 정리하지 않아 양안에 의하여 확인하였다. 입안이란 매매계약이 성립하고 소유권이 이전되면 매수인이 매매문기나 구문기 등을 첨부하여 입안 청구의 소지(所志, 소송의 형식)를 매도인의 소재관(所在官)에게 제출하는 것으로 토지 매매 후에 하는 명의변경 절차이다. 전답 및 가옥의 소유에 대한 관의 인증으로 본질적으로 입안이 발달되어 근대화된 것은 지계 및 가계이다.

(1) 작성 근거

① 경국대전(經國大典) 권2의 호전(戶典) 매매한(賣買限)

- 토지와 가옥의 매매는 15일을 기한으로 하되 100일 이내에, 관청에 보고하고 입안(立案)을 받도록 규정하고 있다.
- 매매계약의 해제는 계약의 성립일로부터 15일 이내에 해야 하고 이 기간을 지났을 때는 매매의 계약은 수정할 수 없었다.
- 매수한 자는 100일 안에 그 매매 사실을 관에 신청해서 입안을 받는 것으로 하고 그 입안 용지는 신청자가 제출해야 한다.

② 속전등록(續典登錄)

- 입안을 받는 데 대한 '기한(期限)'은 규정에 없으나 입안을 받지 않으면 그 토지를 몰관(沒官; 관에서 죄인의 가족 또는 재산을 빼앗아 감) 하도록 하였다.

③ 입안은 토지 가옥에 관한 증명서 또는 인·허가서를 말하며, 입지는 백성의 청구에 따라 관청에서 어떤 사실을 증명하여 소유권에 관한 내용을 표시한 문서를 말한다.

(2) 입안 절차

① 매도인과 매수인 사이의 계약이 성립되면 구문기와 매매문기를 매도인의 소재관에게 제출하도록 하였다.

② 입안은 자율적으로 작성하는 것보다는 소지(所志, 소송의 형식)의 신청이 한성부였으면 당하관(堂下官; 당상관 이하의 모든 직책을 일컫는 직책), 판관(判官; 현 서기관), 서윤(庶尹)이 화압(花押)하고 당상관(형, 관리관) 중 1인이 화압(花押)[41]하였다.

③ 당하관과 당상관의 화압이 되면 입안성급(立案成給)의 결정을 하고 관인을 날인하였다.

④ 지방관인 경우 수령(守令)이 단독으로 화압하고 결정의 의사를 기재하였다.

(3) 입안의 시행

① 입안은 1666년(현종 6년)에 최초로 시행하였으며, 1689년(숙종 16년) 토지 매매문기에 입안을 받지 않은 것은 문서의 효력을 인정하지 않았다.

② 조선시대 말 '대전회통' 형전결송용조(刑典決訟用條)에 금폐(今廢)라고 하여 형식상 입안 제도를 폐지하였다.

③ 입안의 기재 내용은 입안 일자와 관청 명, 입안 사유와 당해관의 서명을 기록하였다.

④ 입안은 전지가사(田地家舍)의 매매에 관한 증명, 한광지의 개간에 관한 인허로 권리의 옹호에 대해 특별히 주의하는 자 또는 종전에 분쟁이 있었던 토지를 사거나 개간하는 자는 입안을 받도록 하였다.

⑤ 토지 매매문기의 폐지 사유로는 입안 절차가 비현실적이며 과중한 세금 부담으로 입안을 받지 않았다.

3.2.6. 양안

출제(용) : 53, 68, 126회, (논) : 114회

양안(量案)은 양전을 실시하여 작성된 토지대장으로서 전세(田稅) 징수의 기본 장부이며 전안(田案) 또는 도행장(導行帳) 등으로 불렸다. 토지의 이동에 따라 정리되지는 않았으나 토지의 성격 및 연혁 등을 알 수 있는 중요한 장부의 역할을 하였다. 양안은 대표적으로 경자양안(庚子量案)과 광무양안(光武量案)이 있다. 기재형식을 보면, 경자양안에는 모두 자호(字號), 지번, 양전 방향, 토지 등급, 지형, 장광척(長廣尺), 결부수, 사표(四標), 진기(陳起), 주(主) 등이 표시되어 있다. 양안은 종 2척(尺) 2촌(寸), 횡 1척(尺) 5촌(寸) 5푼(分)의 크기이며 최상의 재질을 사용했으며 철목(綴目)은 철로 싸고 있었으므로 철권대장(鐵券臺帳) 또는 철골대장(鐵骨臺帳)이라고도 한다.

41) 각종 문서에 본인의 직책과 성명 뒤에 본인을 확인하는 문자 모양의 표식(標識)으로 서명(sign)

3.2.6.1. 양안의 종류

출제(논) : 114회

(1) 일반적인 양안

① 구양안(舊量案)과 신양안(新量案)

- 구양안(舊量案)은 1720년 경자양안부터 광무양안 이전에 작성된 양안을 말한다.
- 신양안(新量案)은 소유자의 신고, 면·동리장의 지시에 따라 광무양안(光武量案)과 경자양안을 의미한다.

② 일반사유지의 양안

- 어느 개인이나 가문이 작성한 사적인 양안으로 전답은 개인양안(個人量案) 또는 택양안(宅量案)
- 소유주·소유처를 중심으로 만들어지는 일반사유(一般私有)의 사양안(私量案)
- 양인(良人), 양반(兩班)의 전답에 관한 모택양안(某宅量案)
- 노비의 전답에 관한 노비타량성책(奴婢打量成冊)
- 역둔토·목장토·사원전(寺院田)에 관한 양안

③ 기타

- 군현(郡縣) 단위의 경우는 군양안(郡量案)·목양안(牧量案)·면양안(面量案)·리양안(里量案) 등이 있다.
- 국왕이 열람하면 어람양안(御覽量案)이라고도 하였다.
- 각궁의 궁타량성책(宮打量成冊), 아문둔전(衙門屯田), 종친부(宗親府), 충훈부(忠勳府), 장용영(壯勇營)등의 양안성책(量案成冊) 등과 궁방전양안(宮房田量案), 영·아문둔전양안(營門·衙門屯田量案) 등이 있다.

(2) 도행장

① 도행장(導行帳)은 양전의 시행과 함께 작성되었으며 기록한 장부로 전안(田案), 철권(鐵拳), 전적(田籍) 등으로도 불렸다.

② 작성 목적

- 재정의 기본을 이루는 전세(田稅) 또는 전결세(田結稅)를 징수하는 데 있었다.

- 도행장을 작성하기 위해서는 양전 작업이 필요했다.
- 수세(收稅)와 밀접하게 관련되었으며, 세액을 확정하는 데 필요한 기초 자료로 도행장을 작성하였다.

③ 등록 대상

- 전, 답, 노전(蘆田), 저전(苧田), 완전(莞田), 칠전(漆田), 죽전(竹田), 송전(松田), 과전(果田) 등
- 가옥과 가옥에 딸린 채전(菜田)도 등로 대상이었다.
- 자호(字號), 지번(枝番), 양전 방향, 토지 등급, 지형 및 척수(尺數), 결부수(結負數), 사표(四標), 주(主) 또는 진기(陳起), 시작(時作) 등을 기재하였다.

④ 특징

- 국가가 조세를 부과하는 주된 대상은 토지와 호구로 이를 파악하기 위해 작성된 대장을 마련함으로써 국가 재정의 기초를 마련할 수 있었다.
- 토지의 현황을 파악할 수 있는 것이 도행장이다.
- 호적대장과 함께 국가 조세 정책의 기본적인 자료로 이용되었다.
- 도행장을 이용하여 농촌 사회 내에서 토지 소유 내지 경작자에 대한 분석을 할 수 있었다.

⑤ 양전

- 양전의 척수는 지형의 실제 거리를 양전척(量田尺)으로 측량하여 표시하였다.
- 양전 방향은 남범(南犯), 북범(北犯), 서범(西犯), 동범(東犯) 등과 같이 양전이 이루어지는 방향을 표시하였다.
- 지형은 방답(方畓)·직답(直畓)·구고답(句股畓)·제답(梯畓)·규답(圭畓) 등으로 구분되었다.

(3) 강희양안

① 강희양안은 갑자양안이라고도 하며 가장 잘 작성된 양안은 강희(康熙), 건융(建隆)시대의 양안으로 전제 및 세제의 개정이 많았다.

② 양안에는 토지의 소재지와 지번을 5결마다 천자문 순서로 표기하였다.

③ 토지의 방향, 토지의 등급, 형상, 필지의 가로와 세로의 길이, 기(起: 경작지), 진(陳: 묵은땅)의 여부와 소유주 등이 표기되었다.

④ 강희 양안은 1663~1722년에 작성된 양안이지만 1719년(숙종 45년) 충청·전라·경상도를 개량하면서 다른 도의 종래 양안을 재정리한 것으로 구양안(九量案)이라 한다.

(4) 경자양안

① 1719~1720년까지 삼남의 개량(改量)을 시행하고 그 양전 결과에 따라 작성된 양안이 경자양안(庚子量案)이라 하였다.

② 경상도 각 군현(郡縣)의 양안은 대부분 "경자개량(庚子改量)에 의한 전안(田案)"으로 표기되고 있으며 전라도 양안은 "기해양전도행장(己亥量田導行帳)"이라 하였다.

③ 모든 양안에는 자호(字號), 지번(地番), 양전 방향, 토지 등급, 지형, 장광척(長廣尺), 결부수, 사표, 진기(陳起), 주(主) 등이 표시되어 있다.

④ 자호는 양전의 단위인 5결을 천자문 순으로 표시한 것이며 제1, 제2, 제3의 지번은 자호로 필지의 순서를 나타낸 것이다.

⑤ 토지 등급은 1~6등이며 남범(南犯)과 북범(北犯)으로 양전 방향으로 나타내고 있다.

⑥ 양전척 1척(尺=1파), 10파(把)=1속(束), 10속(束)=1부(負), 100부(負)=1결(結)로 사방 100척(尺; 양전척 실적 10,000척)의 면적이 1결이 되었다.

⑦ 사표는 해당 전답의 인접 지역인 동서남북을 표시한 것이며, 진기(陳起)는 기경전(起耕田)·진전(陳田)을 말하고, 주(主)는 토지소유자를 말한다.

⑧ 일반 민유지는 기주명(起主名)만 기재하고 모든 경지에 대해서 시주명(時主名)과 시작명(時作名)이 기재되나 대지는 대주명(垈主名)과 가주명(家主名)으로 구분하여 기재되었다.

⑨ 양안에서는 5결마다 천자문의 순서로 자호를 붙이는데 〈그림 3-8〉과 같이 다섯 개의 란(欄)으로 나눈다.

- 제1란 : 지번, 범향(양전의 방향), 등수, 형상, 지목
- 제2란 : 동서, 남북의 척장(尺長)
- 제3란 : 결부
- 제4란 : 사표
- 제5란 : 구신의 기주(起主) 또는 진주(陳主) 및 그의 직역(職役), 시작명(時作名) 및 그의 직역

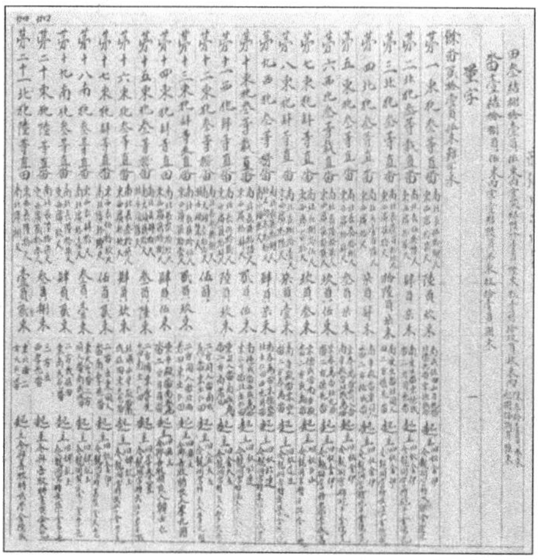

〈그림 3-8〉 남원현 경자양안

(출처 : 대한제국의 토지조사사업, 대우학술총서, 95)

3.2.6.2. 광무양안

출제(용) : 102회

광무양안은 양지아문에서 양전을 실시하여 작성한 양안(A형)과 지계아문에서 양전을 실시하여 작성한 양안(B형)의 시행기관이 다르므로 내용 및 작성 형식에 차이점을 나타내고 있다.

1) 광무양안의 구성 및 등록

① 전답도형도라는 소위 사표도인 원시적인 지적도가 첨부되어 있다.

② 아산군 양안(규 17644)은 본래 30책인데, 1~11책은 정서책, 12~13책은 중조책이다.

③ 아산군 양안은 처음 양전을 실시했기 때문에 양안의 기재형식에 통일을 기하지 못하고 약간씩 차이가 있다.

④ 양안에는 지번, 양전방향, 전답위치, 전답형상, 지목, 사표, 전답도형도, 실적(實積), 결부, 두락(斗落), 등급, 열(좌)수, 답주, 전주, 작인(作人), 시주(時主), 시작(時作) 등이 기재되어 있다.

2) 광무양안 A형(양지아문 양안)

(1) 특징

① 〈그림 3-9〉과 같이 광무양안 A형에서는 일부 산간 지역이나 강변 지역 등 개발도상에 있던 경지를 제외한 대부분의 기경지가 등록되어 있다고 볼 수 있다.

② 광무양안에 기재되어 있는 각 필지의 형태, 면적, 등급 등은 다소 흩어짐이 있지만 실제 상황을 잘 반영한 것으로 그 이전의 양안보다 정확하였다.

③ 5결마다 천자문의 순서로 자호를 붙이고 있는 것은 구양안과 동일하였다.

(2) 면적 파악

① 광무양안에 기재된 면적은 실재보다 과소 평가된 것이라고 볼 수 있다.

② 경지 파악은 정확하지만, 소유관계는 많은 토지에서 시주를 소유자로서 볼 수 없다는 것 등이다.

③ 광무양안(1898년)의 사표 내용은 전답의 형태를 개략적으로 표현하였으며 현재의 지적도 시초라고 볼 수 있다.

④ 토지 파악 단위는 생산량을 기준으로 한 결부제(結負制)를 채택하였는데 결을 최고 단위로 하고 1결은 100부, 1부는 10속, 1속은 10파로 정하되 5파 이상은 1속으로 하고 4파 이하는 절사하였다.

(3) 기재 사항

① 4개의 란으로 나누어 기재하였다.

② 제1란 : 지번(地番), 범향(犯向), 형상, 지목, 열수(畓數; 답일 경우), 좌수(座數; 전일 경우)를 기록

③ 제2란 : 토지의 형상도, 척수, 사표를 기록

④ 제3란 : 실적척수(實積尺數), 등수, 결를 기록

⑤ 제4란 : 시주, 시작명(대지의 경우는 대주, 가주명, 및 초가, 와가의 구별과 칸수(間數), 협호(挾戶)의 경우 협(夾)으로 기록하였다.

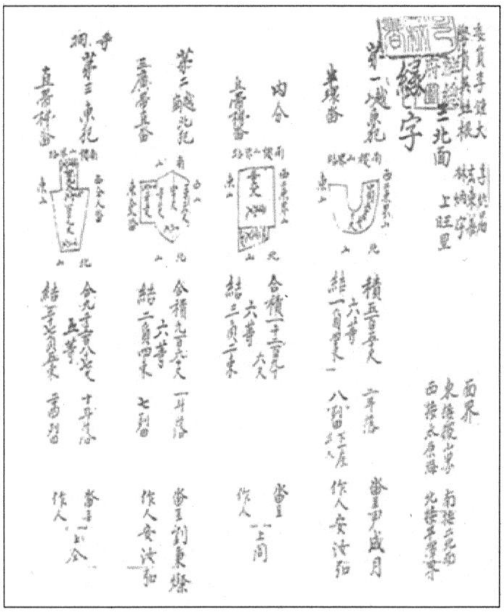

〈그림 3-9〉 양지아문 양안

〈그림 3-10〉 지계아문 양안

(자료 출처 : 대한제국의 토지조사사업, 민음사, 95)

3) 광무양안 B형(지계아문 양안)

(1) 특징

① 지계아문의 양전 결과로 작성된 양안은 〈그림 3-10〉와 같이 광무양안 B형으로 경지의 형상도, 시작명(時作名), 집 칸수(間數)가 기재되지 않았다.

② 양안의 특성은 토지의 소재, 위치, 등급, 형상, 면적, 자호 등을 기록한 장부로 경작면적, 소유관계 등을 파악할 수 있는 토지자료라 할 수 있다.

③ 양안을 기본 대장으로 하여 사정을 거쳐 관계를 발급하였고 관계 발급 과정이 소유권 사정이었다.

(2) 양안의 기재형식

① 전답의 도형을 양안에다 기재하게 된 점

② 면적은 척수로써 표시하고 등급에 따라 결부를 산출한 점

③ 시주와 시작을 기재하게 된 점

④ 가호(家戶)의 소유관계를 기록 한 점

⑤ 두락수를 밝힌 점

(3) 기재 사항

① 지계아문 양안은 7개 란으로 구분하여 기재하였다.

② 제1란 : 지번, 범향(犯向), 등수, 형상, 지목, 예수(답은 열수(劄數), 전은 좌수(座數) 기록

③ 제2란 : 장광척 수 기록

④ 제3란 : 실적척수(實積尺數), 결부 기록

⑤ 제4란 : 두락수(田은 日耕數) 기록

⑥ 제5, 6란 : 사표 기록

⑦ 제7란 : 시주명 기록

3.2.6.3. 양안 작성 근거 및 보관

(1) 경국대전 호전(戶典) 양전조

① "모든 전지(田地)는 6등급으로 구분하고 20년마다 양전을 시행하여 새로이 양안을 3부씩 작성한 후 호조(戶曹)와 본도(本道) 및 본읍(本邑)에 보관한다."라고 규정되었다.

② 양안에 토지를 표시함에 있어서는 양전 순서에 의하여 1필지마다 천자문의 자번호(字番號)를 부여하였다.

③ 경국대전에는 20년마다 한 번씩 양전을 시행하도록 규정하였으나 실제는 규정대로 시행되지 못하고 수십 년에서 백여 년이 지난 뒤에야 다시 양전을 시행할 수 있게 되었다.

(2) 속대전 호전, 양전조

① "凡田四標及主名 懸錄量案" 및 신보수교집록(新補受敎輯錄) 호전, 양전조 "陳田並皆懸錄主名無主處亦以無主懸錄"에 의하면 모든 토지는 그 사표와 주명(主名)을 양안에다 현록(懸錄; 문서에 기록하는 것)한다는 것이다.

② 사표는 토지의 위치로서 동·서·남·북의 경계를 표시한 것이며 주명(主名)이라는 것은 토지의 소유주를 말하는 것이다.

(3) 만기요람 재용편2, 전결조

① "毋論陳起滿五結則用一字號標之以田之東西南北四標"와 같이 자번호는 자(字)와 번호로 천자문의 1자는 폐경전(廢耕田), 기경전(起耕田)을 막론하고 5결(結)이 되면 부여한 것을 일자오결제도(一字五結制度)라 하였다.

② "田有字號用千字文"로 천자문의 자호를 부여하는 것으로 토지의 구역을 나타내고 번호는 현재의 지번에 해당하였다.

③ 양전하여 자번호를 부여한 토지에 대하여 후에 다시 개량(改量)한 경우에는 그의 자번호는 당초에 양안 기재의 자번호를 그대로 사용하고 변경하지 않는 것을 원칙으로 하였다.

④ 양전이 완료된 후에 새로이 기간(起墾)된 토지가 있을 때는 인접지의 자번호에 지번(枝番)을 붙이도록 하였다.

⑤ 전형을 방전(方田)·직전(直田)·제전(梯田)·규전(圭田)·구고전(句股田) 등 5가지로 타량(打量)하여 양안에 기록하였다.

(4) 속대전 호전, 양전조 및 대전회통 호전, 양전조

① "陳田亦皆懸主無主處以無主懸錄"는 진전(陳田)이나 무주전(無主田)도 동일하며 기경전이면 "기주모(起主某)", 진전이면 "진주모(陳主某)", 무주전이면 "무주(無主)"라고 양안에 기재되고 있다.

② "各邑成冊末端必書解負人姓名 追後叩算如有差錯 依監官落漏妄冒者律論 無情者減等論"와 같이 1필지마다 전답의 모양을 그려 넣었으며 양안의 말미에다 해부인(解負人; 계산자)의 성명을 꼭 기록하도록 하였다.

③ 작성 후에 검산하여 만약 착오가 있으면 감관(監官)이 처벌을 받았다.

(5) 대전통편 호전 양전조

① "田有字號用千字第次字內以一二三爲第次"에는 천자문의 각 자내(字內)에는 다시 제1, 제2, 제3 등 번호를 붙여 토지소유별 토지를 구분하였다.

3.2.6.4. 양안의 내용

① 양안에 소재지, 지번, 토지등급, 지목, 면적, 토지형태, 사표, 소유자 등 모든 토지에 대한 사항을 기록하여 3부를 작성하여 호조·본도·본읍에 각각 비치하였다.

② 천자문의 자번호(字番號)를 부여

- 자번호는 자(字)와 번호로 천자문의 1자는 폐경전(廢耕田), 기경전(起耕田)을 막론하고 5결(結)이 되면 부여한 것을 일자오결제도(一字五結制度)라 한다.
- 천자문의 각 자내(字內)에는 다시 "第二", "第五" 등 번호를 붙여 토지소유별 토지를 구분하였다.

③ 주명(主名)의 현록(懸錄)

- 기경전이면 "기주모(起主某)", 진전이면 "진주모(陳主某)", 무주전이면 "무주(無主)"라고 양안에 기재되고 있다.
- 전라도 고부군 양안에서는 "起主", "時作"이 나오는데 "起主"는 주인이고 "時作"은 소작인으로 시주(時主)와 시작(時作)으로 구분하여 소유자와 경작자의 파악이 가능하게 하였다.

④ 사표(四標)는 토지의 위치로서 동·서·남·북의 경계를 표시한 것이며, 장광척은 토지의 가로와 세로의 크기를 나타내는 것이다.

⑤ 양전의 방향을 동범(東犯), 서범(西犯), 남범(南犯), 북범(北犯)으로 표시하였다.
⑥ 결부, 자번호, 지목과 지형, 지품 즉 지위등급, 면적, 사표와 지주에 대한 내용이 기재되었다.
⑦ 전답의 형태에 따라 도형으로 표시하고 장광척을 기재하였다.
⑧ 양안의 말미에다 해부인(解負人; 계산자)의 성명을 꼭 기록하도록 하였다.

3.2.6.5. 양안의 성격

① 양전은 국가 중심의 수세지 확보가 그 목적이었기 때문에 개인별 농지 소유를 중심으로 양전을 하지 않고 전면(全面) 또는 전군(全郡)을 대상으로 하였다.
② 토지소유자는 소유하는 전토(田土)의 많고 적음에 따라 전세(田稅)를 납부하고 공부(貢賦) 및 기타의 요역(徭役)을 부담하였다.
③ 경국대전 호전 전택조에는 3년 묵은 진전(陳田)은 누구든지 기경(起耕)하도록 하여 소유의 권리를 주고 일정한 내용을 지닌 소작권의 설정이었다.
④ 양안의 기주(起主)·진주(陳主)·무주(無主) 등 양안의 기주란에 기재된 용어는 토지의 소유자, 자작농이나 지주들에게 사용되었다.
⑤ 양안에서 토지대장으로 조선 토지조사사업에 있어서 장부 체계의 변화에서 다음의 사실을 주장하였다.

- 토지조사사업에 의해 작성된 토지대장은 조선시대의 깃기(衿記)에 연원(連原)하는 것이라는 사실
- 양안에 근거한 토지 파악과 일제 강점기의 토지대장에 근거한 토지 파악으로의 변화 가운데, 토지조사사업의 역사적 의의를 구할 수 있다는 사실의 두 가지는 토지 관계 장부(帳簿), 문서(文書)의 기본적 구조를 도시하면 〈그림 3-11〉와 같다.

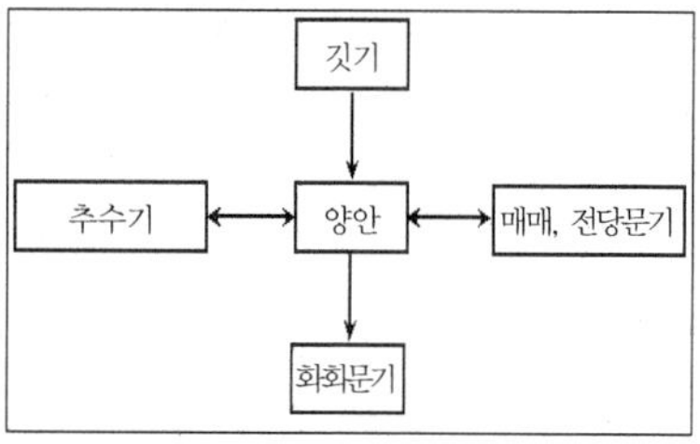

〈그림 3-11〉 토지등록부의 관계

3.2.6.6. 양안의 특징

① 양안은 전답의 소재지·넓이·토지소유자 또는 작인(作人) 등을 기록한 책으로 경작면적, 소득 관계 및 토지 소유관계를 추정할 수 있는 편리한 토지자료라 할 수 있다.
② 양안은 조선왕조의 사회적·경제적 문란으로 인한 토지문제를 해결하는 기능을 가지고 있었다.

③ 양안은 토지와 징세의 파악 및 토지소유자 확정에 관한 목적과 기능을 하고 있었다.

④ 양안에 기록된 전답도형 표기법은 전통적인 측량법을 확대, 발전시키고 토지의 형상을 가능한 한 그대로 표시함으로써 종래의 양안보다 토지 실상을 한층 효과적으로 파악할 수 있게 만든 방안이었다.

⑤ 양지아문의 양안은 각 토지에 실적 수를 기재하여 절대 면적을 표시한 점이었다.

⑥ 지계아문은 양안을 기본 대장으로 하여 사정을 거쳐 관계를 발급하였고 관계 발급 과정이 소유권 사정이었다.

⑦ 새로운 양안의 작성은 광무양안의 자호(字號)와 사표에 따라 작성할 수도 있다는 점으로 종전 양안의 자호 순서와 필지 수 및 양전 방향을 그대로 준수하여 작성하도록 했다.

⑧ 양안은 오늘날 지적공부로 토지대장과 지적도 등의 내용을 수록하고 있다.

3.2.6.7. 양안의 작성 순서

(1) 야초책 양안

출제(용) : 92회

① 야초책 양안(野草冊 量案)은 〈그림 3-12〉와 같이 광무 양안 때 1필지마다 토지측량을 시행한 결과를 최초로 기록하는 장부로 각 면 단위로 실제로 측량해서 작성하는 가장 기초적인 장부이다.

② 필지별로 전답과 초가(草家)·와가(瓦家)의 구별·배미·양전 방향·전답도형과 사표(四標)·실적(實積, 실면적)·등급·결부·전답주 및 작인(作人) 등의 순서로 기재하고 있다.

③ 야초책 끝에는 그날 측량한 실적 총수와 총 결부수가 표시되어 있는데 대개 120필지 내외로 되어 있다.

④ 토지의 면적인 결부수와 면적의 척수를 정확하게 파악하는 데 목적을 두었으며 측량에 초점을 두어 다른 조사 사항은 미비함을 알 수 있다.

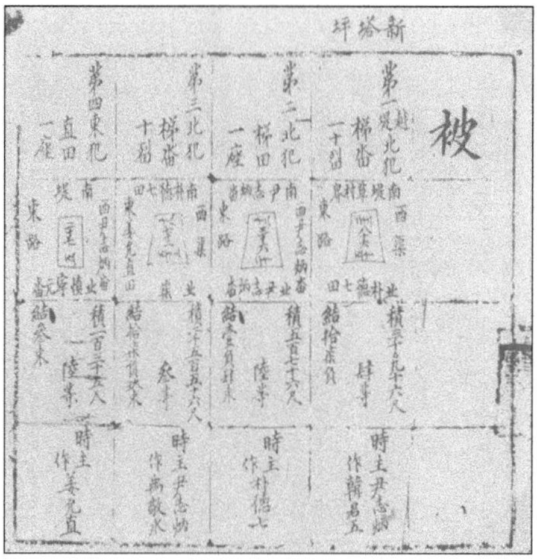

〈그림 3-12〉 야초책 양안

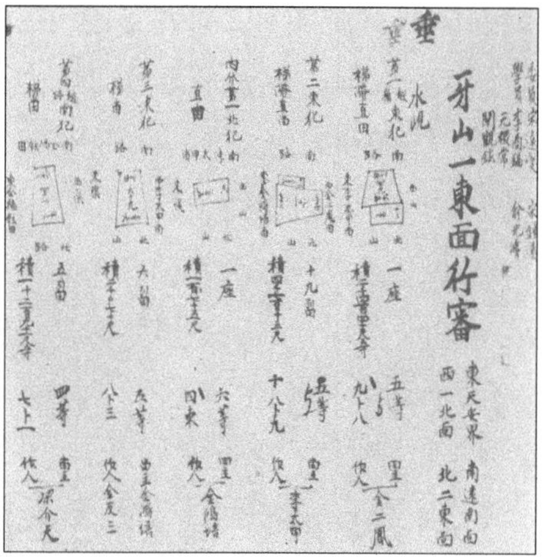

〈그림 3-13〉 중초책 양안

(자료 출처 : 대한제국의 토지조사사업, 민음사, 1995)

⑤ 기재 양식

- 상단에 지역명 기재
- 첫째 칸에는 토지 모양과 지목, 양전 방향을 기재하고 대지는 초가와 와가의 칸수, 전답은 좌수(坐收)를 기재한다.
- 둘째 칸에는 지형도 및 사표와 장광척 기재
- 셋째 칸에는 면적 척수, 토지 등급 결부수 기재
- 넷째 칸에는 대지의 경우 대주(垈主) 및 가주(家主), 전답의 경우에는 전답주(田畓主) 및 작인(作人)을 기재하였다.

⑥ 자호와 지번이 부여되지 아니하였다.

(2) 중초책 양안

① 면 단위로 작성된 야초책을 면의 순서에 따라 자호(字號)와 지번(枝番)을 부여하고 면적과 결부, 시주(詩主)와 시작의 기재 정확성 여부, 사표와 시주의 일치 여부 등을 중점적으로 확인하면서 작성한 장부이다.

② 작성자는 서사(書司) 1명, 산사(算士) 3명이 종사하고 면도감(面都監)이 감독하였다.

③ 서사는 야초의 정서를 담당하는데 신결(新結) 3자분(字分) 즉 토지 5결분을 옮겨 기재하였다.

④ 산사는 해부(解負) 작업으로 야초에 기재된 각 토지의 등제(等第), 전형(田形), 양전척의 척장(尺長)부터 각 결부수를 산출하였다.

⑤ 전형은 방형·직형·제형·규형·구고형·타원형(橢圓形)·원형·호시형(弧矢形)·삼각형·미형(眉形) 등 10가지 형태이다.

⑥ 중초책 양안은 〈그림 3-13〉과 같이 작인(作人)이 조사되고, 면적에 대한 점검이 이루어지고 있었다.

⑦ 초서 및 재서에서는 야초책을 이용하여 작인을 조사하고 초서(初書)와 재서(再書)의 기간에는 이미 조사된 다른 기재사항을 자호와 지번을 부여하면서 완성하였다.

⑧ 초준(初準)과 재준(再準)을 통하여 가장 중요한 부분이라 할 수 있는 절대 면적을 산출하여 과세 대상 면적을 확인한 것으로써 결부 란에 검은색과 붉은색 잉크로 타점(打點)을 찍어 확인 근거를 표시하였다.

(3) 정서책 양안

① 정서책 양안(正書草 量案)은 〈그림 3-14〉과 같이 광무양안 때 야초책(野草冊) 다음에 중초책(中草冊)을 만든 양안의 최종 성과이며 양지아문에서 취급하여 기재형식을 통일하여 완성하였다.

② 양지아문의 조사 위원들은 군별로 작성된 양안을 바탕으로 검토하여 초사(初査), 재사(再査)로 확인하였다.

③ 면별로 실적, 면적, 통계, 필지별 결부, 토지 소유주는 기주(起主)·시주(詩主)·시작(詩作)에 대한 사항을 검토한 것으로 정서책을 작성하였다.

④ 정서책에서 토지소유자와 작인은 모두 시주(時主)와 시작(時作)으로 통일되게 정리하였으며 2부를 작성하여 1부는 탁지부, 1부는 각 부·군에 보관하였다.

⑤ 양안의 편성은 자호당 5결을 원칙으로 하고 노전(蘆田)은 노전양안(蘆田量案)을 별도로 작성 관리했기 때문에 양안에는 등재되지 않았지만, 토지대장에서는 면적에 관여하지 않고 등록하였다.

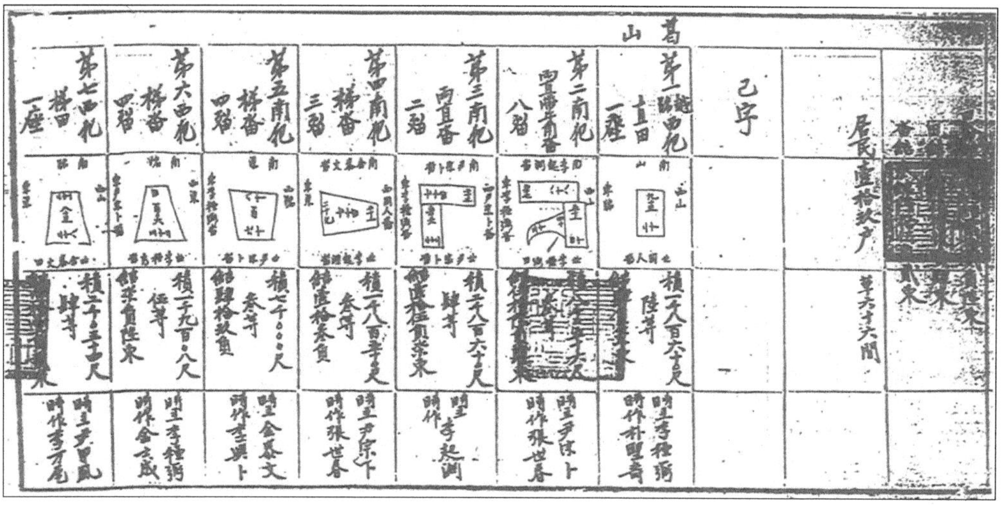

〈그림 3-14〉 정서책 양안

(자료 출처 : 대한제국의 토지조사사업, 민음사, 95)

3.2.7. 깃기

출제(용) : 101, 114회

깃기(衿記)는 조선시대 때에는 면 단위로 작성된 세금 징수대장으로 지조명기장이라고도 한다. 지방 향리층이 작성하였고 국가의 공부라고 할 수는 없으나 실제 지조 징수의 기초 대장으로 사용되었다. 조선시대 때 깃기는 기록에만 있고 대한제국 시대에 작성한 것은 규장각에 소장되어 있다.

(1) 깃기의 명칭

① 지방마다 이름이 달라 깃기를 비롯하여 결판(結版)·유초(類草)·유초(類秒)·사판(司版)·실초(實抄)·계판(計版)·야초(野草)·초판(抄版)·주판(籌版)·유합(類合)·결부(結簿)·작부책(作扶冊)이라고 한다.

② 일반 작부부(作伕簿)의 다른 이름으로 지방에 따라서는 모음책(募音冊)이라고도 부른다.

③ 행심책(行審冊)은 양안을 등서한 위에 첨지를 붙여서 필지별로 진기를 구별하여 납세 결수를 확정하고 동시에 납세자를 확인하는 장부로 행심책의 작성 양식은 기본적으로 양안과 같다.

④ 호수책(戶首冊)은 개인별 납세 결수를 확인한 후 8결내지 4결 단위로 납세자의 납세 결수를 모으고 그 가운데 한 사람의 납세자를 그 단위의 납세 대리인으로 세운 기록부이다.

⑤ 지역에 따라 양안을 베껴서 행심책(行審冊)을 만들어 기주의 이동, 진기 전의 변동 등을 기재했지만, 그 경우에도 토지 등급, 형상, 실적 등의 등급은 기록하지 않았다.

(2) 특징

① 행심이나 깃기는 세금을 거두기 위하여 이서층이 별도의 기준과 기재방식에 따라 만든 장부였다.
② 깃기를 작성할 때는 납세자의 거주지를 기준으로 작성되었다.
③ 세금 납부는 서원의 깃기 작성으로 이루어졌다.
④ 깃기 또는 결수연명부에 기재된 결수는 양안 결수와 반드시 일치하는 것은 아니었다.
⑤ 깃기는 구한말 1908년에 새로운 작부부가 탄생할 때까지 행심책, 호수책, 어린성책(魚鱗成冊) 등과 함께 존재하였다.

(3) 작성

① 지방 향리층이 작성하였고 국가의 공부라고 할 수는 없으나 실제 지조 징수의 기초대장으로 사용되었다.
② 매년 수세를 위해 깃기를 작성하기도 했는데 매년의 변화를 가장 잘 반영하고 있는 장부는 깃기이다.
③ 통감부 시기에는 깃기를 폐지하고 개인별 납세 결수를 확정한 결수연명부를 작성하여 수취하였다.
④ 수세의 기초 대장은 양안이었지만 수세 과정에서 행심책, 깃기, 호수책 등이 작성되었다.
⑤ 깃기는 양안보다 양식이 간단하여 성명(납세자), 하자(何字; 어떤 사람), 기전(幾田; 답, 대), 기락(幾落; 耕, 坪), 기결기부기속(幾結幾負幾束)을 표시하게 되어 있다.
⑥ 깃기의 작성 주체는 서리층인 데 비해서 면, 촌리의 동장 또는 지사인으로 바뀌었다.
⑦ 1907년부터 1908년 사이에 새로운 작부부가 작성되었다.

(4) 활용

① 각 군에서는 각 면 단위로 서원(書員)을 파견하여 간평(看坪), 고복(考卜), 작부(作伕)의 과정을 거쳐서 결세를 부과하고 이를 면리임(面里任), 서리(胥吏) 등이 징수하였다.

② 깃기는 수년마다 작성되고 면내에 거주하는 사람이 소유 또는 경작하는 토지를 개인별로 기재하여 지세를 거두어들였다.

③ 깃기는 납세자별로 납세한 필지의 자료, 지번, 납세 결수를 병렬하여 모아 놓고 다시 이를 합하여 납세자별로 납세 결수를 산출한 것이다.

④ 수세 장부는 양안을 등사하여 행심책을 만들고 이를 토대로 다시 깃기와 호수책을 만드는 과정으로 이루어졌다.

⑤ 양안에 의해서 징세 징수가 불가능하여지자 조선시대에는 양안과 별도로 깃기라고 불리는 지세명기장이 면마다 작성되어 있었다.

⑥ 구양안(깃기) → 결수연명부 → 토지신고서 → 토지대장으로 이어지는 장부들 간의 연결 관계로 양안과 토지대장이 지닌 역사적 성격을 알 수 있을 것이다.

3.2.8. 행심과 고복장

(1) 행심

① 행심(行審)은 조선시대에 면 단위로 작성된 양안의 축소 사본으로 양안 시행 후 기주(起主)와 면조지의 변동 등이 기록된 일종의 지조명기장이다.

② 일상적인 전제 운영에는 양안이 아니라 행심책이 사용되었다.

③ 행심은 3년부터 10년까지 비치하였다가 새로 작성하였다.

④ 행심에는 개개의 토지의 결부수와 지목의 변경은 기재되어 있지 않고 따라서 이들은 새로 양전이 시행되지 않는 한 변경할 수 없었다.

(2) 고복장

① 고복장(考卜帳)은 구한말과 일제 초기에 실시한 납세장부이다.

② 매년 지세 징수를 할 때 과세지의 변동을 실지로 조사하여 납세액을 기재한 장부로 걸복(乞卜) 이라고도 한다.

③ 토지소재·자호·지번·지목·배미수 [夜味數] ·두락수·결수·사표·지주의 주소·성명 등으로 지적에 필요한 사항이 모두 기재되어 있다.

④ 지세 징수를 할 때 과세지·비과세지를 구분, 과세지의 작항, 작부 면적을 조사하여 각인의 납세 액을 조사하는 작업을 고복작부(考卜作扶)라고도 한다.

⑤ 고복작부를 행할 때 그 경비를 마련하기 위하여 농민으로부터 징수하는 수수료를 고복채(考卜債)라고 한다.

3.2.9. 지심인과 추수기

(1) 지심인

① 지심인(指審人·指尋人·持尋人), 지시인(指示人), 지사인(知事人), 지사자(知事者)라고도 하였다.

② 조선 때 관청에서 측량을 할 때 그 지방 사정에 정통하여 안내를 맡았던 사람이다.

③ 납세를 부과할 때 면장, 이동장, 지사인의 의견을 들어 결정하기로 하였다.

④ 깃기(衿記)에 전답의 평수 등을 자세히 기록하였다.

⑤ 결수연명부 신고필수의 당부(當否)는 지사인의 말을 들어 판정하였다.

⑥ 광무 양전 때 양지아문에서 파견한 관리는 지사인의 의견을 들어 지위·등급과 결수를 사정하였다.

⑦ 지번이 없는 토지는 면·이동장·지사인을 입회시켜 실지를 답사하여 확인하였다.

⑧ 경자양안(경子量案)때 양지 종사자인 면도감(面都監)·지시인·줄사령·서사·산사에게는 1인당 1일 쌀 두되를 지급하였다.

(2) 추수기

① 추수기는 지주가 전호(佃戶)로부터 지대를 받기 위하여 양안에서 작성한 대장이며 사문서로 추감기(秋監記)라고도 하였다.

② 매도자는 토지 매매에서 문기를 소지하지 않고 단순히 사양안, 추수기 등의 문부(文簿) 기록을 산 사람에게 인도하고 상대방도 문부 기록에 만족하여 매매가 성립된 경우도 많았다.

③ 추수기는 토지의 소재, 면적, 소작인 씨명, 소작료 액수 등을 기재한 소작료 징수의 기록으로 그 어느 것도 토지소유권에 관한 유력한 증거에 해당한다.

④ 각 지역의 장토는 그 지역의 관행에 따라 추수기를 작성하고 정해진 액수를 중앙에 상납하였다.

⑤ 추수기의 기재 형태는 초기에는 매우 자세하며, 후기로 갈수록 간략하게 기록되었다.

- 추수기는 답 타조부분, 답 도지부분, 전 도지부분, 가대 도지부분으로 구분되어있다.
- 답 타조부분 : 논의명칭, 작인 성명, 두락수, 배미수, 타조액, 종자 및 수세 공제분, 실납입액을 기록하고 있다.

- 답 도지부분 : 논의 명칭, 작인 성명, 두락수, 배미수, 도조액(賭租額)이 기록되어 있고, 전 도지부분은 작인 성명, 일경수, 도조액이 기록되어 있었다.
- 가대 도지부분은 작인 성명과 도조액이 기록되어 있다.
- 추수기의 기재 형태는 초기에는 매우 상세하며, 후기로 갈수록 간략하게 기재되어 있다.

3.2.10. 가계와 지계

가계(家契)와 지계(地契)는 본질적으로 입안과 같은 것이었으나 근대화된 것이었다. 지계와 가계 제도의 시행은 1893년부터 1905년까지이며 근대적인 공시 방법인 등기제도에 해당하는 제도로써 소유권 및 전당권의 2종에 한해서 그 계약의 내용을 조사하여 인증을 주면서 근대적 공시제도로 발전하는 과도기였다 할 수 있다. 일본인이 우리나라에서 소유할 수 있는 토지는 거류지로부터 4km 이내로 제한되고 있었기 때문에 제한 거리를 넘어서도 토지를 소유할 수 있는 근거를 마련한 것이다.

3.2.10.1. 가계

출제(논) : 96회

토지가옥 증명규칙에는 토지 가옥을 매매, 증여, 교환 시 그 계약서에 발급 건수, 동장의 인증을 거친 후 군수(郡守) 또는 부윤(府尹)의 증명을 받을 수 있으며, 증명한 사항을 군수, 부윤은 토지가옥증명대장에 기재하여야 한다. 라고 기재되어 있다. 토지가옥 소유권 증명규칙은 토지가옥증명규칙을 보완하기 위한 것으로 적법한 경우 소유권에 관한 증명을 받도록 하였으며 그 절차는 토지가옥증명규칙을 준용하였다.

(1) 실시 근거

① 1906년 "가계발급규칙"을 제정하여 경성·개성·인천·수원·평양·대구·전주 등에서 시행하였다.

② 1906년 10월 31일 토지가옥증명규칙을 발표하였으며 11월 7일 시행규칙을 공포하였다.

③ 가옥의 신축·매매·상속·전당의 경우에는 구문권을 첨부해서 관할 관청에 신청하면 신계를 발급하거나 구권에 배서(背書)해서 발급하였다.

④ 1906~1910년까지 5년 동안은 토지 가옥증명 제도가 도입되어 토지가옥증명규칙에 의거 토지 가옥의 매매, 교환, 증여, 전당 시에 토지가옥증명대장에 기재하여 중요시함으로써 실질적심사주의를 채택하였다.

⑤ 가계는 앞면에 가계 문언이 인쇄되었고, 끝부분에는 담당 공무원, 매도인, 매수인, 증인들의 서명, 당상관이 화합하였으며 뒷면에는 가계제도의 규칙이 기록되어 있었다.

⑥ 1908년 토지가옥소유권증명규칙

- 제1조에는 토지 또는 가옥의 소유자가 토지가옥증명규칙 시행 전에 토지 또는 가옥의 소유권을 취득한 자 및 토지가옥증명시행규칙 시행 후에 매매·증여 또는 교환에 의하지 아니하고 토지 또는 가옥의 소유권을 취득한 자는 그 소유권의 증명을 군수 또는 부윤에게 신청하도록 규정하고 있다.
- 주요 목적은 기존 토지가옥증명규칙 시행 후에 매매, 증여 또는 교환에 의하여 소유권을 취득한 자는 증명을 발급받으므로 소유권을 확인받는 데 문제가 없었다.
- 증명규칙이 시행되기 이전에 소유권을 취득한 자나 증명규칙 시행 후에 취득하였더라도 증명을 발급하는 경우는 매매, 증여, 교환에 의한 경우로 소유권을 확인받을 길이 없었기 때문에 이런 경우 문기 기타 증빙서류를 첨부하여 군수 또는 부윤에게 신청하여 증명받도록 하였다.

⑦ 한국에서 부동산에 관한 관습을 조사하여 토지가옥증명규칙과 토지가옥전당규칙을 실시하였는데 부동산에 관한 물권을 공시하도록 규정한 최초의 입법이다.

⑧ 가계는 1893년의 가계제도와 1900년 개정, 1906년 가계규칙에 따른 것 등의 규정이 있다.

(2) 특징

① 기존 토지가옥증명규칙 시행 후에 매매, 증여 또는 교환 때문에 소유권을 취득한 자는 증명을 발급받으므로 소유권을 확인받는 데 문제가 없었다.

② 토지가옥소유권증명규칙은 민유·임야조사 측량과 토지·임야조사 측량에 소유권의 기본 문서로 인정되었다.

③ 가계는 건물의 소유권을 증명하는 관문서로써 가옥의 매매, 전세, 전당 등의 경우에 당사자로부터 해당 관청에 신청하여 그 취지를 등록함으로 제삼자에게 대항할 수 있는 효력을 갖는다.

④ 가계에서는 지계에서와 같이 앞면에 가계 문언이 인쇄되었고, 끝부분에는 담당 공무원, 매도인, 매수인, 증인들의 서명, 당상관이 화합하였으며 뒷면에는 가계제도의 규칙이 기록되어 있었다.

⑤ 가계는 가권으로 그 부지의 소유권을 증명하는 것은 아니지만 건물과 부지가 같은 소유자일 경우에는 부지의 문기 없이 가계만을 소지하였다.

⑥ 가계에 별도로 토지표시를 하지 않아도 부지는 포함되는 것으로 인정되었다.

(3) 가계 발급

① 가계는 가옥의 소유권을 증명하는 관문서로 고종 30년 한성부에서 처음으로 발급된 후 점차 다른 도시에 영향을 미치고, 가옥을 매매할 때 구계를 반납하고 다시 신계를 발급하였다.

② 지계제도보다 10년 앞서 시행되었으며 가옥의 소유에 대한 관의 인증이었으므로 매매 등으로 가옥을 양도할 때 발급되었다.

③ 1893년 한성부에서 처음 발급된 이래 개항 시, 개시지에서도 발급하였으며 1893년 가계발급 이전에 가옥을 매매한 자에게는 수수료 없이 발급했다.

④ 토지가옥소유권증명규칙은 토지가옥증명규칙을 보완하기 위한 것으로 적법한 경우 소유권에 관한 증명을 받도록 하였다.

<그림 3-15> 대한제국 가사 관계

(자료 출처 : 임시토지조사국, 조선토지조사사업 보고서)

(4) 가계의 폐지

① 가계는 가옥의 소유에 대한 관의 인증이라 할 수 있으며 충남, 강원도 일부에서 시행하였으나 토지조사의 미비와 인식의 부족으로 중지되었다.

② 1906년 10월 토지가옥증명규칙의 발포와 함께 가계제도는 폐지되었다.

3.2.10.2. 지계

출제(용) : 105회

조선시대에 말기에는 부동산거래 질서가 문란하여 소유권 이전을 국가가 통제할 수 있는 입안을 대체할 수 있는 지계 제도를 채택하였다. 전답을 매매, 양여한 경우에는 관계(官契)를 받아야 하고 전질(典質)할 경우에는 인·허가를 받아야 하며, 매매 시의 관계, 전당시(典當時)의 인허가가 없거나 사사로이 매매, 전당, 양여한 경우에는 전답(田畓)을 몰수(沒收)한다. 화재, 침수로 유실한 경우에 증거가 명백함을 확인 후 재발급한다. 지계에는 양면이 모두 인쇄되고 이면에는 8개 항의 규칙이 기록되었다. 지계는 3편으로 되어 있으며 제1편은 본아문(本衙門), 2편은 소유자, 3편은 지방관청에 보관하였다.

(1) 8개 항의 규칙 내용

① 전답 소유주가 토지를 매매 또는 양여한 경우에는 관계를 받아야 하였다.

② 전질(典質)할 경우 인허가를 받아야 하며 전답 소유자는 반드시 관계(官契)를 소유하도록 하였다.

③ 매매 시 관계와 전당(典當) 시 인허가가 없으면 전답을 몰수하고 외국인은 전답을 소유할 수 없으며 사사로이 매매, 전당, 양도 시에도 몰수하도록 하였다.

④ 관계는 수몰(水沒), 화재 또는 유실한 경우에는 증거가 명백함을 확인한 후에 재발급하되 증거가 없음에도 불구하고 재발급함이 탄로가 나면 그 전당 가격은 재발급관으로부터 징수를 당한다.

⑤ 관계는 3편으로 작성하여 제1편은 본아문, 제2편은 소유자, 제3편은 지방관청에 보존하였다.

⑥ 토지의 소유자가 변경될 때는 새로운 관계로 바꾸고 전답을 담보에 제공하고자 할 때는 관청의 인허가가 있어야 한다.

⑦ 종래의 토지소유권을 그대로 인정하되 기주(起主), 진주(陳主), 시주(施主) 등의 토지소유자에게만 발행하였다.

(2) 지계 발급

① 지계 발급은 양안을 토대로 관에서 지계를 마련한 후 일정한 기간 내에 구권과 교환해 주었다.

② 발급 대상은 전답, 산림, 천택(하천과 연못), 가사의 소유권자는 반드시 관계를 발급받도록 의무 사항으로 정하였다.

③ 지계의 발행 대상은 산림, 토지, 전·답, 가사(家舍)로 확대하였다.

④ 외국인은 규정된 지역 이외에서 산림, 토지, 전, 답, 가사의 소유주가 될 수 없도록 하였다.

⑤ 지계의 발급은 거류지의 지계, 거류지에서 10리 이내의 토지에 관한 지계, 일본 이사관이 발급한 지계와 지계아문으로부터 발급된 일반 지계로 구분할 수 있다.

⑥ 토지의 측량과 관계(官契)의 발급기관은 지계아문으로 정립되었으며 지계(地契)는 외국인 토지 소유를 금지하는 조항을 삽입하고 있다.

(3) 전답관계

출제(용) : 66, 98회

① 1901년 지계아문을 설치하고 강원도, 충청남도, 경기도 일부에서 지계감리를 두어 "대한제국전답관계"라는 지계를 발급하였으며 전답의 소유주가 매매, 양여한 경우 관계를 받도록 하였다.

② 토지측량과 관계의 발급기관은 지계아문으로 정립되었으며 지계는 외국인 토지 소유를 금지하는 조항을 삽입하였다.

③ 관계의 발행은 매매 또는 양도 시에 해당하며 전질(典質)의 경우에도 관의 허가를 받도록 하였다.

④ 관계는 부동산의 국가 관리라는 측면을 강조하여 계권(契券) 발급 대상을 전체 부동산에 확대하면서 계권(契券)도 관계라는 명칭을 부여하였다.

⑤ 관계의 형식은 토지소유권을 증명하는 대한전토관계와 토지 매매를 보증하는 대한전토 매매증권의 두 가지 양식으로 구성되었다.

⑥ 대한전토관계는 지계아문에서 한 번만 발행하여 지방관청에서 보관하였고, 대한전토 매매증권은 지방관청에서 발행과 보관을 동시에 하였다.

⑦ 전답의 소유에 대한 관의 인증으로 본질에서 입안과 같은 것이었으며, 충남, 강원도 일부에서 시행되었으나 백성들의 인식 부족으로 중지되었다.

⑧ 관계 발급의 3단계

- 제1단계는 토지소유자가 누구인가를 조사하는 양전 사업의 과정이다.
- 제2단계는 양전 당시 양안에 게재된 소유자가 현실의 실소유자와 일치하는가를 확인하는 사정의 과정이다.
- 제3단계는 사정(査定)의 내용에 기초해서 관계(官契)를 발급하는 과정이다.

(4) 지권

① 유길준은 지제의(地制議)에서 지권(地券) 발행과 토지제도 정책에 관한 중요한 내용으로 현대의 지적도와 같은 전통도(田統圖) 제작을 주장하고 그 양식으로 "전지문권도식(田地文券圖式)"까지 제시하였으나 조정에서 수용하지 아니하였다.

② 1901년 지계아문을 설치하고 강원도, 충청남도, 경기도 일부에서 대한제국전답관계(大韓帝國田畓官契)라는 지권을 발행하였으나 지계아문이 이내 폐지되어 중지되었다.

③ 토지조사법(1910년) 제10조 "정부는 토지대장 及 지도를 備ᄒᆞ고 토지에 관ᄒᆞᆫ 사항을 등록ᄒᆞ며 지권을 발행홈."과 같이 지권을 발행하였다.

④ 토지조사령(1912년) 제7조 "신고서 제출 후 지권 발행까지의 間에 토지의 매매, 양여, 지목변경 기타의 사유에 의ᄒᆞ야 신고서 기재의 사항에 이동을 生ᄒᆞᆫ 시는 其 시마다 直히 此를 토지조사국에 신고홈이 가홈."와 같이 토지조사 완료와 동시에 조선부동산등기령을 시행하기로 하여 같은 해 12월 18일로 발행을 정지하였다.

⑤ 유길준은 결부법을 경묘법으로 개정하고, 지권을 발행하여 토지 소유관계와 지가를 기재하였다.

3.2.11. 토지신고서

토지신고서는 토지대장의 작성을 위한 장부였으며, 토지대장은 결수연명부와는 기본적으로 상이한 성격의 장부였기 때문이다.

(1) 토지신고서의 작성 근거

① 「법 심득」 제5조 신고서는 1동리를 통ᄒᆞ야 1통에 조제ᄒᆞ고, 연속ᄒᆞᆫ 토지는 차(此)를 1구역으로 ᄒᆞ야 기재홈이 가홈.

② 「법 심득」 제6조 지목은 지방의 칭호에 의ᄒᆞ야 기재ᄒᆞ고, 일연속지로셔 수종의 칭호가 유ᄒᆞᆫ 시는 각각 차(此)를 기재홈이 가홈.

③ 「령 심득」 제5조
- 신고서는 동리별로 한통에 작성한다.
- 결수연명부에 등록된 토지일 경우는 결수연명부에 1구역으로 된 것을 1구역으로 기재한다.

④ 「령 심득」 제6조
- 지목은 지방의 칭호에 따라 실지에 적합한 것을 기재한다.
- 결수연명부에 등록된 토지일 경우는 자번호 면적 및 결수는 연명부에 등록된 것을 기재한다.
- 신기(新起), 개간(開墾) 등에 관계된 토지는 신고서 사고란에 그 요령을 부기한다.

(2) 토지신고서의 특징

① 토지신고서는 결수연명부의 필지 구획 방식에 기초하여 작성되었다.

② 토지신고서는 소유자가 결수연명부에 따라 작성 보고하도록 하였다.

③ 토지신고서의 배포 및 접수는 지주총대에 의해 이루어졌다.

④ 신고서의 제출 기간은 지역에 따라 30－90일이었다.

⑤ 사고란에는 가지번을 기록하여 토지조사부와 연결되도록 했다.

⑥ 토지신고서는 결수연명부와 대조되었으므로 토지신고서의 구획 방식은 기본적으로 결수연명부의 체계를 따른 것으로 볼 수 있다.

(3) 토지신고서의 기재 내용

① 토지신고서에는 〈그림 3－16〉과 같이 필지별로 지목, 자번호(字番號) 및 사표(四標), 등급(等級), 지적(地積), 결수(結數), 사고(事故) 등을 기재하도록 하였다.

② 사고란에 적힌 숫자는 가지번이다.

③ 토지신고서에는 자번호란에 과세지견취도의 번호가 함께 기재되어 있는 때도 있으나 견취도 번호 기재는 의무 사항이 아니었다.

④ 토지신고서에 "견 000"이라고 기록된 번호는 과세지견취도의 지번이다.

⑤ 토지신고서의 한 필지는 결수연명부나 과세지견취도의 한 필지와 대응하였다.

⑥ 토지신고서의 내용은 결수연명부와 대조되었으므로 결수연명부에 기록된 내용이 토지신고서 작성에 매우 중요한 역할을 했다.

⑦ 한 명의 토지소유자가 몇 리에 걸쳐 토지를 소유한 경우 리별로 신고서를 따로 작성했고, 소유 필지가 많아 1장 이상이 되면 일련번호를 매겨 놓았다.

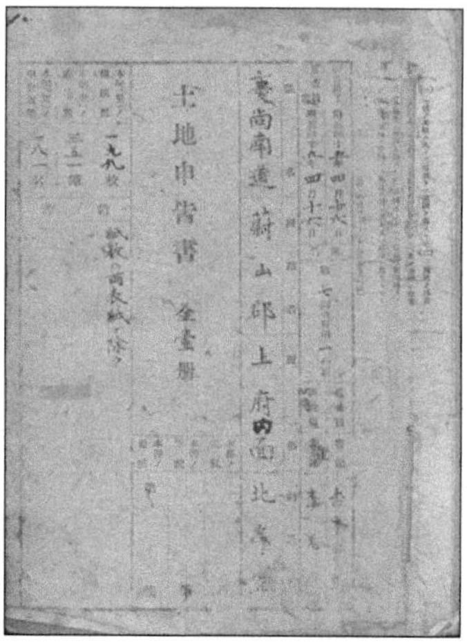

〈그림 3-16〉 토지신고서

3.2.12. 실지조사부

실지조사부는 측량원도에 기초하고 토지신고서를 참고하여 동리마다 가지번 순으로 작성하였는데, 이는 토지조사부 및 토지대장을 작성할 때 기초자료가 되며 일필지조사의 결과 실지조사부가 작성되었다. 실지조사부는 사정공시(査定公示)를 할 때에 필요한 토지조사부를 조제하는데 사용되는 자료로 실지조사부에 기재된 사항은 중요한 것으로 초기에는 개황도를 작성하여 실지조사부 작성 시 편의를 도모하였지만, 1912년 11월부터는 일필지측량과 동시에 지번 조사를 시행함으로써 개황도작성은 폐지하였다.

3.2.12.1. 도부의 종류

① 일반적인 조사를 하기 위해 설치된 조사반 내에 1개의 준비조사부와 2개의 실지조사부를 신설하고 조사업무를 관장케 하였다.

② 도부의 종류는 개황도(概況圖), 실지조사부, 조서, 토지신고서로 분류로 분류된다.

③ 실지조사부는 〈그림 3-17〉과 같이 그중 일부에 해당하며 토지조사부를 기록하는 자료로서 중요한 역할을 하였다.

④ 실지조사부는 토지조사부의 자료로 활용되었지만, 근본적으로는 토지대장 작성의 기초자료라 할 수 있다.

⑤ 사실 분쟁지의 경우 분쟁당사자가 누구인지를 알기 위해서는 적어도 실지조사부가 존재해야 하는데 현재 실지조사부가 남아있는 지역은 거의 없다.

3.2.12.2. 실지조사부 내용

① 소유권 증명 등을 거친 토지일 때에는 그 증명 번호를 기록

② 가지번(假地番)은 조사한 순서에 따라 붙여 기록

③ 지목 및 사용 세목을 조사한 것을 기록

④ 1913년 10월부터 신고 또는 통지 일자를 기록

⑤ 1915년 4월부터는 신고하지 않는 토지와 보관청으로부터 국유 통지가 없는 것은 조서를 작성한 일자를 신고 또는 통지 일자로 기록

⑥ 이해 관계인이 신고한 것은 그 자격을 확인한 후 기록

⑦ 공유지의 경우 적요란에 지분을 기록하고 성명란에 기재할 자가 3인 이상인 때에는 00 외 0인이라 기재

⑧ 분쟁지는 분쟁의 사유를 기록

⑨ 토지신고서 및 국유지 통지서를 제출하지 않은 것은 무신고 또는 무통지라 기재하였다.

⑩ 종중 또는 사립학교 등은 명칭을 적요란에 기재하고 토지대장의 자료로 이용하였다.

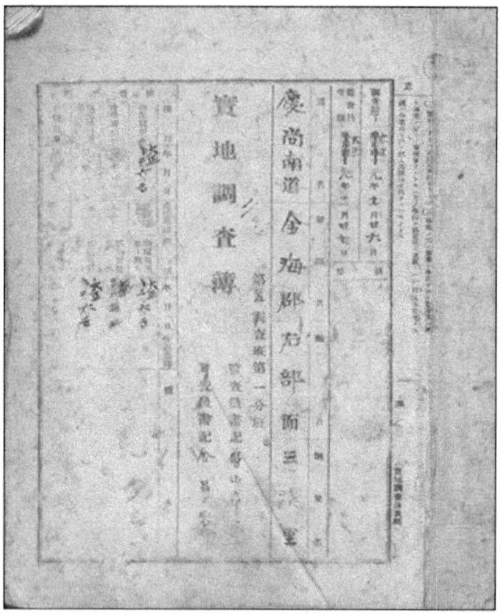

〈그림 3-17〉 실지조사부

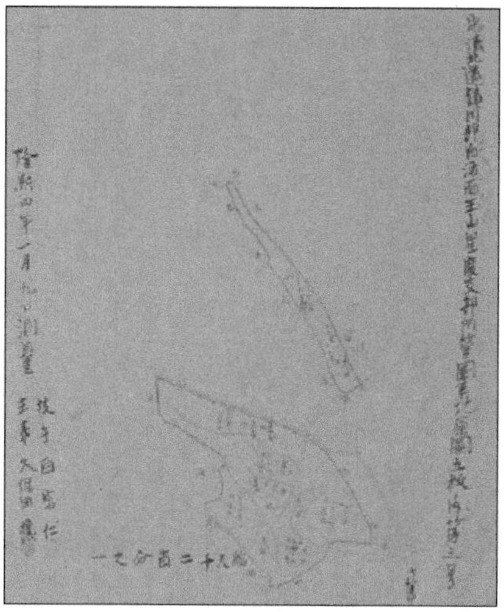

〈그림 3-18〉 진천군 개황도(1910년)

3.2.12.3. 개황도

개황도(概況圖)는 〈그림 3-18〉와 같이 일필지의 조사를 끝마친 후 그 강계 및 지역을 보측하여 개황을 작성하고 각종 조사 사항을 기재함으로써 장부 조제의 참고 자료 또는 세부측량의 안내에 쓰이게 한 것이다.

(1) 개황도의 규격

① 길이 : 1척 6촌, 너비 : 1척 2촌

② 2푼의 방안에 그려 사용

③ 축척 : $\frac{1}{600}$, $\frac{1}{1,200}$, $\frac{1}{2,400}$ 로 하여 보통 1개 동리마다 따로 작성하였다.

(2) 개황도의 기재 사항

① 가지번 및 지번

② 지목 및 사용 세목

③ 지주의 성명 및 이해관계인의 성명

④ 지위 등급

⑤ 행정구역의 강계

⑥ 죽목, 초생지, 기타 강계의 목표로 할 수 있는 것

⑦ 삼각점, 도근점

(3) 개황도의 폐지

① 1912년 11월부터 조사와 측량을 동시에 하므로 안내도는 필요가 없게 되었다.

② 지위등급 조사에는 따로 세부측량 원도를 등사하여 이를 지위등급도로 하였기 때문에 개황도를 폐지하였다.

3.2.12.4. 조서

① 조서(調書)는 소유권의 관계가 복잡하여 현지에서 지주를 결정할 수 없을 경우 이를 신중하게 심사하기 위하여 작성하는 것이다.

② 일정한 양식을 규정하여 조사 내용의 탈루(脫漏)를 방지하고 필요한 경우는 사실조사서 등을 첨부하게 하였다.

③ 민유지를 조사한 때에는 계출(屆出)된 서류(토지소재지, 사표, 면적, 성명)와 조사 서류(가지번, 지번, 개산 면적(概算 面積), 주소, 성명)를 합철시키고 서로 내용이 다른 것은 그 사유를 기재한 지주의 서면을 받아 이를 조서에 첨부하였다.

3.2.12.5. 토지신고서

① 토지신고서는 준비조사에서 취합하여 검사를 끝냈으나 일필지 조사에서 새로 제출하게 시킬 필요가 있는 것과 수정이 필요할 때는 지주에게 완전한 형식을 갖추게 한 후 이에 가지번 기타 필요한 사항을 기재하여 정리하고 소유권의 재심을 요하는 것은 신고인을 구분(동, 리마다 한국인, 일본인의 순서)하여 편찬하였다.

② 토지신고서의 정리 사항

- 새로 제출된 것은 준비조사에서 했던 기재 사항의 검사
- 신고 기한 이후에 제출한 것은 정당한 사유일 때는 처리하고, 사유가 타당치 않을 때는 당무자(當務者)의 의견서 첨부하여 처리하였다.
- 조사하지 않는 토지를 기재한 것은 요지를 붉은 글씨로 적은 다음 신고서의 끝에 편철 하였다.
- 분쟁지는 신고서의 원본 또는 등본에 분쟁 중이라는 요지를 주서(朱書)하며, 소유권에 의심이 있는 것도 또한 같게 하였다.

- 같은 국유지에 대하여 2개 이상의 보관청에서 중복하여 통지한 것은 "보관청 미정"이라 기재하였다.
- 조서를 작성한 것에 대해서는 신고서에 "조서 작성"이라 기재하였다.

3.2.13. 지세명기장

출제(용) : 84, 110, 132회

지세명기장(地稅名寄帳)은 이동 정리가 완료된 토지대장 중에서 민유과세지에 대해서만 면마다 각 지번에다 소유자별로 연기하고 합계하도록 하였다. 지세명기장은 면별로 작성하였는데, 납세자별로 납세자의 주소와 성명을 기재하고, 그가 납부할 토지의 동리 명, 지번, 지목, 지적(地積), 지가, 결수 및 납기별 세액을 기록한 것이다. 토지대장에는 결수가 기록되어 있지 않기 때문에 결수는 다른 장부를 참고하여 기재할 수밖에 없었다. 다만 지세명기장도 아직은 결가제의 원칙에 지배받고 있었다. 또한, 책의 권두에는 소유자 색인을 붙이고 책의 마지막 끝에는 면계를 붙였는데 지세명기장의 작성은 인별구분, 등사, 집계, 색인조제의 네가지로 구분 시행하였다.

3.2.13.1. 작성 근거

① 1914년 「토지대장규칙」 제40조 "구령에 의한 지세명기장 또는 지적약도는 각각 이를 본령의 지세명기장 또는 지적약도로 간주함."이라고 규정하였다.

② 이동지정리규정(1914. 3. 24임시토지조사국훈령 제7호)"제22조 토지대장 및 지세명기장을 전조의 이동신고서, 이동통지서 또는 이동지조사부에 의하여 가제정리하고 토지대장집계부는 이동집계표에 의하여 이를 가제정리 할 것." 이라고 규정하였다.

③ 토지대장규칙(1914년 조선총독부령 제60호)"제40조 구령에 의한 지세명기장 또는 지적약도는 각각 이를 본령의 지세명기장 또는 지적약도로 간주함." 이라고 규정하였다.

④ 1915년 「지세령시행규칙」을 개정하면서 토지대장이 있는 군은 지세명기장을 작성하여 결수연명부를 폐지하였고, 기타의 군은 결수연명부를 계속 사용하도록 하였다.

⑤ 1943년 「조선지세령시행규칙」 제32조 "부·읍·면은 그 부·읍·면 내의 토지에 대하여 지세명기장 및 지적 약도를 비치할 것"이라고 규정하였다.

⑥ 「지세령」이 제정되면서 시가지에 대해서는 「지세령」과 별도로 「시가지세령(市街地稅令)」이 제정되었다.

⑦ 시가지세의 부과를 위해 부면(府面)에는 시가지세명기장(市街地稅名寄帳)을 비치하도록 하였다.

3.2.13.2. 특징

① 지세명기장에는 결수연명부에 없는 지가가 기록된 점이 다르지만, 지번이나 지목, 지적 등도 토지대장에 근거하여 작성되기 때문에 그 기재 사항은 결수연명부와 판이한 것이었다.
② 토지대장이 작성 완료되면서 토지대장을 비치한 군에서는 그날로부터 결수연명부를 폐지하였으며 토지대장이 있는 군에서는 지세명기장을 사용하였다.
③ 결가제에 의한 지세부과 방식을 폐지하고 지가에 따라 지세를 부과하면서 징세 대장에 결수를 기재할 필요가 없게 되어 지세명기장에는 결수란이 삭제되었다.
④ 시가지세의 시가지 지세명기장에는 결수나 결가를 기록하지 않았으며, 부과를 위해 부면(府面)에는 시가지 지세명기장을 비치하도록 하였다.
⑤ 지세명기장은 약 200매 단위로 편철하고, 타부(他府), 타면(他面)에 주소를 둔 소유자는 맨 뒤에 편철하도록 하였다.

3.2.13.3. 기재 사항

① 지세명기장을 편찬하는 순서는 소유자를 일본 가명(日本假名)의 50음 순으로 하고 같은 성이 많으면 이름자의 첫 글자를 50음 순으로 하여 인별 구좌의 상부란 외에 번호를 기재한 다음 약 200매를 1책으로 하였다.
② 1878년에 작성한 지세명기장은 〈그림 3－19〉과 같이 지세를 징수하는 토지를 납세의무자별로 등록한 것으로 이동 정리가 완료된 토지대장 중에서 면별로 토지대장에 기초하여 작성되었다.
③ 1878년에 작성한 지세명기장은 과세지에 대한 인적편성주의에 따라 작성된 성명별 목록부라고 할 수 있다.
④ 지세명기장에는 결가(結價)의 기록란이 없었는데, 같은 면내에 2종류의 결가가 매겨질 때는 지번 수가 적은 쪽의 결가에 한하여 결수의 상부에 부기(附記)하였다.

⑤ 토지대장에는 결수가 기록되어 있지 않기 때문에 결수는 다른 장부를 참고하여 기재할 수밖에 없었다.

⑥ 지세명기장은 면별로 작성하였는데, 납세자별로 납세자의 주소와 성명을 기재하고, 그가 납부할 토지의 동·리명, 지번, 지목, 지적(地積), 지가, 결수 및 납기별 세액을 기록한 것이다.

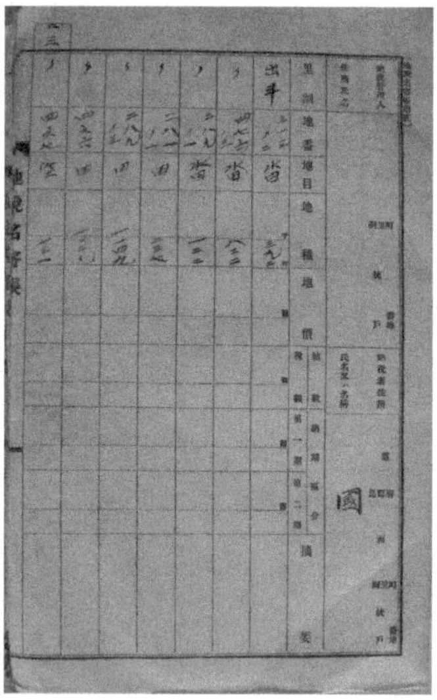

〈그림 3-19〉 지세명기장

3.2.13.4. 지세명기장의 작성

(1) 인별 구분

① 인별 구분은 토지대장의 편책을 풀고 1동 리마다 국유지, 민유과세지, 민유불과세지로 크게 나누었다.

② 그중 민유과세지만을 면마다 소유자 성명별로 하고 다음 성이 같은 자 중에서 이름의 첫 자가 같은 자를 골라서 동일 성명인 자와 구별하여 그 동일 성명인 자는 동리별 지번 순으로 한데 모아 명기장의 조제 자료를 완비하도록 하였다.

③ 지세명기장이 새로운 토지대장의 내용에 따라 작성되었음에도 결가란을 삭제하지 못한 것은 이 때문이었다.

④ 사업의 결과 토지대장이 작성되면서, 토지대장이 있는 군에서는 지세명기장을 사용하고, 토지대장이 없는 군에서는 결수연명부를 사용하도록 하였다.

⑤ 지세명기장과 결수연명부를 대조하여 결수연명부에 기재된 결수를 지세명기장에 기재하는 방법이다.

⑥ 임시토지조사국의 개황도에 의해 과세지견취도가 작성된 군에서는 이것과 지적도를 대조하여 과세지견취도 상의 결수를 지세명기장에 기재하는 방법이다.

⑦ 지주총대가 토지신고서와 결수연명부를 대조하게 하여 토지신고서상의 결수를 지세명기장에 기재하는 방법이었다.

(2) 등사

① 등사 업무는 소유자별로 구분한 후 토지대장에 의하여 소유자별로 구좌를 설치하고 소유 토지의 동리명, 지번, 지목, 지적, 지가를 동리별 지번 순으로 연기(連記)하였다.

② 등사를 끝낸 지세명기장은 집계 기타 필요로 적당히 몇 개의 책으로 나누고 토지대장도 인별 구분을 해놓은 채로 대조하여 양자의 부합을 확인하였다.

(3) 집계

① 지세명기장의 집계는 소유자별 구좌마다 지적, 지가, 필수의 합계를 붙이고 또 나누어 놓은 책마다 가책계(假冊計)를 붙이었다.

② 토지대장도 책마다 지적(地積), 지가(地價), 필수의 가책계(假冊計)를 붙여 지세명기장의 내용을 대조하였다.

③ 집계는 최후에는 토지대장 면별 집계부와 부합하였다.

(4) 색인 조제

① 색인은 지세명기장의 구좌번호 순서에 따라 그 번호 및 성명을 기재하고 명기장 1책마다 색인을 조제하여 책수에 편철하였다.

② 같은 면내에 동명이인이 있을 때는 이것을 구별하기 위하여 동리명, 통호명(統戶名)을 부기하였다.

③ 색인의 조제를 끝내면 각 구좌의 지적, 지가를 집계하여 면계와의 부합을 확인한 후 각 책을 편철함으로써 지세명기장의 조제는 끝나는 것이다.

3.2.13.5. 성과

① 장부의 조제는 1911년 11월 착수하여 1918년 3월까지 6년 5개월에 걸쳐 완료하였다.

② 종사 연일수는 384,565일이며 조사 총 필수는 19,107,520필에 대하여 장부 159,405책이었다.

③ 1일 공정은 49필이었고 1책의 조제에 요한 인원은 평균 2.5인이었다.

3.2.14. 결수연명부

출제(용) : 77, 105, 120, 135회

결수연명부는 개별납세자와 납세액을 국가가 직접 파악하기 위해 개별납세자를 대상으로 조사하여 작성한 징세대장이다. 결수연명부는 토지신고서와 대조되었으며 토지대장이 작성될 때까지도 비교·대조를 위한 장부로 활용되었음을 보여주고 있다. 토지신고서와 결수연명부를 대조하는 실무에 종사한 고용인에 불과하였다. 최초에는 대한제국 관리들이 사용하던 지세징수 대장인 깃기를 각 지방 재무감독국별로 정리하여 사용하다가 이를 기초로 지세징수 대장을 작성하고 이들을 기초자료로 징세를 위한 결수연명부를 작성하였다.

3.2.14.1. 작성 근거

① 1906년 9월 관세관관제(管稅官官制)는 징세 체계를 수령과 향리에서 세무사와 세무주사로 변경하고 향리층을 배제한 조세 징수 방법을 규정하였다.

② 1909년 7월 탁지부로부터 각 재무감독국장에게 통첩하여 각 면내의 지세 납부자별 결수와 결가를 조사하기 위한 결수연명부를 작성하였다.

③ 1909년 지세징수실적으로 부진해지자 지세를 안정적으로 확보하기 위해 지주 납세를 제도화하기 위한 방향으로 결수연명부 작성 방침을 변경하였다.

④ 1910년 결수연명부는 면을 단위로 소작인의 주소·성명을 기재하였는데, 결수연명부규칙에서는 이를 삭제하였다.

⑤ 1913년 토지조사심득(土地調査心得)에는 토지신고서와 결수연명부를 대조하여 소유권을 확인한다는 원칙이 결정되었다.

⑥ 1914년 3월 16일 지세령 제정과 함께 결수연명부규칙은 폐지되었다.

3.2.14.2. 결수연명부의 작성

① 결수연명부는 〈그림 3-20〉과 같이 토지대장의 성격을 가지고 있었으며, 장부 성격의 변화 과정에서 주요 계기는 과세견취도의 작성이다.

② 결수연명부는 과세지견취도를 기초로 하여 토지신고서가 작성되고 마지막으로 토지대장이 만들어졌다.

③ 부·군·면에는 결수연명부를 비치하고 토지의 소재, 자번호(字番號), 지목[전, 답, 택지(宅地), 잡지(雜地)], 면적, 결수, 결가, 지세액, 소유자의 주소, 성명, 명칭을 기재하였다.

④ 내용은 토지소재지, 자번호, 지목, 두락수, 결수, 납세자의 주소, 성명, 지주의 주소, 성명 등을 납세자별로 기재한 결수신고서를 동리별로 동리장이 작성하여 면에 제출하였다.

⑤ 자번호는 양안 자번호 체계를 답습했으며, 면적은 두락으로 기재하고 이름은 소리가 나는 대로 적는 경우가 많았다.

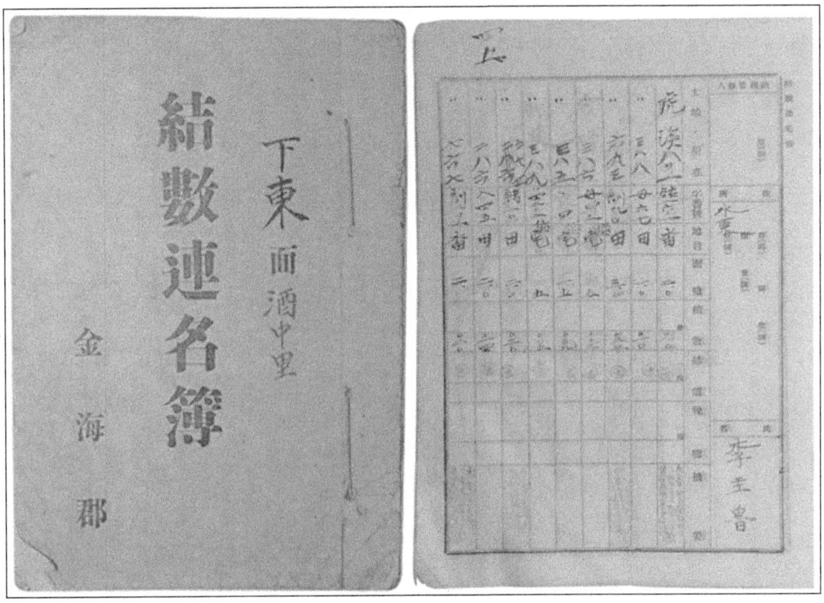

〈그림 3-20〉 결수연명부

3.2.14.3. 기재 사항

① 토지의 소재, 자번호

② 지목(전, 답, 택지, 잡지)

③ 면적

④ 결수, 결가 및 지세액

⑤ 소유자의 주소, 씨명, 또는 명칭

3.2.14.4. 결수연명부 특징

① 결수연명부는 면을 단위로 하며, 개인별로 작성하고 인적편성주의의 기초자료가 되었다.

② 토지대장이 있는 군에서는 지세명기장, 토지대장이 없는 군에서는 결수연명부를 사용하도록 하였다.

③ 결수연명부에 등록된 자는 납세자이지만 소유자가 아닌 경작자도 많았다.

④ 면적은 결부나 두락에 의해 부정확하게 파악되었으며, 비과세지는 파악 대상에서 제외되었다.

⑤ 결수연명부는 토지신고서와 대조되었을 뿐만 아니라 토지대장이 작성될 때까지도 비교·대조를 위한 장부로 활용되었다.

⑥ 결수연명부의 정확도를 높이기 위해 과세지견취도를 작성하였다.

⑦ 토지소유권을 확인하기 위해 결수연명부는 면 전체 토지를 대상으로 하되 토지소유자 기준으로 작성하였다.

3.2.14.5. 다른 장부와의 관계

(1) 결수연명부와 토지신고서

① 토지신고서는 토지대장의 작성을 위한 장부였으며, 토지대장은 결수연명부와는 기본적으로 상이한 성격의 장부였기 때문이다.

② 토지신고서의 내용은 결수연명부와 대조되었으므로 결수연명부에 기록된 내용이 토지신고서 작성에 매우 중요한 역할을 했다.

(2) 결수연명부와 과세지견취도

① 결수연명부 및 과세지견취도는 토지소유권에 관한 공부로서는 한계를 지닌 것이었다.

② 결수연명부와 과세지견취도에 기록된 사람과 그 필지의 실제 소유자는 다르게 나타난 것도 있었다.

③ 과세지견취도에는 가지번, 지목, 소유자, 면적, 방위표, 행정구역선과 행정구역명칭을 기재하고 필지가 작아 필지 내에 정리하지 못하면 따로 부호를 붙여 기재하고 있다.

(3) 결수연명부와 토지대장

① 결수연명부는 경작자 명의로 되었으나, 신고는 소유자명으로 변경한 경우가 결수연명부와 토지대장의 차이점이다.
② 토지에 관한 정보의 기재 즉 지번·지목·면적 등의 기록에서도 큰 차이가 있었다.
③ 결수연명부는 양안과 토지대장을 잇는 과도적인 성격을 지니고 있다.
④ 양안이나 토지대장은 과세를 위한 기초장부라는 점에서는 같다.
⑤ 토지대장은 지세 부과를 위한 기초자료이면서 동시에 소유권 증명을 위한 기초자료로 사용되었다.
⑥ 토지대장에 기재된 소유자는 반드시 실제 소유자가 기록될 필요가 있었다.

3.2.15. 토지조사부

출제(용) : 48회

토지조사부는 〈그림 3－21〉과 같이 1911년 11월부터 작성하여 토지소유권의 사정 원부로 동·리마다 지번의 순서에 따라 지번, 가지번(假地番), 지목, 지적(地積), 신고 연월일, 소유자의 주소, 성명을 등사하고 분쟁 및 기타 특수한 사고가 있는 토지는 적요란에 사유를 기재하였다.

(1) 특징

① 토지조사부에는 가지번(假地番)이 있으므로 토지신고서의 가지번과 연결할 수 있다.
② 가지번의 면적과 등급을 조사하면 필지별로 결수, 두락, 면적, 등급을 찾을 수 있었다.
③ 토지대장 기록을 우선하여 채택한 후 토지신고서를 존중하였다.
④ 토지신고서와 토지대장의 지목이 불일치한 경우에는 토지대장의 지목을 우선으로 하였다.
⑤ 토지조사부에 의하여 토지소유자와 그 강계를 확정하는 사정으로 토지분쟁을 해결하여 지적제도를 확립하였다.
⑥ 토지조사부는 토지조사사업이 완료되어 토지대장을 작성함으로써 그 기능은 상실되었다.

(2) 작성

① 토지에 대한 소유권의 사정 원부가 된 것으로 지목별로 지적(地積)과 필수를 집계하고 국유지와 민유지를 구분하여 합계한 것을 기재하였다.

② 공유지는 공유자가 3명 이상인 것은 별도로 연명서를 작성하여 조사부의 끝부분에 붙이고, 공유자가 2명 이하인 것은 공유자명을 연명한 다음, 적요란에 공유지라고 기재하였다.

③ 조사부의 끝부분에는 지목별로 지적(地積) 및 필수를 집계하고 이것을 국유지와 민유지로 구분하여 합계한 것을 기재하였다.

④ 기재가 끝나면 정밀히 검사 교정한 다음, 지적과 필수는 재차 검산하고 또 분쟁 심사 중이어서 소유자 성명과 지적 등이 미정인 것은 그것이 결정된 다음에 기재하였다.

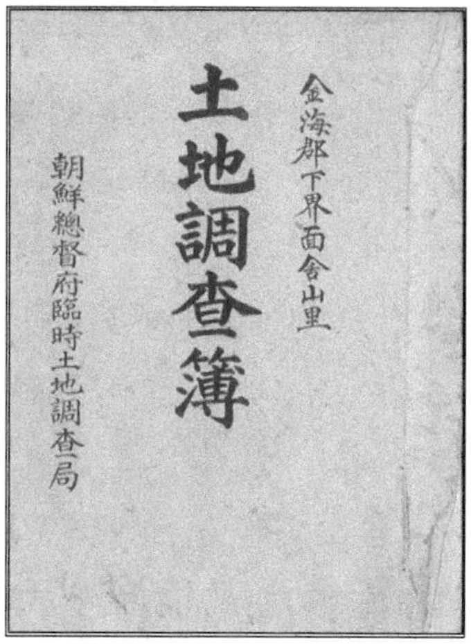

〈그림 3-21〉 토지조사부

3.2.16. 역둔토 대장

① 역둔토 실지조사에 의해 작성된 역둔토 대장이 토지조사사업 당시 국유지통지의 기초자료가 되었으므로 결국 모든 유토는 국유지로 신고된 셈이었다.

② 역둔토 대장은 〈그림 3-22〉와 같이 전, 답, 대, 잡종지의 4종목을 등록하였으며 일필지마다 역둔토의 신고서에 의해 작성되었다.

③ 역둔토 대장의 등록 사항은 토지의 소재, 지번, 지목, 등급, 지적(地積), 소작인의 주소, 성명 또는 명칭, 소작 연월일을 기재하였다.

④ 역둔토로 취급되는 토지의 관리는 구한국 정부에서 실지조사 및 측량한 실측도를 근거 삼아 작성한 역둔토 대장의 두 가지를 주요 도부로 하고 그를 이동 정리하여 왔다.

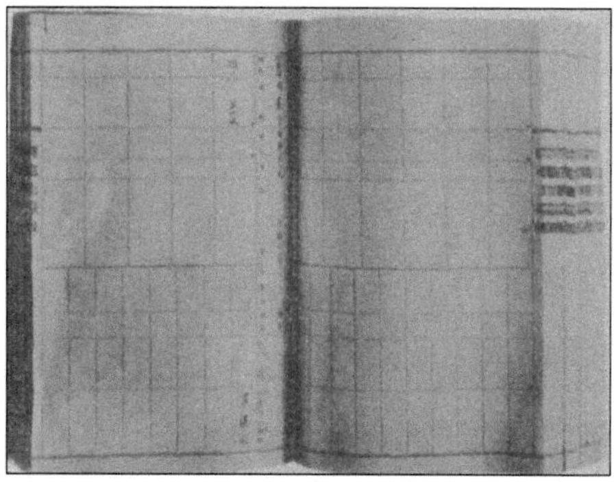

〈그림 3-22〉 역둔토대장

(자료 출처 : 임시토지조사국, 조선토지조사사업 보고서)

⑤ 역둔토의 조사 및 측량은 토지조사 측량 이전에 한 것이기 때문에 현재의 토지대장과 지적도와는 관계가 없었다.

⑥ 역둔토의 지번은 역둔토의 관리상 적당히 붙이는 정리 번호로서 토지대장에 정리된 지번을 그대로 사용할 필요가 없으므로 따로 동, 리 또는 면을 통산하여 정리 번호를 붙여도 되지만, 토지대장과 역둔토 대장, 지적도와 역둔토 지도는 항상 밀접한 관계가 있었다.

⑦ 역둔토 대장은 1필지에 1매를 원칙으로 지번 순서로 편철하고 만약 책 중에서 동, 리가 다를 경우는 간지를 삽입하며, 면별로 약 200매로서 1책으로 하였다.

3.2.17. 산토지대장

출제(용) : 48, 50회

임야도를 지적도로 간주하는 것을 "간주지적도(看做地籍圖)"라 하였으며, 간주지적도에 등록하는 토지에 관한 대장은 별도로 작성하여 "별책토지대장(別策土地臺帳)", "을호토지대장(乙號土地臺帳)", "산토지대장(山土地臺帳)"이라 하였다.

(1) 작성 근거

① 1923년 6월 29일 「토지대장 시행 지역에 관한 건」

② 「토지조사령」

③ 「조선지세령(1943. 3. 31 제령 제6호)」

④ 「임야도로써 지적도로 간주하는 지역의 고시가 있을 경우의 취급 방법에 관한 건(1923. 10. 조선총독부 재무국장)」

⑤ 「조선임야조사령 (1918. 5. 1. 조선총독부제령 제5호) 」

⑥ 「토지대장규칙(1918. 7. 17. 조선총독부령 제75호)」

(2) 특징

① 임야도 축척인 1/3,000, 1/6,000로 측량하여 임야도에 전·답·대지 등을 등록하였다.

② 최종 지역선으로부터 거리 약 200간(間; 364m) 이외의 지역에서 간주지적도에 등록된 토지이다.

③ 토지대장은 이를 구분하여 별책(別冊)으로 하도록 지시하였다.

④ 토지대장(山土地臺帳), 별책토지대장(別冊土地臺帳), 을호토지대장(乙號土地臺帳)이라 하였다.

⑤ 산토지대장에 등록하는 면적의 단위는 30평(99㎡) 단위로 등록하였다.

(3) 간주지적도와의 관계

① 당시에는 증보도를 만들 수도 있었으나 경비 등이 많이 소요되므로 임야대장규칙에 따라 이미 비치된 임야도를 지적도로 간주하여 등록한 것을 간주지적도라 하였다.

② 토지를 등록하기 위해서 새로이 측량하여 지적도를 만들어야 하는데 임야 지역의 한두 필지를 등록하기 위해서 지적도를 작성하기가 힘들었다.

③ 토지조사령에 따른 토지조사는 산림지대(林野)를 제외하였기 때문에 지적도에는 산림지대의 토지는 등록하지 않았다.

④ 임야대장의 규칙에 따라 비치된 임야도를 지적도로 간주하여 지적도에 신규로 등록할 것 없이 그 지목만을 수정하여 임야도에 등록하였다.

(4) 산토지대장의 폐쇄

① 산 토지대장은 1975년 토지대장 카드화 작업으로 제곱미터(㎡) 단위로 환산하여 등록하면서 일반 토지대장으로 교체하였다.

② 현재는 사용하지 않고 지적서고에 보관만 하고 있다.

3.3. 토지등록도면

3.3.1. 고대의 도면

(1) 메나의 무덤 벽화

출제(용) : 78회

① 테베(Thebes)에 있는 메나의 무덤 벽화에서 줄자를 이용한 토지측량의 모습과 기록부를 가진 관리들이 그려져 있는 것으로도 알 수 있다.

② 1914~1916년에 몬드(Robert L. Mond)와 맥케이(Ernest J.H. Mackay)가 이집트 룩소르(Luxor) 나일강 서안의 쉐이크 압둘 쿠르나(Sheikh Abdul Qurna) 언덕을 조사하다가 최초로 고분을 발견하였다.

③ 이집트 신왕국 제 18왕조 시기의 고분으로 투트모스 4세(Tuthmose IV)와 아멘호테프 3세(Amenhotep III)의 재위 기간인 B.C.1400~B.C.1390년 사이에 지어진 것으로 보인다.

④ 제1차 세계대전으로 인해 발굴이 중단된 사이에 연구자들이 확보한 3,300장의 흑백사진 자료를 분석한 결과 메나 고분의 실체가 밝혀졌다.

⑤ 고분의 주인인 메나(Menna)는 카르나크의 아몬 대신전에 속한 서기이자 주변 농토의 경작과 수확을 관리하는 감독관이었을 것으로 추정된다.

⑥ 고분은 T자 형태로 되어 있으며, 크게 전실, 통로, 제실로 구분된다.

⑦ 룩소르 인근의 고분군 중 가장 보존 상태가 좋은 벽화들은 농사와 가족의 통과의례를 중심으로 메나 일가의 일상을 생생히 묘사하고 있다.

(2) 점토판 지적도

① 지적도 위에 토지를 나타내는 기술은 고대 메소포타미아와 이집트에서 제한적으로 알려지고 사용되었다.

② B.C 2,300년경 고대 메소포타미아에서 바빌로니아인들은 진흙 판 위에 토지와 건물의 계획들을 그렸었으나 지금은 거의 남아 있지 않다.

③ 이집트인들은 토지를 측량할 도구들은 갖고 있었으나 지금까지 발견된 토지에 대한 지적도들은 프톨레마이오스(Ptolemaic) 시대(B.C. 305~30년) 것들이다.

④ 토지세는 재정수입의 중요한 원천이었으나 경계선 결정을 어렵게 만드는 나일강의 매년 계속되는 범람으로 이집트의 농경지가 피해를 보기 때문에 토지세 징수는 복잡해졌다.

⑤ A. F. Shore는 이처럼 지도가 부족한 점과 이집트인들의 알파벳 문자를 늦게 받아들인 것 사이에 유사점이 있음을 발견했다.

⑥ 고대 이집트인들은 일단 일정 수준의 세수의 목표 달성이 이루어지면 더 이상의 세수 증감에 큰 관심을 나타내지 않았다.

⑦ "그들은 지도 제작에 필요한 모든 것을 포함했고, 측정, 계산, 등기 분야를 위한 수단과 관료 기관을 갖고 있었다."라고, 주장했다.

(3) 로마의 청동 지적도

출제(용) : 84회

① 그리스와는 대조적으로, 로마의 지배자들은 지적도의 중요성에 대해 잘 인식하고 있었다.

② 지적도를 그들의 광범위한 영토에 대한 관리와 토지 임대에서 나오는 재정수입을 통제하기 위한 수단으로 보았다.

③ 로마의 토지구획은 그리스의 도시국가들 토지구획보다 더 체계적이었는데 도시지역과 농경지들을 각각 인슈라(insulae)와 센튜리아(centuriae; 도시지역의 토지구획과 농경지의 토지구획 명칭) 라는 바둑판 모양으로 구획하였다.

④ 로마 시대에는 카르타고 주변과 포(PO) 계곡과 카푸아의 캄파니아, 스페인과 프랑스의 식민지, 그리고 현재의 튜니지아에 이전의 센트리에이션(centuriation; 전쟁에서 승리한 병사들에게 주어진 보상 성격의 토지)의 범위를 나타내는 중요한 조경의 증거(landscape evidence)들이 있다.

⑤ 대부분의 센트리에이션(centuriation)은 정복을 통하여 획득하고 개인들에게 양도한 국유지인 아거 퍼브리커스(ager publicus)에 편입되었다.

⑥ 청동에 새긴 지도는 로마의 리버타티스(Libertatis)의 중앙홀에 새겨져 전시되어 있었다.

⑦ B.C. 111년의 법에 따라 토지측량사(agrimensores)들은 토지위원회가 임대, 분배, 또는 버려두었던 이탈리아의 토지 지도(formae)나 등기부(tabulae)들을 완성해야 하였다.

⑧ BC. 78년부터 로마에는 그와 같은 지적도들과 관련 문서들을 보관하는 중앙 보관서인 타뷰라움(tabularium)이 있었다.

⑨ 토지측량사의 큰 업적은 토지 경계의 정의와 도면을 만드는 것에 관여하는 데 있었다.

⑩ Hygirus Gromaticus는 토지측량사가 어떻게 지도 위의 영토와 소유주 이름, 그리고 다른 지적 정보를 어떻게 등록해야 했는지를 말했다.

⑪ 각 지도는 2부의 사본이 요구되었는데 1부는 로마의 중앙보관서(tabulrium)용 이었고, 1부는 지방에서 보관하였다.

⑫ 각 지도는 구리판에 새겨졌는데 침략자들이 그것들을 빼앗아 녹여버렸기 때문에 로마의 보관서의 수천 개의 청동지도 중 단 하나도 남아있지 않은 것으로 전해지고 있다.

(4) 프랑스 석판 지적도

① 로마의 식민지인 오랑쥬(Arausio)의 병사들에게 준 토지에 대한 토지대장은 지역적으로 돌에 새겨졌다.

② 지도의 일부는 약 1:6000의 비율로 카펜트라스(Carpentras)에서부터 오렌지(Orange)지역까지 포함하고 있다.

③ A.D. 77년의 한 기념비의 비문에는 “황제 베시파시아누스(Vespasian)는 8년 되는 해에 황제 오거스트가 Legion Ⅱ Gallica의 병사들에게 줘서 여러 해 동안 개인이 차지해 온 국가의 땅을 환수하기 위하여 하사한 토지의 매년 임대에 관한 기록과 함께 측량 지도(forma; 라틴어)를 만들 것을 명령했다.” 고 석판에 쓰여 있다.

④ 지적측량은 황제가 국가의 땅을 다시 소유하고 이전에 거두지 못했던 세금을 재 부과함으로써 국가의 재정수입을 늘리려는 노력의 일환이었다.

⑤ 지적도들은 실제로 정치의 도구로 사용되었으며 로마제국의 멸망으로 더 폭넓게 국가의 자산과 재정을 공고히 하기 위하여 사용되었다.

3.3.2. 삼국시대의 도면

(1) 봉역도와 요동성총도

① 고구려는 토지를 측량하여 오늘날 지적도의 성격을 가진 도면으로 전 국토를 조사 수록한 봉역도와 요동성총도가 삼국사기에 기록되어 있다.

② 봉역도(封域圖)나 요동성총도(遼東城塚圖)의 내용을 보면 고구려에서는 측량척으로 토지를 측량하여 오늘날의 지적도와 유사한 도면이 있었을 것으로 추측한다.

③ 봉역도

- 봉역도에 관한 기록은 삼국사기 권 제20 고구려 본기 제8, 628년 9월 "遣使入唐 賀太宗 … 封域圖"[42]와 같이 "사신을 당 태종에 파견할 때 봉역도를 바쳤다"라고 기록되어 있다.
- 지도의 내용에서 봉역(封域)이란 흙을 쌓아서 만든 국경의 표시란 뜻으로 고구려의 국경을 표시한 도면이다.
- 봉역도는 토지 관리를 위한 국방 또는 행정적 목적에 의하여 작성되었으며 토지를 측량하여 작성된 도면이나 지지(地誌) 상의 도면을 주관한 것으로 추측된다.
- 지리상의 원근, 지명, 산천 등을 기록하고 국방상 혹은 군사 작전상 또는 행정 목적 등의 용도로 작성되었을 것으로 추측한다.

④ 요동성총도

- 요동성총도는 봉역도보다 더 발전적인 도면으로 1953년 북한의 평안남도 순천군에서 발견된 고구려 고분벽화에 나타난 요동성도(遼東城圖)를 통하여 지도 제작 기술을 알 수 있었다.
- 요동성총도의 고분벽화에는 요동성의 지형, 성시(城市)의 구조와 시설, 도로, 성벽과 그 시설, 건축물, 산, 하천, 도로 등이 그려져 있다.

---

42) 이재호 역, 삼국유사, 서울: 광신출판사 1993, p.1005

- 벽화에는 적·청·보라·백색 등의 색상을 사용한 우리나라에서 현존한, 가장 오래된 도시 평면도로서 회화적 수법으로 그려져 있을 뿐 현재의 지적도와 같은 내용의 유사성이 있는 것이며, 세부적인 내용은 없다.

(2) 능역도

① 1971년 7월 공주에서 출토된 백제 25대 무령왕릉에서 출토된 지석의 뒷면에는 방위도인 능역도(陵域圖)와 문기에서 묘지의 한계 표시로 방위간지(方位干支)가 그려져 있다.

② 지석 후면의 방위도는 능역의 경계를 표시한 지역 경계도 또는 원시적인 지적도로 볼 수 있다.

③ 능역도는 묘지에 대한 방위도로 면간(面間)의 한 변이 절단되어 그 자리에 선만 내려긋고 방위간지가 기재된 것으로 간지는 주변의 거리를 측정하는 척도의 단위를 표시하고 있다.

④ 지석 가운데 천공이 있는데 이는 도면의 중심을 이르는 것으로 보아 방위상의 중심일 뿐 획정된 능역과 현실의 중심을 의미하는 것은 아니었다.

⑤ 지석(支石) 후면에 "우일건(右一件)"이란 문자를 우도면 내의 토지 1건으로 볼 경우에 묘지 방위도는 능역의 경계를 표시한 것으로 지역 경계도가 있다.

(3) 지안도

① 삼국사기 문무왕 671) 조에 "…至七月 入朝使金欽純至將劃界 地案圖 披檢百濟舊地總分割還黃河未 …"와 같은 기록이 있다.

② 삼국사기에 기록된 지안도(地案圖)에는 "7월에 입조사 김흠순 등이 당나라에서 돌아와 장차 땅의 경계를 확정 짓는데 지도를 살펴보면 백제의 옛 땅을 모두 잘라서 돌려주게 되면 황하는 신라의 땅을 둘러싸지 못하며 …"라는 내용에서 신라에 지도가 존재하였음을 알 수 있다.

③ 삼국유사 권 2 남부여 전백제 북부여조에 "夫餘郡者前百濟王都 也或稱 所夫里郡…又 按量田帳籍…"에서 양전장적이란 토지대장 명칭이 있다.

④ 문자만 발췌하여 수록한 관계로 자세한 내용을 알 수 없지만 양전 장적에는 간략한 지적도와 같은 토지 경계도가 함께 있었을 것으로 추측된다.

3.3.3. 사표

출제(용) : 43, 45, 86, 96, 116, 132, 134회

토지표시 방법으로 신라와 고려를 거쳐서 조선 사회까지 전승되온 사표(四標)는 토지에 관한 경계를 명확히 표시한 것이다. 또한, 토지의 위치를 동서남북의 인접지에 대한 지목, 자호, 주명(主名, 토지소유자)을 표시하였으며 양안에 기록하거나 도면을 작성하였다. 토지 용어 사전에 사지(四至)는 토지 경계를 나타내는 뜻으로 해석되고 있으며 민중 사전에는 사표를 "사방의 경계표"라고 정의해 놓고 있으며 사표(四票)라고 표시하기도 하였다.

(1) 사표의 기원

① 사표의 기원은 통일신라시대인 진성여왕 5년이며, 사표는 도면의 하나로 4필지 이상의 지적 사항을 파악할 수 있다.

② 1909년부터 시작한 조선 토지조사사업에 의해서 고대의 양전 방식이 근대적인 지적제도로 변형되므로 오늘날과 같은 지적공부가 등장하게 될 때까지 존재하였다.

③ 경자양안에서는 문자를 이용하여 표현되던 사표(四標)가 양지아문에서 작성한 광무 양안부터는 전답도형도를 수반하여 나타나고 있다.

(2) 사표의 근거

① 삼일포 매향비의 내용에는 사표는 동과 북은 주군(主君) 소속의 전답, 남쪽은 주군, 서쪽은 미륵사 소유의 답이 있다.

② 암태도 매향비의 사방 표시 방법은 사표(四標) 방식보다는 주위 위치 경계를 나타내는 사지(四肢)와 사계(四界)의 방식이라 할 수 있다.

③ 신라시대

- 전남 담양군 남면 학선리 개선사지(開仙寺址)에 있는 석등의 내용은 신라시대 토지매매 및 토지의 종류에 관한 내용으로 석등에 일필지마다 표시되고 있다.
- "土南池宅土西川 東令行土北同"과 "畦土南池宅土東令行土西北洞"은 사표를 나타낸 것이다.
- 사표의 내용을 살펴보면 토지의 남쪽은 지씨의 집이고, 서쪽은 하천, 동쪽과 북쪽은 행인이 다니는 길을 표시하고 있다.

④ 고려시대

- 고려 현종 때 세운 정두사 오층석탑조성지기와 고려시대(충선왕 원년)에 세운 고성 삼일포 매향비(埋香碑)에 잘 나타나 있다.
- 정두사 오층석탑조성형지기의 내용에서 사표는 "북능소전(北能召田) 남동거(南東渠) 서갈경사전(西葛頸寺田)"으로 북쪽은 능소의 밭이고, 남쪽과 동쪽은 도랑이고, 서쪽은 갈경사라는 절의 밭이 있다.
- 매향비의 사면 비석 우측에 토지를 시납하는 사람과 그 토지의 사표를 기록하고 있으며, 그 내용은 '동남토 서진지 북종이천(東南吐 西陳地 北種伊川)'이라 기록되어 있다. 그 의미는 동쪽과 남쪽은 제방이 있고 서쪽은 황폐된 토지, 북쪽은 곡식을 심은 '하천'이라 할 수 있다.

⑤ 조선시대의 사표

- 1634년 갑술 양전에 의한 양안은 도형이 없이 문자로 기록되어 있으며 등급, 장광척 수, 토지 형태, 사표 등이 나타난다.
- 1720년에 작성된 경자양안에서 방형(方形), 직형(直形), 제형(梯形), 규형(圭形), 구고형(句股股形) 등 기본 5도형을 중심으로 전형(田形)을 문자로 기술하고 있다.

⑥ 대한제국 시대의 사표

- 1898년에 양지아문 양안에는 사표를 문자와 전답도형을 동시에 표현함으로써 지적도의 기원이라고 할 수 있다.
- 양지아문에서 작성된 아산군 양안(1899년)은 문자로 기술된 사표와 동시에 원시적 지도 형태인 전답도형도라 불리는 사표도(四標圖)가 함께 기술되어 있다.
- 사표도가 비록 지도학적 조건을 갖추고 있지는 않지만, 현재까지 남아있는 유일한 원시적인 우리나라 지적도의 시초라고 볼 수 있다.

(3) 사표의 특징

① 토지 경계를 표시하는 방법으로 자연적인 지형·지물인 강산과 하천·구거·도로 등을 사용하거나 표석, 항목 등을 세워 나타냈다.

② 토지 주위의 정황을 문자 중심의 표현에서 문자와 도형을 함께 나타냄으로써 현행 지적도를 만들게 한 중요한 계기가 되었다.

③ 사표는 일필지마다 경계를 표시하기 위해 접속지의 지목, 자번호 및 지주의 성명을 양안의 해당란 안에 기재하는 것을 말한다.

④ 토지에 관한 경계를 명확히 하기 위하여 토지의 위치를 동서남북의 인접지에 대한 지목, 자호, 주명(主名; 토지소유자)을 표시하였다.

⑤ 사표는 토지표시에 필요한 요건이 되면서 관양안(官量案)·사양안(私量案)·면양안(面量案)·동양안(洞量案)을 불문하고 양안에는 반드시 기재하게 되었다.

⑥ 사표에서 용어는 제방·유지·도로·구(構)·대강(大江)·천(川)·소로(小路)·대로(大路)·토(吐)·거(渠)·제(堤)·산(山) 등에는 소유자 성명을 기재하지 않았다.

(4) 사표의 문제점

① 토지소재지 표시방식이 모두 인접 주변 지역을 간접적으로 나타내고 있다.

② 사표도가 없었던 시대에는 토지의 위치를 문자로 표시하는 것이 유일한 수단이었다.

③ 토지조사사업 당시 분쟁지 조사에서 사표도의 부정확한 위치로 분쟁의 원인을 제공하였다.

④ 정약용은 경세유표(經世遺表)에서 대천(大川), 대로(大路)는 수백 리가 될 수 있으며, 소유자의 경우는 매매가 이루어지므로 수시로 변동하고 있어서 농지의 소재를 표시하기가 힘들다는 것이다.

⑤ 분필 및 합필, 소유권의 변동, 지목 변동이 수시로 일어나는 상황에는 사표의 표시 방법이 부정확하다는 것이다.

⑥ 분필이나 합필의 경우와 매매 시의 변동 사항을 표현하지 않아 토지분쟁의 원인이 되었다.

⑦ 사표는 구한말까지 사용되었고 토지조사 사업 당시에도 주소, 성명, 토지의 소재, 지목, 자번호와 함께 사표를 신고하였다.

(5) 사표도

① 사표가 대한제국 시대의 광무 연간의 양지아문에서 작성된 아산군 양안(1899년)을 최초 시발로 하여 문자로 기술된 사표와 동시에 원시적 지도 형태인 전답도형도라 불리는 사표도(四標圖)가 함께 기술되어 있다.

② 사표도는 〈그림 3-23〉과 같이 지도학적 조건을 갖추고는 있지 않지만, 현재까지 남아있는 유일한 원시적인 우리나라 지적도의 시발이라고 볼 수 있다.

③ 토지 주위의 정황을 문자 중심의 표현에서 문자와 도형을 함께 나타냄으로써 현행 지적도를 만들게 한 중요한 계기가 되었다.

④ 양지아문에서는 기본도형 5가지 이외에 원형, 타원형, 호실형(弧失形), 삼각형, 미형(眉形)을 추가하여 10가지 도형을 사용하는 한편 직대우각형(直帶牛角形), 원규형(圓圭形), 양삼광형(兩三廣形), 방전일좌(方田一座) 등 다양한 중복 도형도가 나온다.

⑤ 사표도는 가운데의 전답에 맞는 전답도형을 그리고 그 도형 안에 각 변의 척수(尺數)를 나타내고 전답도형 주위에 사표를 기록하여 전답의 위치와 형상을 쉽게 알 수 있게 했다.

⑥ 사표도는 중국의 명·청 시대에 있던 어린도에 나오는 것을 그대로 모방한 것이다.

⑦ 전답도형도가 종래 생산량 중심의 토지파악 방식에서 벗어나 토지 면적 중심으로 토지를 파악하려고 했기 때문이다.

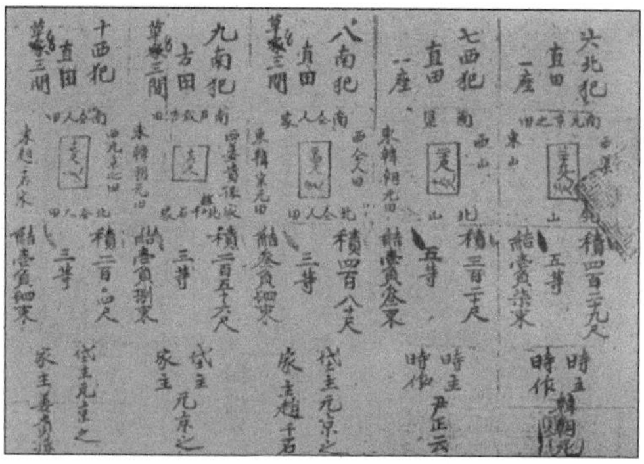

<그림 3-23> 양안의 사표도

(자료 출처 : 대한제국토지조사사업, 민음사, 1995)

3.3.4. 금표

① 금표(禁標)란 일정한 지역을 보호할 목적으로 출입을 금지하기 위해 자연 암석·나무·비석 등에 경계를 표시하여 세운 것이다.

② 금표는 왕이나 왕족의 사냥터 보호, 군사훈련 지역 출입 금지, 산림 보호, 유배지의 임의 출입 금지, 사찰이나 태봉(胎封) 등 신성하고 권위 있는 지역의 접근금지, 산림의 채취금지 등을 위해서 일정한 지역을 금표 구역으로 설정하고 금표 구역의 입구나 산비탈, 하천 등 자연적인 경계를 이루는 지역에 세웠다.

③ 금표는 봉산(封山)·황장봉(黃腸封)·황장봉산(黃腸封山)·황장금표(黃腸禁標)·황장금산(黃腸禁山)·삼산봉표(蔘山封標) 등 목적에 따라 다양하다. 황장은 황장목에서 유래한 것이다.

④ 황장목은 소나무의 몸통 부분이 누런색을 띠고, 재질이 단단하고 좋은 나무로서 주로 왕실의 관을 만드는 데 사용하였다.

⑤ 다양한 금표 가운데는 금표 구역의 경계를 구체적으로 동서남북 등으로 밝힌 것이 있어 사표의 개념과 아주 유사한 것들이 있다.

3.3.5. 법수

출제(용) : 77, 95회

① 법수(法樹)는 평양지 선자(選者)가 기전(畿甸)에서 특별한 경계표의 이름으로 사용되었다.

② 정전제에서 토지의 구획설정은 조선 선조 때 윤두수에 의하여 편찬된 평양지(平壤誌)에서 기자정전은 3무, 9무를 표준으로 나무를 세워 경계를 표시한 것을 "법수"라고 하였다.

③ 정전제에서 구획된 경계는 처음에는 나무 경계표를 설치하였으나 후에는 돌로 된 경계표를 설치하였다.

④ 점차 경계가 변경되어 목표(木標)가 없어지면서 1631년 구획을 정리하여 네 모시리에 돌을 세워 경계를 결정하였다.

⑤ 장승은 법수에서 출발하였으며 원래 마을 수호신이라 할 수 있는 법수는 성인으로 신선 또는 선인의 이름으로 존재하였다.

⑥ 촌락을 수호하는 법수는 부족과 부족 사이의 경계를 표시하기도 하였으나 조선시대에는 원래 장승이 가지고 있던 여러 기능이 사라지고 토지 경계 기능만을 하고 있었다.

3.3.6. 전답도형도

토지 주위의 정황을 문자 중심의 표현에서 문자와 도형을 함께 나타냄으로써 현행 지적도를 만들게 한 중요한 계기가 되었으며, 일반적으로 사표도를 의미한다.

(1) 전의 형태

① 조선시대의 양안에는 토지의 위치를 간접적으로 표현하여 전답의 경계를 나타내는 도형으로 표현된 사표가 등장하였다.

② 광무연간의 양지아문에서 작성된 아산군 양안(1899)을 최초로 하여 문자로 기술된 사표와 일필지의 형태인 전답의 형태가 그려진 사표도가 등장하였다.

③ 양지아문 양안의 기본도형은 방형(方形), 직형(直形), 제형(梯形), 규형(圭形), 구고형(句股形)의 5가지 이외에 원형(圓形), 타원형(橢圓形), 호시형(孤矢形), 삼각형(三角形), 미형(眉形)을 추가하여 10가지 도형을 사용하는 한편 여기에 맞지 않는 것은 변형으로 처리하였다.

④ 양지아문에서 작성된 아산군 양안에 최초로 전답도형도의 사표가 발행되었으며 우리나라 지적도의 시초라고 할 수 있다.

⑤ 사표도의 방위는 위쪽을 남, 아래쪽을 북, 오른쪽을 서, 왼쪽을 동으로 묘사하고 있다.

⑥ 양안에 표현된 토지 형태의 도면은 개략적으로 그려놓았으며 지적도와 유사한 역할을 하였다.

⑦ 사표도는 중앙의 전답에 맞는 도형을 그리고 그 도형 안에 각 변의 척수(尺數)를 나타내고 전답도형 주위에 사표를 기록하여 전답의 위치와 형상을 쉽게 알 수 있게 했다.

(2) 특징

① 사표도에 나타난 방위는 남쪽이 도면의 위쪽을 나타내고 있는데 남쪽을 위쪽으로 표시하는 원칙은 한국의 옛 지도에서 나타난다.

② 토지의 위치를 간접적으로 표현하여 전답의 경계를 나타내는 도형으로 표현된 사표가 등장하였다.

③ 사표와 동시에 〈그림 3-24〉와 같이 원시적 지도 형태인 전답도형도라는 사표도(四標圖)가 함께 그려져 있다.

④ 양안에 표현된 토지 형태의 도면은 개략적으로 그려 놓았으며 지적도와 유사한 역할을 하였다.

⑤ 토지의 위치를 동·서·남·북의 인접지에 대한 지목, 자호, 주명(主名)을 표시하였으며 양안에 기록하거나 도면을 작성하여 놓은 것이다.

⑥ 도형 안에는 각 변의 척수를 기재하고 전답의 위치와 형상을 쉽게 알 수 있게 표현하였다.

⑦ 방위는 남상(南上) 방위를 취하고 있다.

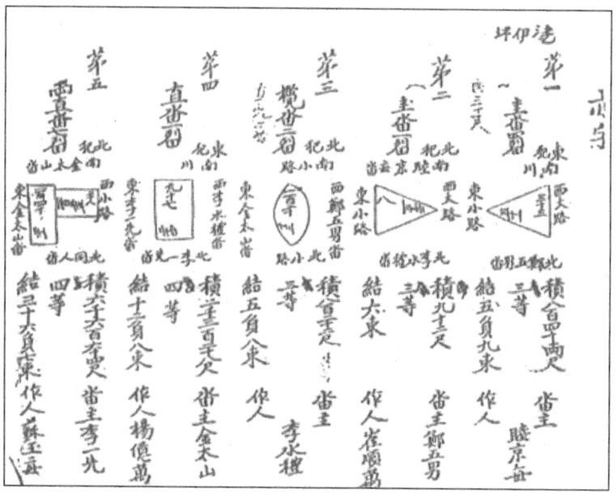

〈그림 3-24〉 양안에 등록된 전답도형도

3.3.7. 어린도

출제(용) : 57, 116회

어린도는 조선시대의 토지문제를 둘러싼 갈등이 심화되고 조세제도의 체계적인 중요한 시기로 농업개혁의 한 방법으로 양전개정론을 주장하였다. 어린도는 양전개정론의 한 방안으로 제시한 것으로 어린도(魚鱗圖)는 "고기어(漁)"와 "비늘 린(鱗)"으로 물고기의 비늘 모양과 같이 토지의 장척사지(丈尺四至)를 기재한 각각의 지도가 연속적으로 연결되어 붙여진 명칭이다. 정확하게는 어린도책에 있는 지도를 의미하나 일반적으로 어린도책과 같은 의미로 쓰인다. 어린도를 작성하는 목적은 전국의 농지를 정확하게 파악하고자 하였다.

(1) 어린도의 명칭

① 어린도란 일정한 구역의 전체 토지를 세분한 지적도의 모양이 물고기의 비늘이 연속적으로 잇닿아 있는 것 같아 붙여진 명칭이며, 방량법(方量法)의 하나로 작성된 것이다.

② 어린책(魚鱗冊), 어린성책(魚鱗成冊), 어린청책(魚鱗清冊), 어린도(魚鱗圖), 유목책(流木冊), 유목어린책(流木魚鱗冊) 등 명칭이 다양하였다.

③ 어린책이란 어린도책을 줄여서 사용하는 용어로 토지를 측량한 지도와 토지를 측량해서 토지의 종류, 면적, 형상, 사방의 경계, 소유자의 성명 등을 기재한 서류의 책을 말한다.

④ 어린도책의 분류

- 총도(總圖)와 각각의 토지 모양을 그려 넣은 지적도가 있는 어린도책이다.
- 청책(清冊)은 어린도책으로 경리책(經理冊), 분장책(分裝冊), 보부(保簿)라고도 하였다.
- 구호책은 청책을 기본으로 소유자명을 기록하는 데 반하여 호주(戶主)를 기본으로 소유한 토지를 기록한 것으로 호주 성명, 전토의 총수, 전토의 세목, 면적, 구호(坵號), 자호 등이 표시되었다.

(2) 어린도 특징

① 정확한 토지측량을 통해서 토지의 소유 면적, 형태 및 조세 부담액, 소유주, 경작자, 소작인, 경계를 명확하게 파악하였다.

② 명나라 태조는 전국적인 토지측량과 인구조사를 10년에 한 번씩 실시하였다.

③ 명나라에서는 어린도책을 근거로 주민의 이주를 제한하고 부역과 요역의 대상이 되는 토지와 장정의 수를 완전하게 파악하여 국가의 재정 기반을 확립하였다.

④ 어린도는 실학자인 이익, 정약용, 서유구, 이기 등에 의해서 우리나라에 소개되었다.
⑤ 실학자들은 어린도를 도입하여 양전 개혁을 단행하고 토지문제를 해결하려 하였다.

(3) 어린도 작성 원칙

① 어린도를 작성하기 위해서는 경위선과 자오방위를 정확하게 한다.
② 어린도에는 휴전마다 자호(字號)로 표시하고 그 안의 전답은 갑을자축(甲乙子丑) 등의 간지로써 표시한다.
③ 현도, 향도, 촌도, 휴도 등을 체계적으로 정리하여 해당 지역의 농지의 휴(畦)를 확실하게 파악할 수 있게 해야 한다.
④ 화공(畵工)을 통해서 두렁을 묘사해서 도장(圖帳)을 작성한다.

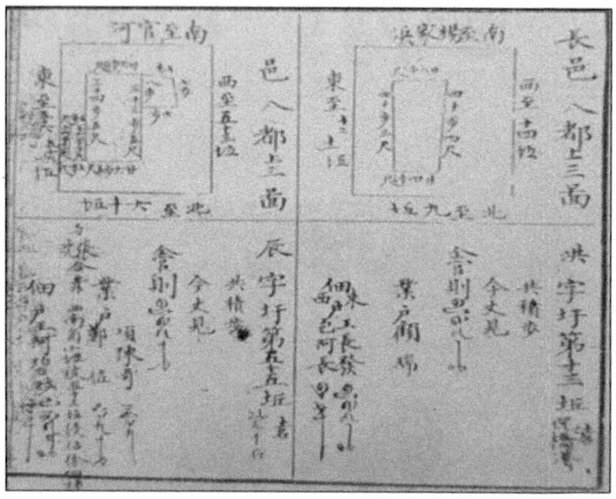

〈그림 3-25〉 개인별 어린도

〈그림 3-26〉 어린도의 전체모형

(4) 어린도책

① 어린도책(魚鱗圖冊)은 어린도와 토지대장이 합쳐져 있어 어린도책이라고 하였다.
② 어린도책은 송대에서 시작하여 명나라 태조 때에 완성된 토지대장이다.
③ 어린도책의 기본조사는 실지조사에 의해서 이루어지고 담당 지역의 수륙산천, 교량 등 지형 전도를 그려 넣고 구역 내의 경지를 물고기의 비늘처럼 하나하나 그려 배열하였다.
④ 어린도책은 현재의 지적공부로 토지의 권리관계를 등록한 대장으로 엄밀한 의미에서는 징세 관계에 필요한 자료로 실지 측량에서 만들어진 지적도를 포함한 지조 대장이라 할 수 있다.

⑤ 어린도책의 주요 기능은 토지에 대한 소유권의 귀속과 형태 및 경계를 명확하게 하였다.

⑥ 일필지마다 어린도를 만들고 각 경지에는 번호를 붙여서 일목요연하게 하였으며 뒷면에는 경지의 개별적인 기록과 모양, 길이 및 기타 기록이 있다.

⑦ 어린도책은 위치가 변하지 않은 고정된 토지를 주 대상으로 하여 소유주, 토지의 형태, 넓이, 경계 등을 표시하여 소송의 판단 기준으로 하였다.

⑧ 어린도책에는 토지번호가 있으며, 토지의 실제 위치, 면적, 형태, 주인 성명, 전호 성명, 인접해 있는 주인 성명도 있다.

⑨ 어린도책에서 사용한 단위는 묘(畝), 각(角), 보(步) 단위이며, 분장 항목은 묘(畝), 분(分), 리(釐), 호(毫)의 십진법을 사용하고 있다. 묘(畝)는 4각(角), 1각(角)은 60보(步), 1보(步)는 5척(尺)이다.

3.3.8. 휴도

출제(용) : 62, 101회

휴도(畦圖)는 정약용의 저서"경세유표"에 기록된 내용으로 어린도(魚鱗圖)를 이용하여 도장(圖帳)을 만들어 민간인의 소송이 있을 때는 지비(地比; 전지 등을 비교해서 세율을 차등 있게 한 문적)로 바르게 하고 지송(地訟 : 땅을 가지고 다투는 일)이 있을 때는 도(圖)로 바르게 하자고 주장하였다. 휴도(畦圖)를 현대적 의미로는 지적도로 해석할 수 있을 것이다.

(1) 휴도의 특징

① 토지제도와 세제개혁을 통해서 농민들에게 공평 과세를 하고자 하였다.

② 휴도는 어린도의 최소 단위인 기본도로 제작하였다.

③ 휴도의 사용에 대한 기록은 찾아볼 수는 없었다.

④ 휴도는 휴(畦) 단위의 지도를 작성하는 것으로 전·답·도랑·가옥·울타리·수목 따위의 경계를 표시한 것이다.

⑤ 정약용은 지적도의 가장 최소단위로 휴도(畦圖)를 주장했으며 그 크기를 사방 50보×50보로 정했다.

(2) 휴도 작성을 위한 양전기구

① 지평준(地平準), 주묵(朱墨), 장적(帳籍), 전적(田籍), 수레, 표목(標木), 돈대(墩臺), 끈(줄자), 자오침반, 장지(狀紙), 천지(賤紙), 벼루 묵, 붓, 토규(土圭), 일표(日表), 목척(木尺), 곡척(曲尺), 곧은 나무, 새끼(繩) 등이다.

② 지형이 비탈진 곳에서 줄은 수평척(水平尺)을 만들어서 사용하였다.

③ 줄은 신축 방지를 위해 마승(麻繩), 갈승(葛繩)을 사용했으며 느릅나무즙이나 달걀, 송진을 칠해서 사용하였다.

④ 길이 50보, 너비 50보로 1휴(畦)를 만들고 교차선을 설치하여 10보 될 때마다 한 줄씩 치는데 경선과 위선은 4선이며 둘레 선과 어울려 6선이 된다.

(3) 방량(方量; 측량)법

① 방량(方量; 측량)을 하는 방법은 한강을 기준으로 해서 남쪽은 남으로부터 시작하여 북상하면서 서쪽에서 기량(起量)하여 동쪽으로 진행하였다.

② 전답의 자호(字號)는 양전(量田)의 순서에 따라 현재의 사행식(蛇行式)과 같은 부여 방법을 채택하였다.

③ 양전 시 자오(子午)의 방향에 따라 측량한 휴전의 사방에 표영(表楹; 둥근 기둥)을 세운다.

④ 전지(田地)의 경계를 정리할 때는 서남 방향에서 자오침반을 관찰하여 경선으로 남북 방향을 바르게 하고 위선으로 동서 방향을 명확하게 하였다.

⑤ 휴전으로 방량할 수 없는 곳의 어린도 작성 원칙

- 어린도를 만들기 위해 경위선과 자오방위를 바르게 해야 한다.
- 어린도에는 휴전마다 자호(字號)로 표시하고 그 안의 전답은 갑을자축(甲乙子丑) 등의 간지로써 표시한다.
- 현도, 향도, 촌도, 휴도 등 계통적으로 정리하여 해당 지역의 농지의 휴(畦)를 확실하게 파악할 수 있게 해야 한다.
- 화공을 통해서 두렁을 묘사해서 도장(圖帳)을 만든다.

⑥ 논은 한 배미마다 그 둘레를 그리고 밭은 한 구역마다 그 경계를 그렸다.

(4) 휴도의 작성

① 도면 작성은 경위선 개념과 계통적 과정을 도입하는 과학적인 방법을 제시하였다.

② 경세유표에 범방 육척위보(凡方六尺爲步)라고 한 것으로 보아 1보는 약 1.8m×1.8m 정도 되는 것이다.

③ 한 휴(畦)가 되는 땅(25畝; 10마지기)을 선정하여 사방 50보(步)마다 도보로 한 폭을 만드는데(길이 50보, 폭 50보) 자오방위를 기준으로 경위선을 그어서 분도를 작성하였다.

④ 한 촌(村)을 잡아서 자오방위(남북)를 정확하게 하고 경위선을 그어서 그 촌(里의 뜻)의 총도를 작성한다.

⑤ 한 향(鄕)을 잡아서 자오방위(남북)를 정확하게 하고 경위선을 그어 그 면(面)의 총도(總圖)를 작성한다.

⑥ 휴도에서 휴(畦)는 묵필(墨筆)로서 자오선을 기준으로 그어지는 경위선으로 경계를 구획하였다.

⑦ 휴도의 작성은 휴도(畦圖) → 촌도(村圖) → 향도(鄕圖) → 현도(縣圖)의 순서로 작성하였다.

3.3.9. 전통도

유길준은 저서 "지제의"에서 전통도를 만들고 지권을 발행함으로써 현대의 지적도와 같은 전통도(田統圖) 제작을 주장하였다. 양전을 통하여 전통도를 만들고 지권을 발행함으로써 근대적인 토지 소유 관계를 수립하려 하였다. 유길준이 주장한 양전 방법은 전 국토를 리(里) 단위로 한 전통도를 만드는 것이다.

(1) 전통도의 특징

① 전통도를 만들면 전국의 토지를 정확하게 파악하여 가경 면적과 과세 면적을 확보할 것으로 보았다.

② 유길준이 주장한 양전 방안은 전 국토를 리(里) 단위로 한 전통도(田統圖)를 만드는 것이다.

③ 토지의 소유관계를 명확히 할 수 있는 소유자에게 지권을 발행하여 문기와 교환하고 이를 근거로 저율(低率)의 지세를 부과할 것을 주장하였다.

④ 결부법을 경묘법으로 개정하고 지권을 발행하여 토지소유자와 지가를 기재하였다.

⑤ 유길준은 10통(統=10方里)을 1면(面), 10면을 1구(區), 10구를 1군(郡), 10군을 1진(鎭), 4진을 1주(州)로 조직하고 전제(田制)를 담당하도록 하였다.

(2) 전통도의 구성

① 통도 : 대개 1평방리는 1전통(田統)이 되며 통에는 통도(統圖)를 보관하였다.

② 면도 : 10통이 1면이 되고 면에는 면도(面圖)를 비치하며 면장의 사무실에도 통도를 보관하였다.

③ 구도 : 10면이 1구가 되고 구에는 구도(區圖)를 비치하며, 구정의 사무실에도 면도를 보관하였다.

④ 군도 : 10구가 1군이 되고 군에는 군도를 비치하며 군감의 사무실에도 구도를 보관하였다.

⑤ 진도 : 10군이 1진이 되고 진에는 진도(鎭圖)가 있으며, 진관찰(鎭管察)은 각 군, 구 이하의 도면을 모두 비치하고 아울러 토산물과 생산물을 모두 기록하여 작성하였다.

⑥ 주도 : 주와 진의 측량관은 그 관내 군·구의 관원과 면·통의 직원을 거느리고 그 직무를 수행함으로써 각각의 도면을 제작하여 담당 관서에 보관하도록 하였다.

(3) 작성 방법

① 산술에 밝은 선비를 뽑아 토지를 측량하는 법을 익히게 하고 각 주진에는 측량관을 배치하여 측량의 책임을 맡도록 하였다.

② 각리(各里)를 양전하여 리 단위의 지적도를 작성하였는데 리 단위의 지적도를 전통도(田統圖)라고 한다.

③ 경묘법으로 양전을 한 후 전통도(田統圖)를 작성하되 산(山), 천(川), 대로(大路), 소로(小路), 촌려(村閭), 구회(溝澮; 구거)·제언(堤堰; 둑, 제방)·택(澤; 연못)을 전통도에 그리는 지도를 전국적으로 작성하려고 하였다.

④ 토지의 비옥도와 관계없이 모두 주척(主尺) 1척을 기준으로 양전을 실시해야 한다고 하였다.

3.3.10. 청구도

① 청구도(靑邱圖)는 1834년(순조 34년)에 지리학자 김정호가 제작한 한국의 지도로 채색 필사본 2책으로 이루어져 있으며 청구선표도(靑邱線表圖)라고도 부른다.

② 채색 필사본과 흑색 필사본으로 제작되었고, 건(乾)과 곤(坤) 두 책으로 구성되어 있다.

③ 옛 지도 가운데 일정한 크기의 지역으로 구분되어 있으며 축척이 동일한 전국도 가운데 가장 정밀하고, 이후 제작된 《대동여지도》의 기초가 된 채색필사본이다.

3.3.10.1. 지도의 구성

① 청구도는 여러 가지 형태로 남아있으며, 2책 혹은 4책으로 구성되어 있기도 하며, 지도의 묘사 방법이 부분적으로 차이가 있으며, 김정호가 제작한 첫 번째 지도이다.

② 제1책은 청구도제(靑邱圖題), 청구도범례(靑邱圖凡例), 본조팔도주현도총목(本朝八道州縣道總目), 도성전도(都城全圖), 제주현도(諸州縣圖), 동방제국도(東方諸國圖), 사군삼한도(四郡三韓圖), 삼국전도(三國全圖), 신라주현총도(新羅州縣總圖), 고려오도양계주현총도(高麗五道兩界州縣總圖), 본조팔도성경합도(本朝八道盛京合圖), 군국총목표(軍國總目標)로 구성되어 있다.

③ 제2책은 본조팔도주현도총목(本朝八道州縣道總目), 도성전도(都城全圖), 제주현도(諸州縣圖), 청구도범례(靑邱圖凡例)로 편성되어 있다.

④ 채색 필사본이나 흑백필사본이며, 대축척의 지도로 건곤(乾坤) 2책을 상하로 연결시키면 전국도가 된다.

(1) 지도의 내용

① 전국을 가로 22판, 세로 29층으로 나누어 편람하기 좋도록 책첩으로 만든 총 321면의 첩지도이다.

② 가로 70리, 세로 100리를 기준으로 모눈을 그린 획정지도(劃定地圖)이다.

③ 동서의 길이를 1,540리, 남북의 길이를 2,900리로 계산한 셈이다.

④ 획정법은 종전의 획정법과는 달리 바로 정조 때 천문 관측에 따라 정해진 8도의 극고도(極高度, 경위도)에 근거한 것이다.

⑤ 군현의 경계를 확실하게 하였으며, 특히 비지(飛地)와 두입지(斗入地)를 표시하여 한눈에 볼 수 있게 하였는데 이전의 어느 지도보다 실용적이다.

⑥ 수계(水系), 지형, 성곽, 창고, 역도(驛道), 봉수, 교량, 고개, 섬, 시장, 군병, 토산(土産), 공납, 풍속, 능묘, 사찰 등 그 지역의 특색을 나타내는 지지(地誌) 사항을 기록하고 있다.

⑦ 보관 상태가 좋고 구성이 뛰어난 지도책으로 평가받고 있다.

⑧ 내용을 보면 지지적(地誌的)인 요소도 많이 수록하고 있어 상대적으로 다른 군현과 비교가 쉬운 점도 중요한 의의를 갖는다.

(2) 지도의 형태

① 청구도는 약 1:216,000의 축척에 해당하는 가로 462㎝, 세로 870㎝인 전국도로 현존하는 대한민국의 고지도 중 가장 큰 지도이다.

② 현재 국내외에 전해지는 『청구도』는 총 17본으로 대개 4개의 이본(異本)으로 구분된다.

③ 전국을 남북 29층, 동서 22개 판으로 구획하여 전국을 그렸다.

④ 지도의 한 면은 남북 100리, 동서 70리의 범위를 그렸으며, 축척은 『대동여지도』(1861)와 동일한 약 16만분의 1이다.

3.3.10.2. 특징

① 청구도는 현존하는 고지도 중에 가장 크며 해동여지도(海東輿地圖)를 저본으로 해서 작성된 것으로 추정된다.

② 청구도는 서울대학교 규장각 소장본(보물 제1594-1호)과 고려대학교 소장본(보물 제1594-3호), 영남대학교 중앙도서관에 소장된 청구도는 2008년 12월 22일 보물 제1594-2호로 지정되었다.

③ 청구도는 현존하는 고지도 중 가장 크며 축척이 약 1:216000에 해당하는 가로 462㎝, 세로 870㎝인 전국 도면이다.

④ 경위선 표식과 기하원본의 확대 축소법을 적용하여 제작하였기 때문에 앞서 제작된 어느 고지도보다 과학적으로 만들어졌다.

⑤ 군현의 경계를 확실하게 하였으며, 특히 비입지(飛入地)와 두입지(斗入地)를 표시하여 한 눈에 파악할 수 있게 만들었다.

⑥ 사람들이 지도를 편히 볼 수 있도록 책첩(冊帖)으로 제작되었다.

⑦ 각 읍의 군(軍), 호(戶), 전(田), 곡(穀)의 수를 군현별로 지도 안에 기록하여 그 군현의 크기를 쉽게 짐작할 수 있다.

⑧ 가장 큰 특징은 황색, 적색, 회색, 청록색을 이용하여 군현별로 채색을 달리하였다는 점이다.

⑨ 이전까지의 어느 지도보다도 정밀하고 과학적으로 제작되었으며 필사하기도 쉽다.

3.3.10.3. 지도 구성 방법

(1) 색인도

① 청구도에는 색인도(索引圖) 역할을 하는 본조팔도주현도총목(本朝八道州縣圖總目)이 수록되어 있다.

② 색인도는 지도를 찾아가는 방법을 만들어 놓은 것으로, 경위선표에는 방안의 가로, 세로에 일련번호가 붙어 있다.

③ 각 지도의 방안에 쓰여 있는 가로 세로의 일련번호를 비교하여 지도를 쉽게 찾을 수 있다.

(2) 지지 정보의 결합

① 군현을 파악하고 통치하기 위해 일반적으로 수록한 지지적 내용인 호구(戶口), 전결(田結), 곡총(穀總), 군정(軍丁)의 수와 서울까지의 거리를 각 군현이 표현된 지도 위에 직접 기록해 놓아 통치 정보가 나타난다.

② 신라 이후 각 군현 명칭의 변화는 신라는 '라(羅)'로, 고려는'려(麗)'로 구분하여 적고 있어 행정구역 및 지명의 시대적 변천을 알 수 있다.

③ 과거의 전투 기록 등 중요한 여러 역사 정보를 해당 장소에 간략하게 적고 있다.

④ 자연지리 정보는 산의 표현에서 크기나 겹쳐진 줄의 수로 지형 높낮이의 일부 표현한 것에서 찾아볼 수 있다.

(3) 범례

① 범례에는 김정호가 청구도의 제작 과정을 상세히 기술하였다.

② 범례는 건치 연혁을 비롯하여 호구·전결·곡총·군정·고적(古蹟) 등에 이르기까지 총 38개의 항목에 관해 기술하고 있다.

③ 지도의 복잡함을 피하고자 산을 연맥으로 그리지 않고 주요 산만을 독립적으로 그렸다고 하였는데 이 지도는 전통적인 방식으로 산들을 연결하여 산줄기의 흐름을 표현하였다.

④ 범례에서 가장 중요한 것은 동일한 정보를 동일한 기호로 표시하여 지도에 수록된 정보에 통일성을 부여하고, 이용자들이 일목요연하게 이해할 수 있도록 한다는 점이다.

⑤ 범례의 내용은 방면의 호칭이 면·방·사와 같이 지방마다 다른 점을 지적하면서 면으로 통일시키고 있다.

- 진보·사원·역·창 등의 위치 표시가 갖고 있는 애매함을 극복하기 위해 진·사·역·창의 글자 부분이 위치임을 밝히고 있다.
- 군현 고을의 경우 세로로 길고 큰 사각형을 통해 정보를 통일시켰지만, 안쪽에 고유 명칭 두 자를 적어놓아 다른 군현과 구별할 수 있도록 하였다.
- 봉수는 불이 타오르는 삼각형 모양으로 그려져 있다.
- 도로는 홍색 실선으로 표시되어 있고 하천은 흑색 쌍선에 청 채색을 하고 있다.

(4) 과학적인 지도식 표현

① 지도는 사방을 12개의 방위로 나누고, 10리 간격의 원이 그려져 있다.

② 지도식은 기호만 별도로 모은 범례 표가 아니라 지도상에서 직접 바다, 섬, 강, 산, 읍성, 목장, 못, 다리, 고개, 봉수, 누각 등의 기호를 설명하고 있는 것이 특이하다.

③ 지도 범례의 표현은 현대 지도에서도 사용되고 있는 방식으로 주기하였다.

④ 색인도, 지지 정보의 결합, 지도식, 범례를 갖추었다.

⑤ 지도 구성에서의 모눈 획정이나 방위 산출, 극고에 따른 지도의 보정 등은 당시 청구도가 조선에서 가장 과학적 지식과 기술을 잘 활용한 지도였음을 알 수 있다.

⑥ 기존 전국지도 위에 중요 역사지리 정보를 비교적 상세하게 수록한 지도가 되었다.

(5) 제작 원리

① 지도 제작은 획야분주(劃野分州)에서 비롯ㄷ괴었으며, 획야분주에서는 산맥과 수계에 따라 지역을 나누었다.

② 최한기는 "하늘의 1도는 땅의 200리가 되고 또 시간의 4분에 해당한다."라고 하였다. 천문관측에 따른 경위선의 결정에 대해서이다.

③ 1791년(정조 15년)에 천문을 관측한 결과로써 지형·위치·방위 등을 바로잡았다.

④ 1713년(숙종 39년)에 청나라 사신 하국주(何國柱) 일행이 한양에 와서 상한대의(象限大儀)를 써서 한성부 종가의 극고를 실측하여 북위 37도 39분 15초, 북경 순천부를 기준으로 한양이 편동 10도 30분이라는 실측치를 얻었다.

⑤ 8도의 분폭과 전국 주의 분표가 자유자재로 이루어져 실제 모양과 그다지 차이가 없는 지도를 그릴 수 있게 되었다.

⑥ 종이의 크고 작음에 맞추어 334개 주현을 똑같이 그렸기 때문에 좁은 고을은 넓어지고 넓은 고을은 좁아지게 되었다.

⑦ 전국을 같은 비례로 제도함으로써 축척 비례가 정연하고 주현의 분합이 가능하였다.

⑧ 지도 제작에서 제시한 6가지 원리

- 분율(分率) : 지형의 동서·남북의 폭원(幅員).
- 준망(準望) : 이곳과 저곳의 지형을 바로잡는 방위.
- 도리(道里) : 이곳과 저곳의 거리.
- 고하(高下) : 지형의 높낮이.
- 방사(方邪) : 지형의 모남과 비뚤어짐.
- 우직(迂直) : 지형의 구부러짐과 곧음

3.3.11. 역둔토도

역둔토는 역(驛)의 경비를 충당하는 역토(驛土)와, 경비(警備)를 위하여 역에 주둔하는 군대가 자급자족을 위하여 경작하는 둔전(屯田)을 포함한 토지를 말한다. 역둔토도는 역둔토의 분필 조사를 시행하기 위하여 별도로 작성한 것인데, 이는 지번, 지목, 지적조서(地積調書) 등에 의해서 측량원도에 있는 해당 지목의 일필지를 박미농지(薄美濃紙)에 그린 것으로서 그 작성 방법은 한지에 첨부하여서 작성한 도면이다.

(1) 역둔토도의 작성

① 역둔토도는 지번, 지목, 지적조서(地積調書) 등에 의해서 측량원도에 있는 해당 지목의 일필지를 미농지에 투사하여 그린 것으로 한지에 첨부하여서 작성한 도면이다.

② 소도에 기재된 사항은 그대로 존치하고 분할선은 양홍선(洋紅線)으로 정리하였다.

③ 새로 등록하는 역둔토 도면의 경계선은 모두 흑색(黑色)으로 정리하였다.

④ 지번 및 지목의 주기(註記) 중에서 보존 가치가 없는 것은 양홍의 평행선으로 말소(抹消)하였다.

⑤ 소도로서 기재한 1필지의 토지가 역둔토가 아닌 경우에는 그 지번과 지목에 '×'로 말소하였다.

⑥ 신규 등록된 역둔토가 토지대장과 기등록지와의 관계 위치를 측량한 것에 대해서는 방위와 거리를 해당 도면의 여백에 기재하였다.

⑦ 〈그림 3-27〉은 남해군 설천면 덕신리 진촌원 역둔토 도면으로 1911년 6월 2일 탁지부에서 시행한 역둔토 실지조사 시 대구 재무감독국에서 작성하였다.

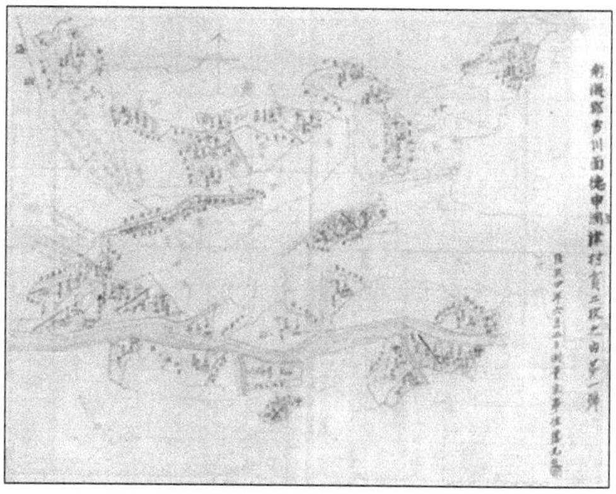

〈그림 3-27〉 역둔토 도면

(2) 역둔토도의 등록 내용

① 해당 원도의 도곽, 각 필지의 경계선과 인접지와의 관계를 제도한다.

② 지번, 지목 및 인접지의 지목, 지물, 지명 등을 기재한다.

③ 그 지역 또는 인접 지역에 설치되어 있는 삼각점과 도근점을 제도한다.

④ 문자는 활판인쇄로 한다.

(3) 역둔토 일람도의 작성

① 역둔토에 있는 도곽선, 인접 행정구역 경계 및 명칭, 종횡선 수치를 기재한다.

② 측량원도와 역둔토도의 각 도호를 참고하여 색인(索引)을 작성한다.

③ 역둔토의 지번을 원도와 조서에 따라 편성하고 그 색인표를 해당 도면에 기재한다.

(4) 역둔토도의 검사

① 역둔토도의 검사는 복잡한 부분은 광선의 응용으로 도면 용지를 투시하는 기구를 고안하여 검사하였는데 이를 점검기라고 하였으며 이를 원도에 겹쳐 놓은 다음 투시하여 검사하는 방법이다.

② 정확하게 할 필요가 있는 경우에는 점검기를 사용하여 검사하는 방법을 선시법이라 하였다.

③ 역둔토도와 역둔토 조서를 대조하여 정확성 여부를 검사하기도 하였다.

3.3.12. 과세지견취도

출제(용) : 66, 86, 108, 128회

과세지견취도(課稅地見取圖)는 필지를 견취한 것으로 자번호, 결수, 두락, 사표와 전답도형의 필지를 그림으로 그린 것인데, 원도는 필지의 실 모습을 절대면적으로 측량하여 선으로 도시한 것이다. 작성 목적은 결수연명부로는 현실의 토지위치를 확인할 수 없다는 문제를 극복하기 위한 것이었다. 또한, 과세지견취도(課稅地見取圖)는 토지조사사업 당시 측량성과인 지적도가 만들어지기 전 1911~1913년 사이에 지세 부과를 목적으로 한 약도 형태의 지적도로 "간이지적도"라고도 하였다.

(1) 작성 근거

① 1908년 「삼림법」을 공포하여 삼림산야의 지적 및 견취도를 첨부하여 농상공부 대신에게 신고하도록 하였다.

② 1911년 11월 4일 「충청북도 과세지견취도 조제 경과보고 요령」에 의해 작성되었다.

③ 1912년 3월 4일 조선총독부 부령 제20호 「과세지 작성의 건」에 의해서 제작되었다.

④ 1912년 「조선부동산등기령」의 공포나 과세지견취도 작성을 전제로 한 조치였다.

⑤ 1915년 「지세령시행규칙」을 개정하면서 토지대장이 있는 군은 지세명기장을 작성하면서 결수연명부를 폐지하였다.

(2) 작성 과정

① 조선총독부는 1912년 3월 19일에 과세지견취도 작성 방법을 구체적으로 제시하였다.

② 부군이 면장을 소집하고 견취도 작성의 방법 및 순서를 설명하고, 각 면의 견취도 작성계획서에 착수 및 종료시기, 비용의 예산 및 마련 방법, 부과 방법 및 부과율, 종사원의 주소, 성명 및 기술원을 고용하는 경우 그 약력 등을 적도록 하였다.

③ 1912년 과세지견취도 작성의 본 작업을 실시하면서 견취도 작성에 조선인 지주 또는 농민들이 반발할 수 있으므로 경찰을 입회시킨 후 진행하도록 명시하였다.

④ 과세지견취도 작성이 완료되어 견취도를 제출할 때는 각 필지당 결수연명부 기재 사항과 대조하도록 하였다.

⑤ 개인별 징세대장인 결수연명부의 부족한 부분을 과세지견취도와 비교하여 보완하도록 하였다.

⑥ 과세지견취도에서 기술자가 작성한 것이 대부분이지만, 세밀하게 측량하지는 않았다.

⑦ 견취도의 작성은 면의 사업이지만, 부군은 초기부터 완료 시까지 견취도를 검사하여 원도의 오류가 심한 것은 다시 작성하도록 하였다.

(3) 과세지견취도 기재 사항

① 과세지견취도에는 필지별로 자호(字號), 지번, 지목, 야미(夜味)수, 면적(斗落數), 결부수(結負數), 소유자 성명 등을 기록하였다.

② 지목은 답, 전, 택지 및 잡지(雜地)를 기재하였으며, 자번호는 과거의 자번호를 기록하고, 신번호는 차례대로 부과하도록 하였다.

③ 면적은 실측을 완료한 것은 평(坪)수를 적고, 기타는 과거의 일경, 두락을 표시하도록 하였다.

④ 토지를 연결하는 도로, 제방, 교량, 하천, 보(洑), 정구(井溝), 지소(地沼), 호해(湖海), 산야 등의 지물도 표시하였다.

⑤ 견취도의 여백에 면, 리·동명, 방향 표시, 결수와 필지 수 합계, 작성 연월일, 종사자의 서명날인과 리·동장 이외의 종사자가 있을 때는 리·동장의 서명날인, 1동리를 여러 구로 나눌 때는 각 구역의 도면에 시작과 끝나는 자번호 등을 기재하도록 하였다.

⑥ 국·민유 분쟁지는 '계쟁지'라고 표시를 하였다.

(4) 작성 방법

① 토지의 개략적인 형태를 표시할 견취도의 작성 시기는 부윤 또는 군수가 결정하였다.

② 견취도는 리·동마다 2통을 작성하여 1통은 면에 보존하고 1통을 부·군(府郡)에 제출하였다.

③ 견취도 작성은 면장의 지휘에 따라 각 토지에 표항(標杭)을 세우고 또한 토지소유자를 실지에 입회시킬 수 있다.

④ 표항에는 지목, 자번호(字番號), 면적, 야미수, 결수, 토지소유자의 주소, 성명을 기재하였다.

⑤ 지번은 자호의 순서에 구애받지 않고, 지형에 따라 번호를 정하며 기점과 종점을 표시하도록 하였다.

⑥ 토지신고서에 '見 000'이라고 기록된 번호는 과세지견취도의 지번이다.

(5) 특징

① 먼저 견취원도를 작성하고, 그를 바탕으로 견취원도를 통합하면서 개형도와 견취도를 작성하였다.

② 견취도는 견취원도를 통합하여 작성하였음을 파악할 수 있다.

③ 〈그림 3－28〉의 과세지견취도에는 필지별로 지목, 자번호, 배미수, 면적, 결수, 소유자명 등을 기록하였고, 그것의 총합계를 기록하고 있다.

④ 과세지견취도의 주목적은 결수연명부와 대조하는 일이었다.

⑤ 과세지견취도의 축척은 일반적으로 1/1,200이었으며, 연락도는 보통 1/6,000이었다.

⑥ 면과 군에 토지소유자가 신고하는 것을 원칙으로 하였으며, 지주 납세를 기준으로 하였다.

(6) 과세지견취도의 성격

① 결수연명부와 과세지견취도를 비교 검토함으로써 결수연명부가 단순한 지세 징수 대장에서 진전되어 토지소유권을 확인할 수 있는 공적인 장부가 되었다.

② 조선총독부는 과세지견취도 작성을 통하여 은결을 찾아내었고, 그를 바탕으로 지세 수입을 증가시킬 수 있었다.

③ 과세대장인 결수연명부를 확실히 한 결과 매년 행하는 지세의 조사 비용을 줄일 수 있었다.

④ 과세지견취도를 작성하게 되면서 면, 동·리를 통폐합하고 재편성하는 기초 작업으로 이용하기도 하였다.

〈그림 3-28〉 과세지견취도

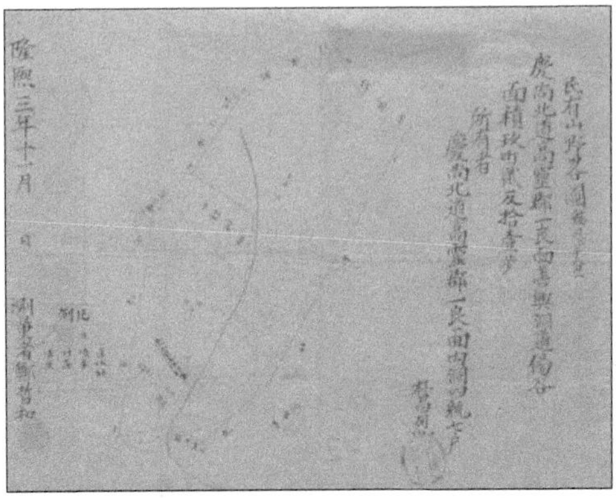

〈그림 3-29〉 고령군 민유산야약도(1/3,000)

3.3.13. 민유산야(임야)약도

출제(용) : 110회, (논) : 108회

민유산야약도(民有山野略圖)는 「삼림법」에 따라 측량 기간(1908.1.21~1911.1.20) 사이에 소유자가 자비(自費)를 들여 측량하여 작성된 지도로 민유임야약도(民有林野略圖)라고도 하였다.

(1) 작성 근거

① 「삼림법」(1908.01.21, 대한제국 법률 제1호)"제19조 삼림산야(森林山野)의 소유자는 본 법 시행 일로부터 3개년(個年) 이내의 삼림산야 지적(地積)과 약도(略圖)를 첨부(添付)ᄒᆞ야 농상공부대신(農商工部大臣)에게 신고ᄒᆞ되 기간 내에 신고치 아니ᄒᆞᆫ 자는 총(總)히 국유로 견주(見做)홈." 규정하였다.

② 민유산야약도는〈그림 3-29〉와 같이 면적과 약도를 첨부하여 농공상부대신에게 기간 내에 제출하지 않으면 국유지로 처리함을 명시하고 있다.

(2) 민유임야 측량

① 민유산야 측량은 조직과 계획이 없이 개인별로 시행되었으며 일정한 수수료도 없었다.

② 과세지를 중심으로 측량하였는데 최초로 임야측량이 시행되었다는 점에서 중요한 의미가 있다.

③ 대서업자와 계약하거나 토지소유자가 직접 측량기사를 초빙하고 임야를 측량하여 민유산야약도를 만들어 "지적보고"를 작성하여 농상공부 대신에게 접수하도록 하였다.

(3) 민유산야약도의 특징

① 민유산야약도는 채색(彩色)으로 되어 있다.

② 범례와 등고선이 그려져 있는 것이 현 지적도와 비교해 볼 때 큰 특징이다.

③ 측량 연도는 일반적으로 융희(隆熙)를 기재하였고, 1910년과 1911년은 명치(明治) 연호를 사용하였다.

④ 등고선 형태는 산악으로 기재, 전과 묘지는 기호로 표시하고 방위선을 표시하였다.

⑤ 지번을 기재하지 않았으며, 면적 단위는 정(町), 반(反)=무(畝), 보(步)를 사용하였다.

⑥ 인접 소유자는 사표 형식으로 기재되어 있으며 굴곡점 간 거리가 기재되었다.

(4) 민유산야약도의 작성

① 도면의 축척은 1/200, 1/300, 1/600, 1/1,000, 1/1,200, 1/2,400, 1/3,000, 1/6,000 등 8종이 있었으나 기준이 없다.

② 임야의 크기에 따라 측량자가 임의로 축척을 정한 것으로 추측할 수 있다.

③ 민유산야약도는 폐쇄 다각형으로 그린 다음, 그 안에 등고선을 긋고 묘(墓)는 범례에 따라 도식으로 나타냈다.

④ 조선총독부 임야조사령 시행 전의 측량 도면으로서 해당 토지의 소유자와 경계만을 표시하고 인접 토지는 소유자만 표시한 1/3,000 도면으로 경계와 면적은 현황대로 측정한 임야도이다.

⑤ 강원도에서는 무(畝) 경상북도에서는 반(反)을 단위로 사용하였다.

(5) 민유산야약도의 기재 내용

① 임야의 소재 및 면적

② 소유자의 주소 및 성명을 기재하고 날인

③ 측량도만의 축척 및 사표

④ 측량 연월일 및 측량자 성명과 날인

⑤ 방위 및 범례, 등고선이 그려져 있다.

⑥ 지목은 거(渠), 묘(墓), 전(田), 산악(山岳), 구역선(區域線), 타계산(他界山) 등이다.

⑦ 약도의 면적은 1묘 30보(步) 4작(勺) 6재(才)로 기재되어 작(勺)과 재(才) 단위를 사용하고 있다. 여기서 1보는 1평이며 작(勺)은 한 평의 100분의 1로 0.0330579㎡이고 6재(才)는 작(勺) 이하의 단위이다.

3.3.14. 간주지적도와 간주임야도

3.3.14.1. 간주지적도

출제(용) : 56, 117, 129, (논) : 134회

우리나라의 지적도는 임시토지조사국에서 작성하여 이를 부, 군, 도(府, 郡, 島)에 인계한 것으로 등록된 토지는 토지조사령에서 지정한 우리나라 전 국토를 대상으로 하였지만 임야지역은 제외하였기 때문에 산림지대의 토지는 등록되지 않았다. 그러나 산림지대에도 지목이 전, 답, 대 등으로 지적도에 등록하여야 할 토지가 있어 이를 새로이 측량하여 지적도에 등록하고자 하였으나 기존의 지적도에는 등록할 수 없어 임야도에 등록된 상태로 두고 지목만 수정하였다. 이렇게 임야도를 지적도로 간주하는 것을 간주지적도(看做地籍圖)라 하였다.

(1) 작성 근거

① 1914. 4. 25. 조선총독부령 제15호 제3항 "따로 고시하는 지역에서는 토지대장에 등록한 토지에 대하여 임야도로써 지적도로 간주한다."라는 규정에서 시작되었다.

② 1923. 6. 29.「토지대장 시행 지역에 관한 건」에는「토지조사령」에 의한 조사 및 측량을 한 최종 지역선으로부터 거리 약 200간(間; 364m) 이외의 지역의 토지에 대하여서는 임야도로써 지적도로 간주하여 이 이동 정리는 임야도와 동일 정도의 측량에 의하도록 지시하였다.

③ 지시문에 의한 조사 및 측량을 한 최종 지역선으로부터 거리 약 200간과 200간 이외의 한계는 지상에서 인식할 수 있는 분수령(分水嶺), 산로(山路), 산계(山界), 삼각점(三角點), 임야(林野)의 1지번 경계, 부동지물 또는 행정구역을 근거로 하여 결정하고 임야도상에 그 지역선을 그려서 표시한다.

④ 1943. 3. 31「조선지세령(제령 제6호)」제5조 조선 총독이 지정하는 지역에서는 임야도로서 지적도로 간주하고 본령에 정한 것 외에 지적도에 관하여 필요한 사항은 조선 총독이 이를 정하였다.

⑤「임야도로써 지적도로 간주하는 지역의 고시가 있을 경우의 취급 방법에 관한 건」과「조선임야조사령」에 의한 조사 지역이 임야대장 시행 지역으로 된 때에는 새로 이를「토지대장규칙」에 의하여 토지에 관한 사무를 취급하는 지역으로 하고 동시에 이 지역은 임야도로서 지적도로 간주할 지역으로 조선총독부에서 이를 고시하며 임야도로서 지적도로 간주하는 지역의 토지대장은 이를 구분하여 별책으로 하여야 한다.라고 규정하였다.

(2) 대상 지역

① 「토지조사령」에 의하여 조사한 최종 지역선(地域線)에서 약 200간(間; 364m) 이상 떨어진 지역으로 하였다.

② 1924년 4월 1일 「조선임야조사령」에 의거 임야도로써 지적도로 간주하도록 조선총독부에서 고시하였다.

③ 총 15회에 걸쳐 '임야도로서 지적도로 간주하는 지역의 건수'를 수천 개 지역을 고시하였다.

④ 산림지대에도 지목이 전·답·대 등으로 지적도에 등록할 토지가 생긴 경우 새로이 측량하여 지적도에 등록하고자 하였다.

⑤ 200간 이내의 과세지성(課稅地成) 토지가 다른 원인으로 이미 지적도에 등록된 경우에는 그 등록된 토지로부터 약 200간 이내는 지적도 등록지역으로 편입하고, 그 밖의 지역을 간주지적도 지역으로 하였다.

(3) 조사 측량

① 경계 설정 방법은 토지소유자 또는 국유임야의 연고자에 대하여 조사 기준이 되는 토지조사 의무를 부여한 것처럼 일정한 기간 내에 해당 토지의 사방에 말목을 설치하도록 하였다.

② 표항에는 주소, 성명, 명칭 등을 기재하도록 하여 경계 측정의 정확성을 기함과 동시에 실시 작업을 원활하게 하였다.

③ 일필지의 경계는 같은 지번 지역 내에서 소유자 또는 국유임야의 연고자는 보관 관청이 같고 연속된 토지는 원칙적으로 일필지로 간주하였다.

④ 간주지적도를 작성하기 위한 측량원도는 1922년 측량한 전라북도 옥구군 미면 사리도리 간주지적도로 총 1매로 67필지를 측량하였다.

(4) 간주지적도 작성

① 과세지(전·답·대 등) 및 비과세제와 관계없이 지적도에 신규로 등록하지 않고 지목만 수정한 때도 임야도에 그대로 유지하였다.

② 임야 지역의 1~2필지를 등록하기 위해서 증보도(增補圖)를 작성하는 것은 비용과 시간이 많이 소요되고 도면의 매수만 늘어나서 취급이 불편하였다.

③ 간주지적도는 임야도 축척인 1/3,000, 1/6,000로 측량하여 임야도에 전·답·대지 등을 등록하였다.

④ 지역선은 흑색 3호선에 따라 다시 너비 1촌 이내의 녹색선채(綠色渲彩)로 하되 1지번 내에 지역선을 그릴 때 점선으로 표시하였다.

⑤ 축척은 시가지와 경제적으로 특수한 관계가 있는 지역에 대해서는 축척을 1/3,000로 하고 그 이외의 지역은 1/6,000로 방안지에 작성되었다.

⑥ 토지조사사업으로 등록된 토지와는 거리가 멀리 떨어져 있어 간주지적도에 등록된 것으로 판단되며 대부분의 지목은 전으로 등록되어 있다.

⑦ 지번과 지목 그리고 연필로 소유자가 기재되었고 우측 도면의 여백에 방위선이 그려져 있으며 측량원도라고 하나 착묵하였다.

⑧ 〈그림 3-30〉은 간주지적도의 제명은 임야도로 기재하여 작성되어 있다.

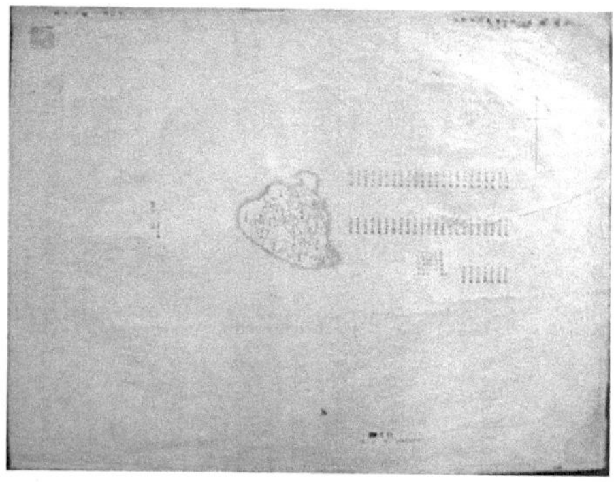

〈그림 3-30〉 간주지적도

(5) 토지대장

① 임야도로써 지적도로 간주하는 지역의 토지대장은 이를 구분하여 별책(別冊)으로 할 것을 지시하였다.

② "별책토지대장"에 등록된 토지를 토지대장 및 지적도에 등록할 때는 토지소유자의 신청을 받아 이를 개측(計測)한 후 등록하였다.

③ 간주지적도에 등록한 토지대장은 일반적인 토지대장과는 별도로 작성하여 이를 산토지대장(山土地臺帳), 별책토지대장(別冊土地臺帳), 을호토지대장(乙號土地臺帳)이라 하였다.

3.3.14.2. 간주임야도

출제(용) : 65, 83, 132회

임야도를 작성할 당시 토지의 위치와 용도 등에 의한 중요성이 높은 시가지 지역에는 정밀도가 타 임야 지역보다 높게 요구되어 축척을 1/3,000로 하고, 정밀도가 높지 않은 곳은 1/6,000로 하였다. 우리나라 임야조사사업 기간(1916~1924) 중 1918년 5월 1일 제령 5호 조선임야조사령 제17조에 "도장관은 임야대장 및 임야도(林野圖)를 조제하여 사정으로 확정된 사항, 재결을 거친 사항을 등록할 것"이라고 규정하여 임야도 작성을 공식화하였다. 간주임야도(看做林野圖) 시행

지역은 지리적 위치 및 형상이 고산지대로 조사 측량이 곤란하거나 정확도와 관계없는 대단위의 광대한 국유임야 지역은 임야도를 작성하지 않고 1/25,000 또는 1/50,000 지형도에 임야 경계선을 조사, 등록하고 임야도로 간주한 것이다.

(1) 특징

① 간주임야도의 시행 지역은 대부분 측량이 곤란한 고산지대이다.

② 행정구역의 경계(도계, 군계, 면계, 리계)가 불확실하였으며 지번부여 지역 단위가 없었다.

③ 행정구역 경계가 없으므로 더욱이 일필지에 대한 경계가 불분명하였다.

④ 간주임야도에 등록된 소유자는 대부분 국유지였다.

⑤ 1/50,000 지형도를 임야도로 간주하여 시행하는 지역은 면적이 아주 넓은 국유임야 등에 적용하였으며, 1/50,000 또는 1/25,000 지형도에 작성되었다.

⑥ 임야조사사업 당시 임야의 필지가 광범위하여 임야도로 등록하기 어려운 부분에 대하여 1/50,000 지형도를 임야도로 간주하여 실제 임야도로 사용하기도 하였다.

(2) 시행 지역

시행 지역 현황은 전라북도 남원군, 장수군, 무주군 덕유산 일대, 경상북도 영양군 일원산 일대, 경상남도 함양군, 산청군, 하동군 지리산 일대의 간주임야도를 1/6,000 임야도에 등록한 연도는 (표 3.4)와 같다.

(표 3.4) 간주임야도 시행 지역 현황

지역		필수	면적(㎡)	등록	비고
전라북도	남원군	6	65,159,277	1979년	덕유산
	장수군	4	16,398,049	1987년	
	무주군	33	150,780,541	1989년	
경상북도	영양군	8	44,537,553	1989년	일원산
경상남도	함양군	13	70,656,889	1989년	지리산
	산청군	2	40,101,155	1989년	
	하동군	12	83,515,944	1989년	

(3) 조사 측량

① 시행 지역은 고산지대로 산림이 울창하여 사람이 출입하지 않는 지역으로 측량을 하기가 매우 곤란하였다.

② 측량 방법은 지상측량으로 시행할 때 기초측량과 세부측량을 시행하였다.

③ 〈그림 3－31〉과 같이 1/25,000과 1/50,000 지형도를 이용하여 행정구역 경계와 지형지물 및 건축물의 파악이 가능하고 지형도에서는 지형과 지물은 1/6,000에서 식별할 수 있으므로 행정구역 경계(도·군·면·리)를 정리하였다.

④ 지형의 특수성을 고려하여 항공사진측량에 의한 도화를 시행하고 임야도에서 행정구역 경계를 결정하였다.

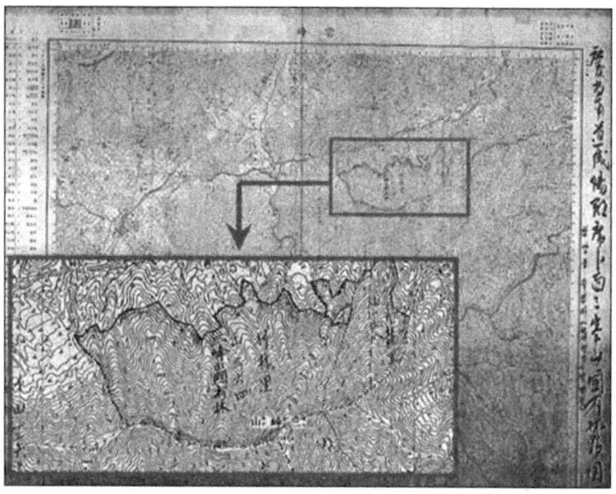

〈그림 3-31〉 간주임야도

⑤ 필지의 경계를 확인할 수 없는 불확실한 지역은 현지조사를 하고 정확도와 경비 및 소요 인력을 효율적으로 활용하는 방안을 고려하였다.

(4) 도곽 구획 및 면적측정

① 임야조사사업 당시의 임야도 도곽 구획은 동부, 중부, 서부 원점의 종선 500,000m, 횡선 200,000m를 기준으로 지번 지역 단위로 전체임야를 그릴 수 있도록 구획하여 도면을 작성하였다.

② 동일 지번 지역 내에 있는 경우에는 동시에 도곽선을 재조정하여 편리하게 활용하였으나 현재는 불부합의 원인이 되고 있다.

③ 면적측정은 임야조사사업 당시에 1/50,000 지형도에서 측정한 것으로 임야도로 등록하기 위해서는 1/6000로 새로이 면적을 측정하였다.

④ 1979년 전라북도 남원군과 1987년 장수군의 간주임야도를 임야도로 복구하여 정비할 당시에는 지형도의 등고선으로 면적을 측정하였으나 지적법에서 규정한 면적 허용오차의 범위 이내로 결정할 수 있어 임야대장에 등록하였다.

⑤ 해당 필지가 같은 지번 지역 내에 있고 같은 소유자면 2~3개의 필지의 경계 및 면적측정이 곤란한 경우는 합병하여 처리하였다.

(5) 간주임야도 정리

① 간주임야도 정비사업은 1/50,000 지형도상에 등록된 임야 경계가 확실하게 보관·관리하고 있는 필지는 축척 1/6,000의 임야도로 변경하여 등록하는 것으로 일종의 축척변경 사업의 성격을 나타내고 있다.

② 작업은 축척 1/50,000의 간주임야도를 1/6,000에 적합하게 정확하게 신도(伸圖)하고 기존의 임야도와 접합하기 위해 불부합 여부를 확인하여 작성하였다.

③ 기존 임야도와 새로 등록할 임야도 간에 차이가 발생할 때는 기존 임야도 경계선을 기준으로 하였다.

④ 시행 지역은 대부분 측량이 곤란한 고산지대이고 임야도에 제도하는 경우 하천은 청색, 임야 내 미등록 도로는 양홍 색으로 그렸다.

3.3.15. 국유지실측도

국유지실측도는 중앙부처인 임시재산정리국에서 주관하여 전국에 산재해 있는 국유지를 조사하는 과정에서 작성한 것이고, 과세지견취도는 결수연명부를 완성한 후 조선총독부가 면에 일임하여 과세지의 위치를 확인하기 위해 작성한 도형도이다.

(1) 작성 근거

① 을미사판(乙未査辦, 1896~1897년)과 기해사검(己亥査檢, 1899~1900년)으로 대한제국이 주관하고 시행한 사업으로 조사만 하고 측량은 하지 않았다.

② 1907~1908년 재정 정리, 제실재산정리라는 명분을 내세워 역둔토뿐만 아니라 궁장토(宮庄土), 목장토, 능원묘위토(陵園墓位土), 미간지(未墾地), 기타 각종 토지를 역둔토에 포함시켜 국유지 면적을 산출하였다.

③ 1909년 6월부터 1910년 10월까지 모든 국유지 즉 궁장토, 능원묘 및 부속 토지, 역둔토의 실지조사 및 측량으로 기유국유지(己酉國有地) 조사 측량이라고 하였다.

④ 탁지부 훈령 제59호(1909.5.26.)

- 모든 국유지에 대해서 소재지, 지번, 지목, 면적, 사표, 구명칭, 실납 소작료, 소작인의 주소, 성명, 등급 및 정정, 소작료 등을 조사하였다.
- 탁지부 훈령 제59호 제44조에서 제54조까지 국유지 "측량 및 지도" 내용에 관해서 규정하고 있다.

⑤ 국유지 실지조사 세칙(1909.11.11.)에서는 30만 평 이상은 1:4800의 축척으로 하도록 예외 규정을 두고 있다.

(2) 국유지실측도 측량

① 통감부의 임시재산정리국에서는 전국에 산재해 있는 국유지를 전면 조사하였다.
② 재무감독국 관할하에 60개의 조사반을 편성하여 1개 반에 일본인 주사 1명, 기수 1명, 통역 1명으로 팀을 구성하여 전국의 국유지를 조사하였다.
③ 국유지의 위치 및 면적 조사, 작인 조사, 새로운 도조 책정 등을 위해 평판측량과 삼각측량 등 근대적 측량기 술을 활용하여 토지조사를 행하고 국유지실측도를 작성하였다.
④ 측량은 필지마다 평판측량으로 하고 축척은 1:1,200의 도해법으로 시행하고 토지 면적이 넓은 경우에는 교차법, 도선법, 사출법, 지거법을 적용하도록 하였다.
⑤ 나침의 표시는 방안선으로 병행하고 장 2촌(寸), 폭 1촌으로 하도록 하였다.
⑥ 초평, 시장(柴場; 임야), 노전 등과 같은 넓은 지역의 경우 5만 평 이상의 경우는 축척을 1:2,400으로 하였다.

(3) 국유지실측도 기재 사항

① 소재, 지번, 지목, 등급, 소작인의 주소와 성명, 면적, 사표, 구역마다 나침방위의 8가지를 기재하였다.
② 상차(尙且) 여백에 조사 연월일, 측량원의 관 성명을 기재하고 날인하도록 하였다.
③ 국유지에 인접한 토지의 형상은 견취(見取)로써 지도상에 기재하고, 지도상에서 도로는 적색, 하천 및 구거는 남색의 연필로 착색하도록 하였다.
④ 지도는 동리 및 지번의 순차대로 면별로 편성하도록 하였다.
⑤ 지도는 방안지 또는 모조지를 사용하여 각 필지의 지형, 접속지의 형상, 기타 부근의 목표가 될 만한 하천, 도로를 기재하였다.
⑥ 면적 단위는 평수로 하고 아라비아 숫자를 쓰도록 하였다.
⑦ 기유국유지(己酉國有地) 조사·측량 당시 도부를 만들어 현재 국유지 실측도(國有地 實測圖)가 부분적으로 남아 있다.

(4) 국유지실측도 작성

① 〈그림 3-32〉는 1909년에 작성된 충남 논산군 구자곡면(현, 연무읍) 동산리와 죽본리 것의 국유지 측량도이다.

② 측량 기수 성명, 국유지 사방주변 소유주의 이름이 없는 지목에 따른 사표, 평 단위를 사용하고, 면적, 국유지 지목, 진전(陳田)이 표시되어 있다.

③ 지도상에 도로는 적색으로 하천 및 구거는 남색으로 채색되어 있다.

④ 방위가 현대식인 북상(北上) 방위로 방안선으로 도식하여 왼쪽 아래 끝에 나타내고 있어 사표의 남상(南上) 범위와는 다르게 되어 있다.

⑤ 지도는 배접하여 영구히 보존토록 하였다.

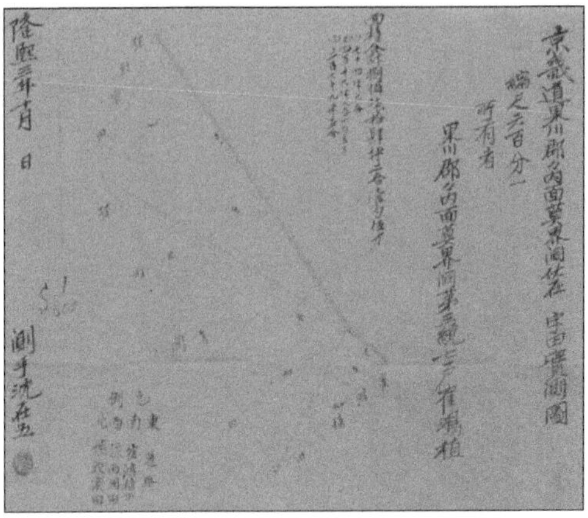

〈그림 3-32〉 경기도 과천군 막계동 실측도

3.3.16. 측량소도와 측량준비도

3.3.16.1. 측량소도

출제(용) : 60, 108, 128회

소도(素圖)는 지적도를 등사하여 원도에 자사하여 작성한 것으로 해당 토지의 지적도 또는 임야도와 같은 축척으로 작성하여 현지측량에 시행하고 측량 방법에 따라 측량 속도에 등록사항을 달리하여 기재하였다. 역둔토 측량에 사용되었던 소도는 일 필지 측량에서의 역둔토 지도를 말한다. 역둔토의 소도는 지적원도 및 이동지조사의 결과를 기초로 하여 작성한 것이기 때문에 시·군에서 지적 사무를 개시한 후 지적도의 이 동정리 부분이 불부합 되므로 이동된 사항을 통보하여 수정하였다. 현재의 지적에 관한 법률에서는 소도라하지 않고 측량준비도라 한다.

(1) 작성 근거

① 1923년 7월 20일 조선총독부 재무국장이 각도 지사에게 지시한 "지적측량자의 지정에 관한 건"의 내용으로 측량자의 지정과 소도 작성에 관한 내용을 지시하고 있다.

② 1935년 「임야측량규정」 제3조 소도의 작성은 임야도 또는 지적도의 기지점에 의하며 임야도 또는 지적도의 기지 점에 의하기 곤란한 지역에 있어서는 삼각점, 도근점 기타의 측량기점이 될 기지 점에 의하여 이를 행할 것이라고 규정한다.

③ 1954년 「지적측량규정」 제25조 소도에는 연필로 등록 사항을 게재하고 이동지의 경계선과 방위선 또는 도곽선은 착묵(着墨)하여야 한다. 고 규정하고 있다.

④ 1986년 「지적법시행규칙」 제31조 평판 측량법으로 세부측량을 하고자 하는 때에는 미리 기존의 도면에 의하여 등록 사항을 기재한 측량 속도를 작성하여야 한다. 라고 규정되었다.

(2) 기재 사항

① 소도의 작성은 해당 토지의 지적도 또는 임야도와 같은 축척으로 측량 속도를 작성 현지 측량에 임하고 측량 외업이 완료되면 세부측량 성과도를 작성하여야 한다.

② 임야측량규정(1935.6.12.)에 따른 소도 작성 시 기재 사항

- 소도는 연필로서 기재
- 도곽 및 그 종횡선 수치
- 측량할 토지와 임야도 또는 지적도에 등록한 토지와의 경계선
- 지번, 지목과 부·군·도·읍·면·정·리의 경계 및 명칭
- 삼각점, 도근점, 기타 측량기점이 될 기지점

(3) 지적측량소도 작성

① 소도에는 행정구역 경계선, 행정구역 명칭, 도곽선과 도곽선 수치, 기초점 번호와 기지점을 표시하였다.

② 도해 지역은 켄트지에 등사도를 이용하여 자사한 후 연사지를 넣어 작성하며 측량대상 토지의 경계선, 지번, 지목은 묵선으로 하고 인근 토지의 경계선, 지번, 지목은 연필선으로 작성하였다.

③ 임야도 지역은 인근 지적도 축척으로 측량하기 때문에 임야도를 좌표 독취 후 확대하여 전개하거나 도상에서 지적도 축척으로 확대하여 작성하였다.

3.3.16.2. 측량준비도

① 측량준비도는 지적도를 등사한 후 측량원도에 자사(刺寫)하여 작성한 도면을 말한다.

② 해당 토지의 지적도 또는 임야도와 동일한 축척으로 측량준비도를 작성하여 현지측량에 사용하는데 평판측량 방법과 경위의 측량 방법에 따라 측량준비도에 기재하는 사항은 다르다.

③ 측량준비도는 토지조사사업부터 1995년까지 소도(素圖)라고 하였으나 1995년 지적법 시행규칙 제31조 "측판측량 방법으로 세부측량을 하고자 하는 때에는 미리 기존의 도면에 의하여 등록 사항을 기재한 측량준비도를 작성하여야 한다."고 규정하였다.

(1) 평판측량의 측량준비도

① 측량준비도는 등사도에 의하여 자사법으로 작성하고자 하는 때에는 지적측량기준점 및 그 번호와 지적측량기준점간 거리 및 좌표는 검은색으로, 도곽선과 그 수치, 도곽선의 신축량 및 보정계수는 붉은색으로, 그 외는 연필로 작성한다.

② 측량준비도의 기재 사항

- 측량대상 토지 및 인근 토지의 경계선·지번 및 지목
- 행정구역선과 그 명칭
- 도곽선과 그 수치 및 도곽선 신축량 및 보정계수
- 지적측량기준점 및 그 번호와 지적측량기준점 간의 거리
- 지적측량기준점의 좌표
- 임야도를 비치하는 지역에서 인근 지적도의 축척으로 측량을 하고자 하는 때에는 임야도에 표시된 경계점의 좌표를 구하여 지적도에 전개한 경계선 등

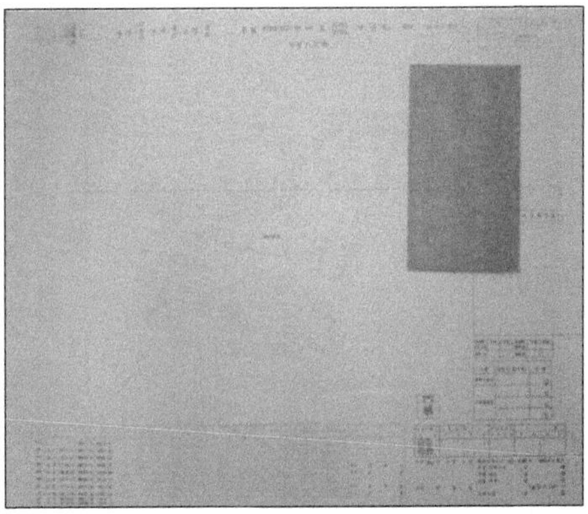

〈그림 3-33〉 평판측량의 측량준비도

(2) 경위의 측량의 측량준비도

① 경위의측량 방법으로 세부측량을 하고자 하는 때에는 지적측량기준점 간 거리 및 방위각은 붉은색으로 작성하며 그 외는 도해 측량준비도의 작성에 관한 사항과 동일하게 작성한다.

② 경위의측량으로 실시하는 경우

- 측량대상 토지의 경계와 경계점의 좌표 및 부호도·지번·지목
- 인근 토지의 경계와 경계점의 좌표 및 부호도·지번·지목
- 행정구역선과 그 명칭
- 지적측량기준점 및 그 번호
- 지적측량기준점 간의 방위각 및 그 거리
- 경계점 간 계산거리 및 도곽선과 그 수치

③ 지적측량수행자는 측량 전에 측량준비도 작성의 적정 여부 등을 확인하여 필요한 조치를 하도록 하였다.

④ 전산정보처리조직에 의하여 측량준비도를 작성하는 때에는 검은색으로 작성할 수 있도록 하였다.

3.3.17. 도근도

출제(용) : 135회

도근도(圖根圖)는 「조선임야조사령수속」에 의거 임야조사사업 측량 당시 임야조사사업을 원활하게 시행하기 위하여 토지조사사업 당시 작성된 지적도를 축도하여 임야조사측량에 기본으로 사용된 측량원도이다.

(1) 도근도의 특징

① 도근도를 작성하여 일필지의 실측에 기보으로 사용하였다.

② 임야조사사업 측량을 신속하게 완료하는데 도움이 되었다.

③ 평판측량으로 시행하였으며 도근도의 작성과 보점측량, 일필지측량의 순서로 시행하였다.

④ 식산국 산림과에서 임시제도기술원을 고용하여 종사하도록 하였다.

⑤ 경제적인 측면에서 이인이 된다는 것을 인정하여 부면의 요청이 많았다.

(2) 도근도의 등록 사항

① 조사해야하는 임야와 지적도에 이기한 토지와의 관계

② 인접 도, 부(府)·군(郡)·면·리동의 경계와 명칭

③ 도로, 철도선로, 하천, 구거, 호해(湖海)

④ 도근점, 삼각점

⑤ 수치가 있는 도곽선

⑥ 측량 시작점으로 할 수 있는 적당한 지물의 경계선

(3) 도근도의 작성

① 산림과 직원의 감독하에 도근도를 작성하였다.

② 순차적으로 작업이 진행됨에 따라 각각의 부와 면에 보내 사업시행을 편하게 하였다.

③ 토지조사사업에서 작성한 지적도 또는 원도에 의거 축도기계를 이용하여 일정한 도곽용지에 축척 1/6,000 또는 1/3,000로 작성하였다.

④ 도근도의 도곽은 동서 1척6촌5분(=50cm), 남북 1척3촌2분(40cm)의 직사각형으로 구획하도록 하였다.

⑤ 도근도는 동리마다 작성하여야 한다.

⑥ 시가지 기타 특수한 사정이 있는 경우에는 여러 리동을 포괄하여 작성할 수 있도록 하였다.

⑦ 지적도 또는 원도에 도곽의 종횡선의 수치가 없는 도서 또는 특수지역의 도근도는 도서 또는 특수지역 마다 작성할 수 있었다.

(4) 지적도에서 이기할 경우

① 경계선은 각 점 간을 직선으로 착묵하고, 지적도에 등록하는 경우에는 산과 동일한 붉은 선으로 그린다.

② 경계선은 조사지역으로부터 약 100간(間; 182) 이내에 있는 것은 곡선으로 묘사하고 조사지역 경계에 연하여 있는 하천, 구거, 도로선은 직선으로 표시한다.

③ 조사 지역 내에 있는 도근점은 전부, 조사 지역 외에 있는 것은 조사 지역에서 약 200간(間; 364m) 이내에 있는 것만 표시한다.

④ 삼각점은 조사 구역 내외와 관계없이 모두 표시한다.

⑤ 도근도에 기재하지 않은 삼각점과 도근점이 조사지역 내와 부근에 있는 것은 도근망도와 대조하여 삼각점명세표 또는 도근측량부에 따라 전개하여 보충한다.

⑥ 도근도에 표시하였거나 보충된 삼각점과 도근점 또는 기지점이 될 수 있는 지적으로부터 300간(間;545m) 이상의 토지를 측량할 때는 리동의 경계 또는 적당한 곳에 보점을 설치하고 교회법 또는 도선법으로 측량한다.

3.3.18. 지적일람도

일람도는 지적도면의 축소된 도면을 말하는데 이는 지번부여 지역 내에 지적도면의 장수가 많아 도면에 있는 지번과 위치를 찾기 곤란할 때 한눈에 알아볼 수 있도록 의 축척은 그 도면 축척의 10분의 1로 한다. 동일한 지번부여 지역에서 인접도면과의 인접한 관계를 쉽게 파악할 수 있도록 도로, 하천, 수로, 취락지구, 대단위 개발지역 등의 지형지물을 표시하여 작성한 지적도의 부속도면이라 할 수 있으나 지적공부에는 해당하지 않는다.

(1) 일람도 등재 사항

① 지번 부여지역의 경계 및 인접지역의 행정구역 명칭

② 도면의 제명 및 축척

③ 도곽선과 그 수치

④ 도면번호

⑤ 도로·철도·하천·구거·유지·취락 등 주요 지형·지물의 표시

(2) 작성 방법

① 일람도의 축척은 그 도면 축척의 10분의 1로 한다.

② 도면의 장수가 많아서 한 장에 작성할 수 없는 경우에는 축척을 줄여서 작성할 수 있다.

③ 도면의 장수가 4장 미만이면 일람도의 작성을 하지 아니할 수 있다.

④ 제명 및 축척은 일람도 윗부분에 "○○시·도 ○○시·군·구 ○○읍·면 ○○동·리 일람도 축척 ○○○○ 분의 1"이라 제도한다.

(3) 일람도 제도

① 제명

- 제명 및 축척의 제도 방법은 글자의 크기는 9mm로 하고 글자 사이의 간격은 글자 크기의 2분의 1 정도 띄운다.
- 제명의 일람도와 축척 사이는 20mm를 띄운다.
- 경계점좌표등록부시행 지역은 제명 중 일람도 다음에 "(좌표)"라 기재한다.

② 도면번호

- 지번 부여지역·축척 및 지적도·임야도·경계점좌표등록부 시행지별로 일련번호를 부여한다.
- 신규등록 및 등록전환으로 새로 도면을 작성할 경우의 도면번호는 그 지역 마지막 도면번호의 다음 번호로 부여한다.
- 도시개발사업·축척변경 등의 시행에 따라 도면을 작성할 경우에는 종전 도면번호에 "-1"과 같이 부호를 부여한다.

③ 일람도 제도 방법

- 도면번호는 3mm의 크기로 한다.
- 인접 동·리 명칭은 4mm, 그 밖의 행정구역 명칭은 5mm의 크기로 한다.
- 지방도로 이상은 검은색 0.2mm 폭의 2선으로, 그 밖의 도로는 0.1mm의 폭으로 제도한다.
- 철도용지는 붉은색 0.2mm 폭의 2선으로 제도한다.
- 수도용지 중 선로는 남색 0.1mm 폭의 2선으로 제도한다.
- 하천·구거·유지는 남색 0.1mm의 폭의 2선으로 제도하고, 그 내부를 남색으로 엷게 채색한다.
- 취락지·건물 등은 검은색 0.1mm의 폭으로 제도하고, 그 내부를 검은색으로 엷게 채색한다.
- 도시개발사업·축척변경 등이 완료된 때에는 지구경계를 붉은색 0.1mm 폭의 선으로 제도한 후 지구 안을 붉은색으로 엷게 채색하고, 그 중앙에 사업명 및 사업완료연도를 기재한다.

3.3.19. 혼일강리역대국도지도

출제(용) : 89회

① 혼일강리역대국도지도란 기다란 이름의 '혼일'이란 중국을 중심으로 하는 '화(華)'와 중국 주변의 오랑캐, 즉, 이(夷)를 하나로 아우른다는 '혼연일체'는 뜻이고, '강리'는 변두리 지경을 다스린다는 의미이다.

② 지도에는 중앙에 중국이 포진하고 있고 동쪽으로 조선, 남쪽 바다에는 일본이 있으며 서쪽에는 아라비아반도, 아프리카·유럽 대륙이 그려져 있다.

③ 1402년 좌정승 김사형, 우정승 이무가 발의하고 의정부의 검상 이회가 실무를 맡아 제작한 세계지도는 〈그림 3-34〉와 같다.

④ 당시 세계지도는 동서양을 막론하고 가장 뛰어난 지도 중의 하나로 평가되고 있다.

⑤ 우리나라 지도는 전체에서 보면 상대적으로 몇 배나 크게 그려져 있는 것이 특징이다.

⑥ 지도의 원본은 전하여지는 것이 없고, 사본이 일본 경도에 있는 류코쿠대학(龍谷大學) 도서관에 전하여지고 있다.

⑦ 혼일강리역대국도지도에서는 "하늘은 둥글고 땅은 네모지다."는 전통적인 천원지방(天圓地方)의 천지관에 토대를 두고 있다.

⑧ 역사적으로 직접적인 교류가 거의 없었던 유럽·아프리카 대륙까지 영역을 확대하여 그려냈다.

⑨ 혼일강리역대국도지도는 1459년 이전 모사본, 148×164㎝의 대형 지도이다.

⑩ 당시 중국의 지도들은 서방과 요동의 동쪽이 부실했기 때문에 이를 보완하고, 최신의 일본과 조선 지도가 합쳐진 동양에서 가장 오래된 아프로 유라시안(Afro Eurasian) 지도를 만든 것이다.

⑪ 강리도의 왼쪽 절반인 서유럽, 아프리카 및 서남아시아가 비교적 자세히 그려져 있는 점은 이전의 중국 세계지도에서 찾아볼 수 없는 중요한 특징이다.

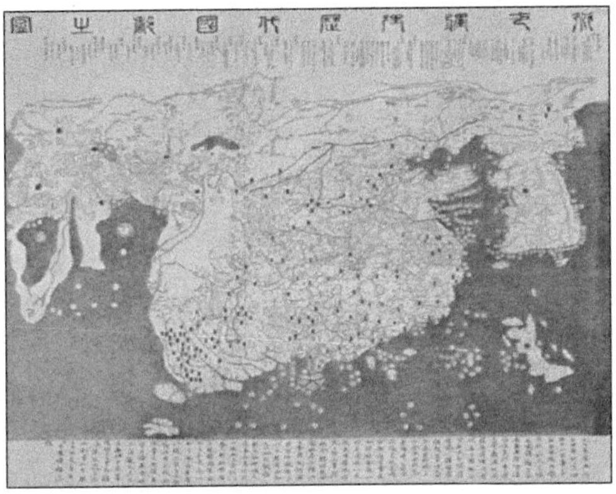

〈그림 3-34〉 혼일강리역대국도지도

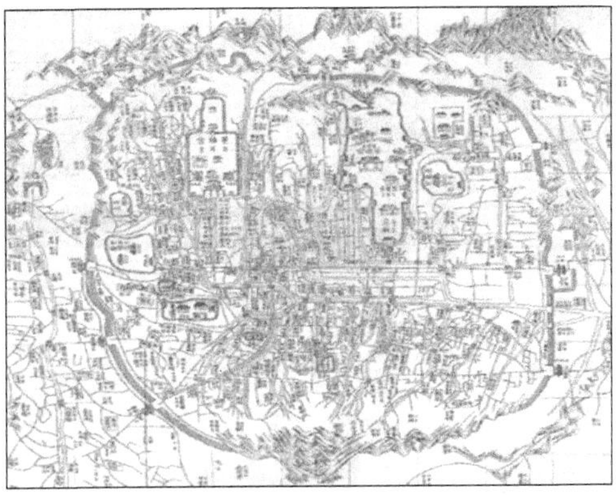

〈그림 3-35〉 한성부 지적도

3.3.20. 한성부 지적도

한성부 지적도는 토지조사사업 이전인 대한제국 시대에 탁지부에 의해서 측량을 시행하여 한양, 밀양 등에서 축척 1/500 지적도가 작성되었음을 알 수 있다.

(1) 작성 시기

① 서울특별시 종합자료관에는 1908년 7월 탁지부 측량과에서 한성(서울)지역을 소삼각측량으로 제작한 1/500 지적도 29매가 있다.

② 한성부 지적도는 한성부의 말단 행정단위인 방(坊)별로 측량되어 있다.

③ 측량 담당 부서는 임시재산정리국 측량과를 말하며 측량 시기는 1908년 5월부터 9월까지이고 탁지부에서 주관하였다.

(2) 도면의 작성

① 축척은 1/500이고 규격은 다양하여 일정치 않으나 도곽(圖郭)은 103×72cm가 많고 도곽(圖郭)의 종선은 300m, 횡선은 450m이다.

② 지번이나 지목은 없고 "ㅛ" 표시만 있는 도엽이 3개가 있었으며 하천에는 흐름 방향 표시를 하였다.

③ 여러 도엽에 경계선 안쪽으로 붉은색을 칠한 전과 대가 있는데 확실치는 않으나 요지(要地)임을 나타낸 것으로 추측한다.

④ 주요 토지의 경계선은 붉은색, 하천 경계선은 남색, 전차길은 검은색으로 채색되어 있다.

⑤ 지목, 지번 이외에 동경계선, 동명, 교각명, 성문이 표시되었으며 도면은 일제 초기에 측량하여 만든 지적도와 주기의 방법이나 제도 등이 유사하다.

(3) 지번과 지목 설정

① 숭인방도의 경우 29 전, 123 전, 141 전 등과 같이 기재되어 있다.

② 지목은 대(垈), 전(田), 사산(沙山) 등과 같이 3종류로 등록되어 있다.

③ 이외에 동경계선, 동명, 교각명, 하천의 경계선, 토지의 경계선, 전차길 등이 등록되어 있다.

④ 서울대학교 규장각에 한양(9점), 밀양(3점), 측량도만이 보존되어 있으며 구한말 지적도는 일제 초기에 측량하여 만든 지적도와 주기의 방법이나 제도가 같다.

⑤ 〈그림 3-35〉와 같이 한성도 지적도는 근대적인 지적도가 서울에서 최초로 만들어질 때까지 존재하였다.

3.3.21. 경지배열일람도

① 일반적으로 지적도는 토지조사사업 당시에만 제작된 것으로 알고 있으나 대한제국의 탁지부에서 실제 측량으로 한양, 밀양 등지에 축척 1/500 지적도가 작성되었다.

② 1900년대 초에 작성된 지적도는 근대적 측량 기술을 이용한 것으로 제천군 근좌면 원박리(提川郡 近左面 院朴里)의 경지배열일람도(耕地配列一覽圖)가 있다.

③ 경계선

- 필지간 경계는 직선화로 되어 있다.
- 인접 지역인 근좌면 공전리(公田里) 또는 동면(同面) 석박리 등과 같이 행정구역명이 주기 되어 있다.
- 축척은 약 1/1,500 정도의 대축척 지도로 되어 있다.
- 리계(里界)는 "×"로 표시하고 자경계선(字境界線)은 자호"비(匪)"에 따라 붉은색 점선으로 표시하였다.

④ 도면의 크기는 가로 83cm, 세로 50cm로 미농지에 제작하여 배접한 것이다.

⑤ 기재 사항

- 작성 일과 작성자 및 측량자는 표시가 되어 있지 않았다.
- 필지 안의 가옥은 사각형으로 표시하고 내부는 주홍색으로 표시하였다.
- 전은 남색으로 점을 찍어 표시하고 답은 붉은색으로 원을 그려 전과 답을 구분하였다.

- 대(垈)는 붉은색 점을 찍어 구분하였다.
- 천거(川渠)는 하천이나 도랑으로 남색으로 채색하여 표시하였다.
- 도로는 두 개의 실선으로 표시하고 붉은색으로 채색하여 표시하였다.
- 산지는 깃털 모양으로 표현하고 "○"안에 "林·山·有·民"의 글자는 두꺼운 붉은색 선으로 표시된 지역에 따라 글자를 주기하였다.
- 깃털 모양의 색을 진하게 한 지역에 한 글자씩 기재한 것으로 보아 어느 지역을 표시한 것으로 알 수 있다.
- 방위는 주로 남상(南上) 방위 형태로 표현되어 있다.

⑥ 특징

- 범례에는 산림·가옥·도로·천거(川渠)·전·답·대·리계(里界)·자경계선(字境界線)이 기호와 함께 채색으로 표시하고 있다.
- 도면에는 가옥을 포함한 7개 지목이 기재되어 있다.
- 1911년 작성된 과세지 도면으로 이장, 지사자, 작성인의 이름과 도장이 날인되어 있다.
- 〈그림 3-36〉의 도면은 필지 내에 소유자, 면적, 지목 등이 기재되어 있다.
- 면적은 두락제와 결부제로 기재하였다.

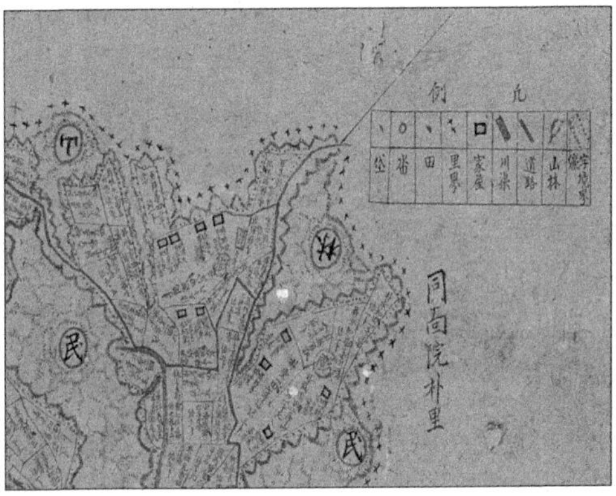

〈그림 3-36〉 경지배열일람도 확대

(자료 출처 : 제천시, 제천지적사, 2009)

3.3.22. 해양지적도

① 해양지적도는 〈그림 3-37〉과 같이 실질적인 명칭은 "모려양식장도"로 기재되어 있는 전라남도 고흥군 남양면 중산리 굴양식장 도면으로 2매가 있다.

② 굴은 남해안 청정해역의 식용인 참굴로 굴조개라고도 하며, 모려(牡蠣) 석화(石花) 등으로 표기한다.

③ 자산어보에는 굴을 모려(牡礪)라 하고 본초강목에는 여합(蠣蛤)이라고 하였으며, 간석지 바닥이나 바위에 붙어 있는 모양이 돌에 핀 꽃과 같아서 석화(石花)라고 하기도 한다.

④ 자연산으로나 양식으로 자주 접하고 있는 굴의 껍데기를 모려라고 한다.

⑤ 도면작성의 배경

- 일제 강점기 시대에 굴 양식에 대한 세금을 징수하기 위한 목적이었다.
- 그 당시 면적과 소유자, 지번이 기재된 등록부와 같이 있었다.
- 현재는 관리 소홀로 인하여 없어진 상태이다.

⑥ 도면에 등록된 내용

- 지번은 토지조사사업 당시의 지적도에 동일한 사행식 방법으로 부여되었다.
- 지목은 모두 굴 양식장이므로 등록되지 않았다.
- 소유자와 면적은 따로 조서를 작성하였다.
- 도면은 2매로 구성되어 있으며 색인도는 1호와 2호로 되어 있다.
- 도면의 제목은 고흥군 남양면 중산리 매려 양식도 2매지 내 제1호 및 제2호로 기재되었다.
- 도면 아래에는 1호에는 150필지, 제2호에는 76필지가 등록되었으나 현재의 도면에는 1호의 경우 76필지로 정정되었고 제2호의 필지는 삭제되었다.

⑦ 제1호와 제2호의 도면에 나타나는 조그마한 무인도 섬을 등고선으로 표현하여 섬의 명칭을 "우도(牛島)", "도말도(道末島)" 등과 같이 2개씩 4개가 등록되고 주황색으로 채색되어 있었다.

⑧ 축척은 1/2,400로 작성되었으며 도곽선만 그려져 있을 뿐 도곽의 수치는 없으며 썰물이 되어 바닷물이 빠지면 도랑이 생기는데 이를 강이라고 표현하였다.

⑨ 충등강(忠登江), 구룡강(九龍江)으로 기재하고 그 위의 물줄기를 구룡대강이라 기재하였으며 회색으로 채색하여 실질적으로 양식으로 수확을 할 수 있는 곳만 세금을 징수할 수 있도록 하였다.

⑩ 도면의 사본에는 소유자와 면적을 기록해 놓아 파악하는 데 지장이 없었으나 이는 세금을 징수하기 위해서 만들어진 도면과 장부가 있었음을 알 수 있다.

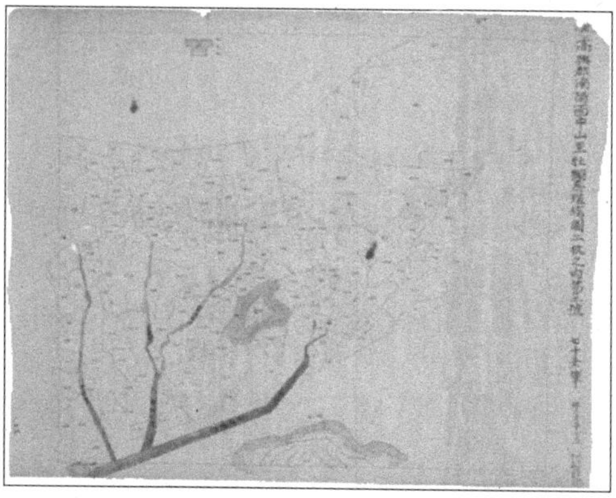

〈그림 3-37〉 해양(매려) 지적도

⑪ "모려양식장도"의 의미는 양지의 굴 양식장 도면이라는 의미이다.

3.4. 토지 등록 사항

3.4.1. 일자오결제도(1字5結制度)

출제(용) : 65, 99, 111, 129회

일자오결(一字五結)제도는 조선시대 양안에서 연속된 개별 필지를 5결 면적 단위로 묶어서 천자문(千字文) 1자씩 부여한 것을 말한다. 또한, 천자문의 각 글자가 필지의 면적과 위치를 나타내는 단위로 사용되었다.

(1) 변천 과정

① 과전법의 일자오결은 5결 단위의 수조권 분급을 편리하게 하기 위한 것으로 파악되었다.

② 자호는 5결을 나타내는 단위 기능을 주로 하는 것이었다.

③ 1634년(인조 12년)의 갑술 양안에서 양전 지역의 모든 필지에 측량한 후 5결 면적마다 1개 자호를 부여하였다.

④ 갑술 양안(1634)의 자호 사용법은 조선 전기부터 사용되던 방식의 연속이었다.

(2) 특징

① 일자오결의 자호는 5결을 나타내는 면적 단위인 동시에 토지의 위치를 표시하는 기능을 하였다.

② 특정 필지가 천자문'天(1), 地(2), 玄(3), 黃(4) 등은 자호(字號)라고 하였으며, 그 필지의 면적은 5결 단위로 부여하였다.

③ 진전(陳田; 묵은 밭), 폐경전(廢耕田), 기경전(起耕田; 일군 밭)을 막론하고 5결(結)이 되면 자호를 부여하였다.

④ 조선시대의 양안은 지적도와 같은 위치 표시가 없어도 일정 수준까지는 현재의 토지대장 기능을 할 수 있었다.

⑤ 일자오결제도의 자호는 토지의 위치와 면적을 동시에 나타냈기에 토지의 관리가 편리하였다.

⑥ 토지대장의 자호 표기 방식은 중국과는 다른 조선의 독특한 토지제도 문화를 반영하였다.

(3) 일자오결제도의 사용

① 1720년의 경자양안 때부터 시작되었다.

② 5결마다 자호를 부여하였으며 토지조사에서 자호를 활용하였다.

③ 경자 양전에서는 갑술 양안의 자호를 기준으로 모든 경지를 구획하여 조사하고 최종 단계에서 5결 단위로 자호를 재조정하였다.

④ 개별 필지의 식별을 쉽게 하여 관리들의 중간 농간을 방지하였다.

⑤ 일자오결제도는 조선시대와 대한제국, 일제 초기까지 사용된 지번제도라 할 수 있다.

(4) 일자오결제도의 문제점

① 다산(茶山) 정약용은 경세유표에서 5결을 1자로 표시하면 혼잡하고 부정확하다고 하였다.

② 양안에 기록할 때는 실납(實納)의 수 5결만을 기재하게 되면서 지방관청에서 착복하는 은결(隱結)이 발생하게 되었다.

③ 토지조사사업 당시 측량에서는 리, 동별로 자(字) 없이 일련번호를 부여하였기 때문에 사업이 완료되고 이 제도가 사라졌다.

3.4.2. 맹종죽

출제(용) : 72회

① 대(竹)중에서도 맹종죽(孟宗竹)은 "죽순대"라 고도하며 맹종죽의 새순은 죽순이라 하여 식용으로 하였다.

② 맹종죽은 중국이 원산지로서 우리나라에서는 집터 부근에 재배한다.

③ 맹종죽의 높이는 약 12m에 이르며 잎은 피침형(披針形)으로 끝이 뾰족하고 가지 끝에 2~8조각씩 뭉쳐서 난다.

④ 맹종죽의 끝은 꽃이 줄기나 가지에 원추형으로 배열되어 이삭 모형이며 7월과 8월 사이에 꽃이 피고 열매는 11월에 익는다고 한다.

⑤ 우리나라의 전라남도 담양군과 중국 등지에 많이 분포되고 있다.

⑥ 죽순을 채취할 목적으로 맹종죽을 재배하는 토지의 지목은 "전"이라 하지만 맹종죽이 산림을 이루고 있는 것은 그 지목을 "임야"로 하고 있다.

⑦ 맹종죽의 유래는 중국의 후한말 (서기 230년경) 위(魏), 오(吳), 촉(蜀)의 3국 시대에 맹종이라는 사람이 있었는데 효성이 지극하였다고 한다.

⑧ 어느 날 병으로 누워있는 어머니가 동짓달 추운 날에 죽순이 먹고 싶다 하여 맹종이 하얀 눈이 쌓인 대밭에서 죽순이 날 수 있도록 도와 달라고 천지신명에 기원을 드려 돋아난 죽순이 있어 이것을 어머니께 봉양하였기 때문에 그 후부터 맹종의 이름을 따서 식용으로 먹는 죽순을 맹종죽이라 부르게 되었다.

3.4.3. 구장산술

출제(용) : 57, 74, 98, 128회, (논) : 77회

구장산술은 주나라(기원전 1100~771년) 때 만들어진 것으로 그 후 250년경 위나라 유휴에 의해서 주석이 붙어 있다. 구장산술은 토지측량·조세·곡물 교환·토목공사·배분·물가·이자·공예품 생산·수송문제 등에 중요한 지침으로 제1장에서 제9장까지 구성되어 있으며, 우리나라에서는 조선시대에 가장 활발하게 이용되었다.

3.4.3.1. 특징

① 구장산술은 제1장 방전(方田)에서부터 제9장 구고장(句股章)까지 구성되어 있다.

② 농업을 중심으로 하는 고대사회에서 생산물의 측정과 토지의 크기를 측량하여 세금부과에 이용되었다.

③ 제9장의 구고장(句股章)은 토지의 면적 계산과 측량술에 밀접한 관련이 있다.

④ 구고장(句股章)은 직각삼각형의 형태로서 높이, 길이, 넓이, 거리 등을 구하는 데 사용되었다.

⑤ 구장산술은 진, 한, 삼국시대를 걸쳐 중국 수학의 결과물이라 할 수 있다.

⑥ 본문은 기본적으로 문제, 답, 풀이의 3단계로 구성되어 있어 오늘날의 문제집이라고 볼 수 있다.

3.4.3.2. 구장산술의 구성

(1) 제1장 방전(方田)

① 다양한 형태에 관한 평면 기하 문제와 함께 분수 계산을 취급한 것이다.

② 토지 넓이의 정확한 측량과 넓이에 따라 토지를 정확히 측정하고 세금을 공평하게 받아들이는 일 이었다.

(2) 제2장 속미(粟米)

① 곡물을 교환할 때의 환산법에 관한 것이다.

② 농산품 간의 교환 비율을 이용해서 교환량을 계산하는 문제로 구성되어 있다.

(3) 제3장 쇠분(衰分)

① 수열의 합에 의한 실생활에 적용한 것이다.

② 차등적인 비율에 따른 할당량을 구하는 문제와 등차급수나 등비급수 문제를 다루고 있다.

③ 쇠분(衰分)에서 쇠(衰)는 "차이"라는 의미이며 분(分)은 나눈다는 의미이다.

(4) 제4장 소광(少廣)

① 방전과 같이 주로 넓이를 다루고 있다.

② 부피 계산 문제와 같이 구성되어 있다.

(5) 제5장 상공

① 제방이나 토목공사 관련 문제와 다양한 형태의 입체에 관한 문제들로 구성되어 있다.

② 여러 가지 입체도형의 부피의 작업량을 계산하는 것이다.

(6) 제6장 균륜(均輸)

① 대국가가 공평 과세를 어떻게 실현하려고 했는지를 알 수 있는 것이다.

② 세금을 징수할 때 곡물의 운반에 관한 문제가 등장한다.

(7) 제7장 영부족(盈不足)

① 남고 모자라는 것들의 관계로부터 미지수의 값을 계산하는 것이다.

② 기본적으로 $y=a+bx=a'+b'x$로부터 x, y값을 구하는 것으로 구성되어 있다.

(8) 제8장 방정(方程)

① 1차 연립방정식 문제가 있고 모두 연립방정식에 관한 것이다.

② 양의 수와 음의 수가 혼용된 것을 정리하고 있다.

(9) 제9장 구고(句股)

① 산학에서는 구고술이라고 하는 피타고라스 정리를 응용하여 계산하는 문제와 2차 방정식 문제로 구성되어 있다.

② 구고에서 구(句)와 고(股)는 직각삼각형의 짧은 변과 긴 변으로 현재의 밑변과 높이라고 할 수 있다.

3.4.3.3. 전의 형태

구장산술에는 토지의 형태는 〈그림 3－38〉과 같이 방전(方田), 규전(圭田), 사전(邪田), 기전(箕田), 원전(圓田), 호전(弧田), 환전(環田), 완전(宛田)의 넓이를 구하는 문제가 많이 나와 있다.

① 방전(方田) : 정사각형의 토지로, 장(長)과 광(廣)을 측량한다.

② 직전(直田) : 가로, 세로의 길이가 대분수로 되어 있는 직사각형의 토지로 장(長)과 평(平)을 측량한다.

③ 구고전(句股田) : 직각삼각형의 토지로 구(句)는 직각삼각형의 짧은 변을 고(股)는 긴 변으로 측량한다.

④ 규전(圭田) : 이등변삼각형의 토지로, 장(長)과 광(廣)을 측량한다.

⑤ 제전(梯田) : 사다리꼴의 토지로, 장(長)과 동활(東闊)·서활(西闊)을 측량한다.

⑥ 원전(圓田) : 둥근 모양의 토지로, 주(周)와 경(經)을 측량한다.

⑦ 호전(弧田) : 반원형의 토지로 호(弧)와 현(弦)과 시(矢)로 측량한다.

⑧ 환전(環田) : 안쪽이 빈 도넛형의 토지로 주(周)와 주(周)를 측량한다.

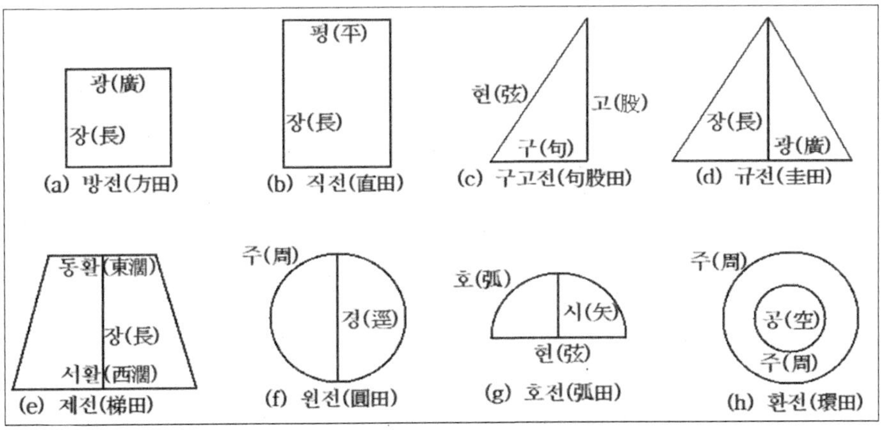

〈그림 3-38〉 구장산술 전의 형태

3.4.3.4. 우리나라의 구장산술

① 삼국시대의 토지측량 방식으로 지형을 당시 측량술로 측량하기 쉬운 형태로 구별하여 측량하는 방법으로서 화사(畵師)가 회화적으로 지도나 지적도 등을 만들었다.

② 삼국시대부터 전해 내려오는 수학책 구장산술에서 제시한 전의 형태는 〈그림 3－38〉과 같이 여러 가지 형태로 방전(方田), 규전(圭田), 구고전(句股田), 규전(圭田), 제전(梯田), 원전(圓田), 호전(弧田), 환전(環田)이며, 이들은 넓이를 구하는 데 사용되었다.

③ 우리나라에서는 조선시대에 가장 활발하게 이용되었다.

3.4.4. 양휘산법

출제(용) : 50회

① 양휘산법(楊輝算法)은 1275년 송나라 수학자 양휘가 저술한 것이다.

② 양휘산법은 본래 필사로 전해오다가 1378년 명나라 태조에 의해 목판으로 인쇄되었다.

③ 양휘산법은 모두 5종 10권으로 승제통변본말(원명; 乘除通變算寶) 3권, 법통변본말(상), 승제통 변본말(원명; 乘除通變算寶) 3권, 산법통변본말(상), 승제통변산보(중), 법산취용본말(法算取用本末)(하), 전무비류승제첩법 2권, 속고적기산법 2권 등이다.

④ 우리나라는 세종 때 공조 참판 신인손이 명나라에 파송되었을 때 들여온 것이다.

⑤ 양휘산법은 세종대왕의 명으로 1433년 경주부에서 경상도 감사가 100부를 간행하였다.

⑥ 임진왜란 때 일본인이 이 복간본을 일본으로 가지고 가서 그들의 국보(17호)로 지정하였다.

3.4.5. 습산진벌

출제(용) : 87회

① 최한기는 조선 후기의 학자(1803~1877년)로 실학사상의 기반을 확립하였으며 개화 철학의 선구자이다.

② 주요 저서에 농정회요(農政會要), 신기통(神氣通), 습산진벌(習算津筏) 등이 있다.

③ 습산진벌(習算津筏)은 5권 2책으로 목활자본으로 되어 있으며 구성은 다음과 같다.

- 권 1은 도량권형(度量權衡)·명위(命位)·구수승결(九數乘訣)·산책(算策)·일점도설(一點圖說)
- 권 2는 가법(加法)·감법(減法)·인승(因乘)·귀제(歸除)
- 권 3은 평방(平方)·대종교수평방(帶縱較數平方)·대종화수평방(帶縱和數平方)

- 권 4는 입방(立方)
- 권 5는 대종교수입방(帶縱較數立方)·대종화수입방(帶縱和數立方)으로 구성

④ 내용은 수리정온(數理精蘊)의 다음 부분을 요약해서 옮긴 것이었다.

⑤ 수리정온 하편의 도량권형·명위·명수법·가법·감법·인승·귀제(이상 권 1), 평방·대종(이상 권 10), 입방(권 23), 대종교수입방·대종화수입방(이상 권 24) 등이 그것이다.

⑥ 수리정온에는 새로운 필산법(筆算法)을 문자 대신으로 이 책에서 산목으로 표현하고 있으며, 국립중앙도서관에 소장되어 있다.

3.4.6. 결부법과 경무법

출제(논) : 65, 92회

3.4.6.1. 결부법

출제(용) : 66회

결부법은 토지 면적을 표시하는 방법으로써 신라시대부터 사용된 것은 기록상으로 알 수 있다. 곡화의 수확량을 표시하는 단위인 동시에 그만한 수확량을 산출할 수 있는 토지 면적을 의미하기도 하였다.

(1) 결(結)

출제(용) : 53회

① 결(結)은 농경지의 면적을 나타내기 위한 단위이며, 삼국시대부터 사용되었으나 시대에 따라 다르게 표현하였다.

② 결에 따라 세액을 정하기 때문에 세율을 표시하는 말과 동시에 토지의 면적을 말하는 단위로 사용하였다.

③ 결은 "멱" 또는 1점(苫=1섬=15말)이며 부(負)는 하나의 "지게"로 한 어깨의 짐, 속은 10파(把), 파는 한 줌의 분량이다.

④ 답 1결의 세액은 최치원의 숭복사 비문에 "이백결 도곡합이천섬(二百結 稻穀合二千苫)"이라 한 것이 있으니 섬(苫)은 석으로서 15두가 1섬이 된다.

⑤ 대전속록(大典續錄) 호전 양전조와 세종실록 권 106, 26년 11월 갑자조(甲子條)와 경국대전 호전 양전조 및 대전통편 호전 양전조에 각 등급에 따른 1결의 면적은 다르게 계산하여 결정하였다.

⑥ 정약용의 전결변(田結辨)에 소(牛)가 4일간 갈수 있는 밭의 면적을 1결이라 하였다.

⑦ 문헌비고의 1444년 전제상정소의 경정(更正)결법에 의거 등급별 1결당의 묘수와 주척 수에 의하여 환산한 것으로 선조 때의 결부법을 준용한 것이다.

⑧ 결부법(結負法)은 토지의 비옥도에 따라 일정한 면적에서 수확량은 차이가 발생하므로 같은 일결이라도 비옥한 토지의 일결(一結)은 좁고, 척박한 토지의 일결(一結)은 넓다.

(2) 결부법의 특징

① 결부법은 토지의 면적과 수확량을 기준으로 하는 이중으로 표시하는 독특한 계량법이다.

② 농지의 비옥 정도에 따라 세액을 파악하였다.

③ 주관적인 방법으로 세액을 파악하여 부과하였다.

④ 중간 관리들의 세금 착취가 많아서 농민들에게는 불합리한 방법이라 할 수 있다.

⑤ 매 결의 세가 동일하게 부과되는 결점이 있었다.

⑥ 전국의 토지가 정확히 측량되지 않아 토지의 파악이 정확하지 않았다.

⑦ 세금의 총액은 일정하게 책정하므로 관리들의 횡포가 심하였다.

⑧ 조선시대의 토지 면적은 토지의 생산력을 고려한 결부제에 의해 파악되었다.

(3) 전의 형태와 면적

① 결부법에서 활용하였던 전의 형태는 〈그림 3-39〉와 같이 5가지로 방전(方田), 직전(直田), 구고전(句股田), 규전(圭田), 제전(梯田)이 있었다.

- 방전(方田) : 정사각형 밭
- 직전(直田) : 가로세로의 길이가 대분수로 되어 있는 직사각형의 밭
- 구고전(句股田) : 직각삼각형의 밭
- 규전(圭田) : 작은 산 모양의 밭
- 제전(梯田) : 사다리꼴 모양의 밭

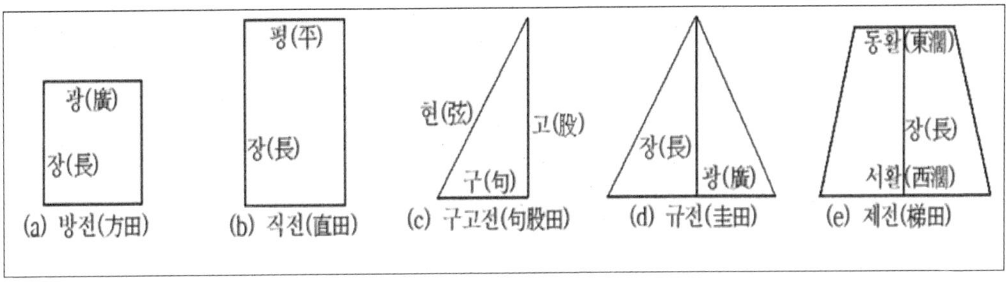

<그림 3-39> 결부법에서의 전의 형태

② 결부법은 면적 계산에 사용되었으며 1결은 전지(田地)로서 1등에서 6등까지 구분하였으며 면적계산에 주로 사용되었다.

③ 곡식의 수확량을 기준으로 곡화(穀禾) 일악(一握)을 파(把; 한 줌), 10파(把)→1속(束; 한 단), 10속(束)→1부(負) 또는 1복(卜; 한 짐), 100부(負)를 1결(結)로 하여 계산하였다.

④ 전지(田地)로 일등전의 1결은 100부(負), 이등전의 1결은 85부, 삼등전의 1결은 70부, 사등전의 1결은 55부, 오등전의 1결은 40부, 육등전의 1결은 25부로 하였다.

(4) 결부법에 따른 지세

① 전의 지세 부담이 답보다 높았다.

② 단위 토지당 평균 지세 부담도 지역(도 단위) 간의 큰 차이로 나타났다.

③ 같은 도 지역에서도 군간(郡間)의 지세 부담에 큰 편차가 나타났다.

④ 결부제와 토지생산성과의 원리적인 비례관계가 현실에서는 완전히 무시되었다.

⑤ 1결이라도 토지의 등급에 따라서 최고 4배 가까운 절대 면적의 차이를 나타내기도 하였다.

(5) 고려시대 결부제

① 고려시대에 제정된 과전법은 결부법을 바탕으로 성립되었다.

② 결부법을 기본단위로 하는 양전제도는 전지의 비척과 토지 생산력이 여러 가지로 달라 전국적으로 일률적인 통일성을 기할 수가 없었다.

③ 결부법이 토지의 면적 단위임과 동시에 수확 및 수세 단위를 표시하는 제도로 정립되었다.

④ 토지의 등급을 비옥도에 따라 상·중·하등전으로 구분하고 각 전지의 결부수를 산출하는 양전척의 기준은 농부의 수지척을 근거로 하였다.

(6) 조선시대 결부제

① 고려의 제도를 답습하여 수등이척제를 사용하고 전답의 비옥도에 따라 결부의 수를 증감하는 법을 세워 결부를 과세 기준으로 하였다.

② 결부제는 조선시대에 널리 사용된 면적 단위였으나 1결의 면적을 명확하게 결정하는 것은 불가능하였다.

③ 면적은 1필지마다 지형의 길고 짧음과 넓고 좁은 곳을 측량하여 산정하고 그 면적과 전품에 따라 과세의 표준을 정한 것을 결부라 하고 전품의 등급에 따라 토지의 면적을 표시하였다.

④ 1444년에 "공법전세제(貢法田稅制)"가 확정되었으며 공법에 나타난 결부법 관계는 양전의 근거 척도를 주척(周尺)으로 변경하였다.

3.4.6.2. 경묘법

출제(용) : 63회

경묘법(頃畝法)은 원래 중국 전지(田地)의 면적 단위이며 실적(實績)표준의 단위법으로 주로 토지를 파악하는 데 그 목적을 둔 것으로 경무법이라고도 한다.

(1) 경묘법 특징

① 농지의 광협을 통해서 그 면적을 파악하고 객관성을 지니는 방법이다.

② 객관적인 방법으로 공평한 방법이다.

③ 매경(每頃)의 세는 경중에 따라 부과하였다.

④ 세금의 총액은 해마다 일정하지 않았다.

⑤ 국가는 전국의 농지 파악을 실제대로 정확히 파악하는 방법이다.

⑥ 원래는 중국 고대의 토지 면적 단위법이었다.

(2) 경묘법의 단위

① 전한(前漢) 이전의 단위는 사방 6자(尺)→보(步), 100보(步)→묘(畝), 100묘(畝)→1경(頃)이다.

② 전한(前漢) 이후의 단위는 사방 5자(尺)→보(步), 240보(步)→묘(畝), 100묘(畝)→1경(頃)이다.

③ 무(畝), 보(步)를 단위로 하여 고정된 면적을 표시하는 것이다.

④ 경묘법은 수확의 표준·수세의 표준을 나타내는 단위였다.

⑤ 민간에서 가장 널리 사용되던 면적 표시 단위였다.

(3) 우리나라 경묘법

① 고구려 시대 때 토지 계산에 경묘법을 사용하였다.

② 조선시대 탐관오리의 농간이 많아 유형원과 정약용 같은 경세론자들은 경묘법 채택을 주장하였다.

③ 토지의 절대 면적에 오차 범위가 넓지 않아 일정 부분 객관성을 보장할 수 있었다.

④ 다양한 형태의 토지에 대응할 수 있는 장점이 있었다.

3.4.7. 두락제

출제(용) : 56회

1두락(斗落)은 조선시대 한 말[斗]의 씨앗을 파종할 만한 논·밭의 면적을 나타내는 단위로 대략 200~300평 사이로 마지기라고 하며, 벼 4석을 수확할 수 있는 면적이다. 두락제(斗落制)는 백제 시대 토지의 면적 산정을 위한 측량의 기준을 정한 제도로 결과는 도적(圖籍)에 기록하였다.

(1) 두락제 단위

① 논의 경우는 80평에서 300평에 이르기까지 여러 유형의 두락이 존재하지만 그중에 대부분의 두락은 약 200평을 적용하였다.

② 밭 두락은 30평에서 400평까지 다양한 유형이 적용되었고 역시 200평이 가장 많이 적용되기는 했으나 그 비율이 높지 않고, 100평, 300평, 500평 등 다양한 면적이 적용되었다.

③ 밭의 경우 산간지대나 구릉지에 위치하여 논처럼 평탄하고 고르지 않아 파종을 일정하게 할 수 없는 곳이 많았기 때문이다.

④ 전답에 뿌리는 씨앗의 수량으로 면적을 표시하는 것으로 1석(石=20말)의 씨앗을 뿌리는 면적을 1 석락(石落)이라고 하였다.

(2) 특징

① 두락이 한 말의 씨앗을 뿌릴 수 있는 토지라고 하지만 그 면적이 모두 같은 것은 아니었다.

② 두락의 면적은 지목별·지역별로 차이가 있었다.

③ 두락의 절대면적은 두락의 성격을 가장 뚜렷하게 보여주는 특징이라고 할 수 있다.

④ 백제시대 토지의 측량 방법은 두락제(斗落制)를 사용하였다.

3.4.8. 원시취득

출제(용) : 87회

① 원시취득(原始取得)은 어떤 권리를 기존 권리와 관계없이 새로이 취득하는 것이다.

② 어떤 권리를 타인으로부터 승계하지 않고 독자적으로 취득하는 일로 승계취득과 대립한다.

③ 타인의 권리에 근거하지 않고 독립하여 취득하는 것으로 무주물선점, 유실물습득, 선의취득, 시효취득 등이다.

④ 전주(前主)의 권리를 승계하는 것이 아니라 독립하여 권리를 취득하는 것이므로, 원시취득으로 인하여 전주의 권리는 당연히 소멸한다.

⑤ 전주의 권리에 제한이나 부담 또는 하자가 있었더라도 원시취득자는 그러한 흠이 없는 순수하고 완전한 권리를 취득한다는 특색이 있다.

⑥ 원시취득으로 취득된 권리는 전혀 새로운 권리이므로 비록 그 전주(前主)의 권리에 어떠한 하자가 있었더라도 원시 취득자에게 승계되지 않는다.

⑦ 취득한 물권의 객체가 타인의 지상권이나 저당권 등의 목적물로 되어 있었을 때도 원시취득함과 동시에 이들 부담은 모두 소멸한다.

⑧ 토지의 경계와 소유권은 임시토지조사국장이 사정하였으며 행정처분을 확립하는 원시취득의 효력이 있었다.

3.4.9. 취득시효

출제(용) : 96, 126회

타인의 물건을 일정 기간 계속하여 점유하는 자에게 그 소유권을 취득하게 하거나 소유권 이외의 재산권을 일정 기간 계속하여 사실상 행사하는 자에게 그 권리를 취득하도록 하는 제도이다.

(1) 취득시효 요건

① 소유의 의사로서 점유하고 있으며 자주점유이어야 한다.

② 그 점유가 평온, 공연히 행해져야 한다.

③ 그 점유가 일정 기간 계속되어야 한다.

(2) 기간

① 부동산일 경우에는 점유자가 소유자로 등기가 되어 있지 않으면 20년이며 시효완료 시 등기로써 소유권을 취득한다.

② 점유자가 소유자로 등기가 되어 있으면 10년 만에 소유권을 취득한다. 이 경우에 점유자가 처음 선의·무과실인 경우에는 10년, 그렇지 않았을 때는 20년이다.

③ 동산의 경우에는 점유가 선의·무과실인 경우 5년, 그렇지 않았을 때는 10년이다.

④ 소유권 이외의 재산권 취득시효의 요건은 소유권 취득시효의 요건이 준용된다.

(3) 적용

① 취득시효는 재산권에만 적용되고 가족권에는 적용되지 않는다.

② 직접 법률의 규정에 따라 성립하는 재산권과 법률에 따라 시효취득이 금지된 재산권은 취득시효의 목적이 될 수 없다.

③ 재산적 지배권이 아닌 청구권과 형성권 및 점유나 준점유를 수반하지 않는 물권 등은 그 성질상 취득시효의 목적이 되지 않는다.

④ 전세권은 사실상 그 예가 드물지만, 이론상 시효취득을 인정하여야 한다는 견해가 유력하다.

⑤ 취득시효의 요건을 갖추면 권리취득의 효력이 확정적으로 생긴다.

⑥ 취득시효로 인한 권리취득은 원시취득이며 그 점유를 개시한 때에는 소급한다.

3.4.10. 분묘기지권

출제(용) : 96회

분묘기지권은 타인의 토지에 분묘를 설치한 자가 그 분묘를 소유하기 위하여 분묘 기지부분(基地部分)의 타인 소유 토지를 사용할 것을 내용으로 하는 권리이다. 이 권리는 관습에 의하여 인정된 물권으로서 판례에 의하면 「지상권에 유사한 일종의 물권」이라고 한다.

(1) 존속기간

① 그 존속기간은 민법의 지상권 규정을 따를 것이 아니라, 당사자 사이에 약정이 있는 등 특별한 사정이 있으면 그에 따른다.

② 특별한 사정이 없는 경우에는 권리자가 분묘의 수호와 봉사를 계속하는 한 그 분묘가 존속하고 있는 동안은 분묘기지권이 존속한다고 해석한다. (대법원 판례 81다1220).

③ 분묘기지권은 종손에 속하는 것이나 분묘에 안치된 선조의 자손도 분묘의 기지를 사용할 수 있다. (대법원 판례 78다 2117)

(2) 분묘기지권의 성립

① 토지소유자의 승낙을 얻어 그 소유지 내의 분묘를 설치한 경우

② 타인 소유의 토지에 승낙 없이 분묘를 설치하고 20년간 평온·공연하게 그 분묘의 기지(基地)를 점유함으로써 분묘기지권을 시효로 취득한 경우

③ 자기 소유의 토지에 분묘를 설치할 자가 그 후에 분묘 기지에 대한 소유권을 유보 또는 분묘도 함께 이전한다는 특약을 하지 않고 토지를 처분한 때에 그 분묘를 소유하기 위하여 분묘기지권을 소유한 경우

④ 분묘의 내부에 시신이 안장되어 있어야 한다.

⑤ 봉분이 분묘의 존재를 공시하기 때문에 공시방법으로서 등기를 요하지 않는다.

(3) 분묘기지권의 범위

① 대법원 판례에서 범위는 그 분묘의 기지뿐 아니라 분묘의 설치 목적인 분묘의 수호 및 제사에 필요한 범위 안에서 분묘 기지 주변의 공지(空地)를 포함한 지역에까지 미치는 것으로 본다.

② 분묘를 수호하고 봉제사하는 데 필요한 범위 내에서 분묘기지권이 인정된다.

③ 기존의 분묘 외에 새로운 분묘를 설치할 권능이 포함되어 있지는 않다.

④ 권리는 권리자가 분묘를 수호하고 그 분묘가 존속하고 있는 동안 존속하며 상속될 수 있으나 양도될 수는 없다.

3.4.11. 토지소유권

출제(용) : 81회, (논) : 60, 81, 117회

생산도구의 발달과 생산력의 증대로 공동체적인 소유제도가 씨족 구성원들에 의한 마을공동체로 공동경작, 공동 분배가 시행되고 공동소유에 속하여 마을 단위의 토지계량방식이 발달하였다. 공동소유제는 오늘날의 종중, 문중 재산의 기원이 되었으며 종중, 문중 단위로 소유토지의 범위와 수량을 밝혀내는 방식이 있었다.

(1) 신라 및 고려시대

① 신라시대 초기의 토지제도는 공동체 부족장들의 권력을 토대로 출발하였다.

② 후기에는 국왕과 귀족들에게 집중된 토지에 대한 지배의 형태와 농민들이 개별 소유하는 소경작자의 형태로 변하였다.

③ 신라 진성여왕 5년(891년)에 건립된 전남 담양군 남면 학선리에 있는 개선사 석등기의 내용에서 소유자를 "매주(賣主)"라고 기록하고 있다.

④ 고려시대에는 경국대전과 속대전 및 대전통편에 기록된 내용은 본 주인이라는 의미로 "본주(本主)"는 소유자를 의미하고 있다.

(2) 조선시대

출제(용) : 81회

① 조선시대는 과전으로 지급한 토지의 수조권자를 "전주(田主)", 실질적인 소유자이면서 경작자를 "전객(佃客)"이라고 하였다.

② 1720년 경자년에 개량하여 작성된 경상도 남해현 경자개량 전안에는 소유자를 "진주(陳主)"로 기록하고 있다.

③ 순조실록 권 23, 1820년(순조 20년) 3월 경진조 "本主在於遠地 則時作者 非其奴僕 卽別以主某時作某懸錄"순조 때의 양전사목(量田事目)에서의 "본주(本主)"는 주인으로 소유자이며, "시작(詩作)"은 소작인으로 기록하고 있다.

④ 1830년에 작성한 전라도 고부군의 양안에서 소유자는 기주(起主), 소작인은 시작(詩作)으로 기록하고 있다.

⑤ 〈그림 3-40〉과 같이 1900년에 작성한 경기도 과천군 하서면 양안에서는 시주와 시작으로 구분하여 시주(時主)는 소유자이며 시작(時作)은 경작자를 의미하며 양전사목(量田事目)에서 본주(本主)는 소유자이며 시작은 소작인을 의미하고 있다.

⑥ 일반 군·현 양안에서 토지소유주는 "기주(起主)","시주(時主)"로 소작인은 "시작(詩作)", 광무양안에는 "시주(時主)"와 "시작(詩作)"을 동시에 기재하였다.

⑦ 일반 민유지는 기주(起主)로 기재하고 모든 경지는 시주명과 시작명(時作名), 대지(垈地)는 대주명(垈主名)과 가주명(家主名)으로 구분하여 기재하였다.

⑧ 지계에서는 기주, 진주, 시주 등의 토지소유자에게만 발행하였으며 둔토 양안에는 양주(量主)·기주, 경작자는 시작인(時作人)으로 기재하였다.

⑨ 1903년 양안에서 토지소유자의 표기를 전주(田主)·답주(畓主)로 표시하고 소작인은 작인(作人)으로 표기하였다.

⑩ 염전의 소유자는 염전주(鹽田主)와 경영주는 염막주(鹽幕主)라 하였다.

⑪ 속대전 호전 전택, 수세 문기의 조에 "전주·재주·본주"로 기록되어 있고 광무양안과 궁 방전 양안에서는 "주(主)"또는 "양주"로 표기되었다.

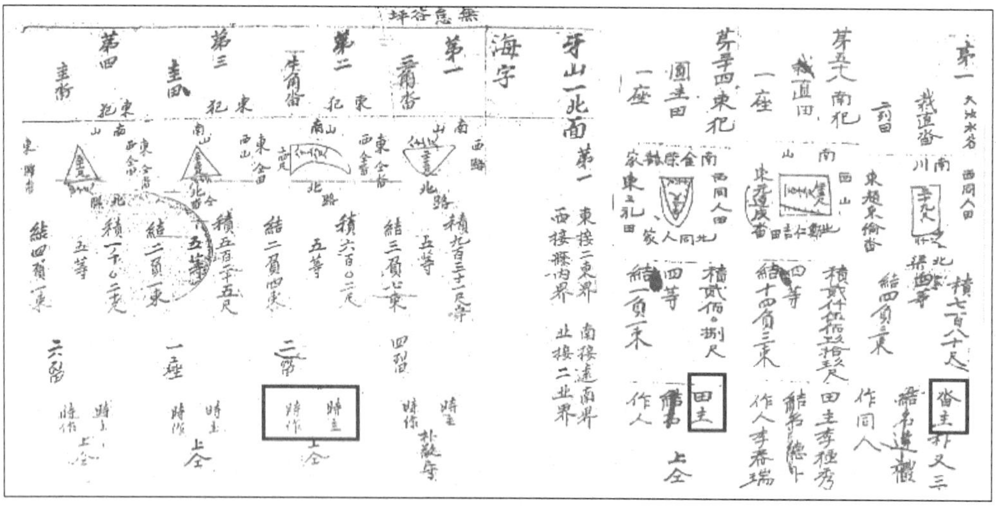

〈그림 3-40〉 양안의 소유자(시주·답주·전주)

(자료 출처 : 한국 역사연구회, 대한제국의 토지조사사업, 1995)

(3) 토지조사사업

① 토지조사사업에서는 토지의 경계와 소유권은 임시토지조사국장이 사정한 원시취득의 효력이 있었다.

② 1914년 3월 24일 이동지정리규정에서 공유토지는 공유지연명부에 소유자 이름 또는 명칭란에 "OOO 외 O명"이라 기록하고 공유자 2인으로서 그 소유권 비율이 동일한 때에는 연속 기록하였다.

③ 1912년 조선부동산증명령과 조선부동산등기령은 증명 또는 등기된 토지에 대한 배타적인 소유권을 인정해 줌으로써 토지 소유제도에 변환기가 되었다.

④ 토지조사사업은 일물일주(一物一主)의 절대적인 소유권을 토지소유자에게 부여하여 근대적 토지 소유를 제도적으로 확립하였다.

(4) 현대의 토지소유권

① 현대는 토지에 관련된 법의 구성에서 권리 의무를 중심으로 되어 있으며 소유권의 불가침성과 자유성으로 정리할 수 있다.

② 토지의 소유권은 정당한 이익이 있는 범위 내에서 토지의 상하에 미치며 소유자는 법률의 범위 내에서 그 소유물을 사용·수익·처분할 권리가 있음을 민법에서 규정하고 있다.

③ 공동소유권은 물건이 지분에 의하여 수인의 소유로 된 때에는 공유로 하며 공유자의 지분은 균등한 것으로 추정하고 공유자는 그 지분을 처분할 수 있고 공유물 전부를 지분의 비율로 사용, 수익할 수 있는 것으로 민법에서는 규정하고 있다.

④ 3차원 지적과 관련하여 지적공부에 등록하는 가장 중요한 역할을 하는 등록 요소를 소유권이라 할 수 있다.

⑤ 3차원 등록 요소를 지번으로 표시하여 지적공부에 등록함으로써 하나의 특성화된 물건으로 인정되며 1필지의 소유권이 미치는 범위가 결정된다.

⑥ 구분소유권은 1동의 건물을 여러 사람이 구분하여 소유할 때는 건물의 각 부분에 독립한 소유권의 성립이 인정된다.

⑦ 집합 건물은 전유부분·공용부분·대지로 구성되어 있으므로 전유부분은 단독소유권을 인정하고, 공용부분과 대지는 전유부분에 따른 공유지분을 인정하고 있다.

3.4.12. 오가작통법

출제(용) : 96회

① 1485년(성종 16년) 한명회(韓明澮)의 발의에 따라 채택되어 경국대전에 기록되었다.

② 경국대전에 의하면 한성부에서는 방(坊) 밑에 오가작통의 조직을 두어 5가구마다 1통을 설치하고 몇 개의 통을 하나의 리(里)로 편성한 다음, 리마다 리정(里正)과 유사(有司)를 두도록 하였다.

③ 오가작통법은 단종 때에 최초로 시행되었는데, 5가호를 1통으로 묶어 상호 감시를 통해 강도 또는 절도범 은닉을 방지하기 위한 것이었다.

④ 통주(統主)를 두고, 방에 관령(管領)을 두고 주로 범죄자의 색출, 세금 징수, 부역의 동원, 인보(隣保)의 자치 조직을 만들었다.

⑤ 1675년"오가작통법 21조"를 작성하여 조직을 강화하였다.

⑥ 후기에는 호패(戶牌)와 더불어 호적의 보조수단이 되어 역(役)을 피하여 호구의 등록 없이 이사·유리(流離)하는 등의 만성화된 유민과 도적의 은닉을 방지하는 데 이용하였다.

⑦ 1839년에는 통의 연대책임을 강화하여 가톨릭교도를 적발하는 데 크게 이용하였다.

⑧ 임진왜란과 병자호란을 겪은 이후 17세기 후반 오가작통법은 조세 수취 대상자들을 파악하기 위한 목적이었다.

⑨ 19세기 천주교와 동학교도에 대한 색출을 위해 「오가작통사목(五家作統事目)」이 다시 마련되기도 하였다.

3.5. 양전제도

3.5.1. 양전

출제(용) : 69, 102회

양전(量田)은 오늘날 지적측량을 말하며 양전의 기원은 상고시대부터 유래되었다고 하지만 오늘날 정확한 문헌이 남아있지 않아 자세한 것은 알 수 없다. 양전은 신라시대부터 고려시대 중기까지 경묘법을 채택하고 그 이후에도 결부법 등을 채택하여 토지의 실지 면적과 수확량을 파악하는 데 이용되었다. 양전은 수세의 기초조사이니만큼 수세의 가능 여부, 감세의 필요 여부 등의 기준이 되었다. 양전은 세제에서 세율과 함께 과세의 대상인 토지의 실황(實況)을 파악하는 데 이용되었다. 양전의 기원은 상고시대부터 유래되었다고 하지만 오늘날 정확한 문헌이 남아있지 않아 자세한 것은 알 수 없다. 양전제도는 세제의 올바른 운영을 위한 필수조건으로 양전법 외에 양전 때마다 양전사목(量田事目)이 공포되고 효종 때는 준수책이 공포되었으며 양전 업무를 담당한 중앙부서는 호조가 하였다.

(1) 양전 연혁

① 1405년에는 6도(道)를 개량(改量)하였으며 1411~13년에는 평안도, 함경도의 양전을 완료하였다.

② 1444년(세종 26년) 전제상정소(田制詳定所)가 주관하여 결부법, 전분육등법(田分六等法), 연분구등법(年分九等法) 등의 경정공법(更正貢法)을 확정하였다.

③ 1486년(성종 17년)에는 평안도, 성종 19년에서 20년 사이에는 함경도의 토지를 개량(측량)하였다.

④ 1492년 경기, 충청, 1493년 경상, 전라, 제주의 양전(量田)을 시행하였다.

⑤ 1634년 삼남양전을 갑술양전이라 하고 임진왜란 중에 양안이 많이 분실되었으므로 충청·전라·경상도를 개량하였다.

⑥ 1653년 토지측량에 관한 준수책을 공포하여 양전척은 종래의 수등이척법을 폐지하고 균일한 양전척 1종으로 양전을 실시하였다.

⑦ 1716년 숙종 45년 삼남 지방의 양전에 착수 숙종 46년에 완료하였다.

⑧ 1898년에서 1904년에 이르기까지 행해진 양전은 숙종 말년의 삼남 양전 이후 처음으로 시행된 전국 규모의 양전이자 조선시대에서 시도한 마지막 양전이었다.

(2) 양전의 목적

① 양전의 목적은 국가 재정의 기본을 이루는 전세의 징수를 공정하게 하기 위한 기초조사에 있었다.

② 전국의 전결(田結) 수를 측량하고 누락된 토지를 적발하여 불법적으로 탈세하는 토지가 없도록 하고 수확량에 따라 토지 면적을 표시하였다.

③ 양전은 조선시대의 토지제도를 운영하기 위한 사업이었으며 토지제도를 전제로 한 전정(田政)의 가장 기초가 되었다.

(3) 양전의 특징

① 조선왕조에 들어와서는 여러 번의 양전이 있었다.

② 양전을 통해 파악된 각 지방의 결총은 양전대장에 기록되는 데서 원장부라고도 하였다.

③ 양전할 때는 특별히 중앙에서 균전사(均田使)를 파견해 양전을 감독하고 수령 및 실무자의 위법행위를 처리하도록 하였다.

④ 양전의 구체적인 내용은 세종 때 제정한 공법(貢法)을 통해 알 수 있다.

⑤ 양전의 부정과 관련되어 수령으로서 파면된 자는 5년이 지나야 복직되도록 하는 등 엄벌 규정을 두었다.

⑥ 5결마다 천자문의 자호로 표시하였고 각 토지의 사표와 주인의 이름을 양안에 기재하였다.

3.5.2. 고려시대 양전

출제(논) : 93회

고려는 삼국을 통일한 후 신라 말부터 문란한 토지제도를 정비하기 위해 공전제(公田制)로서의 국유제도를 확립하였다. 경종(景宗) 원년에 전시과를 창설하여 본격적인 전제 개혁을 착수하고 문종 30년(1076년) 전시과 제도로 전지개량(田地改量)을 단행하여 토지제도의 체계를 확립하고자 하였다. 토지제도 정비 방법은 관료는 과전(科田), 공훈자(功勳者)는 공음전(功陰田), 관아(官衙)는 공해전(公廨田), 사원은 사원전을 지급하는 전시과제(田柴科制)를 병행하였다.

3.5.2.1. 양전 기구

① 고려시대 중앙의 지적 사무를 담당한 기구는 호부(戶部)로서 지적 관리의 중앙중추기구로서 측량을 담당하였다.[43)]

② 고려 전기에는 양전사·계리심사(界里審使)·임도대감(任道大監)이 있었다.

③ 고려 후기에는 중앙에서 실무자로는 양전사(量田使), 산사(算士), 전민계점사(田民計點使), 전민계정사(田民計定使), 채방사(採訪使)를 중앙에서 지방에 파견하여 토지를 측량하고 부세를 결정하였다.[44)]

---

43) 이병도, 한국사 중세편, p.116
44) 김형오, 앞의 논문, p.117

④ 고려사 권 제31 백관지 2에는 임시로 양전을 담당한 관서로서 급전도감(給田都監), 정치도감(整治都監), 절급도감(折給都監), 찰리변위도감(拶理辨違都監), 전민변정도감(田民辨正都監) 등을 특별관서로 두었다.

3.5.2.2. 임시 양전 기구

출제(논) : 81회

(1) 급전도감

① 고려 초 전시과의 시행과 동시에 전지분급(田地分給)을 맡아보던 기관으로 문종 때 확립되었으며 무신 난 이후 전시과의 붕괴로 폐지되었다.

② 급전도감에는 고려사, 권 31, 백관지 2의 문종 때 관원으로서 녹사(錄事) 2인, 이속으로는 기사(記事) 4인, 기관(記官) 1인을 두었다.

③ 절급도감은 고려사 권 31, 백관지 2에 급전도감의 별칭이다.

(2) 전민변정도감(田民辨整都監)

① 고려 말기에 토지와 노비를 정리하려고 설치한 임시 관아로 권신들의 토지 겸병에 뒤따르는 농민들이 노비로 되는 것을 방지하기 위하여 설치하였으나 귀족들의 반발로 큰 성과를 거두지 못하였다.

② 고려사 권 108, 채홍철 열전에 1314년(충숙왕 원년) 채홍철(蔡洪哲)을 5도 순방계정사(巡訪計定使)로 임명하여 3년 동안 5개도 전적(田籍)의 작성을 완료하였다.

(3) 찰리변위도감(拶理辨違都監)

① 1318년(충숙왕 5년)에 제폐사목소(除幣事目所)를 개편한 것으로 전국의 토지와 공부(貢賦) 등에 관한 불법을 규찰하는 임시 관청이었다.

② 전국의 토지 분급에 따른 공부(貢賦) 등에 관한 불법을 규찰하는 기구였다.

(4) 정치도감

① 1347년(충목왕 3년)에 전지를 개량(改量)하기 위해 임시로 설치하였던 기관으로서 1349년(충정왕 원년) 폐지되었다.

② 고려사, 권 31, 백관지 2에서 정치도감은 판사 4인, 판밀직 이상의 사(使) 9인, 부사(副使) 7인, 판관(判官) 12인, 녹사 6인을 두고 이들을 나라 안에 나누어 파견하여 양전을 실시하였다.

3.5.2.3. 지방의 양전 기구

① 지방의 양전은 관찰사(觀察使), 목사(牧使), 현령(縣令) 등의 지방 수령관이 집행하였으며 실무자는 향리(鄕吏)나 향직단체(鄕職團體)의 임원 등이 종사하였다.

② 고려의 양전 정책은 수령들에 의거 일선까지 단계적으로 전달되고 또한 양전 결과도 단계적으로 중앙에 보고되었다.

③ 지방 수령관은 양전의 실무에 종사하기도 하고 양전 사무의 관리·감독의 위치에 있었으나 토지측량 실무 관계는 그 지방에 거주하는 명망 있고 수리(數理)에 밝은 향리(鄕吏) 및 지심사, 임도대감, 촌주 등이 담당하였다.

④ 고려는 지방에 전민계정사(田民計定使), 순방계정사(巡訪計定使) 등 양전사나 양전관을 산사(算士)와 함께 파견하여 측량하거나 지방관이 조사한 사항을 확인하기도 하였다.

- 전민계정사는 무농사(務農使)와 양전 및 호구조사를 실시하여 은폐된 토지와 호구를 파악하는 임무를 맡은 자였다.
- 순방계정사는 전민계정사가 파악한 전결과 호구를 근거로 세액을 산출하여 전안(田案)으로 현재의 토지대장을 작성하였다.[45)]

⑤ 양전사나 양전관이 토지를 측량하고 세금의 부과를 새로 정할 때는 식목도감(式目都監)에서 작성한 조화(條畵)에 따라 조정하였다.

3.5.2.4. 양전 방법

고려시대는 측량을 담당한 관리가 빈번히 중앙에서 파견된 사례가 많고 이들은 식목도감에서 작성한 측량 및 작업 요령에 따라 현지 측량과 조사를 하였다.

---

45) 박경안, 고려 후기 토지제도 연구, 혜안, 1996, pp. 194~196

(1) 양전척

① 전의 일결(一結)은 33보(步)로 하고 보(步), 척(尺), 푼(分), 촌(寸)의 순서로 단위를 정하여 1보의 길이를 6척으로 하였다.

② 양전척은 1069년(문종 23년) 1결의 면적은 양전척으로 사방 33보로 계산하였다.

③ 1척의 길이를 10푼, 1푼의 길이를 6촌으로 하였다.

④ 고려 초·중기에는 양전척으로 지척(指尺)을 사용하였다.

⑤ 후기에는 토지 등급에 따라 척수를 각각 다르게 계산하는 수등이척제(隨等異尺制)가 사용되었다.

(2) 양전

① 정확한 측량을 하기 위해 토지 형태에 따라 방전, 직전, 제전, 규전, 구고전 등으로 구획하기도 하였다.

② 고려는 방(方), 보(步)의 방식을 사용하여 전지의 형태를 직사각형으로 구획하여 가로 폭(方)과 세로 폭을 구해서 넓이를 셈하는 측량 방법을 사용하였다.

③ 토지측량에서 조사한 내용은 토지의 소유주, 전품, 토지의 형태, 양전의 방향, 사표, 양전척의 단위, 총결수, 결수 등을 필지마다 조사하였다.

④ 고려말에는 토지의 정확한 파악을 위하여 자호(字號) 제도를 창설하였으며, 단위는 정(丁)을 사용하였다.

⑤ 자호는 조선시대 일자오결제도(一字五結制度)의 계기가 되었다.

⑥ 토지 면적은 토지수확량을 고려하여 결부제를 선택하였다.

⑦ 고려말인 1391년 전제 개혁과 조선의 태종·세종 때에 전국적인 양전이 실시되었다.

3.5.2.5. 토지 장부

① 고려는 국가에서 분급하는 토지의 종류가 다양하였기 때문에 도전장(都田帳), 양전도장, 양전장적, 도행(導行), 작(作)에서 도전정(導田丁), 전적(田籍), 전부(田簿), 적(籍), 안(案), 원적(元籍) 등 그 명칭이 다양한 토지장부가 사용되었다.

- 도행(導行)은 수행의 뜻으로 타량성책(打量成冊)의 초안 또는 각 관청에 비치한 결 세대장이다.
- 작(作)은 관청의 양안, 도전정(導田丁)은 도전장(導田帳)이다.

② 고려시대의 양안은 완전한 형태로 지금까지 남아 있는 것은 없으나 고려 초기 사원이 소유한 토지의 기재 내용은 "정두사석탑조성기(淨兜寺 石塔 造成期)"에 나타나 있다.

③ 고려 초기와 중기의 토지 장부에는 지목, 전품(등급), 토지의 형태, 토지의 방향, 토지의 소유, 사표, 양전척의 단위, 총 척수, 결수 등을 필지별로 기록하고 있다.

④ 고려는 정(丁)이 지방 행정구역의 단위로 쓰이기도 하였는데 정(丁)은 결부법의 토지 면적 파악의 단위로 20결, 15결, 10결 등으로 정을 만들고 여러 개의 정을 모아 읍을 만들었다.

⑤ 토지 표시는 OO읍 OO정이라 하고 정(丁)을 기준으로 정내에 있는 모든 토지에 천자문의 차례에 따라 자호를 부여하였다.

3.5.3. 조선시대 양전

출제(논) : 93회

조선시대의 양전제도는 세제의 올바른 운영을 위하여 필수조건이었으며, 양전법 외에 양전 때마다 양전사목이 공포되기도 했으며 효종 때는 준수책(遵守冊)이 공포되기도 하였다. 경국대전에 규정된 바에 의하면 모든 토지를 6등급으로 나누어 20년마다 1회씩 토지의 측량을 하고 양안을 새로이 작성하여 호조(戶曹), 본도(本道), 본읍(本邑)에 보관하게 되어 있다.

3.5.3.1. 양전 조직

① 조선시대 양전을 맡은 중앙의 담당 부서는 호조였지만 양전을 담당한 실무자는 중앙에서 파견한 양전사(量田使)였다.

② 중앙관제 중에서 양전을 담당한 기관인 호조는 1392년(태조 1년)에 설치되었으며, 관원으로는 판서(정2품) 1인, 참관(종2품) 1인, 참의(정3품) 1인, 정랑(정5품) 3인, 좌랑(정6품) 3인, 산학교수(종6품) 1인, 겸교수(종6품) 1인, 별제(종6품) 1인, 산사(算士)(종7품) 1인, 계사(計士)(종8품) 1인, 산학훈도(정9품) 1인, 회사(會士)(종9품) 1인이 있었다.[46]

③ 양전의 관리 기구로는 1392년에 설치한 호조에 소속한 기관으로 판적사, 회계사, 경비사의 3사가 있었다.

④ 판적사는 호구(戶口), 전지(田地), 조세, 부역, 공납, 농사, 잠업의 권장, 흉풍의 조사 및 진대감산(賑貸斂散), 양전에 관한 일을 담당하였다.

46) 이홍직, 국사 대사전(上), 한국, 1982, p.173

⑤ 1443년에는 조세제도의 조사연구와 새로운 법의 제정을 위해 임시 관청인 전제상정소(田制詳定所)를 설치하여 전세(田稅)를 개혁하고, 20년마다 양전 사업을 시행하여 양안을 작성하고 호적을 3년마다 재작성하도록 하였다.

⑥ 1653년(효종 4년)에는 전제상정소에서 양전에 관한 준수책인 전제상정소준수조획(田制詳定所遵守條劃)를 반포하였다.

⑦ 지방에서는 중앙에서 양전사를 파견하지 않을 때는 감사의 감찰 아래 지방 수령이 양전에 종사하였다.

3.5.3.2. 양전 방법

① 실제 양전 사무는 지역 사정에 밝은 향리나 서리가 시행하도록 하였다.

② 향리나 서리의 농간으로 전정(田政)이 문란해지자 중앙에서 균전사(均田使)를 어사로 파견하여 양전에 따른 비리를 규찰하고 다스리도록 하였으나 지방 사정에 익숙지 못한 관계로 많은 폐단이 따랐다.

③ 양전은 20년 만에 한 번씩 실시하게 되었으나 실지로는 그대로 실시되지 아니하였다.

④ 양전법은 전품(田稟)을 상·중·하 3등급으로 나누었으며 척수(尺數)도 수등이척제(水等異尺制)를 사용하였는데 상등전(上等田)의 척도는 농부수(農夫手)의 20지(指), 중등전(中等田)은 농부수(農夫手)의 25지(指), 하등전(下等田)은 30지(指)로 등급에 따라 타량하였다.

⑤ 면적계산은 결부제를 사용하여 전의 1척(尺)을 파(把)로 10파를 속(束)으로 10속을 부(負)로 100부(負)를 일결(一結)로 하였다.

⑥ 결부의 계산은 수리에 밝은 산사(算士)가 계산하고 측량척은 규정에 맞도록 1등척을 만들어 양쪽 끝에 낙인을 찍어 지방 감영에 보내어 사용하도록 하였다.

⑦ 지번제도는 전(田)에 자호(字號)를 부여하고 천자문의 차제(次第)를 사용하고 사표(四標)와 토지 소유주를 양안에 기록하였다.

⑧ 지목제도는 초기에 수전 한전(旱田)의 2종이었으나 중엽 이후에는 전, 답, 대의 3종으로 구분하고, 기타 토지는 모두 산야(山野)라 하여 조선시대의 지목은 전, 답, 대 및 산야로 구분되었다.

⑨ 토지의 모양(田形)에 따라 방전(方田), 직전(直田), 제전(梯田), 규전(圭田), 구고전(句股田) 등의 5종의 전형을 설정하여 그에 의해서 면적을 구하고 결부를 정하였다.

3.5.3.3. 양안

① 양안은 토지 과세의 대장으로 사용되고 토지의 이동에 따라 정리되지는 않았으나 토지의 성질 및 연혁 등을 알 수 있는 중요한 토지 부책이었다.

② 경국대전에는 매 20년에 한 번씩 양전(測量)하여 새로이 양안을 2부 작성하여 1부는 호조에 1부는 각 군에 보관하였다.

③ 양안은 종 2척 2촌, 횡 1척 5촌 5분의 크기이며 최상의 재질을 사용하였으며 철목(綴目)은 철로 싸고 있었으므로 철권대장(鐵券臺帳) 또는 철골대장(鐵骨臺帳)이라고도 한다.

④ 어람(御覽) 양안은 장토(庄土)에 대한 양안에는 장토의 소재, 면적, 소작인의 주명(主名) 등을 기재하고 유토면세지 즉 순전히 사궁장토에 한하여 이를 작성하였다.

3.5.4. 대한제국의 양전

출제(논) : 93회

구한국 시대의 양전 계획은 토지제도의 근대화를 시도한 것이라고 볼 수 있으나 내외 정세로 성공하지 못하고 국권 피탈 후 실시된 토지조사사업으로써 완성을 보게 되었다. 전국 토지측량은 외국인 기사의 주관하에 그가 인솔하는 측량 수습생에게 실시할 계획이었으나 빨리 사업을 마무리하기 위해 도마다 양무감리를 두고 양전을 감독하였다.

(1) 양지아문의 양전

① 1898년에 양전 사무를 관장하는 양지아문을 설치하여 전국의 양지 사무를 정리하였다.

② 양지아문의 직제는 본부 임원과 양전 사업에 종사하는 실무진으로 구성되었다.

③ 양전 사업에 종사하는 실무진으로는 양무감리, 양무위원, 조사위원 및 기술진이 있었다.

③ 양무위원은 군 단위로 임명하여 양전의 실무에 종사하게 하고 조사위원은 양안 작성의 착오나 부정을 방지하기 위하여 두었다.

④ 양지아문의 기술진은 수기사와 기수보 그리고 견습을 마친 학생이었으며 수기사는 미국인 측량사 크럼(Reymond Edward Leo Krumn) 이었다.

(2) 지계아문의 양전

① 1901년 지계아문을 설립하고 양지아문을 병합하여 양전 사무를 계속하고 기전토(旣田土)에 대해서는 지계(地契)를 발급하였다.

② 1903년 지계아문을 폐지하게 되어 양전 시행으로 작성한 양안과 지계는 한 번도 사용해 보지 못하였다.

(3) 탁지부의 양전

① 1904년 지계아문을 폐지하고 양전의 중요성을 인정하여 탁지부에 양지국을 설치하였다.

② 1905년 탁지부 사세국 양지과로 개편하여 국내유세지 측량에 관한 사항, 양안 조사수정 및 출납 보존에 관한 사항을 담당하였다.

③ 1905년 6월에는 일본에서 측량기사를 초빙하고 측량 기술 교육을 시행하기 위해 대구, 평양, 전주에 양지과 출장소를 설치하여 기술자를 양성하였다.

④ 1906년 내부 지방국의 판적과에서 호구적 및 지적에 관한 사항을 담당하였으며 토지 가옥에 대한 증명제도가 도입되어 이 당시부터 근대적 토지 등록제도가 시작되었다고 볼 수 있다.

⑤ 1907년에 소삼각측량을 기본으로 하고 척도는 미터법을 채용하는 측량 규정을 제정하였다.

⑥ 탁지부 사세국 양지과에서 1907년에는 대구 시내, 1908년 서울 용산 시가지, 1908년 평양 시내와 전주 부근의 일부를 측량하였다.

⑦ 토지조사의 경험을 얻을 목적으로 경기도 부평군 일부 지역에서 1909년 11월 17일부터 1910년 2월 4일까지는 예비조사를 실시하고 1909년 11월 20일부터 1910년 2월 20일까지는 시범 측량을 하였다.

(4) 토지조사국의 측량

① 1909년 5월에서 8월까지 토지에 관한 관습을 조사하여 토지조사의 기초로 토지조사 및 측량에 관한 사무를 취급하도록 하였다.

② 대한제국은 1910년 3월 15일 토지조사국을 설치하고 탁지부 대신이 토지조사 및 측량에 관한 사항을 취급하도록 하였다.

③ 토지조사국에는 총재관방과 조사부 및 측량부 2부를 두었고 필요한 지역에는 지국 또는 출장소를 두었다.

④ 토지조사사업의 계획은 7년 8개월의 계속 사업으로 추진하고 측량 업무는 대삼각측량, 소삼각측량, 도근측량, 세부측량으로 세분하여 추진하였다.

⑤ 본 사업의 사무원 및 기술원 양성을 위하여 한성고등학교, 한성 외국어학교 및 대구, 평양, 전주, 함흥의 각 도립 실업학교에 별과를 특설하여 기술원을 양성하였다.

⑥ 토지조사국은 설치된 이래 6개월 반만인 1910년 8월 29일 일제의 강점기에 조선총독부로 인계되었으며 12월부터는 조선총독부가 토지조사를 하였다.

3.5.5. 전제상정소

출제(용) : 78, 84, 108, 128회

전제상정소는 세종 때 토지 조세제도의 조사연구 및 공법(貢法) 제정과 시행을 위해 주관 기구로 설치된 임시관청이다. 효종 때는 전제상정소에서 양전에 관한 준수책인 전제상정소준수조획(田制詳定所遵守條劃)를 인반(印頒; 도장을 찍어서 공포)하였다.

3.5.5.1. 시대별 전제상정소

(1) 세종의 전제상정소

① 문헌비고 1443년(세종 25년) 조에 "置田制詳定所 ……田分六等, 年分六等云云"과 같이 "전제 정비를 위해 임시관청인 전제상정소를 설치하고 … 전을 6등으로 나누어 연분 육등"이라고 하였다.

② 1443년 전제상정소에서는 전세(田稅)를 개혁하여 세율을 낮추고, 20년마다 양전을 시행하여 양안을 작성하였다.

③ 세종 26년(1444) 6월에는 전제상정소가 주관하여 이른바 결부법(結負法), 전분육등법(田分六等法), 연분구등법(年分九等法) 등의 경정공법(更正貢法)이 확정되었다.

④ 결법을 경정하여 전(田)을 6등급으로 나누어서 타량하였다.

⑤ 전제상정소(田制詳定所)에 전지하기를, "토지 결복(結卜)의 개정 및 전품(田品)의 등급과 연분(年分)의 등급을 구분하여 조세를 징수하는 법을 제정하였다.

(2) 효종의 전제상정소

① 1653년(효종 4년) 전제상정소에서 양전에 관한 준수책인 전제상정소준수조획(田制詳定所遵守條劃)을 제작하였다.

② 1653년(효종 4년)에 간행된 전제상정소준수조획에는 세종 때 정한 수등이척제를 폐지하고, 과거 1등전의 양전척인 주척 4자7치7푼5리를 양전척 1자로 하였다.

③ 전제상정소준수조획에는 양전척의 길이를 규정하였으며 끝장에는 포백척 2.216척(尺)이라 기록되어 있다.

3.5.5.2. 전제상정소의 역할

① 전제상정소가 주관하여 완성된 공법(貢法)에는 주척(周尺)을 기준척으로 하여 토지를 측량하였다.

② 토지의 등급에 따라 길이가 다른 자를 사용하여 결(結)의 실제 면적을 토지 등급마다 다르게 하였다.

③ 1444년 공법(貢法) 제정 당시 전품의 등급과 각등전(各等田) 1결의 실적(實積)이 결정됨에 따라 6종류의 양척을 정하였으며 양전의 단위로 척촌(尺寸)을 사용하였다.

(1) 양전척(量田尺) 척수

① 1등전 척수 : 주척 4척 7촌 7푼 5리

② 2등전 척수 : 주척 5척 1촌 7푼 9리

③ 3등전 척수 : 주척 5척 7촌 3리

④ 4등전 척수 : 주척 6척 4촌 3푼 4리

⑤ 5등전 척수 : 주척 7척 5촌 5푼

⑥ 6등전 척수 : 주척 9척 5촌 5푼으로[47] 하였다.

(2) 면적 계산

① 1자(尺) =1파(把), 10파=1속(束), 10속=1부(負), 100부=1결(結)로[48] 하였다.

47) 《경국대전》 호전(戶典), 양전조(量田條), 《대전통편》 호전, 양전조, 《대전회통》 호전, 양전조

48) 《경국대전》 호전(戶典), 양전조, 《대전회통》 호전, 양전조

② 6등전의 양전척 수를 사방 100척 길이가 되게 하여 6등전의 양전척 길이는 주척을 기준으로 다음과 같이 결정하였다.[49)]

③ 1등전 1결(結)=38.0무=주척 228,000尺^2

④ 2등전 1결(結)=44무 7푼=주척 268,200尺^2

⑤ 3등전 1결(結)=54무 2푼=주척 325,200尺^2

⑥ 4등전 1결(結)=69.0무=주척 410,040尺^2

⑦ 5등전 1결(結)=95.0무=주척 570,000尺^2

⑧ 6등전 1결=152.0무=주척 910,020尺^2

3.5.5.3. 전제상정소의 공법제정

(1) 주요 내용

① 이전에 제정된 상・중・하 3등 전품에서 1등전에서 6등전으로 등급을 세분화하였다.

② 주척(周尺)을 기초로 마련한 양전척으로 지적(地積)을 파악하여 결부로 하였다.

③ 당시 결의 실제 면적과 조세액은 연분9등법에 의한 정액제로 개정되었다.

④ 세종 때 전제상정소에서 새로 제정한 전세제도는 이후 조선시대의 기본 세법이 되었다.

⑤ 공법은 새로운 기준에 의한 양전은 전라도, 경기도, 충청도, 경상도, 황해도, 강원도, 평안도, 영안도(함경도)의 순서로 시행되었다.

(2) 공법의 적용

① 공법의 적용으로 농민들은 정액화된 전세를 부담하게 되었다.

② 수조권자의 수입은 줄었지만, 소유권자의 수입은 늘어나게 되었다.

③ 왕권과 국가 권력이 수조권자를 일정하게 견제하고 토지소유자를 보호함으로써 국가 경제의 기반을 토지소유자인 자영 소농민에 두고자 한 조치였다고 할 수 있다.

④ 왕실, 양반 지배층, 토호 등의 토지 겸병과 지주전호제의 확대를 수반하게 하는 원인은 조성되고 있었다.

⑤ 수조권자에게 불리하고 토지소유자에게 유리한 결부제의 개혁은 수조권의 축소로 작용하였다.

⑥ 많은 토지를 가진 지주층은 수입이 증가하였다.

---

49) 《대전속록》 호전(戶典), 양전조

3.5.5.4. 전제상정소준수조획

① 1443년에 전제상정소(田制詳定所)를 설치하고 그에 대한 수칙을 구획한 규정집으로"전제상정소수칙규정집"으로 전제상정소준수조획(田制詳定所遵守條劃)이라 하였다.

② 책의 뒷부분에는 영조척(營造尺)과 주척(周尺)과 포백척(布帛尺)의 3종의 척도가 있다.

(1) 「준수조획(遵守條劃)」의 성립과 구성[50)]

① 서문(연분 9등, 전분 6등의 공법)

② 전품의 등급 결정

③ 전지의 타량(打量)

④ 결부(結負)의 비교표

⑤ 구구단(九九法)

⑥ 각종 자의 견본

⑦ 1653년(효종 4년) 9월 일 호조 간행

(2) 전분6등법

① 토지의 비옥도에 따라 6등급으로 세분화한 것이다.

② 토지의 면적 크기에 따라 세금을 일률적으로 적용하지 않았다.

③ 비옥도가 낮으면 큰 토지더라도 비옥도가 높은 작은 토지와 동일한 세금을 부담시키는 방식이었다.

④ 수확량에 따른 징수제도로서 1등 토지는 6등 토지보다 단위 면적당 수확량이 4배를 더 부담하는 세제로서 조선만의 특유한 세금 수취 방식이었다.

3.5.6. 양전개정론

출제(용) : 93, 99회, (논) : 96회

조선시대에는 결부제를 바탕으로 양전이 실시되었는데, 결부법의 많은 폐단으로 실학자들은 결부제 개혁론을 주장하였다. 결부법은 농지의 비옥 정도를 통해서 그 세액을 파악하려는 주관적인 방법이며 여기에는 부정이 따르게 되고 정직하게 양전을 하여도 그것을 밝힐 수 없다는 것이다.

50) 오항녕, 전제상정소준수조획(田制詳定所遵守條劃)」의 재검토 성립, 古文書硏究, 제63호, 2023. p. 111-134

3.5.6.1. 특징

① 측량 방법은 사람이 직접 줄을 잡고 토지의 장광을 측정하여 척수를 계산하였고 면적계산은 결부제를 사용하였다.
② 종래의 결부제를 폐지하고 중국식의 경묘법으로 개혁을 주장하였다.
③ 결부법의 모호한 양전법을 개정하여 새로운 객관적인 방량법으로 시행하도록 주장하였다.
④ 결부제의 경우 매 결의 세는 동일하고 따라서 전국의 토지는 정확히 측량되지 않으면서도 세총은 일정하게 매겨지게 되어 있어서 결부세의 원리는 불합리한 방법이라 할 수 있다.
⑤ 소수 지주의 농지 겸병으로 인한 농촌사회의 폐단을 근본적으로 구제하기 위해 주장하였다.

3.5.6.2. 문제점

① 계묘(癸卯) 양전은 지주층을 중심으로 한 지방사회의 반발과 군현 수령의 소극적 입장 속에서 시행되었다.
② 중앙정부의 지배 질서가 취약한 상태에서 임시적으로 세금 징수를 위해 시행되었기 때문에 양전 시행에 어려움이 많았다.
③ 갑술 양전은 토지제도의 문란을 정비하여 재정의 원천을 확보하고 농민의 부역을 균등히 하려는 목적에서 이루어졌다.
④ 조선시대의 양전은 부분적으로 시행되었기 때문에 지방마다 양안이 다르게 작성되어 혼란이 야기되었다.
⑤ 정확하게 양전을 실시하지 않아 양안은 실제적인 토지의 경작 상황을 반영할 수 없었다.
⑥ 양전척의 길이를 다르게 사용하여 결수가 늘어나면서 부세의 부담이 늘어나서 세수가 늘어났다.
⑦ 양전할 때 지방 호족의 뇌물과 청탁을 막기 어렵다는 점이다.
⑧ 양전법의 기본적인 단위인 결부제는 토지의 등급을 어떻게 매기느냐에 따라 토지의 양이 달라지므로 매우 결함이 많았다.

3.5.6.3. 양전개정론 주장

(1) 정약용

① 「목민심서」에서 양전법 개정을 위한 새로운 양전 방안은 정전제의 시행을 전제로 하는 방량법과 어린도법의 시행을 주장하였다.

② 일자오결법이나 사표법의 부정확성을 시정하기 위해 어린도를 작성할 것을 주장하였다.

③ 결부제를 폐지하고 경묘법으로 개혁하여야 하며 객관적인 방량법으로 시행하여야 한다고 주장하였다.

④ 전지를 정확히 파악하기 위해서 정전제나 어린도와 같은 국토의 조직적인 관리가 필요함을 주장하였다.

⑤ 「경세유표」에서 결부제에 의한 양전의 원칙은 형태가 없는 비척(肥瘠)으로 지품(地品)을 규정하게 되어 지품과 면적이 사실대로 파악될 수 없었다고 주장하였다.

⑥ 방전의(邦田議)에서 주장한 양전의 문제점

- 결부제에 의한 양전의 원칙은 형태가 없는 비척(肥瘠)으로 지품(地品)을 규정하게 되어 객관성이 없다.
- 양전관리의 주관적 판단에 따라 결정되므로 아전들의 농간에 따라 면적이 정확하게 제시될 수 없어 지품과 면적을 사실대로 파악될 수 없었다고 주장하였다.
- 농지의 면적을 양안에 5결 단위로 천자문의 자호를 부여하는 일자오결의 원칙도 부정확한 것으로 보았다.
- 양안에 기재하고 있는 사표는 정확하지 않다고 보았다.

(2) 서유구

① 「의상경계책」에서 결부제를 폐지하고 경묘법의 시행을 주장하였으며 과거의 양전법을 방량법으로 개정하여야 한다고 주장하였다.

② 「의상경계책」에 경묘법은 지면을 정확히 함으로써 전지의 누락이 없으며 과세의 불균형도 또한 조찰(照察)할 수 있는 것인데, 결부법의 과세는 간단하지만, 지면이 고르지 않아 전지 누락의 피해를 막을 수 없다고 하였다.

③ 지품(地品)이 박전(薄田; 척박한 땅)에서 옥전(沃田; 기름진 땅)으로 변동되어도 이를 개량전(改量田)하여 사실대로 파악하기 어려워 전체 농지의 2/3가 하등전으로 규정되어 결부법을 폐지하고 경묘법을 채택할 것을 강조하였다.

④ 경묘법은 경(頃)마다 면적이 균일하게 파악되므로 부세(賦稅)의 착오가 있으면 언제든지 개정할 수 있지만, 지품(地品)의 착오를 발견하여도 통읍개량(通邑改量)이 아니고서는 쉽게 정정할 수가 없고 불균일하다는 것이었다.

⑤ 양전을 조직적으로 전 국토를 획일적인 원칙으로 실시하기 위해서는 양전 사업을 전담하는 전문관사를 설치할 것을 주장하였다.

(3) 유형원

① 「반계수록」 권 1, 전제상(田制上)의 결부법에 면적을 표시한 척수는 문서상으로 기록되어 있다.

② 경묘법은 땅이 넓고 좁고 모두 같고 그 땅의 척박에 따라 조세에 차등이 있어야 했으나 결부법은 조세가 모두 같다.

③ 토지제도 개혁안의 제시

- 경자유전의 원칙을 확립하고 모든 농민에게 균일하게 농지를 분배하며 조세·군역·공부(貢賦) 등도 토지를 대상으로 일률적으로 부과하는 것이다.
- 실질적인 면적을 알 수가 없고, 관리들의 농간과 중간착취를 할 수 있는 비과학적인 계량 단위로 여겨 경묘법을 주장하였다.
- 경지 정리를 시행하되 정전제의 형식에 따라 토지를 가능한 한 정사각형으로 구획하고, 농로와 수로를 정비하자는 것이다.
- 당시의 농촌 피해를 구제할 길은 균전법의 시행밖에는 없다고 주장하였다.
- 우리나라의 지형에 적합하고 토지의 비옥도에 따라 공평하게 배분하여 1호당 1백 무씩 지급하고 조세와 부역을 균등하게 부과하자고 주장하였다.

(4) 이기

① 망척제는 전지를 측량할 때는 정방형의 눈들을 가진 그물을 사용하여 그물 속에 들어온 그물눈을 계산하여 면적을 계산하도록 하였다.

② 이기는 전안을 작성할 때 반드시 도면이 있어야 하고 지적(地積)이 있어야 명확하게 갖추어진 것이 된다고 하였다.

③ 경무법은 전지의 면적을 경무 단위로 측량하는 방법으로 종래의 양전 방법인 주척에 의한 수등이척제(隨等異尺制)에 대한 개선 방법으로 망척제를 주장하였다.

④ 고려 말기부터 전지를 차등하는 법이 폐지되면서 권문세가들은 토지를 자기의 사유로 인정하게 되었으니, 소작료가 국세와 비교하여 항상 6배가 넘는다고 하였다.

3.5.7. 망척제

출제(용) : 52, 95회

이기(李沂)의 저서 "해학유서(海鶴遺書)"에서는 종래의 양전 방법이며 측량의 척도인 주척에 의한 수등이척제(隨等異尺制)에 대한 개선 방법으로 망척제를 주장하였다. 망척제는 전지(田地)를 측량할 때 정방형의 눈들을 가진 그물을 사용하여 그물 속에 들어온 정방형의 눈을 계산하여 면적을 산출하는 방법이며, 방형(方形), 원형(圓形), 직형(直形), 호형(弧形)의 형태와 관계없이 그물 모양의 정사각형 내에 들어오는 것을 계산하여 면적을 결정하였다.

(1) 특징

① 그물의 재료는 익힌 마(麻)를 사용하였으며 기름을 먹여 물 등으로 손상되는 일이 없게 하였다.

② 망척제는 전지(田地)의 형태와 관계없이 면적의 산출이 가능하다.

③ 상호 절장보단(折張補短) 하면 미진한 곳이 있어도 많은 차이는 없다.

④ 망척의 눈금이 동일하므로 탐관오리에 의한 징세의 횡포를 막을 수 있다.

⑤ 그물눈의 수는 가로와 세로 모두 100 눈씩으로 하였다.

(2) 계산법

① 〈그림 3-41〉과 같이 갑병정사(甲丙丁巳)와 경임정사(庚壬丁巳)를 각각 연결하면 직전으로 면적의 크기는 각각 20두(㪷)이다.

② 갑을무정(甲乙戊丁)과 을병사무(乙丙巳戊), 사무임신(巳戊壬辛), 정무신경(丁戊辛庚)을 각각 연결하면 면적의 크기는 각각 10두(㪷)이다.

③ 원형을 둘로 나누면 정을사(丁乙巳) 및 정신사(丁辛巳)의 선을 연결하면 면적의 크기는 각각 15두(㪷) 6승(升) 5합(㪿)의 호시형(弧矢形)의 밭이 된다.

④ 갑을병선(甲乙丙線)과 정무사선(丁戊巳線), 정무사선(丁戊巳線)과 경신임선(庚辛壬線)은 각각 20두(㪷)의 직전이 되고 4로 나누면 갑을무정(甲乙戊丁), 을병사무(乙丙巳戊), 정무신경(丁戊辛庚), 무사임신선(戊巳壬辛線)은 각각 10두(㪷)의 방전이 된다.

⑤ 다시 넷으로 나누면 정을무(丁乙戊)와 정신무선(丁辛戊線), 사을무(巳乙戊)와 사신무선(巳辛戊線)은 각각 7말 8되 2홉 반(㪿半) 호삼각전(弧三角田)이 된다.

(3) 원리

① 그물눈의 수는 가로와 세로 모두 100 눈씩으로 하고 1개 면(面)에 1벌씩 보관하여 사용하도록 하였다.

② 방경(方經)이 100척이면 실적(實積)이 1만으로 40두(㪷)가 되고, 원경(圓徑)이 100척이면 실적(實積)이 7,825로 원주율 313을 적용하면 31두(㪷) 3승(升)이 된다.

③ 〈그림 3-41〉과 같이 주현(州縣)의 관원에게 제작하도록 하되 그물의 재료는 익힌 마(痲)를 사용하였으며 그물눈은 지보척(地步尺)의 길이와 넓이로 하고 모두 100개의 눈으로 묶는다.

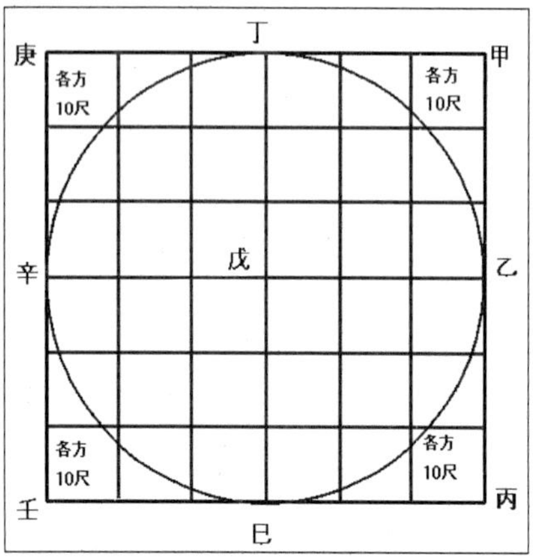

〈그림 3-41〉 망척도

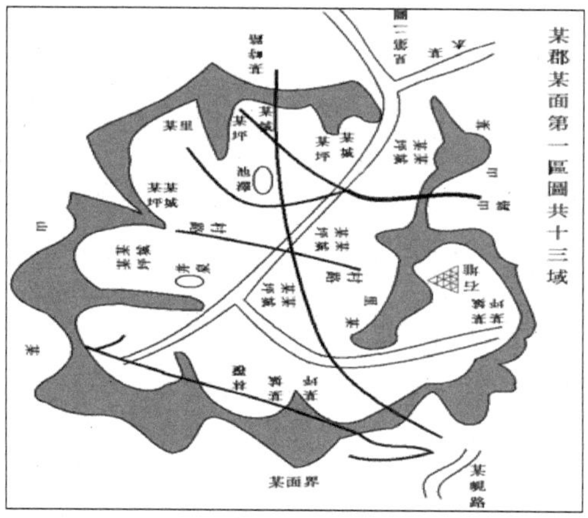

〈그림 3-42〉 구정도

3.5.8. 구정도

출제(용) : 89회

① 구역을 획정(劃定)하기 위해 토지측량을 시행할 때는 반드시 그 산천, 도로가 서로 교차하고 관통한 곳을 보아서 면을 나눠 약간의 구(區)로 하고 구를 나눠 약간의 역(域)으로 한다.

② 결부의 많고 적은 곳에 관계하지 말고 역(域)마다 자호(字號)를 만들고 그들 이름을 적는다.

③ 제일구(第一區)가 끝나면 제이구(第二區)로 계속하여 잇달아 붙여서 도면을 만들면 1면이 7~8장의 종이를 넘지 않고 일을 마칠 수 있을 것이다.

④ 이기의 해학유서에서 직접 시험한 결과 정다산의 경선(經線) 방법보다 더 좋다고 주장하였다.

⑤ 〈그림 3-42〉의 구정도는 이기의 해학유서에서 선보인 O군(O郡), O면(O面)의 제일구(第一區)의 도면을 작성한 것으로 양안의 매구(每區), 매역(每域)에는 반드시 그 사지(四至)와 총결수(總結數)를 기록하였다.

⑥ 두락은 씨를 뿌린 양이며 옛날에는 전지(田地)에 부세(賦稅) 하는 모든 것은 경묘법을 사용하였다.

⑦ 우리나라는 자(尺)로서 세를 산출하므로 백성들은 파악하기 어렵고 아전은 간사한 자가 많아 온갖 폐단이 많았다.

⑧ 농민들이 알 수 있는 것은 마지기(斗落) 단위뿐이나 전주(田主)와 작인(作人)은 두락 단위를 알고 있으므로 결부에 착오(錯誤)가 있어도 쉽게 바로 잡을 수 있을 것이다.

3.5.9. 양전 방법

① 양전은 조세 수취의 단위인 결·부·속·파의 구체적인 수를 파악하는 일이었으며 국가의 강력한 토지관리권을 마련하기 위한 것으로 국가가 세정의 공정한 운영을 위해서 근본적인 해결책을 양전에 두었다.

② 토지에 대한 세가 공평해지려면 토지의 파악이 정확하여야 하므로 양전의 철저한 시행 없이 공정하고 원활한 전정이 기대되기는 어려웠다.

③ 〈그림 3-43〉과 같이 경국대전(經國大典) 호전(戶典) 양전조(양전條) 및 대전회통(大典會通) 호전, 양전조에 "凡田分六等, 每 二十年 改量 成籍, 藏於 本曹·本道·本邑" 및 "田形不明處以方田。直田裁作打量, 斜結處別作田形打量"와 같이 기록되어 모든 토지는 6등급으로 나누며 20년마다 한 번씩 토지를 다시 측량하여 성적(成籍; 서류를 완성)하여 호조·본도·본읍에 보관하도록 하였다.

④ 실제는 원칙대로 시행되지 못하고 수십 년에서 수백 년이 지난 뒤에야 다시 양전을 하게 되었다.

⑤ 지방의 양전은 중앙에서 균전사(均田使)를 파견하여 양전을 감독하고 수령이나 실무자들의 범죄 등을 처리하였다.

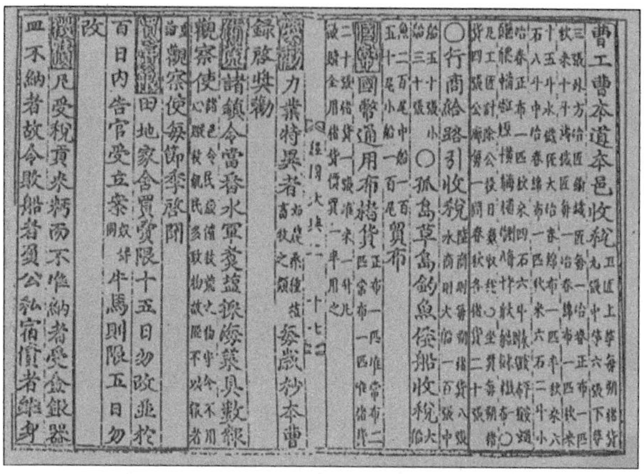

〈그림 3-43〉 경국대전 공전 도량형조

(자료 출처 : 법제처, 국역 경국대전, 1964)

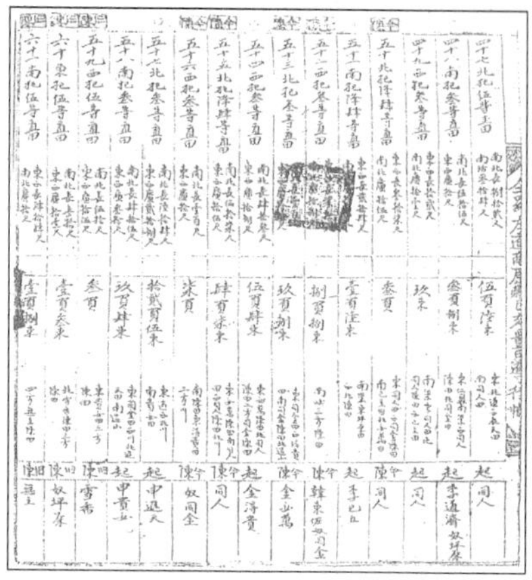

〈그림 3-44〉 경자양안 내용

(자료 출처 : 한국 역사연구회, 대한제국의 토지조사사업, 1995)

⑥ 조선시대 초기에는 고려시대에 사용하던 양전 방식을 계승하여 토지를 상·중·하 3등급으로 나누어 상등전의 척도는 농부수(農夫手) 20지(指), 중등전의 척도는 농부수 25지, 하등전의 척도는 농부수 30지로 등급에 따라 타량(打量)하였다.

⑦ 각 고을의 도량형은 관찰사가 1개의 표준척을 기준으로 검정하였으며 경국대전의 기준척은 황종척이 사용되었다.

⑧ 양전 요령

- 토지의 형태가 뚜렷하지 못한 곳은 정사각형 또는 직사각형으로 만든다.
- 경사진 곳은 토지의 형태를 별도로 만들어서 측량하였다.
- 전답의 형태를 구체적으로 파악하기 위하여 그 생긴 모양대로 도형의 명칭을 정할 것 등이다.

⑨ 1444년 관리 관청으로 전제상정소(田制詳定所)를 설치하고 양전에 관한 기본규정을 법제화하였다.

⑩ 1603~4년 계묘(癸卯) 양전이라 하여 처음으로 전국적인 규모로 양전을 시행하였다.

⑪ 〈그림 3-44〉는 1720년 경자년에 개량하여 작성된 경상도 남해현 경자개량 전안 "O字畓第二七南犯参等直畓"의 내용을 살펴보면 남범(南犯)은 남쪽으로, 3등급의 직사각형의 토지로 동서의 장척은 73척, 남북의 광척은 20척이며 면적은 12부2속으로 기록되어 있다.

3.5.10. 양전 기구

양전 기구는 삼국, 고려, 조선시대에 걸쳐서 중국에서 전통적으로 사용되던 천문측량을 바탕으로 실지 측량이 이루어져 곡척(曲尺), 자, 상한의, 간의(簡儀), 나침반(羅針盤), 새끼줄, 목승, 지평준(地平準), 규표(圭表) 등의 전통적인 측량기기가 중심이었다. 조선시대 실록이나 실학자들의 일부 저서에 단편적이나마 간의(簡儀), 양전승(量田繩), 양전척(量田尺), 규표(圭表), 기리고차(記里鼓車), 자오침반(子午針盤), 인지의(印地儀), 지평준(地平準) 등 측량 도구의 명칭이 등장하였다. 조선시대의 양전 기구에는 준수책(遵守冊)의 규칙에 따라 1등척을 만들어 양쪽 끝에 각인(刻印)을 찍어 감영에 보내어 사용하고 관리토록 하였다. 구한말에는 미국인 크럼(Krumm)에 의해서 근대적인 서양의 측량 기구인 경위의가 처음 들어왔다.

3.5.10.1. 시대별 양전 기구

(1) 조선시대 이전

① 전통적인 측량기기가 중심이었다.

② 곡척(曲尺), 자, 상한의, 간의(簡儀), 나침반(羅針盤), 새끼줄, 목승,

③ 지평준(地平準), 규표(圭表) 등

(2) 조선시대

① 간의(簡儀), 양전승(量田繩), 양전척(量田尺), 규표(圭表)

② 기리고차(記里鼓車), 자오침반(子午針盤), 인지의(印地儀), 지평준(地平準) 등 측량 도구의 명칭이 등장하였다.

③ 조선시대의 양전 기구에는 준수책(遵守冊)의 규칙에 따라 1등척을 만들어 양쪽 끝에 각인(刻印)을 찍어 감영에 보내어 사용하고 관리토록 하였다.

④ 기리고차와 함께 대표적으로 사용한 인지의는 토지의 원근을 측량하는 평판측량 기구로 1466년(세조 12년)에 제작되었으며 규형(窺衡) 또는 규형인지의라고 하였다.

3.5.10.2. 기리고차

출제(용) : 57, 135회

기리고차(記里鼓車)는 수레에 붙인 바퀴로 측정하는 것으로 1441년 만들어진 것으로 거리측량을 정확하게 측정할 수 있도록 고안된 거리 측정기구로서 인지의와 함께 조선시대의 대표적인 측량 기구라 할 수 있다. 장영실이 중국의 측량기기를 개선한 일정한 거리를 가면 북 또는 징을 쳐서 거리를 알려주던 조선시대 반자동 거리 측정기구인 기리고차를 만들었다. 기리고차는 중국 진대(265~316년)에 처음으로 제작되었으며 중국 송사 여복지와 실학자 홍대용의 담헌집에 기록되어 있다.

(1) 기리고차의 구조

① 홍대용의 저서"주해수용"에 기리고차의 구조가 상세하게 기록되었다.

② 〈그림 3-45〉와 같이 수레바퀴와 아래 바퀴, 중간 바퀴, 위 바퀴의 톱니가 서로 연결된 구조이다.

③ 수레가 1리를 갔을 때는 종이 여러 번 울리게 하였다.

④ 수레가 5리를 가면 북을 1번 울리게 하고 10리를 갔을 때는 북이 여러 번 울리게 하여 종소리로 거리를 파악할 수 있게 하였다.

(2) 기리고차의 원리

① 수레바퀴의 둘레 길이가 10자인 첫 번째 수레바퀴가 12번 회전하면 두 번째 바퀴가 한 번 회전하여 120자(尺)를 측정한다.

② 두 번째 바퀴가 15번 회전하면 세 번째 바퀴가 한 번 회전하여 1,800자(尺)를 측정한다.

③ 세 번째 바퀴가 10회전하면 네 번째 바퀴가 한번 회전하는 형식으로 이루어졌다.

④ 네 번째 바퀴가 한 번 회전하면 18,000자(尺)를 측정한 것이 된다.

⑤ 세종은 1430년 표준척을 제정하였는데, 이때 1자(尺)를 약 20.81cm라고 하였다.

⑥ 6자(尺)를 1보(步), 다시 300보가 되면 1리(里)가 되므로 환산하면 1리는
약 20.81cm×6자×300보=374.58m가 된다.

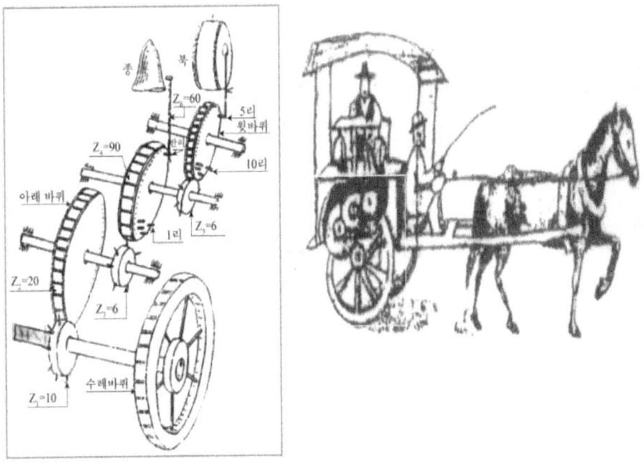

(a) 기리고차의 구조(1)
(출처: 지적 백년사 역사편, 2008)

(b) 기리고차의 구조(2)
(출처: https://www.doopedia.co.kr)

〈그림 3-45〉 기리고차

(3) 기리고차의 활용

① 거리 측정용 장치가 붙어 있는 수레에 붙인 바퀴로 측정하는 것으로 평지에서 사용하기는 편리하나 산지나 험지에서는 수레를 이용하기가 곤란하였다.

② 산지나 험지에서 이용할 수 있도록 노끈으로 만든 보수척(步數尺)을 활용하였다.

③ 〈그림 3-45〉의 (b)는 국립과천과학관 2층 전통과학관에 가면 국내 최초로 복원 전시된 기리고차를 볼 수 있다.

④ 문종 1년 지금의 서울 강남구 지역의 제방 공사를 하는 데 있어 기리고차를 이용하여 거리를 재었다는 기록이 있어 토목공사에서도 널리 사용되었던 것으로 보인다.

3.5.10.3. 인지의

출제(용) : 62, 104회

인지의(印地義)는 〈그림 3-46〉과 같이 토지의 원근을 측량하는 평판측량 기구로 1466년(세조 12년)에 제작되었으며 규형(窺衡) 또는 규형인지의라고 하였다. 평판 및 삼각측량 기구인 인지의를 제조하여 측량 기구의 역사에 새로운 지평을 열게 되었다. 각도와 축척의 원리를 이용하여 토지의 원근과 높낮이를 측량하는 데 사용한 기구로 인지라고도 하였다.

(1) 인지의 원리

① 인지의는 수직축과 수평 눈금판의 두 부분으로 구성되어 있다.

② 물체를 볼 수 있는 규형은 수직축에 부착되어 있고 수직면을 위아래로 움직이게 되어 있다.

③ 인지의는 구리를 부어서 만든 것으로 둘레에 24방위를 나열하였다.

④ 약 7°의 정확도로 방위를 판정할 수 있었다고 하며 인지의에는 자북침이 고정되어 있어 기계를 정향 할 수 있었다.

⑤ 수평판의 가운데에 구리기둥을 세우고 그 기둥에 가로구멍을 뚫어서 그 위에 동형(銅衡)을 꿰어놓고 그 동형을 위아래로 움직이면서 토지를 측량하였다고 전해진다.

⑥ 현재 실물은 전혀 알 수 없으므로 실물의 크기와 구조를 자세히 알 수 없다.

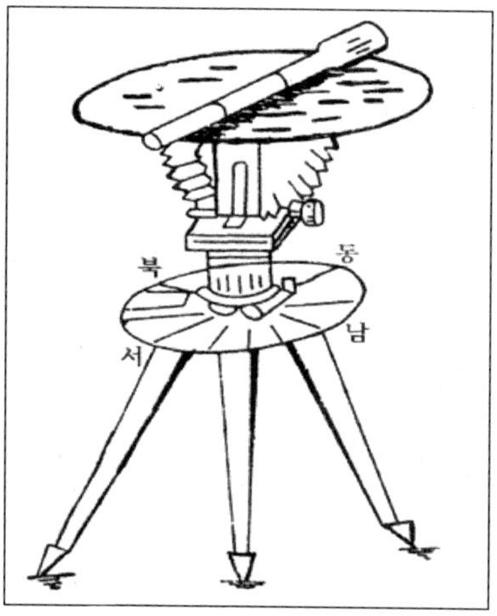

<그림 3-46> 인지의 복원도

(자료 출처 : 지적 백년사 역사편, 2008)

(2) 인지의 활용

① 세조는 1466년 제작하여 1467년 3월 유희익·이륙 등을 시켜 영릉에서 인지의를 이용하여 땅의 측량을 시험하게 하였다고 기록되어 있다.

② 1467년 11월에는 한양성(漢陽城)을 인지의로 측량하도록 하여 단종 2년에 한양 지도를 완성하였다는 기록이 있다.

③ 측량 기구인 인지의를 제작하여 토지측량과 지도 제작에 활용하였다.

3.5.10.4. 지평준

① 지평준은 토지의 평면을 측정하는 기구로 준(準; 수평기준), 평준(平準), 수평(水平), 수평기(水平器), 수준기(水準器)라고도 하며 주로 수평을 측정하는데 사용하는 기구이다.

② 수준기는 기포관을 사용하여 정밀하게 수평을 측정하는 기구로 장비의 설치 도는 구조물의 설치에 있어서 필요한 측정기구이다.

③ 지평준은 수평을 측정하기 위해 표준틀에 물을 채워서 표준틀에 수평실을 매어서 측정하였다.
④ 세종실록 21년조에 "소간의를 탁자위에 올려놓고 나침반으로 남북 방향을 정한 후 규형을 가지고 동서로 움직이고 남북으로 이동하면서 혜성이 있는 곳을 파악했다고 전해지고 있다.
⑤ 현대의 장비와 비교하면 수준측량에 사용하는 기포관이라고 할 수 있다.

3.5.10.5. 상한의(象限儀)

① 0~90°의 눈금이 있는 4분원의 금속고리가 있는데 그 중심을 축으로 연직면 안에서 움직이는 통으로 별을 보며 천정거리를 측정할 수 있는 측정기구로 사분의(四分儀)라고도 한다.
② 18세기까지 사용한 장비이며, 한 변은 수직이 되도록 고정하고, 부채꼴의 중심점과 천체를 연결하는 선을 눈금으로 읽어 천체의 높이를 측정한다.
③ 그 중심을 축으로 연직면 안에서 움직이는 통으로 별을 보며 천정거리를 잴 수 있다.
④ 망원경이 발명되기 전에 사용된 천체 관측기로 주로 위도를 측정하였다.
⑤ 눈금의 0점은 중심에서 밑으로 내린 실끝에 매달린 추로 맞추고, 중심을 축으로 하여 연직면(鉛直面) 안에서 움직이는 통으로 별을 관측하였다.

3.5.10.6. 간의(簡儀)

간의(簡儀)는 천체의 위치를 측정하는 천문기기로 각도기와 비슷한 구조를 가졌으며, 행성과 별의 위치, 시간, 고도, 방위 등을 정밀하게 측정할 수 있었다. 혼천의를 간편하게 개량한 천문기기로 1432년(세종)에 제작된 실외용 천문관측기구이다.

(1) 변천 과정

① 원나라의 곽수경(郭守敬)이 혼천의의 결함을 보충하기 위하여 1276년 설계, 제작하여 1279년에 완성하였다.
② 우리나라는 1432년(세종 14)에 이천(李蕆)과 장영실(蔣英實) 등이 『원사(元史)』에 있는 곽수경의 간의를 근간으로 만든 것이 최초이다.
③ 1434년(세종 16)에 한양의 위치에 맞도록 간의를 개량하여 청동으로 제작하였다.
④ 1437년(세종 19)에 완성된 간의의 제도는 《원사》 에 나타난 곽수경법에 의하여 제작된 것이다.

⑤ 1438년(세종 20)에 경복궁 경회루 북쪽에 간의대를 세우고 대간의(大簡儀)를 설치해 천체 관측 업무를 수행했다.

(2) 구조

① 간의는 비록 사람이 직접 사용해서 천체를 관측하는 기구이지만, 근대적인 천문대의 기본적인 기능을 갖춘 중요한 천문관측기구이다.
② 간의는 사유환(四遊環)과 규형(窺衡), 적도환(赤道環), 백각환(百刻環), 계형(界衡), 입운환(立運環), 지평환(地平環), 정극환(定極環) 등으로 구성되어 있다.
③ 간의는 원(元)의 곽수경(郭守敬)이 처음 개발한 것으로, 적도좌표계와 지평좌표계를 분리하여 혼천의의 구조를 크게 개선하였다.

(3) 사용 방법

① 지평좌표에 해당되는 고도와 방위는 입운환(사유환)과 지평환(백각환)을 사용한다.
② 입운환 측면에 매달린 규형을 위·아래로 움직여 천체의 지평고도를 측정한다.
③ 지평환 위의 입운환과 규형을 움직여 24방향(방위)을 측정할 수 있다.
④ 적도좌표에 해당되는 거극도(적위와 유사한 값)와 입수도(적경과 유사한 값)는 사유환과 적도환을 사용한다.
⑤ 사유환 측면에 매달린 규형을 위·아래로 움직여 천체의 북극으로부터 천체까지의 각거리인 거극도를 측정한다.
⑥ 하늘의 28수의 거성 위치(별자리의 시작점)가 적도환 위 28수의 거성 위치(별자리 시작점)와 일치하도록 적도환을 회전시킨다.
⑦ 28수는 적황도상의 펼쳐진 28개의 기준 별자리이고, 각 별자리의 거성은 이 별자리의 시작점이다.
⑧ 거성으로부터 임의의 천체까지의 거리는 입수도가 된다.
⑨ 백각환은 고정되어 있으며, 주로 낮 시간에 해시계로 사용한다.
⑩ 규형으로 태양의 위치를 맞추고 백각환의 눈금으로 시간을 알 수 있었다.

(4) 특징

① 간의(簡儀)는 행성과 별의 위치, 시간의 측정, 고도와 방위를 정밀하게 측정할 수 있는 조선시대의 천체관측기기이다.

② 오늘날의 각도기와 비슷한 구조를 가졌으며, 혼천의를 간소화한 것이다.

③ 간의의 구조는 혼천의에서 적도 좌표계와 지평좌표계를 분리하여 관측이 편리하도록 구조를 변경시켰다.

④ 간의는 지평경위의에 해당하는 부분을 없애고 적도좌표계에 의하여 직접 읽을 수 있다는 뜻에서 간의라는 이름을 가지게 되었다.

⑤ 혼천의에서 지평좌표와 적도좌표를 기준으로 한 측정 장치만을 떼어낸 것이 간의이다.

(5) 간의대

① 간의대(簡儀臺)는 간의를 설치한 대(臺)로 1433년(세종 15)에 경회루(慶會樓)의 북쪽에 대(臺)을 축조하여 간의를 설치하였다.

② 『국조역상고(國朝曆象考)』에 간의대는 돌을 쌓아서 만들었는데, 대의 높이는 31자(尺), 길이는 47자(尺), 너비는 32자(尺)이며, 둘레를 돌난간으로 둘렀으며, 대의 꼭대기에는 간의를 설치하고, 간의의 남쪽에 정방안(正方案)을 설치하였다고 하였다.

③ 간의대의 건립은 1432년(세종 14) 세종이 정인지(鄭麟趾)에게 천문관측기구를 제작하라고 명하면서 시작되었다.

④ 간의대는 물론 주변의 천문의기들까지 합하여 지칭하는 의미로 사용되기도 하였다.

⑤ 간의대를 만들고 혼천의(渾天儀), 혼상(渾象), 규표(圭表) 등을 설치하였다.

(6) 활용

① 혼천의는 적도경위의와 지평경위의로 라 불리는 환 등 여러 개의 둥근 환이 있어 복잡하게 구성되어 관측자의 눈을 가려 관찰하기 불편하였다.

② 곽수경은 지평경위의와 적도좌표계를 분리하여 관측 결과를 편리하게 읽을 수 있었다.

③ 곽수경의 간의는 종전의 천문기구에 비하여 그 크기가 매우 크고 정밀하게 관측할 수 있었다.

④ 간의는 이 가운데 지평좌표(관측자를 중심으로 천체의 위치를 표시하는 좌표계)와 적도좌표(천구 위의 천체의 위치를 표시하는 좌표의 하나로, 경도·위도와 비슷)를 기준으로 한 측정 장치 부분만을 따로 떼어낸 구조이다.

(7) 소간의

① 소간의(小簡儀)는 간의(簡儀)를 보다 작고 간략하게 만든 독창적인 관측기기이다.

② 1434년(세종 16)에 세종은 이천·정초(鄭超), 정인지(鄭麟趾) 등이 작은 모양의 간의를 만들었고, 1437년(세종 19)에 완성하였다.

③ 적도좌표 측정 장치만으로 이루어진 것이 소간의이다.

④ 소간의는 사유환(四遊環), 적도환(赤道環), 백각환(百刻環), 규형(窺衡), 기둥(柱), 밑받침(趺)으로 구성되어 있다.

⑤ 소간의는 행성과 별들의 좌표와 시간, 고도와 방위를 측정하도록 만들어졌다.

⑥ 『서운관지』에 따르면 첨성대를 당시에 관천대라고 불렀는데 소간의를 올려놓아서 소간의대라고도 불렀다고 한다.

⑦ 지금까지 복원된 소간의가 여주 영릉(2000), 대전 한국천문연구원(2009) 등에 전시되고 있다.

3.5.11. 양전척(量田尺)

출제(용) : 137회

3.5.11.1. 고구려의 자

출제(용) : 84회

고구려는 측량척으로 토지를 측량하여 오늘날의 지적도와 유사한 도면이 있었을 것으로 추측한다. 고구려척의 실물 자료가 남아 있지 않아 고구려척의 표준척도에 대하여 학자마다 서로 다른 견해가 제시되기에 이르렀다.

(1) 특징

① 고구려에서 자체적으로 개발하여 사용하던 고구려의 표준척도이다.

② 고구려척은 편리하게 사용할 수 있으므로 일본 사회에서 널리 사용되었다.

③ 고구려에서 사용된 자(尺)는 동위척, 산동의 양지척, 북방 민족의 장척, 기전척 등의 기원설이 있다.

④ 삼국사기 고구려 본기 제5에는 298년(봉상왕 7년)에 중기 이후부터는 단보제(段步制)에 의한 고구려척이 사용된 것으로 추측되며 일본 세키노(關野貞)는 고구려의 1척 길이는 36.36cm로 보고 있다.

(2) 이성산성 고구려척

① 2000년 경기도 하남시의 이성산성(二聖山城)에서 목제의 고구려척이 실물로 출토되었다.

② 고구려척의 정확한 길이는 35.6001cm이었던 것으로 밝혀졌다.

③ 고구려척은 밝은 황갈색(黃褐色)의 목제품으로 발굴 당시에 네 부분으로 부러진 채 발견되었다.

④ 폭은 눈금이 새겨진 부분에서는 1.5cm이고, 반대쪽의 끝부분은 1.1cm이다.

⑤ 눈금은 끝에서 0.5cm 간격을 두고 시작하고 있어, 36.1cm에서 0.5cm를 제외한 35.6cm가 고구려척의 실제 길이가 된다.

⑥ 이성산성 출토 고구려척의 구조는 다섯 개의 눈금 푼(分)이 모여서 한 마디(寸)가 되고, 다섯 마디(寸)가 모여서 1구간이 되며, 다시 3구간을 합하면 한 자(尺)가 되는 것이다.고

⑦ 이성산성에서 출토된

⑧ 〈그림 3-47〉의 자는 1998년 출토된 것으로 1치가 2.9cm로 완전한 형태일 경우 29cm가 되는 당척이며 하남 이성산성 쌍북리에서 출토된 자 2점은 각각 신라에서 사용된 당척과 35.6cm의 고구려척이었던 것으로 추정하고 있다.

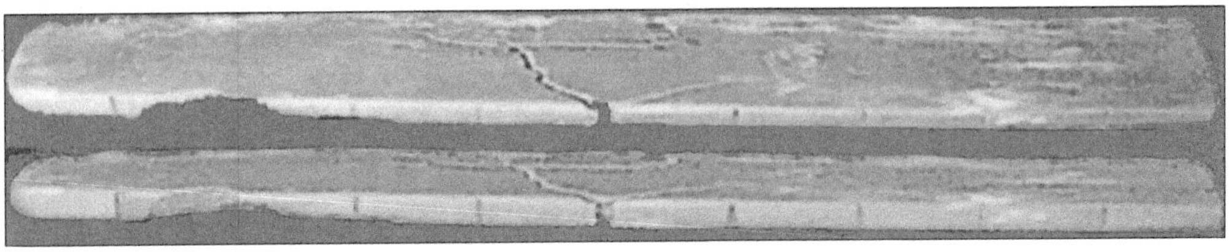

〈그림 3-47〉 이성산성에서 출토된 고구려자(尺)

3.5.11.2. 영조척

출제(용) : 68회

우리나라의 도량형은 신라시대 때부터 전승되었는데 길이를 달리한 수많은 종류가 있어 척도 표준이 문란하여, 척도의 기준이 될 수 있는 황종척(黃鍾尺)을 박연(朴堧)이 만들었다. 그 밖의 주척(周尺)을 포함하여 영조척(營造尺)·포백척(布帛尺)·조례기척(造禮器尺) 등의 표준척도를 제정하여 기준척으로 사용되었다. 가장 중요했던 것은 두승(斗升)과 같은 양기(量器)를 만드는 기준척으로 사용된 것이다.

(1) 변천 과정

① 영조척(營造尺)은 주척의 약 1척5촌이 되지만 경국대전(經國大典)에 의하면 1척4촌8분3리 5호로 기록되어 있다.

② 영조척은 1422년(세종 4년) 때는 1척을 기준으로 32.076cm로 하였다.

③ 1471년(성종 2년)에 만들어진 원각사 석비(石碑)의 실측에서는 31.19cm=1척(尺)으로 사용하였다.

④ 1616년(광해군 8년)에 중건된 창경궁 명정전의 실측에서는 31.07cm=1척(尺)으로 사용되었다.

⑤ 1740년(영조 16년)에 교정(校正)된 영조척은 31.17cm=1척(尺)으로 사용되었다.

⑥ 현존 덕수궁 중화전 실측에서는 30.82cm(=1尺)로 조선 말기에는 영조척 길이가 많이 축소되었을 뿐 아니라 문란하였음을 알 수 있다.

⑦ 현재 국립민속박물관에 소장 중인 영조척은 30.64cm(=1尺)이다.

(2) 특징

① 영조척은 부피의 측정·병기(兵器)·형구(刑具)·교량·도로·건축·선박·조선(造船) 및 성곽의 축조 등에 사용되었다.

② 조선시대 여러 자의 종류 중에서 가장 많이 쓰인 것이 주척과 영조척이다.

③ 세종 26년(1444) 설치된 전제상정소(田制詳定所)에서 새로운 양전법(量田法)을 시행하기 위하여 만들어진 『전제상전준수조획』이라는 책에 영조척(營造尺)과 주척(周尺)과 포백척(布帛尺)의 3종의 척도가 기록되어 있다.

④ 세종 28년(1446) 9월에는 황종관의 길이를 기준으로 영조척(營造尺)을 만들어 각 지방관청에 보내서 표준척으로 하였다.

3.5.11.3. 양전척

출제(용) : 101, 128회

① 양전척은 전지의 면적을 측정할 때 사용하는 자(尺)로 전척(田尺)이라고 하였다.

② 경국대전 척전(尺典)에는 전지를 측량하기 위한 척(尺)은 토지의 등급에 따라 길이가 다르게 만들어졌다고 하였다.

③ 양전척은 준수책(遵守册)의 규칙을 준수하여 1등척으로 양승(量繩)을 만들어 양쪽 끝에는 낙인을 찍어 감영(監營)에 보내어 사용하였다.

④ 양전척은 삼노끈 또는 새끼줄이면 물에 젖으면 신축이 생기므로 물에 젖어도 신축이 되지 않은 대나무자, 싸리나무자 등으로 만들어 1보(步)마다 소표(小標), 10보(步)마다 대표(大標)를 부착하였다.

⑤ 세종실록 권 104, 26년 6월 갑자조(甲子條)에 전제상정소준수조화(田制詳定所遵守條畫)에 "一等田尺准布帛尺二尺一寸二分六釐"라고 하여 새로운 양전을 실시하기 위하여 〈그림 3-48〉과 같이 양전척의 길이를 규정하여 당시 최초로 반포된 전제상정소준수조화의 끝장에는 포백척 2.216척이라 기록되어 있다.

⑥ 양전 규정은 세종 때 작성된 수등이척제의 원칙에 따라 토지 등급별로 양전척에 차이가 있었다.

⑦ 양전척 1척(尺)은 1파(把), 10파는 1속(束), 10속은 1부(負), 100부는 1결(結)로 하였으며, 사방 100척의 면적이 1결이다.

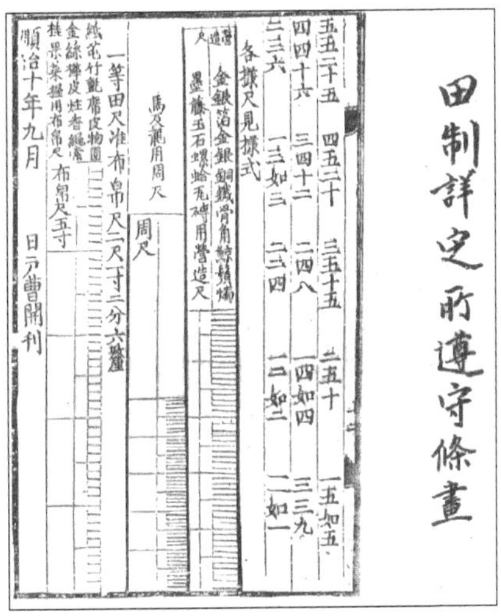

〈그림 3-48〉 전제상정소준수조화

(출처 : 대한지적공사, 한국지적백년사 역사편, 2008)

⑧ 양전척

- 1주척(周尺) = 20cm
- 1보(步) = 주척 6척 = 120cm
- 1간(間) = 10척

- 1연(鏈) = 100척
- 1리(里) = 2100척 = 350보 = 420m
- 1식(息) = 30리

3.5.11.4. 이조주척

출제(용) : 66회

주척은 모든 자의 기준이 되는 자로서 토지와 도로의 측량에 사용하던 자이며, 조선시대의 주척은 세종, 세조, 숙종, 영조, 정조, 순조 대에 개정 또는 복구되어 토지측량이 시행되었다. 세종 때의 주척 1척은 20.81cm, 영조 때의 주척 1척은 20.83cm라고 알려져 있다.

(1) 특징

① 1653년 토지측량에 관한 준수책을 공포하였다.

② 이조 주척은 준수책의 규칙을 준수하여 1등 척으로 만들며 양쪽 끝에는 낙인을 찍어 감영에 보내어 사용하도록 하였다.

③ 1등척을 기준으로 대나무자, 싸리나무 자로 양승(量繩)을 만들어 측량케 하였다.

④ 측량척에는 1보(步)마다 소표(小標) 10보마다 대표(大標)를 부착하였다.

⑤ 모든 토지는 1등 척으로 측량하였다.

⑥ 2등 이하의 척도는 원전에는 있으나 사용하지 않았다.

⑦ 세종 때부터 거리 측정이나 면적측정의 기준척에는 주척이 사용됐으므로 주척을 측량척으로 계속 사용하였다.

⑧ 이조 주척의 길이

- 1등 전의 1척(尺) → 3척 1촌 5푼 15리
- 2등 전의 1척(尺) → 5척 1촌 7푼 9리
- 3등 전의 1척(尺) → 5척 7촌 3리
- 4등 전의 1척(尺) → 6척 4촌 3푼 4리
- 5등 전의 1척(尺) → 7척 5촌 5푼
- 6등 전의 1척(尺) → 9척 5촌 5푼

(2) 종류

① 황종척

- 1430년에 박연(朴堧)이 국악의 기본음을 중국음악과 일치시키기 위해서 만든 척도로서, 국악의 기본음인 황종음(黃鐘音)을 낼 수 있는 황종율관(黃鐘律管)의 길이를 결정하는 데 쓰이게 된 척도이다.
- 이 척도로 9촌(寸) 길이인 황종율관이 내는 소리를 국악의 기본음으로 결정하는데 후일 세조는 영조척 1척 길이인 동율관(銅律管)이 내는 소리로서 황종음이 되게 기본음율관(基本音律管)을 바꾸었다.
- 길이의 단위에는 다른 척도들과 같이 10 진위(進位) 단위로 만들어졌는데, 그것은 「1척=10촌(寸), 1촌=10분(分), 1분=10리(釐), 1리=10호(毫)」와 같다.
- 이 척도는 재현되어 세종대왕기념관에 보관되고 있다.

② 주척

- 이 척도는 가례·상례 등에 사용되었으나 세종 이후로는 도로이수(道路里數)·사장보수(射場步數)·의상규표용(儀象圭表用)으로도 사용하도록 하였다.
- 후일 양전용 기준척과 측우기 수위와 수표교 수위계용(水位計用)으로도 사용되었다.
- 도로이수법(道路里數法)에서는 1보=주척 6척=124.86cm, 1리=360보(步)=449.50m, 1식(息, 站)=30리(里)=13,484m로 정하였다.
- 갑술 양전용 주척 길이는 1833년에 개건(改建)된 수표교 수위계에 각입(刻入)되어 전해지고 있는데 그 수표는 현재 세종대왕기념관에 보관되어 있다.

③ 포백척

- 포백척은 글자 그대로 직물류와 의류를 측정하는 데 사용되었다.
- 1444년 이후로는 1등 전척의 길이를 표시하는 기준척으로 또는 한강 수위를 측정하는 수위계에도 사용되었다.

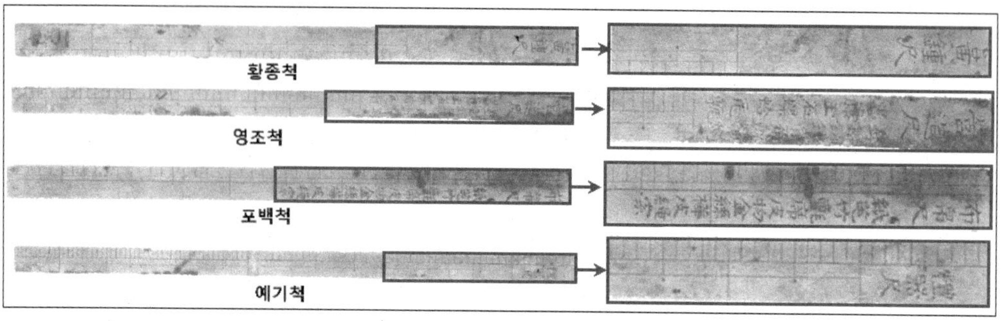

〈그림 3-49〉 문화재청에서 복원한 조선시대 표준척

3.5.11.5. 양안척

출제(용) : 57회

양안척은 토지를 측량하는 데 쓰이는 자(尺)를 말하는데 조선시대에는 양안척이 일정하지도 않았으며 길이도 변하였다.

(1) 고려시대

① 1054년과 1069년 전품을 불역전, 일역전, 재역전으로 삼등분하고 1결의 면적은 당시에 만든 양전척(6寸=1分, 10分=1步, 6평방=1보)의 33보평방으로 정하였다.

② 세액은 불역전 1결, 일역전 2결, 재역전 3결을 동일하게 하였다.

③ 1389년 3종의 양전척(上田尺, 中田尺, 下田尺)으로서 규정하였다.

④ 상전척은 장년의 농부수를 기준으로 2지(二指)의 10배, 중전척은 2지(二指)의 5배와 3지(三指)의 5배합, 하전척을 3지(三指)의 10배로 하여 만들었다.

⑤ 양전척의 비가 1 : 2 : 3이던 것이 (상전척)^2, (중전척)^2, (하전척)^{2}의 비로 변하였다.

(2) 조선시대

① 1428년 10월에는 1보= 6척, 1부= 3보, 1결=35보평방으로 개량하였다.

② 개량된 상전, 종전, 하전 1결의 면적을 1430년에 개정된 신제 정척을 기준으로 1보= 5척, 1결=25평방척으로 하였다.

③ 임진왜란으로 문란한 양전제를 바로 잡기 위해 호조에서 본래의 양전척 1등이 포백척 2척 1촌2분6리에 준한다고 한 것을 2척2촌2분6리로 착각하고 1촌을 늘려서 제조하였다.

3.5.11.6. 수등이척제

출제(용) : 48, 92회

수등이척제(隨等異尺制)는 조선시대의 양전법에 전품(田品)을 상·중·하의 3등급으로 나누어 척수(尺數)를 각각 다르게 계산하기 위해 사용한 제도로 계지척(計指尺)이라고도 하였다. 수등이척법을 세워 계지척(計指尺; 농부의 수지)은 "수지(手指)"를 표준으로 한 척(尺)을 사용하여 등급을 결정한 제도로 상등전의 척수는 농부수(農夫手) 20지(指), 중등전(中等田)의 척수는 농부수 25지(指), 하등전(下等田)의 척수는 농부수 30지(指)로 등급에 따라 타량(打量)하였다.

(1) 작성 근거

① 세종실록 권49, 1430년 8월 경술조에 "自前朝尺以上中下三等定制將 農夫手 二指計十爲上田尺 二指計五 三指計五爲中田尺 三指計十爲下田尺"와 같이 상등전의 척도는 농부수(農夫手) 두 번째 손가락의 10배, 중등전의 척도는 농부수의 두 번째 손가락을 5배와 세 번째 손가락 5배의 합, 세 번째 손가락의 10배로 등급에 따라 타량하였다고 기록되어 있다.

② 세종실록 권49, 1430년 8월 무인조 "摠制河演以爲…自前朝只以上中下三等定制 將農夫手 二指計十爲上田尺 二指計五 三指計五爲中田尺 三指計十爲下田尺"은 토지 비척의 차이에 따른 상·중·하 3등급 전에 대하여 측량할 때 사용하는 지척은 그 길이가 달라 상등척은 20지 중등척은 25지 하등척은 30지를 각각 1척으로 하였다는 내용이다.

③ 만기요람 재용편(財用編) 2, 전결조(田結條)에 "我國田制初…田品只有上·中·下三等其所量之尺各自不同上田尺二十指中田尺二十五指下田尺三十指"로 국가 전제는 과거의 3등급제인 상·중·하의 3등급으로 나누었는데 이는 모두 동일하지 않고 상전척은 농부수의 20지, 중전척은 25지, 하전척은 30지로 사용하였다.[51]

④ 용비어천가 제72장에 "舊制田品 只有上中下 所量之尺 三等各異 上田尺 二十指 中田 二十五指 下田 三十指"[52]라 하였다.

⑤ 정약용은 3등 전의 길이에 대하여 "二十指 三十指者 蓋以拇指與長指卌 而度之 名之曰 一指也"라 하여 지(指)를 뼘(한 뼘은 약 20cm)으로 해석하였다.

---

51) 김태영, 조선전기토지제도사연구, 지식산업, 1983, pp.189~190
52) 용비어천가 영인본, 아세아, 1972, p.817

〈표 3.5〉 수등이척제의 비교

종별	세종실록	용비어천가	비고
상전척	2지계 10(二指計十)	20지(二十指)	주척 1척8촌6분
중전척	2지계5 3지계5(二指計五 三指計五)	25지(二十五指)	주척 2척3촌3분
하전척	3지계 10(三指計十)	30지(三十指)	주척 2척8촌

(2) 특징

① 상등전(上等田)의 척수는 농부수(農夫手) 20지(指), 중등전(中等田)의 척수는 농부수 25지(指), 하등전(下等田)의 척수는 농부수 30지(指)로 등급에 따라 타량(打量)하였다.

② 양전의 척도

- 장년의 농부수를 기준으로 하였다.
- 상전척은 두 번째 손가락(二指)의 10배
- 중전척은 두 번째 손가락(二指)의 5배와 세 번째 손가락(三指)의 5배의 합
- 하전척은 세 번째 손가락(三指)의 10배

③ 산출하는 양전의 척도는 수지척(手指尺; 농부의 손가락 폭)을 근거로 상·중·하등전에 각기 20 : 25 : 30의 차등을 둔 각기 다른 양전척을 사용하게 되었다.

④ 1653년(효종 4년) 전품(田品)이 6등급 6종의 양전척으로 측량하던 종래의 수등이척의 법을 폐지하고 균일한 양전척 1종으로 양전을 실시하였다.

⑤ 면적계산은 결부제를 사용하였으나 전형(田形)이 각각 틀리고 문란하게 되기 쉬우므로 방전(方田), 직전(直田), 구고전(句股田), 규전(圭田), 제전(梯田)의 5가지 형태로만 타량하였다.

⑥ 이기의 "해학유서(海鶴遺書)"에서는 종래의 양전 방법이며 측량의 척도인 주척에 의한 수등이척제(隨等異尺制)에 대한 개선으로 망척제를 주장하였다.

3.6. 토지제도

3.6.1. 과전법

출제(논) : 77회

과전법은 고려 태조 왕건의 집권과 동시에 토지 국유제를 확립하여 국가재정의 기초를 확고히 하고 안정시키기 위하여 전제 개혁을 기도한 것이며 고려의 토지제도 중에서 가장 중요한 위치를 차지한 것이 과전(科田)이다. 과전법은 원래 토지의 겸병, 사유화를 방지하고 토지 공유제의 질서를 유지할 것을 목적으로 시행된 제도이다.

(1) 변천 연혁

① 1390년에 실시한 전지 측량에서 얻은 경기 및 6도의 실전(實田)과 황원전(荒遠田)을 모두 합하여 79만 8천 127결을 새로이 전적(田積)에 등록하였다.

② 1391년 과전법은 종래의 공사 전적(公私田積)을 모두 소각한 후 새로이 설치한 급전도감(給田都監)에 의하여 토지재분배에 착수하였으며, 새로운 전제(田制)의 기준이 되는 과전법을 공포하였다.

③ 1417년에 경기 내의 과전 공신전, 별사전(別賜田), 사사전(寺社田) 등에서 3분의 1을 충청, 전라, 경상의 하삼도로 이급하고 그 자리에 공전을 설정한 것이다.

④ 1431년에는 하삼도(下三道)의 사전을 다시 경기로 이환(移還) 조치하였다.

(2) 과전법의 특징

① 관료들에게 급여하는 토지로서 계급적 신분과 관위(官位)의 고하에 의하여 차등적으로 지급하는 것이다.

② 과전법은 전현직 관리에게 모두 지급하였기 때문에 후에 토지가 부족하여 품계에 따라 전토를 급여하는 것으로서 면적은 그때마다 달랐다.

③ 과전법 개혁의 취지는 전시과를 기본원칙으로 관료 지배체제를 확립하려는 것이었다.

④ 과전법은 전주가 전객의 소경전(所耕田)을 빼앗는 행위를 금지하고 전객 또한 소경전을 함부로 매매 또는 증여하지 못하도록 보호하였다.

⑤ 과전법은 국유가 원칙이며, 수조권의 귀속 여하에 따라 사전과 공전으로 구분하였다.

⑥ 과전, 수신전(守信田), 휼양전(恤養田) 등이 점차 세습되었고, 공신, 관리의 증가로 사전의 부족을 초래하였다.

⑦ 과전법은 토지 국유제에 있어서 토지 수수(收受)를 국가 관리의 법으로서 국가가 직접 수조하는 공전을 제외한 국가 수전(授田)의 급여(給與)와 관리에 관하여 규정함으로써 토지 국유제를 유지하려고 한 것이다.

⑧ 과전법은 문무 관료, 한량품관(閑良品官) 유역인(有役人) 등에 대한 수조권을 양여한 토지의 사유화를 방지하려는 것이었다.

(3) 과전법의 문제점

① 과전이 있는 자와 없는 자를 공적으로 구별할 만큼 토지의 편재와 과전의 부족은 심각한 문제가 되었다.

② 귀족층의 토지집중이 확대되어 1395년 경기에 한정된 과전을 경기 이외의 지역까지 확장하여 지급하게 되었다.

③ 과전의 부족을 보충하기 위하여 취해진 또 하나의 조치는 사전(寺田)의 삭감이었다.

④ 과전법에서는 공전의 차경(借耕)은 불허하고 있음에도 불구하고 공전의 병작이 행해져 사전(私田)의 폐보다 심하였다.

⑤ 과전법은 전지 및 가옥, 노비, 우마의 매매는 관에 신고, 등록해야 하였고 이 절차를 밟지 아니한 매매는 인정하지 않고 토지와 가전(價錢)을 몰수하는 등의 엄벌에 처하였다.

(4) 과전법의 붕괴

① 1392년부터 경국대전을 반포한 1472년까지 80년 동안 과전제도의 정비가 완성되었다.

② 공전은 일부의 토지 사유가 갈수록 더욱 확대되면서 지배적 형태로 되고 말았다.

③ 토지제도는 국유제와 동시에 과전법도 무너져 토지 사유가 공인되어 공전이니 사전이니 하는 구별도 없어지게 되었다.

④ 과전법의 붕괴 사유는 더욱 확대되었으며 수조율에서 50% 수조라는 관행이 갈수록 지배적 형태로 되고 말았다.

3.6.2. 공전과 사전

고려말 토지의 국유를 원칙으로 한 공전 제도를 세움과 동시에 당시의 국내정세 등에 비추어 사전의 매매, 증여, 상속 등의 권리도 공인하도록 하였다. 수조권(收組權)의 귀속에 따라 국가가 직접 조(組)를 받는 토지를 공전이라 하고, 수조권이 귀족, 관리, 기타 기관에 속한 토지를 사전이라 하였으며, 공전, 사전의 구별은 명확한 성문 규정이 없었다.

(1) 공전

① 공전(公田)은 둔전, 마전, 원전, 진부전, 빙부전, 수릉군전, 목장토 등이 있다.

② 공신전이 확대되고 1대에 한해서 세습하게 되어 있는 과전, 군전 등이 미망인에게는 수신전 어린 자녀에게는 휼양전이란 명목으로 사실상 세습되는 사전의 폐단이 발생했다.

③ 국가 또는 국가기관에서 수조하여 공공경비에 사용하는 토지이다.

④ 공전에는 무세지(無稅地)인 내수사전(內需司田)·혜민서종약전(惠民署種藥田)·제형공상채전(祭亨供上菜田)·빙부전(氷夫田)·진부전(津夫田)·원전(院田)·마전·관둔전·국둔전·적전(籍田)·완전(莞田)·칠전(漆田)·저전(楮田)·궁죽전(宮竹田)·진청죽전(進靑竹田)·각영아문둔전(各營衙門屯田)·각궁방전(各宮房田)·목장전·수릉군전(守陵軍田)·국행수륙전(國行水陸田)이 있다.

⑤ 조선시대 한양의 토지는 모두 국가(王)의 소유였기 때문에 궁궐, 종묘, 사직 및 관아의 부지, 도로, 구거, 시장 등의 위치를 정한 후 나머지는 각 신분에 따라 일정한 기준을 정하여 토지사용권만을 주었다.

⑥ 임진왜란 후 국토의 황폐화로 경계가 불분명하여 이 제도를 전면 폐지하였다.

(2) 사전(私田)

① 사전(私田)은 임금이 하사(下賜)한 전지(田地)로 공신전(功臣田)과 별사전(別賜田)이 있다.

② 조(組)를 개인에게 바치고 사적 경비로 사용하는 토지이다.

③ 과전, 공신전, 군전 등은 수조권을 부여한 것이지 소유권 그 자체를 준 것은 아니다.

④ 초기의 사전은 전시과(역분전·한인전·군전), 공음전(功蔭田), 공해전(公廨田; 내장택·궁원·백사·주부군현·관역전), 사원전(寺院田)으로 구분하였다.

⑤ 사전(私田)은 수세지(收稅地)로 장전·부장전·장수전(長須田)·아록전(衙祿田)·사전(賜田)·과전·사전(寺田)·직전(職田)·공신전(功臣田)·공수전(公須田)·급주전·군전(軍田)·별사전(別賜田)·공해전(公廨田)·학전(學田)·수외관둔전(數外官屯田)·도전(渡田)·수부전(水夫田)·승의전

전(崇義殿田) 등이 있으며 과전, 공신전, 군전 등은 수조권만을 부여하였다.

⑥ 대군에게는 250결, 왕자에게는 180결을 주는 등 차등이 있었으며, 사전으로 국왕의 특명에 의하여 따로 전토를 주었다.

⑦ 사전(賜田)에 "가전영세(可傳永世)"라는 사패(賜牌)가 있는 것은 세습하고 그렇지 않은 것은 본인에 제한하였다.

⑧ 과전, 군전 등이 미망인에게는 수신전 어린 자녀에게는 휼양전이란 명목으로 사실상 세습되는 사전의 폐단이 생겨났다.

⑨ 1592년(선조 25년) 임진왜란 후 국토의 황폐화로 경계가 불분명하여 이 제도를 전면 폐지하였다.

3.6.3. 전시과

출제(용) : 120회

고려시대 국가에서 문무 관료와 직역을 부여받은 계층에게 곡물을 재배하는 토지인 전지(田地)와 땔감을 채취할 수 있는 토지인 시지(柴地)로부터 조세를 받을 수 있는 권리인 수조권을 분급한 제도이다. 전시과 제도는 관료 신분에 대한 최소한의 경제기반을 마련해 줌을 목적으로 하여 지배층의 경제적 안정을 토대로 백성을 지배함으로써 지배 질서의 전반적인 안정을 도모하는 것이었다.

(1) 변천 과정

① 전시과가 실시되기 전인 940년(태조 23)에는 역분전(役分田)이 제정되어 관료와 군사들에게 나누어 주었다.

② 고려는 집권 체제가 정비되면서 976년(경종 1) 전시과를 제정하였으며, 일반적으로 시정전시과(始定田柴科)라 한다.

③ 성종(981~997년) 대에 관료제가 정비되면서, 실제 관직을 중심으로 18등급으로 구분하여 토지를 지급하는 체제가 구축되었다.

④ 문종(1046~1083년) 대의 경정전시과에서는 이전 시기에 18등급에 포함되지 않으면서 토지를 받던 층까지 모두 18등급 내로 편제하여 토지를 지급하였다.

⑤ 토지 분급 제도에서 인품 기준이 사라지고 관직으로 단일화된 것은 목종(997~1009년) 대의 개정전시과였다.

⑥ 전시과 제도는 경종 원년(976년) 시정전시과에서 시작하여 목종 1년(998년)의 개정전시과(改定田柴科)와 문종 30년(1076년)의 경정전시과(更定田柴科)가 있다.

⑦ 문종 때 마지막으로 정비된 전시과는 이후 개정되지 않았다.

(2) 특징

① 관직에 따른 토지 분급 제도라기보다 인품(人品)이라는 모호한 기준을 바탕으로 한 것이었다.

② 시정전시과에서는 관품과 인품을 기준으로 토지의 수조권을 나누어 주었다.

③ 지급된 일반 전시과 토지는 해당 관료가 사망하였을 때 모두 국가에 귀속되었다.

④ 일반 관료들을 구분하여 분급하던 일반 전시과 외에 공음전시(功蔭田柴)와 구분전(口分田), 공해전시(公廨田柴)도 있었다.

⑤ 공음전시는 관료가 사망하였을 때 국가에 귀속되는 일반 전시와 달리 자손들이 수조권을 상속할 수 있었다.

⑥ 구분전은 관리나 군인의 유가족, 혹은 가족이 없는 70세 이상의 군인 등의 생계를 위해 지급한 전시였다.

⑦ 공해전시는 중앙과 지방의 행정기관을 운영할 경비를 조달하기 위해 사용된 전시였다.

3.6.4. 공해전

출제(용) : 90회

공해전(公廨田)은 신라말과 고려 초 호족의 소유지로 토지의 성격상 공전으로 관리는 향리들이 담당하고 일정한 권한을 가지고 있는 토지로 파악한다. 고려사 식화편에 "궁원(宮院)·백사(百司)·주(州)·현(縣)·관(館)·역개급유차(驛皆給有差)"와 같이 공해전을 지급하는데 차등이 있다.라고 하였다.

(1) 종류

① 공해전은 공수전(公須田), 지전(紙田)과 장전(長田)의 3종류로 공수전과 장전은 조선시대에서도 답습하였다.

② 공수전(公須田)은 지방관청의 공비 및 사객(使客)의 접대비에 충당하고 역 운영에 드는 재정 마련을 위해 지급된 토지이다.

③ 지전(紙田)은 공용지의 대가에 충당한 것이다.

④ 장전(長田)은 역장, 부장전은 부장, 급주전은 급주에게 토지를 지급 또는 민전의 수세권만을 지급하였다.

(2) 특징

① 각 사(司; 관청)의 품계 고하와 이원(吏員; 직원)의 수에 따라 지급하는 토지이다.

② 왕족부터 서민까지 계급에 따라 각각 전결을 반급(班給; 나누어줌)하였다.

③ 각 관아에 공해전을 주어 경비를 지급하고 전국의 전토 번호는 천자문 순으로 기재하였으나 경작자의 성명은 기재하지 않았다.

④ 사전은 장전관(掌田官), 수전자(受田者) 등의 작간은닉(作奸隱匿; 간교한 꾀를 부려 숨기는 것)의 부정행위를 단절시키기 위해 엄격한 법률로 수조 때 사용할 노비와 말의 수량도 제한하였다.

⑤ 토지에 부과하는 조(組)의 귀속을 기준으로 국가 또는 공공기관이 수조하는 토지는 공전(公田), 개인 또는 사적인 기관에서 수조하는 토지는 사전으로 구분하고 사전·한광지·공전으로 구분하였다.

⑥ 1434년에는 공해전을 축소 정리하여 과전을 보충하였으며, 수조권이 귀족, 관리, 기타가간에 속한 토지를 사전이라 하였다.

⑦ 사전에는 과전, 직전, 공신전, 공수전, 장전, 부당전, 급주전, 군전, 별사전, 공해전, 사전, 학전 등이 있었다.

3.6.5. 역토

역토는 역참(驛站)에 부속된 토지의 총칭이며 역은 신라시대부터 조선시대까지 존재한 것으로 관리의 봉급, 관사 숙박의 비용, 양마(養馬)의 비용을 마련하기 위하여 설치한 토지이지만, 1896년에 폐지하였다.

(1) 역토의 형성

① 역(驛)은 삼국시대부터 조선시대까지 운수, 교통, 통신 기관으로서 중앙과 지방의 공문서와 관의 물건을 전달하며 공무를 수행하는 데 관리와 사신의 왕래에 편의를 제공하였다.

② 조선시대에는 고려시대의 역제(驛制)를 계승하였으며 경국대전에 의해 역제가 완비되었다.

③ 경국대전에 의하면 조선시대의 역은 41개로 역로(驛路)에는 512개의 속역(屬驛)이 있었다.

④ 역토는 역(驛), 참(站), 원(院)이 있는 부근의 비옥한 토지로 하였다.

(2) 역토의 종류

① 역토는 경국대전 제전조에 의하면 조선 초기에는 관둔전(官屯田), 공수전(公須田), 마위전(馬位田), 유역인전(有役人田)으로 구성되었다.

- 관둔전은 역 운영에 필요한 경비를 조달하기 위해 지급된 토지
- 공수전은 역 운영에 드는 재정 마련을 위해 지급된 토지
- 마위전은 역마를 사육하는 대가로 입마(立馬) 대상자인 역리(驛吏), 역졸(驛卒), 관군(館軍) 등과 같은 관리인에게 지급된 토지

② 역참의 부속지로 역공수전(驛公須田), 장전(長田), 부장전(副長田), 급주전(急走田), 원주전, 참아록전(站衙祿田) 등을 설치하였다.

- 공수전은 지방관청의 공비 및 사객(使客)의 접대비에 충당하고, 역시는 역에 속하는 시장(柴場)을 말하고, 지전은 공용지의 대가에 충당한 것이다.
- 장전은 역장, 부장전은 부장에게 지급된 토지
- 급주전은 급주(急走; 심부름하는 사람)에게 토지를 지급 또는 민전의 수세권만을 지급하였다.
- 원주전 또는 원전(院田)은 교통로에 해당하는 것으로 여행의 편의를 제공하는 건물을 지어 원주(院主)를 두고 그 원주의 수당에 충당하기 위한 것이다.
- 참아녹전(站衙祿田)은 원에 딸린 가족에게 주는 봉급인 아록(衙祿)으로 참(站; 역참)에 획급(劃給; 주어야 할 것을 그어줌) 한 토지

③ 역토 소작인은 소작(小作)을 타인에게 양도, 매매, 전당, 전대(轉貸)할 수 없었다.

④ 역토를 매매한 자는 엄하게 벌하고 황폐되었을 때 다른 국유지로서 보충하기로 되어 있었다.

(3) 역토 관리

① 신라시대부터 각도의 주요지와 도 및 군(郡)으로 통하는 도로에 평균 40리마다 1개의 역(驛)이나 참(站)을 설치하고 역정(驛丁)과 마필(馬匹)을 배치하였다.

② 역토를 관리하는 관리(官吏)는 찰방(察訪), 역장(驛長), 부장(副長), 급주(急走) 등을 두었다.

③ 역토 제도가 확립된 것은 세조 때 전국에 538개의 역을 두고 40명의 찰방(察訪)을 배치하였다.

④ 역토 수조는 1907년 이래 국유지 소작료를 징수하였으며 역둔토 대장을 작성하여 역토의 수입을 국고의 세입으로 하였으며 소작 계약은 5년마다 갱신하였다.

⑤ 일제 통감부는 역둔토 실지조사를 통하여 역토를 국유지로 강제 창출하였다.

⑥ 역토는 1894년 공무아문 → 1895년 농상공부 → 1897년 군부 → 1898년 탁지부 → 1900년 궁내부 내장원에서 담당하였다.

(4) 역토의 분쟁

① 1895년 이후 역토의 소유권분쟁은 황해도와 경상도에서 집중적으로 발생하였다.

② 내장원이 역토를 관리한 1900년 9월 이전과 이후 분쟁지에 대한 사정은 많은 차이가 있다.

③ 대부분 역토는 일반 개인이 도지(賭地) 또는 병작(竝作)의 형식으로 경작되었고 역위전의 도매 현상도 많았다.

④ 토지조사사업 당시(1910~1918) 역토의 분쟁은 1,254건에 2,098필지이었다.

(5) 역토의 활용

① 역토는 처음에는 역졸(驛卒)들이 자경(自耕)하여 모든 경비를 충당하는 것을 원칙으로 하였다.

② 시대의 흐름에 따라 역토를 소작 경영으로 소작료를 받아 경비를 충당하는 일이 많았다.

③ 소작 계약은 5년마다 갱신(更新)하고 소작료의 징수는 지세징수에 관한 수속(手續)을 준용하였다.

3.6.6. 둔토

출제(용) : 52회, (논) : 111회

둔전이란 둔토를 말하며, 그 기원은 국경지대의 군수품에 충당하기 위하여 그 부근에 있는 미간지를 주둔군에게 부속시켜 놓고 항상 주둔 병정에게 이를 개간, 경작시킨 데에서부터 시작된 토지제도이다. 개간 경작하는 군인을 둔전병, 이를 감독하는 자를 둔전관이라고 하였으며 설치 목적은 변방의 요새에 방비의 병력을 배치하고 국방을 공고하게 하고 황지(荒地)를 개간해서 군량을 모으고 운영비용을 절약하기 위해서 실시한 제도이다. 둔토(屯土)는 군수를 확보하는 것 이외에도 각 지방의 재정을 충당하는 재원으로서 기능을 하였으며 조선시대에는 국가 행정기관과 군사기관의 경제적 기반이 되었다.

(1) 둔토 설정 및 조사

① 둔토의 설정

- 한광지(閒曠地)의 개간 및 공전의 하사
- 관찰사 기타의 지방 관리가 그 지방의 폐해를 구제하기 위하여 자기의 봉급을 의연(義捐)하여 매수한 것
- 죄인 재산의 적몰 및 사유지의 매득
- 타 관청·궁방에서 이속 및 전결의 절수
- 자기의 재산을 관에 납부한 것
- 상속자가 없거나 도망자의 재산을 속공한 것 등

② 조사 대상 토지는 둔토·목장토·제언 답·원토·군전 등을 다시 조사하여 총수에 편입하도록 하였다.

③ 조사 내용

- 필지별로 탁지부 소관 국유지대장에 기재하였다.[53)]
- 토지조사사업에서 국유지통지서 작성 기준이 되었다.
- 국유지통지서는 토지신고서와는 달리 보관 관청별로 토지소재지·지목·번호·사표·면적·소작인의 주소 성명을 기재하였다.

(2) 둔토 연혁

① 1024년 고려시대 가주(嘉州) 남방의 둔전으로 사료에 나타난 최초의 둔전이다.

② 1406년에는 전국의 둔전을 폐지하였다가 1409년에 다시 둔전을 설치하였다.

③ 1426년 관둔전과 국둔전을 폐지, 1427년에는 부활하였다.

④ 1593년 훈련도감을 설치하여 병사를 모집한 후 군사훈련과 둔전을 경작하도록 하여 세납한 것이 영아문둔전의 시초로 영문둔전, 군문둔전과 아문둔전을 두었다.

⑤ 1896년 탁지부 소관의 둔토는 호조·병조와 관계된 토지와 지방경비로 사용되던 영진둔(營鎭屯)·관둔(官屯)·포둔(砲屯) 등도 군부로 이속하였다.

⑥ 1900년 역토가 궁내부로 귀속되면서 토지도 동일한 규정의 적용을 받게 되었으며 왕실 관련 관서의 토지들은 궁내부에서 담당하고 역토는 농상공부에서 담당하였다.

⑦ 1907년 국유로 편입되었고 계속하여 국권 피탈이 되어 오랫동안 국·민간의 분쟁이 있게 되었다.

53) 탁지부령 제20호, 역둔토관리규정 개정, 1909년 7월 15일, 한말 근대법령자료집 Ⅷ ,pp.361～365

(3) 둔토의 종류

둔토는 고려시대 초기에 창설된 것으로 지방관아의 경비로 충당하는 것과 군사기관의 경제적 기반이 되는 2종류로 세조 때는 국둔전과 관둔전이 있었다. 선조 이후 설치한 영문과 아문, 기타 둔전의 이름으로 창설한 것이다. 각 영문 둔토와 아문 둔토의 관리는 서로 권위를 남용하고 군량과 경비를 보충한다는 구실로 개간된 민전을 침탈하고 둔전에 편입한 경우이다.

① 관둔전

- 역의 운영에 필요한 경비를 조달하기 위해 지급된 토지, 공수전은 역 운영에 드는 재정 마련을 위해 지급된 토지이다.
- 관둔전은 주(主)·부(府)·군(郡)·현(縣)과 같은 지방행정기관과 영(營)·진(鎭)·포(浦)와 같은 군사기관에 설치되어 해당 기관이 관리하면서 재정을 보충하는 데 사용된 토지이다.

② 국둔전

- 국둔전(國屯田)은 국가적 범위에서의 군수 축적을 위하여 설정된 것으로 국가의 직속 토지이다.
- 국둔전은 군자금을 확보할 목적으로 설치하였으며 국유지이고 지역에 따라 광범위한 면적으로 각 지방의 경우는 관찰사가 관리하였다.

③ 영문둔전은 훈련도감·금위영·어영청·총융청·용호영·장용영·무위영·감영·총리영·경리영·수어영·관리영·진무영·진어영·통제영·병영·수영·방어영·진영·진보·난호군 둔전 등이다.

④ 아문둔전은 기로소·종친부·의정부·돈영부·충훈부·의금부·호조·진휼청·균역청·봉상사·규장각·사옹원·사복사·군기사·장락원·선공감·빙고서·전생서·사축서·내자사·내담사·장원서·사포서·활인서·혜민서·양향청 둔전 등이 있다.

(4) 둔토의 관리

① 둔전은 각 영문과 아문에서는 둔관을 파견하여 관리 감독하였으며 부세는 군여(軍旅) 또는 관수에 사용한 토지로 설정하고 면세하였다.

② 1632년(인조 12년) 양전을 실시한 후 세제를 개혁하고 영정법(永定法)을 설정하여 전세와 대동 및 기타의 부세는 결수에 따라 징수하였지만, 둔전의 과세는 면세하였다.

③ 토지의 개량, 수세, 비료 등에 사용되는 비용은 소작인이 부담하였다.

④ 제방의 수리, 진황지의 복구 등 토지의 보존에 관한 비용은 관청이 부담하였다.

(5) 둔토의 분쟁

① 둔전의 소유권분쟁은 토지제도 및 관리의 불완전에 의한 것으로 훈련도감 또는 양향청에서 수조한 것은 민유지와 국유 둔전을 구별하지 않고 모두 수세하였다.

② 토지소유권의 매매 증서는 소작권의 매매 증서와 유사한 것이 많아 증서를 구별하기 곤란한 것이 많았으나 국유지 조사에서 국·민유의 구분을 명확하게 하지 않았다.

③ 당사자로부터 제출한 문서, 관청보관의 공부, 그 토지의 내력에 관한 지사인·증인 등의 진술, 점유 사용의 상황, 현지 상황 등의 사실로 볼 때는 해결이 곤란하였다.

④ 조선총독부가 사유지화된 제2종 유토둔전과 처음부터 사유지로 내려온 무토둔전을 모두 국유지로 강제 편입시킨 결과 대규모적인 소유권분쟁이 발생하였다.

⑤ 둔토는 국유지 분쟁 중에서 가장 많았으며 1908년 역둔토 대장에 등록하고 국유지에 편입하였다.

(6) 둔전의 폐단

① 둔전의 과세는 면세하였으나 호조의 수입에 큰 영향을 미치게 되었다.

② 개인 토지를 둔전이라 사칭하여 과세를 면제받기도 하였다.

③ 각 둔전에 대한 국유지와 민유지의 소유권 주장으로 분쟁이 발생하였다.

④ 토지분쟁의 발생 이유로는 수세로만 가지고 소유권의 귀속을 구별하기 어려웠던 부분이 많았다.

3.6.7. 역둔토

출제(용) : 60, 98회

역둔토(驛屯土)는 갑오개혁 이후 역토와 둔토를 총칭하여 사용되었으며 궁내부의 내장원에서 관리할 당시의 역둔토는 둔토·역토·목장·제언답·축전·제전·송전·노전·초평·시장·봉대기지·공해기지 등이다. 각 궁장토 및 능·원·묘의 부속지 등과 함께 궁내부 소관을 폐지하고 모두 국유재산으로 하여 탁지부 소관으로 귀속하였으며 이러한 모든 토지를 총칭하여 역둔토라 하였다.

3.6.7.1. 담당 부서의 변천

① 1984년 설치된 군국기무처는 국가재정을 일원화하는 동시에 황실 기관인 궁내부를 비롯하여 모든 국가기관의 재정을 탁지아문에서 관리하였다.

② 1895년 역토 관리권은 농상공부의 소속으로 관리되었으며 둔토는 1895년에 다시 궁내부와 탁지부로 분리하여 관리하였다.

③ 1896년 탁지부 소관이었던 영진둔·관둔·포둔은 군부로 이속하여 각 지방부대의 경비로 충당하였다.

④ 1905년부터 1908년 통감부 내의 탁지부로 이관될 때까지 역둔토는 경리원(經理院)에서 관리되었다.

⑤ 1909년 6월에 탁지부는 역둔토 관리를 위하여 역둔토 실지조사를 실시하였다.

3.6.7.2. 역둔토 조사 사무의 내용

① 준비 작업의 지번 및 지적(地積)의 조사

② 준비 작업의 소도 작성

③ 외업

④ 도서(圖書)의 검사

⑤ 적산(積算)

⑥ 부책조제(簿冊調製)

⑦ 외업의 감독

3.6.7.3. 역둔토 실지조사

출제(용) : 93회

토지조사사업 당시 일제는 국유지로 강제 편입한 토지 중 삼림·임야·미간지를 제외한 농경지에 대해서 역둔토 실지조사를 시행하였다. 최초에는 국유지 실지조사라고 하였으며 조사 결과보고서를 출간하면서 역둔토 실지조사라고 공식적인 명칭을 사용하였다.

(1) 실지조사의 목적

① 강제 창출한 국유지의 소재와 면적을 실지로 확인하여 조선 토지조사사업 이전에 역둔토 토지대장을 작성하는 것이었다.

② 국유지 소작인을 명확히 하고 국유지에 성립된 도조권(賭租權) 등 농민의 권리를 부인하고 소작인 명기장을 작성하는 것이었다.

③ 소작료를 재조정 인상하여 수입을 증가시키려고 하였다.

④ 실지조사는 중답주(中畓主)를 제거하기 위한 소작인조사와 국유지의 확대 창출을 위한 숨겨진 토지 색출 및 소작료 책정을 위한 토지 등급을 조사하였다.

(2) 조사 내용 및 방법

① 조사 내용은 필지별로 소재·지번·지목·면적·사표·구명칭·등급 및 결정 소작료, 소작인의 주소, 성명 등을 조사하였다.

② 조사 방법은 양안이 있는 경우 참고하고 양안이 없는 경우 직접 측량하였다.

③ 조사의 요령

- 토지대장에 등록된 1지번의 역둔토를 소작인별로 분할 또는 미등록 토지는 새로 조사하여 소작인을 밝히고 지적(地積)을 산정한 다음 역둔토 대장을 만들었다.
- 역둔토 관리상의 일필지로 할 토지의 강계, 지목 및 소작인의 조사
- 분할한 토지 및 새로 조사된 토지의 역둔토 등급의 조사
- 역둔토 내에 포함되는 도로, 구거, 철도선로 등으로서 역둔토로 대부(貸付)를 하지 않고 또는 지적 정리상 지번을 붙이지 않은 토지의 조사
- 역둔토가 하천, 호해(湖海)로 되어 멸실된 토지의 조사

(3) 소작인의 조사

① 역둔토의 소작은 부, 군에서 소작인허증(小作認許證)을 발급하였지만, 인허증의 발급 후에 소작인이 변동된 것이 많고 또 인허증이 없이 경작하는 자가 있는 등 가지각색이므로 이번 조사에서는 종래의 인허 여부(與否)에 구애(拘碍)됨이 없이 소작인을 조사하도록 하였다.

② 소작인조사는 신고주의의 방법을 채택하였으며, 신고서는 소작인의 주소·이름 및 소작지의 소재·지번·지목 등을 기재하였다.

(4) 역둔토 강계 및 지목 조사

① 역둔토의 강계는 일필지의 토지를 역둔토 관리상 2필지 이상으로 분할할 경우 각 필지계 및 토지대장에 등록되어 있지 않은 토지를 새로이 조사한 강계를 말한다.

② 강계 및 지목의 조사

- 일필지의 토지가 전, 답, 대, 잡종지 중에 소작인이 2인 이상일 경우
- 소작인이 있는 부분과 소작인이 없는 부분으로 구분된 경우
- 두 가지 이상의 지목으로 된 토지가 일필지로 된 경우
- 토지대장에 지목이 임야로 등록된 토지의 경우
- 역둔토로 취급된 토지가 토지대장에 등록되지 않은 경우
- 전, 답, 대의 일부가 하천이나 바다로 멸실된 토지의 경우

(5) 역둔토 면적의 조사

① 은결(隱結)을 발견하여 역둔토 면적을 증가시키는 것이다.

② 면적은 평을 단위로 하고 소작인은 중간 소작을 배제하고 사실상의 경작자를 조사하였다.

③ 구사음(舊舍音)들이 소지한 수조성책(收租成冊)의 제출을 명하여 역둔토대장과 대조하였다.

④ 은결(隱結)이 많은 지방에서는 구장부(舊帳簿)와 매 필지를 하나하나 대조하여 은결(隱結)의 사출(査出)을 기도하였다.

⑤ 수조성책(收租成冊)에 기록된 총 결수를 양안에 등록된 역둔토 결수와 대조하여 차이가 있는 것은 그 사유를 조사하였다.

⑥ 은결에 대해 밀고하는 자에게는 상여금이나 소작권을 부여하는 등의 방법으로 조사하였다.

⑦ 종래의 면적 단위인 두락(斗落)과 일경(日耕)을 평수로 정확히 파악하는 것이었다.

⑧ 종래에 역둔토 지도가 없었던 것을 개략적으로 지도를 작성하는 것이었다.

⑨ 역둔토 실지조사에 동원된 측량기사는 60명으로 전면적인 측량을 시행하지 못하고 중요 지역만 측량을 시행하였다.

3.6.7.4. 역둔토 분필조사

역둔토 분필 조사는 기본적으로는 국유지의 소작인을 확정하고 새로 증가시킨 국유지를 포함하여 모든 국유지를 총정리하는 결산작업이며 부대사업으로 시행되었다.

(1) 분필 조사의 목적

① 토지대장에 등록된 국유지의 1지번의 토지를 소작인별로 분할 조사하여 소작인, 토지대장에 등록된 국유지를 지목별로 조사하였다.

② 국유지의 지목별 구분과 국유지대장(역둔토대장)에 등록되지 않은 토지조사사업으로 새로 추가된 국유지를 조사하여 소작인을 명확히 하고 실측도를 작성하기 위한 것이다.

③ 역둔토 분필 조사는 토지조사사업의 부대사업으로 국유지의 실지조사 및 측량을 시행하여 모든 국유지에 대한 지도·대장·대장집계부를 작성하였다.

(2) 분필 조사 요령

① 역둔토 관리상의 일필지로 할 토지의 강계, 지목 및 소작인조사

② 분할한 토지와 새로 조사된 토지의 역둔토 등급 조사

③ 역둔토 내에 포함되는 도로, 구거, 철도선로 등으로 대부(貸付)하지 않았다.

④ 지적정리에서 지번을 붙이지 않은 토지의 조사

⑤ 역둔토가 하천, 호해(湖海)로 되어 멸실된 토지의 조사

(3) 조사반 편성

① 조사반 편성은 외업 조사반과 내업반으로 구분하였다.

② 외업반에는 감사원, 부감사원 또는 부속원(附屬員), 조사원으로 편성되었다.

③ 내업반은 역둔토반, 감리분반(監理分班), 검사분반, 적산분반, 부서분반(簿書分班), 서무로 구성되었다.

3.6.7.5. 역둔토 측량

(1) 역둔토 측량 방법

① 역둔토 측량은 분할 및 신규등록의 경우에 시행하였으며 강계 조사와 지목 조사를 동시에 시행하였다.

② 국유지 측량은 전국 60개 조사반에 1명씩 배치된 측량원이 시행하였으며 조사절차는 외업과 내업으로 구분하여 추진하였다.

③ 평판측량 방법으로 매 필지의 형태와 면적, 필지 상호 간의 관계를 중점적으로 조사하였다.

④ 시행하고 측량 방법은 세부측량 및 이동지측량을 기준으로 다음과 같은 방법에 따라 실시하였다.

- 분할측량은 기지경계점(既知境界點), 도근점 등에 의하여 시행한다.
- 새로이 역둔토로 등록할 토지는 소도의 구역 내일 경우에는 기지점, 도근점에 의하여 새 경계선을 측정하였다.
- 소도의 구역 외(外)일 경우는 나침방위(羅針方位)에 의해 평판을 표정(標定)하고 측량기점(測量基點)에 의하여 측량하였다.
- 토지대장 기등록지(既登錄地)와의 관계위치를 약측(略測)하였다.
- 역둔토의 측량은 지적정리를 위한 측량보다 정밀도(精密度)가 떨어지므로 지적측량을 다시 하도록 하였다.

(2) 역둔토 지번의 결정

① 역둔토의 지번은 관리상 적당히 붙이는 정리 번호로서 토지대장에 정리된 지번을 그대로 사용할 필요가 없어서 따로 동, 리 또는 면을 통산하여 정리 번호를 붙여도 좋지만, 토지대장과 역둔토대장, 지적도와 역둔토 지도는 항상 밀접한 관계가 있었다.

② 일필지의 토지를 분할한 것은 토지대장의 지번에'의 1', '의 2' 등을 붙여 역둔토 지번으로 하였다.

③ 일필지의 토지 전부가 역둔토에 해당하는 것은 토지대장의 지번을 그대로 역둔토 지번으로 하였다.

④ 새로 조사된 토지는 토지대장의 지번에도 불구(不拘)하고 동, 리마다 '신(新)'자를 관기(冠記)한 별번호(別番號)를 붙이며, 순차(順次)로 신 1번, 신 2번 등으로 하여 토지대장에는 등록되지 않은 토지임을 명백히 밝혔다.

⑤ 일필지의 일부 또는 전부가 도로, 구거, 제방, 성첩, 철도선로, 수도 선로로 조사된 것과 하천, 호해(湖海)가 되어 현지가 멸실된 것들은 지번을 붙이지 않았다.

(3) 역둔토의 지적정리

출제(용) : 131, 137회

① 역둔토의 구체적인 관리를 위해 역둔토관리규정이 제정되었다.

② 역둔토에 관한 청원서의 접수 및 그에 대한 지령, 소작 계약의 체결, 소작료의 징수 및 소송은 관할 재무감독국장이 처리하였다.

③ 소작 계약기간은 5년 이내이지만 기한은 갱신할 수 있었다.

④ 양안 상의 필지 구분과 관계없이 지목과 소작인이 다르면 분필하고 자연 지물이나 도로 등의 인공 지물에 의해 구분되는 경우도 분필하였다.

⑤ 지번은 동리별로 측량 순서에 따라 부여하였으며 민유의 주장이 있는 필지인 경우에도 증거가 불충분하면 모두 조사하였다.

⑥ 다툼은 재무감독국장에게 보고하여 지휘받도록 하고 소작권의 분쟁이 있는 경우는 현실의 경작자를 권리자로 인정하였다.

⑦ 등급을 조사할 때는 경지는 토질·수리의 편리·경운(耕耘)의 난이·운반의 편리 등을 조사하고 대지는 거주 편리·시가지의 경우 상업의 편리 등을 조사하여 결정하였다.

3.6.7.6. 역둔토 불하

① 역둔토는 불하(拂下) 당시 역둔토 대장에 등록된 소작인에게 불하하도록 하였다.

② 역둔토 불하가 처음 시작된 것은 1912년 총독부는 소작 농민을 자작 농민으로 육성하기 위해 역둔토 불하를 시작하였다.

③ 역둔토는 원칙적으로 소작인에게 불하하고, 불하 대금을 상환하는 방법은 소작 농민이 불하받으면 10년 분할 상환으로 매년 대금의 1/10씩을 분납하는 방식을 실시하였다.

④ 1920년 불하 계약이 체결되지 않은 역둔토는 불하에 적용된 등급별 표준지 가격을 적용하여 1921년에 처분하도록 하였다.

⑤ 불하 가격은 토지조사사업 당시 지가산정방식과 유사하게 표준지 선정, 표준지의 수확량 조사, 곡가 조사, 불하 가격산정의 순으로 진행되었다.

3.6.8. 궁장토

궁장토는 임진왜란 이후에 설치되었는데, 대군·공주·왕자·옹주·군주·국왕사친(國王私親)·세자사친(世子私親)·후궁(後宮) 등의 왕실과 궁가에 속하는 토지와 명례궁(明禮宮)·어의궁(於義宮)·용동궁(龍洞宮)·수진궁(壽進宮) 등의 토지로 궁방전이라고도 하였다. 궁방전에 내수사의 토지를 포함하므로 일사칠궁의 토지를 궁장토라 하였다. 궁방(宮房)이란 왕실의 일부인 궁실(宮室) 및 왕실과 관계가 깊은 궁가(宮家)를 말하며 궁실은 명례(明禮)·어의(於義)·용동(龍洞)·수진(壽進)의 4궁을 말하고, 왕실은 대군·공주·왕자·옹주·군주 등의 궁가를 말한다.

3.6.8.1. 궁장토 종류

1사 7궁은 내수사 및 7궁을 총괄하여 부르는 이름으로 1사는 내수사(內需司)를 말하며 7궁은 영구히 존속되는 명례궁(明禮宮)·어의궁(於義宮)·용동궁(龍洞宮)·수진궁(壽進宮)과 왕실과 궁가(宮家)에 종속되는 육상궁(毓祥宮)·선희궁(宣禧宮)·경우궁(景祐宮)으로 왕실의 사고라고 할 수 있다.

① 내수사는 조선 초기부터 설치되어 왕실의 미곡, 포목 등의 왕실 재산과 노비를 관리하는 궁중의 기관으로 정오품아문(正五品衙門)이다.

② 수진궁은 예종의 왕자인 제안 대군의 사저로서 대군이 사망한 후에 신주(神主)를 안치하고 그 후로는 작위(爵位)를 받지 못한 왕자, 대군 또는 미혼자인 공주, 옹주 및 후궁들의 제사를 지내는 곳으로 후에 왕의 재산에 귀속되었다.

③ 명례궁은 덕종의 왕자인 월산대군의 사저였는데, 광해군 3년 선조 대왕의 왕비인 인목대비가 여기에 은거(隱居)하면서부터 역대 왕비가 사용하는 거처(居處)가 되었으며 왕의 재산으로 귀속되었다.

④ 어의궁은 인조 대왕의 개인 저택이었으나 그 후에 왕비가 사용하는 거처(居處)로 왕의 재산으로 귀속되었다.

⑤ 용동궁은 명종 왕의 왕자인 순회세자의 구궁(舊宮) 이었으나 왕의 재산으로 귀속되었다.

⑥ 육상궁은 영조 대왕의 생모인 숙빈최씨의 제사를 지내던 장소로 영조 원년에 설치되었다.

⑦ 선희궁은 사도세자(思悼世子)의 생모인 영빈이씨의 제사를 지내던 장소로써 영조 38년 의열묘(義烈廟)라 하였는데, 정조 12년 선희묘로 개칭하여 선희궁이라 하였다.

⑧ 경우궁은 순조의 생모인 수빈박씨의 제사를 지내는 곳으로 순조 23년(1823년)에 새로 설치되었다.

3.6.8.2. 궁장토 설정

(1) 유토면세지

① 유토면세지(有土免稅地)는 궁방에서 사유지의 매득(買得), 무지주의 절수(折受)개간, 이속지(移屬地), 속공지(屬公地)의 사여(賜與) 등으로 보유권을 획득한 토지를 궁결(宮結) 또는 영작궁둔(永作宮屯)이라 하였다.

② 영작궁둔지는 궁방에서 황무지를 막아 둑을 쌓고 개간한 토지와 국고금으로 매수한 토지로 궁방에서 직접 경영하는 궁방 직속 경영지와 도장위탁 경영지로 구분되었다.

③ 영작궁둔의 경영형태는 소작제(小作制) 경영이며 소작형태는 정률(定率) 소작제인 타조제(打租制)와 정액(定額) 소작제인 도조제(賭租制)가 병행되었다.

(2) 무토 궁장토

① 무토 궁장토는 일정 기간 사유지의 수조권만을 이양받은 사전(私田)에 속하는 토지로 궁방의 지배력이 미약하였다.

② 궁장토의 약 2/3에 해당하였고 국가에서 사유지의 수세권(收稅權)을 궁방에 이양한 토지로 원결면세지(元結免稅地)라고도 한다.

③ 호조에서는 무토면세지를 3년에서 10년을 기간으로 각 군현(郡縣)에 교대로 설정하였기 때문에 윤회궁결(輪回宮結)이라고도 하였으며 무토면세 또는 원결면세라고 하였다.

④ 무토궁장토는 윤회무토궁장토(輪回無土宮庄土)와 비윤회무토궁장토(非輪回無土宮庄土)로 구분되었다.

(3) 투탁지

① 궁장토는 국세를 면제하고 경작자에게도 부역을 면제하였으며 궁장토의 소작료는 적었으며 본인의 토지를 궁장토인 것처럼 가장하여 부역을 면제받으려고 한 것을 토지의 투탁(投託)이라 하였다.

② 투탁지는 백성이 자기의 사유지를 궁방에 투탁한 것으로 외관상 궁장토로 가장(假裝)되어 있는 토지로 현종 시대에 시작되었다.

③ 투탁의 행위는 법률로 금지되었으므로 처음에는 투탁은 궁방과 지주 간에 은밀히 실시되었으나 뒤에는 궁방 세력이 강화되면서 공공연하게 실시되었다.

(4) 혼탈입지

① 궁장토로 취급된 것으로 혼탈입지(混奪入地)와 투탁지(投託地)로 구분되며 혼탈입지는 민전을 사궁장토에 편입하고 진황지의 절수, 사패 등의 이름으로 개간한 민전을 약탈한 것이다.

② 민전을 궁방이나 관리가 고의 또는 착오로 개인의 의사와 관계없이 궁장토에 편입시킨 토지로 혼탈입지는 무토가 대부분이었다.

③ 광무 양전사업 때 내장원 토지에 대한 사검을 실시하면서 개인의 사유지를 역둔토와 궁장토에 혼탈입 하였다.

④ 광무사검과 내장원의 경파원에 의하여 혼탈입이 자행되어 무토 궁장토는 증가하였다.

3.6.8.3. 궁장토 제한

① 궁장토는 효종 10년 4월 사간원은 궁장토의 무제한 확대를 막기 위해 궁방면세결을 제한하고 이를 초과하는 결수에 대해서는 과세할 것을 건의하여 승인하였다.

② 1663년(현종 4년) 대군과 공주는 400결, 왕자와 옹주는 250결로 결정하여 제한 없이 지급되던 궁방전의 결수를 제도적으로 결정하였다.

③ 속대전과 대전통편에서 규정한 궁방전의 결수 범위

- 대왕사친궁(大王私親宮)은 500결(왕 생존 시 1,000결) 지급
- 세자사친궁(世子私親宮)은 300결(세자 생존 시 800결) 지급
- 사궁(私宮; 명례궁·어의궁·용동궁·수진궁)은 각각 1,000결 지급
- 대군과 공주는 850결, 신궁(新宮)의 후궁은 800결, 왕자, 옹주는 800결 지급
- 구궁(舊宮)의 후궁 200결, 대군과 공주는 200결, 왕자와 옹주는 200결 지급
- 군주(郡主)는 400결(구궁(舊宮)일 경우 100결) 지급
- 궁방전은 왕족의 사망 후에는 제위(祭位)로 정액의 1/2 이하를 지급해야 하며 대왕, 세자의 사친궁과 4궁을 제외한 궁방은 4대로 제한하였다.

3.6.8.4. 궁장토 장부

① 사궁장토의 장부인 정간책, 봉상책, 응봉책(應捧冊)은 장토의 수입에 관한 기록, 봉하책(捧下冊), 별치책(別置冊)은 지출에 관한 기록, 장토의 소재 군명, 수세액, 수입과 지출의 연월일 및 그 밖의 필요 사항을 기재한 것이다.

② 각 책에 수록된 문권 들은 전답·가사·도장권·여각주인·포구주인·선주인·경작권 등의 매매문기·패지·각종 절목·첩문·완문·양안·추수기·도조기·패칙·소지·백활·청원서·음기·조회·보고서·입안·전령 등의 종류가 있다.

③ 궁장토 문적은 건별로 1책씩 묶어서 표제를 붙여 장토의 소재지와 제출처 및 제출자를 밝혀 놓았다.

④ 장토의 매매 문기는 매매 연월일, 매주, 매매 이유, 매매 대상, 매매가격, 증빙 문기, 전답주·재주·증인·필집인 성명 등이 기재되어 있다.

⑤ 국왕의 열람에 바치기 때문에 어람양안(御覽量案)이라고 하였다.

3.6.8.5. 궁장토 관리

① 일사칠궁의 재산 등 황실이 소유한 재산의 관리는 1905년 12월 제실재정회의에서 관리하였으며 1906년 2월 제실제도국을 설치하였다.

② 궁장토의 본격적인 정리는 1907년 3월부터 시작하면서 내수사·용동궁·어의궁·수진궁에서 일하던 직원 및 하속은 모두 폐지되고 수진궁 내에 공진소를 설치하고 궁내부내에 있는 각궁 사무정리소에서 관리하였다.

③ 공진소는 1사 3궁과 명례궁에서 관리하던 어공(御供) 및 사전거행(祀典擧行)에 관한 사무를 담당하고, 기타 궁장처리 및 궁곡상납 등의 사무는 각궁 사무정리소에서 관리하였다.

④ 1907년 12월 제실재산정리국을 설치하여 각궁 사무정리소를 통하여 관리하였다.

⑤ 1907년 7월 임시제실유 및 국유재산 정리국을 설치하였다.

⑥ 1908년 7월 임시제실유 및 국유재산 정리국과 제실재산정리국을 통합하여 임시재산정리국을 설치하고 모든 업무를 관리하였다.

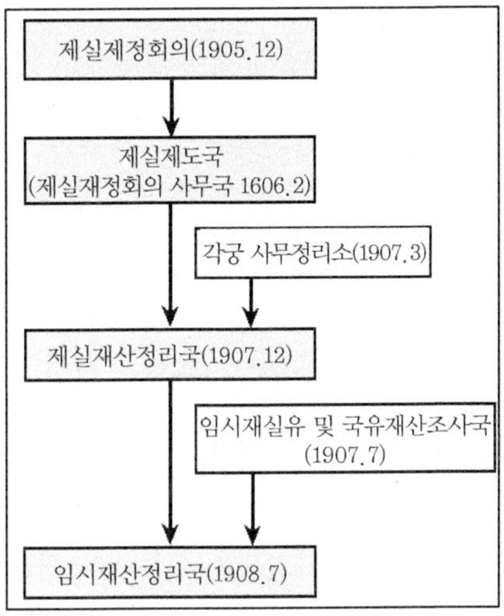

<그림 3-50> 궁장토 관리조직 변천

(1) 궁장감관

① 궁장감관(宮庄監官)은 각궁 사무정리소의 허가를 받아 사음(舍音)·동직(垌直)·감고(監考) 등을 사용할 수 있었다.

② 각궁 사무정리소에 속하여 궁장의 보호 감시, 보의 수선 징수·보관, 결세 납부 등의 사무를 담당하였다.

③ 임무는 작인을 지방 관습에 따라 출척(黜陟; 못된 사람을 쫓아내고 좋은 사람을 불러옴)하며, 사전에 정해진 규칙에 따라 소작료를 징수하는 것이었다.

④ 궁장감관의 자격

- 해당 지역에 3년 이상 거주자 중 30세 이상 60세 이하
- 품행의 방정이 확실한 자 또는 농업에 경험이 있는 자
- 문자를 아는 자 및 궁곡(宮穀)을 보관할 가옥이 있는 자
- 확실한 재산을 가진 자, 형벌을 받은 적이 없는 자

(2) 도장

① 도장(導掌)은 궁장토의 수조와 관리를 관장하는 자로 궁장토의 안내역 및 관리의 임무를 겸한 사궁 직원으로 궁방에 대하여 일정한 세미(稅米)를 납부하여 궁장토를 관리하고 기타의 수익권을 갖는 자를 말한다.

② 도장위탁(導掌委託) 경영지의 관리체계는 궁방(宮房)→도장(導掌)→감관(監官)·사음(舍音)으로 구성되었다.

③ 도장의 종류

- 조선시대 말에는 궁방전의 경작에 따라 작(作)도장, 역가(役價)도장, 납가(納價)도장, 투탁도장(投託導掌)으로 구분되었다.
- 작도장(作導掌)은 중답주(중간지주)의 성격은 없고, 궁방이 부여한 특권의 도장권을 갖고 있으며 일반도장으로 궁방에 공로가 있거나 궁방이 신임하는 자를 차정하여 궁장토의 수조와 관리를 담당한 도장이다.
- 역가도장(役價導掌)은 궁방에 속해 있는 미간지를 개인이 개간하고 경작지화 하여 농민에게 소작을 주고 궁방에는 일정한 세를 납부하던 도장을 말한다.
- 납가도장(納價導掌)은 궁방에 일정한 금액을 납부해서 도장이 된 자로 차정 받고 매년 궁방에 일정한 세를 납부하고 소작농에게 소작료를 수납하여 그 차액을 수취하는 도장이었다.
- 투탁도장(投託導掌)은 토지소유자가 지방 관리의 위압주구(威壓誅求) 기타 위험을 면할 목적으로 자기 소유지를 궁방에 투탁하여 가장한 것으로 투탁지의 도장으로서 투탁자가 차정(差定)한 것으로 도장이라 볼 수 없으나 투탁지 소유자의 성격을 가졌다.

④ 도장의 폐단

- 궁방은 궁장토의 도장들에게 선금을 받고 토지에 대한 지배권을 매도하였다.
- 도장이 궁방에 납부한 세액은 일정하였으며 궁장토의 추수는 모두 도장이 임의로 징수하므로 폐해가 많았다.

⑤ 도장 처리의 기본 원칙

- 임시토지조사국에서 처분하는 도장은 1907년 6월 도장을 폐지할 때 도장이었던 자로 한다.
- 도장(導掌)이라는 사실의 증명은 모두 도서문적(圖書文蹟), 도장매매문기 또는 이에 상당하는 문서에 한한다.
- 투탁도장(投託導掌)은 투탁했다는 것을 분명히 기록한 문서를 가진 자에 한한다.
- 도장이었다는 사실은 문서에 의해 조사한 후, 다시 실지에 나가 조사한다.

- 도장에게 지급할 배상금 산출의 기초는 1906년분의 수확량에 의한다.
- 도장에게 지급할 배상금은 별도로 공채를 발행하여 자금을 마련한다.
- 투탁 이외의 도장은 순 수확량의 3년분을 지급하도록 하였다.

3.6.8.6. 궁장토의 폐해

① 직전제가 폐지된 상태에서 왕족들에게 경제적인 기반을 목적으로 설정된 궁장토는 왕권의 비호(庇護)하에 급격한 팽창으로 폐해가 발생하게 되었다.

② 궁장토의 팽창은 국가의 재정 기반을 축소하고, 민전(民田)을 탈취하는 상황에 이르게 되었다.

③ 양안에 등록되어 있지 않는 무주지와 가경지(可耕地)는 모조리 궁가에서 절수하였다.

④ 궁방은 무주지(無主地)의 절수를 빙자하여 농민들이 개간한 유토민전을 탈취하였다.

⑤ 궁장토는 직전제가 폐지된 조선 후기에 왕족들의 생계를 보장하기 위해 지급하였지만, 재정 궁핍과 민폐가 심해 대신들은 폐지론을 주장하였다.

3.6.9. 투탁지

출제(용) : 108회

투탁지(投託地)는 민간인이 자신의 토지를 궁방에 투탁(投託)한 것으로서 외관상 궁장토로 가장 되어 있는 토지를 말한다. 이러한 행위는 법률에 따라 금지되어 있으므로 처음에는 궁방과 민간인 사이에서 은밀하게 행하여졌으나 뒤에는 공공연하게 시행되었다.

(1) 투탁지의 발생원인

① 궁방에서는 전세(田稅)만 받으므로 민간인의 경우에는 세금의 부담이 경감되었다.

② 궁장토는 면세지였으므로 세금을 면세받기 위해 투탁한 것처럼 가장하였다.

③ 부역(賦役)의 회피 및 세금의 부담을 덜어 주기 위해서이다.

④ 궁방(宮房)에 자신의 토지를 투탁하고 도장(導掌)이 되는 일도 있었다.

⑤ 미간지를 개간한 농민이 궁방에 투탁하여 권세가들의 침탈을 막기 위한 수단이었다.

⑥ 농민이 자손의 토지 전매(專賣)를 막고 토지 유산을 영구히 보장하기 위해 투탁하였다.

(2) 투탁지의 특징

① 궁장토는 국세를 면제하고 경작자에게도 부역을 면제하였다.

② 궁장토의 소작료는 적었으며 궁장토를 경작하는 자는 부역을 면제받았다.

③ 투탁제도가 공공연하게 됨으로써 토지제도의 문란을 가져오는 요인이 되었다.

④ 사유지를 궁방에 투탁함으로서 도장(導掌)이 되었다.

⑤ 농민의 경우에는 토지의 유산(遺産)을 자손에게 상속할 수 있었다.

(3) 투탁지의 관리

① 도장(導掌)은 궁장토를 관리하면서 궁방에게 일정한 세미(稅米)를 바치고 그 이외의 수익권(受益權)을 갖는지를 말한다.

② 도장은 본래 궁방의 직원으로서 궁장토의 관리 임무를 담당하는 자이다.

③ 도장 아래에는 감관(監官) 또는 사음(舍音)이 있어 소작인의 감독 및 추수(秋收)에 관한 일을 하였다.

④ 궁방에서는 해당 궁장토에 특별한 연고가 있는 자에게 도장(導掌)의 임무를 담당하게 하였다.

⑤ 도장에 지정되면 특별한 과실이 없는 한 해임되지 않았으며 자손에 상속된 자도 있었다.

⑥ 도장의 폐단

- 도장의 직무가 비교적 안전하고 영속성이 있으므로 나중에는 개인 간에 공공연하게 도장(都掌)이란 직책의 매매가 행해지고 도장이 임의로 징수하는 폐단을 가져왔다.
- 도장에 의한 폐단이 심하여 1907년 6월 국유지, 민유지와 관계없이 일사칠궁의 도장은 전부 폐지하고 부속 문건, 양안, 추수기 및 감관(監官), 사음(舍音) 등의 명부를 각궁의 사무정리소에 반납시켰다.

3.6.10. 제언

출제(용) : 60, 137회

제언(堤堰)은 관계의 목적으로 토제(土堤)를 구축하고 계수(溪水) 또는 우수를 저장하는 시설을 총칭하며 제(提)·동(垌)·방축(防築)이라고도 불렀다. 기록에 남은 대표적 제언은 〈그림 3-51〉과 같이 김제시에 있는 벽골지이며, 신라시대에 축조된 것으로 수륙분계선의 길이가 1,800보에 이르렀지만, 현재는 전부 전답으로 되고 축제가 남아 있을 뿐이다.

(1) 축조 및 관리

① 제언은 공공사업으로 경영되었고 신라 이후에는 백성이 개간하게 하고 수리하였으며 때로는 국가가 직접 수리하였다.

② 제언을 폐지하면 빈민에게 경작시켜 그 수입의 일부를 군량미에 충당하거나, 둔토에 편입시켜 국유로 하였다.

③ 제언은 대부분 국유였으나 민유인 것도 있었으며, 민유인 제언에는 소유자가 자기의 토지를 관개하기 위하여 특별히 축조한 것도 있고 혹은 타인의 토지를 관개한 다음 일정한 수세를 징수하기 위하여 축조한 것도 있었다.

<그림 3-51> 김제 벽골지

(2) 제언의 모경

① 국유지의 제언 안을 임의로 경작하는 것을 제언의 모경(冒耕)이라 한다.

② 1819년 전라도와 경상도에 개량(改量)을 명하고 양전사목을 반포하여 제언을 수축(修築)하고 저수하도록 하였으나 다시 모경한 것은 제언 내의 토지가 비옥하기 때문이다.

③ 1904년에 수륜원의 사무를 농상공부에 이관(移管)하고 모경지의 도조는 예전과 같이 경리원에서 징수하였다.

④ 제언을 폐지하면 빈민에게 경작시켜 그 수입의 일부를 군량미에 충당하거나, 둔토에 편입시켜 국유로 하였다.

⑤ 1907년에 경리원 수조관의 폐지에 따라 모경지의 관리는 역둔토와 마찬가지로 탁지부(度支部)에 위촉하여 역둔토 소작료 징수 규정의 적용을 받도록 하였다.

⑥ 제언 답은 임진왜란 이후에 궁방이 제언을 입안하여 절수하거나 점탈하여 경작지로 하였다.

⑦ 황폐된 제언 부지는 진휼청에 귀속시키고 궁가 및 토호의 모경을 금지하였다.

(3) 제언의 소유권 조사

① 제언의 소유권 조사는 면, 동리유(洞里有) 또는 개인의 소유로 신고된 것은 명칭과 내력(來歷) 및 소유권 취득의 원인을 조사하여 결정하였다.

② 제언에 대한 권리가 사사로이 매매되면서 지방관리와 모경자 사이의 소유권분쟁은 끊이지 않고 발생하였다.

③ 제언은 대부분 국유지이며 개인 소유는 소유자가 자기의 토지를 관개하기 위하여 축조한 것과 타인의 토지를 관개하여 일정한 수세를 징수할 목적으로 축조한 것이 있다.

④ 제언을 폐지하여 백성에게 경작시켜 그 수입의 일부를 군량미에 충당하였지만, 후에는 둔토에 편입시켜 국유지로 하였다.

⑤ 제언의 조서에는 관계 서류 첨부와 관리 방법, 관개 구역의 개산면적, 관개 지주의 인원수, 제언에 부속하는 토지, 건설물 등의 취조서, 관개 구역의 약도를 첨부하였다.

⑥ 제언의 그 감독관청으로 제언사(堤堰司)를 두어 사무를 장리(掌理)하도록 하였다.

3.6.11. 보(洑)

출제(용) : 137회

보(洑)는 관개의 목적으로 돌, 나무 또는 흙으로 하류에 방축을 만들어 강물을 방축에 머물게 하는 시설로 구조는 언(堰)과 비슷하며 복(潖)이라고도 하였다. 보(洑)는 토석 또는 목재로 하천을 막는 시설로서 관개(灌漑)에 주로 사용되었다. 농경지를 중심으로 하는 사회에서는 보(洑)와 제언(堤堰)은 국가와 지방에서 중요한 역할로 오늘날의 저수지와 같으며 대량의 물을 저수할 수 있는 댐과 같은 기능을 하였다.

(1) 보의 구조

① 보의 구조는 보동(洑垌)과 보내(洑内)로 구분하였다.

② 보동(洑垌)은 하천의 흐름을 차단하기 위하여 축조하는 방축 또는 기단(起端)으로 보가 붕괴되기 쉽고, 수리하는 데 큰 노력과 경비가 필요하며 일반적으로 동(垌)이라고 하였다.

③ 보내(洑内)는 둑을 구축하여 하천수가 정체하는 부분으로 물이 고여 있는 부분을 말한다.

(2) 보의 유형

① 보는 관계 답 수면의 고저 차에 따라 2가지로 분류할 수 있는 데 관계 답의 수면보다 하수면(河水面)이 높은 경우와 낮은 경우로 분류할 수 있다.

② 관개답보다 하수면(河水面)이 높은 경우는 돌 또는 나무로 하천을 필요한 높이까지 가로 막고 구거(溝渠)를 파서 물을 통과시켜 관개 답에 사용하는 시설로서 해마다 파손할 염려가 없는 비교적 편리한 시설이다.

③ 관개답보다 하수면(河水面)이 낮은 경우는 하수면이 관계답보다 낮으므로 보의 물이 부근의 토지에 물이 넘치게 한 후 수차(水車) 등으로 높은 곳의 관계답에 물을 퍼 올려 모내기를 하고 모내기가 끝나면 보를 터서 물을 배수하여야 하는 불편한 시설이다.

(3) 보의 관리

① 보는 국유지에 관개하기 위해서 국가에서 관리하는 보와 개인이 소유하여 관리하는 보가 있었다.

② 보는 하천을 이용한 수리시설로써 관계에 쓰이는 것이 목적인 시설이며 하천에 설치한 비교적 작은 규모의 시설이다.

③ 보(洑)도 제언과 같고 사유지로서 궁가가 점탈하고 국유지에 편입된 것이 많았으며 보는 소유자가 수축하는 것을 원칙으로 하였다.

④ 지목은 지소로 설정하고 면·동 또는 사인의 소유로 조사하였으며 공중관계의 용에 공하지 않는 것은 신고서 가지번 밑에 공중관개에 공하지 않음이라 부기하도록 하였다.

3.6.12. 분묘 제도

삼국시대에는 왕과 귀족의 무덤을 주로 시가지 내에 군집(群集)하여 썼으나 통일 후에는 수도 외곽의 산과 들의 구릉지대를 택하여 무덤을 썼으며 불교의 영향을 받아 화장법(火葬法)이 유행하여 문무왕이 화장을 유언하였다는 기록도 있다. 조선시대에는 왕족의 지위에 따라 능 혹은 원, 묘로 구분하여 호칭하였다. 1908년 조선시대 이전의 능(陵), 원(園), 묘(墓)는 모두 국유로 귀속하였다.

3.6.12.1. 능·원·묘의 구분

능·원·묘는 태조의 발상지인 함경남도에 있는 태조의 부조(父祖) 4대의 덕릉 외 7능과 영월군에 있는 단종의 장릉(莊陵) 이외에는 모두 경기도 내에 산재하였다.

(1) 능

① 조선시대 초기 왕릉의 위치선정은 풍수설을 채택하여 주산(主山; 북쪽)·안산(案山; 남쪽)·청룡(靑龍; 동쪽)·백호(白虎; 서쪽)를 보고 신좌(辛坐)의 위치는 남쪽을 향하게 안치하였다.

② 왕족의 지위에 따라 능·원·묘로 구분하였으며, 능은 1918년까지 50개가 있었으며 능에 부속된 임야 또는 능의 제사비를 마련하기 위하여 설정된 토지를 제위토라 하였다.

③ 능(陵)은 조선시대 왕과 왕비의 유해를 관곽(棺槨)에 넣어 지하에 안치하여 장례식을 한 후 돌 또는 흙으로 소구(小丘)를 만들어 제사를 지내는 것이다.

④ 능으로 호칭할 수 있는 것

- 대왕 및 대왕비의 분묘
- 태조대왕의 선대추존자(先代追尊者)의 분묘
- 왕과 왕비의 자리를 추존한 왕세자와 왕세자빈의 순위에 있던 자가 일찍 죽어 후에 왕위 또는 왕비 위를 추존한 자의 분묘

(a) 세종대왕 능(陵)

(b) 문무대왕 능(陵)

〈그림 3-52〉 조선시대의 능(陵)

(2) 원

① 원(園)은 경기도 화성군에 있는 사도세자의 현륭원이 대표적이며 원(園)이라고 부르는 것은 1918년 말 현재 12개소가 있었다.

② 정식으로 제사를 지내는 것
- 왕위나 왕위비로 추존되지 않는 왕세자 및 왕세자비의 분묘
- 왕자 및 왕자비의 분묘
- 왕의 생모인 빈궁(嬪宮)의 분묘

(3) 묘

① 우리나라에서 묘(墓)라고 부르는 것은 42개이다.

② 정식으로 제사를 지내는 것
- 폐왕(廢王)인 광해군(光海君)과 연산군(燕山君) 및 그들의 사친(私親 : 생모)의 묘
- 후궁(後宮)의 분묘[왕의 빈(嬪), 귀인(貴人), 소의(昭儀), 숙원(淑媛) 등]
- 출가하지 않고 죽은 공주 및 옹주의 분묘

〈그림 3-53〉 광해군 묘

3.6.12.2. 능·원·묘의 관리

① 능·원·묘의 관리는 예조(禮曺)에서 주관하고 특별히 능관(陵官)을 두었다.
② 지방에 있으면 지방관에게 수호(守護) 및 관리를 하게 되었다.
③ 능에는 직직장(直直長)과 참봉령(參奉令)이 수호 및 관리하도록 하였다.
④ 원, 묘에는 수령, 봉관(奉官), 직장(直長) 등의 관을 두어 제향(祭享), 수호(守護) 등의 일을 담당하도록 하였다.

3.6.12.3. 묘계

출제(용) : 56회

① 묘계는 대체로 분묘가 있는 주위 지역을 통틀어 일컬으나, 주위의 산림이나 경작지와 구분되는 구역의 의미도 있다.
② 우리나라는 분묘 주위를 잔디로 가꾸어 구역을 나타내고 있으며, 그 범위는 보(步 : 옛날의 영조척으로 5자 또는 주척으로 6자)를 단위로 하고 있다.

③ 고려사에 976년(경종 1) 문무 양반 묘지의 묘계 규정

- 1품은 방(方 : 좌우) 90보, 2품은 80보로 하며, 분묘의 높이는 모두 1장 6척이다.
- 3품은 70보에 분묘의 높이는 1장으로 되어 있다.
- 4품은 60보, 5품은 50보, 6품 이하는 모두 10보로 하되 높이는 8자를 넘지 못한다고 규정되어 있다.
- 능 및 원의 경계는 각각 그 지형과 비중에 따라 봉분을 중심으로 사면 15~20보(步)로 한 것이 많다.

④ 1418년 경국대전의 묘계 규정

- 종친과 1품은 사방 각 100보, 2품은 90보로 제한
- 2품은 90보, 3품은 80보, 4품은 70보, 5품은 60보, 6품은 50보로 제한
- 문무관은 종친보다 10보씩 체감한다.
- 7품 이하 및 생원(生員)·진사(進士)·유음자제(有蔭子弟)는 6품과 같다.

⑤ 장사 등에 관한 법률 제18조 분묘 등의 점유 면적 등

- 개인 묘지는 30제곱미터를 초과하여서는 아니 된다.
- 봉안시설 중 봉안묘의 높이는 70센티미터, 봉안묘의 1기당 면적은 2제곱미터를 초과하여서는 아니 된다.

3.6.12.4. 묘위토

출제(용) : 60회

① 묘위토(墓位土)는 능·원·묘의 부속 토지로 제위토(祭位土)는 대전회통 호전 조에 의하면 80결로 제한하였지만, 실제는 수백 결에서 1결 이하의 전토(田土)를 말한다.

② 묘위토는 분묘에 대한 제사를 지내거나 유지·관리하는데 필요한 수익을 얻기 위하여 토지를 부속시킨 것으로 묘위전(墓位田)이라고도 하였다.

③ 묘위토는 사망자의 유산(遺産)으로써 마련하는 예도 있고 또는 자손들이 각출한 것도 있어 그 설정 형태는 일정하지 않다.

④ 위토는 능·원·묘의 제사비 또는 기타의 경비를 충당하기 위한 것으로 아래와 같이 설정하였다.

- 공전을 옮긴 것
- 사유지를 매입한 것

- 공전과 사유지를 교환한 것
- 사유지의 결세 징수권을 능·원·묘에 할애한 것

⑤ 향탄토(香炭土)는 조상의 제사를 향화(香火)라고 하면서 직전의 폐지와 위토의 부여 후에 부족한 경비를 충당하기 위하여 설정된 것이다.

⑥ 분묘에 대한 제사를 지내거나 그를 유지관리함에 필요한 수익을 얻기 위하여 토지를 부속시킨 토지를 묘위토 또는 묘위전(墓位田)이라 부른다.

⑦ 분묘의 수호(守護)를 담당하는 묘직(墓直)에게 묘위토의 수익으로 해마다 제사를 지내게 하거나 기타의 비용을 지급하고 또는 그 수확을 묘직의 보수(報酬)로 지급하는 것이 일반적이었다.

제1장 제2장

3.6.13. 투화전

출제(용) : 62, 122회

투화전(投化田)은 외국인으로서 고려에 래투귀화(來投歸化)한 자에게 지급한 토지를 말한다. 고려에서 기술한 양반전시(兩班田柴)를 비롯하여 군인전, 한인전(閑人田), 사원전(寺院田) 등의 명목으로 지급되는 토지 이외의 토지로서 투화전, 입진가급(入鎭加給), 보급전(補給田), 등과전(登科田), 사전(賜田) 등 사인(私人)에 소속된 토지가 있다.

제3장 제4장

3.6.13.1. 지급 근거

① 오월국 문사 추언규, 박암, 후주의 송익, 재익 등이 있었으며 재익(栽翼)에 대해서는 관직과 전장(田莊)을 사급(賜給) 하였음을 기재하고 있다.

② 조준(趙浚)의 상서(上書)에 기록된 투화전의 내용으로 투화전이 한인전, 공음전, 입진가급·보급·등과·별사전을 추가하면서 논란이 발생하여 개혁의 대상이 되었다.

3.6.13.2. 투화전의 종류

(1) 입진가급과 보급전

① 입진가급(入鎭加給), 보급전(補給田)은 변진(邊鎭)에 입성(入城)한 군인(軍人)에 대해서 그의 노고(勞苦)에 보답하는 의미로 일정한 토지를 가급(加給) 또는 보급(補給)하는 것이다.

② 가급(加給), 보급(補給)의 뜻은 그들이 가진 군인전에 대하여 추가한다는 의미와 보완하여 지급한다는 의미로 파악된다.

③ 가급(給) 되는 전토(田土)는 입성(入城) 중인 군인에게 그들의 본고장에 있는 토지를 나누어준다는 의미로 파악된다.

④ 가급 되는 전토는 수조지(收租地)는 아닌 듯하고 그의 가족(家族)이 직접 경작한 것으로 보인다.

(2) 등과전(登科田)

① 등과전은 과거에 합격한 자에게 지급되는 토지로서 품계에 따라 지급하는 양과 지급하는 기간을 달리하고 있다.

② 등과전은 과거(科擧)에 합격한 등과자(登科者)에 대하여 지급된 토지를 말한다.

③ 등과자는 장차 관료가 될 후보자(候補者)이기 때문에 국가는 특별한 대우를 한 것이다.

④ 문종(文宗) 30년의 판(判)에 의하여 제술(製述), 명경(明鏡), 명법(明法), 명서(明書), 산업출신자(産業出身者)에게는 그해에 지급하였으며 제술갑과(製述甲科)에는 20결(結) 기타에는 17결(結)을 지급하였다.

⑤ 하론업 출신자(何論業 出身者)에게는 그 익년(翌年)에 급전(級田)을 지급하였다.

⑥ 기타 수품잡사출신자(手品雜事出身者)는 합격(合格) 4년 후에 급전(給田)을 지급하였다.

⑦ 이외에 새로 의(醫), 복(卜), 지리업 출신자(地理業 出身者)에게도 명법(明法), 명서(明書), 산업(産業)의 구례(舊例)에 준하여 지급기로 하였다는 기록이 있다.

(3) 사전(賜田)

① 국왕(國王)이 특별하게 사급(賜給)하는 사전(賜田)을 말한다.

② 사전(賜田)은 고려 초부터 실시하였던 제도이며 고려 역대 국왕들은 양반전시(兩班田柴), 공음전시(功蔭田柴) 등 일정한 명목을 붙인 토지 이외에 임의(任意)로 특별히 사전(賜田)을 하는 예가 많았다.

③ 사전은 왕의 측근자 등에 수시로 사여(賜與)하는 특전이었으나 양은 일정치 아니하였다.

④ 고려 후기에는 사전이 남발되어 전제문란(田制紊亂)의 큰 원인이 되기도 한 것이다.

3.6.13.3. 특징

① 일반인은 편호(編戶; 일반 평민을 호적에 편입시키는 일)하에 국적을 주었다.

② 고려에 외국인이 대량으로 투화한 발해(渤海)의 세자 대광현(大光顯) 이하의 귀족, 군사에 대하여 태조는 다음과 같은 조처를 하였다.

- 관직에 있어 구분전을 받는 자에게는 이를 지급하지 않았다.
- 귀화인(歸化人)의 종신에 한하여 급여하고 신몰(身歿) 후에는 환공(環攻)한다.

③ 사회적 지위가 투화전 지급이 기준에 이르지 못한 자들에게는 공한지를 개간하여 경작하도록 생업에 정착시키고 편호로 만들었다.

④ 투화전은 본국에 귀화한 외국인의 지위에 따라 지급된 수조지로 양반전과 그 성질이 비슷한 것이다.

3.6.13.4. 투화전의 지급

① 투화전(投化田)은 외국인이 고려에 내투귀화(來投歸化)한 자에게 지급한 토지를 말하며 귀화한 자의 신분과 지위에 따라 지급되었다.

② 투화전은 외국인이 대량으로 평생 사급하고 죽은 후에는 환공(還公) 하며 관직에 있어 구분전을 받는 자는 지급하지 않았다.

③ 999년(목종 2년) 일본인들에게 경기도 이천군에 약 20호의 투화전을 지급하였다.

④ 1032년(덕종 원년) 여진(女眞)의 장군 아두한(阿豆閒)에게 340호를 투화전으로 지급하였다.

⑤ 1040년(정종 6년) 거란 동경 백성의 노인 오지걸(吳知桀) 등 20여 명에게 영남의 전택을 투화전으로 사여하였다.

3.6.14. 포락지와 이생지

출제(용) : 96회

하천 연안의 토지가 홍수 등으로 없어져 하천부지가 되고 하류 또는 해안에 토사로 새로운 토지가 생겨 하천부지가 된 원소유자가 새로 생긴 토지의 소유권을 얻는 관습으로 이의 인정은 관청의 판정에 따르며 이를 포락지 및 이생지라 하였다.

(1) 포락지와 이생지

① 포락지(浦落地)는 지적공부에 등록된 토지가 물에 침식되어 수면 밑으로 잠긴 토지를 말한다.

② 이생지(泥生地)는 하천 연안에서 홍수 등의 자연 현상으로 기존의 하천 용지에 새로이 형성된 토지를 말한다.

(2) 포락지와 이생지의 특징

① 포락지는 면세하고 이생지는 과세하는 것이 관습이었다.

② 포락지와 이생지의 관계는 소관 관청의 결정에 따를 수밖에 없었다.

③ 이생지가 생성되지 않는 경우의 문제와 설령 생겼더라도 행정구역이 다른 지역에 생성된 경우의 문제 등이 발생할 수 있다.

④ 현행 지적관련법률에서는 지적공부의 멸실 및 신규등록의 관계이다.

(3) 현행 법률

① 토지의 침몰, 해수의 침식 등으로 지적공부에 등록된 토지가 바다로 되어 원상회복할 수 없을 때는 지적공부의 등록을 말소한다.

② 토지가 하천이 된 경우에는 지적공부의 등록을 말소하지 않고 지목변경으로 처리되지만, 등기는 토지를 말소하기 때문에 토지등록공시의 국가장부가 서로 다르게 적용되는 모순이 있다.

③ 일필의 토지 중 일부가 없어졌으면 지적공부는 분할 후 바다로 된 토지만 말소하지만, 등기는 멸실이 아닌 토지 면적의 변경으로 보아 역시 지적공부와 등기와의 관계에서 모순이 발생한다.

3.6.15. 삼림산야

출제(용) : 53회, (논) : 108회

임야는 삼림 및 원야를 이루고 있는 수림지 죽림지, 암석지, 사지, 초생지, 황무지, 간석지 등의 지목이다. 임야라는 지목은 "삼림원야""삼림산야"를 줄여서 "임야"라고 하게 되었다. 임야는 산지와 평야를 통틀어서 단일지목으로 하였기 때문에 지목 구분의 합리성이 적었다. 삼림산야(森林山野)는 금산(禁山), 봉산(封山), 태봉산(胎封山), 국유림(國有林)으로 구분할 수 있다.

(1) 금산

① 금산(禁山)은 왕궁의 존엄성을 유지하고 경관을 위해 한성부의 주위에 설치한 것으로 경복궁(景福宮)과 창덕궁(昌德宮)의 주산(主山)과 산맥의 산등성이 뒤쪽과 산비탈 아래의 경작을 금지하고, 멀리 있는 외산(外山)은 산등성이 뒤쪽만의 경작을 금지하였다.

② 한성부 당하관화회분장고찰(漢城府堂下官和會分場考察)에 의하면, 수목(樹木) 또는 사석(沙石)을 벌채 또는 채취(採取)한 자는 태장(笞杖 : 볼기를 때림) 90대에 처한 다음 벌채 또는 채취한 목재 또는 사석은 관청에서 몰수하며, 벌채자에게 원상회복을 위하여 새로 식목(植木)하도록 하는 규정이 있었다.

③ 매년 춘추(春秋) 2회에 걸쳐 소나무와 기타 잡목(雜木)을 심게 하였으며 매월 공조(工曹)의 취체관(取締官)이 순검(巡檢)하여 벌목을 금하고 한성부의 관리는 금산에 표목을 세워 일반 국민의 침범을 금지하였다.

(2) 봉산

① 봉산(奉山)은 왕실 및 정부의 필요에 따라 궁전(宮殿), 재궁(梓宮; 임금의 관), 선박 등의 재료를 제공하기 위하여 나무 심기에 적당한 지역을 선정하여 정부가 직접 보호·관리한 것을 말한다.

② 왕실 및 국가의 건축용 목재를 얻기 위하여 각 도에 설치한 황장봉산(黃腸捧山)이 있었다.

③ 황장봉산에는 경(敬)채관을 파견하여 경상도, 전라도는 10년에 1개, 강원도는 5년에 1개를 취(取)한 것 중에서 재궁(梓宮)을 선택 결정하였다.

④ 봉산의 단속은 특별히 산직감관(山直監官)을 둔 지방과 군수, 만호(萬戶) 등에게 그 단속을 위임한 지방의 두 가지가 있었다.

⑤ 봉산에는 매년 어린 소나무를 심고, 해마다 관리자를 보내 현지를 시찰하고, 봉산 구역 내에 장토(庄土)를 설치하여 개간 및 경작을 금지하였다.

⑥ 1899년 내장원에서 둔토 조사를 하였을 때는 봉산으로 남아 있는 것은 충청남도 오천(鰲川) 안면도, 전라북도 부안군 변산(邊山)의 2개소이며, 송전(松田)은 함경남도 함흥, 덕원, 영흥의 3개 군에 남아 있었다. 이후 봉산은 전부를 국유로 이속시키고 말았다.

(3) 태봉산

① 태봉산(胎封山)은 조선시대 역대의 왕과 왕비의 포의(胞衣; 태아를 싸고 있는 막과 태반)를 안치한 곳으로 경기도, 강원도, 충청도, 경상도, 전라도에 걸쳐 태봉으로 판명된 것은 24개소가 있었다.

② 태봉산의 구역은 경국대전에 대왕태실(大王胎室)은 300보(步)로 되어있고, 대군(大君)은 200보, 왕자는 100보로 되어있다.

③ 태봉산의 금표화소(禁標火巢) 내에서 도벌(盜伐)하거나, 투장(偸葬; 남모르게 장사지냄)한 자는 "능원수목도작률(陵園樹木盜斫律)"에 의하여 처벌하기로 되어 있었다.

④ 태봉산은 태실(胎室)로 포의를 안치한 장소 및 직접 이에 필요한 사초지(莎草地)외 10간(間; 18.2m) 이내에서 왕가의 소유로 하고 기타는 모두 국유지로 편입하였다.

(4) 국유림

① 1908년 삼림법을 공포하여 삼림산야의 소유자는 이 법 시행일부터 3개년 이내에 삼림산야의 지적(地積) 및 견취도(見取圖)를 첨부하여 농상공부 대신에게 신고케 하고, 기간 내에 신고하지 않는 것은 모두 국유로 간주(看做)한다고 규정하였다.

② 삼림법에서는 부분림(部分林)의 설정, 보안림, 산림산야의 개간과 화입(火入), 분묘의 설치 등에 관한 사항들도 아울러 규정하였다.

③ 국유삼림 산야 및 산물(産物) 처분 규칙으로써 농상공부대신은 이 심사회의 의결을 거쳐 국유삼림 산야와 그 산물의 처분을 하도록 하였다.

④ 삼림법에 따른 지적계(地積屆; 면적을 신고하는 서류)는 1912년에 삼림산야 및 미간지의 국유·사유 구분 표준을 정하여, 사유(私有)라고 인정되는 것 외에는 모두 국유로 하였다.

⑤ 구(舊) 삼림법 시행 전에 공산(公山)으로 불려 오던 국유삼림 산야에 분묘를 쓴 것은 분묘가 있는 한 그 분묘의 구역을 종전과 같이 사용할 수 있도록 하였다.

3.6.16. 양입지

출제(용) : 92회

양입지(量入地)란 주된 지목의 토지에 둘러싸여 있거나 혹은 접속(接續)하여 있는 지목이 다른 토지로써 그 면적이 적은 것은 주된 지목의 토지에 병합하고 도로, 하천, 구거에 접속된 작은 면적의 죽림(竹林), 초생지(草生地) 등은 주된 토지에 병합하였다. 양입지는 일반적으로 일정한 기준을 정하여 그 기준에 의하여 처리하도록 하였다. 양입지의 병합에 관한 것과 처리 방법은 오늘날 지적의 지목설정원칙과 같다고 볼 수 있다. 지목의 구별 및 소유권 분계를 확정하기 위한 것으로 소유자 및 지목이 동일하고 지반이 연속되는 토지를 일필지로 함을 원칙으로 한다.

3.6.16.1. 별필로 하는 토지

① 도로, 하천, 구거, 제방, 성곽 등 자연적으로 경계를 이루는 것

② 특히 면적이 광대하고 형상이 좁고 완곡한 것

③ 지반의 고저가 심하게 차이가 있는 것

④ 시가지로서 연와병(煉瓦塀), 석탄(石坦), 기타 영구적 건물로서 구획된 지역

⑤ 분쟁이 있는 것

⑥ 조선총독부가 지정한 공공단체 소유의 공공용지

⑦ 잡종지 중 염전 및 광천지로서 명확한 것

⑧ 전당권 설정의 증명이 있는 것

⑨ 소유권 증명을 거친 것은 증명 번호마다 별필로 할 것

3.6.16.2. 양입지 처리

(1) 전, 답에 병합하는 경우

① 양입지는 주된 토지 총면적의 약 1/6 이내는 병합하고 양입지 1개소의 면적이 300평 이상은 별필로 한다.

② 양입지의 총면적이 300평 이내인 것은 주된 토지(本地)의 면적 이내를 한도로 병합하였다.

③ 전으로 조사된 화전(火田) 사이에 개재(介在)하는 임야로서 주된 전의 부속 또는 한 번도 경작한 일이 없다고 인정된 것은 본지의 면적 이내인 것을 병합하였다.

④ 면적이 3,000평 이상인 것은 별필로 하였다.

(2) 전, 답, 대 이외에 병합하는 경우

① 지소에 개재 또는 접속하여, 그 부속지라고 인정할 수 있는 임야 및 잡종지 중의 노전, 초평(草坪) 등으로 총면적의 1/2 이내의 토지는 병합하였다.

② 임야 내의 건물이 없는 사사지(社寺地), 잡종지 중의 노전, 초평 등은 총면적의 1/4 이내의 사사지는 약 100평, 기타는 500평을 한도로 병합하였다.

③ 임야 내의 분묘지, 잡종지 중의 노전, 초평 또는 목장 중에 있는 임야, 지소, 분묘지 등은 총면적의 1/3 이내, 지소는 약 200평, 기타는 500평을 한도로 병합하였다.

(3) 대에 병합하는 경우

① 대의 편익(便益)을 위하여 쓰이는 물치장(物置場), 물간장(物干場), 도급장(稲扱場), 공작장(工作場) 등으로 구분하였다.

② 대의 부속지(정원, 채소전, 가축사, 양어지, 풍치, 죽목림, 지소, 방화수용 공지)는 본지의 면적 이내일 경우는 주된 토지에 병합하였다.

(4) 휴반, 애각 등의 소속

① 토지 강계 상에 있는 휴반(畦畔), 애각(崖脚), 장벽 등과 소속이 분명하지 않은 것은 그 지방의 관습에 따라 소속을 결정하였다.

② 관습이 없고 고저가 있으면 상층지의 소속으로 하고 고저가 없는 경우는 토지의 중앙을 강계로 하고 건물의 부지에 접속한 토지는 우수낙하점(雨水落下點)을 강계로 하였다.

3.6.16.3. 현행 법률에 따른 경우

① 소유자와 지목이 동일하고 지반이 연속된 토지는 이를 1필지로 할 수 있다.

② 소유자가 동일하고 지반이 연속된 경우에 주된 지목 토지의 편의를 위하여 설치된 도로·구거 등의 부지와 주된 지목의 토지에 접속되거나 둘러싸인 다른 지목의 협소한 토지는 주된 토지에 편입하여 1필지로 할 수 있다.

③ 종된 토지의 지목이 대이거나 종된 토지의 면적이 주된 토지 면적의 10%를 초과하거나 330㎡제곱미터를 초과하면 별필로 한다.

3.6.17. 개재지

출제(용) : 123회

개재지(介在地)는 임야 지역에 점점이 흩어져 있는 토지로 전, 답, 대 등의 토지를 임야도와 동일한 축척인 6,000분의 1로 등록한 토지를 말한다. 또한, 토지조사사업에서 제외된 임야 및 기 임야 내에 개재된 토지를 말한다.

(1) 법률적 근거

① 구 토지조사령(1912. 8. 13. 제령 제2호, 폐지) 제2조

② 구 조선임야조사령(1918. 5. 1. 제령 제5호, 폐지) 제1조, 제20조

③ 조선임야조사령시행수속(1918.11.26. 훈령 제59호)

④ 임야대장 시행에 관한 건(1921.6.29.)

⑤ 임야도로서 지적도로 간주하는 지역의 고시가 있을 경우의 취급에 관한 건(1923.10.15. ~1935.6.12.)

⑥ 1923년 7월 27일 "토지대장 시행 지역에 관한 건(세을 제752호)"토지대장 시행 후 신규등록 한 것 또는 임야 내의 개재지 과세지 조사의 결과 이미 토지대장에 등록된 토지로서 토지조사령에 따라 조사, 측량한 최종 지역선으로부터 거리 약 200간 이외의 토지는 그대로 토지대장에 두었다.

(2) 개재지 조사 대상

① 토지조사령에서 조사와 측량을 시행하지 않은 토지로서 임야 내에 개재된 것에 대해서는 임야의 조사에 관한 규정을 준용하였다.

② 임야 내에 개재하는 토지는 등급 조사를 필요로 하지 않았다.

③ 임야 내 개재지만이 토지조사 및 임야조사에서 제외되게 되어 지적제도의 확립과 통일성에 적합하지 않았다.

④ 토지조사 당시 등록하지 않은 임야와 임야 내에 개재하는 임야 이외의 토지 장부에 대해서 조사 및 측량을 시행할 때도 토지조사 당시에 조사를 생략하거나 국유임야의 구분조사를 시행하지 않은 도서 중 비교적 소 면적인 토지가 대상이었다.

⑤ 계획 초기에는 토지조사사업 당시에 조사를 시행하지 않았던 임야 내에 개재하는 임야 이외의 토지에 대해서는 조사를 시행하지 않을 방침이었다.

⑥ 조선임야조사령을 제정 시행하면서 개재지 조사를 시행할 수 있도록 기조의 방침을 변경하였기 때문에 조사 필수가 현저히 증가하게 되었다.

(3) 임야 내 개재지 조사

① 임야 내에 개재하는 임야 내외의 토지로써 토지조사를 시행하지 않은 토지에 대해서는 조선 임야조사령에 따라서 조사를 시행하였다.

② 토지조사 시행 후에 새로 토지대장 또는 지세 대장에 등록된 것과 토지대장에 등록되지 않았으나 임야조사 시행 때까지 부(시), 군, 도에 과세지로서의 신고를 한 토지에 대해서 시행하였다.

③ 토지대장을 관리하는 소관청에서 민유지로써 처리된 토지는 해당 소관청과 연락을 취하여 사정상 양자 간에 착오가 없도록 하였다.

④ 임야 내에 개재하는 임야 이외의 국유지도 또한 부윤(시장), 면장의 조사 범위 외에 속하는 것이지만 필수가 매우 근소한 것은 특별히 경비를 지출하여 부윤(시장), 면장의 부담을 증가시킬 필요가 없는 것으로 하였다.

⑤ 임야 내에 개재하는 임야 이외의 토지, 이미 지적도에 등록되었거나 향후 지적도에 이기되어야 할 토지에 대해서는 지적도와 동일한 축척으로 별지에 도시해서 부도로 하여 지적도와의 관계를 유지하도록 하였다.

3.6.18. 진전(陳田)

① 진전(陳田)은 실제로 경작하지 않고 황무지로 묵힌 땅을 말하며, 고려시대와 조선시대에 작성된 전안(田案)에 기재되어 있으며 진황전(陳荒田)이라고도 하였다.

② 진전에 대한 부세 수취와 개간은 국가와 농민 모두에게 매우 중요한 문제였다.

③ 조선 후기에는 진전의 구체적인 실상을 파악하기 위해 많은 노력을 하였으며, 진전 개간을 장려하기 위해 진전의 전품을 낮추어 주거나 사실상의 면세 혜택을 마련하였다.

3.6.18.1. 진전이 발생한 이유

① 토지의 질이 나빠 투입 노동력에 비해 수확이 적은 경우 발생하였다.

② 조세의 부담이 너무 커서 잉여 생산물이 남지 않는 경우 발생하였다.

③ 과다한 농경지를 점유해 경작하기 때문에 노동력의 여분이 없는 경우 발생하였다.

④ 농민의 질병·사망 등으로 인한 경우 발생하였다.

⑤ 진전이 발생하는 비율은 대개 논보다 밭에서 더 높았다.

⑥ 척박한 토지일수록 지력 보강을 위해 밭을 묵히는 일이 자주 발생하였다.

3.6.18.2. 진전의 조세

① 양전(量田)을 할 때는 소유자의 유무에 따라 유주(有主)·무주(無主)진전으로 구분하여 기재하였다.

② 고려 973년(광종 24년)

- 진전을 개간해 경작하는 자에게는 사전(私田)인 경우 첫해의 수확을 모두 주고, 2년째부터는 전주(田主)와 반씩 나눈다.
- 공전(公田)인 경우에는 3년 동안 수확을 모두 주고, 4년째부터는 법에 따라 조세를 거둔다."라고 규정하여 면세 혜택을 주어 진전 개간을 장려하였다.

③ 1444년(세종 26)에 제정된 공법(貢法)

- 정전의 경우는 경작할 수 있는 토지인데 묵힌 것으로 간주하여 진전이라 할지라도 모두 세금을 거두었다.
- 속전의 경우에만 경작자의 신고를 받아 면세하도록 규정하였다.
- 진전의 수세는『경국대전』에 전부 묵힌 토지에 한해 면세하도록 하였다.
- 16세기 이후에도 진전에 대해 하하(下下) 연분(年分)을 적용하여 수세가 이루어졌다.

④ 조선시대 숙종은 경자양전을 실시하는 과정에서 진전에 대해 주변 토지보다 1등급 낮게 전품을 책정하여 개간자의 부세 부담을 줄여 주었다.

⑤ 영조 이후에는 진전에 대한 집중적인 조사를 실시하는 한편 양안에 기재된 진전의 전품을 더 낮춰 주거나 아예 속전으로 강등하여 경작할 때만 세를 거두도록 하는 조치가 이루어졌다.

⑥ 속대전에서는 매년 진전 가운데 경작하는 토지를 조사하여 세를 반으로 줄여 주고 다시 묵히는 경우에는 세를 거두지 않도록 하는 규정이 마련되었다.

3.6.18.3. 진전의 소유권

본래 양안에 소유주가 존재하던 유주진전(有主陳田)과 소유주가 없던 무주진전(無主陳田), 그리고 양안에 파악되지 않았던 한광지인 신간전(新墾田)이다.

(1) 유주진전(有主陳田)의 소유권

① 속대전, 호전, 양전조에 3년이 지난 진전은 다른 사람에게 경작하게 한다는 법 규정이 있었다.

② 질병으로 인해 경작하지 못하는 경우도 친족 또는 이웃 사람에게 경작하도록 하였다.

③ 타인에게 경작하도록 한 것은 소유권 급여(給與)가 아니므로 본래의 소유주가 원하면 되돌려주어야 했다.

(2) 무주진전(無主陳田)과 한광지인 신간전(新墾田)의 소유권

① 소유권분쟁의 주요인이 되고 있었다.

② 국가는 전국적인 양전을 통해 세원(稅源)을 확정하고 나아가 개인 소유지를 파악하는 과정에서 소유자를 명확히 할 필요가 있었다.

③ 소유권의 연원을 분명히 하기 위해, "진전은 모두 진주명(陳主名)을 기록하고, 주인이 없으면 무주(無主)라고 현록(懸錄) 하였다.

④ 양전 후 만일 경작하기를 원하는 자가 있으면 본조(本曹)에서 입안을 받은 후 법에서 정한 대로 자기의 소유로 한다"라고 하여 양안에 소유주로 명백히 기록된 양주와 같이 진주·무주를 기록하여 소유권 행사에 있어 분쟁의 소지를 없애고자 하였다.

⑤ 속대전, 호전, 양전조에는 진전과 무주전은 입안을 받아 경작할 때 자기의 소유지로 할 수 있었다.

3.6.19. 가경전(加耕田)

가경전(加耕田)은 기존 양안에 등록되지 않았다가 양전을 통해 새로 양안에 등록된 토지를 말하며, 평지(平地) 가경전과 해택(海澤) 가경전으로 구분되었다. 평지 가경전은 경작을 시작한 해부터 세를 거둬들이고, 해택 가경전은 1년 면세한 뒤 2년째에는 세액의 반, 3년째부터는 전액을 징수하였다.

(1) 특징

① 새로 더해진 경작지라는 의미의 가경전(加耕田)은 기존 양안에 등록되지 않았다가 양전을 통해 새로 양안에 등록된 토지를 가리킨다.

② 가경전은 대개 개간한 지 얼마 지나지 않은 토지일 가능성이 높다.

③ 가경전으로 새롭게 양안에 등재된 토지는 비로소 전품이 결전되었다.

④ 기존 양안에 이미 진전으로 등록되어 있던 토지가 새로 개간된 경우에는 가경전에 포함되지 않았다.

⑤ 경국대전에서 가경전은 불안정한 생산성을 고려하여 속전(續田)과 함께 경작하는 경우에만 세금을 거두도록 규정되었다.
⑥ 가경전(加耕田)을 보고하지 않고 누락하여 지방 관리들이 사사로이 수세하는 것을 여결(餘結)이라고 하였다.
⑦ 속전(續田)이나 가경전(加耕田)이라도 이미 늘 경작하고 있는 경우에는 모두 정전(正田)의 예에 따라 등급을 나눈다.

(2) 등록 장부

① 경자양안에서는 기존 양안에 기재되지 않았던 토지의 경우는 상단에 별도로 "가(加)"라고 표기하여 구별하였다.
② 현종 때의 갑술 양전에서 해마다 경작하는 토지인 경우에는 가경전이라도 정전의 예에 따라 등급을 나누도록 하였다.
③ 숙종 때 경자 양전에서는 새로 확보한 가경전에 대해 6등의 최하 등급을 매기는 것을 기본 원칙으로 하였다.

3.6.20. 직전(職田)

출제(용) : 132회

직전(職田)은 조선 초기 이래 과전(科田)을 대체하여 현직 관리만을 대상으로 지급한 수조지이다. 직전법은 1466년(세조 12) 과전을 폐지하고 현직 관리만을 대상으로 하는 직전을 설치하였다.

(1) 변천 과정

① 1466년(세조 12)에 과전을 혁파하고 직전을 설치하는 조치가 시행되어 퇴직 관리와 산관에 대한 토지 지급이 중지되고, 수신전·휼양전도 함께 폐지되었다.
② 건국 이후 잦은 공신의 책봉과 함께 과전과는 달리 자손에게 승계할 수 있는 공신전의 지급이 지속적으로 늘어남에 따라 과전에 충당할 토지는 더욱 부족하게 되었다.
③ 사망한 관직자의 처와 자식에게 지급되어 과전을 가족 간에 승계하는 데에 활용되었던 수신전·휼양전이 폐지되고 그 토지는 모두 몰수되어 직전으로 전환되었다.

④ 16세기 중엽 명종 연간에 이르면 거듭되는 흉년과 왜구의 침입 등으로 재정이 악화되어 직전은 더 이상 지급되지 못하고 유명무실해졌다.

⑤ 명맥이 유지되던 직전은 임진왜란 이후에는 완전히 사라지게 되었다.

(2) 특징

① 직전은 성종 대에 이르러 국가가 직접 조를 거두어 지급하는 관수관급제로 변화하였다.

② 직전은 관리에게 지급한 토지로서 한국 고대로부터 이어지는 토지분급제이다.

③ 고려시대의 전시과, 조선의 과전과 직전은 관리에게 토지의 수확물을 수취할 수 있는 권리, 즉 수조권(收租權)을 통한 경작 농민 지배라는 특징을 갖는다.

④ 과전의 분급과 환수에서 나타난 이러한 폐단과 모순이 직전을 설치한 직접적인 배경이었다.

⑤ 직전의 폐지는 토지분급을 통한 수조권의 소멸을 의미한다.

3.7. 조세제도

3.7.1. 정전제(丁田制)

출제(용) : 56, 92회

신라의 삼국통일 이후 토지제도의 특징 중 하나로서 중국의 균전제(均田制)와 비슷한 정전제(丁田制)가 실시되었다는 것이다. 정전제(丁田制)는 국가가 일반 백성에게 정전(丁田)을 나누어 주고 그들이 모든 부역(賦役)과 전조(田租)를 국가에 바치게 한 제도이다. 정전과 관련된 기록은 신라장적이라는 촌락대장(村落臺帳)에 기록된 "연수유전답(烟受有田畓; 백성에게 지급된 전답)"이 정전을 의미한다.

(1) 정전제의 나이 구분

① 정(丁)은 정남(丁男)을 의미하며 정전(丁田)을 받고 모든 부역(賦役)과 전조(田租)를 국가에 바치는 장정(壯丁)을 말한다.

② 신라 서원경(西原京; 현, 청주) 부근의 4개 촌락에 관한 촌락문서에 의하면 정남(丁男)·정녀(丁女)를 중심으로 남녀의 나이 구분에 의한 명칭으로서 소자(小子)·소녀자(小女子)는 4, 5세 이하로 추정하였다.

- 추자(追子)·추녀자(追女子)는 5, 6세 이상에서 9, 10세 이하로 추정
- 조자(助子)·조녀자(助女子)는 11세 이상에서 17세 이하로 추정
- 정남(丁男)·정녀(丁女)는 18세 이상에서 59세 이하로 추정
- 제공(際公)·제모(除母)는 60세 이상 69세 이하로 추정
- 노공(老公), 노모(老母)는 70세 이상으로 추정

(2) 정전제의 특징

① 공전 제도를 세워 조·용·조의 법을 시행한 기록은 신라 성덕왕 때 정전제도에서 확인할 수 있다.

② 정(丁)에 해당하는 나이 및 급전(給田)의 양을 알 수 없고, 정남(丁男)에 해당하는 것인지 정녀(丁女)에게 해당한 것인지 내용을 알 수 없는 실정이다.

③ 정남과 중남에게 전일경(田一頃＝百畝)을 지급하고 그중에서 20무는 영업전(營業田)으로 자손에게 상속하도록 하였으며, 나머지 80무는 구분전(口分田)으로 본인 사망 후에는 국가에 반납하였다.

④ 가장 특징적인 것은 문무관인(文武官人)에게 지급한 관료전(官僚田)과 민정(民丁)에 주어진 정전(丁田)이다.

(3) 정전제의 지급

① 삼국사기 신라 본기 8에서 722년에 "처음으로 백성들에게 정전(丁田)을 지급하였다."라는 기록은 농민에게 해당하는 정(丁)을 기준으로 지급된 토지이다.

② 연수유전답(烟受有田畓)은 국가가 농민에게 지급한 토지로 당시 자영 농민이 경작한 정전의 소유 면적은 호당 평균 10결, 정(丁)당 5결 이상의 토지를 경작하는 외에도 촌락 단위로 공동 경작한 관모답(官謨畓; 관청에 속한 토지), 내시령답(內視令畓; 내시령 관직을 가진 자의 녹읍), 마전(麻田; 삼베 밭) 등의 국유지가 있었다.

③ 정전제는 정전의 반급을 받은 정년자가 그 수확의 일부를 조(租)로써 국가에 납부하고 나머지를 자기의 수입으로 하여 60세가 되면 정전을 국가에 반환하였다.

④ 제공(除公)은 60세 이상이 되면 정전을 국가에 반환하여야 하나 실제는 반환되지 않았다.

3.7.2. 정전제(井田制)

출제(용) : 66, 102회

정전제(井田制)는 토지의 구역을 우물 정(井)자로 총 9등분하여 외곽의 8개는 백성들에게 나누어주어 사적으로 소유하고, 경작하여 자급하도록 하였다. 가운데 있는 토지는 공동으로 경작하는 제도로 8개의 사전에는 세금을 거두지 않고 공동으로 경작하는 공전에만 세금을 부과하였으며 기자정전(箕子井田)이라고도 하였다.

수확물을 조세로 납부하고, 정전(井田)이란 편평한 곳에 토지를 구획하여 정(井)이라 하고 6척(尺)은 1보(步), 100보(步)는 1무(畝 : 가로, 세로 10보), 100무(畝)는 1부(夫 : 가로, 세로 10무), 3부는 1옥(屋)으로 하였으며 3옥(屋)이 1정(井)이 된다.

3.7.2.1. 정전제의 유래

① 주자(朱子)의 저서 정전유설(井田類說)에서 정전법(井田法)은 인구가 많을 때 적합하고 토지가 많고 인구가 적을 때는 부적합한 방법으로 기록하고 있다.

② 장자(長子)는 천하를 다스리는데, 정전법에 따르지 아니하면 평화롭게 다스릴 수 없다고 하였다.

③ 고려사 지리지 3에는 "평양성 대동강 강가에 고성(古城)은 기자(箕子) 시대에 축성(築城)한 것으로 성내(城內)는 정전제로 구획하고, 동월(董越)의 조선부(朝鮮賦)에 평양 옛 성내에 기자가 구획한 정전형 제도가 남아있다."라고 하였다.

④ 신증동국여지승람에도 "평양 외성 내에 기자정전의 유적이 있다."라고 기록하였다.

⑤ 1799년(정조 23년) 주나라 때 정전제(井田制)의 균전균부(均田均賦) 정신을 한전론으로 실현할 수 있도록 하였다.

3.7.2.2. 정전구획

① 정전구획에서 경(經)·진(畛)·도(涂)·도(道)·로(路)는 모두 차마(車馬)로 국도까지 통행할 수 있는 길이다.

- 경(徑)은 우마가 다니는 길
- 진(畛)은 큰 수레가 갈 수 있는 길
- 도(涂)는 말 4필이 끄는 병차(兵車)가 갈 수 있는 길
- 도(道)는 병차 2승(乘)이 동시에 갈 수 있는 길
- 로(路)는 3승이 병행할 수 있는 길

② 한(漢)나라의 채옹(蔡邕)은 10촌(寸)을 1척, 은(殷)에서는 9촌을 1척, 주(周)에서는 8촌을 1척으로 하였다.

③ 주나라는 초기부터 측량척과 측량법에 고주척(古周尺) 8척을 1보로 하고 사방 10보를 1무(畝)로 하고 사방 100무를 1경(頃)으로 하였다.[54)]

④ 한 조선의 정전구획과 토지측량에서는 고구려척을 기본으로 사용하였으며, 길이 단위는 6척4촌을 1보(步)로 하고 넓이는 1보(步)를 기준으로 하여 100보^{2}을 1무(畝)로 하였다.

3.7.2.3. 정전제(井田制) 주장 학자

(1) 한백겸

① 한백겸(韓百謙)의 기전도는 〈그림 3-54〉와 같이 함구문(含毬門)과 정양문(正陽門) 사이의 구획(區劃)은 분명하게 전자형(田字形)을 표현하고 있다고 주장하였다.

② 평양중성(平壤中城)의 내천(內川), 외성(外城)의 외천(外川) 흥토이부(興土二部)에 기자정전의 유지를 보고 정자형(井字形)이 아닌 전자형(田字形)으로 표현하였다.

③ 한백겸의 구암유고(久庵遺稿) 설화장에서 평양의 기전유제(箕田遺制)는 맹자가 주장한 정전형이 아니다.

④ 전자형은 4구(區)가 있고 1구(區)는 70무(畝)로 보았으며 뾰족하거나 비스듬하거나 기울어서 방전(方田)할 수 없는 곳은 지세에 따라 1~2구 또는 2~3구를 만들었다고 주장하였다.

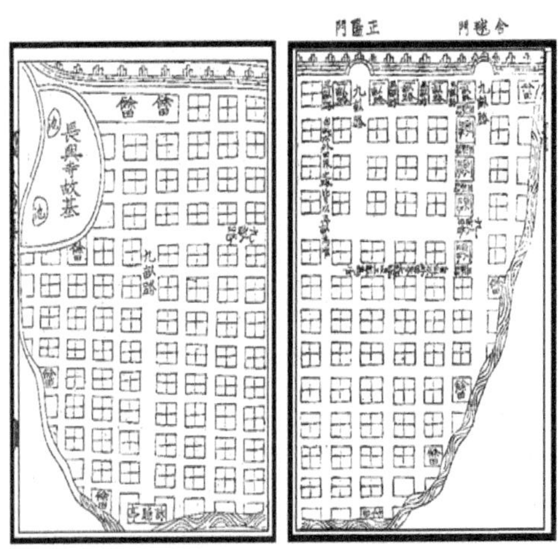

〈그림 3-54〉 한백겸의 기전도

(출처 : 한백겸, 구암유고·동국지리지, 일조각, 1997)

(2) 유형원

① 공전제 형태의 정전을 주장하면서 구체적인 형태로 제시하였다.

② 토지의 사적 소유제의 전면화로 인한 농민층의 몰락에 대한 대응으로 정전제에 주목하였다.

54) 한국 고대의 양전법과 양전척에 관한 연구, 한불 연구 1, 연세대 한불문화연구소, 1974, p.65

③ 조선의 토지를 국유화한 후, 군역과 직역에 따라 개인에게 일정한 크기의 토지를 분급하는 방식으로 공전제(公田制)를 구상하였다.

④ 공전제(公田制)는 정전의 취지를 1/10세, 병농일치, 경묘법(頃畝法)으로 파악하고 이를 조선의 현실에 맞게 구현하고자 하였다.

(3) 이익

① 이익은 맹자의 정전제 기록에 대한 면밀한 검토를 통해 정전제의 핵심이 개인의 경작 면적과 무관하게 적용되는 1/10의 일관된 세율이라고 보았다.

② 이익은 1/10의 세율을 실현하기 위해 정전의 이상을 시행할 수 있는 방안으로 양전을 제시하였다.

(4) 정약용

① 정약용은 경세유표 전제조(田制條)를 "정전론(井田論)"과 "정전의(井田議)"로 구분하여 저술하였다.

② 정전론은 기본적으로 토지 사유는 인정하되, 어린도(魚鱗圖)와 방전법(方田法)을 통해 일정한 면적의 토지를 기준으로 군사를 선발하고 조직하는 병농일치를 추구하였다.

③ 정전제의 원칙을 주장하면서 지방의 행정과 군사조직을 일치시키는 방안을 제시하였다.

④ 정약용은 〈그림 3-55〉와 같이 주나라 때의 정자전형(井字田形)이 아닌 8결의 사전(私田)과 1결의 공전(公田)을 두고 농민에게만 토지를 배분하는 방법을 주장하였다.

⑤ 정약용은 토지의 한 구역을 우물 정(井)자로 9등분하여 8개 농가가 주위의 8구(區)를 각각 경작해 자급하고, 중앙의 1구(區)는 8개 농가가 공동으로 경작하여 그 수확물을 국가에 조세로 바치던 것이었다.

⑥ 정전법은 토지를 정자(井字)로 구획하여 분배하는 것이 아니라 면적을 계산하여 사전과 공전의 비율을 9 : 1로 하거나 1/9을 납부하는 제도를 설명하고 정전법을 시행 가능성과 실현 방법 등을 제시하였다.

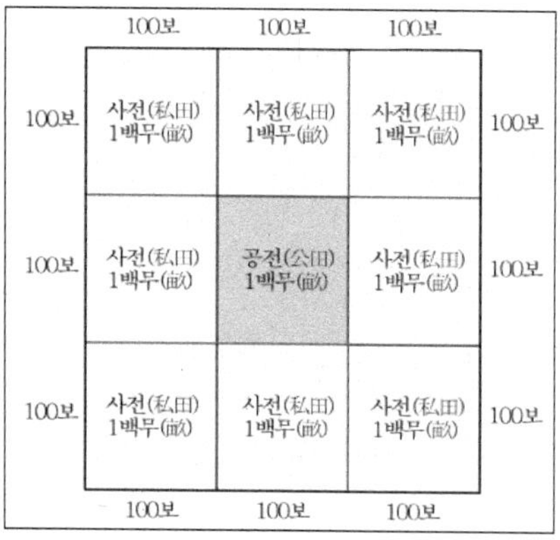

〈그림 3-55〉 정약용의 정전제

3.7.3. 공법

출제(용) : 89회

공법(貢法)은 조선 초기에 개혁된 새로운 전세(田稅)제도로 1436년(세종 18년) 공법상정소(貢法詳定所)를 설치하여 규정한 조세제도이다. 공법은 전국의 토지를 토지의 비옥도에 따라 관리들이 전세(田稅)를 정해진 기준에 따라 납부하는 세법이다. 공법은 새로운 기준에 의한 양전과 함께 시행되었으며, 1444년(세종 26년) 공법을 최종적으로 확정하였다.

(1) 세종의 공법

① 공법(貢法)에 따라 전답(田畓) 1결(結)마다 조(租) 10말(斗)을 거두게 하였다.

② 1436년에는 공법상정소(貢法詳定所)를 설치하고 본격적인 개정작업에 들어갔다.

③ 공법상정소(公法詳定所)와 전제상정소(田制詳定所)를 설치하여, 토지의 비옥도에 따라 등급을 정하고 등급에 따라 각기 다른 자(尺)를 사용해 1결당 면적을 달리하여 세액을 정하는 공법이 시행되었다.

④ 공법은 군주 시대에 전국적인 여론조사에 의한 입법이며 세계적으로 최장기 논의에 의한 입법이다.

⑤ 전세를 징수할 때 공평하고 편리하며, 관리들의 농간을 배제하는 전세법으로 공법을 입법한 것이다.

⑥ 세종이 입법한 공법은 공평 과세와 징세의 편의, 징세비의 최소화를 위한 체계화된 조세제도였다.

(2) 공법의 주요 내용

① 이전의 과전법에서 사용된 상・중・하 3등전인 전품은 1등전에서 6등전으로 등급을 세분화하였다.

② 주척(周尺)을 기초로 마련한 양전척으로 지적(地積)을 파악하여 결부로 하였다.

③ 당시 결의 실제 면적과 조세액은 연분 9등법에 의한 정액제로 개정되었다.

④ 정전(正田)이나 속전(續田) 가운데 수해(水害)로 침몰된 전지도 같은 절차를 밟았다.

⑤ 재해를 입은 전지의 경우에는 10결 이상일 때만 같은 절차를 밟아 면제시켰다.

⑥ 전국적으로 중앙의 관리와 지방의 품관(品官)·일반 백성 등을 대상으로 1결당 일률적으로 전세 10말을 거두는 공법안(貢法案)의 찬반에 대한 조사가 실시되었다.
⑦ 세종 때 전제상정소에서 새로 제정한 전세제도는 이후 조선시대의 기본 세법이 되었다.
⑧ 공법은 새로운 기준에 의한 양전은 전라도, 경기도, 충청도, 경상도, 황해도, 강원도, 평안도, 영안도(함경도)의 순서로 시행되었다.

(3) 공법의 특징

① 공법은 엄격한 의미의 정액 수세법과는 거리가 있었다.
② 공법은 최초의 시행 이후 45년이나 지나서야 비로소 전국적으로 시행되었다.
③ 양반 지배층이 소유·경작하는 비옥한 전지는 상대적으로 실제보다 낮은 등급의 전품으로, 가난한 농민의 척박한 전지는 실제보다 높은 등급으로 판정받는 경우가 많았다.
④ 연분을 판정할 때도 읍 또는 면을 단위로 하였기 때문에 비옥한 대규모의 전지를 소유한 자에게는 매우 유리하였다.
⑤ 세종에서 시작하여 성종에 이르는 장기간에 걸친 작업이었다.
⑥ 공법이 시행되기 위해서는 새로운 기준에 따라 토지를 측량하는 양전이 먼저 해결되어야 했다.

(4) 공법의 적용

① 공법의 적용으로 농민들은 정액화된 전세를 부담하게 되었다.
② 수조권자의 수입은 줄었지만, 소유권자의 수입은 늘어나게 되었다.
③ 왕권과 국가 권력이 수조권자를 일정하게 견제하고 토지소유자를 보호함으로써 국가 경제의 기반을 토지소유자인 자영 소농민에 두고자 한 조치였다고 할 수 있다.
④ 왕실, 양반 지배층, 토호 등의 토지 겸병과 지주전호제의 확대를 수반하게 하는 원인은 조성되고 있었다.
⑤ 수조권자에게 불리하고 토지소유자에게 유리한 결부제의 개혁은 수조권의 축소로 작용하였다.
⑥ 많은 토지를 가진 지주층은 수입이 증가하였다.

3.7.4. 답험손실법

① 답험손실법(踏驗損實法)은 본래 중국 하(夏)나라 때 시행된 것으로 농민 한 사람에게 토지를 50무(畝)씩 지급하여 1/10에 해당하는 5무의 수확량을 세금으로 거둔 정액 세제로 평년작의 세율을 1/10로 하고 1분을 손실하면 1분을 감하고 9분을 손실하면 모두 면제하였다.

② 1388년 과전법을 시행하면서 전국의 토지를 3등급으로 나누고, 세금을 부과하는 기준면적인 1결의 토지세를 수확량의 1/10에 해당하는 30말로 정하되, 추수기에 관원이 직접 논밭의 수확량을 확인하고 세금 액수를 감면해 주는 답험손실법을 실시하였다.

③ 고려 말 신흥 사대부가 주동하여 공전(公田)과 사전(私田)에 관계없이 수전(水田) 1결(結)에 조미(白米) 30말, 한전(旱田) 1결에 잡곡 30말 씩의 조(租)를 수취한 상징적인 세율이다.

④ 농지의 답험(踏驗; 실지조사)은 공전은 관할 지방관인 수령이 조사하여 감사에게 보고하면 감사가 따로 관원을 파견하여 재심하고 3차에는 감사와 수령관이 직접 심사하였다.

⑤ 사전은 전주(田主)가 각자 임의로 매년 풍·흉작을 조사하여 세율을 정하는 실지 검사를 하였으나 실무 담당 관리의 농간과 전주의 횡포로 폐단이 많아 세종 때 공법(貢法)을 제정하였다.

⑥ 조선시대 세종이 처음으로 토지의 세금을 일정하게 고정하는 정액 세법의 원리를 적용하였다.

⑦ 1430년 호조에서 답험손실법을 폐지하고 모든 농지에 대하여 1결마다 10두씩 거두는 완전한 정액 세제안을 마련하였다.

⑧ 1436년(세종 18년) 영의정 황희(黃喜) 등이 공법절목(貢法節目)을 마련하여 토지의 수확량에 따라 3등급으로 나누고, 다시 각 도의 토지 등급을, 양안을 근거로 3으로 나누었다.

⑨ 답험손실법의 관례와 국가 경비를 참고로 세액을 정한다는 원칙과 공법상정소(貢法詳定所)를 설치하였다.

⑩ 우리나라의 답험손실법에 규정한 내용은 농사가 평년작 이하일 경우 조세를 감면하여 주는 방법으로 손실을 농작 상황에 따라 10등급으로 하여, 손(損; 흉작) 1분에 조(租) 1분을 감하고, 손실이 8분이면 모두를 감면하였다.

⑪ 문헌비고 1437년(세종 19년)의 조에 "교지에는 태종이 즉위하자 경계(經界)를 정하고 수세할 수량을 정하여 수전 1결에 매조미쌀 30말, 한전 1결에 잡곡 30말 즉 옛 10의 1수"라고 하였다.

⑫ 1440년 전국 토지의 등급을 재조정하고, 토지가 비옥한 상전과 중전은 토지생산력에 큰 차이가 없으므로 관례대로 동일한 액수를 거두고, 하전은 차등을 두어 토지 1결마다 12~20말씩 거두었다.

⑬ 1443년(세종 25년) 11월 상전과 중전은 그대로 두고 하등전은 다시 3등급으로 나누고 토지의 비옥도를 5등급으로 구분하는 5등 전품제와 매년 농사 상황을 9등급으로 나누는 연분 9등제를 도입하였다.

3.7.5. 대구시가토지측량 규정

출제(용) : 131회, (논) : 84회

1910년부터 조선총독부 임시토지조사국에서 전 국토에 걸쳐 토지조사사업을 시행하였다. 그러나 토지조사사업을 시작하기에 앞서 1905년부터 1910년 전반기까지 토지조사사업에 필요한 인력을 양성함과 동시에 시범사업을 하고자 1905년 6월 26일 양지과에 측량기술견습소를 시작으로 1906년 5월 1일에는 대구 측량기술견습소, 1906년 10월 13일에는 평양 측량기술견습소, 1907년 7월 20일에는 전주 측량기술견습소를 개설하여 측량기술자를 양성하기 시작하였다.

(1) 대구시가 토지측량 관련 규정

① 1907년 5월 16일 대구재무관대(大邱財務官代) 가와가미(川上) 재정 감사관이 "대구시가지 토지측량에 관한 타합 사항"을 탁지부에서 제정

② 1907년 "대구시가지 토지측량에 대한 군수(민단역소)로부터의 통달"에 관한 지침을 탁지부에서 시달

③ 1907년 "대구시가 토지측량규정"을 탁지부에서 제정

(2) 대구시가지 토지측량에 관한 타합사항

① 전체 제11조로 구성되어 있으며, 면(面) 및 동(洞)의 경계 조사는 지방관리(吏員)가 입회하도록 규정하고 있다.

② 면 및 동의 경계 중 도로 하천 및 구거가 경계가 되는 때에는 그 중앙을 경계로 한다.

③ 지목은 대(垈), 전(田), 답(畓), 산림(山林), 원야(原野), 지소(池沼), 잡지(雜地), 사묘(祠廟), 사원(寺院), 묘지(墓地), 철도용지(鐵道用地), 공원(公園), 도로(道路), 구거(溝渠), 하천(河川), 제방(堤防), 철도(鐵道)로 한다.

④ 양쪽 토지 사이에 있는 밭둑은 그 중앙, 높낮이에 차이가 있는 양쪽 토지 사이에 있는 비탈면은 위쪽의 토지에 속하도록 한다.

⑤ 지목 및 소유자가 동일하고 연속된 토지는 이를 1필지로 조사한다.

⑥ 1필지 안에 있는 다른 지목의 토지는 본 토지에 포함(量入)한다.

⑦ 지번은 한 개 동(洞)마다 같은 규칙(一貫)으로 부여한다. 다만, 하천, 도로, 구거, 제방, 철도는 지번을 부여하지 않는다.

(3) 대구시가지 토지측량에 대한 군수(민단역소)로부터의 통달

① 전체 제7조로 구성되어 있으며 가장 먼저 토지측량에 착수하기 전에 각 소유자는 소유하고 있는 토지의 경계에 경계점 표지를 설치하여야 한다.

② 경계점 표지에는 소유자 성명 및 일필지 매수 내용을 기재하고 글자의 방향이 소유 토지로 향하도록 설치하여야 한다.

③ 경계점 표지의 말뚝(標木)은 대나무 또는 나무로 만들고 그 길이는 지상 2척(尺, 약 60cm) 이상, 굵기(幅)는 1촌(寸, 약 3cm) 이상 이어야 한다.

④ 측량을 시행할 때는 소유자 또는 관리인 및 동장이 입회하여야 한다.

⑤ 탁지부 양지과에서 설치한 표항 또는 전항의 경계점 표지를 제거한 자는 엄벌에 처한다.

⑥ 측량을 시행할 때는 해당 관리(吏員)가 측량 구역 내에 들어가거나 표항을 설치하는 등에 지장을 초래하여서는 아니 된다.

(4) 대구시가 토지측량 규정

① 제1장 도근측량, 제2장 세부측량, 제3장 적산(積算)이며 제131조로 구성되어 있다.

② 제1장 도근측량

- 제1절은 통칙으로 계산법, 전개 방법, 종횡선 부호, 진자오선 사용, 도근측량에 필요한 기기에 관해 규정하고 있다.
- 제2절 경위 도선법으로 도선의 등급을 1등과 2등으로 구분하고 연결 방법과 기지점 사용 방법을 규정하고 있다.
- 제3절 도근점의 배치, 선점 및 표항에 관한 사항을, 제4절 도선 및 도근점의 번호에 관한 사항을 규정하고 있다.
- 제5절 방위각 및 거리, 제6절 도근측량 관측 수부(야장) 등, 제7절 도선점 종횡선계산부 및 도근점 성과표, 제8절 도근약도, 제9절 잡칙에 관한 사항을 규정하고 있다.

③ 제2장 세부측량

- 제1절은 통칙으로 도근측량점을 기초로 하고, 세부측량에 필요한 기기에 관해 규정하고 있다.
- 제2절 도근점의 전개에 관한 내용, 제3절 보점측량은 도근점이 부족할 때 약 80m 이내에서 보조점을 설치 및 오차 배분에 관한 내용을 규정하고 있다.
- 제4절 일필지측량은 측량 방법을 구분하고 지역의 형상, 지목, 가지번 등을 연필로 기재하는 내용을 규정하고 있다.
- 제5절 원도의 경우에는 도곽선 크기 결정, 착묵선의 크기, 행정구역 경계 제도 방법, 지목과 지번의 크기와 주기 방법을 규정하고 있다.
- 제6절 동도(洞圖)는 어느 하나의 원도와 다른 원도를 연결하기 위해 박 미농지를 이용하여 복사하며, 도면의 제명 등에 관한 주기 방법에 관해 규정하고 있다.

④ 제3장 적산(積算)

- 제1절 구적(求積; 면적측정)으로 면적 단위와 측정 횟수에 관한 내용을 규정하고 있다.
- 제2절 적산장(積算張; 면적측정부)은 측정자를 횟수에 따라 달리하도록 규정하고 서식에 적합하게 기재하도록 하고 있다.

3.7.6. 임야정리조사내규

임야정리조사내규(林野整理調査內規)는 1917년 10월에 토지조사사업의 마무리 단계에서 임야조사사업을 추진할 계획으로 임야조사사업 당시 작성된 임야도와 임야대장을 작성하기 위한 것이 목적이다. 경기도에서 총독부안을 기초로 임야정리조사내규와 임야정리조사원심득을 제정하였다. 내규의 구성은 총 7장 69개 조문과 야장기재 요령으로 구성되어 있다.

(1) 신고서

① 신고서에 기재된 소유자 또는 연고자의 주소, 씨명은 민적부 또는 등록부와 일치시키도록 규정하였다.

② 신고할 토지는 각개소마다 지목, 등급, 임상, 국유, 사유의 구분, 소유자 또는 연고자에 대한 처분 예정의 사항을 실사하고 야장을 휴대하여 필요한 사항을 기입하도록 규정하였다.

(2) 임야정리조사 방법

① 도 및 군의 감독하에 부윤 또는 면장이 시행하도록 규정하였다.

② 시행 지역의 지정은 도(道)가 예정한 후 이를 공시하고 일정한 기간을 정하여 토지소유자 또는 연고자에게 신고서를 제출하도록 하고 그 토지의 강계에 표항을 설치하도록 규정하였다.

③ 부윤 또는 면장은 토지의 소유자 또는 연고자의 신고서를 취전하고 측량수를 고용하여 조사 및 측량을 하였다.

④ 부윤 또는 면장은 임야도 및 임야조사부를 작성하여 신고서를 첨부하여 도장관에게 전달하도록 규정하였다.

⑤ 부윤 또는 면장은 각 리 동마다 1~2명의 지주총대를 선정하고 조사에 관한 사무에 종사하도록 규정하였다.

⑥ 조사는 지주총대 또는 이해관계자 및 그 대리자의 입회하에 시행하고 동시에 측량을 행하도록 규정하였다.

(3) 조사 및 측량 경비

① 측량 수의 수당 및 측량 인부의 임금

② 도근 작성에 의한 조수의 수당

③ 임야도 및 임야조사부 작성과 등사료, 지주총대 및 면리원의 수당

④ 국비 지변에 속하지 않은 소모품, 간승 및 기타의 잡비

⑤ 부윤 또는 면장이 조사 및 측량을 완료항렸을 때는 경비에 대한 갿산서를 도장관에게 승인을 받고 처분한다.

(4) 일필지 결정

① 동일 리·동내에 소유자 또는 연고자가 동일하고, 지목이 같은 단지는 1필로 한다.

② 경로 또는 계류 등에 의하여 절단되어 소유자 또는 연고자가 동일하고 지목이 같은 토지로 일필지로 취급하는 것이 편리하다고 인정할 때 일필로 할 수 있도록 규정하였다.

③ 별필로 하도록 규정한 사항

- 도로, 하천, 구거, 제방, 성첩, 철도선로, 수도선로 등에 의하여 구획된 것.
- 소유권에 관한 증명 또는 등기를 거친 것과 현재 저당권 설정의 증명 또는 등기가 있는 것

- 분쟁에 걸려 있는 것.
- 국유지로 소관을 달리하는 것.
- 국유임야로 갑종 또는 을종 보존 예정임야 혹은 제1종 불요존 임야 등 취급을 달리하는 것.

(5) 측량

① 측량은 평판측량으로 하되 순서는 도근의 제작, 보점측량, 리동계(里洞界) 측량, 일필지측량의 순서로 하도록 규정하였다.

② 축척은 시가지, 시가지 부근 또는 특히 강계가 복잡한 면, 리, 동은 1/3,000, 기타 지역은 1/6,000로 하되 일필지의 평균 예상 면적이 1정보 미만인 면, 리, 동은 1/3,000 축척으로 하도록 규정하였다.

③ 일필지측량 시 기재 사항은 아래와 같이 기재하되 소유자 또는 연고자 씨명은 구역이 협소하여 기재하기 어려우면 생략할 수 있도록 규정하였다.

- 일필지의 강계선 및 도로, 하천, 철도
- 지목, 가지번
- 소유자 또는 연고자 씨명
- 도, 부, 군, 면, 리동계
- 인접 도, 부, 군, 면, 리동

(6) 지번

① 도로, 하천, 구거, 제방, 성첩, 철도선로, 수도선로에는 지번을 붙이지 않았다.

② 정리 조사에 의한 지번은 모두 숫자 위에 "산"자를 관기(冠記)하여 지적도의 지번과 구별하여 규정하였다.

③ 지번을 붙인 후는 분할, 합병 또는 추가를 요하는 경우 이외에는 지번을 붙이거나 결번이 없도록 하였다.

④ 지번을 붙였을 때는 원지번에는 "의 1" 부호를 붙이고, 다른 필지는 "의 2, 의 3" 등의 부호를 붙이도록 규정하였다.

(7) 면적

① 면적은 보(步)로 계산하고 무(畝)미만은 절사하며, 무위(畝位)에 그치되 1무보미만의 토지에 대하여는 보위에 그치고 보(步) 미만은 절사하였다.

② 보(步) 미만의 토지의 면적은 보로 절상(切上)하도록 규정하였다.

3.8. 토지조사사업

출제(논) : 45, 63, 69, 89, 120, 131, 135회

3.8.1. 개요

우리나라의 현대식 토지조사는 1910년 구한국 정부에 설치된 토지조사국의 활동으로 시작된 것이며 토지사유권의 확립과 토지 거래는 조선시대부터 이루어지고 있었다. 토지조사사업은 봉건적 소유관계를 자본적 소유제도로 전환해 국유재산을 정리하고 조세제도의 확립과 화폐제도의 개혁 등을 단행하였다. 또한, 토지소유권에 대한 법제적 조처를 하는 한편 1920년 3월에는 토지조사사업에 착수하여 근대적인 지적제도를 체계화하고 통일성이 있게 정리하여 국가가 관리할 수 있도록 하는 사업이었다.

3.8.1.1. 사업의 목적

토지조사사업 목적은 일본인이 토지를 소유하기 위하여 토지조사측량을 시행하여 단계적으로 지배권을 강화하고 조세수입이 편리한 전·답·대를 대상으로 하였다. 토지조사는 일제의 토지점유를 합법화하기 위해 법률적 제도를 확립하고자 하였다. 일제가 강점기 정책의 하나로 실시한 토지조사사업의 목적은 다음과 같다.

① 토지등기제도·지적제도에 대한 체계적인 증명제도를 확립하기 위한 것

② 지세수입을 증대하기 위한 조세수입 체제를 확립하기 위한 것

③ 국유지를 창출 조사하여 조선총독부의 소유 토지를 확보하기 위한 것

④ 일본인 토지 점유를 합법화하여 보장하는 법률적 제도를 확립하기 위한 것

⑤ 일본인에게 저렴한 가격으로 불하시켜 주기 위한 제도적 보장조치를 확립하기 위한 것

⑥ 개간할 수 있는 미개간지를 조사하여 일본인에게 불하하고 지대(地代) 수입을 증가시키기 위한 것
⑦ 토지의 지형·지모를 조사하여 식량 수출 증대 정책에 대응하는 토지조사를 시행하기 위한 것
⑧ 우리나라 소작농을 임금노동자로 흡수할 수 있는 구조적 기초를 확립하기 위한 것

3.8.1.2. 토지조사사업의 계획

우리나라의 토지조사사업은 구한국정부의 계획에 따라 시행되었으나 1909년 11월부터 준비 작업으로 경기도 부평군 일부 지역에 구소삼각측량을 원점으로 시험사업부터 토지조사사업이 마무리 작업까지 실질적으로 완료된 1919년 3월 말까지 총 9년 4개월 동안 토지조사 업무를 종료하였다.

① 제1차 계획(1910.3~1917.10)은 1909년 준비 작업으로 경기도 구소삼각측량지역에 시험적인 조사를 시행하여 그 성과와 경험으로써 토지조사의 순서, 방법, 경비, 예산 등을 확정하기로 하였다.
② 제2차 계획(1910.3~1916. 12)은 국권피탈 후 총독부가 사업을 계승하여 제1차 계획을 보완하여 경비를 증액하고 기간을 7개월 단축하였다.
③ 제3차 계획(1910.3~1918.9)은 종래의 실적에 비추어 조사 면적 및 이동지정리, 필수 등이 예정보다 증가하고, 5만분의 1 지형도를 작성할 지형측량을 함께 시행하게 되어 1913년에 계획을 수정하여 제3차 계획을 세웠다.
④ 제4차 계획(1910.3~1918.12)은 업무의 진전에 따라 조사 필수가 많이 증가하여 계산된 경비와 연한으로는 성과를 거둘 수 없는 것으로 판단하여 조사 기간을 3개월 연장하는 안을 채택하여 1914년 이후의 사업계획을 개정하였는데 1915년에 큰 변동 없이 업무를 완료하였다.
⑤ 부대 업무의 종별은 지적조사, 역둔토조사, 지적약도의 조제, 각종 지형도의 조제, 지질자료의 조사 및 편찬 사무 등을 부대 업무로 하여 토지조사국에서 실시하였다.

3.8.1.3. 토지조사사업의 내용

1910년대 우리나라에서 시행한 토지조사사업의 내용은 지적제도와 등기제도의 확립을 위한 토지소유권 조사와 지세 제도의 확립을 위한 토지 가격조사, 우리나라 국토를 체계적으로 정리하기 위한 지형·지모 조사로 시행하였다. 토지조사사업은 토지제도와 지세제도 및 지적제도를 체계적으로 확립하여 토지에 관한 행정과 정책, 과세, 소유권의 확립, 거래의 편의성 등 국가의 통치기반에 기초가 되는 사업이라 할 수 있다.

(1) 토지소유권 조사

① 토지소유권 조사는 토지의 소재·지번(地番)·지목·지적(地積)·토지의 소유자를 조사하여 토지대장에 등록하였다.

② 토지의 위치, 형상, 경계를 측정하여 지적도에 등록함으로써 토지의 경계와 소유자를 사정(査定)하여 지적(地籍)을 정리하였다.

③ 지적도를 근거로 각 필지의 위치, 형상 및 경계를 표시하여 토지의 분쟁(紛爭)을 해결하였다.

④ 토지의 소유권 및 경계를 사정(査定)하여 지적(地籍)을 명확하게 정리하였으므로 토지등기제도(土地登記制度)를 창설하는 계기가 되었다.

(2) 토지가격 조사

① 토지가격 조사(土地價格調査)는 토지의 시가(時價)와 임대가격(賃貸價格) 및 토지의 수익(收益)을 사정(査定)하고 곡가(穀價)와 금리관계(金利關係) 등을 고려하여 우리나라 전 국토의 지가를 조사하였다.

② 지위등급조사, 지위등급의 결정, 지가의 산정에 대한 업무로 구분하여 실시하였다.

③ 과세의 공평을 위하여 시가지는 지목과 관계없이 시가(時價)에 따라 지가를 결정하였다.

④ 지세부과(地稅賦課)의 기준을 책정하여 지세제도를 확립함으로써 재정의 기초를 세운 것이다.

(3) 토지의 지형·지모 조사

① 토지의 지형·지모조사(地形·地貌調査)는 지형측량에 의하여 지형도를 작성하였다.

② 지상에 표시되는 자연적인 지형과 인위적인 지물을 도화(圖畫)한 후 지형의 높고 낮음과 각각의 분포를 지형도에 명확하고 체계적으로 표시하였다.

③ 지적측량기준점(지적삼각점·지적도근점)과 경계점 등을 기초로 지형측량을 실시하여 지상의 중요한 지형·지물의 높이 관계를 표시한 지형도를 작성하였다.

3.8.2. 토지조사사업 행정업무

토지조사사업 업무는 행정업무와 측량 업무로 크게 분류하고, 행정업무는 준비조사(準備調査), 일필지조사(一筆地調査), 분쟁지조사(紛爭地調査), 지위등급조사(地位等級調査), 장부조제(帳簿調製), 지방토지조사위원회, 고등토지조사위원회, 사정(査定), 이동지정리(異動地整理) 업무가 포함된다. 측량 업무는 삼각측량(三角測量), 도근측량(圖根測量), 세부측량(細部測量), 면적계산(面積計算), 지적도 작성, 이동지측량(異動地測量), 지형측량(地形測量) 등이 이에 해당되었다.

3.8.2.1. 준비조사

준비조사는 군별로 면장·동리장·지주총대 및 주요한 지주를 일정 장소에 소집하고, 당국자·경찰·관헌 및 그 지방을 담당할 준비조사원이 참석하여 토지조사의 취지와 방법, 지주의 의무, 토지조사 및 측량 작업순서에 대한 설명과 토지조사사업 설명서, 토지신고심득, 지주총대심득, 지주에 대한 주의사항 등을 배분하였다. 준비조사는 행정구역인 리(里)·동(洞)의 명칭과 구역·경계의 혼선을 정리하고, 지명의 통일과 강계(疆界)의 조사, 신고서류의 수합, 지방경제사정과 토지의 관행을 명확히 하였다.

(1) 사전사항 준비

① 외업반의 담당구역 지정

② 당해 도지사에게 토지조사 개시 통지

③ 각도의 경무부장에게 조사원의 신변 보호 의뢰

④ 당해 군청에서는 지주총대의 선정과 동리의 강계 정리 방법 등을 조사

(2) 도서의 종목

① 동, 리의 경계조사 및 일필지조사의 참고 자료인 과세지약도

② 과세지약도와 관련된 이동지의 정리 상태를 확인하기 위한 결수연명부

③ 기존 증명지 및 전당권(典當權) 증명등록지의 수를 확인하기 위한 토지증명부

④ 실지와의 관계에 관한 정리 상황을 확인하기 위한 국유지대장과 역둔토 대장

⑤ 민적부에 등록된 성명과 결수연명부에 기록된 지주명(地主名)을 확인하기 위한 민적부

(3) 준비조사 방법

① 면, 동, 리의 명칭 및 강계조사는 면, 동, 리 명의 구역이 명확하지 않고 단위의 통일성이 없으므로 통일성을 기하기 위해 조사하였다.

② 지방경제 및 관습조사는 각 면장, 동리장, 지주총대, 기타 유지를 상대로 지세의 대략, 교통의 편리, 관습에 의한 토지매매, 양도, 상속, 전당에 관한 것, 임야에 관한 것, 지주와 소작인 관계, 분묘지에 관한 것을 조사하였다.

(4) 면·동·리의 강계 및 명칭 조사

면·동·리 명의 구역이 명확하지 않고 단위의 통일성이 없으며 동일한 명칭이 많아 토지조사사업으로 이를 정리, 통일하기 위해 다음과 같이 기준을 정하였다.

① 한 개의 면내에 동일 명칭의 동, 리가 있으면 저명한 동, 리를 사용하고 다른 것을 변경하였다.

② 한자로 표기된 지명으로 한글 발음이 같거나 비슷한 것은 사용하지 않았다.

③ 새로운 명칭으로 결정할 때는 그 지방과 관계있는 명칭을 사용하였다.

④ 동, 리를 합병할 경우에는 부분적으로 하지 말고 리, 동의 전체를 합병하였다.

⑤ 높은 산이나 넓은 하천에 둘러싸여 있거나 다른 부락과 떨어져 있으며 풍속과 관습이 다른 때에는 부락의 면적이 적어도 독립된 지번 단위로 하였다.

⑥ 지방민의 분규발생의 우려가 있는 지역은 현재 사용하는 명칭을 그대로 유지하였다.

⑦ 면, 동, 리의 강계가 도로, 구거, 하천의 경우에는 중앙부를 산악지역인 경우는 분수선, 해안선의 경우는 만조 시 수륙 분계선을 강계로 설정하도록 하였다.

(5) 토지신고서 취합 및 정리

① 토지신고서는 토지조사령에 따라 민유지의 소재, 지목, 사표 등을 토지조사국에 신고하는 서면을 말한다.

② 국유지통지서는 국유지의 보관관청에서 토지신고서에 준하여 토지조사국에 제출하는 서면을 말한다.

③ 토지신고서 작성 시 주의할 사항

- 동, 리마다 조제할 것
- 토지소유자 주소 및 소재는 신고 당시의 현재에 의한 것을 원칙으로 한다.

- 민적부에 등록된 성명이 없는(여자, 아동) 자는 일반적으로 부르는 명칭을 기재할 것
- 외국인은 본국의 이름을 쓰고 그 옆에 일본글자의 "가나가라"로 표시할 것
- 지번은 결수연명부에 등록된 것을 사용할 것
- 분쟁지 신고서는 별지에 조제 할 것
- 소유권 증명 또는 저당권의 증명을 거친 토지는 증명 번호를 쓰도록 할 것
- 하천, 후한지는 다른 신고서와 구별하여 별지로 하며 경작 연수와 휴경연수를 기재 할 것

(6) 지방의 관습조사

① 1910년 11월 각 면장, 동리장, 지주총대, 기타 유지를 상대로 조사한다.

② 지세의 대략, 교통의 편부, 지질(地質)의 척박, 수지의 유무, 인구분포, 경작 난이, 노인 관계, 토지매매 등을 면 단위 별로 조사한다.

③ 관습에 의한 토지매매, 양도, 상속, 전당에 관한 것, 임야에 관한 것, 지주와 소작인 관계, 분묘지에 관한 것을 조사한다.

④ 1912년 토지조사국에서 본격적인 관습조사 시작으로 폐지하였다.

(7) 특별조사

① 시가지(市街地) 특별조사, 도서(島嶼)지역 특별조사, 서북선(西北鮮)지방 특별조사가 있었다.

② 특별하게 다른 방법은 토지신고서를 임시토지조사국의 출장원 또는 지주총대에게 제출하였다.

③ 이를 개정하여 면장을 거쳐 제출하게 하고 면·리·동의 경계를 조사할 때는 면장과 지주총대에게 설명한 후 이들이 수리(受理)하도록 하여 완료되면 1개 동, 리마다 가철(假綴)을 작성하여 면사무소에 보관하게 하였다.

- 시가지 특별조사는 시가지세를 급히 징수하려는 준비 작업으로 1912년 5월 특별조사반을 편성하여 조사 작업에 착수하였다.
- 섬지역 특별조사는 일반 조사업무의 진행에 맞추어 실시하였으나 육지와 가까운 지역으로 교통이 편리한 지역은 동시에 실시하였다.
- 서북선 산간지방의 특별조사는 동리의 면적은 광대하였지만 경작지 면적은 협소한 지역이며 동리의 경계는 대부분 분수령으로 경계선이 명확하여 답사하지 않아도 되므로 비용과 기간이 적게 소요되었다.

(8) 도서 검사와 처리

① 준비조사 업무에 해당하는 서류 중 검사를 받아야 할 것은 외업 업무로 국유지통지서와 지주신고서이고 내업은 면, 동, 리의 경계약도, 면, 동, 리의 명칭조사표, 지방조사 및 관습조사에 대한 서류로 준비 조사 감사원이 검사하였다.

〈표 3.6〉 서류 명칭과 검사 내용

도서명	검사 내용
면, 동·리 강계약도 및 면, 동·리 명칭 조사표	• 약도 및 조사표가 규정에 적정 여부 • 구역 및 경계 조사의 적정 여부 • 명칭에 다른 문자 또는 오자(誤字)가 없는지 여부 • 명칭 및 구역이 변경된 것일 경우 사유를 기재에 문제가 없는지 여부 • 조사표에 기재된 명칭 및 문자가 약도와 부합 여부 • 기타 필요하다고 인정되는 사항
지방경제 및 관습조사	• 오류 및 누락 여부 • 계수 산출의 오류 및 적정성 여부 • 불비한 것 또는 정확성 결여 여부 • 기타 조사사항의 적정성 여부

3.8.2.2. 일필지조사

일필지조사는 토지소유권을 확실히 하기 위해 필지(筆地) 단위로 지주·강계·지목·지번을 조사하였다. 일필지조사(一筆地調査)는 준비조사, 도근측량과 일필지측량을 동시에 시행하여 1916년 11월에 종료하였다. 일필지조사는 동·리별 집단조사에 따라 토지신고서를 받아 동·리별로 묶은 후 그 토지신고서의 내용에 따라 필지별로 지주조사, 강계조사, 지목조사, 지번조사로 분류하여 시행하였다.

(1) 조사지와 불조사지

① 일필지조사에서 조사대상 토지가 되는 조사지와 조사하지 않는 토지에 해당하는 불조사지로 구분하였다.

② 조사대상 지목은 전, 답, 대지, 지소(地沼), 잡종지, 임야와 다른 조사지 간에 개재(사이에 끼어 있음) 해 있다.

③ 불조사지

- 조사를 하지 않은 토지는 임야 내에 있거나 이와 접속하여 있으므로 조사를 인정하지 않는 도로·구거·하천·제방·성첩(城堞)·철도선로·수도선로이다.
- 일시적인 경작 상태에 있는 전·답·경사가 30° 이상인 화전(火田)은 조사하지 않았다.
- 토지조사를 하지 않은 토지는 주로 넓고 큰면적의 임야와 조사를 하지 않는 임야 내에 흩어져 있는 토지이다.
- 지소(池沼)·분묘지·포대용지·등대용지·사사지(社寺地)·봉산(封山) 또는 금산(禁山)의 구역 내에 있는 토지이다.
- 토지조사 지역으로부터 거리 약 2,000간(間=3,636m) 이상이 되고 집단의 면적이 1만평 이내의 토지, 조사를 하지 아니한 화전 또는 임야 간에 있는 대(垈)는 조사하지 않았다.

(2) 일필지 조사의 특징

① 지주조사, 강계조사, 지목조사, 지번조사를 그 내용으로 한 것이다.

② 지주의 조사는 원칙적으로 신고주의를 채택하고, 신고 명의인을 지주로 인정하였다.

③ 강계의 조사는 신고자에게 그 토지의 사위(四圍)에 표항(標項)을 설치하도록 하고 지주, 관리인, 이해관계인 또는 그 대리인과 지주총대를 입회하도록 하여 지주조사와 더불어 인접지와의 관계를 조사하였다.

〈그림 3-56〉 경기도 고양군 일필지조사

④ 지목의 조사는 토지의 종류를 18종으로 구별하여 조사하고 당시의 형상에 따라 적당한 것을 선정하였다.

(3) 지주의 조사

① 지주조사(地主調査)는 민유지는 토지신고서, 국유지는 보관청의 통지서에 의하는 것을 원칙으로 하였다.

② 조사원(調査員)은 신고서 또는 통지서를 실지와 대조하여 지주명과 기타 신고 사항을 확인하여 이상이 없으면 인정하였다.

③ 지주조사는 원칙적으로 신고주의를 채택하고 동일 토지에 2인 이상의 권리를 주장하는 자가 있을 경우와 1인의 권리를 주장하는 자가 있는 경우에도 권원에 의문이 있는 경우를 제외하고는 권원조사를 실시하지 않고 신고 명의인을 지주로 인정하였다.

④ 삼림·산야·화전 등 소유권의 귀속이 불분명한 것은 관습에 따라 결정하고 법인도 단체 명의로 신고하도록 하였다.

⑤ 하천, 도로, 구거, 제방, 성첩, 철도선로, 수도선로 등은 지목을 조사하고 지역을 측량하여 도상에 표시하였으나 소유권의 조사는 하지 않았다.

⑥ 제언의 소유권 조사는 면·동·리의 소유 또는 개인의 소유로 신고된 것은 명칭, 내역, 소유권 취득 원인을 조사·결정하였다.

⑦ 법인조사에서 면·동·리·사원·향교·외국교회 등은 단체 명의로 하였으며 지주는 토지조사로 자신의 이익을 확고히 하고 자신의 권리를 보전하였다.

⑧ 지주조사는 토지소유자에게 상당 기간 안에 그 주소, 성명 또는 명칭과 소유지의 소재·지목·자번호·사표·등급·지적(地積; 면적)과 결수를 신고하도록 하였다.

(4) 경계 및 지역 조사

① 강계 조사는 신고자에게 토지 주위의 사방에 표항(標抗)을 설치하도록 하였다.

② 강계 및 지역 조사는 지주총대 등을 입회시켜 해당 토지의 주위에 설치된 표항 및 토지신고서에 기재된 사표에 의하여 인접지와 관계를 조사하였다.

③ 토지의 강계에 존재하는 휴반·애안·절벽으로 소속이 명확하지 않은 것은 지방의 관습에 의하여 귀속하도록 하였다.

④ 관습이 없는 경우에는 고저가 있는 토지는 상층지에 소속하도록 하고 고저가 없는 토지는 그 중앙을 경계로 하며, 건축물의 부지에 접속하는 토지는 빗물이 떨어진 점을 기준으로 하였다.

⑤ 필지 구분의 기준
- 지목을 구별
- 소유권의 한계를 확정
- 지주 및 지목 이동
- 토지가 연접하는 경우 1필지로 하는 것이 원칙

⑥ 필지를 별필로 하여야 할 경우

- 도로·구거·하천·제방·성첩(城堞) 등에 의하여 자연으로 구획된 토지 및 면적이 넓은 토지
- 토지 형상이 심한 굴곡이 있거나 좁고 길게된 토지와 지반에 고저차가 심한 토지
- 분쟁에 관계되는 토지 및 시가지에서는 벽돌담, 돌담 등 영구적인 지물로 구획된 토지
- 국·도·부·군·면 또는 조선총독부가 지정한 공공단체의 소유 또는 공공용지에 속한 토지
- 잡종지 중에서 염전 및 광천지로 구역이 명확한 토지
- 전당권 설정의 증명이 있는 것과 소유권 증명을 거친 것은 그 증명마다 별필로 할 것

(5) 지목조사

① 지목조사는 모두 18종으로 크게 3가지로 구분할 수 있다.

- 과세지 또는 미래 과세지로서 전·답·대·지소(池沼)·임야·잡종지로 직접적인 수익이 있는 토지로서 현재 과세를 하거나 장래의 과세를 목적으로 하는 토지이다.
- 공공용지로서 면세지인 토지들로 사사지(社寺地)·분묘지(墳墓地)·공원지·철도용지·수도용지 등으로 직접적인 수익이 없고 대부분은 공공용에 속하여 과세를 면제해야 할 토지이다.
- 사유를 인정할 수 없는 것으로 과세할 성질이 아닌 토지로 도로·하천·구거·제방·성첩(城堞)·철도선로·수도선로 등으로 구분한 것이었다.

② 토지조사령이나 임야조사령에 따라 체계적으로 정리된 지적공부를 국가가 유지 관리하면서 토지의 이동 사항을 정리하기 위해 조사하는 방법을 의미하며 이를 과세지성과 비과세지성으로 분류하여 시행하였다.

③ 과세지성(課稅地成)은 지세 관계 법령에 따른 토지에 지세를 부과(賦課)하지 않았던 토지가 지세를 부과하는 토지로 변경된 것을 말한다.

- 과세 대상 토지는 전, 답, 대, 염전, 광천지, 지소, 잡종지, 사사지(社寺地), 분묘지, 공원지, 철도용지, 수도용지 및 국가, 도, 읍, 면, 기타 공공단체가 이용하는 공공용지의 토지로써 유료차지(料借地)도 과세지로 규정하였다.
- 구거가 답으로 되었거나 임야가 대로 된 것 등은 과세지성이라 하였다.

④ 비과세지성은 지세를 부과하던 토지가 공공용지나 국유지로 변경되어 비과세지가 된 토지인 전이나 답이 구거가 된 것 또는 대가 임야로 된 것으로 지세를 부과하지 않게 된 토지이다.

⑤ 비과세 대상 토지

- 국유지로 국가, 도·읍·면, 기타 공공단체가 공용 또는 공공용 토지로 유료차지(有料借地)가 아닌 것
- 사사지(社寺地)·분묘지(墳墓地)·공원지·철도용지·수도용지로 유료차지가 아닌 것
- 임야·도로·하천·구거·유지·제방·성첩·철도선로·수도선로 등

(6) 지번 조사

① 지번 조사는 동리별, 필지별 및 동리 단위로 일필지마다 순차로 부여하고 동북에서 순차적으로 지번을 부여하였으나 도로·구거·하천 등은 지번을 부여하지 않았다.

② 구한국 정부에서는 부·군을 부번 단위로 개황도를 작성하면서 자번호(字番號)를 부여하여 실지조사부 작성을 쉽게 하고자 하였으나 적용에 어려움이 많았다.

③ 1912년 11월부터 일필지측량과 지번조사를 동시에 시행하면서 개황도 작성은 폐지하고 일필지조사의 결과로 실지조사부를 작성하였다.

④ 부번의 일반원칙

- 같은 동리에 동일 지번이 중복되거나 공번이 생기지 않도록 한다.
- 토지대장과 지적도에서 찾기 쉬워야 한다.
- 인접 지역의 지번으로는 대상 토지의 위치를 대략 알 수 있게 한다.

⑤ 시가지 지역의 부번 특례는 시가지를 형성하는 부분은 도엽에도 불구하고 도로를 따라 연속적으로 부번하고 시가지 부번이 끝난 다음부터 시가지 이외의 지역에 부번한다.

⑥ 섬 지역의 부번 특례는 1개 리동 단위로 번호를 부여하였지만, 도서(섬)지방에서는 1개 리, 동에 2개 이상의 도서가 있으면 도서마다 지번을 새로 설정하였다.

⑦ 정·동·리 내에 시가를 형성하는 부분과 형성하지 않은 부분을 포함할 때는 방향을 달리하여, 시가를 형성하는 부분은 도엽의 여하에도 불구하고 도로에 따라 연속시키고 그 최종 지번으로부터 시가를 형성하지 않은 부분으로 이동하면서 지번을 부여하였다.

(7) 특별조사

① 특별조사는 행정 운영이나 토지에 대한 과세의 필요성에 따라 시가지와 섬지방 및 서북지방은 특별히 조사하고 준비조사와 본조사로 구분하여 시행하였다.

② 시가지 특별조사

- 지주, 지목조사, 개황도 작성, 신고서의 정리 및 실지조사부를 작성한 것이다.
- 조사 방법은 준비조사 당시에 정(町), 동(洞)의 경계가 결정되지 않는 곳은 면, 동의 경계 약도에 점선으로 표시하고 본조사를 실시할 때 확정하도록 하였다.

③ 도서(섬)지방의 특별조사

- 신고서, 실지조사부 등을 섬마다 정리하였다.
- 섬이 1개 동리 이상을 포함하면 토지신고서 및 실지조사부의 표지에 기재된 동리 명의 우측에 그 섬 명칭을 기재하였다.
- 조사 방법은 간략하게 실시하였으며 신고서, 실지조사부 등은 동리마다 정리하도록 하였다.

④ 서북지방의 특별조사

- 화전만을 경작하여 생활하는 자가 많아 화전 중에서 경작 구역이 일정하고 계속 경작할 가능성이 있는 토지와 교통기관의 발달로 경작이 편리한 토지는 전으로 조사하여 등록하였다.
- 조사 지역으로부터 500간(909m) 이상 떨어져 있는 토지와 조사 지역으로부터 4km 이상 떨어져 있고 집단면적이 10,000평(33,058㎡) 것은 조사하지 않았다.

3.8.2.3. 분쟁지조사

출제(용) : 108, 131회

분쟁지조사(紛爭地調査)는 국유지와 민유지, 세도가의 토지와 민유지와의 분쟁이었다. 또한 분쟁은 국유지에 대한 분쟁과 민유지 상호 간의 분쟁으로 구분하였다. 임시토지조사국은 1910년 설치된 고등토지조사위원회의 권한과 활동을 강화하고 분쟁지에 대한 조사와 심의를 위해 1913년 지방 토지조사위원회와 분쟁지 심사위원회를 설치하였다.

(1) 분쟁의 원인

① 분쟁의 원인은 제실유지와 국유지, 제실유지와 민유지의 구분이 불분명한 것과 역둔토의 소유권이 불분명하여 발생하였다.

② 분쟁에서도 강계분쟁은 민유지의 분쟁이 많았고 소유권분쟁은 국유지와 민유지의 분쟁이 많았다.

③ 분쟁이 발생하게 된 원인은 토지 소속이 불분명한 것, 세제의 결함, 미간지 및 기타 지역의 모경, 권리증명의 불분명 및 권리 서식의 불비가 대부분이었다.

④ 토지 소속의 불명확

- 구한국시대의 제실유지, 국유지, 민유지의 구분이 명확하지 아니하여 분쟁지 사건 발생의 원인이 되었다.
- 궁내부 내장원(內藏院)이 내탕(內帑)의 충실을 위하여 종래 제실재산으로 취급하지 아니한 토지임에도 불구하고 제실의 인가를 얻어 기간(起墾)한 것, 일시적인 둔토로 취급한 것, 도조(賭租)를 강제로 징수한 사례가 있어 많은 분규를 초래하였다.

⑤ 역둔토의 정리 미비

- 역둔토 중에는 국유지와 민유지가 있으며 적몰지도 국유에 속하였다.
- 둔병 또는 역졸에게 기간(起墾)토록 한 것, 종래 국유지 또는 적몰지(籍沒地)를 부속시킨 것 등은 국유에 속하였다.
- 민결(民結)의 징수를 이전한 것은 민유로 인정하여야 할 것인데 시간이 지남에 따라 이러한 토지는 모두 역둔토라 칭하게 되어 둔세(屯稅)가 소속을 구별할 수밖에 없었다.

⑥ 세제의 결함

- 세제의 불비로 납세가 국유지 소작료 또는 민유지에 대한 결세인지 분명치 아니하여 발생하는 분쟁이다.
- 지세는 자주 세율을 개정하였는데 문서가 없어 개정된 세제와 개정되기 전의 세제의 기준은 파악이 곤란하였다.

⑦ 미간지 및 제언의 모경

- 국유의 제언 내를 임의로 경작하는 것을 제언의 모경이라 일컫는다.
- 제언 모경의 연혁은 확실하지 않지만, 이조 중종 11년에 제언의 무단 경작을 경고하는 유시가 있는 것으로 미루어 보아 당시에도 이미 모경의 사실이 있었음을 알 수 있다.
- 기간 후 기간지의 지주로 자칭하는 자가 있어 이에 대하여 기간자는 무주(無主) 또는 국유 미간지에 속하는 것이라 주장하여 분쟁이 발생하는 것
- 큰 면적의 국유 미간지를 자기 소유인 것처럼 하였기 때문에 매수자는 민유지로 믿고서 기간한 것

⑧ 권리 증명의 불분명

- 권리증명의 불분명으로 인한 분쟁은 특히 민유지에 많았다.
- 권리 증명서가 명백하지 아니하고 또 군수의 증명을 근거로 한 것이어서 지방의 세력자가 백성의 토지를 불법신고 하는 일이 많았다.

⑨ 권리 서식의 불비

- 문기에 기록된 토지 소재, 사표, 면적 등에서 인접지에 대한 사항이 자세히 기록되지 않고 불확실하여 강계 분쟁의 원인이 되었다.

(2) 분쟁지조사 방법

① 토지조사국에서 분쟁지조사 규정을 제정하고 총무과에 계정지계를 두어 업무를 분담시켰고 심사는 고등관으로서 분쟁지 심사위원회를 조직하였다.

② 분쟁지조사는 외업조사, 내업조사, 위원회의 심사로 구분하였다.

- 외업 조사는 분쟁지에 관한 제반 사실을 실지로 조사하는 동시에 필요한 서류를 정비하는 업무를 담당한 것이다.
- 내업조사는 외업반의 조사를 검토하여 심사서를 작성하고, 이를 심사위원회에 넘기면 총무과장을 위원장으로 하는 분쟁지 심사위원회에서 분쟁을 처리하였다.
- 위원회의 심사는 분쟁지로서의 진달(進達; 서류를 받아서 상급관청으로 올려보냄)을 접수하면 사건마다 담당 심사원을 지정하고 지정받은 심사원은 외업반에서 실시한 조사 및 서류상의 불비 또는 조사 미진 등의 불비점이 없을 때는 심사안을 작성하여 내업 주임에게 제출하는 것이다.

③ 분쟁지조사는 분쟁 당사자가 제출한 신고서, 진술서, 기타 서류 등을 참고로 하여 조사하였다.

④ 분쟁지조사는 불분명한 국유지와 민유지, 미정리된 역둔토, 소유권이 불확실한 미개간지를 정리하였다.

⑤ 조사 사항은 관계 서류대로 소유권 확인, 실지와 부합 여부, 양안, 결수연명부 및 과세견취도를 기준으로 처리하였다.

(3) 분쟁지 처리

① 총독부는 국유지가 민유로 사정되면 그 토지를 관할하던 행정기관은 지체없이 불복신청을 하도록 하고 분쟁지 처리는 분쟁지 심사위원회가 결정하였다.

② 분쟁지 처리는 분쟁지 심사위원회의 결정에 따랐으며 외업반은 현지에서 분쟁지에 관한 제반 사항을 담당하였다.

③ 화해를 유도하고, 화해가 이루어지지 않았을 때 정밀히 조사하여 그 결과를 분쟁지 조서에 기록하였다.

④ 분쟁지 조서를 받은 내업반에서는 사건별로 담당 심사원을 임명하여 다시 심사하고, 심사서를 작성 분쟁지 심사위원회에 돌려보냈다.

⑤ 심사위원은 각 분쟁지 사건의 심사서에 대해 다시 그 인정의 타당성을 심사하고 불충분한 점이 인정될 때는 의견을 첨부하여 위원장(총무과장)에게 제출하였다.

⑥ 위원장은 다른 위원의 의견에 비추어 타당하다고 인정되는 바에 따라 결정하였다.

⑦ 분쟁지의 심리를 끝내고 토지소유권의 조사를 완결하였을 때는 지방토지조사위원회에 자문한 후에 그 소유권과 강계의 사정을 취급하였다.

3.8.2.4. 장부 작성

장부 작성은 토지조사부, 토지대장, 토지대장집계부 및 지세명기장(地稅名寄帳)을 만드는 업무이다. 이 업무는 우선 각 장부의 양식을 결정한 후 1911년 11월 토지조사부의 조제에 착수하고, 1913년 1월 토지대장 작성, 1914년 1월 토지대장집계부 및 지세명기장을 만드는 작업을 시작하여 1918년 5월 완결을 보았다.

(1) 토지조사부의 작성

① 토지조사부는 토지소유권의 사정원부(査定原簿)가 될 것으로서 1동, 리마다 지번의 순서에 따라 지번(地番), 가지번(假地番), 지목, 지적(地積), 신고 연월일, 소유자의 주소, 성명을 등사하고 분쟁과 기타 특수한 사고가 있는 토지는 적요란에 그 요점을 기재하였다.

② 책의 끝에 지목별로 지적(地積) 및 필수를 집계하고 다시 이를 국유지와 민유지로 구분하여 합계한 것을 기재하였다.

③ 3인 이상의 공유지는 따로 연명서(連名書)를 작성하여 끝에 붙이고, 2인의 공유지는 이름을 연기(連記)하여 적요란에 공유지임을 표시하였다.

(2) 토지대장 및 그 집계부의 작성

① 토지대장은 일필지를 1엽(葉)에 등록하기로 하고 토지조사부, 등급조사부, 100평당 지가금표(地價金表)를 자료로 하여 1동, 리마다 작성하되 약 200매를 1책으로 하였는데, 그 작성 사무는 등사와 지가산출(地價算出)의 두 가지로 구분하였다.

② 위원장은 1인으로 조선총독부 정무총감이 하였다.

③ 위원은 25인으로 구성하였으며, 조선총독부 판사(判事), 고등관, 임시토지조사국 고등관 중에서 일본 정부 내각이 임명하였다.

④ 간사 1인과 서기는 약간 명으로 토지조사국 직원 중에서 탁지부대신이 임명하였다.

(2) 위원회 운영

① 회의는 부회(部會)와 총회(總會)로 구분되었다.

② 부회는 불복 또는 재심 요구 사건을 재결하기 위하여 부장을 포함한 위원 5인 이상의 합의제로 구성하였다.

③ 총회는 법규 해석의 통일을 기하기 위함이며 및 재결례(裁決例)를 변경할 필요가 있을 경우 개회하였다.

④ 총회는 위원장을 포함하여 16인 이상 출석으로 개최하고 과반수로서 결정한다.

⑤ 가부동수(可否同數)일 경우에는 위원장의 결정에 의한다.

⑥ 최초의 재결은 1914년 8월 1일 공고하여 1922년 7월 8일을 마지막으로 종료되었으며 고등토지조사위원회 관제는 1925년 4월 1일 폐지되었다.

(3) 위원회의 특징

① 조사가 끝난 토지는 토지소유자와 경계를 확정하는 행정처분인 사정을 시행해 내용을 공시하였다.

② 사정은 토지의 소유자 및 경계를 확정하는 행정처분으로 그 내용을 30일간 공시하도록 하였다.

③ 사정에 불만이 있는 경우는 공시 기간 만료 후 60일 이내에 고등토지조사위원회에 불복을 신청하여 그 재결을 구하도록 하였다.

④ 토지소유자의 권리는 사정의 확정 또는 재결로 확정되었다.

⑤ 사정의 확정 또는 재결에 대해서는 어떤 경우에도 이를 사법재판에 회부할 수 없고, 토지조사 이전의 모든 관계는 사정으로 일체 단절되는 것으로 간주하였다.

⑥ 사정의 확정 또는 재결이 서류의 위조와 같은 불법에 기초하여 이루어진 경우에 한하여 3년 이내에 고등토지조사위원회에 재심을 청구할 수 있도록 하였다.

⑦ 국유지는 해당 관청에서 국유지통지서를 발송하도록 함으로써 국유지의 신고 주체를 명확하게 한 점이다.

(4) 불복 신청자 현황

① 임시토지조사국의 분쟁 33,937건 중에서 고등토지조사위원회에 불복을 신청한 것은 2,872건으로 전체의 10%에도 미치지 못하고 있다.

② 분쟁 당사자들은 분쟁지 심사위원회의 결정에 90% 이상 승복하였으며 경계분쟁을 제기한 사람은 모두 국가였으며 다른 지역의 사례와 같이 모두 인정되었다.

③ 불복신청 기간이 가장 빠른 곳은 청주군 시가지로 1913년 12월 12일부터 1914년 2월 9일이었으며 가장 늦은 곳은 평안북도 용천군 도서지방으로 1918년 5월 1일부터 6월 29일까지였다.

④ 최초의 재결에 대한 사항은 1914년 8월 1일 공고되었으며 1922년 7월 8일을 마지막으로 완료되었다.

⑤ 불복신청이 없었던 군은 경상북도 고령·봉화군과 평안북도 후창군, 강원도 인제군, 함경북도 경원군 등 5개 군이었다.

⑥ 경계분쟁 또는 일부 소유권분쟁을 통하여 철도선로 연변의 필지를 정리하는 과정에서 많은 토지를 국유로 편입하였다.

〈표 3.7〉 지방토지조사위원회와 고등토지조사위원회의 비교

구분	지방토지위원회	고등토지조사위원회
기능	사정권자의 자문기관	불복신립 및 재심의 의결기관
조직	위원장 1인과 상임위원 5인으로 구성, 필요시 임시위원 3인 및 서기 1인	위원장 1인, 위원 25인으로 구성하고 5부로 분리 운영함
위원장	도지사	정무총감
회의 운영	과반수 이상 출석하여 과반수로 의결	부회 : 5인 이상의 합의제 총회 : 16인 이상 출석하여 개최 과반수로 의결
운영 기간	1913년 10월 : 최초개회 1917년 : 폐회	1912년 8월16일 : 조직 1920년 12월 : 폐회

3.8.4. 토지 사정

출제(용) : 113회, (논) : 114, 120, 131회

토지조사사업 시행 지역에서는 사정을 통하여 토지소유자와 강계를 법적으로 확정하였던 것으로 임시토지조사국장이 지방 토지조사위원회의 자문을 얻어 전 국토의 토지소유자와 강계를 사정하도록 하였다.

3.8.4.1. 사정 시기 및 사정권자

① 사정은 토지신고 또는 통지하는 날 현재의 토지소유자 및 강계를 기초로 하는 것이다.
② 신고 또는 통지하지 아니한 토지는 사정 당일 현재에 따르도록 규정하였다.
③ 토지의 실지를 조사한 날의 토지소유자 및 강계를 사정 당일로 하여 사정하도록 하였다.
④ 사정의 근거자료는 토지조사부 및 지적도를 기준으로 하였다.
⑤ 사정권자는 임시토지조사국장이 되고 지방 토지조사위원회의 자문에 따라 사정하였다.

3.8.4.2. 사정 대상

토지의 소유자와 그 강계를 확정하는 행정처분으로 사정의 대상은 강계선만 해당하며 지역선은 대상에서 제외하였다.

(1) 토지소유자 사정

① 토지소유자는 자연인과 법인으로 하였다.
② 신사(紳士), 사원(寺院), 불당(佛堂), 외국인, 교회 등의 명의로 된 것은 법인에 준하여 사정하였다.
③ 지주가 사망하고 상속자가 정해지지 않을 때는 사망자의 명의로 사정하였다.
④ 서원, 종중, 기타 단체 명의로 신고된 것으로 법인 자격이 없는 것은 공유명의나 단체 명의로 기록하였다.
⑤ 우리나라 여자나 아동들에게는 모씨(某氏), 결혼한 유부녀는 모씨처모씨(某氏妻某氏), 과부(寡婦)인 경우에는 망모씨모소사(望某氏某召史)로 사정하였다.

(2) 강계 사정

① 강계선은 사정선이라고도 하며, 토지조사사업 당시 확정된 소유자가 다른 토지 간의 불복신립(不服申立)이 신청되는 경계선이다.
② 강계선은 지목의 구별, 소유권의 분계(分界)를 확정하는 것으로 토지소유자 및 지목이 같고 연속된 토지를 일필로 함을 원칙으로 하였다.
③ 토지의 강계는 지적도에 등록된 토지강계선이 대상이었다.

3.8.4.3. 사정 공시

① 사정 공시는 토지소유자와 이해관계인에 대하여 사정의 결과를 종람(縱覽)시키는 데 목적이 있다.

② 사정이 완료된 토지조사부 및 지적도는 토지 소재의 부, 군청에 비치하여 30일간 종람하도록 하였다.

③ 사정의 공시는 사정의 종료와 동시에 시행함을 원칙으로 하였다.

④ 사정에 불복하는 자는 공시 기간 만료 후 60일 이내에 신립(申立)하도록 하였다.

3.8.4.4. 사정의 효력

① 사정은 30일간 공시하고, 불복하는 자는 60일 이내에 고등토지조사위원회에 재결을 요청하여 재결을 받은 때의 효력 발생은 사정 일로 소급 적용하였다.

② 토지조사령의 규정에 따라 행정처분으로서 최후의 확정을 하는 것이다.

③ 사정의 확정 또는 재결에 대하여서는 이유의 여하를 불문(不問)하고 사법재판에 회부할 수 없다.

④ 토지조사사업 이전의 토지에 대한 모든 사유는 사정과 동시에 단절되었다.

⑤ 토지조사 당시에 입회하지 않는 자는 사정에 대한 이의를 제기할 수 없다.

3.8.5. 재결

출제(용) : 47, 86, 104회, (논) : 131회

재결(裁決)은 사정을 변경시킬 유일한 가능성은 고등토지조사위원회의 결정이었다. 사정의 확정 또는 재결은 이유와 관계없이 사법재판에 회부할 수 없으며 토지조사에 입회하지 않는 자는 사정에 대한 이의를 제기할 수 없다. 재결은 토지조사부 및 지적도에 의하여 토지소유자와 그 강계를 확정하는 행정처분인 사정 사항에 대하여 불복할 때 고등토지조사위원회에 요청하는 행위를 말한다.

3.8.5.1. 재결 기관

① 토지조사사업 당시의 재결 기관은 고등토지조사위원회이다.

② 임야조사사업 당시의 재결 기관은 임야조사위원회이다.

③ 2개 기관의 공통점은 정무총감이 당연직 위원장이 하였다.

3.8.5.2. 재결위원회의 구성

① 위원회는 5부로 나누었으며 위원장은 제1부의 부장이 되고 다른 부장은 위원 중에서 조선 총독이 임명하였다.

② 본회의 위원장 1인, 위원 9인, 간사 1인, 서기 및 통역생 약간 명으로 구성되었다.

③ 위원장은 정무총감이 겸임하였으며, 위원은 총독부의 판사, 고등관 및 임시토지조사국 고등관 중에서 일본 내각이 임명하였다.

④ 서기와 통역생은 임시토지조사국 판임관 중에서 조선 총독이 임명하였다.

(표 3.8) 토지조사위원회의 재결위원회 구성

구분	인원	자격
위원장	1인	조선총독부 정무총감
위원	25인	조선총독부 판사(判事), 고등관, 임시토지조사국 고등관 중에서 일본 정부 내각이 임명
간사	1인	토지조사국 직원 중에서 탁지부대신이 임명
서기	약간(若干) 명	토지조사국 직원 중에서 탁지부대신이 임명

3.8.5.3. 재결 내용

(1) 소유권분쟁에 따른 재결

① 개인에 대한 불복신청은 인정되었지만, 국가에 대한 불복신청은 기각되었다.

② 조선인과 일본인이 동시에 관련되어 있을 때는 일본인으로 처리하였다.

③ 불복할 때 사정명의인과 연명으로 신청하는 때도 많았다.

④ 재결의 향방이나 그 규모를 알 수 있으려면 필지별 지목과 면적, 그리고 소유권 귀속 여부를 조사하여야 한다.

⑤ 향교 재산과 국가의 분쟁, 지방비 재산과 국가의 분쟁, 향교 재산과 보통학교의 분쟁 등이다.

⑥ 행정적인 착오(錯誤)로 인해 인접한 토지의 소유자가 바뀐 경우가 있다.

⑦ 지목에 대해서는 소유자를 사정하지 않음을 원칙으로 하였다.

⑧ 분쟁 제기자별 기각률을 보면 조선인의 경우가 가장 높게 나타났다.

⑨ 관행상의 소유자로 등재하였다가 새로운 법의 취지에 맞게 소유자 명의를 변경한 사례들이 있다.

⑩ 대부분 국가 소유로 사정된 필지에 대해 민간인이 불복신청을 제기한 토지였다.

(2) 경계분쟁에 따른 재결

① 경계분쟁 또는 일부 소유권분쟁을 통하여 철도선로 연변의 필지를 정리하는 과정에서 많은 필지의 토지를 국유로 편입하였다.

② 경계분쟁이나 일부 소유권분쟁은 대부분 국가나 일본인에 의해 제기된 특징을 보인다.

③ 경계분쟁의 비중이 분쟁지의 경우보다 높게 나타난 것은 철도 연변의 필지에 대한 경계조정이 대거 신청되었기 때문이다.

3.8.5.4. 재결 기간

① 1914년 8월 1일 최초로 재결하였다.

② 1921년 8월 5일 마지막으로 재결하였다.

③ 재심을 청구할 수 있는 기한 3년을 계산하였다.

④ 고등토지조사위원회 관제는 1925년 4월 1일 폐지되었다.

3.8.5.5. 재결위원회의 역할

① 고등토지조사위원회에 토지의 사정에 대한 불복신립 및 재결하는 최고의 심의기관(審議機關)이었다.

② 사정의 확정 또는 재결일로부터 3년 이내에 그 사정의 확정 또는 재결이 처벌받을 행위에 근거한 것으로 그 행위에 대한 재판소의 판결이 확정되었을 경우 재심을 청구할 수 있었다.

③ 토지조사사업 시행 지역에서는 사정을 통하여 토지소유자와 강계를 법적으로 확정하였다.

3.8.5.6. 사건 처리의 방법

사건 처리는 사무 진척이 필요하므로 사건 처리 방법을 간이(簡易) 사건 처리와 복잡한 사건 처리로 구분하였다.

(1) 간이 사건 처리

① 성명·용자(用字)의 정정, 면적·지목의 상위 또는 사정 후의 이동에 관계된 것

② 재결 예가 있는 것

③ 확정판결이 있는 것

④ 내용이 간단하여 사실이 명백한 것
⑤ 신청 기간이 경과한 것
⑥ 토지조사의 완료가 안 된 지방의 토지에 대한 것

(2) 복잡한 사건 처리

① 각 부장이 전임위원, 겸임위원의 사무의 번한(繁閑)을 안배하여 처리
② 지체를 방지하기 위해 조사위원을 지정하고 당사자와 증인 등을 조사

(3) 반송 처리된 건

① 불복신청 기간을 지난 것
② 토지조사가 완료되지 않은 지방의 토지에 대한 것
③ 성명에 쓰인 한자의 정정, 면적 증감, 지목의 차이 또는 사정 후의 변동과 관련된 것
④ 타 토지조사령의 사정 처분에 해당하지 않는 것

3.8.5.7. 재결 관련 장부

① 재결서 또는 반려, 취하 처리안
② 재결서 안 및 조서
③ 불복 또는 재심 신청서
④ 변명서 및 도면 사본
⑤ 분쟁심사서 사본 및 증거서류 사본
⑥ 토지신고서 사본 및 토지조사부 사본

3.8.6. 측량 업무

출제(논) : 66, 69, 92회

측량업무는 삼각측량, 도근점측량, 일필지측량, 면적계산, 제도, 이동지측량, 지형측량 등 7 종류로 분류하였다. 측량에서는 내업과 외업으로 구분하고 내업은 외업에서 취득한 자료를 체계적으로 정리하는 작업이고 외업은 현지에 출장하여 조사 또는 측량을 시행하는 것을 말한다.

3.8.6.1. 기선측량

출제(용) : 102, 116회

기선측량은 임시토지조사국에서는 토지조사사업 당시 13개소 78점의 기선망을 설치하였으며, 1910년 8월 시작하여 1913년 9월 모두 완료하였다.

(1) 측량기계

① 사용한 기계는 삼각측량이 토지조사측량 전반의 기초로서 가장 정밀한 측량을 요하기 때문에 특히 정량(精良)한 것을 선택하였고 실측할 때는 그때마다 충분한 점검 개정을 시행하였다.

- 25m 선조(線條) 기선척 프랑스제 가벤제 제조
- 영국 겔빈 제품 태양시(太陽侍) 크로노미터(Chronometor)와 항성시(恒星侍) 크로노미터
- 독일의 칼반베로히 제조 13cm 경위의
- 미국의 거리제품 Y형 18인치 수준의
- 측풍기(測風器), 임시토지조사국 제조

② 측량 시작 당시는 기계의 구입이 뜻대로 되지 않았기 때문에 대전기선에서 안동기선에 이르기까지의 기선척은 육지 측량으로부터 임차하여 사용하였다.

③ 기선척은 에데릭식 불변금속제로서 당시 구미 각국 학계에서 칭찬을 아끼지 않은 것이었다.

(2) 기선의 설치

① 기선측량의 실시는 1910년 6월에 최초로 대전기선의 위치를 선정하면서부터 시작하여 1913년 10월 함경북도 고건원기선까지 모두 완료되었다.

② 기선측량은 기선척의 길이에 해당하는 25m 지점마다 나무 말목을 설치하고 약 400m마다 기선의 중간점을 두어 나무 말목으로 표시하였다.

③ 기선의 수는 13개로 측량 기술상의 적당한 장소에 설치한 것이었으며 가장 긴 것은 4,625.4777m이며 가장 짧은 것은 2,000.41516m이다.

④ 기선의 위치는 평탄하고 견고한 지반을 선정하고 길이는 2~5km이며, 대삼각본점 한 변의 크기는 약 30km까지 확대하였다.

⑤ 기선망의 확대는 〈그림 3-57〉과 같이 거의 2 등변삼각형으로 하고 내각은 33도 32분에 가깝도록 설정하였고 한 변의 길이가 대삼각본점 거리는 30km로 규정하였다.

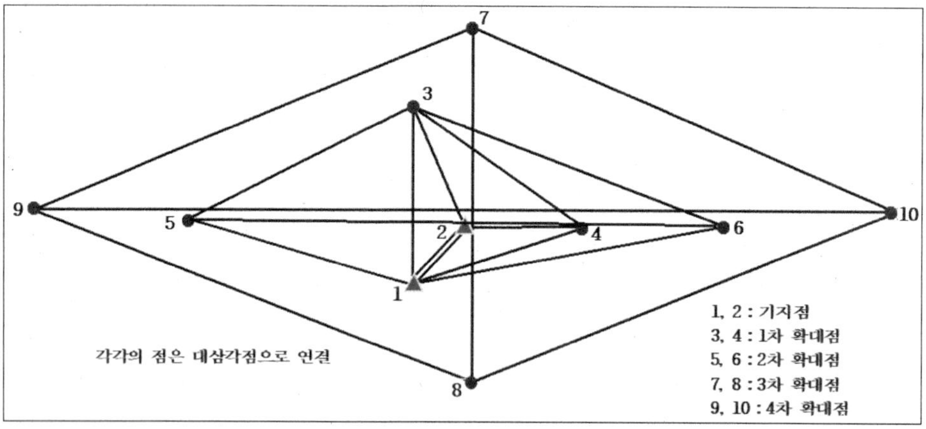

〈그림 3-57〉 기선망 확대

⑥ 기선측량에서 기선로(路)의 넓이는 3m로 하였으며 초목과 암석은 제거하고 하천이나 구거 등은 매몰하거나 교량을 설치하였다.

⑦ 기선의 양 끝에는 화강암으로 만든 반석과 황동제의 점침(點針)을 반석의 중앙에 고정하고 레벨로 고저측량을 실시하였다.

⑧ 기선측량은 1개의 기선척을 오전과 오후로 구분하여 2회 측정하였으며 측정자의 위치도 개인오차의 제거를 위해 바꾸어서 측정하였다.

⑨ 기선의 위치는 (표 3.9)와 같고 위치는 대삼각본점 측량원이 선정하도록 하였으며 적절한 지형이 없는 경우에는 적당한 곳을 선정하였다.

(표 3.9) 기선 명칭과 길이

설치 연도	기선 명칭	기선길이(m)	설치안도	기선 명칭	기선길이(m)
1910년 8월	대전	2500.39410	1912년 7월	간성	3126.11155
1910년 11월	노량진	3075.97442	1912년 9월	함흥	4000.91794
1911년 4월	안동	00.41516	1912년10월	길주	4226.45669
1911년 6월	하동	00.84321	1913년 5월	강계	2524.33613
1911년 10월	의주	2701.23491	1913년 7월	혜산진	2175.31361
1911년 11월	평양	4625.47770	1913년 9월	고건원	3400.81838
1912년 5월	영산포	3400.89002			

(3) 측량 준비 작업

① 기선은 대삼각본점 측량원이 선정하며 양 끝에는 대삼각보점과 같은 모양의 점표(覘標)를 설치하고 기선측량이 끝난 후 대삼각본점 표석을 매설하였다.

② 측량원은 기선로(基線路)의 개통부터 시작할 선로 폭은 3m, 경사 1/25을 초과하지 않게 토공을 시행하며 초목, 암석, 울타리 등의 측량에 장애가 되는 것은 모두 제거하였다.

③ 기선로에 구거, 하류(河流) 또는 습지 등이 있으면 매립하고 임시교량을 설치한 후 공사계획도를 작성하여 25m마다 말목을 설치하고 약 400m마다 말목을 박아 표시하였다.

④ 기선의 길이 측정은 강권척을 사용하고 경사는 Level을 사용하여 측정하였다.

⑤ 기선 양 끝점의 점표 아래에는 사방 1.5m, 깊이 1.7m의 구덩이를 파고 그 바닥의 중앙에는 사방 30cm 두께 9cm의 화강암 반석을 매설하여 콘크리트나 진흙으로 매설하였다.

⑥ 반석의 중앙에 구멍을 뚫어 황동침으로 만든 중심간(中心桿)은 시멘트를 반죽하여 고정하고 동시에 구덩이 위에는 나무로 만든 가대(架臺; 버팀목)를 만들어 그 중앙에는 사방 30cm, 두께 7cm의 궤판(机板)을 설치하였다.

(4) 전체길이 측정

① 기선의 전체길이 측정은 12명의 측량자가 동시에 2시간 이상 계속하여 각각 담당한 임무를 수행할 수 있도록 배치하였다.

② 각 측량원의 배치

- 기선척 후단 및 전단 측정자 각 1명
- 온도 측정자 1명
- 길이 및 온도 기록자 1명
- 풍속도 측정자와 기록자 각 1명
- 높이 측정자와 기록자 1명
- 삼각 설치 및 높이 검측자 1명
- 전후 양단 현추(懸錘; 저울을 매단자)자 2명
- 삼각 철수자 1명 및 삼각 운반자 1명
- 총괄 지휘자 1명으로 총 13명

③ 각각의 측량원은 측량을 시작하기 약 1시간 30분 전에 측량지역에 집합하여 사용할 기선척을 약 1시간 동안 밖에 내놓고 바깥 공기와 햇볕에 정리한다.

④ 〈그림 3－58〉과 같이 배열하고 후단 측정자는 전체 측량의 지휘자로부터 측량 준비의 지시를 받아 다음 순서로 작업을 실시하도록 하였다.

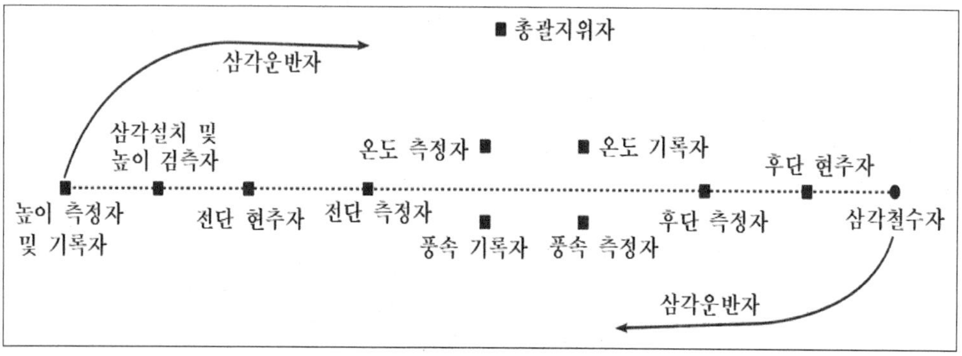

〈그림 3-58〉 기선 측량원의 배치도

⑤ 기선측량 작업 순서

- 전단 측정자는 최전단에 있는 각가(脚架)의 축간(軸桿)을 빼어 이를 마형가상에 설치한다.
- 기록자는 끝점의 구덩이 밑에 내려가 점침의 덮개를 벗기고 그 정부(正否)를 검사하며 1 소척(小尺)을 그 배후에 정확하게 설치한다.
- 후시 측정자는 끝점의 오른쪽 6m의 위치에 13cm 경위의를 정치하고 먼저 점침을 시준한 후 마형가상에 설치한 연직축과 수평축을 시준하여 전시측정자에게 기선 방향으로 이동하여 끝점의 중심에 오도록 한다.
- 다음에 망원경을 회전하고 축간의 각선을 시준한 후 점침을 한 후 편차를 확인하여 중심에 오도록 한다.
- 마형가상(馬形架上)의 중심 위치가 결정되면 전시측정자는 높이를 직접 측정하여 야장에 기재한다.
- 각가(脚架)의 운반자와 정리자는 전방 7개의 각가를 각 말목 위에 정치하고 그 추구(錘救)를 원두병(圓頭鋲) 위에 내려 중심을 일치시킨다.
- 각가의 높이 측정자는 수준을 수평으로 하여 높이를 직접 측정하여 야장에 기재한다.
- 이상의 준비 조작이 끝나면 후시 측정자는 본 측량자에게 지시한다.
- 전시측정자는 자(尺)의 전단을 잡고 후시 측정자는 자의 후단을 잡아 끝점을 기점으로 측량 제1부의 위치로 옮긴다.

- 현추자 2명은 전후 양 끝으로 나누어 각 측정자의 명에 따라 현추장치기를 이동하여 방향 및 고저를 정하고 적당한 위치에 설치한다.
- 전단 측정자는 정준한 위치가 정해진 것을 확인한 후 후단 측정자에게 알리면 후단 측정자는 듣는 동시에 자를 측정하고 다음은 그 위치를 바꾸면 5회를 측정하여 읽고 야장에 기재한다.
- 자의 측정이 끝나면 온도 측정자 및 풍속 측정자는 각기 시계(視界)를 측정하여 야장에 기재한다.

⑥ 해면 높이는 간이 험조장을 해안에 설치하고 1개월 이상을 측정하여 계산하고 기선장의 측정은 인바르사 선조 기선척을 사용하여 측량을 시행할 때마다 온도를 수정하여 테이프의 평균 거리를 구한 후 밀리미터(mm) 이하 2자리까지 계산하고 허용오차는 기선 전체길이에 1/50만 이내로 하였다.

⑦ 기선 경로는 폭 3m, 경사 1/25 이하가 되도록 토공을 시행하며, 초목, 암석, 울타리 등 측량에 방해가 되는 것은 제거하였다.

⑧ 〈그림 3-59〉는 토지조사사업 당시 전국에 설치한 13개 기선 중 하나인 간성기선으로 동단점에서부터 서단점까지 일직선에 폭 3m의 기선을 설치하고 기선척을 이용하여 2회에 걸쳐 직접 실측하였다.

⑨ 그 수치를 sin법칙에 의거 확대하여 대삼각망의 측량성과를 검측, 확인하는데 사용된 것으로 강원도에서 1997년 4월 23일 반석 및 주석을 발굴하여 1997년 5월 9일 복구를 완료하였다.

(a) 영산포기선(동단 점)　　(b) 간성기선(서단 점)

〈그림 3-59〉 기선 끝점

⑩ 기선의 길이는 2.0~4.6km이고 정도는 1/100mm 이상이며 기선측량의 허용오차는 기선 전체길이에 대해 1/500,000 이내로 규정하였다.

⑪ 기선측량의 계산은 구직선(求直線), 경사 보정수, 온도 보정수, 기선척 전체길이, 중등해면상거리, 천체측량, 기선장 평균 계산 등 7가지로 대부분 육지측량부 방식으로 계산을 진행하여 성과를 산출하였다.

⑫ 고건원기선이 가장 정밀하였는데 정도는 1/14,360,000, 가장 부정확한 기선은 강계기선으로 1/1,250,000, 기선척은 400회씩 비교 검정하였으나 토지조사국에서 시행한 기선측량의 성과는 매우 양호하였다.

(5) 험조장(검조장) 측량

출제(용) : 93회

① 험조장 설치 목적은 해안의 여러 곳에 중등조위를 결정하여 수준측량의 기초로 하였다.

② 청진, 원산, 목포, 진남포, 인천 등의 5개 지역에 험조장을 설치하고 자동기록험조의를 설치하여 1년 이상 관측한 결과로 평균중등수위를 산출하였다.

③ 위치 선정은 그 지점의 최저 및 최고조위의 변화를 조사하고 해안선의 형상, 해저의 깊이, 조류의 속도, 유수 및 풍향 등을 고려하여 결정하였다.

④ 청진과 원산으로부터 시작하여 목포, 진남포 및 인천의 순서로 착수하였다.

⑤ 험조장(驗潮場)의 구조는 〈그림 3－60〉과 같이 조석 간만의 차 및 유속과 기타 풍향, 유빙(流氷) 등에 따라 각각 다르지만, 육상에 설치한 것은 험조정, 통수토관(通水土管), 험조실 및 수준기점(水準基點) 등으로 되어있으며 목포와 진남포(鎭南浦)는 이 외에도 중추통관을 설치하였다.

⑥ 계산은 장기간 관측 결과를 평균하여 사용하는 것이 가장 좋은 성과를 얻을 수 있다.

⑦ 험조장은 1911년에 청진과 원산의 건설이 완료되었고 1912년 목포와 진남포의 2개소에서 건설이 완료되었다.

⑧ 인천은 작업이 가장 곤란하였던 관계로 1913년 5월에 착수하였으나 각종 장해로 작업을 중지했다가 1914년 4월에 남은 작업을 시공하여 동년 5월에 공사가 완료된 것이다.

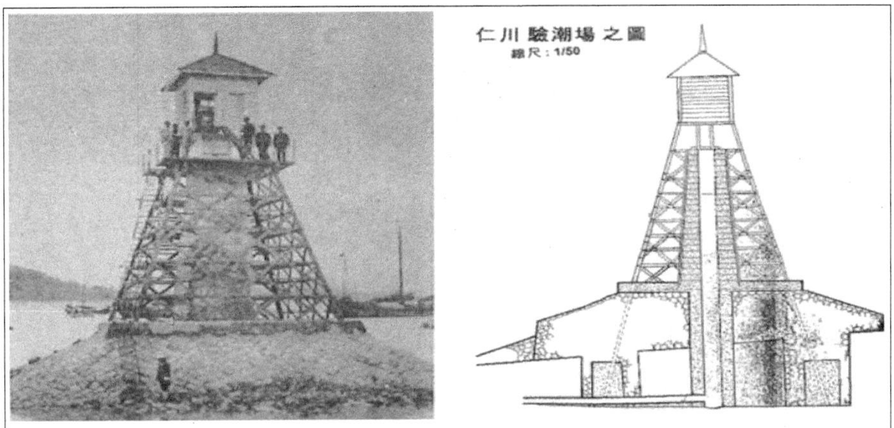

실제 설치된 험조장　　　　　험조장 설계도

〈그림 3-60〉 인천험조장

3.8.6.2. 검기선

출제(용) : 131회

검기선은 삼각망의 각 변의 길이를 계산하고 오차를 점검, 조정하는 데 사용되는 측량기선으로 측량과정에서 폐합하는 기선이다. 삼각망의 정확도를 검사하기 위한 다른 남은 기선을 검기선(Check Base Line)이라고 한다.

(1) 기선측량

① 삼각망을 결정할 때는 각도만 관측할 경우 망의 크기, 위치, 형태는 결정되지 않는다.

② 반드시 한 변 이상의 측선에 대한 거리 관측이 있어야 하며, 기준점 한 점과 방위각 관측도 있어야 한다.

③ 최소한의 거리관측을 위한 측선을 기선(Base Line), 삼각망의 정확도를 검사하기 위한 다른 남은 기선을 검기선(Check Base Line)이라고 한다.

④ 한 개 또는 두 개 변의 측선 거리로 삼각망의 크기를 결정하게 되므로, 기선 관측의 정밀도는 곧 삼각망 전체 정밀도의 기본이 된다.

⑤ 삼각측량에서는 기선 관측의 정밀도가 가장 중요한 요소이기 때문에 거리측량의 주요 부분은 본 기선 관측에 적용되었다.

⑥ EDM의 출현으로 거리 관측이 정밀하면서도 쉽게 수행할 수 있게 되어, 삼각망 결정에 다수의 EDM 관측을 포함할 수 있게 되면서, 기선 관측의 의미는 거의 없어졌다고 할 수 있다.

(2) 토지조사사업 당시의 기선

① 기선측량의 실시는 1910년 6월에 최초로 대전기선의 위치를 선정하면서부터 시작하여 1913년 10월 함경북도 고건원기선까지 모두 완료되었다.

② 기선측량은 기선척의 길이에 해당하는 25m 지점마다 나무 말목을 설치하고 약 400m마다 기선의 중간점을 두어 나무 말목으로 표시하였다.

③ 기선의 수는 13개로 측량기술 상에 적당한 장소에 설치하였다.

④ 가장 긴 기선은 4,625.4777m이며 가장 짧은 기선은 2,000.41516m이다.

⑤ 기선측량 기구는 인바테이프(Invar Tape), 만능 데오돌라이트, 태양시·항성시 클리노미터, Y레벨(18inch) 등이다.

⑥ 기선측량은 기선척을 사용하여 20회 이상 측정하고 이때 기압과 온도, 경사, 편심보정 등을 하였다.

⑦ 보정 사항으로는 온도보정, 기압보정, 경사보정, 평면거리보정 등을 하였다.

⑧ 기선의 길이는 평균 2.0~4.6km이고 정도는 1/100mm 이상이며 기선측량의 허용오차는 기선 전체길이에 대해 1/500,000 이내로 규정하였다.

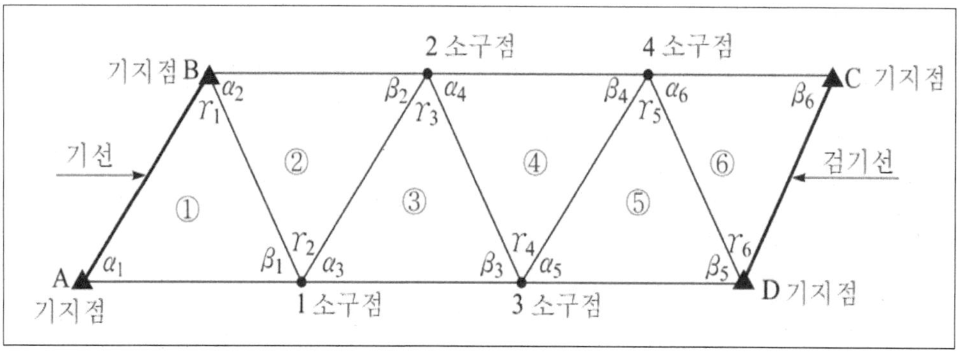

〈그림 3-61〉 검기선

(3) 검기선

① 지적기준점측량에서 측량관측을 시작할 때 시작하는 기선이 있으며, 나머지 다른 하나의 기선을 관측결과값을 확인하기 위해 계산된 기선을 검기선이라한다.

② 삼각법을 적용하여 기선의 길이와 측각치로부터 삼각망의 각 변장을 계산한다.

③ 삼각측량이나 삼각망의 마지막 측정한 선을 기존의 기선과 결합하여 검사한다

④ 삼각측량에서 삼각망의 각 변장은 기선의 길이와 각관측 값에 삼각법을 적용하여 차례로 계산하고 그 오차를 점검 및 조정한다.

⑤ 오차의 누적을 방지하기 위하여 적당한 거리를 두고 설치하는 다른 기선으로 누적된 오차를 이를 점검하고 조정한다.

⑥ 1등 삼각망의 검기선은 약 200km 마다 1개씩 설치하였다.

3.8.6.3. 삼각측량

삼각측량은 가장 먼저 일본 육지측량부의 1등 삼각본점과 연결하여 대삼각망을 만든 후 이를 기준으로 소삼각점을 배치하여 전국 13개도에 1개소의 기선을 설치하고 평균 2.5km의 길이로 삼각점을 배치한 것으로 이것을 연결하여 평균 계산하였다. 제1차적으로 대규모 망으로 시작하여 이를 기준으로 소규모 망을 측량하고 변장이 가장 긴 삼각형으로 망을 만들어 전국토를 계산하고 제2차, 제3차의 소규모 망을 작성하였다. 삼각점의 종류에는 대삼각본점(변장 평균 30km), 대삼각보점(변장 평균 10km), 소삼각 1등점(변장 평균 5km), 소삼각 2등점(변장 평균 2.5km)이 있고 설치된 기초점수는 전국에 34,447점이다. 소삼각측량은 1912년 3월에 착수하고 4월에 외업을 종료하였으며 점수는 소삼각 1등점 3점, 2등점 31점이 되었다.

(1) 대삼각본점측량

출제(용) : 134회, (논) : 66, 69회

대삼각본점측량에서 기선망 및 대삼각본점망의 배치는 기선의 최종 확대변을 기초로 하였다. 대삼각본점측량은 토지측량의 기초인 대삼각점의 위치를 정밀한 방법으로 측정하고 측지학상의 종횡선 및 방위각은 대마도(쓰시마)를 거쳐 1등 삼각본점에 연결하여 계산하였으며 대삼각본점 측량의 작업순서는 선점, 조표, 점표, 계산, 성과표 작성 순으로 진행하였다.

① 망의 구성은 기선망과 대삼각본점망으로 구분하여 시행하였으며, 기선망은 기선을 확대하여 대삼각의 한 변이 되도록하기 위한 삼각망이다.

② 선점(選點)은 측량을 시작하기 전에 실시하는 작업으로 모든 측량의 기본이 되는 삼각점을 선정하는 것이다.

③ 조표(造標)는 각 삼각점으로부터 시통이 잘되고 표척을 쉽게 찾을 수 있어야 하며 중심 위치는 편차가 발생하지 않도록 견고하게 설치하여 점표(覘標)는 세부측도가 끝날 때까지 유지되도록 보존 기간은 3년으로 하여 표석의 중심에 위치를 표시하였다.

④ 기선망의 점표

출제(용) : 123회

- 점표(覘標)는 세부측도가 끝날 때까지 유지되도록 보존 기간은 3년으로 하여 표석의 중심에 위치를 표시하였다.
- 두간(頭桿)의 하반부는 검은색, 기타를 흰색으로 하며 본점 점표는 〈그림 3-62〉의 (a)와 같이 두간(頭桿)의 하반부와 상부의 덮개 널판 3단에 검은색, 기타는 백색으로 칠하였다.
- 점표는 기선망 삼각점일 경우 4개의 기둥으로 만든 방추체형의 상부에 5단으로 복판(覆板)을 붙인 후 점표를 사용하였다.
- 추체(錐體)를 지지하는 지주의 사방의 1변은 지상에서 2.5m로 하고 방추체의 정상까지 높이는 6m로 하였으며 위치와 시통 여부에 따라 8단으로 하였다.
- 기선의 점표는 두간(頭桿)의 상단부와 하단부의 복판 3단은 흑색으로 하고 기타 부분은 백색으로 하였으나 바다를 배경으로 설치된 것은 복판 전부를 흑색으로 칠하였다.

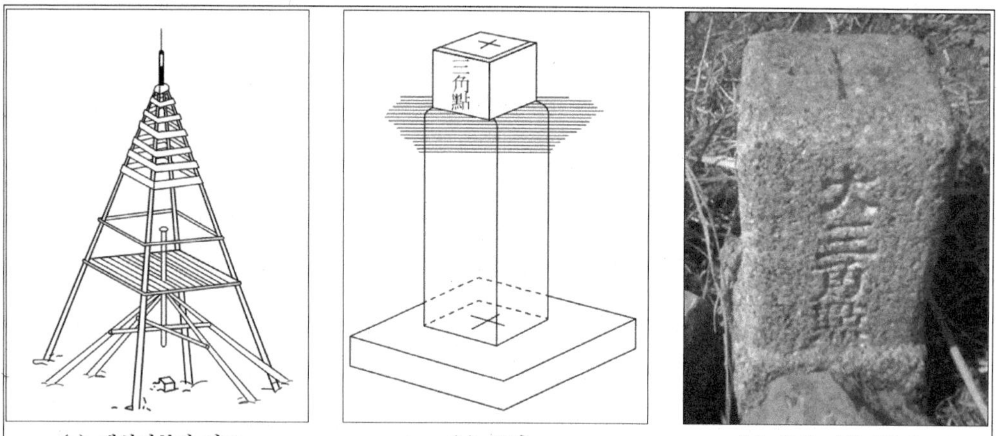

(a) 대삼각본점 점표 (b) 표석 (c) 실제 대삼각본점

〈그림 3-62〉 대삼각본점

⑤ 표석은 〈그림 3-62〉의 (b)와 같이 주석과 반석으로 구성하되 주석의 위쪽 약 5치(15cm)를 지상에 노출시킨 부분의 측면에 〈그림 3-62〉의 (c)와 같이 "대삼각점"의 4자를 새겼다. 주석 및 반석의 윗면은 십자(十字)를 파고 십자의 교점에 판 작은 구멍을 바닥에 있는 표의 중심과 일치하도록 매설하였다.

④ 관측

- 기선망 및 본점은 모두 독일의 칼반베르히 회사에서 제작한 직경 21cm 경위의를 사용하여 초 이하 5자리까지를 측정하였다.
- 기선망 및 본점의 점표 관측은 낮에는 〈그림 3－64〉와 같이 회조기를 사용하고 야간에는 회광등을 사용하였다.
- 대삼각본점측량에서 기선망 및 대삼각본점망의 배치는 기선의 최종 확대변을 기초로 하였다.
- 기선망 관측의 정도는 12대회의 방향 관측으로 측정한 평균값과 같게 하고 본점의 관측은 6대회의 방향 관측으로부터 측정한 평균값을 선택하였다.
- 대마도의 1등 삼각점 어악(御岳; 오따께)과 유명산(有明山; 아리아께야마)을 연결하여 약 80km 떨어진 부산의 절영도와 거제도를 〈그림 3－63〉과 같이 대삼각망으로 구성하여 서북지방으로 계산을 진행하였다.

〈그림 3-63〉 토지조사사업 당시 삼각망도

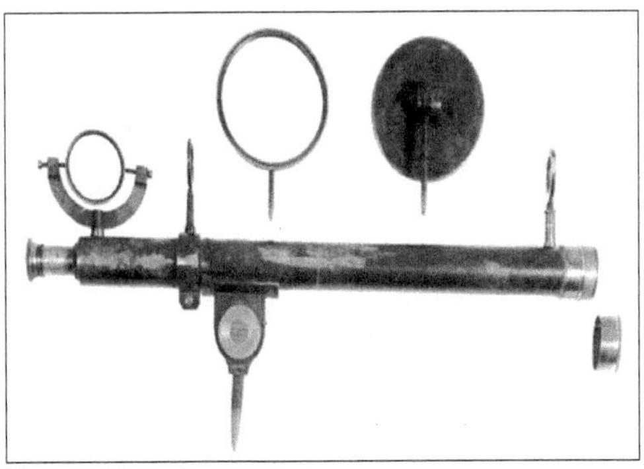
〈그림 3-64〉 회조기의 구조

〈그림 3-65〉 대삼각본점 측량 모습

⑤ 계산

- 대마도 연락망은 육지측량부 1등 삼각점에 연결하였고 관측 기계는 다르나 계산 방법은 육지측량부에서 계산하였다.
- 삼각형의 계산은 르장드르(legendre)정리에 따라 sin 법칙으로 계산된 경위도를 사용하고 구과량을 계산하여 평면상의 각으로 환산하였다.
- 계산이 종료되면 경도와 위도, 자오선 방향각, 평면직각종횡선, 평균방향각과 관측방향각, 거리의 대수를 기재하는 성과표를 작성하였다.
- 대삼각본점의 평균법은 각 방정식과 변 방정식을 사용하고 최소제곱법에 따르며, 대삼각보점의 평균법은 가우스 상사 이중투영식을 사용하여 평면직각종횡선으로 계산하였다.
- 1910년 6월 대삼각본점측량을 시작하여 1915년 2월에 끝마칠 때까지 종사 연인원수는 외업 14,349인, 내업 11,096인이었으며 대삼각망 변장은 평균 약 30km이고 총점수는 400점이다.

(2) 회조기

출제(용) : 137회

① 회조기는 태양광선을 반사시키는 신호 기구로 대삼각점측량 등 원거리 관측을 위하여 목표점에 설치하는 반사경을 갖춘 각 측량의 보조장치이다.

② 독일인 수학자인 동시에 측지학자인 가우스가 1810년대에 교회의 유리창에 태양이 반사되어 의외로 멀리까지 가는 것에 착안하여 사방 10㎝의 거울을 사용하여 창안하였다.

③ 구조

- 〈그림 3－64〉의 왼쪽부분은 태양의 일주(日周)운동과 일치하도록 막대기 등으로 두들겨 조금씩 조정하는 장치이다.
- 평면 반사경의 중앙부에 열려 있는 작은 구멍을 내다보고 그 반사경 앞에 설치된 시준통의 십자선과 시준 방향이 목표점과 일치하도록 그 방향을 회전하면서 조정할 수 있다.

④ 사용 방법

- 기선망 및 본점의 점표 관측은 주로 낮에 시준하면서 회조기를 사용하였다.
- 야간에는 회광등을 사용하여 실시하였다.
- 회조기는 망원경이 목표 지점을 향하도록 하여 대좌(臺座)[55]를 고정하고 회조 거울을 이용하여 태양광을 시준통으로 보낸다.

---

55) 보통 나무를 이용하여 관측대를 만들어 놓고 그 위에 측량기계를 올려서 사용하였다.

- 회조기를 사용하면 기상조건이 좋을 때에는 고성능 데오돌라이트로 60~70㎞의 거리에 대한 각관측이 가능하다.

⑤ 측량에서 활용

- 선점(選點) 작업에서 거리가 멀어 시통이 명확하지 않으면 회조기(回照器)를 사용하였다.
- 조선토지조사사업보고서에 일본 대마도에 있는 1등삼각점을 이용하여 절영도와 거제도에 대삼각점측량을 실시할 때 대마도 연락망으로 중간에 육지가 없는 관계로 구점(求點)의 위치 파악이 곤란하여 일광회조기(日光回照器)를 사용하여 관측하였다.
- 울릉도를 육지측량부에서 직접 관측할 당시 회조기를 사용하였다.
- 1910년 6월 최초의 대마도 연락 사각망측량에서 아리아케산(有明山)과 절영도 간의 거리가 99.3㎞이지만 회조기를 이용하여 관측하면서 좋은 성과를 거두었다고 한다.
- 대삼각본점 측량이 완료된 후에는 원거리 관측이 필요가 없게 되면서 지적측량분야에서는 사용되지 않았으나 측지분야에서는 1등 삼각점 측량시 회조기를 사용하였다.

(3) 대삼각보점측량

① 대삼각보점은 선점, 조표 및 점표, 관측, 계산, 성과표 작성의 순으로 작업을 진행하였다.

② 선점은 이등변삼각형으로 하여 경도 20분, 위도 15분의 방안 내에 대삼각본점을 포함하여 9점 정도의 비율로 설치하였다.

③ 각 삼각점 간의 거리가 약 10km가 되도록 2,401점을 선정하였다.

④ 점표는 통상 복판을 5단으로 하고 지주의 위치는 지상 사방 2.4m 지상으로부터 꼭대기까지의 높이는 5m로 하였다.

⑤ 관측에서 사용 기계는 데오돌라이트 10초독이며 관측 횟수는 9대회 또는 6대회의 방향 관측을 하여 중수(평균)를 채택하였으며 공차가 7″ 이상일 때는 재 측량하였다.

⑥ 계산 순서는 관측부 작성, 삼각형의 계산, 종횡선평균 계산, 경위도 계산, 성과표 작성 순으로 진행하였다.

(4) 일반 소삼각점측량

일반 소삼각점측량의 목적은 대삼각점에 의한 많은 삼각점을 설정하여 도근점측량의 기초로 하고 있다. 소삼각점측량은 일반 소삼각점측량(현; 3등, 4등 삼각점측량)과 구소삼각점측량, 특별소삼각점측량으로 구분하고, 대삼각측량을 기초로 시행한 소삼각측량을 보통소삼각측량이라 하였으며, 측량 작업 순서는 다음과 같다.

① 점간거리는 1등 삼각점의 점간거리는 사방 5km의 방안 내에 1점, 2등 삼각점의 점간거리는 사방 2.5km의 방안 내에 1점의 비율로 배치하였다.

② 조표는 삼통나무와 삼판(杉板)을 사용하여 수목이 있는 지방은 긴 나무로 삼통 나무를 대체하고 점표는 그 보존 기한을 2년으로 정하고 목재는 될수록 삼재(이깔나무)를 선정하여 사용하였다.

③ 점표는 기선 양 끝점에 설치하고 〈그림 3-66〉과 같이 1등점 점표는 4각 추체형, 기타는 3각 추체형으로 하였다.

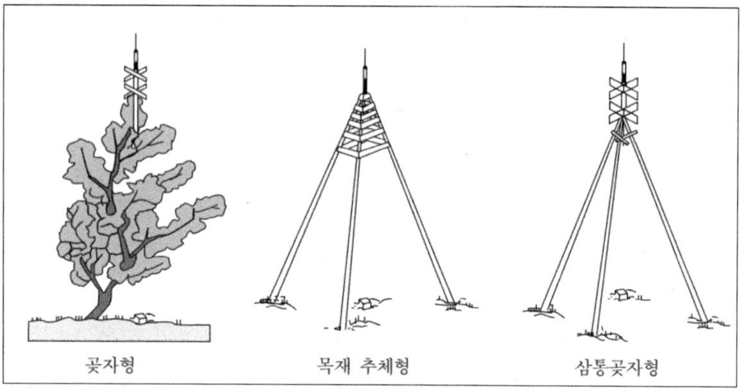

〈그림 3-66〉 유형별 점표

④ 표석

- 사방 약 3치(9cm), 길이 2자의 주석과 사방 8치(24cm), 두께 2치 5푼(7cm)의 반석으로 구성하였다.
- 매설은 주석 위쪽의 지상에 노출된 측면에 "소삼각점"의 4자를 새기고 보통 삼각점은 그 뒷면에 1등은 '一'자 2등은 イ(이), ロ(로), ハ(하) …의 히라가나를 1자씩 새겼다.

⑤ 관측

- 20초독 경위의를 좌측에서 우측으로 관측하고 다음 망원경을 반전하여 우측에서 좌측으로 관측하였다.
- 윤곽도는 1등 점의 관측은 0°, 45°, 90°, 135°, 2등 점의 관측은 0°, 60°, 120°로 하였다.

⑥ 계산은 변장, 방위각, 종횡선을 계산하며 지형측량에 필요한 경위도 및 높이를 계산하여 구소삼각점의 값을 계산하였다.

⑦ 계산항목

- 개산(概算) 및 변장 계산
- 귀심계산
- 평면직각종횡선의 계산
- 1등점 및 2등점 평균 계산
- 종횡선의 계산
- 경위도 및 높이의 계산

3.8.6.4. 특별소삼각점측량

출제(용) : 48, 56, 113, 120회

1912년 임시토지조사국에서 시가지세를 시급하게 징수하여 재정수요를 충당할 목적으로 실시하였다. 대삼각점측량을 생략하고 대삼각점측량 미완료 지역과 멀리 떨어져 있는 섬으로 대삼각점과 연결할 수 없는 소규모 지역에서 독립된 소삼각점측량 실시하였다. 기선과 1, 2등 삼각점을 설치한 것을 특별소삼각점 측량이라 하였다.

1) 특별소삼각원점

① 특별소삼각점은 측량지역의 서남단에 위치하는 삼각점으로 하고 종선(X)=10,000m, 횡선(Y)=30,000m로 가상의 수치를 이용하였다.

② 측량 원점은 시행 지역의 서남단 삼각점을 원점으로 하였으며 원점은 19개로 각각의 측량지역에 한 점씩 설치하였다.

③ 원점은 해당 측량지역의 삼각점을 종횡선 원점으로 하여 가산하였다.

④ 원점의 위치는 현재 성과 상에 나타나 있지 않다.

2) 측량 시행 지역

① 대삼각측량의 미완료 지역에 대해 미리 소삼각측량을 실시하고 일반삼각점과 연결하는 방식을 취하였다.

② 측량시행 지역은 평양, 의주, 신의주, 진남포, 전주, 강경, 원산, 함흥, 청진, 경성, 나남, 회령, 마산, 진주, 광주, 나주, 목포, 군산 등 18개 지역과 울릉도에 〈그림 3-67〉과 같이 독립적으로 원점을 설치하였다.

③ 측정 단위는 미터 단위를 사용하였으며 구과량을 고려하여 실시하였다.

④ 특별소삼각점측량은 주로 시가지 측량으로 1912년 5월 경성에서 출발하여 평양의 측량실시와 함께 완성하였다.

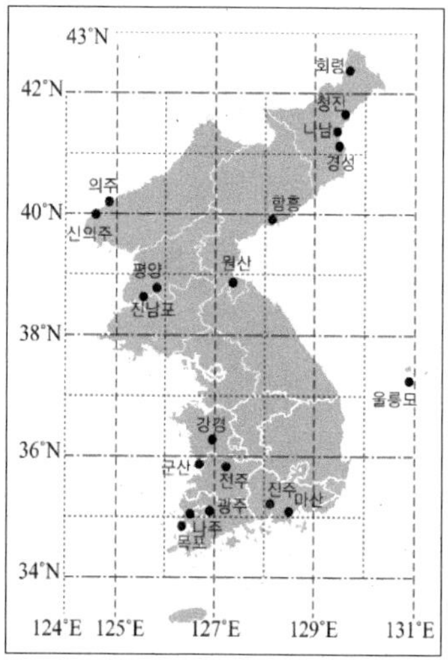

〈그림 3-67〉 특별삼각원점

3) 측량 작업 순서

(1) 선점

① 대상 지역을 전체적으로 덮을 수 있도록 소삼각 1등점 망형을 설정하여 점간거리는 2~4km로 하고, 2등 점은 점간거리 1.5~2km로 선정하였다.

② 축척 1/1,200을 사용하는 기선은 망 내의 적당한 위치에 선정하고 점간거리는 0.4~1km로 선점하였다.

③ 울릉도는 1912년 강원도 지방 대삼각점측량 시행 때 거리가 너무 멀고 기타 여러 가지 원인으로 그 위치를 결정할 수 없어 독립 측량을 시행하였다.

④ 1912년 6월 경성에서 출발하여 섬에서 특별소삼각점 23점을 선점, 조표, 관측을 완료하였다.

(2) 관측

① 특별소삼각점은 기선의 서남단 한쪽 끝점에서 등고도법에 의하여 태양을 관측하여 방위각을 결정하였다.

② 수평각 관측은 1, 2등 모두 3대회로 하고 한 점을 정하는 방향선은 반드시 3방향 이상으로 하였다.

③ 수직각 관측은 망원경 좌우에서 각각 2회씩 하고 각각의 삼각형 내각의 합은 30~120°로 하였다.

④ 특별소삼각 1등점은 정·반 관측하여 평균값을 사용하고 공차는 40초로 하였다.

⑤ 1대회 폐합공차는 20초, 1방향의 각 회의 공차는 30초, 삼각형내각 합의 폐합차는 1등점은 10초로 하였다.

⑥ 특별소삼각 1등점은 정·반 관측하여 평균값을 사용하고 독일 칼반베히르에서 제작한 13.5cm 경위의를 사용하였다.

⑦ 기계의 제원은 수평 10초, 수직 20초의 눈금으로 측량 규정의 정도에 적합하였다.

(3) 계산

① 계산은 기선 계산과 특별소삼각점 계산으로 구분하였다.

② 기선의 서남쪽 끝점의 종횡선을 원점으로 하고 가상으로 종선(남북)값을 10,000m, 횡선(동서)값을 30,000m로 원점을 정하여 시작하였다.

③ 기선계산은 소삼각점 측량과 동일하며 공차는 $0.05\sqrt{\frac{\text{전체길이}}{100}}$ 이며

④ 특별소삼각점 계산은 6자리 대수표를 사용하고 경위도는 초 이하 3자리, 방향각은 초 이하 2자리, 평면직각좌표는 cm 단위까지 계산하고 높이는 5자리 대수표를 사용하여 계산하였다.

⑤ 제1차로 결정할 점 이외의 점은 2점의 종횡선으로 계산하여 그 평균을 사용하고 평균계산에는 규정 용지를 사용하여 계산하였다.

⑥ 각도는 초 단위, 거리와 종횡선은 cm 단위, 6자리 대수표까지 계산하고 삼각형의 내각은 다음의 식으로 계산하였다.

- $\alpha+\beta+\gamma=180° \pm v$
- $(\alpha\pm\frac{v}{3})+(\beta\pm\frac{v}{3})+(\gamma\pm\frac{v}{3})=180°$

⑦ 2등점의 정각(頂角)은 보각(補角)을 사용함으로써 계산하지 않았다.

⑧ AB 변의 방위각은 $\tan(AB)=\frac{Y_B-Y_A}{X_B-X_A}$ 이고, AB, AC, BC의 변장은 다음과 같다.

- $AB=\frac{Y_B-Y_A}{\sin(AB)}=\frac{X_B-X_A}{\cos(AB)}$ 에서 $AC=\frac{AB}{\sin\gamma}\cdot\sin\beta$, $BC=\frac{AB}{\sin\gamma}\cdot\sin\alpha$ 이다.

- 그러므로 AC의 방위각은 $V_A^C = V_A^B - \alpha$, BC의 방위각은,

  $V_B^C = V_B^A + \beta = V_A^B + 180° + \beta$ 이다.

⑨ 소구점(C)의 종횡선좌표 계산은 A, B점에서 계산한 값을 평균하여 사용한다.

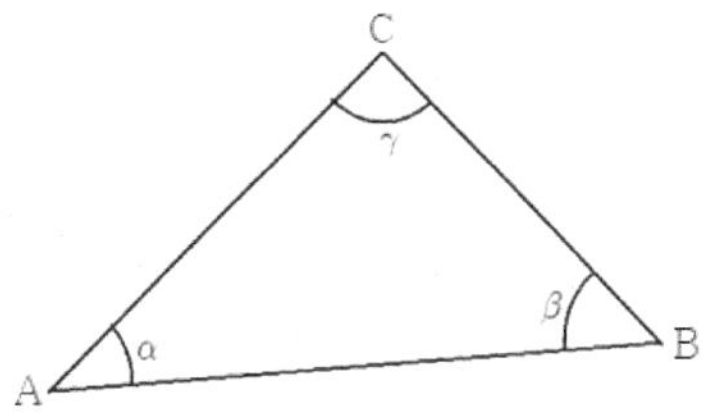

- A점에서 좌표 계산

  $Y_1 = Y_A + AC \cdot \sin V_A^C$, $X_1 = X_A + AC \cdot \cos V_A^C$

- B점에서 좌표 계산

  $Y_2 = Y_{Bb} + BC \cdot \sin V_B^C$, $X_2 = X_B + BC \cdot \cos V_B^C$

- 평균좌표 값 $Y = \dfrac{Y_1 + Y_2}{2}$, $X = \dfrac{X_1 + X_2}{2}$ 이다.

⑩ 1912년 작업 성적은 선점 7,385점, 조표 8,030점, 관측 8,532점으로 그 중 특별소삼각점의 선점, 조표, 관측을 시행한 것은 200점이었다.

(4) 특별소삼각측량의 계산항목

① 기선전장 계산

② 귀심 계산

③ 북극성(極星) 또는 태양에 의한 방위 계산

④ 변장 계산

⑤ 평면직각종횡선 좌표의 계산

3.8.6.5. 구소삼각점측량

출제(용) : 47, 53, 84, 116회, (논) : 110, 134회

구소삼각원점은 바로 도근측량의 기초가 되는 것으로 대삼각측량을 기초로 시행하여야 하나 구한국 정부는 정상적인 대삼각측량의 순서로 소삼각측량을 시행할 때 긴 시간이 걸릴 것으로 예상하였다. 탁지부에 토지조사국을 개설하고 부평군(현 인천광역시 부평구) 지역에서 시험적으로 토지조사를 시행한 후 대삼각측량을 거치지 않고 독립적으로 일부 지역에만 소삼각측량을 실시하였다. 구소삼각측량은 토지조사 이전인 구한말에 실시한 측량으로 대삼각측량을 실시하지 아니하고 경인 지역 및 대구·경북지역에서 부분적으로 시행하였다.

(1) 구소삼각원점

① 측량지역 원점의 수치는 X=0, Y=0으로 하며 거리 단위는 간(間)으로 하였다.

② 경인지역에 6개(망산, 계양, 조본, 가리, 등경, 고초), 대구지역에는 5개(율곡, 현창, 구암, 금산, 소라)의 11개 원점이 있다.

③ 거리의 단위는 간(間)으로 하였고 종횡선수치에 정(+), 부(−)의 부호가 있으며 1975년 지적법의 개정으로부터 전부 미터(m) 단위로 수정하였다.

④ 측량지역의 중앙에 원점을 두었으며, 27개 지역에 대하여 독립적으로 삼각측량을 실시하였다.

⑤ 조본·고초·율곡·현창과 소라 원점의 평면직각종횡선 수치의 단위는 미터로 하였다.

⑥ 망산·계양·가리·등경·구암 및 금산 원점의 평면직각종횡선 수치의 단위는 간(間)으로 등록되어 있다.

(2) 구소삼각점측량

① 중앙에 있는 삼각점에서 북극성의 최대이각(Greatest Elongation)을 측정하여 진자오선과 방위각은 천문측량을 바탕으로 결정하였다.

② 구소삼각점 지역은 종·횡 5,000방리(1방리는 1리(里)×1리(里)=약 800km^2)를 1구역으로 하였다.

③ 측량지역(27개 지역)

- 경인 지역 : 시흥·교동·김포·양천·강화·진위·안산·양성·수원·용인·남양·통진·안성·죽산·광주·인천·양지·과천·부평으로 19개 지역이다.
- 대구경북 지역 : 대구·고령·청도·영천·현풍·자인·하양·경산으로 8개 지역이다.

④ 1910년 대한제국에서 국지적으로 실시한 측량은 나중에 구소삼각점은 일반삼각측량과 계산상으로 연결하였다.

⑤ 계산은 외업 용지에 바로 시행한 것으로 총점수 2,493점 중에서 개국 이전에 완성한 것이 647점, 1910년 1,069점을 완료하고 1911년에 나머지 777점의 계산을 완료하였다.

⑥ 당시에는 대삼각점측량을 시행할 기술이 없어 토지조사국에서 부평군(현, 부평구)지역에서 시험적으로 토지조사를 시행한 후 일부 지역에 독립적으로 소 삼각점 측량을 시행한 것이 구소삼각점측량이다.

⑦ 구한국정부에서는 삼각측량을 1~4등급으로 구분하여 계획하였으나 1등 삼각점은 대삼각점측량에 해당되고 2, 3, 4등은 소삼각점측량에 해당하는데 1등 삼각점측량은 시행하지 못하였다.

⑧ 구소삼각점은 토지조사사업 이전에 구한국정부에서 당시 양전업무를 실시하고 국내 27개 지역에 대하여 독립적으로 삼각측량을 실시한 지역으로 경인지역 및 대구·경북지역에서 부분적으로 시행하였다.

⑨ 구한국정부에서 실시한 2~4등의 구소삼각점 수는 경기지역 821점, 경북지역 798점, 합계 1,619점이며 그중에서 경기지역 40점, 경북지역 63점 합계 103점은 통일원점의 성과와 병기되었으며 위치는 (표 3.10)과 같다.

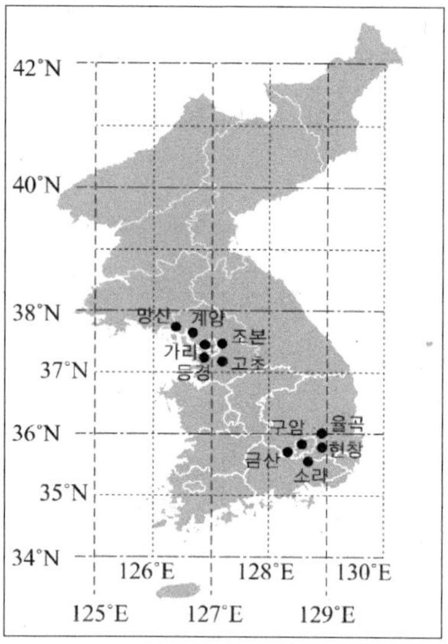

〈그림 3-68〉 구소삼각원점 위치

(표 3.10) 구소삼각원점 위치

원점	경도	위도	삼각점 수	위치	단위
망산	동경 126°22′24". 596	북위 37°43′07". 060	77	경기 강화	간(間)
계양	동경 126°42′49". 685	북위 37°33′01". 124	99	인천 서구	
가리	동경 126°51′59". 430	북위 37°25′30". 532	85	경기 광명	
등경	동경 126°51′32". 845	북위 37°11′52". 885	220	경기 남양	
구암	동경 128°35′46". 186	북위 35°51′30". 878	171	대구 남구	
금산	동경 128°17′26". 070	북위 35°43′46". 532	126	경북 고령	
조본	동경 127°14′07". 397	북위 37°26′35". 262	169	경기 광주	미터(m)
고초	동경 127°14′41". 585	북위 37°09′03". 530	171	경기 용인	
율곡	동경 128°57′30". 916	북위 35°57′21". 322	193	경북 영주	
현창	동경 128°46′03". 947	북위 35°51′46". 967	121	경북 경산	
소라	동경 128°43′36". 841	북위 35°39′58". 199	196	경북 청도	
계			1,619점		

(3) 측량 순서

① 선점

- 기선은 적절한 지점을 선정하여 죽제권척 또는 측쇄로 측정하였다.
- 전장은 900간(1,636.4m) 내외로 하였으나 부득이한 경우 450간(818.2m)으로 하고, 각 기선의 간격은 12,000간(21,818m) 내외로 하였다.
- 삼각쇄 또는 삼각망으로 점을 배치하고 각 점 상호 간의 거리는 2,750간(5km) 내외로 하였다.
- 망의 차수는 3차 이내로 하되 부득이한 경우 4차로 하였다.
- 3등 점은 2등 점을 기준점으로 상호 간 거리는 1,400간(2,545.5m) 내외로 하였다.
- 4등 점은 도면의 축척 1/600로 작성할 지역에서만 2등 점을 기준으로 2, 3등 삼각형 내에만 설치한 것으로 상호 간 거리는 700간(1,272.7m) 내외로 하고, 척도는 도량형법인 간(間)을 사용하였다.

② 조표는 위치를 표시하기 위해 말목을 박고 구소삼각 2등점은 홍상백하(紅上白下), 구소삼각 3, 4등점은 백상홍하(白上紅下)의 표기를 세우고 선점한 자의 관자와 삼각점 번호를 붙였다.

③ 표석은 사방 3촌, 길이 2척인 주석과 사방 8촌 두께 2촌 5분인 반석으로 재료는 화강암이며, 주석과 반석의 상부에는 십자를 새겨 넣고 교차점과 점표의 중심이 일치되도록 주석의 상부 측면에는 "소삼각점"이라 새겼다.

④ 관측

- 기선의 한쪽 끝에서 시작하여 1측정(測程) 마다 시간과 온도를 측정하였다.
- 신축된 기선척의 양 끝점을 측정하여 보완해야 할 거리를 측정하고 관측부에 기재하였다.
- 관측 기계는 독일 옷드헨나루 사에서 제작한 17.5cm인 20초독 경위의를 사용하였다.
- 구소삼각점은 2등 삼각측량으로 실시하여 해당 구역의 중앙부 삼각점은 자오선이 통과하는 북극성을 관측하여 방위각을 결정하고 수평각 관측은 방향각 관측법에 따르며 측정은 10초까지로 하였다.
- 3, 4등 수직각은 망원경의 좌우 양 위치에서 각각 2회씩 관측하되 시준점은 덮개 널판 또는 점판의 제일 하단으로 하였다.
- 구소삼각 2등 점은 정반 관측하여 평균값을 사용하고 독수의 공차는 40″로 하였다.
- 구소삼각점측량의 기선망은 4대회, 2등 삼각쇄망은 3대회, 3, 4등 삼각점은 2대회로 하였다.

⑤ 계산은 기선 전체 길이계산, 기선삼각망 평균계산, 귀심계산, 극성(極星)의 최대방위각계산, 삼각쇄 또는 망의 각과 변의 계산, 종횡선의 계산으로 구분하였다.

(4) 구소삼각측량의 계산항목

① 기선전장 계산
② 기선삼각망 평균 계산
③ 귀심 계산 및 변장 계산
④ 극성(極星)에 의한 방위 계산
⑤ 삼각망 또는 쇄의 평균 계산
⑥ 평면직각종횡선 좌표의 계산

3.8.7. 도근점 측량

도근점측량 목적은 삼각점을 연결하여 세부측량을 시행할 때 정확한 성과를 제시하기 위한 기초점으로 사용하기 위한 측량이다. 도근점측량은 삼각점 간을 연결하여 다각형의 도선을 설치하고, 도면 한 장에 6개 이상의 점을 배치하였다. 도근점측량은 당초에는 전부 간(間) 단위를 사용할 계획이었으나 1911년 6월 28일 이후에 착수한 각 군에서는 미터 단위를 사용하도록 하였다.

3.8.7.1. 보통도근점 측량

① 선점은 지형과 지물의 상황에 따라서 일필지측량의 적부를 조사하여 도선을 답사하고 선점 약도를 작성하였다.
② 작업의 순서와 방법을 결정하고 배점의 적부를 판정하여 적당한 장소에 표항을 수립한 후 그 위치를 목측(目測) 또는 보측(步測)으로 그려서 도선은 1등 도선과 2등 도선으로 구분하였다.
③ 1등 도선은 삼각점과 삼각점을 연결한 도선을 말하며, 2등 도선은 1등 도근점과 1등 도근점의 연결 및 1등 도근점과 2등 도근점을 연결한 도선을 말한다.
④ 선점에서 배점은 측량원도 도곽 내의 축척 1/1,200 구역에서는 4개 이상의 점을 배치하도록 하였다.
⑤ 도선의 표기는 1등 도선은 Ⅰ, Ⅱ, Ⅲ 등의 로마 숫자를 2등 도선은 A, B, C 등으로 번호를 붙여서 등급을 명확히 하였다.

⑥ 도선의 각 점에는 1, 2, 3 등의 아라비아 숫자로 번호를 붙이고 명호는 1회전이 끝날 때마다「, 〃」등의 편 부호를 붙였으며 교회점과 보조삼각점에는 a, b, c 등의 명호를 붙여 도선점과 구분하였다.

⑦ 각의 측정
- 삼각측량에 준하여 전방교회법은 기지 삼각점에서 미지점을 측량하는 것
- 측방교회법은 기지 삼각점과 미지점으로 측량하는 것
- 후방교회법은 미지점에서 기지점을 측량하는 것으로 삼각점을 2대회인 0°와 90°의 윤곽도로 관측하고 정밀하게 내각을 측정하여 평균각을 사용하였다.

⑧ 계산은 측량부에 기재되는 관측값을 기초로 각 점 간의 수평거리 및 종횡선수치를 계산하는 것으로 도선법에서는 측량부를 이용하여 계산하였다.

⑨ 도근점 간격은 1/600 지역에서 100m 이내, 1/1,200 지역에서 150m 이내, 1/2,400 지역에서 200m 이내로 제한 규정을 두었다.

⑩ 도근망도는 면마다 1/10,000(축척 1/600 지역에서는 1/5,000, 축척 1/2,400 지역에서는 1916년 3월 이후는 1/20,000) 축척으로 방안지에 원도의 도곽을 그려서 삼각점, 도근점 및 교회점을 전개하고 선점 약도를 참조하여 수정하였다.

3.8.7.2. 특별도근점측량

출제(용) : 69회

이미 설치된 삼각점을 기초로 도근점측량을 실시하기가 불편하므로 상황에 따라 보통 조사지역과 산간부 및 섬지방을 연결할 필요가 없는 경우에 특별도근점측량지역이라 하였다. 특별도근측량을 시행한 구역은 함경북도, 함경남도, 평안북도, 강원도 등의 전지역, 평안남도의 강동·순천·양덕·개천·덕천·맹산·영월 등의 7개 군과 황해도의 순안·곡산·신계군 및 섬 등이며 조사 지역 내 또는 그 부근에 보조점을 설정하기 어려운 경우에만 이 측량을 시행하였다.

(1) 실시 기준

① 특별도근점측량 실시규정은 1915년 6월 30일(임시토지조사국 훈령 제31호) 제정되면서 시행되었다.

② 특별도근점측량은 삼각점 또는 도근점에 연결하지 않고 독립으로 시행하였다.

③ 시행은 먼저 조사 지역 내 적당한 장소에 도근점을 선정하고 섬 지역에서 삼각점이 있을 때는 예외로 하도록 하였다.

④ 1등 도선은 도근 원점에서 출발하여 다각형을 만들고 원점에 복귀하되 2등 도선은 1등 도선점, 2등 도선점 간을 연결하였다.

⑤ 도근 원점은 보조삼각점 및 교회점과 동일한 순을 따라 A, B, C 등의 문자로서 순차 명호를 붙였다.

⑥ 종횡선 원점은 도근점측량과 동일한 것을 사용하고 또는 특별도근점의 종횡선 수치에 (−)가 발생하지 않도록 정하였다.

⑦ 특별도근점과 삼각점 또는 도근점과의 관계 위치는 1/10,000의 축척을 사용하여 교회법 및 도선법에 의해 측정하였다.

⑧ 특별도근점측량부에는 도근점측량부의 끝에 편철하고 도근점 망도는 "특별"의 2자를 기재하도록 하였다.

(2) 시행 대상 지역

① 산간부의 조사지로 조사지역 외의 토지로 포위되어 그 집단지의 면적이 축척 1/1,200 지역에서 약 20만평 경우

② 축척 1/2,400 지역에서 약 50만 평을 넘었을 경우

③ 삼각점 또는 도근점측량을 시행하는 조사 지역으로부터 약 300간(545.5m) 이상 떨어졌을 경우

④ 섬 지역으로 섬 내에 삼각점이 없을 때

⑤ 삼각점이 있더라도 다른 삼각점을 전망하지 못한 때

⑥ 섬 외의 삼각점 또는 도근점에 연결하지 못할 때는 특별도근점 측량을 시행하였다.

(3) 도근점측량을 생략할 수 있는 경우

① 산간부 및 섬 지역에서 조사지로 조사 지역 외의 토지로 포위되어 그 집단지의 면적이 축척 1/1,200 지역에서 약 10만 평(330,579㎡)

② 축척 1/2,400 지역에서 약 30만 평(991,736㎡)을 넘지 않을 때

③ 도근점측량 또는 특별 도근점측량을 시행하는 조사 지역으로부터 약 300간 이상 떨어졌을 때는 도근점측량을 생략할 수 있다.

(4) 도근점측량 순서

① 선점은 삼각점이 있는 경우에는 그 점을 원점으로 하고 삼각점이 없는 경우에는 적당한 장소에 도근점을 선정하였다.

② 회귀 도선(왕복 도선)을 관측한 후 원점 및 도선점 간 또는 도선 상호 간을 연결하여 적당하게 선점하였다.

③ 도근점을 기준으로 한 경우에는 이들 도근점과 삼각점 또는 삼각점을 기준으로 축척 1/10,000의 도해 측량으로 측정하고 도근망도 상의 적당한 위치를 표시하였다.

④ 관측

- 보통 도선과 같이 삼각점 간의 방위각에 따를 수 없어 그 부근의 삼각점 또는 삼각점에 따른 도근점에서 나침 편차를 측정하여 가상의 자오선을 정하였다.
- 가상 자오선을 근거로 관측을 한 후 종횡선과 원점은 관계되는 위치도에서 측정한 개략값을 사용하였다.
- 섬으로서 보통도근측량 구역과의 관계를 알 수 없는 경우에서는 각 점의 종횡선 수치에 부호가 발생하지 않도록 하였다.
- 원점의 소재 및 목표 그리고 나침 편차도 및 기타 필요한 사항 등을 도근측량부에 기재하였다.

(5) 시가지도근점 표석 설치

① 토지 이동이 빈번한 경성 외의 25개 시가지에 영구적인 표석을 매설하고 감시는 관할 경무부장, 그리고 경성부는 경무청장이 담당하였다.

② 표석을 설치해야 할 도근점은 원도에 3개 이상으로 하고 원도에 묘화된 부분이 전 도면의 2/3 이하일 때에는 2개 이상으로 하며 1/10 이하면 표석을 설치하지 않았다.

③ 교통량이 많은 도로에 설치한 표석은 파손을 방지하기 위하여 포석(鋪石; 도로포장에 사용하는 돌)을 시공하였다.

④ 표석점 번호는 도근점 번호를 사용하였고 원도 및 도근망도에는 도근점의 권내(圈內)를 선홍으로 채색하였다.

⑤ 도근점측량부에는 표석점에 해당하는 점 번호의 좌측란 외에다 표석점이라고 기재하고 검증을 위해서 수정한 흔적을 남겨 놓았다.

⑥ 표석 설치가 끝나면 원도 번호순으로 도근점측량부에서 점의 번호, 종횡선 수치 등을 옮겨 기록하고 소재는 표석점 위치표를 작성하였다.

3.8.8. 일필지측량

일필지측량은 조사를 마친 토지의 경계를 측정해서 원도를 작성하여 지적도 작성의 기본으로 하고 도면상에서 면적을 산정하여 토지대장 작성의 자료를 제공하는 업무이다. 일필지측량은 삼각점과 도근점에 기초하여 소유권의 조사를 끝낸 토지의 강계를 도해법이라고 하는 평판측량에 의하여 측정하는 업무를 말한다.

3.8.8.1. 측량 방법

① 측량은 지주, 지목, 경계 등의 조사가 완료되면 실시하는 측량이가.

② 준비조사에서 작성한 면, 동·리 경계약도를 참고하여 경계 및 지형의 상태를 답사하고 작업의 순서와 방법을 정한 후 도면에 도곽을 그려서 도근점을 전개하였다.

③ 보조점은 삼각점 및 도근점을 통하여 100간(182m) 이내에 약 1점의 비율로 배치하며 지형과 지물의 상황에 따라 교회법이나 도선법을 사용해서 측정하였다.

④ 일필지측량의 축척은 1/1,200을 사용하고 시가지는 1/600, 서북선 지방 또는 섬 지역은 1/2,400을 채택하였다.

⑤ 일필지경계 및 기타 측량에는 지형·지물의 상황에 따라 도선법·교회법·광선법 또는 종횡법 중에서 측량 방법을 선정하였다.

⑥ 지적도 축척은 1/600, 1/1,200, 1/2,400로 작성하였다.

⑦ 측량에 사용하는 기구는 평판, 삼각, 조준의, 방광나침, 표간, 권척, 제도 기구, 측량원도 용지이다.

3.8.8.2. 특별측량

① 특별측량은 시가지, 섬 지역 및 서북선 지방에서 실시하였으며 시가지는 측량을 급히 시행할 필요가 있을 때 특별기관을 설치하여 1912~1913년까지 착수 또는 완료된 경성, 인천, 수원, 대구, 부산 등을 제외한 24개 지역에서 측량을 시행하였다.

② 측량 방법은 일반적인 방법과 같지만, 원도를 정리하는데 정·동의 구역이 협소한 것과 경계가 혼동된 것이 많아 수 개의 정·동을 합하여 정리하는 것을 허용하고 원도 번호는 정·동마다 부여하였다.

③ 특별도근점 측량에 의하면 원도의 왼쪽 위 끝에 "특별 도근점측량에 의함" 또는 "도근점측량을 생략함" 등을 기재하고, 일람도에도 기재하여 보통 도근점과 구분하였다.

④ 도근측량을 생략한 토지는 부근의 나침편차도에 따라 원도 도곽선의 한쪽 모서리에 나침 방위를 정하고 나침에 의해서 평판을 표정하여 적당한 지점에 3개의 기지점을 선정해서 원도에 표시하였다.

3.8.8.3. 면적 계산 및 제도

(1) 면적 계산

① 면적계산(面積計算)은 보통 적산(積算)이라 하였으며 토지조사부에 등록할 일필지의 면적을 결정하는 업무이다.
② 면적의 계산에는 계적기(計積器)를 사용하여 얻은 결과를 평수(坪數)로 환산하는 작업을 말한다.
③ 면적의 계산 방법에는 계적기에 의한 산정(算定) 및 삼사법에 따른 산정 방법이 있다.

(2) 제도

① 세부측량한 결과인 측량원도를 등사하여 지적도, 지적약도, 역둔토 등을 작성한 것으로 작업의 실시에서는 성과의 정확성을 위해 등사 방법은 점사법으로 시행하였다.
② 직접 자사법으로 고치고 종래의 수기법(手記法)에서 하던 작업을 활판인쇄로 작업을 하였다.
③ 지적도의 조제는 도곽의 크기, 자사, 착묵, 주기를 하였으며 제도의 검사는 주로 선시법(扇視法)으로 하였다.

3.8.8.4. 이동지정리

① 이동지정리(異動地整理)는 토지조사령에 따라 사정이 완료되면서 소유권 및 강계가 확정된 토지로 신고를 한 후부터 사정 공시 당일까지에 생긴 이동사항으로 소유권 이전, 민유지성 또는 국유지성, 주소, 성명의 변경, 분할, 합병, 지목변경 등을 조사하여 토지대장 및 지적도에 정리하는 업무이다.
② 이동지정리업무는 외업과 내업으로 구분하고 토지대장 및 지적도를 가제(假製) 정정하였다.
③ 외업은 지주가 제출한 이동신고서에 의하여 이동사항을 조사하였으며 분할된 토지는 측량한 후 이 동지조사부를 작성하였다.
④ 1913년 12월 경성 외 28개 시가지에서 작업을 시작하여 각 군과 섬 지역까지 사정 순서에 따라 정리 업무를 독려한 결과 외업은 1917년 12월, 내업은 1918년 3월에 완료하였다.

⑤ 검사도서는 이동신고서, 도로의 보수와 신설에 의한 이동지조서, 이동지조사부, 이동지조사필수표 및 원도 등이다.

3.8.8.5. 지형측량

지형측량(地形測量)은 대삼각점, 소삼각점, 도근점을 기초로 작성된 지적도를 축도한 도면 위에 지형 및 행정구역을 그려 넣어 지형 원도를 작성하는 업무이다. 지형도의 축척은 주요 도읍 지역은 1/25,000, 기타 지역은 1/50,000로 하였으며 1/25,000지구는 지도 통람의 편리를 위하여 특별히 1/50,000로 작성하였다.

(1) 측량 준비

① 측량 작업 착수는 도곽 판과 척도 기구를 사용하여 경위선 표를 따라 도면에 도곽선을 그리는 것이다.

② 한 장의 도곽은 축척 1/50,000은 경도 15분, 위도 10분으로 하고 축척 1/25,000은 경도 7분 30초, 위도 5분으로 하였다.

③ 축척 1/10,000은 경도 3분, 위도 2분으로 한 후 각각 4판으로 나누어 도엽마다 1/50,000은 경도 3분, 위도 2분, 1/25,000은 경도 1분 30초, 위도 1분, 1/10,000은 경도·위도 모두 매 30초에 해당하는 분선을 그리고 이것을 기준으로 삼각점을 전개하였다.

④ 지물은 도로, 철도선로, 하천, 구거, 지소, 호해(湖海), 수도선로, 성첩(城堞) 및 수목, 고립된 탑, 지목 경계, 면 이상의 행정구역 경계 및 산악임야, 도로, 하천, 구거, 지소, 호해 등의 명칭이 있는 것은 그 명칭을 붙이고 삼각점에 따라 도면에 옮기는 작업이다.

(2) 지형측량 방법

① 측량은 삼각점을 기초로 도해적으로 지물 및 지모(地貌)를 그리는 것으로 삼각점의 수가 적어 지물 측량의 기지점으로 불충분할 경우 지형에 따라 약 1,500~2,000m에 한 개의 도근점을 설치하였다.

② 평판에 표시된 측량기준점은 지상 위치가 명확한 것은 도근점으로 이용하고 1/25,000은 도근점 간격을 평균 1km로 하고 1/10,000은 간격을 평균 500m로 하였다.

③ 도근점은 삼각점 또는 삼각점과 도근점을 기초로 교회법으로 측정하며 교각은 30° 이상 150° 이하로 3방향 이상으로 하였다.

④ 시오삼각형이 발생하였을 때 그 내접원의 지름이 0.25mm 이하일 경우에는 원의 중심을 점의 위치로 결정하였다.

⑤ 방향선의 길이는 4,000m 이하일 때는 평균값을 선택하고 측정에 사용하는 점선(覘線)의 길이는 2,500m 이하로 하였다.

⑥ 도선법은 삼각점 또는 도근점 간을 연결한 후 단점법을 사용하며 1도선의 변수는 30개 변 이하로 폐색하였다.

⑦ 지물의 측도는 삼각점과 도근점을 기준으로 교회법 또는 도선법에 따라서 보조점을 설치한 후 측참(測站)으로 하여 그리며 교회법 또는 도선법에서의 제한은 도근점 측량에 준하였다.

⑧ 지물은 광선법·도선법·교회법·종횡법에 의하고 세형(細形)은 목측으로 하였으나 거리 200m 이하일 경우에는 실측하였다.

⑨ 지모의 측도는 지물의 측도와 동시에 시행하여 삼각점 및 도근점의 표고를 기준으로 주요점의 높이를 결정하고 토지의 기복 상태를 수평곡선으로 그린다.

⑩ 수평곡선의 등거리는 20m로 수곡선(首曲線)이라 하고 매 100m의 수곡선은 계곡선(計曲線)이라 하였다.

⑪ 같은 도엽에서 평판의 접합부와 도엽 상호 간의 접합상태를 검사하기 위하여 투명지로 등사하여 정밀하게 조사한다.

(3) 도식

① 지물·지모를 그린 것은 흑색선의 호식에 따라 일정한 도식을 사용하였다.

② 선은 굵기에 따라 1~3호선으로 나누어 실선과 점선의 2종류를 사용하였다.

③ 점선을 세분하면 보통점선, 원점선(圓點線), 단점선(短點線), 장점선(長點線) 및 간점선(間點線)의 5종으로 하였다.

④ 도식은 지형 및 지모에 적합한 각종 형상과 선호에 따라서 기호를 결정하였다.

⑤ 보통 지물의 가장자리를 적당한 위치에 그려서 표시한 것이지만 작은 지물과 도로, 철도 등과 같이 실폭을 표시하기 어려운 것과 중요한 것만을 그린 것이다.

⑥ 도형은 북쪽을 위로 그리는 것을 원칙으로 하였다.

⑦ 지모는 수평곡선을 규정된 선호로 그린 후 표고는 아라비아 숫자로 표시하고 지물 및 지구의 명칭은 주기로 표시하였다.

⑧ 도식을 가옥 지시기호, 구위(構圍), 작은 지물, 도로, 철도, 지류, 수부, 수평곡선, 표고, 비고, 변형지, 행정구역 계 등으로 구별하여 정리하였다.

(4) 집성

① 집성은 도부의 정리, 교정 및 축도 등을 하는 작업이며, 외업에서 작성한 지형 원도, 측량부, 도근점사도 및 기타의 부속 도부 등의 작업 순서는 다음과 같다.

② 원도는 평판에 측도하는 것으로 1장에 속하는 4매의 원도를 붙이고 이에 속하는 도부는 일괄해서 도엽의 명칭을 결정한 후 접합부는 외업에서 연필로 그린다.

③ 교정은 원도를 검토하여 규정 및 도식을 대조해서 오류, 누락, 불비, 부적합 또는 착오 된 것을 발견하였을 때는 필요한 사항을 부전지(附箋紙; 요약 정리 서류)에 기재한다.

④ 축척 1/25,000 또는 1/50,000 구역에 축척 1/10,000 구역이 포함되면 그 부분은 별도로 1/25,000 또는 1/50,000로 측량하지 않고 축도하여 원도를 보완한 후 1/25,000 측량도로 1/50,000 원도를 작성한 것이다.

(5) 제판 및 인쇄

① 원도는 신축이 생기지 않도록 켄트지를 종횡으로 2매 배접한 것을 사용하였다.

② 인쇄는 당초에 흑색으로 할 예정이었으나 사용의 편리를 위해서 다양한 색으로 개정하여 축척 1/25,000 및 1/50,000도면은 흑색으로 전부를 인쇄한 후 Offset 인쇄법으로 수부에는 남색, 도로에는 주황색을 칠하였다.

③ 1/10,000 및 특수지형도에는 삭출법(削出法)에 따라서 수부는 남색으로 하고 도로와 가옥은 적색, 수목과 잡초는 녹색으로 하였다.

④ 수평곡선은 흑갈색으로 기타 기호 및 주기는 모두 흑색으로 하였다.

3.8.9. 토지조사사업 결과

① 토지조사의 과정에서 확립된 새로운 토지제도와 지세 제도는 식민 통치의 물질적 기초를 제공하였다.

② 등기 제도의 확립은 조선시대의 수조권으로 토지지배를 극복하고 절대적이고 배타적인 토지소유권의 형성을 완성하였다.

③ 지세 제도의 확립은 일제 강점기의 재정에 안정성을 부여하였으며 소유권 조사 결과 창출된 국유지로부터 역둔토 수입도 재정에서 무시할 수 없는 부분을 차지하고 있었다.

④ 토지조사사업에서 작성된 토지대장을 근거로 절대적인 토지소유권을 확정하는 등기 제도를 도입하면서 근대적 토지 소유제도가 확립되었다.

⑤ 삼각측량에 따른 기선측량을 13개소에서 실시하였으며 대삼각본점 측량성과는 400점, 대삼각보점 측량성과는 2,401점, 수준점 측량성과는 2,823점, 도근점측량 성과는 1등과 2등을 총괄하여 355만 1,606점의 측량성과를 나타내고 있다.

⑥ 일필지조사 및 측량성과는 1,910만 1,989필지, 이동지측량 1,818,364필지를 처리하여 8년 8개월 만에 종료되었다.

⑦ 토지조사사업에서 토지대장 109,998책, 지세명기장 21,050책, 지적도 812,093장 등의 지적 장부 등을 작성하였다.

⑧ 조선 총독의 식사와 친일파 이완용의 축사 속에서 토지조사사업이 완료된 것이었다.

3.9. 임야조사사업

임야는 토지조사사업을 실시하는 과정에서도 과세를 목적으로 조사를 하였으므로 임야 소유권의 확정, 일반인의 편리한 사용, 국가의 정책과 산업 및 건설공사의 기본자료로 활용하는 데 매우 불편하여 임야조사사업이 필요하였다. 임야조사사업은 토지조사사업을 시행하면서 축적된 기술을 이용하여 임야조사를 완성하게 되었다.

3.9.1. 임야조사사업의 목적 및 현황

(1) 임야조사사업의 목적

① 부동산 표시에 필요한 지번을 창설하고 그 위치 형상을 도면에 표시하여 경계를 명확히 하기 위한 것이다.

② 애매모호한 권리관계로 분쟁이 심한 임야의 소유권을 법적으로 확정하기 위한 것이다.

③ 토지조사와 함께 전토(田土)에 대한 지적제도를 확립하고 임야에 대한 토지의 이용과 거래에 필요한 기본자료로 제공하기 위한 것이다.

④ 임야조사사업의 목적은 임야 및 임야 내에 개재하는 임야 이외의 토지의 소유자와 그 경계를 결정하고, 오랫동안 소송 중에 있었던 것을 해소하여 법적으로 확정하였다.

⑤ 수백 년 동안 각종 분쟁이 극심하였던 임야의 권리관계를 한 번에 해결하고자 하였다.

⑥ 임야의 소유권을 법적으로 확정하고, 지적제도를 확립하여 국민의 이용 및 후생에 이바지함과 동시에 임야정책에 필요한 여러 가지의 기본자료로 제공하는 데 그 목적이 있었다.

⑦ 토지조사와 함께 지세 부담의 균형을 조정하여 국가재정의 기초를 확립하기 위한 것이다.

(2) 임야조사사업의 추진 현황

① 임야조사사업을 실시하게 된 동기는 1908년 시행된 삼림법의 규정에 따라 소유 신고 불이행으로 부당하게 국유로 귀속된 민유 임야는 양여 형식으로 원래의 소유자에게 사정 조치하였다.

② 1912년 총독부 훈령으로 "삼림산야 및 미간지 국유·사유 구분 표준"을 정하면서 임야의 분계(分界)를 명확히 하고 식림(殖林)의 지도 장려로 임상을 개량하면서부터라고 할 수 있다.

③ 임야조사사업은 1916년에 시험적으로 준비조사를 시작한 후 1924년에 제1차 조사 사업을 완료하였다.

④ 임야조사위원회의 제2차 재결 사무는 각도의 사정 사무가 진행됨에 따라 1919년에 사무를 개시한 후 16년이 경과한 1935년 임야조사사업을 완성하였다.

⑤ 임야조사사업에서는 축척 1/3,000과 1/6,000의 임야도 116,984매와 3,479,915필에 대한 성과를 완료하였고 1935년까지 처리된 분쟁지는 28,015필로 조사 필수의 0.8%에 해당하였다.

3.9.2. 임야조사사업의 특징

① 임야는 삼국시대부터 고려시대, 조선시대를 거쳐 수백 년 동안 무주공산으로 일반백성과 관리들 사이에 분쟁이 심하였다.

② 임야조사사업의 조사 대상은 토지조사령에 따른 토지조사사업에서 제외된 임야와 임야 내의 개재지(介在地)로 구성된 토지를 대상으로 하였다.

③ 임야조사사업은 토지조사사업을 시행하면서 축적된 기술을 이용하여 임야조사를 완성하게 되었다.

④ 임야조사는 토지에 비해 경제적 가치가 낮아 측량의 정도도 낮게 하였으며 축척도 소축척을 사용하였다.

⑤ 조사 작업이 매우 곤란한 산야 지역이며, 간략하고 미약한 조직을 가지고 사업을 수행하였다.

3.9.3. 임야조사사업의 기관

(1) 조사기관

① 임야조사사업의 시행기관은 조사 및 사정으로 구분하고 조사는 부윤(시장), 면장이 사정은 도지사가 시행하였다.

② 삼림령의 발포로 국유임야에 대한 경계를 명확히 하고 국유로 존치 여부의 구분조사 사업을 1911년 이후 본부 및 영림청(營林廳)에서 실시하였다.

③ 조사기관은 임무과(林務課)에 조사계를 두고 기수 1명, 고원 16명, 측량원과 사무원 50명으로 편성하고 다시 내업반, 외업반으로 업무 분담을 정하였으며 임야조사내규 및 종사원 유의 사항을 제정하였다.

④ 1918년 5월 임야조사령에서 조사는 부윤·면장이 주체가 되어 본령과 부속 법규에 따라 실시하며 측량원과 사무원은 조사령 발포 이전과 같이 지속하도록 하고 도와 군의 직원이 감독하였다.

⑤ 당시 재정 상태는 충족하지 못하므로 실행기관을 이원화하여 조사와 측량은 부윤 또는 면장이 시행하고 필요한 비용은 부, 면이 부담하며 사정 사무는 국비로 지급하여 도지사의 소속에 두었다.

⑥ 기타 사업에 필요한 설비 또는 조사비용 등으로 업무를 수행하는데 편의상 도내의 제1차 조사 사무를 각 부와 면을 공동조직으로 구성하여 사정 관청에 해당하는 도(道)의 근업과(勤業課) 또는 산림과(山林課) 내에 종합 특별기관을 통합하였다.

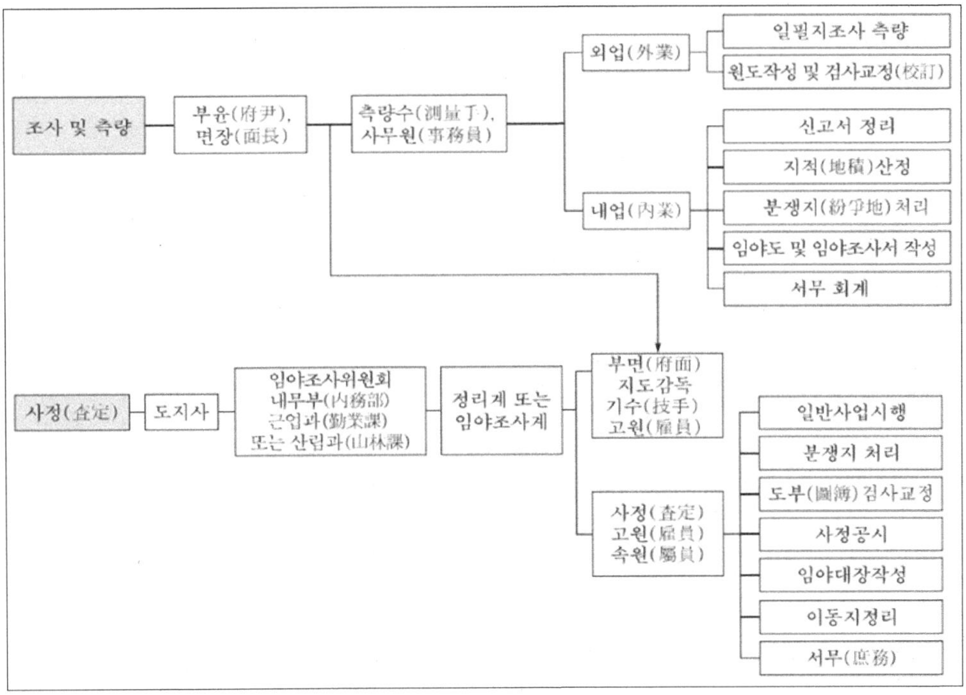

〈그림 3-69〉 도와 부·면의 조직 구성

(2) 조사 범위

① 조사를 시행할 토지의 조사 범위는 1918년 10월 임야조사령시행규칙 개정의 결과와 토지조사령에 따른 조사와 측량을 하지 않은 임야와 임야 내에 개재한 임야 이외의 토지는 전부 이를 조사하는 것으로 명확하게 규정되었다.

② 임야조사사업은 민유임야 및 연고자가 있는 국유임야 이외를 실시하는 것으로 국유임야는 지방공공단체인 부·면에서 실시하지 못하도록 하였다.

③ 구분 조사는 말목을 설치하여 경계를 실측하고, 경계도의 경우 임야는 1/5만, 기타는 1/6,000 또는 1/3,000 축척으로 작성하였다.

④ 조사 방법과 절차는 토지조사와 유사하였으며 조사 및 측량 기관은 부, 면이 되고 조정기관은 도지사, 분쟁지에 대한 재결은 도에 설치된 임야심사위원회가 처리하였다.

⑤ 임야의 필수는 전혀 알 수 없으므로 부·군청은 비교적 신뢰가 있는 각 군·면의 삼림보호조합, 지적계(地籍屆) 대장, 등기 대장과 지주총대, 구장 등에게 조사하여 개략 필수를 파악하였다.

⑥ 1918년 5월 임야조사령이 발포되자 과세지의 개재지는 조사하지 않기로 하였지만 분묘지에 한하여 조사하였다.

⑦ 토지조사령에 따라 조사가 완료된 임야는 44,547필로 조사의 범위는 임야 이외의 조사지 사이에 개재하는 임야 또는 이에 준하는 것으로 조사하였다.

⑧ 조사 내용

- 전·답·대·지소·잡종지·도로·하천·구거·제방·성첩·철도선로·수도선로 등으로 둘러싸여 단지의 면적이 5만평 이하인 토지
- 주위가 대부분 경지(耕地) 또는 대(垈)로 되어 있고 일부만이 임야에 접속한 것으로 도로·하천·구거·성첩·제방·철도선로에 의하여 임야와 중단되고 면적이 1만평 이하인 토지
- 지세가 평탄하고 쉽게 개간을 할 수 있는 잔디밭 같은 것으로 도로·하천·구거·제방·성첩·철도선로에 의하여 주된 임야와 구획되었고 그 면적이 1만 평 미만인 토지

(3) 지도 감독

① 사정관에 해당하는 도지사가 사정상 필요하다고 인정할 때는 부윤(시장) 및 면장이 시행한 조사에 대해서 재차 조사 및 측량을 시행하여 사정의 적정을 위한 것이다.

② 사정의 완벽은 당연히 사전지도 감독에 의지할 수밖에 없는 것이다.

③ 총독부에서는 특별감독제도를 설치하여 식산국 산림과원 중에서 적임자를 차출하여 부(시), 면에서의 사업 진행을 지도·감독하게 하였다.

④ 총독부 특별감독원의 감독 사항.

- 도 감독원의 지도 감독 상황
- 도 감독원 이하 종사원의 복무 상황
- 일반종사원 관계 법규의 검토
- 도 감독원 및 부(시), 면 검사원의 검사 감독에 대한 사후감독
- 부(시), 면 측량원 검사원 또는 도 감독원에 대한 사전감독
- 기구 기계의 취급 방법
- 신고서 및 기타 관계 도부의 정리 방법

3.9.4. 조사 및 측량

출제(용) : 131회

3.9.4.1. 사업계획

① 임야조사사업의 실시는 1917년도부터 1922년도에 이르는 6년 동안에 전 사업을 완성하도록 하는 계획을 수립하였다.

② 종사원은 각 도에 기수 7명, 고원으로 일본인 54명, 한국인 39명, 합계 100명의 국비 직원을 배치하여 전적으로 부(시), 면의 지도 감독을 담당하게 하였다.

③ 사정에 관한 사무는 주로 도의 경상비 직원으로 경기, 충남, 충북, 전남, 경남, 경북 및 평남 등 각 도에 배치하였으며 사업의 진척에 따라 타 도에 이동하여 지도 감독을 하게 하였다.

④ 1924년에 사업을 완료하도록 계획을 변경하였으며 본 사업의 완료를 보게 되었다.

3.9.4.2. 사업 홍보

① 사업을 수행하기 위해서는 이해관계자들의 이해와 협조가 필수조건으로 본 사업에서는 매우 중요한 역할을 할 수 있는 토지의 소유권을 확정하는 것이다.

② 원칙적으로 토지조사와 같이 신고주의를 채택하여 부·면의 실시계획에 따라 도지사가 시행 지역마다 신고 기간을 정한 후 조선총독부 관보 및 각도의 도보에 게재·고시하였다.

③ 해당 지역의 부·면의 게시판 및 적절한 장소에 게시하여 홍보하였으나 고시 전에 부·면에서는 도지사의 승인을 미리 받아 조사 착수 예정일을 정하여 수시로 구장(區長)을 소집 또는 각 촌락에 면 직원이 순회하였다.

④ 도, 군 직원을 해당 지방에 파견하여 경찰의 지원으로 5일 시장을 이용하여 임야조사 취지, 경비 부담, 실시 방법을 사전에 적극적으로 홍보하였다.

⑤ 지적 계출(지적신고)을 태만으로 국유화되었던 토지조사사업의 실례를 생각하여 지주총대의 독려를 받아 소재가 불분명한 경우를 제외하고 자진하여 신고서를 제출하면서 원활하게 사업을 완료할 수 있었다.

3.9.4.3. 지주총대(地主總代)

출제(용) : 137회

지주총대는 실권이 있는 자리가 아니었으며, 그들에 의해 자의적으로 소유권이 조작되었다고 보기는 어렵고, 지주총대들의 경제적 지위는 보잘 것 없었다. 그러므로 조사 및 측량을 원만하게 진행하기 위해서 그 지방에서 토지 사정에 정통한 자인 지주총대를 선정하여 작업에 종사하도록 하였다.

(1) 토지조사사업 당시

① 부윤 또는 면장은 각 리 동마다 1~2명의 지주총대를 선정하고 조사에 관한 사무에 종사하도록 규정하였다.

② 토지신고서의 배포 및 접수는 지주총대에 의해 이루어졌다.

③ 조사는 지주총대, 이해관계자와 그 대리자의 입회하에 시행하고 동시에 측량을 시행하도록 규정하였다.

④ 지주총대가 토지신고서와 결수연명부를 대조하게 하여 토지신고서상의 결수를 지세명기장에 기재하는 방법이었다.

⑤ 지주총대는 결수연명부(結數連名簿)와 신고서를 확인하여 이상이 없을 경우 토지신고서에 날인하였다.

⑥ 지주총대가 확인한 소유 상황은 특별한 이상이 없는 한 그대로 인정되었고, 토지신고서를 근거로 토지 대장을 작성하고 법적으로 소유권을 인정받는 토지 등기 제도를 수립하였다.

(2) 임야조사사업

① 해당 지역에서 신망이 두텁고 일반 사정에 정통한 자를 지주총대로 선정하여 부윤(시장), 면장을 보좌하게 하여 사업이 원만하게 진행하도록 하였다.

② 신고는 지주총대의 책임하에 동리마다 총괄, 정리하여 부윤(시장), 또는 면장에게 제출하게 하였다.

③ 일필지에 대한 표항 외의 조사 실시 전에 구장 및 지주총대의 입회하에 경계를 답사하여 경계선상의 적절한 곳에 표식을 설치하고 번호 및 동리 명을 기재하고 동리계 측정에 이용하였다.

④ 각 지방에 따라 임야소유자 또는 국유임야의 연고자 중에서 2명 이상의 총대를 선정하여 조사 및 측량 업무에 종사하도록 하였다.

⑤ 지주총대의 분담 사무

- 임야조사의 취지를 주지시킴에 관한 것
- 동리의 경계 및 일필지조사의 안내에 관한 것
- 신고 서류 취급 처리에 관한 것
- 경계표 설치 및 보존에 관한 것
- 신고서 및 경계표에 기재된 성명 및 지목 등의 조사에 관한 것
- 임야소유자 또는 국유임야연고자 및 기타 이해관계자의 실지 입회 및 소환에 관한 것
- 임야의 이동에 관한 것

3.9.4.4. 준비 조사

(1) 토지 신고

① 임야조사사업은 원칙적으로 신고주의를 채택하였으며 준비 작업으로 소유자 및 국유임야에 대해서 특수한 연고 관계가 있는 자에게 토지신고서를 해당 부윤(시장), 또는 면장에게 제출하도록 하고 연고자가 없는 국유임야에 대해서는 보관 관청이 통지하도록 하여 조사 작업을 기준으로 이용하지 않도록 하였다.

② 연고자가 있는 국유임야는 관리 및 이용해서 얻게 된 수익은 연고자가 임의로 처분할 수 있게 하였다.

③ 해당 연고자는 거의 소유자에 준해서 취급해야 할 특수한 이해관계가 있으므로 소유자와 같은 신고 의무를 부담시켰으며, 그 종류는 다음과 같다.

- 고대의 기록 또는 역사에 따라서 임야에 연고가 있는 사찰
- 1908년 법률 제1호, 삼림법 제19조의 규정에 따른 지적계출을 하지 않았기 때문에 국유로 귀속된 임야 종전의 소유자 또는 상속인
- 개간, 목축, 조림 또는 공작물의 건설을 위하여 임야를 차수한 자
- 1908년 법률 제1호, 삼림법 시행 전에 적법적으로 점유하여 계속하여 금양하고 있는 자
- 국유임야에서 입회의 관행권이 있는 자
- 부분림의 분수 권리가 있는 자

④ 토지신고서는 실로 본조사 사업의 기초가 되는 유일한 자료로 취급하는 데는 엄정하게 하도록 하였다.

⑤ 신고 사항은 소유자 또는 국유임야의 연고자주소, 성명, 명칭, 토지 소재 및 지적 등과 국유임야에 대한 연고 관계 등이었다.

⑥ 신고는 지주총대의 책임하에 동리마다 총대가 이것을 총괄, 정리하여 부윤(시장), 또는 면장에게 제출하게 하였다.

(2) 경계 표항 설치

① 임야조사사업의 목적은 토지의 지반을 측량하여 소유자와 그 경계를 사정하는 데 있으므로 조사를 시행하는데 토지 신고 다음으로 가장 중요한 것은 경계 지점에 표항을 설치하는 것이었다.

② 실지조사에서는 지주총대 및 관계자를 입회시키기는 하지만 도지사가 정하는 일정한 기간 내에 해당 토지의 사방에 표항을 설치하도록 하였다.

③ 일필지에 대한 표항 외의 조사 실시 전에 구장 및 지주총대의 입회하에 경계를 답사하여 경계선상의 적절한 곳에 표식을 설치하고 번호 및 동리 명을 기재하고 동리계 측정에 이용하였다.

④ 동리 경계가 부, 면의 경계와 일치할 때는 관계되는 부윤, 면장의 입회하에 공동 답사하여 부, 면계 측정에 대해서 연락 관계를 유대함과 동시에 조사를 원만하게 진행하도록 하였다.

(3) 지적계 조사

① 1908년 법률 제1호 삼림법의 규정에 따른 지적계출을 하지 않았기 때문에 국유화한 임야에 대해서는 구 소유자 또는 그 상속인의 소유로서 사정하도록 하였다.

② 임야를 신고할 때는 민유 사정원을 부기하도록 하였다.

③ 신고한 임야에 대해서는 지적계의 유무를 대조할 필요가 없다.

④ 도 지적계를 제출한 임야에 대해서도 계출 명의인과 토지신고자와의 연결 관계, 구 소유자와 현 소유자와의 소유권 이동관계를 심사할 필요가 있었다.

⑤ 조사 시행 전에 부(시), 군, 도청에 배치된 삼림산야 지적보고 서류에 의하여 일필마다 초록한 다음, 동리마다 구분 편찬하여 토지신고서를 심사 대조하는 데 이용하였다.

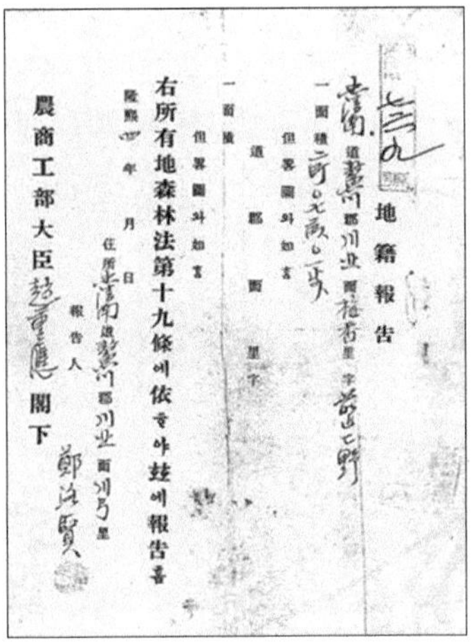
地籍報告
右所有地森林法第十九條에依하야玆에報告홈
隆熙四年 月 日
報告人
農商工部大臣 閣下

〈그림 3-70〉 지적보고

〈그림 3-71〉 지적계 증명원

(4) 임야 내 개재지 조사

① 임야 내에 개재하는 임야 내외의 토지로써 토지조사를 시행하지 않은 토지에 대해서는 조선 임야조사령에 따라서 조사를 시행하게 되었다.

② 개재지 조사 대상

- 토지 중에서 토지조사 시행 후에 새로 토지대장 또는 지세대장에 등록된 것
- 아직 대장에 등록되지 않았으나 임야조사 시행 때까지 부, 군, 도에 과세지로 신고를 한 것
- 토지대장 주관 관청에서 민유지로써 처리된 토지는 해당 관청하고 연락하여 사정상 양자 간에 착오가 없도록 하였다.

〈그림 3-72〉 임야 내 개재지

③ 조사 시행 전에 해당 부(시), 군, 도청에서 전기한 신규등록지에 관한 것을 초록하여 이것을 개재 신고에 대한 권리관계를 심사 대조하는 데 이용한 곳도 있었다.

(5) 도근망도 작성

① 도근점측량은 사실상 세부측량의 기초가 되는 측량으로 새로 실시할 경우 정밀한 기술과 경비가 많이 소요되므로 토지조사사업에서 결정된 지적도 또는 그 원도를 기초로 작성하였다.

② 지적도를 이용하여 축도 기계로 일정한 도면에 1/6,000 또는 1/3,000의 축척으로 제도한 후 도근망도를 작성하여 일필지측량의 기본으로 하였으며 기재 사항은 다음과 같다.

- 조사할 임야와 지적도에 등재할 토지의 경계
- 인접한 도·부(시)·군·면·동·리의 경계 및 명칭
- 도로·철도선로·하천·구거·호수·해안
- 도근점 및 삼각점과 수치 있는 도곽선
- 기타 측량의 기점으로 적합한 지물의 경계선

3.9.4.5. 실지 작업

실지 작업에서는 소유권에 관한 조사와 일필지 경계측량을 하는 것으로 동일한 토지에 대해서 2인 이상으로부터 신고 또는 경계에 대한 분쟁이 있는 것 등 특별한 때 외에는 양자를 동시에 시행하는 것이 작업 진행상 편리하였다. 일정한 순서에 따라 지역적으로 일필지측량을 진행함과 동시에 소유권 조사를 하였다. 실지 작업에 종사하는 자는 일정 형식의 기록장을 반드시 휴대하여 일필지측량과 동시에 국민소유권을 인정하는 데 가장 중요한 금양 관계(임상) 및 신고서에 첨부한 증명과 기타 증거서류의 타당성 여부 등으로 소유권 또는 연고 관계를 인정할 수 있는 기초를 명확히 하여 신고서와 함께 동리마다 편철 정리하여 임야조사서 조제의 기본자료로 하였다.

(1) 소유권 조사

① 소유권을 조사하는 데 가장 중요한 것은 국민 소유를 인정하는 표준이 있어야 하는 것이다.

② 1912년 조선총독부 훈령 제4호에 의해서 삼림 산야 및 미간지의 국유와 사유에 대한 표준을 정하였다.

③ 국유삼림 산야 및 미간지, 그 산물의 처분 또는 부동산증명 사무를 취급하는 지침을 준칙으로 하였다.

④ 본조사에서는 지적계 제출 여부를 막론하고 일정한 표준에 해당하는 것은 균등하게 민유로 인정하기로 하였다.

⑤ 국민 소유 인정 표준에 의해서 민유에 속하게 될 임야의 소유권은 각 필지의 신고서에 따라 증거서류가 필요할 때는 이것을 제출하게 하고, 이 서류를 기타 여러 자료와 대조하여 신중히 조사를 수행하였다.

(2) 연고관계 조사

① 임야조사의 목적은 임야의 소유자와 그 경계를 확정하는 데 있는 것으로 국유임야에 대한 연고 관계를 찾는 것이 직접적인 목적은 아니었다.

② 해당 연고자는 예부터의 관습상 해당 임야에 대해서 사실상 소유자와 같은 지위를 보유하며 임야를 이용하여 수익을 계속함과 같은 특수 관계에 있는 자를 지칭하는 것이다.

③ 조선 국유삼림 미간지 및 삼림산물특별처분령에 의하여 수의계약에 의한 매각 또는 무료 대부와 같은 특례를 제정하였다.

④ 해당 연고자가 구 삼림법 규정에 따른 지적계를 태만하였기 때문에 국유로 귀속된 것과 구 삼림법 시행 전에 합법적으로 점유하여 계속해서 점유하고 있는 것 중 상당한 기간 금양 실적이 있는 것에 대해서는 민유를 인정하게 되었기 때문에 문제점이 해결되었다.

3.9.5. 일필지측량

(1) 일필지측량

① 임야조사에서 임야는 경제적인 가치가 없으므로 시가지 부근처럼 경제적으로 특수한 관계가 있는 지역에서는 1/6,000의 축척을 이용하고, 기타는 원칙적으로 1/6,000 축척을 이용하기로 하였다.

② 일필지의 지적이 협소하여 해당 도근망도에 그 원형을 정확히 도시하기 어려운 경우에는 원위치에 그의 부호를 기재하고, 도면의 여백 부분에 1/1,200 또는 1/600 축척으로 도시하여 그 경계를 명확히 하였다.

③ 측량 방법은 평판측량으로 실시하고, 동, 리마다 해당 구장, 지주 총대와 신고자, 이해관계자 등의 입회하에 해당 신고서 및 통지서를 대조한 다음 지역별로 교회법, 도선법, 광선법 또는 종횡법 등에 의해서 일필지측량을 실시하였다.

④ 일필지측량은 적당한 측점을 배치하고, 직선을 연속으로 표시하여 원형과 차이가 없도록 하며 조사가 완료되면 다음과 같은 사항을 기재하여 원도로 하였다.

- 경계선, 지목, 가지번
- 소유자 또는 국유임야의 연고자 성명 및 명칭
- 국유임야의 구분조사 또는 처분 조사에서 존치(存置)를 요하는 예정 임야 또는 요치(要置)를 요하지 않는 임야로서 조사되어 현재의 국유에 속한다고 인정되는 임야의 경계표지 및 그의 번호
- 인접한 도, 부(시), 군, 면 및 동리의 명칭과 경계선
- 도로, 하천, 구거, 호수 및 바다

⑤ 동일 동리 내에서 소유자 또는 국유임야의 연고자 또는 보관 관청이 같고, 연속된 토지는 원칙적으로 일필지로 하였다.

⑥ 소유자, 연고자 또는 보관 관청이 같고 연속된 토지일지라도 별 필지로 하는 것은 다음과 같다.

- 도로, 하천, 구거, 뚝(제방), 철도선로, 수도선로 등에 의해서 구획된 것
- 부동산증명 또는 등기를 완료한 임야로서 증명 또는 등기 번호가 다른 것
- 분쟁이 걸려있는 것
- 신고서 또는 통지서의 일부가 다른 것
- 보안림으로 편입된 것
- 이외에 특히 별필지로 하는 것이 적당하다고 인정되는 것

⑦ 필지의 지번은 실지 작업 후, 1개 동리를 통하여 실지가 연속되는 순서에 따라 번호를 정리하고 토지조사 지번과의 혼동 및 착오를 방지하기 위하여 지번에 「산」자를 붙여서 구분하기로 하였다.

(2) 검사 교정

① 실지 작업은 본사업의 핵심이므로 보조기관이 직접 지도, 감독하고, 총독부의 특별감사반을 수시로 각지에 파견하여 지도, 감독하도록 하였다.

② 동리마다 실지 작업이 완료되면, 원도 및 관계 서류를 검사반에 이송하여 실지 작업에 대한 제1차 검사를 실행하게 하였다.

③ 검사반은 원도 및 기타 관계 서류를 인계받으면 원도 조사기록장 및 신고서 작성은 서류 상호간의 연결 등은 엄밀히 대조 검사를 하고, 실지 작업에서는 부분적으로 보점 측량, 일필지측량의 적부, 소유권 및 연고 관계 인정 여부 등에 관해서 정밀하고 엄정한 검사를 수행하였다.

④ 성적이 매우 불량한 자는 해직시키도록 하여 본사업의 근본인 실지 작업을 적정 정확히 하도록 하였다.

(3) 분쟁지 처리

① 분쟁지조사는 동일 토지 또는 경계에 대하여 2명 이상의 권리 또는 연고의 주장자가 있는 경우, 권리 또는 연고 관계를 조사하여 분쟁지 조서를 작성하고 소유자 또는 연고자와 경계를 심사, 결정하는 것이다.

② 분쟁은 소유권과 경계분쟁으로 구분할 수 있으며 소유자에 따라 국유지와 민유지, 민유지와 민유지로 구분되며 국유지와 민유지의 분쟁은 구분조사 또는 처분 조사에 따라 국유로 결정한 것을 불복한 것이다.

③ 민유지와 민유지의 분쟁은 입장(入葬), 점유, 매매 등의 관계이며, 면과 면의 경계, 면과 부락민, 부락민과 개인 소유의 분쟁은 매우 적었으며 분쟁 내용은 분묘분쟁이 대부분이었다.

④ 분쟁 사건처리 방법

- 사실을 청취하고 당사자의 화해를 시도한 후 당사자 연서로 화해서를 작성시켜 사건을 감소하도록 하였으나 완강하게 다투는 자는 조사를 하였다.
- 소유권 또는 연고 관계가 명확하지 않을 때도 분쟁지와 같은 조사를 수행한 후 조서를 작성하여 모든 관계 서류를 첨부해서 도지사에게 제출하고 사정 자료로 사용하였다.
- 부윤·면장의 조사 시 소유권, 연고 관계 또는 경계에 관한 분쟁, 소유권 또는 연고 관계의 유무에 관해서 의문점이 있어서 조사를 제출한 것은 주무계에서 관계 서류를 정밀하게 검토하였다.

⑤ 검토 서류는 부윤·면장과 의견이 다른 것, 자료가 불충분하다고 인정되는 것은 각종 자료를 추가로 수집하고 현장답사를 하는 등 적극적인 재조사를 시행한 후 조서를 작성하여 분쟁 관계를 정리하였다.

⑥ 조사에서 당사자의 주소, 성명·명칭, 분쟁의 종류, 토지의 소재, 지번, 지목, 면적, 당사자 참고인 또는 증인의 진술 요지, 인정의 의견 이유를 기록한 분쟁지 조서를 작성하였다.

(4) 지적(면적)측정

① 지적(地積; 면적)은 직접적으로 사정 사항에 속하지는 않지만, 지번과 함께 토지가격산정의 기준이 되어 경제적인 매매 행위에 필요 불가결한 것이다.

② 임야대장에 등록하여 토지대장과 함께 소유자 및 토지의 이동에 관한 것을 정리하여 자료로 제공함으로 지적(地積)을 계산할 때는 신중히 처리하였다.

③ 지적(地積) 계산부에 기재한 후 면적 계산기를 사용하여 3회 반복하여 평균값을 선택하며 5무보 미만의 토지는 삼사법으로 계산하였다.

④ 임야는 경제적 가치가 전답 및 대지 등과는 다르므로 무(畝) 단위로하고 일필지가 1무보 미만인 임야 및 임야 이외의 토지는 보 단위로 하였다.

(5) 도부 정리

① 부(시), 면에서는 일필지에 대한 지적측정이 완료되면 토지신고서, 조사기록장 및 원도를 기초로 하여 도지사가 사정 공시해야 할 임야조사서 및 임야도를 작성하였다.

② 신고서, 통지서, 분쟁지 조서, 지적계산부, 원도 및 조사기록장 등의 서류를 첨부하여 사정권자인 도지사에게 제출하도록 하였다.

③ 임야조사서 및 임야도는 사정 공시에 중요한 도부로 작성할 때는 주의하여야 하며, 임야조사서는 공중에게 열람하도록 해야 하는 것이므로 동리마다 지번 순으로 작성하여 다음과 같은 사항을 기재하였다.

- 지번, 지목, 지적, 신고 연월일
- 소유자의 주소, 성명 또는 명칭
- 연고자가 있는 국유임야에 대해서는 연고자의 주소, 성명 및 명칭

④ 3인 이상의 공유지 또는 3인 이상의 공동연고자가 있는 국유임야에 대해서는 임야조사서에 모두 기재하는 것이 복잡하므로 임야조사서에는 기재하지 않고 별도로 공유지 연명서를 작성 첨부하여 열람시키도록 하였다.

⑤ 임야대장 작성

- 임야대장 작성은 일반 내업 또는 사정 관계의 작성이 미숙하여 공정이 진척되지 않았지만, 1920년 6월 식산 국장 통첩에 따라 사정의 유무에 구애되지 않고 사정전일 경우에도 사정지역 모두를 작성하고 종사자의 숙련에 따라 공정 사업으로 하였다.
- 1922년 이후 3~5명으로 전담하도록 하여 1924년 3월까지 작성을 완료하였다.
- 임야대장은 일필 1매로 하고 1책을 약 200매 한도로 하였으며 부(府)는 1부 1책, 면은 리·동마다 별책으로 하여 지번 순으로 묶고 필수가 적은 동리는 몇 동리를 합하여 목차를 붙였다.
- 공유지는 공유지연명부를 작성하였으며 임야조사서를 기초로 토지 소재, 지번, 지목, 등급, 면적, 소유자의 주소, 성명, 연월일과 사정 사항을 기재하였다.

- 검사 대조는 2회 실시하였고 조사서와 대조하여 기재의 착오 여부, 주소, 성명 등은 자필이 명확하고 조사서와 일치 여부, 지번 순서의 적절 여부, 필수의 누락 여부, 연명부에 착오 여부 등을 검사하여 불비한 것은 재작성하여 완비하였다.

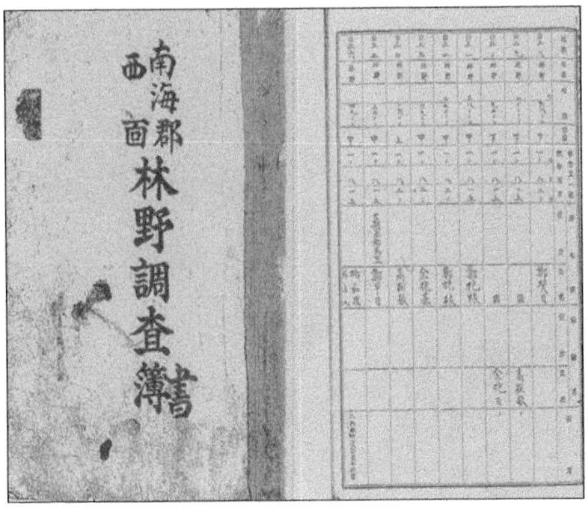

〈그림 3-73〉 김해군 임야조사부

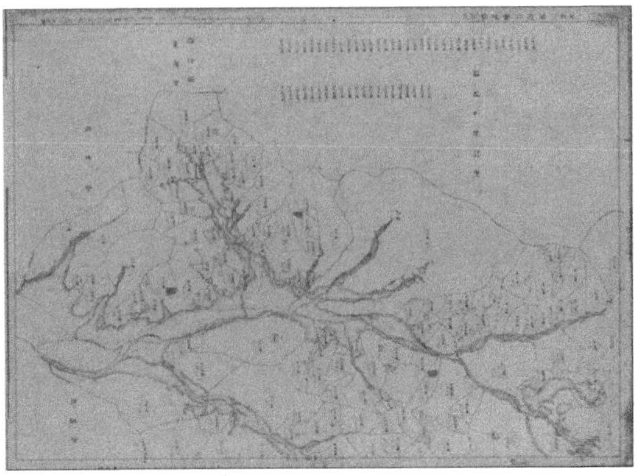

〈그림 3-74〉 임야조사사업 당시 임야도

⑥ 임야도 작성

- 1918년 5월 1일 제정된 조선임야조사령 제17조에 "도장관은 임야대장 및 임야도(林野圖)를 작성하여 사정으로 확정된 사항, 재결을 거친 사항을 등록할 것"이라고 규정하여 임야도 작성 및 등록 사항을 공식화하였다.
- 임야도 크기는 남북이 1척3촌2리(40cm), 동서가 1척6촌5리(50cm)이며, 등록 사항은 임야 경계와 토지 소재·지번·지목이며 지적도 시행 지역은 담홍색으로 채색하고 하천은 청색, 임야 내의 미등록 도로는 양 홍색으로 묘화하였다.
- 임야도를 작성할 당시 정밀도가 높은 시가지 지역은 축척을 1/3,000로 하고 정밀도가 낮아도 되는 지역은 1/6,000로 하였지만 대부분의 임야도는 1/6,000로 작성되었다.
- 임야도의 지번은 토지조사와 혼동을 피하고자 "산(山)"자를 붙이고 지번을 부여하였다.
- 면적계산은 계적기로 3회 반복 측정하여 평균값을 선택하는 방법과 5무 보(五畝步) 미만의 토지는 삼사법으로 계산하였다.
- 1918년 5월 1일 제정된 조선임야조사령시행규칙 제6조에는 임야조사서와 함께 도면을 임야 소재의 부(府)·군(郡)·도청(島廳)에 비치하여 30일간 공람하고 조선총독부 관보와 임야 소재지 도의 도보(道報)에 게재하도록 하였다.

3.9.6. 사정

① 조선 임야조사령에 따른 사정은 토지조사령에 따라 사정하지 않는 임야와 임야 안에 개재한 임야 이외의 토지에 대하여 실시한 행정처분이다.

② 임야조사는 원래 임야의 신고와 입회로 조사의 기초를 하였으므로 정당한 사유 없이 입회하지 않으면 사정에 대해 이의신청할 수 없도록 하였다.

③ 임야의 소유권은 임야조사령이 규정에 따라 행정처분으로 사정의 확정 또는 재결은 사유 여하를 불문하고 소송을 할 수 없었다.

3.9.6.1. 사정 방법

① 조선 임야조사령에 따른 사정은 토지조사령에 따라 사정하지 않는 임야와 임야 안에 개재한 임야 이외의 토지에 대하여 실시한 행정처분이다.

② 도지사는 조사 측량한 사항을 심사하고, 일필마다 그 토지의 소유자와 경계를 임야조사서와 임야도에 의하여 사정하고 30일간 토지 소재의 부·군청에 공시하여 일반인에게 종람(縱覽)하도록 하였다.

③ 권리 확정은 사정 또는 재결에 따라 확정하는 것으로 사정에 대하여 불복이 있는 자는 공시 기간 만료 후 60일 이내에, 임야조사위원회에 신청하여 그 재결을 구할 수 있다.

④ 임야조사는 원래 임야의 신고와 입회로 조사의 기초를 하였으므로 정당한 사유 없이 입회하지 않으면 사정에 대해 이의신청할 수 없도록 하였다.

⑤ 임야조사위원회에 재심 신청을 할 수 있는 경우

- 사정으로 확정한 사항 또는 재결을 거친 사항일 경우에도 처벌받을 행위를 근거로 사정 또는 재결이 있었을 때
- 사정 또는 재결의 증거가 되는 문서가 위조 또는 변조되어 처벌받을 행위로 재결이 확정되었을 때
- 증거 결함 이외의 이유로 형사소송 수속의 개시 또는 실시할 수 없는 경우에는 사정을 확정하여 재결이 있는 날부터 3년 이내일 때

⑥ 임야의 소유권은 임야조사령이 규정한 바에 의한 행정처분으로 사정의 확정 또는 재결은 사유 여하를 불문하고 소송을 할 수 없었다.

⑦ 임야조사 이전의 모든 사유는 사정으로 단절되고 사정은 부윤·면장으로부터 송부된 조사도서, 분쟁지 조서, 의문이 있는 토지조서를 심사하였다.

⑧ 소유권에 관한 중대한 사항이므로 신중하게 조사하고 작은 착오나 의문점이 없게 하려고 사정의 기관으로 특히 임야심사위원회를 설치하여 심의하였다.

3.9.6.2. 사정 공시

① 부윤, 면장이 제출한 조사 성적은 임야심사위원회의 심의를 거친 다음 일반적인 심사를 하고 분쟁지에 대한 귀속 여부를 결정하였다.

② 무연고국유지에 대한 연락 처리가 완료되어 모든 사정이 종결되면 부득이한 경우를 제외하고는 시, 군, 도(島)마다 종합하여 임야조사서 및 임야도와 신고 서류를 소관 부, 군, 도에 송부함과 동시에 공시 기간(30일)을 기재하였다.

③ 도지사는 조사 측량한 사항을 심사하고, 임야조사령 제8조와 동령 시행규칙 제15조에 일필마다 그 토지의 소유자와 경계를 임야조사서와 임야도에 의하여 사정하고 30일간 토지 소재의 부·군청에 공시하여 일반인에게 종람(縱覽)하도록 하였다.

④ 소관 부(시), 군, 도청에서는 임야조사서 및 임야도를 일반에게 공개하도록 하였다.

⑤ 총독부 관보 및 소관도의 도보에 게재함은 물론 다음에 열거하는 장소에도 해당 공시문을 게시하여 일반에게 주지시킴으로써 사정 결과를 공개하였다.

- 도청게시장
- 도내, 각 부(시), 군, 도청의 게시장
- 사정지역에 소속되는 군, 도내, 각 면의 게시장
- 사정지역에 소속되는 면내, 각 동리의 게시장
- 관외, 각 도청의 게시장
- 관외, 사정지역에 인접한 부(시), 군, 도청의 게시장
- 기타 공시에 적합한 장소

⑥ 임야조사위원회와의 협의로 공람장에는 불복신청서 작성 요령을 게시하여 사정 착오에 대한 시정 및 구제 방법을 명시함으로써 이해관계자의 권리 옹호에 유감이 없도록 하였다.

3.9.6.3. 사정과 판결과의 관계

① 사정 또는 재결은 일반적으로 확정력이 있는 것으로 누구에게나 대항할 수 있다.

② 확정판결은 당사자 간을 기속하는 데 그치는 것이다.

③ 확정판결의 승소자일지라도 임야조사령의 절차에 따라 사정을 받지 않으면 소송 상대방에 대해서만 판결에 의한 권리를 주장할 수 있지만 일반에게 대항할 수는 없는 것이다.

④ 제삼자가 신고하고 사정을 받은 다음 불복신청 기간이 경과한 다음 사정이 확정되었을 때는 확정판결의 승소자는 이미 사정명의인에 대해서 권리를 주장할 수 없는 것으로 사정과 판결의 효력이 다른 점이다.

⑤ 임야조사 시행 당시에 소송이 제기하고 있는 것, 사정 공시까지의 기간에 새로운 소송이 제기되면 사정과 판결이 반대의 결과를 초래하게 될 염려가 없다고 볼 수는 없는 것이다.

⑥ 사정 전에 판결이 확정된 것은 이에 따라 사정해야 하므로 양자 간에 문제가 생기지는 않을 것이다.

⑦ 1920년 3월에 재차 사법당국과 협의하여 종전의 판결 선행방침을 사정 선행방침으로 개정하고, 양자 사이의 연락 방법을 다음과 같이 개정함으로써 사정 사무의 신속한 처리를 시도하였다.

- 도지사는 신고 기간을 고시함과 동시에 그 지역 및 기간을 고등법원 이하 해당 지역의 관할 재판소에 통지할 것.
- 재판소에서 통지를 받으면, 그 지역 내의 토지소유권 또는 경계에 대해서 현재 소송계류 중인 것과 사정 공시 통지 기간에 수리된 사건명, 번호, 소송 목정, 수리 연월일 및 당사자의 주소, 성명 또는 명칭 등을 소관 도지사에게 통지하고 재판소(고등법원은 제외)는 사정 확정을 기다린 다음 사건을 처리할 것.
- 고등법원은 전항의 통지하는 사건에 대해 판결하거나 그 사건이 상고의 취하로 인하여 종국되었을 때는 제1, 2심 이후의 판결 서류의 사본을 첨부하여 소관 도지사에게 통지할 것.
- 도지사는 고등법원에 계속 중인 것을 제외하고는 판결을 기다리지 않고 사정하여 그 결과를 재판소에 통지할 것.
- 도지사가 사정 공시했을 때는 그 연월일, 지역 및 사정 확정 기일 등을 재판소(고등법원은 제외)에 통지할 것.
- 재판소에서는 연락 협정 전에 이미 판결이 났으나, 아직 그 결과를 통지하지 못한 것이 있으면 판결 확정 여부와 관계없이 판결서로의 사본을 첨부하여 도지사에게 통지할 것.

3.9.7. 임야조사위원회

① 임야조사사업의 목적은 임야 및 임야 내에 개재하는 임야 이외의 토지소유자와 그 경계를 결정하고, 오랫동안 소송 중에 있었던 것을 해소하여 법적으로 확정하고자 하였다.

② 결정은 도지사의 사정만으로 종결하지 않고 처리를 공정하고 신중하게 하도록 도지사가 소유권 및 경계의 사정에 불복이 있는 자는 사정 공시 기간 만료 후 60일 이내에, 임야조사위원회에 불복신청을 하고 그 재결을 구할 수 있도록 하였다.

③ 도지사 사정에 대한 불복신청 기간이 경과한 것과 불복신청에 대한 임야조사위원회의 재결을 거친 것은 사법기관이라도 움직일 수 없는 절대적인 확정력이 발생한다.

④ 재심은 확정된 사항의 구제 방법은 재심조건으로 처벌될 행위에 대하여 사정 또는 재결이 있었을 때, 사정 또는 재결의 증거가 된 문서가 위조 또는 변조된 때의 2가지로 제한하였다.

⑤ 범죄행위에 대한 판결이 확정되었을 때 또는 증거 결핍 이외의 이유로 형사소송 절차의 개시 또는 실행을 할 수 없는 때에만, 사정의 확정 또는 재결일로부터 3년 이내에, 임야조사위원회에 재심청구를 할 수 있는 것으로 하였다.

⑥ 임야조사위원회는 사정에 대한 불복신청 및 사정 또는 재결에 대한 재심 신청을 심판하는 특수한 재판기관으로 종심이라 할 수 있으며 최고의 재판이다.

⑦ 사정은 도지사의 단독처분에 속하지만, 임야조사위원회는 그 직능이 민사재판과 유사하다는 특수성과 중요성에 비추어 사법관을 참여시킬 필요를 인정, 사법관과 행정관으로 구성하는 합의제 조직이었다.

(1) 조직의 구성

① 1918년 4월 칙령 제110호로 공포, 같은 해 5월 1일부터 시행된 본회 관제는 위원장과 위원으로 조직된 합의체의 부제(部制)로 하였다.

② 1919년 2월 10일 처음으로 위원 10명, 간사 1명, 서기·통역생 각 2명을 임명하여 본회 사무를 개시하였다.

③ 위원장은 조선총독부 정무총감, 위원은 조선 총독의 주청으로 조선총독부 판사와 조선총독부 고등관 중에서 내각이 임명하였다.

④ 부에 부장을 두고, 위원장은 그 한 부의 부장이 되며, 다른 부장은 위원 중에서 조선 총독이 임명하였다.

⑤ 보조기관으로서 간사 1명 및 서기·통역생을 두고 간사는 조선총독부 고등관, 서기·통역생은 동부(府) 판임관 중에서 조선 총독이 임명하여 서무 또는 통역에 종사하도록 하였다.

⑥ 간사 이하의 겸장제(兼掌制)를 폐지하고, 새로 사무관 2명, 부사무관 2명, 서기 4명 및 통역생 2명의 전임직원을 설치하여 재결 사무의 진척을 도모하였으며, 임야조사위원회의 관제 변천은 (표 3.11)과 같다.

〈표 3.11〉 임야조사위원회의 변천

관제 공포	위원장	위원	전임직원				
			사무관	부사무관	서기	통역생	계
1918년 4월 칙령 제110호	1	10(※2)	–	–	–	–	–
1921년 8월 칙령 제358호	1	15(※3)	2	2	4	2	10
1925년 3월 칙령 제33호	1	25(※5)	2	3	16	15	36
1932년 7월 칙령 제154호	1	15(※3)	1	2	9	7	19
1935년 9월 칙령 제271호	1	10(※2)	1	1	5	4	11

※는 조선총독부 판사이자 위원인 자의 제한 인원수를 표시한다.

(2) 사무분장

① 1919년 12월 조선총독부 훈령 제51호로 임야조사위원회 사무장정을 관제로 정한 부의 조직 및 사무의 분배에 관한 사항과 회의 집행에 관한 사항을 규정하였다.

② 부는 관제에서 정하는 위원의 정원에 따라 당초에는 2부를 두었지만, 관제의 개정에 따라 1921년 제1차 개정에서는 3부, 1925년 제2차 개정에서는 5부로 확장하였다.

③ 1932년 3부로 감축하고 1935년 2부로 축소하였으며 위원의 부속(部屬)은 위원장이 결정하고 부원이 사고로 결석하였을 때는 위원장은 다른 부원으로 보충할 수 있었다.

④ 각 부에 속하는 사무의 분배는 위원장이 정하고 부장은 그 부의 사무를 관장하였으며 부장은 조사에 필요하다고 인정할 때는 그 부의 위원 중에서 주사위원(主查委員)을 명할 수 있었다.

⑤ 총회는 위원장이 의장이 되고 각 부에서 위원 3명 이상의 출석을 절대 필요로 하여 의사는 출석위원의 과반수로 결의하고 가부동수일 때에는 의장이 결정하였다.

⑥ 위원회는 총회, 부회에 관계 없이 회의 시작부터 끝까지 회의록을 작성하도록 하였다.

⑦ 회의에 참석한 위원장 또는 부장·간사인 사무관 또는 부사무관과 서기는 서명 날인하고 보존하며 본회에 조사계와 서무계를 부설하였다.

⑧ 조사계는 위원회의 보조기관으로, 불복신청 및 재심사건의 조사와 회의에 관한 사항을 관장하고 서무계는 인사, 회계, 문서의 접수·발송·편찬 및 보존에 관한 사항과 관인의 관리, 재결서 등본의 교부 및 재결의 공시와 통지에 관한 사항을 관장하였다.

<그림 3-75> 임야조사위원회 전경

<그림 3-76> 임야조사위원회 회의 상황

(자료 출처 : 조선임야조사사업보고, 조선총독부 농림국)

(3) 지도 감독

① 조사 및 측량과 사정기관은 다르지만, 토지소유자 및 경계를 사정하는데 목적이 있으며 부윤과 면장이 시행한 조사 내용을 사정관에 해당하는 도지사가 필요하다고 결정할 때는 재조사 및 측량하여 사정에 최선을 다하였다.

② 총독부에서는 특별감독 제도를 설치하고 식산국 산림과 직원 중에서 적임자를 선정하여 도·부·면의 사업 진행을 지도·감독하도록 하였다.

③ 모든 종사원은 사정 사무를 빈틈없이 하고 국유임야 구분조사를 병행하여 실시하는 지역에서는 총독부의 구분조사 종사원에게 그가 편리한 도의 감독사무를 지원하도록 하였다.

④ 해당 지역 부·면의 실시 작업의 지도 감독을 담당하면서 원만하게 사업을 수행하였다.

3.9.8. 사업성과

① 임야조사는 1916년 10월 시작하여 1924년 12월까지 8년 2개월 동안 2부(府) 20군 249면, 76만 1,503정 7반 1 묘 6보, 27만 4,760필을 조사하여 좋은 성적으로 완료하였다.

② 임야조사 측량의 성과에 의하여 임야대장과 임야도를 작성하였는데, 임야대장 지번은 토지대장 지번과 구별하기 위해 지번 앞에 "산"자를 기재하였다.

③ 임야도 축척은 시가지 부근은 1/3,000, 기타 지역은 1/6,000로 작성하고, 임야대장은 사정원부인 임야조사서를 토대로 후에 작성하였다.

④ 임야조사사업은 연인원 4,670명으로 사업을 완성함으로써 우리나라 전 국토의 지적조사가 모두 완료되었다.

⑤ 임야조사사업은 임야대장 22,202권, 임야도(1/3,000, 1/6,000) 116,984매의 성과를 이룩하였다.

3.10. 토지검사

출제(논) : 116회

지세 관계 법령의 규정에 따라 세무관리(稅務官吏)는 토지의 검사를 할 수 있게 되었는데 토지검사는 토지검사(土地檢査)와 지압조사(地壓調査)로 분류된다. 토지검사는 과세의 징수를 목적으로 하는 검사이며 지압조사는 토지의 이동을 검사하는 데 목적을 두고 있다. 토지검사와 지압검사 모두 소관청에 신고하여 검사받게 되어있으나 사실대로 신고하지 않을 경우와 신고가 이행되지 않을 때는 지적소관청이 직권으로 조사하기도 하였다. 일반적인 토지검사와 구별하고 있으나 토지 검사방법에 따라 지압조사와 토지검사는 넓은 의미에서는 토지검사라고 할 수 있다.

3.10.1. 협의의 토지검사

출제(용) : 104, 114회

협의의 토지검사는 일반적으로 과세지성(국유지성 제외), 분할지의 지위(地位) 품등(品等)이 동일하지 않은 경우, 지목 및 임대가격의 설정 또는 수정, 각종 면세년기(免稅年期), 감세년기(減稅年期) 또는 연기연장(年期延長), 재해면세지 및 사립학교 용지 면세, 지적(地積) 오류정정 등이 있을 때 시행하였다.

(1) 토지검사의 특징

① 토지검사는 매년 6월에서 9월 사이에 실시함을 원칙으로 하였으나 필요한 때에는 수시로 할 수 있게 하였다.

② 토지검사의 기록 사항은 토지검사 수첩에 등록하도록 하였다.

③ 무신고 이동지의 발견에 목적을 두었으며, 무신고 이동지를 발견하기 위하여 실시하는 토지검사는 지압조사(地押調査)라고 하였다.

④ 토지검사는 비과세지성과 지적(地積) 오류정정 등이 있을 경우에 시행하였다.

⑤ 세무 관리는 토지의 검사를 할 수 있도록 지세 관계 법령에 규정되었다.

(2) 토지검사의 시행

토지검사는 지세 관계 법령의 규정에 따랐으며 매년 6월에서 9월 사이에 시행하는 것을 원칙으로 하였으나 수시로 할 수 있도록 하였으며 다음의 경우에 시행하였다.

① 비과세지성(국유지성[56]) 제외)

② 분할지의 지위품 등이 동일하지 않는 경우

③ 지목 및 임대가격의 설정 또는 수정

④ 각종 면세년기, 감세년기 또는 연기연장

⑤ 재해지 면세 및 사립학교 용지 면세

⑥ 지적(地積) 오류정정 등이 있을 때

(3) 토지검사의 생략

① 비과세지 상호 간의 지목변환, 조선지적협회 직원에게 조사하도록 하여 그를 인정한 것

② 도면이나 기타의 자료에 의하여 지목 및 임대가격이 적당하다고 인정되는 것은 토지검사를 생략하는 것이 많았다.

3.10.2. 지압조사

출제(용) : 65, 110, 134회

지압조사(地押調査)는 토지검사와는 달리 토지의 이동 사실 여부를 확인하여 지적공부에 등록하기 위하여 조사하는 것으로 토지의 이동(異動)이 있을 경우는 관계 법령에 따라 토지소유자가 지적소관청에 신고하게 되어 있으나 신고가 이행되지 않으면 이동지를 조사 발견할 목적으로 국가가 직접 현지조사를 하는 경우를 말한다.

(1) 법률적 근거

① 탁지부소관 국유지실지조사세칙(1907.11.11., 훈령 제400호, 대구재무감독국장 보고)

② 지압조사는 반장과 기수가 측량하여 착묵한 지도를 이용하여 부책과 제도의 적부 등을 매 필지마다 답사하여 검사하도록 하였다.

---

56) 국유지성은 국가가 토지확보를 위하여 토지를 매수, 기증 또는 양여를 받아 그 소유권을 국가로 이전, 정리하며, 지방자치단체, 공공단체가 확보하는 토지에 대하여도 조세징수를 하지 않는다는 것이다. 즉 엄격히 말하면 국유지를 의미한다.

③ 표준지에 대한 등급조사는 농사를 짓는 노인의 말을 참고로 하되 실제로 감별하여 표준지로 인정한다.

④ 전답의 등급은 상중하의 3등급으로 구분하되 대의 등급은 교통, 거주의 편리성에 따라 2등급으로 구분하도록 하였다.

⑤ 매년 재해로 인한 토지, 토지의 비옥도에 따라 구분하여 하등으로 결정하는 것은 부당하므로 토지의 등급은 등 외로 하여 하등의 수확량을 비교하여 감량에 따라 소작료를 결정하였다.

⑥ 일필지에 양입한 토지의 수확량이 본 토지보다 적은 자, 수확이 거의 없는 자는 등급의 정정에서 강등하되 적당한 상황을 적용한다.

⑦ 부책의 대조는 수집한 자료와 조사지를 1필지마다 조합하여 구부책란에 신지번을 기입하여야 한다.

⑧ 도면은 경계와 사표의 정(+), 부(−) 면적이 목측으로 검사하여 각 구역의 연결 및 착묵의 적부를 적합하게 하여 엄중히 검사한다.

(2) 조사의 특징

① 무신고이동지를 발견하기 위하여 실시하는 토지검사이다.

② 신고와 신청을 전제로 하지 않는다는 특징이 있다.

③ 지압조사는 실지와 도면을 대조하여 그 이동의 유무를 검사하는 방법이다.

④ 지압조사에서 발견된 무신고 이동지는 소관청의 직권으로 지적공부를 정리하였다.

(3) 조사 방법

① 지압조사로 무신고 이동지를 발견하려면 그 집행계획서를 미리 수리조합, 지적협회 등에 통지하여 협력을 요구하도록 하였다.

② 업무의 통일 및 직원의 훈련 등에 필요할 경우는 본조사(本調査) 전에 모범조사(模範調査)를 시행하도록 하였다.

③ 지압조사는 지적약도 또는 임야약도를 실지에 휴대하고, 정(町), 리(里), 동(洞) 단위로 시행하였다.

④ 대상 지역은 앞번호의 지번부터 순차로 실지와 도면을 대조하여 이동의 유무를 조사하는 것을 원칙으로 하였으나 다른 편리한 방법을 사용할 수 있도록 하였다.

⑤ 지압조사를 시행할 구역 내의 지적약도 및 임야약도에 대해서는 미리 이동 정리의 적부(適否)를 조사하여 누락(漏落)된 부분은 보완 조치하였다.

⑥ 조사 결과 발견된 무신고 이동지는 “무신고 이동지정리부”에 등재함으로써 그 사적을 명료하게 하여 정리의 만전을 기하였다.

출제빈도 용어정리 & 논술 일람표

제3장 지적사 (용어정리)

번호	문제	횟수	번호	문제	횟수
1	우문충(宇文忠)	1	56	인지의(印地義)	2
2	산학박사	1	57	고구려의 자	1
3	판도사(版圖司)	2	58	영조척(營造尺)	1
4	판적국(版籍局)	2	59	양전척(量田尺)	3
5	대한측량총관회(大韓測量總管會)	2	60	양안척	1
6	양지아문(量地衙門)	2	61	수등이척제	2
7	지계아문(地契衙門)	2	62	양전사업	1
8	둠즈데이북(Domesday Book)	3	63	광무양전사업	1
9	신라 장적문서(帳籍文書)	2	64	전시과제도	1
10	문기	1	65	공해전(公廨田)	1
11	백문매매	1	66	둔전	1
12	입안	1	67	역둔토(驛屯土)	2
13	양안(量案)_공통등록부	3	68	역둔토(驛屯土) 실지조사(實地調査)	1
14	광무양안	1	69	역둔토의 지적정리	2
15	야초책(野草冊)	1	70	투탁지(投託地)	1
16	깃기(衿記)	2	71	제언	1
17	지계(地契)	1	72	제언(堤堰)과 보(洑)	1
18	전답관계(田畓官契)	2	73	묘계	1
19	지세명기장	3	74	묘위토(墓位土)	1
20	결수연명부(結數連名簿)	4	75	투화전(投化田)	2
21	토지조사부	1	76	포락지	1
22	산토지대장	2	77	삼림산야	1
23	메나의 무덤 벽화설	1	78	양입지(量入地)	2
24	로마의 촌락도(청동 지적도)	1	79	개재지(介在地)	1
25	사표(四標)	7	80	직전(職田)	1
26	법수(法樹)	2	81	정전제(丁田制)	2
27	어린도	2	82	기자정전_정전	1
28	휴도	2	83	정전제(井田制)	1
29	과세지견취도(課稅地見取圖)	4	84	공법(貢法)	1
30	민유임야약도(民有林野略圖)	1	85	대구시가토지측량규정	1
31	간주지적도(看做地籍圖)	3	86	거렴(Roymond Edward Leo Krumm)	1
32	간주임야도(看做林野圖)	3	87	나폴레옹지적	1

제3장 지적사 (용어정리)

번호	문제	횟수	번호	문제	횟수
33	측량소도(測量素圖)	3	88	우가(牛加)	1
34	도근도(圖根圖)	1	89	율대(栗岱)	1
35	혼일강리역대국도지도(混一疆理歷代國都之圖)	1	90	이조주척	1
36	일자오결제도(1字5結制度)	4	91	구단현법	1
37	맹종죽(孟宗竹)	1	92	토지소관법기초위원회(土地所關法基礎委員會)	1
38	구장산술	4	93	분쟁지조사(紛爭地調査)	2
39	습산진벌(習算津筏)	1	84	고등토지조사위원회	2
40	양휘산법	1	95	사정	1
41	결	1	96	토지조사사업의 재결(裁決)	3
42	결부법	1	97	토지조사사업의 기선측량	2
43	경묘법(頃畝法)	1	98	험조장(검조장)	1
44	두락제	1	99	검기선(檢基線)	1
45	원시취득(原始取得)	1	100	대삼각측량(大三角測量)	1
46	시효 취득	2	101	회조기	1
47	분묘기지권	1	102	조사·측량(調査·測量)	1
48	기주시주(起主·時主)	1	103	지주총대	1
49	오가작통법	1	104	토지조사사업 당시의 조표(造標)	1
50	양전 제도	2	105	특별소삼각측량	4
51	전제상정소(田制詳定所)	4	106	구소삼각측량	4
52	양전(量田)개정론	2	107	특별도근측량	1
53	망척제(網尺制)	2	108	토지검사(土地檢査)	2
54	구정도(邱井圖)	1	109	지압조사(地押調査)	3
55	기리고차(記里鼓車)	2			

제3장 지적사(논술)

번호	문제	횟수
1	지적행정조직의 변천연혁과 행정자치부 지적정책관 신설의 기대효과에 관하여 설명하시오.	1
2	정부조직개편에 따른 향후 지적분야의 변화방향에 대하여 설명하시오.	1
3	지적행정기관의 변천 과정 및 발전 방향에 대하여 설명하시오.	1
4	양지아문과 지계아문에 대해 설명하시오.	1
5	지계아문(地契衙門)의 설립 배경과 주요 기능에 대하여 기술하시오.	1
6	대한측량총관회(大韓測量總管會)의 설립과 주요기능에 대하여 기술하시오.	1
7	양안(量案)의 내용, 종류 및 법적 근거에 대하여 설명하시오.	1
8	구한말의 토지가옥 증명제도에 대하여 설명하시오.	1

제3장 지적사(논술)		
번호	문제	횟수
9	대한제국시대에 시행된 산림산야(山林山野) 소유자 신고를 위한 지적신고서에 첨부도면인 "민유산야약도(民有山野略圖)" 정의와 작성방법을 설명하시오.	1
10	간주지적도(看做地籍圖)와 산토지대장(山土地臺帳)의 작성 이유와 특징에 대하여 설명하시오.	1
11	구장산술에 기록된 전(田)의 형태를 나열하고 설명하시오.	1
12	지적조사와 도량형 단위의 통일을 연계설명에 대하여 설명하시오.	1
13	경무제와 결부제의 특성과 장단점 에 설명하시오.	2
14	고려시대 임시 양전기구에 대해 설명하시오.	1
15	고려시대와 조선시대 및 대한제국의 양전사업에 대하여 비교 설명하시오.	1
16	양전개정론에 대하여 설명하시오.	1
17	과전법(科田法)의 특징과 문제점을 기술하시오.	1
18	둔전(屯田)에 대하여 설명하시오.	1
19	「대구시가지 토지측량에 관한 타합사항」의 주요 내용과 성격에 대하여 설명하시오.	1
20	구 한국정부가 시행한 토지조사에 대하여 설명하시오.	1
21	조선토지조사사업에 대하여 논하시오.	1
22	조선 토지조사사업의 성격을 세지적으로 보는 견해와 법지적으로 보는 견해를 비교 설명하시오.	1
23	토지조사사업(1910~1918)의 목적과 특징에 대하여 기술하시오.	1
24	1905년 국유지 조사령에 의해 시행된 국유지(대한제국)조사 사업과 대상 토지 구분하여 설명하시오.	1
25	토지조사사업과 임야조사사업을 비교하여 설명하시오.	1
26	토지의 사정(査定)과 재결(裁決)에 대하여 설명하시오.	1
27	토지의 사정(査定)에 대하여 설명하시오.	1
28	토지조사사업 시행 당시 대삼각측량(1910년~1914년) 규모와 방법에 대하여 논하시오.	1
29	조선토지조사사업을 위하여 실시한 대삼각측량과 1등삼각측량을 비교하여 설명하시오.	1
30	조선토지조사사업 시 측량기준망의 구축과정을 기술하시오.	1
31	구소삼각측량지역의 경계점좌표등록부를 세계측지계로 변환하는 방법에 대하여 설명하시오.	1
32	1908년과 1909년에 걸쳐 대한제국의 탁지부 주관으로 실시한 최초의 독립적인 삼각측량에 대하여 설명하시오.	1
33	조선총독부가 시행한 토지조사사업에 관한 수탈론과 근대화론에 대하여 설명하시오.	1
34	토지조사사업과 지적재조사사업의 경계설정 기준에 대하여 비교 설명하시오.	1

Part 1

제4장 토지정보체계

4.1. 개요

토지정보체계(LIS; Land Information System)는 1960년대 초반에 개발되면서부터 토지의 효율적인 이용과 관리를 목적으로 각종 토지관련 자료를 체계적이고 종합적으로 전산처리할 수 있도록 수치화하고 컴퓨터에 저장하여 활용되고 있다. 토지에 관한 정보를 기본으로 지하의 통신망, 전력망, 상·하수도 망 등의 지하 시설물 정보와 지상의 도로, 건축물, 부존자원 등 지상정보와 관련된 위치정보 및 속성정보를 저장한다. 각종 시설물관리, 도로 계획 및 유지 보수, 그리고 자원 활용 및 환경영향평가 등에 활용되는 토지에 관련된 정보를 수집·관리하여 신속·정확하게 제공하는 인간과 기술자원의 종합이라 할 수 있다. 토지정보시스템은 법률적·행정적·경제적인 활용을 위해 토지를 체계적이고 종합적으로 수집·저장·조회·분석하여 현행 토지에 관련된 문제를 해결하고 향후 지적정보시스템과 연계하여 활용할 수 있도록 하여야 할 것이다.

4.1.1. 토지정보체계의 변천 과정

① GIS는 1950년대에 미국 워싱턴대학에서 연구를 시작하여 1960년대 캐나다의 자원관리를 목적으로 CGIS(Canadian GIS)가 개발되어 각국에 보급되었으며 래스터 위주의 자료처리를 위한 시스템으로 활용되었다.

② 1970년대에는 기술의 발전과 함께 저변확대가 시작되고 CADD(Computer Aided Design & Drafting) 등장과 함께 ESRI, Intergraph, Synercom 등 GIS 전문회사들이 설립되면서 토지의 관리를 목적으로 시범적인 개발계획을 수행하였다.

③ 1980년대에는 위상정보의 구축과 관계형 DB의 기술 발전으로 GIS 처리 및 분석 기능이 최신화된 워크스테이션의 도입으로 저렴한 가격의 GIS 보급이 활성화되었다.

④ 1990년대에는 컴퓨터 하드웨어의 급성장과 멀티미디어의 기술 발달로 지형정보 취득 기술의 발전으로 GNSS, RS, 디지털 사진측량 등 다양한 형태의 정보를 제공함에 따라 GIS의 효용성이 크게 향상되었다.

⑤ 객체-관계형 DB 기술 적용으로 공간자료 관리 기술 개발과 Web-GIS, 3D GIS 등의 출현과 비약적 발전에 적합한 GIS 표준화 작업을 시작으로 ISO/TC-211, OGC 등을 규정하고 있다.

⑥ 2000년대에는 Network 기술의 발달로 중앙집중형에서 지역분산형 데이터베이스의 구축으로 변환되어 경제적인 공간데이터베이스의 구축과 운용을 할 수 있게 되었다.

⑦ 최근에는 Web-GIS와 같은 통신망을 이용한 범세계적인 GIS 자료의 공동 사용을 위한 노력과 함께 GIS 자료의 호환성을 극대화하기 위한 표준화작업도 활발히 진행되고 있다.

4.1.2. 토지정보체계의 구성요소

토지정보시스템은 토지정보를 종합적이고 효율적으로 관리하는 데 필요한 것을 지원하는 시스템으로 토지관련 행정 부서와 유기적인 연결 및 효율적인 운용으로 업무수행의 극대화를 위한 양질의 정보제공을 위한 시스템이다. 구체적으로는 계획수립, 공간 및 시설물관리 등 공간상의 문제해결을 위한 데이터의 수집, 관리, 분석, 모델링, 출력을 지원하는 인적·물적 집합체를 의미하며 데이터베이스관리, 자료출력, 자료변환, 사용자 간의 상호작용으로 구분하고 있다.

(1) 하드웨어

① 하드웨어는 토지정보체계를 구축하여 자료를 저장하는 컴퓨터 장치로서 입·출력, 연산, 저장 및 자료를 관리하는 장치를 말한다.

② 컴퓨터의 하드웨어는 중앙처리장치(CPU), 기억장치(Memory), 입출력장치(I/O) 등을 포함하며, 저장장치, 입력장치, 출력장치로 세분화할 수 있다.

(2) 소프트웨어

① 소프트웨어는 사용자가 이용하는 장치들에서 구동되는 컴퓨터 프로그램들을 의미하는 요소이다.

② 소프트웨어로서 갖추어야 할 기능은 속성데이터와 공간데이터 입력 및 편집, 공간데이터베이스 관리 및 출력 기능, 여러 가지 종류의 자료입력·자료변환·자료수정 기능, 사용자 인터페이스 기능 등이다.
③ 소프트웨어의 주요 구성은 자료의 입력 및 검색을 위한 입력 S/W, 입력된 각종 정보를 저장 및 관리하는 관리 S/W, 자료의 분석 결과를 출력할 수 있는 출력 S/W로 구성된다.
④ 하드웨어와 마찬가지로 지리정보를 입력, 관리, 분석 및 처리, 편집, 그리고 출력 등의 기능들로 이루어진다.

(3) Database

① Database는 지도로부터 추출한 도형정보와 대장이나 통계자료로부터 추출한 속성정보를 말한다.
② LIS에서 데이터 또는 데이터베이스가 차지하는 비중은 절대적이라 할 수 있다.
③ LIS 데이터는 공간데이터와 속성데이터로 구별한다.
- 공간데이터는 지도, 항공사진, 위성영상, 도면, 사진, 측량결과 등과 같은 위치에 관련된 자료를 포함한다.
- 속성데이터는 공간데이터와 연계하여 활용할 수 있는 부가적인 자료들로서 그 형태는 문서나 대장 등의 아날로그 형태와 실제 디지털 장비를 통해 획득된 디지털 형태로 존재할 수 있다.

④ 최근에는 지도 외에 항공사진이나 인공위성 영상으로부터 많은 정보를 획득하고 있다.

(4) 전문 인력

① 전문 인력은 LIS를 구성하는 가장 중요한 요소로써 데이터를 구축하고 시스템을 운영할 수 있는 사람을 말한다.
② 하드웨어와 소프트웨어, 데이터베이스 등 3가지 구성요소들을 운영 및 관리하기 위해서는 인력은 물론 이들을 체계적으로 관리할 수 있는 구조를 갖는 조직이 필수적이라 할 수 있다.
③ LIS를 활용하여 각 분야 또는 대상 영역에 필요한 정보를 생성하고 해석하는 영역 전문가, 그리고 제공된 정보나 서비스를 활용하는 일반 GIS 사용자들도 인력 요소에 포함될 수 있다.

4.1.3. 지적정보의 전산화

출제(논) : 75, 78, 80, 90, 96, 104, 128, 137회

지적정보는 소관청이 관리하는 지적공부에 수록되는 정보를 말하며 넓은 의미로는 지적과 등기를 중심으로 한 소유권의 확인 자료, 토지평가의 기초, 토지과세 및 거래의 기준, 토지이용계획의 기초자료 등으로 구성된 제한되고 공시적 정보의 성격을 갖는 정보를 의미한다. 지적도면 전산화사업은 지적도면을 수치 파일화하여 토지대장과 지적도를 통합하고 입체적인 민원서비스의 실현과 지적사무의 전산화에 중점을 두고 있다. 또한, 기존에 각종 대장에 수록되어 있던 속성정보와 연계하여 활용하는 PBLIS의 기반을 조성하는 역할을 하고 한국토지정보체계(KLIS)를 실시하게 된 계기가 되었다.

4.1.3.1. 지적정보 전산화 목적

① 지적공부를 체계적이고 과학적인 토지관련 정책자료와 지적행정의 실현으로 다목적 지적에 활용할 수 있도록 한다.

② 토지소유자의 현황 파악과 지적민원을 신속하고 정확하게 처리하므로 지방행정전산화 촉진 등에 영향을 미칠 수 있도록 한다.

③ 전국적으로 획일적인 시스템의 활용으로 각 시도 분산시스템의 상호 간 또는 중앙시스템 간의 인터페이스를 완전하게 확보할 수 있게 한다.

④ 토지기록과 관련하여 변동자료를 온라인처리로 이동정리 등의 기존에 처리하던 업무의 이중성을 배제할 수 있다.

⑤ 지적공부의 전산화로 전산파일을 유지 관리함으로써 지적서고의 확장에 따른 비용을 절감할 수 있다.

⑥ 지적공부의 전산화로 업무를 능률적으로 처리할 수 있으며 향상된 정확도를 제공할 수 있다.

⑦ 실시간 자료 확보로 지적 통계와 정책정보의 정확성 제고 및 온라인에 의한 신속성을 확보할 수 있다.

4.1.3.2. 지적전산화의 연혁

① 1975년 정부행정전산화 작업에 따라 1976년 6월 지적업무를 정부의 주요 전산 업무로 선정하였다.

② 지적법 전면 개정(1975. 12. 31)으로 대장의 속성에서 필지별 고유번호, 지목, 사유, 소유권 변동원인 등을 코드화하였다.

③ 주민등록번호란을 신설하고 척관법 단위를 제곱미터 단위로 환산하여 등록하였다.

④ 법인, 사단, 재단 비법인, 외국인 등의 등록번호를 정리하여 전국의 토지대장과 임야대장을 전산으로 입력하였다.

⑤ 1977년 지적전산화 기본계획의 확정 및 지적전산 시범 지역(대전시)을 선정하였다.

⑥ 1978년에서 1979년까지 전용회선의 확보와 단말기장치를 갖추어 지적전산 조직을 설치하였다.

⑦ 1982년 지적정보의 체계로 출발하여 1986년 전산보급의 확장과 이용촉진에 관한 법률이 공포됨에 따라 국가기관의 전산망 형태가 확실해짐으로써 토지기록 전산화 계획을 본격적으로 추진하였다.

⑧ 1990년부터 온라인으로 서비스를 제공하기 시작하였으며 전문가와 사용자, 자료관리 전문요원의 교육을 시행하였다.

⑨ 1996년 필지중심토지정보체계(PBLIS)의 개발로 도면전산화 작업을 시작하였으며 2000년에 도면전산화 작업을 개발 완료하였다.

⑩ 2002년 필지중심토지정보체계(PBLIS)에 따른 전국 D/B 구축을 완료하였으며 한국토지정보체계(KLIS)를 건설교통부와 주무부가 공동개발에 착수하였다.

⑪ 2003년 6월부터 2004년까지 한국토지정보시스템 개발을 완료하여 전국적인 지적전산화의 시험 운영을 하였다.

⑫ 2005년 시·군·구청 지적직 공무원 교육 및 한국토지정보시스템을 전국에 확산하는 단계에 있다.

4.1.3.3. 지적정보체계의 특성

출제(논) : 137회

① 지적정보체계는 필지(parcel)를 기본 단위로 구성되며, 토지의 소재, 지번, 지목, 경계, 면적, 소유자 정보 등이 체계적으로 연계되고 있다.

② 필지를 기반으로 하는 지적정보체계는 토지 소유권과 관련된 법적, 행정적 업무를 효율적으로 처리하는 중요한 요소로 자리 잡고 있다.

③ 지적정보는 토지 소유권, 공시지가, 토지 이용 현황과 같은 법적 효력을 지닌 정보를 다룹니다.

④ 지적소관청에 의해 유지·관리되고 있으며, 개인이나 공공기관이 임의로 데이터를 변경할 수 없도록 엄격한 규정과 절차가 필요하다.

⑤ 공간데이터(spatial data)와 속성데이터(attribute data)를 서로 연계하여 관리하고 있다.

⑥ 토지의 물리적 경계나 토지 소유권은 토지이동 및 거래로 실시간으로 변동되고 있으므로 지속적인 측량, 데이터 입력, 수정이 필요한 시스템이다.

4.1.3.4. 지적정보체계의 발전 방안

① 도해지역을 수치좌표로 전환하고, GNSS(위성항법시스템)와 같은 첨단 측량 기술을 활용해 정확도를 높이는 것이 중요하다.

② 지표만 등록된 지적을 지상과 지하공간까지 확대하여 입체적인 공간의 소유권과 이용 관계를 명확히 하는 3차원 지적의 등록이 필요하다.

③ 부동산 정보와 행정 정보, 재난/재해 정보 등 다양한 공간정보와의 융복합을 통해 활용가치를 높이는 방안으로 진행되어야 할 것이다.

④ 지적공간정보체계의 융복합은 다양한 정보도 필요하지만, 공공과 민간이 정보를 공유하고 활용하는 플랫폼을 구축하여야 할 것이다.

⑤ 향후에는 인공지능(AI), 빅데이터, 사물인터넷(IoT) 등 스마트화된 기술을 연계하여 활용하는 것도 중요한 방안이다.

4.1.4. 지적공부의 전산화

출제(논) : 63, 86, 119, 129, 132회

현대의 토지관리는 토지정책과 토지 행정, 토지이용계획, 과세 정책, 토지의 거래 등 모든 행정의 기초라고 할 수 있는 중요한 요소이다. 토지정보체계는 토지정보를 수록한 실질적인 지적전산화를 뜻하며 한 국가의 모든 토지와 관련된 자료는 체계적으로 수집, 공급하는 것으로 다목적 지적을 통하여 구체적으로 관련되는 정보를 사용자에게 제공하는 것이다. 지적정보는 소관청이 관리하는 지적공부에 수록되는 정보를 말한다.

4.1.4.1. 대장 전산화

(1) 정보화 연혁

① 1975년 12월 31일 지적법 전면 개정으로 1976년부터 1978년까지 카드식 대장으로 작성하면서 필지별로 토지대장·임야대장 등록 사항의 코드 번호 부여 및 척관법에 따른 평(坪)과 보(步)의 면적 단위를 제곱미터 단위로 환산 등록하였다.

② 1976년부터 대장 전산화사업이 시작되었고 1977년 8월 내무부는 지적전산화 기본계획을 확정하고 충남, 대전시를 전국 지적전산화 시범 지역으로 선정하였다.

③ 1979년부터 1980년까지 주민등록번호(자연인, 법인 등) 등재 및 자연인·국가·지방자치단체·법인·비법인사단·재단·외국 정부·외국인 등 모든 토지소유자를 유형별로 구분하여 고유번호를 부여하였다.

④ 1982년부터 1984년까지는 전국 시·군·구의 지적공부에 등록된 3천2백만 필지로 확대하여 시행하였으며 주요 사업으로는 시도별 대장 D/B 구축 및 On-line 통신망 연결을 추진하였다.

⑤ 1985년부터 1986년까지 전국의 소관청에서 온라인의 준비단계인 2단계를 추진하였으며 1986년 5월 12일 전산망의 보급을 확정하고 이용촉진에 관한 법률을 제정하였다.

⑥ 1987년부터 1990년까지는 행정자치부의 주관으로 전국 시도별 및 지역전산본부 설치, 시·군·구간 Online 통신망을 구축하였다.

⑦ 1990년 1월부터 온라인서비스를 전국적으로 실시하기 시작하였으며 1994년부터 1995년 2월까지는 대장 전산 자료와 주민등록 전산 자료 및 공시 지가전산자료를 통합하여 D/B를 구축하였다.

(2) 정보화 등록 내용

① 토지·임야대장의 등록 내용

- 토지의 소재·지번·지목·면적
- 소유자의 성명 또는 명칭, 주소 및 주민등록번호(국가·지방자치단체·법인·법인 아닌 사단이나 재단 및 외국인의 등록번호는 부동산등기법에 따라 부여된 부동산등기용 등록번호를 말함)
- 토지고유번호(각 필지를 서로 구별하기 위하여 필지마다 붙이는 고유한 번호)
- 도면번호와 필지별 대장의 장번호 및 축척

- 토지의 이동 사유 및 토지소유자가 변경된 날과 그 원인
- 토지 등급 또는 기준수확량 등급과 그 설정·수정 연월일
- 개별공시지가와 그 기준일

② 공유지연명부 등록 내용

- 토지의 소재·지번 및 소유권 지분
- 소유자의 성명 또는 명칭, 주소 및 주민등록번호
- 토지의 고유번호
- 필지별 공유지연명부의 장번호
- 토지소유자가 변경된 날과 그 원인

③ 대지권등록부의 등록 내용

- 토지의 소재, 지번, 대지권 비율
- 소유자의 성명 또는 명칭, 주소 및 주민등록번호
- 토지의 고유번호, 전유부분의 건물표시
- 건물 명칭, 집합 건물별 대지권등록부의 장 번호
- 토지소유자의 변경된 날과 그 원인
- 소유권 지분

4.1.4.2. 도면전산화

출제(논) : 62, 63, 68, 90회

(1) 정보화 연혁

① 우리나라의 PBLIS 구축 사업은 1975년에 지적법을 개정하여 전산화 기반 조성을 완료한 후 대장 D/B를 구축하여 1990년부터 온라인을 추진하였다.

② 1995년 5월에 확정된 국가지리정보체계(NGIS) 구축계획의 일환으로 지적도와 임야도에 등록된 전국 3천4백만 필지의 토지를 1996년부터 전산으로 입력하여 도면 D/B를 구축하였다.

③ 1996~1997년까지 2년 동안 대전광역시 유성구를 중심으로 지적도와 임야도에 등록된 경계점을 디지타이징 하여 도면의 D/B 구축을 완료한 후 대장과 도면 D/B의 연계 활용 방안에 대해 추진하였다.

④ 1998~2000년까지 전국 지적(임야)도의 전산입력 사업을 추진할 예정이었으나, IMF로 1999년부터 2003년까지 5개년 계획으로 변경하였다.

⑤ 2003년 6월부터 2005년까지 한국토지정보시스템 개발을 완료하였으며 전국적인 지적전산화로 시험 운영 및 시·군·구청 지적직 공무원의 교육 및 한국토지정보시스템을 전국에 확산하여 실시하였다.

(2) 지적도면 등록 사항

① 지적도 및 임야도의 등록 내용

- 토지의 소재·지번·지목 및 경계
- 도면의 색인도 및 도곽선과 그 수치
- 도면의 제명 및 축척
- 좌표에 의하여 계산된 경계점 간의 거리(경계점좌표등록부 비치 지역)
- 삼각점 및 지적측량기준점의 위치
- 건축물 및 구조물 등의 위치

② 지적도와 임야도의 축척

- 지적도 : 1/500, 1/600, 1/1000, 1/1200, 1/2400, 1/3000, 1/6000
- 임야도 : 1/3000, 1/6000

4.1.4.3. 지적공부의 등록 정보

① 지적은 전국의 모든 토지를 측량하여 공부에 등록하는 것으로 전국의 모든 토지에 대해 소유자와 이용 형태, 지리적 위치, 면적, 가격 등 기본적인 사항을 수록하고 있다.

② 지적도는 택지개발, 주택건설 등 공공계획 수행에 있어서 필수적인 기술적 자료이며, 공공계획의 수립에 중요한 정보를 제공한다.

③ 지적업무의 전산화를 중심으로 구축된 부동산관리시스템은 전국의 모든 토지에 대하여 토지대장과 임야대장에 등록된 토지 소재, 지번, 지목, 면적, 토지 등급, 토지소유자 주소, 등록번호, 성명 또는 명칭 등을 종합적으로 전산화하였다.

④ 지적도면의 주요 요소는 도해 지역은 일필지 경계선과 도곽선, 지번 및 지목, 지적측량기준점 등이 있다.

⑤ 경계점좌표등록부 시행 지역은 일필지 경계 굴곡점의 좌표는 평면직각종횡선 좌표로부터 방위각, 거리 및 면적계산이 가능하다.

⑥ 한국토지정보시스템(KLIS; KoreaLand Information System)을 통하여 관련 정보와 연계한 지적도면 제작 및 자동 출력 등을 신속·정확하게 할 수 있다.

4.1.5. 외국의 토지정보체계

지적제도를 운영하는 대부분의 나라들은 기존의 법지적을 다목적지적으로 이용하려는 경향이며 최신에 지적제도를 설립한 나라에서는 토지 과세, 물권의 등기, 토지평가, 토지정책, 토지 행정, 도시계획, 공사업무, 국토의 통계 등 다양한 측면에 중요성을 두고 창설하고 있다.

(1) 독일

① 독일(Germany)의 지적제도는 프랑스로부터 도입되었으며 1800년대 후반에 시작되어 군측량사들에 의해 1920년에 완성되었다.

② 토지 등록제도는 토지소유자에 대한 소유권 행사 이외에도 세정업무, 도시계획, 지적통계, 건설 분야 및 토지측량 또는 지적담당 부서와 등기소와의 상호 자료를 교환하는 등 목적이 매우 다양하다.

③ 독일의 부동산지적부의 전산화사업은 1973년에 부동산등록부의 자동화 사업계획을 채택하고 1975년에는 지적도의 자동화 사업계획을 채택하였다.

④ 1975년에 지적도 전산화가 시작되었으며 연구 및 기술 담당 관련 장관(Federal Minister for Research and Technology)의 지원으로 제3차 정보처리 계획을 수립하고 1977년부터 추진하였다.

(2) 스웨덴

① 스웨덴(Sweden)의 지적제도는 1908년 농촌지역에서부터 시작하였으며 1917년에는 도시지역을 중심으로 시작되었다.

② 지적전산화 작업은 1972년 4월에 'Data Bank System I'에 대한 토지등록부의 법적 효력이 시작되었다.

③ 토지 데이터 뱅크는 주등록부(Main Register), 좌표등기부(Coordinate Register), 계획등록부(Planning Register), 가구등록부(Block Register), 주거표시등록부(Address Register)로 구성되었다.

④ 토지 데이터 뱅크는 다른 정보시스템과 연결될 수 있도록 토지표시를 유지하고 있으며 각종 등록부는 가구(Block)의 명칭이나 획지(Lot)의 표시로도 검색할 수 있다.

(3) 프랑스

① 프랑스(France)는 1807년에 지적제도가 시작되었으나 모든 지적자료를 마이크로카드(Micro－cards)에 기록한 것은 1980년까지였다.
② 방대한 지적자료를 효율적으로 유지 관리하기 위하여 1965년부터 1978년까지 지적사무에 대한 전산화 1단계 사업계획(MAJIC I)을 수립하여 추진하였다.
③ 전산화 1단계 사업계획(MAJIC I)은 중앙집중식 정보처리시스템으로서 전국에 5개 지역정보센터(CRI)를 설치하여 대장의 작성 및 관리, 과세 기준결정, 토지세 납부고지서 작성 사무 등을 수행하고 있다.
④ 토지의 이동정리와 지적공부의 열람·등본 등 민원사무를 전산처리할 수 없는 MAJIC I의 취약점을 보완하여 2단계 사업계획(MAJIC II)을 수립하였다.
⑤ 1984년부터 1990년까지 토지이동사항과 소유권변동 사항 등 토지정보에 대한 파일 정리와 지적공부의 열람, 등본·지적관련 자료의 관리 및 통계, 토지와 건축물의 확인 사무 등을 전산처리할 수 있도록 추진하고 있다.
⑥ 국토자원의 종합적인 이용계획과 토지개발·관리 등에 필요한 기본정보를 제공할 수 있는 다목적 지적제도를 채택하고 있다.

(4) 대만

① 대만(Taiwan)의 내정부(Ministry of Interior)는 1981년 지적정보센터(Land Information Center)를 신설하였다.
② 대만의 전산 관리체계를 확립하여 지정 행정의 효율성을 높이고 대국민 서비스를 강화하며 토지정보를 신속·정확하게 제공하고 토지의 효율적인 이용을 촉진하는 데 목적을 두어 다목적지적 제도의 확립을 시도하고 있다.

4.2. 속성과 공간데이터

출제(논) : 59, 101, 102, 113회

4.2.1. 속성데이터

속성데이터(attribute data)는 객체와 관련 있는 특성에 대한 데이터로 객체에 관계되어 공간데이터로서 나타나지 않는 다른 특성들은 속성데이터로서 기록한다. 지적데이터의 경우 종전의 토지대장, 임야대장, 공유지연명부, 대지권등록부, 지적도 일부분인 색인목록에 수록된 내용은 속성데이터에 해당한다. 문자형태로 기록되는 것은 특정한 지명 또는 지번, 소유자 성명 등으로 나타나므로 연산 처리가 될 수 없으며 검색·편집·수정이 가능하다. 일반적으로 정수와 실수 등의 숫자 형태(1, 2, 3, ...)로 기록되는 것은 후에 자료 비교와 산술 연산 처리가 가능하다.

(1) 직접취득 방법

① 현지조사 방법

- 현지조사는 현지에 사람을 파견하여 측정 장비로 측정하고, 탐문 등을 통해 확인하여 조사하는 방법이다.
- 측량에 의한 현지조사, 이동정리사항의 지목 및 합병의 경우는 직·간접 동시에 적용하며 최근에는 실시간으로 조사한다.
- 지적공부에 등록할 사항을 수집하기 위해 담당공무원 또는 위임을 받은 자가 신규 및 변경 자료에 대해 현지조사를 실시하여 자료를 수집한다.
- 지적공부의 등록 사항이 착오로 추가 또는 수정 사항이 발생하였을 때는 서류상 착오를 확인하고 현지조사가 필요하면 현지조사를 거쳐 관련 기준에 근거하여 결정하여 등록한다.

② 직접조사 방법

- 직접조사는 가장 최신의 정보를 수집할 수 있고, 확인의 과정을 거치므로 간접조사보다 신뢰성이 높다.
- 상수도관이나 배전의 경우 센서를 부착하여 센서를 통해 자료를 획득하고 이것을 통신으로 전송하거나 기타의 방법으로 컴퓨터로 입력하는 방법이다.

- 위성영상을 원격탐사로 토지피복 분류를 하는 것도 일종의 속성자료 수집의 직접조사에 해당한다.
- 수치지도 제작 과정에서 현지지리조사를 하는 것도 직접조사에 해당한다.

(2) 간접취득 방법

① 간접취득 방법은 서류를 통해 조사 또는 책자, 보고서 등에 발표된 자료를 수집하는 방법이다.

② 필지를 단위로 관리하는 토지정보체계에서는 지적공부상의 속성데이터가 개인의 재산권에 영향을 미치므로 정확성과 신뢰성을 기반으로 수집하여야 한다.

③ 토지매매로 인해 등기부등본상의 소유자가 변동되어 등기 담당 기관으로부터 통보받아 수정, 변경할 경우에는 등록한 후 확인함으로써 자료가 된다.

(3) 속성데이터의 형태

① 속성데이터는 통계자료, 보고서, 관측자료, 범례 등의 형태로 구성되었으며 주로 글자나 숫자의 형태로 표현되는 자료이다.

② 통계데이터는 각종 정책적·경제적·행정적인 자료를 말하며 글자와 숫자로 구성된 자료이다.

③ 보고서는 사업계획서, 법규집, 일반보고서 등의 자료를 말하며 글자와 숫자 또는 텍스트로 구성되어 있다.

④ 관측데이터는 토지이용도 및 좌표, 수치영상 등으로 숫자와 영상자료로 구성되어 있다.

⑤ 범례는 주로 도형자료의 속성을 설명하기 위한 자료로 도로명, 심벌, 주기 등으로 글자, 숫자, 기호, 색상으로 구성되어 있다.

(4) 속성정보의 관리

① 속성정보를 기록하는 속성테이블은 파일시스템으로 관리하는 경우와 데이터베이스관리시스템으로 관리할 수가 있다.

② 토지대장, 임야대장, 경계점좌표등록부 등과 같이 문자와 수치로 된 자료는 키보드를 사용하여 쉽고 편리하게 입력할 수 있다.

③ 속성데이터를 입력할 때 입력자의 착오로 인한 오류가 발생할 수 있으므로 이를 방지하기 위해 입력한 자료를 출력하여 재검토한 후 오류가 발견되면 수정하여야 한다.

(5) 필지별 속성정보

① 각종 대장, 조서, 통계자료 등으로 관리되는 숫자 및 텍스트 정보를 말한다.

② 인구, 사업체수, 종사자 수, 건축면적, 대지면적, 건물 층수, 건물이용현황 등의 정보를 말한다.

③ 필지의 위치, 면적, 소유권, 공시지가, 용도지역 등

④ 필지의 경사도, 토양, 지표의 형태, 위험지역 등과 같은 환경적인 내용을 의미한다.

4.2.2. 공간데이터

(1) 공간데이터의 취득

① 공간데이터의 취득 방법은 현지 측량에 의한 방법과 데이터를 입력하는 방법이 있으며, 데이터를 입력하는 방법은 디지타이저를 이용하는 방법과 스캐너를 이용하는 방법이 있다.

② 공간데이터 획득은 가장 많은 시간과 비용이 드는 작업이다.

③ 전반적인 품질과 활용도 향상을 위해서는 효율적이고 일관된 공간데이터 구축계획으로 정확한 공간데이터의 수집이 요구된다.

④ 공간데이터는 공간정보의 기본단위인 점, 선, 면을 사용하여 실세계 위치를 표현하는 데이터로써 주요 벡터 공간데이터를 취득하는 방법이다.

(2) 현지측량에 의한 방법

① 지상측량은 임의의 지점의 3차원 위치를 다른 알려진 점들로부터의 거리와 각을 측정함으로써 결정할 수 있다는 원리를 기반으로 벡터데이터를 취득한다.

② 공간데이터의 취득 방법으로는 측량을 시행하는 것이 가장 이상적이다.

- 시간상으로 최신의 자료를 수집하게 된다.
- 자료관리 과정의 오차가 최소화된 자료를 얻게 된다.

③ 측량을 새로이 하는 것은 비용이 많이 소요되므로 경제적으로는 부담이 많은 방법이다.

④ 측량 방법은 평판측량, 경위의측량 등을 사용한 수치측량, GNSS 위성측량, 항공사진측량, 위성영상을 이용한 원격탐사 등의 방법과 LiDAR 측량 기술을 사용하고 있다.

⑤ 평판측량은 측량 작업속도는 빠르나 정확도가 낮고 측량자의 개인오차가 크다.

⑥ 전자평판은 토털스테이션과 같은 경위의에 PDA나 휴대용 컴퓨터를 연결하여 LCD 화면으로 도면을 보면서 관측하고, 관측된 자료가 바로 전산파일로 저장된다.

⑦ 경위의와 Total Station을 사용하여 현지에 있는 경계점들의 좌표를 수치 형태로 취득할 수 있다.

⑧ GNSS 측량 방법은 크게 기선측정을 위한 후처리 Static 측량과 미지점의 3차원 좌표를 실시간으로 취득할 수 있는 RTK(Real Time Kinematic) 측량 방법이 사용되고 있다.

(3) 데이터를 입력하는 방법

① 지도와 기타 하드카피 문서들로부터 래스터/벡터 파일과 데이터베이스를 생성하는 과정이다.

② 스캐닝은 래스터데이터를 획득하는 데 사용되고, 디지타이징과 스테레오 사진측량은 벡터 데이터를 획득하는 데 사용된다.

③ 도시지역의 항공사진을 스캐닝한 결과나 국토지리정보원에서 제작한 종이 지도를 스캐닝 또는 벡터라이징을 통해 획득한 결과물이다.

(4) 공간데이터의 형태

① 도형데이터는 점, 선, 면적의 형태로 구성되었으며 〈그림 4-1〉과 같은 속성으로 구성된다.

② 점은 시설물의 위치, 측량기준점의 위치를 좌표(X, Y)로 표시함으로써 길이나 면적은 표현되지 않는다.

③ 선은 도로, 하천, 전력선, 경계, 상·하수도선, 통신관로 등으로 시작점과 끝나는 점을 표시하는 형태로 구성되어 있으며 면적은 없고 길이만 표현된다.

④ 면적은 행정구역, 건물, 토지의 형태와 시설물의 형태를 표시하는 방법으로 폐합된 선들로 구성된 일련의 좌표로 이루어졌으며 대부분 폐합된 다각형으로 면적과 선을 표시하고 있다.

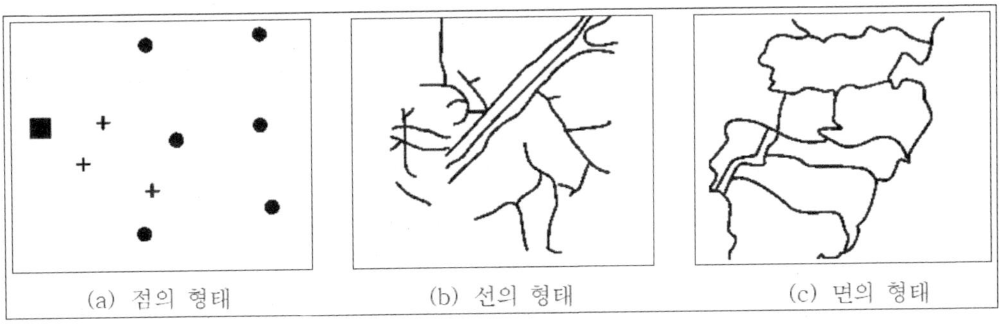

〈그림 4-1〉 도형데이터

제1장 제2장 제3장 제4장

(5) 필지별 도형정보

① 일반적으로 도형정보는 점, 선, 폴리곤으로 구성되고 있다.

② 지적에서는 일필지의 형태, 주된 사용 목적인 지목, 위치를 파악할 수 있어야 한다.

③ 토지의 이용 비율, 택지 이용 비율, 건물 이용 비율, 건물 밀도, 건폐율, 용적율, 평균층수 등의 정보를 말한다.

④ 토지의 주 용도와 건물의 주 용도를 세부적으로 구분하여 조사 등록한다.

4.2.3. 공간빅데이터

출제(용) : 110회, (논) : 101, 104, 128회

공간정보는 근접성 및 규모, 위도, 경도, 고도 등 위치참조를 위한 공간적 속성을 나타내는 정보를 의미하며 위성영상 정보, 항공사진 정보 등과 같은 래스터(Raster) 정보, 점·선·면으로 이루어진 벡터(Vector) 정보, 도로망, node, edge, path 등의 그래프(Graph) 정보로 분류할 수 있다. 빅데이터는 문자, 이미지, 동영상, 지도 등 다양한 형태이며, 이를 공간정보와 연결하면 새로운 형태의 정보를 나타낼 수 있다. 빅데이터와 공간정보의 융합으로 탄생한 공간빅데이터는 새로운 가치를 창출할 수 있는 중요한 자원이며 다양한 산업과 연구에 활용될 수 있다.

4.2.3.1. 빅데이터

① 스마트기기 및 IoT 기반 센서 기술의 발달로 다양한 종류의 데이터들이 대량으로 생산되고 있으며, 이를 빅데이터라고 한다.

② 빅데이터는 문자, 이미지, 동영상, 지도 등 다양한 형태이며, 이를 공간정보와 연결하면 새로운 형태의 정보를 나타낼 수 있다.

③ 빅데이터와 공간정보의 융합으로 탄생한 공간빅데이터는 새로운 가치를 창출할 수 있는 중요한 자원이며 다양한 산업과 연구에 활용될 수 있다.

④ 공간빅데이터의 개념은 빅데이터와 마찬가지로 획일화된 명확한 정의가 이루어지지 않았으며, 연구자에 따라 다양한 개념적 정의가 다르게 이루어지고 있다.

4.2.3.2. 공간빅데이터의 형태

① 공간빅데이터는 위치와 객체의 형상을 표현하는 공간정보와 각각의 객체를 가지고 있는 속성정보로 이루어져 있다.

② 공간정보와 속성정보의 관계를 확장해서 보면 속성정보는 비공간빅데이터에 해당한다.

③ 공간빅데이터는 지오센서나 교통정보, 인공위성 등으로부터 수집되거나 수집된 정보를 기반으로 생산된 형태 정보를 의미한다.

④ 비공간빅데이터에 지적도나 행정구역도, 주소정보 등의 공간정보를 융합하여 생성된 결과 데이터까지 포함한다.

⑤ 공간빅데이터는 정형 빅데이터와 비정형 빅데이터로 구분할 수 있다.

⑥ 정형 공간빅데이터는 지하시설물 데이터베이스, 부동산 데이터베이스, 통계데이터베이스 등이 있다.

⑦ 반정형 공간빅데이터는 CCTV 영상데이터, 도시재난 정보, 기상 정도 등이 포함된다. 비정형 공간빅데이터는 수치지도, 지적도, 지형도, 항공사진 등의 다양한 형태로 생산되는 정보이다.

4.2.3.3. 공간빅데이터 처리 기술

① 공간빅데이터는 클라우드 컴퓨팅 등 데이터 집중적인 컴퓨터 환경과 Map-Reduce, Pregel, Big-Table 등의 미들웨어, 데이터마이닝, 기계학습, 컴퓨터 활용 통계 기법 등의 빅데이터 분석기술 및 활용 방안이 결합되어 생성된다.

② 공간빅데이터 분석은 텍스트마이닝, 데이터마이닝, 소셜네트워크 분석, 통계적 분석 등의 빅데이터 분석 방법은 공간 패턴분석, 공간 회귀분석 등의 공간정보 분석 방법을 융합하여 속성에서 공간으로 분석을 확장하는 것을 말한다.

(1) 공간데이터 마이닝

① 공간데이터 마이닝(spatial data mining)은 공간데이터를 처리하기 위한 데이터마이닝의 확장된 개념이다.

② 기존의 공간데이터베이스에 저장된 공간데이터에서 공간적 상관관계와 공간적 패턴을 찾아내어 새로운 정보를 찾아내는 과정이다.

③ 공간데이터 마이닝을 활용하여 이동 궤적을 분류하거나 예측할 수 있다.

(2) 공간데이터 클러스터링

① 공간데이터 클러스터링(spatial data clustering)은 데이터의 유사성을 분석하고 그룹으로 구분하여 여러 개의 클러스터로 분할하는 것을 말한다.

② 한 개의 클러스터에 포함된 데이터들은 타 클러스터의 데이터들과 구분되는 유사성을 가진다.

③ 공간데이터 클러스터링에서도 다양한 공간빅데이터의 위치정보를 고려하여 지리적, 위치적 특성에 따라 관련성이 높은 공간빅데이터들과 같은 그룹으로 분류한다.

(3) 공간 의사결정지원체계

① 공간 의사결정지원체계(spatial decision support system)는 공간빅데이터로부터 발생하는 정보들을 도출하고 분석하여 효율적인 의사결정을 지원하는 시스템이다.

② 기존의 의사결정시스템에 공간빅데이터의 특성을 적용하고 융합하면 공간정보에 대한 적합한 분석모델을 제시할 수 있다.

(4) 소셜네트워크 분석

① 소셜네트워크 분석(social network analysis)은 생산되는 다양한 빅데이터에 대해서 각 개인 또는 그룹의 소셜네트워크 내 영향력, 관심사, 성향 및 행동 패턴을 분석, 추출하는 기술이다.

② 사람 또는 객체, 데이터 간의 특성을 분석하고 그 결과를 시각화할 수 있다.

③ 소셜네트워크를 통해 생산된 빅데이터 중에는 위치정보를 가진 공간데이터가 포함되어 있다.

4.2.3.4. 공간빅데이터 체계

(1) 공간빅데이터 체계의 구성요소

① 공간빅데이터를 수집·저장·관리·분석 등을 수행할 수 있는 인프라(하드웨어)

② 공간빅데이터를 분석할 수 있는 기술(소프트웨어)

③ 위치 기반의 실시간 정보인 공간빅데이터(데이터)

④ 공간빅데이터는 래스터, 벡터, 그래프 공간빅데이터 등이 있다.

⑤ 공간빅데이터 체계의 구축 및 운영 등을 위한 인력

⑥ 공간빅데이터의 구축 및 활용 등을 위한 법·제도

(2) 공간빅데이터 체계의 역할

① 공간빅데이터 체계는 국가공간정보기반, 융합플랫폼, 서비스 제공자, 생산요소 제공자로서의 역할을 한다.

② 공간빅데이터 체계는 국가공간정보기반(NSDI)의 물리적 인프라 역할을 담당한다.

③ 표준체계, 품질관리체계, 구축 관리 체계를 제공하는 국가공간정보기반의 역할을 한다.

④ 공간정보와 다양한 행정정보를 생산하는 정부와 지방자치단체, 민간을 연계하는 플랫폼 및 공간빅데이터 융합 기능을 수행하고, 서비스 제공자의 역할을 한다.

⑤ 공간정보와 행정정보의 시공간적 융합 및 활용 기능을 수행한다.

⑥ 공간빅데이터 체계는 민간 및 공공에 새로운 생산요소를 제공한다.

(3) 활용

① 사용자를 찾고 확산된 정보에 대한 맥락을 파악하고 분석하는 데 활용할 수 있다.

② 응급의료·분만의료 취약지역 분석 등을 통한 공공의료기관 확충, 지역 간 의료 서비스 격차 해소 등 공공보건의료 정책의 근거자료로 활용한다.

③ 1인 가구를 위한 복지시설, 무인택배함 등 생활편의시설 건설 및 범죄예방을 위한 CCTV 확충 등 맞춤형 지원정책을 개발하는데 필요한 근거자료로 활용된다.

④ 빈집과 주변지역의 특성 및 도시 잠재력 관련 빅데이터 분석을 통해 도시재생사업을 지원할 수 있다.

⑤ 노인 환자의 의료 이용에 따른 접근성 분석을 지원하기 위한 지오코딩 및 네트워크 분석이 가능하다.

4.2.4. 토지이용정보의 구축

출제(논) : 96, 125, 126, 134회

4.2.4.1. 토지이용정보의 분류

(1) 필지 및 건물 단위 도형정보

① 도형정보는 편집지적도와 속성정보인 토지대장, 토지특성 자료에는 의 19자리 토지고유번호로 구축되어 있다.

② 건물 단위는 수치지형도와 새주소사업 기본도를 활용한다.

③ 새주소사업 기본도는 건물 관리 번호가 구축되어 있으며, 속성정보인 건물대장, 과세대장, 주민등록 인구 등에는 건물 관리 번호가 구축되지 않아 연계할 수 없으므로 이를 연계하는 것이 중요하다.

(2) 블록 단위 도형정보

① 통계청의 기초단위 구역을 이용하면 다양한 계량 분석할 수 있다.

② 통계청의 대블록 도형은 15자리로 구성되어 있으므로 이를 이용한다.

(3) 도형정보와 속성정보의 연계

① 필지 단위인 도형정보와 속성정보는 19자리의 토지고유번호로 연계된다.

② 도형정보인 편집지적도와 속성정보인 토지대장, 토지특성자료, 건축허가대장 19자리 토지고유번호가 구축되어 있으므로 쉽게 연계가 가능하다.

③ 건물 단위 연계의 경우에는 건물대장과 과세대장의 고유번호를 지번정보인 고유번호와 동일하게 구성하는 방안을 찾아야 할 것이다.

4.2.4.2. 토지이용정보의 구축

(1) 기존 시스템의 자료를 활용한 시스템 구축

① 기존에 구축된 자료를 최대한 활용하여 구축하되 필요한 사항에 대해서는 현지조사를 통한 보완이 필요하다.

② 현장조사에서 수집하기 어려운 속성정보의 내용을 쉽고 편리하게 구할 수 있다.

③ 이와 같은 방법은 시간적, 경제적인 측면에서 절약할 수 있다.

(2) 도형정보와 속성정보를 연계한 시스템 구축

① 토지의 이용정보는 속성정보와 도형정보가 연계되었을 때 정보제공에서 효력을 나타낼 수 있다.

② 연계된 정보는 도시계획, 환경, 재해, 건설 등의 광범위한 분야에서 활용이 가능하다.

③ 건물정보와 지적의 필지정보를 연계하는 것은 많은 어려움이 있을 것이다.

(3) 활용 목적에 적합한 시스템 구축

① 토지이용정보는 목적에 따라 공간 단위로 이루어지고 있다.

② 토지이용을 파악하기 위해서는 블록단위 또는 행정동 단위의 분석이 많이 필요하다.

③ 행정동의 경우에는 경계가 계속해서 변화되고, 필지와 건물의 단위는 자료가 매우 상세하다는 단점이 있으므로 이를 보완할 수 있는 토지이용정보라고 할 수 있다.

④ 공간 단위로 분석할 경우에는 적합한 도형 단위를 설정할 수 있어야 하지만 속성정보와 연계가 필요하다.

(4) 실시간 데이터 시스템 구축

① 현대 사회에서는 토지의 이용변화가 끊임없이 변화되고 있으므로 이를 지속적으로 파악하여 실시간으로 필요한 정보를 구축하여야 한다.

② 필지별로 토지이용정보를 시계열적으로 변화패턴을 분석하여야 한다.

③ 신속한 의사결정에 필요한 토지이용정보의 구축이 필요하다.

(5) 중복 방지 시스템 구축

① 모든 토지정보는 각각의 분야에서 중복하여 구축되고 있는데 이러한 사항은 피해야 할 것으로 판단된다.

② 중앙행정부서나 공공기관에서 필요한 토지이용정보를 구축할 경우 불필요하고 경제적인 낭비를 절약할 수 있다.

③ 각각 다양한 분야에서 활용이 가능하도록 자료 분류체계의 표준화가 필요하다.

4.2.4.3. 토지이용정보의 활용 방안

(1) 토지이용정보의 통합 관리

① 토지이용정보는 국토 전체에 대한 위치정보이므로 그 규모가 대량이라는 것이 특징이다.

② 대량의 토지이용정보를 획일적으로 정비하고 정보간의 지속적인 정합성을 유지관리하기 위해서 이를 통합관리를 하여야 한다.

③ 통합해서 관리할 경우 토지이용정보를 중첩해서 이용하는 것이 편리하고 토지이용정보의 이용을 촉진할 수 있다.

④ 공통으로 이용하는 토지이용정보는 중복 구축되지 않고 비용을 절감할 수 있다.

(2) 토지이용정보의 품질 유지

① 토지이용정보는 수집되고 유지, 관리되는 자료의 품질에 따라 결정된다.

② 토지이용정보의 자료는 각각의 항목마다 요구하는 품질의 기준을 설정하는 것이 필요하다.

③ 토지이용정보의 품질을 제고하기 위한 중요한 요소는 안전성, 논리정합성, 위치정확도, 속성정확도, 시간정확도 등이다.

④ 데이터에 대한 품질을 포함한 정보가 메타데이터로 표시됨으로써 이용자는 품질 수준에 적합한 토지이용정보를 이용하는 것이 가능할 것이다.

(3) 토지이용정보의 주기적인 갱신과 백업

① 토지이용정보의 주기적인 갱신

- 토지이용정보의 항목마다 관리주체를 명확히 한다.
- 이용자의 요구사항에 적합한 정보를 갱신하는 것이 필요하다.
- 갱신의 관리주체를 명확히하여 책임범위와 권한을 명확히 한다.

② 백업시스템의 구축

- 토지이용정보의 백업은 원시자료 백업, 가공된 백업으로 구분할 수 있다.
- 백업 주기는 1년 주기로 하는 거이 합리적이라고 판단된다.

(4) 토지이용정보를 이용한 정책결정 지원

① 도시 및 공간계획의 정책결정 지원

② 토지이용정보의 공개 및 접근성 확보

③ 인터넷을 활용한 정보공개

4.2.5. 재해정보지도

출제(논) : 101, 117회

재해정보지도는 풍수해 예방 및 경감을 위해 침수가 예상되는 지역에서 신속한 주민 대피 등을 위한 목적으로 작성하며, 침수 정보와 대피계획(정보)가 포함되도록 작성한다. 재해정보지도는 기초자치단체의 장이 작성하여 필요한 경우 일반인과 공유하여야 한다.

4.2.5.1. 종류

(1) 재해정보지도

① 시군구 지방자치단체에서 수해로 인한 피해를 예방하기 위하여, 침수가 예상되는 지역으로부터 대피할 수 있도록 대피에 필요한 침수 정보, 대피 정보 등의 각종 정보를 알기 쉽게 도면 등에 표시한 지도이다.

② 침수 피해의 발생 원인에 따라 내륙지역의 홍수 피해와 해안 지역의 해일 피해 등으로 구분하여 피해 원인에 따라 내륙지역과 해안 지역의 재해정보지도로 구분할 수 있다.

③ 활용 대상자의 측면에서 주민이 활용하는 지도와 행정적으로 활용하는 지도로 구분할 수 있다.

④ 주민이 활용하는 지도에는 주민 대피 시 유용한 정보를 제공하기 위한 피난 활용형 지도와 범람 등 침수 피해에 대한 이해를 도모하는 것을 목적으로 하는 방재 교육형이 있다.

⑤ 행정적으로 주민의 대피 유도나 방재 활동에 활용하기 위한 방재 정보형 지도로 구분할 수 있다.

⑥ 지도의 형태에 따라 지도 형식, 책자 형식, 지도+책자 형식, 전자지도 형식 등으로 구분할 수 있다.

⑦ 「자연재해대책법 시행령」 제18조의 규정에서는 활용 목적에 따라 피난 활용형·방재 정보형·방 재교육형으로 구분하고 있다.

(2) 침수정보지도

① 하천의 범람이나 지형적 특성에 따라 침수 가능성을 예측하고, 주민이 수해로 인한 위험성을 인식하는 데 필요한 정보를 말한다.

② 침수 정보에는 과거의 침수 흔적을 반복적으로 기록한 침수 흔적 정보와 범람 시뮬레이션 등에 침수 예상 정보가 있다.

(3) 대피정보지도

① 홍수 때의 대피장소, 대피 권고나 지시 등의 발령에 관한 정보, 대피경로의 위험 요소, 홍수 예보 전달 방법, 피난 장소 등 홍수 때 원활하고 신속한 대피를 위한 각종 정보를 말한다.

② 재해정보지도 작성에 있어서 주민이 대피할 때 활용하는 중요한 정보이므로 이해하기 쉬운 표현으로 기재하는 것이 바람직하다.

4.2.5.2. 작성 목적

① 침수 위험성에 대한 정보를 기재하고, 주민이 거주하고 있는 지역의 범람 위험도를 인식시킨다.

② 대피에 관한 정보를 기재하고, 주민의 안전한 대피에 활용한다.

③ 범람으로 인한 피해 등 방재에 관한 여러 정보를 학습하도록 하여 재난 대비 역량을 높인다.

④ 피난 활용형 재해정보지도에 관한 해석을 첨가해 이해를 높인다.

⑤ 주민의 피난 유도나 방재 활동에 유용하다.

⑥ 위험 및 대피시설 관리에 활용될 수 있다.

4.2.5.3. 작성 원칙

① 재해정보지도에는 침수 피해 발생 원인에 따라 내륙지역의 하천 범람 또는 내수배제 불량과 해안 지역 등 도서 지역의 해일 등으로 인한 침수(예상)지역으로 구분하여 침수 발생 원인에 부합하는 재해 정보를 수록하도록 한다.

② 재해정보지도는 기본적으로 재해 발생 시 주민들에게 신속한 대피 정보를 제공하여 피해를 예방하기 위한 목적으로 작성하는 지도로서 활용 목적에 따라 지도의 형태, 수록 정보의 양을 달리하여 피난 활용형, 방재 교육형, 방재 정보형 등으로 구분된다.

③ 재해정보지도는 피난 활용형 재해정보지도를 기본으로 작성하고 이를 기초로 방재 정보형, 방재 교육형, 재해정보지도를 작성한다.

④ 침수 구역이 협소하거나 정보의 양이 적고, 복잡하지 않은 경우 하나로 통합하여 작성할 수 있다.

4.2.5.4. 재해정보지도 주요 내용

① 과거 침수 구역 및 침수가 예상되는 구역의 범위

② 예상 침수 깊이 및 침수 흔적, 홍수도달시간

③ 대피장소, 대피경로 및 위험 요소

④ 홍수 예보 전달 방법

⑤ 대피 정보의 전달 방법

⑥ 대피 권고 등에 대한 대피 기준 등

⑦ 지하공간 정보

⑧ 수해의 발생 메커니즘, 지형과 범람 형태

⑨ 홍수의 위험성, 과거 홍수 발생 상황 및 피해의 내용

⑩ 기상정보에 관한 사항

⑪ 재해 발생 시 마음가짐

⑫ 대피 시 준비물 등

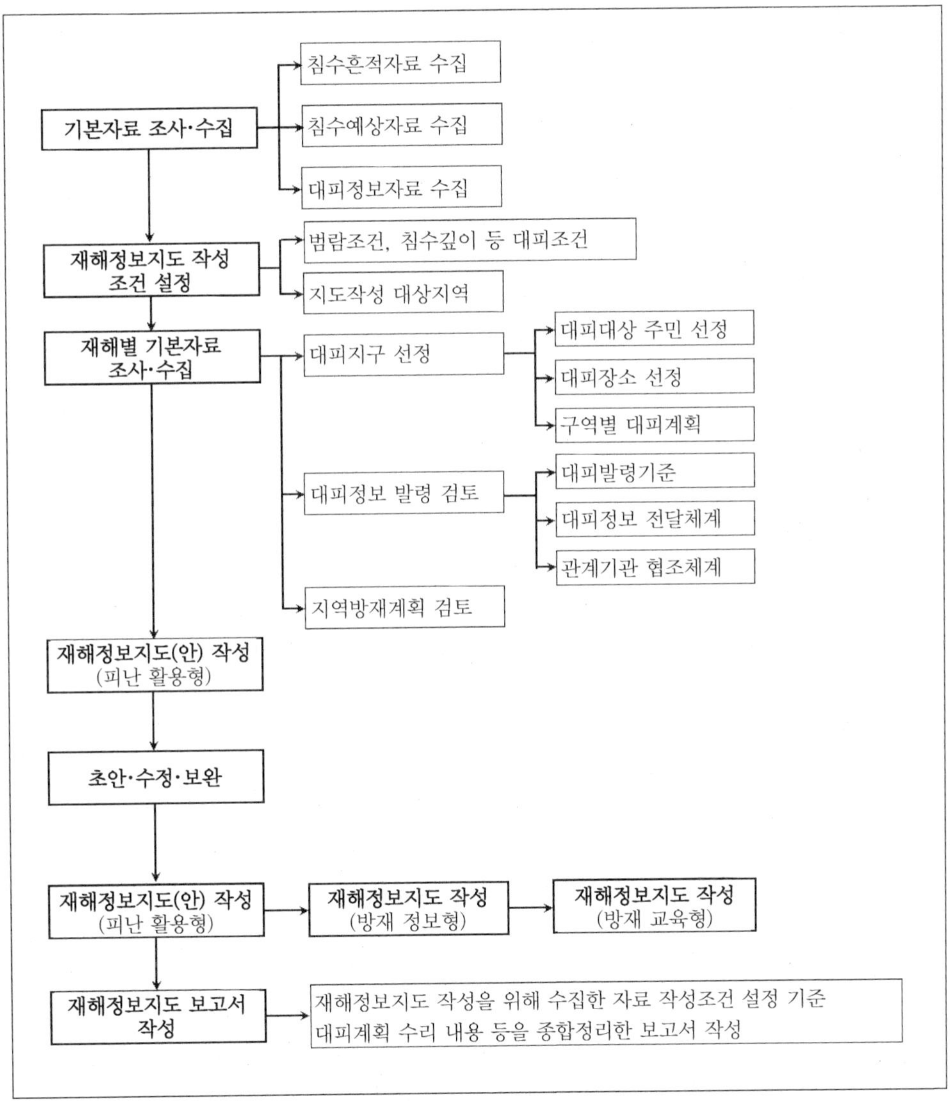

〈그림 4-2〉 재해정보지도의 작성 흐름도

4.2.6. 보간법

출제(용) : 81, 120회, (논) : 96회

보간법(Interpolation) 표본채취 또는 실험을 통해 얻은 많은 수의 측정값이 있다. 이 측정값을 그래프로 그리면 단순한 연결되지 않은 자료점으로 나타난다. 이러한 자료점은 다항식을 이용해 서로 연결하여 선이나 면으로 나타내는 것을 보간이라고 한다. 보간은 모든 위치에서 수집된 자료가 인접한 위치의 위치와 크게 유사하거나 영향을 미친다는 공간적 자기상관 원리를 바탕으로, 다수의 표본 위치에서 수집된 자료의 입력을 통해 점 사잇값들이 생성되는 과정이다.

4.2.6.1. 보간법의 특징

① 공간보간법은 데이터의 공간적 패턴과 연속성을 유지하여야 한다.

② 공간보간법은 데이터의 특성을 고려하여 보간을 수행한다.

③ 다양한 보간 방법 중 가장 적합한 방법을 선택하여야 하며 선정된 보간 방법은 데이터의 특성, 공간적 패턴, 보간 목적 및 요구되는 정확성 수준에 따라 결정한다.

④ 보간된 결과는 실제 관측값과 비교하거나 다른 독립적인 데이터세트를 사용하여 검증 및 평가할 수 있다.

⑤ 많은 특정지점을 선정하여 관측값을 얻은 후에 데이터를 이용하여 알고자 하는 지점의 값을 예측하는 방법에 공간보간법이 이용되고 있다.

⑥ 비용과 시간 등의 문제로 인하여 모든 지점에서 원하는 값을 얻는다는 것은 현실적으로 불가능하다.

4.2.6.2. 보간법의 종류

보간법 중 많이 사용되는 보간법에는 다항식 보간(Polynomial interpolation), 크리깅(Kriging), 역거리가중(Inverse Distance Weighting : IDW), 스플라인(Spline) 등이 있다.

(1) 다항식 보간법

① 정확한 보간을 위해 가능한 최저 각도의 다항식 함수를 사용하여 알려진 자료 점을 가능한 최저 각도의 다항식으로 연결하고 이러한 다항식에 의해 예측치를 계산하는 보간법이다.

(2) 크리깅(Kriging) 보간법

① 알려지지 않은 영역에서 값을 추정할 때 알려진 자료점 사이의 거리와 변이 정도를 모두 고려한 지형통계 보간 기법이다.

② 표본 채취된 자료점의 제한된 자료군을 사용하여 연속 공간 필드에 대한 변수값을 추정하고 불확실성을 계산한다.

③ 크리깅은 관심 있는 지점에서 특성치를 알기 위해 이미 그 값을 알고 있는 주위의 값들의 선형 조합으로 그 값을 예측하는 지구통계학적 기법이다.

④ 크리깅은 보간을 위해 주위의 실측값들을 선형으로 조합하며, 통계학적인 방법을 이용하여 값을 추정한다.

⑤ 크리깅은 주변의 많은 측정값을 통계적으로 분석하여 값을 추정한다.

⑥ 값을 추정할 때 실측값과의 거리뿐만 아니라 주변에 이웃한 각 측정 값 사이의 상관 강도를 반영한다.

⑦ 임의의 공간에서 취한 시료값으로부터 시료 정점의 주변 또는 구역에 대해 최소 분산의 불편선형추정치(Best Linear Unbiased Estimator, BLUE)를 구하는 방법이다.

⑧ 추정치와 실제치의 차이에 대한 기대값은 0이어야 하고, 동시에 그 차이에 대한 분산은 최소가 되어야 한다는 통계적 개념이다.

⑨ 크리깅은 가중치 함수로서 분산도(Variogram)을 사용한 일반화된 최소자승 알고리즘에 기반한 확률성(Stochastic) 보간 기술, 크리깅 관심 있는 지점에서 특성치를 알기 위해 이미값을 알고 있는 주위의 값들의 가중 선형 조합으로 그 값을 예측하는 기법이다.

⑩ 기술은 표면이 점 자료로부터 생성될 필요가 있는 어떤 현상에 적용될 수 있다.

⑪ 기술은 남미광산 지질학자 D. G. Krige의 이름을 따서 명명되었다.

(3) 역거리가중(IDW) 보간법

① 보간하는 점으로부터 일정한 거리 내의 각 점군에 대해 보간점까지의 거리에 따른 가중치를 부여하여 평균화하는 방법으로 가중평균법이라고도 한다.

② 역거리가중(Inverse Distance Weighted, IDW)은 점자료의 보간에 가장 일반적으로 사용되는 방법 중에서 하나이다.

③ 특징

- 보간면이 근처 점에 가장 영향을 많이 받고 상대적으로 멀리 있는 점에 의한 영향은 덜 받는다는 가정을 기반으로 한다.
- 보간점에 거리가 가까울수록 높은 가중값이 적용되기 때문에 역거리 가중치라고 한다.
- 반대로 실측값으로부터 멀어질수록 가중되는 값의 영향력은 줄어든다.

④ 계산 방법

- 일반적으로는 거리의 역수를 사용하여 가중치를 계산한다.
- 이웃 점들의 값을 가중치로 가중 평균하여 추정값을 계산한다.
- 〈그림 4-3〉에서 표본추출을 통해 알고 있는 점은 1, 2, 3, 4, 5이고 구하고자 하는 점은 P이다.

- 미지점의 예측값으로 보간된 값$(Z_p) = \dfrac{\sum_{i=1}^{n} Z_i W_i}{\sum_{i=1}^{n} W_i}$

  여기서, Z_i : 좌표(X_i, Y_i)의 참조값, n : 참조값의 개수로 인접한 몇 개의 관측값을 이용하여 계산할 것인지를 나타낸다.
- d_i : 관측점과의 거리, W_i는 가중치로

  $W_i = \dfrac{1}{d_i^k}$ 와 같이 k곱의 반비례로 계산한다.

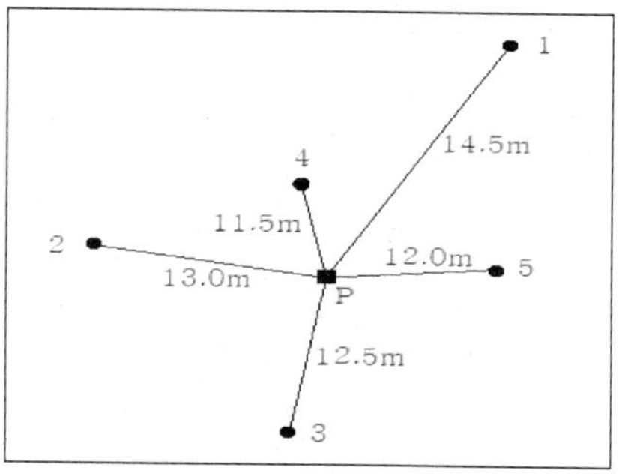

〈그림 4-3〉 역거리가중(IDW) 보간법

- 1부터 5까지 5개의 관측점 값(Z_i)은 1점 : 23, 2점:27, 3점 : 34, 4점 : 28, 5점 : 30을 나타내고 그 관측점으로부터 구하고자 하는 P점까지의 거리(d_i)를 위의 식에 대입하여 가중치(W_i)를 계산한다.

- 미지점(P점)의 예측값$(Z_p) = \dfrac{\sum_{i=1}^{n} Z_i W_i}{\sum_{i=1}^{n} W_i} = \dfrac{\frac{23}{0.05}+\frac{27}{0.11}+\frac{34}{0.16}+\frac{28}{0.44}+\frac{30}{0.25}}{\frac{1}{0.05}+\frac{1}{0.11}+\frac{1}{0.16}+\frac{1}{0.44}+\frac{1}{0.25}} = 26.46$이다.

- IDW 보간법은 지리정보시스템(GIS) 및 공간 데이터 분석 등 다양한 분야에서 사용된다.

(4) 스플라인 보간법

① 전체 표면 곡률을 최소화하는 수학 함수를 사용하여 값을 추정하므로 입력점을 정확히 통과하는 매끄러운 표면을 만든다.

② 표면의 전체 곡률을 최소화하면서 알려진 점을 통과하도록 고무 시트를 굽히는 것과 유사하다.

③ 표본점을 통과하면서 지정된 수의 가장 가까운 입력점에 적합한 수학 함수를 적용한다.

④ 이 방법은 고도, 수위표 또는 오염 농도와 같이 부드럽게 변화하는 표면에 가장 적합하다.

4.2.6.3. 공간보간법

① 공간보간(Spatial Interpolation)은 공간적으로 서로 가까이 측점값들은 '양(+)의 공간적 자기상관'이라 하며, 유사한 값의 속성을 갖는 경향이 있다는 개념에 기초한다.

② 알려진 값을 가진 포인트들을 이용해서 다른 알려지지 않은 포인트의 값을 추정하는 데 사용된다.

③ 공간에 대한 통계자료가 필요할 때 가장 좋은 방법은 모든 지점에서 필요한 자료를 직접 취득한 것이다.

④ 많은 특정지점을 선정하여 관측값을 얻은 후에 데이터를 이용하여 알고자 하는 지점의 값을 예측하는 방법에 공간보간법이 이용되고 있다.

⑤ 비용과 시간 등의 문제로 인하여 모든 지점에서 원하는 값을 얻는다는 것은 현실적으로 불가능하다.

⑥ 특징

- 공간보간법은 데이터의 공간적 패턴과 연속성을 유지하여야 한다.
- 공간보간법은 데이터의 특성을 고려하여 보간을 수행한다.
- 다양한 보간 방법 중 가장 적합한 방법을 선택하여야 하며 선정된 보간 방법은 데이터의 특성, 공간적 패턴, 보간 목적 및 요구되는 정확성 수준에 따라 결정한다.
- 보간된 결과는 실제 관측값과 비교하거나 다른 독립적인 데이터세트를 사용하여 검증 및 평가할 수 있다.

4.2.7. 유한요소법

출제(용) : 56회

유한요소법이란 공학 및 과학 분야에서 구조 역학, 열전달, 유체 역학, 전자기학 등 다양한 물리, 구조 문제의 수치해석에 사용되는 방법이다. 유한요소법(Finite Element Method, FEM)은 편미분방정식이나 적분, 열 방정식 등의 근사해를 구하는 한 방법이다.

(1) 유한요소법의 특징

① 복잡한 형상도 해석이 가능하다.
② 재료 특성, 하중, 경계조건을 현실적으로 반영할 수 있다.
③ 물리 실험을 대체하거나 보완할 수 있어, 개발 비용과 시간을 절약할 수 있다.
④ 정확한 해가 아닌 근사적으로 해를 구하는 방법이다.
⑤ 물리 방정식의 해를 쉬운 함수의 조합으로 만들어서 우리가 원하는 형태로 보여주는 것이다.
⑥ 유한요소법은 엔지니어링 분석 및 설계에서 물리적 문제를 해결하는 데 사용된다.
⑦ 유한요소법은 컴퓨터 기반의 소프트웨어를 사용하여 구현되며, MATLAB, Python, ANSYS, Abaqus 등 다양한 툴을 통해 사용할 수 있다.

(2) 유한요소법의 기본 구성요소

① 요소 (Element): 작은 조각. 1D(빔), 2D(판), 3D(입체) 등 다양한 형태 존재
② 절점 (Node):요소들을 연결하는 점. 변위 등의 물리량 계산 기준점
③ 자유도(Degree of Freedom, DOF):각 절점이 움직일 수 있는 방향의 수
④ 경계조건(Boundary Conditions):구조의 고정, 하중 등 외부 환경 조건 설정
⑤ 재료 특성(Material Properties):탄성계수, 밀도, 포아송비 등 물리적 특성
⑥ 형상 함수(Shape Function):요소 내의 물리량(변위 등)을 보간하기 위한 수학적 함수

(3) 유한차분법과의 차이점

① 유한차분법은 미분 방정식에 대해 근사화하지만, 유한요소법은 미분 방정식의 해공간을 근사한다.
② 유한요소법의 가장 큰 특징은 복잡한 도형들을 비교적 쉽게 다루는 능력이다.

③ 유한차분법은 그것의 기본 형식에서 직사각형 모양들과 단순한 교차물(alterations)들을 다루는 것만으로 제한된다.

④ 유한요소법에서 도형들을 다루는 것은 이론적으로 간단하다.

⑤ 유한차분법의 가장 매력적인 특징은 사용하기 쉽다는 것이다.

4.3. 벡터와 래스터데이터

출제(논) : 123회

데이터의 형태는 크게 공간데이터(Spatial Data)와 속성데이터(Attribute Data)로 구분한다. 속성데이터는 데이터베이스의 대상물을 설명하는 자료로 문자 자료 또는 비 도형자료라고도 하며, 점·선·면으로 표시된 각종 지표 공간의 특성을 말하며, 공간자료와 관계되는 요소들의 특성을 기술한다.

공간데이터는 대상물 속의 위치에 관한 자료로 도면에 표현하기 때문에 도형자료라고 하며 위치 형태 등을 기록한다. 또한, 기록 또는 표현하는 방법에 따라 벡터데이터 구조와 래스터데이터 구조의 형태로 생성된다.

4.3.1. 벡터데이터

출제(논) : 126회

벡터데이터 구조(Vector Data Structure)는 기호, 도형, 문자 등으로 인식할 수 있는 형태를 말하며 객체들의 지리적 위치를 크기와 방향으로 나타낸다. 벡터데이터 모형은 다각형(Polygon, Area), 선(Line, Arc), 점(Point) 등으로 표현하며 축척과 밀접한 관계가 있다. 따라서 벡터 자료구조의 공간정보는 좌표계를 이용하여 기록하므로 자료를 보다 정확히 표현할 수 있으며, 수학적으로 좌표를 이용하여 복잡한 자료를 최소의 공간에 저장할 수 있다. 래스터 방식에 의한 데이터의 정밀도가 벡터방식보다 낮아 지적도면의 수치화에는 벡터방식이 주로 사용되고 있다. 벡터자료는 스파게티(Spaghetti) 모형과 위상(Topology)모형으로 나누어진다. 공간데이터 모델에 정의된 스키마에 따라 공간데이터베이스가 구축되면 효율적인 질의, 분석, 그리고 맵핑 및 가시화를 위해 이들을 구조화와 조직화 과정을 거칠 필요가 있다.

4.3.1.1. 벡터데이터의 기본요소

① 벡터데이터의 기본요소는 점, 선, 면으로 구성된다.

② 점(point)으로 나타나는 객체의 경우 하나의 (x, y) 또는 (x, y, z)와 같이 한 쌍의 좌표로서 공간상에 위치를 표현하며 범위를 갖지 않는 0차원의 공간객체이다.

③ 선은 묘사하는 내용과 특성에 따라 아크(Arc), 체인(Chain), 스트링(String) 등의 다양한 용어로 표현된다.

④ 영역(area)은 선에 의해 폐합된 형태로서 범위를 갖는 2차원의 기하 요소이며 면(polygon)이라고도 한다.

4.3.1.2. 벡터데이터의 특징

① 지도와 비슷하고 시각적 효과가 높으며, 복잡한 현실 세계의 묘사 표현이 가능하다.

② 고 해상력을 지원하므로 상세하게 표현할 수 있으며 높은 공간적 정확성을 제공한다.

③ 압축된 자료를 제공하므로 데이터 용량의 축소가 쉽다.

④ 위상에 관한 정보가 제공되므로 관망 분석과 같은 다양한 공간분석이 가능하다.

⑤ 컴퓨터상에서 확대·축소하여도 선이 매끄럽고 정확한 형상 묘사가 가능하다.

⑥ 노드와 버텍스로 정의되고 저장 공간을 적게 차지하여 공간객체에 대한 속성정보의 추출이 쉽다.

⑦ 객체별로 속성 테이블과 연결될 수 있으며 자료의 갱신과 유지관리에 편리하다.

⑧ 객체별로 선택할 수 있고 크기와 방향성에 정보를 가지고 있다.

⑨ 수학적으로 좌표를 이용하여 복잡한 자료를 최소의 공간에 저장할 수 있다.

⑩ 벡터데이터 구조는 복잡하며 관리하기가 어렵고 객체들의 지리적 위치를 크기와 방향으로 나타낸다.

⑪ 위상을 정립하는 과정은 기본적으로 선의 연결이 끊어지지 않도록 한다.

⑫ 폐합된 도형의 형태로 만드는 시간이 많이 소요되는 편집 과정이 선행되어야 한다.

⑬ 컴퓨터 프로그램이나 하드웨어의 성능에 따라서 위상 정립에 걸리는 시간에는 많은 차이가 있다.

4.3.1.3. 벡터데이터 파일 형식

출제(용) : 125회

① 벡터데이터 파일 형식은 Shape, Coverage, CAD, DLG, VPF, DWG, DGN, DXF, IGES, HPGL, TIGER 등이 있다.

② Shape는 ESRI 사의 Arc view에서 사용하기 위해 개발한 자료형식으로 *.shp, *.shx, *.dbf, *.sbx, *.sbn 파일로 구성되어 있다.

③ Coverage는 ESRI 사의 Arc info에서 사용하기 위해 개발한 자료형식으로 다양한 위상구조를 제공하기 때문에 공간 분석에 효과적이나 도형과 속성을 별도의 폴더에 저장하는 복잡한 구조이다.

④ CAD는 Autodesk 사의 AutoCAD 소프트웨어에서 dwg 및 dxf로 사용하고 있다.

⑤ DLG(Digital Line Graph)는 미국 지질조사국(U.S. Geological Survey)에서 지도학적 정보를 표현하기 위해 고안한 디지털 벡터 파일 형식이다.

⑥ VPF(Vector Product Format)는 미국 국가영상지도국(NIMA; National Imagery and Mapping Agency)에서 개발한 군사 목적의 파일 형식이다.

⑦ DWG는 AutoCAD에서 벡터 그래픽을 저장하기 위한 표준 파일 형식이다.

⑧ DGN은 인터그래프 표준 파일 형식인 마이크로스테이션과 인터그래프사의 대화형 도형 설계 체계에서 공통으로 사용하는 파일 형식으로 공간데이터 요소만을 포함하고 속성데이터 요소는 포함하지 않는 파일 형식이다.

⑨ DXF

- 서로 다른 컴퓨터 지원 설계(CAD) 프로그램 간에 도면 교환 파일 형식으로 현재 미국에서는 업계 표준과 같이 되었다.
- 한국 등 많은 나라에서 표준에 가까운 위치를 차지하게 되었다.
- DXF 파일을 구성하는 주요 단위는 섹션(section)이며, 기능별로 4가지 섹션, 즉 헤더 변수 정의를 하는 헤더 섹션, Table 정보를 정의하는 Table 섹션, 블록에 대한 정의를 하는 블록 섹션, 실제 도면 요소 정보를 가지는 엔티티 섹션으로 구성된다.

⑩ IGES 파일은 디렉터리 엔트리부의 데이터에 포함되는 도형요소를 열거하여 상호 관계를 기록하고, 파라미터 데이터부에 각 도형요소의 좌표데이터를 기록하는 파일 형식이다.

⑪ HPGL는 휴렛팩커드(HP)사가 개발한 벡터 그래픽스 파일 형식의 플로터 언어이다.

⑫ TIGER는 Topologically Integrated Geographic Encoding and Referencing System의 약자로서 U.S. Canada Bureau에서 인구조사를 목적으로 개발한 파일 형식이다.

4.3.1.4. 벡터데이터의 구조

(1) 위상모형

출제(용) : 60, 80회, (논) : 123회

① 위상모형(Toplogy)은 〈그림 4-4〉와 같이 공간객체 간의 위상정보를 저장하는 데 가장 일반적으로 사용되는 방식이며 벡터데이터의 기본적인 구조로 점으로 표현되며 객체들은 점들을 직선으로 연결하여 정확하게 표현할 수 있다.

② 토폴로지란 인접한 도형 간의 공간적 위치 관계를 수학적으로 표현한 것을 말한다.

③ 위상모형은 폴리곤(Polygon) 토폴로지, 아크(Arc) 토폴로지, 노드(Node) 토폴로지로 구분하며 아크란 일련의 점으로 구성된 선형의 도형을 말하며 시작점과 끝점이 노드로 되어있다.

④ 영역형 위상구조는 행정구역, 필지 등과 같이 영역(폴리곤)의 집합으로 구성되는 유형으로 구성되는 자료를 대상으로 영역형 자료를 분석할 수 있도록 위상 구조화된 것을 말한다.

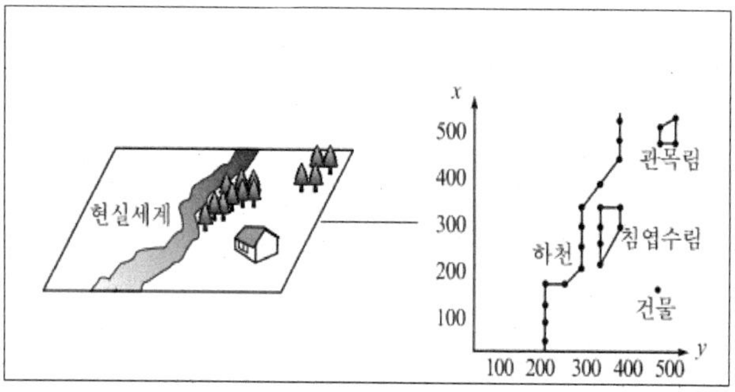

〈그림 4-4〉 위상모형(Topology)

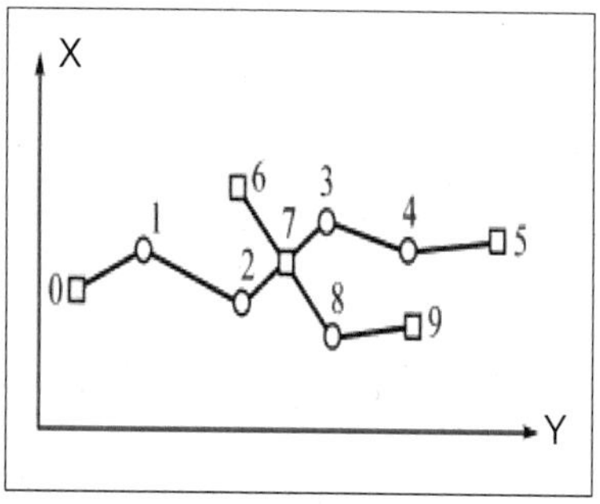

〈그림 4-5〉 노드와 체인

⑤ 위상모형의 장점

- 좌표데이터를 사용하지 않고도 인접성 분석 및 연결성 분석과 같은 공간분석이 가능하다.
- 공간적인 관계를 구현하는 데 필요한 처리시간을 최대한 줄일 수 있다.
- 저장된 위상정보는 분석이 빠르고 쉽게 이루어지도록 할 수 있다.
- 지도와 비슷하고 시각적 효과가 높으며 복잡한 자료구조의 표현과 실세계의 묘사가 가능하다.
- 정확한 그래픽의 표현이 가능하며 위상에 관한 정보가 제공되므로 다양한 공간분석이 가능하다.

- 그래픽과 관련된 속성정보의 추출과 일반화 및 수정이 쉬우며 위치와 속성의 일반화가 가능하다.

⑥ 위상모형의 단점

- 폐합된 도형의 형태를 보이도록 하는 시간이 많이 소요되는 편집 과정이 선행되어야 한다.
- 위상을 구축하는 과정이 반복되므로 컴퓨터 프로그램의 사용이 필수적이다.
- 컴퓨터 프로그램이나 하드웨어의 성능에 따라서 위상 정립에 드는 시간에는 많은 차이가 있다.
- 자료구조가 복잡하며 여러 레이어의 중첩이나 분석에 기술적으로 어려움이 수반된다.
- 그래픽의 정확도가 높은 관계로 도식과 출력에 비싼 장비가 요구된다.

(2) 노드와 체인

출제(용) : 93회

① 위상구조는 노드(node)와 체인의 도형요소를 사용하는 벡터데이터 모델이다.

② 노드(node)

- 〈그림 4－5〉와 같이 둘 이상의 선이 교차하여 만드는 점 또는 아크의 시작이나 끝이 되는 특정한 의미가 있는 점을 말한다.
- 아크 토폴로지는 아크를 구성하는 시작 노드와 끝 노드 그리고 시작 노드에서 진행 방향으로 볼 때 왼쪽에 있는 폴리곤과 오른쪽에 있는 폴리곤을 규명하고 있다.
- 위상구조가 구축되면 선들의 교차점에 노드가 생성되고 노드와 아크에 대한 내부 ID가 부여되며 아크 위상구조가 구축된다.
- 각 노드의 좌표정보를 상대적 위치로 저장하게 된다.
- 연속적인 복잡한 선으로 나타내는 객체는 노드(node)와 버텍스(vertex)를 통해 나타내며 굴곡이 심한 경우 더 짧은 선들의 집합으로 더 많은 체인을 통해 표현된다.
- 경계점과 같이 선과 선들이 만날 때 노드라고 하는 점에 의해 결합된다.

③ 체인

- 〈그림 4－5〉와 같이 1차원 공간객체로 시작 노드와 끝 노드에 대한 위상정보를 가진다.
- 시작 노드와 끝 노드에서 다른 체인과 만나거나 굴곡점을 가질 수 있지만, 이 굴곡점에서는 다른 체인과 교차하거나 만나지 않는다.

- SDTS에서는 시작 노드와 끝 노드만을 가진 1차원 공간객체를 링크라고 하며, 넓은 의미에서 체인의 한 형태이다.
- 체인의 시작점과 체인의 끝점이 하나의 노드에서 만나야 폐합 다각형이 구축된다.
- 벡터데이터 구조의 유형으로는 전체다각형 구조, DIME 구조, 아크 노드(Arc−Node) 구조, 관계구조 등이 있다.

④ 정점(Vertex)

출제(용) : 69회

- Arc의 중간점 또는 Chain에서 방향이 바뀌는 지점을 말한다.
- Chain 상에서 좌표 라벨을 부여받은 점, 노드(선분의 끝점)와는 명확히 다르다.
- 필지경계선을 폐합하기 위한 중간 과정의 변곡점만 버텍스(Vertex)를 만든다.
- 도면신축 보정과 도곽 접합을 위하여 원도 상의 필지 경계선의 굴곡점을 vertex 형태로 변환하고 이를 vertex를 기준위치로 하여야 한다.
- 선형의 특성을 선형구조로 분리한 후 line 또는 polyline 형태로 취득된 자료를 정점(Vertex) 형태로 변환하고 정점(Vertex)을 기준위치로 하여 자료를 구조화한다.
- 벡터데이터는 노드와 버텍스 좌표의 긴 배열로 저장되어 있다.
- polyline 구성요소이며, polyline은 정점(Vertex)의 연속 리스트가 존재하게 된다.
- 노드와 버텍스 좌표의 긴 배열로 저장되어 있어 좌표값과 연결성 등을 수정해야 하므로 기술적인 지식이 필요하다.

(3) 위상관계

출제(용) : 96회

① 위상관계(Topological Relationship)는 객체들의 공간 관계를 명시적으로 정의하는 것으로 일괄처리 또는 대화식 기법을 사용하여 벡터데이터에 대해 생성될 수 있다.

② 구축된 상호 위상관계를 바탕으로 필요한 정보를 얻기 위해 공간데이터를 분석하는 과정은 공간분석이라 한다.

③ 일괄처리 위상관계 생성은 비위상적 구조를 갖는 시스템으로부터 가져온 CAD, 측량, 단순 객체, 그리고 기타 비구조적 벡터데이터를 처리하는 데 필요하다.

④ 폴리곤 내에 마치 섬이나 호수와 같이 또 다른 폴리곤을 포함하는 경우가 발생하는 폴리곤에 대한 데이터구조화는 매우 중요하며 객체 간의 공간 관계에 대한 정보가 제공되어야 한다.

⑤ 복잡한 자료를 최소의 공간에 저장시킬 수 있다는 장점이 있으며 상용구조로는 DXF, IGES, TIGER, HPGL, DWG, DGN, Coverage 등이 있다.

⑥ 공간질의 및 연산에는 매우 효율적이지만 위상구조의 구축을 위해 많은 속성 테이블을 생성해야 하므로 새로운 노드의 형성과 같은 데이터 갱신이 발생할 때마다 위상구조가 바뀌어 많은 시간이 소요된다.

⑦ 폴리곤은 각각의 폴리곤과 이웃하는 점, 선 폴리곤으로 나타낸 객체들이 위상구조를 갖게 되면 주변 객체들과의 공간상에서의 관계를 인식할 수 있다.

(4) 위상구조

① 위상(Topology)구조는 점, 선, 폴리곤으로 나타난 객체 간의 공간 관계를 파악할 수 있다.

② 점 위상(Node Topology)

- 점 위상 관계를 형성하기 위해서는 지리적인 위치를 정의하는 좌표 이외에 각각의 점과 연관된 고유의 식별자가 필요하다.
- 점 위상은 특정 위치에서 방향이나 연결된 선의 개수 등을 파악하는 데 활용한다.

③ 선 위상(Line Topology)은 선의 기하학적 형체를 구성하기 위해서 두 개의 점을 연결한 형태로 구성되어 있다.

④ 영역 위상(Area Topology)

- 영역 위상은 GIS와 CAD 시스템을 구별하는 중요한 요소이다.
- 영역 위상을 이용할 때 두 지역 사이의 경계선을 기존선에 대한 일련의 포인터로 저장한다.
- 비위상적인 체계에서 각각의 다각형은 그 경계선 내부에 포함되고 경계를 따라 두 개의 공통선이 만들어진다.
- 영역형 위상구조가 이루어지면 인접 영역탐색, 포함관계를 판단할 수 있으며 위상구조는 노드(node)와 체인의 도형요소를 사용하는 벡터데이터 모델이다.
- 노드(node)는 둘 이상의 선이 교차하여 만드는 점 또는 아크의 시작이나 끝이 되는 특정한 의미가 있는 점을 말한다.
- 체인은 〈그림 4－6〉과 같이 1차원 공간 객체로 시작 노드와 끝 노드에 대한 위상정보를 가진다.

⑤ 위상구조가 구축되면 객체 간의 인접성, 연결성, 포함성에 대한 정보를 파악하기 위한 위상관계를 갖는다.

- 인접성(Contiguity)은 〈그림 4-6〉의 (a)와 같이 객체와 객체 간의 이웃함을 보여주는 것으로 여러 분야에 다양하게 쓰일 수 있는 기법이다.
- 연결성(Connectivity)은 〈그림 4-6〉의 (b)와 같이 노드로 연결된 모든 체인이 각각 다른 체인들과 연결되는 경로를 나타내는 것으로 도시의 거리나 통신을 위한 전화선, 지표면의 하천 흐름 등에 대한 정보를 알 수 있다.
- 포함성(Containment)은 〈그림 4-6〉의 (c)와 같이 표현하기 어려운 데이터구조라고 볼 수 있으나 섬이나 호수, 구멍과 주변에 무언가로 둘러싸인 형상들을 나타내는 데 매우 효과적이다.

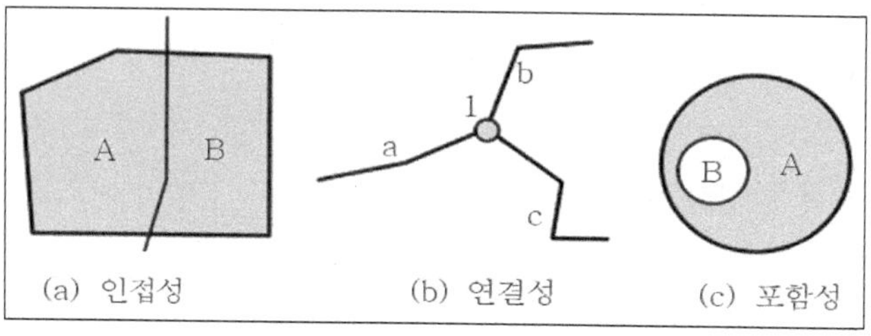

〈그림 4-6〉 위상구조의 관계

(5) 스파게티 모형

출제(용) : 62, 119, 131회, (논) : 123회

① 스파게티(Spaghetti) 모형은 객체 간에 정보를 갖지 못하고 국수 가락처럼 좌표들이 길게 연결되어 있다는 의미이다.

② 〈그림 4-7〉과 같이 객체가 좌표에 의한 그래픽 형태(점·선·면적)로 저장된다.

③ 스파게티 데이터는 구조화되지 않은 그래픽 모형이라고 하는데 경계선을 다각형으로 구축할 경우에는 각각 구분되어 입력되므로 중복되어 기록되며 2번씩 저장한다.

④ 공간데이터인 점, 선, 다각형을 단순한 좌표 목록으로 저장하며 위상관계를 정의하지 않고 좌표(X, Y)의 나열에 의한 선의 연결을 의미한다.

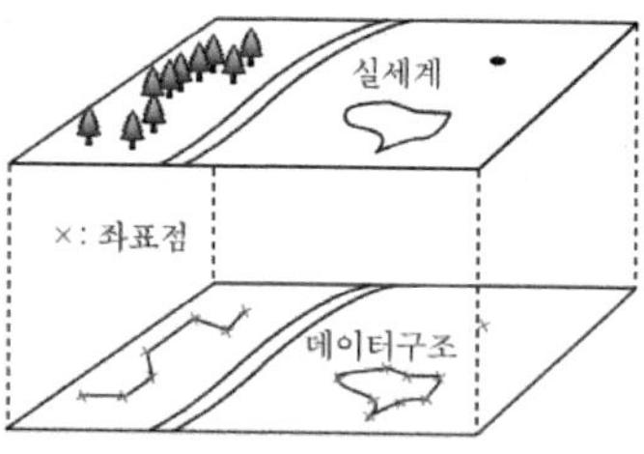

〈그림 4-7〉 스파게티 자료구조

⑤ 공간분석에서 필요한 정보를 별도로 계산하여야 하므로 비효율적이다.

⑥ 점은 좌표로 나타내며 선은 좌표들의 나열로 표현되고 다각형에 의해 표현되는 영역은 경계를 나타내는 좌표들의 연결로 나타낸다.

⑦ 데이터파일은 실제적인 자료구조이며, 공간데이터로서 컴퓨터에 저장된다.

⑧ 선 간의 연결 관계에 대한 정보가 입력되지 않으므로 교차점 탐색 등을 위한 시간이 길게 되며, 도로망이나 관망, 배선에서 최단 거리를 찾거나 망의 흐름 분석, 연결되는 주소 찾기 등이 곤란하다.

⑨ 객체 간의 공간 관계에 대한 정보는 입력되지 않는다.

⑩ 특징

- 데이터파일을 이용하여 도면을 인쇄할 때는 작업이 단순하여서 효율적이다.
- 하나의 점(X, Y 좌표)을 기본으로 하고 있어 구조가 간단하므로 이해하기 쉽다.
- 경계선은 각각의 다각형 구축 시 한 번씩 입력되므로 경계선은 중복되어 기록될 수밖에 없다.
- 상호 연관성에 관한 정보가 없어 인접한 객체들의 특징과 관련성, 연결성을 파악하기 힘들다.
- 간단한 수치지도를 제작하고 갱신할 때는 효율적이고 파일의 용량이 작은 장점이 있다.

4.3.1.5. 디지타이저에 의한 데이터 취득

출제(용) : 69회, (논) : 43, 45, 57회

① 벡터데이터 취득은 지도와 다른 공간데이터 자료원들로부터 객체들을 디지타이징으로 얻어진다.

② 기존도면을 입력하는 방법을 사용할 때는 기존도면의 보관 과정의 불규칙한 신축 등으로 인한 오차 누적과 도면을 입력하는 과정에 추가로 오차가 발생함으로 정확도는 현장측량 방법보다 낮다.

③ 디지타이징은 디지타이저를 이용하여 필요한 주제의 형태에 따라 작업자가 좌표를 독취하는 방법이다.

④ 디지타이징의 효율성은 작업자의 숙련도에 따라 크게 좌우되며 스캐닝과 비교하여 지도의 보관 상태가 좋지 않은 경우에도 입력할 수 있다.

⑤ 디지타이저를 이용한 입력은 복사된 지적도를 디지타이징하여 벡터자료파일을 구축하는 것이다.

(1) 디지타이저의 장점

① 내용이 다소 불분명한 도면이라도 입력할 수 있다.

② 불필요한 도형, 주기는 입력되지 않는다.

③ 레이어별로 나뉘어져 입력되므로 소요 비용이 저렴하다.

(2) 디지타이저의 단점

① CAD를 이용하여 입력할 경우 정확도의 오차(RMS)를 판단하는 기준이 없다.

② 디지타이저의 정밀도 및 작업자의 개인차에 따라 속도와 정확도가 다르다.

③ 입력오차가 발생하며 입력 정도가 스캐너보다 낮다.

④ 지적선, 도로선의 입력에는 비능률적이다.

(3) 좌표를 취득할 때 유의 사항

① 도형정보가 폴리곤을 형성할 수 있도록 경계점마다 정점(Vertex)을 입력하고 선이 분기되는 교차점에는 교점(Node)을 만든다.

② 연결되는 부분은 반드시 종점(Snap)을 사용하여 입력한다.

③ 한 필지가 2개 이상의 도곽에 걸쳐 있는 경우 폴리곤으로 폐합하며 기준점 값에는 도곽선 좌표를 입력한다.

④ 지적좌표와 현지좌표를 일치시키기 위한 각 도곽의 정위치편집 시에는 반드시 4점 이상을 사용한다.

⑤ 두 개의 폴리곤으로 분할된 폴리곤은 동일한 고유번호를 부여하여 인접 도곽과 접합 시에 연결되도록 한다.

4.3.1.6. 벡터데이터 편집 오류

출제(용) : 114회

① 오버슈트(Overshoot)는 〈그림 4-8〉의 (a)와 같이 어떤 선이 다른 선과의 교차점까지 연결되어야 하는데 그것을 지나서 선이 끝나는 상태로 편집 소프트웨어에서 튀어나온 부분을 삭제하는 명령을 사용하여 수정한다.

② 언더슈트(Undershoot)는 〈그림 4-8〉의 (b)와 같이 어떤 선이 다른 선과의 교차점까지 연결되어야 하는데 완전히 연결되지 못하고 선이 끝나는 상태로 편집 소프트웨어에서 완전하게 연결할 수 있는 명령을 사용하여 수정한다.

③ 슬리버 폴리곤(Sliver polygon)은 〈그림 4-8〉의 (c)와 같이 하나의 선으로 입력되어야 할 곳에서 두 개의 선으로 약간 어긋나게 입력되어 가늘고 긴 불필요한 폴리곤을 형성한 상태로 폴리곤 생성을 부정확하게 만든 선을 제거하여 폴리곤 생성을 새로 한다.

④ 스파이크(Spike)는 〈그림 4-8〉의 (d)와 같이 두 선이 만나거나 연결될 때 한 점에 매우 엉뚱한 좌표가 입력되어 튀어나온 상태이므로 엉뚱한 좌표가 입력된 점을 제거하고 적절한 좌표값을 가진 점을 입력한다.

⑤ 오버래핑(Overlapping)은 〈그림 4-8〉의 (e)와 같이 주로 영역의 경계선에서 점, 선이 이중으로 입력된 상태로 중복된 점, 선을 제거함으로써 수정할 수 있다.

⑥ 폴리곤 형성에서 라벨 부여 오류는 폴리곤을 형성하기 위해 선이 완전하게 폐합되지 않은 상태에서 폴리곤이 형성되어 라벨이 없거나 이중으로 입력되는 상태, 호수처럼 폴리곤 내에 다른 폴리곤이 포함되어야 할 곳에 라벨이 빠져 있는 상태이므로 찾아서 수정해 주어야 한다.

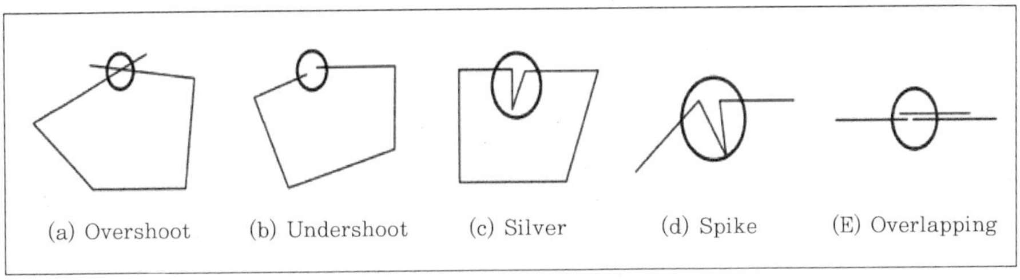

〈그림 4-8〉 벡터자료 편집 시 오류 유형

4.3.2. 래스터데이터

래스터데이터(Raster Data)는 공간자료를 표현하는 일정한 격자 모양의 셀이 데이터의 위치와 그 값을 표현한다. 래스터에서는 현실 세계에서 존재하는 공간객체를 있는 그대로 반영하지 않는다. 도면을 스캐닝하여 취득한 자료와 위성영상 자료들에 의해 구성된다. 격자가 나타내는 면적이 작을수록 자료의 양은 늘어나며 격자 길이의 증가에 대하여 제곱에 반비례한다.

4.3.2.1. 래스터데이터 구조

① 래스터데이터 구조(Raster Data Structure)는 공간자료를 표현하는 매우 간단하며 일정한 격자 모양의 셀이 데이터의 위치와 그 값을 표현하므로 격자 데이터라고도 한다.

② 도면을 스캐닝(Scanning)하여 취득한 자료와 위성영상 자료들에 의해 구성되며 세포(cellular)형 자료구조라 한다.

③ 형태는 그리드(grid), 셀(cell) 또는 픽셀(pixel)로 구성된 배열구조로 각 셀로 행과 열의 값으로 표현된다.

④ 각 픽셀의 형태와 크기는 자료파일 내에서는 동일하며 배열 안에서 줄(Row)과 열(Column)의 위치에 의해 자동으로 표시된다.

⑤ 상용자료 구조는 RLE, RLC, TIFF, PCX, CCITT, GIF, BMP, BIL, BSQ, XWD, XBM, Macpaint 등이 있다.

⑥ 래스터데이터는 전체 면 일정 크기의 단위 셀로 나누어 각 셀에 속성값을 입력 및 저장하고 연산하는 구조이다.

⑦ 사용되는 방식은 사각형 구조(Rectangular), 육각형 구조(Hexagonal), 삼각형 구조(Triangular) 등이 있다.

⑧ 단위 픽셀의 크기와 형태를 결정하는 것이 매우 중요하며 픽셀의 크기가 작을수록 객체의 형상을 더 정확하게 나타낼 수 있으나 데이터의 양은 기하급수적으로 증가하게 되어 데이터의 저장과 처리의 효율성을 감소시킨다.

⑨ 각 셀은 지리적 위치를 나타내는 속성값을 갖게 되며 셀 위치 자체가 지리적 위치에 대한 정보를 가지고 있다.

⑩ 각 래스터에 저장된 수치는 해당 객체의 형태나 관련 정보를 표현하며 공간은 다수의 같은 또는 서로 다른 값을 가진 래스터들로써 구성된다.

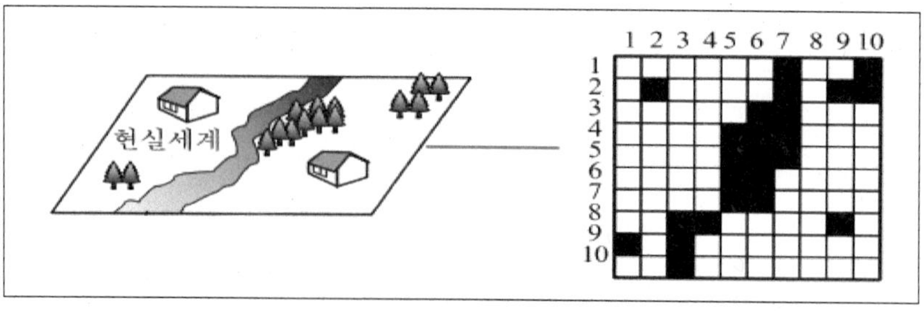

〈그림 4-9〉 래스터데이터의 구조

(자료 출처 : GIS 개론, 대영사, 김계현 p. 125)

4.3.2.2. 특징

① 각 셀에 하나의 숫자를 가진 그리드 셀로 표현되므로 상대적으로 자료의 구조가 단순하다.

② 각 셀에 속성값이 코드화되어 도면 중첩이나 근접 등의 공간 분석 기능을 쉽고 빠르게 처리할 수 있다.

③ 스캐너, 위성영상, 디지털카메라에 의해 쉽게 자료를 취득할 수 있다.

④ 래스터데이터의 셀 값은 다양한 공식에서 입력 자료로 사용하기 쉽다.

⑤ 공간 분석이 편리하며 자료구조가 단순하고 명료하다.

⑥ 격자의 크기와 형태가 동일하여 시뮬레이션이 편리하다.

⑦ 시각적 효과 및 해상력이 낮아 부정확하다.

⑧ 해상력을 높이기 위해 작은 격자를 사용할 경우 그래픽 자료의 양이 많아진다.

⑨ 지적도, 도로대장, 계획 평면도 등 정밀을 요구하는 도면 작성에는 사용할 수 없다.

⑩ 래스터의 크기를 늘리면 자료의 양은 줄일 수 있으나 상대적으로 정보의 손실을 초래한다.

⑪ 객체 단위로 선택하거나 자료를 이동, 삭제, 입력 등의 편집이 어렵다.

⑫ 다양한 공간 분석의 적용이 불가능하며 좌표변환과 투영변환에 많은 시간이 소요된다.

⑬ 픽셀 단위로 속성을 부여할 수 있으나 객체 단위로 속성과 연결하기 어렵다.

4.3.2.3. 래스터데이터의 구성

① 래스터데이터의 기본단위는 같은 모양과 크기의 화소(pixel) 또는 셀이라 하며, 할당되는 비트 수가 같고 1화소에 많은 비트가 할당될수록 섬세한 표현이 가능하다.

② 최소로는 1bit가 할당되는데 이는 0과 1, 흑과 백으로 구성하며, 8bit가 할당되면 단색으로는 256단계의 계조(gray level) 값을, 256가지 컬러로 표현할 수 있다.

③ 기본 요소로서 행과 열을 이루어 래스터 또는 배열 형태의 집합으로 나타낸다.

④ 래스터가 나타내는 면적이 작을수록 자료의 양은 늘어나며 래스터의 길이가 증가하면 면적은 제곱에 반비례한다.

⑤ 가옥은 하나의 래스터로 표시되며, 강은 여러 개의 연결된 래스터로 표시되며, 래스터의 크기가 작을수록 나타낼 수 있는 객체의 형태가 많아지고 표현되는 자료는 더 상세하다.

⑥ 다중밴드는 각 화소 위치에서 파장대별로 수록되는 화소값이 밴드별로 다르게 나타난다.

⑦ 다중밴드의 자료구조는 BSQ(Band Sequential) 방식, BIP(Band Interleaved by Pixel) 방식, BIL(Band Interleaved by Line) 방식이 있다.

⑧ 저장구조는 컴퓨터 하드웨어와 쉽게 접속할 수 있으며, 각각의 래스터에 들어있는 수치값을 바탕으로 각종 수치해석 기법의 적용이 편리하다.

⑨ 품질과 관련되는 용어로 공간해상도, 분광해상도, 방사해상도, 시간해상도가 있다.

4.3.2.4. 래스터데이터의 취득

상호 연관성에 관한 정보가 없어 인접한 객체들의 특징과 관련성, 연결성을 파악하기 힘들다. 래스터데이터는 주로 원격탐사를 통해 취득되며 원격탐사에서는 공간객체들로부터 반사, 방출, 그리고 산란되는 가시광선부터 마이크로웨이브 파장까지 복사에너지의 관측으로 공간데이터를 취득한다.

(1) 위성 원격탐사

① 원격탐사는 정보를 획득할 대상에 대해 직접 물리적인 접촉 없이 객체들의 물리적, 화학적 그리고 생물학적 속성들에 관한 정보를 취득하는 방법이다.

② 원격탐사 방법은 다중분광영상처리를 통하여 래스터데이터로서 결과를 얻는 방법과 고해상도 영상을 이용하여 수치사진측량 방법으로 지도화하는 방법이다.

③ 정밀도를 요구하는 지적측량에서 필지 단위의 토지정보체계 구축용으로는 적합하지 않다.

④ 원격탐사로 취득된 래스터 공간데이터는 공간해상도, 분광해상도, 시간해상도의 특성이 있다.

(2) 항공사진측량 방법

① 항공사진측량을 실시하기 위해서는 사진상의 점과 지상좌표의 관계를 계산하는 데 사용할 기준점들에 대한 측량이 필요하다.

② 전산파일로 자료를 저장하는 경우가 컴퓨터 처리에는 훨씬 유용하다.

③ 수치사진측량시스템(Digital Photogram metric Workstation) 방식은 CCD 카메라로 촬영한 화상파일을 이용하여 도화 작업이나 3차원 입체도화보다는 정사 영상제작과 위성영상의 수치도화에 사용된다.

(3) 스캐너에 의한 방법

출제(논) : 43, 45, 57회

① 스캐너는 지도나 문서를 연속적인 선으로 스캔하고 이들로부터 반사된 빛의 양을 기록하는 하드카피 아날로그 매체들을 디지털 영상으로 바꾸는 장비이다.

② 스캐너의 종류에는 평판스캐너와 원통형스캐너가 있으며 스캐너로 도면을 읽어서 래스터 형태로 저장한 다음 벡터화 소프트웨어를 이용하여 벡터화하는 방법이다.

③ 스캐너의 공간해상도는 100dpi에서 1,800dpi까지 다양하며, 대부분의 GIS 스캐닝은 400~1000dpi 범위를 이용한다.

④ 필름과 종이지도, 항공사진과 영상들은 다른 데이터(벡터 레이어)를 위한 지리적 배경을 제공하기 위해 스캔되어 지리 참조되며 이러한 영상 또는 배경은 장비와 토지/필지 자산을 관리하는 시스템에서 주로 활용한다.

⑤ 스캐닝 결과 데이터의 품질은 원 데이터의 재질, 스캐닝 장비의 품질, 그리고 스캐닝 이전의 준비 정도에 따라 결정된다.

⑥ 자료취득 방법

- 스캐닝을 완료한 후에 래스터 파일별로 먼저 도면보정작업을 수행한 후 래스터 파일을 화면에 표시하면서 벡터라이징을 수행한다.
- 스캐닝할 때 발생한 왜곡 또는 변형을 벡터라이징 시 회복할 수 있도록 스캐닝 시에 4개 이상의 기준점을 표시해 둔다.
- 벡터라이징을 할 때 지적도의 도곽좌표를 표시해 주면 나중에 변형된 것을 바로잡을 수 있다.
- 지적도는 폴리곤으로 이루어져 있으므로 폴리곤에 대한 그래픽 수정작업이 완료된 후 폴리곤들 사이에 틈새(Silver Polygon)가 형성되지 않았는지 확인한다.
- 스캐닝으로 입력된 도면의 검수 작업은 벡터화된 지도를 화면상의 래스터 이미지와 육안으로 비교하되 화면상의 크기가 원래 도면의 축척과 1 : 1이 되도록 한 후 비교하여 확인한다.
- 스캐닝 시에 빨강, 파랑, 초록의 세 가지 컬러 필터를 사용하여 동일 지역을 여러 차례 반복하여 읽음으로써 컬러영상을 얻을 수 있다.
- 스캐너는 지도상의 모든 정보를 함께 신속하게 입력시킬 수 있으며 사람의 수작업을 최소화하는 이점이 있다.

⑦ 스캐닝의 장점

- 도형의 인식이 가능하다.
- 이미지상에서 삭제, 수정할 수 있어 능률이 높다.
- 입력 정도가 디지타이저보다 높다.
- 복잡한 도면 입력 시 작업시간이 단축된다.

⑧ 스캐닝의 단점

- 손상된 도면을 입력하기 어렵다.
- 벡터화가 불완전한 부분들의 인식·점검이 필요하다.
- 래스터/벡터자료 편집용 소프트웨어가 필요하다.
- 스캐너의 정밀도에 따라 이미지 자료의 변형이 발생한다.
- 벡터라이징 과정에서 자료를 선택적으로 분리하기 어렵다.

4.3.2.5. 래스터데이터의 압축

출제(논) : 96, 116, 129회

래스터데이터는 공간해상도가 높으면 셀의 수가 많으므로 파일이 차지하는 용량이 크며, 같은 속성값을 나타내는 셀들을 적절한 표현 방법을 통해 압축함으로써 파일의 저장용량을 크게 줄일 수 있다. 격자가 가진 값의 변이가 심하면 격자의 저장구조를 손쉽게 압축할 수는 없다. 자료 압축 방법에는 런렝스코드(Run−length Code) 방법, 사지수형(Quadtree) 방법, 체인코드(Chain Code) 방법, 블록코드(Block Code) 방법 등을 사용하여 자료의 양을 최소화하기도 한다.

(1) Run length Code

① 런렝스코드(Run length Code) 방법은 〈그림 4−10〉과 같이 래스터데이터를 행마다 왼쪽에서 오른쪽으로 진행하면서 처음 시작하는 셀과 끝나는 셀까지 동일한 수치를 가지는 셀을 묶어 압축시키는 방법이다.

② 하나의 행에서 동일한 셀 값을 갖는 격자를 run이라고 하며 동일한 셀 값을 가진 셀의 수를 length라고 한다.

③ 동일한 속성값을 갖는 셀을 개별적으로 저장하는 대신에 하나의 run에 속성값이 한 번만 저장되고 대신에 run의 길이와 위치를 저장하는 것이다.

④ 각각의 Run은 좌에서 우로, 위에서 아래로 진행한다고 가정하여 동일한 속성값을 갖는 각각의 Run의 길이와 속성값을 표현한 것이다.

⑤ 방대한 래스터데이터 베이스를 구축하는 경우 매우 효과적이다.

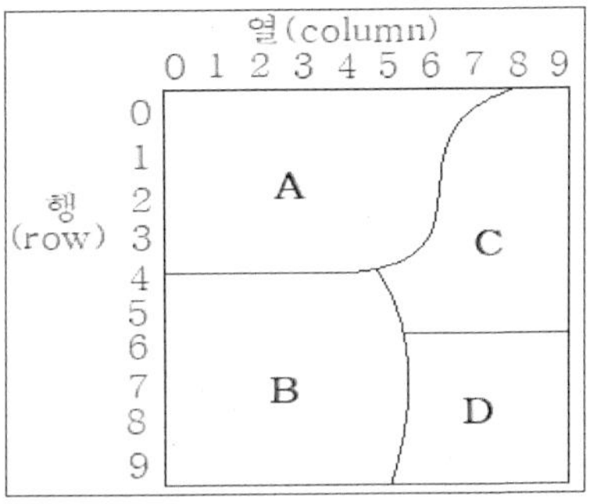

<그림 4-10> 런렝스코드 표현 방법

(2) Quadtree Code

출제(용) : 81, 108, 128회

Quadtree(사지수형) 방법은 <그림 4-11>과 같이 Run-length codes 방법과 함께 널리 활용되는 압축 방법의 하나이다. 공간을 4개의 정사각형을 계층적으로 분할하는 위계적인 데이터구조라고 볼 수 있다.

① 표현 방법

- 복잡한 지역을 좀 더 세밀하게 공간 분할로 나타낸다.
- 단순한 지역은 개략적으로 공간을 분할 함으로써 데이터의 크기를 줄이는 방법이다.
- 대상 지역에 하나 이상의 속성이 존재할 때 전체 지도는 4개의 동일한 면적으로 분리하는 것을 Quadrant라 한다.
- 두 개 이상의 속성이 존재하는 지역은 다시 Quadrant를 4등분하고 Quadrant가 하나의 속성값만을 가질 때까지 반복된다.

② 특징

- 넓은 지역이 하나의 Quadrant로 존재할 때 매우 효과적인 압축이 가능하다.
- Quadtree는 번호 체계가 원시 노드로부터 차례로 부여되어 선형 Quadtree라 한다.
- 특정 폴리곤 내에 해당하는 격자나 포인트를 찾을 때 유용하게 사용할 수 있다.
- 크기가 다른 정사각형을 이용하여 Run-length 코드보다 더 많은 자료의 압축이 가능하다.
- 분석에 있어서 매우 빠르고 편리한 자료의 추출이 가능하다.
- 상세한 위치를 나타낼 때 Mesh의 수가 폭발적으로 급증한다.

③ 압축 방법

- 크기가 다른 사각형을 이용하여 자료를 압축함으로 압축률이 높다.
- 공간을 북서, 북동, 남서, 남동 등과 같이 사분면(Quadrant)으로 분할한다.
- 분할하는 과정은 분면마다 하나의 속성값이 존재할 때까지 반복한다.
- 분할 결과에 따른 대상 공간을 사지수형이라 하며 4개의 가지를 갖는 나무형태로 표현이 가능하다.

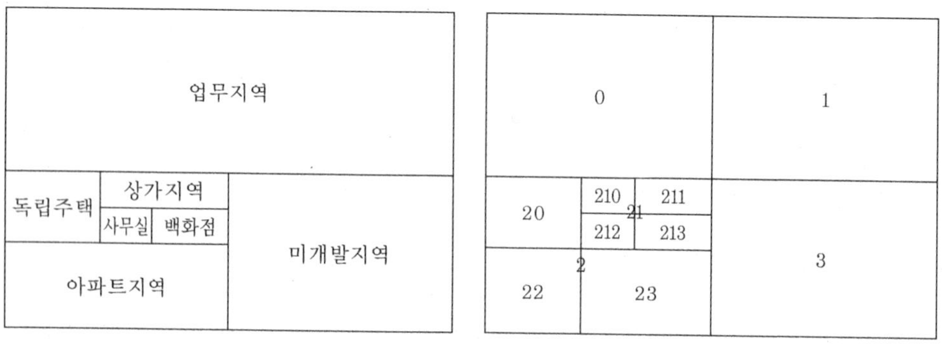

(a) 토지이용도 (b) Quadtree Code 방법

〈그림 4-11〉 사지수형 공간자료 표현 방법

(3) Chain Code

① 체인코드(Chain Code) 방법은 〈그림 4-12〉와 같이 대상 지역에 해당하는 셀들의 연속적인 연결 상태를 파악하여 압축시키는 방법이다.

② 데이터의 시작점에서부터 연결 상태를 동, 서, 남, 북 방향으로 이동하는 단위 거리를 통해서 표현한다.

③ 동, 서, 남, 북 방향을 편의상 각각 0, 2, 3, 1로 정의하거나 8방향으로 정의하는 경우 a에서 q까지의 숫자를 이용한다.

④ 객체와 객체 간의 중복되는 경계 부분은 이중으로 입력되어야 한다는 단점이 있다.

⑤ 데이터 압축에 매우 효과적일 뿐만 아니라 지역의 면적과 둘레의 계산, 곡선의 변곡점이나 오목한 면의 탐색과 연산을 할 수 있다.

⑥ 인접하는 폴리곤의 모든 경계선이 두 번씩 중복되어 기록된다는 문제점을 안고 있다.

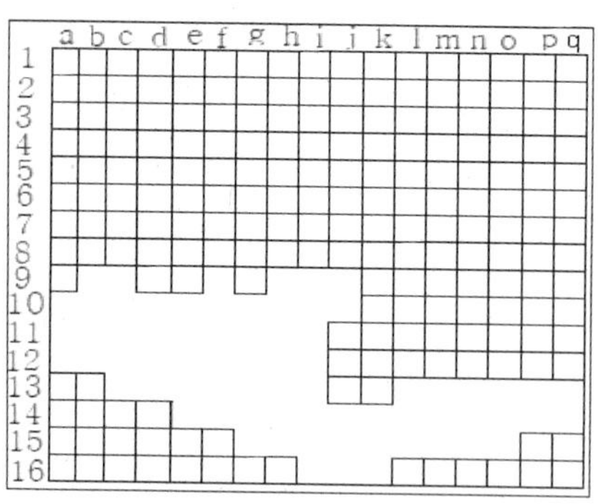

〈그림 4-12〉 체인코드 표현 방법

(4) Block Code

① 블록코드(Block Code) 방법은 〈그림 4-13〉과 같이 런렝스코드(Run-length codes) 방법에 기반을 둔 것으로 2차원의 정방형 블록으로 분할하여 객체에 대한 데이터를 구축하는 방법이다.

② 각각의 블록에 대하여 블록의 중심이나 왼쪽 아래의 시작점 좌표와 격자의 크기를 나타내는 세 개의 숫자만으로 표기할 수 있다.

③ 정사각형의 크기가 클수록 경계가 단순해지고 더욱 효율적인 Block Coding이 가능하다.

④ 많은 양의 데이터를 저장하여야 할 때 효과적이다.

⑤ 정방형의 블록으로 표현하기 좋은 형상을 가진 객체에 대한 데이터베이스를 구축하는데, 가장 유용한 방법이라고 할 수 있다.

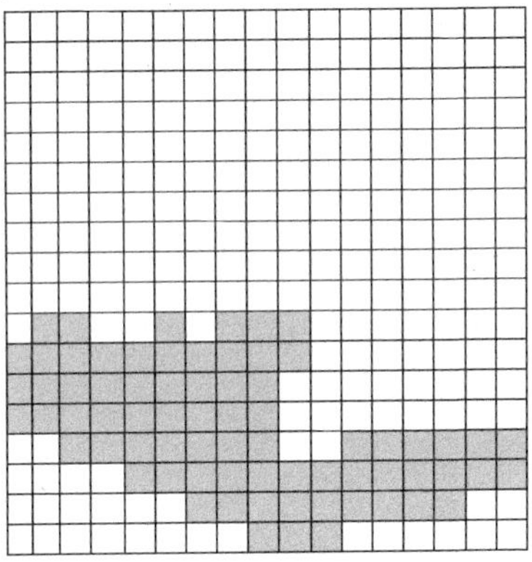

〈그림 4-13〉 블록코드 표현 방법

4.3.3. 벡터와 래스터데이터의 장단점 비교

출제(용) : 59회

〈표 4.1〉 벡터와 래스터데이터의 비교

구분	장점	단점
벡터데이터	• 자료구조의 표현 용이 • 자료구조가 간단하다. • 정확한 그래픽의 표현이 가능 • 위치와 속성의 일반화가 가능 • 데이터의 양은 적다.	• 자료구조 복잡하다. • 지도중첩 곤란하다. • 장비의 가격이 고가이다. • 공간이 적은 곳에 적합하다. • 위상을 만드는 시간의 소요가 크다.
래스터데이터	• 공간 분석 용이하고 자료구조가 단순명료 • 단위별로 위상 형태 동일 • 지도중첩 용이 • 원격탐사자료와 연결이 용이 • 수치해석 기법의 활용에는 대단히 편리하다.	• 네트워크 연계 구현 곤란하다. • 투영변환에 많은 시간 소요된다. • 데이터의 양이 방대하다. • 자료축약 시 정보의 손실이 크다. • 위상에 관한 정보를 제공하지 않는다.

4.4. 공간정보데이터의 표준화

출제(논) : 93, 99, 101, 105, 128회

공간정보데이터 표준화는 필요한 표준을 합리적으로 설정하여 조직적으로 활용하는 행위를 말한다. 국제 표준화 기구(ISO)에서는 표준이란 기술적인 규격 혹은 정확한 기준을 문서로 만든 합의사항으로서 규칙, 지침 또는 특성으로 정의하고 있다. 표준은 일관성 있게 사용되며 제품, 절차 및 서비스가 목적에 맞도록 보장한다. 표준은 호환성의 향상, 생산성 및 품질의 향상을 위해 중요하며, 완벽하거나 완전성을 추구하기보다는 사용하고자 하는 목적에 맞는 것이어야 하며, 문서로 만들어진 약속이지만 만장일치가 아니라 합의를 기반으로 한다.

4.4.1 공간데이터의 표준 유형

① 공간데이터의 표준화는 데이터 모델표준, 데이터 내용 표준, 메타데이터 표준은 데이터 내부의 내용적 측면에 대한 표준화하며, 데이터 품질 표준, 데이터수집 표준, 위치 참조 표준은 데이터 외부측면에 대한 표준화로 분류할 수 있다.

② 데이터 모델(data model)의 표준화는 공간데이터의 개념적, 논리적 틀을 정의하고 SDTS, DIGEST, OGIS, ISO/TC 211등의 데이터교환 표준들은 데이터 모델을 정의하고 있다.

③ 데이터 내용의 표준은 미국의 연방지리데이터위원회(FGDC; Federal Geographic Data Committee)가 각 주제도와 관련된 내용 표준을 개발하여 사용하도록 하고 있다.

④ 데이터수집의 표준화는 공간 및 속성데이터를 수집하는 방식과 관련된 표준을 설정하는 것으로 수집 과정은 데이터의 수집, 생성하는 데 사용되는 하드웨어와 소프트웨어 및 그와 관련된 지침들을 포함한다.

⑤ 위치 참조의 표준화는 필수적으로 고려되어야 하는 좌표체계를 구성하는 투영법, 기준점, 타원체, 적용되는 좌표변환 방법 등에 대해 정의하는 것이다.

⑥ 데이터 품질의 표준화는 위치정확도, 속성정확도, 논리적 일관성, 완결성, 데이터의 질적 표준화로 인해 사용자들은 공간데이터에 대한 신뢰감을 얻게 된다.

⑦ 메타데이터의 표준화는 사용자에게 실제 데이터에 대한 이력정보, 품질정보, 데이터 유형, 데이터 특성 등 다양한 정보를 체계적으로 제공하는 것이다.

⑧ 데이터교환의 표준화는 매우 다양한 변환 기능을 통한 데이터 손실, 실제 데이터의 공유, 호환을 가능하게 하는 표준이라고 할 수 있으며 주요한 데이터교환 표준으로는 SDTS, DIGEST 등이 있다.

4.4.2. 표준의 특성

① 지리정보에 관련된 표준은 고정된 것이 아니며, 시간이 지남에 따라 변화되는 환경, 기술, 사회 요구, 경제적 타당성, 파급효과 등에 따라 그 성격이 바뀌게 된다.
② 지리정보표준의 여러 특성 중 하나는 지리정보 관련 다양한 분야들의 결합을 통해 구현되는 것이다.
③ 전산, 토목, 지리, 전자공학, 측지 분야 등 다양한 분야의 기술과 표준들이 결합하여 지리정보 표준을 구성하며, 이들 간의 상호 연계성을 가지므로, 각 기술 및 방법론에 관련 표준들이 영향을 받게 된다.
④ 표준의 제정 및 사용은 직접 공간정보 구축 과제에 연결되어 적용되는 것이 보통인데, 대표적인 예로 주요 지리정보 표준들이 수치지도 제작 및 유통 등에 적용되어 활용되고 있다.
⑤ 지리정보표준에 적용되는 방법과 기술 등은 정보기술 분야 표준에 의존하거나 크게 영향을 받는 경향이 있다.
⑥ 최근 지리정보 분야와 정보기술 분야의 통합 추세가 두드러지면서 다른 정보기술 분야의 표준이 지리정보표준에 반영, 적용되고 있다.
⑦ DBMS 표준, 객체 환경 표준, 개방 환경 표준, 네트워크 표준 등 대표적인 정보 기술 분야 표준을 토대로 지리정보 표준이 제정되고 있는 것이 현 추세이다.

4.4.3. 데이터의 표준화 요소

출제(논) : 126회

데이터교환표준의 다양한 표준화 유형들은 표준담당 주체의 성격과 표준특성, 사용 범주 등에 따라 분류할 수 있다. 지리정보기술이 네트워크로 연결되면서 데이터의 서비스제공이 가능하고 데이터교환표준보다 포괄적이면서도 기본적인 지리정보시스템 모형의 표준화 작업은 더욱 박차를 가하게 되었으며, ISO/TC211, CEN/TC287, OGIS 등이 대표적인 국제표준을 담당하였다.

① 데이터 모델(Data Model)의 표준화는 공간데이터의 개념적이고 논리적인 틀이 정의한다.

② 데이터 내용(Data Content)의 표준화는 다양한 공간 현상에 대하여 데이터 교환으로 필요한 데이터를 얻기 위한 공간 형상(Spatial Features)과 관련 속성자료(Attribute)들이 정의된다.

③ 위치 참조(Location Reference)의 표준화는 공간데이터의 정확성, 의미, 공간적 관계 등은 객관적인 기준(좌표체계, 투영법, 기준점 등)에 의해 정의된다.

④ 데이터 질(Quality)의 표준화는 공간데이터가 얼마나 유용하고 정확하게 구축되었는가에 대한 검증 과정으로 정의된다.

⑤ 메타데이터(Metadata)의 표준화는 공간데이터의 내외부적 관계 등에 대한 정보로 정의된다.

⑥ 데이터 교환(Data Exchange)의 표준화는 구축된 공간데이터의 교환(Exchange), 전환(Transfer)되기 위한 데이터 모델, 구조, 전환 방식 등으로 정의된다.

4.4.4. 국제표준화 관련 기구

출제(논) : 104, 126회

국제표준화를 위해서 ISO/TC 211, CEN/TC 287, OGIS 등이 공동 협력을 통해 대표적인 국제표준을 담당하고 있다. 실질적인 표준화 활동은 CEN/TC 287과 OGIS를 중심으로 이루어진다. CEN/TC 287과 OGIS의 표준 활동 및 결과를 참조하여 ISO/TC 211 표준을 제정하고 있다.

4.4.4.1. ISO/TC 211 데이터 표준

출제(논) : 104회

ISO/TC211(Technical Committee)은 1994년 ISO(International Standards Organization)에서 지리정보 분야의 표준화를 다루는 기술위원회로 정회원국과 참관자 국으로 구성되어 있다. 지리정보 관련 기술학회(TC211)는 1996년 초안을 발표한 것으로 지표상의 공간객체나 현상과 관련된 정보에 대한 구조화된 표준을 구축하는 데 목적이 있다.

(1) ISO 표준안

① ISO/TC 211에서는 지리정보의 표준과 관련되는 각종 기술적 요소의 정의, 요소 간의 연관 관계, 구현 환경 등을 정의한 표준참조모형을 제시하였다.

② 미국 메타데이터 표준과 상당한 일관성을 보이며 메타데이터의 주요 내용은 데이터가 담고 있는 내용, 데이터의 품질, 상태 등에 관한 사항이다.

③ ISO 메타데이터 표준안은 미국 FGDC 메타데이터와 유사한 제약조건으로 필수 기록 사항(Mandatory)과 조건부 기록 사항(Conditional), 선택사항(Optional)으로 구성되어 있다.

(2) ISO의 지리적 메타데이터의 제공 항목

① 개요 및 자료식별 정보(Identification)

② 데이터의 품질(Data Quality) 조건부 기록 사항

③ 공간자료 표현 정보(Spatial Data Representation Information)

④ 공간 참조 정보(Spatial Reference)

⑤ 형상 및 형상 속성정보(Feature and Feature Attribute)

⑥ 자료 배분 정보(Distribution)

⑦ 메타데이터 참조 정보(Metadata Reference)

⑧ 참고 정보(Citation Information)와 획득 정보(Contact Information)로 구성

(3) 역할

① 국제표준화기구(ISO)는 세계의 표준을 개발, 발행하는 기구이다.

② 산하단체 중 GIS 표준을 추진하고 있는 전문위원회는 1994년 6월에 구성된 TC211 위원회로 산하에 5개의 작업분과 그룹(WG; Working Group)을 두고 표준화 작업을 수행하고 있다.

4.4.4.2. CEN/TC 287 데이터 표준

CEN/TC 287은 1992년부터 1999년까지 유럽의 표준화 기구를 중심으로 추진된 유럽의 지리정보 표준화 기구로써 성과가 많은 부분이 ISO/TC211에 참조되었다. 유럽에서 지리정보와 관련된 표준개발에 대한 이해와 격차 축소 지원에 중점을 두고 있다.

(1) 구성

① CEN/TC287(Comite Europeen de Normalisation/Technical Committee)은 ISO 활동이 시작되기 이전에 유럽표준화기구를 중심으로 추진된 유럽의 지리정보표준화기구이다.
② 22개 회원국가와 4개 컨소시엄의 참관국으로 구성되었다.
③ 현재 국제지리정보표준개발은 CEN/TC287과 ISO/TC211을 주축으로 하여 이루어지고 있다고 볼 수 있다.
④ CEN/TC287은 ISO/TC211과 달리 기술위원회 명칭을 지리정보라고 하였다.

(2) CEN/TC 287의 표준

① 표준의 일관성 검사, 공간데이터 기반을 수행하기 위해 요구되는 기존 데이터 검사, 국가와 유럽 간 상호운용성 구현을 목표로 하고 있다.
② CEN/TC 287 표준에서 메타데이터 표준은 주요 항목들이 순차적으로 구성되어 있으며 메타데이터를 구축하는 경우 관련 수치지도 제작, 유지관리, 유통, 활용 등을 고려한다.
③ 표준화작업은 개요 부분(over view), 데이터기술 부분(data description), 참조 부분(referencing), 처리 부분(processing)으로 구성되어 있다.
④ CEN/TC287 표준에서 메타데이터 표준은 CEN 287009의 표준안 형태로 존재하며, 주요 항목들이 위계적으로 구성되어 있다.

(3) 활동

① CEN/TC 287에는 표준화 작업을 위한 4개의 작업분과와 5개의 프로젝트팀을 운영하고 있다.
② 실질적인 표준화 활동은 CEN/TC287과 OGIS를 중심으로 이루어진다.
③ ISO/TC211에서 각 5개 실무 그룹에서 CEN/TC287과 OGIS의 표준 활동 및 결과를 참조하여 ISO/IC211 표준을 제정하였다.
④ ISO/TC211과 CEN/TC287, ISO/TC211과 OGIS 간의 공동워크숍 개최, 각 기구 모임에 대표자 참석 및 지원 등의 활동을 통해 서로 연계, 통합하였다.
⑤ ISO/TC 211과 CEN/TC 287은 기술위원회 수준에서 서로 표준 활동을 공유하고 공동작업을 통해 얻은 결과를 활용하고 있다.

4.4.4.3. OGC

출제(용) : 105회, 출제(논) : 98회

① 새로운 GIS 환경에서 상호운용성을 도모하기 위해 1994년 OGC(Open Geodata Consortium)가 결성되었다.

② OGC는 94개 이상의 GIS 분야 조직 및 기관, 업체들이 구성원으로 참여하고 있으며, 비영리 법인체이다.

③ OGC의 주안점은 공간데이터와 지리정보처리를 위한 자원들의 분산 형태로 접속하기 위한 객체지향의 구조인 OGIS의 개발에 있었다.

④ OGC 주요 목적

- 상호운용할 수 있는 공간데이터처리 기술규약을 공동개발하고, 제품을 더 많이 제공하려는 것이다.
- 개방시스템, 분산컴퓨팅 및 컴포넌트 환경의 구조를 토대로 현재 또는 향후의 정보기술과 데이터처리 기술을 동등한 위치에 놓도록 하는 것이다.

⑤ OGC에는 OpenGIS 안내를 제작, 발표하였으며, 이미지 데이터의 접근 및 처리를 위한 규약 작업을 수행하고 있다.

⑥ OGIS 구현은 CORBA, DCE, OLE와 같은 인터페이스와 메커니즘을 개발하여 제공하는 것으로 공간데이터, 공간분석, 처리에 대한 모델이 포함된다.

4.4.4.4. 국제표준화기구(ISO)

출제(논) : 104회

국제표준화기구 ISO(International Organization for Standardization)는 지적활동이나 과학·기술·경제활동 분야에서 세계 상호 간의 협력을 위해 설립한 국제기구를 말한다. 표준화(standardization)를 위한 국제위원회이며, 각종 분야의 제품/서비스의 국제적 교류를 쉽게 하고, 상호 협력을 증진하는 것을 목적으로 하고 있다.

(1) 변천 과정

① 1926년 ISA(International Federation of the National Standardizing Associations)를 설립해 기계공학 분야에서부터 표준화를 시작하였다.

② 1946년에 설립된 단체이고, 3년마다 총회를 개최한다.

③ 1947년 2월 23일 국제표준화기구(ISO; International Standardizing Organization)란 명칭에 의해 공식적으로 업무를 시작하였다.

④ 한 나라에서 한 기관만 회원으로 가입할 수 있으며 한국은 1963년에 가입하였다.

(2) 조직

① 각국 표준단체로서 구성되며 각 참가국의 유일한 조직이 멤버로 구성된다.

② 공업상품이나 서비스의 국제교류를 원활하고 표준화를 도모하는 세계적인 기구로서 스위스 제네바에 본부를 두고 있다.

③ 참가회원은 기술위원회의 업무에 공헌하고, 새로운 표준화의 제안에 대하여 찬반 투표를 한다.

④ 옵서버회원은 위원회에 출석할 수 있으나 투표할 수는 없다.

⑤ 국제전신전화자문위원회와 같은 회원은 연락을 위한 구성원으로서 참가하게 되어있다.

⑥ 산업 분야에서 필요한 표준화작업은 해당 국가단체에서 충분한 의견 수렴을 거쳐 ISO에 제안자들이 해당 분야 전문가들과 함께 면밀히 검토한다.

4.4.5. 데이터의 표준화 교환형식

데이터 교환형식은 지리정보체계 내의 모든 데이터가 정보망 또는 전달 매체를 통하여 상호간에 전달되는 내용을 정확히 인식하는 방안으로 데이터 교환형식의 중요성은 서로 다른 시스템 또는 입출력 포맷 데이터에 관한 내용을 상호 인식할 수 있도록 지원하는 방식이다. 가장 널리 사용되는 지리정보데이터 교환표준은 미국, 한국, 뉴질랜드, 호주의 국가지리정보데이터 교환표준인 SDTS, 국방 분야의 지리정보데이터 교환 표준으로서 미국을 비롯한 주요 NATO 국가들이 채택하여 사용하는 DIGEST, 유럽 교통 관련 표준인 GDF 등이 있다.

4.4.5.1. 공간자료교환표준(SDTS)

출제(용) : 72, 95, 126, 137회

공간데자료교환표준(SDTS; Spatial Data Transfer Standard)는 자료를 교환하기 위한 포맷이라기보다는 광범위한 자료의 호환을 위한 규약으로써 자료에 관한 정보를 서로 전달하기 위한 언어이다. 서로 다른 하드웨어, 소프트웨어, 운영체제를 사용하는 응용시스템 간에 지리정보를 공유하고자 하는 목적으로 미국 연방정부에 의해 개발되었다.

지형 및 공간과 관련된 모든 종류의 공간자료(벡터자료, 격자 자료 등) 들을 서로 호환할 수 있도록 만들기 위하여 개념적인 정의, 형상의 정의, 구체적인 전환 방식 등을 기술하고 있다. 미국의 국가 지도 제작기관인 USGS(U. S. Geological Survey)를 중심으로 다양한 이해관계를 가진 국가기관, 연구소, 학계, 업계 등이 모여 데이터 교환 표준을 마련한 것으로 1992년에 승인된 대표적인 교환 표준이다.

(1) SDTS의 변천 과정

① SDTS(Spatial Data Transfer Standard)는 서로 다른 컴퓨터를 기반으로 공간정보교환을 위한 실용적이고 효율적인 매개체로 수년간 개발 및 수정되었다.

② 1992년 미국국립표준기술협회(NIST; National Institute of Standards and Technology)에 의해 미국 연방정보처리표준(FIPS173; Federal Information Processing Standard)으로 채택되었다.

③ 1994년 FIPS 173을 따르는 것이 의무화되었다.

④ 현재는 미국지질조사국(USGS; U.S. Geological Survey), 미국통계국(USCB; U.S. Census Bureau), 미국 육군 공병대(U.S. ACE; U.S. Army Corps of Engineers) 등 많은 연방 기관들이 SDTS 형식으로 공간데이터를 가공하고 배포하고 있다.

⑤ SDTS는 공간데이터 변환

- 현실 세계로부터 데이터의 물리적 변환에 이르기까지 〈그림 4-14〉와 같이 다양한 수준으로 정의하고 있다.
- 개념적 수준(conceptual level)은 기하학적 관계와 위상관계를 포함한 현실 세계의 개체를 표현하는 방법을 말한다.
- 논리적 수준(logical level)은 SDTS 변환을 위해 정보 부여와 코드화하는 데이터 모형을 제시한다.
- 물리적 수준(physical level)은 데이터를 저장 매체에 코드화하는 규칙과 상세한 형식을 정의한다.

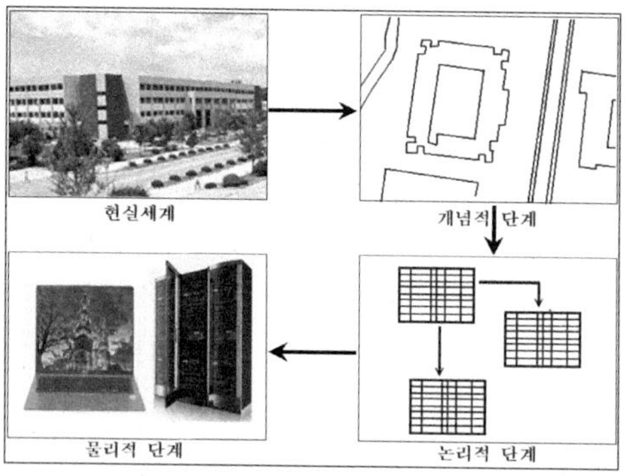

〈그림 4-14〉 SDTS의 변환 과정

(2) SDTS의 특징

① 부분별 내용의 독립성을 인정하면서 상호 정보의 관련성을 최대한 유지하는 데 있다.

② 공간 현상들을 수치로 표현하는 공간객체를 정의하여 체계적이고 구조적으로 자료 모델을 정의하고 있다.

③ 데이터교환형식의 중요성은 서로 다른 시스템 또는 입출력 포맷데이터에 관한 내용을 상호 인식할 수 있도록 지원하는 방식이다.

④ 다양한 공간 현상들을 효과적이고 수치화된 지도의 형태로 표현할 수 있다.

⑤ 모든 유형의 공간자료를 교환, 전환하는 것이 가능하도록 구성되어 있다.

⑥ 개념적 모델, 논리적 모델, 물리적 모델을 통해 일관성을 가진 형태의 자료를 저장, 전환하여 관리할 수 있다.

(3) SDTS 내용의 구성

① 공간데이터 교환의 개념적, 논리적인 규약에 관한 내용으로 실세계를 공간 현상과 공간객체 모델로 구분한다.

② SDTS는 총 34개 모듈로 정의되며, 모듈, 레코드, 필드, 하위 필드의 위계적인 구조로 이루어져 있다.

③ 데이터의 사용 적합성을 평가하기 위한 데이터의 질적 수준에 관한 규약이며 상세한 논리적 교환 포맷의 구조와 SDTS 교환데이터 집합들에 관한 기술이다.

④ 공간 형상, 속성에 대한 정의를 제공하는 모델로, SDTS의 데이터 내용으로 공간 형상들과 속성값들의 표준용어에 대한 리스트를 제공한다.

⑤ SDTS 전환과 관련된 공간데이터 용어와 속성 용어에 알맞은 데이터 사전의 사용이 가능하다.

⑥ 데이터표준교환으로 ISO/ANSI 8211을 사용하고 있으며, 논리적 규약을 구체적인 물리적 수준으로 전환할 수 있도록 하는 규약들이다.

⑦ 데이터교환 형식은 지리정보체계 내의 모든 데이터가 정보망 또는 전달 매체를 통하여 상호 간에 전달되는 내용을 정확히 인식하는 방안으로 표준이 된다.

⑧ SDTS에서 논리적 모듈은 파일이라는 물리적 형태를 가지며 모듈 레코드 또한 레코드라는 구체적 형태로 저장된다.

⑨ SDTS의 내용 구성

- 제1부 : 공간데이터의 논리적 규약(공간데이터의 모형, 공간데이터의 품질, 변환 규약)
- 제2부 : 공간 형상(개체와 객체의 정의 및 공간 형상의 정의)
- 제3부 : ISO 8211 데이터 Encoding(ISO 8211 표준을 이용한 변환 규약)
- 제4부 : 위상벡터 프로파일(벡터데이터의 전환 규약)
- 제5부 : 래스터 프로파일(래스터데이터의 전환 규약) 등 총 5부로 구성되어 있다.

(4) SDTS의 현황

① 1992년 미국 국립표준 기술 협회(NIST; National Institute of Standards and Technology)에 의해 미국 연방 정보처리 표준(FIPS 173; Federal Information Processing Standard)으로 채택되었다.

② SDTS는 단순한 데이터 교환을 위한 표준만이 아니라 국가 수치지도 제작 및 유지관리, 유통, 사용에 이르는 광범위한 기능과 역할을 담당하고 있다.

③ 호주와 뉴질랜드에서도 국가의 GIS 교환 표준으로 채택한 대표적인 수치 지도데이터 교환 표준이다.

④ 우리나라는 1995년 12월 국가지리정보체계(NGIS) 추진위원회를 설립하여 국가지리정보체계 구축 사업 기본계획을 심의 확정하고 공간데이터 교환 포맷으로 SDTS를 원칙으로 하고 있다.

⑤ SDTS는 다른 데이터 포맷 간에 서로 교환할 수 있는 구조로 만들어진 중간 형태의 포맷으로 구성되어 있으며 모든 공간데이터 포맷들과 호환할 수 있는 형태로 되어있다.

⑥ 미국의 USGS(U.S. Geological Survey)가 미국 내 지도 제작과 판매를 SDTS 포맷으로 하여 사용하고 있다.

⑦ 데이터 교환 표준으로 미국, 한국, 뉴질랜드, 호주의 국가 지리정보 데이터 교환 표준으로 사용하고 있다.

4.4.5.2. DIGEST

① SDTS와 더불어 주요 수치지도 자료 교환 표준으로 사용된 DIGEST(DIgital Geographic Information Exchange STandard)는 본래 미국 국방 관련 지도 제작기관인 DMA(Defense Mapping Agency)가 주도적으로 개발한 수치지도 자료 교환 포맷인 VPF(Vector Product Format)가 발전된 형태이다.

② DGIWG(Digital Geographic Information Working Group) 위원회를 구성하는 9개국 지도 제작국들이 모여 만든 표준으로 1991년 6월에 공포되었으며, 1997년 6월에 버전 2.0을 발표하였다.

③ DIGEST는 미국뿐만 아니라 NATO 국가 간에 통일된 규약에 따른 공간데이터 제작에 사용되고 있다.

④ DIGEST에 의해 제공되는 지리데이터는 벡터데이터, 래스터데이터, 행렬데이터(matrix data)이다.

⑤ 데이터 품질을 식별하는 요소로는 규약, 데이터정보(source), 위치정확도, 속성 정확도, 갱신 정도, 논리적 일관성, 속성 무결성, 형상 무결성, 데이터보안 정도, 데이터 훼손 정도, 데이터의 배포 정보가 있다.

⑥ 자료 모델 구조는 5가지 계층 모델이 유기적으로 구조화되며 Database, 라이브러리(Library), 커버리지(Coverage), 초기의 테이블(Primitive Table)과 공간객체 모델의 순서로 구성된다.

⑦ DIGEST의 데이터 품질은 볼륨(Volume), 데이터세트(Dataset), 형상, 위상, 속성 수준별로 데이터 품질 식별자를 이용하여 관리한다.

⑧ DIGEST는 NATO 기구 산하의 DGIWG(Digital Geographic Information Working Group) 위원회를 구성하는 9개 국(벨기에, 캐나다, 프랑스, 독일, 이탈리아, 네덜란드, 스페인, 영국, 미국)지도 제작국들이 모여 만든 표준으로 1991년 6월에 공포되었다.

⑨ 우리나라에서도 국방 분야에서 표준으로 사용되고 있다.

4.4.5.3. GDF

① GDF(Graphic Data File)는 많은 표준 관련 주체들의 노력으로 GDF를 이용한 유럽 도로 수치지도 제작이 시작되었다.

② 유럽표준기구인 CEN/TC278에서 교통 관련 표준을 제정하기 시작하면서 GDF의 사용이 확대되었다.

③ GDF는 유럽 외 지역표준화 활동에 영향을 미치기 시작하였는데, 미국 SDTS의 ITS 프로파일의 중요한 근거 데이터가 되었으며, 호주에서도 GDF의 중요한 부분을 채택하였다.

④ 1993년 설립되어 공통표준데이터베이스 구조를 정의하고 도로 수치 지도 제작을 수행하고 있다.

⑤ GDF는 도로 데이터베이스와 교환 정의와 관련한 표준화에 초점을 두고 있다.

⑥ 물리적 저장 표준은 차량 항법 또는 기타 응용시스템에 적용되는 것으로서 매체와 관련한 데이터베이스의 저장에 초점을 두고 있다.

4.4.5.4. FGDC

① 미국 연방 지리정보 위원회(FGDC; Federal Geographic Data Committee)에서는 여러 기관에서 구축된 공간정보를 통합적으로 관리하고 있다.

② FGDC가 총괄하는 NSDI의 데이터 기준에 따라 국지적인 공간정보 유통기구를 연결하여 운영하고 있다.

③ 메타데이터에 대한 접근을 지원하는 프로토콜(Z39.50)과 관련 소프트웨어를 연구 개발하여 제공하고 있다.

④ FGDC 메타데이터는 특정 목적에 맞는 지리정보 데이터를 검색하는 데 도움이 되는 정보들을 그 내용으로 하며, 지리정보를 표현하는 용어상의 통일성이 제공되도록 하였다.

⑤ 1990년 미국에서는 FGDC가 결성되어 수치 공간 메타데이터를 위한 내용 표준개발 작업을 시작하였다.

⑥ 1992년 공간 메타데이터에 대한 포럼을 계기로 메타데이터에 관한 연구의 기초를 마련하고 최종적으로 표준안은 1994년 6월 8일에 FGDC에 의해 승인되었다.

⑦ 미국 연방 공간정보위원회(FGDS)의 지적 분과위원회에서는 1994년 9월 미국 지적정보의 표준안을 제정, 시안을 발표하였다.

⑧ 지적정보의 수집, 저장, 유통, 지적소유 및 토지대장의 관리에 관한 표준이 수록되었으며, 미국 국가 공간정보기반(NSDI; National Spatial Data Infrastructure)에 적합하도록 구축되었다.

⑨ 미국 FGDC의 메타데이터 표준, ISO/TC211 표준, CEN/TC287 표준 등이 제정되어 활용되었다.

⑩ FGDC는 연방·주·지방·소수 지역의 정부, 학계, 민간 영역, 비영리 조직들을 장려하여 지리 공간정보를 제작하고 공유할 수 있도록 하였다.

⑪ 미국 FGDC의 메타데이터 표준은 ISO/TC 211의 지리정보 표준에 포함된 메타데이터 부분의 토대로 사용되었다.

⑫ FGDC는 지역별 연합체에 3가지 자금지원 프로그램을 통해 시드머니(seed money)를 제공하고, 표준화된 지역별 구축 데이터베이스의 검색을 해당 지역에서 구축한 정보센터를 연결하여 유통하고 있다.

⑬ 운영위원회(Steering Committee)는 FGDC 조직 전체의 전략 방향을 결정하는 역할을 하며 1년에 주로 4회 정도의 회의를 하며 여기에서 결정된 사항이 FGDC 활동의 큰 방향을 결정하였다.

⑭ FGDC 사무국(Secretariat Staff)은 FGDC 위원회를 위한 직원들이 상주하는 조직으로 버지니아 레스턴(Virginia Reston)의 USGS FGDC 본부 내에 있다.

4.4.6. 메타데이터

출제(용) : 66, 80, 86, 113, 117, 129, 134회, (논) : 125회

메타데이터(Metadata)란 수록된 데이터의 내용, 품질, 조건 및 특징 등을 저장한 데이터로 레이어, 속성, 공간 현상 등과 관련된 정보를 제공하며 데이터에 관한 데이터(Data about Data)를 의미하고 데이터의 이력서라 할 수 있다. 데이터의 검색을 위한 참조자료로써 이용되고 있으며 데이터의 효율적인 관리와 공급을 위해서는 데이터와 관련된 제반 사항에 대한 정보가 중요하다. 데이터가 생성된 날부터 데이터의 품질, 도형데이터와 속성데이터의 구성, 데이터의 제공 포맷, 데이터의 정확도, 각종 이력 사항 등 데이터와 관련된 사항이 정리되어 사용자에게 공급됨으로써 보다 효율적이고 폭넓은 데이터의 활용이 가능하게 된다.

4.4.6.1. 메타데이터의 기본 요소

① 메타데이터는 목적에 적합한 자료의 검색을 위한 정보들을 주요 내용으로 자료의 식별정보, 자료품질 정보, 공간자료 구성 정보, 공간참조정보, 도형과 속성에 관한 정보, 배포정보, 참조정보, 데이터의 날짜와 시간에 관한 정보, 연락처에 관한 정보 등이 있다.

② 식별정보(Identification Information)는 자료에 대한 기본적인 정보 취득이나 이용을 위한 규칙 등이 된다.

③ 자료품질 정보(Data Quality Information)는 자료의 품질 평가, 위치 및 속성의 정확성, 완결성, 일치성, 정보의 원천, 정보 생산방법 등이 포함된다.

④ 공간자료 구성정보(Spatial Data Organization Information)는 자료의 공간정보를 표현하는데 이용된 방법, 공간적 위치를 래스터 또는 벡터 및 주소 및 행정코드의 방법과 공간객체의 수로 표현하는 방법이다.

⑤ 공간참조정보(Spatial Reference Information)는 공간정보 참조를 위한 기본 틀과 인코딩 수단, 좌표계에 대한 설명, 지도투영법 및 직교좌표체계의 이름, 수평 및 수직 해상도, 좌표계 해상도 등이 포함된다.

⑥ 도형과 속성에 관한 정보(Entity and Attribute Information)는 실체의 형태, 속성 및 속성값이 할당된 영역 등의 데이터 내용에 대한 정보로 속성과 속성값의 정의 및 이름 등이 해당한다.

⑦ 배포정보(Distribution Information)는 자료취득 관련 정보를 통해 자료를 얻는 방법에 대한 정보, 자료취득에 드는 비용 등이 포함된다.

⑧ 참조정보(Reference Information)는 메타데이터 정보의 현재성과 책임소재에 대한 정보. 메타데이터를 제공하는 조직의 정보 및 현재성이 포함된다.

4.4.6.2. 메타데이터의 특징

① 작성자와 관계없이 데이터의 기본체계를 유지하여 시간과 관계없이 일관성 있는 데이터를 사용자에게 제공하므로 사용자의 편리를 도모한다.

② 정보공유의 극대화를 도모하며 데이터의 교환을 원활히 지원하기 위한 틀을 제공한다.

③ 데이터를 목록화하기 때문에 편리한 정보를 제공한다.

④ 온라인 사용자의 접근을 편리하게 활용하도록 사용되는 표준어이다.

⑤ 데이터를 생산, 유지·관리하는데 필요한 정보와 사용자가 데이터를 사용하는 데 필요한 정보가 있다.

⑥ 네트워크를 통하여 정보를 공유하고자 하는 온라인 사용자의 접근을 편리하게 활용하도록 사용되는 표준어이다.
⑦ 데이터베이스에 저장된 데이터의 내용에 관한 포괄적이고 체계적인 정보를 갖고 있다.
⑧ 데이터의 특성과 내용을 설명하는 데이터로서 데이터의 양이 많다.
⑨ 대용량의 공간데이터를 구축하는 데 비용과 시간을 절감할 수 있다.
⑩ 데이터에 대한 목록을 체계적이고 표준화된 방식으로 제공함으로써 데이터의 공유화를 촉진한다.

4.4.6.3. 메타데이터의 역할

① 메타데이터는 취득하려는 자료가 사용 목적에 적합한 품질의 데이터인지를 확인할 수 있는 정보가 제공되어야 한다.
② 토지정보체계의 자료가 표준화된 규정에 따라 구축되면 그에 따른 효과는 매우 높게 나타나므로 메타데이터의 중요성을 확인할 수 있다.
③ 다양한 자료에 대한 접근의 용이성을 최대화하기 위해서는 참조된 모든 자료의 특성을 표현할 수 있는 메타데이터의 체계가 필요하다.
④ 시간과 비용을 절약하고 불필요한 송수신 과정을 최소화함으로써 공간정보 유통의 효율성을 제고시킬 수 있다.

4.4.6.4. 국내 메타데이터

① 1995년 12월 우리나라의 NGIS 데이터 교환 표준으로서 SDTS가 채택되었다.
② 1996년 국가 기본도 및 공통 데이터교환포맷 표준안을 확정하여 국가표준으로 제정하였다.
③ 한국전산원 메타데이터 표준은 국가 지리정보에 대한 공동 활용과 원활한 유통을 지원하기 위하여 ISO/TC211을 기반으로 제정되었다.
④ 한국전산원의 메타데이터는 자료를 식별하는 데 필요한 최소한의 메타데이터를 제공하고, 자료들에 대한 정보를 간략히 목록화하여 유통관리 기구를 통한 검색을 목적으로 한다.
⑤ 국토지리정보원은 수치지형도의 제작과 관리의 효율적인 목적 및 사용자를 대상으로 원활한 공급과 활용을 위한 메타데이터의 구축이 중요시되었다.
⑥ ISO 메타데이터의 기본골격에서 기인하며 의미상의 관계와 전체적인 구성을 위한 데이터의 집합체가 있고, 하부에 실제데이터가 기술되도록 하여 ISO 메타데이터와 유사한 계층구조를 갖는다.

4.4.6.5. 국외 메타데이터

메타데이터는 국가별로 사회적·문화적 환경 및 기술 수준에 따라 다양하며 메타데이터의 중요성에 대한 인식은 GIS/LIS 데이터베이스 구축이 본격화되면서 이루어졌는데, 현재 국가별로 메타데이터 표준화 작업을 추진하고 있다.

(1) 미국

① 연방 지리데이터 위원회(FGD)는 메타데이터에 관한 용어의 정의와 활용에 있어 표준을 제시하여 사용상의 통일성을 기하기 위하여 제정하였다.

② FGDC는 1992년 메타데이터에 대한 포럼(Forum)을 통해 메타데이터의 표준화 작업을 시작하였다.

③ FGDC의 메타데이터 표준은 ISO/TC 211의 지리정보 표준인 ISO15046 중 메타데이터 부분을 기초적인 토대로 활용되었다.

④ 메타데이터의 주요 사용 목적은 데이터 생성 기관의 내부적인 데이터 관리, 데이터 생성 기관이 보유하고 있는 데이터에 대한 정보를 데이터 공급기관에 제공, 처리 및 가공이 필요한 데이터에 대한 정보 등으로 구분하고 있다.

⑤ 메타데이터 내용은 목적에 적합한 자료의 검색을 위한 정보들을 주요 내용으로 하며 식별정보(Identification), 자료 품질정보(Data Quality), 공간자료 구성정보(Spatial Data Organization), 공간좌표정보(Spatial Reference), 도형과 속성에 관한 정보(Entity and Attribute), 공급정보(Distribution), 메타데이터에 관한 정보(Metadata Reference Information), 데이터의 날짜와 시간에 관한 정보와 연락처에 관한 정보(Contact) 등이 있다.

⑥ 메타데이터의 정보는 논리적인 분류와 데이터의 의미를 기준으로 분류하기 위한 합성요소(Compound Elements)와 실제데이터가 입력되는 데이터 요소(Data Elements)로 구성되어 있다.

(2) 호주

① 호주의 메타데이터는 미국이나 유럽과 다소 차이가 있으며 1994년 메타데이터의 사용이 결정되면서 메타데이터에 관한 연구가 본격화되었다.

② 호주는 자체적으로 개발하지 않고 미국의 메타데이터 핵심 사항만을 사용함으로써 메타데이터의 구성이 미국과 유럽에 비하여 간단한 편이다.

③ 호주·뉴질랜드 토지정보위원회(ANZLIC; Australia and New Zealand Land Information Center)의 자문위원회가 주관이 되어 1995년 메타데이터의 구성요소와 임시적 기초를 마련하였다.

④ 호주에서는 기본적으로 메타데이터의 체계를 국가적 수준(National Metadata Directory), 연방 수준(Jurisdictional Metadata Directory), 지방 수준(Local Metadata Directory)으로 구분하여 전체 메타데이터의 체계를 정립하고 있다.

(3) 유럽공동체

① 유럽공동체의 메타데이터는 EC(European Communities) 산하의 표준화위원회 기술분과위원회(CEN/TC 287, WG2)에서 1995년 6월에 작성되었다.

② EC의 표준화 기술분과(CEN/TC 287)의 메타데이터는 자료를 설명하는 개념적인 틀을 마련하였다.

③ 메타데이터의 표준화는 현존하는 자료에 대한 정보의 부족으로 인한 데이터 사용의 한계를 극복하고, 광범위한 자료 유통을 목적으로 시작되었다.

④ 데이터의 수요자가 데이터세트의 활용성과 적합성을 판단할 수 있도록 정보를 제공하는 데 초점을 맞추고 있다.

⑤ EC의 메타데이터는 유럽 여러 국가에서 제작되는 지리정보의 특성을 고려하여 설계됨으로써 미국의 메타데이터에 비해 다소 규범적인 특징이 있다.

4.4.6.6. 메타데이터의 이용

① 공간정보에 대한 내부적 투자구성 및 유지

② 조직이 보유한 정보에 대한 정보를 정보목록, 유통기구, 중개자료 등에 제공

③ 외부로부터 전송을 통해 입수한 정보를 처리하고 해석하기 위한 정보제공

4.4.7. 데이터의 중첩

출제(용) : 60, 126회, (논) : 78, 104회

각각의 자료집단이 주어진 기본도를 기초로 둘 또는 그 이상의 자료 관측에 대하여 분석될 수 있는 기법을 중첩 또는 합성이라 한다. GIS는 서로 다른 자료층(Layer)을 중첩(Overlay)하여 각각의 자료 층이 가지고 있는 정보를 합할 수 있으며 각각의 레이어는 동일 좌표계를 기준으로 하여야 한다. 중첩이란 하나의 커버리지 위에 다른 커버리지를 올려놓고 두 커버리지에 나타난 형상 간의 관계를 분석하는 것이다.

(1) 중첩의 유형

① 중첩 기능은 폴리곤과 폴리곤으로 표현되는 대상물들을 위주로 수행된다.

② 중첩은 폴리곤으로 표현된 하나의 레이어에 또 다른 레이어의 폴리곤을 중첩하는 것이다.

③ 폴리곤 중첩은 캐나다의 지리정보시스템에서 처음 시작되었다.

④ 중첩의 유형은 점과 폴리곤의 중첩, 선 형상과 폴리곤의 중첩, 폴리곤과 폴리곤의 중첩으로 구분할수 있다.

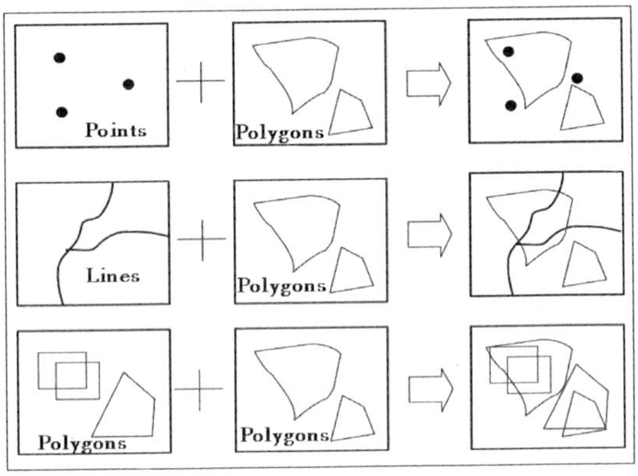

〈그림 4-15〉 유형별 중첩

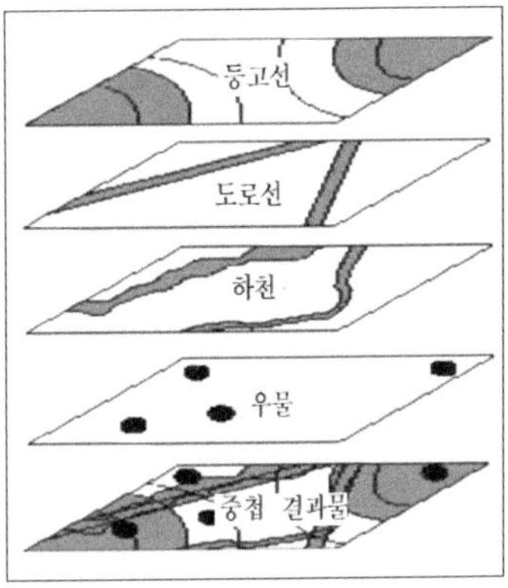

〈그림 4-16〉 Layer의 중첩

(2) 중첩 기능

① 1781년 미국 독립전쟁에서 뉴욕 타운 지도 위에 군대의 이동경로를 하나의 레이어로 중첩한 것이 최초이다.

② 서로 다른 자료층(Layer)을 중첩하여 각각의 Layer가 가지고 있는 정보를 해석 또는 제공하는 기능을 하며 중첩의 기능은 다음과 같이 분류할 수 있다.

- 중첩을 통해 형상 간의 공간 관계를 파악할 수 있다.
- 중첩 기능을 통해 다양한 데이터베이스로부터 분석적인 정보를 추출할 수 있다.
- 중첩 기능을 통해 새로운 가설이나 이론 및 시뮬레이션 정보를 추출하는 모델링 작업을 수행할 수 있다.

③ 목적에 따라 중첩 기능을 통해 다양한 Database로부터 변환 과정을 통해 새로운 정보를 추출할 수 있다.

④ 래스터데이터로 할 때는 데이터 압축 방법을 사용하여 동일 속성을 갖는 지역의 데이터를 효율적으로 압축하여 저장할 수 있다.
⑤ 일반적으로 래스터데이터 구조가 벡터데이터 구조에 비해 중첩 연산의 수행이 훨씬 쉽다.
⑥ 벡터데이터의 경우 중첩이 이루어지면 폴리곤과 관련된 속성값은 별개의 테이블에 저장되며 중첩과 함께 두 개의 Layer가 합쳐짐에 따라 많은 수의 다양한 형태의 폴리곤이 형성된다.

(3) 중첩의 특징

① 각각 서로 다른 자료를 취득하여 합성하는 것으로 다량의 정보를 종합할 수 있다.
② 자료가 업그레이드되면 레이어별로 처리할 수 있으므로 자료의 관리가 편리하다.
③ 다량의 정보 중에서도 각각 Layer를 달리하고 있으므로 Layer별로 자료를 제공할 수 있다.
④ 자료가 최신화되면 Layer별로 처리할 수 있으므로 자료의 관리가 편리하며 사용자로서도 필요한 자료만을 제공받을 수 있어 편리하다.
⑤ 각종 주제도를 통합 또는 분산 관리할 수 있다.
⑥ 중첩을 통해 형상들의 위치인 공간 관계를 파악할 수 있다.

(4) 중첩의 연산 기능

① 중첩 연산에는 여러 가지 방법이 있으며 서로 기능상의 차이로 인해 산출되는 결과물도 매우 달라진다.
② 두 커버리지를 결합하는 합집합(Union)과 두 커버리지를 교차하는 교집합(Intersection)이 가장 일반적으로 사용되고 있으며 그 밖에도 다양한 기능상에 따른 중첩 연산이 가능하다.
③ 연산 기능의 특성

- 교차(Intersect : A and B) : 첫 번째 커버리지 A의 형상에 두 번째 커버리지 B의 형상을 교차시키는 경우로 그 결과 커버리지 B는 그대로 유지되지만, 커버리지 A 형상은 커버리지 B 안에 있는 형상들만 나타나게 된다.
- 결합(Union : A or B) : 커버리지 A와 B를 결합하면 두 커버리지 간에 겹치거나 부분적으로 교차하는 모든 형상이 포함된 산출 커버리지가 생성된다.

- 동일성(Identity) : 첫 번째 입력 커버리지 A의 모든 형상은 그대로 유지되며, 커버리지 B의 형상은 커버리지 A 안에 있는 형상들만 나타나게 된다.
- 자르기(Clip) : 두 번째 커버리지 B를 이용하여 첫 번째 입력 커버리지 A의 일부분을 지우는 것이다.
- 지우기(Erase) : 두 번째 커버리지 B를 이용하여 첫 번째 입력 커버리지 A의 일부분을 지우는 것이다.
- 조각내기(Split) : 첫 번째 커버리지 A를 두 번째 커버리지 B를 토대로 하여 작은 구역으로 면적을 분할하여 조각으로 분리하는 것이다.

④ 중첩 기능 가운데 클립(clip)과 마스크(mask)의 기능이 있다.

⑤ 클립은 별도의 커버리지를 생성하지 않고 목적에 부합되는 분석을 위해서 입력 커버리지의 일부분을 제거하는 연산을 수행하게 된다.

⑥ 마스크(mask)는 클립의 한 유형으로 원하는 구역은 마치 투명한 창으로 데이터를 그대로 통과시키는 반면에 다른 구역들은 불투명한 부분으로 데이터가 가려지는 것이다.

⑦ 클립의 기능은 잘라내고 나면 원래 커버리지의 형상들이 다 제거되는 데 비해 마스크의 기능은 커버리지에서 가려질 뿐이며 형상들은 그대로 유지된다.

(5) 커버리지

① 커버리지(Coverage)란 분석을 위해 여러 지도 요소를 겹칠 때 그 지도 요소 하나하나를 가리키는 말로써 커버리지 하나는 독립적인 지도가 될 수 있고 완성된 지도의 한 부분이 될 수도 있으며 레이어(Layer)라 할 수 있다.

② 커버리지는 지형, 지물 또는 주제적으로 일치되는 점, 선, 면 등으로 구성되어 있으며 그들의 속성은 속성 테이블에 저장된다.

③ 지리적 객체가 통합되어 저장된 논리적 집합체라 할 수 있다.

④ 커버리지의 구성요소

- 기준점, 아크, 폴리곤
- 노드, 경계, 주석 등

⑤ 커버리지의 특징

- 표현될 지리적 영역의 크기에는 제한이 없다.
- 커버리지에 저장할 지리 자료의 크기와 내용에 제한받지 않는다.
- 상호 관련된 파일들이 모여서 이루어져 있다.

⑥ 커버리지의 조작

- 분석 기능 가운데 가장 기본적인 것은 이미 구축된 커버리지를 주어진 목적에 따라서 다양하게 조작하는 것이다.
- 커버리지의 조작 기능은 커버리지의 분리와 면적 분할, 도엽 결합, 삭제, 갱신 등 매우 다양하다.
- 광범위한 지역에 대한 기본도를 구축하여야 하는 경우 소지역으로 분리하여 구축하는 것이 효율적이다.
- 전체 대상 지역을 작은 단위면적으로 분할하여 관리하면 신속하고 다양한 연산을 수행할 수 있는데 각각의 작은 면적으로 분할된 지도를 타일(tile)이라고 한다.
- 타일을 기반으로 하는 데이터의 관리는 데이터파일의 효율적인 검색 기능을 제공함으로써 시스템의 제반 성능을 향상하게 시킬 수 있다.
- 대상 지역 전체를 추출하여야 하는 경우 각각의 타일들을 모두 결합해야 하므로 시간이 많이 소요되고 처리 속도가 늦어질 수도 있다.
- 타일과는 반대로 여러 장의 지도를 합쳐서 하나의 지도로 만드는 것을 지도의 결합(map join)이라 한다.
- 공간객체들을 추가하거나 삭제하거나 불필요한 구역을 삭제하는 등의 커버리지 수정을 쉽게 수행할 수 있다.

(6) 질의

① 질의(query)는 가장 기본적인 분석기법으로 사용자에 의해 던져지는 질문에 대한 답을 찾는 것으로 질의하는 동안 데이터베이스의 변화나 새로운 데이터가 만들어지는 것은 아니다.

② 질의란 사용자가 어떤 조건을 제시하면 데이터베이스에서 그 조건에 맞는 지역을 찾아내는 것이다.

③ 테이블과 연관된 데이터베이스를 질의하는 표준 언어인 SQL 기술의 발전으로 더욱 복잡하고 다양한 질의가 가능하게 되었다.

④ SQL의 가장 기본적인 3가지 유형의 질의 조작어

- SELECT : 테이블의 특정한 행에서 데이터 항목을 추출하는 명령어
- PROJECT : 테이블의 특정한 열에서 데이터 항목을 추출하는 명령어
- JOIN : 테이블의 공통 행에서 나타나는 값을 기준으로 하여 두 테이블을 병합하는 명령어

(7) 재 부호화와 재분류

① 재 부호화(Recode)는 속성 숫자나 명칭을 변화시키는 간단한 작업에 의해 이루어진다.

② 주요 토양 유형은 그룹으로 함께 나타나고 공간분포는 자료를 일반화한 후에 명백하게 나타난다.

③ 재 부호화 기능은 벡터데이터나 래스터데이터와 관계없이 쉽게 수행된다.

④ 재부호화는 데이터를 일반화시켜서 재분류하고자 할 때 주로 활용되는 기능이다.

4.4.8. 데이터의 공간분석

출제(논) : 104, 126회

공간분석은 데이터베이스로부터 유용한 정보를 추출하기 위해 사용되는 기법으로, 공간데이터에 가치를 부여하거나 공간데이터를 유용한 정보로 변환하는 과정이라 할 수 있다. 공간데이터와 속성데이터의 통합분석 기능에는 갱신, 분류, 측정의 단순한 기능을 비롯하여 중첩, 근접분석, 연결성 분석 등이 포함되며 분석 기능은 데이터구조, 하드웨어, 시스템의 성능 등에 의하여 영향을 받는다.

4.4.8.1. 공간적 상호관계 분석

① GIS는 공간상에 분포하는 지형·지물 간의 공간적 상호관계를 인식하고 분석하여 필요한 정보를 얻을 수 있는 과정을 공간분석이라고 하며, 공간적 상호관계를 위상관계라고 한다.

② 공간적 위상관계는 지형·지물 간의 상호 인접성, 연결성, 포함성 등으로 여러 가지 형태의 공간적 분석과 검색을 할 수 있다.

③ 검색조건에서 속성데이터에 대한 조건, 지역에 대한 조건, 객체와의 위치관계에 대한 조건을 줄 수 있으며, 그 결과로서 조건을 만족하는 객체를 지도상에 표시하고 저장할 수 있다.

④ 위상관계가 부여된 자료를 대상으로 최단 경로 검색과 같은 네트워크 분석도 가능하다.

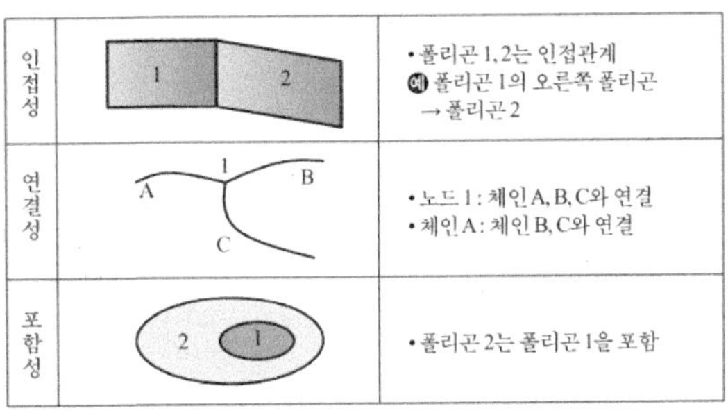

〈그림 4-17〉 공간적 상호관계

4.4.8.2. 연결성 분석

① 연결성(Connectivity)은 누적된 거리의 측정과 같은 연속성의 계산이나 근접성의 판단, 자원의 적절한 분배나 유체의 흐름을 대상으로 하는 관망해석, 확산이나 시계분석 등에 사용된다.

② 도로에 부여된 각종 제한 조건으로 일방통행이나 속도 제한과 같은 사항은 허용할 수 있는 움직임의 명시라 할 수 있으며 측정의 단위는 도로상의 거리를 나타내는 데 사용되는 미터 단위로 한다.

4.4.8.3. 버퍼 분석

버퍼(buffer) 분석은 객체나 사상 간의 공간적인 위치 관계를 알고자 하는 것으로 인접성, 연결성, 근접성 측정과 같은 기법이 사용되며 근접성(Proximity) 분석이라고도 한다.

(1) 버퍼(buffer)

- 모든 Buffer는 언제나 대상물로부터 일정한 거리만을 갖는다.
- Buffer는 언제나 두 개 이상의 Layer가 필요하다.
- 버퍼링은 벡터 자료의 면(Polygon) 자료에만 적용할 수 있다.
- 버퍼링(Buffering)은 근접분석을 수행할 때 특정지점 또는 선형으로 나타나는 공간주변 지역의 특성을 평가하는 데 활용된다.

(2) 버퍼링(buffering) 분석

- Buffer 분석 기법은 점, 선, 다각형을 기준으로 특정한 지역을 설정하여 이 지역 내에 있는 위치, 모양, 방향 등의 모든 자료에 대한 검색, 질의 및 분석을 가능하게 한다.
- 객체나 사상 간의 공간적인 위치 관계를 알고자 하는 것으로 인접성, 연결성, 근접성 측정과 같은 기법이 사용되고 있다.
- 어떤 객체(점, 선, 폴리곤) 둘레에 특정한 폭을 가진 구역을 구축(생성)하는 것이며, 버퍼를 생성하는 것을 버퍼링이라고 하며, 근린분석, 근접분석이라고도 한다.
- 버퍼링 분석(buffering)은 지점이나 선분을 중심으로 주위의 지역을 설정하는 것을 말한다.

(3) 버퍼 분석 활용

- 최적경로 선정은 화재 발생, 구급차의 운행경로, 항공기 운항 경로, 대중교통을 위한 버스의 운행경로 등의 노선 결정에 많이 활용한다.
- 대도시에서 소방서나 경찰서의 적정위치 선정을 위해서 많이 활용된다.
- 분석 결과는 입지 분석, 토지개발 및 국토·도시 계획, 환경규제 등에 사용할 수 있다.

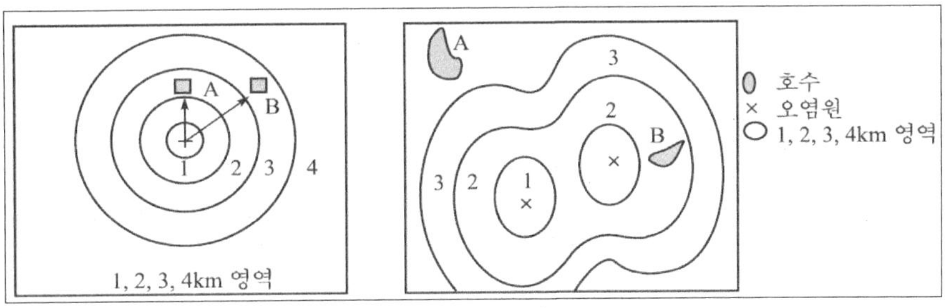

<그림 4-18> 버퍼를 이용한 근접성 분석

4.4.8.4. 네트워크분석

네트워크분석은 연결성, 방향성, 최단 경로, 최적경로의 분석을 통해 이동하는 최단 경로를 표현하고 분석할 수 있는 것으로 관망 분석이라고도 한다.

(1) 특징

① 네트워크를 하여 이동되는 자원이 필요하며 물건의 배달을 위한 창고나 보급소와 같은 자원이 위치하는 하나 이상의 위치가 존재하여야 한다.
② 도로에서 주행할 수 있는 최대 속도와 같은 관망 내에 주어진 제한 조건이 필요하다.
③ 분석 결과는 일일 시간대 변경에 따라 달라지지 않는다.
④ 정확도가 검증되지 않은 도로와 교차로는 잘못 연결될 수 있다.

(2) 분석 유형

① 최단 경로나 최소비용 경로를 찾는 경로 탐색
② 시설물을 적정한 위치에 할당하는 배분 기능
③ 네트워크상에서 연결성을 추적하는 기능

④ 지역 간의 공간적 상호 작용
⑤ 수요에 맞추어 가장 효율적으로 재화나 서비스 시설을 자리 잡게 하는 입지의 배분 기능

(2) 활용

① 물건이 배달되어야 하는 고객의 위치나 경찰의 순찰 지역과 같은 서비스 제공 대상 지역의 설정에 활용된다.
② 서로 연관된 일련의 선형 형상물로 고속도로, 철도, 도로와 같은 교통망이나 전기, 전화, 상·하수도, 하천 등과 같은 것들의 연결성과 경로를 분석에 활용된다.
③ 일반적으로 하나의 지점에서 다른 지점으로 자원의 이동에 사용된다.
④ 도시의 도로망이나 항공노선, 하천의 흐름과 같은 것들은 네트워크분석의 대표적인 예이다.
⑤ 시간대별, 실시간 및 예측 교통 정보가 포함된 종합적인 도로 데이터를 제공할 수 있다.

4.4.8.5. 중첩분석

중첩이란 하나의 커버리지 위에 다른 커버리지를 올려놓고 두 커버리지에 나타난 형상 간의 관계를 분석하는 것이다. 중첩분석은 서로 다른 주제를 나타내는 여러 지도를 여러 방식으로 서로 겹치게 하여 원하는 정보를 추출하는 GIS 분석이다.

(1) 중첩 기능

① GIS의 분석 기능 가운데 가장 막강한 기능으로 평가되는 것은 다른 주제도 위에 또 다른 주제도를 이용하여 두 도면 간의 관계를 분석하고 이를 지도학적으로 표현할 수 있는 중첩 기능이다.
② 1781년 뉴욕시에서 벌어진 미국 독립전쟁에서 뉴욕 타운 지도 위에 군대의 이동 경로를 하나의 레이어로 중첩시킨 것이 최초이다.
③ 목적에 따라 중첩 기능을 통해 다양한 Database로부터 변환과정을 통해 새로운 정보를 추출할 수 있다.

(2) 중첩의 유형

① 중첩 기능은 폴리곤과 폴리곤으로 표현되는 대상물들을 위주로 수행된다.

② 중첩은 폴리곤으로 표현된 하나의 레이어에 또 다른 레이어의 폴리곤을 중첩하는 것이다.

③ 폴리곤 중첩은 캐나다의 지리정보시스템에서 처음 시작되었다.

④ 중첩의 유형은 점과 폴리곤의 중첩, 선 형상과 폴리곤의 중첩, 폴리곤과 폴리곤의 중첩으로 구분한다.

(3) 중첩의 특징

① 각각 서로 다른 자료를 취득하여 합성하는 것으로 다량의 정보를 종합할 수 있다.

② 자료가 업그레이드되면 레이어별로 처리할 수 있으므로 자료의 관리가 편리하다.

③ 다량의 정보 중에서도 각각 Layer를 달리하고 있으므로 Layer별로 자료를 제공할 수 있다.

④ 자료가 최신화되면 Layer별로 처리할 수 있으므로 자료의 관리가 편리하며 사용자로서도 필요한 자료만을 제공받을 수 있어 편리하다.

⑤ 각종 주제도를 통합 또는 분산 관리할 수 있다.

⑥ 중첩을 통해 형상들의 위치인 공간 관계를 파악할 수 있다.

(4) 중첩분석의 활용

① 점, 선 또는 다각형 형태의 여러 지도의 중첩분석은 시각적으로 동일한 영역의 여러 지도를 쌓은 후 그것을 새로운 하나의 출력 지도로 만든다.

② 중첩분석은 GIS를 이용하여 수행하는 각종 적지 선정에 대표적으로 사용된다.

③ 적지선정에는 공항, 항만, 도로, 철도, 쓰레기 매립지 등 각종 시설물 적지 선정, 상권 분석을 통한 신규 매장 적지 선정, 도시 계획 단계에서 도시 적지 선정 등이 있다.

④ 토지이용도를 중첩시키면, 척박한 토양에 있는 경작지를 분리해낼 수 있다.

⑤ 재해 위험지 선정에는 홍수, 산사태, 지반침하는 각종 자연재해에 대한 위험지역 선정 등이 있다.

⑥ 동식물 서식지 선정에는 멸종 위기종 등 각종 동식물에 대한 생태 적지 선정이 있다.

4.4.8.6. 지형분석

지형분석은 지형의 상태를 나타낸 자료를 통칭한 수치표고 자료는 지표면에 일정 간격으로 분포된 지점의 높이 값을 수치로 기록한 것으로 컴퓨터를 이용하여 분석이 편리해지도록 만든 것이다.

(1) 특징

① 고도값이 등고선처럼 불규칙한 데이터의 점으로 연결되거나 고도값을 갖지 않은 격자에 대해 주변의 고도값을 이용하여 추정하고 해당 격자에 고도값을 부여한다.

② TIN은 불규칙하게 분포된 위치에서 표고를 추출하여 삼각형의 형태로 연결하고 전체 지형을 표현하는 방식으로 경사의 크기와 방향 등을 결정한다.

③ 수치로 표현되는 지형은 격자구조를 갖는데 일정 격자 크기의 구조는 항공사진이나 인공위성 영상의 입체분석을 통하여 생성한다.

④ TIN을 이용하여 경사의 크기와 경사의 방향 등 주요 변수 값을 각각의 선분에 대하여 계산한다.

⑤ TIN은 위상모형의 하나로 삼각 단면에 대한 X, Y 좌표와 공간적 구성 관계를 나타내는 정보가 테이블의 형태로 저장한다.

⑥ TIN은 격자방식에 비하여 정확하고 효과적인 방식으로 지표면을 나타내는 장점과 TIN 데이터파일을 생성하기 위하여 많은 처리가 필요한 단점이 있다.

(2) 활용

① 사면의 경사, 사면의 방향, 고도에 따른 지역분류, 토공량 계산 등을 할 수 있다.

② 3차원 지형에 대한 자료를 처리 및 모형을 생성할 수 있다.

③ 계곡이나 골짜기, 산 정상, 특이 지형 등은 데이터의 밀도를 높임으로써 지표면의 형태를 정확하게 수치로 기록할 수 있다.

④ 지형의 변화를 표현하는 TIN이나 EDM 방식은 지형의 상태를 나타내는 것 이외에도 일정 지역 내 연속적인 변이를 갖는 특징이나 속성을 표현하는 데 사용된다.

4.4.8.7. 데이터의 분석

① 데이터의 분석은 벡터데이터와 래스터데이터 및 속성데이터에 적용할 수 있다.

② 분석 방법에는 질의검색, 통계분석, 재 부호화와 재분류, 근접분석, 중첩분석, 버퍼 및 지형분석, 네트워크 분석 등으로 구분할 수 있다.

- 질의검색은 사용자가 특정 조건을 제시하면 데이터베이스 내에서 주어진 조건을 만족하는 레코드(객체)를 찾아내는 것이다.

- 통계분석은 취득한 자료를 대상으로 최대, 최소, 소계, 총계, 표준편차, 분산 등의 분석과 상관관계 조사, 회귀분석 등을 실시할 수 있다.
- 재 부호화란 속성값의 숫자나 명칭을 변경하는 작업이다.
- 재분류란 주어진 자료에 대하여 구간을 설정하거나 여러 가지의 기준을 새로 설정하여 자료를 다시 분류하는 것이다.
- 근접분석은 객체나 사상 간의 공간적인 위치 관계를 알고자 하는 것으로 인접성, 연결성, 근접성 측정과 같은 기법이 사용되고 있다.
- 중첩분석은 도형자료에 적용되는 것으로 중첩은 하나의 레이어 또는 커버리지 위에 다른 레이어를 올려놓고 두 레이어에 나타난 형상 간의 관계를 분석하는 것이다.
- 버퍼(buffer)란 어떤 객체(점, 선, 폴리곤) 둘레에 특정한 폭을 가진 구역을 구축하는 것이며, 버퍼를 생성하는 것을 버퍼링이라고 한다.
- 네트워크분석은 서로 연관된 일련의 선형 형상물로 고속도로, 철도, 도로와 같은 교통망이나 전기, 전화, 상·하수도, 하천 등과 같은 것들의 연결성과 경로를 분석하는 것이다.

4.4.9. 데이터의 가공

(1) 데이터의 가공 순서

① 데이터의 가공에는 분리, 분할, 합병, 폴리곤 생성, 러버 슈팅(Rubber Sheeting), 투영법 및 좌표계변환, 면적의 분할 등의 순서로 처리하고 있다.

② 분리는 전체데이터에서 원하는 지역만을 추출하는 것으로 지도에서 일부분만 분리하여 새로운 지도 또는 커버리지로 만들고 작업한다면 우리나라 전체 지도를 대상으로 작업할 때보다 작업시간을 줄일 수 있다.

③ 분할은 하나의 영역에서 지정하는 면적을 둘 이상으로 분할하여 객체가 하나 이상 증가하게 되는데 분할 전과 후에 공간데이터와 링크된 속성 테이블의 구조는 그대로 유지할 수 있다.

④ 합병은 두 개로 만들어진 인접한 객체를 하나로 만드는 것으로 지적도의 도곽을 접합할 때도 사용되며 합병할 두 객체와 링크된 속성 테이블도 같아야 한다.

⑤ 폴리곤 생성은 선들을 폐합하거나 교차할 때 하나하나 독립된 폴리곤을 형성하는 것으로 폴리곤 생성을 할 때 선들이 완전히 연결된 때도 있지만 언더슈트(Undershoot)나 오버슈트(Overshoot)가 발생한 때도 있다.

⑥ 토지정보체계에서는 현재 사용 중인 좌표계 또는 투영법에서 다른 좌표계 또는 투영법으로 변환할 수 있다.

⑦ 디지타이징을 통해 선이나 폴리곤의 객체를 입력하는 경우 때때로 필요한 좌표보다 많은 좌표를 입력하는 때도 있다.

(2) 러버 슈팅

출제(용) : 92회, (논) : 72회

① 러버 슈팅(Rubber Sheeting)은 도면 내에 일부나 도엽 전체의 고무판을 잡아당기듯이 여러 방향으로 늘리거나 줄이는 것으로 기하학적 수식으로 변환하는 기법이다.

② 러버 슈팅에는 몇 개의 기준점과 변환점을 각각 지정하여 변환 전의 위치와 변환 후의 위치를 지정해 주면 기준점의 변환 전후의 좌표를 기초로 변환 수식을 만들어서 변환한다.

③ 러버 슈팅은 자료의 변형을 가져오므로 경계복원에 영향을 미치게 될 때는 적용할 수 없다.

④ 기능

- 러버 슈팅 작업은 수치지도를 정해진 형식에 맞추어 넣은 것으로 정해진 기준점을 중심으로 지도를 늘이거나 줄이는 기능을 포함하고 있다.
- 조정할 지도와 지정된 규격에 있는 기준점들은 같은 좌표값을 가져야 한다.
- 장기간의 보관 과정에서 환경에 따라 원형이 훼손된 지도의 스캐닝에 의한 래스터 지도 또는 디지타이징에 의한 벡터지도의 왜곡현상을 보정하기 위한 필수적 기능이다.

⑤ 활용

- 경사사진으로 촬영된 항공사진을 정사사진으로 변환하는 용도로 활용할 수 있다.
- 러버 슈팅 프로그램을 이용할 때는 도곽좌표, 주요 지형·지물 좌표 등을 기준점으로 활용되는 점들이 지형도나 항공사진에 입력될 수 있다.
- 러버 슈팅 기능을 활용하여 지적도와 지형도를 중첩할 수 있다.

4.4.10. 우리나라 지적통계 구축

출제(논) : 113, 122회

4.4.10.1. 지적통계 구축

① 국가의 모든 토지를 공적장부인 지적공부(地籍公簿)에 등록하여, 이를 기초로 행정구역별, 소유구분별, 지목로 분류하여 지적통계를 구축한다.

② 국토개발현황을 월·연단위로 분석하고 일필지 단위로도 토지이용현황을 파악할 수 있어 실질적인 정책입안 및 정책평가 등에 다양하게 활용할 수 있도록 구축한다.

③ 지적통계는 전년도 12월 말 기준으로 지적공부에 등록된 토지의 면적과 지번수를 집계한 것으로 구축한다.

④ 면적 단위는 "제곱미터(㎡)", 지번수의 단위는 "필"로 하고 있다.

⑤ 지목별 지적통계는 전국 토지를 주된 용도에 따라 28개 지목으로 분류·등록한 결과 토지이용현황을 쉽게 파악하여 국토개발·보전계획 수립 등에 활용한다.

4.4.10.2. 지적통계의 종류

(1) 통계 작성 시기

① 지역전산본부에서는 매월말 현재의 지적통계를 작성하여야 한다.

② 지적통계 작성은 매월말 시·군의 일일마감과 시·도의 사무종료 후에 작성하여야 한다.

③ 소관청은 작성한 지적공부등록현황과 일일마감 처리결과를 대조확인하고 지적통계의 증감을 매월 분석하여야 한다.

④ 지적통계의 증감은 토지이동 종목별, 지목별 변동 사항을 지난 월과 상호 대비하여야 한다.

(2) 지적전산 통계의 종류

① 지적공부등록지 현황

② 토지대장등록지 총괄(수치시행 지역 포함, 제외)

③ 토지대장등록지의 국유지와 민유지(수치시행 지역 포함, 제외)

④ 행정구역별 지목별 총괄

⑤ 지목별 현황

⑥ 경계점좌표등록부시행지 총괄(국유지, 민유지)

⑦ 지적공부등록 축척별 현황

⑧ 지적공부 미복구지 현황

⑨ 등록지 미복구지 총괄

⑩ 지적공부등록 소유구분별 총괄

⑪ 토지대장등록지 소유구분별 총괄

⑫ 토지대장등록지 소유구분별(수치시행 지역 포함, 제외)

⑬ 임야대장등록지 총괄(국유지, 민유지)

⑭ 임야대장등록지 소유구분별 총괄

⑮ 지적공부관리 현황(대장, 도면)

4.5. 데이터베이스

4.5.1. 개요

데이터베이스는 데이터베이스시스템의 가장 기초적인 요소이며, 3단계 스키마로 구성되는 데이터의 집합으로 데이터를 저장하고 활용하기 위한 언어도 구성요소이다. 데이터베이스(DB; Database)는 새로운 데이터를 저장하거나 기존의 데이터를 삭제, 변경시키는 작업을 통해 저장된 데이터를 지속해서 수정하여 최신의 데이터베이스를 유지, 관리한다. 또한, 정보가 중복되지 않도록 사용 목적과 사용자들을 고려하여 효율적이고 다양하게 구축해야 한다. 다양한 계층의 사용자들이 데이터베이스로 접근하는 경우 신뢰성과 유연성을 가져야 한다.

Database 자료는 도형자료와 속성자료로 구분되는데, 도형자료의 경우에는 점, 선, 면적의 형태로 구성되었으며 속성자료의 경우에는 통계자료, 보고서, 관측자료, 범례 등으로 주로 문자나 숫자로 구성되었다.

4.5.2. 데이터베이스의 구성

4.5.2.1. 개체와 객체

출제(논) : 123회

(1) 개체

① 개체(Entity)는 정보를 표현하는 단위 또는 관련 있는 속성들이 모여서 하나의 정보 단위를 이룬 것으로 의미 있는 속성들이 모인 것을 말한다.

② CAD에서 선이나 원호, 형상 등과 같은 도형요소로 하나의 단위로서 보관되고 조작될 수 있는 것이다.

③ 프로그램 언어에서의 변수나 배열, 형(type), 값, 식, 문장 등 기술의 대상이 되는 것이다.

④ 데이터베이스 설계에서는 실세계에서 개별적으로 인식될 수 있는 것으로 데이터베이스에 저장되는 데이터의 대상이 되는 것이다.

⑤ 파일시스템이나 데이터베이스에서는 레코드가 개체가 된다고 할 수 있다.

(2) 객체(object)

① 객체(object)는 상태와 기능을 갖는데 상태는 임의의 시점에서 주어진 객체에 대한 정적인 속성들의 집합이다.

② 기능은 객체 내 동적인 연산이며, 각 객체는 유일한 식별자(identifier)를 갖는다.

③ 모델링 측면에서 객체는 명확한 의미를 담고 있는 대상 또는 개념이다.

④ 넓게 보면 인간이 생각하고 표현할 수 있는 모두가 객체이다.

⑤ 프로그래머 측면에서 객체는 클래스에서 생성된 변수이다.

⑥ 소프트웨어 개발 관점에서 객체의 특성은 객체를 구별하는 유일한 식별자, 자료구조에 해당하는 상태, 연산을 수행할 수 있는 행위에 해당하는 잘 정의된 메소드를 갖는다.

⑦ 어떤 객체의 속성과 메소드에 접근하기 위해서는 그 객체로 메시지를 보내야 한다.

⑧ 메시지는 객체의 공통 인터페이스이며 메시지를 통하지 않고는 그 객체에 접근할 수 없다.

(3) 클래스(class)

① 같은 속성과 메소드를 공유하는 객체들의 특성이 같다고 하면 이들 객체를 하나로 묶을 수 있는 것을 말한다.

② 같은 클래스에 소속된 객체들은 같은 속성들과 메소드로 정의될 수 있다.

③ 클래스에 속한 객체를 클래스의 인스턴스(instance)라 한다.

④ 클래스 계층의 중요한 개념은 계승이며 어떤 클래스에 정의된 속성과 메소드는 그 클래스의 모든 하위 클래스에 계승된다.

⑤ 객체 지향형 데이터베이스에서 속성의 도메인은 클래스이며 속성의 도메인은 어떤 클래스와 그것의 하위 클래스의 인스턴스 집합이 될 수 있다.

4.5.2.2. 속성

① 속성(attribute)은 개체와 연관된 정보로서 개체의 성질이나 상태를 나타낸다.

② 속성은 정성적인 것과 정량적인 것으로 구분할 수 있다.

③ 가옥, 맨홀, 상수도 등과 같은 서로 다른 개체의 성질을 나타내는 것은 정성적인 것에 해당하고 상수도관의 굵기가 얼마이고 설치 연도가 언제이고 하는 것은 정량적인 것에 해당한다.

4.5.2.3. 관계성

① 한 개체 집합과 다른 개체 집합 간에는 여러 가지 유형의 관계(Relationship)가 존재할 수 있는데 이 관계도 데이터베이스에는 저장해야 할 존재이다.

② 관계는 속성 관계와 개체 관계로 나누어지며 속성 관계는 한 개체 내에서만 존재한다는 뜻에서 개체 내 관계(Intra－entity Relationship)라 할 수 있는 반면에 개체 관계는 개체 외부에 존재하는 개체 간 관계(Inter－entity Relationship)라 할 수 있다.

③ 두 개의 행정구역이 인접하여 있는 경우 이 두 개의 행정단위를 나타내는 개체들은 서로 인접한 공간상의 관계를 맺는 것을 개체 관계라고 할 수 있다.

④ 군이라는 행정구역 내에 존재하는 작은 행정구역인 면이나 리 같은 것들의 관계는 속성 관계라 할 수 있다.

4.5.3. 객체식별자(Object IDentifier, OID)

출제(논) : 108회

객체식별자(Object IDentifier, OID)는 지속성 있는 유무형의 객체를 유일하게 식별하기 위한 ID 체계로 ITU_TX. 680&ISO/IEC 8824-1에 공통 표준으로 제정된 식별 체계이다. 기억장치 객체에 붙는 영구 번호로 관계형 데이터베이스 레코드의 키 필드가 테이블의 레코드를 식별하는 방법과 유사한 기능을 한다. 국제표준화기구(ISO)와 국제전기통신연합(ITU) 등이 정보 보안 암호 코드, 속성, 알고리즘 같은 모든 사물과 객체를 세계적으로 고유 번호 하나로 구별하려고 마련한 국제표준 식별 체계이다.

(1) 특징

① 객체는 실세계 환경에서 존재하는 개체를 추상적으로 표현한 것이다.

② 객체식별자는 객체의 식별성을 표현한다.

③ 객체 생성 시 시스템에 의해 같이 생성되고 생성된 후에는 어떠한 경우에도 변경되지 않는다.

④ 객체 간의 관계는 객체식별자를 사용해 참조할 수 있다.

⑤ 각 객체는 시스템 전체에서 유일하게 식별될 수 있는 객체식별자(OID; Object Identifier)를 가지고 있다.

⑥ 객체식별자를 특정 객체에 접근하기 위한 유일한 수단으로 사용한다.

(2) 관계형 모델에서의 기본 키(PK)와 구별

① 기본 키는 갱신(UPDATE)가 가능하다.

② OID는 시스템에 의해 지정되고 객체의 속성(attribute) 값에 의존하지 않기 때문에 결코 변경될 수 없다.

③ OID는 객체가 제거될 때만 삭제되며, 삭제된 OID는 재사용할 수 없다.

(3) 디지털 객체식별자(digital object identifier)

① 인터넷 주소가 바뀌어도 새 주소로 찾아갈 수 있도록 웹 파일이나 인터넷 문서에 영구적으로 부여된 식별자이다.

② 서적에 부여된 국제표준도서번호(ISBN)와 같이 모든 디지털 객체에 부여되는 고유식별번호이다.

③ DOI는 개체의 디지털 식별자이지 디지털 개체의 식별자로 해석하지 않는다.

④ DOI에는 디지털 콘텐츠 소유, 제공자를 비롯하여 데이터에 관한 각종 정보가 입력되어 있다.

⑤ 저작자 보호와 콘텐츠의 유통 경로를 자동 추적하여 불법 복제를 막을 수 있도록 도와준다.

4.5.4. 데이터베이스 구축의 절차

(1) 작업계획과 준비

① 작업공정에 대한 계획으로서 요구되는 시스템에 대해 분석하고 자료수집 및 입력 방법을 선택하고 작업 지침을 수립하여야 한다.

② 자료수집 및 입력 방법의 측면에서는 측량을 전면적으로 새로 실시해야 할지 여부 및 기존도면의 입력 여부와 관련 기관으로부터 전산화된 자료를 취득하여 변환 여부를 결정하여야 한다.

③ 작업계획과 준비 단계에서는 전반적인 작업에 대한 통찰, 하드웨어 및 소프트웨어의 특성에 대한 통찰, 표준화 및 타 시스템의 동향 등에 대한 지식과 안목이 필요하므로 해당 작업의 전문가에게 의뢰하여 계획하거나 그들의 자문을 받는 것이 좋다.

(2) 데이터베이스 설계

① 구축할 시스템에 대한 상세한 요구분석 후 목적에 맞게 공간객체를 정의하며, 레이어를 구성하고, 객체별로 적합한 테이블구조를 설계한다.

② 기준 좌표계는 이미 법령으로 정해진 것을 선택할 수도 있고 한 가지 기준 좌표계로 입력한 다음 이것을 일괄적으로 다른 기준 좌표계로 변환할 수도 있다.

(3) 공간데이터의 수집 및 입력

① 공간 자료수집은 측량 때문에 자료를 수집하여 입력하는 방법을 사용 또는 측량으로 작성된 도면은 전산장비를 사용하여 입력하는 방법을 사용한다.

② 신규로 측량하여 데이터베이스를 구축하는 방법은 가장 바람직한 방법이지만 경제적으로 비용이 많이 소요되는 단점도 있다.

③ 기존의 도면을 전산장비를 사용하여 입력하는 방법은 경제적인 방법이지만 입력할 원자료보다 정확도가 낮은 데이터를 취득한다는 단점이 있다.

(4) 속성데이터의 수집 및 입력

① 토지정보의 속성데이터를 수집하여 객체와 연결하여 입력한다.

② 속성자료를 수집하는 작업과 공간자료를 수집하는 작업이 모두 막대한 시간이 소요되는 것이므로 상황에 따라 두 가지를 같이 진행하는 것이 좋다.

(5) 현지조사 및 보완측량

① 현지조사 및 보완측량은 앞 단계에서 입력한 공간데이터에서 누락 사항을 발견하고 보완할 사항을 확인하기 위해 실시하는 것이다.

② 기존 지적도를 도곽 단위로 입력하는 경우와 지적도의 도곽 접합 등 편집을 위하여 필요한 경우 및 현지에서 측량을 시행하여 보완하는 작업을 말한다.

③ 항공사진측량의 경우 사진상에 나타나지 않는 행정 경계, 지명, 건물 명칭 등 수정 도화에서 미비한 지형지물 등을 보완하기 위하여 현지 조사 및 확인 작업을 하고 필요하다면 현장에서 지상측량의 방법으로 보완용 측량을 시행하는 것이다.

(6) 정위치편집

① 정위치편집은 현지조사 및 보완측량결과를 이용하여 이미 입력된 공간데이터를 수정하는 것을 말한다.

② 기존 지적도면을 입력하는 경우 편집 조사 및 현지보완측량에서 얻어진 성과 및 자료를 이용하여 지적도면 데이터 입력성과를 수정하는 것을 말한다.

③ 항공사진측량이나 시설물측량에서는 현지조사 및 지형보완측량에서 얻어진 성과와 자료를 이용하여 도화 성과 또는 지도데이터 입력성과를 수정 혹은 편집하는 것을 말한다.

④ 정위치편집에서는 기호(심벌)를 입력하고 도식 규정에 부적절한 것은 맞게 수정하며, 선의 연결이 불완전한 것은 완전하게 되도록 편집하고 불필요한 객체들은 삭제한다.

(7) 구조화편집

구조화편집은 정위치 편집된 자료에서 데이터 간의 상관관계를 파악하기 위하여 위상구조를 가진 기하학적인 형태로 구성하는 것을 말한다.

(8) 연속도면 제작편집

① 연속도면 제작편집은 개별 도곽으로 입력된 도면을 연속도면으로 만들기 위해 도면신축 보정을 시행하고, 도곽접합 작업을 수행하는 것을 말한다.

② 도곽접합 작업에서는 지적도 도곽을 경계상에 오차가 없도록 수정하여 일치시키는 작업이 수행된다.

③ 다른 좌표계와의 인접 지역은 동일좌표계로 변환하여 일치시킨 후 원래 좌표계로 환원시켜야 한다.

(9) 검수

① 검수는 작업 지침대로 정확히 데이터가 구축되었는가를 검증하는 것으로 자료수집 과정에서부터 데이터베이스 구축 완료까지의 데이터 품질을 유지하기 위해 실시한다.

② 검수는 계획과정부터 일관성 있는 체계를 구축하여 데이터베이스 구축과 병행하는 단계별로 검수하는 것이 바람직하다.

③ 검수 방법에는 표본 검수와 전수 검수로 구분되고 단계별 검수 결과는 성과심사 시에 발주처에 제출하도록 하는 것이 원칙이다.

(10) 성과의 정리

① 작업이 완료되면 성과를 정리하고 단계별 데이터파일, 단계별 데이터출력도, 단계별 성과 점검 결과, 데이터파일 설명서, 작업보고서, 기타 자료 등의 성과품을 제출하여야 한다.

4.5.5. 스키마

출제(용) : 99회, (논) : 81회

(1) 스키마(Schema) 개념

① 스키마(Schema)는 데이터베이스의 논리적 정의로 데이터 조작과 구조의 제약조건에 대한 명세를 전반적으로 기술한 것이다.

② 스키마는 본래 데이터시스템 언어협의회(CODASY)에서 제정하여 보급한 것으로 전반적인 데이터베이스의 구성을 설명하는 데 널리 사용되고 있다.

③ 스키마는 사용자의 관점(view)에 따라 여러 개의 부분집합으로 나눌 수 있는데, 쪼개진 스키마의 부분집합을 서브스키마라 한다.

(2) 스키마(Schema) 특징

① 데이터베이스는 사용자들의 요구들이 반영되는 외부적 관점을 토대로 설계되는 개념적 스키마와 데이터베이스의 논리적 표현과 데이터의 물리적인 저장을 담당하는 내부적 스키마는 서로 독립성을 가지고 있다.

② 스키마에는 데이터구조를 표현하는 데이터 개체와 개체의 특성을 표현하는 속성 그리고 이들의 관계에 대한 정의와 이들이 유지해야 하는 제약조건이 포함된다.

③ 논리적인 데이터베이스의 기술부터 물리적인 데이터베이스 기술까지를 3층으로 구분하여 스키마라 명명하고 외부 스키마, 개념 스키마, 내부 스키마라고 하며 데이터베이스 구조는 〈그림 4-19〉와 같다.

(3) 스키마(Schema) 구분

① 개념단계

- 개념 스키마와 내부 스키마 간의 대응 관계를 정의하는데 이를 저장 인터페이스(storage interface)라고 한다.
- 내부 스키마를 변경시키더라도 개념 스키마에 아무런 영향을 끼치지 않게 되고 따라서 응용 프로그램에도 아무런 영향을 주지 않게 되므로 물리적 데이터 독립성을 제공해 준다.

② 외부 스키마
- 데이터베이스의 개개 사용자나 응용 프로그래머가 접근하는 데이터베이스를 정의한다.
- 사용자가 직접 인터페이스 할 수 있는 바깥쪽의 스키마로 서브 스키마라고도 한다.

③ 개념 스키마
- 논리적인 데이터베이스 전체의 구조를 의미한다.
- 데이터베이스 파일에 저장된 데이터의 형태를 나타내는 도표라고 볼 수 있다.

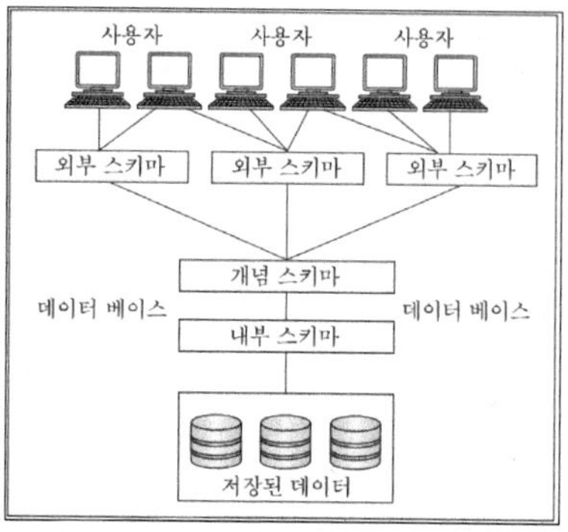

〈그림 4-19〉 데이터베이스 구조

④ 내부 스키마는 자료가 실제로 저장되는 방법을 기술한 것으로 물리적인 데이터의 구조를 말한다.

⑤ 외부 스키마와 개념 스키마는 물리적인 데이터구조를 나타내지는 않는다.

4.5.6. SQL

SQL의 최초 버전은 1970년대 중반에 IBM사의 산호세(Sanjose; Costa Rica 수도)연구소에서 개발한 System R이며 지금의 SQL과 매우 흡사한 Sequel이라는 언어를 포함하고 있었다. Sequel은 계속 진화되면서 그 명칭도 SQL(Structured Query Language)로 바뀌었으며 관계형 DBMS에서 자료를 만들고 조회할 수 있는 도구로 개발되었으나 이후 다른 회사에서도 SQL을 지원할 수 있는 시스템을 개발하였다. 1986년 SQL3(Structured Query Language)의 기원인 SQL 86은 SQL 표준의 첫 번째 버전으로서 IBM System R의 언어인 Sequel을 기본으로 하여 제정되었다.

(1) SQL의 특징

① 온라인 터미널을 통하여 대화식으로 사용할 수 있으며 SQL은 관계형 데이터베이스를 대상으로 한다.

② DBMS에서 채택하고 있는 표준 데이터베이스 질의 언어(ISO/IEC 9075 국제표준)이다.

③ 레코드 단위의 연산방식이 아닌 집합 단위의 연산방식을 사용하며 레코드는 하나의 주제에 관한 자료를 저장하고 일반적으로 행을 말한다.

④ SQL 명령어는 자료접근을 위한 접근방식과 경로지정 등의 처리 절차를 기술하는 것이 불필요하다.

⑤ 표현력이 다양하고 구조가 간단하며 SQL에서 사용한다.

⑥ 테이블은 관계형 데이터베이스의 관계로 열과 행으로 구성되며 테이블의 생성(CREATE), 변경(ALTER), 삭제(DROP)가 있다.

- 행은 관계형 데이터베이스에서 튜플(Tuple)이라고 명명하는 것으로 파일 처리방식의 레코드에 해당한다.
- 열은 관계형 데이터베이스에서 속성이라고 명명하는 것으로 한 가지 자료형식으로 되어 있는 테이블의 수직 부분에 해당한다.

(2) SQL의 데이터 언어

① SQL 언어는 기본적으로 데이터베이스를 정의하는 부분과 데이터를 조작하는 부분으로 구분한다.

② SQL의 데이터 정의어(DDL)는 데이터의 논리적 구조를 표현하는 언어이며, 관계형 모형의 기본단위가 되는 테이블을 정의한다.

③ SQL 문장의 핵심 타입에는 데이터 정의어(DDL : Data Definition Language)와 데이터 조작어(DML; Data Manipulation Language)가 있다.

④ 데이터 정의어, 데이터 조작어, 데이터 제어어를 모두 지원하며 비절차 언어라 할 수 있다.

⑤ 검색하는 명령어로는 Select, 갱신하는 명령어로는 Insert, Update, Delete가 있다.

⑥ SQL 문은 항상 SQL 동사로 시작한 후 SQL을 나타내며 검색에 관련된 구문은 크게 Select, From, Where의 3개의 절로 구성되어 있고, 부가적으로 필요할 경우 Order by, Group by가 사용된다.

4.5.7. 데이터베이스 언어

데이터베이스 언어는 데이터베이스가 설계된 후 데이터베이스를 구축하는 단계에서 데이터를 저장하고 활용하기 위한 시스템과의 통신수단으로 사용되는 것으로 데이터 언어라고도 한다.

(1) 데이터 정의어

① 데이터 정의어(DDL; Data Definition Language)는 데이터베이스 스키마를 정의하거나 수정하는데 사용되며 생성(CREATE), 주소변경(ALTER), 제거(DROP) 등이다.

② DDL 컴파일러(Data Definition Language Compiler)는 DBA가 DDL로 명세한 스키마 정의를 메타데이터로 처리하여 시스템으로 카탈로그에 저장한다.

③ 카탈로그에는 파일 명칭, 각 파일의 세부 사항 저장, 데이터아이템, 스키마 간의 대응 정보, 제약조건 등을 포함하고 있다.

④ 데이터 정의어는 데이터베이스 관리자나 응용 프로그래머가 데이터베이스의 논리적 구조를 정의하기 위한 언어로서, 데이터 사전에 저장한다.

(2) 데이터 조작어

① 데이터 조작어(DML; Data Manipulation Language)는 사용자가 데이터베이스에 접근하여 데이터를 처리할 수 있도록 하는 언어이다.

② 데이터베이스에 저장된 데이터를 조작하기 위해 사용하는 언어로서 데이터 검색(Retrieval), 추가(Insert), 삭제(Delete), 갱신(Update) 등을 수행하기 위해 사용된다.

③ DDL이 주로 데이터베이스 관리자에 의해 사용되는 언어라면 SQL의 DML은 사용자들이 데이터를 조작하는 데 필요한 언어로 구성되어 있고 크게는 검색과 갱신 부분으로 나누어진다.

(3) 데이터 제어어

① 데이터 제어어(DCL; Data Control Language)는 데이터 관리에 사용하는 언어로서 여러 사용자가 데이터베이스를 사용하고 유지하기 위해 내부적인 규칙으로 통제한다.

② 제어어는 데이터의 보안이나 회복, 무결성과 병행 수행 제어를 명세할 수 있는 기능을 갖는다.

③ 데이터 제어어(DCL)는 COMMIT, ROLLBACK, GRANT, REVOKE의 명령어가 있다.

4.6. 데이터베이스관리시스템

출제(용) : 57회, (논) : 114, 119회

데이터베이스관리시스템(DBMS : Database Management System)은 데이터베이스 내의 데이터를 통제하는 소프트웨어이다. 사용자들이 데이터를 공용할 수 있도록 해주고, 사용자 요구사항을 처리하면서 데이터의 무결성과 허가된 사용자들만의 데이터 접근을 허용하는 보안성을 보장한다. 데이터베이스를 기반으로 효율적인 자료의 관리와 중복을 방지하기 위하여 데이터베이스관리체계(DBMS)가 도입되었다.

DBMS는 데이터베이스를 생성·관리·제공하는 집합이라고 할 수 있으며 DB를 지원하는 물리적인 체계로 데이터를 저장하고 정보를 추출하는 데 효율적이고 편리한 방법으로 사용자에게 제공하는 데 목적이 있다.

4.6.1. 발달 과정

① 1970년대는 계층형과 네트워크형 데이터베이스 모델을 지원하는 DBMS가 등장하게 되었다.

② 1980년대는 관계형 DBMS의 사용이 주축을 이루게 되면서, Oracle, SQL 등이 출현하였다.

③ 1990년대는 관계형과 객체 지향형 데이터베이스시스템이 함께 사용되고 있을 정도로 객체-관계형 데이터베이스시스템의 개발이 이루어졌다.

④ 계층형 데이터베이스시스템인 IMS(Information Management System) 2,000과 네트워크형 데이터베이스시스템이 개발되면서 주로 사용되었다.

⑤ 객체 관계형 데이터베이스시스템이 개발되면서 표준 질의어 SQL은 국제표준 SQL-92와 SQL 3으로 발전되었다.

4.6.2. 구성요소

① 데이터베이스, 데이터베이스관리시스템, 하드웨어, 사용자로 구성된다.

② 데이터를 데이터베이스로 저장·관리·처리하여 필요한 정보를 생성해 주는 컴퓨터 중심의 시스템이다.

③ 데이터베이스시스템은 3단계 스키마로 구성되는 데이터의 집합이며 데이터를 저장하고 활용하기 위한 언어도 구성요소이다.

④ 하드웨어는 데이터베이스에 대한 실시간 접근, 계속적 변화, 동시 공용, 내용에 의한 참조 등과 같은 특성을 관리할 수 있는 고성능의 대용량 컴퓨터와 주변 장치들을 말한다.

⑤ 데이터베이스를 관리 운영하고 감독하는 사람인 데이터베이스 관리자, 호스트 프로그래밍 언어를 통해 데이터베이스에 접근할 수 있다.

⑥ DBMS에 대해 전문지식을 가지고 있는 응용 프로그래머, 터미널에서 질의어를 통해 데이터베이스에 접근하여 정보를 검색, 삽입, 삭제, 갱신을 수행하면서 데이터베이스를 이용하는 일반 사용자로 구분한다.

4.6.3. DBMS의 특성 및 기능

4.6.3.1. DBMS의 특성

① 다수의 컴퓨터 사용자가 데이터베이스 안에 데이터를 기록하거나 접근할 수 있게 해준다.

② 데이터베이스 내의 정보를 검색 및 수정이 자체적으로 제어되므로 중앙제어장치로 운영될 수 있다.

③ DB 내의 자료는 다른 사용자와 함께 호환이 자유롭게 되므로 효율적이다.

④ 데이터로부터 유용한 정보를 얻어낼 수 있는 효율적이고 편리한 방법을 사용자에게 제공한다.

⑤ 복잡하고 높은 수준의 분석이 가능하며 일관성을 유지하기 위한 기능을 제공할 수 있다.

⑥ 데이터에 대한 효율적인 검색을 지원하며, 각종 데이터베이스의 질의 언어를 지원하는 것이다.

⑦ 저장된 자료의 형태와는 관계없이 자료에 독립성을 부여할 수 있다.

⑧ 데이터베이스와 사용자 간의 자료 흐름을 조정하는 중앙제어의 임무를 수행한다.

⑨ 일정한 수준으로 데이터의 신뢰도를 유지할 수 있으며, 보안을 위한 각종 통제 기능도 갖고 있다.

⑩ 시스템 구성에 필요한 H/W와 S/W의 설치비용이 많이 소요된다.

⑪ 시스템의 구성이 복잡하여 자료의 손실 가능성이 크며 시스템 복구가 어렵고 자료의 손실이나 시스템 고장에 대비하여 효율적인 백업과 회복 기능이 필요하다.

4.6.3.2. DBMS의 기능

(1) 정의 기능

① 하나의 데이터베이스 형태로 여러 사용자가 요구하는 대로 데이터를 기술해 줄 수 있도록 데이터를 조직하는 기능을 말한다.

② 데이터구조의 정의는 DBMS의 중요한 기능 중의 하나로 각 응용 프로그램은 이 데이터 정의를 통해 데이터 요구사항을 DBMS에 표현한다.

③ DBMS에서 정의 기능은 다음의 3가지 요건을 갖추어야 한다.

- 데이터베이스의 논리적 구조와 그 특성을 데이터 모델에 따라 명세
- 데이터의 물리적 구조를 명세
- 데이터의 물리적 구조와 논리적 구조 사이의 변환 가능

(2) 조작 기능

① 데이터베이스를 공용하는 사용자의 요구에 따라 체계적으로 액세스하고 조작하는 기능이다.

② 데이터의 검색, 삽입, 삭제, 갱신 등을 지원하기 위한 기능이다.

③ 조작 기능이 갖추어야 할 요건은 처리 절차의 용이성, 명확한 완전성 및 효율성이다.

(3) 제어기능

① 데이터베이스의 내용을 공용의 목적에 맞도록 유지관리하는 기능이다.

② 데이터의 무결성 유지 기능, 보안과 권한의 검사 기능과 데이터 간의 모순이 일어나지 않도록 병행 실행하는 제어기능을 갖추어야 한다.

4.6.4. 파일처리방식과 데이터베이스처리방식

출제(논) : 119회

DBMS는 여러 개의 프로그램으로 이루어져 있으며 자료의 신뢰도와 자료의 동시 사용을 보장하기 위하여 개발되었다. DBMS를 기반으로 하는 자료의 운용에는 정보의 양과 형태, 사용목적 등에 따라 경제적인 가치의 차이가 있다. 응용프로그램과 데이터파일 간의 연결이 DBMS를 통하여 간접 연결 방식으로 구성되어 있다.

4.6.4.1. 파일처리방식

파일 처리방식은 데이터를 파일 단위로 처리하던 종래의 데이터처리시스템으로 각 응용프로그램과 그에 대응하는 데이터파일을 함께 유지 관리하는 방식이다. 파일시스템은 특정한 목적에 부합되는 특정한 데이터 형식을 갖고 있으므로 데이터베이스 자체의 독립성이 없다.

(1) 특징

① 데이터파일은 데이터베이스의 가장 기본적인 유형으로 유사한 성질이나 관계를 가진 자료의 집합이다.

② 데이터파일은 레코드(Record), 필드(Field), 키(Key)의 세 가지로 구성된다.

③ 레코드는 하나의 주제에 관한 자료를 저장한다.

④ 필드는 레코드를 구성하는 각각의 항목을 의미한다.

⑤ 레코드는 데이터파일에서 키에 의하여 추출되며 사용된 키가 작으면 데이터파일의 구조가 간결하고 빠르게 필요한 정보를 추출할 수 있다.

⑥ 데이터베이스 설계 방식에 따라 구축된 것이다.

(2) 문제점

① 데이터의 독립성을 지원하지 못하며 데이터의 중복성이 발생한다.

② 다수의 사용자 환경을 지원하지 못하고 사용자 접근의 보안 체제가 미흡하다.

③ 〈그림 4-20〉과 같이 응용프로그램에서 데이터에 관한 사항을 직접 관리하므로 데이터의 저장 및 관리가 중복적이고 종속적이며 처리 속도가 느리다.

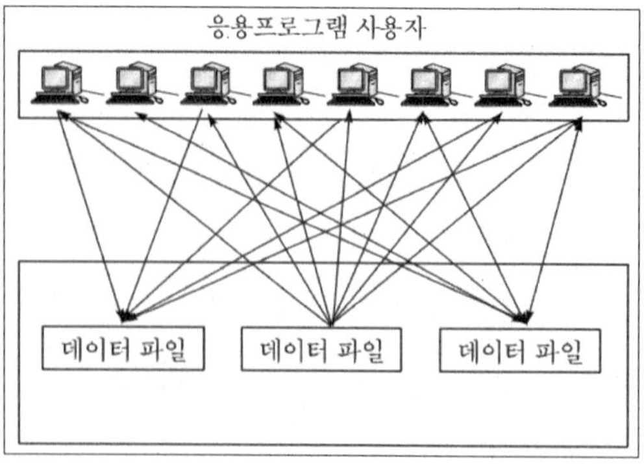

〈그림 4-20〉 파일처리 방식

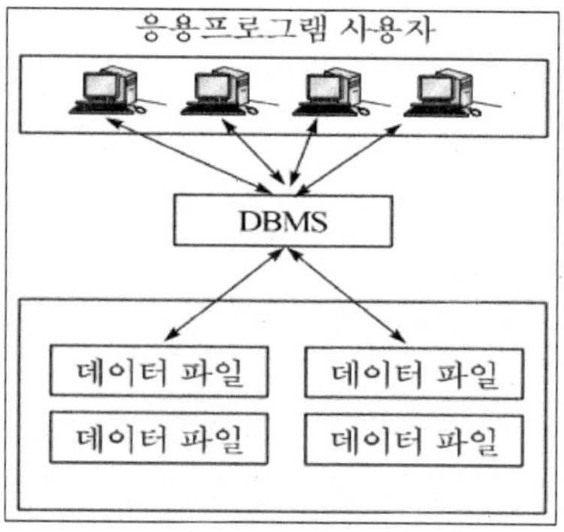

〈그림 4-21〉 DBMS 방식

4.6.4.2. DBMS 방식

① DBMS는 데이터베이스 내의 데이터를 제어하는 소프트웨어 애플리케이션으로서 다수의 사용자가 데이터베이스 안에 데이터를 기록하거나 접근할 수 있게 한다.

② 여러 개의 프로그램으로 데이터의 신뢰도와 데이터의 공동 사용을 보장하기 위하여 개발되었다.

③ 데이터베이스와 응용 프로그램 또는 사용자 간 모든 자료의 흐름을 조정하는 중앙제어의 역할이 가능하다.

④ 〈그림 4-21〉은 DBMS 방식으로 응용프로그램과 데이터파일 간의 연결이 DBMS를 통하여 간접 연결 방식으로 구성돼 있다.

(1) 장점

① 효율적인 자료 분리할 수 있다.

② 중앙제어의 역할을 할 수 있다.

③ 데이터의 중복성을 없애고 독립성을 유지할 수 있다.

④ 데이터의 관리가 효율적이다.

⑤ 데이터의 검색과 정보 추출을 신속하고 편리하게 사용할 수 있다.

⑥ 자료가 표준화되고 구조적으로 저장할 수 있다.

⑦ DB 방식이 갖는 장점은 자료를 한 곳에 저장할 수 있다.

⑧ 자료가 표준화되고 구조적으로 저장될 수 있다.

⑨ 서로 다른 목적으로 편집 및 저장된 데이터로 자료의 검색과 정보 추출을 신속하고 편리하게 사용할 수 있다.

⑩ 데이터베이스와 사용자 간의 모든 자료의 흐름을 조정하는 중앙제어의 역할이 가능하다.

⑪ 데이터의 관리가 효율적이며, 데이터의 중복성을 없애고 독립성을 유지할 수 있게 된다.

(2) 단점

① 초기의 구축 비용과 유지관리 비용이 많이 소요된다.

② 자료의 손상이나 분실을 위해서는 보안 조치가 필요하다.

③ 제공되는 정보의 가격이 비싸다.

④ 전문가를 필요로 하며 초기의 구축 비용과 유지관리 비용이 많이 드는 관계로 제공되는 정보의 가격이 비싸다는 것이다.

⑤ 사용자는 DB 구축을 위해서 자료의 흐름과 구성에 대한 기본적인 규칙을 정해야 하며 자료의 손상이나 분실을 위해서는 보안 조치가 필요하다는 것이다.

⑥ 응용프로그램과 데이터파일 간의 연결이 DBMS를 통하여 간접 연결 방식으로 구성돼 있다.

4.6.5. DBMS의 유형

데이터베이스의 개념적 구성을 일컬어 데이터베이스 모형이라 하며, 데이터베이스 내에서 자료 간의 관계를 정의하거나 묘사하기 위하여 사용된다. DBMS는 데이터를 저장하고 관리하는 방식에 따라 계층형, 네트워크형, 관계형 DBMS(RDBMS; Relational DBMS), 객체 지향형 DBMS(OODBMS; Object Oriented DBMS), 객체 관계형 DBMS(ORDBMS; Object Relational DBMS)로 분류할 수 있다.

4.6.5.1. 계층형 DBMS

① 계층형(Hierarchical Database)은 가장 먼저 제안된 데이터베이스 모형으로서 계층구조로 데이터들을 구성한다.

② 하나의 큰 사각형은 같은 형태의 데이터들의 집합체를 의미하는데 레코드 또는 세그먼트라고 하며 현실 세계에서 하나의 개체 집합이다.

③ 레코드 간의 연결선은 링크라고 하며 레코드 간의 부모/자식 관계를 표시한다.

④ 〈그림 4-22〉와 같이 데이터들이 트리구조로 표현되기 때문에 하나의 루트(root) 레코드를 가지며 2개의 레코드 간에는 하나의 링크만 허용된다.

⑤ 계층형 모형에서 모든 레코드의 링크는 일대일(1 : 1) 또는 일대 다수(1 : N)의 관계는 가능하지만, 다수 대 다수(N : N)의 관계는 직접 표현할 수 없다.

⑥ 계층형 데이터모형(Hierarchical Data Model)은 이론적 구조가 계층 성질을 갖는 수직형태인 나무 형태의 구조로 표현되는 것으로 위계 데이터 모델이라 하며, 자료의 조작이 빠르고 편리하다.

⑦ 색인중복의 문제가 발생할 수 있어 자료의 저장과 조작에 큰 비용이 소요되고 동식물 분류나 토양분류 등에 널리 사용되었으며 도서 목록, 은행, 비행기의 좌석 예약 등을 수정하는 시스템 구조에 많이 사용되고 있다.

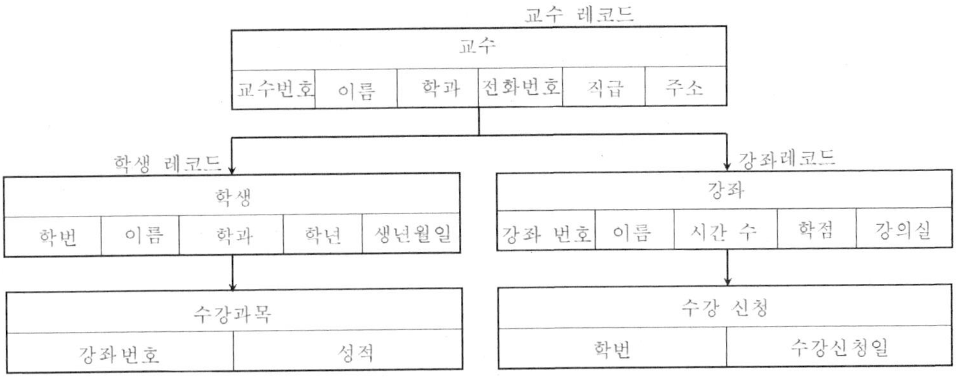

<그림 4-22> 계층형 데이터베이스 모형

⑧ 특징

- 단순구조의 형태로 이해하기 쉽고 갱신, 검색 및 필요한 정보의 추출이 신속하다.
- 각 계층은 키를 가지고 있으며, 키 속성은 각 항목이 가지고 있는 속성들과 밀접하게 관련되어 이해하기 쉽고 수정과 확장이 쉽다.
- 자료의 조작이 쉽고 자료구조를 한눈에 알아볼 수 있는 편리한 점이 있다.
- 유연성이 부족하고 검색 결과가 한정되며, 속성 필드로는 검색할 수 없다.
- 레코드 간의 관계를 1 : 1 아니면 1 : 다수만이 허용되어 비효율적인 모형이다.
- 같은 계층에서 검색은 부모 레코드를 거치지 않고는 불가능하다는 제약이 있다.
- 필요한 정보의 추출을 위한 질의 유형이 사전에 결정되어야만 한다.
- 계층구조를 무시한 데이터 조작할 수 없다.

4.6.5.2. 네트워크형 DBMS

네트워크형 데이터베이스모형은 계층형 모형의 중복성을 보완하기 위하여 계층형 모형과 같이 일정 객체에 대하여 모든 상위 계층의 데이터를 검색하지 않고도 필요한 데이터의 검색이 가능하다.

(1) 모형

① 학생과 교수 데이터를 <그림 4－23>과 같이 네트워크형으로 나타낸 것이며, 네트워크 모형에서는 명시적 링크를 사용하여 부모/자식 레코드 관계를 표현한다.

② 계층 데이터 모형에서서는 하나의 개체(Entity)는 반드시 하나의 상위 엔터티를 가질 수밖에 없었으나 네트워크 모델에서서는 여러 개의 상위 엔터티를 가질 수 있게 되었다.

③ 도로, 통신망, 전력, 상하수도 등과 같은 네트워크로 표현되는 사회 기반 시설물 위에서 흐르는 재화와 서비스를 논리적으로 표현하기 위해 위상관계를 갖는 데이터 모델의 특수 형태이다.

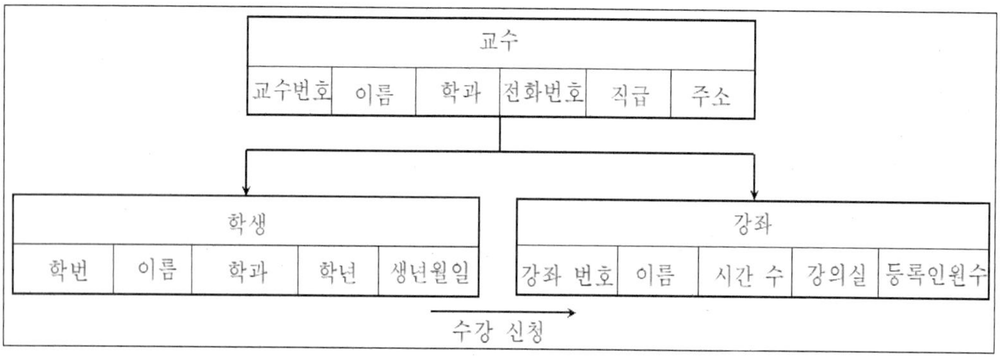

〈그림 4-23〉 네트워크형 데이터베이스 모형

(2) 특징

① 개체 간의 관계는 그래프 구조로 연결되어 있고 네트워크 구조를 갖는 업무에 적합하다.

② 하나의 자식 레코드는 여러 개의 부모 레코드를 가질 수 있으므로 네트워크형 모형은 계층형보다 데이터 표현력이 강하다.

③ 데이터저장에 있어서 중복성은 적은 편이나 상대적으로 더 많은 연결성에 관한 정보가 저장된다.

④ 데이터 상호 간의 관계성을 데이터베이스 내에 저장하기 때문에 신속한 데이터의 검색은 가능하다.

⑤ 데이터구조가 복잡하며 계층형 DB 모형의 단순한 구조는 단점이다.

⑥ 연결성에 변화가 생기면 갱신을 위해 시간이 많이 소요될 수 있다.

⑦ 데이터 간에 이루어지는 관계를 수정하기는 매우 어렵다.

⑧ 복잡한 연결성을 나타내주는 별도의 레코드를 저장하고 관리해야 한다는 단점이 있다.

4.6.5.3. 관계형 DBMS

출제(용) : 75, 92, 132회

관계형 데이터베이스(Relational Data Base Management System)는 모든 데이터를 테이블의 형태로 나타내는 데이터베이스를 구축하는 가장 전형적인 모델이라고 볼 수 있다. 데이터를 단순화하고 각 구성요소를 솔직히 표현하면서 위계적 구조와 망상구조를 사용자의 관점에 따라 데이터의 형태를 정형화함으로써 복잡한 구조를 단순화하였다.

(1) 속성의 집합인 키의 구성

① 기본 키(PK; Primary Key) : 테이블의 각 열을 정의하는 행들의 집합 키

② 외부 키(FK; Foreign Key) : 같은 테이블이나 다른 테이블의 기본 키를 참조하는 키

(2) 특징

① SQL과 같은 표준적인 질의 언어사용으로 복잡한 질의도 간단하게 표현할 수 있다.

② 구조가 간단하여 이해하기 쉽고 조직적 측면에서도 매우 논리적이며 명확하다.

③ 데이터의 독립성이 높고 높은 수준의 데이터 조작 언어를 사용한다.

④ 데이터의 결합, 제약, 투영 등의 표현능력을 극대화할 수 있고 자유롭게 구조를 변경할 수 있다.

⑤ 데이터의 검색이 하나 또는 여러 개의 테이블을 이용하여 이루어질 수 있다.

⑥ 데이터구조는 테이블의 열과 행의 집합을 말하는 관계(relation)로 표현된다.

(3) 데이터 추출연산

① 데이터 추출 연산자는 선택, 추출, 집합연산, 조인 등을 할 수 있다.

② 선택연산은 주어진 조건을 만족하는 레코드를 선택하는 것이다.

③ 추출연산은 필요한 속성, 즉 필드의 값들로만 이루어진 레코드를 취하게 하는 연산이다.

④ 조인 연산은 두 개 이상의 테이블을 연결해 필요한 데이터를 취하는 연산이다.

⑤ 합집합 연산은 2개의 테이블의 행들을 합쳐서 새로운 테이블을 만들어 내며, 교집합은 2개의 테이블에 공통으로 있는 행들을 뽑아서 새로운 테이블을 만들게 된다.

⑥ 집합 연산자는 합집합, 교집합, 차집합 등의 연산 결과로 새로운 테이블이 생성된다.

⑦ 순수 관계 연산자로는 조건을 만족하는 행을 고르는 선택, 필요한 속성만 뽑아내는 투영이 있으며, 두 테이블을 연결하는 Join 등이 있다.

4.6.5.4. 객체 지향형 DBMS

객체 지향형(Obejct Oriented Database) DBMS는 객체 개념을 데이터베이스에 도입한 것으로 복잡한 관계를 맺은 데이터들을 효과적으로 표현하는 데 적합하다.

(1) 제공 기능

① 객체 간의 관계들을 정의하고 조작할 수 있는 사용자 인터페이스를 제공한다.
② 객체와 객체 식별자, 속성과 메소드, 클래스, 클래스 계층 및 상속, 복합 객체 등을 제공한다.
③ 다양한 응용 분야의 데이터베이스 구조를 표현하기 위한 강력한 설계 기능을 제공한다.

(2) 특징

① 관계형 데이터베이스의 한계인 비구조적 자료를 저장 관리할 수 있다.
② 데이터와 프로그램을 독립적인 객체의 형태로 구성한다.
③ 복잡한 데이터 유형 처리가 쉽고 객체를 이해하기 쉽다.
④ 문자, 숫자, 이미지, 음성, 화상 등 다양한 데이터를 하나의 데이터베이스 내에서 저장하고 관리할 수 있다.
⑤ 사용자가 정의한 데이터 유형을 사용할 수 있어 다양한 형태의 데이터를 저장할 수 있다.
⑥ 복합 객체를 생성할 수 있으므로 CAD/CAM, 다중매체 정보시스템과 첨단 사용자 인터페이스시스템 등의 분야에 적합하다.
⑦ 데이터베이스의 관리와 수정이 편리하다.

(3) 설계 및 구조

① 데이터 모델을 구축할 때 설계자는 클래스와 그들 간의 관계를 기반으로 하여 데이터베이스를 설계한다.
② 캡슐로 싸여있는 객체들의 집합인 클래스(Class)와 객체(Object)로 표현하며, 계승 또는 상속성(Inheritance)의 구조로 되어있다.

③ 객체를 클래스로 그룹화하는 개념, 집단화 관계, 객체의 클래스와 일반화 관계의 개념을 포함하고 있다.

4.6.5.5. 객체 관계형 DBMS

① 객체 관계형(Object Relational) DBMS는 혼합형으로 완전한 하나의 분류로 다루어지기보다는 현재의 관계형에서 객체형으로 변해가는 과도기적 형태로 두 형태의 장점을 합한 형태로 ORDBMS라고 한다.
② RDBMS에 OODBMS의 특성을 추가함으로써 관계형 데이터모델이 갖고 있는 한계성을 보완하였다.
③ OODBMS는 공간객체가 갖는 제반 상태와 동작을 영속적으로 저장할 수 있다.
④ 관계형 데이터베이스시스템에 객체 지향형 데이터베이스의 기능을 추가한 것이다.
⑤ 멀티미디어 데이터처리가 많아짐에 따라 널리 사용되기 시작하였다.
⑥ R-tree와 Quadtree와 같이 공간데이터를 색인하는데 더 적합한 인덱스 메커니즘을 지원한다.
⑦ 넓은 공간영역 내에서 분할된 작은 지역에 접근하여 검색할 수 있으므로 검색을 신속하게 할 수 있다.

4.7. 지적정보관련 시스템

출제(논) : 137회

4.7.1. 지적행정시스템

출제(논) : 83, 86회

지적행정시스템은 시군구 행정종합 정보화 사업의 목적으로 개발된 시스템으로 시도에서 관리하던 토지기록 전산온라인시스템을 자치구로 이관하여 토지(임야)대장, 공유지연명부, 대지권등록부 등 지적공부를 관리하는 시스템이다.

(1) 추진 연혁

① 1985년 부동산관리 전산화라는 이름으로 계획을 수립하고 1987년부터 1988년 8월까지 소프트웨어를 개발하였다.

② 1988년 10월 1일부터 1989년 3월 31일까지 충청남도를 대상으로 시범운영을 통하여 1989년 4월 1일 대민서비스를 실시하였다.

③ 1992년 2월부터 전국을 온라인으로 운영하였다.

(2) 지적행정시스템의 도입 목적

① 지적전산처리 절차의 개선, 지적정보의 공동 활용 확대

② 관련 기관과의 연계 기반 구축, 토지등록공시의 공신력 제고

③ 정보화 사회에 적합한 대국민 서비스, 지적업무의 능률화 및 과학화

④ 신속, 정확한 정책 수립에 필요한 자료제공과 지방행정전산화 촉진 등

4.7.2. 필지중심토지정보시스템

출제(논) : 53, 56, 59, 62, 63, 69, 71, 72, 79, 80, 81, 131회

필지중심토지정보시스템(PBLIS; Parcel Based Land Information System)은 토지의 모든 정보를 관리하는 시스템으로 지적도를 기반으로 각종 지적행정업무 수행과 관련 부처 및 타 기관에 제공할 정책정보를 생산하는 시스템이다. 필지중심토지정보시스템의 목적은 급변하는 사회 환경 속에서 사용자들의 요구 사항에 능동적으로 대처할 수 있고 대민 행정서비스를 위하여 최신의 정보를 제공, 토지 행정 및 토지정책 수립에서 정확한 의사결정을 지원하는 것이다. PBLIS의 기본 구성요소는 필지로서 지번을 식별자로 하여 DB 구축 및 정보의 입·출력을 하고 있다. 필지중심토지정보시스템(PBLIS)은 지적업무수행을 위한 지적공부 관리, 지적측량성과작성, 지적측량시스템으로 구성되었다.

(1) PBLIS의 추진 과정

① 전국의 토지를 1980년부터 전산으로 입력하여 대장 D/B를 구축하고 토지대장 및 임야대장의 등본발급 및 열람과 변경정리의 전산처리 등을 위한 전산화사업을 추진하였다.

② 1978~1981년까지 시범사업으로 충청남북도 일부(150만 필지)의 대장 D/B를 구축하였다.

③ 1987~1990년까지는 행정자치부 주관으로 전국 시도에 지역 전산 본부를 설치, 시·군·구간 On-line 통신망을 구축하였다.

④ 1994~1995년까지는 대장 전산 자료와 주민등록 전산 자료 및 공시지가 전산 자료를 통합하여 DB를 구축하였다.

⑤ 1995년 5월에 확정된 국가지리정보체계(NGIS) 구축계획의 목적으로 지적도와 임야도에 등록된 전국 3천4백만 필지의 토지를 1996년부터 전산으로 입력하여 도면 DB를 구축하고 대장 DB와 연계하여 PBLIS를 구축하기 위한 전산화사업을 추진하였다.

⑥ 시범사업은 1996~1997년까지 대전광역시 유성구에서 도면 DB 구축을 시행하여 지적도와 임야도에 등록된 7만 5천 필지에 대한 경계점을 디지타이징 하여 대장 DB와 도면 DB의 연계 활용 방안으로 도로, 상하수도의 효율적인 관리를 위한 Base map의 제공을 시행하였다.

⑦ 1998년부터 현재까지 전국의 PBLIS Tool 확보 및 응용 S/W를 개발하여 지적도 및 임야도를 전산으로 입력하고 내무부, 시도, 시·군·구간 On-line 통신망을 구축하였다.

(2) PBLIS 현황

① Gothic S/W는 현재 국내에서 이용되는 참고 사이트가 많지 않다.

② 향후 기술지원이 다른 GIS 엔진 S/W에 비해 어렵다.

③ 다른 기관의 GIS 사업에서 Gothic S/W를 사용하지 않으면 두 종류의 GIS S/W를 사용하여야 하므로 시스템 통합의 근본 목적에 저해된다.

④ PBLIS는 중간에 미들웨어 없이 서버시스템과 클라이언트시스템을 직접 연결하는 2계층 구조로서, 처리 속도는 빠를 수 있으나 확장성이 다소 떨어진다.

⑤ 행정자치부에서 주관하고 지적공부를 관리하기 편리하게 되어있다.

⑥ PBLIS의 S/W는 2계층(2-Tier) 시스템 구조이다.

⑦ OGC(Open GIS Consortium)에서 제시하는 OLE/COM 및 CORBA 구현 사항을 수용하지 않는 모델이다.

(3) PBLIS 구성 내용

① PBLIS는 지적에서 필지를 대상으로 세금, 법률, 평가, 기타 관련 정보를 통합하는 종합적이며 체계적인 접근과 정보시스템의 한 유형으로 다루어지기 때문에 기존의 다른 제도와는 구별되었다.

② 지적공부관리시스템은 속성정보와 공간정보를 유기적으로 통합하여 상호 데이터의 연계성을 유지하며 변동자료를 실시간으로 수정하여 국민과 관련 기관에 필요한 정보를 제공하는 시스템이다.

③ 지적측량업무는 외업과 내업으로 구분할 수 있는데 그 성과의 결정은 대부분 외업을 통해 얻은 자료를 토대로 복잡하고 수많은 과정의 계산을 통하여 산출하게 되며 계산된 성과에 대한 검사 또한 같은 과정을 거치게 된다.

④ 지적측량성과 작성 시스템은 지적측량 신청에서 지적공부 정리까지 데이터베이스를 공동으로 사용하여 전산으로 처리할 수 있도록 작성된 시스템이다.

⑤ 사업목적 및 추진체계

- 사업목적은 지적도와 시군구 대장 정보를 연계하여 지적 업무를 수행한다.
- 사업 추진체계는 행정자치부 ⇒지적공사(현, 한국국토정보공사)⇒ 쌍용정보통신이다.
- 주요 업무 내용은 지적공부관리, 지적측량, 지적측량성과작성 업무 등이다.

⑥ 소프트웨어와 하드웨어 사용 현황

- GIS 엔진은 Gothic S/W(영국)이다.
- 속성 DB는 Oracle DBMS 활용하고 H/W는 Unix 서버, Windows NT이다.

⑦ 시스템 구성 환경

- 시스템 아키텍처는 2계층(2－Tier) 시스템 구조이며 Gothic 서버시스템과 응용을 위한 클라이언트시스템으로 구성되었다.
- 정보유통 환경은 OGC(Open GIS Consortium)에서 제시하는 OLE/COM 및 CORBA 구현 사항을 수용하지 않는 모델이다.
- 공간정보를 위해서는 Gothic의 API 메소드, 속성정보를 위해서는 Oracle ODBC 메소드를 이용하는 방식으로 정보유통 환경을 구축해야 한다.

⑧ PBLIS는 중간에 미들웨어 없이 서버시스템과 클라이언트시스템을 직접 연결하는 2계층 구조로서, 처리 속도는 빠를 수 있으나 미들웨어를 포함하는 3계층 구조보다 확장성이 다소 떨어진다.

4.7.3. 토지종합정보시스템

출제(논) : 62, 72, 79회

토지종합정보시스템(LMIS; Land Management Information System)은 건설교통부가 지리정보시스템을 핵심기술로 시·군·구에서 생산·관리하는 공간자료와 속성자료를 통합 구축·관리하여 자료의 일관성과 정확성을 확보하고 이를 공유하여 업무의 효율성을 획기적으로 개선하였다. 토지관리정보체계(LMIS; Land Management Information System)는 지형도·용도지역지구도와 관련 대장 등의 속성자료는 GIS를 이용하여 DB로 구축하고, 토지거래·공시지가·개발부담금·용도지역지구 등 토지행정업무 수행을 응용시스템으로 구성하였다.

(1) 추진체계

① 지적도 전산화(1982~1997년)와 수치지형도 구축으로 기본적인 공간자료가 마련되고 H/W, DBMS, LAN, WAN 등 전산 환경이 완비되어 GIS 기술을 이용한 행정업무 생산성과 대민서비스 질을 획기적으로 향상할 수 있는 기반이 마련되었다.

② 건설교통부(현, 국토교통부)에서는 토지와 관련한 각종 공간, 속성, 법률 자료를 체계적으로 통합, 관리하여 종합적인 정보시스템을 구축하고 전국망을 구성하는 토지종합정보시스템 구축 사업을 국가지원 사업으로 1998년부터 추진하였다.

③ 서울시는 마련된 기본 공간자료와 전산 환경을 활용하여 최소의 예산으로 토지종합정보망 구축 사업을 추진하였다.

④ 2000년 4월 건설교통부 주관으로 토지종합정보시스템을 도입하고 2000년 9월 구청별 토지종합정보시스템 사업설명회 및 기초현황조사, 2001년 4월 구청별 토지종합정보시스템 구축계획을 작성 완료하였다.

⑤ 2003년 12월 서울특별시의 토지종합정보시스템 구축을 완료하고 2004년 1월 서울시 인터넷 민원 발급시스템을 구축하였다.

⑥ 2003년 6월부터 2004년 12월까지 KLIS를 공동으로 개발을 완료하면서 공통으로 활용하게 되었다.

(2) 데이터베이스

① 토지종합정보시스템에서 구축하는 자료는 공간(도면)자료와 속성자료로 구성되며, 공간자료에는 지형도, 연속 및 편집지적도, 용도지역지구도 등이 포함되며, 속성자료는 토지관리 6개 업무에서 생산, 활용, 관리하는 각종 대장 및 조서 자료와 관련 법률 자료 등을 포함하였다.

② 공간자료인 지형도 DB에는 도로, 건물, 철도, 수계, 표고, 토지측량 기준, 행정구역 경계 등을 레이어별로 구축하며, 지적도 DB는 연속지적도와 편집 지적도를 구축하였다.

③ 용도지역지구 DB에는 국토의 계획 및 이용에 관한 법률, 산림법 등 80여 개 법률에서 지정하고 있는 모든 용도지역·지구자료가 구축되었다.

(3) 사업목적 및 추진체계

① 사업목적은 지형, 지적, 용도지역지구 정보를 기반으로 토지 행정 업무수행이다.

② 사업추진 체계는 건설교통부 ⇒ 국토연구원 ⇒ SKC & C이다.

③ 주요 업무 내용은 토지거래관리, 공시지가관리, 용도지역지구관리 업무 등이다.

(4) 시스템 구성

① SDE나 ZEUS는 추가 비용이 필요하나 확장성 등 기술적 타당성이 크다.

② ZEUS는 국산 GIS 엔진으로 외국산 대체 효과가 존재한다.

③ LMIS는 OGC의 CORBA 사양을 기본으로 시스템을 구현하였다.

④ 건설교통부에서 주관하고 있는 시스템으로 시스템 아키텍처는 3계층(3-Tier) 시스템 구조이다.

⑤ ArcSDE/ZEUS 서버 시스템, 미들웨어시스템, 클라이언트시스템으로 구성되었다.

⑥ 정보유통 환경은 OGC에서 제시하는 CORBA 구현 사양을 수용하는 모델이다.

⑦ GIS 엔진은 Arc SDE 8.0+Oracle 8i S/W와 ZEUS 2000 S/W(국산)이다.

⑧ 속성 DB는 Oracle DBMS 활용하고 H/W는 Unix 서버, Windows NT이다.

⑨ LMIS는 OGC의 CORBA 사양을 기본으로 시스템을 구현함으로써 향후 분산 환경에서 공간정보의 유통을 지원하기가 쉽다.

(5) 소프트웨어 구성

① 토지종합정보시스템은 DB 서버, 응용서버, 클라이언트로 구성된 3계층 구조로 개발되었다.

② 응용서버에 탑재되는 미들웨어는 DB 서버와 클라이언트 간의 매개 역할을 하는 것으로써 자료를 제공하는 자료제공자(Data Provider)와 도면을 생성하는 도면생성자(Map Agent)로 구분하였다.

③ 자료제공자는 공간자료를 검색한 후 도면 생성자와 클라이언트 등에게 전달하는 기능과 함께 공간자료의 편집 기능을 수행할 수 있도록 하였다.

④ 도면 생성자는 자료 제공자로부터 전달받은 자료를 이용하여 도면을 생성하고 이를 요청한 클라이언트에게 전달하게 되는데 자바(Java)로 구현하여 운영하였다.

4.7.4. 한국토지정보체계

출제(논) : 72, 74, 75, 80, 81, 83, 84, 86, 89, 104, 131회

한국토지정보시스템(KLIS; Korea Land Information System)은 주무부에서 운영하는 PBLIS와 LMIS를 통합하여 토지의 정보를 전산화로 등록하여 제공하는 시스템이다. 필지중심토지정보시스템(PBLIS)은 주무부의 지적 관련 행정업무인 일필지 단위의 도형정보와 속성정보를 기반으로 토지의 모든 정보를 전산화로 등록하고 제공하는 시스템이다. 토지관리정보체계(LMIS)는 건설교통부의 토지관련 행정업무를 다루는 시스템이다. 한국토지정보시스템은 필지와 지번의 개념이 명확하고 등록된 토지경계 및 소유권을 중시하는 국가들이 대축척의 지적도를 기본도로 이용하여 구축한 시스템으로서 정확한 위치 개념과 고밀도 데이터로 구성되어 있다.

(1) 추진 배경

① PBLIS 사업추진 목적은 지적도와 토지대장의 정보를 기반으로 지적행정업무 수행과 관련 부처에 정책정보 및 일반 사용자에게 토지관련 정보를 제공하는 것이다.

② LMIS 사업추진 목적은 지적도와 토지대장의 정보를 기반으로 하지만 토지 행정업무의 효율성 향상과 토지정책업무로 토지관련 정보의 정책결정 및 일반 사용자에게 관련 정보를 제공한다.

③ PBLIS의 업무 내용은 지적공부 관리 및 정책지원, 지적측량업무, 지적측량성과작성 업무 등 3개 분야에 430개 세부 업무를 추진하였다.

④ LMIS의 업무 내용은 토지거래관리, 개발부담금 관리, 부동산중개업 관리, 공시지가관리, 외국인토지관리, 용도지역지구관리 등 6개 분야에 90개 세부 업무를 추진하였다.

⑤ 도형데이터는 PBLIS에서는 지적도, 임야도, 경계점좌표등록부를 사용하였으며 LMIS는 지형 지적도를 사용하였다.

⑥ 국가지리정보체계(NGIS)에서 시행한 2000년 국책사업에 대한 감사원 감사에서 PBLIS와 LMIS가 중복된 사업으로 파악되어 두 시스템을 하나의 시스템으로 통합하도록 권고하여 실시하게 되었다.

⑦ 통합방안으로는 PBLIS와 LMIS의 기능을 모두 포함하는 통합시스템을 개발하는데 PBLIS와 LMIS에서 사용했던 Gothic, SDE, ZEUS 등의 프로그램을 전면 수용할 수 있도록 개발하였다.

(2) KLIS의 추진 현황

① 2001년 4월 감사원에서 시스템 통합 조정을 요청으로 토지대장의 속성정보를 연계 활용하는 방안을 마련하도록 통보하고 2001년 12월 시스템 통합구축방안 마련과 명칭을 한국토지정보시스템(KLIS)으로 합의하였다.

② 2001년 4월부터 전국의 시·군·구청의 지적직 공무원을 대상으로 관리에 대한 교육을 시행하였다.

③ 한국토지정보시스템(KLIS)을 구축하기 위해 행정자치부와 건설교통부가 공동으로 추진단을 구성하여 2003년 6월부터 2004년 12월까지 KLIS를 개발하여 시험 운영을 하였다.

④ 2005년 1월부터 전국의 시·군·구청의 지적직 공무원을 대상으로 KLIS의 관리 및 운영에 대한 교육을 시행하였다.

(3) KLIS의 DB 구축

① LMIS를 중심으로 PBLIS를 재구축하여 운용하는 방식과 지자체는 SDE 또는 ZEUS 서버 1개를 설치하였다.

② PBLIS의 지적공부관리시스템을 LMIS 중심으로 재구축하여 모든 도면정보를 LMIS의 서버에서 통합·관리하도록 하였다.

③ PBLIS와 LMIS가 확장성이 뛰어난 개방형 구조의 LMIS 중심으로 통합되면서 지적 및 토지 행정 정보화 업무의 확장으로 효율적인 대처가 가능하였다.

④ PBLIS는 2계층 구조를 채택하고, LMIS는 3계층 구조에 개방형 아키텍처를 채택하였다.

⑤ 두 시스템을 3계층 구조의 통합시스템으로 재개발하고 명칭을 KLIS로 하여 통합시스템이 안정화될 때까지 기존 업무를 추진하되, 중복투자가 발생하지 않도록 하였다.

⑥ 행정자치부와 건설교통부의 업무영역이 구분되도록 하고 개발비용은 공동으로 부담하였다.

(4) KLIS의 내용 구성

① 현재 KLIS에 구축된 DB는 건물, 철도, 도로, 하천, 등고선, 행정 경계 등 주요 지형·지물이 포함된 수치지형도, 연속지적도를 기반으로 하는 도시관리계획 등의 용도 지역지구도를 속성정보와 연계하여 구축하였다.

② 지적공부관리시스템은 토지 및 임야의 이동사항을 관리하는 토지이동업무, 측량 업무를 지원하기 위한 기능으로 구성되어 있다.

③ 측량성과작성시스템은 지적측량신청에서 지적공부정리까지 데이터베이스를 공동으로 사용하여 전산으로 처리할 수 있도록 작성된 시스템이다. 파일은 도형데이터 추출파일(*.cif), 측량관측파일(*.svy), 측량계산파일(*.ksp), 측량성과파일(*.jsg), 토지이동정리파일(*.dat) 등이 있다.

④ DB 변환시스템은 도형 DB를 관리하기 위한 단위시스템으로 초기 데이터 구축, DB 자료변환, 공통파일 백업, DB 일관성 검사 기능으로 구분되어 있다.

⑤ 연속/편집도시스템은 토지이동업무가 처리되면 연속/편집도를 효율적이고 체계적인 방식으로 처리할 수 있도록 지원하는 시스템이다.

⑥ 토지민원발급시스템은 전국 어디에서나 가까운 정부 기관, 시·군·구 또는 읍·면·동 사무소에서 즉시 민원 열람 및 발급을 할 수 있도록 구성되었다.

⑦ 도로명 및 건물번호를 효율적으로 관리하기 위한 시스템으로 도로명 및 건물번호 부여 및 변동 사항의 유지관리를 더욱 효율적으로 수행할 수 있도록 지원하는 시스템이다.

⑧ 토지행정지원시스템은 공부동산 거래 정보, 외국인토지취득관리, 부동산중개업 관리, 개발부담금관리, 공시지가정보검색 등을 처리할 수 있는 시스템이다.

⑨ 용도지역·지구관리시스템은 다양한 용도지역·지구 관련 자료를 일관성 있게 생산, 활용, 관리하여 최신데이터를 활용할 수 있도록 개발한 시스템이다.

(5) KLIS의 활용

① 국토의 근간이 되는 토지의 정보를 효율적으로 관리하고 신속한 민원처리 및 대국민 서비스를 제공하며, 정책결정 및 의사결정을 지원하기 위한 시스템이다.

② 토지에 대한 이용현황과 소유자, 거래, 지가, 개발, 이용제한 등에 관한 각종 정보를 통합 Database화와 함으로써 공공기관의 토지관련 정책수립에 필요한 정보를 정확하고 신속하게 제공할 수 있다.

③ 지상과 지하시설물에 대한 위치정보와 속성정보를 연계하여 시설물관리에 드는 비용과 인력을 절감하고 관리 부실로 인한 재난을 사전에 방지할 수 있다.

④ 각종 환경영향평가와 혐오시설 입지 선정, 환경변화예측, 홍수 도달시간 예측, 지질정보·지진 발생사례 정보 등을 통한 지진예측 등에 활용이 가능하다.

4.7.5. 부동산종합공부시스템

출제(용) : 99, 122회, 출제(논) : 110, 116, 117, 119, 123, 131, 132, 137회

부동산종합공부시스템(Korea Real Estate Administration Intelligence System, KRAS)이란 지방자치단체가 지적공부 및 부동산종합공부 정보를 전자적으로 관리·운영하는 시스템을 말한다. 지적소관청은 부동산의 효율적 이용과 부동산과 관련된 정보의 종합적 관리·운영을 위하여 부동산종합공부를 관리·운영한다.

4.7.5.1. 추진 배경

① 국가가 보유한 부동산공부 18종을 1종의 공부로 구축하여, 대국민 서비스 및 관련기관에 정확한 부동산종합정보를 제공, 행정 공신력 제고와 국민 재산권 보호에 목적을 두었다.

② 부동산관련정보는 공공기관과는 연계가 활발히 진행되고 있으나 민간기관과는 보안상의 문제로 정보연계가 전혀 없는 상태이므로 활용성을 위해서 추진하게 되었다.

③ 2010년 계획하여 2011년부터 2012년까지는 지적과 건축물을 통합, 2013년 부동산가격과 토지이용계획 통합, 2014년 부동산등기를 통합하여 부동산종합공부 시스템을 완료하였다.

④ 부동산종합공부시스템과 금융기관, 법무사, 공인중개사 등을 연계하는 블록체인 기반 부동산 스마트 거래 플랫폼을 구축하였다.

4.7.5.2. 부동산종합공부시스템 자료구조

① 부동산종합공부시스템은 공부 DB, 이력 DB, log DB, 사용자 DB라는 4개의 데이터베이스로 운영되고 있다.

② SOAP(Simple Object Access Protocol) 기반 정보전달 체계를 통해 시군구 서버 DB 정보가 변경되면 국토교통부 통합 DB가 변경되는 데이터베이스 복제(replication) 형태로 관리되고 있다.

③ 자료구조는 시군구 자치단체 담당자가 Web Client를 통해 통합 DB라고 불리는 부동산종합공부 자료를 생성 및 관리한다.

④ 국토교통부가 각 시도로부터 취합된 자료를 바탕으로 일사편리부동산 통합민원서비스를 통해 국민에게 서비스를 제공하고 있다.

4.7.5.3. 특징

① 국토교통부장관의 책임으로 운영되는 정보 관리체계 중 지방자치단체가 지적공부 및 부동산종합공부 정보를 전자적으로 관리·운영하는 시스템이다.

② 부동산종합공부시스템은 법원 등기소에 의해 관리되는 부동산등기시스템과 특정 정보를 공유하고 있다.

③ 부동산종합공부시스템은 내부망과 외부망을 구분하여, 각각의 지자체별로 부동산종합공부시스템이 존재한다.

④ 부동산종합공부시스템은 내부망으로 연결되어, 자치단체가 생성한 자료를 시도가 취합하고 국토교통부가 종합하고 있다.

⑤ 외부망을 통해 사용자인 국민의 요청에 따라 자치단체의 부동산종합공부시스템의 자료를 열람하고, 서면 증명서를 발급하는 구조로 이루어져 있다.

⑥ 각 지자체의 부동산종합공부시스템이 해킹 공격 또는 시스템 장애 발생을 예방하기 위한 지자체별로 많은 예산을 투입해야 하는 실정이다.

⑦ 현행 시스템은 중앙집중형 데이터베이스 사용으로 인해, 내부자가 실수 또는 악의적인 데이터베이스 정보에 대해 변경하면 해당 부동산의 소유자와 이해관계자에 대한 심각한 문제가 발생한다.

4.7.5.4. 정보관리 체계

(1) 국토교통부장관

- 부동산종합공부시스템의 응용 프로그램 관리
- 부동산종합공부시스템의 운영·관리에 관한 교육 및 지도·감독
- 그 밖에 정보 관리체계 운영·관리의 개선을 위하여 필요한 조치

(2) 운영기관의 장

- 부동산종합공부시스템 전산 자료의 입력·수정·갱신 및 백업
- 부동산종합공부시스템 전산장비의 증설·교체
- 부동산종합공부시스템의 지속적인 유지·보수
- 부동산종합공부시스템의 장애 사항에 대한 조치 및 보고

(3) 전산자료의 관리책임

- 지적공부 및 부동산종합공부는 지적업무를 처리하는 부서장
- 연속지적도는 지적도면의 변동 사항을 정리하는 부서장
- 용도지역·지구도 등은 해당 용도지역·지구 등을 입안·결정 및 관리하는 부서장
- 개별공시지가 및 개별주택가격정보 등의 자료는 해당 업무를 수행하는 부서장
- 그 밖의 건물 통합정보 및 통계는 그 자료를 관리하는 부서장

4.7.5.5. 부동산종합공부시스템 자료

(1) 자료 신청

① 기초자치단체(시군구)의 범위에 속하는 자료 : 시군구(자치구가 아닌 구를 포함)의 장

② 시도 단위의 자료 또는 2개 이상의 기초자치단체에 걸친 범위에 속하는 자료 : 시·도지사

③ 전국 단위의 자료 또는 2개 이상의 시도에 걸친 범위에 속하는 자료 : 국토교통부장관

(2) 제공자료 종류

① 지적 전산자료

② 용도지역·지구도, 건물 통합정보 연속지적도 등의 공간자료

③ 개별공시지가, 개별주택가격 등의 속성자료

4.7.5.6. 부동산종합공부시스템 단위 업무

① 지적공부 관리, 지적측량성과 관리, 연속지적도 관리

② 용도지역 지구관리, 개별공시지가관리, 개별주택가격관리

③ 통합민원 발급 관리, GIS 건물 통합정보 관리, 섬 관리

④ 통합정보열람 관리, 시도 통합정보열람 관리, 일사편리포털 관리

4.7.5.7. 지적 통계 및 고유번호 코드

(1) 지적 통계

① 지적소관청에서는 지적통계를 작성하기 위한 일일 마감, 월 마감, 년 마감을 하여야 한다.

② 국토교통부장관은 매년 시군구 자료를 취합하여 지적 통계를 작성한다.

(2) 고유번호 코드의 구성

① 행정구역 코드 10자리(시도 2, 시군구 3, 읍·면·동 3, 리 2)

② 대장 구분 1자리

③ 본번 4자리, 부번 4자리를 합한 19자리로 구성한다.

4.7.6. 블록체인(Block Chain)

출제(용) : 114회, (논) : 119회

블록체인(Block Chain)은 관리대상 데이터를 블록이라고 하는 소규모 데이터들이 P2P(Peer to Peer) 방식을 기반으로 생성된 체인 형태의 연결고리 기반 분산 데이터저장 환경에 저장하여 누구라도 임의로 수정할 수 없고 누구나 변경의 결과를 열람할 수 있는 분산 컴퓨팅 기술 기반의 관리기술이다. 블록(Block)을 잇달아 연결(Chain)한 모음을 말하며 블록체인 기술에서 블록에는 일정 시간 동안 확정된 거래 내역이 담긴다. P2P(Peer to Peer) 네트워크를 이용해 이중 지불을 막아 준다는 것으로 이중 지불을 막는 데 쓰이는 기술이 블록체인이다.

4.7.6.1. 블록체인 종류

① 공개 블록체인(Public block chain, 개방형 블록체인) : 접근 제한이 전혀 없는 블록체인.

② 비공개 블록체인(Private block chains, 전용 블록체인) : 특정 권한이 부여된 비공개 블록체인

③ 하이브리드 블록체인(Hybrid block chain) : 중앙식, 탈 중앙식 기능을 모두 갖춘 블록체인

4.7.6.2. 블록체인 유형

(1) 탈 중앙식

① 암호화폐의 노드는 부분 또는 전체의 블록체인을 가지고 있다.

② 중앙 집중형 데이터베이스가 필요 없다.

③ 블록체인은 자체가 거래장부인 동시에 거래증서(수표, 영수증, 약속어음)이다.

④ 비트코인에서는 거래의 지급되지 않은 결과의 형태로 존재한다고 표현한다.

(2) 개방형

① 개방형 블록체인의 사용자로부터의 보안을 요하지 않으며 접근 제어가 필요 없다는 장점이 있다.

② 전송 계층으로서 블록체인을 사용하여 다른 곳의 신뢰나 승인 없이 애플리케이션을 네트워크에 추가할 수 있음을 의미한다.

③ 허가형 블록체인은 접근 제어 계층을 사용하여 네트워크 접근자를 관리한다.

4.7.6.3. 블록체인 장단점

(1) 장점

① 데이터 분산 처리로 인한 보안 강화이다.

② 블록체인 기술이전 시스템은 온라인 중앙 서버에서 데이터를 관리했으나 블록체인은 데이터를 체인 시스템에 연결된 많은 컴퓨터에 나누어 보관할 수 있다.

③ 분산처리는 더욱 안전한 암호화 기술과 연동되어 보안성을 높인다.

④ 거래 과정의 투명성과 신속한 데이터 트래킹을 가능하게 한다.

⑤ 웹 보완성을 강화하여 해커의 공격 및 데이터 위변조를 방지하고 기존의 중앙 관리 시스템의 취약점을 예방할 수 있다.

(2) 단점

① 방대한 양의 거래를 검증하여야 하고 모든 자료를 내려받아 보관하여야 한다.

② 프라이버시(privacy) 리스크가 존재하며 익명성의 한계가 있을 수 있다.

4.7.6.4. 부동산종합공부시스템의 블록체인

(1) 블록체인 참가자

① 부동산종합공부시스템에서 블록체인을 구성하기 위해서는 우선 참가자의 범위를 결정한다.

② 내부망에는 법률에 따라 부동산종합공부시스템의 운영 및 유지관리의 책임을 지는 자치단체인 시군구와 상급 기관인 시도가 참여한다.

③ 외부망에는 부동산거래와 연관된 부동산중개업자, 금융권, 법원 등기소가 참여한 것을 확인할 수 있다.

(2) 부동산종합공부시스템의 블록체인 구성

① 검토 사항은 내부망과 외부망을 통합하여 구성하는 방법과 내부망과 외부망을 구분하여 구성하는 방법을 검토한다.

② 내부망의 블록체인은 지방자치단체를 포함한 국가행정기관만 참여할 수 있으므로, 프라이빗블록체인으로 구성하는 방법이 적절하다.

③ 외부망의 블록체인은 퍼블릭(Public)블록체인, 프라이빗(Private)블록체인, 컨소시엄(Consortium) 블록체인이 있으나 컨소시엄 블록체인으로 구성하는 방법이 적절하다.

4.7.6.5. 블록체인 국제표준화 동향

① ISO/TC 307(Blockchain and distributed ledger technologies)은 2016년 9월 설립되었다.

② 전 세계에서 가장 활발히 블록체인 및 분산원장 기술국제표준을 개발하는 국제표준화기구의 기술위원회이다.

③ ISO 기술위원회 산하의 연구반(SG)은 표준화 아이템을 발굴하고 표준개발의 타당성을 검증하며, 작업반(WG)은 표준 개발을 착수하고 있다.

④ 연구반과 작업반은 회원국의 합의에 따라 설립 또는 폐지되며, 다수의 연구반이 하나의 작업반으로 통합되기도 한다.

⑤ 블록체인/분산원장 기술위원회(ISO/TC 307)는 블록체인 이슈를 분야별로 집중하여 다루기 위해 현재 4개의 작업반 및 2개의 연구반으로 구성되어 있다.

4.8. 국토지리정보체계

4.8.1. 국가공간정보통합체계

출제(논) : 108, 111, 125회

국가공간정보통합체계는 기본공간정보 데이터베이스를 기반으로 국가 공간정보체계를 통합 또는 연계하여 국토교통부장관이 구축·운용하는 공간정보체계를 말한다. 다양한 기관에서 공통으로 활용되는 공간정보의 범정부적 통합관리 및 공동 활용의 필요성이 대두되면서 시작되었다. 국가공간정보통합체계는 공간정보의 중복 구축 및 갱신 비용을 절감하고, 각 부처의 토지이용 및 규제 정보 등 다양한 토지관련 정보를 다양한 사용자가 일목요연하게 볼 수 있도록 하여, 대민서비스의 개선과 과학적이고 합리적인 정책 수립을 지원하고 있다.

(1) 추진 경과

① 대한민국의 공간정보 구축사업은 1995년 시행된 국가 GIS 사업 이후 양적, 질적으로 비약적인 성장을 이루었다.

② 대부분의 GIS 시스템이 조직과 업무별로 구축되어 시스템 간 자료를 공유할 수 없고 공간자료의 중복 구축 등의 문제점으로 지적되었다.

③ 국토해양부와 행정안전부는 2008년 각종 공간정보시스템의 연계·통합을 추진하기도 하였다.

④ 2009년 기관별 공간정보를 연계하기 위한 표준시스템 개발, 공간정보 DB 및 행정주제도 구축 등의 사전 준비를 하여 8개 시도와 36개 시·군·구에 시범적으로 적용하였다.

⑤ 2010년부터 2012년까지는 확산 단계로서 다양한 애플리케이션의 개발과 보급을 통해 국가공간정보통합체계의 활용성을 극대화하고, 국토의 보전과 관련한 임상도, 문화재, 연안정보도 등을 단계적으로 구축하였다.

(2) 서비스 체계 구성

① 지방자치단체 내부서비스로서 공간정보 및 표준체계 공유, 정보활용 체계의 표준화 확대, 외부 기관의 정보활용 서비스를 제공한다.

② 중앙부처와 관계기관 서비스를 위해 외부 기관의 공간정보제공, 공간정보 카탈로그, 국토정책 수립 지원 서비스를 제공한다.

③ 대국민 서비스를 위한 공간정보포털 기반, 공간정보유통 기반, 공간정보 융/복합 산업 기반 제공 등과 같이 자치단체, 중앙행정기관 및 대국민 전반에 걸쳐 공간정보와 그의 활용을 위한 체계 공급이 국가 공간정보 통합체계의 주요 목적이다.

(3) 공간정보 서비스 제공

① 지방자치단체 내부서비스로서 공간정보 및 표준체계 공유, 정보 활용체계의 표준화 확대, 외부기관의 정보활용 서비스를 제공한다.

② 중앙부처 및 유관기관 서비스를 위해 외부기관의 공간정보제공

③ 공간정보 카탈로그, 국토정책수립 지원 서비스를 제공

④ 대국민 서비스를 위한 공간정보 포털기반, 공간정보 유통기반, 공간정보 융/복합 산업기반 제공

⑤ 자치단체, 중앙행정기관 및 대국민 전반에 걸쳐 공간정보와 그의 활용을 위한 체계 공급이 국가공간정보통합체계의 주요 목적이다.

⑥ 지방자치단체 내부서비스
- 공간정보 및 표준체계 공유
- 행정업무의 공간정보 연계
- 외부기관의 공간정보 활용

⑦ 중앙부처 및 유관기관 서비스
- 외부기관의 공간정보 제공
- 공간정보 카달로그 서비스
- 국토정책수립 지원 기반 제공

⑧ 대민서비스 및 기타
- 공간정보 포털 기반 제공
- 공간정보 유통 기반 제공
- 공간정보 융·복합산업 기반 제공
- 자료채널을 통한 공간정보의 수평/수직적 연계/공유/통합 OGC 국제 표준을 따르는 서비스 제공

(4) 기대효과

① 국민 생활의 편의 증대
② 행정업무의 효율성 제고
③ 과학적 의사결정 지원
④ 공간정보의 중복 구축 방지 및 비용 절감
⑤ 첨단 융복합 산업의 발전 기반 조성
⑥ 국가와 지방자치단체는 국가공간정보통합체계를 통하여 언제 어디서나 원하는 공간정보와 서비스를 제공받을 수 있다.
⑦ 행정정보에 공간정보를 연계한 입체적 대민행정서비스를 통해 국민의 신뢰도 향상에 큰 도움이 된다.
⑧ 공개가 가능한 최신의 공간정보를 민간에게 보급함으로써 유비쿼터스, 모바일, 가상공간 등 융복합 산업분야 발전에 기여할 것이다.

4.8.2. 공간정보참조체계

출제(용) : 80, 99회, (논) : 125회

지형·지물식별자(UFID)는 공간정보를 효율적으로 관리 및 활용하기 위하여 자연적 또는 인공적 객체에 부여하는 공간정보의 유일식별번호를 말한다. 지형·지물식별자(UFID)는 공간정보참조체계 또는 유일식별자(UFID; Unique Feaure Identifier)라고도 하며 공간데이터와 비공간데이터를 연결하는 역할을 한다.

(1) UFID 구성

① UFID 구성은 관리기관, 도엽번호, 지형·지물, 일련번호로 구성되어 있다.

② 관리기관은 기본지리정보를 구축/관리하는 기관의 코드(4자리)로 국토지리정보원, 해양수산부 등이다.

③ 도엽번호는 전국을 포괄하는 수치지도 1/5,000 도엽을 기준으로 할 경우 8자리가 소요된다.

④ 지형지물 일련번호는 행정구역, 도엽 단위의 일련번호 등이다.

(2) 공간정보참조체계의 부여 대상

① 국토교통부장관은 관리기관의 장에게 매년 3월 31일까지 다음 연도 공간정보참조체계 부여의 대상 또는 부여 제외 대상이 될 공간 객체의 명세를 제출하여 달라고 요청할 수 있다.

② 공간참조체계 부여 제외 대상

- 안전관리규정에서 비공개 정보로 분류된 경우
- 공간정보참조체계가 부여되어 관리되던 공간 객체가 망실·소실 또는 소멸된 경우
- 공간 객체가 다른 공간 객체에 포함되거나 소속되어 더 이상 독립된 공간 객체로서 존재하지 않게 된 경우
- 공간 객체가 여러 개의 새로운 공간 객체로 분리되어 더 이상 독립된 공간 객체로서 존재하지 않게 된 경우

③ 선정된 공간 객체 중에서 공간정보참조체계 분과위원회의 심의를 거쳐 공간정보참조체계의 부여 대상과 부여 제외 대상을 확정한다.

(3) 공간정보참조체계의 부여 방법

① 공간정보참조체계 코드는 공간정보참조체계 17자리 중 앞 8자리를 구성한다.

- 첫 자리는 다음의 분류체계에 따라 부여한다.
- 나머지 자리는 공간정보참조체계의 종류·기능·사용 목적에 따라 더 세부적으로 분류하여 구성한다.
- 교통(A), 건물(B), 시설(C), 식생(D), 수계(E), 지형(F), 경계(G), 기타(H)

② 일련번호는 공간정보참조체계 17자리 중 공간정보참조체계 코드 다음의 8자리를 구성한다.

③ 오류 점검 수는 공간정보참조체계 17자리 중 마지막 1자리를 구성하며, 구체적인 결정 방법은 협의체에서 정한다.

(4) 공간 객체 등록번호의 부여

① 부여 대상물로 결정된 공간 객체는 전자적으로 공간 객체 등록번호를 부여한다.

② 공간 객체 등록번호가 부여된 부여 대상물에는 모든 공간 객체에 대한 표준메타데이터, 공간 객체 유형별로 부여되는 유형별 메타데이터, 표준메타데이터 이력 정보를 구축한다.

③ 부여 대상물의 공간 객체 등록번호에 대한 이력 관리를 위해서는 공간 객체 등록관리, 공간 객체 등록번호 이력 정보, 유형별 메타데이터 이력 정보를 각각 데이터베이스로 구축한다.

(5) 공간정보참조체계의 고시

① 공간 객체가 공간정보참조체계의 부여 대상 또는 부여 제외 대상으로 확정된 경우에는 1개월 이내에 그 내용을 관보에 고시하여야 한다.

② 고시에 포함 사항

- 해당 공간 객체
- 해당 공간 객체의 공간정보참조체계 코드
- 관리시스템상의 공간정보참조체계의 보관 위치

(6) 공간정보참조체계 관리시스템

① 공간정보참조체계의 보관·유지 등 관리 업무를 전자적으로 처리하기 위하여 공간정보참조체계 관리시스템을 운영할 수 있다.

② 공간 객체가 공간정보참조체계의 부여 제외 대상으로 확정된 경우에도 해당 공간 객체의 공간정보참조체계를 관리시스템에 보관하여야 한다.

(7) UFID 활용

① 공간데이터와 비공간데이터의 연결

② 외부데이터와 연계 시 외부 참조자료로 사용

③ 데이터 변동 사항을 전달하는 목적으로 활용

④ 복합 지형지물의 생성에 활용

4.8.3. 국가기본공간정보

출제(용) : 111회

공간정보란 지상·지하·수상·수중 등 공간상에 존재하는 자연적 또는 인공적인 객체에 대한 위치정보 및 이와 관련된 공간적 인지 및 의사결정에 필요한 정보를 말한다. 기본공간정보란 여러 공간정보를 통합·활용하기 위한 기본 틀이 되는 정보로써 국가공간정보 기본법에 따라 국토교통부장관이 관보에 고시한 정보를 말한다.

(1) 위치정확도

① 백터데이터 형태의 기본공간정보는 최소한 1/5,000 축척의 정확도를 확보하여야 한다.

② 항공사진 및 위성영상 등 래스터데이터 형태의 기본공간정보는 해상도 50cm 이상을 말한다.

(2) 데이터 교환형식

① 기본공간정보의 교환형식은 "파일기반 기본지리정보 교환 표준"과 "GML기반 기본지리정보 교환 표준"을 원칙으로 한다.

② 이 경우 국토교통부장관이 외부 공개를 위해 구축한 공간정보 오픈플랫폼에서 호환될 수 있는 형식이어야 한다.

(3) 지형지물 코드

① 기본공간정보의 지형지물 코드는 "수치지형도 제작을 위한 지형지물 통합표준"에서 정한 지형지물 코드를 적용한다.

② 기본공간정보의 지형지물이 "수치지형도 제작을 위한 지형지물 통합표준"과 일치하는 지형지물이 없으면 별도의 지형지물 코드를 생성하여 사용할 수 있다.

③ 지형지물 코드는 "수치지형도 제작을 위한 지형지물 통합표준"의 대분류 체계를 준수하여야 하며, 기본공간정보분과위원회 심의를 받아야 한다.

(4) 위치 및 직각좌표의 기준

① 기본공간정보의 위치 기준

- 위치는 세계측지계(世界測地系)에 따라 측정한 지리학적 경위도와 높이로 표시한다. 다만, 지도 제작 등을 위하여 필요한 경우에는 직각좌표와 높이, 극좌표와 높이, 지구중심 직교좌표 및 그 밖의 다른 좌표로 표시할 수 있다.
- 측량의 원점은 대한민국 경위도원점(經緯度原點) 및 수준원점(水準原點)으로 한다.
- 섬 등 대통령령으로 정하는 지역에 대해서는 국토교통부장관이 따로 정하여 고시하는 원점을 사용할 수 있다.

② 기본공간정보구축에 사용하는 단일평면직각좌표계의 원점은 동경 127도 30분, 북위 38도로 하고 이를 UTM-K라 한다.

③ 투영 방법은 T.M(횡단머케이도)로 하고 축척계수는 0.9996으로 하여 한반도 전역을 포괄한다.

④ 기존 평면직각좌표와의 혼란을 방지하고 차별화하기 위하여 투영 원점의 수치는 X(N)를 2,000,000m, Y(E)를 1,000,000m로 한다.

⑤ 기본공간정보구축기관은 구축한 기본공간정보에 대한 메타데이타를 "지리정보관리용 메타데이터 표준"을 적용하여 작성하여야 한다.

4.8.4. 국가공간정보센터

출제(논) : 57, 93, 110회

(1) 국가공간정보센터의 업무

① 공간정보의 수집·가공·제공 및 유통

② 「공간정보의 구축 및 관리 등에 관한 법률」에 따른 지적공부(地籍公簿)의 관리 및 활용

③ 부동산 관련 자료의 조사·평가 및 이용

④ 부동산 관련 정책정보와 통계의 생산

⑤ 공간정보를 활용한 성공 사례의 발굴 및 포상

⑥ 공간정보의 활용 활성화를 위한 국내외 교육 및 세미나

(2) 공간정보의 수집

① 국토교통부장관은 관리기관의 장에게 「국가공간정보에 관한 법률」 제19조에 따라 국가공간정보센터의 운영에 필요한 공간정보에 관한 자료의 제출을 요구할 수 있다.

② 관리기관의 장은 해당 기관이 구축·관리하고 있는 공간정보에 관한 목록정보를 국가공간정보센터에 제출하여야 한다.

③ 국토교통부장관은 공간정보에 관한 자료 및 목록정보를 전산 매체로 제출하도록 요청할 수 있다.

(3) 공간정보데이터베이스 구축

① 국토교통부장관은 수집한 공간정보 등을 데이터베이스로 구축·관리하여야 한다.

② 국토교통부장관은 구축한 공간정보 데이터베이스를 관리기관의 장이 구축한 공간정보 데이터베이스와 호환을 할 수 있도록 관리하여야 한다.

(4) 공간정보의 제공

① 국토교통부장관은 공간정보 이용신청을 받으면 그 내용을 심사한 후 공간정보 자료를 제공할 수 있다.

② 공간정보 자료를 제공받는 관리기관의 장과 공간정보사업자는 자료 이용 대장을 갖추어 두고 공간정보 자료의 이용 현황을 기록·관리하여야 한다.

③ 공간정보는 전산망을 통하여 제공하는 것을 원칙으로 하되, 이용자가 원하는 경우 다른 매체를 통하여 제공할 수 있다.

(5) 지적전산자료의 관리

① 국토교통부장관은 지적공부에 관한 전산자료가 최신 정보에 맞도록 수시로 갱신하여야 한다.

② 국토교통부장관은 지적전산자료에 오류가 있다고 판단될 때는 지적소관청에 자료의 수정·보완을 요청할 수 있다.

③ 국토교통부장관은 「부동산 가격공시에 관한 법률」에 따른 표준지공시지가 및 개별공시지가에 관한 지가전산자료를 개별공시지가가 확정된 후 3개월 이내에 정리하여야 한다.

④ 자료의 제공

- 국토교통부장관, 시·도지사 또는 지적소관청은 지적전산자료의 이용신청을 받으면 그 내용을 심사한 후 지적전산자료를 제공할 수 있다.
- 지적전산자료를 제공받은 관리기관의 장은 자료 이용대장을 갖추어 두고 지적전산자료의 이용현황을 기록·관리하여야 한다.

(6) 부동산정보의 관리

① 국토교통부장관에게 부동산 관련 자료를 제출하는 시장·군수 또는 행정안전부장관 등 관련 기관의 장은 부동산 관련 자료를 전산 매체에 담아 제출하여야 한다.

② 부동산 관련 자료의 관리 및 정비

- 국토교통부장관은 제출받은 자료에 오류가 발견되었을 때는 지체없이 그 내용을 시장·군수 또는 행정안전부장관 등 관련 기관의 장에게 통지하여야 한다.
- 통지를 받은 시장·군수 또는 행정안전부장관 등 관련 기관의 장은 지체없이 해당 오류를 확인하고 바로잡은 후 그 처리 결과를 국토교통부장관에게 회신하여야 한다.
- 국토교통부장관은 부동산 관련 자료의 정확성을 유지하기 위하여 자료의 변동 여부를 확인하는 등 필요한 조치를 하여야 한다.

③ 부동산 관련 정책정보 등의 생산 및 제공

- 국토교통부장관은 제출받은 부동산 관련 자료를 가공하여 부동산 관련 정책정보 및 통계를 생산할 수 있다.
- 국토교통부장관은 관리기관의 장으로부터 부동산 관련 정책정보를 요청받은 경우에는 공익성과 부동산정책 수립의 필요성 등을 검토한 후 이를 제공할 수 있다.
- 국토교통부장관은 부동산 관련 정책정보를 국민에게 공개할 수 있으며 이를 위한 전산시스템을 구축할 수 있으며, 제공 또는 공개할 때는 개인정보의 보호에 필요한 조치를 하여야 한다.

④ 국토교통부장관은 공간정보, 지적전산 자료, 부동산 관련자로 등 수집된 자료를 활용하여 국가 공간정보의 기본통계를 작성하며, 통계청장 및 관계 중앙행정기관의 장과 협의하여 이를 공표할 수 있다.

4.8.5. 3차원 국토공간정보의 구축

출제(논) : 125회

3차원 공간정보는 2차원 공간정보를 입체화하여 스마트시티, 디지털트윈, VR·AR 등 다양한 분야와 융·복합할 수 있는 공간정보 기본데이터로, 고정밀 2차원 영상지도에 지형정보와 건물 모델링을 포함한다.

(1) 3차원 공간정보의 자료 특성

① 3차원 공간정보는 위치에 대한 정보와 각 객체의 색상, 질감과 속성정보를 추가하여 현실 세계와 유사하게 표현하여 공간적 인지와 의사결정을 효율적으로 표현할 수 있는 공간정보를 말한다.

② 3차원 공간정보는 지표면에 대한 정밀한 DEM 제작을 기본으로 하고 LiDAR와 항공사진을 이용한 교통, 건물과 수자원 정보에 대한 3차원 시설물 정보를 구축하는 것이 최근의 일반적인 기법이다.

③ 현실 세계의 가시화를 위해 모바일 VAN을 이용한 텍스추어(texture)와 3D형식의 모델을 제작하고 특정 유형을 갖는 범주 형 라이브러리(Library)도 포함하여 제작하고 있다.

④ 지적정보를 3차원 공간정보데이터와 연계할 필요성이나 활용 방법에 대한 구체적인 방안과 기준이 미비하다.

⑤ 3차원 공간정보활용시스템에서는 3차원 DEM 자료에 지적정보를 연계하는 것을 전제로 하고 있다.

⑥ 지적정보를 연계할 경우 기하학적인 오류 발생에 따른 검증과 지적정보와 불일치되는 도시지역과 농경지, 산림지역의 문제점에 대해서는 소홀히 다루고 있다.

⑦ 공간정보의 현황 분석을 지형 기반의 공간정보를 기반으로 분석할 수 있다는 전제가 필요하다.

⑧ 의사결정을 위한 시뮬레이션 과정에서 필요한 주민정보, 부동산관련 속성정보, 지적도 및 토지대장 정보 등 관련 정보를 이용하여 의사결정의 신속성과 정확도를 높일 수 있다.

(2) 구축 방법

① 항공사진을 일정한 중복도로 동서남북을 촬영하여도 실감 정사영상 제작 및 3차원 가시화 모델을 제작한다.

② 지표면의 높이 값을 정밀 추출하기 위해 항공기에 라이다를 부착하여 지형을 스캔, 3차원 지형데이터 정보(수치표고모형)를 취득한다.

③ 항공사진 및 수치표고모형 성과에서 건물 등의 구조물에 대해 실제 형상과 같은 3차원 가시화 모델을 제작한다.

④ 수치표고모형과 3차원 가시화 모델을 이용하여 지형 및 건물 구조물의 오류를 모두 제거한 고정밀 영상지도를 제작한다.

⑤ 자동 영상매칭 S/W를 활용하여 자동으로 실감정사영상, 수치표면모형 및 3차원 가시화 모델 제작하여 3차원 공간정보를 구축한다.

(3) 지적정보와 연계 방안

① 우리나라에서 3차원 공간정보는 활용성을 높이기 위하여 위치의 검색 기준과 국민의 관심이 집중된 토지정보를 포함하고 있는 지적정보의 연계가 필수적이다.

② 국가 주도로 2008년 전국 지적도면을 통합 구축하고, 2009년 국가 공간정보체계 시범사업에서 연속지적도 고품질화 사업에 따라 지적정보를 활용할 수 있는 기반을 조성하였다.

③ 최근에는 의사결정을 지원하기 위한 도면의 시각적인 정보 수요가 급증하고 있으며, 특히 지적도면과 연계한 입체적인 정책자료에 대한 필요성이 증대하고 있다.

④ 지적도를 3차원 데이터와 연계한 지적도면 기반의 3차원 공간정보 활용시스템을 구축함으로써 고품질의 정보를 생산하여 업무지원과 대민서비스 품질을 향상할 수 있다.

(4) 활용시스템의 구축

① 국가공간정보체계에서 구축 예정인 정보수집 채널, 정보연계 채널, 정보 활용 채널을 이용함으로써 데이터와 시스템의 중복을 방지하고, 일관성 있는 DB를 구축할 수 있다.

② 국토정보통합시스템은 기존에 개발하여 운영하는 시스템과 DB를 통합하는 것이다.

③ 지적정보를 이용한 3차원 활용시스템도 국가공간정보통합체계, 국토정보통합시스템뿐만 아니라 국가공간정보 유통 체계와의 연관성을 유지해야 한다.

④ 3차원 정보활용시스템은 각 부처에서 중복하여 개발된 시스템의 유사 기능 중복을 방지할 수 있고, DB의 무결성 검증과 일관성을 유지할 수 있다.

(5) 지자체의 3차원 공간정보 활용

① 서울특별시는 3차원 공간정보를 구축하여 응용시스템과 인터넷을 통한 3차원 서비스는 3차원 Viewer, 3차원 공간분석, 3차원 도시계획, 지하시설물, 하수도, 하천관리, 지반정보, 3차원 지리정보포털서비스, 항공사진과 각종 벡터자료를 이용한 업무 효율 극대화에 중점을 두고 있다.

② 부산광역시는 3차원 가상도시를 구축하였으며 부산광역시 전 지역에 대한 다차원 종합 분석체계를 구축하고 고정밀 컬러영상을 기반으로 한 웹 기반 3차원 행정지원 서비스 제공 등에 활용하고 있다.

③ 대구광역시는 2008년 완료된 KOPSS를 이용하여 도시계획에 초점을 맞춘 사업모형으로 다양한 입지 분석과 경관 시뮬레이션을 제공하고 있다.

④ 대전광역시는 3차원 시범사업 도시로 선정되어 현실 도시와 사이버 공간을 연계한 사이버 도시를 건설하여 행정기관, 교육기관, 아파트, 병원, 상점 등 실제 모습을 구현하고, 관련 기관의 정보와 서비스 등을 제공하고 있다.

⑤ 전 국토에 대해 가상공간으로 구축하여 디지털트윈, 스마트시티, VR·AR의 기반을 마련할 수 있다.

4.8.6. 국가공간정보포털

출제(논) : 107회

공간정보에 대한 국민의 이해를 높이고 공간정보 활용을 촉진하기 위하여 공간정보 개념, 관련 정책·사업, 열린 장터 운영 등 다양한 정보를 제공하는 포털로 국토교통부가 담당한다. 국가지리정보포털'은 2013년 8월부터 전면 개편하여 서비스를 시작하였다. 국가공간정보포털 서비스 종료(2023.12.31.)에 따라 아래 OpenAPI 개방 목록의 서비스를 대체하고 있다.

(1) 주요 서비스 내용

① 공간정보를 이해하기 쉽게 소개하고 직접 체험해 볼 수 있도록 일반사용자를 위한 공간정보 포털 서비스 코너가 있다.

② V-World를 기반으로 부동산 정보, 교통정보, 문화유산, 자연경관을 둘러볼 수 있고, 가상으로 승마나 자전거 등을 즐길 수 있다.

③ SNS 등을 통해 상호 교류하고 각종 포털과 연계하여 다양한 공간정보 관련 소식을 공유할 수 있다.

④ 공간정보 분야 전문가를 위해 공간정보 전문 정보 코너를 마련하여 국내 공간정보 정책, 법령 및 표준 등 다양한 정보를 제공한다.

⑤ 정부에서 국가 공간정보 사업을 통해 구축한 공간정보를 쉽게 비즈니스에 활용할 수 있도록 하는 Open API 서비스와 공간정보 기반의 창업과 일자리 정보도 제공한다.

⑥ 우리나라의 공간정보기술, 정책·제도 및 공간정보 엑스포 등을 해외에 널리 홍보하기 위해 영문으로도 서비스하며, 언제 어디서나 포털을 이용할 수 있도록 전용 모바일 웹 서비스(m.nsdi.kr)도 제공하고 있다.

(2) 오픈 API

① 오픈 API(Open Application Programming Interface, Open API, 공개 API) 또는 공개 API는 개발자라면 누구나 사용할 수 있도록 공개된 API를 말한다.

② 개발자에게 사유 응용 소프트웨어나 웹 서비스의 프로그래밍적인 권한을 제공한다.

③ 하나의 웹 사이트에서 자신이 가진 기능을 이용할 수 있도록 공개한 프로그래밍 인터페이스가 오픈 API라고 정의할 수 있다.

④ API는 Application Programming Interface의 약자이며 프로그래밍에서 사용할 수 있는 기능들의 집합이다.

⑤ 오픈 API는 직접 응용 프로그램과 서비스를 개발할 수 있도록 API를 외부에 공개한 것이다.

⑥ 생활안전지도 개발자센터는 생활안전지도의 다양한 콘텐츠와 데이터를 좀 더 쉽게 이용할 수 있도록 오픈 API 서비스와 기술을 제공한다.

4.8.7. 국가지리정보체계

출제(논) : 48, 71, 110, 116, 126회

국가지리정보체계(NGIS : National Geographic Information System)는 지리정보를 생산·관리하는 국가기관, 지방자치단체와 정부 투자기관이 구축·관리하는 지리정보체계를 말한다. 국가기관, 지방자치단체, 정부 투자기관 등 공공기관이 지리정보를 효율적으로 구축·관리하여 국민에 대한 다양한 지리정보를 제공함으로써 국토 및 자원의 합리적 이용과 국민경제의 발전에 이바지함을 목적으로 하고 있다.

4.8.7.1. 기본계획

① 정부는 국가지리정보체계의 구축 및 활용을 촉진하기 위하여 5년 단위로 국가지리정보체계 기본계획을 수립·시행한다.

② 기본계획의 내용은 국가지리정보체계의 구축 및 활용의 촉진을 위한 기본방향의 설정, 구축 및 관리, 기술의 연구·개발, 전문인력의 양성, 유통에 관한 투자계획 및 재원 조달, 지리정보체계의 표준화 및 관련된 산업의 육성이다.

③ 건설교통부장관(현, 국토교통부장관)이 기본계획을 수립할 때는 국가지리정보체계 추진위원회와 정보화추진위원회의 심의를 거친 후 이를 확정한다.

4.8.7.2. 국가지리정보체계 추진 과정

정보화사회가 도래함에 따라 각종 국토개발사업의 사전 타당성 검토, 지하시설물의 안전관리 및 재난방지, 도시계획 사항 등 도시관련 정보 등을 전산화하여 일선 행정업무에 활용할 뿐만 아니라 국민에게 다양한 정보제공의 필요성에 의하여 NGIS 구축 사업이 추진되었다.

(1) 1차 NGIS 구축

① 1995년 5월 '국가지리정보체계 구축 기본계획(1995~2000년)'을 수립하여 범정부 차원에서 국가 GIS 구축 사업을 활발히 추진하였다.

② NGIS 구축 사업은 지적도, 지형도, 주제도, 토지이용현황도, 지하시설물도 등의 각종 지도의 전산화 사업을 통해 국토 공간정보에 대한 데이터베이스를 구축하였다.

③ 국가 GIS 구축 사업의 10대 핵심 사업계획과 추진 현황으로는 지리정보 분과에서 지형도와 주제도 전산화 사업(1995~2000년)을 시행하였다.

(2) 제2차 국가지리정보체계

① 대상 기간은 2001년부터 2005년까지 5년이며 공간적인 범위는 육지와 바다를 포함하도록 확대하였으며 기본계획은 국가 GIS 구축 사업을 효율적으로 추진하기 위해서는 정부의 역량에는 한계가 있으므로 민간의 기술력, 자본력, 창의력을 활용하여 추진되도록 수립하였다.

② 추진 목표는 21세기 지식정보 시대를 대비하는 국가공간정보 기반을 확충하여 디지털 국토를 실현하는 데 목적을 두었다.

③ 추진 전략은 국가 GIS 정책 및 기반 조성 분야에서는 실행계획 수립 및 평가, 표준화로 통합 유지관리, 국제협력, 전문인력양성, 지원연구 등 5개 분야를 중점적으로 추진하였다.

④ 국제표준에 관한 연구와 국내 개발 GIS S/W를 국가 차원에서 해외 진출을 지원할 수 있도록 제도를 정비하고 지리정보가 지식정보사회의 핵심 산업으로 발전할 수 있도록 국가 차원에서 GIS 산업육성을 위한 기본 방향을 정립하였다.

(3) 제3차 국가 GIS 기본계획

① 제3차 국가지리정보체계의 목표는 Ubiquitous 세상을 향한 지능형사이버 국토건설로 GIS 기반 전자정부를 구현할 수 있도록 하였다.

② 제2차 국가지리정보체계에서 추진한 내용은 양적 확산을 위해 노력하였지만 제3차 사업부터는 질적 확산이 되어야 할 것이며 NGIS 기반을 지속해서 발전시켜 고도화된 기술력으로 개발하는 것이 목적이다.

③ 사이버 국토 구축으로 U-city와 U-국토를 담는 사이버 공간을 확보하고 3D GIS를 이용하여 현실 공간을 디지털화하여 국가 및 지방자치단체의 GIS DB를 통합형으로 구축한다.

④ 사용자와 개발자가 연계되어 상호보완적인 체계로 협력하여 국가정책과 지방자치단체의 정책 및 사용자들의 생활 GIS Service가 정착되도록 추진하여야 한다.

(4) 제4차 국가 GIS 기본계획

① 공간을 매개로 하는 유비쿼터스 환경으로 패러다임이 급변함에 따라 국가공간정보체계의 효율적 구축, 활용과 관리를 위한 새로운 정책과 전략이 요구되어 제4차 국가공간정보정책 기본계획을 수립한다.

② 추진 과제

- 공간정보산업 수요 기반 확충
- 공간정보의 원활한 생산, 유통, 공유 촉진
- 공간정보산업 성장 기반 구축
- 기술개발 및 국제경쟁력 강화

③ 시간적 범위 : 2010~2012년

(5) 제5차 국가 GIS 기본계획

① 스마트폰 등 ICT 융합기술의 급속한 발전, 창조경제와 정부 3.0으로의 국정 운영 패러다임 전환 등 변화된 정책 환경에 적극적으로 대응하고 공간정보 융복합 산업 활성화 및 정부 3.0을 실현을 위한 제5차 국가 공간정보정책 기본계획을 수립한다.

② 추진 과제

- 정책의 기본방향
- 기본공간정보의 취득 및 관리
- 국가 공간정보체계에 관한 연구·개발
- 공간정보 관련 전문인력의 양성
- 국가공간정보체계의 활용 및 공간정보의 유통
- 투자 및 재원 조달 계획
- 표준의 연구·보급 및 기술기준의 관리
- 공간정보산업의 육성에 관한 사항

③ 시간적 범위 : 2013~2017년

(6) 제6차 국가 GIS 기본계획

출제(논) : 116회

① 「제6차 국가공간정보정책 기본계획」은 공간정보정책의 발전 방향을 제시하고, 국가공간정보체계의 구축 및 활용을 촉진하기 위해 5년 단위의 국가공간정보정책 기본계획을 수립한다.

② 기본계획 주요 내용

- 정책의 기본 방향과 기본공간정보의 취득 및 관리
- 국가공간정보체계에 관한 연구 개발 및 공간정보 관련 전문인력의 양성
- 국가공간정보체계의 활용 및 공간정보의 유통
- 투자 및 재원 조달 계획과 표준의 연구 보급 및 기술기준의 관리
- 공간정보산업의 육성에 관한 사항

③ 시간적 범위 : 2018~2022년

④ 중점 추진 과제

- 가치를 창출하는 공간정보 생산
  - -. 공간정보 생산 체계 혁신
  - -. 고품질 공간정보 생산 기반 마련
  - -. 지적정보의 정확성 및 신뢰성 제고
- 혁신을 공유하는 공간정보 플랫폼 활성화
  - -. 수요자 중심의 공간정보 전면 개방
  - -. 양방향 소통하는 공간정보 공유 및 관리 효율화 추진
  - -. 공간정보의 적극적 활용을 통한 공공부문 정책 혁신 견인
- 일자리 중심 공간정보산업 육성
  - -. 인적자원 개발 및 일자리 매칭 기능 강화
  - -. 창업지원 및 대·중소기업 상생을 통한 공간정보산업 육성
  - -. 4차 산업혁명 시대의 혁신성장 지원 및 기반 기술 개발
  - -. 공간정보 기업의 해외 진출 지원
- 참여하여 상생하는 정책환경 조성
  - -. 공간정보 혁신성장을 위한 제도 기반 정비
  - -. 협력적 공간정보 거버넌스 체계 구축

4.8.7.3. 제7차 국가공간정보정책 기본계획

(1) 추진 경과

① 1994, 95년 가스 폭발 사고를 계기로 GIS 기반 국토 관리의 필요성이 제기되어 국가 차원의 공간정보 정책 본격 추진

② 1차(1995~2000년) : 기반 조성

③ 2차(2001~2005년) : 기반 확대

④ 3차(2005~2010년) : 활용확산

⑤ 4차(2010~2012년) : 연계·통합

⑥ 5차(2013~2017년) : 융합·활용

⑦ 6차(2018~2022년) : 가치 창출에 중점을 두고 국가정책추진

(2) 추진 방향

① 인공위성, 드론, MMS, IoT, SNS 등 현실세계의 형태와 속성정보 및 실시간 센싱 데이터를 융복합하는 NDT 구축

② 현실세계와 가상세계(디지털트윈)가 서로 영향을 주고받으면서 발전해 나가는 형태로 구축

③ 국가가 생산하는 데이터뿐만 아니라 다양한 활동에서 생산되는 민간의 데이터를 발굴하여 융합하는 유통 생태계 조성

④ 데이터를 기반으로 국토를 관찰하며, 어디에 어떤 문제가 있는지를 진단·처방할 수 있는 활용 체계 구축 및 활용 활성화

⑤ 과거의 공간자료, 통계자료가 아닌 현재 국토에서 벌어지고 있는 상황을 실시간으로 수집·분석·대응할 수 있는 체계로 전환

⑥ 측량 중심의 산업에서 스마트 건설, 자율주행, AR/VR 게임, 메타버스 등 다양한 산업과 융복합하여 발전할 수 있도록 지원

(3) 추진 과제

① 국가 차원의 디지털트윈 구축 및 활용 체계 마련
- 국가공간정보 디지털트윈 체계 구축
- 국가공간정보 기반 디지털트윈 체계 구축을 위한 표준 기반 마련
- 국가공간정보 디지털트윈에 대응한 지적정보 고도화

② 공간정보자원 유통·활용 활성화
- 국가공간정보 디지털트윈을 위한 새로운 유통체계 구축
- 원하는 공간정보를 쉽고 빠르게 찾을 수 있도록 유통체계 고도화
- 공간정보 기반 오픈 이노베이션 창출을 위한 활용체계 확산

③ 공간정보 융복합산업 활성화를 위한 인재 양성과 기술 개발
- 공간정보 디지털 창의인재 10만 양성
- 고부가가치 창출을 위한 산업구조 개편
- 국토의 디지털 전환(Dx)을 위한 혁신기술 개발
- 협력적 글로벌 공간정보시장 확대 및 기술 선도

④ 국가공간정보 디지털트윈 생태계를 위한 정책기반 조성
- 국가공간정보 디지털트윈 구현을 위한 제도 개선
- 국가공간정보 디지털트윈 생태계 활성화를 위한 거버넌스 구축 및 운영

4.8.7.4. NGIS의 활용

① 국토계획자료로는 지역별 토지이용 실태, 용도지역 및 용도지구 지정, 지역별 공공 제한 구역 현황을 분석하여 국토계획 및 지역계획, 산업입지 계획 등 공공 계획수립의 기초자료로 활용할 수 있다.

② 정책수립의 기초자료 활용은 지적 속성자료와 개별공시지가자료, 주민등록자료가 연결되어 있으므로 지적도면 전산자료를 통합 각종 정책수립의 기초자료를 이용할 수 있다.

③ 토지관련 규제자료로는 지역별 토지이용정보와 토지이용규제의 중복지정 내용을 분석하여 각종 계획 제도와 공적 규제제도의 타당성을 분석하고 개선 방안을 도출하는 기초자료로 활용할 수 있다.

④ 도시계획도, 국토이용계획도, 경지(구획)정리 사업, 국·공유재산관리, 산지이용계획 조사, 도로명 및 건물번호부여 등의 업무, 지하시설물 관리 등의 기본도로 이용될 수 있다.

⑤ 조세관련의 기초자료는 토지 소유계층별 토지자산 현황 및 이용 실태분석, 조세부담 실태 등을 분석하여 조세별 세율구조 등의 기초자료로 이용할 수 있다.

4.8.8. 지형공간정보체계의 데이터 오차

출제(논) : 111, 125회

4.8.8.1. 오차의 종류

(1) 입력자료의 품질에 따른 오차

① 위치정확도에 따른 오차

② 속성정확도에 따른 오차

③ 논리적 일관성에 따른 오차

④ 완결성에 따른 오차

⑤ 자료변환 과정에 따른 오차

(2) 데이터베이스 구축 시 발생하는 오차

① 절대위치 자료 생성에 따른 기준점 오차
② 항공사진 및 위성영상의 정확도에 따른 오차
③ 디지타이징으로 발생하는 오차
④ 좌표변환에 따른 투영법에 따른 오차
⑤ 항공사진 및 원격탐사의 판독에 따른 속성오차
⑥ 자료처리 과정에서 발생하는 오차

4.8.8.2. 오차의 발생 원인

① 기존 지도를 이용하는 경우 지도를 제작하는 과정과 관련된 지도투영법, 지도 축척, 지도의 일반화, 지도의 시각화, 형상의 분류와 코딩화 과정에서 오차가 발생할 수 있다.
② 지도 자체에 내재되어 있는 위치오차, 측지기준망의 오차, 지도 제작 장비의 오차, 지도 출력장비의 오차 등은 사용자가 피할 수 없는 내재되어 있는 오차들이다.
③ 디지타이징 과정에서 발생하는 오차를 비롯하여 속성데이터를 입력하는 과정, 포맷을 변환하는 과정, 지도투영법을 변환하는 과정, 래스터데이터와 벡터데이터들 사이의 변환 과정에서 발생하게 되는 오차들이다.
④ 데이터를 입력하는 과정에서 발생하는 오차는 장비에 의한 것과 작업자에 의한 것으로 나눌 수 있다.
⑤ 좌표변환 시에 발생 오차는 특히 원시 데이터의 투영에 관한 정보가 불충분하거나 지도의 수평 정확도가 낮을 때 더욱 문제가 된다.
⑥ 중첩분석, 분류와 재분류 과정, 일반화와 집합화, 보간법, 부적절한 알고리즘의 사용 등등을 포함하는 데이터 처리 과정과 공간 분석 시에 발생하는 오차이다.

4.8.8.3. 오차의 범주화

① 오차 발생은 원래부터 잠재적으로 있는 내재적 오차(inherent error)와 데이터를 구축하는 과정에서 발생하는 작동적 오차(operational error)로 범주화해 볼 수 있다.
② 공간데이터란 실세계를 데이터 모델로 표현한 것이기 때문에 자연히 불완전하고 일반화될 수밖에 없다.
③ 구면의 지구를 평면으로 투영하여 지도화하는 과정에서도 오차가 발생한다.

④ 서로 다른 투영법에 따라 생성된 좌표체계의 변환 과정 및 서로 다른 포맷으로 변환하여 저장할 때도 오차가 발생한다.

⑤ 내재적 오차도 총체적, 계통적, 또는 임의적 오차의 유형으로 나타나게 된다.

⑥ 작동적 오차는 지상측량, 지점 관측 및 조사, 키보드를 통한 데이터 입력, 항공사진 판독, 위성영상 분석, 수동 디지타이징 및 공간 분석에서 부적절한 알고리즘의 사용 등 주로 사람의 실수로 발생하는 오차이다.

⑦ 공간데이터를 처리하는 과정에 발생하므로, 사용자 오차 또는 절차적 오차라고도 한다.

⑧ 작동적 오차도 총체적 오차, 계통적 오차, 그리고 임의적 오차 유형으로 나타날 수 있다.

⑨ 서로 다른 출처와 축척의 데이터들을 사용하여 분석한 최종 결과물은 불확실성을 지니고 있으므로 공간적 의사결정을 내리는 경우 오류를 범할 수도 있다.

4.8.8.4. 데이터 오차의 관리

① 공간데이터를 구축하고 데이터를 조작, 관리하고 분석하는 과정에서 오차의 발생은 당연하다고 볼 수 있다.

② 오차를 제거하려고 하는 것보다는 불확실성을 최소화하면서 오차를 관리하는 방법을 모색하는 것이 바람직하다.

③ 공간 데이터의 오차를 관리하는 방법

- 데이터를 취득하는 과정에서 데이터의 질을 통제하고 질적 확신을 높이는 것이다.
- 데이터를 사용하면서 오차의 전달과 오차의 행태를 이해하는 것이다.
- 데이터의 질에 대한 평가를 문서로 만들어 데이터 사용 시의 불확실성 수준을 사용자가 충분히 알 수 있도록 하는 것이다.

④ 공간 분석을 수행하는 과정에서 오차의 영향력이 누적되어 나타나는 것을 오차 전달(error propagation)이라고 한다.

⑤ GIS에서 오차를 관리하는 관점에서 볼 때 공간 분석 과정에서 오차가 어떻게 전달되는가를 아는 것은 매우 중요하다.

⑥ 두 개 이상의 레이어를 중첩(교차 또는 결합)하는 경우 오차가 전달되는 방법에 따라 서로 다른 영향력을 발휘하게 되며, 발생하는 오차도 달라진다.

⑦ 일반적으로 두 레이어를 교차(intersect)시키는 중첩 기능을 수행하는 경우 불확실성은 더 증가하고, 반면에 두 레이어를 합치는(union) 경우 불확실성은 줄어들게 된다.

4.8.9. 지리정보시스템

출제(논) : 50, 53, 63, 69, 80, 84, 99회

지리정보시스템(GIS; Geographic Information System)은 도형정보와 속성정보를 효율적으로 수집·저장·분석·축적하여 국토계획과 공사계획 등 각종 계획을 추진하기 위한 정책 결정을 지원해 줄 수 있는 시스템으로 지도 및 관련 자료를 전산처리할 수 있도록 수치화(Digitalization)하여 컴퓨터에 입력하고, 기타 지상과 지하시설물의 속성정보를 입력한 정보시스템을 말한다.

4.8.9.1. 발달 과정

① 1960년대 영국과 호주에서도 GIS의 연구 개발이 이루어졌으며, 1960년대 후반 미국의 대도시계획의 수행 과정에서 도시정보시스템의 개발이 본격적으로 시작되었다.

② 1976년 미네소타주 정부에서 개발한 토지관리정보시스템인 MLMIS(Minnesota Land Management Information System)를 개발하였다.

③ 1988년 미국 통계청에서 DIME에 이어 개발된 TIGER(Topologically Integrated Geographic Encoding and Referencing) 데이터는 미국 GIS 산업을 빠르게 성장시키는 촉진제가 되었다.

④ 1990년대에는 컴퓨터 하드웨어의 급성장과 멀티미디어의 기술 발달로 GNSS, RS, 수치사진측량 등 다양한 형태의 정보를 제공함에 따라 GIS의 효용성이 크게 향상되었다.

⑤ 2000년대에는 사용자의 폭발적 증가와 함께 Network 기술의 발달로 Web－GIS와 같은 통신망을 이용한 범세계적인 GIS 자료 극대화를 위한 표준화 작업도 활발히 진행되었다.

4.8.9.2. GIS 구성요소

① 하드웨어는 GIS를 운영하는 데 필요한 컴퓨터와 각종 입출력장치 및 자료관리 장치를 포함하고 있다.

② 소프트웨어는 데이터와 함께 핵심 요소로 GIS 데이터의 구축, 운영 등의 기능을 수행하고 있다.

③ GIS 분야에서 사용되는 데이터를 GIS 데이터 또는 지리데이터(Geographic data)라 하며, 이 데이터는 공간데이터(Spatial data)와 속성데이터(Attribute data)로 구성되어 있다.

④ 인적자원은 시스템 구축, 유지관리, 활용할 수 있는 데이터 제작자, 시스템 관리자, 프로그래머, 시스템 엔지니어, 사용자 등 다양한 역할을 수행하는 인적자원이다.

4.8.9.3. GIS 데이터의 표준화

GIS의 표준화는 데이터 모델 표준, 데이터 내용 표준, 메타데이터 표준은 데이터 내부의 내용적 측면에 대한 표준화이며, 데이터 품질 표준, 데이터 수집 표준, 위치 참조 표준은 데이터 외부 측면에 대한 표준화 등으로 크게 7가지 유형으로 분류할 수 있다.

① 데이터 모델(Data Model)의 표준화는 공간데이터의 개념적, 논리적 틀을 정의한다.

② 데이터 내용(Data Content)의 표준화는 GIS 사용자들이 GIS 업무를 수행할 때 다양한 공간 형상에 대해 서로가 사용할 수 있는 공통의 정의를 말한다.

③ 데이터수집(Data Collection)의 표준화는 공간 및 속성데이터를 수집하는 방식과 관련된 표준을 설정하는 것이다.

④ 위치참조(Location Reference)의 표준화는 공간데이터를 구축하는 데 필수적으로 고려되어야 하는 좌표체계를 구성하는 투영법, 기준점, 타원체, 적용되는 좌표변환 방법 등에 대해 정의하는 것이다.

⑤ 데이터 질(Quality)의 표준화는 데이터 구축 시 데이터의 질적 수준에 대한 표준을 설정한 후 이에 대한 정보를 실제데이터와 함께 사용자들에게 제공하도록 하는 것이다.

⑥ 메타데이터(Metadata)의 표준화는 데이터의 질과 관련된 것으로 사용하고자 하는 공간데이터의 의미, 맥락, 내부, 외부적 관계성에 대한 정보를 포함하도록 하는 것이다.

⑦ 데이터교환(Data Exchange)의 표준화는 매우 다양한 변환 기능을 통한 데이터 손실, 왜곡을 막는 방법으로써 주요한 데이터 교환 표준으로는 SDTS, DIGEST 등이 있다.

4.8.9.4. GIS의 특성

① 데이터베이스 구축 단계와 데이터베이스관리, 정보 분석 단계, 그리고 정보를 추출하여 제공하는 단계로 구분할 수 있다.

② 데이터베이스 구축은 각종 주제에 관한 도형과 속성에 관한 정보를 수집하여 컴퓨터 내의 정보 보관소에 저장하는 작업이다.

③ 정보의 수집 및 작성 단계에서 필요시 되는 학문적 분야의 기술은 지리학, 원격탐사, 측지학, 측량 및 사진측량학, GNSS 등이 있다.

④ 구축된 데이터베이스는 계속해서 정보의 검색과 수정, 보완 등의 관리 작업이 이루어지며 공간정보를 다루는 데이터베이스 관련 작업은 전산학 관련 지식이 필요하다.

⑤ 지리정보는 정보시스템에서 사용되는 정보의 형태와는 명백하게 다른 일련의 지리적 특성들을 지니고 있다.

4.8.9.5. GIS 활용

① 지도나 도면의 생산·수정 및 유지관리에 필요한 시간과 비용이 절감되며 GIS를 이용하면 각종 지도를 쉽게 확대·축소할 수 있고 서로 다른 축척과 내용을 가진 지도나 도면을 쉽게 중첩해 볼 수 있다.

② 토지에 대한 이용현황과 소유자, 거래, 지가, 개발, 이용 제한 등에 관한 각종 정보를 통합 DB화함으로써 토지관련 정책수립에 필요한 정보를 정확하고 신속하게 제공할 수 있다.

③ 시설물관리에 드는 비용과 인력을 절감하고 관리 부실로 인한 재난을 사전에 방지할 수 있다.

④ 도시현황 파악, 도시계획수립, 도시정비 및 도시기반시설 물관리에 활용할 수 있다.

⑤ 교통개선계획, 도로 유지 보수, 교통시설물 관리 등 종합적인 운영시스템을 비롯하여 지능형교통시스템(ITS)의 중요한 부분인 교통정보제공 분야에 활용할 수 있다.

⑥ 지표경사, 토양, 지질 및 재배기술에 관한 정보를 DB화한 후 수확량을 예측하며 토양 관리지침을 제공하는 등 과학적 영농을 지원할 수 있다.

⑦ 수질, 지질, 대기, 폐기물정보 등을 DB화한 후 각종 환경영향평가와 혐오시설 입지 선정 및 건설 사업에 따른 환경변화예측 등에 활용이 가능하다.

⑧ 하천·강우 정보 등을 통한 홍수 도달시간 예측, 지질정보·지진 발생사례 정보 등을 통한 지진 예측 등에 활용되며 재난 발생 시 긴급출동 및 피해 최소화 방안을 신속히 수립하는데 활용할 수 있다.

⑨ 공간관련 각종 자료를 빠르게 분석할 수 있으며 이러한 분석 결과를 의사결정자가 쉽게 파악할 수 있도록 시각화할 수 있으며 향후에 발생할 수 있는 변화를 사전에 예측할 수 있다.

4.8.10. 개방형(Open) 지리정보체계

출제(용) : 84회

개방형 지리정보체계(Open GIS; The Open Geo data Interoperability Specification)는 지리 자료 간 상호운용성 문제에 대한 해결책의 개발과 광역통신망을 대상으로 분산처리 개발을 가능하게 할 수 있다. Open GIS의 목적은 서로 다른 기종 사이에 공간데이터의 분산처리를 위한 상호운용에 관한 표준이 개발되었다. Open GIS 표준화에 따라 3Tier(DB, Server Application, Sever Client) 구조로 구현하여 사용하기 쉽고 유지·관리가 편하고 사용자가 원하는 애플리케이션을 개발하였다.

(1) Internet 표준 및 규약의 종류

① 표준 규약의 목적은 공간정보의 상호운용성을 구현하고 이를 Internet을 통한 검색 및 유통을 가능하게 하기 위함이다.

② Internet GIS 구축과 관계있는 표준 및 규약으로는 Open GIS, CORBA, HTTP, Z39.50, JAVA, Metadata Contend Standard 등이 있다.

③ OGIS의 구현은 CORBA, DCE, OLE와 같은 인터페이스와 메커니즘을 개발하여 제공하는 것이다.

④ CORBA(Common Object Request Broker Architecture)는 다양하게 존재하는 하드웨어와 소프트웨어 사이에서 요구되고 있는 상호운용성에 대한 OMG(Object Management Group)의 사양이다.

⑤ HTTP(Hyper Text Transfer Protocol)는 WWW(World Wide Web)의 Server와 Client가 Hypertext 문서를 통해 통신할 때 사용하는 프로토콜이다.

⑥ Z39.50은 Internet을 통한 정보 Retrieval Service와 Protocol의 ANSI/NISO 표준으로 1988년에 처음 정해졌으나 제조업체들에 의해서 광범위하게 사용되지는 않았다.

⑦ JAVA는 간단하고 객체 지향적이며 Platform-independent, Muti-threaded, dynamic한 특징을 갖고 있는 Programing 언어이다.

⑧ 자바(Java)의 특징

- 간단하고 분산적이며 안정적이다.
- 중립 구조적이며 객체 지향적이다.
- 간편하고 해석할 수 있으며 수행력이 높다.
- Muti-thread 형식의 dynamic 한 언어이다.

(2) 국제표준 관련기관

① ISO/TC211(International Organization for Standard/Technical Committee 211)

- 1994년 국제표준기구(ISO)에서 구성
- 공식 명칭은 Geographic Information/Geometics
- TC211은 디지털 지리정보 분야의 표준화를 위한 기술위원회

② CEN/TC287(유럽 표준화 및 기술위원회 287)은 1991년 유럽 표준화 기구에서 유럽 모든 국가에 적용할 수 있는 지리정보의 표준화 작업을 위한 기술위원회를 설립하였다.

③ OGC(Open GIS Consortium)는 1994년 설립되었으며, GIS 관련 기관과 업체 중심의 비영리단체 등과 다수의 대학이 참여하고 있다.

(3) 국내 표준 관련 기관

① KS(국가표준)는 산업자원부 기술표준원(ISO/TC211 Korea) 간사 기관, 한국표준협회

② KICS(정보통신표준)는 정보통신부

③ TTA 단체 표준은 한국정보통신 기술협회

(4) Open GIS의 특징

① Open GIS는 메타데이터 분산 객체형 D/B, 인터페이스(Interface) 등 관련 하부구조를 이루고 있는 분야의 표준 및 규약의 연구를 바탕으로 하고 있다.

② Open GIS는 자료 상호 간의 운용성에 대한 개발 및 광역통신망을 대상으로 분산처리 개발이 가능하다.

③ 정보의 교환 및 시스템의 통합과 다양한 분야에서 공유할 수 있고, Network 상에서 사용자가 필요한 자료를 검색 및 처리가 제한된 범위에서 가능하다.

④ Open GIS는 전 지구적인 수준 또는 국가정보산업 기반 수준에서의 대규모로 이루어지는 최초의 객체 기술이다.

⑤ 새로운 GIS 환경에서 상호운용성을 도모하기 위해 1994년 OGC(Open Geodata Consortium)가 결성되었다.

⑥ 웹브라우저를 이용한 지리정보의 접근과 검색을 위한 표준과 관련 기술이 등장하였다.

⑦ 국가 공간정보 유통기구를 통해 유통하고자 하는 데는 개방형 구도를 가진 GIS 구축이 필수적이다.

⑧ 개별시스템 간에는 client와 server의 기능을 갖고 운영할 수 있다.

(5) Open GIS의 활용

① 현재 기본모델 표준이 확정되어 상용되고 있지 못하다.

② 기본모델 표준의 안정성과 확장성 측면이 검증되어야 할 것이다.

③ OGC는 Open GIS 안내를 제작, 발표하였다.

④ 단순 및 복합 공간 현상, 이미지 데이터의 접근 및 처리를 위한 규약 작업을 수행하고 있다.

⑤ OGIS 구현은 CORBA, DCE, OLE와 같은 인터페이스와 메커니즘을 개발하여 제공하는 것이다.

4.8.11. 도시정보체계

출제(용) : 60, 81, 105회

도시정보체계(UIS; Urban Information System)는 도시계획 및 도시화 현상에서 발생하는 인구, 자원 및 교통관리, 건물 면적, 지명, 환경변화 등에 관한 자료를 다루는 체계로 도시 현황 파악 및 도시계획, 도시 정비, 도시기반시설을 효과적으로 관리할 수 있는 시스템이다.

(1) UIS의 필요성

① 도시 전반에 관한 사항을 관리·활용하는 시스템으로 종합적이고 체계적인 시스템이 요구된다.

② 도시정보와 밀접한 관계가 있으므로 공간정보의 체계적인 구축이 필요하다.

③ 도시에 관련된 환경, 교통, 구조물의 유지·관리에 필요하다.

④ 효율적이고 객관적인 의사결정 제공 및 공간정보의 활용에 따른 객관적인 데이터 제공이 필수적이다.

⑤ 지방자치단체의 행정은 중앙정부와는 다르게 다양한 분야를 포함하는 종합행정으로 GIS의 다양한 관련 기술들을 포함하여야 한다.

(2) UIS의 특징

① 지역계획 자료체계를 구축하여 공업, 상업자료, 농어업자료, 인구, 호적, 도시건설자료와 위치 및 지도자료 결합분석을 할 수 있다.

② 교통망, 공공설비 망을 기본적으로 지역 정보체계 자료 기반 구축을 할 수 있다.

③ 사용자가 원하는 도형정보와 속성정보를 제공함으로써 고도의 정보 이용이 가능하다.

④ 신속한 행정 및 중첩과 같은 공간분석을 통한 다양한 결과가 필요하다.

(3) 국내 UIS 현황

① 1995년 국가 GIS 기본계획을 수립한 이후부터는 국가에서 주도하여 추진하였다.
② 국가에서 주도하면서부터 중앙정부와 지방자치단체가 공동으로 재원을 충당하였다.
③ 주요 사업은 국가 GIS 사업 시행 이후에는 주제도 및 지적도면전산화사업을 추가로 시행할 수 있다.
④ 종합정보전산망과 연계하여 다양한 공간정보를 Network 상에서 이용할 수 있다.
⑤ 추진 지역은 전국 도시지역의 수치지형도 작성, 전국의 거점도시를 중심으로 지하시설물 도면 작성, 대상도시에 토지관리정보체계 구축 등이다.

(4) UIS 구축의 기대 효과

① 각 부서 간 구축데이터의 표준화 및 호환성 도모로 업무능률이 향상된다.
② 행정정보 자체의 정확성 증대 및 일관성 유지가 가능하다.
③ 도면 및 대장발급 업무와 인허가 업무 등을 신속하게 처리함으로써 대민 행정서비스가 향상된다.
④ 전산화된 도면관리로 편리하게 필요한 정보에 접근할 수 있다.
⑤ DB 구축으로 지하 시설물의 정확한 관리와 사고 예방 및 재난관리에 신속하게 지원할 수 있다.
⑥ 신속하고 정확한 의사결정 지원 및 시설물을 입체적으로 관리할 수 있다.
⑦ 지하 시설물을 전산화하여 통합 D/B를 구축함으로써 예산 절감 및 효율적인 투자를 유도할 수 있다.

(5) 연계 활용 방안

① 도시정보시스템에서는 기본도로 하여 다른 지리정보데이터들에 대한 기준을 제공할 수 있다.
② 지적과 침수예상지역도, 토양도, 배수구역도 등과 함께 도로경계, 수로 등 기본도의 구체적인 사항들에 대한 것을 검색하고 조회할 수 있다.
③ 전주나 변압기 등과 같은 다양한 요소들을 지리정보시스템과 다른 추가적인 시설물 등록을 위한 위치 참조 정보를 제공할 수 있다.
④ 지적업무에서는 토지경계선, 행정구역 경계 등을 연계하여 사용할 수 있다.
⑤ 기본도로 도시계획, 토지관련 의사결정, 각종 공사 및 사업에 따른 보상비를 추정함으로써 다른 분야에서 충분한 효과를 얻을 수 있다.

4.8.12. 도시계획정보체계(UPIS)

출제(용) : 105회

도시계획정보체계(Urban Planning Information System; UPIS)는 도시계획과 관련된 모든 자료(현황자료, 이력 자료 등)와 정보를 전산화하여 행정기관의 도시계획 관련 의사결정을 지원하며 도시계획의 입안, 결정, 집행 등의 전 과정을 투명하게 공개하여 주민의 참여를 가능하게 하는 시스템이다.

(1) 목적

① 국토교통부의 「도시계획정보체계 확산사업」의 연차계획에 따라 각각의 지방자치 단체별로 전국의 도시계획 관련 자료를 데이터베이스화

② 표준시스템을 도입하여 도시계획 관련 업무의 효율화, 표준화를 통한 도시경쟁력을 제고

③ 도시계획 의사결정의 전문성과 과학화를 확보하여 투명한 도시계획 행정업무를 실현하고 균형적 도시 발전 및 시정 운영의 신뢰성 향상

④ 도시계획 업무의 기초가 되는 지적도면, 대장 등의 데이터베이스 구축과 노후화된 도시계획 이력 자료 및 관련 정보의 체계적인 정비

⑤ 효율적인 관리로 도시계획의 투명성을 확보하고, 실시간 행정서비스 요구에 부응하는 것

(2) 추진 경과

① 2001년 : 도시계획정보체계 선행 사업 착수 및 설계(~‘04년까지)

② 2005년 : 시군구 표준시스템 개발(화성시, 영주시 시범운영)

③ 2007년 : UPIS 확산 전략 연구(‘07.12~’08.6)

④ 2008년 : 시스템 고도화 및 전국 확산(광역시·도, 국토부 시스템개발)

⑤ 2012년 : 도시계획 관련 주제도 연계 및 확대

⑥ 2013년 : 대민 도시계획 정보 서비스 개시

⑦ 2014년 : 도시계획 표준시스템 7.0 및 Lite 프로그램 개발

⑧ 2015년 : 도시계획·개발행위허가 통합 표준시스템 8.0 개발 및 시범운영

⑨ 2016년 : 지자체 표준시스템 8.0 일괄 설치 및 시범운영

⑩ 2017년 : 지자체 표준시스템 8.0 확산 및 재해 취약성분석 결과 조회 서비스 제공

⑪ 2018년 : 재해주제도 조회 기능 제공 및 개발행위허가의 민원 처리일원화 시행

⑫ 2019년 : 개발행위허가 기능 통합 인허가 지원 시스템(IPSS)으로 이전, 전국 서비스 운영

(3) 구성요소

① 데이터베이스는 국토의 계획 및 이용과 관련된 업무에서 생성, 관리하는 도면, 대장, 조서, 통계자료를 전산화한 공간데이터와 속성데이터를 말한다.

② 전산 환경은 응용시스템과 데이터베이스를 활용하는 데 필요한 H/W, S/W, Network가 필요하다.

③ 법률 및 조직은 도시계획정보체계를 이용하여 업무를 수행하고 시스템을 유지관리라는 데 필요한 조직과 이를 관리하기 위한 법률 및 제도가 필요하다.

④ 응용시스템은 행정업무를 프로그램화하여 처리하는 시스템으로 데이터 서버와 S/W로 구성되어 있다.

(4) 데이터베이스 구축 과정

① 프로젝트 수행에 따른 업무의 범위 및 작업 방법 등의 계획

② 도형데이터베이스 구축
- 현황 도형 구축
- 연혁 도형 구축
- 이력 도형 구축

③ 속성데이터베이스 구축
- 고시 자료 구축
- 조서 자료 구축
- 도면자료(이미지) 구축
- 입안 정보 구축

④ 이력연계 데이터베이스 구축
- 조서·대장간 연계 구축
- 도형·조서간 연계 구축
- 도시계획 이력 구축

⑤ 검수 방안 및 지침

- 데이터 구축 과정에서 발생할 수 있는 오류를 최소화하여 데이터베이스의 품질 향상 및 성과 확보를 목적으로 한다.
- 도시계획정보체계(UPIS) 데이터베이스 구축 매뉴얼을 준용하여 검수를 수행한다.
- 오류유형별 적정한 수정 방안, 검수 결과에 대한 체계적 확인 과정 등을 수행하여 데이터베이스의 정확도를 향상할 수 있도록 한다.

(5) 기대효과

① 종이가 없어도 운영할 수 있는 업무 지원 실현, 원하는 정보를 한 번에 확인할 수 있다.

② 고시 도면 및 결정 조서 조회, 토지, 건축물, 토지이용계획 확인서 등 개별 자료의 통합 검색할 수 있다.

③ 종이지도 대신 전산화된 다양한 도시계획 자료를 활용하여 도면 및 보고서를 생성할 수 있다.

④ 항공사진, 위성영상, 도시계획 현황도를 기반으로 지형도, 지적도, 도시계획 결정 현황 등 임의의 주제도를 중첩하여 표시할 수 있다.

4.8.13. 교통정보시스템

4.8.13.1. 지능형교통시스템

지능형교통시스템(ITS; Intelligent Transportation Systems)은 도로, 차량, 화물 등 교통 체계의 구성요소에 적용하여 GPS 전자, 통신 등 첨단기술을 접목하여 상호 유기적으로 작동하며 실시간 교통정보를 수집, 관리, 제공하면서 교통시설의 이용 효율을 극대화하고, 교통 이용 편의와 교통안전을 제고하며 에너지 절감 등 환경친화적 교통체계라고 할 수 있다.

(1) ITS 구성요소

① 일반적으로 기능적 분류 방식과 내용적 분류 방식으로 구분된다.

② 기능적 분류 방식은 교통정보 처리 순서상의 분류로서 데이터의 수집 과정, 가공 및 처리 과정, 정보제공 과정으로 구분한다.

③ 내용적 분류 방식은 기술 분야에 따른 분류로서 교통 센서 기술, 제어 및 표시장치 기술, 교통정보제공 기술, 첨단차량 및 도로제어 기술, 교통 운영관리 기술로 구분한다.

(2) ITS 서비스 분야

① 교통관리 최적화, 전자지불처리, 교통정보유통 분야, 대중교통 분야, 화물운송 효율화 분야, 안전운전지원 서비스와 자동운전지원 서비스로 구분할 수 있다.

② 교통관리 최적화 분야는 교통관리 서비스, 돌발상황관리 서비스, 자동교통단속 서비스, 교통공해관리지원 서비스, 교통시설관리지원 서비스로 구성된다.

③ 전자지불처리 분야는 교통시설 이용료의 첨단기술을 사용하여 교통편의 시설 이용 요금을 자동으로 지불하는 서비스 등의 요금 전자 지불서비스이다.

④ 교통정보 유통 분야는 교통정보를 일반 교통이용자에게 제공하는 교통정보 관리·연계 서비스이다.

⑤ 대중교통 분야는 시내·고속·시외버스의 도착시간, 위치, 환승 정보 등 대중교통 운행 정보를 제공하는 서비스이다.

(3) 교통정보 처리 및 활용

① 신호시스템 제어알고리즘의 교통축 단위 제어알고리즘에서 네트워크 단위의 제어알고리즘으로 기능을 향상하는 기술이다.

② 정체 판단 및 정체 정보 내용 판단 알고리즘은 운영자에게는 적정한 차량흐름의 제어기법 선정을 가능하게 한다.

③ 최적 경로 탐색 알고리즘은 복잡한 도심 가로에서 출발지와 도착지 사이의 선택 가능한 경로 중에 최단 시간 경로를 탐색하는 알고리즘으로 전체 교통시스템의 효율적 이용 도모를 가능하게 한다.

④ 교통부문에서 도입한 교통 지리정보시스템(GIS－T)은 교통 분야의 교통계획, 교통 운영, 교통공학을 다루는 교통 정보시스템을 GIS 기능을 활용하여 교통계획, 교통관리, 도로 건설, 도로관리 및 교통영향 평가, 경로 분석 등의 분야에서 폭넓게 응용되고 있다.

⑤ 최근에는 종합도로 관리 정보시스템이 구축되면서 교통망 분석, 교통량 분석, 차량 항법, 교통체계 분석, 노선 계획, 접근도 향상을 위한 분석, 배송경로 분석, 최단 경로 분석 등 교통과 물류 분석 전반에 걸쳐 다양하게 활용되고 있다.

(4) ITS의 발전 방향

① 외국의 경우 지도의 레벨이라는 개념에서 단계가 극히 세분되어 단지 스크롤 함에 따라 단계가 조정되는 단계에 이르렀다.

② 지번도 수준의 database를 구축하고 있다는 것으로 POI에 관해서도 그에 따라 현 수준보다 더 많은 양의 데이터를 보유하고 있으며, 사용자에게 더욱 정확하고, 신속한 정보의 전달을 위한 기능의 개발로 실시간으로 정보를 제공하고 있다.

③ 국내에서는 기업들이 단계별로 선진기술을 연구·개발하여 상용화 단계에 이른 기술들이 있으며, 앞으로 더욱 부가적인 기능들이 추가되고 있다.

4.8.13.2. 텔레매틱스(Telematics)

출제(용) : 96회

자동차 등 운송장비 안에서 이동통신, 위성항법 따위의 서비스를 제공하는 기술을 의미한다. 통신(Telecommunication)과 정보과학(Informatics)의 합성어이다. 차량에 탑재된 인포테인먼트 시스템에서 어떠한 정보를 요청하면 텔레매틱스 사업자가 정보 수집체계로부터 가져온 정보를 무선통신을 통해 전송하는 방식이다. 자동차와 무선통신 기술을 결합하면 엄청난 시너지 효과를 낼 수 있기 때문에 21세기에 들어서 주목받고 있으며 여러 업체들 간에 치열한 경쟁이 이루어지는 기술이다.

(1) 기능

① 자동차와 무선통신 기술을 결합한 기술이기 때문에 차의 현재 상태에 관한 정보를 외부에 제공 또는 차에서 자동적으로 외부의 정보를 수집하여 제공하면, 그 정보의 수신자 측에서 자동차 측에 피드백할 수 있다.

② 자동차가 인터넷과 연결된 컴퓨터라고 할 수 있으며, 내비게이션부터 시작하여 인터넷을 이용한 정보 검색 기능이 가능하다.

③ 차량 운전자와 탑승자가 편안하게 이동할 수 있도록 자동차의 위치 및 그 위치의 날씨, 기온, 풍속, 습도 등의 정보를 이용하여 자동으로 환경 설정하는 시스템도 가능하다.

④ 오디오 재생, 전화 및 메일 송수신 등과 같은 기능을 제공할 수도 있다.

⑤ 탑승자를 편안하고 즐겁게 해주는 텔레매틱스 기능을 인포테인먼트(Information+Entertainment)라고 부르기도 한다.

(2) 특징

① 텔레매틱스는 무선통신 기술을 이용하므로 편리하지만 사생활 침해 같은 논란이 생길 수 있고, 해킹 등의 위험성이 존재한다.

② 자동차를 해킹하는 것은 단순한 정보 보안 및 절도 문제를 넘어서 안전 문제로 확산할 가능성이 큰 만큼 무시할 수 없는 문제이다.

③ 사람의 개입 없이 자동차에서 스스로 물리적 충격 등을 감지하여 자동으로 신호를 전송할 때는 사람의 의도와 상관없이 작동하기 때문에 논란이 생길 가능성이 크며

④ 텔레매틱스는 자동차에 무선통신 기능을 접목해 다양한 업무를 수행하고 많은 행동을 가능하게 하는 편리한 기술이다.

4.8.13.3. Car Navigation System(CNS)

차량주행체계(CNS; Car navigation system)는 자동차에 사용하도록 고안된 범지구위성항법시스템에 해당하는 차량 자동항법장치로 Automotive navigation system이라고도 한다. 내비게이션의 주요 기능과 구성요소는 다음과 같다.

(1) 현재 위치 파악

① GNSS 수신기를 사용하는 것으로 위성의 신호를 수신하기 위한 수신기를 장착한다.

② 원리는 신호를 수신하고 있는 3~4개의 위성에서 동시에 발신된 신호의 시간차를 통해 위치를 계산하는 것이다.

③ 수신되는 GNSS 신호에는 오차가 존재하므로, 소프트웨어적으로는 맵매칭(map matching)이라는 과정을 통해 현재 주행 중인 도로를 판별한다.

④ GNSS는 위성을 통하여 송수신하기 때문에 터널이나 지하 같은 경우 수신이 불가능하다.

⑤ 자이로 센서는 GNSS 음영지역에서 사용하는 방법이며, 차량의 조향 방향과 속도정보를 통해 약간의 오차는 있지만 현재 위치를 판단한다.

⑥ 도로상에 존재하는 비콘(Beacon)을 통해 현재 위치를 판별하는 방법이다.

⑦ 설치된 BEACON 사이에서 특정 차량이 지나가는 시간 차이를 알아낼 수 있으므로, 해당 구간의 속력도 판별할 수 있다.

(2) 전자지도

① 전자지도는 크게 도로지도와 바탕지도, 시설물 DB로 구분된다.

② 지도 정보는 정확한 경위도 좌표임을 전제해서 구성된다.

③ 도로지도는 도로의 형태, 길을 찾거나 주행 중인 도로를 판별할 때, 회전 안내를 할 때 이용된다.

④ 바탕 지도는 지도상에 그려지는 모양들을 담고 있으며, 벡터 형식으로 저장된 이 정보를 바탕으로 도로상에 지도를 그리게 된다.

⑤ 시설물 DB는 이름이나 주소로 특정 위치를 찾으려는 경우, 그리고 지도상에 표현되는 시설물들의 위치를 저장하고 있다.

(3) 경로 안내

① 경로 안내는 지도의 시설물 DB를 통해 가고자 하는 지점을 설정하고, 이 설정된 지점에서 가장 가까운 도로를 찾아 경로를 찾아준다.

② 찾아진 경로로 주행할 수 있도록 현재 위치에서 필요한 회전 안내를 표출한다.

4.8.14. 국가공간정보통합플랫폼(K-Geo)

출제(용) : 134회

현실 국토와 동일한 가상 세계를 3차원으로 구현해 디지털 트윈 국토를 구축하고, 공공기관과 국민을 대상으로 한 행정 업무 등 가상 국토 융합 서비스를 제공하는 것을 목표로 한다. K-Geo플랫폼은 대한민국 국토교통부에서 운영하는 공식 웹사이트로 국토정보를 디지털화하여 제공하는 온라인 시스템으로 사용자에게 다양한 지리 정보와 교통 데이터를 통합적으로 제공한다.

4.8.14.1. 추진 배경

① 시스템별 상이한 S/W로 구축되고, 운영 장비가 지역별로 분산 관리되고 있으므로 획일적으로 통합하여 관리가 필요하다.

② 수집된 공간정보의 품질 향상과 표준화된 공간정보를 사용자가 편리하게 활용할 수 있는 기반이 필요하다.

③ 시스템의 노후화된 장비를 최신화된 기술과 장비로 반영하는 것이 필요하다.

④ 대용량 공간정보 DB를 활용하고 있으므로 데이터의 공동활용에 적합한 공간정보 기반 행정업무 플랫폼 구축이 필요하다.

4.8.14.2. 시스템의 특징

① 다양한 공간 데이터를 통합하여 제공한다.

② 사용자 친화적인 인터페이스로 쉽게 접근할 수 있다.

③ 조상 땅 찾기 서비스는 본인인증을 거친 후 조상의 이름과 주민등록번호 등의 정보를 입력하여 조회할 수 있다.

④ 국토교통부에서 운영하는 공공 서비스로, 누구나 무료로 이용할 수 있다.

⑤ 정기적으로 업데이트가 이루어져 최신 정보를 유지하고 있다.

⑥ 클라우드의 운영환경 및 오픈소스 기반의 공간정보 플랫폼을 구축할 수 있다.

4.8.14.3. 3차 사업의 주요 내용

① 토지소유권 등 부동산 관련 연혁정보를 기반으로 시계열 데이터관리체계 구축

② 국가공간정보센터에서 보유한 데이터의 생애주기 종합관리체계 구축

③ 데이터 활용성을 강화하기 위해 연속지적도 기반의 용도지역지구 등 융합 개방형 데이터 및 서비스형 데스크톱(DaaS; Desktop-as-a-Service) 구축

④ 3D 서비스 개발플랫폼 및 경관분석, 사각지대분석 등 3D 응용 서비스 구축

⑤ 주거환경개선사업 예정구역 지정을 위해 과소 필지, 노후건물 등을 분석할 수 있는 후보지 분석 등 공간정보 융복합 활용 서비스 구축

⑥ 대민서비스 확대를 위해 행정망 지도 드림(주제도) 조회 서비스 제공

⑦ 부동산개발업 등 4개의 토지 행정업무를 관리하기 위해 운영하던 한국토지정보시스템의 클라우드 전환 등

4.8.14.4. K-Geo 플랫폼 서비스

(1) 행정서비스

① 지도 제작 도구로 사용자가 보유한 정보를 지도에 활용(지오코딩)하여 주제도를 만들어 볼 수 있는 나만의 지도를 제공한다.

② 정비사업 후보지 분석 등 원하는 지역의 부동산 정보와 공간분석 정보를 한눈에 볼 수 있는 분석 지도를 제공한다.

③ 경관분석·드론 활용 등 3D 시뮬레이션 기능을 제공하는 트윈 국토

④ 표준 분류체계로 분류된 약 2,600여 종의 공간데이터와 통계정보를 자유롭게 내려받기 할 수 있는 데이터를 관리한다.

⑤ 국토 행정업무(측량업·지적 등)와 토지 행정업무(개발부담금, 토지거래 허가 등) 지원 서비스 등의 기능을 제공한다.

(2) 대민서비스

① 토지찾기(내 토지, 조상땅) 비대면 온라인 신청·열람

② 위치 기반의 부동산 정보(토지, 건물, 가격) 제공

③ 공공보상 지원업무 제공

④ 온라인 정책정보 신청 관리

⑤ 공간정보 목록 조사 업무 등의 공공기관 지원업무 제공

4.8.14.5. 활용

① 클라우드 기반을 통한 공간정보의 생산과 가공을 비전문가도 편리하게 활용할 수 있다.

② 데이터 댐(Data Dam) 사업의 가시화로 관련 산업화를 통한 일자리 창출을 기대할 수 있다.

③ SaaS(공간정보 융·복합 활용체계), GeoPaaS(공간정보 특화 플랫폼), DaaS(데이터 관리 및 활용성 강화), IaaS(G클라우드 운영환경) 등 클라우드 환경을 활용할 수 있다.

④ 경관분석·드론활용 등 3D 시뮬레이션 기능을 제공하는 트윈 국토 기능을 제공한다.

⑤ 토지 이용, 교통량 데이터, 지적공부, 각종 국토 관련 통계에 활용한다.

4.9. 위치정보시스템

4.9.1. 유비쿼터스

출제(용) : 78회, (논) : 77, 81, 84회

유비쿼터스(Ubiquitous)란 단어는 1988년 제록스사에 근무하던 마크 와이저가 "유비쿼터스 컴퓨팅"이라는 개념으로 처음 제시한 것으로 전천후 IT 환경을 의미하고 있다. 유비쿼터스란 라틴어로 "보편적으로 존재하다"라는 의미이며 언제, 어디서나, 누구나 대용량의 통신망을 사용할 수 있고, 저 요금으로 커뮤니케이션할 수 있는 것을 말한다. 유비쿼터스는 정보통신 방송의 원리, 이념 그리고 기술적 개념을 충실하게 구현하는 과정에서 필수 고려 사항들로서 국가, 지역사회, 도시, 가정, 인간, 기계, 차량, 컴퓨터, 생활 도구, 소모품, 주택, 각종 건축물, 의류, 동물, 식물 그리고 u-IT 융합 단말기가 있다.

(1) 특징

① 유·무선을 가리지 않고 항상 네트워크에 접속할 수 있다는 개념이다.

② 언제 어디서나 사용이 가능하며 현실 세계의 사물과 환경 속으로 스며들어 일상생활에 통합될 것이다.

③ RFID를 통해 모든 실체가 무선 네트워크상에서 인식될 수 있는 존재가 된 것이다.

- 시스템은 상품을 자동으로 인식하여 그 처리를 하게 된다.
- 유비쿼터스를 실현하는 핵심이 바로 RFID이다.
- 좌표점을 스스로 변환시키는 지상의 동식물이나 수송 수단인 비행기, 선박, 자동차 등에 탑재되어 이동체의 파악이 가능한 센서에 의한 인식 기능과 무선통신 기능을 동시에 적용한 운행 현황을 분석할 수 있다.
- 최근에 등장한 전자태그(RFID) 기술을 활용한 다양한 접근이 이루어지고 있다.

(2) g Ubiquitous

① g ubiquitous는 GIS와 Ubiquitous의 다양한 지리 공간정보의 활용 분야로서 정적인 지리정보와 동적인 지리정보로 나눌 수 있다.

② 정적인 지리정보(Static Geographic Information)는 시간과 공간을 동시에 구현하는 다차원의 시리즈에 입력된 자료를 분석하여 가시적인 방향으로 제시하는 지능형 기법이다.

③ 동적인 지리정보(Dynamic Geographic Information)는 지상에서 움직이는 물체에 대한 시공간적인 다차원의 시리즈에 입력된 자료를 분석하여 가시적인 방향으로 제시하는 LBS(Location Based System) 기법이 있다.

(3) 유비쿼터스의 이용

① 모든 사물, 상품, 동식물, 기계에 센서와 칩을 부착하여 네트워크로 연결해 감시, 추적할 수 있다.

② 광역적인 도시 시설관리, 교통관리, 폐기물 관리, 국가 SOC 시설물관리를 실시간으로 실현하고 효율성을 높일 수 있다.

③ 유비쿼터스 컴퓨팅과 정보통신망에 있어서 항상 위치와 좌표를 잡아주는 핵심 요소로써 사용자들의 욕구를 만족시킬 수 있는 양질의 서비스를 제공하는 것이다.

(4) u－City

출제(용) : 89회, (논) : 86, 117회

① 첨단 정보통신망을 도시의 기본 인프라로 채택하고 이를 바탕으로 다양한 유비쿼터스 서비스가 제공되는 도시를 말하며 유비쿼터스 도시(Ubiquitous City)의 약칭이다.

② 유 시티는 정보통신 시설을 통한 도시 생활의 편의를 제공함으로써 인간의 삶의 질을 향상시키고 도시의 경쟁력을 높이는 데 목적이 있다.

③ 특징

- u－IT기술을 이용하여 편리하고 안전하며 쾌적하고 건강한 삶의 질 제고에 대한 욕구를 높일 수 있다.
- 실시간으로 각종 도시 관련 정보를 받아 효율적이고 체계적인 도시 관리가 가능하다.
- 도시 건설을 위해서 도시의 수많은 각종 도시 공간과 공공시설에 칩이나 센서를 부착하고 무선 네트워크로 연결한다.

④ 우리나라

- 2008년 “유비쿼터스도시의 건설 등에 관한 법률”을 제정하여 사업추진을 본격화하였다.
- 최근에는 유 시티보다 “스마트시티(Smart City)”라는 용어를 사용하는 추세이다.
- 국내의 발전된 정보기술의 역량이 총체적으로 결집되고 건설, 가전, 문화와의 컨버전스를 실현하는 21세기 한국형 신도시를 뜻한다.

4.9.2. 무선주파수인식기술(RFID)

출제(논) : 80회

무선주파수인식기술(RFID; Redio Frequency Identification)은 1990년대 말에 재고 관리 및 공급 관리 등에 사용되는 새로운 기술로 주파수를 이용하여 개별 상품을 식별하는 방식을 말한다. RFID와 바코드를 비교하면 바코드의 경우 레이저 판독기를 바코드에 직접 접속해야 하지만 RFID는 안테나와 태그만 있으면 판독기를 직접 접촉하지 않아도 쉽게 상품의 정보를 식별할 수 있으며 필요한 정보를 삽입할 수도 있다.

(1) RFID 구성

① 데이터를 저장할 수 있는 RFID Tag

② 데이터를 읽을 수 있는 Reader

③ 중간에서 데이터를 운송하는 안테나 등

(2) 특징

① 바코드에 비해 손상될 가능성이 작다.

② 빠른 속도로 다수의 태그를 동시 판독이 가능하다.

③ 판독기를 직접 태그에 접근하지 않아도 되며, 태그와 장애물 사이의 장애물이 존재해도 판독할 수 있다.

④ 읽기와 쓰기가 가능하며 재사용이 가능하다.

(3) RFID 시스템 동작

① 칩과 안테나로 구성된 RFID 태그에 활용 목적에 맞는 정보를 입력하고 대상에 부착한다.

② 게이트, 계산대, 톨게이트 등에 부착된 리더에서 안테나를 통해 RFID 태그를 향해 무선 신호를 송출한다.

③ 태그는 신호에 반응하여 태그에 저장된 데이터를 송출한다.

④ 태그로부터의 신호를 수신한 안테나는 수신한 데이터를 디지털 신호로 변조하여 리더로 전달한다.

⑤ 리더는 데이터를 해독하여 주 컴퓨터로 전달한다.

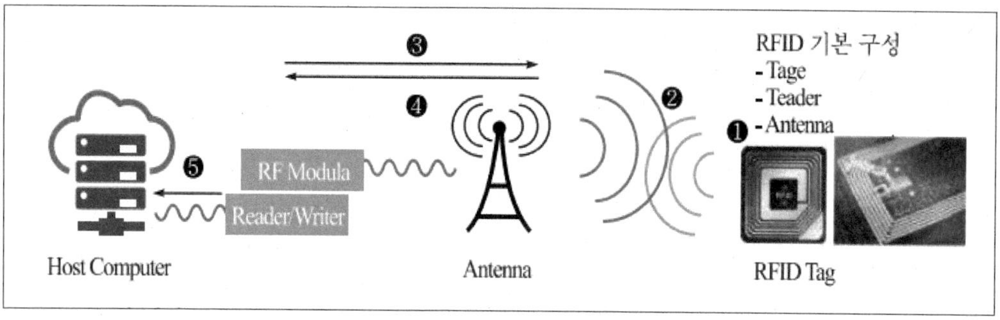

〈그림 4-24〉 RFID의 작동 원리

(4) RFID 적용

① RFID는 이미 우리들의 일상생활에서 다양하게 활용되고 있다.

② 매일 이용하는 교통카드는 대표적인 RFID 태그 중의 하나이며, 고속도로의 하이패스도 RFID 기술을 이용하고 있다.

③ 도서관에서 빌려주는 책이나 의류 판매장에서 판매되는 옷, 그리고 할인매장에서 판매되는 와인 등에도 RFID 태그가 부착되어 이용되고 있다.

④ 인건비 절감 및 관리 비용을 줄이기 위해 유통/물류/운송 분야에서 제품의 이동, 반입, 반출 정보의 확인 및 재고 파악 등을 위해 이용되기도 하며, 직원들의 근태 관리 및 출입 통제 등의 수단으로 이용되기도 한다.

⑤ 한우나 인삼 등의 농산물 이력 관리나 약품 관리 등 위변조를 방지하기 위한 목적으로도 이용된다.

(5) RFID 효과

① RFID 태그를 부착하여 제조에서 도소매에 이르는 전 유통경로의 추적관리 및 진품 판별 등이다.

② RFID는 근로자의 수작업을 통해 개별적으로 확인해야만 했던 것들을 컴퓨터시스템이 자동으로 확인할 수 있도록 해준다.

③ 생산된 제품이 어느 곳에 얼마나 존재하는지를 쉽게 확인할 수 있도록 해줌으로써 효과적인 재고 및 생산 관리를 할 수 있도록 도와준다.

(6) 활용 분야

① RFID는 상업적으로 많이 이용되어 지금은 산업 전반에서 공급망의 투명성과 효율성을 높이고 있다.

② 재고 관리에 필요한 매대 가동률 제고와 창고 재고 관리 등

③ 자동 검품, 대여 상품관리, 위조품 식별, 도난 방지

④ 화물 및 상품 추적관리

⑤ 무선 네트워크상에서 인식될 수 있는 존재가 된 것으로 유비쿼터스를 실현하는 핵심이다.

4.9.3. 비콘

출제(용) : 111회

비콘(beacon)은 등대나 봉화대처럼 일정한 신호를 보냄으로써 자신의 위치를 알려주거나 혹은 그에 따르는 정해진 일들을 수행하도록 하는 기기를 말한다. 선박과 항공기는 비콘에서 일정 시간마다 발신된 전파를 포착하여 자신의 위치를 알 수 있으며, 항로표지로 사용되는 것으로 전파 표지의 일종이다.

(1) 전송 신호에 따른 분류

① 저주파 비콘은 주파수가 낮은 파동이나 전자기파를 이용한다.

② LED(Light Emitting Diode) 비콘은 화합물 반도체의 특성을 이용해 전기 신호를 적외선이나 빛으로 변환시켜 신호를 보내고 받는데 사용한다.

③ 와이파이(Wi-Fi) 비콘은 무선접속장치가 설치된 곳의 일정 거리 안에서 초고속 인터넷을 할 수 있는 근거리통신망을 이용한다.

④ 블루투스(Bluetooth) 비콘은 휴대폰과 주변 장치 간에 저전력 무선통신을 가능하게 하는 근거리 무선통신 표준 기술을 사용한다.

(2) 특징

① 사물의 정보를 주기적으로 전송하는 근거리 무선통신기술이다.

② 저전력 블루투스 기술을 활용하여 단말기의 위치를 파악하고 정보를 송수신한다.

③ 이용자의 행동과 관계없이 자동으로 이용자의 위치를 파악하여 관련된 서비스를 제공한다.

④ 비콘은 소량의 패킷(packet; 데이터 전송에서 사용되는 데이터의 묶음) 전송으로 동작이 가능하다.

⑤ 다른 근거리 무선통신기술에 비해 저비용으로 위치를 인식할 수 있다.

⑥ 두 기기를 연결하는 페어링(pairing; 한 쌍)이 불필요하다.

⑦ 지상에 설치한 비콘(beacon)에서 무선 신호를 발신하고 이 신호를 위성이 수신한다.

(3) 능동형 서비스 제공

① 비콘은 비접촉식으로 최대 50m 의 원거리 통신을 지원한다.

② 일 : 다 및 다 : 다의 서비스 가능하므로 사용자의 취향에 맞는 광고 및 정보 전송, 홈오토메이션, 결제 등의 다양한 능동형 서비스를 제공할 수 있다.

③ 전시회나 박물관에서 현재 관람객이 감상하는 작품에 대한 자동 설명 서비스를 제공할 수 있다.

④ 비콘에 가속도 센서, 온도, 습도 센서를 부착하여 농작물이나 기계의 상태를 원격으로 파악하는 것도 가능하는데 사용한다.

(4) 비콘 DGPS

① 비콘 DGPS는 선박이나 항공기의 항로를 안내하기 위해 해양수산부에서 설치한 DGPS 기준국(비콘 기지국)에서 방송하는 위치보정 신호를 수신하여 이동국에서 DGPS 1개만으로 1~3m의 정확도로 위치정보를 확보할 수 있는 실시간 DGPS 측위 방법이다.

② 우리나라 비콘 기지국 설치현황

- 전국에 8개 설치(팔미도, 어청도, 거문도, 마라도, 영도, 장기곡, 주문진, 울릉도)
- 측위 범위는 기지국으로부터 반경 100~180km이다.
- 위치 보정신호는 국제표준 형식인 RTC-104 형식을 사용한다.

③ 장단점

- LADGPS(Local Area DGPS)의 개념으로 전국의 해안 및 해상에서 DGPS 측위가 가능하다.
- 전파수신이 양호한 경우에는 기지국으로부터 약 100km 이내의 내륙에서도 DGPS 측위가 가능하다.
- 사용전파는 소음에 영향을 크게 미치므로 내륙에서는 지역에 따라 위치 보정신호의 수신에 제한을 받는다.

4.9.4. 사물인터넷

출제(용) : 116회, (논) : 119회

사물인터넷(IoT; Internet of Things)은 사물들(things)이 서로 연결된(Internet) 것 또는 사물들로 구성된 인터넷을 말한다. 사물인터넷은 책상, 자동차, 가방, 나무, 애완견 등 세상에 존재하는 모든 사물이 연결되어 구성된 인터넷이라 할 수 있다. 사물인터넷은 연결되는 대상이 유형의 사물과 교실, 커피숍, 버스정류장 등 공간은 물론 상점의 결제 프로세스 등 무형의 사물까지도 그 대상에 포함한다.

(1) 사물인터넷 기능

① 두 가지 이상의 사물들이 서로 연결됨으로써 개별적인 사물들이 제공하지 못했던 새로운 기능을 제공하는 것이다.

② NFC 칩이 탑재된 세탁기에 스마트폰을 갖다 대면 세탁기 동작 상태나 오작동 여부를 확인하고 맞춤형 세탁코스로 세탁을 할 수 있다.

③ 인간이 최소한의 개입을 통해 자동화하며, 다양한 연결을 통한 정보 융합으로 인간에게 지식과 더 좋은 서비스를 제공하는 데 있다.

④ 사물인터넷은 사람·사물·공간·데이터 등이 인터넷으로 서로 연결되어, 정보가 생성·수집·공유·활용되는 초연결 인터넷으로 새로운 서비스를 제공하는 것을 의미한다.

(2) 발전 단계별 IoT

① 시설물 및 공장 등에 설치된 기기(센서) 간의 통신을 위해 사용되던 과거의 M2M(Machine－to－Machine) 기술이 인터넷으로 연결된 IoT로 발전하고, IoT는 인터넷의 지능화(공간정보, 빅데이터, 인공지능과의 융합) 추세에 따라 IoE로 진화하는 'M2M → IoT→ IoE' 단계로 발전하여 왔다.

② M2M(Machine－to－Machine) 기술

- 사물인터넷(Internet of Things, IoT)은 아직 개념적인 부분이 많으므로 M2M과 혼용하여 사용하고 있다.
- M2M은 기계 중심의 연결을 의미하나 사물인터넷은 환경 중심의 연결을 의미하는 것으로 해석할 수 있다.

③ IoT

- 사물인터넷(IoT)의 핵심 기술은 센서(sensor)이다.
- 사물인터넷(IoT) 관련 매출 중 디바이스 매출이 가장 큰 비중을 차지할 것으로 전망한다.
- 주변 공간의 사물(센서)에 대한 위치와 속성정보를 공간 정보화하고 지도로 보여주는 '스마트 사물 지도'가 필요할 것이다.

④ IoE(만물인터넷)

- IT 기업인 시스코(Cisco)가 사용한 용어로서 IoT(사물인터넷) 개념을 확장하였다.
- 사물뿐만 아니라 사람, 데이터 및 프로세스에 이르는 모든 것들이 인터넷으로 연결되어 새로운 가치와 비즈니스를 창출하는 세상을 의미한다.

(3) 사물인터넷에 필요한 기술

① 센서 및 상황 인지 기술

② 통신/네트워크 기술 및 웹 서비스 기술

③ 칩 장치 기술

④ 경량 내장형 네트워크 기술

⑤ 자율적 지능형 플랫폼 기술

⑥ 대량의 데이터를 처리하는 빅데이터 기술

⑦ 데이터마이닝 기술 및 보안/프라이버시 보호 기술

⑧ 사용자 중심의 응용서비스 기술

(4) 사물인터넷 특성

① 각각의 특성을 갖는 물리적 사물과 가상 사물로 구성되며, 지능형 인터페이스를 가지며 정보망에 잘 통합되는 특성을 갖는다.

② 사물인터넷에서의 사물은 비즈니스와 정보, 소셜 프로세스의 적극적인 참여자로서 사물 간 또는 환경과 환경 정보를 상호 전달할 수 있다.

③ 사물인터넷은 좁은 범위에서는 주변의 사물들에 네트워크를 연결하고, 지능화함으로써 그 사물의 가치를 증대시키는 것을 의미한다.

④ 넓은 의미의 사물인터넷은 도메인 융합을 통한 산업의 지능화이다.

(5) 공간정보 사물인터넷(Geo – IoT)

① 공간정보 기술과 IoT(Internet of Things) 기술이 융복합되어 현실 사물, 지도, 사람을 인터넷으로 연결하고 위치·공간·센싱 정보를 교환·공유하여 스스로 일을 처리하고 똑똑한 서비스를 제공하는 만물 인터넷(Internet of Everything : IoE)으로 정의된다.

② Geo – IoT는 사람·사물을 식별하는 태그(바코드, RFID 태그), 주변 환경을 센싱하는 센서, 사물을 제어·동작시키는 액추에이터(예 : 전등 켜기/끄기, 출입문 차단)가 부착된 현실 사물 중심으로 연결된 IoT에서 진화하여, 사이버 세계에 존재하는 가상의 공간정보를 'IoT 사물화'하고, 현실 사물과 연결하여 서로 대화(양방향 통신)할 수 있도록 만듦으로써 새로운 가치를 제공하는 것을 목적으로 한다.

③ Geo – IoT를 통해 현실 사물과 공간정보(가상사물)가 대화를 나눌 수 있게 되면 현실 사물의 변화(위치 이동)가 자동으로 공간정보에 반영되어 정확하고 생생한 지도 서비스를 제공할 수 있으므로 단순한 사물 간의 연결이 아니라 사물과 정보가 연결되는 IoE가 실현되는 것이다.

4.9.5. 스마트시티와 스마트워크

4.9.5.1. 스마트시티

출제(용) : 123회

스마트도시에 대한 정의는 국가별 여건에 따라 매우 다양하지만, 도시 내 인프라에 ICT를 접목하여 도시관리의 효율성과 시민 삶의 질을 향상할 수 있는 지속 가능한 네트워크형 도시로 새로운 산업을 육성하기 위한 플랫폼이라고 할 수 있다.

(1) 단계별 추진 경위

① 1단계

- 2008년 유비쿼터스도시의 건설 등에 관한 법률 제정
- 2009년 제1차 U – City 종합계획 수립

② 2단계

- 2013년 제2차 U – City 종합계획 수립
- 2017년 스마트 도시법 개정

③ 3단계

- 스마트시티 추진 전략 발표
- 제3차 스마트시티 종합계획 수립(2019~2023년)

(2) 구성요소

① 스마트시티는 도시를 구성하는 다양한 인프라(교통, 수자원, 에너지, 공간정보 등)가 이를 연계하는 ICT 기술로 구성

② 요소 간의 유기적 연계가 도시 운영관리의 효율성을 향상하게 하는 것

③ 복합체(System of systems)를 지향함

(3) 국가정책사업

① 국가 시범 도시

- 국가 시범 도시는 4차 산업혁명 관련 기술을 개발계획이 없는 부지에 자유롭게 실증·접목을 조성하기 위해 실행되었다.
- 창의적인 비즈니스 모델을 구현할 수 있는 혁신산업 생태계를 조성하여 미래 스마트시티 선도모델을 제시하는 것을 목표로 하고 있다.
- 국가 시범 도시는 세종과 부산이 있다.

② 스마트 챌린지

- 한국형 스마트 챌린지 사업은 미국 Smart City Challenge 사업과 유럽 Horizon 2020 사업의 특성을 반영한 사업으로, 한국의 여건에 맞게 보완하여 시행하는 사업이다.
- 2021년에는 시티 챌린지, 타운 챌린지, 캠퍼스 챌린지, 스마트 설루션 확산 사업으로 세분되어 추진한다.
- 시티 챌린지는 기업과 지자체가 컨소시엄을 구성하여 도시 전역의 문제를 해결하기 위한 종합적인 솔루션(solution)을 개발하는 사업이다.
- 타운 챌린지는 중소도시 규모에 최적화된 특화 솔루션을 제안하고 적용하는 것에 중점을 둔 사업이다.
- 캠퍼스 챌린지는 2021년 새로 도입된 대학을 중심으로 기업과 지자체가 같이 지역에서 스마트 서비스를 실험하고 사업화하는 것이다.

- 스마트 솔루션 확산 사업은 효과성이 검증된 스마트 솔루션을 전국적으로 골고루 보급하여 국민이 스마트시티 서비스를 체감할 수 있도록 확대하는 사업이다.

③ 스마트 도시형 도시재생은 현재 정부에서 도시재생 사업과 연계하여 스마트 기술이 접목될 수 있도록 진행하고 있는 사업이다.

④ 스마트도시 통합플랫폼은 다양한 도시 상황관리 및 스마트도시 통합운영센터 운영을 위한 핵심기술로 방범·방재, 교통 등 정보시스템을 연계·활용하기 위한 정부의 연구개발로 지자체 보급을 2015년도에 착수하였다.

(4) 특징

① 스마트시티(Smart City)는 주요 기술인 통신 및 인공 지능과 사물인터넷(IoT) 기술의 초연결을 통한 지능화·자동화라는 가치를 추구하고 있다.

② 기술적 성과로 인해 가상공간에서 실시간 각종 도시정책실험 및 검증을 할 수 있게 되었다.

③ 첨단 정보통신기술(ICT)의 발전과 함께 이를 이용해 도시 생활 속에서 내포된 주택문제, 교통 문제, 환경문제, 안전 문제, 행정 문제 등을 분석·예측함으로 시민 삶의 질 향상과 쾌적한 생활을 지원할 수 있다.

④ 스마트시티 조성 시 생산성 향상 및 운영비용 절감 등에 대한 사전 예측이 가능한 디지털 트윈(Digital Twin)의 필요성이 주목받고 있다.

⑤ 대다수 디지털트윈이 단순 3차원 모델링을 통한 가시화에 초점을 맞추고 있다.

(5) 해외 스마트시티 정책

① 미국 스마트시티

- 2015년 9월 미국 연방정부는 미국 도시들에 교통혼잡 해소, 범죄예방, 경제성장 촉진, 기후변화 대응, 공공서비스 등 지역문제 해결을 돕기 위해 'New Smart City Initiative'를 발표하고, 분야별 해당 기관이나 부처에서는 관련 정책을 수립하였다.
- 4대 추진 전략으로 테스트 베드 지역 선정, 민간 기술 분야 및 도시 간 협력 강화, 스마트시티 기술지원, 국제협력 추진 등을 계획하였다.
- 미국 연방정부는 스마트시티를 구현하기 위한 기술 분야의 투자를 강화하기 위해 국토안전부, 교통부, 에너지부 등 정부 부처 중심으로 에너지, 안보, 기후변화, 교통, 건강 부문과 관련하여 재원을 투입 및 지원하였다.

② 영국 스마트시티

- 2013년 런던시는 도시에 급격히 증가하는 인구와 이에 따라 발생하는 사회, 건강, 교육 등의 다양한 도시문제들을 새로운 기술을 활용하여 효율적으로 해결하기 위해 스마트 런던 플랜(Smart London Plan)을 발표하였다.
- 협력 및 참여, 기술혁신, 정보공개 및 투명성, 효율적인 자원관리를 통해 런던 시민 삶의 질 향상을 증진하는 데 주된 목적을 가졌다.

③ 중국 스마트시티

- 2012년부터 주택·도시·농촌건설부, 과기부와 공업정보화부 등 주요 국가부처를 중심으로 스마트시티 구축 사업을 착수하였다.
- 중국은 '국가 스마트시티 시범 도시 잠정 관리 방법'을 발표하여 2017년에는 약 500개의 스마트시티 건설계획을 발표하고 경제가 발달한 도시를 우선하여 스마트시티로 구축하고 전략 수립을 시행하였다.

④ 일본 스마트시티

- 일본은 2010년부터 신성장 전략의 일환으로 '그린 이노베이션에 의한 환경·에너지 강국 전략'을 추진하였다.
- 2012년에 'ICT 스마트 타운' 정책을 발표하고, 정보통신기술을 활용한 재해 방지 도시 개발, 지역사회 문제해결, 경제부흥, 일자리 창출, 국제사회 공헌 및 경쟁력 있는 도시 개발에 목적을 두고 정책 추진하였다.
- 2014년에는 1000억 엔을 투자하여 스마트시티 사업을 확대하고, 에너지 이용 효율화와 고령자 돌봄 등 생활 지원 시스템을 포함한 '제4차 에너지기본계획'을 발표하였다.
- 2018년에는 미래도시 투자전략을 위한 'Socity 5.0'을 발표하여 교통·안전을 위한 스마트시티 실현 계획을 설정하고 2020년까지 IoT 기술을 활용한 안전·방재 구축 시스템을 구축하여 100개 지방자치단체에 도입할 계획을 발표하였다.

4.9.5.2. 스마트워크

출제(용) : 93회, (논) : 101, 128, 137회

① 스마트워크(Smart Work)는 종래의 지정된 근무 시간과 지정된 공간적 개념을 탈피해 시간과 장소에 얽매이지 않고 언제 어디서나 정보통신기기를 이용하여 일할 수 있는 유연한 근무 형태를 말한다.

② 일의 효율성과 생산성을 높이고자 하는 것으로 기존의 일하는 방식의 개선을 진일보한 것으로 혁신과 창의라는 개념이 포괄되어야 한다.

③ 스마트워크 2.0은 높은 연결성, 집단 지성(collective intelligence), 빠른 피드백 등의 속성을 가지고 있는 소셜 매체 기술과 개방적 혁신, 다중지능이론(The theory of multiple intelligences) 등을 추가해, 고객 지향적 업무를 창의적이고 혁신적으로 신속하게 수행해 고객에게 높은 가치를 제공하는 업무 방식을 말한다.

④ 조직과 개인이 관리해야 할 변수로는 기존 스마트워크의 변수인 공간적 자유와 시간적 자율, 그리고 소셜 컴퓨팅 기반의 집단 지성 등 세 개 차원으로 구성된다.

(1) 필요성

① 스마트워크(smart work)는 정책적 배경이 아닌 기술의 진보, 비즈니스의 필요성으로 등장한 것이다.

② 탄소 배출량, 교통 체증, 시간, 자원의 낭비, 사회적 비용 절감과 사회적 책임론이 대두되었기 때문이다.

③ 스마트폰과 태블릿 PC 등 정보기기의 보급 확대와 클라우드컴퓨팅(cloud computing)에 대한 인식 제고로 유연한 업무 환경이다.

④ 낮은 지식 근로자의 창의적 업무 수행을 통해 개선해야 할 필요성 때문이다.

⑤ 새로운 차원의 조직 혁신이 필요하다고 판단하고 개방형 전략으로 전환이 요구되는 기술개발 패러다임의 변화이다.

(2) 스마트워크 특징

① 종래의 사무실 개념을 탈피해 언제 어디서나 편리하고 효율적으로 일할 수 있는 미래지향적 업무환경 개념이다.

② 모바일 근무는 스마트폰 등을 활용하여 공간의 제약 없이 실시간으로 업무 처리를 하는 방식이다.

③ 스마트워크 센터 근무는 정부와 공공기관, 일반기업 등의 근무자가 자신의 원래 근무지가 아닌 주거지와 가까운 지역에서 근무할 수 있도록 환경을 제공하는 원격근무용 사무실 방식이다.

④ 모바일기기를 이용해 업무를 수행할 수 있는 모바일오피스, 영상회의 등에 활용하는 원격근무, 재택근무 등이 포함된다.

⑤ 업무에 필요한 IT 인프라와 사무환경 등이 갖춰져 있다.

(3) 스마트워크 유형

① 스마트워크의 유형은 시간적 자율 기반과 공간적 자유 기반으로 구분할 수 있다.

② 시간적 자율에 입각한 스마트워크 유형은 근로자가 자율적으로 근무 시간을 일정 범위 내에서 조정할 수 있도록하여 근로자의 삶과 업무의 일부 조화를 이루고자 하는 유형이다.

③ 공간적 자유 기반 스마트워크는 스마트폰(i-PAD, 갤럭시 탭), 태블릿 PC 등 개인용 ICT의 무선랜(mobile LAN)을 활용하여 이동통신망으로 본사 정보통신망에 접근해 현장에서 업무를 수행한다.

(4) 스마트워크 기대 효과

① 스마트워크로부터 기대되는 효과는 삶의 질 향상, 창의 경영, 지식 근로자의 노동 생산성, 고객 만족 등으로 표현할 수 있다.

② 삶의 질 향상은 자율에 입각한 업무 수행으로 더 높은 수준의 책임감이 수반되기 때문에 업무 집중력이 높아질 수 있으며 일과 삶의 균형 감각을 갖고 살 수 있게 된다.

③ 창의 경영은 지식 근로자의 생산성을 높일 수 있는 공간, 기회, 도구를 제공해 아이디어가 뇌리에서 사라지기 전에 저장할 수 있도록 하고 그 아이디어를 구체화할 수 있도록 다른 사람이나 정보와 빠른 연계가 필요하다.

④ 지식 근로자의 노동생산성은 노동시간보다는 자율성과 몰입에 따라 일의 성과는 창의성에 의해 결정될 수 있도록 하여야 한다.

⑤ 고객 만족은 본인의 창의력을 높일 기회로 고객의 지식을 업무에 유인할 수 있는 수단으로, 고객 관계의 신뢰를 높이고, 고객의 충성도를 향상시킴으로써 각종 비용을 절감할 수 있는 효과를 달성할 수 있다.

4.9.6. 디지털트윈

출제(용) : 119, 123, 129회, (논) : 122, 125, 131, 134, 137회

디지털트윈(digital twin) 기술은 현실 세계의 기계나 장비, 사물 등을 컴퓨터 속 가상 세계에 구현한 것을 말한다. 가상공간에 실물과 똑같은 물체를 만들어 현실에서 발생할 수 있는 상황을 컴퓨터 시뮬레이션으로 결과를 예측하는 기술이다. 미국 가전업체인 제너럴 일렉트릭(GE)이 주창한 개념으로 2000년대 들어 제조업에 도입되었다.

(1) 특징

① 가상 세계에서 장비, 시스템 등의 상태를 모니터링하고 유지·보수 시점을 파악해 개선할 수 있다.

② 생산성 향상, 장비 최적화 등의 결과를 가져올 수 있고 시제품 제작에 들어가는 비용과 시간을 대폭 절감할 수 있다.

③ 과거와 현재의 운용 상태를 이해하고 미래를 예측할 수 있는 인터페이스라고 할 수 있다.

④ 물리적인 사물과 컴퓨터에 동일하게 표현되는 가상 모델이다.

⑤ 산업 분야에서 디지털트윈을 이용하여 자산 최적화, 돌발 사고 최소화, 생산성 향상 등 설계부터 제조, 서비스에 이르는 모든 과정의 효율성을 향상할 수 있다.

(2) 핵심기술 요소

① 디지털트윈 공간(DTS; Digital Twin Space)은 3차원 모형화를 통해 현실 공간의 물리적 자산이나 객체, 프로세스 등을 디지털로 복제하는 것을 말한다.

② DTS는 물리적 환경을 가상 환경으로 구현하는 가장 효과적인 수단이다.

③ 현실 세계의 데이터를 활용하여 DTS에서 모니터링, 분석, 예측 시뮬레이션 등을 통해 얻은 정보를 다시 현실 세계에 반영함으로 운영 최적화, 문제해결, 사전 예방을 실현할 수 있다.

④ 3D 공간 모델링 구축 대상은 실외 공간정보, 실내 공간정보, 지하 공간정보를 포함하고 있다.

⑤ 3D 실외 공간정보는 2차원의 위치정보(X, Y)와 높이로 표현되는 기하학적인 정보와 색상, 재질, 질감 등의 속성정보를 말한다.

⑥ 3D 실외 공간정보 표준 데이터 세트는 영상정보, 지형정보, 건물정보, 시설정보로 구분된다.

(3) 디지털트윈 공간정보

① 디지털트윈 공간정보를 추진하기 위해서는 데이터, 기술 개발, 서비스로 구분할 수 있다.

② 데이터

- 공간데이터 : 기구축된 데이터를 최대한 활용하여 객체 기반의 3차원 데이터 구축과 사용자 참여형 구축·갱신
- 센싱데이터 : 실시간 센싱 데이터의 수집·관리, 다른 센싱 데이터 통합, 정보의 무결성 보장 방안과 센서 통신 연결성 확보

- 이력데이터 : 시간을 포함하는 동적인 데이터 구성과 객체별 데이터 이력 관리
- 빅데이터 : 빅데이터의 공간 자료화, 분류체계 마련 및 DB 연계 등을 통한 빅데이터 확보

③ 기술 개발

- 구축·갱신 기술 : 데이터 정밀도 제고, 기존 데이터 통합기술 자동 인식 및 인공지능기술
- 분석기술 : 3차원 환경에 적합한 분석, 빅데이터 분석 및 AI 활용 등의 선도적 기술
- 가시화 기술 : 다이내믹(Dynam)한 시공간 분석기술
- 초연결 기술 : 다양한 기기에 적용할 수 있고 AR/VR 중심의 가시화 기술과 같은 데이터의 압축·검색·운용 기술
- 보안기술 : 데이터와 가상 객체의 연결 기술, 유관 분야 데이터와 연계·융합기술

④ 서비스

- 공공 및 행정 : 공간데이터에 대한 암호화 기술, 데이터보안 및 사이버보안 기술
- 민간 서비스 : 업무통합, 데이터 공유 및 협업과 스마트시티를 위한 플랫폼으로 활용

(4) 3D 실내 공간정보

① 3D 실내 공간정보는 건물 및 시설물 실내 구조를 지도화한 정보와 재질, 색상, 질감 등의 속성정보를 포함한 정보를 말한다.

② 3차원 공간정보기술의 발전에 따라 건물 내부의 공간정보를 다루게 되었으며, 건물이 대형화·복합화됨에 따라 더욱 중요해지고 있다.

③ 3D 실내 공간정보 데이터세트 내용

- 이동 공간시설, 안내 공간시설, 편의 공간시설
- 안전 공간시설, 소방시설, 운수 공간시설, 판매 공간시설,
- 의료공간, 주거 공간, 업무공간, 관리 공간시설 등

(5) 3D 지하 공간정보

① 3D 지하 공간정보는 지하시설물, 지하구조물, 지반 등의 지하 정보를 3D 모델링 작업을 통해 얻은 공간정보와 재질, 색상, 질감 등의 속성정보를 말한다.

② 지하 공간정보는 지상 및 실내와 통합된 정보로서 새로운 지하 개발·관리 시 안전성 확보는 물론이고 기존의 지반이나 시설물의 안전관리에도 활용되고 있다.

③ 3D 지하 공간정보 데이터세트 내용

- 지하시설물(상수, 하수, 가스, 난방, 통신, 전기)
- 지하구조물(공동구, 지하철, 지하보도, 지하차도, 지하상가, 지하 주차장)
- 지반(시추, 관정, 지질)

(6) 국내 디지털트윈 추진 현황

① 국내에서는 세종시가 스마트시티 디지털트윈 플랫폼을 한국전자통신연구원(ETRI)과 함께 개발해 세종시에 적용할 계획이다.

② 전주시는 안전하고 편리한 도시를 만들기 위해 한국국토정보공사와 협력해 전주시의 행정 데이터와 한국국토정보공사의 IT를 접목한 디지털트윈 도시를 만들기로 하였다.

③ 디지털트윈은 정부가 2020년 7월 14일 발표한 정책인 한국판 뉴딜의 10대 대표 과제명 중 하나이다.

④ 10대 대표 과제는 디지털 뉴딜(3개), 그린 뉴딜(3개), 융합 과제(4개)로 구성돼 있다.

⑤ 수치표고모형 구축과 고해상도 영상지도 작성, 국도, 4차로 이상 지방도 정밀도로 지도 구축, 노후 지하 공동구(120km) 계측기 설치, 디지털트윈 기반의 스마트 항만, 스마트시티 구축 등을 추진한다.

(7) 국외 디지털트윈 추진 현황

① 싱가포르

- 싱가포르는 2014년부터 Virtual Singapore 프로젝트를 진행 중이다.
- 도시에서 수집되는 데이터를 이용한 3D 가상화와 시각화를 기반으로 다양한 도시계획에 대한 사전 시뮬레이션 플랫폼을 구축하여 서비스하고 있다.

② 미국

- 미국의 뉴욕 및 LA에서는 지리정보시스템과 시설물, 건축물 등 도시에 존재하는 공간정보를 3차원으로 가시화하고 loT 기술로 상호 연계 운영을 하고 있다.
- 비상사태 관리, 재난 대응, 도시 건설·설계 등 스마트도시 서비스 시뮬레이션을 통해 효과적인 의사결정 체계를 마련하고 있다.

③ 영국

- 영국은 2017년 영국 국가 인프라위원회에서 데이터 공유의 중요성과 디지털트윈의 필요성을 강조하며, 국가 디지털트윈(National Digital Twin)을 수립하였다.

- 영국 인프라가 제공하는 성능, 서비스, 가치를 향상하고 사회, 기업, 환경, 경제에 혜택이 되는 것을 목표로 국가적 차원에서 단계별로 진행되고 있다.
- 런던, 맨체스터 등 영국의 여러 도시를 3D 모델로 구축하고, 교통, 날씨, 환경 정보 등 실시간 데이터를 연동하여 도시 운영 효율화에 디지털트윈 기술을 적용하고 있다.

(8) 디지털트윈 공간 플랫폼 활용

① 디지털트윈 공간 플랫폼은 항공 영상, 드론 영상, BIM 데이터, IoT 도시 환경 데이터 등의 자료수집을 통한 3차원 공간 모델링과 기후·도시·교통·재난 등의 자료를 연계한 다양한 플랫폼 서비스를 국민, 관련 기관, 그리고 민간기업에 제공하고자 한다.

② 재난 분야에서 도시에 설치된 IoT 센싱 인프라를 접목하여 도시 상황을 상시 관찰하고, 재난 등의 위험 상황 발생 시 신속한 대응 및 현장 출동이 가능할 수 있도록 초기 대응 체계의 마련에 활용되고 있다.

③ 도시 분야에서 도시 가상화 모델을 기반으로 도시 각 분야의 현황을 관찰하고, 예측 시뮬레이션을 통해 도시계획을 수립하고 운영하는 데에 활용되고 있다.

④ 시설물관리에서는 지상, 지하, 실내의 가상화 모델 기반의 IoT 센서 연계를 통해 기존 구조물 점검 방법인 육안 조사 방식에서 벗어나 자동화 및 지능형의 시설물을 관리하는 데에 주로 활용되고 있다.

⑤ 생활 분야에서는 도시 곳곳에 적용된 스마트 기술과 디지털트윈의 융합을 통해 문화 콘텐츠를 즐기는 데 활용된다.

⑥ 사물인터넷(IoT) 연계 관제 분야에서는 3차원 실내외 도시 모델 간 실시간 IoT 센서 연계·통합 기술로 CCTV 관제, 사면 붕괴 모니터링, 통신지도, 미세먼지 모니터링 등 시민이 직접 체감할 수 있는 3D 기반의 다양한 관제 서비스에 활용된다.

4.9.7. 증강현실(AR), 가상현실(VR), 융합현실(MR)

4.9.7.1. 증강현실(AR)

출제(용) : 90, 99, 123, 137회

증강현실(Augmented Reality)은 사용자가 눈으로 보는 현실화면 또는 실영상에 문자, 그래픽과 같은 가상정보를 실시간으로 중첩 및 합성하여 하나의 영상으로 보여주는 기술이다. 스마트폰, 태블릿PC 또는 안경 형태 등의 기기를 통해 보이는 현실의 이미지에 가상의 부가 정보를 실시간으로 덧붙여 향상된 현실을 보여주는 기술이다. 증강현실(AR)은 현실의 이미지나 배경에 3차원 가상 이미지를 겹쳐서 하나의 영상으로 보여주는 기술이다.

(1) 변천 과정

① 1968년 미국 컴퓨터 과학자인 이반 서덜랜드의 "Head Mounted 3차원 디스플레이"를 시초로 연구가 시작되었다.

② 1997년에 로널드 아즈마(Ronald T. Azuma)가 증강현실(AR) 개념을 구체화하였다.

③ 1990년 보잉사의 항공기 전선 조립 과정을 설명하는 데 가상 이미지를 실제화면에 중첩시켜 이해하기 쉽게 설명하는 과정에서 최초로 사용하였다.

④ 2000년대 중반 이후 스마트폰 이 등장하고 활성화됨에 따라 이 기술을 적용하면서 주목받기 시작하였다.

(2) 특징

① 정보들은 상업적인 오픈소스 데이터베이스와 연계된 위치파악시스템(GPS)을 통해 제공될 수 있다.

② 증강현실(AR)은 현실에 3차원 가상 이미지를 겹쳐서 현실감이 뛰어나고 편리하다.

③ 증강현실이 가상현실에 비해 현실감이 뛰어나다는 특징이 있다.

④ 컴퓨터에 연결해야 하는 VR 헤드셋 코드 없이도 작동이 가능하다.

⑤ 인터넷을 통한 지도 검색, 위치 검색 등도 넓은 의미에서는 증강현실에 포함된다.

⑥ 스마트폰이나 태블릿 PC 등의 휴대용 기기를 대상으로 한 증강현실 기술이 주목을 받기 시작하였다.

⑦ 증강현실은 스마트폰에서 앱을 내려받으면 바로 실행할 수 있다.

(3) 주요 기술

① 위치정보를 송수신하는 GPS 장치 및 중력(기울기+전자나침반) 센서(또는 자이로스코프 센서)를 이용한다.

② 위치정보에 따른 상세 정보가 저장된 위치정보시스템(인터넷 연결 필요)과 연계한다.

③ 상세 정보를 수신하여 현실 배경에 표시하는 증강현실 애플리케이션과 이를 디스플레이로 출력할 IT 기기(스마트폰, 태블릿 PC) 등이다.

④ 현실 세계의 정확한 위치정보를 사용자가 소지하고 있는 디바이스와의 통신을 통해 추적하는 기술이다.

⑤ 현실 세계에 부가적인 정보를 표현해 주는 스마트폰이나 태블릿 PC, 스마트 글라스와 같은 디바이스 기술이다.

⑥ 사용자 눈에 보이는 현실 세계에 실시간으로 3차원 가상의 물체나 그래픽을 겹쳐 보여주는 기술이다.

⑦ 실시간 데이터를 빠르게 전송하기 위한 고속 데이터 전송 기술이다.

(4) 위치기반 증강현실 원리

① 사용자가 앱을 실행한 후 스마트폰 카메라로 특정 풍경을 비추면 스마트폰 단말기에 내장된 위성위치확인시스템(GPS)부터 위도·경도·고도를 알아낼 수 있다.

② 전자 나침반으로부터 카메라가 향하고 있는 방향을 알아낼 수 있다.

③ 스마트폰의 위치와 방향 데이터가 온라인을 통해 서버로 전송된다.

④ 서버 측에서 위치와 방향 데이터를 바탕으로 정보를 검색해서 데이터를 단말기로 보낸다.

⑤ 데이터를 받은 앱이 위치정보에 맞는 상황을 단말기 속 현실 이미지 위에 겹쳐서 나타낸다.

(5) 지리정보와의 관계

① 증강현실(AR)은 지리정보를 송수신하는 GNSS의 장치 및 중력 그리고 자이로스코프에 따른 위치정보시스템을 기반으로 한다.

② 우리가 경험하는 현실 세계에 가상의 물체나 정보가 합성되어 실제 현실과 가상현실의 서로 작용하는 공간으로 만들어 주는 기술이다.

③ 증강현실을 적용한 내비게이션의 경우 실제 도로 장면에 주행 정보를 추가하여 보여 주기도 한다.

(6) 활용

① 사람의 눈으로는 이러한 가상의 물체를 보는 것이 제한적이기 때문에 스마트폰, 태블릿 PC, 스마트글라스(Smart Glass) 등의 장비를 활용한다.

② 증강현실을 이용하면 스마트폰으로 상가 건물이나 특정 식당 등을 비추었을 때 식당의 메뉴와 가격이 표시되도록 구현할 수 있다.

③ 스마트글라스에 경기 중인 선수의 프로필을 표시하는 방식으로 스포츠에도 활용이 되고 있다.

④ 증강현실 교육 기반의 교재는 문화유산이나 건축물 등과 같은 각종 교육 소재를 3차원 입체 영상으로 표현해서 학습자의 이해를 돕는 데 활용하고 있다.

⑤ 자율주행자동차의 전면 스크린은 증강현실 기반의 내비게이션(Navigation) 정보로도 활용되고 있다.

⑥ 감성적 측면의 만족도가 높기 때문에 방송은 물론 게임, 교육, 오락, 쇼핑 같은 다양한 분야에서 응용할 수 있다.

4.9.7.2. 가상현실(VR)

출제(용) : 116회

가상현실(VR; Virtual Reality)은 컴퓨터 등을 사용한 인공적인 기술로 만들어 낸 실제와 유사하지만, 실제가 아닌 어떤 특정한 환경이나 상황 또는 그 기술 자체를 의미한다. 가상현실은 자신(객체)과 배경·환경 모두 현실이 아닌 가상의 이미지를 사용한다. 사이버 공간(cyberspace), 인공현실(artificial reality), 가상 세계(virtual world), 합성 환경(synthetic environment), 인공 환경(artificial environment)이라고도 한다.

(1) 변천 과정

① 가상현실은 1970년 중반에 비디오 플레이스(Video place) 개념을 창안한 크루거(Myron Krueger) 박사에 의해 처음으로 탄생하였다.

② 1980년대에 미국의 과학자인 재런 래니어(Jaron Lanier)가 가상현실이라는 단어의 개념을 지금과 같은 개념으로 사용한 것이 널리 퍼져 지금에 이르게 되었다.

③ 2015년 삼성전자의 '기어VR'에서 경주 관광지를 가상현실로 체험할 수 있는 콘텐츠를 제공하였다.

④ 2016년 8월 리우올림픽에는 가상현실로 제작한 영상이 등장하였다.

⑤ 최근에는 스마트폰의 발전과 함께 주로 마케팅 프로모션과 게임용VR 기기가 주목받고 있다.

(2) 특징

① 가상현실은 인공현실(Artificial Reality) 또는 인조 두뇌 공간이라고도 한다.

② 가상현실에서는 모든 객체를 사용자가 원하는 방향대로 조작하거나 실행할 수 있다.

③ 가상현실은 사용자와 상호작용이 가능하고 사용자의 경험을 창출한다는 점에서 일방적으로 구현된 시뮬레이션과는 구분된다.

④ 가상현실은 객체와 배경·환경 모두 현실이 아닌 가상의 이미지를 사용한다.

⑤ 영상물의 실시간 렌더링이 가능하므로 원하는 위치에 원하는 모습을 즉시 생산해 낼 수 있기 때문에 실시간으로 수정과 정확한 설계를 할 수 있다.

⑥ 가상현실은 3D 모델 데이터를 실시간(Real time)으로 렌더링하는 것을 말한다.

(3) 주요 기술

① VR은 컴퓨터로 구현한 가상의 세계에서 사람이 실제 현실과 같은 체험을 할 수 있는 기술이다.

② 가상현실(VR)은 현실이 아닌 100% 가상의 이미지를 사용하는 기술이다.

③ 가상현실에서는 모든 것들을 사용자가 원하는 방향대로 조작하거나 실행할 수 있다.

④ 3차원의 가상공간에서 이동과 사물의 작동 등을 제어할 수 있다.

⑤ 오프라인과 온라인 비즈니스 모델을 가상현실에서 구현할 수 있다.

⑥ 사용자로부터 GPS 정보를 수신한 위치정보시스템은 해당 지역 또는 사물의 상세 정보를 자신의 데이터베이스에서 검색한 후 그 결과를 다시 스마트폰으로 전송할 수 있다.

(4) 지리정보와의 관계

① 가상현실(VR)은 물리적 공간이 아닌 컴퓨터로 구현한 가상환경 또는 그 기술을 말한다.

② 사용자의 주변환경을 차단하고 새로운 세계에 들어간 것처럼 몰입감을 주는 것이 핵심이므로 머리에 쓰는 HDM을 활용하여 현실세계와 차단하는 콘텐츠가 대부분이다.

③ 1940년 미공군 항공산업에서 개발한 항공시뮬레이터가 최초라 할 수 있다.

(5) 활용

① 가상현실은 360도 카메라로 일반 이용자들도 자신이 촬영한 영상을 제공할 수 있다.

② 우주개발이나 군사훈련 분야에서 이미 가상현실이 활용되고 있다..

③ 오프라인과 온라인을 결합해 커머스 등 다양한 시장으로 확대하고 있다.
④ 의학 분야에서 수술 및 해부연습에 사용되고 항공·군사 분야에서 비행조정을 실제 상황처럼 만들어 놓고 훈련에 이용되고 있다.
⑤ 최근에는 기업(B2B)시장에서도 가상현실기술이 폭넓게 활용되고 있다.
⑥ 자동차 박람회인 모터쇼에서의 가상현실 시스템을 활용해 차량 내외관을 가상체험할 수 있는 공간 등을 만들어 활용하고 있다.

4.9.7.3. 융합현실(MR)

융합현실(Merged Reality)은 현실세계와 가상세계 정보를 결합해 두 세계를 융합시키는 공간을 만들어내는 기술을 말한다. 가상현실(VR)과 증강현실(AR)의 장점을 말 그대로 혼합한 기술로 혼합현실(MR; Mixed Reality), 복합현실이라고도 한다.

(1) 특징

① 혼합현실(MR)은 현실세계와 가상 정보를 결합한 것이 가장 큰 특징이다.
② 시각, 청각, 촉각 등 오감을 활용할 수 있으며 대표적인 분야는 시각에서 나타난다.
③ 현실과 가상의 경계를 없앨 수 있다는 점에서 VR과 AR의 장점을 결합하였으나 기술적 완성도는 높지 않다.
④ 고해상도 3D 이미지와 많은 초소형 프로젝터가 필요하다.
⑤ 혼합현실(MR) 기술 중 가장 활용 분야가 높은 곳도 바로 시각 관련 MR이다.
⑥ 컴퓨터 그래픽 정보나 소리 정보, 햅틱 정보, 냄새 정보 등을 실시간으로 혼합해 사용자와 상호작용 하는 기술이다.
⑦ MR 시스템이 현실 세계를 AR 시스템 보다 정확하게 이해하여 인식할 수 있으며 가상 객체/환경을 현실감(realistic) 있게 표현이 가능하다.

(2) 혼합현실 주요 기술

① 현실 세계의 공간을 측정해서 3D로 표현하기 위한 머리 착용 디스플레이(HMD; Head Mounted Display) 기술이다.
② 사용자의 시각, 촉각, 청각 등의 능력을 활용하여 현실감과 몰입감을 극대화하는 센싱기술이다.

③ 360도 카메라로 촬영된 영상을 다양한 그래픽 기반으로 제작하고, 영상 간의 합성을 통해 그래픽 효과를 극대화하는 영상 제작 기술이다.

④ 실시간 처리되는 혼합현실 콘텐츠의 빠른 상호작용을 위한 5G, 6G 기반의 빠른 데이터를 전송하는 초고속 네트워크 기술이다.

⑤ 눈의 피로감, 근육 부담, 두통 등을 방지하기 위한 디바이스 경량화 및 인체 유해전파 차단 기술이다.

(3) 지리정보와의 관계

① 융합현실(MR)은 증강현실(AR)과 가상현실(VR)을 결합한 기술로 현실과 가상의 정보를 융합해 사용자가 상호작용을 할 수 있는 기술이다.

② 마이크로소프트에서 제작한 홀로렌즈는 자신이 위치한 현재의 공간을 3차원으로 스캔할 수 있다.

③ 홀로렌즈는 스마트 폰 또는 PC와 연결할 필요가 없이 단독으로 구동이 가능하다.

④ 홀로렌즈를 착용하면 먼 거리에 있는 사람과도 한자리에 있는 것처럼 자연스럽게 회의를 진행할 수 있다.

(4) 활용

① 혼합현실(MR)은 일상적으로 사용하는 스마트폰 등 다양한 분야에서 활용되고 있다.

② 혼합현실(MR)은 조립가공, 검사, 의료, 자동차 및 로봇 산업 분야에서 다양하게 활용되고 있다.

③ 미항공우주국(NASA)은 마이크로소프트와 함께 화성(Destination : Mars) 체험 공간을 통해 일반인들이 우주 공간을 걸을 수 있도록 한 MR 프로젝트를 진행하고 있다.

④ 테마파크 등에서 시각 MR를 통해 실제와 같은 경험을 느끼거나, 의료 현장에서 활용되는 가상 수술 시뮬레이터와 같은 연구가 활발히 진행하고 있다.

⑤ 최근 의료용 수술 로봇 개발에서 수술자의 감각을 높이는 방법으로 촉각을 활용한 혼합현실(MR)이 등장하고 있다.

4.9.7.4. 가상현실(VR), 증강현실(AR), 융합현실(MR)의 비교

(표 4.2) 가상현실(VR), 증강현실(AR), 융합현실(MR)의 비교

구분	내용
가상현실(VR)	• 눈앞에 현실과는 전혀 상관없는 가상의 세상을 보여주는 방식이다. • 컨트롤러를 이용해 가상세계 속 사물과 상호작용 할 수 있다. • 시각, 청각 등의 감각을 경험할 수 있도록 한다. • 정해진 공간 안에서 제한적으로 움직일 수 있을 뿐 물리적 이동은 불가능하다. • 객체와 배경·환경 모두 현실이 아닌 가상의 이미지를 사용하는 기술이다.
증강현실(AR)	• 실제 현실에 가상의 정보를 더해 보여주는 방식이다. • 투명한 창을 통해 현실 세계 위에 가상 요소를 추가하는 기술이다 • 현실 환경에 가상정보를 추가한 것으로 스마트폰의 위치기반서비스 등에서 찾아볼 수 있다. • 내비게이션 정보를 표시해주는 HUD(헤드업디스플레이)도 AR의 한 종류이다 • 현실의 이미지나 배경에 3차원 가상 이미지를 겹쳐서 하나의 영상으로 보여주는 기술이다.
융합현실(MR)	• VR과 AR의 장점을 혼합한 기술이다. • 현실과 충분히 소통하면서 물리적 이동도 가능하다. • 손을 뻗어 그 안의 가상 요소들과 상호작용도 가능한 기술이다.

4.9.8. 초연결사회

출제(용) : 116회

① 초연결사회(Hyper Connected Society)는 IT를 바탕으로 사람, 프로세스, 데이터, 사물이 서로 연결됨으로써 지능화된 네트워크를 구축하여 이를 통해 새로운 가치와 혁신의 창출이 가능해지는 사회이다.

② 초연결사회는 기술의 진화와 인간 욕구의 변화를 2대 동인(動因)으로 하여 등장하는 미래 사회의 새로운 패러다임이다.

③ "IT의 발전에 따라 주변의 제한적 객체와의 통신에서 시공간을 뛰어넘는 다양한 객체와의 상호작용으로 연결의 범위가 확장된 것이다.

④ 초연결사회는 소셜네트워킹 서비스(SNS, 누리소통망 서비스), 증강현실(AR) 같은 서비스로 이어졌다.

⑤ 개별 사물에 네트워크 기술이 적용되어, 서로 단절되어 있던 정보들을 자유롭게 주고받을 수 있는 기술적 가능성이 완성된 것이다.

⑥ 심화된 연결을 기반으로 하는 새로운 차원의 서비스와 문화환경의 가능성이 열리며, 생활과 삶에 대한 인간의 욕구도 좀 더 인간 중심적이고 고차원적인 수준으로 변화한다.

⑦ 사물과 사람이 네트워크로 연결되는 초연결사회(Hyper Connected Society)가 도래한 것이다.

⑧ 스마트 기술의 비약적 성장으로 스마트 디바이스 확산, 통신량과 정보의 폭발이 일어남에 따라 언제 어디서나 상호 연결되어 정보를 주고받을 수 있는 IT 기반이 마련되었다.

⑨ 초연결사회의 구현을 위해서는 다양한 객체를 연결하는 사물인터넷(IoT)과 연결 사이를 흐르는 수많은 데이터 속의 가치를 찾아내는 빅데이터가 중요하다.

4.9.9. 위치기반서비스(LBS)

출제(용) : 93회

위치기반서비스(LBS; Location Base Service)는 휴대폰이나 PDA와 같은 이동통신망과 IT 기술을 종합적으로 활용한 위치정보 기반의 시스템 및 서비스를 말한다. 고객의 위치정보를 기반으로 상품 정보뿐만 아니라 교통정보, 위치추적정보 등 생활 전반에 걸쳐 다양한 정보제공에 활용될 수 있다.

(1) 특징

① 위치기반서비스가 본격적으로 시행되면 사람·차량 등의 위치 파악

② 휴대폰의 응급 버튼을 누르면 구조기관에 연결되어 구조를 받을 수도 있다.

③ 이동통신 기지국을 이용하는 셀 방식과 위성항법장치(Global Positioning System) 를 활용한 방식이 있다.

(2) LBS 구성요소

① 단말기 : GPS Chip 또는 내부 알고리즘 이용 위치 계산, 위치정보 전달

② 측위 기술 : GPS 이용 Headset 기반, 기지국 이용 네트워크 기반 위치 추적 기술, GPS, 이동통신 기술 등

③ LBS 플랫폼 : 위치정보 저장, 분석, 활용하기 위한 응용 서버, GEO Coding 과 mapping, 사용자 위치 실시간 추적

④ LBS 서비스 : 친구 찾기, 긴급구조, 교통정보, 모바일 광고 등의 서비스

(3) LBS 측위 기술

① GPS 이용한 단말기 기반 방식

- GPS 기술을 이용 단말기에서 위치 계산
- 위치확인은 GPS 위성을 이용하고 정보 보유는 단말기에서 한다.
- 장점은 확장성과 정확도는 우수하지만, 이동통신사 투자 비용이 적다.
- 단점은 GPS 수신기가 필요하며, 단말기 부하가 있다.

② 망 기반(Network－Sensor Based) 방식

- 이동통신망 기반 기지국 간의 거리 측정 통해 위치 파악
- 위치 확인은 기지국 수신 전파 강도를 이용하고 정보보유는 이동통신사에서 한다.
- 장점은 이동단말기 부하 적고, 이동단말기 추가 기능 불필요하다.
- 단점은 정확도 비교적 떨어진다.

(4) LBS 서비스 분야

① 개인이나 사물의 위치 추적 관리 서비스
② CNS, POI, 관광 가이드 등의 사용자 위치기반 정보 서비스
③ 이동 중에 정보가 제공되는 텔레매틱스 서비스 등 각종 서비스
④ 주변의 백화점·의료기관·극장·음식점 등 생활정보 서비스
⑤ 휴대폰 사용자가 있는 특정 장소의 날씨 서비스
⑥ 지름길을 찾을 수 있는 교통정보 서비스

(5) LBS 적용 시 고려 사항

① 개인정보보호를 위한 법 규정 마련
② 위치정보 획득 및 이용에 관한 제도 필요
③ 관련 산업 활성화 정책 마련 후 시행 필요
④ 공공 목적을 위한 위치정보 서비스 제공 필요
⑤ 기술 발전과 시장 확장을 위한 기술적 표준 마련
⑥ 유비쿼터스 기반기술과 연동하여 기술 표준화 추진

4.10. 지도 관련

4.10.1. 국가관심지점정보(POI)

출제(용) : 107회

국가관심지점(National Interesting Point Information)은 국가, 공공기관, 지자체, 기업 등에서 취득된 여러 공간데이터를 다양한 분야에 활용이 쉽도록 가공, 정제하여 사용자가 별도의 작업 없이 국가기본도를 기반으로 사용이 가능토록 구축한 위치정보를 말한다. 국가기본도의 정보(지명, 지형·지물 등)와 정부에서 구축된 각종 공공정보(주소, 복지, 안정 등)를 수집·정제하여 다양한 분야에서 활용하기 쉬운 형태(명칭+위치+정보+분류체계+속성)로 점(point) 형태의 위치정보를 의미한다.

4.10.1.1. 국가관심지점정보 구분

(1) 공공 POI (Public POI)

① 공공시설과 관련된 정보를 제공하는 POI(Point of Interest)로 정부 건물, 공원, 도서관, 박물관, 학교, 경찰서, 소방서 등이 포함될 수 있다

② 공공 POI는 주로 국가나 지방 정부에서 제공하며, 시민들이 공공시설을 쉽게 찾을 수 있도록 한다.

(2) 실내 POI (Indoor POI)

① 실내 POI는 사용자가 건물 내부에서 특정 장소를 찾거나 내비게이션을 이용할 수 있도록 한다.

② 커머스 센터 등이 포함될 수 있다.

(3) 생활편의 POI (Convenience POI)

① 일상생활에 유용한 시설과 관련된 정보를 제공하는 POI로 음식점, 카페, 병원, 약국, 은행, 주유소, 편의점, 우체국, 미용실 등이 포함될 수 있다.

② 생활편의 POI는 사용자들이 주변에서 필요한 서비스를 찾을 수 있도록 한다.

(4) 기초 POI (Basic POI)

① 기본적인 지리적 정보를 제공하는 POI로 도로, 교차로, 버스 정류장, 지하철 역, 주차장, 주요 도시의 경계 등이 포함될 수 있다.

② 기초 POI는 위치 기반 서비스에서 주변 환경을 파악하고 경로를 계획하는 데에 사용된다.

4.10.1.2. 국가관심지점정보의 장단점

(1) 장점

① POI는 사용자들이 특정 지역에서 방문할 장소를 찾는 데에 매우 편리하다.

② 사용자는 관심 있는 장소를 검색하고 해당 장소의 위치, 정보, 평가 등을 쉽게 확인할 수 있다.

③ 행정구역 단위로 제공되는 통계 데이터에 비해 위치 좌표를 포함하는 점 객체이므로 정밀도가 높고, 업데이트가 빠르다.

④ POI는 위치 기반 서비스와 함께 사용되어 사용자의 현재 위치를 기반으로 가까운 관심 지점을 제안할 수 있다.

⑤ POI는 위치, 명칭, 카테고리 등의 속성 정보를 포함하는 점(point) 형태의 공간 객체로 파일 용량이 작아 유통에 효율적이다.

(2) 단점

① POI는 주로 업체나 데이터 제공 업체에 의해 수집되고 업데이트되므로 정보의 완전성과 정확성에 한계가 있다.

② 일부 작은 규모의 장소나 최신 정보가 반영되지 않을 수 있는 정보에 한계가 있다.

③ POI의 사용자 평가는 주관적인 경향이 있을 수 있으며, 다양한 사용자의 의견을 반영하지 못할 수 있다.

④ POI 데이터는 주기적으로 업데이트되지만, 모든 정보가 최신 상태로 유지된다고 할 수 없다.

⑤ 시간과 장소의 운영 시간, 가격, 서비스 제공 여부 등의 정보가 실제정보와 차이가 발생할 수 있다.

4.10.1.3. POI 구축 대상

① 교통, 생활, 레저, 의료, 금융, 공공, 기업, 기타 등이다.

② 교통 POI : 교통시설, 자동차 시설로 공항, 기차역, 지하철역, 버스 터미널 등(총 38종)이다.

③ 생활 POI : 음식점, 카페, 술집, 쇼핑, 생활 서비스, 종교, 문화생활 시설, 서비스센터, 법률서비스, 기타 서비스 등(총 145종)등

④ 여행(레저) POI : 숙박, 관광명소, 데이트, 레저/스포츠, 호텔, 동물원, 스키장, 야구장, 산 등(총 93종)

⑤ 의료 POI : 의료시설, 기타의료 시설로 종합병원, 일반의원, 한의원, 보건소 등(총 19종)

⑥ 금융 POI : 주요 금융, 제2 금융으로 주요 은행, 보험사, 증권사, 새마을금고 등(총 20종)

⑦ 공공 POI : 공공기관, 기타 공공기관, 교육기관, 언론기관, 외국 기관, 기타 등(총 51종)

⑧ 기업(단체) POI : 기업, 공업단지, 각종 단체, 연구기관, 사회시설, 연수원, 기타 등(총 45종)

⑨ 기타 POI : 주요 건물, 농/어업, 설비, 창고, 차량기지단지, 지명, 지형지물, 기타 등(총 37종)

4.10.1.4. POI 정보 구축 절차

① POI 정보는 실사취득과 내업으로 취득한 정보를 입력데이터베이스 형태로 입력한다.

② 상호 비교나 전화 조사, 현장 검수 등을 통해 검증한 내용을 POI 정보 데이터베이스로 변환하고 모니터의 크기 등 정보제공 여건에 따라 합당한 형태로 가공한다.

③ POI 정보의 구축을 위해 실사·내업을 통해 취득되는 정보를 정제 및 검수를 하여 전국을 대상으로 변동되는 정보를 주 단위로 계획을 수립하여 갱신하고 있다.

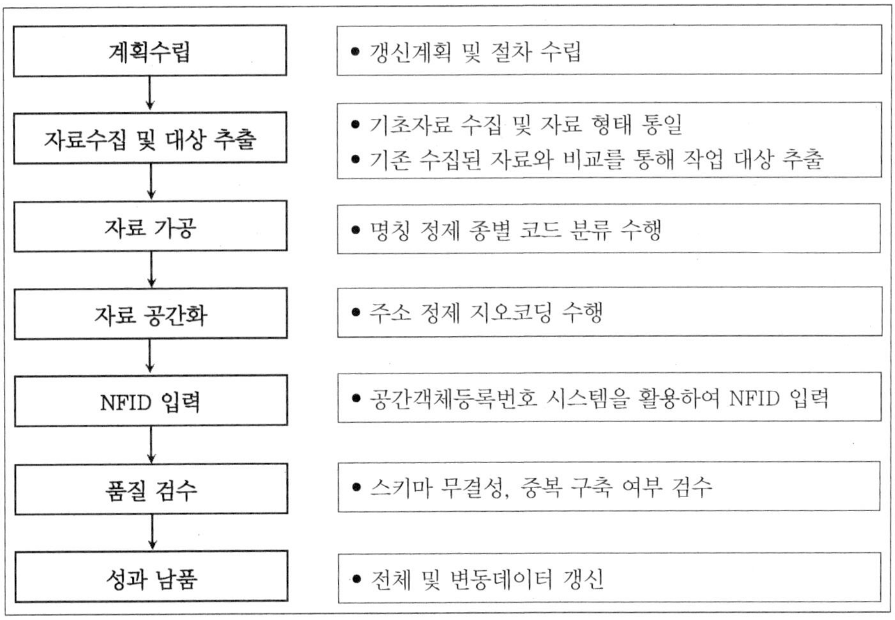

〈그림 4-25〉 POI 정보 구축 절차

4.10.1.5. POI 정보의 품질 검수

① POI 정보는 단일 데이터의 일관성, 완전성, 속성 정확성 품질 검수를 하여 품질을 향상한다.

② 일관성 검수는 분류체계에 따라 테이블의 정의성에 따른 스키마 준수 여부, 코드의 테이블 정의성과 코드 정의서, 속성 유효성 준수 여부 검토한다.

③ 완전성 검수는 완료 데이터를 검수 대상으로 하며, 검수 방법은 병합 이상 여부와 파일의 이상 여부 확인, 데이터가 오류 없이 읽히는지 검수한다.

④ 일관성 검수는 POI 정보의 DB 입력된 속성이 테이블 정의성에 따른 스키마 준수 여부, 해당 POI 정보 속성 코드 등에 맞도록 입력되어 있는지 검수한다.

⑤ 속성 정확성 검수는 속성정보의 오탈자 및 중복 여부 등을 검수 대상으로 한다.

4.10.1.6. 국가관심지점정보 통합 DB 구축 배경

통합관리체계의 구축은 공유 및 활용이 미흡했던 공공정보를 누구나 쉽게 활용할 수 있도록 통합 DB화하고 생산된 정보가 선순환 될 수 있는 허브마련이 아래와 같이 필요하다.

(1) 지도 및 위치정보 패러다임 변화

① 기존 종이지도에서 벗어나 웹이나 모바일 환경으로 패러다임 변화

② 인터넷, 내비게이션 등 IT기반의 다양한 위치기반서비스 활발

(2) 사용자 체감 만족도 개선

① 국가기본지도의 최신성과 활용성 제고에 관한 수요자 요구 증대

② 정부차원의 다양한 노력에도 불구하고 사용자 체감 만족도는 낮음

(3) 사회/경제적 약자 산업진입장벽 제거

① 공공 및 민간에서 개별 구축, 고비용 및 중복투자 발생

② 전자지도 구축을 위한 과다한 초기 비용이 요구되어 산업 활성화를 위한 높은 장벽으로 작용

(4) 국내 외국인 급증에 따른 다국어 지도

① 국내 거주 외국인 및 외국인 관광객 수는 급증

② 민간은 수익성 부족으로 미운영

③ 공공은 영문만 일부 운영하나 기능이 미흡

4.10.1.7. 구축 방법

국토지리정보원의 연속수치지형도를 원천자료로 활용하여 가공, 정제, 명칭 추출, 정위치 편집을 실시한다. 공간형태(점·선·면), 지형지물의 분류(교통, 건물, 지형 등) 등 데이터 사양 및 속성정보 분석을 실시하고, 연속수치지형도의 특성을 반영하여 중복주기를 제외한 기초관심지점정보를 구축한다.

(1) 구축 절차

① 원천자료 수집을 통한 분석을 실시하여 관심지점정보로 구축이 가능한 데이터를 선정한다.

② 선정한 데이터의 레이어별 명칭을 추출하여 정제 및 위치편집 과정을 거친다.

③ 가공된 명칭과 좌표를 기준으로 리버스 지오코딩을 통해 주소를 추출하고 분류체계에 해당되는 코드를 부여한다.

④ 최종적으로 구축된 데이터의 검수를 실시하여 기초관심지점정보 데이터를 구축한다.

(2) 자료수집 분석

① 국토지리정보원 연속수치지형도 원천데이터 인수(Ver. 2014.07.07.)

② 전국 기반의 연속수치지형도(*.SHP) 총 83개 레이어(1/5,000)

③ 연속수치지형도 8개 분류(교통, 건물, 시설, 식생, 수계, 지형, 경계, 주기)

(3) 수집자료 가공

① 연속수치지형도의 데이터추출 후 정제 과정을 거쳐 수집데이터를 가공한다.

② 연속수치지형도의 지형지물 속성 중에서 국가관심지점정보와 관련된 주기를 우선순위로 하여 연관성 있는 항목을 선정한다.

③ 선형, 면형 데이터를 점 형태로 변환하여 주기 및 좌표를 추출하였다.

(4) 기초관심지점정보 구축

① 좌표추출 후 명칭추출, 명칭정제, 위치편집, 리버스 지오코딩, 종별코드를 부여한다.

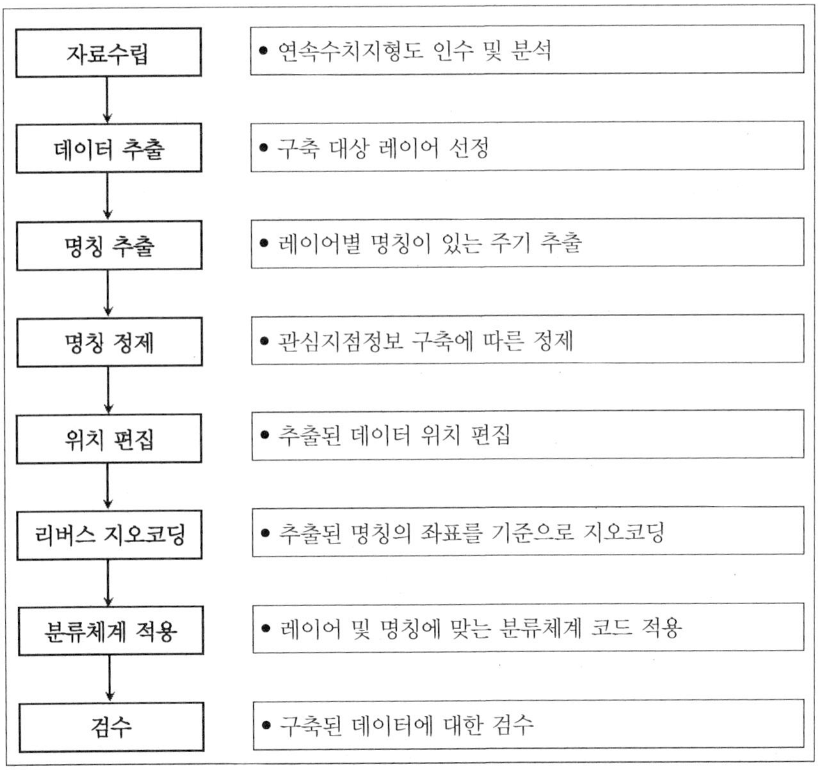

〈그림 4-26〉 기초관심지점정보 구축 절차

(5) 검수 및 보완

① 연속수치지형도 원천데이터 및 구축데이터에 대하여 검수를 수행하고 육안 및 전산프로그램 등 검수 방법을 적용하여 기초 관심지점정보를 검수 및 보완한다.

② 레이어별 존재하는 중복 명칭은 육안검수를 통해 작업을 진행한다.

4.10.1.8. POI의 활용

① 목표지 검색에서 사용자가 목적지의 주소, 전화번호 또는 정확한 명칭을 알고 있는 경우는 그 데이터를 직접 입력함으로써 직접 목적지를 검색할 수 있다.

② 목적지에 대한 정확한 정보를 갖고 있지 않을 때는 장르별 구분에 따라 단계적으로 최종 목적지를 검색할 수 있다.

③ 위치기반서비스는 관심 지점(POI)을 중심으로 지도상의 각 지역 정보를 수집하여 위치기반서비스가 목표로 하는 다양한 정보를 제공하고 있다.

4.10.2. LOD(Linked Open Data)

출제(용) : 104회

개방형 링크드 데이터(LOD; Linked Open Data)는 공공기관이 다루는 데이터 중 누구나 자유롭게 활용하고 재설계 혹은 재생산할 수 있도록 개방한 데이터를 일컫는다. 미국, 영국, 한국 정부 등은 오랫동안 공공데이터를 확산하기 위한 다양한 노력을 기울여 왔다. 공공데이터 품질을 높이기 위한 노력 가운데 하나가 링크드 오픈 데이터(Linked Open Data, LOD)이다. 연계 데이터(Linked data)와 오픈 데이터(Open data)가 결합한 단어로 웹에 게시되는 데이터에 식별자(URI)를 부여하고 관련 정보를 구조적으로 제공하는 연계 데이터를 저작권 없이 무료로 제공하여 사용자가 정보를 다양하고 효율적으로 활용할 수 있도록 한다.

(1) 특징

① 링크드 데이터의 가장 큰 특징은 통합 자원 식별자(Uniform Resource Identifier, URI)를 사용한다.

② 일반적으로 사용하고 있는 URL(Uniform Resource Locator)이 특정 정보자원의 종류와 위치를 가리킨다면, URI는 웹에 저장된 객체(식별자)를 가리킨다는 점에서 다르다.

③ LOD는 링크드 데이터(Linked Data)와 공개데이터(Open Data) 성격을 모두 갖는 데이터이다.

④ 하이퍼텍스트 전송 규약(HTTP), 자원 기술 프레임워크(RDF; Resource Description Framework)와 인터넷 식별자(URI; Uniform Resource Identifier) 등의 웹 표준 기술을 이용하여 시맨틱웹을 구축하고, 출처가 서로 다른 인터넷 식별자(URI)를 통해 데이터를 서로 연결한다.

⑤ URI를 활용하면 데이터를 중심으로 웹을 연결할 수 있고 데이터의 재사용 및 데이터 중복을 줄일 수 있다.

⑥ 서로 다른 데이터베이스에 저장된 정보이지만, 웹을 매개체로 필요한 데이터를 서로 가져와 쓸 수 있다.

⑦ 다른 기관 데이터를 참고하면서 데이터 품질에 대해 논의하고 기관·개인·정부와의 협업할 수도 있다.

⑧ 공공기관은 새로운 데이터를 만들 때 이미 나와 있는 LOD를 활용해 구축 시간과 노력을 줄일 수 있다.

(2) LOD 기술

① LOD는 데이터베이스(DB) 지식이 어느 정도 있는 사람이 구축하거나 사용할 수 있다.

② RDF 등과 같은 관련 용어를 미리 알아야 한다.

③ 리플은 RDF 메타데이터 모델을 표현하는 용어로 트리플에도 익숙해져야 한다.

④ 개발자가 LOD에 접근 또는 서비스를 구축하려면 스파클(SPARQL)의 언어를 이해해야 한다.

⑤ 스파클은 SQL과 유사한 쿼리 언어로 이를 이용하면 RDF 형식에 맞게 데이터를 불러오고 저장할 수 있다.

⑥ LOD는 데이터에 접근할 수 있는 주소를 하나씩 부여한다.

⑦ 개발자는 PREFIX라는 선언문과 함께 LOD 주소를 입력해야 한다.

(3) 활용

① 서로 다른 메타데이터 간 뜻이나 구조 등을 기계가 읽을 수 있는 언어로 표현한 것이다.

② 국립중앙도서관, 서울시, 한국관광공사, 특허청 등에서 LOD 활용 서비스를 하고 있다.

③ RDF(Resource Description Framework)를 활용하면 W3C가 제안한 표준 규격으로, 웹의 자원 정보를 표현하는 데 사용한다.

④ 메타데이터끼리 정보를 효율적으로 교환할 수 있도록 고안되었다.

4.10.3. LOD(Level Of Detail)

출제(용) : 93, 111회

세밀도(LOD; Level Of Detail)는 3차원 GIS 데이터를 보다 효율적이고 빠른 속도로 가시화하기 위해 적용하는 기술이며, 사용자로부터 거리에 따라 지형, 영상, 3차원 객체의 정밀도와 해상도를 단계적으로 표현하는 기술을 말한다. 세밀도는 3차원 국토공간정보의 위치·기하정보와 텍스처에 대한 표현 한계를 의미한다. 상대적으로 대략 표현하는 기법으로 3차원 공간정보의 데이터 용량이 많아져 자료의 전송과 시각화를 효율적으로 처리 및 표현하기 위해 개발된 기법을 LOD라 한다.

4.10.3.1. LOD의 종류

① 기하적 LoD Geometric LoD)는 가장 일반적인 LoD 종류로 객체의 기하학적 형태와 다각형 수를 줄여 세부 수준을 조절하며, 면, 버텍스, 엣지 등을 줄여 더 간단한 모델을 생성하여 멀리 있는 객체를 렌더링할 때 사용된다.

② 텍스처 LoD (Texture LoD)는 텍스처의 해상도를 조절하여 객체의 시각적 품질을 제어하며, 멀리 있는 객체는 낮은 해상도의 텍스처를 사용하고, 가까이 있는 객체는 높은 해상도의 텍스처를 사용하여 성능을 최적화하고 시각적 품질을 유지한다.

4.10.3.2. LOD의 저장 방식

(1) 정적 LOD(Level of Detail)

① 물체의 거리를 관측하여 가까운 거리는 정밀하게 거리가 멀어질수록 메시의 단계를 낮추는 기법이다.

② 3D 그래픽스와 가상 환경에서 사용되는 개념으로, 더 높은 세부 수준과 낮은 세부 수준의 모델을 조절하여 성능을 최적화하는 기술을 말한다.

③ 성능 최적화를 통한 부드러운 렌더링 환경 제공하고 연산이 간단하며, 처리 속도가 빠르다.

④ 세부 수준 변경이 한정적이고 모델 크기가 증가할 수 있으며, 복잡한 구현 및 유지 관리 필요하다.

(2) 동적 LOD(Level of Detail)

① 물체의 거리를 관측하여 실시간으로 메시의 정밀도를 변화시키는 기법이다.
② 사용자의 시점이나 화면 내 객체의 거리 등에 따라 세부 수준을 조절하여 최적의 시각적 품질과 성능을 유지하려는 목적으로 사용된다.
③ 실시간 환경 변화에 적응이 가능하고 메모리의 낭비가 없다.
④ 사용자 시점과 상황에 맞는 세부 수준 조절 및 시각적인 품질과 성능 균형 조정 가능하다.
⑤ 환경 변화에 민감한 알고리즘은 최적화 어렵고, 처리속도가 느리다.

4.10.3.3. 특징

① 3차원 GIS 데이터 용량과 공간적 범위 제한의 한계를 극복할 수 있다.
② 데이터 전송과 가시화의 경우 효율성을 최대화한다.
③ 객체가 가까울수록 영상소의 수가 증가되며, 처리의 효율성을 증대시킬 수 있다.
④ 사용자 시점으로부터 거리에 따라 지형, 영상, 3차원 객체의 정밀도와 해상도를 단계적으로 표현하는 기술이다.
⑤ 영상에서 중요하지 않은 객체의 정보는 대략적으로 표현한다.
⑥ LOD 기술은 더 많은 영상 리얼리즘과 높은 프레임레이트를 생성하는 기능을 제공한다.
⑦ 세밀도(LOD)는 우리의 시야에서 가까이 있는 객체는 자세히 표현하고 멀리 있는 객체는 자세하지 않게 표현하는 것이다.

4.10.3.4. 3차원 공간정보의 세밀도 구분

① LOD 1 : 실세계에 대한 래스터 영상이 포함되지 않은 단순한 형태의 심볼화된 모델이다.
② LOD 2 : 3D 솔리드 모델(solid model)을 결합하여 좀 더 현실적인 표현을 가능하게 한다.
③ LOD 3 : 가상의 텍스처를 포함하여 세밀도를 향상시킨다.
④ LOD 4 : 3차원 공간정보 모델의 최상위 수준의 세밀도로서 실사 텍스처를 통하여 제작한다

4.10.3.5. 활용

① 서로 다른 메타데이터 간 뜻이나 구조 등을 기계가 읽을 수 있는 언어로 표현한 것이다.
② 국립중앙도서관, 서울특별시, 한국관광공사, 특허청 등에서 LOD 활용 서비스를 하고 있다.

③ 실내공간정보 구축 및 지하시설물도 제작에 활용한다.

④ 메타데이터끼리 정보를 효율적으로 교환할 수 있도록 고안되었다.

4.10.4. 슬램(SLAM)

출제(용) : 125회

SLAM(Simultaneous Localization and Mapping)은 로봇이나 자율주행 차량이 주변 환경을 실시간으로 인식하고 자신의 위치를 추정하며 지도를 작성하는 기술이다. SLAM 알고리즘을 통해 차량은 미지의 환경에 대한 지도를 작성할 수 있다. 이동로봇이 현재시간 동안 자신의 위치를 측정하면서 동시에 주변 환경의 지도를 작성하는 기술, 로봇이 미지의 환경을 돌아다니면서 로봇에 부착된 센서만으로 외부의 도움 없이 환경에 대한 정확한 지도를 작성하는 작업으로 자율주행을 위한 핵심 기술이다.

(1) SLAM 특징

① 실시간으로 위치 추정(Localization)과 지도 작성(Mapping)이 가능하다.

② 로봇 주변의 환경을 매핑하여 지도를 만드는 과정으로 2D/3D 공간 정보를 수집하여 맵을 구축할 수 있다.

③ SLAM이 시작됨과 동시에 자신의 위치를 추정할 수 있으며, SLAM이 종료됨과 동시에 자신의 이동기록계와 Map을 얻을 수 있다.

④ 자신의 위치가 전에 와본 위치인 것을 인식하고 Map의 오차 수정을 할 수 있다.

⑤ 사용자는 센서 융합, 객체 추적, 경로 계획 및 경로 추종 등의 기타 작업과 함께 SLAM을 구현할 수 있다.

(2) SLAM의 유형

① Visual SLAM

- 카메라 및 기타 영상 센서를 사용하여 주변 환경의 특징을 인식한다.
- 프레임마다 보이는 장애물과 사용 중인 카메라의 상대적 위치를 계산해 누적함으로써, 시작점으로부터 현재 자신의 위치를 저장하는 방식이다.
- 카메라 또는 IMU가 내장된 카메라 하나로 SLAM을 진행할 수 있다.

- 카메라로는 주변 특징점 거리 파악하는 기능이 없거나 제한적이다.
- 카메라에서 제공되는 정보가 방대하므로 이를 토대로 표지물(과거에 측정된 위치)을 감지할 수도 있다.
- 위치 추정이 필요한 영상에서 객체를 감지하거나 카메라 정보를 속도, 방향 같은 물리량의 측정이 가능한 IMU(관성 측정 장치) 등의 다른 센서와 융합하여 해결할 수 있다.

② LiDAR SLAM

- 3D 포인트 클라우드를 생성하여 주변 환경을 매핑한다.
- 각 장면에 대한 특징점을 포인트 클라우드 형식으로 계산한다.
- 라이다(Light detection and ranging)는 주로 레이저 센서를 사용하는 기법이다.
- 레이저는 카메라의 센서보다 정밀하며 자율주행 차량과 드론처럼 빠르게 이동하는 물체와 관련된 기술에 사용되고 있다.
- 레이저 센서에서 가져온 출력값은 보통 2D(X, Y) 또는 3D(X, Y, Z) 포인트 클라우드 데이터이다.
- 2D 또는 3D 포인트 클라우드 지도는 그리드 지도 또는 이중 셀 지도로 표현할 수 있다.

③ 다중 센서 SLAM은 여러 종류의 센서를 결합하여 정확성을 높인다.

(3) SLAM 문제점

① 오차는 시간이 지나면서 누적되고, 따라서 실제 값과는 상당한 편차가 발생한다.

② 접근방법에 따라 불연속적인 위치 추정값을 생성할 수 있다.

③ 차량 하드웨어에 SLAM을 구현할 때는 영상처리, 포인트 클라우드 처리 비용이 많이 소요된다.

④ 오류가 누적되면서 로봇의 시작점과 끝점이 일치하지 않은 경우를 루프 폐쇄라고 한다.

⑤ 데이터수집 과정에서 악천후 등 주변 요인으로 인해 잡음이 섞일 수 있어 오차가 발생할 수 있다.

⑥ 센서 관측 정보의 불확실성, 실시간성 확보, 넓은 환경 등의 문제가 발생할 수 있다.

(4) 개선 방안

① 루프 폐쇄를 감지하고 누적된 오차를 수정하거나 상쇄하는 방법을 파악하는 것이 중요하다.

② 이전에 갔던 장소의 특징을 랜드마크로 저장하여 위치 추정 오차를 최소화하는 것이다.

③ 다수의 센서를 융합하여 센서 데이터에 기반한 계산을 수행함으로써 방지할 수 있다.

④ 포즈 그래프(Pose Graph)[57] 최적화는 비교적 긴 사이클에 걸쳐 수행될 수 있으므로 우선 순위를 낮추고 일정한 간격으로 공정을 수행함으로써 성능을 개선할 수 있다.

(5) SLAM의 활용

① Navigation Toolbox를 통해 주변 환경 지도 구축

② 로봇의 위치 및 이동 궤적 추정에 사용

③ 2D 라이다 스캔 데이터는 주변 환경 지도 작성

④ 3D 라이다 데이터를 사용한 지도 생성

⑤ 시각적 주행거리 측정

⑥ 자율주행 차량의 위치를 추정하여 자율 내비게이션에 활용

4.10.5. 정밀도로지도

출제(용) : 119회

정밀도로지도란 도로 및 주변 시설에 대한 3차원 고정밀 데이터로 자율주행 등에 필요한 차선, 도로 시설, 표지 시설 정보를 3차원으로 제작한 전자지도를 말한다. 차세대 지능형 교통체계와 지도 기반 동적 정보통합 체계 등 범국가적 첨단도로, 교통관리체계에서 정밀도로지도는 주행용 센서 탐색 한계 극복과 위치 및 각종 상황 인식 정보를 제공할 수 있는 최우선 기본 인프라로 인식되고 있다.

4.10.5.1. 정밀도로지도 구축 작업 순서

정밀도로지도 구축은 작업계획 수립, MMS 자료수집, GNSS/INS 자료처리, 기준점 측량, MMS 표준자료 제작, 세밀 도화, 구조화 편집, 정리 점검 순으로 진행된다.

① 작업계획 수립 : 작업지역 현황 분석, 노선 계획수립, GNSS 기준국 선점

② MMS 자료수집 : MMS 성능검사, MMS 자료수집, MMS 자료 품질검사

③ GNSS/INS 자료처리 및 기준점 선점 : GNSS/INS 자료처리, 기준점 선점

④ 기준점 측량 : 기준점 측량계획 수립, 기준점 측량, 측량성과 산출 및 점의 조서 작성, 기준점 측량 품질검사

57) 로봇의 포즈(위치 및 방향)인 Node와 두 노드간의 상대적인 변환 관계 Edge로 구성되어 있다.

⑤ MMS 표준자료 제작 : MMS 자료 표정, 점군 데이터 보정, MMS 표준자료 제작, 점군 데이터 절대 정확도 검증

⑥ 세밀 도화 : 도화 객체 추출, 도화 품질검사, 벡터데이터 상대 정확도 검증

⑦ 구조화 편집 : 정위치편집, 구조화 편집

⑧ 정리 점검 : 메타데이터 작성, 개인정보 흐리게(Blur) 처리, 성과 정리

4.10.5.2. 특징

① 하드웨어 센서만으로 자율주행을 운행하기엔 어려움이 있다.

② 정밀도로지도가 더욱 정밀한 임무를 수행하려면 고정밀 GPS와의 연동이 필요하다.

③ 정밀도로지도는 자율주행 시스템을 작동하기 위해 유기적으로 활용된다.

④ 정밀도로지도 정보와 연동을 통해 지도 내 위치정보와 실제 차량의 위치를 비교해 정보를 전달한다.

⑤ 정밀도로지도를 구축하기 위해선 하드웨어, 소프트웨어의 기술력과 이동 지도 제작시스템(Mobile Mapping System, MMS)이 필요하다.

4.10.5.3. 레이어별 묘사

① 주행 경로 노드 : 주행 경로 링크의 연결점을 말하며, 정지선, 출입 지점, 회전이 발생하는 지점, 터널·교량·지하차도·고가차도·톨게이트 등의 시점과 종점에 묘사한다.

② 주행 경로 링크 : 주행 경로의 진행 방향성을 고려하여 선으로 구축하는 형태로 묘사한다.

③ 구간 : 도로 일부분으로써 하나의 차도 구간에 대한 정보를 묘사한다.

- 차도 구간 유형으로 주행 구간과 자율주행 금지 구간으로 구분한다.
- 주행 구간은 터널, 교량, 지하차도, 고가차도에 대해서만 표현한다.
- 도로경계를 기준으로 다각형 형태로 객체를 추출 및 묘사한다.

④ 부속 구간 : 도로 구간 중 차도 구간에 속하지 않는(보도는 제외) 기타 유형의 부속을 나타낸다.

⑤ 주차슬롯 : 부속 구간(휴게소, 졸음쉼터)에 존재하는 주차장(주차슬롯의 집합) 단위로 묘사한다.

⑥ 안전표지 : 도로교통법 및 도로교통법 시행규칙에서 정의하고 있는 교통안전표지 목록에 있는 표지를 말한다.

⑦ 노면 표시 : 안전표지의 세부 유형에 해당하는 노면 표시 중 선 형태의 규제표시가 아닌 그 외의 노면 표시를 말한다.
⑧ 신호등 : 교통안전시설 중 신호등을 도로에 있는 신호기의 중앙에 점 형태로 묘사한다.
⑨ 킬로 포스트 : 도로 시작점부터의 거리(km)를 나타내는 표지의 중앙에 점 형태로 묘사한다.
⑩ 과속방지턱 : 일정 도로 구간에서 통행 차량의 과속 주행을 방지하고, 일정 지역에 통과 차량의 진입을 억제하기 위하여 설치하는 시설로 외곽 선형을 따라 면 형태로 묘사한다.

4.10.5.4. 정밀도로지도 활용 분야

① 구축된 지도를 민간이 자유롭게 활용
② 자율주행차 기술 개발 지원
③ 차량-도로 간 협력 주행체계(C-ITS)의 기본 인프라로 활용
④ 완전 자율주행차 상용화에서도 핵심 인프라로 활용
⑤ 국토정보 플랫폼의 국토 정보맵, 정밀도로 지도에서 누구나 열람·활용

4.10.6. MMS(Mobile Mapping System)

출제(용) : 117회, (논) : 78, 93, 101, 117, 119, 129회

MMS는 기반이 되는 기술의 변화에 따라 변화해 왔다. MMS(Mobile Mapping System)는 정밀한 위치정보를 취득하기 위한 다양한 센서의 조합에 의하여 구성된다. 현재는 GPS와 관성항법장치의 사용이 보편화되고 통합기술이 발달함에 따라 별도의 지상기준점을 사용하지 않고도 이동체에 장착된 센서를 이용하여 수집한 자료만으로 3차원 위치측정을 수행할 수 있는 기술의 개념으로 사용하고 있다.

4.10.6.1. MMS의 구성

① 구성은 〈그림 4-27〉과 같이 MMS 이동체에 위성항법 장치(GNSS), 관성항법장치(INS), 주행거리 센서(DMI), 라이다(LiDAR), 카메라 등의 센서들을 탑재하여, 주변에 있는 지형지물의 위치와 시각 정보를 취득하는 시스템이다.
② GNSS/INS : 차량 및 탑재기의 위치와 자세를 결정
③ 디지털카메라 : 디지털카메라 2대 이상을 이용하여 입체영상 취득

④ 레이저스캐너(LiDAR) : 관측 대상지역은 레이저 포인트로 초당 백만 포인트 이상으로 데이터 취득

⑤ DMI(Digital Map Interface) : GNSS 보강시스템과 음영지역관측으로 위치결정

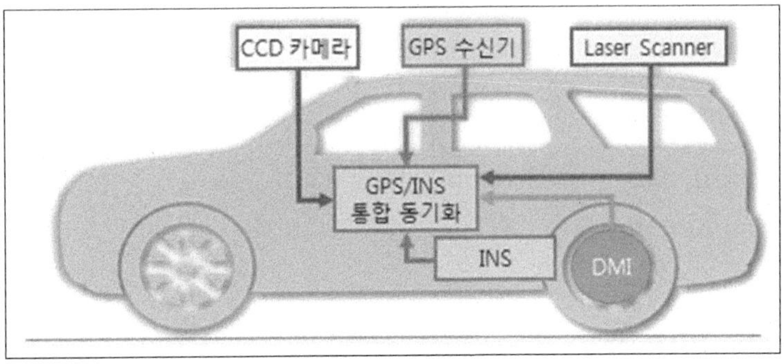

〈그림 4-27〉 MMS 시스템 구성

4.10.6.2. MMS 특징

① 측정과 동시에 실시간으로 자료를 저장하므로 관리가 편리함

② 1인측량이 가능하며 신속하게 작업을 할 수 있음

③ 데이터의 후처리 시간을 단축할 수 있으므로 가성비가 양호하다.

④ 실시간으로 관측데이터 지역 선정 가능

4.10.6.3. MMS 측량

① MMS 측량 기간 중에는 지상에 1개 이상의 GNSS 기준국을 설치하여야 한다.

② 상행과 하행 차로를 구분하고, 상행과 하행의 중심 차로에서 측량하는 것을 원칙으로 한다.

③ 차로의 폭이 3개 차로를 초과하는 경우에는 3개 차로 당 1회 이상의 측량이 가능하도록 경로를 추가하여야 한다.

④ 교차로의 회전 구간 또는 차로 수의 변경 구간에서는 가급적 구간 진입 전의 차로를 유지하여야 한다.

⑤ 안개, 강수, 적설 등으로 정상적인 측량이 어려운 기상 상황이 발생할 때는 측량을 중단하여야 한다.

⑥ 장애물 등의 영향으로 폐색이 발생할 때는 동일 구간을 반복하여 측량하여야 한다.

4.10.6.4. MMS 데이터 취득 및 처리

(1) GNSS/INS 자료처리

① MMS의 위치 및 자세 측정 센서(GNSS, INS, DMI 등)에서 취득한 자료는 강결합 방식(Tightly Coupled)으로 통합하여 처리하여야 한다.

② GNSS/INS 해석 결과와 정밀도 자료는 GPS Time, 경도(Longitude), 위도(Latitude), 높이(Height), Roll, Pitch, 방향(Heading), PDOP, GNSS의 변수(Num of GNSS), 모호정수(Ambiguites), East SD, North SD, Height SD, Roll SD, Pitch SD, Heading SD의 항목을 기록하여야 한다.

(2) 점군 및 사진데이터 처리

① MMS의 레이저스캐너, 디지털카메라에서 취득한 자료는 GNSS/INS 자료처리 결과와 연계하여 처리하여야 한다.

② 레이저스캐너의 점군데이터는 3차원 좌표와 반사강도(Intensity) 정보를 포함하며, 세부도화 항목의 위치결정과 식별에 적합하여야 한다.

③ 디지털카메라의 사진데이터는 영상, 외부표정요소 및 내부표정요소(카메라 검정자료) 정보를 포함하며, 세부도화 항목의 위치조회와 식별에 적합하여야 한다.

4.10.6.5. MMS 측량성과 점검 및 재측량

(1) 측량성과 점검

① 레이저스캐너로 취득한 점군데이터는 취득 경로의 10m 범위에서 점밀도를 측정하고 반사강도를 판독하여 점검한다.

② 점밀도는 1㎡당 400점 이상이어야 하며, 반사강도를 이용하여 세부도화 항목을 식별할 수 있어야 한다.

③ 디지털카메라에 의해 취득한 사진데이터는 인접한 프레임 간의 거리로 촬영 빈도를 계산하고 영상 상태를 판독하여 점검한다.

④ 촬영 빈도는 평균 10m당 1프레임 이상이어야 하며, 영상은 세부도화 항목을 식별할 수 있어야 한다.

⑤ MMS 자료 위치보정은 검사점을 이용하여 점군데이터의 위치정확도를 검증한다.

⑥ MMS 자료 위치정합은 종방향 및 횡방향으로 인접하여 취득한 점군데이터는 중복영역 내 동일 위치를 비교하여 정합정확도를 검증한다.

(2) MMS 재측량

① 점밀도 기준을 만족하지 않거나 반사강도의 식별이 불가능한 영역이 10%를 초과하는 경우

② 사진 촬영빈도 기준을 만족하지 않거나 영상의 식별이 불가능한 구간이 10%를 초과하는 경우

4.10.6.6. MMS 활용

① 도로 표면 상태, 도로시설물, 교통 흐름 등의 정보생성 및 유지관리

② 도시계획 및 개발에 활용 및 지리정보시스템(GIS)의 업데이트, 도시환경모델링 등에 활용

③ 환경보전, 자연재해 관리, 지형분석 등 다양한 분야에 활용

④ 건축물 모델링, 도로 네트워크 모델링 등에 활용

⑤ 공공 안전 및 보안

⑥ 자율주행자동차를 위한 3차원 정밀도로지도 제작

4.10.7. 커뮤니티매핑

출제(용) : 120회

커뮤니티매핑(Community Mapping)은 시민 참여형 지도 제작 기술로 스마트폰이나 PC에서 지역 현안 사항이나 불편 사항을 시민이 직접 구글맵, 마이크로소프트 빙 맵스 등이 제공하는 지리정보시스템을 활용해 교통, 생활정보, 각종 시설물 등 다양한 요소들을 시민이 직접 지도에 표시해 문제점을 해결해 나가는 새로운 형태를 말한다. 스마트폰이 보급되면서 아주 편리해진 점 중 하나는 실시간으로 정보를 확인할 수 있다는 것이다. 지리정보시스템을 사용하여 온라인 및 모바일상에 특정한 주제를 가지고 그에 대한 정보를 수집해 넣는 방식의 지도를 만든다.

(1) 특징

① 개인적 지도를 공유하는 것과 공공 지도를 만드는 것 두 가지를 모두 제공한다.

② 자신이 관심 있는 환경 분야에 대한 정보를 시스템이 보유한 전문적 자료들을 활용해 지도 위에 시각화할 수도 있고, 공공의 지도에 자신의 관심 지역의 환경(수질, 대기, 소음) 상태의 등급을 매길 수도 있다.

③ 커뮤니티매핑은 빅데이터와 SNS, 지역 커뮤니티가 결합한 것이다.

④ 사람과 사람, 지역 공동체를 연결하며 우리 사회의 문제점을 해결할 수 있는 새로운 방법론이다.

⑤ 지리정보시스템을 이용해서 소외된 계층이 도시계획이나 의사결정에 참여할 수 있도록 하게 하는 것이다.

(2) 한계

① 주민들이 직접 데이터를 만들다 보니 잘못된 데이터가 지도에 등록될 수 있다.

② 커뮤니티 매핑 센터에 연락해서 플랫폼을 받아야 한다.

③ 정보를 공개해서 지역사회가 더 좋아진다는 조건이 없는 한 집값을 걱정하는 주민 반발 때문에 공개가 어렵다.

④ 단순히 데이터를 모아서 지도에 올리는 것으로 생각하는 것이 아니라 참여자들로 인해 지역사회가 변화하는 모습을 보이는 것을 인식하지 않는 경우이다.

(3) 활용

① 박물관과 기념관, 근대 문화유산을 매핑할 수 있다.

② 노인들의 생활공간과 도시철도를 타고 여행할 수 있는 장소도 매핑할 수 있다.

③ 아름다운 건축물이나 도로, 맛집을 매핑할 수 있다.

④ 금연 구역이 많으니까 흡연 장소를 매핑할 수 있다.

(4) 사례

① 서울시 도시시설물 관리 커뮤니티

- 최근 서울시를 비롯한 여러 지역에서 커뮤니티 맵핑 기술을 이용한 정책을 펴고 있다.

- 서울시는 커뮤니티 맵핑을 이용해 지역 곳곳의 불편 사항들을 알리는 서울시 도시시설물 관리 커뮤니티 맵을 시행하고 있다.
- 움푹 파인 도로, 잘못된 표지판 등 문제점들을 목격한 시민이 직접 다음 아고라, 트위터, 페이스북 등 SNS를 통해 지도에 표시함으로써 정보수집과 문제해결이 신속하게 이루어진다.

② 영국의 워코노믹스(Walkonomics) 플랫폼

- 커뮤니티 맵핑을 활용해 런던, 뉴욕 및 기타 지역에서 위생, 치안, 경사 정도, 접근성, 디자인, 재미 등 다양한 관점에 대해 등급을 매긴다.
- 거리를 이용하는 사람들이 직접 지도에 등급을 매기고 표시함으로써 지도를 채워나가는 방식으로 워코노믹스를 통해 평가하고 있다.

③ 아이 온 어스(Eye on Earth)

- 아이 온 어스(Eye on Earth)는 세계 각 지역의 환경과 관련된 데이터들을 온라인상의 지도에 기반을 둔 정보로 만들어 공유하는 네트워크이다.
- 환경 정보들을 공유함으로써 수질 오염, 대기 오염, 소음 정도 등의 데이터를 시각화하여 개선하고자 한다.

4.10.8. 매시업(Mashup)

출제(용) : 107회

매시업(Mashup)은 원래 서로 다른 곡을 조합하여 새로운 곡을 만들어 내는 것을 의미하는 음악 용어이다. 정보통신 분야에서는 웹상에서 웹 서비스 업체들이 제공하는 다양한 정보와 서비스를 혼합하여 새로운 서비스를 개발하는 것을 의미한다. 어떤 웹 서비스 혹은 특정인이 생성한 정보를 바탕으로 새로운 정보를 만들어 내는 것을 메쉬업이라고 할 수 있다. 메쉬업 사이트들은 웹에서 제공되는 다양한 분야들을 결합하는 방식으로 진행되고 있다.

(1) 매시업의 특징

① 기존의 자원을 활용하여 만들기 때문에 새로운 서비스를 구축하기 위하여 개발비와 개발기간을 대폭 줄일 수 있다.

② 웹 2.0 시대로 접어들면서 매시업 개념은 더욱 주목받고 있으며, 메쉬업은 새로운 활기를 주고 있다.

③ 지도 기반 서비스와 함께 제공되는 공개 API를 통해 다른 정보를 매시업하여 지도상에 표현하는 것이 가능하게 되었다.
④ 모바일 인터넷에서는 자유롭게 이용할 수 있는 기능이 훨씬 다양해지기 때문에 매시업의 개념이 더욱 중요해진다.
⑤ 다른 서비스에 종속되어 있어 1차 자원이 되는 서비스가 중단될 때 매시업 역시 중단된다.
⑥ 1차 자원의 제공 형태가 변경될 때 그에 맞춰 변경해야 하므로 관리상 어려운 점이 있다는 것이다.

(2) 공간정보 매시업

① 공간정보 메시 업은 일반적으로 API를 개방하는 것을 말한다.
② 기존 재료의 본질을 잃지 않으면서도 새것을 만든다는 속성 때문에 많은 회사가 콘텐츠나 기업 영향력을 확산시키고 있다.
③ 최근에는 매시업이 한데 모아쓴다는 개념보다는 빅데이터에서 사용에 편리한 데이터만 수집해 분류하는 데 쓰이는 추세이다.
④ 웹으로 제공하고 있는 정보와 서비스를 융합하여 새로운 소프트웨어나 서비스, 데이터베이스 등을 만드는 것을 의미한다.
⑤ 공간정보서비스는 기존 제품·기술·서비스에 부가가치를 더하는 원천으로 급부상하며 산업 전반에 걸쳐 핵심기술로 사용되고 있다.
⑥ API(Application Programming Interface)는 운영체제와 응용 프로그램 사이의 통신에 사용되는 언어나 메시지 형식이다.
⑦ 구글이 공개한 검색 관련 응용 프로그램 인터페이스(API)와 지도 관련 API라고 할 수 있다.
⑧ 매시업(Mash-up)은 작게는 오픈 API의 기술을 통해 타사의 인터넷 서비스를 활용하여 새로운 서비스를 구현하는 것을 의미한다.

(3) 매시업 서비스

① 매시업 서비스는 웹 서비스 업체가 자신들의 서비스에 접근할 수 있도록 접근방법을 공개하는 것으로부터 비롯된다.
② 웹 서비스 업체들이 공개한 API(Application Programming Interface)를 제공하는 업체들에서 데이터를 받아 전혀 다른 새로운 서비스나 융합 애플리케이션을 만들어 내는 것이다.

③ 구글·마이크로소프트·아마존을 비롯하여 네이버·다음·알라딘 같은 국내 업체들이 자사의 콘텐츠를 외부에서 사용할 수 있게 API를 공개하고 있다.

④ 매시업 서비스로 유명한 것은 구글 지도와 주택 지도 사이트로, 지도 정보에서 특정 지역을 선택하면 해당 지역의 부동산 매물정보를 보여주는 서비스를 제공하고 있다.

⑤ 일반 지리정보 외에도 사물, 장소에 대한 백과사전 정보, 교통정보, 날씨 정보, 주유소 가격정보, 영화관, 술집, 온천 등 다양한 부가 정보를 지도로 제공하며, 상위 응용 서비스의 질과 기능을 증대하고 강화한다.

(4) 서비스 제공

① 구글·마이크로소프트·아마존과 네이버·다음·알라딘 같은 국내업체들이 자사의 콘텐츠를 외부에서 사용할 수 있게 API를 공개하고 있다.

② 매시업 서비스로 가장 유명한 것은 구글 지도와 부동산 정보 사이트인 크레이그 리스트(www.craigslist.org)를 결합한 '하우징맵(www.housingmaps.com)' 사이트로 해당 지역의 부동산 매물 정보를 보여주는 서비스를 제공하고 있다.

③ 하우징맵은 폴 레이드매처(Paul Rademacher)가 구글의 지도 API 코드를 해킹하여 만든 것인데 당시 구글 지도를 활용한 확장성과 가능성을 본 구글은 폴 레이드매처를 고소하기는커녕 그를 구글 직원으로 채용하였고, 그때부터 공개적으로 구글의 지도 API를 제공하기 시작하였다.

④ 지도와 관련된 매시업은 특정 지역을 선택하면 그 지역의 뉴스·범죄 통계정보·주유소 가격정보·영화관·술집·온천·기업 AS센터·고속도로·교통날씨 등을 알려주는 다양한 서비스가 있다.

4.11. 일반시스템

4.11.1. 클라우드컴퓨팅

출제(용) : 116회, (논) : 93회

클라우드컴퓨팅(Cloud Computing)은 이용자의 모든 정보를 인터넷상의 서버에 저장하고, 정보를 각종 IT 기기를 통하여 서비스를 언제 어디서든 사용할 수 있는 개념이다. 클라우드(Cloud)는 영어로 구름을 뜻하며, '클라우드컴퓨팅'의 구름은 인터넷과 대형 서버를 의미한다. 정보가 인터넷상의 서버에 영구적으로 저장되고, 데스크톱·태블릿 컴퓨터·노트북·넷북·스마트폰 등의 IT 기기 등과 같은 클라이언트에는 일시적으로 보관되는 컴퓨터 환경을 의미한다. 이용의 편리성이 높고 산업적 파급효과가 커 차세대 인터넷 서비스로 주목받고 있는 클라우드 컴퓨팅은 2000년대의 새로운 IT 통합관리모델로 등장하였다.

(1) 클라우드 시스템의 종류

① 광고 등 일반인들이 사용할 수 있는 Public Cloud

② 기업인들이 사용하는 Local Cloud

③ Public Cloud와 Local Cloud의 개념을 함께 쓰는 Hybrid Cloud가 대표적이다.

(2) 특징

① 컴퓨터시스템의 유지·보수·관리와 서버의 구매 및 설치, 업데이트, 소프트웨어 구매비용 등을 절감할 수 있다.

② 시간·인력, 에너지 절감할 수 있다.

③ 외부 서버에 자료들이 저장되기 때문에 안전하게 자료를 보관할 수 있다.

④ 저장 공간의 제약도 극복할 수 있다.

⑤ 언제 어디서든 자신이 작업한 문서 등을 열람·수정할 수 있다.

⑥ 인터넷상의 서버에 저장된 정보를 언제 어디서든 불러올 수 있다는 것이다.

⑦ 개인용 컴퓨터, 노트북, 스마트폰, 스마트 패드 등 다양한 단말기로 이용할 수 있도록 개발되고 있다.

⑧ 별도의 소프트웨어를 내 컴퓨터에 설치하지 않아도 된다.

⑨ 서버가 해킹당할 때는 개인정보가 유출될 수 있다.

⑩ 서버 장애가 발생하면 자료 이용이 불가능하다.

(3) 클라우드의 미래

① 편리한 진료 서비스로 환자의 모든 진료 내용과 진단서 등이 대형 서버에 기록된다.

② 인터넷 접속이 가능한 어느 곳에서도 일할 수 있으므로 업무 효율성이 상승한다.

③ 운전자는 자주 지나는 길이나 운전 습관 등의 정보를 클라우드 컴퓨팅을 통해 기록해 놓을 수 있다.

④ 스마트폰으로 TV나 세탁기, 냉장고 등 집 안의 IT 가전제품을 조종할 수 있다.

(4) 클라우드 기술

① 하드웨어, 저장장치 등의 물리적인 자원의 특성들을 감추며 IT 자원을 제공하는 기술이다.

② 응용 프로그래밍 인터페이스(API; Application Programming Interface) 기술은 웹의 활용성 증대를 도모할 수 있도록 오픈 인터페이스로 확장되고 있다.

③ 사용자가 언제, 어디서, 어떤 종류의 서비스를 얼마만큼 이용하더라도 장애 없이 제공하기 위한 기술이다.

4.11.2. 렌더링(rendering)

출제(용) : 104회

① 2차원의 화상에 광원·위치·색상 등 외부의 정보를 고려하여 사실감을 불어넣어, 3차원 화상을 만드는 과정을 뜻하는 컴퓨터그래픽스 용어이다.

② 평면인 그림에 형태·위치·조명 등 외부의 정보에 따라 다르게 나타나는 그림자·색상·농도 등을 고려하여 3차원 화상을 만드는 기법을 말한다.

③ 렌더링은 평면적으로 보이는 물체에 그림자나 농도의 변화 등을 주어 입체감이 들게 함으로써 사실감을 추가하는 컴퓨터그래픽 상의 과정이다.

④ 2차원이나 3차원 그래픽스 영상을 작성할 때 최종 단계에 해당한다.

⑤ 보통 2차원 그래픽스에서는 완료된 화상을 생성하는 최종 화상 처리 공정을, 3차원 그래픽스에서는 컴퓨터 안에 기록된 모델 데이터를 디스플레이 장치에 묘화(描畫)할 수 있도록 영상화하는 것을 의미한다.

⑥ 렌더링 방법

- 와이어 프레임(wire frame) 렌더링은 가장 간단한 렌더링 방법으로는 물체의 모서리만을 그려주는 방이다.
- 레이트레이싱(ray tracing) 렌더링은 가장 많이 이용되며 광선의 굴절·반사 등을 계산해서 광선이 시작되었던 조명에 이를 때까지의 경로를 역추적해 나가는 과정을 통해서 각 픽셀의 색상을 결정하는 기본적 렌더링 방법이다.
- 라디오시티(radiosity) 렌더링은 광선이 난반사될 때 주변의 다른 물체들과의 관계를 포괄적으로 고려하면서 이미 설정된 모델링, 움직임, 카메라, 텍스처 매핑, 조명 등의 과정을 모두 연산 처리를 해 2차원의 최종적인 화면으로 만들어 내는 렌더링 방법이다.

⑦ 렌더링 작업은 사용되는 수학적인 알고리즘에 따라 라디오시티(radio sity), 레이 트레이싱(raytracing), 스캔 라인(scanline), 펑(phong) 등과 같은 여러 가지 형식이 있으며 동일한 장면도 렌더링 방식에 따라 완성된 이미지에 많은 차이가 나타난다.

4.11.3. 공간정보오픈플랫폼

출제(용) : 99, 102, 126회, (논) : 107, 125회

공간정보오픈플랫폼(Spatial Information Open Platform; V_World)은 국가에서 보유하고 있는 공개 가능한 공간정보를 국민이 자유롭게 활용할 수 있도록 다양한 방법을 제공하는 공간정보체계를 말하며 브이월드라고도 한다.

(1) 특징

① 브이월드는 3차원 공간정보를 포함하여 국가가 보유한 공간정보와 활용 프로그램을 제공하는 공간정보 오픈플랫폼 서비스로서 이를 통해 국민들이 공간정보를 쉽게 활용할 수 있을 뿐 아니라 직접 새로운 공간정보 제공서비스를 창출 할 수 있다.

② 국토해양부가 인터넷(www.vworld.kr)으로 제공하는 국가 공간 정보 서비스로서, 3차원(3D) 지도를 곁들여 2012년 7월부터 공개하였다.

③ 공간정보오픈플랫폼(V_world)은 전국 토지이용현황, 공시지가, 국토 환경성 평가지도 등을 파악할 수 있다.

(2) 오픈플랫폼 운영

① 오픈플랫폼 운영에 필요한 인력 및 조직에 관한 사항
② 오픈플랫폼 기능개선·유지 보수에 관한 사항
③ 사용자 컨설팅, 기술지원, 사용자 교육에 관한 사항
④ 보안 및 개인정보에 관한 사항
⑤ 전산장비 관리와 장애 복구 등에 관한 사항
⑥ 공간정보 등 데이터저장 및 관리에 관한 사항

(3) 오픈플랫폼 제공 서비스

① 공간정보 확인을 위한 2D지도 서비스 제공
② 브이월드 활용 및 개발을 지원하는 Open API 서비스 제공
③ 3D(수치표고모형과 건물 및 시설물로 구성되는 모형)공간정보를 제공하는 지도서비스
④ 공간정보 분석, 시뮬레이션 등의 활용 환경을 제공하는 데스크톱 서비스
⑤ 사용자가 손쉽게 국가 공간정보를 활용할 수 있도록 지원
⑥ 브이월드 서비스 장점

- 3D 기반 건물 및 시설물로 구성되는 3D모델 등 입체적인 공간정보를 활용할 수 있다,
- 토지, 안전, 재난, 산업, 기타 등과 관련된 행정 공간정보를 활용할 수 있다,
- 브이월드 OpenAPI를 활용해 공간정보 서비스를 편리하게 제공받을 수 있다,
- 온라인/오프라인 교육 및 컨설팅, 기술지원 등 다양한 서비스를 제공받을 수 있다.

(4) 오픈플랫폼 서비스 활용

① 오픈플랫폼 서비스는 국내 사용자 누구나 이용할 수 있다.
② 한국임업진흥원의 산림 정보 다드림으로 적정 재배 품목, 나무 정보, 토양 정보 등 산림지도 제공, 필지별, 산림 주제별 산림 정보제공, 해당 위치 산림 청정도, 적정 조림수종 등 정보 조회 기능, 산촌생태마을 검색할 수 있다.
③ 가상현실 거주 시뮬레이션 시스템으로 건축 후 개별 아파트 동, 호수별 실외 전경 가상현실로 제공, 아파트 동, 호수별 일조권 변화 시뮬레이션 기능, 건축 전 아파트 내부 구조 및 인테리어, 각종 옵션 확인, 거주하고자 하는 지역 주변은 아바타를 이용해 탐사가 가능하다.

④ 서울특별시 3차원 공간정보시스템으로 화면이동, 확대/축소, 회전/기울이기 등 기본 기능, 거리/면적/표고 측정, 경사도 보기, 경관 보기 등 지도 기능, 명칭, 주소, 우편번호 검색 기능, 도보 해설 관광코스, 실내공간 3D 등 서비스 제공 등이 있다.

4.11.4. 오픈 API(Open API)

출제(용) : 99회

인터넷 서비스나 특정 애플리케이션에 필요한 다양한 서비스를 누구나 쉽고 간편하게 사용할 수 있도록 공개해 놓은 인터페이스를 의미한다. '공개 응용 프로그래밍 인터페이스(Open Application Programming Interface)'라고 하며, 간단히 오픈 API(Open API)라고 한다. 누구나 활용할 수 있도록 공개해 두었기 때문에, 제공되는 가이드나 규칙을 따르는 것만으로도 쉽게 애플리케이션을 개발하거나 서비스를 적용할 수 있다.

(1) 오픈 API 필요성

① 사용자와 제공자의 모두에게 필요성이 존재하며, 이를 충족시키기 위해 공개된 형태로 배포 및 유지관리 되고 있다.

② 개발자나 특정 기업과 같이 오픈 API를 사용하는 측면에서는 이를 통해 손쉽게 고품질의 서비스를 도입할 수 있다.

③ 오픈 API를 제공하는 플랫폼 기업으로서는 자사의 영향력과 기술 생태계를 확장할 수 있는 도구로 활용할 수 있다.

④ 제공하는 API의 내용에 따라 고객을 대상으로 마케팅에 활용할 수 있으며, 일부는 유료로 전환함으로써 수익 창출을 위한 비즈니스 모델로 확대할 수도 있다.

(2) 오픈 API 구성요소

① API 서버(Server)

- API 요청에 대한 정보를 제공하는 서버로, 웹상의 요청을 처리하기 위해 제공하고자 하는 서비스별로 별도의 웹서버를 구축하기도 한다.
- API 게이트웨이로부터 분기된 요청을 직접적으로 처리한다.
- 사용자 요청에 대한 응답을 API 형태로 제공한다.

② API 게이트웨이(Gateway)

- API 클라이언트와 서버가 정보를 주고받기 위한 통로 역할을 하는 API의 핵심 구성요소이다.
- 요청에 대한 인증이나 서비스 분기는 물론, 데이터 검증이나 부정 접근에 대한 보안도 수행한다.
- API 요청에 대한 코디네이터(Coordinator) 역할을 한다.

③ API 클라이언트(Client)

- API 서버에 데이터를 요청하기 위한 컴퓨터이다.
- 사전에 API 서버에서 제공하는 형식에 맞게 데이터를 요청해야 한다.
- 필요에 따라서는 전송받은 데이터를 직접 분석하거나 가공하는 역할도 한다.

(3) 오픈 API 사례

① 지도 정보를 제공하는 인터페이스로 구글 지도를 이용해서 특정 위치정보를 표시하는 데 활용할 수 있다.

② 국내의 경우 네이버나 카카오 등에서도 지도 서비스를 제공하고 있으며, 달력이나 번역과 같은 콘텐츠용 오픈 API를 제공하기도 한다.

③ 최근에는 마이데이터(My Data) 등 데이터 제공 패러다임의 흐름에 힘입어 금융기업 간 개인의 금융정보를 제공하는 형태의 오픈 API도 활용되고 있다.

④ 금융권에서의 오픈 API가 활성화되면서 개인이 다른 은행을 신규로 이용할 경우에 개인의 동의가 있으면 기존의 은행에서 사용하던 정보를 오픈 API를 통해 재사용할 수 있다.

⑤ 정부에서는 공공데이터 포털(data.go.kr)을 통해 기관 정보나 토지대장, 통계 정보 등을 오픈 API로 제공하고 있다.

⑥ 보안 분야에서는 침해사고 분석 대응이나 웹사이트 평판 등의 확인, 악성코드(Malicious Code) 등의 감염 여부를 확인하기 위한 오픈 API를 제공해 주기도 한다.

4.11.5. 지오코딩

출제(용) : 57, 107회

지오코딩(Geocoding)은 고유 명칭(주소나 산, 호수의 이름 등)을 가지고 경위도나 직각좌표와 같은 지오코드(geocode)를 할당하는 것을 의미한다. 지오코딩은 주소 내 행정구역 및 지번과 같이 특수한 요소(location-specific element)들을 참조데이터와 비교함으로써 해당 장소의 x, y 좌표로 할당하는 과정이다.

최근에는 웹페이지, 이미지 등 각종 정보에 좌표를 비롯한 다양한 지리적 정보를 통합하여 인터넷 지도를 기반으로 다양한 정보를 제공할 수 있는 지오태깅(GeoTagging)의 개념이 확장되고 있다. 지오코딩은 주소와 위치정보를 가지는 GIS 데이터베이스로 변환하는 공간분석의 사전 준비에 해당한다.

(1) 지오코딩 프로세스

① 지오코딩은 확률적 기록 연계(Probabilistic record linkage) 방법론에 기초를 두고 파싱 단계(parsing step), 정합 단계(matching step), 위치결정 단계(locating step)를 통해 이루어진다.

② 파싱 단계

- 파싱 단계(parsing step)는 입력된 데이터베이스의 주소를 구조화되도록 변환하고 정합 단계(matching step)를 위해 형식을 표준화하는 단계이다.
- 문자에 대한 규격화가 이루어지며 다양한 문자와 문자 기반의 알고리즘으로 구성되어 있다.
- 지오코딩을 위하여 주소 데이터의 주요한 문제는 도로명이 간략화되어 있거나 도로명에 철자가 잘못되었거나, 방향이 복잡하게 조합되어 있는 등 애매한 정보가 포함된 경우이다.

③ 정합 단계

- 정합 단계(matching step)는 주어진 입력 데이터를 참조주소 데이터베이스로부터 가장 유사한 참조 정보를 찾는 단계이다.
- 정합기법은 참조자료에 의존하여 여러 가지 방법으로 실행된다.

④ 위치결정 단계

- 위치결정 단계(locating step)는 입력된 주소에 실제 지리적 좌표(x, y)를 결정하는 단계이다.

- 주소 입력장치(address locator)에 입력된 참조데이터와 주소 데이터 간의 인덱스 값을 계산하고 각 주소 요소와 인덱스 요소가 얼마나 근접하느냐에 따라 매칭 점수의 값이 정해진다.
- 계산된 값을 통해 위치의 잠재적인 후보지를 탐색하여 점수로 환산하고 잠재 후보지를 필터링한 후 최적의 위치를 결정한다.

(2) 지오코딩 방법

① 지오코딩은 단일주소 지오코딩을 위한 2차원 지오코딩 기법과 상세 주소 지오코딩을 위한 3차원 지오코딩 기법으로 구분할 수 있다.

② 일반적으로 지오코딩 수행 절차에 따라 주소 정규화, 참조데이터 매칭, 위치결정 단계로 구분할 수 있다.

③ 참조데이터는 지오코딩 시 입력받은 주소와 실질적으로 매칭을 수행하는 데이터로 해당 주소를 대표할 수 있는 데이터여야 한다.

④ 우리나라 주소 체계는 큰 객체에서부터 점차 작은 객체로 서술하는 계층적 구조로 주소 정규화를 시행하며 주소를 구성하는 객체별로 분할하여 수행한다.

⑤ 참조데이터 매칭은 주소 정규화 단계를 거친 단일주소는 도로 구간 데이터와 매칭을 수행한다.

(3) 특징

① 지오코딩된 기초번호의 위치정확도를 나타낸 것으로 정확도가 향상된 것을 확인할 수 있다.

② 새주소 체계의 변화에 따라 기존에 적용할 수 없었던 도로망 기반의 주소 체계를 이용한 지오코딩이 가능하다.

③ 도로망 기반 지오코딩은 데이터의 취득이 편리하므로 사용자나 연구자들이 지오코딩된 주소를 이용하여 효율적으로 공간분석을 할 수 있다.

④ 주소를 특징에 따라 세분화하여 지오코딩을 실시하면 정합률을 향상할 수 있다.

4.11.6. 종합정보통신망(ISDN)

출제(용) : 83회

① ISDN(Integrated Services Digital Network)은 디지털 통신망을 이용하여 음성·문자·영상 등의 통신을 종합적으로 할 수 있도록 하는 통신서비스이다.

② ISDN의 구상은 국제전신전화자문위원회(CCITT)의 1980년 11월 총회에서 발표되었다.

③ 고도 정보화 사회의 기반을 이루는 통신망으로써 한국을 비롯하여 각국에서 개발과 서비스가 제공되고 있다.

④ 미국은 민간 통신회사가 개별적인 디지털 통신망 구상의 실현을 도모하였으나, 한국과 유럽에서는 국가적으로 일원화된 시스템 건설을 지향하고 있다.

⑤ 독일은 텔렉스와 데이터 통신 통합망 및 광섬유망에 의하여 ISDN을 지향하고 있다.

⑥ 한국은 국가적인 사업으로 한국통신에서 ISDN을 구축하고 있으며 시범 운영을 거쳐 1990년대 중반부터 사용 서비스를 하고 있다.

⑦ 광대역 종합정보통신망인 B－ISDN(broadband ISDN)은 간단한 데이터와 음성전송, 영상전화, 영상회의, HDTV, 유선방송 등의 영상서비스와 정밀화면 컬러팩시밀리 등 다양한 고속 전송 및 광대역전송을 가능하게 한다.

⑧ 종합정보통신망(ISDN)은 음성과 데이터를 디지털 신호로 바꾸어 손실이 많은 기존 전화회선보다 많은 양의 정보를 제공하는 종합적인 전기통신 서비스를 말한다.

⑨ 종합정보통신망은 전화나 데이터 등의 정보를 하나의 형식으로 통일시켜 놓음으로써 하나의 번호만을 가지고도 여러 가지 다양한 서비스를 받을 수 있다.

4.11.7. 유엔 세계지리정보관리(UN GGIM)

출제(용) : 102회

① 국제지리공간정보 관리 전문가위원회의 설치 근거는 ECOSOC 결의 2011/24호이다.

② 국제 지리 공간정보 관리 전문가위원회의 기능 및 임무

- 국제 측지 참조 표준 및 지도 개발
- 지속 가능한 발전을 위한 지리 공간정보 개발, 통합
- 지리 공간정보 관리 원칙 개발 등

③ 국제지리공간정보 관리 전문가위원회의 구성

- 의장단(공동의장 3, 보고관 1) 및 5개 지역 기구(아태지역, 미주, 아랍, 유럽, 아프리카)
- 한국은 아태지역 부의장국으로 활동 중

④ 글로벌 공간정보의 국제적 협력을 통해 세계의 지속 가능한 발전을 견인하기 위한 국제연합(UN) 산하 글로벌 지리정보 관리 단체이다.

⑤ 전 세계 지리정보 개발을 위한 의제 설정과 논의를 추진하는 글로벌 지리정보 관리 전문가 유엔위원회로 한국을 비롯해 미국, 영국, 중국, 일본 등 30여 개 국가가 참가하고 있다.

⑥ 회원국 간 측량, 지리, 지도 제작 및 각종 정보시스템과 서비스에 대한 글로벌 표준 마련에 대한 논의를 지속하고 있다.

4.11.8. 토지행정도메인모델(LADM)

출제(용) : 102회, (논) : 92, 117, 129회

토지행정도메인모델(LADM; Land Administration Domain Model)은 2002년에 워싱턴에서 개최된 FIG 총회에서 핵심 지적도메인모델(CCDM, Core Cadastral Domain Model)로 시작되었다. 2008년 2월에 FIG는 ISO에 공식적으로 제안서를 제출하여 ISO19152 토지행정도메인모델(Land Administration Domain Model)이 NWIP로 받아들여졌다. 국제기준으로서 LADM은 세계의 표준으로서 토지, 수자원, 지표면의 아래와 지상의 모든 요소를 3차원 공간에 기본정보를 묘사하는 것을 목적으로 한다.

(1) 필요성

① 토지행정시스템의 개발을 위한 기초를 제공하여야 한다.

② 국제적으로 표준화된 정보서비스를 구현하고 다른 국가 간에 공유 용어에 의한 의사소통을 실현하여야 한다.

③ 국가별로 다른 토지등록시스템 및 지적시스템은 문제를 발생시키고 있으므로 표준화된 토지행정모델의 필요성을 공감하게 되었다.

④ 새로운 표준모델은 모두가 적응할 수 있고, 배타적이고 기초가 튼튼하여 새로운 요소들을 고민할 필요가 없어 쉽게 의사소통할 수 있어야 한다.

⑤ 세계 각국의 토지행정(Land Administration, LA) 요소들을 등록할 수 있게 하였다.

(2) 특징

① 토지관련 구성요소들을 명확화하고 참조모델로서 정의하는 역할을 할 것이다.
② 2008년 ISO에 정식적으로 제안이 이루어졌다.
③ 네덜란드에서 2003년에 지적 도메인의 표준화 워크숍에서 처음으로 언급되었다.
④ LADM은 국제적 시스템들에 기본적인 토지 행정을 위한 기본 용어들을 제공한다.
⑤ 기하학적 객체들의 적절한 연결도 가능하다.
⑥ 토지행정의 실행은 국가에 따라 변화할 수 있으며 시간에 따라서 변화되는 특성을 가질 수 있다.
⑦ 공간 개체들 사이에 연결을 저장하고 GIS 중첩 기능 등 공간분석 및 참조 기능이 개선된다.
⑧ 그래픽적 요소의 강점으로 토지 행정 모델링이 가능하며 정보의 시각화가 가능하다.

(3) 모델의 구성

① LADM은 클래스 중심의 정의를 기반으로 사람과 토지 사이의 관계를 정의하는 데 초점을 맞추고 있다.
② 토지와 사람 사이의 관계를 정의하기 위한 UML 클래스다이어그램으로 표현될 수 있다.
③ LADM은 개념 스키마로 세 개의 패키지와 하나의 하위 패키지로 구성된다.
④ 세 개의 패키지
- Party Package : 클래스들의 집합으로 토지사용자와 관리자를 포함하는 패키지
- Administrative Package : 토지이용 권리와 관계되는 패키지
- Spatial Package : 필지, 빌딩, 공공시설 네트워크 등을 포함하는 패키지

⑤ 하위 패키지로서 Surveying and Spatial Representing Subpackage 가 있다.

4.11.9. 국가공간정보포털

출제(용) : 120회

공간정보에 대한 국민의 이해를 높이고 공간정보 활용을 촉진하기 위하여 공간정보 개념, 관련 정책·사업, 열린 장터 운영 등 다양한 정보를 제공하는 포털로 국토교통부가 담당한다. 국가지리정보포털'은 2013년 8월부터 전면 개편하여 서비스를 시작하였다. 국가공간정보포털 서비스 종료(2023.12.31.)에 따라 아래 OpenAPI 개방 목록의 서비스를 대체하고 있다.

(1) 주요 서비스 내용

① 공간정보를 이해하기 쉽게 소개하고 직접 체험해 볼 수 있도록 일반사용자를 위한 공간정보 포털 서비스 코너가 있다.

② V-World를 기반으로 부동산 정보, 교통정보, 문화유산, 자연경관을 둘러볼 수 있고, 가상으로 승마나 자전거 등을 즐길 수 있다.

③ SNS 등을 통해 상호 교류하고 각종 포털과 연계하여 다양한 공간정보 관련 소식을 공유할 수 있다.

④ 공간정보 분야 전문가를 위해 공간정보 전문 정보 코너를 마련하여 국내 공간정보 정책, 법령 및 표준 등 다양한 정보를 제공한다.

⑤ 정부에서 국가 공간정보 사업을 통해 구축한 공간정보를 쉽게 비즈니스에 활용할 수 있도록 하는 Open API 서비스와 공간정보 기반의 창업과 일자리 정보도 제공한다.

⑥ 우리나라의 공간정보기술, 정책·제도 및 공간정보 엑스포 등을 해외에 널리 홍보하기 위해 영문으로도 서비스하며, 언제 어디서나 포털을 이용할 수 있도록 전용 모바일 웹 서비스(m.nsdi.kr)도 제공하고 있다.

(2) 오픈 API

① 오픈 API(Open Application Programming Interface, Open API, 공개 API) 또는 공개 API는 개발자라면 누구나 사용할 수 있도록 공개된 API를 말한다.

② 개발자에게 사유 응용 소프트웨어나 웹 서비스의 프로그래밍적인 권한을 제공한다.

③ 하나의 웹 사이트에서 자신이 가진 기능을 이용할 수 있도록 공개한 프로그래밍 인터페이스가 오픈 API라고 정의할 수 있다.

④ API는 Application Programming Interface의 약자이며 프로그래밍에서 사용할 수 있는 기능들의 집합이다.

⑤ 오픈 API는 직접 응용 프로그램과 서비스를 개발할 수 있도록 API를 외부에 공개한 것이다.

⑥ 생활안전지도 개발자센터는 생활안전지도의 다양한 콘텐츠와 데이터를 좀 더 쉽게 이용할 수 있도록 오픈 API 서비스와 기술을 제공한다.

4.11.10. 유럽공간정보기반시설(INSPIRE)

출제(용) : 117회

유럽공간정보기반시설(INSPIRE : Infrastructure for Spatial Information in Europe)은 환경에 대한 유럽 공간정보 기반을 지원한다. INSPIRE는 유럽 데이터 전략, 그린 딜(Green Deal), 공공 부문 정보 다시 사용에 대한 유럽 오픈데이터 지침 및 기타 중요 이니셔티브에 맞춰 발전하고 있다.

(1) INSPIRE 8가지 목표

① 임상, 학술, 산업 연구 활동을 통합하여 새로운 인프라를 개발한다.
② 공공 및 민간 부문의 연구자가 연구 인프라에 접근할 수 있도록 한다.
③ 해당 분야의 차세대 연구자를 위한 교육을 제공한다.
④ 유럽 전역에서 최고의 연구 관행을 촉진하기 위해 지식 교환을 촉진한다.
⑤ 인프라 내에서 사용할 수 있는 시설을 개선할 공동 연구 활동(JRA)을 개발한다.
⑥ 유럽 경쟁력 향상을 위해 기술적 과제가 존재하는 분야에서 JRA를 개발한다.
⑦ 연구를 임상 실습 및 산업 제품으로 전환하기 위한 혁신 파이프라인을 개발한다.
⑧ 책임 있는 연구와 혁신의 원칙 내에서 연구를 수행한다.

(2) INSPIRE 원칙

① 데이터는 한 번만 수집해야 하며 가장 효과적으로 유지 관리할 수 있는 곳에 보관해야 한다.
② 유럽 전역의 다양한 소스에서 얻은 원활한 공간 정보를 결합하여 많은 사용자 및 애플리케이션과 공유할 수 있어야 한다.
③ 한 수준/척도에서 수집된 정보를 모든 수준/척도와 공유할 수 있어야 한다.
④ 모든 수준에서 좋은 거버넌스에 필요한 지리 정보는 쉽고 투명하게 제공되어야 한다.
⑤ 어떤 지리정보를 사용할 수 있는지, 특정 요구 사항을 충족하기 위해 어떻게 사용할 수 있는지, 어떤 조건에서 획득 및 사용할 수 있는지 쉽게 찾을 수 있어야 한다.

(3) INSPIRE 구성요소

① INSPIRE 지침에 따라 범위 내에 있는 데이터에 대해 보기 및 다운로드 서비스를 설정하고 메타데이터를 제공해야 한다.

② 데이터는 INSPIRE 데이터 체계를 준수해야 하며 데이터, 메타데이터 및 서비스의 모니터링, 테스트 및 검증을 실행해야 한다.

③ INSPIRE 구성요소

- 네트워크 서비스
- 메타데이터
- 보고 및 모니터링
- 데이터 사양
- 데이터 및 서비스 공유

(4) INSPIRE 지침과 지적 경계

① 지적의 적용 원리는 국제 표준 ISO 19,152[12]를 기반으로 하여 국가 지적의 데이터 무결성과 국제 수준의 데이터 일관성을 보장한다.

② 이 표준은 토지 관리와 관련된 모든 요소를 포괄하는 LADM(토지 관리 도메인 모델) 패턴을 정의한다.

③ 지적 데이터 모델은 INSPIRE(Infrastructure for Spatial Information in Europe) 국제 지침에도 제시되었다.

④ 이 표준과 ISO 19107 표준은 인접한 두 공간 개체의 위상관계 및 기하학적 사양을 정의하는 규칙을 제공한다.

⑤ INSPIRE 지침에는 지적 구획을 표시하고 특성화해야 하는 체계가 포함되어 있다.

⑥ 지적의 경계에는 서로 일치하는 가장자리가 있어야 하며, 개별 구획 간의 지형 간격이나 위상 중복을 포함해서는 안 된다.

⑦ 토지의 경계는 선형 요소로 정의, 표현 및 작성되어야 하며, 지적 형태로 제시된 모든 공간 요소는 지정된 정점 사이의 선형 보간에 의해 결정되는 평평한 기하학적 물체와 일치해야 한다.

⑧ 지적 시스템의 성능을 향상시키고 지적 데이터베이스 처리의 품질과 용량을 향상시키기 위해서는 원호에서 파선으로의 전환을 권장하고 있다.

4.11.11. 수치지도 작성

출제(논) : 60, 105회

수치지도란 지표면·지하·수중 및 공간의 위치와 지형·지물 및 지명 등의 각종 지형공간정보로 전산시스템을 이용하여 일정한 축척에 따라 디지털 형태로 나타낸 것을 말한다. 수치지도 작성이란 각종 지형공간정보를 취득하여 전산시스템에서 처리할 수 있는 형태로 제작하거나 변환하는 일련의 과정을 말한다.

4.11.11.1. 데이터 형식별 종류

(1) 수치지도 1.0 (도엽 단위)

① 지리조사 및 현지측량에서 얻어진 자료를 이용하여 도화데이터 또는 지도입력데이터를 수정·보완하는 정위치편집 작업이 완료된 수치지도이다.

② 도형데이터와 주기로 구성되어 CAD 데이터 형식이며, 포맷은 dxf, dwg이다.

③ CAD 프로그램을 이용해 편집할 수 있어 건설공사를 위한 설계도면 제작에 활용할 수 있다.

(2) 수치지도 2.0 (도엽 단위)

① 데이터 간의 지리적 상관관계를 파악하기 위하여 정위치 편집된 지형·지물을 기하학적 형태로 구성하는 구조화 편집 작업이 완료된 수치지도이다.

② 지형지물 객체별로 도형과 속성이 결합된 형식이다.

③ GIS 데이터 형식이며 포맷은 shape, NGI이다.

(3) 수치지도 연속 2.0 (레이어 단위)

① 도엽단위의 수치지도 2.0을 동일 지형·지물 레이어별로 연결하여 대상 지역 전체를 끊김없이(seamless) 연속되는(continuous) 수치지도이다.

② 일정 지역 전체를 대상으로 GIS 응용시스템을 구축할 때 활용된다.

4.11.11.2. 수치지도의 작성 순서

(1) 작업계획의 수립

① 수치지도를 작성하는 경우에는 미리 작성 목적에 따른 타당성과 기존 수치지도 등과의 중복 여부를 조사한다.

② 자료의 취득 방법, 수치지도의 표현 방법, 품질검사 및 활용 등에 대한 세부적인 계획을 수립하여야 한다.

(2) 수치지도 작성을 위한 자료의 취득 방법

① 사진 또는 영상정보를 이용한 자료의 취득

② 측량기기를 이용한 현지측량

③ 지형·지물의 속성, 지명, 행정경계 등의 정보를 취득하기 위한 현지조사

④ 기존에 제작된 지도를 이용한 자료의 취득

(3) 지형공간정보의 표현

① 수치지도에 표현하는 지형·지물은 도형 또는 기호 등의 형태로 나타나도록 한다.

② 각각의 지형·지물에 대한 정보는 별도의 속성 파일로 작성하여 나타내거나 수치 지도상에 직접 문자 또는 숫자로 나타내야 한다.

③ 수치지도 1.0 및 수치지도 2.0에 표현되는 지형·지물은 다른 수치지도와의 연계 및 활용 등을 위하여 교통(A), 건물(B), 시설(C), 식생(D), 수계(E), 지형(F), 경계(G), 주기(H)체계로 분류한다.

④ 수치지도를 작성하는 기관은 수치지도의 작성 목적에 따라 분류체계를 적용하기 곤란한 경우에는 국토지리정보원장과 협의하여 다른 분류체계를 사용할 수 있다.

⑤ 수치지도에 표현되는 지형·지물의 체계적인 관리와 위치의 효과적인 검색 및 활용을 위하여 각각의 지형·지물에 유일식별자를 부여할 수 있다.

⑥ 유일식별자에는 지형·지물의 위치와 관리기관 등에 관한 정보가 포함되어야 한다.

(4) 품질검사

① 정보의 완전성 : 수치 지도상의 지형·지물 또는 그에 대한 각각의 정보가 빠지지 아니하여야 한다.

② 논리의 일관성 : 수치지도의 형식 및 수치 지도상의 지형·지물의 표현이 작성 기준에 따라 일관되어야 한다.

③ 위치정확도 : 수치 지도상의 지형·지물의 위치가 원시자료 또는 실제 지형·지물과 대비하여 정확히 일치하여야 한다.

④ 시간정확도 : 수치지도 작성의 기준시점은 원시자료 또는 조사자료의 취득 시점과 일치하여야 한다.

⑤ 주제정확도 : 지형·지물과 속성의 연계 및 지형·지물의 분류가 정확하여야 한다.

4.11.11.3. 품질 측정 항목

① 측정 항목 이름(name) : 주제 정확성

② 항목명(element Name : 정량적 속성 정확성

③ 항목 정의(definition) : 정량적 속성(명칭 등 코드화되지 않은 속성)의 입력 정확성

④ 항목 설명(description) : 수치지형도 작성 작업 규정에 맞게 속성이 입력되었는지 확인

⑤ 항목 유형(value Type) : 적합성 평가

출제빈도 용어정리 & 논술 일람표

제4장 토지정보체계론 (용어정리)

번호	문제	횟수	번호	문제	횟수
1	공간빅데이터	1	36	증강현실(Augmented Reality)	4
2	공간보간법	2	37	가상현실(Virtual Reality)	1
3	유한요소법	1	38	초연결사회	1
4	벡터자료 파일 형식	1	39	LBS(Location-Based Services)	1
5	위상모형(Topology)	2	40	POI(Point of Interesting)	1
6	노드(Node)와 체인(Chain)	1	41	LOD(Linked Open Data)	1
7	Vertex	1	42	LOD(Level Of Detail)	2
8	위상관계(Topological Relationship)	1	43	SLAM(Simultaneous Localization and Mapping)	1
9	스파게티모형(Spaghetti Model)	3	44	정밀도로지도	1
10	공간정보구축 시 입력오차 유형	1	45	MMS(Mobile Mapping System)	1
11	사지수형(Quadtree)	3	46	커뮤니티 맵핑	1
12	OGC(Open Geospatial Consortium)	1	47	공간정보 메쉬업(mashup)	1
13	SDTS(Spatial Data Transfer Standard)	4	48	클라우드컴퓨팅 (Cloud Computing)	1
14	메타데이터(Metadata)	7	49	랜더링(Rendering)	1
15	중첩(重疊, Overlay)	2	50	공간정보 오픈플랫폼(V-World) (Spatial Information Open Platform)	3
16	Rubber Sheeting	1	51	Open-API	1
17	스키마(Schema)	1	52	지오코딩(Geocoding)	2
18	DBMS	1	53	UN-GGIM	1
19	RDBMS (Related Data Base Management System)	3	54	ISDN(Integrated Services Digital Network)	1
20	부동산종합공부시스템	2	55	LADM(Land Adminstration Domain Model)	1
21	블록체인(Block Chain)	1	56	국가공간정보포털	1
22	공간정보참조체계 _UFID(Uniue Feature IDentification)	2	57	유럽공간정보기반시설 (INSPIRE:Infrastructure for Spatial Information in Europe)	1
23	국가기본공간정보	1	58	지적기반공간정보 (Cadastral NSDI)	1
24	Enterprise GIS	1	59	침수흔적도	1

제4장 토지정보체계론 (용어정리)

번호	문제	횟수	번호	문제	횟수
25	U.I.S(도시정보체계)	3	60	주제도	1
26	도시계획정보체계(UPIS)	1	61	One Stop Service	1
27	텔레매틱스	1	62	아바타(Avatar)	1
28	국가공간정보통합플랫폼 (K-Geo플랫폼)	1	63	지적도 입력방식	1
29	유비쿼터스	1	64	E.R 모형	1
30	U-City	1	65	지적정보센터	1
31	비콘(Beacon)	1	66	도시계획시설	1
32	사물인터넷(Internet of Things)	1	67	북레스시스템(Bookless System)	1
33	스마트 시티	1	68	C.M.S(Computer Maping System)	1
34	스마트워크(Smart work)	1	69	PPLIS(Public Participation Land Information System)	1
35	디지털트윈(Digital Twin)	3	70	공간정보 특수산업분류체계	1

제4장 토지정보체계론 (논술)

번호	문제	횟수
1	지적정보의 이용 및 활용 확대방안에 대하여 설명하시오.	2
2	지적정보화와 관련된 시스템을 나열하고 통합 및 발전방안을 제시하시오.	1
3	지적정보의 품질 향상 방안에 대하여 설명하시오.	1
4	한국형 지적전산 정보의 활용 및 응용방법에 대하여 설명하시오.	4
5	지적공부전산화 과정에 대하여 설명하시오.	2
6	지적정보의 전산화와 공부관리시스템의 개발 내용에 대하여 설명하시오.	1
7	토지기록전산화사업 시행이전의 토지대장 등록사항을 전산화하기 위한 구 대장 전산화사업에 대한 문제점과 해결 방안에 대하여 설명하시오.	1
8	토지·임야대장 및 지적·임야도의 정보화 연혁과 내용을 설명하시오.	1
9	지적도면 전산화에 따른 문제점 및 개선 방향에 대하여 설명하시오.	3
10	지적공부가 없는 DMZ(비무장지대) 일원 토지의 지적공부 등록방안에 대하여 설명 하시오	1
11	토지정보 수집을 그림 정보와 속성정보를 구분하여 설명하시오.	1
12	지적, 측량 및 공간정보를 정의하고 상관관계를 설명하시오.	1
13	부동산권리분석을 위한 지적정보 제공방안에 대하여 설명하시오.	1
14	공간정보 관련 공공기관의 정의 및 종류, 조직과 기능에 대하여 설명하시오.	1
15	빅테이터 시대에 대응하는 지적정보체계의 발전방향에 대하여 설명하시오.	2
16	빅데이터 처리를 위한 공간정보 기술의 응용에 관하여 설명하시오.	1
17	필지별 토지이용정보의 구축 및 활용 방안에 대하여 설명하시오.	2
18	외국의 공간정보정책 동향과 그에 따른 우리나라 공간정보정책의 발전 방향에 대하여 설명하시오.	2
19	자연재해피해조사를 위한 필지정보 활용 방안에 대하여 설명하시오.	1

제4장 토지정보체계론 (논술)		
번호	문제	횟수
20	지적정보를 활용한 재해정보지도의 제작과정에 대하여 설명하시오.	1
21	공간데이터 처리에 있어 보간법(interpolation)에 대하여 설명하시오.	1
22	컴퓨터화된 토지정보체계 도입, 구축 과정을 설명하시오.	1
23	토지정보 도입의 제도적 제약사항을 설명하시오.	1
24	한국의 지적정보화 흐름과 향후 발전 전망에 대하여 설명하시오.	1
25	국토에 대한 종합정보를 관리할 수 있는 시스템구축 방안을 제시하고 구축시 지적도면의 역할에 대하여 설명하시오.	1
26	전자정부구현에 적합한 모바일 지적서비스 활용에 대하여 설명하시오.	1
27	지적정보를 공공부분과 민간부분에서 공동활용하기 위한 구체적인 지적정보유통 방안을 기술하시오	1
28	지적정보 전산화 내용 및 방법과 이를 통한 투자비용 회수 방안에 대하여 설명하시오.	3
29	지적정보센터의 설치 목적과 자료관리 및 활용 방안에 대하여 설명하시오.	2
30	극지방 공간정보 구축의 필요성에 관하여 설명하시오.	1
31	부동산정보센터의 기능을 설명하고 발전방향을 제시하시오.	1
32	지적에서 사용하는 기호에 대하여 한국산업규격으로 표준화할 수 있는 방안을 기술하시오.	1
33	지적측량 one stop서비스를 위한 지적측량 바로처리센터 구축 내용과 기대효과에 대하여 설명하시오.	1
34	지적측량 서비스 개선을 위한 「바로처리센터」의 구축 배경과 역할을 설명하고 바로처리센터의 발전 방향을 서술하시오.	1
35	정부의 「디지털지적구축 시범사업」을 설명하고 사업의 성공적 수행을 위한 다른 방안에 대하여 설명하시오.	1
36	공간정보의 가격 결정에 대해 설명하시오.	1
37	지적정보시스템의 구축방향에 대하여 논하라.	2
38	부동산정보관리센터의 구축배경과 역할을 설명하고 장래 도입 가능한 센터고도화방안을 제시하시오.	1
39	지적법 제1차 전문개정(1975.12.31 법률 제2801호)의 주요내용과 지적전산화사업의 연관성에 관하여 설명하시오.	1
40	지적정보의 벡터와 래스터 자료구조에 대하여 설명하시오.	1
41	공간데이터구조 중 벡터자료구조의 저장방법 및 파일형식에 대하여 설명하시오.	1
42	스파게티(Spaghetti) 모형과 위상(Topology) 모형에 대하여 비교 설명하시오.	1
43	토지정보시스템의 기반 구축을 위한 기존 지적도면의 수치화 방법을 수동입력(digitizing) 방식과 자동입력(scanning) 방식으로 구분하여 설명하고, 그 장단점을 비교하시오	3
44	지적도 자동입력(Scanning)에 의한 전산화 방안에 대하여 논하라.	1
45	토지정보시스템(LIS) 래스터 데이터의 압축 기법에 대하여 설명하시오.	2
46	Run length code와 Quadtree 압축 기법에 대하여 비교 설명하시오.	1
47	LIS 구축 시 필요한 데이터 중 벡터데이터와 래스터 데이터의 장단점을 기술하시오.	1
48	지적도면 전산자료를 세계측지좌표로 전환하기 위한 업무 절차를 설명하시오.	1
49	효율적인 토지정보시스템을 구축하는데 있어서 고려하여야 할 전자정부 구성원칙과 정보	1

제4장 토지정보체계론 (논술)		
번호	문제	횟수
	자원관리에 대하여 설명하시오.	
50	지적 · 임야도 자료정비 사업의 문제점과 개선방안에 대하여 설명하시오.	1
51	지적정보화 발전을 위한 품질 표준화 적용 방안에 대하여 설명하시오.	4
52	지적정보의 품질 표준화 적용 방안에 대하여 설명하시오.	1
53	공간정보 표준의 개념, 필요성과 관리주체에 따른 분류에 대해 설명하시오.	1
54	공간정보 표준화 요소 및 국내외 표준관련 기구에 대하여 설명하시오.	1
55	ISO(International Standard Organization)/TC(Technical Committee) 211의 설립 목적과 국제표준의 제정 단계에 관하여 설명하시오.	1
56	공간정보 분야의 국제표준화 기구인 OGC(Open Geospatial Consortium)에 대하여 설명하시오.	1
57	메타데이터(Metadata)의 정의와 특성에 대하여 설명하시오.	1
58	지적도와 지형도 중첩작업에 필요한 요소와 과정을 설명하시오.	1
59	공간분석 기술인 중첩분석, 버퍼분석, 네트워크분석 을 각각 기술하고 네트워크 분석의 활용 및 응용에 관하여 설명하시오.	1
60	공간 분석의 유형 및 공간자료 변환 방법에 대하여 설명하시오.	1
61	현행 편집지적도 제작방식에 있어 Rubber Sheeting 방법으로 편집하는데 따른 문제점 설명하시오.	1
62	공간정보의 진화 과정을 1.0, 2.0, 3.0으로 구분하여 정의하고 공간정보 3.0의 특징과 장애요인 및 향후 발전적 구현 전략에 관하여 설명하시오.	1
63	우리나라 지적통계 구축을 위한 지적전산 처리와 지적통계의 종류에 대하여 설명하시오.	2
64	공간정보의 개체(Entity)와 객체(Object)에 대하여 비교 설명하시오.	1
65	공간정보통합관리를 위한 객체식별자(OID : Object Identifier)에 관하여 설명하시오.	1
66	데이터베이스에서 3단계 스키마(Schema)에 대해 설명하시오.	1
67	공간정보에 활용되는 데이터베이스관리시스템(DBMS)의 발전과정에 대하여 설명하시오.	1
68	파일처리방식과 DBMS(Data Base Management System) 방식에 의한 공간자료 관리 방법에 대하여 비교·설명하시오.	1
69	현재 대민서비스 중인 공간정보의 주요 오류내용과 그에 대한 개선방안에 대하여 설명하시오.	1
70	공간정보산업의 해외진출 방안에 대하여 설명하시오.	2
71	모바일을 이용한 지적시스템 구축방안에 대하여 설명하시오.	1
72	3차원지적(3D-Cada stre) 구축을 위한 실내측위(indoor positioning) 기술적용방안에 대하여 설명하시오.	1
73	지적정보체계의 특성과 발전 방향에 대하여 설명하시오.	1
74	시군구 지적행정시스템과 한국토지정보시스템의 통합방안을 설명하시오.	1
75	시군구 지적행정시스템에서 토지대장 정보의 논리오류 유형을 설명하고 정리 방안에 대하여 기술하시오.	1
76	토지를 근간으로 하는 GIS(지리), UIS(도시), LIS(토지) 정보체계를 비교 설명하시오.	1
77	필지중심토지정보시스템의 구축 방향과 기대효과에 대하여 기술하시오.	1
78	현재 사용중인 지적도면의 수치화 방안과 이를 활용하여 PBLIS 구축방안의 효과를 기술하시오.	1

제4장 토지정보체계론 (논술)		
번호	문제	횟수
79	PBLIS와 LMIS를 비교 설명하시오.	1
80	GIS와 PBLIS를 비교설명 하시오.	1
81	행정자치부가 추진한 PBLIS와 건교부가 추진한 NGIS 시스템을 비교하고 향후 통합방안 설명하시오.	1
82	PBLIS와 연관하여 향후 지적제도의 발전 방향에 대하여 기술하시오.	1
83	건설교통부 추진 정보화 사업중 지적도면 전산화와 관련한 사업과 이에 대한 문제점 설명하시오.	1
84	LMIS 구축과 KLIS 구축사업의 차이를 설명하시오.	1
85	필지중심토지정보시스템(PBLIS)에 구축된 낱장 지적도면의 접합 방안에 대하여 설명하시오.	1
86	필지중심토지정보시스템(PBLIS)과 토지관리정보체계(LIMS)가 연계통합된 한국토지정보시스템(KLIS)의 문제점을 업무처리측면과 시스템아키텍처(Architecture)측면을 포함하여 기술하고 이에 대해 설명하시오.	1
87	필지중심토지정보시스템(PBLIS)에 구축된 낱장 지적도면의 접합 방안에 대하여 설명하시오.	1
88	필지중심토지정보시스템, 한국토지정보시스템 및 부동산종합공부시스템에 대하여 비교 설명하시오.	1
89	KLIS를 활용한 지적정보 부가가치 창출 방안에 대하여 설명하시오.	1
90	KLIS의 구축을 위한 지적도면 전산파일과 수치지도의 연계활용 방안에 대하여 기술하시오.	1
91	한국토지정보시스템(KLIS)의 Sub-System에 대해 설명하시오.	1
92	KLIS 데이터베이스 구축을 위하여 지적도와 지형도의 중첩시 발생하는 문제점과 해결방안을 제시하시오.	1
93	한국토지정보시스템(KLIS)의 고도화를 위해 추진하고 있는 국토통합정보시스템의 추진 배경과 추진 방안에 대하여 설명하시오.	1
84	한국토지정보시스템의 구축과정을 설명하고 이 시스템의 문제점 및 개선 방안에 대하여 기술하시오.	1
95	한국토지정보시스템(KLIS)의 데이터 특성 및 구축현황에 대하여 기술하시오.	1
96	한국토지정보시스템(KLIS)에서 사용하고 있는 외국산 소프트웨어(S/W)의 종류 및 문제점을 도출하고 이를 국산화하는 방안 및 기대효과에 관하여 설명하시오.	1
97	필지중심토지정보시스템, 한국토지정보시스템 및 부동산종합공부시스템에 대하여 비교 설명하시오.	1
98	KLIS 중심의 U-지적(Ubiquitous) 구현을 위하여 필요한 IT기술을 업무에 적용하여 설명하시오.	1
99	지적정보화분야(KLIS)에서 채택하고 있는 GIS(LIS)툴(Tool)과 그 데이터베이스별 특성을 설명하시오.	1
100	부동산종합공부시스템의 운영현황과 문제점을 제시하고 개선방안에 대하여 설명하시오.	1
101	부동산종합공부의 등록관리 현황과 발전방안에 대하여 설명하시오.	1
102	부동산종합공부시스템에 구축된 부동산종합정보의 민간개방에 대하여 설명하시오.	1
103	부동산종합공부시스템 운영 S/W의 국산화 방안에 대하여 설명하시오.	1
104	부동산종합공부시스템의 구축과정 및 향후 발전방향에 대하여 설명하시오.	1

제4장 토지정보체계론 (논술)		
번호	문제	횟수
105	지적공부를 세계측지계로 변환하여 부동산종합공부시스템에 등록하는 절차를 도해지역과 경계점좌표등록부시행지역으로 구분하여 설명하시오.	1
106	차세대 부동산종합공부시스템 구축 방안에 대하여 설명하시오.	1
107	부동산종합공부시스템의 등록공부(18종) 유형 및 등록 효과에 대하여 설명하시오.	1
108	필지중심토지정보시스템, 한국토지정보시스템 및 부동산종합공부시스템에 대하여 비교 설명하시오.	1
109	블록체인(Block Chain) 기반의 지적공부 관리 방안에 대하여 설명하시오.	1
110	국토통합정보시스템에 관하여 설명하시오.	1
111	국가공간정보통합체계(國家空間情報統合體系, national spatial data integrated system)에 대하여 설명하시오.	1
112	국가공간정보통합체계 구축에서 공간정보 품질기준 및 진단범위에 대하여 설명하시오.	1
113	지형지물 전자식별자(UFID : Unique Feature Identifier)에 대하여 설명하시오.	1
114	국토정보센터의 발전방향과 건축물대장의 전산화에 대하여 설명하라.	1
115	국가공간정보센터의 구축 목적과 현황 및 활용 방안에 대하여 설명하시오.	1
116	국가공간정보센터에서 보유하고 있는 국가공간정보의 연계 현황과 문제점을 제시하고 개선 방안을 설명하시오.	1
117	3차원 국토공간정보의 제작 기준 및 구축 방법에 대하여 설명하시오.	1
118	국가공간정보 포털의 문제점 및 개선 방안에 대하여 설명하시오.	1
119	공간정보기반 정책지원 포털인 '공간정보Dream'의 주요내용과 활용 방안에 대하여 설명하시오.	1
120	LIS(Land Information System)와 GIS(Geographic Information System)의 개념차이를 설명하고 NGIS(National Geographic Information System)와의 관계를 논하시오.	1
121	국가지리정보체계(NGIS)에서 기본지리정보의 범위와 제2차 NGIS 기본계획에서 추진전략을 설명하시오.	1
122	제2차 공간정보산업진흥 기본계획(2016~2020)에 대하여 설명하시오.	1
123	제6차 국가공간정보정책 기본계획에 대하여 설명하시오.	1
124	NGIS 사업을 포함한 우리나라 국가공간정보 추진연혁에 대하여 설명하시오.	1
125	지형공간정보체계의 자료 기반(Database) 생성 과정에서 발생하는 오차의 종류에 대하여 설명하시오.	2
126	L.I.S와 GIS의 개념을 비교하여 설명하시오.	1
127	토지를 근간으로 하는 GIS(지리), UIS(도시), LIS(토지) 정보체계를 비교 설명하시오.	1
128	GIS와 PBLIS를 비교설명 하시오.	1
129	GIS, LIS 등에서 Base map으로 채택될 조건에 대하여 설명하시오.	1
130	GIS를 이용한 연속지적도 오류검증방안에 대하여 설명하시오.	1
131	GIS 기반 건물 통합정보 구축 방안에 대하여 설명하시오.	1
132	U(Ubiquitous)-지적의 개념과 주요 기능에 대해 설명하시오.	3
133	지적측량분야에 RFID도입과 그 활용 방안을 제시하시오.	1
134	사물인터넷(IoT)을 이용한 지적기준점 조사 방법에 대하여 설명하시오.	1

제4장 토지정보체계론 (논술)		
번호	문제	횟수
135	스마트워크 기반에서 지적기준점 전산관리의 발전모형에 대하여 설명하시오.	2
136	스마트워크 기반에서 전산화된 지적기준점의 활용 방안을 설명하시오.	1
137	디지털트윈 구축을 위한 입체지적 대상 시설과 필지획정 방안에 대하여 설명하시오.	1
138	디지털트윈, 드론길 등 3차원 공간정보의 입체 격자체계 구축에 대하여 설명하시오.	1
139	국가공간정보 디지털트윈 구축 및 활용체계 마련을 위한 방안에 대하여 설명하시오.	1
140	디지털 트윈과 지적행정의 연계방안에 대하여 설명하시오.	1
141	디지털트윈 3차원 공간정보를 활용한 지적행정서비스 적용방안에 대하여 설명하시오.	1
142	모바일(Mobile) 측량방법을 제시하고 지적측량에 활용 방안을 설명하시오.	1
143	모바일(Mobil), 클라우드(Cloud), SNS(Social Network Service)에 대한 개념 및 지적분야에 도입하는 방안과 활용 방안에 대하여 설명하시오.	1
144	MMS(Mobile Mapping System)를 활용한 지적재조사측량방법을 설명하고 개선방안을 제시하시오.	1
145	이동식지도제작체계(MMS : Mobile Mapping System)를 이용한 지적정보 구축방안에 대하여 설명하시오.	3
146	모바일(Mobil), 클라우드(Cloud), SNS(Social Network Service)에 대한 개념 및 지적분야에 도입하는 방안과 활용 방안에 대하여 설명하시오.	1
147	공간정보 오픈 플랫폼(브이월드)의 문제점과 개선방안에 대하여 설명하시오.	2
148	LADM(Land Administration Domain Model : 토지행정도메인모델)에 대하여 기술하시오.	1
149	토지행정도메인모델(LADM : Land Administration Domain Model) 도입에 따른 지적정보 표준화 방안에 대하여 설명하시오.	2
150	수치지도 제작과정과 개선방안에 대해서 설명하시오	1
151	수치지도 Ver1.0 과 Ver2.0을 비교하여 설명하시오.	1
152	부동산행정정보 일원화 방안에 대하여 설명하시오.	3
153	지적기반의 부동산 행정정보 활용방안에 대하여 설명하시오.	1
154	지적공간정보 융복합 처리를 위한 공간정보 기술변화에 대하여 설명하시오.	1
155	국토교통부에서 추진하고 있는 공간정보 융·복합방안의 실효성에 대하여 설명하시오.	1
156	공간정보 융·복합 산업의 활성화 방안에 대하여 설명하시오.	2
157	공간정보산업의 질적도약을 위한 측량-지적의 융합 방안에 대하여 설명하시오	1
158	디지털 지적제도 도입의 필요성과 도입방안에 대하여 설명하시오.	1
159	정보3.0에 따른 공간정보의 개방 공유 방안에 대하여 설명하시오.	1
160	국가에서 구축한 지적 및 수치지형도 정보 등을 활용하여 지적불부합지(정리) 대상지를 조사, 선정하기 위한 방안을 기술하시오.	1
161	도로, 철도, 하천 등 선형형태 사회기반시설(SOC, Social Overhead Capitial)의 지형도면 고시(구, 지적고시)의 문제점과 개선방안에 대해 설명하시오.	1
162	「토지이용규제 기본법」에 따른 지역·지구 지정 시 '지형도면(Topographic drawings) 고시'의 문제점과 개선방안에 대하여 설명하시오.	1

색인(INDEX)

■ 저자소개

최 한 영

조선대학교 토목공학 공학박사
국토개발 분야 지적기술사
토목 분야 측량 및 지형공간정보기술사

현) 더센에듀 평생교육원 강사
현) 대한측량기술 부사장
현) 한국산업인력관리공단 자문, 출제, 검토, 채점위원
현) 국토지리정보원 심사위원 및 평가위원
서울시립대학교 공간정보학과 겸임교수(전)
한국국토정보공사 국토정보교육원 교수(전)
한양사이버대학교 지적과 겸임교수(전)
국립목포대학교 지적과 겸임교수(전)
전주비전대학교 지적부동산학과 겸임교수(전)
한국지적정보학회 상임이사(전)
한국국토정보공사 FIG 추진기획단 근무(전)
서울특별시 지방지적위원회 위원(전)
용인시 지적재조사위원회(전)
의왕시지적재조사위원 및 경계결정위원(전)
서울특별시 관악구 지명위원(전)

저서 및 논문

지적원론(구미서관)-2012년 대한민국학술원 우수학술도서
지적측량원론(구미서관)
항공사진측량(구미서관)
제2판 지적공간정보론(구미서관)
지적특론(구미서관)
지적(산업)기사 필기(구미서관)
지적특론 시리즈(1-6권)
9급 공무원 기출 총정리 지적전산학개론(구미서관)
9급 공무원 기출 총정리 지적측량(구미서관)
3초 완성 지적(산업)기사(구미서관)
지적학 일반(구미서관)
핵심지적(구미서관)
지적공간정보론(도서출판 우리)
지적기술사(예문사), 지적특론 I , II(예문사)
기본지적측량(예문사), 지적실기해설(예문사)

(제3판) **지적공간정보론 I** - 지적학 (세트)**정가 80,000원**

저 자 : 최한영

발행인 : 임정대
발행처 : 도서출판 구미서관

발행 : 2021년 11월 30일 초판
2024년 5월 2일 제2판
2025년 11월 3일 제3판

등록 : 1979년 6월 29일 No.9-6호

주소 : 서울시 마포구 신촌로2길 5-15
전화 : 02-333-1101
팩스 : 02-335-2201
http://www.goomibook.com

ISBN 979-11-6257-330-3 (94530)
세트 ISBN 979-11-6257-329-7 (94530) 전2권

동영상 강의
더센에듀

제3판

지적공간정보론

지적기술사 수험서의 바이블

최한영 저

Ⅱ권 지적측량학

- 지적기술사
- 측량및지형공간정보기술사

도서출판
구미서관

CONTENTS

PART 02 지적측량학

목차

CONTENTS

Cadastral
GeoSpatial
Information

PART 02

지적측량학

제1장 측량 기초

제2장 오차론

제3장 지적측량

제4장 위성측량

제5장 항공사진측량

제6장 응용측량

Part 2

제1장 측량 기초

1.1. 개요

1.1.1. 측량의 정의

측량(Survey)이란 지구 표면 및 우주공간에 존재하는 제 점 간의 위치 관계와 그 특성을 해석하는 학문으로써 각 점의 절대적·상대적 위치 또는 지구의 형상을 결정하고 결정된 위치를 지상에 표시하는 것을 말한다. 또한, 측량은 절대적 위치의 결정과 상대적 위치를 결정할 수 있으며 이를 도면으로 출력할 수 있도록 도면이나 파일로 등록하여 이를 기초로 자연환경, 토지 행정 및 공사설계 자료로 활용하도록 하는 것이다. 따라서 측량은 실지를 측량하는 외업과 측정한 결과를 사용하여 계산 및 제도를 하는 내업으로 구분할 수 있다. 제 점의 위치를 결정하기 위해서는 그들 점 사이의 거리(Distance)·방향(Direction)·높이(Height)가 필요하며 이를 측량의 3요소라 한다.

1.1.2. 측량의 역사

① 측량은 이집트(Egypt)의 나일강 유역이 홍수의 범람으로 농경지의 피해가 심하여 이를 정리하기 위한 목적으로 토지를 측정한 것이 측량의 시초라 할 수 있다.

② 아리스토텔레스(Aristoteles, 384~322년 B.C)가 지구가 둥글다는 설을 주장하였다.

③ 파리의 천문대장이었던 피카르(Picard, 1620~1682년)는 네덜란드의 스넬리우스(Snellius, 1570~1626년)가 고안한 삼각측량법을 사용하여 위도 1°의 길이를 측정하였다.

④ 조선시대의 가장 대표적인 것은 고산자 김정호가 1834년에 제작한 청구도와 1861년에 제작한 대동여지도로 도로, 하천, 바다, 산, 산맥, 지명 등을 상세히 나타내고 있다.

⑤ 1894~1895년에는 판적국에 지적과를 설치하여 1 : 2,000,000의 우리나라 전도와 평판측량으로 1 : 50,000 지도를 제작하였다.

⑥ 1910년 탁지부에 토지조사국을 설치하고 1차로 7개년 계획으로 측량을 추진하였으며, 1910년 8월 조선총독부 임시토지조사국이 이 사업을 계승하여 토지조사사업을 시행하였다.

⑦ 1911년 8월~1916년 6월에는 13개소의 검기선을 설치하였으며, 청진, 원산, 목포, 진남포, 인천의 5개소에 험조장을 설치하였다.

⑧ 지적측량은 「토지측량규정」과 「임야측량규정」을 종합하여 「지적측량규정」(1954. 11. 12)으로 제정하고 그 이후 지적측량을 할 수 있는 자격과 지적측량사 자격시험 등을 규정한 지적측량사규정(1960. 12. 31)과 지적측량사시행규칙(1961.2.7)을 제정하여 전체적인 법 체계를 완전하게 정비하였다.

⑨ 지적법(1975년 12월 31일 법률 제2801호)이 전문개정 될 당시까지 큰 변화 없이 운용됐으나, 법률 체계가 오래되고 현실과 부합되지 아니하여 개정하게 되었다.

⑩ 1976년 5월 7일 지적법시행령을 제정하면서 종전의 지적측량규정과 지적측량사규정을 폐지함으로써 지적 법령을 체계화하게 되었다.

⑪ 2003년 12월 31일 개정된 지적법 제3조의 2에 "국가의 토지를 효율적으로 관리하기 위하여 지적재조사 사업을 시행할 수 있다."로 규정하여 국토를 새로이 조사하도록 하였다.

⑫ 2009년 6월 9일 제정된 측량·수로 및 지적에 관한 법률에서 세계측지계를 도입하여 지리학적 경위도와 높이를 표시하고, 지도 제작에 필요한 평면직각좌표와 높이, 극좌표와 높이, 지구 중심 직각좌표로 표시하고 있다.

⑬ 2015년 6월 3일 공간정보의 구축 및 관리 등에 관한 법률로 명칭을 변경하면서 측량 및 수로 조사의 기준 및 절차와 지적공부·부동산종합공부의 작성 및 관리 등에 관한 사항을 규정함으로써 국토의 효율적 관리와 해상교통의 안전 및 국민의 소유권 보호에 기여함을 목적으로 하는 내용으로 광범위하게 정리하였다.

1.1.3. 측량 지역의 규모에 의한 분류

출제(논) : 50, 71회

측량은 지표면 및 공간상의 위치를 결정하기 위해서는 측량할 지역의 규모에 의하여 지구의 곡률을 고려할지에 따라 구면과 평면으로 구분한다. 지표면 상 측정거리와 평면상의 투영 거리와의 차가 1/100만의 정확도에서 평면측량과 곡면측량으로 구분한다.

(1) 곡면측량

① 지구상의 지리적위치를 결정하는 측량에 도입하는 것이다.

② 광범위한 지역을 정밀하게 측량할 경우 지구의 곡률을 고려하는 정밀측량이다.

③ 국가의 측지망을 구성하기 위한 측지학적측량에 이용한다.

④ 지구의 표면을 곡면으로 간주하여 시행하는 측량이다.

⑤ 측량의 정밀도가 100만분의 1일 경우 반경 11km 이상 또는 면적이 약 400㎢ 이상인 지역에서 적용한다.

⑥ 정밀삼각측량, 고저측량, 삼변측량, 천문측량, 공간삼각측량 등에 이용한다.

(2) 평면측량

① 지구의 곡률과 형상을 고려하지 않고 실시한 측량이다.

② 지구 표면 상을 부분적인 평면으로 간주하여 실시하는 측량이다.

③ 국지측량 또는 소지측량이라고도 하며 지적측량에 이용한다.

④ 지표면 상에서 점의 위치를 결정하는 평면 삼각측량에서는 대상 지역이 적고 정밀도가 필요로 하지 아니한 경우에 실시한다.

⑤ 측량의 정밀도가 100만분의 1일 경우 반경 11km 이내 면적은 약 400㎢ 이내인 지역에 적용한다.

⑥ 일반적으로 지적도, 임야도 각종 계획 등의 도면작성을 위한 측량에 사용한다.

(3) 평면측량의 한계

출제(용) : 69회

① 평면측량과 측지측량의 한계는 지표면 상 측정거리와 평면상의 투영거리와의 차가 1/100만을 기준으로 할 때 〈그림 1-1〉과 같이 평면측량과 측지측량으로 구분하는 범위를 정리한다.

② 지표면 상 측정거리와 평면상의 투영거리와의 차가 1/100만 기준으로 지름이 22km 이내면 평면으로 보고 그 이상이면 곡면으로 구분한다.

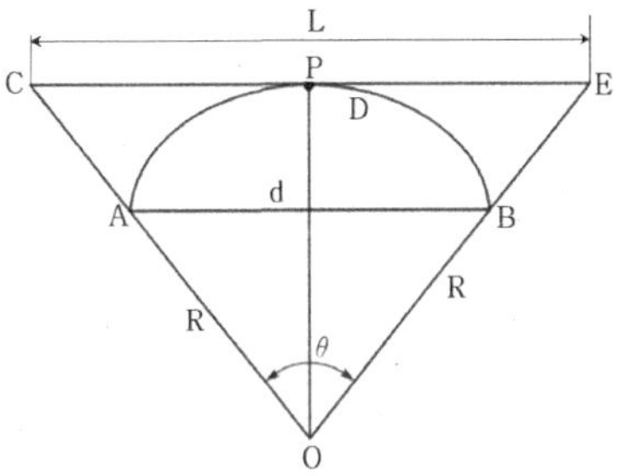

〈그림 1-1〉 평면측량의 한계

- $d = 2R \cdot \sin\frac{\theta}{2} = 2R(\frac{\theta}{2} - \frac{\theta^3}{48}) = R \cdot \theta(1 - \frac{\theta^2}{24})$
- $R \cdot \theta = D$에서 $\theta = \frac{D}{R}$이므로 $d = D(1 - \frac{D^2}{24R^2})$가 되며 $d - D = \frac{-D^3}{24R^2}$이다. 여기서, $\overline{CDP}(=L)$: 지평선, $\widehat{APB}(=D)$: 수평선, AB(=d) : 현장, R : 지구의 곡선반지름(6,370km), θ : 라디안이다.

③ △COP 및 △DOP에서 $CP = DP = 2R \cdot \sin\frac{\theta}{2}$은 $L = CP + PE = 2R \cdot \sin\frac{\theta}{2}$에서

$L = 2R(\frac{\theta}{2} + \frac{\theta^3}{24}) = R \cdot \theta(1 + \frac{\theta^2}{12}) = D(1 + \frac{S^2}{12R^2})$으로 거리오차는 $d - D = \frac{D^3}{12R^2}$이다.

④ 거리측정의 정도를 $\frac{1}{10^6}$까지 허용하면 $\frac{D^2}{12R^2} = \frac{1}{1,000,000}$에서 지구반경(R)=6,370km,

거리 허용오차는 $\frac{d-D}{D} = \frac{1}{10^6}$이므로 $D = \sqrt{\frac{12R^2}{1,000,000}} = \sqrt{\frac{12 \times 6,370^2}{1,000,000}} = 22.07$km이다.

⑤ 1/100만의 정확도일 경우 거리오차는 약 ±2cm로 반경이 11km 이내, 면적은 약 400km² 이내의 범위를 평면으로 볼 수 있다.

(4) 곡면측량과 평면측량의 적용

① 곡면측량

- 삼각점의 위도, 경도 및 높이를 구하여 지구상의 지리적위치를 결정하기 위한 측지삼각측량이다.
- 규모가 커서 지구의 곡률 및 기차의 영향을 고려하여 정확한 결과를 구하려는 측량이다.
- 장거리 수준측량의 중력, 지구곡률, 대기굴절 등을 고려하여야 한다.
- 수로 및 해양측량과 항로 등의 측량, 지각변동 관측에 적용한다.
- 천문측량 및 대규모 건설측량 등에 작용한다.

② 평면측량

- 평면삼각측량으로 지적 기준점측량에 적용되고 있다.
- 대부분의 지적측량과 트래버스 측량, 일반측량에 적용하고 있다.

1.2. 지구의 형상

지구의 형상은 크게 물리적 표면, 구, 타원체, 지오이드, 수학적 형상으로 + 나뉘며, 지구의 형상을 결정하는 측량의 대표적인 방법은 천문측량, 측지학적 측량, 중력측량 등에 의한다. 지구의 형상은 측량 및 측지학에서 다양한 의미로 생각할 수 있는데 주로 회전타원체와 지오이드의 형상을 결정하는 것을 말하며 구체적으로는 회전타원체의 크기와 형상 결정, 지오이드 기복 결정, 지오이드와 지형 면의 관계 결정 등으로 구분한다.

1.2.1. 물리적 표면

지구의 형상 중에서 지구의 전체 또는 일부분의 물리적인 지표면의 형상을 표시할 때 그 묘사 방법은 축척에 의한 도형 또는 수치 형식의 지형도로 나타낸다.

1.2.2. 구

① 그리스의 철학자 에라토스테네스는 B.C. 200년경 이집트의 알렉산드리아 도서관의 사서로 근무하던 중 〈그림 1-2〉에서 보는 것처럼 지구의 둘레를 측정하였다.

② 자오선 위에 놓여있는 두 점 사이의 거리와 지구 중심에서 이 점들을 잇는 두 개의 직선이 만드는 사잇각을 알면 구체의 둘레를 측정할 수 있다.

③ 지구의 둘레와 반경을 기하학적 이론에 근거하여 지구의 둘레를 계산하는 식은 $\frac{360^\circ \cdot S}{\alpha}$, 지구의 반경 $= \frac{360^\circ \cdot S}{2\pi\alpha}$ 와 같이 오늘날과 비슷한 값의 지구 제원으로 사용하고 있다. 여기서, S : 두 지점 사이의 거리, α : 두 지점이 지구 중심에서 만드는 사잇각을 말한다.

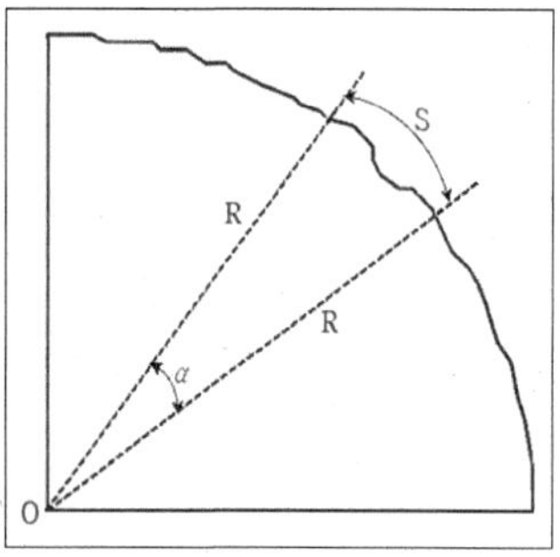

〈그림 1-2〉 지구 크기 측정

1.2.3. 지구타원체

출제(용) : 47회

지구타원체(Ellipsoid)는 지구를 표현하는 수학적 방법으로서 타원체면의 장축 또는 단축을 중심축으로 회전시켜 얻을 수 있는 모형이다. 최근에는 지구 전체의 질량 중심점을 기준으로 하는 하나의 타원체로 정의한 3차원 지구타원체인 GRS 80 타원체를 사용하고 있다. 우리나라는 베셀(Bessel) 타원체 값을 기준으로 하며 현재는 3차원 지구타원체로 GRS 80 타원체 값을 기준으로 하고 있다.

1.2.3.1. 타원체의 기원

① 피타고라스(Pythagoras; B.C. 540년)는 지구를 물체의 가장 완전한 형태인 구형이라고 주장하였다.

② 아리스토텔레스(Aristotles; B.C. 384~382년)는 월식 때 달 표면에 생긴 지구의 그림자 형태가 구형임을 확인하고 구형설을 주장하였다.

③ 지구가 구형인 것을 알고 지구의 크기를 최초로 측정한 사람은 고대 그리스의 지리학자이며 천문학자이고 수학자인 에라토스테네스(Eratosthenes, B.C. 275~194년)로 알려져 있다.

④ 에라토스테네스(Eratosthenes)는 하짓날 정오에 이집트의 시에네(Syene; 이집트 아스완)의 한 우물의 바닥에 태양의 상이 생김을 알고 이 지점으로부터 자오선을 따라 북쪽으로 약 920km 떨어진 Alexandria까지의 거리를 정밀 측정하였다.

⑤ 1672년 프랑스 천문학자 피가르(Picard)가 네덜란드에서 삼각측량법으로 지구 둘레를 계산하기 위해 자오선 길이를 측정하였다.

⑥ 힝기스(Huygens)는 뉴턴의 가정과는 달리 지구의 전 질량이 지구의 중심에 집중되어 있다는 가정하에 지구의 편평률(f) $= \frac{1}{578}$ 을 얻었다.

⑦ 영국의 뉴턴(Newton)은 지구는 타원체라는 이론적인 증거로 편평률(f) $= \frac{a-b}{a}$ 식으로 제시하였고, 지구의 편평률(f)은 약 $\frac{1}{230}$ 정도임을 계산으로 얻었다. (a : 장반경, b : 단반경)

1.2.3.2. 타원체의 종류

① 타원체의 종류에는 회전타원체, 지구타원체, 국제타원체, 준거타원체로 구분할 수 있다.

② 회전타원체(Rotation Ellipsoid)는 한 타원의 주축을 중심으로 회전하여 생기는 입체 타원체를 말한다.

③ 지구타원체(Earth Ellipsoid)는 부피와 모양이 실제 지구와 가장 가까운 회전타원체를 지구의 모형으로 규정한 타원체를 말한다.

④ 국제타원체(International Ellipsoid)는 국가마다 각각 다른 지구타원체를 사용함으로써 전 세계적으로 일관된 대지측량 값을 사용하기가 곤란하므로 국제측지학회 및 지구물리학연합총회(IUGG)에서 결정한 통일된 지구타원체 값을 사용하기 위하여 제정된 타원체를 말한다.

⑤ 준거타원체(Reference Ellipsoid)는 측량의 결과를 이용하여 넓은 지역의 지도를 제작할 때 기준이 되는 타원체로 지구타원체를 말한다.

⑥ 지심타원체는 최근 인공위성의 궤도 해석에 의한 전 지구적 규모의 상세한 지오이드면이 결정되면서 타원체를 지구의 질량중심에 고정하고 있는 타원체로 WGS 84 타원체, GRS 80 타원체가 있다.

1.2.3.3. 타원체의 특징

① 타원체는 기하학적이며 굴곡이 없는 매끈한 면으로 되어있다.

② 지구의 부피, 표면적, 반경, 표준중력, 삼각측량, 경위도 결정, 지도 제작의 기준으로 한다.

③ 지도투영을 위해 수학적으로 정의할 수 있는 아주 규칙적인 표면과 제원을 가진 지구의 모형이다.

④ 베셀(Bessel)과 클라크(Clark)는 실측에 의한 방법, 헬멧(Helmet)과 헤이포드(Hayford)는 중력 측정 방법으로 결정하였다.

⑤ 중력 측정값은 프랑스의 수학자이며 천체역학자인 클레로(Alexis Clairaut) 정리로 해석하여 결정할 수 있다.

⑥ 지도 제작에 필요한 투영계산, 기준점측량, 경위도 결정 등은 이 지구타원체를 기준으로 한다.

⑦ 타원체는 지오이드와 가장 근접되는 간편한 수식으로 나타낸 것으로 측지위치 계산에 중요한 근거가 된다.

⑧ 지구의 형태는 극을 연결하는 지름이 적도 방향의 지름보다 약 42.6km가 짧은 양극이 납작하고 적도 쪽이 볼록한 구에 가까운 회전타원체로 나타낼 수 있다.

1.2.3.4. 베셀 타원체의 측지원점(Geodetic Datum) 요소

출제(논) : 77, 110, 120회

① 적도반경(장반경) a : 6,377,397.15m, 극 반경(단반경) b : 6,356,079m

② 측량 원점에서의 지구곡률반지름$(R) = \frac{2a+b}{3}$

③ 평균곡률반경(Radius of Mean Curvature)$(R) = \sqrt{MN}$

- 종곡률반지름 : $(M) = \frac{a}{W}$
- 횡곡률반지름 : $(N) = \frac{a(1-e^2)}{W^3}$ 여기서, $W = \sqrt{1-e^2\sin^2\phi}$, ϕ : 측지위도이다.

④ 편평률$(f) = \frac{a-b}{a}$

⑤ 지구이심률$(e) = \frac{\sqrt{a^2-b^2}}{a}$

⑥ 선형이심률$(E) = \sqrt{a^2-b^2}$ 여기서, a : 타원체 장반경, b : 타원체 단반경이다.

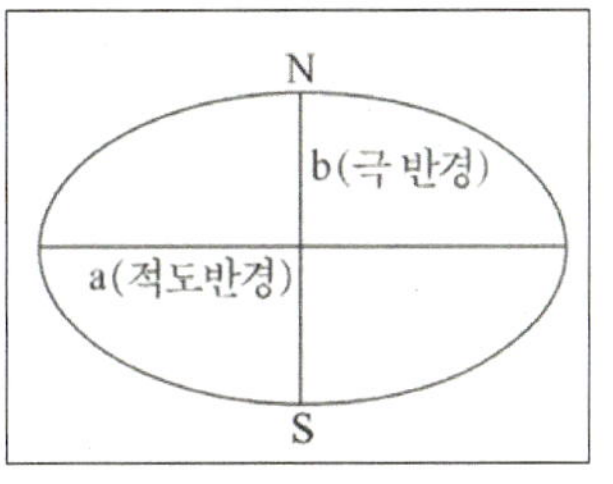

〈그림 1-3〉 준거타원체

1.2.3.5. 지구 편평률

출제(용) : 59회

① 지구 형태를 단축 위주로 회전하는 타원을 수학적으로 편평타원체의 형상이라 할 수 있다.

② 지구의 편평도는 타원체의 납작한 정도를 나타내는 측정값으로 타원체의 장반경을 a, 단반경을 b라고 하면 편평도 f=장반경과 단반경의 차이를 장반경으로 나눈 값이다.

③ 베셀 타원체의 편평률$(f) = \frac{a-b}{a} = \frac{(6,377,397.15-6,356,078.96)}{6,377,397.15} = \frac{1}{299.1528}$이다.

④ GRS 80 타원체의 편평률$(f) = \frac{(a-b)}{a} = \frac{(6,378,137-6,356,752)}{6,378,137} = \frac{1}{298.2572}$이다.

⑤ 타원체가 구와 얼마나 근사한지를 나타내는 척도인 편평률(f; Flattening)을 사용하면 a=b이므로 편평률 f=0가 되며 b=0이면 f=1로 평면이 된다.

1.2.3.6. 천문 및 측지측량에 의한 타원체의 결정

① 지구상 다수의 관측점에서 관측된 자료를 이용하여 적도반경과 편평률을 결정하고 지오이드 기복을 결정하여 전 측지계에 결합하여 지구타원체를 결정하였다.

② 자오선의 두 호장 ds_1, ds_2와 위도차 $d\phi_1$, $d\phi_2$를 알면 자오선 호장식으로부터 타원체의 적도반경 a와 편평률(f)를 결정할 수 있다.

- 자오선곡률반경$(Rm_1) = \dfrac{ds_1}{d\phi_1} = \dfrac{a(1-e^2)}{(1-e^2\sin^2\phi_1)^{\frac{3}{2}}}$
- 자오선곡률반경$(Rm_2) = \dfrac{ds_2}{d\phi_2} = \dfrac{a(1-e^2)}{(1-e^2\sin^2\phi_2)^{\frac{3}{2}}}$
- 이심률$(e^2) = \dfrac{\delta - 1}{\delta\sin^2\phi_1 - \sin^2\phi_2}$
- 편평률$(f) = \dfrac{a-b}{a} = 1 - \sqrt{(1-e^2)}$

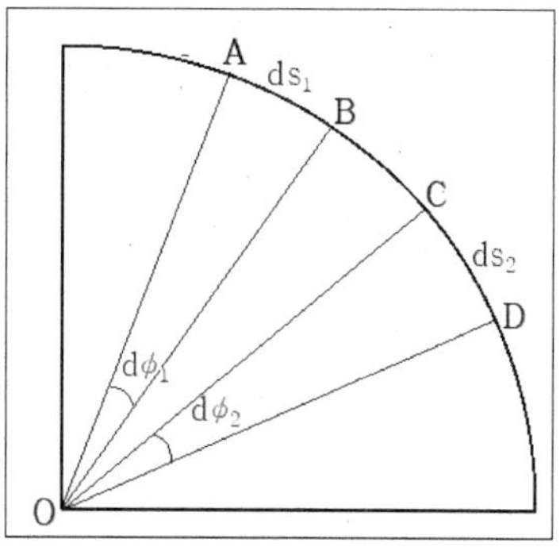

<그림 1-4> 타원체의 결정

1.2.3.7. 국가별 지구타원체

① 지구타원체의 종류와 기준은 국가마다 각각 다르게 사용되고 있다.

② 클라크(Clark)가 1886년에 발표한 타원체의 값은 미국·캐나다·필리핀 등에서 사용한다.

③ 우리나라는 독일의 측지학자 베셀(Bessel)이 1841년 발표한 값으로 1910년대 토지조사사업 당시 채택되어 현재까지 사용되고 있다.

④ Hayford 타원체의 값은 1924년 국제측지연합(IUG)이 추천한 타원체로 남미·영국·서유럽 등에서 사용한다.

⑤ 지구타원체의 장반경, 단반경, 편평률 및 사용 국가를 (표 1.1)과 같다.

(표 1.1) 국가별 지구타원체

측정자	연대	적도반경(a)	극 반경(b)	편평률($\frac{a-b}{a}$)	사용 지역
베셀(Bessel)	1841	6,377,397	6,356,079	1/299.15	칠레, 한국, 일본, 동남아, 독일
클라크(Clark)	1866	6,378,206	6,356,584	1/294.98	북미, 필리핀
〃	1880	6,378,249	6,356,515	1/293.47	프랑스, 아프리카
헤이포드(Hayford)	1924	6,378,388	6,356,912	1/297.00	남미, 서유럽
크라소후스키	1940	6,378,245	6,356,863	1/298.30	러시아, 동유럽
GRS−80		6,378,137	6,356,752	1/298.26	세계 공용
WGS−84		6,378,137	6,356,752.3	1/298.257	WGS−84에서 준용

1.2.3.8. GRS 80 타원체

출제(용) : 80, 93, 131회

① GRS80(Geodetic Reference System 1980)은 국제측지학협회(IAG; International Association of Geodesy) 및 국제측지학 및 지구물리학연합(IUGG; International Union of Geodesy and Geophysics)에서 1979년에 채택한 것이다.

② 지구의 형상, 중력 정수, 각속도 등과 지구의 물리학적인 정수 및 계산식으로부터 구해진다.

③ GRS 80은 타원체의 형상이나 축의 방향이 지구 중심을 원점으로 하는 타원체이다.

④ GRS 80 타원체에서는 지구를 단순한 기하학적인 타원체에 근사하지 않고 물리적 시점도 중시하여 지구타원체면을 등포텐셜면으로써 취급한 것이다.

⑤ 현재 지구와 가장 근사한 값의 타원체로서 널리 이용되고 있다.

⑥ 타원체 중심은 지구 질량중심과 일치하고, 그 단축은 지구자전축에 평행하다.

⑦ GRS 80 타원체는 지구에 가까운 회전타원체로 형상이나 크기 및 그 위치나 방향이 결정되어 있다.

⑧ 국제측지학회(IAG), 국제지구회전관측사업(IERS)에서 사용하는 타원체이다.

(표 1.2) 타원체의 비교

구분	베셀 타원체	GRS 80 타원체	차이
장반경	6377397.155m	6378137.00m	−739.84m
단반경	6356078.963m	6356752.31m	−673.35m

1.2.4. 지구의 기하학적 요소

① 소원은 지구 중심을 포함하는 임의의 평면과 지표면의 교선을 말한다.

② 지구의 자전축을 지축이라 하고, 지축과 지표면의 두 교점을 북극과 남극이라 한다.

③ 적도는 지축과 직교하여 지구의 중심을 지나는 평면과 지표면의 교선을 말한다.

1.2.4.1. 자오선

(1) 자오선

① 자오선은 양극을 지나는 대원의 남극과 북극 사이의 절반으로 중심각 180도의 대원호를 말한다.

② 자오선은 적도와 직교하여 무수히 많다.

③ 자오선은 본초자오선과의 각거리를 이루며 이를 경도라 한다.

(2) 자오선 곡률반경

① 지구의 축을 포함하는 평면이 지구 표면과 만나는 선을 자오선 또는 경선이라 하며, 이 자오선상에서 위도 1°의 길이는 적도 부근에서 극에 가까워질수록 길어진다.

② 지구는 완전 구체(Sphere)가 아니고 타원체이므로 자오선의 곡률반경이 다르게 된다.

③ 〈그림 1-5〉에서 점 P와 동일한 자오선상을 따라 ds만큼 떨어진 점 P'에서 각각 수직선을 내렸을 때 교점을 E라 하면 타원체면(ds)가 무한히 작게 될 때 선분 EP가 자오선 곡률반경이 된다.

④ ds가 작을 때에는 현과 호의 길이의 차는 무시할 수 있으므로

$ds = \sqrt{dz^2 + dx^2} = dz\sqrt{1 + (\frac{dx}{dz})^2}$ 에서 $\frac{dx}{dz} = -\tan\phi$로 $ds = dz\sqrt{1+\tan^2\phi} = \frac{dz}{\cos\phi}$

이다.

⑤ 자오선 곡률반경(M) $= \frac{ds}{d\theta} = \frac{ds}{d\phi} = \frac{1}{\cos\phi}\frac{dz}{d\phi}$ 에서

$\frac{dz}{d\phi}$을 계산하면 $\frac{dz}{d\phi} = \frac{a(1-e^2)\cos\phi}{\sqrt{(1-e^2\sin^2\phi)^3}}$ 이다.

⑥ 자오선 곡률반경은 위도 및 평면직각좌표의 종선(X)을 계산하는 데 주로 사용된다.

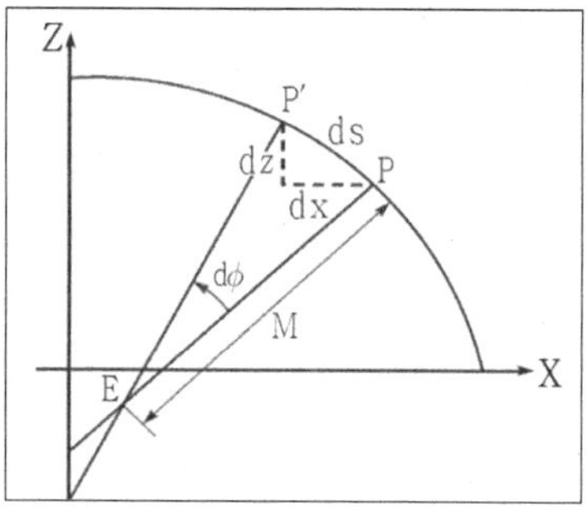

〈그림 1-5〉 자오선 곡률반경

1.2.4.2. 측지선과 항정선

(1) 측지선

출제(용) : 81회

① 측지선(Geodetic Line)은 〈그림 1-6〉과 같이 지표상 두 지점 간의 최단거리 선으로서 두 지점의 지심을 포함하는 평면과 지표면의 교선 즉, 두 지점을 지나는 대원의 일부이다.

② 타원체 상의 측지선은 수직선과는 달리 이중 곡률을 갖는 곡선이다.

③ 측지선은 두 개의 수직선 사이에 놓이면 두 점 간의 거리가 100km 이내는 무시한다.

④ 측지선을 양 끝으로 연장하면 시점과 약간 다른 위치로 되돌아온다.

⑤ 측지선은 수직선의 사잇각을 2 : 1의 비율로 나눈다.

⑥ 평면곡선과 측지선 길이의 차이, 종점에서 곡선 관측, 방위각 차이는 무시한다.

⑦ 측지선은 직접 관측할 수 없고 미분 기하학적 계산으로만 가능하다.

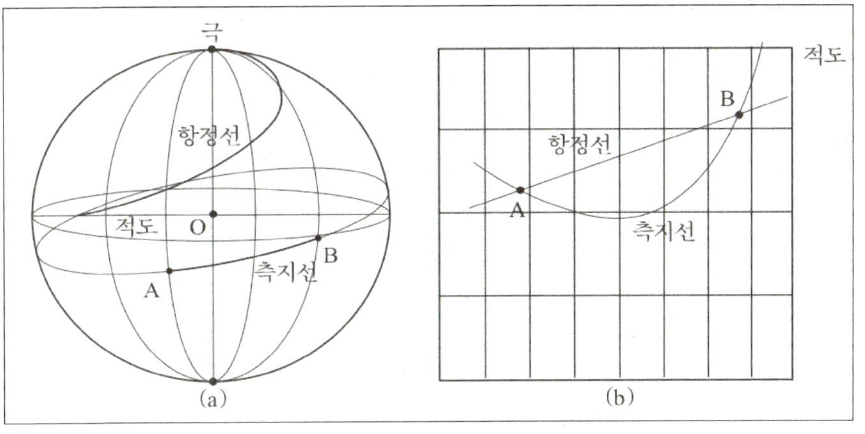

〈그림 1-6〉 측지선과 항정선

(2) 항정선

출제(용) : 90회

① 항정선은 〈그림 1−6〉과 같이 자오선과 항상 일정한 각도를 유지하는 지표의 선으로서 그 선내의 시작점에서 방위각이 일정한 곡선이다.

② 선박이 일정한 침으로 유지하면서 항행할 때 지구 표면에 그리는 항적(航跡)을 말한다.

③ 선박이 동, 서, 남, 북의 방향이 아닌 다른 일정한 방향으로 어느 자오선과도 같은 각을 유지하면서 항행을 계속하면 나선형의 곡선을 그리게 되어 점차 지구의 극에 가까워지게 된다.

④ 배가 나침반 항로를 일정하게 유지할 때의 항로 선이며, 극으로 향하는 나선(螺旋)이 된다.

⑤ 각각의 자오선들은 서로 평행이 아니고 적도에서 간격이 가장 넓으며, 극에 가까워질수록 점차 그 간격이 좁아지기 때문이다.

⑥ 자오선과 항상 일정한 각도를 유지하는 지표의 선으로 항정선 내의 방위각은 항상 일정한 곡선이다.

⑦ 일정한 침으로 유지해도 선박의 항적은 직선이 되지 않고 곡선으로 된다.

⑧ 지구상에서 출발 지점과 도착 지점의 두 점 사이를 선으로 맺고, 그 선상에서 직행할 수 있는 일정한 침으로 정하여 항행하는 것을 항정선 항법이라 한다.

⑨ 현재 사용하고 있는 대표적인 항정선 항법에는 평면항법, 중분위도 항법, 연침로 항법, 유조 항법으로 분류하고 있다.

⑩ 항공기나 선박이 각 자오선과 같은 각도로 교차하는 선이 되므로 항로를 결정하는 데 유용하다.

⑪ 항해용 해도로 많이 사용되며 메르카토르투영법에서는 자오선이 평행하므로 직선으로 표시된다.

⑫ 한 점에서 출발한 항정선은 극으로 갈수록 나선 모양으로 수평하게 된다.

⑬ 선박이 나침반의 침조를 이용하여 항행하는 것은 가장 간편한 방법이다.

1.2.4.3. 묘유선과 평행권

(1) 묘유선

① 한 점을 지나는 자오선과 정확하게 직교하는 선은 평행권이 아니라 묘유선으로 정의된다.

② 지표상 묘유선은 지구 타원체상 한점에 대한 묘유면과 지표면의 교선이다.

③ 한 점의 묘유면은 그 점의 법선을 포함하며 자오면과 직교하는 평면이다.

④ 타원체면상의 한점에서 임의 방향의 수직단면 곡률반경은 자오선 곡률반경과 묘유선 곡률반경의 함수로 표시된다.

⑤ $\phi = 0°$(적도)일 때 N=a가 되며, $\phi = 90°$일 때 N=M, 그 이외에는 N이 M보다 크며 묘유선곡률반경은 경도 및 평면직각좌표 횡선(Y)을 계산하는 데 주로 사용된다.

(2) 평행권

① 적도와 나란한 평면과 지표면의 교선을 평행권(등위도선, 위도원, 위선)이라 한다.

② 적도는 대원으로서 지구상 하나뿐이지만 평행권은 소원으로 무수히 많다.

③ 평행권은 위도와 같은 지점을 연결한 선이다.

④ 지축에 직교하는 평면이 지표면을 가르는 선으로, 적도에 평행한 작은 원이 된다.

⑤ 경선과 함께 지표의 위치를 정한다.

⑥ 위선은 적도에 나란한 평면과 지표면의 교선, 즉 위도가 같은 점을 이어서 만들어진 원을 말한다.

⑦ 지구본에 가상으로 선을 그어 위치를 좌표로 나타내는데 세로로 그은 선을 경선, 가로로 그은 선을 위선이라고 한다.

1.2.5. 지오이드

출제(용) : 59, 86회

지오이드는 정지된 평균해수면(Mean Sea Level)을 육지까지 연장하여 지구 전체를 둘러싸고 있다고 가상한 곡면을 말한다. 지오이드는 평균해수면에서의 중력과 똑같은 위치에너지를 가지는 가상의 면을 대양과 육지까지 연장한 지구의 모형으로 수학적 계산으로 구할 수 없고, 지구의 물리적 특성인 중력을 직간접으로 측정함으로써 만들 수 있다.

1.2.5.1. 지오이드의 특징

① 지오이드면은 평균해수면과 일치하는 등포텐셜면으로 일종의 수면이다.

② 지오이드는 어느 점에서나 지표면을 통과하는 연직선은 중력의 방향에 수직인 면이다.

③ 지오이드는 지구의 물리적 특성을 따른 모형이어서 실제 지구의 모양과 거의 일치한다.

④ 지오이드면은 대륙에서는 지오이드면 위에 있는 지각의 인력 때문에 지구타원체보다 높으며, 해양에서는 지구타원체보다 낮다.

⑤ 물리적 지표면보다는 기복의 고저가 적고, 지구 내부의 밀도가 국지적으로 변화함에 따라 그 지역의 중력도 변화하므로 지오이드면은 불규칙한 모습을 하고 있다.

⑥ 지오이드는 물리학적인 면이며 굴곡이 있고 수준측량의 기준이 된다.

⑦ 지오이드면은 높이가 0m이므로 위치에너지(E=mgh)가 0이다.

⑧ 고저측량은 지오이드면의 표고를 "0(Zero)"으로 하여 측량한다.

1.2.5.2. 지오이드 결정방법

출제(논) : 111, 114, 122회

지오이드 결정방법은 중력관측에 의한 방법과 GNSS Leveling에 의한 방법, 정밀중력장 모델을 이용하는 방법, 천문측량과 측지측량의 경위도 차를 이용하는 방법으로 구분할 수 있다.

(1) 중력관측방법

① 평균해수면에서의 중력과 같은 위치에너지를 가진 가상의 면을 대양과 육지까지 연장한 지구의 모형으로 지구의 물리적 특성인 중력을 측정하여 결정할 수 있다.

② 지오이드 결정을 위한 중력관측은 고도가 높은 장소에서 실시한다.

③ 여러 지점에 중력계를 설치하여 지구의 중력장을 측정한다.

④ 측정하여 취득한 중력 데이터를 이용하여 지구의 밀도 분포를 계산하고, 이를 이용하여 지구의 지오이드를 결정하는 방법이다.

(2) GNSS Leveling에 의한 방법

① 최근에는 지오이드의 결정에서 GNSS 위성 자료를 이용하는 방법이 많이 활용되고 있다.

② GNSS(Global Navigation Satellite System) 레벨링은 GNSS 기반의 높이 측정 기술이다.

③ 제어점과 기지국을 이용하여 지표면으로부터 측정 지점까지의 높이 차이를 측정한다.

④ 평균해수면 기반 높이인 수준점과 경위도원점으로부터 각 점의 지반고와 타원체고를 측정하여, 측정 지점의 지오이드고를 계산하는 방법이다.

(3) 정밀중력장 모델을 이용하는 방법(EGM 08, XGM 2016)

① 지구의 중력장을 모델링하기 위해서는 다양한 방법과 모델(EGM96, EGM2008, GGM05 등)이 사용될 수 있다.

② 하여 지구타원체의 결정은 중력장 모델을 이용하며, 기준타원체는 지구의 평균적인 모양을 사용한다.

③ 기준타원체과 지표면 사이의 차이를 나타내는 지오이드 고를 계산하여 결정하는 방법이다.

(4) 천문측량과 측지측량을 이용하는 방법

① 지오이드의 형상은 한 지점의 천문경위도와 경위도를 관측하여 연직선 편차를 계산하고 지오이드의 기복을 결정할 수 있는 천문측량 자료와 중력자료를 이용하는 방법이 있다.

② 천문측량과 측지측량을 통해 경위도의 차를 측정한다.

③ 측정한 거리에 적분하여 지오이드의 기복을 결정하는 방법이다.

④ 지구의 중력장에 의한 높이 차이와 지구의 곡률에 의한 높이 차이를 고려하여 적분으로 계산하여 결정하는 방법이다.

1.2.5.3. 지오이드의 활용

① 수준측량으로 지표상 관측하고자 하는 점의 높이를 측정할 때 이용된다.

② 중력의 크기와 방향은 장소에 따라 조금씩 다르므로 일반적으로 완만한 굴곡을 갖게 된다.

③ 지오이드면은 해발고도를 결정하는 기준면이 된다.

④ 높이의 기준이 되고 수심 측정, 지하 물질의 분포 조사 등에 이용된다.

⑤ 육상, 해상의 높이 일원화로 안전성 및 재해대비 자료 구축에 활용한다.

⑥ 지구물리학 및 지하자원 탐사에 활용한다.

⑦ 특정 지역의 최적 지심타원체 결정 및 GNSS 정밀 높이 측량의 자료 구축에 활용한다.

⑧ 허용오차 이내의 건설공사 구조물의 높이 측량을 수행한다.

1.2.5.4. 국가지오이드모델(KN Geoid)

국가지오이드모델(KNGeoid)은 2008년부터 2017년까지 통합기준점, 수준점, 삼각점 및 위성기준점에서 획득된 육상중력자료와 2009년부터 2010년까지 획득된 항공중력자료, 국립해양조사원 선상중력자료 및 DTU10 위성고도계 자료가 포함되어 있다. 지오이드는 한 나라의 수직위치의 기준이며, 중력 분포를 나타내는 것으로 지하자원 탐사, 해수면 변화, 인공위성 궤도 결정 등 공학적, 과학적 연구에서 널리 활용된다.

(1) 필요성

① 항만 및 연안 개발 등의 측량 시 높이값 결정의 통일성 유지

② 측량 분야의 정확한 높이 자료 제공

③ GNSS 높이 측량의 정확도 확보와 수준측량의 효율화 증대

④ GNSS 부착장비(드론, 항공측량, 수심 측량 등)의 효율성 증대

⑤ 환경과 기상의 영향에 따른 재해, 재난 예방 대책 수립에 필요한 자료 제공

(2) 국가지오이드모델(KN Geoid 13)

① 국가지오이드모델(KN Geoid 13)은 국토지리정보원이 기준점측량 성과를 이용하여 새롭게 개발한 지오이드 모델이다.

② 지오이드모델의 정밀도는 기존의 8cm에서 3.6cm로 개선한 모델이다.

③ KN Geoid 13을 이용하면 GNSS를 이용한 높이측량 정확도가 기존의 수준측량보다 향상된다.

④ 정밀도는 평균 3.6cm이며, 최대 20cm 이내이다.

(3) 국가지오이드모델(KN Geoid 14)

① 국토지리정보원에서 개발한 육상과 해상을 아우르는 고정밀 합성 지오이드모델을 말한다.

② 2008년 이후 통합기준점, 수준점, 삼각점, 위성기준점에서 측정한 중력자료와 항공중력자료, 선상중력자료, DTU10 위성고도계 자료, EGM 2008범지구중력장 모델, 5m 해상도의 지형자료를 기반으로 구축되었다.

③ 육상과 제주를 포함하는 해상 부분에서의 정확도는 약 ±3cm이다.

④ 2014년 개발된 KNGeoid14 모델은 약 3cm, 2017년 개발된 KNGeoid18 모델은 약 2.3cm의 신뢰도를 갖는다.

(4) 국가지오이드모델(KN Geoid 18)

출제(용) : 120회

① 중력 등퍼텐셜면이 일정한 평균해수면을 육지까지 연장해 지오이드와 타원체고 사이를 연속적으로 구축한 모델로 기존의 KN Geoid 14의 높이 정확도를 개선하여 다양한 분야에 활용토록 국토지리정보원에서 개발한 국가 지오이드모델이다.

② KN Geoid 18의 기반 자료

- 지구중력장 탐사위성(GOCE)의 위성 중력자료 포함 XGM 2016 중력장 모델
- 항공, 해상, 중력 관측자료
- 산악지 삼각점, 2차 통합기준점 중력관측자료
- 북한 및 접경지역 EGM 08 중력자료
- 국토지리정보원에서 고시한 최신 DEM 자료, 북한 및 일본은 SRTM 지형자료
- 1, 2차 GNSS Leveling 관측자료

③ 구성 내용

- 제공 범위 위도 33~39°, 경도 124~131° 독도 포함한 한반도 전역
- 정밀도는 100~400m이면 2.15cm, 400m 이상은 2.68cm
- 평균적으로 2.33cm의 정밀도 확보

④ KNGeoid 18 활용

- 육상, 해상 연결구조물 시공의 단일 높이 기준면 제공
- 홍수, 쓰나미, 해일 등, 재해, 재난 예측 및 복구 기준면 일원화
- 지구물리학 및 지하자원 탐사 활용
- 항공기, 선박 운항에 통일된 높이 제공으로 안전성 확보
- 허용오차 이내의 건설공사 구조물의 높이 측량 수행
- 현장 캘리브레이션 수행 없이 건설공사 높이 측량으로 효율성 증대

(5) 국가지오이드모델(KN Geoid 24)

출제(용) : 137회

국가지오이드모델(KN Geoid 24)은 지면 높이를 측정하는 기준 중 하나인 지오이드의 국내 모델의 장단점을 고려한 정밀도를 높인 지오이드모델이다. 기존 KN Geoid 모델보다 정확도와 범용성이 향상되어 GNSS 측량 정확도를 높이는 데 중요한 역할을 한다.

① KN Geoid 24의 특징

- GNSS 높이 측량의 정밀도를 높이는 데 도움을 주었다.
- 국토지리정보원 국토정보플랫폼(map.ngii.go.kr)에서 무료로 이용할 수 있다.
- 모델 구축의 주요 기반 자료인 통합기준점, 수준점을 전국적으로 정밀한 높이값으로 변경하였다.
- 평균 정밀도는 전국 : 2.30cm, 평지(도심지 등):2.03cm이다.
- 공공측량 규정에서는 3급, 4급 공공수준측량의 높이 정밀도는 각각 3cm, 5cm 이내이다.

② KN Geoid 24의 구성 내용

- 적용 범위는 한반도 전역(위도 33°~39°, 경도 124°~132°)
- 격자 간격은 0.01°×0.01°(약 1km 간격)
- 정확도는 ±2~3cm의 지오이드고 정확도
- 해상도 0.01636도(약 1.8km)
- 기준 좌표계는 KGD 2002
- 기준 수위는 평균해수면(Mean Sea Level, MSL)

③ 활용

- 3급, 4급 공공 삼각점 및 지형, 노선, 하천 및 연안, 지하시설물 등에 GNSS 높이 측량에 활용
- 높이 측량에서 레벨을 이용 측량과 GNSS 측량에 활용
- 수자원 개발, 도로공사, 철도 설계 및 공사, 댐 및 터널의 설계 및 공사에 활용
- 3급, 4급 공공수준측량 및 토공량 계산에 활용 가능

1.2.5.5. 지오이드고

출제(용) : 63회

(1) 지오이드고 계산

① 지오이드고(Geoid Height)는 타원체면을 기준으로 하여 지오이드까지의 높이를 말한다.

② 계산된 미지점의 위도, 경도와 합성 지오이드모델을 이용하여 지오이드고를 계산할 수 있다.

③ 국가기준점(통합기준점, 수준점)에서 네트워크 RTK 측량을 통해 타원체고를 산출하고 수준점 표고를 빼서 지역 지오이드고를 결정할 수 있다.

④ 네트워크 RTK 성과로 결정된 위치에서 합성 지오이드모델 기반 지오이드고 계산

⑤ 네트워크 RTK 성과로 결정된 타원체고와 고시된 표고의 차이로 지역 지오이드고 계산

⑥ 〈그림 1－7〉에서 지오이드고(Gh)＝타원체고(H)－표고(h) 와 같이 계산한다.

(2) 지오이드고의 활용

① GNSS 측량을 통해 타원체를 기반으로 한 타원체고를 계산하고, 구축된 정밀한 지오이드모델로부터 계산된 지오이드고를 감하여 표고를 결정한다.

② 미지점의 보정타원체고와 지오이드고를 빼서 표고를 결정한다.

③ 보정타원체고는 GRS80 타원체를 기준으로 한 기지점의 측지좌표성과(위도, 경도)와 합성 지오이드모델을 이용하여 계산된 지오이드고에 표고를 더하여 계산할 수 있다.

④ 최신의 합성 지오이드 모델을 기반으로 한 지오이드고를 빼서 표고를 결정하는 방법이다.

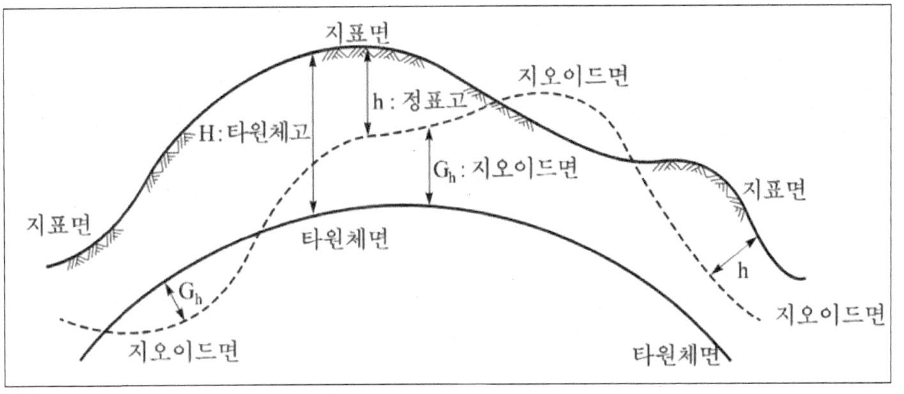

〈그림 1-7〉 지오이드고, 타원체고, 정표고

(3) 타원체고

① 〈그림 1-7〉의 타원체면에서 물리적 지표면까지의 차이를 타원체고라고 한다.

② 타원체고(H) = 표고(h) + 지오이드고(Gh)와 같이 계산한다.

(4) 표고

① 표고는 〈그림 1-7〉과 같이 지오이드면과 물리적 지표면의 차이를 나타내는 것이다.

② 미지점에 대한 표고는 보정타원체고에 지오이드고를 감하여 계산한다.

③ 표고(h) = 타원체고(H) − 지오이드고(Gh) 와 같이 계산한다.

④ 역표고는 하나의 등포텐셜면 상의 여러 점에는 같은 값을 주는 것이 좋으며, 어떤 기준을 중심으로 높이에 해당하는 값을 고려해야 한다.

1.2.5.6. 등포텐셜면

출제(용) : 101회

① 등포텐셜면(Equipotential Surface)이란 위치에너지가 같은 면을 연결한 것으로 서로 교차하거나 끊어지지 않으며, 갑자기 커지거나 작아지는 등 급격한 변화가 없이 부드럽게 연결된다.

② 등포텐셜면은 일반적으로 정지하고 있는 수면은 어느 곳에서나 중력의 방향에 수직을 이루고 있다.

③ 지오이드는 지구의 평균해수면에 일치하는 등포텐셜면이라고 정의할 수 있다.

④ 실제 물리적인 지구는 기복이 심하므로 높이를 결정하기 위해서는 실제 지구와 가장 유사한 가상의 면을 결정 및 이용한다.

⑤ 지구 내부의 밀도 변화 등으로 인해 당기는 힘이 달라지므로 중력이 큰 지역에서 등포텐셜면의 간격이 더 좁게 나타난다.

⑥ 등포텐셜면의 특징

- 에너지가 같다고 해서 등포텐셜면이 평행한 것은 아니다.
- 중력포텐셜이 일정한 값을 갖는 면을 등포텐셜면이라 한다.
- 지구의 형상이 가장 가까운 등포텐셜면이 지오이드다.
- 지오이드로서 높이가 같은 점이 등포텐셜면이고 또한 수준면이라 하며, 이 수준면을 확장하면 지구의 형을 구할 수 있다.
- 등포텐셜면은 중력이 큰 극에서 조밀하고 적도에서는 넓다.
- 등포텐셜면이 평행하지 않으면 고저측량으로는 물리적 의미가 없고 중력측량이 수반되어야 한다.

1.2.5.7. 의사지오이드

출제(용) : 122회

① 지오이드는 매우 정밀한 위치결정이나 측지학적인 문제를 다룰 때는 중력장에 의한 지표면을 수학적으로 표시하는 텔루로이드, 의사지오이드의 지표면으로 구분된다.

② 텔루로이드(Telluroid)는 〈그림 1-8〉과 같이 지구의 근사적인 물리적 표면으로 고안된 것인데 기준타원체의 높이를 가진 표면으로 정의된다.

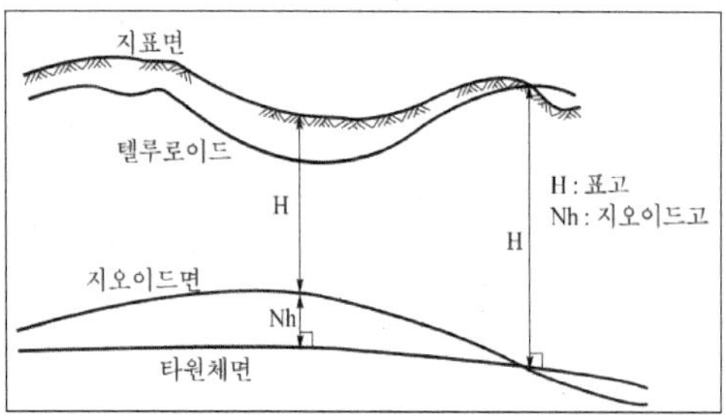

〈그림 1-8〉 텔루로이드

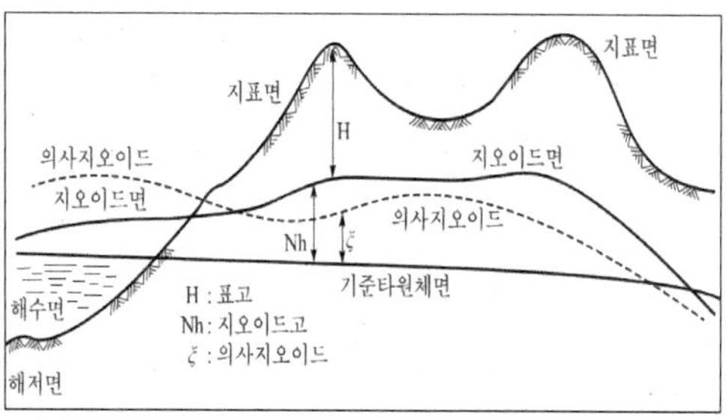

〈그림 1-9〉 의사 지오이드

③ 의사지오이드(Quasi geoid)의 특징

- 의사지오이드고는 〈그림 1-9〉와 같이 지오이드와 밀접한 관련이 있다.
- 지오이드를 계산할 때 지각의 지오이드와 밀접한 관련이 있는 것은 의사지오이드이다.
- 지오이드를 계산할 때 지각의 질량 분포를 가정하게 되는데 이런 가정을 하지 않고 유도된 지오이드를 말한다.

1.2.6. 연직선편차

출제(용) : 74, 89회

연직선편차(Deflection of the vertical)는 지구상 어느 한 점에서 타원체의 법선과 지오이드 법선은 일치하지 않게 되며 두 법선의 차를 말한다. 연직선편차는 준거타원체 표면에 세운 수직선과 지오이드면에 세운 연직선과의 교차각으로 그 점의 천문경위도와 측지경위도에 의하여 계산되는 남북 성분과 동서 성분으로 정의되고 있다.

1.2.6.1. 연직선편차의 특징

① 연직선편차가 최소가 될 때 가장 이상적인 지구타원체가 된다.

② 연직선편차는 지하의 구조가 복잡한 지방에서는 복잡하게 분포되므로 지하구조를 탐색하는 데 필요하다.

③ 연직선편차는 채택한 타원체의 모양, 크기 또는 타원체의 지구와의 접합 상태, 지구의 내부구조를 반영한 지오이드의 요철(凹凸) 등에 의해서 발생한다.

④ 연직선은 중력 방향이어서 물리적으로 결정되며, 지구 내부 물질의 밀도 분포의 영향을 받는다.

⑤ 타원체의 법선은 단지 기하학적으로 결정되므로 그 차이가 실제로는 다양하다.

⑥ 〈그림 1-10〉과 같이 삼각점에서 연직선 편차를 관측하면 그 점에서 지오이드면과 준거타원체의 경사를 알 수 있어 기복 결정이 가능하다.

⑦ 연직선편차는 경위도 좌표에서 사용하는 위도 값의 차이이다.

⑧ 연직선과 수직선(법선)은 지구타원체와 지오이드의 차이로 인해 일치하지 않는다.

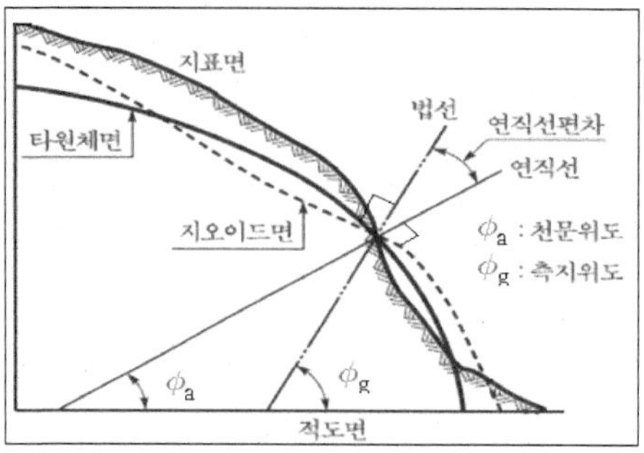

〈그림 1-10〉 연직선편차

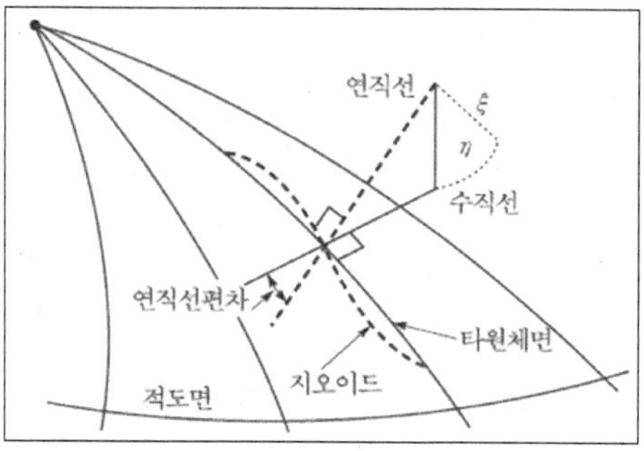

〈그림 1-11〉 연직선편차 성분

1.2.6.2. 연직선편차의 계산

연직선편차는 〈그림 1-11〉과 같이 남북(자오선) 성분과 동서(위선) 성분으로 구분할 수 있으며 계산식은 아래와 같다.

(1) 천문측량을 이용한 계산

① 남북 성분$(\xi) = \phi' - \phi$

② 남북 성분$(\eta) = (\lambda' - \lambda)\cos\phi$ 여기서, η : 동서(위선) 성분, ξ : 남북(자오선) 성분, λ : 측지경도, ϕ : 측지위도, λ' : 천문경도, ϕ' : 천문위도이다.

(2) 지오이드모델을 이용한 계산

① 연직선편차를 구하려는 점을 중심으로 하여 주변에 있는 점을 선정하여 방위각과 거리를 구하고 지오이드모델을 이용하여 각 지점의 지오이드고를 구한다.

② 연직선편차는 다음과 같이 지오이드고와 기선장 간의 관계로 표시된다.

- 연직선편차$(\varepsilon) = \tan^{-1}(\frac{\text{Gh}}{\text{D}})$ 여기서, ΔGh : 지오이드고, D : 기선장이다.

(3) GNSS/Leveling에 의한 계산

① 연직선편차를 구하려는 점과 그 주변 점들에 대해 GNSS/Leveling을 수행하여 지오이드고를 구한 후 GNSS 측위에 의한 방위각 및 거리를 이용해 연직선편차 성분을 구하는 방법이다.

② GNSS/Leveling에 의하여 두 점 간의 지오이드고를 구한다.

③ 연직선편차를 구하려는 점과 주위 점의 지오이드고의 차를 구하여 두 점 간의 거리로 나눈 값이다.

- 연직선편차$(\varepsilon) = \dfrac{\Delta H - \Delta h}{\Delta D} = \dfrac{\Delta N}{\Delta D}$ 여기서, ΔH : 두 지점의 정표고 변화량, Δh : 두 지점의 타원체고 변화량, ΔN : 두 지점 간의 지오이드고 변화량, ΔD : 두 지점 간의 거리 변화량이다.

1.2.6.3. 우리나라 연직선편차 분포

① 연직선편차의 분포는 〈그림 1-12〉와 같이 1910년대 우리나라 측지 성과는 세계측지계의 값과 비교하여 그 계통적으로 어긋남을 보정하기 위한 보정량은 다음과 같다.

- 위도 방향의 보정량은 약 240m(−10.01") 정도의 평균값
- 경도의 보정량은 약 350m(+11.25") 정도의 평균값

② 태백산맥을 경계로 서쪽이 최대 편차가 발생하며 북서쪽 약 420m 차이가 발생하고 있다.

③ 계통적인 문제점은 1910년대 우리나라 성과가 일본의 동경 원점을 출발점으로 시행된 측지측량 성과에서 비롯된 것이다.

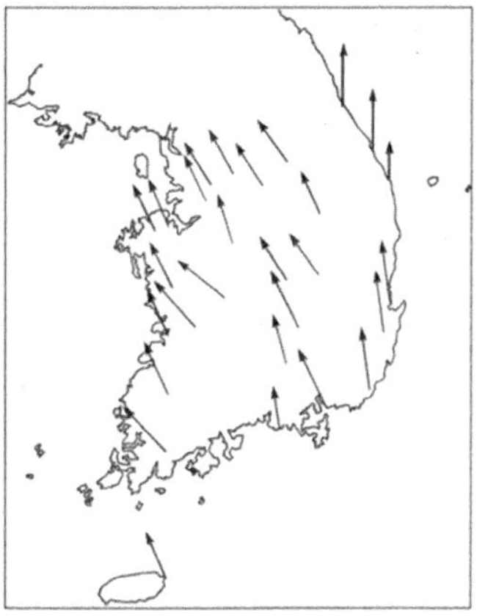

〈그림 1-12〉 연직선편차 분포

1.2.7. 국제지구자전국(IERS)

① 국제지구자전국(IERS; International Earth Rotation Service)은 지구 회전축을 결정하고 관리하는 기구이다.

② 지구의 회전과 관련된 세차, 장동, 극운동 및 시간의 변화를 결정하는 기관이다.

③ 1988년 국제극지운동서비스(IPMS; International Polar Motion Services)와 국제시보국(BIH)의 회전축 업무가 합해져 탄생된 기구이다.

④ VLBI, GPS, SLR 등에 의한 측지의 분석 업무와 지구 운동에 관한 정보를 제공한다.

⑤ 국제천구기준계(ICRF)나 국제지구기준좌표계(ITRF)의 설정과 개선 및 유지 관리를 담당하고 있다.

⑥ 지구물리학연합(IUGG : International Union of Geodesy and Geophysics) 및 국제측지학 연합(IAG : International Association of Geodesy)이다.

⑦ 현재 국제적으로 사용되는 본초자오선은 국제지구회전기준체계(International Earth Rotation and Reference Systems Service, IERS)가 정한 IERS 기준 자오선이다.

⑧ IERS 자오선은 미국국방부가 운용하는 GPS(Global Positioning System)와 국제지구좌표계(International Terrestrial Reference System, ITRS)의 기준이 되는 자오선이다.

⑨ 현재 IERS 기준 자오선은 그리니치 자오선에서 동쪽으로 5.31초(거리로는 102.5m) 만큼 떨어져 있다.

1.3. 지도투영법

투영(Projection)은 일반적으로 지도투영(地圖投影)이라고 하며, 어떠한 지점의 지상 위치와 도상 위치의 관계를 규정하는 방법이나 체계를 말한다. 1568년 네덜란드의 지리학자이며 수학자, 지도 제작자인 메르카토르(Gerardus Mercator)가 처음으로 원통 투영의 일종인 메르카토르투영법을 고안함으로써 지도투영의 역사가 시작되었다.

1.3.1. 투영에 따른 왜곡

① 지도에서 경선과 위선이 직선으로 항상 직교하는 지도와 경위선이 곡선으로 된 지도에서 한반도의 형태와 크기를 비교해 보면 서로 일치하지 않음을 알 수 있다.

② 두 장의 지도에 나타난 한반도의 형태는 모두 실제의 한반도와 모양과 크기, 면적이 모두 다르다.

③ 한 장의 지도에 상사투영법이나 등적투영법 혹은 등거리투영법 중 한 가지를 적용한다고 하더라도 아시아 대륙이나 한반도 전체를 나타내는 넓은 지역의 지도는 형태, 거리, 면적의 어느 한 가지도 사실과 똑같이 유지하기는 불가능하다.

④ 투영법을 적용하여 제작한 지도라도 축척과 면적, 거리가 달라지는 현상을 피할 수 없다.

⑤ 왜곡 현상은 구면 위의 형상을 평면으로 옮김에 따라 일어나는 불가피한 것이다.

⑥ 만약 1/1억의 축척 비율로 지구타원체와 닮은꼴인 지구의를 만들어 지구의(地球儀)의 어디에서라도 측정한 거리에 1억이란 숫자를 곱한다면 실제 거리와 비슷한 숫자를 얻을 수 있다.

⑦ 등거리투영법을 적용하여 1/1억 축척으로 제작한 세계 전도에서 미국 뉴욕에서 서울까지 거리를 측정하여 축척 분모를 곱한 숫자는 실제 거리와 엄청난 차이를 보여준다.

⑧ 투영법의 종류를 막론하고 일단 투영이 된 평면지도에서 측정한 각과 면적, 거리의 신뢰도는 대축척, 소면적으로 갈수록 높아지고, 소축척, 광대 면적일수록 낮아진다는 사실을 대변해 주며 〈그림 1-13〉은 투영에 따른 왜곡 현상을 종류별로 보여준다.

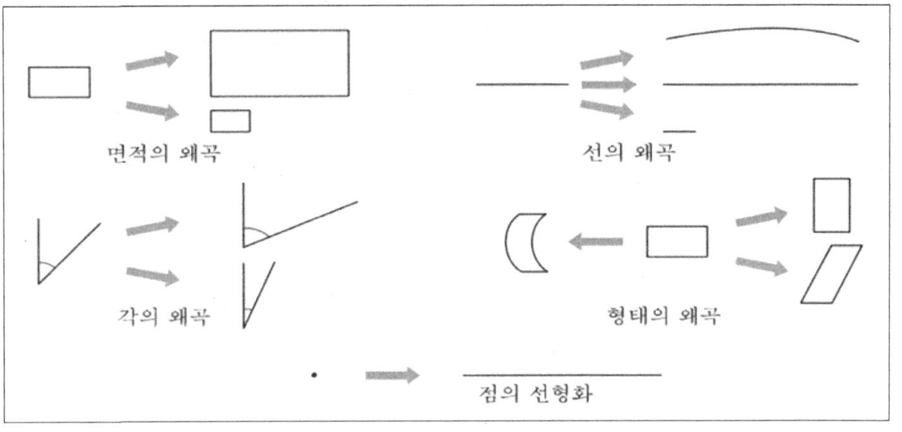

〈그림 1-13〉 투영에 따른 왜곡

1.3.2. 투영법의 분류

출제(논) : 81, 107회

투영법은 처음에는 기하학적(Graphical)인 방법으로 시작하여 기하학과 수학의 중간 형태를 거쳐 수학적인 방법으로 진화하였으며 오늘날에는 수학적인 방법을 주로 사용하고 있다. 초기의 투영은 기하학적으로 행하여졌으나 17세기 이후 근대수학의 발전과 더불어 점차 수학적 방법으로 대체되었다. 투영법은 이런 역사적인 분류 방법 외에도 투영 요소, 투영면의 형태, 투영면의 위치, 투영 축의 방향, 광원의 위치 등 여러 가지 분류 기준에 따라 나누어 생각할 수 있다.

1.3.2.1. 투영 요소에 따른 분류

투영 요소(Projection Property)에 의한 투영은 지구를 투영하여 얻은 결과인 평면 지도가 실제의 모양과 비교하여 보존해야 할 특성으로 각, 면적, 거리 등의 요소를 말하며 이들을 이용하여 투영하는 방법은 등각투영, 등적투영, 등거리투영 등으로 구분한다.

(1) 등각투영

① 등각투영(Conformal Projection)은 지구 위의 두 선이 교차하는 각이 지도위에 동일하게 나타나도록 고안한 지도투영법으로 지도상의 어느 곳에서나 각의 크기가 동일하도록 표현하는 투영법으로 상사투영이라고도 한다.

② 특징

- 등각투영은 각도를 보존하는 특성이 있다.
- 지구에서 경선과 위선은 항상 직각으로 교차하므로, 등각도법으로 만든 지도에서 경선과 위선은 직각으로 교차한다.
- 원점 주위에서는 형태가 보존되지만, 원점에서 멀어질수록 왜곡이 발생한다.
- 등각성을 유지하기 위해서는 경선과 위선이 등각으로 교차해야 하며 한 지점에서 모든 방향으로의 축척이 동일해야 한다.
- 면적이 왜곡되는 단점이 있으므로 특정한 목적과 지리적 요구에 맞게 등각투영 방법을 선택해야 한다.

③ 활용

- 우리나라 지형도와 지적도는 등각도법을 채택하고 있다.
- 측량 및 측지 분야에서 주로 사용되나 군사 목적과 선박의 항해 등에도 이용되고 있으며
- 등각투영은 각도를 보존하므로 지리정보를 표현하고 분석하는 데 유용하다.

(2) 등적투영

① 등적투영(Equivalent Projection)은 지구상의 면적과 지도상의 면적이 동일하게 유지되도록 하는 투영법으로 등적성을 유지하기 위해서는 경선과 위선을 따라 축척을 조정해야 한다.

② 등적투영의 유형

- 램버르트 등적원통투영은 원통을 적도에 접하여 도해적으로 투영한 방법이다.
- 등적원추투영법은 지구상의 모든 지역 간의 면적 관계가 지도상에서도 그대로 유지되도록 하면서도 지구를 원추에 투영시켜 원추를 전개하는 투영법이다.
- 램버르트 등적 원추 투영은 경선 1점으로부터의 방사상이 되고, 위선은 이 점을 중심으로 하는 동심 원호이며 극도 또한 원호로 나타낸다.

③ 특징

- 위도가 높은 지역으로 갈수록 자오선의 길이를 짧게 한다.
- 지구상의 면적과 지도상의 면적이 동일하게 유지되도록 하는 지도투영법이다.
- 등적성을 유지하기 위해서는 경선과 위선을 따라 축척을 조정하여 지구상의 면적과 지도상의 면적을 동일하게 하는 투영법이다.
- 경선과 위선이 등각으로 교차하지 않으며, 형상이 압축되거나 늘어나며 휘어지는 등의 왜곡이 발생한다.
- 등적투영의 왜곡도는 근거리에서는 정확하지만, 멀리 떨어진 지점에서는 왜곡이 심화된다.

④ 활용

- 통계지도나 일반적인 지도를 제작할 때 적합하다.
- 어떠한 평면지도라 하더라도 정적성과 정형성을 동시에 가질 수 없다.

(3) 등거리투영법(Equidistant Projection)

① 형태와 면적보다 거리에 대한 정확성에 중점을 두는 투영법이다.

② 어떤 특정 지점에서 다른 임의의 점 간의 거리측정에 필요한 투영법으로 등거투영이라고도 한다.

1.3.2.2. 투영면의 형태에 따른 분류

투영이란 구면 형태의 지면에 있는 점의 위치를 2차원 평면 위로 옮기는 작업이며 투영면에는 원통, 원추, 평면의 세 가지 형태의 투영면이 주로 사용되고 있다.

(1) 원통투영

① 원통투영(Cylindrical Projection)은 16세기 네덜란드의 메르카토르(Gerardus Mercator)가 처음으로 고안하였다.

② 원통 투영의 종류

- 투영축에 따라 원통축이 지축에 일치하는 정축원통투영법
- 원통축의 지축에 직교하는 횡축원통투영법
- 양축이 사교하는 사축원통투영법
- 〈그림 1-15〉의 (a)와 같은 투영을 적용하면 위선과 경선이 항상 직교하게 되어 상사성을 유지하는데 유리하다.

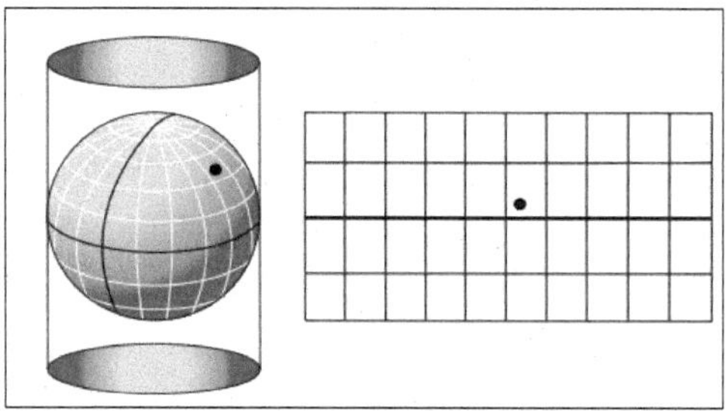

〈그림 1-14〉 원통투영

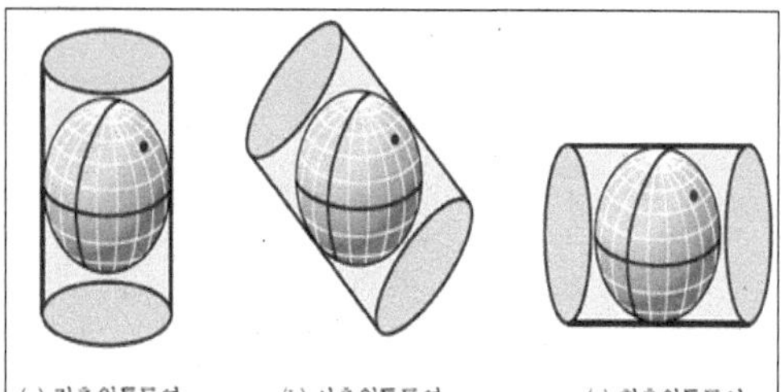

〈그림 1-15〉 원통투영 종류

③ 특징

- 우리나라의 경도 125˚, 127˚, 129˚선에 해당하므로 가까운 지역에서 왜곡량이 적고 멀어질수록 왜곡량이 증가하는 단점이 있다.
- 적도에서 가까운 지역에서 왜곡이 최소이며, 남북으로 위도가 증가할수록 왜곡이 심하다.
- 고위도 지역으로 갈수록 같은 위선차에 따른 거리가 길어져서 양극점이 선분화되는 단점이 있다.
- 위선 간의 거리를 고위도 지역으로 갈수록 짧게 하여 등적성이나 등거리성을 유지하는 투영 방법을 사용하고 있다.

④ 투영 방법

- 횡축원통투영은 〈그림 1-15〉의 (c)와 같은 형태처럼 지구타원체를 원통 내부에 접하도록 위치시킨다.
- 지구타원체 표면을 원통면에 투영시킨 후 원통면을 펼쳐서 평면지도를 만드는 방식이다.
- 대표적인 원통투영인 횡축 메르카토르투영법은 원통과 지구가 위선인 적도를 따라 접촉하도록 하는 것이 아니라 경선인 자오선을 따라 맞닿게 하여 원통투영에서 원통의 중심축을 90° 회전시킨 것이다.
- 원통의 면과 지구의 적도가 지면과 접하도록 하여 원통의 한쪽을 위에서 아래로 잘라 평면으로 만드는 방법이다.
- 원통투영은 〈그림 1-14〉와 같이 지구의 적도를 따라 원통형의 평면과 지구의 적도가 맞닿게 한 다음 지면의 점들을 평면으로 옮겨 놓는다.

⑤ 활용

- 국토의 모양이 우리나라와 같이 동서보다 남북 방향이 긴 형태의 국가에서 많이 이용하는 방법이다.

• 적도 부근의 국가나 저위도 지역에서 위선을 따라 길다란 국토를 가진 나라에서 선호하는 방법이다.

(2) 원추도법

① 원추투영(Conical Projection)은 〈그림 1-16〉과 같이 원추형의 평면을 지구의 특정 위도선과 맞닿도록 한 투영이다.

② 원추 투영법의 종류

- 람베르트 등각원추투영법(Lambert Conformal Conic Projection)
- 다원추 투영법(Polyconic Projection)
- 본느 투영법(Bonne Projection) 등

③ 특징

- 원추투영은 동심원을 이루는 평행선이 비동심원이 되며, 축척계수가 각 평행선과 중앙자오선 상에서 1이 된다.
- 원추 투영은 남북방향으로 왜곡이 증대되는 단점을 보완하기 위해 사용한다.
- 특정 자오선을 기준자오선으로 무한한 수의 평행선에 접하는 무한한 수의 원추를 만들어 투영하는 방법이다.
- 위선은 동심원의 호로 투영되고 자오선은 펼쳐진 원추의 꼭짓점으로부터 균일한 간격의 각으로 방사상의 직선으로 투영된다.

④ 투영 방법

- 지구타원체에 〈그림 1-16〉과 같이 종이를 원뿔 형태로 말아 원추를 지구의 모형에 접하게 씌운다.
- 지구 중심에서 원추면에 투영하여 원뿔이 특정 평행선(Parallel, 위선)을 따라 지구와 접하게 한다.
- 지면의 점들을 원뿔의 평면에 전개하여 지도를 만드는 방법이다.

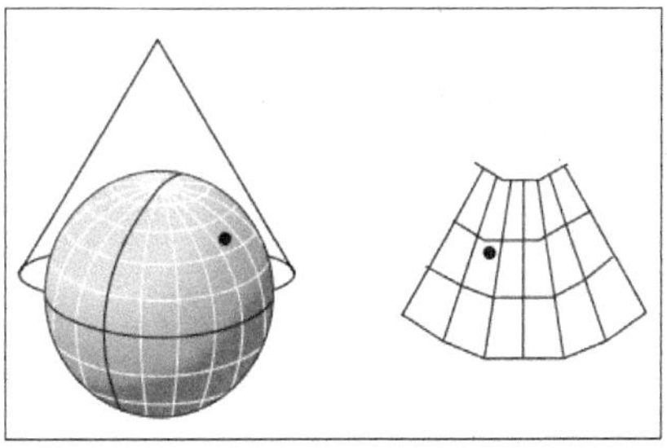

〈그림 1-16〉 원추투영 원리

⑤ 활용

- 상대적으로 소규모 지역에서 정확하므로 2개의 기준 평행선에서 축척계수가 1이 되는 방법을 많이 사용한다.
- 오늘날에는 일정한 위선차를 두고 원추의 꼭짓점 내각이 다른 몇 개의 원추를 씌우는 방법으로 사용하고 있다.

- 원추와 지구타원체가 접하는 부분은 동일한 거리로 정확하게 투영되지만 멀어질수록 왜곡이 심하므로 비교적 긴 형태를 가진 유럽과 북미 지역의 국가에서 채택하고 있다.

(3) 방위도법

① 방위투영(Zenithal or Planar Projection)은 〈그림 1-17〉과 같이 지구의 남극과 북극을 중심으로 극지방의 지도 제작에 많이 이용되는 방위성을 보존하는데 편리하여 방위투영이라 한다.

② 투영면으로 원통이나 원뿔과 같은 형태가 아니라 평평한 평면을 이용하여 평면투영법(Planar Projection)이라고도 한다.

③ 정축투영에서 투영중심의 축척계수가 1일 경우 투영중심이 남극이나 북극에 접하는 방식이 되며, 축척계수가 1보다 작으면 특정 평행선을 기준 위선으로 하여 투영을 실행한다.

④ 정축 방위도법에서 평행선(위선)은 남극이나 북극을 중심으로 하는 동심원을 그리며, 자오선(경선)은 항상 평행선에 접하는 직선과 직교하는 법선이 된다.

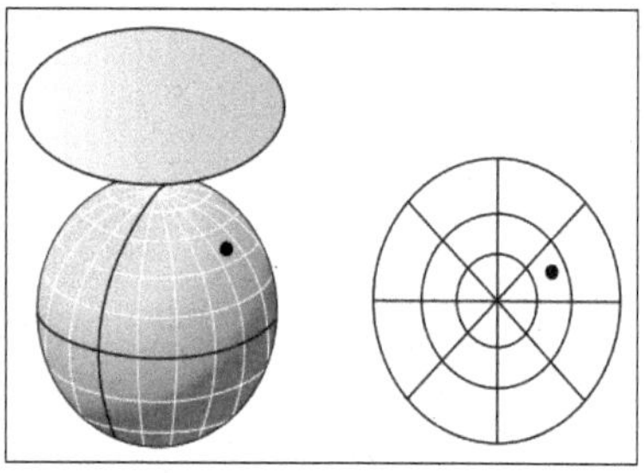

〈그림 1-17〉 방위투영

⑤ 원추도법이 기준위선(standard parallel)을 경계로 극방향과 적도 방향으로 가면서 왜곡이 커지는데 비하여 평면도법은 극점과 그 주위지역에서 왜곡이 적다.

⑥ 적도 방향인 저위도 지역으로 가면서 왜곡의 정도가 급속히 커지는 단점으로 인하여 중위도 이하 지역에는 적용하기 어려운 투영 방법이다.

1.3.3. 횡원통투영법

출제(용) : 56회

원통투영법의 한 종류로 지구의 경선에 원통을 접하여 중심으로부터 투영하는 방법으로 지형도, 대축척 도면 또는 측량 좌표계의 투영에 널리 이용되고 있다. 우리나라에 적용하고 있는 가우스상사 등각 이중투영법도 횡 원통도법이며 평면직각좌표로서 전국을 3대 원점으로 나누고 경도 125°, 127°, 129°선에 적용하고 있는 가우스상사이중투영법에서도 사용하였다.

1.3.3.1. 횡원통투영의 특징

① 횡원통투영법은 기준 자오선에 가까운 지역에서 왜곡량이 적고 멀어질수록 왜곡량이 증가하는 단점이 있다.

② 적도와 가까운 지역에서 왜곡이 최소로 발생하며 남북으로 위도가 증가할수록 왜곡이 심해진다.

③ 고위도 지역에서 왜곡이 커지는 단점을 보완하기 위해 위선 간의 거리를 고위도 지역으로 갈수록 짧게 한다.

④ 등적성이나 등거리성을 유지하는 투영 방법도 사용되고 있다.

1.3.3.2. 횡원통투영의 종류

(1) 등거리 횡원통투영

① 등거리 횡원통투영은 1744년 처음 카시니(C'esar Francois Cassini)에 의하여 프랑스에서 삼각측량에 사용된 좌표 방식으로 구면직각좌표 투영이라고도 한다.

② Y의 값을 지구상의 거리와 같게 하는 도법으로서 1744년부터 시작된 프랑스 지도의 기초가 되었다.

③ 프랑스 지도는 이 투영 방법에 의거 축척 1/86,400로 작성하여 근대적인 실측지형도가 제작되었다.

④ 1809년 이후 솔드너(J.G. Soldner)에 의하여 바이에른(현; Bavaria)주의 지적측량에 사용되면서 가시니솔드너 투영(Cassini Soldner's Projection)이라 하였다.

⑤ 이 투영법은 지구를 구로 보고 X, Y를 각각 구면의 대원 거리로 하며 지구의 반경은 등적구의 반경 또는 측량지역 중앙의 중등곡률반경을 사용하며 프랑스, 독일, 영국 등의 과거 지형도에 많이 사용되었다.

⑥ 1927년 이후 독일의 지적측량에서는 X와 Y를 회전타원면 상의 거리로 변환한 계산식을 사용하였다.

⑦ 현 프랑스 지도의 기초, 구 유럽의 지형도에 사용되고 있다.

(2) 등각 횡원통투영

① 횡원통투영에서 등각이 되도록 y의 값을 정하는 것으로 지도상에서 모든 지점의 각이 동일하게 재현하는 투영법이다.

② 정축 원통투영의 메르카토르 이론은 1569년 메르카토르(Gerardus Mercator)가 고안하고 람베르트(Lambert. J.H)가 횡원통에 응용하여 횡메르카토르 투영이라 하며 람베르트 등각 원통투영이라고도 한다.

③ 횡메르카토르투영으로 불리는 투영으로서 가우스상사이중투영의 기초가 되었다.

④ 소규모는 형상을 유지, 거리가 멀어질수록 부정확하다.

(3) 가우스상사이중투영

① 가우스상사이중투영(Gauss Conformal Double Projection)은 람베르트(Lambert J.H)의 횡원통투영법에서 회전타원체에서 구체로 등각 투영하고, 구체를 평면으로 등각 횡원통투영으로 2회 투영하므로 이중투영이라 한다.

② 측량에서는 각이 중요하므로 모든 점에 대하여 거리와 면적에 다소의 차이가 있어도 각이 같게 되도록 투영하는 방법을 상사투영이라 한다.

③ 지구 전체를 투영하는 것은 소축척지도 제작에서 사용하며, 일부 지역을 투영하는 것은 대축척지도 제작에 사용된다.

④ 1910년 우리나라 지적도 제작에 활용되었다.

(4) 가우스크뤼거투영

① 횡메르카토르투영(TM; Transversal Mercator Projection)은 표준형 메르카토르 투영을 90° 회전시켜 중앙자오선이 원통면에 접하도록 하는 투영으로서 횡원통 또는 TM 투영이라 한다.

② 투영은 회전타원체에서 직접 평면으로 횡축 등각투영하는 방법이다.

③ 원점을 적도 상에 두고 중앙경도선을 X축, 적도를 Y축으로 한 투영하는데 축상의 거리는 지구상의 거리와 같다.

④ 투영 범위는 중앙경도선으로부터 넓지 않은 범위에 한정하여 사용한다.

⑤ 지구 표면상의 모든 위치를 X, Y좌표로 표현할 수 있다.

⑥ 미국과 영국에서는 측량과 군사적 목적에 사용되고 있다.

⑦ 가우스크뤼거투영이나 기본 지형도의 UTM 투영의 기초이론과 같다.

⑧ 우리나라 지형도 제작에 활용, 남북이 긴 나라에 적합한 도법이다.

1.3.3.3. 가우스크뤼거투영(TM 투영)

출제(용) : 68, 74, 84, 96회, (논) : 105, 125회

횡메르카토르투영(TM; Transversal Mercator Projection)은 표준형 메르카토르 투영을 90° 회전시켜 중앙자오선이 원통면에 접하도록 하는 투영으로서 횡 원통 또는 TM 투영이라 한다. 회전타원체에서 직접 평면에 횡축등각 원통투영법으로 투영하는 것으로 회전타원면에서 직접 평면에 등각투영을 한다. 미국과 영국에서는 측량과 군사적 목적에 사용되고 있으며 가우스크뤼거투영이나 기본 지형도의 UTM 투영의 기초이론과 같다.

(1) 변천 과정

① TM 투영은 1772년 J. H. Lambert(1728~77)에 의해 처음으로 고안되었으며, 측량의 표준 투영이라 할 정도로 가장 많이 사용되고 있는 투영법이다.

② 1822년, C. F. Gauss(1777~1855)에 의해 수학적으로 정립되어 1878년에 오늘날 사용하는 것과 같은 투영법으로 개발되었다.

③ TM 투영은 1843년 슈라이버에 의하여 변형되어 1876~1923년에 시행된 독일의 지적측량에 적용되었다.

④ 1912년 L.Kruger에 의해 수학적 계산에 적합하도록 정리하여 1927년 독일 전 국토에 적용하였으며, 이 투영법을 Gauss-Kruger 투영법이라고 하였다.

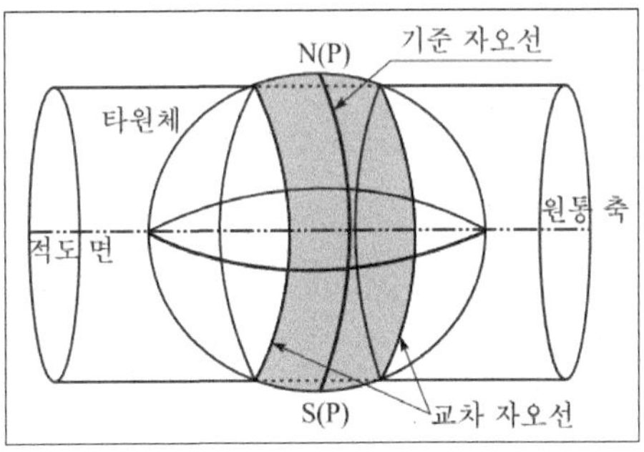

〈그림 1-18〉 TM 투영 방법(1)

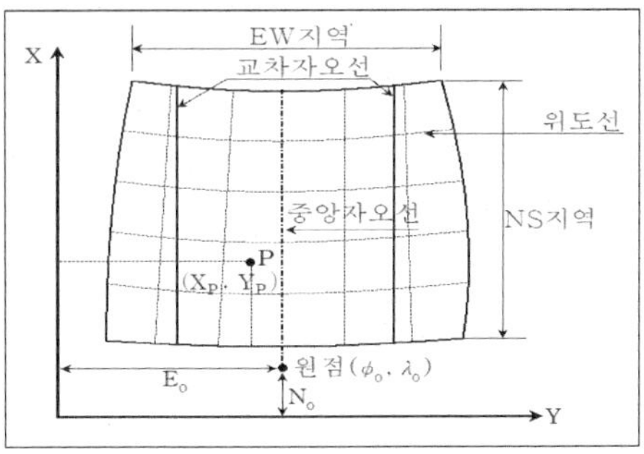

〈그림 1-19〉 TM 투영 방법(2)

(2) 특징

① 투영은 등각사상으로 원점을 적도상에 놓고 중앙경도선을 Y축, 적도를 X축으로 한 투영으로 중앙경도선으로부터 넓지 않은 범위에 한정하여 사용한다.

② 지구에 중앙경도선을 설정하여 투영하면 원점에서 축척계수는 0.9996이다.

③ 축척계수는 〈그림 1-18〉과 같이 중앙 자오선에서는 1이 되고, 교차선 사이의 지역은 1보다 적으며, 그 외 지역은 1보다 크고 중앙 자오선에서의 축척은 최소가 된다.

④ TM 투영은 동서가 좁고 남북이 긴 지역에 아주 적합하여 대부분의 나라에서 채용하고 있다.

⑤ 우리나라도 대축척지도 제작에서 사용하고 있다.

⑥ 투영 범위는 중앙경선에서 경도가 작은 범위(경도 2°)로 한정하고 동서로 넓은 지역은 몇 개의 지구로 분할하여 지구마다 중앙선을 설치하여 투영한다.

⑦ 각각 지점의 위치를 미터 단위의 평면직각좌표계로 표시한다.

⑧ 투영에 의한 축척의 비틀림이 최대 1/10,000까지 허용하면 나라마다 사용 목적에 따라 좌표 대역의 폭은 다르다.

(3) 우리나라에 적용

① 1960년대 후반부터 제작된 우리나라 국가기본도의 좌표는 TM 투영법에 의한 좌표계를 사용하고 있다.

② 1975년에 시작된 정밀 1차 기준점 측량과 1986년에 시작된 정밀 2차 기준점측량에서는 TM 투영법을 채택하였다.

③ 국가기본도에 사용하고 있는 우리나라 좌표계의 원점은 서부원점(125°E, 38°N), 중부원점(127°E, 38°N), 동부원점(129°E, 38°N) 등 3개의 통일원점과 11개의 기타 원점으로 구성되어 있다.

④ 울릉도와 독도의 경우에는 중앙자오선이 131°E에 해당하므로, 이 지역에 대해서는 131°E, 38°N의 동해 원점을 사용하고 있다.

(4) TM 좌표계의 활용

① 우리나라는 TM 좌표계를 기반으로 국가기본도를 제작하고 있다.

② 규모가 좁은 지역의 정밀한 측량에 적합하여 건설 및 토목분야에서 많이 활용되고 있다.

③ 토지의 경계와 면적을 정확하게 표현하기 위한 지적도 작성에 사용되고 있다.

④ 우리나라 공공측량에 TM 좌표계를 사용하고 있다.
⑤ 지역을 기반으로 하는 토지정보 데이터의 구축 및 분석에 활용되고 있다.
⑥ 국토지리정보원에서 제공하는 수치지도는 TM 좌표계를 기반으로 제작되고 있다.

1.3.3.4. 가우스상사이중투영

출제(용) : 43, 45, 86, 110, 131, 135회

가우스상사이중투영(Gauss Conformal Double Projection)은 람베르트(Lambert J.H)의 횡원통투영법에서 지구를 구체로 취급하는 것을 가우스가 회전타원체에서 구체로 등각 투영하고 이 구체로부터 평면으로 등각 횡원통투영 방법으로 2회 투영하므로 이중투영이라 한다.

(1) 변천 과정

① 모든 점을 직교좌표로 표시하기 위하여 1820~1830년에 독일의 가우스(Carl Friedrich Gauss)가 처음으로 도입한 것이다.
② 1825년 하노버(Hannover) 측량에 사용된 투영법의 이론은 전혀 공표되지 않고 있다가 1866년 슈라이버(O. Schreiber)가 하노버 측량의 투영 이론을 발표하였다.
③ 1912년 크뤼거(L.Kruger)가 포츠담(Potsdam) 측지연구소보고에 "타원체면의 평면에의 등각사상법"을 발표하고 가우스상사이중투영의 전체적인 모양을 파악하는데 이 가우스의 등각투영법이 오늘날까지 전 세계적으로 표준적인 측량좌표계가 되었다.
④ 1841년 발표한 가우스상사투영 이론을 슈라이버가 응용·발전시킨 방법과 횡축원통투영을 회전타원체에 적용한 방법으로 평가받고 있다.
⑤ 1951년 이후 일본의 새로운 평면직각좌표계에 채용되고, UTM 좌표계에도 채용되었다.

(2) 특징

① 지구타원체와 구체는 한 점에서 접하며, 구체와 평면에서 공통의 원점을 가진다.
② 측량에서는 각이 중요하므로 각이 같게 되도록 투영하는 방법을 상사투영이라 한다.
③ 지구 전체를 구에 투영하는 것은 소축척지도에 사용하고 지구 일부를 구에 투영하는 것은 대축척지도와 측량에 이용한다.
④ 〈그림 1-20〉과 같이 투영 원점이 위치한 위도에서 평균 곡률반경을 적용하여, 타원체에서 구면으로 투영한 사상(寫像)을 다시 평면으로 투영하는 것이다.

⑤ 1910년 토지조사사업을 시행할 때 삼각점의 경위도를 평면직각좌표로 계산하는 데 이 투영법을 도입하여 오늘날까지 이용하고 있다.

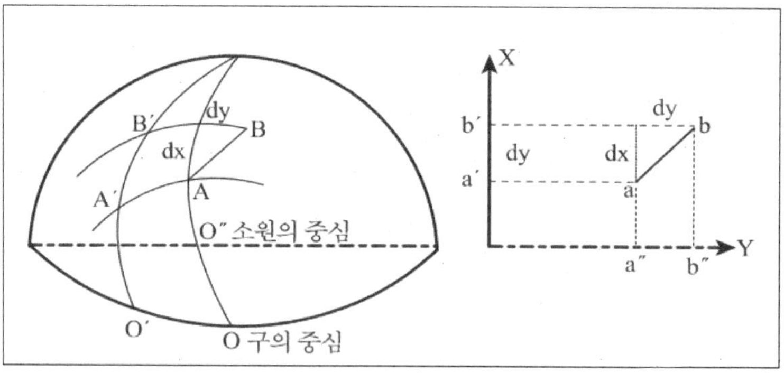

〈그림 1-20〉 평면직각좌표로의 변환

(3) 우리나라 원점 투영

① 투영 원점은 투영계산 시 좌표계의 원점이 되는 점으로 1회 투영으로 전국을 해결할 수 있는 국가에서는 측지원점과 같은 점을 사용할 수 있다.

② 평면직각좌표의 계산은 독일의 수학자이며 측지학자, 천문학자인 가우스(Carl Friedrich Gauss)가 소개하고 슈라이버(Oskar Schreiber)가 개선한 가우스상사이중투영법을 적용하여 모든 삼각점의 평면직각좌표를 계산하였다.

③ 원점의 범위

- 동경 125°를 기준으로 하여 동쪽으로 2°씩 이동하면서 중앙자오선을 결정하고 북위 38° 선과 교점을 원점으로 평면직각좌표 상에 투영하였다.
- 북위 38°와 동경 125°, 127°, 129°의 교차점을 가상원점으로 하여 각 원점에서 2°40′의 영역을 지정하여 원점의 동쪽과 서쪽으로 각각 20′씩 중복되게 투영하였다.

④ 구체와 그 평면은 공통의 원점을 가지며 선에 접하는 것으로 원점은 세 개의 공통 접점이며 두 개의 자오선과 X축은 겹쳐 있게 되며 원점에서의 축척계수는 1이다.

⑤ 〈그림 1－21〉과 같이 평면상과 준거타원체면 상과의 상응하는 점 간의 길이의 차를 1/10,000 이하가 되도록 설정한다.

⑥ 원점을 지나는 자오선을 평면 직각좌표계의 X축으로 하고 원점을 지나 X축에 직각인 직선을 Y축으로 한다.

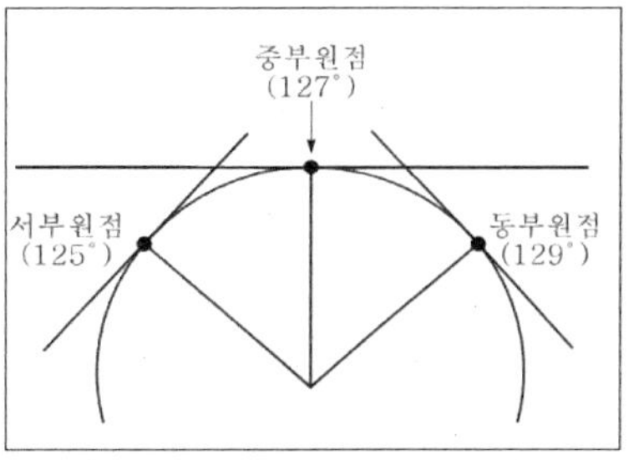

〈그림 1-21〉 우리나라 원점 투영

1.3.4. 축척계수

출제(용) : 59, 87, 95회

축척계수(Scale factor)란 확대율이라고도 하며 지상거리를 축척 비율로 곱한 도상거리로 나눈 비율을 의미한다. 투영된 지도는 거리, 방향, 면적 등이 삐뚤어지는 점으로 표현되고 있으므로 지도의 축척은 일정하지 않다. 지도상의 한점이 어떤 방향의 축척과 지도의 축척과의 비를 그 점의 방향에 대한 축척계수라 한다.

(1) 일반적인 축척계수

① 어떤 지점에서 지도투영의 왜곡에 의한 값과 기본축척과의 차이를 보정하는 계수를 말한다.

② 거리왜곡이 1.0001일 때의 축척계수는 0.9999로 거리왜곡의 역수이다.다.

③ 측량 좌표를 계산할 때 사용하는 식은 축척계수$(m)=\frac{S}{s}$로 표현하고 있다. (S : 지상거리, s : 투영면상의 거리)

(2) 축척계수 특징

① 축척계수(Scale factor)는 평면직각좌표 상에서 어느 방향에서나 선분의 길이가 타원체 상의 실제 거리와 일정한 비율을 가진다.

② 직선의 길이가 곡선길이보다 길면 축척계수는 1보다 크고, 직선길이가 곡선길이보다 짧으면 1보다 작게 나타난다.

③ 평면 그리드의 축척계수는 타원 상에서 수학적 평면으로 투영하므로 왜곡을 피할 수 없다.

④ 등각투영에서는 그 방위각과는 관계가 없다.

⑤ 일본과 미국의 TM 좌표계에서는 0.9999를 좌표원점에서 축척계수로 사용하고 있다.

(3) 투영과 축척계수

① 〈그림 1-22〉의 (b)는 투영면이 지구 내부로 들어간 상태로 투영 중심에서 투영면과 지면이 만나는 부분까지의 축척계수가 1보다 작아서 도상거리가 실제 거리보다 짧게 나타난다.

② 투영면을 지나 바깥쪽으로 갈수록 축척계수가 1보다 커져서 도상거리가 더 길어지게 된다.

③ 측량 원점에서 멀어질수록 정확도가 낮으며 원점에서의 축척계수가 1이란 원점에서 투영평면이 평균해면과 일치함을 의미한다.

④ 가우스크루거 투영은 넓은 지역에 대해 지구를 분할하고 지구에 중앙경도선을 설정하여 투영하면 원점에서 축척계수는 0.9996이다.

⑤ 가우스상사이중투영은 구체와 그 평면은 공통의 원점을 가지며 선에 접하는 것으로 원점은 세 개의 공통 접점이며 두 개의 자오선과 X축은 겹쳐 있게 되며 원점에서의 축척계수는 1이다.

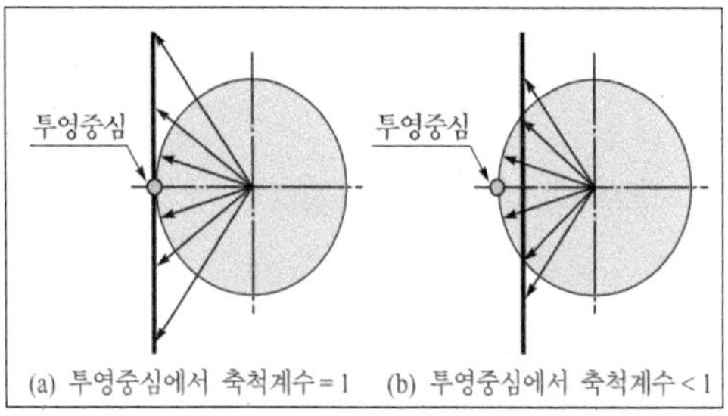

〈그림 1-22〉 투영면의 위치와 축척계수

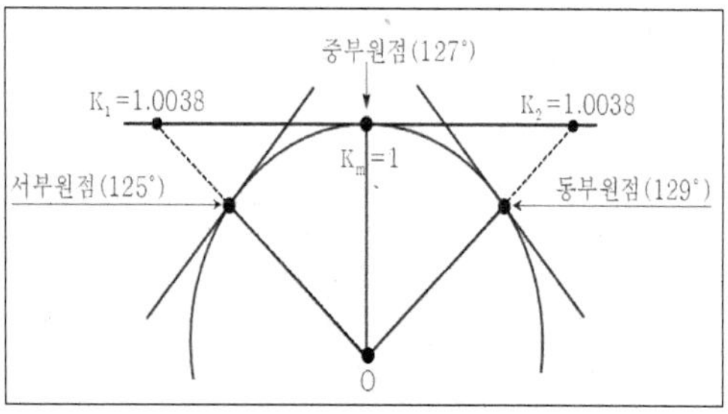

〈그림 1-23〉 우리나라 원점과 축척계수

(4) 축척계수 계산

① 투영 평면상의 길이를 축척계수로 나누면 타원체면 상의 정확한 거리를 계산할 수 있다.

② 축척계수가 1보다 크면 지도상에서 측정한 거리가 지상거리보다 크고, 1보다 적으면 도상거리가 실제 지상에서 측정한 거리보다 짧다는 것을 의미한다.

③ 위치오차가 0이면 축척계수는 $\frac{\text{평면거리}}{\text{구면거리}} = 1$으로 1/10,000 이상의 정도가 필요할 때는 축척계수를 타원체 상의 거리에 곱하면 투영 평면상의 길이를 계산할 수 있다.

④ 실제거리(S) = $\frac{D}{K}$ 이며, 평면직각좌표를 계산한 거리(D) = K×S이다. 여기서, K는 축척계수이다.

⑥ 축척계수(K) = $\frac{1}{6}(K_1 + 4Km + K_2)$이다. 여기서, K_1과 K_2는 직선의 가장자리 부분에 해당하는 축척계수이고 Km은 선분의 중앙점에 해당하는 축척계수이다.

⑦ 〈그림 1-23〉과 같이 우리나라 위도 38°N의 중앙위선에서 경도 변화에 따른 중앙의 축척계수를 1.0000으로 하여 계산한다.

⑧ 축척계수(K) = $\frac{1}{6}$×{1.00038(125°)}+{4×1.0000(127°)}+{1.00038(129°)}

=1.00013이므로 중앙의 축척계수를 1.0000보다 크게 나타나기 때문에 중앙원점에 대한 원점의 축척계수를 줄여야 한다.

⑨ 〈그림 1-23〉과 같이 서부원점의 경도 125°와 동부원점의 경도 129° 간의 변위에 따른 전체 축척계수는 1.00013보다 적게 되어야 전체적인 축척계수에 의한 왜곡을 줄일 수가 있다.

1.4. 측지계

출제(논) : 89회

지구상의 위치를 물리적인 지구에 가장 적합하도록 구현하고자 적당한 차원의 수량적 좌표로 표현하기 위한 체계를 측지계라고 한다. 지구상에서의 경도와 위도로 나타내기 위한 기준이 되는 좌표계 및 지구의 형상을 나타내는 타원체의 총칭으로써 세계 공통이 되는 측지기준계를 말한다. 각국의 측지기준계가 측량 기술의 제약 등으로 주로 자국만을 대상으로 구축된 것인데 비하여 세계측지계는 세계 각국에서 공통으로 이용할 수 있는 것을 목적으로 구축된 것이다.

1.4.1. 한국측지계 2002(KGD 2002)

우리나라는 세계를 기준으로 지구 중심측지계인 한국측지계 2002(KGD 2002)를 2002년 1월 1일의 특정 시점에서의 ITRF 2000에 설정된 기준좌표계로서 준 이동 측지계를 새로 채택하였다. 한반도 대륙판은 매년 동남쪽으로 약 3.5cm씩 움직이고 있기 때문에 특정 시점에 고정한 것이다. KGD(Korean Geodetic Datum) 2002를 채택함으로써 국제좌표 기준망과 항법 체계를 통합할 수 있게 되었다.

(1) 한국측지계의 용어

① 기준계 : 한국측지계(KGD; Korea Geocentric Datum)

② 경위도좌표 : 한국측지계 2002(KGD 2002; Korea Geocentric Datum 2002)

③ 평면직각좌표

④ 한국평면좌표계 2002(KNG 2002; Korea National Grid 2002)

(2) 한국측지계 2002 제원

① 지구좌표계 : ITRF 2000(International Terrestrial Reference Frame 2000)

② 기준시점(epoch) : 2002.0

③ 타원체 : GRS80 타원체

④ 장반경(a) : 6,378,137.0m

⑤ 편평율(f) : 1/298.257222101

(3) 한국측지계의 사용

① KGD 2002는 GPS에서 사용하는 세계측지계(WGS84)와 거의 일치하고 있으므로 GPS에서 얻어진 좌표는 대부분 한국측지계 2002에서 직접 사용된다.

② 동경측지계에 의한 좌표는 지역좌표계를 사용하고 있으나 한국측지계에서는 지구중심의 세계측지계를 사용하며 이 두 측지계는 서로 다른 타원체를 사용한다.

③ 동경측지계와 한국측지계 2002의 좌표 간에는 지역에 따라 다르지만, 북쪽으로 약 +300m, 동쪽으로 약 −200m 변경된다.

④ 지도 등 모든 공간데이터는 점진적으로 새로운 좌표계로 전환하고 있다.

1.4.2. 동경측지계

출제(용) : 81회, (논) : 89회

동경측지계는 베셀타원체를 채택해 천문관측으로 결정된 경위도원점의 값과 원 방위각을 기준으로써 구축되었으며 지역측지계라고도 한다. 동경측지계는 수평측지계이며, 동경천문대의 천문관측에 근거를 두고 있다.

(1) 동경측지계의 구성

① 동경측지계는 지구 전체를 통일적으로 측량하는 것이 불가능하므로, 천문관측으로 측량원점의 경위도를 결정하여 기준으로 하였다.

② 우리나라에서 동경측지계를 기준으로 하는 것은 1910년대 토지조사사업 당시 일본의 1등 삼각점에 연결하여 대삼각본점(거제도, 절영도) 두 점에 설치한 후에 대삼각망을 구성하였다.

③ 동경측지계는 베셀이 발표한 타원체값과 경위도 좌표계를 총칭하는 것을 말한다.

④ 우리나라의 동경측지계는 엄밀하게 정의하면, 한국의 동경측지계 1910이라고 해야 할 것이다.

⑤ 1등 삼각점의 좌표가 동경원점의 설정 당시에 고정되었기 때문에 정지 측지계로 볼 수 있으며 타원체로서 베셀값을 채택하였다.

(2) 동경측지계 특징

① 1910년대부터 축척이 1/50,000 지형도 제작을 위해 정비되어 2009년 12월 31일까지 사용하도록 측량법을 개정하였다.

② 동경측지계와 세계측지계 사이의 경도·위도의 차이는 경도·위도를 결정하기 위한 기준이 과거와 현재가 다르므로 발생한 것이다.

(3) 동경측지계 원리

① 원점은 해양 및 대기를 포함한 지구의 질량중심이다.

② X축은 IERS에 의해 정의된 경도 0도를 통과한다.

③ Y축은 X축으로부터 직각으로 적도면과 만나는 연장선이며, 오른손 좌표계의 구성 방향인 X, Z 축의 나머지 한 방향이다.

④ Z축은 국제지구회전관측사업(IERS; International Earth Rotation Service)에 의해 정의된 관용극점(약칭 CTP; Conventional Terrestrial Pole) 방향과 평행이다.

⑤ Scale은 중력적 상대론의 의미로 지구 중심이다.

1.4.3. 세계측지계

출제(용) : 84회, (논) : 78, 80, 86, 89, 96, 102, 110, 113, 117, 120, 122, 123, 126, 129, 134, 135회

세계측지계는 세계적으로 공통이 되는 측지계로 좌표계의 원점 및 회전타원체의 중심은 지구의 질량중심으로 하고, 회전타원체의 단축은 지구의 자전축과 일치하며 지구중심좌표계로 세계 각국에서 공통으로 이용할 수 있는 것을 목적으로 구축된 것이다. 세계측지계인 ITRF 2000 좌표계(International Terrestrial Reference Frame)와 GRS 80(Geodetic Reference System 1980)의 타원체를 사용하여 나타낸다.

(1) 세계측지계의 구성

① ITRF 좌표계

- ITRF(International Terrestrial Frame) 좌표계의 정의는 WGS-84와 거의 동일하다.
- 원점은 해양 및 대기를 포함한 지구의 질량중심좌표계이다.
- ITRF가 WGS-84와 차이점은 ITRF는 타원체와 지오이드를 가지지 않는다는 것이다.
- 좌표와 지각변동이 고려된다.
- ITRF는 타원체가 필요한 경우 GRS80 타원체의 사용이 추천되고 있다.

② GRS80 타원체

- 1980년 국제측지학 및 지구물리학연합(IUGG)에서 결정한 것이다.
- GRS80 타원체에서는 지구를 단순한 기하학적인 타원체에 근사하지 않고 물리적 시점도 중시하여 지구타원체면을 등포텐셜면으로서 취급한 것이다.
- 타원체의 중심(中心)은 지구의 질량중심(重心)과 일치하고, 그 단축은 지구자전축에 평행하다.

③ 세계측지계는 GRS80 타원체와 ITRF 좌표계를 총칭하는 것을 말한다.

(2) 특징

① 지구 중심을 원점으로 하는 3차원 직각좌표계를 이용해 나타낼 수도 있다.

② 세계측지계의 도입으로 측량과 그 외의 분야에서도 변경 또는 기존자료의 정정이 필요하다.

③ 세계 각국에서 공통으로 이용할 수 있는 것을 목적으로 구축된 것으로 위치의 기준이 된다.

④ 세계측지계의 수평위치는 우주측지기술인 VLBI, GPS를 이용한 GPS 상시관측소의 관측값을 근거로 전국의 삼각점을 새롭게 계산해서 실시한다.

⑤ 세계측지계는 나라마다 채용하는 시기나 구축에 관한 방법 및 정밀도가 다르다.

(3) 법률의 정의

① 「공간정보의 구축 및 관리 등에 관한 법률」에서는 세계측지계란 지구를 편평한 회전타원체라고 상정해 실시하는 위치 측정의 기준으로서 다음의 요건을 갖춘 것으로 규정한다.

② 회전타원체의 장반경 및 편평률은 다음과 같을 것

- 장반경 : 6,378,137미터
- 편평률 : 1/298.257222101

③ 회전타원체의 중심이 지구의 질량중심과 일치할 것

④ 회전타원체의 단축(短軸)이 지구의 자전축과 일치할 것

(4) 기대효과

① GPS로 결정한 좌표와 지도 좌표가 실시간으로 완전히 호환될 수 있어 GPS에 의한 ITRF 성과와 한국 측지계 성과는 같이 사용할 수 있다.

② GPS 상시관측소의 데이터를 좌표변환 없이 직접 이용할 수 있음으로써 시간과 장소와 관계없이 정확한 위치정보의 이용이 가능하다.

③ 국가 발전의 기반이 되는 GIS 구축에 필요한 실시간의 고정밀도 위치정보를 제공할 수 있다.

④ 국가 GPS 기준망에 해당한 점을 기지점으로 채용할 경우 확인이 필요 없다.

⑤ GPS 상시관측소 등의 성과를 이용하여 측량을 시행하면 변환 과정 없이 바로 성과를 사용할 수 있다.

⑥ GPS와 수치지도를 활용한 새로운 GIS 산업 창출을 기대할 수 있다.

⑦ 국제관측망과 연계하는 것은 관측이 쉽고 국제기구의 결정 사항이다.

⑧ 항공·항해 등 다양한 활용 분야에 같은 위치로 표기되어 안전성이 크게 향상된다.

〈표 1.3〉 세계측지계와 우리나라 측지계의 비교

구분	우리나라 측지계	세계측지계
측지기준계	한국측지계	세계측지계(ITRF)
타원체	베셀 타원체	GRS 80 타원체
수평 위치	수평면	타원체면
수직 위치	평균해수면	평균해수면
위치 표현	경위도, 직교좌표, 극좌표, 표고	3차원 직교좌표, 경위도, 직교좌표, 극좌표, 표고, 타원체고
경위도 원점	천문측량, 경위도, 원 방위각	VLBI, GPS, 경위도, 원 방위각
투영 원점	3개 수평 직교좌표원점 (서부, 중부, 동부)-TM	4개 수평 직교좌표원점 (서부, 중부, 동부, 동해)-TM

1.4.4. 세계측지계변환

출제(용) : 126회

1.4.4.1. 세계측지계변환 과정

① 세계측지계 좌표변환
② 변환 성과 검사요청
③ 변환 성과 검증 확인
④ 변환 성과 등록 및 전송
⑤ 임시테이블 등록
⑥ 지적도 등록

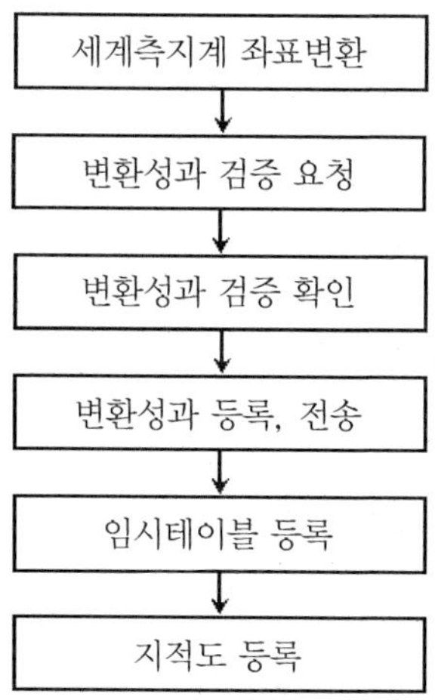

〈그림 1-24〉 세계측지계변환 과정

1.4.4.2. 세계측지계변환 과정에 따른 문제점

「지적공부 세계측지계 변환규정」 제21조에서는 필지의 경계 간 이격·공백·중복 등의 오류에 대해 도면정비를 병행해야 한다고 규정하고 있으며, 도면정비는 지적도·임야도 정비지침(2011년 제정)을 따르도록 규정하고 있다. 그러나 현재의 세계측지계 변환에 따른 도면 오류 정비에 적용하기에는 많은 문제점을 내포하고 있다.

(1) 지적불부합지 확대

① 변환성과의 위치 검증은 산출한 성과와 비교하여 검증하며, 위치 검증 결과 차이가 경계점좌표등록부 시행 지역은 5cm, 그 밖의 지역은 10cm를 초과하는 경우 종합적으로 검토하여 최종 지적불부합지를 결정하도록 하고 있다.

② 검증에 따른 지적불부합지는 지적재조사사업 또는 등록사항정정을 통해 정리하도록 규정하고 있다.

③ 좌표계변환이라는 행정행위에 따른 결과를 현장 측량을 통한 확인 및 경계 조정 절차 없이 지적불부합지로 결정할 수 있도록 규정한다면, 더욱더 많은 불부합지가 발생할 것이다.

④ 확정측량 또는 지적재조사사업을 통해 세계측지계에 등록된 지구들이 연접해 이격 또는 중복오류가 발생할 경우 이를 조정할 수 있는 근거 규정이 없다.

(2) 소유자의 재산권 제약

① 세계측지계변환으로 인해 발생하는 지적불부합지를 등록사항정정 또는 지적재조사사업을 통해 해결하고자 할 경우 큰 비용과 행정 인력이 필요하다.

② 지적불부합지가 발생하면 국민의 재산권 행사에 제약을 가져오게 된다.

③ 세계측지계 변환 이후의 면적 변화는 지역 별로 일정하지 않지만, 타원체의 제원 차이로 인하여 면적 변화가 발생한다.

(3) 지적도·임야도 정비 지침 규정 정비

① 「지적도·임야도 정비 지침」에서 규정한 내용으로 경계점좌표등록부에 등록된 좌표와 지적도에 등록된 좌표를 대사하여 좌표를 일치시킨 후 수행하도록 하고 있다.

② 축척 간 오류에 대해 대축척의 필지 경계선을 기준으로 소축척의 필지 경계선을 정비하는 것을 원칙으로 하고 있다.

1.4.4.3. 세계측지계변환 과정 시 개선 방안

(1) 세계측지계변환 검증 측량 도입

① 세계측지계변환 검증 측량은 사업시행자인 지적소관청이 한국국토정보공사에 신청하도록 한다.

② 검증의 범위는 세계측지계로의 변환이 완료된 지역의 지구계에 대해 실시한다.

③ 지구계의 내부에 위치한 필지 중 세계측지계변환으로 인한 문제가 발생할 수 있는 지역 또한 지적소관청의 신청을 통해 현장검증을 거쳐 경계 조정이 가능하게 해야 할 것이다.

(2) 법률적 근거 마련

① 세계측지계 변환에 따른 지적불부합지에 대해 지적소관청 담당자 입회하에 소유자 동의를 기반으로 한 경계 조정 및 위치정정을 허용하는 법적 제도적 장치가 필요하다.

② 「지적도·임야도 정비 지침」도 현실에 맞게 정비하여 세계측지계변환에 따른 오류에 따른 정비가 가능하도록 규정의 신설이 필요할 것이다.

③ 수치 지역과의 겹침 및 이격 오류 시에 면적의 변동이 생기지 않게 정비를 통해 조정할 수 있는 근거 규정을 마련해야 할 것이다.

④ 토지소유자에 따라 국민의 재산권 보호를 위해 국·공유지와 사유지 간의 오류, 사유지와 사유지 간의 오류 등 세부적인 상황에 대해서도 우선순위를 정하는 지침 또한 필요하다고 생각한다.

⑤ 세계측지계로 변환된 도면에 지적공부의 기능을 부여 및 지적 행정의 안정성을 도모하기 위해 세계측지계 변환 검증 측량을 도입해야 할 것이다.

⑥ 검증 측량을 통해 경계 조정 및 위치정정이 가능하도록 법적 제도적 근거를 확립해야 할 것이다.

1.5. 위성좌표계

인공위성 측위시스템의 WGS 84와 ITRF 좌표계는 지구중력장과 지구모형을 근거로 만들어진 범지구좌표계라 하며 원점은 지구 질량중심(Earth's Center of Mass)으로 설정되어 있다. 나라마다 사용하고 있는 지역좌표시스템의 변환에 따른 문제점이 있으며 위성 좌표로 추출된 경우, 지역좌표로 변환하기 위해 측지좌표인 경위도와 높이로 변환되며 경위도는 다시 평면직각좌표로 변환하여 사용하고 있다. 좌표원점은 지구 질량중심을 사용하고 지구의 자전축(Z축)으로 한 것을 지구 중심 좌표계라고 한다.

1.5.1. 위성좌표계의 변천

① 1950년대 말 미국 국방성에서는 전 세계에서 사용할 수 있는 세계 측지측량 기준계(World-Geodetic System)인 지심좌표계를 만들었다.

② WGS-84 좌표계는 1986년 이후 사용되는 것으로 WGS-72 좌표를 보완, 대체한 좌표체계이다.

③ WGS-84 좌표계는 1987년도부터 지금껏 GPS가 채용하고 있는 표준 좌표계이다.

④ ITRF 좌표계는 국제지구회전사업(IERS)에서 채용하고 있는 좌표체계는 ITRF 88에서 ITRF 2000까지 발표하고 계속해서 변화량을 발표하고 있다.

⑤ 1994년도에는 ITRF 91 좌표계에서 주제어국의 위치를 재결정하고, WGS-84를 WGS-84(G730)로 개편하여 서비스하고 있다.

⑥ 최초의 GLONASS 프로그램에 따른 인공위성 발사가 1982년 10월 12일에 이루어졌으며, 최근까지 76회에 달하는 인공위성 발사가 실행되어 현재까지 정상 운영 중이다.

1.5.2. 위성좌표계의 종류

출제(논) : 48, 57, 66, 71회

GPS 측위 좌표계는 WGS 84와 ITRF 좌표계로 표현할 수 있으며 WGS 84 좌표체계는 미국에서 독자적으로 구축한 것이며 ITRF 좌표계는 국제학술단체에서 주관하여 전 세계가 참여하고 있으므로 공개성 및 투명성이 높으나 실용적으로는 차이가 없다.

1.5.2.1. ITRF 좌표계

출제(용) : 52, 63, 71, 77, 107회, (논) : 57, 66, 77, 78, 80회

국제지구기준좌표계(ITRF; International Terrestrial Reference Frame)는 데이터 해석센터에서 독자적으로 산출하는 관측국의 위치와 이동에 근거하여 국제지구회전관측사업(IERS; International Earth Rotation Service)에서 추천하는 세계공통좌표계이다. ITRF는 3차원 직교좌표계이고, 경위도를 계산하기 위한 타원체의 적용이 필요할 때는 GRS 80 타원체를 적용하고 있다.

(1) ITRF 좌표계의 특징

① 최근 ITRF는 좌표원점이 지구 중심의 센티미터에서 밀리미터 단위의 정확도로 알려졌다.
② IERS는 좌표계의 성과는 인터넷으로 전 세계에 제공하고 있다.
③ 국제지구회전사업에서 채용하고 있는 좌표와 지각변동이 고려되는 좌표계이다.
④ IERS에서는 새로운 좌표계를 발표할 때마다 기존 좌표계 간의 차이도 함께 발표하고 있다.
⑤ 현재 각종 우주 및 측지좌표계로부터 ITRF 좌표계로의 변환 Parameter가 주어지고 있다.
⑥ 지심좌표의 기준은 국제지구기준좌표계(ITRF)로 IERS에서 VLBI, SLR, GPS 등의 관측결과로부터 구한 측점 좌표 및 이동속도를 바탕으로 매년 지축의 회전을 계산한다.
⑦ 원점은 해양 및 대기를 포함한 지구 질량중심좌표계이다.

(2) ITRF의 기본 원리

① ITRF 좌표계는 지구중심좌표계를 기준으로 원점은 지구의 질량중심에 있다.
② 지구중심좌표계를 기준으로 하며 북극(Z) 축은 CIO 방향이고 적도면과 그리니치 자오선이 교차하는 방향이 주축(X축)이다.
③ ITRF 좌표계는 오른손 좌표계이며 상대론을 고려한 SI 축척을 기준으로 한다.
④ ITRF 좌표계는 BIH 1984 지구기준좌표계를 기준으로 한다.
⑤ 지각에 상대적인 좌표계의 회전과 변위가 없다는 조건이다.
⑥ ITRF는 순수한 3차원 직교좌표계이고, 경위도를 계산하기 위한 타원체의 적용이 필요할 때는 GRS 80 타원체를 적용한다.
⑦ 최근 세계 각국은 새로운 측량 기술의 발전 및 전자통신기술의 발전으로 위치관측의 범위가 지역 단위에서 전 지구적 규모로 확대되고 있다.

(3) ITRF 2008

ITRF 2008은 지구의 궤도에 대한 정확한 모델링을 기반으로 하며, 다양한 대륙과 섬들의 지질 특성을 반영하여 정의되었다. 측지 기술의 발전과 함께 ITRF의 버전도 지속적으로 발전하고 있으며, ITRF 2008은 2009년에 발표된 ITRF의 버전 중 하나이다.

① ITRF 2008의 특징

- 레이저 측정(Laser Ranging)을 이용한 정확도가 향상되어 GPS와 GLONASS 측정보다 높은 정확도를 제공한다.
- ITRF 2008는 각각 29년, 26년, 12.5년, 16년의 관측에 걸쳐 VLBI, SLR, GPS 및 DORIS의 네 가지 우주측지 기술의 재처리된 솔루션을 기반으로 하는 국제 지상파 참조 프레임의 개선된 버전이다.
- ITRF 2008은 전 세계의 측지 기반으로 작성되었다.
- ITRF 2008은 지구의 중심을 기준으로 지구의 모양을 나타내는 지구 중심좌표계와 대기권 및 지각 변화를 고려하여 지구의 움직임을 나타내는 지구 중심 연동 좌표계로 구성된다.

② ITRF 2008의 적용

- ITRF 2008은 지구의 모양과 크기에 대한 정확한 이해를 돕는 역할을 하고 있다.
- 지구 관측 및 대기 모델링 등 다양한 분야에서 활용되고 있다.
- 세계에서 사용할 수 있는 표준적인 대지 좌표계를 제공한다.
- GPS와 GLONASS를 포함한 위성 측지 및 레이저 측정을 통해 대지의 좌표를 정의하고 있다.

(4) ITRF 2020

① ITRF는 지구의 자전, 지각 운동 및 기타 지구 물리 현상의 변화를 반영하기 위해 주기적으로 업데이트된다.

② 2020년에 발표된 International Terrestrial Reference Frame(ITRF 2020)은 전 세계적으로 사용되는 지구의 정밀한 기하학적 좌표 시스템을 말한다.

③ ITRF 2020은 2020년에 수립된 국제 지구기준프레임을 나타낸다.

④ 국제지구기준프레임(ITRF)은 지리, 항법, 위성 위치 측정 등 다양한 응용 분야에서 기준 시스템으로 사용되는 지구 표면의 좌표를 포함한 포인트 집합이다.

⑤ ITRF 계산을 위한 4대 우주측지시스템

- 전파를 이용한 인공 위성 거리 변화율 측정 시스템인 DORIS (Doppler Orbitography and Radiopositioning Integrated by Satellite)

- 우주측지 시스템인 위성항법시스템(GNSS : Global Navigation Satellite System)
- 레이저를 사용한 인공위성 거리 측정 시스템인 SLR (Satellite Laser Ranging)
- 초장기선간섭계(VLBI : Very Long Baseline Interferometer)
- 위의 관측자료를 처리하고, 그 결과를 통합하여 국제 수준의 지구기준좌표계(TRF; Terrestrial Reference Frame)와 지구회전계수(EOP : Earth Orientation Parameters)를 결정한다.

⑥ ITRF 2020 특징

- ITRF는 지구의 특정 지점(고정된 기준점)을 기준으로 하며, 이를 통해 지구 상의 다양한 지점의 정밀한 위치를 정의한다.
- ITRF는 GNSS(Global Navigation Satellite System), SLR(Satellite Laser Ranging), VLBI(Very Long Baseline Interferometry), DORIS(Doppler Orbitography and Radiopositioning Integrated by Satellite) 등 다양한 우주 기술을 기반으로 정밀한 지구 좌표 및 속도 정보를 제공한다.
- ITRF는 국제 지구 회전 서비스(IERS)의 협력으로 개발되며, 국제적인 표준을 준수한다.
- 주기적 업데이트 : ITRF는 최신의 정확한 지구좌표 정보를 제공하기 위해 새로운 관측 데이터가 수집되면 주기적으로 업데이트된다.
- ITRF는 지구의 특정 지점에 대한 3D 좌표와 지구의 동적인 변화와 속도 정보를 제공한다.

⑦ ITRF 2020 현황

- ITRF에서 발표하는 데이텀변환 매개변수를 이용하여 서로 다른 ITRF 솔루션 좌표값을 변환한다.
- 현재 경위도원점은 전지구 질량중심을 원점으로 하는 세계측지계로 전환되면서 더 이상 측량의 기준으로 사용되지 않는다.
- 우리나라를 제외한 해외 국가는 대상 지역의 지각 운동을 고려해 속도 벡터를 계산하여 제공하고 있으므로 우리나라도 실시간 측위 분야에서 정밀한 위치를 활용할 수 있도록 지원해야 한다.
- 최신의 ITRF에 정렬해 국가측지기준계 및 프레임을 주기적으로 개정하는 방식으로 전환하기 위해서는 업무의 효율성을 고려해 현행 법령 및 행정규칙의 체계를 개선할 필요가 있다.

⑧ ITRF 2020 개선안

- 경위도원점 갱신과 속도벡터는 실제 ITRF 2020으로의 개정 시 성과를 재산정하고 속도벡터를 계산하여 제공함으로써 해결할 수 있는 것으로 기술적인 해결이 가능하다.

- 현재까지 일관성 없이 혼용되던 용어와 개념을 명확히 정립하고 이를 법령에 반영해 혼란을 방지하는 것이다.
- 지속적으로 변화되고 있는 ITRF 갱신에 대비해 국토지리정보원에서 수행할 업무를 명시해 체계적인 업무가 가능하도록 기반을 마련하여야 할 것이다.
- 세계측지계, 좌표계 등과 같은 용어를 통일할 필요가 있다.

제 1 장

1.5.2.2. WGS 좌표계

출제(용) : 43, 45, 63회

① GPS는 WGS 84(World Geodetic System 1984)라고 명명하는 세계좌표계를 기준으로 하고 있으며 WGS 좌표체계는 지도, 차트, 측지 목적으로 미국 국방성에서 개발하였다.

② WGS 84는 미국의 GPS 이전의 미국 해군 항행 위성시스템(NNSS; Navy Navigation Satellite System)의 기준이 되었던 WGS 72를 조금 수정한 것으로 1984년에 만들어진 ECEF(Earth Centered Earth Fixed) 좌표계이다.

③ 지구를 대상으로 하는 세계 공통좌표계로 지구질량중심(Earth's Center of Mass)으로 설정되어 있다.

④ 1950년대 말 미국 국방성에서는 전 세계에서 사용할 수 있는 세계 측지측량 기준계(World Geodetic System)인 지심좌표계를 만들었으며 종류에는 WGS 60, WGS 66, WGS 72, WGS 84 등이 있다.

(1) WGS 84 좌표체계의 구성

① 〈그림 1-25〉에서와 같이 Z축은 1984년 국제시보국에서 채택한 지구자전축(CTP; Conventional Terrestrial Pole)과 평행하다.

② X축은 BIH에서 1984년에 정의한 본초자오선과 평행한 평면이 지구의 적도면과 교차하는 선이다.

③ Y축은 X축과 Z축이 이루는 평면에 동쪽으로 수직인 방향으로 정의된다.

④ WGS 84는 지구질량중심에 위치한 좌표원점과 X, Y, Z 축으로 정의되는 좌표계이다.

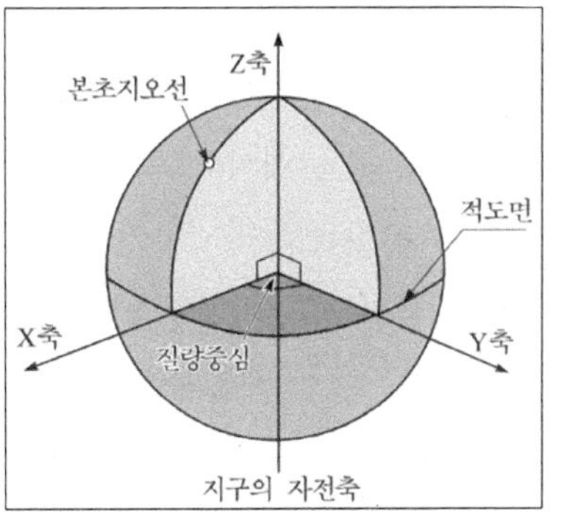

〈그림 1-25〉 WGS 84 좌표계

(2) WGS 좌표계의 종류

① WGS 60은 1958년 β위성으로부터 얻은 자료를 기초로 하였으며, 모든 중력자료 및 천문측량 자료를 종합하고, 제원은 a=6,378,165±50m, f=1/298.8±0.1이다.

② WGS 66은 WGS 60의 확장된 삼각망, 삼변망, 도플러 광학, 행성 자료를 적용하였으며, 제원은 a=6,378,145±20m), f=1/298.25 ±0.002이다.

③ WGS 72는 WGS 66 이후의 도플러 및 광학 위성 자료, 표면 중력측량, 삼각 삼변측량, 고정밀 트래버스, 천문측량으로 얻은 자료이며 최신기종의 전산기 및 정보처리기법을 이용하고 제원은 a=6,378,135m, f=1/298.26이다.

(3) WGS 84 제원

① WGS-84 좌표계의 Z축은 1984년 국제시보국(BIH)에서 채택한 평균 북극인 지구자전축(CTP; Conventional Terrestrial Pole)을 기준으로 하고 있다.

② WGS-84 좌표계는 미국 국방성 지도제작국에서 1987년도에 GPS 측위에 채용하고 있는 좌표계로서 지구 질량중심을 원점으로 사용한다.

③ WGS-84 타원체의 제원

- 적도반경(a)은 6,378,137m
- 단 반경(b)은 6,356,752m
- 편평도(f)는 1/298.257223563

(4) WGS 84의 특징

① 개선된 내용은 많은 양의 자료를 이용할 수 있도록 전산기에 의한 정보처리기법을 사용하였다.

② 도플러 위치결정으로부터 얻은 자료로 레이저 추적자료와 표면 중력자료를 사용하였다.

③ 위성 고도 레이더 고도계와 남북 70° 범위의 해양 지역 지오이드고를 이용하였다.

④ WGS 84(World Geodetic System 1984)에 사용된 지구 중력모형과 지오이드 모형이 오래되어 정확하고 광역의 기준계 변환의 요구에 따라 변환할 수 있다.

⑤ WGS 84의 개발에 사용된 위성 자료를 미국 해군 항행 위성 체제에서 BC-4 사진기 및 Baker-Namn 사진기로 취득한다.

⑥ WGS 84 좌표계는 준거타원체의 중심과 지구의 질량중심을 일치시킨 3차원 지심직교좌표계이다.

⑦ WGS 84 좌표계는 NSWC 9Z-2의 원점, 축척, 회전량·등을 수정하고 기준자오선을 국제시보국(BIH)에서 정의한 자오선과 일치시킨 CTS(Conventional Terrestrial System)이다.
⑧ WGS 84 좌표계는 BIH-defined CTS와 마찬가지로 원점이 지구의 질량중심이 된다.
⑨ Word Geodetic System 1984의 약어로서 WGS 좌표체계는 지도, 도표, 측지를 목적으로 미국 국방성에서 개발하였다.

1.5.2.3. PE-90 좌표계

① GLONASS 시스템에서 사용되는 기준좌표계로는 러시아의 우주측지시스템 (CGS)의 측정으로 만들어진 PE-90(Parameters of Earth-90) 좌표계를 사용한다.
② 기준점 간의 간격은 10,000km 이하일 때 30cm 이하의 왜곡도를 갖고 있다.
③ 3차원 좌표계인 WGS 84, ITRF, PE-90의 좌표들은 지역좌표 시스템으로 변환해야 한다.
④ PE-90과 현행 크라소프스키 이론에 의한 좌표체계인 SK-42로 변환할 수 있다.
⑤ PE-90 좌표계의 기준인 적도반경(a)은 6,378,137m, 편평도(f)는 1/298.257839303이다.
⑥ PE-90은 범지구좌표계의 하나로 러시아 정부 지구회전서비스(GERS; Governmental Earth Rotation Service)의 지구모형을 근거로 하고 있다.

1.5.2.4. 지구중심지구고정좌표계

지구중심지구고정좌표계(Earth Centered Earth Fixed Coordinate System) 는 지구 중심을 기준으로 하는 데카르트 공간 참조 시스템이다. 지구중심지구고정좌표계는 원점 (0, 0, 0)은 지구의 중심에 위치하며, 세 개의 축으로 정의하고 있다.

(1) 원점과 좌표축

① 〈그림 1-26〉과 같이 X축은 북반구에서 적도와 본초자오선이 교차하는 지점으로 적도와 본초자오선이 이루는 평면에 놓여있다.
② Y축은 동쪽을 가리키며, 적도와 본초자오선이 이루는 평면에 있다.
③ X축에 수직으로, 본초자오선 쪽을 향하고 있다.
④ Z축은 북쪽을 가리키며, 적도와 본초자오선이 이루는 평면에 수직으로 지나가며 북극을 향하고 있다.

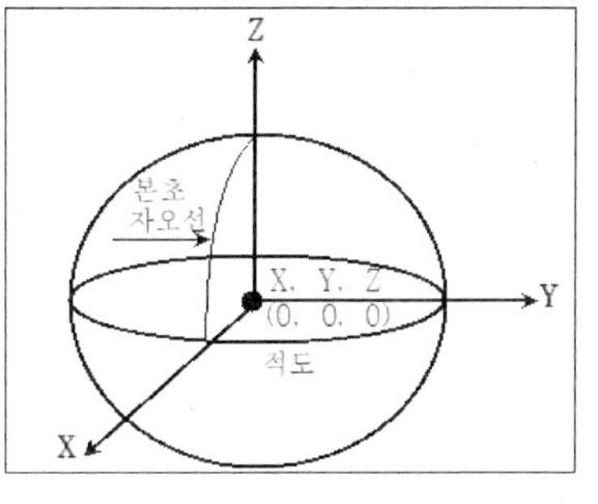

〈그림 1-26〉 원점과 좌표축

(2) 특징

① 지구중심지구고정좌표계(ECEF)는 정밀한 위치 측정을 위해 다양한 분야에서 사용한다.

② 지구의 중심을 원점으로 하며 지구의 어떤 점이든 위치를 나타낼 수 있다.

③ ECEF는 3차원 좌표계이므로 지구의 평면상 뿐만 아니라 고도(높이)를 포함하여 X, Y, Z 좌표로 위치를 나타낼 수 있다.

④ 회전 및 고정 ECEF 좌표계는 지구의 회전과 함께 회전하며, 지구 자체의 회전 속도에 따라 위치가 변하지 않는다.

⑤ 지구상의 어떤 지점에서든 위성 기반의 위치 측정 시스템인 GPS와 같은 정밀한 위치를 측정할 수 있다.

⑥ ECEF 좌표는 보통 일반적인 위도, 경도, 고도 좌표로 변환하여 사용할 수 있다.

1.6. 지구좌표계

출제(용) : 95회, (논) : 60, 131회

지구상에 있는 점의 좌표를 나타내기 위한 좌표계에는 평면직각좌표계·평면극좌표계와 같은 평면좌표계와 경위도좌표계, 삼차원 지심좌표계로 구분한다. 측량 분야에서는 점의 위치를 경위도로 표시하는 지리좌표계와 X, Y 좌표로 표시하는 평면 직각좌표계, 삼차원 지심직교좌표계 등이 주로 사용되고 있다.

1.6.1. 경위도좌표계

경위도좌표계(Geodetic Coordinate System)는 지구의 위도와 경도를 이용하여 지구 표면상의 위치를 지구의 중심으로부터 측정된 각도로 표시한 것을 말하며 지리좌표계라고도 한다. 또한, 지구상의 절대적 위치를 표시하는 가장 일반적인 좌표계로 지표상의 자오선은 북극과 남극을 지나는 큰 원의 두 극에서 끝나는 반원을 가리킨다.

1.6.1.1. 경도

① 경도(Longitude)는 본초자오선으로부터 동쪽으로 만드는 각을 동경(E), 서쪽으로 측정되는 각을 서경(W)이라 한다.

② 〈그림 1-27〉에서 경도를 적도 상에 표시하면 P점의 자오선과 적도의 교점을 A점으로 할 경우 ∠POA = λ가 된다.

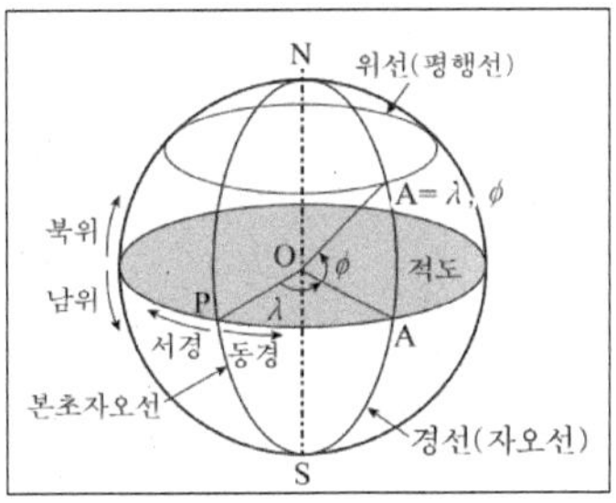

〈그림 1-27〉 경위도 좌표계

③ 경도의 종류

- 측지경도(λ_g)는 본초자오선과 타원체면 상의 임의의 점을 지나는 자오선과 이루는 적도면 상의 각을 측지경도라 한다.
- 천문경도(λ_a)는 본초자오선과 지오이드면 상의 임의의 점을 지나는 자오선과 이루는 적도 면 상의 각을 천문경도라 한다.

(1) 본초자오선

① 본초자오선(Prime medians)은 〈그림 1-28〉과 같이 영국 그리니치 천문대를 지나는 자오선이며 본초자오선과 적도의 교점이 원점이다.

② 1884년 10월 워싱턴에서 국제자오선회의(International Meridian Conference)에 참석한 25개 회원국 중에서 22개국이 영국의 그리니치 왕립천문대를 지나는 선을 본초자오선으로 채택하였다.

③ 1998년 11월 케임브리지에 있던 천문대의 과학적 기능이 정부의 다른 기관으로 넘어가고 폐지됨에 따라 원래의 이름인 Royal Observatory Greenwich라는 이름은 지금의 그리니치로 돌아오게 되었다.

④ 자오선은 북극과 남극을 지나는 큰 원의 두 극에서 끝나는 반원을 말하며 본초자오선과 적도의 교점이 경위도원점이다.

〈그림 1-28〉 본초자오선

[출처 : https : //www.google.com/search]

(2) 경도 결정

① 경도 결정방법은 자오선법, 등고도법, 단고도법이 있다.

② 자오선법은 항성이 자오선을 통과하는 순간을 미세측정기인 마이크로미터(Micrometer)로 읽어 지방항성시를 결정한다.

③ 등고도법은 동쪽과 서쪽 사이에 자오선을 두고 동일한 고도에 도착한 순간의 눈금을 읽어 이것을 평균하여 천체의 자오선 통과 시간을 알아내는 방법이다.

④ 단고도법은 관측지점에서 항상 보이는 별을 주극성이라고 하는데 이 주극성처럼 고도가 낮지 않은 임의 방향에 있는 천체의 고도와 그 관측 순간의 시각을 관측한 값으로 채택하는 천체관측의 가장 간편한 방법이다.

1.6.1.2. 위도

출제(용) : 47회

위도(Latitude)는 어떤 지점에서 준거타원체의 법선이 적도 면과 만나는 각으로 자오선에 따라 적도에서 최소 각거리는 남북으로 90°로 분리되었고, 지표면 위의 한 점에서 세운 법선이 적도 면과 이루는 각을 말한다. 위도는 적도 면과 이루는 각으로 적도 면에서 북쪽으로 측정할 때 북위, 남쪽으로 측정하는 각을 남위라 한다. 위도는 적도에서 0°이며 북극의 위도는 북위 90°, 남극의 위도는 남위 90°로 표기한다.

(1) 위도의 종류

① 위도(Latitude)는 〈그림 1－29〉와 같이 각과 거리의 측정방법에 따라 천문위도, 측지위도, 지심위도, 화성위도로 구분된다.

② 측지위도(ϕ_g)는 지구상 임의의 점에서 타원체의 면에 직각으로 그은 법선이 적도 면과 만나 이루는 각으로 지리위도라고도 하며, 일반적으로 위도를 말한다.

③ 천문위도(ϕ_a)는 지구상 임의의 점에서 지오이드의 면에 직각으로 그은 연직선이 적도 면과 만나 이루는 각으로 지오이드면을 기준으로 한 위도를 말한다.

④ 지심위도(ϕ_c)는 지구상 임의의 점과 지구의 질량 중심점을 잇는 선이 적도 면과 만나 이루는 각을 말한다.

⑤ 화성위도(ϕ_r)는 지구 중심으로부터 장반경을 반경으로 하는 구와 점 A를 지나는 적도 면의 법선이 만나는 점에서 지구 중심을 연결한 직선이 적도 면과 이루는 각을 말한다.

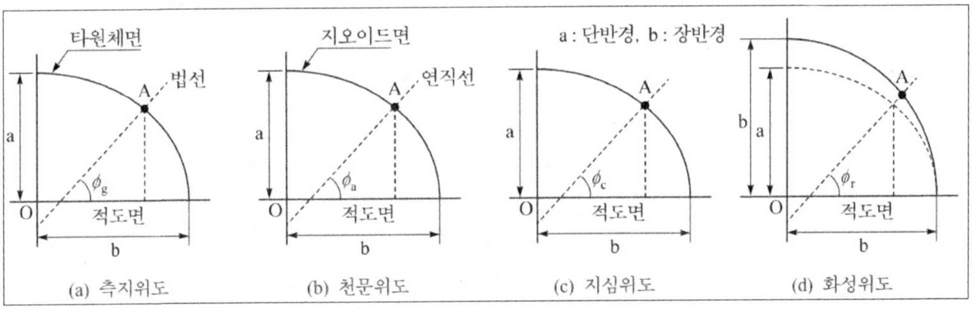

〈그림 1-29〉 위도의 종류

(2) 위도 관측소

① 위도 관측의 역사는 1898년 10월 국제측지학회 총회의 결정에 따라 북위 39°08′에 위도 관측소를 설치하고 1899년 6개국에서 동시에 위도 관측을 시작하였다.

② 위도 관측소에서 관측된 결과는 독일의 포츠담(Potsdam)에 설치된 중앙국에서 취합하여 알프레히트(Albrecht)를 중심으로 정리하여 매월 지구자전축의 위치를 산출하기로 된 것이다.

(3) 위도 결정

① 위도 결정은 탈코트법과 주자오선법을 이용하고 있다.

② 탈코트법은 천문관측으로 자오선 상의 남쪽과 북쪽의 두 별이 거의 같은 천문 각 거리에 있을 때, 측지위도는 두 별의 적위를 더하여 1/2을 곱한 것과 같다.

③ 주자오선법은 별이 자오선을 통과 전후 수 분 동안 각각의 별에 대하여 천정각의 거리를 여러 번 관측하는 방법이다.

(4) 위도 측정

① 위도측정은 지구타원체를 동서 방향의 위도선과 남북방향의 경도선을 도, 분, 초로 표시하며 투영법의 종류와 관계없이 임의의 위치 점을 표현할 수 있다.

② 위도는 적도로부터 북극 또는 남극으로의 각도로 표현되는 각 측정값이다.

③ 단고도법에 따른 위도측정 방법은 〈그림 1-30〉과 같이 천체의 위치로 적경(α) 및 적위(δ)와 관측지점의 지방시(t 또는 θ)를 미리 알 때는 관측 시의 천체의 시각(t)을 구할 수 있으므로 천체의 고도 $h = 90° - z$를 관측하면 위도(ϕ)를 구할 수 있다.

④ 적위가 90°에 가까운 북극성을 관측하여 위도 $\phi = 90° - Z_d$를 결정하며 Z_d는 천정각 거리이다.

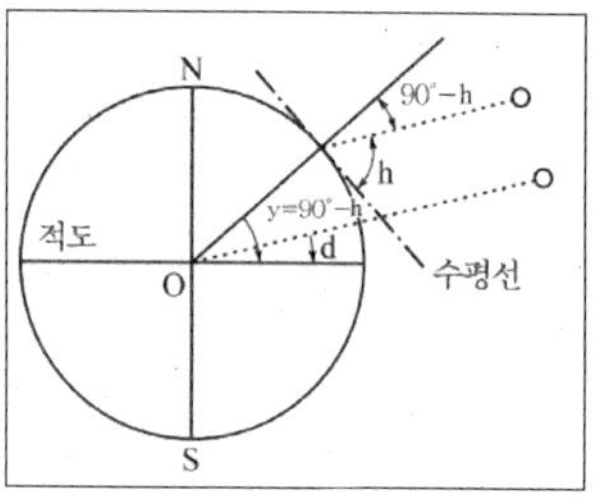

〈그림 1-30〉 위도 측정

1.6.2. 표준자오선

출제(용) : 135회

측량에서 표준자오선(標準子午線)은 일반적으로 지구의 경도 원점에 해당하는 그리니치 천문대에 설정한 그리니치 자오선 또는 본초자오선을 말한다. 측량에서는 경위도좌표계와 경위도 원점의 경도(Longitude)는 영국의 그리니치 천문대(Greenwich Observatory)를 통과하는 본초자오선(Prime Meridian)을 기준(0°)으로 하여 동쪽으로 180°까지 등분한 선을 동경(E)이라 하며 서쪽으로 180°까지 등분한 선을 서경(W)이라고 한다.

1.6.2.1. 본초자오선

① 본초자오선(Prime medians)은 영국 그리니치 천문대를 지나는 자오선이며 본초자오선과 적도의 교점이 원점이다.

② 본초자오선으로 결정된 영국 그리니치 천문대는 찰스 2세가 육지측량부 측량 대장에게 왕립천문대를 건설할 것을 지시하고 1675년 8월 10일 착수한 것이 오늘날의 그리니치 천문대이다.

③ 최초의 자오선은 그리니치 천문대에 자오선을 그어서 천문지도 작성이 목적이었다.

④ 1884년 10월 워싱턴에서 국제자오선회의(International Meridian Conference)에 참석한 25개 회원국 중에서 22개국이 영국의 그리니치 왕립천문대를 지나는 선을 본초자오선으로 채택한 후 결정되었다.

⑤ 자오선은 북극과 남극을 지나는 큰 원의 두 극에서 끝나는 반원을 말하며 본초자오선과 적도의 교점이 경위도원점이다.

(1) 표준시의 중심

① 그리니치 자오선은 1884년 워싱턴의 국제자오선회의에서 지구의 경도원점을 본초자오선으로 채택하였다.

② 1935년부터 본초자오선을 기준으로 세계시의 기준으로 설정하여 세계 각국의 표준시의 중심으로 결정하였다.

(2) 날짜변경선

① 본초자오선을 기준으로 동서를 각각 180°로 나누어 동쪽을 동경(E), 서족을 서경(W)이라 한다.

② 본초자오선의 반대 쪽인 태평양에 위치한 동경 180°와 서경 180°가 만난 지점을 날짜 변경선이라한다.

1.6.2.2. 대한민국 표준자오선

표준자오선(標準子午線)은 표준시를 정하는 기준이 되는 자오선을 말하며, 경도를 15°로 나누어떨어지는 경도를 채택하고 있다. 우리나라 표준시의 기준은 동경 127°30′과 동경 135°를 오가며 사용하였다. 대한민국표준시는 영국그리니치 천문대의 본초자오선으로 기준으로 하는 세계표준시(UTC; Universal Time Coordinated)에 9시간을 더한 동경 135°를 기준으로 하고 있으며 우리나라의 표준시이다.

(1) 특징

① 표준시는 한 지방에서 태양이 남중하는 표준 경도선을 기준으로 정해진 평균 태양시를 말한다.

② 평균 태양시는 천구상에서 균일하게 운동하는 가상적인 태양을 기준으로 했을 때, 태양이 어떤 지역에 남중하는 때를 12시, 한밤중을 0시로 정한 것이다.

③ 지구는 약 24시간마다 1회의 자전을 하기 때문에 1시간에 자전하는 경도 범위는 15°가 되어 각 도시마다 지방시가 달라지게 된다.

④ 각 지방의 태양시는 경도에 따라 조금씩 달라지므로 경도 15°마다 표준 경도선을 정하여 시간을 정한 표준시가 19세기 후반부터 사용되고 있다.

(2) 우리나라 표준시(표준자오선)의 변천

① 조선시대 세종(1434년)은 해시계(앙부일귀)를 만들어 서울의 정남향을 기준으로 표준시를 설정하였다.

② 1908년 동경 127°30′을 기준으로 표준시 변경

③ 1910년~1953년까지 동경 135°를 기준으로 표준시 변경

④ 1954년~1961년 8월까지 127°30′을 기준으로 표준시 변경

⑤ 1961년 8월~현재까지 127°30′을 기준으로 표준시 변경

(3) 우리나라 표준자오선의 논란

① 반대 의견

- 전 세계적으로 30분 단위로 표준시를 정한 사례는 극히 드물다.
- 국제 관계 등 여러 가지 면에서 고려해야 하는데 30분 단위로 변경하면 큰 비용이 발생하게 될 것이다.

② 찬성 의견

- 중국을 지나는 동경 120° 중에서 판단할 선택의 문제로 보는 게 적절하다는 의미이다.
- 중국과 일본의 시간 차이는 1시간 차이이므로 135°를 따르는 게 하루를 일찍 활용하는 측면 등에서 실용적이라 생각한다.

1.6.3. 평면직각좌표계

출제(용) : 117, 119회, (논) : 50, 60, 65, 66, 71, 75, 77회

평면직각좌표(Plane Rectangular Coordinate)는 어느 한 점을 좌표의 원점으로 하고 그 원점을 지나는 자오선을 X축, 동서 방향을 Y축으로 하여 각 점의 직교좌표 값을 X, Y로 표시하며 점의 위치를 2차원으로 나타내는 가장 대표적인 좌표계이다. 측량에 사용하는 측량 원자는 베셀(Bessel)이 발표한 1841년 값을 사용하고 투영 방식은 가우스상사이중투영법을 사용하였다.

(1) 평면직각좌표계의 특징

① X축은 좌표원점 O를 통과하는 자오선 방향을 말하고 Y축은 X축의 원점에 직교하는 직선이다.

② 원점을 중심으로 좌표를 구하려는 점을 양축과 평행인 두 직선이 원점에서 X축과 Y축의 방향으로 떨어진 거리만큼을 각각 X, Y의 좌표값으로 한다.

③ 평면직각좌표 원점은 동해, 동부, 중부, 서부 원점의 4개의 좌표계로 가상원점을 정하고 있다.

④ 평면직각좌표계는 투영 원점에 의한 좌표의 등록 방법으로 위성기준점, 통합기준점, 삼각점, 지적삼각점, 지적삼각보조점, 지적도근점, 일필지 경계점을 X, Y 좌표로 등록하는 체계이다.

⑤ 모든 좌표를 정(+)으로 하기 위하여 X축에 600,000m, Y축에 200,000m를 원점의 좌표로 표시한다.

⑥ 원점의 축척계수(m)=1.0000을 사용하며, 이중투영법에 따라 서부, 중부, 동부 원점이 있다.

⑦ 평면직각좌표계에서 서로 평행선인 도곽의 종선이 가리키는 방향으로 도북이라 하고 수평각 관측과 계산의 기준이 된다.

⑧ 측량 범위가 넓지 않은 지역에서 널리 사용되고 있으며 지적측량에서 많이 사용된다.

(2) 평면직각좌표계의 원리

① 평면상 한 점의 위치를 표시하는 데 대표적인 좌표계로 평면 위에 O점을 원점으로 〈그림 1-31〉과 같이 O점을 지나고 서로 직각으로 교차하는 두 직선 O_X, O_Y를 좌표축으로 한다.

② 평면상의 한 점 P를 지나며 X, Y축에 평행한 두 직선이 X, Y축과 만나는 점 P_1 및 P_2의 좌표축 상 길이 $OP_1 = \Delta x_1$, Δy_1와 $OP_2 = \Delta x_2$, Δy_2로 나타낼 수 있다.

③ 평면상 한 점 P의 위치는 Δx 및 Δy에 의하여 좌표축으로부터 P의 위치를 평면상에서 구할 수 있다.

④ 평면직각좌표 값은 X, Y로 표시하며 측점 P_1, P_2의 좌표를 결정하는 방법은 다음과 같다.

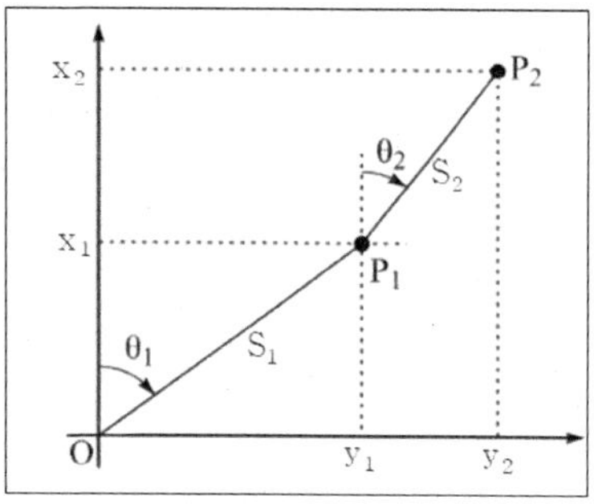

〈그림 1-31〉 평면직각좌표계

- $x_1 = S_1 \cdot \cos\theta_1$
- $y_1 = S_1 \cdot \sin\theta_1$
- $x_2 = x_1 + S_2 \cdot \cos\theta_2$
- $y_2 = y_1 + S_2 \cdot \sin\theta_2$
- $X_{P1} = X_o + x_1$
- $Y_{P1} = Y_o + y_1$
- $X_{P2} = X_o + x_2$
- $Y_{P2} = Y_o + y_2$

여기서, θ_1, θ_2 : 방위각, S_1 : O에서 P_1까지 거리, S_2 : P_1에서 P_2 까지의 거리이다.

(3) 평면직각좌표계의 활용

① 지적측량의 원점에 해당하는 서부, 중부, 동부, 동해 원점은 평면직각좌표계를 활용한다.

② 평면직각좌표계 원점의 좌표값은 X=600,000m, Y=200,000m으로 한다.

③ 지적기준점좌표 및 세계측지계를 이용한 측량성과를 공적 장부에 등록할 때 사용한다.

④ 수치측량의 일필지 경계점을 경계점좌표등록부에 등록할 때 사용한다.

⑤ 최근에는 지적측량의 좌표면적 계산 방법에 많이 활용하고 있다.

⑥ 지적재조사 사업으로 인한 경계점의 등록은 모두 평면직각좌표계를 이용하여 등록하고 있다.

1.6.4. 평면극좌표계

평면극좌표계(Plane Polar Coordinate)는 원점에서 일정한 방향을 원방향으로 하고, 한 점의 위치를 원점에서 그 점까지를 잇는 직선의 길이와 원방향과 직선이 만드는 각으로 나타내는 방법으로 근대 유럽 지역에서 18, 19세기경에 트랜싯을 사용하여 좌표를 결정한 방법이다.

(1) 평면극좌표계의 특징

① 점의 위치는 평면직각좌표 이외에 극좌표에 의하여 결정될 수 있다.

② 〈그림 1-32〉와 같이 기지점(O)에서 미지점(P)의 좌표를 계산하기 위해서 OP의 거리(r)와 방위각(V_o^P)의 값으로 표시한다.

(2) 평면극좌표계의 원리

① 평면직각좌표계를 평면극좌표계로 변환하는 방법

- OP의 거리(r) = $\sqrt{(X_O - X_P)^2 + (Y_O - Y_P)^2}$
- OP의 방위(θ) = $\tan^{-1}\dfrac{(Y_P - Y_O)}{(X_P - X_O)}$
- OP의 방위각(V_o^P)은 종선차와 횡선차의 부호에 따라 방위를 이용하여 결정한다.

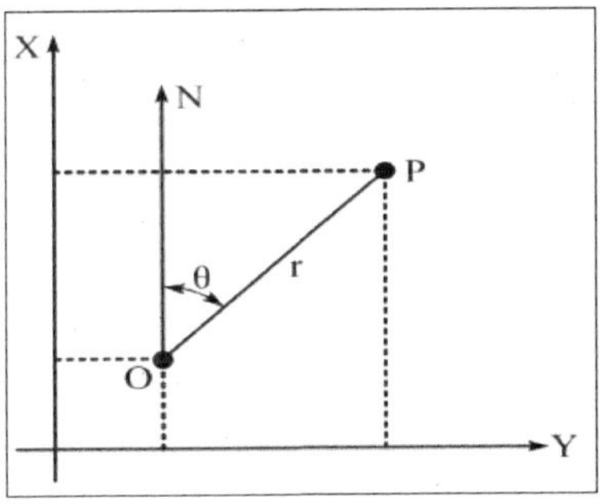

〈그림 1-32〉 평면 극좌표

② 평면 극좌표계를 평면 직각좌표계로 변환하는 방법

- $X_P = X_o + r \cdot \cos\theta$
- $Y_P = Y_o + r \cdot \sin\theta$

여기서, X_O, Y_O, X_P, Y_P : O점, P점의 X, Y 좌표값, V_o^P : O에서 P를 관측한 방위각, r : O~P까지 거리, θ : 내각이다.

(3) 평면극좌표계의 활용

① 평면극좌표계는 지적측량의 현장에서 많이 사용하는 방법이고 일반적인 측량에서 평면 위치결정을 위해서 사용하고 있다.

② 지적기준점 측량에서 활용하고 있으며 일필지측량에서 경위의를 사용하는 측량 방법으로 방사법이나 도선법을 이용하여 점의 위치를 결정한다.

③ 경계복원측량에도 평면직각좌표를 역계산하여 현장에 복원할 경우 방위각과 거리를 이용하여 표시하는 방법도 여기에 해당한다.

④ 최근에는 지적도면이 전산파일로 등록되면서 KLIS 데이터를 이용하여 전자평판측량에 의하고 있으므로 지적측량에서 세부측량은 모두 이 방법으로 실시하고 있다.

1.6.5. UTM과 UPS 좌표계

1.6.5.1. UTM 좌표계

출제(용) : 50, 92회

UTM 좌표(Universal Transverse Mercator Coordinates)는 국제 횡메르카토르 투영법에 따라 표현되는 좌표계로서 적도를 횡축, 자오선을 종축으로 한다. 이 좌표는 각 종대의 중앙자오선과 적도의 교점을 원점으로 하여 원통도법인 가우스크뤼거투영법으로서 상사투영 등의 등각투영이다.

(1) 좌표계의 투영 범위

① 지구를 회전타원체로 보고 80°N～80°S의 투영 범위를 경도 6°, 위도 8°씩 나누어 투영한 좌표계를 말한다.

② 〈그림 1－33〉과 같이 지구 전체를 경도 6°씩으로 구분하여 60개 구역(Zone)으로 나누고 각 종대의 중앙자오선과 적도의 교점을 원점으로 한다.

③ 각 구역은 180°W에서 174°W까지의 구간을 1로 시작하고 동으로 번호를 증가하여 174°E에서 180°E까지의 구간을 60으로 한다.

④ 위도는 8° 간격으로 20개의 구역으로 나누어 남쪽에서부터 영어의 알파벳 C에서 X까지(단, A, B, I, O는 제외)로 표시한다.

(2) 좌표계의 특징

① 투영 방식과 좌표 변환식은 가우스크뤼거투영법(TM)과 동일하며 미터 단위를 사용한다.

② 중앙자오선 상의 거리는 지구 표면상의 실제 거리보다 4/10,000만큼 축소되어 있다.

③ 구역 내의 거리의 왜곡은 ±4/10,000 내지 ±6/10,000 이내에 있도록 제한한다.

④ 제2차 세계대전 말기에 연합군의 군용 거리 좌표로 고안된 좌표계이다.

⑤ 우리나라에서는 축척 1/50,000 군용지도에 사용하고 있다.

⑥ 우리나라는 〈그림 1-34〉와 같이 51~52 (120°E~132°E)와 ST(32°N~48°N)에 속한다.

⑦ 축척계수

- 중앙자오선에 있는 원점에서 축척계수는 0.9996이다.
- 중앙자오선 양축에서 원통면과 만나는 두 경도선에서는 1.0000이다.
- 양쪽으로 3°씩 떨어진 자오선에서는 1.0010이다.
- 일본과 미국의 TM 평면 좌표계에서는 0.9999를 좌표원점에서 축척계수로 사용하고 있다.

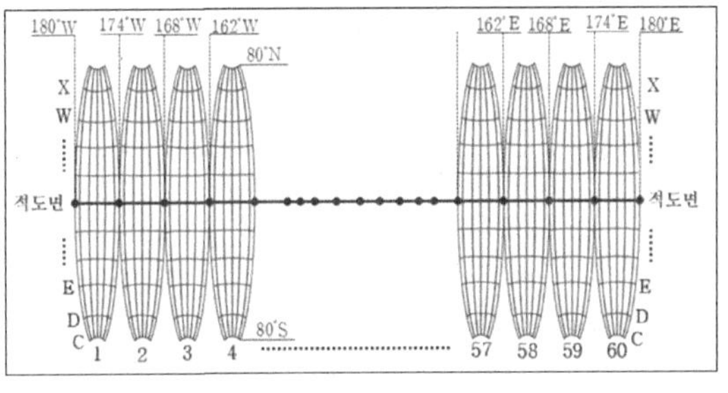

〈그림 1-33〉 UTM 좌표 구역 명칭

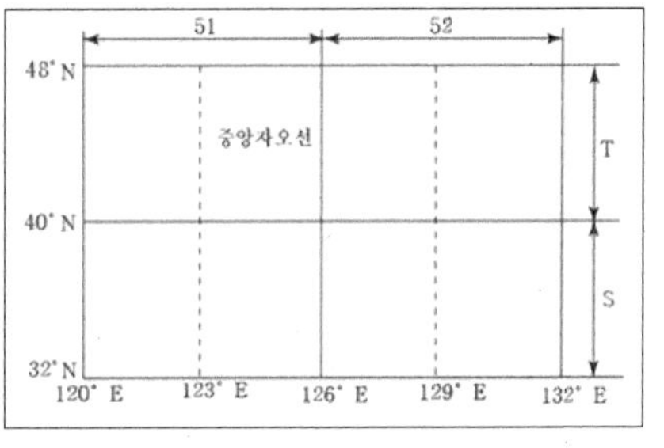

〈그림 1-34〉 우리나라 UTM 구역

(3) 좌표계의 원점

① 각 존(Zone)의 중앙자오선은 투영 중심을 지나는 선과 적도가 만나는 점을 원점으로 한다.

② 종좌표 N은 원점인 적도로부터 계산되며 북반구에서 0m 남반구에서 10,000,000m를 원점으로 한다.

③ 구역마다 좌표원점의 값은 동서 방향으로는 적도 선상에서 각 구역의 중심 자오선을 500,000m E로 한다.

④ 남북 방향의 좌표원점은 북반구에 대해서는 적도에서 0m N, 80°N에서는 10,000,000m N, 남반구에서는 80°S에서 0m N, 적도에서는 10,000,000m N이다.

1.6.5.2. UTM-K 좌표계

출제(용) : 99회

UTM-K는 기존의 파일 기반이 아닌 단일 DB 기반인 기본지리정보의 효율적 구축과 유지관리, 사용자의 편의성 제고를 고려하여 한반도 전역을 포괄하는 단일평면 좌표계를 기본지리정보 좌표계(UTM-K)로 정의하였다. 우리나라는 UTM과 같은 방법으로 투영계산을 하지만, 적도에 원점을 두고 있으므로 왜곡의 발생에 대한 대책으로 만들어진 것이 UTM-K 좌표계이다.

(1) 구성

① 투영법은 TM 투영법을 사용한다.

② 원점 축척계수는 0.9996이다.

③ 기준 원점은 경도는 동경 127°30′00″와 위도는 북위 38°00′00″의 교차점으로 정하고 있다.

④ 원점 좌표는 X축을 2,000,000m, Y축을 1,000,000m로 설정하였다.

(2) 특징

① 경위도 좌표 시스템(WGS84)과는 다른 좌표체계를 가진다.

② 대한민국 내에서 특화된 좌표 시스템으로 사용한다.

③ UTM-K 좌표 WGS84 좌표로 변환할 수 있다.

④ UTM(Universal Transverse Mercator) 좌표 시스템과 약간의 차이가 있다.

⑤ 대한민국의 지리적 특성과 형태를 고려하여 개발된 좌표 시스템이다.

(3) UTM-K 좌표 시스템의 활용

① 대한민국 내에서 다양한 지리데이터 및 위치 정보 서비스에서 사용하고 있다.

② 대한민국의 토지 관리, 도로 네트워크, 도시 계획 등과 같은 분야에서 정확한 위치정보를 제공하고 활용하고 있다.

③ 대한민국 내의 도시, 도로, 건물 등의 위치를 정확하게 파악하고 분석할 수 있다.

④ 어떤 특정 지점을 나타내는 UTM-K 좌표가 196346.510, 546085.860일 경우

- 196346.510은 동쪽(Easting)으로의 거리를 나타낸다.
- 546085.860은 북쪽(Northing)으로의 거리를 나타낸다.

⑤ UTM－K는 기관별 지리정보 구축 과정에서 발생한 오류수정과 다양하게 제작된 지도데이터를 연계·활용에 적용할 수 있다.

1.6.5.3. UPS 좌표계

출제(용) : 66, 105회

국제극심입체좌표(UPS; Universal Polar Stereo Graphic Coordinates)는 위도(남위, 북위) 80° 이상의 양극 지역의 좌표를 표시하는 데 사용한다. UPS 좌표는 극지방의 투영에 적합한 방위 평사도법을 사용하며 양극을 원점으로 하는 평면 직각좌표계이다.

(1) 좌표계의 특징

① UTM 좌표는 고위도 지역에서 심한 왜곡으로 사용하기 어려우므로 위도 80°이상의 지역을 표시하기 위하여 고안되었다.

② 북극 지역의 90°N에서 80°N까지를 UPS 좌표로 표현할 수 있다.

③ 거리 단위는 m이며 종선 좌표를 N, 횡선 좌표를 E로 표시한다.

④ 동서 방향으로는 90°E 방향으로 증가하는 값을 나타내고 남북 방향으로는 본초자오선을 따라 북극 쪽으로 증가한 값을 갖는다.

⑤ 〈그림 1－35〉와 같이 좌표계의 종축은 경도 0° 및 180°의 자오선이고, 횡축은 서경 90°와 동경 90°의 자오선이다.

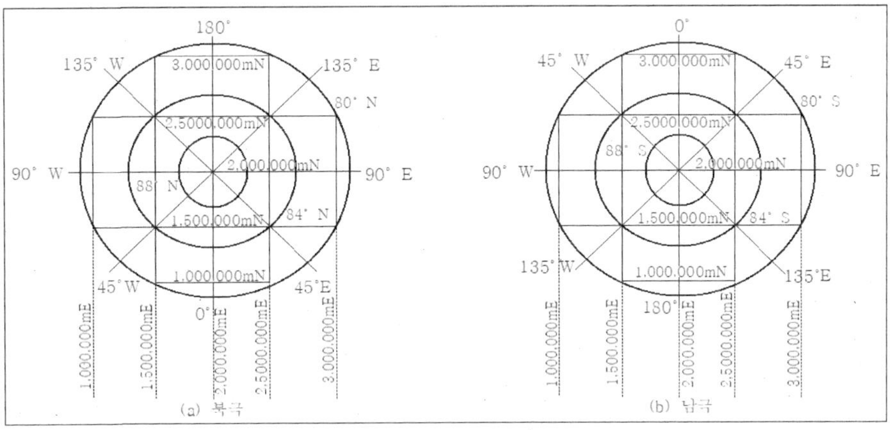

〈그림 1-35〉 UPS 좌표계 원점

(2) 좌표계 원점

① 좌표계 원점의 좌표값은 2,000,000m E, 2,000,000m N이다.

② 상단부가 3,000,000m이며, 도 좌측 끝에서 1,000,000m, 우측 끝부분이 3,000,000m이다.

③ 도북 방향은 북극지방에서 북극을 지나는 180° 자오선, 남극지방에서는 남극을 지나는 0° 자오선이다.

④ 동서 방향으로는 90°E 방향으로 증가하는 값을 나타내고 남북 방향으로는 본초자오선을 따라 북극 쪽으로 갈수록 증가하는 값을 갖도록 정한다.

⑤ 북극에서 좌표계 범위는 종선의 범위는 하단부가 좌표값 1,000,000m S, 원점이 2,000,000m S, 경도 180° 부근의 최상단 횡선이 3,000,000m S이다.

⑥ 횡선의 범위는 세로선으로 90°W 부근이 1,000,000m N, 원점이 2,000,000m N, 90°E 부근이 3,000,000m N이며, 남극의 경우는 반대이다.

1.7. 측량원점

출제(논) : 131회

지구상 여러 점의 수평 위치는 경도와 위도로 표시함을 원칙으로 하며 전국에 통일된 축척 및 동일 정확도의 지형도를 제작하기 위해서는 우선 국내의 적당한 지점에 정밀 천문측량에 의한 경위도 및 방위각을 관측하여 경위도원점을 설치하였다. 우리나라의 측량 원점은 구한말에 경기도와 경북지역의 구소삼각측량을 시작으로 1910년대 토지조사사업 당시 일본의 삼각망인 대마도의 유명산(有名山)과 어악(御岳)의 1등 삼각점과 우리나라의 거제도와 절영도를 기준삼각망으로 대삼각본점을 설치하여 전국에 삼각점을 설치하였다. 현행 법률에서 측량원점은 평면위치를 결정하는 경위도원점과 평균해수면의 높이를 결정하는 수준원점으로 구분하고 있다. 또한 좌표원점은 동부원점, 중부, 서부, 동해원점과 기타 좌표원점으로 구소삼각원점, 특별소삼각원점이 있다.

1.7.1. 경위도원점

경위도원점은 지구의 위도와 경도를 이용하여 지구상 절대적 위치를 표시하는 기준원점을 말하며 경도는 영국의 그리니치 천문대를 통과하는 본초자오선을 기준(0°)으로 동경(E)과 서경으로 구분한다. 일반적으로 사용하고 있는 측지경도는 본초자오선과 타원체면의 임의의 점을 지나는 자오선과 이루는 적도면상의 각을 말한다. 또한, 위도는 어떤 지점에서 준거타원체의 법선이 적도면과 만나는 각으로 자오선에 따라 적도에서 최소 각거리이다.

(1) 동경 경위도원점

① 1880년대 일본은 근대적 측지측량을 착수하게 됨에 따라 원점이 필요하게 되어 원점을 동경의 국토지리원 구내에 설치하고 1885년 관측을 완료하여 결과를 발표하였다.

② 관동 대지진에 의해 일본 원점의 자오환이 파괴되어 구체적인 원점위치가 없어지게 되었을 뿐만 아니라 단파산, 비차산 삼각점의 수평위치가 변화하였다.

③ 파괴된 자오환 중심과 신설된 1등 삼각보점과의 방위각이 실측되었다.

④ 일본 원점(동경원점)의 관측 결과

- 위도 : 139° 44´ 40.″5020
- 경도 : 35° 39´ 17.″5148
- 원방위각 : 156° 25´ 28.″442(비야산, 원점 녹야산)

(2) 대한민국 경위도 원점

① 경위도원점은 1981년부터 1985년까지 정밀천문관측을 실시하여 천문학적인 경도, 위도, 방위각의 값을 결정하였다.

② 원점의 위치는 〈그림 1-36〉과 같이 경기도 수원시 팔달구 원천동 111번지에 있는 국토지리정보원 내에 있으며 성과는 1985년 12월 27일에 고시하였는데 좌표의 수치는 다음과 같다.

- 북위(B) 37°16′31″.9034
- 동경(L) 127°03′05″.1451
- 원방위각 170°58′18″.190 (원점에서 경기도 화성군 태안면 소재 동학산 2등 삼각점 방향)

③ 1892년에 확정된 일본의 동경 원점을 이용하여 대마도를 거쳐 대삼각망을 구성하였다.

④ 임시토지조사국에서 삼각점 설치는 일본의 삼각측량과 연결하기 위해 1등 삼각점인 대마도 어악(御嶽)과 유명산(有明山)에서 〈그림 1-37〉과 같이 우리나라 절영도와 거제도의 삼각점에 연결한 사각망 형태로서 이를 소위 대마도 연락망이라 하며 (표 1.4)는 대마도 연락망 삼각점을 계산한 성과이다.

(표 1.4) 우리나라 삼각망의 출발점 제원

명 칭	경 도(동경)	위 도(북위)	구면거리(m)
동경원점	139° 44′40.5020″	35° 39′17.5148″	
유명산	129° 16′02.148″	34° 12′04.331″	41,121.846
어악	129° 22′19.228″	34° 33′41.873″	
절영도	129° 03′16.2455″	35° 04′45.0656″	41,758.997
거제도	128° 41′34.1968″	34° 50′56.7549″	

• 동경원점 원방위각 : 156° 25′28.442″(원점 녹야산)

〈그림 1-36〉 경위도원점

대삼각본점 (절영도 : 絶影島)   대삼각본점 (거제도 : 巨濟島)

〈그림 1-37〉 대삼각본점

⑤ 2001년 12월 19일 측량법이 개정되어 측량의 기준으로 세계측지계를 채용하고 최신 우주측지 기술을 이용하여 새로운 경도, 위도 및 방위각을 결정하였다.

⑥ 일본의 대삼각망이 확장된 형태이므로 위의 원점에 기준한 전면적인 측지기준망을 설치하지 않는 한 현재의 성과는 아직 상징적인 의미 만을 가지고 있다.

⑦ 최근 우리나라 경위도원점은 2002년 1월 1일 관측하여 03년 1월 1일 고시하였으며 대한민국 경위도원점의 변경 전, 후 성과는 (표 1.5)와 같다.

⑧ 원 방위각은 진북을 기준하여 우회로 측정한 원방위 기준점에 이르는 방위각이다.

(표 1.5) 대한민국 경위도원점

동경	북위	원방위각	원방위각 위치
127°03′14.8913″	37°16′33.3659″	3°17′32.195″	서울산업대학교 내 위성측지기준점

• 원점으로부터 진북을 기준으로 하여 오른쪽으로 측정한 서울산업대학교에 있는 위성기준점 금속표 십자선 교점

제1장

(3) 10″.405

출제(논) : 84, 135회

① 일본의 경위도원점인 동경 원점은 명치 시대에 영국 그리니치 천문대로부터 시베리아 방면과 하와이 방면에서 유선전신에 의거 시각을 맞춘 후 천문측량을 하여 1884년에 결정하였다.

② 1918년 문부성 고시에 따라 시각을 맞춘 후 개측을 실시한 바 경도 +10″.405만큼의 성과가 틀려있는 것을 발견하여 기존에 설치된 기준점 성과에 가산하여 계산을 시행하였다.

③ 우리나라는 동경 원점을 사용하고 있으므로 1910년대에 설치한 기준점 성과의 경도에 +10″.405만큼 보정을 실시한 후에 계산을 시행하여야 한다.

④ 동경 원점은 1915~1917년까지 양측에 의하여 경도 차에 대한 원점의 경도를 수정하였다.

⑤ λ_0 = 139°44′40″.502 E로 $-\Delta\lambda_0$ = +10″.405를 수정하여야 하나 성과표상 미수정으로 계산 시에 적용하도록 하였으나 적용하지 않는 부분도 많았다.

⑥ 그 당시 짓트만점의 경도를 대자오의 중심 값으로 보정한 경도와 문부성 고시에 의한 대자오의 중심 경도와의 차가 +10″.405인 것으로 나타나 모든 삼각점의 경도에 +10.405″를 더하게 되었다.

⑦ 기존 삼각점성과표의 경도에 +10″.405 가산

- 우리나라의 삼각측량 및 측지원점이 설정되었는데 일본은 1918년 9월에 그리니치, 시베리아, 블라디보스토크, 동경의 경도 차와 뉴욕, 샌프란시스코, 하와이의 경도 차의 평균치를 채택한 경도값을 발표하면서 기존 삼각점 성과표의 경도에 +10″.405를 가산할 것을 공시하였다.
- 1931년에는 기존 지형도의 도곽을 개정하는데 10″.405의 끝자리가 첨가된 것이 존재한다.
- 우리나라의 기준점 성과는 1910년대에 일제에 의해 토지 및 조세제도의 확립을 위한다는 명목으로 실시된 조선토지조사사업의 성과를 근간으로 하고 있다.

1.7.2. 수준원점

① 우리나라 국토의 높이 기준이 되는 험조장의 설치 기간은 1910년 3월에서 1915년 11월까지 연안해역의 평균해수면을 결정하여 수준측량의 기초로 설치하였다.

② 수준원점은 평균해수면을 알기 위해 청진, 원산, 목포, 진남포, 인천에 험조장을 설치하였다.

③ 토지의 높이 기준은 인천 앞바다의 평균해수면(표고 : 0m)을 기준으로 측량한다.

④ 5개소에 표석을 매설하여 수준원점으로 하고 이를 기준으로 전국에 고저기준점을 매설하였다.

⑤ 1945년 이후에는 인천의 기점을 원점과 같이 사용하였으나 6.25 동란으로 수준원점 대부분이 파괴되었다.

⑥ 현재 수준원점의 제원

- 소재지 : 〈그림 1-38〉과 같이 인천광역시 남구 용현동 253(인하공업전문대학교 구내)
- 관측년도 : 1964년 2월 28일~3월 11일에 인천 수준기점으로부터 정밀 관측
- 관측 방법 : 1917년 구 토지조사국에서 설치한 인천 수준기점에서 현재의 수준원점까지 3구간으로 구분하여 정밀 수준측량 방법으로 실시
- 원점 값 : 표고 26.6871m
- 설치일 : 1963년 12월 2일
- 설치기관 : 국토지리정보원
- 재질은 수정판으로 제작

〈그림 1-38〉 수준원점

⑦ 인천 앞바다의 평균해수면을 지상의 고정점에 설치한 것이 대한민국수준원점으로 국토지리정보원(구 국립지리원)에서는 1963년에 국토 높이(표고)의 기준이 되는 대한민국 수준원점을 설치하였다.

1.7.3. 평면직각좌표 원점

출제(용) : 104, 131회

우리나라 삼각점의 위치표시에 사용되고 있는 평면직교좌표는 가우스상사이중투영에 의한 좌표이다. 지적도상 각 점 간의 위치 관계를 편리하게 결정할 수 있으며 모든 삼각점의 평면 위치(X, Y)를 나타내는 기준이 된다. 원점을 중심으로 TM 투영한 평면상에서 원점을 지나는 자오선을 X축, 동서 방향의 위도선을 Y축으로 1910년 토지조사사업을 위하여 설치하였다.

토지조사사업 당시 평면직각좌표계의 원점은 서부원점, 중부원점, 동부원점의 3개 원점을 사용하였다. 원점은 토지조사사업 당시에는 종선(X)에 50만m (제주 55만m), 횡선(Y) 20만m를 가산하여 사용하였다.

평면직각좌표 투영 원점으로 정의하고 동부, 중부, 서부, 동해 원점이며 〈그림 1-39〉와 같다.「측량·수로 및 지적에 관한 법률」을 제정하면서 X축의 값을 600,000m로 규정하였다.

소삼각측량지역과 같이 소규모 지역에서 투영계산을 하지 않고 임의의 원점에서 북방향을 정하여 좌표계가 덮는 전 지역을 평면으로 가정하고 위치를 결정한 것이다.

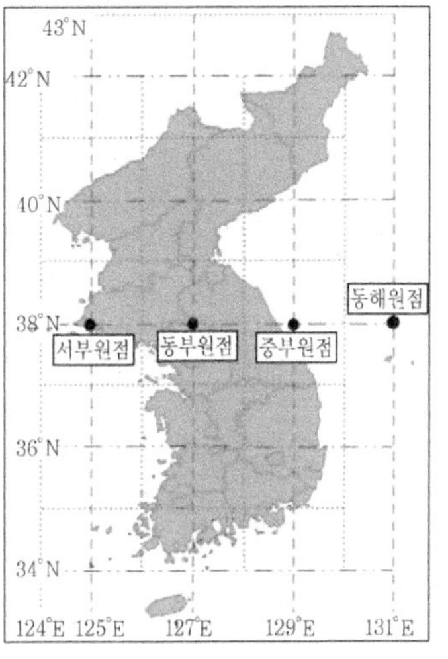

〈그림 1-39〉 통일원점 위치

(1) 동해원점

① 동해원점은 2003년 측량법의 규정에 의거 국제표준인 세계측지계를 적용한 위성기준점을 울릉도에 최초로 설치하여 동해원점으로 사용하였다.

② 동해원점은 북위 38°선과 동경 131°선의 교차점으로 우리나라 역사상 처음으로 일제강점기에 사용한 지적측량의 기준인 동경측지계가 세계측지계를 적용한 원점이다.

③ 세계측지계를 적용하면 울릉도 동해 원점 표석의 지적도상 좌표는 북위 37°28′57″.4331, 동경 130°54′02″.7496가 된다.

④ 동경 원점을 적용한 좌표는 북위 37°28′47″.05, 동경 130°54′01″.1705로 표시된다.

(2) 동부원점

① 동부원점은 〈그림 1－40〉과 같이 거제도와 절영도의 경위도를 연결하여 평면직각좌표로 투영 계산하였다.

② 해당 지역을 베셀 타원체상의 일부로 간주하고 타원체의 구면상에 투영하여 두 점의 구면 좌표를 구하고 다시 동부원점에 접하는 원통상에 투영하여 평면직각종횡선 좌표를 계산하였다.

③ 동부원점 계열의 다른 삼각점들은 거제도와 절영도의 X, Y 좌표에 의하여 삼각망 평균계산으로 구한 변의 길이와 방위각으로 평면직각좌표 X, Y 좌표를 구하였다.

④ 거제도와 절영도가 투영원점에서 남쪽에 치우쳐 있어 별도로 북위 40°의 함평망에 해당하는 기린산(麒麟山)과 월하산(月下山) 대삼각점의 경위도에서 평면직각좌표를 계산하여 사용함으로써 오차의 누적을 방지하였다.

⑤ 동부 원점의 위치는 북위 38°선과 동경 129°선의 교차점이다.

(3) 중부원점

① 중부원점은 〈그림 1－40〉과 같이 거제도와 절영도 간의 거리를 한 변으로 하여 대삼각본점망을 편성하면서 충경망의 측량 진행 중 경도 127°자오선 가까이 있는 용마산(龍馬山)과 수리산(修理山) 대삼각본점의 경위도를 중부원점에 연결하여 평면직각좌표를 결정하였다.

② 좌표원점을 지나는 자오선 가까이 있는 삼각점의 타원체 경위도를 원점에 접한 구면상에 투영하여 구면경위도를 구하고 다시 동일 원점에 접한 원통상에 구면 경위도를 투영하면 원점에 연결한 평면직각좌표로 계산된다.

③ 중부원점의 위치는 북위 38°선과 동경 127°선의 교차점이다.

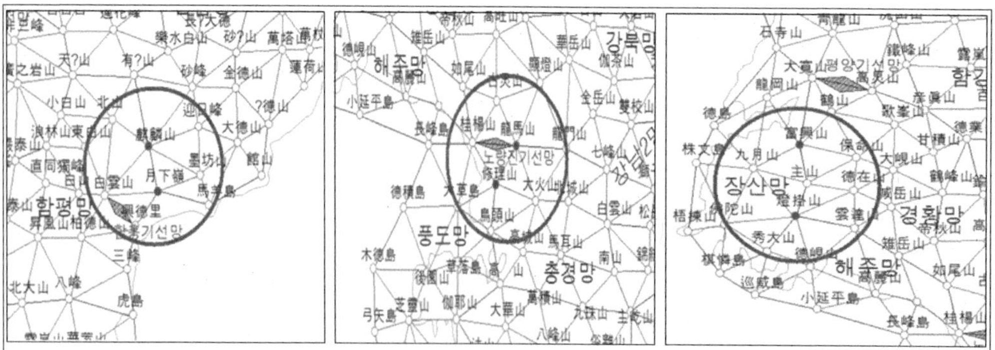

동부원점 중부원점 서부원점

〈그림 1-40〉 좌표원점

(4) 서부원점

① 서부원점은 〈그림 1-40〉과 같이 대삼각 경황망 가운데 경도 125°자오선 가까이 부흥산과 등괘산 대삼각본점의 경위도를 서부원점에 연결하여 평면직각좌표를 결정하였다.

② 동일원점 지역 내에 있는 삼각점의 평면직각좌표 계산에서 원점과 원점 사이의 지역인 경도 126°와 128°의 접속선 부근지역에서는 그 좌우 각 20′의 범위 내에 있는 삼각점들은 동서 쌍방원점에서 좌표를 산출하였다.

③ 투영법은 동부, 중부원점의 투영법과 같고 서부원점의 위치는 북위 38°선과 동경 125°선의 교차점이다.

④ 현재 사용하고 있는 우리나라 평면직각좌표 투영 원점의 위치는 (표 1.6)과 같다.

(표 1.6) 직각좌표계 원점 제원

원점명	원점의 경위도	투영원점의 가산수치	원점 축척계수	적용 구역	비 고
서부	경도 : 동경 125° 00′ 위도 : 북위 38° 00′	X(N) 600,000m Y(E) 200,000m	1.0000	동경 124°~126°	토지조사사업 당시 설치
중부	경도 : 동경 127° 00′ 위도 : 북위 38° 00′	X(N) 600,000m Y(E) 200,000m	1.0000	동경 126°~128°	
동부	경도 : 동경 129° 00′ 위도 : 북위 38° 00′	X(N) 600,000m Y(E) 200,000m	1.0000	동경 128°~130°	
동해	경도 : 동경 131° 00′ 위도 : 북위 38° 00′	X(N) 600,000m Y(E) 200,000m	1.0000	동경 130°~132°	2003년 신설

(5) 원점 좌표계 범위

① 평면 직각좌표계를 설정하는 경우 지나치게 광대한 지역을 한 개의 좌표계에 수용하는 것은 취급상 어려움이 있다.

② 어떤 조건을 기준으로 하고 한 개의 좌표계에 포함하여 일정한 범위를 설정하는 것이 일반적이다.

③ 가우스상사이중투영의 차이를 최소화할 목적으로 전국을 세 개의 구역으로 나누고 그 각각의 내부에 평면좌표 투영 원점을 정하고 독립된 평면 직각좌표계에 의하여 삼각점의 위치를 나타내고 있다.

④ 각각의 원점 사용 구역 내에서 지구 표면을 완전한 평면으로 취급할 수는 없으므로 가우스의 등각투영법을 사용하여 평면상에서 좌표계산을 하였다.

⑤ 원통투영법으로 X, Y를 계산한 두 점 간의 거리는 실지거리와 비교하면 원점 부근에서는 차이가 없으나 원점에서 멀어질수록 차이가 크게 나타난다.

⑥ 지상 각 점의 위치가 기준타원체 상에 투영된 위치로 결정되며 측량에서 사용되는 두 점 간의 거리는 타원체 상에 투영된 점간거리이다.

⑦ 정도는 지적측량에 사용되는 평면 직각좌표계의 평면거리와 구면거리의 차를 ±1/10,000 이내로 하여 좌표계의 범위를 정하고 있다.

⑧ 가우스상사이중투영법에서는 한 개의 원점으로 광대한 지역에 상사 조건을 만족하게 할 수 없으므로 남북 1,000km, 동서 700km를 하나의 좌표계 한계로 보고 있지만, 목적과 취급의 편리를 위하여 그의 구역을 이보다 좁게 하고 있다.

1.7.4. 기타 좌표원점

1.7.4.1. 구소삼각원점

출제(용) : 53, 84, 116회

구소삼각원점은 바로 도근측량의 기초가 되는 것으로 대삼각측량을 기초로 시행하여야 하나 구한국 정부는 정상적인 대삼각측량의 순서로 소삼각측량을 시행할 계획이었으나 대삼각측량은 생략하였다. 구소삼각측량은 토지조사 이전인 구한말에 실시한 측량으로 대삼각측량을 실시하지 아니하고 경인 지역 및 대구·경북지역에서 부분적으로 시행하였다.

(1) 설치 근거

① 1909년 준비 작업으로 경기도 부평군의 구소삼각측량 지역에 시험적인 조사를 시행하여 그 성과와 경험으로써 토지조사의 순서, 방법, 경비, 예산 등을 확정하기로 한 것이 토지조사사업의 제1차 계획이다.

② 1909년 11월부터 1910년 2월까지 부평군(현; 부평구)에서 구소삼각측량을 시험적으로 실시하여 문제점을 파악하였다.

③ 탁지부에 토지조사국을 개설하고 부평군(현, 인천광역시 부평구) 지역에서 시험적으로 토지조사를 시행한 후 대삼각측량을 거치지 않고 독립적으로 일부 지역에만 소삼각측량을 실시하였다.

(2) 원점의 수량

① 구소삼각원점은 〈그림 1-41〉과 같이 경기도와 인천 지역에 6개와 대구 경북 지역에는 5개 원점을 설치하여 11개 원점이 있다.

② 경기도와 인천 지역은 망산원점, 계양원점, 조본원점, 가리원점, 등경원점, 고초원점 등의 원점이 있다.

③ 대구경북 지역은 율곡원점, 현창원점, 구암원점, 금산원점, 소라원점 등의 원점이 있다.

(3) 원점의 위치

① 원점은 측량 대상 지역의 중앙에 설치하였다.

② 원점 지역의 크기는 종·횡 5,000방리(1방리=1里; 393m×1里; 393m)=약 4.0㎢를 1구역으로 하였다.

③ 원점의 수치는 종선(X)=0(間), 횡선(Y)=0(間)으로 하였다.

④ 측량 지역(27개 지역)

- 경인 지역 : 시흥·교동·김포·양천·강화·진위·안산·양성·수원·용인·남양·통진·안성·죽산·광주·인천·양지·과천·부평으로 19개 지역이다.
- 대구·경북 지역 : 대구·고령·청도·영천·현풍·자인·하양·경산으로 8개 지역이다.

〈표 1.7〉 구소삼각원점 위치

원점	경도	위도	삼각점 수(점)	위치
망산	동경 126°22′24". 596	북위 37°43′07". 060	77	경기 강화
계양	동경 126°42′49". 685	북위 37°33′01". 124	99	인천 서구
가리	동경 126°51′59". 430	북위 37°25′30". 532	85	경기 광명
등경	동경 126°51′32". 845	북위 37°11′52". 885	220	경기 남양
구암	동경 128°35′46". 186	북위 35°51′30". 878	171	대구 남구
금산	동경 128°17′26". 070	북위 35°43′46". 532	126	경북 고령
조본	동경 127°14′07". 397	북위 37°26′35". 262	169	경기 광주
고초	동경 127°14′41". 585	북위 37°09′03". 530	171	경기 용인
율곡	동경 128°57′30". 916	북위 35°57′21". 322	193	경북 영주
현창	동경 128°46′03". 947	북위 35°51′46". 967	121	경북 경산
소라	동경 128°43′36". 841	북위 35°39′58". 199	196	경북 청도
계	11개		1,619	

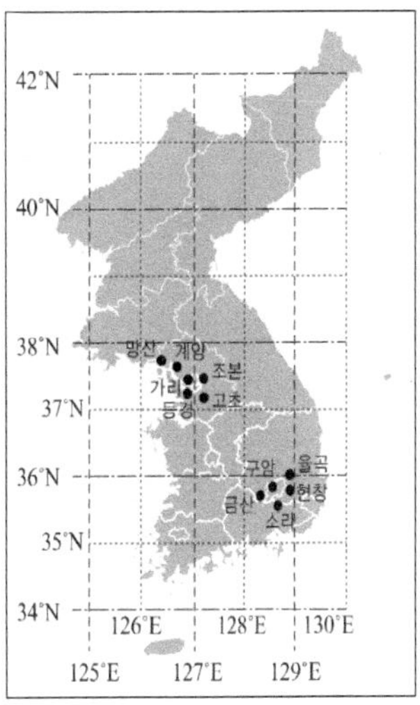

〈그림 1-41〉 구소삼각원점

(4) 원점의 특징

① 구소삼각점에서 북극성의 최대이각(Greatest Elongation)을 측정하여 진자오선과 방위각을 결정하였으며 천문측량을 바탕으로 하였다.

② 종횡선 수치에 정(+), 부(−)의 부호가 있었다.

③ 거리의 단위는 간(間)으로 하였다.

④ 1975년 지적법의 개정으로부터 전부 (m) 단위로 수정하였다.

(5) 측량성과

① 구한국정부에서 실시한 2~4등의 구소삼각점 수는 경기지역 821점, 경북지역 798점, 합계 1,619점이다.

② 경기지역 40점, 경북지역 63점 합계 103점은 통일원점의 성과와 병기되었다.

③ 측량 작업 순서는 선점, 조표, 표석매설, 관측, 계산의 순서로 실시하였다.

④ 1910년 대한제국에서 국지적으로 실시한 측량은 나중에 구소삼각원점을 일반 삼각측량과 계산상으로 연결하였다.

1.7.4.2. 특별소삼각원점

출제(용) : 48, 120회

① 특별소삼각원점은 1910~1912년 임시토지조사국에서 시가지 지세를 급히 징수하여 재정수요를 충당할 목적으로 실시하였으나 후에 통일원점지역의 삼각점과 연결하는 방식을 취하였다.

② 특별소삼각원점 측량 시행 지역은 〈그림 1−42〉와 같이 평양·의주·신의주·진남포·전주·마산·진주·나주·광주·목포·군산·원산·함흥·청진·경성·나남·회령·강경과 지형상 대삼각측량으로 연결할 수 없는 울릉도에 독립된 원점을 합하여 19개 지역으로 하였다.

③ 특별소삼각원점은 측량 지역의 서남단에 위치하는 삼각점으로 하고 종선(X)=10,000m, 횡선(Y)=30,000m로 가상의 수치를 이용하였다.

④ 삼각점의 결정은 기선의 한쪽 점에서 북극점 또는 태양의 고도 관측에 따라 방위각을 결정하였다.

⑤ 현재 성과표는 남아 있지 않고 측정 단위는 미터 단위를 사용하였으며 구과량을 고려하여 실시하였다.

⑥ 대삼각측량의 미완료 지역에 대해 미리 소삼각측량을 실시하고 일반삼각점과 연결하는 방식을 취하였다.

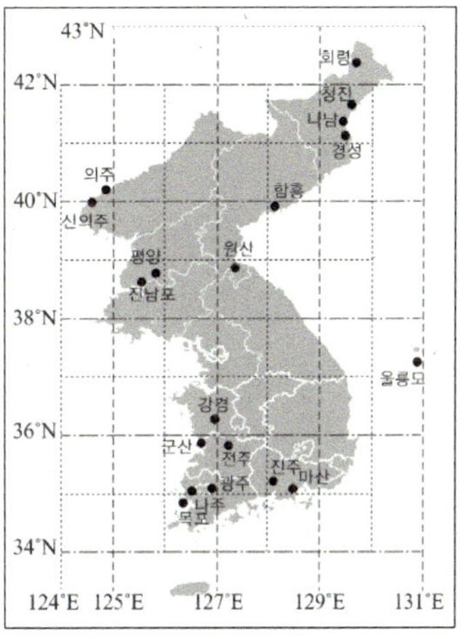

<그림 1-42> 특별소삼각원점

1.7.4.3. 최대이각법

출제(용) : 57회

천문측량은 천체를 관측하여 항공기나 선박의 운항항로를 바로 잡는다든가 또는 천제를 관측하여 지구상의 경위도 및 진북방위각을 측정하여 토지의 정확한 절대 위치를 결정한다. 지구의 형상과 크기를 측정하여 지구물리학 등의 기초자료 제공에 사용되고 있다. 북극성의 최대이각이란 방향각이 자오선에서 동 또는 서에서 가장 멀어진 때를 말한다.

(1) 천문측량의 필요조건

① 천체의 관측으로 지표상의 한점의 절대 위치를 결정함으로 삼각측량의 원점을 설치

② 삼각측량에 있어서 삼각망 조직상 피하지 못할 방위오차의 조정

③ 위치의 연결이 불가능한 도서지방의 지구상 진위치 결정

④ 삼각측량의 연결이 불가능한 지역의 지구상 진위치 결정

(2) 북극성의 최대이각

① 최대이각(最大離角)은 태양과 내행성과의 각거리가 최대로 되는 시각이며 지구에서 볼 때 태양의 동쪽으로 최대각 거리에 있는 경우를 동방최대이각, 서쪽의 경우를 서방 최대이각이라 한다.

② 동경이 1h(15°)만큼 증가하면 $50^{m}50^{s}$만큼 빠르고, 감소해도 동일하게 늦어진다.

③ 북위가 10°만큼 증가하면 0.9m만큼 동방이각의 시각은 늦어지고 서방이각의 시각은 빨라진다.

④ 북위가 ϕ인 임의 지점의 방위각은 $A'' = P \cdot \sec\phi$로 계산한다(A" : 초 단위 방위각이다).

⑤ 북위가 감소하면 반대로 동방이각의 시각은 빨라지고 서방이각의 시각은 늦어진다.

⑥ 시각은 중앙표준시에 의하며 방위각은 동방 또는 서방으로 잰다.

(3) 구소삼각측량에서 북극성 방위각

① 구소삼각측량에서는 독일제 경위의와 미국의 경위의를 사용하였다.

② 방위각은 2등 삼각측량 지역 중앙의 삼각점에서 북극성의 최대방위각을 관측한 것으로 방위각을 결정하였다.

1.8. 거리측량

측량에서 거리는 수평거리를 의미하며 한 점의 평면 위치를 결정하려면 어떤 기준선부터 그 점까지의 수평각과 수평거리를 측정하여야 한다. 지적측량에서는 평면상의 거리를 사용하며 일반적으로 짧은 거리는 수평거리를 사용하지만, 지적삼각점측량, 지적삼각보조점측량, 도근점측량, 세부측량 등에서 사용하는 거리는 평면거리를 사용한다. 평면거리는 지구의 표면을 평면에다 투영했을 때의 거리를 말하며 지적측량에서 삼각점과 삼각점 사이의 경사거리를 관측한 후 연직각과 표고를 이용하여 평면거리로 계산할 경우에 주로 사용한다.

1.8.1. 개요

1.8.1.1. 자의 변천 과정

① 프랑스가 주관하여 전 세계의 도량형제도를 통일적으로 실시하기 위해 1874년에 만들어진 백금의 미터원기를 대한제국에서는 평식원(平式院)을 설치하고 미터법을 도입하였다.

② 대한제국은 형식적으로는 미터법을 도입하였으며, 실제로는 도량형제도의 표준척인 곡척(曲尺)을 기본척으로 사용하였다.

③ 단위의 명칭에 밀리미터(mm), 센티미터(cm), 데시미터(decimeter=1m), 데카미터(decameter=10m), 헥토미터(hectometer=100m), km(kilometer=1,000m)와 같은 접두어를 사용하여 십진법이 되도록 하였다.

④ 지상거리를 측정하는 단위로 간(間)을 사용하였는데 1간의 1/10을 분(分), 분의 1/10을 1리(厘)라 하였다.

⑤ 도상길이를 측정할 때는 척(尺)을 사용하였으며 1척의 1/10을 분(分), 분의 1/10을 1리(厘)라 하였다.

⑥ 거리는 두 점 간의 위치의 차이를 나타내는 가장 기초적인 길이의 측정단위인 미터를 기준으로 한다고 계량법에 명시되어 있다.

⑦ 1척(尺)=10촌(寸)=100분(分)=1장(丈)=1m이며 1리(里)=1,386척=420m, 1식(息)=30리로 사용하였다.

⑧ 일본은 양지척을 곡척이라 했으며, 곡척(曲尺)=30.303cm, 1보(步=坪)=곡척방(曲尺方)으로 6척= 3.305785㎡을 1무(畝)=(30보=99㎡), 1단(段)=(10무=992㎡), 1정(町)=(10단=9,917㎡)이다.

⑨ 지상거리를 측정하는 단위로 간(間)을 사용하였는데 1간의 1/10을 분(分), 분의 1/10을 1리(厘)라 하였으며, 도상길이를 측정할 때는 척(尺)을 사용하였으며 1척의 1/10을 분(分), 분의 1/10을 1리(厘)라 하였다.

⑩ 1간(間)은 6척(1,818m)이고 1척은 0.303m로 하였으며 1963년 도량형제도를 국제적인 흐름에 따라 미터법으로 개혁하였으나 일시에 변경하기는 쉬운 일이 아니었다.

⑪ 1975년 지적법 개정으로 토지의 면적 단위를 척관법의 평은 토지대장 등록지, 무(畝)는 임야대장 등록지에서 세계 공통법인 제곱미터(㎡)로 환산하였다.

⑫ 1평(坪)=400/121㎡= 3.305785㎡로 하였으며 정밀한 값이 필요할 때는 약 20~30cm 길이에 10분의 1mm 눈금이 있는 부척(副尺)이 사용되었다.

1.8.1.2. 척관법의 길이

출제(용) : 104회

① 척관법에서 길이는 자(尺)를 기본으로 하여 배량과 분량이 정해지고, 면적은 한 변이 6자인 정사각형의 면적을 1평(坪)으로 하였다.

② 질량은 관(貫)을 기준으로 근(斤)과 함께 사용되었다.

③ 부피는 섬(石, 석), 말(斗, 두), 되(升, 승), 홉(合, 홉), 작(勺) 등이 사용되었다.

〈표 1.8〉 주척의 척관법과 미터법의 환산

단위	척관법	미터법	단위	척관법	미터법
호(毫)	–	0.02mm	보(步)	6주척(周尺)	120cm
리(釐)	10호(毫)	0.2mm	장(丈)	10주척(周尺)	2m
분(分)	10리(釐)	2mm	연(鏈)	100주척(周尺)	20m
촌(寸)	10푼(分)	2cm	1리(里)	2,100주척(周尺)	4.2km
주척(周尺)	10치(寸)	20cm	1식(息, 站)	30리(里)	12.6km

(자료 출처 : 증보문헌비고(補文獻備考) 권지91 악고(樂考)2)

④ 척관법과·미터법의 환산
- 1자(尺)=0.303m=30.3cm
- 1촌(寸)=0.030m=10푼
- 1간(間)=1.81818m=6자
- 1푼(分)=0.003m=3.03mm
- 1정=60간(間)
- 방리(方里)=1리=400m
- 1decimeter=10m
- 1m=0.55간(間)
- 1리=36정

⑤ 길이의 경우는 1자(尺)가 10/33m(약 0.303030m)로 결정하였다.

⑥ 자(尺)의 분량으로는 치(寸)와 푼(分)이 많이 사용되는데 1치가 1/10자이며 1푼이 1/10치로서 10진법이 사용된다. 그 배량으로는 6자가 1칸(間), 60칸이 1정(町), 36정이 1리(里)이다.

⑦ 1리가 약 3.9km로서 10리가 약 39km 정도가 되어, 우리가 통상적으로 10리가 약 4km라고 알고 있던 것과 크게 다른 것을 알 수 있다.

⑧ 최초로 미터법을 도입한 1902년에 제정된 도량형 규칙에 1리는 420m로 정해짐으로 1리가 1,386자(또는 2,100주척)로 되어있다.

⑨ 1918년 사이에 토지조사사업 당시 지상거리를 측정하는 단위로 간(間)을 사용하였다.
- 간의 1/10을 분(分), 분의 1/10을 리(厘)
- 도상 길이를 측정할 때는 척(尺)을 사용
- 척의 1/10을 분(分), 1/10분을 리(厘)라 하였다.
- 1간은 6척(1,818m)이고 1척[1)]은 0.30m이다.

⑩ 1975년 지적법 전면 개정으로 전국의 토지 면적 단위를 척관법의 평(토지대장 등록지), 무(임야대장 등록지)에서 만국 공통법인 제곱미터(㎡)로 하였다. 이때, 1평(坪)=400/121㎡=3.305785㎡로 하였다.

⑪ 단위 계산

- 9분(粉; 약 90cm)
- 약 10정(町=약 1km)
- 1촌(寸)=3cm)
- 3dm(=30cm)
- 장(丈=10尺=약 3m)

1.8.1.3. 간승

출제(용) : 98회

측량용 기구의 하나로 속에 심줄을 넣고 겉을 실로 짜 감은 끝에 자 눈금을 황동 판으로 매긴 것이다. 지름 3~4mm의 튼튼한 줄에 1칸 또는 1m마다 금속 고리로 표시되어 있다. 토지의 넓이를 측정하기 위해 길이를 측정하는 가는 줄을 말하며 일정 간격으로 눈금이 되어 있다. 취급이 간편하나 신축이 커서 정밀도는 높지 않다. 일정한 거리마다 표를 붙여서 이것을 기준으로 하여 거리를 조정한다.

1.8.2. 거리의 종류

출제(논) : 65회

측량에서 많이 사용하고 있는 거리에는 경사거리, 수평거리, 연직거리, 평면거리, 기준(타원체)면상 거리 등으로 크게 구분할 수 있다. 하나의 경사거리를 측정하면 나머지 4가지 거리를 환산하여 구할 수 있다. 또한, 측정한 거리에는 여러 가지 이유로 인하여 오차가 포함되는데 그 중 구차(球差)와 기차(氣差)를 소거하여 관측값을 참값에 가깝게 하여야 한다.

1) 서울특별시, 서울지적연혁지, 1993, p.305

1.8.2.1. 거리의 종류

① 경사거리는 지표면의 두 점간 거리를 지면의 형태에 따라 측정한 거리를 말하며 두 점 간의 연직거리를 이용하여 기하학적으로 계산하면 수평거리를 얻을 수 있다.

② 수평거리는 수평 방향의 두 지점 사이의 거리를 수평거리라 한다.

③ 기준면상거리는 수평거리를 투영 보정하여 얻은 거리이다.

④ 평면거리는 투영된 지도상에서 측정한 거리로서 기준면상 거리가 평면으로 투영된 거리를 말한다.

⑤ 수직거리는 수직의 직선 위의 두 점 간의 거리이다.

⑥ 연직거리의 측정은 수준측량의 결과로 알 수 있지만 가까운 거리에서는 보통 경사거리에 두 점 간의 구배(句配)를 측정하여 이에 대한 삼각함수 값을 곱하거나 나누어 수평거리와 연직거리를 얻을 수 있다.

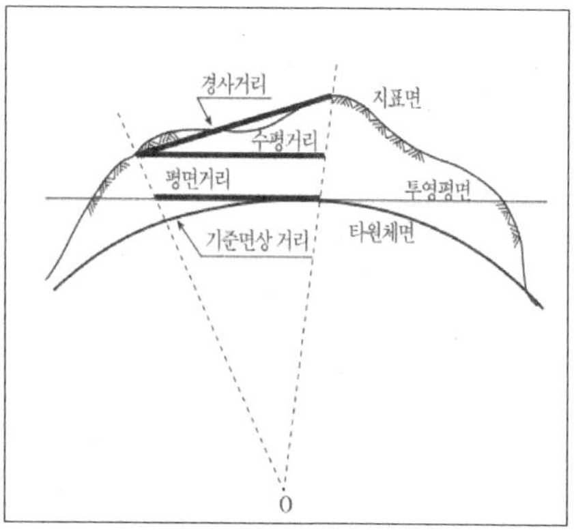

〈그림 1-43〉 거리의 종류

1.8.2.2. 기준면상거리

거리 측정은 측량에서 가장 기본적인 측량으로 보통거래는 기준면에서 대응하는 지점 간의 최단 거리로 정의되며, 전파거리측정기로 측정한 거리는 경사 거리이므로 기준면상 거리로 변환하여야 한다. 측량에서는 모든 거리를 지구타원체 상으로 변환하여 사용하므로 수평거리를 장거리 기선해석이 필요한 1등 삼각측량이나 삼변측량에 이용하기 위해서는 다시 타원체면으로 변환한 기준면상 거리로 환산하여 사용한다.

(1) 연직각에 의한 계산

① 〈그림 1-44〉에서 P_1, P_2의 측정 거리를 D, P_1, P_2의 표고를 각각 h_1, h_2, 지구의 곡선 반지름을 R, 수평거리를 S라고 한다.

② P_1에서 천정각을 z_1, 기차를 γ라고 하면 sin 법칙에 따라 $\frac{R+h_2}{\sin 180^\circ - (z_1 + \gamma)} = \frac{D}{\sin\theta}$에서 $(R+h_2)\sin\theta = D \cdot \sin(z_1+\gamma)$이므로 $\sin\theta = \sin\frac{S}{R} \fallingdotseq \frac{S}{R} - \frac{S^3}{6R^3}$이 된다.

③ 위의 식에 대입하면 좌변 $= (R+h_2)\sin\theta = (R+h_2)(\frac{S}{R} - \frac{S^2}{6R^2})$

$= R(1+\frac{h_2}{R})(1-\frac{S^2}{6R^2}) = S(1+\frac{h_2}{R})(1-\frac{S^2}{6R^2})$의 P_1, P_2에서 고도각을 α_1, α_2라 하면

$z_1 = 90° - \alpha_1$, $z_2 = 90 - \alpha_2$이다.

④ 위의 식에 대입하면 우변 $= D \cdot \sin(z_1 + \gamma)$,

좌변 $= D \cdot \sin 90° - (\alpha_i - \gamma) = D \cdot \cos(z_1 + \gamma)$이다.

⑤ $D(\cos\alpha_1 \cos\alpha_2 + \sin\alpha_1 \cos\gamma) \fallingdotseq D \cdot \cos\alpha_1(1 + R \cdot \tan\alpha_1)$에서 $\cos\gamma \fallingdotseq 1$, $\sin\gamma \fallingdotseq 1$

이면, $S(1+\frac{h_2}{R})(1-\frac{D^2}{6R^2}) = D \cdot \cos\alpha_1(1 + R \cdot \tan\alpha_1)$이 된다.

⑥ $S = D \cdot \cos\alpha_1(1 + R \cdot \tan\alpha_1)(1+\frac{h_2}{R})^{-1}(1-\frac{S^2}{6R^2})^{-1}$

$\fallingdotseq D \cdot \cos\alpha_1(1 + R \cdot \tan\alpha_1)(1-\frac{h_2}{R})(1-\frac{S^2}{6R^2})$

$\fallingdotseq D \cdot \cos\alpha_1 - \frac{Dh_2}{R}\cos\alpha_1 + \frac{D^3}{6R^2}\cos\alpha_1 + DR \cdot \sin\alpha_1$

$\fallingdotseq D \cdot \cos\alpha_1 - \frac{Dh_2}{R}(1-\frac{\alpha_1^2}{2})$에서 z_1에 z_2를 관측한다.

⑦ 위의 식에서 α_1을 α_2, h_2을 h_1에 대입하면 $S = R \cdot \cos\alpha_2 - \frac{Dh_2}{R}$이 된다.

⑧ R=6,370km를 사용하면

$2S = D(\cos\alpha_1 + \cos\alpha_2) - \frac{D}{R}(h_1 + h_2)$

$= 2D \cdot \cos\frac{1}{2}(\alpha_1 + \alpha_2) \cdot \cos\frac{1}{2}(\alpha_1 - \alpha_2) - \frac{D}{R}(h_1 + h_2)$

$\fallingdotseq 2D \cdot \cos\frac{1}{2}(\alpha_1 + \alpha_2) - \frac{D}{R}(h_1 + h_2)$이다. 여기서, S : 기준면상 거리, D : 경사거리, h_1, h_2 : 표고, R : 지구반경, α_1, α_2 : 연직각이다.

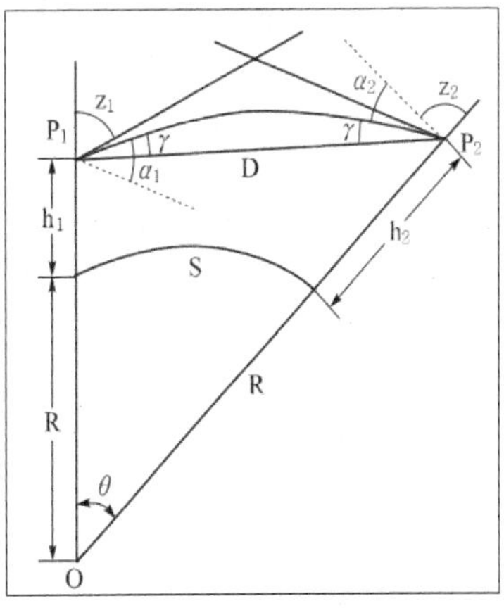

<그림 1-44> 거리 계산 개념도

(2) 표고에 의한 계산

① 〈그림 1-44〉의 $\triangle OP_1P_2$에 cos 제2 법칙을 적용하면

$D^2 = (R+h_1)^2 + (R+h_2)^2 - 2(R+h_1)(R+h_2)\cos\theta$이다.

② $\cos\theta = \cos\frac{S}{R} \fallingdotseq 1 - \frac{S^2}{2R^2}$을 대입하면

$$D^2 = (R+h_1)^2 + (R+h_2)^2 - 2(R+h_1)(R+h_2)(1-\frac{S^2}{2R^2})$$

$$= (R+h_1) - (R+h_2)^2 + (1+\frac{h_1}{R})(1+\frac{h_2}{R})S^2 = (h_1-h_2)^2 + S^2(1+\frac{h_1}{R})(1+\frac{h_2}{R})$$ 이다.

③ $S = D^2 - (h_1-h_2)^2\ \ (1+\frac{h_1}{R})^{-1}(1+\frac{h_2}{R})^{-1} \fallingdotseq D^2[1-\frac{(h_1-h_2)^2}{D^2}]\cdot(1-\frac{h_1+h_2}{R})$

$\fallingdotseq D^2[1-\frac{(h_1-h_2)^2}{D^2}](1-\frac{h_1}{R})(1-\frac{h_2}{R})$ 이므로

$S \fallingdotseq D^2[1-\frac{(h_1-h_2)^2}{D^2}](1-\frac{h_1-h_2}{R})$에서 $S = D - \frac{(h_1-h_2)^2}{2D} - \frac{D\cdot(h_1+h_2)^2}{2R}$이다.

여기서, S : 기준면상 거리, D : 경사거리, h_1, h_2 : 표고, R : 지구반경이다.

1.8.2.3. 평면거리

출제(용) : 47, 53, 71회, (논) : 52, 120회

평면 거리는 지구의 표면을 평면에다 투영했을 때의 거리를 말하며 일정한 높이에서 측정한 경사 거리는 고도각을 측정하여 수평거리로 환산하고 이 수평거리를 표고값에 의한 보정을 하여 준거타원체 위의 기준면상 거리로 환산한 후 다시 적절한 원점을 기준으로 투영한 거리이다. 지적측량에서 삼각점과 삼각점 사이의 경사 거리를 관측한 후 연직각과 표고를 이용하여 평면 거리로 계산할 때 주로 사용한다.

(1) 계산 방법

① 경사거리를 수평거리로 계산한 후 다시 투영 보정으로 기준면상 거리로 환산하고, 마지막으로 필요한 원점에서 평면에 투영한 평면거리를 계산한다.

② 평면거리는 삼각점과 삼각점 사이의 경사거리를 관측하고 연직각과 표고를 이용하여 계산한다.

③ 평면거리 계산은 연직각에 의한 계산 방법과 표고에 의한 계산 방법으로 계산한 거리를 평균한 값이다.

④ 측정 거리는 측정한 온도, 기압을 보정하여 측정 길이를 계산한 후 기계 정수, 반사경 정수를 보정하여 구한다.

(2) 평면거리 계산

① 평면거리계산은 〈그림 1－45〉의 그림을 이용하여 연직각을 이용한 계산과 표고를 이용한 계산을 할 수 있다.

② 연직각을 이용한 계산

- 기준면상거리$(S) = D \cdot \cos\frac{1}{2}(\alpha_1 + \alpha_2) - \frac{H_1' + H_2'}{2R}$ 이다.
- $\cos\frac{1}{2}(\alpha_1 + \alpha_2)$값은 두 점의 삼각점에서 관측한 연직각을 평균하여 cos 값으로 구한다. 여기서, D : 경사거리, H_1' : 측점의 표고와 기계고를 합한 값, H_2' : 시준점의 표고와 시준고를 합한 값, 지구의 곡률반경(R) : 6,372,199.7m, S : 기준면상 거리, i : 기계고, H_1, H_2 : 표고, f : 시준고, α_1, α_2 : 연직각 높이, R : 지구곡률반경이다.

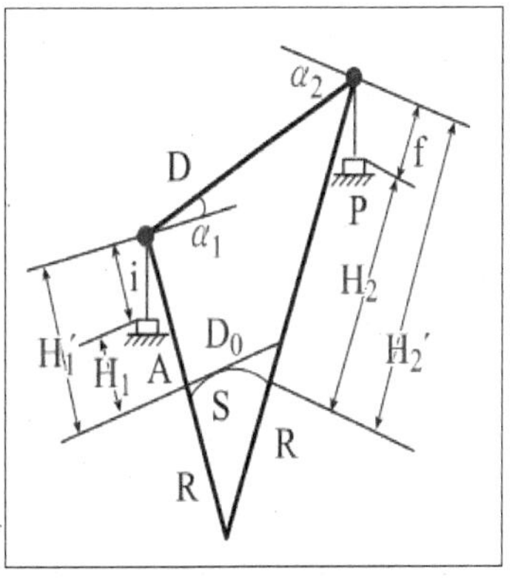

〈그림 1-45〉 평면거리 계산

③ 표고를 이용한 계산

- 기준면상거리$(S) = D - \frac{(H_1' + H_2')^2}{2D} - \frac{D \cdot (H_1' + H_2')}{2R}$이다. 여기서, S : 기준면상거리, D : 경사거리, H_1, H_2 : 표고, H_1' : 측점의 표고와 기계고를 합한 값, H_2' : 시준점의 표고와 시준고를 합한 값, R : 지구곡률반경이다.

④ 평면거리$(D_0) = S \times K$ 에서축척계수$(K) = 1 + \frac{(y_1 + y_2)^2}{8R^2}$이다. 여기서, y_1, y_2 : 원점에서 삼각점까지 횡선거리(km), S : 기준면 거리, R : 곡선반지름(6372199.7m), K : 축척계수이다.

(3) 지적측량에서 활용

① 지적측량에서 삼각점과 삼각점 사이의 경사거리를 관측한 후 연직각과 표고를 이용하여 평면거리로 계산할 경우에 주로 사용한다.

② 지적삼각점 및 지적삼각보조점 설치 시 점간거리는 5회 측정하여 그 측정치의 최대치와 최소치의 교차가 평균치의 10만분의 1 이하일 때에는 그 평균치를 측정 거리로 하고, 원점에 투영된 평면거리에 의하여 계산한다.

③ 지적기준점을 설치 시 표고 계산은 기지점에서 소구점까지의 평면거리를 이용하여 계산한다.

1.8.2.4. 지도에 표현하는 거리

측량에서 관측된 거리는 경사거리로 이를 기준면상에 투영한 수평거리로 환산하여 사용함을 원칙으로 하여 지도에 표시하기까지의 환산 절차는 관측된 경사거리를 평균해수면의 표고 기준면이나 관측 지역의 평균 표고 수준면상의 거리로 환산하여 평면, 원통, 원추상에 투영하여 지도상의 거리를 나타낸다.

(1) 투영면상 거리의 환산

① 측량에서는 경사거리, 수평거리, 연직거리, 평면거리, 기준면상 거리 등을 사용하고 있다.

② 연직거리의 측정은 수준측량의 결과로 알 수 있지만 가까운 거리에서는 보통 경사거리에 두 점 간의 구배(句配)를 측정하여 이에 대한 삼각함수 값을 곱하거나 나누어 수평거리와 연직거리를 얻을 수 있다.

③ 측량 분야에서는 모든 거리를 지구타원체 상으로 변환하여 사용하므로 수평거리를 1등 삼각측량이나 삼변측량에 이용하기 위해서는 다시 타원체면으로 변환한 기준면상 거리로 환산하여 사용한다.

④ 평면거리는 투영된 지도상에서 측정한 거리로서 기준면상 거리가 평면으로 투영된 거리를 말한다.

⑤ 일정한 높이에서 측정한 경사거리는 고도각를 고려하여 수평거리로 환산하고, 이 수평거리를 표고값에 의한 보정을 하여 준거타원체 위의 기준면상 거리로 환산한 후 다시 적절한 원점을 기준으로 투영한 거리가 평면거리이다.

(2) 거리 환산 방법

① 경사거리 보정

- 고저차 관측 : $C_h = -\frac{h^2}{2L}$
- 경사각 관측 : $C_g = -(\frac{\alpha^2}{2\rho^2}) \cdot L$ 여기서, C_g : 경사 보정량, h : 고저차, L : 경사거리, α : 경사각, ρ : 206265″이다.

② 수평거리 보정

- $C_H = -(\frac{H}{R}) \cdot D$ 여기서, C_H : 표고 보정량, H : 평균 표고, R : 지구반경, D : 임의 지역의 수평거리이다.

③ 기준면상의 거리 보정

- $S = K \cdot s$ 여기서, s : 투영면상 거리(d), S : 기준면상 거리, k : 축척계수이다.

1.8.2.5. 유클리드거리

유클리드 거리(Euclidean distance)는 두 점 사이의 거리를 계산하는 방법 중 하나로, 피타고라스의 정리와 유사한 개념이다.

(1) 특징

① 유클리드거리는 항상 0보다 크거나 같으며, 두 점이 동일한 경우에는 0이 된다.

② 2차원 또는 3차원 공간에서 두 점 사이의 거리를 구할 수 있다.

③ n차원 공간에서도 일반화하여 사용할 수 있다.

④ 거리가 작을수록 두 점이 가까이에 있음을 나타내며, 거리가 클수록 두 점이 멀리 떨어져 있음을 나타낸다.

(2) 계산

① 〈그림 1-46〉과 같이 2차원 평면에서 두 점(x_1, y_1)과 (x_2, y_2) 간의 유클리드거리는 다음과 같이 계산한다.

② 유클리드거리(d) = $\sqrt{(x_2 - x_1)^2 + (y_2 - y_1)^2}$

③ 유클리드거리 공식은 두 점의 좌표를 입력 받아서 직선거리를 계산하는 수학공식이다.

④ 각 차원의 차를 제곱해서 모두 더한 값의 제곱근이다.

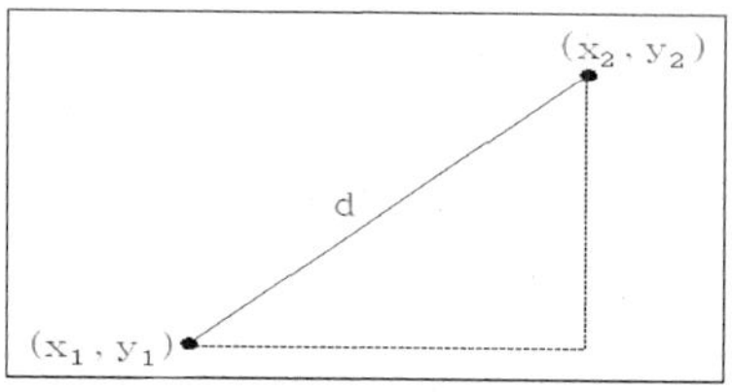

<그림 1-46> 유클리드거리 계산

(3) 유클리드 기하학

① 고대 그리스의 수학자 에우클레이데스(유클리드)가 구축한 수학 체계로 《원론》은 기하학에 관한 최초의 체계적인 논의로 알려져 있다.

② 유클리드의 방법은 직관적으로 받아들일 수 있는 공리를 참으로 간주한다.

③ 유클리드가 이끌어낸 많은 성과는 일찍이 오래전의 수학자들에게 알려져 있었던 것이다.

④ 그의 《원론》은 평면 기하학과 함께 시작되며, 이는 3차원에서의 공간 기하학으로 계속해서 이어진다.

⑤ 유클리드 공간은 중력장이 거의 작용하지 않는 공간에서만 실제 세계와 잘 들어맞는 근사적인 이론이라는 것이 아인슈타인의 일반 상대성이론에 함축되어 있다.

(4) 유클리드 거리의 활용

① 유클리드거리(Euclidean distance) 공식은 시각적으로 표현할 때 사용된다.

② 비디오게임이나 3D 모델링에서 객체간의 거리를 계산하고 시각적 효과를 나타낼 때 사용된다.

③ 실험데이터에서 변수간의 관계를 파악할 때 사용된다.

④ 유클리드거리 공식은 일상생활에서 다양한 형태로 적용되고 있다.

⑤ 운동 경로나 산책로의 거리를 측정할 때 유클리드거리 공식을 활용한다.

⑥ GPS에서 두 점 사이의 거리를 계산할 때 사용된다.

1.8.3. 지거측량

출제(용) : 43, 45, 50, 113회

지거법(offset Method)은 측량할 지물에서 기지 직선의 부근에 있는 점들을 결정할 때 적합한 방법으로 기지 직선에 내린 수선의 발과 수선(垂線)의 길이를 측정하여 야장에 기재하고 내업으로 도면을 그려 필요한 성과를 얻는 방법이다. 그러나 검증할 방법이 없으므로 기지 직선에서 가까운 거리에 있는 점의 결정에만 사용한다.

(1) 특징

① 경사가 완만한 곳에서는 지표면에 따라 거리를 측정한다.
② 경사를 고려할 때는 pole을 사용하여 줄자의 한끝을 수직으로 올려 줄자를 수평으로 한다.
③ 지거가 기준선에 대하여 직각이 되도록 측정한다.
④ 지거의 길이는 20m 이하의 줄자를 사용하는 것이 좋다.

(2) 측정 방법

① 〈그림 1-47〉과 같이 X, Y를 기지 직선이라 할 때 그 좌우에 있는 점 A, B, C, D를 결정하기 위해서는 XY의 직선상에 수직으로 a, b, c, d 점을 측정하여 길이를 결정한다.
② 〈그림 1-47〉과 같이 미지점(P)으로부터 내린 수선의 발을 C라 하면 CP는 P 점에서 AB에 이르는 많은 선분 중에서 가장 최단 거리가 된다.
③ 〈그림 1-47〉과 같이 지상 X, Y의 선을 도상에 x, y로 그어놓고 지상의 AM의 거리를 측정하여 도상에 am을 결정하고 지상의 점 BN 거리를 측정하여 도상에 bn으로 위치를 결정하는 방법이다.
④ 지거법은 검증할 방법이 없으므로 주의하고 지거의 길이는 되도록 짧게 한다.
⑤ 지거는 도상 2cm 이하로 하며 본선과 지거가 직각을 이루는 최솟값으로 결정한다.
⑥ 중요한 지물은 정확성을 위하여 〈그림 1-48〉과 같이 사지거로 측정하면 좋다.

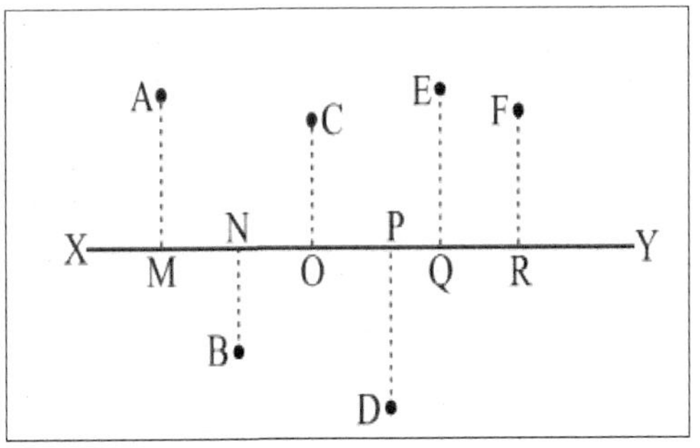

〈그림 1-47〉 지거법

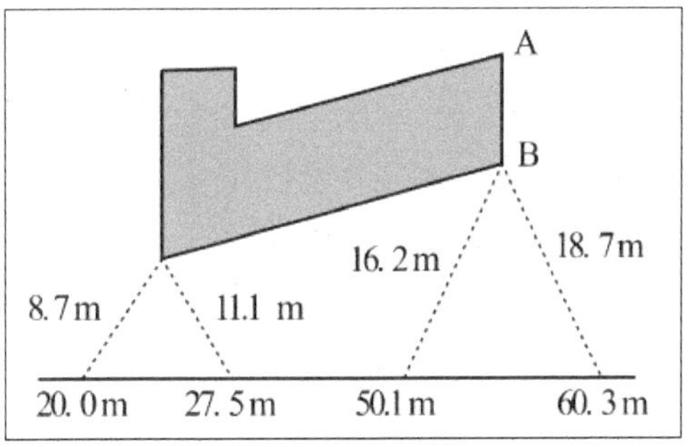

〈그림 1-48〉 사지거법

(3) 지거 측량

① 지거 측량은 기준선을 정하여 기준선에서 좌우의 대상물까지의 수직거리를 말하며 오프셋(Offset)이라고도 한다.

② 방법은 2명이 1팀이 되어 한 명은 줄자의 0을 측정하려는 곳에 맞추고 다른 사람은 테이프와 기준선이 직각이 되도록 줄자를 좌우로 움직여 최솟값이 되면 줄자 눈금을 읽고 기재한다.

③ 지거를 측정할 때는 측선 상에 줄자를 잡아당겨 놓고 다른 줄자의 한쪽 끝을 건물 등의 지거를 측정하는 A점에 유지하고 줄자를 연장하여 측선을 향해서 잡아당기고 측선에 수직으로 지거 AB를 측정한다.

④ 〈그림 1-49〉의 (a)와 같이 수선의 발 B의 위치는 지거가 짧을 때는 목측으로 측정하여 직각이 되도록 결정한다.

⑤ 〈그림 1-49〉의 (b)와 같이 지거가 길 때는 줄자로 원호(圓弧)를 그리고 이것이 측선과 만나는 두 점 CD를 맺는 선분 CD의 중심점을 구하여 수선 발의 위치 B점을 찾는다.

⑥ 〈그림 1-49〉의 (c)와 같이 중요한 점의 위치를 결정할 때는 세 변의 길이를 측정하는데 AB, AC를 사지거(Diagonal Offset)라 한다.

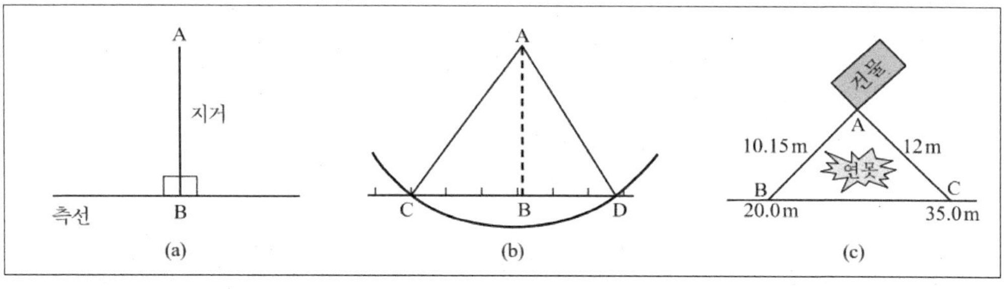

〈그림 1-49〉 지거측량 방법

(4) 야장 기재 방법

① 야장(Filed Note)은 측량의 결과를 기재하는 수첩으로 야장의 형식은 사용자, 측량기기, 측량방법 및 목적 등에 따라 다르다.

② 야장의 기재는 일정한 방식에 따라 기록하고 결과를 명확히 알 수 있어야 하며 점검이 쉬우므로 착오가 없도록 해야 한다.

③ 야장의 형식은 기록식, 약도식, 종란식으로 구분할 수 있다.

1.8.4. 전자파거리측정기

전파와 광파를 총칭하여 전자파라고 하며 전자파에 의한 거리측정장치를 전자파측거기(Electronic Distance Measuring)라고 한다. 전파측거기는 측점에 설치한 기계점에서 시준점에 설치한 프리즘으로 되어 있다. 이들 두점은 기계점에서 시준점에 고주파를 발사하여 되돌아오는 발사파와 반사파의 위상차로부터 거리를 구하는 원리이다. 광파측거기(Light Wave)는 전파 대신에 빛을 사용하는 것으로써 강하게 변조된 빛을 측점에 설치한 기계로부터 발사하여 목표 지점에 설치한 반사경에 반사하여 돌아오는 반사광의 위상차로부터 거리를 구하는 원리이다.

1.8.4.1. 측정 원리

출제(용) : 87회

① EDM의 측정 장치는 본체로부터 발사되는 광파가 측정점에 설치된 반사경(Reflector)에서 반사되어 되돌아올 때까지의 위상차를 측정하여 거리를 측정하는 방식을 사용한다.기

② 전자파 거리관측기와 각 관측기인 전자 데오돌라이트의 조합에 의한 각과 거리를 동시에 관측할 수 있다.

③ 위상차는 특수한 조건에서 시간 또는 길이의 단위로 나타나는 주파수 일부분으로 간주할 수 있다.

④ 〈그림 1-50〉과 같이 거리 D의 구간, 파장 λ의 전파를 왕복시킨 결과 전파의 수가 n개, 끝부분의 위상차 로 나타났다.

⑤ 그 결과 $2D = n \cdot \lambda + s$에서 $D = \frac{\lambda}{2} \cdot n + \frac{s}{2}$이다.

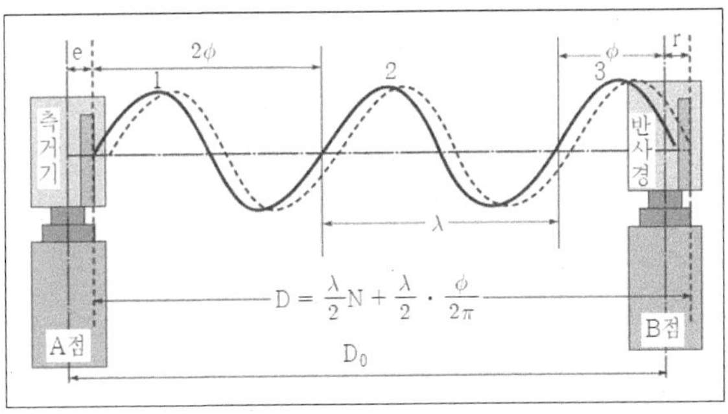

〈그림 1-50〉 전자파측거기의 원리

실선 : 발사파

점선 : 반사파

D_0 : AB 사이의 거리

e : 기계 정수

r : 반사경 정수

D : 측정 거리

ϕ와 2ϕ : 위상차

1.8.4.2. 거리측정 오차

출제(논) : 116회

전자기파 거리측량기를 사용할 때 생기는 오차에는 거리에 비례하는 것과 비례하지 않은 것이 있다. 전자기파 거리측량기의 오차는 모두 주파수 및 굴절률에 의해 많은 영향을 받는다.

(1) 거리에 비례하는 오차

① 광속도의 오차

- 진공 중의 광속도는 국제적으로 299,792,458km(±1.2m)의 값을 사용하였다.
- 광속도 오차는 일반적인 측량에는 전혀 영향이 없다.
- 일반적으로 진공 중의 광속도 오차에 관해서는 생각하지 않는다.

② 광변조주파수의 오차

- 주파수 오차는 관측 거리에 크게 영향을 준다.
- 광변조 주파수를 f, 주파수 오차를 Δf라 하면 관측 거리 D에 미치는 오차 $(d) = -(\frac{\Delta f}{f}) \times D$ 이다.

③ 굴절률의 오차

- 굴절률의 오차가 Δn이면 거리 오차는 $d = -(\frac{\Delta n}{n}) \times D$ 이다.
- 관측 거리가 수 km로 1/10,000 정도의 거리 관측 정밀도가 요구된다.
- 관측 양 끝점의 기상 자료로부터 굴절률을 구하면 충분하다.

(2) 거리에 비례하지 않은 오차

① 위상차 관측 오차

- 관측자가 위상차를 구하는 거리측량기에는 기계의 분해능에 가해지는 관측자의 관측 오차가 있다.
- 크기는 일반적으로 1~2cm 정도이다.

② 기계 상수, 반사경 상수의 오차

- 거리측량기에는 기계 상수가 있으나 이 오차의 크기는 2~3mm 정도이다.
- 반사경 상수도 같은 정도이다.

1.8.4.3. 오차 발생원인

출제(용) : 43, 45회

① 기계나 반사프리즘을 측점에 정확히 세우지 못하였을 때 발생하는 오차
② 기압, 온도, 습도 등을 정확히 측정하지 못하였을 때 발생하는 오차
③ 위상차 측정 시 기계의 부정확성에서 발생하는 오차
④ 위상측정에 사용되는 광선의 영점이 기계의 이론적 중심과 불일치에서 발생하는 오차
⑤ 변조된 실체적인 주파수와 이론적 주파수가 다른 경우 발생하는 오차
⑥ 굴절률 부정확성에서 발생하는 오차
⑦ EDM의 오차로는 광속도의 오차, 광변조 주파수의 오차, 굴절률의 오차, 편심 오차, 위상차 오차, 영점오차가 있다.

1.8.4.4. 전자파측거기의 오차 보정

출제(논) : 53, 63회

거리 측정은 모든 측량의 기본이 되며 모든 측량의 관측값은 정확한 값이 없어 최확값을 사용하므로 정오차와 부정오차를 보정하여야 한다. 변측량 방식인 EDM의 거리측량에서 발생하는 오차를 보정하기 위해서는 기상보정, 영점보정, 투영 보정을 하여야 한다.

(1) 기상보정

① 공기 중을 통과하는 전자파는 기온·기압·온도 등의 영향을 받아서 전파속도가 변화하므로 기후를 측정하여 측정 거리에 보정하는 것을 기상보정이라고 한다.
② 기상보정은 외부의 영향을 받는 오차 원인이 대부분으로 측정기구의 시스템에 의한 영향은 직접 관측할 수 있는 관측 변수와 직접 관측할 수 없는 관측 변수로 결합이 되어 있다.
③ 기상 상태로 관측이 곤란한 변수는 지구대기의 급격한 변화, 강수(Precipitation), 아지랑이(Haze), 안개(Fog) 등이 있다.
④ 관측 가능 변수는 온도, 기압, 증기압 등으로 반송파의 파장에 따라 그 효과는 다양하다.
⑤ 진공 중의 광속도는 현재 국제적으로 299,792,458km(±1.2m)로 정하였다.
⑥ 측정 신호의 파급 속도와 같으므로 측정 신호는 기상 상태에 따라 다양한 속도에서 같은 거리로 진행된다.

⑦ 기상에 의한 변수는 직접 측정이 가능한 변수와 불가능한 변수가 있으므로 주의해야 한다.

⑧ 진공 중의 광속도(c_0)와 굴절률(n)이며, 대기 중의 광속도 C와의 관계는 $C = \frac{c_0}{n}$와 같다.

⑨ 어떤 기상 조건에 따른 굴절률(n_s), 이것에 대응하는 빛의 속도를 c_s라 하면 $c_s = \frac{c_0}{n_s}$, 즉 $c_0 = n_s \cdot c_s$이다.

⑩ 기상에 의한 광속도의 변화는 매질인 공기 굴절률의 변화로서 취급된다.

⑪ 기상보정은 측정한 기온(℃ 단위)과 기압(mmHg 단위)은 광파 측거기의 광파의 고유파장을 사용하여 구하고 측정 거리를 보정하여도 좋다.

⑫ 보정값의 계산은 각 측정기구의 사용 설명서에 기압과 온도에 따라 보정을 할 수 있다.

(2) 영점보정

출제(용) : 43, 45, 50회

① 거리 측정은 일반적으로 프리즘이 많이 사용되고 있으나 기계중심점이나 프리즘의 중심점은 지상의 측점과 일치하지 않아 발생하는 오차로 보정하여야 한다.

② 영점오차는 2~3mm 정도이며 최신 장비는 정확한 값이 등로되어 있으며 대부분 자동으로 보정되고 있다.

③ 정확한 값을 알 수 없거나 장시간 사용 후에 기계의 성능을 점검할 필요가 있을 때는 영점보정량(Zero Correction)을 새로 결정한다.

④ 관측 장비의 보정값과 일치하는 프리즘인가를 확인한 후 정확한 값을 설정하여 관측하여야 한다.

⑤ 입사각에 의한 오차

- 프리즘은 연직선으로 세워야 한다.
- 오차는 프리즘에 입사하는 광의 각에 따라 발생한다.
- 입사각에 의한 오차는 측량 결과에 미치는 영향이 크다.

⑥ 반사프리즘의 구심 위치는 일반적으로 〈그림 1-51〉과 같이 프리즘 내에 있으므로 δ은 마이너스 값이 된다.

⑦ 프리즘 정수

- 프리즘 정수는 장비사에 따라 출고 당시 정수가 지정되어 있으나 수정하여 사용할 수가 있다.

- 프리즘은 자체의 고유 정수가 있으므로 광파 측거기와 맞는 프리즘을 사용하는 것이 좋다.
- 프리즘의 굴절률은 대기보다 높으므로 굴절률을 고려하여 결정한다.

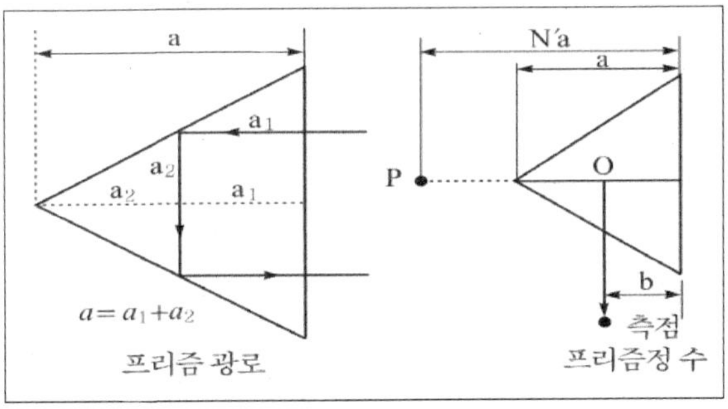

〈그림 1-51〉 프리즘의 구조

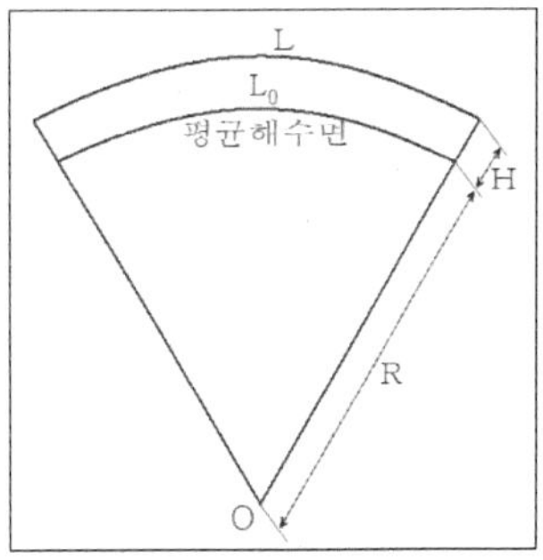

〈그림 1-52〉 투영 보정

(3) 투영보정

출제(용) : 52, 59, 68, 78회

① 투영보정(Project Correction)은 평균해면으로 타원체의 반경은 원점에서의 평균 곡선반지름을 사용하며 표고보정이라고도 한다.

② 기선은 평균해수면의 곡선에 따라 측정하므로 평균해수면상에 투영된 값을 보정하여야 하며 투영보정이라고도 한다.

③ 광파측거기로 측정하는 거리는 경사거리를 기준면상의 거리로 변환하는 보정을 투영보정이라 한다.

④ 〈그림 1-52〉와 같이 평균해수면으로부터 높이가 H인 곳에 기선을 설치할 경우 지구곡률반경(R=6,370km), 관측한 수평거리를 L, 평균해수면상에 투영한 거리를 L_0이라 하면

$\frac{L_0}{L} = \frac{R}{R+H}$ 에서 $L_0 = L\left(1-\frac{H}{R}\right) = L - \frac{L \cdot H}{R}$ 이다.

⑤ 표고보정은 어떤 표고에서의 거리를 기준면상의 거리로 보정하며 보정량의 부호는 항상 (−) 이다.

(4) 축척보정

출제(용) : 72회

① 기준면상의 거리(S)를 평면직각좌표 상의 평면거리(D)로 보정한다.

② 평면거리(D) = 구면거리(S)×축척계수(S/D)로 계산한다.

③ 거리보정계산의 일반식

- 보정거리 = 측정거리 + 온도보정량 + 경사보정량 + 자정수보정량 + 투영보정량이다.
- 보정 후 거리(D) $= L + \alpha L(t - t_0) - \frac{h^2}{2L} \pm \frac{\Delta\ell}{\ell} \cdot L - \frac{L \cdot H}{R}$ 식과 같다. 여기서, h : 고저차, L : 측정거리, $\ell \pm \Delta\ell$: 자정수, α : 자의 팽창계수, R : 지구의 평균곡률반경, t : 측정시 온도, H : 평균표고, t_0 : 표준온도이다.

1.8.4.5. 지적측량에 활용

① 전자파에 의한 거리 측정법은 전자파가 2점 사이를 왕복하는 시간을 측정하여 계산하는 방법이 있지만 일반측량용으로는 정밀도에 문제점을 내포하고 있다.

② 전자파측거기는 각과 거리를 동시에 관측할 수 있으며 수평거리와 수직거리 및 각도를 실시간으로 계산하여 모든 데이터를 종합적으로 관리할 수 있는 측량 장비로 지적측량에서는 기 초점 측량과 경계점좌표등록부 시행 지역에서 많이 사용되고 있다.

③ 측점에 세운 기계로부터 전자기파를 발사하여 시준점에 세운 반사경에서 반사하여 되돌아오는 반사파의 위상과 발사파의 위상차를 이용하여 거리를 측정하는 방법이다.

④ 거리측량에서 프리즘은 측량의 정확도에 따라 3소자 또는 1소자를 사용할 수 있으며 우천시나 장애물이 있는 지역에서는 고려되어야 한다.

⑤ 전파기 또는 광파기측량방법에 따른 지적삼각점의 관측에는 표준편차가 ±(5mm+5ppm) 이상인 정밀측거기를 사용하여야 한다.

⑥ 점간거리는 5회 측정하여 그 측정치의 최대치와 최소치의 교차가 평균치의 10만분의 1 이하일 때에는 그 평균치를 측정 거리로 하고, 원점에 투영된 평면거리에 의하여 계산한다.

⑦ 삼각형의 내각은 세 변의 평면거리에 의하여 계산하며, 기지각과의 차는 ±40초 이내이어야 한다.

1.8.5. TS(Total Station)

각도와 거리를 동시에 측정할 수 있는 기능이 함께 갖추어져 있고 데이터를 짧은 시간에 처리하거나 표시하여 결과를 출력하는 전자식측거·측각기이다. 정밀도가 높은 성과를 현장에서 직접 얻을 수 있게 되었으며 각종 데이터의 입력과 출력을 함으로써 업무처리에 효율을 기할 수 있다.

1.8.5.1. 특징

① 측량에 필요한 모든 관측과 계산의 수행이 가능하며, 관측데이터들은 저장매체(RAM)에 자동으로 저장할 수 있다.

② 측점의 수가 많고 측점의 좌표 및 복잡한 지역을 쉽게 측량할 수 있다.

③ 측량의 정확성, 신뢰성, 생산성 등의 향상으로 측량 작업시간과 소요인원을 줄일 수 있다.

④ 지표상 위치의 결정과 도면이나 알려진 좌표를 지표에 측설(복원)하는 작업을 신속하게 수행할 수 있다.

⑤ 노선측량, 용지측량, 중심선측량 등에 필요한 각종 정보를 입력하여 현지 측량을 실시 할 수 있다.

⑥ 장비의 각종 기능키를 사용하여 저장, 삭제, 확대, 축소 등이 가능하여 이용분야가 광범위하다.

⑦ 장비에 저장된 데이터는 컴퓨터에 직접 연결하여 필요한 측량계산을 시행할 수 있는 조작이 간편하다.

⑧ 다양한 기능을 갖춘 수평거리, 연직거리, 좌표값 등의 사항을 실시간으로 계산할 수 있다.

1.8.5.2. 장비의 구성

① 외관 : 상부구조, 하부구조, 망원경, 보조장치

② 상부구조 : 컴퓨터(프로그램), 저장장치, 액정화면, 입력key, 망원경, 수평축, 연직축, 기포관

③ 하부구조 : 평반, 정준장치(나사 & 기포관)

1.8.5.3. 장비의 기능

① 각 관측 : 데오돌라이트와 동일한 방법으로 관측

② 거리관측 : 경사거리, 수평거리, 고저차 관측

③ 좌표관측 : 미리 입력된 기계고, 반사경 높이, 기계점 좌표에서 목표점까지의 수평거리와 수평각 및 고도각을 관측하여 목표점의 3차원 위치를 결정

④ 방향각(방위각)의 설정 : 후시점의 방향각은 입력 또는 좌표를 자동 설정

1.8.5.4. 관측

(1) 좌표 관측

① 좌표 관측은 입력된 기계점 좌표, 설정된 방위각, 시준점까지의 수평각과 거리를 관측하여 시준점의 좌표 계산

② Ni(X좌표)=No+S×sin|z(천정각)×cos|h

③ Ei(Y좌표)=Eo+S×sin|z(천정각)×cos|h

④ Zi(Z좌표)=Zo+Mh(기계고)+S×sin|z(천정각)−Ph(프리즘고)

(2) 후방교회 관측

① 2개 이상의 기지점에서 기계점까지의 거리를 관측하여 기계점의 위치결정

② 작업 순서는 기지점 좌표를 기계에 입력하고 기지점까지의 거리 관측, 기계점 좌표를 계산한다.

③ 정확도를 높이는 방법으로는 기지점의 수가 많을수록 정확도 향상, 기지점 배치 상태가 정삼각형에 가까울수록 향상 정확도가 향상된다.

(3) 트래버스(traverse) 좌표 관측

① 기계를 이동 시켜가면서 측점의 좌표를 결정

② 모든 계산은 TS 내의 컴퓨터에서 수행됨

③ 관측 순서는 기계고, 반사경의 높이 입력, 기계점 및 후시점의 좌표 입력,

④ 방위각 설정, 관측 수행(기계를 옮긴 후에도 동일한 순서로 관측을 수행)

(4) 원격 높이 관측(REM : Remote Elevation Measurement)

① 송전선, 교량, 케이블 등 반사 프리즘을 직접 설치할 수 없는 점까지의 높이를 관측할 수 있다.

② 관측 시 반사경을 목표점 바로 아래에 설치하여 위치를 구한 다음, 망원경을 움직여 목표물을 시준하면 지상에서 목표물까지의 높이를 구할 수 있다.

1.8.6. 삼변측량

출제(용) : 50, 117회, (논) : 60, 65회

삼변측량은 삼각형의 세 변을 관측하여 각을 계산하고 각각의 점의 위치를 결정하는 방법으로 장비의 발달로 매우 편리하게 사용되고 있다. 이 방법은 세계 제2차 대전을 계기로 측량 분야에서 측지학적 위치결정에 이용되기 시작하였다.

1.8.6.1. 특징

① 장거리를 관측할 경우 조표를 위한 관측 탑이 필요 없으며 신속하게 관측할 수 있다.

② 전파 거리측량기에 의해 거리를 직접 측정하고 컴퓨터로 처리하므로 지적측량에서 매우 편리하다.

③ 각 관측보다 기후의 영향을 적게 받는다.

④ 거리를 측정하여 삼각점의 위치를 결정하는 지적기준점 측량에서 많이 사용한다.

⑤ 삼각측량보다 신속하고 경제적인 방법이다.

⑥ 변장만으로 삼각망을 구성하므로 조건식의 수가 적다.

⑦ 측정된 거리는 반드시 기계 오차에 대한 보정과 기상보정을 하여야 한다.

⑧ 경사거리가 관측되므로 평균해수면 상의 평면거리로 환산하여 계산하여야 한다.

1.8.6.2. 삼변측량의 원리

① 삼변측량의 원리는 3점을 연결했을 때 만들어진 삼각형의 각 변장을 측정하여 각을 계산한 후 미지점의 위치를 결정하는 방법이다.

② 관측 요소가 변의 길이뿐이므로 삼각형의 내각을 구하기 위해 cosine 법칙과 반각공식을 이용하여 변으로부터 각을 계산하고 계산된 각과 변을 이용하여 수평 위치를 계산한다.

③ 〈그림 1-53〉에서와 같이 삼각형의 각 변을 a, b, c 라하고 그 대각을 ∠A, ∠B, ∠C라 하면 삼각법의 cosine 법칙에 따라 다음의 공식이 성립하게 된다.

④ cosine 제2 법칙

- $\cos\angle A = \dfrac{b^2+c^2-a^2}{2bc}$
- $\cos\angle B = \dfrac{a^2+c^2-b^2}{2ac}$
- $\cos\angle C = \dfrac{a^2+b^2-c^2}{2ab}$

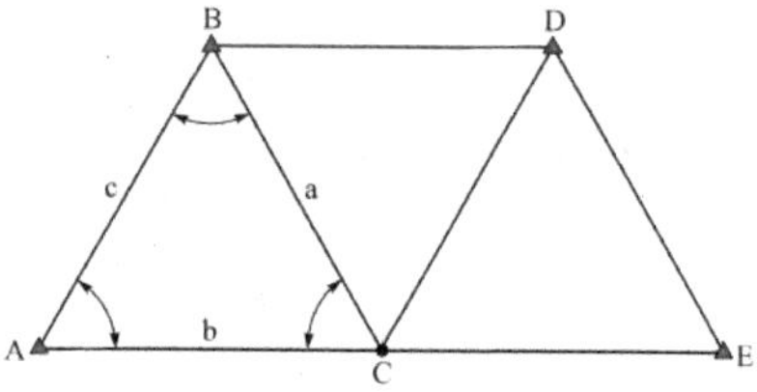

〈그림 1-53〉 삼각망

⑤ 반각공식

- $\sin\dfrac{A}{2} = \sqrt{\dfrac{(s-b)(s-c)}{bc}}$, $\cos\dfrac{A}{2} = \sqrt{\dfrac{s(s-a)}{bc}}$, $\tan\dfrac{A}{2} = \sqrt{\dfrac{(s-b)(s-c)}{s(s-a)}}$
- $\sin\dfrac{B}{2} = \sqrt{\dfrac{(s-a)(s-c)}{ac}}$, $\cos\dfrac{B}{2} = \sqrt{\dfrac{s(s-b)}{ac}}$, $\tan\dfrac{B}{2} = \sqrt{\dfrac{(s-a)(s-c)}{s(s-b)}}$
- $\sin\dfrac{C}{2} = \sqrt{\dfrac{(s-a)(s-b)}{ab}}$, $\cos\dfrac{C}{2} = \sqrt{\dfrac{s(s-c)}{ab}}$, $\tan\dfrac{C}{2} = \sqrt{\dfrac{(s-a)(s-b)}{s(s-c)}}$

1.8.6.3. 삼변측량의 조정 방법

삼변측량의 조정 방법에는 조건방정식에 의한 조정과 관측방정식에 의한 조정 방법이 있다. 관측방정식에 의한 망조정은 조건방정식에 의한 망조정보다 훨씬 많은 방정식을 처리해야 하므로 모든 계산을 수(手) 계산에 의존했던 과거에는 잘 쓰이지 않던 방법이다.

(1) 조건방정식에 따른 조정

① 단열삼변망

- 코사인 제2 법칙을 이용하여 아래와 같이 변을 이용하여 각(角)을 계산한다.
- $\cos\angle A' = \dfrac{b^2+c^2-a^2}{2bc}$
- $\cos\angle B' = \dfrac{c^2+a^2-b^2}{2ca}$

- $\cos\angle C' = \dfrac{a^2 + b^2 - c^2}{2ab}$
- 코사인 제2 법칙에 전미분을 취하여 정현 비례식을 적용하여 정리하면 각 방정식은 $dA + dB + dC + w = 0$이 되며 $w = A' + B' + C' - 180° = 0$이 되어야 한다.

② 사변망

- 코사인 제2 법칙이 성립되므로 이것을 편미분 하여 최솟값을 구하면 각 변장을 구하는 식은 다음과 같다.
- $\delta_i = K \cdot \lambda_i (i = a, b, c, d, e, f)$
- $K = \dfrac{-w}{\lambda_a^2 + \lambda_b^2 + \lambda_c^2 + \lambda_d^2 + \lambda_e^2 + \lambda_f^2}$

③ 좌표 결정

- 삼변측량에서 기지변이 1개일 경우와 2개일 경우가 있는데 기지변이 1개일 경우에는 방위각을 별도로 관측해야 하지만 2개 이상일 경우에는 2개의 좌표로 계산되기 때문에 좌표의 계산이 편리하다.
- $X_C = X_A + p \cdot \cos\theta + \gamma \cdot \sin\theta = X_B - q \cdot \cos\theta + \gamma \cdot \sin\theta$
- $Y_C = Y_A + p \cdot \cos\theta + \gamma \cdot \sin\theta = Y_B - q \cdot \cos\theta - \gamma \cdot \sin\theta$
- $\cos\theta = \dfrac{X_B - X_A}{c}$, $\sin\theta = \dfrac{Y_B - Y_A}{c}$로 계산된다.

(2) 관측방정식에 따른 조정

① 거리관측의 기본방정식 $L_{ij} + V_{ij} = \sqrt{(X_j - X_i)^2 + (Y_j - Y_i)^2}$

② 거리측량에 대한 최종선형방정식은 Taylor 급수를 이용하여 선형화한다.

③ $K_{Lij} + V_{Lij} = \left[\dfrac{X_{io} - X_{jo}}{(IJ)_0}\right] dX_i + \left[\dfrac{Y_{io} - Y_{jo}}{(IJ)_0}\right] dY_i + \left[\dfrac{X_{jo} - X_{io}}{(IJ)_0}\right] dX_j + \left[\dfrac{Y_{jo} - Y_{io}}{(IJ)_0}\right] dY_j$

④ 방정식 수립의 획일성으로 인하여 관측방정식에 의한 방법이 널리 이용되고 있다.

(3) 좌표조정법에 따른 조정

① 삼변측량에 의한 좌표 계산은 기준점이 2개 이상인 경우로서 두 좌표로부터 방향각이 결정되기 때문에 좌표 계산에는 편리하다.

② 조정이나 좌표 계산에서 높은 정밀도를 얻으려면 최소제곱법에 따른 관측값을 조정하여야 하며 관측방정식의 조정에는 좌표 조정법을 많이 사용한다.

③ 관측방정식은 측정거리에 보정량을 더한 것이 개략 계산된 변장에 보정량을 더한 것과 같다는 것으로 나타낼 수 있다.

1.8.7. 국제단위계

출제(용) : 47, 98, 114회

국제단위계(SI; The International System of Units)는 "미터법"으로 불리며 과학기술계에서 "MKSA" 단위라고 불리는 측정 단위 체계이다. 국제단위계에서 명확하게 정의된 단위인 미터, 킬로그램, 초, 암페어, 켈빈, 몰, 칸델라의 7개를 선택한 기본단위와 다른 보조단위들의 조합으로 평면각과 입체각을 나타내는 라디안과 스테라디안이 포함되었다.

1.8.7.1. 국제단위계의 변천

① 1954년 제10차 국제도량형총회(CGPM)에서는 실용적인 계량 단위계의 기본단위로서 길이, 질량, 시간, 전류, 열역학적 온도, 물질량, 광도의 7개 물리량을 채택하였다.

② 1960년 제11차 국제도량형총회(CGPM)에서 "국제단위계"라는 명칭과 그 약칭 "SI"를 사용토록 하였다.

③ 1790년경 프랑스에서 "미터계"가 발명되었으며, 1875년 17개국이 미터협약에 조인함으로써 공식화되었다.

④ 1881년 길이 단위인 centimeter(cm), 무게 단위인 gram(g), 시간 단위인 second(sec)에 바탕을 두어 첫 머리글자를 이용하여 CGS 단위계로 과학 분야에서 사용되었다.

⑤ 1935년 국제전기기술위원회(IEC; International Electrotechnical Commission)가 전기단위로 ampere, coulomb, ohm, volt 중 하나를 채택하여 역학의 MKS(Meter Kilogram Second)와 통합할 것을 추천하였으며 암페어(ampere)가 선정되었다.

⑥ 1954년 제10차 국제도량형총회(CGPM)에서 기본단위와 보조단위 구성하여 MKSA(meter, kilogram, second, ampere)의 단위와 절대온도의 단위 켈빈(kelvin), 광도의 단위 칸델라(candela)의 단위로 일관성 있는 단위계를 채택하였다.

⑦ 1960년 제11차 CGPM에서 단위계의 공식적인 명칭으로 국제단위계라 하고 약칭 "SI"를 부여하여 모든 언어에서 사용하도록 결정하였다.

⑧ 1967년 온도의 단위가 켈빈도(°K)에서 켈빈(K)으로 바뀌고, 1971년 7번째 기본단위인 몰(mol)이 추가되어 현재 SI 단위의 기초가 되었다.

1.8.7.2. 국제단위계의 특징

① 기본단위를 바탕으로 곱이나 비의 형식으로 모든 물리량을 나타내는 일관성 있는 체계를 형성하고 있다.

② 상호 교류나 이해를 쉽게 하여 사용하기가 편리하게 구성되었다.

③ 전 세계가 같은 방법으로 과학이나 기술 또는 상업 등 모든 활동 분야에 적용하고 있다.

④ 각 속성(또는 물리량)에 대하여 한가지 단위만 사용하였다.

1.8.7.3. 기본단위

① SI 단위의 기본단위는 길이, 질량, 시간, 전류, 열역학 온도, 물량, 광도 등 7개의 관측 단위로 독립적인 차원을 갖도록 정의되어 있다.

② 길이 단위(미터)

- 제11차 국제도량형총회(1960)에서 백금-이리듐의 국제원기에 기초를 둔 미터의 정의는 크립톤 86 원자(86Kr)의 복사선 파장에 근거를 둔 정의로 대체되었다.
- 제17차 국제도량형총회(1983년)에서 결정된 미터(m; meter)는 빛이 진공에서 1/299,792,458초 동안 진행한 경로의 길이이다.
- 빛의 속도는 정확히 299,792,458m/s이며 길이의 단위는 오차를 포함하지 않는 상수이다.

③ 질량 단위(킬로그램)

- 1889년의 제1회 국제도량형총회(CGPM) 결의에 따라 잘시브의 킬로그램과 일치하는 것을 국제킬로그램원기라 하고, 이 원기의 질량으로 1kg을 정의하기로 하였다.
- 2018년의 제26차 CGPM에서는 플랑크 상수 h를 $6.62607015 \times 10^{-34}$Js로 고정하고 이 불변량에 근거하여 킬로그램을 재정의하여 이를 2019년 5월 20일부터 공식 사용하기 시작하였다.

④ 시간 단위(초)

- 1967년 제13차 국제도량형총회에서 채택된 시간의 단위는 지구의 자전 및 공전운동으로 관측자의 절대적 위치가 주기적으로 변화함을 표시하는 것이다.
- 초(second)는 세슘 133원자(133 Cs)의 바닥상태에 있는 두 초미세 준위 사이의 전이에 대응하는 복사선의 9192631770 주기의 지속 시간이며, 기호는 "s"로 한다.

⑤ 전류 단위(암페어)

- 암페어는 1948년 제9차 국제도량형총회(CGPM; Conference generale des poids et mesures)에서 정의되었다가, 2018년 제26차 CGPM에서 재정의되었으며, 기호로는 A를 쓴다.

⑥ 열역학적 온도 단위(켈빈)

- 1954년 제10차 국제도량형총회에서 정해졌는데, 여기서 물의 삼중점을 기본 고정점으로 선정하고 이 고정점의 온도를 정의에 의해서 273.16K로 정하였다.
- 1968년 제13차 국제도량형총회에서"켈빈도"(기호 °K) 대신 켈빈(기호 K)이라는 명칭을 사용하기로 채택하였다.
- 켈빈은 물의 삼중점에 해당하는 열역학적 온도의 1/273.16이며, 그 기호는 "K"로 한다.

⑦ 물질량의 단위(몰)

- 국제 순수 응용물리학연맹, 국제 순수 응용화학연맹, ISO의 제안에 따라 국제도량형총회에서는 1971년에 "물질량"이란 양의 단위의 명칭은 몰(기호 mol)로 정하고 몰의 정의를 채택하였다.
- 몰은 탄소 12의 0.012 킬로그램에 있는 원자의 개수와 같은 수의 구성요소를 포함한 어떤 계의 물질량이다. 그 기호는 "mol"이다.
- 2018년의 제26차 CGPM에서 재정의된 1몰은 $6.02214076 \times 10^{23}$개의 구성요소를 포함한다.

⑧ 광도 단위(칸델라)

- 1948년 이전에는 광도의 단위를 불꽃이나 백열 필라멘트 표준에 기초를 두고 사용하였으나 이후 백금 응고점에 유지된 플랑크 복사체(흑체)의 광휘도에 기초를 둔 "신촉광(新燭光)"으로 대치되었었다.
- 1979년 제16차 국제도량형총회에서 새로운 정의를 채택하였다.

1.8.7.4. 보조단위

국제단위계(SI)의 보조단위는 평면각의 라디안과 입체각의 스테라디안이 있으며 평면각은 두 길이의 비율로 입체각은 넓이와 길이의 제곱과의 비율로 표현된다.

(1) 라디안

① 라디안(radian)은 원의 반지름과 같은 길이의 원둘레에 대한 중심각의 크기를 1라디안 또는 호도법에 따른 각도의 단위 하나로서 호도(弧度)라고도 하며 기호는 rad로 나타낸다.

② 각도에서 360°는 2πrad이고 반지름의 길이에 대한 원 전체둘레 길이의 비는 $\frac{2\pi r}{r} = 2\pi$이므로 반원의 각도 180°는 π rad이다.

(2) 스테라디안

① 스테라디안(sr; steradian)은 한 공의 표면에서 그 공의 반경의 제곱과 같은 넓이를 가진 공의 표면에 대한 중심 입체각이다.

② 공의 전 표면적은 반지름 제곱의 4π배이므로 전체 공의 입체각은 4πSr가 되며 1995년 CGPM에서 무차원 유도단위로 하였다.

- $1sr = \frac{1m^2(\text{구의 일부 표면적})}{1m^2(\text{구의 반경의 제곱})}$

1.8.7.5. 국제단위계 사용

① 언어에 따라 단위 명칭은 다를지라도, 단위 기호는 국제적으로 공통으로 사용한다.

② 단위 기호는 로마체로 쓰며, 양의 기호는 이탤릭체(Italic)로 기재한다.

③ 단위 기호는 일반적으로 소문자를 사용하나, 다만 단위의 명칭이 고유명사에서 유래된 것이면 기호의 첫 글자는 대문자로 기재한다.

④ 어떤 양을 수치와 단위 기호로 나타낼 때 그 사이를 한 칸씩 띄워야 하나 평면각의 도, 분, 초의 기호와 수치 사이는 띄우지 않는다.

⑤ 접두어와 단위 명칭 사이는 "kilometer⇒ kilo−meter"와 같이 한 칸 띄우지 않고 연자부호(hyphen) "−"를 사용하지 않는다.

〈표 1.9〉 SI 단위 표기법

구분	명칭	기호	구분	명칭	기호
길 이	미터	meter(m)	전류	암 페 어	ampere(A)
질량	킬로그램	kilogram(kg)	열역학적 온도	켈 빈	kelvin(K)
시 간	초	second(s)	물질 량	몰	mol(㏖)

1.9. 각 측량

각도란 동일 평면상에 두 개의 직선이 평행이 아닌 경우 교차점에서 이루는 사이를 측정한 각을 말한다. 각 관측 방법은 수평각 관측과 연직각 관측 방법으로 구분할 수 있다. 수평각에서 방향각은 임의의 방향을 기초로 한 우회 각도로서 360°까지 헤아리는 것이고 방위각은 진북을 기준으로 우회한 각도를 말한다.

1.9.1. 각의 종류

각은 교차하는 두 선분이 벌어진 정도를 나타내는 양인데, 각도라고도 하고 입체각과 구분할 때는 평면각이라고도 하며, 평면각, 곡면각, 입체각으로 구분된다.

(1) 평면각

평면각(Plane Angle)은 평면삼각형을 기준으로 각 지역에서 상대적인 위치를 결정하는데 이용되며 수평각과 수직각으로 수분할 수 있다. SI 단위계에서 평면각은 라디안을 사용하며, 도, 분, 초 또는 시간 각도를 사용한다.

① 수평각

- 단각법 : 하나의 각을 한번 관측하는 것으로 시준오차와 읽기 오차가 발생된다.
- 배각법 : 정한 값의 처음과 마지막의 차이를 반복횟수로 나누어 관측각을 구하므로 오차가 적다.
- 방향각법 : 한 측점에서 많은 각을 측정할 필요가 있을 때 삼각측량에 많이 이용된다.
- 교각:어떤 측선이 그 앞의 측선과 이루는 각을 관측하는 방법을 말한다.
- 편각:각각의 측선이 그 앞의 측선의 연장선과 이루는 각을 관측하는 방법으로 주로 철도, 도로, 수로 등의 중심선을 측정할 때 많이 사용한다.

② 수직각

- 천정을 기준으로 아래로 내려 재는 천정각, 천저를 기준으로 위로 올려 재는 천저각이 있다.
- 천정(天頂)각은 관측자의 중력 방향이 머리 위에서 천구면(天球面)에 닿는 점으로 천정을 기준으로 나타낸 각을 말한다.
- 천저(天底)각은 수직선이 관측자의 발밑에서 지구를 뚫고 천정 반대쪽의 천구에 닿는 점을 말하는데 천저를 기준으로 나타낸 각을 말한다.

- 수평면을 기준으로 위쪽 또는 아래쪽까지의 경사각을 나타내는 고저각으로 올려본각과 내려본각이 있다.
- 올려본각은 망원경을 수평으로 향하게 하고 90°를 맞추어 위의 방향으로 관측한 값을 말한다.
- 내려본각은 망원경을 수평으로 향하게 하고 90°를 맞추어 아래 방향으로 관측한 값을 말한다.

(2) 곡면각

① 곡면각(Curved Surface Angle)은 구면 또는 타원체 상의 각을 말하며 구면 삼각형을 이용하여 장거리 위치결정을 위한 측지측량에 활용된다.

② 측량 대상 지역이 넓을 때 사용하는 측량으로 곡면 삼각형을 평면삼각법으로 이용하면 오차가 발생하므로 구면삼각법을 이용한다.

③ 곡면상에서 이루어지는 각으로서 대단위 정밀삼각측량이나 천문측량 등에서와 같이 구면 또는 타원체면상의 위치결정에는 평면삼각법을 적용할 수 없으며 구과량이나 구면삼각형의 원리를 적용하여야 한다.

④ 대단위 삼각측량이나 천문측량 등에서 구면 또는 타원체면상의 위치결정에는 평면삼각법을 적용할 수 없다.

⑤ 구과량(球過量)이나 구면삼각법의 원리를 적용해야 하며 이때 곡면각의 특성을 잘 파악해야 한다.

(3) 입체각

① 입체각(Solid Angle)은 공간상 전파의 확산 각도 및 광선의 방사 휘도 측정에 사용되며 SI 단위계에서 스테라디안으로 규정한다.

② 기하학에서 입체각(solid angle, 기호는 Ω)은 한 지점에서 특정 타깃을 바라보았을 때 그 타깃이 차지하는 시야각(field of view)를 나타낸다.

③ 동일한 크기의 물체라도 바라보는 지점에서 떨어져 있는 거리에 따라 차지하는 시야각의 크기는 달라진다.

④ 입체각은 이름은 2차원 평면에서 두 직선이 이루는 평면각과 달리 3차원 공간에서의 각도를 나타내기 위해서 사용된다.

⑤ 입체각의 국제표준단위(SI; International System of Units)는 무차원의 스테라디안(steradian; sr)이다.

(4) 공간각(space perception)

어떤 물체가 공간을 차지하고 있는 상태나 관계에 관한 지각 또는 지각능력. 청각·시각·촉각 등의 공동작용으로 느낄 수 있으며, 전후·상하·방향·대소·위치·거리·형상 등의 여러 가지 요소를 포함한다.

1.9.2. 각의 단위

각도의 측정 단위는 도, 라디안(Radian), 그레이드(Grade)가 있다.

(1) 도(Degree)

① 각도의 단위로 원둘레를 360등분하여 호(弧)에 대한 중심각을 1도(度), 1°를 60등분 하여 1', 1'을 60등분 한 각을 1″라 한다.

② 도(度)의 단위는 10°05′12″로 기재하고 60진법을 사용한다.

(2) 그레이드(Grade)

출제(용) : 65회

① 원둘레를 400등분 하여 호(弧)에 대한 중심각을 1그레이드(Grade)라 한다.

② 1그레이드를 100등분 하여 1센티그레이드(c), 1센티그레이드를 100등분한 것을 1센티센티그레이드(cc)라 한다.

③ Grade 단위는 100g 10c 25cc로 기재하고 100진법으로 항공사진 측량용 등에 많이 사용되고 있다.

(3) 라디안(Radian)

출제(용) : 59, 90회

① 라디안(radian)은 원의 반지름과 같은 길이의 원둘레에 대한 중심각의 크기를 1라디안 또는 호도법에 따른 각도 단위의 하나로서 호도(弧度)법이라고도 하며 기호는 rad로 나타낸다.

② 국제단위계에서의 단위는 라디안(rad; radian)이며 일상생활에서는 도(degree), 분(minute), 초(sec)를 단위로 쓰기도 한다.

③ 각도에서 360°는 2πrad이고 반지름의 길이에 대한 원 전체의 둘레 길이의 비는 $\frac{2\pi r}{r}=2\pi$ 이므로 반원의 각도 180°는 π rad이다.

④ π=3.141592를 원주율로 하면, 직각은 $\frac{\pi}{2}$rad 이 되며 1라디안= $\frac{180°}{\pi}$ ≒ 57.29578°가 된다.

⑤ 라디안을 사용하여 중심각(θ), 반지름(r)인 부채꼴의 호의 길이(ℓ)이면 $\ell = r \times \theta$이다.

⑥ $1° = \frac{\pi}{180}$rad, $1\text{rad} = \frac{180°}{\pi} = \frac{1\text{m}(\text{호의길이})}{1\text{m}(\text{반경})}$ =57.2958°=206265″이며, 1라디안을 $\rho° \rho' \rho''$로 표시한다.

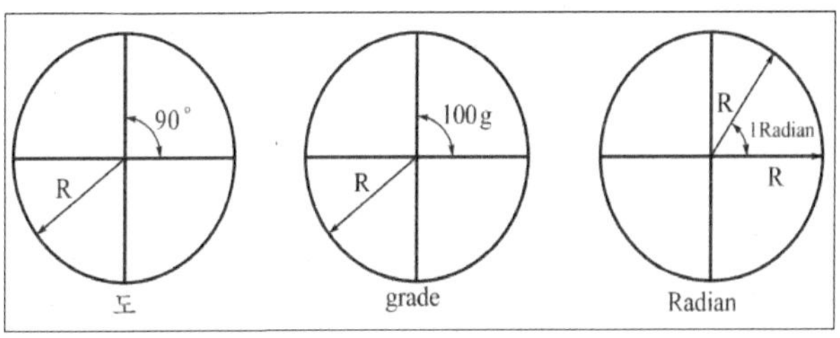

〈그림 1-54〉 각도 단위

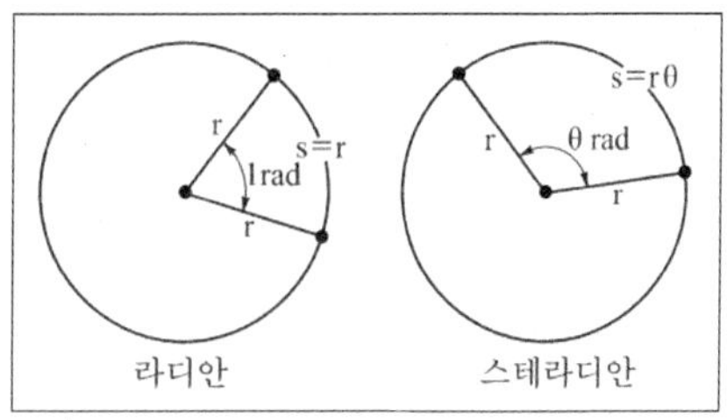

〈그림 1-55〉 라디안과 스테라디안

(4) 스테라디안(sr; steradian)

① 스테라디안(sr; steradian)은 한 공의 표면에서 그 공의 반경의 제곱과 같은 넓이를 가진 공의 표면에 대한 중심 입체각이다.

② 공의 전 표면적은 반지름 제곱의 4π 배이므로 전체 공의 입체각은 4πSr가 되며 1995년 CGPM에서 무차원 유도단위로 하였다.

- $1\text{sr} = \frac{1\text{m}^2(\text{구의 일부 표면적})}{1\text{m}^2(\text{구의 반경의 제곱})}$

(5) 각 단위의 상호 관계

① 각도와 그레이드

- 도(Degree)는 60진법이고 그레이드(Grade)는 100진법이다.
- 90°=100g 이므로 $1° = \frac{10}{9}$ =1.11그레이드, 1그레이드= $\frac{9}{10}$ =0.9°이다.

② 호도와 각도

- 아래 그림에서와 같이 한 개의 원에서 중심각과 호의 길이는 서로 비례하므로 반경(R)과 같은 길이의 호$\widehat{AB}$에 대한 중심각을 ρ''라고 하면 $\frac{\rho^\circ}{R} = \frac{360^\circ}{2\pi R}$에서 $\rho^\circ = \frac{360^\circ}{2\pi} = \frac{180^\circ}{\pi}$ 이다.
- 1라디안을 도, 분, 초로 표시하면

$$\rho^\circ = \frac{180^\circ}{\pi} = 57.2958^\circ$$

$$\rho' = \frac{180^\circ \times 60'}{\pi} = 3437.747'$$

$$\rho'' = \frac{180^\circ \times 60 \times 60''}{\pi} = 206264.8''\text{이다.}$$

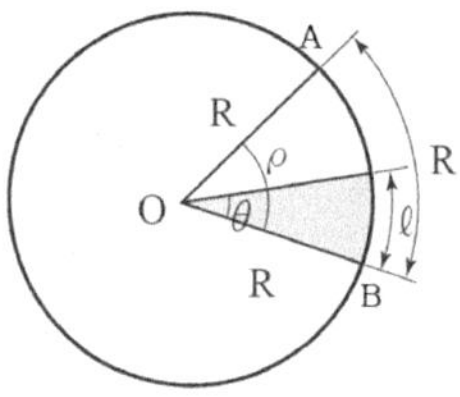

③ 그림에서 원호의 길이와 각도의 관계를 살펴보면 $\frac{R}{\rho''} = \frac{\ell}{\theta''}$ 에서 $\ell = R \cdot \frac{\theta''}{\rho''}$ 이다.

1.9.3. 각 측량 기구

① 트랜싯(Transit)은 미국에서 보급 발달한 것으로 망원경이 수평축을 자유로이 회전할 수 있는 측각기 중에서 가장 대표적인 기구로서 〈그림 1-56〉는 1845년 미국 W.& L.E. Gurley에서 제작하였으며 1910년대 토지조사 당시 사용한 측량기기이다.

② 망원경이 수평축의 주위를 자유로이 회전할 수 있고 그 외에도 이에 부속된 부속품에 의하여 시거측량, 수준측량, 스타디아 측량, 자침에 의한 컴퍼스 측량 등이 있으며 주로 도근점측량에 많이 사용되었다.

③ 트랜싯(Transit)은 〈그림 1-56〉의 (a)와 같고, 데오돌라이트(Theodolite)는 〈그림 1-56〉의 (b)와 같이 발전된 형태이지만, 측량 목적으로 사용되는 측량 기구로 경위의라고도 한다.

④ 초기에는 천체를 관측하여 지구상의 위도와 경도를 정확히 결정하기 위한 기구로 망원경은 수평축의 둘레를 자유로이 회전할 수 없으나 정밀한 각 관측을 할 수 있다.

⑤ 최근에는 Transit과 Theodolite에 대한 형식상의 구별은 없어져서 일반적으로 고정밀도의 Transit을 Theodolite라고도 한다.

⑥ Total Station이란 각도와 거리를 동시에 측정할 수 있는 기능이 함께 갖추어져 있는 측량기로서 전자식 Theodolite와 광파측거기를 조합한 Microprocessor에서 데이터를 짧은 시간에 처리하거나 표시하고, 결과를 출력하는 전자식측거·측각기로 〈그림 1-56〉의 (c)와 같다.

⑦ Total Station은 데이터 저장 장치인 전자야장(Note PC)으로 데이터를 전산처리하기 위한 컴퓨터 및 각종 출력장치와 소프트웨어(Software)를 통칭하여 말한다.

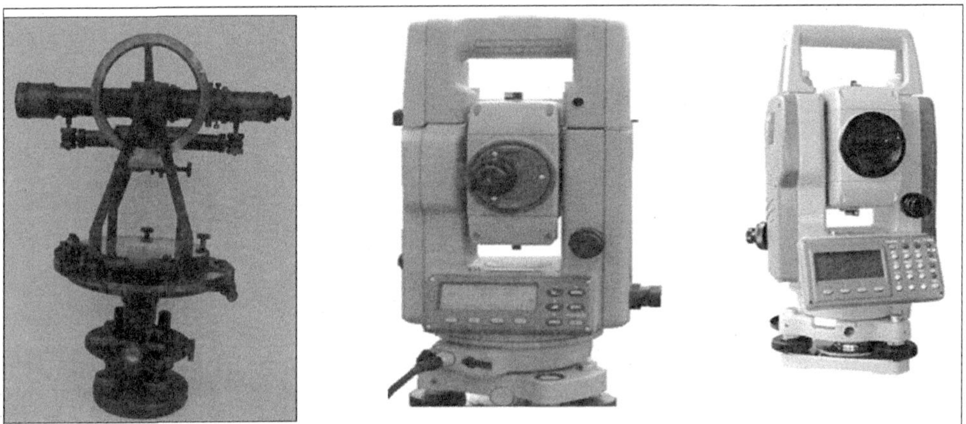

(a) Transit (b) 데오돌라이트 (c) 토털스테이션

〈그림 1-56〉 각과 거리측정기

1.9.4. 삼각함수

삼각함수(三角函數)는 평면좌표에서 X, Y의 좌표 값으로 나타내는 평면직각좌표계 또는 거리와 각도로 나타내는 평면극좌표계가 있는데 이 두 좌표계 사이의 좌표값 변환에 사용하는 함수를 말한다. 또한, 극좌표에서 거리와 각도를 가지고 연결한 선분은 삼각형의 빗변이 되고, 직각좌표계에서의 X, Y값으로 나타낸 각각의 선분은 나머지 두변을 이루어 직각삼각형이 된다. 피타고라스 정리와 삼각함수의 역함수를 이용하면, 직각좌표계에서 극좌표계의 값으로 계산할 수 있으며 삼각함수는 직각좌표계와 극좌표계 사이의 좌표값 변환에 이용되고 있다. 삼각함수가 활용되는 것은 기하학적으로 좌표계 변환에 대한 내용으로 지상측량이나 천문학적인 측량에서 거리의 계산에 활용되고 있다.

(1) 일반각의 삼각함수

① 일반각의 삼각함수는 직각삼각형의 두 변의 비율 즉, θ의 함수이며 30°와 60°는 서로 여각(두각의 합=90°)이라 하여 sin30°와 cos60°는 서로 여함수로 삼각함수에서 sin은 cos, tan는 cot, cosec는 sec와 같이 여함수의 관계를 갖는다.

② 기본적인 내용을 정리하면 삼각함수 공식으로 cos 함수는 빗변으로 x(밑변)값을 계산하고 sin 함수는 y(높이) 값을 계산하는 공식으로 표현되며 tan 함수의 경우는 sin/cos (높이/밑변)으로 빗변의 기울기량을 계산하는데 편리하게 사용된다.

③ 〈그림 1-57〉에서 ∠C가 직각인 삼각형 ABC에서∠A, ∠B, ∠C와 마주 보는 변의 길이를 a, b, c라고 할 때, 싸인(sine), 코 싸인(cosine), 탄젠트(tangent)의 값을 계산하는 일반적인 공식은 다음과 같다.

$$\sin\theta = \frac{\text{높이}}{\text{빗변}} = \frac{3}{5} = 0.60, \qquad \text{cosec}\theta = \frac{\text{빗변}}{\text{높이}} = \frac{5}{3} = 1.67 = \frac{1}{\sin\theta}$$

$$\cos\theta = \frac{\text{밑변}}{\text{빗변}} = \frac{4}{5} = 0.80, \qquad \sec\theta = \frac{\text{빗변}}{\text{밑변}} = \frac{5}{4} = 1.25 = \frac{1}{\cos\theta}$$

$$\tan\theta = \frac{\text{높이}}{\text{밑변}} = \frac{3}{4} = 0.75, \qquad \cot\theta = \frac{\text{밑변}}{\text{높이}} = \frac{4}{3} = 1.33 = \frac{1}{\tan\theta}$$

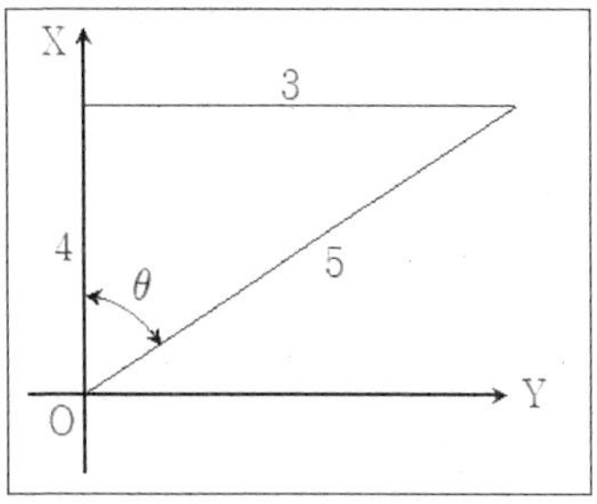

〈그림 1-57〉 일반각

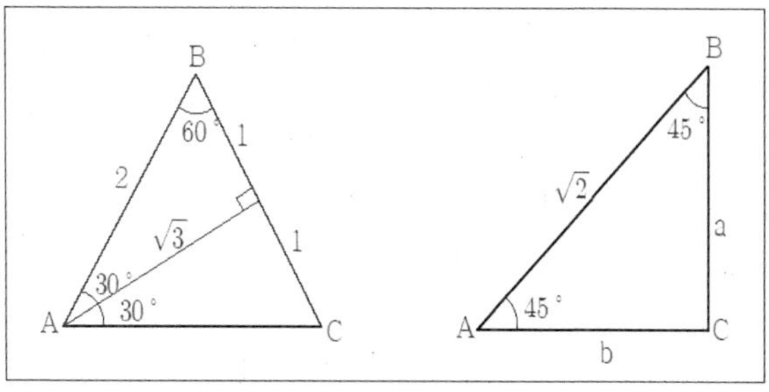

〈그림 1-58〉 특수각

(2) 특수각의 삼각함수

① 〈그림 1-58〉과 같이 한 변의 길이가 2인 정삼각형 A, B, C에서 변 BC의 중간점을 M이라 하면, △ABM=△ACM에서 $AM^2+BC^2=AB^2$으로 $AM^2+1^2=2^2$가 된다. 여기서 $AM^2=2^2-1=3$, AM= $\sqrt{3}$ 이고, 60°의 삼각함수는 여각인 30°에 대응하는 여함수와 같다.

- $\sin 60° = \cos 30° = \frac{\sqrt{3}}{2}$, $\cos 60° = \sin 30° = \frac{1}{2}$, $\tan 60° = \cot 30° = \sqrt{3}$ 이다.

② 사잇각이 45°인 경우에는 $a^2+b^2=c^2$이며 〈그림 1-58〉과 같이 a와 b가 1인 경우에는 $1^2+1^2=c^2$에서 $c^2=2$이므로 $c=\sqrt{2}$가 된다.

- $\sin 45° = \frac{1}{\sqrt{2}} = \frac{\sqrt{2}}{2}$, $\cos 45° = \frac{1}{\sqrt{2}} = \frac{\sqrt{2}}{2}$
- $\tan 45° = 1$

(3) 역삼각함수

① 측량에서는 삼각함수에 의한 각도를 계산하는 것은 매우 중요하며 삼각함수의 역수 값을 각도로 계산할 경우에는 직접 각을 계산할 수 없으므로 역수로 변경한 후에 계산하는 방법으로 역삼각함수라 한다.

② 역삼각함수는 $\sin^{-1}$, $\cos^{-1}$, $\tan^{-1}$ 등의 기호로 표시하지만, sin, cos, tan의 역수가 아니다.

③ 역삼각함수를 계산하기 위해서는 $\operatorname{cosec}\theta = \frac{1}{\sin\theta}$, $\sec\theta = \frac{1}{\cos\theta}$, $\cot\theta = \frac{1}{\tan\theta}$와 같다.

④ sin의 역수는 cosec로 sin 값을 계산한 후 $\frac{1}{x}$, cos의 역수는 sec로 cos 값을 계산한 후 $\frac{1}{x}$, tan의 역수는 cot로 tan 값을 계산한 후 $\frac{1}{x}$로 계산한다.

(4) 삼각함수 부호

① 삼각함수의 부호를 측량에 적용하기 위해서는 상한에 대한 이해가 필요하며 상한은 4분원을 구분하여 표기한 것으로 반경 1인 원둘레 상의 P가 시계방향으로 움직일 때 삼각함수의 부호는 (표 4.1)과 같다.

② Ⅰ상한은 0°~90°까지, Ⅱ상한은 90°~180°까지, Ⅲ상한은 180°~270°까지, Ⅳ상한은 270°~360°까지를 말한다.

③ 각이 Y축에서 "±" 할 때는 변하지만 X축에서 "±"할 때는 변하지 않는다.

④ (90°±θ), (270°±θ)에서 변하며 각이 Y축에서 "±" 될 때는 변하지 않는다.

⑤ 변환 후의 부호는 변환 전 삼각함수 기호에 대한 변환 전 각의 해당 상한 부호를 따른다. (단, θ<90°로 간주) 삼각함수 기호에 대한 변환법칙을 종합하면 삼각함수 기호의 변환과 "±" 부호의 변환으로 구분할 수 있다.

⑥ 방위(θ)을 이용하여 상한에 대한 방위각(V)의 계산 방법은 (표 1.10)과 같다.

(표 1.10) 상한별 방위와 방위각(V)의 계산 방법

상한	방위각(V)의 범위	부호		상한별 방위각 계산
		종선차(Δx)	횡선차(Δy)	
I	0°~ 90°	+	+	$V=\theta$
II	90°~180°	−	+	$V=180°-\theta$
III	180°~270°	−	−	$V=180°+\theta$
IV	270°~360°	+	−	$V=360°-\theta$

※ 방위각은 Δx값과 Δy값의 부호에 의해서 결정한다.

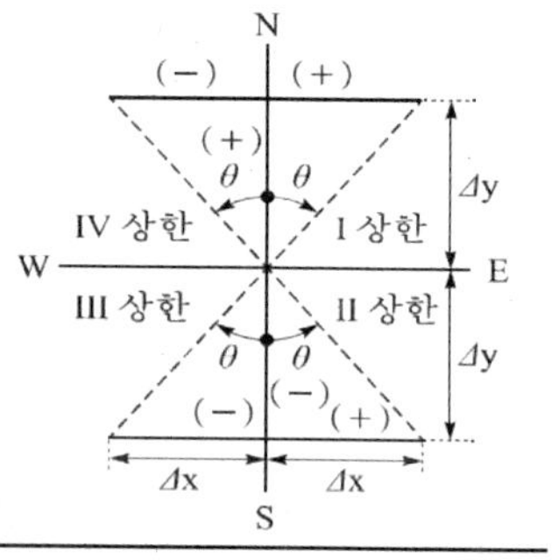

1.9.5. 수평각 관측

각 관측은 어떤 점에서 시준한 두 점 사이에 낀 각을 구하는 것을 말하며 공간을 기준으로 분류하면 평면각, 곡면각, 입체각으로 구분된다. 수평각 관측 방법은 지적측량에서 삼각점·지적삼각점·지적삼각보조점·도근점·일필지 확정측량에서 많이 사용하고 있다. 수평각 관측 방법에는 단각법·배각법·방향관측법·각관측법이 있으나 사용 장소와 정확도에 따라 다르다. 단각법의 경우는 농촌지역의 도근측량에 이용되며 배각법은 시가지 지역의 정밀측량, 방향각관측법은 지적삼각측량 등에 많이 이용되고 있다.

1.9.5.1. 단각법

단각법(Single Measurement of Angle)은 단측법 또는 방위각법이라고도 하며 관측 기계를 사용하여 2점 사이의 각을 1회 관측하여 나중 읽은 값에서 처음 읽음값의 차를 이용해서 구하는 방법으로 작업시간이 단축되는 반면에 정밀도는 낮은 관측 방법이다.

(1) 특징

① 수평각 관측 방법 중에서 〈그림 1−59〉와 같이 가장 간단하며, 농촌지역의 지적도근점측량에 이용되었다.

② 작업시간이 단축되는 반면에 정밀도는 낮은 관측 방법이다.

③ 각 관측 오차(e) $=\pm\sqrt{2\alpha^2+\beta^2}$ 여기서, e : 각 관측 오차, α : 시준오차, β : 읽기 오차이다.

(2) 관측 순서

① ∠AOB를 측정하려면 우선 O점에 기계를 세운다.

② 상부 미동 나사를 고정하고 하부 고정나사를 풀어 하부 운동으로 A점을 시준하고 목표물이 "+"자 부근에 오면 미동 나사로 조정한다.

③ A점의 수평 분도반을 읽고 상부 고정나사를 풀어 B점을 시준하여 목표물과 십자선이 일치되게 한 후 수평 분도반을 읽어 측정값으로 한다.

④ 위에서 설명한 값은 정위 관측이고, 다시 반위는 B점을 시준 후 A점의 목표물에 일치시켜 읽으며 정위 관측과는 반대로 한다.

⑤ 측정값은 $\alpha_1 - \alpha_0$를 의미한다.

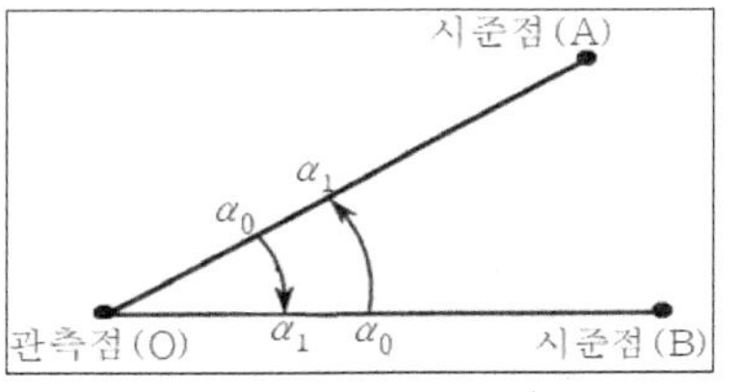

<그림 1-59> 단각법

1.9.5.2. 배각법

출제(용) : 119회, (논) : 89회

배각법(Repetition Method)은 반복법이라고도 하며 각종 오차의 영향을 적게 하여 정밀한 측각이 필요할 때 사용하고 기계를 같은 방향으로 여러 번 반복하여 관측한 값의 평균값을 구하는 방법을 말한다. 배각법은 시가지 지역의 도근점측량이나 삼각보조점 측량에 많이 이용되었으나 최근에는 경계점좌표등록부 시행 지역 및 일필지 확정측량에 경위의 측량이 많이 이용되고 있는 방법이다.

(1) 특징

① 측정한 값의 처음과 마지막의 차이를 반복 횟수로 나누어 관측각을 구하므로 오차가 적게 된다.

② 배각법은 방향각법과 비교하여 읽기 오차(β)의 영향을 적게 받는다.

③ 배각법은 방향 수가 적었을 때 편리하다.

④ 수평각관측 방법에서 가장 많이 사용되는 방법이다.

⑤ 수평각을 3배각으로 측정함으로써 거리측정과 비교하면 각 관측의 정밀도가 비교적 높다.

⑥ 일반적으로 눈금 오차는 전체둘레를 넓게 나타낸다.

(2) 관측 순서

① 〈그림 1-60〉과 같이 AOB의 각을 관측하는데 각의 정도를 높이기 위해 반복하여 관측하는 것으로 관측 순서는 다음과 같다.

② 관측점 O에 기계를 세우고 망원경의 눈금을 0° (α_0)에 맞추어 고정하고 시준점인 A점을 시준한다.

③ A점을 시준한 후 고정하고 B점을 관측한 후 관측값(α_1)을 기재하고 눈금을 고정한다.

④ 다시 고정나사를 풀어 A점을 시준하고, B점에서 관측된 값(α_1)을 확인한 후 고정나사를 풀어 B점을 관측하면 2배각의 값(α_2)이 된다.

⑤ 위의 방법을 반복하여 3배각의 관측값(α_3)을 3으로 나누어 평균하여 기재할 수 있다.

⑥ $\angle AOB = \dfrac{\alpha_n - \alpha_0}{n}$ (여기서, α_n : 나중 읽음값, α_0 : 처음 읽음값, n : 관측 횟수)

⑦ O점에 기계를 설치하고 A점을 시준하여 B점을 관측하고 반복하여 단측법과 같은 최종 관측값을 읽어서 관측 횟수로 나눈 값은 평균값으로 측정값이 된다.

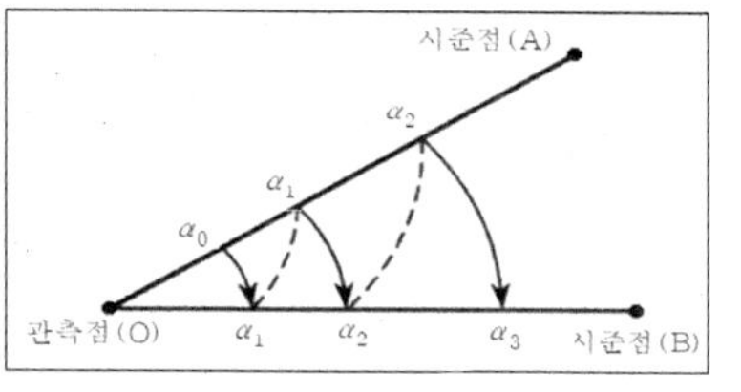

<그림 1-60> 배각법

(3) 관측 정확도

① n배각의 관측에 있어서 1각에 포함되는 시준오차$(m_1) = \sqrt{\dfrac{2\alpha^2}{n}}$ (α : 시준오차)

② n배각의 관측에 있어서 1각에 포함되는 읽음오차$(m_2) = \dfrac{\sqrt{2\beta^2}}{n}$ (β : 읽음오차)

③ 1각에 생기는 배각법의 오차$(M) = \pm\sqrt{m_1^2 + m_2^2} = \pm\sqrt{\dfrac{2}{n}\left(\alpha^2 + \dfrac{\beta^2}{2}\right)}$

1.9.5.3. 방향각관측법

방향각 관측법(Method of Direction)은 어떤 시준 방향을 기준으로 하고 각 시준 방향의 협각을 관측하여 기준 방향선에 결합한 경우 기준이 되는 원방향으로부터 각을 측정하여 각각의 각을 구하는 방법이다. 한 측점에서 많은 각을 측정할 필요가 있을 때는 반복법에 비해 관측시간을 절약할 수 있으므로 삼각측량에 많이 이용된다.

(1) 기준방향 선정

① 방향각 관측법에서 관측 방향 중 최초에 표정하는 방향을 원방향이라 한다.

② 원(기준) 방향의 시준점은 안전성이 있어야 하며 관측이 편리할 것

③ 원(기준) 방향의 시준점은 다른 시준점들을 평균한 높이에 가까울 것

④ 시준거리의 길이에 따라 시준오차를 균일하게 하기 위해서는 여러 점의 평균 거리가 되는 점을 선정할 것

⑤ 원(기준) 방향은 진북에 가장 가까운 왼쪽 끝점을 선정한다.

(2) 특징

① 방향각 관측법은 기준이 되는 방향을 원방향 또는 제로(Zero) 방향이라고도 한다.

② 지적측량에서 가장 많이 사용하며 대회관측법이라고 한다.

③ 한 측점에서 여러 개의 각을 관측하는 경우에 기준이 되는 방향을 설정하여 각을 측정하는 방법이다.

④ 1대회란 망원경을 시계방향으로 회전하여 관측하는 정측회와 망원경을 180° 회전하여 반시계방향으로 관측하는 반측회를 말한다.

⑤ 대회관측은 정·반으로 관측한 값을 평균하므로 정밀도가 높은 측량이다.

⑥ 방향각 관측법에서 정·반측회로 관측하는 것은 경위의의 검정 불량에 의한 오차를 소거하기 위한 것이다.

⑦ 경계점좌표등록부 시행지 역에서는 1대회, 지적삼각보조점 관측에서는 2대회(윤곽도 : 0°, 90°), 지적삼각점 관측에서는 3대회(윤곽도 : 0°, 60°, 120°)를 이용한다.

⑧ 방향각 관측법은 측각의 정확도가 균일하게 되어 일반적으로 지적삼각점 관측 시 널리 사용되는 방법이다.

(3) 관측 순서

① 〈그림 1-61〉의 원방향인 A점은 B, C, D점을 관측할 때 기준이 되므로 OA를 기준방향으로 하며 고저차와 거리가 관측하기 좋은 방향이어야 한다.

② 기계를 O점에 세우고 망원경을 정위로 0°에 맞추어 고정하고 원방향인 A점을 시준한 후 A점을 기준으로 B, C, D의 순서로 시준하여 관측값을 기재한다.

③ D점까지 관측이 끝나면 계속 우회하여 원방향인 A점을 시준하여 360°를 확인한 후 눈금을 읽어 기재한다.

④ 위의 방법과 같이 관측한 사항을 정측회라 한다.

⑤ 망원경을 반전하여 수평 분도반의 눈금이 180° 근사값이 되면 망원경을 반위로 하여 원방향인 A점을 시준하고 눈금의 읽음값을 기재한다.

⑥ 망원경을 정측회와는 반대 방향인 좌회 각으로 D, C, B 순으로 시준하여 관측값을 기재한다.

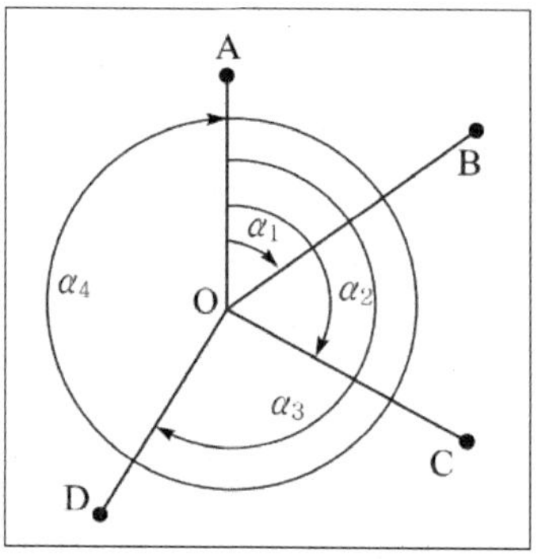

〈그림 1-61〉 방향각 관측법

⑦ B점까지 관측이 끝나면 계속 좌회전하여 원방향점인 A점을 시준하고 180°가 되는지 확인한 후 눈금을 읽어 기재한다.

⑧ 위와 같이 정측회와 반측회의 관측이 끝나는 경우를 1대회(對回)라고 한다.

⑨ 대회 윤곽도의 결정은 일반적으로 1회를 0°로 하고 $\frac{180°}{n}$로 결정하며(n : 대회수) 3대회의 경우 1대회는 0°로 하고, 2대회는 $\frac{180°}{3} \times 1 = 60°$, 3대회는 $\frac{180°}{3} \times 2 = 120°$가 된다.

⑩ 정·반으로 관측하는 이유는 경위의 검정 불량으로 인한 측각오차를 소거하려는 데 있다.

⑪ 각 대회에서 정측회는 망원경을 우회하여 관측하고 반측회는 좌회전하여 관측하는 이유는 경위의가 좌우의 축이 맞지 않았을 때 배분될 수 있도록 하려는 것이다.

⑫ 어떤 시준 방향을 기준으로 각을 측정하여 각각의 각을 구하는 방법이다.

(4) 관측 정확도

① 1방향에 생기는 오차$(m_1) = \pm\sqrt{\alpha^2 + \beta^2}$ (α : 시준오차, β : 읽음오차)

② 각 관측의 오차$(m_2) = \pm\sqrt{2(\alpha^2 + \beta^2)}$

③ n회 관측한 평균값에 대한 오차$(M) = \pm\sqrt{\frac{2}{n}(\alpha^2 + \beta^2)}$

1.9.5.4. 각관측법

각 관측법(Method of Angle)은 수평각관측방법 중에서 가장 정확한 값을 얻는 방법으로 독립된 관측방법이다.

(1) 특징

① 기선망 측량 및 삼각측량 등에 사용되며 여러 개의 방향선 사이의 각을 차례로 방향각 관측법으로 관측하여 최확값을 구한다.

② 삼각측량에서 기선망의 측량이나 대삼각본점 측량과 같이 고도의 정도가 있어야 하는 측량에서 사용하는 정밀한 관측법이다.

③ 여러 개의 시준점을 기준이 되는 원방향으로 관측하여 얻어진 각을 최소제곱법에 따라 계산한다.

(2) 관측 순서

① 〈그림 1-62〉와 같이 O점에 기계를 세우고 ∠AOB, ∠AOC, ∠AOD를 독립하여 관측한다.

② 각각 n대회(기선망의 측량에서는 12대회, 대삼각망본점 측량에서는 6대를 관측한다.

③ 다음은 ∠BOC, ∠BOD를 같은 방법으로 관측하되 1측점에서 관측할 방향 수가 n방향인 때 총관측각의 수는 $\frac{1}{2}n(n-1)$로 구하고자 하는 각 수(n−1)의 차만큼 조건식이 생긴다.

④ 〈그림 1-62〉와 같이 관측 방향 n=4인 경우 총관측각의 수는 a, b, c, d, e, f 등 6개, 구하는 각 수는 a, d, f의 3개이다.

⑤ 조건식은 a+d=b, a+d+f=c, d+f=e이다.

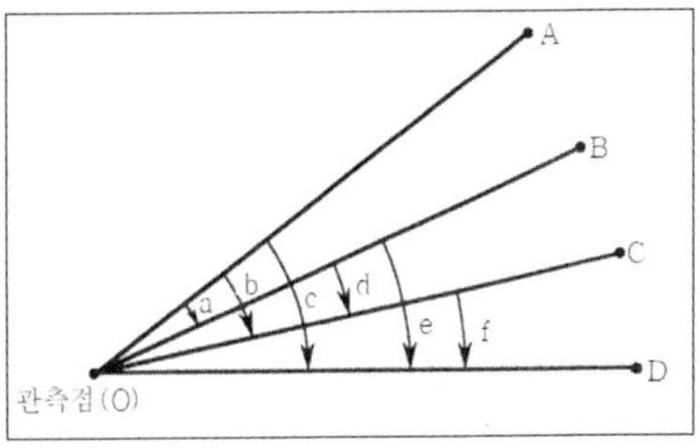

〈그림 1-62〉 각 관측법

1.9.6. 연직각 관측

연직각의 측정은 〈그림 1-63〉과 같이 망원경을 수평축 주위로 회전시켜 연직분도반에 의하여 측정하는 것이다. 연직각의 눈금은 0°~360°가 표시되어 있지만, 망원경이 수평일 경우 눈금이 90°와 270°를 나타내고 있다. 연직각의 관측은 수평각과 같이 망원경을 정·반으로 관측하여 기계 오차를 소거하고 정·반위의 관측값을 평균하며 관측 방법은 아래와 같다.

(1) 천정각과 천저각

① 천정(天頂)은 관측자의 중력 방향이 머리 위에서 천구면(天球面)에 닿는 점으로 천정을 기준으로 나타낸 각을 말한다.

② 천저(天底)는 수직선이 관측자의 발밑에서 지구를 뚫고 천정 반대쪽의 천구에 닿는 점을 말하는데 천저를 기준으로 나타낸 각을 말한다.

(2) 올려본각과 내려본각

① 연직각 관측은 주로 삼각점의 표고를 계산하기 위하여 실시하고 연직각은 고저각이라고도 한다.

② 〈그림 1-63〉과 같이 시준선과 수평선을 이루는 각으로 시준선이 수평선보다 위에 있으면 올려다본 각(+), 아래쪽에 있으면 내려다본 각(−)이라고 한다.

③ 올려본 각은 망원경을 수평으로 향하게 하고 90°를 맞추어 위의 방향으로 관측한 값을 말한다.

④ 내려본각은 망원경을 수평으로 향하게 하고 90°를 맞추어 아래 방향으로 관측한 값을 말한다.

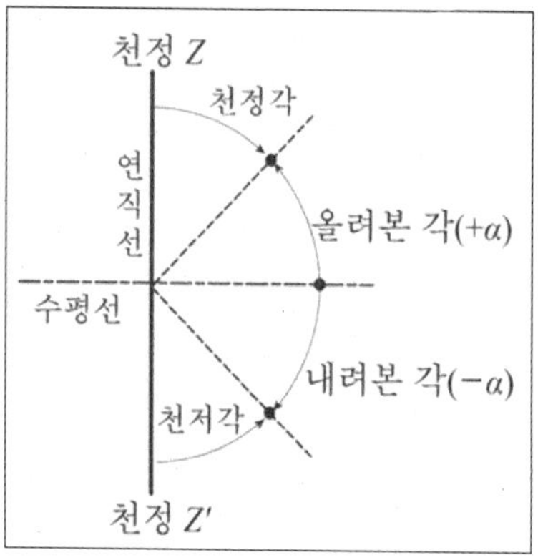

〈그림 1-63〉 연직각 관측

1.9.7. 방위각

출제(용) : 69, 86회

① 어느 지점으로부터 다른 지점을 표시하는 방향은 자오선의 북을 기준으로 측정하는 것을 방위각이라 하며, 좌표축의 X축에 평행한 방향의 북을 기준으로 하는 것을 방향각이라고 한다.

② 측량에서 사용하는 방위각(Azimuth Method)은 방향 기준에 따라서 〈그림 1-64〉와 같이 진북방위각, 도북방위각, 자북방위각으로 구분하며 지적측량에서는 방향각을 사용한다. 여기서, α : 방향각, α_0 : 방위각이다.

③ 도북방위각은 수평각에서 도면의 북쪽을 기준으로 우회한 각도로 360°까지 관측하는 것으로 방향각이라고도 한다.

④ 진북방위각과 도북방위각은 원점의 자오선 상에 있는 점에서는 일치하나 그 이외의 점에서는 일치하지 않으며 자오선수차를 발생하고 크기는 그 점이 원점에서 멀리 떨어짐에 따라 증가한다.

1.9.7.1. 방위각의 종류

(1) 진북방위각

① 실제 지구의 북극이 가리키는 방향을 진북이라 하며, 방위각은 자오선의 북(N) 방향의 자오선을 기준으로 측정한 각으로 측지측량에서 많이 이용된다.

② 방위각은 중앙자오선 상에서만 측정할 수 있으며 방위각은 진북방향을 기준으로 하여 시계방향으로 360° 회전하여 측정한 각을 말한다.

③ 〈그림 1-64〉에서 α_0 : 진북방위각, α : 도북방위각, γ : 자오선수차, N : 진북방향, X, X_0 : 도북방향으로 방위각의 계산은 $\alpha_0 = \alpha - (\pm\gamma)$이다.

④ 수평각은 대부분 자오선을 기준으로 하는 것이 원칙이지만 측량의 편의상 진북 자오선, 도북 자오선, 자북 자오선으로 기준을 한다.

⑤ 방위각과 방향각은 원점의 자오선 상의 지점에서는 일치하지만, 그 이외의 지점에서는 불일치하므로 자오선수차만큼의 차이가 발생하며 이 차이는 원점에서 멀어지면서 증가한다.

(2) 도북방위각

출제(용) : 56, 77회

① 도북방위각은 X축의 북 방향을 기준으로 어느 측선까지 시계방향으로 측정한 각으로 방향각이라고도 한다.

② 평면 직각좌표계에서 서로 평행선인 도곽의 종선이 가리키는 방향은 북쪽으로 도북(圖北)이라 하고 수평각 관측과 계산의 기준이 된다.

③ 평면직각좌표 원점의 종선을 기준으로 구획된 지적도 도곽의 종선과 일치하며 원점 상에서는 도북방위각과 진북방위각이 일치한다.

④ 도북방위각은 각 원점에서 동쪽 또는 서쪽으로 멀어질수록 진북방위각과의 차가 크게 나타나는 현상을 자오선수차라 한다.

⑤ 도북방위각(α)은 〈그림 1-64〉에서 X축에 평행한 축 및 X_1', X_2', X_3' … 을 기준으로 하여 시계방향으로 잰 각으로 방향각이라고도 하며 지적측량에서 사용하는 방위각이다.

⑥ X축에 평행한 축을 기준으로 하여 표시할 때의 각도이며 원점의 동쪽에서는 (−), 서쪽에서는 (+)로 표시한다.

⑦ 방향각 계산식은 $\alpha = \alpha_0 + (\pm\gamma)$이고 방위각과 방향각의 차이에 해당하는 자오선수차이다.

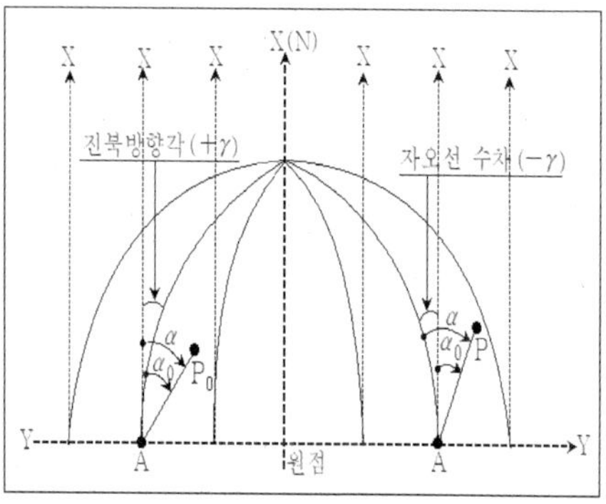

〈그림 1-64〉 방위각

(3) 자북방위각

출제(용) : 72회

① 자북방위각은 자침이 가리키는 북 방향을 기준으로 어느 측선까지 시계방향으로 측정한 각을 말한다.

② 자북과 진북은 일치하지 않기 때문에 자북방위각+자침편차=진북방위각이다.

③ 자북은 우리나라 위치에서 북극을 향한 때 약간 서편에 기울어져 있어 서편차라 한다.

④ 자북 방위는 진북의 서쪽으로 얼마간 기울어져 있으며 그 차이는 장소와 시기에 따라 다르다.

⑤ 독도법에서는 자북을 기준으로 한다.

1.9.7.2. 방위각 계산 및 결정

(1) 방위각 계산

① 기지방위각이 180°보다 클 경우에 180°를 빼주면 역 방위각을 구할 수 있다.

② 방위각을 알고 있는 변을 삼각형의 밑변으로 할 때 나머지 변을 우측 변과 좌측 변으로 명칭을 붙이면 우측 변의 방위각은 기지방위각(역 방위각)에 우측 아래 각을 더하여 구한다.

③ 방위각을 알고 있는 변을 삼각형의 밑변으로 할 때 나머지 변을 우측 변과 좌측 변으로 명칭을 붙이면 좌측 변의 방위각은 기지방위각(역 방위각)에 좌측 아래 각을 빼주면 된다.

④ 우측 변의 방위각과 좌측 변의 방위각의 차이가 정각과 같은지 계산하여 검산한다.

⑤ 내각을 이용한 방위각 계산

- 삼각형 ABC에서 AB 방위각(α)을 미리 알고 있으면 BA 방위각은 $\alpha_1 = \alpha \pm 180°$가 된다.
- 역방위각은 기지 방위각이 $\alpha < 180°$이면, "+180°", $\alpha > 180°$이면, "−180°"를 하므로 $\alpha_1 = \alpha \pm 180°$가 된다.
- 〈그림 1−65〉에서 AB 방위각은 α, BA 방위각은 α_1으로 AB의 역방위각이 된다.
- 〈그림 1−65〉에서 AC 방위각(α_2) $= \alpha + \angle BAC$, BC 방위각(α_3) $= \alpha_1 - \angle ABC$가 된다.
- AC 및 BC를 A′와 B′로 연장하면 $\alpha_3 - \alpha_2 = \angle A'CB' = \angle BCA$와 같다.

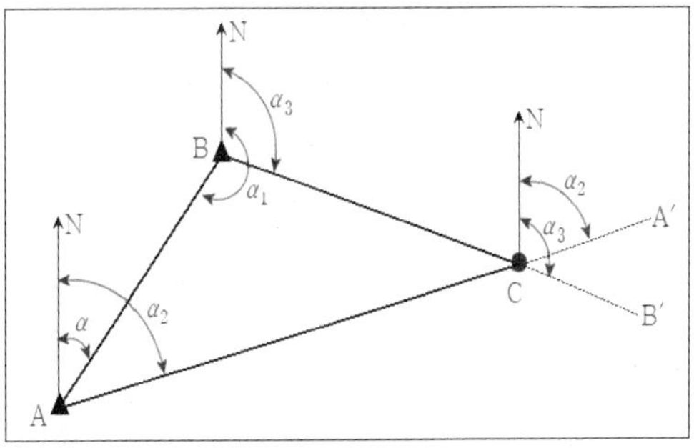

〈그림 1-65〉 방위각의 계산

⑥ 방위각 관측에 따른 계산

- 교각을 방위각으로 계산하는 방법은 관측 결과에 따라 2가지로 구분할 수 있다.
- 방위각의 관측은 우측으로 관측한 각과 좌측으로 관측한 방법이 있다.
- 〈그림 1−66〉에서 방위각을 V, 교각을 α, 출발점의 기지 방위각을 V_A^P라 할 때 A, B, C, D의 방위각 계산은 아래와 같다.

- $V_1 = V_A^P + \alpha_1$
- $V_2 = (V_1 \pm 180°) + \alpha_2$
- $V_3 = (V_2 \pm 180°) + \alpha_3$
- $V_4 = (V_3 \pm 180°) + \alpha_4$

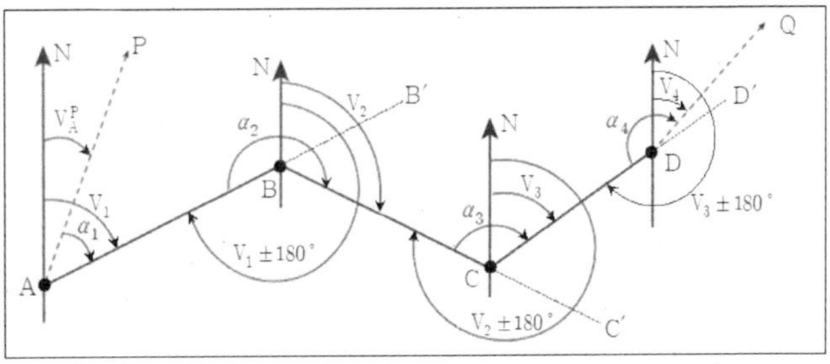

〈그림 1-66〉 방위각 관측

⑦ 좌표를 이용한 방위각 계산

- 좌표를 이용한 방위각 계산은 평면직각좌표 수치를 이용하여 극좌표인 방위각과 점간거리를 계산한다.
- 종선차(Δx) $= X_B - X_A$
- 횡선차(Δy) $= Y_B - Y_A$

- 방위(θ) $= \tan^{-1}\dfrac{\Delta y}{\Delta x}$
- 방위(θ)을 이용하여 상한에 대한 방위각(V)의 계산 방법은 아래의 표와 같다.

상한	방위각(V) 범위	부호		상한별 방위각 계산
		종선차(Δx)	횡선차(Δy)	
I	0°~ 90°	+	+	$V = \theta$
II	90°~180°	−	+	$V = 180° - \theta$
III	180°~270°	−	−	$V = 180° + \theta$
IV	270°~360°	+	−	$V = 360° - \theta$
※ 방위각은 Δx 값과 Δy 값의 부호에 의해서 결정한다.				

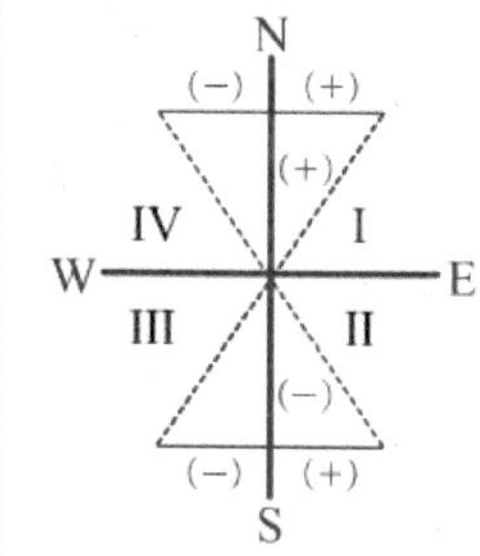

(2) 방위각 결정

① 방위각 결정은 주로 주극성을 관측하여 간단하게 구할 때는 북극성의 고도 및 수평각을 관측하여 결정한다.

② 방위각 결정방법

- 북극성에 의한 방위각 결정
- 주극성에 의한 방위각 결정
- 방위표에 의한 방위각 결정

[예제] 평면직각좌표 원점에서 서쪽에 있는 P_1 점에서 P_2 점 방향의 자북방위각을 관측한 결과 80°10′30″이었다. P_1 점에서 자오선 수치가 1′10″자침편차가 4°W 일 때 진북방위각과 방향각을 계산하시오.

「풀이」 진북방위각(α) = $\alpha_m + (\pm\Delta)$ = 80°10′30″+(−4°) = 76°10′30″

방향각(T) = $\alpha_m + (\pm\gamma)$ = 76°10′30″+1′10″ = 76°11′40″

1.9.7.3. 자오선수차

출제(용) : 47, 50, 53, 71, 87회

① 자오선수차(Meridians of Aberration)는 경위도 좌표계의 모든 경선이 북극과 남극에서 한 점으로 수렴하지만, 평면직각좌표에서는 평행선으로 표시되는 현상으로 그 차이를 말한다.

② 좌표원점에 있는 자오선 방향(X축)과 어떤 지점을 통과하는 자오선 방향의 양극을 연결하는 선상에서 교차하는 각을 자오선수차라 한다.

③ 방위각과 방향각의 차이를 자오선수차라 한다.

④ 〈그림 1-64〉와 같이 원점의 동쪽에서는 자오선수차만큼 더해준 각이 방위각이 되며 원점의 서쪽에서는 그 값을 빼주어야 한다.

⑤ 자오선의 수차는 좌표 원점에서 일치하고 원점으로부터 멀어질수록 그 차가 커진다.

⑥ 좌표원점에서 동서로 떨어질수록 진북 방향각이 커지며, 자오선수차($+\gamma$)와 진북 방향각($-\gamma$)은 절댓값이 같고 부호는 반대이다.

⑦ 어떤 점에서 X축에 평행한 방향을 기준으로 표시하는 자오선 방향의 수평각을 진북 방향각이라 한다.

1.9.7.4. 편차각

① 진북방위각, 도북방위각, 자북방위각의 각도 차이를 편차각이라고 한다.

② 진북에서 도북까지의 기울기를 도편각이라 한다.

③ 도북에서 자북까지의 기울기를 도자각이라 한다.

④ 자편각

- 진북에서 자북까지의 기울기를 자편각이라 한다.
- 진북을 기준으로 자북이 서쪽으로 기울어진 각을 서편각, 동쪽으로 기울어진 각을 동편각이라 한다.
- 우리나라 자편각은 서편각인데 남부지방의 경우 5~6°, 중부지방의 경우 6~7°, 북부지방의 경우 7~9° 정도 된다.

1.9.7.5. 방위와 역방위각

출제(용) : 63회

(1) 방위(Bearing)

출제(용) : 86회

① 방위는 자오선의 남쪽과 북쪽을 기준으로 관측하고자 하는 측선까지 측정한 각이 동쪽과 서쪽에 따라 각각 부호(동쪽 : E, 서쪽 : W)를 붙여줌으로써 상한을 표시한다.

② 방위는 도면의 북쪽과 남쪽을 0°, 동서로 90°까지 관측하게 되어 있으므로 90°를 넘는 일은 없다.

③ 방위는 각도의 전후에 기산점과 측선의 방향에 따른 N, S 또는 E, W를 붙여 쓰는 것이다.

④ (표 1.10)과 같이 Ⅰ상한은 N 20°E, Ⅱ상한은 S 30°E, Ⅲ상한은 S 20°W, Ⅳ상한은 N 30°W로 표시한다.

⑤ 어느 측선이 자오선과 이루는 0°~90°의 각으로 측선의 방향에 따라 붙여줌으로써 각 상한을 표시한다.

⑥ 지적기준점측량에서 방위를 계산하여 좌표축에 투영된 측선의 길이를 계산하기 위해 Δx, Δy를 구한다.

(2) 역방위각

출제(용) : 63회

① 지적측량에서 두 점 O, P를 관측할 때 도북 방향과 진북방향이 일치한다고 간주할 수 있으므로 O점에서 P점을 관측한 값의 방위각이라 하며 즉, α_1의 관측값이라 할 수 있다.

② 역방위각의 경우는 P점에서 O점을 관측한 방위각(α_1)의 값을 역으로 관측한 방위각을 말한다.

③ 역방위각이란 방위각과의 차가 180°이므로 α_2의 관측값이라 할 수 있다.

④ 거리의 측정을 장거리로 관측할 경우 또는 구면상에서는 자오선수차를 고려해야 한다.

⑤ 〈그림 1-67〉에서 OP의 방위각은 $V_o^p = \alpha_1$이므로, OP의 역방위각은 PO의 방위각으로 $V_p^o = \alpha_2$가 된다.

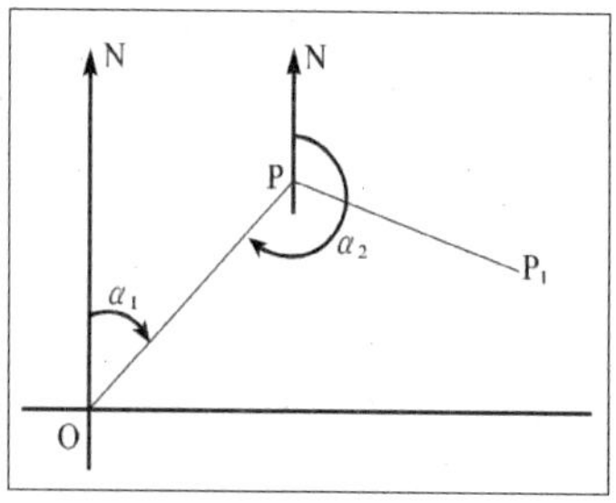

〈그림 1-67〉 역방위각

1.9.8. 자유도

① 자유도(degree of freedom)는 관측 총 개수 중에서 답을 얻는 데 필요한 최소 관측 개수를 초과하는 관측값들이다.

② 잉여(剩餘) 관측이라고도 하며 관측의 잉여도가 1 이상이어야 최소제곱법을 적용하여 관측값으로부터 최확값을 구할 수 있다.

③ 일반적으로 관측에서 미지수를 결정할 때 잉여관측이 많으면 많을수록 추정하는 미지수의 표준편차가 작아지게 되어 더욱 정밀한 추정이 가능하게 된다.

④ 잉여 관측 개수(n) = 총관측 개수(m) − 필수 관측 개수(e)로 표현할 수 있다.

⑤ 잉여 관측의 필요성

- 관측값의 불일치(discrepancy)를 검토하여 오차량을 파악할 수 있다.
- 잉여 관측이 있어야 오차를 조정할 수 있으며, 정밀도를 높일 수 있다.
- 오차분포에서 관측값이 신뢰구간 이내에 있는지를 파악하여 참값의 신뢰구간을 계산할 수 있다.

⑥ 특징

- 자유도는 표본의 크기와 모집단의 크기에 따라 결정된다.
- 표본의 크기가 커질수록 자유도는 증가하고, 모집단의 크기가 커질수록 자유도는 감소한다.
- 통계적 추정이나 가설 검정 등의 분석에서 모집단의 특성을 설명하기 위한 파라미터의 수를 나타내는 개념이다.
- 자유도는 n−1로 설정되며, 여기서 n은 표본의 크기이다.

⑦ 자유도의 역할

- 자유도는 추정의 정밀도를 결정하기 때문에 통계 분석에서 중요한 역할을 한다.
- 사용이 가능한 자유도가 높을수록 추정값이 더 정확해진다.
- 가설 검정에서는 검정 통계량의 임계값을 결정하기 위해 자유도가 사용된다.

1.9.9. 양차

출제(용) : 125회

측량에서는 모든 거리를 지구타원체 상으로 변환하여 사용하며 현장에서 측정한 거리에는 여러 가지 오차가 포함되어 있는데 그 중 구차와 기차를 총칭하여 양차라 하며 양차는 곡률보정과 대기차 보정을 합한 값을 말한다. 구차는 양의 보정값, 기차는 음의 보정값을 가지므로 비교적 짧은 거리를 측정할 때는 부호가 서로 달라 상쇄되는 성질을 고려하여 양차의 보정을 생략할 수 있다.

(1) 지구곡률에 의한 오차

출제(용) : 135회

① 지구의 표면은 구면이므로 시준거리가 길어지면 지표면을 수평으로 하여도 동일한 높이의 점 A, B점 사이의 표고차(Ec)가 생긴다. 이와 같은 높이차를 지구의 곡률에 의한 오차로 구차(Error Curvature)라고 한다.

② 〈그림 1－68〉에서 지상점 A, B점와 지구의 중심 O와의 사잇각을 θ 라고하면 $OB' = \frac{R}{\cos\theta}$ 이다.

③ 지구의 곡률 오차인 구차는 $Ec = OB' - OB = \frac{R}{\cos\theta} - R = R \times \frac{1-\cos\theta}{\cos\theta}$ 이다.

④ 〈그림 1－68〉에서 시준 거리 AB′를 지구 반경(R)에 비교하면 θ값은 매우 적다.

⑤ $\cos\theta \fallingdotseq 1 - \frac{\theta^2}{2}$ 이므로

구차 $Ec = R \times \frac{1-(1-\frac{\theta^2}{2})}{1-\frac{\theta^2}{2}} = R \times \frac{\frac{\theta^2}{2}}{1-\frac{\theta^2}{2}}$ 이므로 $\theta \fallingdotseq 0$라고 하면 $1 - \frac{\theta^2}{2} \fallingdotseq 1$이다.

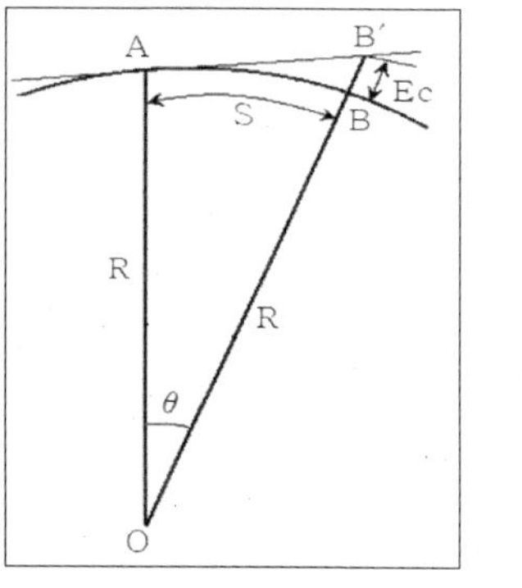

〈그림 1-68〉 구차

⑥ 위의 식에서 정리하면 $Ec = \frac{R\theta^2}{2}$ 〈그림 1－68〉로부터 $\theta = \frac{S}{R}$ 이므로

구차는 $Ec = \frac{R}{2} \cdot (\frac{R}{2})^2 = + \frac{S^2}{2R}$ 이다.

⑦ 발생원인

- 대규모 지역에서는 수평면에 대한 높이와 지평면에 대한 높이의 차가 발생한다.
- 곡률 오차는 거리의 제곱에 비례하여 변화한다.
- 구차는 높이를 낮아지게 하는 오차이다.

⑧ 소거 방법

- 구차는 $Ec = \frac{R}{2} \cdot (\frac{R}{2})^2 = + \frac{S^2}{2R}$ 이다.
- 지구의 곡률에 의한 오차로 수평면과 지평면의 차를 말하며 높게 보정한다.

(2) 굴절에 의한 오차

① 빛은 밀도가 다른 층을 통과하면 굴절하는데 대기의 밀도는 지표면에 가까울수록 농도가 짙어지며 대기 중을 통과하는 빛도 굴절한다.

② 〈그림 1－69〉의 A점에 기계를 설치하여 B″를 시준하였을 때 B′에 목표물이 있는 것처럼 보이는 현상으로 BB″를 기차(Correction of refraction)라고 한다.

③ 〈그림 1－69〉에서 광선이 광로 B″A가 원호를 그린다고 가정하면 그 반경을 R′, 지구의 반경을 R라고 하면 R＝kR′가 성립된다. 여기서 k는 0.12~0.14의 값을 나타낸다.

④ 〈그림 1－69〉에서 ∠B′AB″을 α라고 하면 $\alpha = \dfrac{\theta}{2}$이다.

⑤ 현 $\overline{AB''}$와 원호 $\widehat{AB}$의 호장 S와 같다고 가정하면

$S = R'\theta$이므로 $\theta = \dfrac{S}{R'}$이다.

⑥ 현 $\overline{AB''}$ 위에 세운 중심각 θ는 2α와 같고

$\widehat{AB''} \fallingdotseq AB'' \fallingdotseq \widehat{AB}$라고

가정하면 $\overline{B'B''} = Er = \overline{AB''}\dfrac{\theta}{2}$가 된다.

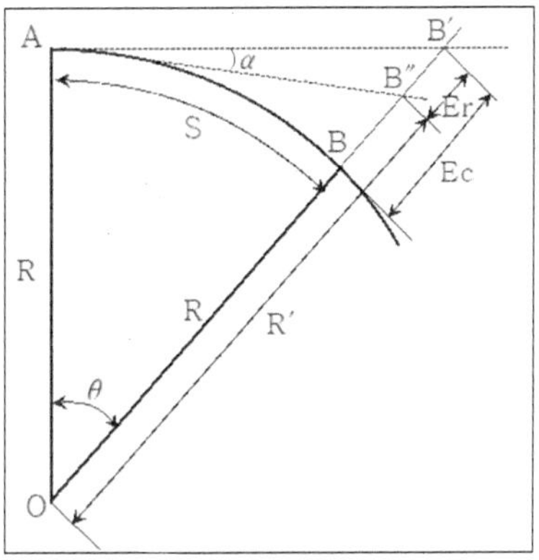

〈그림 1-69〉 굴절에 의한 오차

⑦ 위의 식에서 $\overline{AB''} = \theta$, $\theta = \dfrac{S}{R'}$를 대입하면 $Er = \dfrac{S^2}{2R'}$이다.

⑧ $Er = \dfrac{S^2}{2R'}$ 식에 R＝kR′에 의한 $R'\dfrac{R}{k}$을 대입하면 기차는 $Er = \dfrac{S^2}{2(\frac{R}{k})} = k\dfrac{S^2}{2R}$이다.

⑨ 발생원인

- 기차는 구하려고 하는 점의 높이를 높아지게 하는 오차이다.
- 표고가 높아짐에 따라 대류권에 존재하는 공기의 밀도가 낮아지는 현상에서 발생하는 빛의 회절(回折)현상에 의한 오차이다.
- 빛의 진로는 물질의 밀도가 높은 쪽을 향하여 휘는 회절현상으로 인하여 곡선의 형태를 가지게 되어 결국 공기 중에서는 밀도가 높은 지면을 향하여 휘게 된다는 것이다.

⑩ 소거 방법

- 소거 방법은 $Er = -\dfrac{k}{2R} \cdot D^2$에서 $h = D \cdot \tan\theta + \dfrac{1-k}{2R} \cdot D^2$이다.
- 각 오차만큼을 음(−)의 방향으로 보정하여 주어야 한다.

- 기차는 구하려고 하는 점의 높이를 높아지게 하는 오차이며 구차는 높이를 낮아지게 하는 오차이다.

(3) 양차

① 양차는 보통 이 두 오차를 합한 것으로 측량기준점을 설치할 때는 반드시 양차에 의한 보정을 해주어야 더욱 정확한 성과를 얻을 수 있다.

② 곡률보정은 대기차 보정의 약 8배 정도이며 기차나 구차 모두 거리의 제곱에 비례하여 커진다는 것을 알 수 있다.

③ 양차(E) $= Ec + Er = \frac{S^2}{2R} - \frac{kS^2}{2R} = (1-k) \cdot \frac{S^2}{2R}$ 여기서, S : 2점 사이의 수평거리, R : 지구의 반경(R≒6,370km), k : 굴절계수이다.

④ 양차의 소거

- P점에서 관측한 고도각은 오차 각만큼 덜 읽게 되므로 그만큼을 양(+)의 방향으로 보정해 주어야 한다.
- 구차와 기차가 측량 결과에 어떠한 영향을 주는가는 매우 중요한 일이다.
- 측지측량에서 구차와 기차의 영향은 매우 크므로 측량 시 발생하는 구차와 기차를 계산하여 보정하는 것은 측량의 정밀도 향상에 매우 중요하다.

⑤ 양차를 고려한 측량

- 측지삼각측량 및 정밀 수준측량
- 삼각 수준측량은 트랜싯 등을 사용하여 두 점 사이의 연직각을 측정하여 삼각법을 이용하여 고저차를 구하는 것이다.

[예제] 바닷가에서 바라볼 수 있는 수평선 위치의 거리는? (단 눈의 높이가 바다 수면에서 1.7m, 지구의 반경은 6,370km 빛의 굴절계수는 0.15m로 한다)

「**풀이**」 ① 양차(h) $= \frac{(1-K)}{2R} D^2$에서 $S^2 = \frac{2R}{(1-K)} \cdot h$이다.

② 수평선 위치의 거리(D) $= \sqrt{\frac{2R \cdot h}{(1-k)}} = \sqrt{\frac{2 \times 6370000 \times 1.7}{(1-0.15)}} = 5047.77m ≒ 5048m$이다.

출제빈도 용어정리 & 논술 일람표

제1장 측량 기초 (용어정리)

번호	문제	횟수	번호	문제	횟수
1	평면측량의 한계	1	30	특별소삼각점	2
2	준거타원체(Reference Ellipsoid)	1	31	최대이각법	1
3	편평률	1	32	척관법	1
4	GRS80 타원체	3	33	간승(間繩)	1
5	측지선(測地線, Geodetic line)	1	34	평면거리	3
6	항정선(航程線)	1	35	지거법(支距法)_ 사지거	4
7	텔루로이드(telluroid)와 의사지오이드(quasi geoid)	1	36	EDM(Electronic Distance Measurement)의 원리와 오차	1
8	등포텐셜면	1	37	EDM의 영점오차	2
9	국가지오이드모델(KNGeoid18)	1	38	E.D.M의 영점보정	1
10	KNGeoied24	1	39	투영보정(Projection Correction), 표고보정	4
11	지오이드(Geoid)_지오이드고	3	40	축척보정	1
12	연직선편차	2	41	삼변측량(三邊測量)	2
13	횡원통도법	1	42	국제단위계(Si unit)	2
14	가우스크뤼거 투영(Gauss-krger's Projection)	4	43	미터법과 국제단위계(SI)	1
15	가우스상사이중투영(Gauss Conformal Double Project)	6	44	그레이드(grade)	1
16	지도의 축척계수(Scale Pactor)	3	45	호도법(Radian)	2
17	동경측지계	1	46	배각법	1
18	세계측지계	1	47	방위각(Azimuth)과 방위(Bearing)	2
19	ITRF(International Terrestrial Reference Frame) 좌표계	5	48	도북방위각(圖北方位角)	2
20	WGS- 84 좌표계	3	49	자북방위각	1
21	지구좌표계(Earth Coordinates)	1	50	자오선수차(Merdian Convergence)	4
22	위도	1	51	자오선수차와 진북방향각	1
23	표준자오선(標準子午線)	1	52	역방위각	1
24	지적좌표계, 평면직각좌표	2	53	지구곡률오차(Curvature Error)	1
25	UTM좌표	2	54	지구 자전 속도에 영향을 주는 요소	1
26	UTM-K	1	55	황도(黃道)	1
27	UPS 좌표계 (Universal Polar Stereographic coordinate System)	2	56	양차 (error due to both curvature and refraction)	1
28	우리나라의 평면직교 좌표원점	2	57	원주 시차	1
29	구소삼각 원점	3			

제1장 측량 기초 (논술)		
번호	문제	횟수
1	정밀도 1/1,000,000을 요할때 측지학상 평면으로 볼 수 있는 한계를 밝혀 설명하시오.	2
2	우리나라 측지원점의 요소와 원자에 대하여 기술하시오.	1
3	우리나라의 측지기준(Geodetic Datum)에 대하여 설명하시오.	2
4	지오이드모델(Geoid Model)의 결정방법과 활용 사례에 대하여 설명하시오.	1
5	지오이드의 결정방법 및 활용 효과를 설명하시오.	2
6	지도 투영의 분류에 관해 설명하시오.	1
7	등각투영(Helmert)과 상사투영(Affine)의 특성에 대하여 설명하시오.	1
8	우리나라에 적용하고 있는 TM(Transverse Mercator) 좌표계의 변천 과정을 설명하시오.	1
9	지도투영법 중 TM과 UTM 투영법에 대하여 설명하시오.	1
10	세계측지계를 기준으로 한 지적측량의 방안과 유의 사항에 대하여 기술하시오.	4
11	지적도면과 지적측량 성과의 세계측지계 전환 방안에 대하여 설명하시오	1
12	지적공부를 세계측지계 기준으로 변환하는 작업 순서를 설명하시오.	1
13	동경측지계와 세계측지계에 대하여 기술하시오.	1
14	지적공부의 세계측지계변환사업에 대하여 설명하시오.	2
15	지역좌표계를 세계측지계로 변환하는 방법에 대하여 설명하시오.	1
16	지적공부의 세계측지계 변환을 위한 공통점(Common point)의 선정 방법에 대하여 설명하시오.	1
17	지적공부를 세계측지계변환하는 과정에 발생할 수 있는 문제점 및 개선 방안에 대하여 설명하시오.	3
18	구소삼각측량지역의 경계점좌표등록부를 세계측지계로 변환하는 방법에 대하여 설명하시오.	1
19	지적공부 세계측지계변환성과 검증 및 성과검사 방법에 대하여 설명하시오.	1
20	GPS 관측 원리와 좌표체계에 대하여 설명하시오.	1
21	WGS 84좌표계와 ITRF(국제기준 좌표계) 비교하시오.	2
22	우리나라의 기준좌표계와 세계기준좌표계(ITRF)를 비교 설명하시오.	2
23	지적측량분야에 세계기준좌표계(ITRF) 적용을 위한 구체적 방안을 논하시오.	1
24	지구좌표계(Earth Coordinate System)에 대하여 설명하시오.	1
25	우리나라 지적좌표계의 현황과 문제점을 기술하고 개선방향에 대하여 기술하시오.	1
26	지적측량 좌표계의 사용 실태와 통일화 방안 설명하시오.	1
27	지적측량 좌표계의 사용 실태와 통일화 방안 설명하시오.	1
28	우리나라 평면직각좌표계의 구성에 대하여 논하시오.	1
29	1910년도 지적좌표계의 변환과 좌표계의 통일방안에 대하여 기술하시오.	1
30	우리나라 평면좌표체계의 현황과 개선 방향에 대하여 기술하시오.	1
31	지구중심좌표계와 타원체 좌표계에 대하여 기술하시오.	1
32	지적측량의 기준이 되는 원점에 대하여 설명하시오.	1
33	우리나라 구(舊) 기준점 성과표에 표기 되어있는 "경도(L:)에는 10.405"를 가산하여야 함." 에 대하여 설명하시오.	2

제1장 측량 기초 (논술)		
번호	문제	횟수
34	지구극과 적도의 지구자전속도의 영향에 대해 말해보시오.	1
35	지적측량의 ODA사업 수행전략의 문제점과 개선 방안을 설명하시오.	1
36	거리의 종류별 특성과 상호 관련성을 설명하시오.	1
37	평면거리 계산 방법에 대하여 설명하시오.	2
38	거리측량 오차의 종류와 그 원인에 대하여 설명하시오.	1
39	광파측거기 사용시 오차 및 보정 종류에 대하여 설명하시오.	2
40	삼변측량에 의한 3차원 위치결정의 방법에 대해 설명하시오.	1
41	삼변측량과 삼각측량의 장단점을 비교 설명하시오.	1
42	각 관측방법 중 배각법에 대한 정의와 특징에 대하여 기술하시오.	1

Part 2

제2장 오차론

2.1. 개요

측량의 결괏값인 데이터는 항상 오차를 포함하고 있으며 참값을 취득하기란 매우 어렵다. 측량에서 관측값에 포함된 오차의 크기는 알 수 없으며 오차는 참값과 관측값의 차이를 말한다. 이러한 오차의 발생은 자연적인 현상이나 사용하는 기계의 성능, 관측자의 숙련도 및 관측 방법에 따라서 그 정도가 다르게 나타난다.

2.1.1. 관측과 오차

① 측량에서 절대적 정확성(Absolute Certainty)을 확보하는 것은 거의 불가능하지만 이론적인 절대적 정확성을 갖는 값을 참값(True Value)이라 하며 측량자가 얻을 수 있는 값은 참값에 대한 추정값(Estimate value)이다.

② 측정값의 편차를 허용하는 것은 자연적인 현상으로 어느 측정값의 절대적 정확성을 확보하는 것은 불가능하다.

③ 측정값은 보통 참값과는 서로 다른 값이 되며, 측정값과 참값과의 차이를 참오차 또는 측정오차라 한다.

④ 측정 시 오차는 같은 측정 대상을 좀 더 정확하게 조사한 다른 측정값과 그 오차를 비교함으로써 결정되어야만 한다.

⑤ 보정량(Correction)은 추정오차로 조정하지 않고 여기에 반대 부호를 붙여 사용하며 보정량=추정값(X′)−관측값(X)이다.

⑥ 관측값(X), 참값(X_t)일 때 참 오차(e)=관측값(X)−참값(X_t)이다.

⑦ 잔차(residual)

- 관측값과 참값(정확한 값)의 차가 참오차(error)인데, 알지 못하는 어떠한 양을 정밀한 기계로 주의 깊게 몇 번 측정하더라도 반드시 이들 값은 일정하지 않다.
- 가장 믿을 수 있는 참값에 가까운 값으로 최확값을 구하고, 관측값과 최확값(산술평균값)의 차(잔차)를 참오차 대신 사용하게 되는데, 때로는 이 잔차를 오차라고 하기도 한다.
- 잔차(residual)는 참값을 안다는 것이 불가능하다는 것을 의미한다.
- 잔차(e) = 관측값(X) − 추정값(X′)으로 표시한다.

2.2. 오차의 종류

출제(논) : 86, 114, 122회

오차란 참값과 관측값의 차를 말하며 측량에 있어서 요구되는 정확도를 미리 정하고 관측값의 오차가 허용오차 범위 내에 있음을 확인하는 것이 매우 중요한 일이다. 일반적으로 관측값과 기준값의 차이에 따른 오차는 수치 해석상의 오차와 발생 원인에 의한 오차로 분류할 수 있다.

2.2.1. 수치해석에 따른 오차

출제(용) : 59회

① 수치해석상의 오차는 크게 마무리 오차 및 유효숫자, 절단 오차, 입력오차, 변환 오차 등이 있다.

② 유효숫자는 곱셈에서는 곱하는 인자 중 유효숫자의 최소자릿수가 유효숫자가 된다.

③ 절단 오차(Truncation Error)는 수치 처리 과정에서 무한급수를 유한급수로 처리할 때 발생하는 오차를 말한다.

④ 마무리 오차(Round off Error)는 Computer에 유한한 기억 자릿수를 표현할 때 발생하는 오차를 말한다.

- 마무리 오차는 덧셈과 뺄셈에서 유효숫자는 가장 큰 수의 자릿수로 정하며 소수점이 있는 경우는 소수점 이하 자릿수가 가장 작은 수의 자릿수로 정하게 된다.

- 어떤 수를 유효한 자릿수로 나타내기 위해 마무리 작업(반올림, 끊어 올림, 끊어버림)을 하게 되며 여기서 발생하는 오차를 마무리 오차라고 한다.

⑤ 입력오차(Input Error)는 Computer에 무한한 수를 유한한 수로 입력시킬 때 발생하는 오차를 말한다.

⑥ 변환 오차(Translation Error)는 Computer의 기억장치에서 진법 환산 시 발생하는 오차를 말한다.

2.2.2. 성질에 따른 오차

출제(논) : 86회

오차를 성질에 따라 분류하면 정오차, 우연오차, 착오로 분류하며 주로 발생하는 원인은 자연적, 기계적, 인위적인 원인에 의해 발생할 수 있다.

2.2.2.1. 정오차

출제(용) : 120회, (논) : 60, 89회

정오차(systematic error)는 일정 조건에서 같은 방향과 같은 크기로 발생하는 오차가 누적되므로 누차, 계통적 오차라고도 한다. 정오차는 오차의 원인에 대한 법칙을 알 수 있을 때는 수학적 표현으로 나타낼 수 있고 측정값을 적절히 수정할 수 있다.

(1) 특징

① 정오차는 계통적 오차의 표시와 중요성은 일정한 형식 또는 물리학적 자연법칙에 따라서 움직인다.

② 정오차는 발생 원인과 특성을 파악하면 제거할 수 있다.

③ 계통적 오차의 영향은 개별적 오차에 따른 값이나 부호에 따라 서로 다른 형태로 나타난다.

④ 측량에서 정오차는 자연적인 원인, 기계적 요소, 관측자의 인위적 제한성 등으로 인하여 발생한다.

⑤ 정오차는 시준축 오차, 수평축 오차, 수직축 오차, 눈금 오차, 시준축의 편심 오차가 발생한다.

⑥ 정오차는 측정 횟수에 비례하여 증가하므로 1회의 측정에서 생기는 정오차를 a, 측정 횟수를 n 회라 하면 정오차는 an이 된다.

(2) 발생원인

① 개인적 정오차

- 관측자의 시각과 청각에 의하여 일정한 오차가 관측값에 따라 발생하는 오차
- 경위의 및 Tape의 눈금 읽는 습관에 의해 발생하는 오차

② 자연적 원인에 의한 오차

- 온도, 습도, 기압 등에 의한 오차
- 공기 중의 빛의 굴절에 의한 오차(氣差)
- 지구의 곡률에 의한 오차(球差)
- 각 관측과 거리 측정의 경우에 많은 영향을 미친다.

③ 각 측정에 따른 정오차

- 수평분도원이 중심과 불일치에 따른 오차
- 수평분도원 및 수직 분도원의 눈금이 일정하지 않아서 발생하는 오차
- 망원경 축(광축)이 회전 수평축에 대하여 정상적이지 못한 경우 발생하는 오차
- 수직 분도원의 눈금이 영(0)을 가리키지 않을 때 발생하는 오차
- 망원경 축과 수준기포관 축이 평행하지 않을 때 발생하는 오차

④ 거리 측정에 따른 정오차

- 줄자의 길이가 표준길이와 다른 경우(줄자의 특성값 보정)
- 측정 시의 장력이 표준장력과 다른 경우(장력 보정)
- 줄자가 수평으로 되지 않은 경우(경사 보정)
- 줄자가 늘어진 경우(처짐 보정)
- 관측 시의 온도가 표준온도와 다를 경우(온도 보정)

(3) 거리측정 오차 보정

① 특성값 보정

- 특성값 보정은 줄자의 길이가 표준길이와 다른 경우 줄자의 크기와 방향의 차가 발생하는데 이를 그 줄자의 자정수라 한다.
- 특성값(자정수)을 D−d라고 정의하면 자정수 보정량은 $C_L = \frac{\delta}{D} \cdot L$으로 표시된다.
- 보정량의 부호는 특성값(D−d)의 부호와 같다. 여기서, L : 측정거리, δ:특성값(D−d)이다.

② 장력 보정

- 장력보정은 표준장력(10～15kg)과 측정시 장력과의 차이 때문에 테이프가 신축하므로 오차가 생길 때 보정량을 말한다.
- 장력보정식$(C_p) = \frac{(P-P_0)}{A \cdot E} \cdot L$와 같다. ($P_0$:표준장력(10~15kg), P:측정시의 장력, L : 측정길이, A:Tape의 단면적, E : 테이프의 탄성계수($2.0 \times 10^6 \sim 2.2 \times 10^6 kg/cm^2$) 이다.
- 보정량의 부호는 $(P-P_0)$의 부호와 같다.

③ 온도 보정

- 측정 온도가 표준온도 이외에서 측정한 경우 테이프의 신축이 있을 수 있으므로 보정해야 하며 보정량식은 $C_t = + \alpha \cdot L(t-t_o)$와 같다.
- 표준거리$(C_o) = C \pm C_t$이며, C_t : 온도보정값, α:테이프의 선팽창계수(0.000012°C), L : 관측한 거리, t:측정시의 온도, t_0 : 표준 온도(15℃)이다.
- 표준온도는 줄자의 검정시의 온도로 보통 15℃~20℃이다.

④ 경사 보정

- 2점 사이에고저차가 있는 경우 수평거리로 보정하기 위한 계산이 필요하다.
- 〈그림 2-1〉과 같이 경사거리를 L_0, 고저차를 h라고 할 경우 경사보정식$(C_g) = -\frac{h^2}{2L_0}$와 같다.
- 보정량의 부호는 항상 마이너스(−) 이다.

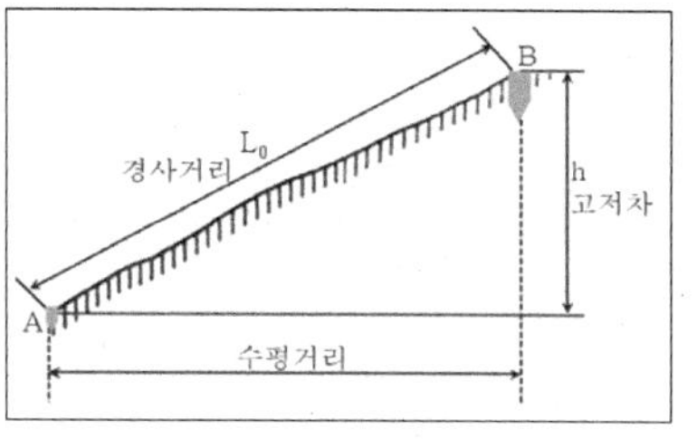

〈그림 2-1〉 경사보정

⑤ 처짐 보정

- Tape의 양끝에 2개의 지지대를 설치하였을 경우 Tape의 무게로 중간에 처짐이 생겨 실제 길이보다 길게 측정된다.
- 처짐보정식$(C_s) = -\frac{\omega^2 \ell}{24P^2}$와 같다. 여기서, ω : Tape 전체의 무게, P : 장력(kg), ℓ : AB 처짐곡선의 길이이다.
- 보정량의 부호는 항상 마이너스(−) 이다.

(4) 각 측정 오차의 보정

① 시준축 오차는 시준축과 수평축이 직교하지 않아 발생하는 오차로 망원경을 정·반으로 관측하여 평균함으로써 소거할 수 있다.

② 수평축 오차는 수평축과 수직축이 직교하지 않아 발생하는 오차로 망원경을 정·반으로 관측하여 평균함으로써 소거할 수 있다.

③ 수직축 오차는 수직축이 정확히 수직선에 있지 않아 발생하는 오차로 수직축과 기포관축은 직각으로 조정하지만, 망원경을 정·반으로 관측하여도 소거되지 않는다.

④ 눈금 오차는 눈금의 부정확으로 발생하는 오차로 분도원의 위치를 변화시켜 관측 횟수를 늘려 평균함으로써 소거할 수 있다.

⑤ 시준축의 편심 오차는 측점 중심, 기계 중심, 측표의 중심이 동일선상에 있지 않을 때 편심 거리와 편심각을 측정하여 편심 보정할 수 있다.

제1장 제2장 제3장 제4장 제5장 제6장

2.2.2.2. 우연오차

출제(용) : 120회, (논) : 74, 119회

우연오차(Random Error)는 정오차와 같이 일정한 값이 아니고 오차의 부호와 크기가 불규칙적으로 발생하는 오차로 관측자가 아무리 주의하여도 소거할 수 없는 오차로 서로 상쇄되기도 하므로 상차(Compensating Error) 또는 부정오차라고도 한다. 정밀한 기계를 사용하여도 미세한 오차가 발생하지만, 원인이 명확하지 않아 우연오차(Random Error)라고도 한다. 착오와 정오차를 제외한 오차를 우연오차라 하고, 만일 발견되지 않는 착오나 보정되지 못한 정오차도 측량계산에서 우연오차로 처리한다.

(1) 특징

① 오차의 부호와 크기가 불규칙으로 발생하는 오차이다.

② 정밀한 기계를 사용하여도 미세한 오차가 발생하지만, 원인이 명확하지 않다.

③ 우연오차의 크기와 확률은 양 끝단에서 “0”이다.

④ 온도나 습도가 관측 중에 수시로 변해 불규칙하게 발생하는 오차이다.

⑤ 매우 큰 오차가 발생할 확률은 거의 없다.

⑥ 우연오차는 측정 횟수의 제곱근에 비례하여 증가하므로 1회의 측정에서 생기는 우연오차는 $b\sqrt{n}$ 이므로 측정 길이 전체에 따라 $e = \sqrt{(an)^2 + (b\sqrt{n})^2}$ 의 오차가 발생한다. 여기서, a : 정오차, b : 우연오차, n : 측정 횟수이다.

(2) 발생원인

① 명확하게 밝혀내기는 어렵지만 테이프의 눈금을 정확히 읽지 못할 경우

② 테이프의 눈금을 정확히 지상에 옮기지 못하였을 경우

③ 측정 당시의 온도가 일정하지 못할 경우

④ 테이프로 거리를 측정할 때 장력을 일정하게 유지하지 못하였을 경우

⑤ 눈금의 끝수를 정확히 읽을 수 없어 착오로 읽는 경우

(3) 우연오차의 가정

① 큰 오차가 생기는 확률은 작은 오차가 발생할 확률보다 매우 작다.

② 같은 크기의 정(+) 오차와 부(−) 오차가 발생할 확률은 거의 같다.

③ 매우 큰 오차는 거의 발생하지 않는다.

④ 오차의 발생을 그래프로 표시하면 종 모양의 형태이다.

(4) 우연오차 소거

① 관측 오차는 관측자의 정신적, 육체적 피로에 의한 오차로 최상의 조건을 유지한 상태에서 관측하면 소거할 수 있다.

② 관측 과정에서 부분적으로는 상쇄되기도 한다.

③ 망원경에 맺힌 상이 십자선(+)과 불일치로 관측 오차가 발생하면 접안경과 대물렌즈로 조정하여 소거할 수 있다.

④ 기상 상태에 따라 발생하는 관측 오차는 관측 시기의 선택으로 소거할 수 있다.

⑤ 빛의 굴절 오차는 공기 밀도가 불균일하여 발생하는 오차로 수평각은 아침과 저녁 무렵에 관측하고 수직각은 정오에 관측함으로써 오차를 소거할 수 있다.

⑥ 우연오차는 반복 관측에 의한 측량 결과를 확보함으로써 최소화할 수 있다.

⑦ 최소제곱법에 따른 확률 법칙에 따라 처리할 수 있다.

2.2.2.3. 과대오차

출제(용) : 48, 120회

과대오차(Gross Error)는 대부분 판단 부족에서 발생하는 오차로 관측자의 단순한 부주의, 피로에 의해 관측값을 기록할 때 숫자를 잘못 기재하는 경우, 줄자로 거리를 측정할 때 측정 단수를 잘못 읽는 경우, 각 관측에서 시준점의 목표를 잘못 보았을 경우 등에 의한 오차로 착오(Mistake)라고도 한다.

(1) 발생원인

① 착오는 어떠한 부호와 크기 및 발생빈도를 예측할 수 없다.

② 관측자의 작업 미숙이나 부주의(눈금 읽기, 야장 기재의 잘못 등) 또는 관측 잘못으로 발생하는 것이 대부분이다.

③ 작업할 때 항상 주의해야 하고 착오를 점검하는 것을 습관화하여야 한다.

④ 착오는 실제로 다른 오차에 비하여 수배의 큰 값으로 나타나는 것으로 사실상 오차라고 보기 어렵다.

- 거리 : 151.25m→115.25m, 각 : 75°25′17″ →75°52′27″

⑤ 작은 값의 착오는 발견하기가 어렵고 여러 형태의 오차와 함께 오차이론에 따라 취급된다.

⑥ 손쉽게 발견되므로 소거할 수 있으나 큰 과대 오차도 포함되어 쉽게 검출되지 못할 때도 있다.

(2) 소거 방법

① 시준점과 관측기록부 비교 및 장비 작동 과정의 변화를 확인하고 서로 다른 기준이나 지표를 이용하여 검정한다.

② 대부분 쉽게 식별이 가능할 수 있을 정도로 상당히 큰 수로 나타나므로 소거가 편리하다.

③ 체계적으로 검정하여 제거할 수 있거나 재관측 등으로 소거할 수 있다.

④ 최근에는 자동으로 기록되는 관측기록부가 사용되기 때문에 크게 줄어들고 있다.

2.2.3. 정도에 따른 오차

정도를 나타내는 오차는 확률오차, 통계 오차, 평균제곱오차 등 3가지로 구분할 수 있다. $y = \frac{h}{(\sqrt{\pi})} e^{-h^2e^2}$ 식에서 관측의 정도는 h에 의해 결정되므로 정도가 높고 낮은 것은 h 값의 크기에 따라 다르게 나타날 수 있으므로 h와 밀접한 관계에 있는 다른 수치로 관측 정도를 비교하게 된다.

2.2.3.1. 표준오차

출제(용) : 63, 71회

표준오차(SE; Standard Error)는 과거에는 확률오차라는 용어로 사용되었다. 표준오차는 테스트 통계의 값이 표본에 따라서 얼마나 많이 변하는지의 추정값이다. 표준오차는 표준의 평균편차를 의미하며, 표본평균들이 얼마나 분산되어 있는가를 평가하는 척도이다..

(1) 특징

① 표준오차가 작다면 표본을 통해 얻은 추정값의 신뢰성이 높아진다.
② 통계 결과의 정확성을 평가하고 다양한 통계적 추론을 수행한다.
③ 표본이 크면 클수록 표준오차는 점점 작아진다.
④ 표준오차 개념을 이해하면 참값과 참값이 존재할 범위와 확률을 구할 수 있다.
⑤ 표준오차는 표본 표준편차를 표본 크기의 제곱근으로 나눈 값이다.

(2) 표준오차의 계산

① 표준오차를 계산하기 위해서는 표본 크기, 추정치의 변동성, 추정 방법 등을 고려해야 한다.
② 신뢰구간은 추정치가 특정 범위 안에 있을 확률을 나타내며 표준오차를 통해 계산할 수 있다.
③ 표준오차$(\sigma_m) = \frac{\sigma}{\sqrt{n}}$ 여기서, σ : 모집단의 표준편차, n : 표본크기이다.
④ 측정값의 총 표준오차는 $(\sigma_m) = \frac{\sigma\sqrt{n}}{n} = \frac{\sigma}{\sqrt{n}}$ 식과 같다.

(3) 표준오차의 적용

① 표준오차를 이용하면 모집단 평균이 특정 범위 내에 있을 가능성을 추정할 수 있다.
② 표준오차는 관측자가 적절한 표본크기를 결정하는 데 중요한 역할을 한다.
③ 표준오차는 t－검정, 분산분석(ANOVA) 등 다양한 가설검정에서 활용된다.
④ 통계적으로 유의한 차이를 평가하는 데 사용한다.
⑤ 표준오차를 사용하면 여러 그룹 또는 여러 추정치 간의 비교가 가능해진다.
⑥ 추정값 간의 상대적 불확실성을 고려하여 더 신뢰할 수 있는 비교를 할 수 있다.

(4) 표준오차 타원

출제(용) : 71, 83회

① 오차타원은 주축 방향으로 σ_x, σ_y 를 가질 때의 타원으로 장반경 축이 σ_{max} 이고, 단반경 축이 σ_{min} 인 타원을 표준 오차타원이라 하며, 도형으로 표시하면 〈그림 2－2〉와 같이 나타낸다.

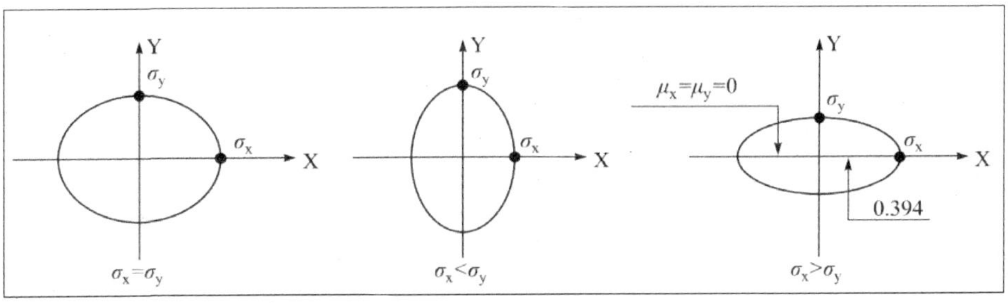

〈그림 2-2〉 표준 오차타원

② 2차원에서 95%의 신뢰도를 요구할 때 타원의 장반경은 표준오차 타원의 장반경 σ_x 의 2.447배이고, 단반경도 σ_y 의 2.447배이며 σ_x 와 σ_y 의 영역 내에 있을 확률은 0.394에 불과하다.
③ 이때 표준 오차타원의 장반경과 단반경에 2.447배가 되는 타원을 고려할 수 있는데 이런 타원을 신뢰 타원이라고 하며, 도형으로 표시하면 〈그림 2－3〉과 같다.

④ 대부분의 지도 제작 관련 기관이 초기에는 위치정확도를 평가하기 위하여 관측지점 간의 불일치를 이용하였다.

⑤ 최종정확도를 평가하는 기준수치에 있어서는 서로 다르며, 미국 국가지도 정확도 표준에서는 수평 위치정확도가 90% 신뢰수준을 갖는 타원형 오차가 되도록 요구한다.

⑥ 정해진 신뢰구간에서는 원형 오차로 표현되는 수평 위치정확도는 2개의 중심을 가진 오차타원으로 나타낸다.

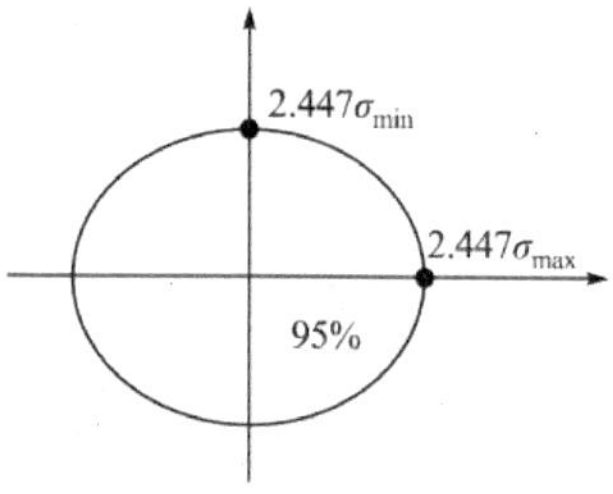

〈그림 2-3〉 신뢰 타원

⑦ X, Y 좌표에서의 표준편차(RMSE)가 비슷한 크기를 갖는 경우에는 한 방향의 RMSE가 다른 방향의 RMSE를 5배 이상 초과하지 않는다.

⑧ 오차타원은 $\sigma_c = \sqrt{\dfrac{\sigma_x^2 + \sigma_y^2}{2}}$ 식과 같이 변환하여 사용할 수 있다. 여기서, σ_c는 표준오차이고, σ_x 는 X 좌표 성분의 RMSE, σ_y 는 Y 좌표 성분의 RMSE이다.

2.2.3.3. 표준편차

출제(용) : 52, 59, 63회, (논) : 122회

표준편차(σ)는 통계집단 분산의 양의 제곱근으로 정의되며, 관측값이 평균값에서 얼마나 떨어져 있는지, 즉 흩어져 있는지를 나타내는 값이다. 표준편차(SD;standard deviation)는 자료가 평균을 중심으로 얼마나 퍼져 있는지를 나타내는 대표적인 수치이다. 편차(deviation)는 관측값에서 평균 또는 중앙값을 뺀 것이다.

(1) 특징

① 표준편차 계산에 있어서 산술평균으로부터의 제곱보다 최소가 된다.

② 모든 점수에 일정한 점수를 더하거나 빼도 그 값은 변화하지 않지만, 일정한 점수를 곱하거나 나눌 때는 그만큼 증가, 또는 감소한다.

③ 표준편차가 작은 것은 평균값 주위의 분산 정도가 작은 것을 나타낸다.

④ 표준편차가 클수록 관측값들이 널리 퍼져 있음을 의미한다.

⑤ 표준편차는 분포상의 모든 점수의 영향을 받는다.

⑥ 모집단의 표준편차가 클수록 표준오차도 커지기 때문에, 모집단의 표준편차를 줄이면 된다.

(2) 모집단과 표본 표준편차

① 표본 표준편차(sample standard deviation)

- 알 수 없는 모집단 표준편차를 추정하려면 데이터 표본을 수집한다.
- 표본은 알고자 하는 집단에서 임의로 뽑아 집단을 만들어 사용하는 것을 말한다.
- 표본 표준편차는 모집단 표준편차의 추정값이다.
- s는 표본의 표준편차이며, 표본 분산 s^2에 제곱근을 하여 구한다.

② 모집단 표준편차

- 통계에서 모집단은 이해하고 결론을 도출하려는 전체 데이터 집합이다.
- 많은 경우 모집단의 규모로 인해 모집단의 모든 요소에 대한 데이터를 수집하는 것은 불가능합니다.
- 모집단 표준편차는 이론적 모집단의 스프레드를 측정하며 거의 항상 알 수 없습니다.
- 모집단은 집단 전체을 의미하는 용어로, 알고 싶어하는 집단 전체를 말한다.
- 모집단의 표준편차를 나타내는 기호로는 σ가 사용되며, σ는 모집단의 표준편차, 모분산은 σ^2 에 제곱근을 하여 구한다.

(3) 표준편차(σ) 계산

① 표준편차를 구하려면 관측값과 평균의 차이를 구하는데, 이를 편차라 한다.

② 편차의 제곱에 평균하여 이를 제곱근한 값이라고도 할 수 있다.

- 표준편차 $= \sqrt{분산} == \sqrt{\frac{1}{n}\sum_{i=1}^{n}(x_i - \overline{x})}$ 이다.
- 분산(σ^2)에 대해서는, 양(量)의 제곱근을 취한 값(σ) 이다.
- 모표준편차(population standard deviation): $\sigma = \frac{\sqrt{\sum_{i=1}^{N}(x_i - \mu)^2}}{N}$
- 표본 표준편차(Sample deviation): $s = \frac{\sqrt{\sum_{i=1}^{n}(x_i - \overline{x})^2}}{n-1}$

(4) 분산(variance) 계산

① 분산(variance)은 관측값에서 평균을 뺀 차이값을 제곱하고, 그것을 모두 더한 후 전체 개수로 나눠서 구한다.

- 모분산(population variance) : $\sigma^2 = \frac{\sum_{i=1}^{N}(x_i - \mu)^2}{N}$
- 표본분산(sample variance) : $s^2 = \frac{\sum_{i=1}^{n}(x_i - \overline{x})^2}{n-1}$ 여기서, N : 모집단계수, μ : 모평균,

n : 표본 개수, $\overline{x}$: 표본평균이다.

(5) 표준편차의 적용

① 표준편차는 데이터의 분포를 측정하거나 값들이 얼마나 평균 주변에 흩어져 있는지 나타내는 식으로, 통계나 확률에서 많이 쓰이고 있다.

② 표준편차는 데이터값 집합의 변동성을 조사하는 데 사용된다.

③ 통계학과 확률에서 확률의 분포, 확률변수 또는 측정된 인구나 중복 집합에 적용된다.

④ 표준편차는 여러 집단 간의 분포의 정도를 비교하기 위한 변산도 지수[2])로 가장 많이 활용된다.

⑤ 측정 방법이나 척도의 신뢰도 지수로도 사용된다.

⑥ 표본오차 분포의 정도를 나타내는 통계값으로 널리 사용되고 있다.

(6) 표준편차와 표준오차의 비교

구분	내용
표준오차	• 추정치의 정확성을 측정한다. • 통계량의 이론적 분포의 변동성을 나타내는 척도이다. • 정규분포를 기준으로 한 추정치의 분포 • 표본크기의 제곱근으로 나눈 표준편차를 설명할 수 있다. • 추정의 신뢰성과 정확성을 검사하는 데 사용한다. • 오차가 적을수록 신로회도와 정확도가 높다.
표준편차	• 관측 세트의 변동량을 평가하는 척도를 나타낸다. • 개별값이 평균값으로부터 얼마나 떨어져 있는지를 측정한다. • 표준곡선을 기준으로 한 관측치의 분포이다. • 분산의 제곱근으로 정의한다. • 분산의 척도 중하나로 간주되며, 중앙값에서 분산을 측정한다.

2) 한 분포의 특정한 사례가 다른 사례와 유사한 정도를 나타내는 지수

2.2.3.3. 평균제곱근오차

출제(용) : 134회, (논) : 60회

평균제곱근 오차(RMSE; Root Mean Square Error)는 예측값과 관측값의 차이를 나타내는 정확도의 척도이다. 평균제곱근 오차는 관측에서 나타나는 오차(error)를 제곱(square)해서 평균(mean)한 값의 제곱근(root)을 의미하며 평균제곱편차라고도 한다.

(1) 특징

① 평균제곱근 오차는 루트를 사용하여 평균제곱 오차가 가지고 있던 왜곡 문제를 보정해 준다는 장점이 있다.

② RMSE는 오차의 제곱을 사용하기 때문에, 큰 오차에 더 큰 가중치를 부여한다.

③ 평균제곱근오차의 제곱은 편이(bias)의 제곱과 표준편차 제곱의 합과 같다.

④ 관측값에 편이(bias)가 없다면 평균제곱근오차는 표준편차와 같다.

⑤ RMSE 값이 작을수록 모델의 성능이 좋다고 할 수 있다.

⑥ 예측값과 관측값이 미터 단위라면 RMSE도 미터 단위이다.

⑦ 평균제곱 오차는 오차에 제곱한 것으로 오차가 클수록 이를 확대시켜 나타낸다는 단점이 있다.

(2) 평균제곱근 오차 계산

① 공간보간 방법을 적용하는 경우 초기 조건 및 매개변수 설정값에 따른 평균제곱근(Root Mean Square; RMS)를 산출한다.

② 평균제곱근 오차$(M_0) = \pm\sqrt{\frac{1}{n}\sum_{i=1}^{n}(x_i - x_i')^2}$ 이다. 여기서, n : 관측치의 수, x_i : 실제값, x_i' : 예측값 이다.

(3) 적용

① 평균 제곱 오차 또는 확률오차를 구하는 수단이며, 관측 정도를 비교하는 것을 목적으로 많이 사용하고 있다.

② RMSE는 다양한 산업 및 분야에서 활용되고 있다.

③ 금융 분야에서는 주가 예측 모델의 성능을 평가하는 데 널리 사용된다.

④ 회귀 문제의 성능 평가 지표 및 시계열 분석 등에서 예측 정확도를 측정하는데 사용한다.

⑤ 측량 분야에서는 관측 오차에서 많이 사용되고 있다.

2.3. 오차전파 및 오차곡선

2.3.1. 오차전파

출제(용) : 63, 117, 129회

오차란 참값과 관측값의 차를 말하며 그 오차는 여러 구간 및 각으로 전파가 되므로 각각의 오차에 대한 전파(傳播)값을 계산하고 관측 오차가 허용오차 범위 내에 있음을 확인하여야 하며 오차의 확장이라고도 한다. 오차전파(Propagation of error)에는 정오차의 전파, 우연오차의 전파가 있다.

(1) 정오차 전파

① 정오차 전파(Propagation of Systematic Errors)는 오차의 부호와 크기를 알 때 이들 오차의 함수 $y = f(x_1, x_2, x_3, \cdots, x_n)$이다.

② 각각의 변수는 내재한 정오차로 $\Delta x_1, \Delta x_2, \Delta x_3, \cdots, \Delta x_n$을 가지므로 함수식은 편미분 방정식으로 표시할 수 있다.

③ $x_1 = x_{10} + \Delta x_1$, $x_2 = x_{20} + \Delta x_2$이고, x_{10}, x_{20}는 관측값을 나타낸다.

④ 1차 함수의 선형으로 비선형 함수를 계산할 때는 Taylor 급수 전개에 의한 선형화한 값을 사용한다.

⑤ 정오차 전파법칙은 $\Delta y = f(x_1, x_2, x_3) - f(x_{10}, x_{20}, x_{30})$에서

$\Delta y = \frac{\sigma y}{\sigma x_1}\Delta x_1 + \frac{\sigma y}{\sigma x_2}\Delta x_2 + \cdots + \frac{\sigma y}{\sigma x_n}\Delta x_n$와 같다.

(2) 우연오차 전파

① 우연오차의 전파(Propagation of Random Errors)는 구하려는 값이 결괏값의 형성에 따라 각각의 측정값의 정확도가 다르게 표현된다.

② 측정값들이 조합되어 있는 경우 계산 결과의 표준오차는 개개의 표준오차에 대한 제곱 합의 제곱근으로 표현된다.

③ $x = x_1 + x_2 + x_3 + \cdots + x_n$에서 $\sigma x = \sqrt{\sigma_1{}^2 + \sigma_2{}^2 + \sigma_3{}^2 + \cdots + \sigma_n{}^2}$ 이며 x_1, x_2, $x_3, \cdots, x_n$은 독립되어 있다.

④ $y = f(x_1, x_2, x_3, \cdots, x_n)$에서 y의 전체 오차는 Taylor 급수로부터 고차항을 소거하면 분산에 대한 오차전파 식은 $\sigma y^2 = (\frac{\sigma y}{\sigma x_1})^2 \cdot (\sigma x_1)^2 + (\frac{\sigma y}{\sigma x_2})^2 \cdot (\sigma x_2)^2 + \cdots + (\frac{\sigma y}{\sigma x_n})^2 \cdot (\sigma x_n)^2$이다. 여기서, σx_n : 표준편차 또는 표준오차이다.

(3) 도근측량의 오차전파

① 도근측량의 정밀도는 각 변의 거리관측 값의 총합을 ΣS라하고 연결오차를 e라 하면 연결오차에 따른 1도선의 정밀도는 $\frac{e}{\Sigma S}$ 이다.

② 폐합정밀도는 각 측선의 길이 및 방위각을 관측할 때 발생하는 오차들의 전파에 영향을 받는다.

③ 도근측량의 정밀도는 다각망의 폐합정밀도로써 판단한다.

④ 〈그림 2-4〉에서 측선 1-2의 방위각은 V_{1-2}이고, 기지출발 방위각은 V이며, 이의 표준편차는 0이므로 $\delta V_{1-2} = \delta\alpha_1$이 된다.

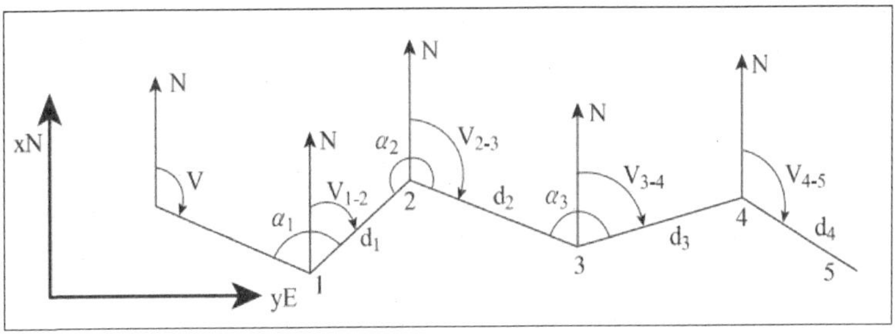

〈그림 2-4〉 도근측량

⑤ 거리 d_1의 표준편차를 δd_1으로 하고 α_1과 d_1이 비상관관계를 $\delta\alpha_1 d_1 = 0$으로 가정하면 첫 번째 측선의 공분산 행렬은 $\Sigma m_1 = \begin{bmatrix} \delta\alpha_1 & 0 \\ 0 & \delta d_1^2 \end{bmatrix}$ 이다.

⑥ 측점 2의 좌표

- $X_2 = X_1 + d_1 \cdot \sin V_{1-2} = X_1 + d_1 \cdot \sin(V + \alpha_1 - 180°)$
- $Y_2 = Y_1 + d_1 \cdot \cos V_{1-2} = Y_1 + d_1 \cdot \cos(V + \alpha_1 - 180°)$
- 여기서, X_1, Y_1은 측점 1의 좌표이며, 기지좌표이므로 오차가 없다고 가정한다.

⑦ 오차전파 식을 적용하면 측점 2의 좌표 공분산 행렬(Covariance matrix)을 시행한다.

⑧ 출발점에서부터 시작하여 측점 n까지 유도하면 측점 n의 좌표는 다음과 같이 표시된다.

- $X_n = X_1 + d_1\sin(Ar + a_1 - 180°) + d_2\sin(Ar + a_1 + a_2 - (2)180°) + \cdots$
  $+ d_n\sin[Ar + a_1 + a_2 + \cdots + a_{n-1} - (n-1)180°]$
- $Y_n = Y_1 + d_1\cos(Ar + a_1 - 180°) + d_2\cos(r + a_1 + a_2 - (2)180°) + \cdots$
  $+ d_n\cos[Ar + a_1 + a_2 + \cdots + a_{n-1} - (n-1)180°]$

⑨ 관측된 각거리를 비상관관계로 가정하고 측점 n에서의

공분산 행렬은 $\Sigma cn = \underset{2n,2}{J} \ \underset{2n,2n}{\Sigma_{m(n-1)}} \ \underset{2n,2}{J^t} = \begin{bmatrix} \sigma x_n^2 \sigma x_n y_n \\ \sigma x_{nY_n} \sigma y_n^2 \end{bmatrix}$와 같다.

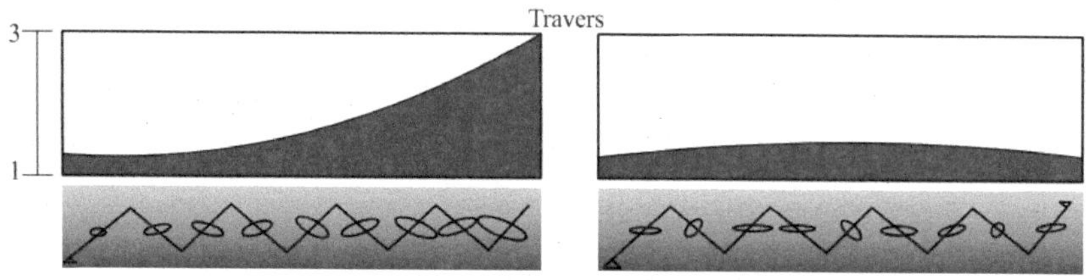

〈그림 2-5〉 도근점측량의 오차전파

(4) 삼각측량의 오차전파

① 삼각측량에서 양호한 결과는 계산된 변의 길이가 기지변 길이의 분산으로 표현된 허용범위 이내이어야 한다.

② 분산은 관측된 각과 변장으로 표현된 방정식에 의한 오차전파로 결정된다.

③ 삼각형에서 A와 C점에 대한 각의 분산은 σa^2, σb^2이고, 길이의 분산은 σa^2, σc^2이다.

④ 기선이 오차가 전혀 없다고 가정하면 계산상 변 a와 c의 분산은 A+C=90° 또는 B=90° 일 때 최소가 된다.

⑤ 각이 45° 또는 135°보다 크거나 작으면 오차전파는 증가하므로 삼각형의 각의 크기는 30° ~150°가 적당하다.

⑥ 삼각형에서 관측된 각들은 독립적이며 각은 조정된 각의 최종 여인수로서 독립적으로 조정하고, 삼각형 내에 여분의 선이 없어야 한다.

⑦ 삼각형의 각 A, B, C가 관측되고 조정되어 동일 정확도의 비상관 관측값이고 기준분산이라 하면 조정각에 대한 여인수행렬은 다음의 경우에 $QABC=\begin{bmatrix} \frac{2}{3} & -\frac{1}{3} & -\frac{1}{3} \\ -\frac{1}{3} & \frac{2}{3} & -\frac{1}{3} \\ -\frac{1}{3} & -\frac{1}{3} & \frac{2}{3} \end{bmatrix}$이다.

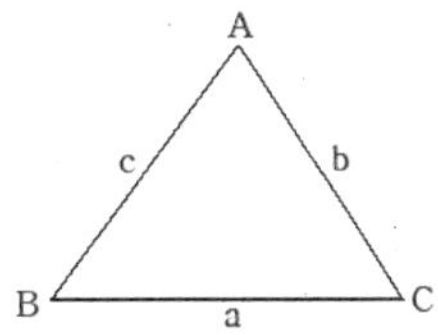

⑧ 변 a에 대한 전파된 여인수는 $qa=\frac{2}{3}a^2(\cot^2B+\cot A\cdot\cot B+\cot^2A)$이다.

⑨ $a=\frac{b\sin A}{\sin B}=\frac{b\sin A}{\sin(A+C)}$, $c=\frac{b\sin C}{\sin B}=\frac{b\sin C}{\sin(A+C)}$로 변 a와 c의 분산과 전파는 다음과 같다.

- $\sigma a^2=\left(\frac{\partial a}{\partial A}\right)^2\sigma A^2+\left(\frac{\partial a}{\partial c}\right)\sigma c^2+\left(\frac{\partial a}{\partial b}\right)^2\sigma b^2$
- $\sigma c^2=\left(\frac{\partial c}{\partial A}\right)^2\sigma A^2+\left(\frac{\partial c}{\partial c}\right)\sigma c^2+\left(\frac{\partial c}{\partial b}\right)^2\sigma b^2$

⑩ 변 a에 대한 분산은 $\sigma c^2=\frac{2}{3}a^2(\cot^2B+\cot A\cdot\cot B+\cot^2A)\sigma^2$ 여기서, σ^2은 관측각에 대한 분산이다.

⑪ 기선의 오차가 없는 경우는 없으므로 $\left(\frac{\partial a}{\partial b}\right)^{2\sigma b^2}=\left(\frac{a}{b}\right)^2\sigma_b^2$을 위의 식에 더하면

$\sigma_a^2=\frac{a^2}{b^2}\sigma_b^2+\frac{2}{3}a^2A+\cot A\cot B+\cot B\sigma^2$이다.

⑫ 계산된 변의 오차범위는 변의 표차를 취한 값의 분산 항으로 나타내면

$\sigma_1^2=\sigma_b^2+\frac{2}{3}\Sigma(\sigma_{Ai}^2+\sigma_{Ai}\sigma_{Bi}+\sigma_{Bi}^2)\sigma^2$ 여기서, σ_{Ai} : 관측된 변, δ_{Bi} : 기지변에 대한 각의 표차, σ_1^2 : 계산된 변의 표차를 취한 분산, σ_a^2 : 관측된 방향의 분산이다.

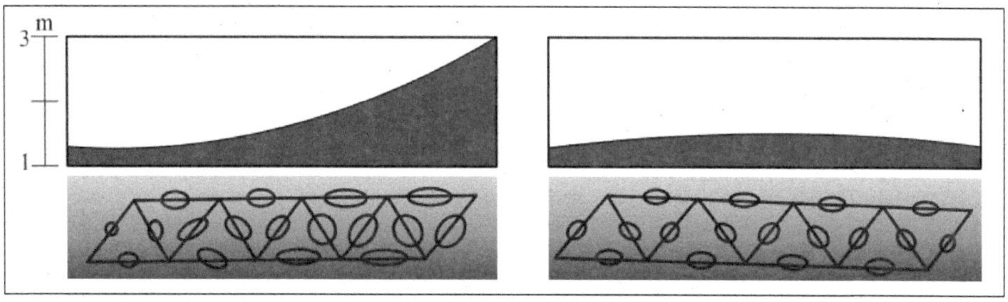

<그림 2-6> 삼각측량의 오차전파

2.3.2. 오차곡선(정규분포)

출제(용) : 66, 105회

측량에서 미지점을 관측할 때 부정오차의 발생 여부가 확실하지 않으면 부정오차가 발생할 가능성의 정도를 확률이라 하고 오차법칙의 특성을 갖는 곡선을 오차곡선 또는 정규분포곡선이라 한다. 종래의 오차론은 정오차에 기인한 오차를 고려하였으나 최근에는 관측값을 참값이 아닌 최확값과 어떤 특정한 편차를 갖는 불규칙한 확률분포의 표본 값으로 추정하고 있는 곡선으로 확률곡선, 가우스분포곡선, 정규분포곡선이라고도 한다.

(1) 오차법칙의 가정

① 큰 오차가 발생할 확률은 작은 오차가 발생할 확률보다 매우 작다.

② 같은 크기의 양의(+) 오차와 음의(−) 오차가 발생할 확률은 같다.

③ 매우 큰 오차는 거의 발생하지 않으며, 오차들은 확률 법칙을 따른다.

(2) 오차곡선의 특징

① 오차곡선은 평균(μ)에 대칭인 종(鍾) 모양을 갖는다.

② 정규분포(N)는 평균(μ), 분산(σ^2)으로 표시한다.

③ 정밀한 측정일수록 ε이 0일 확률이 높다.

④ 확률변수는 σ가 클 때 평균값에서 멀리 분포하고 σ가 적을 때 평균값으로 밀집한다.

⑤ 확률 곡선과 X축으로 둘러싸인 면적은 1이 된다.

⑥ 확률 곡선이 급경사로 하향하는 모양이면 정밀도가 높고 완경사이면 정밀도는 낮아진다.

⑦ h가 증가하면 y_{max}도 증가한다.

(3) 오차곡선

① 연속적인 확률변수 x가 분포할 때 평균값(μ)과 표준편차(σ)가 이루는 분포를 정규분포(normal distribution)라고 하며, 〈그림 2-7〉과 같은 곡선을 오차곡선(error curve) 또는 정규분포 곡선이라고 한다.

- $f(x) = \frac{1}{\sqrt{2\pi}\sigma} e^{-\frac{1}{2}(\frac{x-\mu}{\sigma})^2}$ 여기서,

  $\frac{1}{\sigma\sqrt{2}} = h$, $(x-\mu) = \varepsilon$로 하면 $f(x) = \frac{h}{\sqrt{\pi}} e^{-h^2\nu^2}$ 이다.

  (e : 자연 대수, π : 원주율, h : 정밀도 지수, $\frac{1}{\sigma\sqrt{2}}$: 정밀도 계수, ν : 잔차)

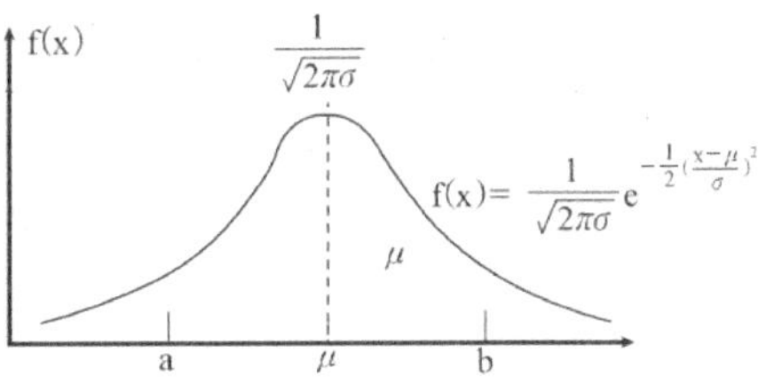

〈그림 2-7〉 오차곡선

② x의 정규분포는 $N(\mu, \sigma^2)$로 표기하며 x가 a와 b값 사이에 있을 확률은 다음과 같다.

- $P(a \leq X \leq b) = \int_a^b \frac{1}{\sqrt{2\pi}\sigma} e^{-\frac{1}{2}(\frac{x-\mu}{\sigma})^2} dx$

③ x가 $\mu = 0$이고 $\sigma^2 = 1$인 분포를 할 때 x는 표준정규분포를 이루게 된다.

④ 표준 정규분포함수는 $f(x) = \frac{1}{\sqrt{2\pi}} e^{-\frac{x^2}{2}}$, $P(a \leq x \leq b) = \int_a^b \frac{1}{\sqrt{2\pi}} e^{-\frac{x^2}{2}} dx$이다.

⑤ 관측값이 정규분포를 보인다고 가정하면 부정오차는 밀도함수를 갖는 확률변수 X로 표시할 수 있다.

⑥ 정규분포는 관측값의 부정오차에 대한 확률모델이며 이로부터 표준편차는 정밀도를 나타내는 척도이고, 정밀도는 반복 관측일 경우 각 관측값 간의 편차를 의미한다.

⑦ 관측값이 $\mu-\sigma$와 $\mu+\sigma$ 사이에 있을 확률은 확률곡선식으로부터 아래의 식과 같이 유도되어 진다.

- $P[\mu-\sigma < x < \mu+\sigma] = \int_{\mu-\sigma}^{\mu+\sigma} \frac{1}{\sigma\sqrt{2\pi}} e\left\{-\frac{(x-\mu)^2}{2\sigma^2}\right\} dx$

⑧ 평균값 중 개개 측정치가 동일 조건에서 얻어진 것이라면 산술평균값이며, 다른 조건에서 얻어진 것이라면 개개 측정치의 신뢰도를 고려하여 평균값을 계산한다.

(4) 오차의 확률

① 전체 면적의 50%가 되는 지점을 확률오차라고 하며, 이는 표준편차의 0.6745배가 된다.

② 정규분포곡선에서 변곡점에 해당하며 전체 면적의 68.27%인 지점을 표준편차라고 한다.

③ 〈그림 2-8〉과 같이 $E_{95}\% = r_{95} = 2\sigma$, $E_{99.7}\% = r_{99.7} = 3\sigma$이 된다.

④ 오차곡선의 확률 범위

- $P(-0.6745\sigma \le (x-\mu) \le +0.6745\sigma) = 0.5(50\%)$
- $P(-\sigma \le (X-\mu) \le \sigma) = 0.6826(68\%)$
- $P(-2\sigma \le (X-\mu) \le 2\sigma) = 0.9545(95\%)$
- $P(-3\sigma \le (X-\mu) \le 3\sigma) = 0.9973(99.7\%)$
- $P(-4\sigma \le (X-\mu) \le 4\sigma) = 1.0000(100\%)$

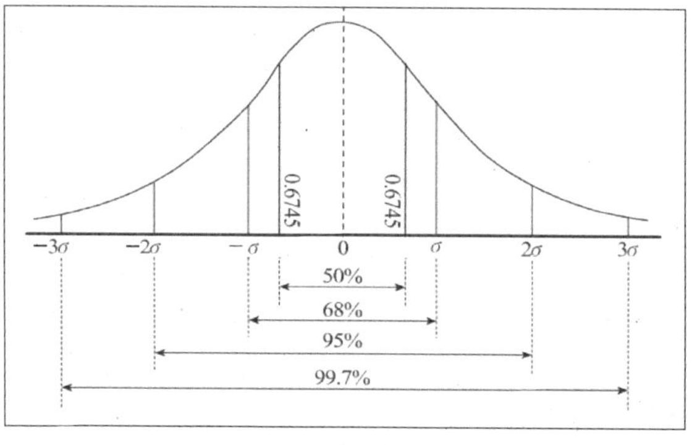

〈그림 2-8〉 오차곡선의 확률분포

2.4. 정밀도와 정확도

출제(용) : 48, 71, 87회, (논) : 68, 135회

관측값의 오차 해석 시 가장 중요한 개념은 정확도(Accuracy)와 정밀도(Precision)의 차이를 이해하는 것이다. 측량에서는 정오차가 소거된 정밀도가 오차 표현 방법으로 사용되고 있으며 오차와 관측값과의 비율로 표시한다.

2.4.1. 정밀도와 정확도의 필요성

① 정밀도와 정확도는 측정값의 품질을 평가하는 기본지표이다.

② 측정값의 품질을 분석할 때 정확도와 정밀도가 확보되지 않으면 측정값을 신뢰할 수 없다.

③ 정밀도와 정확도의 높은 측정값은 신뢰도를 높이기 위함이다.

2.4.2. 정밀도

정밀도(precision)는 관측의 균질성을 표시하는 척도이며 관측값의 편차가 적을수록 정밀하다. 정밀도는 관측 과정과 우연오차가 밀접한 관계가 있으며, 우연오차란 원인이 불명확한 오차이며 최소제곱법에 따른 확률 법칙에 따라 추정이 가능하다.

(1) 정밀도의 특징

① 정밀도는 관측 과정과 밀접한 관계가 있으며 관측 장비와 관측 방법에 따라 영향을 받는다.

② 관측값의 편차(偏差)가 적으면 정밀도가 높고 편차가 크면 정밀도가 낮다.

③ 표준편차는 정밀도를 나타내는 척도이며 정밀도는 반복 관측일 경우 각 관측값의 편차를 의미한다.

④ 보통 유효숫자로 크기를 나타내며 측정값들이 얼마만큼 분산되어 있는가를 나타낸다.

⑤ 정밀도는 확률오차 또는 중등 오차의 최확값과의 비율로 표시한다.

⑥ 기준망의 정밀도는 지적측량에서는 더욱 높은 정확성이 요구된다.

⑦ 정밀도는 2회 측정값의 차이와 평균값과의 비율로 표시하는 방법이 있다.

⑧ 정밀도는 관측값이 얼마나 정교하고 균일하게 구성되었는가에 있으며 전체 집단의 편차 크기에 좌우된다.

(2) 정밀도의 해석

① 정밀도(Precision)는 어느 관측값에 대한 균질성을 표시하며 우연 오차와 매우 밀접한 관계를 갖는다.

② 표준편차는 정밀도를 나타내는 척도이며 측정값의 표준편차가 아주 작으면 정밀도가 높다고 말할 수 있다.

③ 연속적인 확률변수(X)가 분포할 때 평균(μ)과 분산(σ^2)을 갖는 것을 정규분포라 하며 이 분포곡선이 확률 곡선이다.

④ 정밀도는 5km마다 1m의 기대 오차로 1/5,000로 표현 방법과 측정 장비에 대한 오차를 설명하는 것으로 1/5,000 ±5mm 등으로 표현할 수 있다.

(3) 정밀도의 측정 방법

① 정밀도는 측정값들의 차이를 확인하기 위한 측정 방법으로 표준편차와 상대 표준편차에 의한 방법이 있다.

② 표준편차는 측정값의 편차를 말하며, 표준편차가 작을수록 정밀도가 높다.

③ 상대 표준편차는 표준편차의 평균 비율을 의미하며, 표준편차를 백분율(%)로 변환한 값이다.

④ 표준편차의 경우 작을수록 정밀도가 높으므로 상대 표준편차도 작을수록 정밀도가 높다.

2.4.3. 정확도

출제(용) : 48회

정확도(Accuracy)는 관측값과 참값의 차를 말하며 관측값이 참값에 얼마나 가까운지를 나타내는 것으로 참값에 가까우면 정확도가 높다고 말한다. 정확도(Accuracy)는 참값과 관측값의 편차를 나타내는 것으로 우연오차뿐만 아니라 보정되지 않은 정오차 또는 착오 때문에 일어난 편의(Bais)에 의해 영향을 미친다.

(1) 정확도의 특징

① 절대적인 오차의 크기로 나타내며 측정값이 참값에 가까우면 정확도가 높다고 말한다.

② 정오차를 포함해서 정도를 나타내고 관측값과 차이를 표시하는 척도라 할 수 있다.

③ 정확도가 높아지려면 측정값에 계통오차가 아주 적거나, 없을 때만 가능하다.

④ 정확도는 관측의 정교성이나 균질성과는 무관하다.

⑤ 정오차와 착오가 얼마나 소거되는가에 따라 관계가 있고 절대적인 오차의 크기로 나타난다.

⑥ 측정값들의 표준편차가 아주 작으면 정밀도가 대단히 높다고 할 수 있다.

⑦ 거리측량의 정확도는 반복하여 측정한 값의 평균값과 계산된 평균제곱오차 또는 확률오차의 비율로 표시한다.

⑧ 우연오차가 정확도에는 편이(bias) β가 함께 적용되며, 편의(β)는 $\beta = \mu - \tau$와 같이 정의된다.

⑨ 정확도는 정오차를 포함해서 크기를 나타내고 정밀도는 우연오차의 크기를 나타낸다.

(2) 정확도의 해석

① 정확도(Accuracy)는 참값과 관측값의 편차를 나타내는 것으로 평균제곱근 오차 $(M^2) = E(x-\tau)^2$로 표현되며, 정확도의 척도를 나타내고 τ는 참값을 나타낸다.

② 평균제곱근 오차(M^2)는 정확도를 나타내는 척도이다.

③ 편의$(\beta = \mu - \tau)$를 대입하고 기대값 정리를 이용하면 $\sigma^2 = E(x)^2 - \mu^2$에서 평균제곱근 오차$(M^2) = \sigma^2 + \beta^2$이다. ($\sigma^2$: 분산, β : 편의)

④ σ가 증가하면 정밀도는 감소하고 β가 증가하면 정확도가 감소한다.

⑤ σ가 감소하고 β가 증가하면 정밀도는 높으나 정확도는 낮아지므로 정밀도가 높다고 해서 정확도가 높다고는 말할 수 없다.

⑥ 동일한 기구와 동일한 측정 방법으로 여러 차례 반복 측정하여 그 평균값을 구하면 그것이 최확값이 된다.

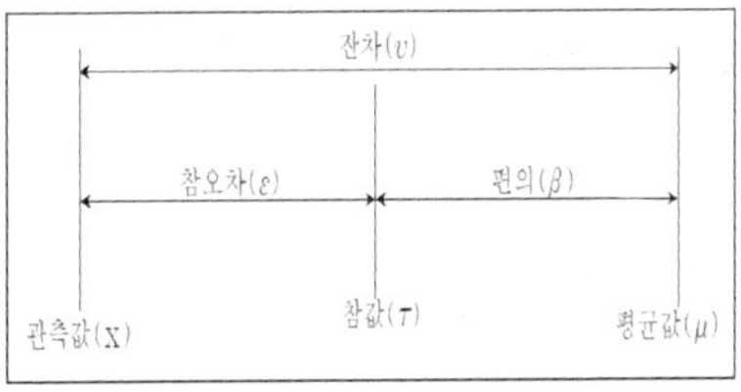

(3) 정확도의 측정 방법

① 정확도는 참값과 측정값의 차이를 확인하기 위한 측정 방법으로 1개의 데이터만 있어도 확인이 가능하므로 절대오차와 상대오차로 구분할 수 있다.

② 절대오차는 측정값과 참값의 차이를 의미하여, 절대오차가 작을수록 정확도가 높다.

③ 상대오차는 절대오차를 참값으로 나눈 값으로 상대오차가 작을수록 정확도가 높다.

2.4.4. 정밀도와 정확도의 비교

① 정밀도는 어느 관측에 대한 관측값의 균질성을 표시하며 정확도는 관측값이 얼마나 일치되는가를 표시하는 척도이다.

② 측량에서는 정오차가 소거된 정밀도가 오차 표현 방법으로 사용되고 있다.

③ 정확도는 참값의 위치와는 관계없이 어느 일정한 부분에 밀집된 값을 말한다.

④ 측정값이 참값에 가까우면 정확도가 높다고 할 수 있다.

⑤ 측정값들의 표준편차가 아주 작으면 정밀도가 대단히 높다고 할 수 있다.

⑥ 측량에서 높은 정밀도와 높은 정확도를 얻으려는 경우

- 가능한 한 모든 과대 오차를 소거한다.
- 자주 기계 검정과 조정을 하여 정오차를 모두 소거한다.
- 좋은 기계의 사용과 현장 작업을 정밀하게 수행하여 우연오차를 최소화한다.

⑦ 정확도가 높다고 정밀도가 높은 것은 아니며 정밀하다고 해서 정확한 것도 아니다.

⑧ 〈그림 2-9〉의 (a)는 정확도와 정밀도가 모두 높은 경우, (b)는 정밀도는 높으나 정확도는 낮은 경우, (c)는 정밀하지도 정확하지도 않은 경우이다.

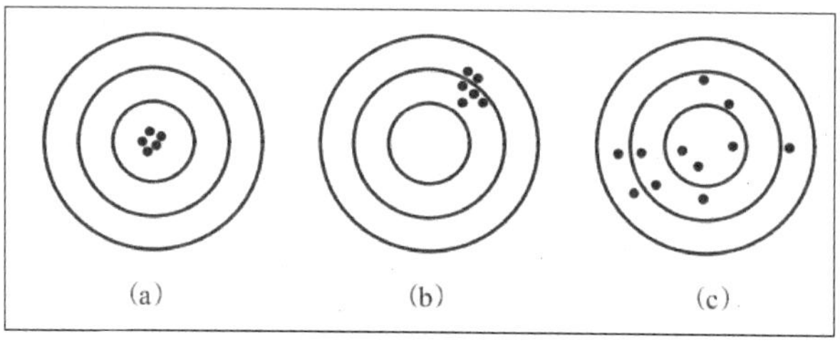

〈그림 2-9〉 정확도와 정밀도

2.5. 경중률과 최확값

2.5.1. 경중률

출제(용) : 43, 45, 63, 69, 77, 116, 123회

경중률은 개별 관측값들의 신뢰도를 나타내는 값으로 미지의 관측에서 개별 관측값의 정밀도가 동일하지 않을 경우에는 어떤 계수를 곱하여 개개 관측값 간에 균형을 이루게 한 후 최확값을 구한다. 이때 이 계수를 경중률이라 하며 개별 관측값들의 신뢰도를 나타낸다.

(1) 경중률의 특징

① 경중률은 신뢰의 정도를 나타낸다.

② 경중률이 클수록 신뢰도가 크다.

③ 경중률이 크면 오차는 작아지고 정밀도는 높아진다.

④ 경중률은 관측 거리에 반비례한다.

⑤ 평균제곱근오차(표준편차)의 제곱에 반비례한다.

(2) 측량에서 경중률(Weight)

① 측정값의 신뢰정도를 표시하는 값이다.

② 경중률(P)은 관측 횟수(N)에 비례한다. ($P_1 : P_2 : P_3 = N_1 : N_2 : N_3$)

③ 경중률(P)은 관측 거리(S)에 반비례한다. ($P_1 : P_2 : P_3 = \frac{1}{S_1} : \frac{1}{S_2} : \frac{1}{S_3}$)

④ 경중률(P)은 평균제곱근오차(m)의 제곱에 반비례한다. ($P_1 : P_2 : P_3 = \frac{1}{m_1^2} : \frac{1}{m_2^2} : \frac{1}{m_3^2}$)

(3) 경중률(Weight)과 오차와의 관계

① 경중률(P)은 정밀도의 제곱에 비례한다.

② 경중률(P)은 평균제곱근 오차의 제곱에 비례한다.

③ 경중률(P)은 관측 횟수에 비례한다.

④ 직접수준측량에서 오차는 노선거리의 제곱근에 비례한다.

⑤ 직접수준측량에서 경중률은 노선거리에 반비례한다.

⑥ 간접수준측량에서 오차는 노선거리에 비례한다.

⑦ 간접수준측량에서 경중률은 노선거리의 제곱에 반비례한다.

(4) 경중률과 최확값

① 최확값은 어떤 관측에서 가장 높은 확률을 가진 값으로 참값을 대신해서 사용한다.

② 경중률이 같을 경우 최확값(L_0) $= \frac{\ell_1 + \ell_2 + \ell_3 + \ell_n}{P_1 + P_2 + P_3 + P_n} = \frac{\Sigma \ell}{\Sigma P}$

③ 경중률이 다를 경우 최확값$(L_0) = \frac{P_1\ell_1 + P_2\ell_2 + P_3\ell_3 + P_n\ell_n}{P_1 + P_2 + P_3 + P_n} = \frac{\Sigma\ell}{\Sigma P}$ (ℓ_1, ℓ_2, ℓ_n : 관측거리, P_1, P_2, P_n : 경중률)

2.5.2. 최확값

최확값은 같은 측량 장비와 방법을 사용하여 하나의 거리를 측량할 경우 하나의 측량 값을 제외한 나머지가 잉여관측 값이 된다. 측량에서 잉여관측 값은 어떤 값을 결정하기 위한 최소의 측량값을 제외한 나머지를 의미한다. 이 경우 최확값은 $\overline{M} = \frac{\Sigma M}{n}$ 와 같이 산술평균을 하면 된다. 여기서, $\overline{M}$ 은 최확값, ΣM 은 관측값의 합, n은 관측값의 개수이다. 지적측량에서는 측량 장비나 측량방법이 서로 다를 수 있으므로 산술평균으로 최확값을 구해서는 안 된다.

(1) 경중률이 같은 관측값의 경우

① 측량을 시행할 때 측량 장비나 측량 방법의 조건이 같으면 최확값은 산술평균을 통해 결정할 수 있다.

② 만약 n회 관측을 수행하여 관측된 값을 각각 $\ell_1, \ell_2, \ell_3, \cdots, \ell_n$. 이라고 하면 최확값은 다음과 같다.

- 최확값$(\overline{M}) = \frac{\ell_1 + \ell_2 + \ldots + \ell_n}{n} = \frac{\Sigma\ell}{n}$

(2) 경중률이 다른 관측값의 경우

① 경중률은 관측횟수, 관측 거리 그리고 부정오차의 정도에 따라 달라진다.

② 각각의 관측값에 대한 경중률을 각각 이 $P_1, P_2, P_3, \cdots, P_n$ 이라고 하면, 최확값은 다음과 같다.

- 최확값$(\overline{M}) = \frac{P_1\ell_1 + P_2\ell_2 + \ldots + P_n\ell_n}{P_1 + P_2 + \ldots + P_n} = \frac{\Sigma(P\ell)}{\Sigma P}$

(3) 조건부 관측값의 경우

① 삼각형 내각을 측량하거나 하나의 거리를 몇 개의 구간으로 나누어 측량할 때는 값들 사이에 서로 영향을 미치게 되는 경우를 종속된 조건부 관측이라 한다.

② 경중률이 같은 경우와 다른 경우로 구분하되 관측된 값은 수학적 조건을 만족하게 해야 한다.

③ 경중률이 같은 경우에는 조건에 의해 오차를 구하고 경중률이 같으므로 각각의 관측값에 균등 배분하면 된다.

④ 경중률이 다른 경우 오차 배분율은 경중률이 높을수록 신뢰도가 높아 오차가 적게 포함되었을 확률이 높다고 할 수 있다.

⑤ 경중률과 오차 배분율은 $C_1 : C_2 = \frac{1}{P_1} : \frac{1}{P_2}$ 와 같이 반비례 관계에 있다.

2.6. 최소제곱법

출제(용) : 110회

최소제곱법은 잔차 제곱의 총합이 최소가 된다는 조건에서 미지량의 각과 거리에 대한 최확값의 정도를 조정하는 방법이다. 통계학적 추정의 문제에 있어서 최소제곱법의 평균이 얼마나 다른지와 최종 결과가 어느 조건을 만족해야 하는지의 요구되는 조정값과 같은 추정의 문제와 같다고 할 수 있다. 관측한 값의 최확값은 오차에 대한 제곱의 합을 최소로 하기 위한 값으로 최소제곱법이라 한다.

(1) 최소제곱법의 역사

① 1874년 가우스는 최소제곱법의 원리를 발표하였다.

② 19세기 말 헬머트(Hermert)는 천문학이나 측지학의 응용에 대하여 커다란 공헌을 하였다.

③ 20세기 후반에는 선형대수학이라 할 수 있는 행렬표현에 필요한 이론적 간소화를 위해 무어(Moore)와 뷔르함마(Bjerhammar)가 일반 행렬식을 도입함으로써 이론적으로 확대되었다.

④ 최근에는 장비의 발달로 수십만의 미지수를 동시에 계산할 수 있도록 칼만(Kalman)의 필터링 기법이 예측의 이론에 많이 활용되고 있다.

(2) 최소제곱법의 특징

① 최소제곱법은 다른 측정값의 확인, 오류의 발견, 측정값의 조정, 우연오차의 배수를 측정하여 평균값의 표준오차를 결정하는 데 목적을 두고 있다.

② 일단의 측정값은 모두 동일한 신뢰성 즉 동일한 경중률(Weight)을 가지고 있을 경우 최확값은 잔차 또는 수정량의 제곱 합이 최소일 때가 확률적으로 가장 높다.

③ 경중률이 다를 때에는 계산된 경중률의 합계와 수정량의 제곱 합이 최소일 때 최확값의 확률이 가장 높다.

④ 관측값의 신뢰성에 따라 관측값의 경중률을 달리할 수 있다.

⑤ 최소제곱법의 결과는 통계학적 정밀도 분석이 가능하므로 조정후 최확값에 대한 정밀도 분석이 가능하다.

(3) 최소제곱법의 원리

① 어느 양의 측정을 n회 반복해서 $\ell_1, \ell_2, \cdots, \ell_n$의 측정값을 취득한 경우 X를 그 양의 참값, ν를 잔차라고 하면 다음의 식이 성립한다.

- $\ell_1 - X = \nu_1,\ \ell_2 - X = \nu_2,\ \ell_n - X = \nu_n$

② n회 측정값에서 구해진 값 중에 x에 가장 가까운 값, 즉 최확값을 x라 하면 다음과 같은 식이 성립한다.

- $\ell_1 - x = \delta_1,\ \ell_2 - x = \delta_2,\ \ell_n - x = \delta_n$ 여기서, δ_n : 잔차, δ : 측정의 횟수

③ 잔차 ν_i가 일어나는 확률을 y_i로 두고 정리하면 $y_1 = Ce^{-h^2, \nu_1^2}$, $y_2 = Ce^{-h^2, \nu_2^2}$, $y_n = Ce^{-h^2, \nu_n^2}$ 와 같다.

④ 각각 독립이 되므로 이들 현상이 동시에 발생할 확률

- 확률(P) $= y_1 \times y_2 \times \cdots \times y_n = C_e^{n-h^2(\nu_1^2+\ \nu_2^2+\ \cdots\ \nu_n^2)}$ 와 같다. 여기서, C, e, h는 정수이다.

⑤ P의 최확값은 $P = \dfrac{C^n}{e^{h^2(\nu_1^2+\nu_2^2+\cdots\nu_n^2)}}$ 이고, 우변의 분모를 작게 하면 P가 크므로

$\nu_1^2 +\ \nu_2^2 +\ \cdots\ \nu_n^2 = \min$ 이 된다.

⑥ n회 관측마다 정도를 다르게 할 때는 $P = \dfrac{h_1, h_2, \cdots, h_n}{(\sqrt{\pi})^n} e^{-(h_1^2\ \nu_1^2 + h_2^2\ \nu_2^2 + \cdots + h_n^2\ \nu_n^2)}$ 에서 P의 최확값

조건은 $h_1^2\ \nu_1^2 + h_2^2\ \nu_2^2 +\ \cdots\ h_n^2\ \nu_n^2 = \min$ 이 된다.

(4) 최소제곱법의 조정

① 관측방정식에 의한 조정

- 최확값의 조건을 만족하는 관측값들의 상호관계를 이용하여 방정식을 해석한다.
- 관측값을 미지변수와 관측값 잔차의 함수로 표현한 방정식이다.
- 잉여관측이 있는 경우 최소제곱법을 사용할 수 있으며, 최소제곱법으로 조정된 값이 최확값이다.
- 동일 정밀도일 때 $\phi = v_1^2 + v_2^2 + \cdots v_n^2 = \sum_{i=1}^{n} v_i^2$
- 동일 정밀도가 아닐 때 $\phi = w_1^2\ v_1^2 + w_2^2\ v_2^2 + \cdots w_n^2\ v_n^2 = \sum_{i=1}^{n} w^2 v^2$

여기서, w_1, $w_2, \cdots$, w_n : 경중률, $v_i = x_i - \mu_i$:잔차, μ_i:최확값이다.

② 정규방정식에 의한 조정

- 정규방정식은 관측방정식의 잔차 제곱의 합을 미지변수로 편미분한 값이“0”이 되도록한 방정식이다.
- 정규방정식 조정을 위해서는 잔차의 제곱을 구하여야 하며, 정규방정식의 수와 미지수가 동일하다.

(5) 삼각측량에서 최소제곱법

① 최소제곱법은 삼각측량에서 오차의 평균 조정계산 성과의 정도가 높을수록 좋다.

② 우연오차와 오차가 일어날 확률이 가장 높은 곳에서 측량의 정도를 높이는 엄밀조정법으로 망조정을 실시한다.

③ 최소제곱오차를 최소가 되도록 하여 각 조건과 변조건을 조정할 수 있도록 방정식을 만들고 소구점은 주변 기지점의 성과와 부합되도록 하며 때로는 두 소구점 이상을 동시에 구할 수 있는 동시 조정을 시행한다.

④ 엄밀조정법은 각 조건과 변조건을 동시에 조정하는 방법으로 잔차 제곱의 합을 최소화하는 식은 $\Sigma(\nu_i)^2 = (\nu_1)^2 + (\nu_2)^2 + \frac{n}{i=1} + \nu_n^2$와 같다. 여기서, ν_1, ν_2 : 방정식 1, 2, 3의 잔차이다.

⑤ 각 조건방정식에서 각에 관한 모든 미지의 조정값 대수와 그 삼각형의 폐색오차 합은 0이 되어야 한다.

출제빈도 용어정리 & 논술 일람표

제2장 오차론 (용어정리)					
번호	문제	횟수	번호	문제	횟수
1	유효숫자	1	9	오차전파법칙(Propagation of error)	3
2	정오차(定誤差)와 부정오차(不定誤差)	1	10	오차곡선	1
3	과대오차(gross error)	2	11	확률분포곡선과 정규분포(Probable Curve and Normal Distribution)	1
4	표준오차와 표준편차	1	12	정밀도(Precision)와 정확도(Accuracy)	3
5	표준오차 타원, 신뢰타원	2	13	경중률(輕重率; Weight)	6
6	표준편차_평균오차	3	14	가중치(Weight)	1
7	평균제곱근오차	1	15	최소제곱법	1
8	확률오차	1	16	신뢰구간(Confidence Interval)	1

제2장 오차론 (논술)		
번호	문제	횟수
1	측량 오차의 종류별 특성(성질)을 기술하고 각 오차의 최소화방안에 대하여 설명하시오.	2
2	측량의 오차 종류와 표준편차에 대하여 설명하시오.	1
3	정오차의 원인과 보정방법에 대하여 기술하시오.	2
4	우연오차(Random Error)의 개념 및 조정 방법에 대하여 설명하시오.	2
5	지적측량의 정밀도와 정확도에 대하여 비교 설명하시오.	2
6	관측차의 최확값, 평균제곱근오차, 확률오차 산정에 대해서 기술하시오.	1

Part 2

제3장 지적측량

3.1. 개요

출제(용) : 71, 132회

지적측량은 국토의 기본자료를 효율적으로 관리하기 위하여 토지의 표시 사항에 해당하는 토지의 소재, 지번, 지목, 면적, 경계와 소유자 등의 토지에 관한 정보를 수집하여 등록·공시할 수 있는 측량으로 기속측량이라고도 한다. 법률적인 토지 단위인 일필지의 경계와 토지소유권의 한계 등을 정확하게 표시하는 측량으로 지적공부에 등록할 경계와 좌표 또는 면적의 결정 및 등록된 사항을 지표상에 표시하기 위해 실시하는 모든 측량을 지적측량이라고 할 수 있다. 1975년 개정지적법에서는 경계의 등록 공시방법으로 정확한 수치 지적측량을 도입하여 측량 역사상 획기적인 계기가 되었다.

3.1.1. 지적측량의 목적

① 토지의 효율적인 관리와 소유권의 보호에 이바지할 수 있는 토지 경계를 결정하는 측량
② 각 필지 경계의 위치와 면적을 결정하고 지적도와 실제 토지와의 동일성을 나타내주는 측량
③ 토지에 관한 전반적인 정보를 제공할 수 있는 포괄적인 다목적 지적측량
④ 토지를 지적공부에 등록하는 측량
⑤ 지적공부에 등록된 경계를 지표에 복원하는 측량
⑥ 자연적인 토지의 형상보다는 법률적인 토지 단위인 일필지의 경계와 토지소유권의 한계 등을 정확하게 표시하는 측량
⑦ 일필지 내의 건축물과 지하시설물의 상호관계를 나타낼 수 있는 측량

3.1.2. 지적측량의 대상

출제(용) : 126회

지적공부에 등록할 경계의 설정과 복원을 위한 경계와 관련하여 위치를 밝히는 모든 측량은 지적측량의 대상이 된다. 지적측량은 일필지를 만들어 내거나 일필지의 경계 내에서 어떤 결과적인 변화를 수행한다고 할 수 있으며 그 내용은 일필지의 경계획정을 위한 정보의 수집, 수집된 정보의 분석, 일필지의 경계획정, 경계의 등록, 경계선의 정보를 제공하게 된다. 지적측량은 토지에 관하여 지형·지물과 같은 자연적인 것보다는 경계, 지목, 소유자 등과 같은 인위적인 내용을 주로 작업하게 되는 것으로 처리 절차는 각국의 지적 법령에 따라서 결정된다고 할 수 있다.

(1) 지적기초 측량의 대상

① 지적삼각측량·지적삼각보조측량

- 측량 지역의 지형 관계상 지적삼각점 또는 지적삼각보조점의 설치 또는 재설치가 필요로 하는 경우
- 지적도근점의 설치 또는 재설치를 위하여 지적삼각점·지적삼각보조점의 설치가 필요로 하는 경우
- 세부측량의 시행상 지적삼각점·지적삼각보조점의 설치가 필요로 하는 경우

② 지적도근측량

- 축척변경을 위한 측량을 하는 경우
- 도시개발사업 등으로 인하여 지적확정측량을 하는 경우
- 도시지역에서 세부측량을 하는 경우
- 측량 지역의 면적이 당해 지적도 1장에 해당하는 면적 이상인 경우
- 세부측량의 시행상 특히 필요한 경우

(2) 세부측량의 대상

① 토지를 지적공부에 새로이 등록하기 위한 신규등록의 경우

② 멸실된 지적공부를 복구하는 경우

③ 토지를 등록전환하는 경우

④ 토지를 분할하는 경우

⑤ 바다로 된 토지를 말소하는 경우

⑥ 축척을 변경하는 경우

⑦ 지적공부의 등록 사항을 정정하는 경우

⑧ 도시개발사업 등의 시행 지역에서 토지의 이동이 있는 경우

⑨ 지적재조사사업에 따라 토지의 이동이 있는 경우

⑩ 경계점을 지상에 복원하는 경우

⑪ 지상건축물 등의 현황을 지적도 및 임야도에 등록된 경계와 대비하여 표시하는 데에 필요한 경우

3.1.3. 지적측량 의뢰 기간

출제(논) : 123회

① 지적측량을 의뢰하려는 자는 지적측량 의뢰서(전자문서로 된 의뢰서를 포함)에 의뢰 사유를 증명하는 서류(전자문서를 포함)를 첨부하여 지적측량수행자에게 제출하여야 한다.

② 지적측량수행자는 지적측량 의뢰를 받은 때에는 측량 기간, 측량 일자 및 측량 수수료 등을 적은 지적측량 수행계획서를 그다음 날까지 지적소관청에 제출하여야 한다.

③ 지적측량의 측량 기간은 5일로 하며, 측량검사 기간은 4일로 한다.

④ 지적기준점을 설치하여 측량 또는 측량검사를 하는 경우 지적기준점이 15점 이하인 경우에는 4일을, 15점을 초과하는 경우에는 4일에 15점을 초과하는 4점마다 1일을 가산한다.

⑤ 지적측량 의뢰인과 지적측량수행자가 서로 합의하여 따로 기간을 정하는 경우에는 그 기간에 따르되, 전체 기간의 4분의 3은 측량 기간으로, 전체 기간의 4분의 1은 측량검사 기간으로 본다.

⑥ 지적측량의 방법 및 절차 등에 필요한 사항은 국토교통부령으로 정한다.

⑦ 지적측량수행자가 지적측량을 하였으면 시·도지사, 대도시 시장 또는 지적소관청으로부터 측량성과에 대한 검사를 받아야 한다.

⑧ 지적측량성과를 전자계산기기로 계산하였을 때는 그 계산 성과자료를 측량부 및 면적측정부로 본다.

3.1.4. 지적측량의 실시 기준

(1) 지적삼각점측량

① 측량 지역의 지형 관계상 지적삼각점 또는 지적삼각보조점의 설치 또는 재설치를 필요로 하는 경우

② 지적도근점의 설치 또는 재설치를 위하여 지적삼각점·지적삼각보조점 또는 지적위성기준점의 설치를 필요로 하는 경우

③ 세부측량의 시행상 지적삼각점·지적삼각보조점 또는 지적위성기준점의 설치를 필요로 하는 경우

(2) 지적도근측량

① 축척변경 사업으로 인하여 측량하는 경우

② 도시개발사업 등으로 인하여 지적확정측량을 하는 경우

③ 도시지역에서 세부측량을 하는 경우 및 세부측량의 시행상 특히 필요한 경우

④ 측량 지역의 면적이 당해 지적도 1장에 해당하는 면적 이상인 경우

3.1.5. 지적측량의 성격

출제(논) : 60, 71, 72회

① 지적측량은 토지를 지적공부에 등록하기 위한 측량이므로 특수측량 분야라 할 수 있다.

② 지적측량은 토지표시 사항 중 경계와 면적을 측정하고 측량 방법도 법률 규정에 따라야 하므로 기속측량이라고 한다.

③ 공공성과 일관성 있는 행정을 수행하기 위해 행정주체인 국가는 지적측량 성과를 등록하여 영구적이고 지속적인 효력을 발생할 수 있어야 한다.

④ 기술적인 측면에서 경계복원의 능력을 갖추며 공적 기록인 지적공부에 의해서만 가능하다.

⑤ 지적측량은 규제된 방법과 절차에 따라 토지에 대한 물권이 미치는 범위인 일필지의 경계를 확정해야 한다.

⑥ 토지 관리에 필요한 전반적인 정보를 만족시켜 주기 위해서 다목적지적을 위한 정보를 등록하여 제공하는 것이다.

⑦ 물권공시의 안전을 위하여 측량성과의 효력이 유지되어야 하기 때문이다.

3.1.6. 지적측량의 법률적 효력

출제(논) : 50, 89, 95, 108, 128, 134회

지적측량은 행정주체인 국가가 법 규정을 구체적이고 사실적인 집행 때문에 시행하는 공법행위 중 단독적 행정행위이며 이 행위가 성립된 경우 법률적인 효력은 구속력·공정력·확정력·강제력 등이 발생한다.

(1) 구속력

① 구속력은 지적측량의 내용에 대해 국가 자신이나 소유자와 이해관계인을 기속하는 효력을 말한다.

② 구속력은 지적측량의 결과에 대해 법적인 효력이 발생하므로 지적공부에 등록된 내용을 존중하고 복종해야 하며 정당한 절차 없이 부정하거나 효력을 기피할 수 없다.

③ 지적측량에 명백한 착오가 있어 소관청이 이를 인정한 경우라도 정정하기 위해서는 법 규정에 의거 최소 절차에 따라야 한다.

(2) 공정력

① 공정력으로 볼 수 있는 것은 지적측량을 시행한 결과에 착오가 발생하여 지적소관청과 측량자, 토지소유자와 이해관계인이 인정하는 경우이다.

② 그 효력이 절대 무효인 경우를 제외하고는 지적소관청, 감독청, 법원 등의 권한이 있는 기관에 의거 소송 또는 직권에 의하여 그 내용이 취소되기 전까지는 적법성을 추정받는 효력으로 당사자, 지적소관청, 국가기관과 제삼자에 대해서도 그 효력은 발생한다.

(3) 확정력

① 확정력은 일단 유효하게 성립된 지적측량에 대해서는 일정한 기간이 경과한 뒤 상대방이나 기타 이해관계인이 그 효력을 다툴 수 없을 뿐만 아니라 소관청도 특별한 사유가 없는 한 그 성과를 변경할 수 없는 효력이다.

② 확정력 중 그 행위의 효력을 다툴 수 없는 불가쟁력(不可爭力)은 행정소송 절차상의 심급 제도와의 관련 아래 소송 수단이 인정되는지에 따라 출처 기간을 초과하였거나 심급[3]이 완료된 때 그 처분의 성립지에 각각 발생하는 형식적 확정력이라 할 수 있다.

③ 불가변력(不可變力)은 측량의 성립과 동시에 발생하는 관습적 확정력이라 할 수 있다.

3) 같은 소송 사건을 반복해서 심판하는 각각 다른 법원 사이의 심판 순서

(4) 강제력

① 강제력은 소관청 자체의 자격으로 집행할 수 있는 강력한 효력이란 뜻으로 집행력이라고도 한다.

② 지적측량은 권한을 가진 지적소관청이 시행하는 것이기 때문에 강제력이 있다고 볼 수 있다.

③ 경계복원측량 등의 이의는 소송이 배제되며 지적위원회가 적부심사위원회를 소집하여 처리함으로써 행정소송에서의 처리와 같은 효력을 갖는다.

3.1.7. 지적측량의 신뢰성

출제(논) : 87, 95회

토지의 등록 사항 중에서 일필지의 경계, 좌표, 면적은 국가공권력과 지적측량으로 결정된 내용에 대해서는 물권의 객체로서 공법적·사법적 효력이 인정되어야 한다. 토지에서 물권은 인위적으로 지표에 일정 형태의 구획선을 설정하여 지적측량이라는 기법을 통해 지적공부에 등록함으로써 물권의 객체로 특정되고 독립성이 인정된다. 토지의 위치를 결정하고 면적, 좌표, 경계를 나타내는 지적측량을 법률적으로 보장한다는 것은 물권 제도의 공신력을 좌우하는 중요한 역할이다. 지적측량의 신뢰는 기술적, 제도적으로 공신력을 잃어가고 있다.

(1) 기술적인 원인

① 지적공부의 등록 내용과 실지와의 지적 불부합

② 토지조사 당시에 매설한 측량기준점의 통일성 결여

③ 이동측량에 따른 측량 오차

④ 6·25동란으로 없어진 지적기준점과 지적공부의 복구

⑤ 지적도면의 빈번한 사용으로 훼손되어 재작성 과정에서 기술상의 문제로 신뢰도 저하

(2) 제도적인 요인

① 물권 공시제도가 이원화되어 있어 토지표시 사항은 지적소관청, 권리관계는 등기소가 담당하고 있다.

② 지적공부의 토지표시 사항과 부동산등기부의 소유권에 대한 표시 사항의 불일치가 빈번하여 물권 공시 내용에 대한 불신의 원인이 되고 있다.

③ 토지표시 사항은 소관청인 국가가 직권으로 사실조사를 하며 등록하는 형식을 취하고 있다.

④ 지적공부의 등록 내용에 따라 화재 발생 시 손실보상제도가 마련되어 있지 못한 지적공부에 대한 법률적 보장은 부정적이다.

⑤ 미비한 제도를 법률적으로 보장하기 위해서 도해지적을 경계점좌표로 등록하는 지적공부의 전산화 작업을 통해 KLIS(Korea Land Information System)라는 한국토지정보시스템을 구축하였다.

3.1.8. 지적측량의 책임

출제(논) : 95, 108회

측량자의 책임은 문서로 만들어진 권원 경계선을 지상에 위치를 설정하는 것이며 상충하는 소유 경계선은 차후의 이해관계이다. 측량자 위치를 설정하고 그가 측량하는 필지에 대한 모든 부동산의 부담을 확인하는데 책임을 지며 새로 등록한 필지는 측량이나 문서 및 도면 등에 의하여 새로운 경계선의 위치설정 및 복원할 수 있다.

(1) 형사책임

① 형사상 책임은 사실행위에 대한 비난 또는 비난 가능성을 말하며 행위자가 법률규범의 기대에 반하여 위법행위를 행하였을 때 비난을 피할 수 없는 경우이다.

② 형사책임은 고의에 대한 책임을 원칙으로 하며 고의성이 있는 경우에 범죄의 구성요건에 해당한다.

③ 지적측량은 공적 기록인 지적공부에 의하여 실시하는 업무의 특성으로 공문서 취급에 따른 위법행위는 형사책임의 대상이 된다.

④ 형사책임의 대상

- 지적공부 및 지적측량부의 위조 또는 변조
- 지적공부 및 지적측량부 허위 작성
- 위조·변조된 지적공부 또는 지적측량부 사용
- 지적공부 및 지적측량부를 지적측량 이외의 다른 목적으로 사용
- 지적측량 수수료의 횡령
- 지적측량 업무수행에 따른 부당이득 취득
- 지적측량의 수행에 따른 청탁을 받고 부당이득 취득

- 경계표의 파손 또는 이동
- 지적측량을 할 수 없는 지적기술 무자격자가 측량하는 경우
- 지적측량 업무의 집행 방해 또는 거부

(2) 민사책임

① 민사책임은 권리 또는 이익을 위법하게 침해한 가해자가 피해자에게 사법상 책임지는 것이다.

② 지적측량에 따른 민사책임은 피해자가 지적측량자의 고의 또는 과실을 입증해야 하고, 그로 인한 손해는 행위자와 피해자 간에 인과관계가 발생하며 지적측량자는 그 행위에 대해 민사상 손해배상의 책임을 져야 한다.

③ 실정법상으로는 특수 불법행위가 인정되어 지적측량자를 고용한 지적측량수행자 및 국가는 손해보상책임을 져야 한다.

④ 지적측량 수행자 또는 국가에도 고용자에 대한 구상권 행사도 인정된다.

⑤ 민사책임의 대상

- 부정한 방법으로 지적기술자격을 취득한 때
- 무능력, 형 집행, 징계 등의 사유로 지적측량 종사가 금지된 지적기술자가 지적측량을 한때
- 고의 또는 중과실로 지적측량에 잘못을 범한 때
- 지적기술자로서 명예를 훼손하거나 품위를 실추시킨 때
- 지적측량 과정에서 고의 또는 과실로 토지 내의 수목 제거, 시설물 파손, 지적측량 착오로 인한 타인의 재산 피해 등이다.

(3) 징계책임

① 징계책임은 어떤 업무에 대하여 그 업무의 담당자로서 직무에 관계된 법령의 규정을 위반한 자에게 신분상의 징계를 함으로써 확보된다.

② 징계처분은 지적위원회의 의결을 거쳐 국토교통부장관이 하는 것으로 규정되어 있다.

③ 3년 이하의 징역 또는 3천만 원 이하의 벌금

- 측량업자로서 속임수, 위력(威力)
- 그 밖의 방법으로 측량업과 관련된 입찰의 공정성을 해친 자

④ 2년 이하의 징역 또는 2천만 원 이하의 벌금

- 측량기준점 표지를 이전 또는 파손하거나 그 효용을 해치는 행위를 한 자
- 고의로 측량성과 또는 성과를 사실과 다르게 한 자
- 측량성과를 국외로 반출한 자
- 측량업의 등록을 부정한 방법으로 등록하고 측량업을 한 자
- 성능검사를 부정하게 한 성능검사 대행자
- 성능검사 대행자의 등록을 부정한 방법으로 성능검사 대행자의 등록을 하고 성능 검사 업무를 한 자

⑤ 1년 이하의 징역 또는 1천만 원 이하의 벌금

- 무단으로 측량성과 또는 측량기록을 복제한 자
- 측량기술자가 아님에도 불구하고 측량을 한 자
- 업무상 알게 된 비밀을 누설한 측량기술자
- 둘 이상의 측량업자에게 소속된 측량기술자
- 다른 사람에게 측량업등록증 또는 측량업등록 수첩을 빌려주거나 자기의 성명 또는 상호를 사용하여 측량 업무를 하게 한 자
- 지적측량 수수료 외의 대가를 받은 지적 측량기술자와 신규등록, 등록전환, 분할, 합병, 지목변경, 바다로 된 토지의 등록말소, 축척변경, 등록 사항의 정정 신청, 도시개발사업 등 시행 지역의 토지이동 신청을 한 자
- 다른 사람에게 자기의 성능검사 대행자 등록증을 빌려주거나 빌려서 사용하거나 다른 사람의 성명 또는 상호를 사용하여 성능검사 대행 업무를 수행한 자

3.2. 측량기준점

출제(용) : 114회, (논) : 83, 87, 96, 101, 102, 110, 119, 120, 129, 135회

측량기준점을 정한 자는 측량기준점 표지를 설치하고 관리하여야 하며 설치한 자는 그 종류와 설치 장소를 국토교통부 장관과 관계 시·도지사, 시장·군수 또는 구청장 및 측량기준점 표지를 설치한 부지의 소유자 또는 점유자에게 통지하여야 한다. 측량기준점 표지 설치자가 측량기준점 표지의 설치 사실을 통지할 때는 측량성과를 함께 통지하여야 하며 측량기준점 표지를 파손하거나 그 효용을 해칠 우려가 있는 행위를 하려는 자는 그 측량기준점 표지를 설치한 자에게 이전을 신청하도록 하였다.

3.2.1. 국가기준점

출제(논) : 102회

국가기준점은 측량의 정확도를 확보하고 효율성을 높이기 위하여 국토교통부 장관이 전 국토를 대상으로 주요 지점마다 정한 측량의 기본이 되는 측량기준점으로 우주측지기준점·위성기준점·수준점·중력점·통합기준점·삼각점·지자기점으로 구분하고 있다.

3.2.1.1. 우주측지기준점

① 국가의 측지기준계를 정립하기 위하여 전 세계 초장기선간섭계(VLBI, very long baseline interferometer)와 연결하여 정한 기준점이다.

② 수십억 광년에 있는 전파성 준성(QUASAR)의 전파를 지구상의 2지점 이상에서 동시에 수신하여 수천 km 이상의 거리를 mm 수준으로 측정하는 우주측지기술로 2대의 안테나에 도달하는 지연시간을 이용하여 두 지점 간의 거리를 기하학적으로 산출한다.

③ 전파 망원경의 위치 좌표값이 VLBI 관측점이며, 세계측지계인 ITRF 상에서 경위도원점을 구하는 기준점이 된다.

④ 측지 VLBI 기준점에서는 수십억 광년 떨어져 있는 준성(quasar)에서 방사되는 전파를 지구상 복수의 전파망원경으로 동시에 수신하여 그 도달 시각의 차이를 정밀하게 관측하고 해석함으로써 관측점의 위치좌표를 고정밀도로 구하는 시스템이다.

⑤ 우리나라의 우주측지관측센터에서는 세계에서 16번째, 아시아에서는 3번째로 이러한 우주측지기준점을 운영함으로써 모든 측량의 기준이 되는 대한민국 경위도원점의 성과를 높은 정밀도로 산출하고 관리하여 측량의 정확도를 향상시킬 수 있다.

⑥ 우리나라는 2012년에 세종특별자치시 내의 전월산에 직경 22m의 안테나와 수신기 등의 주요 관측 장비 등을 설치하여 운용하고 있다.

⑦ 대륙 간의 정밀 지각변동 조사 등 전 지구적 자연재해 예방을 위한 국제 공동관측에 참여함으로써 국제사회에 공헌할 수 있다.

⑧ 정확도는 mm정도의 위치결정에 관한 기술력 확보로 우주측지기술의 발전을 도모할 수 있다.

3.2.1.2. 위성기준점

지리학적 경위도, 직각좌표 및 지구 중심 직교좌표의 측정 기준으로 사용하기 위하여 대한민국 경위도원점을 기초로 정한 기준점을 말한다.

(1) 위성기준점 설치

① 위성기준점은 보존 및 유지 관리가 용이하고 연속적으로 영구적 활용이 가능한 부지 내에 설치한다.

② 시간 경과에 따른 주변 지형·지물의 변화가 적고 GNSS 자료 수신에 있어 신호 장애가 적은 지역이어야 한다.

③ 기반구조물은 태풍, 지진 등 다양한 외부환경의 영향을 극복하고 공간상의 고정된 위치를 최대한 유지될 수 있는 구조물이어야 한다.

④ 기반구조물 및 부자재는 부식에 강한 재질이어야 하며, 부식이 발생하지 않도록 필요한 조치를 해야 한다.

⑤ 안테나는 안테나 참조점을 기준으로 고도 10도 이상의 범위에 위성 자료 수신에 방해가 되는 장애물이 없어야 하며, GNSS 위성 주파수에 영향을 미치는 시설물이 없어야 한다.

⑥ 안테나는 진북방향으로 설치하고, 수신기는 전원 공급이 안정적이고 침수 등 피해가 없는 안전한 장소에 설치한다.

⑦ 안테나와 수신기를 연결하는 케이블은 신호 손실률을 고려하여 안테나와 수신기까지의 거리가 최단 경로가 될 수 있도록 하여야 하며, 꺾임·단선·접합 등이 발생하지 않도록 하여야 한다.

⑧ 보호관을 이용하여 방수 및 훼손을 방지하여야 하며, 낙뢰방지기를 설치하여 낙뢰로 인한 피해를 방지하여야 한다.

⑨ 안테나 고정대는 정준·북방향 조정 기능을 갖추어야 하며, 위치 기준·안테나 참조점의 정밀한 재현이 가능하여야 한다.

⑩ 관측소 설치 후에는 시험 운영을 통해 GNSS 장비의 신호잡음, 수신율 등 GNSS 자료의 품질과 통신 상태 등 운영을 위해 점검을 해야 한다.

(2) 중앙국의 위성기준점 기본정보

① 관측소별 고유식별자 및 설치 장소

② 운영 시작일 및 종료일

③ 관측설비의 제원 및 관측소 외관 정보

④ 기하학적 위치 기준

⑤ 정밀좌표 및 기준좌표계 정보

⑥ 수정·갱신·폐기 등 변경이력

(3) 위성기준점의 수정·갱신에 따른 이력 작성

① 기본정보

② 변경 날짜 및 변경 정보의 종류 등

③ 기본정보 및 위성 자료는 위성기준점이 폐기될 때까지 전산파일 형태로 작성·갱신·관리되어야 하며, 별도의 사유가 없는 한 영구 보관한다.

④ GNSS 위성 자료는 전산파일 형태로 원시자료와 RINEX 자료를 중앙국의 서버 컴퓨터 및 별도의 저장장치에 저장·백업하고 누락·훼손이 되지 않도록 관리한다.

(4) 위성기준점의 성과 고시 및 정기 점검

① 성과 고시

- 위성기준점의 신규·이전 설치 시 설치한 날로부터 1년 이내에 성과를 고시하여야 한다.
- 성과 산출은 GNSS 국제기구에서 권장하는 GNSS 학술용 정밀자료처리 프로그램과 정밀궤도력을 이용하여야 한다.
- 성과 고시를 위한 측지계는 세계측지계를 따른다.

② 위성기준점의 정기 점검

- 위성기준점의 청결 및 안전상태
- 통신·전기설비의 작동 및 안전상태
- 위성기준점 부지의 이상 유무
- 위성기준점 주변에 위성 자료 수신에 방해가 되는 시설물 설치 여부 및 상태

(5) 보안·관리

① 네트워크 보안·관리

- 방화벽 등 침입방지 및 감시시스템 설치와 운용
- 인터넷 등 외부망과 분리 설치 및 해킹, 컴퓨터바이러스 등에 대한 예방대책 강구
- 자료 취득·공유 네트워크에 대한 월 1회 이상의 점검과 확인

② 중앙국 서버와 저장장치의 훼손·파괴·유출 방지

- 보안관리 책임자의 지정
- 통합시스템 출입문 카드키 등 잠금장치 설치, 무단침입 방지
- 데이터베이스 복사본 확보 후 2중 보관함에 별도 보관하고 관리대장 비치 및 기록유지
- 데이터베이스에 대한 접근 차단 대책
- 비공개 및 공개 제한 정보 목록 작성 관리대장 비치 및 기록유지

3.2.1.3. 통합기준점

출제(용) : 120회

통합기준점(Unified Control Points)은 지리학적 경위도, 직각좌표, 지구중심 직교좌표, 높이 및 중력 측정의 기준으로 사용하기 위하여 위성기준점, 수준점 및 중력점을 기초로 정한 기준점을 말한다. 우리나라 최초로 평탄지에 설치·운용하는 획기적인 개념의 새로운 측량기준점으로 사용자의 편익과 측량능률 극대화 도모할 수 있다.

(1) 설치

① 통합기준점은 전국을 10km 간격의 격자를 구성하여 그 격자점 주변에 있는 관공서, 학교 등에 설치하였다.

② 국가에서는 평면위치와 높이 기준점이 통합된 새로운 개념의 3차원 기준점을 2008년 8월부터 전 국토에 걸쳐 관리와 활용이 편리한 평지에 설치하기 시작하였다.

③ 우리나라 통합기준점 1번은 수원시청 정문 광장에 설치하였다.

- 표석 형상 : 1.5m×1.5m 정사각형
- 배치 밀도 : 평지에 10km×10km 간격으로 전국 1,200점 설치
- 설치 장소 : 시가지 주변 관공서 또는 학교 등

(2) 통합기준점의 기능

① 평면위치(경위도 등) 및 수직위치(표고 등)

② 중력값 및 방위각 동시 제공

③ 영상기준점 및 3차원 위치의 기준점 역할

④ 중력기준점, 지자기기준점, 도시기준점, 지적기준점 등의 역할

(3) 특징

① 전국을 10km 간격의 격자를 구성하여 그 격자점 주변에 위치한 관공서, 학교 등에 설치하였다.

② 항공사진측량에서 대공표지를 설치하는 번거로움을 해소할 수 있는 모양과 크기로 제작하여 보다 활용성을 높였다.

③ 기준점에는 무선주파수인식칩(RFID)를 내장하여 유비쿼터스 시대에 맞는 다양한 위치정보를 제공할 수 있다.

④ 유지관리가 쉬워 정보의 정확성, 최신성, 신속성 확보하고 있다.

(4) 활용

① 기존 기준점 체계의 문제점들을 보완하여 다양한 연구 및 산업 부분에 기초자료 제공한다.

② 중력관측을 통해 지구 물리적 요소 등 다양한 정보 제공하고 있다.

③ 국가기준점의 효율성 극대화로 평면과 높이가 일원화된 3차원 위치정보 제공한다.

④ 고해상도 위성영상에서도 기준점으로도 활용할 수 있다.

(a) 우주측지기준점 (b) 위성기준점 (c) 통합기준점

<그림 3-1> 국가기준점

3.2.1.4. 수준점

① 높이 측정의 기준으로 사용하기 위하여 대한민국 수준원점을 기초로 정한 기준점을 말한다.

② 일반적으로 각 국가의 중심이 되는 해양지역의 평균 수면 고도를 측정하여 지상에 설치한 시설물인 수준원점(水準原點)에 따라 수준점을 설치한다.

③ 대한민국의 수준점은 1등 수준점과 2등 수준점으로 구별되어 있는데, 대한민국의 국도를 따라 일정 거리마다 설치되어 관리된다.

3.2.1.5. 삼각점

① 지리학적 경위도, 직각좌표 및 지구 중심 직교좌표 측정의 기준으로 사용하기 위하여 위성 기준점 및 통합기준점을 기초로 정한 기준점을 말한다.

② 국토지리정보원에서는 대한민국 정밀측지망의 골격을 마련하기 위하여 남한지역에 16,000여점의 1~4등 삼각점을 광파측정기를 이용한 삼변측량방식의 정밀측지망을 1975년부터 시작하였다.

③ GPS의 등장으로 1997년부터 GPS측량기를 사용하여 전체 삼각점을 재정비한 후 전국 망 조정하여 성과를 고시·관리하고 있다.

3.2.1.6. 중력점

① 중력점은 중력 측정의 기준으로 사용하기 위하여 정한 기준점을 말한다.

② 1등 중력점은 중력측량의 기준이 되는 점으로서 절대중력점 및 중력기준점을 말한다.

③ 2등 중력점은 측지학적 자료를 얻기 위해 1등 중력점 및 2등 중력점을 비교기준으로 하여 소정의 정밀도로 측량한 수준점, 삼각점을 말한다

3.2.1.7. 지자기점

① 지자기점은 지구자기 측정의 기준으로 사용하기 위하여 정한 기준점을 말한다.

② 1등 지자기점은 일반적인 지구자장의 분포와 영년변화를 조사·연구하고 국가기본도의 자편각 표기의 목적을 위해 설치한 점을 말한다.

③ 2등 지자기점은 우리나라 각 지역의 자기이상을 조사하여 지자기도를 작성하기 위해 설치한 점을 말한다.

④ 지자기점은 가능한 전국에 균일하게 분포되게 하고 시가지, 철도, 송전탑 등으로부터 충분한 거리(직류 철도-5.0km 이상, 교류 및 일반철도-2.0km 이상, 고압철탑-1.0km 이상, 송전탑-0.5km 이상)를 확보하여야 한다.

(a) 수준점 (b) 삼각점 (c) 중력점 (d) 지자기점

〈그림 3-2〉 국가기준점

3.2.2. 공공기준점

① 공공측량 시행자가 공공측량을 정확하고 효율적으로 시행하기 위하여 국가기준점을 기준으로 하여 따로 정하는 측량기준점으로 공공삼각점과 공공수준점으로 구분한다.

② 공공삼각점은 공공측량 시 수평 위치의 기준으로 사용하기 위하여 국가기준점을 기초로 하여 정한 기준점을 말한다.

③ 공공수준점은 공공측량 시 높이의 기준으로 사용하기 위하여 국가기준점을 기초로 하여 정한 기준점을 말한다.

3.2.3. 지적기준점

출제(용) : 90회, (논) : 60, 83, 87, 96, 99, 105, 113, 126, 134회

① 지적기준점은 특별시장·광역시장·도지사 또는 특별자치 도지사(시·도지사)나 지적소관청이 지적측량을 정확하고 효율적으로 시행하기 위하여 국가기준점을 기준으로 〈그림 3-3〉와 같이 설치되어 있으며 지적삼각점, 지적삼각보조점, 지적도근점으로 구분하고 있다.

② 1910년부터 1915년까지 조선총독부에서 토지조사사업을 추진하기 위해 시행한 삼각측량과 시가지세를 급히 징수할 목적으로 독립된 특별소삼각점 측량 등을 실시하였다.

③ 1961년 측량법제정으로 삼각측량은 측량법에 따른 삼각점 또는 이 규정에 따라 설치된 삼각점을 기준으로 하여 시행한다고 규정하였다.

④ 지적삼각점은 지적측량 시 수평 위치 측량의 기준으로 사용하기 위하여 국가기준점을 기준으로 하여 정한 기준점을 말하며 〈그림 3-3〉의 (b)와 같다.

⑤ 지적삼각보조점은 지적측량 시 수평 위치 측량의 기준으로 사용하기 위하여 국가기준점과 지적삼각점을 기준으로 정한 기준점을 말하며 〈그림 3-3〉의 (c)와 같다.

⑥ 지적도근점은 지적측량 시 수평 위치 측량 기준으로 사용하기 위하여 국가기준점, 지적삼각점, 지적삼각보조점 및 다른 지적도근점을 기초로 하여 정한 기준점을 말하며 〈그림 3-3〉의 (d)와 같다.

⑦ 지적삼각점의 측량성과는 도지사가 보관하며, 도근점의 측량성과는 소관청이 보관하고, 기초점 표지의 관리는 소관청에서 관리하도록 규정하였다.

(a) 대삼각점 (b) 지적삼각점 (c) 지적삼각보조점 (d) 지적도근점

〈그림 3-3〉 지적기준점

3.2.4. 지적측량기준점 표지의 설치·관리

3.2.4.1. 지적측량기준점 표지의 설치 기준

① 지적삼각점표지의 점간거리는 평균 2킬로미터 이상 5킬로미터 이하로 할 것

② 지적삼각보조점표지의 점간거리는 평균 1킬로미터 이상 3킬로미터 이하로 할 것. 다만, 다각망도선법에 따르는 경우에는 평균 0.5킬로미터 이상 1킬로미터 이하로 한다.

③ 지적도근점표지의 점간거리는 평균 50미터 이상 500미터 이하로 할 것

④ 지적소관청은 연 1회 이상 지적기준점표지의 이상 유무를 조사하여야 한다. 이 경우 멸실되거나 훼손된 지적기준점표지를 계속 보존할 필요가 없을 때에는 폐기할 수 있다.

⑤ 지적소관청이 관리하는 지적기준점표지가 멸실되거나 훼손되었을 때에는 지적소관청은 다시 설치하거나 보수하여야 한다.

3.2.4.2. 지적기준점성과의 관리

출제(논) : 96, 99, 105회

① 지적삼각점성과는 특별시장·광역시장·특별자치시장·도지사 또는 특별자치도지사(시·도지사)가 관리하고, 지적삼각보조점성과 및 지적도근점성과는 지적소관청이 관리할 것

② 지적소관청이 지적삼각점을 설치하거나 변경하였을 때에는 그 측량성과를 시·도지사에게 통보할 것

③ 지적소관청은 지형·지물 등의 변동으로 인하여 지적삼각점성과가 다르게 된 때에는 지체없이 그 측량성과를 수정하고 그 내용을 시·도지사에게 통보할 것

3.2.5. 측량기준점 표지 관리의 현황

(1) 국가기준점 표지 현황

① 국가기준점 표지의 현황 조사는 특별자치시장, 특별자치도지사, 시장·군수 또는 구청장은 매년 관할 구역에 있는 측량기준점 표지의 현황을 조사하고 그 결과를 시·도지사를 거쳐 국토교통부장관에게 보고하여야 한다.

② 측량기준점의 효율적인 관리를 위하여 측량기준점 표지 현황 뿐 아니라 이를 보호하기 위한 보호콘크리트, 보호석의 현황 조사도 수행하고 있으며, 매년 10월 말까지 국토지리정보원장에게 보고를 수행하고 있다.

③ 국가기준점의 설치·조사 및 관리주체가 이원화되어 현황 조사를 전담하는 실행 조직이 없음에도 불구하고 이를 위탁·위임하는 규정이 없어 지방자치단체는 조사에 필요한 인력과 비용을 마련할 수 없는 실정이다.

④ 예산·인력 지원 없이 매년 전수 조사토록 규정하여 과도한 부담이 되며, 지자체별 보고율도 상이하여 효율적인 현황 관리에도 한계를 가지고 있다.

⑤ 현재 국가기준점의 설치 관리주체는 국토교통부장관, 공공기준점은 공공사업 시행자에 해당하는 공공기관, 지적기준점 중 지적삼각점은 시·도지사, 지적삼각보조점·도근점은 지적소관청에 해당한다.

(2) 공공기준점 표지 현황

① 공공기준점의 경우 설치 주체인 공공사업 시행자(공공기관)가 설치 이후 현황 조사는 지방자치단체에서 수행하는 등 설치 이후 관리하지 않아 정확한 현황 파악이 어렵다.

② 공공기준점을 일회성 활용 목적으로 설치하는 경우가 많아 측량 시행자에 의한 기준점 데이터 관리가 미흡한 실정이다.

(3) 지적기준점 표지 현황

① 공간정보의 구축 및 관리 등에 관한 법률 시행령에 따라 시·도지사 및 지적소관청은 지적기준점의 관리 업무를 한국국토정보공사에 위탁하여 관리하고 있다.
② 지적기준점 조사 근거는 「지적측량 시행규칙에 의한 지적소관청은 연 1회 이상 지적기준점 표지의 이상 유무를 조사 및 멸실·훼손 시 폐기할 수 있다고 하였다.
③ 일부 지역에서는 소관청의 현황조사 업무 과다에 따른 집중 현상도 발생하며 전반적으로 지적소관청마다 조사 주기가 상이하여 통합적인 관리에 어려움을 겪고 있다.
④ 지자체는 매년 담당 지역의 지적기준점 현황(망실, 폐기, 신설 등)을 조사하여 국토부에 보고하고, 그 결과는 「지적통계연보」로써 발간하고 있으나 측량기준점 표지 현황 조사 보고의 접수는 국토지리정보원장에게 위임되어 국토교통부와 국토지리정보원 모두에 보고해야 하는 실정이다.

3.2.6. 측량기준점 관리의 개선

(1) 측량기준점의 관리제도 개선

① 측량기준점(국가기준점, 공공기준점, 지적기준점)의 설치 및 관리주체, 보고 체계, 관리시스템은 모두 독립 운영되고 있어 조사 주기 및 보고 방법의 현실화가 필요하다.
② 국가기준점의 경우 국토지리정보원과 지자체의 조사 범위를 구분하여 실효성을 확보하고, 기준점별 조사 주기를 조정하여 업무 부담을 낮춰야 한다.
③ 삼각점은 기존 조사·보고체 계로 지자체가 담당하되 활용도, 역사적 상징성, 홍보 효과 등을 고려하여 조사 우선순위와 주기를 차등화해야 한다.
④ 국가기준점은 국토지리정보원에 매월 10월 말까지 보고하며, 공공기준점은 공공기관이 설치·관리하나 상위 보고 체계는 없는 것으로 파악되었다.
⑤ 지적기준점은 지적소관청이 연 1회 이상 지적기준점 표지의 이상 유무를 조사하여 시도에 보고하고 있다.
⑥ 공공기준점은 공공측량 시행자가 공공측량 성과로서 고시된 공공기준점을 선정하고 최대 5년 주기로 조사·보고하여야 한다.

(2) 측량기준점 표지 현황 조사 프로세스 개선

① 측량기준점 표지 현황 조사 개선을 위한 업무 프로세스가 필요하다.

② 현행 특별자치시장, 특별자치도지사, 시장·군수 또는 구청장은 측량기준점 표지 현황 조사 결과를 매월 10월 말까지 국토지리정보원장이 정하여 고시한 기준에 따라 보고하여야 한다.

③ 측량기준점들은 측량기준점 표지 현황 조사가 완료되지 않은 미보고 기준점들로 10월 말까지 현황 조사를 수행하도록 한다.

④ 현황 조사 보고 기한에 해당하는 10월 말 이후에도 조사되지 않은 미보고 기준점들에 대하여 기준점별 조사 주체가 조사 용역을 발주하거나 조사 업무를 위탁한다.

⑤ 조사 주체가 직접 조사 용역 또는 조사위탁 업무를 발주하는 과정에 적용할 수 있다.

⑥ 측량기준점 표지 현황 조사 미보고 대상 단가 산출 자동화 프로세스가 필요하다.

3.3. 삼각점측량

3.3.1. 삼각측량

삼각측량이란 지구의 표면상에 있는 여러 지점을 삼각형으로 연결하여 삼각형 각 변의 방향과 길이를 직접 또는 간접적으로 측정하여 상호관계 위치를 결정하기 위한 기초측량이다. 측량의 범위에 따라서 평면 삼각측량과 대지 삼각측량으로 구분되며 대지 삼각측량은 천문측량과 삼각측량에 의하고 경도와 위도 및 평균해수면 상의 고도를 관측하여 지구상 점의 위치, 지구의 크기, 지구의 형상을 결정하는 측량이다. 평면 삼각측량은 지구의 표면을 평면으로 간주할 수 있는 거리의 한계를 약 22km 이내와 면적의 한계를 400㎢ 이내의 범위에서 실시하는 측량으로 주로 지적측량에서 많이 사용하고 있다.

3.3.1.1. 삼각점 선점

① 우리나라는 삼각측량의 정밀도를 높이기 위해 삼각점의 등급을 4단계로 구분하였다.

② 대삼각본점은 한 변의 길이가 평균 30km가 되도록 하여 400점을 설치하였다.

③ 대삼각보점은 한 변의 평균 길이가 10km가 되도록 하여 2,401점을 설치하여 대삼각망을 구성하였다.

④ 토지조사사업 당시 소삼각 1등 점의 평균 길이 5km, 소삼각 2등 점은 2.5km로 하였다.

⑤ 섬 지역 및 대도시에서는 시가지세를 급히 징수하기 위해 특별소삼각점 31,646점을 설치하였다.

〈표 3.1〉 삼각점의 종류 및 길이

삼각점 종류	평균 길이	삼각점의 종류	평균 길이
대삼각본점(1등 삼각점)	30km	소삼각 2등 점(4등 삼각점)	2.5km
대삼각보점(2등 삼각점)	10km	지적삼각점	2.5~5km
소삼각 1등 점(3등 삼각점)	5km	지적삼각보조점	1~3km

3.3.1.2. 삼각망의 종류

출제(논) : 74, 108, 116회

삼각점 측량에서 망의 구성은 유심다각망·삽입망·사각망·삼각쇄·정밀삼각망이 있다.

(1) 유심다각망

출제(용) : 119회

① 유심다각망은 삼각망의 조정계산 중에서 가장 기본적이며 간단한 조정 방법이다.

② 망 조정의 계산은 기선이 있는 삼각형을 ①삼각형으로 하고, 시계방향으로 ②, ③, ④, ⑤ 삼각형으로 구분하며 유심다각망의 유형은 〈그림 3-4〉의 (a)와 같다.

③ 측량 지역이 거의 원형일 때 사용되며 기선이 확고하고 성과의 정밀도를 보장할 수 있다.

④ 1개의 기선에서 확대하는 것이기 때문에 기선이 확고해야만 한다.

⑤ 유심다각망은 삼각형의 중심각 조건을 만족하는 각 조건과 변 조건에 대한 조정을 시행한다.

⑥ 망을 구성하고 있는 5개의 삼각형 내각의 합은 180°가 되어야 한다.

⑦ 각 삼각형의 망에 대한 각규약과 변규약의 조정이 완료되면 조정된 변규약의 조정각과 기지변의 길이를 기선으로 하여 sin 법칙에 따라 변장(거리)을 산출할 수 있다.

⑧ 지적측량에서 사용하고 있는 방위각은 평면직각종횡선 좌표를 이용하여 계산하거나 직접 내각을 관측하여 계산하는 방법을 사용하고 있다.

⑨ 기지점에서 소구(미지)점을 향하는 방위각과 거리를 이용하여 A점과 C점의 종횡선차, B점과 C점의 종횡선차를 계산한다.

(2) 사각망

출제(논) : 71회

① 사각망은 〈그림 3-4〉의 (b)와 같고 이론적으로는 가장 이상적인 조직이지만 그 계산방식이 복잡하며 기선이 확고해야 한다.

② 높은 정밀도를 필요로 하는 측량이나 기선의 확대 등에 많이 이용되는 방법으로 사각형의 기하학적 성질을 이용하여 각조건과 변조건에 대한 조정을 실시한다.

③ 사각망은 양쪽에 기선을 두는 것 외에 그 협각도 기지점이 되므로 관측 결과의 평균 계산이 가장 합리적이어서 기지경계점과의 부합되는 것을 목표로 하는 지적삼각점측량에 가장 적합한 형태이다.

④ 사각망의 계산을 위해서는 관측각의 기재는 수평각 개정 계산부의 중심각을 관측각란에 α, β각을 순서대로 기재한다.

⑤ 관측각 전체의 합과 사각망 내각의 합의 차를 내어 각규약 중 $\varepsilon = \alpha_1 + \alpha_2 + \alpha_3 + \alpha_4 + \beta_1 + \beta_2 + \beta_3 + \beta_4 - 360°$를 계산한다.

⑥ 각 삼각형의 망에 대한 각규약과 변규약의 조정이 완료되면 조정된 변규약의 조정각과 기지변의 길이를 기선으로 하여 sin 법칙에 따라 변장(거리)을 산출할 수 있다.

⑦ 지적측량에서 사용하고 있는 방위각은 평면직각종횡선 좌표를 이용하여 계산하거나 직접 내각을 관측하여 계산하는 방법을 사용하고 있다.

⑧ 좌표계산은 기지점에서 소구(미지)점을 향하는 방위각과 거리를 이용하여 A점과 C점의 종횡선차, B점과 C점의 종횡선차를 계산한 후 좌표를 계산한다.

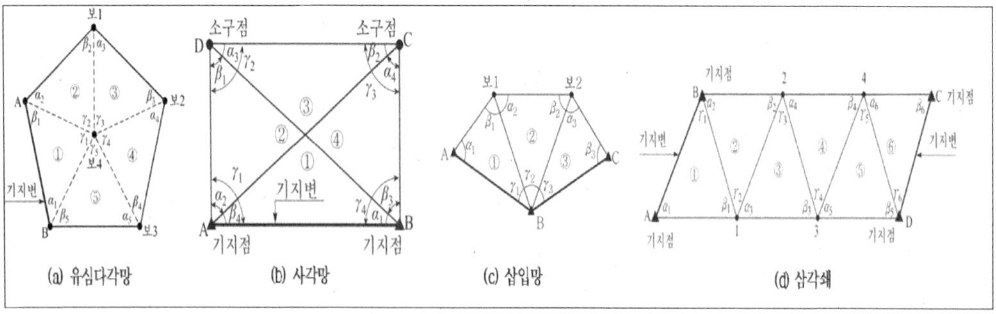

〈그림 3-4〉 삼각망

(3) 삽입망

출제(용) : 48회

① 기지 삼각점 3개를 이용하여 소구점을 결정할 때 사용하는 삼각망의 한 종류이다.

② 지적삼각점 측량에서 가장 일반적인 망구성으로 사용되고 있으며 가장 합리적인 방법이라 할 수 있다.

③ 삽입망은 일반적으로 〈그림 3-4〉의 (c)와 같이 망 형태가 주로 사용되고 있으며 2개의 기선을 이용한다.

④ 삼각형 망을 구성하고 있는 각각의 삼각형 내각의 합은 180°가 되어야 한다.

⑤ 각 삼각형의 망에 대한 각규약과 변규약의 조정이 완료되면 조정된 변규약의 조정각과 기지변의 길이를 기선으로 하여 sin 법칙에 따라 변장(거리)을 산출할 수 있다.

⑥ 지적측량에서 방위각은 평면직각종횡선 좌표를 이용하여 계산하거나 직접 내각을 관측하여 계산하는 방법을 사용하고 있다.

⑦ 복삽입망은 기지점이 겹치는 형태의 삽입망을 말한다.

(4) 삼각쇄

출제(용) : 123회

① 삼각쇄는 〈그림 3-4〉의 (d)와 같이 특정한 어느 한 기지변에서 출발해서 다른 기지변에 폐합하여 삼각점의 좌표를 구하는 방법이다.

② 출발점에서 도착점을 직접 관측할 수는 없으므로 지적측량과 같이 정밀 측량에서는 많이 이용되지 않는다.

③ 양 끝에 기선을 두어 하천, 도로 등 좁고 긴 형상의 지형도에 적합한 망형태라 할 수 있다.

④ γ각에 대한 방위각 차를 구하는 방법은 망의 구성에 따라 약간씩 달라진다.

⑤ 망을 구성하고 있는 각각의 삼각형 내각의 합은 180°가 되어야 한다.

⑥ 각 삼각형의 망에 대한 각규약과 변규약의 조정이 완료되면 조정된 변규약의 조정각과 기지변의 길이를 기선으로 하여 sin 법칙에 따라 변장(거리)을 산출할 수 있다.

⑦ 지적측량에서 사용하고 있는 방위각은 평면직각종횡선 좌표를 이용하여 계산하거나 직접 내각을 관측하여 계산하는 방법을 사용하고 있다.

⑧ 좌표 계산의 기본 원리는 기지점에서 소구(미지)점을 향하는 방위각과 거리를 이용하여 A점과 C점의 종횡선차, B점과 C점의 종횡선차를 계산한 후 좌표를 계산한다.

3.3.1.3. 망의 강도

출제(용) : 43, 45회

망의 강도는 기하학적인 삼각망을 형성하고 각과 방향 관측점의 수, 각과 변조건의 수에 의한 함수로 구성되어 있으며, 오차전파 법칙을 적용하여 계산하고 있다. 삼각측량이나 삼변측량에서 측량 시작 전에 도형의 강도를 결정함으로써 망에 대한 균일한 정확도를 얻을 수 있다.

(1) 망의 구성

① 지적삼각점은 유심다각망·삽입망·사각망·삼각쇄 또는 삼변(三邊) 이상의 망으로 구성하여야 한다.

② 유심다각망은 측량 지역이 거의 원형일 때 쓰이며 기선이 확고하고 성과의 정밀도를 보장할 수 있으며, 1개의 기선에서 확대하는 것이기 때문에 기선이 확고해야만 한다.

③ 사각망은 사각망은 높은 정밀도가 있어야 하는 측량이나 기선의 확대 등에 많이 이용되는 방법으로 사각형의 기하학적 성질을 이용하여 각 조건과 변 조건에 대한 조정을 시행한다.

④ 삽입망은 양쪽에 기선을 두는 것 외에 그 협각도 기지점이되며, 관측결과의 평균 계산이 가장 합리적이고 기지경계점과의 부합을 목표로 하는 지적삼각점측량에 가장 적합하다.

⑤ 삼각쇄는 양쪽에 기선을 둔 망으로 동일 측점 수와 비교하면 도달거리가 길어서 도로, 하천과 같이 노선이 긴 형상의 지물측량에 편리하다.

⑥ 정밀삼각망은 소구점을 중앙에 두고 주변에 기지점을 두는 망방식으로서 정밀조정을 필요로 할 때 적합한 망이다.

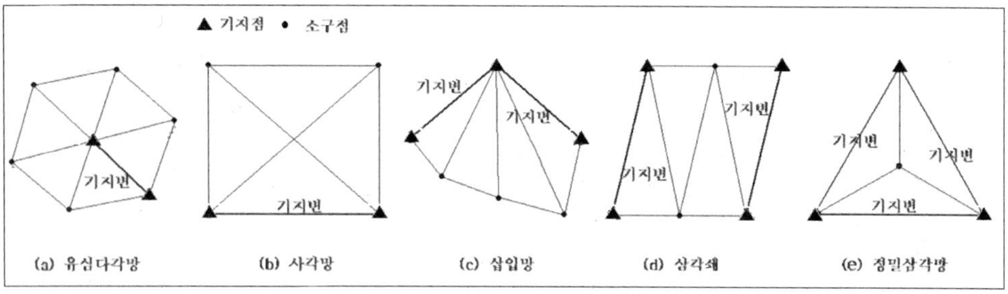

〈그림 3-5〉 삼각망의 형태

(2) 망의 강도를 위한 구성요건

① 삼각망의 구성은 가급적 정삼각형에 가까운 것이 정확도에 영향을 적게 미친다.

② 지형상 부득이한 상황으로 정삼각형에 가까운 요건을 만족시키기 곤란할 때는 한 각의 크기를 30°~120°로 구성하는 것이 좋다.

③ 이러한 이유는 각 오차가 변의 오차에 미치는 영향을 최소화하기 위함이다.

③ 망의 강도는 망을 형성하고 있는 삼각형의 기하학적 강도, 각과 관측지점 수, 각과 변 조건의 수에 대한 함수로 망을 형성하고 있다.

(3) 삼변측량에 의한 망의 강도

① 장비가 발달하기 이전에는 수평각과 연직각을 관측하여 거리를 계산한 후 삼각점의 위치에 해당하는 평면직각좌표로 구하였다.

② 거리측거기가 발달하여 전파측거기, 광파측거기 등의 출현으로 변장을 관측하여 sine 법칙또는 cosin 법칙을 이용하여 거리와 내각을 계산하여 삼각점의 위치를 구하였다.

③ 삼변측량이 실용화되면서 장거리의 관측을 직접 측정할 수 있으면서 1등 삼각점의 위치정확도를 갖는 측량이라 할 수 있다.

(4) 망의 강도 계산

① 망의 강도는 오차 전파법칙을 적용하여 계산하는데 다음식으로 나타낸다.

- $R = \frac{D-C}{D}\Sigma(\delta_a^2 + \delta_a \cdot \delta_b + \delta_b^2)$ 여기서, R : 도형의 강도, C : 총각과 변 조건 수, D : 망 내의 총방향 수, δ_a, δ_b : A, B각에 대한 sin 대수 1″차이다. 여기서 R값이 작으면 망의 강도는 크다고 할 수 있다.

② 망 내의 총방향의 수(D)는 데오돌라이트로 새로이 관측된 방향을 말하고 기지점 간의 방향선은 D의 값에 포함되지 않는다.

③ 조건식의 총수(C) $= C_A + C_S = (n' - s' + 1) + (n - 2s + 3)$이다.

여기서, C_A : 각 조건식의 총수, C_S : 변 조건식의 총수, n' : 방향 총수, n : 양쪽에서 관측한 변수, s' : 측점 총수, s : 관측 점수이다.

④ 두 개의 요소 $\frac{D-C}{D}$ 와 $\Sigma(\delta_a^2 + \delta_a \cdot \delta_b + \delta_b^2)$은 조건식과 관측식의 수와 삼각형의 기하학적 성질에만 관계하므로 R의 값은 관측 정확도와는 무관하다.

(5) 효율적인 망의 강도

① 삼각측량이나 삼변측량에서 실측 이전에 도형의 강도를 결정함으로써 망에 대한 균일한 정확도를 얻을 수 있다.

② 효율적이고 강한 망을 얻기 위해서는 망의 측정 위치와 정확한 거리를 측정하기 위한 측선의 선정을 위한 계획수립이 최적의 망을 만들게 된다.

② 망의 위치와 측점 간의 거리를 어떤 방법으로 측정하느냐에 따라 가장 효율적이고 강한 망을 얻을 수 있도록 측량계획을 수립하여 적용할 수 있다.

3.3.1.4. 삼각측량의 특징

① 삼각측량은 3개의 각과 거리를 기본으로 지상 점의 위치를 결정하는 방법이다.

② 수학적으로 계산하기 위해서는 한 개의 변을 알아야 다른 변을 구할 수 있다.

③ 거리 측정보다 각 관측이 더 중요하며 정밀한 각 관측 장비가 필요하다.

④ 측지 삼각측량에서는 구면삼각형의 지식이 필요하며 관측 거리에 한계가 있다.

⑤ 내각의 크기는 최소한 30° 이상 120° 이하가 되어야 하며 삼각망은 최소한 한 점 이상의 기지점에 고정되고 출발변의 방위각을 알아야 한다.

⑥ 기선 설치에 어려움이 많고 조정을 위한 조건식이 많으며 조정계산에 시간이 많이 소요된다.

3.3.1.5. 삼각망 조정 조건

① 측점 조정은 각 관측을 측점에서 실시하면 둘레각의 합이 360°가 되어야 한다는 조건으로 측점 규약이라고 하며 이 규약에 따라 조정하는 것을 측점 조정이라 한다.

② 도형 조정은 삼각망의 모양이 폐합된 형태로 망을 구성하는 삼각형 내각의 합이 180°가 되어야 한다는 조건에서 발생하는 도형 규약으로 이 규약에 따라 조정하는 것을 도형조정이라고 하며 이 조정에는 각도 조정과 변조정이 있다.

③ 각도 조정은 삼각 조정과 망 조정이 있으며, 각 삼각형 내각의 합이 180°가 되어야 하나 관측 오차와 구과량 때문에 일치하지 않아 발생하는 오차를 조정하는 것을 삼각 조정이라고 하고, 삼각형이 2개 이상으로 구성되는 삼각망의 경우에 조정하는 오차를 망조정이라 한다.

④ 변조정은 기선을 기초로 하여 계산하는 변장이 계산경로와 관계없이 반드시 동일한 값이 되도록 하는 조정이다.

⑤ 지적삼각망 형성의 조건

- 하나의 측점 주위에 있는 모든 각의 합은 360°가 되어야 하며 삼각망 중 임의의 한 변의 길이는 계산 순서와 관계없이 어느 변에서 계산하여도 동일하여야 한다.
- 삼각망 중 각 삼각형 내각의 합은 180°가 되어야 한다.

3.3.1.6. 삼각측량의 기본 원리

① 기본원리는 삼각형의 세 각을 관측하여 〈그림 3-6〉과 같이 1개의 기지변을 이용하여 다른 두 개의 변을 계산하고 미지점의 위치를 계산하는 측량 방법이다.

② 지적삼각점을 각 관측을 시행하여 계산할 때는 sin 법칙을 이용하여 계산하는데 주로 망조정 계산 방법에서 활용하고 있으므로 삼각측량의 기본원리라고 할 수 있다.

③ 〈그림 3-6〉에서 △ABC의 외접원 반지름을 R이라 하면 원에서 B를 지나는 지름의 다른 끝점을 A′라하고 CA′로 연결하면 ∠BA′C는 ∠A와 같거나 ∠A의 보각과 같고 $\sin\angle BA'C = \sin\angle A$ 이다.

④ $BC = BA' \cdot \sin\angle BA'C$이므로 $a = 2R \cdot \sin\angle A$ 이며 $2R = \dfrac{a}{\sin\angle A}$이다. 즉, A가 직각일 경우 $\sin\angle A=1$, $a=2R$로 성립한다.

⑤ $\dfrac{b}{\sin\angle B} = 2R$, $\dfrac{c}{\sin\angle C} = 2R$을 이용하면 $\dfrac{a}{\sin\angle A} = \dfrac{b}{\sin\angle B} = \dfrac{c}{\sin\angle C} = 2R$을 유도할 수 있다.

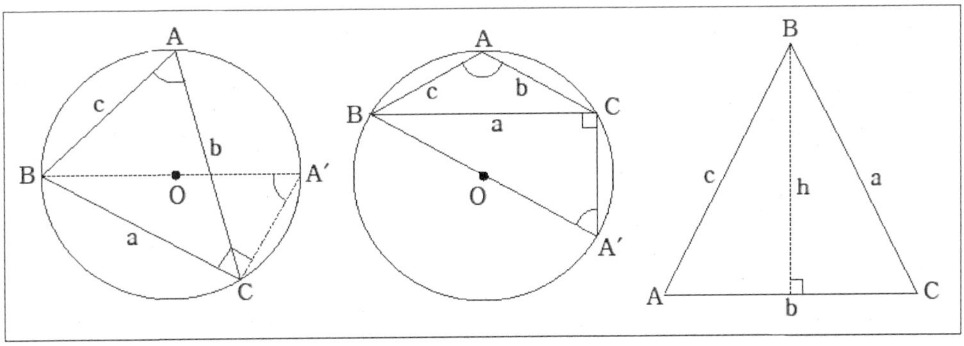

〈그림 3-6〉 sin 법칙

⑥ △ABC의 면적은 $\dfrac{1}{2}b \cdot h = \dfrac{1}{2}c \cdot b\sin\angle A = \dfrac{1}{2}a \cdot b\sin\angle C$로 나타낼 수 있다.

⑦ $\sin\angle A = \frac{h}{c}$ 및 $\sin\angle C = \frac{h}{a}$ 에서 $h = c \cdot \sin\angle A = a \cdot \sin\angle C$로 정리할 수 있다.

⑧ $c \cdot \sin\angle A = a \cdot \sin\angle C$에서 $\frac{a}{\sin\angle A} = \frac{c}{\sin\angle C}$, $\frac{a}{\sin\angle A} = \frac{b}{\sin\angle B}$ 로 정리하면

$\frac{a}{\sin\angle A} = \frac{b}{\sin\angle B} = \frac{c}{\sin\angle C}$ 이다.

⑨ $a = \frac{b \cdot \sin\angle A}{\sin\angle B} = \frac{c \cdot \sin\angle A}{\sin\angle C}$, $b = \frac{a \cdot \sin\angle B}{\sin\angle A} = \frac{c \cdot \sin\angle B}{\sin\angle C}$,

$c = \frac{a \cdot \sin\angle C}{\sin\angle A} = \frac{b \cdot \sin\angle C}{\sin\angle B}$ 이다.

⑩ α, β, γ각을 관측하고 AB의 변 길이를 알고 있으므로 sine 법칙인 $\frac{a}{\sin\alpha} = \frac{b}{\sin\beta} = \frac{c}{\sin\gamma}$ 를 이용하여 a, b의 변 길이를 아래와 같이 계산할 수 있다.

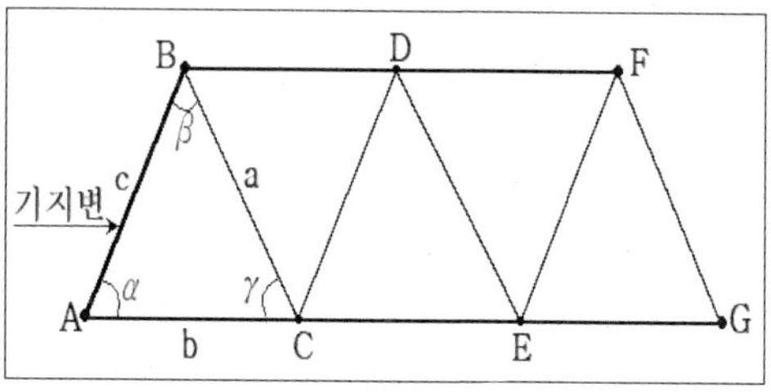

- $a = \frac{\sin\alpha \cdot c}{\sin\gamma}$, $b = \frac{\sin\beta \cdot c}{\sin\gamma}$

3.3.2. 구면삼각형

출제(용) : 122, 131회

구면삼각형의 변과 각과의 관계를 삼각함수로 표현하는 방법으로 임의의 지역을 평면측량과 구면 측량의 한계를 확인하여 측량 여부를 결정하고자 관측한 길이 및 각도에 대한 차이를 검토할 필요가 있는 경우에 이용된다.

(1) 평면과 구면삼각형

① 어떤 구역에서 평면과 구면으로 표시할 때 길이 및 각도의 단위는 "+"일 때 평면이 구면보다 길게 나타나고 "−"일 경우는 평면이 구면보다 짧게 나타난다.

② 지구 표면은 평면으로 보아도 소규모 지역의 모든 측량에서 실지와의 차는 매우 적게 나타난다.

③ 〈그림 3-7〉과 같이 구과량은 평면삼각형과 같이 그 면적에 의하여 쉽게 계산할 수 있다.

④ 임의의 다각형은 1점으로부터 각 점을 연결하므로 변의 수와 같은 수의 삼각형으로 나눌 수 있다.

⑤ 지구상에서 1°를 구획하는 사각형 약 111㎢의 구과량은 62″=1′02″의 폐색차가 반드시 있다.

⑥ 다각형의 변수를 1,000개의 변으로 가정하면 각에 대한 구면량은 0.006″이므로 측량의 성과에는 크게 영향을 미치지 않는다.

(2) 구면삼각형의 특징

① 구면삼각형에서는 내각의 합(∠B+∠A+∠C−180°=ε)이 180°보다 크다. ε:구과량

② 〈그림 3-7〉과 같이 어느 한점 A에서 B점을 본 방위각과 점 B에서 A점을 본 방위각의 차이는 180°보다 크다.

③ 구면삼각형의 세 변의 길이는 대원호의 중심각과 같다.

④ 구면삼각형은 삼각형 내각에서 각각 구과량의 1/3을 뺀 각을 갖는다.

⑤ 구면삼각형을 평면삼각형으로 계산할 때 각 변이 구면의 반경에 비해 미소하다.

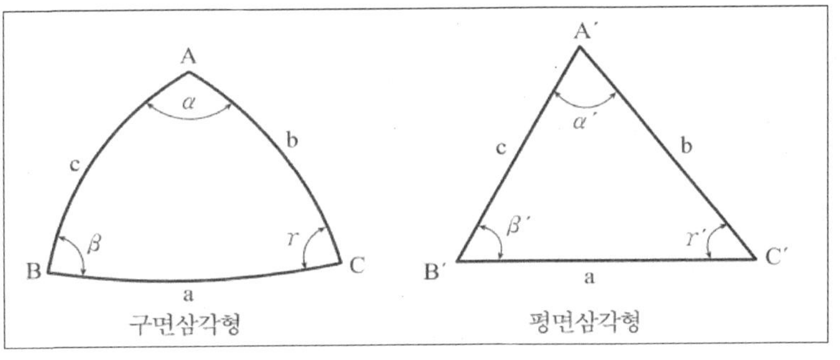

〈그림 3-7〉 구면삼각형과 평면삼각형

3.3.3. 구과량

출제(용) : 50, 98, 122회

구면삼각형의 내각의 합은 180°보다 크므로 180°를 초과하는 양을 구과량(球過量)이라 하며 구면으로 길이가 길어진다는 의미가 아니며 각도가 평면상의 각보다 초과한다는 의미이다. 구과량(Spherical excess)은 타원체 상의 삼각형의 계산에는 구를 반경으로 3개의 정점이 삼각형의 중심에 있다. 변장 약 300km의 삼각형에서 타원체의 내각과 대응하는 구면상의 값과 차는 0.1″로 실질적으로는 오차가 없는 것으로 취급할 수 있다.

(1) 구과량의 특징

① 구과량은 구면삼각형의 면적에 비례하고 구의 반경의 제곱에 반비례한다.

② 일반측량에서 구과량은 미미하므로 평면삼각형의 면적을 사용해도 관계없다.

③ 구과량 계산은 4개의 직각과 구과량과의 비율은 반구 면적과 삼각형 면적의 비율과 같고 이것을 계산하면 $\varepsilon = \frac{A \times 180°}{\pi R^2}$와 같다. 여기서, A : 삼각형의 면적, R : 지구의 반경, ε : 구과량이라고 할 경우 $\varepsilon : 360° = A : 2\pi R^2$이다.

④ 삼각측량에서는 구과량(ε)은 미소하므로 구면삼각형의 면적(A) 대신에 평면삼각형의 면적을 적용해도 좋다.

(2) 구과량 계산

① 구과량은 대규모 지역의 측지측량을 실시할 때 지구의 곡률을 고려하기 위해 계산하여야 한다.

② 구과량은 1개의 구면삼각형의 내각을 α, β, γ로 하면 구과량 $\varepsilon = \alpha + \beta + \gamma - 180° > 0$이다.

③ 각 변에 대한 중심각을 α, β, γ, 구의 반경이 R일 경우 $\alpha = \frac{a}{R}$, $\beta = \frac{b}{R}$, $\gamma = \frac{c}{R}$이다.

④ 변 a, b, c는 구면상 대원의 호 길이고 구면의 반경을 γ라고 하면 각 변의 중심각은 $\frac{a}{\gamma}$, $\frac{b}{\gamma}$, $\frac{c}{\gamma}$로 표현된다.

⑤ R=1일 경우에는 $\alpha = a$, $\beta = b$, $\gamma = c$가 되어 각각 구면삼각형의 3변을 표현하며 또한 3변에 대한 중심각이 된다.

⑥ 구면삼각형의 계산은 변도 각으로 생각하여 평면각과 같이 도, 분, 초를 사용한다.

⑦ 구면상의 위치 관계를 얻기 위해서 구면삼각형 공식을 이용하는데 가장 기본이 되는 sin 법칙과 cosine 법칙이 있다.

⑧ 〈그림 3-8〉에서 각 변의 길이는 구면삼각형을 평면삼각형으로 간주하여 구면삼각형 A, B, C 변의 길이를 a, b, c라 하고 내각을 α, β, γ로 하여 르장드르 정리를 이용한다.

⑨ 측지삼각측량에서는 구과량(ε)을 계산하고 르장드르 정리를 사용하여 α', β', γ'를 구한 후 평면 삼각법의 sin 법칙으로 변 길이를 구할 수 있다.

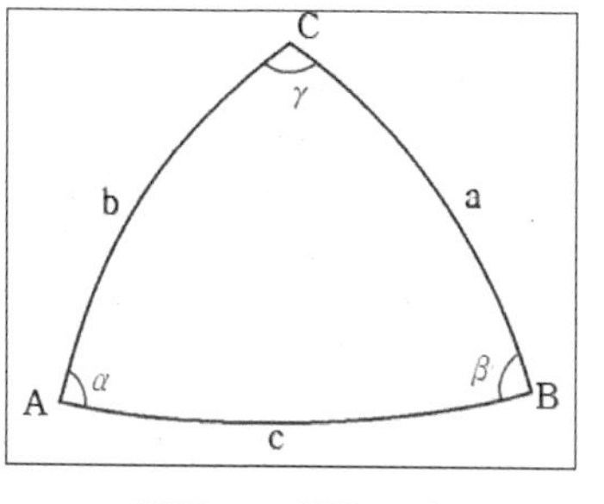

〈그림 3-8〉 구면삼각형

(3) 구과량 계산 예시

① 구면삼각형의 내각 합이 180°를 초과하는 양을 구과량(球過量)이라 하며 구면으로 길이가 길어진다는 의미가 아니며 각도가 평면상의 각보다 초과한다는 의미이다.

② 반경 10m인 구면상에서 삼각형의 면적이 3.49㎡이면 구면삼각형의 구과량은?

- 구과량$(\varepsilon) = \frac{A}{R^2}\rho'' = \frac{3.49}{10^2} \times 206265'' = 1°59'59'' \fallingdotseq 2°$

  여기서, A : 삼각형 면적$(A = \frac{1}{2}ab\sin\gamma)$, R:반경, ρ'' :206265″이다.

- 따라서 이 삼각형의 내각의 합은 약 182°이다.

3.3.4. 르장드르정리

출제(용) : 63회

① 구면삼각형의 계산은 평면삼각형의 계산에 비해 더욱 복잡하고 시간이 오래 걸리므로 평면삼각형의 식을 적용하여 변 길이를 구하는 방법이 사용되며 르장드르정리가 널리 사용된다.

② 각 변이 그 구면의 반경에 비해서 매우 미소한 구면삼각형은 삼각형 내각에서 각각 구과량의 1/3을 뺀 각을 갖고 각 변의 길이는 구면삼각형과 같은 평면삼각형으로 간주하여 해석할 수 있다.

③ 구면삼각형의 cosine 법칙을 사용하여 $\cos\frac{a}{\gamma} = \cos\frac{b}{\gamma} \cdot \cos\frac{c}{\gamma} + \sin\frac{b}{\gamma} \cdot \sin\frac{c}{\gamma}$에서 구과량식$(\varepsilon) = \frac{\Delta}{\gamma^2}\rho''$이며, Δ : 구면삼각형 면적이다.

④ $\alpha - \alpha' = \frac{1}{3}\varepsilon$, $\beta - \beta' = \frac{1}{3}\varepsilon$, $\gamma - \gamma' = \frac{1}{3}\varepsilon$으로 르장드르정리가 성립한다.

⑤ 구과량(ε)은 르장드르정리를 이용하여 α', β', γ'를 구하면 평면삼각형의 법칙에 따라 변의 길이를 구할 수 있으며 구면삼각형 A, B, C의 변 길이를 그대로 적용한다.

⑥ 구면삼각형 내각 α, β, γ를 통해 구과량$(\varepsilon) = (\alpha + \beta + \gamma) - 180°$ 으로 계산한다.

⑦ 르장드르정리를 이용하여 평면삼각형의 내각 α', β', γ'로 환산하면 $\alpha' = \alpha - \frac{\varepsilon}{3}$, $\beta' = \beta - \frac{\varepsilon}{3}$, $\gamma' = \gamma - \frac{\varepsilon}{3}$이다.

⑧ 구면상의 점에서 임의의 점에 내린 수선의 발에 대한 좌표를 매개로 수렴성이 좋고 1.50km 이하의 단거리에 이용된다.

⑨ 가우스슈라이버 투영법은 상사성을 유지하기에는 매우 적합하지만, 이중 투영의 영향으로 기준자오선을 따라 축척이 일정하지 않은 단점이 있다.

3.3.5. 라플라스점

출제(용) : 52, 102, 125회, (논) : 77회

라플라스(Laplace)점은 측지좌표계에서의 그 구성상 필연적으로 준거타원체의 단축에 있는 극축은 평행하지 않으면 안된다. 바꾸어 말하면 측지학적 목적으로는 어떠한 좌표계를 사용하여도 좌표축의 1개는 지구의 극축에 평행하는 것을 전제하고 있다. 측지원점 이외에서도 정밀한 천문측량을 하고 있으나 이와 같이 삼각측량과 천문측량이 함께 실시되고 있는 기준점을 Laplace점이라고 한다. 국토지리정보원은 1973년부터 천문측량기(WILD T-4)의 도입과 함께 정밀 측지망 설정사업의 일환으로 1,2등 삼각점에서 천문측량을 실시하여 삼각망의 왜곡을 바로잡아 삼각점 성과의 정확도를 유지하고 있다.

(1) 라플라스점의 기능

① 삼각점의 규정, 수평각 관측의 점검, 삼각망 평균 계산 조건식 등을 점검하였다.

② 삼각점 계산은 웰링턴(Wellington)에 있는 본청직원이 수행하면서 시작되었다.

③ 최종 조정은 최종 기선 길이와 Laplace 관측이 가능하게 된 1949년에 이루어졌다.

④ 오클랜드(Auckland)와 옥타고(Otago)의 남부지방(Southland)에서 1등 점과 함께 관측된 2등 망은 처음으로 조정되었다.

⑤ 웰링턴(Wellington)과 뉴질랜드 북섬 서부의 한 지방인 타라나키(Taranaki)에서 오래전에 관측된 2등 망의 후속이었으며 그 후 몇 년간 수많은 예전의 삼각점은 새로운 측지망에 적합하도록 재계산하였다.

⑥ 천문측량으로 얻어진 천문방위각(A_a), 천문경도(λ_a), 측지경도(λ_g), 측지위도(ϕ)를 알면 타원체면상 계산에 필요한 측지방위각 Ag를 구할 수 있다.

⑦ Laplace점을 선정하여 기준점 관측값과 천문 관측값의 차이를 조정하여 위치결정 오차를 적게 할 수 있다.

(2) 특징

① 일반적으로 측지좌표계는 측지원점으로부터 출발하여 국토의 여러 점을 연결하는 삼각망을 형성한다.

② 삼각측량 및 삼변측량 다각측량 등의 방법에 의하여 기하학적으로 확대하면서 각 삼각점의 좌표와 표고를 결정한다.

③ 천문측량 위치는 지구 물리적 요소에 바탕을 둔 지오이드면에서 중력방향인 연직선을 기준하여 실시하는 독립적인 좌표이다.

④ 측지원점에서는 지오이드면과 준거타원체와 접하여 천문경위도와 측지경위도는 일치하지만 멀리 떨어진 점에서는 지오이드면 상의 수직선과 타원체의 수직선과는 차(연직선 편차)가 나타난다.

⑤ 삼각망 내의 사방 50km에서 100km 마다 천문측량의 Laplace점을 설치하여 삼각망의 진방향의 위치를 바로잡는다.

⑥ 무한대의 반경을 가진 천구에 대해서는 이들 2개의 극 사이의 거리는 무시되므로 지구의 극과 측지좌표의 극은 일치한다.

⑦ 측지 및 천문표에서 수직선 편차가 생기는데 이를 지구자전축과 타원체 극축이 평행하다는 조건에서 자동적으로 만족하는 수학적 조건(Laplace조건)으로 물리적인 의무를 포함하지 않는다.

⑧ Laplace 조건을 사용하여 삼각망의 연장에 따라 산적하는 비틀림을 규제할 수 있으므로 측지학적인 중요한 의미가 있다.

⑨ 원점 이외에서도 천문관측에 의한 규제가 행해지고 있어 이러한 측지망은 다원점계(Multidatum System)라 한다.

(3) 관측방정식

① 측지방위각과 천문방위각의 관계식은 $A_g = A_a - (\lambda_a - \lambda_g) \cdot \sin\phi$ 식을 이용하여 Laplace점에서 천문방위각 관측방정식을 구할 수 있다.

② 측량 목적으로 이용되는 좌표계는 좌표축 중 1개는 지구의 극축에 평행하다는 것을 전제로 한다.

③ 구면삼각형에서 sin 법칙을 이용하면 $\eta = (\lambda a - \lambda g) \cdot \cos\phi_a$ 이므로 측지방위각과 천문방위각과 차는 $Aa - Ag = (\beta' - \beta) + (\gamma' - \gamma)$이다. 여기서, $\phi a \fallingdotseq \phi g$ 일 경우 $Aa - Ag = (\lambda_a - \lambda_g)\sin\phi_g$를 Laplace Condition이라 한다.

④ Laplace 잔차(δ) = $Aa - Ag - (\lambda_a - \lambda_g)\sin\phi_g$가 0이 되도록 측지방위각의 오차를 배분하고 측지좌표를 수정한다.

⑤ 천문측량과 삼각측량이 함께 시행되는 기준점을 라플라스 조건이라 한다.

3.4. 지적삼각점측량

출제(논) : 53, 68회

지적삼각점측량은 기지변을 기초로 내각을 측정하여 거리를 계산하는 방식에 의존하였다. 현재는 장비의 발달로 전파기·광파기·TS(Total Station)·GNSS 등의 장비를 이용하여 직접 거리를 측정하는 삼변측량의 방식이 널리 활용되고 있다. 지적삼각점측량은 데오돌라이트, 전파기 또는 광파기측량방법에 따르되 그 계산은 평균 계산법 또는 망 평균 계산법에 따른다. 지적삼각점측량은 측량 지역의 지형 관계를 고려, 측량법에 따라 설치한 삼각점과 지적삼각점을 기초로 하여 필요한 곳에 새로운 지적삼각점을 신설하거나 재설치한다. 이들을 포함하는 삼각망을 기하학적인 조건에 맞게 구성하여 각을 관측하고 1개 이상의 변을 측정하여 삼각함수 등의 수학 공식에 의하여 각을 조정한 후 변을 계산하여 새로운 점들의 수평 위치를 정하는 측량을 말한다.

3.4.1. 지적삼각측량 실시 대상

① 측량 지역의 지형 관계상 지적삼각점 또는 지적삼각보조점의 설치 또는 재설치를 필요로 하는 경우

② 지적도근점의 설치 또는 재설치를 위하여 지적삼각점·지적삼각보조점 또는 지적위성기준점의 설치를 필요로 하는 경우

③ 세부측량의 시행상 지적삼각점·지적삼각보조점 또는 지적위성기준점의 설치를 필요로 하는 경우

3.4.2. 작업 순서

출제(논) : 53회

(1) 계획 준비

① 삼각점 및 지적삼각점을 기초로 하여 축척 1/50,000 또는 1/25,000 지형도상에서 작업계획의 수립 및 문제점을 파악하고 삼각점 성과를 열람하여 준비한다.

② 측량은 충분한 자료·시간적 여유 및 최소의 경비로 능률적이고 완전하게 할 수 있도록 사전에 치밀한 계획과 준비를 하여야 한다.

(2) 현지답사

① 삼각점의 위치를 전개한 지형도를 휴대하고 망실 시 반석을 찾을 수 있는 장비를 준비하여야 한다.

② 대상 지역 주위의 삼각점 또는 지적삼각점을 현지 답사하여 확인하고 수목, 고층 건물, 스모그현상 등으로 시통에 장애가 있는지를 조사, 선점하여 계획망도를 점검한다.

(3) 선점

① 선점은 측량의 목적과 정밀도, 정확도 등을 고려하여 지적삼각점을 배치할 위치를 선정하여야 한다.

② 선점 시 유의 사항

- 삼각점 상호 간에 시통이 잘될 것
- 지반이 견고하고 측점의 이동 염려가 없으며, 장비의 설치가 편리할 것
- 교통의 장해를 받지 않고 삼각형의 내각은 전부 관측할 수 있도록 할 것
- 신설 삼각점은 3개 이상의 기지 삼각점과 연결되도록 할 것
- 후속 측량에 편리하고 영구적으로 보존할 수 있는 위치를 선정할 것
- 삼각형의 형상은 정삼각형에 가깝게 하며 30°내지 120°의 범위가 되게 할 것

(4) 표석의 매설

① 표석의 매설은 영구히 보존할 수 있도록 하여야 한다.

② 표석은 반석과 주석으로 구성되어 있다.

③ 반석은 주석이 망실되거나 그 효용을 다할 수 없을 때 대비하여 설치하여야 한다.

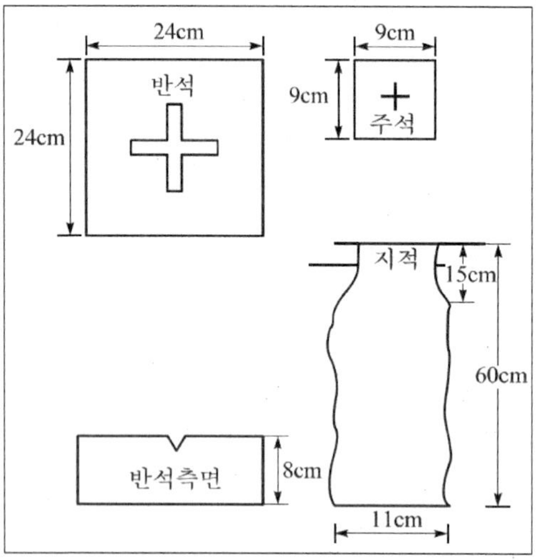

〈그림 3-9〉 지적측량기준점 표지 규격

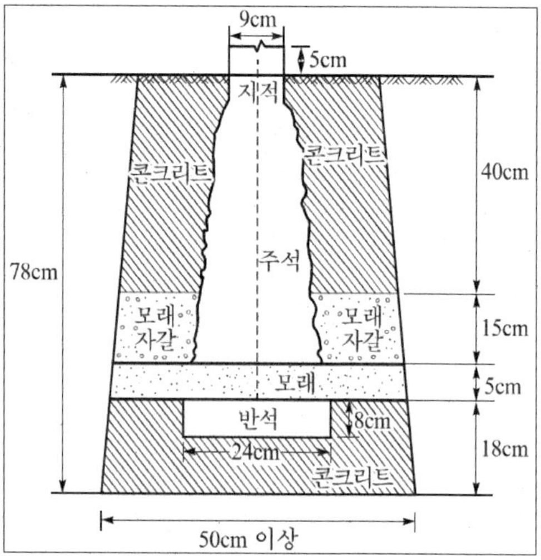

〈그림 3-10〉 지적기준점 매설 방법

(5) 조표

① 조표는 〈그림 3-11〉과 같이 점표를 세우는 것을 말한다.

② 영구적인 조표와 일시적인 조표로 구분하여 설치할 수 있다.

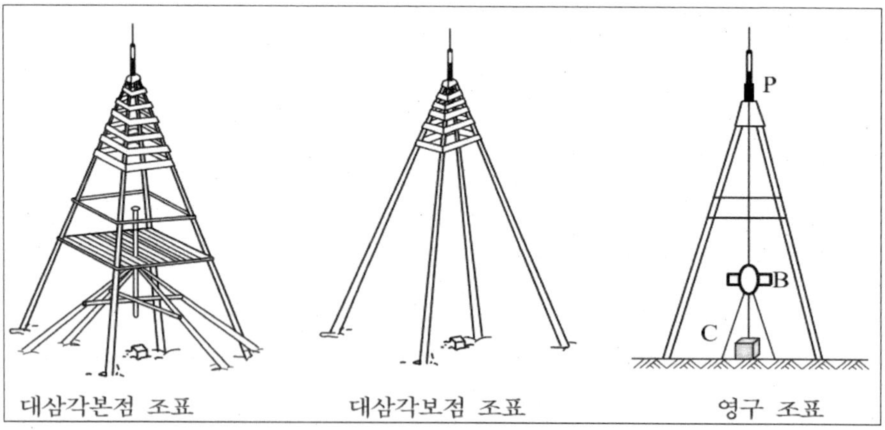

〈그림 3-11〉 조표 유형

(6) 관측

① 수평각 관측을 경위의 측량 방법으로 실시하여 지적삼각점을 관측할 때는 10초독 이상의 경위의를 사용하고 관측은 3대회(윤곽도는 0°, 60°, 120°)의 방향각 관측법으로 실시하여야 한다.

② 연직각 관측은 각 측점에서 정·반으로 각 2회 관측하며 관측치의 최대치와 최소치의 교차가 30초 이내일 때에는 그 평균치를 연직각으로 한다.

③ 거리관측

- 점간거리는 5회 측정하여 그 측정치의 최대치와 최소치의 교차가 평균치의 10만분의 1 이하일 때에는 그 평균치를 측정 거리로 하고, 원점에 투영된 평면거리에 의하여 계산한다.
- 전파기 또는 광파기측량방법에 따른 지적삼각점의 관측에서 전파·광파 측거기는 표준편차가 ±(5mm+5ppm) 이상인 정밀측거기를 사용한다.

제 3 장

(7) 계산

① 계산은 진수를 사용하여 각 규약과 변 규약에 따른 평균 계산 방법 또는 망 평균 계산 방법에 따른다.

3.4.3. 지적삼각점의 명칭 및 기호

지적삼각점의 명칭은 측량 지역이 소재하고 있는 시도의 명칭 중 두 글자를 선택하고 시도 단위로 일련번호를 붙여서 (표 3.2)와 같이 결정한다.

(표 3.2) 지적삼각점의 명칭 부여

기관명	명칭	기관명	명칭	기관명	명칭	기관명	명칭
서울특별시	서울	광주광역시	광주	강원도	강원	전라남도	전남
부산광역시	부산	대전광역시	대전	충청북도	충북	경상북도	경북
대구광역시	대구	울산광역시	울산	충청남도	충남	경상남도	경남
인천광역시	인천	경기도	경기	전라북도	전북	제주도	제주

3.4.4. 삼각점측량의 편심

출제(용) : 53, 117회, (논) : 47, 50, 71, 74회

삼각측량의 각 관측에서는 〈그림 3-12〉와 같이 기계의 중심(B), 표석의 중심(C), 측표의 중심(P)이 연직선 위에 있는 것이 필요한 조건이다. 삼각점을 설치하고 시간이 흐름에 따라 자연적인 변화에 따라 관측이 조건을 만족시키지 못하는 경우가 있다. 기계의 중심(B), 표석의 중심(C), 측표의 중심(P)이 불가능할 때 기계나 조표를 이동하여 관측할 수가 있는데 이것을 편심관측이라 한다.

3.4.4.1. 편심 유형

① 각 관측에서는 〈그림 3-12〉와 같이 기계의 중심(B), 표석의 중심(C), 측표의 중심(P)이 연직선 위에 있는 것이 필요한 조건이다.

② 기계의 중심(B), 표석의 중심(C), 측표의 중심(P)이 불가능할 때 기계나 조표를 이동하여 관측할 수가 있는데 이것을 편심관측이라 한다.

③ 편심계산에 필요한 요소는 편심거리(e)와 편심각(ϕ)을 관측할 때 측정하는데 이를 편심요소 또는 귀심요소라고 한다.

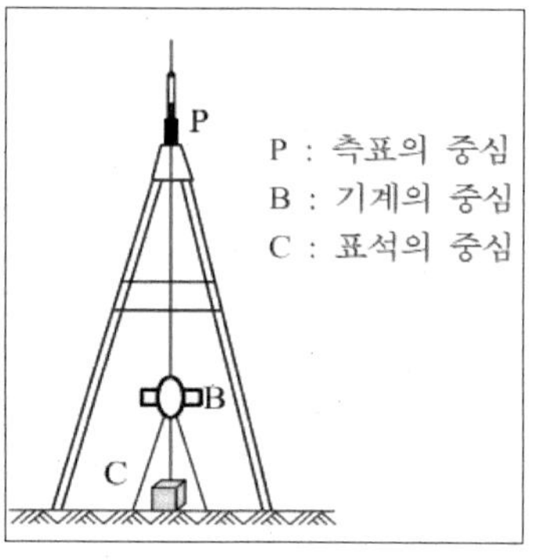

〈그림 3-12〉 관측점의 편심

④ 편심이 발생하는 유형

- 측표점이 편심하고 있는 경우(B=C≠P)
- 기계점이 편심하고 있는 경우(C=P≠B)
- 기계점과 측표점이 일치하고 표석점이 편심하고 있는 경우(B=P≠C)
- 기계점, 표석점, 측표점이 일치하지 않고 각각 편심하고 있는 경우(B≠C≠P)

3.4.4.2. 편심 관측의 종류

(1) 측점귀심

① 측점귀심은 중심삼각점 이외에 가급적 가까운 곳에 편심된 측점을 설치하고 기계를 설치하여 각도를 관측하고 삼각점의 중심점에서 관측한 것과 같은 값을 계산하는 것을 말한다.

② 중심 삼각점과 편심 점과의 수평거리(편심 거리) 및 편심 점에서 중심점의 방위각을 측정하여야 한다.

(2) 점표편심

① 점표편심은 측점편심 계산과 반대로 시준점에 세운 표척이 시준점의 중심에서 벗어나 있을 경우이다.
② 시준점에서 가까운 거리에 잘 보이는 지물이나 시준점을 편심하여 점표의 중심을 시준한 것과 같은 값을 계산하여 수평각을 얻는 방법을 말한다.

3.4.4.3. 편심의 종류

(1) 편심 요소

① 편심각(ϕ) : 측점에서 관측점이 ϕ만큼 이동했을 때 관측한 각을 말한다.
② 편심거리(e) : 측표가 시준이 되지 않을 때 보이는 위치만큼 이동했을 때의 거리값을 말한다.

(2) 편심 관측 방법

① 편심 관측은 삼각점의 중심에 기계를 세울 수 없을 경우 또는 시준점을 시준할 때 장애물 등으로 표척을 세우지 못한 경우에는 삼각점 또는 시준점의 가까운 거리(약 5.00m)에 이동하여 기계를 세우거나 표척을 세워서 관측한 방법을 말한다.
② 편심 관측은 θ각을 10″단위로 측정하고 편심 거리(e)는 mm 단위로 2회 측정하여 평균값으로 한다.
③ 측점 편심 요소에서 θ각의 측정은 방향각관측법으로 시행한다.
④ 측점명과 시준점의 방향각은 편심이 없는 측정과 동일하게 관측한다.
⑤ 중심각은 앞 측점의 방향각에서 다음 측점의 방향각을 뺀 값이다.
⑥ 편심 관측 방법은 측점의 위치에서 이동하여 기계를 설치하여 관측하는 것을 측점편심과 시준점의 위치를 이동하여 표척을 세워서 관측하는 방법으로 점표편심이 있다.

3.4.4.4. 편심 관측

① 편심 관측은 〈그림 3-12〉와 같이 삼각점의 중심에 기계를 세울 수 없을 경우 또는 시준점을 시준할 때 장애물 등으로 표척을 세우지 못한 경우에는 삼각점 또는 시준점의 가까운 거리(약 5.00m)에 이동하여 기계를 세우거나 표척을 세워서 관측한 방법을 말한다.

② 편심관측은 θ각을 10″단위로 측정하고 편심거리(e)는 mm 단위로 2회 측정하여 평균값으로 한다.

③ 측점편심 요소에서 θ각의 측정은 방향각관측법으로 시행한다.

④ 측점명과 시준점의 방향각은 편심이 없는 측정과 동일하게 관측한다.

⑤ 중심각은 앞 측점의 방향각에서 다음 측점의 방향각을 뺀 값이다.

⑥ 편심관측 방법은 측점의 위치에서 이동하여 기계를 설치하여 관측하는 것을 측점편심과 시준점의 위치를 이동하여 표척을 세워서 관측하는 방법으로 점표편심이 있다.

3.4.4.5. 측점귀심 계산

① 삼각점(O)에서 관측할 때 시준에 장애가 있어 편심거리(k)와 편심각(α)만큼 이동된 측점에서 관측한다.

② 〈그림 3-13〉에서 편심 관측된 EO 방향을 진방향 CO에 평행한 EO′로 환산할 때 필요한 경정량 γ_1, γ_2는 △OEC에서 $\frac{\sin\gamma_1}{k}=\frac{\sin\alpha}{D_1}$, $\frac{\sin\gamma_2}{k}=\frac{\sin(\alpha+t_1)}{D_2}$ 와 같다.

여기서, C : 중심 삼각점, E : 편심측점, O, P : 시준점, k : 편심거리, D_1, D_2 : 시준점과 삼각점 간 거리이다.

③ sin γ값을 각으로 변환할 경우 $\gamma=\sin^{-1}(\frac{k\cdot\sin\alpha}{D})$이며, γ값은 매우 미세한 각이므로 $\sin\gamma=\gamma\cdot\sin 1''$로 할 수 있다.

④ $\gamma''=\frac{k\cdot\sin\alpha}{D\cdot\sin 1''}$에서 $\frac{1}{\sin 1''}=\rho''$라 하면

$\gamma''=\frac{k\cdot\sin\alpha}{D}\rho''$가 된다. 여기서, ρ'' : 1호도를 초로 환산한 값으로 $\rho''=\frac{180\times60\times60}{n}$ 또는 sin 1″값, γ : 초를 단위로 하는 경정수, D : 삼각점 간 거리, k : 편심거리(mm 단위까지 2회 측정하여 평균), α : 관측방향각+(360°−θ)이다.

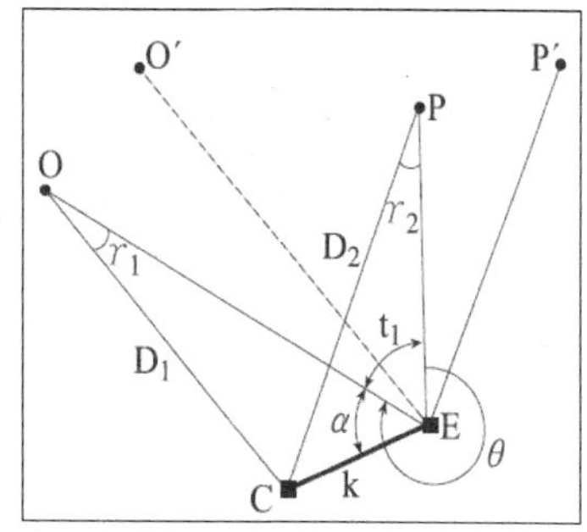

〈그림 3-13〉 측점 편심

3.4.5.6. 점표 편심 계산

① 점표 편심은 측점 편심 계산과 반대로 시준점에 세운 표척이 〈그림 3-14〉와 같이 점의 중심에서 벗어나 있을 경우이다.

② 시준점에서 가까운 거리에 잘 보이는 지물이나 시준점을 편심하여 점표의 중심을 시준한 것과 같은 값을 계산하여 수평각을 얻는 방법을 말한다.

③ 〈그림 3-14〉와 같이 ∠AOB를 측정하여야 하나 장애물이 있어 B점을 관측하지 못하고 이동된 B′점을 시준한 경우에는 관측각 ∠AOB′를 계산하여 ∠AOB의 각을 알아내는 방법이다.

④ OB의 거리는 계산 거리이며 BB′의 거리가 적을 때 약도에서 구한 거리를 사용하여도 관계없다.

⑤ B′O의 선상에 B점에서 BE의 거리를 지상에서 mm 단위로 측정하거나 BB와 ∠BB′O에 의해 계산한 수치로 편심각 $\angle BOB'(\gamma) = \frac{BE}{BO \sin 1''}$을 구할 수 있다.

⑥ γ각이 계산되면 중심방향선의 방향에 따라 우측은 "−", 좌측은 "+" 부호를 붙인다. 여기서, D : 기지점 간 계산한 거리, BE : 측정 거리이다.

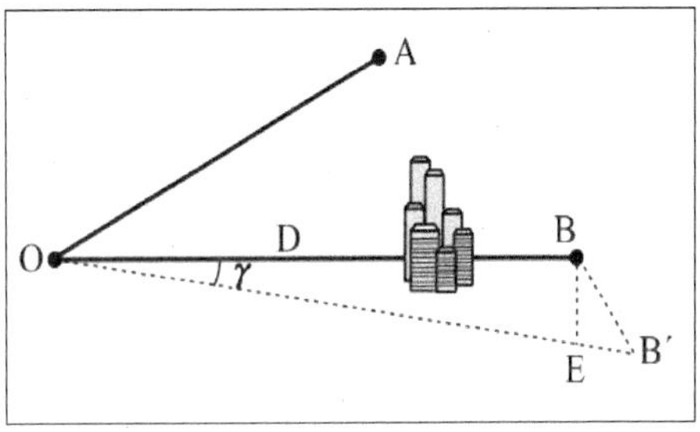

〈그림 3-14〉 점표 편심

3.4.5. 삼각망 조정

출제(논) : 43, 45, 52, 81, 101, 128회

삼각망의 조정 방법에는 근사조정법과 정밀조정법에 따라 조정한다. 지적삼각점측량에서 삼각점의 평균계산인 삼각규약과 망규약 및 변규약을 계산 순서에 의하여 별개로 조정하는 방법을 근사조정법이라한다. 망방식에 의하여 각규약, 망규약, 변규약을 동시에 하는 조정 방법을 정밀조정법이라고 한다.

3.4.5.1. 삼각망 조정에 필요한 조건

① 삼각망 조정 방법은 측점조정, 도형조정, 각도조정, 변조정으로 구분하여 조정하고 있다.

② 측점조정은 각 관측을 측점에서 실시하면 둘레 각의 합이 360°가 되어야 한다는 조건으로 측점규약이라고 하며 이 규약에 따라 조정하는 것을 말한다.

③ 도형조정은 삼각망의 모양이 폐합된 형태로 망을 구성하는 삼각형 내각의 합이 180°가 되어야 한다는 조건에서 발생하는 도형규약으로 이 규약에 따라 조정하는 것을 말하며 각도조정과 변 조정이 있다.

④ 각도조정

- 삼각조정과 망조정이 있다.
- 삼각조정은 각 삼각형 내각의 합이 180°가 되어야 하나 관측 오차와 구과량 때문에 일치하지 않아 발생하는 오차를 조정하는 것을 말한다.
- 망조정은 삼각형이 2개 이상으로 구성되는 삼각망의 경우에 조정하는 오차를 말한다.

⑤ 변조정은 기선을 기초로 하여 계산하는 변장이 계산경로와 관계없이 반드시 같은 값이 되도록 하는 조정이다.

3.4.5.2. 조건식의 수

(1) 일반적인 조건일 경우 조건식 수

① 조건식의 총수(A_1)

- 기선이 1개일 경우 : $A_1 = \alpha - 2P + 4$
- 기선이 2개일 이상일 경우 : $A_1 = \alpha - 2P + B + 3$

② 각방정식 수(A_2) $= \ell - \ell' - P + 1$

③ 변방정식의 수(A_3)

- 기선이 1개일 경우 : $A_3 = \ell - 2P + 3$
- 기선이 2개일 이상일 경우 : $A_1 = \alpha - 2P + B + 3$

④ 측점방정식의 수(A_4) $= A_1 - (A_2 + A_3)$ 여기서, P : 삼각점의 총수, B : 기선의 수, ℓ : 삼각망의 변 수, ℓ' : 편심측각을 관측한 변의 수, α:관측각의 수 이다.

(2) 삼각망의 형태

① 지적삼각점은 유심다각망, 삽입망, 사각망, 삼각쇄 또는 삼각망으로 구성한다.

② 유심다각망은 측량 지역이 원형에 가까우며 넓은 지역의 측량에 적합한 방법으로 성과의 정밀도를 보장할 수 있는 지역에서 많이 사용된다.

③ 사각망은 사각형의 기하학적 성질을 이용하여 각 조건과 변 조건에 대한 조정을 실시하며, 이론상 가장 이상적인 조직이지만 그 계산 방식이 복잡하다는 단점이 있다.

④ 삽입망은 양쪽에 기선을 두는 것 외에 그 내각도 기지점이 되므로 관측 결과의 평균 계산이 가장 합리적이고 기지경계점과의 부합을 목표로 하는 지적삼각점 측량에 가장 적합하다.

⑤ 삼각쇄는 기지변에 폐색하여 삼각점의 좌표를 계산하는 방법으로서 출발점에서 도착점을 직접 관측할 수 없으며 대부분이 원거리이므로 양단에 기선을 두어 하천, 도로 등 좁고 긴 형상의 지형도에 적합한 망형태이다.

⑥ 정밀삼각망은 소구점을 중앙에 두고 주변에 기지점을 두는 망으로써 정밀조정이 필요할 때 적합한 망이다.

3.4.5.3. 근사조정법

(1) 근사조정법의 특징

① 근사조정법은 삼각규약, 망규약, 변규약 등을 만족시키는 데 있어 규약마다 따로 조정 계산한다.

② 기지점과 소구점이 반대편에 있게 되는 망형태의 특색을 가지고 있다.

③ 근사조정법에 따른 삼각망 형태로는 유심다각망, 삽입망, 사각망, 삼각쇄로 구분할 수 있다.

④ 각규약에 맞도록 조정한 내각이라도 변규약을 만족시키기 위해서는 다시 조정 변동시키게 되는바 결국 각 규약과는 어긋난 결과를 초래하게 된다.

⑤ 모든 소구점이 같은 망 내에 구성된 기지점에 부합이 되도록 조정이 이루어지나 주변에 다른 기지점 성과와의 차이는 어느 정도의 범위 안에서 피할 길이 없다.

⑥ 근사조정법은 관측값에 포함된 오차도 있겠지만 기지점 자체에도 오차가 포함되어 있음을 알 수 있다.

⑦ 근사조정법은 계산이 간단하고, 도해지역에서의 지적삼각점측량에 적용할 수 있다.

(2) 유심다각망 조정

① 유심다각망 조정은 삼각망의 조정계산 중에서 가장 기본적이며 간단한 조정 방법이다.

② 망 조정의 계산은 기선이 있는 삼각형을 ①삼각형으로 하고, 시계방향 순서로 ②, ③, ④, ⑤삼각형으로 구분하며 유심다각망의 유형은 〈그림 3－15〉와 같다.

③ 삼각규약은 망을 구성하고 있는 5개의 삼각형 내각의 합이 180°가 되어야 한다.

- $\varepsilon_1 = (\alpha_1 + \beta_1 + \gamma_1) - 180°$
- $\varepsilon_2 = (\alpha_2 + \beta_2 + \gamma_2) - 180°$
- $\varepsilon_3 = (\alpha_3 + \beta_3 + \gamma_3) - 180°$
- $\varepsilon_4 = (\alpha_4 + \beta_4 + \gamma_4) - 180°$
- $\varepsilon_5 = (\alpha_5 + \beta_5 + \gamma_5) - 180°$

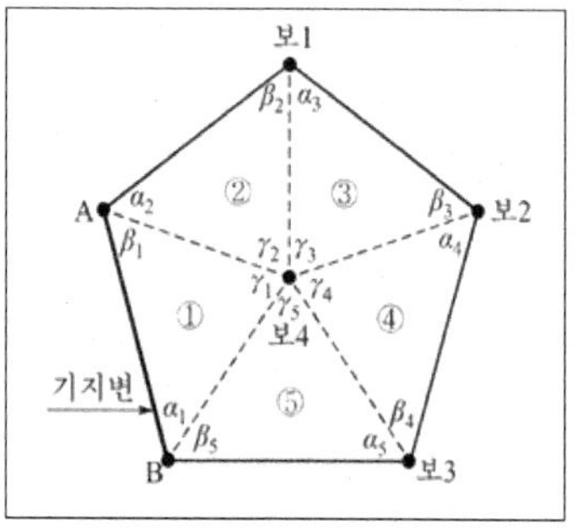

〈그림 3-15〉 유심다각망

④ 망규약은 중심점 O에서 관측한 각의 합계가 $\Sigma\gamma = \gamma_1 + \gamma_2 + \gamma_3 + \gamma_4 + \gamma_5 = 360°$가 되어야 한다.

⑤ 변규약

- 변규약 방정식은 점간거리를 얻는 조건식으로서 미지변 대각의 sin 값을 모두 곱한 값과 기지변 대각의 sin 값을 모두 곱한 값은 항상 동일하다.
- 각 삼각형에서 미지변의 대각을 α_1, α_2, α_3, α_4, α_5, 기지변의 대각을 β_1, β_2, β_3, β_4, β_5 이라고 한다.
- 싸인 법칙으로 정리하면 $\dfrac{\sin\alpha_1 \times \sin\alpha_2 \times \sin\alpha_3 \times \sin\alpha_4 \times \sin\alpha_5}{\sin\beta_1 \times \sin\beta_2 \times \sin\beta_3 \times \sin\beta_4 \times \sin\beta_5} = 1$와 같이 정리할 수 있다.
- 수학적 기호인 π로 표시하면 $\dfrac{\pi \cdot \sin\alpha}{\pi \cdot \sin\beta} = 1$과 같고

  오차가 발생될 경우에는 $E_1 = \dfrac{\pi \cdot \sin\alpha}{\pi \cdot \sin\beta} - 1$의 공식을 유도할 수 있다.

⑥ 변장 계산

- 각 삼각형의 망에 대한 각규약과 변규약의 조정이 완료되면 조정된 변규약의 조정각과 기지변의 길이를 기선으로 하여 sin 법칙에 따라 변장(거리)을 산출할 수 있다.
- 그림에서 각 α, β, γ와 변의 길이 a, b, c를 이용하여 sin 법칙에 따라 식을 정리하면 다음과 같다.

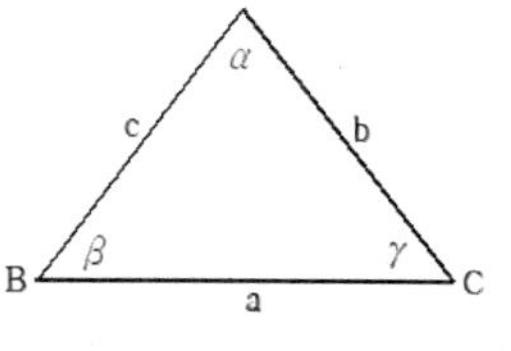

- $\dfrac{a}{\sin\alpha} = \dfrac{b}{\sin\beta} = \dfrac{c}{\sin\gamma}$에서 $a = \dfrac{b \cdot \sin\alpha}{\sin\beta} = \dfrac{c \cdot \sin\alpha}{\sin\gamma}$,
- $b = \dfrac{a \cdot \sin\beta}{\sin\alpha} = \dfrac{c \cdot \sin\beta}{\sin\gamma}$, $c = \dfrac{a \cdot \sin\gamma}{\sin\alpha} = \dfrac{b \cdot \sin\gamma}{\sin\beta}$이다.

- 이를 일반적으로 적용하면 소구변$=\dfrac{\text{기지변}\times\text{소구변의 대각의 sin 값}}{\text{기지변의 대각의 sin 값}}$이다.

⑦ 방위각 계산

- 지적측량에서 사용하고 있는 방위각은 평면직각종횡선 좌표를 이용하여 계산하거나 직접 내각을 관측하여 계산하는 방법을 사용하고 있다.
- 그림에서 기지방위각은 AB 방향의 방위각으로 V_a^b 이며, BA 방향의 방위각은 V_b^a로 정리하면 BA 방위각$(V_b^a)=V_a^b\pm180°$ 이다. 여기서, $V_a^b>180°$일 때는 $V_a^b-180°$이고 $V_a^b<180°$일 때는 $V_a^b+180°$이다.
- AC 방향에 대한 방위각$(V_a^c)=V_a^b+\alpha$이고, BC 방향에 대한 방위각$(V_b^c)=V_a^b\pm180°-\gamma$를 계산하여 내각$(\alpha)=V_a^c-V_a^b$을 계산한다.

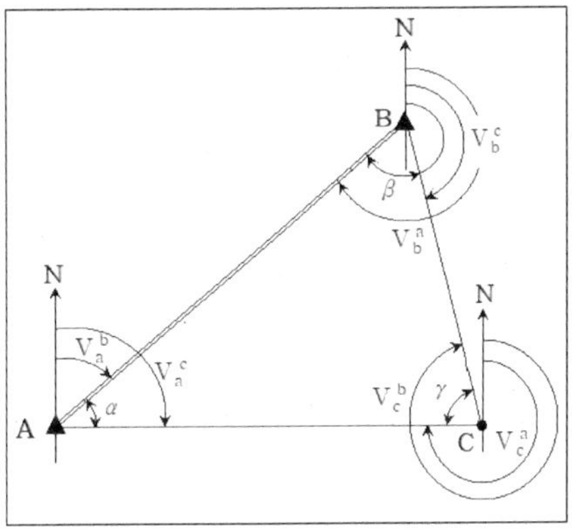

⑧ 종횡선차 계산

- 종횡선차 계산은 기지점에서 소구(미지)점을 향하는 방위각과 거리를 이용하여 계산한다.
- A점에서 C점의 종횡선차 계산
- B점에서 C점의 종횡선차 계산

⑨ X, Y의 좌표계산

- A점에서 C점의 좌표계산
- B점에서 C점의 좌표계산

(3) 사각망 조정

① 망의 구성

- 사각망은 이론적으로는 가장 이상적인 조직이지만 그 계산방식이 복잡하며 기선이 확고해야 한다.
- 사각망은 양쪽에 기선을 두는 것 외에 그 협각도 기지점이 되므로 관측결과의 평균계산이 가장 합리적이어서 기지경계점과의 부합되는 것을 목표로 하는 지적삼각점측량에 가장 적합한 형태이다.

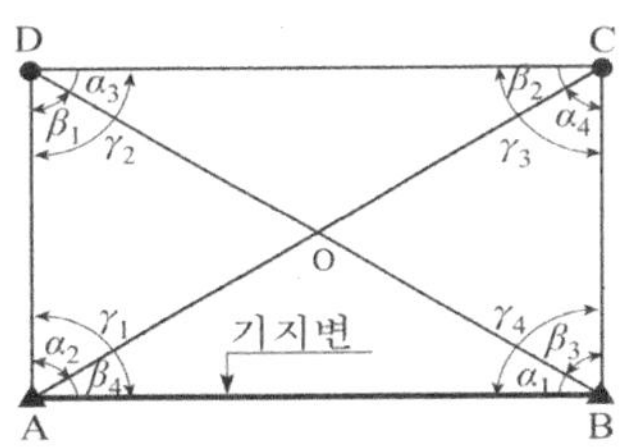

〈그림 3-16〉 사각망

② 삼각규약

- 삼각형의 조건에 의해 사각형 ABCD에서 대각선이 교차하는 점을 O라하고 △AOB와 △COD에서 ∠BOA와 ∠DOC는 맞꼭지각이 된다.
- △AOB와 △COD의 각규약에 따라 180°가 되며, ∠BOA = ∠DOC이므로 $(\alpha_1+\beta_4)-(\alpha_3+\beta_2)=0$이다.
- △AOD와 △BOC의 각규약에 따라 180°가 되며, ∠BOA = ∠DOC이므로 $(\alpha_2+\beta_1)-(\alpha_4+\beta_3)=0$이다.

③ 망규약

- 기하학에서 삼각형의 내각의 합은 (n−2)×180°로 360°가 되므로
- $\alpha_1+\alpha_2+\alpha_3+\alpha_4+\beta_1+\beta_2+\beta_3+\beta_4-360°=0$이 되어야 한다.

④ 변규약

- 변규약 방정식은 점간거리를 얻는 조건식으로서 미지변 대각의 sin 값을 모두 곱한 값과 기지변 대각의 sin 값을 모두 곱한 값은 항상 동일하다.
- 각 삼각형에서 미지변의 대각을 $\alpha_1, \alpha_2, \alpha_3, \alpha_4, \alpha_5$, 기지변의 대각을 $\beta_1, \beta_2, \beta_3, \beta_4, \beta_5$이라고 한다.
- 싸인 법칙으로 정리하면 $\dfrac{\sin\alpha_1\times\sin\alpha_2\times\sin\alpha_3\times\sin\alpha_4\times\sin\alpha_5}{\sin\beta_1\times\sin\beta_2\times\sin\beta_3\times\sin\beta_4\times\sin\beta_5}=1$와 같이 정리할 수 있다.

⑤ 변장, 방위각, 종횡선차, 좌표 계산은 유심다각망과 동일하다.

(4) 삽입망 조정

① 망의 구성

- 삽입망은 기지 삼각점 3개를 이용하여 소구점을 결정할 때 사용하는 삼각망의 한 종류이다.
- 지적삼각점 측량에서 가장 일반적인 망구성으로 사용되고 있으며 가장 합리적인 방법이라 할 수 있다.
- 삽입망은 일반적으로 〈그림 3−17〉의 망 형태가 주로 사용되고 있으며 2개의 기선을 이용한다.

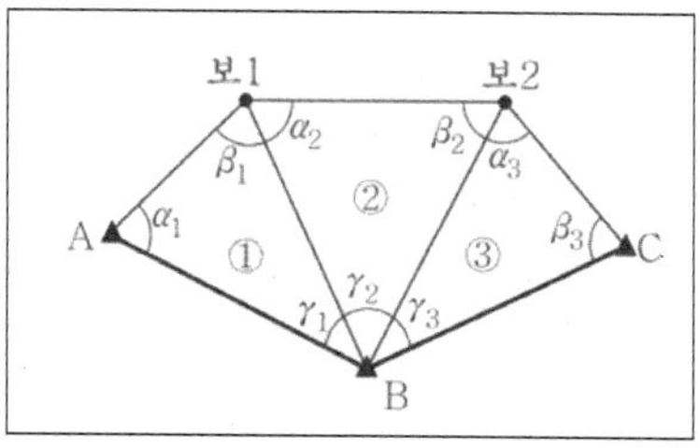

〈그림 3-17〉 삽입망

② 삼각규약은 망을 구성하고 있는 각각의 삼각형 내각의 합이 180°가 되어야 한다.

- $\varepsilon_1 = (\alpha_1 + \beta_1 + \gamma_1) - 180°$
- $\varepsilon_2 = (\alpha_2 + \beta_2 + \gamma_2) - 180°$
- $\varepsilon_3 = (\alpha_3 + \beta_3 + \gamma_3) - 180°$

③ 망규약

- 중심점 B에서 관측한 각의 합계가 $\Sigma\gamma = \gamma_1 + \gamma_2 + \gamma_3$로 유심다각망과 같이 360°가 되지 않으므로 $\Sigma\gamma -$ 기지내각 $= 0$이 되어야 한다.
- 기본형 삽입망 : $\Sigma\gamma -$ 기지내각 $= 0$
- 특수형 삽입망 : $\gamma_1 - \gamma_2 -$ 기지내각 $= 0$

④ 변규약

- 각 삼각형에서 미지변의 대각을 $\alpha_1, \alpha_2, \alpha_3, \alpha_4, \alpha_5$, 기지변의 대각을 $\beta_1, \beta_2, \beta_3, \beta_4, \beta_5$이라고 한다.
- 싸인 법칙으로 정리하면 $\frac{\sin\alpha_1 \times \sin\alpha_2 \times \sin\alpha_3 \times \sin\alpha_4 \times \sin\alpha_5}{\sin\beta_1 \times \sin\beta_2 \times \sin\beta_3 \times \sin\beta_4 \times \sin\beta_5} = 1$와 같이 정리할 수 있다.
- 수학적 기호인 π로 표시하면 $\frac{\pi \cdot \sin\alpha}{\pi \cdot \sin\beta} = 1$과 같고

  오차가 발생될 경우에는 $E_1 = \frac{\pi \cdot \sin\alpha}{\pi \cdot \sin\beta} - 1$의 공식을 유도할 수 있다.

⑤ 변장, 방위각, 종횡선차, 좌표 계산은 유심다각망과 동일하다.

(5) 삼각쇄 조정

① 망의 구성

- 삼각쇄는 〈그림 3-18〉과 같이 특정한 어느 한 기지변에서 출발해서 다른 기지변에 폐합하여 삼각점의 좌표를 구하는 방법이다.
- 출발점에서 도착점을 직접 관측할 수는 없으므로 지적측량과 같이 정밀측량에서는 많이 이용되지 않는다.
- 양 끝에 기선을 두어 하천, 도로 등 좁고 긴 형상의 지형도에 적합한 망형태라 할 수 있다.
- γ각에 대한 방위각 차를 구하는 방법은 망의 구성에 따라 약간씩 다르게 나타난다.

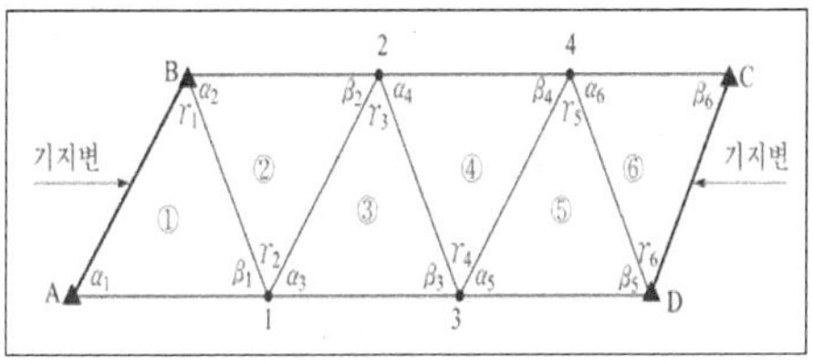

〈그림 3-18〉 삼각쇄

② 삼각규약

- 각각의 삼각형 내각은 180°의 규약조건에 따라야 하며, $(\alpha_1+\beta_1+\gamma_1)-180° = 0$이 되어야 한다.

③ 망규약

- 출발삼각점부터 시작하여 도착 삼각점에 폐색하는 방법으로 방위각에 대한 오차를 계산한다.
- 방위각 산출과 오차계산은 기지점 방위각 및 거리와 도착점 방위각 및 거리를 산출한 값을 기준으로 계산한다.
- 〈그림 3-18〉을 예로 들면 $V_B^A + \Sigma\gamma(\text{홀수}) - \Sigma\gamma(\text{짝수}) = V_D^C$이다.

④ 변규약

- 각 삼각형에서 미지변의 대각을 $\alpha_1, \alpha_2, \alpha_3, \alpha_4, \alpha_5$, 기지변의 대각을 $\beta_1, \beta_2, \beta_3, \beta_4, \beta_5$ 이라고 한다.
- 싸인 법칙으로 정리하면 $\frac{\sin\alpha_1 \times \sin\alpha_2 \times \sin\alpha_3 \times \sin\alpha_4 \times \sin\alpha_5}{\sin\beta_1 \times \sin\beta_2 \times \sin\beta_3 \times \sin\beta_4 \times \sin\beta_5} = 1$와 같이 정리할 수 있다.
- 수학적 기호인 π로 표시하면 $\frac{\pi \cdot \sin\alpha}{\pi \cdot \sin\beta} = 1$과 같고

  오차가 발생될 경우에는 $E_1 = \frac{\pi \cdot \sin\alpha}{\pi \cdot \sin\beta} - 1$의 공식을 유도할 수 있다.

⑤ 변장, 방위각, 종횡선차, 좌표 계산은 유심다각망과 동일하다.

3.4.5.4. 정밀조정법

출제(용) : 77, 93, 129회, (논) : 66회

(1) 정밀조정법의 특징

① 정밀조정법은 망방식에 의한 삼각망 조정계산으로 지적측량에서는 삼각규약, 망규약, 변규약 등에 대한 조정계산을 동시에 시행하는 방법이다.

② 최종 조정각은 이 모든 규약을 만족하여 얻어지므로 합리적인 식이라 할 수 있다.

③ 망형태는 소구점을 중앙에 두고 주변에 있는 기지삼각점을 모두 포함하게 되므로 이에 맞는 규약에 대한 조건식을 만족한다는 것은 주변 기지삼각점의 성과에 부합할 수 있게 되는 것이다.

④ 경계점좌표등록부 시행지역에서는 높은 정확도의 기준점이 요구되므로 이를 충족시키기 위해서는 망방식에 의한 정밀조정법에 따라 조정계산을 시행하는 것이 바람직하다.

(2) 조건식의 구성

① 각 방정식의 수(B_1)=P+T−1

② 변 방정식의 수(B_2)=B+O−3(여기서, P : 기지점의 수, T : 삼각형의 수, O : 소구점의 수이다.

③ 위의 조건식 수를 계산하여 각각의 망형태에 따른 기하학적 조건을 만족할 수 있는 측점 및 도형 방정식을 구성한다.

(3) 망형과 조건식

① 소구점을 중앙에 두고 기지삼각점을 주위에 두는 삼각망의 형태는 기하학적인 조건을 충분히 만족하도록 하였다.

② 구과량을 고려하지 않고 관측하는 경우 경중률은 1로 처리한다.

③ 망방식에 의한 조정계산법

- 소구점을 중앙에 두고 주변의 기지삼각점을 다수 포함시키는 망형태로 구성한다.
- 최소제곱법의 원리에 의하여 오차를 합리적으로 소거한다.
- 각규약(삼각, 망규약), 변규약 등이 동시에 만족할 수 있도록 조정 계산한다.

(4) 사각망 조정 1

① 그림과 같이 기지점 2개, 소구점 2개인 경우이다.

② 계산은 기지점 방위각 및 거리계산 → 각도 및 변방정식의 오차 계산 → 보정계산(상관방정식, 표준방정식, 상관계수) → 방위각 및 변장계산 → 좌표계산의 순서이다.

③ 각도 방정식

- $\angle 1+\angle 2+\angle 3+\angle 4+w_1=0$
- $\angle 5+\angle 6+\angle 7+\angle 8+w_2=0$
- $\angle 1+\angle 2-\angle 5-\angle 6+w_3=0$
- $\angle 3+\angle 4-\angle 8-\angle 7+w_4=0$

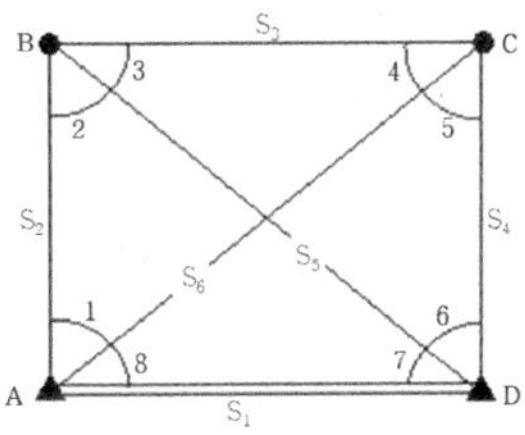

④ 변 방정식은 $\frac{\sin\angle 1 \cdot sin\angle 3 \cdot sin\angle 5 \cdot sin\angle 7}{\sin\angle 2 \cdot sin\angle 4 \cdot sin\angle 6 \cdot sin\angle 8} = 1$이다.

(5) 사각망 조정 2

① 그림과 같이 기지점 4개, 소구점 1개인 경우이다.

② 계산은 기지점 방위각 및 거리계산 → 각도 및 변방정식의 오차 계산 → 보정계산(상관방정식, 표준방정식, 상관계수) → 방위각 및 변장계산 → 좌표계산의 순서이다.

③ 각도 방정식

- 각 방정식의 수 : B_1 =P+T−1=4+4−1=7개 이다.(P : 기지삼각점 수, T:삼각형의 수)

- $\angle 1+\angle 2+\angle 9+w_1=0$
- $\angle 3+\angle 4+\angle 10+w_2=0$
- $\angle 5+\angle 6+\angle 11+w_3=0$
- $\angle 1+\angle 8+w_4=0$
- $\angle 2+\angle 3+w_5=0$
- $\angle 4+\angle 5+w_6=0$
- $\angle 6+\angle 7+w_7=0$

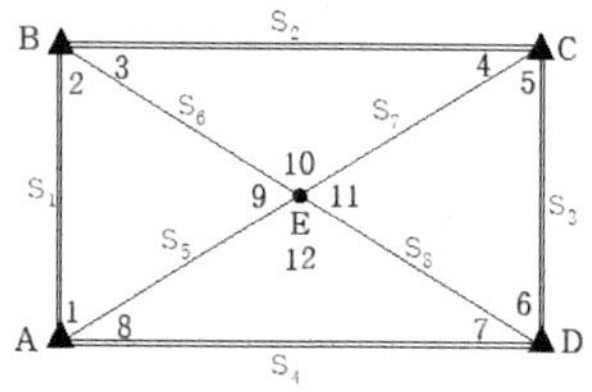

④ 변 방정식

- 변 방정식의 수 : B_2 =B+O−3=4+1−3=2개이다. 여기서, P : 기선의 수, O : 소구점의 수 이다.

- $\frac{\sin\angle 1 \cdot sin\angle 3 \cdot sin\angle 5 \cdot sin\angle 7}{\sin\angle 2 \cdot sin\angle 4 \cdot sin\angle 6 \cdot sin\angle 8} = 1$

- $\frac{S_1 \cdot \sin\angle 1 \cdot \sin\angle 10}{S_2 \cdot \sin\angle 4 \cdot sin\angle 9} = 1$이다.

(6) 삼각망 조정

① 그림과 같이 기지점 3개, 소구점 1개이다.

② 계산은 기지점 방위각 및 거리계산 → 각도 및 변방정식의 오차 계산 → 보정계산(상관방정식, 표준방정식, 상관계수) → 방위각 및 변장계산 → 좌표계산의 순서이다.

③ 각도 방정식

- 각 방정식의 수 : B_1 =P+T−1=3+3−1=5개 이다.(P : 기지삼각점 수, T:삼각형의 수)

- $\angle 1 + \angle 6 + \angle 7 + w_1 = 0$
- $\angle 2 + \angle 3 + \angle 8 + w_2 = 0$
- $\angle 1 + \angle 2 + w_3 = 0$
- $\angle 3 + \angle 4 + w_4 = 0$
- $\angle 5 + \angle 6 + w_5 = 0$

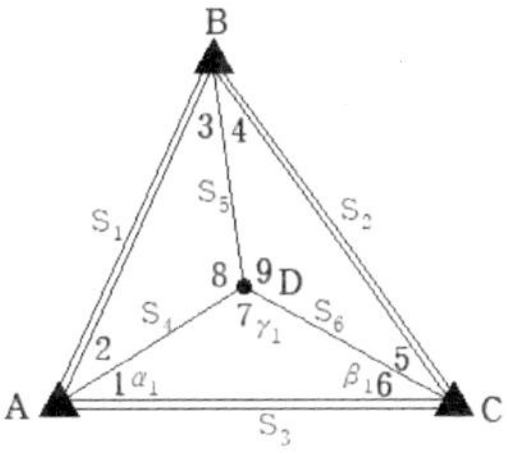

④ 변 방정식

- 변 방정식의 수 : $B_2 = B + O - 3 = 3 + 1 - 3 = 1$개이다. (여기서, P : 기선의 수, O : 소구점의 수 이다.
- $\dfrac{\sin\angle 1 \cdot \sin\angle 3 \cdot \sin\angle 5}{\sin\angle 2 \cdot \sin\angle 4 \cdot \sin\angle 6} = 1$이다.

(7) 유심다각망 조정

① 그림과 같이 기지점 5개, 소구점 1개이다.

② 계산은 기지점 방위각 및 거리계산 → 각도 및 변방정식의 오차 계산 → 보정계산(상관방정식, 표준방정식, 상관계수) → 방위각 및 변장계산 → 좌표계산의 순서이다.

③ 각도 방정식

- 각 방정식의 수 : $B_1 = P + T - 1 = 5 + 5 - 1 = 9$개 이다.(P : 기지삼각점 수, T:삼각형의 수)

- $\angle 1 + \angle 2 + \angle 11 + w_1 = 0$
- $\angle 3 + \angle 4 + \angle 12 + w_2 = 0$
- $\angle 5 + \angle 6 + \angle 13 + w_3 = 0$
- $\angle 7 + \angle 8 + \angle 14 + w_4 = 0$
- $\angle 1 + \angle 10 + w_5 = 0$
- $\angle 2 + \angle 3 + w_6 = 0$
- $\angle 4 + \angle 5 + w_7 = 0$
- $\angle 6 + \angle 7 + w_8 = 0$
- $\angle 8 + \angle 9 + w_9 = 0$

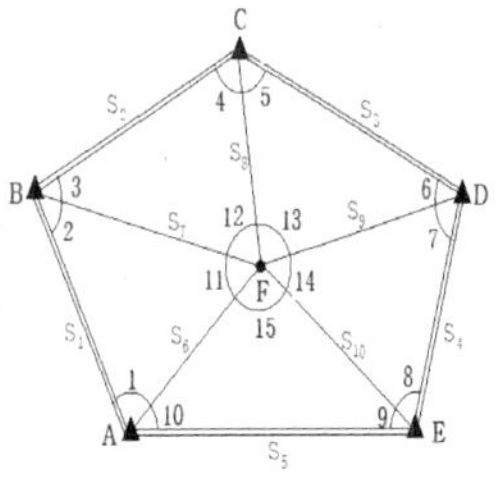

④ 변 방정식

- 변 방정식의 수 : $B_2 = B + O - 3 = 5 + 1 - 3 = 3$개이다. (여기서, P : 기선의 수, O : 소구점의 수 이다.
- $\dfrac{\sin\angle 1 \cdot \sin\angle 3 \cdot \sin\angle 5 \cdot \sin\angle 7 \cdot \sin\angle 9}{\sin\angle 2 \cdot \sin\angle 4 \cdot \sin\angle 6 \cdot \sin\angle 8 \cdot \sin\angle 10} = 1$

- $\dfrac{S_1 \cdot \sin\angle 1 \cdot \sin\angle 12}{S_2 \cdot \sin\angle 4 \cdot sin\angle 11} = 1$이다.
- $\dfrac{S_3 \cdot \sin\angle 5 \cdot \sin\angle 14}{S_4 \cdot \sin\angle 9 \cdot sin\angle 13} = 1$이다.

(8) 삽입망 조정

① 그림과 같이 기지점 5개, 소구점 1개이다.

② 계산은 기지점 방위각 및 거리계산 → 각도 및 변방정식의 오차 계산 → 보정계산(상관방정식, 표준방정식, 상관계수) → 방위각 및 변장계산 → 좌표계산의 순서이다.

③ 각도 방정식

- 각 방정식의 수 : B_1 =P+T−1=3+3−1=5개 이다.(P : 기지삼각점 수, T:삼각형의 수)

- $\angle 1+\angle 2+\angle 9+w_1=0$
- $\angle 3+\angle 4+\angle 8+w_2=0$
- $\angle 5+\angle 6+\angle 7+w_3=0$
- $\angle 9+\angle 8+\angle 7+w_4=0$

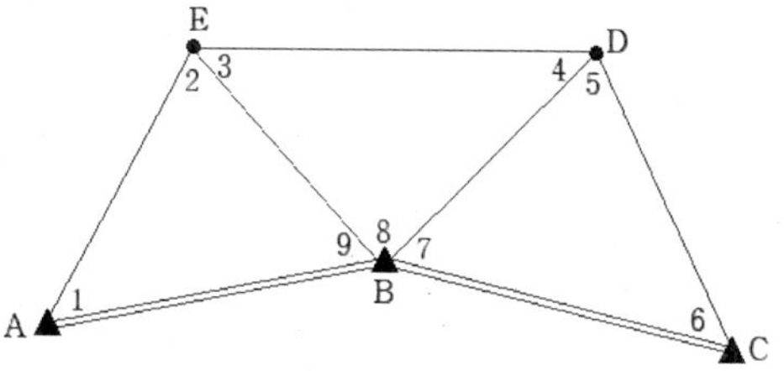

④ 변 방정식

- 변 방정식의 수 : B_2 =B+O−3=2+2−3=1개이다. (여기서, P : 기선의 수, O : 소구점의 수 이다.
- $\dfrac{\sin\angle 1 \cdot sin\angle 3 \cdot sin\angle 5}{\sin\angle 2 \cdot sin\angle 4 \cdot sin\angle 6} = 1$이다.

3.4.5.5. 미정계수법

출제(용) : 59, 86회

① 미정계수법(未定係數法)은 조건식 수를 결정하고 이 조건식을 정리하여 관측 오차를 구한 후 표준방정식으로부터 미정계수를 구한다.

② 이때 얻어진 미정계수로부터 보정값을 구하여 최확값을 구한다.

③ 조건식 수$(N_k) = \gamma - (n - m)$ 여기서, γ : 관측 개수, n : 측점 수, m : 표고 기지점수

④ 조건식으로부터 오차(v) 계산은 $\begin{bmatrix} v_1 \\ v_2 \\ \vdots \\ v_r \end{bmatrix} = \begin{bmatrix} a_0, & a_1, & \ldots, & a_n \\ b_0, & b_1, & \ldots, & b_n \\ \vdots, & \vdots, & \ldots, & \vdots \\ r_0, & r_1, & \ldots, & r_n \end{bmatrix} \begin{bmatrix} 1 \\ \ell_1 \\ \vdots \\ \ell_n \end{bmatrix}$ 이다.

⑤ 표준방정식을 설정하여 미정계수(k)계산은 (w : 경중률)

- $\left[\frac{aa}{w}\right]k_1 + \left[\frac{ab}{w}\right]k_2 + \cdots + \left[\frac{ar}{w}\right]k_r + v_1 = 0$
- $\left[\frac{ab}{w}\right]k_1 + \left[\frac{bb}{w}\right]k_2 + \cdots + \left[\frac{br}{w}\right]k_r + v_2 = 0$
- $\left[\frac{ar}{w}\right]k_1 + \left[\frac{br}{w}\right]k_2 + \cdots + \left[\frac{rr}{w}\right]k_r + v_r = 0$

⑥ 보정값(V)의 계산

- $V_1^1 = \frac{1}{W_1}(a_1k_1 + b_1k_2 + \cdots + r_1k_r)$
- $V_2^1 = \frac{1}{W_2}(a_2k_1 + b_2k_2 + \cdots + r_2k_r)$
- $V_n^1 = \frac{1}{W_n}(a_rk_1 + b_nk_2 + \cdots + r_nk_r)$

⑦ 관측값(ℓ, ϕ)에 보정값을 가하여 최확값 계산

- $x_1 = \ell_1 + V_1'$
- $x_2 = \ell_2 + V_2'$
- $X_3 = \ell_3 + V_3^1 + \quad \cdots + X_r = \ell_r + V_r'$

3.4.6. 삼각측량과 삼변측량의 결합조정

출제(논) : 68, 83, 114회

삼변측량은 삼변망의 변장을 측정하여 소구점의 좌표를 구하는 것으로 삼각망의 내각과 변장을 동시에 측정하여 소구점의 좌표를 구하는 때도 있다. 삼각망의 경우 내각과 변장을 동시에 측정하여 소구점의 좌표를 구하면 정확도 측면에서 좋은 결과를 얻을 수 있다. 그러므로 삼각망의 3내각과 변장을 동시에 측정하였을 때 사변망의 조정법과 같이 먼저 소구점의 가정좌표를 구하고, 관측 내각과 변장, 계산된 내각과 변장으로 관측방정식을 만들어 좌표의 배분량을 조정하는 방법이다.

3.4.6.1. 결합망 조정 원리

(1) 각 방정식

① 결합조정의 각 방정식은 삼각측량의 조정을 할 때와 같은 방법을 사용하여 만든다.

② 방정식 수는 각 조건식 수에 따르며, 각조건에 의한 조정식은 $\Sigma vs' + n = 0$이다. 여기서, vs' : 방향에 대한 보정, n : 관측각−(180°+ε), ε : 구과량이다.

(2) 변 방정식

① 변규약 방정식은 점간거리를 얻는 조건식으로서 미지변 대각의 sin 값을 모두 곱한 값과 기지변 대각의 sin 값을 모두 곱한 값은 항상 동일하다.

② 각 삼각형에서 미지변의 대각을 $\alpha_1, \alpha_2, \alpha_3, \alpha_4, \alpha_5$, 기지변의 대각을 $\beta_1, \beta_2, \beta_3, \beta_4, \beta_5$이라고 한다.

③ 싸인 법칙으로 정리하면 $\frac{\sin\alpha_1 \times \sin\alpha_2 \times \sin\alpha_3 \times \sin\alpha_4 \times \sin\alpha_5}{\sin\beta_1 \times \sin\beta_2 \times \sin\beta_3 \times \sin\beta_4 \times \sin\beta_5} = 1$와 같이 정리할 수 있다.

3.4.6.2. 조정 순서

(1) 기지점 역계산

① 관측 내각과 변장으로 소구점의 가정좌표를 계산하기 전에, 우선 기지점 AB의 좌표에 의하여 AB 간의 거리 및 방위각을 계산한다.

② 종횡선차 계산

- 종선차$(\Delta x) = X_B - X_A$
- 횡선차$(\Delta y) = Y_B - Y_A$

③ 거리 계산 $a = \sqrt{\Delta x^2 + \Delta y^2}$, $a = \frac{\Delta y}{\sin V} = \frac{\Delta x}{\cos V}$이다.

④ 방위 계산 $\tan\theta = \frac{\Delta y}{\Delta x}$에서 방위$(\theta) = \tan^{-1}\frac{\Delta y}{\Delta x}$이다.

⑤ 방위각 계산은 방위(θ)를 계산한 후 종횡선차의 부호에 따라 결정한다.

(2) 관측 내각 조정 및 변장 계산

① 각각의 삼각형에서 관측 내각을 180°로 조정하고, 3내각과 AB의 기지변장으로 sin 법칙에 따라 각각의 변장을 계산한다.

② 각규약은 망을 구성하고 있는 삼각형 내각의 합이 180°가 되어야 한다.

- 각오차$(\varepsilon_1) = (\alpha_1 + \beta_1 + \gamma_1) - 180°$
- 각오차$(\varepsilon_2) = (\alpha_2 + \beta_2 + \gamma_2) - 180°$
- 각오차$(\varepsilon_3) = (\alpha_3 + \beta_3 + \gamma_3) - 180°$

③ sin 법칙에 따라 각각의 변장 계산

- $\dfrac{a}{\sin\gamma} = \dfrac{AP}{\sin\beta}$ 에서 $AP = \dfrac{a \cdot \sin\beta}{\sin\gamma}$
- $\dfrac{b}{\sin\gamma_1} = \dfrac{CP}{\sin\beta_1}$ 에서 $CP = \dfrac{b \cdot \sin\beta_1}{\sin\gamma_1}$

(3) 소구방위각 계산

① 기지 방위각과 조정된 내각을 이용하여 각각 측선의 방위각을 구한다.

② 그림에서 기지방위각은 AB 방향의 방위각으로 V_a^b이며, BA 방향의 방위각은 V_b^a로 정리하면 BA 방위각$(V_b^a) = V_a^b \pm 180°$ 이다.

③ AC 방향에 대한 방위각$(V_a^c) = V_a^b + \alpha$이고, BC 방향에 대한 방위각$(V_b^c) = V_a^b \pm 180° - \gamma$를 계산하여 내각$(\alpha) = V_a^c - V_a^b$을 계산한다.

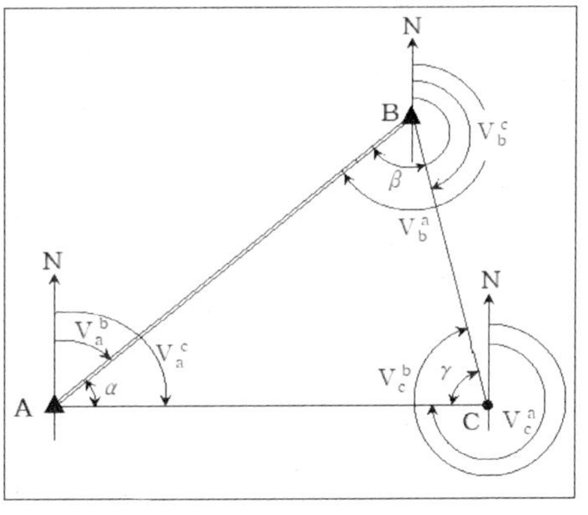

(4) 가정(假定) 좌표 계산

① 조정된 내각으로 구한 변장과 방위각(cos 및 sin 값)을 이용하여 소구점의 X, Y 가정좌표를 계산한다.

② 기지점에서 소구점의 좌표를 연속하여 계산한다.

③ 계산된 가정 좌표는 기지 좌표와 일치 여부를 검산한다.

(5) 관측방정식

① 소구점의 좌표를 계산한 후에는 각 및 거리에 대한 오차방정식을 작성한다.

② 가정 좌표를 이용하여 소구점의 변장과 방위각을 계산한다.

③ 각 측선의 계산된 변장과 방위각을 이용하여 오차방정식의 미지항 계수로 사용할 cos 및 sin 값을 계산한다.

④ 계산된 방위각의 차를 이용하여 다음 차수의 내각과 측정된 내각의 차를 구한다.

⑤ 다음 차수의 관측방정식을 만들기 위해서 소구변의 방위각 cos 및 sin 값으로 변방정식을 만든다.

⑥ 관측방정식에서 각도에 대한 경중률은 동일하게 1로 가정하고 변장에 대한 경중률을 계산한다.

⑦ 변장의 경중률(p) $= \frac{k}{\sigma^2}$ 여기서, σ : 광파거리측정기의 표준오차(±(5mm+5ppm), k : 임의의 비례상수이다.

(6) 표준방정식의 편성 및 정해

① 관측방정식의 행과 열에 경중률을 곱하여 표준방정식을 편성한다.

② 표준방정식의 편성에서 얻어진 합계값을 이용하여 표준방정식을 이용하여 미지항의 계수값을 구한다.

(7) 조정 좌표 계산

① 표준방정식으로 계산한 미지항의 계수값은 가정 좌표에 보정한다.

② 가정 좌표에 좌표조정값을 보정하면 최종좌표 값이 된다.

3.4.6.3. 결합조정 방법의 특징

① 정확도 측면에서는 삼각측량에 비해 잉여 관측에 의한 삼변측량의 정밀도가 높게 나타나고 있다.

② 삼각 및 삼변측량의 결합조정 방법을 사용할 경우 잉여관측 수를 증가시키면 최상의 정밀도를 확보할 수 있다.

③ 결합조정 방법을 이용할 경우 측정 횟수와 거리 관측 횟수를 적절하게 조화롭게 구성하여 기준점 망을 구성하면 정확하고 경제적인 설치가 가능하다.

④ 현재의 경우에는 기준점측량을 대부분 GNSS 측량으로 시행하므로 이 방법은 거의 사용하지 않고 있다.

3.5. 지적삼각보조점 측량

3.5.1. 개요

지적삼각보조점 측량은 지적삼각점의 배치 밀도가 작아 지적도근점측량을 실시하기 곤란한 지역에 지적삼각점의 밀도를 보완하고 지적도근점측량의 정확도를 향상시키기 위하여 실시하는 측량이다. 지적삼각보조점 측량의 실시 기준은 측량 지역의 지형 관계상 지적삼각점 또는 지적삼각보조점의 신설 또는 재설치를 필요로 할 때와 지적도근점의 신설 또는 재설치를 위하여 지적삼각점 또는 지적삼각보조점의 설치를 필요로 할 때 및 세부측량의 시행상 지적삼각점 또는 지적삼각보조점의 설치를 필요로 할 때이다.

(1) 시행 방법

① 삼각점과 지적삼각점을 기초로 하여 경위의 측량방법, 전파기 또는 광파기측량방법에 따른다.

② 계산 방법은 교회법 또는 다각망도선법에 의한다.

③ 지적삼각보조점은 교회망·교점다각망으로 구성한다.

④ 지적삼각보조점 측량을 할 때는 미리 지적삼각보조점 표지를 설치할 수 있다.

⑤ 지적삼각보조점의 명칭은 '보'로 한다.

⑥ 지적삼각점의 번호 부여 방법은 영구표지를 설치하는 경우에는 시·군·구별로 일련번호를 부여하고, 일시적인 표지를 설치할 경우에는 측량 지역별로 설치 순서에 따라 일련번호를 부여한다.

(2) 관측 및 계산

① 관측은 20초독 이상의 정밀경위의를 사용하며 수평각 관측은 2대회(윤곽도 0°, 90°)의 방향각 관측법에 의한다.

② 계산 단위에서 각은 초 단위, 진수 6자리 이상, 변의 길이와 좌표는 센티미터 단위로 한다.

③ 점간거리는 5회 측정하여 그 측정치의 최대값과 최소값의 교차가 평균값의 10만분의 1 이하인 때는 그 평균값을 측정거리로 하고, 원점에 투영된 평면거리로 계산한다.

④ 연직각의 관측은 각 측점에서 정·반으로 2회 관측하여야 하며, 관측치의 최대값과 최소값의 교차가 30초 이내인 때는 그 평균값을 연직각으로 한다.

⑤ 영구표지를 설치한 경우 관측 및 계산은 지적삼각점의 관측 및 계산 방법에 따른다.

⑥ 2개의 기지점에서 소구점의 표고를 계산한 결과 그 교차가 0.05미터+0.05(S_1+S_2)미터 이하인 때는 그 평균치를 표고로 한다.(S_1, S_2 : 기지점에서 소구점까지의 평면거리로서 킬로미터 단위로 표시한 수임)

(3) 적용 기준

① 기지점 간 직선상의 외부에 두는 지적삼각보조점의 선점은 기지점과 직선과의 사잇각을 30° 이내로 한다.

② 점간거리 및 연직각의 관측 방법은 지적삼각점의 관측 방법을 준용한다.

③ 도선별 평균 방위각과 관측 방위각의 폐색오차는 $\pm 10\sqrt{n}$ 초 이내(n : 폐색변을 포함한 변 수임)로 한다.

④ 도선별 연결오차는 0.05×S 미터 이하(S : 기지점과 교점 간 또는 교점과 교점 간 거리의 총합계를 1천으로 나눈 수임)로 한다.

⑤ 측각오차의 배분은 측선장에 반비례하여 각 측선의 관측각에 배분한다.

⑥ 종선 및 횡선 오차의 배분은 각 측선의 종선차 또는 횡선차의 길이에 비례하여 배분한다.

⑦ 영구표지를 설치한 지적삼각보조점의 관측 및 계산은 지적삼각점의 관측 및 계산 방법과 동일하다.

3.5.2. 교점다각망

출제(용) : 92, 110, 120, 132회, (논) : 56, 75회

도근측량은 삼각점 및 삼각보조점을 기준으로 하여 시행되므로 이들의 성과에 의하여 정확도가 결정된다. 그러므로 시행 지역의 상황에 따라 신뢰할 수 있는 점을 선택하여야 한다. 많은 도선에 의해 형성된 하나의 도근망 내에서 교점에 대한 좌표 차뿐만 아니라 2~3km 떨어진

도선과의 좌표차에 대한 조정 방법이 여러 가지로 모색되고 있으며 현재는 A형, H형, X형, Y형을 표준으로 하여 작업을 시행하게 되어있다. 현재 도근측량에서 하나의 측선 길이와 방향을 관측하기 위하여 전자파거리측량기(E.D.M) 또는 Total Station을 주로 사용하지만, 측량 장비의 발달에 따라 최근에는 GNSS를 활용하기도 한다.

(1) 선점계획도

① 망구성을 위하여 선점계획도를 작성하여 도선을 정하고 이에 따른 도근점을 선정, 도상에 표시한다.

② 현장답사와 도근점 매설 작성 시 다시 교점으로 할 점의 위치와 공통 시준점으로서 관측에 지장이 없는지를 확인한다.

③ 변동이 있을 때는 선점 계획도에 표시하여 관측 시 누락이 없도록 한다.

(2) 다각망도선의 구성

출제(용) : 132회

① 교점다각망 도선의 구성은 선택된 도근점으로부터 여러 측점을 정하여 구성한다.

② 관측이 시행된 교점다각망은 각 노선에서의 공통 시준이 가능하도록 구성한다.

③ 3점 이상의 기지점을 포함한 결합다각 방식에 의하고 교점 간 거리는 0.5 km 이상 1km 이하로 한다.

④ 아무리 긴 도선이라고 하여도 1 도선의 거리가 4km 이하가 되도록 한다.

⑤ 1도선의 거리는 기지점과 교점 또는 교점과 교점 사이의 점간거리 총합계를 말한다.

⑥ 1도선의 점수는 기지점과 교점을 포함하여 5점 이하로 한다.

⑦ 교점다각망은 〈그림 3-19〉와 같이 단순 결합도선을 비롯하여 형태에 따라 X형, Y형, A형, H형, O형, 복합망형 등이 있다.

⑧ A형은 H형의 2 기지점이 일치한 경우이며 H형과 본질적으로 다른 것은 아니다.

⑨ X형 및 Y형은 3개의 기지점에 근거하여, 교점 1개를 평균한 것으로서 이는 지적삼각보조점과 거의 동일한 정확도를 유지한다.

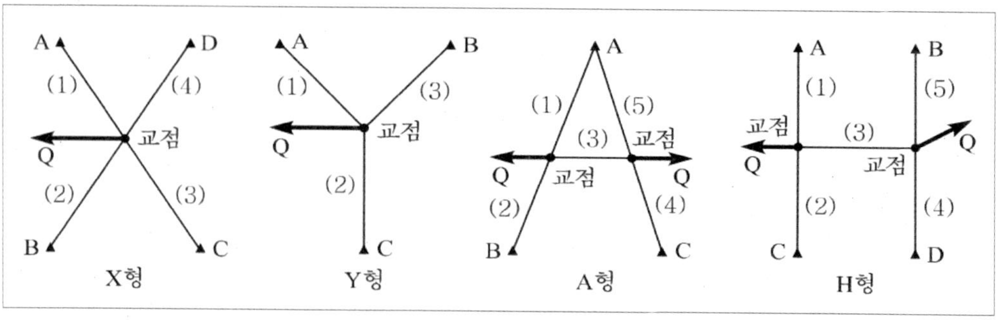

<그림 3-19> 교점다각망의 형태

(3) 도선별 관측

① 도근측량에서의 각 관측은 배각법에 의한 3배각 관측 방법에 의하여 실시한다.

② 공통 기초점을 각 노선에서 공통으로 관측할 수 있는 임의의 점을 선택한다.

③ 이점은 평판측량에서 도선법을 실시할 때 평판의 표정 작업과 동일하게 작업 도중에 확인할 수 있도록 전주 등과 같은 점을 교회점으로 선택하는 것과 유사한 방법을 사용한다.

④ 관측값은 앞에서 구성한 것과 같은 교점다각망에 의해 노선별로 관측을 시행하여 도근측량계산부에 기록한다.

(4) 다각망도선법의 오차

① 여러 개의 도선을 결합하여 작성한 도선으로 각각의 도선마다 오차가 발생한다.

② 도선별 오차는 측정 횟수에 비례하여 발생한다.

③ 발생한 오차는 경중률을 이용하여 망평균계산법으로 보정한다.

(5) 경중률의 부여

① 교점다각망의 경중률은 각 노선에서의 측점의 수와 각 노선의 길이를 매개변수로 이용한다.

② 각 경우에 있어 경중률의 합이 1이 되게 하고, 측점 수와 노선의 길이에 대해 각각 4가지의 경중률을 부가할 수 있다.

③ 평균 방위각 계산식은 방위각$=\dfrac{[\frac{\Sigma\alpha}{\Sigma N}]}{[\frac{1}{\Sigma N}]}$ 여기서, N : 도선별 측점 수, α : 관측 방위각이다.

④ 종선 좌표 $= \dfrac{[\frac{\Sigma X}{\Sigma S}]}{[\frac{1}{\Sigma S}]}$

⑤ 횡선 좌표 $= \dfrac{[\frac{\Sigma Y}{\Sigma S}]}{[\frac{1}{\Sigma S}]}$ 여기서, X, Y : 공통 좌표를 제외한 좌표, S는 도선별 거리의 합이다.

(6) 조정계산 순서

① 조건식 수의 계산은 일반적으로 r=n−u와 같다. 여기서, r=조건식의 수(자유도), n=도선 수, u=교점 수이다.

② X, Y, A, H, 복합망에 대한 조건식을 만든다.

③ X형 망의 방위각 및 종횡선 좌표 조건식

- Ⅰ방정식 (1)−(2)+W_1=0　　W_1=(1) 도선 방위각−(2) 도선 방위각
- Ⅱ방정식 (2)−(3)+W_2=0　　W_2=(2) 도선 방위각−(3) 도선 방위각
- Ⅲ방정식 (3)−(4)+W_3=0　　W_3=(3) 도선 방위각−(4) 도선 방위각 Y 망형은 가장 단순형

④ Y형 망의 방위각 및 종횡선 좌표 조건식

- Ⅰ : (1)−(2)+W_1=0
- Ⅱ : (2)−(3)+W_2=0

⑤ 각 도선의 총점수는 경중률을 사용하여 최소제곱법으로 평균방위각을 계산한다.

⑥ 측각오차를 배분한다.

⑦ 방위각을 계산한다.

⑧ 종횡선차를 계산한다.

⑨ 교점의 좌표를 계산한다.

⑩ 각 도선 총거리의 합은 경중률을 사용하여 최소제곱법으로 평균좌표를 계산한다.

⑪ 각각의 도근점 좌표를 계산한다.

3.5.3. 교회법에 따른 관측 및 계산

(1) 교회법의 적용 기준

① 삼각점이나 지적삼각점을 이용한다.

② 전방 교회법 또는 측방교회법에 따른다.

③ 점간거리는 평균 1km에서 3km 정도로 한다.

④ 방향선은 3방향 교회를 원칙으로 한다. 다만, 2방향 교회 시에는 삼각형 내각의 합이 180° ±40″ 이내이었을 때에는 이를 각 내각에 고르게 배분하여 사용할 수 있다.

⑤ 삼각형의 내각은 30° 이상, 120° 이하로 한다.

⑥ 명칭은 "보 1, 보 2, … 등으로 하고, 표지 또는 표석을 설치한다.

(2) 관측 및 계산 기준

① 경위의 측량에서 관측은 20초독 이상의 정밀경위의를 사용한다.

② 수평각 관측 2대회(윤곽도는 0°, 90°)의 방향각 관측법으로 한다.

③ 수평각의 관측 공차는 1방향에 대하여 40″ 이하, 180°와의 교차는 ±50″이하로 하고 각오차는 삼등분하여 배분한다.

④ 계산 단위에서 각은 초 단위, 좌표와 변장은 cm, 대수는 6위로 한다.

⑤ 2개의 삼각형으로부터 계산한 위치의 연결교차 $= \sqrt{종선교차^2 + 횡선교차^2}$ 가 0.30m 이하일 때에는 그 평균값을 지적삼각점의 위치로 하며 이 경우 기지점과 소구(미지)점 사이의 방위각 및 거리는 평균값에 의하여 새로이 계산하여 정한다.

⑥ 종횡선차 계산

- 종선차$(\Delta x) = X_B - X_A$
- 횡선차$(\Delta y) = Y_B - Y_A$

⑦ 거리 계산 $(a) = \sqrt{\Delta x^2 + \Delta y^2}$ 이다.

⑧ 방위 계산 $\tan\theta = \frac{\Delta y}{\Delta x}$ 에서 방위$(\theta) = \tan^{-1}\frac{\Delta y}{\Delta x}$ 이다.

(3) 교회망의 형태 및 기지점 부호 결정

① 교회망의 형태는 〈그림 3-20〉과 같이 소구점이 전방에 있을 때와 소구점이 후방에 있을 때, 겹쳐서 있을 때로 구분할 수 있다.

② 교회망의 부호 결정은 3개의 기지점 중에서 중간점을 B점으로 하고 측량자가 B점에서 P점을 마주 보고 서 있을 때 왼편에 있는 기지점을 A점으로 하고 오른편에 있는 기지점을 C점으로 한다.

③ 교회법의 계산은 관측부 상의 측정값을 이용하여 계산하며 교회망의 부호는 〈그림 3-21〉과 같이 지정한다.

④ 부호는 망의 형태에 따라 식을 달리하여 계산하므로 부호의 의미를 확실하게 알아두어야 한다.

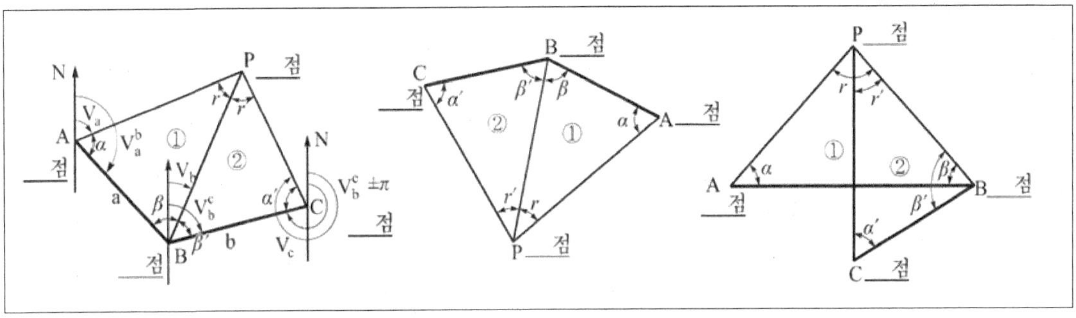

〈그림 3-20〉 교회망의 형태

<table>
<tr><th>교회망</th><th>교회망의 부호</th></tr>
<tr><td>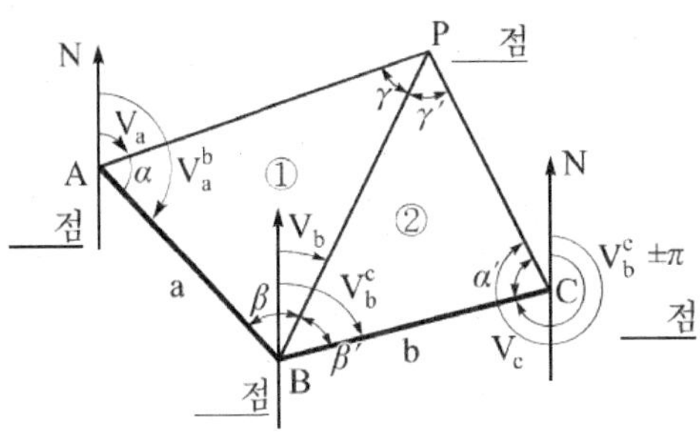

〈그림 3-21〉 교회망</td><td>A, B, C : 기지점 P : 소구점(미지점)
V_a : AP 관측방위각
V_a^b : AB 방위각
V_b : BP 관측방위각
V_b^c : BC 방위각
V_c : CP 관측방위각
$V_a^b \pm \pi$: AB 방위각±180°=BA 방위각
$V_b^c \pm \pi$: BC 방위각±180°=CB 방위각</td></tr>
<tr><td>α : ① 삼각형의 A점 내각
β : ① 삼각형의 B점 내각
γ : ① 삼각형의 P점 내각</td><td>α' : ② 삼각형의 C점 내각
β' : ② 삼각형의 B점 내각
γ' : ② 삼각형의 P점 내각</td></tr>
</table>

(4) 삼각형의 내각 계산

① 교회점 계산은 방위각을 이용하여 내각을 계산하는 방법과 내각을 이용하여 방위각을 계산할 수가 있다.

② 구하고자 하는 미지점(소구점)이 기지점의 전방에 있을 경우와 후방에 있을 경우로 구분되고 삼각형의 내각은 α, β, γ와 α', β', γ'라 하면 방법에 따라서 계산하는 공식은 다르다.

〈표 3.3〉 소구점이 전방에 있을 때 내각 및 방위각 계산

삼각형의 내각 계산		내각을 이용한 방위각 계산
• $\alpha = V_a^b - V_a$ • $\beta = V_b - (V_a^b \pm \pi)$ • $\gamma = V_a - V_b$	• $\alpha' = V_c - (V_b^c \pm \pi)$ • $\beta' = V_b^c - V_b$ • $\gamma' = V_b - V_c$	• $V_a = V_a^b + \alpha$ • $V_b = (V_a^b \pm 180°) - \beta$ 또는 $V_b = V_b^c + \beta'$ • $V_c = (V_b^c \pm 180°) - \alpha$
• 내각의 계산이 끝나면 삼각형 내각의 조건(180°)이 일치 여부를 반드시 검산해야 한다. • $\alpha + \beta + \gamma = 180°$, $\alpha' + \beta' + \gamma' = 180°$		

〈표 3.4〉 소구점이 후방에 있을 때 내각 및 방위각 계산

삼각형의 내각 계산		내각을 이용한 방위각 계산
• $\alpha = V_a - V_a^b$ • $\beta = (V_a^b \pm 180°) - V_b$ • $\gamma = V_b - V_a$	• $\alpha' = (V_b^c \pm 180°) - V_c$ • $\beta' = V_b - V_b^c$ • $\gamma' = V_c - V_b$	• $V_a = V_a^b + \alpha$ • $V_b = (V_a^b \pm 180°) - \beta$ 또는 $V_b = V_b^c + \beta'$ • $V_c = (V_b^c \pm 180°) - \alpha$
• 내각의 계산이 끝나면 삼각형 내각의 조건(180°)이 일치 여부를 반드시 검산해야 한다. • $\alpha + \beta + \gamma = 180°$, $\alpha' + \beta' + \gamma' = 180°$		

(5) 변장 계산

교회점 계산에서 변장 계산은 〈그림 3-22〉에서와 같이 AP 거리 및 CP 거리를 sin 법칙에 따라 계산하는 공식은 다음과 같다.

- $\dfrac{a}{\sin\gamma} = \dfrac{AP}{\sin\beta}$에서 $AP = \dfrac{a \cdot \sin\beta}{\sin\gamma}$
- $\dfrac{b}{\sin\gamma_1} = \dfrac{CP}{\sin\beta_1}$에서 $CP = \dfrac{b \cdot \sin\beta_1}{\sin\gamma_1}$

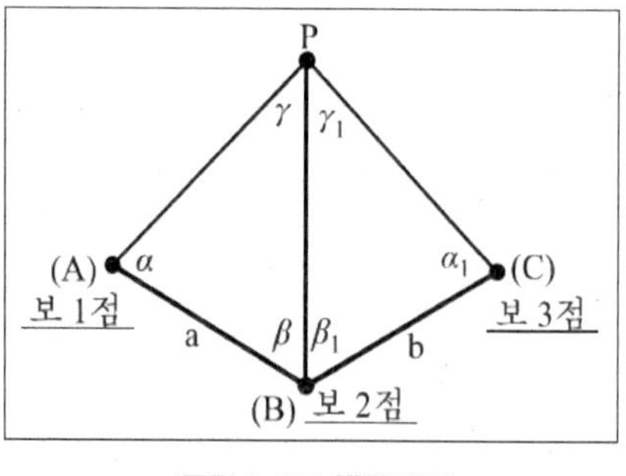

〈그림 3-22〉 변장 계산

(6) 종횡선차 계산

① 〈그림 3-23〉과 같이 A에서 P 및 C에서 P까지의 종선차와 횡선차를 구하여 좌표를 계산하는 방법이다.

② AP 및 CP 간의 종횡선차($\Delta x, \Delta y$)를 구하는 식은 다음과 같다.

- $\Delta x_a = L \cdot \cos V_a$(또는 $\Delta x_c = L' \cdot \cos V_c$)
- $\Delta y_a = L \cdot \sin V_a$(또는 $\Delta y_c = L' \cdot \sin V_c$)

여기서, L, L' : 거리, V_a, V_c : 소구점의 방위각

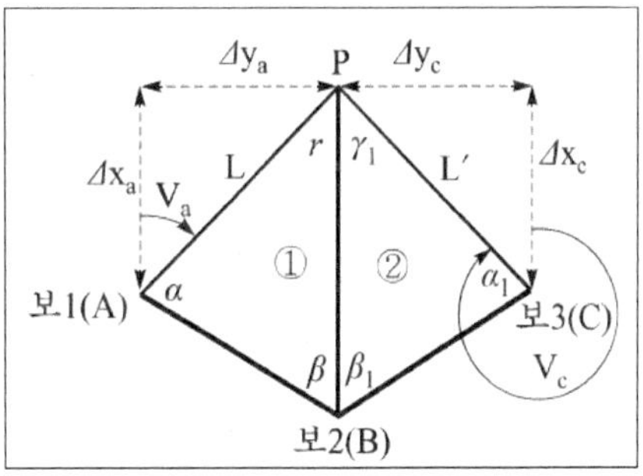

〈그림 3-23〉 종횡선차 계산

(7) 소구점 좌표계산

① A점 및 C점에서 소구점 P까지의 종횡선차를 계산한 후 기지점(A, C)의 좌표에 각각의 종횡선차의 계산한 값을 더하여 P점 좌표를 산출한다.

- A점을 기준으로 한 경우 : $X_P = X_A + \Delta x_a = X_A + (L \cdot \cos V_a)$

  $Y_P = Y_A + \Delta y_a = Y_A + (L \cdot \sin V_a)$
- C점을 기준으로 한 경우 : $X_P = X_C + \Delta x_c = X_C + (L' \cdot \cos V_c)$

  $Y_P = Y_C + \Delta y_c = Y_C + (L' \cdot \sin V_c)$

② 위와 같이 2개의 삼각형으로부터 소구점의 좌표를 구한 후 두 점 간의 연결오차를 계산하여 0.30m 이내일 경우에는 평균값을 P점의 좌표로 한다.

(8) 오차 및 공차의 계산

① 소구점 P의 좌표는 1개의 삼각에 의한다면 측량 및 계산의 적부를 검증할 수 없으므로 2개의 삼각형(3방향의 교회)에 의하여 (A점과 C점을 기준으로 함) 종횡선차(좌표)를 산출한다.

② 연결교차= $\sqrt{종선교차^2 + 종선교차^2}$ 가 0.30미터 이내일 때에는 그 평균치를 P점의 좌표로 정하는 것이다. 여기서, 종선교차는 A 및 C점의 2점에서 구한 P점 X 좌표의 차를 말하며 횡선좌표는 A 및 C점의 2점에서 구한 P점 Y좌표의 차를 말한다.

3.6. 지적도근점측량

지적도근점측량은 삼각측량이나 삼변측량을 시행하기 어려운 밀집한 시가지에서나 삼림 지역에서 지적기초점을 설치하기 위하여 사용되는 편리하고 신속한 측량방법이다. 지적도근점측량은 경위의 측량방법을 주로 사용하였으나 최근에는 TS 측량을 많이 이용하는데, 평면직각종횡선 수치로 점의 위치를 결정하는 방법이다. 지적도근점측량은 측량의 정밀도를 높이기 위하여 일반적으로 삼각점, 지적삼각점, 지적삼각보조점 및 다른 도근점을 기초로 하여 도선법 또는 교회법으로 시행한다.

3.6.1. 측량 대상

① 축척변경 측량을 하는 경우
② 도시개발사업 등으로 인하여 지적확정측량을 하는 경우
③ 국토의 계획 및 이용에 관한 법률의 규정에 따른 도시지역에서 세부측량을 하는 경우
④ 측량 지역의 면적이 당해 지적도 1장에 해당하는 면적 이상인 경우
⑤ 세부측량의 시행상 특히 필요한 경우

3.6.2. 도선의 종류 및 측량 원리

3.6.2.1. 도선의 종류

출제(논) : 119회

지적도근점의 도선 종류는 결합도선·폐합도선·왕복도선·교회망 또는 교점다각망으로 구분하고 있다.

(1) 개방도선(Open Traverse)

① 〈그림 3-24〉의 (a)와 같이 기지점에서 출발하여 임의의 측점까지 측량하는 방법이다.
② 현지측정에 오차의 계산 및 조정을 할 수 없는 가장 간단한 도선으로 관측값에 큰 과실이 있어도 착오나 오차를 검사하는 방법이 없다.
③ 오차를 줄이기 위해서 거리 관측은 2회씩 시행하고 각 관측은 반복관측하거나, 높은 정확도가 있어야 하는 지적측량에서는 사용하지 못하도록 하고 있다.

(2) 폐합도선(closed traverse)

① 〈그림 3-24〉의 (b)와 같이 한 기지점을 출발하여 차례로 관측한 마지막 점을 출발 기지점에 폐합하는 도선을 말한다.

② 도선의 특징은 계산상의 종점 좌표와 출발점으로 사용된 기지점 좌표와 일치해야만 하는 조건을 가진다.

③ 오차의 검정과 조정이 가능한 도선이나 절대 좌표를 생각할 때 불완전한 도선으로 지적측량에는 지형상 부득이한 경우를 제외하고는 사용하지 않아야 한다.

(3) 결합도선

① 〈그림 3-24〉의 (c)와 같이 출발 기지점에서 시작하여 다른 도착 기지점 사이를 연결한 도선이다.

② 폐합도선의 일종이지만 출발점에 다시 돌아와 폐합시키지 않고 다른 기지점에 폐합하므로 더욱더 높은 신뢰성을 가질 수 있는 게 장점이다.

③ 계산상 오차의 발견이 쉽고 검정할 수 있으며 측량성과의 점검과 조정이 완전한 도선이다.

④ 지적측량에서는 일반적으로 결합도선에 의한 지적도근점측량을 기본으로 하고 있다.

⑤ 도선의 형태는 계산적으로 방향과 거리에서의 정오차의 검사도 가능하므로 유리하다.

(4) 왕복도선

① 〈그림 3-24〉의 (d)와 같이 폐합 도선의 원리와 동일한 도선이다.

② 기지점에서 출발하여 도선의 중앙점에서 다시 같은 측점들을 거쳐 출발 기지점으로 되돌아오는 도선이다.

③ 지형상 부득이하여 폐색점을 찾지 못하여 출발점에 폐색시키는 경우를 말한다.

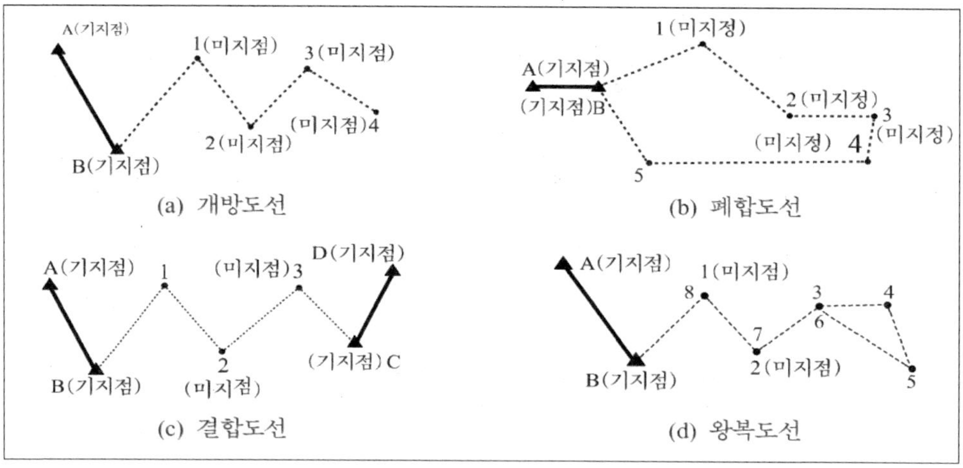

〈그림 3-24〉 지적도근점 망 구성

(5) 다각망도선(Traverse Network)

출제(용) : 92회

① 〈그림 3－25〉와 같이 넓은 지역에서 높은 정밀도의 도근점측량에 많이 이용되는 방법이다.

② 3점 이상의 기지점을 사용한 도선으로 망의 형태는 X, Y, A, H, 복합형 등이 있으며 조건식에 따라 최소제곱법으로 평균 계산한다.

③ 여러 개의 도선으로 조합된 망의 형태로 되어 교점다각망이라고도 한다.

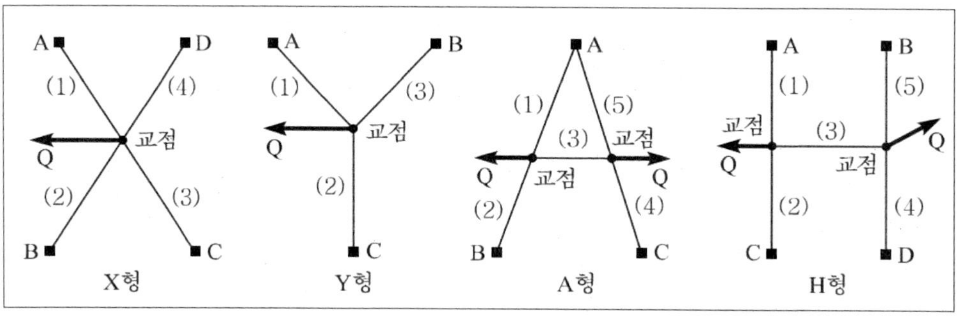

〈그림 3-25〉 교점다각망

3.6.2.2. 측량 원리

출제(논) : 104회

① 지적도근점측량은 여러 측점을 연결하여 형성되는 도선이나 망 형태로 구성된 각 측선의 방위각과 거리를 측정한다.

② 측선들이 만나서 이루는 각을 측정하여 수평 위치를 순차적으로 결정하는 편리하고 신속한 측량 방법이다.

③ 〈그림 3-26〉과 같이 한 측선의 거리와 방위각을 측정하여 출발점의 좌표에서 다음 측점까지의 종선차(Δx)와 횡선차(Δy)를 계산하고, 출발점의 좌표에 각각 종선차(Δx)와 횡선차(Δy)를 더하여 도근점의 위치를 결정하는데 적합하다.

④ 종선차(Δx) $= x_2 - x_1$, 횡선차(Δy) $= y_2 - y_1$를 계산한다.

⑤ AB 방위각(V_a^b)은 방위(θ) $= \tan^{-1}(\frac{\Delta y}{\Delta x})$를 계산하여, 종선차($\Delta$x)와 횡선차($\Delta$y)의 부호에 따라 상한을 결정한 뒤 방위각을 결정한다.

⑥ AB 거리(d) $= \Delta x^2 + \Delta y^2$를 계산한다.

⑦ B점의 좌표(X_B, Y_B)결정은 $X_B = X_A + \Delta x$, $Y_B = Y_A + \Delta y$ 이다.

여기서 $\Delta x = \ell \cdot \cos V_a^b$, $\Delta y = \ell \cdot \sin V_a^b$이다.

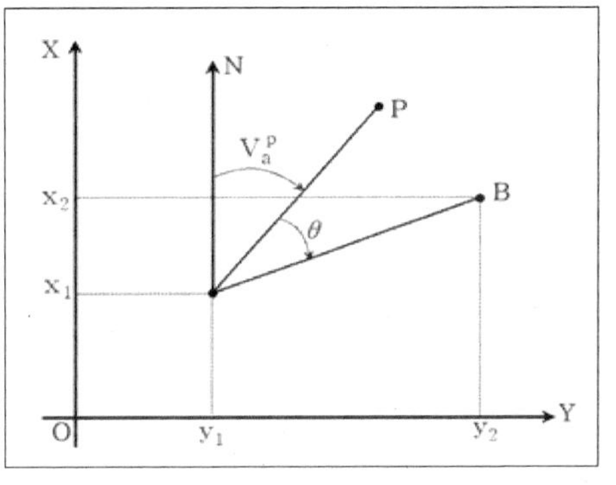

〈그림 3-26〉 지적도근점측량 원리

3.6.3. 도근측량의 시행

(1) 도선의 구분

출제(논) : 119회

① 도근측량의 도선은 1등 도선과 2등 도선으로 구분한다.

- 1등 도선은 삼각점·지적삼각점 및 지적삼각보조점의 상호 간을 연결하는 도선 또는 다각망도선으로 한다.
- 2등 도선은 삼각점·지적삼각점·지적삼각보조점과 지적도근점 간을 연결하는 도선으로 한다.

② 도선의 표기는 1등 도선은 가·나·다 순으로, 2등 도선은 ㄱ·ㄴ·ㄷ순으로 표기한다.

(2) 도근점의 번호

① 영구표지를 설치하는 경우에는 시, 군, 구별로 일련번호를 부여한다.

② 일시표지를 설치하는 경우에는 시행 지역별로 일련번호를 부여한다.

③ 각 도선의 교점은 도근점의 번호 앞에 '교'자를 붙인다.

(3) 도근측량의 제한 규정

① 도선법

- 도선은 지적측량기준점 간을 연결하는 결합도선에 의한다.
- 지형상 부득이한 때에는 폐합도선 또는 왕복도선에 의할 수 있다.
- 1도선의 점의 수는 40점 이하로 한다. 다만, 지형상 부득이한 때에는 50점까지로 할 수 있다.
- 점간거리는 50미터를 기준으로 하며 300미터 이하로 한다.
- 다각망도선법에 의한 경우에는 점간거리를 500미터 이하로 할 수 있다.

② 다각망도선법

- 경위의측량방법, 전파기 또는 광파기측량방법에 따라 다각망도선법으로 도근측량을 하는 경우는 3점 이상의 기지점을 포함한 결합다각방식에 의하며 1도선의 점의 수는 20점 이하로 한다.
- 1도선 이란 기지점과 교점 간 또는 교점과 교점 간을 말한다.

3.6.4. 작업 순서

① 작업 순서에서 외업은 계획, 답사, 선점, 매설, 관측 순으로 하고, 내업은 계산, 지적도근점 전개, 망도 및 표석 대장 작성 등의 순으로 한다.

② 준비는 목적, 지역, 작업량, 기간, 정밀도, 측량팀의 편성, 관측 기계, 매설 기구, 소모품, 표지, 재료 등의 종류와 수량, 작업경비, 교통, 후속되는 세부측량에 미치는 영향 등을 참고하여야 한다.

③ 답사는 지적측량기준점의 적절한 배치 및 측량방법을 결정하기 위해 측량 예정지를 답사하여 최소의 시간으로 정도를 높이는 측량방법을 선택한다.

④ 선점은 현지에서 측점의 위치를 결정하는 작업을 말하며 해당 지역의 지형, 토지 분포의 상황, 측량 시 시통 여부를 확인하고 지형도 및 지적도를 참고로 도상계획을 수립한다.

⑤ 선점 시 유의 사항

- 지적도근점은 교통의 방해가 적고 차량의 운행에 따른 지역의 진동이나 관측에 영향을 받지 않고 지반이 견고한 장소를 선택한다.
- 세부측량의 기준점으로 사용하기 편리하고 영구적으로 보존할 수 있는 위치에 정한다.
- 암석·석재 구조물·콘크리트 교량·맨홀 및 건축물 등 견고한 고정물에 설치할 필요가 있을 때는 그 고정물에 지적도근점의 규격으로 각인하거나 고정하여 설치할 수 있다.
- 도선은 되도록 도곽선의 근처 행정구역 경계에 있는 도로, 하천, 구거 등을 따라 편성하여 편리하게 활용할 수 있도록 한다.

⑥ 표지를 영구 보존할 때는 표석을 매설하고 일시적으로 사용할 때는 나무 말뚝을 설치하여 기준점으로 사용한다.

⑦ 수평각 관측은 시가지 지역, 축척변경 지역과 경계점좌표등록부 시행 지역은 배각법, 그 밖의 지역은 방위각법과 배각법을 혼용할 수 있으며 20초독 이상의 정밀 경위의를 사용한다.

⑧ 연직각 관측은 지적도근점의 표고를 구하기 위하여 경사거리를 수평거리로 환산하기 위한 경사각이 필요할 때 실시한다.

⑨ 거리 측정은 전파 또는 광파 거리측량기에 의하여 측정하며 점간거리는 2회 측정하여 거리 측정 교차는 평균값의 1/3,000m 이하일 때에는 그 평균값을 점간거리로 하며, 점간거리가 경사 거리일 때는 수평거리로 계산한다.

⑩ 계산은 측정 거리의 평균값을 수평거리로 계산한 값을 기재하고, 배각법에 따른 지적도근점측량은 교각을 측정한 것으로 계산으로 방위각을 결정한다.

3.6.5. 도선법의 오차

출제(논) : 47, 56, 66, 74, 104회

도선측량을 시행할 경우 출발점에서 관측을 시작하여 도착점에 도착했을 때 폐합되지 못하고 발생하는 오차를 폐합오차라 한다. 트래버스측량에서 측정한 관측값의 폐비가 허용한계를 벗어나면 재관측을 해야 하지만 허용한계 이내이면 폐합오차를 분배시켜야 한다.

(1) 폐합오차와 폐합비

① 폐합오차는 출발점에서 거리와 각을 관측하여 출발점 또는 다른 기지점에 도달했을 때 관측 오차에 의해 폐합되지 못하고 폐합오차(e)가 발생함을 의미한다.

- 폐합오차(e) $= \sqrt{(\Delta\ell)^2 + (\Delta d)^2}$ ($\Delta\ell$: 위거 오차, Δd : 경거 오차)

② 폐합비(Ratio of Closure)(R) $= \frac{e}{\Sigma L} = \frac{\sqrt{(\Delta\ell)^2 + (\Delta d)^2}}{\Sigma L}$ (R : 폐합비(=정도), e : 폐합오차, ΣL : 도선거리의 총합)

③ 도면상 폐합오차 $\frac{1}{m} = \frac{\ell}{L}$ 에서 폐합오차 허용범위(ℓ) $= \frac{L}{m}$ 이다.(m : 축척 분모, L : 노선거리, ℓ : 거리 허용범위)

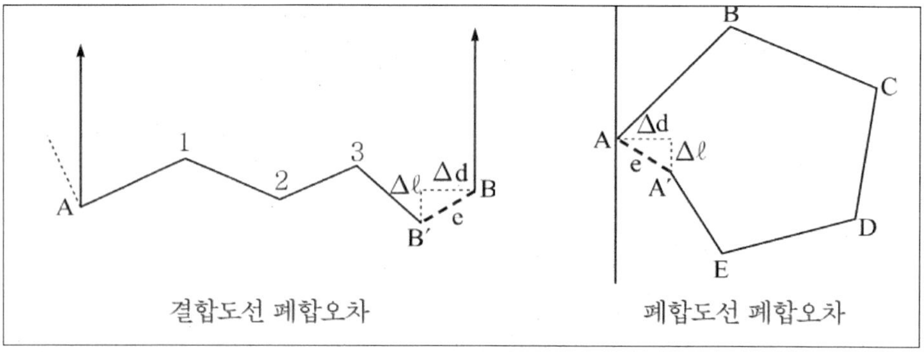

<그림 3-27> 도선의 폐합 오차

(2) 폐합오차의 조정

① 폐합오차의 조정 방법에는 트랜싯 법칙과 컴퍼스 법칙, 간략법과 최소제곱법 및 Crandall 법이 있다.

② 간략법(Arbitary Method)

- 간략법은 일정한 법칙이나 식이 없으며 관측자가 외업 시에 현장상태를 고려해서 임의로 오차를 배분한다.
- 기복이 심한 산지 지역에 더 큰 오차량을 배부하여 위거와 경거의 합이 0이 되도록 보정한다.
- 오차가 극소하여 이를 배분하기 곤란할 때 배분하는 방법이나 지적측량에서는 사용하지 않은 방법이다.

③ 크랜달법(Crandal Method)

- 폐합되기 위한 각관측 오차를 동일하게 배분하여 각을 조정하며 조정된 각을 고정하고 경중률을 고려하여 최소제곱법에 따라 거리 측정값에 남아 있는 오차들을 조정하는 방법이다.

- 이 방법은 배각법이나 방위각법보다 계산시간이 더 많이 걸리지만 거리측정 값이 각 관측값보다 더 큰 우연오차를 포함하고 있을 때 적절한 방법이다.

④ 최소제곱법

- 최소제곱법은 확률에 근거를 둔 방법으로 잔차의 제곱을 최소로 한다는 조건으로 각과 거리값을 조정하는 방법이다.
- 각과 거리 측정값의 상호밀도와 관계없이 어떤 도근점 망도 해석할 수 있다.
- 계산과정이 복잡하여 널리 사용하지 못하다가 최근 전산기의 발달로 널리 이용되고 있다.

(3) 컴퍼스법칙

출제(용) : 65회

① 각과 거리의 정밀도가 비슷할 때 실시하는 방법이다.

② 각 측선의 길이에 비례하여 배분하는 방법이다.

③ 위거에 대한 보정량 $= \dfrac{\Delta\ell}{\Sigma L} \cdot \ell$

④ 경거에 대한 보정량 $= \dfrac{\Delta d}{\Sigma L} \cdot \ell$ ($\Delta\ell$: 위거오차, Δd : 경거오차, ΣL : 측선길이의 총합, ℓ : 해당 측선의 길이)

(4) 트랜싯법칙

출제(용) : 56회

① 각의 정밀도가 거리의 정밀도 보다 높을 때 활용하는 방법이다.

② 오차는 위거와 경거의 크기에 비례하여 배분한다.

③ 위거에 대한 보정량 $= \dfrac{\Delta\ell}{|\Sigma L|} \cdot L$

④ 경거에 대한 보정량 $= \dfrac{\Delta d}{|\Sigma D|} \cdot D$ ($\Delta\ell$: 위거오차, Δd : 경거오차, $|\Sigma L|$, $|\Sigma D|$: 위거, 경거의 절대값의 합, L, D : 해당 측선의 위거, 경거의 절대값)

3.7. 평판측량

지적측량은 토지를 지적공부에 등록하거나 지적공부에 등록된 경계를 지표에 복원할 목적으로 각 필지의 경계 또는 좌표와 면적을 정하는 측량으로써 기초측량과 세부측량으로 구분하며 세부측량은 도해 세부측량과 수치 세부측량으로 나누어진다. 평판측량은 평판과 앨리데이드 등의 기기를 이용하여 측량 현지에서 도해적으로 지형, 지물의 위치 및 토지경계 위치, 형상을 결정하는 측량을 말한다. 평판측량방법은 토지조사사업 당시부터 전 국토를 대상으로 1975년 12월 31일 지적법의 전문개정에 따라 처음으로 수치에 의한 일필지 측량이 시행되었다.

3.7.1. 평판측량 장비

(1) 평판

① 평판은 〈그림 3-28〉과 같이 삼각 위에 고정해 그 표면 위에 도면을 놓고 측정한 결과를 그리는 판으로 평판이라고도 부른다.

② 평판은 잘 마른 전나무와 합판을 3중으로 나뭇결의 방향과 직각으로 포개어 두께 1.5~3.0cm 정도로 만든 것으로 크기는 30cm×40cm, 40cm×50cm, 60cm×75cm의 것이 있다.

③ 평판 뒷면에는 금속으로 된 열쇠 구멍과 같은 구멍이 있어 삼각에 고정할 수 있는 장치가 되어 있다.

〈그림 3-28〉 평판과 삼각

(2) 삼각

① 삼각은 평판이 움직이지 못하도록 고정하는 장치로서 평판측량의 정확도에 큰 영향을 미친다.

② 삼각은 〈그림 3-28〉과 같이 평판을 수평으로 하거나 평판을 일정한 방향으로 유지해 주는 중추적인 역할을 한다.

(3) 앨리데이드

① 앨리데이드(Alidade)는 보통 앨리데이드(Nomal Alidade), 망원경 앨리데이드(Telescope Alidade), 광파 앨리데이드(Light Wave Alidade)가 있다.

② 〈그림 3－29〉와 같이 보통 앨리데이드는 폭 4cm, 두께 1.5cm, 길이 22~27cm의 자의 형이며 윗면 중앙에는 곡선반지름 1.0~1.5m 정도의 기포관과 옆면에는 축척의 눈금이 있다.

③ 광파앨리데이드는 〈그림 3－30〉과 같이 앨리데이드에 광파기를 부착하여 수평거리, 경사거리, 고저차를 직접 측정할 수 있어 신속하고 정확하게 측량을 진행할 수 있으므로 많이 사용되었다.

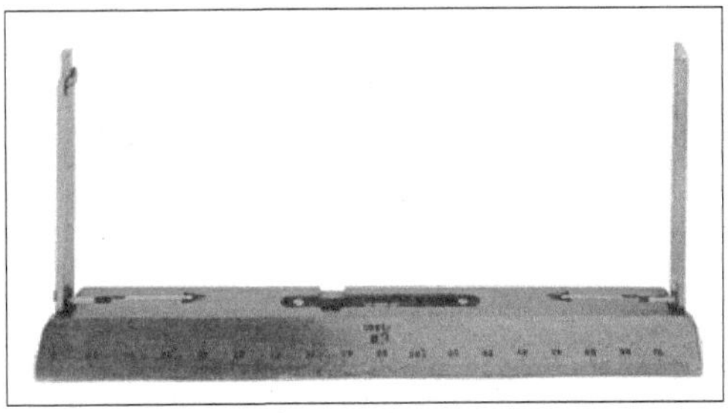

〈그림 3-29〉 앨리데이드(조준의)

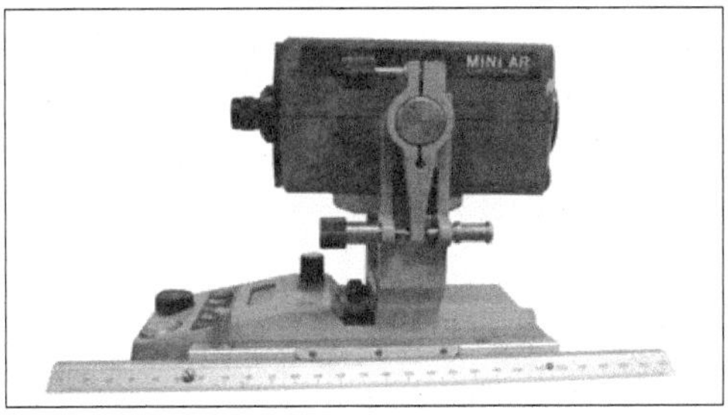

〈그림 3-30〉 광파 앨리데이드

(4) 구심기와 추

① 〈그림 3－31〉의 (a)와 같이 구심기(Plumbing Arm)와 추는 일체형으로 구성되어 있다.

② 측량기기의 중심 또는 평판측량에서 고정된 지상점과 도면상의 점을 동일 연직선에 오도록 조정하는 것을 구심(求心) 또는 치심(致心)이라 하며, 이때 구심을 잡기 위해 사용하는 측량 도구를 구심기라 한다.

③ 구심기의 상부 끝을 평판상의 측점에 맞추고 아래에는 수구를 달아 지상의 측점에 맞춘다.

④ 추는 다른 측량용 추와 모양은 같으나 크기는 작고 측량기기의 중심과 지상의 측점을 동일 연직선 상에 일치시키기 위한 도구이다.

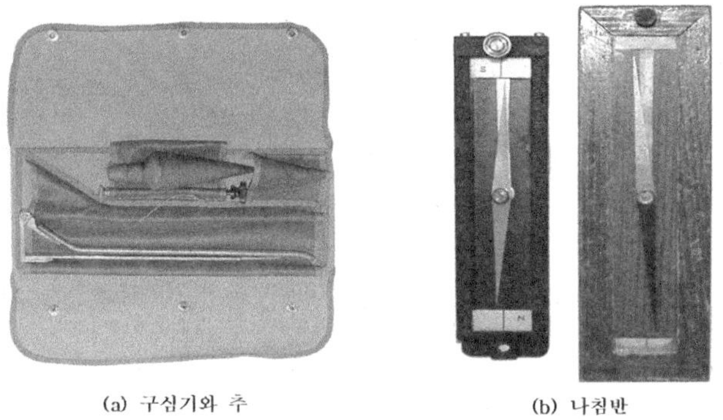

(a) 구심기와 추 (b) 나침반

〈그림 3-31〉 구심기와 추, 나침반

(5) 나침반

① 나침반은 하나의 측선이 자북자오선(Magnetic Meridian)으로 되는 수평각을 관측하여 수평 위치를 결정하는 기구로 〈그림 3-31〉의 (b)와 같다.

② 자침이 남북을 가리키는 성질을 이용하여 방위나 방위각을 측정하는 도구로 측도가 간단하고 취급이 편리하나 관측각이 자북방위각으로 자오선의 편차 때문에 변화하므로 정확한 방위를 가리키지 못하는 단점이 있다.

3.7.2. 평판의 설치

평판을 측정점에 세울 때는 삼각에 고정하고 〈그림 3-32〉와 같이 정준(수평 맞추기), 정심 또는 구심(중심 맞추기), 정향 또는 표정(방향 맞추기) 등 세 조건을 충족시켜야 한다.

① 정준(Leveling)은 평판면을 수평으로 맞추기 위한 것으로 평탄지에서는 삼각의 끝이 정삼각형을 이루도록 하고, 경사지에서는 삼각 중 두 개는 낮은 곳에 한 개는 높은 곳에 둔다.

② 구심(Centering)은 평판 위에(도상) 표시된 측정점과 지상의 측정점이 같은 연직선 위에 있도록 하여야 한다.

③ 표정(Orientation)은 평판을 일정 방향에 맞추는 것으로 기지 방향선에 의한 표정과 나침에 의한 표정이 있으나 보통 기지 방향선에 맞추어 측량을 시행한다.

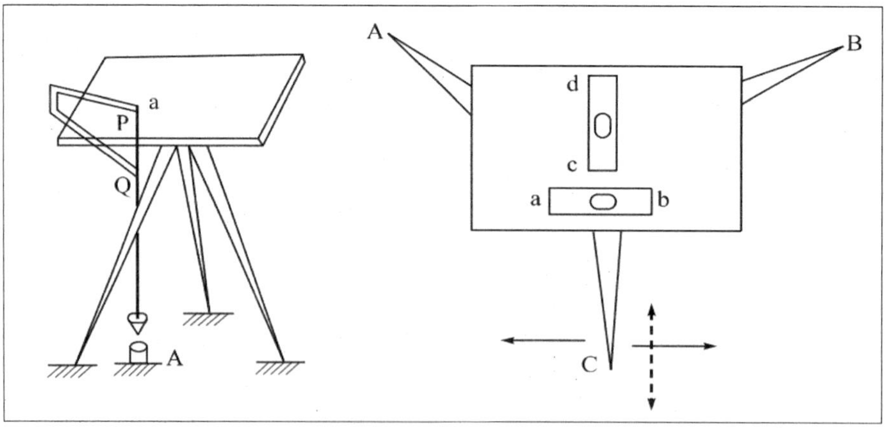

〈그림 3-32〉 평판설치 방법

3.7.3. 평판측량 방법

3.7.3.1. 교회법

출제(용) : 122회

교회법(Method of Intersection)은 방향선이 교차하여 점의 위치를 결정하는 것이며 거리측정이 불필요하다. 교회법은 전방교회법, 후방교회법 및 측방교회법으로 분류할 수 있다. 장거리에 있는 점의 관측 또는 장애물이 있어 거리를 직접 관측할 수 없는 경우에 적합한 방법이다. 지적측량에서는 전방교회법 또는 측방교회법에 따르며 3방향 이상의 교회로 시행하고 방향각의 교각은 30°~150° 사이에 있도록 하는데 90°일 때 최적이다. 이는 방향선에 의하여 멀리 있는 점 또는 토지가 하천, 도로 등과 같이 연속되지 아니하여 거리측정을 할 수 없는 점을 결정하는데 적합한 방법이다.

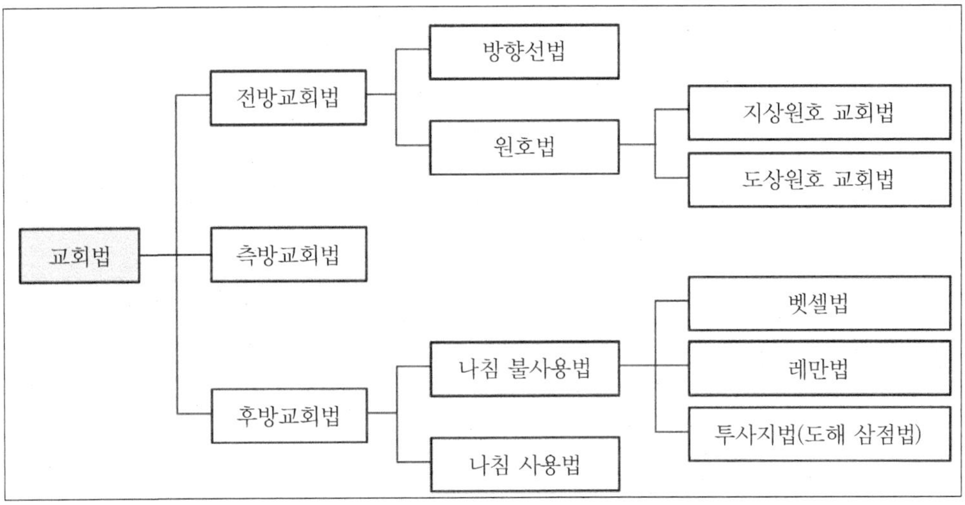

〈그림 3-33〉 교회법의 분류

(1) 전방교회법

출제(용) : 116회

① 전방교회법(Method of Forward Intersction)은 두 개 이상의 기지점을 측점으로 하여 미지점의 위치를 결정하는 방법이다.

② 전방교회법은 방향선법과 원호법으로 구분하고 원호법은 지상원호교회법과 도상원호교회법으로 구분한다.

③ 도상원호교회법

- 특정한 지상점의 도상 위치를 결정하기 위해 3개의 기지점에서 소구점까지의 실지 거리를 컴퍼스로 도상의 각 점을 중심으로 원호를 그려 교차된 점으로 도상 위치를 결정하는 방법이다.
- 도상원호교회법은 전방교회법의 한 방법으로 기지점을 중심으로 지상의 소구점을 찾는 방법이다.
- 도상의 경계점을 이용하여 원호로 교차시켜 3개의 원이 교차하는 점을 소구점으로 한다.
- 지상의 기지점 또는 평판점의 위치를 찾고자 할 경우에 사용하는 방법이다.
- 측량지역의 기준점에 관한 정보가 없을 때 및 방향과 거리의 정보가 없을 때 지상경계점과 도상경계점이 서로 일치하는지를 확인할 때 이용하는 방법이다.

④ 지상원호교회법

- 도상에 있는 점의 지상위치를 결정하는 방법으로 기지 3점과 소구점의 도상거리를 지상거리의 반경으로 지상의 기지점을 이용하여 지상에 원호를 그려 교차하는 점을 지상위치를 결정하는 방법이다.
- 지상원호교회법은 전방교회법의 한 방법으로 기지점을 중심으로 지상의 소구점을 찾는 방법이다.
- 도상에서 측정된 지상거리를 실제 지상 기지점에서 줄자로 측정하여 3개의 원이 교차하는 점을 소구점으로 한다.

⑤ 원호교회법은 측량준비도에 의하여 측량할 때 경계의 위치는 기지점을 기준으로 지상 경계점과 도상 경계점의 부합 여부를 확인하는 데 많이 사용한다.

⑥ 방향선법은 〈그림 3-34〉와 같이 기지점 A, B, C의 도상 위치 a, b, c에 의하여 미지점(P)의 위치를 결정하는 방법이다.

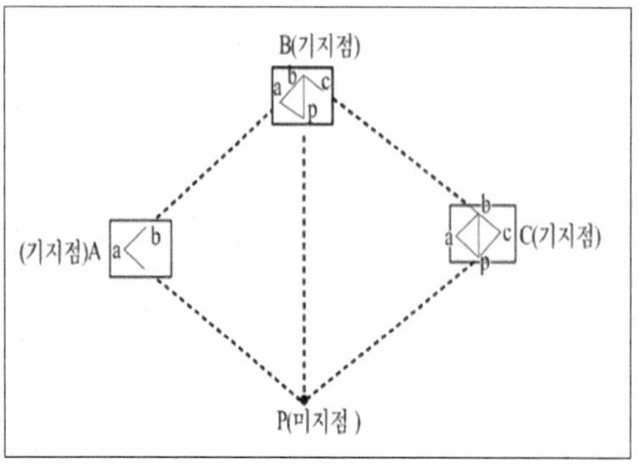

〈그림 3-34〉 전방교회법

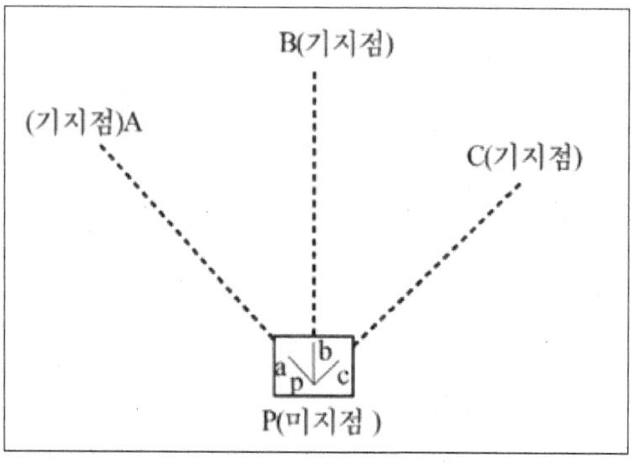

〈그림 3-35〉 후방교회법

(2) 후방교회법

출제(용) : 123회, (논) : 77회

① 후방교회법(Method of Backward Intersection)은 미지점에 평판을 세우고 두 개 이상의 기지점 방향선에 의하여 위치를 측정하는 방법으로 이점법과 삼점법으로 구분하고 삼점법은 나침 사용법과 나침 불사용법으로 구분한다.

② 나침 사용법은 〈그림 3－35〉와 같이 미지점(P)에 평판을 세우고 나침으로 표정을 하며 도상 기지점 a에 측침을 꽂아 지상 A점을 시준하여 방향선을 긋고 차례로 기지점 b 및 c점에 측침을 꽂아 각각의 지상 B 및 C점을 시준하여 방향선을 긋고, 3방향선을 교차하여 미지점(P)을 구하는 방법이다.

③ 이때 방향선의 교점 p가 구하고자 하는 점이며 기지점이 2개일 때는 오차가 크므로 소축척의 측량이나 약도에 사용한다.

④ 나침 불사용법은 베셀법, 도해 3점법과 레만법으로 구분한다.

⑤ 평판측량에서 방사법, 전진법, 교회법을 동시에 병용하여 사용하면, 시오삼각형의 내접원 지름이 ≤0.4mm일 때 중심점을 교점으로 한다.

⑥ 나침 사용법(Magnetic Method)은 2방향선의 교회만으로서 소구점을 구하는 방법으로 다시 한 점에 측량침을 꽂고 제3점을 조준하여 방향선을 그어 3방향선의 교차로 검증한다.

⑦ 도해 3점법은 나침을 사용하여 평판을 표정하는 방법이며 나침을 사용하지 않을 때는 베셀법과 투사지법이 있다.

⑧ 베셀법

출제(논) : 60, 81회

- 베셀법(Bessels Method)은 나침을 사용하지 않고 후방교회법으로서 평판을 표정하는 방법으로 발견자인 프랑스의 Bessel이 고안한 것으로 도해법이라고도 한다.
- 〈그림 3－36〉과 같이 a, b, c의 3개 지상 기지점을 A, B, C의 도상 위치로 하고 결정할 D점(소구점)에 평판을 설치하고 조준의 정규면을 ac에 맞춘 다음 평판을 움직여 지상 A점을 시준한 후 평판을 고정한다.
- 다음에 도상점 c에 측량침을 꽂고, 지상 B점을 시준하고 방향선(ce)를 긋는다.
- 다시 조준의를 ca에 맞추고 지상 C점을 시준하여 평판을 표정한다.
- 도상점 a에 측량침을 꽂고 지상 B점를 시준하여 ae를 그리면 두 방향선(ce와 ae)의 교점 e는 지상 B점과 측점(D)을 통과하는 직선상에 있으므로 조준의를 eb에 맞추고 B점을 시준하여 평판을 고정한다.

- 정방위에 표정되므로 다음 후방교회법에 따라 a, b점에 각각 측량침을 꽂고, A, B점을 수차적으로 시준하고 방향선을 긋는다.
- 이때 2방향선이 교차하는 도상위치 d점을 결정할 수 있다.

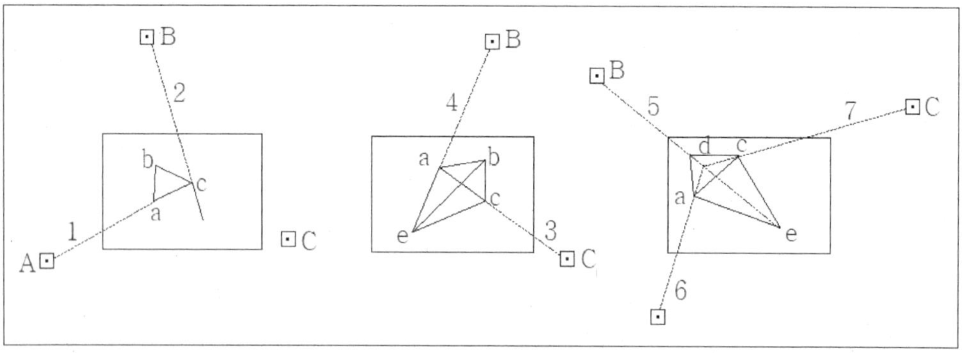

〈그림 3-36〉 베셀법

⑨ 투사지법

- 투사지법(tracing paper method)은 도해 삼점법이라고도 하며 나침을 사용하지 않고 간단히 후방교회법으로 측점 주위에 있는 많은 기지점을 기준으로 신뢰할 수 있는 위치를 결정할 때 편리하므로 이동측량에서 많이 사용된다.
- 측점 주위에 있는 다수의 기지점을 기준으로 신뢰할 수 있는 위치를 결정하는 방법이다.
- 평판에 투명지를 펴고 적당한 위치에 측량침을 꽂고 여기에 조준의를 지상의 기지점 등을 시준하여 방향선을 그린다.
- 다음에 투명지를 평판에서 떼어내고 이미 그려져 있는 도면 위에다 투명지를 덮어서 세 방향선의 지상점이 도상 위치 a, b, c점 등을 통과하는 위치에 일치하도록 한다.
- 투사지의 최초 측침점을 평판에 표시하면 그 점이 측점의 도상 위치이므로 이 점과 방향선에 의하여 평판을 구심 및 표정 하면 된다.
- 시준한 방향선이 다수일 때에 모든 점의 방향선이 하나의 도상점을 통과하면 좋으나 일부점의 방향선이 통과하지 않을 때는 해당 기지 위치에 오류가 있는 것으로 이때는 다수의 점이 통과하는 위치로 결정한다.
- 측점의 주위에 있는 많은 기지점을 기준으로 하여 가장 믿을 만한 점의 위치를 결정하기에 알맞은 방법으로 지적측량에서 많이 사용되고 있다.

⑩ 레만법

출제(용) : 74회

- 레만법(Lehman's Method or Trial Method)은 미지점을 구하면 일반적으로 시오삼각형이 생기는데 이 시오삼각형의 크기와 평판 표정의 각 오차는 비례한다.
- 시오삼각형은 평판을 조금씩 회전하여 방향선을 다시 그으면 시오삼각형의 크기가 줄어들고 1점에서 만날 때까지 반복하는 방법이다.
- 레만법은 지상점을 A, B, C라 하고 도면의 점을 a, b, c라 하면 구하려고 하는 지상점 D에 평판을 세워서 방향을 표정한다.
- 다음은 a점에 측침을 세우고 A점을 b점에서 B점, c점에서 C점을 각각 시준하여 d점을 향해 ad, bd, cd의 방향선을 그리면 세 방향선이 한점에 교차하는 점이 도면의 d점이다.
- 표정이 잘못되었을 때는 교차하지 않고 시오삼각형이 생기는데 시오삼각형이 없어질 때까지 재관측을 하여야 하는데 이때 레만법을 이용한다.
- 레만법의 정리는 시오삼각형이 어느 쪽에 오는가를 식별하는 방법으로 시오삼각형의 크기와 평판 표정의 각 오차는 비례한다.
- 〈그림 3-37〉의 (a)는 시오삼각형 a, b, c의 안에 d점이 있는 경우와 시오삼각형 a, b, c의 밖에 있고 외접원의 안에 있는 경우이다.
- 〈그림 3-37〉의 (b)는 외접원 밖에서 시오삼각형의 꼭지각 안에 있을 경우이다.
- 〈그림 3-37〉의 (c)는 d점은 중앙의 방향선에 대하여 시오삼각형 반대 측에 있으며, 시오삼각형 a, b, c가 외접원의 밖에 있고 △abc의 한 변의 꼭지각 안에 있을 경우이다.
- 〈그림 3-37〉의 (d)는 중앙의 방향선에 대하여 시오삼각형과 같은 쪽에 있으며 d점이 외접원의 밖에 있을 때는 오차가 발생하여도 시오삼각형이 생기지 않으므로 문제의 해결은 불가능하다.
- 〈그림 3-37〉의 (e)는 d점에서 방향선 ae, bf, cg에 직각 방향으로 그은 직선의 길이 ℓ_1, ℓ_2, ℓ_3는 da, db, dc의 거리에 비례한다.

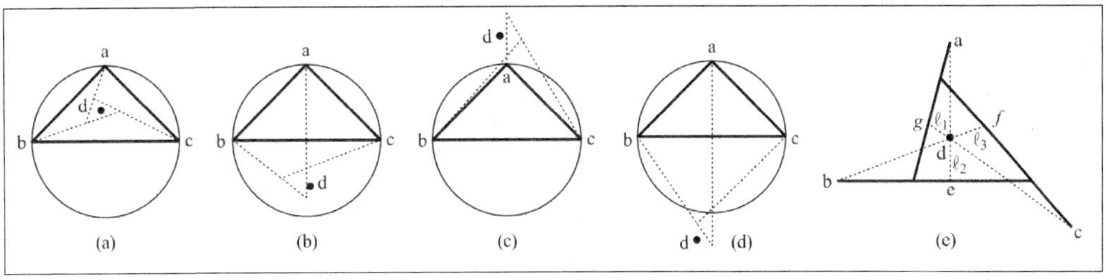

〈그림 3-37〉 레만법

(3) 측방교회법

출제(용) : 53, 57회

① 측방교회법(Method of Side Intersection)은 전방교회법과 후방교회법을 혼합하여 측량하는 방법으로, 즉 미지점과 기지점을 이용하여 측량하는 방법이다.

② 〈그림 3－38〉에서 기지점 A를 측점으로 하고 전방교회법의 요령으로 다른 기지에 의하여 평판을 표정하는 방법으로 도상 a점에 측침을 꽂고 미지점 P를 시준하여 도상에 방향선을 그은 다음 미지점 P에 평판을 세워 후방교회법의 요령으로 먼저 그은 방향선으로 평판을 표정한다.

③ 다른 기지점(b)에 측침을 꽂고 B점을 시준하여 후방에 방향선을 그으면 앞 선의 시준선과 교차하여 만들어진 교점 P는 도상 위치 p가 된다. P점은 소구점 p의 도면상 위치가 된다.

④ 두 방향선의 교회로서는 작업의 성과를 알 수 없으므로 다시 한번 제3의 기지 C점을 조준한 방향선을 그어 3점의 교회로서 이를 검증하여야 한다.

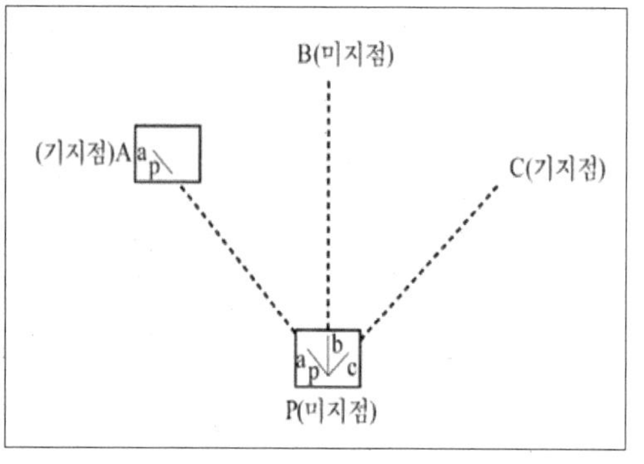

〈그림 3-38〉 측방교회법

⑤ 제3의 기지점을 전시할 수 없을 때는 두 기지점의 1점까지의 거리를 검측하여 도상거리와 일치시키면 된다.

(4) 시오삼각형

출제(논) : 81회

① 교회법으로 점을 결정하려 할 때는 세 방향선이 1점에 꼭 교차하지 않고 삼각형이 생기는 것을 시오삼각형(Triangle of Error)이라 하며 그 발생 원인은 다음과 같다.

② 시오삼각형 발생원인

- 기지점의 위치를 잘못 판단하였을 경우
- 사용 기계의 점검이 잘되지 않았을 경우
- 방향선을 잘못 표시하였을 경우
- 평판의 표정을 잘못하였을 경우
- 측량원도의 용지가 불규칙한 신축이 발생하였을 경우

③ 시오삼각형은 내접원의 지름이 1mm 이하일 때는 그 중심을 점의 위치로 하고, 그 이상일 때는 재측량을 시행하여야 한다.

3.7.3.2. 도선법

출제(논) : 66, 74회

도선법(Method of Progression)은 기지점에서 출발하여 다른 기지점에 연결 또는 다시 돌아와 출발 기지점에 연결하는 다각선을 경유하여 각 변의 방향과 거리로 측점의 위치를 결정하는 방법으로 전진법(前進法) 도는 도해도선법이라고도 한다.

도선법은 측량 구역이 좁고 길거나 측량할 지역 안에 장애물이 많아서 방사법이 불가능한 경우에 사용하는 방법으로 각 측점에 평판을 세우고 방향과 거리를 관측하는 방법이며 정확한 성과와 오차를 발견할 수 있으나 많은 시간과 노력이 필요하다.

(1) 실시 방법

① 실시 방법은 〈그림 3-39〉와 같이 기지점(A)에 평판을 세우고 도상점 a에 측침을 꽂아 다른 기지점 P점을 표정한 후 도선의 제1점인 B에 세운 Pole을 시준하여 도상에 ab의 방향선을 긋는 것을 전시(Foresight)라 한다.

② B점에 평판을 옮겨 앞서 그은 ba의 방향선을 표정한 것을 후시라 하며 도상 b점에 측침을 꽂고 도선의 제2점인 C점을 전시하여 도상 c점을 측정하는 등으로 순차 작업을 진행한다.

③ 한점에서 작업을 마치고 다음 점으로 이동할 때는 반드시 거리 측정의 정확 여부를 점검하고 또 각 변의 거리를 기록한다.

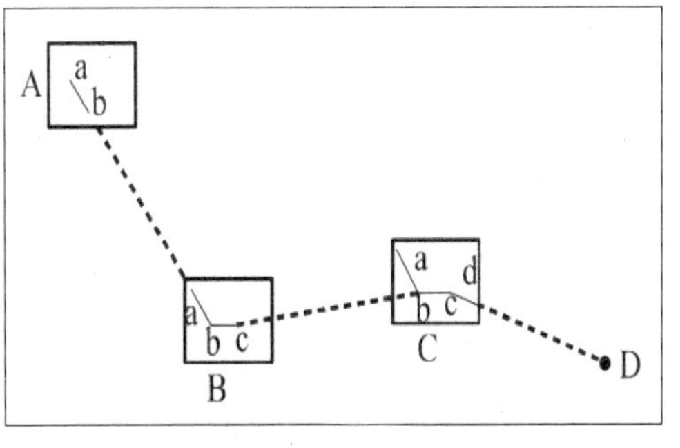

〈그림 3-39〉 도선법

④ 도선의 측선장은 도상 길이 8센티미터 이하로 해야 하며 광파조준의를 사용하는 때에는 30센티미터 이하로 할 수 있으나 도선의 변은 20개 이하로 한다.

(2) 오차 발생원인

① 기지점을 착오로 관측하는 경우

② 사용 기계의 조임 등이 불완전한 경우

③ 표정할 때 시준점을 착오로 관측한 경우

④ 표정을 실시한 후 방향선을 잘못 그었을 경우

⑤ 측량준비도 용지가 불규칙하게 신축이 생겼을 때

(3) 폐합오차의 조정

① 도선 측량을 할 경우 출발점에서 관측을 시작하여 도착점에 도착했을 때 폐합되지 못하고 발생하는 오차를 폐합오차라 한다.

② 측정한 관측값의 폐합비가 허용한계 이내이면 오차를 배분하여 조정하지만, 허용한계를 벗어나면 재관측을 해야 한다.

③ 각 변의 방위 또는 각과 변의 길이를 관측하였을 때 생기는 오차를 각 변에 알맞게 배분하여 도선을 결합 또는 폐합시키는 방법으로 간략법, 방위각법, 배각법, 크랜달법 및 최소제곱법이 있다.

④ 조정 방법은 트랜싯 법칙과 컴퍼스 법칙이 주로 사용되고 있다.

⑤ 도선의 폐색오차가 도선길이 mm 이하면 각 점에 배분하여 그 점의 위치로 한다.

⑥ 지적측량기준점과 기타 명확한 기지점 간을 상호 연결하여 도선의 측선장은 도상 8cm 이하로 하고 변수는 20개 변 이하로 하며 광파조준의를 사용하는 때에는 30cm 이하로 할 수 있다.

(4) 폐합오차와 배분

① 도선의 폐색오차가 도상 길이가 $\frac{\sqrt{N}}{3}$mm 이하일 때에는 오차를 각 점에 배분한다.

② 폐합도선에서 폐합오차는 위거와 경거에 대한 오차로 위거 오차를 $\Delta\ell$, 경거 오차를 Δd라 하면 폐합오차 $(e) = \sqrt{\Delta\ell^2 + \Delta d^2}$ 이 된다.

③ 도선 전체의 길이를 L라 하면 폐합비는 $\frac{e}{L}$가 되는데 이를 측량의 정도로 표시한다.

④ 결합도선의 폐합오차는 〈그림 3-40〉과 같이 AB의 위치를 알고 있으므로 직교축을 X, Y로 할 경우 A점의 좌표(X_A, Y_A), B점의 좌표(X_B, Y_B)라고 한다.

⑤ 도선의 폐색오차는 $Mn = \frac{e}{N} \times n$ 식에 따라 이를 각 점에 배분하여 그 점의 위치로 하며 다음의 식과 같이 계산하여 배분한다.

- $M_1 = \frac{e}{N} \times n_1$, $M_2 = \frac{e}{N} \times n_2$, $M_3 = \frac{e}{N} \times n_3$, $M_n = \frac{e}{N} \times n_n$
- M_n은 각 점에 순서대로 배분할 mm 단위의 도상 길이, e는 mm 단위의 오차, N은 변의 수, n은 변의 순서이다.

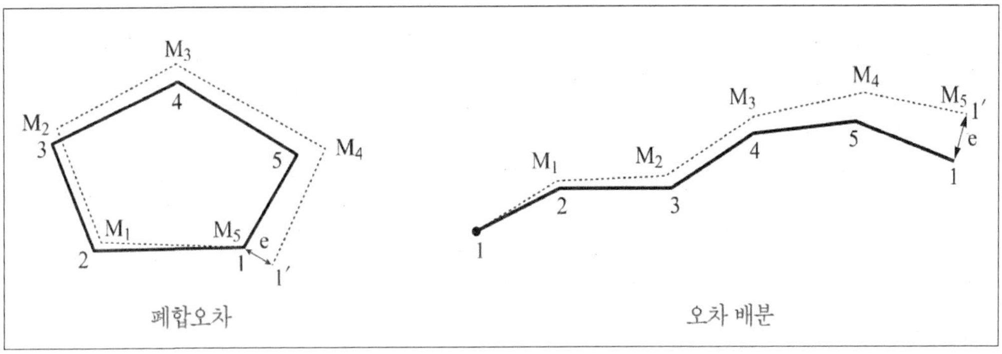

〈그림 3-40〉 폐합오차 및 배분 방법

3.7.3.3. 방사법

방사법(Radiation Method)은 광선법(光線法), 사출법(射出法)이라고도 하며 기지점을 평판점으로 하여 주위에 있는 점의 위치를 결정하는 방법이다.

(1) 특징

① 〈그림 3-41〉과 같이 간단하고 정확한 방법이나 한 측점으로부터 많은 점을 시준할 수 있어야 한다.

② 거리는 직접 측정하여야 하므로 시준이 잘되는 기지점을 평판점으로 하여 주위에 있는 점의 위치가 보여야 한다.

③ 평판 점으로부터의 방향선 상에 직접 거리를 표시하는 방법이다.

④ 측량할 구역 안에 장애물이 없고 비교적 좁은 구역에 적합하며 대축척의 높은 정도를 얻는 방법이다.

⑤ 측량은 편리하나 검증을 할 수 없는 단점이 있으므로 다른 방법으로 기지점을 검증하여야 한다.

⑥ 측량할 구역 안에 장애물이 없고 1방향선의 도상 길이는 10cm 이하로 하며 비교적 좁은 구역에 적합하고 대축척의 높은 정도를 얻는 방법으로 광파조준의를 사용하는 때에는 30cm 이하로 할 수 있다.

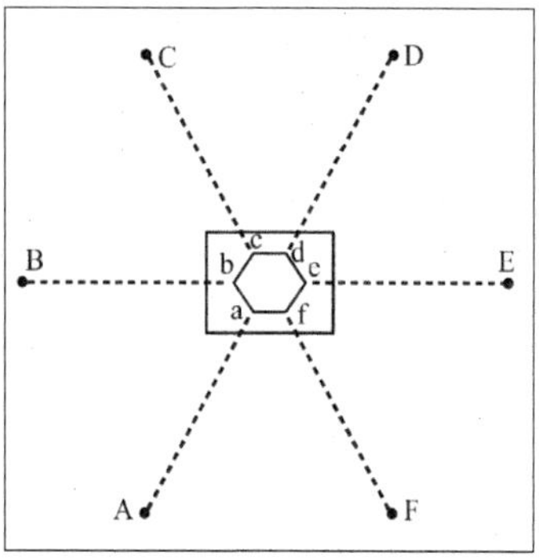

〈그림 3-41〉 방사법

(2) 측량 방법

① 〈그림 3-42〉와 같이 기지점에 평판을 세우고 도상점에 측침을 꽂아 조준의를 이용하여 지상점 A, B, C, D, …를 차례로 시준하여 도상점 a, b, c, d,… 의 점을 결정하는 방법이다.

② 측량해야 할 구역 안의 기지점에 평판을 세우고 구심기를 사용하여 지상점을 도상의 측점과 일치시킨 후 측침을 꽂는다.

③ 앨리데이드 면을 측량침에 붙여 지상점에 세운 폴을 정확하게 시준하고 방향선 pa를 긋는다.

④ 다음 지상에서 거리를 측정하고 정해진 축척으로 도상에 a점을 정한다.

⑤ 위와 같은 방법으로 지상의 점 B, C, D, …를 차례로 시준하여 도상의 b, c, d, …를 정하고 a, b, c, d, …를 차례로 연결하면 된다.

3.7.3.4. 도해법과 도해지적측량

도해법(圖解法)은 조준의(alidade), 제도용 연필, 측침(測針) 등을 이요하여 종이도면에 다각형으로 묘사하는 측량 방법이다.

(1) 법률 근거

① 대구시가토지측량규정(1907.5.16.)

- 제48조 세부측량은 도근측량점을 기초로 하고, 500분의 1 축척의 도해법으로 시행한다.

② 삼각점의 도해평균법(1911.9.12.)

- 삼각점의 도해평균법은 삼각점의 종횡선 및 방향각을 결정하기 위해 보통 최소제곱법을 사용하지만, 거리가 짧은 적에는 도해법에 의거할 수 있고 특히 3개의 여점으로써 신설점을 결정하는 경우에는 간편하게 계산하는 방법이다.

③ 삼각측량실시규정(1913.10.5.)

- 제60조 선점을 함에는 여점을 측판상에 전개하고 방광나침 및 조준의를 사용하며, 각 점의 위치를 도해법에 의하여 결정할 것. 단 선점도의 축척은 1/100,000로 함.

④ 세부측도 실시규정(1913.10.5.)

- 제3조 세부측도는 1/1,200 축척을 사용하고 도해법에 의하여 시행할 것. 단, 특히 지정한 구역에 있어서는 1/600 또는 1/2,400의 축척을 사용할 것으로 함.

⑤ 도근측량실시규정 제20조

- 도근점의 선정은 1/10.000의 축척으로서 측판을 사용하고 도해법에 의하여 원도도곽을 그려 넣은 도지상에 삼각점을 전개한다.
- 우선 실지를 답사하여 지형의 개황 및 면, 동계의 개략적인 위치를 묘화하며 필요하다면 보조삼각점을 설치한다.
- 도근편성의 순서 및 작업의 방법을 정하며, 점 배치의 적부를 판정하여 선점략도를 조제할 것.

(2) 도해지적 측량의 변천 과정

① 토지조사사업(1910~1918년)과 임야조사사업(1918~1924년)에서 모든 세부측량은 도해법으로 시행하였다.

② 1976년 지적법 전문개정으로 일부 지역에서 수치지적측량을 시행하였다.

③ 2005년 지적도 전산화사업이 완료되면서 종이 도면이 폐쇄되고 평판측량 방법을 사용하지 않았다.

④ 2007년 전자평판의 도입으로 전자평판측량과 관련된 규정이 제정 시행되면서 도해법에 의한 측량은 전산화 시스템에서 시행되고 있다.

(3) 도해측량 장비

① 측판, 조준의 및 측침

② 방광라침, 표간

③ 죽제권척 또는 측쇄(測鎖 : chain), 포제권척

④ 제도 기구

⑤ 척도(尺度; 스케일)

(4) 도해지적측량

① 도해지적측량은 현장에 있는 토지의 지형, 지목 및 경계점을 줄자, 조준의, 평판 등을 이용하여 일정한 축척으로 종이도면 위에 묘사하는 측량 방법이다.

② 종이로 등록된 지적도면은 지적도와 임야도로 작성하여 지적공부의 일종이다.

③ 측량 방법은 현형법과 지적기준점에 의한 방법으로 시행하지만, 도해지역의 대부분은 현형법으로 시행하였다.

④ 도해지적에서 성과를 결정하는 방법은 등사도를 이용하여 현지에서 사핵한 기하적과 중첩하여 결정하였다.

⑤ 지적 도면의 신축으로 인한 오차가 발생하여 부정확하게 등록되는 경향이 있으며, 도면과 현장의 불일치에 의한 오차가 발생한다.

⑥ 도해지적의 측량에서 가장 큰 특징은 동일 필지를 측량하여도 측량자에 따라 측량성과 결정이 상이할 수 있다.

⑦ 측량성과 결정은 현형법으로 할 경우 인위적이고 주관적인 판단을 할 수 있으므로 국민의 불신을 초래하는 경우가 많았다.

3.7.4. 전자평판측량

출제(용) : 116회, (논) : 86, 90, 93, 95회

전자평판측량은 현재까지 도상에 직접 작도하는 평판과 토털스테이션을 이용, 코드 데이터를 취득한 후 내업 처리하는 크게 두 가지 방식으로 나뉘어져 있다. 토털스테이션과 지적측량 운영프로그램 등이 설치된 컴퓨터를 연결하여 세부측량을 수행하는 측량을 말한다. 토털스테이션이란 경위의 측량방법에 따른 기초측량 및 세부측량에 사용되는 장비를 말한다. 전자 평판측량의 구성은 작업 인원, 전자 평판 S/W, 노트북(Notebook), TotalStation, GNSS와 연계를 할 수 있다.

3.7.4.1. 전자평판측량의 특징

① 평판측량의 경우 현장 작업 시 3차원 수치데이터 및 속성정보의 취득이 쉽다.

② 벡터화 작업이나 디지타이징 등의 내업을 통하여 수치데이터를 작성할 수 있다.

③ 비용적인 측면이나 측량의 정확도, 작업시간 등 많은 방향에서 개선되었다.
④ 취득된 데이터의 표시, 가공, 저장 등의 작업을 원활하게 할 수 있다.
⑤ 실시간으로 3차원 데이터를 취득할 수 있으며 일괄처리가 가능하다.
⑥ 현장에서 실시간으로 측량 결과를 확인할 수 있으므로 누락이나 오측을 발견하기 쉽다.
⑦ 관측데이터를 벡터화함으로써 공간정보의 표준화에 적용할 수 있다.

3.7.4.2. 측량 방법

① 측량결과도는 그 토지가 등록된 도면과 동일한 축척으로 작성한다.
② 세부측량의 기준이 되는 위성기준점, 통합기준점, 삼각점, 지적삼각점, 지적삼각보조점, 지적도근점 및 기지점이 부족한 경우에는 측량상 필요한 위치에 보조점을 설치하여 활용한다.
③ 경계점은 기지점을 기준으로 하여 지상 경계선과 도상 경계선의 부합 여부를 현형법(現形法)·도상원호 교회법·지상원호 교회법 또는 거리 비교 확인법 등으로 확인하여 정한다.
④ 세부측량은 교회법·도선법 및 방사법(放射法)에 따른다.
⑤ 세부측량을 방사법으로 할 때는 1방향선의 도상 길이는 10센티미터 이하로 한다. 다만, 광파조준의 또는 광파측거기를 사용할 때는 30센티미터 이하로 할 수 있다.
⑥ 도상에 영향을 미치지 아니하는 지상거리의 축척별 허용범위는 $\frac{M}{3}$ 밀리미터로 한다. 이 경우 M은 축척 분모를 말한다.

(1) 교회법에 의한 세부측량 기준

① 전방교회법 또는 측방교회법에 따를 것
② 3방향 이상의 교회에 따를 것
③ 방향각의 교각은 30도 이상 150도 이하로 할 것
④ 방향선의 도상 길이는 평판의 방위 표정에 사용한 방향선의 도상 길이로 10센티미터 이하로 할 것
⑤ 광파조준의 또는 광파측거기를 사용할 때는 30센티미터 이하로 할 수 있다.
⑥ 측량 결과 시오삼각형이 생긴 경우 내접원의 지름이 1밀리미터 이하일 때에는 그 중심을 점의 위치로 할 것

〈그림 3-42〉 전자평판측량

제 1 장 제 2 장 제 3 장 제 4 장 제 5 장 제 6 장

(2) 도선법에 의한 세부측량 기준

① 위성기준점, 통합기준점, 삼각점, 지적삼각점, 지적삼각보조점 및 지적도근점, 그 밖에 명확한 기지점 사이를 서로 연결할 것

② 도선의 측선장은 도상 길이 8센티미터 이하로 할 것. 다만, 광파조준의 또는 광파측거기를 사용할 때에는 30센티미터 이하로 할 수 있다.

③ 도선의 변은 20개 이하로 할 것

④ 도선의 폐색오차가 도상 길이 $\frac{\sqrt{N}}{3}$ 밀리미터 이하인 경우 그 오차는 다음의 계산식에 따라 이를 각 점에 배분하여 그 점의 위치로 할 것

⑤ $Mn = \frac{e}{N} \times n$ (Mn은 각 점에 순서대로 배분할 밀리미터 단위의 도상 길이, e는 밀리미터 단위의 오차, N은 변의 수, n은 변의 순서를 말한다)

(3) 전자평판측량의 설치 및 표정 방법

① 토털스테이션을 지적기준점 또는 보조점 위에 거치한 후 다른 지적기준점이나 고정물을 시준하고 수평각을 전자평판에서 0° 0′0″로 세팅하여 관측을 준비한다.

② 지적기준점 간의 거리는 2회 이상 측정하여 확인한다.

③ 연직각은 천정을 0으로 설정한다.

3.7.4.3. 측량성과파일

① 측량 대상 토지의 경계선·지번 및 지목

② 인근 토지의 경계선·지번 및 지목

③ 임야도를 갖춰 두는 지역에서 인근 지적도의 축척으로 측량할 때는 임야도에 표시된 경계점의 좌표를 구하여 지적도에 전개한 경계선

④ 행정구역선과 그 명칭

⑤ 지적기준점 및 그 번호와 지적기준점 간의 거리, 지적기준점의 좌표, 그 밖에 측량의 기점이 될 수 있는 기지점

⑥ 도곽선과 그 수치

⑦ 도곽선의 신축이 0.5밀리미터 이상일 때에는 그 신축량 및 보정 계수

⑧ 측정점의 위치, 측량기하적 및 지상에서 측정한 거리
⑨ 측량 대상 토지의 토지이동 전의 지번과 지목(2개의 붉은 선으로 말소한다)
⑩ 측량결과도의 제명 및 번호(연도별로 붙인다)와 도면번호
⑪ 신규등록 또는 등록전환하려는 경계선 및 분할 경계선
⑫ 측량 대상 토지의 점유 현황선
⑬ 측량 및 검사의 연월일, 측량자 및 검사자의 성명·소속 및 자격 등급 또는 기술 등급

3.7.4.4. 측량기하적

출제(용) : 43, 45, 114회

평판측량 또는 전자평판측량 방법으로 세부측량을 하는 때에는 측량준비파일에 측량한 기하적(幾何跡)을 다음과 같이 작성하여야 하며, 부득이한 경우 지적측량준비도에 연필로 표시할 수 있다.

(1) 평판측량의 측량기하적 작성 방법

① 평판점·측정점 및 방위 표정에 사용한 기지점 등에는 방향선을 긋고 실측한 거리를 기재한다.
② 측정점의 방향선 길이는 측정점을 중심으로 약 1센티미터로 표시한다.
③ 평판점은 측량자는 직경 1.5mm 이상 3mm 이하의 검은색 원으로 표시하고, 검사자는 한 변의 길이가 2mm 이상 4mm 이하의 삼각형으로 표시한다.
④ 평판점은 옆에 평판 이동 순서에 따라 $不_1$, $不_2$, ……으로 표시한다.
⑤ 평판점의 결정 및 방위 표정에 사용한 기지점은 측량자는 직경 1mm와 2mm의 2중 원으로 표시하고, 검사자는 한 변의 길이가 2mm와 3mm의 2중 삼각형으로 표시한다.
⑥ 평판점과 기지점 사이의 도상거리와 실측거리를 방향선상에 다음과 같이 기재한다.

(측량자) (검사자)

$$\frac{(\text{도상거리})}{\text{실측거리}} \qquad \frac{\Delta\,(\text{도상거리})}{\Delta\ \text{실측거리}}$$

⑦ 측량 대상 토지에 지상구조물 등이 있는 경우와 새로이 설정하는 경계에 지상건물 등이 걸릴 때는 그 위치 현황을 표시하여야 한다.

(2) 전자평판측량의 측량기하적 작성 방법

① 측량 대상 토지의 점유현황선은 붉은색 점선으로 표시한다.

② 측량결과도의 문자와 숫자는 레터링 또는 전자 측량시스템에 따라 작성한다.

③ 관측한 측정점의 오른쪽 위에는 측정거리를 표시하여야 한다.

④ 소축척으로 관측한 측정점을 식별할 수 없을 때는 방향선과 측정거리를 생략할 수 있다.

⑤ 측정점의 표시는 측량자의 경우 붉은색 짧은 십자선(+)으로 표시하고, 검사자는 삼각형(△)으로 표시하며, 각 측정점은 붉은색 점선으로 연결한다.

⑥ 측량성과파일에는 측량성과 결정에 관한 모든 사항이 수록되어 있어야 한다.

⑦ 측량결과파일 형식은 표준화된 공통 포맷을 지원할 수 있어야 한다.

⑧ 이미 작성된 지적측량파일을 이용하여 측량할 때는 기존 측량파일 코드의 내용·규격·도식은 파란색으로 표시한다.

3.7.4.5. 기지점(既知點)

출제(용) : 110회

① 기초측량에서는 국가기준점 또는 지적기준점을 말한다.

② 세부측량에서는 지적기준점 또는 지적 도면상 필지를 구획하는 선의 경계점과 상호 부합되는 지상의 경계점을 말한다.

③ 현형법(現形法)으로 지적측량의 성과를 결정하려면 경계점은 반드시 지적공부 등록 당시의 축척으로 하며, 기지점을 기준으로 지상 경계선과 도상 경계선의 부합 여부를 확인하여야 한다.

④ 지적측량파일을 이용하여 측량할 경우에는 기존 파일에서 지상 경계선과 도상경계가 잘 부합되는 기지점과 신청 토지 주변을 추가로 실측하여 성과를 결정하여야 한다.

⑤ 평판점·측정점 및 방위 표정에 사용한 기지점 등에는 방향선을 긋고 실측한 거리를 기재한다.

⑥ 지적재조사 측량성과검사는 측량에 사용한 기지점과 신설점, 신설점 상호 간의 실측거리에 의하여 비교한다.

⑦ GNSS에 의한 지적측량 규정의 기지점

- 고정점이란 조정계산 시 이용하는 경위도와 높이 또는 평면직각종횡선 좌표와 높이의 성과가 고시된 기지점을 말한다.

- 표고점이란 수준점으로부터 직접 또는 간접수준측량에 의하여 표고를 결정하여 지적위성측량 시 표고의 기지점으로 사용할 수 있는 점을 말한다.
- 관측점은 기지점 및 소구점으로 구성한다.
- 관측망은 기지점과 소구점을 결합한 폐합다각형이 되도록 구성한다.
- GNSS 측량기를 사용하여 기초측량 또는 세부측량을 하는 때는 기지점과 소구점에 GNSS 측량기를 동시에 설치하여 세션 단위로 실시한다.
- 기선해석에서 기지점과 소구점 간의 거리가 50킬로미터를 초과하는 경우에는 정밀궤도력에 의하고 기타는 방송궤도력을 이용할 수 있도록 규정하고 있다.
- GNSS 데이터의 망조정은 자유망조정으로 처리하여 기지점들의 성과를 점검 후 다점고정망으로 모든 기지점을 고정하여 처리한다.
- 자유망조정은 기지점 중 한점을 고정하고 기지점들을 처리하며, 기지점 간의 성과부합여부를 확인하여야 한다.
- 자유망조정 결과 기지점들에 이상이 없을 때 모든 기지점을 고정하여 다점고정망조정으로 처리하여야 한다.
- 고정밀 자료처리 소프트웨어를 사용할 경우에는 기지점 및 소구점을 동시에 조정하여 처리할 수 있다.
- 좌표변환 계산 방법은 당해 관측 지역에서 측정한 모든 기지점을 점검하여 변환계수 산출에 사용할 3점 이상의 양호한 점을 결정한다.
- 지적위성측량에 의한 표고 결정은 정지측량 또는 이동측량에 의하며, 통합기준점, 수준점 및 표고가 등록된 지적기준점 등을 기지점으로 하여야 한다.

3.7.4.6. 기지경계선

출제(용) : 110, 122회

① 기지경계선(既知境界線)은 세부측량 성과를 결정하는 기준이 되는 기지점을 필지별로 직선으로 연결한 선을 말한다.

② 지적도근점측량을 한 때에는 지적도근점측량 성과와 기지경계선과의 부합 여부를 도해적으로 확인하여야 한다.

③ 지적도근점 측량성과와 기지경계선이 부합하지 아니할 경우에는 사용한 지적기준점 및 측량 방법을 다르게 하여 지적도근점측량 성과를 재확인하여야 한다.

④ 기지경계선의 부합 여부를 확인한 결과 기지경계선이 같은 방향과 거리로 이동하여 등록되었음이 판명된 때에는 기지경계선 등록 당시 지적도근점측량 성과에 오류가 있는 것으로 보고, 지적소관청이 지적도근점측량 성과에 그 이동된 수치를 가감하여 사용할 수 있다.

⑤ 지적측량성과 검사를 할 때는 지적기준점 성과와 기지경계선과의 부합 여부를 검사하여야 한다.

⑥ 지적재조사 지구의 경계는 인접 지역의 기지경계선과 부합 여부를 확인하여야 한다.

⑦ GNSS 측량의 관측망도에서 순차적인 세션을 결정하고 기지점과 관측점에 위성수신기를 동시에 설치하여 세션 단위로 측정한다.

3.7.4.7. 전자평판측량 성과 검사 방법

① 세부측량을 하기 전에 기초측량을 한 경우에는 미리 지적기준점 성과에 대한 검사를 받은 후에 세부측량을 하여야 한다.

② 전자평판측량에 따른 측량성과파일은 도형자료와 속성자료 간의 일치성과 유효성을 검증하기 위하여 다음 사항을 실시하고 최종적으로 종번(終番) 검사를 시행하여야 한다.

- 면적 공차 초과 검증
- 누락 필지 및 원필지 중복객체 검증
- 지번 중복 검증 및 도곽의 적정성 여부 검사
- 법정 리·동계 및 축척 간 접합 중복 검사
- 폐쇄 도면 중첩검사
- 성과 레이어 중첩검사
- 이격거리 측정 및 필계점 좌표 확인
- 측정점위치설명도 작성의 적정 여부
- 주위 필지와의 부합여부

③ 지적소관청은 지적측량검사가 완료된 때에는 해당 측량성과파일을 부동산종합공부시스템에 등록하여야 한다.

④ 측량성과의 검사방법

- 측량성과를 검사하는 때에는 측량자가 실시한 측량방법과 다른 방법으로 한다.
- 지적삼각점 측량 및 지적삼각보조점 측량은 신설된 점을, 지적도근점측량은 주요 도선별로 지적도근점을 검사한다.

- 세부측량 결과를 검사할 때는 새로 결정된 경계를 검사한다.
- 면적측정검사는 필지별로 한다.
- 측량성과 파일의 검사는 부동산종합공부 시스템으로 한다.
- 지적측량수행자와 동일한 전자측량시스템을 이용하여 세부측량 시 측량성과의 정확성을 검사할 수 있다.

⑤ 지적소관청은 측량성과를 검사하여 그 측량성과가 정확하다고 인정될 때는 측량부·측량결과도·면적측정부 및 측량성과도에 측량성과 검사 필인을 각각 날인하여야 한다.

3.7.4.8. 파일관리

① 지적측량수행자는 전자평판측량으로 측량을 하여 작성된 지적측량파일을 데이터베이스에 저장하여 후속 측량자료 및 민원업무에 활용할 수 있도록 관리하여야 하며, 지적측량파일은 월 1회 이상 데이터를 백업하여 보관하여야 한다.

② 지적측량파일이란 측량준비파일, 측량현형파일 및 측량성과파일을 말한다.

③ 측량준비파일은 부동산종합공부시스템에서 지적측량 업무를 수행하기 위하여 도면 및 대장 속성정보를 추출한 파일을 말한다.

④ 측량현형(現形)파일은 전자평판측량 및 위성측량 방법으로 관측한 데이터 및 지적측량에 필요한 각종 정보가 들어있는 파일을 말한다.

⑤ 측량성과파일은 전자평판측량 및 위성측량 방법으로 관측한 후 지적측량 정보를 처리할 수 있는 시스템에 따라 작성된 측량결과파일과 토지이동 정리를 위한 지번, 지목 및 경계점의 좌표가 포함된 파일을 말한다.

⑥ 측량파일과 측량결파일은 관측일자별, 관측 지역별로 관리하며 지적측량성과작성시스템의 데이터베이스로 관리할 때는 생략할 수 있으며 이 경우는 월 1회 이상 백업하여 별도로 보관하여야 한다.

⑦ 전자평판측량 결과에 따라 측량결과도, 측량결과파일 및 면적측정부 등을 검사하며 측량결과파일에 도면데이터와 속성데이터 간의 일치성과 유효성을 검증하고 최종적으로 종번을 검사하여야 한다.

⑧ 소관청의 지적측량검사가 완료된 측량결과파일은 한국토지정보시스템에 등록하고 등록된 성과관리는 한국토지정보시스템 사용자 지침에 의한다.

3.7.5. 평판측량의 오차

출제(논) : 65, 66회

평판측량은 앨리데이드에 의하여 직접 육안으로 시준하고 현장에서 직접 그리는 것으로 다른 측량에 비해 정도가 낮고 사용되는 연필심의 크기에 따른 오차가 발생하고 있으며 평판측량의 오차는 도면의 신축에 의한 오차, 측량침의 오차, 앨리데이드에 의한 오차, 표정을 정확히 하지 않아 발생하는 표정오차로 구분할 수 있다. 평판측량방법에 따른 도해측량에서 오차는 측량기계 오차, 평판 설치 오차 및 측량 오차 등으로 구분하고 있다.

3.7.5.1. 기계 오차

평판측량에서 기계 오차는 대축척 지적측량에서 유의하여야 할 것으로 앨리데이드에 의한 시준오차(視準誤差), 외심거리 오차, 시준판경사 오차, 경사분획 오차로 구분할 수 있다.

(1) 앨리데이드 시준오차

① 앨리데이드의 시준선에 의하여 평판의 방향을 결정하는 경우에 〈그림 3−43〉의 (a)와 같이 시준공(視準孔)의 크기, 시준사(視準絲) 굵기 및 양 시준판의 간격에 따라 발생하는 오차로 도상위치 오차라고 하며 보통 0.2mm 이내까지 허용하고 있다.

② 시준오차 $e_1 = \dfrac{\sqrt{d^2 + f^2}}{2\ell} \cdot L$ mm 여기서, e_1 : 앨리데이드 시준 오차, L : 방향선의 길이, ℓ : 양 시준판의 간격(약 220~270mm), d : 시준공 크기(약 0.6mm), f : 시준사 지름(약 0.4mm)이다.

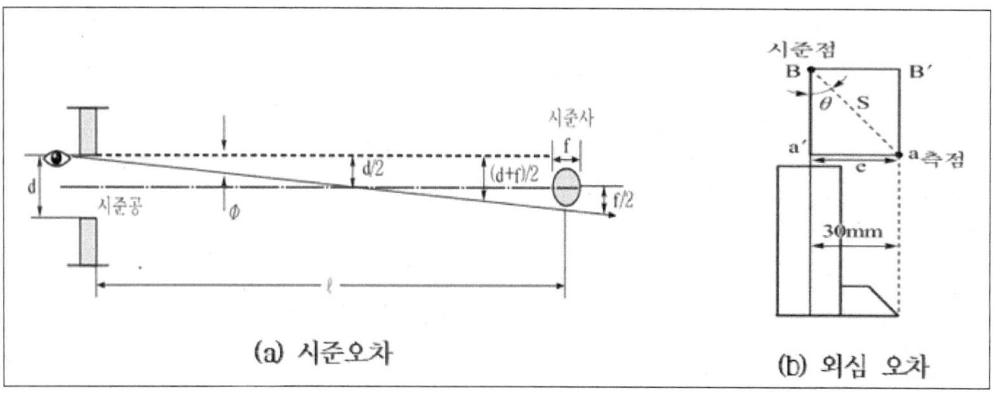

〈그림 3-43〉 시준 및 외심 오차

(2) 앨리데이드 외심 오차

① 앨리데이드의 시준선이 만나는 면과 앨리데이드 축척의 가장자리 면이 일치하지 아니하여 발생하는 오차이다.

② 〈그림 3-43〉의 (b)에서 a는 평판을 설치한 지상점(A)의 도상 측량침을 세운 위치가 되며 지상점 B를 시준한 방향(aB')은 참 방향이 아니며 a'B가 참 방향인 것을 알 수 있다.

③ 정규면이 시준면의 중앙에 있지 않고 약 30mm가 떨어져 있으므로 발생하는 오차로 지상 AB 거리를 S라고 하면 $\theta \fallingdotseq \sin\theta = \frac{e}{S}$가 된다.

④ 축척을 $\frac{1}{M}$, S의 도상거리를 L이라 하면 $\theta = \frac{e}{ML}$이며 외심거리에 의한 도상 오차는 $e_2 = L \cdot \theta = \frac{e}{M}$가 된다.

⑤ 토지 경계선의 위치 오차를 0.1mm 이내로 제한하기 위한 측량 축척의 한계는 1/300 이하에서는 외심거리를 고려할 필요가 없다. 여기서, e_2 : 외심오차, e : 앨리데이드와 시준선의 간격(25~30mm), M : 축척 분모 수이다.

(3) 자침 오차

① 평판에 세우는 자침의 바늘이 정확히 일치하지 않는 데서 생기는 오차이다.

② $e_1 = \frac{0.2}{K} \times L$와 같다. 여기서, e_1 : 도상 오차(제도오차), K : 자침의 중심에서 첨단까지의 길, L : 방향선의 길이(시준선 길이)

3.7.5.2. 평판설치 오차

평판설치 오차는 정준오차, 구심오차, 표정오차 등이 있으며 평판측량에서 가장 많은 영향을 미친다.

(1) 정준오차

① 평판이 시준선에 직각 방향으로 경사질 때 최대 방향 오차가 발생하는데 이를 위치 오차라고 하며 평판이 경사가 생길 때 발생하는 오차이다.

② $e_3 = \frac{a}{r} \cdot \frac{n}{100} \cdot \ell$ 여기서, e_3 : 측점의 위치 오차, a : 평판 경사에 의한 기포관 이동량(mm), r : 기포관 곡률반경(mm), n : 전방시준판 눈금의 읽음, $\frac{n}{100}$: 시준선의 기울기, ℓ : 방향선 길이(mm)이다.

(2) 표정오차

출제(용) : 53, 75회

① 평판을 이동한 후 이동 전의 측점에 방향선을 일치시키지 못하여 발생하며 평판측량에서 가장 큰 영향을 미치는 오차이다.

② 방향선 길이(ℓ)가 10cm, 도상 위치 오차가 0.1mm 이하이므로 도상 방향선의 길이는 10cm 이내로 하지만 망원경 앨리데이드에서는 30cm 이내로 한다.

③ $e_4 = \ell \cdot \theta = 0.2\frac{1}{R}$, $\theta = \frac{0.2}{R}$ 여기서, R : 자침 길이의 $\frac{1}{2}$, ℓ : 방향선 길이이다.

(3) 구심오차

① 평판점과 지상 측점이 동일 연직선 상에 일치하지 않을 때 발생하는 오차이다.

② 도상의 위치 오차를 0.1mm로 제한할 때는 축척 1/600에서는 3cm 이상의 구심오차가 있어서는 안 된다.

③ $e_5 = \frac{2e}{M}$ 여기서, e : 편심 거리, M : 축척 분모이다.

3.7.5.3. 측량 방법에 따른 오차

(1) 방사법에 따른 오차

① 도상의 방향선 길이를 10cm로 하고 있으므로 방향선의 길이가 짧아 무시되는 경향이 많다.

② $M_1 = \sqrt{m_1{}^2 + m_2{}^2}$ 여기서, m_1 : 시준오차, m_2 : 거리오차 및 축척에 의한 오차이다.

(2) 교회법에 따른 오차

① 최소한 두 개의 방향선으로 미지점의 위치를 결정할 수 있으므로 방향선이 변위 될 때 발생하는 오차이다.

② $M_2 = \sqrt{2} \times \frac{\alpha}{\sin\theta}$ 여기서, α : 방향선 변위, θ : 방향선 교각이다.

(3) 도선법에 따른 오차

① 시준오차와 거리의 축소에 의한 오차의 합이 오차로 발생한다.

② $M_3 = \pm\sqrt{n(m_1^2 + m_2^2)}$ 여기서, n : 측선의 수, m_1 : 시준오차, m_2 : 거리오차 및 축척에 의한 오차이다.

3.8. 지적세부측량

세부측량은 지적삼각점 측량과 도근점 측량에 의한 기준점을 근거로 행정구역 경계와 일필지의 경계 및 굴곡점을 결정하여 지적도와 임야도에 등록하고자 하는 목적을 갖고 실시하는 측량이다. 도해 지역의 측량은 평판측량으로 시행하였으나 경계점좌표등록부 시행지역에서는 Theodolite 측량방법을 사용하였다. 현재의 지적도와 임야도는 전산화되어 현장에서 각과 거리 및 평면직각좌표까지 기록하는 전자평판(Total Station System)을 이용하여 측량을 시행하고 있다. 최근에 지적측량은 전산처리 방법에 따라 현장 측량성과는 컴퓨터에 기록되고 측량계산은 S/W로 일관성 있게 수행되며, 경계점 데이터와 면적 등 필요한 정보는 규정 서식에 자동으로 작성되도록 하고 있다.

3.8.1. 평판측량에 따른 세부측량 기준

① 거리측정 단위는 지적도를 갖춰 두는 지역에서는 5센티미터로 하고, 임야도를 갖춰 두는 지역에서는 50센티미터로 한다.

② 측량결과도는 그 토지가 등록된 도면과 동일한 축척으로 작성한다.

③ 세부측량의 기준이 되는 위성기준점, 통합기준점, 삼각점, 지적삼각점, 지적삼각보조점, 지적도근점 및 기지점이 부족한 경우에는 측량상 필요한 위치에 보조점을 설치하여 활용한다.

④ 경계점은 기지점을 기준으로 하여 지상 경계선과 도상 경계선의 부합 여부를 현형법(現形法)·도상원호 교회법·지상원호 교회법 또는 거리 비교 확인법 등으로 확인하여 정한다.

⑤ 세부측량은 교회법·도선법 및 방사법(放射法)에 따른다.

3.8.2. 작업 순서

3.8.2.1. 도면의 등사

① 도해지역에서 종이 지적도나 임야도에서 트레이싱페이퍼(투명 용지)를 지적도 위에 올려 놓고 연필로 해당 지역을 그대로 그려서 복사하는 것을 등사라고 한다.

② 등사는 도면을 새로이 작성하기 위한 경우와 토지의 이동 및 경계복원이나 지적현황측량을 위해서 현장에 표시하려는 방법과 새로운 경계선을 등록하기 위해 작성하는 방법이 있다.

③ 대상은 도면의 작성 및 재작성, 신규등록 측량, 등록전환 측량, 축척변경 측량, 지적복구 측량, 분할 측량, 지적확정측량, 경계복원측량, 지적현황측량 등이다.

3.8.2.2. 측량준비도 작성

① 측량준비도란 지적도를 등사하고 측량원도에 자사(刺寫)하여 작성한 도면을 말하며 해당 토지의 지적도 또는 임야도와 같은 축척으로 측량준비도를 작성하여 현지측량에 사용하는데 평판측량방법과 경위의 측량방법에 따라 측량준비도에 기재하는 사항은 다르다.

② 도해지역의 경우에는 도곽선의 신축량이 발생하므로 도곽선 신축량 계산, 도곽선의 보정계수, 지적측량기준점을 전개하여 측량의 정확도를 높이고자 하였다.

3.8.2.3. 도곽선

출제(용) : 84회

(1) 도곽선의 역할

출제(논) : 66, 98회

① 도곽선은 평면직각좌표의 원점으로부터 "기산"하여 "축척별 1도엽의 종, 횡선의 지상거리로 나누어 구획한 선이다.

② 도곽선은 도면 내에 필지를 등록할 수 있는 한계를 나타내는 기준선이다.

③ 도곽선의 주요 역할

- 인접도면과의 접합 기준선
- 도북방위선의 기준
- 지적기준점 전개의 기준선
- 도면신축량 측정의 기준선으로서 거리 및 면적보정
- 소도와 실지의 부합 여부 확인 기준

(2) 도곽선 구획

출제(논) : 50, 63회

① 지적기준점은 세부측량에서 가장 많이 이용되고 있으므로 측량원도에 지적기준점을 전개하기 위하여 축척에 따라 도곽을 구획하는 선을 도곽선이라 한다.

② 도곽선을 구획하는 이유는 우리나라 전 국토를 대축척으로 한 장의 도면에 표시하기가 어려워 축척별로 기본적인 크기를 정하여 구성하는 것이다.

③ 도곽선(圖郭線)은 평면직각좌표의 원점으로부터 계산을 시작하여 축척별 1도엽의 지상거리로 나누어 구획하되 도곽선 수치는 정수가 되도록 한다.

④ 새로이 도곽을 구획한 때에는 평면직각좌표 원점을 기준으로 도곽의 위치가 명확히 결정되므로 도곽의 왼쪽 아래 도곽선 수치와 오른쪽 위 도곽선 수치를 기재한다.

⑤ 도곽선의 수치는 그림과 같이 종선 수치는 글자의 위치를 북쪽, 횡선의 수치는 글자의 위치를 서쪽으로 하여 붉은색으로 기재한다.

⑥ 도근점 전개는 기초측량의 성과를 지적도(임야도) 또는 측량원도에 표시하는 작업을 말한다.

⑦ 원점은 위도 38°N 선상의 경도 125°E, 127°E, 129°E에 위치하는 점을 수치상의 원점으로 하는 일반원점과 전국 11개의 구소삼각원점으로부터 기산하고 도곽 신축이 2리(0.6mm)를 초과할 때는 이를 수정 후 양홍선으로 제도한다.

(3) 도곽선 수치 계산

도근점의 좌표(중부원점)가 X=466,299.28m, Y=193,777.39m일 경우 도근점의 위치를 포용하는 지상 400m×500m 도곽선의 수치는 다음과 같이 계산한다.

① X 좌표 계산

- X축에서 466,299.28÷400=1,165.7482
- 1,165×400=466,000 …… (해당 도곽 왼쪽의 X값 수치)
- 466,000+400=466,400 …… (해당 도곽 오른쪽의 X값 수치)
- 다른 계산 방법
- 500,000−466,299.28=33,700.72
- 33,700.72÷400=84.2518
- 85×400=34,000
- 500,000−34,000=466,000 …… (해당 도곽 왼쪽의 X값 수치)
- 466,000+400=466,400 ……… (해당 도곽 오른쪽의 X값 수치)

② Y 좌표 계산

- Y축에서 193,777.39÷500=387.55478
- 387×500=193,500 ……… (해당 도곽 왼쪽의 Y값 수치)
- 193,500+500=194,000 …… (해당 도곽 오른쪽의 Y값 수치)
- 다른 계산 방법
- 200,000−193,777.39=6,222.61에서 6,222.61÷500=12.44522
- 12×500=6,000
- 200,000−6,000=194,000 …… (해당 도곽 오른쪽의 Y값 수치)
- 194,000−500=193,500 …… (해당 도곽 왼쪽의 Y값 수치)

(표 3.5) 축척별 도곽선의 비교(미터법)

축척별	도상 규격(cm)	지상거리(m)	포용 면적(㎡)	원점 지역
1/500	30×40	150×200	30,000	통일원점
1/600	33.3×42.7	200×250	50,000	
1/1,000	30×40	300×400	120,000	
1/1,200	33.3×42.7	400×500	200,000	
1/2,400	33.3×42.7	800×1,000	800,000	
1/3,000	40×50	1,200×1,500	1,800,000	
1/6,000	40×50	2,400×3,000	7,200,000	

(표 3.6) 축척별 도곽선의 비교(척관법)

축척별	도상 규격	지상거리	포용 면적(㎡)	원점 지역
1/600	1자×2.25자	100×125간	41,322.31	구소삼각원점
1/1,200	1자×2.25자	200×250간	165,289.26	
1/2,400	1자×2.25자	400×500간	661,157.02	
1/3,000	2.2자×2.5자	600×750간	1,478,603.3	
1/6,000	2.2자×2.5자	1200×1,500간	5,950,413.2	

※ m 단위 : (100×1.81818)×(125×1.81818) = 41,322.23㎡

※ 간 단위 : (100÷0.55)×(125÷0.55) = 41,322.31㎡

(4) 도곽선 신축량 및 보정계수

출제(용) : 71, 123회, (논) : 57, 68, 137회

① 면적을 측정하는 경우 도곽선의 길이에 0.5㎜ 이상의 신축이 있는 때에는 이를 보정하여야 한다. 이 경우 도곽선의 신축량 및 보정계수의 계산은 다음의 계산식에 의한다.

② 도곽선의 신축량 계산

- 신축량(S) $= \dfrac{(\Delta X_1 + \Delta X_2) + (\Delta Y_1 + \Delta Y_2)}{4}$ 여기서, S : 신축량, ΔX_1 : 왼쪽 종선의 신축된 차, ΔX_2 : 오른쪽 종선의 신축된 차, ΔY_1 : 위쪽 횡선의 신축된 차, ΔY_2 : 아래쪽 횡선의 신축된 차이다.

- 신축된 차(mm) $= \dfrac{1{,}000(L - L_0)}{M}$ 여기서, L : 신축된 도곽선 지상길이, L_0 : 도곽선의 지상 길이, M : 축척 분모이다.

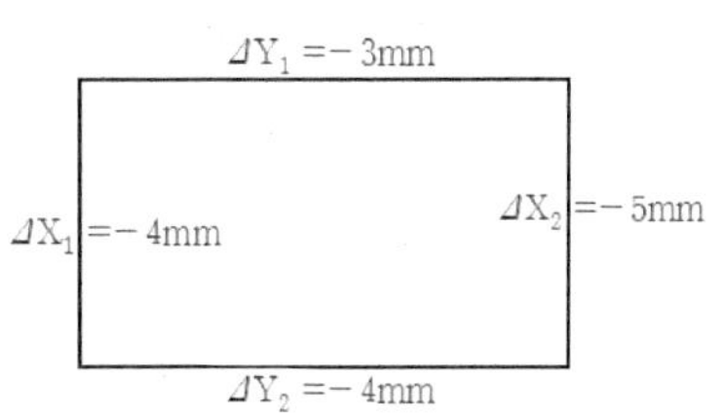

- 도곽선 신축량(S) $= \frac{\Delta X_1 + \Delta X_2 + \Delta Y_1 + \Delta Y_2}{4} = \frac{-4 \ -5 \ -3 \ -4}{4} = -4\text{mm}$

③ 면적 보정계수 계산

- 도곽선의 보정계수는 도곽의 신축량이 0.5mm 이상 발생할 때만 계산하여 보정하기 위한 계수이다.
- 면적 보정계수(Z) $= \frac{X \cdot Y}{\Delta X \cdot \Delta Y}$ (Z : 보정계수, X : 도곽선 종선길이, Y : 도곽선 횡선길이, ΔX : 신축된 도곽선 종선길이의 합/2, ΔY : 신축된 도곽선 횡선길이의 합/2를 말한다)

(5) 도곽선의 활용

① 지적도의 도곽은 일반적으로 동서로 41.666cm, 남북으로 33.333cm의 직사각형으로 축척 1/1,200에서 동서로 500m, 남북으로 400m에 해당하는 것이다.

② 평면직각종횡선에서 종선은 북쪽“+”, 남쪽“-” 횡선은 동쪽“+”, 서쪽“-”의 부호가 된다.

③ 종이로 작성된 지적도에서 플래니미터, 면적측정기로 측정할 때 많이 사용하였다.

④ 최근에는 전자 평판을 사용하고 있으므로 준비도 작성 작업은 시행하지 않는다.

⑤ 현재는 대부분 좌표면적계산법에 따라 면적을 측정므로 사용하지 않고 있다.

(6) 도곽선 제도

① 도면의 위 방향은 항상 북쪽이 되어야 한다.

② 지적도의 도곽 크기는 가로 40센티미터, 세로 30센티미터의 직사각형으로 한다.

③ 도곽의 구획은 좌표의 원점을 기준으로 하여 정하되, 그 도곽의 종횡선 수치는 좌표의 원점으로부터 계산을 시작하여 종횡선 수치를 각각 가산한다.

④ 삼각점 및 지적삼각점의 평면직각종횡선 수치를 지적측량에 사용하기 위해서는 종선 수치에 50만 미터(제주도 지역은 55만 미터), 횡선 수치에 20만 미터를 각각 가산한다.

⑤ 이미 사용하고 있는 도면의 도곽 크기는 종전에 구획된 도곽과 그 수치로 한다.

⑥ 도면에 등록하는 도곽선은 0.1mm의 폭으로, 도곽선의 수치는 도곽선 왼쪽 아랫부분과 오른쪽 윗부분의 종횡선 교차점 바깥쪽에 2mm 크기의 아라비아 숫자로 제도한다.

⑦ 횡선 수치는 아래에서 시작하여 위 방향으로 쓰고, 종선 수치는 좌에서 우로 기재하고, 종횡선 수치를 귀퉁이에 쓸 수 없을 때는 도곽선의 연장선에 접하여 기재한다.

3.8.2.4. 도근 전개

① 도근 전개는 지적도근점을 지적도 또는 지적측량 준비파일에 표현하는 작업을 말한다.

② 지적도근점의 좌표를 이용하여 도곽선 좌하단의 수치와 우상단의 수치를 이용하여 도면 내에 각점의 위치를 정위치에 표시하는 방법이다.

③ 지적도근점의 전개 방법은 전개기구를 사용하는 방법과 직접 축척자를 이용하여 전개하는 방법으로 구분하고 있다.

④ 도곽선 밖에 있는 도근점의 경우에도 도면 내에 위치할 경우에는 빠짐 없이 전개하여야 한다.

⑤ 도곽선에 신축이 있을 경우

- 위에서 계산한 도곽 신축량을 계산한 후 전개한다.
- 축척자를 비스듬하게 하여 정규도곽 크기로 맞춘 다음 전개하면 편리하다.

3.8.2.5. 현지측량

① 평판측량으로 세부측량을 시행할 때는 거리 측정 단위는 지적도를 비치하는 지역에서는 5cm, 임야도를 비치하는 지역에서는 50cm로 한다.

② 측량결과도는 그 토지가 등록된 도면과 같은 축척으로 작성하며 세부측량의 기준이 되는 지적측량기준점 또는 기지점이 부족한 때에는 측량상 필요한 위치에 보조점을 설치하여 활용한다.

③ 경계점은 기지점을 기준으로 하여 지상 경계선과 도상 경계선의 부합 여부를 현형법·도상원호 교회법·지상원호 교회법 또는 거리 비교확인법 등으로 확인하여 결정한다.

④ 경위의로 세부측량을 시행할 때는 거리 측정단위는 1cm로 하고 측량결과도는 그 토지의 지적도와 같은 축척으로 작성한다.

⑤ 토지의 경계가 곡선일 때는 될 수 있으면 현재 상태와 같도록 경계점을 측정하여 연결하되 직선으로 연결하는 곡선 중앙종거의 길이는 5에서 10cm로 한다.

3.8.2.6. 현형법

출제(용) : 110, 129회

① 현형법은 〈그림 3-44〉와 같이 세부측량을 위한 기초점이 없거나 교회법 등의 기지측량 방법의 적용이 어려울 때 사용하는 방법이다.

② 도면을 중첩한 후 현장 경계선 측량으로 얻어진 현황 도면을 좌우, 상하로 이동시켜 가며 지적도와 기지경계선을 일치시킴으로써 대상 토지의 위치를 찾는 방식이다.

③ 새로이 현황측량으로 제작된 도면과 원 지적도 면의 경계선이 완벽하게 같아야 하나 지적 불부합 문제로 인하여 거의 없으므로 다수의 필지가 부합하는 지역을 기준으로 명확한 위치를 찾고 확정하게 되는데 실무에서는 이러한 작업을 기지점 사핵(査覈)이라고도 한다.

④ 기지점 사핵은 지적측량 시행지의 실측 경계선과 삼각점, 도근점, 기타 지상 위치가 명확하다고 인정되는 지적도(임야도)상 기지점 및 그 기지점에 의하여 도상 위치를 결정한 점과의 경계부합 여부를 조사하여 밝히는 일이다.

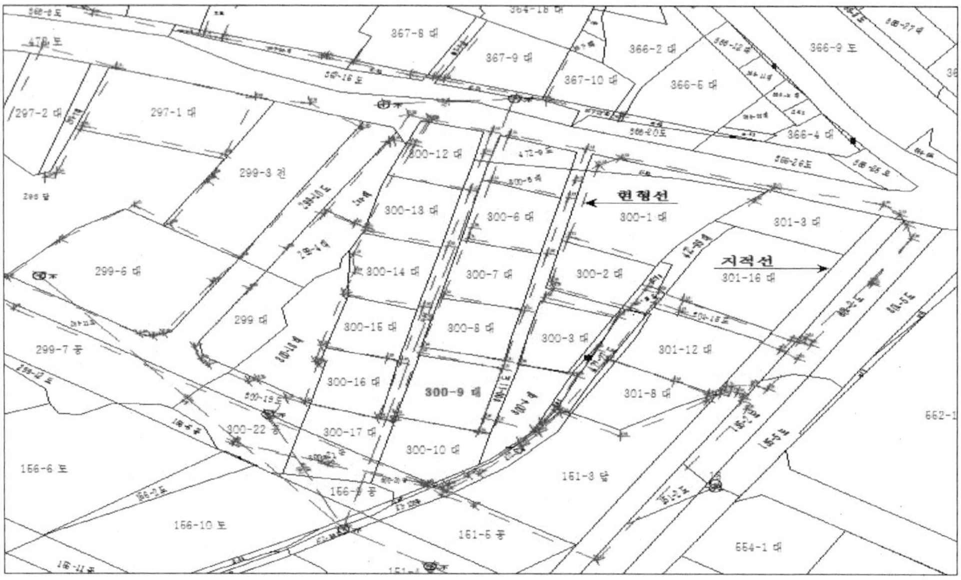

〈그림 3-44〉 현형법

3.8.2.7. 측량결과도 작성

① 측량결과도는 현지측량 작업을 완료하여 측량 기하적과 측량성과가 기록된 도면을 말한다.

② 기재 사항은 측량 대상 토지와 인근 토지의 경계선·지번 및 지목, 임야도를 비치하는 지역에서 인근 지적도의 축척으로 측량하고자 하는 때에는 임야도에 표시된 경계점의 좌표를 지적도에 전개한 경계선이다.

③ 현재는 전자 평판측량을 시행하여 작성된 최근의 측량결과도로서 현장 경계 설정 위치에 대한 현장 사진까지 포함하여 출력하고 있다.

3.8.2.8. 측량성과도 작성

① 모든 토지를 필지마다 토지의 표시를 조사·측량하여 지적공부에 등록하기 위해서는 지적측량에 의하지만 이를 공부에 등록하기 위한 절차로 측량준비도, 측량결과도, 측량성과도 및 측량계산 결과부를 작성한다.

② 작성 대상은 신규등록, 등록전환, 분할, 바다로 된 토지를 말소 또는 회복, 축척변경, 등록 사항 정정측량, 지적확정측량, 경계복원측량, 지적현황측량 및 지적측량수행자가 실시한 측량의 검사측량 등이다.

③ 측량성과도 작성 방법은 문자와 숫자는 레터링 또는 전산정보처리조직에 의하여 작성한다.

3.8.3. 도면접합

출제(논) : 104, 105, 113, 117, 134회

3.8.3.1. 접합준비도 제작

① 작업자는 지적원도의 도곽을 추출하여 도면번호를 기재하고 행정구역별, 축척별로 일람도 파일을 제작한다.

② 일람도는 해당 축척의 10분의 1로 제작하는 것을 원칙으로 한다. 다만, 해당 축척의 10분의 1로 제작하는 것이 곤란한 경우에는 발주기관의 승인을 얻어서 임의의 축척으로 제작할 수 있다.

③ 접합준비도는 준비된 작업 영역 전체의 지적원도를 이용하여 원시접합도를 작성하고, 작성된 원시접합도를 정비하여 접합준비도를 제작한다.

3.8.3.2. 도면상 오류 정비

① 오류의 원인을 분석하여 원인이 경미한 경우에는 작업책임자와 협의한 후 도면접합을 수행하여야 한다.

② 오류의 원인이 중대한 경우에는 연속 지적원도 처리 방안기록부에 기록하고, 그 내용을 발주기관에 보고한 후 협의를 거쳐 도면접합을 수행하여야 한다.

3.8.3.3. 도면접합의 일반원칙

① 도면접합은 도곽을 기준으로 접합하는 것을 원칙으로 하며, 접합 대상 필지는 형태와 면적의 변화를 최소화한다.

② 서로 다른 축척 간의 접합 시 대축척의 필지 경계선을 기준으로 접합 처리한다.

③ 소 면적 필지 경계를 우선하여 접합한다.

④ 도곽선 주위의 폐합된 필지 경계를 우선하여 접합 처리한다.

⑤ 지번과 필지의 중복 및 누락이 발생한 경우에는 자료조사를 시행한 후 발주기관과 협의하여 처리하고, 연속 지적원도 처리 방안기록부에 기록한다.

3.8.3.4. 도면접합 순서

(1) 축척별 도곽 간 접합

① 한 필지가 여러 도면에 폐합되어 있는 경우

- 중복·이격 및 어긋나는 부분이 적고 면적에 미치는 영향이 미미한 경우, 폐합된 필지 중 1개 필지를 선택하여 접합한다.
- 중복 및 이격이 비교적 많은 경우 면적 및 형태의 변화를 최소화하는 범위 내에서 면적이 적은 필지를 우선하여 처리하되 가능한 필지 경계선의 중간 부분을 취하여 접합한다.
- 형태가 서로 다른 경우에는 자료조사를 시행한 후 소관청의 승인을 받아 처리한다.

② 한 필지가 여러 도면에 걸쳐 있으나 도면에 폐합되어 있지 않은 경우

- 도곽선에서 가까운 경계점을 직선으로 연결하여 접합 처리한다.
- 중복·이격량이 미세할 경우 필지의 모양을 보존하기 위해 중간 부분을 취하여 접합한다.

(2) 축척 간 접합

① 대축척의 필지 경계선을 기준으로 접합 처리한다.

② 접합이 어려운 경우 그 내용을 지적소관청에 보고하여 협의를 거쳐 접합하며, 필지상에 지적선 불일치 정보를 입력하고 작업한다.

(3) 원점 간 접합

① 행정구역(읍·면, 리·동)이 같고 측량 원점이 다른 경우에는 통일원점을 기준으로 접합 처리한다.

② 기타 원점이 혼재하는 지역의 경우 통일원점으로 변환처리 한 후 접합 처리하는 것을 원칙으로 한다.

③ 기타 원점의 통일원점 변환은 세부측량 당시의 기준점에 의한 변환을 원칙으로 한다. 다만, 기준점에 의한 변환이 어려운 경우에는 지구계 경계의 형태로 변환할 수 있다.

④ 접합이 어려운 경우 연속 지적원도 처리 방안기록부에 기재하고 그 내용을 발주기관에 보고하여 협의를 거쳐 접합하며, 필지상에 지적선 불일치 정보를 입력하고 작업한다.

(4) 행정구역 간 접합

① 행정구역 간 인접하는 지역의 축척이 다른 경우에는 대축척의 필지 경계선을 기준으로 접합 처리한다.

② 행정구역 간 인접하는 지역의 축척이 같은 경우에는 중간 부분을 취하여 접합 처리하는 것을 원칙으로 한다.

③ 접합이 어려운 경우 연속 지적원도 처리 방안기록부에 기재하고 그 내용을 발주기관에 보고하여 협의를 거쳐 접합하며, 필지상에 지적선 불일치 정보를 입력하고 작업한다.

3.8.4. 수치세부측량

출제(논) : 53, 66회

수치세부측량은 경위의 측량 방법에 따라 주로 도시계획에 의한 도시개발사업과 도시정비사업 및 축척변경 사업지구 등의 지역에서 새로이 지적확정측량을 시행할 때 토지의 형태와 위치를 수치화하는 측량이다. 수치 세부측량은 정밀도가 높고 작업 방법이 복잡하여 착오를 일으키기 쉬우므로 경계점을 결정하는 데 신중하게 실시하여야 한다. 수치 이동측량은 경계점좌표등록부를 시행하고 있는 지역 내에 이동이 있을 때 실시하는 세부측량으로 토지분할이나 경계선을 정정할 때 실시하고 있다. 우리나라는 1975년 12월 31일 지적법의 전문개정에 따라 처음으로 수치측량이 도입되었다.

3.8.4.1. 경위의의 구성

(1) 상부구조

① 망원경

- 렌즈 또는 반사경을 여러 개 조립하여 멀리 있는 물체를 확대하여 확실하게 보는 광학기기를 말한다.
- 망원경은 대물렌즈, 접합렌즈, 십자, 시준선으로 구성되어 있다.

② 수평축은 측량 장비에서 망원경을 지지하고 있는 수평방향의 축을 말한다.

③ 연직축은 망원경을 수평면 내에 회전시키는 회전축이다.

④ 연직눈금판은 연직각을 관측할 때 도, 분, 초 단위로 표시해주는 판이다.

(2) 하부구조

① 수평눈금판은 수평각을 관측할 때 도, 분, 초 단위로 표시해주는 판이다.

② 정준나사는 3개 또는 4개로 구성되어 있으나 이는 장비를 수평으로 맞추는 작업을 한다.

3.8.4.2. 경위의의 구비 조건

① 수평축과 시준축이 직교

② 수평축과 연직축이 직교

③ 연직축과 기포관축이 직교

④ 기포관축과 수평축이 평행

⑤ 기포관축과 시준축이 평행

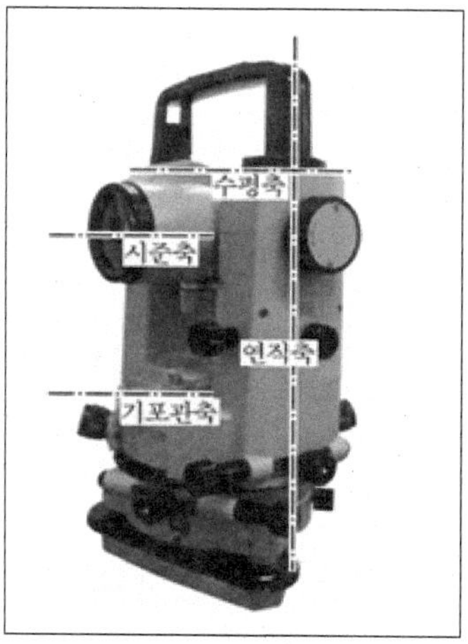

〈그림 3-45〉 경위의

⑥ 각오차 소거법

- 연직축오차 : 어떠한 관측법으로 시행하여도 오차를 소거할 수 없다.

- 시준축오차 : 망원경의 정위와 반위로 관측할 경우 부호가 반대로 되기 때문에 정반의 관측값을 평균함으로써 소거할 수 있다.
- 수평축오차 : 망원경이 수평이 되지 않아 발생하는 오차로 망원경의 정위와 반위로 관측할 경우 부호가 반대로 되기 때문에 정반의 관측값을 평균함으로써 소거할 수 있다.
- 시준선의 편심오차 : 망원경의 수평축을 회전했을 때 시준선이 그리는 평면이 중심으로부터 편심되어 있는 경우로 정반의 관측값을 평균함으로써 소거할 수 있다.

3.8.4.3. 경위의 검사 및 조정 방법

출제(용) : 132회, (논) : 60회

(1) 평반수준기(기포관)의 조정

① 조건 : 평반수준기(기포관)축은 연직축에 수직이어야 한다.

② 점검

- 기포관을 2개의 정준나사와 평행으로 놓고 2개의 정준나사로 수준기의 기포를 중앙에 오게 한다.
- 경위의를 180°회전하여도 기포가 움직이지 않고 기포가 중앙에 있으며 양호한 것이다.

③ 조정

- 점검을 실시한 후 기포가 이동할 경우에는 조정하여야 한다.
- 조정은 기포 이동량의 1/2은 조정나사로, 나머지 1/2은 기포관 조정나사로 이동시킨다.
- 이와 같은 조정 방법을 2~3회 반복하여 조정하면 어떤 방향으로 회전시켜도 기포는 중앙에 있다.
- 조정이 완료되면 연직축과 기포관축은 수직이 된다.

(2) 십자종선의 조정

① 조건 : 십자선의 종선은 수평축과 수직이어야 한다.

② 점검

- 경위의를 100m 정도 떨어진 곳의 평탄한 지역에 설치한다.
- 경위의로부터 약 50m 떨어진 점A를 망원경을 정위로 하여 시준한다.

- 망원경을 반위로 하여 점 A와 반대쪽에서 A와 같은 거리와 높이의 벽면에 시준한 점을 시준점(B)으로 한다.
- 망원경을 반위로 한 상태에서 180° 회전하여 다시 점A를 시준한다.
- 망원경을 정위로 다시 시준점(B)을 시준한 점을 B′로 하여 점 B와 점 B′가 일치하면 좋다.

③ 조정

- 점 B와 점 B′가 일치하지 않으면 BB′의 1/4 지점에 C점을 설치하여 십자선의 좌우조정 나사를 풀어서 점 C를 시준하도록 조정한다.
- 완전하게 조정이 될 때까지 반복한다.

(3) 수평축의 조정

① 조건 : 망원경의 수평축과 연직축이 직각이 되는지를 점검하고 수평축의 기울기를 조정하는 것이다.

② 점검

- 경위의를 설치하고 망원경을 정위로 하여 명확한 점 A를 시준하고 위쪽과 지면에 고정한다.
- 망원경을 아래쪽으로 하여 시준선을 지상으로 이동하여 B점을 표시한다.
- 망원경을 반위로 하여 다시 아래쪽으로 하여 점 A를 시준한 후 망원경을 아래쪽으로 시준할 때 지상점 B점과 일치하면 수평축이 정확한 것으로 조정하지 않아도 된다.

③ 조정

- 지상점 B점과 일치하지 않으면 시준한 점에 B′로 표시한다.
- B점과 B′점의 중간에 B″점을 설치하여 시준할 수 있도록 수평나사로 경위의를 약간 회전한다.
- 다음은 망원경을 위로 향화도록 하여 점 A를 시준하면 십자선이 미세하게 편위된 A′점 표시한다.
- 십자선의 교차점이 점 A에 일치하도록 수평축의 기울기를 조정한다.

(4) 십자횡선의 조정

① 조건 : 십자선의 높이는 정확하게 망원경의 주축과 일치하여야 한다.

② 점검

- 경위의로 부터 3~5m와 50~100m 떨어진 두 점 A, B에 표척을 세운다.
- 연직각은 0°00′00″로 설정하여 A점의 표척 읽음값(a)과 B점의 표척 읽음값(b_1)을 읽는다.
- 망원경을 반위로 하여 180°수평으로 회전하고 다시 a에 시준선을 맞춰서 B 표척의 읽음값(b_2)를 읽었을 때 b_1과 b_2가 일치하면 양호한 것이다.

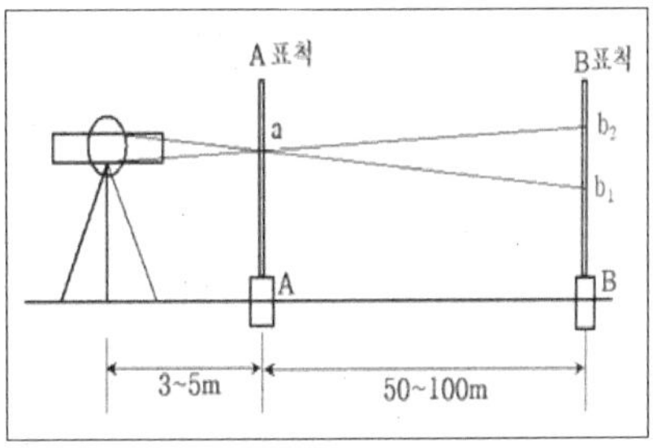

〈그림 3-46〉 십자횡선의 조정

③ 조정

- 점검에서 b_1의 읽음값과 b_2의 읽음값이 일치하면 $\frac{(b_1+b_2)}{2}$ 시준하도록 십자선을 상하로 이동하여 조정한다.

(5) 망원경기포관의 조정

① 조건 : 망원경의 기포관축과 시준축은 평행이어야 한다.

② 점검

- 평지에서 표척 AB의 거리를 50~60m로 하고 중앙에 경위의를 설치하여 표척의 a_1과 b_1의 값을 읽는다.
- 다음으로 AB사이의 거리 1/10인 지점에 경위의를 설치하여 표척의 a_2과 b_2의 값을 읽는다.
- $d=(b_1-a_1)-(b_2-a_2)=0$이면 기포관축과 시준축은 평행이다.

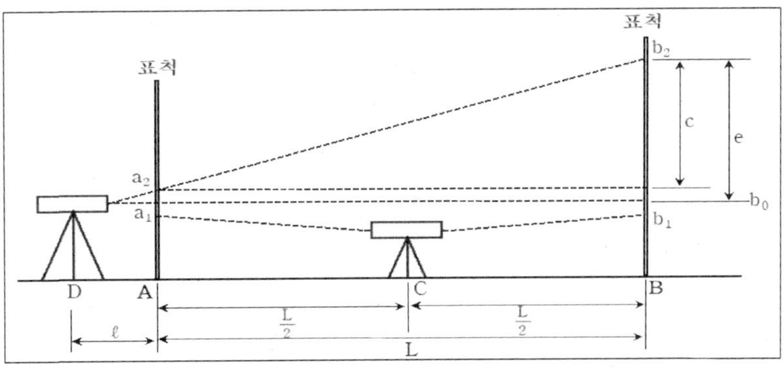

〈그림 3-47〉 망원경 기포관의 조정

③ 조정

- d ≠ 0이면 조정량(e) $= \frac{L+\ell}{L} \cdot d = \frac{L+\ell}{L}[(b_1 - a_1) - (b_2 - a_2)]$를 계산하여 $b_0 = b_2 + e$가 되도록 시준선을 조정한다.

(6) 연직눈금반의 조정

① 조건 : 망원경의 기포관축이 수평일 때 연직각은 0°이어야 한다.

② 점검

- 망원경의 기포를 중앙으로 하여 연직각의 눈금을 읽는다.
- 이때 연직각은 0°00′00″가 되면 양호한 것이다.

③ 조정

- 연직각은 0°00′00″가 안되면 눈금판의 고정나사를 풀어서 조정한다.
- 눈금 오차가 발생할 경우 지표 오차로 기재하고 관측각을 보정하여도 된다.

3.8.4.4. 경위의 측량의 기본 원리

① 지적측량에서 사용되는 좌표는 주로 극좌표와 직교좌표를 사용하며 극좌표는 두 점 사이의 위치 관계를 거리와 방위각으로 표시하는 것을 말한다.

② 극좌표를 직교좌표로 계산하고 직교좌표를 극좌표로 계산하는 방법을 일반적으로 역계산이라고 한다.

③ 최근에는 각과 거리를 측정할 수 있는 Total Station에 의하여 쉽고 능률적인 업무 처리 방법이 시행되고 있다.

④ 평면직교좌표계산은 평면상에서 어떤 점으로부터 다른 미지점의 위치를 측정하여 그 점의 좌표를 구하려면 다음과 같이 계산한다.

- $\Delta x = L \cdot \cos V$, $\Delta y = L \cdot \sin V$
- $X_B = X_A + \Delta x$, $Y_B = Y_A + \Delta y$

여기서, Δx : 종선차, Δy : 횡선차, L : 측정거리, V : 방위각

⑤ 평면극좌표는 두 점 간의 위치를 방위각과 거리로 표시하는 것으로 두 점의 좌표 A점(Ax, Ay), B점(Bx, By)의 거리와 방위각을 구하는 식은 다음과 같다.

- 종선차(Δx) $= B_X - A_X$
- 횡선차(Δy) $= B_Y - A_Y$

⑥ 방위(θ) = $\tan^{-1}\frac{\Delta y}{\Delta x}$에 의하여 상한별로 θ각을 이용하여 방위각을 계산한다.

⑦ 거리(L) = $\sqrt{\Delta x^2 + \Delta y^2}$

3.8.4.5. 관측

① 관측하기 위해서는 미리 각 경계점에 표지를 설치하며 측량방법은 도선법 또는 방사법에 따르며 관측 장비는 20초독 이상의 경위의를 사용하여야 한다.
② 수평각 관측은 1대회의 방향각 관측법이나 2배각의 배각법에 따르며 방향각 관측법은 1측회의 폐색을 하지 아니할 수 있다.
③ 수평각 측각공차는 1방향각이 60초 이내가 되고, 1회 측정각과 2회 측정각의 평균값에 대한 교차는 40초 이내가 되도록 한다.
④ 연직각 관측은 정·반으로 1회 관측하여 그 교차가 5분 이내일 때에는 그 평균치를 연직각으로 하되 분 단위로 읽는다.
⑤ 경계점의 거리 측정은 2회 측정하여 그 측정치의 교차가 평균치의 3천분의 1 이하일 때에는 그 평균치를 점간거리로 하며 점간거리가 경사거리일 때에는 수평거리로 계산하여야 한다.
⑥ 계산 방법에서 각은 초 단위, 변의 길이와 좌표는 cm 단위, 진수는 5자리 이상으로 한다.

3.8.4.6. 수치이동측량

① 경계점좌표등록부를 시행하는 지역에 접속하여 지적확정측량을 하는 경우 같은 경계점의 측량성과가 서로 다를 때에는 경계점좌표등록에 등록된 좌표를 그 경계점의 좌표로 한다.
② 수치 세부측량의 거리측정 단위는 1cm로 하며 도시개발사업 등의 시행 지역과 축척변경 시행 지역은 1/500, 농지의 구획정리 시행 지역은 1/1,000로 하되, 필요한 경우에는 미리 시·도지사의 승인을 얻어 1/6,000까지 작성할 수 있다.
③ 토지의 경계가 곡선일 경우에는 될 수 있으면 현재 상태와 같도록 경계점을 측정하여 연결하며 이 경우 직선으로 연결하는 중앙종거의 길이는 5cm 내지 10cm로 한다.
④ 각 필지의 경계점을 측정하는 때에는 도선법·방사법 또는 교회법에 따라 좌표를 산출하여야 한다.
⑤ 관측은 20초독 이상의 정밀 경위의를 사용하며 수평각 관측은 1대회 방향관측법이나 2배각의 배각법에 따른다.

⑥ 연직각 관측은 정·반으로 1회 관측하여 그 교차가 5분 이내일 때에는 그 평균값을 연직각으로 하며 분 단위로 읽는다.

⑦ 경계점의 거리측정은 2회 측정하여 그 측정값의 교차가 평균값의 1/3,000 이하일 때 그 평균값을 점간거리로 하고 경사거리는 수평거리로 계산하여야 한다.

⑧ 측량대상 지역의 기준점 성과를 확인한 후 등록된 경계점좌표등록부에 의하여 좌표면적을 확인하고 점간거리 및 방위각을 계산한다.

⑨ 측량대상 토지의 경계점 간 실측거리와 경계점의 좌표에 의하여 계산한 거리의 교차는 $3+\frac{L}{10}$cm 이내이어야 하며 L은 실측거리로서 미터 단위로 표시한 수치를 말한다.

3.9. 토지이동측량

출제(논) : 56, 98, 102, 107, 134, 135, 137회

토지이동은 일반적으로 지적공부에 등록된 토지 소재, 지번, 지목, 면적, 토지 경계, 소유자, 기타 등록된 사항의 일부 또는 전부가 변동되는 것을 의미한다. 토지이동은 지적측량을 수반하지 않는 것과 지적측량을 수반하는 이동 사항으로 구분하며 일반적인 등록 사항의 변동 사항과 특수한 경우 국가의 결정에 따른 행정처분으로 발생하는 변동 사항으로 구분할 수 있다. 토지 이동 사항으로는 새로이 등록할 토지가 생기거나 등록 대상 토지의 지번, 지목, 경계 또는 좌표와 면적을 결정하는데 경계 이동에 따른 경계와 면적의 결정은 토지 이동측량에 속한다.

3.9.1. 지적복구 측량

출제(용) : 68, 102, 110, 119회, (논) : 53, 113, 117, 123, 129, 132회

지적공부의 복구는 크게 토지표시 사항과 소유권 표시 사항으로 분류한다. 지적복구 측량은 전쟁이나 자연재해로 지적공부가 분실되었을 때 새로이 지적측량을 시행하거나 소유하고 있는 권리증서 또는 지적공부 등에 관한 설명 자료 등 가능한 모든 증빙자료를 수집하여 지적공부를 본래의 내용대로 재작성하는 측량을 말한다.

(1) 복구 측량 대상

① 복구에는 대장만 복구하는 경우, 도면만 복구하는 경우와 대장과 도면을 모두 복구할 수가 있다.

② 지적공부의 복구 대상

- 6·25동란으로 분·소실된 지적공부, 미수복지구 내의 지적공부, 천재지변 등으로 멸실된 지적공부이다.
- 복구에는 측량을 수반할 수가 있고 측량을 수반하지 아니하는 때도 있다.

③ 소유자에 관한 사항은 부동산등기부나 법원의 확정판결로 복구등록 하여야 한다.

(2) 지적공부의 복구자료

① 지적공부 등본 및 측량결과도

② 지적공부 부본 및 약도

③ 측량결과도

④ 토지이동정리결의서 및 복제된 지적공부

⑤ 부동산등기부등본 등 등기 사실을 증명하는 서류

⑥ 소관청이 작성하거나 발행한 지적공부의 등록 내용을 증명하는 서류

⑦ 기타 토지 표시 사항에 관련된 법원의 확정판결서 정본 또는 사본

(3) 지적공부의 복구 작업 순서

① 지적복구 작업 순서는 〈그림 3-48〉과 같이 지적공부 복구자료 조사, 복구자료에 의한 사실 조사, 지적복구 측량, 복구 필지별 지적조사 작성, 복구자료에 의한 소유자 조사, 지적공부 작성, 지적공부 복구공시, 이의신청 접수처리 등의 순서로 처리하였다.

② 소관청은 조사된 복구자료 중 대장의 등록 내용을 증명하는 서류 등에 의하여 지적복구자료 조사서를 작성하고, 도면의 등록 내용을 증명하는 서류 등에 의하여 복구자료도를 작성한다.

③ 작성된 복구자료도에 의해 측정한 면적과 지적복구자료 조사서의 조사된 면적의 증감이 $A = 0.026^2 M \sqrt{F}$ 의 계산식에 의한 허용범위를 초과하거나 복구자료도를 작성할 복구자료가 없는 때에는 복구측량을 한다. (A는 오차 허용면적, M은 축척 분모, F는 조사된 면적)

제3장

④ 작성된 지적복구자료 조사서의 조사된 면적이 허용범위 이내일 때에는 그 면적을 복구 면적으로 결정한다.

⑤ 복구 측량을 한 결과가 복구자료와 부합하지 아니하는 때에는 토지소유자와 이해관계인의 동의를 얻어 경계 또는 면적 등을 조정할 수 있으며 이 경우 경계를 조정한 때에는 경계점 표지를 설치한다.

⑥ 소관청은 복구자료의 조사 또는 복구 측량 등이 완료되어 지적공부를 복구하고자 하는 때에는 복구하고자 하는 토지의 표시 등을 시·군·구의 게시판에 15일 이상 게시한다.

⑦ 복구하고자 하는 토지의 표시 등에 이의가 있는 자는 게시 기간 내에 소관청에 이의신청할 수 있다.

⑧ 소관청은 절차를 이행한 때에는 지적복구자료 조사서·복구자료도 또는 복구측량결과도 등에 의하여 대장 또는 도면을 복구하여야 한다.

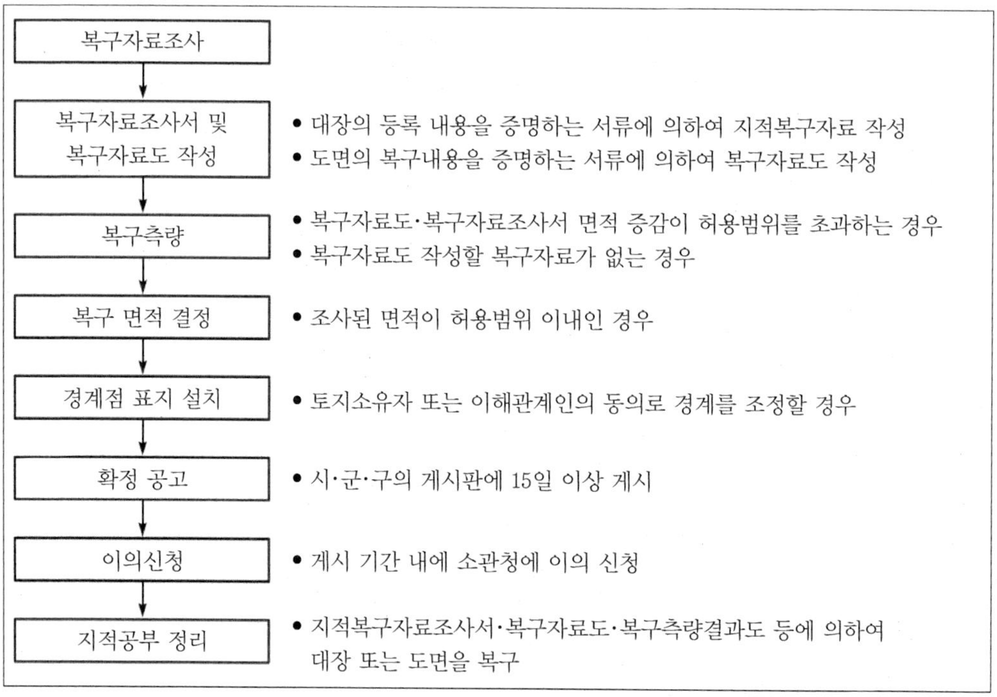

〈그림 3-48〉 지적공부의 복구절차

(4) 복구측량

① 지적복구측량은 기본 지적복구 자료로 정부 문서보관소의 토지조사사업 당시의 세부측량 원도를 기초로 소유자가 제출하는 증빙서류들을 참고하였다.

② 토지조사 이후에 이동된 토지표시 사항은 읍·면·동이나 등기소와 소유자가 보유하고 있는 각종 증빙서류에 의하여 정리하며 자료가 없는 토지는 새로이 조사·측량하여 복구하도록 한다.

③ 복구 요령은 읍·면·동이 비치하던 지적 약도나 임야약도를 이용하여 다시 면적을 측정하여 복구하고, 자료가 없는 것은 세부측량을 다시 시행하여 지번, 지목, 면적과 경계를 복구하는 방법으로 실시하였다.

④ 지번부여는 될 수 있으면 구 지번의 부번을 순서대로 부여하였다.

⑤ 면적은 측량원도에 의한 산출 면적을 위주로 하되 종전 면적이 있을 때는 종전 면적과 대비하여 공차 이내일 경우 종전 면적으로 하고 차이가 있는 경우에는 원인을 분석하여 경계 또는 면적정정 등으로 처리하였다.

(5) 지적공부 복구

① 지적공부 복구는 정부 문서보관소에 있는 세부측량 원도에 의하여 조정한 경계선을 회복하였다.

② 토지표시 사항으로 지번, 지목, 면적, 소유자 등은 읍·면·동 및 등기소에 비치된 각종 장부 기록내용 및 증명서 등을 근거로 복구하였다.

③ 토지 경계선을 새로이 측량하여 소유 신고 절차에 따라 일정 기간의 공시 기간을 두어 이의가 없을 때는 이를 조정하여 멸실 전의 권리 상태로 복구하였다.

④ 토지표시의 등록 사항은 세부측량 원도와 실지 측량 및 조사를 시행하여 결정하였다.

⑤ 소유자에 관한 사항은 부동산등기부나 법원의 확정판결에 따라 복구하도록 하였다.

⑥ 지번, 지목, 경계 등은 정부에서 보관하고 있는 세부측량 원도를 기초로 하였다.

(6) 공고 및 등기부 회복

① 복구 조서에 의거 대장을 작성한 후 일정 기간을 정하여 복구공시를 공고의 형식에 의하여 실시함으로써 복구 착오 또는 누락분을 정비하는 기회가 되었다.

② 공고 기간 내에 정비하지 못한 주민 피해를 방지하기 위해 공고의 내용으로 후일 공고의 방법에 따라 복구 사항을 정정할 수 있도록 하였다.

③ 지적공부는 당시 정부에 보관되어 있던 지적도 및 토지조사부를 근거로 1952년부터 토지(임야)대장을 복구하기 시작하였다.

(7) 지적공부의 정리

① 지적공부의 복구에 의한 대장 정리는 새로이 작성하는 것이 원칙이다.

② 대장에는 '○○년 ○○월 ○○일 지적복구'라는 사유와 함께 '고유번호, 토지의 소재, 지번, 지목, 면적, 소유권, 도면번호, 장 번호 및 축척' 등을 기재한다.

③ 지적공부의 복구에 따른 도면 및 경계점좌표등록부는 새로이 작성하여야 한다.

3.9.2. 신규등록측량

출제(논) : 80, 108, 120, 134회

지적공부에 등록되지 않은 토지가 생기거나 발견된 때에는 토지의 소재, 지번, 지목, 경계 또는 좌표와 면적, 소유자 등을 조사 결정하여 새로이 지적공부에 등록하는 것으로 신규등록하는 토지의 소유자는 지적소관청이 직접 조사하여 등록한다.

(1) 대상 토지

① 도로, 구거, 하천 등 미등록 토지를 등록하는 경우

② 미등록 도서를 등록하는 경우

③ 공유수면매립 면허를 받아 준공에 따라 등록하는 경우

④ 기타 미등록된 토지를 등록하는 경우

(2) 신규등록 신청

① 토지소유자는 신규로 등록할 토지가 발생한 날부터 60일 이내에, 소관청에 신청한다.

② 신규등록 신청서에 첨부할 서류

- 법원의 확정판결서 정본 또는 사본
- 「공유수면 관리 및 매립에 관한 법률」에 따른 준공검사확인증 사본

- 도시계획구역의 토지를 그 지방자치단체의 명의로 등록하는 때에는 기획재정부장관과 협의한 문서의 사본
- 그 밖에 소유권을 증명할 수 있는 서류의 사본
- 해당 지적소관청이 관리할 때는 지적소관청의 확인으로 그 서류의 제출을 갈음할 수 있다.

(3) 측량 방법

① 측량을 시행할 때는 토지소유자와 이해관계인을 참석시켜 측량에 필요한 질문이나 참고자료의 제시를 요구하여 측량에 참고한다.

② 수면 또는 해면에 접하는 지역의 경계설정 기준은 최대만조위 또는 최대만수위가 되는 지점을 경계로 측정하고 공유수면매립지의 토지 중 제방 등은 도로, 제방의 바깥쪽 어깨 부분을 경계로 등록하여야 한다.

③ 경계 설정은 도로, 하천, 구거 등 신규등록 토지의 경계는 기존 도면에 등록된 토지의 경계를 기준으로 결정한다.

(4) 지번부여 및 면적 결정

① 지번부여지역 안에서 인접 토지의 본번에 부번을 붙여서 지번을 부여한다.

② 지번부여지역의 최종 본번의 다음 순번부터 본번으로 하여 순차적으로 지번을 부여할 수 있는 경우

- 대상토지가 그 지번부여지역 안의 최종 지번의 토지에 인접된 경우
- 대상토지가 이미 등록된 토지와 멀리 떨어져 있어서 등록된 토지의 본번에 부번을 부여하는 것이 불합리한 경우
- 대상토지가 여러 필지로 되어 있는 경우

③ 신규등록을 하는 때에는 새로이 측량하여 각 필지의 경계 또는 좌표와 면적을 정한다.

(5) 지적공부 정리

① 새로이 토지대장을 작성하고 토지의 소재, 지번, 지목, 면적, 소유자의 성명 또는 명칭, 주소, 주민등록번호, 고유번호, 도면번호와 필지별 대장의 장 번호 및 축척, 토지이동 등의 사유, 소유권의 변동 일자 및 변동 원인을 기재한다.

② 대장의 소유자변동 일자는 공유수면매립 준공에 의한 신규등록의 경우에는 매립준공 일자를 정리한다.

③ 도면에 경계·지번 및 지목을 새로이 등록하는 경우에는 이미 비치된 도면에 제도하되, 이미 비치된 도면에 정리할 수 없는 경우에는 새로이 도면을 작성한다.

④ 신규등록에 따른 경계점좌표등록부는 새로이 작성한다.

3.9.3. 등록전환측량

출제(용) : 47회, (논) : 66, 75, 98, 110, 114, 122, 125, 132, 134회

등록전환은 임야대장 및 임야도에 등록된 토지를 토지대장 및 지적도에 옮겨 등록하는 행정처분을 말한다. 즉, 축척이 1/3,000 또는 1/6,000인 임야도에 등록된 토지를 축척 1/600 또는 1/1,200의 지적도에 옮겨 등록하는 것을 말한다. 과거에는 등록전환을 신규등록으로 취급하였으나, 1975. 12. 31 지적법 전문개정에 따라 신규등록과 구별하여 등록전환이란 명칭을 신설하였다.

(1) 등록전환 대상토지

① 등록전환을 신청할 수 있는 토지는 산림법·건축법 등 관계 법령에 따른 토지의 형질변경 또는 건축물의 사용승인 등으로 인하여 지목을 변경하여야 할 토지

- 목장용지, 과수원 등 일단의 면적이 크거나 토지대장 등록지로부터 거리가 멀어서 등록전환하는 것이 부적당하다고 인정될 때는 임야대장 등록지에서 지목변경 할 수 있다.

② 지목변경 없이 등록전환 신청이 가능한 토지

- 대부분 토지가 등록전환되어 나머지 토지를 임야도에 계속 존치하는 것이 불합리한 경우
- 임야도에 등록된 토지가 사실상 형질변경 되었으나 지목변경을 할 수 없는 경우
- 도시계획선에 따라 토지를 분할하는 경우

(2) 등록전환 신청

① 토지소유자는 등록전환 사유가 발생한 날로부터 60일 이내 소관청에 신청하여야 한다.

② 등록전환 신청서에 첨부할 서류

- 등록전환측량성과도
- 관계 법령에 따른 토지형질 변경 등의 공사가 준공되었음을 증명하는 서류의 사본
- 서류를 소관청이 관리할 때는 소관청의 확인으로 갈음

(3) 등록전환 처리 절차

등록전환측량	• 등록전환을 하기 위해서는 지적측량을 반드시 실시
↓ 등록전환 신청	• 토지소유자가 관련 서류를 첨부하여 신청
↓ 토지이동정리결의	• 토지이동정리결의서 작성 (이동 전란의 임야대장에 등록된 지목·면적 및 지번수를, 이동 후란에 토지대장에 등록될 지목·면적 및 지번수를, 증감 란에는 면적을 기재)
↓ 지적공부 정리	• 지적업무정리부에 그 처리내용을 기재
↓ 등기촉탁	• 관할 등기소에 등기촉탁 • 토지표시 변경등기 촉탁 대장에 그 내용을 기재
↓ 지적정리 통지	• 해당 토지소유자에 통지

〈그림 3-49〉 등록전환 처리 절차

(4) 등록전환 방법

① 등록전환측량은 1필지 전체를 등록전환하는 경우에는 임야대장과 토지대장 등록 사항의 부합 여부 등을 확인하고 토지의 경계와 이용현황 등을 조사하기 위한 측량을 한다.

② 등록전환할 토지가 2필지 이상으로 분할하여야 할 토지의 경우에는 1필지로 등록전환 후 지목별로 분할하여야 한다.

③ 등록 전환할 토지의 지목은 임야대장에 등록된 지목으로 설정하되, 분할은 등록전환과 동시에 정리한다.

④ 경계점좌표등록부를 비치하는 지역과 연접되어 있는 토지를 등록전환하려면 경계점좌표등록부에 등록하여야 한다.

⑤ 토지대장에 등록하는 면적은 등록전환 측량의 결과에 의하며, 임야대장의 면적을 그대로 정리할 수 없다.

⑥ 임야도에 도곽선 또는 도곽선수치가 없거나, 1필지 전체를 등록전환 할 경우에만 등록전환으로 인하여 말소해야 할 필지의 임야측량결과도를 등록전환측량결과도에 함께 작성할 수 있다.

(5) 지번부여 방법

① 지번부여지역 안에서 인접 토지의 본번에 부번을 붙여서 지번을 부여한다.

② 지번부여지역의 최종 본번의 다음 순번부터 본번으로 하여 순차적으로 지번을 부여할 수 있는 경우

- 대상토지가 그 지번부여지역 안의 최종 지번의 토지에 인접된 경우
- 대상토지가 이미 등록된 토지와 멀리 떨어져 있어서 등록된 토지의 본번에 부번을 부여하는 것이 불합리한 경우
- 대상토지가 여러 필지로 되어있는 경우

(6) 면적의 결정

① 등록전환을 위하여 면적을 정함에 있어서 오차가 발생하는 경우 그 오차가 허용범위를 초과하는 때에는 임야대장의 면적 또는 임야도의 경계를 소관청이 직권으로 정정하여야 한다.

② 등록전환을 할 때 임야대장의 면적과 등록전환을 하고자 하는 면적의 오차 허용범위는 식 ($A = 0.026^2 M \sqrt{F}$)(A : 오차 허용면적, M : 임야도의 축척 분모, F : 등록전환될 면적)에 의한다.

③ 등록전환을 하고자 하는 면적이 오차의 허용범위 이내인 경우에는 그 면적을 등록전환 면적으로 결정한다.

④ 등록전환을 하는 경우 오차 허용범위의 계산은 축척이 3천분의 1인 지역의 축척 분모는 6천으로 한다.

(7) 지적공부의 정리

① 토지대장을 새로이 작성하고 임야대장의 등록 사항을 말소해야 한다.

② 토지대장에 등록하는 면적은 등록전환 측량의 결과에 의하여야 하며, 임야대장의 면적을 그대로 정리할 수 없다.

③ 등록전환으로 도면에 경계·지번 및 지목을 새로이 등록하는 경우에는 이미 비치된 도면에 제도한다.

④ 비치된 도면에 정리할 수 없는 경우에는 새로이 도면을 작성한다.

⑤ 등록전환을 할 경우에는 임야도의 그 지번 및 지목을 말소하고, 그 내부를 붉은색으로 엷게 채색한다.

3.9.4. 분할측량

출제(논) : 95, 96, 111, 113, 114, 129, 132, 134회

지적공부에 등록된 일필지를 2필지 이상으로 나누어 등록하는 것으로 일필지 토지의 일부가 다른 지목으로 변경된 경우와 소유자가 다르게 된 경우에 시행하며 또한 소유자가 필요로 할 때도 분할 측량에 따라 지적공부를 정리하는 것을 말한다. 분할측량은 토지나 임야가 지적공부에 등록된 일필지의 토지에 토지분할 사유가 발생하였을 때 토지를 2필지 이상으로 나누어 지적공부에 등록하기 위한 측량이다.

(1) 분할측량 대상

① 일필지의 일부가 지목이 다르게 된 경우

② 소유권 이전, 매매 등을 위해 필요한 경우

③ 토지 이용상 불합리한 지상경계를 시정하기 위한 경우

④ 1필지의 일부가 형질변경으로 용도가 다르게 되는 경우

⑤ 관계 법령에 따라 인가·허가 등을 받은 토지 등

(2) 분할신청

① 일필지의 일부가 지목이 다르게 된 때에는 토지소유자는 60일 이내 소관청에 신청하여야 한다.

② 분할신청서는 소유자가 신청하는 것을 원칙으로 하지만 대위 신청할 수 있다.

③ 분할신청서에 첨부 서류

- 분할측량성과도
- 분할 허가 대상인 토지의 경우에는 그 허가서 사본
- 법원의 확정판결에 따라 분할할 경우에는 확정판결서 정본 또는 사본
- 서류를 당해 소관청이 관리할 때는 소관청의 확인으로써 서류의 제출에 갈음

(3) 현지측량

① 현지측량은 토지소유자와 이해관계인을 입회시켜 측량에 필요한 질문이나 참고 자료의 제시를 요구할 수 있다.

② 토지분할 선은 등록된 토지 경계선을 기준으로 새로운 법률상의 한계가 되는 경계선을 설정하는 것이다.

③ 법원의 확정판결에 따라 분할 측량을 하거나 법원감정측량은 법원감정처리 절차에 의한다.

④ 측량 지역의 면적이 당해 지적도 1장에 해당하는 면적 이상일 때 및 51필지 이상 연속지 또는 집단지 분할과 기지점에 의하였을 때 지적측량기준점은 세부측량을 시행하기 전에 설치하고 세부 측량성과를 결정하여야 한다.

⑤ 토지의 구획이 되어 있는 지형·지물 또는 지상구조물을 기준으로 경계를 설정하며 지상구조물이 없는 경우에는 규정에 따른 경계 표지를 설치한 후 측량하여야 한다.

⑥ 지적측량을 완료한 때에는 분할 등록될 경계점의 위치를 지적측량기준점, 담장모서리 및 전신주 등 주위 고정물로부터 거리를 측정하여 이해관계인에게 확인시키고 측량결과도 여백에 측정점 위치설명도를 작성하여야 한다.

(4) 경계설정 기준

① 토지의 구획이 되어 있는 지형·지물 또는 지상구조물을 기준으로 경계를 설정하여야 한다.

② 지상구조물이 없는 경우에는 규정에 따른 경계 표지를 설치한 후 측량하여야 한다.

③ 측량대상 토지의 점유 현황선 및 경계점 표지가 분할 등록될 경계점과 부합하지 않을 경우에는 분할측량 시에 분할 등록될 경계점을 현장에 복원하여야 한다.

④ 합병된 필지를 합병 전의 경계대로 분할하는 경우에는 합병전 각 필지의 면적을 분할 후 각 필지의 면적으로 하며 구획이 되는 지형·지물이 없는 경우에는 분할될 경계점을 복원한 후 규정에 의한 표지를 설치하여야 한다.

⑤ 지적공부에 의하여 작성한 측량준비도에 의하여 실시하되 경우에 따라 지적측량기준점에 의하여 측량하는 경우가 있고 현형법에 따라 측량하는 경우가 있다.

⑥ 연접되는 토지 사이에 고저가 있는 경우에는 그 지물 또는 구조물의 하단부를 경계로 하고 도로, 구거 등의 토지에 절토된 부분이 있는 경우에는 경사면의 상단부를 경계로 설정한다.

(5) 지번부여 방법

① 지번은 북서에서 남동으로 순차적으로 부여한다.

② 분할 후의 필지 중 1필지의 지번은 〈그림 3－50〉과 같이 일반적인 지번부여 방법은 분할 전의 지번으로 하고, 나머지 필지의 지번은 본번의 최종 부번의 다음 순번으로 부번을 부여한다.

③ 주거·사무실 등의 건축물이 있는 필지는 〈그림 3-51〉과 같이 분할 전의 지번을 우선하여 부여하여야 한다.

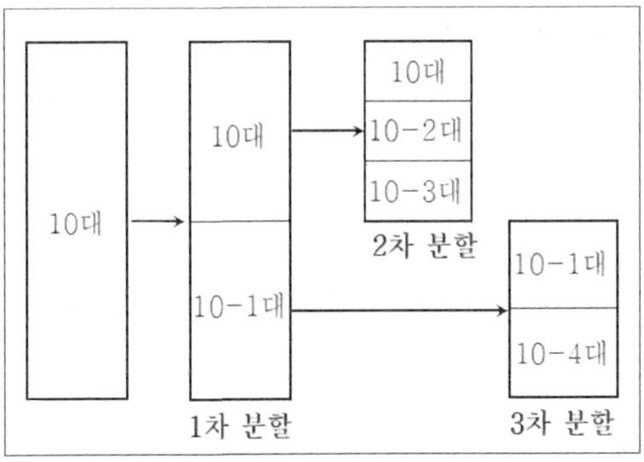

〈그림 3-50〉 일반적인 지번부여 방법

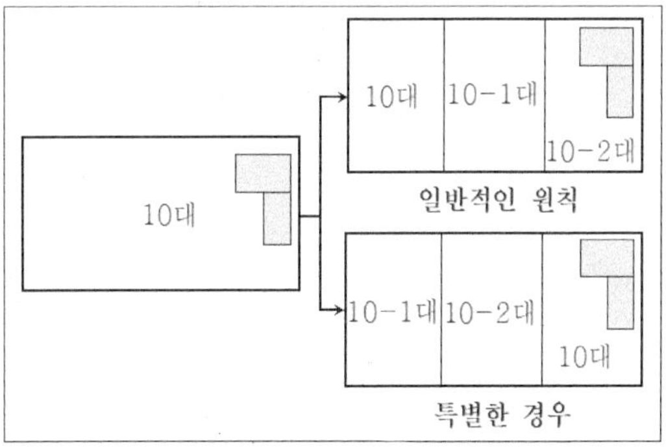

〈그림 3-51〉 건물이 있는 지번부여 방법

(6) 면적 결정

① 토지를 분할하는 경우 분할 후의 각 필지의 면적의 합계와 분할 전 면적과의 오차의 허용범위는 $A = 0.026^2M\sqrt{F}$ 식(A는 오차 허용면적, M은 축척 분모, F는 원면적)에 의한다.

② 신구면적의 오차를 배분한 산출 면적은 $r = \frac{F}{A} \times a$ 식으로 필요한 자리까지 계산한다.

(r : 각 필지의 산출 면적, F : 원 면적, A : 측정 면적합계 또는 보정 면적합계, a : 각 필지의 측정 면적 또는 보정 면적)

③ 결정 면적은 그 합계가 원면적에 일치하도록 산출 면적의 소요 자릿수 미만의 수가 큰 것부터 차례로 올려야 한다.

(7) 지적공부의 정리

① 분할된 필지는 토지대장을 새로이 작성하고 고유번호, 토지의 소재, 지번, 지목, 면적을 기재한다.

② 분할 전 지번 및 지목을 말소하고, 분할 경계를 제도한 후 필지마다 지번 및 지목을 새로이 제도한다.

③ 경계점좌표등록부의 정리는 각 필지의 경계점 부호는 왼쪽 위에서부터 오른쪽으로 경계를 따라 아라비아숫자로 연속하여 부여한다.

3.9.5. 축척변경측량

출제(용) : 93회, (논) : 71, 74, 92, 104, 128, 132회

축척변경은 지적도에 등록된 경계점의 정밀도를 높이기 위하여 작은 축척을 큰 축척으로 변경하여 등록하는 것을 말한다. 지적소관청은 토지소유자의 신청 또는 지적소관청의 직권으로 일정한 지역을 정하여 그 지역의 축척을 변경할 수 있다.

(1) 축척변경의 대상

① 빈번한 토지의 이동으로 인하여 1필지의 규모가 작아서 소축척으로는 지적측량성과의 결정이나 토지의 이동에 따른 정리가 곤란할 때

② 하나의 지번 부여지역에 서로 다른 축척의 지적도가 있는 경우

③ 축척변경위원회의 승인 대상이 아닌 경우

④ 합병하고자 하는 토지가 축척이 다른 지적도에 각각 등록되어 있어 축척변경을 하는 경우

⑤ 도시개발사업 등의 시행 지역 안에 있는 토지로서 당해 사업 시행에서 제외된 토지의 축척변경을 하는 경우

(2) 축척변경 승인신청

① 지적소관청은 축척변경을 할 때는 축척변경 사유를 적은 승인신청서에 서류를 첨부하여 시·도지사 또는 대도시 시장에게 제출하되 시·도지사 또는 대도시 시장은 행정정보의 공동이용을 통하여 축척변경 대상 지역의 지적도를 확인하여야 한다.

② 신청을 받은 시·도지사 또는 대도시 시장은 축척변경 사유 등을 심사한 후 그 승인 여부를 지적소관청에 통지하여야 한다.

③ 토지소유자의 신청 또는 지적소관청의 직권으로 일정한 지역을 정하여 그 지역의 축척을 변경할 수 있다.

- 잦은 토지의 이동으로 1필지의 규모가 작아서 소축척으로는 지적측량성과의 결정이나 토지의 이동에 따른 정리를 하기가 곤란한 경우
- 하나의 지번 부여지역에 서로 다른 축척의 지적도가 있는 경우
- 그 밖에 지적공부를 관리하는 데 필요하다고 인정되는 경우

④ 지적소관청은 축척변경을 하려면 축척변경 시행 지역의 토지소유자 2/3 이상의 동의를 받아 축척변경위원회의 의결을 거친 후 시·도지사 또는 대도시 시장의 승인을 받아야 한다.

⑤ 축척변경위원회의 의결 및 시·도지사 또는 대도시 시장의 승인 없이 축척변경을 할 수 있다.

- 합병하려는 토지가 축척이 다른 지적도에 각각 등록되어 있어 축척변경을 하는 경우
- 도시개발사업 등의 시행 지역에 있는 토지로서 그 사업 시행에서 제외된 토지의 축척변경을 하는 경우

축척변경 승인신청	• 승인신청서 제출 : 소관청→시도지사 • 승인 여부 통지 : 시도지사→소관청
↓ 축척변경 시행공고	• 시군구 게시판 및 시행지역 안의 동리 게시판에 20일간 공고
↓ 토지의 표시	• 축척 변경 시행공고가 있는 날부터 30일 이내에 현재 점유하고 있는 경계에 경계점표지설치(토지소유자)
↓ 현지측량 및 면적 결정	• 경위의 측량방법 및 좌표면적계산
↓ 지번별 조서의 작성	• 지적공부상 면적과 측량 완료 후 면적을 비교하여 작성
↓ 지적공부 정리 등의 정지	• 축척변경 위원회의 의결이 있는 때를 제외하곤느 지적공부 정리 및 경계복원측량을 확정 공고일까지 정지
↓ 청산금의 산정	• 필지별 증감 면적에 m^2당 금액을 곱하여 산정 • 청산금을 결정한 경우 15일 이상 공고 • 공고 기간 만료 후 15일까지 열람
↓ 청산금의 납부고지	• 청산금 결정 공고한 날부터 20일 이내에 청산금의 납부 고지 또는 수령통지 • 토지소유자는 고지일로부터 3월 이내에 청산금을 소관청에 납부 • 소관청은 수령 통지일로부터 6월 이내에 청산금을 지급
↓ 청산금의 관한 이의신청	• 납부 고지를 받은 날로부터 1월 이내에 소관청에 이의 신청 • 이의신청이 있는 때에는 1월 이내에 축척변경위원회의 심의 의결
↓ 축척변경의 확정공고	• 청산금의 납부 및 지급이 완료된 때에는 확정공고
↓ 지적공부 정리	• 확정공고를 한 때에는 지체없이 지적공부에 등록

〈그림 3-52〉 축척 변경의 시행 절차

(3) 축척변경위원회

① 축척변경위원회의 구성

- 위원은 5인 이상 10인 이내로 구성하되 위원의 2분의 1 이상이 토지소유자로 하여야 한다.
- 위원은 축척변경 시행 지역 안의 토지소유자로서 지역 사정에 정통한 자와 지적에 관한 전문지식을 가진 자로 구성하며, 소관청이 위촉한다.
- 축척변경 시행 지역 안의 토지소유자가 5인 이하인 때에는 토지소유자 전원을 위원으로 위촉하며 위원장은 위원 중에서 소관청이 지명한다.

② 축척변경위원회의 회의

- 축척변경위원회의 회의는 소관청이 축척변경위원회에 회부하거나 위원장이 필요하다고 인정하는 때에 위원장이 소집한다.
- 위원장을 포함한 재적위원 과반수의 출석으로 개의하며 출석위원 과반수의 찬성으로 의결한다.
- 위원장은 축척변경위원회의 회의를 소집하는 때에는 회의일시·장소 및 심의안건을 회의 5일 전까지 각 위원에게 서면으로 통지하여야 한다.
- 축척변경위원회의 심의·의결사항은 축척변경 시행계획안, 지번별 제곱미터당 금액의 결정과 청산금의 산정, 청산금의 이의신청에 관한 사항 및 그 밖에 축척변경과 관련하여 소관청이 부의한 사항이다.

(4) 시행공고

① 지적소관청은 시·도지사 또는 대도시 시장으로부터 축척변경 승인을 받았을 때는 지체 없이 20일 이상 공고하여야 한다.

② 시행공고는 시·군·구(자치구가 아닌 구를 포함) 및 축척변경 시행 지역 동리의 게시판에 주민이 볼 수 있도록 게시하여야 한다.

③ 공고 내용

- 축척변경의 목적·시행 지역 및 시행 기간
- 축척변경의 시행에 관한 세부 계획
- 축척변경의 시행에 따른 청산방법
- 축척변경의 시행에 따른 소유자 등의 협조에 관한 사항

④ 축척변경 시행 지역의 토지소유자 또는 점유자는 시행공고가 된 날(시행공고일)부터 30일 이내에 시행공고일 현재 점유하고 있는 경계에 경계점 표지를 설치하여야 한다.

(5) 토지의 표시

① 지적소관청은 축척변경 시행 지역의 필지별 지번·지목·면적·경계 또는 좌표를 새로 정하여야 한다.

② 지적소관청이 축척변경을 위한 측량을 할 때는 토지소유자 또는 점유자가 설치한 경계점 표지를 기준으로 새로운 축척에 따라 면적·경계 또는 좌표를 정하여야 한다.

③ 축척을 변경할 때에는 필지별 지번·지목 및 경계는 종전의 지적공부에 따르고 면적만 새로 정하여야 한다.

(6) 면적 결정

① 면적을 새로 정하는 때에는 축척변경 전의 면적과 축척변경 후의 면적의 오차가 허용범위 이내인 때는 축척변경 전의 면적을 결정 면적으로 한다.

② 허용 면적을 초과하는 때는 축척변경 후의 면적을 결정면적으로 한다.

(7) 청산금 및 지번별 조서 작성

① 청산금의 산정

- 지적소관청은 축척변경에 관한 측량을 한 결과 면적의 증감이 있는 경우에는 그 증감 면적에 대하여 청산하여야 한다.
- 청산할 때는 축척변경위원회의 의결을 거쳐 지번별로 제곱미터당 금액을 정한다.

② 청산금의 납부고지

- 소관청은 청산금의 결정을 공고한 날로부터 20일 이내에 토지소유자에게 청산금의 납부고지 또는 수령통지를 하여야 한다.
- 청산금의 납부고지를 받은 자는 그 고지일로부터 3월 이내에 청산금을 소관청에 납부해야 한다.

③ 청산금에 대한 이의신청

- 납부고지 또는 수령 통지된 청산금에 관하여 이의가 있는 자는 납부고지 또는 수령통지를 받은 날로부터 1월 이내에, 소관청에 이의신청할 수 있다.

④ 지적소관청은 청산금을 산정하였을 때는 청산금 조서를 작성하고, 청산금이 결정되었다는 사실을 15일 이상 공고하여야 한다.

⑤ 계산 결과 증가한 면적의 청산금 합계와 감소한 면적의 합계에 차액이 생기면 초과액은 당해 지방자치단체의 수입으로 하고 부족액은 지방자치단체가 부담한다.

(8) 확정 공고

① 청산금의 납부 및 지급이 완료되었을 때는 지체 없이 축척변경의 확정공고를 하여야 한다.

② 축척변경 시행 지역의 토지는 확정공고 일에 토지의 이동이 있는 것으로 본다.

③ 축척변경의 확정공고사항

- 토지의 소재 및 지역명
- 축척변경 지번별 조서
- 청산금 조서
- 지적도 축척에 관한 사항

④ 지적도는 확정측량결과도 또는 경계점좌표에 의하여 등록하고, 토지표시의 변경에 관한 등기를 촉탁하여야 한다.

3.9.6. 지적현황측량

출제(용) : 53, 123회, (논) : 43, 45, 56회

지적현황측량은 지상 구조물 또는 지형·지물이 점유하는 위치 현황을 실측하여 지적도 또는 임야도, 경계점좌표등록부에 등록된 경계와 대비하여 현황도를 작성하고 점유 면적을 측정하는 측량이다. 토지의 기본인 일필지의 토지 경계 내에 존재하는 지상의 각종 건축물과 위치 관계 및 지상·지하에 미치는 물권의 한계를 표시하여 다목적 토지 관리를 위한 토지정보체계의 기본자료로 이용되고 있다. 지적현황측량은 목적과 점유 형태에 따라 점유현황측량과 시설물현황측량으로 구분할 수 있다.

(1) 점유현황측량

① 점유현황측량은 토지의 소유 한계와 점유 한계의 상호위치 관계를 확인할 목적에서 지적공부를 기초로 필지의 경계 내에 있는 지형·지물의 점유 한계를 실측하여 점유 현황도를 작성하고 점유 면적을 측정하는 측량이다.

② 소유 한계는 지적공부에 등록된 경계를 말하며, 점유 한계란 실제로 사용하고 있는 지상의 한계로서 울타리, 담장, 건물 벽, 둑 등으로 한정된 것을 말한다.

③ 점유현황측량은 일필지의 일부분을 점유한 경우에 점유 면적을 확인하는 것이 주목적인 측량으로서 국·공유지의 점유 허가 또는 사유 토지의 매매, 양도 등에 필요한 서류를 작성하기 위해 실시하는 측량이다.

(2) 시설물현황측량

① 시설물현황의 측량은 토지에 부속된 각종 시설물과 필지의 경계 상호 간의 위치 관계를 결정하는 측량으로써 주로 다목적 관리에 필요한 시설물등록 도면이나 대장을 작성하기 위해 실시하는 측량이다.

② 다목적 지적제도를 시행하고 있는 국가에서 토지에 부속된 각종 시설물 등록부를 작성하기 위해 광범위한 지역에 걸쳐 종합적으로 시설물 현황 측량을 시행한다.

③ 지적측량에서는 무허가 건축물의 양성화 또는 각종 시설물의 준공검사 등에 필요한 서류를 갖추기 위해 극히 한정된 범위의 시설현황측량이 시행되고 있다.

(3) 지적현황측량 작업 과정

① 측량 준비

- 지적현황측량을 하기 위해서는 미리 측량준비도를 작성한다.
- 토지등록과 관련된 각종 자료를 기초로 현지측량에 필요한 정보를 수집하는 작업이다.

② 현지측량

- 측량준비도 상에 표시된 지적측량기준점 및 경계점들의 지상위치 변동 여부를 조사한다.
- 도상 위치와 지상위치가 정확히 일치하는 기지점을 기초로 점유 한계점의 위치를 측정하는 작업을 말한다.

③ 성과 정리

- 현지측량으로 측량준비도에 점유 위치가 결정되면 측정 거리와 기하적 및 기타 표시 사항을 정리한다.
- 측량결과도를 작성하여 측량결과도에 나타난 점유 현황을 기초로 점유 면적을 측정한다.

3.9.7. 경계복원측량

출제(논) : 47, 56, 71, 72, 75, 81, 92, 99, 105, 113, 128회

경계복원측량은 지적공부에 등록이 되어 있는 경계점의 설정 위치를 지상에 복원하기 위해 실시하는 측량으로 복원할 경계점의 등록과 관련된 지적공부 및 측량성과 등의 자료와 지상에 설치되어 있는 지적측량기준점이나 기지경계점을 기초로 복원하는 측량이다. 경계복원측량은 지적도나 임야도에 등록된 토지의 경계 또는 경계점좌표등록부에 등록된 좌표를 현지에 정확히 표시하고 일필지의 한계를 구분하여 표시하는 행정처분이라 할 수 있다.

3.9.7.1. 경계복원측량의 법률적 근거

(1) 지적법시행령

① 1976년 제40조 경계복원측량은 등록할 당시의 측량 방법과 동일한 방법으로 시행하도록 최초로 법에 규정하였다.

② 1986년 제45조 경계측량은 등록할 당시의 측량 방법과 동일한 방법으로 시행하여야 한다. 고 측량 방법을 규정하였다.

③ 1995년

- 제45조 경계가 잘못 등록되었다고 판단될 경우 등록사항정정 후 측량하도록 규정하였다.
- 제45조의2 경계복원측량을 신청할 경우 인접 토지소유자의 측량 참여동의서 또는 측량 집행동의서를 첨부하여 대행 법인에 제출하도록 규종하였다.

④ 1999년

- 제45조 지표상에 복원할 토지의 경계점에는 경계점표지를 설치하도록 규정 하였다.
- 경계복원측량 신청, 측량 참여동의서, 측량성과도 및 측량성과도 사본을 송부하도록 규정하였으나 1999년 2월26일 개정되면서 본 조항을 삭제하였다.

(2) 지적측량시행규칙 제24조

① 경계복원측량을 하려는 경우 경계를 지적공부에 등록할 당시 측량성과의 착오 또는 경계 오인 등의 사유로 경계가 잘못 등록되었다고 판단될 때에는 등록 사항을 정정한 후 측량하여야 한다.

② 경계복원측량에 따라 지표상에 복원할 토지의 경계점에는 경계점표지를 설치하여야 한다.

(3) 지적사무처리규정 제52조

① 측량성과도의 명칭은 경계복원측량 성과도라 기재 및 경계점좌표등록부 시행지역인 경우에는 명칭 앞에 (좌표)라 기재한다.

② 경계복원측량성과도를 작성하는 때는 복원된 경계점과 측량 대상 토지의 점유현황선을 붉은색으로 표시하도록 규정하였다.

③ 복원된 경계점은 직경 2~3mm의 원으로, 점유현황선은 점선으로 표시하도록 규정하였다.

3.9.7.2. 경계복원측량의 원리

출제(논) : 75, 104회

① 경계복원은 "원래대로 회복함"이라는 복원의 원리를 기본으로 하여 토지가 하나의 독립된 필지로 지적공부에 등록이 될 당시에 설정했던 지상 경계점의 원래 위치를 찾아내는 행위로 복원의 원리라 할 수 있다.

② 증거의 원리는 경계 표지의 수학적 위치에 대한 원래 측량자의 측량성과는 그 경계의 위치에 관한 결정적인 증거로 용납이 되지 않으며, 진정한 원래의 경계 표시에 대한 실제 물리적 증거만이 그 위치를 지배한다는 것이 법의 원리이다.

③ 재추적의 원리

- 경계복원에서는 복원하여야 할 경계의 원래 지상 위치가 바로 그곳이라는 것을 확실하게 증명해 줄 수 있는 결정적인 증거를 찾는 것이 중요하다.
- 증거는 단순한 측량 방법에 따라서 확보되는 것이 아니라 그 경계의 설정과 등록에 관련된 자료의 내용을 철저하게 재추적함으로써 확보가 될 수 있다.
- 경계복원측량은 주로 복원할 경계점의 등록과 관련된 지적공부나 측량성과와 같은 자료와 지상에 설치된 지적측량기준점이나 기지경계점을 기초로 하여 복원 대상이 되는 경계점의 등록 과정을 재추적하는 측량이다.

3.9.7.3. 경계복원측량 방법

경계복원측량은 지적삼각점, 지적삼각보조점, 지적도근점 및 기지점을 기초로 시행한다. 대상 토지의 점유현황을 측정하여야 하며 경계복원측량은 등록당시 측량 방법, 오류등록지 측량 방법, 중복등록지 측량 방법, 복원위치 측량 방법으로 구분할 수 있다.

(1) 등록당시 측량 방법

출제(논) : 72회

① 등록당시의 측량 방법은 단순히 해당 경계를 등록할 당시에 사용한 측량 장비만을 의미하는 것이 아니라 경계를 등록하기 위해 사용했던 측량기준점이나 위치 결정방법 등을 그대로 사용하는 것을 의미한다.

② 지적공부에 등록이 되어 있는 경계를 지상에 복원하기 위해 경계복원측량을 시행할 때는 측량에서 발생할 수 있는 각종 오차를 고려하여 그 경계를 등록할 당시의 측량 방법에 따르는 것이 원칙이다.

③ 경계복원측량은 경계점의 등록 과정을 재추적하는 측량으로 법 규정에 반드시 등록당시의 측량방법에 따르도록 하고 있으며 측량 결과는 반드시 현지에 말목을 박아 표시하게 되어 있다.

(2) 오류등록지 측량 방법

① 지적공부에 등록되어 있는 경계가 등록당시의 거리측정 착오가 해당된다.

② 측량성과의 결정 착오 또는 경계 오인 등의 사유로 잘못 등록되었음이 판명된 때에는 그 등록 사항을 정정한 후 정정된 내용에 따라서 경계복원측량을 한다.

(3) 중복등록지 측량 방법

① 동일한 지상의 경계가 축척이 다른 도면에 각각 등록되어 있을 때 실시한다.

② 축척이 큰 쪽 도면에 등록된 내용에 따라서 경계복원측량을 한다.

(4) 복원위치 측설 방법

① 지적도나 임야도에 등록된 경계를 복원할 때는 평판측량 방법 또는 지거측량 방법으로 경계점의 복원 위치를 지상에 측설한다.

② 경계점좌표등록부에 등록된 경계를 복원할 때는 경위의 측량 방법 또는 지거측량 방법으로 경계점의 복원 위치를 지상에 측설한다.

3.9.7.4. 현지측량

① 지적공부에 의하여 측량준비파일을 작성하고, 경계의 등록 및 복원과 관련된 자료들을 조사하여 현지측량에 필요한 정보를 수집한다.

② 측량준비파일에 표시된 지적측량기준점 및 경계점의 지상위치 변동 여부를 조사하여 도상위치와 지상 위치가 정확히 일치하는 기지점을 확인하고 복원할 경계점의 위치를 지상에 복원한 후 경계 표지를 설치하는 작업을 말한다.

③ 경계점좌표등록부 시행지역의 경계복원측량은 3점 이상의 기준점 및 주위의 기지경계점을 기준으로 등록 당시의 측량 방법에 따라 실시한다.

④ 경계를 지적공부에 등록할 당시에 거리측정 착오, 측량성과의 결정 착오 또는 경계 오인 등의 사유로 경계가 잘못 등록되었다고 판단되면 등록 사항을 정정한 후 측량하여야 한다.

⑤ 측량을 완료하였을 때는 경계복원점의 위치를 지적측량기준점, 담장모서리 및 전신주 등 주위 고정물로부터 거리를 측정하여 이해관계인에게 확인시키고, 측량결과도 여백에 측정점위치설명도를 작성하여야 한다.

3.9.7.5. 성과작성

① 성과정리는 현지측량의 작업이 끝나면 그 측량성과는 이후로 실시하는 인근 필지의 이동측량이나 경계복원측량의 참고 자료로 이용이 되거나 복원된 경계의 위치에 대한 증거자료로 사용될 수도 있으므로 측량결과도를 작성한다.

② 현행 법률에서 지적측량성과와 검사성과의 연결교차가 경계점좌표등록부 시행 지역은 10cm, 그 밖의 지역은 10분의 3M 밀리미터(M은 축척 분모)의 허용범위 이내일 때는 그 지적측량성과에 관하여 다른 입증을 할 수 있는 경우를 제외하고는 그 측량성과로 결정하도록 규정하고 있다.

3.9.7.6. 경계복원측량의 법률적 효력

출제(논) : 72, 92, 105회

지적측량에 있어 경계복원측량은 공법행위인 행정처분으로서 구속력, 공정력, 확정력, 강제력을 갖고 있다. 경계복원측량을 완료한 후에는 불복하는 사례가 있어도 소관청은 아무런 조치 없이 다시 행할 수 없으며 소관청이 자기가 행한 행정처분에 명백한 하자가 있었을 때는 정식으로 취소절차를 밟기 전에는 이미 발생한 구속력을 무시하고 새로운 행정행위를 할 수 없다.

(1) 구속력

① 소관청이 행하는 경계복원측량은 행정처분에 속하기 때문에 소관청은 1회밖에 이를 시행할 수 없다.

② 행정처분이 이루어지면 그 처분을 한 행정청은 물론 상대방까지도 그 존재를 부정할 수 없는 구속력이 생기기 때문이다.

③ 경계복원측량은 일단 완료한 후에는 거기에 불복하는 사례가 있다 하여 소관청은 아무런 조치 없이 이를 다시 행할 수 없다.

④ 소관청이 자기가 행한 행정처분에 명백한 하자가 있었을 때는 정식으로 취소하는 절차를 밟기 전에는 이미 발생한 구속력을 무시하고 거기다가 새로운 행정행위를 할 수 없다.

(2) 공정력

① 소관청이 행하는 경계복원측량은 행정처분인 까닭에 이를 시행함으로써 즉각 공정력이 생긴다.

② 경계복원측량에서는 지표상에 표항을 설치함으로써 그 행위는 끝나는 것이다.

(3) 확정력

① 행정법상 일단 유효하게 성립된 행정행위는 특별한 사유가 없는 한 그 처분행위를 변경할 수 없는 효력을 말한다.

② 경계복원측량에서는 지표상에 표항을 설치하는 행위가 적법하게 이루어지면 당연히 확정력이 생기는 것이다.

③ 따라서 그에 대한 소송을 거쳐 변경될 때까지는 누구도 그 표항을 변경할 수 없다.

④ 처분청 자신이나 상대방까지도 그 효력을 다툴 수 없는 불가쟁력이 생기는 것이다.

(4) 강제력

① 일반적으로 행정처분의 내용을 행정청 자체의 강제력으로서 실현할 수 있는 효력을 강제력이라고 한다.

② 경계복원측량으로 지표상에 경계점을 표시하는 표항을 설치하였다면 이때 소관청은 이 효력을 강제적으로 실현할 수 있는 권한을 갖는 것이다.

3.9.7.7. 경계복원 효력 상실

① 경계복원측량에 의하여 지표상에 경계를 표시하는 방법은 일반적으로 목재, 플라스틱 또는 석재, 콘크리트재의 표지를 설치하고 있다.

② 경계복원측량으로 결정된 결과에 대해 이해 관계인이 이의 없이 지상에 영구적인 경계를 표시 한때는 경계복원이라는 행정처분은 본래의 목적을 달성한 것으로 본다.

③ 설치한 경계점 표지는 고의 또는 과실로 인하여 멸실된 경우에는 지표상 경계의 인식이 불가능하므로 경계복원의 행정처분은 소멸하는 결과가 되며, 경계복원측량을 하지 않은 것과 같은 상태가 된다고 해석할 수 있다.

3.9.8. 경계감정측량

출제(용) : 95, 113회

경계감정측량이란 토지 및 건축물, 공작물과 관련하여 분쟁이 있을 경우 법원에 소송을 제기하여 법관의 촉탁에 의하여 수행하는 측량이다. 경계감정측량은 측량자를 달리할 때마다 측량결과에 차이가 발생함으로써 토지소유자와 이해관계인 간의 분쟁으로 불신하여 법적으로 해결하기 위한 사법적인 측량이다.

3.9.8.1. 필요성

① 토지경계는 소유권의 범위를 결정짓는 중요한 필지의 경계는 지상경계, 도상경계, 법정경계, 사실 경계, 점유경계, 현실경계 등으로 분류하고 있다.

② 우리가 사용하는 재산권의 한계는 도상경계로서 특별한 사정이 없으면 지적도상의 경계를 법적으로 보호받을 수 있기 때문이다.

③ 도상경계와 점유경계인 지상경계가 불일치한 경우에는 많은 토지 경계분쟁이 발생하게 된다.

④ 토지분쟁이 발생하면 대부분 도상경계인 지적도상의 경계복원측량으로 지상경계를 결정한다.

⑤ 측량 결과에 대해 당사자가 승복하지 않을 경우 지방지적위원회와 중앙지적위원회에 측량적부심사를 청구할 수 있으나 불복하면 해결 방법이 없다.

⑥ 도상경계를 채택하고 있는 우리나라는 지상경계에 대한 개인 간의 시시비비는 최종적으로 경계감정측량을 시행하여 법정에서 가려질 수밖에 없다.

⑦ 토지분쟁 사건이 접수되면 법원은 확실한 심증이 필요하기 때문에 경계 전문가에게 경계를 감정하도록 하는 과정을 거치게 되는 것이 경계감정측량이다.

⑧ 경계감정측량은 경계분쟁의 사법적인 해결수단을 위한 기초자료로써 필수적인 행위라고 할 수 있다.

3.9.8.2. 경계감정측량의 성격

(1) 법원에 의한 사법측량

① 경계감정측량은 법원이 경계분쟁을 해결할 목적으로 경계에 대한 학식과 경험이 풍부한 제삼자에게 측량을 명하여 감정인의 사실적 판단을 법원이 참고하기 위하여 실시하는 측량이다.

② 경계감정측량은 측량 시행 주체별로 볼 때 법원이 주체가 되어 실시하는 사법측량의 성격을 지니고 있다.

(2) 분쟁해결을 위한 측량

① 경계감정측량은 법원이 경계분쟁의 해결을 목적으로 한다.

② 지적측량은 토지를 지적공부에 등록하거나 지적공부에 등록된 내용을 지표상에 복원할 목적으로 시행한다.

(3) 제삼자에 의한 측량

① 측량담당자의 측면에서 보면 지적측량은 소관청이나 한국국토정보공사가 시행한다.

② 경계감정측량은 법원이 직접 실시하지 않고 제삼자를 지정 또는 촉탁하여 실시하고 있다.

(4) 객관적 타당성을 요구하는 측량

① 경계감정측량은 분쟁 당사자의 주장에 구속됨이 없이 감정인과 장비의 유형, 측량 방법에 따라 그 결과가 다양하게 결정될 수도 있다.

② 감정인은 자신의 독립된 인격으로 자기의 경험과 학식을 기준으로 외부의 간섭 없이 건전·성실·양심에 따라 대상을 평가하면 되고, 고의로 허위감정을 하지 않은 이상 그 결과에 대해서는 어떤 구속도 받지 않는다.

(5) 비구속성을 지닌 측량

① 경계감정측량은 감정인에 따라 감정 결과가 가변성을 갖는 것이 특징이다.

② 감정 측량의 목적이 법원의 사실 판단을 위한 기초자료를 제공하는 것으로 정당한 측량결과는 누구도 구속하지 못하는 성격을 지니고 있다.

3.9.8.3. 법원감정측량 처리 절차

(1) 지적측량수행자

① 법원감정측량 기간은 공간정보의 구축 및 관리 등에 관한 법률에 따른 측량 기간으로 5일이며, 측량검사 기간은 4일로 한다.

② 법원감정측량 시 지상경계의 결정은 법원이 감정을 요구한 내용대로 측량하되, 지번·경계 및 면적 등은 공간정보의 구축 및 관리 등에 관한 법령이 정한 규정에 따라 결정한다.

③ 법원감정측량결과도의 작성 및 보관은 지적측량시행규칙 제25조(지적측량결과도의 작성)의 규정을 적용하되, 그림과 같이 고무인을 제작하여 측량결과도 명칭 윗부분의 중앙에 붉은색으로 날인한다.

④ 법원감정측량성과도의 작성은 지적측량시행규칙 제28조(측량성과도의 작성 방법)의 규정을 준용하되, 측량성과도 명칭 윗부분 중앙에 고무인은 붉은색으로 날인하여 2부를 작성한다.

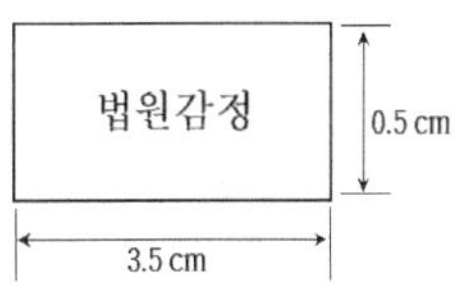

(2) 지적소관청

① 법원감정측량의 측량성과 검사 기간은 4일로 한다.

② 세부측량 성과의 검사 항목에 관한 규정 적용

- 기지점 사용의 적정 여부
- 측량준비도 및 측량결과도 작성의 적정 여부
- 기지점과 지상경계와의 부합 여부
- 경계점 간 계산거리(도상거리)와 실측거리의 부합 여부
- 면적측정의 정확 여부

③ 지적측량성과의 검사방법과 측량성과도의 발급은 지적측량시행규칙 제27조(지적측량성과의 검사방법) 및 제29조(측량성과도의 발급)의 규정을 준용하되, 법원 감정측량성과도는 2부를 작성하여 발급한다.

④ 법원감정측량성과를 검사한 때에는 지적측량 성과 검사정리부 비고란에 『법원 감정』 이라고 붉은색으로 기재한다.

(3) 공통 사항

① 지적공부의 정리를 수반하는 측량은 「감정인 등 선정과 감정료 산정기준 등에 관한 예규(재판예규 제1211호)」에 의하여 지적측량수행자가 측량한 측량성과도를 지적소관청이 검사한 경우에 한하여 지적공부를 정리할 수 있다.

② 그 외의 감정측량 결과는 대법원 송무예규에 의하여 지적공부 정리가 불가하다는 통보를 한다.

③ 법원감정측량 성과는 감정을 요청한 법원 외의 원·피고 등 이해관계인에게 공개되지 않도록 주의하여야 한다.

3.10. 지적확정측량

출제(논) : 47, 59, 69, 87, 104, 108, 110, 111, 113, 117, 123, 126, 129회

지적확정측량은 도시계획사업, 토지구획정리사업, 농지개량사업 및 기타 법령의 토지개발사업 등에 의하여 토지를 구획으로 정리하고 환지를 하거나 공영개발 방식에 의하여 토지를 개발하여 토지를 구획하고 지번, 지목, 면적 및 경계 또는 좌표를 지적공부에 새로이 등록하기 위해 시행하는 측량을 말한다.

3.10.1. 토지개발사업 범위

① 주택법에 따른 주택건설사업

② 택지개발촉진법에 따른 택지개발사업

③ 산업입지 및 개발에 관한 법률에 따른 산업단지조성사업

④ 농어촌정비사업 및 도시개발사업

⑤ 도시 및 주거환경정비법에 의한 정비사업

⑥ 지역균형개발 및 지방중소기업육성에 관한 법률에 따른 지역개발사업

⑦ 그 밖에 국토교통부 장관이 인정하는 토지 개발사업

3.10.2. 토지구획정리 사업시행자

① 토지구획정리사업을 시행하는 자는 토지소유자, 토지구획정리 조합, 지방자치단체, 공사 및 국가이다.

② 토지소유자가 구획정리사업의 인가신청을 하려면 시행지구 안의 토지소유자 총수의 1/2 이상과 토지 면적의 2/3 이상에 해당하는 토지소유자의 동의를 얻어야 한다.

③ 토지구획정리 조합은 민법상의 조합이 아니라 법인격이 부여된 공법상의 사단이며 시행지구 안의 토지 면적의 2/3 이상에 해당하는 토지소유자의 동의를 얻어야 한다.

④ 지방자치단체는 국토교통부장관의 인가를 얻어야 시행자가 될 수 있으며 취락지구 안의 구획정리사업에서는 원칙적인 시행자이다.

⑤ 공사는 국토교통부장관의 인가를 얻은 후 시행자가 될 수 있다.

⑥ 국가는 국토교통부장관이 지방자치단체나 공사에 사업 시행을 지시할 수 있으며 직접 시행할 수 있다.

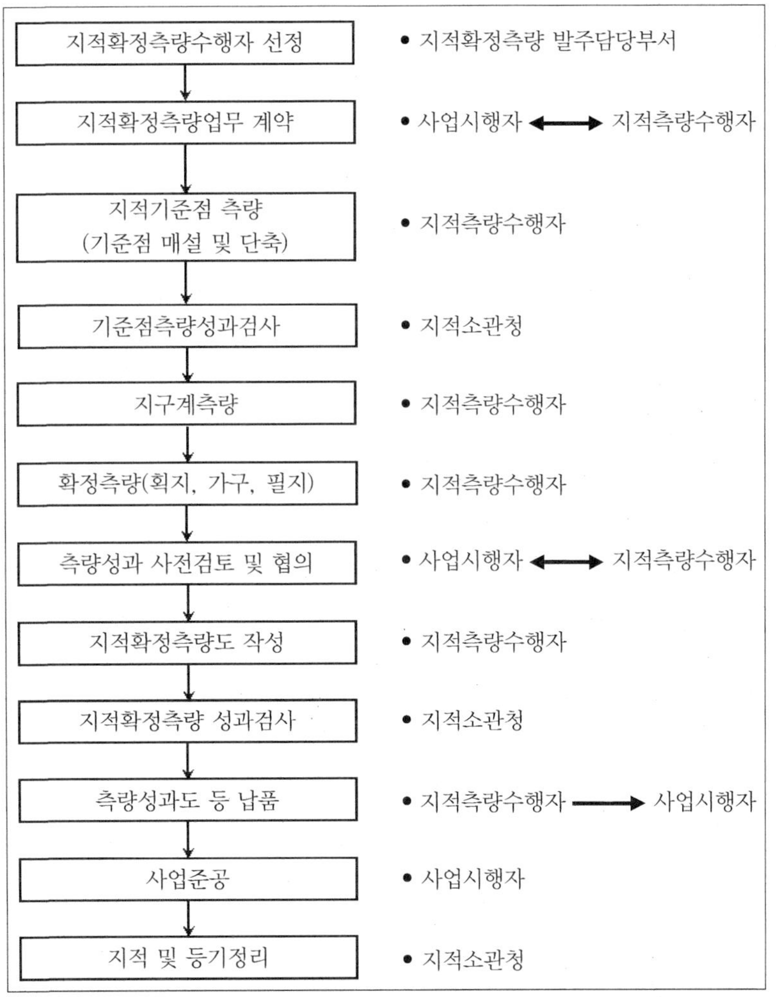

〈그림 3-53〉 지적확정측량의 작업 순서

3.10.3. 작업 순서

출제(논) : 48, 90, 98, 122, 131회

① 확정측량을 시행하고자 할 때는 토지구획정리 시행신고서와 지적공부를 대조하여 지구계의 위치와 지구 내에 있는 각 토지의 표시 등을 확인한 후 시행하여야 한다.

② 확정측량은 삼각점, 보조삼각점, 도근점 또는 기지경계점을 기준으로 하여 시행 지구계, 가구계, 토지의 경계와 행정구역계를 측정하여야 한다.

③ 확정측량을 시행할 때는 미리 토지구획정리 시행자에게 구획정리 계획에 의한 토지의 경계점 또는 기타 측량 시행상 필요한 점에 표항 또는 적당한 고정물을 설치하게 한 후 시행하여야 한다.

④ 지구계와 가구계 및 토지의 경계는 경위의 측량 방법에 따라 측정함을 원칙으로 한다.

⑤ 지적확정측량의 작업 순서는 〈그림 3-53〉과 같다.

3.10.4. 지구계측량

출제(용) : 122회, (논) : 60, 72, 126, 137회

지구계측량은 지적확정측량과 지적재조사측량의 지구계측량은 사업지구 결정 시 사업시행자가 현장에서 지구계점을 표시하고 지구계점을 결정하기 위해 실시하는 측량을 말한다. 지구계 부근의 측량준비파일을 작성하고 기준점 성과와 지구계점의 좌표를 전개하여 지구 내와 지구 외의 지역을 결정하는 경계선을 정하는 측량이다.

(1) 지구계측량 작업 순서

① 지구계 측량을 실시할 경우 지적전산파일을 이용하여 측량준비 파일을 작성한다.

② 지적기준점 측량에서 지적삼각점, 지적삼각보조점, 지적도근점을 설치 및 측량을 시행한다.

③ 기존의 기준점 및 신설된 기준점 성과를 이용하여 측량 파일에 전개한다.

④ 사업지구 인가·허가선에 의한 지구계 확정을 위하여 분할측량, 경계복원측량 또는 지적현황측량을 실시하여야 한다.

⑤ 지구계 확정측량은 각 사업지구 전체 면적을 확정하기 위한 것으로 사업 시행 전 토지 및 임야대장에 등록된 면적과 사업 시행 이후의 면적 증감을 확인한다.

⑥ 현황측량은 기준점과 도면 및 현황의 일치 여부를 확인하는 측량으로 기준점과 도면 및 현황의 일치 여부를 확인한다.

(2) 지구계 분할측량

① 사업시행자는 지구계점을 설치하기 위해 지구계 측량을 실시하여야 한다.

② 지구계 측량은 지적기준점을 사용하여 기지경계선과 지구계점을 측정하여 그 부합 여부를 도해 측량방법으로 결정한다.

③ 기존 경계점좌표등록부 지역을 재확정 측량할 때는 수치 측량 방법으로 결정한다.

④ 도시개발사업 등의 변경으로 사업지구 외곽 경계가 변경되는 경우 변경되는 필지에 대하여 지구계 측량을 추가로 실시하여야 한다.

⑤ 지적기준점을 사용하여 기지 경계선과 지구계점을 측정하여 그 부합 여부를 도해 측량 방법으로 결정한다.

⑥ 지구계점 좌표는 설치된 경계점 표지를 경위의 또는 지적위성 측량 방법으로 측량하여 산출한다.

⑦ 예정지적좌표 작성은 사업 승인 및 시공 등을 위하여 확정측량 이전에 실시하여야 한다.

⑧ 지구계점 좌표는 지구 내 예정지적좌표는 사업계획도와 대비하여 계산한다.

⑨ 지구계 측량의 성과검사 방법은 「지적측량 시행규칙」 제28조 및 「지적업무처리규정」 제27조를 따른다.

(3) 지구계의 결정

① 현황측량 결과가 기준점과 도면 및 현황이 일치하면 도면의 지구계점을 현장에 표시한다.

② 현장에 표시한 점을 확정측량 지구 내의 지적기준점으로부터 측정하여 지구계 좌표로 결정한다.

③ 지구 경계선은 제외지에서 어떤 방법으로 측량을 시행하여도 지구 내와 겹치거나 벌어지는 일이 없도록 결정하여야 한다.

④ 지구계 결정은 지구계에 대한 측량을 기초측량과 도해측량 방법으로 확정측량 시행지역의 기준점에서 지구계점을 측정하여 결정한다.

⑤ 지구계점 망도는 도시개발사업, 구획정리사업, 경지정리사업 등을 실시할 경우 사업 시행지역과 제외된 지역의 경계를 작성한 도면을 말한다

(4) 지구계점 설치

① 지구계 측량성과에 따라 사업시행자는 사업계획에 따른 사업지구 경계에 대하여 구조물 또는 경계점표지를 설치하여야 한다.

② 지적측량수행자는 경계점 표지 및 구조물을 확인하여 조정이 필요한 경우 아래의 내용을 사업시행자와 협의하여야 한다.

- 1필지의 일부가 사업지구에 포함되는 경우 분할측량
- 분할측량을 수반하지 않고 1필지 토지의 경계가 지구계를 형성하는 경우 경계복원측량
- 사업계획 인가·허가를 위하여 고시 전에 지구계 확인이 필요한 경우 경계복원측량 및 지적현황·위의 측량을 수행하기 위해 필요한 지적기준점 측량

(5) 예정지적좌표 측량

① 사업시행자는 지구계점의 연속적인 관리 및 도시개발사업 등의 정밀한 시공을 위해 지구계 측량과 동시에 예정지적좌표 측량을 실시하여야 한다.

② 예정지적좌표는 사업계획도와 대비하여 산출하고 지구계에 설치된 경계점표지를 경위의 또는 위성측량방법으로 측량하여 산출한다.

③ 추가로 실시한 지구계 측량에 의한 지구계점에 대하여 예정지적좌표를 산출하고 도시개발사업 변경 신고 시 제출하여야 한다.

④ 예정지적좌표 결과부 중 경계점관측부는 변경되는 지구계점에 한하여 작성한다

⑤ 사업시행자는 산출된 예정지적좌표를 작성하여 지적소관청에 제출하여야 한다.

(6) 예정지적좌표 확인

① 예정지적좌표 확인은 경위의측량방법 또는 위성측량방법을 이용한 현지측량을 원칙으로 한다.

② 예정지적좌표 확인 사항

- 지적기준점성과의 적정 여부
- 지적기준점과 지구계점 간의 측정거리와 관측각의 적정여부 및 연결교차 허용기준의 적용 여부
- 예정지적좌표에 따른 지구계 면적 계산의 적정 여부

③ 확인을 완료한 지적소관청은 지체없이 지적측량수행자에게 예정지적좌표 결과부를 발급하여야 하고, 사본(전자문서를 포함한다)을 확정측량 검사기관에 송부하여야 한다.

3.10.5. 예정지적좌표도

출제(용) : 129, 135회, (논) : 116, 132, 137회

지구계분할에 따른 분할된 사업지구에 대하여 경계점의 위치좌표를 취득, 표시한 도면을 예정지적좌표도라고 한다. 예정지적좌표도는 사업지구의 경계점(굴곡점)을 경계복원측량과 지적현황측량에 의해 지상에 복원한 경계점을 수치측량방법으로 산출한 지적좌표에 의해 작성한 도면을 말한다.

3.10.5.1. 특징

① 예정지적좌표도는 사업초기 단계에서부터 사업지구의 보상 경계와 시공 경계를 통일시키고, 정확한 면적을 확정함으로써 개발계획 및 실시계획 등의 정확한 설계와 시공을 유도하기 위해 작성한다.

② 우리나라의 측량 체계는 소유권의 기준이 되는 지적측량과 지형, 시공의 기준이 되는 공공측량으로 이원화되어 있다.

③ 장기간 종이도면 형태로 보존·관리가 이루어졌기 때문에 도면의 신축량 발생, 등록된 경계 자체의 불부합, 도해측량에 따른 측량 오차 등이 내재되어 있다.

④ 측량성과 검사가 완료되면 측량결과물을 납품하고 지적확정측량 결과물을 반영한 최종 개발계획 및 실시계획 변경 승인이 이루어지고, 사업준공, 지적 및 등기촉탁 등의 순서로 진행된다.

3.10.5.2. 예정지적좌표도 작성

(1) 작성 절차

① 예정지적좌표도 작성 절차는 자료조사, 계획준비, 현장 조사, 지적전산파일 변환, 준비도 작성 및 확인, 지구계측량, 예정 면적 산출, 예정결과도 작성, 성과작성, 점검, 성과인계의 공정으로 진행된다.

② 예정지적좌표도 작성 업무는 사업 승인 전이나 사업 승인 후 지구계분할 시 작성된다.

③ 예정지적좌표도는 「공간정보의 구축 및 관리 등에 관한 법률」 제45조 및 제60조에 따라 한국국토정보공사에 의해 이루어지고 있다.

④ 예정 성과의 검토는 계획 도면이나 지적도 등과 비교 검토를 통해 이루어진다.

(2) 예정지적좌표도 작성 유형 분석

① 기준점 가감을 통한 작성

② 기준점 가감 및 현형법을 이용한 작성

③ 기준점 및 현형법을 이용한 작성

3.10.5.3. 문제점 및 개선 방안

(1) 문제점

① 지적측량과 공공측량 간에는 위치적 오차가 존재

② 시공 후 추가 보상이나 재시공 등으로 인하여 사업 기간 지연, 예산 낭비

③ 지적측량 관련 민원, 소송 등의 많은 문제 발생

④ 기존 개별지적도와 예정지적좌표도 간의 불일치

⑤ 예정지적좌표도, 확정도, 도시계획도 간 불일치

⑥ 예정지적좌표도 작성을 위한 통일된 기준의 부재

(2) 개선 방안

① 예정지적좌표도를 작성함으로써 시공 후 추가 보상이나 공사 재시공 등의 오류를 사전 예방

② 분양 용지의 면적 증감으로 인한 민원과 소송을 방지

③ 사업 지구계 주변 필지의 수치좌표취득 및 관리

④ 예정지적좌표도 작성 표준 매뉴얼 작성

⑤ 성과결정에 관한 교육의 필요

⑥ 지구계점의 지적좌표를 산출하는 예정지적좌표도 작성 업무 수행 필요

3.10.6. 가로중심점 측량

출제(용) : 96, 137회

(1) 중심점 측량

① 중심점 측량은 기준점에 의하여 현황을 측정하여 가로중심선의 제원과 중심점의 좌표를 구하는 것으로 최근에는 중심점을 측량하여 가구점을 계산하고 있다.

② 구획정리 측량에서는 필요하지만, 경지정리 측량에서는 가구가 있는 경우에만 필요하다.
③ 경지정리의 경우 가로의 중심을 표시하여 중심선으로 하고 중심점을 계산한 좌표와 예정 당시의 좌표를 비교하여 차이가 발생하는 것은 현황 중심점 좌표로 조정하는 것을 중심점의 조정이라고 한다.
④ 중심점을 구하기 위해서는 가로 현황에 의하여 경계점을 관측한 후 경계점의 좌표를 계산하고 경계점의 좌표와 가로중심선에 대한 직선의 방정식을 이용하여 가로 중심점을 계산한다.

(2) 중심점 및 가구점의 말 박기

① 기존 중심점의 배치 상황이 현황과 부합 여부를 조사하여 중심점 중 계획조건 및 실지 현황과 부합되는 중심점을 선택하여 그 중심점을 기산점으로 하여 지적도근점측량성과를 기준으로 계획 거리 및 방위각을 근거로 각 중심점의 좌표를 조정 계산한다.
② 조정계산 된 중심점을 기산점으로, 가구 확정 계획에 따라 가구점의 좌표를 계산하고 측정하고자 하는 중심점과 가구점은 계산된 중심점 및 가구점의 좌표를 부근에 설치된 도근점의 좌표와 역계산하여 그 방위각 및 거리를 산출한다.
③ 도근점에서 측설할 중심점과 가구점의 번호와 방위각, 거리를 표시한 말박기 도면을 작성하고 계산 결과를 점검한다.
④ 토지구획정리사업이나 경지정리 사업은 토지의 형상을 변경하여 추진하는 업무로 택지개발이나 전답을 정리한 후에 수반하는 업무이다.

(3) 중심점 계산

① 중심점 계산은 관측 자료에 의하여 중심선을 계산하고 중심선을 이용하여 교차 계산하며 중심점 좌표의 계산은 주로 전산에 의거 처리하고 있다.
② 중심점 계산은 가구점 관측 성과에 의하여 중심점을 구하고 직선의 방정식에 의한 교차점 계산, Sine 법칙에 의한 교차점 계산, 수선장에 의한 교차점 계산 방법 등으로 계산한다.
③ 최근에는 전산에 의한 방법으로 사용하고 있으므로 그 원리를 이해할 수 있도록 일반 계산기를 사용하는 수선장에 의한 교차계산에 따른 중심점 계산 방법으로 한다.

(4) 수선장에 의한 교차점 계산

출제(논) : 47, 60회

① 〈그림 3-54〉의 수선장에 의한 교차계산에서 수선장 E_1값에 의하여 AP 거리=S_1를 계산하여 P점의 좌표를 계산한다.

② 수선장 E_2값에 의하여 BP 거리 S_2를 계산하여 P점의 좌표를 확인한다.

- $S_1 = \dfrac{E_1}{\sin(\alpha-\beta)}$, $E_1 = \Delta y\cos\beta - \Delta x\sin\beta$
- $S_2 = \dfrac{E_2}{\sin(\alpha-\beta)}$, $E_2 = \Delta y\cos\alpha - \Delta x\sin\alpha$

③ A점에서 P점의 좌표

- $X_P = X_A + \dfrac{\Delta y\ \cos\beta - \Delta x\ \sin\beta}{\sin(\alpha-\beta)}\cos\alpha$
- $Y_P = Y_A + \dfrac{\Delta y\ \cos\beta - \Delta x\ \sin\beta}{\sin(\alpha-\beta)}\sin\alpha$

④ B점에서 P점의 좌표

- $X_P = X_B + \dfrac{\Delta y\ \cos\alpha - \Delta x\ \sin\alpha}{\sin(\alpha-\beta)}\cos\beta$
- $Y_P = Y_B + \dfrac{\Delta y\ \cos\alpha - \Delta x\ \sin\alpha}{\sin(\alpha-\beta)}\sin\beta$

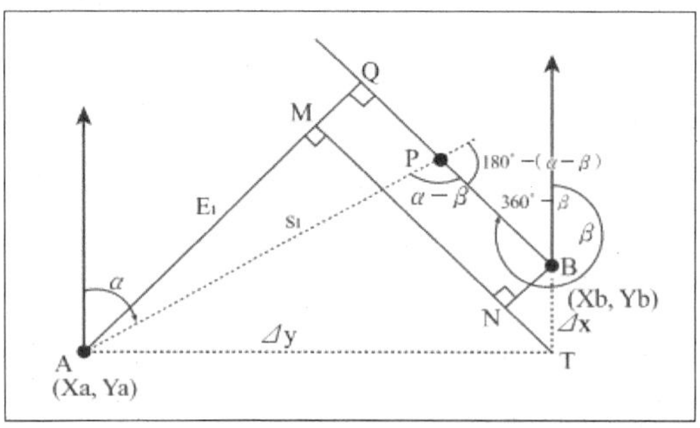

〈그림 3-54〉 수선장에 의한 교차점 계산

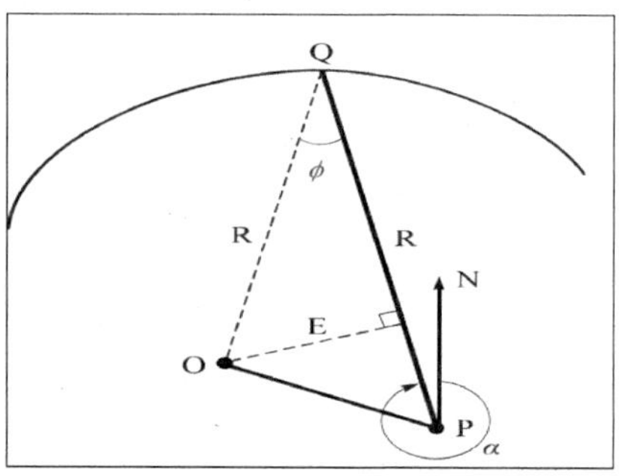

〈그림 3-55〉 원과 직선의 교차

(5) 원과 직선의 교차계산

출제(논) : 66회

① 〈그림 3-55〉에서 원의 중심이 O(Xo, Yo)이고 반경이 R인 원과 직선상의 P점(Xp, Yp)와 방위각을 α, 원과 직선의 교점을 Q라 한다.

② 원의 중심점에서 교차점 Q까지의 방위각(V_O^Q)이므로, Q점의 좌표는

$X_Q = X_O + (R \cdot \cos V_O^Q)$, $Y_Q = Y_O + (R \cdot \sin V_O^Q)$로 계산한다.

③ 원의 중심으로부터 직선까지의 수선장을 E라고 하면 $E = \Delta y \cdot \cos\alpha - \Delta x \cdot \sin\alpha$로 표시된다.

④ 직선 QP와 QO의 교각을 ϕ라고 하면 $\sin\phi = \dfrac{E}{R}$에서 $\phi = \sin^{-1}\dfrac{E}{R}$로 계산할 수 있다.

⑤ OQ 방위각(V_O^Q) $= \alpha \pm \phi$가 되며, $\pm\phi$의 부호는 원과 직선이 두 점에서 만나므로 원의 중심이 직선의 어느 쪽에 있는가에 따라 결정한다.

⑥ 〈그림 3-55〉와 같이 ϕ의 부호는 중심점 O가 PQ 방향의 왼쪽에 있을 때 "+"이고 오른쪽에 있으면 "−"부호가 된다.

⑦ ϕ각이 원곡선과 직선이 직각에 가까운 각도로 교차하는 경우는 결정하기 곤란할 때는 수선장(E)의 부호와 동일하므로 수선장 값의 부호와 동일하게 한다.

(6) 가구 관측 및 좌표 계산

① 〈그림 3-56〉과 같이 가로망도에서 39, 30, 11 등은 블록 번호이고 블록별로 아라비아 숫자 1, 2, 3 …등은 가구별로 관측한 점의 번호를 나열한 것이다.

② ○ 표시는 도근점이며 C_1, C_2, C_3, … 등은 가로 중심점의 번호이고, P_1, P_2, P_3, … 등은 가로의 중점 부호이다.

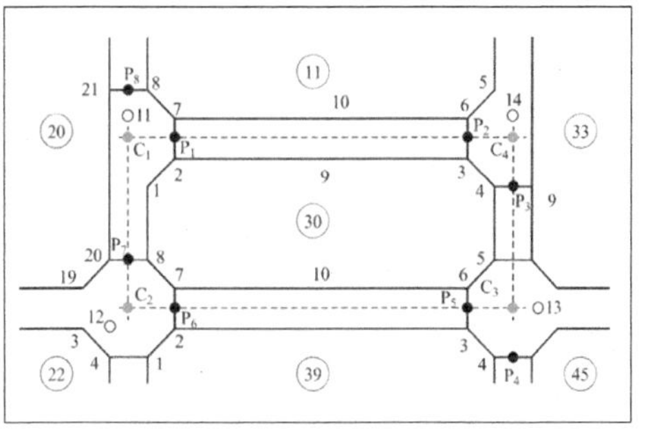

〈그림 3-56〉 가로망도

(7) 두 점의 중심점 좌표 계산

① 〈그림 3-56〉에서와 같이 가로 망도의 11블록 7번과 30블록 2번의 좌표를 아래의 식과 같이 각각 종선좌표 및 횡선좌표를 더하여 2로 나누면 중심점 좌표 P_1이 결정된다.

② 같은 방법으로 P_2, P_3, P_4, P_5, …, P_n을 계산할 수 있다.

- X점 좌표 $X_n = \dfrac{X_q + X_p}{2}$

- X점 좌표 $Y_n = \dfrac{Y_q + Y_p}{2}$

3.10.7. 가구확정측량

① 가구측량은 현황측량성과 또는 현황설정이 미흡한 부분은 환지 설계를 근거로 중심점 좌표를 산출한 후 가구정점과 가구계점 등을 계산하여 확정하는 측량이다.

② 가구확정은 기준점을 기준으로 하여 사업계획에 따라 시공된 현황과 측설된 경계점을 바탕으로 하여 가로 중심점을 계산한 후 가구점을 계산한다.

③ 가구확정 측량은 지적기준점으로부터 가구점을 측정하는 방법으로 실시하게 되어 있으나 실측한 값으로 결정하면 가로의 노폭 등이 도시계획 기준과 실제거리가 약간의 차이가 있으므로 조건에 맞게 조정하여야 한다.

④ 가구는 장방형의 가구와 곡선부의 가구로 나눌 수가 있으며 장방형의 가구는 측정한 현황좌표를 가지고 가로 중심점을 구하고 이 중심점으로부터 가로 제원에 의하여 가구를 계산하는 방법으로 가구 확정측량을 시행한다.

⑤ 가구점 계산 순서는 각 가로의 중심점으로부터 중심점 간의 방위각 및 거리와 내각(θ) 그리고 각 가구의 노폭 및 가구 변장을 이용하여 필요한 가구의 길이를 계산한다.

(1) 가구 명칭

① 간선도로, 세로, 구획가로의 순서로 가로가 결정되고 교차중심점이 계산되며 이들 가로에 둘러싸인 가구가 결정된다.

② 가구는 토지이용계획에 따라 그 크기가 다르지만, 일반적으로 장방형을 표준으로 한다.

③ 가구 명칭은 보통 〈그림 3-57〉과 같이 가구 명칭과 같이 부르고 있으며 법규에 정하여져 있는 규정은 없으나 다음과 같은 표시로 많이 사용하고 있다.

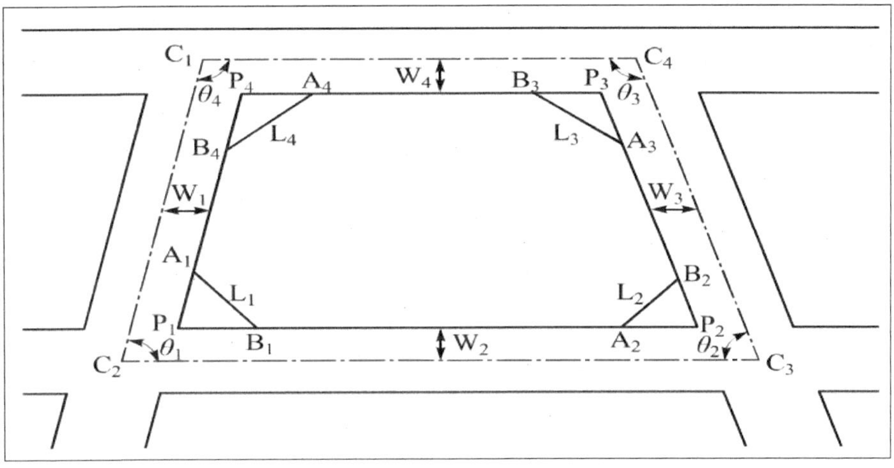

〈그림 3-57〉 가구 명칭

- 가로중심점 : C_1, C_2, C_3, C_4
- 가로의 반폭 : W_1, W_2, W_3, W_4
- 가구 정점 : P_1, P_2, P_3, P_4
- 내 각 : θ_1, θ_2, θ_3, θ_4
- 전제장 거리 : $PA=PB=\ell$
- 가구점 : A, B
- 가구 변장 : A_1, A_2
- 가구정점 간 거리 : P_1, P_2
- 중심점 간 거리 : C_1, C_2

(2) 가구점 계산

① 지적확정측량 시 가구의 형태를 보면 보통 장방형으로 되어 있으며 내각이 직각이 되어 있는 경우가 많으나 때에 따라서는 직각이 되지 않고 〈그림 3-58〉과 같이 가구 모양과 같이 예각 또는 둔각도 있다.

② 확정측량 방법의 계산 순서는 각 가로의 중심점으로부터 중심점 간의 방위각과 거리와 내각(θ), 그리고 각 가구의 노폭 및 가구 변장을 가지고 필요한 가구의 길이를 계산한다.

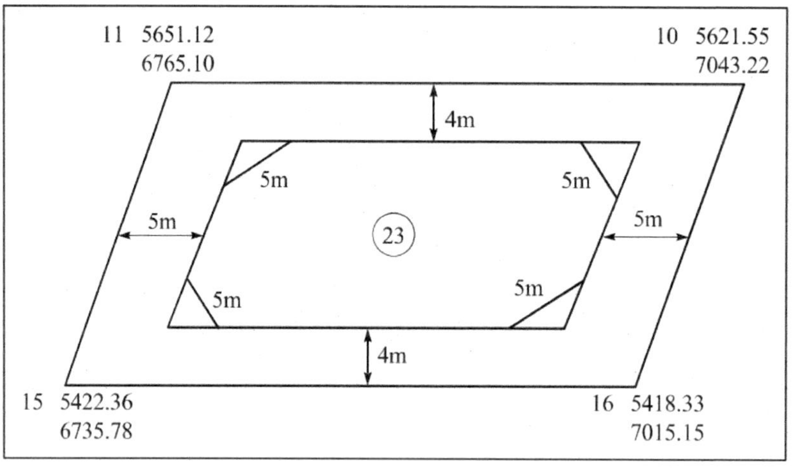

〈그림 3-58〉 가구 형태

(3) 전제장과 전제면적

① 〈그림 3-59〉와 같이 가구 전제와 같이 가로가 교차하는 부분에서는 가각을 전제하여야 한다.

② 전제길이는 도시계획 시설 기준에 있는 기지 사항이며 내각(θ)를 알면 전제장과 전제 면적을 계산할 수 있다.

③ 전제 면적은 나중에 가구에서 면적을 지정분할 할 때 미리 계산하여 두면 편리하다.

④ 전제장(L)

- △APQ에서 $\sin\frac{\theta}{2} = \sin\frac{L/2}{\ell}$, 전제장($\ell$) $= \frac{L}{2} \times \text{cosec}\frac{\theta}{2}$ 이다.

⑤ 전제 면적(A)

- AB 거리 : L(우절장)은 기지변
- 전제 면적(A) $= \frac{L}{2} \cdot$ PQ에서

  $PQ = \frac{L}{2} \cdot \cot\frac{\theta}{2}$ 이므로

  전제 면적(A) $= (\frac{L}{2})^2 \times \cot\frac{\theta}{2}$ 이다.

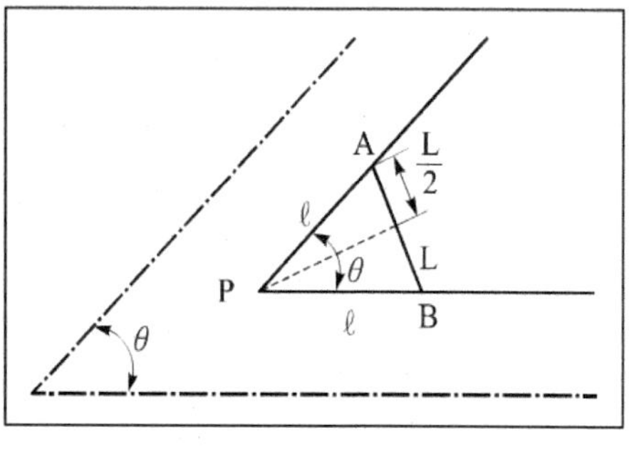

〈그림 3-59〉 가구 전제

(4) 가구 계산 방법

① 〈그림 3-60〉과 같이 가구 계산 방법에서 각 가로 중심점 간 거리와 방위각은 기지 사항이고 a_3와 b_3등 필요한 거리를 계산할 수 있으므로 좌표를 계산할 수 있다.

- $a_1 = a \cdot \text{cosec}\theta$, $a_2 = a \cdot \cot\theta$, $a_3 = b_1 + a_2$
- $b_1 = b \cdot \text{cosec}\theta$, $b_2 = b \cdot \cot\theta$, $b_3 = a_1 + b_2$

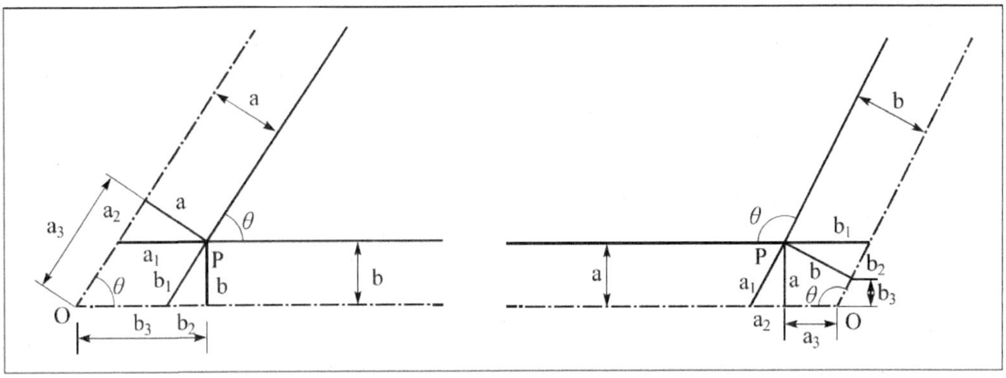

〈그림 3-60〉 가구 계산 방법

② 다른 방법으로는 〈그림 3-61〉과 같이 가로중심점 O에서 가구 정점 P까지의 거리 S와 α, β각을 이용하여 계산하는 방법이다.

- $\cot\alpha = \dfrac{w_2}{w_1}\text{cosec}\theta + \cot\theta$
- $\cot\beta = \dfrac{w_1}{w_2}\text{cosec}\theta + \cot\theta$
- $S_1 = w_1 \cdot \text{cosec}\alpha$
- $S_2 = w_2 \cdot \text{cosec}\beta$
- $S = w_1 \cdot \text{cosec}\alpha = w_2 \cdot \text{cosec}\beta$ 에 의하여 α, β각 및 OP의 거리(S)가 계산하여 지므로 P점의 좌표를 계산할 수 있다.

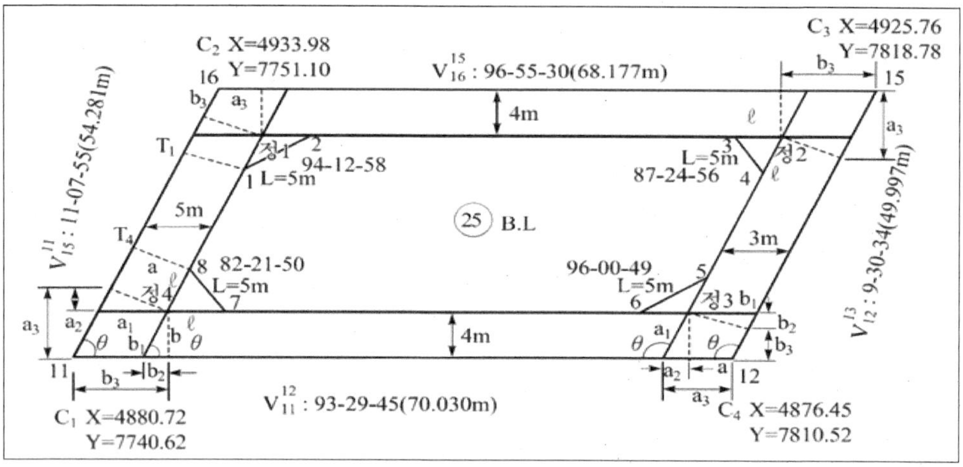

<그림 3-61> 가구 계산 방법

3.10.8. 도곽의 구획

① 지적도의 도곽과 확정측량 원도 등은 업무 집행 전에 미리 만들어 놓으면 편리하다.

② 도곽은 가로 40cm, 세로 30cm의 직사각형으로 하며 도곽선의 수치는 원점을 기준으로 하여 다음과 같이 작성하여야 한다.

③ 예를 들어 종선 : 414,876.45m, 횡선 : 217,910.52m인 점을 포용하는 지적도의 도곽을 축척 500분의 1로 작성할 때 구획 방법이다.

④ 종선 계산 방법

- 600,000－414,876.45＝185,123.55m
- 185,123.55÷150＝1,237.157
- 1,237×150＝185,550m
- 600,000－185,550＝414,450m (우측상단 도곽선 수치)
- 414,450－150＝414,300m (좌측하단 도곽선 수치)

⑤ 횡선 계산 방법

- 217,910.52÷200＝1,089.55
- 1,089×200＝217,800m (좌측 하단 도곽선 수치)
- 217,800+200＝218,000m (우측 상단 도곽선 수치)

3.10.9. 지번부여 방법

① 도시개발사업, 지번변경, 행정구역 개편, 축척변경 등이 완료됨에 따라 지적확정측량(경계점좌표등록부에 토지의 표시를 새로이 등록하기 위한 측량)을 실시한 지역 안의 각 필지에 지번을 새로이 부여하는 경우에는 다음의 지번을 제외한 본번으로 부여한다.

- 지적확정측량을 실시한 지역 안의 종전 지번과 지적확정측량을 실시한 지역 밖에 있는 본번이 같은 지번이 있을 때 그 지번
- 지적확정측량을 실시한 지역의 경계에 걸쳐 있는 지번

② 부여할 수 있는 종전 지번의 수가 새로이 부여할 지번의 수보다 적은 때에는 블록 단위로 하나의 본번을 부여한 후 필지별로 부번을 부여하거나, 그 지번부여지역의 최종 본번의 다음 순번부터 본번으로 하여 순차적으로 지번을 부여할 수 있다.

3.10.10. 측량성과도

① 지적측량수행자는 지적삼각점측량성과 및 경위의측량 방법으로 실시한 지적확정측량 성과일 때 시·도지사에 제출하여 그 성과의 정확성에 관한 검사를 받아야 한다.

② 지적소관청은 측량성과가 정확하다고 인정되는 때는 측량성과도를 지적측량수행자에게 교부하여야 하며 지적측량수행자는 측량의뢰인에게 그 측량성과도를 지체없이 교부하여야 한다.

③ 측량성과도는 확정종합도, 지구 내 종전도, 신구대조도, 국유지 무상 증여(양여)도, 행정구역 변경도, 지구계점 망도를 작성한 후 지적소관청에 제출하여 성과의 정확성에 관한 검사를 받아야 한다.

3.10.11. 확정측량성과검사

출제(논) : 123회

(1) 성과검사

① 지적측량수행자는 지적기준점측량을 완료하면 지적기준점성과와 기지경계선의 부합 여부 등을 확인한 측량결과도, 지적삼각점측량부 등 관련 서류를 첨부하여 지적기준점 성과 관리기관에 측량성과 검사를 요청한다.

② 확정측량성과 검사기관은 지역 및 확정측량 사업지구 면적에 따라 아래 표와 같이 구분하며, 확정측량 성과 검사요청 시 지적측량수행자가 제출할 서류는 다음과 같다.

- 사업인가서 및 사업계획서
- 환지처분과 같은 효력이 있는 고시된 환지계획서
- 토지이동정리파일
- 지적확정측량부

지역구분	검사 기관 구분	
	지적소관청	시도지사, 대도시 시장
시·구 지역	10, 000m² 이하	10, 000m² 초과
군 지역	30, 000m² 이하	30, 000m² 초과

③ 검사요청을 받은 검사기관은 지적측량 성과 검사정리부에 그 내용을 기재한 후 확정측량 성과 검사를 한다.

④ 확정측량성과의 검사방법 및 절차는 「지적측량시행규칙」 제28조, 「지적업무처리규정」 제30조 및 제31조에 따르며, 다음 사항을 확인하여야 한다.

- 가구계점 및 각 필계점 계산의 적정 여부
- 좌표 면적계산의 적정 여부
- 지번 및 지목 설정의 적정 여부

⑤ 지적확정측량 기간이 1년 이상일 경우에는 측량검사 기간을 60일 이내로 한다.

(2) 확정측량성과검사 기준

① 측량성과검사 대상은 지적기준점, 지구계점 및 필계점으로 한다.

② 확정측량성과검사는 측량에 사용한 기지점과 신설점, 신설점 상호 간의 실측거리에 의하여 비교하여야 하며 검사성과의 연결 교차 허용 기준은 다음과 같다.

- 지적삼각점 : ±20cm 이내
- 지적삼각보조점 : ±25cm 이내
- 지적도근점(도선을 달리하여 검사) : ±15cm 이내
- 경계점 : ±10cm 이내

(3) 현지측량검사 방법

① 확정측량에 의한 세계좌표의 성과검사는 현지측량검사를 원칙으로 하며, 검사방법은 경위의 측량 방법 또는 위성측량 방법으로 한다.

② 현지측량검사 시 확인 사항

- 지상경계 결정 기준과의 부합 여부
- 필계점의 각, 거리, 좌표 등 측정의 적정성 여부
- 건축물 등 구조물의 지구계 저촉 여부
- 확정측량결과도의 지구계 선과 지상경계의 부합 여부
- 지상경계의 위치표시 등에 관하여 법 제65조 제1항의 기준과의 부합 여부

3.10.12. 지적공부의 정리

토지대장은 지번별 조서, 경계점좌표등록부는 측량성과에 의하여 작성하며 소유자의 성명 또는 명칭과 등록번호 및 주소는 환지 계획서에 의하되, 소유자변동 일자는 환지처분 또는 사업준공 인가 일자로 정리하며 소유자 변동 원인은 환지 또는 종전 토지의 최종 변동 원인으로 정리한다. 지적공부 확정 시행은 시·군·구의 게시판 또는 홈페이지 등에 7일 이상 게시하며 도시개발사업 등의 완료로 인하여 폐쇄되는 지적공부는 폐쇄 사유를 그 지적공부에 정리하고 이를 별도로 영구 보관한다.

3.11. 지적측량수행조직

출제(논) : 45, 52, 56, 59, 63, 65, 69, 98, 119, 131, 132회

지적국정주의를 채택하고 있는 우리나라에서는 국가공무원이 직접 해당 업무를 처리하는 것을 원칙으로 하고 있다. 그러나 공무원의 업무량 증가와 인력 및 경비의 부족으로 전국적으로 조직된 측량사 단체가 국가 고유업무를 대행하여 측량을 시행하고 국가가 측량의 정확 여부를 확인하는 방법으로 업무를 처리하였다.

3.11.1. 측량수행조직의 변천 과정

① 1938년 1월 24일 재단법인 조선지적협회로 발족하였을 때는 본회는 조선총독부 재무국 내에 지부는 세무감독국 내(경성, 평양, 함흥, 광주, 대구)에 출장소는 각 세무서 내에 두었다.

② 미군정시대(1945. 8. 16~1949. 4. 30)의 주 업무는 구 동양척식주식회사에서 관장하던 이른바 귀속농지 측량과 관재처에서 관장하던 귀속 대지측량이었으며(지적협회는 휴면상태이었음) 소위 지정측량자 제도를 두어 군정청(신한공사, 관재처)과 지정측량자 간에 용역계약을 맺고 측량 업무를 처리하는 시대이었다.

③ 1949년 5월 1일 광복 이전의 재단법인 조선지적협회를 재단법인 대한지적협회로 명칭을 변경하여 업무를 재개하게 되었고 본회는 재무부 사세국 내에 지부는 각 사세청 내에 출장소는 각 세무서 내에 두었다.

④ 재무부 산하에서는 측량 업무는 신규측량, 분할측량, 경계감정측량, 공유수면매립지 측량, 삼각측량, 도근측량 신청 대행 등이고 1953년 5월 21일 지적측량 연습회를 발족시켜 지적직 공무원과 협회 직원에게 최초로 교육을 시행하였다.

⑤ 내무부(1962. 2. 1~1968. 12. 31)의 경우 4·19 이후부터는 회장의 공무원 겸직이 폐지되고 본부에 회장과 감사 각 1인과 집행 기구로서 서무부와 업무부를 두었다.

⑥ 1976년 1월 1일 정관을 개정하여 실비변상제도를 폐지하고 완전 유급제도로 전환하였으며 직제에서는 종전과 변함이 없었다.

⑦ 지적법령 개정(1976.5.7)에 따라 1976년 11월 6일 내무부 장관으로부터 지적측량 업무를 대행할 수 있는 지적업 대행 단체로 지정을 받았으며, 1977년 7월 1일 대한지적협회를 재단법인 대한지적공사로 명칭을 변경하고 기구를 대폭 강화하여 정원을 증원하였다.

⑧ 2009년 측량수로 조사 및 지적에 관한 법률로 통합되면서 공간정보체계의 구축 지원, 공간정보와 지적제도에 관한 연구, 기술 개발 및 지적측량 등을 수행하기 위하여 한국국토정보공사를 설립하고 법인으로 하였다.

〈표 3.7〉 지적측량 수행기관의 변천 과정

지적측량 수행기관	시행 기간 및 내용	비고
국가직영 토지조사사업추진 (임시토지조사국)	1910~1918	토지조사법(1910. 8. 24 법률 제7호) 토지조사령(1912. 8. 13 제령 제2호)
국가직영 임야조사사업추진측량 : 부윤(府尹)·면장 사정 : 도지사(道知事)	1918~1924	토지조사령(1912. 8. 13 제령 제2호) 조선임야조사령(1918. 5. 1 제령 제5호)
지정 지적측량사제도	1923. 7.~1938.2.16	지적측량자의 지정에 관한 건(문서번호 : 세을 제675호 1923.7.20) 지정측량자의 수는 1도1인(一道一人) 운영
재단법인 역둔토협회	1932.6.~1938.5.18	역둔토에 대한 토지이동측량 전담

<table>
<tr><th>지적측량 수행기관</th><th>시행 기간 및 내용</th><th>비고</th></tr>
<tr><td>재단법인 조선지적협회</td><td>1938. 2. ~1945. 8.14</td><td>1938. 2. 17 조선총독부 인가 재단법인 조선지적협회 기부행위 최초로 전국 지적측량업무 전담</td></tr>
<tr><td>국가직영(재무국)</td><td>1945. 8. ~1949.4.28</td><td>해방기로서 조선지적협회 휴면상태</td></tr>
<tr><td rowspan="2">재단법인 대한지적협회</td><td>1949. 4. ~1962. 12.31</td><td>조선지적협회에서 명칭 변경</td></tr>
<tr><td>1962. 2. ~1977. 6. 30</td><td>재무부에서 이관</td></tr>
<tr><td rowspan="2">재단법인 대한지적공사</td><td>1977. 7. ~1998. 2.27</td><td>대한지적협회에서 명칭 변경</td></tr>
<tr><td>1998. .2~2003. 12.31</td><td>내무부에서 행정자치부로 감독기관 명칭 변경</td></tr>
<tr><td>특수법인 대한지적공사</td><td rowspan="2">2004. 2. ~2008. 2.28</td><td>지적법 제41조의 9에 의거 설립</td></tr>
<tr><td>지적측량업자</td><td>지적법 제41조의 2</td></tr>
<tr><td>특수법인 대한지적공사</td><td rowspan="2">2008. 2. ~2015. 6.3</td><td rowspan="2">행정자치부에서 국토교통부로 감독기관 변경 측량수로 조사 및 지적에 관한 법률에 근거</td></tr>
<tr><td>지적측량업자</td></tr>
<tr><td>한국국토정보공사</td><td rowspan="2">2015. 6. 4~현재</td><td rowspan="2">국가공간정보기본법 제3장 제12조~제18조에 의거 설립(법률 제12736호, 14. 6. 3. 개정)</td></tr>
<tr><td>지적측량업자</td></tr>
</table>

3.11.2. 지정측량사와 상치측량사

(1) 지적측량사 규정에 따른 지적측량사

① 지적측량사는 상치측량사와 대행측량사로 구분한다.

② 국가공무원으로서 그 소속관서의 지적측량사무에 종사하는 자를 상치측량사라 한다.

③ 타인으로부터 지적법에 의한 측량업무를 위탁받아 이를 행하는 자를 대행측량사라 한다.

④ 전형에 합격한 자는 재무부에 비치하는 지적측량사 등록부에 등록하여야 한다.

⑤ 지적측량사 등록부에는 지적측량사의 성명, 생년월일, 과별 기타 재무부령의 정하는 사항을 기재하여야 한다.

⑥ 전형은 세부측량과, 기초측량과, 확정측량과로 구분하여 각과별로 필기, 실무와 구술고사로써 시행하였다.

(2) 상치측량사

출제(용) : 107회

① 상치측량사는 국가공무원으로서 그 소속 관서의 지적측량 사무에 종사하는 자를 상치측량사라한다.

② 법률 근거

- 1960년 12월 31일 지적측량사규정(국무원령 제176호) 및 1961년 2월 7일(재무부령 제194호) 동 시행규칙을 제정·공포하였다.
- 지적측량사규정(국무원령 제176호) 제3조"지적측량사는 상치측량사(常置測量士)와 대행측량사(代行測量士)로 구분한다."로 규정하고 있다.
- 지적측량사규정 부칙에서 "세무관서 이외의 관서에 근무하는 상치측량사로서 본령 시행 전에 재무부장관이 그 자격을 인증한 자는 전형에 합격한 것으로 간주한다."고 규정하고 있다.

③ 대행측량사는 타인으로부터 지적법에 따른 측량 업무를 위탁받아 이를 행하는 자를 대행측량사라 한다.

④ 상치측량사와 대행측량사의 업무 범위

- 법률 규정(지적측량사 규정 제17조)에 따라 등록된 지적측량사 또는 내무부 장관이 인정하는 법인격이 있는 지적단체가 아니면 지적측량을 할 수 없다.
- 규정에 따라 등록된 자라 할지라도 상치측량사가 국가공무원직을 사임하였거나 대행측량사가 지적단체에서 대행하지 아니할 경우에는 지적측량사 자격이 상실된다.

(3) 지정측량사

출제(논) : 62회

① 조선총독부 재무국 "지정측량자의 지정에 관한 건"에 의한 기업자 측량제도 및 도 지정측량자 제도를 설명하면 당시에는 지적측량기술자에 대한 법률적인 자격 기준은 없고, 다만 도에서 행정적으로 자격을 인정하는 데 불과하였다.

② 1923.7.20. 조선총독부 내첩(조선총독부 재무국 세을 제673호)으로 기업자가 측량 종사원을 부·군에 위탁 및 기업자가 측량하는 경우 또는 도 지정측량사가 일반적인 이동측량을 할 경우 지적(임야)도의 열람 및 등사를 허용하였다.

③ 같은 해 7월 20일 기업자 측량제도를 통첩(조선총독부 재무국 세을 제674호)하고 필요한 측량원도 용지와 지적산정부 용지는 도 및 부·군·도에서 배포하도록 하였다.

④ 각 도지사에게 지적측량자 지정에 관한 통첩(조선총독부 세을 제675호)을 송부하여 시행하면서 이제까지의 공무원이 직접 측량하는 제도에서 기업가 및 개인 지정측량사 제도로 변경되었다.

⑤ 지정측량사는 측량성과가 불량하여 재측량을 하였으나 이동정리를 할 수 없을 때, 승인 없이 보조자가 측량할 때, 관할 관청의 명령 불복종, 과다 수수료 징수 시에는 지정을 취소하는 등 측량기술자 관리·감독을 엄격하게 하였다.

⑥ 1923년 10월 30일에는 "광대한 지역에 걸치는 분할지 또는 토지의 이동측량에 관한 건"을 시달하여 도로, 구거, 철도 등을 개설하거나 매립할 경우 군수 또는 도지사에게 측량 신청이 있어도 신지번이 50필 이상 초과할 경우 1923년 7월 20일 자로 이미 시달한 내용과 같이 기업자 측량으로 처리하였다.

⑦ 미군정청은 도에서 지적 기수를 임명하여 지적측량 행정을 집행하는 동시에 세무서 단위로 지정측량사제도를 운용하였다.

⑧ 통일 후 북한 지역의 지정측량사

- 1950년 북한 농림성에서는 내각지시 제2호를 발표하여 토지개혁에 따른 분할측량과 공부 정리를 하였다.
- 정부 예산이 부족하여 무상 분배받은 토지소유자는 정부가 정한 측량비용을 지정측량사에게 납부하고 분할측량을 하였다.
- 지정측량사는 국가로부터 받은 기술자격증 소지자가 규정에 따라 측량수수료를 받는 이원화 제도로 자격증 사본을 첨부하여 지정측량사, 허가신청서를 해당 시·군 인민위원회장에게 제출하면 도 위원장(도지사)에게 보고하고 도는 농림성에게 보고하여 허가되면 도지사에게 송부한 허가서는 다시 도 인민위원회로 보내 교부하고 있다.
- 지정측량사는 그때그때 업무계획서를 작성하여 시·군에 제출하면 시·군에서는 측량 위임장과 출장 증명서를 발급하여 동장과 농민위원장, 토지개혁위원장에게 협조하라는 공문을 발송한다.
- 측량을 나갈 때는 시장·군수의 위임장·출장 증명서와 국가기술자격증, 측량사 증명서를 넣은 주머니를 목에 걸고 다니도록 하여 검문검색에서도 제외되고 군사동원도 면제되었다.

3.11.3. 지적측량수행자

출제(용) : 75, 78회, (논) : 74, 75, 78, 83, 84, 90, 101, 107, 114회

지적측량수행자는 지적측량업자와 한국국토정보공사를 말하며 지적측량업자는 지적측량업의 등록을 하고 지적측량업을 영위하는 자를 의미한다. 지적측량은 토지를 등록하거나 지적공부에 등록된 경계 또는 좌표를 지상에 복원할 목적으로 소관청이 직권 또는 이해관계인의 신청에 따라 각 필지의 경계 또는 좌표와 면적을 정하는 측량이다.

3.11.3.1. 한국국토정보공사

출제(논) : 125회

(1) 한국국토정보공사의 설립

① 공간정보체계의 구축 지원, 공간정보와 지적제도에 관한 연구, 기술 개발 및 지적측량 등을 수행하기 위하여 한국국토정보공사를 설립한다.

② 공사는 법인으로 하며 그 주된 사무소의 소재지에서 설립등기를 함으로써 성립한다.

(2) 공사의 정관

① 목적 및 명칭과 주된 사무소의 소재지

② 조직 및 기구와 업무 및 그 집행에 관한 사항

③ 이사회 및 임직원과 재산 및 회계에 관한 사항

④ 정관의 변경 및 공고의 방법에 관한 사항

⑤ 규정의 제정, 개정 및 폐지에 관한 사항

⑥ 해산에 관한 사항

⑦ 공사는 정관을 변경하려면 미리 국토교통부장관의 인가를 받아야 한다.

(3) 공사의 사업

① 다음을 제외한 공간정보체계 구축 지원에 관한 사업으로서 대통령령으로 정하는 사업

- 「공간정보의 구축 및 관리 등에 관한 법률」에 따른 측량업(지적측량업은 제외)의 범위에 해당하는 사업
- 「중소기업제품 구매촉진 및 판로지원에 관한 법률」에 따른 중소기업자 간 경쟁 제품에 해당하는 사업

② 공간정보·지적제도에 관한 연구, 기술 개발, 표준화 및 교육사업

③ 공간정보·지적제도에 관한 외국 기술의 도입, 국제 교류·협력 및 국외 진출 사업

④ 「공간정보의 구축 및 관리 등에 관한 법률」 제23조제1항제1호 및 제3호부터 제5호까지의 어느 하나에 해당하는 사유로 실시하는 지적측량

⑤ 「지적재조사에 관한 특별법」에 따른 지적재조사사업

⑥ 다른 법률에 따라 공사가 수행할 수 있는 사업

(4) 공사의 임원

① 공사에는 임원으로 사장 1명과 부사장 1명을 포함한 11명 이내의 이사와 감사 1명을 두며, 이사는 상임이사와 비상임이사로 구분한다.

② 사장은 공사를 대표하고 공사의 사무를 총괄하며, 감사는 공사의 회계와 업무를 감사한다.

(5) 공사에 대한 감독

① 사업실적 및 결산에 관한 사항

② 공사 사업의 적절한 수행에 관한 사항

3.11.3.2. 지적측량업자

출제(논) : 78, 84, 98, 114회

(1) 지적측량업의 등록

① 지적측량업을 하려는 자는 업종별로 기술 인력·장비 등의 등록 기준을 갖추어 국토교통부장관, 시·도지사 또는 대도시 시장에게 등록하여야 한다.

② 국토교통부장관, 시·도지사 또는 대도시 시장은 측량업의 등록을 한 자에게 측량업등록증 및 측량업등록 수첩을 발급하여야 한다.

③ 국토교통부장관, 시·도지사 또는 대도시 시장은 등록했을 때는 이를 해당 기관의 게시판이나 인터넷 홈페이지에 10일 이상 공고해야 한다.

(2) 지적측량업자의 업무 범위

① 경계점좌표등록부가 있는 지역에서의 지적측량

② 「지적재조사에 관한 특별법」에 따른 지적재조사지구에서 실시하는 지적재조사측량

③ 도시개발사업 등이 끝남에 따라 하는 지적확정측량

④ 지적전산자료를 활용한 정보화 사업에는 다음의 사업을 포함한다.

- 지적도·임야도, 연속지적도, 도시개발사업 등의 계획을 위한 지적도 등의 정보처리시스템을 통한 기록·저장 업무
- 토지대장, 임야대장의 전산화 업무

(3) 지적측량업의 등록취소

출제(용) : 75, 119회

① 국토교통부장관 또는 시·도지사는 측량업자가 다음에 해당하는 경우에는 측량업의 등록을 취소하거나 1년 이내의 기간을 정하여 영업의 정지를 명할 수 있다.

② 측량업의 등록을 영업 정지할 수 있는 경우

- 고의 또는 과실로 측량을 부정확하게 한 경우
- 정당한 사유 없이 측량업의 등록을 한 날부터 1년 이내에 영업을 시작하지 아니하거나 계속하여 1년 이상 휴업한 경우
- 측량업등록 사항의 변경신고를 하지 아니한 경우
- 지적측량업자가 업무 범위를 위반하여 지적측량을 한 경우
- 지적측량업자가 지적측량수행자의 성실의무를 위반한 경우
- 보험 가입 등 필요한 조치를 하지 아니한 경우 또는 영업정지 기간에 계속하여 영업한 경우
- 임원의 직무 정지 명령을 이행하지 아니한 경우
- 다른 행정기관이 관계 법령에 따라 등록취소 또는 영업정지를 요구한 경우

③ 측량업의 등록을 취소할 수 있는 경우

- 거짓이나 그 밖의 부정한 방법으로 측량업의 등록을 한 경우
- 등록기준에 미달하게 된 경우
- 측량업등록의 결격사유에 해당하게 된 경우
- 다른 사람에게 자기의 측량업등록증 또는 측량업등록 수첩을 빌려주거나 자기의 성명 또는 상호를 사용하여 측량 업무를 하게 한 경우
- 지적측량업자가 지적측량수수료를 고시한 금액보다 과다 또는 과소하게 받은 경우
- 「국가기술자격법」을 위반하여 측량업자가 측량기술자의 국가기술자격증을 대여받은 사실이 확인된 경우

3.11.4. 외국의 대행제도

출제(논) : 65, 68회

(1) 독일

① 독일은 측량 업무를 공공측량사 사무소에서 대행하고 있으며 공공측량사는 하나의 회사를 설립하고 많은 측량 기사를 고용하고 있다.

② 일반 측량사가 지적측량을 하는 경우 지적등록을 위한 자료가 될 수 없으며 효력을 인정하지 않고 있다.

③ 독일의 공공측량사는 1995년에 약 1,500명이 있는데 이들은 측량기술자를 적게는 2~3명 또는 100여 명을 고용하고 사무소별로는 평균 15명의 기술자를 고용하고 있다.

④ 바이에른에서는 측량사와 측량기술자들이 모두 공무원으로서 측량 업무를 담당하고 있으므로 인원이 약 4,000명이 되고 일반 측량기술자는 다른 주의 측량사 사무소로 직장을 옮길 수 있다.

⑤ 특정주로부터 공공측량사로 임명되었을 때는 다른 주에서 사무소를 개설 및 측량 업무를 대행할 수 없다.

(2) 대만

① 대만의 지적 기구는 1947년 5월 성정부 수립 당시에 지정국(地政局)을 설치하여 토지 행정사무를 관장하게 하고 민정청(民政廳)에게 포함되어 있으나, 1949년 6월 민정청에서 독립하여 지정처를 설치하였다.

② 1946년 10월 현·시 정부에 지정과를 설치하고 2~3개의 향·진·구를 묶어 지정사무소를 설치하여 토지등기·지적측량·토지평가 등의 사무를 총괄하고 있다.

③ 대만의 지적 행정조직은 중앙은 내정부에서 대북시·고웅시 및 대만성은 지정처에서 현·시는 지정과에서 향·진·구는 지정사무소에서 각각 지적 사무를 수행하는 4단계의 지적 행정체계로 운영하고 있다.

④ 지적측량 업무는 지적직 공무원 신분의 측량기술자가 전담하는 국가직영 체제이다.

(3) 네덜란드

① 네덜란드의 지적 및 공공등기청과 지방 지적청은 토지 이동측량과 토지구획정리사업, 환지 및 청산업무 등도 담당하고 있다.

② 토지구획정리 등 대규모의 지적측량 업무는 주로 외 부용역에 의하여 항공사진측량 방법에 의거 처리하고 있으며, 인공위성을 이용한 GPS 측량 방법을 개발하여 정확하게 측량을 시행하고 있다.

③ 네덜란드의 지적측량은 지방 지적청에 소속되어 있는 공무원 신분의 측량사가 직접 측량을 시행하고 지적도면의 정리 업무를 수행하는 국가 직영체제로 운영되고 있다.

(4) 일본

① 일본의 지적측량 운영방식은 지적공부와 등기가 일원화되어 있으며 부동산등기법에 따른 지적 사무 외에 국토조사법에 따른 특수한 지적 사무가 별도로 존재한다.

② 토지측량 업무와 등기대행 업무가 하나로 통합된 토지가옥조사사 제도를 시행하고 있다.

③ 토지가옥조사사 연합회 또는 토지가옥조사사 개인의 명의로 업무의 의뢰를 받는 것에 관계없이 측량 오류에 대한 책임은 토지가옥조사사 개인에게 있으므로 토지가옥조사사 연합회 소속 직원의 보다는 개인업자의 성격이 강하다.

④ 토지가옥조사사는 그 사무소를 개설할 지방의 법무국에 있는 토지가옥조사사 명부에 등록하여야만 그 업무를 수행할 수 있다.

⑤ 국토조사법에 따른 국토조사 측량은 지적 조사라는 특수한 목적을 지닌 측량으로 지적 사무가 법무성 산하의 등기소에서 처리되면서 국토청 산하의 토지국에서 담당하고 있다.

⑥ 부동산등기법에 따른 지적이 부동산의 권리를 명확히 하는 것으로 국토조사 측량은 특수한 행정 목적 달성을 위하여 국가가 주체로 하는 지적 사무를 의미한다.

⑦ 국토조사법에 따른 지적측량 업무를 실제로 관장하는 기관은 일선의 지방 행정기구인 시, 군, 구에서 수행하고 있다.

⑧ 시, 군, 구에서는 지적측량 업무를 수행하면서 토지 각 필지의 소유자 및 경계는 공무원에 의하여 직접조사·측량하지만, 그 이외의 토지측량·면적 측량 등은 일반 측량사에게 용역을 주어 처리하고 있다.

⑨ 긴 시간을 들여 완만히 진행하고 있는 일본 지적조사 사업의 특성상 국가가 모두 전담하지 않고 일반 측량사에 의하여 부분적으로 지적측량 업무를 수행한다는 점이 특색이다.

⑩ 일본은 대규모에 해당할 때는 국가기구에서 직접 지적조사 업무를 담당하지만, 일부분은 일반 측량사에 맡기는 방식을 채택하고 있다.

⑪ 일본은 부동산등기법에 따른 지적측량에서 토지가옥조사사에 의한 경쟁체제와 국토조사법에 따른 지적조사 지적측량은 국가직영과 일반 측량사를 통한 혼합된 체제로 운영되고 있다고 할 수 있다.

(5) 프랑스

① 프랑스의 지적측량 운영 방식은 국가직영체제와 경쟁체제가 혼합된 형태이며 지적사무소를 운영하는 국가 행정체계로 중앙의 재무경제부서 산하의 세무국을 두었다.

② 세무국은 그 산하에 지적과·등기과·국유재산 평가과·국유재산 관리과의 4개 과를 두고, 각종 지적 사무를 처리하고 있으며 지방 세무서에는 등기사무소가 설치되어 등기 업무는 여기에서 한다.

③ 지적사무소와 등기사무소는 지방세무국에 소속되어 있으나 독립적으로 업무를 수행하고 있다.

④ 지적공부와 등기부의 이원화를 채택하고 있는 프랑스는 지적공부 관리기관인 지적사무소와 등기부관리기관인 등기사무소를 동일한 건물 내에 두거나 근거리에 위치하도록 하고 있다.

⑤ 지적행정기관은 지적조사 사업·구획정리사업·경지정리 사업 등의 대규모 사업에 소용되는 지적측량 업무를 직접 수행하고 있어 중앙 세무국 산하 지적과에서는 지적측량의 기술 및 지적공부의 정리를 담당하는 직접적인 제도가 마련되어 있다.

⑥ 지적측량은 국가사업에 수반되는 대규모 측량은 국가가 직영으로 시행하고 분할측량·경계복원측량·현황측량 등의 소규모 측량은 국가로부터 면허를 받은 개인 측량사가 실시하는 혼용된 형태로 운영하고 있다.

3.11.5. 측량사의 역할

출제(논) : 62회

3.11.5.1. 측량사의 책임

(1) 지적측량

① 새로운 법적 필지의 경계를 정의, 감정, 경계 결정, 측정과 도면을 작성하는 것이다.

② 지적측량은 잃어버린 경계의 복원과 때때로 부동산의 경계나 다른 이해들에 대한 분쟁을 해결하는 과정을 포함한다.

③ 지적측량을 수행하기를 원하는 측량사들의 교육과 실무 경험에 대한 상세한 규정은 항상 있어야 한다.

④ 지적측량은 정부 공무원, 민간 측량사, 또는 양측의 협조로 수행된다.

⑤ 지적측량은 특별한 자격증이 필요하며 국가 혹은 직업 사회에 의해 관리될 수 있다.

(2) 측량기록

① 지적측량 성과와 등기부의 정보등록은 지적도에 대해 점검 또는 조사하는 것을 포함한다.

② 고유한 필지식별자가 각 필지에 부여되며 조사는 토지정책 문제, 법률문제와 기술적인 문제에 대해 점검할 수 있다.

③ 점검 및 조사비용을 절약하기 위해서 정부는 품질보증 및 측량사들의 현장 자료와 측량계획들의 정확도를 위하여 연수 교육에 관한 의무를 강조하여야 한다.

(3) 토지평가

① 지적이 어떤 토지정책을 보증하는 도구로써 사용될 때 토지와 건물의 평가는 측량사들의 역할이며 가장 일반적인 사항은 조세의 평가이다.

② 평가는 보상에 관계된 자산 소유자들에게 상대적인 가치를 수립하기 위해 모든 소유물에 대한 조직적인 측량이 수행될 수 있는 토지의 수용과 토지의 합병 같은 과정에서 중요하다.

③ 분할측량과 합병은 새로운 토지소유자에게 도로와 다른 공동 설비들의 건설과 유지비용을 부담시키기 위하여 실시되는 때도 있을 것이다.

(4) 토지이용계획

① 지적이 최초의 토지 분배, 분할, 합병을 포함할 때는 토지이용계획 측면은 토지 측량사의 역할의 중요한 일부가 된다.

② 측량사는 지역 사회의 이해들을 보호하는 의무가 있고 공공 상담과 분쟁을 해결하는 과정을 포함할 수 있다.

③ 사회적으로 토지의 재산적 가치가 극대화됨으로 국가의 토지정책과 지방자치단체의 도시계획에 따른 토지이용계획을 시행하기 위한 토지소유자들에 대한 역할이라 할 수 있다.

(5) 데이터베이스 관리

① 정보기술은 데이터베이스 설계와 관리의 전문가들에 관한 수요를 요구하였다.

② 정보기술은 현대의 지적에서 중요한 부분을 차지하고 있다.

③ 대용량 데이터베이스와 속성정보 및 도형정보를 관리하고 운영하는 데 전문가들이 필요하다.

④ 측량사는 이 분야에서 중요한 역할을 담당하며 컴퓨터 시스템에 대한 교육은 오늘날의 측량사들을 위한 교육 훈련 프로그램의 불가결한 요소이다.

(6) 분쟁 해결

① 일부 국가에서는 지적측량은 측량사가 법적 현안이 된 토지 문제에 관하여 결정을 내리는 특별한 법적 중요성을 가지고 있다.

② 토지분할과 토지의 소유권 등록, 토지수용에 따른 보상 및 경계의 분쟁이다.

③ 측량사의 역할은 위원회 또는 법정에서의 독립적인 전문가로부터 실질적인 최초의 법정으로의 역할로 발전되어 왔다.

3.11.5.2. 미래 측량사의 역할

출제(논) : 62회

① 지적 2014에서는 토지측량사가 모든 법적 토지 객체를 위치시킴에 그 역할을 할 것이다.

② 측량사는 개인 토지 필지만을 다루지는 않을 것이다.

③ 토지측량사는 법적 토지 객체의 결정 및 정의에 관련되는 처리 과정을 이해해야만 한다.

④ 법적 처벌에 관한 과정을 알아야 하고 토지 가치의 원칙을 이해하여야만 한다.

⑤ 모든 물리적·법적 측면에서 토지를 문서로 만드는 토지 행정제도를 다룰 수 있어야 한다.
⑥ 시민, 기업, 소관청 및 정치적 의사결정자에서 토지정보를 제공할 수 있어야 한다.
⑦ 지적 2014에서의 측량사에게 요구되는 기술은 더욱 확대될 것이다.
⑧ 사회에서 토지측량사의 역할은 더욱더 중요하게 될 것이다.

3.12. 국제측량사연맹

출제(용) : 93회, (논) : 60, 62, 63, 65회

국제측량사연맹(Federation Internationale des Geometres, International Federation of Surveyors : FIG)은 1878년 7월 18일 프랑스 파리에서 프랑스·벨기에·독일·이탈리아·스위스·영국·스페인 등 7개국의 국가측량사위원회가 측량 분야의 발전을 목적으로 비정부단체(Non－Government Organization)의 국제기구로 설립하였다. 국제측량사연맹은 68개 국가 73개 회원단체가 정회원으로 등록하였으며, 우리나라는 1981년 스위스 몽트에서 개최된 제16차 총회에서 정회원으로 등록·가입하였다. 1878년에 설립된 국제측량사연맹의 정관에 의하면 "측량사란 도시나 지역에서 지상 또는 지하의 재산에 대한 토지표시와 경계를 결정하며 그 가격을 정하는 전문인이며 이들은 재산을 등록하고 이와 관련된 소유권 문제를 해결하며 도시와 지역의 토지개발을 위하여 연구 계획하고 책임을 지는 사람으로서 이상에서의 기술적·법률적·경제적·사회적 문제를 취급한다."라고 규정되어 있었다.

3.12.1. 설립 목적 및 운영

(1) 설립 목적

① 국제측량사연맹(FIG)과 각국 측량단체 간의 정보교환
② 회원단체 간의 상호협력 및 각국 측량사 간 지위 향상에 관한 정보교환
③ 측량사에 유용한 연구 성과의 보급 및 장려금 지급
④ 새로운 측량 기술에 관한 교육 훈련 및 각국 측량사 간의 교류 증진

(2) 운영

① 국제측량사연맹은 본회의에서 운영되며 정회원단체의 대표단과 투표권이 없는 단체인 준회원단체, 사무국, 분과위원장, 후원자, 학술단체 등이 정기적으로 FIG 상임위원회 또는 총회 기간에 모인다.

② 본회의에서는 각종 정책을 토론하고 승인하며 정책은 1년에 2번씩 소집되는 사무국에 의하여 실행된다.

③ FIG 사무국은 4년 기간으로 정회원단체가 맡으며 회장과 5명의 부회장 중 3명 그리고 총회의장을 임명한다.

④ 자문위원회(The Advisory Committee of Commission Officers : ACCO)는 본회의와 사무국의 업무를 보조하며, 특별위원회(Task Force)는 부정기적으로 운영되며 기존의 사업계획을 검토하고 새로운 전략을 수립한다.

⑤ FIG 상시 사무소는 1999년 1월1일부터 FIG 일상 업무를 담당하며 국제지적 및 토지등록사무소, 국제측량사연맹 다국어사전 위원회, 국제측량역사기구 등이 있다.

〈그림 3-62〉 국제측량사연맹 사무소

3.12.2. 주요 활동

① 국제측량사연맹의 설립목적을 효율적으로 달성하기 위하여 총회와 상임위원회를 정기적으로 개최한다.

② 국제측량사연맹주관 정기회의를 개최하며 정기총회는 4년마다 개최되며 상임위원회는 1년마다 개최한다.

③ 총회와 분과위원회에서는 개최 시 장비 전시회를 동시에 개최한다.

④ 측량 관련 국제기구와의 교류로는 국제 사진측량·원격탐사학회(ISPRS)와 국제 도면 제작위원회(ICA), 국제측량 및 도면 제작연맹(IUSM), 국제연합 농업·식량 기구 (FAO) 등과의 교류이다.

⑤ 회원단체 또는 회원에 연구 장려금 지급과 특별위원회 구성·연구 활동 및 연구 결과를 보급하는 것이다.

⑥ 측량 관련 국제기구와의 교류와 각종 문헌의 발간 및 보급이다.

3.12.3. 기구

국제측량사연맹(FIG) 사무국은 총회개최 국가의 측량사 단체에 개설되어 4년간 국제측량사연맹(FIG) 활동을 전담하고 회장 1인, 부회장 5인, 사무국 및 9개 기술분과위원회 등으로 구성되어 있다.

(1) FIG 상시 사무소

① 상시 사무소의 설립 및 위치에 관한 사항은 1997년 싱가포르에서 개최된 제64차 상임위원회에서 결정되었고 1999년 1월 1일 코펜하겐에서 첫 업무를 시작하였다.

② FIG의 일상적인 업무는 덴마크 코펜하겐 측량사회관 1층에 있는 FIG 상시 사무소(FIG Permanent Office)에 의하여 처리되고 있으며 FIG와 덴마크측량협회의 후원으로 운영된다.

③ 상시 사무소는 자료관리, 출판, 월간지 발행 등을 포함한 모든 FIG 행정업무를 책임지고 있으며 FIG 홈페이지도 관리하고 있다.

④ FIG 웹 사이트는 실질적인 문제에 관한 정보전달 및 행정 목적을 효과적으로 관리하기 위하여 운영되며 다가오는 여러 행사나 새로운 사항을 포함한다.

(2) 국제지적등록사무소(OICRF)

출제(용) : 72회

① 국제지적등록사무소(OICRF; Office International du Cadastre et du Regime Forcier)는 1958년 국제측량사연맹에서 설치한 영구적인 상설기관으로써 네덜란드의 아펠드룬(Apeldoorn)에 있다.

② 국제 지적등록 사무소는 네덜란드의 지적·공공등기청에서 운영되고 있으며 국제측량사 연맹의 정회원 국가와 관계없이 전 세계의 지적 및 토지 행정 기타 관련 분야에 관한 서적·논문·자료 등을 통합보관 관리하는 연구사무소이다.

③ 지적이나 토지 등록제도의 도입, 기존제도를 개선하고자 하는 국가들에 지적과 토지등록 시스템에 대한 정보와 조언을 제공하며 문서자료의 유지와 FIG 회원국 여부에 상관없이 각 국가에 연락원을 확보한다.

④ 국제 지적등록사무소의 역할은 지적과 토지 등록제도에 대한 서적·논문·자료를 보관관리 및 수정·보완 또는 새로이 도입하는 국가에 대한 지원, 지적과 토지 등록제도에 대한 정보를 제공하는 것이다.

(3) 일반분과위원회

① 제1분과는 전문가 조직(Professional Practice)으로 위원회의 업무는 직업 윤리강령 및 규범, 서비스제공과 관련된 지침, 업무수행의 표준 및 전체품질관리, 전문조직의 구조 및 관리와 측량 업무에 영향을 미치는 변화와 전문가 조직과 함께 영향을 미치는 국제법과 자유스러운 교류 및 공공영역 안의 측량자 규칙 등이다.

② 제2분과 전문교육(Professional Education)의 위원회의 업무는 교육과 교육방법, 지속적인 전문직개발 및 훈련, 교육, 연구, 업무의 상호영향과 각국 간의 학생 및 인적자원 교류 촉진 등이다.

③ 제3분과 공간정보관리(Spatial Information Management)의 위원회의 업무는 토지관리·속성, 수로 정보와 관련된 처리 및 근본적인 절차, 데이터모형 및 기준법적 측면과 공간 지식관리의 유효성을 위한 공간데이터 기반 구축, 조직구조, 사업모델, 측량업무와 행정의 영향과 공간정보의 지원과 유지 발전 등이다.

④ 제4분과는 수로측량(Hydrography surveying)으로 위원회의 업무는 해양환경(marine environment), 자료처리 및 관리, 항해도 및 측심도 등이다.

⑤ 제5분과는 위치결정 및 측량(Positioning and Measurement)분과로 위원회의 업무는 측량학(science of measurement)과 지구를 둘러싼 환경에 대한 자연적, 인공적 형태와 크기와 관련된 특징 및 정확하고 신뢰할만한 측량자료취득 등에 관한 사항이다.

⑥ 제6분과는 토목측량(Engineering Surveys)분과로 위원회의 업무는 지형 및 관련된 정보의 취득, 처리 및 관리, 토목사업의 기법연구, 토목건설 및 구조물의 검증 및 품질관리, 구조물의 변형, 분석과 해석과 토목사업, 광산 및 지형적 위험지역의 변형감시 등이다.

⑦ 제7분과는 지적 및 토지관리(Cadastre & Land Management)분과로 위원회의 업무는 토지관리 및 행정, 지적 개선 및 다목적지적, 필지중심토지정보체계와 전산화에 의한 지적등록, 도시 및 지방토지합병, 국가 간의 경계 및 국제적 경계국, 토지소유권, 토지법 및 토지등록과 토지 및 해양자원관리로 국토관리에 관한 업무이다.

⑧ 제8분과는 공간계획 및 개발(Spatial Planning & Development)분과로 위원회의 업무는 지역 및 지방조직계획, 도시 및 농촌 토지이용 계획, 정책개발과 환경개선, 도시개발과 집행, 공공과 민간의 협력, 개발도상국의 비공식 정착 및 도시화와 환경영향평가 등이 해당된다.

⑨ 제9분과는 부동산평가 및 관리(Valuation & the Management of Real Estate)분과로 위원회의 업무는 감정평가사에 의한 부동산 가치의 평가, 부동산관리기업 등에 의한 부동산관리와 공공 및 민간자원의 효율적 이용을 보장하기 위한 부동산시스템 관리, 공공부문의 부동산관리 등이다.

⑩ 제10분과는 건설 경제 및 관리(Construction Economics and Management)로 위원회의 업무는 건설기술과 정보기술, 건설 경제와 관리, 건설관리와 환경관리와 건설법과 계약행정업무 등이다.

3.12.4. 한국측량사연맹

① 한국측량사총연맹은 1981. 5. 31일 한국국토정보공사와 대한측량협회가 공동으로 설립하여 1981년 스위스 몽트에서 개최된 제16차 총회에서 46번째로 국제측량사총연맹의 정회원으로 등록·가입하였다.

② 우리나라는 국제측량사연맹에 1981년에 가입, 세계 각국의 측량단체와 정보교환으로 우리나라 지적제도의 방향을 설정하고 측량사 간의 유용한 정보교환으로 측량사의 지위 향상 및 각국의 측량 관련 전문가를 초청하여 강연회를 주최한다.

③ 주요 활동

- 국외 측량 도면 제작 관련 기관과 정보교환 및 기술자 교류
- 지적의 선진화와 각국의 측량사 간의 교류
- 새로운 측량 기술의 도입 및 행정적, 제도적 측면에서 지적 및 측량 기술 진흥
- 국내외 지적과 측량 관련 정보 교류 및 소개
- 국내외 지적 및 측량 관련 학회
- 단체 및 교육기관과 유대강화
- 지적 및 측량 기술 진흥을 위한 회의 주최와 주선
- 지적 및 측량 기술 관련 자료수집과 조사연구
- 각종 간행물 발간
- FIG 회의 참가로 한국 측량사의 국제적 교류 증진

④ 2001년에는 우리나라 서울 워커힐 호텔에서 상임위원회가 개최되었고 2002년에는 제22차 총회 및 제69차 상임위원회가 미국에서 개최되었다.

3.12.5. 미래 측량사의 역할

출제(논) : 62회

① 지적 2014에서는 토지측량사가 모든 법적 토지 객체를 위치시킴에 그 역할을 할 것이다.

② 측량사는 개인 토지 필지만을 다루지는 않을 것이다.

③ 토지측량사는 법적 토지 객체의 결정 및 정의에 관련되는 처리 과정을 이해해야만 한다.

④ 법적 처벌에 관한 과정을 알아야 하고 토지 가치의 원칙을 이해하여야만 한다.

⑤ 모든 물리적·법적 측면에서 토지를 문서로 만드는 토지 행정제도를 다룰 수 있어야 한다.

⑥ 시민, 기업, 소관청 및 정치적 의사결정자에서 토지정보를 제공할 수 있어야 한다.

⑦ 지적 2014에서의 측량사에게 요구되는 기술은 더욱 확대될 것이다.

⑧ 사회에서 토지측량사의 역할은 더욱더 중요하게 될 것이다.

3.13. 지적측량성과 검사제도

출제(용) : 87회, (논) : 65, 71, 75, 78, 105, 117, 122, 123, 131, 132, 134회

지적측량성과는 현지에서 측량을 시행하여 성과를 확인하는 것이 원칙이나 현재의 행정조직에서는 부족한 인력으로 실지의 측량을 하지 않더라도 잘못이 없다고 인정되는 경우 또는 제출된 측량결과도로 확인할 수 있는 때에만 현지 측량검사를 생략할 수 있도록 규정하고 있다. 지적측량수행자가 실시하는 지적측량 중 토지이동에 따른 측량은 그 성과의 정확성에 대해 지적제도의 공공성과 법률관계의 안정성을 보장하고 국민의 재산권 보호에 기여하는 것이 지적측량성과검사의 목적이라 할 수 있다.

3.13.1. 지적측량성과검사

지적측량성과검사는 기준점측량 검사와 토지이동에 따른 검사, 지적확정측량 검사, 지적재조사측량 검사로 분류할 수 있다.

3.13.1.1. 지적측량성과검사 방법 및 절차

① 지적측량수행자는 측량부·측량결과도·면적측정부, 측량성과 파일 등 측량성과에 관한 자료(전자파일 포함)를 지적소관청에 제출하여 그 성과의 정확성에 관한 검사를 받아야 한다.

② 지적삼각점측량성과 및 경위의측량방법으로 실시한 지적확정측량성과인 경우

- 국토교통부장관이 정하여 고시하는 면적 규모 이상의 지적확정측량성과: 시·도지사 또는 대도시 시장
- 국토교통부장관이 정하여 고시하는 면적 규모 미만의 지적확정측량성과: 지적소관청

③ 시·도지사 또는 대도시 시장은 검사를 하였을 때는 그 결과를 지적소관청에 통지하여야 한다.

④ 지적소관청은 「건축법」 등 관계 법령에 따른 분할제한 저촉 여부 등을 판단하여 측량성과가 정확하다고 인정하면 지적측량성과도를 지적측량수행자에게 발급하여야 한다.

⑤ 지적측량수행자는 측량의뢰인에게 그 지적측량성과도를 포함한 지적측량 결과부를 지체없이 발급하여야 한다.

⑥ 지적소관청은 지적측량성과의 검사에 필요한 경우 지적측량수행자에게 해당 필지 및 인접필지의 경계복원측량결과도 또는 지적현황측량결과도를 제공할 것을 요청할 수 있으며, 지적측량수행자는 특별한 이유가 없으면 해당 요청에 따라야 한다.

3.13.1.2. 측량성과검사 항목

(1) 기초측량

① 기지점 사용의 적정 여부

② 지적기준점 설치망 구성의 적정 여부

③ 관측각 및 거리측정의 정확 여부

④ 계산의 정확 여부

⑤ 지적기준점 선점 및 표지 설치의 정확 여부

⑥ 지적기준점성과와 기지경계선과의 부합 여부

(2) 세부측량 검사 항목

① 기지점 사용의 적정 여부

② 측량준비도 및 측량결과도 작성의 적정 여부

③ 기지점과 지상경계와의 부합 여부

④ 경계점 간 계산 거리(도상거리)와 실측 거리의 부합 여부

⑤ 면적측정의 정확 여부

⑥ 관계 법령의 분할 제한 등의 저촉 여부

(3) 확정측량 검사 항목

① 지상경계결정 기준과의 부합 여부

② 필계점의 각, 거리, 좌표 등 측정의 적정성 여부

③ 건축물 등 구조물의 지구계 저촉여부

④ 확정측량 결과도의 지구계선과 지상 경계의 부합여부

⑤ 지상경계의 위치표시 등에 관하여 토지의 지상경계는 둑, 담장, 구조물 및 경계점표지의 부합여부

(4) 지적재조사측량 검사 항목

① 상공장애도 조사의 적정성

② 측량 방법의 적정성

③ 지적기준점 설치망 구성의 적정성

④ 지적기준점 선점 및 표지 설치의 적정성

⑤ 지적재조사지구의 내·외 경계의 적정성

⑥ 임시경계점 표지 및 경계점 표지 설치의 적정성

⑦ 측량성과 계산 및 점검의 적정성

⑧ 측량성과 작성의 적정성

⑨ 면적산정의 적정성

3.13.2. 측량성과검사제도의 변천 과정

출제(논) : 99회

(1) 조선지적협회 이전

① 일본인은 토지조사사업의 완료 이전인 1915년 5월 12일 지세령 시행규칙(조선총독부령 제51호)을 개정하여 토지이동측량을 허용하는 것이 지적측량 신청제도로 최초 시행되었다.

② 이 당시 토지소유자가 일정한 요금을 부담하여 군수 등에게 토지분할 측량을 신청하면 국가 기술직원이 국비로 출장하여 측량을 시행하고 정리하였다.

③ 현지측량에서 지적공부 정리 등 일련의 행정행위 과정이 부·군 공무원의 단독행위로 이루어지는 체계로 1923년까지 지속되었다.

④ 역둔토협회에서 현지측량을 종료하면 지적 업무 담당 공무원이 이동측량원도 및 신청서 등을 제출받아 사안에 따라 현지검사를 엄밀히 시행한 후 성과가 불량할 때는 새로 측량을 시행하여 지적공부를 정리하였다.

⑤ 1923년 12월 30일(조선총독부 재무국 세을 제1840호)"지반측량의 검사에 관한 건"으로 위탁 측량자, 토지기업자, 도지정측량자가 시행한 측량을 부·군·도에서 측량검사실시 부·군·도가 시행한 측량검사를 도에서 다시 검사하는 2단계 검사제도로 소관청 검사, 시도 발췌검사 체계가 확립되었다.

⑥ 총독부 재무국 내에 역둔토협회 설립(1931. 6. 5)

- 지정측량자는 총독부 기사 2년, 기수 10년 이상 종사한 자를 도지사가 지정하고, 자격증 교부는 도보에 공고로 대체하면서 행정적으로 자격을 인정하였다.
- 현지측량을 완료하면 공무원이 측량원도 및 신청서를 제출받아 사안에 따라 현지검사를 하여 측량성과가 불량할 때는 재측량 과정을 거처 지적공부를 정리하였다.

(2) 조선지적협회 전담

① 1938년 4월 2일 조선총독부 재무국장은 지적협회의 이동측량에 대한 검사 및 연락에 관한 건을 발령하여 지적협회 업무가 정상 가동되고 그 소속 직원의 기능이 향상될 때까지 당분간 검사를 완화토록 지시하였다.

② 평판측량검사는 시가지 측량은 가급적, 검사하되 지형상 측량하기 곤란한 지역은 검사를 생략하였다.

③ 1938년 4월 1일 재단법인 조선지적협회 지적측량 업무를 시작하였으며, 현지측량은 관할 세무서에 설치한 출장소의 소속 기사 또는 기수가 담당하고 조선지적협회가 업무 정상화와 직원의 기능이 향상될 때까지 검사를 완화하도록 지시하였다.

④ 1938년 5월 9일 도근측량의 검사방법을 구체적으로 지시하였는데, 실시 면적이 100정보 이상이거나 특수한 지역일 때는 도근망 배치계획도를 제출하도록 하여 주요 노선을 직접 사핵(査覈)하여 검사하도록 하였다.

⑤ 1939년 4월 지적측량기술원을 개설하고 기술원을 양성하게 되었으며 세무관서에 종사할 측량검사 직원도 충당하였다.

(3) 미국 군정과 재무부

① 1950년대에는 지세령 및 조선임야대장규칙을 통폐합하고 1950년 12월 1일(법률 제165호) 지적법, 1951년 4월 1일 지적법시행령, 1954년 11월 12일 지적측량규정을 제정·공포하여 지적측량을 법적으로 보장하였다.

② 세무서에서 지적측량검사는 일제강점기 시대의 방법론에 의존하였으나 측량검사제도의 필요성은 매우 중요하였다.

③ 지적협회 업무 개시에 관한 건(1949.4.29)에 대한지적협회로 발족하여 5월 1일부터 업무를 재개하였다.

④ 미군정청은 도에서 지적기수를 임명하여 세무서 단위로 지정측량사제도를 운용하였다.

(4) 1970년대

① 지적행정은 시·군·구에서 실시하는 업무로 전국적 통일성이 없음을 인식한 정부에서는 내무부장관 지시각서(제1호, 시행지시 제5호)로 지적사무개선 지침이 발령되고 지적사무처리규정이 제정되었다.

② 신규 및 분할측량은 전부 검사하되 지상 위치변동이 적은 농촌지역에서 기술 능력, 난이도 등을 참작하여 지적 업무 담당 공무원이 선택적으로 검사를 생략할 수 있다.
③ 일반 세부측량검사는 소속 기관에서 주관하고 도에서는 감독기관에서 검사 시행한 것을 발췌 확인한다.
④ 1960년 12월 31일 지적측량사규정 및 1961년 2월 7일 동 시행규칙을 제정·공포하였다.
⑤ 1961년 12월 2일 농지세에 관한 사무를 재무부에서 내무부로 이관하였다.

(5) 국가기술자격 제도

① 1975년 제정된 지적법시행규칙 제27조에 규정하고 세부 사항은 지적사무처리지침에서 규정하여 지적측량 검사의 법적 보장성을 인정받았다.
② 1986년 11월 5일 지적법시행규칙이 개정되면서 지적공부의 정리를 요하지 않는 경계복원측량 등은 측량성과 검사대상에서 제외하였다.

3.13.3. 측량성과검사 방법

출제(용) : 87회, (논) : 99, 113, 119회

(1) 지적측량성과검사 방법

① 지적측량수행자가 지적측량 성과검사를 요청하는 경우와 지적소관청이 지적측량 성과검사 결과를 통보하는 경우에는 정보시스템을 이용하여 처리할 수 있다.
② 세부측량을 하기 전에 기초측량을 한 경우에는 미리 지적기준점성과에 대한 검사를 받은 후에 세부측량을 해야 한다.
③ 지적소관청과 사전 협의를 한 경우에는 지적기준점성과 검사 전에 세부측량을 실시할 수 있다.
④ 지적소관청은 지적측량검사가 완료된 때에는 해당 측량성과 파일을 부동산종합공부시스템에 등록하여야 한다.
⑤ 측량성과를 검사하는 때에는 측량자가 실시한 측량방법과 다른 방법으로 한다.
⑥ 지적삼각점측량 및 지적삼각보조점측량은 신설된 점을, 지적도근점측량은 주요도선별로 지적도근점을 검사한다.

⑦ 세부측량결과를 검사할 때는 새로 결정된 경계를 검사한다. 이 경우 측량성과 검사 시에 확인된 지역으로서 측량결과도만으로 그 측량성과가 정확하다고 인정되는 경우에는 현지측량검사를 하지 아니할 수 있다.

⑧ 면적측정검사는 필지별로 한다.

⑨ 측량성과 파일의 검사는 부동산종합공부시스템으로 한다.

⑩ 지적측량수행자와 동일한 전자측량시스템을 이용하여 세부측량시 측량성과의 정확성을 검사할 수 있다.

⑪ 시·도지사, 대도시 시장 또는 지적소관청은 측량성과를 검사하여 그 측량성과가 정확하다고 인정될 때는 측량부·측량결과도·면적측정부 및 측량성과도에 측량성과 검사 필인을 각각 날인하여야 한다.

⑫ GNSS에 의한 기준점의 성과검사 방법

- 지적위성측량관측표, 지적위성측량관측망도 등에 근거하여 관측환경, 세션 및 관측망 구성 등이 적합한지를 검사할 것
- 지적위성측량관측기록부 등에 근거하여 위성측량기의 설치 및 입력 요소 등의 설정이 적합한지를 검사할 것
- 기선해석계산부, 기선벡터점검계산부, 기선벡터점검계산망도 등에 근거하여 제10조 및 제11조의 기준에 따라 기선해석이 되었는지 검사할 것
- 좌표변환계산부, 점간거리계산부 등에 의해 기지점 좌표의 부합 등을 확인하고 제14조에 의한 지역좌표의 산출이 이루어졌는지 검사할 것
- 지적위성측량성과표의 기재 사항과 관측데이터의 관리 상태를 점검할 것

(2) 지적측량 표본검사

① 국토교통부장관은 지적측량수행자의 고의 또는 과실로 인한 지적측량 민원 발생을 예방하고, 지적측량성과의 정확성을 확보하기 위하여 시·도지사에게는 표본검사를, 한국국토정보공사 사장에게는 기술검사를 시행하게 할 수 있다.

② 시·도지사는 지적공부를 정리한 측량성과에 대하여 연 1회 이상 표본검사를 시행하여야 한다.

③ 시·도지사는 지적측량업자가 지적측량업무를 수행한 측량성과는 정기적으로 표본검사를 시행하여야 한다.

④ 한국국토정보공사 사장은 경계복원측량 및 지적현황측량성과에 대하여 지역본부별로 연 1회 이상 기술검사를 하여야 한다.

(3) 지적재조사측량성과 검사

① 현지측량검사를 원칙으로 하며 사업지구 특성에 맞게 다음 표의 측량방법에 따라 검사할 수 있다.

구분	데이터 수신 간격	측정시간
정지측량	30초 이하	10분 이상
이동측량	1초	고정해를 유지한 상태로 10초 이상

※ 토털스테이션측량을 하는 경우 수평각은 방향관측법으로 하며 수평거리는 1회 이상

② 측량성과검사자는 관측데이터 파일(RINEX 포함)과 측량 장비의 원시데이터 파일을 비교하여 다음의 사항을 분석하여야 한다.

- 위성의 배치 및 동시 수신 위성 수의 적정성
- 위성수신기 제원과 안테나 높이 입력의 적정성
- PDOP 및 수평·수직정밀도 허용범위 초과 여부
- 측량 장비별 관측 환경설정 및 측정시간의 적정성

3.13.4. 지적측량성과 결정 기준

(1) 지적측량성과 결정

① 지적삼각점 : ±20cm

② 지적삼각보조점 : ±25cm

③ 지적도근점 :

- 경계점좌표등록부 시행 지역 : ±15cm
- 그 밖의 지역 : ±25cm

④ 경계점 :

- 경계점좌표등록부 시행 지역 : ±10cm
- 그 밖의 지역 : ±100분의 3M cm(M : 축척분모). 전자평판측량방법으로 측량하는 경우에는 ±100분의 2M cm로 한다.

(2) 지적확정 측량성과 결정

① 지적삼각점 : ±20cm 이내

② 지적삼각보조점 : ±25cm 이내

③ 지적도근점(도선을 달리하여 검사) : ±15cm 이내

④ 경계점 : ±10cm 이내

(3) 지적재조사 측량성과 결정

① 지적기준점 : ±0.03m

② 경계점 : ±0.07m

3.13.5. 지적측량성과 결정의 일관성

① 최근에는 전통적인 측량 방식에서 벗어나 전산 도면, 측량SW, 전자평판·드론측량 등을 도입하거나 확대하여 측량의 일관성과 정확도를 확보하기 위해 마련하였다.

② 도해(圖解)지역에서의 측량 허용오차, 측량성과관리 제도의 미흡은 인근 토지소유자와의 경계분쟁을 발생시키는 요인이 되기도 하였다.

③ 토지의 경계가 다각형 도형의 종이기반 지적도에 작성된 지역인 도해(圖解)지역에서 기술적인 한계에 따라 오차(36cm~180cm)를 허용하였다.

④ 도면이 1/1200, 1/2400, 1/3000, 1/6000일 경우, 지상에서는 36cm, 72cm, 90cm, 180cm의 오차가 있었지요.

⑤ 「지적측량시행규칙」에 의한 측량성과 결정 허용범위

구 분		허용범위	비 고
지적삼각점		0.20m	
지적삼각보조점		0.25m	
지적도근점	경계점등록부 시행지역	0.15m	
	그 밖의 지역	0.25m	
경계점	경계점등록부 시행지역	0.10m	
	그 밖의 지역	±100분의 3M cm	M : 축척분모
	이 경우 전자평판측량방법으로 측량하는 경우에는 ±100분의 2M센티미터로 한다.		

⑥ 「지적재조사에 관한 특별법 시행규칙」에 의한 측량성과 결정 허용범위

- 지적기준점 : ± 0.03m
- 경계점 : ± 0.07m

⑦「지적확정측량규정」에 의한 측량성과 결정 허용범위

- 지적삼각점 : ±0.20m 이내
- 지적삼각보조점 : 0.25m 이내
- 지적도근점 (도선을 달리하여 검사) : ±0.15m 이내
- 경계점 : ±0.10m 이내

⑧「지적측량시행규칙」,「지적재조사에 관한 특별법 시행규칙」,「지적확정측량규정」에 의한 측량성과 결정 허용범위rk 각기 상이하게 되어 있으므로 통일이 필요하다.

3.13.6. 정확도 향상을 위한 지적측량성과 결정 방법

① 지적측량 정확성 제고는 토지경계의 좌표(X, Y) 등록 확대 및 건물 시 토지 경계 확인 의무화, 측량허용 오차범위를 축소하는 것이 필요하다.

② 지적측량의 일관성·정확성 확보를 위한 측량성과 오차범위 축소, 드론·전자평판 등 신기술 도입 활용, 확대 기반을 마련하여야 한다.

③ 전산 도면, 측량 SW, 전자평판, 드론측량 등을 도입하거나 확대하여 측량의 일관성과 정확도를 확보하여야 한다.

④ 토지 경계 확인, 각종 인·허가에 따른 지적측량성과 인정·허용 오차범위를 축소(36cm~180cm→24cm~120cm)하여 측량의 정확성을 높이고 전자평판 및 드론측량방법 등 신기술 도입에 따른 측량성과의 정확도를 높일 수 있는 환경을 마련하여야 한다.

⑤ 1982년부터 토지대장과 지적도를 전산화하는 작업을 2005년까지 추진하였다.

⑥ 전산화된 도면을 기반으로 2008년에는 전자평판과 GNSS, 2023년에는 지적측량분야에 드론을 활용할 수 있도록 함으로써 지적측량 서비스를 확보하여야 한다.

⑦ 모든 측량은 대상 토지와 인접 토지의 과거 측량 연혁 및 결과를 측량 S/W로 조사 확인하여 결과 도면에 기재하고 과거 측량결과를 기초로 측량성과를 결정하도록 의무화함으로써 정확도를 높일 수 있다.

⑧ 기준점측량의 정확도를 확보하여 후속 측량성과의 일관성과 정확도를 높임으로써 민원 발생 요인을 최소화하고 지적측량의 신뢰성을 확보할 것이다.

3.13.7. 지적측량성과검사 현황

출제(논) : 105, 113, 131회

(1) 지적소관청의 성과 검사 현황

① 현장 검사 측량을 할 때도 소관청의 인력 부족으로 처리할 수 없으므로 많은 시간적 손실을 의미하며 성과 검사의 의미도 찾기 힘든 실정이다.

② 법률 규정이 명확하지 않아 현지검사를 생략하고 도상검사로 대처하는 경우가 많다.

③ 현재 지적직 공무원 대부분은 측량 업무에 근무한 경험이 없는 상태에서 공무원에 임용되는 경우로 지적측량 실무 기술이 매우 부족한 실정이다.

(2) 지적측량수행자 자체검사 현황

① 공간정보관리법에서는 지적공부를 정리하지 아니하는 측량으로서 경계복원측량과 지적현황측량의 경우는 성과검사를 받지 아니하도록 규정하고 있다.

② 지적공부를 정리하지 아니한 측량의 경우에는 지적측량 수행자 자체적으로 검사를 시행하고 있으나 이는 형식적으로 대부분 측량자의 결정에 따르고 있는 것이 현실이다.

③ 지적측량적부심사에 부의된 경우는 경계복원측량과 지적현황측량이 대부분으로 이를 위한 검토가 필요하다.

④ 지적소관청은 지적측량성과의 검사에 필요한 경우 지적측량수행자에게 해당 필지 및 인접필지의 경계복원측량결과도 또는 지적현황측량결과도를 제공할 것을 요청할 수 있도록 최근에는 규정하고 있으나 이는 소극적 행정이라 할 수 있다.

3.13.8. 지적측량성과 검사제도의 현황

① 검사제도의 문제해결을 위해서는 독립된 검사 기관에서 측량성과를 검사하는 것이 객관성을 확보하기 위해서 가장 적합하다.

② 이론과 실무능력을 갖춘 지적기술자(기술사, 기사)를 책임 감리자 지정한다.

③ 감리 대상은 기초측량과 세부측량의 난이도에 따라 결정 가능, 측량 오류 사전 예방

④ 측량자와 공무원이 측량 민원 발생에 따른 불안감 해소 및 객관성 확보에 적합

⑤ 지적측량의 정확도가 향상되므로 공적 장부의 신뢰성 확보

⑥ 측량 오류를 사전에 발견하여 후일 민사소송이나 배상책임 등 예방
⑦ 지적측량시장의 개방으로 지적 측량수행자 간 성과 다툼이 발생할 우려가 크다.
⑧ 측량결과 및 측량 오류에 따른 보상 제도를 감리자의 책임제로 운영
⑨ 지적측량 감리제도는 지적측량의 정확도가 향상을 위해 지적측량수행자에게 도움이 될 수 있다.
⑩ 지적측량의 처음부터 끝까지 감리를 시행하여 측량 오류를 예방하고 측량결과에 대해 감리자가 책임지도록 한다.

3.13.9. 외국의 측량성과 검사제도

외국의 지적측량 검사제도가 없는 이유는 국가별 사정에 따라 지적제도의 운영형태가 다르지만, 국가별로 지적조사사업이 진행 중이거나 완료 단계에 있어 지적불부합지가 적고 측량성과에 대한 오류가 적어 검사제도의 필요가 없으며 네덜란드의 경우 공증인 제도가 있어 반드시 검사제도가 필요 없기 때문이다. 대만과 같은 국가 직영제 형태로 국가에서 실시하는 지적측량에서는 국가에서 책임지고 있으므로 별도의 검사제도가 필요 없다. 일본은 지적측량 시장이 완전히 개방된 경우 측량성과검사 및 오류에 대한 책임을 전적으로 개별측량업체가 지고 있으므로 국가에서 별도로 측량성과검사를 할 필요가 없다.

(1) 일본

① 일본은 등기와 지적을 일원화하고 지적측량에 대해서는 국가가 아닌 토지가옥조사사가 측량을 하고, 오류가 발생하면 보상 책임은 측량 시행자인 토지가옥조사사가 전적으로 지는 성과 책임제로 운영한다.
② 지적측량검사 제도는 1960년 부동산등기법의 개정 때문에 부동산등기제도와 대장제도를 통합하여 일원화 작업을 시행하고 1970년도 등기에 대장이 통합되었다.
③ 지적측량 단체는 토지가옥조사협회와 국토조사협회로 구분(모두 사단법인) 등기소에서 시행하는 측량은 토지가옥조사사가 전담하며 국가에서 검사하지 않는다.

(2) 독일

① 지적측량은 국가직영과 개인영업 허가제를 병행하고 있으나 국가의 검사제도는 없다.
② 독일은 주별로 독립적인 측량제도를 시행하고 있으며 지적직 공무원이 많은 주에서는 국가 직영제로 하고 있으며 주별 사정에 따라 측량 및 검사를 달리하고 있다.

(3) 대만

① 대만은 국가에서 지적측량을 직접 시행하고 그 성과에 대한 책임을 지는 국가직영 형태의 검사제도를 실행한다면 사실상 지적측량성과검사 제도는 필요 없다고 할 수 있다.

② 측량성과검사 제도는 토지중획규획총대(土地重劃規劃總隊)는 경지정리, 시가지 구획정리 등 대단위 특수사업에 따른 지적측량업무와 구획정리 지구의 선정, 구획정리 전후의 지가 조사, 구획정리 지구 내의 도로·구거·교량 등 공공시설물의 계획 설계, 토지개량물의 조사·평가·이전·보상 등의 업무를 수행하고 있다.

③ 지적측량 제도는 국가직영체제이며 측량에 대한 착오로 국민에게 재산상 손해를 끼쳤을 때는 국가가 배상의 책임을 진다.

(4) 네덜란드

① 네덜란드의 측량검사 제도는 소극적 지적제도(Negative Cadastre)를 채택하고 있어 지적공부에 등록된 내용에 대하여 국가가 책임을 지지 않고 있다.

② 대만과 마찬가지로 국가직영제로 운영되고 있지만, 공무원의 부담을 줄이기 위해 고객과 국가의 사이에 공증인을 두는 제도를 채택하고 있다.

③ 공증제도를 두어 권리를 양도·양수한 계약증서 자체를 등록하여 공증인의 공증을 받은 문서는 법의 보호를 받고 있으며 문서의 사실 여부에 대한 책임은 공증인에게 있다.

(5) 프랑스

① 프랑스의 지적측량검사 제도는 국가직영과 개인영업 허가제를 병행하고 있지만, 측량검사 제도는 국가가 운영하고 있다.

② 지적조사사업·구획정리사업·경지정리사업·지적전산화사업·지적도 전산화 업무 등 규모가 큰 정책적인 사업은 지적직 공무원이 직접 수행하며 지적측량성과 검사업무를 엄격하게 수행하고 있다.

③ 우수한 측량 장비와 기동력을 확보하여 대민서비스를 제공하고 있으며 측량수수료도 국가의 승인을 받고 있다.

3.13.10. 지적측량 감리제도

출제(논) : 77회

감리제도의 정의는 건설기술관리법상에 건설공사에 대하여 감리전문회사가 설계도서, 기타 관계 서류의 내용대로 시공되는지를 확인하고, 품질관리, 시공관리, 공사관리 및 안전관리 등에 관한 기술 지도, 발주자의 위탁과 관계 법령에 따라 발주자로서의 감독 권한을 대행하는 책임 감리로 정의하고 있다. 우리나라는 1963년 최초로 건축사법상의 감리제도가 도입되어 시공의 적법성과 설계도서대로 이행 여부를 확인하기 위하여 민간 및 공공 건축공사에 처음 도입되었으나 설계자에 의한 설계 중심의 자문 감리 성격으로 운영되었다. 지적측량에서는 측량 오류에 따른 보상 제도를 체계화하여 측량자나 지적직 공무원이 측량 민원 발생에 따른 신분상 불안감을 느끼지 않고 일을 할 수 있도록 하는 것이 감리제도 도입의 목적이며, 기술적인 전문성에 대하여 능동적 대처로 목표 달성을 극대화하기 위한 것이다.

(1) 감리제도의 필요성

① 검사제도의 문제해결을 위해서는 독립된 검사 기관에서 측량성과를 검사하는 것이 객관성을 확보하기 위해서 가장 적합하다.
② 이론과 실무능력을 갖춘 지적기술자(기술사, 기사)를 책임 감리자 지정한다.
③ 감리 대상은 기초측량과 세부측량의 난이도에 따라 결정 가능, 측량 오류 사전 예방
④ 측량자와 공무원이 측량 민원 발생에 따른 불안감 해소 및 객관성 확보에 적합
⑤ 지적측량의 정확도가 향상되므로 공적 장부의 신뢰성 확보
⑥ 측량 오류를 사전에 발견하여 후일 민사소송이나 배상책임 등 예방
⑦ 지적측량시장의 개방으로 지적 측량수행자 간 성과 다툼이 발생할 우려가 크다.
⑧ 측량결과 및 측량 오류에 따른 보상 제도를 감리자의 책임제로 운영
⑨ 지적측량 감리제도는 지적측량의 정확도가 향상을 위해 지적측량수행자에게 도움이 될 수 있다.
⑩ 지적측량의 처음부터 끝까지 감리를 시행하여 측량 오류를 예방하고 측량결과에 대해 감리자가 책임지도록 한다.

(2) 감리제도의 문제점

① 수수료의 인상과 감리 과정에서 감리자와 측량자 간의 갈등이나 분쟁 발생 가능
② 중앙에는 전국적인 조직을 갖춘 감리법인 설치
③ 지방에는 각 시도 단위의 감리 공사 및 시·군·구 단위 설치
④ 측량수수료 이외에 감리 비용이 별도 발생
⑤ 현시점에서 수수료의 인상 문제와 감리 과정에서 감리자와 측량자 간의 갈등이나 분쟁 등이 발생

3.14. 지적재조사측량

출제(논) : 62, 80, 98, 101, 125, 134회

지적재조사측량은 지적기준점을 정하기 위한 기초측량과 일필지의 경계와 면적을 정하는 세부측량으로 구분한다. 기초측량과 세부측량은 「공간정보의 구축 및 관리에 관한 법률 시행령」에 따른 국가기준점 및 지적기준점을 기준으로 측정하여야 한다. 기초측량은 위성측량 및 토털스테이션측량(각도·거리 통합 측량기를 이용한 측량)의 방법으로 한다. 세부측량은 위성측량, 토털스테이션측량 및 항공사진측량 등의 방법으로 한다.

3.14.1. 지적재조사측량 방법

① 지적기준점 및 경계점 측량 방법
- 정지측량
- 다중기준국실시간이동측량
- 단일기준국실시간이동측량
- 토털스테이션측량
- 항공(「드론 활용 촉진 및 기반조성에 관한 법률」 제2조제1항제1호에 따른 드론을 포함한다)사진측량

② 책임수행기관은 사전에 특별시장·광역시장·도지사·특별자치도지사·특별자치시장 및 「지방자치법」 제175조에 따른 대도시로서 구를 둔 시의 시장 또는 지적소관청과 협의하여야 한다.

3.14.1.1. 측량계획의 수립

① 책임수행기관은 지적재조사지구에 대하여 토지소재, 면적, 측량 방법, 작업 여건, 측량 기간, 인원, 장비 등을 조사·검토하여 지적재조사측량 수행계획서를 지적소관청에 제출하여야 한다.
② 책임수행기관 및 지적재조사대행자는 측량수행계획에 따라 지적재조사측량을 시행하여야 한다.

3.14.1.2. 지적위성측량의 기준

(1) 지적위성측량 기준

① 동시수신 위성 수는 정지측량에 의하는 경우 4개 이상, 다중기준국실시간이동측량·단일기준국실시간이동측량(이동측량)에 의하는 경우 5개 이상이어야 한다.
② 위성의 최저고도각은 15°를 기준으로 한다. 다만, 상공 시야의 확보가 어려운 지점에서는 최저고도각을 30°까지 할 수 있다.
③ 이동측량 시 위성수신기에서 표시하는 PDOP(위치 정밀도 저하율)이 3 이상, 정밀도가 수평 ± 3cm 이상, 수직 ± 5cm 이상이면 관측을 중지한다.
④ 이동측량 시 위성수신기 초기화 시간이 3회 이상 3분을 초과할 경우 관측을 중지한다.
⑤ 측정 중 수신기 표시장치 등을 통하여 측정 상태를 수시로 확인하고 이상 발생 시에는 다시 측정한다.
⑥ 보정정보 지연시간이 5초를 초과하거나 세션 간 측량성과의 오차가 5cm를 초과하면 다시 측정한다.
⑦ 측정 중 특이 사항(날씨, 상공의 시계확보, 주위 상황 등)을 지적 위성측량 관측기록부에 기재한다.
⑧ 위성수신기 환경설정은 위성수신기 제조사에서 제공하는 측량 장비별 설명서에 따른다.

(2) 관측 시 주의 사항

① 안테나 주위의 10m 이내에는 안테나 높이보다 높은 자동차 등의 접근을 피할 것
② 측정 중에는 위성수신기 인근에서 휴대전화, 무전기 등의 사용을 제한할 것
③ 발전기를 사용하는 경우에는 각종 통신 장치를 안테나로부터 20m 이상 떨어진 곳에서 사용할 것

3.14.1.3. 지적기준점 및 경계점측량

(1) 지적기준점 측량

지적기준점의 측량계획 및 확인·선점 등에 관하여는 「지적업무처리규정」 제9조 및 제10조를 따르며, 지적기준점 좌표는 세계측지계 좌표로 산출한다.

① 정지측량에 의한 지적기준점 측량 순서

- 일정별 위성의 궤도정보에 따라 수신이 가능한 위성들의 궤도와 밀도를 분석하여 관측 일정표와 관측 망도를 작성한다.
- 관측 망도에서 순차적인 세션을 결정하고 기지점과 관측점에 위성수신기를 동시에 설치하여 세션 단위로 측정한다.
- 관측 성과의 기선백터 점검을 위하여 다른 세션에 속하는 관측망과 1변 이상이 중복되게 측정을 실시한다.

② 이동측량으로 지적도근점측량을 실시하는 경우 기준

- 단일기준국실시간이동측량의 경우 기준국을 제외한 3점 이상(표고산출 시 4점 이상)의 기지점을 관측하여 GNSS 측량기에서 제공하는 프로그램을 이용 수평, 수직성분의 오차 보정량을 소구점 성과에 반영하여야 한다.
- 1, 2회의 관측 성과가 연결교차 범위 이내일 때에는 1회 관측 성과를 기준으로 측량성과를 작성한다.

③ 토털스테이션 측량 방법으로 지적기준점측량을 실시하는 경우 「지적측량시행규칙」 제8조부터 제15조까지를 적용한다.

(2) 경계점측량

① 이동측량으로 경계점 측량을 실시하는 경우 제7조제4항을 적용한다. 다만, 측정시간은 고정해를 얻고 나서 15초 이상으로 한다.

② 토털스테이션 측량 방법으로 경계점 측량을 실시하는 경우 도선법 및 방사법에 따라 경계점을 측정한다.

(3) 지적재조사지구의 내·외 경계

① 지적재조사지구의 경계는 지정된 지적재조사지구 외곽 필지의 바깥쪽 경계로 한다.

② 지적재조사지구의 경계는 인접 지역의 기지경계선과 부합 여부를 확인하여야 한다.

③ 지적재조사지구의 내·외 경계는 지적재조사지구 지정 이전의 측량 방법에 따라 현지에 경계를 복원한 후 그 경계점 표지를 세계측지계 기준으로 현지측량을 통하여 확정하여야 한다.

(4) 면적산정

① 필지별 면적은 경계점좌표에 따른 좌표면적계산법으로 계산하며 「지적측량시행규칙」에 따라 결정한다.

② 면적산정을 할 때에는 「공간정보의 구축 및 관리 등에 관한 법률 시행령」에 따라 결정한다.

3.14.2. 경계점표지의 설치

(1) 임시경계점표지의 설치

① 지상경계에 대하여 다툼이 없는 경우에는 담장·구조물 등 지형지물을 경계로 한다.

② 지상경계에 대하여 다툼이 있는 경우 경계 결정 절차

- 지적공부·토지이동결의서·측량결과도 및 측량 이력과 지적전산파일 등을 조사·분석한다.
- 축척이 서로 다른 지역의 경계가 접하는 부분은 등록 선·후와 등록 축척을 조사·분석한다.
- 조사·분석한 결과를 토대로 등록할 때의 측량기록과 동일한 측량 방법으로 인근 필지의 경계를 확인한 후 경계를 지상에 표시하여 설정한다.

③ 경계가 서로 연접해 있는 토지소유자들이 경계에 합의한 경우에는 그 경계에 경계점표지를 설치한다.

(2) 경계점표지의 설치

① 담장·구조물 등 뚜렷한 지형지물에 경계점 위치를 표시하여 사용할 수 있다.

② 임시경계점의 위치와 최종 확정된 경계점의 위치가 다른 경우에는 토지소유자 등을 참관시켜 새로운 경계점 표지를 설치하여야 한다.

③ 지적소관청은 시·군·구 지적재조사위원회의 의결을 거쳐 경계점표지의 규격과 재질을 다르게 제작·설치할 수 있다.

3.14.3. 측량성과의 계산 및 성과물

(1) 측량성과 계산 및 결정

① 측량성과의 계산 및 결정은 다음에 따르며 측량성과가 연결 교차를 초과할 때에는 다시 측정하여야 한다.

- 경위도의 단위는 도·분·초이며 계산 및 결정은 소수점 이하 넷째 자리까지로 한다.
- 각의 관측 및 결정은 초 단위로 한다.
- 타원체고·안테나고·표고의 측정 및 결정은 0.001m로 한다.
- 거리와 평면직각좌표는 0.001m까지 계산하여 0.01m로 결정한다.

② 측량성과는 위성수신기에 부속된 소프트웨어(국토교통부장관이 사용승인 한 것에 한정)에서 계산된 성과를 사용한다.

(2) 측량성과작성 및 제출

① 책임수행기관은 측량성과물을 작성하여 지적소관청에 제출한다. 이 경우 측량파일(GDB 또는 SDB, DXF, SHP, DAT)의 레이어 코드 및 속성코드는 (표 3.8)과 같다.

(표 3.8) 측량성과파일 코드 일람표

코드	내용	규격	도식	제도 형태
1	확정예정 경계선(점)	기본값		검은색
3	종전 지적선	기본값		녹색
5	경계조정선	기본값		회색
301	건물현황선	기본값		파란색

* 기타 측량성과파일 코드는「지적업무처리규정」제24조제5항제4호 및 제28조제8항을 적용한다.

② 측량성과물을 제출 후 경계가 변동된 경우에는 변동된 경계에 따른 측량성과물을 지적소관청에 제출하여야 한다.

3.14.4. 측량성과의 검사방법

(1) 측량성과검사 기준

① 측량성과검사 대상은 지적기준점, 지적재조사지구의 내·외 경계점, 경계점으로 한다.

② 지적재조사측량 성과검사는 측량에 사용한 기지점과 신설점, 신설점 상호 간의 실측거리에 의하여 비교한다.

③ 지적기준점측량 성과검사는 시·도지사가 하며 경계점 측량성과검사는 지적소관청이 지적재조사지구 특성에 맞는 표본을 추출하여 검사한다.

④ 지적재조사측량을 지적소관청이 시행한 경우의 측량성과검사는 시·도지사가 하여야 한다.

(2) 측량성과검사 방법

① 측량성과검사는 현지측량검사를 원칙으로 하며 지적재조사지구 특성에 맞게 다음 표의 측량 방법에 따라 검사할 수 있다.

(표 3.9) 측량 방법에 따른 GNSS 측량기의 성능

구분	데이터 수신 간격	측정시간
정지측량	30초 이하	10분 이상
이종측량	1초	고정해를 유지한 상태로 10초 이상
※ 토털스테이션측량을 하는 경우 수평각은 방향관측법으로 하며 수평거리는 1회 이상		

② 측량성과검사자는 관측데이터 파일(RINEX 포함)과 측량 장비의 원시데이터 파일을 비교하여 다음의 사항을 분석하여야 한다.

- 위성의 배치 및 동시 수신 위성 수의 적정성
- 위성수신기 제원과 안테나 높이 입력의 적정성
- PDOP 및 수평·수직정밀도 허용범위 초과 여부
- 측량 장비별 관측 환경설정 및 측정시간의 적정성

(3) 측량성과검사 항목

① 지적재조사 측량성과의 검사 항목

- 상공장애도 조사의 적정성
- 측량 방법의 적정성
- 지적기준점 설치 망 구성의 적정성
- 지적기준점 선점 및 표지 설치의 적정성
- 지적재조사지구의 내·외 경계의 적정성
- 임시경계점 표지 및 경계점 표지 설치의 적정성
- 측량성과 계산 및 점검의 적정성
- 측량성과 작성의 적정성
- 면적산정의 적정성

② 측량성과검사 기간은 시·도지사 또는 지적소관청은 지적 재조사측량성과의 검사에 필요한 자료를 제출받은 때에는 제출받은 날로부터 20일 이내에 성과 검사를 하여야 한다.

(4) 지적재조사 측량성과검사의 방법

① 지적재조사 사업의 측량·조사 등을 위탁받은 책임수행기관은 지적재조사 측량성과의 검사에 필요한 자료를 지적소관청에 제출해야 한다.

② 지적소관청은 위성측량, 토털스테이션 측량 및 항공사진측량 방법 등으로 지적재조사 측량성과(기초측량성과는 제외)의 정확성을 검사해야 한다.

③ 지적소관청은 인력 및 장비 부족 등의 부득이한 사유로 지적재조사측량 성과의 정확성에 대해 검사를 할 수 없는 경우에는 특별시장·광역시장·도지사·특별자치도지사·특별자치시장 및 「지방자치법」 제198조에 따른 대도시로서 구를 둔 시의 시장(시·도지사)에게 그 검사를 요청할 수 있다.

④ 지적소관청은 기초측량성과의 검사에 필요한 자료를 시·도지사에게 송부하고, 그 정확성에 대한 검사를 요청해야 한다.

⑤ 검사를 요청받은 시·도지사는 기초측량성과의 정확성에 대한 검사를 수행하고, 그 결과를 지적소관청에 통지해야 한다.

(5) 지적재조사 측량성과의 결정

① 지적기준점 : ±0.03미터

② 경계점 : ±0.07미터

3.15. 지적측량과 일반측량

출제(논) : 62, 80, 101회

3.15.1. 지적측량

지적측량(cadastral surveying)은 토지를 지적공부에 등록하거나 지적공부에 등록된 경계를 지표 상에 복원할 목적으로 소관청이 직권 또는 이해관계인의 신청에 따라 각 필지의 경계 또는 좌표와 면적을 정하기 위하여 하는 측량을 말한다. 따라서 지적공부에 등록 공시하여야 할 경계와 좌표 또는 면적을 결정하거나 이미 지적공부에 등록된 경계와 좌표 또는 면적을 지표상에 표시하기 위하여 실시하는 모든 측량을 지적측량이라고 할 수 있다.

3.15.1.1. 측량 대상

지적공부에 등록된 경계와 좌표 또는 면적을 결정하거나 이를 지표상에 복원하기 위한 측량과 지적도와 임야도에 등록된 경계와의 관계 위치를 표시하기 위한 측량을 지적측량의 대상으로 하고 있다.

(1) 지적 기초측량의 대상

① 지적삼각측량·지적삼각보조측량 및 지적위성기준측량

② 지적도근측량

(2) 세부측량의 대상

① 신규등록측량, 지적복구측량, 등록전환측량, 분할측량
② 바다로 된 토지를 말소 또는 회복하기 위한 측량
③ 지적공부의 축척을 변경하기 위한 측량, 등록 사항을 정정하기 위한 측량
④ 도시개발사업 등의 시행으로 인한 지적확정측량
⑤ 지적측량 수행자가 실시한 측량의 검사측량
⑥ 경계복원측량 및 지적현황측량

3.15.1.2. 측량관련 조직

① 공간정보체계의 구축 지원, 공간정보와 지적제도에 관한 연구, 기술 개발 및 지적측량 등을 수행하기 위하여 한국국토정보공사를 설립하여 지적업무 중 일부인 지적측량업무를 대행하며 지적측량기술의 개발 및 지적제도의 발전에 기여하기 위하여 법인으로 설립하였다.
② 지적측량업의 등록을 한 자

3.15.1.3. 지적측량의 구분

(1) 지적삼각점측량

① 측량 지역의 지형 관계상 지적삼각점 또는 지적삼각보조점의 설치 또는 재설치를 필요로 하는 경우
② 지적도근점의 설치 또는 재설치를 위하여 지적삼각점·지적삼각보조점 또는 지적위성기준점의 설치를 필요로 하는 경우
③ 세부측량의 시행상 지적삼각점·지적삼각보조점 또는 지적위성기준점의 설치를 필요로 하는 경우

(2) 지적도근점측량

① 축척변경 사업으로 인하여 측량을 하는 경우
② 도시개발사업 등으로 인하여 지적확정측량을 하는 경우
③ 도시지역에서 세부측량을 하는 경우 및 세부측량의 시행상 특히 필요한 경우
④ 측량 지역의 면적이 당해 지적도 1장에 해당하는 면적 이상인 경우

3.15.1.4. 지적측량방법

(1) 지적삼각점측량

① 위성기준점, 통합기준점, 삼각점 및 지적삼각점을 기초로 한다.

② 경위의측량 방법, 전파기 또는 광파기측량 방법, 위성측량 방법 및 국토교통부장관이 승인한 측량 방법에 따른다.

③ 계산은 평균계산법이나 망평균계산법에 따른다.

(2) 지적삼각보조점측량

① 위성기준점, 통합기준점, 삼각점, 지적삼각점 및 지적삼각보조점을 기초로 한다.

② 경위의측량 방법, 전파기 또는 광파기측량 방법, 위성측량 방법 및 국토교통부장관이 승인한 측량 방법에 따른다.

③ 계산은 교회법(交會法) 또는 다각망도선법에 따른다.

(3) 지적도근점측량

① 위성기준점, 통합기준점, 삼각점 및 지적기준점을 기초로 한다.

② 경위의측량 방법, 전파기 또는 광파기측량 방법, 위성측량 방법 및 국토교통부장관이 승인한 측량 방법에 따른다.

③ 계산은 도선법, 교회법 및 다각망도선법에 따른다.

(4) 세부측량

① 위성기준점, 통합기준점, 지적기준점 및 경계점을 기초로 한다.

② 경위의측량 방법, 평판 측량 방법, 위성측량 방법 및 전자평판측량 방법에 따른다.

3.15.2. 일반측량

일반측량은 기본측량성과 및 그 측량 기록, 공공측량성과 및 그 측량 기록을 기초로 시행하여야 한다. 일반측량은 건설공사의 설계, 시공, 준공 및 공사시설물의 유지관리 등에 수반되는 일반측량에 대한 기준, 방법 및 절차 등을 구체적으로 정하여 건설공사의 정확도를 향상하고 시설물의 안전성을 확보하는 데 그 목적이 있다.

(1) 측량 대상

① 건설공사측량은 도로 및 철도공사, 단지공사, 하천공사 등과 같은 건설공사의 설계, 시공, 준공 및 시설물 유지관리를 위한 측량을 말한다.

② 설계측량이란 공사 예정지에 대한 기준점측량, 수준측량, 지형현황측량, 종·횡단측량, 용지경계측량 및 지장물조사 등의 세부측량을 하여 건설공사의 설계에 필요한 지형도, 종·횡단면도 및 지장물도 등을 작성하는 측량을 말한다.

③ 시공 전 측량이란 설계도 및 공사내역서 등 설계도서에 명시된 구조물의 위치와 토공량 등이 실제와 일치하는지를 확인하기 위하여 실시하는 측량으로, 설계기준점 확인 및 시공기준점측량, 중심선측량, 종·횡단측량, 토공량 산출, 용지경계 확인측량 및 지장물조사 등을 포함하는 측량을 말한다.

④ 시공 중 측량이란 모든 구조물을 설계 도면에 명시된 위치와 규격에 따라 정확하게 시공하기 위하여 시공 과정에서 실시하는 측량으로, 정위치측량, 확인측량 및 검사측량 등을 말한다.

⑤ 준공측량이란 설계도서에 따라 시공된 구조물 등의 현황을 정확히 조사하여 효율적으로 시설물을 유지 관리하기 위하여 시행하는 측량을 말한다.

(2) 측량 관련 조직

① 공공 측량수행자

② 공사 측량수행자

(3) 일반측량의 구분

① 공공측량(설계 금액이 3천만 원 이하인 경우로 한정)으로 토지 및 지형·지물에 대한 측량

② 일반측량으로서 토지 및 지형·지물에 대한 측량

③ 설계에 수반되는 조사 측량과 측량 관련 도면의 작성

④ 각종 인허가 관련 측량도면 및 설계도서의 작성

(4) 일반측량 방법

① 공공측량은 기본측량 외의 측량 중 국가·지방자치단체·정부투자기관관리기본법 제2조의 규정에 따른 정부 투자기관과 대통령령이 정하는 기관이 시행하는 측량을 말한다.

② 설계 측량은 공사 예정지에 대한 기준점측량, 수준측량, 지형현황측량, 노선(중심선, 종단, 횡단)측량, 용지경계측량 및 지장물조사 등의 세부측량을 시행하여 건설공사의 설계에 필요한 지형도, 종·횡단면도 및 지장물도 등을 작성하는 측량을 말한다.
③ 지형현황측량은 항공사진측량에 의한 방법과 지상측량에 의한 방법 중 해당 공사의 특성과 여건에 적합한 공법을 공사측량 시행자가 판단하여 결정한다.
④ 노선측량은 중심선측량, 종단측량, 횡단측량, 용지경계측량을 시행하는 측량이다.
⑤ 하천공사 설계 측량은 하상변동조사측량, 설계측량 등을 시행한다.
⑥ 준공측량으로 삼각점측량, 수준점측량, 지형현황측량, 지하시설물측량 등을 시행한다.

3.15.3. 지적측량과 일반측량의 비교

(1) 지적측량

① 토지를 지적공부에 등록하거나 지적공부에 등록된 경계를 지표상에 복원할 목적으로 소관청이 직권 또는 이해관계인의 신청에 따라 각 필지의 경계 또는 좌표와 면적을 정하는 측량으로 기속측량이라고 한다.
② 토지에 대한 물권이 미치는 경계와 면적 등을 결정하기 위하여 실시하는 측량으로 국가기관의 장인 시장·군수·구청장이 시행하는 준사법적 측량이다.
③ 국토교통부장관, 시·도지사와 시장·군수·구청장은 지적측량수행자가 지적측량을 수행한 경우에는 그 측량성과를 검사한다.
④ 지적측량 방법과 절차는 물론이고 측량성과의 작성에 따른 축척·점·선·문자·부호 등의 크기와 규격 등은 모두 법률의 규정에 따르고 있으므로 지적측량은 기속측량이라고 한다.
⑤ 지적측량성과는 지적공부에 등록하여 영구적으로 관리하여야 하며 모든 국민이 정당하게 이용할 수 있도록 지적공부의 열람·등본을 공개한다.
⑥ 측량 장비가 새로 개발된 경우에도 법률을 개정하지 않으면 인정하지 않는 측량으로 특수성과 전문성이 있다.
⑦ 지적측량은 지적측량수행자가 측량을 시행하고 측량성과의 검사는 지적소관청이 실시하므로 이원화된 시스템으로 측량성과에 대한 정확성을 확보할 수 있으며 지적측량에 대한 공신력을 인정하고 있다.

(2) 일반측량

① 건설공사의 시공을 위하여 각종 공작물과 구축물의 형태와 위치 및 주요 지형·지물 등을 표시하기 위하여 하는 측량을 말한다.

② 일반측량은 측량 방법과 절차 등이 상세히 규정되어 있지 아니하여 측량 목적에 따라 측량 방법과 절차 등을 편리하고 신속하게 하는 방법으로 측량을 시행한다.

③ 일반측량의 성과는 특별한 경우를 제외하고는 건설공사의 시공과 관련된 극히 제한된 관계자만이 활용할 수 있다.

④ 건설공사가 완료되면 측량성과를 보존할 필요가 없게 된다.

⑤ 측량성과에 대한 검사제도가 체계적으로 시스템화되지 않아 측량성과의 정확성을 보장할 수 없다.

⑥ 측량업자의 등록과 말소 및 이전 등이 쉬워 측량 착오로 인한 민원이 발생하면 이를 해결하기가 곤란하다.

〈표 3.10〉 지적측량과 일반측량의 비교

구분 항목	지적측량	일반측량
측량목적	• 토지에 대한 물권이 미치는 범위와 면적 등을 지적공부에 등록 공시하기 위한 준 사법적 측량	• 건설공사의 시공을 위하여 주요 지형·지물의 형태와 위치 등을 지형도 등에 표시하기 위한 측량
담당 기관	• 국토교통부, 시·도, 시·군·구	• 국토교통부(국토지리정보원)
측량기관	• 한국국토정보공사, 지적측량업자	• 일반측량업자
측량 종목	• 기초측량, 지적세부측량, 지적확정측량 등	• 일반측량(노선, 지형, 하천측량 등)
측량 방법	• 평판측량·경위의 측량·전파기 또는 광파기 측량·사진측량·위성측량	• 제한규정 없음(모든 측량장비 사용 가능)
측량성과검사	• 기초 측량성과검사 : 시·도 • 세부 측량성과검사 : 시·군·구	• 일부 검사(공간정보협회)
측량성과 보존	• 영구보존	• 건설공사 준공 후 보존 불필요

3.16. 지적측량수수료

출제(논) : 60, 77, 84, 93, 99, 132, 134, 135회

수수료란 국가나 공공단체가 타인을 위하여 공적사무를 제공한 것에 대한 보상으로 징수하는 요금을 의미한다. 지적측량수수료는 지적측량수행자가 국가(지적소관청)를 대행하여 토지소유자 등의 신청을 받아 지적측량을 수행한 후, 그 공적·인적 역무에 대한 반대급부로서 징수하는금 전을 뜻하는 것으로 행정 수수료에 해당한다. 지적측량을 의뢰하는 자는 국토교통부령으로 정하는 바에 따라 지적측량수행자에게 지적측량수수료를 납부하도록 규정하고 있다.

3.16.1. 지적측량수수료 산정 체계

지적측량 수수료의 산정은 지적측량 수수료 산정기준 등에 관한 규정에 따라 수수료의 산정방법, 기술료 등에 대해 규정된 내용을 기준으로 산정되고 있다. 지적측량 수수료는 국토교통부장관이 매년 12월 말 일까지 고시하여 다음 연도 초부터 적용하고 있다. 구체적으로 국토교통부장관은 지적측량 수수료 단가를 노임단가, 현장 여비, 기계경비, 재료소모품비 등을 고려하여 산출된 금액을 고시하고 있다.

3.16.1.1. 수수료의 산정

① 수수료는 측량업무 종목별로 개별 산출하고 선납하는 것을 원칙으로 하며, 지적측량 접수 후 변동사항 등에 대해서는 따로 정산처리 한다.

② 수수료는 국토교통부장관이 고시하는 표준 품셈의 지적측량 종목에 따라 면적, 지역구분, 지적공부등록지별(수치·토지·임야) 계수를 적용하여 산정하며, 기준면적 초과분은 품셈에서 정한 가산계수를 적용하고, 개별공시지가에 의한 지가 계수의 경우 체감 또는 가산계수를, 연속지·집단지는 체감계수를 적용하여 산정한다.

③ 수수료는 원 단위까지 산정한 후 1천원 단위(500원 초과는 절상)로 결정한다.

3.16.1.2. 수수료의 산정 방법

지적측량수수료의 산정 방법은 직접측량비와 간접측량비를 합산하여 산정한다. 수수료의 산정에 필요한 직접측량비는 직접인건비와 직접경비를 말한다.

(1) 직접측량비

① 직접인건비는 관리자, 측량자, 보조자에게 지급되는 급여, 제수당, 상여금 등의 비용, 기초비용과 추가(체감)비용, 특수비용(특별인건비)으로 구성되다.

② 직접경비는 현장여비, 측량재료, 소모품비, 기계상각비 및 정비비, 특수재료비, 경계설치비, 정보이용 및 고객서비스 이용료, 산재보험, 지적측량보증보험 등 보험료

(2) 간접측량비

① 간접측량비는 제경비와 기술료를 말한다.

② 제경비는 지적측량업의 유지·관리를 위한 임원·서무·경리 직원 등의 급여, 사무실비, 광열비, 상하수도사용료, 소모품비, 비품비, 통신비, 제세공과금, 법정 비용 등이다.

③ 기술료는 지적측량수행자가 개발·보유한 기술의 사용 및 기술 축적을 위한 대가와 지적측량기술의 연구개발, 지적재조사사업, 지적기술자의 교육훈련 및 지적제도의 개선 발전 등을 위한 투자비용 등이다.

3.16.1.3. 지적측량수수료 세부 적용

(1) 면적가산계수 적용

① 분할 후 필지의 면적이 토지대장 등록지는 3만㎡ 이상, 임야대장 등록지는 10만㎡ 이상일 경우 각각 3만㎡, 10만㎡에 해당하는 수수료를 적용한다.

② 여러 도곽에 연속되어 걸쳐 있는 지목이 도로, 하천, 제방, 구거, 철도용지, 수도용지인 1필지의 토지 일부분만 측량할 경우에는 해당 도곽 내 면적만 가산계수를 적용한다.

③ 토지개발사업지구 또는 2개 이상 연접한 토지개발 사업지구를 동일한 지적측량 수행자와 동시에 계약하는 경우 및 사업 완료 시기가 다르나 그 시기가 1년을 초과하지 않는 경우에는 지구 면적을 합산하여 면적 가산 계수를 적용할 수 있다.

④ 신규등록, 등록전환, 분할, 지적현황(분할식)의 경우, 소면적(토지대장등록지는 60㎡ 이하, 임야대장등록지의 경우 200㎡이하)인 필지에 대해서는 종목별 기본단가의 10%를 감면 적용한다.

(2) 지가계수 적용

① 분할측량, 경계복원측량, 지적현황측량, 도시계획선 명시측량에 지가계수를 적용하며, 종목별 기본단가에, 품셈에 따른 가격대별 지가계수를 적용하여 계상한다.

② 대상 토지에 적용하는 개별공시지가는 접수 시점을 기준으로 시장·군수·구청장이 결정·공시한 개별토지의 단위 면적당 가격(원/㎡)을 적용한다.

③ 대상 토지의 개별공시지가 자료가 없으면 가장 유사한 토지가격대를 형성하는 인접지의 개별공시지가를 적용한다.

④ 측량 대상 필지의 지목이 도로·철도용지·제방·하천·구거·유지·수도용지로써 개별공시지가가 공시되지 않은 경우에는 지가계수가 기본구간(1.00)에 해당하는 면적별 단가를 적용한다.

(3) 지역구분 계수

① 지가계수를 적용하지 아니하는 종목이나 연속지·집단지측량 시에 적용한다.

(4) 연속지·집단지 체감계수 적용

① 신규등록, 등록전환, 분할, 경계복원, 지적현황, 도시계획선명시측량, 축척변경측량, 지적불부합지 조사측량에는 종목별 기본 단가에 품셈에 따른 연속지·집단지 체감계수를 적용하여 계상한다.

② 필지수의 증가에 따라 체감계수를 적용하여 단가가 저렴한 필지부터 순차적으로 적용하고, 필지체감계수는 적용하지 아니한다.

③ 지적소관청별로 각각 51필지 이상일 경우 적용한다.

④ 도해지역과 경계점좌표등록부를 비치하는 지역이 혼합된 경우에는 각각의 수수료를 적용한다.

(5) 필지체감계수 적용

① 분할, 경계복원, 지적현황, 도시계획선명시측량에는 필지체감계수를 적용한다.

② 지적소관청별로 지적측량 전체 필지수가 3필지 이상 50필지까지 기본단가의 100분의 5를 체감하여 적용한다.

③ 지적소관청별로 지적측량 전체 필지수가 51필지 이상일 경우에도 필지체감계수를 적용한 수수료가 저렴할 경우 필지체감계수를 적용할 수 있다.

3.16.1.4. 지적측량수수료 종목별 적용

(1) 지적삼각보조점측량

① 지적삼각보조점측량 수수료는 지적삼각점측량 수수료 단가의 100분의 50을 적용한다.

② 영구표지를 설치하고, GNSS측량 또는 지적삼각점측량방법에 준하였을 경우에는 지적삼각점측량 수수료를 적용한다.

(2) 지적확정측량

① 지적확정측량방법으로 시행할 경우에는 지적확정측량 수수료를 적용한다.

(3) 등록전환측량

① 분할측량을 수반한 등록전환측량

② 개발행위 등 각종 인가·허가 또는 토목공사 등의 완료 전에 측량이 필요한 경우

③ 인가·허가선, 도시·군관리계획선 등을 도상에서 맞추어 현장에 표시하는 경우에는 등록전환측량 수수료 단가의 100분의 30을 가산 적용한다.

(4) 분할측량

① 인가·허가 면적 등을 도상에서 맞추어 분할선을 현장에 표시하는 지정분할의 경우에는 분할측량 수수료 단가에 100분의 40을 가산 적용한다.

② 선을 도상에서 맞추어 분할선을 현장에 표시하는 지정분할의 경우에는 분할측량 수수료 단가에 100분의 30을 가산 적용한다.

③ 토지전용을 인가 또는 허가받은 면적이나 의뢰인이 면적(선)지정을 요청한 부분에 대해서만 적용한다.

(5) 경계복원측량

① 분할측량과 동시에 수반되는 경계복원측량 시 경계복원측량 수수료는 분할선에 따라 구분된 필지 면적으로 한다.

② 동일인 소유의 연접한 필지를 합산한 면적이 기준면적을 초과하지 않고 외곽경계만 필요시 1필지의 경계복원측량 수수료를 적용한다.

③ 해당 필지의 일부 경계점에 대한 경계복원이 필요한 경우에는 도해측량, 수치측량 등 측량 방법의 구분에 따라 연접한 작은 면적에 해당하는 필지의 수수료를 적용한다.

(6) 지적현황측량

① 작업 과정이 분할측량과 같을 경우에는 분할측량과 같은 필지수로 한다.

② 적용유형은 구획(건축·구조물, 점유형태)현황, 선 현황, 점 현황으로 구분한다.

③ 면적측정을 요하지 않는 선 현황, 점 현황이면 기본단가를 적용한다. 다만, 동일 필지 내 추가되는 현황은 100분의 50을 감면 적용한다.

④ 면적측정을 요하지 않는 건축·구조물 등의 점유현황은 1구획마다 실측면적을 기준으로 적용한다.

(7) 도서지역

① 도서지역 등을 측량하기 위하여 특별히 선박을 임차할 경우에는 선박 임차료 실비를 가산한다.

② 의뢰인의 특별요청에 따라 관외로 출장할 경우에는 관외에서 소요되는 여비 실비를 가산한다.

3.16.2. 지적측량수수료 체계의 현황

(1) 측량수수료 적용의 다양화 현황

① 지적측량 수수료의 적용 방법은 세부 적용과 종목별 적용, 수수료감면, 수수료 반환등으로 구분되고 있다.

② 세부 적용 방법의 경우에는 면적가산계수, 지가계수, 지역구분계수, 연속지, 집단지, 체감계수, 필지체감계수 등과 같이 다양하게 적용하고 있다.

③ 종목별 적용 방법은 지적측량 기준점 매설, 지적삼각보조점측량, 지적확정측량, 등록전환측량, 분할측량, 경계복원측량, 지적현황측량, 선박등의 임차료 등과 같은 실비가산, 경계점표지설치 등과 같이 구분하여 적용하고 있다.

④ 수수료 감면의 경우에는 재해지역과 동일지번 두종목이상 지적측량신청 감면으로 구분하고 있다.

⑤ 수수료 반환의 경우에는 지적측량을 의뢰한 후에 의뢰인이 측량의뢰를 취소 또는 측량성과를 제시할 수 없을 때 수수료를 반환하여야 한다.

(2) 디지털지적으로 환경 변화의 현황

① 우리나라는 1982년부터 1990년까지 토지대장과 임야대장을 전산화하고 이를 관리·활용하기 위한 시스템으로 지적행정시스템을 구축하였다.

② 도면전산화 사업은 1995년부터 2003년까지 대장정보와 도면정보의 통합 관리·활용을 위해 도면전산화를 시행하여 한국토지정보시스템(KLIS)을 구축해 운영하였다.

③ 2014년부터는 지적행정시스템과 한국토지정보시스템의 기능을 통합한 부동산종합공부 시스템을 구축해 운영하고 있다.

④ 부동산종합공부 시스템은 지적공부를 포함한 총 18종의 공부가 이원화 또는 분리·단절되어 운영됨으로써 관리 및 제공에 있어 많은 문제점이 발생하고 있는 문제를 해결하고자 구축하고 있는 시스템이다.

⑤ 부동산종합공부는 한국토지정보시스템(KLIS)에서 설계한 대장·도면 통합 DB를 기반으로 건축물대장 DB와 가격 DB, 등기 관련 DB를 포함한 행정정보 통합 DB를 활용하고 지적행정시스템, 한국토지정보시스템, 건축행정시스템에서 관리하는 부동산 공부 관련 정보들을 통합하여 관리·운영하고 있다.

(3) 디지털 환경에 따른 측량수수료의 현황

① 디지털 환경으로 지적 관리 체계가 변화됨에 따라 지적측량 수수료 품셈에 가장 큰 영향을 미치는 것은 각 측량 종목별 세부 공정의 변화이다.

② 현재의 품셈은 세부 공정별 소요일수(시간)를 계산해 표준적인 품셈을 작성했기 때문이다.

③ 도면으로 측량하던 방식에서 전산파일에 의한 디지털측량 방식의 도입으로 세부 공정에서 차이가 발생한다.

④ 도해지역에서 지적전산 자료를 기초로 다양한 지적전산·정보화 업무의 공정을 포괄할 수 있도록 품셈을 작성하였다.

⑤ 기존 지적측량 수수료 종목의 분류체계는 특정 분류체계를 가지지 못하고, 단순하게 도해지역과 수치지역으로 구분하는 방식을 취하고 있었다.

⑥ 대분류로 지적기준점 측량, 지적세부측량, 지적확정측량, 지적재조사, 국토정보 조사측량, 국토정보 조사관리, 국토정보 품질관리 등으로 분류하였다.

⑦ 세부 분류

- 지적기준점 측량은 지적삼각(보조)점 측량, 지적도근점측량
- 지적세부측량은 신규등록 측량, 등록전환 측량, 분할 측량 등
- 지적확정측량은 토지구획정리 측량, 경지정리 구획 측량 등
- 지적재조사는 지적재조사 측량, 세계측지계 좌표변환
- 국토정보 조사측량은 다목적지적측량, 3차원 지적구축 측량 등
- 국토정보 조사관리는 지적이용현황조사
- 국토정보 품질관리는 지적(임야)도 전산화, 측량결과도 전산화, 연속지적도 작성 등

3.16.3. 지적측량 수수료 체계의 개선 방안

(1) 측량수수료 적용의 단순화 방안

① 지적측량 수수료의 적용을 세부 적용과 수수료감면, 수수료 반환 등으로 구분하여 단순화할 필요성이 있다.

② 세부 적용 방법에서다양한 방법으로 계수를 적용하도록 하고 있으나, 지가계수 또는 필지체감계수 등과 같이 일류적이고 획일성 있게 적용하는 것이 필요하다.

③ 종목별 적용 방법의 경우 최근에는 장비의 발달로 지적기준점 측량 방법은 대부분 동일하므로 획일적으로 적용하는 것이 타당하다고 판단된다.

④ 지적확정측량으로 지적재조사측량, 토지개발사업, 농경지정리사업 등의 경우에는 단위면적당 수수료를 적용하여 일관성 있게 적용하는 것이 타당하다고 판단된다.

⑤ 토지이동측량과 경계복원측량, 지적현황측량등에 따라 지역구분 없이 공시지가계수를 적용함으로써 통일하는 것이 타당하다고 판단된다.

(2) 새로운 종목에 따른 품셈체계 마련

① 지적기준점에 대한 정확한 측량성과의 유지와 관리는 일필지 경계점의 위치를 정확히 결정하기 위한 필수요건이 된다.

② 기존 지적기준점의 관리는 지적소관청에서 설치 및 위치 등에 관한 정보를 관리하고 있는데인력·예산·장비의 부족과 각종 시설물 공사에 따른 망실 등의 이유로 인하여 제대로 된 조사관리가 이루어지지 못하고 있었다.

③ 지적기준점 측량의 작업 순서를 재확인하여 정부 품셈단가를 적용하여 국민들이 애할 수 있도록 연구용역 등을 통해서 재정립할 필요가 있다.

④ 최근에는 GNSS 측량과 무인비행기(UAV)를 이용하여 측량하는 방법을 도입하여 제도적으로 정리하고 있으므로 이들의 측량 범위 등을 지정하여 측량수수료를 확정하는 것이 필요할 것이다.

(3) 지적확정측량 및 지적재조사의 품셈 체계 마련

① 지적측량시장의 구조변화에 따른 기존 품셈에 대한 재조사 및 새로운 품셈 체계의 마련이 필요하다.

② 기존에 지적확정측량 품셈에 대한 품질 공정 및 검사 공정을 새롭게 추가함으로써 안정적인 제도개선이 이루어질 수 있도록 이에 대한 새로운 공정의 수립과 조사 작업이 이루어져야한다.

③ 지적확정측량은 도시개발사업에 따른 사업이 끝나 토지의 표시를 새로 정하기 위하여 실시하는 지적측량을 말하는 것으로 현행 지적확정측량의 작업절차는 대부분 전산화로 아루어 지고 있으므로 최신 S/W와 장비에 맞게 재획정하는 것이 필요하다.

④ 측량 작업 절차에 대한 일수 및 전산자료의 품질을 확보할 수 있는 도형 및 속성검사 부분을 수록함으로써 안정적인 성과관리가 이루어질 수 있도록 개선이 필요하다.

3.16.4. 지적측량수수료 적용률

3.16.4.1. 종목별 적용률

지적삼각보조점측량 수수료는 지적삼각점측량 수수료 단가의 100분의 50을 적용한다.

(1) 등록전환 수수료 적용

① 필지전체를 등록전환하되 등록전환측량 수수료는 인가·허가 부분의 면적만 적용한다.

② 분할 후 필지수를 적용하되, 인가·허가를 받지 아니하여 종전 지목대로 존치되는 부분의 분할 수수료는 감면한다.

③ 토목공사 전에는 등록전환 예정지에 대한 지적현황측량을 실시하여 지적현황측량 수수료를 적용한다.

④ 도시·군 관리계획선에 따라 토지를 분할하여 등록전환이 요구될 경우 등록전환측량 수수료는 감면하고 분할측량 수수료만 적용한다.

⑤ 인가·허가선 등을 기준으로 면적을 도상에서 맞추어 현장에 표시하는 경우에는 등록전환측량 수수료 단가의 100분의 40을 가산 적용한다.

⑥ 인가·허가선, 도시·군관리계획선 등을 도상에서 맞추어 현장에 표시하는 경우에는 등록전환측량 수수료 단가의 100분의 30을 가산 적용한다.

(2) 분할측량 수수료 적용

① 인가·허가 면적 등을 도상에서 맞추어 분할선을 현장에 표시하는 지정분할의 경우에는 분할측량 수수료 단가에 100분의 40을 가산 적용한다.

② 선을 도상에서 맞추어 분할선을 현장에 표시하는 지정분할의 경우에는 분할측량 수수료 단가에 100분의 30을 가산 적용한다.

(3) 경계복원측량 수수료 적용

① 분할측량과 동시에 수반되는 경계복원측량 시 경계복원측량 수수료는 분할선에 따라 구분된 필지 면적으로 한다.

② 해당 필지의 일부 경계점에 대한 경계복원이 필요한 경우에는 도해측량, 수치측량 등 측량방법의 구분에 따라 연접한 작은 면적에 해당하는 필지의 수수료를 적용한다.

(4) 현황측량 수수료 적용

① 건축물이나 구조물을 층별로 측량할 때 1개의 층을 제외한 다른 층 및 건축물 내부를 다시 구획할 때 증가되는 구획에 대해서는 100분의 50을 감면 적용한다.

② 인가·허가 선 등을 기준으로 면적을 도상에서 맞추어 현장에 표시하는 지정현황의 경우, 분할측량과 같은 필지수를 적용하고 지적현황측량 수수료 단가에 100분의 40을 가산 적용한다.

(5) 그 밖의 수수료적용

① 도농통합형태 시지역의 경우 행정구역상 동지역은 시지역에 적용하는 수수료를, 읍·면은 군지역에 적용하는 수수료를 적용한다.

② 품셈에 규정되지 아니한 업무로서 도시계획선명시측량 및 도시개발사업 등으로 조성된 토지를 준공 전 허가를 받아 사용하기 위한 측량은「경계복원측량품셈」을 적용한다.

③ 지적측량을 수반하지 아니하는 업무에 대해서는 과업내용에 의하여 지적측량수행자가 산출한 용역대가의 범위 내에서 계약자 쌍방의 합의에 의하여 결정할 수 있다.

3.16.4.2. 지적측량수수료 감면

(1) 수수료의 100분의 30 감면 적용

① 기준점정비, 지적불부합정리 등 국가 시책 사업으로 국토교통부장관의 승인을 받은 경우

② 농업기반시설 정부 보조사업 및 저소득층 지원사업 등 특수 시책 사업으로 국토교통부장관의 승인을 받은 경우

③ 이동 정리를 수반하지 않는 측량 감정의 경우

④ 동일 지번 두 종목 이상 지적측량 신청 감면

(2) 수수료의 100분의 50 감면 적용

① 지적재조사 사업의 원활한 추진을 위해 필요한 경우

② 국가안보에 관련된 돌발사태가 발생하여 피해 복구가 필요한 경우

③ 자연재해로 발생한 건물·토지의 피해 복구를 위한 측량

3.16.4.3. 측량 재의뢰 따른 감면

① 측량 재의뢰 따른 감면율은 3개월 이내에는 90%, 6개월 이내에는 70%, 12개월 이내에는 50%를 감면하고 있다.

② 적용 조건

- 적용 대상은 동일 소유자, 동일 토지소재지에 해당한다.
- 적용 종목은 기존에 설치한 분할선 및 토지현황측량에 따른 현황선이다.
- 경계점 표시 분실, 장애물로 경계점 표시 불가능한 경우, 경계표시점 재확인 측량이 해당한다.
- 등록전환, 분할, 지적현황측량의 경우 지적공부정리ㅈ 전에 기존에 설치한 분할선 및 현황선을 재표시 의뢰에 해당한다.

출제빈도 용어정리 & 논술 일람표

제3장 지적측량 (용어정리)

번호	문제	횟수	번호	문제	횟수
1	기속측량(羈束測量)	2	28	측량기하적(測量幾何跡) 작성 방법	3
2	지적측량의 실시 대상	1	29	기지점(旣知點)과 기지경계선(旣知境界線)	1
3	측량기준점	1	30	기지경계선(旣知境界線)	1
4	통합기준점	1	31	표정오차(평판측량 시)	2
5	지적기준점	1	32	도곽선	1
6	유심다각망	1	33	지적도 도곽 신축량	1
7	복삽입망(挿入網)	1	34	면적보정계수	1
8	삼각쇄(三角鎖)	1	35	평판측량의 현형법	2
9	망의 강도	2	36	경위의(經緯儀)의 조정 방법	1
10	구면삼각형과 구과량	2	37	지적복구측량	4
11	구과량(Spherical Excess)	3	38	등록전환	1
12	르장드르정리	1	39	축척변경측량	1
13	라플라스점(Laplace Station)	3	40	지적현황측량	2
14	편심 관측(Eccentric observation)	1	41	경계감정측량	2
15	편심 요소(측점귀심 관측 시)	1	42	지구계측량	1
16	엄밀조정법	3	43	예정지적좌표(豫定地籍座標)도	2
17	미정계수법	2	44	가로 중심점측량	2
18	교점다각망	1	45	상치(常置) 측량사	1
19	다각망도선(Traverse Network)	3	46	지적측량수행자	2
20	트랜싯(Transit)법칙	1	47	측량업의 등록취소 요건	2
21	컴파스 법칙	1	48	국제측량사연맹(FIG)	1
22	교회법	1	49	국제지적사무소(OICRF)	1
23	지상원호교회법	1	50	지적측량의 검사제도	1
24	평판측량의 후방교회법	1	51	능동형 기준점 체계	1
25	레만법	1	52	자유망조정	1
26	측방교회법(평판측량 시)	2	53	점사법	1
27	전자평판측량	1	54	PPM	1

제3장

제3장 지적측량 (논술)		
번호	문제	횟수
1	지적측량 처리 기간의 현황과 개선 방안에 대하여 설명하시오.	1
2	지적측량의 성격에 관해 설명하시오.	2
3	지적측량의 특수성에 대하여 서술하시오.	1
4	우리나라 지적측량의 법률적 효력·책임 및 구상권에 대하여 설명하시오.	1
5	지적측량 시 발생하는 법률적 효력과 책임에 관하여 설명하시오.	5
6	현행 지적측량시 성과결정의 문제점과 신뢰성 확보방안에 대하여 설명하시오.	2
7	모바일 GIS를 활용한 지적측량 현장지원 체계에 대하여 설명하시오.	1
8	모바일 지적측량시스템 기술개발과 적용방법에 관하여 설명하시오.	1
9	측량기준점이 없는 어떤 국가의 지적조사 업무를 수주하였을 경우, 우선적으로 수행해야 할 기준점 확보방안을 설명하시오.	1
10	공간정보의 구축 및 관리 등에 관한 법령에 따른 측량기준점체계와 일원화 방안에 대하여 설명하시오.	2
11	공간정보의 구축 및 관리 등에 관한 법령에 규정되어 있는 측량기준점에 대하여 설명하시오.	3
12	국가기준점과 지적기준점의 이원화된 배경, 문제점 및 개선 방안에 대하여 설명하시오.	3
13	고정밀 위치정보 확보를 위한 측량기준점 관리의 개선 방안에 대하여 설명하시오.	1
14	「공간정보의 구축 및 관리 등에 관한 법률」에 규정되어 있는 측량기준점 표지 관리제도의 문제점 및 개선 방안에 대하여 설명하시오.	2
15	지적기준점의 종류 및 설치 방법에 대하여 설명하시오.	2
16	우리나라 지적기준점망의 현황을 설명하고, 세계측지계 기준의 지적측량기준점망 구축방안에 대하여 설명하시오.	1
17	측지기준점과 지적기준점의 현 실태와 그 통합 활용 방안에 대하여 기술하시오.	1
18	우리나라 측량기준점과 지적기준점의 현황 및 문제점과 이에 따른 통합 방안에 대하여 설명하시오.	1
19	지적기준점체계의 문제점 및 개선점과 전환방안을 설명하시오	1
20	도해지적(圖解地籍)제도를 수치지적좌표계로 개편하기 위한 지적측량기준점의 성과통일 방안에 대하여 설명하시오.	1
21	모바일 기반의 지적기준점 관리방안에 대하여 설명하시오.	1
22	국가기준점 재고시에 따른 지적재조사 측량성과 관리방안에 대하여 설명하시오.	1
23	지적삼각점 설치를 위한 삼각망의 종류와 특징에 관하여 설명하시오.	3
24	지적삼각측량 시 사각망 형태의 조정 이론을 전개하시오.	1
25	라플라스(Laplace)점의 기능을 설명하고 방정식을 전개하시오.	1
26	지적삼각점을 설치하기 위하여 기지삼각점 3점의 내각을 측정한 결과 기지내각과의 교차가 50초 발생하였다. 이에 따른 측량작업 계획을 수립하시오.	1
27	측량법에 의한 삼각점을 지적측량에 활용할 경우의 고려사항에 대하여 설명하시오.	1
28	수평각 편심관측에 따른 조정 이론을 정리하시오.	3
29	지적삼각측량에서 방향관측법으로 수평각을 편심측정하였을 때 편심거리와 Sine법칙에 의한 수평각 측점귀심계산의 이론을 정리하시오.	1
30	지적삼각측량에 있어서 삼각망조정계산 방법의 기본 이론과 조정에 대하여 설명하시오.	2
31	지적삼각측량의 조정방법 중 근사법과 정밀법을 비교 설명하시오.	4

제3장 지적측량 (논술)		
번호	문제	횟수
32	기지 3점을 연결하는 삼각형 내부의 1개 소구점을 배치한 삼각형의 정밀조정을 위한 오차 방정식을 해석하시오.	1
33	지적측량기준점 설치를 위한 삼각삼변 결합조정 방법을 설명하시오.	3
34	3차원 위치결정 측량에 대하여 설명하시오.	3
35	다각망도선의 측량에 따른 오차와 그 조정 방법에 대하여 기술하시오.	2
36	지적도근측량의 도선 종류와 특징에 대하여 설명하시오.	1
37	도근측량중 다각측량(도선법)의 폐합오차를 기술하시오.	1
38	지적도근측량의 특징과 원리 및 폐합오차 처리에 관하여 설명하시오.	1
39	도근측량에 따른 오차와 그 처리 방법에 대하여 기술하시오.	2
40	지적측량에서 사용하는 2교점 다각망(A,H형) 도선의 오차 처리 방법을 설명하시오.	1
41	지적도근점의 관리상 문제점을 분석하고, 이상적인 도근점 관리 방법에 대하여 기술하시오.	1
42	지적측량에서 후방교회법의 시행방법에 대하여 설명하시오.	1
43	평판측량에서 베셀법 설명하시오.	1
44	평판측량시 발생하는 시오삼각형의 원인 및 조정 방법에 대하여 설명하시오.	1
45	전자평판측량의 원리와 장단점에 대하여 설명하시오.	2
46	평판측량과 전자평판측량에 의한 성과 결정방법을 비교하여 각각의 특징과 장단점을 설명하시오.	1
47	지적도면 전산화에 따른 전자평판측량의 작업과정에서 발생되는 문제점에 대하여 설명하시오.	1
48	평판측량의 작업 오차에 대하여 논하시오.	2
49	지적도 도곽선 역할과 접합유형 및 도곽신축량 계산에 대하여 논하시오	1
50	폐쇄지적도의 도곽선 역할과 접합유형 및 도곽신축량 계산에 대하여 설명 하시오.	1
51	도곽구획 방법에 대하여 설명하시오.	2
52	지적도 전산화 작업 시 발생하는 문제점 중 도곽선 신축에 따른 보정 방안에 대하여 기술하시오.	1
53	도곽선 보정 방법과 개선 방안에 대하여 논하라.	1
54	지적도 재작성에 있어서 현행 도곽 신축보정 방법과 지적측량에 적용할 경우 문제점을 설명하고 그 개선 방안을 제시하시오.	1
55	지적도 및 임야도의 도곽선 신축량과 보정계수 산출 방법에 대하여 설명하시오.	1
56	지적도 및 임야도의 접합방법에 대하여 설명하시오.	2
57	지적도와 지형도의 전산파일을 접합하는 경우의 도곽접합에 관하여 설명하시오.	1
58	지적도 및 임야도의 도곽별, 축척별, 행정구역별 접합방안에 대하여 설명하시오.	2
59	기존 지적도면의 수치화 방법과 문제점을 약술하고, 특히 컴퓨터를 이용한 지적도의 도곽 접합 방법에 대하여 설명하시오.	1
60	지적도면 전산파일을 이용한 연속지적도 작성에 있어서 도곽접합의 정확도 제고 방안에 대하여 기술하시오.	1
61	기초측량을 경위의 측량방법과 G.P.S(Global Positioning System)방법으로 시행할 경우 그 특성을 비교 분석하시오.	1
62	데오돌라이트의 6가지 조정방법에 대하여 기술하시오	1
63	임야도 시행지역의 이동측량에서 광파기측량 방법의 효율성에 대하여 논하시오.	1
64	도해지적 시행지역에서 경위의에 의한 디지털 방식 도입에 대하여 논하시오	1

제3장 지적측량 (논술)		
번호	문제	횟수
65	도해지적 시행지역의 이동측량에 따른 문제점과 개선 방안에 대하여 설명 하시오.	2
66	도해지적측량의 문제점과 개선 방안, 분쟁 해소 방안에 대하여 설명하시오.	2
67	도해 지적측량에서 인공지능(AI) 기술의 적용 방안에 대하여 설명하시오.	1
68	지적공부의 일부가 화재로 소실된 지역이 발생하였다. 지적도의 복구계획을 수립하시오.	1
69	지적공부에 등록된 토지가 멸실된 경우 활용 가능한 복구자료와 지적복구 절차에 대하여 설명하시오.	1
70	지적복구측량의 방법 및 절차에 대하여 설명하시오.	1
71	지적공부 전산파일이 바이러스에 의하여 소실되었을 경우 복구과정에 대하여 설명하시오.	1
72	지적공부 복구에 대하여 설명하시오.	1
73	지적복구의 방법과 절차에 대하여 설명하시오.	1
74	새만금간척사업의 완료에 따라 이 지역을 이상적인 지적제도의 확립을 위한 시범지역으로 가정하고 총괄 책임자의 입장에서 계획을 수립하시오.	1
75	구 「지적법」 제37조(1950년 12월1일 공포)에 의하여 신규등록된 토지의 구체적 대상과 등록방법에 관하여 설명하시오.	1
76	신규등록측량의 방법과 절차에 대하여 설명하시오.	1
77	미등록 토지의 신규등록 대상과 등록방법에 대하여 설명하시오.	1
78	등록전환측량의 작업 방법에 대하여 논하시오.	1
79	지적도면 전산시스템을 활용한 등록전환 처리과정의 흐름도(flow chart)를 작성하고 약술하시오.	1
80	등록전환측량의 방법, 절차 및 개선 방안에 대하여 설명하시오.	3
81	등록전환이나 분할에 따른 면적 오차의 허용범위 및 배분에 대하여 설명하시오.	3
82	임야대장에 등록된 토지의 등록전환 신청절차와 등록사항의 결정에 대하여 설명하시오.	1
83	등록전환측량의 방법과 절차에 대하여 설명하시오.	1
84	임야의 택지식 분할에 따른 사회적 문제와 개선 방안에 대하여 설명하시오.	1
85	토지분할 시 분할의 요건 및 분할이 제한되는 경우에 대하여 설명하시오.	1
86	건축물이 있는 대지의 분할 제한에 대하여 설명하시오.	1
87	토지분할허가제도에 대하여 설명하시오.	1
88	등록전환이나 분할에 따른 면적 오차의 허용범위 및 배분에 대하여 설명하시오.	3
89	토지분할을 제한하는 관계 법률 및 그 내용에 대하여 설명하시오.	1
90	축척변경절차에 대하여 설명하시오.	1
91	도해지역을 수치지역으로 축척변경을 하는 경우의 측량 절차 및 면적결정 방법에 대해 설명하시오	2
92	축척변경사업의 시행 절차, 문제점 및 개선 방안에 대하여 기술하시오.	1
93	도해지역 수치화를 위한 축척변경사업의 준비과정과 측량방안에 대하여 설명하시오.	1
84	축척변경사업의 시행 절차에 대하여 설명하시오.	1
95	건물등록을 위한 지적현황측량과 등록관리에 대하여 설명하시오.	2
96	시설현황측량의 범위와 방법에 대하여 기술하시오.	1
97	지적도시행지역의 경계복원측량에 대하여 논하시오.	1
98	경계복원측량의 성과결정이 사회에 미치는 영향에 대하여 기술하시오.	2
99	지적경계복원측량에 있어 등록 당시 측량 방법 설명하시오.	1

제3장 지적측량 (논술)		
번호	문제	횟수
100	지적측량에서 경계복원측량의 구속력과 확정력 설명하시오.	1
101	토지경계의 복원 원리와 경계복원측량 방법에 대하여 기술하시오.	2
102	경계복원측량의 의의 및 방법과 절차에 대해 설명하시오.	1
103	경계복원측량의 방법, 절차 및 효력에 대하여 기술하시오.	1
104	경계측량의 법적 기준의 변천에 대하여 설명하시오.	1
105	경계복원측량의 법률적 효력에 대하여 설명하시오.	1
106	경계복원측량 시 성과 차이의 발생 원인을 기술적·제도적 측면으로 구분하여 설명하시오.	1
107	토지경계측량의 복원 원칙과 표준화 방안에 대하여 설명하시오.	1
108	300ha의 농지개량사업 시행지역의 지적확정측량을 사진측량방법으로 실시코저 한다. 이에 따른 작업계획을 수립하시오.	1
109	지적확정측량의 작업과정을 설명하고 그 개선방향을 논하시오.	1
110	지적수치확정측량의 작업 과정을 설명하시오.	1
111	구획정리사업에 따른 지적정리에 대하여 설명하시오.	1
112	도시주변 약 50만㎡ 규모의 택지개발사업을 시행하는 지구에서 개발 단계별로 실시하는 지적측량 종목 과 유의사항을 기술하시오.	1
113	지적확정측량의 개념과 지적측량수행자 및 지적소관청에서의 작업 절차를 설명하시오.	1
114	지적확정측량의 업무절차와 방법에 대하여 설명하시오.	2
115	측량·수로조사 및 지적에 관한 법률에 고시된 지적확정측량 대상이 되는 토지개발사업에 관하여 설명하시오.	1
116	철도·도로부지에 대한 지적확정측량 실시방안에 관하여 설명하시오.	1
117	공간정보의 구축 및 관리 등에 관한 법령에 따른 지적확정측량 대상 및 절차를 제시하고, 지적확정측량 대상이 확대할 경우의 법·제도 개선 방안에 대하여 설명하시오.	1
118	지적확정측량의 민간이양에 따른 지적측량수행자 및 지적소관청의 역할과 품질관리 확보방안에 대하여 설명하시오.	1
119	지적확정측량의 문제점과 개선 방안에 대하여 설명하시오.	2
120	택지개발사업에 따라 50,000㎡ 규모의 지적확정측량을 실시한 경우 측량성과검사방법에 대하여 설명하시오.	1
121	토지개발사업 시행에 따른 토지이동 및 지적정리업무를 승인 전, 승인 후, 준공 전, 준공 후로 나누어 설명하시오.	1
122	지적확정측량 계획수립 시 고려해야 할 사항에 대하여 설명하시오.	1
123	지적확정측량의 연혁과 업무절차에 대하여 설명하시오.	1
124	지구계좌표의 정도의미 시험절차 방법에 대하여 기술하시오.	1
125	확정측량에서 지구계 측량의 순서 및 결정방법 설명하시오.	1
126	지적확정측량의 지구계측량 및 필계점 확정에 대하여 설명하시오.	1
127	지적확정측량과 지적재조사측량의 지구계 결정방법을 비교 설명하시오.	1
128	도시개발사업에 따른 지구계 예정지적좌표 작성업무에 대하여 설명하시오.	1
129	지적확정에 따른 예정지적좌표 산출 방법에 대하여 설명하시오.	1
130	예정지적좌표도 작성의 필요성 및 방법에 대하여 설명하시오.	1

제3장 지적측량 (논술)		
번호	문제	횟수
131	2차원 곡선이 교차하는 교차점의 좌표계산에 대해서 기술하시오.	2
132	원과 직선 교점의 (좌표)결정 원리에 대하여 논하시오	1
133	우리나라의 지적측량대행제도에 관하여 논하시오	2
134	지적기술자격의 변천과정과 사회적 지위향상 방안에 대하여 설명하시오.	2
135	지적측량대행제도의 문제점과 개선 방안에 대하여 설명하시오.	2
136	현행 지적측량 대행제도의 문제점과 경쟁체계도입의 필요성에 대하여 설명하시오.	2
137	지정측량사제도의 폐단에 대하여 설명하시오.	1
138	지적측량제도의 변천과정 및 발전방향에 대하여 설명하시오.	1
139	현행법상 지적공사업무의 성격에 관해 설명하시오.	1
140	지적측량수행자제도의 장단점과 개선 방안에 대하여 설명하시오.	1
141	국민의 지적측량수행자 선택권과 지적측량업의 개방에 대하여 기술하시오.	1
142	지적측량 대행·위탁체제의 변천과정을 설명하고 발전방안을 제시하시오.	1
143	지적측량수행자의 업무발전과 전문성 향상을 위한 교육제도 개선 방안에 대하여 설명하시오.	1
144	지적측량업무의 일부 개방에 따라 새로이 제기되는 문제점과 개선 방안에 대하여 설명하시오.	1
145	"지적협회"가 설립될 경우 그 본질적 기능, 성격, 목적과 운영방안을 설명하시오.	1
146	지적측량제도의 변천과정 및 발전방향에 대하여 설명하시오.	1
147	지적측량업의 등록이 점차 확대됨에 따른 지적측량업 활성화 방안을 기술하시오.	2
148	지적측량수행자의 변천과정과 현 지적측량 대행제도의 문제점에 대하여 설명하시오.	1
149	지적측량시장 개방확대에 따른 문제점과 효과에 대하여 설명하시오.	1
150	현행 측량업종을 나열하고 효율적인 측량업종 개편방안에 대하여 설명하시오.	1
151	민간 참여 확대를 통한 지적측량 산업 활성화 방안에 대하여 설명하시오.	1
152	지적측량 시장개방에 따른 지적제도 변화모형에 대하여 설명하시오.	1
153	지적측량의 대행전담제도와 경쟁제도에 대한 각각의 장·단점을 설명하시오.	1
154	최근 한국국토정보공사법 제정안의 제안이유와 주요내용에 대하여 설명하시오.	1
155	외국(5개국 이상) 지적측량 관장 기관 및 수행 기관에 대하여 설명하시오.	1
156	세계지적측량 시장의 동향을 실제 사례를 들어 설명하시오.	1
157	지적측량의 해외시장 진출방안에 대하여 설명하시오.	1
158	지적측량과 측량법에 의한 측량 및 우리나라와 외국의 측량사 자격제도에 대하여 설명하시오.	1
159	국제측량사 연맹(FIG)의 설립 목적과 활동 사항 및 우리나라 지적제도와의 관계를 설명하시오.	1
160	FIG(국제측량사연맹)에서 발표한 측량사의 역할에 대하여 기술하시오.	1
161	국제측량사연맹(FIG)에 대하여 설명하시오.	1
162	FWW2001의 주요내용과 효과에 대하여 설명하시오.	1
163	지적측량 검사제도 실태와 개선 방안에 설명하시오.	1
164	지적측량성과에 대한 검사성과에 대하여 기술하시오	1
165	지적측량검사제도의 현황을 분석하고 개선 방안에 대하여 기술하시오.	1
166	현행 지적측량검사 제도를 기술하고 개선 방안을 설명하시오.	1
167	지적측량 검사방법 및 규정에 관하여 설명하시오	1

제3장 지적측량 (논술)		
번호	문제	횟수
168	현행 지적측량 성과검사제도의 문제점과 개선 방안을 설명하시오.	1
169	지적측량성과의 일관성 유지 및 정확도 향상을 위한 지적측량성과 결정방법에 대하여 설명하시오.	2
170	지적측량성과의 일관성 유지를 위한 세부측량성과 결정방법에 대하여 설명하시오.	1
171	지적측량성과 다툼에 대한 구제절차와 그에 따른 문제점 및 개선 방안에 대하여 설명하시오.	1
172	지적세부측량의 성과결정방법에 대하여 설명하시오.	2
173	지적소관청의 지적측량검사제도에 대한 문제점과 개선 방안에 대하여 설명하시오.	1
174	지적측량성과검사 시 확인하여야 할 항목에 대하여 설명하시오.	1
175	지적측량성과 공동 활용 및 온라인 성과검사 방안에 대하여 설명하시오.	1
176	지적측량성과의 일관성을 확보하기 위한 제도 개선 방안에 대하여 설명하시오.	1
177	지적측량의 정확성 확보를 위한 감리제도 도입 방안에 대하여 기술하시오.	1
178	1954년 「지적측량규정」 제정 이후 현행 「지적업무처리규정」에서 정한 지적측량성과 결정방법 3가지 유형에 대하여 설명하시오.	1
179	지적재조사사업의 추진에 따른 지적측량의 기술적 특징에 대하여 설명하시오.	1
180	지적재조사사업에 따른 지적기준점 측량에 대하여 설명하시오.	1
181	국가기준점 재고시에 따른 지적재조사 측량성과 관리 방안에 대하여 설명하시오.	1
182	지적법에 의한 측량과 측량법에 의한 측량 특성을 비교 설명하시오.	3
183	「국가공간정보에 관한 법률」, 「공간정보산업진흥법률」, 「측량수로조사 및 지적에 관한 법률」의 지적측량과 일반측량업계의 쟁점내용과 갈등관계 해소방안에 대하여 설명하시오.	1
184	지적재조사를 위한 좌표계 재정립방안을 논하시오.	1
185	개별공시지가를 지적측량 수수료에 반영하는 방안에 대하여 설명하시오.	2
186	현행 지적측량 수수료 체계의 문제점과 개선 방안을 설명하시오.	4
187	지적측량 수수료 구성 체계를 기술하고 효율적이고 알기 쉬운 지적측량 수수료 산정기준 개편 방안에 대하여 설명하시오.	1
188	지적측량 수수료의 산정 체계 및 적용률 개선 방안에 대하여 설명하시오.	1
189	지적측량 표준품셈과 측량비의 구성에 대해 설명하시오.	1
190	Digital 지적제도의 구현에 적합한 지적측량 현대화 방안에 대하여 설명하시오.	2
191	수치지적 시행지역 결과도 및 위치설명도에 대하여 논하시오.	1
192	아래 공식을 크래머공식을 이용 연립방정식을 풀이 x-y+z=4하시오. x-2y-2z=9, 2x+y+3z=1	1
193	지적측량장비의 현대화에 따른 지적측량방법의 발전과정을 설명하시오.	1
194	지적기술자에 대한 교육 현황을 설명하고 발전방안을 제시하시오.	1

제3장

Part 2

제4장 위성측량

4.1. 개요

GPS는 Global Positioning System의 약어로 범지구위치결정시스템이며 공식적인 명칭은 NAVSTAR GPS(Navigation Satellite Timing and Ranging GPS)로서 위성을 이용한 항법시스템이다. GPS 시스템은 북대서양조약기구(NATO; North Atlantic Treaty Organization)와 같은 형태의 조직인 NAVSTAR GPS Joint Program Office에서 유지·관리하고 있다.

4.1.1. GPS 측량의 장단점

출제(논) : 62회

(1) GPS의 장점

① 기상 상태 및 지형 여건과 관계없이 관측 작업수행이 가능하다.

② 지상측량법과 비교하면 관측 작업이 신속하게 이루어진다.

③ 측점에서 모든 데이터 취득이 가능하며 후처리 방법과 실시간 처리 방법이 있다.

④ 전천후 측정 작업이 가능하며 수신기를 1인이 측정 작업을 할 수 있는 시스템으로 인력이 적게 소요된다.

⑤ 장거리 측정 및 야간에도 편리하게 측정할 수 있다.

(2) GPS의 단점

① 수목 등으로 위성 관측 시야각이 15° 이상 되어야 장애를 받지 않는다.

② 나무 또는 시가지의 고층건축물이 있으면 장애가 발생한다.

③ GPS 수신기에 사용하는 소프트웨어의 호환성이 적어 해당 회사 제품에서만 작동되고 장비가 고가이다.

4.1.2. 구성요소

출제(논) : 59회

GPS는 위성의 구성은 위성과 관련된 부분인 우주부분(Space Segment), 지상에서 위성의 위치를 추적하거나 감시하는 통제의 역할을 담당하는 제어부분(Control Segment), 공중, 지상 및 해상에서 사용하는 수신기들로 이루어진 사용자부분(User Segment)으로 구성되어 있다. GPS는 범세계 위치결정 체계로서 인공위성을 이용하여 지상의 위치를 결정하는 방법이다.

4.1.2.1. 우주부분

우주부분은 우주공간에 대한 부분으로 인공위성의 시계와 위성의 궤도 및 배치상태와 위성의 임무에 관한 사항을 정리한 것이다. 위치 계산을 위해 필요한 항법메시지를 사용자에게 반송파를 통하여 연속적으로 전송하는 위성으로 구성되어 있다.

(1) GPS 위성

① 우주부분에서 GPS 위성은 모두 24개로 구성되는데 이 중 21개가 항법에 사용되며 3개의 위성은 예비용으로 배치되었다.

② GPS 위성에는 세슘원자시계가 장착되어 정밀시간을 유지하고 있으며 위성마다 PRN(Pseudo Random Noise) 코드라는 고유 코드를 발생할 수 있어 GPS 위성은 PRN 코드에 의하여 구분된다.

③ 각 위성의 무게는 900kg 정도로 태양 전지판을 완전히 펼쳤을 경우 폭이 약 5m이다.

④ GPS 위성은 12시간을 주기로 지구 주위를 돌고 있으며 1주기를 회전하는 데 걸리는 시간은 11시간 58분이 소요되며, 이동속도는 3.87km/sec이다.

⑤ 대개 인공위성은 일정한 수직 각도에서 10°~15° 이상에서만 보인다.

⑥ 위성의 배치는 사용자의 3차원 위치 및 수신기 시계 오차(clock error)를 계산하기 위해 지구 전역에서 최소한 4개 이상의 위성이 항상 보이도록 특수하게 설계된 것이다.

⑦ 각각의 GPS 위성에서 송신되는 위성 데이터는 각 위성 번호에 따라 특수하게 설계된 PRN 코드(Pseudo random Noise Code)를 포함한다.

(2) GPS 위성의 궤도

① 위성의 고도는 지상에서 약 20,183km에서 비행하며 궤도면은 모두 6개의 원형궤도로 구성되어 있다.

② 위도 60°씩 떨어져 있고 각각의 궤도면에는 4개의 위성을 배치하고 기울임 각(inclination angle)은 지구의 적도면과 55°를 이루고 있다.

③ BLOCK II 시리즈의 모든 위성은 기울어진 궤도면에 있다.

④ GPS 위성을 지구 궤도 위에 배치하는 것은 지구상 어느 지점에서나 동시에 4개에서 최대 6개까지 위성을 볼 수 있게 하기 위함이다.

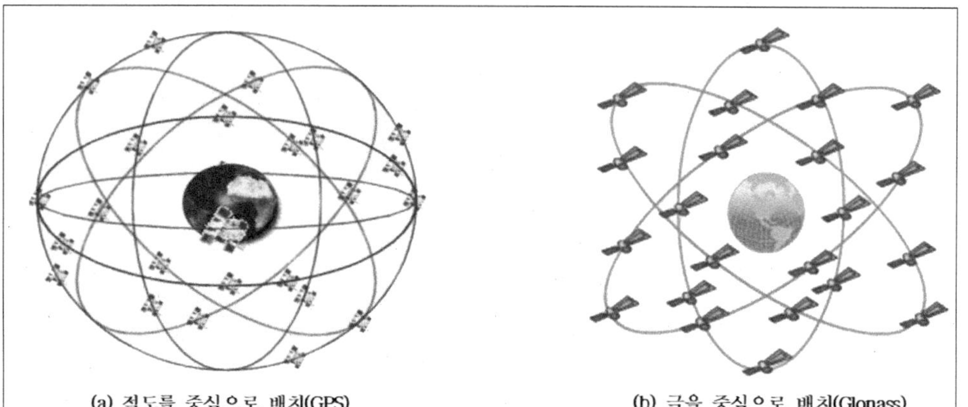

(a) 적도를 중심으로 배치(GPS)　　(b) 극을 중심으로 배치(Glonass)

〈그림 4-1〉 적도와 극을 중심으로 한 위성의 배치

⑤ 〈그림 4-2〉에서 

의 숫자 "25"는 위성의 번호, "A2"는 궤도 A의 2번 위성, "3/92"은 92년 3월에 발사된 위성이다.

⑥ GPS 위성의 궤도는 A에서 F까지 명명된 6개의 궤도의 간격을 균등하게 배치되어 있으며, 적도에 대해 55° 기울어져 있다.

⑦ 지구의 편평한 현상 때문에 일일 회절률(nodal regression)이 약 −0.04187° 정도가 되어 통제센터에서 일 년에 한 번씩 위치 수정을 해주어야 한다.

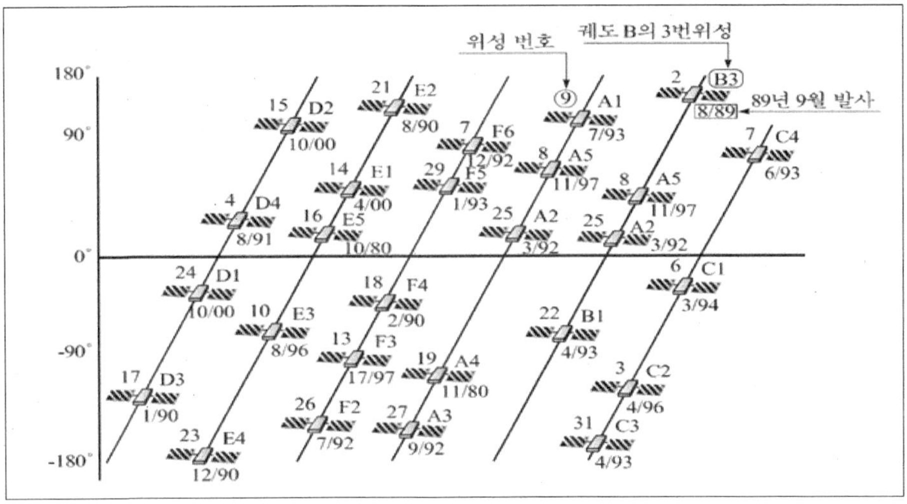

〈그림 4-2〉 위성의 궤도와 배치 현황

4.1.2.2. 제어부분

제어부분(Control Segment)은 하나의 주관제국(MCS; Master Control Station)과 무인으로 운영되는 5개의 지상추적국(Monitor Station)으로 구성된다. 제어부분은 모니터와 위성체계의 연속적인 제어, GPS의 시간결정, 위성시간값 예측, 각각의 위성에 대해 주기적인 항법 신호의 수정 등의 업무를 수행한다.

(1) 주제어국

① 주제어국은 CSOC(Consolidated Satellite Operations Center)는 현재 Colorado Springs 근처 팰콘 공군기지(Falcon Air Force State)에 주제어국(Master Control Station)이 있다.

② 임무는 GPS 위성에 대하여 총지휘하는 기관으로 위성의 발사나 예비 위성의 작동 여부를 결정한다.

(2) 지상추적국

① 지상추적국(Monitor Station)은 〈그림 4-3〉와 같이 콰자레인(Kwajalein), 디에고가르시아(Diego Garcia), 아센션섬(Ascension), 하와이(Hawaii), 콜로라도(Colorado)의 5개 지역에 있다.

② 위치는 매우 정확히 측정된 위치로서 원자시계가 설치되어 있다.

③ 임무는 GPS 위성의 정확한 궤도정보와 시계에 대한 정확한 시각 보정 정보를 전송받아 GPS 위성의 시계오차를 계산하고 예측한 다음 Uplink 안테나를 통하여 GPS 위성에 다시 Upload 하며 사용자에게 전달하는 역할을 한다.

④ 무인으로 운영되며 주어진 시간에 관측할 수 있는 모든 GPS 위성의 신호를 점검하고 궤도를 추적하며 예측하는 임무와 전리층 및 대류권의 지연에 대하여 관찰한 자료를 주 제어국에 전송하는 업무를 수행한다.

⑤ 지상추적국에서 수정된 정보들은 위성을 제어 및 감시하는 지상안테나를 통해 각 위성에 전달되고, 위성은 GPS 수신기에 자료를 전송하여 사용자들이 원하는 형태로 변화시키게 된다.

⑥ 통신시설은 DSCS(Defence Satellite Communication System)라고하며 각각의 지상추적국에서 수신된 자료를 주 제어국에서는 방송궤도력(Broadcast Ephemerids)과 위성에 있는 원자시계의 오차를 추적하는 데 사용하며 결과를 주기적으로 GPS 위성으로 전송하게 된다.

⑦ 주요 기능으로는 정확한 세슘시계를 장착한 이중주파수(L_1, L_2) 수신기에 의하여 추적된 위성 정보를 주제어국에 전송하고, 주제어국에서 위성으로의 자료를 송신하도록 하고 위성의 시각 정보, 제어 명령을 하는 임무를 맡고 있다.

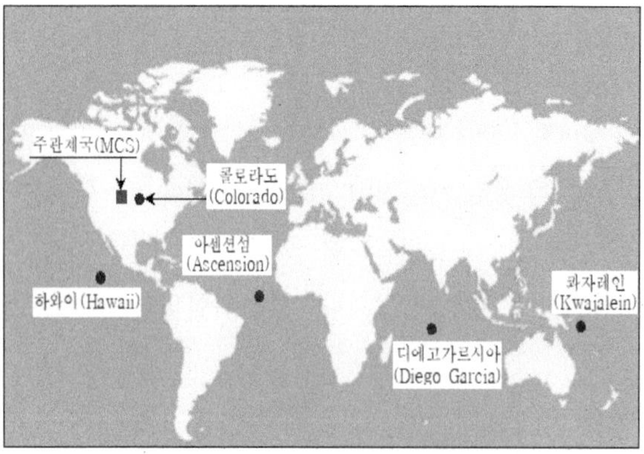

<그림 4-3> 주 제어국과 지상추적국

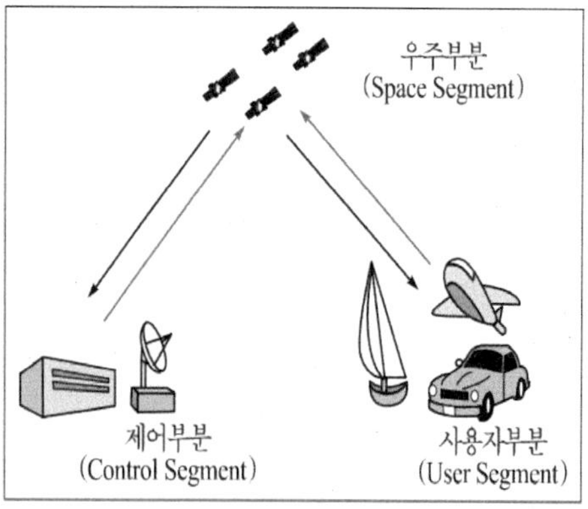

<그림 4-4> GPS 구성요소

(3) GPS 위성의 시간(UTC)

출제(용) : 110회

① UTC란 과학기술의 발달과 함께 지구의 자오선에 의한 평균태양시에 의하지 않고 고정밀 원자 및 초전도체를 이용함으로써 10~13 정도의 높은 정밀도의 시각을 측정하여 지구 자전과 맞추기 위한 윤초만큼의 차이를 매년 6월 30일과 12월 31일에 초를 가감한 시각을 말한다.

② GPS Time은 제어 분야에 의해 설정되며 UTC(UNSO)에 1μsec 이내로 연결되지만, 연속적이고 또한 윤초 조정을 거치지 않는 것이 특징이다.

③ GPS Time의 가장 큰 단위는 1주일로서 604,800초로 정의된다.

④ 항법메시지는 우주시간을 GPS 시간으로 변환하기 위한 조정작업을 포함하며, GPS 위성과 수신기 사이의 거리정확도를 위치의 정확도로 표현하고 있다.

⑤ 인공위성에서 생성된 시간은 두 개의 루비듐(Rubidium)과 두 개의 세슘(Cesium) 원자시계를 근거로 한다.

⑥ GPS 시간(t)을 나타내는 식은 $t = a_0 + a_1(t - t_0) + a_2(t - t_0)^2$와 같다. 여기서, a_0 : 시각 offset, a_1 : 표준원자 주파수의 차이, a_2 : 표준원자 주파수의 변화, t : GPS 시간, t_0 : 기준시각이다.

⑦ GPS 위성은 $10^{12} \sim 10^{13}$의 정확도를 가진 루비디움(Rubidium) 및 세슘(Cesium)의 원자시계를 탑재하고 있는 반면에 대부분의 수신기 시계는 정확도가 1/4 정도인 10^6에서 수행되고 있다.

⑧ 시간 차이 계산은 위성 시계의 시간과 수신기에 기록되는 시간의 차이이다.

⑨ GPS 측량은 시간 측정의 정확도에 따라 오차의 크기가 다르므로 시간의 오차는 큰 비중을 차지한다.

⑩ 위성과 수신기 사이의 시간차 계산의 결과에 대해 사용자가 관측한 거리 오차는 일차방정식에 의하여 근사값에 가깝게 처리할 수 있다.

⑪ $R = t_0 \times c$ 여기서, R : 사용자의 거리 오차, t_0 : 시각차, c : 빛의 속도이다.

4.1.2.3. 사용자 부분

① 사용자 부분(User Segment)은 위성 신호를 수신하여 위치를 계산하는 GNSS 수신기와 이를 응용하여 각각 특정한 목적을 달성하기 위해 개발된 다양한 장치로 구성된다.

② GPS 수신기는 위성으로부터 수신받은 항법 데이터를 사용하여 수신기의 위치와 속도, 시간 정보 등 다양한 분야에 이용되고 있다.

③ GPS 수신기와 안테나, 자료처리 소프트웨어로 구성되어 있으며 위성에서 보낸 전파를 수신하여 수신점의 좌표와 수신점 간의 상대 위치를 구하게 된다.

4.1.3. NNSS

출제(논) : 60회

① 인공위성의 도플러 관측에 의한 항법체계인 NNSS(Navy Navigation Satellite System)는 낙도의 위치결정과 개발도상국의 지도작성을 위한 기준점측량 등에 유효하게 이용되고 있으나 관측의 소요시간과 정확도 면에서의 문제점을 보완하기 위해 GPS가 등장하게 되었다.

② 1963년경 미 해군에서 NNSS의 운용을 시작하여 1973년 미국 국방성이 NAVSTAR 개발을 시작하였다.

③ 1964년부터 NNSS가 실용화되어 핵잠수함이 자기의 위치를 정확히 측정하고 이때 사용한 위성이 TRANSIT 위성이다.

④ NNSS의 결점을 보완하기 위하여 미국의 해군과 공군이 공동프로젝트로 NAVSTAR GPS를 개발하게 되었다.

⑤ 1967년 Transit 위성을 이용한 NNSS가 공개된 이래 인공위성을 이용하여 지상의 위치를 정밀하게 측정할 수 있는 위성인 NAVSTAR 가 GPS(Global Positioning System)로 개발되었다.

⑥ 1977년 최초로 기능을 수행할 수 있는 NAVSTAR 위성이 발사되었고 NTS-2 (Navigation Technology Satellite 2)라고 하였다.

⑦ 1978년 실험용 Block Ⅰ 위성을 Rockwell 사에서 제작하여 발사를 시작하였다.

⑧ 궤도는 극궤도 운동, 고도 약 1,075km에 위성 5개이며, 이용한 좌표계는 WGS-72이다.

4.2. GNSS 신호체계 및 위치측정 원리

4.2.1. GNSS 신호체계

출제(논) : 68회

GNSS 위성은 모두 같은 주파수로 작동되며 각각의 위성들은 고유 코드를 갖는 신호체계를 채택하고 있다. GNSS 신호는 각 위성에서 방송하는 반송파를 측정하는 것으로 최초의 측정에서 수신기는 전체 관측된 파장 수를 계산할 수 있으며 수신기 초기파장의 부분적인 측정과 그 점으로부터 전체파장의 수를 추적한다.

4.2.1.1. Code 방식

출제(용) : 69회

코드 방식에는 P－code 방식과 C/A－code 방식으로 구분하고 C/A－code만 일반인에게 공개되며, P－code는 정부 간 협정으로 군사용으로 한정된 범위에서 사용된다. Code를 이용한 거리측정 수신기 시간차 위성과 수신기 간의 거리는 빛의 속도에 시간차를 곱하는 것이다.

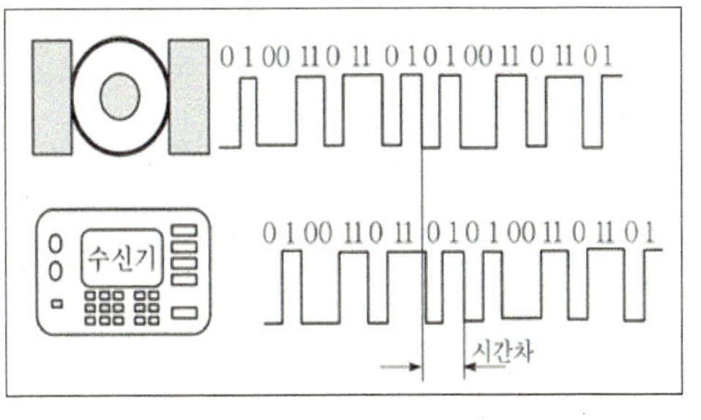

〈그림 4-5〉 Code를 이용한 거리측정

(1) P－code

출제(용) : 48회

① P－code(precise or private)는 GPS 신호상에 의사 잡음(PRN)으로 변조된 코드로 GPS의 기본주파수(f_0)로 정확히 1초에 10.23MHz 주파로 방송된다.

② 267일 정도의 시간으로 반복되는 것으로 P－code의 반복 주기는 정확히 일주일 주기이므로 코드 패턴의 정보 없이는 해독이 거의 불가능하다.

③ GPS 위성으로부터 발신되는 측위용 전파로 보내지는 신호로 유사거리를 측정하기 위하여 GPS 위성의 식별 부호 역할을 한다.

④ P−code는 L_2파에 의하는 데 군사적 목적의 code로 그 발생 규칙은 비공개가 원칙으로 되어 있지만, 실질적으로 공개되어 있다.

⑤ P−code는 L_1파에 적용할 수 있고, 지상 통제 옵션과 같은 L_2파에도 적용할 수 있다.

⑥ GPS 신호상에 의사 잡음(PRN)으로 변조된 코드로 1bit를 거리로 환산하면 29.3m가 되고 이론적인 반복 주기는 약 267일 정도이며 하나는 군사용이고 다른 하나는 민간용으로 사용하고 있다.

⑦ 두 주파수에 있어 P 코드의 전송은 사용자에게 전리층 지연에 대한 보정을 가능하게 한다.

(2) C/A−code

출제(용) : 59회

① C/A−code는 Clean and Acquisition의 약어이며 누구나 모든 사용자가 사용할 수 있다.

② 민간에게 공개된 표준 측위나 P−code를 포착하기 위하여 사용된다.

③ 위성으로부터 발사되는 정밀 측위용 전파의 신호로 유사거리를 측정하기 위한 24개의 GPS 위성의 식별 부호의 역할을 한다.

④ 반복 주기는 유사 잡음 부호(PRN)에 있어 0과 1로 구성된 1,023Mbps, 부호 열의 길이가 1,023bit이며 1bit의 길이는 293m가 되고 이 길이가 자의 눈금과 같은 역할로 L_1파에 운3반된다.

⑤ 주기는 매우 짧아서 항법 데이터나 시각 정보를 얻는 데 사용되며 계속하여 반복된다.

⑥ PRN 코드로 1.023MHz로 전파되며 백만분의 1초의 주기로 반복된다.

⑦ 계산방정식은 알려져 많은 항행과 도면작성 분야 등에 일반 민간용으로 사용하기에 편리하다.

⑧ 표준위치측정서비스(SPS)의 기초이며 C/A−code와 P−code의 에포크가 동시 발생하기 때문에 신속한 취득이 가능하다.

⑨ L_1파는 C/A 코드에서 위성식별과 위성 궤도정보 및 GPS 시각에 관한 정보를 제공하고 P 코드는 위성식별용으로 활용되고 있다.

⑩ C/A-code는 모든 부류의 구성요소 간 전체적 관계에 특징을 가지고 있는 대단히 중요한 코드이며 다른 위성으로부터 동시에 받는 신호를 빨리 인식할 수 있게 해준다.

⑪ C/A-code는 표준위치측정 서비스(SPS)의 기초이며 C/A-code와 P-code의 에포크가 동시 발생하기 때문에 신속한 취득이 가능하다.

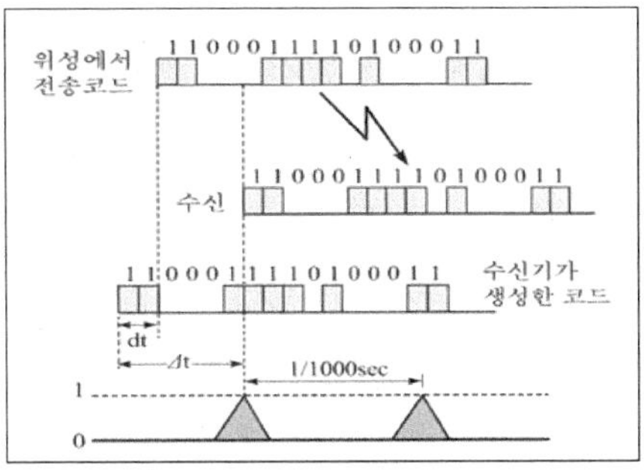

〈그림 4-6〉 C/A 코드 추출

(3) Y-code

① Y-code는 P-code가 비밀화된 것으로 실제로 PRN은 P-code와 유사하게 사용하고 있으므로 P-code로 대체할 수 있다.

② 해독 방정식은 비밀화되어 허가받은 사용자만 해독할 수 있으며 군사적으로 사용하고 있다.

③ L_1과 L_2반송파가 같은 Y-code와 함께 변조된다는 사실을 활용하여 탄생하였다.

④ Anti-spoofing 모드에서 GPS 위성에 의해 전송되는 P-code의 암호를 변경한 Version이다.

⑤ 기선해석에서 평상시 P-code의 사용에서보다 더 많은 관측 시간이 필요하게 된다.

4.2.1.2. 반송파

출제(용) : 59, 63, 74, 114회

반송파(Carrier Wave)의 측정은 위성에서 발사되는 신호와 수신기 내부의 진동자에 의하여 변형된 수신 신호차로 측정한다. 반송파는 인공위성의 데이터와 코드를 송신하는데 P 코드는 오직 L_2파에서만 변조되며, 파장에 의한 수신기는 1/100만의 정확도로 관측할 수 있다. L_1, L_2반송파는 기선 관측에서 기본적인 원시 Data로 대부분의 GPS 측량은 표준 L_1, L_2의 GPS 신호 이외에 PRN이 추가로 사용된다.

위성에서 보낸 신호 전파는 궤도정보 등을 송신하기 위하여 의사 잡음 코드로 변조된다. PRN 부호는 어떠한 규칙에 따라 만들어지는 불규칙한 이진 수열을 이용하여 위성까지의 거리를 측정하는 데 사용된다. 기본주파수 10.23MHz이며 반송파 주파수 L_1과 L_2는 기본주파수의 정수배이다.

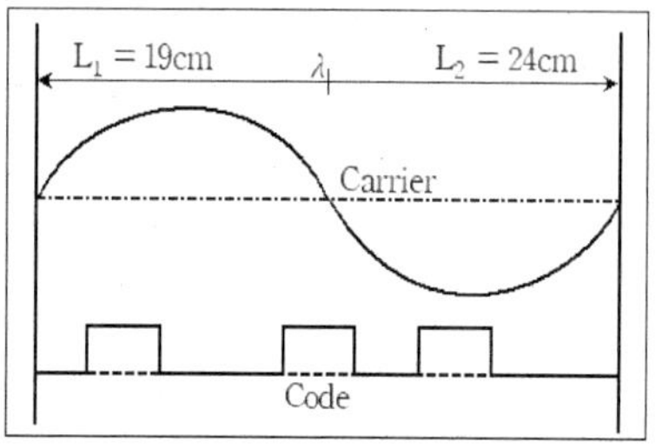

〈그림 4-7〉 위성 신호체계

(1) L_1반송파

① CA Code에서 위성식별용으로 사용되며 위성의 궤도정보 및 GPS 시각에 관한 정보를 제공하는 역할을 한다.

② L_1파의 기본주파수는 154 f_0로 주파수는L_1=154×f=1575.42㎒, 파장 길이가 19,029cm이다.

③ L_1파는 C/A-code와 P-code에 의하여 변조, 운송되고 P-code에서도 역시 위성식별용으로 활용되고 있다.

(2) L_2반송파

① L_2반송파는 P-Code (precise)에서 위성식별 정보 및 항법메시지용으로 사용되며 정밀측위로서 정밀 측지측량 및 군사용으로 많이 사용한다.

② L_2파의 기본주파수는 120 f_0로 L_2=120×10.23MHz=1,227.60MHz, 파장은 24.421cm이다. (f : 기본주파수로 10.23MHz)

③ L_2파는 거기에 실려 있는 P 코드라는 부호가 비밀이기 때문에 단독 측위에서는 이용할 수 없다.

④ L_1, L_2파 신호는 GPS 기선 관측에 있어서 가장 기본적인 원시 Data이다.

⑤ GPS 측량은 표준 L_1, L_2의 GPS 신호 이외에 PRN(Pseudo Random Noise)이 추가로 이용된다.

⑥ 간섭 측위에서는 부호를 사용하지 않기 때문에 L_2파도 이용할 수 있다.

(3) L_5 반송파

① 기본주파수 10.23×115배=1176.45MHz, 파장은 약 25.5cm이다.

② P 타입 코드로 대역 확산된 신호를 송출한다.

4.2.1.3. 항법메시지

① 모든 위성은 L_1, L_2의 데이터 전송을 보내는 것을 항법메시지(navigation Message)라고 한다.

② 〈그림 4-8〉과 같이 하나의 완전한 메시지는 25개의 프레임으로 구성되고 각 프레임은 1,500개의 비트로 구성되어 있다.

③ 각 프레임은 300개의 비트로 구성되는 서브프레임(sub frame)으로 나누어지고 각각의 서브프레임은 30개의 비트로 구성된 10개의 단어로 이루어진다.

④ 50bps에서 하나의 서브프레임을 전송하는 데 6초가 소요되고 프레임 전체를 완성하는 데 30초가 소요되며, 항법메시지 전체를 전송하는데 12분 30초가 소요된다.

⑤ 서브프레임 1, 2, 3은 각 서브프레임과 함께 전송되고 30초마다 반복되며 서브프레임 4와 5는 상호 간에 25회씩 왕복을 시행한다.

⑥ 서브프레임 4와 5의 25개 Version 들은 1에서 25page까지이며 이러한 page 들은 모두 매 750초나 12.5분에 한 번씩 반복된다.

⑦ 항행메시지에는 건강 상태가 양호한 위성을 표시하며 인공위성의 시간 기점, GPS 시간, 계측 동향, 시스템 상태 및 메시지의 정보를 포함한다.

⑧ GPS 위성측량에서 정확히 계산이 가능한 것은 CTP와 셋째 축이 겹치고 지구중심고정좌표계로 서브프레임 5의 24페이지는 인공위성까지의 천체 위치표를 포함하고 서브프레임 5의 25페이지는 인공위성 상태의 자료를 포함한다.

⑨ 서브프레임 5의 목적은 이용자를 돕고 다른 인공위성에서 신호를 취득하는 것이다.

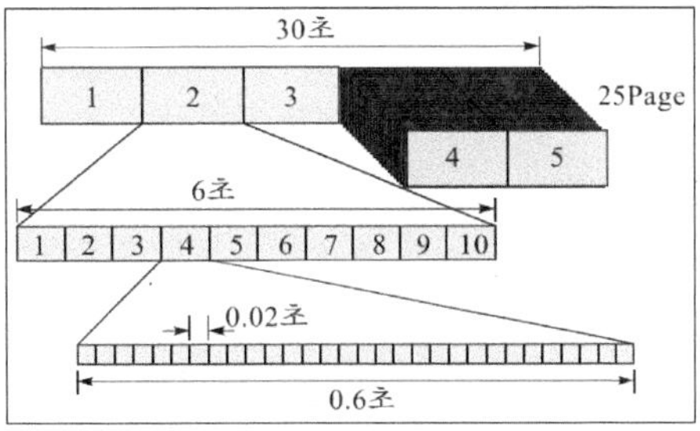

〈그림 4-8〉 항법메시지의 기본포멧

4.2.2. 위치측정 원리

출제(논) : 59, 62, 74, 84, 123회

① 위치측정은 후방교회의 삼변측량 방식을 사용하여 수신기로 수신된 데이터를 분석함으로써 측정점과 GPS 위성 간의 거리를 측정하는 것이다.

② 측점의 위치에서 3가지 요소인 위도, 경도, 높이를 구하려면 이를 3개의 미지수로 하며 3개 이상의 측정 거리가 있어야 함수값을 구할 수 있다.

③ 측정 원리는 GPS 수신기로 A 위성에서 20,000km, B 위성에서 20,500km의 거리를 측정하였다면 20,000km와 20,500km의 두 공간 교차 부분에 의하여 두 점의 교차점이 생기게 된다.

④ C 위성에서 21,000km의 거리가 측정되어 교차시킨다면 두 점의 교차점 중에서 한 점의 위치를 선택할 수 있는 것으로 〈그림 4-9〉는 무선항법의 기하학적 원리로 후방교회법의 원리라고 한다.

⑤ 각 위성은 지구상의 원형 형태로 지구반경에 해당하는 거리를 산출하고 두 개의 위성으로부터 두 개의 원이 교차하는 수평 위치를 계산할 수 있다.

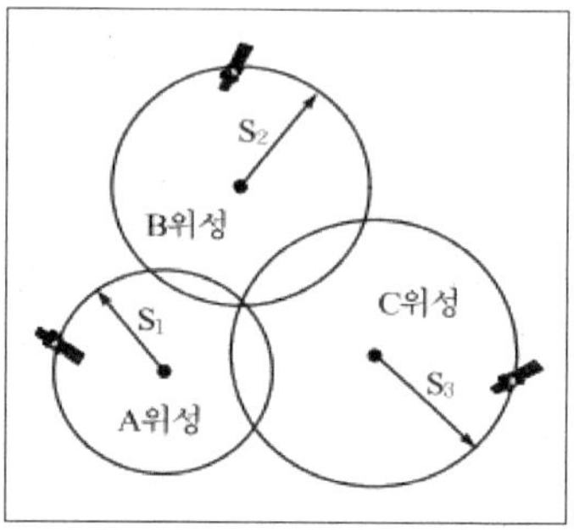

〈그림 4-9〉 후방교회법 원리

⑥ 위치측정 원리에는 의사거리와 반송파 위상을 이용하여 거리를 계산하는 방법이 있다.

⑦ 제3의 위성으로부터 지구 중심의 X, Y, Z의 지심좌표를 결정할 수 있으며 반복해서 위성 거리를 관측함으로써 측정점의 위치 정밀도를 높일 수 있다.

⑧ 위성의 시계와 수신기에 장착된 시계 간의 시각동기 오차와 위성에서 방송하는 신호의 도착 시각이 대기층과 전리층을 통과할 때 발생하는 지연 등이 그 원인이다.

4.2.2.1. 의사거리에 의한 위치결정

의사거리(Pseudo range)를 이용한 위치결정 방법은 인공위성에서 송신되어 수신기로 도착한 송신 시간을 PRN 인식 코드로 비교하여 측정하며 송·수신기의 시간 오차가 발생하고 거리는 기하학적인 실제 거리와의 차이를 말한다. 의사거리는 위성에 탑재된 시계와 수신기에 내장된 시계 사이의 C/A-code 또는 P-code 파장으로 변환되는 시간차에 따른 계산 거리를 의미한다.

(1) 의사거리의 특징

① 위치 측정을 위한 의사거리 측정은 코드 측정 방식과 반송파 측정 방식이 있다.

② 위성과 수신기 간의 거리 관측 특징은 코드가 2진법 체계이므로 측정시간이 매우 신속하다.

③ C/A code나 P code로 측정된 위성과 수신기 간의 위상 거리로 위성과 수신기의 시계에 의한 오차와 대기층에 의한 전파지연이 포함되어 있다.

④ 정확성은 여러 가지 요소에 따라 다르며 C/A code의 수신기는 ±100m 정도, P code의 의사거리는 ±30m 정도로 확보할 수 있다.

⑤ P code 또는 C/A code에 응용 대류권과 이온층의 신호지연으로 인한 오차가 의사거리에 직접 영향을 미친다.

⑥ GPS 위성은 항법 자료와 함께 두 가지 코드로 변조된 1575.42㎒의 L_1과 1227.6㎒의 L_2의 주파수를 지상으로 전송한다.

(2) 의사거리에 의한 계산

① 위성과 수신기 간의 시간편차(Δt) 상수를 계산하고 4개의 의사거리를 관측하여야만 3차원의 위치(X, Y, Z)를 결정할 수 있다.

② 3차원 위치는 단순히 X, Y, Z와 Δt, 4개의 미지수를 포함하는 관측방정식이다.

③ 의사거리의 관측은 〈그림 4-10〉 및 〈그림 4-11〉과 같이 위성과 수신기의 시간편차와 다른 영향에 의하여 실제 거리가 시간편차(Δt)로 지연된 것이다.

④ 위치측정의 정도는 측정거리의 정도와 위성의 기하학적 배치 형태에 따르며, 지구 표면상에서 구면 후방교회로 계산된다.

⑤ 코드 추적 방식은 GPS의 절대위치와 기지점의 관측성과가 약 31m 정도의 오차가 발생한다.

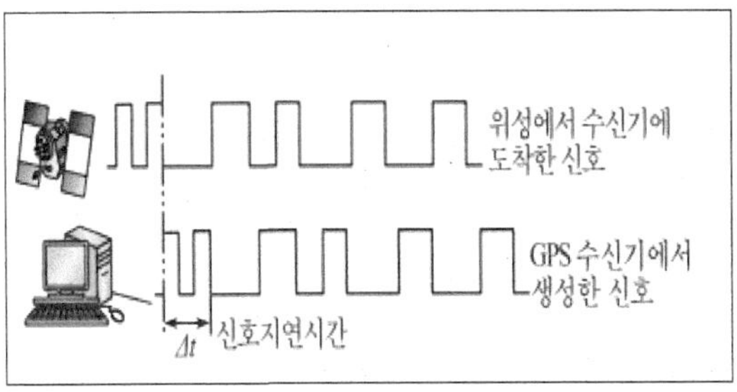

〈그림 4-10〉 의사거리 측정

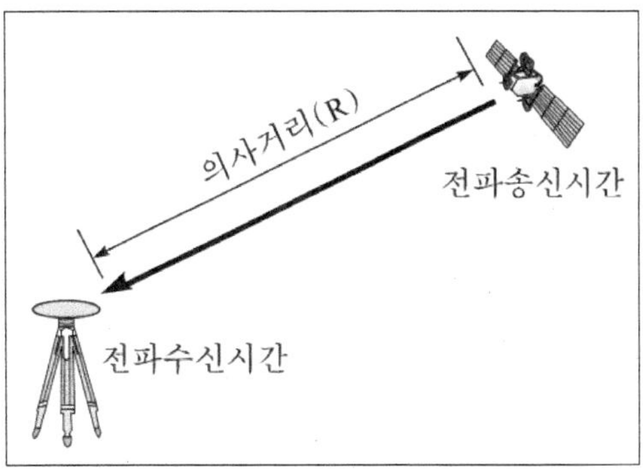

〈그림 4-11〉 의사거리 측정

⑥ 위성에서 발사한 코드와 수신기에서 미리 복사된 코드를 비교하여 두 코드가 완전히 일치할 때까지 걸리는 시간을 관측하여 여기에 전파속도를 곱하여 거리를 구하는데 이때 시간 오차가 포함되어 있으므로 의사거리라 한다.

- $R = [(X_R - X_S)^2 + (Y_R - Y_S)^2 + (Z_R - Z_S)^2]^{\frac{1}{2}} + \Delta t \cdot C + d$ 여기서, R : 위성과 수신기 사이의 거리, X_S, Y_S, Z_S : 위성의 좌표값, X_R, Y_R, Z_R : 수신기의 좌표값(미지값), Δt : GPS와 수신기 사이의 시각동기 오차, C : 전파속도, d : 대기 조건에 의한 전파지연이다.

⑦ 의사거리는 4개 이상의 위성을 관측하여 원하는 수신기의 위치와 시각동기 오차를 결정하여 항법, 근사적인 위치결정, 실시간 위치결정에 이용된다.

4.2.2.2. 반송파에 의한 결정

출제(논) : 74회

반송파 위상이란 위성과 수신기 간의 거리에 해당하는 사이클을 파수(Cycle or Wave Number)로 표시한 것으로 반송 주파수의 측정은 시각 오차가 있다.

(1) 특징

① 반송파 위상(Carrier Phase)은 높은 정밀도로 상대 측위를 기본으로 하고 있다.

② 위성에서 보낸 파장과 지상에서 수신된 파장의 위상차를 관측하여 거리를 계산한 방법이다.

③ 반송파 위상 관측값에는 불확실정수치가 존재하는 것과 사이클 슬립(Cycle Slip)이 존재하므로 신중하게 처리해야 한다.

④ L_1, L_2는 모두 극초단파로 반송파 주파수의 측정은 위성과 수신기 간의 주파수 파장의 차이인 위상차를 측정하는 것이다.

⑤ 관측데이터에는 반송파 위상, 위성의 위치를 나타내는 방송궤도 요소, 데이터 취득 시각 등이 기록되고 있다.

⑥ 간섭 측위 방식으로 높은 정확도의 기준점측량 등에 활용되고 있다.

⑦ GPS 위성은 L_1파로 다양한 시간과 위치정보를 포함하는 여러 가지 다른 메시지를 변조한 반송파를 사용한다.

⑧ 에포크(Epoch)는 GPS 상대측량으로 위치를 결정할 때의 자료 수록 시간으로 관측데이터의 취득 간격을 말한다.

⑨ L_1과 L_2반송파(Carrier Wave)는 위성의 위치 계산을 위한 케플러(Kepler) 요소와 형식화된 자료의 신호를 포함한다.

⑩ 반송파의 정보는 PRN 부호와 항법메시지로 이루어지고 관측 시 대기굴절과 인공위성의 운동에 의한 도플러효과에 따라 파장이 변한다.

(2) 에포크(Epoch)

출제(용) : 78회

① 에포크(Epoch)는 GPS 상대측량으로 위치를 결정할 때의 자료수록 시간으로 관측데이터의 취득간격을 말한다.

② 수신기는 일정한 시간으로 나누어진 관측시간대(epoch)에 위성 신호의 파장을 측정하도록 프로그램화되어 있다.

③ 어떤 주어진 시간간격(Epoch; 에포크)에 수신기를 통과한 사이클 수를 계산하는 것으로 이를 엠비규티(Ambiguity)라고도 한다.

④ C/A－code와 P－code의 에포크가 동시 발생하기 때문에 신속한 취득이 가능하다.

(3) 반송파의 계산

① 반송파위상은 높은 정밀도로 상대측위를 기본으로 하고 있으며 반송파 주파수의 측정은 〈그림 4－12〉와 같이 위성과 수신기 사이의 거리로 주파수 파장의 차이인 위상차를 관측하여 거리를 계산한다.

② 불확실정수치의 정확한 결정이 GPS 정확도를 좌우하며 위상차 최초의 불확실정수치의 문제해결을 위해 On－The－Fly(OTF)기법이 많이 사용된다.

③ 위성과 수신기 사이의 거리$(R) = (N + \phi)\lambda$
여기서, λ : 반송파의 파장, N : 반송파의 전체 파장수(불확실정수), ϕ : 신호의 마지막 주기 위상변화이다.

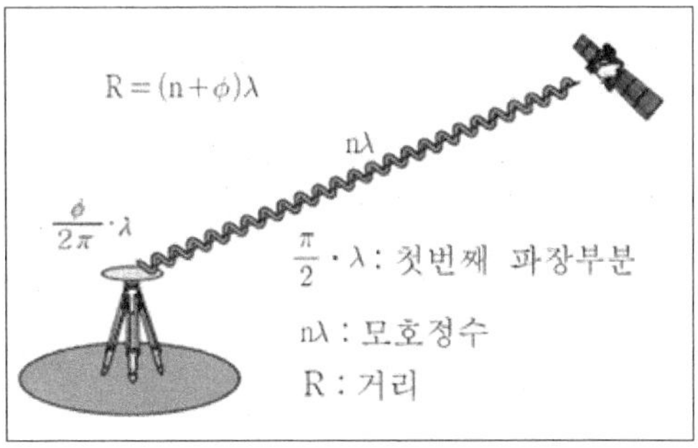

〈그림 4-12〉 반송파 파장수 측정

제1장 제2장 제3장 제4장 제5장 제6장

(4) 활용

① 위성의 반송신호와 수신기 내부에 설치된 신호 발생기의 측정값에 나타난 신호의 위상차를 관측 요소로 한다.

② 간섭측위 방식으로 높은 정확도를 필요로 하는 기준점측량 등에 활용되고 있다.

4.2.2.3. 반송파위상차

출제(논) : 116, 123회

① 반송파위상차는 이동용의 수신기 이외에 고정된 기준국(Reference Station)을 설치해서 GPS 오차를 제거하는 방법이다.

② 기지국과 이동국과의 사이에는 시간 오차, 궤도의 오차, 전리층, 대류권굴절 오차 등이 발생하는데 기준국의 변동된 내용을 이동국에 보정하여 위치를 결정하게 된다.

③ 여러 수신기에서 동시에 관측된 위성들의 신호는 위치측정에 영향을 미치는 오차에 의하여 상관관계를 나타내기 때문에 이러한 상관관계를 이용하여 관측된 신호들의 차이를 취함으로써 공통의 오차 효과를 제거할 수 있기 때문이다.

④ 계산 방식으로는 GPS 위상 관측방정식을 이용하여 GPS 수신기로 수신된 반송파 위상의 개수를 기록한 자료에 의하여 측량계산을 한다.

⑤ GPS 측량 계산의 기본은 모호정수치를 구하기 위한 방정식으로 일중위상차(Single Phase Difference), 이중위상차(Double Phase Difference), 삼중위상차(Trible Phase Difference)를 이용한다.

⑥ 계산식에서 의사거리 또는 반송파위상의 기호들과 함께 사용될 때 위 첨자로 사용되는 소문자 p와 q는 일반적으로 인공위성을 말하며 아래 첨자로 사용되는 a와 b는 수신기를 나타낸다.

⑦ 많을 때는 위첨자와 아래 첨자들은 미분 되지 않은 관측값들의 특정 함수들을 나타내기도 하지만 L_1과 L_2 반송파는 각각 위첨자 1과 2로 표기된다.

⑧ 각 항의 숫자 값들은 의사거리 또는 반송파 위상에 따라 다르며 각각 위첨자 p와 ϕ를 사용하여 구분되며 아래 첨자 ϕ는 크기가 조절된 반송파 위상들을 위해서 사용된다.

⑨ 위상관측은 수신기에서 측정된 인공위성의 반송파 신호의 위상과 수신기 내의 국부 진동자의 위상차를 측정시간(t) 동안 관측한 것이다.

(1) 일중위상차

① 일중위상차(Single Phase Difference)는 2개의 위성의 반송파위상을 계산한 값의 차를 위성 일중위상차라 하고, 1개의 위성을 2대의 수신기로 관측한 각 위성의 계산값을 수신기의 일중위상차라하며 기선해석 제1단계로 계산하는 양이다.

② 〈그림 4-13〉과 같이 수신기 A와 B의 2개가 미리 설정된 같은 미소 수신기 에포크(epoch)를 관측하면 2개의 방정식을 사용할 수 있다.

③ 수신기들 사이의 일중위상차 관측값 계산

- $\phi^p_{ab}(t)=\phi^p_a(t)-\phi^p_b(t)=\frac{f}{c}\left[\rho^p_a(t)-\rho^p_b(t)\right]+\frac{a^p}{c}\left[\rho^p_a(t)-\rho^p_b(t)\right]+\frac{f}{c}\left[\rho^p_a(t)dt_a-\rho^p_b(t)dt_b\right]$

$$+N^p_{ab}(1)-f(dt_a-dt_b)+I^p_{ab}(t)+\frac{f}{c}T^p_{ab}(t)+d_{ab,\phi}(t)+d^p_{ab,\phi}(t)+\varepsilon^p_{ab,\phi}$$

④ $\phi^p_{ab}(t)$에서 아래 첨자 a와 b는 $\phi^p_a(t)-\phi^p_b(t)$의 감소 연산을 표시하기 위해서 사용되는 방법에 주의하여야 하며 같은 규칙에 따르면

- $N^p_{ab}(1)=N^p_a(1)-N^p_b(1)$, $I^p_{ab,\phi}(t)=I^p_{a,\phi}(t)-I^p_{b,\phi}(t)$
- $T^p_{ab}(t)=T^p_a(t)-T^p_b(t)$, $d_{ab,\phi}(t)=d_{a,\phi}(t)-d_{b,\phi}(t)$
- $d^p_{ab,\phi}=d^p_{a,\phi}(t)-d^p_{b.\phi}(t)$, $\varepsilon^p_{ab,\phi}(t)=\varepsilon^p_{a,\phi}(t)-\varepsilon^p_{b,\phi}(t)$와 같은 수식을 얻을 수 있다.

⑤ 일중위상차 접근방법에 관한 개념적인 내용은 2개의 수신기가 같은 에폭시에서 같은 인공위성을 관측할 경우로 〈그림 4-13〉과 같다.

⑥ 일중위상차 관측에 관한 원리의 특징은 인공위성에 대한 대부분의 일반 에러가 생략된다는 것이다.

⑦ 수신하는 시간이 매우 짧지만 같다면 인공위성과 두 개의 기지점 A와 B 사이의 거리 차 때문에 발사 시간은 약간 다르게 나타난다.

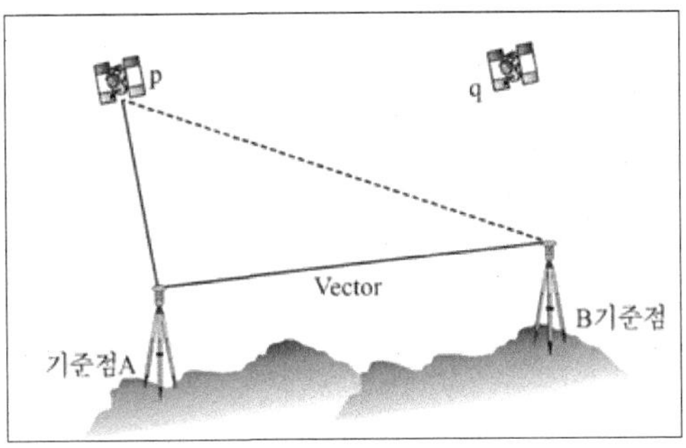

〈그림 4-13〉 일중위상차

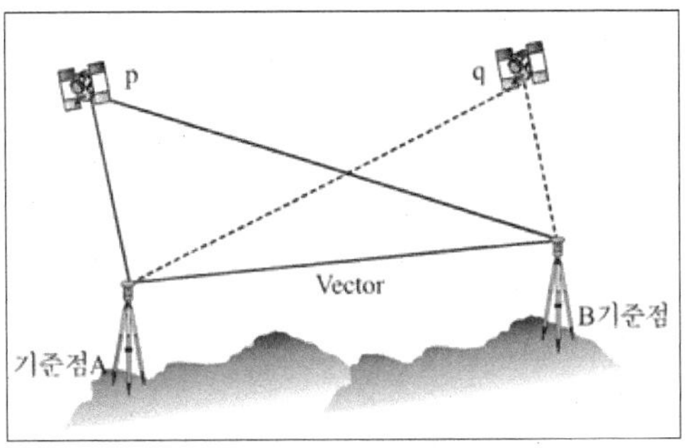

〈그림 4-14〉 이중위상차

(2) 이중위상차

출제(용) : 56, 126회

① 이중위상차(Double Phase Difference)는 상대위치결정에 있어서 기선의 양측 수신기에서 기록한 위성의 위상 계산값을 결정하고 두 개의 수신기의 시간차를 완전히 소거한다.

② 두 개의 수신기 A와 B가 매우 짧은 시간에 두 개의 인공위성 p와 q를 관측한다면 이중위상차 관측은 다음과 같다.

- $$\phi_{ab}^{p}(t)=\phi_{ab}^{p}(t)-\phi_{ab}^{q}(t)=\frac{a^{p}}{c}\left[\rho_{a}^{p}(t)-\rho_{b}^{p}(t)\right]-\frac{a^{q}}{c}\left[\rho_{a}^{q}(t)-\rho_{b}^{q}(t)\right]+\frac{f}{c}\left[\rho_{a}^{p}(t)-\rho_{b}^{p}(t)\right]-\frac{f}{c}\left[\rho_{a}^{q}(t)-\rho_{b}^{q}(t)\right]$$
$$+\frac{f}{c}\left[\dot{\rho}_{a}^{p}(t)dt_{a}-\dot{\rho}_{b}^{p}(t)dt_{b}\right]-\frac{f}{c}\left[\dot{\rho}_{a}^{q}(t)dt_{a}-\dot{\rho}_{b}^{q}(t)dt_{b}\right]+N_{ab}^{pq}(1)+I_{ab,\phi}^{pq}(t)+\frac{f}{c}T_{ab}^{pq}(t)+d_{ab,\phi}^{pq}(t)+\varepsilon_{ab,\phi}^{pq}$$

③ 위의 식에 따른 조건은 $N_{ab}^{pq}(1)=N_{ab}^{p}(1)-N_{ab}^{q}(1)$, $I_{ab,\phi}^{pq}(t)=I_{ab,\phi}^{p}(t)-I_{ab,\phi}^{q}(t)$, $T_{ab,\phi}^{pq}(t)=T_{ab}^{p}(t)-T_{ab}^{q}(t)$, $d_{ab,\phi}^{pq}(t)=d_{ab,\phi}^{p}(t)-d_{ab,\phi}^{q}(t)$, $\varepsilon_{ab,\phi}^{pq}=\varepsilon_{ab,\phi}^{p}-\varepsilon_{ab,\phi}^{q}$ 와 같다.

④ 〈그림 4-14〉는 개념적인 내용으로 2개의 수신기가 동일한 에폭시에서 인공위성 2개를 관측할 때 정수의 모호성은 이중위상차를 수행할 때 중요한 역할을 한다.

⑤ 이중위상차 관측의 가장 중요한 특징은 큰 수신기 클럭 에러들인 dt_a와 dt_b을 생략하는 것이며 수신기 클럭 에러들은 인공위성 p와 q에 대한 관측값들이 같은 시간에 취해지면 완벽하게 생략되며 또는 관측 epoch들 사이에서 수신기의 클럭 드리프트들이 무시된다.

(3) 삼중위상차

① 삼중위상차(Trible Phase Difference)는 적분위상차라고도 하며 상대위치결정에 있어서 위성의 위성시각의 계산값과 같은 시간 내의 위성거리의 변화를 나타내는 것을 말한다.

② 사이클 슬립이 일어나지 않으면 삼중위상차로는 정수치 오차가 소거되어 기선을 계산한다.

③ 삼중위상차와 이중위상차는 클럭 에러들과 인공위성의 주파수 오프셋에 관해서는 같은 민감도를 갖는다.

④ 〈그림 4-15〉는 개념적인 내용으로 2개의 수신기를 이용하여 어떤 에폭시에서 그다음 에폭시까지 인공위성 2개를 관측할 경우이며 삼중위상차의 관측은 모호성이 생략되므로 가장 쉽게 처리된다.

⑤ 삼중위상차는 계산된 나머지 것들에서 사이클 슬립들이 정리된다는 점에서 주요한 장점을 갖고 있다. 삼중위상차 계산 방법은 다음과 같다.

- $\phi_{ab}^{pq}(t_2,t_1) = [\phi_{ab}^{p}(t_2) - \phi_{ab}^{q}(t_2)] - [\phi_{ab}^{p}(t_1) - \phi_{ab}^{q}(t_1)] = [\phi_{ab}^{p}(t_2) - \phi_{ab}^{p}(t_1)] - [\phi_{ab}^{q}(t_2) - \phi_{ab}^{q}(t_1)]$

$= \phi_{ab}^{p}(t_2,t_1) - \phi_{ab}^{q}(t_2,t_1) = [\phi_{a}^{pq}(t_2) - \phi_{b}^{pq}(t_2)] - [\phi_{a}^{pq}(t_1) - \phi_{b}^{pq}(t_1)]$

$= [\phi_{a}^{p}(t_2) - \phi_{a}^{p}(t_1)] - [\phi_{b}^{p}(t_2) - \phi_{b}^{p}(t_1)] - [\phi_{a}^{q}(t_2) - \phi_{a}^{q}(t_1)] + [\phi_{b}^{q}(t_2) - \phi_{b}^{q}(t_1)]$

$= \phi_{a}^{p}(t_2,t_1) - \phi_{b}^{p}(t_2,t_1) - [\phi_{a}^{q}(t_2,t_1) - \phi_{b}^{q}(t_2,t_1)] = \phi_{a}^{pq}(t_2,t_1) - \phi_{b}^{pq}(t_2,t_1)$

⑥ 시간에 관해서 새로운 관측값이 형성될 때마다 epoch 식별자인 t_1과 t_2는 새로운 관측값을 위한 기호 일부가 된다.

⑦ 기호 $\phi_{ab}^{p}(t_2,t_1)$은 같은 인공위성을 포함하는 수신기들 사이의 단일오차들 시간에 관한 차를 나타내며 $\phi_{a}^{pq}(t)$ 는 인공위성들 사이의 단일오차를, 기호 $\phi_{a}^{pq}(t_2,t_1)$는 인공위성들 사이의 단일오차 두 가지의 시간에 관한 차를 나타낸다.

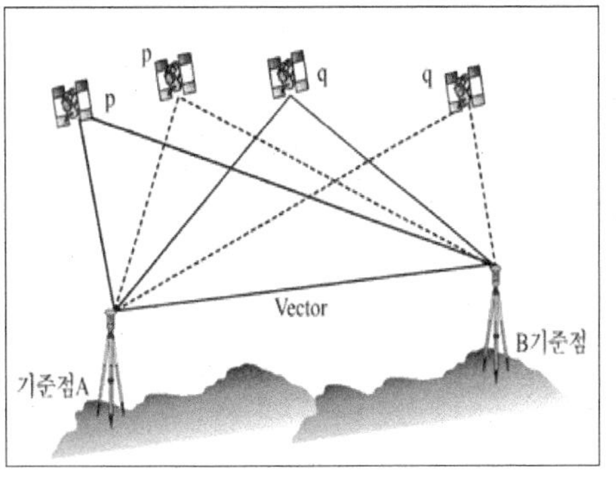

〈그림 4-15〉 삼중위상차

(4) 델타범위관측

① 기준점 1개와 인공위성 1개 이상이 포함되는 반송파 위상을 관측할 때의 차들을 종종 델타범위관측(delta range observables)이라 한다.

② 공식으로 정리하면 $\phi_{a}^{p}(t_2,t_1) = \phi_{a}^{p}(t_2) - \phi_{a}^{p}(t_1)$이며, 기준점 1개와 인공위성 2개가 포함되었을 때 시간에 관한 차이가 없는 두 개의 관측값을 갖는다.

- $\phi_{a}^{p}(t_2,t_1) = \phi_{a}^{p}(t_2,t_1) - \phi_{a}^{q}(t_2,t_1) = [\phi_{a}^{p}(t_2) - \phi_{a}^{p}(t_1)] - [\phi_{a}^{q}(t_2) - \phi_{a}^{q}(t_1)]$

$= [\phi_{a}^{p}(t_2) - \phi_{a}^{q}(t_2)] - [\phi_{a}^{p}(t_1) - \phi_{a}^{q}(t_1)] = \phi_{a}^{pq}(t_2) - \phi_{a}^{pq}(t_1)$

4.3. GNSS

출제(용) : 81, 105, 119회, (논) : 77, 95, 104, 113, 117, 125, 129, 131회

GNSS(Global Navigation Satellite System)는 미국의 GPS에 이어 러시아의 GLONASS(GLobal Orbiting NAvigation Satellite System), 유럽연합의 Galileo, 중국의 BDS(BeiDou Navigation System)가 운영되고 있는데 이들을 통칭하는 말이다. 위성의 위치와 항법정보를 기반으로 위성에서 발사되는 신호가 수신기에 도달하는데 걸리는 전파지연시간을 측정하여 수신기에서 위성까지 거리를 구하고 삼각법으로 사용자의 위치를 계산한다.

4.3.1. GNSS 구성

(1) GPS

① GNSS의 대표라 할 수 있는 GPS는 미국 국방성(DoD, Department of Defense)에 의해 1970년대 초기에 개발된 위성항법시스템으로 NAVSTAR GPS(NAVigation System with Time and Ranging Global Positioning System)이며, 현재는 줄여서 GPS라 한다.

② 1960년대 중반부터 미 공군에서 수행한 621B 프로젝트는 PRN 신호를 반송파에 변조함으로써 데이터의 장거리 전송을 가능하게 하였다.

③ 미 해군과 공군에서 각자 실험적으로 운영해 오던 3개의 위성항법시스템은 1973년 NAVSTAR GPS라는 이름으로 통합되었다.

④ 1978년부터 1985년까지 Block Ⅰ으로 명명된 11대의 위성들이 발사되었고, 1989년부터 1990년까지 9대의 Block Ⅱ위성들이 발사되었다.

⑤ 1990년부터 1997년까지 19대의 Block ⅡA 위성들이 발사되었고 Block ⅡR 위성들은 2004년까지 13대가 발사되었다.

⑥ 1994년 3월 GPS BlockⅡ/ⅡA 위성들로 이루어진 24대의 배치가 완성되면서 1995년 공식적으로 FOC(Full Operational Capability)를 선언하였다.[4)]

⑦ 2005년부터 2009년까지 8대의 Block ⅡR−M, 2010부터 2016년까지 12대의 Block ⅡF, 2018년부터 2019년까지 2대의 Block ⅢA가 발사되었다.[5)]

---

4) Hofmann Wellenhof, Herbert Lichtenegger, Elmar Wasle, GNSS(Global Navigation Satellite Systems GPS), GLONASS, Galileo and more, Austria : Springer Wien NewYork, 2008, p.310.

5) https : //en.wikipedia.org/wiki/GPS_satellite_blocks, GPS satellite blocks.

⑧ 1990년 걸프전이 발생함에 따라 미군은 GPS 위성시계와 궤도력에 오차를 부여하는 SA (Selective Availability)를 실행했다.

(2) GLONASS

① GLONASS(Global NAvigation Sputnik System)는 범지구인공위성항법시스템으로 러시아의 국방부 주관하에 통합응용기계연구소(NPOPM), 항공기계공학연구소(RNIIKP), 러시아시간·전파항법연구소(RIRV), 합작기업 Polet 등을 공동으로 개발하였다.

② 러시아 우주국(Russian Space Forces)에 의해 관리되는 위성항법시스템이며 러시아 국방부의 KNITs(Coordination Scientific Information Center)에 의해 운영되고 있다.

③ GLONASS 시스템은 24개의 인공위성을 주축으로 구성되었으며 PE−90 좌표계를 사용한다.

④ 러시아 고궤도 위성항법시스템인 GLONASS는 1982년 "Kosmos−1413" 위성의 발사로 시작되었다.

⑤ GLONASS는 고도 19,100km 상공에 3개 궤도면에 각각 8개의 인공위성이 배치되어 있으며 궤도경사는 64.8°이며, 인공위성의 회전주기는 11시간 15분 44초이다.

⑥ 2012년부터 2020년까지 자국의 다양한 항법 기술개발을 촉진하고 모든 사용자에 대한 요구에 부응하도록 GLONASS 시스템에 대한 지속적인 서비스를 보장하는 내용을 담고 있다.

⑦ 러시아는 GLONASS−M 위성과 GLONASS−K1 위성으로 FOC를 완성하여 운영하고 있다.

⑧ GLONASS 위성 신호체계

- GLONASS의 주파수(f_0=5.11MHz)를 가지며 송신되는 반송파는 GPS와 마찬가지로 L_1, L_2의 두 종류가 있다.
- L_1의 파장 길이(λ_{01})는 18.7cm, L_2의 파장 길이(λ_{02})는 24.1cm이다.
- GLONASS는 목적에 따라 코드를 달리하며 군사 목적에 사용되는 코드는 BT 코드, 일반목적은 CT 코드가 사용된다.
- GLONASS는 신호 보정을 위해 이 천체력(Ephemeris) 데이터 변수, 역서(Almanac)에 대한 정보를 제한한다.
- GLONASS는 개개의 인공위성들이 갖는 코드가 일정하다.

(3) 갈릴레오(Galileo)

출제(용) : 78회

① 유럽 전역에 대한 교통, 통신, 에너지 기반시설을 안정화하고 장착시키기 위해 위성측위 및 항법에 대한 유럽 전략과 주요 행동들이 요구되었고 GNSS 1과 GNSS 2로 구분하여 진행되었다.

② GNSS 1은 EGNOS(European Geostationary Overlay Service)로 명명되며 유럽 전역의 사용자들은 EGNOS 위성으로부터 송신된 GPS 보정신호가 더욱 정확하게 위치결정을 수행할 수 있다.

③ GNSS 2는 Galileo로 명명되며 Galileo는 EU(European Union)와 ESA(European Space Agency)에 의해 출범된 글로벌 위성항법시스템으로 민간 통제하에 높은 정확도의 전 지구적 위치결정이 가능한 서비스 제공을 목적으로 하고 있다.

④ 1994년 12월 유럽연합협의회가 유럽이 주도하는 GNSS를 개발하기로 하면서 Galileo의 역사는 시작되었다.

⑤ 2002년 GJU(Galileo Joint Undertaking)가 설립되어 Galileo 프로그램의 개발단계 관리 업무를 수행하고 많은 다양한 민간 단체들의 참여를 유도하였다.

⑥ 2003 WRC에서 GPS, GLONASS, Galileo 시스템에 대한 주파수와 대역폭이 결정되었다.

⑦ 2005년 Galileo 시스템 기술의 시험을 목적으로 하는 GIOVE(Galileo In-Orbit Validation Element)위성이 러시아의 소유즈 로켓에 실려 발사되었는데 중궤도에 발사된 유럽 최초의 위성이었다.

⑧ 2007년 GSA(GNSS Supervisory Authority)에 모든 업무가 이양되었고 GSA는 2010년 유럽연합 기관으로 구조 조정되면서 GNSS Supervisory Agency로 변경되었다.

⑨ 2008년 GIOVE B 위성이 발사되어 성공적으로 신호 송신을 시작하였으며 2012년 7월까지 작동되었다.

⑩ 2011년 Galileo IOV(In-Orbit Validation) 위성인 GSAT 0101과 GSAT 0102가 프랑스 기아나(Guiana) 우주기지에서 발사되었으며 2012년 GSAT 0103과 GSAT 0104가 발사되었다.

⑪ 2014년 Galileo FOC 위성인 GSAT 0201과 GSAT 0202가 발사됐는데 계획된 궤도로 발사되지 못했으나 2014년 말과 2015년 초에 정상궤도로 진입하였다.

⑫ 2019년 총 22대의 Galileo FOC 위성이 운영 중이며 2022년까지 12대가 추가로 발사되어 34대의 위성이 FOC를 형성할 것으로 파악되고 있다.

(4) BeiDou

출제(용) : 92회

① 북두 위성항법시스템(BDS, BeiDou Navigation Satellite System)은 중국의 안보와 경제, 사회 개발의 필요에 따라 중국이 독자적으로 구축하고 운영하는 시스템이다.

② 북두 위성항법 시스템은 큰곰자리를 의미하는 것으로 10년까지 중국 자체의 위성항법과 관련된 응용 산업 및 인프라 구축을 목표로 하고 있다.

③ 1993년 공식적으로 시작하여 2000년 실험 위성을 발사하였고, 2003년 5월 3기를 궤도에 진입시켰다.

④ BDS1 프로젝트는 1994년에 시작되어 2000년 10월과 12월에 두 대의 GEO(Geostationary Equatorial Orbit) 위성이 발사되어 중국 내 사용자들에게 위치결정과 시각 서비스를 제공하였다.

⑤ BDS2 프로젝트는 2004년에 시작되어 2007년 4월 첫 번째 BDS2 위성 발사를 시작으로 2012년까지 총 16대의 위성이 발사되어 아시아 태평양 지역의 사용자들에게 서비스하고 있다.

⑥ BDS3 프로젝트는 2009년에 시작되었으며 2015년 3월 첫 번째 BDS3 위성이 발사되었으며 2019년 9월 기준 총 4대의 BDS2 위성과 28대의 BDS3 위성이 발사되었다.

⑦ 2019년 10월 세 번째 단계인 BDS3의 기본 시스템을 구축하고 있으며 전 세계에 항법 서비스를 제공하고 있다.

⑧ BeiDou 시스템이 미국 GPS와 러시아 GLONASS를 이어 세 번째 위성항법 시스템의 지위를 얻었음을 의미한다.

⑨ 최종적인 북두 위성 배치는 총 4기의 정지궤도 위성으로 이루어져 있으며, 이 중 2기는 운영하고 나머지 2기는 백업용이다.

4.3.2. GNSS의 기준좌표

① 인공위성 측위 시스템은 WGS 84나 PE−90과 같은 범지구적 시스템의 좌표를 결정한다.

② 일반적으로 3차원 좌표계인 WGS 84, ITRF, PE−90의 좌표들은 지역 좌표시스템으로 변환해야 한다는 것이다.

③ WGS 84 좌표의 경우 측지좌표인 경도, 위도, 높이(B, L, H)로 변환하고 경위도는 다시 평면직각좌표로 변환해야 한다.

④ 러시아에서는 현재 범지구좌표계인 WGS84와 PE−90과의 좌표를 변환하고 PE−90과 현행 크라소프스키 이론에 의한 좌표체계인 SK 42로 변환한다.

4.3.3. GNSS의 지적측량 적용

① 지적측량은 기초측량과 세부측량으로 구분되며 기초측량은 지적기준점(지적삼각점, 지적삼각보조점, 지적도근점)을 설치하고 각 점의 위치를 파악하기 위해 국가기준점을 기준으로 측정하는 측량이다.

② 세부측량은 지적기준점을 기초로 일필지의 형상을 측량하는 것으로 일필지 경계점의 좌표를 결정하여 지적도(임야도 포함)를 작성하는 측량이다.

③ 기초측량의 경우 GNSS 정지측량을 이용하여 지적기준점을 결정했고, 세부측량은 전자평판측량이 주로 적용되는 가운데 일부 네트워크 RTK를 적용하여 결정하고 있다.

④ 2006년 감사원 감사 결과에 따라 국토지리정보원으로 이관되어 운영되고 있다.

⑤ 2015년 LX_GNSS(LX_Global Navigation Satellite System) 위성 측위 인프라 기준국 고도화를 완료하여 전국에 단방향 통신 매체에 적합한 MAC(Master Auxiliary Concept) 기반 실시간 위성 보정 서비스인 네트워크 RTK 시스템을 구축하였다.

4.3.4. GNSS 국내외 현황

(1) GNSS 국내 현황

① 최근 정부에서 GPS 상시관측소와 네트워크 등에 많은 투자를 하고 있으나, 부처별 필요에 의해 관측소를 설치·운영 중이다.

② 1997년 이후에는 GNSS 응용 분야의 연구가 활발히 진행되고 있으며, 최근 국내에서는 ITS 등 육상항법 분야가 GNSS 응용시장에 활성화되고 있다.

③ 유무선 통신 분야에서 네트워크 관리와 전자상거래의 전자인증 등과 관련한 시각 동기 장치의 시장이 확대될 것으로 전망되고 있다.

④ GNSS는 각종 정보화 사업의 인프라에 해당하는 만큼 국가 차원에서 국제표준화를 추진하고, 국내 산업을 선도하는 정책이 필요하다.

⑤ GNSS는 GIS 응용, 개인 휴대통신, 측량 및 항법 등 다양한 정보화 사업과 연계할 수 있는 만큼 전략적으로 활용 분야를 개척할 필요가 있다.

⑥ 국가적인 차원에서 항법, 측량, 시각, 과학·기상 등 분야별 전문성을 고려한 역할 분담 체계를 수립하여, 표준화, 기술 개발, 인력양성, 법·제도 정비 등을 적극적으로 추진하여야 한다.

(2) GNSS 국외 현황

① 미국은 1983년부터 민간용으로도 GPS를 공개하고 민간인이 사용할 수 있도록 하였으며, 정밀 항법 및 민간용으로 위성 신호를 추가하고 의도적 혹은 비의도적 간섭으로부터 GPS 신호를 보호하도록 하고 있다.

② 러시아는 독자적인 기술로 개발한 GLONASS를 운영하고 있으나 경제침체로 인한 정상 운영 지연과 러시아 산업계의 상업화 능력 부족으로 GLONASS 관련 시장을 활발히 개척하지 못하고 있다.

③ 유럽은 GPS의 성능보다 우수한 GALILEO로 명명된 독자 위성항법 시스템 개발을 위한 3단계 계획으로 추진하고 있다.

④ 일본은 미국의 GPS를 세계 표준으로 만들기 위한 공동노력 협약을 체결하고, 유럽의 GALILEO 독자 항법시스템에 대하여 협력하고 있다. 또한, 동경 140°에 MTSAT 1호를 발사하고, 동경 120° 또는 140°에 MTSAT 2호를 발사하여 운영하고 있다.

4.3.5. 다중위성항법시스템(Multi-GNSS)

다중위성항법시스템(Multi-GNSS)은 미국의 GPS와 러시아의 GLONASS, 현재 개발 중인 유럽의 Galileo와 중국의 BeiDou 등 3개 이상의 위성항법시스템을 이용해 위치를 측정하는 시스템을 말한다.

(1) 필요성

① 일반적으로 충분한 수의 항법위성을 수신하는 경우 신속한(10초 이내) 위치계산이 필요

② 고층건물 밀집지역 등 위성 수신이 불안정한 지역에서는 위치결정이 불가한 경우가 많았다.

③ 수신 가능한 위성 수를 대폭 확장시켜 기존에 실시간 측량이 어렵던 도심지역까지 확대가 필요하였다.

(2) 보정정보 계산

① 측위보정정보 서비스(RTS1, RTS2)를 운영하고 있다.

② 현재는 다중 위성항법시스템(Multi-GNSS) 기반 측위보정정보를 제공해왔다.

③ 현재의 시스템에 갈릴레오(GALILEO), 베이더우(BEIDOU) 2종을 추가 적용하게 되면서 사용자는 어느 경로로 접속하더라도 안정적인 품질의 측위보정정보를 제공받을 수 있다.

④ 다양한 위치기반 산업분야에 위성항법(GNSS) 기반의 위치정보를 제공하고 활용성을 지속적으로 확장할 계획이다.

(3) 활용

① 측위보정정보는 지피에스(GPS) 등 위성항법시스템(GNSS)을 이용한 위성측위에서 위치정확도 향상을 위해 적용되는 부가 정보로 활용된다.
② 공공측량, 스마트건설, 자율드론비행 등 cm단위의 위치정보를 필요로 하는 분야에서 활용되고 있다.
③ 국토지리정보원에서는 인터넷 기반의 실시간 측위보정정보 서비스를 국토정보플랫폼에서 무상 제공하고 있다.

4.3.6. 위성항법시스템(A-GNSS)

A-GNSS(Assisted GPS)는 보조 GPS로 GPS의 신호만으로 위치를 찾는 S-GPS(Standalone GPS)와 다르게 통신 데이터망을 이용하여 미리 궤도 정보(Almanac)와 천체력 데이터(Ephemeris), 시간(기지국 시간)을 전송받아 TTFF(Time To First Fix, 인공위성과 데이터링크가 고정되기까지 소요된 시간) 시간을 줄여 바로 위치 추적을 가능하게 하는 기술이다. GNSS(Global Navigation Satellite Systems)는 미국의 GPS와 러시아의 GLONASS, 현재 개발 중인 유럽의 Galileo와 중국의 BeiDou 등 모든 위성항법시스템으로 이동통신에 A-GPS와 비슷한 방법으로 적용하는 기술을 A-GNSS라 한다.

(1) 특징

① 단말기의 신속한 위치결정과 미세한 신호 탐지를 위해 획득보조정보(Acquisition Assistance Data)를 단말기로 전송하여 초기 동기 획득 시간을 줄인다.
② 감도보조정보(Sensitivity Assistance Data)를 제공하여 단말기의 신호 탐지 성능을 높인다.
③ 차등 보정(Differential Correction) 정보 등을 이용하여 측위 정확도를 높이기 위한 여러 가지 오차 정보를 제공한다.
④ A-GNSS는 GNSS 신호를 이용한 측위를 할 때, 이동통신망이나 무선 인터넷망으로 연결된 보조 서버(Assistance Server)를 사용한다.
⑤ 다양한 보조 정보를 받아 보다 신속하고 정확한 위치 파악을 가능하게 하는 시스템이다.

⑥ GNSS 시스템의 반영으로 가용위성 신호의 폭이 넓어졌다.

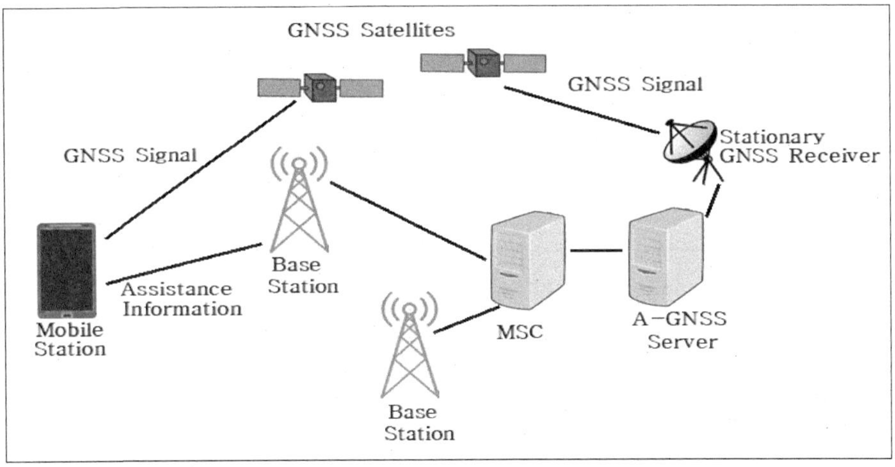

〈그림 4-16〉 A-GNSS 측위 방식

(2) 보조 정보의 종류

① 획득보조정보(Acquisition Assistance)

- 단말기로 전달되는 획득 보조 정보는 단말기가 속한 기지국의 GPS 시각 동기 및 자체 주파수, 그리고 기지국의 위치 (또는 단말기의 대략적 위치) 등을 기준으로 만들어진다.
- A-GNSS 단말기가 각 GNSS 신호를 신속하게 탐색한다.
- 정확한 코드 위상 가설 영역 및 도플러 주파수 가설 영역을 제공한다.
- GPS를 사용하지 않는 일반적인 비동기 방식의 기지국에서는 획득 보조 정보의 정확도가 떨어져 탐색 영역이 좁혀지지 않는다.

② 감도보조정보(Sensitivity Assistance)

- GNSS 항법메시지와 현재 측정되고 있는 신호의 비트 에포크(epoch)에 대한 정보 등을 포함한다.
- 위성 신호정보 예측할 수 있어 동기 적산(coherent integration) 시간을 증가시킬 수 있다.

③ 기타 보조정보

- 기지국의 측위 관련 기능, 위치 계산을 위한 기준 정보, 정확도 향상을 위한 정보를 제공한다.

- 전리층 및 대류권 지연 오차 보정정보 등을 제공한다.
- 위성 시계오차, 궤도오차 등을 제공한다.

(3) A-GANSS 기능

① 반송파 위상 측정을 포함한 다중주파수 측정(Multi-frequency Measurement) 지원한다.
② 궤도력 확대(Ephemeris Extension) 정보를 제공한다.
③ GPS(Modernized GPS), Galileo, Glonass 같은 새로운 위성시스템이다.
④ 위치 응답(Location Response) 정보를 제공한다.
⑤ SBAS(WAAS, EGNOS, MSAS, GAGAN, QZSS) 등의 광역 D-GANSS 보강시스템으로 지원 범위를 확대한다.

(4) 기대효과

① 측위 오차의 보정(DGNSS) 및 반송파 위상 측위 기술을 포함하여 정확도를 높인다.
② 신호의 무결성 검증(Real-time Integrity) 등을 통하여 신뢰도 높은 측위를 보장하고 있다.
③ GNSS 시스템의 반영으로 가용위성 신호의 폭이 넓어졌다.
④ 궤도력 확대정보를 이용하여 1회의 보조정보로 약 2주까지도 보조서버의 협력 없이도 빠른 초기 위치결정 시간을 갖게 된다.
⑤ 네트워크 의존도를 줄이는 방향으로도 기술의 응용 가능 범위가 확장되었다.
⑥ 차세대 GNSS 신호와 A-GNSS 융합 기술은 GNSS의 활용을 더욱 넓힐 것으로 기대한다.

4.3.7. 위성기반보정시스템(SBAS)

출제(논) : 108회

위성기반보강시스템(SBAS; Satellite Based Augmentation System)은 정지궤도위성을 사용하여 정밀하게 보정된 위치 정보데이터를 서비스하는 시스템을 말한다. GPS에서 발생하는 오차 정보를 위성방송 메시지를 사용해서 보정하고 광범위한 지역에 관련 정보를 제공한다. 전송방식에 따라 지상에 보강시스템(GBAS; Ground Based Augmentation System)과 위성기반보강시스템(SBAS)으로 구분한다.

4.3.7.1. SBAS의 필요성

① 내비게이션, 항공 해상항법, 인명구조, 레저 등 다양한 분야에서 활용하고 있다.

② 위성에서 사용자까지의 거리를 기반으로 위치를 측정하므로 위성의 궤도, 위성의 표준시계, 전리층 및 대류권에 대한 오차 발생

③ GNSS의 오차를 보정하여 위치정보의 무결성을 제공함으로써 위성항법시스템의 정확도, 신뢰도, 가용성을 제공할 필요가 있다.

④ 위성기반 GNSS 보정시스템을 통해 안전성, 가용성, 정확성을 기함으로써 정밀한 위성항법시스템의 활용도 제고 등이다.

4.3.7.2. 위성기반보정시스템(SBAS)의 구성

① SBAS의 구성요소는 〈그림 4-17〉과 같이 GNSS 위성, 기준국, 중앙처리국, 위성통신국과 정지궤도 위성으로 구성된다.

② GNSS 위성으로는 서비스에 제약이 있으므로 정지궤도 위성을 통하여 GNSS 레인징(Ranging; GPS 위성에서 GPS 수신기까지의 거리측정) 신호를 추가로 제공하여야 한다.

③ 기준국은 GNSS 신호를 수신하여 항법 데이터 및 거리 측정값을 생성하여 중앙처리국에 전송한다.

④ 중앙처리국은 기준국 정보를 활용하여 위성 궤도, 시계오차, 전리층의 지연 오차 등의 보강 정보를 바탕으로 무결성 GNSS 정보를 생성한다.

⑤ 위성통신국은 중앙처리국에서 생성한 정보를 부호화하고 GEO 레인징 및 위성 PRN 코드가 포함된 신호를 생성하여 정지궤도 위성으로 송신한다.

⑥ 정지궤도 위성은 위성통신국에서 전달된 보정 정보를 전국으로 송출한 SBAS 데이터가 GPS 위성이 보낸 위치정보와 함께 항공기, 선박, 자동차 등에 설치된 GNSS 수신기에 수신되면 더욱 신뢰성이 있고, 정확한 위치 확인이 가능해지는 원리이다.

⑦ 미국, 유럽, 일본, 인도 등 우주개발 분야의 선진국들은 이미 SBAS를 구축해 운영하고 있다.

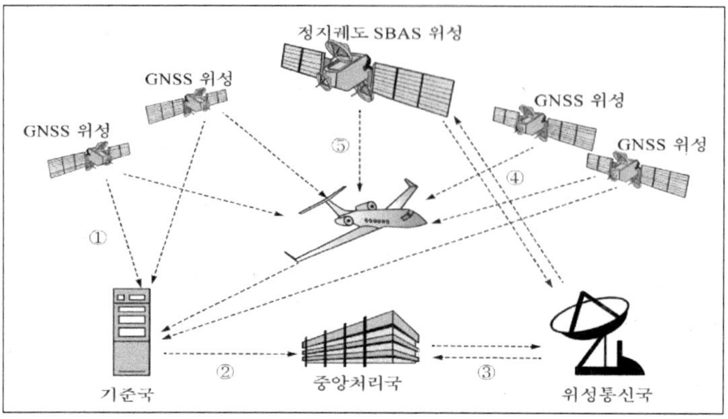

<그림 4-17> SBAS 동작 원리

[출처 : https : //blog.naver.com/maoro72/222453425512]

4.3.7.3. 위성항법보강시스템의 종류

보강 정보를 위성으로 제공하는 위성기반보강시스템, 지상망을 통하여 제공하는 지상기반보강시스템, 항공기를 통하여 제공하는 항공기반보강시스템으로 구분한다.

(1) 위성기반보강시스템(SBAS)

① 1991년 국제민간항공기구(ICAO)의 위성기반 차세대 항행시스템 도입계획과 권고를 하였다.

② 성능기반 항법체계(PBN; Performance Based Navigation)를 위해 도입이 권고된 시스템으로 2025년부터 모든 항공기의 위성기반보강시스템의 사용을 권고한 상태이다.

③ 정밀도, 무결성, 연속성 및 가용성 등의 정보를 제공함으로써, 항공기에서 이를 수신하여 활용하도록 하는 시스템이다.

(2) 지상기반보강시스템(GBAS)

① 공항 및 인근지역에 정밀도, 가용성, 연속성 등과 같은 위성항법서비스의 성능과 무결성을 보강하기 위해 구축 및 운용된다.

② 항법위성에서 제공되는 신호를 이용하여 공항 지역을 포함한 한정된 영역(약 50km)에서 항공기의 정밀 접근 및 이착륙을 유도하기 위한 시스템이다.

③ 공항 및 인근지역에서 항법과 정밀 접근 서비스는 차분보강정보의 송출기로 VHF(Very High Frequency) 데이터링크를 통하여 제공한다.

④ 대표적인 GBAS로는 미국의 LAAS, 호주의 GRAS시스템이 있다.

(3) 항공기기반보강시스템(ABAS)

① 항법의 보조적 도구로 다른 위성항법장치로부터 획득한 정보로 보강하거나 통합하는 시스템이다.

② 현재 유럽의 항공기는 GPS와 RAIM 장비를 약 70% 탑재하고 있다

4.3.7.4. 위성보강시스템(SBAS) 기술

(1) 미국 WAAS

출제(용) : 78회

① 미연방항공국(FAA)은 북미 전역(캐나다, 멕시코 포함)에서 항공기 정밀 접근의 최저성능을 유지하며 육·해상에서도 사용할 수 있도록 성능을 개선하였다.

② WAAS(Wide Area Augmentation System) 시스템은 기준국, 중앙처리국, 위성통신국, 운영제어센터, WAAS 이상의 성능을 요구하는 정밀접근 Ⅱ(CAT−Ⅱ)이상에서는 LAAS를 사용하게 되어 있다.

③ 미국은 LPV(Localizer Performance with Vertical guidance) 성능 향상을 위해 멕시코에 5개, 캐나다에 3개의 WAAS station을 건설하였다.

(2) 유럽 EGNOS

① 의사거리 보정치를 정지궤도 위성을 이용하여 전송하는 광역 DGPS 서비스로 미국의 WAAS 및 일본의 MSAS에 대응된다.

② 유럽의 항공, 해양 및 육상 운송 분야에 항법 신호를 제공하며, GPS L_1주파수로 동작하므로 기존의 GPS front end를 그대로 사용할 수 있다.

③ ESA, EC 및 유럽항공관제(EUROCONTROL)로 이루어진 ETG(European Tripartite Group) 주관으로 추진 중이다.

④ GPS, GLONASS와 연계하여 유럽에서의 육상, 해상, 항공운송에 필요한 위치, 속도 및 시각의 요구조건을 만족시킬 수 있을 것이다.

⑤ 유럽정지궤도 내비게이션 오버레이서비스(EGNOS; European Geostationary Navigation Overlay Service)의 커버리지는 유럽민간항공컴퍼런스(ECAC; European Civil Aviation Conference) 영역이다.

⑥ EGNOS 시스템의 기본 구성은 Space Segment, Ground Segment, User Segment 및 Support Facilities의 4요소로 이루어진다.

(3) 일본 MSAS

① WAAS와 유사한 광역보정시스템으로 MTSAT(Multi-functional Transport Satellite)을 이용하여 서비스 영역 내에 보정 메시지를 방송하는 시스템이다.
② MSAS의 기능은 무결성 외에도 거리정보 제공이나 보정 정보를 제공한다.
③ 항법서비스는 무료로 제공하지만, MTSAT를 이용한 항공용 위성 이동통신은 유료화함으로써 위성 이용의 상용화를 시도하고 있다.
④ MSAS는 GPS 위성의 상태를 관찰하는 무결성 기능뿐만 아니라 MSAS 위성에서 GPS L1 신호를 송출함으로써 또 다른 하나의 GPS 위성 역할을 하는 거리정보 제공 기능을 할 것이다.
⑤ MTSAT-1R과 MTSAT-2 위성의 2대를 이용하여 Reliability를 대폭 향상할 수 있으며, 항공 분야에서 활용이 보편화할 수 있을 것으로 예상한다.
⑥ QZSS(Quasi-Zenith Satellite System)도 이에 해당한다.

(4) 인도 GAGAN

① 인도의 영공은 MSAS와 EGNOS, GAGAN(GPS Aided Geo Augmented Navigation) 시스템으로 덮여 있으며 범위는 서로 겹쳐져 있는 형태를 가진다.
② GAGAN 시스템은 대부분의 아시아 태평양 지역을 커버하고 있으며 적용 범위는 인도 영공 내이다.
③ 인도의 GEOS에게 할당된 궤도 위치는 48°E 와 55°, 74°, 83°, 93.5°이다.

4.3.7.5. 한국 KASS

① 한국형 항공위성서비스(KASS; Korea Augmentation Satellite System)는 GPS 위성신호를 이용 시 발생하는 위치오차를 줄여 정밀한 위치신호를 제공하는 항공위성서비스이다.
② 미국(WASS), 유럽(EGNOS), 인도(GAGAN), 일본(MSAS)에 이어 세계 5번째로 제공하는 항공위성서비스(SBAS)이다.

③ 2022년부터 정지궤도 위성을 통한 신호 전송이 시작되었고, 2023년 항공 관련 서비스 준비를 거쳐 한국은 항공용 SBAS 시스템을 운영하고 있다.

④ KASS는 23년 12월 28일부터 서비스를 개시하였고, 24년 1월부터 공항 접근 절차에도 사용되고 있다.

(1) 필요성

① 국제민간항공기구(ICAO)는 SBAS를 항공용 위성항법시스템으로 표준화하였고, 전 세계 확대 운영을 목표로 추진하고 있다.

② GPS 신호이용 시 15~33m의 위치오차가 발생하는데 이를 보정하여 정확도를 향상시킬 수 있다.

③ GPS 위치보정 서비스로 위성을 통해 위치를 보정해주는 것을 SBAS 지상국을 통해 위치를 보정해 주는 서비스를 GBAS(Ground Based Augmetations System)라고 한다.

(2) KASS의 시스템

① KASS 시스템은 기준국 7개, 중앙처리국 및 통합운영국 2개, 위성통신국 2개의 시설로 구성되어 있다.

② 기준국은 GPS 신호를 수집 검증하고 항법메시지를 추출하여 중앙처리국에 전송하는 역할을 수행한다.

③ 중앙처리국은 기준국의 데이터를 사용하여 무결성 정보를 포함한 KASS 메시지를 생성한다.

④ 통합운영국은 KASS 시스템 전체를 제어하고 감시하며 KASS 시스템의 모든 정보를 저장하는 기능을 수행한다.

⑤ 전국 주요 지점에 설치된 지상 시설과 통신을 위해 안정성 있는 네트워크를 구축하였다.

⑥ 위성통신국은 중앙처리국에서 생성한 KASS 신호를 정지궤도 위성에 송신하는 기능과 KASS신호가 정지궤도위성 까지 정상적으로 도달할 수 있다.

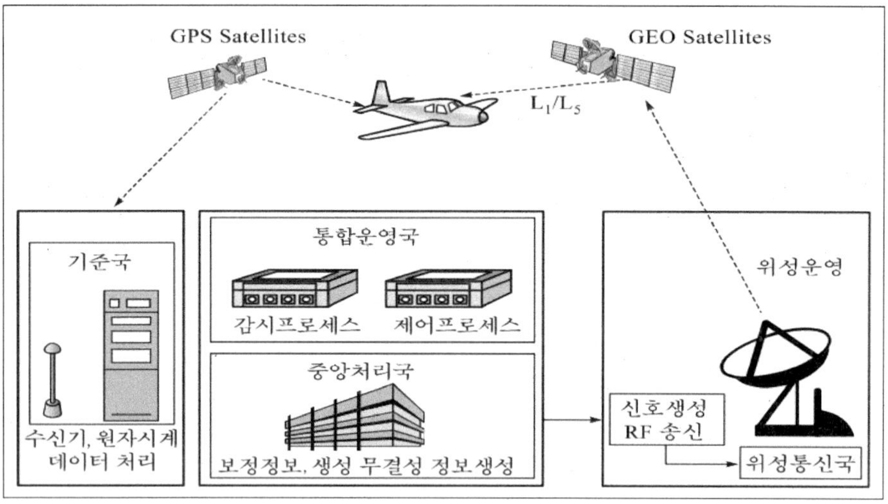

〈그림 4-18〉 우리나라 SBAS 구성도

(3) KASS의 기대효과

① 위성기반 정보제공으로 한반도 전역에 GPS 위치가 보정된 동일한 정보제공을 할 수 있다.

② 모든 공항에 별도시설 설치 없이 정밀계기접근에 준하는 APV-I급 준정밀 접근할 수 있다.

③ 계기착륙시설 미설치 활주로 또는 소형공항 여건에 따라 유연한 착륙경로 추가로 설정할 수 있다.

④ GPS 오차를 3m 이내로 보정한 정확하고 신뢰성 있는 정보를 제공할 수 있다.

⑤ 비정상 시 10초 이내에 오류 경보 제공할 수 있다.

⑥ 장기적으로 기존 항행시설 최소화(비상용 예비용) 전환으로 유지보수 비용을 절감할 수 있다.

(4) KASS의 활용

① 최근 UAV에 대한 수요가 증가함에 따라 일반항공기와의 공존을 위한 안전성 확보 및 신뢰성 있는 위치정보서비스의 기반이 될 것이다.

② KASS는 정확하고 신뢰성 높은 위치정보의 제공으로 국민 삶의 질을 높이고 편리하게 할 것이다.

③ 차량, 철도 등의 교통서비스와 위험물 추적을 통한 사고방지, 재난 재해 등 국민의 안전 강화에 역할을 할 것이다.

④ KASS는 핵심 인프라 부품으로서 정확하고 신뢰할 수 있는 위치정보를 제공함으로써 자율주행, 드론, 해양 작전, 국방 등의 산업을 지원할 것이다.

(5) 국제적인 협력 방안

① KASS 성능적합증명 수행을 통해 국제민간항공기구(ICAO)의 국제기준에 따른 시스템 인증 절차 및 검증 방법에 대한 체계적인 표준 프로세스 정립이 필요하다.
② 국내외 다양한 나라와의 교류와 관련되기 때문에 SBAS와 같은 항행안전시설의 표준화 및 인증과 관련한 기술 보유국 간 긴밀한 협력이 필요하다.
③ 기존 위성항법시스템 보유국 및 ICG 회원국들과 긴밀한 협력이 필요하다.
④ SBAS 운영 국가들과 국제표준화 작업에 참여하여 전 세계 위성항법 분야에서 국제적인 협력이 강화될 수 있도록 지원해야 한다.
⑤ 국가 항행안전 기술의 국제 기술기준, 표준화에 적극 지원할 수 있는 환경이 확보되어야 한다.
⑥ 유럽 항공안전기구(EASA; European Aviation Safety Agency)와의 인증 협력을 통해 원활한 기술 습득 및 항행안전시설 기술기준, 검사 등에 대한 전반적인 정보 공유를 위한 협력 관계를 확보해야 한다.
⑦ SBAS 상호운용성 워킹그룹은 SBAS 운영 및 개발 국가와 국제표준화 지원, 전 세계 SBAS 서비스 연속성 확보 및 연구개발 상호 협력을 도모하여야 한다.
⑧ EASA와 인증 협력 및 공동검사를 통해 EASA의 KASS 적합성 확인서를 확보해야 한다.

4.3.8. 인공위성의 궤도

4.3.8.1. 정지궤도 위성

출제(용) : 107회

정지위성은 지구상의 넓은 지역에 걸쳐 장애물의 영향 없이 전파를 받고 보낼 수 있으며, 적도 상공에서 지구의 자전 주기와 같은 속도로 움직이는 인공위성은 항상 일정한 위치에 있는 것처럼 보이기 때문에 정지궤도 위성이라 하며, 대부분의 방송·통신위성이 정지궤도 위성이다.

(1) 정지궤도

출제(용) : 107회

① 정지궤도(geosynchronous orbit) 행성의 자전속도와 같은 속도로 공전할 수 있는 궤도를 말한다.

② 지구의 적도상공 고도 약 36,000㎞의 위성궤도이다.

③ 지구의 자전주기와 동일하게 3시간 56분 4초의 주기를 가진 적도면 위의 원궤도가 된다.

④ 정지궤도 위에 있는 인공위성은 주기가 지구의 자전과 일치하기 때문에 지상에서는 우주의 한곳에 정지하고 있는 것처럼 보인다.

⑤ 통신, 방송 위성을 포함한 인공위성 운용시 가장 큰 이점이 있는 궤도이다.

(2) 정지궤도 위성의 특징

① 정지궤도에 있는 위성은 달과 태양, 지구의 중력으로 인해 섭동 현상이 일어나며, 이들을 바로잡기 위해서는 정기적인 궤도 비행 조작이 필요하다.

② 81° 이상의 고위도 지역에서는 정지궤도 위성이 수평선 아래에 있어 전혀 볼 수가 없다.

③ 통신위성, 방송 위성, 항행 위성, 기상위성 등의 많은 위성은 정지궤도를 사용하고 있다.

(3) 정지궤도 위성의 조건

① 지구 상공 36,000km에서 지구의 자전 속도와 같은 시속 11,000km의 속도로 지구 주위를 돌고 있는 위성이다.

② 같은 위치에 존재함으로써 특정 지역에 대해 1대의 위성으로도 사용할 수 있다.

③ 지역통신위성은 1대의 위성이면 대부분 자국의 영토를 커버할 수 있다.

④ 고도가 높아 전파가 전달되는 동안 전파가 약해지기 때문에 위성이나 지상안테나의 크기가 커야 하고 위성에 탑의 된 중계기의 출력도 높아야 한다.

⑤ 우리나라의 정지궤도 위성은 무궁화호 위성으로 동경 116° 상공에 있다.

4.3.8.2. 극궤도 위성

극궤도 위성(Polar Orbiting Satellite)은 저궤도 위성의 특별한 형태로서 남극과 북극의 상공을 통과하는 궤도를 도는 인공위성은 반드시 지구의 중심을 지나는 면인 궤도면을 회전한다.

(1) 특징

① 극궤도는 북남의 방향이고 지구는 동서의 방향으로 자전하기 때문에 극궤도 위성은 지구 표면 전체를 관측할 수 있다.

② 같은 지역을 하루에 두 번 지나므로 자주 관측할 수 있으며 지구의 모든 곳을 볼 수 있다는 장점이 있다.

③ 기상위성·정찰위성(스파이 위성) 등이 극궤도 위성인 이유는 극궤도 위성이 한 바퀴 돌 때 지구도 자전하므로 지구의 전체를 탐측할 수 있기 때문이다.

(2) 극궤도 위성의 종류

① 기상위성인 타이로스(TIROS : Television and Infra-Red Observation Satellite) 위성

② 군용 정찰위성인 사모스(SAMOS) 위성

③ 항행 위성인 트랜싯(Transit) 위성

④ 지상관측 위성인 랜드샛(Landsat) 위성

4.3.9. 케플러(Kepler) 위성궤도의 요소

출제(용) : 114, 137회, (논) : 92회

4.3.9.1. 인공위성의 궤도운동

① 인공위성의 궤도운동은 지구의 중력과 인공위성에 작용하는 다른 힘의 결과이다.

② 지구, 달의 중력 그리고 태양 복사 입자에 의한 인공위성에 대한 압력이다.

③ 높은 궤도의 인공위성에 대기적 저항은 미약하다.

④ 인공위성 운동의 수학적 공식은 수식 적분으로 풀 수 있는 미분방정식으로 되어있다.

⑤ 적분은 초기조건으로 시작하고 이것은 초기시간 기점의 인공위성 위치와 속도이다.

⑥ 계산된 인공위성의 위치는 실제 관측과 비교가 된다.

⑦ 가능한 오차는 강제기능(forcing function), 초기조건, 관측소의 위치 등을 발전시키는데 유용하다.

4.3.9.2. 6개 케플러 궤도 요소(orbital elements)

우주에서 인공위성의 위치를 설명하기 위해서는 6개의 케플러(Kepler) 요소가 이용된다. 인공위성의 운동에 관한 공부를 간단히 하기 위해 정상궤도를 살펴보면 인공위성은 우주에 고정된 궤도면에서 움직인다.

(1) 궤도운동 조건

① 지구의 Point Mass는 일정한 밀도의 구로 취급한다.

② 물체의 중력장은 방사대칭이고, 연직선은 모두 직선이고 구의 중심을 향한다.

③ 인공위성의 질량은 지구의 질량에 비해 무시해도 좋다.

④ 인공위성의 운동은 진공상태이므로 대기저항과 태양방사 압력이 없다.

⑤ 인공위성에 중력을 작용하는 태양, 달, 또는 다른 천체 물체가 없다.

(2) 케플러 궤도의 6요소

타원궤도를 회전하는 위성 및 행성의 위치와 속도를 정의하는 6가지 요소로 궤도 장반경, 궤도의 이심률, 궤도의 경사각, 근지점 인수, 근지점 통과 시각, 승교점의 적경 등을 말한다.

① 궤도 장반경(semimajor axis) : 타원에서의 장축길이를 의미한다.

② 궤도의 이심률(eccentricity) : 물체의 궤도가 완벽한 원에서 벗어나 있는 정도를 수치화한 정도이다.

③ 궤도의 경사각(inclination) : 위성의 궤도를 포함한 평면과 기준면이 이루는 각이다.

④ 근지점 인수(argument of perigee) : 천체의 위도를 계산할 때 사용되며, 행성과 달에서는 기준이 되는 점으로 궤도가 황도면을 남에서 북으로 자르는 점을 사용한다.

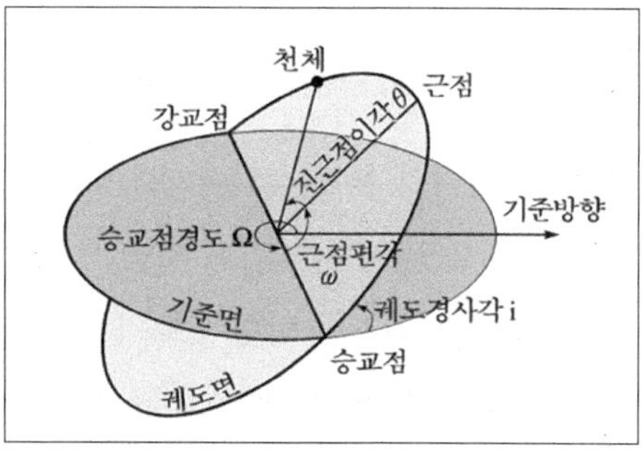

〈그림 4-19〉 케플러의 궤도요소

⑤ 근지점 통과 시각(time of periapsis passage) : 천체가 궤도를 따라 근일점을 통과하는 시각을 말한다.

⑥ 승교점의 적경(longitude of ascending node) : 인공위성은 지구의 본초자오선에서 인공위성의 궤도면에 의해 인공위성의 승교점까지 측정한 각도를 승교점 경도라고 한다.

4.3.9.3. 도플러효과

출제(용) : 56, 89회

도플러효과(DoPpler effect)는 기차역에 도착하거나 기차역에서 출발하는 기차의 기적 소리의 음높이 변화에서도 발견할 수 있다. 도플러효과는 전자기파(빛)를 방출하는 물체가 관측자 기준으로 관측자가 측정하는 전자기파의 파장이 실험실 파장과 달라지는 현상이다. 전자기파를 방출하는 물체가 관측자에게 다가올 때는 관측되는 전자기파의 파장이 짧아지고, 그 물체가 관측자에게서 멀어질 때는 관측되는 전자기파의 파장이 길어지는 현상이다. 이 관측으로부터 위성의 궤도, 지상위치, 다른 파라미터를 구할 수 있다.

(1) 도플러효과의 특징

① 천체에서 방출되는 스펙트럼이 적색이동 또는 청색이동하는 현상에서 찾을 수 있다.

② 천체에서 방출된 전자기파의 파장은 정지한 천체에서 방출된 전자기파의 파장보다 길게 측정된다.

③ 빛의 한 파장을 내는 시간 동안 천체의 움직인 거리 때문에 정지해 있는 경우에 비해 파장이 길어진다.

④ 천체가 내는 빛의 주파수는 정지할 때보다 낮아진다.

⑤ 관측자에게 도달하는 전자기파의 주파수는 높아지게 되고, 파장은 짧아진다.

⑥ 천체에서 방출되는 스펙트럼의 도플러효과를 이용하면 천체의 시선 방향 운동 속도를 측정할 수 있다.

⑦ NNSS와 GPS에 의한 위치결정 체계에서 활용된다.

(2) 도플러 변위

① 지상 관측점을 P, 위성을 S라 하고, PS=r이라 하면 수신주파수(f)와 발신 주파수(f_0) 사이에는 다음 식이 성립된다.

- $f = f_0\left(1 \pm \frac{\mu}{C}\right)$ 여기서, C : 전파속도, μ : 위성 P방향의 시선속도

② 발신 주파수와 수신주파수의 차이를 나타내는 도플러 변위는 지상으로부터 위성까지의 거리에 대한 함수로 다음과 같이 표시된다.

- $\Delta f = f - f_0 = \frac{f_0}{c} \cdot \mu$

③ 위성이 관측점으로 접근할 때 Δf는 (+)이고, 멀어지는 경우(−)이며, Δf=0이 되는 점은 위성과 관측점이 가장 가까운 상태이다.

④ 위성이 이동 시 관측된 정밀시간(t_1, t_2)과 위성이 발사한 송신주파수(f_0)를 알면 도플러 변위로부터 지상 수신기의 위치를 결정할 수 있다.

- $\Delta r = \frac{c}{f}[N - (f - f_o)(t_2 - t_1)]$
- $\Delta r = |r_i(t_2) - R_j| - |-r_i(t_1) - R_j|$ 여기서, Δr : 지상점과 위성 사이의 거리 변화량, N : 도플러 주파수, $r_i(X_i, Y_i, Z_i)$: 지상 수신기의 지심좌표, $R_j(X_j, Y_j, Z_j)$: 위성의 지심좌표이다.

4.3.10. 궤도력

출제(용) : 86회

GPS 위성의 궤도 정보(Ephemeris, 위성력)는 GPS 측위의 정확도를 좌우하는 중요한 사항으로서 방송궤도력(Broadcast Ephemeris)과 정밀궤도력(Precise Ephemeris)으로 구분된다.

4.3.10.1. 방송궤도력

방송궤도력(Broadcast Ephemeris)은 사전에 계산되어 위성에 입력한 예보 궤도로서 실제 운행 궤도보다 정확도가 낮으며 방송력이라고도 한다.

(1) 특징

① 방송 궤도력은 위성 전파를 수신하지 않아도 획득이 가능하다.

② GPS 위성은 궤도력 정보를 항법메세지 형태로 1시간마다 새로운 값으로 갱신하면서 사용자에게 끊임없이 방송한다.

③ 방송 궤도력을 이용하면 0.1 ppm에 이르는 정밀도의 확보가 어려워 기선 벡터의 정밀 결정에는 부적합한 면이 있다.

④ 방송궤도력은 수신기 이용자에게 신속하게 정보를 제공해 준다.

⑤ 방송궤도력은 후처리 된 궤도자료의 외삽(Extrapolation)의 결과이기 때문에 궤도자료들은 기준 epoch로부터 1시간 30분 동안의 위성궤도를 표시할 뿐이다.

(2) 정확도

① 방송력의 정확도는 낮아서 약 20~50cm로 평가되고 있으며 최근에는 약 3cm로 보고되고 있다.

② GPS 위성에서는 주관제국에서 제공하는 예측치의 궤도력을 사용자에게 전달하는데(방송궤도력, Broadcast Ephemeris) 여기에는 약 3m의 오차가 있는 것으로 평가되고 있다.

③ 방송궤도력에는 예측에 의한 오차가 포함되어 있으므로 궤도력 오차가 지상의 위치 측정 오차로 전파된다.

4.3.10.2. 정밀궤도력

출제(용) : 99회

① 정밀궤도력(Precise Ephemeris)은 실제 위성의 궤적으로서 지상추적국에서 위성 전파를 수신하여 계산된 정밀한 궤도 정보로서 후처리 방식의 정밀 기준점측량 시 적용되며 정밀력이라고도 한다.

② 정밀력은 GPS 위성의 항법메시지 중 궤도정보로서 정밀도가 부족한 때에는 별도 지상 추적망에 의하여 GPS 위성의 고정도 궤도추적을 말한다.

③ IGS는 더욱 신속하고 정확한 위성 정보를 생성하기 위해 2001년 "IGS Real-Time Working Group"을 발족하였다.

(1) 정밀궤도력의 특징

① 방송궤도력과 다른 점은 정밀한 궤도요소가 있고 정도가 보증되나 사용기간이 짧다.

② 위성과 수신기 간의 거리 및 위성의 위치정보에 의하므로 궤도력이 부정확하면 관측점의 위치 역시 부정확하다.

③ IGS에서 가장 빠르게 제공하는 초신속궤도력(Ultra-Rapid)은 3~9시간이 지난 뒤 파일이 생성된다.

④ 파일이 생성된 시간을 기준으로 과거 24시간과 미래 24시간에 대한 위성정보가 포함된다.

⑤ GPS 주제어국에서 제공하는 예측치의 궤도력을 사용자에게 전달하는데 약 3m의 오차가 있는 것으로 평가된다.

⑥ 방송궤도력을 이용할 때는 0.1ppm에 이르는 정밀도의 확보가 어려워 장기선 벡터의 정밀 결정에는 부적합하나 정밀궤도력을 사용함으로써 해결할 수 있다.

(2) 정밀궤도력 제공

① 정밀궤도력(Precise Ephemeris)은 IGS(International GPS Service)가 전 세계에 산재한 약 110개소에서 취득한 관측자료를 후처리하여 발표하고 있다.

② IGS는 신속하고 정확한 위성정보를 생성하기 위해 2001년 "IGS Real-Time Working Group"을 발족하였다.

③ 정밀궤도력은 별도의 컴퓨터 네트워크를 통하여 IGS로부터 제공받아야 하고, 약 11일 정도를 기다려야 하는 불편이 있다.

④ 미래 시간에 대한 위성정보는 예측된 값이기 때문에 정확도가 10cm 수준이며, 예측 시간이 길어질수록 정확도가 저하되는 특징이 있다.

⑤ IGS 정밀력의 신속한 공급을 위해 최근에는 관측 1일 후에 약 1cm의 정밀도를 공급하고 있다.

⑥ 정밀궤도력은 15분 간격의 위성궤도와 위성시계 오차 정보가 포함되어 있다.

⑦ 방송력과 크게 다른 점은 정밀한 궤도요소가 있고 정밀도가 보증되나 사용기간이 짧다는 점이다.

(3) 정밀궤도력의 사용

① 위성궤도 및 시계 오차를 보정하기 위해 후처리 보정정보로 GPS는 IGS에서 제공하는 정밀궤도력을 사용하였다.

② GLONASS는 IAC에서 제공하는 정밀궤도력을 사용하였다.

③ GNSS 관측자료의 처리에 있어 방송궤도력과 정밀궤도력 중에서 어떤 것을 사용할 것인가에 대해서는 기선길이와 요구 정밀도, 성과 산출의 시급성 등에 따라 적절한 판단을 하여야 한다.

4.4. 위성측위 방법

출제(논) : 59, 71, 74, 77, 84, 117회

GPS 측위 방법은 절대측위 방법과 상대측위 방법으로 구분할 수 있으나 절대측위 방법은 정확도가 낮아 주로 상대측위 방법을 많이 이용하고 있다.

4.4.1. 절대측위 방법

① 지구상에 있는 사용자의 위치를 관측하는 방법으로 우주에 있는 4개 이상의 위성으로부터 수신한 신호 가운데 C/A 코드를 이용해 실시간 처리로 수신기의 위치를 결정하는 방법이다.

② GPS 관측에서 가장 일반적인 단계로 계산되며 위치정확도의 오차는 15~20m로 S/A 전파방해 ±100m 정도가 있어 주로 선박, 자동차, 항공기의 항법에 이용된다.

③ 절대측위 원리는 〈그림 4-20〉과 같이 4개의 GPS 위성과 이용자가 있는 지점과의 거리를 동시에 측정하는 것이다.

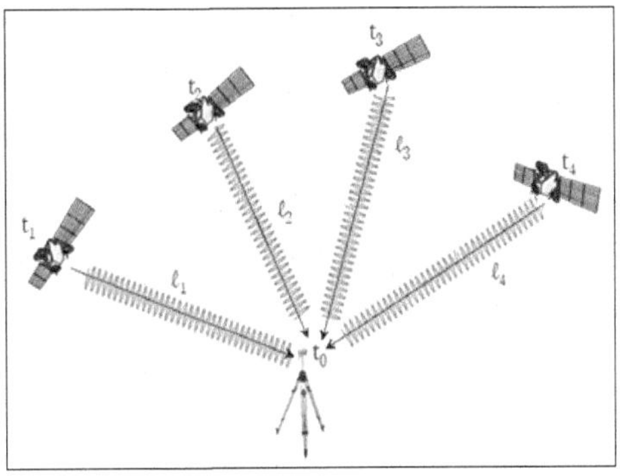

〈그림 4-20〉 절대측위 방법

- $c(t_1 - t_0) = \ell_1$
- $c(t_2 - t_0) = \ell_2$
- $c(t_3 - t_0) = \ell_3$
- $c(t_4 - t_0) = \ell_4$

$= X, Y, Z, T$

여기서, c : 전파속도, t_0 : 수신기에 도착 시각, $t_1 \sim t_4$: 위성에서 전파 발사 시각, $\ell_1 \sim \ell_4$: 위성에서 수신기까지의 거리, X, Y, Z : 좌표, T : 시간이다.

④ 위성과의 거리는 $r = (\Delta t - E)c$ 식과 같이 전파가 위성을 출발한 순간의 시각과 이용자의 수신기에 도착한 시각과의 차에 광속도를 곱하여 계산한다. 여기서, Δt : 도달시간의 관측값, E : 시간 오차, r : 수신기에서 관측 위성까지의 거리, c : 광속이다.

⑤ 위성 신호는 전파가 위성을 출발한 순간의 시각과 이용자의 수신기에 도착한 시각과의 차에 광속도를 곱하여 계산함으로써 사용자의 위치를 신속하고 편리하게 파악할 수 있다.

4.4.2. 상대측위 방법

출제(논) : 120회

상대측위 방법은 미지점과 기지점의 위치를 확인하여 결정하는 방법으로 지구상에 두 점 이상의 수신기를 설치하여 상호 도달하는 전파의 시간적 지연을 측정하고 두 점 간의 거리를 정확히 측정하는 방법으로 정지측량(Static Survey), 이동측량(Kinematic Survey), 실시간 이동측량(RTK) 방법이 있다.

4.4.2.1. 정지측량

출제(용) : 43, 45회, (논) : 43, 45, 50, 53, 75, 93, 113, 117, 125회

(1) 측위 방법

① 정지측량(Static Survey)은 기준점측량에 있어 가장 일반적인 방법으로 하나의 GPS 기선을 두 개의 수신기로 측정하는 방법이다.

② 측점 간의 좌표 차이는 ITRF 좌표계에 기초한 3차원 X, Y, Z를 사용하여 계산되며, 지역좌표계에 맞추기 위하여 변환하여야 한다.

③ 수신기 중 한 대는 기지점에 설치하고 나머지 한 대는 미지점에 설치하여 위성 신호를 동시에 수신하여야 하는데 관측 시간은 관측 조건과 요구 정밀도에 달려 있다.

④ 지적측량의 기준점측량에 많이 사용되고 있으며 수신 후 각 수신기의 위치 및 거리를 계산한다.

⑤ Static 방법에서는 반송파의 위상을 이용하여 관측점 간의 기선해석을 해야한다.

⑥ 장시간의 관측을 하여야 하며 장거리 정밀측정에 정확도가 높고 효과적이다.

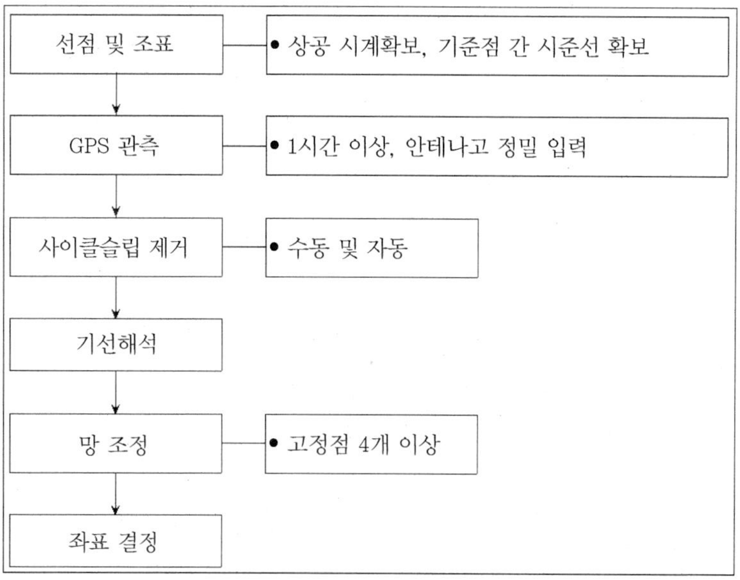

〈그림 4-21〉 정지측량 순서

⑦ 소프트웨어는 지적위성측량의 사전 계획수립을 위한 위성에 관련된 정보획득과 관측데이터의 점검, 기선해석, 조정계산 및 좌표변환 등의 기능이 있어야 한다.

⑧ GNSS 측량기를 사용하여 정지측량 방법으로 기초측량 또는 세부측량을 하는 때 기준

- 기지점과 소구점에 GNSS 측량기를 동시에 설치하여 세션 단위로 실시할 것
- 관측 성과의 기선 벡터 점검을 위하여 다른 세션에 속하는 관측망과 한 변 이상이 중복되게 관측할 것

〈표 4.1〉 기지점과의 거리, 관측 시간, 데이터 취득 간격

구분	지적삼각점측량	지적삼각보조점측량	지적도근점측량	세부측량
기지점과의 거리	10km 미만	5km 미만	2km 미만	1km 미만
관측시간	60분 이상	30분 이상	10분 이상	5분 이상
데이터 취득간격	30초 이하	30초 이하	15초 이하	15초 이하

(2) 세션(Session)

출제(용) : 90회

① 해당 측량을 위하여 일정한 관측간격을 두고 동시에 GPS 측량을 시행하는 단위작업을 말한다.

② GPS 관측은 관측 Session도에 의하여 관측점에 GPS 측량기를 설치하고 GPS 위성으로부터 전파를 수신하여 기록하는 것이다.

③ 관측 Session도는 선점도를 기초로 하며 관측의 강도 및 표고 결정의 방법을 고려하여 작성하도록 하고 있다.

④ 관측 Session도는 최소도형이 삼각형이 되도록 구성하고 인접 Session과는 한 변 이상을 중복하도록 하고, 영방향점 등은 삼각점과 일체로 하여 동일 Session에서 관측이 되도록 구성하도록 규정하고 있다.

⑤ 상대측위에 의한 정밀기준점측량 시 적용되는 GPS 관측 기법으로서 최소 4대 이상의 GPS를 1개 관측 그룹으로 하여 일정시간 동안 동시에 관측하는 것을 세션관측이라 한다.

⑥ 세션 간에는 반드시 중복으로 기선을 취해야 하며, 1세션의 연속관측 시간은 최소 2시간(기본측량은 4시간) 이상으로 한다.

⑦ 관측데이터 취득 간격(에포크; Epoch)은 30″ 이내로 하며, 관측 시 GPS 안테나는 같은 방향(통상 북 방향)으로 향하도록 한다.

4.4.2.2. 이동측량

출제(용) : 56, 63회

① 정지측량에 걸리는 시간을 해결하여 측량 작업의 생산성을 높이기 위해 개발된 방식으로 기선 벡터의 계산에 필요한 정수치를 신속히 결정하는 방법을 다양하게 개발 실용화한 것이다.

② 이동측량(Kinematic Survey)의 위치결정과 공사측량 등에 이용되며 정도는 10cm～10m이다.

③ 이동측량은 기지점의 1대의 수신기를 기준국, 다른 수신기를 이동국으로 하여 차례로 이동하면서, 각 측점에 놓고 4개 이상 위성으로부터 신호를 수 초에서 수 분 정도 수신하는 방식이다.

④ 소규모 지역의 측량에는 비효율적이며 정도는 2～10cm 정도로 점당 최저 0.5초에서 10분 정도의 관측 시간이 소요된다.

⑤ 관측데이터는 관측과 동시에 가능하며 비교적 낮은 정확도를 요구하는 측량 목적 및 관측량이 많은 경우에 유리하며 데이터 보간법을 통하여 정확도를 향상할 수 있다.

4.4.3. GPS-RTK 측량

출제(용) : 57, 111회, (논) : 66, 68, 75, 81, 86, 87, 90, 98회

실시간이동측량(Real Time Kinematic; RTK)은 이동측량의 신속함에 측량결과를 바로 알 수 있다는 이점 때문에 많이 이용되고 있다. RTK 측량은 기준국과 이동국의 자료 전송장치를 이용하여 기준국 보정값을 이동국에 전송하며 이동국에 수신된 보정값은 기준국과 이동국 수신기 사이의 다음 관측값을 형성하여 이동국 관측 값에 적용되므로 높은 정확도를 갖는 위치를 결정할 수 있다.

4.4.3.1. 특징

① 현장 Calibration을 통해 높은 정확도의 측량성과를 얻을 수 있으므로 측량 효율을 크게 향상할 수 있다.

② 반송파 위상을 측정할 수 있는 1주파 또는 2주파 GPS 수신기를 사용하여야 한다.

③ 일반적으로 수평(1cm+2ppm), 수직(2cm+2ppm)의 정밀도를 갖는다.

④ 짧은 작업시간에 관측한 값으로 효율적인 데이터를 취득하며 모든 데이터를 실시간으로 취득할 수 있다.

⑤ 지역좌표계에서 Navigation으로 활용할 수 있으며 지적측량에서 일필지 측량에 활용할 수 있다.

⑥ 전파에 의한 잡음에 의한 위성전파의 수신이 단절된 현상 발생으로 고층건물과 고압전선, 삼림 지역에서 사용할 경우 오차가 크게 발생한다.

⑦ IT기술을 기반으로 하여 통신 에러율이 거의 없고 지형이나 환경조건에 영향을 받지 않아 수십 km 이상의 장거리 측량이 가능하다.

⑧ 현장에서 좌표의 결과값을 알 수 있다.

4.4.3.2. RTK 측량시스템 구성

① RTK System 구성은 기준국(Reference Station)과 이동국(Rover Station)으로 구분할 수 있다.

② RTK 기준국은 GPS Antenna, GPS Receiver, Data Link, Data Link Antenna로 구성되어 있다.

③ RTK 이동국은 GPS Antenna, GPS Receiver, Data Link, Data Link Antenna, Handheld data Collector로 구성되어 있다.

④ Handheld data Collector는 데이터 수집기로 이동국 수신기에서 데이터를 수집하도록 구성되어 있다.

⑤ 센티미터의 정확도를 획득하기 위해선 기선의 길이를 10~15km로 제한해야 하는 한계가 있다.

4.4.4. GPS-RTK 측량 원리

① RTK System의 구성은 기준국과 이동국으로 크게 분류할 수 있다.

② RTK 측량은 오차량을 전송하는 신호종류에 따라 코드만을 이용하는 RTCM(Radio Techincal Commission for Maritime service와 NMEA(National Marine Electornics Association)방법이 있다.

③ 이중차 반송파 위상의 모호정수들을 실시간으로 관측하는 것이 필요하므로 CDP 형식으로 관측하며 정확한 모호정수는 이동국의 위치를 간단한 매개변수 최소제곱법으로 계산할 수 있다.

④ 위성배치(GDOP) 상태가 양호한 4개의 위성을 추적하여 반송파 위상을 관측하게 되며 이동수신기가 이동하는 경계점 중에서 정확한 한 측점의 좌표를 알고 있어야만 모든 방정식이 해결된다.

⑤ 미지정수를 해결하기 위해서는 벡터를 이용해야 하며 미지정수가 결정된 4대 이상의 신호가 단절되지 않으면 이동국의 수신기가 지나가는 모든 측점은 기지 값으로 적용된다.

⑥ RTK 측량에서 필요한 조건은 반송파(carrier) 위상으로 관측하며 측점마다 5개 이상의 위성을 추적하고 양호한 위성배치(GDOP) 상태에서 같은 시간과 epoch로 데이터를 기록할 수 있도록 관측하여야 한다.

⑦ RTK는 이동국의 수신기가 기준국에서 발신하는 반송파 위상에 대한 계통 오차의 보정치 정보를 수신하여 좌표를 계산하여야 한다.

⑧ RTK 측량에서는 기준국과 이동국 간의 거리가 멀어질수록 전리층이나 대류권 오차의가 소거되지 않아 위치의 정확도가 떨어진다.

⑨ GPS 상시관측망에 근거한 RTK는 Multi reference station based RTK, Network RTK, 또는 가상기준점(VRS; Virtual Reference Station)으로 명명되어 적용되고 있다

⑩ GPS 상시관측소의 자료를 이용하여 기준망 내에 있는 임의의 이동국에 대한 Code 및 반송파 위상의 보정값을 산정하고 이를 이동국으로 송신하여 효율적이고 정확한 위치를 결정할 수 있다.

4.4.4.1. RTCM

RTCM(Radio Technical Commission for Maritime Services)은 전 세계의 해양 Differential GNSS (DGNSS) 서비스를 위하여 사용되는 보정정보 프로토콜이다. RTCM은 초기에는 해양용으로 개발되었지만, 현재는 적용 분야와 무관하게 대다수의 상용 수신기에서 보정정보의 표준으로 사용되고 있다

(1) RTCM Correction Message

① 현재 Version 2.x와 3.x가 표준으로 사용되고 있다.

② RTCM Version 2.x는 Code 기반 측위인 DGNSS에 사용된다.

③ Version 3.x는 Carrierphase 기반 정밀 측위인 RTK에 사용된다.

④ RTCM의 Message type은 사용자의 측위모드에 따라 필요한 데이터를 적절히 지원할 수 있도록 설정되어 있다.

(2) GPS RTK 보정 정보

① 1001번부터 1004번까지 할당되어 있다.

② 1001번과 1002번은 GPS L_1 Only

③ 1003번과 1004번은 GPS L_1/L_2용 보정 정보이다.

④ 1001과 1003은 각 모드에 필수적으로 요구되는 최소한의 메시지이다.

⑤ 1002와 1004는 두 모드를 충분히 지원할 수 있는 확장형 데이터 포맷이다.

⑥ GLONASS는 1009번부터 1012번에 할당되어 제공되고 있다.

(3) DGPS 보정 정보표준(RTCM SC-104)

① DGPS 측량 시 기지국 GPS에서 생성한 위치보정 신호를 이동국 GPS로 전송할 때 사용하는 세계표준의 위치보정 데이터 포맷이다.

② 해양수산부에서 설치한 비콘 DGPS 기지국에서도 RTCM SC-104 포맷에 의한 위치보정 신호를 방송 서비스하고 있다.

③ 해양 서비스를 위한 무선 기술 위원회 특별위원회 104에 의하여 개발된 DGPS 보정을 위한 표준형식이다.

④ 기준국에서 이동국으로 보정값을 전송하기 위해 사용되는 표준형식을 말한다

⑤ 디지털 변조 방식으로서 위상이 연속이고 포락선이 일정하며 효율이 좋은 변조방식이다.

⑥ 비콘 신호를 RTCM에 실어 보내는 방식에 적용한다

(4) RTCM-SSR 표준화

① RTCM은 해양 항법서비스에 필요한 라디오 방송 포맷을 정의하는 기관으로 DGNSS (Differential GNSS) 관련 기술의 표준화를 RTCM SC-104(Special Committee No.104)에서 담당한다.

② 2007년 조직된 RTCM-SSR Working Group(SSR-WG)은 15명의 위원으로 구성되었다.

③ Geo++외 IGS, BKG(Bundesamt for Kartographie und Geodäsie), DLR/GSOC(Deutsches Aentrum for Luft und Raumfahrt/German Space Operation Center), ESA/ESOC (European Space Agency/European Space Operation Center) 등의 기관이 참여하고 있다.

④ SSR 메시지가 GPS 보정정보의 표준 형태인 RTCM에 등록될 수 있도록 표준화 작업을 진행하고 있다.

⑤ 현재 SSR－WG는 총 3단계의 표준화 작업을 계획하고 있다.

⑥ 각 단계에서 수행하는 보정정보의 표준화 내용은 (표 4.2)와 같다

(표 4.2) RTCM-SSR 표준화 단계별 보정정보

단계	목표	제공 정보
1	DF－RT－PPP	위성 궤도, 위성 시계, 위성 코드 바이어스, URA
2	SF－RT－PPP	VTEC, 위성 위상 바이어스
3	고도화	STEC, troposphere delay

4.4.4.2. NMEA

① NMEA(National Marine Electronics Association)는 표준은 해양 전자 장비 기자재 간의 통신을 위해 정의된 전기적 인터페이스 및 데이터 프로토콜이라고 정의할 수 있다.

② 해양 전자공학 산업의 발달과 교육을 위해 모인 비영리 단체를 지칭한다.

③ 현재 GPS 통신에서는 NMEA－0183을 표준프로토콜로 사용하고 있다.

④ 위성 신호를 해석한 GPS 수신기가 해석한 정보를 외부에 알리는 데 사용하는 방법이다.

⑤ GPS 위성으로부터의 반송파에 전송된 데이터를 GPS 수신기는 해석할 때, 해석되는 내용을 알려주는 방식이다.

⑥ GPS 수신기는 이와 같은 내용을 1초 ~ 수초마다 Serial 출력의 형태로 내보낸다.

⑦ NMEA Sentence 구성요소

- $: 문장의 시작을 의미한다.
- Linefeed : 문장의 끝을 의미하며, 줄바꿈 문자 〈CR〉/〈LF〉를 말한다.
- Device ID : 장치를 구분하는 용도로 현재 이 데이터를 말하는 장치의 ID라는 의미로 Talker ID라고도 한다.
- Sentence ID : 문장을 구분하는 용도로 Sentence Name이라고도 한다.
- 콤마 : 각 필드를 구분하는 용도이다.

⑧ GPS NMEA Sentence는 GPGGA, GPRMC, GPGSA, GPGSV의 항목이 주로 사용된다.

- GPGGA는 Global Positioning System Fix Data를 의미한다.
- GPRMC는 Recommended Minimum Specific GNSS Data로 정의되며, NMEA에는 GPS에서 필수적인 PVT(Position, Velocity, Time) 데이터의 고유한 버전이 있다.

- GPGSA는 GNSS DOP and Active Satellite를 의미하며, 단독으로 사용되는 것보다는 GPGSV와 조합해서 위성상태를 확인하거나 Graphical 하게 천공도를 그리는데 사용될 수 있다.
- GPGSV는 GNSS Satellite in View를 의미하며, 각각 위성의 상태에 대해 나와 있는 문장이다.

⑨ GPGGA와 GPRMC의 문장구조는 네비게이션 등과 같이 지도상에 좌표를 수신받을 때 사용하는 구조로 위도·경도와 동경·서경, 북위·남위 등 방위를 표시하여 수신기의 위치와 방위를 쉽게 파악할 수가 있다.

⑩ GPGSA와 GPGSV의 문장구조는 GPS의 수신 상태를 점검에 이용되며 위성이 수신되면 GPGSA 구조는 각 위성채널에 할당하게 되며 GPGSV 구조는 수신된 위성의 정보를 보여주게 된다.

4.4.4.3. 작업 순서

① 실시간이동측량(Real Time Kinematic; RTK)은 이동측량의 신속함에 측량 결과를 바로 알 수 있다는 점 때문에 많이 이용되고 으며, 작업순서는 〈그림 4-22〉와 같다.

② RTK 측량은 기준국과 이동국의 자료 전송 장치를 이용하여 기준국 보정값을 이동국에 전송한다.

③ 이동국에 수신된 보정값은 기준국과 이동국 수신기 사이의 다음 관측값을 형성하여 이동국 관측값에 적용되므로 높은 정확도를 갖는 위치를 결정할 수 있다.

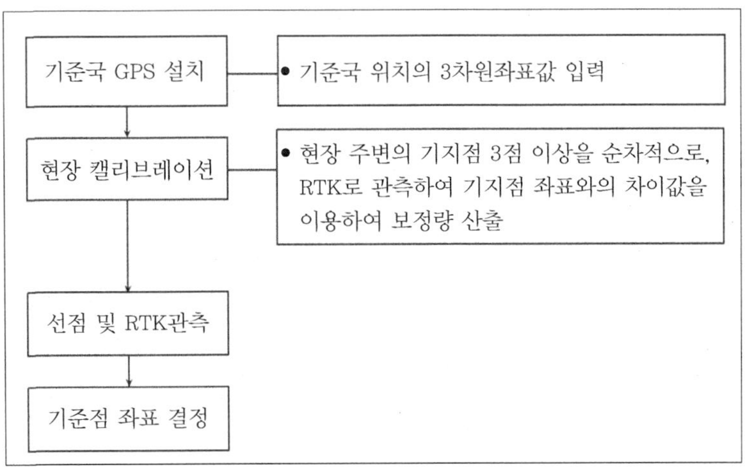

〈그림 4-22〉 RTK 측량 작업 순서

4.4.4.4. RTK 측량 방법

① RTK 측량에서 필요한 조건은 반송파(carrier) 위상으로 관측하며 측점마다 5개 이상의 위성을 추적하고 양호한 위성 배치 상태(GDoP)에서 같은 시간과 epoch로 데이터를 기록할 수 있도록 관측하여야 한다.

② RTK는 이동국의 수신기가 기준국에서 발신하는 반송파 위상에 대한 계통 오차의 보정치 정보를 수신하여 좌표를 계산하여야 한다.

③ RTK 측량에서는 기준국과 이동국 간의 거리가 멀어질수록 전리층이나 대류권 오차가 소거되지 않아 위치의 정확도가 떨어진다.

④ 위성 배치(GDoP) 상태가 양호한 4개의 위성을 추적하여 반송파 위상을 관측하게 되며, 이동국이 이동하는 경계점 중에서 정확한 한 측점의 좌표를 알고 있어야만 모든 방정식이 해결된다.

⑤ GPS 상시관측망에 근거한 RTK는 Multi reference station based RTK, Network RTK, 또는 가상기준점(VRS; Virtual Reference Station)으로 명명되어 적용되고 있다.

⑥ RTK 측량은 오차를 전송하는 신호종류에 따라 코드만을 이용하는 RTCM(Radio Techincal Commission for Maritime service와 NMEA(National Marine Electornics Association)방법이 있다.

⑦ 이중위상차의 모호 정수들을 실시간으로 관측하는 것이 필요하므로 CDP 형식으로 관측하며 정확한 모호 정수들은 이동국의 위치를 간단한 매개변수 최소제곱법으로 계산할 수 있다.

⑧ GPS 상시관측소의 자료를 이용하여 기준망 내에 있는 임의의 이동국에 대한 Code 및 반송파 위상의 보정값을 산정하고 이를 이동국으로 송신하여 효율적이고 정확한 위치를 결정할 수 있다.

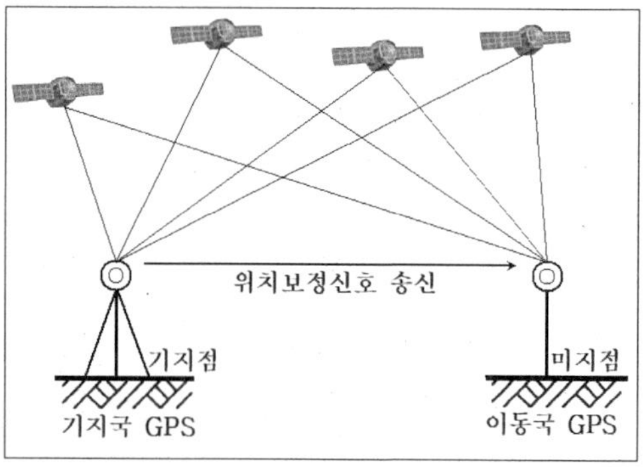

〈그림 4-23〉 RTK 측량 방법

4.4.4.5. 지적측량의 RTK 측량

GNSS 측량기를 사용하여 지적도근점측량 또는 세부측량을 하고자 할 때는 단일기준국 실시간이동측량(Single－RTK) 또는 다중기준국 실시간이동측량(Network－RTK)에 의한다.

(1) Single－RTK 및 Network－RTK) 측량 기준

① 관측 전 이동국 GNSS 측량기의 초기화 작업을 완료할 것

② 관측 중 위성 신호의 단절 또는 통신 장치의 이상으로 보정정보를 안정적으로 수신할 수 없는 경우 이동국 GNSS 측량기를 재 초기화할 것

③ GNSS 측량기 안테나를 기준으로 고도각 15° 이상에 정상 작동 중인 GNSS 위성이 5개 이상일 것

④ GNSS 측량기에 표시하는 PDoP이 3 이상이거나 위치정밀도가 수평 ±3cm 이상 또는 수직 ±5cm 이상인 경우 관측을 중지할 것

⑤ 1, 2회의 관측치가 세션 간 측량성과의 오차가 6.0cm 이내일 경우에는 1회 관측치를 기준으로 결과부를 작성

⑥ 지역 좌표를 구하고자 하면 GNSS 측량기에서 제공하는 소프트웨어를 이용하여 좌표변환 계산 방법에 따를 것

⑦ 관측 시간 및 관측 횟수는 다음 표에 따른다. 다만, 단일기준국 실시간 이동측량(Single－RTK 측량) 시 기선 거리는 5km 이내로 한다.

구분	관측 횟수	관측 간격	관측 시간(고정해)	데이터 취득 간격
도근측량	2회	60분 이상	60초 이상	1초
세부측량	2회	60분 이상	15초 이상	1초

(2) 단일기준국실시간이동측량(Single－RTK) 방법

① 기지점에 기준국을 설치하고 위치를 결정하고자 하는 지적도근점이나 경계점 등을 이동국으로 하여 GNSS 측량기를 순차적으로 설치하여 이동하며 관측을 실시할 것

② 관측 노선(단위)을 포함하도록 기준국을 달리하여 2회 관측할 것

(3) 다중기준국실시간이동측량(Network - RTK) 방법

① 이동국은 보정정보 생성에 사용되는 상시관측소 네트워크 내부에 있을 것. 다만 부득이한 경우 네트워크 외부에서 10km 이내일 것

② 통신 장치를 이용하여 위성기준점 네트워크 보정 신호를 수신하여 고정해를 얻고 이동국을 차례로 이동하면서 관측을 실시할 것

(4) Single - RTK 및 Network - RTK에서 불만족한 성과인 경우

① 초기화 시간이 3회 이상 3분을 초과하는 경우

② 보정정보의 송수신이 불안정한 경우

③ 보정정보 지연시간이 5초 이상인 경우

④ 세션 간 측량성과의 오차가 6.0cm를 초과하는 경우

4.4.5. RTK 활용

① RTK GPS는 측량, 건설, 농업, 지형 데이터 수집 등 다양한 분야에서 활용되고 있다.

② 측량 분야에서는 도로, 건물, 토지 등의 정확한 위치를 측정하여 설계 및 시공에 활용하고 있다.

③ 건설 분야에서는 건축물, 토목 구조물 등의 위치를 정확하게 측정하여 시공 오차를 줄이고 효율성을 높일 수 있다.

④ 농업 분야에서는 정밀한 위치 정보를 활용하여 작물 재배, 비료 살포, 수확 등의 작업을 효율적으로 수행할 수 있다.

4.5. Network RTK 측량

출제(논) : 102, 105, 107, 122회

실시간이동측량(Real Time Kinematic; RTK)은 이동측량의 신속함에 측량결과를 바로 알 수 있다는 이점 때문에 많이 이용되고 있다. RTK 측량은 기준국과 이동국의 자료 전송장치를 이용하여 기준국 보정값을 이동국에 전송하며 이동국에 수신된 보정값은 기준국과 이동국 수신기 사이의 다음 관측값을 형성하여 이동국 관측 값에 적용되므로 높은 정확도를 갖는 위치를 결정할 수 있다.

4.5.1. 특징

① 현장 Calibration을 통해 높은 정확도의 측량성과를 얻을 수 있으므로 측량 효율을 크게 향상할 수 있다.

② 반송파 위상을 측정할 수 있는 1주파 또는 2주파 GPS 수신기를 사용하여야 한다.

③ 일반적으로 수평(1cm + 2ppm), 수직(2cm + 2ppm)의 정밀도를 갖는다.

④ 짧은 작업시간에 관측한 값으로 효율적인 데이터를 취득하며 모든 데이터를 실시간으로 취득할 수 있다.

⑤ 지역좌표계에서 Navigation으로 활용할 수 있으며 지적측량에서 일필지 측량에 활용할 수 있다.

⑥ 전파에 의한 잡음에 의한 위성전파의 수신이 단절된 현상 발생으로 고층건물과 고압전선, 삼림 지역에서 사용할 경우 오차가 크게 발생한다.

⑦ 우리나라는 IT기술을 기반으로 하여 통신 에러율이 거의 없고 지형이나 환경조건에 영향을 받지 않아 수십km 이상의 장거리 측량이 가능하다.

4.5.2. 실시간위치추적시스템(RTLS)

출제(용) : 92회

실시간위치추적시스템(RTLS; Real Time Location System)은 근거리 및 실내와 같은 제한된 공간에서 위치 확인 및 위치추적시스템을 통칭한다. 이동통신망 기반의 위치기반서비스(LBS; Location Based Service)와 같이 사람 또는 사물의 위치를 확인하지만, 주로 제한된 공간에 활용되므로 실내 위치추적 서비스(IPS; Indoor Positioning System)라고도 한다.

(1) 특징

① 실시간으로 사물의 위치정보 측위를 통해 다양한 서비스를 제공하는 시스템이다.

② 최근에는 스마트기기를 활용한 측위시스템 및 애플리케이션이 등장함에 따라 IPS와 RTLS를 구분하고 있다.

③ 시장 분석기관인 IDTechEx에서는 IPS는 휴대전화 기반의 기술을 활용하여 불특정 다수에게 서비스한다.

④ RTLS는 폐쇄적으로 사용한다는 것이 매우 큰 차이점이다.

⑤ RTLS는 HP와 IBM과 같은 시스템 공급자인 것으로 구분한다.

(2) RTLS 시스템 구현

① 무선기기의 무선신호 이용 방법은 기지국, WiFi 네트워크, 다른 무선기기 등의 무선신호를 이용하는 방법으로 적용 기술에 따라 정확도의 차이가 크다.

② 센서 이용방법은 무선기기의 무선신호를 이용하는 방법을 보완하는 용도로 사용하는 것으로 스마트폰에 내장된 센서를 이용하여 방향 및 이동거리를 추적하는 방법이다.

③ 블루투스 이용방법은 BLE4.0[6] 기반의 넓은 영역에서 비콘(Beacon)을 이용하는 방법으로 i-Beacon이 대표적이며 근접측정을 이용한 서비스에 활용된다.

(3) 시스템의 구성

① 추적 대상에 부착되는 RFID 태그, 추적 대상의 위치를 확인하는 RFID 리더기, 추적 애플리케이션 등으로 구성되어 있다.

② 능동형전파식별(RFID; Radio Frequency IDentification)에 기반하여 태그가 부착된 객체에 전파를 보내 수신되는 위치를 실시간으로 추적하는 시스템이다.

(4) 활용

① 근거리 및 실내와 같은 제한된 공간에서 위치 확인 및 위치추적 서비스를 지칭하는 데 사용된다.

② 자원이나 사람들의 위치를 실시간으로 추적할 수 있어 의료기관이나 물류 및 제조업 등에서 활용된다.

③ 물류, 건강관리, 생산 시설 등 사물인터넷(IoT; Internet of Things)과 관련된 다양한 분야에서 활용되고 있다.

④ LBS에서는 코드분할다중접속(CDMA)이나 GSM 같은 이동통신 기술을 이용한다.

⑤ RTLS에서는 Wi-Fi(IEEE 802.11b), Zigbee(IEEE 802.16.4), UWB, 블루투스(Bluetooth), RFID 등과 같은 근거리 통신 기술을 이용한다.

6) https://postpop.tistory.com/17 4.0 BLE은 모든 작업에 UUID라는 고유 아이디를 사용하여 BLE 간 통신을 하고 데이터를 전송하게 된다.

4.5.3. 단방향위치보정정보송출시스템(FKP)

출제(용) : 117회

① 단방향위치보정정보송출시스템(FKP; Flachen Korrektur Parameter)방식은 상태 공간에서의 오차 모델링이 수행되는데 가상기준점(VRS; Virtual Reference Station)방식은 관측 공간의 오차 모델링을 수행하는 것과 다르다.

② GPS 오차 성분의 상태를 모형화한다면 기지국과 이동국 간의 거리가 증가하더라도 모호정수를 빠르고 정확하게 결정할 수 있다.

③ 사용자 위치를 중앙제어국에 전송하는 등 양방향 통신 상태를 유지해야 하는 기존 위치바로잡기 체계와 달리 보정데이터를 내려받기만 하는 평면보정방식을 사용한다.

④ 자동차용 내비게이션(Navigation)의 위치보정체계가 10~30m인 것을 헤아리면 FKP-GPS의 정확성(3cm)을 잘 알 수 있다.

⑤ 지도 제작이나 지적조사처럼 정밀한 측량에 많이 사용되며, 대형 건설공사에도 유용하다.

⑥ 측위 원리

- FKP 서버에서 전국의 GPS 상시관측소의 데이터를 실시간으로 수집한다.
- GPS 상시관측소 데이터를 이용하여 네트워크의 각 Cell 별로 이온층 오차 모델링 작업을 수행하는데 이를 SSM(State Space Model; 상태 공간에서의 모델링) 생성이라 한다.
- GPS 오차 성분의 상태벡터(State Vector)를 연속적으로 추정함으로써 오차의 영향을 줄이게 된다.
- 사용자가 GPS 수신기에서 계산한 개략적인 위치를 FPK 서버에 전송한다.
- 사용자의 위치를 수신하여 사용자가 속한 Cell의 보정데이터에 대한 오차 보정 파라미터를 생성한다.
- 사용자에게 사용자 주변에 가장 가까운 GPS 상시관측소의 데이터와 Cell을 보정하기 위한 파라미터를 인터넷망으로 전송한다.
- 사용자는 가장 가까운 GPS 상시관측소의 데이터와 면보정 파라미터를 이용하여 측량을 수행한다.

⑦ FKP 방식은 이동국의 근사적인 위치와 위성 정보만을 필요로 해서 망 처리 과정과 독립적으로 수행할 수 있으므로 정밀 측량뿐만 아니라, 각종 위치기반 사업에 활용할 수 있다.

4.5.4. PPP-RTK

출제(논) : 105회

PPP(precise point positioning)-RTK는 PPP 측위 방식과 RTK 측위 방식을 결합한 기술로 기존의 네트워크 RTK에 비하여 시스템 구축 비용이 저렴하고 사용자 수의 제한 없이 1~2cm의 정확도를 확보할 수 있는 측량 기술이다.

(1) 보정정보

① PPP-RTK는 주요 오차 요소 중 사용자의 수신기에서 발생하는 오차 요소를 제외한 위성, 대기 관련 오차에 대한 보정정보를 사용자에게 전송한다.

② 보정정보의 생성 및 제공 방식에 따라 Network RTK는 관측공간보정정보(OSR, Observation Space Representation), PPP-RTK는 상태공간보정정보(SSR, State Space Representation)라 한다.

③ 보정정보는 오차 요소의 상태에 기반한다는 의미에서 상태공간보정정보(SSR)라고 하며, 오차 요소의 특징에 따라 보정정보의 종류가 구별되고 각각의 보정정보는 해당 오차를 표현할 수 있는 최적 형태로 제공된다.

④ SSR은 오차 요소의 시공간적 변화를 고려한 수식으로 제공되기 때문에 보정정보는 오차 요소 의 변화율이 고려된 전송 주기마다 계수 값이 갱신된다.

(2) PPP-RTK 원리

① PPP-RTK 사용자는 기준국과 차분 측위를 수행하지 않으므로 기준 관측소에 대한 잔여 오차가 아닌 각 오차 요소에 대한 절댓값을 제공받는다.

② 시스템 구성은 Network RTK와 동일하게 다중 기준국과 중앙제어국, 사용자로 구성된다.

③ 다중기준국에서 수신한 관측데이터를 중앙제어국에 실시간 전송한다는 점과 중앙제어국은 취합된 기준국 데이터를 이용하여 보정 정보를 생성하는 주요 자료처리를 담당하며 인터넷과 같은 통신 매체를 통해 사용자에 제공해 주는 일련의 과정이 유사하다.

④ PPP-RTK는 상태공간보정정보를 생성하기 위해 중앙제어국에서 수행하는 자료처리 과정은 네트워크 RTK와 구분된다.

⑤ 중앙제어국은 보정정보를 생성하기 위해 PPP 자료처리에 필요한 모든 관측 모델을 측위 과정에서 보정해 주어야 한다.

⑥ 자료처리 과정을 통해 중앙 제어국에서 추정하게 되는 기준국의 오차 요소는 (표 4.3)과 같다.

⑦ 위성궤도는 방송궤도력에 대한 보정량과 보정량의 시간 변화율을 모델링하고, 위성 시계오차는 2차 다항식으로 모델링하며, 대기 관련 오차는 시공간에 대한 다항식으로 정의한다.

⑧ 다중기준국에서 추정한 수신기 관련 오차는 사용자에게 제공하지 않고 기준국의 성능 모니터링에 사용함으로써 기준국의 무결성을 감시하고 기준국 오차가 사용자에게 전이되지 않게 한다.

(표 4.3) PPP-RTK 인프라 부분에서 추정해야 하는 오차 요인

구분	오차 요소
위성	위성 시계 오차, 위성 좌표 오차, signal biases
대기	전리층 지연량, 대류권 지연량
수신기	수신기 시계 오차, 모호정수, signal biases, 다중경로 오차

(3) PPP-RTK 서비스 동향

① PPP-RTK는 실시간 이동측위 분야에서 새롭게 주목받게 되면서 미국, 일본, 유럽에서는 솔루션 개발사를 중심으로 다양한 상용 서비스를 개발하고 있다.

② 상용서비스란 솔루션 개발사가 인프라를 구축 및 운영하면서 보정정보를 생성 및 제공하고, 동시에 자체적으로 개발한 사용자 알고리즘을 GNSS 수신기에 적용함으로써 PPP-RTK 기능을 이용할 수 있게 하는 서비스 전체를 의미한다.

③ 최근 발표되고 있는 PPP-RTK 상용서비스는 전지구 서비스와 지역 서비스로 구분된다.

④ 기준국과 보정정보 유무에 따라 Star Fire, Ultra RTK, RTK Extend 서비스로 구분되는데 PPP-RTK와 관련된 서비스는 Star Fire로 제공된다.

⑤ 영국의 Veripos사는 PPP-RTK 관련 서비스로 Ultra & Ultra2, Apex & Apex2를 제공하고 있다.

⑥ 현재 제공되고 있는 PPP-RTK 상용 서비스들은 자체적으로 보정정보를 생성하고 있으나 보정정보의 정확도에 대한 분석은 이루어지지 않고 있다.

4.5.5. Broadcast RTK

① MBC Broadcast RTK는 서비스 개시 3년이 넘게 상용서비스를 운영하며 다양한 산업분야의 피드백을 반영하여 꾸준히 서비스 품질을 고도화하였다.

② 실제 시장에서 제품의 상품성과 안정성을 인정받고 있다.

③ 정밀 측위 기술이 필수적인 자율주행, 정밀농업, 스마트 건설, 해양 등과 같은 4차산업 분야에서 Broadcast RTK 서비스 사용자가 증가하고 있다.

④ MBC 문화방송은 각각의 분야에 최적화된 솔루션을 공급할 수 있도록 연구개발을 진행하고 있다.

(1) 자율주행

① 자율주행 분야는 도로 환경상 터널 및 고층 빌딩 밀집 구간 등 위성 신호의 난청 지역이 존재하기 때문에 위성항법시스템을 이용할 수 없는 지역에서도 정확한 측위 결과를 얻을 수 있는 시스템이 필요하다.

② MBC 문화방송에서는 Automotive Dead Reckoning(ADR) 기술을 적용한 자율주행 자동차 양산용 버전의 고정밀 GNSS/INS 장치인 MGI－2000 제품을 개발했다.

③ MGI－2000 제품은 고정밀 DR, IMU 센서 및 통신 모듈이 통합된 제품이며 탑재된 LTE 모뎀을 통해 MBC Broadcast RTK 서비스를 기본으로 지원한다.

④ MGI－2000 제품은 위성 신호를 놓친 순간부터 최대 50m까지 높은 정밀도(수평±20cm)의 측위 결과를 제공할 수 있다.

⑤ 듀얼 안테나를 지원하여 방위각 정보도 제공한다.

(2) 정밀농업, 스마트 건설 및 해양

① 정밀농업 분야

- 미국, 일본은 이미 대부분 농기계에 자율주행을 위한 센티미터급 GNSS 수신기가 탑재되어 있다.
- 국산 농기계 제품도 자율주행 기능을 옵션으로 선택할 수 있다.

② 스마트건설 분야

- 이미 많은 수의 센티미터급 측량용 수신기가 보급되어 있다.
- 건설 기계 자동제어(Machine Control) 및 공사 현장 품질 조사, 작업자 안전 등을 목적으로 센티미터급 측위 장치 및 서비스에 대한 수요가 매우 많을 것으로 예상한다.

③ 해양 분야

- 현재 해양 측량, 항만 모니터링 및 크레인 안전 감시 등의 목적으로 RTK 기술을 활용하고 있다.
- 자동 접안을 위해 센티미터급 정밀 측위 기술을 활용한 연구가 이루어지고 있다.

④ 다양한 분야에서 RTK 기술에 대한 수요가 급증하여, VRS와 FKP 등 기존 Network RTK 서비스의 서버 접속 장애 등이 자주 발생하고 있다.

⑤ 정밀측위서비스 사용자의 네트워크 접속 불안정 문제를 해소한 MBC Broadcast RTK 동글(Dongle) 제품인 MRD－1000/1000T 제품을 개발하여 시장에 공급하고 있다.

⑥ MRD－1000(DMB 전용), MRD－1000T(DMB, LTE 공용) 제품은 DMB 방송망 또는 LTE 망을 통해 MBC Broadcast RTK 서비스를 이용할 수 있다.

⑦ 사용자는 MRD－1000/1000T 제품을 자신이 보유하고 있는 장비에 RS232 포트와 연결만 하면 간단하게 센티미터급 측위 결과를 얻을 수 있다.

⑧ MBC 문화방송은 측량 기사와 같은 정밀 측위 장비 고숙련자 외에 연구원, 개발자 및 일반인도 쉽게 정밀 측위 장비를 사용할 수 있도록 사용자 편의성을 개선한 MRP－2000, TDR－3000 제품을 개발하여 시장에 공급하고 있다.

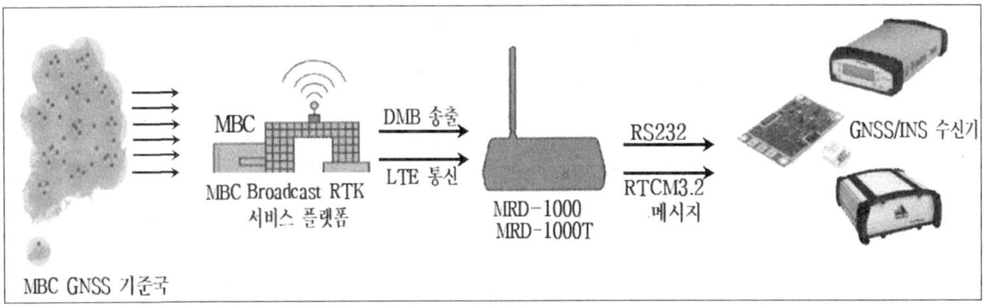

〈그림 4-24〉 MBC Broadcast RTK 서비스 개념도

⑨ MRP－2000 제품은 DMB 방송망 또는 LTE망을 통해 MBC Broadcast RTK 서비스를 이용할 수 있으며, 사용자는 제품의 전원만 켜면 간단하게 센티미터급 측위 결과를 얻을 수 있다.

⑩ TDR－3000 제품은 MRP－2000과 같이 DMB 방송망 또는 LTE망을 통해 MBC Broadcast RTK 서비스를 이용할 수 있다.

⑪ 듀얼 안테나를 지원하여 MRP－2000과 달리 경위도 값 외에 방위각도 동시에 제공할 수 있다.

(3) 드론

① 드론은 정밀농업, 스마트건설, 해양 등에서 방제, 측량, 감시 등의 목적으로 활용되고 있으며, 고가의 산업용 드론에는 센티미터급 GNSS 수신기가 기본 탑재되고 있다.

② 국내 드론 업체들도 센티미터급 GNSS 수신기에 대한 수요가 증가하고 있으나 센티미터급 GNSS 수신기의 설치 및 보정 신호 설정 등에 대한 비결이 부족하여 어려움을 겪고 있다.

③ MBC 문화방송은 정밀 측위가 있어야 하는 드론 업체 및 드론 개발자를 위해서 드론에 쉽게 장착할 수 있고 MBC Broadcast RTK 서비스를 이용할 수 있는 MRP−2000 UAV Kit을 개발하여 시장에 공급하고 있다.

④ 드론은 방위각을 알기 위해 일반적으로 나침반(Compass) 센서를 활용하지만, 교각, 송전탑과 전력선 등 비행하는 드론 주변에 존재하는 다양한 세기의 자기장 때문에 나침반 센서 오류로 인한 추락이 자주 보고되고 있다.

⑤ MBC 문화방송에서 개발한 MDU−2000 제품은 2개의 GNSS 안테나를 이용하여 나침반 센서를 대신하여 방위각 정보를 드론에게 제공할 수 있다.

⑥ MBC Broadcast RTK 서비스가 탑재되어 수평±3cm, 수직±10cm 오차 정밀도를 지원한다.

4.5.6. 가상기준점측량

출제(용) : 80, 87, 101, 113, 125회, (논) : 78, 87회

가상기준점(VRS; Virtual Reference Station)이란 RTK를 구현하는 방법의 하나로 미국의 Trimble 사의 하드웨어/소프트웨어의 집합을 이르는 상표명이다. Network RTK나 Network−based RTK가 정식명칭이다. GPS 상시관측소를 RTK 상시기준국으로 사용하려면 기선 길이를 15km 이하로 제한하여야 10cm 이하의 정확도를 기대할 수 있다.

4.5.7.1. 가상기준망의 구성

① 가상기준망의 구성은 GPS 기준국, 제어 서버(Control Server), 접속 서버, 통신 부분 등으로 구성된다.

② 기준국은 이동국의 수신기가 기준국에서 발신하는 반송파 위상에 대한 계통 오차의 보정치 정보를 수신하여 좌표를 계산하여야 한다.

③ 제어 서버는 별도의 서버를 통하여 RTK에 필요한 계통적인 오차의 모델링과 추정, Antenna 위상 중심의 보정, 이동국 위치의 VRS를 생성하기 위한 데이터를 생성하여 이동국으로 전송하는 것을 담당한다.

③ 접속 서버는 다수의 기준국(CORS)과 제어 서버와의 연결, 제어 서버와 다수의 이동국과의 연결을 담당한다.

④ 통신 방법은 이동통신과 지상파 방송 방식, 인터넷 등을 이용하며, 이터 형식은 RTCM(Radio Technical Commission for Maritime Service)형식으로 전송하며, RTCM SC-104와 RTCM 59-FKP가 사용되고 있다.

4.5.7.2. 가상기준점시스템

시스템의 구성은 〈그림 4－25〉와 같이 하드웨어, 소프트웨어와 자료 및 보정치의 전송을 위한 네트워크 및 통신 부분이다.

(1) 하드웨어 부문

① 트림블에서 제공하는 기준점 처리 소프트웨어인 GPS Base를 통하여 전송한다.

② 기준국들로부터 전송된 자료는 네트워크의 조정계산을 하는 서버에서 처리되고 결정된 오차들은 RTCM의 형식으로 사용자들에게 휴대폰 네트워크를 통하여 전송되게 된다.

③ 네트워크 라우터(Network Router)와 다수의 사용자로부터의 전화를 통한 시스템의 접속을 처리할 수 있는 Access Server가 필요하다.

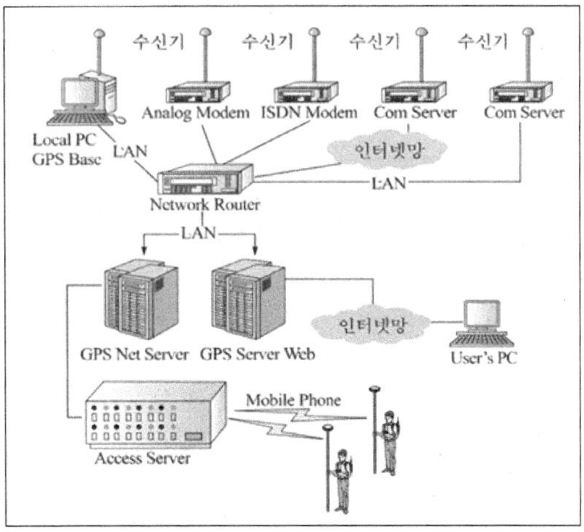

〈그림 4-25〉 VRS 시스템의 구성도

(2) 소프트웨어 부문

① 가상기준점 시스템에서 가상기준점의 형성 또는 사용자의 위치에 대한 오차의 계산은 네트워크 서버 소프트웨어를 통하여 수행된다.

② 가상기준점의 자료와 FKP 보정치의 형성은 다중경로오차, 전리층, 대류층, 위성 궤도 오차 및 모호정수의 결정 등이 수행된다.

③ 모든 기준점에서 획득된 자료가 처리되면 이동국의 위치에 해당하는 보정치를 내삽 방법으로 결정한다.

(3) 네트워크와 통신 부문

① 가상기준점 네트워크의 구성에는 전용선, 공중망, 그리고 VPN을 이용하는 방법이 있다.

② 통신 방법은 소요 비용, 보안성, 자료의 시간지연 정도 등에 따라 적합한 방법을 선택하여야 한다.

③ 기준국으로부터 공중망까지는 ADSL (Asymmetric Digital Subscriber Line)을 이용하고 있다.

④ VPN(Virtual Private Network)은 인터넷과 같은 공중망을 이용하여 사설망처럼 직접 운용 관리할 수 있도록 하는 기술로서 컴퓨터 시스템과 통신 프로토콜들의 집합으로 구성된다.

4.5.7.3. 측량 원리

① 가상기준점의 위치정보 데이터를 생성하고 이를 휴대전화 또는 무선 인터넷 모뎀으로 이동국 GPS 사용자에게 송신한다.

② 각 기준국은 중앙제어국과 연결되어 있으며 중앙제어국은 계통적인 오차의 모델링과 추정, 안테나 페이즈 센터의 보정, 이동국 위치의 VRS를 생성하기 위한 데이터 생성, 이동국으로의 RTK 데이터 전송 등을 수행한다.

③ GPS 상시관측소 네트워크 내에서 서로 다른 기준국의 데이터를 처리하여 전리층, 대류권, 위성 궤도, 다중경로 오차 등에 대한 오차 모델을 만들고 미지 정수 등을 해석하여 가상기준점을 이동국과 가까운 곳에 구현한다.

④ 오차 모델은 가상기준점 망을 형성하는 모든 기준국에서 관측한 값으로 생성하므로 한 점을 기준으로 만드는 보정값보다 정밀하고 신뢰성이 높다.

4.5.7.4. VRS 측위 조건 및 특징

(1) VRS 측위 조건

① 국가의 측지기준점 체계가 완벽하게 갖춰져야 한다.

② 상시관측소가 최소 30~50km 간격으로 균등하게 배치되어야 한다.

③ 위치정보를 순간 생성할 수 있는 GPS 기선해석 및 망조정 기술 능력이 확보되어야 한다.

④ 제공되는 위치정보 데이터에 대하여 측량성과로서의 공신력이 회복되어야 한다.

⑤ 위치 정보데이터의 통신 매체인 휴대전화나 인터넷 모뎀 등의 통신 품질이 확보되어야 한다.

⑥ 이동국 GPS 사용자의 GPS 측량에 대한 기초지식이 필요하다.

(2) VRS 특징

① 기존의 RTK 방법에 비해 넓은 측량 범위를 확보하며, 신뢰도와 정확도를 향상시키는 장점이 있다.

② 높은 신뢰도 및 정확도의 향상과 함께 신속하게 초기화를 할 수 있다.

③ 실제 기준국 들을 이용하여 존재하지 않는 가상의 기준국을 만들어 망의 밀도를 높이는 방법이다.

④ 기지국 GPS가 필요 없고 위치 정보데이터 송수신을 위한 부설 모뎀 장치가 필요 없다.

⑤ 이동국이 기준점망 안에 위치한다면 위치 오차는 이동국 위치와 관계없이 같은 값을 갖는다.

⑥ 휴대전화 사용으로 통신 거리에 제약과 실시간 측량을 위한 장비의 초기화가 필요 없다.

⑦ 가상기준점과 이동국과의 RTK를 통하여 이동국의 위치를 더 정확하게 결정하는 것이다.

4.5.7.5. VRS 활용

① GPS 상시관측소 데이터를 안정성이 높고 신속하게 제공할 수 있는 웹 기반 서비스를 구축하여 다양한 분야에서 활용할 수 있다.

② GPS 측량 계획 시 필요한 위성 상태의 정보(sky plot, 시간대별 DoP)를 제공하고 RTK 측량을 위한 상시 기준점 자료를 제공하고 있다.

③ 무선측위 기술을 이용하여 응급자동차 운행관리 서비스, 차량 등의 정확한 위치정보 서비스 등을 할 수 있는 기반을 제공한다.

④ 데이터베이스화를 통한 활용도 관리 및 통계분석, 지각변동, 기상관측 등의 관련 연구 자료로 활용할 수 있다.

4.6. DGPS 측량

4.6.1. DGPS 측량

출제(용) : 52, 87, 110회, (논) : 62회

DGPS(Differential GPS)는 기지점의 좌표를 이용하여 오차를 최대한 줄여서 관측하는 방법으로 기지점에서 의사거리 보정값을 구하여 미지점의 이동국용 수신기에 송신함으로써 보정된 값을 이용하므로 정확한 위치를 결정하는 방법이다.

4.6.1.1. DGPS의 종류

(1) 후처리(Post Processing) DGPS

① 모든 DGPS 응용분야에 있어서 실시간으로 정밀한 위치측정을 수행해야 하는 것은 아니며, 측량자료를 후처리하여 위치를 계산할 경우도 있다.

② 이동하는 수신기는 위성 신호의 수신 자료와 시간만 저장하며 기준국은 동시에 보정값들을 계산하여 저장한다.

③ 기지국 및 이동국 GPS에서 각각 위성데이터를 취득한 후 프로그램으로 위치를 해석하는 방법이다.

④ 후처리할 때 기준 수신기와 이동 수신 기간의 전파를 이용한 연결(Radio Link)은 필요하지 않으며 근처에 직접 보정값을 받을 수 있는 기지국이 없어도 가능하다.

⑤ 2개의 수신기는 같은 시간에 같은 인공위성으로부터 자료를 수신받아야 한다.

⑥ 실시간 측위법이나 키네마틱 측위법 개발로 현재는 거의 사용치 않는다.

⑦ 다운로드한 자료는 수신기 제작 회사별로 형식이 다름으로 각 회사의 다른 형식에 상관없이 이용할 수 있는 RINEX (Receiver INdependent EXchange) 표준형식으로 바꿔서 전송된다.

⑧ 후처리를 시행하여야 DGPS 위치를 얻을 수 있기 때문에 GIS용 데이터 취득에 이용되며, 수도관, 가스관, 전신주 조사 등에도 손쉽게 이용할 수 있다.

(2) 실시간(Real-Time) DGPS

① 기지국 GPS에서 생성된 위치보정데이터를 유무선 통신으로 이동국 GPS에 송신하여 실시간으로 정확한 위치를 해석하는 방법이다.

② 후처리 DGPS와 차이점은 후처리에서 2개의 수신기에서 수신을 받는 즉시 기준 수신기는 보정값을 계산해서 바로 이동 수신기로 전송하므로 실시간으로 위치를 파악할 수 있다.

③ 실시간 DGPS에서 가장 널리 사용되는 표준형식을 RTCM SC-104(Maritime Service Special Committee 104) 또는 간단히 RTCM이라고 한다.

④ 위치보정데이터의 통신 방식은 UHF, VHF, HF, MF 등의 무선 통신을 사용하며 현재 일반 측량에 주로 활용된다.

4.6.1.2. DGPS의 특징

① DGPS는 기존 광학 장비보다 시통 거리의 제한이 매우 적다.

② 기상 조건 및 야간 관측에 영향을 받지 않으며, 1인 측량이 가능하다.

③ GPS 수신기는 4개 이상의 위성으로부터 시각정보를 담은 신호를 수신받아 위치측정에 이용한다.

④ 야장이 필요 없으며 컴퓨터에 의한 자동처리가 가능하다.

4.6.1.3. DGPS 측량의 원리

(1) 기지국 GPS(Reference station)

① 정확한 위치의 기지점에 기준국(Reference Station) 수신기를 설치한다.

② GPS 인공위성에 의해 측정된 위치 데이터와 기지점의 위치데이터와의 차이값 (ΔX, ΔY, ΔZ)을 이동국 GPS로 송신하는 기능을 수행한다.

(2) 이동국 GPS(Mobile station)

① 인공위성에 의해 측정된 위치데이터에 기지국으로부터 송신된 위치 보정데이터를 합성하여 현지점의 정확한 위치를 표시한다.

② 미지점의 이동국용 수신기는 기준국에서 송신된 보정 자료를 이용하여 보정된 값으로 위치를 결정한다.

(3) 기준국과 이동국

① 기준국과 이동국(Mobile Station)의 의사거리 보정값들을 GPS 위성과 동일한 주파수와 같은 자료 형태로 전송하는 방법이다.

② DGPS는 두 개의 GPS 수신기가 필요하며, 1개의 수신기는 정지(Stationary)해 있고 다른 하나는 이동(roving) 하면서 위치측정을 시행한다.

4.6.1.4. DGPS 이용 조건 및 정확도

(1) DGPS 이용 조건

① 기준국과 이동국의 거리는 500km 이내여야 한다.

② 이동국과 기준국이 이용하는 위성은 동일해야 하며 위성의 조합을 이용하여 위치를 결정하여야 한다.

③ 이용되는 위성 자료는 양국이 동일해야 한다.

④ 기준국에서 산출된 보정치는 이동국에 즉시 전송해야 한다.

⑤ 자료의 연결은 정해진 형식을 이용해야 한다.

(2) DGPS의 정확도

① 실시간 또는 후처리 계산 방식에 의해 SA에 의한 오차 등 각종 오차 요인 제거

② 일반 항법용 GPS 수신기의 오차는 약 3~5m 정도 해양측량에서 DGPS 오차 0.2~1m이다.

4.6.1.5. Inverted DGPS

출제(용) : 110회

① Inverted DGPS가 보정 정보를 이용하여 차량 등 움직이는 물체에 대한 임의적 관제를 목적으로 개발되었다.

② DGPS 수신기는 전 차량에 설치하는 데 큰 비용이 소요될 것이다.

③ 저렴한 방법으로 가능하게 하려면 고안된 방법이 Inverted DGPS이다.

④ DGPS와 가장 큰 차이점은 전송 방향이 반대이다.

⑤ 사용자가 관제국으로 자신의 정보를 송신한다.

⑥ 수신기는 RCTM을 지원하지 않아도 되며, 관제를 위한 톤신장비만 필요하다.

⑦ 관제국에서 차량의 위치를 파악하는 차량위치추적시스템 등에 적합하다.

4.6.1.6. DGPS의 활용

① 차량 주행체계
② 교통 부분 지리정보체계
③ 해상의 공사용 측량
④ 인공 지능 교통정보체계
⑤ 항공 운항 분야
⑥ 지도 제작 분야

4.6.2. 위성항법시스템

위성항법시스템은 시간, 기상상태와 관계없이 지구 전역에서 사용할 수 있는 가장 이상적인 항법시스템으로서 처음에는 군사적인 용도를 위해 개발되었다. 위성항법시스템은 30~40m 수준의 위치정확도를 지니는 단일 위성항법시스템(Stand-alone GPS, SA 제거 이후), 미터(m) 수준의 위치정확도를 지니는 보정 위성항법시스템(Differential GPS; DGPS), 센티미터(cm) 수준의 위치정확도를 지니는 반송파 보정 위성항법시스템(Carrier phase Differential GPS; CDGPS)으로 분류할 수 있다.

(1) 단일위성항법시스템

① 단일위성항법시스템(Stand-alone GPS)을 사용하면 4개 이상의 GPS 위성 신호를 수신할 수 있는 하나의 GPS 수신기로 지구 어느 곳에서든지 약 30~40m의 위치정확도로 사용자의 위치를 구할 수 있다.
② 제공하는 서비스의 종류는 일반 사용자를 위한 표준위치측정서비스(SPS; Standard Positioning Service)와 군사적 목적을 위한 정밀위치측정서비스(PPS; Precise Positioning Service)이다.
③ 표준위치측정서비스에서는 항법데이터 및 위치 계산을 위해 필수적인 C/A 코드를 L_1반송파만을 통하여 사용자에게 전송한다.
④ 정밀위치측정서비스에서는 C/A 코드와 또 다른 PRN 코드인 P 코드(Precise code)를 L_1, L_2반송파를 통하여 사용자에게 전송한다.

⑤ P 코드는 C/A 코드보다 10배 높은 주파수를 지니므로 훨씬 높은 정밀도를 지니지만 암호화되어 Y 코드 형태로 전송되므로 정밀위치측정서비스 사용 허가를 받은 사용자만이 Y 코드를 해독할 수 있다.

⑥ 위치정확도는 고의 잡음(SA)이 제거된 이후의 결과이며, SA가 포함될 때는 단일 위성항법시스템이고, 특히 민간용인 표준위치측정서비스의 경우 그 위치정확도가 100m 정도에 이르게 된다.

(2) 지역보정위성항법시스템(LADGPS)

출제(용) : 98회

① 지역보정위성항법시스템(LADGPS)은 기본적으로 기준국과 기준국용 GPS 수신기, 사용자용 GPS 수신기로 구성되어 있다.

② 위치가 정확히 측정된 지점에 설치된 기준국에서는 기준국용 GPS 수신기를 사용하여 위성데이터를 수신한다.

③ 기준국에서는 모든 가시 위성에 대한 실제 거리를 계산할 수 있으므로 오차가 포함된 코드 정보에 의한 의사거리로부터 의사거리 오차를 계산할 수 있다.

④ GPS 위성은 기준국과 사용자 간의 거리가 비교적 가까울 경우, 기준국의 의사거리 오차와 사용자 의사거리 오차는 거의 같다.

⑤ 기준국에서 계산한 오차항으로 사용자의 의사거리를 보정하면 의사거리 오차가 감소하여 미터(m) 수준의 위치정확도로 사용자의 위치를 계산할 수 있다.

⑥ 보정 항법시스템에서는 통신망이 구축되면 보정정보를 수신할 수 있는 모든 사용자는 미터(m) 수준의 위치정확도로 위치를 측정할 수 있다.

(3) 광역보정위성항법시스템(WADGPS)

출제(용) : 84회

① 광역보정위성항법시스템(WADGPS)은 GPS 위성 및 통신 기능을 담당하는 정지위성과 기지국으로 구성되며 〈그림 4-26〉과 같다.

② 기지국은 광역기준국(WRS; Wide area Reference Station), 광역주기지국(WMS; Wide area Master Station), 지상국(earth station)으로 구성된다.

③ 광역주기지국은 널리 분포된 여러 개의 광역기준국으로부터 성분별 오차항에 관련된 데이터를 수신한 후 통합 처리하여 최종적인 보정데이터를 벡터(vector)적으로 산출한다.

④ 광역 기준국은 오차항을 각 성분으로 구분하여 계산하며 오차항을 사용자에게 직접 전송하지 않고 광역 주 기지국으로 전송한다.

⑤ 광역주기지국에서 처리된 보정데이터는 지상국으로 송신되며 지상국은 이러한 보정데이터를 GPS 위성 궤도 및 시계에 대한 보정데이터와 함께 정지위성으로 송신한다.

⑥ 정지위성은 통합 처리된 보정데이터를 사용자에게 전송하며 사용자는 보정된 의사거리로 위치를 구하게 된다.

⑦ 광역보정 위성항법시스템은 지역보정 위성항법시스템에서보다 적은 기준국으로 넓은 지역을 포괄할 수 있고 기준국 간의 상호 무결성 감시도 쉬우므로 지역보정 위성항법시스템보다 훨씬 경제적이고 안정적이다.

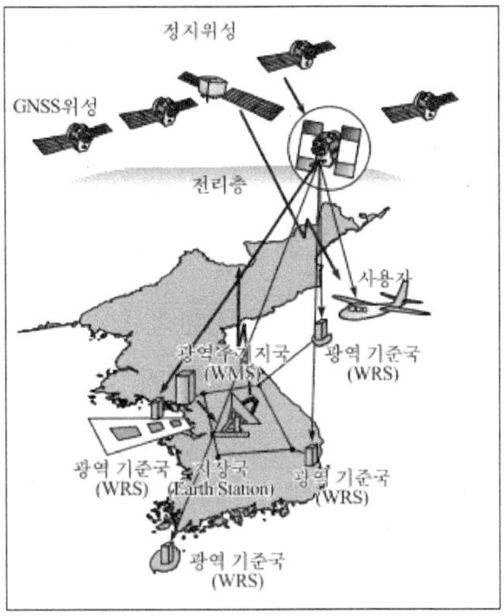

〈그림 4-26〉 광역보정 항법 시스템

(4) 반송파보정위성항법시스템(CDGPS)

① 반송파는 코드보다 해상도(resolution)가 훨씬 높으므로 이를 이용하여 위치를 계산할 경우 cm 정도의 위치정확도를 기대할 수 있다.

② 위치 계산을 위해 반송파를 사용할 경우, 코드를 사용한 위치 계산보다 계산량이 많고 시스템의 무결성이 저하된다.

③ 반송파위상에는 초기미지정수가 존재하므로 이를 정확히 계산하기 위해 부가적인 복잡한 계산이 필요하고 올바른 미지정수결정 여부에 대한 충분한 신뢰도(confidence level)가 확보되지 않기 때문이다.

④ 반송파보정 위성항법시스템의 포괄 영역은 일반적인 보정 위성항법시스템보다 훨씬 좁으며 포괄 영역을 넓히기 위해 별도의 고가(expensive) 장비가 필요하다.

⑤ 반송파보정 위성항법시스템은 좁은 영역에서 고도의 위치정확도를 요구하는 시스템, 또는 후처리 기법에 따른 측지 분야에서 널리 이용된다.

4.6.3. 지역위성항법시스템(RNSS)

지역위성항법시스템(RNSS, Regional Navigation Satellite System)은 특정 지역에서만 이용할 수 있는 서비스 형태로 일부 국가에서 운영되고 있으며, 정지 위성 또는 특정 지역을 순회하는 위성만 사용하여 구성한 형태이다.

4.6.3.1. 준천정위성

출제(용) : 80회, (논) : 122회

준천정위성시스템(QZSS; Quasi-Zenith Satellite System)은 정지궤도에서 약간 경사진 궤도의 위성이다. 준천정위성 시스템은 4기의 미치비키 인공위성을 기반으로 하여 일본에서 개발한 지역용 SBAS 시스템이다. 일본 우주항공연구개발기구(JAXA; Japan Aerospace eXploration Agency)는 기술 검증을 통해 QZSS 인터페이스 규격과 항법 신호의 신뢰성을 확인하였다. 지상에서 그 궤적을 보면 「8」자에서 볼 수 있는 「8자 위성」이라고도 한다. QZSS(Quasi-Zenith Satellite System)은 일본이 구축한 위성항법시스템으로 미치비키(준천정위성시스템)이라 한다.

(1) 추진 과정

① 일본은 JRANS(Japanese Regional Advanced Navigation System)을 자국 내 GPS 정밀도 보완책으로 추진하고 개발 초기에 3기의 준 천정 궤도 위성만을 운영할 계획이었다.

② JRANS는 3개의 준 극궤도 위성 QZSS(Quasi-Zenith Satellite System)위성, 3개의 긴 타원궤도를 갖는 위성(HEO), 1개의 정지위성(GEO)으로 구성된다.

③ 2010년 9월 11일 최초 위성인 미치비키(MICHIBIKI) 위성(QZS 01) 발사에 성공하였다.

④ 2011년 일본 내각이 QZSS 운영 기본정책을 수립하고 2013년 3월에 일본 내각부는 QZSS 계획을 인공위성 3기에서 4기로 확대한다고 발표하였다.

⑤ 2017년 8월 19일에 3기의 인공위성이 제작되었다.

⑥ QZSS의 시험 운영은 2018년 1월 12일에 시작되었으며 정식 운영은 2018년 11월 1일 4기의 인공위성을 통한 시스템 운영이 시작되었다.

⑦ 2023년까지 7개의 위성을 갖추어 GPS에서 독립된 범지구위성항법시스템을 완성할 계획이다.

(2) QZSS 위성 신호

① 기존의 위성항법 신호 이외에 L1C(1575.42MHz), L2C(1227.6MHz)의 차세대 GPS 신호, 무결성 정보를 제공하고 있다.

② L1S(L1-SAIF; submeter-class augmentation with integrity function) 신호(1575.42MH), 고정밀 위치결정을 위한 L6(LEX) 신호 등과 같은 신호 등이다.

③ QZSS 신호 6개 중 5개는 GPS 및 위성 기반 항법보정시스템(GPS SBAS)과 동일한 신호 구조, 주파수, 확산 코드, 메시지 형식으로 이루어져 있다.

④ QZSS의 L_1신호는 한국에서 정상적으로 수신되어 활용할 수 있음을 확인하였으며, QZSS L_5 데이터규격이다.

⑤ L_5(1176.45MHz) 신호는 L_1, C/A 신호와 달리 데이터 채널과 파이럿 채널을 동시에 전송한다.

⑥ L_5신호의 코드 주기는 L_1, C/A 신호와 동일한 1ms이지만, 칩율은 10.23MHz로 L_1, C/A 신호보다 10배가 더 빠르고, 코드 길이가 10,230개로 L_1, C/A 신호보다 10배가 더 길다.

(3) 특징

① QZSS는 고위각(앙각 60°이상)으로 궤도를 회전한다.

- 우리나라와 같이 중위도에 있는 국가들은 현재의 위성으로부터 오는 신호는 45도 정도 기울어져서 들어올 수밖에 없다.
- 신호는 산이나 도심처럼 빌딩이 많은 장애 환경에서는 신호를 제대로 받을 수 없어서 자연히 오차도 심하게 나타난다.
- QZSS는 이런 장애를 최소화해서 양질의 신호를 직접 받도록 설계하기 위해서 위성이 고위각으로 돌도록 하여, 신호 손실을 최소화하고, 오차를 최소한으로 줄이는 방법을 채택하고 있다.

② QZSS는 쌍방향 통신을 한다.

- QZSS는 위성항행시스템(GNSS)로 분류하기에는 모호한 위치, 통신(Communication), 방송(Broadcasting)을 동시에 서비스하는 복합 시스템이다.
- 기존 GPS 등이 한 방향 시스템인 이유는 위치(Positioning)를 주 기능으로 사용하는 것이다.
- 미국은 상공을 도는 많은 위성을 관제하긴 하지만 실제로 이 신호를 사용하는 무한한 사용자를 통제할 수는 없다.

③ QZSS는 아시아 태평양 지역에서 GPS와 서로 호환되고 높은 정확도와 안정성을 갖춘 위성 항법 시스템을 제공하는 것을 목표로 하고 있다.

④ 일본 및 동아시아 지역을 중심으로 보완 신호 제공한다.

⑤ 기본적인 위치오차는 1~7m, 연구 모드의 오차는 1cm이다.

4.6.3.2. 인도의 IRNSS

인도의 IRNSS(Indian Regional Navigational Satellite System)는 인도 우주연구기구에서 개발한 인도 위성항법시스템이다. IRNSS-1G는 IRNSS-1A, IRNSS-1B, IRNSS-1C, IRNSS-1D, IRNSS-1E 및 IRNSS-1F에 이어 인도 지역 항법 위성 시스템(IRNSS) 시리즈 위성의 일곱 번째이다.

(1) 특징

① 위치정보, 시각보정, 속도보정, 경로안내 등의 서비스를 제공하고 있다.

② 인도 대륙 및 인근 지역의 위치정보 서비스를 제공한다.

③ 인도 지역항법시스템(IRNSS)은 정확한 실시간 위치 및 타이밍]서비스를 제공하는 자율 지역 위성항법 시스템이다.

④ 위치 범위 오차는 민간용 10m, 군사용 10cm이다.

(2) 구성

① IRNSS는 7개의 위성으로 구성된 별자리와 대규모 지상 세그먼트로 구성되어 있다.

② 7개의 위성 모두 인도 관제소와 지속적인 무선 가시성을 가지고 있다.

③ 각 위성에는 내비게이션 페이로드와 CDMA 거리 측정 페이로드가 있다.

④ 페이로드는 L5 및 S 대역에서 내비게이션 신호를 생성한다.

(3) 활용 범위

① 총 7개의 위성으로 인도 아시아 대륙, 남쪽으로는 인도양, 서쪽으로는 아라비아반도, 동쪽으로는 한반도까지를 커버하고 있다.

② 확장 서비스 구역은 북위 50도에서 동경 130도에서 남위 30도로 둘러싸인 기본 서비스 구역과 직사각형 구역 사이에 있다.

③ IRNSS 별자리의 7개 위성 중 3개는 동경 32.5°, 83° 및 131.5°의 GEO(정지궤도)에 있으며, 나머지 4개의 위성은 경도가 동쪽 55° 및 111.75°에서 교차하는 경사 29°의 경사 정지궤도에 있다.

4.6.3.3. 한국의 KPS

한국형 위성항법시스템(KPS; Korea Positioning System)는 현재 기획하고 있는 대한민국의 지역위성항법시스템이다. 한국형 위성항법시스템은 한국항공우주연구원이 기획에 참여하고 있으며 2022년부터 개발을 시작하여 2035년 운용시작 예정이다. 현재 계획으로는 항법위성 8기(정지궤도 3기, 경사궤도 5기)와 지상국을 운영하게 되는데, 일본에서 쏘아 올린 QZSS와 아주 유사하다.

(1) 특징

① 다양한 산업 분야의 기업들도 KPS를 활용하여 다양한 서비스와 제품을 개발하고 있다.
② 한국의 경제와 안보를 강화하며, 미래 기술과 서비스 분야에서도 가능성을 제공한다.
③ KPS는 한국 지역에서 사용되는 시스템으로 L_1, L_2, L_5 밴드와 같은 다양한 신호 밴드를 사용한다.
④ KPS는 한국의 특정 지리적 조건에 최적화되어 있으며, 더 높은 정확성을 제공한다.
⑤ KPS는 국내 사용자에게 중요한 위치정보 보호 기능을 제공하여 안전과 보안을 강화할 계획이다.

(2) KPS의 기대효과

① 국방 및 국가안보 관련 응용 분야에서 중요하며, 불법 사용자로부터의 보호를 강화할 수 있다.
② 다양한 산업에 혁신적인 솔루션을 제공할 것으로 기대한다.
③ KPS는 위치정보의 보안을 강화하기 위해 암호화 기술과 신호 보안 기능을 제공한다.
④ KPS는 사용자에게 데이터링크를 통해 실시간 위치정보를 업데이트할 수 있는 기능을 제공한다.

(3) 활용

① 농업, 건설, 지리 정보 시스템 등 정밀한 위치정보가 필요한 분야에서 사용된다.

② KPS는 RTK 기술을 활용하여 고정밀 위치결정을 지원한다.

③ 고도 정밀 위치결정에 적합하며, 구조 작업, 재난 관리 등과 같은 긴급 상황에서 정확한 위치정보가 필요한 경우에 중요한 역할을 한다.

④ KPS는 드론과 자율자동차, 도심항공 모빌리티(UAM) 등의 미래 기술 발전을 지원한다.

4.6.4. 의사위성(Pseudo Satellite)

의사(Pseudo)'와 '위성(Satellite)'을 결합한 용어로 위성을 직접 띄우지 않고 고지대나 무인 항공기에 고출력 송신기를 설치하여 인공위성을 대체하는 항법 체계. 의사 위성 체계는 우주 상공의 GPS 위성과는 달리 지상을 기반으로 하는 항법 체계로 GPS 신호의 수신이 어려운 실내나 GPS 재밍 시 대체 항법 수단으로 사용할 수 있는 시스템이다.

4.6.5. GNSS/INS

출제(용) : 75, 96회

현재 인공위성, 항공기와 차량을 이용하여 지형공간정보를 취득하는 촬영 당시 매핑 센서의 위치 및 자세 정보를 직접 얻을 수 있는 기법이다. GNSS로 플랫폼의 절대 위치정보를 얻을 수 있고, 시간이 지남에 따라 변화하는 플랫폼 위치 및 회전 요소는 INS로부터 구할 수 있다. GNSS는 시간이 지남에 따라 정확도가 향상되고 안정되는 특성이 있으므로 INS 오차를 보정하여 높은 정확도의 자세 정보를 제공할 수 있다.

4.6.5.1. GNSS

① GPS(Global Positioning System)는 1960년대 초 미국 국방성에서 연구를 시작하여 1995년에 FOC(Full Operation Capability)로 운영되고 있다.

② 위성항법시스템으로 약 20,183km 고도 상에 배치된 24개의 NAVSTAR 위성에 의하여 전 세계 어디서나 기상에 영향을 받지 않고 매우 정확한 위치 및 시각 정보를 제공한다.

③ 수 cm의 정확도를 제공하며 도심지의 건물이나 나무 등과 같은 장애 요소가 많은 환경에서도 향상된 위성 신호 관측 기능을 제공한다.

④ INS의 속도정보를 이용하여 GPS 수신기의 코드 및 반송파 추적 루프의 대역폭을 줄일 수 있다.

⑤ 추적 루프(Tracking loop)에 실려 들어오는 잡음(Noise)의 교란 신호를 줄일 수 있다.

⑥ 미국 등 여러 국가에서는 GPS/INS 통합시스템의 군사적, 상업적 가치를 예견하고 정부 차원에서 연구를 지원하고 있다.

⑦ 중저급의 IMU를 사용하면서도 높은 정확도를 가지는 GPS/INS 통합시스템의 개발이 활발히 추진되고 있다.

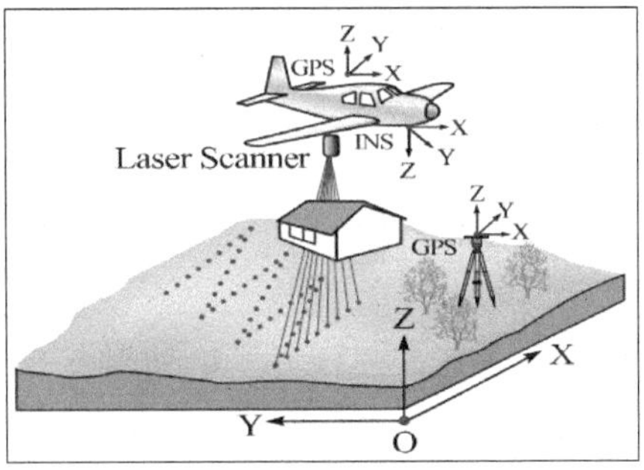

〈그림 4-27〉 GPS/INS System 구성

4.6.5.2. 관성항법시스템(INS)

출제(용) : 60, 86, 111, 117회, (논) : 60, 77회

관성항법시스템(INS; Inertial Navigation System)이란 가속도계와 자이로를 이용하여 항체의 항법 정보를 알아내는 시스템으로써 주로 비행체와 선체에 이용되고 있다. INS는 3개의 가속도계를 서로 수직으로 설치하여 여기에 각각 자이로를 탑재기에 장착하고 물체의 거동으로부터 회전각과 이동 거리의 변화를 계산하는 자주적인 위치결정 체계이다.

(1) 특징

① INS는 항체의 위치, 속도 및 자세 정보를 수 Hz부터 수백 kHz의 높은 데이터 전송률로 제공한다.

② 짧은 기간 동안 매우 정밀한 항법 성능을 나타내는 항공기 등에 사용되었다.

③ 기후 조건과 관측지역에 완전히 무관하게 신속한 관측이 가능하다.

④ 위치, 속도, 방향 및 가속도를 동시에 결정할 수 있다.

⑤ 결합시스템은 GPS 수신기의 부호 추적 루프(Carrier Tracking Loop)와 추적 성능을 향상해서 결합시스템의 성능을 향상한다.

(2) INS 종류 및 구성

① INS 종류는 Litton LN 200, Litton LTN 90/100, HG 1700 가 많이 사용된다.

② INS 구성은 자이로(Gyro)와 가속도계(Accelerometer)의 2가지 하드웨어로 구성되어 있다.

③ 관성항법시스템(INS)과 GPS를 결합하는 방식에는 강결합방식과 약결합방식이 있다.

(3) 디지털영상 센서

① 디지털영상은 대부분 CCD(Charge Coupled Device) 영상에 의해 이루어지고 있다.

② 디지털카메라 렌즈를 통과해 들어온 빛의 명암과 색감을 전기적인 신호로 바꿔주며, 변환장치를 통해 디지털 신호로 변환되어 이미지 처리장치에서 이미지 파일의 형태로 저장되도록 한다.

③ CCD는 약한 빛에서도 민감하게 반응하며 우수한 영상의 화질을 장점으로 고화질을 요구하는 분야에서 많이 이용된다.

④ 디지털영상 센서는 CCD Sensor와 CMOS Sensor로 구분된다.

⑤ CCD는 1969년 Bell 연구소의 Boyle와 Smith에 의해 그 구조가 제안된 후 영상 입력이 필요한 분야에서는 중요한 역할을 하고 있다.

⑥ CCD는 수광부인 광다이오드(photo diode), 전하 전송부 및 신호 출력부 등으로 구성되어 있다.

⑦ 1995년부터 미국의 대학 및 연구 기관에서 본격적인 CMOS 센서에 대한 개발이 시작되었다.

⑧ 항공기에 GNSS와 INS 장비를 탑재하여 사진의 촬영과 동시에 외부표정 요소를 구하기 위한 전처리 과정을 생략할 수 있다.

⑨ CCD 카메라의 영상 취득은 대상물에서 반사된 빛은 CCD 카메라의 렌즈에 의해 연속 신호로 수집되고 CCD 센서가 강도를 감지함으로써 수집된 빛은 아날로그 전압 신호로 전달된다.

⑩ 필름의 신축 및 평면도, 대기의 굴절을 고려할 수 있으나 CCD 카메라는 필름의 신축을 고려할 필요가 없고 렌즈 왜곡은 방사방향 왜곡과 접선방향 왜곡으로 구분할 수 있다.

(4) 위치결정 원리

① 관성항법시스템(Inertial Navigation System, INS)은 1950년대 초 미국 MIT에서 처음 개발되었다.

② 항법장치의 내부 컴퓨터와 데이터 처리 회로는 각속도와 가속도 정보를 적분하여 항체의 각 변위와 이동거리 및 자세를 결정한다.

③ INS의 자체 항법은 기존 측량 기법의 적용이 불가능한 환경 및 지상 차량을 이용한 측량이나 지진측량의 작업을 수행할 때 위치정보를 제공한다.

④ INS의 자세측정시스템은 항공기나 차량에 탑재된 카메라 및 다중분광스캐너와 같은 매핑 센서의 방향각과 촬영각을 측정하는 데 사용된다.

4.6.5.3. GPS/INS 통합시스템

(1) 소프트웨어

① GNSS/INS 통합시스템은 GNSS 수신기, 자이로와 가속도계로 구성된 INS 시스템, 항공촬영 디지털카메라와 같은 Mapping System의 하드웨어와 관측된 자료를 처리하기 위한 자료처리 소프트웨어가 필요하다.

② 자료처리 과정은 AERO control 시스템으로부터 원시 자료를 로딩하여 오차를 분석하고 후처리 과정으로 이어지게 된다.

③ 특성은 GNSS 후처리, 관성항법 소프트웨어, 좌표변환, 자세 자료변환, foresight 변환, lever arm 보정, GUI(Graphical User Interface) 등의 기능이 있다.

(2) GPS/INS 통합시스템 장점

① GPS의 위치정보를 이용하여 INS의 항법 오차가 증가하는 것을 막을 수 있다.

② INS의 속도정보를 이용하여 GPS 수신기의 코드 및 반송파 추적 루프의 대역폭을 줄일 수 있다.

③ GPS로부터 플랫폼의 절대 위치정보를 얻을 수 있고, 시간이 지남에 따라 변화하는 플랫폼의 위치 및 회전 요소는 INS로부터 구할 수 있다.

④ GPS는 시간이 지남에 따라 정확도가 향상되고 안정된다.

⑤ INS 오차를 보정하여 높은 정확도의 자세 정보를 제공할 수 있다.

⑥ GPS와 INS를 통합함으로써 매핑 센서의 위치와 자세정보를 결정할 수 있다.

⑦ tracking loop에 실려 들어오는 noise나 교란 신호를 줄일 수 있다.

(3) GPS/INS 촬영

① 촬영경로 변경 시에 촬영 비행기의 회전각은 날개의 수평각이 20°미만을 유지하도록 한다.

② GPS/INS 촬영 시 순차적으로 생성되는 사진에 대한 촬영점 번호와 도화 목적으로 부여되는 영상의 파일명 중 마지막 3자리는 촬영점 번호와 일치하도록 한다.

③ GPS/INS 촬영은 계기 비행 장치에 입력된 촬영경로와 각 사진의 주점 위치를 확인하면서 촬영하도록 한다.

④ 계획된 촬영경로와 실제 촬영된 경로를 비교하여 계획기관이 검토한 후에 재촬영 여부를 판단하고 소프트웨어를 이용하여 모든 촬영시간에 대하여 관측자료가 연속적으로 취득되었는지를 확인한다.

⑤ 정상적인 가동상태에서 이륙 전과 착륙 후 10분 정도의 정지상태에서 GPS/INS 데이터를 취득하도록 한다.

⑥ 미국, 캐나다, 독일 등 전 세계적으로 많이 활용되고 있다.

(4) 자료처리

① GNSS와 INS는 항법을 위하여 현재 이용되고 있는 장치 중 가장 대표적인 것으로 GNSS와 INS의 정보를 통합하여 항법시스템의 효율을 극대화하려는 것이다.

② 두 정보를 결합할 때는 칼만필터로 구성하며, 칼만필터는 상태변수의 최적 추정치를 구하는 방법으로 구조가 선형적이다.

③ 실제값의 평균치와 추정값의 평균치 사이에 bias가 없으며 상태변수와 추정 상태변수의 오차 분산을 최소로 하는 특성이 있다.

④ 칼만필터(Kalman Filter)

- 칼만필터는 칼만(Rudolf E. Kalman)이 개발하였으며, Gaussian 분포를 갖는 백색잡음에 의하여 구동되는 선형시스템에 적용되는 경우 최적의 필터이다.
- 잡음이 포함된 역학적 상태를 추적하는 재귀 필터로서 시간에 따라 진행한 측정을 기반으로 한다.
- 칼만 필터링은 동적 시스템(Dynamic System)에 적용되는 최적 상태 추정과정(Optimal state estimation process)이다.
- 칼만필터는 잡음(Noise)이 있는 데이터로부터 동적시스템의 미지 상태변수를 최적으로 추정하기 위한 선형, 불편(unbiased), 최소오차분산(minimum error variance)의 반복적 알고리즘(recursive algorithm)이다.
- 산업 분야에서는 인공위성의 항법, 미사일의 궤적 추정, 레이다 등에 많이 이용되었다.

- 최근 고성능 마이크로프로세서의 발달로 칼만 필터는 매우 복잡한 실시간 처리시스템에서도 이용 가치가 높아지고 있다.
- 칼만 필터링 절차는 선형모델에서 상태변수들을 추정하기 위해 만들어진 것이다.
- 칼만필터 응용 분야는 파라미터의 식별화(Parameter Identification)와 상태변수의 추정(State Variable Estimation)으로 구분된다.

4.6.5.4. 활용 분야

① 국내에서 항공기에 GNSS/INS 통합시스템을 이용하여 항공사진측량에 적용하고 있다.
② 국가 기간시설 자료, 각종 시설 현장 사진의 데이터베이스 구축, 도로망도 제작, 도로시설물 관리 및 데이터베이스 구축, 항공사진의 지상기준점 좌표에 의한 보정 등에 활용한다.
③ GNSS로부터 취득되는 위치자료와 INS로 취득한 자세 자료는 상호 보완하여 정밀한 자료를 취득할 수 있다.

4.6.6. GPS Van

출제(용) : 66, 74회

GPS-Van은 지상 공간에 존재하는 다양한 지형지물의 위치정보와 속성정보를 현장에서 실시간으로 획득하고, 이를 응용하여 각종 계획수립과 의사결정 및 산업활동을 효율적으로 지원하도록 제작된 모바일매핑시스템이다. GPS Van과 같은 체계는 차량뿐만 아니라 보트, 기차, 비행기도 가능하며 또한 지능형운송체계(ITS)에도 사용된다.

4.6.6.1. 시스템 구성

(1) 하드웨어시스템

① 차량을 이용한 빠른 측량과 지형정보획득을 위해 지상 기준점측량이 필요 없는 하드웨어 통합시스템을 고안하는 것이다.
② GPS, IMU, CCD 카메라, 레이저 등의 센서와 무선 통신장비, 시각 동기화 장비가 통합시스템으로 이루어진다.

(2) 소프트웨어시스템

① GPS-Van의 소프트웨어시스템은 공간정보를 획득·제어하는 프로그램과 취득된 정보를 처리·가공·제공하는 프로그램으로 구성된다.

② GPS-Van 차량으로부터 얻어진 입체영상, GPS 데이터와 IMU 데이터 등을 분석·처리하여 촬영된 모든 입체영상에서 정밀한 3차원 정보를 추출하는 모듈로 이루어진다.

③ 모듈별 단계는 카메라렌즈 보정단계, GPS/IMU 통합단계, CCD 카메라 통합단계 및 3차원 좌표추출 단계로 구성된다.

4.6.6.2. 오차 발생원인

(1) 작업자의 숙련 정도

① 작업자의 숙련 정도에 따라 매핑 과정에서 개인오차 또는 과오를 유발할 수 있다.

② GPS-Van 영상의 경우 장애물이 많이 취득되기 때문에 특이점이 보이지 않거나, 어두워 식별이 어려운 영상이 있으므로 비숙련된 작업자의 경우 이러한 오차를 유발할 수 있다.

③ 개인오차를 최소화하기 위하여 매핑 시스템의 개선과 함께 작업자들의 숙련이 요구된다.

④ 숙련자가 아닌 비숙련자가 매핑 가능한 레이어를 선정함으로써 효율적인 작업이 가능하다.

(2) 영상해상도

① 매핑 과정에서 발생할 수 있는 오차는 입체영상에서 정밀한 공액점 취득이 안 되기 때문이다.

② 영상 해상도가 낮거나 그늘지며, 어두운 날씨에 데이터를 취득하여 영상이 어두워 식별이 어려워 오차를 유발할 수 있다.

(3) 장애물

① GPS-Van이 도로를 주행하기 때문에 도로상에 주차된 차량과 보행자, 간판 등 여러 장애물이 존재한다.

② 이러한 장애물들이 오차에 영향을 주는 경우는 크게 두 가지로 나눌 수 있다.

③ 하나는 데이터 취득 시 장애물로 인해 접근하지 못해 거리가 먼 경우와 특이점이 가려져 매핑의 어려움으로 인한 경우에 오차를 발생시킬 수 있다.

4.6.7. 위치보정정보

위치보정정보 서비스는 정확한 위치를 알고 있는 위성기준점망을 이용해 사용자의 위치에 적합한 보정정보를 생성, 제공하여 사용자의 측위정확도를 향상시키기 위한 보정정보이다. 위치보정정보는 GNSS 등 위성항법시스템을 이용하는 위성측위에서 정확도를 향상시키기 위해 사용되는 부가 정보이다.

4.6.7.1. 관측 시 발생하는 오차

① 관측오차에 대한 보정정보를 생성·제공하는 방식에 따라 OSR과 SSR로 분류하고 있다.

② 관측오차는 위성신호지연, 위성시계오차, 위성궤도오차, 대류권오차, 전리층오차, 멀티패스 등이 포함된다.

③ 위성항법시스템(GNSS)을 이용하는 위성 측위에서 정확도를 향상하기 위해 사용되는 부가 정보이다.

4.6.7.2. 관측공간보정(OSR)

관측공간보정(OSR; Observation Space Representation) 방식은 3~5cm 수준의 정확도로 측위가 가능하다. 일반사용자는 민간 위치기반서비스에는 쉽게 활용하기가 다소 어렵다는 한계가 있었다.

(1) 특징

① 양방향 통신이 반드시 필요하다.

② 고가 수신 장비가 필요하며, 2주파수 이상 고정밀 GNSS 관측 장비를 사용한다.

③ 정지측량에 한해 정밀도 확보가 가능하다.

④ 정밀측량기기로 관측했을 경우 2~3cm의 정확도를 갖는다.

(2) 원리

① 중앙서버가 사용자 위치에 적합한 보정정보를 생성한다.

② 인터넷 등 통신 매체를 이용해 사용자에게 전달하여 측위정확도를 향상시킨다.

③ OSR은 VRS·FKP기술 등이 있으며, 측량용 기기를 이용해야 한다는 한계가 있다.

④ 모든 보정정보는 선택하여 사용할 수 없으며, 양방향 통신의 동시접속자 수는 제한적이다.
⑤ 측지측량분야에서 주로 사용하고 있다.

(3) 제공 방식

① 측위 시 발생하는 각 오차 요인을 하나의 보정정보로 생성하여 기준국, 위성, 주파수, 신호별로 제공하는 방식이다.
② 국토지리정보원은 2007년부터 인터넷을 통해 실시간으로 위치보정정보(OSR) 서비스를 무상으로 제공하고 있다.
③ 서비스방식은 중앙서버와 양방향 통신으로 하되 사용자 위치를 서버로 송신하는 인터넷통신(TCP/IP)방식의 서비스를 제공한다.
④ 서비스 제공은 주로 기본측량, 공공측량, 일반측량 등 측량자가 정지한 상태로 정확한 위치를 결정할 수 있도록 한다.
⑤ 각 오차 요인을 모두 더하여 제공하는 방식이다.

4.6.7.3. 상태공간보정(SSR)

출제(용) : 125회

GNSS의 상태공간보정(SSR, State Space Representation)은 스마트폰에서 활용할 수 있도록 개발한 새로운 방식의 위치보정 정보 적용하는 기술을 말한다. 측량 목적으로 사용되던 cm 수준의 위치보정 정보를 일반 위치기반서비스에 확대 이용할 수 있도록 하는 새로운 방식이다. 국토지리정보원의 SSR 보정 정보서비스는 GNSS를 활용한 위치결정 시 발생하는 각각의 오차 정보를 개별로 생성·제공하여 사용자의 위치정확도를 향상하는 기술이다.

(1) 특징

① 서비스를 이용하는데 동시 이용자 수의 제한이 없어진다.
② SSR 보정정보는 전송되는 데이터양이 작아 방송 등 단방향의 형태로 보정정보를 제공할 수 있다.
③ 드론·자율주행자동차 등 이동체의 위치 안정성과 정확도를 높일 수 있다.
④ SSR의 이온층 보정 정보는 시선 방향에 대한 보정량(STEC, Slant TEC)으로 제공된다.

⑤ 보정 정보 변화량이 임계치 이상이 되었을 때, 보정 정보의 안정성이 떨어진다.
⑥ 스마트폰 기기에서 약 20~30cm 수준의 정확한 위치를 결정할 수 있다.
⑦ 스마트폰, 드론 등에 탑재되는 저가의 위치결정용 단말기에도 적용이 가능하지만 보정정보의 국제표준 포맷은 아직 없다.

(2) 원리

① 중앙서버가 위성항법측위에 발생하는 오차를 모델링하여 사용자에게 제공하는 방식을 활용하고 있다.
② 사용자는 모델링된 보정정보로 오차 보정값을 계산하여 측위 정확도를 향상시킨다.
③ 양방향 인터넷 통신 방식과 단방향의 DMB, 위성통신 등의 방송 형태를 이용한다.
④ 2주파수 이상 고정밀 GNSS 관측 장비와 저가형(1주파수) 장비 또는 스마트폰, 차량 내비게이션 등의 장비를 활용할 수 있다.
⑤ 단방향 통신이 가능하고 이동측위(드론, 자율주행차 등)의 활용이 가능하다.

(3) 제공 방식

① 일상생활에서 많이 사용하는 스마트폰 위치정보 서비스(지도, 내비게이션 등) 및 드론, 자율자동차 등에서 더욱 정확한 위치정보를 얻을 수 있다.
② 위치보정 서비스는 GNSS를 이용한 위치결정 시 발생하는 오차보정정보를 위성의 궤도, 시각, 대기층 등 오차 요인별로 구분해 사용자에게 제공하는 방식이다.
③ 최근에는 텔레매틱스, 위치기반서비스 등 다양한 분야에서 GNSS를 이용한 위치결정 기술을 활용하고 있다.
④ 위치보정정보 서비스는 스마트폰, 드론 등 민간부문에서 사용되는 위치결정용 단말기(GNSS수신기)의 정확성을 높이는데 활용할 수 있다.
⑤ 새로운 방식의 위치보정 서비스는 GNSS를 이용한 위치결정 시 발생하는 오차 보정 정보를 위성의 궤도, 시각, 대기층 등 오차 요인별로 구분하여 사용자에게 제공하는 방식이다.

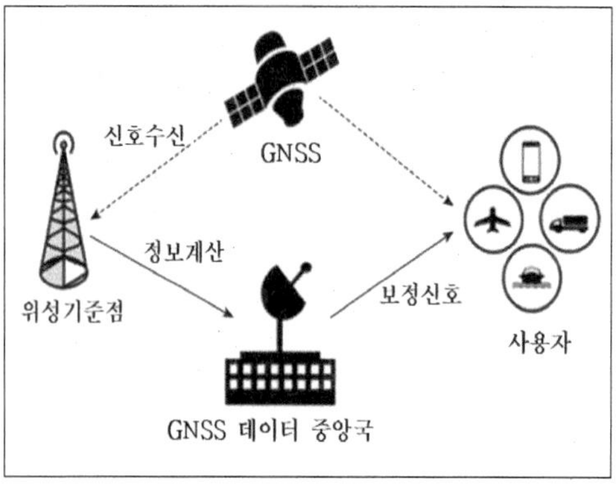

<그림 4-28> 보정정보 전송 흐름도

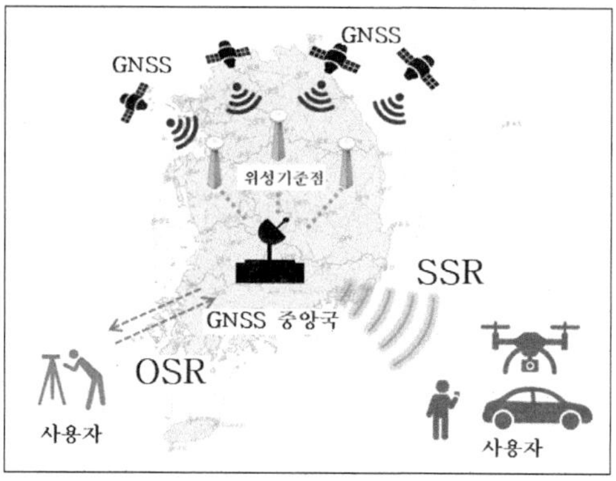

<그림 4-29> 보정정보 서비스 개념도

4.6.7.4. OSR과 SSR의 비교

(표 4.4) OSR과 SSR의 비교

구분	OSR 방식	SSR 방식
원리	• 사용자 위치에 적합한 보정정보 생성	• 오차를 모델링하여 사용자에게 제공 • 모델링된 보정정보로 오차보정값을 계산해 측위정확도 향상
서비스 대상	• 기본측량, 공공측량, 일반측량등 측량자에게 제공 • 정지한 상태로 정확한 위치결정 • 고가의 2중 주파수 수신장비 필요	• 정밀측량의 측량자 • 일반사용자(스마트폰, 내비게이션 등) • 자율주행자동차, 드론 등 이동체 대상 서비스 • 장비성능에 따라 보정정보 선택 적용
제공 방식	• 인터넷 통신(TCP/IP) 방식의 서비스 • 중앙서버와 양방향 통신	• 양방향(인터넷 통신 방식) • 단방향(DMB, 위성통신 등 방송 형태)
정확도	• 정밀측량기기, 2~3cm	• 정밀측량기기, 수 cm • 중저가 수신기, 수십 cm(1 주파수) • 저가 수신기, 수십 m(1 주파수)

4.7. GPS 측량 오차

출제(용) : 98회, (논) : 63, 81, 92회

GPS에 의한 측위는 위성에서 송신된 반송파가 수신기에 도착할 때까지의 소요 시간을 측정하여 수신기의 위치를 결정한다. 측량의 결과는 10m 정도의 오차가 발생하는 절대적 위치와 센티미터(cm) 또는 밀리미터(mm) 단위의 상대적 위치의 정확도가 있다. GPS 측위 오차는 구조적 요인, 기하학적 오차 및 수신기에 의한 오차로 구분할 수 있다.

4.7.1. 구조적 요인에 의한 오차

4.7.1.1. 위성시계오차

위성시계오차는 GPS 위성에 부착된 시계와 수신기에 부착된 시계의 차이를 말한다. 위성과 수신기에 장치된 시계는 매우 정밀하여야 하며 어느 특정한 시간 체계로 서로 정확히 일치하여야 한다.

(1) 특징

① 위성시계오차의 크기는 0~1.5m 정도이다.

② 지상추적국과 주제어국에 의해서 통제되고 있다.

③ 측정량의 차이에서 위성시계오차의 영향을 받지 않는다.

④ 2대의 수신기로부터 특정한 위성의 신호를 정확히 같은 시간에 같은 위성을 관측할 수 있도록 제작되어 있다.

(2) 발생 원인

① GPS 위성시계와 수신기의 시간이 완전하게 일치하지 않아 측위 오차가 발생한다.

② 위성마다 시계의 차이에 의해 C/A 코드 또는 P 코드에 의한 절대측위는 영향을 받는다.

③ 상대측위에서 시계의 오차는 이중위상차(double difference)를 취득함으로써 소거되고 관측 결과에 포함되지 않는 예도 있다.

④ GPS 시간(t)을 계산

- $t = a_0 + a_1(t - t_0) + a_2(t - t_0)^2$ 여기서, a_0 : 시각 offset, a_1 : 표준원자 주파수의 차이, a_2 : 표준원자 주파수의 변화, t : GPS 시간, t_0 : 기준시각이다.

(3) 소거 방법

① 선길이가 짧으면 상관관계가 크므로 수신기 처분 기법에 따라 소거된다.

② 위성에서 송신되고 있는 항법메시지의 계수를 시계 보정식에 넣어 보정할 수 있다.

4.7.1.2. 위성궤도오차

① 위성궤도오차는 위성데이터 메시지에 있어서 사용자에게 전송되는 위성위치의 예보에 관한 오차이다.

② 위성의 궤도를 모형화할 때 오차의 원인에 대한 보정 및 계산을 정확히 하기란 거의 불가능하다.

③ 위성의 항행메시지에 의한 예상궤도와 실제궤도는 다르므로 결정된 위치에도 오차를 내포하게 된다.

④ 위성궤도오차는 위성 위치를 구하는 데 필요한 위성 궤도정보의 부정확성으로 인해 발생하며 오차의 크기는 1m 내외이다.

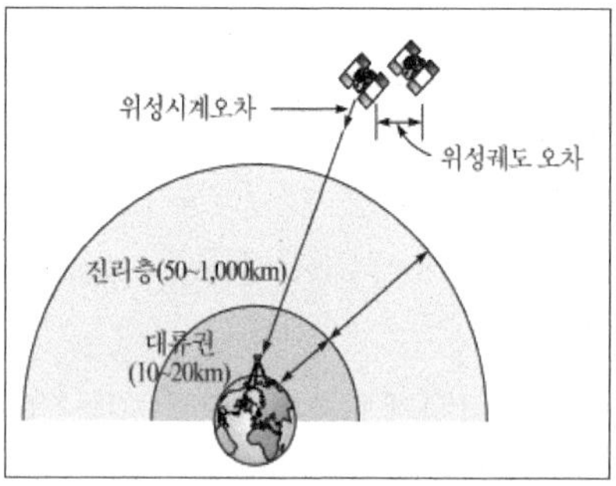

〈그림 4-30〉 GPS 오차분포

4.7.1.3. 전리층오차

출제(용) : 77회

전리층은 태양에너지에 의해 공기 분자가 전기적으로 충전된 입자들로 모인 전자와 이온들이 집단으로 포함된 곳으로 이온(Ion)과 영역(sphere)이 결합되어 전리층(Ionosphere)이라 한다. 전리층의 영역은 지구 표면에서 50km 주위에서 시작하여 약 1,000km 두께의 두꺼운 층이다.

(1) 오차 발생 원인

① 전리층의 상태는 계절, 시간, 태양활동, 지역 등의 요소로 인해 상태 변화가 각각 다른 형태로 나타나게 된다.

② GPS 신호가 굴절하여 전파의 진행 속도가 느려지게 되며 오차를 유발하게 된다.

③ 일반적으로 천정 방향으로 5~100ns의 지연으로 나타나며 이를 전리층 지연이라 한다.

④ GPS 신호는 일정한 각도를 가지고 경사진 방향으로 사용자에게 도달하므로, 실제 전리층 통과거리가 길어지게 되어 지연량도 따라서 커진다.

⑤ 고도(Elevation) 5°인 위성의 전리층 지연량은 수직값에 비해 3배 정도의 값을 갖게 된다.

⑥ 위도상으로는 적도가 위치한 적도 부근을 중심으로 최대값을 나타내고 있다.

⑦ 통상 전리층 지연은 한낮이 가장 크고 밤중에는 가장 낮은 분포를 나타낸다.

⑧ GPS 신호가 전리층을 통과하여 지상에서 수신될 때 전리층 전자밀도에 의해 신호가 왜곡되게 된다.

⑨ 전리층 오차(Ionospheric)는 전리층을 통과하는 신호의 주파수에 의해 결정되므로 이중주파수에 대한 측정치를 이용하면 전리층 오차를 계산할 수 있다.

⑩ 전리층 굴절 오차는 전리층을 위성 신호가 통과하면서 굴절로부터 야기되는 오차를 말한다.

⑪ 오차의 크기는 약 7m 내외로 오후 2시경에 최댓값을 가지며 밤에는 전리층 활동량이 적으므로 최솟값을 가진다.

(2) 전리층이 미치는 영향

① 전리층 폭풍은 전리층 전자밀도의 급격한 증가를 양 전리층 폭풍, 급격한 감소를 의미한다.

② 전리층 폭풍은 지역에 따라 전자밀도 증가율과 시간적, 공간적 크기가 다르게 나타난다.

③ 전리층 특성은 규칙적 변화를 갖는 정상상태 전리층과 우주환경 변화로 인한 불규칙적 변화를 갖는 비정상 상태 전리층으로 구분된다.

④ 정상상태 전리층 변화는 통계적 방법으로 해당 지역 전리층 변화의 규칙적인 전자밀도 변화 및 주기를 알 수가 있다.

⑤ GPS 신호의 굴절 및 분산은 신호의 굴절 및 분산이 GPS의 거릿값에 오차로서 나타나기 때문에 전리층은 거리와 관련이 있으며 전리층의 거리 영향은 수신에 의존한다.

(3) 보정 방법

① 이중 주파수 수신기는 일반적으로 항법메시지에서 제공하는 모델을 사용하지 않고 전리층 지연량을 직접 측정하여 보정한다.

② 일중주파수 사용자로서는 GPS 항법메시지에서 제공하는 모델 계수 이외에는 전리층 지연을 보정할 수 없다.

③ 전리층 지연량은 주파수의 제곱에 반비례하므로 L_1, L_2의 주파수 사용이 가능한 이중주파수 수신기에서는 전리층 지연량을 직접 추정하여 제거할 수 있다.

④ 전리층 총전자수를 정밀하게 추정하는 검증된 알고리즘이 필요하다.

⑤ 정밀측위를 위해서는 위성으로 발사되고 있는 L_1, L_2의 주파수를 동시에 관측하여 cm 정도 단위까지 보정할 수 있다.

4.7.1.4. 대류권의 굴절

출제(용) : 105회

① 대류권은 지표상 10km~20km까지 이루는 것으로 지구의 기후 형태에 의한 층이라고도 할 수 있다.

② GPS 신호가 전리층을 통과하고 나서 대류권 층을 통과하는데 이 층은 구름과 같이 수증기가 있어 굴절 오차의 원인이 되지만 다행히 대부분의 대류권 오차는 표준 보정식에 의하여 소거될 수 있다.

③ 위성 신호의 굴절로 인한 오차를 발생시키는 원인으로 대류권의 조건은 크게 건조한 성분과 습한 기후의 성분 두 가지 요소로 정형화할 수 있다.

④ 습한 기후의 성분은 지구 표면 조건 및 대기권의 수증기, 기온, 수평선 위 신호의 각, 위도의 조건에도 의존하지 않기 때문에 습기 성분에 근접하는 상관 모델이 없어 근접하기가 곤란하다.

⑤ 오차의 크기는 약 3~20m로 기지 선의 길이가 짧고 기준국과 사용자 사이의 고도 차이가 작으면 오차 상관관계(Correlation)가 크므로 차분 기법에 따라 소거된다.

⑥ 인공위성의 항법메시지는 대기굴절 모델을 포함하고 있어서 50~70%의 오차를 해결할 수 있다.

4.7.2. 수신기에 의한 오차

4.7.2.1. 전파잡음오차

① GPS 위성은 고도 약 20,183km의 궤도에서 운행하며 전파속도는 약 30만km/sec이므로 위성에서 발사된 전파가 지상에 도달하는 시간은 약 0.07초이면 지상에 도달한다.

② 잡음(Noise)은 신호기마다 다르지만 대부분 수신기는 잡음을 최소화하기 위한 내부 필터링 장치를 하고 있으나 PRN 코드와 수신기 잡음(Noise)이 합쳐져서 전체 잡음이 된다.

③ 고의 잡음이 제거된 이후 2001년 10월 미 국방성 발표 내용을 기준으로 한 것으로 고의 잡음의 오차가 전체 측정치에 가장 큰 영향을 미치게 된다.

4.7.2.2. GPS 재밍(Jamming)

출제(용) : 110회

GPS 신호의 위협은 의도적인 신호 간섭과 의도하지 않은 자연적인 간섭으로 구분할 수 있다. 자연적인 간섭은 주로 주변 신호 잡음, 태양흑점 활동, 전리층 폭풍 등 급변하게 변하는 환경에서 발생하고 있다. 가장 많이 발생하고 있는 지형지물에 의한 다중경로오차 등으로 나타낼 수 있다.

(1) 재밍의 기본 원리

① 재밍(Jamming)은 무선 통신의 원활한 진행을 방해하는 기술이다.

② 재밍 장치는 유사한 주파수로 강한 신호를 발생시켜 수신자가 원하는 정보를 수신받지 못하도록 하는 장치이다.

③ 재밍 신호가 간섭하게 되면 전파가 끊기거나 잡음이 들릴 수 있다.

④ 재밍(Jamming)은 다양한 분야에서 활용되며 중요한 통신을 방해하여 문제를 발생시킨다.

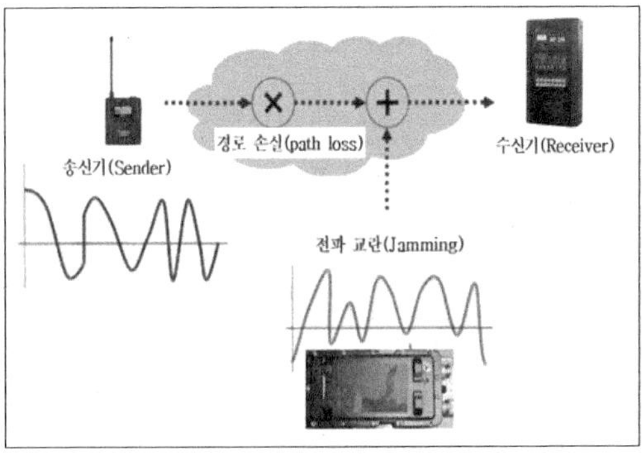

〈그림 4-31〉 재밍의 기본 원리

(2) 인위적인 신호간섭

① 인위적인 신호간섭(Jamming)의 대표적인 사례는 2003년 이라크전에서 이라크를 공격하던 미군의 첨단 유도 무기들이 목표물 대신 엉뚱한 곳으로 날아가 큰 피해가 발생하였다.

② 원인은 이라크군이 GPS Jammer 을 사용하여 GPS 신호 수신을 의도적으로 방해하였기 때문이다.

③ 미국은 새로운 GPS 위성개발에 착수하게 되어 위성신호 증강, 중계 신호 증강 및 수신기 개발 등 다양한 방법을 통해 Jamming에 대응하고 있다.

④ 재머(Jammer)에 의한 GPS 수신기 영향은 38km까지 영향을 주게 된다.

(3) 재밍 신호종류

① 브로드밴드 재밍(Jamming)

- 넓은 주파수 대역에 걸쳐 방해 신호를 보내는 방식이다.
- 다양한 통신시설을 방해할 수 있어 특정 대상을 지정하지 않고 넓은 범위를 대상으로 할 때 사용한다.

② 스팟 재밍

- 특정 주파수 대역에 집중적으로 방해신호를 보내는 방식이다.
- 정밀하게 특정 전파 시스템을 대상으로 방해하고자 할 때 활용한다.

③ 수신데이터 오도에 의한 비정상 항법 오차를 발생시키는 기만 Jamming(Spoofing), GPS의 수신신호 재전파이다.

④ 수신 시간 지연에 의한 비정상 항법 오차를 발생시키는 재방송 Jamming 등으로 분류한다.

(4) 재밍 영역

① GPS 지상위치에서 각 특성을 고려하여 재밍 발생시 고도에 따른 영역에 따라 다르게 나타내고 있다.

② 방해전파 발신기(Jammer)의 고도가 높을수록, 지지물이 낮을수록 Jammer의 영향을 크게 받는 것을 알 수 있다.

(5) 항재밍 기법

① GPS 재밍으로부터 보호하는 기법을 항재밍(Anti-jamming) 기법이라 한다.

② 위성항법 수신기로 유입되는 항재밍 기술

- 안테나 기술은 안테나 어레이를 사용하는 기술로써 빔조향 어레이 기술과 재밍 신호를 억압하는 널 조향 기술 등이 있다.
- 프론트 엔드(Front-End) 필터링 기술은 수신기에 강하게 유입되는 재밍 전력을 차단하는 기술로써 위성항법 신호 대역 이외의 재밍 신호를 억압하고 위성항법 신호만을 통과시키는 sharp cut-off 특성을 가지는 대역 필터를 사용하는 방법이다.
- AGC(Automatic Gain Control) 기술은 J/N(Jamming to Noise Power Ratio)을 측정하여 J/N이 기준 임계값 이상이 되면 재밍이 인가되고 있음을 인지하고 수신기로 가는 신호를 차단하는 방법이다.

- 디지털 항재밍 신호처리 기술은 대표적인 전처리 항재밍 위성항법시스템 기술로 위성항법 수신신호가 복조되기 전에 디지털화된 신호 표본들을 이용하여 재밍 및 간섭 신호를 제거하는 기술이다.
- P 코드를 사용하는 군사용 GPS에 미군이 사용하는 암호 장비를 통해서만 코드를 해독할 수 있으므로 스마트 재밍에 대해서는 안전하다고 할 수 있다.

4.7.2.3. GPS 기만(Spoofing)

GPS 기만(Spoofing)은 GPS 신호 구조를 이용하여 거짓 GPS 신호를 생성하거나 GPS 신호를 일정 시간 동안 지연시켜 GPS 신호를 송신함으로써 수신기가 잘못된 위치에 있다고 믿게 만드는 지능형 간섭의 형태로 수신기에 허위 GNSS/GPS 신호를 보내 잘못 위치와 시간정보를 표시하여 사용자를 속이는 것이다. GPS 신호의 송출 전력은 개방된 장소를 기준으로 했을 때 매우 낮으므로 GPS 신호를 수신할 때 각종 전파간섭이 발생할 가능성이 높다.

(1) GPS 기만(Spoofing) 특징

① 합법적인 GPS 신호와 위조된 신호를 구분하는 것이 어렵다.
② GPS Spoofing은 비교적 저렴한 장비와 기본적인 신호처리 지시만으로 수행할 수 있다.
③ 스푸핑은 긴급서비스의 위치를 잘못 안내하고 개인적인 네비게이션을 방해할 수 있다.
④ 통신 및 전력망 등의 중요한 시스템에 영향을 미칠 수 있다.

(2) 스푸핑 기술의 작동 원리

① 스푸핑(Spoofing) 장치는 합법적인 GPS 신호와 동일한 형식의 위조 신호를 생성한다.
② 위조 신호는 GPS 수신기와 가까운 위치에서 전송된다.
③ 합법적인 신호보다 더 강한 신호를 송출하여 GPS 수신기가 위조 신호를 수신하도록 한다.
④ 위조 신호를 수신한 GPS 수신기는 잘못된 위치, 시간, 속도정보를 계산한다.

(3) 스푸핑 방식

① 비동기 스푸핑(Non Coherent Spoofing)

- GPS 신호를 압도하는 강력한 위조 신호를 송출하여 실제 신호를 인식하지 못하게 한다.
- GPS 재밍과 유사하지만, 위조 신호를 사용한다는 점이다.

② 동기 스푸핑(Coherent Spoofing)

- 실제 GPS 신호와 매우 유사한 위조 신호를 생성하여 수신기가 실제 신호로 인식하게 한다.
- 동기 스푸핑은 정교하므로 수신기를 속일 수 있는 어려운 기술이 필요하다.

(4) 스푸핑의 적용

① 군사적 목적으로 적의 무기 시스템을 교란, 또는 적의 위치를 불확실하게 하는 목적이다.

② 항공기, 선박 및 항로시스템을 방해하여 혼란을 초래하도록 특정 경로로 유도하는 데 사용된다.

③ 개인적인 측면에서는 자산 보호 및 도난 방지를 위한 개인차량이나 고가의 자산에 사용된다.

4.7.2.4. 사이클슬립(Cycle slips)

출제(용) : 71, 96회, (논) : 104회

사이클슬립(Cycle slips)은 위성 신호를 연속적으로 받지 못하는 것으로 신호의 점프 또는 신호의 중단이라고도 한다. 정상적인 관측 상태에서도 사이클 슬립(Cycle slips)이 발생할 수 있으며 정지 또는 이동할 때 위성 신호를 차단하는 장애물이 많아서 발생하는 현상이다.

(1) 특징

① GPS 반송파위상 추적회로에서 반송파 위상차의 값을 순간적으로 수신하지 못해 발생하는 오차이다.

② 수신 회로의 특성에 의해 파장의 정수배만큼 점프하는 특성이 있다.

③ 데이터의 전처리 단계에서 Cycle slip을 발견, 편집이 가능하다.

④ 기선해석 소프트웨어에서 자동으로 처리된다.

(2) 발생원인

① GPS 안테나 주위의 지형지물에 의한 신호단절로 발생한다.

② 높은 신호 잡음 및 낮은 신호 강도(signal strength)로 발생한다.

③ 낮은 위성의 고도각으로 발생한다.

④ Cycle slip은 이동측량에서 발생률이 높게 나타난다.

⑤ 신호 잡음, 수신기 위상 중심과 신호 전파의 성능으로 발생한다.

(3) 오차 소거 방법

① 데이터의 전처리 단계에서 Cycle Slip을 발견할 수 있으며 편집할 수 있다.

② 기선해석 s/w에서 자동처리가 가능하다.

③ 원자시계 레이저 보조계 및 INS와 같은 보조장치의 활용이다.

④ 삼중위상차 방법에 따라 Cycle slip을 찾아낼 수 있으며 이로부터 이중위상차 방법을 적용할 수 있다.

4.7.2.5. 다중경로오차

출제(용) : 62, 74, 87회

다중경로(Multiple Path)오차는 위성으로부터 직접 수신된 전파 이외에 보통 금속제 건축물이나 구조와 같은 커다란 반사적 표면이 있을 때 일어나며 수신기에 신호가 도착할 때 하나의 길 이상으로 퍼지는 것으로 측위에 영향을 미치는 오차이다.

(1) 특징

① GPS 수신기가 위성에서 발신한 신호가 직접 수신되는 것이 아니라 건물, 지형, 물체 등의 장애물에 반사되어 수신되는 경우 반사되어 발생한다.

② 반사된 신호가 직접 신호와 혼합되면 발생하는 오차로 정확한 위치결정이 어렵다.

③ 나무가 많거나 나무의 높이가 높은 지역에서 많이 발생한다.

④ 주요 전파 메커니즘으로는 반사(R), 회절(D), 산란(S)이 발생한다.

⑤ 신호의 세기나 낮아져서 수신기에서 신호를 수신하기 어렵다.

(2) 발생원인

① 수신기의 안테나에서 수신되는 전파는 지면이나 건축구조물 등에서 반사되어 다른 경로를 통해서 온 전파도 함께 포함되기도 한다.

② 인공위성에서 발사된 신호는 더 길어진 경로를 통해 수신기에 수신됨으로 결과적으로 수신된 신호는 처리될 때 GPS 위치의 부정확성을 제공한다.

(3) 소거 방법

① 반사된 신호는 더 길어진 경로를 통해 들어옴으로써 결과적으로 틀린 값을 측정하게 되며 전파의 반사 요인에 의해 성질이 결정되므로 차분 기법으로 소거되지 않는다.

② 다중경로 오차의 영향을 최소화하기 위해서 반사된 전파의 영향을 차단할 수 있도록 수신기를 설치해야 한다.

③ 소거 방법은 신호의 세기를 비교하여 약한 신호를 제거함으로써 오차를 감소시킬 수 있다.

④ 다중경로 오차를 최소화하기 위하여 임무 설정, 수신기 및 안테나 설계 시에 고려하면 다중경로의 영향은 최소화할 수 있다.

⑤ GPS 위성 신호 시간의 기간을 평균하여 사용하면 감소할 수 있다.

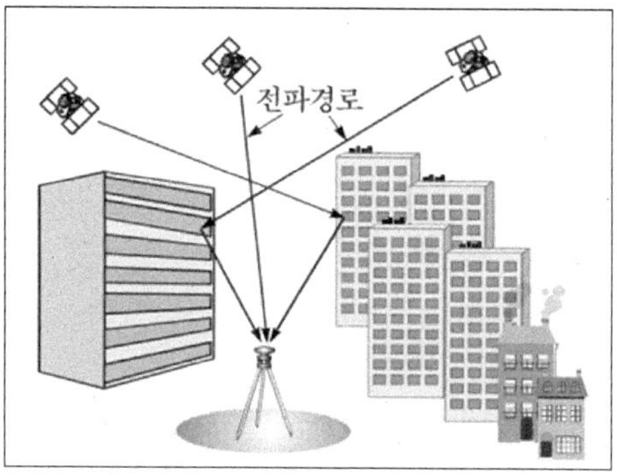

〈그림 4-32〉 다중경로 오차

4.7.3. 위성 배치에 따른 오차

출제(용) : 102, 113회

정밀도저하율(DoP; Dilution of Precision)은 각 위성의 위치에서 얻은 위치의 정도를 예측할 수 있는 기하적인 상대적 위치 관계를 고려한 계산 결과이다. 측위 시 이용되는 위성들의 배치 상황에 따라 오차가 증가하게 되는데 수신기 주위에 위성이 고르게 배치되었을 때 위치의 오차가 작아지며 보이는 위성 배치의 고른 정도를 DoP 이라고 한다. 정밀도 저하율의 요소(factor)는 항행을 위한 정밀도에 대한 기하학적 인공위성분포의 영향을 설명하는 데 널리 사용되고 있다.

(1) DoP의 종류

① GDoP(Geometrical DoP) : 기하학적 정밀도 저하율

② PDoP(Position DoP) : 3차원 위치정밀도 저하율

③ HDoP(Horizontal DoP) : 수평위치정밀도 저하율

④ VDoP(Vertical DoP) : 수직정밀도 저하율(높이)

⑤ RDoP(Relation Dilution of Precision) : 상대정밀도 저하율

⑥ TDoP(Time DoP) : 시간정밀도 저하율

(2) DoP의 계산

① $GDoP = \sqrt{\sigma^2 E + \sigma^2 N + \sigma^2 U + \sigma^2 t}$

② $PDoP = \sqrt{\sigma^2 E + \sigma^2 N + \sigma^2 U}$

③ $HDoP = \sqrt{\sigma^2 E + \sigma^2 N}$

④ $VDoP = \sigma^2 U$

⑤ $TDoP = \sigma^2 t$

(3) DoP의 수치

① 위성 배치 상태에 의한 정도의 영향을 DoP(dilution of precision)의 수치로 표시된다.

② DoP의 수치가 낮을수록 기하학적으로 아주 좋은 것으로 정도가 높고 DoP의 수치가 높을수록 정도는 낮다.

③ 가장 좋은 DoP의 배치 상태는 1일 때이고, 2~3값을 가지면 우수, 4~5는 보통, 6 이상의 자료는 효용 가치가 없다.

④ 정밀도 저하율의 수치는 자체가 오차량을 의미하는 것이 아니다.

⑤ 정밀도는 DoP에 단위 관측 정확도를 곱하여 얻는 것으로 Quality=단위관측 정확도 ×DoP과 같다.

⑥ 수신기를 중심으로 4개 이상의 위성이 〈그림 4-33〉와 같이 정사면체를 이룰 때 최적의 체적이 되며 GDoP와 PDoP가 최소가 된다.

⑦ 성공적으로 높은 정밀도의 GPS 측량을 위해서는 위성 상태가 좋은 시간대에 관측하도록 한다.

⑧ DoP는 위성의 기하 배치의 질을 나타내며 측위 정확도를 판단하는 데 도움을 준다.

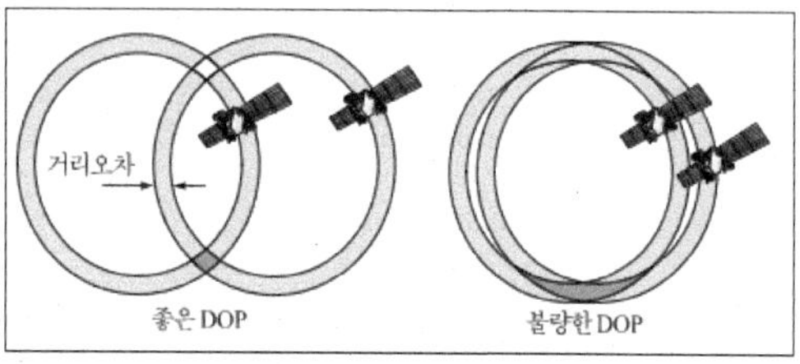

<그림 4-33> 기하학적 오차

(4) PDoP

출제(용) : 68회

① PDoP은 위성의 조합 위치 상태를 지표로 나타내며 가장 이상적인 위성의 배치는 위성 위성의 간격이 120°(3개의 위성일 경우)가 가장 양호하다.

② PDoP은 위성의 위치정밀도를 나타내는 것으로 위성의 배치 상태가 어느 한쪽으로 치우치거나 너무 확산되면, 사면체의 체적이 적게 되어 PDoP의 값이 크게 나타나므로 정확도가 낮다.

③ DoP 값은 수신기와 위성의 위치 관계로 정해지며 위성의 위치를 정점으로 하는 정사면체의 체적이 클수록 작은 값이 된다.

④ PDoP은 위성 위치 정밀도를 표현한 것으로 PDoP의 수치가 4 이하일 때 매우 양호하며, 5에서 7은 사용은 가능하지만, 정확도를 신뢰하기는 곤란, 7 이상은 사용하지 않는 것이 좋다.

⑤ PDoP은 위성의 기하적인 강도와 정도를 가장 잘 나타내기 때문에 높은 정도의 Data를 취득하기 위하여 일정한 정도가 저하되면 계산이 되지 않도록 PDoP 한계치를 설정할 수 있다.

⑥ 수신기는 관측된 Data를 이용하여 PDoP를 계산하고 여기에 거리오차에 곱하면 측위 오차가 되며 측위오차=거리오차(Range Error)×PDoP이다.

(5) GDoP

출제(용) : 72, 95회

① GDoP(Geometric Dilution of Precision)은 GPS 위성의 기하학적 배치상태를 판단할 수 있다.

② GDoP은 위성의 기하학적 분포와 관련된 함숫값으로서 8 이하인 경우에만 측량에 적용되고 5 이하일 경우 가장 이상적이다.

③ GDoP은 위치측정에 사용된 위성에 따라 해석이 양호하거나 불량할 수도 있다.

④ 높은 GDoP은 위성의 배치 상태가 좋지 않다는 의미이고, 수치가 낮은 GDoP은 위성 간의 측정값의 정도가 더 좋다.

⑤ 〈그림 4-33〉과 같이 위성이 근접해 있으면 GDoP의 값이 커서 위치 정확도는 낮고, 위성이 적당한 간격으로 배치되어 있으면 GDoP의 값이 적으므로 위치오차는 적게 나타난다.

⑥ GPS 측량을 시행할 때는 반드시 4개 이상의 위성을 수신할 수 있을 때 관측하는 것이 바람직하다.

4.7.4. 정밀도에 영향을 주는 요소

4.7.4.1. 위성고도각

① 위성고도각(Elevation Mask)은 절사각(Cut-off-angle) 이라고도 하며, 나쁜 배열의 위성을 제거하기 위한 것으로 보통 위성고도각은 15°로 사용하며 기계의 설정값 또한 15°로 되어 있다.

② 위성고도각을 20°로 높일 때는 GDoP이 좋고 20° 상방에 관측 위성 수가 많은 경우 대개 전파의 교란을 줄일 수 있다.

③ 위성고도각을 15°로 맞추어 최소 4개의 위성을 관측하여 좋은 성과를 얻을 수 있도록 하는 것이 좋다.

④ 대부분 수신기는 사용자가 입력하여 수평선을 기준으로 각도에 따라 인공위성으로부터 발사된 신호를 무시하게 되어 있으며 이 각도를 Mask Angle 이라고도 한다.

⑤ 1 주파 수신기를 사용할 때 대기층에 따른 오차를 최소화하기 위해 〈그림 4-34〉와 같이 위성 고도각(Elevation Mask)을 적당히 조절하는 것이 좋다.

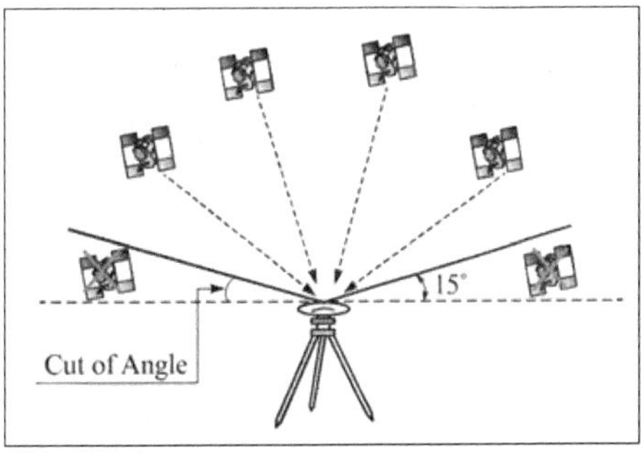

〈그림 4-34〉 위성고도각

4.7.4.2. 초기불확실정수

출제(용) : 95, 135회

초기불확실정수(Inital Ambiguity Value)는 위성과 수신기까지의 완전한 파의 미지수를 찾는 것으로 모호정수 또는 미지정수라고도 한다. 어떠한 사이클슬립이 없다면 하나의 수신기로부터 하나의 위성까지의 모든 측정량은 같은 크기의 초기불확실정수를 가지게 된다.

(1) 불명확정수(Ambiguity) 특징

① 불명확 정수의 결정은 위치를 결정하는 정확도 향상에 중요한 요소이다.

② 정지상태에서 초기화 작업이 선행되어야 한다.

③ GPS 측량 시 이동안테나의 초기화가 지상에서 이루어지지 않는다.

④ 항공 분야의 활용에서는 초기화 작업이 선행될 필요는 없다.

⑤ 이동 또는 비행 중의 Ambiguity 처리 방법을 on－the－way 또는 on－the－fly라 한다.

(2) 불명확정수의 처리 기법

① 기하학적 방법

② 코드와 반송파의 조합

③ 불명확정수의 검색법

④ 불명확정수 조합 기법

(3) 불명확정수의 영향

① 정확한 불확실정수는 이중차의 수정에 사용하여 더 정확한 거리 측정량을 구성하게 되므로 더 정확한 결과를 주게 된다.

② 초기불확실정수는 2개의 이중차를 구하여 소거할 수 있는데 이를 삼중차(Triple Difference)라고 하며 불확실정수를 소거하는 대신에 정수의 크기를 정확히 결정할 수도 있다.

③ 수치를 계산하기 위해서는 처리할 수 있는 S/W가 필요하다.

- 예를 들어, 106,000,000의 완전한 파장이 있다고 가정하면 전체 길이는 다음과 같다.
- 거리＝파장수×파장거리＋위상측정량＝106,000,000×0.190＋0.150＝20,140,000.150m

④ 모든 오차의 원인은 모두가 각각의 GPS 측정값에 불확실한 수치를 가산하게 된다.

4.7.4.3. 선택적가용성

출제(용) : 62, 63, 77회

위성의 시각정보 및 궤도정보에 임의의 오차를 부여하거나 송신 신호의 형태를 임의로 변경하는 것을 선택적가용성(SA; Selective Availability)이라 한다. 선택적가용성은 천체의 위치표에 의한 자료와 위성 시계 자료의 조작을 통해 위성과 수신기 사이의 거리에 오차가 발생하도록 하는 방법이다. 걸프전 때 많은 수의 민간 수신기들이 군에서 사용되었으며 전쟁이 끝날 때 미 국방성은 SA의 작동을 중지하였다.

(1) 특징

① 1990년 3월 공식 명칭으로 미 국방성이 정책적으로 이용하였다.

② SA를 작동할 때 오차는 100m 이하이지만 해제된 후의 오차는 10m의 정확도를 갖는다.

③ GPS는 미 국방성이 개발하여 초기에는 군사적 목적으로 사용하였으므로 허가받지 않은 자는 사용할 수 없도록 하였다.

④ SA는 단순하게 블록II 위성 신호에 대한 궤도오차와 시간 오차를 항행메시지에 추가한 것이다.

⑤ S/A는 상대 국가에서 GPS 위치를 전술적인 목적으로 이용하는 것을 방지하기 위하여 고안되었다.

(2) SA의 해제

① SA는 2000년 5월 1일 미국 클린턴 대통령에 의해 해제되었다.

② SA가 해제되면서 10~30m의 정밀도로 항공, 교통, 선박, 레포츠 등 다양한 분야에서 이용되고 있다.

③ 자동차 항법 및 민간에서 사용하는 정밀도가 있어야 하는 분야에서 많이 사용하였다.

④ 고정밀도를 요구하는 GIS, LIS, 지적측량 분야에서는 기존의 DGPS 기법을 이용하는 것이 필요할 것이다.

(3) AS 코드의 암호화

① AS(Anti Spoofing)는 군사 목적의 P 코드를 적의 교란으로부터 방지하기 위해 암호화시키는 방법이다.

② 암호를 해독할 수 있는 수신기를 가진 사용자만이 위성 신호의 수신이 가능하다.

③ 허가된 정밀도 이하로 사용하는 것을 제한하기 위한 고의적 조치이다.

④ SA는 원자시계의 안정성 감소와 인공위성의 항법메시지 전송을 감소시키는 시간 오차에 의해 시작된다.

⑤ P-code의 노출을 우려한 나머지 보안을 위해서 코드를 변조, 암호화하여 Y-code로 만드는 것은 무자격자의 이용을 방지하기 위한 것으로 AS(Anti Spoofing)라 한다.

⑥ SA를 해제함으로써 AS(Anti Spoofing)는 유명무실하게 되었다.

4.7.4.4. OTF

출제(용) : 75, 101회

두 대의 수신기를 통신체계로 연결하여 기준국에서는 관측된 위상을 이동국으로 송신하도록 하고 이동국에서는 기준국의 관측값과 자신의 관측값을 이용하여 실시간으로 이동국의 위치를 계산할 수 있도록 시스템을 구성한 체계를 OTF이라 한다. GPS 정밀 위치결정을 위하여 위상 관측값을 이용하면 위성과 수신기 간의 거리에 대한 위상의 초기 불확실정수와 수신되는 신호가 차단되는 현상인 신호단절을 해결해야 한다.

(1) 특징

① OTF 알고리즘을 이용하면 mm 단위의 정확도로 실시간의 위치결정이 가능하다.

② OTF는 초기화 과정 없이 특별한 알고리즘에 의해 미지정수를 실시간으로 구하는 방식이다.

③ 이동측량은 현장의 작업 절차가 복잡하므로 실제적인 생산성 향상에 한계를 지니고 있었다.

④ OTF와 RTK의 근본적인 차이는 RTK의 경우 초기화 과정을 통하여 미지정수를 결정한 후 통신체계와 연결되는 방식이다.

⑤ OTF는 기존 GPS 측량 방식의 생산성을 획기적으로 높이려는 경우 또는 이동체의 운동궤적으로부터 필요한 정보를 취득하기 위한 모든 분야에 적용될 수가 있다.

(2) OTF 문제점

① 계산에서 정확도가 낮고 실시간의 응용이 가능하도록 계산시간을 단축해야 한다.

② 시스템의 신뢰성을 높이고 미지수를 결정하는 데 필요로 하는 관측값의 관측 횟수를 결정해야 한다.

③ OTF 알고리즘이 적용되는 실제의 환경에 따라 탄력적으로 적용되어야 한다.

④ 수신기의 관측값에 포함된 오차를 최소화하는 문제와 신호단절에 대한 검토이다.

⑤ 중·장기선의 경우에도 성능을 보장할 수 있는 추가적인 알고리즘이 검토되어야 한다.

(3) 검색 알고리즘 기법

① 위상 관측값의 관측방정식으로부터 대략적으로 추정된 초깃값의 공분산 행렬을 이용하는 미지 정수 추정기법

② 미지정수 추정기법으로 미지정수 결정함수를 이용하는 미지 정수함수기법(AFM; Ambiguity Function Method)

③ 최소제곱법을 이용하는 최소제곱 미지정수 검색기법(LSAST; Least Squares Ambiguity Search Technique)

④ 코드 의사거리를 이용한 미지정수 추정기법 및 공분산 행렬을 이용하는 기법

4.7.5. 연속작동기준국(CORS)

출제(용) : 111회

위성기준점(CORS; Continuously Operating Reference Station)은 GPS의 실용화를 위한 시스템으로 특정 지역에 대한 지속적이고 영구적인 실시간 위치 정보를 제공하는 GPS 또는 GNSS 기준국이다.

4.7.5.1. CORS 발전 과정

① CORS(Continuously Operating Reference Station)는 NOAA(National Oceanic and Atmospheric Administration)의 NGS(National Geodetic Survey) 및 미국NSRS(National Spatial Reference System)를 정의, 유지관리와 이에 대한 액세스를 제공하기 위해 밀접하게 연결되어 있다.

② NGS는 1986년 도플러 관측 및 VLBI 기준선과 함께 아카이브에 있는 대부분의 고전적 측지 관측을 엄격하게 조정하여 1983년 북미 데이텀(NAD 83)을 도입하였다.

③ 1994년 NGS는 메릴랜드주 게이더스버그에 있는 국립표준기술연구소(National Institutes of Standards and Technology, 구 국립표준국(National Bureau of Standards))의 캠퍼스에 GPS 수신기를 설치하여 CORS 네트워크를 구축하기 시작하였다.

④ 1998년 NGS는 1996년 ITRF 96에서 NAD 83으로 변환함으로써 CORS 네트워크를 기반으로 하는 NAD 83(CORS96)을 도입하였다.

⑤ 2000년 이후로 CORS 네트워크는 현재 약 1,350개 사이트 규모로 성장했으며, 측지 측량 커뮤니티가 NSRS에 액세스할 수 있는 주요 방법으로 그 중요성이 계속 커지고 있다.

4.7.5.2. CORS 특징

① CORS는 크로스 도메인 웹사이트에 대한 통제된 액세스를 제공하므로 보안이 잘 된다.

② CORS는 SOP에서 도입한 제한 사항을 해결하기 위해 널리 구현되고 있다.

③ CORS를 잘못 구성하면 몇 가지 어려움과 오류가 발생할 수 있다.

④ 시간, 거리, 장소, 기상 등의 제한 없이 실시간으로 정확한 위치정보를 제공한다.

⑤ 큰 장점은 GPS 사용자가 원하는 위치에서 균일한 고정밀의 성과를 획득할 수 있다.

⑥ 기준점측량은 물론 RTK기법을 이용한 측량까지도 실용화시킬 수 있는 체계이다.

⑦ GPS 상시관측소를 설치함으로서 얻을 수 있으며, 기준국에 따로 수신기를 설치할 필요가 없다는 점이다.

4.7.5.3. CORS 운용

(1) CORS 스테이션

① CORS 스테이션은 하루 24시간, 주 7일 연속으로 작동하도록 설계되어 사용자에게 실시간 GNSS 정보를 제공한다.

② CORS 스테이션에서 수집한 GNSS 데이터는 처리되어 인터넷을 통해 사용자에게 전송되므로 사용자는 언제 어디서나 고정밀 위치정보에 액세스할 수 있다.

③ CORS 스테이션은 일반적으로 정부 기관, 대학 또는 기타 조직에서 설치 및 유지 관리하고 있다.

④ 모든 CORS 데이터는 메릴랜드주 실버스프링과 콜로라도주 볼더에 위치한 두 시설에서 수집되고 있다.

(2) CORS 네트워크

① 기준국과 중앙 서버의 전체 설정은 CORS(Continuous Operating Reference Station) 네트워크라고 한다.

② 여러 CORS 스테이션의 데이터를 결합함으로써 GNSS 수신기는 더욱 높은 수준의 정확도와 신뢰성을 달성할 수 있다.

③ ROCK 네트워크를 통해 전 세계에 ROCK 기지국을 설치하여 자체 CORS 네트워크를 구축하고 있다.

④ 네트워크화된 CORS 스테이션(또는 GNSS 수신기)은 영구 설비이며 위성 관측 결과를 중앙 서버로 지속적으로 스트리밍하고 있다.

⑤ 여러 CORS 스테이션으로 구성된 CORS 네트워크는 더욱 포괄적인 GNSS 커버리지와 더 높은 정확도를 제공한다.

⑥ 현재 CORS 네트워크에는 미국, 캐나다, 멕시코, 중남미, 카리브해 및 이라크의 방송국이 포함되어 있으며, 200개 이상의 조직이 이 프로그램에 참여하고 있다.

4.7.5.4. 우리나라 CORS

① 자율적인 지리공간 위치 지정을 제공하기 위해 24시간 GNSS 위성 신호를 수신 및 제공하고 있다.

② 1995년부터 전국적으로 60개의 GNSS 통제소가 설립되었다.

③ 정부 부처가 별도로 운영·관제하던 GNSS CORS를 통합해 원스톱 국가 GNSS 데이터 서비스를 제공하고 있다.

④ 우리나라에 24시간 가동 중인 국토지리정보원에서 운영하는 상시관측소는 총 51곳이 있다.

4.7.5.5. 활용

① 국가기본측량, 공사측량, GPS/GNSS 데이터수집 및 D/B갱신, ITS 운영, 지구 활동 감시를 통한 지진 감지 등에 효과적으로 활용하기 위한 상시관측소이다.

② 조수 측정소 근처의 CORS 사이트에서 수직 지각 속도의 변화는 국제 지상 참조 프레임에 대한 절대적인 해수면 변화를 결정하는 데 사용될 수 있다.

③ CORS 스테이션은 GNSS 수신기에 대한 고정밀 위치 정보 제공을 포함한 다양한 목적으로 사용된다.

④ CORS 스테이션은 토지 측량, 건설, 엔지니어링, 매핑을 포함한 광범위한 응용 분야에서 사용된다.

⑤ CORS 스테이션에서 제공하는 고정밀 GNSS 정보는 자세한 지도를 만들고, 토지를 조사하고, 자율 주행차를 지원하는 데 사용할 수 있다.

4.7.6. RINEX 파일

출제(용) : 57, 90, 101, 122, 129회

라이넥스(RINEX; Receiver Independent Exchange Format)란 GNSS 관측데이터의 저장과 교환에 사용되는 세계 표준의 GNSS 데이터 자료형식을 말한다. 수신기 제조회사들은 각기 고유한 방식으로 위성 신호를 수신하여 파일을 생성하고 그들이 개발한 독자적인 자료처리 소프트웨어를 사용하여 위치를 결정한다.

(1) RINEX 포맷 변천 과정

① 1989년 스위스 베른대학교 천문연구소의 W. 구르트너(W. Gurtner)에 의해 개발되었다.

② 1991년 캐나다 오타와에서 개최된 GPS를 이용한 정밀 위치결정에 관한 제2회 국제심포지엄에서 RINEX 2 버전이 발표되어 채택되었다.

③ 2013년 4월 RINEX 버전 3.02, 2018년 11월 가장 최신 버전인 RINEX 3.04가 발표되었다.

④ 최신 버전은 2023년 7월 RINEX 4.01이다.

(2) RINEX 포맷 구성

① 포맷 형식은 ASCII 형식으로 자료처리 및 컴퓨터 관련 기기와의 통신을 위해 고안된 세계 표준 코드로 7bit 글자와 패러티 검사(parity check)[7]용 1bit로 구성되어 있다.

② 파일 구성

- 의사거리 및 반송파 위성의 신호 관측데이터 파일
- 위성궤도 정보 파일
- 기상정보와 같은 신호의 품질 정보 파일

(3) 국내의 RINEX 포맷 파일 제공

① 국토지리정보원의 국토정보플랫폼

② 한국천문연구원의 GNSS 데이터 서비스

③ 국립해양조사원의 위성정보센터

④ 서울특별시의 네트워크 RTK 서비스

⑤ GNSS 데이터 통합센터

7) 데이터를 전송할 때 전송 데이터가 유실 또는 손상 여부를 점검하는 기술

(4) RINEX 포맷의 활용

① 각각의 다른 GNSS 수신기로부터 취득된 데이터를 후처리 과정에서 이용하기 위한 표준 형식의 S/W이다.

② GNSS 위성을 통하여 어떤 수신기로 관측한 값도 장비회사와 관계없이 공통적인 포맷으로 변환하는 S/W이다.

③ RINEX 포맷으로 생성된 공통적인 데이터는 의사거리, 위상차 데이터, 도플러 데이터 등이 있다.

(5) 「GNSS에 의한 지적측량규정」의 내용

① GNSS 측량기로부터 수신된 원시데이터는 GNSS 공통포맷인 라이넥스(Rinex) 파일로 변환하여 원시데이터와 함께 관리하여야 한다.

② 라이넥스 변환은 GNSS 측량기 장비사에서 제공하는 소프트웨어 또는 공통변환 소프트웨어를 사용하여야 하며 후속 작업에 활용할 수 있도록 관리하여야 한다.

③ 라이넥스 변환 시에는 GNSS 측량기 장비사의 안테나 모델, 안테나 기준위치로부터 위상중심변동 보정값, 안테나고 등의 변수를 안테나 모델에 적합하게 설정하여야 한다.

4.8. 좌표변환

4.8.1. 좌표변환 과정

출제(논) : 74, 108회

① 일반적으로 두 개의 측지좌표계 간 변환은 3단계로 구분하여 실시하는 것이 편리하다.

② 세계측지좌표계(ITRF)를 한국측지좌표계(Bessel)인 경위도 좌표계로 변환할 경우 GPS로 얻은 위도(B), 경도(L), 높이(H)를 지심직각좌표(X, Y, Z) 값으로 계산하면 아래와 같다.

- $X = (N + H) \cdot \cos B \cdot \cos L$
- $Y = (N + H) \cdot \cos B \cdot \sin L$
- $Z = [N(1 - e^2) + H] \cdot \sin B$ 여기서, X, Y, Z는 점의 위치를 나타내는 좌표이며 $N = a\sqrt{1 - e^2 \cdot \sin^2 B}$, B : 위도, L : 경도, H : 타원체로부터의 높이, a : 장반경, f : 편평율이다.

③ 묘유선 곡률반경$(N) = \dfrac{a^2}{\sqrt{a^2\cos^2\phi + b^2\sin^2\phi}}$ 이며, 제1이심률$(e^2) = \dfrac{(a^2 - b^2)}{a^2}$ 로 a : 준거타원체의 적도반경, f : 편평률이다.

④ 다음은 변환공식을 이용하여 B의 직각좌표계로 변환하는 공식이다.

$$\begin{bmatrix} X_B \\ Y_B \\ Z_B \end{bmatrix} = \begin{bmatrix} \Delta X_{A\to B} \\ \Delta Y_{A\to B} \\ \Delta Z_{A\to B} \end{bmatrix} + (1+S)\begin{bmatrix} 1 & -\kappa & \phi \\ \kappa & 1 & -\omega \\ -\phi & \omega & 1 \end{bmatrix}\begin{bmatrix} X_A \\ Y_A \\ Z_A \end{bmatrix}$$

여기서, (X_A, Y_A, Z_A) : A측지계에 준거한 직각좌표, (X_B, Y_B, Z_B) : B측지계에 준거한 직각좌표, $(\Delta X_{A\to B},\ \Delta Y_{A\to B},\ \Delta Z_{A\to B})$: 원점 선형이동량, $\Omega_X(\omega)$, $\Omega_Y(\phi)$, $\Omega_Z(\kappa)$: X, Y, Z축 주변의 좌표회전량, S : 축척 보정량으로 단위는 라디안이다.

⑤ 위의 식을 정리하면 $X_B = X_o + SR(\omega, \phi, \kappa) \cdot X_W$ 와 같다. 여기서, X_B : Bessel 좌표계에 의한 위치, X_W : 세계 공통좌표계에 의한 위치, X_o : 원점이동계수, ω, ϕ, κ : 회전각, S : 축척계수이다. 어느 측지좌표계로부터 별도의 측지좌표계로 변환하는 $\Delta X_{A\to B}, \Delta Y_{A\to B}, \Delta Z_{A\to B}$, ω, ϕ, κ, S로 7개의 파라미터가 필요하다.

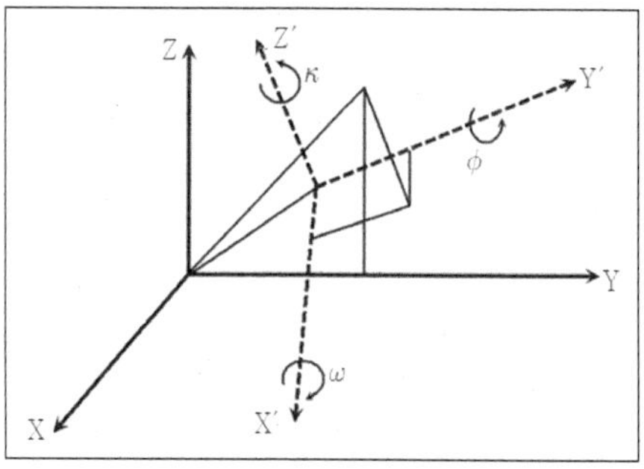

〈그림 4-35〉 3차원 좌표변환

⑥ 우리나라 측지계는 위의 식을 그대로 사용하지 않고 회전과 축척의 왜곡은 없다고 봐도 되기 때문에 아래의 식으로 정리할 수 있다.

$$\begin{bmatrix} X_B \\ Y_B \\ Z_B \end{bmatrix} = \begin{bmatrix} \Delta X_{A\to B} \\ \Delta Y_{A\to B} \\ \Delta Z_{A\to B} \end{bmatrix} + \begin{bmatrix} X_A \\ Y_A \\ Z_A \end{bmatrix}$$

⑦ B 측지계의 위도, 경도, 높이를 계산하면 $B(\phi) = \tan^{-1}(\dfrac{Z + e'^2 \cdot \sin 3\theta}{P - e'^2 \cdot \cos^3\theta})$,

$L(\lambda) = \tan^{-1}(\dfrac{Y}{X})$, $H(h) = (\dfrac{p}{\cos B}) - N$ 이고, $P = \sqrt{(X^2 + Y^2)}$,

$\theta = \tan^{-1}\dfrac{Za}{Pb}$, $e = \sqrt{\dfrac{(a^2 - b^2)}{a^2}}$, $e' = \sqrt{\dfrac{(a^2 - b^2}{b^2}}$ 이다.

4.8.2. 좌표변환의 모델

두 좌표계 간의 변환은 각각의 좌표계에서 위치를 3차원 직각좌표계(X, Y, Z)로 변환하여 이들 간의 차이가 최소가 되도록 변환파라미터(7 매개변수)를 결정해야 한다. 좌표변환 모델은 Bursa Wolf, Molodensky, Veis 등의 모델이 있다.

(1) Bursa Wolf 모델

① Bursa Wolf 모델은 두 3차원 직각좌표계 간의 좌표계원점에 대한 이동량 및 좌표축의 회전량을 구하는 방식이다.

② Bessel(X_B, Y_B, Z_B)좌표계와 세계공통(X_w, Y_w, Z_w)좌표계 간의 원점이 일치하도록 평행이동시킬 경우의 원점 이동량의 3가지 성분(ΔX, ΔY, ΔZ)을 두 좌표계 간의 좌표축 방향이 일치하도록 X, Y, Z축의 순서로 변환한다.

③ 변환파라미터를 이용하여 지역좌표계(Bessel)와 세계공통좌표계의 변환 관계를 행렬식으로 표현하면 아래와 같다.

- $\begin{pmatrix} X_B \\ Y_B \\ Z_B \end{pmatrix} = \begin{pmatrix} \Delta X \\ \Delta Y \\ \Delta Z \end{pmatrix} + (1+\Delta S) \cdot R(\omega_X) \cdot R(\omega_Y) \cdot R(\omega_Z) \cdot \begin{pmatrix} X_w \\ Y_w \\ Z_w \end{pmatrix}$
- 회전시킬 경우의 회전량 3성분 (ω_x, ω_y, ω_z)과 두 좌표계 간의 축척변경 ΔS 등이다.

④ 회전행렬 $R = R(\omega_x) \cdot R(\omega_y) \cdot R(\omega_z)$의 연산을 수행하고 ω_x, ω_y, ω_z가 미소량임을 고려하면 아래 식과 같다.

- $\begin{pmatrix} X_B \\ Y_B \\ Z_B \end{pmatrix} = \begin{pmatrix} \Delta X \\ \Delta Y \\ \Delta Z \end{pmatrix} + (1+\Delta S) \begin{pmatrix} 1 & \omega_z & -\omega_y \\ -\omega_z & 1 & \omega_x \\ \omega_y & -\omega_x & 1 \end{pmatrix} \begin{pmatrix} X_w \\ Y_w \\ Z_w \end{pmatrix}$

⑤ 동일지점에서 각각의 3차원 직각좌표, 즉 Bessel 좌표로부터 구한 (X_B, Y_B, Z_B) 및 GNSS 관측에 의한(X_w, Y_w, Z_w)를 기지로 하여 7개의 미지변수를 결정한다.

⑥ 좌표계 간 원점이동량 ($\Delta x, \Delta y, \Delta z$), 축척 변화율($\Delta s$), 좌표축의 회전량($\omega_x, \omega_y, \omega_z$)을 결정한다. 따라서 최소 3점 이상에서의 관측치를 확보하면 7개의 미지변수를 결정할 수 있다.

⑦ 현행좌표가 알려진 삼각점에서 위성관측으로 세계공통좌표를 결정하였을 경우 이들이 변환파라미터의 계산에 활용될 수 있는 점들이다.

⑧ 좌표변환을 특징짓는 7 매개변수가 결정되며 GNSS 관측에 의한 세계 공통좌표가 있는 점에 적용함으로써 이들 점에서의 현행좌표를 계산할 수 있게 된다.

⑨ Bursa와 Wolf에 의해 제시된 7 파라미터 변환모델 식

- $\underline{X}_B = (1+\Delta s) \cdot R_z(\kappa) \cdot R_y(\phi) \cdot R_x(\omega)\underline{X}_w + \underline{T}$ 여기서, $\underline{X}_B$: 우리나라 지심직각좌표, $\underline{X}_W$: 세계공통 지심직각좌표, T : 이동량벡터($\Delta x, \Delta y, \Delta z$)이며 Δs : 축척차이다.

⑩ $R_z(\kappa) \cdot R_y(\phi) \cdot R_x(\omega)$는 두 좌표계 사이의 회전을 행렬로 나타내면 아래 식과 같다.

- $$R_z R_y R_x = \begin{bmatrix} \cos\phi\cos\kappa & \begin{matrix}\cos\omega\sin\kappa \\ +\sin\omega\sin\phi\cos\kappa\end{matrix} & \begin{matrix}\sin\omega\sin\kappa \\ -\cos\omega\ \sin\phi\cos\kappa\end{matrix} \\ \begin{matrix} \\ \sin\omega\cos\kappa \\ +\cos\omega\ \sin\phi\sin\kappa\end{matrix} & -\cos\phi\sin\kappa & \begin{matrix}\cos\omega\cos\kappa \\ +\sin\omega\ \sin\phi\sin\kappa\end{matrix} \\ -\sin\omega\cos\phi & \cos\omega\cos\phi & \sin\phi \end{bmatrix}$$

⑪ 위의 식에서 ω, ϕ, κ는 각각 x, y, z축에서의 회전각을 의미하며 회전각이 미소하다고 가정하면 $R_z\ R_y\ R_x = \begin{bmatrix} 1 & \kappa & -\phi \\ -\kappa & 1 & \omega \\ \phi & -\omega & 1 \end{bmatrix}$이다.

(2) Molodensky Badekas 변환모델

① 3차원 직각좌표계 상의 임의의 한 점을 고정하고 이에 대한 회전량 및 이동량을 구하는 방식이다.

② 세계공통좌표계를 구 좌표계(X, Y, Z)라 하고 Bessel 타원체에 근거한 우리나라의 좌표계를 신 좌표계(x, y, z)라 하면 Molodensky Badekas 변환모델 식은 아래와 같다.

- $$\begin{bmatrix} X \\ Y \\ Z \end{bmatrix} = \begin{bmatrix} x \\ y \\ z \end{bmatrix} + \begin{bmatrix} dX \\ dY \\ dZ \end{bmatrix} + (1+\Delta s)\begin{bmatrix} 0 & \kappa & \phi \\ -\kappa & 0 & \omega \\ \phi & -\omega & 0 \end{bmatrix}\begin{bmatrix} X \\ Y \\ Z \end{bmatrix}$$

③ 이동량 벡터(dX, dY, dZ)는 좌표계 기준원점 간의 이동을 의미하며 아래의 식과 같다.

- $$\begin{bmatrix} dX \\ dY \\ dZ \end{bmatrix} = \begin{bmatrix} X_0 \\ Y_0 \\ Z_0 \end{bmatrix} - \begin{bmatrix} \overline{X}_0 \\ \overline{Y}_0 \\ \overline{Z}_0 \end{bmatrix}$$ 여기서, X_0, Y_0, Z_0 : 신 좌표계에 대한 기준원점의 좌표,

  $\overline{X}_0, \overline{Y}_0, \overline{Z}_0$: 구 좌표계에 대한 기준원점의 좌표로 X_0, Y_0, Z_0를 신 좌표계로 회전하여 얻을 수 있다.

(3) Veis 변환모델

측량 지역의 중심점(ϕ_0, λ_0, h_0)을 중심으로 하는 변환법으로 좌표 성과를 국소적인 지표 좌표계에서 방위각과 경위도의 미소 변화량인 연직선편차를 추출할 수 있는 방식이다.

4.8.3. 좌표변환 방법

출제(논) : 108, 117, 128회

GNSS 측량으로 세계측지좌표성과로 취득된 데이터는 지적측량기준점으로 활용하기 위해서는 성과를 변환하여야 한다. GNSS 위성에서 관측된 세계공통좌표계의 경도(λ), 위도(ϕ), 높이(H)를 세계공통좌표계 직각좌표(X, Y, Z)으로 변환한 후 세계 측지좌표계의 직각좌표(X, Y, Z)을 한국좌표계의 직각좌표(X, Y, Z)으로 변환한다. 다음은 한국측지계의 직각좌표(X, Y, Z)을 다시 한국좌표계의 경도(λ), 위도(ϕ), 높이(H)로 변환한다.
좌표변환방법에는 변환요소(7 Parameter) 방법, 회귀다항식(MRE 변환) 방법, Molodensky 방법 등이 있다.

(1) 변환요소 방법

출제(용) : 65, 96, 120회

① GPS 측량에 의한 성과를 지적측량기준점으로 활용하기 위한 성과로 변환하기 위해서는 최소제곱법에 따라 산출된 7개의 변환계수를 적용하여 다른 두 직각좌표 간의 좌표를 변환하는 것을 변환요소 방법 또는 7-Parameter 변환방법이라고 한다.

② 변환요소(Parameter) 방법은 기존의 지적기준점들을 전국적으로 고른 밀도가 되도록 삼각점에 포함된 과대오차를 제거하고 보정하여 높은 정확도의 계수를 확보한다.

③ 좌표변환을 위해서는 7개의 Parameter를 먼저 결정하는데 7개의 변환 매개변수와 같은 원리를 이용하여 6개, 4개 또는 3개의 매개변수를 이용하는 변환 요소를 이용하여 변환을 수행할 수도 있다.

④ 우리나라 측지계(X_{KD})와 세계측지계(X_W)간의 변환방정식은 3D-Helmet변환으로 구성할 수 있다.

⑤ 변환 요소는 선형이동량(Δx, Δy, Δz), 회전이동량(ω, ϕ, κ)과 축척계수 S를 이용한 최소제곱법으로 산출하여 변환한다.

⑥ 7－Parameter를 이용한 기본 공식

- $X_{KD} = S[R]X_W + \Delta X$
- $X_{KD} = [X_{KD}\ Y_{KD}\ Z_{KD}]T$
- $X_W = [X_W\ Y_W\ Z_W]T$
- $\Delta X = [\Delta X,\ \Delta Y,\ \Delta Z]T$

여기서, X_{KD} : 우리나라 직각좌표계 성분 벡터(Xkorea Datum의 약자)

X_W : 세계측지계의 직각좌표계 성분 벡터

ΔX : KD와 WGS의 원점 편차량에 의한 직각좌표계 성분벡터

S : 두 측지계 간의 Scale 차이

[R] : 두 측지계 간의 회전을 나타내는 회전행렬

κ, ϕ, ω : 각각 X, Y, Z축에서의 회전각을 의미한다.

⑦ 7개 변환 매개변수인 ΔX, [R], S를 알면 WGS 84 좌표를 Bessel좌표로 변환할 수 있다.

⑧ 7개의 미지변수, 즉 좌표계간 원점이동량($\Delta x, \Delta y, \Delta z$), 축척보정($\Delta S$), 좌표축의 회전량($\omega_x$, ω_y, ω_z)를 구하는 문제는 최소 3점 이상에서의 (X_B, Y_B, Z_B) 및 (X_W, Y_W, Z_W)를 최소제곱법에 따른 통계처리로써 결정한다.

⑨ 최소제곱법에 따른 통계처리는 계산에 이용하는 기준점 분포 및 개수, 기준점 성과의 정확도에 따라 변환파라미터가 달리 산출된다는 특징이 있다.

⑩ 변환파라미터의 산출에 이용할 현행 좌표계에서 정확한 기준점의 선정 여부가 변환결과의 정확도에 중요하게 작용하며 좌표변환 계산 순서는 〈그림 4－36〉과 같다.

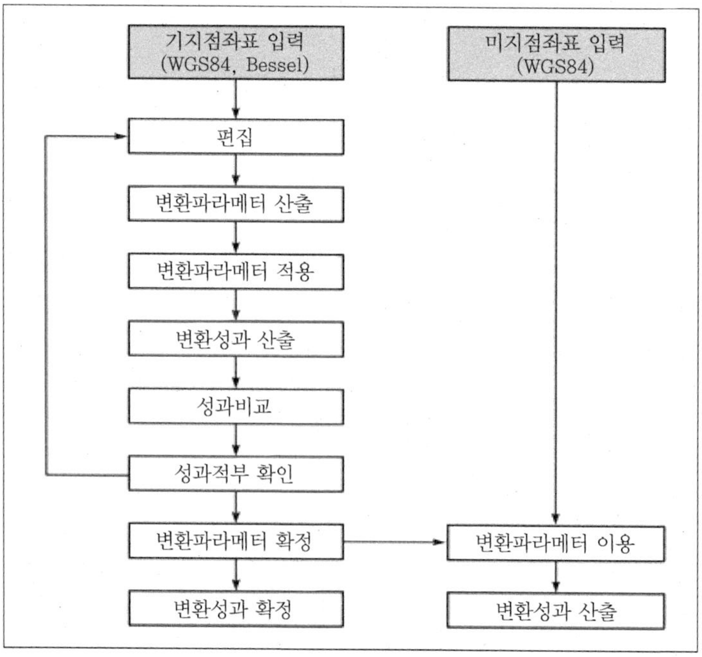

〈그림 4-36〉 좌표변환 계산 흐름도

(2) 회귀다항식 변환법

① 두 기준계상의 위성 관측점에 대한 세계 공통좌표계 및 우리나라 TM 좌표의 직각좌표 성분의 차($\Delta x''$, $\Delta y''$, $\Delta z''$)를 계산하여 이를 독립변수로 하는 4차원 경향별 해석을 통해 보정량을 산출하여 변환을 수행한다.

② 회귀다항식(MRE) 방법은 Tokyo Datum을 세계공통좌표계로 변환하는 식이며 좌표보정량을 구하여 Tokyo Datum에 기준으로 한 좌표값에 더해주면 세계공통좌표계를 얻을 수 있다.

③ 세계공통좌표에 보정량을 더해줌으로써 우리나라 직각좌표를 계산 방법

- $X_{KD} = X_W + \Delta x''$
- $Y_{KD} = Y_W + \Delta y''$
- $Z_{KD} = Z_W + \Delta z''$ 여기서, X_{KD}, Y_{KD}, Z_{KD} : 우리나라 측지계의 직각좌표계, X_W, Y_W, Z_W : 세계공통 좌표계의 직각좌표계, $\Delta x''$, $\Delta y''$, $\Delta z''$: 회귀계수로부터 산출된 초 단위 보정량이다.

(3) Molodensky 기법

① 두 기준계상의 위성 관측점에 대한 WGS 84 및 Bessel 타원체에 준거한 경위도좌표의 편차량($\Delta\lambda''$, $\Delta\phi''$, $\Delta H''$)으로 Molodensky 변환식을 도출한다.

② 이를 보정하여 두 측지계 간의 변환을 수행하며 변환식

- $\lambda_{KD} = \lambda_W + \Delta\lambda''$
- $\phi_{KD} = \phi_W + \Delta\phi''$
- $H_{KD} = H_W + \Delta H''$

여기서, λ_{KD}, ϕ_{KD}, H_{KD} : 우리나라 측지계의 경도·위도·높이, λ_W, ϕ_W, H_W : 세계공통 좌표계의 경도·위도·높이, $\Delta\lambda''$, $\Delta\phi''$, $\Delta H''$: 두 측지계간의 보정량이다.

제 4 장

4.8.4. GNSS 상시관측소

출제(논) : 57, 63, 68, 69, 80회

GNSS 상시관측소는 GNSS 위성으로부터 자료를 상시적으로 수신하여 중앙국으로 전송하기 위한 관측설비, 통신설비 및 전원설비와 그 주변기기 등이 설치된 시설을 말한다. GNSS 위성으로부터 발사되는 신호를 통해 날씨나 시간과 관계없이 연속적으로 취득할 수 있도록 안테나 필라를 설치하고 중앙국에서 각 관측소의 관측데이터를 통신선으로 원격연결로 내려받아 정밀 해석프로그램으로 매일 프로세싱함으로써 각 관측소에 대한 좌표와 거리를 산출하는 시스템이다. GNSS 상시관측소는 미래 GNSS 지적기준점의 역할을 하게 되며 GNSS를 이용한 측량 및 지적측량의 기지점으로 활용하여 상대측위에 편리하게 운영할 수 있는 시스템이다.

4.8.4.1. GNSS 상시관측소 구성 및 구조

(1) GNSS 상시관측소 구성

① GNSS 상시관측소 구성은 GNSS 관측국, 자료처리센터 그리고 통신 지원시설 등이다.

② GNSS 상시관측소 시스템의 역할

- 지구물리 응용을 위한 원시 위상자료의 제공
- 기준좌표계의 유지
- 정지측량 및 실시간 이동측량(RTK)을 위한 자료의 제공
- 항법 보정을 위한 DGPS 자료의 제공

③ 위성 신호의 관측을 위한 GNSS 수신기, 안테나, 통신 장치 및 전력공급 장치로 구성된다.

④ 상시관측소 시스템은 위성으로부터 데이터를 획득하여 처리하는 무인 원격 관측국, 데이터를 전송하는 통신 장치, 데이터를 수신하여 저장 및 처리하는 GPS 중앙국 등의 세 요소로 구성되어 있다.

⑤ 통신 장치는 안테나 필라를 4단으로 구성하고 전화국과 무인 원격관측소와의 거리가 3.6km 이내일 때는 ISDN을 사용하며 그 이외는 PSTN을 사용하여 데이터를 전송한다.

⑥ 무인 원격관측소의 목적은 GNSS 수신기에 일차적인 프로세싱을 거친 데이터를 매일 ISDN과 PSDN, PSTN 망을 통하여 GNSS 중앙국에 송신하는 것이다.

⑦ 전국 상시관측소는 국토교통부(97개), 해양수산부(35개), 기상청(24개), 우주항공청(5개), 서울특별시(5개), 한국지질자원연구원(18개), 한국천문연구원(9개), 국토정보공사(30개)로 총 223개가 있다.

(2) GNSS 상시관측소 구조

① 스테인리스구조는 〈그림 4-37〉의 (a)와 같이 견고성이 높고 유지보수가 편리하다.

② 트러스구조는 〈그림 4-37〉의 (b)와 같이 견고성이 높고 기반암까지 굴착 설치하여 신뢰도가 높다.

③ 나무 펜스구조는 〈그림 4-37〉의 (c)와 같이 설치가 쉽고 목재 구조로 주변 경관과 잘 어울린다.

④ 기타 형상 구조는 〈그림 4-37〉의 (d)와 같이 주변 경관을 고려하여 별도 디자인하여 설치한 것이다.

(a) 스테인리스구조 (b) 트러스구조 (c) 나무 펜스구조 (d) 기타 형상 구조

〈그림 4-37〉 상시관측소 구조

4.8.4.2. 위성기준점 설치

① 위성기준점은 보존 및 유지관리가 용이하고 연속적으로 영구적 활용이 가능한 부지 내에 설치한다.

② 시간 경과에 따른 주변 지형・지물의 변화가 적고 GNSS 자료 수신에 있어 신호 장애가 적은 지역이어야 한다.

③ 기반구조물은 태풍, 지진 등 다양한 외부환경의 영향을 극복하고 공간상의 고정된 위치를 최대한 유지될 수 있는 구조물이어야 한다.

④ 기반구조물 및 부자재는 부식에 강한 재질이어야 하며, 부식이 발생하지 않도록 필요한 조치를 취해야 한다.

⑤ 안테나는 안테나 참조점을 기준으로 고도 10도 이상의 범위에 위성 자료 수신에 방해가 되는 장애물이 없어야 하며, GNSS 위성 주파수에 영향을 미치는 시설물이 없어야 한다.

⑥ 안테나는 진북방향으로 설치하여야 하며, 수신기는 전원 공급이 안정적이고 침수 등 피해가 없는 안전한 장소에 설치하여야 한다.

⑦ 안테나와 수신기를 연결하는 케이블은 신호 손실률을 고려하여 안테나와 수신기까지의 거리가 최단 경로가 될 수 있도록 하여야 하며, 꺾임 · 단선 · 접합 등이 발생하지 않도록 하여야 한다.

⑧ 보호관을 이용하여 방수 및 훼손을 방지하여야 하며, 낙뢰방지기를 설치하여 낙뢰로 인한 피해를 방지하여야 한다.

⑨ 안테나 고정대는 정준 · 북방향 조정 기능을 갖추어야 하며, 위치 기준 · 안테나 참조점의 정밀한 재현이 가능하여야 한다.

⑩ 관측소 설치 후에는 시험 운영을 통해 GNSS 장비의 신호잡음, 수신율 등 GNSS 자료의 품질과 통신 상태 등 운영을 위한 점검을 실시하여야 한다.

4.8.4.3. GNSS 상시관측소의 관리

(1) 위성기준점의 성과 고시

① 위성기준점의 신규 · 이전 설치 시 설치한 날로부터 1년 이내에 성과를 고시하여야 한다.

② 성과 산출은 GNSS 국제기구에서 권장하는 GNSS 학술용 정밀자료처리 프로그램과 정밀궤도력을 이용하여야 한다.

③ 성과 고시를 위한 측지계는 세계측지계를 따른다.

(2) 상시관측소의 관리자 지정

① 위성기준점이 설치된 지역의 시장 · 군수 · 구청장(이하 "시장 · 군수"라 한다)은 지적업무 담당과장을 관측소 관리의 「정」관리자로, 업무담당자를 「부」관리자로 지정하여 관리한다.

② 시장 · 군수는 관리자를 지정 또는 변경한 경우에는 그 내용을 시 · 도지사를 경유하여 국토지리정보원장에게 통보하여야 한다.

(3) 전기 · 통신설비 관리 협조

① 시장 · 군수는 전기 및 통신설비 관련 기관에 정전 및 통신두절 상태가 발생할 경우를 대비한 사전점검과 예정된 공사에 대한 사전통지 등이 원활히 이루어지도록 협조 요청을 하여야 한다.

② 시장 · 군수는 전기 및 통신설비의 이상 유무를 관련 기관의 협조를 받아 매월 정기 점검을 실시하여야 한다.

(4) 상시관측소의 부지 관리

① 시장 · 군수는 폭우 등에 의하여 관측소 부지의 지반이 붕괴 또는 침하되는 일이 없도록 배수구 설치 등 관측소의 안전에 필요한 조치를 취하여야 한다.

② 시장 · 군수는 상시관측소의 주변 시설물 · 수목 등이 GNSS 자료 수신에 방해가 되지 않도록 필요한 조치를 취하여야 한다.

③ 시장 · 군수는 상시관측소 부지에 이상이 발생한 경우 필요한 조치를 취하고 지체 없이 국토지리정보원장에게 보고하여야 한다.

(5) 보안 · 관리

① 네트워크 관리 대책

- 방화벽 등 침입 방지 및 감시시스템 설치와 운용
- 인터넷 등 외부망과 분리 설치 및 해킹, 컴퓨터바이러스 등에 대한 예방대책 강구
- 자료 취득 · 공유 네트워크에 대한 월 1회 이상의 점검과 확인

② 중앙국 서버 및 저장 장치의 훼손 · 파괴 · 유출 등을 방지

- 보안관리 책임자의 지정
- 통합시스템 출입문 카드키 등 잠금장치 설치, 무단침입 방지
- 데이터베이스 복사본 확보 후 2중 보관함 등에 별도 보관하고 관리대장비치 및 기록유지
- 데이터베이스에 대한 접근 차단 대책 강구
- 비공개 및 공개 제한 정보목록 작성 관리대장 비치 및 기록유지

4.8.4.4. GNSS 상시관측소 활용

출제(논) : 56, 59, 90회

(1) 일반적인 분야의 활용

① GNSS 상시관측소의 자료를 이용한 측량 분야와 위치기반정보서비스(LBS; Location Based Service) 산업 분야로 구분할 수 있다.

② 위치기반정보서비스(LBS)에 정확한 데이터를 제공하기 위하여 GNSS 상시관측소를 적극적으로 활용하여야 한다.

③ 주변 지역의 이동수신기 수와 관계없이 상시관측소에서 Data 수신제어 및 저장을 하여 사용자에게 관측자료를 제공한다.

④ 측량 분야에서는 GNSS와 관련된 새로운 측량 장비와 측량 기술의 등장과 더불어 측량 작업의 효율을 높이고 비용을 절감시켜 작업자의 부담을 감소시킨다.

⑤ 산업 분야로는 토목, 방재, 조경, 해양, 도시, 교통, 물류 등에 지리정보를 취득, 저장, 관리, 분류하여 사용하는 각 분야에 정확한 데이터를 제공한다.

(2) 지적측량에서의 활용

① 지적기준점측량에서 GNSS 데이터의 망조정은 자유망조정으로 처리하여 기지점들의 성과를 점검 후 다점고정망으로 모든 기지점을 고정하여 처리하는 기준으로 사용한다.

② 지적측량의 기준점측량을 설치할 경우 스테틱(Static) 측량에서 기준국으로 사용한다.

③ 지적측량의 이동측량에서 단일기준국 실시간 이동측량(Single-RTK) 및 다중기준국 실시간 이동측량(Network-RTK)으로 실시할 경우 기준국으로 사용한다.

④ 지적재조사측량의 기준점측량 및 일필지 측량을 GNSS 측량으로 시행할 경우 일기준국 실시간 이동측량(Single-RTK) 및 다중기준국 실시간 이동측량(Network-RTK)으로 실시할 경우 기준국으로 사용한다.

⑤ 지적확정측량의 지적삼각(보조)점은 위성측량방법으로 실시할 경우 정지측량에 의하며, 지적도근점은 정지측량 및 다중기준국 실시간 이동측량에 의한다.

(3) 지각변동 감시에 활용

① 전국 상시관측소에서 GPS 등 항법위성의 신호를 24시간 수신하여 국토의 정밀한 위치를 계산하고 지각변동량을 분석한다.

② 국토교통부 외 기관의 관측소까지 추가로 연결하여 더욱 조밀한 분석도 가능해졌다.

③ 우리나라 주변에 지각변동을 유발하는 강진이 발생하는 경우 국토에 미친 영향을 신속하게 파악할 수 있다.

④ 일 단위로 계산한 정밀좌표는 국가기준점의 위치가 안정적인지 감시하고, 향후 지각변동량 누적 시 기준 좌표계를 변환하는 데에도 활용할 수 있다.

⑤ 미공군의 항법지원 인공위성으로부터 제공되는 위성신호를 수신, 판독해 각종 정밀 위치 측량에 이용된다.

4.8.5. GNSS 활용 분야

출제(논) : 56회

GNSS 이용 활성화를 통해 GIS, ITS 등 관련 시스템을 고도화하고, 다양한 활용 분야를 발굴하여 항공, 해상, 육상의 항법 체계와 연계한다. 또한, 실시간 교통정보 및 첨단 운송 체계를 구축하고, 측량 및 지진조사 등은 물론, 노약자 보호 등 Emergency Assistance에 유용한 수단으로 활용한다.

① 정보통신 분야 : 이동통신 기지국 시각 동기, 컴퓨터 데이터의 실시간 연계 처리, 이동통신망 가입자 위치추적, 긴급구조 서비스, 우편물 및 택배 관리 등

② 육상교통 분야 : ITS(차량 항법), 차량추적·배차계획 등 물류 관리, 철도 운행관리 및 선로 유지보수

③ 항공우주 분야 : 비행항로 관리, 전천후 정밀착륙, 위성 자세 및 궤도 결정

④ 해양 분야 : 수로의 항로 안내, 정밀하게 배를 접안, 컨테이너 위치추적, 어장 및 수역 관리

⑤ 환경토목 분야 : 환경관련 시설물 관리, 사회 기간시설의 설치·관리 및 유지보수

⑥ 기초과학 분야 : 지진 예방 등을 위한 지각변위 관찰, 자원탐사 위치확인

⑦ 군사 응용 분야 : 미사일 유도항법, 군사훈련, 포대 위치 및 목표물 위치 파악

⑧ 문화/복지 분야 : 문화재 관리, 묘지관리, 미아·노약자 위치추적

⑨ 레저/스포츠 분야 : 등산, 캠핑, 낚시, 개인용 보트/요트 여행, 골프, 운동경로 기록

4.9. 지적위성측량

출제(논) : 96회

4.9.1. 선점 및 측량

4.9.1.1. 관측 준비

① GNSS 측량기 대수, 투입인력, 위성기준점 및 기지점 분포 현황 조사

② GNSS 개략 궤도력 정보를 이용하여 위성 배치 상태가 최적의 시간대 선정

③ 관측점은 기지점 및 소구점으로 구성

④ 관측망은 기지점과 소구점을 결합한 폐합다각형이 되도록 구성하고 지적위성측량 관측계획 망도 작성

⑤ 세션 구성은 삼각형, 사각형 또는 혼합형으로 2세션 이상일 경우 인접 세션과 최소 한 변 이상이 중복되도록 구성

4.9.1.2. 소구점 선점

① 소구점은 인위적인 전파장애, 지형·지물 등의 영향을 받지 않도록 다음의 장소를 피하여 선점하여야 한다.

- 건물 내부, 산림 속, 고층 건물이 밀집한 시가지, 교량 아래 등 상공 시계확보가 어려운 곳
- 초고압 송전선, 고속철도 등의 전차 경로 등 전기불꽃의 영향을 받는 곳
- 레이더 안테나, TV 중계탑, 방송국, 우주통신국 등 강력한 전파의 영향을 받는 곳

② 후속 작업으로 토털스테이션 이용 등을 고려하여 1방향 이상의 기지점 또는 소구점 시통이 가능하도록 선점하여야 한다.

4.9.1.3. 관측

① 관측 시 위성의 조건

- 관측점으로부터 위성에 대한 고도각이 15°이상에 위치할 것
- 위성의 작동상태가 정상일 것

- 관측점에서 동시에 수신 가능한 위성 수는 정지측량에 의하는 경우에는 4개 이상, 이동측량에 의하는 경우에는 5개 이상일 것

② GNSS 측량기에 입력하는 안테나의 높이 등에 관하여는 GNSS 측량기에서 정해진 방법에 따라 측정하고, 관측 후 확인한다.

③ 관측 시 주의 사항

- 안테나 주위의 10m 이내에는 자동차 등의 접근을 피할 것
- 관측 중에는 무전기 등 전파발신기의 사용을 금한다. 다만, 부득이한 경우에는 안테나로부터 100m 이상의 거리에서 사용할 것
- 발전기를 사용하는 경우에는 안테나로부터 20m 이상 떨어진 곳에서 사용할 것
- 관측 중에는 수신기 표시장치 등을 통하여 관측 상태를 수시로 확인하고 이상 발생 시에는 재관측을 시행할 것

④ 관측 완료 후 점검 결과 관측 조건에 맞지 아니한 경우에는 다시 관측하여야 한다.

⑤ 지적위성측량을 실시하는 경우에는 지적위성측량 관측부를 작성하여야 한다.

4.9.1.4. 정지측량

① GNSS 측량기를 사용하여 정지측량 방법으로 기초측량 또는 세부측량을 하고자 하는 때에는 기지점과 소구점에 GNSS 측량기를 동시에 설치하여 세션 단위로 실시한다.

② 관측 성과의 기선 벡터 점검을 위하여 다른 세션에 속하는 관측망과 한 변 이상이 중복되게 관측할 것.

(표 4.5) 정지측량 기지점과의 거리 및 관측 시간

구분	지적삼각점	지적삼보조각점	지적도근점	세부측량
기지점과의 거리	10km 미만	5km 미만	2km 미만	1km 미만
세션 관측 시간	60분 이상	30분 이상	10분 이상	5분 이상
데이터 취득 간격	30초 이하	30초 이하	15초 이하	15초 이하

③ 기선거리 측정정도 ±(5mm+1ppm×기선거리) 이내로 한다.

④ GNSS 데이터의 망조정은 자유망조정으로 처리하여 기지점들의 성과를 점검 후 다점고정망으로 모든 기지점을 고정하여 처리한다.

4.9.1.5. 실시간이동측량(Real Time Kinematic Survey)

GNSS 측량기를 사용하여 지적도근측량 또는 세부측량을 하고자 하는 경우에는 단일기준국실시간이동측량 또는 다중기준국실시간이동측량에 의한다.

(1) 실시간이동측량(RTK) 실시 기준

① 관측 전 이동국 GNSS 측량기의 초기화 작업을 완료할 것

② 관측 중 위성 신호의 단절 또는 통신 장치의 이상으로 보정정보를 안정적으로 수신할 수 없는 경우 이동국 GNSS 측량기를 재 초기화할 것

③ GNSS 측량기 안테나를 기준으로 고도각 15°이상에 정상 작동 중인 GNSS 위성이 5개 이상일 것

④ GNSS 측량기에 표시하는 PDoP이 3 이상이거나 위치정밀도가 수평 ±3cm 이상 또는 수직 ±5cm 이상인 경우 관측을 중지할 것

⑤ 1, 2회의 관측치가 세션 간 측량성과의 오차가 5.0cm 이내일 경우에는 1회 관측치를 기준으로 결과부를 작성할 것

⑥ 지역좌표를 구하고자 할 경우에는 GNSS 측량기에서 제공하는 소프트웨어를 이용하여 좌표변환 계산 방법에 따를 것

⑦ 관측 시간 및 관측 횟수는 (표 4.6)에 따른다. 다만, 단일기준국실시간이동측량(Single-RTK 측량) 시 기선 거리는 5km 이내로 한다.

(표 4.6) RTK 기지점과의 거리 및 관측시간

구분	관측 횟수	관측 간격	관측 시간(고정해)	데이터 취득 간격
지적도근점측량	2회	60분 이상	60초 이상	1초
세부측량	2회	60분 이상	15초 이상	1초

(2) 단일기준국실시간이동측량(Single-RTK) 방법

① 기지점에 기준국을 설치하고 위치를 결정하고자 하는 지적도근점 또는 경계점 등을 이동국으로 하여 GNSS 측량기를 순차적으로 설치하여 이동하며 관측을 실시할 것

② 관측 노선(단위)을 포함하도록 기준국을 달리하여 2회 관측할 것

(3) 다중기준국실시간이동측량(Network - RTK) 방법

① 이동국은 보정정보 생성에 사용되는 상시관측소 네트워크 내부에 있을 것. 다만 부득이한 경우 네트워크 외부에서 10km 이내일 것.

② 통신 장치를 이용하여 위성기준점 네트워크 보정 신호를 수신하여 고정해를 얻고 이동국을 차례로 이동하면서 관측을 실시할 것

(4) 단일 및 다중 RTK 경우 조건을 만족하지 못한 경우

① 초기화 시간이 3회 이상 3분을 초과하는 경우

② 보정정보의 송수신이 불안정한 경우

③ 보정정보 지연시간이 5초 이상인 경우

④ 세션 간 측량성과의 오차가 5.0㎝를 초과하는 경우

4.9.1.6. GNSS 데이터 관리

① GNSS 측량기로부터 수신된 원시데이터는 GNSS 공통 포맷인 라이넥스(Rinex) 파일로 변환하여 원시데이터와 함께 관리하여야 한다.

② 라이넥스(Rinex) 변환은 GNSS 측량기 장비사에서 제공하는 소프트웨어 또는 공통변환 소프트웨어를 사용하여야 하며 후속 작업에 활용할 수 있도록 관리하여야 한다.

③ 라이넥스(Rinex) 변환 시에는 GNSS 측량기 장비사의 안테나 모델, 안테나 기준위치로부터 위상 중심변동 보정값, 안테나고 등의 변수를 안테나 모델에 적합하게 설정하여야 한다.

4.9.2. 성과계산

4.9.2.1. 기선해석

출제(용) : 134회

① 당해 관측 지역의 가장 가까운 위성기준점(최소 2점 이상) 또는 세계좌표를 이미 알고 있는 측량기준점을 기점으로 하여 인접하는 기지점 또는 소구점을 순차적으로 각 성분의 교차(ΔX, ΔY, ΔZ)를 해석할 것

② 기지점과 소구점 간의 거리가 50km를 초과하는 경우에는 정밀궤도력에 의하고 기타는 방송궤도력을 이용할 수 있음

제4장

③ 고정밀 자료처리 소프트웨어를 사용할 때는 초신속 또는 신속 궤도력을 이용할 수 있음
④ 기선해석의 방법은 세션별로 실시하되 단일 기선해석 방법에 따를 것
⑤ 기선해석 시에 사용되는 단위는 미터 단위로 하고 계산은 소수점 이하 셋째 자리까지 할 것
⑥ 2주파 이상의 관측 데이터를 이용하여 처리할 때는 전리층 보정을 할 것
⑦ 기선해석의 결과는 고정해에 의하며, 그 결과를 기초로 소프트웨어에서 제공하는 형식으로 기선해석계산부를 작성할 것

4.9.2.2. 기선해석의 점검

① 서로 다른 세션에 속하는 중복 기선으로 최소변수의 폐합다각형을 구성하여 기선벡터 각 성분(ΔX, ΔY, ΔZ)의 폐합차를 계산한다.
② 폐합차의 허용범위는 (표 4.7)과 같고, 그 기준을 초과하는 경우에는 다시 관측하여야 한다.

(표 4.7) 기선해석의 폐합차 허용범위

폐합기선장의 총합	ΔX, ΔY, ΔZ의 폐합차	비고
10km 미만	3cm 이내	
10km 이상	2cm+1ppm×D 이내	D : 기선장(km)

4.9.2.3. 망조정

① GNSS 데이터의 망조정은 자유망조정으로 처리하여 기지점들의 성과를 점검 후 다점고정망으로 모든 기지점을 고정하여 처리한다.
② 망조정의 기준

- 자유망조정은 기지점 중 한점을 고정하고 기지점들을 처리하며, 기지점들 간의 성과부합 여부를 확인할 것
- 자유망조정 결과 기지점들에 이상이 없을 때 모든 기지점을 고정하여 다점고정망조정으로 처리할 것
- 고정밀 자료처리 소프트웨어를 사용할 경우에는 기지점 및 소구점을 동시에 조정하여 처리할 수 있음

4.9.2.4. 세계좌표의 계산

① 관측점의 세계좌표는 기선해석 성과를 기준으로 조정 계산에 의해 결정한다.

② 조정 계산의 기준

- 고정점은 위성기준점, 통합기준점 또는 정확한 세계좌표를 알고 있는 지적측량기준점으로 할 것
- 계산방법은 기선해석에 사용하는 소프트웨어에서 정한 방법에 의할 것

4.9.2.5. 지역좌표의 계산

세계좌표를 지역좌표로 변환하는 때에는 좌표변환계산 방법 또는 조정계산 방법에 따른다.

(1) 좌표변환계산 방법

① 당해 관측 지역에서 측정한 모든 기지점을 점검하여 변환계수 산출에 사용할 3점 이상의 양호한 점을 결정할 것

② 기지점의 지역좌표와 그 기지점을 좌표변환 계산에 따라 산출한 지역좌표 간의 수평 성분교차(△X, △Y)의 허용범위는 (표 4.8)과 같고, 그 기준을 초과하는 경우에는 조정계산에 의할 것

(표 4.8) 측량 범위 및 수직성분 교차

측량 범위	수평성분 교차	비고
2km×2km	6cm+2cm×$\sqrt{N}$ 이내	N은 좌표변환 시 사용한 기지점 수
5km×5km	10cm+4cm×$\sqrt{N}$ 이내	〃
10km×10km	15cm+4cm×$\sqrt{N}$ 이내	〃

③ 결정한 기지점을 이용하여 변환계수를 산출하고 이를 모든 관측점에 적용하여 지역좌표를 산출할 것.

(표 4.9) 좌표변환 계산의 단위 및 자리수

구분	단위	계산 자리수	결정 자리수
평면직각종횡선수치	m	소수점 이하 3자리	소수점 이하 2자리
경위도	도, 분, 초	소수점 이하 4자리	소수점 이하 4자리
표고	m	소수점 이하 3자리	소수점 이하 3자리

(2) 조정계산 방법

① 당해 관측 지역에서 측정한 모든 기지점을 대상으로 기지점 성과를 점검하고 조정계산에 사용할 2점 이상의 고정점을 결정할 것

② 결정한 고정점을 이용하여 지역좌표를 산출할 것

4.9.2.6. 표고의 계산

① 지적기준점의 표고 산출은 직접·간접수준측량 또는 지적위성측량에 의한다.(1)

② 지적위성측량에 의한 표고 결정은 정지측량 또는 이동측량에 의하며, 통합기준점, 수준점 및 표고가 등록된 지적기준점 등을 기지점으로 하여야 한다.

(1) 지적위성측량에 의한 표고 결정 기준

① 3점 이상의 표고점의 지오이드고를 내삽하여 소구점의 지오이드고를 산출하여 그 값과 타원체고와의 차이를 표고로 하며, "소구점 표고=소구점 타원체고－소구점 지오이드고" 식에 의하여 계산할 것

- 소구점으로부터 2km 이내에 표고점이 있는 경우에는 소구점과 표고점 간의 타원체고의 차이를 표고차로 하며, "소구점 표고=표고점 표고+(표고점 타원체고－소구점 타원체고)" 식에 의하여 계산할 것

(2) 국가지오이드모델을 이용하는 경우

① 기지점에서 지오이드모델로부터 구한 지오이드고에서 고시된 지오이드고 차이를 계산하고 소구점 지오이드고에 감하여 보정지오이드고를 산출하고 그 값과 타원체고와의 차이를 표고로 하며, 다음 산식에 의하여 계산할 것

- 보정지오이드고＝소구점 지오이드모델 지오이드고－(기지점지오이드모델 지오이드고－고시 지오이드고)
- 소구점 표고＝소구점타원체고－보정지오이드고

4.9.3. 지적위성측량의 성과검사

출제(논) : 96회

지적위성측량의 성과 및 측량 기록은 관측 데이터파일, 지적위성측량부, 지적위성측량 성과검사부 등에 정리한다.

4.9.3.1. 성과검사 방법

① 지적위성측량 관측표, 지적위성측량 관측망도 등에 근거하여 관측 환경, 세션 및 관측망 구성 등이 적합한지를 검사할 것

② 지적위성측량 관측기록부 등에 근거하여 위성 측량기의 설치 및 입력 요소 등의 설정이 적합한지를 검사할 것

③ 기선해석계산부, 기선벡터점검계산부, 기선벡터점검계산망도 등에 근거하여 기선해석이 되었는지 검사할 것

④ 좌표변환계산부, 점간거리계산부 등에 의해 기지점좌표의 부합 등을 확인하고 지역좌표의 산출이 이루어졌는지 검사할 것

⑤ 지적위성측량성과표의 기재 사항과 관측데이터의 관리 상태를 점검할 것

4.9.3.2. 성과검사 대상

① 지적위성측량관측부

② 계산부

③ 측량성과정리

④ 관계자료정리

4.9.3.3. 성과검사 항목

① 관측망도

- 기지점, 소구점 및 세션명 또는 세트명을 기재한다.
- 기지점을 포함한 모든 관측점을 표시할 수 있도록 하되, 불가피할 경우에는 도면을 나누어 작성한다.

② 관측기록부

- 안테나 높이를 경사측정으로 수행한 경우에는 관측점으로부터 안테나까지 3점을 각각 측정하여 그 평균치를 안테나 높이로 선정한다.
- 각 관측점별로 작성하여야 한다.

③ 기선해석은 2대 이상의 고정된 GNSS측량기 사이의 3차원 기선벡터(ΔX, ΔY, ΔZ)를 결정하는 것을 말한다.

④ 수평폐합차는 기지점의 지역좌표와 그 기지점을 좌표변환 계산에 의하여 산출한 지역좌표 간의 수평성분교차(△X, △Y)의 허용범위는 (표 4.10)과 같다.

(표 4.10) 수평성분교차(ΔX, ΔY)의 허용범위

측량 범위	수평성분 교차	비고
2km×2km 이내	6cm+2cm×$\sqrt{N}$ 이내	N은 좌표변환시 사용한 기지점 수
5km×5km 이내	10cm+4cm×$\sqrt{N}$ 이내	〃
10km×10km 이내	15cm+4cm×$\sqrt{N}$ 이내	〃

⑤ 좌표변환은 세계좌표를 지역좌표로 변환하는 때에는 좌표변환계산방법 또는 조정계산방법에 의한다.

⑥ 성과수치데이터 및 성과표

⑦ 관측데이터는 GNSS측량기로부터 수신된 원시 데이터는 GNSS 공통 포맷인 라이넥스(Rinex) 파일로 변환하여 원시데이터와 함께 관리하여야 한다.

4.9.3.4. 지적위성측량 성과 점검 내용

① 관측망도에 따른 기지점배치 및 세션 구성의 적합성 여부

② 관측기록부의 데이터 취득 간격, 최저 고도각, 수신 위성 수, 안테나고의 정확 여부

③ 기선해석에 따른 입력데이터 및 각종 입력변수의 양호 여부 및 오차 허용범위 확인

④ 수평폐합차의 오차 허용범위

⑤ 좌표변환에 따른 입력데이터, 각종 입력변수 및 오차 허용범위 확인

⑥ 성과표의 코드번호 등 기재사항의 양호 여부

⑦ 관측데이터의 원시데이터, RINEX데이터의 적합 여부

4.9.3.5. 지적위성측량 성과의 결정

① 지적삼각점 : 0.20미터

② 지적삼각보조점 : 0.25미터

③ 지적도근점

- 경계점좌표등록부 시행 지역 : 0.15미터
- 그 밖의 지역 : 0.25미터

④ 경계점

- 경계점좌표등록부 시행 지역 : 0.10미터
- 그 밖의 지역 : 10분의 3M밀리미터(M은 축척 분모)

4.10. 초장기선간섭계

출제(용) : 50, 86, 98, 108, 128회, (논) : 131회

초장기선간섭계(VLBI; Very Lang Baseline Interferometer)는 천체로부터 발사되는 전파를 이용하여 지구상의 수천 km나 떨어진 두 지점 간의 거리를 수 cm의 정확도로 측정하는 간섭계를 이른다. 어떤 특정 지점에 설치한 안테나로 수신한 전파를 자기테이프 등에 기록하고, 상관기에 의해서 양자의 상관관계를 구하여 거리를 계산한다. 1960년대 말경부터 대규모 측량에 적용되었으며 VLBI는 분해능을 이용하여 수백~수천 km 떨어진 점들 사이의 위치 관계를 구할 수 있다. 두 수신기는 각각 안정된 원자시계를 사용한 클록에 의해서 동시성을 유지하고 있다. 우리나라는 세계 16번째, 아시아에서 3번째로 구축하였다.

4.10.1. 측량 원리

① 전파수신기에서 간섭계 원리를 이용할 때는 두 수신기 사이의 거리를 알고 있고, 파원(波源)인 전체의 위치를 정밀하게 측정하게 된다.

② 측량 목적을 위해서는 전파강도가 강한 점원으로서 고유운동을 하며 부근에 다른 전파원이 없는 준성이 선택된다.

③ 전파원으로 사용되는 천체를 준성이라 하는데 3C273 번호와 최근에 발견된 0Q172 등 약 200개가 발견되었다.

④ 지연시간은 전파 산란 때문에 변하므로 지연시간 보정값, 준성의 적경과 적위, 기선의 위치벡터를 미지수로 한 최소제곱법에 따라 거리를 결정한다.

⑤ 전파원으로부터 10^9광년의 거리에서 전파를 발사하는 준성이 이용된다.

⑥ 거리(S) 계산은 준성의 먼 거리로 전파가 두 개의 안테나에 평행하게 도달한다고 가정하고, 〈그림 4-38〉에서 광속도를 C라 하면 지연시간 τ일 때 $C \cdot \tau = S \cdot \cos\phi$에서 $S = \frac{C \cdot \tau}{\cos\phi}$이 된다.

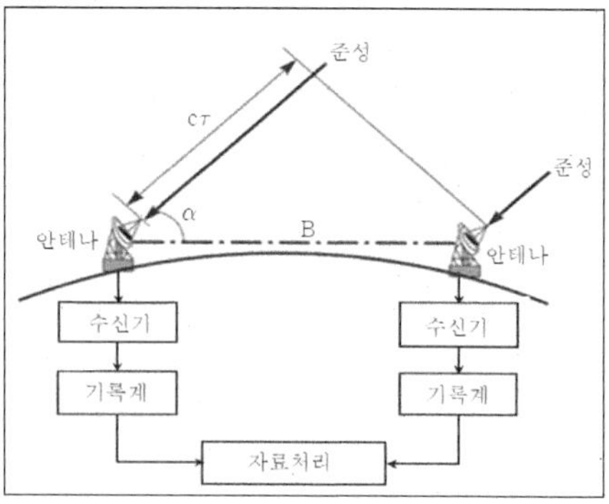

〈그림 4-38〉 초장기선간섭계 원리

⑦ 한 개의 전파원에 대하여 한 조의 간섭계로 미지량을 한 번에 관측하기가 어려우므로 관측점의 수를 늘리는 방법과 전파원 준성의 수를 늘려 관측하는 방법이 있다.

⑧ 〈그림 4-38〉과 같이 무한거리에 있는 준성에서 복사하는 잡음전파를 전파 수신기에서 독립된 안테나로 동시에 수신하여 전파가 도달하는 시간차를 정확하게 측정하는 것이다.

4.10.2. VLBI 특징

① 정확도가 기선거리와 무관하므로 수천 km 또는 대륙 간에서도 ±수 cm의 정확도를 유지할 수 있다.

② 정확도는 준성을 어느 정도 선명하게 관측할 수 있는 분해능으로 좌우된다.

③ VLBI의 분해능은 전자파의 파장과 수신기 간의 거리로 결정한다.

④ 간섭계는 전파의 방향과 강도를 화면으로 나타내어 천체의 화상을 재현한다.

⑤ 간섭계는 위상차를 이용하는 것으로 준성에서 오는 위상이 그대로 수신기까지 도달하는 것이 가장 이상적이다.

⑥ 관측점의 수를 늘리거나 전파원의 준성 수를 늘려서 관측하면 정확도가 높은 성과를 얻을 수 있다.

⑦ 시간차의 정밀도는 ±0.1ns(10^{-9}초)이며 거리로 환산하면 ±3cm 정도가 되므로 기선 벡터도 ±수 cm의 정확도를 구할 수 있다.

4.10.3. 위성에 의한 VLBI

① 진도 8의 지진에 의한 지각변동은 직경 100km 범위까지 영향을 미친다.

② 종래의 지상측량방법은 수십km까지만 관측하였으나 이를 보완하여 위성으로부터 잡음전파를 이용하여 VLBI와 같은 거리측량이 진행되고 있다.

③ 전파의 강도는 준성에 비하여 1,000배 강하게 하는 것이 가능하다.

④ 안테나의 직경이 2~3m 정도의 소형이 되어야 경제적이며 이동관측이 가능하다.

⑤ GPS를 이용한 거리측량의 한계는 200km 정도이며 정확도는 수 미터다.

⑥ 광역적인 VLBI망과 GPS－VLBI망으로 잘 결합하여 전 세계적인 VLBI망을 형성하면 Plate 간의 극운동과 국지적인 지각변동도 검사할 수 있다.

⑦ 퀘이사 대신에 위성(전파강도가 준성의 약 1,000배)을 사용하여 VLBI 장비를 소형화시켜 경제성을 도모하고, 이동 관측을 가능하게 하여 정확도를 $10^6 \sim 10^7$ 정도로 높일 수 있다.

(a) 일본 VLBI (b) 중국 VLBI (c) 세종 VLBI

〈그림 4-39〉 초장기선간섭계(VLBI)

4.10.4. VLBI 활용

① VLBI는 정밀 측량의 지각변동을 관측 목적으로 한 수천 km의 장거리 측량에 이용된다.

② 미세한 지각변동 관측, 지구 회전운동과 대기·해양 간의 관계, 극운동 등 넓은 분야에까지 이용되고 있다.

③ 1995년 한·일 측지협력사업의 목적으로 국토지리정보원 내에 한일 공동 VLBI 측량을 시행하여 지각변동 조사 및 ITRF 기준계에 의한 성과를 산출하였다.

④ 성과를 IERS(International Earth Rotation Service)에 제공하고 VLBI 관측점의 성과를 기초로 하여 대한민국 경위도원점을 ITRF 2000으로 결정하였다.

⑤ 1997년의 IGS 가입으로 IGS 글로벌 관측국과 동아시아 지역의 GPS 관측국을 연결한 IGS 서브 네트워크(Sub-network) 관측의 목적으로 시행되고 있다.

4.10.5. 우리나라 VLBI 현황

한국우주전파관측망(KVN)은 연세대, 울산대, 제주 중문에 각각 설치된 직경 21m의 전파 망원경 3기로 구성된 초장기선 전파간섭계 관측망으로, 전파의 파동을 겹쳐 파동의 진폭을 늘리거나 없애는 간섭이라는 현상을 이용한 망원경 체계이다. 세종 VLBI 망원경은 한국우주전파관측망(KVN; Korean VLBI Network)과 더불어 국내에서 VLBI 연구 관측을 수행할 수 있는 유일한 전파 관측 시스템이다.

(1) 발전 과정

① KVN 세 개의 망원경에서 세부 조정과 신호 검출 시도를 반복하면서 2009년 10월 16일 처음으로 동시 관측 신호 검출에 성공하였다.

② 2011년 독자적으로 개발한 세계 최초 4채널(22, 43, 86, 129GHz 대역) 동시 관측 수신기를 KVN 전파 망원경에 설치해 하나의 주파수로 관측할 수 있었던 천체를 네 개의 주파수에서 동시에 관측할 수 있게 되었다.

③ 한국천문연구원은 2012년 우리나라 KVN과 일본, 중국 등의 여러 전파 망원경을 연결한 "동아시아 VLBI 연구센터"를 설립하였다.

④ 2016년부터 세종-KVN의 22GHz 측지 관측을 정기적으로 수행하고 있으며, 22/43GHz를 이용한 천문 목적의 공동 관측도 수행하고 있다.

⑤ 2019년 한·중·일의 전파 망원경을 이용해 관측을 시작하면서 동아시아 VLBI 관측망의 핵심 임무를 수행하고 있다.

(2) 시스템 운영

① 관측소에서 기록된 데이터는 한국정보기술연구원(KITRI)에서 제공하는 10G 크레오넷망을 이용하여 대전 스토리지 서버로 온라인 전송되어, DiFX 상관기를 통하여 상관 처리된 FITS 파일을 관측자들에게 제공하고 있다.

② 세계 최초의 KQWD 4채널 동시 관측시스템을 구축하여 운영하고 있다.

③ 방대한 양의 데이터 처리를 위하여 데이터 기록, 데이터 전송, 데이터 분류, 상관 처리 등의 과정을 프로세스별로 구분하고, 프로세스마다 관련된 유틸리티를 개발하여 운영하고 있다.

④ 데이터 전송 및 상관 처리를 통하여 구축된 기술은 세종 측지 시스템에서 필요로 하는 VLBI 관측 데이터의 전송 및 상관분석 가속화 기술 개발에 적합하다.

⑤ 세종 망원경

- 삼각형의 가운데 지점에 있어 측지 및 천문 관측 시 기준 망원경으로서 역할을 수행하기에 이상적인 위치에 놓여있다.
- 전통적인 2/8GHz 측지 VLBI 관측뿐만 아니라 22/43GHz까지 가능한 망원경으로 EAVN의 측지 VLBI 관측에서 매우 중요한 위상을 가진다.

(3) 세계 VLBI 관측망

① 동아시아 VLBI 관측망(EAVN; East Asian VLBI Network)은 한국의 VLBI 관측망인 KVN, 일본의 VERA, 중국의 CVN 등 3개국 21개 망원경을 연결한 최대 5,000km 정도의 거대 관측망이다.

② 미국의 초장기선 전파 망원경 배열(VLBA; Very Long Baseline Array), 유럽 VLBI 전파 망원경 네트워크(EVN; European VLBI Network)와 함께 세계 3대 VLBI 네트워크로 운영 중이다.

③ 최근 동아시아 VLBI 망원경(EAVN)을 중심으로 호주, 러시아까지 포함한 22GHz 대역 측지 VLBI 관측이 활성화되고 있다.

출제빈도 용어정리 & 논술 일람표

제4장 GNSS 측량 (용어정리)					
번호	문제	횟수	번호	문제	횟수
1	UTC(Universal Time Coordianted)	1	29	준천정 위성(QZSS)	1
2	GPS code	1	30	의사위성(Pseudo Satellite)	2
3	P코드	1	31	GPS/INS	2
4	C/A코드	1	32	관성항법체계 (INS:Inertial Navigation System)	4
5	반송파(L_1, L_2)	4	33	GPS-VAN	2
6	에포크(Epoch)	1	34	SSR(State Space Representation, 상태공간보정)	1
7	이중위상차(Double Phase Difference)	2	35	GPS 측량의 오차	1
8	GNSS(Global Navigation Satellite System)	3	36	전리층의 임계주파수	1
9	갈릴레오(Galileo) 프로젝트	1	37	신호의 단절(Cycle slip)	2
10	북두항법시스(Beidou Navigation System)	1	38	다중경로오차 (Multipath Error)	3
11	WAAS(Wide Area Augmentation System)	1	39	DOP(Dilution of Precision)	2
12	정지궤도(geostationary orbit)	1	40	PDOP	1
13	케플러(Kepler) 위성궤도의 요소	1	41	GDOP(Geometic Dilution of Precision)	2
14	궤도요소(orbital elements)	1	42	모호정수(Integer Ambiguity Number)	1
15	도플러(Doppier)효과	2	43	미지상수(Integer Ambiguity)	1
16	궤도력(Ephemerides)	1	44	S.A(Selective availability)	1
17	정밀궤도력(Precise Ephemeris)	1	45	SA 해제	1
18	GPS에 의한 static 측정 방법	2	46	SA/AS(Selective Availability/ Anti-Spoofing)	1
19	세션(Session)	1	47	OTF(on the fly) 방법	2
20	키네마틱(Kinematic)	2	48	위성기준점(CORS)	1
21	네트워크 RTK(Real Time Kinematic)	2	49	라이넥스 (RINEX; Receiver independent Exchange)	5
22	RTLS(Real-time Location System)	1	50	7-Parameter(변환요소)방법	2
23	단방향위치보정정보송출시스템 (FKP : Flchen Korrektur Parameter)	1	51	초장기선간섭계 (VLBI; Very Long Baseline Interferometry)	5
24	VRS(Virtual Reference Station)	6	52	세계측지계 변환의 평균편차조정방법	1
25	DGPS (Differential Global Positioning System)	2	53	위성측량에서의 기선해석	1
26	IDGPS(Inverse Differential GPS)	1	54	매개변수방정식	1
27	LADGPS(Local Area DGPS)	1	55	Airborne GPS	2
28	광역보정 위성항법시스템(WADGPS)	1			

제4장 GNSS 측량 (논술)		
번호	문제	횟수
1	GPS 측량과 기존측량방법과 장단점을 비교하시오.	1
2	GPS 개요 및 구성 3요소를 자세히 설명하시오.	1
3	NNSS에 대하여 설명하시오.	1
4	기초측량을 경위의 측량방법과 G.P.S(Global Positioning System)방법으로 시행할 경우 그 특성을 비교 분석하시오.	1
5	GPS 측량 방법중 코드측정 방식과 반송파위상측정 방식의 차이점을 비교 설명하시오.	1
6	반송파위상 관측기법에 의한 위치결정방법을 설명하시오.	1
7	GNSS 측량의 위치결정 원리와 차분법에 대하여 설명하시오.	1
8	GPS(Global Positioning System)측량의 개념, 위치결정 원리, 차분법에 대하여 설명하시오.	1
9	GPS 측위 기법의 정확도를 비교 설명하시오.	3
10	GPS 측위 기법별 정밀도를 비교설명하고, GPS의 활용분야에 대하여 설명하시오.	1
11	GNSS(Global Navigation Satellite System)의 종류 및 운용 동향에 대하여 설명하시오.	2
12	국내의 기관별 GNSS 구축 현황과 통합 GNSS 데이터의 활용분야에 관하여 설명하시오.	1
13	GNSS(Global Navigation Satellite System)측량을 실시함에 있어 지오이드를 고려해야 하는 이유에 대하여 설명하시오.	3
14	GNSS에 따른 지적측량 시 관측위성의 조건 및 측량방법에 대하여 설명하시오.	1
15	GNSS(Global Navigation Satellite System) 측량성과에서 높이계산을 위한 정밀 지오이드(Geoid)의 결정방법에 대하여 설명하시오.	1
16	SBAS(Satellite Based Augmentation System)에 관하여 설명하시오.	1
17	케플러의 궤도요소 (Keplerian Element)에 대하여 기술하시오.	1
18	GPS 측위 방법을 기술하시오.	3
19	GPS 관측 원리와 좌표체계에 대하여 설명하시오.	1
20	GPS 측위기법별 정밀도를 비교 설명하고, GPS의 활용분야에 대하여 설명하시오.	1
21	GPS(Global Positioning System)에 의한 기존 지적측량 기준점의 점검방법에 대하여 설명하시오.	2
22	지적삼각측량에 GPS를 활용하는 경우 문제점과 대책 방안에 대하여 설명하시오.	1
23	GPS를 이용한 현행 지적삼각점 성과의 검증 방법에 대하여 기술하시오.	1
24	GPS 측량의 작업 과정을 설명하시오.	1
25	위성측량방법 등을 이용하여 우리나라의 지적기준망 정비방안에 대하여 기술하시오.	1
26	GPS 측량에서 지오이드(Geoid)를 고려해야 하는 이유를 설명하시오.	1
27	GNSS(Global Navigation Satellite System)측량을 실시함에 있어 지오이드를 고려해야 하는 이유에 대하여 설명하시오.	1
28	GNSS(Global Navigation Satellite System) 측량성과에서 높이계산을 위한 정밀 지오이드(Geoid)의 결정방법에 대하여 설명하시오.	1
29	지적기준점측량과 세부측량을 위성(GPS)측량으로 시행할 경우 절차와 방법에 대하여 설명하시오.	1
30	GNSS에 따른 지적측량 시 관측위성의 조건 및 측량방법에 대하여 설명하시오.	1
31	「GNSS에 의한 지적측량규정」에서 정한 정지측량(Static Survey)과 실시간 이동측량(Real Time Kinematic Survey)을 비교하여 설명하시오.	1

제4장 GNSS 측량 (논술)		
번호	문제	횟수
32	GPS등 위성항법체계를 지적분야에 적용하기 위한 선결과제를 설명하시오.	1
33	GPS 일필지 확정측량에 대하여 논하시오.	1
34	RTK-GPS를 이용한 지적측량방법에 대하여 설명하시오	1
35	모바일 GPS 측량을 이용한 경계점좌표 등록 방법에 대하여 설명하시오.	1
36	RTK와 Network RTK를 비교 설명하시오.	2
37	지적측량에 Network-based RTK를 적용하기 위한 방안에 대하여 설명하시오.	1
38	지적재조사측량시 RTK GPS의 적용에 대하여 기술하시오.	1
39	RTK-GPS측량의 개념 및 단계별 작업절차를 설명하시오.	1
40	Network RTK-GPS를 이용한 지적측량 활용 방안에 대하여 설명하시오.	1
41	N-RTK(Network Real Time Kinematic)와 PPP-RTK(Precise Point Positioning-Real Time Kinematic)를 비교하여 설명하시오.	1
42	지적재조사측량 에 있어 Network-RTK 측량의 한계와 효율적 활용 방안에 대하여 설명하시오.	1
43	「GNSS에 의한 지적측량규정」에서 정한 정지측량(Static Survey)과 실시간 이동측량(Real Time Kinematic Survey)을 비교하여 설명하시오.	1
44	실시간이동측량(RTK)에 의한 지적측량 방법을 설명하시오.	1
45	MMS(Mobile Mapping System)를 활용한 지적재조사측량방법을 설명하고 개선 방안을 제시하시오.	1
46	VRS(Virtual Reference Station) 등 네트웍(Network) RTK의 측량 원리와 장단점에 대하여 설명하시오.	1
47	가상기준점(VRS) 활용을 통한 지적기준점체계의 구축방안에 대하여 기술하시오.	1
48	DGPS와 실시간DGPS 를 비교 설명하시오.	1
49	의사위성(Pseudo Satellite)과 준천정위성(準天頂衛星)에 대하여 설명하시오.	1
50	관성측량에 대하여 설명하시오.	2
51	GPS 오차의 종류와 원인에 대하여 설명하시오.	2
52	GPS 측량의 오차 요인 중 소거 가능 오차와 불가능 오차를 분류하여 기술하시오.	1
53	GPS관측시 나타난 사이클슬립(Cycle Slip)의 원인과 복원방법에 관하여 설명하시오.	1
54	좌표계의 변환 과정을 설명하시오.	1
55	좌표변환 종류와 변환 과정에 관하여 설명하시오.	1
56	공간위치를 표시하는 좌표변환 기법에 대하여 설명하시오.	1
57	지역좌표계를 세계측지계로 변환하는 방법에 대하여 설명하시오.	1
58	GPS 상시관측소의 설치 목적 구조와 지적측량과 다른 분야에 활용 방안에 대하여 설명하시오.	4
59	지적재조사에 GPS 상시관측소의 활용 방안에 대하여 논하시오.	1
60	G.P.S(Global Positioning System)를 이용한 응용분야에 대하여 기술하시오.	1
61	현재 구축 중인 GPS 연속관측시스템을 설명하고 향후 지적재조사 등에 활용할 수 있는 방안을 설명하시오.	1
62	GPS등 위성항법체계를 지적분야에 적용하기 위한 선결과제를 설명하시오.	1
63	지적위성측량 성과검사 시 검사 대상, 검사 항목, 점검 내용에 대하여 설명하시오.	1
64	지적재조사를 위하여 GPS사진 측량(Airborne GPS)의 활용 방안을 설명하시오.	1
65	초장기선간섭계(VLBI; Very Long Baseline Interferometer)에 대하여 설명하시오.	1

Part 2

제5장 항공사진측량

5.1. 개요

5.1.1. 사진측량의 정의

사진측량을 국제사진 측량 및 원격탐사학회에서는 "비접촉성 센서를 이용하는 시스템을 사용하여 얻은 영상 또는 이를 수치로 표현한 것을 기록, 측정, 해석하는 과정을 통하여 현실 세계의 물체와 그 주변 환경에 관한 신뢰할 수 있는 정보를 획득하는 데 필요한 과학과 기술의 기법을 말한다."라고 정의하고 있다. 사진측량은 촬영 당시의 지상 대상물이 사진으로 찍혀질 때의 촬영된 사진영상과 지상 대상물과의 기하학적인 투영 관계를 재현하여 지상 대상물의 위치·크기·형상 등을 측정하는 것으로 각종 지도 제작, 국토개발 및 건설 분야뿐만 아니라 자원탐사, 환경오염측정 등 여러 가지 목적에 이용되고 있다.

사진측량에 있어서 디지털 방식의 정확도는 날로 발전하여 실생활에 다가오고 있지만, 지적측량에서는 아직도 단순한 지상측량 방법에 머무르고 있어 앞으로 지적재조사를 위한 측량이나 개발도상국의 지적측량을 우리나라가 실시하기 위해서는 필요한 학문이라고 할 수 있다.

사진측량의 어원을 살펴보면 사진측량(Photogrammetry)은 사진 측정학이라고도 하며 그 어원을 살펴보면 라틴어로 Photo(전자기파, 사진), Gamma(=Drawn or Written; 형상)와 Metry(=Metron=To mereasu; 측량, 관측)의 합성어로 사진측량(Photographic Survey)이라 한다. 사진측량은 협의의 사진측량(photographic survey)과 사진판독(photographic interpretation) 및 원격탐측(remote sensing)으로 크게 나뉜다.

5.1.2. 사진측량의 역사

(1) 세계 사진측량의 역사

① 사진측량의 발달은 새로운 사진술을 발명하여 사진의 개발 및 열기구의 이용으로 항공사진을 촬영한 1850~1900년까지를 도입 단계, 제1차 세계대전 후 항공기와 광학기계의 급속한 발전으로 기계적 편위수정기와 입체도화기를 개발하였다.

② 기계식도화기와 Comparator를 이용하여 자료의 저장이 곤란한 시대인 1900~1960년까지는 수동식을 사용하였다.

③ 컴퓨터의 지원을 통한 해석도화기의 개념 도입, 스트립의 다항식 조정, 광속조정법 등의 소개와 이용을 하는 시기는 1950년대부터 현재에 이르고 있다.

④ 1990년대부터 현재에 이르기까지는 항공기의 발달과 고성능 광학기계의 제작으로 항공사진의 이용이 점차 증대하였으며 유럽, 영국, 네덜란드의 미개발 지역 측량에 이용하여 자동수치사진측량(digital photogrammetry)이 크게 공헌하고 있다.

(2) 우리나라 사진측량의 역사

① 1945년 미국에 의해 사진측량을 국내에 소개되었다.

② 1950년 6·25 동란 중 북위 40°까지 항공사진을 촬영하였다.

③ 1966년 I.T.C(한화 협정)로 기본도 수정 및 교육을 시행하여 우리 기술진에 의한 사진측량을 실용화하기 시작하였다.

④ 1966~74년까지 항공 사진측량에 의한 1/25,000 국토 기본도를 제작하고 1977년 우리나라 지적측량에 사진측량을 도입하였다.

⑤ 1975~1993년까지 1/5,000 국토기본도를 제작하였다.

5.1.3. 사진측량의 장단점

지적측량에서 측량기계의 현대화와 항공 사진측량의 이론 및 정밀측정 장비의 눈부신 발달로 항공 사진측량의 정도가 훨씬 향상하게 됨에 따라 선진각국이 항공 사진측량 방식을 지적측량에 적극적으로 응용하고 있다. 항공 사진측량을 이용하여 지적측량을 새로운 체계로 전환하기 위한 항공 사진측량의 장단점을 살펴보면 다음과 같다.

(1) 사진측량의 장점

① 크기, 형상, 지형, 지물의 위치를 측정할 수 있는 정량적 및 자원조사, 대기 수질 오염조사, 재해 및 기상조사, 지질 및 토지이용조사, 산림조사 등을 할 수 있는 정성적인 측량이 가능하다.

② 항공사진을 사용함으로써 대상 지역 내에 많은 지형정보를 얻을 수 있어 편리하다.

③ 축척과 관계없이 도면 작성이 가능하며 교통량조사, 하천의 흐름, 구조물의 변형 등 4차원 측량을 할 수 있다.

④ 기지점이 적은 경우라도 블록 조정으로 균일한 정밀도에 의한 높은 밀도로 배점할 수 있다.

⑤ 항공삼각측량이 완료되고 경계표시가 되면 곧바로 도화할 수 있는 기초자료가 완결되었다.

⑥ 넓은 지역을 신속하게 측량하므로 경제적이며 분업화에 의한 작업을 능률적으로 할 수 있다.

⑦ 균일한 정확도의 측량이 가능하고, 축척변경이 쉽다.

(2) 사진측량의 단점

① 사진으로 판단할 수 없는 경계선은 현지조사와 보완측량이 필요하다.

② 소규모의 이동지 측량에는 비용이 많이 소요되어 비경제적이다.

③ 항공사진측량에 사용되는 기구들은 고가이다.

④ 촬영은 기상 조건 및 태양고도의 영향을 많이 받으며 그늘진 부분은 식별이 곤란하다.

⑤ 행정경계, 지물, 건물명, 음영으로 판별하기 힘든 곳이 있다.

5.1.4. 사진측량의 분류

(1) 촬영 위치에 의한 분류

① 지상사진(terrestrial photography)은 카메라 축이 수평면에 평행하고 화면이 수직 되게 촬영한 사진을 말한다.

② 항공사진(aerial photography)은 지표면에 따라 항공 카메라의 각도에 따라 수직사진(경사각 3° 이내), 경사사진(3° 이상)으로 구분한다.

③ 다중파장대사진(Multi spectral photography)은 MSC(Multi Spectral Camera) 및 MSS(Multi Spectral Sencer)를 항공기나 인공위성에 탑재하여 작성한 사진을 말한다.

(2) 촬영 방향에 의한 분류

① 수직사진측량

- 카메라의 광축이 연직선과 거의 일치하도록 상공에서 촬영한 경사각이 ±3° 이내의 사진측량을 말한다.
- 수직사진은 지표면을 상이 맺히는 면에 중심투영을 시킨 것으로 투영중심 또는 노출 당시 렌즈의 중심에 있다.

② 경사사진측량

- 카메라의 광축이 연직선 또는 수평선에 경사지도록 촬영한 경사각이 ±3° 이상의 사진측량을 말한다.
- 카메라 축이 기울어져 지평선까지 보여주는 고각도 경사사진과 카메라의 축이 많이 기울어져 지평선이 사진에 보이지 않는 저각도 경사사진이 있다.

③ 수평사진측량

- 카메라의 광축이 수평면에 평행하게 촬영한 사진이다.
- 지상사진측량의 기본이 되는 측량을 수평사진측량(Horizontal Photography)이라 한다.

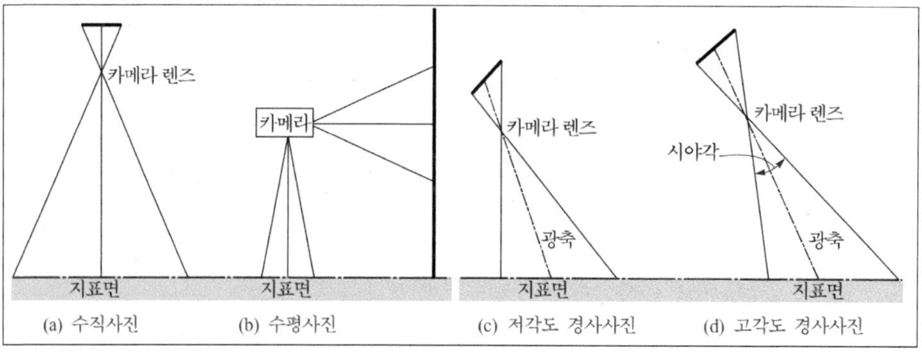

〈그림 5-1〉 촬영 방향에 의한 분류

(3) 촬영 방법에 따른 분류

① 항공사진측량(Aerial Photogrammetry)은 항공기 및 기구 등에 탑재된 측량용 카메라로 중복하여 연속 촬영된 사진을 정성적 분석 및 정량적 분석을 하는 측량 방법으로 도면 작성에 많이 활용된다.

② 지상사진측량(Terrestrial Photogrammetry)

- 지상의 두 점에 카메라를 고정하여 촬영한 항공사진으로 불가능한 지형, 구조물변형, 문화재 조사, 교통 문제 해석 등에 이용된다.
- 사진 도화로 건물이나 시설물의 형태 및 변위 관측 건물 도면의 작성과 문화재, 역사적 기념물, 댐 측량, 구조물측량 등에 이용되고 있다.

③ 수중사진측량(Underwater Photogrammetry)

- 수중에서 촬영한 사진을 이용하여 수중자원 및 환경을 조사하는 측량이다.
- 해저의 기복 상황, 해저 유물 조사 및 해저의 기복 상태, 수중식물의 분포량 파악 등에 이용된다.

④ 원격탐측(Remote Sensing)은 지상에서 반사 또는 방사하는 각종 파장의 전자기파를 수집 처리하여 환경 및 자원문제에 이용하는 사진측량의 새로운 기법의 하나이다.

5.1.5. 항공사진측량의 작업 순서

(1) 계획 준비

① 항공사진측량의 계획 준비는 측량의 목적, 작업 방법, 작업 기간, 촬영코스, 사진 매수, 측량 지역의 면적, 측량 장비 선정, 사진축척 결정, 예산 등 측량 전반에 대하여 계획을 세워 필요한 인원, 소요 기재를 준비하여야 한다.

② 특히 사진측량에서는 계획이 잘되어야 작업의 능률과 정밀도에 크게 영향을 미치므로 세심하게 작성하여야 한다.

(2) 촬영 지역의 결정

① 전 국토에 대해 사진측량을 실시할 때는 가능한 기본도(1/50,000, 1/25,000, 1/10,000, 1/5,000, 1/1,000)에 의하여 차례로 촬영계획을 수립한다.

② 작업계획에 따라 촬영 지역을 선정하여 계획하는데 사진축척 계산, 촬영코스 및 촬영 경로 결정, 평균 기준면의 결정, 기준점의 배치 상황, 쾌청의 정도에 따라 결정한다.

(3) 표정점의 선정

① 사진상에 나타난 점과 대응되는 실제의 점과의 상관성을 해석하기 위한 점을 표정점(Orientation Point) 또는 기준점(Control Point)이라 하며, 자연점, 지상기준점, 대공표지, 연결점, 결합점 및 자침점 등이 있다.

② 자연점(Natural Point)은 지형, 지물로서 도로교차점, 돌, 건축물 모서리 등으로 사진상에 명확히 표현될 수 있는 점으로 선택되어야 한다.

③ 지상기준점(Ground Control Point)은 일반측량으로 직접 현지에 설치한 점으로 대상물의 수평 위치(X, Y)와 높이(Z)의 기준이 되는 점을 말한다.

(4) 대공표지의 설치

① 지상과 사진과의 위치, 높이 관계를 결정하는 표정 작업 또는 항공삼각측량을 하는 데 있어서 중요하므로 표정점이 사진상에 명확히 찍히도록 합판, 합성수지, 직물 등으로 만들어 현지에 설치하는 것을 대공표지라고 한다.

② 대공표지의 설치는 보통 지표상에 밀착하여 설치하고 대공표지가 건축물과 인접하여 설치되었을 때 인접 건축물과 명확하게 구분이 되지 않을 수 있으므로 주의하여야 한다.

(5) 기준점측량

① 사진측량을 실시하기 전에 현지에서 사진 표정에 필요한 기준점을 삼각측량과 수준측량에 의해 점의 위치를 결정하는 작업으로 기준점측량이라 한다.

② 지상기준점은 삼각측량, 삼변측량, 다각측량 등으로 미리 결정된 조정좌표를 항공사진측량에 적용함으로써 지상기준점 좌표의 결정 과정에서 발생하는 오차가 사진측량에 전파되어 최종적으로 구하고자 하는 토지경계점의 좌표에 크게 영향을 미친다.

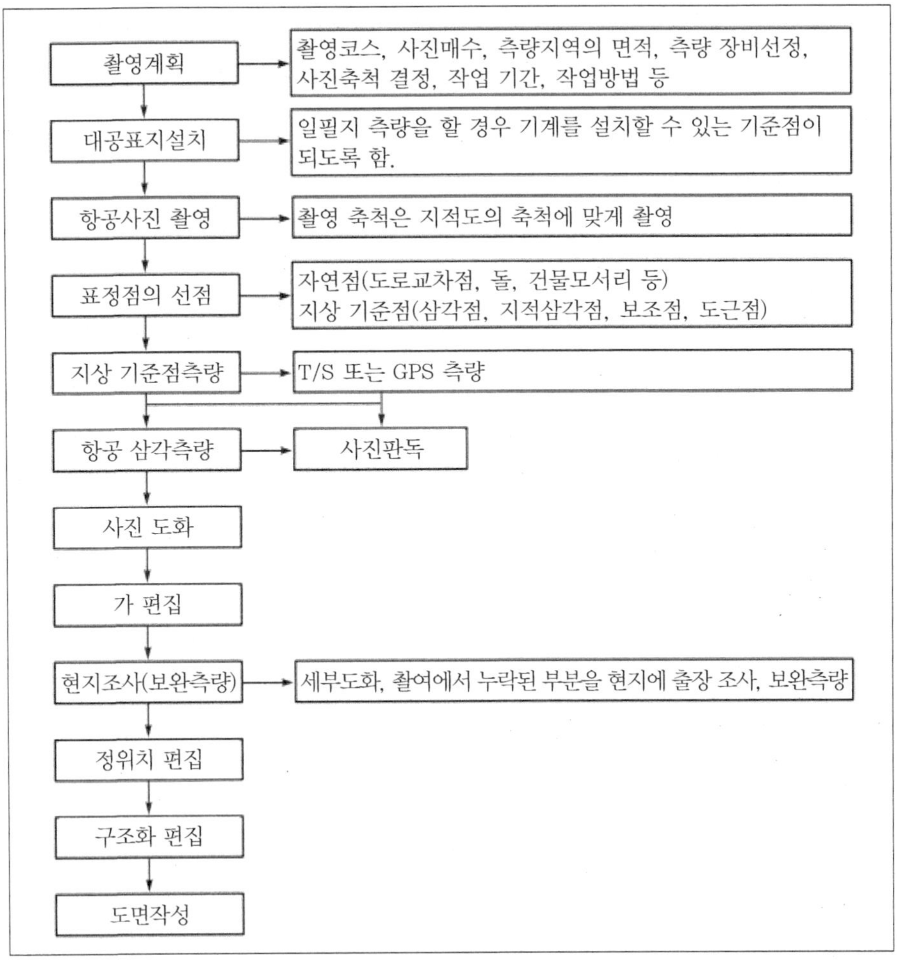

〈그림 5-2〉 항공사진측량 작업 순서

(6) 촬영

① 촬영의 주요 장비는 항공기, 항공촬영 카메라, 현상기, 인화기, 확대기 등 촬영으로 인한 성과품은 항공 필름, 밀착 사진, 양화필름, 확대 사진, 촬영기록부 및 표정도이다.

② 항공사진 촬영은 대상 지역을 구름이 없는 쾌청한 날에 750m 상공에서 수직 방향으로 촬영한 후 현상하여 사진 제작까지의 처리 과정을 말한다.

(7) 사진판독

① 사진판독은 사진으로부터 얻어진 여러 가지 대상 물체의 정보를 목적에 적합하게 해석하는 기술로서 이것을 기초로 하여 대상 물체를 종합적으로 분석하는 것이다.

② 대상 물체 또는 지표면의 형상, 지질, 식생, 토양 등에 대한 생태의 파악 및 활용에 대한 적절성을 파악하는 데 중요한 요소는 색조, 모양, 질감 등 6가지의 주요소와 보조 요소 2가지로 구분된다.

(8) 항공삼각측량

① 항공삼각측량은 점의 위치를 사진측량 방법으로 결정하는 것이며 입체도화기 및 정밀좌표관측기에 의하여 사진상에서 많은 점의 좌표(X, Y, Z)를 관측한다.

② 항공삼각측량은 최소단위에 따라 스트립 조정법(Strip Adjustment), 모델조정법(Model Adjustment), 광속조정법(Bundle Adjustment)으로 분류할 수 있다.

(9) 도화

입체도화기로 도로·가옥 등의 평면 도형을 그리며, 표고 측정과 등고선을 그리는 도화 공정으로 좁은 의미의 사진측량으로 연속한 입체사진 촬영 시와 같은 조건으로 도화기에 옮겨서 지형·지물을 도화한다.

(10) 현지조사 및 보완측량

현지조사는 항공사진 분석 사항의 현재 확인 및 기타 지도 제작에 필요한 모든 사항을 조사, 기록, 지명, 기타 경계선 등 지도상에 표시해야 할 사항으로 사진에 빠진 부분 또는 판독하기 어려운 지형지물에 대해 직접 현지를 조사하여 기록하는 것을 말한다.

(11) 편집

① 편집은 기계 도화를 끝마친 도면을 원고라고 하며 이 도면에는 도식 기호 및 크기, 형태 등은 기록되어 있지 않은 상태로 주기(注記)· 지명 등의 기록을 편집한다.

② 정위치편집은 입력된 현지조사 및 보완측량 데이터를 이용하여 도화 데이터를 정위치로 수정 편집하는 작업을 말한다.

③ 구조화편집

- 기하학적, 논리적 형태의 데이터를 구축하기 위한 자료 간의 지리적 및 논리적 상관관계를 유지하기 위하여 구성하는 작업을 말한다.

- 축척에 따라 다르게 표현되던 지형지물 분류체계를 축척과 관계없이 단일 분류체계로 재정립하여 지형지물별 공간정보와 속성정보를 연계 구축한 수치지도를 의미한다.

(12) 도면작성

도면작성은 모든 작업이 마무리되면 각각의 지형·지물을 표시할 수 있도록 인쇄하는 작업을 말한다.

5.2. 항공사진 촬영

항공사진측량에 이용되는 필요한 기구로는 비행기, 항공사진 촬영용 카메라, 촬영에 가장 핵심이 되는 필름과 보조기구에는 수평선 카메라, 고도차계, 비행고도 자동기록계, 자동 평형기, 항공 망원경 등이 있다.

5.2.1. 항공사진측량용 비행기

① 항공사진측량의 작업 규정에서 "항공기의 성능은 촬영에 필요한 기기를 갖추고 소정의 고도로 안전 비행할 수 있어야 하며 촬영 시의 비행자세, 항공 카메라의 수평 자세 및 편류각 등에 방해받지 않고 항상 안정된 촬영 조건을 확보해야 한다."라고 규정하고 있다.

② 촬영 축척은 1/5,000~1/40,000이고 1/40,000 축척의 사진을 광각 카메라로 촬영할 때의 촬영 고도는 약 6,000m 정도이다.

③ 촬영용 비행기는 6,000m 이상의 고공비행에도 안정된 성능으로서 순항 속도 300km/h 정도로 하되 대축척 사진을 촬영할 때는 비행 높이를 낮추어 셔터를 누르는 속도와 비행 속도가 적절하게 조화를 이루어야 정확도가 높은 사진을 얻을 수 있다.

④ 촬영용 항공기의 필요조건

- 안정성과 조종성 및 시계(視界)가 좋을 것
- 비행 속도가 적당하고 요구되는 속도를 얻을 수 있을 것
- 상승 속도가 클 것 등과 상승한계가 높아야 한다.

5.2.2. 항공사진측량용 카메라

5.2.2.1. 카메라의 종류

사진측량용 카메라는 한 프레임 전체를 한 번에 노출하여 촬영하기 때문에 프레임 카메라라고 하며, 파노라마 카메라는 촬영 대상 지역 전체에 대한 사진이 필요할 때 사용한다. 카메라의 종류는 화면각에 따라 초광각, 광각, 보통각, 협각, 초협각 카메라로 구분하고 있으며 사용 목적에 따라 카메라를 선정한다

(1) 보통각카메라

① 화면각이 60°로 산지 조사용 사진 촬영에 많이 이용된다.

② 특히 선명한 상이나 왜곡이 적은 사진이 필요할 경우에 사용된다.

③ 삼림이나 높은 건물의 형상이 찌그러져 찍히지 않을 때 이용된다.

(2) 광각카메라

① 촬영 면적이 넓고 일반측량이나 조사용 사진 촬영에 널리 이용된다.

② 초점거리(f)=152cm, 화면각 90°로 측량 작업에 편리하므로 우리나라에서도 주로 사용되고 있다.

③ 동일한 높이에서 촬영한 경우 광각 카메라는 보통각 카메라에 비하여 넓은 지역을 촬영할 수 있다.

④ 동일한 축척에서 촬영할 때 광각 카메라가 보통각 카메라에 비하여 낮은 고도에서 촬영할 수 있다.

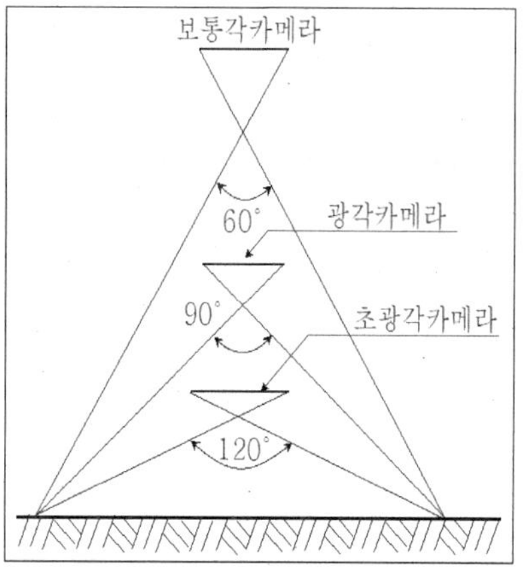

〈그림 5-3〉 카메라의 촬영 범위

(3) 초광각카메라

① 화면각이 120°인 것으로 미개발 지역의 소축척 측량을 목적으로 사용사용된다.

② 현재는 별로 이용되지 않고 있다.

(4) 협각카메라

① 화각이 가장 작은 것으로 초점거리(f)=300mm이고 화각이 40°로서 지상 물체의 기복변위량이 광각 카메라의 1/2이 되므로 대축척 지적측량에 적합한 카메라이다.

② 시가지에는 고층 건물이 많아 사각부(Dead Area)가 생길 가능성이 많다.

③ 시가지의 지적측량에 협각 카메라(Narrow Angle Camera)를 많이 이용한다.

(표 5.1) 카메라의 종류

구분	보통각 카메라 (Nomal Angle : NA)	광각 카메라 (Wide Angle : WA)	초광각 카메라 (Super Angle : SWA)
화각(2α)	60°	90°	120°
초점거리(f)	210mm	152mm	88mm
사진 크기(S)	18×18cm	23×23cm	23×23cm
필름 길이	120m	120m	60m
기선고도비(60%)	0.34	0.62	3.5

5.2.2.2. 카메라의 성능 및 특성

(1) 카메라의 성능

① 카메라는 광각 카메라를 기본으로 사용하며 촬영 구역의 지형 및 기타 상황에 따라 보통각 또는 초점거리가 긴 카메라를 사용할 수 있다.

② 카메라는 촬영에 사용하는 필터와 조합된 화면거리 및 왜곡수차의 검정 값이 0.01mm 단위까지 정확한 것이어야 한다.

③ 컬러로 항공사진을 촬영할 때 사용하는 카메라는 색수차가 보정된 것이어야 한다.

(2) 카메라의 특성

① 사진측량에 사용되는 카메라는 렌즈와 상이 맺히는 면 사이의 거리를 조절할 수 없게 되어 있으나 왜곡수차는 미소하다.

② 모든 측량용 카메라는 화면거리가 정밀하게 검사되어야 하며 정밀도는 약 0.01mm 이하여야 한다.

③ 셔터의 속도는 1/100~1/1,000초이며 초점거리가 88~210mm로 길며 필름의 폭은 촬영목적에 따라 24cm, 19cm를 사용하고, 길이는 60m, 90m, 120m를 이용한다.

④ 파인더(Finder)[8]로 사진의 중복도를 조정하며 주변부라도 입사하는 광량의 감소가 거의 없다.

5.2.2.3. 카메라의 초점거리

① 초점거리(focal length)는 무한대로 초점을 맞추었을 때 렌즈 중심으로부터 초점거리까지의 거리가 초점거리이다.

② 무한대의 광원이 투사한 빛은 수평 상태로 렌즈에 들어오게 되는데 렌즈를 통과한 빛이 모이는 초점면과 렌즈 사이의 거리가 바로 초점거리이다.

③ 볼록 렌즈에 평행한 빛을 입사시키게 되면 광축상의 한 점에 빛이 집중되는데, 이 한 점에 모인 것을 렌즈의 초점이라고 한다.

④ 렌즈 초점거리는 보통 밀리미터(mm)로 표시되는데 초점거리에 따라 8mm, 25mm, 35mm, 50mm, 75mm, 100mm, 500mm 등 다양한 초점거리를 가진 여러 가지 렌즈가 있다.

⑤ 초점거리와 피사체의 크기는 반드시 정비례로 변화한다.

⑥ 초점거리가 긴 경우, 촬영 범위는 좁고 피사체를 크게 볼 수 있는 반면, 초점거리가 짧을 경우에는 촬영범위는 넓고 피사체는 작게 보인다.

⑦ 피사체와 카메라 사이의 거리를 변화시키더라도 초점거리가 다른 렌즈를 사용하면 피사체를 동일한 크기로 기록할 수 있다.

⑧ 초점거리를 두 배로 할 경우 프레임에 비치는 모든 요소가 두 배로 확대된다.

⑨ 렌즈의 주점(렌즈의 광학적 중심점)에서 상이 맺히는 점까지의 거리를 mm로 나타낸 것으로 화각과 아주 밀접한 관계를 가지고 있다.

⑩ 화면거리(principal distance)는 카메라의 렌즈 중심에서 필름 면까지의 수직거리로 피사체가 멀리 있으면 초점거리와 같다.

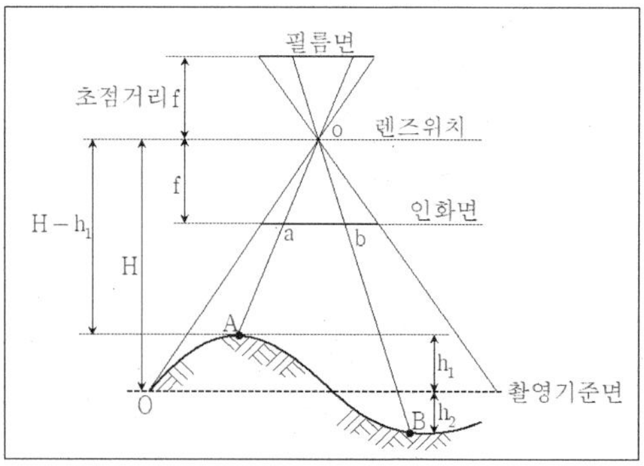

〈그림 5-4〉 초점거리

⑪ 카메라 렌즈의 광축에 있어서 빛을 집약하는 렌즈로부터 필름 면까지의 거리를 초점거리라 하는데 이를 화면 거리라고 한다.

8) 파인더(finder)는 망원경 카메라에 부착되어 방향·거리의 탐지기 또는 측정기를 말한다.

5.2.2.4. 카메라의 선택

① 항공사진측량은 카메라의 종류 즉 초점거리에 따라 작업의 조건이 달라진다.

② 화각 90°의 광각카메라는 화각 60°의 보통각 카메라보다 촬영 면적이 넓고 측량 작업이 편리하여 일반 측량 및 조사용 사진 촬영에 널리 이용되고 있다.

③ 화각 120°의 초광각카메라는 촬영 포괄 면적이 넓어 미개발 지역의 소축척 도면 제작에 편리하지만, 현재는 거의 사용되지 않고 있다.

④ 보통각카메라는 동일한 축척의 사진을 촬영하고자 할 경우 광각카메라로 촬영하는 것 보다 촬영고도를 높게 할 수 있으므로 촬영고도를 낮출 수 없는 지역의 대축척 항공사진을 촬영할 때 사용된다.

⑤ 광각 카메라에 비하여 기복변위가 적은 항공사진을 얻을 수 있으므로 고층 건물이 많은 도심 지역을 촬영할 때 유리하다.

5.3. 촬영

촬영은 일반적으로 운항속도 200㎞/h 정도의 소형 항공기로 행하여야 한다. 고공 촬영을 할 때는 고속기를 사용하는 것이 좋고 또한 저공 촬영에는 카메라의 움직임이나 노출 중의 비행기의 이동에 대한 움직임이 생기지 않도록 저속 비행기를 사용할 필요가 있다. 촬영에는 구름이 없는 청명한 날 10시~14시가 최적이라고 하나 대축척의 항공사진측량에서는 약간 흐린 날에도 촬영할 수 있다. 항공사진측량은 촬영계획, 촬영, 기준점 측량 및 세부도화 순서로 진행되며, 사진 촬영은 일반촬영과는 달리 많은 주의가 필요하고, 촬영 후 사진의 성과 검사 등이 중요한 공정 중의 하나이다.

5.3.1 촬영계획

출제(논) : 65회

사진측량의 촬영 계획(Flight Design)을 수립하는데 사진의 축척, 중복도 및 촬영기선길이, 촬영고도, 표정 배치, 촬영일시, 촬영 카메라 등을 고려하고 사용 목적에 따라 축척, 촬영코스, 비행코스, 촬영 시기 등을 결정하여야 한다. 촬영계획을 수립하기 위해서는 제한공역의 경우 비행이 금지되므로 촬영 대상 지역 내에 제한공역의 포함 여부를 확인하고 그에 따른 비행경로의 설정이 필요하다. 촬영설계는 기본적으로 촬영 축척, 비행경로는 동서 방향을 기본으로 한다. 촬영 지역의 형태와 제한공역의 위치에 따라 최적의 방향과 비행경로 간격을 결정, 비행 고도는 촬영 대상 지역의 최저 및 최고 고도를 확인하여 중간 고도로 결정하는 것이 원칙이다.

(1) 비행기구의 선택

① 항공사진 촬영을 위해서는 주로 비행기가 이용되지만, 유인 비행기 외에도 무선조종으로 된 비행기나 비행선, 끈으로 매달은 기구 등 무인 비행체로 항공사진을 촬영하는 때도 있다.
② 가장 많이 이용되고 있는 것은 600m~6,000m 고도로 비행할 수 있는 프로펠러 비행기이다.
③ 저공 촬영에서는 헬기가 이용되며, 6,000m 이상의 높은 고도일 경우에는 제트 비행기를 사용하나 200km 이상에서는 인공위성에서 우주 사진으로 촬영할 때도 있다.

(2) 촬영계획서 제출

촬영 작업 기관은 항공사진 촬영 착수 전 또는 촬영계획을 변경할 때 다음 사항을 포함한 촬영계획서를 제출하여야 한다.

① 촬영 항공기의 종류 및 등록번호
② 촬영 카메라(필터 포함)의 종류
③ 촬영 필름의 종류, 촬영 영상의 저장매체, 유효 연도
④ 예정 공정표 및 촬영종사자명단
⑤ GPS/INS 장비와 처리프로그램의 세부 사양(품명, 규격, 사양, 성능의 표기)
⑥ 카메라 성능 유지 자료(Camera Calibration)

(3) 촬영 비행 조건

① 촬영고도에서 가급적 등고도(等高度)로서 직선이 되도록 하여야 한다.

② 촬영은 구름 및 구름의 그림자가 사진에 나타나지 않도록 맑은 날씨에 촬영한다.

③ 촬영 비행은 태양고도가 산지에서는 30°, 평지에서는 25°이상 험준한 지형에서는 음영부와 관계없이 영상이 잘 나타나는 정오 전후의 시간에 하여야 한다.

④ 계획촬영 스트립으로부터의 수평 이탈은 계획 촬영고도의 15% 이내로 하고, 계획 고도로부터의 수직 이탈은 5% 이내로 한다.

⑤ GPS/INS 장비를 활용하여 촬영하는 경우 설치·운영하는 지상 GPS 기준국은 촬영 지역의 중심부에 설치하되, 국가기준점이 없을 때는 작업 반경 약 30km 이내에 설치하여야 한다.

(4) 촬영일시

① 촬영은 구름이 없는 쾌청 일의 경우에는 오전 10시부터 오후 2시경까지의 태양각이 45° 이상인 경우에 최적이며 계절별로는 늦가을부터 초봄까지가 최적기이다.

② 대축척 사진측량 시에는 태양각이 30° 이상이어야 하며 우리나라의 연평균 쾌청일 수는 80일이다.

③ 디지털 항공 카메라를 사용하면 계절별로 약간의 차이는 있지만, 오전 9시부터 오후 4시까지는 촬영할 수 있다.

④ 지적공부에 등록하기 위한 항공사진의 촬영은 11월부터 그 이듬해 3월까지가 가장 적절하다.

(5) 촬영계획 시 고려 사항

① 코스와 코스 사이에 공백 부분이 발생하지 않도록 하며 인접 코스 사이에는 약 30%의 중복도를 갖도록 한다.

② 동일 코스 내의 인접 사진은 반드시 50% 이상 중복되게 촬영해서 입체시가 가능하도록 해야 한다.

③ 안전성을 위해 보통 60%의 중복촬영이 많으나 산악지의 경우에는 80~90%의 중복도가 허용된다.

④ 중복도가 크면 촬영기선 길이가 짧아져 높이 측정 정도가 나쁘므로 주의하여야 한다.

⑤ 촬영 구역 전체가 입체시 되도록 시점·종점의 양 끝 1장씩은 구역 외까지 촬영해야 한다.

⑥ 촬영의 시간은 태양고도가 지평선으로부터 30° 이상인 10~14시에 촬영하는 것이 좋다.

⑦ 1촬영 경로에 필요한 촬영시간은 15~20분이다.

(6) 사진 촬영

① 노출 시간은 촬영 계절, 촬영 시간대, 날씨, 대지속도, 카메라의 진동, 사용 필름의 감도 등을 고려하여야 한다.

② 카메라는 수직 방향으로 촬영하며, 사진 화면의 수평면에 대한 경사각은 ϕ 및 ω가 5그레이드(grade; 4.5°) 이내, 편류각(κ)은 10그레이드 이내를 표준으로 한다.

③ 노출 시간은 촬영 계절, 촬영 시간대, 날씨, 대지속도, 사진기의 진동, 사용 필름의 감도 등을 고려하여 노출 허용 한도를 초과 또는 미달해서는 안 되며 최소한 5배 이상 확대할 때도 선명도가 유지되어야 한다.

④ 매 코스의 시점과 종점에서의 사진은 2매 이상 촬영 지역 밖에 있어야 한다.

⑤ GPS/INS 장비를 이용하여 촬영할 때 촬영경로 변경 시 항공기의 회전각은 날개의 수평각이 25° 미만을 유지하여야 한다.

(7) 재촬영 요인의 판정 기준

① 항공기의 고도가 계획촬영 고도의 15% 이상 벗어날 경우

② 촬영 진행 방향의 중복도가 53% 미만일 때와 68~77%가 되는 모델이 전 코스 사진 매수의 1/4 이상일 경우

③ 인접한 사진 상호 간의 평균 축척이 30% 이상 차이가 있을 때

④ 인접 코스 간의 중복도가 표고의 최고점에서 5% 미만일 경우

⑤ 구름이나 그림자 등이 사진상에 나타나 판독에 지장이 있을 때

⑥ 적설 또는 홍수로 인하여 지형을 구별할 수 없어 도화가 불가능하다고 판정될 경우

⑦ 필름의 불규칙한 신축 또는 노출 불량으로 입체시에 지장이 있을 때

⑧ 촬영 시 노출의 과소, 연기 및 안개, 스모그(smog), 촬영 셔터(shutter)의 기능 불능, 현상 처리의 부적당 등으로 사진의 영상이 선명하지 못할 경우

⑨ 사진의 보조자료(고도, 시계, 카메라 번호, 필름 번호) 및 사진 지표가 사진상이 분명하지 못할 경우

⑩ 후속되는 작업 및 정확도에 지장이 있다고 인정될 경우

⑪ 지상 GPS 기준국과 항공기에서 수신한 GPS 신호가 단절되어 GPS 데이터처리가 불가능할 경우

⑫ 지상표본거리(GSD)가 당초 계획하였던 목표값보다 큰 값이 10% 이상 발생하였을 경우

⑬ 점검 자료로는 촬영 스트립별 정확도 관리표, 촬영 롤(roll)별 정확도 관리표, 1/25,000 또는 1/50,000 지형도에 주점을 기재한 점검용 표정도를 작성한다.

(8) 재촬영 방법

재 촬영코스 전체를 촬영하는 것을 원칙으로 하고 아래 방법에 따라 재촬영하여야 한다. 단, 당해 코스 전부를 촬영할 필요가 없다고 인정될 때는 필요한 부분만 촬영할 수 있다.

① 점검결과에 따라 재촬영이 필요한 경우에는 곧바로 재촬영해야 한다.

② 동일 지역 내의 촬영은 원칙적으로 동일 카메라로 행한다.

③ 접합부에서는 전 코스의 중단 사진과 최소 2모델이 중복되어야 한다.

④ 재촬영은 원칙적으로 해당 스트립의 전부에 대해 시행해야 한다.

⑤ 부분적으로 재촬영을 할 경우는 기촬영된 스트립의 인접 부분과 2모델 이상 중복되도록 하여야 한다.

5.3.2 항공사진 축척

① 사진축척은 사진이 수직한 것으로 가정하고 그 사진에 찍힌 구역의 평균적 높이에 대한 축척을 말한다.

② 항공사진은 촬영 비행기의 동요(움직임)와 경사로 카메라의 광축이 지면과 정확히 수직으로 촬영될 수 없다.

③ 항공사진은 약간의 경사를 가지고 있으므로 완전한 수직사진은 촬영할 수 없고 경사각 4.5° 이내의 항공 사진은 수직사진으로 간주한다.

④ 사진축척은 대상 물체와 영상과의 비율로 카메라의 초점거리와 촬영고도에 따라 결정된다.

⑤ 항공사진 축척은 촬영 지역의 평균 표고인 촬영 기준면에서부터 촬영 높이를 계산하는 데 개략적인 축척이라고 할 수 있다.

⑥ 지면의 표고가 높은 곳은 축척이 크고 지면의 표고가 낮은 곳은 축척이 작게 촬영된다.

(1) 사진축척의 특징

① 사진축척은 대상 물체와 영상과의 비율로 카메라의 초점거리와 촬영 고도에 의하여 결정된다.

② 항공사진 축척은 촬영 지역의 평균 표고인 촬영 기준면으로부터의 촬영 높이로 계산하는 데 개략적인 축척이라고 할 수 있다.

③ 지면의 표고가 높은 곳은 축척이 크게 되고 지면의 표고가 낮은 곳은 축척이 작게 촬영된다.

④ 사진축척이 너무 대축척일 경우에는 사용이 불편하고 경제적인 측면에서 촬영, 기준점측량, 세부 도화 등 공정마다 많은 경비가 소요된다.

(2) 계산으로 결정

① 사진의 축척은 전체 사진에서 일정하지 않으며 축척의 변화량은 지면의 고저 차와 카메라의 경사각으로 결정된다.

② 항공사진축척과 디지털 항공사진의 지상표본 거리는 사용 목적에 따라 결정한다.

③ 렌즈 중심에서 사진 면에 내린 수선의 길이를 초점거리(f), 기준면에서 렌즈 중심까지의 거리를 촬영고도라 하면 기준면에 대한 사진축척의 결정은 $M = \frac{1}{m} = \frac{\ell}{D} = \frac{f}{H}$ 식과 같다. 여기서, m : 사진축척, H : 촬영고도, f : 렌즈의 초점거리, D : 지상거리, ℓ : 사진상 거리이다.

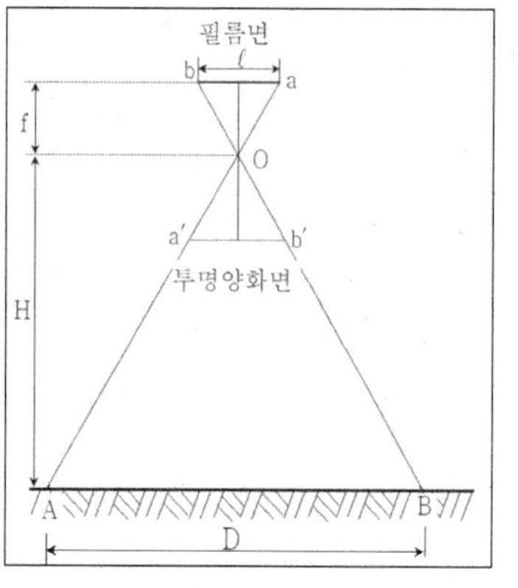

〈그림 5-5〉 축척 결정 원리

④ 지표면에 비고 h가 있는 경우 높이에 따라 축척은 일정하지 않으므로 각 점의 축척은 $M = \frac{1}{m} = \frac{f}{H \pm h}$ 식과 같다. 여기서, h는 기준면이 낮을 때는 (+)이고 기준면이 높을 때는 (−)이다.

- 비행고도 (H) = m × f
- 지상거리(L) = ℓ × m

(3) 지도에 의한 결정

① 정확한 항공사진과 지도가 있을 때는 아래의 식과 같이 결정하는 방법을 사용한다.

② 지도에 의한 사진축척의 계산 방법은 $m_b = \frac{\text{지도상의 길이}}{\text{사진상의 길이}} \times m_\ell$이다. 여기서, m_b : 사진의 축척 분모 값, m_ℓ : 지도의 축척 분모 값

(4) 촬영에 의한 결정

① 이 방법은 평탄지에서 지상의 길이를 쉽게 측정이 가능한 경우에 사용하는 방법이다.

② 산지의 경우에는 비고가 있으므로 주의하여야 하며 현재는 거의 사용되지 않고 있는 방법이다.

③ 실제 측량에 의해 계산하는 방법은 $m_b = \frac{\text{사진상의 길이}}{\text{지상의 길이}}$

(5) 사진축척의 변화

① 항공사진축척은 초점거리(f)에 비례하고 촬영고도(H)에 반비례한다.

② 항공사진축척은 평지에 있는 2점 간의 거리부터 결정한다.

③ 항공사진축척은 산정이 크고(대축척), 산 밑이 작다.(소축척)

④ 카메라가 경사졌을 때는 카메라에 가까운 곳의 사진축척은 크고(대축척), 먼 곳의 사진축척은 작다.(소축척)

⑤ 항공사진의 축척을 구할 때는 같은 높이의 지점을 측정해야 한다.

5.3.3. 촬영기선길이 및 촬영코스

(1) 촬영기선길이

① 촬영계획에 맞춰서 촬영할 때는 동일 코스(Course)[9] 내에서 종중복은 60%이고 인접한 촬영코스 간의 횡중복은 30%로 한다.

② 1코스의 촬영 중 한 개의 촬영점에서 다음 촬영점까지의 거리를 촬영기선길이[10](air base)라 한다.

③ 코스의 촬영 중 임의의 촬영점으로부터 다음 촬영점까지의 실제 거리를 촬영 종 기선길이(B)라 한다.

④ 비행기에 탑재한 카메라 사이의 거리를 촬영기선 길이라고 하고 종중복도 p와 밀접한 관계가 있다.

⑤ 촬영종기선 길이$(B) = m \cdot a\left(1 - \frac{p}{100}\right)$ 여기서, B : 촬영종기선 길이, p : 종중복도, a : 사진 1면의 크기, m : 축척 분모이다.

---

9) 촬영하고자 하는 지역으로 비행기가 진행하는 방향

10) 임의의 사진 주점과 다음 사진의 주점 사이의 거리

⑥ 주점기선 길이와 촬영종기선 길이와의 관계

- 주점기선 길이$(b_0) = a(1 - \frac{p}{100})$
- 촬영종기선 길이$(B) = m \cdot b_0$이므로 주점기선 길이$(b_0) = \frac{B}{m}$가 된다.

(2) 촬영코스

① 촬영코스는 촬영횡기선 길이라고도 하며 촬영 지역을 완전히 덮고 코스 사이의 중복도를 고려하여 결정한다.

② 도로, 하천과 같은 선형으로 된 곳을 촬영할 때는 이에 따른 직선 코스를 조합하여 촬영한다.

③ 넓은 지역을 촬영할 때는 동서 방향으로 직선 코스로 계획한다.

④ 지역이 남북으로 긴 경우에는 남북 방향으로 촬영코스를 계획한다.

⑤ 1코스의 길이는 보통 30km 이내로 한다.

⑥ 단 코스의 경우에는 촬영 지역이 70% 정도의 범위에 포함하도록 계획한다.

⑦ 촬영코스는 필요한 범위를 되도록 적은 수의 코스로 촬영할 수 있도록 계획하는 것이 바람직하나 지상기준점의 배치 상태 등이 코스를 결정하는 데 영향을 미친다.

⑧ 지형이 급격한 곳에서는 한 장의 사진만 찍히는 것도 나올 가능성이 있으므로 중복도를 더욱 증가시킬 수 있다.

⑨ 촬영횡기선 길이$(C) = m \cdot a\left(1 - \frac{q}{100}\right)$ 여기서, q : 횡중복(%) m : 사진축척의 분모 수, a : 사진 한 변의 길이이다.

5.3.4. 촬영고도

① 촬영고도는 요구되는 지도의 정확도 및 등고선 간격에 의존하며 또한 도화기의 종류에도 관계된다.

② 촬영고도가 결정되면 카메라의 종류에 따라 사진축척이 정해지고 한 장의 사진에 촬영되는 범위가 정해진다.

③ 촬영고도는 사진축척과 사용 카메라의 초점거리가 결정되면 계산할 수 있고, 촬영 기준면은 계획지역 내의 가장 낮은 면을 기준으로 촬영고도를 결정한다.

④ 도화기와 등고선의 간격에 의해 촬영고도를 결정할 수 있으며 사용할 도화기와 등고선 간격이 미리 결정되었다면 촬영 시의 촬영고도는 계산된 촬영고도보다 낮게 결정해야 한다.

⑤ 이미 촬영이 완료되어 촬영고도와 등고선 간격이 결정되어 있으면 계산된 C계수(C factor) 보다 높은 계수를 가진 도화기를 사용하여야 한다.

⑥ 촬영고도와 도화기로서 도화할 수 있는 최소등고선 간격 및 도화기의 성능 사이에는 다음과 같은 관계식이 성립된다.

⑦ $H = C \cdot \Delta h$ 여기서, H : 촬영고도, C : 도화기의 계수, Δh : 등고선의 최소간격

5.3.5. 촬영중복도

(1) 종중복도(End lap)

① 동일 코스 내의 인접 사진 간을 중복시키는 것을 말한다.

② 약 60%로 중복하여 촬영하는 것이 보통이나 최소한 50% 이상은 중복시켜야 한다.

③ 도화할 때 인접하는 모델마다 입체모델(stereo model)이 형성되어야 한다.

④ 입체 모델 간에도 20% 정도의 중복이 되어야 도면 제작이 가능하기 때문이다

⑤ 고층빌딩이 밀집한 지역에서는 90%까지 종중복도를 주어 촬영한다.

(2) 횡중복(Side lap)

① 2개 이상의 코스일 때는 인접코스에 해당되는 횡중복도(side lap, q)를 30%로 하는 것을 표준으로 한다.

② 촬영 진행 방향에 직각으로 중복시키는 것을 말한다.

③ 일반적으로 횡중복은 30%를 중복시키고 최소한 5% 이상은 중복시켜야 한다.

④ 산악지역이나 고층빌딩이 밀집한 시가지는 10~20% 이상 중복도를 높여서 촬영하거나 2단 촬영을 한다. 이는 사진상에서 가려서 안 보이는 사각 지역(dead area)을 줄이기 위함이다.

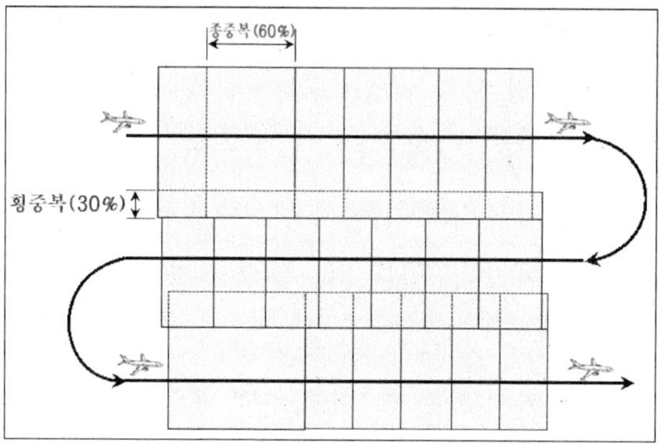

〈그림 5-6〉 종중복과 횡중복도

5.3.6. 노출시간 및 노출간격

① 노출시간(exposure time)은 비행 속도에 맞게 카메라의 셔터속도를 조절하는 것으로 최장노출 시간이라고도 한다.

② 항공사진측량에서는 흔들림 현상을 사진상 20μm 이내로 제한하고 있으며 노출 시간은 이에 적합하게 조정되어야 한다.

③ 필름의 감광성, 필터의 성질, 반사광의 분광(spectral) 분포 등과 밀접한 관계가 있으며 최장노출 시간($Te =$)$\frac{\Delta S \cdot m}{V}$과 같다. 여기서, Te : 노출 시간, ΔS : 사진 영상의 흔들림 양, m : 사진축척 분모, V : 촬영비행기 속도이다.

④ 노출 간격(Exposure time Interval)은 최소노출 시간이라고도 하며 촬영비행기가 코스를 따라 이동하면서 사진을 촬영할 때까지 걸리는 시간으로 최소노출 시간(T_S) $= \frac{B}{V}$와 같이 계산한다. 여기서, Ts : 노출 간격, V : 항공기의 속도(초속), B : 촬영 기선길이이다.

⑤ 촬영기선 길이(B) $= 0.23(1 - \frac{p}{100}) \times m$ 또는 $B = b \cdot m$ 여기서, p : 종중복도, b : 사진기선장, m : 사진축척 분모이다.

5.3.7. 사진의 실제 면적

(1) 1매 사진의 실제 면적

① $(축척)^2 = \frac{도상면적(a)^2}{실제면적(A)}$ 은 $M^2 = (\frac{1}{m})^2 = \frac{a^2}{A}$

으로 면적$(A) = (m \times a)(m \times a) = (a \cdot m)^2$이다.

여기서, m : 축척 분모, a : 사진 한 변의 길이, A : 사진 1매의 면적이다.

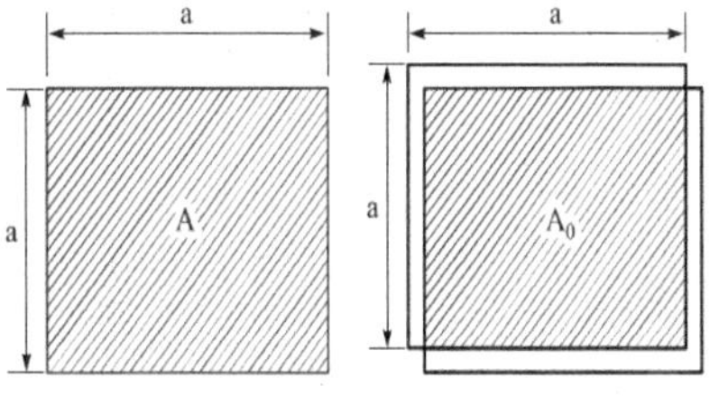

〈그림 5-7〉 실제 면적과 유효면적

(2) 사진의 유효면적

① 사진의 유효면적은 중복된 사진에 의해 형성되는 입체 면적 중에서 2장의 사진에 의해 형성되는 1개 모델의 실제 점유 면적을 말한다.

② 단 코스의 경우 유효면적$(A_0) = A(1 - \frac{p}{100}) = (ma)^2(1 - \frac{p}{100})$이다.

③ 복 코스의 경우 유효면적$(A_0) = A(1 - \frac{p}{100})(1 - \frac{q}{100}) = (ma)^2(1 - \frac{p}{100})(1 - \frac{q}{100})$이다.

여기서, m : 축척 분모, a : 사진 한 변의 길이, A : 사진 1매의 면적, p : 종중복도, q : 횡중복도이다.

5.3.8. 사진매수 계산

① 대상지역 사진매수$(N) = \frac{F}{A_0} = (a \cdot m)^2 \cdot (1 - \frac{p}{100}) \cdot (1 - \frac{q}{100})$이다.

② 안전율을 고려한 사진 매수$(N) = \frac{F}{A_0} \cdot (1 + 안전율)$ 여기서, F : 촬영지역 면적, A : 사진 한 장의 실제 면적, A_0 : 유효면적, a : 사진 한 변의 크기, m : 축척 분모, p : 종중복도, q : 횡중복도이다.

③ 사진 매수를 계산할 때는 반드시 유효면적(A_0)을 적용하여 계산한다.

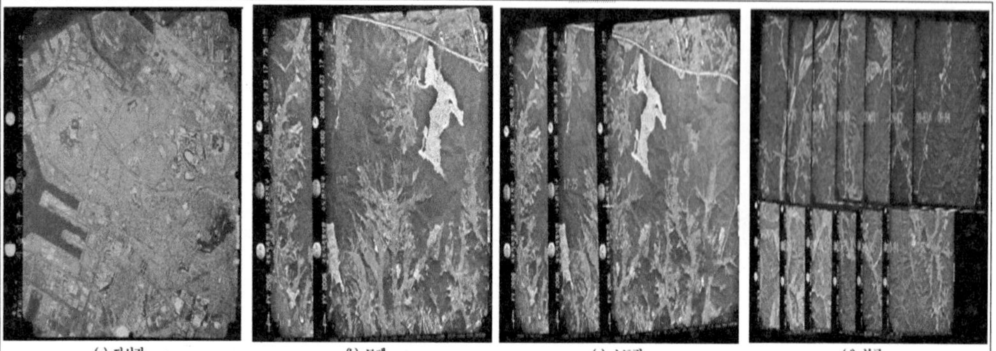
(a) 단사진 (b) 모델 (c) 스트립 (d) 블록

〈그림 5-8〉 사진의 명칭

5.3.9. 모델 수 계산

① 모델이란 중첩된 한 쌍의 사진에 의하여 입체시 되는 부분을 말하며, 입체모델 또는 스테레오 모델이라고도 한다.

② 넓은 지역을 촬영하여 모델 수를 구하는 경우 코스 당 모델 수와 코스 수를 구하여 곱함으로써 구할 수 있다.

③ 종 모델 수$=\frac{\text{코스의 종기선 길이}}{\text{종기선 길이}}=\frac{S_1}{B}=\frac{S_1}{ma(1-\frac{p}{100})}$

④ 횡 모델 수$=\frac{\text{코스의 횡기선 길이}}{\text{횡기선 길이}}=\frac{S_2}{C}=\frac{S_2}{ma(1-\frac{q}{100})}$ 여기서, S_1 : 촬영지역의 동서길이, S_2 : 촬영지역의 남북길이, q : 횡중복(%), p : 종중복도, m : 사진축척 분모 수, a : 사진 한 변의 길이, B : 촬영종기선 길이, C : 촬영횡기선 길이이다.

⑤ 모델 총수= 종 모델 수×횡 모델 수

- 사진 매수={(종 모델 수+1)×횡 모델 수}
- 삼각점 수=모델 총수×2

5.4. 기초 이론

5.4.1. 중심투영과 정사투영

중심투영과 정사투영의 구별을 하는 방법은 항공사진은 중심투영이고 지도는 정사투영이다. 항공사진은 중심투영이지만 지도는 정사투영으로서 투영체가 투영 면상에 직교되는 투영을 말한다. 항공사진과 지도는 지표면이 편평한 곳에서는 지도와 사진은 같으나 지표면에 높낮이가 있는 경우에는 사진의 형상이 비틀린다. 지도와 수직 사진상의 같은 물체가 평균해수면상에 있으며, 정확하게 카메라의 수직축에 놓여있는 경우를 제외하고는 그 위치와 모양이 서로 다르게 표현된다. 사진과 지도상의 물체가 서로 다른 위치에 있는 이유는 지표면의 기복과 카메라 경사에 의한다.

(1) 중심투영

① 중심투영(Central Projection)은 사진의 상이 지표면의 대상물로부터 반사된 광이 렌즈 중심을 중심으로 하여 평면으로 촬영한 필름 면에 투영되어 나타나는 현상을 말한다.

② 사진은 〈그림 5-9〉와 같이 중심투영으로 광선이 카메라 렌즈의 중심에 집중되는 형태로 촬영되어 사진의 중심 이외에서는 경사 방향으로 투영되어 높이에 의하여 사진의 왜곡이 발생한다.

③ 동일 지역의 지도는 실제의 것을 단순화하거나 기호화한 이외에 가는 굴뚝이나 모서리 등의 연직선은 지도상에서는 하나의 점으로 표현되나 사진상에서는 선으로 나타나 있다.

④ 사진측량은 중심투영으로 피사체인 지형을 렌즈의 중심으로 하여 평면 촬영한 화상으로서 항공사진을 사용하는 데 가장 중요한 요소이다.

⑤ 사진은 중심투영된 것으로 높이의 차가 평면 형태로 나타나기 때문에 이것을 기초로 높이의 측정을 할 수 있다.

⑥ 왜곡수차란 이상적인 중심투영으로 만들어진 점과 실제점의 변위를 말하며 왜곡수차 보정 방법은 다음과 같다.

- 포로코페(Porro Koppe)의 방법
- 보정판을 사용하는 방법
- 화면거리를 변화시키는 방법

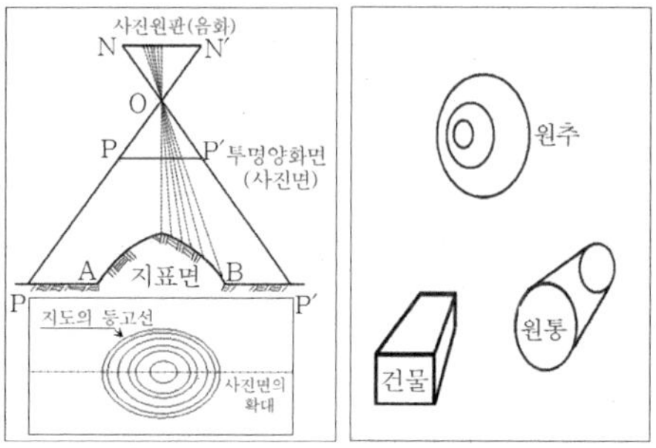

〈그림 5-9〉 중심투영 원리

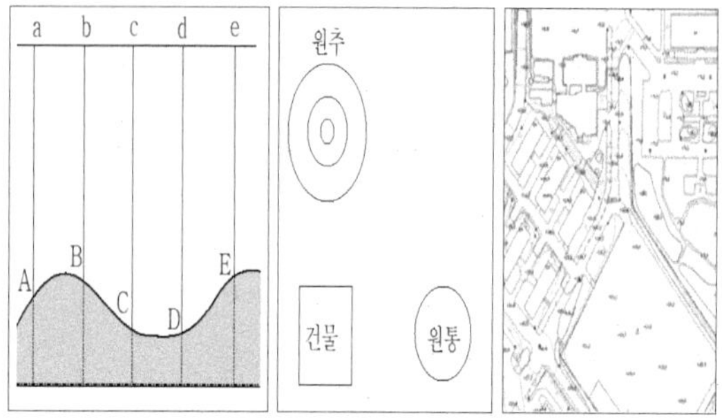

〈그림 5-10〉 정사투영 원리

(2) 정사투영

출제(용) : 89회

① 정사투영(Orthogonal Projection)은 입체도화기와 정사 투영기를 사용하여 촬영 카메라에 의한 경사와 지표면 상의 비고에 대한 변위를 수정한 것을 말한다.

② 중심투영의 비고에 의해 발생한 수직사진의 비틀림을 보정할 수 있게 인화한 사진이다.

③ 정사투영의 원리는 〈그림 5-10〉과 같이 실제의 것을 단순화하거나 기호화하며, 비고에 의해 비틀림을 보정하기 위해 정사 편위수정법을 사용한다.

④ 지표면의 비고에 의하여 변위된 사진상 각 점의 축척을 확대할 때 비고에 따라 투영 고도가 변하므로 항상 동일 축척이 되도록 인화할 수 있다.

⑤ 지도는 지표면을 해수면에 직각 투영하여 다시 적절한 축척으로 평면에 투영한 것으로 소규모의 지역에서는 일정 축척의 직각투영 방법으로써 현실 세계에 필요한 정밀도로 보여주는 근삿값이라 할 수 있다.

⑥ 촬영 시 카메라가 기울어져 있으면 수직사진으로 촬영되지 않아 사진이 왜곡되며 촬영된 사진의 왜곡을 수정하여 지도를 작성하는 방법은 여러 가지가 있으나 현재 이용되고 있는 방법은 입체 정밀도화법이다.

〈표 5.2〉 중심투영과 정사투영의 비교

구분	항공사진	지도
투영 방법	• 중심투영	• 정사투영
축척	• 일정하지 않다.	• 일정하다.
지형지물의 위치	• 경사 및 지형의 기복에 의한 변위가 생긴다.	• 경사 및 기복에 의한 변위가 없다.
포함 내용	• 축척에 따라 모든 내용을 포함	• 선별된 것만 기호화하여 표현
표현 방법	• 이미지(상)	• 점·선

(3) 왜곡과 수차

① 왜곡은 정사투영과 중심투영의 차이를 말하며 상의 위치 변화와 광선의 구부러짐이나 방향이 변할 때 생기는 것으로 방사방향에 의한 왜곡과 접선방향에 의한 왜곡으로 구분된다.

② 방사방향 왜곡은 광축으로부터 방사방향을 따라 발생하는 것으로 대각선 방향으로 발생하고 접선방향 왜곡은 렌즈조합이 중심에 맞지 않았을 때 발생한다.

③ 수차(Aberration)는 여러 가지 요인으로 인해 렌즈가 더럽혀지는 것으로 상의 선명도를 저하하는 결함으로는 구면수차, 렌즈 수차(Coma), 난수차, 색수차가 있다.

④ 구면수차는 광축 주변에서 상이 분리되는 렌즈 굴곡과 렌즈 구면의 상태, 렌즈의 질이 좋지 않아 발생하는 오차로 산란반경이 최소가 되는 곳에 상을 설치하면 오차를 소거할 수 있다.

⑤ 렌즈수차는 빛의 굴곡 및 렌즈의 경사로 인해 발생하며 주로 혜성의 모양과 같은 상이 발생한다.

⑥ 난수차는 렌즈표면의 질이 불완전하여 발생하는 오차로 조합된 렌즈를 사용함으로써 오차를 소거할 수 있다.

⑦ 색수차는 빛을 구성하는 색들에 의해 굴절 오차가 발생하며 파란색이 빨간색보다 굴절이 많아 발생하는 오차이다.

⑧ 왜곡수차는 중심투영에서 촬영 중심에 있어야 하지만 실제는 렌즈에 전 광속이 수렴하는 중심에 존재하지 않는다.

⑨ 대기 중에서의 왜곡을 별도로 정리하여도 광속은 렌즈의 가운데에서 왜곡되어 한 개의 직선으로 취급할 수 없다.

⑩ 이론적인 중심투영으로 만들어진 점과 실제 점의 변위를 왜곡수차라 하며 왜곡수차의 보정방법은 포로코페(PorroKoppe) 방법, 보정판을 사용하는 방법, 화면거리를 변화시키는 방법이 있다.

(4) 포로코페(Porro Koppe) 원리

출제(용) : 66회

① 사진 뒷면에서 빛을 비추어 촬영 때와 같은 렌즈를 통하여 투영하면 이때 나오는 광선은 렌즈 왜곡의 영향을 받지 않고 마치 촬영 때의 입사광선 방향과 반대 방향으로 나오는 것으로 포로코페의 원리라 한다.

② 카메라 렌즈의 제반 수차(收差)의 영향을 제거할 수 있다고 하는 원리이다.

③ 1889년 이탈리아의 포로(Porro)와 독일의 코페(Koppe)인 두 교수가 발표한 후 사진측량의 기본적인 법칙이 되었다.

④ 1800년대 말기에는 포로코페의 원리(Porro Koppes principle)가 발견되었다.

⑤ 1901년 독일의 풀프리히는 부점(Floating Mark)의 이론을 바탕으로 사진을 요구한 정확도 이내로 관측 및 도화함으로써 오늘날 입체도화기의 기본이론이 되었다.

5.4.2. 항공사진의 특수3점

출제(용) : 53, 71, 89, 105회

① 항공사진의 특수 3점이란 〈그림 5-11〉과 같이 카메라가 어느 정도 기울어진 상태로 촬영한 경우 항공사진의 투영 방법이 중심투영이기 때문에 발생하는 주점, 연직점, 등각점을 말한다.

② 항공사진은 정확하게 수직사진이면 사진의 중심에 정확히 일치하게 되나 보통은 카메라가 어느 정도 기울어진 상태로 촬영한 경우 주점, 연직점, 등각점이 존재한다.

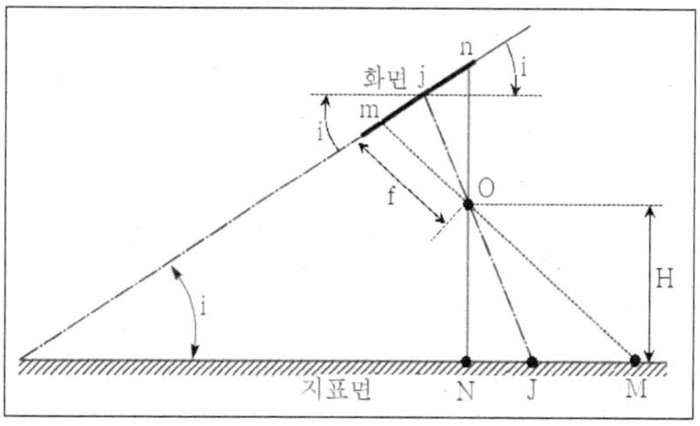

〈그림 5-11〉 항공사진의 특수 3점

N : 지상 연직점, M : 지상 주점
J : 지상 등각점, H : 촬영고도
m : 화면주점
n : 화면 연직점
j : 화면 등각점
O : 투영 중심
f : 초점거리
i : 지표면과 이루는 경사각

(1) 주점

① 〈그림 5-11〉과 같이 주점(Principal Point)은 사진의 중심점으로서 렌즈의 중심으로부터 사진 화면에 수선을 내렸을 때 만나는 점을 말한다.

② 렌즈의 광축과 화면이 교차하는 점으로 중심점이라고 한다.

③ 항공사진에서는 서로 마주 보는 지표를 서로 연결하여 교차하는 점을 각 관측의 중심점으로 할 때는 엄밀한 수직사진과 화면의 경사가 3°이내에서 지표면의 비고가 적었을 때 많이 활용된다.

(2) 연직점

① 〈그림 5-11〉과 같이 연직점(Nadir Point)은 카메라 렌즈의 중심으로부터 지상의 촬영 기준면에 수선을 내렸을 때 만나는 점을 지상 연직점(N)이라 하고 그 선을 연장해 화면과 만나는 점을 화면 연직점(n)이라고 한다.

② 연직점은 촬영 시 항공기의 상태를 표시하며 주점을 통과하는 최대경사선 상에 $\overline{mn} = f \cdot \tan i$식에서 구한만큼 떨어져 있다. (mn : 화면 연직점에서 주점까지의 거리, f : 초점거리, i : 경사각)

③ 투영 중심을 지나는 수직선이 음화면과 만나는 점을 화면 연직점이라 한다.

④ 연직점을 중심점으로 하는 경우 화면의 경사가 3°이내에서 지표면의 비고가 적을 때 또는 화면의 경사와 지표면의 비고가 동일하게 클 때 활용되며 이 경우에는 반드시 보정을 하여야 한다.

(3) 등각점

① 〈그림 5-11〉과 같이 등각점(Isocenter)은 주점과 연직점이 이루는 각(i)을 2등분하는 선이 화면과 만나는 점을 화면 등각점(j)이라 하고 지상의 촬영 기준면과 만날 때의 점을 지상 등각점(J)이라고 한다.

② 등각점의 위치는 항공사진의 최대경사선 상에 있으며 화면의 경사를 i라고 하면 $\angle M = \angle N = 90°$이며 $\angle mOj = \angle NOJ = \frac{i}{2}$, $\Delta Omj \propto \Delta ONJ$에서 $\frac{Oj}{OJ} = \frac{Om}{ON} = \frac{f}{H}$ 이다..

③ 등각점(j)에서 경사와 관계없이 수직사진의 축척과 같은 축척으로 되며 등각점(j)은 주점으로부터 $\overline{mj} = f \cdot \tan\frac{i}{2}$ 식으로 결정할 수 있다. (mj : 화면 연직점에서 등각점까지의 거리, f : 초점거리, i : 경사각)

④ 등각점을 각 관측의 중심점으로 할 때는 지표면이 평탄할 경우와 화면 경사가 클 때 활용된다.

(4) 특수 3점의 상호관계

① 주점은 항상 사진상에 고정된 점이며 등각점과 연직점을 결정하는 기준이 되는 점이다.

② 경사가 적은 사진일 경우에는 주점을 연직점과 등각점을 대신하여 사용할 수 있다.

③ 사진의 경사각이 0°일 경우에는 주점, 등각점, 연직점의 위치가 같다.

④ 사진상에서 특수 3점을 찾는 방법은 등각점 → 연직점 → 주점의 순서로 찾는다.

⑤ 토지 기복에 의한 사선 방향이 발생할 때 왜곡수차의 크기 순서를 나열하면 주점 → 등각점 → 연직점의 순서가 된다.

⑥ 변위량은 방향에 따라 다르지만, 사진의 경사 원인에서는 최대경사선과 직각 방향에서 0이며, 주점의 고저에 의한 변위는 최대경사 방향에서 0이고 직각 방향에서 최대가 된다.

(5) 특수 3점의 활용

① 주점을 각 관측의 중심점으로 하는 경우
- 엄밀한 수직사진에 활용
- 화면의 경사가 3°이내에서 지표면의 비고가 적을 때

② 연직점을 각 관측의 중심점으로 하는 경우
- 화면의 경사가 3°이내에서 지표면의 비고가 적을 때
- 화면의 경사 및 지표면의 비고가 동일하게 클 경우
- 이 경우에는 반드시 보정을 하여야 한다.

③ 등각점을 각 관측의 중심점으로 하는 경우
- 지표면이 평탄할 경우에 이용

5.4.3. 기복변위

출제(용) : 57, 77, 86회

지표면은 불규칙한 면으로 기복이 있으며 이러한 지표면을 수직으로 촬영하여도 축척은 일정하지 않고 사진 면에서 연직점을 중심으로 방사상으로 변위가 발생하는 현상을 기복변위(Relief Displacement)라 한다.

(1) 발생원인

① 비행고도가 높으면 변위량이 적게 발생하고, 비고가 높으면 변위량이 많이 발생한다.

② 축척은 산의 높은 곳은 크게, 낮은 곳은 작게 촬영된다.

③ 카메라의 경사는 어떠한 물체의 사진상 위치와 똑같은 촬영 위치에서 경사각을 빼고 촬영한 사진상의 위치 사이에 차이를 발생시킨다.

④ 경사각에 의한 위치 차이는 등각점에서 방사선상으로 발생한다.

⑤ 대축척에서는 기복변위의 영향이 크고, 소축척에서는 기복변위의 영향이 적다.

(2) 기복변위의 특징

① 정사사진에서는 지상의 기복변위로 인한 시차가 제거되기 때문에 기복변위는 중심투영에서 많이 발생하며 정사투영 사진은 기복변위가 없다.

② 기복변위 공식을 이용하면 사진상에 나타난 탑, 굴뚝, 건물 등의 높이를 구할 수 있다.

③ 농경지는 완경사 지역으로 기복변위가 거의 발생하지 않는다.

④ 촬영 형태는 산의 사면이 사진의 중심 방향에서는 넓게, 반대 측 사면에서는 좁게 촬영된다.

⑤ 변위량은 지면의 기복으로 인하여 사진의 중심점으로부터 방사선 방향으로 생기는 사진상의 왜곡량을 말한다.

(3) 기복변위 원리

① 기복변위는 연직점으로부터 표고차를 가진 피사체의 상단부까지의 거리(r)와 표고차와 비행고도에 대한 비($\frac{h}{H}$)에 비례한다.

② 화면 연직점에서의 거리(r)와 h의 값이 증가하면 기복변위량(Δr)도 증가하며 h=0이면 $\Delta r = 0$이 된다. 즉 a에 있어야 할 점이 Δr만큼 점 p로 이동하여 찍힌다.

③ 변위량

- 비례법을 이용하면, $\Delta R : r = h : f$이므로 $\Delta R = \frac{r}{f} \cdot h \cdots (1)$
- $\Delta r : f = \Delta R : H$ 이므로 $\Delta r = \frac{f}{H} \cdot \Delta R \cdots (2)$
- 식(1)을 식(2)에 대입하면 $\Delta r = \frac{f}{H} \cdot \frac{r}{f} \cdot h = \frac{h}{H} \cdot r$이다.

• 변위량$(\Delta r) = \frac{h}{H} \cdot r$ 또는 $r = \frac{H}{h} \cdot \Delta r$ 가 된다. 여기서, Δr : 변위량, r : 화면 연직점에서의 거리, H : 비행고도, h : 비고이다.

④ 최대 변위량

• $\Delta r_{max} = \frac{h}{H} \cdot r_{max}$ 여기서,

Δr_{max} : 최대 변위량, r_{max} : 최대화면 연직선에서의 거리로 $r_{max} = \frac{\sqrt{2}}{2} \cdot a$ 이다.

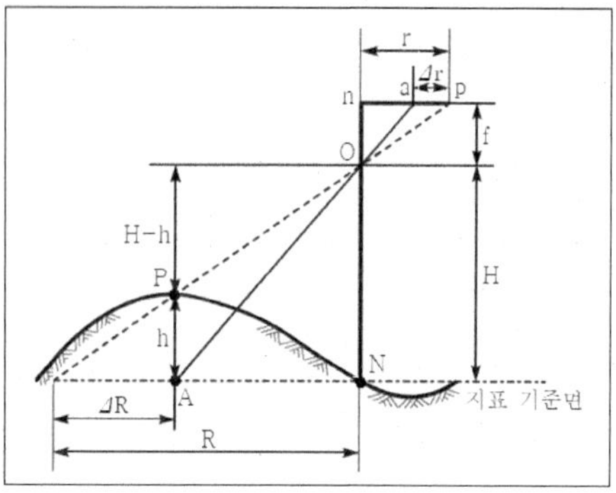

〈그림 5-12〉 기복변위 원리

5.4.4. 사진의 입체시

입체시는 한 쌍의 사진을 명시거리에서 왼쪽의 사진은 왼쪽 눈으로 오른쪽 사진은 오른쪽 눈으로 보면 좌우의 상이 하나로 융합되어 항공에서 지상을 내려다본 것처럼 높은 것은 높게, 낮은 것은 낮게 입체감 있게 보는 것을 말한다. 입체시의 원리는 사람이 어떤 대상 물체를 보고 그것이 자기로부터 어느 정도 떨어진 위치에 있는가를 판단할 수 있는 능력으로 먼 거리에 있는 것은 적게 보이고 가까운 거리에 있는 것은 크게 보인다는 원리에 기초한 것이다.

5.4.4.1. 입체시의 종류

같은 대상 물체를 찍은 두 장의 사진정보를 정량적, 정성적으로 해석하는 것으로 대상물의 3차원 좌표 결정을 위하여 필요한 과정이며 입체시의 종류에는 정 입체시와 역 입체시가 있다.

(1) 정입체시

① 중복사진을 명시거리에서 왼쪽 사진을 왼쪽 눈으로 오른쪽의 사진을 오른쪽 눈으로 보면 좌우가 하나의 상으로 일치되면서 입체감을 얻는다.

② 중복 부분이 있는 한 쌍의 사진을 입체시 할 때 높은 것은 높게 보이고 낮은 것은 낮게 보이는 현상으로 한 쌍의 사진에서 좌우 사진을 바꾸어 입체시 하는 경우를 말한다.

(2) 역입체시

① 한 쌍의 사진에 좌우 사진을 바꾸어 입체시 하는 경우를 말하며 입체시 과정에서 높은 것은 낮게 보이고, 낮은 것은 높게 보이는 현상이다.

② 한 쌍의 입체사진을 180°회전할 경우와 정상적인 여색 입체시 과정에서 색안경의 적과 청을 바꾸어 볼 경우를 말한다.

(3) 여색입체시

출제(용) : 77회

① 여색입체시(餘色立體視)는 색상의 차이를 이용해 입체 효과를 주는 것이다.

② 여색입체시 방식은 왼쪽 영상을 청색, 오른쪽의 영상을 적색으로 하여 스크린에 투영한 뒤, 왼쪽에는 적색 오른쪽에는 청색 필터가 붙은 안경으로 좌우 영상을 인식하는 방식이다.

③ 왼쪽 눈에는 적색 오른쪽 눈에는 청색 안경을 끼고 보면 왼쪽 눈에는 적색만 들어와서 왼쪽 사진만 보이고 오른쪽 눈에는 청색만 들어와서 오른쪽 사진만 보여 결과적으로는 양쪽에서 광선 교점의 집합으로 입체모델을 볼 수 있는 것으로 정 입체시를 얻는다.

④ 여색 입체시를 통해 3차원 영상을 재현해 낼 수 있다.

5.4.4.2. 입체시의 조건

① 한 쌍의 사진을 촬영한 카메라의 광축과 사진의 노출 지점은 거의 동일 평면 내에 있어야 한다.

② 기선고도비($B : H = \frac{B}{H}$)가 적당한 값(약 0.24)이라야 한다.

③ 2배의 사진축척은 거의 동일해야 하며 축척의 차이가 15%까지는 입체시가 가능하나 장시간 입체시 할 경우에는 5% 이내의 축척 차이를 유지해야 한다.

5.4.4.3. 입체시의 원리

① 인공입체시의 원리는 관찰자가 두 눈의 축을 평행으로 유지하여 왼쪽 눈은 왼쪽 사진을, 오른쪽 눈은 오른쪽 사진을 본다면 특별한 장비 없이 입체시를 관찰할 수 있다.

② 두 눈 각각의 중심에서 떨어진 거리와 방향은 응시점과 관련된 공간적 위치에 의해서만 결정된다.

③ 가까운 점은 두 눈의 망막의 중심에서 약간 떨어진 곳에 투사되지만, 두 눈의 관점이 다르기 때문에 거리나 방향은 눈마다 다르다.

④ 최근에는 육안에 의한 입체시는 거의 실시하지 않고 첨단장비를 이용하여 실시하고 있으므로 여기서는 간단하게 원리만을 설명한다.

⑤ 〈그림 5-13〉의 (a)와 〈그림 5-13〉의 (b)에서 p′, p″ : P의 시차(parallax), q′, q″ : Q의 시차, p′, p″-q′, q″ : 시차차(Parallax Difference)를 표시한 것이다.

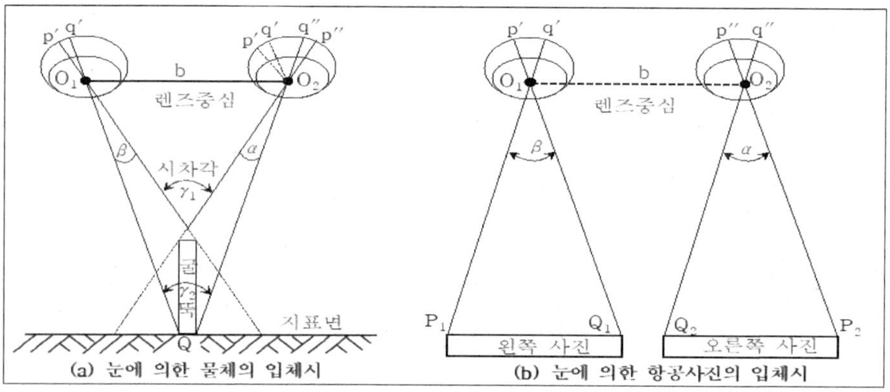

〈그림 5-13〉 눈에 의한 물체의 입체시

⑥ 시차차(Parallax Difference)는 시차의 차이로 P쪽이 Q쪽보다 가깝게 보이는 현상으로 왼쪽 눈으로 왼쪽 사진, 오른쪽 눈으로 오른쪽 사진을 바라보면 원근감이 발생하는 현상을 말한다.

⑦ 사진측량에서는 정확하게 표정된 사진의 입체모델은 지표면의 3차원 모형을 관측하려는 목적으로 사용하고 있다.

5.4.4.4. 입체시 방법

입체시 방법은 중복된 사진을 왼쪽 눈으로는 왼쪽 사진만을 오른쪽 눈으로는 오른쪽 사진만을 볼 수 있도록 하는 장비로 입체경, 입체현미경, 입체도화기, 입체좌표관측기를 이용하는데 가장 단순한 장비로 쌍안 렌즈가 많이 사용된다.

(1) 육안에 의한 입체시

① 인공적인 입체시는 두 개의 다른 관점에서 촬영했거나 한 쌍의 사진을 합성함으로써 만들 수 있다.
② 이 방법으로 실시하기 위해서는 많은 숙련이 필요하다.
③ 최근에는 육안에 의한 입체시는 거의 실시하지 않고 있다.

(2) 렌즈식 입체경에 의한 입체시

① 입체경(Stereoscopes)에는 렌즈식 입체경과 반사식 입체경이 있다.
② 렌즈식 입체경 2개의 볼록렌즈를 약 60cm 간격을 두고 결합하여 만드는데 렌즈를 통하여 사진을 보면 눈에 들어오는 광선은 대개 자외선에 가까운 광선으로 되어 있으므로 초보자도 쉽게 입체시 할 수 있다.
③ 반사식 입체경은 망원경 배율이 4배로 영상이 명확하고 눈 사이의 기본 길이(대개 65cm)를 사람에 따라 조절할 수 있으며 넓은 범위를 한 번에 입체시 할 수가 있어 편리하다.

5.4.4.5. 입체시의 변화

① 입체시의 변화는 기선의 변화, 초점거리, 촬영고도차, 눈의 높이 및 입체시를 하는 눈의 위치에 따라 여러 가지로 변화할 수 있다.
② 촬영 기선이 긴 경우가 짧은 경우보다 더 높게 보이는 현상을 기선의 변화라 한다.
③ 렌즈의 초점거리가 긴 쪽의 사진이 짧은 쪽의 사진보다 높게 보이는 현상을 초점거리의 변화라고 한다.
④ 촬영고도차에 의한 변화는 낮은 촬영고도로 촬영한 사진이 높은 고도로 촬영한 경우보다 더 높게 보이는 현상을 말한다.
⑤ 눈의 위치가 약간 높아짐에 따라 입체상은 더 높게 보이는 현상이며 눈의 높이가 변화할 때 발생한다.
⑥ 항공기의 방향 선상에서 움직이면 눈이 움직이는 쪽으로 기울어져 보이는 현상은 사용자의 눈을 옆으로 돌렸을 때 발생하는 변화 현상이다.

5.4.4.6. 과고감

과고감(vertical exaggeration)은 인공입체시 할 때 과장되어 보이는 정도를 말한다. 자연 입체시와 인공입체시가 본질의 부상도에서 다르게 나타나는 차이를 과고감이라 한다. 항공사진을 입체시하게 되면 일반적으로 입체모델의 수직축척(vertical scale)이 수평축척(horizontal scale)보다 더 크게 되므로 실제의 지형보다 더 과장되어 높게 보이는 표고의 과장효과를 과고감이라고 한다.

(1) 특징

① 과고감은 입체모델에서 대상물의 높이을 더 높게 과장시켜 보이게 하므로 과고감이 클수록 대상물의 높이는 더 높게 보이게 된다.

② 항공사진을 입체시하면 같은 축척의 실제모형을 보는 것보다 가파르게 보인다.

③ 대상물의 높이를 측정하게 되면 그만큼 더 정밀한 측정을 할 수 있게 된다.

④ 과고감은 사진의 기선고도비 B/H와 이에 상응하는 눈으로부터 입체모델까지의 거리에 대한 안기선의 비 h/b이다.

(2) 과고감의 원리

① 과고감은 일반적으로 60%의 중복도를 가지는 항공사진에서 투영기선장(B)과 촬영고도(H)와의 비이다.

② 기선고도비(base－height ratio B/H)가 사람의 안기선(eye base)비 보다 더 크게 되는 경우에 발생한다.

③ 과고감은 사진의 기선고도비 B/H와 이에 상응하는 눈으로부터 입체모델까지의 거리에 대한 안기선의 비 h/b이다.

④ 과고감(V)= $\frac{B/H}{b/h} = \frac{Bh}{Hb}$ (b : 안기선 길이, h : 눈에서 입체모델까지의 거리, H : 촬영고도, B : 촬영기선길이)

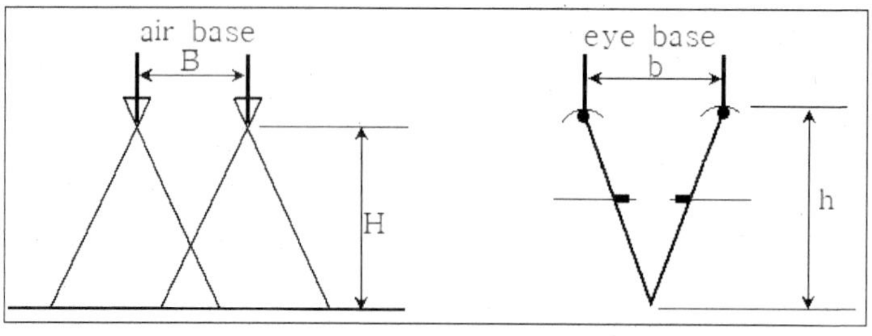

〈그림 5-14〉 과고감

(3) 과고감의 크기

① 과고감의 크기는 기선고도비에 의존적이다.
② 기선고도비(B/H)가 클수록 더 커진다.
③ 중복도가 작을수록 커진다.
④ 촬영기선길이가 클수록 커진다.
⑤ 촬영고도가 낮아수록 커진다.
⑥ 렌즈의 초점거리가 짧을 수록(렌즈의 화각이 클수록) 커진다.

(4) 과고감에 영향을 주는 요소

① 카메라의 초점거리
② 기선고도비
③ 입체시 할 때 눈의 위치
④ 촬영고도와 기선의 길이
⑤ 사진의 축척과 중복도

5.4.4.7. 카메론효과

출제(용) : 47, 50, 89, 101회

카메론효과(Cameron Effect)는 입체사진 위에서 이동한 사물을 실체시 하면 입체시에 의한 과고감으로 입체상의 변화를 나타내는 시차를 발생하고 그 운동이 기선 방향이면 물체가 뜨거나 가라앉아 보이는 현상을 말한다.

(1) 입체시의 조건

① 광축은 동일 수평면 내에 있어야 한다.
② 2장으로 이루어진 모델의 사진축척은 거의 동일 해야 한다.
③ 입체시를 위해 종중복이 양호해야 한다.
④ 기선고도비가 클수록 좋다.

(2) 입체상의 변화

① 입체상의 변화는 기선고도비($\frac{B}{H}$)에 영향을 받는다

② 입체상은 기선의 변화에 따라 촬영기선이 긴 경우가 촬영기선이 짧은 경우보다 더 높게 보이는 현상이다.

③ 렌즈의 초점거리가 긴 쪽의 사진이 짧은 쪽의 사진보다 낮게 보인다.

④ 촬영고도에 따라 동일 사진기로 촬영할 경우 낮은 촬영고도로 촬영한 사진이 촬영고도가 높은 경우보다 더 높게 보인다.

⑤ 눈의 위치가 높으면 입체상은 더 높게 보이며 눈을 좌우로 움직이면 눈이 움직이는 쪽으로 비스듬히 기울어져 보인다.

(3) 카메론효과(Cameron Effect)

① 카메론 효과는 입체사진 위에서 이동한 사물을 입체시 하면 입체시에 의한 과고감으로 입체상의 변화를 나타내는 시차가 발생하고 그 운동이 기선 방향이면 물체가 뜨거나 가라앉아 보이는 현상을 말한다.

② 기선고도비, 기선의 변화에 따라 다르게 보이는 현상이다.

③ 촬영고도의 차, 눈의 높이와 눙의 좌우 위치에 따라 다르게 나타나는 현상을 말한다.

(4) 과고감과 카메론 효과

① 과고감은 인공입체시 하는 경우 파장되어 보이는 것을 말한다.

② 항공사진을 입체시하면 수평축척보다 수직축척이 크기 때문에 실제 물체보다 높게 보이는 현상이다.

③ 과고감은 촬영 높이에 대한 촬영기선 길이와의 비인 기선고도비에 비례한다.

5.4.5. 시차

지상의 한 점을 연속 촬영하여도 연속된 사진이 각각 다른 지점에서 촬영되므로 사진상의 위치는 다르지만, 각각 다른 사진에 있는 동일지점에 대한 사진상 좌표의 차를 시차(Parallax)라고 한다. 즉 한 쌍의 사진상에 있어서 동일점에 대한 상점이 연직한 상태에서 만나야 하는 한 점에서 생기는 종(X)·횡(Y)의 시각적인 오차를 시차라 한다.

(1) 시차의 특징

① 시차는 관측자의 이동에 따른 대상물의 상대적인 이동을 의미한다.

② 시차 현상의 가장 명백한 증거는 차량의 이동 시에 원격 대상물에 대한 근접 대상물의 현저한 이동이다.

③ 시차는 다른 사진에 찍힌 동일한 대상물인 공액(conjugate) 영상의 위치이동으로 입체사진 상에서도 감지할 수 있다.

④ 일정한 비행고도와 엄밀 수직사진에서 시차는 기선과 평행하다.

⑤ 시차는 원격 대상물이면 작게 보이고, 항공 사진은 낮은 표고에 있는 점에서 작아진다.

⑥ 시차의 변화를 모든 점에 적용함으로써, 입체사진에 의해 대상물의 연속적인 3차원 효과를 준다.

⑦ 전체 지역에 대한 입체상을 얻기 위해서는 모든 사진에 대해 최소 50%의 중복이 필요하다.

⑧ 가장 단순한 경우에 좌표는 두 개의 중복된 사진에서 주점을 연결한 선에 즉, 기선에 평행하게 측정되어야 한다.

(2) 시차차에 의한 비고

① 비고$(h) = \dfrac{H}{P_r + \Delta P} \cdot \Delta P$ 여기서, H : 비행고도, ΔP : 시차차($\Delta P = P_r - P_a$), P_a : 건축물 정상의 시차, P_r : 기준면의 시차($P_r = \dfrac{\mathrm{I} + \mathrm{II}}{2}$)이다.

② 기준면의 시차 대신 주점 기선 길이를 측정한 경우 비고(h)값의 계산

- 비고$(h) = \dfrac{H}{b_0 + \Delta P} \cdot \Delta P$ 여기서, b_0 : 주점 기선 길이이다.

(3) 비고(h) 측정의 정확도

① 기선고도비$(\dfrac{B}{H})$가 클수록 양호하다.

② 촬영 축척$(\dfrac{f}{H})$이 클수록 좋다.

③ 촬영 종기선 길이(B)가 일정하면 측정오차는 촬영고도의 제곱(H^2)에 비례한다.

④ 높이의 차와 시차차의 크기는 항상 비례한다.

(4) 부점

① 부점(floating mark)은 간격이 약 250mm가 되는 두 점 m'_1, m'_2를 중첩한 것으로 그중 한 점을 X축의 방향으로 조금씩 움직이면 부점이 수직방향으로 움직이는 것을 볼 수 있다.

② 〈그림 5-15〉에서 m'_1, m'_2를 움직여 각각 a'_1, a'_2와 일치시키면 부점(m)은 지면에 닿는다. 이것이 실체측정을 할 수 있는 기본원리이다.

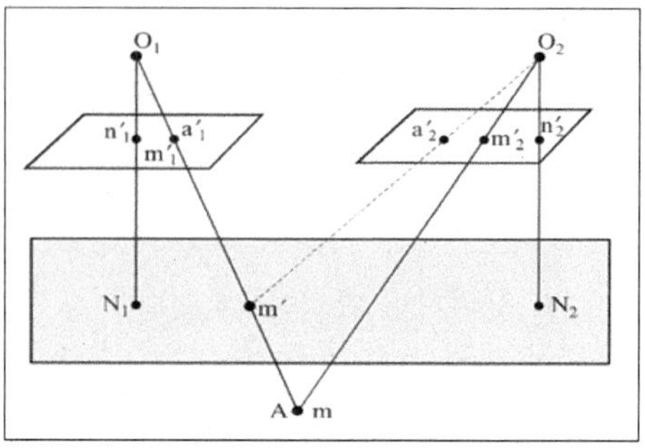

〈그림 5-15〉 부점(floating mark)의 원리

5.4.6. 공선조건

출제(용) : 60, 101회

공간상의 임의의 점(또는 대상물의 점 : X_p, Y_p, Z_p)과 그에 대응하는 사진상의 점(x, y)과 사진기의 촬영 중심(X_o, Y_o, Z_o)이 동일 직선상에 있어야 하는 조건을 공선조건(Collinearity Condition)이라 한다.

(1) 공선조건의 특징

① 공선조건은 일반적인 계산 방법으로 단사진, 입체쌍, 항공삼각측량에 대한 이론적 근거로 모두 사용된다.

② 공선조건식은 후방교회법에서 결정된 X_o, Y_o, Z_o, ω, ϕ, κ를 기지로 하고 X, Y, Z 지상좌표를 미지로 하는 방정식으로 변환된다.

③ 가장 작은 시차를 가지는 위치를 선택하여 전방교회법을 계산하는 최소제곱 추정(방정식 4개, 미지수 3개)이 사용될 수 있다.

④ 사진의 투영 중심과 P의 상점 및 대상물 사이에는 3축 회전변환식이 성립된다.

⑤ 오차는 기준점 좌표의 정밀도와 결합된 영상좌표 측정의 정밀도를 기초하여 최소제곱법으로 계산하여 유효성을 평가하는데 사용될 수 있다.

(2) 공선조건의 원리

① 공선조건의 원리는 〈그림 5-16〉과 같이 후방교회법에서 X, Y, Z를 알고 있는 기준점을 사용하면 방정식은 각 사진에 대해 X_o, Y_o, Z_o, ω, ϕ, κ의 미지수 6개를 가지며 이때 사진은 기준점을 이용하여 후방교회법으로 공간상에서 위치를 결정한다.

② 계산은 외부표정 요소값, 외부표정 요소의 정밀도, 기준점과 시차점에 맞추어진 영상 축척에서의 오차, 외부표정 요소의 정밀도는 잘못된 후방교회법을 구하는 데 사용될 수 있다.

③ 사진의 투영 중심과 P의 상점 및 대상물 사이에는 3축 회전 변환식으로

$$\begin{bmatrix} X_p - X_0 \\ Y_p - Y_0 \\ Z_p - Z_0 \end{bmatrix} = R\begin{bmatrix} x \\ y \\ -f \end{bmatrix} = \begin{bmatrix} a_{11}x + a_{12}y - a_{13}f \\ a_{21}x + a_{22}y - a_{23}f \\ a_{31}x + a_{32}y - a_{33}f \end{bmatrix}$$ 와 같이 표시된다.

④ $\dfrac{X - X_0}{X_p - X_0} = \dfrac{Y - Y_0}{Y_p - Y_0} = \dfrac{Z - Z_0}{Z_p - Z_0}$ 을 위의 식에 대입하면

- $X - X_0 = Z - Z_0\left(\dfrac{X_p - X_0}{Z_p - Z_0}\right) = Z - Z_0\left(\dfrac{a_{11}x + a_{22}y - a_{13}f}{a_{31}x + a_{32}y - a_{33}f}\right)$
- $Y - Y_0 = Z - Z_0\left(\dfrac{Y_p - Y_0}{Z_p - Z_0}\right) = Z - Z_0\left(\dfrac{a_{21}x + a_{22}y - a_{23}f}{a_{31}x + a_{32}y - a_{33}f}\right)$ 가 된다.

⑤ PO와 Po 사이의 비를 S(축척계수)라 하면 $\dfrac{x}{X_p - X_0} = \dfrac{y}{Y_p - Y_0} = \dfrac{z}{Z_p - Z_0}$ 에서

$$\begin{bmatrix} x \\ y \\ -f \end{bmatrix} = S\begin{bmatrix} X_p - X_0 \\ Y_p - Y_0 \\ Z_p - Z_0 \end{bmatrix}$$ 이다.

⑥ 상좌표(x, y)가 카메라 검정값과 x_0, y_0의 차가 있고 X, Y, Z 좌표축에 대한 x, y, z축의 방향여현(direction cosine)을 A라 하면 다음과 같다.

- $\begin{bmatrix} x - x_0 \\ y - y_0 \\ -f \end{bmatrix} = S\begin{bmatrix} a_{11} & a_{12} & a_{13} \\ a_{21} & a_{22} & a_{23} \\ a_{31} & a_{32} & a_{33} \end{bmatrix}\begin{bmatrix} X_p - X_0 \\ Y_p - Y_0 \\ Z_p - Z_0 \end{bmatrix}$

⑦ PO와 사이의 비를 축척 계수(s)라 하면,

$$S=\frac{-f}{a_{31}(X_p-X_0)+a_{32}(Y_p-Y_0)+a_{33}(Z_p-Z_0)}$$ 라

할 때, 공선조건식은 다음과 같다.

- $x(X, Y, Z\ ;\ \omega, \phi, \kappa, X_o, Y_o, Z_o, x_o, y_o, f)$

$$=x_0-f\frac{a_{11}(X_p-X_0)+a_{12}(Y_p-Y_0)+a_{13}(Z_p-Z_0)}{a_{31}(X_p-X_0)+a_{32}(Y_p-Y_0)+a_{33}(Z_p-Z_0)}$$

- $y(X, Y, Z\ ;\ \omega, \phi, \kappa, X_o, Y_o, Z_o, x_o, y_o, f)$

$$=y_0-f\frac{a_{21}(X_p-X_0)+a_{22}(Y_p-Y_0)+a_{23}(Z_p-Z_0)}{a_{31}(X_p-X_0)+a_{32}(Y_p-Y_0)+a_{33}(Z_p-Z_0)}$$

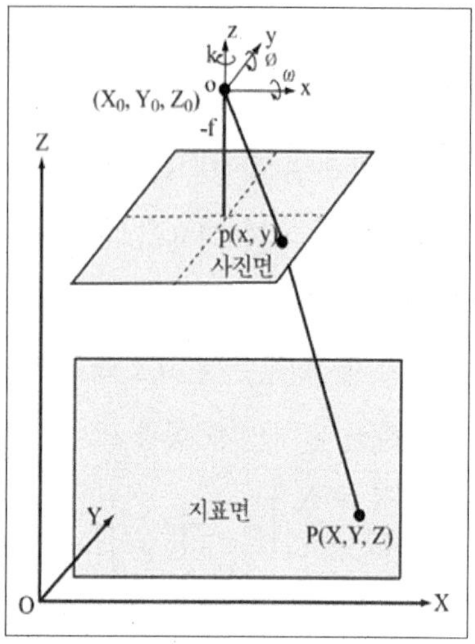

〈그림 5-16〉 공선조건 원리

⑧ 공선조건식은 3점의 지상기준점을 이용하여 투영 중심 O의 좌표(X_o, Y_o, Z_o)와 표정인자(κ, ϕ, ω)는 후방교회법에 따라 구한다.

(3) 공선조건의 활용

① 공선조건은 주로 상호표정, 절대표정, 항공 삼각측량 번들조정에 이용된다.

② 입체사진 측량에서는 2개 이상의 공선조건이 얻어지므로 대상물의 3차원 좌표를 결정할 수 있다.

③ 상호표정에 이용되는 원리는 시차차 방정식, 공선조건식, 공면조건식을 사용하지만, 공선조건식이 가장 많이 이용된다.

④ 광속조정법(Bundle Adjustment)에서는 투영 중심으로부터 사진상에 있는 상점과 대상점에 대하여 공간상에서 일직선을 이루게 된다는 공선조건(collinearity condition)을 이용한다.

⑤ 단사진이나 입체쌍의 해석적 외부표정에 사용되는 계산 방법은 공선조건을 사용한다.

⑥ 외부표정인자 6개와 상점(x, y)을 이용하여 새로운 지상점의 좌표(X, Y, Z)를 구하는 전방 교회법에 이용된다.

5.4.7. 공면조건

출제(용) : 108회

〈그림 5-17〉과 같이 3차원 공간상 평면의 일반식은 AX+BY+CZ+D=0이며 2개의 투영 중심$O_1(X_{o1}, Y_{o1}, Z_{o1})$, $O_2(X_{o2}, Y_{o2}, Z_{o2})$와 공간상 임의의 점 P의 상점 $P_1(X_{p1}, Y_{p1}, Z_{p1})$ $P_2(X_{p2}, Y_{p2}, Z_{p2})$가 동일한 평면상에 있는 조건으로 공면조건(Coplanarity Condition)이라 한다.

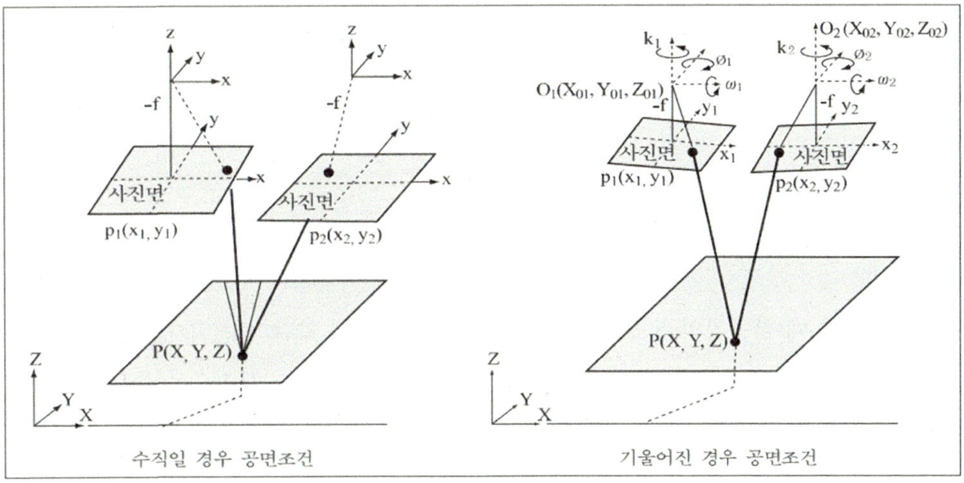

〈그림 5-17〉 공면조건

(1) 공면조건의 원리

① 4점(O_1, O_2, P_1, P_2)이 동일 평면상에 있는 조건인 공면조건을 만족하기 위한 관계식은 다음과 같다.

$$\begin{bmatrix} X_{O_1} & Y_{O_1} & Z_{O_1} & 1 \\ X_{O_2} & Y_{O_2} & Z_{O_2} & 1 \\ X_{P_1} & Y_{P_1} & Z_{P_1} & 1 \\ X_{P_2} & Y_{P_2} & Z_{P_2} & 1 \end{bmatrix} \begin{bmatrix} A \\ B \\ C \\ D \end{bmatrix} = \begin{bmatrix} 0 \\ 0 \\ 0 \\ 0 \end{bmatrix}$$

② 공면조건식 중에서 가장 널리 쓰이는 것은 투영 중심을 연결하는 방법과 좌측 카메라 좌표를 고정하는 방법이 있다.

$$\begin{bmatrix} X_{O_1} & Y_{O_1} & Z_{O_1} & 1 \\ X_{O_2} & Y_{O_2} & Z_{O_2} & 1 \\ X_{P_1} & Y_{P_1} & Z_{P_1} & 1 \\ X_{P_2} & Y_{P_2} & Z_{P_2} & 1 \end{bmatrix} = 0$$

(2) 공면조건의 활용

① 공면조건은 상호표정, 절대표정, 항공삼각측량의 광속조정에 이용된다.

② 공면조건은 지상의 위치 좌표를 알고 있지 않더라도 표정할 수 있으므로 수치 사진측량에서는 공면조건식을 공선조건식보다 많이 사용한다.

③ 입체모델 좌표계의 계산 방법은 공면조건식에 의한 방법과 종시차 소거법에 따른 방법으로 구분하여 시행한다.

5.4.8. 편위수정

출제(용) : 65회

사진을 촬영할 때 항공기의 동요나 경사로 인하여 사진상에 약간의 변위가 생기고 또한 축척도 일정하지 않게 되는 것을 수정하여 축척을 일정하게 하여 수직사진으로 수정하는 것을 편위수정이라고 한다. 편위수정은 기하학적 특성을 가진 지도를 제작하기 위해서 사진에 대해서 기하학적 변환이나 투영변환을 하는 과정을 말한다.

(1) 특징

① 편위수정은 광학적 조건(Newton 조건), 기하학적 조건(소실점 조건), 샤임프로그(Scheimpflug)을 만족해야 한다.

② 항공사진의 음화를 촬영할 때와 똑같은 상태로 놓고 지면과 평행한 면에 투영함으로써 수정할 수 있다.

③ 편위수정을 위한 기준점들은 항공 삼각측량법으로 결정할 수 있다.

④ 평탄한 지형에서 편위수정은 도면과 동질의 특성이 있는 것으로 볼 수 있다.

⑤ 편위수정에서는 최소한 3점의 표정점이 소요되나 정밀이 필요하거나 해석적 편위수정이면 4개의 표정점이 필요하다.

⑥ 편위수정(rectification)의 순서는 거의 수직사진 → 사진의 경사에 의한 편위수정 → 엄밀 수직사진으로 작업을 시행한다.

(2) 편위수정 조건

① 소실점 조건은 경사가 생긴 투영면에서도 투영 중심은 소실점을 중심으로 음화(negative)필름을 경사 시키면 음화 원판의 중심과 편위수정기 렌즈의 광학 중심이 달라지므로 올바르게 하려면 음화를 이동해 주는 것을 소실점 조건(Vanishing Point)이라 하며 기하학적 조건이라고도 한다.

② 광학적 조건

- 자동초점 장치를 이용하는 방법으로 확대 배율이 바뀌어도 항상 민감한 반응으로 상(像)을 얻을 수 있는 일반적인 식 $\frac{1}{a}+\frac{1}{b}=\frac{1}{f}$ 로부터 렌즈의 초점 F에서의 거리 $x=a-f$, $x'=a'-f$를 사용하면 $xx'=f^2$이 된다. 여기서 x와 x′가 반비례하므로 이 조건을 이용하는 것을 Newton의 렌즈 조건이라고도 한다.
- Newton의 렌즈 조건은 무한한 거리에 떨어져 있는 대상 물체로부터 입사 광축은 초점면에 상을 맺지만, 거리가 가까워질수록 맺힌 상은 초점거리와는 먼 거리에서 맺는다.

③ 샤임프러그 조건

- 샤임프러그 조건은 편위수정기에서는 사진면, 렌즈면, 투영면이 평행하지 않다.
- 한점의 초점이 일치되었어도 다른 부분에서는 선명한 상(像)이 되지 못하므로 사진 전체가 선명한 상을 얻기 위해서는 렌즈가 경사지도록 하여 사진면, 렌즈면, 촬영면이 일직선상에서 교차하도록 하는 조건이다.
- 사진면, 렌즈면, 투영면이 지면의 수직선에서 교차하도록 자동으로 수정하고 항상 $\frac{1}{a}+\frac{1}{b}=\frac{1}{f}$의 조건을 충족시키게 되어있는 조건을 샤임프러그 조건이라고 한다. 여기서, a : 대상물체까지의 거리, b : 상까지의 거리, f : 초점거리이다.

(3) 광학적 미분편위수정

① 광학적 미분편위수정은 도화기를 이용하여 입체모델을 형성하고 필름을 광학적으로 재투영하여 정사영상을 제작하는 방법이다.

② 편위수정 방법은 광학적 미분편위수정과 수치적 미분편위수정으로 구분한다.

③ 광학적 미분편위수정은 1970년대에 많이 사용하는 방법이다.

④ 최근에는 고가의 장비인 입체도화기와 정사투영기를 많이 사용하고 있다.

⑤ 다항식 변환은 영상 탐측기의 기하학, 기복변위, 지구곡률 등에 의한 모든 왜곡을 동시에 보정하는 것이다.

(4) 정밀편위수정

① 정밀수치편위수정은 인공위성으로 취득되거나 기존의 항공사진을 스캐닝 또는 디지털카메라로 취득된 영상자료와 수치표고모형을 이용하여 정사영상을 제작하는 방법이다.

② 지상기준점 또는 수치표고모형의 자료 입력용으로 사용 여부에 따라 직접적 방법(direct method)과 간접적 방법(indirect method)으로 구분된다.

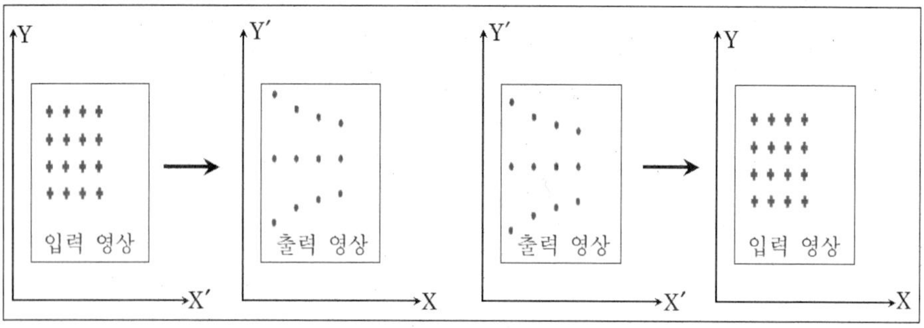

〈그림 5-18〉 정밀 편위수정 방법

③ 직접적 방법

- 인공위성 영상을 기하보정할 때 사용되는 방법으로 지상좌표를 알고 있는 현저한 지물의 영상좌표를 관측하여 각 출력 영상소의 위치를 결정하는 방법이다.
- 영상소의 값과 위치를 결정하기 위해서는 영상재배열(resampling)을 거쳐야 하므로 off-line 방법이라고도 한다.

④ 간접적인 방법

- 지상기준점 좌표에 의해 출력 영상소의 위치가 이미 결정되어 있으므로 입력 영상에서 관측된 좌표로 $X' = F_1(X, Y)$, $Y' = F_1(X, Y)$식을 이용하여 출력 영상소값을 결정하기 위한 입력 영상소의 위치를 결정하는 데 사용된다.
- 위의 식을 수치위성 영상자료에 적용하기 위해서는 아래의 식을 적용하여야 한다.
- $X = (Z - Z_0)\dfrac{r_{11}(x - x_c) + r_{21}(y - y_c) + r_{31}f}{r_{13}(x - x_c) + r_{23}(y - y_c) + r_{33}f} + X_0$
- $Y = (Z - Z_0)\dfrac{r_{12}(x - x_c) + r_{22}(y - y_c) + r_{32}f}{r_{13}(x - x_c) + r_{23}(y - y_c) + r_{33}f} + Y_0$ 여기서, X, Y, Z : 지상좌표, X_0, Y_0, Z_0 : 투영중심, x, y : 영상좌표, x_c, y_c : 영상좌표의 중심좌표, f : 초점거리, $r_{11}, r_{12}, \ldots, r_{33}$: 회전행렬요소이다.

⑤ 수치표고모형으로 나타낸 모든 것은 정사영상이 정확한 위치에 있는 것으로 본다.

⑥ 빌딩 또는 나무와 같이 수치표고모형의 일부가 아닌 대상물들은 편위수정 후에는 기복변위가 나타난다.

⑦ 대상점에 대한 다른 고도를 고려하는 것을 제외하고는 대상물들의 방사상 변위를 추정하기 위해 $\Delta r = \Delta z \cdot \frac{r}{h_i}$ 식을 사용할 수 있다. 여기서, h_i : 점 i 상의 투영 높이(perspective height)이다.

⑧ 영상정합 시 발생하는 오류 원인은 상의 중심에서 가장 작고, 가장자리로 갈수록 커지는 정사영상에서 방사상의 왜곡이 발생하며, 가장 큰 오류는 정사영상지도의 가장자리에서 나타난다.

⑨ 정사영상 생성에 대한 검사방법은 이웃한 정사영상을 이용하여 경계의 일치 여부를 확인하는 것이다.

⑩ 두 개의 인접한 정사영상이 도로나 하천 등의 선형적인 영상에서 시각적인 불일치를 보여주지 않는다면 그 정확도는 충분하다고 할 수 있다.

5.5. 사진의 판독

출제(용) : 126회, (논) : 96회

사진판독은 항공사진을 이용하여 사진면에 기록된 자료로부터 여러 가지 물체의 정보를 목적에 따라 적절히 해석하는 기술을 판독(Interpretation)이라 한다. 판독으로 취득된 데이터는 지상에 있는 모든 지형·지물의 위치와 색조, 크기에 대한 정보를 유용하게 사용할 수 있으며 사진을 기초로 하여 대상물을 종합 분석함으로써 피사체 또는 지표면의 형상, 지질, 식생, 토양 등의 연구 수단으로 이용하고 있다. 촬영 순서는 촬영계획, 촬영, 사진작성, 사진판독, 현지조사(보완조사), 사진의 평가, 정리 등이다.

5.5.1. 사진판독 요소

① 색조(Tone, Color)는 피사체가 갖는 빛의 반사에 의한 것으로 태양과 렌즈 그리고 대상물의 관계에 따라 색조가 변하며, 지물의 색과 관계가 있어 주로 수목의 종류를 판독하는 데 필요하다.

② 모양(Pattern)은 대상물의 배치 상태를 판별하는 것으로 사진에서 볼 수 있는 식생, 지형 또는 지표상의 색조 등으로 판독한다.

③ 질감(Texture)은 색조, 형태, 크기, 음영 등의 여러 요소로 조합된 산림의 빽빽하고, 거칠고, 매끈함을 표현하며 초목 및 식물의 구분을 판독한다.

④ 형상(Shape)은 항공사진을 촬영할 경우와 수직사진과 경사사진으로 촬영할 때 다르게 나타나므로 대상물을 촬영할 때 주의하여야 하며 이는 구성 배치 및 일반적인 형태를 판독한다.

⑤ 크기(Size)는 지상에 있는 대상물의 특성에 따라 넓이와 길이를 나타내는 평면적인 방법과 높이를 추가하는 입체적인 형상 및 크기를 판독한다.

⑥ 음영(Shadow)은 수직사진에서 수직인 대상물의 크기 및 형태를 식별하는 데 중요한 역할을 하며 대상물의 크기와 토지에 기복이 있는 경우 고저를 판독한다.

⑦ 과고감(Vertical Exaggeration)은 지표면의 기복을 과장하여 나타낸 것으로 낮고 평탄한 지역에서는 지형판독에 유리하지만, 경사면의 경사는 실제보다 급하게 보이는 경우를 말하며 촬영고도에 따라 낮은 촬영고도로 촬영한 사진이 촬영고도가 높은 경우보다 더 높게 보이는 경우가 있으므로 주의하여야 한다.

5.5.2. 사진판독 특징

① 짧은 시간에 넓은 지역을 판독할 수 있다.
② 대상 지역 정보를 종합적으로 취득하기가 편리하다.
③ 접근하기 어려운 지역의 정보취득이 가능하다.
④ 정보에 대한 기록과 보존이 정확하고 편리하다.
⑤ 상대적 판별이 불가능하다.
⑥ 색조, 입체, 모양이 나타나지 않은 지역은 판독할 수 없다.
⑦ 항공사진의 경우 기후와 태양고도에 따라 많은 영향을 받는다.

5.5.3. 사진판독의 순서

① 촬영계획, 축척 결정, 사진 종류, 촬영일시, 범위, 렌즈선정
② 촬영과 사진작성
③ 사진판독의 기준작성

④ 사진판독

⑤ 현지조사(지리조사)

⑥ 정리

5.5.4. 용도별 사진판독의 종류

① 전정색 사진 : 지질 및 식물의 판독

② 적외선 사진 : 식물과 물(水) 판독, 식물의 종류

③ 천연색사진 : 색(Color) 판독

④ 다중파장대사진 : 식물 판독

⑤ 열영상 사진 : 온도

5.5.5. 사진판독에 의한 조사

① 토지이용에 따른 조사는 하천의 분포와 도로의 형상, 식물분포와 식물의 성장 상태, 농작물의 종류, 환경 상태 등에 활용이 가능하다.

② 건설공사에 따른 조사는 항공사진을 이용하여 교통상황, 지형의 모양과 형태, 지질의 구성 등을 파악하여 댐, 도로공사, 농경지 정리, 교량의 설치 등에 편리하게 사용할 수 있다.

③ 도시계획에 의한 조사는 신도시를 건설하기 위해서는 도로, 하천, 철도, 항만 등과 같이 교통시설의 연결이 원활한지 등을 확인하여 도시의 미래에 대한 여러 가지 계획을 세워야 하며 공장 지역, 상업지역, 관공서 지역, 업무지역, 교육지역을 형성하도록 사전에 조사함으로써 편리하게 사용할 수 있다.

④ 기타 농업 및 산림, 환경오염, 재해에 의한 조사를 할 수 있다.

5.5.6. 사진판독의 응용

① 토지이용 및 도시계획 조사

② 지형판독, 수계판독, 지질판독

③ 환경오염 및 재해 판독

④ 농업 및 산림조사

5.6. 사진의 표정

출제(용) : 72, 113회, (논) : 110회

사진측량은 촬영 시 기상 조건, 항공기의 운항 등의 주위 사정으로 인하여 엄밀한 수직 사진을 촬영할 수 없으므로 촬영점의 위치, 카메라의 경사, 사진의 축척 등을 구하여 촬영 시의 카메라와 대상물 좌표와의 관계를 재현하는 것을 표정(Orientation)이라 하며 표정이 완료되면 입체모델을 얻을 수 있다. 사진상의 임의 점과 대응되는 땅의 점과의 상호관계를 정하는 방법으로 지형의 정확한 입체모델을 기하학적으로 재현하는 과정을 말한다. 입체도화기로 모델을 입체시 하여 도화 하려면 비교적 복잡한 사진 표정의 절차가 필요하며 표정의 순서는 내부표정 → 상호표정 → 절대표정 → 접합표정으로 진행한다.

5.6.1. 내부표정

내부표정(Inner Orientation)은 사진 촬영 당시 빛이 입사한 각을 도화기에 똑같이 재설정하는 것으로 사진의 주점을 투사기의 중심에 맞추고 투사기의 초점거리와 사진의 화면거리를 일치시키는 것을 말한다. 사진 주점을 촬영 중심에 일치시키고 초점거리를 도화기의 눈금에 맞추는 작업으로 화면거리 조정과 주점의 조정 작업이다. 주점의 위치결정과 정밀 입체도화기에 의한 주점 거리를 결정하는 과정으로 작업 순서는 〈그림 5-19〉와 같다.

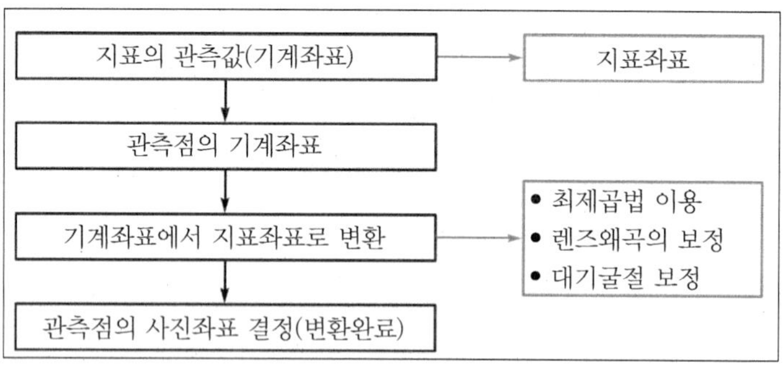

〈그림 5-19〉 내부표정 작업 순서

5.6.1.1. 내부표정의 특징

① 내부표정은 주점의 위치결정 및 주점 거리와 화면거리의 조정 작업이다.

② 내부표정은 기계좌표 → 지표좌표 → 사진좌표로 변환시키는 작업이다.

③ 주점의 위치결정과 입체도화기에 의한 주점 거리를 결정하는 과정이다.

④ 사진 주점을 투영기의 중심에 일치 및 초점거리(f)의 조정과 건판신축 및 대기굴절보정, 지구곡률 보정 및 렌즈 왜곡의 보정 요소를 정리하는 과정이다.

5.6.1.2. 내부표정의 좌표 조정 변환

출제(논) : 77, 107회

내부표정은 기계좌표로부터 지표좌표를 구한 다음 사진좌표를 구하는 단계적 표정으로서 좌표변환식은 2차원 변환식이 이용된다. 필름에 인화한 투명 양화(dispositive)는 습도와 온도 변화에 영향을 받기 쉬우므로 필름신축이 심할 경우 내부표정 과정에서 필름신축량을 보정할 수 있다.

(1) 등각사상변환

① 등각사상변환(Conformal Transformation)은 〈그림 5-20〉과 같이 직교 기계좌표에서 관측된 지표좌표계를 사진좌표계로 변환할 때 이용되는 방법으로 변환 후에도 좌표계의 모양이 변하지 않는다.

② 등각사상 변환은 정확도 향상을 위해 최소한 2점 이상의 좌표를 알고 있어야 한다.

③ 점의 선택 시 가능한 한 멀리 떨어져 있는 점이 변환의 정확도를 향상시키며 2점 이상의 기준점을 이용하고 최소제곱법을 적용하여 더욱 정확한 답을 얻을 수 있다.

④ 등각사상 변환은 축척변환(Scaling), 회전변환(Rotation), 평행변위(Translation)로 이루어진다.

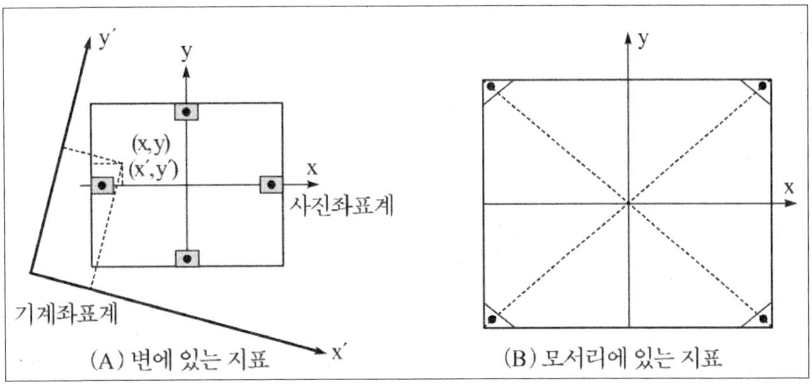

〈그림 5-20〉 사진지표의 변환

제 1 장
제 2 장
제 3 장
제 4 장
제 5 장
제 5 장

⑤ 등각사상 변환의 영향은 위치 및 방향의 변환에서 각 좌표축에 대한 크기의 축척변환 및 모양의 변화, 비선형 차수에 의한 크기로 변환하고 등각사상 변환식을 정리하면,

- $x' = ax + by + x_0$,
- $y' = -bx + ay + y_0$로 표시된다.

⑥ 지표좌표계와 사진좌표계의 관계식을 정리하면 $\begin{pmatrix} x' \\ y' \end{pmatrix} = \begin{pmatrix} a & b \\ -b & a \end{pmatrix}\begin{pmatrix} x \\ y \end{pmatrix} + \begin{pmatrix} x_0 \\ y_0 \end{pmatrix}$에서

$\begin{pmatrix} x \\ y \end{pmatrix} = \frac{1}{a^2+b^2}\begin{pmatrix} a & -b \\ b & a \end{pmatrix}\begin{pmatrix} x'-x_0 \\ y'-y_0 \end{pmatrix}$으로 4개의 미지수($a$, b, x_0, y_0)를 갖는 변환으로 최소한 2개 이상의 기준점을 이용하여 구한다.

(2) 부등각사상변환

출제(용) : 105회

① 부등각 사상변환(Affine Transformation)은 등각사상 변환에 대한 축척에서 x, y 방향에 대해 축척 인자가 다른 미소한 차이를 갖는 변환으로 실제 모양은 변화하지만, 평행선은 부등각 사상변환 후에도 평행을 유지한다.

② 부등각 사상변환은 두 좌표계의 회전에 의해 비직교에 의한 각(δ)이 발생하지만, (δ)은 매우 미소하므로 $\sin\delta = \delta$, $\cos\delta = 1$로 보아도 된다.

③ 부등각 사상변환은 비직교성인 기계좌표계에서 관측된 지표좌표계(fiducial mark Coordinate)를 사진좌표계(photo coordinate)로 변환할 때 이용된다.

④ 〈그림 5-21〉에서 직교좌표계(x', y')는 비직교좌표(x, y)로부터 부등각사상변환을 정리하면 $\begin{cases} x'' = a_1x + b_1y + x_0 \\ y'' = a_2x + b_2y + y_0 \end{cases}$이 된다.

⑤ 이를 다시 행렬식으로 표현하면

$\begin{bmatrix} x'' \\ y'' \end{bmatrix} = \begin{bmatrix} a_1 & b_1 \\ a_2 & b_2 \end{bmatrix}\begin{bmatrix} x \\ y \end{bmatrix} + \begin{bmatrix} x_0 \\ y_0 \end{bmatrix}$이다.

⑥ 미지수(a_1, a_2, b_1, b_2, x, y)가 6개이므로 6변수 변환이라고도 하며 최소한 3개 이상의 기지점이 필요하다.

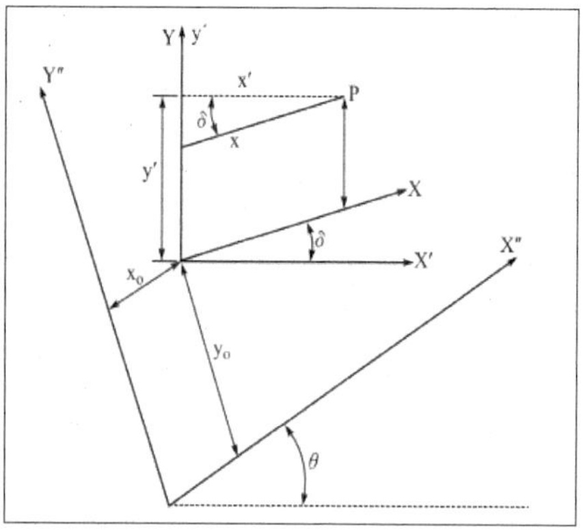

〈그림 5-21〉 직교좌표계와 비직교좌표계

(3) 내부표정 시 왜곡의 인자

① 카메라 렌즈 중심에 가까운 초점거리(Equivalent focal length)

② radial lens distortion을 평균적으로 배분하는 평균 초점거리(Calibrated focal length)

③ 렌즈의 모양으로 인한 빛의 굴절 왜곡(Radial lens distortion)

④ Tangential lens distortion

⑤ collimation의 중심위치(Principal point of autocollimation)

⑥ 사진지표의 좌표, 간격

⑦ 사진지표를 연결한 대각선의 교차각

⑧ 스캐닝, 촬영당시의 focal plane의 편평성

⑨ 필름 또는 렌즈의 해상도

제 1 장

제 2 장

(4) 사진좌표의 왜곡보정

출제(용) : 111회

카메라에 대한 정보는 초점거리, PPA, PPS, 렌즈왜곡수차, 스캐닝 보정 등을 이용하여 사진지표를 보정한다. 상좌표로부터 사진좌표로 좌표변환 과정에서 보정할 오차는 필름변형, 렌즈왜곡수차, 대기굴절, 지구곡률 등이 있다. 카메라의 화면거리는 카메라의 종류와 필름의 신축에 따라 화면거리가 달라지므로 도화기의 화면 거리는 새로운 항공사진으로 도면을 작성할 때는 반드시 조정하여야 한다.

① PPA(Principal Point of Auto collimation) 보정

- 사진좌표계와 PPA의 위치가 일치해야 하지만 실제는 이상적인 제작이 불가능하다.
- 사진좌표계의 중심과 PPA의 위치 차이를 제공하며, 간단한 2차원 평행이동으로 보정한다.

② PPS(Principal Point of Symmetry) 보정

- 항공사진측량용 카메라 렌즈는 렌즈의 모양에 따라 빛이 통과하면서 굴절 왜곡이 발생한다.
- 굴절 왜곡은 평균적으로 대칭이 되는 위치가 존재하며 이 위치는 PPA와 다른 위치에 나타나게 된다.
- PPS의 위치가 발생하는 위치를 사진좌표계와 비교하여 나타내는 현상을 보정하기 위해 사진좌표계의 중심과 PPS의 위치 차이를 제공한다.
- PPA처럼 간단한 2차원 평행이동으로 보정한다.

제 3 장

제 4 장

제 5 장

제 6 장

③ 렌즈왜곡수차(Radial Lens Distortion) 보정

- 빛이 항공사진 촬영용 카메라 렌즈를 통과하면서 굴절할 때 왜곡이 발생하는데, 방향에 따라 왜곡의 양이 다르다.
- 렌즈왜곡수차의 종류는 크게 방사방향 렌즈왜곡수차와 접선방향 렌즈왜곡수차로 구분한다.
- 자료는 PPS에서부터의 중심거리에 따라 평균 왜곡량을 제공한다.
- 보정은 관측된 사진좌표를 PPS에서부터 거리를 계산하여 평균 왜곡량을 제거하여 보정한다.

④ 초점거리(Focal Length) 보정

- 보정에는 등가초점거리(EFL; Equivalent Focal Length)와 검정화면거리(CFL; Calibrated focal length)가 있다.
- EFL은 주점에서 사진지표까지의 평균거리와 초점에서 사진지표까지의 각을 이용하여 이론적으로 계산한 초점거리이다.
- CFL은 방사왜곡(Radial Lens Distortion)이 평균적으로 고루 분포하도록 조정된 초점거리이다.
- 실제로 항공사진측량에 사용되는 초점거리는 CFL이다.

⑤ 스캐닝 왜곡보정

- 기계에서 읽은 사진좌표를 카메라 정보에서 제공하는 좌표계이다.
- 정확하게 변환하기 위해 변환계수가 많은 2차원 투영변환 방법을 사용하였다.

5.6.2. 상호표정

상호표정(Relative Orientation)은 비행기가 촬영 당시에 가지고 있던 기울기의 위치를 도화기에서 그대로 재현하는 과정을 말한다. 촬영 당시 촬영 면상에 이루어지는 종시차(Py)를 소거하여 목표 지형물의 상대적 위치를 상호표정 요소로 조정하는 작업이다. 대상물과의 관계를 고려하지 않고 좌우 사진의 양 투영기에서 나오는 광속이 이루는 종시차를 소거하여 입체모델 전체가 완전 입체시가 되도록 하는 작업을 말한다.

(1) 상호표정의 특징

① 기계적 상호표정과 해석적 상호표정이 있다.

② 기계적 상호표정은 상호표정 요소에 의하여 종시차를 소거한 입체모형좌표를 구하는 작업이다.

③ 해석적 상호표정은 사진좌표로부터 입체모형 좌표를 얻는 작업이다.

④ 종시차를 소거하여 대상물의 상대적 위치를 상호표정 요소로 조정하는 작업이다.

(2) 작업 순서

① 상호표정은 두 장이 서로 겹치게 촬영한 사진의 서로 대응하는 광선을 교차시켜 시차를 소거한 입체모델을 얻기 위한 것이다.

② 입체모델을 구성하는 사진 사이의 상대적 위치관계를 결정하는 과정으로 5개의 표정 요소를 결정한다.

③ 입체모델에 나타나는 y－시차(Parallax)를 제거함으로서 3차원 입체시 구현에 필요하다.

④ 공선조건식을 이용하여 상호표정요소를 결정하고 관측방정식에 최소제곱법을 적용하여 반복 계산을 수행한다.

⑤ 상호표정에 이용되는 원리는 시차차 방정식, 공선조건식, 공면조건식을 사용하지만, 공선조건식이 가장 많이 이용된다.

⑥ 입체모델 좌표계의 계산 방법은 공면조건식에 의한 방법과 종시차 소거법에 따른 방법으로 구분하여 시행한다.

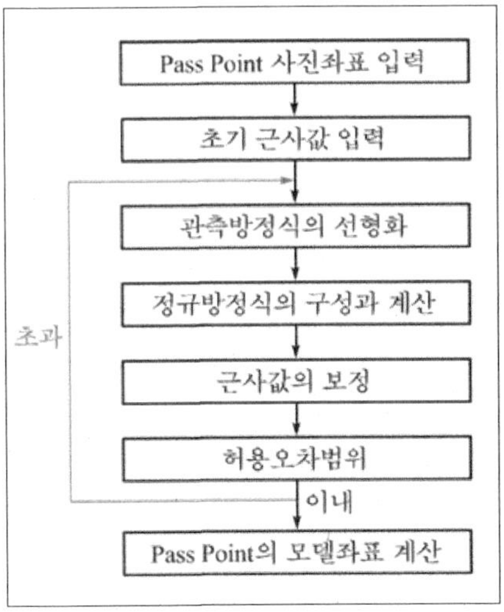

〈그림 5-22〉 상호표정 순서

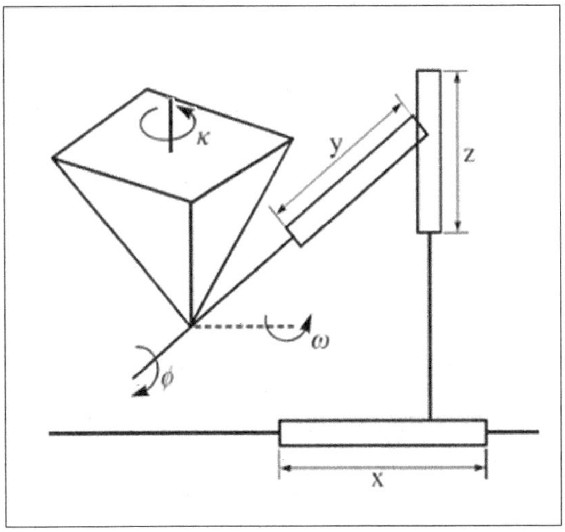

〈그림 5-23〉 상호표정인자의 이동

(3) 상호표정 요소의 운동

① 상호표정 인자는 회전 인자(κ, ϕ, ω), 평행 인자(by, bz)가 있으며 최소 5점의 표정점이 필요하고 상호표정인자의 운동은 〈그림 5-23〉과 같다.

② 상호표정은 5개 인자(κ, ϕ, ω, by, bz)의 독립된 표정인자에 의하여 종시차를 소거해 가는 것이다.

③ 표정 요소를 선택할 때 주의해야 하며, 요소가 나타나는 것으로 왼쪽 요소는 오른쪽으로, 오른쪽 요소는 왼쪽으로 나타나게 된다.

④ κ와 by는 평행이동이 특징이고 ϕ와 bz는 축척을 변환시키는 작업을 하므로 κ와 by는 평행 변위부, ϕ와 bz는 축척부라 부른다.

⑤ 상호표정의 요소를 3개 부분으로 나누면 평행 변위부(κ_1, κ_2, by), 축척부(ϕ_1, ϕ_2, bz), 회전부(ω)이다.

⑥ 회전표정요소(κ, ϕ, ω)의 운동

- κ의 작용은 〈그림 5-24〉와 같이 z축 주위의 회전이다.

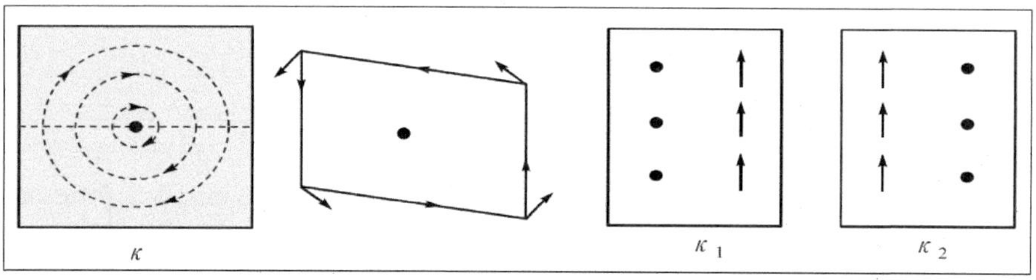

〈그림 5-24〉 회전요소 κ 의 작용

- ϕ의 작용은 〈그림 5-25〉의 (a)와 같이 비행 방향에 대하여 전후의 기울기로 y축 주위의 회전이다.
- ω의 작용은 〈그림 5-25〉의 (b)와 같이 비행 방향에 대하여 좌우의 기울기로 x축 주위의 회전이다.

⑦ 평행요소(by, bz) 운동

- by의 작용은 〈그림 5-25〉의 (c)와 같이 y축에 대하여 평행이동한다.
- bz의 작용은 〈그림 5-25〉의 (d)와 같이 z축에 대하여 평행이동한다.

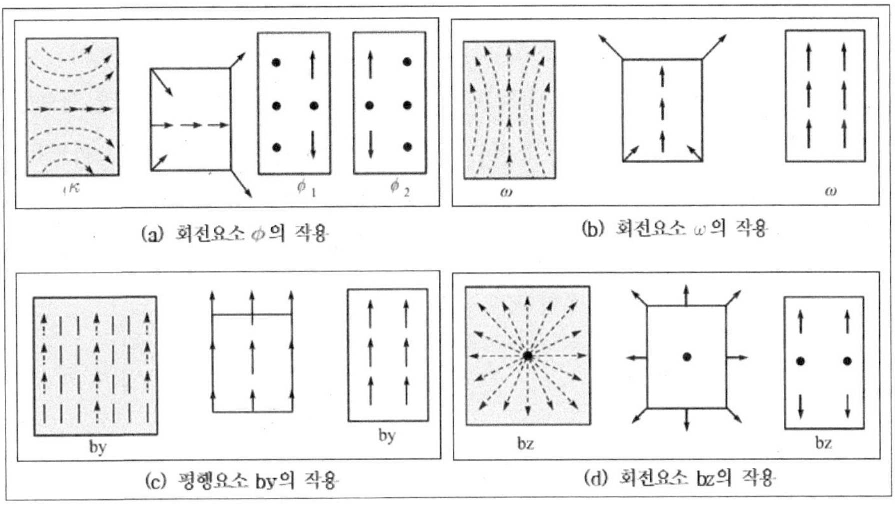

〈그림 5-25〉 회전표정 요소(κ, φ, ω)의 운동

(4) 모델좌표를 얻기 위한 조정변환식

상호표정은 사진좌표로부터 사진기 좌표를 구한 다음 모델 좌표를 구하는 단계적 표정으로서 좌표 변환식은 다음과 같은 조건을 이용한다.

① 공선조건

- 공간상의 임의의 점(또는 대상물의 점 : X_p, Y_p, Z_p)과 그에 대응하는 사진상의 점 (또는 상점 : x, y) 및 사진기의 촬영 중심(X_o, Y_o, Z_o)이 동일 직선상에 있어야 하는 조건을 공선조건이다.
- 공선조건은 주로 상호표정, 절대표정, 항공 삼각측량 번들조정에 이용된다.
- 입체사진 측량에서는 2개 이상의 공선조건이 얻어지므로 대상물의 3차원 좌표를 결정할 수 있다.

② 공면조건

- 두 개의 투영 중심과 공간상의 임의 점 P의 두 점이 동일 평면상에 있기 위한 조건을 공면조건(Coplanarity Condition)이라한다.
- 3차원 공간상 평면의 일반식은 AX+BY+CZ+D=0이다.
- 공면조건은 상호표정, 절대표정, 항공 삼각측량 광속조정에 이용된다.

5.6.3. 절대표정

절대표정(Absolute Orientation)은 대지표정이라고도 허며 상호표정이 끝난입체모형을 피사체, 기준점또는 지상기준점을 이용하여 피사체 좌표계 또는 지상좌표계와 일치하도록 하는 작업이다. 절대표정은 모형공간(Model Space)과 대상공간(Object Space) 간의 적절한 변환 관계를 설정하는 것이다. 절대표정은 축척의 결정, 수준면의 결정(표고, 경사결정), 위치의 결정(위치, 방위의 결정) 순서로 결정한다.

(1) 절대표정 필요 요소

① 절대표정 요소는 7개(κ, ϕ, ω, Ω, Cx, Cy, Cz)의 요소이다.

② 최소한의 지상기준점(Control Point)의 수

- 모델의 방위와 축척을 결정하기 위한 2점의 평면기준점(X, Y)
- 모델의 높이를 결정하기 위한 높이를 알고 있는 수준점 3 점이 필요하다.

③ 작업에서 절대표정을 위한 기준점의 수는 필요한 최소 점의 수보다 2~3점을 많이 설치하는 경우도 있으며 작업 순서는 〈그림 5-26〉과 같다.

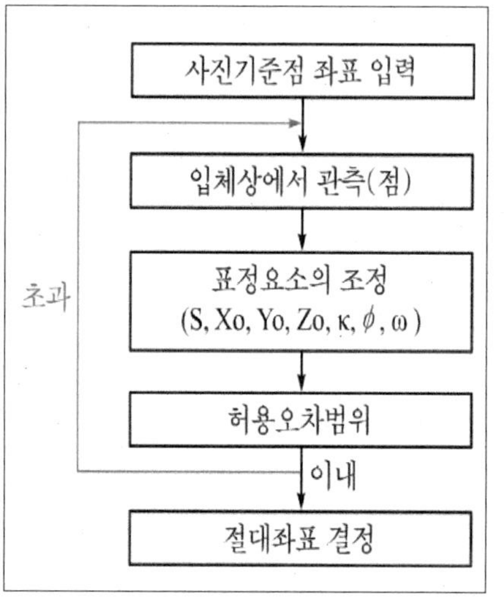

〈그림 5-26〉 절대표정 작업 순서

(2) 절대표정 순서

① 축척의 결정

- 축척의 결정은 투영기의 간격 기선의 길이(bx)에 의해 결정된다.
- 축척화된 길이를 bx의 수정량을 보정하여 축척을 결정한다.

② 수준면의 결정은 입체모형상에서 표고와 실제 지표면상에서의 표고차가 각점에서 비례적으로 맞도록 경사조정을 한다.

③ 위치의 결정

- 축척과 수준면이 결전되면 적당한 축척으로 표준점을 전개한 도면상의 기준점과 대응하는 입체모형상의 점을 일치시킨다.
- 그 점의 위치를 맞추면 표정이 끝나게 된다.

5.6.4. 접합표정

① 한 쌍의 입체사진 내에서 한쪽의 표정 요소는 전혀 움직이지 않고 다른 한쪽만을 움직여 그 다른 쪽에 접합시키는 표정법을 접합표정이라 하고 항공삼각측량에서 사용한다.

② 접합표정은 7개의 표정 요소(κ, ϕ, ω, λ, Sx, Sy, Sz) 결정과 모델 간, strip 간의 접합요소(축척, 미소변위, 위치 및 방위)를 결정한다.

③ 접합표정은 인접한 두 개의 입체모형에 공통인 요소를 이용하여 입체모형의 경사와 축척을 통일시켜 1개의 통일된 종접합모형의 좌표계로 차례로 변환하는 것이다.

5.6.5. 외부표정 요소

출제(논) : 92회

외부표정 요소(Direct Georeferencing)는 촬영 시 센서의 위치와 회전각을 직접 결정(외부표정 요소의 직접 결정)하여 모든 영상소를 지상의 대응점에 매칭시키는 작업을 말한다. 외부표정(모델링) 요소의 결정은 항공사진 촬영 당시의 기하를 재현하는 것을 말한다. 여기서 기하를 구성하는 요소들을 외부표정 요소들을 외부표정 6요소(ω, ϕ, κ, X, Y, Z)라 한다.

(1) 각 요소의 정의

① ω : x축(비행기의 진행방향)을 기준으로 반시계방향의 회전각

② φ : y축(x축에 직각인 축)을 기준으로 반시계방향의 회전각

③ ϰ : z축(x, y축에 직각인 축)을 기준으로 반시계방향의 회전각

④ X, Y, Z : 지상좌표계를 중심으로 한 렌즈의 3차원 위치

(2) 외부표정 6요소 결정방법

① 직접선형 변환법(Direct Linear Transformation)

② 다항식법(Polynomial)

③ 독립모델 조정법(Independent Model triangulation)

④ 광속조정법(Bundle Adjustment) 등

(3) 직접선형변환법(Direct Linear Transformation)의 기본 원리

① 직접선형변환법은 상의 내부표정 없이도 직접 후방교회를 할 수 있는 선형함수로 구성된 조건방정식이다.

② 최근에는 광학 화상(optical image)과 합성개구레이다(synthetic aperture radar)에 사용되고 있다.

③ 〈그림 5-27〉과 같이 사진측정에 이용되는 공선조건으로부터 투영중심(O_A)와 지상점 P(X, Y, Z), 사진좌표(x, y)는 다음과 같은 관계가 성립된다.

- $$\begin{bmatrix} x \\ y \\ c \end{bmatrix} = s(R\phi\ R\omega\ Rk)^T \begin{bmatrix} X - X_0 \\ Y - Y_0 \\ Z - Z_0 \end{bmatrix} \quad (5.1)$$

여기서, $(R\phi\ R\omega\ Rk)$: ϕ, ω, k에 대한 회전행렬, s : 축척계수이며, Xo, Yo, Zo : 사진의 투영중심(O_A)를 지상좌표계로 나타낸 것이다.

④ 식(5.1)에서 축척계수 s를 소거하고, $(R\phi\ R\omega\ Rk)^T = \begin{bmatrix} a_{11} & a_{12} & a_{13} \\ a_{21} & a_{22} & a_{23} \\ a_{31} & a_{32} & a_{33} \end{bmatrix}$로 표현하면

다음과 같은 기본적인 공선조건식을 얻을 수 있다.

- $$x = -c\frac{a_{11}(X - X_0) + a_{12}(Y - Y_0) + a_{13}(Z - Z_0)}{a_{31}(X - X_0) + a_{32}(Y - Y_0) + a_{33}(Z - Z_0)}$$
- $$y = -c\frac{a_{21}(X - X_0) + a_{22}(Y - Y_0) + a_{23}(Z - Z_0)}{a_{31}(X - X_0) + a_{32}(Y - Y_0) + a_{33}(Z - Z_0)} \quad (5.2)$$

⑤ 사진좌표 $p(x, y)$와 영상좌표 $P_C(x_c\ y_c)$와의 관계는 아래의 식과 같이 나타낼 수 있다.

- $$\begin{bmatrix} x_c \\ y_c \\ z_c \end{bmatrix} = R\alpha\ R\beta\ R\gamma \begin{bmatrix} x \\ y \\ z \end{bmatrix} + \begin{bmatrix} x_{co} \\ y_{co} \\ z_{c\varphi} \end{bmatrix} \quad (5.3)$$

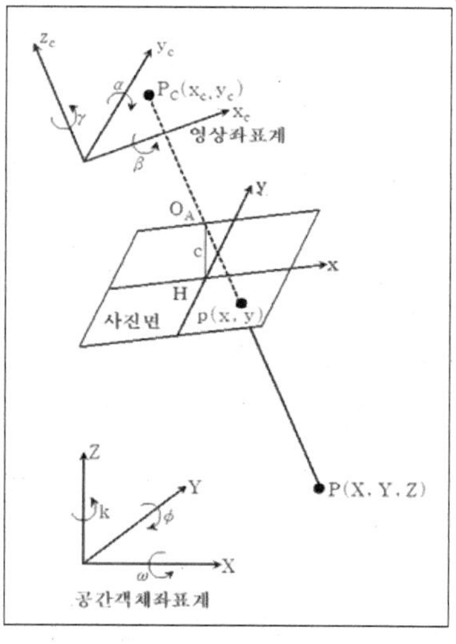

〈그림 5-27〉 공선조건

⑥ $R\alpha, R\beta, R\gamma$는 좌표측정기의 좌표축 Yc, Xc, Zc에 대한 α, β, γ회전요소의 회전행열이다.

⑦ 식(5.3)에서 Zc를 소거하고 다음과 같이 얻을 수 있다.

⑧ $$R\alpha\ R\beta\ R\gamma = \begin{bmatrix} b_{11} & b_{12} & b_{13} \\ b_{21} & b_{22} & b_{23} \\ b_{31} & b_{32} & b_{33} \end{bmatrix} \quad (5.4)$$

⑨ 식(5.4)를 정리하면 $x_c x_{co} = b_{11}x + b_{12}y - b_{13}c$ 이다.
$y_c y_{co} = b_{21}x + b_{22}y - b_{23}c$

⑩ 이는 측정된 상좌표(x_c, y_c)를 사진좌표(x, y)로 직교변환을 행할 수 있음을 의미한다.

5.6.6. 사진측량 좌표계

출제(논) : 77회

사진측량 좌표계는 각이나 거리를 이용하여 공간상에 있는 도형 및 선, 점을 정의하기 위한 기준계 중의 하나이며 계획된 축으로써 수평면을 이용한다. 사진측량 좌표계는 1960년 국제사진측량학회(ISPRS) 규정에 따라 세계 각국에서 오른손 좌표계(Right Hand Coordinate System)로 통일하여 사용하는 것을 원칙으로 하였다. 좌표축의 회전각은 X, Y, Z축을 정방향으로 하여 시계 방향을 "+"로 하며 각축에 대해 각각 κ, ϕ, ω의 기호를 사용한다.

① 사진측량에서 이용되는 좌표계는 기계좌표, 지표좌표, 사진좌표, 카메라좌표, 모델 좌표, 절대좌표 및 측지좌표계로 구분되며 좌표변환을 위해서는 다양한 변환 방법이 활용된다.

② 기계좌표계는 기계에 고정된 원점과 좌표축을 갖는 2차원 좌표계라 하며 일반적으로 사진상의 모든 X, Y 좌표가 (+)값을 갖도록 설치되는 좌표계를 말한다.

③ 지표좌표계는 "+", "−" 로 표현되는 좌표이며 좌표원점은 지표 중심이고 지표에 주어지는 고유의 좌표값을 기준으로 결정하는 2차원 좌표계이다.

④ 사진좌표계는 주점을 원점으로 하는 2차원 좌표계로 x, y축은 지표좌표계의 x', y'축과 각각 평행을 이루며, 일반적으로 지표 중심과 주점 사이엔 미세한 차이가 있다.

⑤ 카메라좌표계는 사진을 촬영할 때 기울기는 일반적으로 z축, y축, x축의 좌표축을 각각 κ, ϕ, ω의 순으로 회전하는 것을 말한다.

⑥ 모델좌표계는 입체도화기에 의해 만들어진 입체 모델상의 점에 대한 공간좌표를 나타내며 1956년과 1960년 국제사진측량학회(ISPRS)에서 정한 국제입체모델좌표계로 왼쪽 사진의 투영 중심을 좌표의 원점으로 한다.

⑦ 입체모델좌표계는 3차원 좌표계로 복수 모델좌표계를 인접한 모델에 접속할 때의 조건을 이용하여 하나의 좌표계를 통일할 때에 사용되는 3차원 직각좌표계이며 절대좌표계는 모델의 실공간을 정하는 3차원 직각좌표계이다.

5.7. 항공삼각측량

출제(논) : 60, 66, 120회

항공삼각측량(AT; Aerial Triangulation)은 점의 위치를 사진측량방법으로 결정하는 것이며 입체도화기 및 정밀좌표관측기로 사진상에서 많은 점의 좌표(X, Y, Z)를 관측한 후 소수의 지상기준점의 측량성과를 이용하여 측정된 점들의 좌표를 Block 조정방법에 따라 절대좌표를 결정하는 것이다. 항공삼각측량은 지형도 작성 중 세부입체 도화 작업의 1단계 작업이며 지적측량과 비교하면 세부측량 시행에 필요한 도근점측량과 같다고 할 수 있다.

5.7.1. 특징

① 선점에 필요한 시간과 경비를 대폭 절감시켜 높은 정확도와 경제성을 기대할 수 있는 방법이다.

② 입체사진측량에서 한 개의 독립모형(model)의 절대표정을 위해서는 최소한 3점의 지상기준점, 즉 표정점의 좌표를 알아야 하며 소요되는 점의 수는 입체모형 수에 비례하여 증가하게 된다.

③ 사진측량 방법에 따른 측점을 해석적 위치결정 방법으로 사용하기 시작한 것은 전산기를 항공삼각측량에 확대 도입하기 시작한 1960년대 이후부터였다.

④ 항공삼각측량은 구미지역에서 오래전부터 지적측량에 도입하여 활용하고 있으며 새로운 지적제도의 창설 및 지적재조사를 시행하는 지역에서 많은 시간과 비용을 줄이기 위하여 실시하고 있다.

⑤ 최근에는 항공삼각측량이 급진적으로 발전하여 지도 제작, 지적측량, 측지망 설정 등에 광범위하게 이용되고 있다.

5.7.2. 항공삼각측량 작업 순서

① 측량의 대상이 결정되면 목적에 적합하게 계획을 수립하고 촬영하여 얻은 음화필름을 이용하여 양화필름 및 양화사진을 제작하고 필요한 점들을 선정한다.

② 소축척일 때는 도로의 교차점, 독립가옥의 지붕 끝과 같이 특징 있는 자연점을 선정한다.

③ 대(중)축척 또는 높은 정확도를 요구하는 점을 사진에 표시하기 위해 대공표지를 설치하고 촬영한다.

④ 대공표지는 사진상에서 0.025～0.030mm의 반점으로 표시되도록 하고 향후 촬영될 사진의 각 입체모형을 고려하여 평탄하고 적합한 장소나 기존의 기준점 상에서 설치한다.

⑤ 관측한 좌표는 기계식 전산기 등에 의하여 절대좌표로 결정하며 항공측량 작업 순서는 〈그림 5-28〉과 같다.

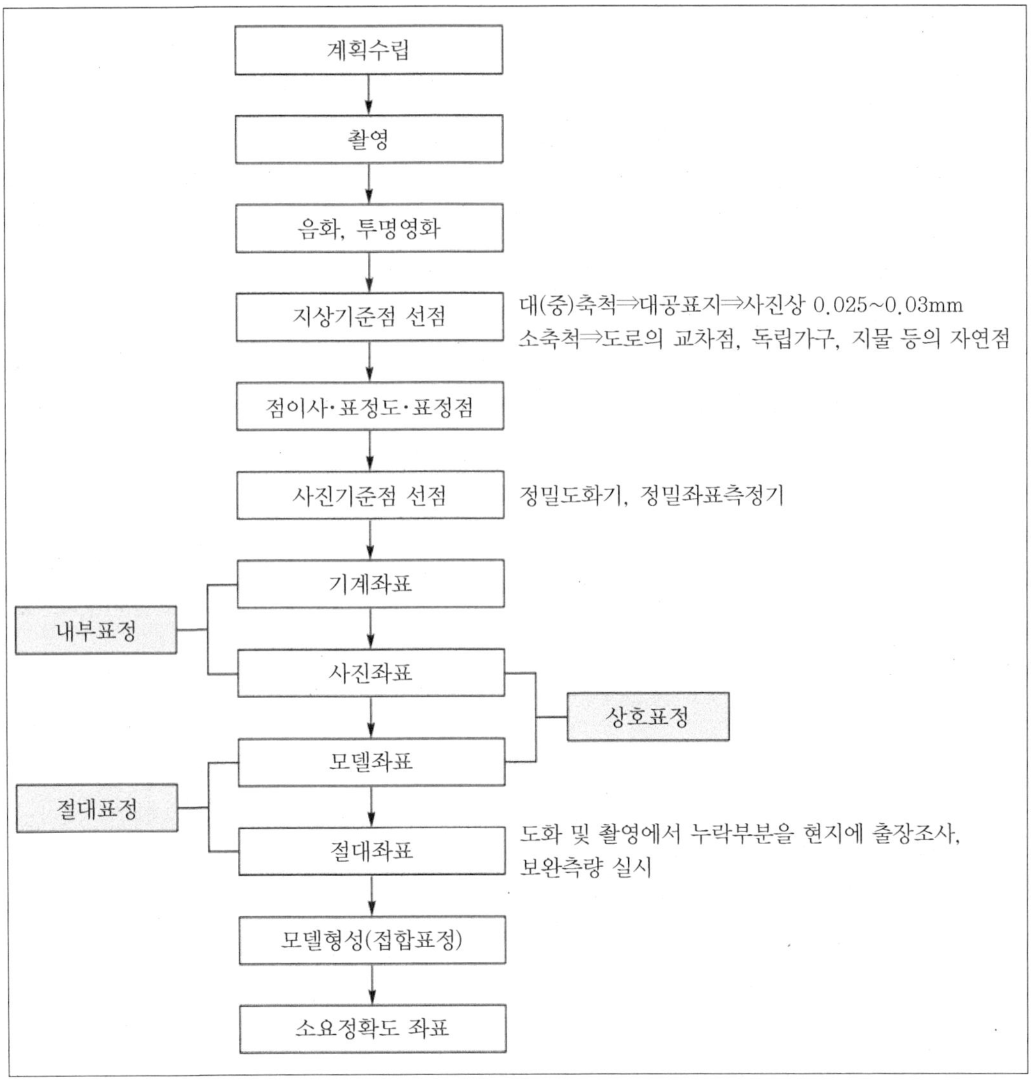

〈그림 5-28〉 항공삼각측량 작업 순서

5.7.3. 항공삼각측량 분류

(1) 조정 기본단위에 따른 분류

① 조정 기본단위에 따른 분류는 스트립조정법(Strip Adjustment), 모델조정법(Model Adjustment), 번들조정법(Bundle Adjustment)으로 분류된다.

② 기계적 방법과 해석적 방법으로 분류할 수 있으나 최근에는 컴퓨터와 프로그램의 개발로 해석적 방법이 보편화되어 가고 있으며 기계적인 방법은 정확도면에서 떨어진다.

(2) 조정 방법에 따른 분류

① 항공삼각측량에는 조정의 기본단위로써 사진, 입체모형(Model) 및 종접합 모형(Block)이 있으며 종횡접합모형조정(block adjustment)은 기준점과 접합점(Tie Point)을 이용하여 2개 이상의 단위를 동시에 절대표정 하는 것이다.

② 단위는 조정방법에 따라 종접합모형(course or strip)인 경우는 다항식법, 입체모형인 경우는 독립입체모형법, 사진인 경우는 광속법으로 크게 나눌 수 있다.

③ 다항식법(polynomial method)은 Strip을 단위로 블록을 조정하는 방법으로 다항식을 사용하여 최소제곱법을 이용한다.

④ 독립모델법(IMT)은 모델을 기본단위로 조정 접합점과 기준점을 이용, 모델의 좌표조정에 이용된다.

⑤ 광속법(bundle adjustment)은 사진을 기본단위로 사용하며 다수의 광속을 공선조건에 따라 표정한다.

5.7.4. 항공삼각측량 방법

항공삼각측량 방법은 조정의 기본단위로써 사진, 입체모형(model) 및 종접합 모형(strip)이 있으며, 이것을 기본단위로 하는 항공삼각측량 조정방법은 광속조정법(bundle adjustment), 독립모델법(IMT), 다항식조정법(polynomial method) 등이 있다. 항공삼각측량은 일반적으로 번들조정법과 독립모델조정법이 많이 사용되었다. 독일의 아커만(F. Ackermann)은 항공삼각측량을 위해 독립입체모델법(Independent Model Triangulation)을 사용하였고 슈미드(Schmid)는 광속조정법(Bundle Adjustment)을 도입하였다.

5.7.4.1. 다항식조정

다항식 조정 방법(Polynomial Adjustment Method)은 촬영경로를 단위로 종접합모형(strip) 조정을 기본단위로 이용하고 있으며 복수의 종접합모형이 다항식으로 결합된다. 초기에는 다항식조정법에 따른 스트립 항공삼각측량 (strip aerial triangulation)이 사용되었으나 차츰 독립모델 조정법이 실용화되었다.

(1) 조정의 특징

① 기준점의 수가 많이 필요하지만, 정확도가 낮아서 현재는 거의 이용되지 않고 있다.
② 사용되는 조건은 차수의 변환에 따라 여러 형태로 적용될 수 있다.
③ 최근에는 정확도가 높은 번들조정법으로 전환하는 경향으로 나타나고 있다.
④ 높이 조정과 수평위치 조정 방법은 여러 가지 조합으로 적용하며 기준점 관측방정식과 접합점 관측방정식을 이용하여 모델링 수행이 가능하다.

(2) 조정 순서

① 평면 기준점 등을 블록의 네 모서리에 반드시 배치함과 동시에 양단의 스트립에 대해서는 5모델마다 1점 한다.
② 그 외의 스트립은 양단의 모델에 1점씩 배치하는 것 외에 정확도를 고려하여 블록 내에 2스트립에 1점의 비율로 균등하게 배치하는 것을 표준으로 한다.
③ 표고기준점은 스트립마다 양단의 모델에 1점씩 배치하는 것 외에 5모델마다 1점씩 배치하는 것을 표준으로 한다.

- 평면기준점 수$(N_H) = 2c + 2(\frac{n}{5-1}) + (\frac{c}{2})$
- 표고기준점 수$(N_V) = (\frac{n}{5})c + c$ 여기서, n : 1 스트립 당 평균 모델 수, C : 스트립 수, N_V가 N_H 보다 작을 경우에는 N_V와 N_H를 동수로 한다.

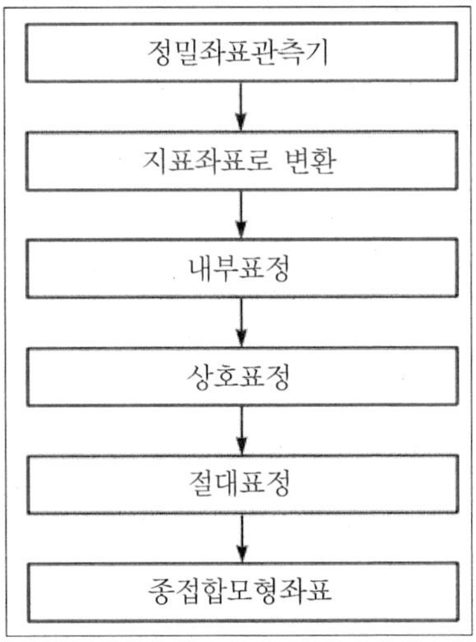

〈그림 5-29〉 다항식조정 순서

(3) 조정 방법

① 높이 조정과 수평위치조정 방법은 여러 가지 조합으로 적용하며 기준점 관측방정식과 접합점 관측방정식을 이용하여 모델링 수행이 가능할 수 있다.

② 다항식 조정법에 사용되는 조건은 차수의 변환에 따라 여러 형태로 적용될 수 있다.

③ 높이의 조정에 이용되는 다항식

- 3원 1차식 $H = a + by + cx + z$
- 4원 1차식 $H = a + by + cx + dx^2 + z$
- 5원 1차식 $H = a + by + cx + dx^2 + exy + z$ 또는 $H = a + by + cx + dx^2 + fx^3y + z$

④ 수평위치 조정에 이용되는 다항식

- $N = a + cx + dy$
- $E = b + cy + dx$
- $N = a + cx + dy + e(x^2 - y^2) - 2fxy$
- $E = b + cy + dx + 2exy + f(x^2 - y^2)$

⑤ 등각사상변환

- $N = a + cx + dy + e(X^2 - Y^2) - sfXY$
- $E = b + cy + dx + 2eXY + f(X^2 - Y^2)$

5.7.4.2. 단스트립조정

출제(논) : 74, 77회

단스트립 조정은 대체로 10~15모델을 단위로 수행하며 일반적으로 1코스의 모델 수와 표정점의 수 및 배치따른다. 표정점의 수는 10 모델마다 7점에 한하며 절대표정에 필요한 표정점은 최초 모델에 3점, 마지막 모델 2점, 중간 모델에 2점을 둔다. 단스트립 조정의 내부표정 지표의 잔차는 밀착 양화필름 상에서 0.03mm 이내로 하며 지표의 좌표는 사용한 사진기의 검정값을 사용한다. Strip의 모델 수는 10모델을 표준으로 하고 15모델 이내로 한다.

(1) 항공삼각측량 연결점

① 연결점(Pass Point) 각 사진의 주점 부근에 있는 점을 그 상하 양측의 주점기선장과 같은 길이인 장소에 선점한다.

② 사진기준점측량 과정에서 접합표정에 의한 스트립형성을 하기 위해 사용되는 점으로 종접합점이라 한다.

③ 〈그림 5-30〉의 점 a, b, c는 항공삼각측량에서 X, Y, H의 좌표값이 측정되고 항공삼각측량의 모델 접합이나 코스의 접합에 사용된다.

④ 연결점은 두 모델 사이의 중심접합점이고 〈그림 5-30〉의 11a, 11b는 상하 접합점이다.

⑤ 도화할 때 모델마다 절대표정의 기준으로 되며 도화된 도면의 접합 기준점으로도 사용된다.

⑥ 항공삼각측량을 위한 수준점은 표고에 요구되는 표정도에 따라 코스의 비행 방향에서의 높이의 만곡, 직각 방향의 비틀림 등을 조정하는 데 필요에 따라 적당한 위치에 설정한다.

⑦ 〈그림 5-30〉과 〈그림 5-31〉의 점 a, b, c는 항공삼각측량에서 X, Y, H의 좌표값이 측정되고 항공삼각측량의 모델 접합이나 코스의 접합에 사용된다.

⑧ 연결점(Pass Point)의 선점 시 유의 사항

- 부근이 되도록 평탄하고 사진상에서 그 위치를 쉽게 관측할 수 있어야 한다.
- 연속된 2개의 모델이 사진상에서 명확한 입체시가 가능하고 인접 모델 간의 중복 부분 중간에 위치하여야 한다.
- 연결점은 모델 중간의 주점 부근에 점 b를, 모델 양단(상하 양측) 주점기선장과 같은 길이인 장소에 점 a,c를 선점한다.
- 주점기선에서 직각방향으로 주점까지 항공진상의 거리는 7cm 이상 10cm 이하로 등거리이어야 한다.
- 후속작업이 필요한 때에는 항공사진상에서 선명한 위치를 보조점으로 선정한다.
- 선점한 연결점의 개략 위치는 밀착항공사진상에 표시한다.

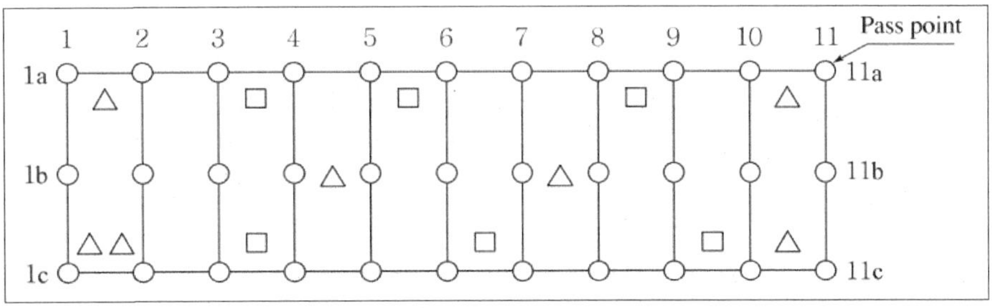

〈그림 5-30〉 기계적 항공삼각측량 표정점 배치

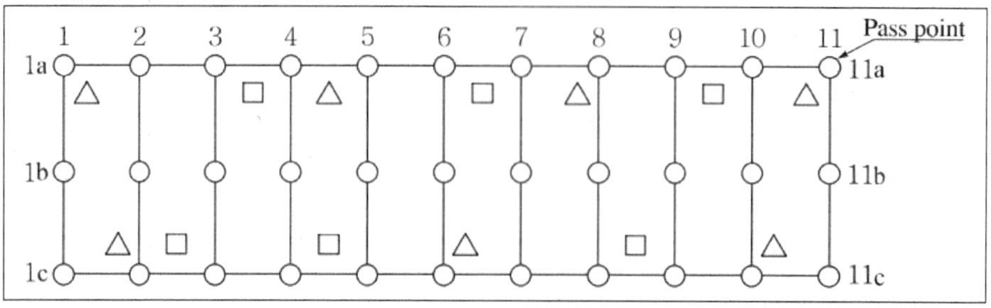

<그림 5-31> 해석적 항공삼각측량 표정점 배치

(2) 항공삼각측량 결합점

① 결합점(Tie Point)은 항공삼각측량 과정에서 스트립을 인접 스트립에 연결시켜 블록을 형성하는 것이 목적이며 스트립 사이의 횡중복 부분의 중심에 위치하는데 횡접합점이라고도 한다.

② 결합점은 코스 상호 간에 견고하게 연결되도록 선점하여야 한다.

③ 가급적 인접 코스 간의 중복 부분의 중간에 위치하고 항공사진 전체에서 선명한 점이어야 하며 블록 조정에서는 결합점이 일직선으로 나열되지 않도록 배치한다.

④ 보통 모델당 1점씩 선점하지만, 높은 정도가 필요하지 않으면 2모델당 1점씩 선점하기도 하며 지적측량과 같은 높은 정도가 있어야 하는 경우에서는 모델당 두 개의 결합점이 필요하다.

⑤ 최적의 경우는 사진당 1개의 결합점, 한 스트립에 3점, 인접 스트립에 3점을 하나로 선점할 수 있으나 불가능한 때도 있다.

(3) 단스트립조정 기준

① 단스트립조정의 내부표정에서 지표(指標)의 잔차는 밀착 양화필름 상에서 0.03mm 이내로 하며 지표의 좌표는 사용한 사진기의 검정(檢定)값을 사용한다.

② 상호표정의 경우에는 잔여 종시차는 밀착 양화필름 상에서 0.02mm 이내로 한다.

③ 접합표정은 인접 모델 간의 종접합점의 교차는 평면 및 표고 모두 표준편차가 촬영고도 0.05% 이내로 한다.

④ 조정계산 방법

- 평면 위치의 조정 계산식은 5모델 이내는 1차, 6모델 이상은 2차 등각사상변환식(等角寫像變換式)을 사용하는 것을 원칙으로 한다.
- 표고의 조정 계산식은 5모델 이내는 1차, 6모델 이상은 2차 다항식을 사용하는 것을 원칙으로 한다.
- 기준점에서 계산에 사용하지 않는 점이 있을 경우는 그 점의 이름과 이유를 계산부에 명기한다.

- 기준점에 있어서 잔차는 평면 및 표고 모두 표준편차가 촬영고도의 0.04% 이내, 최대값이 촬영고도의 0.08% 이내로 한다.
- 인접 스트립 간의 횡접합점 교차(較差)는 촬영고도의 0.08% 이내로 하고, 도화 등에 사용하는 값은 평균값을 사용한다.

5.7.4.3. 독립입체모델법

독립입체모델법(IMT)이란 복수의 입체모형 각각에 상호표정을 실시한 뒤에 입체모형을 접속하는 접합점 및 기준점을 이용하여 절대표정에 해당하는 미지계수를 최소제곱법으로 동시에 결정하는 방법이다. 독립입체모델법의 기본단위는 상대표정된 3차원 모델이다. 각 모델에 포함된 기준점, 여러 모델에 중복된 접합점 및 각 모델의 투영중심점에 대해 관측방정식이 구성된다. 최근 높이 조정에서 APR(airbone profile recorder), 기압계(statoscope), 수평카메라(horizon camera), 호수면 등을 이용하여 높이 조정을 보완하고 있다.

(1) 독립입체모델법 특징

① 조정 방법은 수평위치와 높이를 동시에 조정하는 방법과 분리 조정하는 방법이 있다.

② 조정 계산식은 평면과 표고를 동시에 조정할 때는 축척을 고려한 3차원 직각좌표 변환식으로 조정한다.

③ 독립하여 조정하는 때에 수평위치는 Helmert 변환식, 높이는 1차 다항식을 표준으로 한다.

④ 수평위치와 높이를 분리하여 조정하는 방법은 미지수가 적어 계산시간이 짧다.

⑤ 모델에 7개의 미지변수가 존재하며 각 점의 모델의 좌표가 관측값으로 취급된다.

⑥ 다항식에 비해 기준점 수가 감소하며, 전체적인 정확도가 향상되므로 종횡접합모형조정에 많이 이용된다.

⑦ 각 모델을 단위로 하여 접합점과 기준점을 이용하여 여러 모델의 좌표를 조정하는 방법으로 절대좌표로 환산하는 방법으로 조정 순서는 〈그림 5-32〉와 같다.

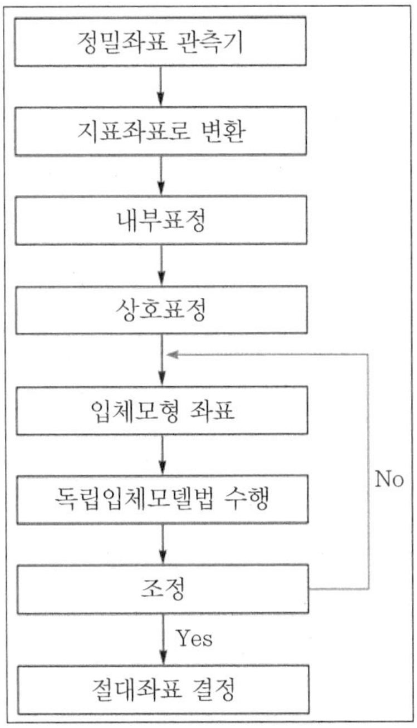

〈그림 5-32〉 독립모델법 조정

(2) 수평위치조정

① 조정 방법은 입체도화기에 의해 각 모델에 대한 상호표정을 수행하고 측정된 좌표를 지상좌표로 전환하는 수식으로 모든 모델은 3차원 상사 좌표변환이 이용된다.

② 이 방법은 입체모형당 평면위치 좌표에 대해 4개의 미지수, 높이에 관해 3개의 미지수 및 접합점 (X, Y, Z)좌표가 미지수가 된다.

③ 엄밀한 해법이지만 미지수량이 많아 계산시간이 많이 소요되지만. 현재는 처리 과정이 복잡하여 거의 사용되지 않고 있는 방법이다.

④ 수평위치와 높이를 분리하여 조정하는 방법은 수평위치 좌표 조정을 실시한 후 높이를 분리함으로써 동시에 해를 구할 때 비해 미지 변량의 수가 적게 되어 계산시간이 짧은 이점이 있다.

⑤ 수평위치 좌표의 조정을 위해 좌표변환은 Helmert 변환을 이용하며 4개의 입체모형으로 구성된 종횡접합모형(block)을 〈그림 5-33〉과 같이 기준점은 1, 3, 7, 9의 네 곳에 있고, 4, 5, 6 점은 결합점(Tie Point), 2, 8은 연결점(pass point)이다.

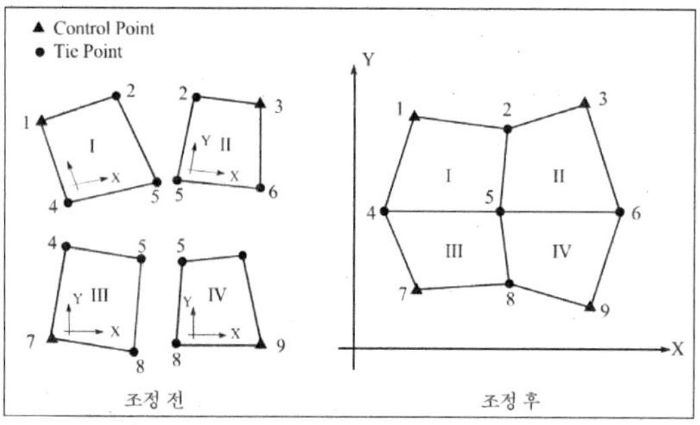

〈그림 5-33〉 수평위치 좌표의 조정

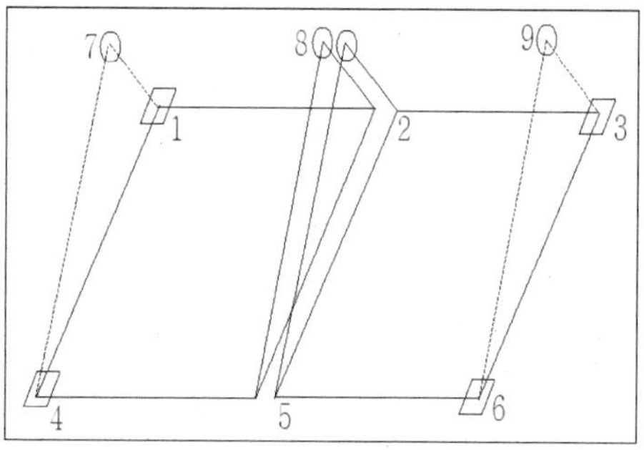

〈그림 5-34〉 높이 조정

(3) 높이의 조정

① 높이의 조정은 수평위치 좌표 조정 결과를 이용하며, 높이 조정 결과는 다시 수평위치 좌표에 이용되어 수평위치 좌표와 높이 조정을 반복하여 수행함으로써 수평위치를 구한다.

② 높이를 조정하기 위한 관측방정식은 높이기준점, 종접합점 및 투영중심에 관한 계산식을 이용하여 독립모형좌표를 보정한다.

③ 높이 조정은 〈그림 5-34〉와 같이 점 1, 3, 4, 6은 높이의 기준점, 점 2, 5는 연결점, 점 7, 8, 9는 투영 중심이다.

④ 점 8은 조정계산에 포함되지만, 점 7, 9는 인접 입체모형과 공유점이 아니므로 조정계산에 포함되지 않는다.

⑤ 미지수는 변환식의 계수 2×3=6개, 종접합점의 높이 좌표 2×1=2개 및 투영 중심의 3차원 좌표 1×3=3개로 미지수의 합계는 11개이다.

5.7.4.4. 광속조정법

광속조정법(Bundle Adjustment)은 상좌표를 사진좌표로 변환시킨 다음 사진좌표로부터 직접 절대 좌표를 구하는 것으로 공선조건에 따라 표정한다. 종횡접합 내의 각 사진상에 관측된 기준점 접합점의 좌표를 이용하여 최소제곱법으로 각 사진의 외부표정요소 및 접합점의 최확값을 결정하는 방법이다.

광속조정에서는 투영중심으로부터 사진상에 있는 상점과 대상점에 대하여 공간상에서 일직선을 이루게 된다는 공선조건을 이용한다. 내부표정 단계의 카메라의 렌즈 왜곡 오차, 대기굴절 및 지구곡률 보정은 자체검정법(Self Calibration)으로 대신할 수 있다. 조정 계산식은 사진의 경사와 투영중심의 위치를 미지수로 한 투영변환식을 사용하는 것을 원칙으로 한다.

(1) 특징

① 사진을 기본단위로 사용하며 다수의 광속을 공선조건에 따라 표정한다.

② 각 점의 사진좌표가 관측값으로 이용되며 조정 능력이 높은 방법이다.

③ 1모델을 기준으로 각 모델좌표를 접합하여 코스 좌표를 결정한다.

④ 상좌표를 측정하여 사진좌표로 변환한다.

(2) 광속조정 작업 순서

① 연결점과 결합점의 선정, 점이사기로 양화필름에 선정된 점을 표시하고 선정된 점의 상좌표를 측정하여 사진좌표로 변환한다.

② 상호표정을 통해 상호표정인자(ω, φ, κ, by, bz)를 결정하고 연결점의 모델좌표를 결정한다.

③ 1모델을 기준으로 각 모델좌표를 접합하여 코스 좌표를 결정한다.

④ 코스 좌표를 이용하여 측지좌표로 변환(축척, 회전, 평행이동)하여 X, Y 평면좌표를 결정한 후 조정계산으로 높이(H)를 결정한다.

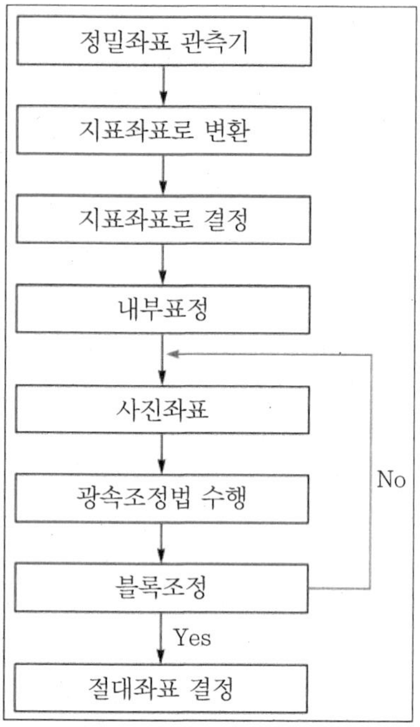

〈그림 5-35〉 광속조정 순서

(3) 광속조정 방법

① 공선조건은 렌즈의 초점, 지상점, 사진상의 점이 같은 직선상에 위치한다는 조건이며, 광속조정법 및 수치표고자료, 정사영상 생성의 기본이 되는 공식이다.

② 회전관계 및 사진상의 거리와 지상에서의 거리에 대한 비례식을 이용하여 다음과 같은 공선조건식을 생성할 수 있다.

- $X_a = -f\dfrac{m_{11}(X_C - X_L) + m_{12}(Y_C - Y_L) + m_{13}(Z_C - Z_L)}{m_{31}(X_C - X_L) + m_{32}(Y_C - Y_L) + m_{33}(Z_C - Z_L)}$

- $Y_a = -f\dfrac{m_{21}(X_C - X_L) + m_{22}(Y_C - Y_L) + m_{23}(Z_C - Z_L)}{m_{31}(X_C - X_L) + m_{32}(Y_C - Y_L) + m_{33}(Z_C - Z_L)}$

③ 위의 식을 선형화하면

- $F = V_x + (\dfrac{\sigma F}{\sigma\omega})^0 \Delta\omega + (\dfrac{\sigma F}{\sigma\phi})^0 \Delta\phi + (\dfrac{\sigma F}{\sigma\kappa})^0 \Delta\kappa + (\dfrac{\sigma F}{\sigma XL})^0 \Delta XL + (\dfrac{\sigma F}{\sigma YL})^0 \Delta YL$
  $+ (\dfrac{\sigma F}{\sigma ZL})^0 \Delta ZL + (\dfrac{\sigma F}{\sigma XC})^0 \Delta XC + (\dfrac{\sigma F}{\sigma YC})^0 \Delta YCrm + (\dfrac{\sigma F}{\sigma ZC})^0 \Delta ZC + F^0 = 0$

- $G = V_y + (\frac{\sigma G}{\sigma \omega})^0 \Delta\omega + (\frac{\sigma G}{\sigma \phi})^0 \Delta\phi + (\frac{\sigma G}{\sigma \kappa})^0 \Delta\kappa + (\frac{\sigma G}{\sigma XL})^0 \Delta XL + (\frac{\sigma G}{\sigma YL})^0 \Delta YL + (\frac{\sigma G}{\sigma ZL})^0 \Delta ZL + (\frac{\sigma G}{\sigma XC})^0 \Delta XC + (\frac{\sigma G}{\sigma YC})^0 \Delta YC + (\frac{\sigma G}{\sigma ZC})^0 \Delta ZC + G^0 = 0$

④ 이를 행렬식으로 구성하면

- $$\begin{bmatrix} V_{X_{ij}} \\ V_{Y_{ij}} \end{bmatrix} + \begin{bmatrix} b_{11}\, b_{12}\, b_{13}\, b_{14}\, b_{15}\, b_{16} \\ b_{21}\, b_{22}\, b_{23}\, b_{24}\, b_{25}\, b_{26} \end{bmatrix} \begin{bmatrix} \Delta\omega_i \\ \Delta\phi_i \\ \Delta\kappa_i \\ \Delta XL_i \\ \Delta YL_i \\ \Delta ZL_i \end{bmatrix} + \begin{bmatrix} b_{17}\, b_{18}\, b_{19} \\ b_{27}\, b_{28}\, b_{29} \end{bmatrix} \begin{bmatrix} \Delta XC_j \\ \Delta YC_j \\ \Delta ZC_j \end{bmatrix} = \begin{bmatrix} F - F^0 \\ G - G^0 \end{bmatrix}$$

⑤ 이를 간단히 정리하면 $\underset{(2,1)}{V} + \underset{(2,6)}{\dot{B}}\ \underset{(6,1)}{\dot{\Delta}} + \underset{(2,3)}{\ddot{B}}\ \underset{(3,1)}{\ddot{\Delta}} = \underset{(2,1)}{\epsilon}$ 이다. 여기에서 $(\dot{B}, \dot{\Delta})$은 외부표정요소에 대한 계수 매트릭스와 외부표정 6요소의 초기치에 대한 보정량들이다. $(\ddot{B}, \ddot{\Delta})$은 지상좌표에 대한 계수 매트릭스와 보정량이다.

⑥ 기본적인 해법은 최소제곱법을 이용하며 과대한 메모리가 필요하므로 행렬의 구성을 분석하여 효율적인 계산 방법이 필요하다.

⑦ 일반적인 기법으로 정리하면 1차원 배열을 이용하며 중복되는 메모리는 사용하지 않고 0 값으로 채워진 행렬들은 사용하지 않는다.

5.8. 수치사진측량

출제(논) : 52, 68, 75, 107, 116회

수치사진측량은 수치 영상을 이용하여 컴퓨터상에서 대상물에 대한 정보를 해석하고 취득한다는 점이 기존의 항공사진이나 지상사진 등에서 아날로그 형태의 자료를 이용하는 해석 사진측량과의 차이점이 있다. 수치사진측량 자료는 다양하게 응용될 수 있는 첨단 사진측량 방법이라 할 수 있다. 수치사진측량이 새로운 사진측량의 한 분야로 개발된 배경은 다양한 수치영상이 이용 가능하며, 컴퓨터 하드웨어 및 소프트웨어의 발전, 실시간 처리 및 비용 절감의 필요성이다. 작업순서는 입력, 자료취득, 자료처리 및 분석, 출력 등으로 크게 나눌 수 있다. 자료취득은 감지기나 기타 장비를 이용하여 이루어지며, 전산기에 의해서 2차원 또는 3차원의 자료처리 및 분석에 활용한다.

5.8.1. 발달 과정

① 1955년 로젠버그(Rosenberg)가 정보이론 및 전자 사진측량을 개발하였다.

② 1957년 캐나다의 헤라바(U. V. Helava)가 사진측량에 자동 수치지도 제작시스템을 도입함으로써 수치 영상을 이용한 등고선도 및 수치정사영상 제작이 시작되었다.

③ 1978년 판톤(Panton)이 통합지도 제작시스템을 이용하여 수치사진측량의 기본요소를 제안하였다.

④ 1980년대 전산기의 급속한 발달과 신뢰도가 높고 사용이 간편한 디지털카메라의 보급을 통해서 수치사진측량이 발전되었다.

⑤ 1986년 마카로비치(Makarovic) 박사는 하드웨어에서 소프트웨어로, 아날로그에서 디지털로 수동에서 자동으로 통합된 수치사진측량시스템을 개발하였다.

⑥ 쉥크(Schenk)는 1988년 수치사진측량 도화기에서의 자동화 개념 및 시스템 구조인 자동지도 제작시스템을 개발하였다.

⑦ 1991년 캐나다의 헤라바(U. V. Helava)가 대용량의 수치영상의 저장 및 전송을 위한 실시간 압축기술을 개발하였다.

⑧ 쾀(Quam)과 스트랫(Strat)은 수치 입체영상, DTM 및 3차원 모델을 이용한 정보의 결합에 대해 정리하였다.

5.8.2. 수치사진측량의 특징

① 수치사진측량은 수치영상을 이용하여 컴퓨터상에서 대상물에 대한 정보를 해석하고 취득하는 것으로서 다양하게 응용될 수 있는 첨단사진 측량 방법이다.

② 수치사진측량은 컴퓨터 비전, 컴퓨터그래픽스, 영상처리 등 다양한 학문과 연계되어 있다.

③ 수치영상 데이터를 사용함으로써 자료의 교환 및 유지관리가 편리하여 효율적이다.

④ 정사 보정된 수치 이미지데이터는 주기적으로 작업이 가능하고 생성하는 시간이 절감된다.

⑤ 다양한 수치 영상처리 과정에 이용되므로 자료에 대한 처리 범위가 넓다.

⑥ 수치영상을 이용하므로 기존 사진측량의 많은 작업공정을 자동으로 처리할 수 있다.

⑦ 수치 영상처리 및 수치영상 전처리는 영상 획득·처리기술 및 컴퓨터의 발달 때문에 수치사진측량에서 요구되는 정도를 제공할 수 있다.

5.8.3. 수치사진측량시스템의 구성

① 수치사진측량시스템은 하드웨어, 소프트웨어, 워크스테이션으로 구성하고 있다.

② 하드웨어 구성은 Crystal Eye3 synchronized eyewear(Stereo Graphics), Monitor, 3D Mouse, Monitor Z Screen and polarizing glasses 등이 있다.

③ 소프트웨어 구성은 수치영상의 획득, 저장, 디스플레이, 관리, 수치영상 영상처리, 수치영상 매칭, 항공삼각측량, 3차원 지형지물 정보추출 기능이 있다.

④ 워크스테이션은 3차원 좌표, 기하학적인 대상의 표면묘사, 구조화된 벡터자료, 변환된 수치영상 등의 결과물이 생성할 수 있다.

5.8.4. 디지털카메라

① 디지털 자료 취득체계는 조명체계(illumination system), 신호전달(signal transmission) 및 영상취득과 같은 요소들을 포함한다.

② 조명체계는 실시간으로 사진을 처리하는 것이 중요한 요소로 가장 핵심이 되는 부분이며 신호전달은 카메라와 영상취득면 사이를 연결해 주는 것이다.

③ 영상취득면은 카메라의 출력을 받아들이는 것으로 필요할 경우 기계적 신호를 디지털적 신호로 변환하며 영상이 영구적으로 저장되기 전까지 영상을 일시적으로 저장한다.

④ 수치정사영상 제작에 필요한 카메라 정보는 카메라의 초점거리, 주점의 좌표(Pincipal Point of Autocollimation), 사진지표(Fiducial Marks), 방사거리값(Radial Distance Value)과 방사왜곡값(Radial Distortion Value) 등이 있다.

⑤ 카메라 변수의 측정에 있어서 특히 중요한 부분이 카메라의 프레임 상에 나타나는 지표의 위치를 측정하는 것이다.

5.8.4.1. 디지털카메라의 특징

① 비행 촬영계획부터 자동화된 일련의 과정을 거치므로 영상의 품질관리 또한 쉬우며 필름을 사용하지 않으므로 현상비용, 운영비용과 공간, 시간의 절감이 가능하다.

② 영상탐측 장치(image sensing device)이며, 수치 데이터만을 이용하는 온라인 자동작업 공정으로 실행되며 필름의 현상 및 인화 작업과 항공사진의 스캐닝 작업이 필요 없으므로 신속하고 경제적으로 인력과 경비를 절감할 수 있다.

③ 촬영은 흑백과 컬러 그리고 적외선사진을 동시에 촬영할 수 있으므로 다양하고 포괄적으로 자료를 취득하는 것이 가능하다.

④ 디지털카메라는 영상신호를 각각의 미세한 센서에 내재된 시간의 주파수로 표본화하여 기계적 신호를 디지털적 신호로 변환하는 장치가 내장되어 있다.

⑤ 기존 항공사진과 비교하여 더욱 향상된 방사(Radiometric) 해상도 및 정확도를 제공한다.

⑥ 디지털카메라는 파장대를 변조하기가 쉬운 것이며 단점으로는 해상도와 시계(視界)가 한정되어 있다는 점이다.

⑦ 일반 지형도 제작은 물론 GIS 분야, RS 응용 분야, 재난 재해 분야, 사회간접자본시설 분야 등에서 활용성이 높다.

5.8.4.2. 디지털카메라의 종류

① 현재까지 약 10개의 디지털카메라가 개발되어 미국, 캐나다, 독일, 영국, 중국 및 일본 등에서 100여 대가 판매되고 있으며 2007년 6월 우리나라는 2대를 구입하였다.

② 디지털카메라의 종류는 〈그림 5-36〉과 같이 Applanix사가 제작한 DSS, IGN사의 IGN, Cicade사의 DIMAC, Ohio 주립대의 AIMS, ETH 사의 TLS, ZI-Imaging사의 DMC, Leica 사의 ADS40 및 Vexcel 사의 UltraCam 등이 현재 사용되고 있으나 가장 대표적으로 사용되고 있는 기종은 DMC, ADS40, Ultra Cam 등의 카메라가 대표적으로 사용되고 있다.

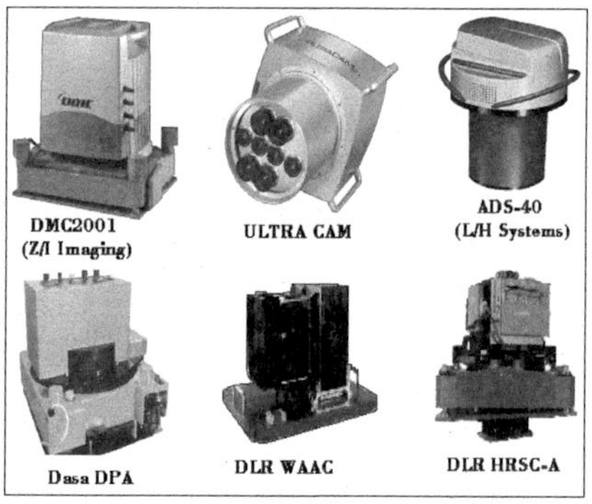

〈그림 5-36〉 디지털카메라의 종류

5.8.4.3. 디지털카메라의 촬영 방법

CCD 구성에 따라 Frame(Area) 및 Line 센서 방식으로 구분되고, 촬영 기하가 서로 상이하며 후속 공정이 달라진다.

(1) 선형센서 방법

① 선형센서(Linear array) 방법은 〈그림 5-37〉과 같이 ADS 40 카메라(LH Systems)가 대표적으로 사용되고 있으며 1970년 Dr. Otto Hofmann가 개발하였다.

② Three-line scanner 기법을 이용한 장비이다.

③ 단일 렌즈 방식으로 초점거리(f)=62mm이며, 3Panchromatic Lines과 4Multispectral Lines으로 구성되어 있다.

④ 특징

- 선형의 CCD 소자를 이용하여 지면을 스캐닝하는 방식이다.
- 상대적으로 높은 지상 해상도를 얻을 수 있으나 움직이는 대상물의 촬영에 한계가 있다.
- 라인별로 서로 다른 외부표정 요소를 가지며 라인별 영상은 중심투영의 특성을 가진다.
- 전방(forward), 연직(nadir), 후방(backward)을 동시에 촬영하는 3개의 흑백 CCD-line(12,000pixels) camera가 사용되며 4개의 다중스펙트럼(Multispectral) CCD-line (12,000 pixels)로 구성되어있다.

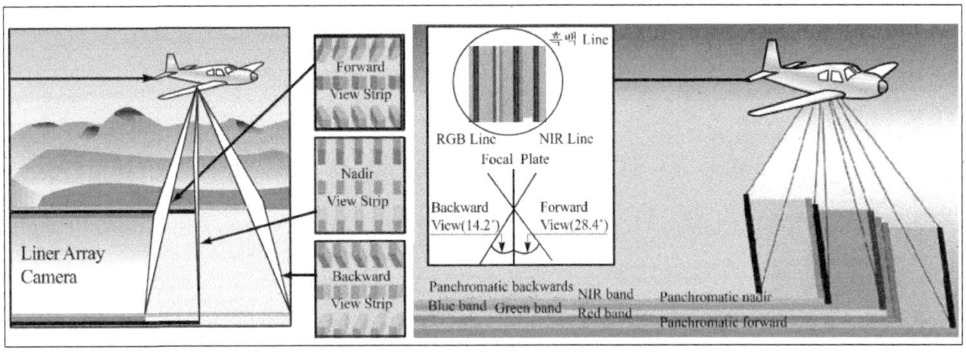

〈그림 5-37〉 linear array의 촬영방법

(2) 면적센서 방법

① 면적센서(Area array) 방법은 〈그림 5-38〉과 같아 CCD full frame arrays로 8개의 카메라 센서가 결합한 Modular 형태로 4개의 고해상도 흑백모드(Virtual Image제작)와 4개의 저해상도 칼라모드로 Frame 센서방식 또는 Matrix Array 방식이라고도 한다.

② RGB, IR을 동시에 촬영할 수 있으며, multiple RGB+IR, 8-12lens+focal planes, Calibration is comprehensive와 같이 구성되어 있으며 HRSC(DLR), MOMS, IKONOS 위성에 이용된다.

③ 흑백 영상촬영 시 초점거리(f)=120mm, 다중영상 촬영 시 초점거리(f)=25mm, 2D Array에서는 4Pan-4multi로 구성되어 있다.

④ 특징

- 면적센서 방식은 2차원 평면형태의 CCD 소자를 이용하여 일정 면적을 동시에 촬영할 수 있다.
- 기존의 아날로그 카메라와 같은 촬영 방식을 가지며 상대적으로 지상 해상도가 낮다.

- 4개의 Array를 붙여서 하나의 영상 Software를 이용하여 제작하며 FMC(IMC)가 가능하다.
- CCD 소자의 개수에 대한 기술적인 제약으로 인해 촬영 면적이 작아지는 문제점을 해결하기 위해서 일반적으로 여러 개의 센서를 병렬로 배치하여 함께 사용한다.

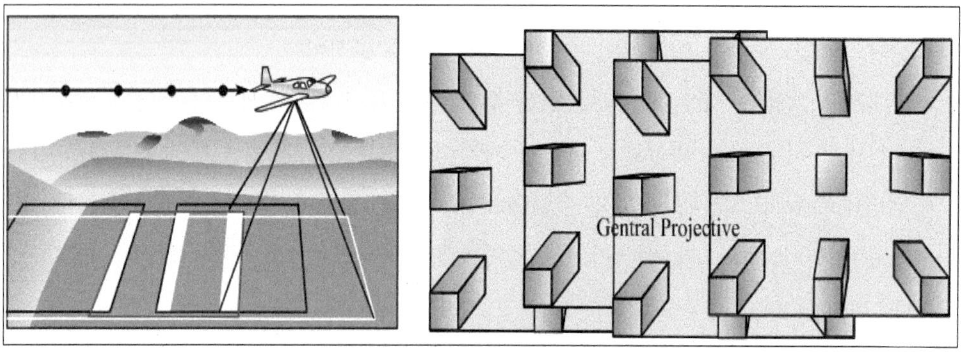

〈그림 5-38〉 **Area array 촬영방법**

5.8.5. 수치사진측량 작업 순서

수치정사사진은 정확한 영상스캐너로 양화, 항공사진, 필름은 스캐닝하고 스캐닝한 영상의 변위 및 왜곡을 제거함으로써 생성되며 수치정사사진을 제작하는 과정은 〈그림 5-39〉와 같다.

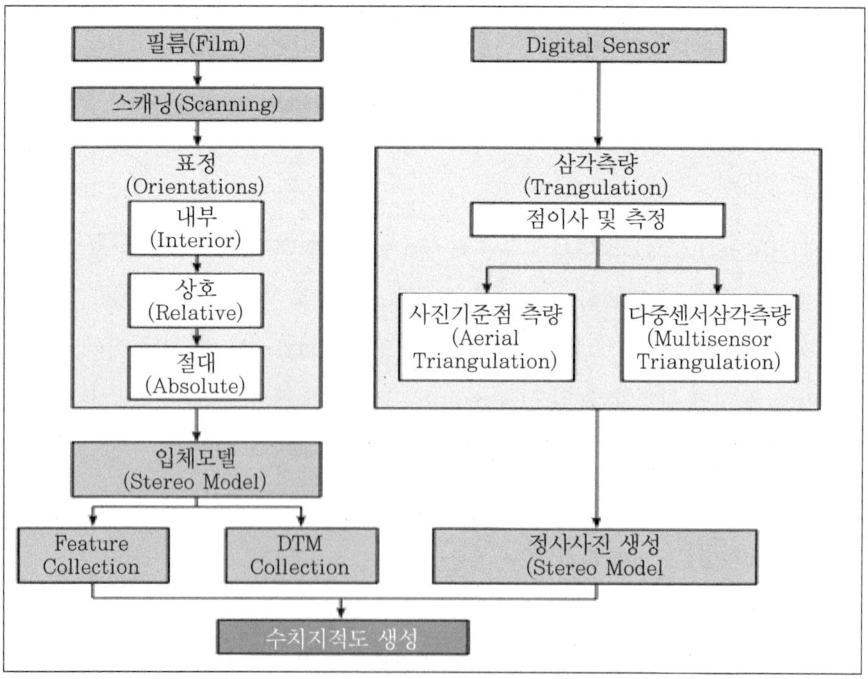

〈그림 5-39〉 **수치사진측량 작업 순서**

5.8.6. 기존사진측량과 수치사진측량의 비교

(1) 기존사진측량

① 입력 매체는 사진을 이용하며 사용하는 장비는 기계식 및 해석 도화기를 이용하여 사진 및 모델 좌표의 데이터를 측정한다.

② 장비의 유지보수비용이 고가이며 장비의 개선이 불가능하고 도화사가 작업해야 한다.

③ 정확도는 일반적으로 도화사의 숙련도와 사진의 축척에 따라 차이가 크다.

(2) 수치사진측량

① 입력 매체는 다양한 수치영상을 이용하며 사용하는 장비는 수치사진측량 시스템을 이용하여 영상좌표의 데이터를 측정한다.

② 장비는 소프트웨어로 고가이며 장비를 쉽게 개선할 수 있으며 작업은 숙련된 도화사가 필요하지만, 자동으로 처리할 수 있어 편리하다.

③ 정확도는 일반적으로 도화사의 숙련도와 함께 컴퓨터를 활용하므로 기존 사진측량보다는 매우 높게 나타나고 있다.

5.8.7. 수치사진측량의 응용

① 수치사진측량은 3차원 위치결정뿐만 아니라 다양한 분야에 응용되고 있으며 대표적인 경우가 CCD 카메라에 의한 관측이다.

② 높은 기하학적 정확도가 요구되는 사진측량 체계에서 CCD의 용도는 제한적이기는 하나 올바로 선택된 점들의 3차원 좌표 관측에는 성공적으로 사용된다.

③ 세부적으로 살펴보면 자동 항공삼각측량, 자동 수치표고 모형, 수치 정사투영 영상의 생성, 실시간 3차원 측량, 각종 주제도 작성에 이용되고 있다.

5.9. 수치정사영상

정사영상은 카메라의 기울기, 지형, 지형 고저차의 원인이 되는 모든 왜곡이 제거된 영상을 항공사진에 좌표를 입력하여 수치지도와 같은 실제 좌표를 가진 영상을 말한다. 사진측량에서 가장 기본적인 과정은 입체사진의 중복 영역에서 공액점을 찾는 것이라 할 수 있으며, 아날로그나 해석적 사진측정에서는 수작업으로 식별하였으나 수치사진측량 기술이 발달함에 따라 자동화 공정으로 변화되고 있다.

5.9.1. 발전 과정

① 1950년대에 호브로우(Hobrough)에 의해 기계식 상관관계 방법(analog correlation method)이 처음 시도되었다.

② 1968년 사진측량 장비를 생산하는 회사 사장인 와일드 헤르부르그(Wild Heerbrugg)는 ISPRS 학회에 상관 장치를 소개하였다.

③ 1976년 크레일링(Kreiling)은 일반 DEM과 수직사진의 목적을 위하여 수치 상관관계 적용을 최초로 시도하였다.

④ 1992년 노박(Novak)이 비디오 영상으로 얻은 수치 사진의 편위수정 방법을 분석하여 GIS 자료와 중복하여 정확도를 비교하고 위성영상의 활용 가능성을 제시하였다.

⑤ 1992년 수치영상을 이용 표면 모형화를 실시한 결과 수치사진측량의 효율성을 제안 CAD를 이용 직접적인 모형화 작업을 시행하였다.

⑥ 1993년 산업 분야에서 3차원 위치결정을 실시간으로 처리함과 함께 각 분야에서 적극적으로 연구 활동이 시작되었다.

5.9.2. 수치정사영상 작업 순서

출제(논) : 107, 114회

① 수치정사영상 처리는 동적 정보를 통제하기 위해 전산기를 이용함으로써 가능해졌다.

② 영상을 통한 3차원 관측과 조정 과정에는 고도의 영상인식 처리와 조정 과정 및 영상변화의 기법에 대한 신속한 사진측정학적 알고리즘이 필요하다.

③ 실시간이라는 개념은 초당 30개의 표준 프레임을 처리하거나 초당 120개의 영상소(256×256)를 처리하는 수치 영상처리를 의미한다.

④ 전처리(pre-processing) 과정에는 노이즈(noise) 제거, 기하학적 보정과 방사 보정, 형상의 정교화 과정이 포함되며, 인지 과정에서는 영상의 분할, 형상의 추출, 모양의 정합 과정이 수행된다.

⑤ 정량화 과정에는 부영상소(sub-pixel)의 정확도를 평가하기 위한 영상좌표관측과 같은 점의 입체 정합 및 3차원 좌표계산이 수행된다.

⑥ 최종적인 분석 과정에는 대상물의 표현, 대상물의 인식, 대상물 사이의 상호관계 등이 포함된다.

⑦ 수치정사영상 제작에 사용되는 데이터로 항공사진 영상, 높이 자료, 촬영 카메라 정보, GCP 측량결과, 항공삼각측량 결과를 준비하여야 한다.

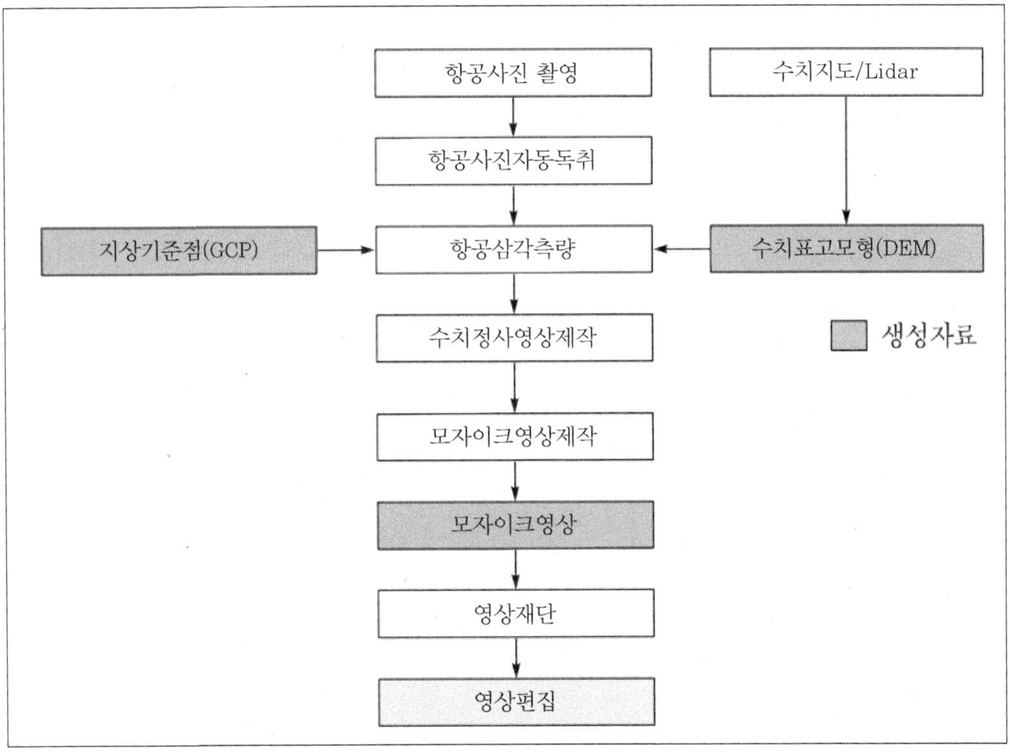

〈그림 5-40〉 수치정사영상 작업 순서

5.9.3. 수치영상처리

출제(용) : 80회, (논) : 83회

(1) 영상변환

삼각함수를 기호로 하며 영상처리 분야에서 가장 많이 이용되는 푸리에(Fourier)변환, 기본함수 급수 전개 항으로 이루어지는 Walsh 변환과 Madamard 변환, Hotelling 변환, Hough 변환이 있다.

(2) 영상개선

① 특정 응용 분야에서 원영상보다 더 좋은 결과를 나타낼 수 있도록 처리하는 데 있다.

② 접근방법은 공간영역 방법과 주파수 영역 방법이 있다.

③ 공간영역은 영상의 합성으로 영상소의 축척을 말하며 직접 조작하여 처리하는 과정을 말한다.

④ g(x, y)=T{f(x, y)} 여기서, f(x, y) : 투입 영상, g(x, y) : 처리된 영상, T : f의 처리함수 주파수 영역 방법은 나선 이론에 기초를 두고 있다.

⑤ 영상 f(x, y)를 나선 시켜 형성된 영상을 g(x, y)라 하고 위치불변식 연산자를 h(x, y)라 하면 g(x, y)=h(x, y)×f가 된다.

(3) 영상복원(Image Restoration)

훼손 영상에 대한 사전지식을 이용하여 Noise 등을 소거하여 영상을 재생하는 처리 과정으로 영상이 잘 안 보이는 것을 잘 보이게 복원하여 훼손된 영상을 더욱더 향상하는 것이다.

(4) 영상분할 기법

① 영상을 구성 부분과 대상물로 세분화하는 것으로 동적 영상과 정적 영상 모두 적용이 가능하다.

② 영상의 알고리즘은 불영속성과 유사성이라는 밝기값의 두 가지 기본적인 특성에 기초를 두고 영상을 구분한다.

③ 접근방법은 경계 구분, 영역 광대, 영역 세분과 통합 등에 기초를 두고 있다.

(5) 영상처리의 임계값(Threshold)

출제(용) : 80회

① 임계값(threshold)은 하나의 변수 x가 어느 값이 되었을 때 특이한 상태나 급격한 변화가 일어나 임계 상태에 있을 때의 x값을 말한다.

② 수치영상 처리에서 임계값은 이미지를 분할하는 가장 간단한 방법으로 그레이스케일 이미지에서 임계값을 사용하여 바이너리 이미지를 만들 수 있다.

③ 대부분의 방법에서는 이미지의 모든 픽셀에 동일한 임계값을 적용하고 있다.

④ 로컬 임계값

- 로컬 임계값은 영상의 다양한 부분 내에서 조명, 대비 및 질감의 변화에 적응할 수 있다.
- 조명 조건이 균일하지 않거나 복잡한 질감이 있는 이미지를 처리하는 데 도움이 된다.
- 다양한 지역에 맞춤형 임계값을 적용함으로써 로컬 임계값은 특히 강도나 기울기가 다양한 영역에서 전역 임계값에서 손실될 수 있는 미세한 세부 사항과 가장자리를 보존할 수 있다.
- 로컬 임계값은 임계값 결정이 전체 이미지가 아닌 로컬 통계를 기반으로 하기 때문에 전역 임계값에 비해 노이즈에 덜 민감할 수 있다.

5.9.4. 정사영상 제작

출제(용) : 83회

① 정사영상은 항공사진측량용 카메라와 인공위성에 탑재된 감지기로부터 취득된 지형·지물 등 대상물에 대한 항공사진 및 위성영상을 말한다.

② 정사영상은 중심투영으로 취득된 영상의 지형·지물 등에 대한 정사 편위수정을 실시한 영상을 말한다.

③ 최근에 개발된 다수의 영상처리 체계에서는 원격탐측을 위하여 편위수정 과정을 수행하며, 이 과정을 지형 참조(Geo referencing) 또는 지형보정(Geocoding)이라 한다.

④ 간단한 변환으로부터 고차원 다항식을 이용한 투영변환, 기복변위를 보정한 정밀 편위수정까지 사용자의 목적에 맞게 여러 수학적 모형을 적용할 수 있다.

⑤ 수치정사영상은 많은 정보를 포함하고 있으므로 지도로 활용할 수 있고, 수치지도와 병행할 경우 효율성을 증대할 수가 있다.

⑥ 정사영상 제작에 사용될 초기영상의 지형·지물 상태와 수치표고자료의 일치성 여부를 검토하고 정사영상은 모델별 인접 지역과 밝기값의 차이가 나지 않도록 제작되어야 한다.

⑦ 정사영상 제작에 이용하는 수치표고자료의 격자 간격은 영상의 2화소 이내의 크기에 해당하는 간격으로 하고 그 정확도는 영상 표정 결과의 2배 이내이어야 한다.

⑧ 다항식에 의한 편위수정은 편리하지만, 변환된 영상에 오차를 발생시킬 확률이 높으며 기복변위에 따른 보정은 적합하지 않고 영상체계에서 특별한 기하학은 고려하지 못한 경우가 많다.

⑨ 경험이 없는 사용자에게는 고차원 다항식이 잔차가 작고 기준점에 정확하게 일치시킬 수 있다고 생각할 수 있지만, 기준점 사이의 기복 때문에 큰 오차가 발생한다.

⑩ 다항식 변환은 영상탐측기의 기하학, 기복변위, 지구곡률 등에 의한 모든 왜곡을 동시에 보정하는 것으로 미분편위수정 방법은 광학적 미분편위수정과 수치적 미분편위수정으로 구분한다.

⑪ 광학적 미분편위수정은 도화기를 이용하여 입체모델을 형성하고 필름을 광학적으로 재투영하여 정사영상을 제작하는 방법이다.

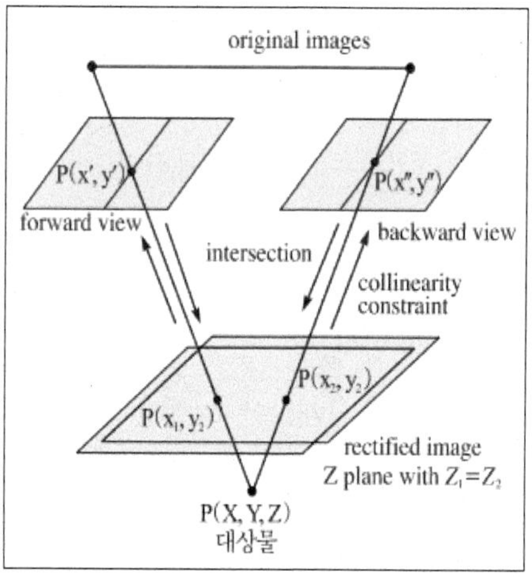

〈그림 5-41〉 영상 편위수정

5.9.5. 영상정합

출제(용) : 101, 128, 137회, (논) : 63, 74, 93, 105, 111, 122회

영상정합(Image Matching)은 입체모델을 구성하는 두 장 이상의 영상 중 한 영상에 나타나는 영상점이 다른 영상의 어느 위치에 형성되었는가를 결정하는 작업으로 상응하는 공액점의 위치를 자동으로 결정하기 위해 유사성 관측을 이용하며 영상정합은 때때로 자동입체 정합 또는 간단하게 상관성이라고 부른다.

수치사진측량에서는 입체영상에서 수치표고모델을 생성하거나 항공삼각측량에서 점이사를 위해 적용된다. 영상정합에 관련된 1970년대 초에서 1980년대 중반까지는 수치상관기법에 초점을 두고 있었으나 최근에는 하드웨어에서 두 영상의 밝깃값을 비교하는 상관 장치를 이용하는 기계적 방법이 있다.

5.9.5.1. 영상정합의 변천 과정

① 1950년대에 Hobrough에 의해 상관 인자(correlation factor)를 계산하여 기준영역과 정합 영역의 유사성 판정

② 1968년 와일드 헤르부르그(Wild Heerbrugg)는 ISPRS 학회에 상관 장치 소개

③ 1976년 크레일링(Kreiling)은 일반 DEM과 수직사진의 목적을 위하여 수치 상관관계 적용

④ 1992년 노박(Novak)이 GIS 자료와 중복하여 정확도를 비교하고 위성영상의 활용 가능성 제시

⑤ 1993 산업 분야에서 3차원 위치결정을 실시간 처리함과 함께 각 분야에서 적극적으로 연구 활동이 시작되었다.

5.9.5.2. 영상 요소

영상 요소는 크게 기본요소와 영상매칭 요소로 구분하며 기본요소에는 공액 요소, 정합 요소, 유사성 관측으로 분류할 수 있다.

(1) 기본 요소

① 공액 요소는 점, 선, 면을 포함하는 대상 공간형상의 영상이며 공액점보다 더 일반적인 용어를 말한다.

② 정합 요소는 공액 요소들을 찾기 위해서 두 번째 영상에서 첫 번째와 비교되는 주요소(밝기값, 형상, 상징적인 관계나 기호, 특성)를 구한다.

③ 유사성 관측은 정합 요소가 정량적으로 서로 얼마나 잘 대응되는가를 관측하는 것이다.

(2) 영상매칭 요소

① 관심점(Conjugate entity)은 점, 선, 면을 포함하는 매칭 대상 공간의 형상이다.

② 접합점(Matching entity)은 공액 요소를 찾기 위해 매칭 시 실제로 비교되는 요소로 영상의 화소값, 대상물의 형태 등을 이용한다.

③ 유사점(Similarity measure)은 매칭이 정량적으로 서로 얼마나 정확하게 이루어졌는지를 평가하기 위한 요소이다.

④ 정합방법(Matching method)은 영상 매칭에 실제로 적용되는 방법으로 영역기준정합(Area based matching), 형상기준정합(Feature based matching), 관계형 정합(Relational matching) 등이 사용된다.

⑤ 정합전략(Matching strategy)은 영상 매칭을 수행하기 위한 방법론으로 관심점(Conjugate entity), 접합점(Matching entity), 유사점(Similarity measure), 정합 방법(Matching method) 등의 결정 과정이다.

5.9.5.3. 영상정합 방법

영상정합 방법은 영상매칭에 실제로 적용되는 방법으로 영역기준정합(Area－Based Matching), 형상기준정합, 관계형정합이 있다.

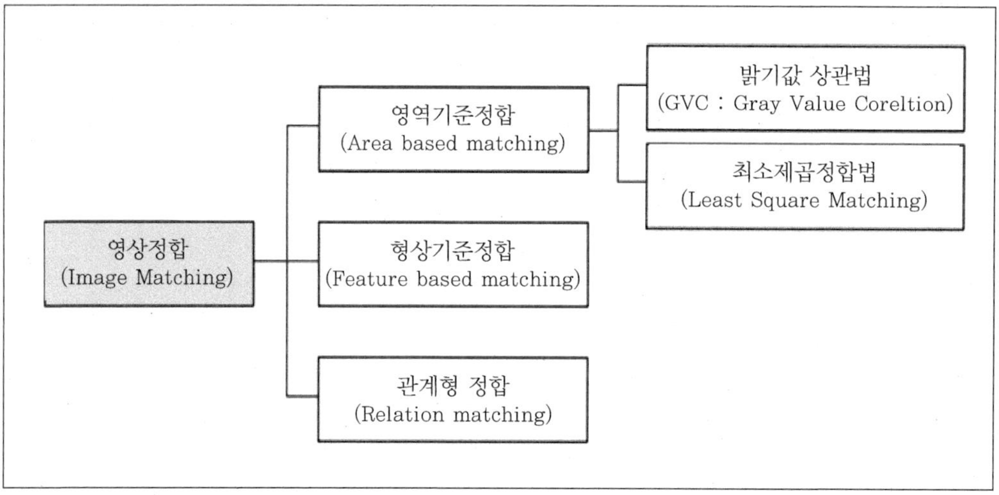

<그림 5-42> 영상정합의 분류

1) 영역기준정합

① 영역기준정합(Area－based matching)에서는 오른쪽 사진의 일정한 구역을 기준영역으로 설정한 후 이에 해당하는 왼쪽 사진의 동일구역을 일정한 범위 안에서 이동시키면서 찾아내는 원리를 이용하는 기법이다.

② 영역기준정합은 사진측량에 많이 이용되며 영상소구역이라고 부르는 작은 부영상의 밝기값 분포를 또 하나의 영상 밝기값과 비교를 하는 것이 기본개념이다.

③ 기준영역은 두 영상 중 하나에서 고정된 위치로 남아 있는 영상소구역이다.

④ 사전정보가 필요 없으며 평균제곱근 오차가 최소가 되도록 점진적으로 정합을 시행한다.

⑤ 유사성 판정기준으로 기준영역과 탐색영역을 비교하는 방법으로 가장 잘 알려진 두 가지 기준은 교차상관(cross-correlation)과 최소제곱 정합법(least-squares matching) 등의 방법이 있다.

(1) 밝기값의 상호관계

① 밝기값의 상호관계(GVC; Gray Value Corelation) 방법은 수치사진측량에서 기준영역을 정하고 다른 영상의 탐색영역(search area)에서 한 점씩 이동하면서 모든 점에 대해서 통계적 유사성을 계산하여 가장 큰 유사성을 보이는 점을 정합점으로 선택한 방법이다.

② 처리 방법

- 영상에서 기준영역의 중심을 선택하고 또 다른 영상에서 공액 위치를 위한 최적화 위치를 결정한다.
- 기준영역과 대상 영역에 대한 유일성을 판정할 수 있는 기준을 통과하는 최소크기를 결정한다.
- 정합장소는 정합 대상 영역크기(window size)의 2배 정도를 선택한다.
- 탐색영역 내에 상관 대상 영역의 모든 위치에 대해 상관계수를 계산한다.
- 상관인자를 분석하고 최소 초기값(또는 임계값; minimum threshold)은 반드시 타당한 영상 정합에 도달해야 한다.
- 정합 결과에 대해 영상에 대한 사전지식과의 적합성이나 일관성에 대한 전반적인 근거를 이용하여 분석한다.
- 처리 절차는 영상에서 기준 영역의 중심을 선택하고 또 다른 영상에서 공액 위치를 위한 최적화 위치를 결정하며 기준 영역과 대상 영역에 대한 유일성을 판정할 수 있는 기준을 통과하는 최소 크기를 결정한다.

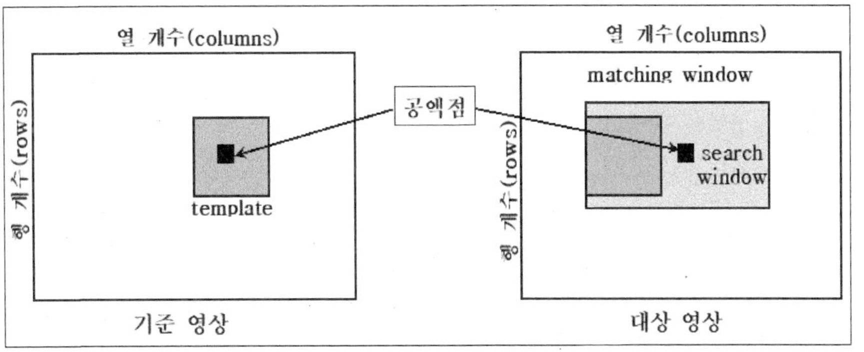

<그림 5-43> 공액영상점

(2) 최소제곱정합(Least square matching)

① 최소제곱정합(Least square matching)을 이용한 최초의 연구는 18세기 중엽에 독일(Ackermann Forstner)에서 보고되었다.

② 기준영역과 정합 대상 영역 사이의 밝기값 차이가 최소가 되는 점을 정합점으로 선정하며 계산 시 최소제곱법을 사용하는 것이 기본개념이다.

③ 정합 대상 영역의 위치와 형태는 조정 과정에서 매개변수에 의해서 결정된다.

④ 공액 위치를 찾을 때까지 정합 대상 영역을 움직인다고 생각할 수 있다.

⑤ 미지의 표정인자, 경사진 표면 소구역, 기복이 있는 표면 소구역 등에 의해 발생하는 다양한 기하학적 왜곡을 고찰한 후에는 정합 대상 영역의 영상소가 기준영역의 모든 영상소와 공액되기 위해서 변해야 한다는 것을 명백하게 알 수 있다.

⑥ 최소제곱 정합법의 문제점

- 이웃 영상소끼리 유사한 밝기값을 갖는 지역에서는 최적의 영상정합이 어렵다.
- 선형경계 주변에서는 경계를 따라서 중복된 정합점 발견이 어렵다.
- 불연속적인 표면을 갖는 부분에 대한 처리가 어렵다.
- 회전이나 크기 변화를 처리하지 못하며 계산량이 많다.
- 기하학적, 방사학적 왜곡의 영향을 덜 받으며, 초기 위치의 선정에 따라 매칭 정확도가 민감하게 변화한다.

2) 형상기준정합

출제(용) : 75회

① 형상기준정합(Feature Based Matching)은 원래의 영상으로부터 점, 경계선, 지역 등의 형상을 추출한 후, Cost Function을 이용하여 유사성을 관측하며 $\phi - s$Method, hough Transform 등의 방법을 사용한다.

② 형상기준 정합을 수행하기 위해서는 먼저 두 영상에서 모두 특징을 추출해야 한다.

③ 형상기준 정합에서는 대응하는 점을 발견하기 위한 기본 자료로서 특징을 이용한다.

④ 두 영상에서 대응하는 특징을 발견함으로써 대응점을 찾아서 각 점에 대한 평균값이나 분산과 같은 대표값을 계산하여 두 영상의 값을 서로 비교한 후 공액점을 이용한다.

⑤ 점, 선 영역의 정보는 영상을 형태로 구성하여 상응하는 특징을 찾기 위한 검색영역을 줄이기 위해 에피폴라 정열을 수행한다.

3) 관계형정합

① 관계형정합(Relation matching)은 영상에 나타나는 선이나 영역 등의 부호적 표현을 이용하여 묘사하고, 객체들끼리의 관계까지 포함하여 정합을 수행한다.

② 대상물의 점, 희미한 것(blobs), 선, 면 또는 영역(region) 등과 같은 구성 요소는 길이, 면적, 형상, 평균 밝기값 등의 속성을 이용하여 표현된다.

③ 구성 요소는 공간적 관계 때문에 도형으로 구성되며, 두 영상에서의 정합은 속성을 이용한다.

④ 입체영상의 시야각이 다르므로 구성 요소의 차이가 발생하면 정합 과정에서 보정하여야 한다.

⑤ 정합의 정확도는 영상의 질에 많은 영향을 받으나 일반적으로 부영상소 범위 내로 얻을 수 있다.

5.9.5.4. 영상정합의 활용

① DSM 제작

② Layer 분석

③ Noise 제거를 위한 필터링 작업

④ 기존 건축물의 변화량 판독

⑤ 측량기준점의 3차원 위치값 계산

5.9.6. 에피폴라기하

출제(용) : 68, 102, 108, 128회

최근 수치사진측량 기술이 발달함에 따라 입체사진에서 공액점을 찾는 공정은 점차 자동화되어 가고 있으며 공액 요소 결정은 에피폴라 기하(Epipolar Geometry)를 이용한다. 에피폴라 기하는 주로 상호표정에서 활용되는 방법이다. 에피폴라 기하(Epipolar Geometry)는 스테레오 비전(Stereo vision)과 관련된 개념으로, 두 개의 카메라로부터 얻은 영상 데이터를 이용하여 3D 공간에서 점들을 추정하는 기법이다.

(1) 구성요소

① 에피폴(Epipole)은 한 카메라의 초점(focal point)을 다른 카메라의 이미지 평면에 투영한 점이다.

② 에피폴라 평면(Epipolar Plane)은 두 카메라의 초점과 세계좌표계에서의 임의의 3D 점을 포함하는 평면이다.

③ 에피폴라 선(Epipolar Line)은 에피폴라 평면이 각 이미지 평면과 교차하여 형성되는 선이다.

(2) Epipolar 기하의 특징

① 두 영상의 기하학적 상관관계를 표현하는 데 이용된다.

② 에피폴라 선(Epipolar Line)은 공액점 결정에서 탐색영역을 많이 감소시킨다.

③ 에피폴라 선은 공액점 결정의 탐색영역을 줄여준다.

④ 입체사진의 두 개의 영상에는 반드시 에피폴라 선이 존재한다.

⑤ 에피폴라 선은 평면과 각 영상의 교차선이다.

(3) Epipolar Geometry의 제약조건

① 동일 평면성

- 평면성(Coplanarity) 조건은 에피폴라 평면(Epipolar Plane)이라고 하는 한 개의 평면에 두 카메라의 중심과 해당 3D 점이 모두 존재해야 한다는 조건이다.
- 이 조건이 충족하여야 에피폴라 선과 일치하는 점들을 정확히 찾을 수 있다.

② 기준선

- 기준선(Baseline)은 두 카메라 중심 사이의 거리를 말한다.
- Baseline이 너무 작으면 두 이미지간의 차이가 작아져서 일치점을 찾기 어렵다.
- Baseline이 너무 크면 두 이미지에서 일치하는 점들이 너무 다른 위치에 나타나게 되어 일치점을 찾기 어렵다.

③ 교정

- 카메라의 내부 파라미터(Focal length, Principal point 등)가 알려져 있어야 한다.
- 두 카메라 사이의 상대적 위치(Rotation, Translation)도 알려져 있어야 한다.

④ 일치 정확도는 특징점을 정확히 검출해야 하며, 묘사자(descriptor)를 이용하여 특징점 간의 유사성이 높은 점을 찾아야 한다.

(4) Epipolar 기하의 원리

① 에피폴라(Epipolar)는 스테레오 카메라 시스템에서 이미지 평면을 연결하는 직선으로, 다른 이미지에서 해당 점을 투영하는 교차점이다.

② 에피폴라는 각 이미지에 대해 고정되어 있으며, 카메라의 위치와 방향에 의해 결정된다.

③ 에피폴라 제약(Epipolar Constraint)은 한 이미지에서 특정 점의 대응점은 다른 이미지에서 해당 점의 에피폴라 상에 존재해야 함을 의미한다.

④ 에피폴라 평면(Epipolar Plane)은 에피폴라와 이미지 평면을 포함하는 평면이다.

⑤ 스테레오 카메라 시스템에서 한 이미지의 특정 점을 다른 이미지로 투영할 때, 해당 점의 에피폴라는 에피폴라 평면상에 존재한다.

⑥ Epipolar geometry는 동일한 사물에 대한 영상을 서로 다른 두 지점에서 취득했을 때, 영상 A와 영상 B의 매칭쌍들 사이의 기하학적 관계를 다루는 것이다.

⑦ 〈그림 5-44〉와 같이 3차원 공간상의 한 점 P가 영상 A에서는 p에 투영되고, 영상 B에서는 p'에 투영된 모습이다.

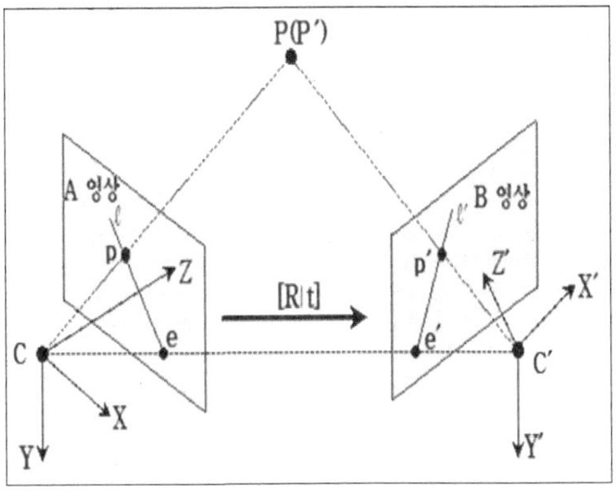

〈그림 5-44〉 에피폴라 기하 원리

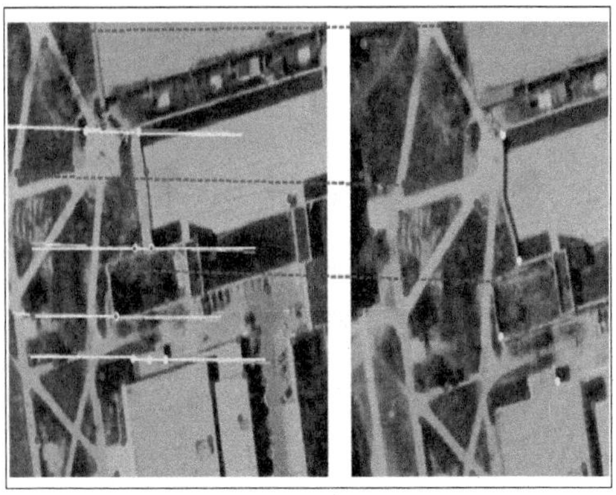

〈그림 5-45〉 에피폴라 기하 방법

- P(P') : 이미지상에 맺힐 3차원 공간상의 점이다.
- p, p' : 각 영상에서의 매칭 상이다.
- C, C' : C는 왼쪽 카메라 중심점(Center of Projection), C'는 오른쪽 카메라 중심점 이다.
- Baseline은 카메라의 중심점 C와 C'를 잇는 선이다.
- Epipolar plane은 P(P'), C, C' : 세 점을 연결한 평면이다.
- e, e'는 두 카메라 원점을 잇는 선과 이미지 평면(Image plane)이 만나는 점으로 epipole이라 한다.

- 에피폴라선(epipolar line)은 직선 ℓ, ℓ′로 epipole(e, e')과 이미지상의 점(p, p')을 연결한 선을 말한다.

⑧ 에피폴라선(epipolar line)은 3차원의 점 P와 두 카메라 원점을 잇는 평면(epipolar plane)과 이미지 평면과의 교선으로도 볼 수 있다.

⑨ 점 P는 A 영상의 원점과 p를 잇는 직선(ray)상에 존재하므로 이 직선을 영상 B에 투영하면 점 p'가 이 투영된 직선 위에 있는데 이를 에피폴라선(epipolar line) ℓ′이다.

5.10. 사진지도 제작

항공사진을 접합하여 지도처럼 작성하여 이용하는 것을 사진지도라고 하며 건축물·하천·도로 등 대부분 지형·지물은 사진을 직접 이용하여 표현하고 행정 경계, 토지소유권 경계, 지명, 주요 건축물 명칭 등 사진상에 나타나지 않는 사항을 보완하는 것이므로, 지도에서 표현되지 않은 많은 사항을 포함하고 있어 유용하게 이용할 수가 있다.

5.10.1. 사진지도의 종류

사진지도(Photo map)는 제작 방법이 사진변위의 수정 방법에 따라 약조정집성사진지도(uncontrolled mosaic photo map), 반조정집성사진지도(semi－controlled mosaic photo map), 조정집성사진지도(controlled mosaic photo map) 및 정사투영 사진지도로 분류된다.

(1) 약조정집성사진지도

약조정 집성사진지도(Uncontrolled Mosaic Photomap)는 카메라의 기울어짐에 따른 변위, 지면의 비고에 따른 변위, 두 변위를 일절 수정하지 않고 사진을 이용하여 만든 사진지도이다.

(2) 반조정집성사진지도

① 반조정 집성사진지도(Semi controlled Mosaic Photomap)는 편위수정기에 의해 편위를 일부 수정하여 집성한 사진지도로써 등고선을 삽입하지 않는 지도를 말한다.

② 조정 집성사진지도(Controlled Mosaic Photo map)와 약조정 집성사진지도(Uncontrolled Mosaic Photo map)의 중간단계로 대략 수정된 사진을 이용하여 작성한 집성도를 말한다.

(3) 조정집성사진지도

편위수정기에 의해 편위를 수정한 사진을 집성하여 만든 지도로써 등고선을 삽입하지 않는 지도로 조정 집성사진지도(Controlled Mosaic Photo map)라 한다.

(4) 엄밀 집성 사진 지도

카메라의 경사에 의한 변위는 수정하고 일정한 축척으로 지면의 비고에 따른 변위는 수정하지 않고 집성 사진지도를 작성한 것인데, 지면의 비고가 적고 평탄하여 비고에 의한 변위가 미세하여 사진상의 평면 위치가 지도로서의 정확도를 갖추었다고 생각해도 무방할 정도일 때 이용한다.

5.10.2. 수치정사사진지도

출제(용) : 48, 59회

수치 정사사진지도란 중심투영 방식으로 촬영한 항공사진에서 기하학적인 보정을 통하여 지도처럼 정사투영의 특성을 가지도록 제작한 수치 정사 영상이나 위성영상을 지도의 도곽에 맞추어 제작한 영상지도를 말한다. 지도만으로는 판독하기 어려운 지형지물을 이해하는 데 도움을 줄 뿐만 아니라, 지도가 가지고 있는 기하학적인 특성을 결합한 것이다. 모든 지형지물의 상호위치가 지형도와 같아 거리, 각도, 지형지물의 위치 및 좌표, 면적 등의 정보를 얻을 수 있다. 정사사진의 작성을 위하여 사용되는 기본적인 자료들은 항공사진, 지상기준점측량성과, 카메라와 스캐너 보정데이터, 수치표고모델 등이다.

5.10.2.1. 특징

① 대상 지역의 현장감이나 입체감을 일괄적으로 정리하기 편리하며 거리, 각, 면적을 그대로 관측할 수 있는 지도의 특성이 있다.

② 지형도와 같은 축척을 지니면서 사진의 형태로 나타나 있으므로 현장감이 양호한 동시에 판독이 쉬우며 수치표고모형의 정확도는 정사사진 지도의 정확도를 좌우한다.

③ 대상지의 표현을 다양하게 할 수 있으며 차세대의 지형도로 이용될 가능성이 크다.

④ 사진은 카메라 렌즈의 중심으로 투영되어 얻어지기 때문에 지형의 기복에 따른 변위가 포함되어 있다.

⑤ 정사사진 지도의 제작은 비교적 경비가 적게 소요되며 신속하게 현지측량과 유사한 효과를 얻을 수 있다.

⑥ 사진상에서 가능한 모든 요소는 수치 래스터 화상에 표시되며 지형에 대한 래스터 데이터가 결과물로 제공된다.

5.10.2.2. 수치정사사진지도 제작 자료

① 스캐닝 된 수치항공사진 영상

② 중심투영으로 촬영된 항공사진의 왜곡을 보정하기 위한 항공사진의 3차원 모델링 결과

③ 지형의 기복에 의한 왜곡을 보정하기 위한 수치표고모델

④ 수치지도 자료 등이 활용

5.10.2.3. 작업 세부 내용

수치 정사사진지도는 기존 항공사진을 고정밀 항공사진 전용 스캐너로 스캐닝하고, 스캐닝한 수치 항공사진영상을 수치사진측량용 소프트웨어에서 영상의 기하학적 왜곡요소를 보정한다. 수치 미분편위수정 방법에 따라 수치정사사진을 생성할 수 있다. 이 결과물을 지도로서의 활용 가치를 높이기 위하여 기존의 수치지도에서 필요한 레이어를 추출한 후, 수치정사사진과 융합함으로써 최종의 수치정사사진지도가 생성된다.

(1) 영상입력

항공사진은 시행기관에서 받은 1 : 20,000 축척의 스캐닝 된 수치 항공사진으로 이를 DPW 770에 입력하기 위해서는 항공사진을 촬영한 카메라의 정보와 촬영 당시 카메라의 위치 좌표 등을 입력하여야 한다.

(2) 카메라정보

① 수치정사사진 지도제작에 필요한 카메라 정보로는 카메라의 초점거리, 주점의 좌표(Pincipal Point of Autocollimation), 사진지표(Fiducial Marks), Radial Distance Value와 Radial Distortion Value 등이 있다.

② 카메라 변수의 측정에 있어서 특히 중요한 부분이 카메라의 프레임 상에 나타나는 지표의 위치를 측정하는 것이다.

③ 영상을 입력하여 대략의 영상 위치와 방향을 알기 위해서는 영상입력 시 촬영된 항공사진의 촬영 카메라 위치와 촬영 회전각을 입력하여 3차원 모델링을 수월하게 수행할 수 있도록 한다.

(3) 카메라의 위치 및 촬영회전각

① 영상을 입력하여 대략의 영상 위치와 방향을 알기 위해서는 영상입력 시 촬영된 항공사진의 촬영 카메라 위치와 촬영 회전각을 입력하여 3차원 모델링을 수월하게 수행할 수 있도록 한다.

② 카메라의 위치를 입력함으로써 영상이 지상의 절대적 위치에 있도록 한다.

③ 이때 입력하는 좌표는 평면좌표와 고도자료이며 평면좌표는 촬영된 항공사진과 수치지도 또는 종이지도를 활용하여 지형판독을 함으로써 평면 위치 좌표를 추출한다.

④ 고도는 사진축척과 카메라의 초점거리를 계산함으로써 촬영 항공기의 고도 즉, 카메라의 위치를 추출한다.

⑤ 촬영 회전각에는 Omega, Phi, Kappa의 3가지 인자가 있으며, Omega는 X(East)축을 기준으로 회전한 값, Phi는 Y(North)축을 기준으로 회전한 값이고, Kappa는 Z축을 기준으로 회전한 값을 의미한다.

(4) 영상화질 평가

영상 화질평가는 기상 장애나 영상별 음영 차이가 확연한 영상을 선별하여 다음 공정인 기준점측량 시 판독의 용이성 확보와 방사 조정 시 음영 불일치의 원인이 되는 영상을 선별한다.

(5) 지상기준점의 선점

① 일반적으로 기준점은 도로의 교차점이나 교량, 수로 또는 도로 굴곡부 정점 및 산 정상부 등 사진상 판별이 쉬운 점 중에서 선정한다.

② 기준점의 위치를 더욱 정확히 선정하기 위해서는 기준점 부근의 영상을 확대하여 좌표 결정을 수행하여야 한다.

③ 영상소 크기의 증가로 인한 지상 물체 판별과 지상기준점 위치결정이 어려워지므로 각 경우에 대해 적절한 영상처리를 해야 한다.

④ 기준점의 입력은 국립지리원으로부터 인수된 기준점을 표정에 사용될 수 있도록 수치사진측량 시스템에 입력하여야 한다.

⑤ 기준점 편집은 현지측량으로 획득된 좌표로 기존의 사진 기준점측량(AT; Aerial Triangulation)용으로 측량된 기준점이므로 평면점과 표고점으로 구분되어 있다.

⑥ 기준점 배치는 대상 영역에서 가장자리 지역에 평면점이 위치하도록 하고, 대상 영역 내부에는 표고점이 균등하게 분포되도록 하였다.

⑦ 정확도의 향상을 위하여 사진마다 3개 이상의 공액점(Tie Point)을 배치하였고 코스별 중첩 영역에 위치하도록 하여 촬영코스에 따른 오차가 발생하지 않도록 하였다.

(6) 내부표정

① 내부표정은 사진 촬영에서 발생하는 왜곡들과 스캐닝이 발생하는 왜곡을 보정하는 것을 말한다.

② 왜곡은 렌즈 제작 과정과 아날로그 사진을 수치화하는 과정에서 원인을 찾을 수 있다.

③ 렌즈는 제작 당시 계획했던 이상적인 형상으로 구현할 수 없으므로 빛이 렌즈를 통과하면서 원래 목표했던 지점과는 달리 굴절되어 영상에 왜곡이 발생한다.

④ 항공사진을 수치화하는 과정에서 항공사진 필름의 물리적인 변화 등 다양한 요소에 의해 영상에게 왜곡이 발생한다.

(7) 위치보정

① 외부표정(모델링)은 항공사진 촬영 당시의 기하를 재현하는 것으로, 외부표정 6요소(ω, ϕ, κ, X, Y, Z)는 기하를 구성하는 요소이다.

② 각 요소에 대한 정의

- ω : x축(비행기의 진행 방향)을 기준으로 반시계방향의 회전각
- ϕ : y축(x축에 직각인 축)을 기준으로 반시계방향의 회전각
- κ : z축(x, y축에 직각인 축)을 기준으로 반시계방향의 회전각
- X, Y, Z : 지상 좌표계를 중심으로 한 렌즈의 3차원 위치

③ 외부표정 6요소를 결정하는 방법은 직접선형 변환법(Direct Linear Transformation), 다항식법(Polynomial), 독립모델 조정법(Independent Model triangulation), 광속조정법(Bundle Adjustment) 등이 있다.

(8) 수치표고모델 생성 원리

① 수치표고자료는 표고의 공간적 분포를 수치로 표현한 것으로서 일반적으로 2차원 평면상에서 일정 간격의 격자 형태 또는 불규칙 삼각망 형태를 취한다.

② 응용 분야는 원격탐사 분야 사진측량 분야 지리정보시스템 지형의 3차원 시뮬레이션 국토개발 비행체의 지형추적 항법장치 등 매우 광범위하다.

③ 수치표고자료는 지형의 기복에 의한 왜곡을 수정하는 정사영상 제작에도 필수적인 자료이다.

④ 수치표고자료를 생성하는 기본 원리

- 입체 영상정합은 입체영상에서 정합점을 결정하는 것을 의미하며, 가장 일반적으로 적용되고 있는 방법은 영역 기반 상관 매칭 기법이다.
- 상관매칭 기법은 좌측 영상의 임의 점에 대응되는 우측 영상의 근사지역과 검색 영역을 계산한다.
- 검색 영역에 포함되는 모든 위치에서 좌측 영상의 임의 점과 상관계수를 계산하여 그중에서 가장 큰 값을 갖는 위치를 찾아내는 기법이다.
- 영상정합의 결과는 모델링에 사용한 수식을 적용하여 지상위치를 결정하는 후방교회의 과정이 필요하다.
- 불규칙하게 분포한 자료를 정규격자 형태의 자료로 생성하기 위한 알고리즘은 가중평균법(Weighted Mean), 크리깅(Kriging) 등이 있다.

(9) 방사보정

① 서로 다른 사진은 조도(illumination) 조건이 변화함으로써 사진 인화나 영상의 스캐닝 과정에서 일정한 조건을 얻기 어려우므로 색조(Contrast)와 휘도(Brightness)가 달라질 수 있다.

② 항공사진은 중심투영으로 촬영되기 때문에 사진의 중심으로부터 멀어지는 곳에서는 어둡게 나타나게 된다.

③ 한 장의 사진을 넘어서는 인접한 지역의 지형, 지물은 영상의 색상이 연속적인 형태로 나타나야 한다.

④ 방사보정은 스캐닝 된 항공사진 영상의 중복 또는 중첩 기준으로 다른 영상의 방사값을 변환시키는 방법을 적용한다.

(10) 영상집성

① 항공사진 영상의 영상집성(Image Mosaic)을 수행하는 데 있어서 대상 지역의 규모에 따라 여러 장의 정사사진을 조합하여야 하는 경우가 많이 발생한다.

② 최근 소프트웨어는 자동으로 자연 경계선 등을 추출하고 이를 기준으로 색조 정합을 간단히 수행할 수 있도록 하는 기법들이 제시되고 있다.

③ 직접 투영은 원 영상으로부터 바로 결과 영상의 좌표를 계산하고, 결과 영상을 정규격자화 하기 위해 별도의 내삽이 필요하며 계산량이 많고 복잡하다.

④ 역투영은 결과 영상으로부터 원 영상으로 투영하여 화소값 결정, 정규격자로부터 정규격자로의 투영이므로 별도의 내삽이 필요 없고, 주변의 몇 개의 화소에 대한 내삽으로 화소값 결정이 가능하다.

⑤ 집성 방법

- 집성 방법은 Input Order, Most Nadir, Seam Polygon의 3가지로 구분된다.
- Input Order는 집성될 영상목록을 선택하는 순위에 따라 영상이 집성되는 것을 의미하며
- Most Nadir는 선택된 영상목록의 영역 내에서 수치표고모델의 간격에 따라 가장 수직으로 결정되는 영역을 자동으로 선택하게 된다.
- Seam Polygon은 선택되는 영상마다 집성되는 집합선을 사용한다.

⑥ 영상 Feathering

- 여러 개의 영상을 집성할 때 집성된 영상 내에서 경계선이 보이게 된다.
- 영상의 경계선을 따라 Feathering 폭의 값을 부여함으로써 부드럽게 영상을 처리한다.
- 수치정사사진 지도제작에 사용된 Feathering 값은 20이며 단위는 화소이다.

(11) 영상재배열

출제(용) : 83회

영상재배열(Image Resampling)은 수치 영상의 기하학적 변환을 위해 수행되며 원래의 수치 영상과 변환된 수치 영상의 관계에 있어 영상소의 중심이 정확히 일치하지 않으므로 영상소를 1 : 1 대응 관계로 재배열할 경우 영상의 왜곡이 발생한다. 일반적으로 원래의 수치영상에 현존하는 밝기값을 분배 또는 인접영상의 밝기값(Gray Level)들을 이용하여 보간법으로 재배열하는 것을 말한다.

① 특징

- 자료의 손실과 해상도에서 영상 압축 방식에 비해 자료품질이 낮아진다.
- 파일의 크기를 감소시킬수록 영상의 품질과 판독성이 급격히 저하된다.
- 파일의 크기 감소에 따라 영상 개수도 감소된다.
- 재배열 과정은 출력 화소의 위치를 변환식의 역변환식에 대입하여 미보정 화상에서의 화상좌표를 구한 후 그 위치에 해당되는 화소값을 취함으로서 이루어진다.

② 영상재배열 방법

- 영상재배열 방법은 최근린내삽법(Nearest Neighbour), 공일차내삽법(Bilinear Interpoation), Cubic Convolution 방법 등이 이용된다.

③ 최근린내삽법(Nearest Neighbour)

- 계산된 영상좌표에 가장 가까운 화소의 값을 택하는 방법이다.
- 가장 빠르게 계산할 수 있지만 원영상의 데이터를 변질시키지 않는 장점이 있다.
- 영상의 취득은 부드럽지 못하고 시각적으로 거칠게 보일 수 있다.
- 티센(Thiessen) 다각형을 사용하는 보간법이다.
- 기본 속성으로는 지역적이라는 것이다.
- 보간된 높이는 사용된 부분 집합 범위 내에만 있다.
- 크기 조절이나 리샘플링 시에 메모리 사용량이 작다.
- 픽셀 값의 변경이 불필요한 경우에 사용하기 적합하다.
- 뾰족한 에지나 고주파 성분에서 성능이 떨어질 수 있다.

④ 공일차내삽법(Bilinear Interpoation)

- 인접한 4개 화소값에 대하여 거리에 다른 가중평균치를 택하는 방법이다.
- 부드럽고 자연스러운 결과를 제공한다.
- 계산이 조금 복잡하며, Nearest Neighbor에 비해 느릴 수 있다.
- 뾰족한 에지나 고주파 성분에서 Nearest Neighbor에 비해 더 좋은 성능을 제공할 수 있다.
- 이미지 크기를 크게 조절할 때 일부 디테일이 손실될 수 있다.
- 가장 인접한 픽셀 값들의 가중 평균을 사용하여 정교한 결과를 얻을 수 있다.
- 메모리 사용량이 높아질 수 있다.

⑤ 입체회전(Cubic Convolution)

- 인접한 16개 화소를 이용하여 보정식에 의해 계산하는 방법이다.
- 정교한 결과를 제공하여 고주파 성분에서 더욱 부드러운 보간을 제공한다.
- 최근린내삽법보다 부드럽고 공일차내삽법보다 선명한 영상을 취득할 수 있다.
- 보간에 필요한 계산이 복잡하고 시간이 많이 소요된다.
- 공일차내삽법에 비해 높은 주파수 성분에서 민감하지 않다.
- 이미지 크기를 크게 조절할 때 일부 디테일이 손실될 수 있다.
- 더 정확한 결과를 얻을 수 있어 고해상도 이미지에서 유용하다.
- 오버슈팅(overshooting) 문제가 발생할 수 있다.

(12) 도면제작 편집

① 제작 완료된 영상자료와 벡터 자료를 EPS 파일로 변환하여 중첩한 후 축척 1/5,000 도식 규정에 맞도록 내도곽 및 외도곽으로 구성하고 도엽별 난외주기를 제작한다.

② 대상 지역에서 도엽의 위치를 확인할 수 있도록 축척 1/50,000에 해당하는 색인지도를 제작한다.

③ 1/5,000에 해당하는 도엽번호 중 보안지역이 있던 도엽의 경우 도엽번호의 색상을 달리하여 보안지역을 관리할 수 있도록 한다.

④ 주기 편집 영상지도의 특성상 많은 주기와 도형 정보의 삽입은 배경영상의 정보를 잠식하거나 훼손하는 결과를 초래한다.

⑤ 주요 관공서, 학교, 도로 번호 등은 계획기관과 협의하여 필요한 정보에 대해서만 정보를 추출하여 삽입하고 주기의 크기와 색상은 규정에 따른다.

⑥ 난외주기 편집은 도엽 명칭, 도엽번호, 도엽 종류, 도곽, 축척, 제작기관, 편집자료, 행정구역 및 색인도, 범례 등을 정리한다.

(13) 응용

수치정사사진 지도와 지형 공간정보체계는 서로 밀접한 관계가 있으므로 구체적으로 측량 및 측지, 토지이용조사 및 계획, 도로 계획, 교통계획, 도시 및 지역계획 등 그 이용 분야가 다양하여 최근에는 자동차 항법 및 관제 체계에 이용되고 있다. 또한, 컴퓨터상에서 시점 및 관측 방향을 자유롭게 변화시키며 지형을 표현할 수 있으므로 경관분석, 수로 분석, 경사도 분석 등에 유용하게 이용될 수 있다.

5.11. 라이다 측량

5.11.1. LiDAR 측량

출제(용) : 81, 111회, (논) : 86, 92회

항공레이저(LiDAR)측량은 Light Detection And Ranging의 약자로써 항공기에 탑재된 고정밀도 레이저 측량장비로 지표면을 스캔하고 대상의 공간좌표를 찾아서 도면화하는 측량으로 경제성과 효율성이 높은 최신 측량방법이다.

(1) LiDAR 장비의 구성

① GNSS 수신기

- 위성의 위치와 항법정보를 기반으로 위성에서 발사되는 신호가 수신기에 도달하는데 걸리는 전파지연시간을 측정한다.
- 수신기에서 위성까지 거리를 구하고 삼각법으로 사용자의 위치를 계산한다.

② 관성항법장치1(INS)

- 가속도계와 자이로를 이용하여 항체의 항법정보를 알아내는 시스템이다.
- 주로 비행체와 선체에 이용되고 있다.
- 물체의 이동으로부터 회전각과 이동 거리의 변화를 계산하는 자주적인 위치결정체계이다.

③ 항공 Laser Scanner

- 비행경로 좌우 방향으로 관측 범위를 확대할 수 있다.
- 관측 범위는 주사각과 비행고도에 따라 결정된다.

(2) 항공 LiDAR의 특성

① 대부분의 지상 대상물의 관측이 가능하다.

② 항공사진측량의 적용이 어려운 삼림, 수목, 늪지대의 지형도 제작에 편리하다.

③ 산림지대에서는 투과율이 높다.

④ 자료의 판독성을 양호하게 하려면 사진 촬영과 동시에 진행한다.

⑤ 항공사진측량에 비해 작업 속도가 신속하고 경제적이다.

⑥ 능선이나 계곡 및 지형의 경사가 심한 지역에서는 정밀도가 낮게 나타난다.

⑦ 기상 조건과 일조량의 영향을 많이 받지 않으며 밤과 낮에 상관없이 측량이 가능하다.

⑧ 자료 취득 및 처리 과정이 완전히 수치 방식으로 이루어지며 측량의 경제성과 효율성이 매우 높다.

⑨ 지표면에 대한 레이저 관측점의 밀도는 펄스 주파수와 항공기의 고도와 속도에 따라 달라진다.

(3) LiDAR 측량의 원리

① LiDAR 측량은 레이저 펄스를 이용하여 거리를 측정한다.

② 거리 측정 방법 $d = \frac{1}{2}c \cdot t$ (d : 레이저 펄스와 대상면의 거리, t : 레이저펄스와 왕복이동시간, c : 레이저의 속도($c=3\times10^{8}m/sec$)

③ 레이저를 이용한 거리의 관측에는 도달시간을 관측하는 펄스(pulse)를 이용한 방법과 위상차를 이용하는 방법이 있다.

④ 레이저 펄스의 왕복 시간은 $t_L = 2\frac{R}{c}$와 같다. 여기서, R : 거리관측부와 지표면 위치 간의 거리, c : 빛의 속도이다.

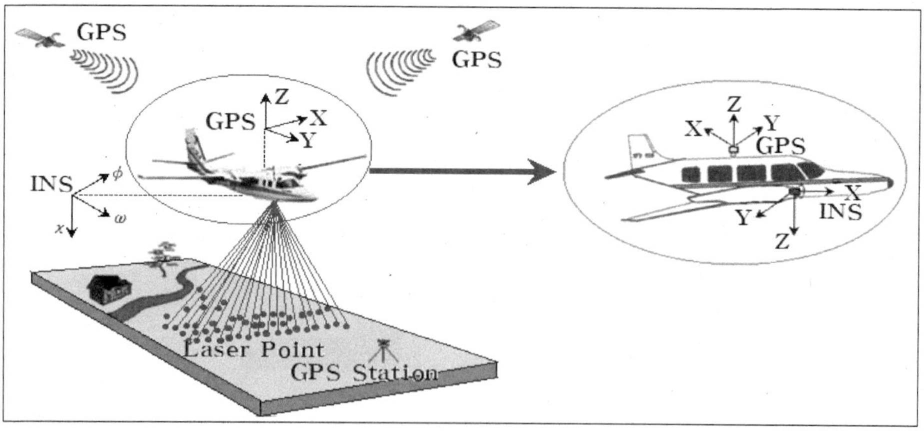

〈그림 5-46〉 항공라이다 측량의 원리

(4) LIDAR 측량 오차

① 대부분 GNSS 및 INS 오차에 의해 발생한다.

② LIDAR 시스템에 의하여 관측되는 경사거리의 오차는 1cm 정도에 불과하다.

③ GNSS 시스템의 오차는 수 cm에 불과하다.

④ LIDAR를 위한 INS 오차는 1,000m의 비행고도를 기준으로 약 2cm 정도의 수평위치 오차를 유발한다.

⑤ 고도가 높을수록 오차는 커진다.

⑥ GNSS/INS 오차는 1,000m 비행고도를 기준으로 수평 정확도는 15m~30cm, 수직 정확도는 약 15cm 정도이다.

⑦ 표고점 좌표의 오차는 좌표 결정에 영향을 미치는 7개의 변수($b_x, b_y, b_z, \omega, \phi, \kappa, m$)로부터 전파되기 때문에 다양한 오차를 갖게 될 수 있다.

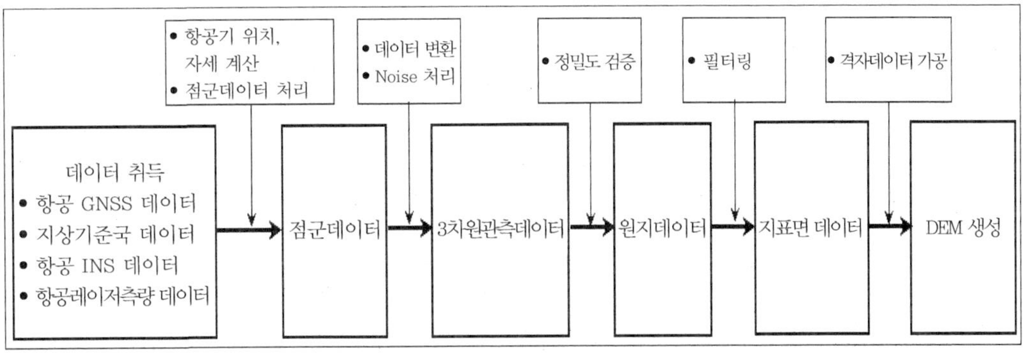

〈그림 5-47〉 LIDAR 측량의 데이터 처리 방법

(5) 자료의 활용

① 지형 및 일반구조물측량

② 하천 범람 및 지진 재해 측량

③ 해안선측량 및 해안지형의 모니터링

④ 일반도로 관측 및 시가지 도로 관측

⑤ 삼림 환경 관측(수목 성장 및 수종 분포 관측)

⑥ 구조물의 변형량 계산

⑦ 가상공간 및 건축 시뮬레이션

⑧ 도시, 수자원, 송전선 이격 관측, 풍력발전소 조사

⑨ U-City, LBS, Telematics, 게임 등 차세대 신성장 산업의 부가가치 창출

5.11.2. 레이저스캐너

출제(논) : 83회

레이저스캐너는 비행경로 좌우 방향으로 관측 범위를 확대할 수 있으며 관측 범위는 주사각과 비행고도에 따라 결정된다. 이외에 주사율(Scanning Rate), 비행고도, 비행속도, 초당 레이저 관측 횟수 등에 의해 LIDAR의 밀도와 특성이 결정되며 레이저는 항공기에 장착되어 레이저 빔을 좌우로 굴절시키면서 지상을 스캔한다. 레이저 장치는 항공기가 비행하는 동안 지상 연직방향을 스캔하도록 항공기에 고정되어 탑재되어 있지만, 항공기 회전각(roll, pitch, yaw)의 불규칙적인 변화로 인해 레이저 빔이 지상의 연직방향을 스캔하지 못할 수 있다. 불규칙적인 항공기의 회전각 자료는 INS 장비 때문에 보정이 가능하고 GNSS 장비는 항공기에 장착된 레이저의 3차원 위치를 결정하는 데 사용되며 정확도가 높은 레이저 장비를 사용할 경우 ±0.15m의 표고 정확도를 얻을 수 있다.

(1) 작업 순서

① 촬영 설계는 항공레이저측량 설계에 종속적이며 항공레이저측량 설계 시 디지털 영상 중복도의 확보 여부 및 카메라의 촬영 시간 간격을 확인한다.

② 비행설계 시 고려 사항은 포인트 밀도 및 간격, 지상 GPS Base Station, 비행허가 및 기상상태, GPS 위성의 기하학적 배치 상태(PDOP), 디지털카메라 촬영 등이다.

③ 정확도를 높이기 위해 사업 지역의 중심부에 설치하되 주변 지형과 측량 상황에 따라서 반경 30km 이내에 촬영 지역이 포함되도록 지상 GPS 기준국을 설치한다.

④ LiDAR 데이터 취득

- 일정 고도에서 운항 항공기가 안정적인 자세로 유지하는 것이 중요하다.
- 코스와 코스 간의 비행기 회전각을 20° 이하로 유지하여 GPS 위성 신호의 수신에 단절이 없어야 한다.
- GPS 위성의 PDoP은 3 이하, 위성 고도각은 15°이상, 위성 개수는 5개 이상이 되도록 한다.
- 취득된 데이터는 항공기 내에 설치된 제어 시스템에 장착된 하드디스크에 비행 중 측정된 항공레이저 데이터 및 항공기의 위치와 자세를 위한 GPS/INS 데이터에 저장된다.

⑤ 데이터처리

- 지상에서 관측된 지상 GPS 기준점 데이터처리를 포함하여 최종 레이저 포인트에 대한 3차원 좌표값을 얻는 처리단계이다.

- 항공기에서 취득된 GPS 데이터를 연결하여 처리하는 단계와 INS로부터의 자세 정보를 위치정보와 통합하는 단계를 통해 산출한다.
- 데이터의 품질을 위해 처리단계에서 비행고도, 위성 신호 상태, 수신 위성 개수, 지상 GPS 기준국과의 거리 등을 확인하여야 한다.
- 항공 LiDAR 데이터는 기존에 산출된 항공기의 위치 및 자세 정보와 항공기와 센서 간의 이격거리, 시스템 검정 정보 등을 기반으로 산출한다.

⑥ 데이터 후처리

- 전처리 단계의 불규칙한 포인트 데이터를 가공하여 사용 목적에 적합하도록 가공하는 것이다.
- 실제 지구상에서 존재하는 3차원 지형정보들로 분류하여 사용자가 원하는 데이터를 제공하는 것이다.
- 스트립별 정확도 확인, 지오이드 보정을 통한 높이 값 변환, 데이터의 분류, DEM, DSM, 등고선, 음영기복도 등의 생성작업이 이루어진다
- DSM은 항공레이저 측량을 통해 얻을 수 있는 가장 초기의 데이터로 항공레이저 측량을 통해 얻어진 데이터를 정규격자 형태로 보간하여 산출한다.

⑦ 시스템 검정(calibration)

- 지상에서는 항공 LiDAR 측량기, GPS 수신기, INS 장비 상호 간의 이격거리를 측정한다.
- LiDAR 시스템의 Pitch의 보정은 항공 LiDAR 측량 시 발생하는 Y축 회전량 오차를 보정한다.
- Roll의 보정은 항공 LiDAR 측량을 할 경우 발생하는 X축 회전량 오차를 보정한다.
- Scale 보정은 항공 LiDAR 측량을 할 경우 발생하는 거리측정의 scale을 보정한다.

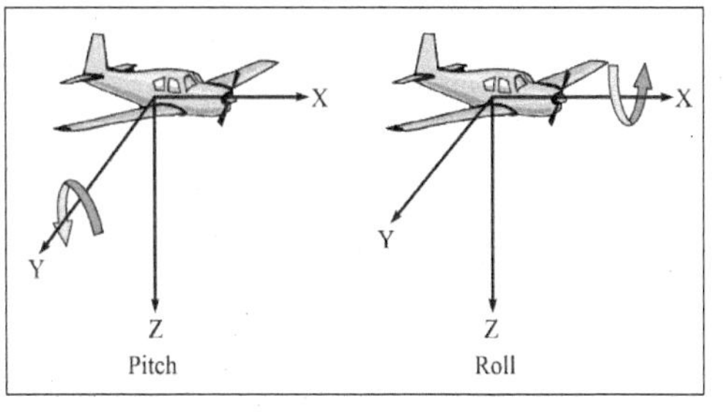

〈그림 5-48〉 Pitch와 Roll

⑧ 정사영상으로 지형·지물의 표현을 실시간으로 알 수 있다.

⑨ 지상기준점 배치를 따라 비행하여 취득된 모든 레이저 데이터가 지상기준점과 동일한 높이값을 갖도록 조정한다.

(2) Scanning 방식

① Fiber 스캐너, Palmer 스캐너 및 레이저 센서 전면에 부착된 거울이 진동하는 방식과 회전 다각형 등의 방식으로 구분할 수 있다.

② 레이저를 이용한 거리의 관측에는 크게 도달시간을 관측하는 펄스를 이용한 방법과 위상차를 이용하는 방법이 있다.

③ 레이저를 발사하여 지상에서 반사되는 레이저가 스캐너에 도달할 때까지의 시간을 관측하고 그 값에 빛의 속도를 곱하여 거리를 계산한다.

(3) 정사영상 구축

① 디지털 항공영상은 항공기에 디지털카메라를 LiDAR 시스템과 동시 장착하여 항공LiDAR 데이터와 동시에 동일 대상 지역을 촬영한다.

② LiDAR 결과물인 3차원 포인트 데이터의 점밀도가 좋지 않은 곳의 대상물 식별이나 정성적 특성파악을 위해 사용된다.

③ LiDAR 데이터로 얻어진 DEM과 디지털 영상처리를 통하여 모자이크 영상을 융합하여 실제의 기복을 가지는 지형데이터를 가상으로 구현한다.

④ 영상정보는 모자이크된 항공디지털 영상을 사용하며 관공서, 유명 관광지, 학교, 동(洞)명 또는 필요하다고 판단되는 주요 지명 등의 심벌을 추가한다.

⑤ 지역 내 랜드마크 등을 중심으로 비행경로를 설정하고, 미리 설정된 적절한 해상도를 가지는 수많은 스크린샷(screen shot)을 연결하여 3차원 입체 동영상 정보를 제작한다.

5.12. 수치지형모델

수치지형모델(DTM, Digital Terrain Model)은 지표면의 모습을 수치로 묘사한 것이며, 입력자료의 형식과 응용소프트웨어의 종류에 따라 다른 형태로 저장될 수 있다. DTM은 지구표면을 컴퓨터 처리가 가능하도록 수치로 표현한 것이다. 미국의 마사추세츠 공과대학(MIT)의 C.L.Miller 교수가 수치지형모델(DTM) 이라는 기법을 최초로 표현하였다.

5.12.1. 수치지형모델(DTM)

출제(용) : 69, 89, 123회

수치지형모델(DTM, Digital Terrain Model)은 지형을 수치적 또는 수학적으로 표현한 것이다. 1958년 미국의 매사추세츠 공과대학(MIT)의 C.L.Miller 교수가 도로 설계에서 대체 노선의 평가와 토공량 산정에 적용한 것이 최초이다. 현재는 격자와 비격자 Data 모두를 말하며 2차원 좌표에서 높이값 이외의 다양한 속성을 부여함으로써 그 응용 범위는 토목공사에서부터 미세한 형상의 Modeling에도 사용할 수 있다.

5.12.1.1. 자료 취득 방법

① 기존의 지형도를 이용하는 방법
② 사진측량의 원격탐측에 의한 방법
③ APR이나 음향 탐측기를 이용하는 방법
④ GPS 및 관성측량에 의한 방법
⑤ Total Station에 의한 방법

5.12.1.2. 지형표현 방법

DTM을 생성하기 위한 데이터를 취득하려면 지상의 표고를 표본조사로 얻은 값을 이용하여 전체 지역에 대한 표고를 보간(Interpolation) 방법이 사용된다. 공간상의 불규칙적인 지형의 기복 변화를 수치로 표현하는 방법은 격자방식, 등고선 방식, 단면방식, 불규칙삼각망방식(TIN : Triangular Irregular Network) 등이 있다.

(1) 격자방식

① 격자방식은 〈그림 5-49〉의 (a)와 같이 고도만으로 구성되어 있으며 지형이 넓은 지역에 효과적이고 규칙적인 격자의 교차점에서 고도를 저장한다.
② 격자의 크기는 기준점 사이의 거리보다 더 작고 지형자료를 자료기반으로 저장할 경우 가장 효율적이다.
③ 불연속적인 선이나 높이를 나타내는 점으로 표현된 지질학적 정보는 정사각형, 직사각형, 육각형격자를 사용한다.

④ 격자형은 밝기값(Gray Value)으로 고도를 나타낼 수 있고 수치 영상처럼 저장된다.

⑤ 불규칙삼각망은 삼각형으로 연결된 3차원 점들의 불규칙한 점들로 구성되어 지형을 표현하고 삼각형의 꼭짓점은 기준점이며 표면의 특징적인 위치에서 수집된 것이다..

(2) 등고선방식

① 등고선 방식은 〈그림 5-49〉의 (b)와 같이 지표면을 표현하는 가장 오래된 방법으로 등고선도 동적인 모드에서 표고를 입력하는 방법이다.

② 사진 모델상에서 고도를 고정한 부점을 X, Y 방향으로 움직이고 부점이 항상 지표면과 접촉한 상태를 유지하여야 하며 부점이 지나간 자리를 이은 선이 같은 표고 상에 있는 지점들을 표시하는 등고선이 된다.

③ 등고선상 점의 간격은 일정한 거리 또는 진행 방향으로 꺾어지는 각도, 곡률반경 등을 미리 설정한 값에 따라 자동으로 결정된다.

④ 기존의 지형도를 이용하여 자료를 추출하는 경우에 효과적이며 평면좌표는 자동기록 장치를 이용하면 효과적이다.

(3) 단면방식

① 단면방식은 〈그림 5-49〉의 (c)와 같이 지형을 등간격의 단면으로 나누어서 각 단면상의 지형점을 추출하고 도로 개설 시 효과적이며 산정, 계곡 등의 지성선을 추출할 수 있다.

② DTM에서 지형의 기복을 가장 근사적으로 표현할 수 있으나 자료 취득 시간이 많이 소요된다.

③ 단면형은 동적 모드로 측정하며 부점을 지표면에 일치시킨 상태에서 1~10mm/s의 속도로 움직인다.

④ 단면의 간격은 고정하고 표본점 간의 간격은 지표의 기복 상태에 따라 다르며 평행 단면형은 정사사진을 제작하는 데 많이 사용된다.

⑤ 산정, 계곡 등의 지성선을 빠뜨리지 않고 추출할 수 있는 장점과 수치지형모형으로 지형의 기복을 가장 근사적으로 표현하지만, 자료 취득 시간이 많이 소요되는 단점이 있다.

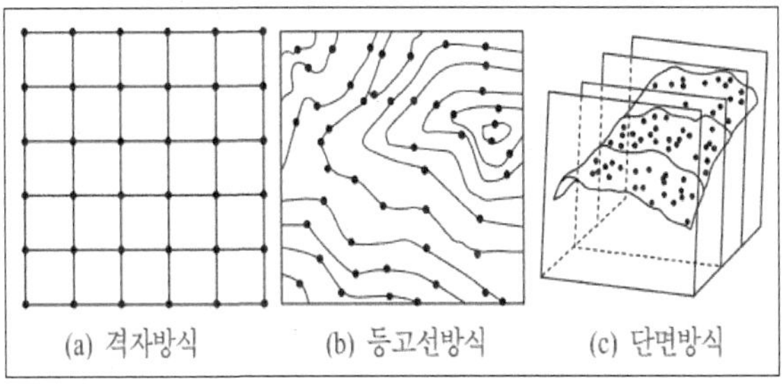

<그림 5-49> 자료저장 방식

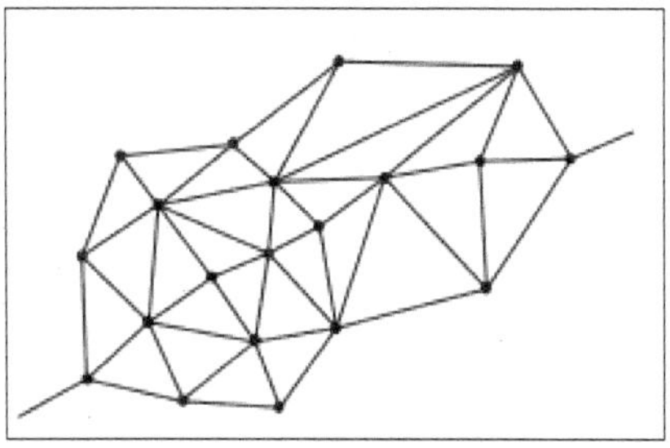

<그림 5-50> 불규칙삼각망 구조

5.12.1.3. 불규칙삼각망

출제(용) : 126회

불규칙하게 있는 데이터의 상호 기하학적 관계를 고려하여 지형의 3차원적인 표현을 가능하게 만든 데이터 구조이다. 지형을 나타내는 TIN 방식은 3개의 위치를 가지고 하나의 삼각형을 이루며 각각의 삼각형 내에서 경사의 크기 및 방향이 결정된다.

(1) 지형기복의 표현 방법

① 지도상에 표현되는 공간객체는 3차원 현실세계의 자표(Earth Surface)상에 위치한다.

② 지형 기복은 지형의 고도 변화나 경사를 나타내는 것으로, 지형 데이터를 시각적으로 표현할 때 매우 중요한 역할을 한다.

③ DEM(Digital Elevation Model)
- 지형표면의 높이를 일정 간격으로 측정하여 만든 수치표고모델로 공간정보(지도 및 항공사진, 위성영상 등)를 입체화할 수 있다.
- 수치표고모델(DEM : Digital Elevaiton Model)과 같은 정규표면은 Z값을 갖는 동일한 크기의 정규격자로 구성된다.

④ TIN(Triangulated Irregular Network)
- 지형을 삼각형으로 나누어 구성하는 방법이다.
- 각 삼각형의 변화에 따라 지형의 기복을 시각적으로 표현할 수 있다.

⑤ 등고선(Contour Lines)
- 지형의 높이를 나타내는 등고선은 가장 일반적인 지형 기복 표현 방법이다.
- 등고선은 지형의 고저차이를 시각적으로 표현하는 데 적합하며, 일반적으로 고도가 같은 점을 연결하여 등고선을 그린다.

(2) TIN의 구성요소

① Nodes : TIN을 구성하는 기본 요소로 높이 값을 가지며, 모든 절점을 이용하여 삼각망이 구성된다.

② Edges : 삼각망을 구성하는 절점은 가장 가까운 절점끼리 연결되어 변을 구성하며, 각 변은 2개의 절점은 가지나 각 절점은 여러 개의 변을 구성한다.

③ Triangle : X, Y, Z값을 갖는 3개의 절점을 중심으로 구성되며, 체적, 단면도, 가시도 분석에 사용되는 정보를 갖는다.

④ Hull : TIN을 구성하고 있는 모든 점을 포함하는 다각형으로, TIN에서 보간 가능한 범위이다.

(3) 특징

① 지표면 데이터를 표현하기에 매우 효과적인 방법이다.

② 자료량의 조절이 편리하며 격자형 자료의 단점인 해상력 저하에 대한 중요한 정보 상실에 대한 부분을 제거할 수 있다.

③ TIN에서 삼각형을 구성하는 각각의 선은 X, Y 좌표와 표고값을 갖는다.

④ 적은 양의 자료를 사용하여 복잡한 지형을 상세히 나타낼 수 있다는 점이다.

⑤ 계곡이나 골짜기, 정상, 지형 등은 자료의 밀도를 높임으로써 지표면의 형태를 정확하게 수치로 기록할 수 있다.

⑥ TIN 파일이 생성된 후에는 효율적인 압축 기법을 사용할 수 있다.

⑦ TIN을 생성하는 알고리즘에 따라 발생하는 오차가 있다.

⑧ 삼각형 면을 렌더링하면 3차원 시각화가 쉽게 만들어진다.

(4) TIN의 활용

① 지형 표면의 시각적 표현을 위한 컴퓨터 보조 제도(CAD) 등 다양한 애플리케이션에서 사용된다.

② 특정 지점에서 고도, 경사도(slope), 모습(aspect) 분석을 할 수 있다.

③ TIN 데이터로부터 등고선(contour)의 추출할 수 있다.

④ 가시적(visibility) 분석, 토공량 분석 등을 할 수 있다.

⑤ TIN은 지형의 복잡한 정도에 따라 그 밀도를 가변적으로 적용할 수 있다.

⑥ 지표면의 기복 변화가 적은 지역에서 절점 수를 적게 하고 기복의 변화가 심한 지역에서 절점 수를 증가시키며 점들의 불규칙한 구조로 인해 각각의 점들을 저장하려면 대상에 대한 더 많은 정보가 필요하다.

⑦ TIN에서 원래의 자료 점들은 삼각형으로 연결되어 지표면을 표현하는 데 중요한 위상 형태를 필요한 정확도에 따라 해석할 수 있다.

⑧ 삼각형을 구성하는 선분의 길이는 다양하므로 복잡한 지형의 경우 작은 면적의 삼각형을 이용하여 자료의 밀도가 높은 TIN을 구성할 수 있다.

⑨ 생성된 삼각형의 경계 부근에서 불필요한 것을 없애기 위한 수작업 역시 오차가 자주 발생한다.

5.12.1.4. 들로네삼각법

출제(용) : 102회

들로네(Delaunay) 삼각법은 표본점으로부터 삼각형의 네트워크를 생성하는 방법으로 가장 널리 사용되는 방법이다. 수치모형이 가지는 자료의 중복을 줄일 수 있으며 지형공간정보체계와 수치지도 제작 및 등고선 처리 프로그램과 같은 여러 분야에 효과적으로 적용되는 방법이다.

(1) 들로네삼각법의 특징

① 관측점을 삼각법에 따라 연속적인 삼각망으로 연결하는 방법이다.

② 불규칙 삼각망(TID)에 적합한 삼각형을 생성한다.

③ 여러 삼각형을 합하여 큰 삼각형을 구성하기 곤란하다.

④ 한 삼각형을 나눌 때는 불규칙 삼각망에서 사용하기에는 부적합한 형태의 삼각형을 생성한다.

⑤ 삼각형을 정의하는 3개의 점을 제외한 어떤 다른 점도 삼각형을 감싸고 있는 원에 포함되지 않아야 한다.

⑥ 최대한 정삼각형의 모양과 가깝게 분할한다는 특징이 있다.

⑦ 삼각형의 외심은 세 변의 수직이등분선의 교점이다.

(2) 들로네삼각 분할

① 보로노이 다이어그램의 생성 점들을 연결하여 삼각형들로 면을 분할하는 것을 들로네삼각(Delaunay triangulation) 분할이라고 한다.

② 평면 위의 주어진 점들을 삼각형으로 연결할 때 어떤 삼각형의 외접원에도 그 삼각형의 꼭짓점을 제외한 다른 점을 포함하지 않도록 분할하는 방법이다.

③ 들로네삼각 분할은 정삼각형에 가깝게 영역을 분할하는 방법이다.

④ 〈그림 5-51〉의 (a)는 외접원이 세 점 이외의 다른 점을 포함하지 않으므로 들로네삼각 분할을 만족한다.

⑤ 〈그림 5-51〉의 (b)는 외접원이 세 점 이외의 다른 점을 포함하므로 들로네삼각 분할이 아니다.

⑥ 〈그림 5-51〉의 (c)는 들로네삼각 분할을 완성한 결과이다.

⑦ 들로네 삼각망은 평면 위의 점들을 삼각형으로 연결하여 공간을 분할하는 방법으로, 삼각형들의 내각 최솟값이 최대가 되도록 하는 분할을 말한다.

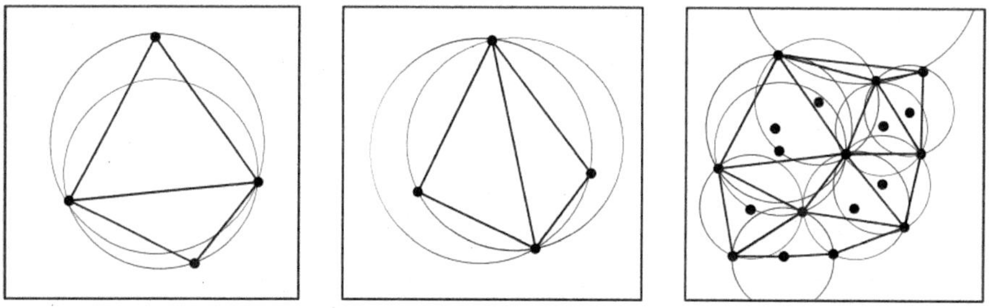

(a) 들로네 삼각분할의 경우 (b) 들로네 삼각분할이 아닌 경우 (c) 들로네 삼각분할의 결과

〈그림 5-51〉 들로네삼각 분할

(3) 최단격자점 연결법

① 가장 근접한 두 점을 서로 교차하지 않도록 직선으로 연결하는 방법이다.

② 불규칙삼각망에 적합하지 않은 삼각형을 생성하는 경향이 있다.

③ 들로네삼각망(DT; Delaunay Triangulation)은 평면상에서 주어진 제어점들로 구성되는 삼각형들의 독특한 망이다.

④ DT 내부의 어떤 삼각형도 그 외접원 내 다른 제어점을 가지지 않는 삼각형을 구성한다.

⑤ 들로네삼각망은 컴퓨터의 많은 응용 분야에서 적용되고 있지만, 컴퓨터 그래픽이나 비전 분야에서도 많이 사용되고 있다.

5.12.1.5. DTM 특징

① 방대한 양의 데이터처리가 요구되므로 지형 정보자료를 효율적인 방법으로 획득한다.

② 최소 표본점으로 구성하고 참값과 비교하여 높은 정확도로 단시간에 처리할 수 있다.

③ 지면에 등간격으로 분포한 격자(cell)를 따라 평면위치와 표고를 구한 것이다.

④ DTM은 가장 일반적인 형태는 격자형이며, 보통 래스터자료 구조로 되어 있다.

⑤ DTM은 자료 수집, 자료처리, 자료 수행 과정으로 분류된다.

⑥ DTM은 지표상에서 관측된 불연속점의 좌표값과 이와 관련된 보간법을 이용 불규칙한 지표면을 수치적으로 해석하는 절차를 지니게 된다.

⑦ 절벽이나 계곡선, 능선과 같은 지면의 급변화선을 고려할 수 없다는 것이 단점이다.

⑧ 격자의 크기를 줄이면 정밀도가 향상되지만 파일의 크기가 격자크기 제곱에 반비례하여 커지거나 작아지는 결점이 있다.

⑨ 지형도를 독취할 때는 정밀도가 저하되는 단점이 있다.

5.12.1.6. 지형분석을 위한 해석

① 수치지형모형 해석의 첫째는 지형적인 인수들을 구해내는 것이다.

② 지형적인 분석은 일반적인 지형과 특별한 지형으로 나눌 수 있다.

③ 지형에서는 DTM으로부터 경사도와 곡물을 구하는 데 이용된다.

④ TIN의 삼각형의 경우 표면의 수직면은 보간방법에 의해 구해진다.

⑤ 격자 DTM의 경우 각 사각형 단면은 4개의 근접한 격자점들로부터 형성된다.

⑥ 사각형은 거의 평탄하지 않기 때문에 선추적 자료들은 평균화 과정을 거쳐야 한다.

⑦ 특별한 지형의 경우에 주로 표면의 수리학적 요소와 관련된 지형의 묘사에 중점을 두고 있다.

5.12.1.7. DTM의 시각화

① DTM의 모형화 연산에 의한 결과는 사용자에게 그림의 형태로 제공된다.

② 시각화는 해석과 밀접하게 관련되어 있으며 해석적 연산이 시각화를 개선할 수 있게 한다.

③ 시각화는 연구자들의 모형개발과 가설 재확립에 도움을 주는 상호 가시도와 전통적으로 종이지도를 제작하기 위해 사용되는 정적 가시도의 목적으로 연구하고 있다.

5.12.1.8. DTM의 활용

① 수치지형모형은 다양한 분야에서 지형 문제에 적용될 수 있는 기술로 개발되고 있다.

② 수치지형모형(DTM)은 표고와 지형의 모든 속성을 포함하는 정보이며 측량 및 원격탐사, 자연 및 사회 과학과 밀접한 관련이 있으며 사진측량에도 많이 이용된다.

- 군사적 목적인 3차원 지형을 표현
- 지형의 통계적 분석과 비교가 가능
- 수치지형도 작성에 필요한 표고 정보와 지형정보를 다루는 속성
- 도로의 부지 및 댐의 위치선정
- 경관 또는 지형 형성 과정의 영상모의 관측

5.12.2. 수치표고모형(DEM)

출제(용) : 80, 104, 111회, (논) : 114회

수치표고모형(DEM; Digital Elevation Model)은 공간상에 나타난 연속적인 기복 변화를 수치로 표현하는 방법을 말한다. 규칙적인 격자나 삼각형으로 연결된 임의의 고도점을 이용하여 표면의 높이를 표현한다. DEM의 목적은 지구의 표면이나 대상물의 표면을 수평 위치와 높이 정보를 결합한 수치 지형이나 표면 수치화에 대해서 컴퓨터로 나타내기 위함이다. DEM은 기존의 등고선 지도에서 수치 사진측량 기법을 이용하여 작성되거나 SPOT과 같은 인공위성 자료를 이용하여 작성되고 지형자료의 처리 방법 중 가장 보편적인 방법을 격자방식으로 저장되어 활용된다.

(1) DEM의 자료취득 방법

① 기존의 지형도를 이용하는 방법

② 사진측량의 원격탐측에 의한 방법

③ APR이나 음향 탐측기를 이용하는 방법

④ GPS 및 관성측량에 의한 방법

⑤ Total Station에 의한 방법

(2) 특징

① 격자방식에서 동일 크기를 가진 각각의 격자는 지표면에서 동일지점의 표고를 나타낸다.

② 복잡한 지형에서는 밀도가 높은 표고 자료가 필요하고 단순 지형에서는 밀도가 낮은 표고 자료의 취득이 필요하다.

③ 큰 격자를 사용했을 때 자료의 크기는 적어지지만, 변이가 심한 지표면의 상태를 정확히 기록할 수 없다.

④ 규칙적인 격자나 삼각형으로 연결된 임의의 고도점을 이용하여 표면의 고도를 표현한다.

⑤ DEM이 도로의 계획과 건설에 적용된 미래 지향 및 시설물 해석에 많은 기여를 해왔다.

⑥ DEM은 넓은 지역의 표현은 물론 표면의 세부 특성과 같은 지질학적 특징까지도 다룰 수 있게 되었다.

⑦ DEM은 수평위치와 높이 정보를 결합한 수치 지형이나 표면 수치화에 대해서도 확대해석 한다.

⑧ 지형의 수치적 표현은 불연속적인 3차원의 점들로 구성된 자료기반관리체계를 이용하여 조직화한다.

(3) 수치표고모델의 보간

보간(Interpolation)은 구하고자 하는 점의 높이 좌표값을 그 주변의 기지좌표값으로부터 보간함수를 적용하여 추정 계산하는 것으로 수치표고모형의 보간기법은 〈그림 5-52〉와 같이 선형보간법, 곡선보간법, 곡면보간법이 있다.

① 선형보간법(Linear Interpolation)

- 지형이 직선적으로 변화하는 것으로 간주한다.
- 가장 단순한 방법으로 전산기의 용량이 크게 필요하지 않다.
- 자료의 밀도가 매우 높은 경우에 효과적이며 1차 보간법이라고도 한다.
- 기지격자점 사이의 임의의 좌표를 취득할 수 있다.

② 곡선보간법(Point wise Interpolation)

- 단면별로 수집된 점으로부터 지형 변화에 상당한 곡선식으로 표현한다.
- 수치해석 방식은 Newton의 선형보간법, Lagrange 보간법, Aitken 보간법, Spline 보간법, Kriging 보간법이 있다.

③ 곡면보간법(Patch wise Interpolation)

- 지형을 수학적 곡면으로 간주하는 방법이다.
- 표고(z)가 수평 좌표(x, y)와 함수 z=f(x, y)로 표시되는 곡면식을 이용한 보간 방법이다.
- 지형을 실지와 가깝게 재현하는 방법으로 계산기의 용량이 크게 소요된다.

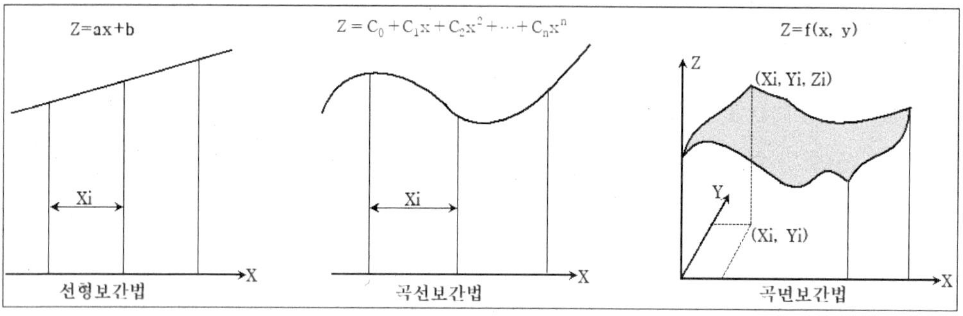

〈그림 5-52〉 수치표고모형의 보간법

(4) DEM 제작

① DEM 제작은 전처리 과정, DEM 제작 과정, 후처리 과정으로 구분할 수 있으며 전처리과정은 등고선의 오류수정 및 해안선 검수와 등고선 윤곽 및 형태의 검사, 도엽 간 인접 작업으로 시행한다.

② DEM 제작은 지형보간선 추가 작업, 삼각망 제작 및 추출, 최종 등고선 간격의 오류 검수, DEM 추출의 작업 순서로 실시한다.

- 지형보간선 추가 작업은 등고선 밀도가 작은 지역, 계곡, 능선과 같은 지형에 대해 현실 지형과 가까운 Surface를 추출하기 위한 보완 작업을 수행한다.
- 삼각망 제작 및 추출 작업은 등고선, 해안선, 보간선을 이용하여 TIN을 작성 및 추출하는 작업이다.
- 최종 등고선 간격의 오류 검수 작업은 추출된 삼각망을 이용하여 인접 등고선 간의 최종 등고선 오류를 검사하여 오류가 발생된 경우에는 등고선을 수정하여 Feedback 하는 단계이다.

③ 입체영상에서 수치 등고선을 생성한 후 DEM을 생성하는데 수동생성과 자동생성방법이 있다.

④ 수치지형도의 등고선 자료를 이용하여 〈그림 5-53〉과 같이 TIN을 형성한 후 DEM을 생성하는 경우와 입체모델을 형성하는 수치영상의 자동 매칭을 통하여 DEM을 생성하는 경우가 있다.

⑤ DEM의 생성은 등고선, 표고점, 해안선 및 수계망을 대상으로 삼각망을 생성하며 삼각망으로부터 경위도 각 1초 간격을 기본으로 하여 지형 고도를 추출한다.

⑥ 등고선의 오류수정 및 해안선 검수에서는 일정한 등고선 간격을 벗어나는 지점의 탐색 및 수정, 해안선의 누락 지점, 등고선과의 교차 지점을 확인하여 오류가 발생하지 않을 때까지 반복하여 검수 작업을 실시하여야 한다.

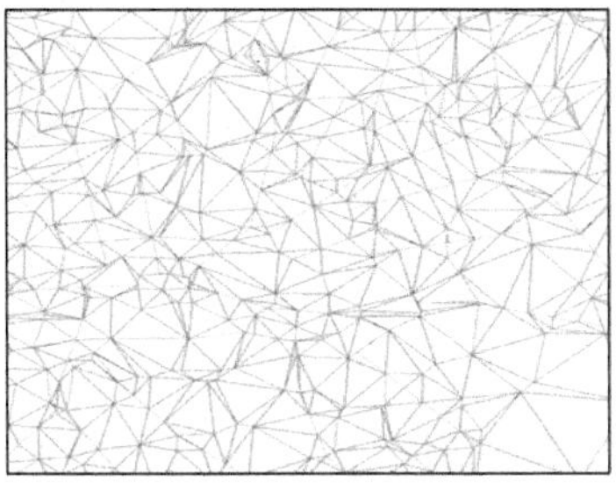

〈그림 5-53〉 TIN 생성

(5) 격자(Raster) DEM

① 규칙적인 격자의 교차점에서 고도를 저장하며, 기준점들의 불규칙한 집합으로부터 정교한 보간법을 거쳐 계산된다.

② 격자의 크기는 기준점 사이의 거리보다 더 작으며, 불연속선이나 높이를 나타내는 점에 의해 표현된 지질학적 정보는 규칙적인 격자로 그물처럼 형성된다.

③ 격자형(Raster) DEM은 고도만으로 구성되어 있으며, 밝기값으로 고도를 나타낼 수 있는 수치영상처럼 저장된다.

④ 불연속선은 격자로 표현하기가 어려운데, 격자형에서 불규칙점으로 나타나기 때문이다.

⑤ Raster DEM 장점

- 고도만 저장하면 되므로 자료의 구조가 간단하다.
- 자료 집합은 수치영상에 비유할 수 있다.
- 배열 처리를 적용하면서 계산이 빠르다는 것이다.

⑥ Raster DEM 단점

- 표면을 보간하기 위해 풀어야 하는 방정식 체계가 크다.
- 표면을 표현하기 위해 높은 밀도의 점들을 저장해야 한다.
- 규칙적인 격자에서 불연속선을 표현하는 데 따르는 문제점을 볼 수 있다.

(6) TIN DEM

① 불규칙 삼각망(TIN : Triangulated Irregular Network)에서 원래의 자료점들은 삼각형에 의해서 연결되어 표면을 표현한다.

② 각각의 모서리에 대해 코드를 저장해야 하는데, 이 코드는 주요점(mass point), 불연속선이나 점고도를 정의한다.

③ 정규 벡터는 모서리에서의 접평면에 대하여 수직이며, TIN으로부터 매끄러운 표면을 재건하는 데 필요하거나 중요한 정보들을 포함하고 있다.

④ 불연속선은 일반적으로 삼각형의 한 변으로 나타낼 수 있다.

⑤ 불규칙 삼각망(TIN) DEM은 삼각형으로 연결된 3차원 점들의 불규칙한 점들로 구성되어 지형을 표현한다.

⑥ 삼각형의 꼭지점은 기준점이며, 표면의 특징적인 위치들에서 수집된 것이다.

⑦ 삼각망에서 원점이 직접적으로 지형 표면에 형성된다.

(7) DEM의 활용

① 조경설계 및 계획을 위한 입체적인 표현

② 도로설계 및 시공

③ 절토량과 성토량의 산정

④ 등고선도와 시선도

⑤ 높이 정보 체계의 구축

⑥ 경사도, 사면방향도, 경사 및 단면의 계산과 음영기복도 제작

〈표 5.3〉 DEM과 DTM의 비교

DEM	DTM
• 표고에 관한 정보만 다룬다. • 현장 측량과 사진 측정학과 관련 있다. • 단순하고 정보의 용량이 적다. • 일반적으로 토량 계산 등에 많이 이용된다. • 격자형 DEM은 고도만으로 구성되어 있다. • Raster는 보간에 의해 2차적인 자료로서 유도된다. • 밝기값으로 고도를 나타낼 수 있는 수치 영상처럼 저장된다.	• 표고뿐만 아니라 지표의 모든 속성을 포함한다. • 불연속선은 격자로 표현하기가 어렵다. • 삼각형으로 연결된 3차원 점들의 불규칙한 점들로 구성되어 지형을 표현한다. • 복잡하며 정보의 용량이 크다. • 삼각망에서 원점이 직접 지형 표면에 형성된다. • 각종 레이어를 이용하여 여러 분야의 정보 제공이 가능하다.

5.12.3. 수치표면모형(DSM)

출제(용) : 83, 111, 119회

수치표면모형(DSM; Digital Surface Model)은 실세계의 모든 정보, 즉 지형, 수목, 건축물, 인공구조물 등을 표현한 모형이다. 보간에 의해 제작한 DSM은 건축물, 제방 등과 같은 인공

구조물과 식생 등의 자연 지물에 대한 높이 정보를 포함하고 있으므로 이를 제거하여 DEM을 제작하여야 한다. 수치표면모형은 원시 자료의 기준점을 이용하여 기준좌표계에 의한 3차원 좌표로 조정한 자료로써 지면 및 지표 피복물에 대한 점자료를 말한다.

5.12.3.1. 수치표면모형의 장단점

(1) 장점

① DSM은 지형의 고해상도 정보를 제공하고 지형의 표면을 디지털 형태로 모델링을 할 수 있다.

② DSM은 지형의 높이, 고도, 곡률 등을 포함하여 X, Y, Z 축을 통해 지형을 3차원 데이터로 구성한다.

③ 시계열별로 비교하여 지형의 변화를 감지하고 모니터링하는 데 사용될 수 있다.

④ 가상현실(Virtual Reality) 및 증강현실(Augmented Reality) 등의 시각화 기술과 연계하여 현실적인 지형 모델링을 제공할 수 있다.

(2) 단점

① DSM은 대개 항공 레이저 측량이나 UAV를 통해 수집된 데이터를 기반으로 생성되므로 실내 환경이나 깊은 심층 지형과 같은 공간은 정확하게 표현하기 어렵다.

② 고해상도 이미지나 레이저 측량데이터는 데이터 용량이 크며, 처리 및 분석에 많은 계산량이 필요하다.

③ 레이저 측량 장비의 정확성 문제, 이미지 처리 오류, GPS 정확성 등의 오차가 발생할 수 수 있다.

④ DSM 생성은 데이터 수집과 처리에 상당한 시간과 비용이 소요된다.

5.12.3.2. 자료 형태

① 집단 고도 자료는 어떤 특별한 의미가 있지 않은 지역에서의 높이 정보를 명확하게 포함하고 있는 임의의 점들을 말한다.

② 표면구조를 표현하는 자료는 산의 정상이나 분지의 바닥, 또는 불연속선(break-line), 형태 선(form line)과 같은 특징적인 고도점으로 구성된다.

③ 불연속선은 산등성이나 강과 같은 지형 표면의 물리적 모서리를 나타내며, 형태 선은 지형의 다른 부분에 비해 더 높은 만곡의 매끄러운 표면모서리를 표현한다.

④ 표면을 표현하는 자료와 더불어 DEM의 경계를 정의하는 경계선에 관심을 가져야 한다.

⑤ 수치표면모델은 실세계의 지형, 수목, 건물, 인공구조물 등을 표현한 모델 또한 수치지형모델(DTM)과 동일한 의미로 사용하고 있다.

5.12.3.3. 수치표면모델 제작

(1) 항공레이저측량

① 항공 레이저 측량 장비 준비:

- 항공기에 장착된 레이저 스캐너
- GPS(Global Positioning System) 수신기
- 관측 제어 시스템 등

② 비행 계획 수립: 측량 영역의 경계, 비행 높이, 비행 속도, 비행경로 등

③ 데이터 수집:

- 레이저 스캐너는 지상의 표면을 측정하는 레이저 방출하여 지표면에서 반사된 거리를 측정하여 정보 취득
- GNSS 수신기는 항공기의 위치를 추적하여 각 데이터 포인트의 위치정보를 기록

④ 데이터 처리:

- 레이저 측량 데이터와 GPS 데이터를 결합하여 DSM 생성
- 데이터를 정제 및 노이즈 제거
- 공간적으로 보간하는 등의 작업 수행

(2) 무인비행장치항공사진 작업규정

① UAV 및 준비 계획:

- DSM을 생성하기 위해 UAV와 필수 장비 준비
- 카메라(또는 센서)가 장착된 UAV
- GPS 수신기, 비행 제어 시스템, 데이터 저장 장치 등

② 비행 계획 수립:

- 비행 높이, 비행 속도, 비행 경로, 이미지 격자 간격 등
- UAV가 적절한 위치에서 이미지 데이터를 수집할 수 있음.

③ UAV 비행 및 이미지 촬영:

- UAV를 사용하여 비행 계획에 따라 측량 영역을 비행하면서 이미지 촬영
- GPS 수신기는 UAV의 위치를 추적하여 이미지의 위치정보 기록

④ 이미지 처리:

- 촬영한 이미지를 컴퓨터로 전송하여 이미지 처리 작업 수행
- 이미지 정합, 카메라 보정, 노이즈 제거 등의 작업 수행
- 이미지 처리 소프트웨어를 사용하여 이미지 데이터를 처리하고 DSM 생성

5.12.3.4. 활용 분야

① 지형의 특성과 다양한 지형 요소를 정확하게 표현할 수 있어 다양한 응용 분야에서 활용된다.

② 3차원 데이터는 지형 분석, 시뮬레이션, 건축물 모델링 등의 분야에서 유용하게 활용된다.

③ 지형 안정성 평가, 토지 이용 계획, 자연재해 모니터링 등에 활용된다.

④ 재해 분야에서는 홍수피해 예측, 산사태, 해일 등의 대비 계획수립 및 현황 분석에 활용된다.

⑤ 실세계 재현 분야에서는 U-Eco City, 위치기반서비스(LBS), 텔레매틱스(telematics), 게임 등 차세대 신성장산업의 부가가치 창출에 활용된다.

⑥ 국가지리정보체계 구축 사업 지원과 국토개발을 위한 도시계획, 입지 선정, 토목, 환경 분야 등에 활용된다.

5.13. 원격탐측

원격탐측이란 지상이나 항공기 및 인공위성 등에 설치된 탐측기(sensor)를 이용하여 지표, 지상, 지하, 대기권 및 우주 공간의 대상들에서 반사되는 전자기파로 탐지한 자료로부터 토지, 환경 및 자원에 대한 정보를 얻어 물체의 식별과 환경조건 및 자원의 특성을 판독하고 이를 해석하는 기법으로 원격측정, 원격탐사, 원격측량이라고도 한다. 물질이 태양에너지를 받아 반사 또는 방사하는 전자파 세기의 분포를 이용해서 그 물체의 정체를 밝히거나 변화하는 현상을 알아내는 기술로 지구자원의 탐사, 환경 변화의 감시, 곡물의 수확 예상 등에 큰 역할을 하고 있다.

5.13.1. 원격탐측의 분류

원격탐측은 사용 목적, 자료 취득 방법 및 탑재기에 의한 것으로 분류할 수 있으며 자료 취득 방법에 따른 분류는 정보를 수집하는 감지기에 의해 수동적 감지기(passive sensor)와 능동적 감지기(active sensor)로 구분된다. 또한, 원격탐측은 정보를 획득할 수 있는 파장 영역이 매우 넓으며 각 파장대에 따라 자외선, 가시광선, 적외선 및 극초단파 등으로 나누어진다.

① 사용 목적에 의한 분류는 농업·임업·토지·해양·환경·자원·기상정보·군사정보의 원격탐측으로 구분된다.

② 자료취득 방법에 따른 분류는 수동적 센서와 능동적 센서에 의한 원격탐측으로 구분한다.

③ 탑재기에 의한 분류는 지상 탑재기·항공기구와 항공기·인공위성에 의한 원격탐측으로 구분한다.

5.13.2. 탐측기 및 탐측자료

5.13.2.1. 탐측기

① 센서는 자료취득 방법에 따라 수동적 센서(passive sensor)와 능동적 센서(active sensor)로 구분하여 사용한다.

② 수동형 센서(passive sensor)는 에너지를 측정하고 기록하는 장치로 주로 태양 에너지원을 사용하지만, 극히 일부는 지구 자체 에너지원을 사용한다.

③ 능동형 센서(active sensor)는 자체 에너지원을 가지고 있는 센서로 조명 조건과 관계없이 촬영할 수 있으므로 조정하기 쉬우며 레이저(적외선) 고도계와 레이더 등이 있다.

(1) MSS(Multi Spectral Scanner) 탐측기

① MSS는 지표로부터 방사 및 반사되는 전자기파를 렌즈와 반사경으로 집광하여 필터를 통해 분광한 다음 파장별로 구분하여 각각 영상 테이프에 기록하는 장치를 말한다.

② 자료를 기록하는 최소 관측 시야 단위를 순간 시야각 (IFOV; Instantaneous Field of View)이라 하며, 밀리 라디안(milli−radian)으로 표시한다.

③ 지표의 관측 최소단위 면적을 영상소(pixel)라 하며 이것은 광학 사진기의 분해 능력에 해당한다.

④ MSS의 공간해상력은 80m×80m이다.

⑤ 파장대는 4 파장대(녹색, 0.4~0.5m)와 5파장대는 도시지역, 길, 새로운 재분할, 자갈 지역, 채석장 등의 형상감지에 이용된다.

⑥ 6 파장대(0.6~0.7m), 7파장대는 수역에 대한 윤곽을 감지한다.

(2) TM(Thematic Mapper) 탐측기

① 지구 표면의 확대 관측을 목적으로 LANDSAT 4호와 5호에는 TM(Thematic Mapper)이 탑재되어 있다.

② 기본적으로 MSS와 같지만, 파장대 수와 검출기 수가 더 많으며 위성 고도가 낮다.

③ MSS보다 분광 파장대의 수가 많고 영상소의 공간해상력(30×30m)이 좋으므로 넓은 영역에 대한 영상해석에 사용된다.

④ 파장대의 범위가 넓어 지구 표면의 중요 형상을 판별하는 작업에 TM 영상이 많이 이용된다.

⑤ TM은 256가지의 수치를 이용하여 기계적 신호를 수치로 변환시키는 데 이용된다.

⑥ 기하학적으로 TM 자료는 30m의 순간 시야각을 이용하여 얻어진다.

⑦ 이 자료들은 국제횡메르카토르법(UTM)과 국제극심입체좌표법(UPS)에 적용해 이용한다.

⑧ HRV(High Resolution Visible) 탐측기는 Scanning 방식을 채택하고 있으나 반사경 연속 작동 체계에서 사용하는 Scanning 거울은 사용하지 않는다.

5.13.2.2. 탐측자료

① 관측은 매우 먼 거리에서 행해지고 관측 시각이 좁아서 얻어진 영상은 정사영상에 가깝고 탐측된 자료가 즉시 이용될 수 있다.

② 자료수집의 광역성 및 광역동시성·수량적인 정확도 등이 가장 큰 장점이다.

③ 회전주기가 일정하므로 원하는 지점 및 시기에 관측하기가 어렵다.

④ 극지방은 극궤도를 이용하여 자료를 수집한다.

5.13.3. 원격탐측 작업

① 영상을 기록하는 방식으로는 사진과 같이 손으로 만질 수 있는 hard copy 방법과 영상으로 처리되어 손으로 만질 수 없고 장기간 보관이 불가능한 soft copy 방법이 있다.

② 원격탐측은 탐측기를 이용하여 각종 대상물에서 방사되는 전자기파를 수집하여 정성적 해석에 이용되는 것으로서, 필름에 찍혀진 영상을 처리하는 경우 AD 변환 또는 DA 변환을 수행한다.

③ 전송되는 영상은 각 단계에서 발생하는 오차와 잡음(noise)을 정확히 파악하는 것이 매우 중요하며, 영상전송에는 전송, 변조, 변환 등이 있다.

④ 영상의 전송은 영상의 형성 및 기록하는 과정의 반복을 영상의 전송이라 한다.

⑤ 영상처리는 색과 왜곡이 포함된 영상으로부터 정확한 정보를 얻기 위해서 신뢰도를 높이거나 필요한 부분의 정보를 강조하는 기술이다.

⑥ 수집된 영상은 여러 가지 왜곡이 포함되어 있으며 크게 탐측기에 입사하는 방사량에 관계된 것과 기하학적 왜곡으로 구분된다.

⑦ 기하학적 왜곡 보정에는 계통적 기하 왜곡 보정, 지상기준점을 이용한 기하학적 보정 방법이 있다.

⑧ 영상강조는 영상에서 불필요한 요소를 제거하여 양호한 영상을 만드는 것으로 강조하려는 대상에 따라 다르다.

⑨ 영상해석에는 육안에 의하여 해석할 수 있는 영상판독과 기계적 처리에 의한 파장대 해석, 질감해석 등으로 구분할 수 있다.

5.13.4. 원격탐측 위성

원격탐측은 고도에 따라 지상 탐측 차량, 헬리콥터, 비행선, 항공기, 원궤도위성, 정지위성으로 구분되며 위성 종류에는 지구 자원탐측 위성(LANDSAT), SPOT, 기상위성(METSAT), 해양 위성(SEASAT), 응용기술위성, 우주실험소 위성이 있으며, 지구의 관측에는 주로 LANDSAT과 SPOT 위성이 이용되고 있다.

5.13.4.1. LANDSAT 위성

(1) 발전 과정

① 지구 자원탐측 위성인 Landsat은 1972년 7월 23일에 1호가 미국 NASA에서 발사되었으며 1972년 MSS라는 다중분광 센서를 탑재한 Landsat 1 위성에서 시작되었다.

② 발사 당시 ERTS로 명명하였으나 1975년 Landsat으로 변경하고 1975년 2호 발사, 1978년 3호 발사, 1982년 4호 발사, 1984년 5호를 발사하였다.

(2) LANDSAT의 발사현황

① 1972.5. : 1호 발사-RBV, MSS(4밴드) 탑재

② 1975.1. : 2호 발사-RBV, MSS(4밴드) 탑재

③ 1978.3. : 3호 발사-MSS(5밴드) 탑재

④ 1982.5. : 4호 발사-TM(7밴드), MSS(4밴드) 탑재

⑤ 1984.3. : 5호 발사-TM(7밴드), MSS(4밴드) 탑재

⑥ 1999.4. : 7호 발사-ETM 센서 탑재

(3) LANDSAT 제원

① 촬영고도 : 1, 3호는 900~950km, 4, 5호는 약 705km 상공에서 작업 시행

② 1회 회전 시간 : 1h 43m 16s, 회전주기는 16일

③ 1일 촬영량 : 185×185km=34,225km^2, 약 188매 사진 촬영

④ 탐측기 : MSS, TM, RBV 탑재

⑤ 이용 좌표계 : WGS-84

(4) 활용

① 농업, 식물학, 지형학, 토목공학, 환경 감시에 활용

② 임학, 지리학, 지질학, 자연지리학, 지상 자원 분석에 활용

③ 지형 이용계획, 해양학, 수자원 분석 등에 활용

〈그림 5-54〉 Landsat 위성

〈그림 5-55〉 SPOT 위성

5.13.4.2. SPOT 위성

SPOT(Le System Probatoire d'Observation de la Terre) 위성은 지구관측시스템을 의미하며 1986년 2월 22일 SPOT-1호가 발사되었다. SPOT 위성에는 HRV(High Resolution Visible) Sensor가 탑재되었으며 전정색 영상(흑백; panchromatic image)과 다중분광대 영상(multi spectral image)이 있다.

(1) 발전 과정

① 1977년 프랑스를 주축으로 계획되었으며 프랑스, 스위스, 벨기에 정부의 공동 컨소시엄에 의해 구성되었다.

② SPOT 1호는 1986년 2월 21일 프랑스에 있는 코우로우(Kourou), Launch Range에서 발사되었으며 두 개의 위성 궤도로부터 완전한 입체사진을 제공한다.

③ SPOT은 궤도 주위 방향관 기능을 가진 최초의 Pushbroom CCD 센서에 의한 지구관측위성이다.

(2) SPOT 제원

① 촬영고도 : 830 ~860km

② 관측 폭 : 60km

③ 회전주기 : 26일 동안 위성의 회전수는 369회전, 하루에 약 14회 회전한다.

④ 탑측기 : HRV 2대, 흑백(P), 다중파장대(XS형)

⑤ 해상력 : 전정색(P형) 영상은 10×10m, 다중파장대 영상(XS형)은 20×20m

⑥ 운동궤도 : 극궤도 운동(Near Polar Orbit)으로 움직인다.

⑦ 이용 좌표계 : WGS84

⑧ 위성 궤도를 1 회전하는데 평균 소요 시간은 101.4분이며, 인접 궤적상의 최대거리는 108.6km이고 적도보다 극에서의 고도가 21.4km 정도 더 높다.

(3) 특징

① 98.7°의 경사를 갖고 26일 간격으로 반복되며 경사관측이 가능하고 영상화될 수 있음을 의미한다.

② SPOT 탑재기는 다양한 감지기들의 적재 장소로 적합하게 설계할 수 있다.
③ 1호 감지기는 HRV 영상체계와 보조적인 자기테이프 기록기로 구성하고 있다.
④ SPOT 4는 HRV 조합으로 합성된 새로운 영역의 관측기기이다.
⑤ 해양지질 판독용은 청색 파장대의 영역을 말한다.
⑥ 같은 지역을 각도가 다른 방향으로부터 촬영함에 따라 입체시 할수 있는 영상획득
⑦ 시야각이 7.5° ~ +7.5°까지를 수직관측으로 간주하며, +0.16° ~ −0.16°는 0°로 가정한다.

(4) SPOT 영상 관측

① SPOT 위성에는 HRV(High Resolution Visible) Sensor가 탑재되었으며 전정색영상(흑백; panchromatic image)과 다중분광대영상(multi spectral image)이 있다.
② 필름 형태는 SPOT 영상에는 표정영역(title zone), 분광대영역(spectral mode zone), 밝기값눈금영역(gray scale zone), 영상영역(image zone), 주석영역(annotation zone)으로 5개 부분으로 나누어져 있다.
③ 사진 형태로 얻을 수 있는 scene은 대부분 1/100,000 축척으로 얻을 수 있다. 1/400,000 필름형상의 정확도는 scene에 대한 처리수준에 따라 달라진다.
④ 탐측기(Sensor)는 2대의 HRVIR(High Resolution Visible and Infrared)를 이용하지만 P형과 XS형이 있다.
⑤ 1/250,000의 소축척 지도에서 1/50,000까지 지도 제작이 가능하며, 대축척의 지도는 정확도가 낮지만, 소축척 지도의 수정·편집 및 정사영상 생성에는 효과적이다.
⑥ 취득일시가 서로 다른 영상들을 비교할 경우, 영상의 취득시간에서 태양광의 조건을 거의 같게 하기 위해 궤도면과 태양각이 거의 일치하도록 해야 한다.
⑦ HRV 탐측기로 얻어지는 영상선은 다중분광대형(XS 형)과 전정색형(P형)으로 분류되어 각각에 따라 파장대, 영상소의 크기 및 수가 다른다.

5.13.4.3. IKONOS

출제(용) : 68회

IKONOS위성은 최초의 상용 고해상도 위성으로 미국의 지구관측사(Earth Observation Company)인 스페이스 이미징 사의 소유이며 그 외의 고해상도 상용 위성은 Orbview3(OrbImage), Quickbird(EarthWatch), EROS−A1(West Indian Space) 등이 있다.

(1) 발전 과정

① KONOS는 1999년 9월 24일 미국 록히드마틴과 일본 미쓰비시가 공동 설립한 스페이스 이미징(Space Imaging) 사에서 상용서비스를 목적으로 제작하였다.

② 1999년 9월 30일 미국 캘리포니아에서 발사되어 같은 달 30일 처음으로 해상도가 1m인 워싱턴 지역에 대한 팬크로매틱 영상을 지상수신국으로 송신하였다.

(2) 특징

① 대축척 지도 제작이 가능할 수 있도록 응용이 확대되었다.

② 수송경로, 교통망의 발달과 다른 분야 간의 상호 작용을 파악할 수 있게 한다.

③ IKONOS는 Pushbroom 원리에 기초한 OSA 센서를 탑재하고 있다.

④ 팬크로매틱 영상과 다중분광 영상을 동시에 촬영할 수 있다.

⑤ 민간용 위성이 수행할 수 있는 최상의 공간해상력을 지니고 있다.

⑥ IKONOS 위성은 고해상도와 높은 위치정확도에 있다.

(3) 위성 영상

① 흑백(Panchromatic) 영상은 해상도 1m이며, 컬러 영상의 해상도는 4m이다.

② 위성영상의 종류는 방사 왜곡, 파노라마 왜곡, 지구 자전과 곡률에 의한 왜곡, 위성 궤도 및 자세에 의한 왜곡 등으로 왜곡 현상은 보정하여 사용하여야 한다.

③ 위성영상은 토지이용 및 관리, 방재 및 환경보존, 농·임업, 지질 및 광물 탐측 등의 분야에서 소축척지도 제작에 이용되었다.

④ 최근에는 점차 해상도가 높아져 위성에 의해 촬영된 영상들을 상업적, 군사적, 재난관리 등 기존의 고해상도에서 대축척지도 제작 및 수치지형(DTM)모델의 추출까지 다양한 분야에서 이용되고 있다.

〈그림 5-56〉 IKNOS 위성

5.13.4.4. METSAT 위성

① 기상위성(METSAT; METeorological SATelite)은 기상예보와 감시에 이용하기 위한 탐측기로 지형관측 탐측기에 비해 거친 공간해상력(coarse spatial resolution)으로 설계되어 있다.

② 이는 매우 순간적이고 반복적이며 대단위 지역의 자료취득이나 상세한 것을 포함하지 않는 천연자원의 관측에 매우 유용하게 이용된다.

③ 대단위 지역을 관측할 수 있는 해상력으로 지구의 넓은 범위에 적용할 수 있고, 특정한 적용을 위해 생성된 자료의 양을 크게 줄이는 장점이 있다.

④ 대표적인 기상위성으로 NOAA(National Ocianic and Atrmospheric Administration) 위성, GOES(Geostationary Operational Environmcntal Satelite) 위성, DMSP(U.U air force Defence Meteorogical Satelite Program) 위성 등이 있다.

5.13.4.5. SEASAT 위성

① 해상관측 위성(SEASAT)은 해양 지역과 일정한 기간에 정보를 제공하며 1978. 10 월 발사된 Nimbus 7호 위성이 있다.

② 이 위성은 해안지역의 유색 스캐너를 탑재하고 있으며 해안지역 온도와 색을 관측하기 위하여 제작되었으며 6개의 파장대에 의해 조작된다.

③ SEASAT(SEA SATelite)는 분광 대중 극초단파에 해당하는 영역을 이용하여 해상을 관측하였다.

④ 해상관측용 탐측기가 있는 다른 위성인 Nimbus－7호는 1978년 1월에 발사되었다.

⑤ 해양의 해안지역 온도와 색을 관측하기 위한 해안지역 유색 스캐너(CZCS; Cosastal Zone Color Scanner)를 가지고 있다.

⑥ CZCS에서 이용되는 분광대는 플랑크톤의 집적 정도를 나타낸 지도 제작, 토양에 있는 무생물 잔류량에 대한 조사, 해수면, 생물군에 대한 분포도, 육지로부터 수면을 분리, 해안 근처나 해안의 해수에 엽록소, 온도, 황조류의 구분 등에 유용하게 사용된다.

5.13.4.6. ERS－1 위성

① ERS－1 위성은 ESA(European Space Agency)의 지구관측 프로그램의 하나로 개발하여 1991년 7월 17일에 발사한 위성으로 이에는 European SAR가 탑재되었다.

② 이 위성은 지구 전체에 대한 SAR 영상을 취득하는 최초의 위성이다.

③ 지구 전체에 대해 반복적으로 관측을 수행할 수 있으며 레이더의 특성에 따라 구름이나 태양광 조건과 관계없이 영상을 취득할 수 있다.

④ 태양의 상태, 해수면의 바람, 해류의 흐름, 해양 또는 빙하의 고도 등 광학적 위성으로는 관측할 수 없었던 것들을 관측할 수 있다.

⑤ 해수면의 온도는 다른 위성에 비해 매우 높은 정확도로 관측할 수 있다.

⑥ ERS-1 위성의 임무는 과학적인 면과 운영 면으로 분류되어 환경 현상과 기후 현상의 폭을 넓히고 광범위한 응용 분야에 원활한 서비스를 제공하는 것이 주요 목적이다.

⑦ 세계적으로는 빙하 지역, 그리고 국부적으로는 해안과 육지 지역이 주요 관측 대상이다.

5.13.5. 위성영상의 해상도

출제(용) : 114회

위성영상이란 대상물에서 방사 또는 반사되어 돌아오는 전자기파를 위성에 탑재된 탐측기를 이용하여 수집한 일반적인 영상으로 해상도를 사용하여 위성영상 해상도의 정확도를 판단한다. 해상도(Resolution)란 관측이나 분석적 방법에 따라 구별할 수 있도록 관측, 산출된 값 사이의 최소 차이로서 어떤 특정 상태에서 세부 묘사를 분별하는 디스플레이 체계의 능력을 관측하는 것이다.

5.13.5.1. 해상도의 특징

① 해상도는 활용 목적에 적합한 영상자료를 선택하는 기준이 된다.

② 해상도는 인치당 점의 수, 라인당 픽셀 수, 밀리미터당 라인 수 등으로 표현된다.

③ 해상도란 공간의 차원에서 기준화된 기하학적 영역의 크기를 관측 대상 수로 나눈 것이다.

④ 원격탐사에서 사용되는 해상도는 공간해상도, 분광해상도, 방사해상도, 시간해상도 등 4가지로 구성되어 있다.

⑤ 4가지 해상도는 서로 맞물려 있기에 모든 해상도를 높일 수 없으며 적정선에서 조화롭게 만들어야 한다.

5.13.5.2. 위성영상의 종류

출제(논) : 108회

위성영상은 지구궤도를 돌고 있는 인공위성이 지표면을 촬영해서 보내주는 이미지자료를 말한다. 위성영상은 다양한 파장을 사용하여 우리가 육안으로 볼 수 있는 색상 이외에도 다양한 정보를 얻을 수 있는 영상이다.

(1) 적외선영상

① 흑백과 컬러영상이 있으며 식생의 구분에 적합하다.

② 영상의 색조와 색상은 토양, 지표 퇴적물, 암층, 그리고 식생에 의하여 확인된 단층이나 열극을 의미한다.

③ 일반적으로 가장 유용한 사진은 식생변화가 주로 일어나는 가을과 봄에 촬영 된 것이고 축척은 다양하게 적용할 수 있다.

(2) 다파장 주사영상

① 70mm 크기의 영상으로 궤도상의 인공위성에 보내진 녹색, 적색, 두개의 적외선 등 4개의 파장대로 구성되어 있다.

② 확대는 흑백, 컬러, 그리고 사진, 필름 등으로 가능하다.

③ 각 프레임은 185km이고, 해상력은 1 : 1,000,000에서 1 : 100,000으로 확대 사용이 가능하다.

④ 각 프레임은 반복되므로 모든 지역에 대하여 최적의 영상을 얻는 것이 가능하다.

⑤ 영상은 주요한 지형 단위, 지질구조, 수로, 식생 구분 등에 사용됐으며 여러 해 동안 반복 기록된 프레임들을 처리하여 판독에 활용하고 있다.

(3) 열적외선 주사영상

① 열적외선 주사는 낮 또는 밤의 열 파장대의 방사를 감지하는 것으로 자료는 흑백사진으로 처리가 가능하다.

② 축척은 다양하게 활용할 수 있으나 일반적으로 산림이나 습지에 대한 조사와 같은 특별한 목적을 위하여 주사하므로 일반적으로 사용하는 것은 힘들다.

③ 어떤 표면과 물질에서의 열 발산에 의한 영상은 암석, 식생, 지표면 퇴적물의 분포 등을 확인할 수 있다.

(4) 다중분광영상(Multispectral data)

① 태양과 같은 전자기복사에너지(Electromagnetic Energy)의 방사원으로부터 도달한 전자기복사에너지가 지표면에서 반사되고 이를 위성체의 센서가감지함으로써 각 분광파장대별 자료의 수집이 가능하다.

② 특징

- 상대적으로 간단하고 효율적이지만 스펙트럼 해상도가 낮다.
- 상대적으로 낮은 기술을 요구하고 있으므로 하드웨어 및 데이터 처리 비용 저렴하다.
- 파장 범위가 제한되어 있으므로 세부적인 정보는 부족하다.
- Red, Green, Blue의 3광원색을 조합함으로써 컬러영상의 제작이 가능하다.
- 다중분광은 몇 가지 특정 파장 대역을 선택해 자료를 수집하는 형태이다.
- 멀티스펙트럴 카메라는 필요한 영역을 밴드(Band)로 나누어 기록한다.
- 일반적으로 가시광선이나 인간이 구별하기 어려운 파장을 중점적으로 다루는 특징이 있다.

③ 5개의 밴드를 지원하며, 파장영역 10개 이하의 불연속적인 구간으로 나누어 촬영되는 영상을 의미한다.

④ 하나의 밴드는 대략 40~100nm의 폭을 담고 있으며 일반적으로 멀티스펙트럴은 3~10개의 밴드를 처리한다.

⑤ 다중분광(Multi−Spectral) 영상의 활용

- 토양 조건, 식물 상태, 작물 종류 등을 모니터링하여 농작물 생산성 향상시킬 수 있다.
- 수질, 지형 등을 파악하여 환경 변화를 추적하고 자연재해를 예방할 수 있다.
- 도시지역의 토지 사용 및 변화를 추적하여 효과적인 도시 계획에 활용할 수 있다.

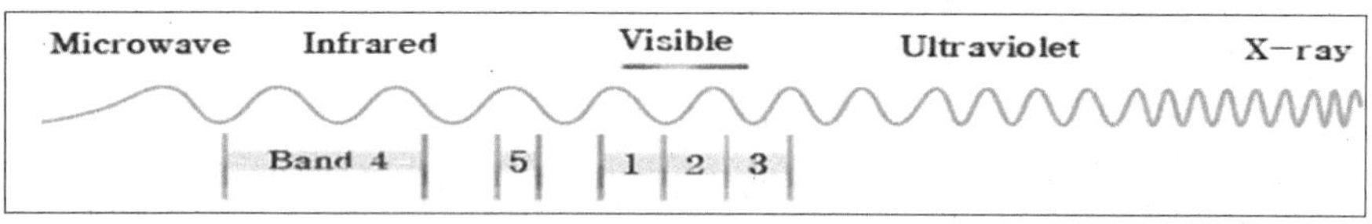

(a) 다중분광영상

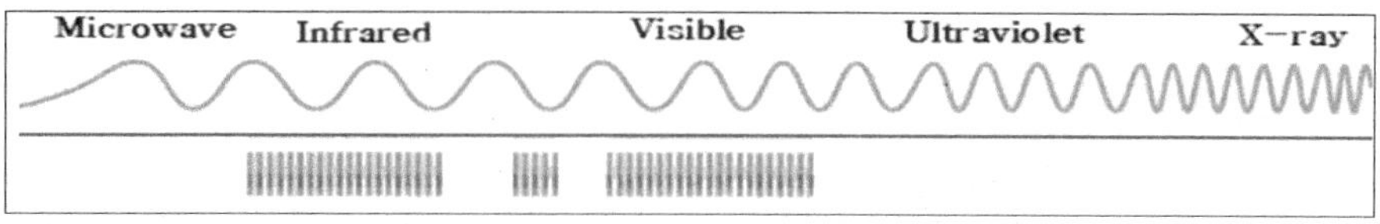

(b) 초분광 영상

〈그림 5-57〉 다중분광영상과 초분광 영상의 비교

(5) 전정색영상(Panchromatic data)

① 보통 가시광선영역의 분광자료가 수집되는데 주로 지도제작 분야에 이용된다.

② 일반적인 흑백영상을 생각하면 된다.

(6) 초분광영상(Hyperspectral)

① 초분광영상은 매우 작은 파장 간격으로 많은 파장을 수집하는 것으로, 다양한 파장을 고해상도로 다룬다.

② 수백 개에서 수천 개에 이르는 파장을 포함할 수 있어, 물체의 세부적인 스펙트럼 특성을 높은 정밀도로 분석 가능한 영상이다.

③ 빛의 파장 대역을 다수의 밴드로 나누어 대상체가 가지는 고유의 스펙트럼 형상을 추출하여 지표상 물체의 연속적이고 좁은 파장역으로 수백 개의 분광 정보를 취득한다.

④ 초분광영상은 원래 imaging spectroscopy란 용어로 사용되다가 최근 hyperspectral image, hypwespectral remote sensing이라는 용어가 통용되고 있다.

⑤ 파장 영역을 20nm 이하의 좁은 폭으로 수백 개로 구분하여 연속적으로 촬영되는 영상을 의미한다.

⑥ 특징

- 복잡하며 높은 컴퓨팅 리소스 요구한다.
- 고해상도로 많은 수의 파장으로 세부하고 정확한 정보를 취득할 수 있다.
- 고해상도 센서 및 높은 처리 능력을 요구하므로 비용이 많이 소요된다.
- 고급 하드웨어 및 데이터 처리 기술이 요구되므로 숙련이 필요하다.

⑦ 활용

- 대상 물체마다 존재하는 고유의 광학적 성질 및 반사 특징을 분석할 수 있어 토지피복, 식생 등 대상 물체 구별에 주로 활용된다.
- 지표면의 대상 물체가 갖는 고유한 분광 반사 곡선을 이용하여 초분광 영상에서 식생, 농경지, 도심지 등과 같은 공간적 영역을 결정하고 그 대상 물체의 형태 및 속성 정보를 획득할 수 있다.
- 지하자원 탐사, 광물 성분 분석 등에 활용하여 광물자원을 효율적으로 발견할 수 있다.
- 물체의 특정 파장 특성을 활용하여 환경 오염 및 변화를 감지하고 모니터링하는데 필수 적이다.

(7) 개구레이더영상(Aperture Radar)

① 대략 0.1cm~1m 사이의 극초단파 파장영역의 자료를 수집한다.

② 탑재체의 성격에 따라 항공레이더와 위성레이더로 나뉘지만 센서의 성격은 동일하다.

③ 현재 운용중인 보통 항공레이더를 SLAR(Side Looking Airborn Radar)라 하며, 해상도의 차이에 따라 real aperture radar 와 synthetic aperture radar로 세분한다.

④ 레이더 위성은 ERS series, JERS series, SEASAT series, Radarsat 등이 있다.

5.13.5.3. 위성해상도의 종류

출제(용) : 114회

(1) 공간해상도(Spatial Resolution)

① 해당 위성 센서가 지구 표면을 표시하는 픽셀의 크기(30m, 20m, 10m, 등)를 나타내는 지표라고 할 수 있다. 공간해상도는 영상에서 한 픽셀에 해당하는 실제 거리를 뜻하는 GSD(Ground Sample Distance)와 는 두 물체를 구분할 수 있는 최소한의 거리를 뜻하는 GRD(Ground Resolved Distance)로 구분할 수 있다.

② 특징

- 공간해상도는 위성의 고도와 시야각에 의해 결정될 수 있다.
- 센서의 특성과 위성에서 물체까지의 거리에 따라 결정된다.
- 픽셀 크기 자체는 작지만 각 픽셀이 하나의 물체를 뜻하는 것은 아니다.
- 영상 내의 개개 픽셀은 표현이 가능한 지상의 면적을 나타낸다.
- 공간해상도가 높을수록 센서는 더 작은 지형 요소들과 물체들을 구분하여 표현할 수 있다.
- 숫자가 작아질수록 보다 작은 지상물체를 판독할 수 있다는 의미가 된다.

③ 위성의 시야각

- 위성의 시야각(Field of View, FOV)은 센서가 관측할 수 있는 영역에 대한 opening angle을 의미한다.
- 시야각(FOV)과 위성의 고도에 따라 위성이 하나의 궤도를 지나면서 관측할 수 있는 영역(swath)이 결정된다.
- IFOV와 고도에 따라 한번에 관측되는 resolution cell의 크기가 결정된다.
- 위성의 순간 시야각(Instantaneous FOV, IFOV)은 위성이 한 순간에 관측 가능한 각도이다.

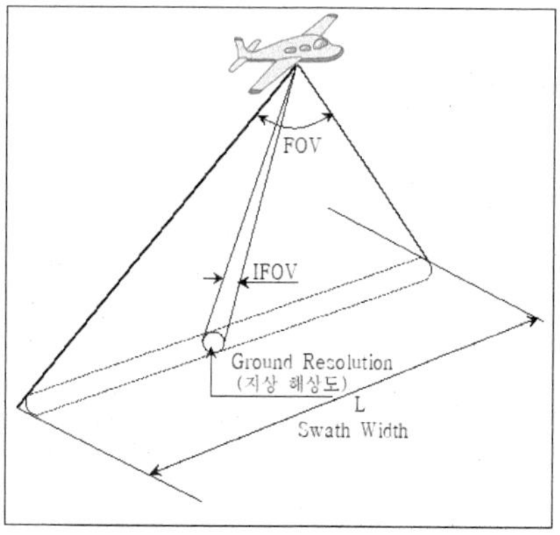

〈그림 5-58〉 순간시야각(IFOV)

- 하나의 resolution cell이 하나의 픽셀이 되며 두 물체의 거리가 resolution cell의 크기보다 커야 두 물체를 구분 가능하다고 볼 수 있다.

④ 활용

- 세밀한 지형, 물체, 자연환경 관측 및 모니터링에 활용한다.
- 공간해상도는 센서가 관찰하는 지구 표면의 세부 사항을 결정에 중요한 역할을 한다.

(2) 분광해상도

① 위성 영상의 분광해상도(Spectral Resolution)는 센서가 관측하는 전자기파 파장의 범위를 측정하는 지표이다.

② 분광해상도는 주로 센서가 특정 파장 범위 내에서 세밀한 스펙트럼 정보를 캡처하는 능력을 나타내며, 센서의 감도와 분해능에 영향을 미친다.

③ 특징

- 위성에 탑재된 센서의 다양한 분광파장 영역을 수집할수 있는가의 능력
- 분광해상도가 좋을수록 영상 분석에 이용 가치가 상승한다.
- 영상의 질적 성능을 판별하는 기준이 된다.
- 대역의 폭이 좁을수록, 대역의 수가 많을수록 분광해상도가 좋다.
- 기상학의 인공위성 감지기들은 분광 해상력이 상대적으로 낮다.
- 분광해상도가 좋을수록 영상의 분석적 이용 가능성이 높아지게 되므로 영상의 질적 성능을 판별하는 중요한 기준이 된다.
- 방사 전자기파의 밝기값을 나타내는 지표로 마이크로미터 단위로 정의된다.

④ 활용

- 어떤 위성은 Red, Green, Blue 영역에 해당하는 가시광선영역의 영상만 얻을 수 있지만 위성에 따라 가시광선영역을 포함하여 근적외, 중적외, 열적외 등 다양한 분광영역의 영상을 수집할 수 있다.
- 관측 물체에 대한 다양한 영상 및 분광 정보를 획득할 수 있다.
- 각 밴드의 조합에 따라 RGB 영상 또는 RGB 외에 다른 파장대에 대한 정보를 나타내는 영상으로 표현될 수도 있다.
- Multispectral 영상보다 관측 파장 대역을 좁게(10nm), 더 다양하게(수십개의 밴드) 관측하여 정밀한 분광해상도를 획득할 수 있는 영상은 Hyperspectral 영상이라고 한다

(4) 방사해상도

① 방사해상도(Radiometric Resolution)는 센서에 검지된 정보를 세밀하게 표현하는 능력으로, 구분될 수 있는 밝기값의 수로 나타낸다.

② 일반 영상은 0－255의 8bit 영상이지만 위성 영상의 경우 16bit, 14bit 등 다양하게 나타낸다.

③ 해양을 관측할 경우 육지에 비해 신호의 변화(대비)가 작기 때문에 더 민감한 센서로 관측하는 것이 유리하다고 볼 수 있다.

④ 특징

- 방사해상도가 높다는 것은 위성영상의 분석 정밀도가 높다는 의미이다.
- 영상을 관측할 때 에너지 강도에 대한 민감성을 의미하며 이는 영상의 bit 수로 표현된다.
- 해양을 관측할 경우 육지에 비해 신호의 변화(대비)가 작기 때문에 더 민감한 센서로 관측하는 것이 유리하다.

(5) 주기해상도

① 주기해상도는 특정 지역에 대한 영상 자료를 얼마나 자주 얻는지를 나타내는 지표롤 시간해상도(Temporal Resolution)라고도 한다.

② 재해지역의 지형 변이 양상 파악이나 건설공사의 진척도 파악 등과 같은 변화탐지 성능과 관련된다.

③ 지구상의 특정 지역을 얼마만큼 자주 촬영 가능한지를 나타낸다.

④ 군사적인 분야에서는 적의 이동, 병력 및 무기배치상황 등과 같이 지속적인 탐지가 요구되는 경우 중요한 요소가 된다.

⑤ 주기해상도 짧을수록 적정이나 지형변이 양상을 주기적이고도 빠르게 파악할 수 있다.

⑥ 데이터베이스를 통해 향후의 예측을 위한 좋은 모델링 자료를 제공할 수 있다.

⑦ 시간해상도 (Temporal Resolution)는 위성이 동일한 지점을 찍는 시간 간격을 의미한다.

⑧ 시간해상도의 영향요소는 위성의 궤도와 재방문 주기와도 관계가 있다.

5.13.5.4. 위성해상도에 미치는 영향

① 극궤도 위성은 공간해상도가 높으나 시간해상도는 낮게 나타난다.

② 정지궤도 위성은 공간해상도가 낮으나 시간해상도는 높게 나타난다.

③ 위성에서 자체적으로 높은 공간해상도를 갖기 위해서는 감지하는 파장대가 넓어지거나 재방문 주기가 길어야 한다.

④ 위성 영상은 해당 영상이 촬영된 시간, 촬영된 곳의 좌표, 촬영 각도, 촬영 당시 태양의 각도, 위성의 궤도, 위성의 고도 등 다양한 메타데이터를 포함하고 있다.

5.13.6. 우리나라의 위성

우리나라는 1989년부터 위성에 관한 연구를 수행하였으며 1992년 8월 11일에 발사한 우리별(KITSAT) 1호는 우리나라 최초의 초소형 과학 기술 위성이다.

〈표 5.4〉 위성의 종류와 발사 일정

위성의 종류	발사일	위성의 종류	발사일
우리별 1호(KITSAT-1)	1992. 8. 11.	과학 로켓 1호 (KSR-1)	1993. 5. 4.
우리별 2호(KITSAT-2)	1993. 9. 25.	과학 로켓 2호 (KSR-2)	1995. 5. 9.
우리별 3호(KITSAT-3)	1999. 5. 25.	액체추진 과학 로켓 3호(KSR-3)	2002. 11. 28.
무궁화 2호(KOREASAT-2)	1995. 1. 14.	아리랑 1호 (KOMPSAT-1)	1999. 12. 21.
무궁화 3호(KOREASAT-3)	1999. 9. 5.	아리랑 2호 (KOMPSAT-2)	2005. 5. 28.
과학기술위성 1호(STSAT-1)	2003. 9. 25.	무궁화 5호 (KOREASAT-5)	2005. 8. 22.

5.13.6.1. 아리랑위성

출제(논) : 137회

(1) 아리랑 1호

① 아리랑1호(KOMPSAT; Korea Multi Purpose Satellite)는 1980년대부터 기상통신 분야 및 국토개발, 해양, 환경, 과학탐측 등의 분야에서 자료를 활용하며 무궁화위성, 우리별 1, 2호에 이어 우리나라 최초의 영상위성이라 할 수 있다.

② 1994년 11월 ~2000년 1월까지 과학기술부, 산업자원부 및 정보통신부의 지원으로 한국항공우주연구원을 중심으로 공동개발자인 미국의 TRW사와 국내 7개 기업체 및 한국전자통신연구원, KAIST 인공위성연구센터 등이 참여하였다.

③ 1999년 12월 21일에 미국 캘리포니아주에서 발사되었으며 685km 상공을 돌고 있으며, 공전주기는 98분이다.

④ 다목적실용 위성인 아리랑 1호는 한반도관측, 해양관측, 과학실험 등을 위한 위성의 국산화와 운용 및 이용 기술 기반 확보를 목표로 추진되었다.

⑤ 임무는 영상 지도 제작, 해양관측, 우주 환경관측 등의 3가지이다.

⑥ 특징

- 아리랑 1호 위성의 수명은 3년이다.
- 탑재 Sensor는 고해상도 전자광학센서(EOC)와 해양관측센서(OSMI)가 부착되어 있다.
- 해상도는 EOC의 경우에는 6.6m이고 관측 폭은 17km이다.
- 아리랑 1호는 대한민국이 발사한 최초의 다목적 실용 인공위성이다.

⑦ EOC는 입체영상획득이 가능하므로 1/25,000의 한반도 지도 제작에 사용되고 OSMI는 엽록소 농도분석에서 대기 간섭분석에 많이 이용된다.

⑧ 아리랑 1호 위성의 제원

- 위성의 무게 : 470kg
- 본체 직경의 크기 : 1.35m
- 높이 : 2.49m
- 길이 : 6.4m

⑨ 2007년 12월 29일부터 임무 수행이 정지되어, 2008년 2월 20일 임무를 공식 종료하였다.

〈그림 5-59〉 아리랑 1호 위성

(2) 아리랑 2호

출제(용) : 80회

① 2006년 7월 28일 대한민국의 한국 항공우주연구원(KARI)이 발사한 다목적실용위성(KOMPSAT Ⅱ)이다.

② 아리랑 2호의 고해상도 카메라는 흑백 1, 컬러 4m의 해상도와 관측폭 15km의 성능을 갖는다.

③ 1m급 카메라는 미국과 러시아, 프랑스, 이스라엘, 일본 등 위성 선진국만이 보유하고 있는 초정밀 카메라이다.

④ 현재는 60cm 해상도의 퀵버드 위성이 세계 최고의 상용위성 해상도를 가지고 있다.

⑤ 아리랑 2호의 MSC는 80cm 직경의 망원경에 전자 장치를 포함해 길이가 1.6m에 달하며 무게는 대략 250kg 정도이다.

⑥ 4개의 밴드를 이용해 한 번에 가로, 세로 15㎞ 지역을 촬영할 수 있다.

⑦ 대한민국은 아리랑 2호의 성공으로 미국, 러시아, 프랑스, 독일, 이스라엘, 일본에 이어 세계 7번째 1미터급 해상도 관측 위성 보유국이 되었다.

⑧ 다목적실용 위성 2호는 한반도를 2분 동안 촬영할 수 있으며 촬영 후 10초 정도면 사진 영상을 스크린 할 수 있다.

⑨ 제원

- 개발 기간 : 1999년부터 2006년까지 7년
- 발사 장소 : 러시아 플레세츠크 공군기지
- 무게 : 800kg, 직경 : 200㎝, 높이 : 280㎝
- 궤도 : 685㎞ 상공 태양동기 궤도
- 임무수명 : 3년
- 동일 지점 촬영 주기 : 4일

(3) 아리랑 3호

출제(용) : 98회

① 아리랑 3호는 한국 KARI에서 12년에 발사한 관측 위성으로 다목적실용 위성 3호(KOMPSAT 3)라고도 한다.

② 광학 카메라를 탑재하고 있으며 685km 상공에서 70cm 고해상도 영상정보를 수집하여 위성영상 상용화 서비스를 제공하고 있다.

③ 98분마다 지구를 한 바퀴 돌며 한반도 상공을 하루에 두 차례 지나며 10분씩 촬영한다.

④ 해상도 1m 이하 지구관측위성을 가진 나라는 미국·유럽·이스라엘에 이어 네 번째이다.

⑤ 한국항공우주연구원·대한항공·한국항공우주산업·두원중공업·한화·AP 우주항공·세트렉아이 등 국내 기관과 기업만 참여하였다.

⑥ 지구 상공 고도 685km 궤도에서 하루에 약 15바퀴 지구를 선회하며 지구관측을 통해서 공공안전, 국토·자원관리, 재난감시 등에 활용된다.

⑦ 제원

- 해상도: 고해상도 1m, 표준해상도 3m, 광역관측모드 20m
- 무게: 1,400 kg
- 궤도: 550 km 여명궤도[11)]
- 임무 수명: 5년

⑧ 아리랑 위성 3호는 임무 수명 4년에 이어 두 차례에 걸쳐 2년씩 임무 수명을 연장하면서 오는 2022년까지 지구 정밀관측 임무를 수행하게 된다.

(4) 아리랑 3A호

① 지구 관측을 위한 광학위성으로 3호와 거의 동일하나 적외선 관측 기능이 추가 되어서 야간에도 촬영이 가능하다.

② 2015년 3월 26일에 러시아 야스니 발사장에서 드네프르 발사체를 이용해 발사되어 현재 운용 중이다.

③ 산업체가 본체 제작 책임을 맡아 국내위성 산업의 저변이 확대되는 기틀을 마련하였다.

④ 운용 궤도가 낮아서 관측 해상도가 향상되었다.

⑤ 공개된 위성 중에는 세계 최초로 파장이 3.3~5.2㎛인 중적외선 센서를 탑재하였다.

⑥ 주변과 온도차가 나는 산불이나 화산 활동, 핵시설과 같은 공장 가동 여부, 도심 열섬과 같은 고온 현상 등의 포착이 편리하다.

⑦ 아리랑 3A호가 운용되면 현재 운용 중인 고해상도 광학관측 위성인 아리랑 2호와 3호, 합성개구레이다(SAR)를 탑재한 아리랑 5호와 함께 상호보완적으로 운용되어 주야간은 물론 보다 정밀하게 지구를 관측할 수 있다.

⑧ 구성 내용

- 제원 : 직경 2.0m, 높이 3.8m, 중량 1,100kg
- 임무 : 지구정밀관측
- 특징 : 50cm급 광학해상도 및 최초 적외선센서 탑재
- 해상도 : 광학(흑백 0.55m, 컬러 2.2m), 적외선 5.4m
- 발사일 : 2015년 3월 26일
- 궤도 : 528km 태양동기궤도
- 임무 수명 : 4년

(5) 아리랑 5호

① 아리랑 5호(KOMPSAT−5)는 2005년부터 한국항공우주연구원, 한국항공우주산업 등이 참여해 개발을 시작했으며 2013년 8월 22일 러시아 야스나 발사장에서 발사되었다.

11) 항상 태양을 볼 수 있는 궤도로서 지구의 낮과 밤의 경계선을 따라서 지구 주위를 회전한 궤도이다.

② 국내에서 처음 개발한 영상레이더(SAR)가 탑재되어 있다.

③ SAR은 마이크로파를 지표면으로 보낸 후 반사되는 신호의 시간 차이 등을 측정해 영상화하는 방식을 사용하는데, 이로 인해 대기권의 상태에 관계없이 고화질의 영상을 얻을 수 있다.

④ 아리랑 5호는 550km 상공에서 5년 동안 하루에 지구를 14바퀴 반(한반도는 하루 두 차례 관측)을 돌면서 관측·촬영을 하고 이 영상은 국가 안보, 재난·재해 예측, 기후 관측, 자원 이용·관리 등에 사용된다.

⑤ 아리랑 5호는 많은 구름이 있거나 햇빛이 없는 야간에도 전천후 지구관측이 가능한 저궤도(운영 궤도 550km) 인공위성이다.

⑥ 제원

- 가로 4m, 세로 3.7m, 폭 9.1m
- 무게 1.4t의 다목적 실용위성
- 최고해상도 : 가로×세로(1m×1m) 해상도
- 궤도 : 지구에서 550km 상공

5.13.6.2. 우리별 위성

(1) 우리별 1호

① 우리나라 최초의 위성개발은 KAIST 인공위성연구센터의 우리별 1호가 1992년 8월 11일 아리안 발사체에 의해 남미꾸르 우주센터에서 발사되면서 시작되었다.

② 개발 목적은 위성 제작 기술 습득, 위성 관련 분야의 전문 고급인력 양성, 우주과학에 대한 국가적 관심 증대 및 우주산업의 활성화, 청소년들의 우주에 관한 관심 고양, 우주 환경의 이해 등이다.

③ 임무는 지구 표면 촬영실험, 통신 및 우주 실험이다.

④ 제원

- 발사일 : 1992년 8월 11일 오전 8시 08분(한국시간)
- 고도 : 1,300km
- 궤도 : 경사각 66°의 원형 저궤도
- 크기 : 352×356×670mm
- 무게 : 48.6 kg

- 탑재체 : 축적 및 전송 통신 시험, 지구 표면 촬영실험, 우리말 음성방송 실험, 우주 방사선 측정 실험

(2) 우리별 2호(KITSAT-2)

① 우리별 2호는 영국 써리 대학에 파견된 연구진이 국내로 돌아와 국내 연구진과 공동으로 개발한 위성으로서 1993년 9월 26일 발사되었다.

② 개발 목적은 우리별 1호의 문제점들을 수정 보완, 국산 부품을 가능한 한 많이 사용, 국내에서 제작된 실험 모듈들을 최대한 수용, 소형위성 기술의 국내 확산 등이다.

③ 우리별 1호의 개발을 주도한 연구원들이 귀국하여 국내의 연구팀들과 함께 위성의 임무분석과 설계, 제작, 시험까지의 모든 일정을 인공위성센터에서 수행하였다.

④ 국산 컬러 광검출 소자를 채용한 지구 관측 카메라와 저에너지 검출기, 적외선 감지기 시험장치, 소형위성용 차세대 컴퓨터 등이 탑재되어 있다.

⑤ 제원

- 발사 : 1993년 9월 26일 오전 10시 45분(한국시간)
- 고도 : 800km
- 궤도 경사각 : 98.57°
- 궤도 : 원형 태양동기궤도
- 크기 : 352×356×670mm
- 무게 : 47.5kg
- 탑재체 : 지구 표면 촬영 실험, 소형위성용 차세대 컴퓨터, 고속 변복조 실험 장치, 축적 및 전송 통신 실험, 저에너지 입자 검출기, 적외선 감지기 실험 장치 등이다.

(3) 우리별 3호

① 독자설계로 개발된 우리별 3호는 1995년 5월 26일 인도의 PSLV 발사체에 의해 성공적으로 발사되었다.

② 태양전지판을 양쪽에 한 개씩 두 개의 태양전지판을 전개하는 형태로 향상되었다.

③ 스핀 안정화 방식에서 벗어나 3축 안정화 방식의 자세제어를 채택하였다.

④ 개발 목적은 소형 인공위성에 기반이 되는 기술을 개발하여 우주에서 실험하기 위함이며 3축 자세제어, 공통버스 구조, 전개식 태양전지판, 고속 데이터 전송 장치, 대용량 메모리 시스템 등이다.

⑤ 제원

- 발사 : 1999년 5월 26일 오후 3시 22분(한국시간)
- 궤도 : 730km, 원형 태양동기궤도
- 크기 : 495×604×852mm
- 무게 : 112kg
- 탑재체 : 15m급 해상도, 3채널, 선형 CCD 카메라 우주과학 탑재체

(4) 우리별 4호

① 우리별 4호는 독자 개발의 단계를 거쳐 기술의 최적화와 동시에 천문학적 관측을 시도하는 최초의 국내 위성이다.

② 안정된 버스 시스템을 이용하여 원자외선 분광기, 우주과학 탑재체, 원격 자료 수집 등의 우주 환경 측정 및 지상 생명체 탐사의 임무를 수행하게 된다.

③ 과학위성 1호의 정식 명칭을 가지는 우리별 4호는 은하 전반에서 분포해 있는 고온의 플라즈마에서 방출되는 자외선을 검출하게 된다.

④ 태양 활동 극대기에 발사되어 지구의 극지방에서 일어나는 태양과 지구 자기장의 상호작용을 조사하게 된다.

⑤ 인공위성에 기반을 둔 원격 자료 수집기에서는 지상에서 항상 감시하기 어려운 야생동물이나 교통 감시 등의 임무를 수행한다.

⑥ 제원

- 발사체 : PSLV－C2
- 궤도 : 800km, 원형 태양동기궤도
- 크기 : 495×604×852mm
- 무게 : 110kg
- 탑재체 : 원자외선 분광기, 방사능 영향측정기, 정밀 지구 자기장 측정기, 전자 온도 측정기, 원격 자료 수집 장치

5.13.6.3. 과학기술위성(STSAT－1)

① 과학기술위성 1호(STSAT－1)는 천문우주 관측과 우주 환경 관측을 목적으로 개발된 우리별 4호(KAISTSAT－4)라고도 한다.

② 원자외선 영역에서의 천체관측을 위한 원자외선 분광기와 극지방의 오로라 현상 관측과 우주 환경 관측을 위한 우주 물리 탑재체, 정밀지향 임무를 수행하기 위한 감지기 등이 탑재되었다.

③ 2003년 9월 27일 15시 11분(한국시간)에 COSMOS 3M의 발사체에 의해 발사되었다.

④ 대한민국 최초로 발사되는 천문우주 관측 위성으로써 천문우주 관련 연구뿐만 아니라 기반기술 확보 및 과학위성 개발에 국제적인 경쟁력을 갖추게 되었다.

⑤ 제원

- 궤도는 690km 상공에서 원형인 태양동주기 궤도
- 크기는 665×551×830mm
- 무게는 106kg
- 탑재체는 원자외선 분광기(FIMS), 우주물리 탑재체, 데이터수집 장치, 고정밀 별감지기가 있다.

⑥ 우주물리 탑재체에는 고에너지 검출기(SST), 저에너지 검출기(ESA), 랑마이어 탐침(LP), 정밀 지구자기장 측정기(SM)가 내재되어 있다.

⑦ 과학기술위성 2호는 우리나라 최초의 국내 개발 소형위성발사체(KSLV-1)에서 발사된 100kg급 저궤도 인공위성으로 보다 향상된 성능과 소형화를 추구하고 임무는 태양 관측, 정밀궤도측 정, 위성체 핵심기술 개발이다.

⑧ 지구의 상층대기에서 일어나는 여러 가지 물리적 현상에 대한 정보와 인공위성에 기반을 둔 원격 자료 탐측기에서는 지상에서 항상 감시하기 어려운 야생동물이나 교통 감시 등의 정보를 취득하는 역할을 수행한다.

5.13.6.4. 방송통신용 위성

무궁화위성은 통신용 중계기를 이용하여 지상에서 유, 무선을 통하여 제공되고 있는 다양한 통신서비스를 모두 제공할 수 있다. 현재 가장 많이 활용되고 있는 분야는 기업체의 사내 TV 방송, 원격교육, 원격강의, 광고 방송, TV 프로그램 중계 등 영상을 한 장소에서 여러 곳으로 전송하는 분야이다. 지역 제한이 없는 위성통신은 또한 도서 지역에 대한 효과적인 통신 수단으로 활용되고 있다.

(1) 무궁화 1호

① 무궁화위성(KOREASAT－1)은 우리나라 위성통신과 위성방송 사업을 담당하기 위해 발사된 통신위성이다.

② 무궁화 위성 1호는 1995년 8월 5일 미국 플로리다주 케이프커내버럴 미 공군기지에서 발사되었다.

③ 우리나라 최초의 방송통신 위성 무궁화호는 적도상공 3만 6천㎞의 정지궤도에서 직접위성방송과 통신전파를 쏘아 우주 방송 시대를 열었다.

④ 2005년 12월 13일부터 16일까지 4일간 무궁화 1호 위성의 궤도 이탈 작업을 시행하면서 10년 4개월간의 임무를 종료하였다.

(2) 무궁화 2호

① 무궁화 2호(KOREASAT－2) 위성은 1996년 1월 14일에 성공적으로 발사되어, 1996년 7월부터 1호 위성과 함께 운용되고 있다.

② 우리나라는 1996년 7월 1일 무궁화 위성의 방송용 중계기를 이용한 상용 방송이 개시되었다.

③ 무궁화 2호는 위성은 35,766km의 궤도에서 지구와 같은 속도로 움직이는 정지궤도 위성이다.

(3) 무궁화 3호

① 1999년 9월 남미 프랑스령 가이아나의 꾸르 우주센터에서 성공적으로 발사된 무궁화위성 3호는 4개의 구동 안테나 설치로 지상명령을 통해 원하는 위치로 서비스 지역을 바꿔도 한반도뿐 아니라 동아시아 일대를 커버할 수 있는 대용량의 통신, 방송 위성이다.

② 무궁화위성 3호는 무게 2,800kg, 길이 19.2m의 대형위성으로 위성 본체는 록히드마틴사에서 제작하였고, 발사체는 유럽 아리안스페이스사의 아리안4 로켓이었다.

(4) 무궁화 5호

① 최초의 민군 복합위성인 무궁화위성 5호는 프랑스 알카텔사와 계약을 통해 제작되었다.

② 발사는 미국의 씨런치(Sea Launch)사에 의해 적도 공해상에서 2006년 8월 22일 발사되었다.

③ 무궁화위성 5호(KOREASAT−5, 통신위성)는 무궁화위성 3호를 대체하며, 그동안 위성 운용에서 쌓은 노하우를 통해 고속데이터 통신과 영상서비스 등 융합형 서비스를 제공하고 있다.

④ 무궁화위성 5호의 서비스 지역은 한반도, 일본, 중국, 대만, 필리핀 등을 포함하여, 기존 한반도 중심의 서비스 영역 한계를 벗어났다는 큰 의미를 지닌다.

5.13.6.5. 국토위성

국토위성은 국토교통부와 과학기술정보통신부가 공동으로 개발 및 운용하는 위성으로, 국토·자원 관리, 재난·재해 대응, 도시계획 등 다양한 분야에 활용되고 있다.

(1) 국토위성의 종류

① 국토위성 1호

- 1호는 한국항공우주연구원이 국내 독자 개발한 정밀지상 관측용 위성이다.
- 국토·자원관리, 재해재난 대응 관련 공공부문 수요 대응 및 국가공간정보 활용 서비스 제공을 위한 정밀지상관측 영상을 제공하는 것이다.

② 국토위성 2호 (차세대중형위성 2호)

- 주요 임무는 1호와 동일하게 국토·자원 관리와 공간정보 서비스 제공에 활용된다.
- 1호와 같은 사양을 갖춘 위성으로, 2호가 추가되면 1호와 함께 운용되어 한반도 지역 촬영 재방문 주기가 단축되도록 한다.
- 재난·재해 발생 시 더욱 신속하게 영상을 확보하고, 3D 영상 제작에 필요한 스테레오 영상 촬영도 가능하며, 현재는 발사 대기 중에 있다.

③ 국토위성 (3호, 4호)

- 국토위성 1호와 2호의 임무 수명(4년)을 고려해, 공백 없는 위성 정보 획득을 위해 개발이 추진되고 있다.
- 3호는 우주기술 검증•우주과학 연구를 목적으로 탑재체를 개발 중이다.
- 4호의 주요 활용 목적은 농작물 작황, 산림자원 관측 등의 용도로 고도 900km에서 활동하며, 5m급의 해상도를 준비하고 있다.

④ 국토위성 5호

- 5호는 수자원 관측용도로 사용되며, 고도 505km에서 활동하며 10m급 해상도로 설계 중이다.

- 주요 임무 수자원 관측조사, 하천관리 등을 위한 위성으로 C-밴드 영상레이더(관측폭 120km급, 해상도 10m급) 가 탑재될 예정이다.

(2) 국토위성 1호

① 한국항공우주연구원이 국내 독자 개발한 정밀지상관측용 위성으로 차세대중형위성 1호(CAS500-1)라고도 한다.

② 정밀지상관측용으로 흑백 해상도 0.5m급, 컬러 해상도 2m급의 고해상도 영상을 촬영할 수 있다.

③ 국내 독자 개발된 정밀지상관측용 저궤도 실용급 위성이다.

④ 주요 임무는 국토·자원관리, 재해재난 대응 관련 공공부문 수요 대응 및 국가공간정보 활용 서비스 제공을 위한 정밀지상관측 영상을 제공하는 것이다.

⑤ 위성개발 기간 단축과 개발 비용 절감을 위한 표준형 플랫폼 개발 기술을 확보하였다.

⑥ 국토위성 1호 제원

- 발사일:2021. 3. 22.
- 임무 수명:4년
- 고도:497.8km(태양동기궤도)
- 무게:540kg
- 위성크기:140×155×289mm
- 태양전지판:전개식
- 영상자료 전송기:X밴드
- 탑재체는 관측폭: 12km

(3) 특징

① 우주기술 저변 확대와 산업계 기술 역량 강화를 위한 실질적인 기반을 구축하고 있다.

② 민간이 중형급 실용 위성의 자체제작 능력을 확보해 국내 위성 개발 역량을 극대화하고, 민간의 해외 수출 경험, 마케팅 능력과 연계해 수출 산업화까지 도모할 수 있다.

③ 효과적인 국토 관리와 재난, 재해 대응 등을 위한 초정밀 광학관측 서비스 제공을 목표로 하고 있다.

④ 국가 위성산업 육성과 수출 산업화, 민간 우주개발 생태계 활성화를 목표로 추진됐다.

⑤ 경쟁력 있는 기술을 체계 개발에 적용함으로써 위성 개발의 선순환 생태계를 조성할 것으로 기대된다.

(4) 국토위성 영상서비스

① 위성 영상은 국토지리정보원 내에 설치된 국토위성센터에서 고품질 정밀 정사 영상으로 가공한 후 수요기관에 제공한다.

② 정밀정사영상은 위성 영상을 높이 차나 기울어짐 등 지형 기복에 의한 기하학적 왜곡을 보정하고 모든 물체를 수직으로 내려다봤을 때의 모습으로 변환한 영상이다.

③ 영상은 국토·자원 관리, 재해·재난 대응 등 공공·민간 서비스 분야에 활용하도록 하고 있다.

(5) 국토위성의 활용

① 국토위성이 촬영한 고해상도 위성 영상은 다양한 분야에서 활용한다.

② 개발 계획 수립에 필요한 지리정보시스템(GIS) 구축과 도시의 변화를 모니터링에 활용되고 있다.

③ 산불, 지진, 홍수 등의 재난, 재해 발생에 따른 피해 지역을 촬영하여 신속하게 피해 분석과 복구 지원에 활용되고 있다.

④ 지적측량, 도로 및 시설물 관리, 지형 변화 모니터링 등에 편리하게 활용되고 있다.

5.13.7. 원격탐측의 자료 활용

출제(논) : 93, 98, 102회

① 원격탐측을 이용하는 대상 분야는 지구상에 존재하는 모든 것이라고 해도 과언이 아닐 정도로 다양하다.

② 식물의 분광 특성을 이용한 산업, 산림, 초지 등의 원격탐측, 지하자원 탐사에 이용되는 지질판독에 의한 원격탐측, 해양 상의 수온 및 수질 오염조사 등을 위한 해양 원격탐측, 대기오염, 기상, 군사정보 수집 등 많은 분야가 있다.

③ 우리나라는 국가 정밀지도 제작 및 GIS 분야, 국토관리 분야, 기상 예측과 환경오염 및 산불관리, 조난구조 등의 재해 예방 분야에서 활발하게 진행되고 있다.

④ 해양자원, 해양환경 오염, 황사 및 대기오염, 이온층 관측, 실험과학적 우주 데이터수집 분야와 식생 및 산림 분야에 많이 활용되고 있다.

⑤ 원격탐측 응용 분야는 토지, 환경 및 자원 관련 분야에서 군사적 목적에까지 여러 분야에 응용되고 있다.

5.13.8. SAR 위성

합성개구레이다(SAR; Synthetic Aperture Radar)는 비행기나 인공위성 등의 탑재체의 움직임으로 얻어지는 안테나 위치의 연속적 변화를 이용하여 각 안테나의 위치에서 얻어진 자료들을 조합하여 고해상도의 영상을 합성하는 방식이다. 즉, 비행기나 인공위성에 탑재된 레이다의 이동을 이용하여 개구면이 작은 안테나로 수신된 연속적인 여러 개의 레이다 신호들을 합성하여 개구면이 큰 안테나로 합성하는 것이므로 "합성개구(synthetic aperture) 레이다"라고 한다. 1978년 SEASAT SAR가 발사되어 약 100일간의 임무를 수행한 이후 지금까지 몇 개의 SAR 위성들이 발사됐다.

5.13.8.1. SAR 위성의 종류

(1) ERS - 1 위성

① ERS 1은 ESA(European Space Agency)의 지구관측 프로그램의 하나로 개발하여 1991년 7월 17일에 발사한 위성으로 European SAR가 탑재되었다.

② 이는 지구 전체에 대한 SAR 영상을 취득하는 최초의 위성이다.

③ 지구 전체에 대해 반복적으로 관측을 수행할 수 있으며 레이더의 특성에 따라 구름이나 태양광 조건과 관계없이 영상을 취득할 수 있다.

④ 태양의 상태, 해수면의 바람, 해류의 흐름, 해양 또는 빙하의 고도 등 광학적 위성으로는 관측할 수 없었던 것들을 관측할 수 있다.

⑤ 해수면의 온도는 다른 위성에 비해 매우 높은 정확도로 관측할 수 있으며 세계적으로는 빙하 지역, 국부적으로는 해안과 육지 지역이 주요 관측 대상이다.

⑥ 위성의 임무는 환경 현상과 기후 현상의 폭을 넓히고 광범위한 응용 분야에 원활한 서비스를 제공하는 것이 주요 목적이다.

⑦ 취득할 수 있는 자료는 해양대기의 상호작용, 해양의 순환과 에너지전달, 북극과 남극 빙하의 거동, 동적인 해안의 변화 및 오염, 토지이용 변화의 탐색 및 관리 등에 관한 것이다.

⑧ 고도 및 궤도의 관련된 자료는 측지학적 활용에 필요한 정보를 제공한다.

⑨ ERS 1 위성으로 관측된 자료는 관측된 이후 가능하다.

(2) JERS 위성

① 일본 국립우주개발국(national space development agence of Japan)에서 개발되어 1992년 2월 11일에 JERS(Japanese Earth Resources Satellite) 1이 발사되었다.

② 자원개발을 위해 범지구적 육상지역 관측을 목적으로 L bend SAR와 광학 탐측기를 탑재하였다.

③ 주요 임무는 지질학, 대륙 관측, 농업, 산림과 어업, 환경 예보, 재해 예방과 해안 감시 임무를 수행한다.

④ 제원

- 궤도는 태양동 주기 궤도
- 고도는 568km로 낮은 편이다.
- SAR는 35°의 관측각
- L band와 수평으로 레이더를 송신
- 관측 폭이 75km인 고해상도영상(18×18m with 3 looks)을 생성

(3) RadarSat 위성

① 캐나다에서 개발되어 1995년 11월에 발사되었다.

② 태양동주기 원형궤도의 운항궤도로 운항하며, 798km 고도이다.

③ SAR 안테나는 파장 C－밴드의 극초단파를 이용하며, HH－편광방식으로 운용된다.

④ 안테나의 회전으로 관측각을 변화시킬 수 있어 지상거리 500km 범위에 대해 6개의 빔형식으로 다양한 관측각 및 범위에 대한 자료를 취득할 수 있다.

⑤ 안테나의 회전과 자료처리에 따른 6개의 빔형식에 의해 다양한 해상도와 관측각의 자료를 제공할 수 있다.

⑥ 사용 목적에 따라 최적의 빔형식에 의한 SAR 자료를 취득할 수 있다.

(4) MOMS 02 위성

① MOMS 02 위성은 MOMS 01에 이어 우주로부터 지구표면의 수치 지도제작을 위해 개발되었다.

② MOMS 02는 위성궤도 상에서 4.5시간 동안의 이동 중 약 7백만 m^2에 해당하는 면적을 기록한다.

③ MOMS 02에 장착된 사진기의 특징으로 3차원 고해상도의 흑백영상과 특정 목적에 대한 컬러영상의 조합을 들 수 있다.

④ 3개의 입체영상(three-fold stereo imagery), 고해상도 영상, 다중분광대 영상취득, 입체영상과 다중분광대 영상의 조합 등이 있다.

⑤ 중심에 있는 렌즈는 초점거리가 660㎜로 지상의 4.5×4.5m^2에 해당하는 고해상도의 영상을 만들어준다.

⑥ 각각 다른 사용자들의 필요성을 충족시키기 위해 5개의 렌즈로 구성되는데, 이 중 3개는 입체영상을 위해, 나머지 2개는 다중파장대 영상을 위한 것이다.

⑦ 초점거리 230㎜를 가진 나머지 2개의 렌즈로 인해 전체 4개의 채널에 대해 다중파장대의 영상을 얻을 수 있다.

5.13.8.2. SAR 장비

① 합성개구레이더(Asynthetic aperture radar; SAR)는 측방관측(side-looking) 영상 레이더로 인공위성이나 비행기에 탑재되어 작동한다.

② 비행기나 인공위성에서 레이다 반사파를 연속적으로 수신하면 전파가 반사되어 돌아오는 동안 이동한 거리만큼 마치 레이다 안테나의 직경이 길어지는 효과가 나타나므로 더욱 예리하게 반사파를 수신할 수 있게 된다.

③ 공간해상도가 안테나와 지상 간의 거리나 파장과 관계없이 고해상도를 얻을 수 있는 기술이다.

④ 안테나의 직경을 전파의 파장으로 나눈 값을 안테나 개구비(Aperture Ratio, AR)라고 하는데, 개구비가 클수록 빔이 예리해지고 안테나 이득(gain)도 높아진다.

⑤ 레이더를 비행기나 인공위성에 탑재해야 하는 공간적 제한성으로 안테나의 직경을 크게 하지 않으면서도 높은 방위해상도를 얻을 수 있도록 개발한 것이 SAR이다.

⑥ SAR에서 사용하는 전파 빔은 비교적 펄스폭도 넓고 안테나 직경도 작아서 빔의 각도 범위도 넓은 편이다.

⑦ 지표면에 반사되어 돌아오는 레이더 신호는 지표면의 물리적 특성(표면 거칠기, 기하학 구조) 또는 전기적 특성(유전율, 수분량, 전도도) 및 센서의 레이더 주파수에 의해 결정된다.

5.13.8.3. 작동 원리

① 레이더에서 내보내는 신호는 가시광선이나 적외선 복사보다 파장이 훨씬 길어 구름이 존재하더라도 신호가 거의 왜곡되지 않고 구름을 통과할 수 있다.

② 밤낮 상관없이 지구 표면의 영상을 획득할 수 있기 때문에 SAR는 전천후(all-weather) 능동적 센서로 분류된다.

③ 렌즈나 레이다가 관측하여 해석할 수 있는 화소의 크기는 Rayleigh criterion 관계식으로 나타낼 수 있다.

④ 사용하는 복사시그널의 파장을 λ, 렌즈 또는 안테나의 직경을 D라 할 때, 최대해상도 (θ : 지상의 두점과 센서가 이루는 각)는 $\theta = \frac{1.22\lambda}{D}$ 와 같다.

⑤ 따라서 레이더에서 전송하는 신호로 지면에 생성되는 footprint는 안테나 크기에 반비례하기 때문에 고해상도의 영상을 얻기 위해서는 매우 큰 안테나 개구(aperture)가 필요하다.

⑥ 비행장비에 무겁고 큰 안테나를 설치하는 것은 현실적으로 불가능하다.

⑦ SAR는 반사신호의 작은 도플러변이(Doppler shift)를 감지하는 집중적인 신호처리를 통해 마치 훨씬 더 큰 개구로 수집한 것과 같은 고해상도의 이미지를 생성한다.

⑧ 그 결과 얻게 되는 더 큰 개구는 레이더 안테나가 목표물에 대한 정보를 수집하는 동안 비행체가 이동한 거리와 동일하다.

⑨ 비행체가 이동한 거리만큼 레이더 안테나 직경이 길어지는 효과를 얻게 되므로, 작은 안테나로 수신된 연속적인 레이더 신호들을 합성하여 개구면이 큰 안테나로 수집한 것과 같은 영상을 만들 수 있다.

⑩ SAR 기술은 목표물에 대한 레이더의 상대적인 위치와 속도를 얼마나 정밀하게 측정하는지와 반사 신호를 얼마나 잘 처리하는지에 따라 그 정확도가 달라진다.

5.13.8.4. SAR의 기술

① SAR의 기술은 영상화 기법 및 단순 해석 기법 이외에도 레이더 측량기법(radargrammetry 또는 스테레오 기법), 간섭기법(interferometry) 및 차분 간섭기법(differential interferometry), 고정 산란체기법(permanent scatterer interferometry), 다편파 분석법(polarimetry), 토모그래피(tomography), Along-Track Interferometry(ATI) 등 매우 다양하며, 이러한 기술적인 진보가 SAR 시스템의 다양한 활용 분야를 만들어내고 있다.

② SAR 영상은 태양고도나 기상 조건에 상관없이 고해상도의 영상을 얻을 수 있으므로 레이더 측량기법에 매우 유용하다.

③ 레이더 측량 기법(radar grammertry)은 서로 다른 입사각을 가지는 두 SAR 영상의 시차(parallax)를 이용하여 지형 고도(DEM)를 알 수 있는 방법이다.

④ 레이더 측량 기법은 SAR 간섭 기법(interferometry)을 이용한 DEM보다 해상도가 취약하다는 단점이 있다.

5.13.8.5. 우리나라 SAR

① 2013년 X-band SAR 위성인 KOMPSAT-5가 발사되었다.

② KOMPSAT-5의 SAR 시스템은 영상의 입사각을 조절할 수 있으며 X-밴드의 파장 대역을 사용하여 공간해상도 1m의 고해상도영상을 제공한다.

③ KOMPSAT-5는 적도면에 대하여 97.6°의 기울기를 가지는 극궤도 위성이고, 위성의 한쪽면이 항상 태양을 바라보는 여명-황혼 궤도를 갖는다.

5.13.8.6. 활용 분야

① SAR는 가시/적외 파장대의 관측자료를 이용해 이미지를 얻는 수동 광학센서와 근본적으로 다른 방식으로 작동하기 때문에 동일한 타겟에 대해 다른 정보와 영상을 제공함으로써 광학 자료를 보완하는 데 이용될 수 있다.

② SAR 자료의 활용

- 얼음/해양 감시(해면풍, 해수면 온도, 파고, 내부파(internal wave), 해빙 특징, 해양 특징, 바다 지형, 해양 지오이드)
- 토지이용, 임학(forestry)
- 지질학, 지도제작(mapping)
- 농업, 고고학, 지형 고도, 산림, 지질, 지구조, 수문, 지진, 토양, 화산, 도시 및 인공구조, 해양, 극지 연구, 기상 등의 다양한 활용 분야에 적용되고 있다.

5.13.9. 간섭계합성개구레이더(InSAR)

출제(용) : 111회

합성개구레이다(SAR)는 능동형 원격탐사의 한 형태로 직접 신호를 보낸 뒤 반사되어 오는 신호를 받아 들인다. 간섭계합성개구레이더(InSAR : Interferometric Synthetic Aperture Radar)는 SAR 영상의 위상차(Phase) 정보를 이용하여 고해상도의 위치정보 및 변위 측정을 하는 방법이다. 현재까지 인공위성을 이용한 INSAR는 인공위성의 반복 주기(Repeat Orbit)를 이용하여 대상물의 3차원 정보를 구하는 데 이용하고 있다.

(1) 특징

① 주야간에 상관없이 촬영하여 영상을 획득할 수 있다.

② 마이크로웨이브 대역의 주파수를 사용하기 때문에 대기흡수율이 매우 낮아 구름에 의한 방해는 받지 않는다.

③ SAR 데이터는 또한 간섭측정 또는 InSAR이라는 분석 방법을 사용할 수 있다.

④ 지상 변형에 실시간 데이터를 제공함으로써 InSAR는 천연 재해의 영향을 미친다.

⑤ 고해상도 위성 이미지 및 고급 센서와 같은 정교한 원격 감지 솔루션을 통합함으로써 조직은 모니터링 및 관리에서 정밀의 탁월한 수준을 달성할 수 있다.

⑥ 숙련된 인력이 작동하고 데이터를 전체 비용에 추가할 필요가 있다.

⑦ 높은 초기 비용은 InSAR 기술의 채택을 제한할 수 있다.

(2) 간섭도 생성

① 2개의 합성개구레이다 영상을 획득하고, 두 영상 사이의 기하학적 차이를 제거하여 서로 일치(co-registration)되도록 만든다.

② 2개의 이미지에서 각 화소의 교차곱(cross-multiplication)을 계산하여 간섭도를 생성하고, 평탄화(flattening) 과정을 통해 지구의 곡률로 인한 영향을 제거한다.

③ InSAR는 센서에서 기록된 위상 정보(phase information)를 사용하여 센서에서 대상까지의 거리를 측정한다.

④ InSAR 기술의 배포는 크게 상승 투자를 포함, 특히 중소 규모의 기업 (SME) 및 개발 국가를 위해 채택하는 주요 장벽이 될 수 있다.

⑤ 동일한 대상을 두 번 이상 관측하면 센서의 추가 기하학적 정보와 함께 거리를 사용하여 지표면 지형의 변화를 측정할 수 있다.

(3) 측위 방법

① 간섭기법은 합성개구레이다를 이용하여 두 이미지를 정합 작업(Coregistration)을 통해 픽셀 대 픽셀로 정확히 겹쳐놓고 벡터 곱(Cross-multiplication) 연산을 명령하면 결과물로서 간섭위상 정보가 담긴 한 장의 간섭도가 생성된다.

② InSAR 수행을 위한 전제는 지구상의 동일한 지점을 다른 시간대의 동일한 위성 센서로 촬영한 이미지를 준비해야 한다.

③ 어느 한 화소(pixel)로부터 돌아온 신호는 지상에 존재하는 작은 물체들에서 돌아오는 신호의 합인 것이다.

④ 간섭계가 성립하려면 영상을 획득할 때 인공위성이 가능한한 동일한 궤도에 있어야 한다.

⑤ 위상에 영향을 미치는 가장 중요한 요소는 지표면과의 상호작용이다.

⑥ 파의 위상은 물질의 특성에 따라 신호가 돌아올 때 변동 신호를 동반하게 된다.

⑦ 지상에서 변동된 사항이 없다면 물체들이 기여하는 신호는 매번 동일하게 합쳐지기 때문에 간섭도에서 제거할 수 있다.

⑧ 기선거리가 길어질수록 간섭도나 위상차를 만들 때 더 작은 지형적 높이가 필요하다.

⑨ 기선거리(baseline)라고 알려진 위성들의 수직 거리는 수 cm 이내이지만, 수십에서 수백 m의 범위에서만 제어가 가능하다.

⑩ 전파가 대기를 통과하면서 속도가 진공상태에서의 전파속도보다 느려져 두 시기 사이의 대기 불균질에 의해 발생하는 위상오차가 발생한다.

⑪ 기선거리 오차는 간섭도에서 규칙적 위상차를 유발하기 때문에 모델링으로 제거가 가능하다.

⑫ 지형의 높이가 이미 알려져 있는 경우 지형이 위상차에 기여하는 값을 계산하여 제거할 수 있다.

⑬ 기상 오차는 간단한 필터링 작업을 거친 다음, 지오코딩을 통해 DEM에 변위정보를 덮어씌우면, 두 날짜 사이의 상대 변위 지도를 출력할 수 있다.

(4) 국 내외 현황

① 미국

- 국가는 인프라 모니터링, 재난 관리 및 환경 평가를 포함한 다양한 응용 분야에 대한 InSAR 기술을 활용하고 있다.
- 첨단 기술 기업과 연구 기관의 존재는 혁신과 최첨단 InSAR 솔루션의 채택을 촉진합니다.
- 스마트 도시와 탄력 있는 인프라에 중점을 두고 미국의 정확한 접지 변형 모니터링을 위한 연료 수요를 재조정하고 있다.

② 중국

- 국가는 대규모 건설 프로젝트를 모니터링하기 위한 InSAR를 활용, 자연 재해 관리, 환경 모니터링. 중국은 고속 철도 및 도시 교통 시스템과 같은 운송 네트워크 개선에 중점을 두고 있다.
- 재난관리에 대한 적극적인 접근 방식을 결합하여 InSAR와 같은 고급 원격 감지 기술을 위해 실질적인 수요를 구동하고 있다.

③ 일본

- 빈번한 지진 활동에 의해 지진 모니터링, 인프라 탄력, 도시 관리에 대한 국가의 투자는 InSAR 기술의 중요한 역할을 강조하고 있다.
- 일본 첨단 기술 인프라는 재난 관리 시스템에 혁신적인 솔루션을 통합하여 지역 내 InSAR 시장의 성장을 지원하고 있다.

④ 독일

- 인프라 유지 보수, 환경 모니터링 및 기술 혁신에 강한 초점에서 업계의 이점. 중요한 인프라 프로젝트 및 환경 규정을 갖춘 유럽 경제로 독일은 InSAR를 모니터링하고 구조적 건강을 평가하고 천연자원을 관리하고 있다.
- 국가는 선진 기술 및 지속 가능성 관행을 통합하는 데 헌신하고 있으며, 환경 전략은 시장에서 탁월한 위치에 기여하고 있다.

⑤ 한국

- 스마트 인프라 개발과 도시 관리에 중점을 둔 InSAR 기술을 채택하였다.
- 첨단 기술 인프라 프로젝트의 신속한 도시화 및 투자는 정확한 모니터링 솔루션에 대한 수요를 구동하고 있다.
- InSAR를 사용하여 토지 하위사이드 인, 인프라 안정성 및 환경 변경을 모니터링하고 있다.

- 선진 기술을 도시 계획 및 재난 관리에 통합하는 정부의 초점은 더 대한민국의 InSAR 시장의 확장을 지원하고 있다.

(5) 활용

① INSAR를 이용한 3차원 획득 방법의 결정판이라 할 수 있다.
② InSAR는 지표의 정밀한 높이 지도를 생성하는데 사용한다.
③ 국토지리정보원에서 SRTM DEM은 InSAR를 이용하여 제작하고 있다.
④ InSAR는 인프라 모니터링 및 환경 관리와 같은 분야에서 널리 사용되고 있다.
⑤ 화산 폭발 및 지진과 같은 사건으로 인해 변형된 영역을 식별하는 데 사용할 수 있다.
⑥ 보험 업계는 위험 평가 및 손상 평가에 대한 InSAR 기술을 채택하고 있다.
⑦ 토목 시설물, 건축물의 구조 건전성을 모니터링하기 위한 용도로 활용되고 있다.
⑧ 토양 습기 수준과 작물 건강을 모니터링하여 정밀 농업을 위한 InSAR를 활용하고 있다.
⑨ InSAR 기술은 환경 모니터링 및 재난 관리에 중요한 도구가 되었다.
⑩ 전 세계 정부는 인프라 탄력, 환경 모니터링 및 재난 관리에 대한 핵심적인 역할로 InSAR 기술에 투자하고 있다.

5.14. 무인항공기(UAV)

출제(용) : 123회, (논) : 98, 102, 110, 111, 116, 119, 123, 129, 131회

무인항공기(UAV; Unmanned Aerial Vehicle)는 기본적으로 사람이 타지 않고 지상에서 원격조정 또는 자동항법으로 비행하는 무인항공기에 카메라를 탑재하여 위치정보를 취득하는 기술이다. UAV는 외부 환경을 인식하고 스스로 상황을 판단하여 취득한 영상 및 위치값을 처리하여 정사영상 및 수치지도를 만드는 작업을 무인항공측량이라 할 수 있다.

5.14.1. UAV 유형

(1) 회전익

① 회전익은 〈그림 5－60〉의 (a)와 같이 헬리콥터와 멀티(로터)콥터가 있으며 조정과 정비가 쉽고 좁은 지역에서 수직 이착륙이 가능하며 정지 비행도 가능하다.

② 회전익은 고정익보다 더 성능이 좋은 DSLR(Digital Single Lens Reflex), 미러리스 등 다양한 카메라를 사용할 수 있으나 비행 시 진동 등의 영향을 줄이기 위해 짐볼(gimbal)에 장착하여 사용한다.

③ 회전익은 고정익보다 중량이 크고 비행시간이 짧으므로 정사영상 및 지도를 제작하기 위한 측량 분야에서는 주로 고정익이 사용된다.

④ 회전익 UAV는 날개가 분리되고 기존의 헬리콥터 형태로 저고도 비행에 적합하다.

⑤ 활주로가 필요 없고, 좁은 공간에서 이·착륙을 할 수 있으며, 공중에서 정지 비행이 가능하고 수직 영상뿐만 아니라 경사 영상 촬영도 가능하다.

(a) 회전익 UAV

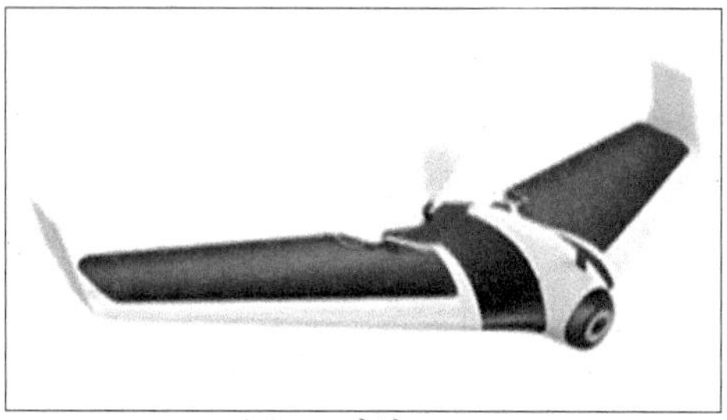
(b) 고정익 UAV

〈그림 5-60〉 UAV 유형

(2) 고정익

① 고정익은 〈그림 5-60〉의 (b)와 같이 동체 옆 양쪽에 날개(Plane)가 고정된 형태로 회전익에 비해 속도가 빠르고 오래 비행할 수 있다는 장점이 있어 넓은 지역을 촬영할 때 유리하다.

② 고정익은 기종의 제원에 적합한 카메라를 사용하여야 한다.

③ 고정익 UAV는 날개가 고정되어 있고 모양이 기존의 유인 항공기와 유사하며, 고고도(10km 이상)까지 비행할 수 있다.

④ 오랜 시간 비행이 가능하나 제 자리 체공비행이 불가능하고, 이·착륙을 위한 넓은 활주로가 필요하며 카메라가 고정되어 있어 주로 수직 영상만 촬영할 수 있다.

5.14.2. UAV의 구성

UAV의 구성 체계는 하드웨어, 소프트웨어 부분으로 구분된다.

(1) 하드웨어

① 하드웨어는 고정익·회전익 UAV와 비행체에 내장되는 부속 장비(카메라, GPS/INS)와 UAV 비행을 위한 비행 기능 일체(무선조정기, 배터리 등)를 포함한다.

② 비행을 위한 UAV와 촬영을 위한 카메라로 구성된다.

③ 항법 센서는 GNSS 수신기 및 안테나, 가속도계, 자이로, 고도계, 피토관, 중앙처리장치, 전력공급장치, 통신 장치, 외부 케이스, 보조시스템으로 구성되어 있다.

④ 항공사진 측량용 카메라가 아닌 1,000만 화소 이상의 일반 디지털카메라가 사용된다.

⑤ 최근에는 INS(관성항법장치)와 L1/L2의 2 주파 정밀 RTK GNSS를 탑재하여 촬영 당시의 카메라 위치정보와 자세 정보의 통합계산이 가능하다.

(2) 소프트웨어 부분

① UAV를 조종하는 조종사와 조종기 및 비행을 제어하는 프로그램으로 구성된다.

② 정사 영상사진 소프트웨어는 Pix 4D Mapper, Agisoft PhotoScan, Bentley Context Capture, SenseFly Terra3D 등이 있다.

③ 소프트웨어를 이용하여 정사영상과 DEM을 제작하고 영상을 이용하여 3차원 모델링 등에 활용할 수 있다.

④ 비행 제어 프로그램은 비행 전에 사전 지형정보 분석을 통해 촬영 구역, 촬영고도, 촬영중복도 등 비행계획의 수립이 가능하여야 한다.

5.14.3. 장단점

(1) 장점

① 무인비행장치 데이터를 활용한 수치지형도 제작은 정사영상과 지형모델을 활용한 디지타이징 또는 수치도화 방법을 이용할 수 있다.

② 정사영상을 이용하여 지형·지물에 대한 2차원 묘사를 수행하고, DEM을 통한 등고선 생성으로 수치지형도의 제작이 가능하다.

③ 수치도화를 위해서는 무인항공영상과 지상기준점 성과, 외부표정 요소 등을 이용해 입체모델 별로 수치도화기에서 수행할 수 있다.

④ 무인항공영상과 항공삼각측량 결과를 이용한 수치도화는 축척 1 : 1,000의 대축척 도화가 가능하다.

⑤ 무인비행장치를 이용한 3D 모델 제작은 자료처리 과정에서 생성되는 DSM, DTM 또는 DEM을 이용하여 3D 매쉬면을 생성할 수 있다.

⑥ 사람이 접근하기 어려운 환경(오염지역 등)에 접근하여 측정이 가능하다.

⑦ 자연재해(화재, 침수, 지진등)에 관계없이 정확한 측량이 가능하고, 재해에 대비한 무인로봇 파손 위험을 최소화할 수 있다.

(2) 단점

① 무인비행장치에 의한 정확한 성과물의 품질를 확보하기 위해서는 촬영 방법에 대한 제도적인 개선이 필요하다.

② 영상의 품질 등 다양한 요인과 기후에 따른 촬영 방법 등에 대해서도 지속적인 연구가 필요하다.

③ 항공삼각측량의 정확성에 대한 과정을 세부적이고 정확도 측면에서 S/W 등의 개발이 필요하다.

④ 비행고도 지형의 특성, 기준점의 배치 상태, 기준점의 최소 설치 수 등의 정확도가 낮다.

⑤ 활성화가 미흡하고 산림지에 대한 높이 정확도가 낮은 편이다.

⑥ 광범위한 지역에서의 촬영은 배터리와 촬영종기선 길이 및 촬영코스 등에 영향을 미친다.

⑦ 도심지와 같이 장애물이 많은 지역은 사용하는데 위험하며 불편하다.

⑧ 무인비행장치 운용을 위한 이륙, 착륙, 비행경로 등에 대한 공간의 확인이 필요하다.

⑨ 지상기준점을 운용하는 방법에 비해 높이 정확도가 낮다.

5.14.4. 일반적인 작업 절차

① 무인항공측량을 위해서 촬영 목적, 촬영 면적, 촬영 시간, 기상 상황 등을 고려하여 촬영계획을 수립하여야 한다.

② 촬영하고자 하는 지역에 대한 영상정보를 통해 지형의 기복 및 방향 등을 분석하여 비행코스와 이·착륙 장소 등을 계획하여야 한다.

③ 비행계획 프로그램을 활용하여 촬영목적에 맞는 해상도 설정을 통해 비행고도 및 촬영시간, 사진 매수 등을 고려하여야 한다.

④ 촬영계획이 수립되면 국방부의 촬영허가를 받고 비행 승인이 필요한 경우에는 관련 기관에 행정절차를 이행하여야 한다.

⑤ 촬영을 위한 허가 및 승인이 완료되면 촬영 전에 대공표지를 제작하여 설치하고, 지상기준점측량을 시행하여야 한다.

⑥ 지상기준점은 촬영한 영상에서 명확하게 식별될 수 있어야 하고 평탄한 위치를 선정하여 촬영 지역에 고르게 배치하여야 한다.

⑦ 지상기준점측량은 삼각측량, 삼변측량, 다각측량, GNSS 정지측량 및 네트워크 RTK 측량 등의 방법과 표고 측량이 필요한 경우 통합기준점 또는 수준점과 연계하여 관측한다.

⑧ 정상영상의 정확도를 검증하기 위한 것으로 지상기준점과 별도로 영상에서 식별이 가능한 맨홀의 중앙, 각종 도로 표시선의 모서리 등을 선정하여 네트워크 RTK 측량으로 위치값을 취득한다.

⑨ 촬영은 태양의 고도, 바람 등 기상의 영향을 고려하여 풍속 7m/s 이하의 맑은 날씨에 지형·지물을 그림자 없이 잘 나타내는 시간대에 촬영하여야 한다.

⑩ 왜곡을 최소화하기 위해 종중복도 85%, 횡중복도 70% 이상으로 촬영한다.

⑪ 최상의 영상을 얻기 위해선 동일한 촬영고도, 촬영중복도, 비행 및 촬영속도 등을 유지되어야 하기에 비행 제어 프로그램을 사용하여 촬영하여야 한다.

5.14.5. UAV 데이터 처리

① UAV 촬영을 통하여 취득된 영상들을 기하학적 방법에 따라 지상의 모습을 재현시키기 위한 작업으로 영상좌표를 지상좌표로 변환하는 작업을 말한다.

② 지상기준점은 현장측량을 통해 3차원 좌표를 취득하고 이러한 지상기준점 성과를 UAV의 GPS를 통해 얻은 대략적인 영상기준점 성과로 변환하여 영상의 모든 좌표를 지상좌표로 변환하여 정사영상을 제작한다.

③ UAV에서 촬영된 사진으로 소프트웨어를 이용하여 정확한 정사 영상자료를 취득한다.

④ 정사 영상으로 지상의 정확한 좌표점을 취득하기 위해서는 촬영 지역 내에 대공표지를 설치하고 GCP의 좌표를 GNSS 측량 방법으로 산출한다.

⑤ UAV 촬영 후 사진의 영상 품질검사를 거쳐 불필요한 사진들을 제거하여 정사영상의 정확도를 높인다.

⑥ 선별된 사진들을 소프트웨어에 입력하고 사진정보와 좌표계를 설정한다.

⑦ 사진들이 서로의 연관성으로 사진의 위치가 배열되면 사진상 GCP 점을 선택하여 실제 GCP 좌표를 입력한다.

⑧ 입력된 GCP 좌표에 의해서 사진들을 덩어리로 밀집화시키는 작업을 거쳐 사진의 질감처리 후 원하는 좌표계의 정사영상과 DEM을 취득하게 된다.

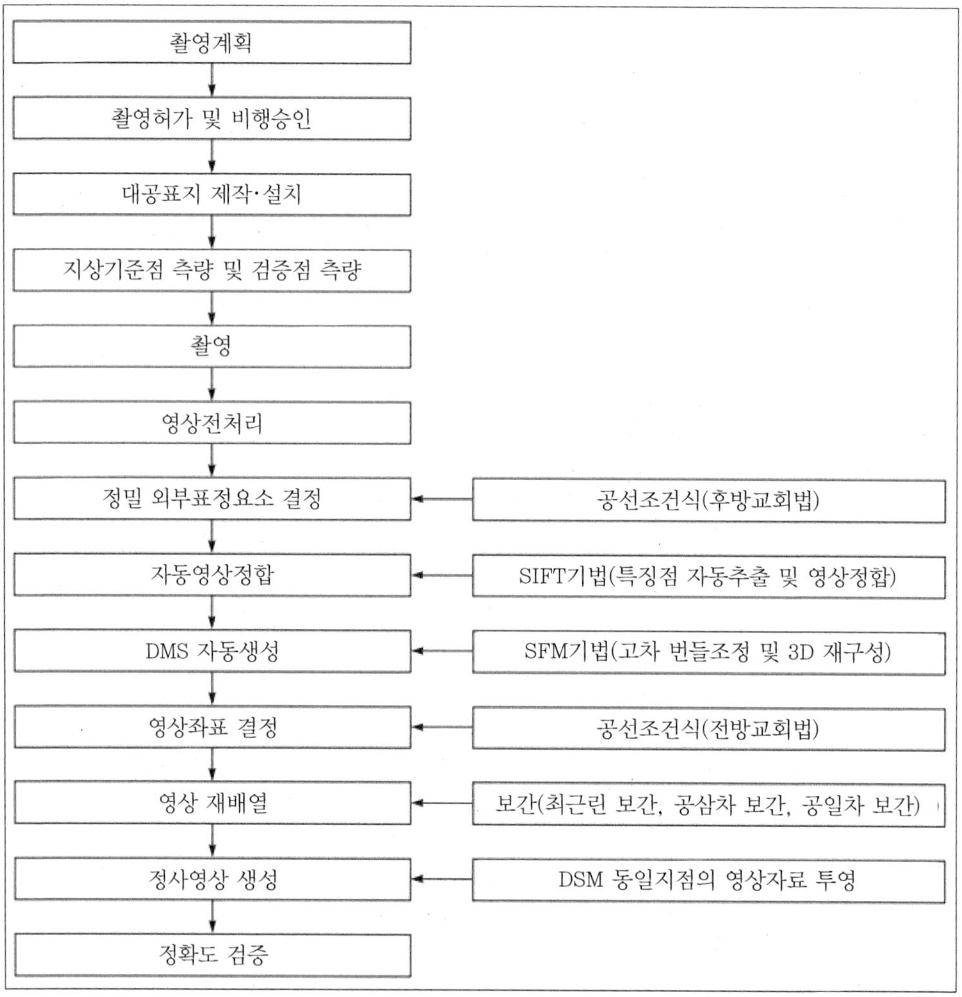

〈그림 5-61〉 무인항공측량에 의한 정사영상 제작 순서

5.14.6. 활용

① 무인항공기에서 취득된 대상 지역 영상의 빠른 전송이 가능해지면서 무인항공기는 군사 목적, 통신, 엔터테인먼트, 농업 등의 분야에서 널리 사용되고 있다.

② UAV는 군사용으로 활용되기 시작되어 다양한 분야에 급속히 확산되고 있다.

③ UAV의 상업적 활용은 초기 농업용 위주에서 방송, 시설물 진단, 측량, 관측 등 활용 영역 및 규모가 계속 증가하고 있다.

④ 농업 분야에서는 농약 살포 등 방제에 많이 사용 중이고 최근에는 소나무재선충 모니터링 등 병해충 관측에도 사용되고 있다.

⑤ 측량·탐사 분야는 지적불부합지 조사, 기존 측량 결과 확인 등에 활용되며 최근 3D 데이터 구축 등 공간정보 분야에도 사용되고 있다.

⑥ 최근 가장 많이 활용되는 분야는 부동산, 관광 등의 영상물 제작과 보도·취재 등 언론·방송 분야이다.

5.14.7. 지적측량에 UAV 적용

(1) 지적재조사 토지현황조사

① 토지현황조사는 토지와 건축물과 관련된 사항들에 대해 각 관리기관의 공시 사항, 관리기록 및 공적 장부 등에 관한 내용을 확인하여 작성하여야 한다.

② 조사 항목에서 개별공시지가 토지 특성 조사표, 국·공유지 실태 조사표 및 지하시설물 관리자료 등은 바른 땅 시스템과 연계되어 있지 않아 별도로 관리기관의 자료를 받아 입력하고 있어 누락된 사항을 발견할 수 있다.

③ 토지현황조사 항목은 구조물, 건축물, 경계 등에 대한 사항으로 대부분 측량이 수반되기 때문에 측량 도면에 표시하도록 하고 있다.

④ 측량 도면에 기록된 내용이 토지현황조사서에 반영되어야 하지만 도면에 표시된 다양한 표시 사항이 있어 필요한 내용을 선별하는 데 한계가 있다.

⑤ 무인 항공측량시스템으로 제작한 고해상도 정사영상을 활용하여 토지현황조사를 시행한다.

⑥ UAV로 제작한 정사영상을 기반으로 토지현황조사 도면을 작성하고, 토지현황조사서에 첨부할 경우 정확도 및 이해도를 높일 수 있을 것이다.

(2) 지적재조사 측량의 경계 설정

① 지적재조사 사업의 경계 설정은 현실과 일치하지 않는 지적공부의 경계를 바로잡기 위해 다툼이 없는 경우 현실 경계, 다툼이 있다면 등록 당시의 경계, 지적소관청이 현실 또는 등록 당시의 경계로 설정하는 것이 불합리하다고 인정하는 경우 토지소유자들이 합의한 경계를 기준으로 경계를 설정하고 있다.

② 지적재조사 사업에 의한 경계 설정은 측량성과 제시가 불가한 토지들에 대해서만 현실 경계를 원칙으로 지적재조사 사업이 되어야 한다.

③ 임시경계점 표지 설치 및 경계 협의·조정에 드는 시간과 비용을 절감하기 위해 정확도가 검증된 고해상도 정사 영상을 이용하여 임시경계점 표지 설치를 대체하는 방안이다.

④ UAV로 제작한 영상에서 명확하게 식별이 가능한 경계점은 「지적재조사측량규정」에서 정하고 있는 경계 설정의 기준에 따라 영상을 이용하여 경계점을 설치한다.

⑤ 나무, 건축물 처마 및 그림자 등에 가려 경계점을 영상에서 식별할 수 없는 경우에는 위성측량 또는 토털스테이션 측량으로 보완하여 경계점을 설치한다.

⑥ 경계점은 현실 경계를 원칙으로 영상에 표시하고, 그 결과에 따라 필지별 면적 증감 현황 등 지적확정예정 조서를 작성한다.

⑦ 영상정보를 토지소유자에게 제공한다면 이해도를 높일 수 있어 경계 결정을 보다 신속하고 수월하게 수행할 수 있을 것이다.

(3) 세계측지계 좌표변환 성과 결정

① 세계측지계 좌표변환 사업은 2009년 확정된 지적불부합지를 제외한 지역을 부합지로 보아 사업 대상으로 하고 있다.

② 현재 공통점 측량으로 변환계수를 산출하여 기본 변환하고 지역측지계 지적측량성과와 일치하도록 평균값을 구하여 조정하는 평균 편차 조정 방법에 따라 세계측지계로 좌표변환하고, 그 성과에 대하여 동, 서, 남, 북, 중앙의 5구역 이상에서 실측을 통한 검증으로 변환 작업을 재수행할 토지나 불부합지를 추출하고 있다.

③ 전체 변환 지역의 일부에 대한 검증으로만 정확히 성과를 분리하고 불부합지를 추출하기에는 한계가 있다.

④ 리·동 단위의 행정구역 단위로 세계측지계 좌표변환을 수행한다.

⑤ 변환된 성과와 UAV로 제작한 고해상도 정사영상 및 기존 지적측량성과와의 비교·분석을 통해 측량성과의 차이에 따라 지적도를 이동하는 방식으로 성과를 결정한다.

⑥ 측량성과 제시가 불가한 불부합지를 추출하는 방법으로 접근할 필요가 있다.

(4) 지적확정측량 성과 결정

① 정사영상 내 기준점과 경계점을 독취하여 고시된 성과와 성과 완료된 지적확정측량 성과와 비교한 후 검사의 정확도를 확인한다.

② 정사영상 내 경계점을 독취하는 과정에서 필지 경계선은 현장의 경계석이나 담장, 구조물이 형성되어 있지 않고, 실시계획 도면의 선과 면적을 기준으로 경계가 설정된 구역의 경계점은 말목으로 표시하여 성과 검사가 가능하다.

③ 경계점표시는 정사영상 내에서 확인하기 어려우며 시간이 지나면 없어지거나 모호해지는 경우가 발생한다.

④ 경계선에 대한 성과 검사를 위하여 촬영고도 130m 정사영상과 지적확정측량으로 설정된 경계선의 부합 여부를 중첩하여 측량성과를 검사할 수 있다.

⑤ 확정측량 도면과 정사 영상의 중첩으로 지적확정선에 건축물 등 구조물이 저촉되는지의 여부와 필지 경계선의 위치를 확인할 수 있다.

5.14.8. 무인항공기(UAV)를 이용한 공간정보구축

5.14.8.1. 계획수립

① 무인비행장치 기종별, 지형별, GSD별 촬영 후 정사영상 및 수치지형도 제작까지 소요되는 인력 및 시간 등 에 중점을 두어 실사측량계획을 수립한다.

② 측량 대상지 선정

- 다양한 지형·지물이 포함되도록 하여 성과물 제작 시 실제 지형현황이 반영되도록 선정한다.
- 대상지 지역은 시가지 지역, 도농 복합 지역, 농촌지역, 임야지역으로 지역의 상황에 맞게 구분하여 선정한다.

③ 무인비행장치 기종 선정

- 무인비행장치는 고정익, 회전익 및 하이브리드 VTOL의 기체 형태에 따라 각각 하나의 기종을 선정한다.
- 픽셀의 분해능과 해상도를 고려하여 선정한다.

④ 대상 지역에 따른 촬영중복도

- 촬영 대상 지역에 따라 종중복도와 횡중복도를 고려하여야 한다.
- 촬영 면적으로 고려하여야 하며 성과품의 축척에 따라 촬영고도를 결정하여야 한다.
- 무인항공영상의 촬영 시 위치정확도와 여러 가지 조건을 고려하여 300m 이하의 촬영고도로 유연하게 촬영하는 것이 좋다.

5.14.8.2. 무인항공기(UAV) 측량

① 현지답사

- 무인비행장치 이·착륙을 위한 안전한 장소를 선정한다.
- 전체 촬영 지역의 안전에 위협이 되는 비행 장애 요소 및 장애물 등을 확인한다.
- 지상기준점측량의 캘리브레이션을 위한 촬영대상지 주변 지역의 통합기준점 및 수준점을 확인한다.
- 지상기준점 선점을 위한 위치 검토와 대공표지 설치를 위한 사전 조사를 한다.
- 촬영대상지 주변의 전신주 및 송전탑 등 장애물과 장애물 주변 지역의 무인비행장치 비행 여부를 확인한다.

② 선점 및 대공표지 설치

- 대공표지는 지상기준점, 검사점 및 임시경계점표지 등에 설치하여야 한다.
- 드론영상에서 식별이 가능한 고정된 인공지물을 지상기준점이나 검사점으로 사용하는 경우 대공표지 설치를 생략할 수 있다.
- 지상기준점은 작업구역의 형태, 촬영방향 등을 고려하여 사업지구를 포괄하도록 작업구역 내·외에 고르게 설치하여야 한다.
- 지상기준점은 작업구역 1제곱킬로미터 당 9점 이상을 설치하여야 한다.
- PPK(Post-Processed Kinematic), RTK(Real-Time Kinematic) 등 방식의 정확도 확보가 가능한 드론장비를 사용하는 경우에는 1제곱킬로미터 당 최소 3점 이상 지상기준점을 설치할 수 있다.
- 검사점은 작업구역 내에 고르게 설치하되, 지상기준점과 중복되지 않게 설치하여야 한다.
- 검사점은 최소 1점 이상으로 지상기준점 수량의 3분의 1 이상이 되도록 설치하여야 한다.

③ 지상기준점 측량

- 지상기준점 및 검사점에 대한 측량은 「지적측량 시행규칙」, 「GNSS에 의한 지적측량규정」, 「지적재조사 측량규정」을 준용하여 실시하여야 한다.
- 지상기준점 및 검사점의 좌표는 0.001미터 단위로 계산하고 0.01미터 단위로 결정한다.

④ 무인항공기(UAV) 촬영

- 드론영상 전용 프로그램의 지상표본거리를 지적재조사측량의 경우 0.03미터, 그 외 지적측량의 경우 0.05미터 이내로 설정하고, 촬영 소요 시간, 사진 매수 등의 정보를 사전에 확인하여야 한다.
- 촬영 대상 지역과 목적에 따라 해상도를 조정하여 촬영한다.

⑤ 영상처리 절차 및 방법

- 입체영상은 최신 지오이드(Geoid) 모델을 기준으로 내·외부 표정요소 등을 기반으로 영상매칭방법을 이용한 격자형태로 제작하여야 한다.
- 추출성과는 측량성과파일 형태로 작성하고, 평면직각종횡선 좌표의 0.01미터 단위로 작성한다.
- 정사영상 또는 입체영상에서 경계 및 현황 식별이 불가능한 경우에는 현지측량을 실시하여 추출성과를 보완 작성할 수 있다.

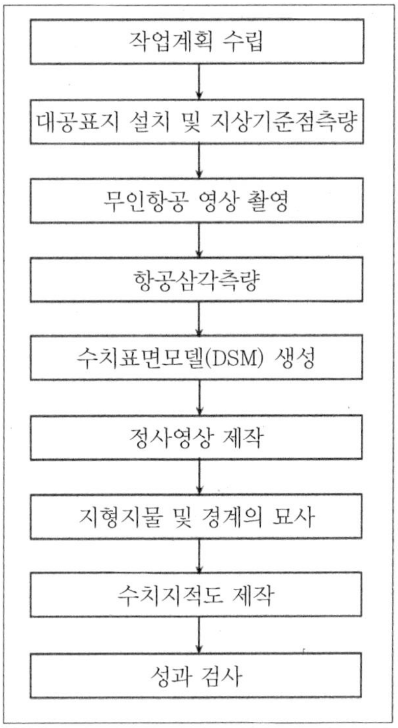

〈그림 5-62〉 UAV 측량

⑥ 수치표면모델(DSM) 및 정사영상 제작

- 수치표면모델(DSM)은 영상매칭에 의하여 생성된 포인트 클라우드 데이터를 기준좌표계에 의한 3차원 좌표로 조정한 자료로 지면 및 인공지물 및 자연지물을 포함하는 래스터자료를 말한다.

⑦ 지형지물 및 경계의 묘사

- 정사영상 또는 입체영상에서 지상경계, 지상구조물, 토지이용현황 등이 명확히 식별되는 경우 경계 및 현황을 추출할 수 있다.
- 정사영상 또는 입체영상에서 지상경계, 지상구조물, 토지이용현황 등이 명확히 식별되는 경우 경계 및 현황을 추출할 수 있다.

⑧ 경계 및 현황의 추출 종류

- 도로, 철도, 항만, 공항, 주차장, 하천, 유수지, 학교, 공공청사 등 도시·군계획시설의 경계 및 현황
- 담장, 옹벽, 석축, 펜스 등 토지의 경계 및 현황
- 전·답·과수원 등 농지의 경작 구분이 가능한 경계 및 현황

- 시설물, 구조물 등의 현황
- 임야와 토지의 경계 및 능선 또는 계곡
- 건물

⑨ 수치지적도 제작

⑩ 성과검사 및 정리

5.14.8.3. 공간정보구축

공간정보를 구축하기 위해서는 무엇보다 센서와 센서를 통해 획득한 자료의 품질이 중요하다. 따라서 센서의 정밀 검정이 중요하며, 영상의 선명도와 경로 특성을 통한 자료의 품질 검수가 매우 중요하다.

(1) 센서 검정

① 무인비행장치의 센서에 대한 정확한 검정 자료 부재로 센서 검정이 수행되지 않거나 상용 SW에 내재된 Self-Calibration 방법에 의존하고 있다.

② 정밀 항공삼각측량을 수행하기 위해서는 정확한 카메라 검정 자료가 필수이므로 상용 SW와 오픈소스 SW를 기반으로 하여 정밀 카메라 검정을 수행하여야 한다.

(2) 촬영 영상 품질 검수

① 무인비행장치을 통해 높은 품질의 공간정보를 구축하기 위해서는 품질이 좋은 자료를 선별하여 사용하는 것이 중요하다.

② 무인비행장치 영상의 선명도는 자료를 통해 생성되는 3차원 점군 및 정사영상, DEM의 품질에 영향을 준다.

③ 지적업무에서는 토지의 경계와 관련되므로 정확도가 매우 중요하므로 품질 검수에 신중을 기하여야 한다.

(3) 수치입체도화

① 번들조정 기반 입체도화

- 낮은 고도에서 비행하는 무인비행장치의 영상을 이용하여 수치지도 제작 시 많은 영상이 필요하다.

- 무인비행장치에서 취득된 많은 영상의 표정요소를 도화기와 연동하려면 많은 시간이 소비된다.
- 기존의 무인비행장치에서 취득된 영상과 표정요소를 도화기에 적용하려면 여러 단계의 과정이 필요하다.
- 먼저 상용 SW에서 생성된 왜곡이 보정된 영상을 도화영상으로 포맷 변환이 필요하다.
- 무인비행장치에서 취득된 영상은 수백부터 수천 장이므로 도화용 영상으로 변환 시 상당한 시간이 소비된다.
- 입체도화를 하기 위해서는 번들조정에 의한 방법이 최적이라 할 수 있다.

② 입체도화 정확도 파악

- 정확도가 낮은 모델들을 도화할 경우 기본측량에 준하는 정확도의 지도를 생성할 수 없다.
- 취득된 무인비행장치 영상을 입체도화시 정확도를 예측할 수 있는 정확도가 필요하다.

5.14.8.4. 공간정보 활용 방안

① 공간정보는 단순하게 공간정보 각각의 용도로 활용하는 것은 무의미하다고 할 수 있다.

② 공간정보는 융복합하여 활용하는 것이 공간정보를 확산하는데 도움이 될 것이다.

③ 공간정보 응용 시스템의 공공분야 활용성을 높이기 위해서는 공간정보를 필요로하는 부서에서 정책결정을 위한 분석자료로 활용이 가능해야 한다.

④ 공간정보 응용 시스템의 활용성을 높이기 위해서는 검색 및 열람 기능 이외에 정책결정을 위한 분석적 기능이 추가되어야 한다.

⑤ 지방자치단체의 공간정보 응용시스템의 중복구축을 방지하기 위해 기존시스템을 활용한 개선 방안 마련이 필요하다.

⑥ 지적도와 같은 정보를 중첩할 수 있기 때문에 점, 선, 면 형태의 벡터를 표기하는 기능과 면적 산출 기능을 추가한다면 대민서비스 외에 건설, 농림, 세무, 하천, 산림 등 다양한 분야에 현장 실태조사 및 정책 결정을 위한 기초자료로 활용이 가능할 것이다.

⑦ 공간정보 분야의 경험이 없는 비전문가도 정확도가 높은 공간정보를 다양한 분야에 활용하고 결과물을 생성할 수 있도록 지원함으로써 관련 업무의 효율성을 높일 수 있을 것이다.

5.14.8.5. 미등록 도서의 지적공부 작성

(1) 미등록 도서 대상

① 지적소관청은 대한민국 영해 내 지적공부에 미등록된 1제곱미터 이상의 모든 도서(島嶼)를 조사·측량하여 지적공부에 등록하여야 한다.

② 지적소관청은 모든 도서(島嶼)의 위치를 조사하여 비정위치 도서(島嶼)에 대하여는 등록사항정정(위치정정, 경계정정) 또는 등록사항정정대상토지로 관리한다.

(2) 지적공부 작성 순서

단계	내용
조사계획 수립	• 지적소관청은 비정위치 도서와 지적공부에 미등록된 도서 대상
도서(島嶼)의 조사	• 지적(임야)도와 항공영상 자료 등을 중첩 비교하여 미등록 도서, 비정위치 도서 조사
자료조사	• 지적(임야)도 및 토지(임야)대장 • 지적측량결과도 • 항공사진 및 위성영상, 정사영상자료 • 그 밖에 도서의 조사에 필요한 자료 • 수치지형도 및 해도
현지조사	• 도서의 위치 및 형상, 접근 가능 여부 등 조사 • 현지조자 시 사진 촬영 필요
조사부의 작성	• 토지소재지 및 관련 지번 등 도서의 내역 • 조사 연월일 및 조사 방법, 조사 내용 등 • 조사도 등 도서의 위치, 형상 • 조사자와 확인자 • 사진 촬영 이미지 • 비정위치 도서의 경우 정위치로 정정할 거리 및 방향선 표시
기초측량	• 접근가능지역은 「지적측량시행규칙」 및 「GNSS에 의한 지적측량규정」에 따라 실시 • 지적도면의 도곽 좌표가 없이 관리되고 있는 지역은 지적기준점측량 실시
세부측량	• 항공사진을 도화할 경우: 해안선 및 도서의 경계는 지적에 관한 법률에 따라 도화 • 항공레이저측량을 실시할 경우: 「항공레이저측량작업규정」 등에 따라 도서 경계 추출 해안선 및 도서의 경계는 지적에 관한 법률에 따라 경계 결정 • 항공사진 도화 및 항공레이저측량로 취득된 경계는 지적도면과 대조하여 적합 여부 확인
측량성과작성	• 접근가능지역은 「지적측량시행규칙」 적용 • 접근불가능지역은 항공사진 도화 및 항공레이저측량 데이터 등 관련 자료에 따라 성과 결정 • 측량결과도와 측량성과도 작성
측량성과검사	• 지적측량성과 검사는 「지적측량시행규칙」 적용 • 접근불가능지역은 항공영상, 위성영상, 정사영상 자료 및 조사부 등에 의해 일치 여부 검사
지적공부 정리	

〈그림 5-63〉 정사영상을 활용한 지적공부 작성 순서

출제빈도 용어정리 & 논술 일람표

제5장 사진측량 (용어정리)

번호	문제	횟수	번호	문제	횟수
1	정사투영	1	19	공액조건(Epipolar Condition)	1
2	프로 코페 원리	1	20	정사사진지적도	2
3	사진의 특수 3점	4	21	수치영상의 재배열(Resampling)	1
4	기복변위(Relief Displacement)	3	22	LiDAR(Light Detection and Ranging)	2
5	여색입체시(餘色立體視)	1	23	간섭계 고도해상도 영상레이더(InSAR)	1
6	카메론 효과(Cameron Effect)	4	24	수치지형모델(DTM;Digital Terrain Model)	3
7	공선조건	2	25	불규칙삼각망(TIN)	1
8	공면조건(Coplanarity Condition)	1	26	델로니 삼각형(Delaunay Triangulation)	1
9	편위수정	1	27	수치표고모형(Digital Elevation Model)	4
10	사진판독(Photographic Interpretation) 요소	1	28	DSM(Digital Surface Model)	2
11	표정(orientation)	2	29	IKONOS 위성	1
12	2차원 부등각사상변환 (2D Affine Transformation)	1	30	DEM(Digital Elevation Model)과 DSM(Digital Surface Model)	1
13	사진측량에서 왜곡의 5가지 요소	1	31	위성영상의 해상도	1
14	영상처리에서의 임계값(Threshold)	1	32	아리랑 2호 위성	1
15	수치정사영상 지적도	1	33	KOMPSAT Ⅲ	1
16	영상정합(Image Matching)	3	34	드론 LiDAR	1
17	형상기준정합	1	35	BLOCK(사진측량)	1
18	에피폴라 기하(Epipolar Geometry)	3	36	과잉수정계수	1

제5장 사진측량 (논술)

번호	문제	횟수
1	항공사진측량의 촬영계획 수립 시 고려 사항을 설명하시오.	1
2	항공사진 판독의 요소 및 절차에 대하여 설명하시오.	1
3	항공사진측량에서의 표정에 대하여 설명하시오.	1
4	등각투영(Helmert)과 상사투영(Affine)의 특성에 대하여 설명하시오	2
5	Direct Geo-referencing의 개요 및 원리에 대하여 기술하시오	1
6	해석사진측량에 이용되는 좌표계의 종류를 나열하고 설명하시오.	1
7	항공사진측량에서 3차원 위치결정을 위한 조정방법에 대하여 논하시오.	1
8	항공삼각측량 조정 방법에 대하여 설명하시오.	2
9	항공삼각측량의 PASS-POINT와 TIE-POINT의 의미와 배치 방법에 대해서 설명하시오.	1

제5장 사진측량 (논술)		
번호	문제	횟수
10	수치사진측량(Digital photogrammetry) 방법을 약술하고, 지적측량에 대한 활용 가능성을 논하시오.	1
11	지적불부합지 정리를 위한 수치사진측량 방법의 활용 방안에 대하여 설명하시오.	1
12	지적도 제작을 위한 항공사진측량과 지상측량의 병행 방안에 대하여 기술하시오.	2
13	수치사진측량을 이용한 건축물 등록 방법에 대하여 설명하시오.	1
14	수치영상에 의한 지적도 제작 방안에 대하여 설명하시오.	1
15	수치영상을 활용한 지적측량의 효율화 방안에 대하여 설명하시오.	1
16	수치영상에 의한 지적도 제작 방안에 대하여 설명하시오.	1
17	위성영상을 이용한 정사영상 제작 과정에 대하여 설명하시오.	1
18	수치사진측량에서 영상개선 방법을 설명하시오.	1
19	영상정합의 의의와 종류 및 특징을 비교설명하시오.	1
20	영상정합 시 영상의 요소와 영상정합 방법 및 활용 방안에 대하여 설명하시오.	1
21	수치사진측량의 영상정합(image matching)에 대하여 설명하시오.	4
22	항공 LiDAR를 이용한 미등록 도서의 등록 방안에 대하여 설명하시오.	1
23	3차원 지적제도 도입 시 Lidar 활용 방안을 기술하시오.	1
24	Laser Scanning 방식을 지적재조사에 활용하는 방안에 대하여 설명하시오.	1
25	수치표고모델(DEM)의 자료 추출 방법을 기술하고 방법별 차이점을 설명하시오.	1
26	위성영상의 특징과 기하보정에 관하여 설명하시오.	1
27	위성영상을 활용한 지적재조사 측량방안을 기술하시오.	1
28	우리나라의 국토위성의 운영 현황과 지적분야 활용 방안에 대하여 설명하시오.	1
29	지적재조사사업에 항공사진측량 방법을 도입하는 경우 계획을 수립하고 문제점 및 해결 방안에 대하여 설명하시오.	1
30	지적측량에 있어서 항공사진측량방법의 활용 방안에 대하여 설명하시오.	1
31	대축척 입체 항공사진으로 취득한 지적경계점 성과를 일필지측량에 적용하는 방안에 대하여 설명하시오.	1
32	영상 응용 지적도를 활용한 공간정보산업 육성 방안에 대하여 설명하시오.	1
33	지적재조사시 수치사진측량과 정사사진지적도의 활용 방안에 대하여 논하라.	1
34	UAV(Unmanned Aerial Vehicle)를 활용한 건물 경계선 추출방안에 대하여 설명하시오.	2
35	무인항공기(UAV)를 이용한 공간정보구축 및 활용 방안에 대하여 설명하시오.	3
36	무인항공기(UAV)를 이용한 지적재조사측량 방안에 대하여 설명하시오.	1
37	지적정보 취득을 위한 UAV(Unmanned Aerial Vehicle) 측량과 항공사진측량(유인)을 비교·설명하시오.	1
38	드론 라이다(Drone LiDAR)를 이용한 임야지역 경계설정 방안에 대하여 설명하시오.	1
39	드론 지적측량 규정 제정을 위한 주요내용과 방안에 대하여 설명하시오.	1
40	드론을 활용한 지적측량의 필요성에 대하여 설명하고, 작업계획에 대하여 설명하시오.	1
41	드론 정사영상을 활용한 미등록 도서의 지적공부 작성 방안에 대하여 설명하시오.	1

Part 2

제6장 응용측량

6.1. 교호수준측량

출제(용) : 60회

교호수준측량(Reciprocal Leveling)은 큰 하천이나 바다, 계곡 등을 횡단하여 직접 수준측량을 할 수 없는 경우에는 전시와 후시의 시준거리를 등거리로 할 수 없고, 중앙에 기계를 세울 수 없는 경우에 실시하는 수준측량이다.

(1) 특징

① 두 점 A, B의 고저차를 구할 때 전시와 후시를 같게 취하여 높이를 구하는 측량이다.

② 중간에 하천 등이 있어 중앙에 레벨을 세울 수 없을 때 실시하는 측량 방법이다.

③ 높은 정밀도가 필요한 경우에 양쪽의 높이차를 관측한다.

④ 높은 정밀도가 필요하지 않을 때는 한쪽에서만 관측할 수도 있다.

⑤ 양안으로부터 동시에 관측하여 비고의 평균값을 계산한 다음 동시 관측된 결과값을 평균하면 기차의 오차는 완전히 소거되지만, 잔차는 남는다.

⑥ 양차 및 기계 오차에 의해서 발생하는 시준오차가 포함되어 있다.

(2) 고저차 계산

① 〈그림 6-1〉과 같이 A, B점으로부터 거리는 AC=BD가 되도록 하고 A, B의 직선상 C점에 레벨을 설치할 때 표척의 읽음값은 b_1, b_2로 양차 및 기계 오차에 의해서 발생하는 시준오차가 포함되어 있다.

② D점에서 a_1, a_2 : A점의 표척 읽음값, b_1, b_2 : B점의 표척 읽음값이라 하면 고저차 $h=\frac{1}{2}\{(a_1+a_2)-(b_1+b_2)\}$ 또는 $h=\frac{1}{2}\{(a_1-b_1)+(a_2-b_2)\}$로 계산할 수 있다.

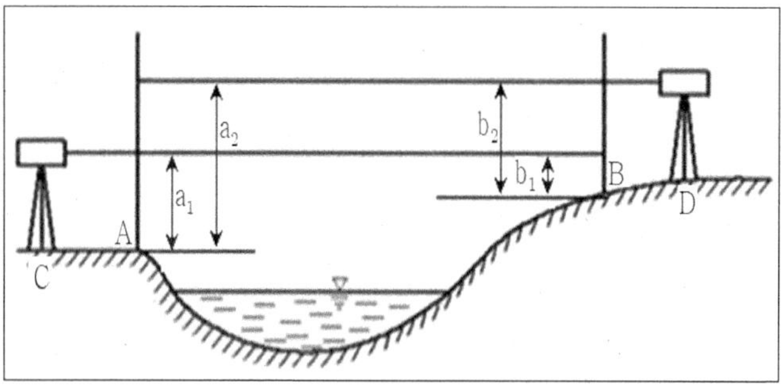

〈그림 6-1〉 교호수준측량

(3) 교호수준측량 오차 소거

① 기계 오차 소거가 가능
② 구차 또는 기차 소거가 가능
③ 표척 읽기에 의한 오차 소거가 가능
④ 기상 변화에 의한 오차 소거가 가능
⑤ 거리가 먼 경우 시준판이 부착된 표척을 사용한다.

[예제]

그림에서 a_1=0.66m, b_1=0.10m, a_2=1.99m, b_2=1.30m이면 고저차는 얼마인가?

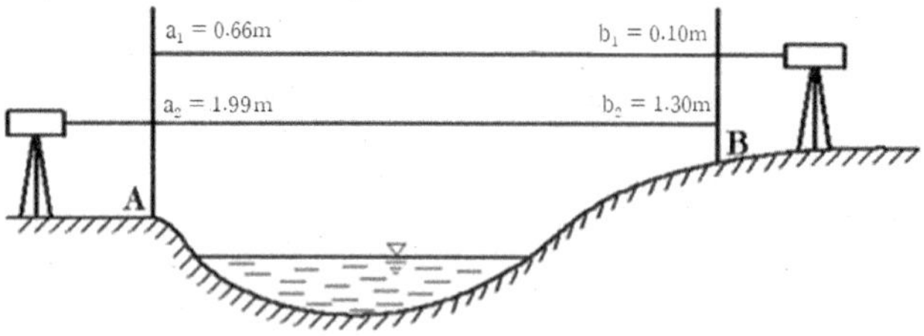

「**풀이**」 ① 고저차 $h=\frac{1}{2}\{(a_1+a_2)-(b_1+b_2)\}=\frac{1}{2}\{(0.66+1.99)-(0.10+1.30)\}=0.625m$

② 고저차 $(h)=\frac{1}{2}\{(a_1-b_1)+(a_2-b_2)\}=\frac{1}{2}\{(0.66-0.10)+(1.99-1.30)\}=0.625m$

6.2. 확폭과 편경사

일반적으로 자동차가 곡선 부분을 주행할 경우 그 속도에 따라 뒷바퀴가 옆으로 미끄러진다든지 또는 원심력에 대한 안전성으로부터 곡선부의 안쪽으로 주행하려고 한다. 이 때문에 곡선부에 편구배를 만들고 도로 폭을 확장할 필요가 있다.

6.2.1. 확폭

출제(용) : 74회

확폭(Slack)은 곡선부의 안쪽에 설치하지만, 그 넓히는 폭은 곡선반경의 크기에 따라 정해진다. 곡선반경이 35m 이상이면 도로의 중심선에 대응하는 도로의 확장을 각 차선의 확폭량이라 한다. 차량이 곡선부를 주행할 경우 뒷바퀴가 앞바퀴보다 안쪽으로 지나가므로 곡선부에서 그 내측 부분을 직선부에 비교하여 넓히는 도로 폭을 확폭(Slack)이라 한다.

(1) 특징

① 곡선반경이 적으면 차선마다 확폭량을 정하면 좋다.

② 차선의 최대폭 2.5m에 설계속도에 따라 여유 폭을 가산하는데 이를 확폭이라 한다.

③ 원칙적으로 도로의 확폭은 차선의 내측이며, 다른 차선을 침범하지 않기 위해 차선마다 확폭을 설치한다.

④ 철도에서는 선로 폭을 증가시키는 것을 슬랙(slack)이라 하며 열차의 종류와 곡률반경(R)에 따라서 기준이 설정된다.

(2) 확폭 접속 방법

① 완화구간에서 접속하는 방법

② 고차(高次) 포물선을 사용하는 방법

③ 클로소이드 곡선(Clothoid Curve)으로 하는 방법

④ 완화곡선을 넣는 간이법

⑤ 확폭량$(\ell) = \dfrac{L^2}{2R}$ 여기서, ℓ : 확폭량, L : 차량의 전면에서 뒷바퀴까지의 거리, R : 곡선반경이다.

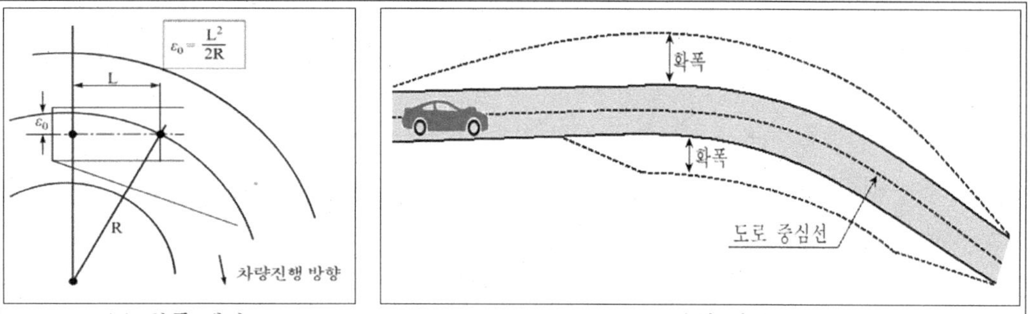

(a) 확폭 계산 (b) 확폭 현장

<그림 6-2> 확폭

6.2.2. 편경사

곡선부를 주행하는 차량은 원심력을 받기 때문에 접선방향으로 이탈하려는 것을 방지하기 위하여 노면의 바깥쪽을 안쪽보다 얼마간 높게 하는 것을 고도 또는 편경사라고 한다. 차량이 곡선부를 주행할 때 외측으로 향하려는 원심력이 작용하여 차량의 전도 위험성을 피하기 위해 도로의 노면에 횡단경사를 두어 외측을 높이는 것을 말한다.

(1) 편경사의 크기

① 일반적인 크기 : 6~10%의 경사를 두고 있다.

② 직선부의 편경사 크기 : 배수를 위해 1.5~2%의 경사를 두고 있다.

③ 철도에서는 캔트(Cant)라고 하며 철도에서 캔트는 150mm가 최대한도이다.

(2) 편경사 계산

① 도로의 편경사 $i = \frac{(Vm)^2}{127R}$ 여기서, i: 편경사(%), Vm : 평균속도(km/h), R : 곡률반경(m)

② 철도에서의 캔트 $C = \frac{V^2 W}{127R}$ 여기서, C : 캔트(mm), V : 열차속도(km/h), W : 레일의 폭(mm), R : 곡률반경(m)이다.

(3) 특징

① 편경사를 두면 노선의 형태가 자연스러워 핸들 조작이 용이하다.

② 지형에 적합하게 설정할 수 있으므로 공사비가 절감된다.

③ 철도에서는 캔트(Cant)라고 한다..

④ 차량의 전도 위험성을 피하기 위해 도로의 노면에 횡단경사를 두어 외측을 높이는 것이다.

⑤ 편경사와 확폭(Slack)이 합리적으로 적용된다.

(a) 편경사 원리 (b) 편경사 현장

<그림 6-3> 편경사

6.3. 지하시설물탐사

최근 산업사회의 증가는 도시 및 인구의 증가를 수반하게 되었고, 점차 복잡해져 가는 지상의 시설물들을 보이지 않는 지하에 매설할 필요성에 직면하게 되었다. 그러나 무분별한 매설로 지하시설물 통합관리의 필요성에 직면하게 되었고 그에 따른 지하매설물 측량의 정확도는 어느 때보다 절실히 요구되고 있다. 높은 정확도가 요구되는 지하시설물 측량기법에는 전자유도 측량기법, 지중레이다(GPR) 측량기법, 음파(Sound Wave) 측량기법으로 크게 구분할 수 있다.

6.3.1. 지하시설물 종류

① 상수도 시설은 지방자치단체와 한국수자원공사에서 관리하고 있는데 그 종류는 배수관, 송수관, 광역 상수관, 상수도 맨홀 제수변, 배기변, 소화전, 수압계실, 급수탑, 저수조, 가압장, 배수지, 취수장, 펌프장, 보호관, 유량계실 등이 있다.

② 하수도 시설은 지방자치단체에서 관리하는 오수관거, 우수관거, 하수 맨홀, 차집관거, 우수토실, 배수 관거, 배수펌프장, 하수처리장, 배수장 등이 있다.

③ 가스시설은 한국가스공사 및 지역별 도시가스 회사에서 관리하는 중압 가스관, 고압 가스관, 가스 맨홀, 가바나, 관망, 가스 수취기, 밸브, 보호관 등이 있다.

④ 통신시설은 한국통신공사에서 관리하는 시내 통신 지하 관로, 시외 통신 지하 관로, 시내 통신 맨홀, 시외 통신 맨홀, 통신구, 전화국, 공중전화 부스, 직매 단자함, CATV 전력 공급함, 접지시설, 시내 통신주, 시외통신주, 시외 통신표지, 고속도로 긴급전화 등이 있다.

⑤ 전기 시설은 한국전력공사에서 관리하는 지중 전력선, 전기 맨홀, 분전함, 제어기, 차단기, 보호관 등이 있다.

⑥ 송유관 시설은 대한송유관공사 및 한국 송유관에서 관리하는 송유관, 저유조, 기타 송유시설 등이 있다.

⑦ 난방열관 시설은 한국지역 난방(주)에서 관리하는 난방열관, 밸브, 기타 관망 시설 등이 있다.

⑧ 기타 지하시설물은 철도청, 지하철공사, 도시철도공사, 지방자치단체 시설물 관리공단에서 관리하는 신호 및 가로등과 관련된 지하시설, 지하철 및 ITS 관련 지하시설, 지하에 매설된 케이블 TV 및 유선선로, 공동구, 지하도 및 지하상가 시설, 기타 지하시설물과 관련이 있는 시설 등이 있다.

6.3.2. 탐사장비

① 지하시설물 탐사 장비는 금속과 비금속을 분리하여 탐사할 수 있다.

② 일반적으로 금속으로 된 시설물의 탐사가 용이하나 최근에는 염화비닐관 등의 사용이 늘어남에 따라 이에 대한 탐사기술이 개발되고 있으며 수신기는 CCV안테나, SSV안테나, GRM안테나 등이 있다.

③ 탐사 장비는 미국, 독일, 일본 등지에서 여러 가지 모형이 개발되어 사용되고 있다.

④ CCV 안테나는 시설물의 정밀 측량에 사용하고 시설물의 정확한 위치에서는 신호가 없고 시설물로부터 멀어질수록 신호가 상승하며 GRM 안테나는 지하에 매설된 맨홀 또는 철 구조물의 탐사에 사용된다.

⑤ 탐사 작업은 전도체와 비전도체로 구분하여 시행되며 전화선, 전기선, 금속성 상수도관, 가스관 등의 전도체는 송신기와 수신기만으로 가능하다.

⑥ 하수도관, PVC 등 비금속관의 탐사에는 여러 종류의 탐침(Probe)을 시설물 속에 투입해 송신되는 신호를 수신기로 포착하여 위치를 결정한다.

⑦ 전파탐사 장치인 GPR 404는 송신기와 수신기로 구분되고 송신기는 연속신호와 파동 신호를 선택하여 저주파(Low Frequency)와 중주파(Medium Frequency)로 송신할 수 있도록 신호의 강도를 조절할 수 있다.

⑧ 미국 Fisher 회사의 TW-770은 디지털 시설물의 심도 측정이 가능하다.

⑨ 엔지니어링사의 JC-400은 소형 배관 탐지기 제품으로 직접법을 이용하여 배관을 탐지할 수 있으며, 사용 방법이 쉽고 단순하며 가볍고 부피가 작아 옥내용 배관탐지기로 사용되고 있다.

⑩ 독일제품의 송신기 안테나에서 발사된 주파수가 지하에 묻혀 있는 금속 물체에 부딪쳐 되돌아오는 원리를 이용한 GPR 방식의 금속탐지기로 지하 19m까지 매장된 모든 금속류를 찾을 수 있다.

6.3.3. 지하시설물 탐사 작업 순서

① 작업계획 및 작업준비

② 자료의 수집 및 작업준비

③ 지하시설물 탐사

④ 지하시설물의 위치 측량

⑤ 지하시설물 원도 작성

⑥ 대장 조서 및 속성 DB 작성

⑦ 지하시설물도 작성

⑧ 정위치편집

⑨ 구조화 편집

⑩ 도면 제작 편집 및 도면 출력

⑪ 성과 정리의 순서 정리

6.3.4. 지하탐사 방법

출제(용) : 43, 45회

지하탐사법에는 탐사 코일과 시설물의 자장과의 교차각에 따라 탐사 코일의 유도전류는 최대 또는 최소가 된다. 교차각이 직각이 되는 경우는 시설물이 매설된 위치에서 전류가 최대가 되며, 시설물과 탐사 코일이 서로 평행인 경우는 최소로 나타나게 된다. 지하시설물 탐사 방법은 수평 위치를 측정하는 방법과 깊이를 측정하는 방법으로 시행하여 위치를 파악한다. 지하시설물 탐사 방법은 전자유도 탐사기법(Electromagnetic Induction Method), 탐침에 의한 방법(Sonde/Probe Method), 지중레이다 탐사기법(Ground Penetration Rader Method), 음파 탐사기법(Acoustic Location), 전기탐사기법, 자기 탐사기법, 탄성파 측정기법, CCTV 카메라 조사, 적외선 영상(Infra Red Imaging) 등이 있으나 전파탐사 방법이 가장 많이 이용되고 있다.

6.3.4.1. 전자유도탐사

① 전자유도 탐사(Electromagnetic Induction Method)는 지하에 매설된 전도체에 흐르는 전류에 의해 자장이 형성되는데 전파탐사 장비를 통해 자장에서 발생하는 에너지를 수신하여 시설물을 파악하는 방법이다.

② 지표면에서 도선이나 코일에 교류전류를 흘려보내면 전류 흐름의 변화율에 의해 전자장이 발생하게 되고, 이 1차 전자장에 의하여 지하의 전도체에는 유도전류가 흐르게 되어 2차 전자장이 발생한다.

③ 특징

- 2차 전자장의 특성을 관측하여 해석함으로써 매설 위치와 깊이에 대한 정보를 얻을 수 있다.
- 지표로부터 매설된 금속 관로 및 케이블 관측과 탐침을 이용한 공관로나 비금속 관로를 관측할 수 있다.
- 장비 가격이 비교적 저렴하고 조작이 쉽다.
- 운반이 편리하여 지하시설물 측량기법 중 가장 많이 이용된다.

④ 탐사 원리

- 지하 시설물관이나 케이블에 교류전류를 흐르게 하여 그 주변에 교류 자장을 발생시킨다.
- 지표면에서 발생된 교류 자장을 수신기의 측정 코일의 감도 방향성을 이용하여 평면 위치를 측정한다.

- 지표면으로부터 전위 경도에 대해 〈그림 6-4〉 및 〈그림 6-5〉와 같이 깊이를 측정하는 방법이다.

⑤ 자료처리 방법은 지하에서 발생한 자장을 전파탐사 수신기의 일차코일로 직각으로 끊어 주었을 때는 수신기에 미세전류가 흐르는데 이를 다시 이차코일로 증폭시켜 가청주파수로 바꿔 헤드폰(Headphone)으로 청취한 후 검류계(Galvanometer)로 가장 강한 신호의 위치를 파악하여 그 지하시설물의 평면 위치와 깊이 등을 측정한다.

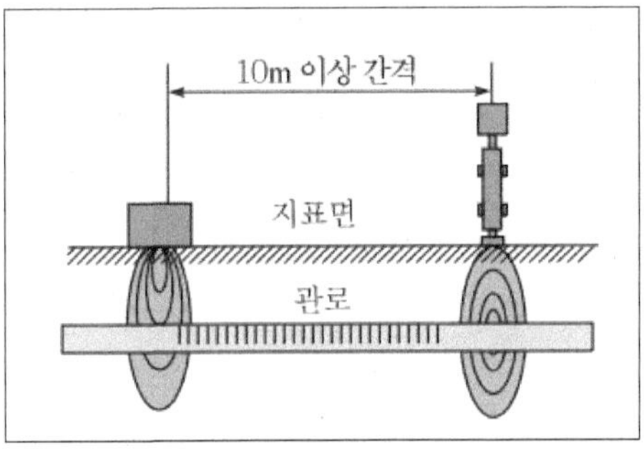

〈그림 6-4〉 전자유도탐사방법

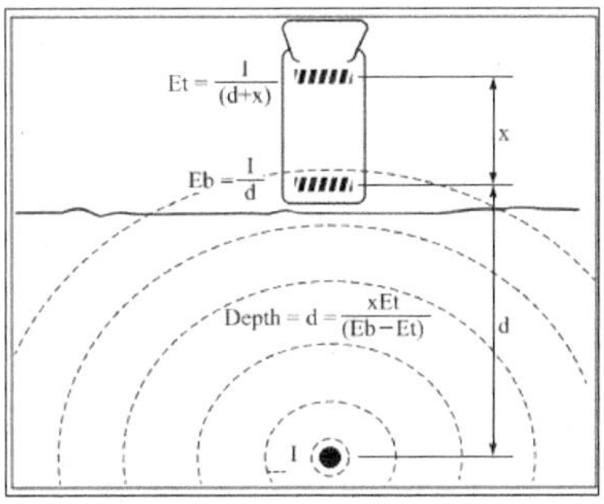

〈그림 6-5〉 전자유도탐사 원리

⑥ 측량 방법은 간접 측량법, 직접 측량법, 크램프 접속법, 탐침에 의한 방법 등이 있다.

- 간접 측량법은 장거리 관측이 가능하고 작업 방법이 간단하여 많이 이용되지만, 관측의 정확도가 떨어진다.
- 직접 측량법은 정확도는 간접 측량법보다 높으나 맨홀을 열고 맨홀에 들어가 측량하고자 하는 시설물에 접지시키는 작업을 포함하여 작업시간이 많이 소요되며 작업조건이 까다로운 단점이 있다.
- 크램프 접속법은 외부 코일 집게를 관측하고자 하는 케이블에 접속시켜 매설된 케이블 관측에 적합한 방법이다.

6.3.4.2. 전파탐사

① 전파탐사법은 쌍코일(Twin Coil) 안테나를 사용하며 지하시설물의 재료, 부하된 전압에 따라 신호 강도가 달라지는 원리를 응용하여 지하시설물의 측정에 널리 사용되고 있는 방법이다.

② 쌍코일(Twin Coil) 안테나를 사용할 경우 하나는 송·수신기 분리 탐사 방법으로 송·수신기를 최소한 수 미터 떨어져 서로 독립적으로 이동시키는 방법이고 다른 하나는 송수신기가 함께 강체에 부착된 장비를 사용한다.

③ 탐사 원리

- 자기유도에 기본 원칙을 두고 있다.
- 전도체에 자기가 흐르면 도체 주위에 자기장이 형성된다는 자연법칙에 기본을 두고 있다.
- 도체를 중심으로 〈그림 6-6〉과 같이 동심원의 자장이 형성되며 이 자장의 강도는 전류의 강도와 측정점 및 시설물 중심 간의 거리에 따라 좌우된다.
- 〈그림 6-6〉과 같이 자장의 강도(H)는 전력에 비례하고 거리(r)에는 반비례한다는 원칙으로 중심의 물체가 전류가 통하고 있지 않지만, 전기가 통할 수 있는 전도체로 가스관 또는 상수도관 등에도 적용된다.

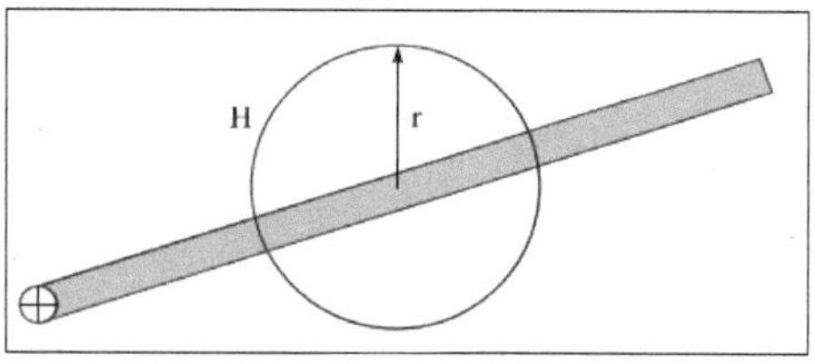

〈그림 6-6〉 자력선의 진행 방향

- 자기장을 유도하면 자장 속에 있는 코일에 전압이 형성되어 코일에 유도된 전압은 수신기 극에서 더욱 강해져서 시설물탐사에 응용될 수 있다.

④ 탐사 코일과 시설물의 자장과의 교차각에 따라 탐사 코일의 유도전류는 최대 또는 최소가 되므로 교차각이 직각인 경우에는 〈그림 6-7〉과 같이 시설물이 매설된 위치에서 전류가 최대신호를 나타내게 된다.

⑤ 〈그림 6-8〉과 같이 시설물과 탐사 코일이 서로 평행인 경우는 최소로 나타나므로 시설물 상부와 시설물 양쪽 신호의 대비로 시설물을 찾아낼 수가 있다.

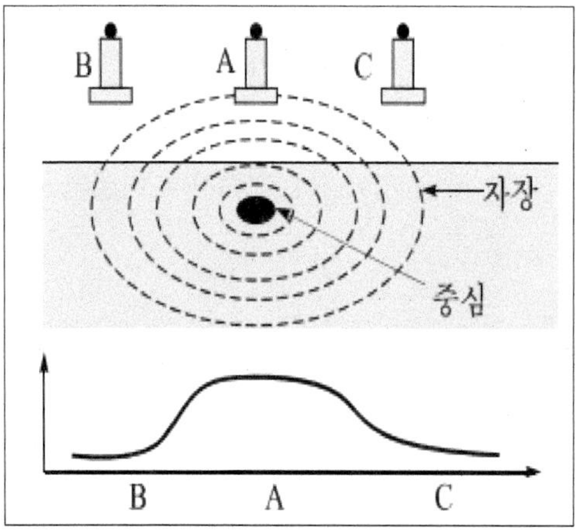

〈그림 6-7〉 최대법

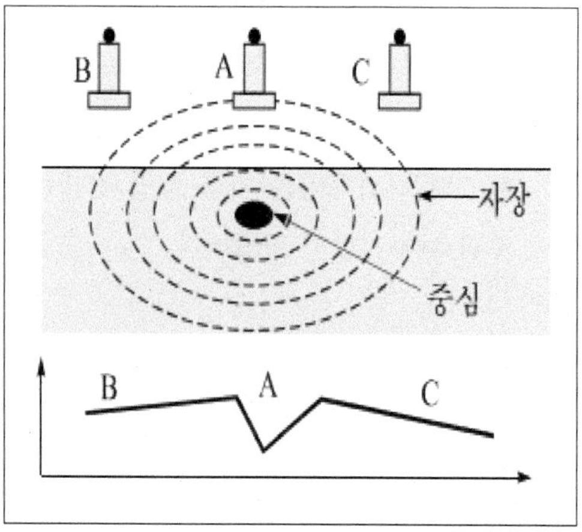

〈그림 6-8〉 최소법

6.3.4.3. 지중레이다탐사

출제(용) : 119회

(1) 특징

① GPR은 비침투적인 방법으로 지하 구조를 탐지한다.

② GPR은 높은 해상도를 제공하여 지하 구조물의 세부 사항을 시각화할 수 있다.

③ 미세한 구조물이나 층을 식별할 수 있어 지하 파이프, 전선, 잔해 등을 정확하게 확인할 수 있다.

④ 지하구조물의 위치 탐지부터 지하 수문, 지질 조사, 환경 모니터링까지 다양한 응용 분야에서 사용할 수 있다.

⑤ GPR은 지하의 특정 깊이까지의 정보를 제공할 수 있다.

⑥ GPR은 무선 전파를 사용하므로 측정이 빠르고 효과적이며, 다양한 지표 및 지하 환경에서 적용이 가능하다.

⑦ 방사선이나 화학 물질을 사용하지 않고 전파를 이용하기 때문에 환경친화적인 탐사 방법이다.

(2) GPR의 측정 원리

① GPR은 고주파 전파를 생성하고 지면에 발사하는데 전파의 주파수는 보통 수백 MHz에서 수 GHz 사이에 위치하며, 지표를 통과하여 지하로 들어간다.

② 지하에서 전파는 지하수면, 파이프, 돌, 토양층 등 다양한 물체와 구조물이 있어 전파는 이러한 구조물과 맞닿아 반사되거나 흡수된다.

③ GPR 시스템은 발사된 전파가 지하에서 반사된 지점에서 다시 수신되는 신호를 측정하여 지하구조물의 위치, 형태, 깊이 등의 정보를 취득할 수 있다.

④ 측정된 반사 신호는 시간-거리 플롯으로 나타나게 되고, 이를 지하에서 반사된 시간과 거리를 나타내며, 이를 통해 지하에 있는 물체의 위치와 깊이를 파악할 수 있다.

⑤ 측정된 데이터를 처리하여 이미지를 생성하는데 GPR 이미지는 지하의 다양한 구조물과 지층을 시각적으로 나타내며, 높은 해상도로 지하구조물을 확인할 수 있다.

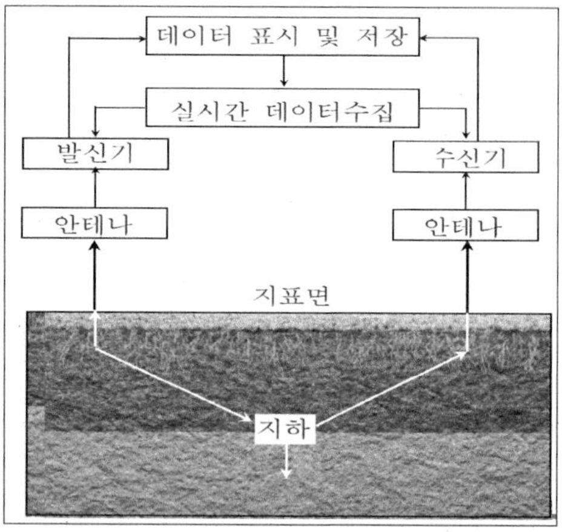

〈그림 6-9〉 지중레이더(GPR)탐사 원리

(3) 작업 순서

① 땅속으로 송출된 전자기파는 굴절과 반사를 하는데 전자기파가 땅속을 투과하는 중에 유전상수 값이라는 물리적 성질이 토양에 도착하면, 처음에 진행하던 입사 각도와는 다른 각도로 꺾이며 진행된다.

② 전자기파는 굴절과 반사로 인해 에너지를 점차 잃게 되며 꺾인 후의 각도는 스넬의 법칙에 따라 땅속으로 내려갈수록 유전 상수값이 증가할 때는 깊이 내려갈수록 전자기파 속도가 점점 감소하여 진행경로는 안테나의 중심축으로 수렴하게 된다.

③ 반대로 땅속으로 내려갈수록 유전 상수값이 감소할 때는 깊이 내려갈수록 전자기파 속도가 점점 커지며 파의 진행로가 안테나의 중심축에서부터 바깥쪽으로 분산하게 된다.

④ 이 원리를 이용함으로써 땅속의 물체를 조사하고 분석하게 되지만, 전자기파가 도달할 수 있는 깊이에 있는 물체임에도 불구하고, 감지하지 못하는 경우가 발생할 수 있다.

⑤ 땅속에 물이 모인 곳은 전자기파가 아래쪽으로 꺾이게 되는데, 이로 인해 양 옆의 물체를 감지하기 곤란한 경우도 발생할 수 있다.

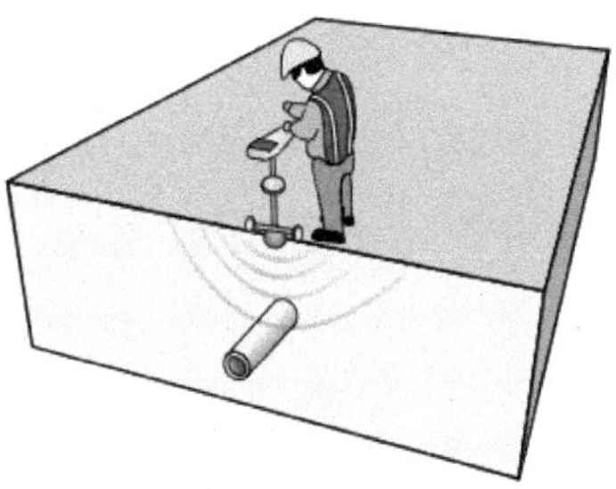

〈그림 6-10〉 GPR 탐사법

(4) GPR의 활용

① GPR탐사 방법은 조사 수행이 간단하며 대상물의 고해상 영상화가 가능하다.

② 최근에 토목현장에서 비파괴 탐사기법이 다양하게 활용되고 있다.

③ 구조물의 안전진단 시 본 GRP 탐사기법이 많이 활용된다.

④ 지중에 매설된 가스관로, 송유관, 상수도관, 우수관, 하수도관 등을 신속하고, 정확하게 찾아낼 수가 있다.

⑤ 지하공동 탐사, 토질조사, 토양오염도 조사, 연약지반 탐사, 구조물 기초지반의 지질조사, 교량 기초지반, 콘크리트 철근배근조사, 콘크리트 구조물 두께 조사 등에도 널리 사용되고 있다.

⑥ 군사 분야에서는 지뢰 탐색이나 지하 벙커·땅굴 등을 찾기 위해 쓰인다.

⑦ 건물 붕괴나 화재 등 재난 현장에서 인명 수색이나 구조 작업에 투입되기도 한다.

6.3.4.4. 음파탐사

① 수도관 등의 물이 흐르는 관로에 음파 신호를 보내어 관내에 발생된 음파를 탐지하게 하는 방법이다.

② 음파 탐사법은 원래 누수를 찾기 위한 기술이었는데 현재는 이 기술을 이용하여 수도관로 중 PVC 또는 플라스틱 관을 찾는 데 이용되고 있다.

③ 원리는 〈그림 6－11〉과 같이 물이 가득히 흐르는 관로(수도관)에 음파 신호(Sound Wave Signal)를 보내 수신기로 하여금 관내에 발생된 음파를 탐지하는 방법으로 비금속(플라스틱, PVC 등) 수도 관로 탐지에 유용하나 음파 신호를 보낼 수 있는 소화전이나 수도 계량기기 등이 필요하다.

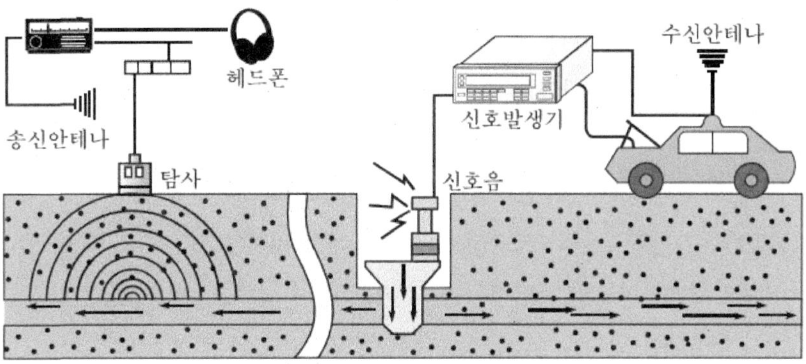

〈그림 6-11〉 음파탐사 원리

제 6 장

6.3.4.5. 전기탐사

① 전기탐사(Electric Resistivity Survey) 원리는 지반 중에 전류를 흘려보내어 그 전류에 의한 전압을 측정하여 지반 내의 전기 비저항 값의 분포를 구하는 것으로 전류를 흘려보내는 순간의 전류 전극과 전압 강하를 측정한다.

② 비저항 값은 지반의 토질과 흙의 공극률(孔隙率), 함수율(含水率) 등에 의해 변화하기 때문에 비저항값 분포로부터 지반의 구조와 상태를 추정할 수 있다.

③ 자료처리 방법은 전류를 보내는 전압을 측정하여 지반 내 비저항의 평면적 분포를 파악함으로써 토질과 지반 상황의 변화를 측정한다.

6.3.5. 지하공간통합지도

출제(용) : 107회, (논) : 96, 114, 117, 120, 122, 125회

지하공간통합지도란 지하를 개발·이용·관리하는 데 필요한 지하정보를 통합한 지도를 말하며, 통합대상 정보는 지하시설물, 지하구조물, 지반, 지상 및 관련 주제도에 관한 정보로 구성된다. 지하 공간의 안전한 개발과 이용을 위해 체계적인 안전관리 체계를 확립하여 공공의 안전을 확보하는 것이 주된 목적으로 2018년 1월 1일 시행되었다.

6.3.5.1. 전담 기구의 지정 · 운영

① 국토교통부장관은 「국가공간정보 기본법」 제12조의 한국국토정보공사를 지하공간통합지도의 제작과 지하정보 구축을 지원하기 위한 전담 기구로 지정한다.

② 전담 기구의 업무를 수행

- 지하공간통합지도의 제작 지원
- 지하정보 개선계획 수립 지원
- 지하정보 정확도 개선 사업성과에 대한 품질 검증 및 관리
- 갱신 정보 및 개선된 지하정보의 지하공간통합지도로의 반영 지원
- 지하공간통합지도 제작과 지하정보 정확도 개선 관련 조사·연구 및 데이터 표준화

③ 전담 기구는 해당 연도의 사업계획 및 전년도 추진 실적을 매년 1월 31일까지 국토교통부장관에게 제출해야 한다.

④ 예산의 범위에서 전담 기구의 운영에 필요한 비용의 전부 또는 일부를 지원할 수 있다.

6.3.5.2. 지하공간통합지도 구축

(1) 지하공간통합지도 구축의 필요성

① 지하구조물을 제외한 지하시설물과 지반에 대한 정보는 여러 지자체에서 보관하고 있는 정보를 취합하여 통합하였기 때문에 이는 추후 정보 불일치되는 문제가 발생할 수 있다.

② 수정 및 보완하는 데 많은 사회적 비용이 발생할 수 있다.

③ 지하 공간정보를 지하공간통합지도에 통합하는 과정에서 세부적이고 구체적인 형식 또는 기준이 필요하다.

④ 여러 지하 공간정보의 축척, 방위, 심도값, 시설물 및 구조물의 경우 주된 재질 등의 정보를 표준 또는 기준정보로 두고 지하 공간정보를 취합하여 지하공간통합지도를 구축할 필요성이 있다.

⑤ 지진, 해일 등 각종 재해로 인해 지각이 변동하고 있으므로 통합하여 관리할 필요가 있다.

⑥ 지하 공간정보의 특정 지점들에 대한 좌표에 크고 작은 오차가 발생할 수 있다.

⑦ 오차의 발생은 지하 공간 관련 행정적 업무를 진행하는 데에 어려움을 초래할 수 있다.

⑧ 재해 등으로 인한 각종 지하시설물의 손상, 파괴, 유실 등이 발생할 수 있다.

(2) 지하공간통합지도의 구축

① 지하시설물(지하매설물), 지하구조물, 지반으로 크게 구분하여 구축하였다.

② 지하시설물은 난방, 전력, 통신, 상수도, 하수도, 가스 등 6종의 정보를 구성요소로 하였다.

③ 지하구조물은 지하철, 지하차도, 지하보도, 지하상가, 지하 주차장, 공동구 등 6종의 정보로 구성하였다.

④ 지반정보는 시추공, 관정, 지질, 3종의 정보로 구성하였다.

⑤ 15종의 지하 공간정보를 일원화하여 3차원으로 구축한 시스템이다.

(3) 지하공간통합지도의 제작

① 지하공간통합지도에는 지하정보가 포함되어야 한다.

② 지하 개발사업자 및 지하시설물 관리자는 갱신 정보를 지하정보의 변동이 발생한 날부터 30일 이내에 지하정보 관리기관의 장에게 전자문서의 형태로 제출해야 한다.

③ 갱신 정보를 받은 지하정보관리기관의 장은 지하정보 통합체계에 지체없이 반영해야 한다.

④ 지하정보 관리기관의 장은 지하정보가 개선되면 해당 개선된 지하정보를 지하정보 통합체계에 지체없이 반영해야 한다.

⑤ 국토교통부장관은 지하정보 통합체계에 반영된 갱신 정보 및 개선된 지하정보를 30일 이내에, 지하공간통합지도에 반영해야 한다.

6.3.5.3. 지하정보 활용지원센터

(1) 지하정보 활용지원센터의 업무

① 지하정보의 수집 및 관리지원

② 지하정보 체계의 표준화 지원

③ 지하정보의 제공 및 이용을 위한 정책 및 제도의 조사·연구

④ 지하정보의 제공 및 이용과 관련한 통계의 조사·분석

⑤ 지하공간통합지도 분석·연계를 통한 지하 안전 평가 및 지반 침하 위험도 평가 지원

⑥ 지하공간통합지도의 보급 및 활용 지원

⑦ 지하공간통합지도의 활용과 관련된 기술의 실용화 촉진 및 국내외 보급

⑧ 지하공간통합지도의 활용과 관련된 교육·홍보 및 국제협력

(2) 지하정보 활용지원센터의 지정 기준

① 지하정보 활용지원센터의 사업 목표 및 계획이 적절할 것

② 지하정보 활용지원센터의 사업 내용에 업무가 충실히 반영되어 있을 것

③ 인력·조직·시설·장비 등 업무수행 능력을 갖출 것

④ 지하시설물 및 지반 등 지하정보 관련 연구 또는 사업 실적이 있을 것

6.3.5.4. 지하공간통합지도 활용 사업

① 도시의 개발사업 및 에너지 개발사업

② 산업 입지 및 산업단지의 조성 사업

③ 항만 및 도로, 공항의 건설 사업

④ 수자원의 개발사업

⑤ 철도(도시철도를 포함)의 건설 사업

⑥ 관광단지의 개발사업

⑦ 건축물 설치 사업

6.4. 건축물등록 측량

건축물의 등록은 건축물에 관한 사실관계를 명확히 하여 건축물의 소유권을 보존하기 위하여 우선하여 행정부의 공부에 등재하여 이를 공사 및 공증하는 공법상의 행위를 수행하는 것이다. 우리나라는 토지조사사업에 의하여 작성된 토지대장과 지적도면은 있었으나 건축물에 대해서는 1980년대에 건축물 관리대장으로 명칭이 변경되는 변화를 거쳐 건축물대장으로 완성되었다. 건축물의 대장제도가 법제화된 것은 1992년 5월 31일 전문 개정된 건축법 제29조에 의해 완전한 법적 근거를 마련하였다. 운영체제의 경우는 1994년 행정쇄신위원회의 결정에 따라 행자부 주관으로 토지대장과 건축물대장의 창구 일원화를 이룩하였다. 또한, 지적도 축척 1/500 수치시행지역에서부터 지적도에 건축물의 등록을 하고 있다.

6.4.1. 건축물등록 제도

출제(논) : 108, 128회

우리나라에서는 삼국시대부터 사유재산권의 인정이 되어 건축물에 대한 거래가 토지의 거래와 함께 이루어졌을 것으로 추측되며 조선시대 이후에는 문기나 입안 제도를 통하여 건축물의 등록제도를 엿볼 수 있다. 1910년 국권 피탈로 일본이 건축물등록 사항에 대한 등기제도가 시행되면서 그동안 부동산에 대한 개념이 건축물에 종속된 택지에서부터 토지와 건축물을 독립적으로 취급하게 된 계기가 되었다.

(1) 건축물대장 작성 연혁

① 1906.10.26 대한제국 광무 10년 칙령 제65조 토지 및 가옥증명규칙에 따라 토지 및 가옥증명제가 시행하였다.

② 1962.1.1. 지방세법 전면 개정으로 가옥세를 폐지하고 시·군 독립세로서 재산세제도를 신설하면서 토지·건축물에 대한 과세 대장을 작성하였다.

③ 1979.5.13. 건축물 관리대장 운영 요령을 내무부에서 시도에 지시하면서부터 건축물 관리대장 체계로 관리하였다.

④ 1992.6.1. 건축물 관리대장을 건축물대장으로 개편의 근간인 건축물대장의 기재와 관리 등에 관한 규칙이 제정되었다.

(2) 입안제도

① 경국대전에 의하여 건축물의 등록이 토지의 등록과 함께 달라진 것으로서 문기에 의하여 거래 대상에 대한 계약이 성립되면 100일 이내에, 관에 신고하고 입안을 받도록 하였다.

② 건축물의 공증 제도는 관계인이 관에 출두해야 하고 또한 과대한 수수료 납부 등의 문제와 행정력의 부족 등으로 오래 지속되지는 못하였다.

③ 이 제도는 관에서 부동산 거래의 파악과 공증에 의한 등록관리라는 측면에서 볼 때 하나의 효시가 아닐 수 없다.

(3) 가계제도

① 가계제도(家契制度)는 입안에도 이후 전국의 중요항구와 도시에서 외국인의 건축물취득에 대하여 같은 효력을 나타낼 수 있는 제도로 시행된 것이다.

② 가계는 가옥의 소유에 대한 관의 인증으로서 한성부에서부터 발급되었으며 후에 각 도시에서도 발급하였다.

③ 가계제도는 가옥의 양도 시에 갱신할 수 있도록 한 일종의 공증 제도인 동시에 건축물의 등록제도이다.

④ 1903년에는 가계발급규칙이 공포되었고 이 규칙에 따라 가옥의 신축, 매매, 상속, 전당의 경우에도 신 가계를 발급하였으며 가계 원부에 등록하도록 하였다.

⑤ 가계제도는 입안 제도보다 비교적 간편하였으나 널리 시행되지는 못하였다.

⑥ 가계제도는 조선시대의 토지, 건축물 매매 시에 시행한 관의 인증제도인 입안 제도보다 비교적 간편하였으나 널리 시행되지는 못하였다.

(4) 토지가옥증명 제도

① 1906년부터 단기적이긴 하나 가옥에 대한 증명제도가 시행되었다.

② 토지가옥증명 제도의 시행으로 가계제도는 중지되었으며, 이 증명제도는 토지가옥증명규칙과 토지가옥 소유권증명규칙에 따라 시행되었다.

③ 가옥의 거래 등에 대하여 주거지의 통수나 동장에게 인증을 받고 부윤 또는 군수에게 제출하여 실질적인 심사를 거쳐 토지가옥명부에 등록하여, 열람하고 계약서에, 소유권에 대해 증명하여 교부하였다.

④ 1910년 국권 피탈로 일본제도를 의용하여 건축물등록 사항에 대한 등기제도가 시행되면서 그동안 부동산에 대한 개념이 건축물에 종속된 택지에서부터 토지와 건축물이 독립적으로 취급되게 된 전기가 되었다.

⑤ 1912년에는 조선부동산증명령이 제정되면서 토지가옥증명규칙과 토지 가옥 소유권증명규칙을 대치하였으며 그 후 토지조사사업의 시행으로 등록은 더욱 완벽함을 도모할 수 있었다.

⑥ 건축물 등록제도는 소홀히 취급되기 시작하였고, 건축물등기부의 비치 운영에 의한 등기제도가 확립되기 시작하였다.

⑦ 건축물의 크기는 A4 크기의 방안지를 사용하여 건축물 약도를 작성하고 가옥 과세 대장의 부속서류로 관리하였으나 건축 준공이 끝나면 결과를 세정부서에 통보하고 과세 대장으로 하였다.

⑧ 최근에는 가옥과세대장을 건축물 등록대장으로 그 명칭을 변경하였고 건축물 약도의 사용은 하지 않는다.

(5) 건축물등록제도

① 지방행정관청의 세무공무원들이 현지조사를 실시하여 건축물의 면적을 측정하고 소유자를 조사하였다.

② 기존에 등기된 건축물은 등기부에 의하여, 그리고 미등기 건축물은 현지조사 결과를 기초로 최초의 가옥과세대장을 작성하였다.

③ 각 시도에서는 과세대장관리운영지침을 독자적으로 제정하여 건축물등록 사항의 변경에 관한 공부정리와 소유권에 관한 사항은 등기소로부터 부동산등기필 통지서를 교부받아 수시로 정리하였다.

④ 건축허가 또는 신고와 관련된 사항은 변경이 완료되었으면 건축물 신축의 경우와 마찬가지로 지방세 부과를 위하여 통보되는 이동통지서를 근거로 가제 정정하거나 소유자의 자진신고로서 파악하였다.

⑤ 최근에는 지적측량 업무로 발전시켜 나가고 있다.

6.4.2. 건축물측량 방법

출제(논) : 119회

(1) 일반 건축물측량

① 건축물을 측량할 때는 불필요한 작업을 피하여야 한다.

② 기지점의 위치가 변동되지 아니할 때는 개략적인 방법으로 검사하거나 현장에서 확인하여야 한다.

③ 직각건축물에서는 건축물이 육안으로 보아서 직각임이 분명한 때에는 이를 직각 건축물로 본다.

④ 건축물이 직각으로 되어 있지 아니할 때는 필요에 따라 추가 건축물 각을 측량하여야 한다.

⑤ 증축 부분은 일반적으로 이미 측량된 건축물에 추가한다.

⑥ 여러 가지 건축물 번호 또는 건축물 종류가 표시된 동일 필지 상에 있는 건축물이나 건축물 부분 사이의 분리선은 가장 간단한 방법으로 조사하여야 한다.

⑦ 최근에는 지적현황측량을 시행하여 건축물 준공검사 및 건축물관리대장에 등록하고 있다.

(2) 집합 건축물측량

① 우선 신축하여야 할 가옥의 위치를 넣기 때문에 부근의 토지를 측량하여 평면도를 만든다.

② 부지에 고저가 있어 정지작업을 해야 할 때는 레벨측량으로 절취, 성토의 토공량을 계산한다.

③ 점의 모서리에 직각을 설정함에는 작은 건축물의 경우는 간단한 방법으로 하나 대형 건축물은 토털스테이션을 사용한다.

④ 집의 기초를 수평으로 하기 위하여 레벨을 사용하여 수평으로 정지 작업을 한다.

⑤ 건축물을 준공하기 위해서는 평면도를 작성하고 준공도면과 동시에 건축물 준공서류에 첨부해 두어야 한다.

6.4.3. 건축물측량도의 작성

스위스, 네덜란드, 독일, 스웨덴 등에서 법지적 또는 다목적지적제도를 채택하고 있는 대부분 국가에서는 건축물 또는 중요한 지상설치물을 지적공부에 등록하여 관리하고 있으며 특히 지적도에는 정확한 건축물의 위치가 표시된다.

(1) 건축물소재도

① 건축물소재도는 건축물의 위치 및 가옥 번호를 명확히 하기 위한 목적으로 작성하여 등기소에 비치하고 있으며 각 필지의 토지 경계선과 지번을 기재한다.

② 건축물소재도는 건축물 도면에 기초를 두고 단위 구역마다 작성한다.

③ 건축물소재도에 기재 사항

- 건축물의 위치 및 가옥 번호
- 토지소재지 및 건축물 소재도 번호
- 축척과 필지의 토지 경계선 및 지번
- 인접 도면과의 관계 및 작성 연월일

(2) 건축물도면

① 건축물도면은 등기신청에 첨부되는 도면으로서 건축물의 위치와 형상을 명확히 함과 동시에 건축물 소재도에 필요한 사항을 기재하기 위해 제출하는 것으로 건축물 소재도와 같게 축척 1 : 500으로 한다.

② 건축물도면에 기재할 사항

- 건축물의 위치 및 형상
- 주된 건축물 또는 부속 건축물별 부호
- 방위, 대지의 경계
- 지번, 인접 지번

③ 건축물 대지 및 건축물 1층의 형상을 실선으로 하고 건축물의 위치를 특정하기 위해 인접지로부터 2점 이상의 거리를 기재한다.

④ 건축물이 지하 건축물과 지상 건축물을 구별하기 위해 지하 1층의 형상을 작성한다.

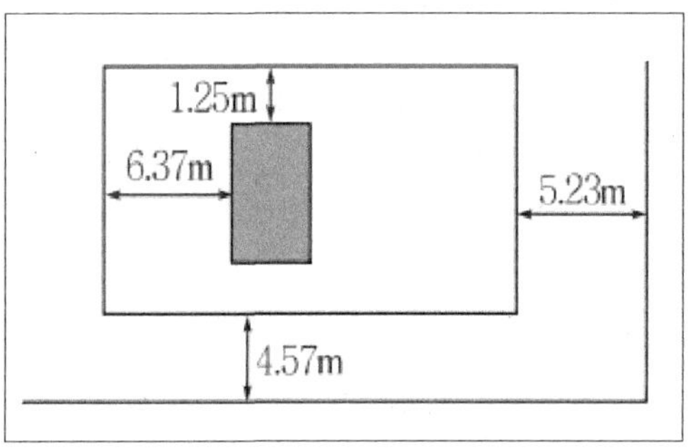

〈그림 6-12〉 건축물 위치도면

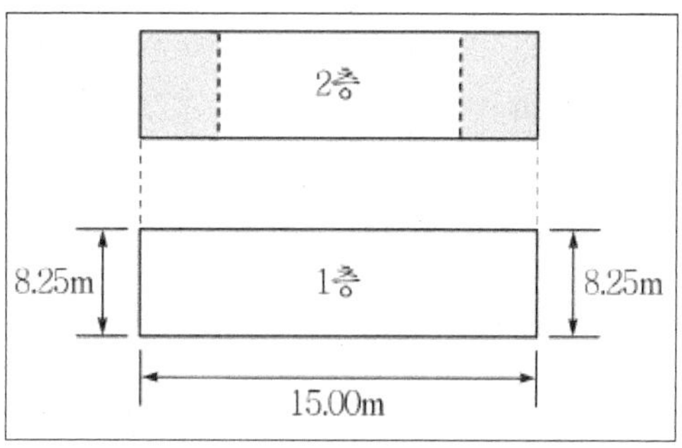

〈그림 6-13〉 층별도 표시 방법

(3) 층별평면도

① 건축물 각 층의 형상과 투영 면적을 명확히 하기 위해 제출하는 도면이며 축척을 1/200로 하고 이 축척으로 표시하기가 적합하지 못할 때는 적당한 축척으로 변경 작성할 수가 있다.

② 〈그림 6-12〉와 같이 층마다 건축물의 형상을 실선으로 표시하고 건축물 주위의 길이를 층마다 기재함과 동시에 여러 개 층의 건축물로서 1층의 평면과 2층 이상의 평면이 다른 경우에는 1층의 평면을 점선으로 표시한다.

③ 여러 개 층의 건축물로서 각 층의 형상이 같은 경우에는 〈그림 6-13〉과 같이 표시하기도 한다.

④ 건축물 평면을 결정하기 위해서는 등록의 기본요소인 측지학적 위치 부여 및 형태를 표시하기 위해 도면작성은 필수이므로 입체적인 건축물을 평면으로 나타내기 위하여 그 건축물의 형태를 잘 파악할 수 있는 기준모형을 설정하여 합리적으로 건축물을 등록할 수 있다.

(4) 층별도

출제(용) : 48, 52, 95회

① 층별도(Strata map)는 지상 위치가 아닌 건축물 일부분을 소유하는 문제에 대한 입법 조치가 이루어지고 있다.

② 층별도는 "층별권원(Strata title)이라고 규정되는 것으로서 건축물 일부에 대한 권리의 보증이다.

③ 건축물 측량도의 하나로서 스위스, 네덜란드, 서독, 스웨덴 등 법지적 또는 다목적 지적제도를 채택하고 있는 대부분 국가에서는 건축물 또는 중요한 지상물을 지적공부에 등록하여 관리하고 있으며 지적도에는 정확한 건축물의 위치를 표시한다.

④ 우리나라에서는 지적도를 근거로 하여 일일이 많은 경비를 들여 그때마다 사업 구역 전반에 걸쳐 현황측량을 시행하고 있다.

⑤ 말레이시아의 층별도(Strata map)

- 평면의 위치와 층별구조가 측정되어 개략적으로 표시되고 벽은 단면도와 그 벽의 권리 소속이 표현되어 있다.
- 말레이시아의 국토법은 건축물의 등록과 집합건축물의 등록 방법 및 건축물의 관리에 대하여 상세한 규정을 두고 있다.
- 2층 이상의 구분소유건축물은 층별 권원(strata title) 또는 권리의 수평분할(horizontal sub disvision)로 체계적인 관리가 이루어지고 있다.

- 집합건축물의 도면은 평면도 이외에 보조도로서 입면도, 층별도(strata map)가 있으며 각층의 평면도가 복잡하지 않아 벽의 권리 귀속 문제까지도 명시되어 있다.

⑥ 영국의 층별도

- 영국은 부동산 등록부에 표시되는 파일의 평면도 형태이며 1필지가 붉은색(굵은선)으로 표시되고 저택 도로와 인접 시설물인 차고 등이 한 블록 일부분으로써 표시되어 있다.
- 주 건축물은 푸른색으로 표시되고 파일(File) 도면에는 지하실 부분만이 표시되었다.
- 1층과 2층 및 3층은 분홍색으로 파일(File)의 보조 도면에 표시되었으며 주 건축물의 지붕 권원에 포함되어 있음을 알 수 있다.
- 부번 제도는 건축물의 지하실에 있는 일련의 유류 창고가 기준이 되는 방법이 쓰이고 있다.

⑦ 일본에서는 지적도에는 건축물을 등록하지 않고 있으나 별도의 건축물 소재도와 건축물 도면, 각층 평면도를 작성하여 부동산등기 목적으로 사용하고 있다.

(5) 건축물표시 지적도

① 우리나라는 지방세법에 따른 건축물대장이 관리하고 지적도상의 위치와는 전연 연결되지 않는 방안지에 건축물 약도만이 작성되어 있다.

② 각종 계획업무 등 필요한 때에는 지적도를 근거로 하여 일일이 수많은 경비를 들여 그때마다 조사 측량을 시행하고 있다.

③ 건축물 조사 측량을 시행할 때는 건축물의 위치는 기존지적도를 이용하거나 별도의 건축물 도면을 기존의 지적도와 분리하여 관리하고 필요시에는 중첩하여 복사 사용할 수 있게 하는 것이 좋다.

6.4.4. 건축물대장

출제(논) : 57회

현행 "건축법에서 건축물"이란 토지에 정착(定着)하는 공작물 중 지붕과 기둥 또는 벽이 있는 것과 이에 딸린 시설물, 지하나 고가(高架)의 공작물에 설치하는 사무소·공연장·점포·차고·창고 등을 말한다. 건축물대장은 특별자치도지사 또는 시장·군수·구청장은 건축물의 소유·이용과 유지・관리 상태를 확인하거나 건축 정책의 기초자료로 활용하기 위하여 건축물대장에 건축물과 그 대지의 현황 및 건축물의 구조내력(構造耐力)에 관한 정보를 적어서 보관하고 이를 지속해서 정비하여야 한다.

(1) 건축물대장의 종류

① 일반건축물 대장 : 일반건축물에 해당하는 건축물 및 대지에 관한 현황을 기재한 건축물대장

② 집합건축물 대장 : 집합건축물에 해당하는 건축물 및 대지에 관한 현황을 기재한 건축물대장

(2) 건축물대장의 작성 방법

① 건축물대장은 건축물 1동을 단위로 하여 건축물마다 작성하고, 부속 건축물이 있는 경우 부속 건축물은 주된 건축물대장에 포함하여 작성한다.

② 집합건축물 대장은 표제부와 전유부(專有部)로 나누어 작성한다.

③ 하나의 대지에 2 이상의 건축물(부속 건축물을 제외)이 있는 경우에는 총괄 표제부를 작성하여야 한다.

④ 건축물대장에는 건축물 현황도가 포함된다.

⑤ 건축물이 다가구주택이면 다가구주택의 호(가구)별 면적 대장을 작성해야 한다.

(3) 대장 정리 원칙

① 대장을 신규 작성하거나 건축물표시 사항 또는 소유권의 변동 사항을 정리할 때 건축물대장정리부에 기재하고 주무과장 결재 후 대장을 정리한다.

② 건축물대장 정리 결정서는 정리 종목별·연도별로 편철 보관하되 반영구적으로 보존한다.

③ 소유권 표시 사항은 등기권리증 사본, 등기 필통지서 또는 건축물등기부 등·초본 등에 의거 정리한다.

④ 대장의 "변동 내용 및 원인"과 "기타 기재 사항"란이 부족할 경우 건축물대장 변동 사항 서식에 연결하여 정리한다.

⑤ 위반, 무허가 건축물 등의 건축물은 신규 작성 및 변경 정리가 불가능하다.

⑥ 대장의 신규 작성 또는 변동 사항을 정리한 때에는 대장의 정리 사유 끝부분에 담당 팀장이 대조하여 확인 날인한다.

(4) 대장의 보관·관리

① 대장은 동·리 별로 지번 순에 의거 지적서고에 보관·관리하되 지적공부와 구분한다.

② 건축물대장은 지적관련 민원창구와 연계하여 설치 운영한다.

③ 건축물에 위반 사항이 발생하면 건축물 담당 부서는 지적부서에 통지하여 정리, 관리하도록 한다.

④ 말소·폐쇄건축물대장은 지적서고에 일반건축물 대장과 구분하여 보관·관리한다.

6.4.5. 지적도 건축물등록

출제(논) : 80, 83, 90, 93, 95, 111, 119회

(1) 건축물등록 현황

① 대지 내 건물의 위치를 정확히 결정하기 위해「공간정보의 구축 및 관리 등에 관한 법률 시행령 」제144조에서는 지적현황측량을 의무화하고 있으나「건축법」에서는 의무화하지 않고 있다.

② 지자체마다 준공을 위한 현황측량성과도 제출 여부와 제출 시기 등을 각각 다르게 규정하고 있다.

③ 전국의 건축물 준공 건수보다 지적현황측량도 첨부에 관한 규정을 두고 있는 지방자치단체는 매우 미미하다.

④ 첨부하지 않는 사유는 행정의 간소화, 착공 시 경계복원 측량도와 사진으로 대체, 신고 대상인 경우에만 첨부하는 등 매우 다양하다.

⑤ GIS 기반 건물 통합정보와 부동산종합공부시스템에 건축물의 정확한 위치정보를 제공하여 건축 정보의 신뢰성 확보와 행정 효율화를 위하여 필요하다.

(2) 필요성

① 1962년 이후 건축과 지적은 각각 다른 업무를 통해 목적과 형식이 다른 지적도와 건물배치도를 관리해왔다.

② 지적도와 건축물은 적용하는 근거법과 업무 절차, 정보시스템이 다른 상황으로 제도의 변경은 신중하게 추진할 필요가 있다.

③ 지적도상에 건축물의 위치를 등록하는 이유는 국민의 권리 보호와 행정업무의 효율성 증대, 그리고 부동산 관련 행정정보의 공동이용에 따른 시너지 향상 등을 함께 이룰 수 있기 때문이다.

④ 건축물의 정위치 등록은 정보취득을 위한 현황측량의 실시와 지적 전산파일을 이용한 건축설계, 지적도상 건축물 현황측량 성과도면의 등록, 등록된 도면의 정보시스템 간 활용 등 기존 체계 내에서 검토되어야 한다.

⑤ 정부와 지자체, 건축과 지적업무 담당자, 건축사와 측량업자 간에 역할 분담과 정보의 상호 협의가 있어야 한다.

⑥ 현황측량성과도를 지적도상에 등록하는 업무는 KLIS를 통해 이루어질 수 있으나 GIS 기반 건물통합정보를 직접 갱신하기 위해서는 별도의 시스템 운영 등 정보시스템 운영 방안이 필요하다.

⑦ 현황측량 없이 연속지적도와 수치지도, 건물배치도 등을 상호 매칭 방법으로 제작되어 건물 경계의 정확성과 신뢰성이 높지 않다.

(3) 추진 방법

① 대지 내 정확한 건축물의 경계가 등록·관리되지 않음에 따라 건축물의 인접 대지 경계침범에 따른 민원의 발생과 건축 지연에 따른 건축주의 경제적 손실 등 국민 불편이 야기되고 있다.

② 「공간정보의 구축 및 관리 등에 관한 법률 시행규칙」 제69조 제1항 제6호는 지적도 및 임야도에 "건축물 및 구조물 등의 위치"를 등록하도록 규정하고 있다.

③ 「건축물대장의 기재 및 관리 등에 관한 규칙」 제12조에서는 건축물의 공사를 완료한 자는 건축물대장 생성 · 재작성 신청서에 "건축물현황도, 현황측량성과도(경계복원측량도로 갈음할 수 있다.)" 서류를 첨부하여 특별자치시장 · 특별자치도지사 또는 시장 · 군수 · 구청장에게 신청하여야 한다. 고 규정하고 있다.

④ 건축업무 절차는 건축허가신청 전에 경계측량을 하고, 사용승인 신청 시에 현황측량을 하는데 이는 건축물 소유자가 선택적으로 신청하기 때문에 측량을 통해 지적도에 건축물을 등록하는 것은 어려움이 있다.

(4) 개선 방법

① 건축허가신청 시에 현황 측량성과도를 의무적으로 첨부하도록 한다.

② 지적도에 등록하는 방안은 관계기관 간 협의를 통해 의견을 수렴하고 건축법률 개정 시에 반영한다.

③ 건축법률 개정 시 시행 지적현황측량을 접수할 때부터 지적도에 건축물을 등록할 수 있도록 정보시스템 연계 등 업무의 전 과정을 처리하여야 한다.

④ 지적도상에 건축물 정위치 등록을 위해 필요한 기술적 문제점을 해결하고, 건물의 지속적인 정보갱신체계를 마련해야 한다.

⑤ 해당 업무를 담당할 지자체와 중앙부처의 조직 및 인력구성에 대한 실무자 교육 및 제도적인 검토가 필요하다.

⑥ 현행 건축법에서는 신고, 허가 대상에 따라 사용승인 시 현황 측량성과도의 제출 여부를 달리하고 있으나 일관성 유지를 위해서는 동일하게 적용하는 것이 바람직하다.

⑦ 공간정보를 기반으로 건물 현황 파악이 가능하므로 부동산종합공부시스템 등 대국민 서비스에 따른 부동산 관련 기반 정보로 활용할 수 있도록 한다.

출제빈도 용어정리 & 논술 일람표

제6장 응용측량 (용어정리)

번호	문제	횟수	번호	문제	횟수
1	교호수준측량	1	6	FM SUB CARRIER	1
2	확폭(slack)	1	7	시설지적	1
3	지하의 레이더 탐사법	2	8	층별권원(Strata Title)	1
4	지중레이다(Ground Penetrating Radar) 탐사법	1	9	층별도(Strata map)	2
5	지하공간통합지도	1	10	경사변환점(Turning Point Slope)	1

제6장 응용측량 (논술)

번호	문제	횟수
1	지하시설물 및 지하공간의 3차원 지적구축 방안에 대하여 설명하시오.	1
2	국민안전을 위한 지하공간정보 구축 및 공동 활용 방안에 대하여 설명하시오.	1
3	지하공간의 통합안전관리체계 구축을 위한 지적정보의 활용 방안에 대하여 설명하시오.	1
4	지하공간정보의 효율적 관리 및 활용 방안에 대하여 설명하시오.	1
5	지하공간의 효율적 관리를 위한 통합지하정보구축에 대하여 설명하시오.	1
6	지하공간의 개발, 이용 및 관리를 위한 지하공간통합지도에 대하여 설명하시오.	1
7	지적정보를 이용한 지하시설물 등록측량 방안에 대하여 설명하시오.	1
8	건축물 등록을 위한 지적측량과 공간정보의 연계방안에 관하여 설명하시오.	2
9	지적도에 건축물을 정위치 등록하기 위한 효율적인 측량방법에 대하여 설명하시오.	1
10	국토정보센터의 발전방향과 건축물대장의 전산화에 대하여 설명하라.	1
11	현행 지적 법령에서 규정하고 있는 도면의 등록사항인 건축물 및 구조물의 위치 등록방안을 제시하시오.	1
12	3차원 지적의 구현을 위한 건축물 등록의 자동화 방안에 대하여 설명하시오.	1
13	지적공부와 건축물대장의 통합방안과 활용 효과에 대하여 설명하시오.	1
14	건축물 및 구조물 등의 위치를 지적도에 등록하여야 하는 필요성과 방법에 대하여 설명하시오.	1
15	건축물등록을 위한 지적도전산자료의 응용방안에 대하여 설명하시오.	1
16	지적도상 건축물을 등록하기 위한 방안에 대하여 설명하시오.	1
17	시설물관리시스템 구축에 있어 지적도형 정보의 필요성에 대해 설명하시오.	1
18	지하상가 등을 지적공부에 등록하기 위한 지적측량 방안에 대하여 설명하시오.	1

색인(INDEX)

■ 저자소개

최 한 영

조선대학교 토목공학 공학박사
국토개발 분야 지적기술사
토목 분야 측량 및 지형공간정보기술사

현) 더센에듀 평생교육원 강사
현) 대한측량기술 부사장
현) 한국산업인력관리공단 자문, 출제, 검토, 채점위원
현) 국토지리정보원 심사위원 및 평가위원
서울시립대학교 공간정보학과 겸임교수(전)
한국국토정보공사 국토정보교육원 교수(전)
한양사이버대학교 지적과 겸임교수(전)
국립목포대학교 지적과 겸임교수(전)
전주비전대학교 지적부동산학과 겸임교수(전)
한국지적정보학회 상임이사(전)
한국국토정보공사 FIG 추진기획단 근무(전)
서울특별시 지방지적위원회 위원(전)
용인시 지적재조사위원회(전)
의왕시지적재조사위원 및 경계결정위원(전)
서울특별시 관악구 지명위원(전)

저서 및 논문

지적원론(구미서관)-2012년 대한민국학술원 우수학술도서
지적측량원론(구미서관)
항공사진측량(구미서관)
제2판 지적공간정보론(구미서관)
지적특론(구미서관)
지적(산업)기사 필기(구미서관)
지적특론 시리즈(1-6권)
9급 공무원 기출 총정리 지적전산학개론(구미서관)
9급 공무원 기출 총정리 지적측량(구미서관)
3초 완성 지적(산업)기사(구미서관)
지적학 일반(구미서관)
핵심지적(구미서관)
지적공간정보론(도서출판 우리)
지적기술사(예문사), 지적특론 I , II(예문사)
기본지적측량(예문사), 지적실기해설(예문사)

(제3판) **지적공간정보론 II** - 지적측량학 (세트)**정가 80,000원**

저 자 : 최한영

발행인 : 임정대
발행처 : 도서출판 구미서관

발행 : 2021년 11월 30일 초판
2024년 5월 2일 제2판
2025년 11월 3일 제3판

등록 : 1979년 6월 29일 No.9-6호

주소 : 서울시 마포구 신촌로2길 5-15
전화 : 02-333-1101
팩스 : 02-335-2201
http://www.goomibook.com

ISBN 979-11-6257-331-0 (94530)
세트 ISBN 979-11-6257-329-7 (94530) 전2권